| 植 調 | 植調雑草大鑑 |  |  |
|---|---|---|---|
| 新分牧 | 新分類 牧野日本植物図鑑 | 北隆館 | 2017.6 |
| 新牧日 | 新牧野日本植物圖鑑 | 北隆館 | 2008.11 |
| スゲ増 | 日本のスゲ 増補改訂（ネイチャーガイド） | 文一総合出版 | 2015.8 |
| 図説樹木 | 図説 日本の樹木 | 朝倉書店 | 2012.4 |
| タケ亜科 | 原色植物分類図鑑 日本のタケ亜科植物 | 北隆館 | 2017.4 |
| タケササ | タケ・ササ総図典 | 創森社 | 2014.11 |
| 茶花上 | 新版 茶花大事典 上巻 | 淡交社 | 2014.2 |
| 茶花下 | 新版 茶花大事典 下巻 | 淡交社 | 2014.2 |
| テンナン | 原色植物分類図鑑 日本のテンナンショウ | 北隆館 | 2011.1 |
| 冬虫生態 | 冬虫夏草生態図鑑 | 誠文堂新光社 | 2014.6 |
| 都木花新 | 都会の木の花図鑑 新装版 | 八坂書房 | 2016.2 |
| 日水草 | 日本の水草（ネイチャーガイド） | 文一総合出版 | 2014.9 |
| 牧野ス1 | スタンダード版 APG牧野植物図鑑Ⅰ〔ソテツ科～オトギリソウ科〕 | 北隆館 | 2014.9 |
| 牧野ス2 | スタンダード版 APG牧野植物図鑑Ⅱ〔フクロウソウ科～セリ科〕 | 北隆館 | 2015.1 |
| ミニ山 | ミニ山野草図鑑―離弁花編 | 全国農村教育協会 | 2013.1 |
| 野生1 | 改訂新版 日本の野生植物1 ソテツ科～カヤツリグサ科 | 平凡社 | 2015.12 |
| 野生2 | 改訂新版 日本の野生植物2 イネ科～イラクサ科 | 平凡社 | 2016.3 |
| 野生3 | 改訂新版 日本の野生植物3 バラ科～センダン科 | 平凡社 | 2016.9 |
| 野生4 | 改訂新版 日本の野生植物4 アオイ科～キョウチクトウ科 | 平凡社 | 2017.3 |
| 野生5 | 改訂新版 日本の野生植物5 ヒルガオ科～スイカズラ科 | 平凡社 | 2017.9 |
| 山カ樹木 | 日本の樹木 増補改訂新版（山渓カラー名鑑） | 山と渓谷社 | 2011.12 |
| 山カ日き | 日本のきのこ 増補改訂新版（山渓カラー名鑑） | 山と渓谷社 | 2011.12 |
| 山カ野草 | 日本の野草 増補改訂新版（山渓カラー名鑑） | 山と渓谷社 | 2009.11 |
| 山ハ高山 | 高山に咲く花 増補改訂新版（山渓ハンディ図鑑8） | 山と渓谷社 | 2014.4 |
| 山ハ野花 | 野に咲く花 増補改訂新版（山渓ハンディ図鑑1） | 山と渓谷社 | 2013.3 |
| 山ハ山花 | 山に咲く花 増補改訂新版（山渓ハンディ図鑑2） | 山と渓谷社 | 2013.3 |
| 山レ増 | 絶滅危惧植物図鑑 レッドデータプランツ 増補改訂新版 | 山と渓谷社 | 2015.3 |
| 落葉図譜 | 落葉広葉樹図譜 机上版／フィールド版 | 共立出版 | 2009.2 |

# 植物
# レファレンス
# 事典

## III（2009-2017）

日外アソシエーツ

# PLANTS INDEX

13,578 Plants Appearing in 56 Volumes of
44 Illustrated Books and Encyclopedias
2009-2017

Compiled by

Nichigai Associates, Inc.

©2018 by Nichigai Associates, Inc.

Printed in Japan

本書はディジタルデータでご利用いただくことが
できます。詳細はお問い合わせください。

●編集スタッフ● 松本 裕加／岡田 真弓／新西 陽菜

# 刊行にあたって

　植物について調べる際のもっとも基本的なツールはいうまでもなく植物図鑑や事典である。これらは専門的見地から系統的に分類した上で詳細な説明がなされるとともに、図版が掲載されており、信頼性、実用性の点から、一般の愛好家から研究者まで幅広く利用されている。

　昨今、多種多様な形式の図鑑が出版されており、一つの種を多くの図鑑で見ることができる。しかし、全ての図鑑にその種が同じ見出しで掲載されているとは限らない。植物の中には複数の呼び名を持つものが多く、また、新しい分類体系や新たな学説により分類や学名が変更されることもある。ここ数年は、APG体系（分子系統学に基づく新しい分類体系）を採用した図鑑の刊行も続いており、同一の植物が図鑑によって異なる分類や名前で収録されている場合が多々ある。また、掲載されている図版にしても、色彩のよくわかるカラーの写真もあれば、細部まで精緻に描かれているモノクロの図等、さまざまである。

　そのようなわけで、ある植物を調べる際に、手当り次第にこれらの図鑑・事典を引くのではなく、自分の知りたい植物がどの図鑑・事典の何ページにどのような見出しで掲載されているか、図版は絵なのか写真なのか、モノクロなのかカラーなのか等があらかじめわかれば、非常に効率的な検索ができることになる。「植物レファレンス事典」をお使いいただく目的はまさにこの部分にある。

　小社では 2004 年 1 月に「植物レファレンス事典」を刊行、2009 年 1 月に「植物レファレンス事典Ⅱ（2003-2008 補遺）」を刊行した。本書はその追補版にあたり、2009 年から 2017 年刊行及び、前版に収録できなかった 2008 年刊行の図鑑・事典 44 種 56 冊に掲載されている樹木、野草、シダ植物、コケ植物、キノコ類等に関する見出し延べ 50,158 件の索引である。13,578 種を収録し、その下に植物の同定に必要な情報、図鑑・事

典の掲載ページや掲載番号、図版の種類等を表示する。また、レファレンス・ツールとしての検索性も考慮し、巻末に学名索引を付した。

　本書がより多くの方々に有効に活用され、多種多様な植物への橋渡しとなることを期待したい。

　2018 年 3 月

日外アソシエーツ

# 目　　次

凡　例……………………………………………………… (7)

収録図鑑一覧……………………………………………… (10)

本　文…………………………………………………………… 1

学名索引…………………………………………………… 881

# 凡　例

## 1．本書の内容

　本書は、国内の代表的な植物図鑑・事典類に掲載されている植物の索引である。見出しとしての植物名のほか、学名、漢字表記、科名、別名等、その植物の特定に必要な基礎情報を補記し、その植物がどの図鑑・事典にどのような名称で掲載されているかを示したものである。

## 2．収録範囲と総種数

　2009 年から 2017 年までに刊行されたもの、及び 2008 年刊行のうち前版（2009 年 1 月刊）に未収録のもの、合わせて 44 種 56 冊の図鑑・図譜・事典類に掲載されている植物 13,578 種（のべ 50,158 件）を収録した。索引対象にした図鑑類は別表（「収録図鑑一覧」）に示した。なお、児童向け、ハンドブック、ムック類、園芸図鑑、特定の分布地域に限定した図鑑は収録対象外とした。

## 3．見出し・排列

### （1）植物名見出し

　同一種は各図鑑での見出しにかかわらず一項目にまとめた。その際、より一般的な名称を見出しに採用し、カナ表記で示した。見出しと異なる別名等は適宜参照見出しとして立てた。

### （2）排　列

　1）見出しの五十音順に排列した。見出しが英字で始まるもの（英名や学名）は、ABC 順とし五十音の後に置いた。

　2）濁音・半濁音は清音扱いとし、ヂ→シ、ヅ→スとした。また拗促音は直音扱いとし、長音（音引き）は無視した。

(3) 記　述

見出しとした植物に関する記述の内容と順序は次の通りである。

学名／漢字表記／解説

1) 学名

可能な限り学名を示した。

2) 漢字表記

漢字表記がある場合はそれを示した。

3) 解　説

植物を同定するための情報として科名等の分類、植物の種類、別名、大きさ等を示した。分類体系の違い等により異なる科名がある場合、（　）内に示した。

## 4．掲載図鑑

(1) 図鑑略号

その種が掲載されている図鑑を¶　の後に略号で示した（略号は別表を参照）。各図鑑における見出しが本書の見出しと異なる場合は、その略号の後に〔　〕で囲んで示した。

(2) 記　述

記述の内容とその掲載順は次の通りである。

掲載ページもしくは掲載番号／図版種類

1) 掲載ページ

各図鑑における見出し掲載ページもしくは掲載番号を示した。複数ページにわたる場合は、開始ページのみを示した。1冊のうちに複数回記載されている場合は「，」で区切って示した。

2) 図版種類

図版の種類を次のように略して示した。

カラーで印刷されている場合→「カ」

モノクロ（単色）で印刷されている場合→「モ」

写真の場合→「写」

図の場合→「図」

## 5．収録図鑑一覧

(1) 本書で索引対象にした図鑑の一覧を次ページ（及び見返し）に掲げた。

(2) 略号は、本書において掲載図鑑名の表示に用いたものである。

(3) 掲載は、略号の読みの五十音順とした。

## 6．学名索引

(1) 収録した植物の学名とその見出し名、掲載ページを示した。

(2) 属のアルファベット順（同一の属は種のアルファベット順）に排列した。

# 収録図鑑一覧

| 略号 | 書名 | 出版社 | 刊行年月 |
|---|---|---|---|
| 色野草 | 色で見わけ 五感で楽しむ野草図鑑 | ナツメ社 | 2014.5 |
| ウメ | ウメの品種図鑑 | 誠文堂新光社 | 2009.2 |
| APG原樹 | APG原色樹木大図鑑 | 北隆館 | 2016.3 |
| 学フ増高山 | 高山植物 増補改訂(フィールドベスト図鑑 9) | 学習研究社 | 2009.5 |
| 学フ増桜 | 日本の桜 増補改訂(フィールドベスト図鑑 10) | 学習研究社 | 2009.3 |
| 学フ増山菜 | 日本の山菜 増補改訂(フィールドベスト図鑑 12) | 学習研究社 | 2009.1 |
| 学フ増樹 | 日本の樹木 増補改訂(フィールドベスト図鑑 5) | 学習研究社 | 2009.8 |
| 学フ増毒き | 日本の毒きのこ 増補改訂(フィールドベスト図鑑 13) | 学習研究社 | 2009.9 |
| 学フ増野春 | 日本の野草 春 増補改訂(フィールドベスト図鑑 1) | 学習研究社 | 2009.1 |
| 学フ増野夏 | 日本の野草 夏 増補改訂(フィールドベスト図鑑 2) | 学習研究社 | 2009.5 |
| 学フ増野秋 | 日本の野草 秋 増補改訂(フィールドベスト図鑑 3) | 学習研究社 | 2009.9 |
| 学フ増花庭 | 花木・庭木 増補改訂(フィールドベスト図鑑 4) | 学習研究社 | 2009.3 |
| 学フ増薬草 | 日本の薬草 増補改訂(フィールドベスト図鑑 15) | 学研教育出版 | 2010.3 |
| 学フ有毒 | 日本の有毒植物(フィールドベスト図鑑 16) | 学研教育出版 | 2012.5 |
| カヤツリ | 日本カヤツリグサ科植物図譜 | 平凡社 | 2011.3 |
| カワゴケ | 原色植物分類図鑑 世界のカワゴケソウ | 北隆館 | 2013.9 |
| 帰化写改 | 日本帰化植物写真図鑑〔1部改訂〕 | 全国農村教育協会 | 2011.5 |
| 帰化写2 | 日本帰化植物写真図鑑 第2巻 増補改訂 | 全国農村教育協会 | 2015.1 |
| 桑イネ | 桑原義晴 日本イネ科植物図譜 | 全国農村教育協会 | 2008.1 |
| 原きの | 原色・原寸 世界きのこ大図鑑 | 東洋書林 | 2012.1 |
| 原牧1 | APG原色牧野植物大図鑑 Ⅰ〔ソテツ科～バラ科〕 | 北隆館 | 2012.4 |
| 原牧2 | APG原色牧野植物大図鑑 Ⅱ〔グミ科～セリ科〕 | 北隆館 | 2013.3 |
| 固有 | 日本の固有植物(国立科学博物館叢書11) | 東海大学出版会 | 2011.3 |
| 山野草 | 山野草ハンディ事典 | 講談社 | 2010.4 |
| シダ標1 | 日本産シダ植物標準図鑑 Ⅰ | 学研プラス | 2016.7 |
| シダ標2 | 日本産シダ植物標準図鑑 Ⅱ | 学研プラス | 2017.4 |

| | | | |
|---|---|---|---|
| 植 調 | 植調雑草大鑑 | 全国農村教育協会 | 2015.2 |
| 新分牧 | 新分類 牧野日本植物図鑑 | 北隆館 | 2017.6 |
| 新牧日 | 新牧野日本植物圖鑑 | 北隆館 | 2008.11 |
| スゲ増 | 日本のスゲ 増補改訂（ネイチャーガイド） | 文一総合出版 | 2015.8 |
| 図説樹木 | 図説 日本の樹木 | 朝倉書店 | 2012.4 |
| タケ亜科 | 原色植物分類図鑑 日本のタケ亜科植物 | 北隆館 | 2017.4 |
| タケササ | タケ・ササ総図典 | 創森社 | 2014.11 |
| 茶花上 | 新版 茶花大事典 上巻 | 淡交社 | 2014.2 |
| 茶花下 | 新版 茶花大事典 下巻 | 淡交社 | 2014.2 |
| テンナン | 原色植物分類図鑑 日本のテンナンショウ | 北隆館 | 2011.1 |
| 冬虫生態 | 冬虫夏草生態図鑑 | 誠文堂新光社 | 2014.6 |
| 都木花新 | 都会の木の花図鑑 新装版 | 八坂書房 | 2016.2 |
| 日水草 | 日本の水草（ネイチャーガイド） | 文一総合出版 | 2014.9 |
| 牧野ス1 | スタンダード版 APG 牧野植物図鑑Ⅰ〔ソテツ科～オトギリソウ科〕 | 北隆館 | 2014.9 |
| 牧野ス2 | スタンダード版 APG 牧野植物図鑑Ⅱ〔フクロウソウ科～セリ科〕 | 北隆館 | 2015.1 |
| ミニ山 | ミニ山野草図鑑―離弁花編 | 全国農村教育協会 | 2013.1 |
| 野生1 | 改訂新版 日本の野生植物1 ソテツ科～カヤツリグサ科 | 平凡社 | 2015.12 |
| 野生2 | 改訂新版 日本の野生植物2 イネ科～イラクサ科 | 平凡社 | 2016.3 |
| 野生3 | 改訂新版 日本の野生植物3 バラ科～センダン科 | 平凡社 | 2016.9 |
| 野生4 | 改訂新版 日本の野生植物4 アオイ科～キョウチクトウ科 | 平凡社 | 2017.3 |
| 野生5 | 改訂新版 日本の野生植物5 ヒルガオ科～スイカズラ科 | 平凡社 | 2017.9 |
| 山カ樹木 | 日本の樹木 増補改訂新版（山渓カラー名鑑） | 山と渓谷社 | 2011.12 |
| 山カ日き | 日本のきのこ 増補改訂新版（山渓カラー名鑑） | 山と渓谷社 | 2011.12 |
| 山カ野草 | 日本の野草 増補改訂新版（山渓カラー名鑑） | 山と渓谷社 | 2009.11 |
| 山ハ高山 | 高山に咲く花 増補改訂新版（山渓ハンディ図鑑8） | 山と渓谷社 | 2014.4 |
| 山ハ野花 | 野に咲く花 増補改訂新版（山渓ハンディ図鑑1） | 山と渓谷社 | 2013.3 |
| 山ハ山花 | 山に咲く花 増補改訂新版（山渓ハンディ図鑑2） | 山と渓谷社 | 2013.3 |
| 山レ増 | 絶滅危惧植物図鑑 レッドデータプランツ 増補改訂新版 | 山と渓谷社 | 2015.3 |
| 落葉図譜 | 落葉広葉樹図譜 机上版／フィールド版 | 共立出版 | 2009.2 |

# 植物レファレンス事典

## III （2009-2017）

## 【 ア 】

**アイ** *Persicaria tinctoria* 藍
タデ科の一年草, 有用植物。別名タデアイ, アイタデ。高さは50〜60cm。
¶学フ増薬草 (p39/カ写)
原牧2 (No.816/カ図)
新分牧 (No.2892/モ図)
新牧日 (No.278/モ図)
茶花下 (p288/カ写)
牧野ス2 (No.2661/カ図)

**アイアシ** *Phacelurus latifolius* 間葦, 藍葦
イネ科キビ亜科の多年草。高さは80〜160cm。
¶桑イネ (p373/カ写・モ図)
原牧1 (No.1074/カ図)
新分牧 (No.1157/モ図)
新牧日 (No.3859/モ図)
牧野ス1 (No.1074/カ図)
野生2 (p93/カ写)
山ハ野花 (p222/カ写)

**アイアスカイノデ** *Polystichum longifrons* 合飛鳥猪の手
オシダ科の常緑性シダ。日本固有種。葉身は狭披針形に近く, やや細長。
¶固有 (p206)
シダ標2 (p410/カ写)

**アイイシカグマ** *Microlepia strigosa* × *M.substrigosa* 合石かぐま
コバノイシカグマ科のシダ植物。
¶シダ標1 (p364/カ写)

**アイイズハナワラビ** *Botrychium* × *longistipitatum* 合伊豆花蕨
ハナヤスリ科のシダ植物。
¶シダ標1 (p294/カ写)

**アイイヌケホシダ** *Thelypteris acuminata* × *T. dentata* 合犬毛穂羊歯
ヒメシダ科のシダ植物。別名カイホシダ。
¶シダ標1 (p441/カ写)

**アイイヌタマシダ** *Dryopteris* × *yamashitae* 合犬玉羊歯
オシダ科のシダ植物。
¶シダ標2 (p372/カ写)

**アイイノモトソウ** *Pteris* × *pseudosefuricola* 合井之本草
イノモトソウ科のシダ植物。
¶シダ標1 (p383/カ写)

**アイイロニワゼキショウ** ⇒ルリニワゼキショウを見よ

**アイイワヒトデ** *Leptochilus* × *kiusianus* 合岩海星, 合岩人手
ウラボシ科のシダ植物。
¶シダ標2 (p460/カ写)

**アイイワヒメワラビ** *Hypolepis alpina* × *H.punctata* 合岩姫蕨
コバノイシカグマ科のシダ植物。
¶シダ標1 (p366/カ写)

**アイオオアカウキクサ** *Azolla cristata* × *A. filiculoides* 合大赤浮草
サンショウモ科のシダ植物。
¶シダ標2 (p337/カ写)
日水草 (p34/カ写)

**アイオオカグマ** *Woodwardia* × *intermedia* 合大かぐま
シシガシラ科のシダ植物。
¶シダ標1 (p461/カ写)

**アイオニヤブソテツ** *Cyrtomium devexiscapulae* × *C. falcatum* subsp.*falcatum* 合鬼藪蘇鉄
オシダ科のシダ植物。
¶シダ標2 (p430/カ写)

**アイカタイノデ** *Polystichum* × *iidanum* 合硬猪の手
オシダ科のシダ植物。
¶シダ標2 (p417/カ写)

**アイカワタケ** *Laetiporus versisporus*
ツガサルノコシカケ科 (サルノコシカケ科) のキノコ。別名ヒラフスベ。中型〜大型。傘は類白色〜褐色。
¶学フ増毒き (p219/カ写)
学フ増毒き〔ヒラフスベ〕(p219/カ写)
山カ日き (p461/カ写)

**アイキジノオ** *Plagiogyria* × *wakabae* 合雉の尾
キジノオシダ科のシダ植物。
¶シダ標1 (p341/カ写)

**アイクシノハシダ** ⇒クシノハホシダを見よ

**アイグロマツ** *Pinus* × *densithunbergii*
マツ科の木本。別名アカクロマツ。
¶野生1 (p31)

**アイコ** ⇒ミヤマイラクサを見よ

**アイコウヤクタケ** *Terana caerulea*
マクカワタケ科のキノコ。中型〜大型。子実体は背着生で, 膜状。
¶原きの (No.405/カ写・カ図)
山カ日き (p422/カ写)

**アイコク** *Rhododendron indicum* 'Aikoku' 愛国
ツツジ科。サツキの品種。
¶APG原樹〔サツキ'アイコク'〕(No.1250/カ図)

**アイコハチジョウシダ** *Pteris laurisilvicola*
イノモトソウ科の常緑性シダ。葉身は長さ20〜35cm, 広卵形。
¶シダ標1 (p381/カ写)

**アイコモチシダ** *Woodwardia orientalis* × *W.prolifera*
シシガシラ科のシダ植物。
¶シダ標1 (p461/カ写)

**アイシメジ** *Tricholoma sejunctum*
キシメジ科のキノコ。中型。傘は黄色, 暗緑色の放射状繊維あり。ひだは白色で, 外周付近は黄色を帯びる。

**アイズイヌナナナ** ⇒イヌナズナ(1)を見よ

**アイズシモツケ** *Spiraea chamaedryfolia* var.*pilosa*
会津下野
バラ科シモツケ亜科の落葉低木。別名シロバナシモツケ、カマナシシモツケ。
¶**APG原樹**（No.518/カ図）
原牧1（No.1680/カ図）
新分牧（No.1876/モ図）
新牧日（No.1033/モ図）
牧野ス1（No.1680/カ図）
ミニ山〔アイヅシモツケ〕（p121/カ写）
野生3（p86/カ写）
山カ樹木（p277/カ写）

**アイズスゲ** *Carex hondoensis*　会津菅
カヤツリグサ科の多年草。日本固有種。高さは50～70cm。
¶カヤツリ（p488/モ図）
原牧1（No.883/カ図）
固有〔アイヅスゲ〕（p187）
新分牧（No.905/モ図）
新牧日（No.4191/モ図）
スゲ増（No.272/カ写）
牧野ス1（No.883/カ図）
野生1（p322/カ写）

**アイヅヒメアザミ** *Cirsium aidzuense*　会津姫薊
キク科アザミ亜科の草本。日本固有種。
¶固有（p140）
野生5（p247/カ写）

**アイセイタカハハコグサ** *Pseudognaphalium* sp.
合背高母子草
キク科の越年草または一年草。
¶帰化写2（p272/カ写）

**アイセンボンタケ** *Psilocybe fasciata*
モエギタケ科のキノコ。
¶学フ増毒き（p137/カ写）
山カ日き（p227/カ写）

**アイゾメイグチ** *Gyroporus cyanescens*
クリイロイグチ科のキノコ。小型～中型。傘は淡黄色～帯褐色。フェルト状～繊維状。
¶原きの（No.312/カ写・カ図）
山カ日き（p297/カ写）

**アイゾメクロイグチ** *Porphyrellus fumosipes*
イグチ科のキノコ。
¶山カ日き（p334/カ写）

**アイダガヤ** *Bothriochloa haenkei*
イネ科キビ亜科の多年草。高さは60～100cm。
¶桑イネ（p85/モ図）
野生2（p79）

**アイダクグ** *Cyperus brevifolius* var.*brevifolius*
カヤツリグサ科の多年草。別名タイワンヒメクグ。
¶カヤツリ（p694/モ図）
野生1（p338）

**アイタケ**(1)　*Russula virescens*
ベニタケ科のキノコ。別名ナツアイタケ。中型～大型。傘は淡灰緑色、ひび割れる。ひだは白色。
¶原きの（No.265/カ写・カ図）
新分牧（No.5152/モ図）
新牧日（No.4971/モ図）
山カ日き（p369/カ写）

**アイタケ**(2)　⇒ハツタケを見よ

**アイタデ**　⇒アイを見よ

**アイチャセンシダ**　*Asplenium trichomanes* subsp. *quadrivalens*× *A.tripteropus*
チャセンシダ科のシダ植物。
¶シダ標1（p416/カ写）

**アイツヤナシイノデ**　*Polystichum*× *amboversum*
オシダ科のシダ植物。
¶シダ標2（p420/カ写）

**アイトガリバイヌワラビ**　*Athyrium iseanum* var. *iseanum*× *A.iseanum* var.*angustisectum*
メシダ科のシダ植物。別名ホソバトガリバイヌワラビ。
¶シダ標2（p309/カ写）

**アイトキワトラノオ**　*Asplenium*× *kidoi*
チャセンシダ科のシダ植物。
¶シダ標1（p417/カ写）

**アイトゲカラクサイヌワラビ**　*Athyrium clivicola*× *A.setuligerum*
メシダ科のシダ植物。別名ブゼンイヌワラビ。
¶シダ標2（p310/カ写）

**アイナエ**　*Mitrasacme pygmaea*　藍苗
マチン科の一年草。高さは5～20cm。
¶原牧2（No.1370/カ写）
新分牧（No.3411/モ図）
新牧日（No.2313/モ図）
牧野ス2（No.3215/カ図）
野生4（p307/カ写）
山ハ裏花（p432/カ写）

**アイヌイヌナズナ**　⇒エゾイヌナズナを見よ

**アイヌカイタチシダ**　*Dryopteris oohorae*
オシダ科のシダ植物。
¶シダ標2（p370/カ写）

**アイヌガラシ**　⇒アイヌワサビ(1)を見よ

**アイヌキンボウゲ**　⇒シコタンキンポウゲを見よ

**アイヌソモソモ**　*Poa fauriei*
イネ科イチゴツナギ亜科の草本。
¶桑イネ（p392/カ写・モ図）
野生2（p61/カ写）

**アイヌタチツボスミレ**　*Viola sacchalinensis*　アイヌ立坪菫
スミレ科の多年草。花は紫色。
¶原牧2（No.333/カ図）
新分牧（No.2322/モ図）
新牧日（No.1806/モ図）
牧野ス1（No.2178/カ図）

野生3（p224/カ写）
山カ野草（p348/カ写）
山ハ山花（p320/カ写）

**アイヌリトラノオ**　*Asplenium normale* × *A. oligophlebium* var. *oligophlebium*
チャセンシダ科のシダ植物。
¶シダ標1（p417/カ写）

**アイヌワサビ**(1)　*Cardamine valida*
アブラナ科の草本。別名アイヌガラシ。小葉は幅0.7～2cm。
¶野生4（p58/カ写）

**アイヌワサビ**(2)　⇒エゾワサビを見よ

**アイノコイトモ**　*Potamogeton* × *orientalis*
ヒルムシロ科の沈水植物。葉は線形、長さ4.5～7（～9）cm。
¶日水草（p135/カ写）

**アイノコカラクサイノデ**　⇒アヅミカラクサイノデを見よ

**アイノコカンガレイ**　*Schoenoplectus* × *uzenensis*
カヤツリグサ科の多年生の抽水植物。稈に稜が認められ、小穂が2～3付く。
¶カヤツリ（p686/モ図）
日水草（p202/カ写）

**アイノコクマワラビ**　*Dryopteris* × *mituii*
オシダ科のシダ植物。別名クマワラビモドキ。
¶シダ標2（p374/カ写）

**アイノコシラスゲ**　*Carex pseudoaphanolepis*
カヤツリグサ科。高さは30～80cm。
¶スゲ増（No.235/カ写）

**アイノコセンニンモ**　*Potamogeton* × *kyushuensis*
ヒルムシロ科の沈水植物。葉は線形、長さ4～8cm。
¶日水草（p128/カ写）

**アイノコバイカウツギ**　*Philadelphus satsumi* nothovar. *kiotensis*
アジサイ科の落葉低木。葉の裏面と花柱に毛を散生。
¶野生4（p169）

**アイノコハシゴシダ**　*Thelypteris angustifrons* × *T. glanduligera*
ヒメシダ科のシダ植物。
¶シダ標1（p440/カ写）

**アイノコヒルムシロ**　*Potamogeton* × *malainoides*
ヒルムシロ科の水草。
¶日水草（p114/カ写）

**アイノコヘツカシダ**　*Bolbitis heteroclita* × *B. subcordata*
オシダ科のシダ植物。
¶シダ標2（p435/カ写）

**アイノコホウビカンジュ**　*Nephrolepis* × *pseudobiserrata*
タマシダ科のシダ植物。別名タラマシダ。
¶シダ標2（p440/カ写）

**アイノコホシダ**　*Thelypteris acuminata* × *T. parasitica*
ヒメシダ科のシダ植物。別名ウスゲケホシダ。

¶シダ標1（p441/カ写）

**アイノコホラシノブ**　*Odontosoria intermedia*
ホングウシダ科のシダ植物。日本固有種。
¶固有（p201）
シダ標1（p355/カ写）

**アイハイホラゴケ**　*Vandenboschia kalamocarpa* × *V. nipponica* × *V. striata*
コケシノブ科のシダ植物。
¶シダ標1（p316/カ写）

**アイバソウ**(1)　*Scirpus wichurae* f. *wichurae*
カヤツリグサ科の草本。
¶原牧1（No.741/カ写）
新分牧（No.762/モ図）
新牧日（No.4002/モ図）
牧野ス1（No.741/カ図）

**アイバソウ**(2)　⇒アブラガヤ（広義）を見よ

**アイバナ**　⇒ツユクサを見よ

**アイハリガネワラビ**　*Thelypteris japonica* × *T. musashiensis*
ヒメシダ科のシダ植物。
¶シダ標1（p441/カ写）

**アイヒメイワトラノオ**　*Asplenium* × *capillicaule*
チャセンシダ科のシダ植物。
¶シダ標1（p418/カ写）

**アイヒメホラシノブ**　*Odontosoria chinensis* × *O. gracilis*
ホングウシダ科のシダ植物。
¶シダ標1（p355/カ写）

**アイヒメワラビ**　*Macrothelypteris* × *subviridifrons*
ヒメシダ科のシダ植物。
¶シダ標1（p432/カ写）

**アイフウリンホオズキ**　*Physalis angulata* var. *pendula*
ナス科の一年草。ヒロハフウリンホオズキとホソバフウリンホオズキとの中間型。
¶野生5（p39）

**アイフジシダ**　*Monachosorum* × *flagellare*　合富士羊歯
コバノイシカグマ科のシダ植物。フジシダとオオフジシダの雑種。
¶シダ標1（p365/カ写）

**アイホソイノデ**　*Polystichum* × *fujisanense*
オシダ科のシダ植物。
¶シダ標2（p414/カ写）

**アイホラシノブ**　*Odontosoria biflora* × *O. chinensis*
ホングウシダ科のシダ植物。
¶シダ標1（p355/カ写）

**アイラトビカズラ**　⇒トビカズラを見よ

**アイリス**　⇒アヤメ類を見よ

**アオアシアセタケ**　*Inocybe calamistrata*
アセタケ科（フウセンタケ科）のキノコ。中型。傘は灰褐色、鱗片に覆われる。ひだは黄褐色～にぶい褐色。
¶学フ増毒き（p149/カ写）

アオイ

原きの（No.144/カ写・カ図）
山力日き（p241/カ写）

**アオイ** ⇒フユアオイを見よ

**アオイカズラ** *Streptolirion lineare*
ツユクサ科の草本。
¶原牧1（No.625/カ図）
新分牧（No.665/モ図）
新牧日（No.3592/モ図）
牧野ス1（No.625/カ図）
野生1（p268/カ写）
山力野草（p646/カ写）
山レ増（p564/カ写）

**アオイガワラビ** *Diplazium kawakamii*
メシダ科の常緑性シダ。別名ウスゲアオイガワラ
ビ。葉身は長さ40～70cm、三角形。
¶シダ標2（p329/カ写）
山レ増（p646/カ写）

**アオイゴケ** *Dichondra micrantha* 葵苔
ヒルガオ科の多年生つる草。花は黄緑色。
¶原牧2（No.1451/カ図）
新分牧（No.3465/モ図）
新牧日（No.2463/モ図）
牧野ス2（No.3296/カ図）
野生5（p26/カ写）

**アオイスミレ** *Viola hondoensis* 葵菫
スミレ科の多年草。別名ヒナブキ。高さは4～7cm。
花は白に近い淡紫色。
¶学フ増野春（p65/カ写）
原牧2（No.342/カ写）
山野草（No.0720/カ写）
新分牧（No.2318/モ図）
新牧日（No.1815/モ図）
牧野ス1（No.2187/カ図）
ミニ山（p187/カ写）
野生3（p222/カ写）
山力野草（p345/カ写）
山ハ野花（p326/カ写）
山ハ山花（p318/カ写）

**アオイチゴツナギ** *Poa alta*
イネ科イチゴツナギ亜科の多年草。高さは30～
60cm。
¶野生2（p62/カ写）

**アオイヌシメジ** *Clitocybe odora*
キシメジ科のキノコ。小型～中型。傘は淡青緑色。
¶原きの（No.049/カ写・カ図）
山力日き（p67/カ写）

**アオイヒルガオ** *Convolvulus althaeoides*
ヒルガオ科の多年草。
¶帰化写2（p177/カ写）

**アオイボクロ** *Nervilia aragoana*
ラン科の地生の多年草。別名ヤエヤマヒトツボク
ロ。沖縄に分布。
¶野生1（p216）

**アオイマメ** ⇒ライマビーンを見よ

**アオイモドキ** ⇒エノキアオイを見よ

**アオイワベンケイソウ** ⇒ホソバイワベンケイを
見よ

**アオウキクサ** *Lemna aoukikusa* subsp.*aoukikusa* 青
浮草
サトイモ科（ウキクサ科）の一年生水草。別名チビ
ウキクサ。水田や池などにふつうに見られる。葉状
体は倒卵状広楕円形、長さは3～6mm。
¶原牧1（No.172/カ図）
植調（p70/カ写）
新分牧（No.205/モ図）
新牧日（No.3943/モ図）
日水草（p58/カ写）
牧野ス1（No.172/カ図）
野生1（p107/カ写）
山ハ野花（p29/カ写）

**アオウシノケグサ** *Festuca ovina* var.*coreana*
イネ科イチゴツナギ亜科の草本。
¶野生2（p53/カ写）

**アオオニタビラコ** *Youngia japonica* subsp.*japonica*
キク科キクニガナ亜科の草本。別名オニタビラコ。
¶植調（p160/カ写）
野生5（p290/カ写）

**アオオロメヅタ** ⇒カナリーキヅタを見よ

**アオカゴノキ** ⇒バリバリノキを見よ

**アオガシ**(1) ⇒バリバリノキを見よ

**アオガシ**(2) ⇒ホソバタブを見よ

**アオカズラ**(1) *Sabia japonica* 青葛
アワブキ科の木本。別名ルリビョウタン。
¶APG原樹（No.283/カ図）
原牧1（No.1311/カ図）
新分牧（No.1482/モ図）
新牧日（No.1606/モ図）
牧野ス1（No.1311/カ図）
野生2（p173/カ写）
山力樹木（p459/カ写）

**アオカズラ**(2) ⇒ツヅラフジを見よ

**アオガネシダ** *Asplenium wilfordii* 碧鉄羊歯
チャセンシダ科の常緑性シダ植物。別名オオアオガ
ネシダ。葉身は長さ10～35cm、広披針形～狭楕
円形。
¶シダ標1（p411/カ写）
新分牧（No.4630/モ図）
新牧日（No.4636/モ図）

**アオガネシダモドキ** ⇒オクタマシダを見よ

**アオカモジグサ** *Elymus racemifer* 青髢草
イネ科イチゴツナギ亜科の多年草。カモジグサに似
ている。高さは50～120cm。
¶桑イネ（p35/カ写・モ図）
原牧1（No.961/カ図）
植調（p302/カ写）
新分牧（No.1065/モ図）
新牧日（No.3665/モ図）
牧野ス1（No.961/カ図）

野生2（p51／カ写）
山ハ野花（p153／カ写）

**アオカモメヅル** *Vincetoxicum ambiguum*
キョウチクトウ科（ガガイモ科）の草本。日本固有種。
¶原牧2（No.1382／カ写）
固有（p117）
新分牧（No.3434／モ図）
新牧日（No.2371／モ図）
牧野ス2（No.3227／カ図）
野生4（p320／カ写）

**アオガヤツリ** *Cyperus nipponicus* 青蚊帳釣，青蚊帳吊
カヤツリグサ科の一年草。別名オオタマガヤツリ。高さは10〜30cm。
¶カヤツリ（p736／モ図）
原牧1（No.713／カ図）
新分牧（No.965／モ図）
新牧日（No.3972／モ図）
牧野ス1（No.713／カ図）
野生1（p340／カ写）
山ハ野花（p103／カ写）

**アオカラムシ** *Boehmeria nivea* var.*concolor* 青茎蒸
イラクサ科の多年草。別名カラムシ，クサマオ。葉裏は緑色。
¶原牧2〔クサマオ〕（No.96／カ図）
新分牧〔クサマオ〕（No.2109／モ図）
新牧日〔クサマオ〕（No.224／モ図）
牧野ス1〔クサマオ〕（No.1941／カ図）
山力野草（p554／カ写）

**アオガンピ** *Wikstroemia retusa*
ジンチョウゲ科の半常緑低木。別名オキナワガンピ。
¶野生4（p42／カ写）

**アオキ** *Aucuba japonica* var.*japonica* 青木
アオキ科（ミズキ，ガリア科）の常緑低木。別名アオキバ。高さは1〜2m。花は紫褐色。
¶APG原樹（No.1331／カ図）
学フ増樹（p113／カ写）
学フ増薬草（p220／カ写）
原牧2（No.1270／カ図）
新分牧（No.3313／モ図）
新牧日（No.1982／モ図）
茶花上（p200／カ写）
都木花新（p155／カ写）
牧野ス2（No.3115／カ図）
野生4（p265／カ写）
山力樹木（p533／カ写）

**アオキガハラウサギシダ** ⇒ウサギシダを見よ

**アオギヌゴケ** *Brachythecium populeum*
アオギヌゴケ科のコケ。別名スジナガサムシロゴケ。茎葉には縦じわがほとんどない。
¶新分牧（No.4890／モ図）
新牧日（No.4751／モ図）

**アオキノリ** *Leptogium azureum*
イワノリ科の地衣類。地衣体は青味を帯び，不透明。

**アオキバ** ⇒アオキを見よ

**アオキ‘ピクチュラータ’** ⇒ピクチュラータを見よ

**アオキラン** *Epipogium japonicum* 青木蘭
ラン科の多年生の菌従属栄養植物。高さは10〜20cm。
¶野生1（p199／カ写）
山ハ山花（p110／カ写）

**アオギリ** *Firmiana simplex* 青桐
アオイ科（アオギリ科）の落葉高木。高さは20m。
¶APG原樹（No.1033／カ図）
学フ増花庭（p186／カ写）
学フ増薬草（p217／カ写）
原牧2（No.611／カ図）
新分牧（No.2656／モ図）
新牧日（No.1760／モ図）
都木花新（p83／カ写）
牧野ス2（No.2456／カ図）
野生4（p26／カ写）
山力樹木（p478／カ写）
落葉図譜（p237／モ図）

**アオグキイヌワラビ** *Athyrium viridescentipes*
メシダ科（イワデンダ科）の常緑性シダ。日本固有種。葉身は長さ30〜50cm，三角状卵形〜卵状長楕円形。
¶固有（p204）
シダ標2（p303／カ写）

**アオグキタニイヌワラビ** *Athyrium otophorum*× *A. viridescentipes*
メシダ科のシダ植物。
¶シダ標2（p312／カ写）

**アオクグ** ⇒イヌクグを見よ

**アオグスリ** ⇒オトギリソウを見よ

**アオゲイトウ** *Amaranthus retroflexus* 青鶏頭
ヒユ科の一年草。別名アオビユ。高さは20〜150cm。花は白色。
¶帰化写改（p69／カ写, p494／カ写）
原牧2（No.951／カ写）
植調（p233／カ写）
新分牧（No.2987／モ図）
新牧日（No.445／モ図）
牧野ス2（No.2796／カ図）
野生4（p133／カ写）

**アオコウガイゼキショウ** ⇒ホソバノコウガイゼキショウを見よ

**アオゴウソ**(1) *Carex phacota* 青郷麻
カヤツリグサ科の多年草。別名ヒメゴウソ，ホナガヒメゴウソ。高さは30〜60cm。
¶原牧1（No.820／カ図）
新分牧（No.829／モ図）
新牧日（No.4112／モ図）
スゲ増〔ヒメゴウソ〕（No.84／カ写）
牧野ス1〔ヒメゴウソ〕（No.820／カ図）
野生1〔ヒメゴウソ〕（p311／カ写）

山ハ山花〔ヒメゴウソ〕(p160/カ写)

**アオゴウソ**(2) ⇒ヒメゴウソ(狭義)を見よ

**アオコウツギ** *Deutzia ogatae*
アジサイ科の小高木または低木。日本固有種。
¶固有(p74)
野生4(p161/カ写)

**アオサギソウ** ⇒ミズトンボを見よ

**アオサンゴ** ⇒ミドリサンゴを見よ

**アオジク** *Prunus mume* 'Aojiku' 青軸
バラ科。ウメの品種。実ウメ，野梅系。
¶ウメ〔青軸〕(p161/カ写)

**アオジクキヌラン** *Zeuxine affinis*
ラン科の地生の多年草。萼片の基部が緑色帯びるほかは白色。
¶野生1(p231/カ写)

**アオジクスノキ** ⇒ヒメウスノキを見よ

**アオジクマユミ** ⇒サワダツを見よ

**アオジクミヤマウラジロ** ⇒ミヤマウラジロを見よ

**アオジクミヤマシシガシラ** ⇒ミヤマシシガシラを見よ

**アオジナ** ⇒オオバボダイジュを見よ

**アオシバ** *Garnotia acutigluma*
イネ科キビ亜科の草本。
¶野生2(p85/カ写)
山レ増(p559/カ写)

**アオジュズスゲ** ⇒ナガボノコジュズスゲを見よ

**アオジロムクムクゴケ** ⇒ムクムクゴケを見よ

**アオスゲ** *Carex leucochlora* 青菅
カヤツリグサ科の多年草。高さは5〜40cm。
¶カヤツリ(p358/モ図)
原牧1(No.851/カ図)
新分牧(No.868/モ図)
新牧日(No.4153/モ図)
スゲ増(No.188/カ写)
野生1(p321/カ写)
山ハ野花(p134/カ写)

**アオスズラン** *Epipactis papillosa* var.*papillosa* 青鈴蘭
ラン科の多年草。別名エゾスズラン。高さは30〜60cm。花は淡緑色。
¶原牧1(No.414/カ図)
新分牧(No.480/モ図)
新牧日(No.4288/モ図)
牧野ス1(No.414/カ図)
野生1(p198/カ写)
山ハ山花〔エゾスズラン〕(p111/カ写)

**アオゾメタケ** *Postia caesia*
ツガサルノコシカケ科のキノコ。小型〜中型。傘は白色。
¶原きの(No.377/カ写・カ図)
山カ日き(p463/カ写)

**アオゾメツチカブリ** *Lactarius glaucescens*
ベニタケ科のキノコ。
¶学フ増毒き(p194/カ写)

**アオタゴ**(1) ⇒アオダモ(狭義)を見よ

**アオタゴ**(2) ⇒アオダモ(広義)を見よ

**アオダモ(狭義)** *Fraxinus lanuginosa* f.*serrata*
モクセイ科の落葉高木。日本固有種。別名コバノトネリコ，アオタゴ。冬芽や花序は無毛かそれに近い。
¶学フ増樹〔アオダモ〕(p72/カ写・カ図)
固有〔アオダモ〕(p112)
都木花新〔アオダモ〕(p208/カ写)
山カ樹木〔アオダモ〕(p637/カ写)

**アオダモ(広義)** *Fraxinus lanuginosa*
モクセイ科の落葉小高木。別名コバノトネリコ，アオタゴ。高さは5〜8m。
¶APG原樹〔アオダモ〕(No.1391/カ図)
原牧2〔アオダモ〕(No.1501/カ図)
新分牧(No.3546/モ図)
新牧日(No.2284/モ図)
牧野ス2〔アオダモ〕(No.3346/カ図)
落葉図譜〔アオダモ〕(p291/モ図)

**アオチゴユリ** ⇒オオチゴユリを見よ

**アオチドリ** *Dactylorhiza viridis* 青千鳥
ラン科の多年草。別名ネムロチドリ。高さは20〜50cm。
¶原牧1(No.371/カ図)
新分牧(No.452/モ図)
新牧日(No.4263/モ図)
牧野ス1(No.371/カ図)
野生1(p195/カ写)
山カ野草(p565/カ写)
山ハ山花(p123/カ写)

**アオチャセンシダ** *Asplenium viride* 青茶筌羊歯
チャセンシダ科の常緑性シダ。葉身は長さ2〜12cm，線状披針形。
¶シダ標1(p412/カ写)
新分牧(No.4642/モ図)
新牧日(No.4625/モ図)
山ハ高山(p463/カ写)

**アオチリメンジソ** *Perilla frutescens* var.*crispa* 'Viridi-crispa' 青縮細紫蘇
シソ科の一年草。シソの栽培品種。別名チリメンアオジソ。
¶原牧2(No.1702/カ図)
新分牧(No.3769/モ図)
新牧日(No.2611/モ図)
牧野ス2(No.3547/カ図)

**アオツヅラ** ⇒ツヅラフジを見よ

**アオツヅラフジ** *Cocculus trilobus* 青葛藤
ツヅラフジ科のつる性木本。別名カミエビ，チンチンカズラ，ピンピンカズラ，ホウザンツヅラフジ。花は黄白色。
¶APG原樹(No.251/カ図)
学フ増薬草(p179/カ写)
学フ有毒(p32/カ写)

原牧1（No.1159/カ図）
新分牧（No.1316/モ図）
新牧日（No.656/モ図）
牧野ス1（No.1159/カ図）
野生2（p111/カ写）
山力樹木（No.190/カ写）

**アオツリバナ** *Euonymus yakushimensis*　青釣花, 青吊花
ニシキギ科の木本。日本固有種。
¶原牧2（No.194/カ図）
固有（p88）
新分牧（No.2247/モ図）
新牧日（No.1645/モ図）
牧野ス1（No.2039/カ図）
野生3（p135/カ写）
山力樹木（No.416/カ写）

**アオテングサゴケ** *Riccardia aeruginosa*
スジゴケ科のコケ植物。日本固有種。
¶固有（p225）

**アオテンツキ** *Fimbristylis dipsacea* var.*verrucifera*　青点突
カヤツリグサ科の一年草。
¶カヤツリ（p574/モ図）
原牧1（No.762/カ図）
新分牧（No.1002/モ図）
新牧日（No.4035/モ図）
牧野ス1（No.762/カ図）
野生1（p347/カ写）

**アオテンナンショウ** *Arisaema tosaense*　青天南星
サトイモ科の多年草。日本固有種。高さは20〜70cm。
¶原牧1（No.201/カ図）
固有（p178/カ写）
新分牧（No.246/モ図）
新牧日（No.3932/モ図）
テンナン（No.30/カ写）
牧野ス1（No.201/カ図）
野生1（p101/カ写）

**アオトド** *Abies sachalinensis* var.*mayriana*　青椴
マツ科の常緑高木。別名アオトドマツ。
¶APG原樹〔アオトドマツ〕（No.52/カ図）
学フ増高山〔アオトドマツ〕（p219/カ写）
原牧1（No.15/カ図）
新分牧（No.16/モ図）
新牧日（No.27/モ図）
牧野ス1（No.16/カ図）
野生1〔アオトドマツ〕（p26）

**アオトドマツ**　⇒アオトドを見よ

**アオナシ** *Pyrus ussuriensis* var.*hondoensis*　青梨
バラ科シモツケ亜科の落葉高木。日本固有種。
¶学フ増桜（p232/カ写）
原牧1（No.1696/カ図）
固有（p79）
新分牧（No.1897/モ図）
新牧日（No.1057/モ図）
牧野ス1（No.1696/カ図）

野生3（p81/カ写）
山力樹木（p325/カ写）
山レ増（p307/カ写）

**アオナラガシワ** *Quercus aliena* var.*pellucida*
ブナ科の木本。日本固有種。
¶固有（p43）

**アオナリヒラ** *Semiarundinaria fastuosa* var.*viridis*　青業平
イネ科タケ亜科のタケ。日本固有種。稈は青緑色。
¶固有（p174）
タケ亜科（No.21/カ写）
タケササ（p64/カ写）

**アオネカズラ** *Goniophlebium niponicum*　青根葛
ウラボシ科の冬緑性シダ。常緑広葉樹林帯上部の樹上や岩上に着生する。葉身は長さ15〜20cm, 広披針形〜卵状長楕円形。
¶山野草（No.1835/カ写）
シダ標2（p457/カ写）
新分牧（No.4783/モ図）
新牧日（No.4649/モ図）

**アオネザサ** *Pleioblastus humilis*
イネ科タケ亜科のササ。日本固有種。
¶固有〔トヨオカザサ〕（p175）
タケ亜科〔トヨオカザサ〕（No.40/カ写）
野生2（p34）

**アオノイワベンケイ**　⇒ホソバイワベンケイを見よ

**アオノイワレンゲ** *Orostachys malacophylla* var.*aggregeata*　青の岩蓮華
ベンケイソウ科の多年草。高さは10〜20cm。
¶原牧1（No.1428/カ図）
新分牧（No.1580/モ図）
新牧日（No.934/モ図）
牧野ス1（No.1428/カ図）
ミニ山（p97/カ写）
野生2（p220/カ写）

**アオノキノコヤドリタケ** *Hypomyces luteovirens*
ニクザキン科のキノコ。
¶原きの（No.576/カ写・カ図）

**アオノクジャクヒバ**　⇒クジャクヒバを見よ

**アオノクマタケラン** *Alpinia intermedia*　青の熊竹蘭
ショウガ科の多年草。高さは50〜150cm。花は白色。
¶原牧1（No.649/カ図）
新分牧（No.686/モ図）
新牧日（No.4231/モ図）
茶花下（p44/カ写）
牧野ス1（No.649/カ図）
野生1（p275/カ写）
山力野草（p589/カ写）
山ハ野花（p230/カ写）

**アオノツガザクラ** *Phyllodoce aleutica*　青の栂桜
ツツジ科ツツジ亜科の常緑小低木。高さは10〜30cm。花は淡黄緑色。
¶APG原樹（No.1323/カ図）
学フ増高山（p190/カ写）

アオノリユ　10

原牧2（No.1221／カ図）
山野草（No.0818／カ写）
新分牧（No.3228／モ図）
新牧日（No.2166／モ図）
牧野ス2（No.3066／カ図）
山力樹木（p582／カ写）
山力野草（p286／カ写）
山ハ高山（p271／カ写）

**アオノリュウゼツラン**　*Agave americana*　青の竜舌蘭
リュウゼツラン科（クサスギカズラ科）の大型の常緑多年草。葉はロゼット状に集まり、長さ2mに達する。
¶帰化写2（p452／カ写）
野生1（p247／カ写）

**アオハコベ**　*Stellaria uchiyamana* var.*apetala*　青繁縷
ナデシコ科の草本。
¶原牧2（No.871／カ図）
新分牧（No.2932／モ図）
新牧日（No.343／モ図）
牧野ス2（No.2716／カ図）

**アオバスゲ**　*Carex papillaticulmis*
カヤツリグサ科の多年草。日本固有種。
¶カヤツリ（p264／モ図）
固有（p183）
スゲ増（No.129／カ写）
野生1（p314／カ写）

**アオハダ**　*Ilex macropoda*　青膚
モチノキ科の落葉高木。高さは5〜8m。花は緑白色。
¶APG原樹（No.1441／カ図）
学フ増樹（p121／カ写）
原牧2（No.1848／カ図）
新分牧（No.3887／モ図）
新牧日（No.1639／モ図）
都木花新（p165／カ写）
牧野ス2（No.3693／カ図）
野生5（p185／カ写）
山力樹木（p404／カ写）
落葉図譜（p198／モ図）

**アオハダニシキギ**　⇒ニシキギを見よ

**アオバナ**(1)　⇒オオボウシバナを見よ

**アオバナ**(2)　⇒ツユクサを見よ

**アオバナハイノキ**　*Symplocos liukiuensis* var.*liukiuensis*　青花灰の木
ハイノキ科の常緑小高木。日本固有種。別名エラブハイノキ。
¶原牧2（No.1139／カ図）
固有（p112）
新分牧（No.3182／モ図）
新牧日（No.2279／モ図）
牧野ス2（No.2984／カ図）
野生4（p212／カ写）

**アオバナミツバ**　⇒サニクラ・カエルレスセンスを見よ

**アオバノキ**　*Symplocos cochinchinensis* var.*cochinchinensis*　青葉木
ハイノキ科の常緑落葉。別名コウトウハイノキ。花は白色。
¶APG原樹（No.1182／カ図）
野生4（p211／カ写）

**アオバヤマザサ**　*Sasaella sawadae* var.*aobayamana*
イネ科タケ亜科のササ。日本固有種。
¶固有（p171）
タケ亜科（No.115／カ写）

**アオヒエスゲ**　*Carex insaniae* var.*subdita*
カヤツリグサ科の多年草。日本固有種。別名ナンカイスゲ。
¶カヤツリ（p264／モ図）
原牧1（No.870／カ図）
固有（p183／カ写）
新分牧（No.891／モ図）
新牧日（No.4175／モ図）
スゲ増（No.130／カ写）
牧野ス1（No.870／カ写）
野生1（p314／カ写）

**アオヒメウツギ**　*Deutzia gracilis* f.*nagurae*
アジサイ科（ユキノシタ科）の木本。
¶原牧2（No.1017／カ図）
新分牧（No.3049／モ図）
新牧日（No.981／モ図）
牧野ス2（No.2862／カ図）

**アオビユ**(1)　⇒アオゲイトウを見よ

**アオビユ**(2)　⇒ホナガイヌビユを見よ

**アオフタバラン**　*Neottia makinoana*　青二葉蘭
ラン科の多年草。日本固有種。
¶原牧1（No.427／カ写）
固有（p190）
新分牧（No.469／モ図）
新牧日（No.4301／モ図）
牧野ス1（No.427／カ図）
野生1（p215／カ写）

**アオベンケイ**　*Hylotelephium viride*
ベンケイソウ科の多年草。日本固有種。高さは20〜50cm。花は淡黄緑色。
¶原牧1（No.1424／カ図）
固有（p68）
新分牧（No.1589／モ図）
新牧日（No.930／モ図）
牧野ス1（No.1424／カ図）
野生2（p217／カ写）

**アオホオズキ**　*Physaliastrum japonicum*　青酸漿
ナス科の多年草。日本固有種。高さは30〜60cm。
¶原牧2（No.1467／カ図）
固有（p126／カ写）
新分牧（No.3500／モ図）
新牧日（No.2643／モ図）
牧野ス2（No.3312／カ図）
野生5（p38／カ写）
山ハ山花（p407／カ写）

山レ増（p121/カ写）

## アオホラゴケ　*Crepidomanes latealatum*　青洞苔
コケシノブ科の常緑性シダ。別名オガサワラホラゴケ。葉身は長さ2〜5cm、卵状長楕円形〜三角状楕円形。
¶シダ標1（p312/カ写）
新分牧（No.4539/モ図）
新牧日（No.4428/モ図）

## アオホラゴケモドキ　⇒オオアオホラゴケを見よ

## アオミズ　*Pilea pumila*　青みず
イラクサ科の一年草。高さは30〜50cm。
¶原牧2（No.76/カ図）
新分牧（No.2130/モ図）
新牧日（No.203/モ図）
牧野ス1（No.1921/カ図）
ミニ山（p12/カ写）
野生2（p350/カ写）
山力野草（p552/カ写）
山ハ山花（p350/カ写）

## アオミドロ　*Spirogyra* spp.
ホシミドロ科のシダ植物。
¶植調（p74/カ写）

## アオミミナグサ　⇒オランダミミナグサを見よ

## アオミヤマウラジロ　⇒ミヤマウラジロを見よ

## アオミヤマカンスゲ　*Carex multifolia* var. *pallidisquama*
カヤツリグサ科の多年草。日本固有種。別名ウスイロミヤマカンスゲ。
¶カヤツリ（p310/モ図）
固有（p184/カ写）
スゲ増（No.158/カ写）
野生1（p318）

## アオミヤマトウバナ　⇒ヤマクルマバナを見よ

## アオモジ　*Litsea cubeba*　青文字
クスノキ科の落葉低木。別名ショウガノキ。花は淡黄色。
¶APG原樹（No.163/カ図）
原牧1（No.151/カ図）
新分牧（No.189/モ図）
新牧日（No.492/モ図）
茶花上（p228/カ写）
牧野ス1（No.151/カ図）
野生1（p85/カ写）
山力樹木（p209/カ写）

## アオモリアザミ　*Cirsium aomorense*　青森薊
キク科アザミ亜科の多年草。日本固有種。別名ウニアザミ、オオノアザミ。高さは50〜100cm。
¶原牧2〔オオノアザミ〕（No.2174/カ図）
固有（p139）
新分牧〔オオノアザミ〕（No.3961/モ図）
新牧日〔オオノアザミ〕（No.3206/モ図）
牧野ス2〔オオノアザミ〕（No.4019/カ図）
野生5〔オオノアザミ〕（p228/カ写）
山ハ高山（p409/カ写）

## アオモリトドマツ　⇒オオシラビソを見よ

## アオモリマンテマ　*Silene aomorensis*
ナデシコ科の草本。日本固有種。高さは10〜25cm。
¶原牧2（No.915/カ図）
固有（p47/カ写）
新分牧（No.2968/モ図）
新牧日（No.387/モ図）
牧野ス2（No.2760/カ図）
野生4（p121/カ写）
山ハ山花（p258/カ写）

## アオモリミミナグサ　⇒ホソバミミナグサ(1)を見よ

## アオヤギソウ(1)　⇒アオヤギバナを見よ

## アオヤギソウ(2)　⇒ヒロハアオヤギソウを見よ

## アオヤギバナ　*Solidago yokusaiana*　青柳花
キク科キク亜科の多年草。日本固有種。別名アオヤギソウ、オキナグサ。高さは15〜60cm。
¶原牧2（No.1922/カ図）
固有（p138）
山野草（No.1287/カ写）
新分牧（No.4158/モ図）
新牧日（No.2960/モ図）
茶花下（p288/カ写）
牧野ス2（No.3767/カ図）
野生5（p325/カ写）
山力野草（p33/カ写）
山ハ山花（p519/カ写）

## アオロウジ　*Albatrellus caeruleoporus*
ニンギョウタケモドキ科のキノコ。小型〜大型。傘は不正円形〜丸山形、青緑色〜空色〜退色。
¶原きの（No.330/カ写・カ図）
山力日き（p446/カ写）

## アオワカメ　*Undaria peterseniana*
チガイソ科の海藻。茎は下部扁円、上部扁圧。
¶新分牧（No.5003/モ図）
新牧日（No.4863/モ図）

## アカアザタケ　*Rhodocollybia maculata*
ツキヨタケ科（キシメジ科）のキノコ。中型〜大型。傘は平滑。
¶学フ増毒き（p108/カ写）
山力日き（p109/カ写）

## アカイカタケ　*Aseroe rubra*
アカカゴタケ科（スッポンタケ科）のキノコ。
¶原きの（No.497/カ写・カ図）
山力日き（p516/カ写）

## アカイシコウゾリナ　*Picris hieracioides* subsp. *japonica* var.*akaishiensis*
キク科キクニガナ亜科の草本。日本固有種。
¶固有（p143）
野生5（p284/カ写）

## アカイシトリカブト　⇒ホソバトリカブトを見よ

## アカイシヒョウタンボク　*Lonicera mochidzukiana* var.*filiformis*
スイカズラ科の小型木本。日本固有種。
¶固有（p134）

アカイシミ　12

**アカイシミヤマクワガタ** *Pseudolysimachion schmidtianum* subsp.*akaishialpina* prov.　赤石深山鍬形
ゴマノハグサ科の草本。
¶学フ増高山（p65/カ写）

**ア**

**アカイシリンドウ** *Gentianopsis yabei* var.*akaisiensis*　赤石竜胆
リンドウ科の草本。日本固有種。
¶固有（p114）
　野生4（p299/カ写）
　山ハ高山（p305/カ写）
　山レ増（p172/カ写）

**アカイタヤ** *Acer pictum* subsp.*mayrii*
ムクロジ科（カエデ科）の高木，雌雄同株。日本固有種。別名ベニイタヤ。
¶原牧2（No.545/カ図）
　固有（p86/カ写）
　新分牧（No.2582/モ図）
　新牧日（No.1587/モ図）
　牧野ス2（No.2390/カ図）
　野生3（p295/カ写・カ図）
　落葉図譜〔ベニイタヤ〕（p210/モ図）

**アカイチイゴケ** *Pseudotaxiphyllum pohliaecarpum*
ハイゴケ科のコケ。紅色を帯びる。葉は卵形。
¶新分牧（No.4895/モ図）
　新牧日（No.4756/モ図）

**アカイボカサタケ** *Entoloma quadratum*
イッポンシメジ科のキノコ。
¶学フ増毒き（p160/カ写）
　原きの（No.096/カ写・カ図）
　山カ日き（p278/カ写）

**アカウキクサ** *Azolla imbricata*　赤浮草
サンショウモ科の水面に浮遊するシダ植物。夏は緑白色，冬には赤色を帯びる。
¶シダ標1（p336/カ写）
　植調（p71/カ写）
　日水草（p30/カ写）
　山レ増（p630/カ写）

**アカウロコタケ** *Hymenochaete mougeotii*
タバコウロコタケ科のキノコ。
¶山カ日き（p490/カ写）

**アカエゾマツ** *Picea glehnii*　赤蝦夷松
マツ科の常緑高木。別名シンコマツ，シコタンマツ。高さは40m。
¶APG原樹（No.28/カ図）
　原牧1（No.8/カ図）
　新分牧（No.27/モ図）
　新牧日（No.20/モ図）
　牧野ス1（No.9/カ図）
　山カ樹木（p27/カ写）
　山ハ高山（p453/カ写）

**アカエンドウ** *Pisum sativum* Arvense Group　赤豌豆
マメ科の果菜類。別名エンドウ，ブントウ，ノラマメ（古名）。つるの長さは1m。
¶原牧1（No.1585/カ図）
　新分牧（No.1791/モ図）

新牧日（No.1372/モ図）
　牧野ス1（No.1585/カ図）

**アカオニタビラコ** *Youngia japonica* subsp.*elstonii*
キク科キクニガナ亜科の越年草。
¶植調（p160/カ写）
　野生5（p290/カ写）

**アカカゴタケ** *Clathrus ruber*
スッポンタケ科のキノコ。
¶原きの（No.499/カ写・カ図）

**アカガシ** *Quercus acuta*　赤樫
ブナ科の常緑高木。別名オオガシ，オオバガシ。高さは20m。
¶APG原樹（No.711/カ図）
　学フ増樹（p133/カ写）
　原牧2（No.116/カ図）
　新分牧（No.2158/モ図）
　新牧日（No.151/モ図）
　牧野ス1（No.1961/カ図）
　野生3（p97/カ写）
　山カ樹木（p146/カ写）

**アカカバイロタケ** *Russula compacta*
ベニタケ科のキノコ。中型〜大型。傘は茶褐色。ひだはほぼ白色。
¶山カ日き（p360/カ写）

**アカカンバ** *Betula ermanii* var.*subcordata*
カバノキ科の落葉高木。別名ナンタイカンバ。葉は広卵状心形。
¶野生3（p113）

**アカギ**(1)　*Bischofia javanica*　赤木
コミカンソウ科（ミカンソウ科，トウダイグサ科）の半常緑高木。別名カタン。雌雄異株，心材は赤褐色。高さは20m以上。
¶APG原樹（No.814/カ図）
　原牧2（No.274/カ図）
　新分牧（No.2435/モ図）
　新牧日（No.1440/モ図）
　牧野ス1（No.2119/カ図）
　野生3（p168/カ写）
　山カ樹木（p390/カ写）

**アカギ**(2)　⇒ネジキを見よ

**アカギオンマモリ** *Hibiscus syriacus* ‘Aka-gion-mamori’　赤祇園守
アオイ科。ムクゲの品種。半八重咲き祇園守型。
¶茶花下（p25/カ写）

**アカギキンポウゲ** *Ranunculus japonicus* var.*akagiensis*
キンポウゲ科の草本。
¶野生2（p159/カ写）

**アカギツツジ**　⇒アカヤシオを見よ

**アカキツネガサ** *Leucoagaricus rubrotinctus*
ハラタケ科のキノコ。小型〜中型。傘は赤褐色。
¶原きの（No.180/カ写・カ図）
　山カ日き（p184/カ写）

アカキナノキ　*Cinchona calisaya*
アカネ科の常緑高木。高さは20m以上。葉柄が赤い。
¶原牧2（No.1331/カ図）
　牧野ス2（No.3176/カ図）

アカキヒダタケ　*Phylloporus rhodoxanthus*
イグチ科のキノコ。
¶原きの（No.234/カ写・カ図）

アカギモドキ　*Allophylus timoriensis*
ムクロジ科の木本。
¶野生3（p298/カ写）

アカクラマゴケモドキ　*Porella densifolia* var.*oviloba*
クラマゴケモドキ科。日本固有種。
¶固有（p223）

アカクロマツ　⇒アイグロマツを見よ

アカゲシメジ　*Tricholoma imbricatum*
キシメジ科のキノコ。
¶山カ日き（p91/カ写）

アカケンバ　*Codiaeum variegatum* var.*pictum* f. *lobatum*　赤剣葉
トウダイグサ科の木本。
¶APG原樹（No.806/カ図）

アカコウヤクタケ　*Aleurodiscus amorphus*
ウロコタケ科のキノコ。
¶原きの（No.386/カ写・カ図）

アカコシミノ　*Camellia japonica* 'Aka-koshimino'
赤腰簔
ツバキ科。ツバキの品種。花は紅色。
¶茶花上（p139/カ写）

アカコブタケ　*Hypoxylon fragiforme*
クロサイワイタケ科のキノコ。
¶原きの（No.577/カ写・カ図）

アカゴマ　⇒アマを見よ

アカザ　*Chenopodium album* var.*centrorubrum*　藜
ヒユ科（アカザ科）の一年草。シロザの変種。若芽は紅色。高さは150cm。
¶学フ増山菜（p68/カ写）
　学フ増薬草（p44/カ写）
　学フ有毒（p63/カ写）
　帰化写改（p54/カ写）
　原牧2（No.962/カ図）
　新分牧（No.3016/モ図）
　新牧日（No.415/モ図）
　牧野ス2（No.2807/カ図）
　野生4（p139/カ写）
　山カ野草（p529/カ写）
　山ハ野花（p287/カ写）

アカザカズラ　*Boussingaultia cordifolia*
ツルムラサキ科のつる性多年草。花は淡緑色。
¶帰化写改（p31/カ写）

アカサキジロゴケ　*Gymnomitrion mucronulatum*
ミゾゴケ科のコケ植物。日本固有種。
¶固有（p222）

アカササゲ　*Vigna vexillata* var.*tsusimensis*
マメ科マメ亜科の草本。
¶野生2（p303/カ写）
　山レ増（p292/カ写）

アカササタケ　*Cortinarius phoeniceus*
フウセンタケ科のキノコ。
¶山カ日き（p267/カ写）

アカシガタ　*Camellia japonica* 'Akashigata'　明石潟
ツバキ科。ツバキの品種。花は紅色。
¶茶花上（p135/カ写）

アカジコウ　*Boletus speciosus*
イグチ科のキノコ。中型～大型。傘はばら紅色。
¶山カ日き（p327/カ写）

アカジシャ　⇒シロモジを見よ

アカジソ　⇒シソを見よ

アカシデ　*Carpinus laxiflora*　赤四手, 赤幣
カバノキ科の落葉高木。別名シデノキ, ソロ, ソロノキ, コソネ, コシデ。樹皮は灰色。
¶APG原樹（No.757/カ図）
　学フ増樹（p143/カ写）
　原牧2（No.132/カ図）
　新分牧（No.2196/モ図）
　新牧日（No.110/モ図）
　図説樹木（p74/カ写）
　都木花新（p64/カ写）
　牧野ス1（No.1977/カ図）
　野生3（p117/カ写）
　山カ樹木（p128/カ写）
　落葉図譜（p66/モ図）

アカジナ　⇒シナノキを見よ

アカジョー　⇒マホガニーを見よ

アカショウマ　*Astilbe thunbergii* var.*thunbergii*　赤升麻
ユキノシタ科の多年草。日本固有種。高さは40～80cm。花は白色。
¶原牧1（No.1364/カ図）
　固有（p69）
　新分牧（No.1541/モ図）
　新牧日（No.943/モ図）
　茶花上（p488/カ写）
　牧野ス1（No.1364/カ図）
　ミニ山（p99/カ写）
　野生2（p199）
　山ハ野花（p298/カ写）

アカスグリ　⇒フサスグリを見よ

アカスゲ　*Carex quadriflora*
カヤツリグサ科の多年草。
¶カヤツリ（p390/モ図）
　スゲ増（No.210/モ写）
　野生1（p324/カ写）

アカスミノクラ　*Camellia japonica* 'Aka-suminokura'　赤角倉
ツバキ科。ツバキの品種。花は紅色。
¶茶花上（p144/カ写）

**アカソ** *Boehmeria silvestrii* 赤麻
イラクサ科の多年草。高さは50〜80cm。
¶学フ増野夏 (p192/カ図)
　原牧2 (No.92/カ図)
　新分牧 (No.2113/モ図)
　新牧日 (No.220/モ図)
　茶花下 (p168/カ写)
　牧野ス1 (No.1937/カ図)
　野生2 (p343/カ写)
　山カ野草 (p554/カ写)
　山ハ野花 (p390/カ写)
　山ハ山花 (p349/カ写)

**アカゾメタケ** *Hapalopilus nidulans*
タマチョレイタケ科 (サルノコシカケ科) のキノコ。
傘は赤味を帯びたシナモン色。
¶原きの (No.355/カ写・カ図)

**アカタケ** *Cortinarius sanguineus*
フウセンタケ科のキノコ。
¶学フ増毒き (p155/カ写)
　原きの (No.074/カ写・カ図)
　山カ日き (p267/カ写)

**アカダマタケ** *Melanogaster intermedius*
ヒダハタケ科のキノコ。小型〜中型。子実体は類
球形。
¶山カ日き (p504/カ写)

**アカダマノキ** ⇒ヤブコウジを見よ

**アカダモ** ⇒ハルニレを見よ

**アカチシオタケ** *Mycena crocata*
ラッシタケ科 (クヌギタケ科) のキノコ。小型。傘
は淡灰褐色〜帯橙褐色。
¶原きの (No.209/カ写・カ図)
　山カ日き (p131/カ写)

**アカツキ** ⇒アズキを見よ

**アカツキイチゴウ** *Hibiscus syriacus* 'Akatsuki-1-gô'
暁一号
アオイ科。ムクゲの品種。一重咲き広弁型。
¶茶花下 (p24/カ写)

**アカツキザクラ** *Cerasus×compta* 暁桜
バラ科シモツケ亜科の木本。サクラの品種。別名ア
ケボノザクラ, カスミオオヤマザクラ。花は淡紅色。
¶野生3 (p66)

**アカツグ** ⇒アカミノイヌツゲ(1)を見よ

**アカツブキンチャヤマイグチ** *Leccinum aurantiacum*
イグチ科のキノコ。
¶原きの (No.314/カ写・カ図)

**アカツブフウセンタケ** *Cortinarius bolaris*
フウセンタケ科のキノコ。小型。傘は類白色の地に
赤褐色鱗片, 変色性である。ひだはクリーム色〜肉
桂色。
¶学フ増毒き (p153/カ写)
　原きの (No.065/カ写・カ図)
　山カ日き (p258/カ写)

**アカツムタケ** *Pholiota astragalina*
モエギタケ科のキノコ。小型〜中型。傘は朱赤色,
平滑, 湿時粘性あり。ひだは黄色。
¶学フ増毒き (p144/カ写)
　山カ日き (p235/カ写)

**アカツメクサ** ⇒ムラサキツメクサを見よ

**アカテツ** *Planchonella obovata* 赤鉄
アカテツ科の常緑高木。別名クロテツ, コバノアカ
テツ。
¶原牧2 (No.1057/カ図)
　新分牧 (No.3099/モ図)
　新牧日 (No.2256/モ図)
　牧野ス2 (No.2902/カ図)
　野生4 (p182/カ写)

**アカテツナナカマド** ⇒サビバナナカマドを見よ

**アカテツノキ** ⇒アデクを見よ

**アカトド** ⇒トドマツを見よ

**アカトドマツ** ⇒トドマツを見よ

**アカナ** ⇒ヒノナを見よ

**アカナス** ⇒トマトを見よ

**アカヌマゴウソ** ⇒ヤチスゲを見よ

**アカヌマソウ** *Deinostema violaceum* 赤沼草
オオバコ科 (ゴマノハグサ科) の湿地に生える一年
草。高さは12〜15cm。花は淡紫色。
¶原牧2 (No.1559/カ図)
　新分牧 (No.3582/モ図)
　新牧日 (No.2691/モ図)
　牧野ス2 (No.3404/カ図)

**アカヌマフウロ** ⇒ハクサンフウロを見よ

**アカヌマベニタケ** *Hygrocybe miniata*
ヌメリガサ科のキノコ。
¶山カ日き (p46/カ写)

**アカネ** *Rubia argyi* 茜
アカネ科のつる性多年草。別名アカネカズラ, ベニ
カズラ。長さは1〜3m。
¶色野草 (p366/カ写)
　学フ増野秋 (p205/カ写)
　学フ増薬草 (p100/カ写)
　原牧2 (No.1325/カ図)
　新分牧 (No.3359/モ図)
　新牧日 (No.2439/モ図)
　茶花下 (p168/カ写)
　牧野ス2 (No.3170/カ図)
　野生4 (p289/カ写)
　山カ野草 (p148/カ写)
　山ハ野花 (p421/カ写)

**アカネカズラ(1)** ⇒アカネを見よ

**アカネカズラ(2)** ⇒クロヅルを見よ

**アカネスゲ** *Carex poculisquama*
カヤツリグサ科の多年草。
¶カヤツリ (p416/モ図)
　スゲ増 (No.227/カ写)
　野生1 (p323/カ写)

山レ増（p535/カ写）

**アカネスミレ** *Viola phalacrocarpa f.phalacrocarpa*
茜堇
スミレ科の多年草。高さは5〜10cm。花は淡紅紫色
〜紅紫色で紫色のすじが入る。
¶学フ増野春（p61/カ写）
原牧2（No.373/カ図）
新分牧（No.2357/モ図）
新牧日（No.1845/モ図）
牧野ス1（No.2218/カ図）
ミニ山（p189/カ写）
野生3（p218/カ写）
山カ野草（p338/カ写）
山ハ野花（p330/カ写）

**アカネタケ** *Russula alutacea*
ベニタケ科のキノコ。
¶学フ増毒き（p193/カ写）

**アカネハナワラビ** *Botrychium × elegans*
ハナヤスリ科のシダ植物。
¶シダ標1（p294/カ写）

**アカネムグラ** *Rubia jesoensis*
アカネ科の多年草。根から赤色の染料をとる。高さ
は20〜60cm。
¶原牧2（No.1328/カ図）
新分牧（No.3362/モ図）
新牧日（No.2442/モ図）
牧野ス2（No.3173/カ図）
野生4（p290/カ写）
山カ野草（p148/カ写）

**アカノマンマ** ⇒イヌタデ(1)を見よ

**アカハエトリタケ** ⇒ベニテングタケを見よ

**アカハザクラ** ⇒ベニバスモモを見よ

**アカバシメジ** *Mycena pelianthina*
キシメジ科のキノコ。
¶学フ増毒き（p113/カ写）

**アカハダクスノキ** *Beilschmiedia erythrophloia*
クスノキ科の木本。
¶野生1（p79）
山レ増（p409/カ写）

**アカハダコバンノキ** *Margaritaria indica*
コミカンソウ科（トウダイグサ科）の木本。
¶野生3（p170/カ写）

**アカハダノキ** *Archidendron lucidum*
マメ科オジキソウ亜科の木本。別名タマザキゴウ
カン。
¶野生2（p246/カ写）

**アカハツ** *Lactarius akahatsu*
ベニタケ科のキノコ。
¶山カ日き（p395/カ写）

**アカハツモドキ** *Lactarius deterrimus*
ベニタケ科のキノコ。
¶原きの（No.153/カ写・カ図）

**アカバナ** (1)　*Epilobium pyrricholophum*　赤花, 赤葉菜
アカバナ科の多年草。高さは15〜90cm。
¶色野草（p297/カ写）
学フ増野夏（p65/カ写）
原牧2（No.450/カ図）
新分牧（No.2509/モ図）
新牧日（No.1935/モ図）
茶花下（p44/カ写）
牧野ス2（No.2295/カ図）
ミニ山（p207/カ写）
野生3（p265/カ写）
山カ野草（p325/カ写）
山ハ野花（p312/カ写）
山ハ山花（p305/カ写）

**アカバナ** (2)　⇒オオベニタデ(1)を見よ

**アカバナアメリカトチノキ** *Aesculus pavia*　赤花ア
メリカ橡木
ムクロジ科（トチノキ科）の木本。別名アカバナト
チノキ。樹高は5m。花は赤色。樹皮は濃灰色。
¶APG原樹（No.940/カ図）

**アカバナエゾノコギリソウ** *Achillea alpina* subsp.
*pulchra*
キク科キク亜科の草本。日本固有種。
¶固有（p149）
野生5（p328/カ写）

**アカバナエニシダ** ⇒ホオベニエニシダを見よ

**アカバナエンレイソウ** ⇒トリリウム・エレクツム
を見よ

**アカバナオオケタデ** ⇒オオベニタデ(1)を見よ

**アカハナガサ** *Hibiscus syriacus* 'Aka-hanagasa'　赤
花笠
アオイ科。ムクゲの品種。半八重咲き花笠型。
¶茶花下（p28/カ写）

**アカバナサンザシ** *Crataegus oxyacantha* var.*paulii*
赤花山櫨子
バラ科の落葉低木。セイヨウサンザシの変種。高さ
は5mほど。
¶山カ樹木（p345/カ写）

**アカバナシモツケソウ** *Filipendula multijuga* var.
*ciliata*
バラ科バラ亜科の多年草。日本固有種。北関東・長
野県・山梨県に分布。
¶固有（p78）
野生5（p28/カ写）

**アカバナジョチュウギク** ⇒アカムシヨケギクを
見よ

**アカバナトキワマンサク** *Loropetalum chinense*
var.*rubrum*
マンサク科の木本。
¶APG原樹（No.1552/カ図）
茶花上〔べにばなときわまんさく〕（p311/カ写）

**アカバナトゲアオイ** *Hibiscus radiatus*
アオイ科の木本状多年草。刺あり。高さは70〜
150cm。花はややくすんだ黄色。
¶帰化写2（p413/カ写）

アカハナト　16

アカバナトチノキ　⇒アカバナアメリカトチノキを見よ

アカバナハカマノキ　⇒オオバナソシンカを見よ

アカバナヒメイワカガミ　Schizocodon ilicifolius var.australis　赤花姫岩鏡
イワウメ科の常緑多年草。日本固有種。
¶固有(p102)
山ハ山花(p377/カ写)

アカバナヒルギ　⇒オヒルギを見よ

アカバナマツムシソウ　Knautia macedonica
マツムシソウ科の宿根草。高さは25～50cm。花は暗紫色。
¶山野草(No.1144/カ写)

アカバナムクゲ　⇒ブッソウゲを見よ

アカバナメドハギ　Lespedeza lichiyuniae
マメ科マメ亜科の小低木。
¶帰化写2(p92/カ写)
新分牧(No.1686/モ図)
野生2(p280)

アカバナユウゲショウ　⇒ユウゲショウ(1)を見よ

アカバナヨルガオ　⇒ハリアサガオを見よ

アカハナワラビ　Botrychium nipponicum
ハナヤスリ科の冬緑性シダ。別名ウスイハナワラビ。葉は高さ20～50cm。
¶シダ標1(p292/カ写)

アガパンサス　⇒ムラサキクンシランを見よ

アカヒゲガヤ　Heteropogon contortus
イネ科キビ亜科の多年草。
¶新分牧(No.1186/モ図)
新牧日(No.3850/モ図)
野生2(p86/カ写)

アカヒダカラカサタケ　Melanophyllum haematospermum
ハラタケ科のキノコ。小型。傘は淡褐色、粉状。ひだは紅色のち暗褐色。
¶原きの(No.204/カ写・カ図)

アカヒダササタケ　Cortinarius semisanguineus
フウセンタケ科のキノコ。小型。傘は帯褐黄土色～橙黄褐色、絹糸状。ひだは血赤色～肉桂色。
¶原きの(No.075/カ写・カ図)
山カ日き(p267/カ写)

アカヒダボタン　Chrysosplenium nagasei var. porphyranthes　赤飛騨牡丹
ユキノシタ科の多年草。日本固有種。高さは5～13cm。
¶固有(p71)
山ハ野草(p712/カ写)
山ハ山花(p270/カ写)

アカヒダワカフサタケ　Hebeloma vinosophyllum
ヒメノガステル科(フウセンタケ科)のキノコ。小型～中型。傘は饅頭形、湿時粘性、縁にクモの巣膜。ひだは肌色～赤褐色。
¶学フ増毒き(p151/カ写)
山カ日き(p245/カ写)

アカヒッコリー　Carya ovalis
クルミ科の落葉高木。
¶落葉図譜(p63/モ図)

アカヒトエ　Hibiscus syriacus 'Aka-hitoe'　赤一重
アオイ科。ムクゲの品種。一重咲き中弁型。
¶茶花下(p18/カ写)

アカヒトデタケ　Aseroe coccinea
アカカゴタケ科のキノコ。
¶山カ日き(p517/カ写)

アカヒラトユリ　⇒コオニユリを見よ

アカフサスグリ　⇒フサスグリを見よ

アカフユノハナワラビ　Botrychium ternatum var. pseudoternatum
ハナヤスリ科のシダ植物。日本固有種。
¶固有(p199)
シダ標1(p291/カ写)

アカブラ　⇒シマサルスベリを見よ

アカボシタツナミソウ　Scutellaria rubropunctata var.rubropunctata　赤星立波草
シソ科タツナミソウ亜科の草本。日本固有種。
¶固有(p125)
新分牧(No.3723/モ図)
新牧日(No.2541/モ図)
野生5(p119/カ写)
山ハ山花(p420/カ写)

アカボシツリフネソウ　Impatiens capensis
ツリフネソウ科の一年草。別名ケープツリフネソウ、ケープツリフネ。花は橙黄色。
¶帰化写2(p147/カ写)

アカマ　⇒ガマを見よ

アカマツ　Pinus densiflora　赤松
マツ科の常緑高木。別名メマツ。樹高は35m。樹皮は帯赤褐のち灰赤色。
¶APG原樹(No.7/カ図)
学フ増樹(p30/カ写・カ図)
学フ増薬草(p158/カ写)
原牧1(No.22/カ図)
新分牧(No.30/モ図)
新牧日(No.34/モ図)
図説樹木(p28/カ写)
都木花新(p233/カ写)
牧野ス1(No.23/カ図)
野生1(p31/カ写・モ図(p29))
山カ樹木(p19/カ写)

アカマロソウ　⇒ハリナズナを見よ

アカマンマ　⇒イヌタデ(1)を見よ

アカミサンザシ　Crataegus mollis　赤実山査子, 赤実山櫨子
バラ科の木本。別名アカミホーソン。樹高は12m。樹皮は赤褐色。
¶APG原樹(No.521/カ図)

アカミズキ(1)　⇒アカミミズキを見よ

アカミズキ(2)　⇒タマミズキを見よ

**アカミタンポポ** *Taraxacum laevigatum*
キク科キクニガナ亜科の多年草。痩果が赤色。高さは10～25cm。花は暗赤色。
¶**帰化写改**(p394/カ写, p518/カ写)
**植調**(p138/カ写)
**野生5**(p287/カ写)

**アカミノイヌツゲ**(1) *Ilex sugerokii* var. *brevipedunculata* 赤実の犬黄楊
モチノキ科の常緑低木。別名アカツグ, ミヤマクロソヨゴ。
¶**原牧2**(No.1837/カ図)
**新分牧**(No.3882/モ図)
**新牧日**(No.1628/モ図)
**牧野ス2**(No.3682/カ図)
**野生5**(p182/カ写)
**山カ樹木**(p407/カ写)
**山ハ高山**(p340/カ写)

**アカミノイヌツゲ**(2) ⇒ツルマンリョウを見よ

**アカミノイヌホオズキ** *Solanum villosum*
ナス科の一年草。別名ビロードイヌホオズキ。高さは20～70cm。花は白色。
¶**帰化写2**(p222/カ写)
**野生5**(p43)

**アカミノオグラクモタケ** *Cordyceps coceidioperitheciata*
ノムシタケ科の冬虫夏草。クモに寄生。子嚢殻が淡橙赤色。
¶**冬虫生態**(p227/カ写)

**アカミノギボウシゴケ** ⇒ギボウシゴケを見よ

**アカミノクマコケモモ** ⇒ウラシマツツジを見よ

**アカミノブドウ** ⇒アカミノヤブカラシを見よ

**アカミノヤブカラシ** *Cayratia yoshimurae*
ブドウ科のつる性多年草。日本固有種。別名リュウキュウヤブカラシ。ヤブカラシに似ているが, 無毛。
¶**固有**〔アカミノブドウ〕(p90)
**野生2**(p235/カ写)

**アカミノルイヨウショウマ** *Actaea erythrocarpa*
キンポウゲ科の多年草。果実は赤熟。
¶**野生2**(p131/カ写)

**アカミホーソン** ⇒アカミサンザシを見よ

**アカミミズキ** *Wendlandia formosana* 赤身水木
アカネ科の木本。別名アカミズキ。
¶**APG原樹**〔アカミズキ〕(No.1352/カ図)
**原牧2**〔アカミズキ〕(No.1288/カ図)
**新分牧**(No.3364/モ図)
**新牧日**(No.2402/モ図)
**牧野ス2**〔アカミズキ〕(No.3133/カ図)
**野生4**〔アカミズキ〕(p293/カ写)

**アカミヤドリギ** *Viscum album* subsp. *coloratum* f. *rubroaurantiacum* 赤実宿生木
ビャクダン科の木本。
¶**APG原樹**(No.1056/カ図)

**アカムシヨケギク** *Tanacetum coccineum* 赤虫除菊
キク科の草本。別名ペルシャジョチュウギク, ペルシアジョチュウギク, アカバナジョチュウギク, ピレスラム。花は紅色。
¶**原牧2**(No.2076/カ図)
**新分牧**(No.4244/モ図)
**新牧日**(No.3110/モ図)
**茶花上**(p338/カ写)
**牧野ス2**(No.3921/カ図)

**アカメイヌビワ** *Ficus benguetensis*
クワ科の木本。別名コウトウイヌビワ。
¶**野生2**(p337/カ写)

**アカメイノデ** *Polystichum*×*kurokawae*
オシダ科のシダ植物。
¶**シダ標2**(p419/カ写)

**アカメガシワ** *Mallotus japonicus* 赤芽柏, 赤芽槲, 赤芽檞
トウダイグサ科の落葉高木。別名ゴサイバ, サイモリバ。花は淡黄色。
¶**APG原樹**(No.794/カ図)
**学フ増樹**(p182/カ写・カ図)
**学フ増薬草**(p197/カ写)
**原牧2**(No.241/カ図)
**新分牧**(No.2400/モ図)
**新牧日**(No.1459/モ図)
**図説樹木**(p148/カ写)
**茶花上**(p228/カ写)
**都木花新**(p172/カ写)
**牧野ス1**(No.2086/カ図)
**野生3**(p162/カ写)
**山カ樹木**(p391/カ写)

**アカメクジャク** *Diplazium*×*okudairaeoides*
メシダ科のシダ植物。
¶**シダ標2**(p331/カ写)

**アカメモチ** ⇒カナメモチを見よ

**アカメヤナギ**(1) ⇒フリソデヤナギを見よ

**アカメヤナギ**(2) ⇒マルバヤナギ(1)を見よ

**アカモク** *Sargassum horneri*
ホンダワラ科の海藻。茎は単条, 円柱状。体は3～5m。
¶**新分牧**(No.5012/モ図)
**新牧日**(No.4872/モ図)

**アカモジ** ⇒ウスノキ(広義)を見よ

**アカモノ** *Gaultheria adenothrix* 赤物
ツツジ科スノキ亜科の矮小低木。日本固有種。別名イワハゼ。高さは10～30cm。花は白色。
¶**APG原樹**(No.1329/カ図)
**学フ増高山**(p187/カ写)
**学フ増山菜**(p192/カ写)
**原牧2**(No.1240/カ図)
**固有**(p104/カ写)
**山野草**(No.0796/カ写)
**新分牧**(No.3293/モ図)
**新牧日**(No.2184/モ図)
**茶花上**(p489/カ写)
**牧野ス2**(No.3085/カ図)
**野生4**(p254/カ写)

山力樹木 (p596/カ写)
山力野草 (p290/カ写)
山八高山 (p284/カ写)

**アカモミタケ** *Lactarius laeticolor*
ベニタケ科のキノコ。中型〜大型。傘は橙黄色, 不明瞭な環紋あり。ひだは淡橙紅色。
¶山力日き (p393/カ写)

**アカヤシオ** *Rhododendron pentaphyllum* var.*nikoense*
赤八汐, 赤八塩
ツツジ科ツツジ亜科の落葉低木。日本固有種。別名アカギツツジ。
¶APG原樹 (No.1216/カ写)
学フ増花庭 (p20/カ写)
固有 (p106)
山野草 (No.0774/カ写)
野生4 (p238/カ写)

**アカヤジオウ** ⇒ジオウを見よ

**アカヤナギ** ⇒オオバヤナギ(1)を見よ

**アカヤマタケ** *Hygrocybe conica*
ヌメリガサ科のキノコ。小型〜中型。傘は赤色〜橙色〜黄色, 黒変, 円錐形, 粘性あり。ひだは淡黄色。
¶学フ増毒き (p81/カ写)
原きの (No.124/カ写・カ図)
新分牧 (No.5100/モ図)
新牧日 (No.4984/モ図)
山力日き (p40/カ写)

**アカヤマドリ** *Leccinum extremiorientale*
イグチ科のキノコ。大型。傘は橙褐色でビロード状。
¶山力日き (p341/カ写)

**アカラギ** ⇒ヒメシャラを見よ

**アガリクス・ベルナルディイ** *Agaricus bernardii*
ハラタケ科のキノコ。傘は白色〜灰白色, 傘の径最大2cm。
¶原きの〔Salt-loving mushroom(好塩性のきのこ)〕(No.002/カ写・カ図)

**アガリクス類** *Agaricus* spp.
ハラタケ科。ハラタケ属のキノコ。
¶学フ増毒き (p122/カ写)

**アカリファ** *Acalypha wilkesiana*
トウダイグサ科の木本。花は赤みを帯びる。
¶APG原樹〔アカリファ・ウィルケシアーナ〕(No.793/カ図)
原牧2 (No.239/カ図)
新分牧 (No.2397/モ図)
新牧日 (No.1457/モ図)
牧野ス1 (No.2084/カ図)

**アカリファ・ウィルケシアーナ** ⇒アカリファを見よ

**アカロウゲツ** ⇒ベニロウゲツを見よ

**アカンカサスゲ** *Carex sordita*
カヤツリグサ科の多年草。別名エゾカサスゲ。
¶カヤツリ (p516/モ図)
スゲ増 (No.287/カ写)
野生1 (p335/カ写)

**アカンサス** *Acanthus mollis*
キツネノマゴ科の宿根草。別名ハアザミ。高さは90〜120cm。花は紫紅色を帯びた白色。
¶原牧2 (No.1803/カ写)
新分牧 (No.3654/モ図)
新牧日 (No.2782/モ図)
牧野ス2 (No.3648/カ図)

**アカンスゲ** *Carex loliacea*
カヤツリグサ科の多年草。
¶カヤツリ (p122/モ図)
スゲ増 (No.47/カ写)
野生1 (p307/カ写)

**アカンソマイセス アラネアラム** *Akanthomyces aranearum*
ノムシタケ科の冬虫夏草。宿主はクモ。
¶冬虫生態 (p277/カ写)

**アカンソマイセス ノボギネンシス** *Akanthomyces novoguineensis*
ノムシタケ科の冬虫夏草。宿主はクモ。
¶冬虫生態 (p277/カ写)

**アカンテンツキ** *Fimbristylis dichotoma* var.*ochotensis*
カヤツリグサ科の多年草。別名オホーツクテンツキ。
¶カヤツリ〔オホーツクテンツキ〕(p596/モ図)
野生1 (p349/カ写)

**アカンボウ** ⇒クリタケを見よ

**アキー** *Blighia sapida*
ムクロジ科の木本。
¶APG原樹 (No.948/カ写)

**アキイトスゲ** *Carex kamagariensis*
カヤツリグサ科の多年草。
¶カヤツリ (p276/モ図)
スゲ増 (No.140/カ写)
野生1 (p317/カ写)

**アキイヌワラビ** *Athyrium* × *akiense*
メシダ科のシダ植物。
¶シダ標2 (p310/カ写)

**アキウネマガリ** *Neosasamorpha akiuensis*
イネ科タケ亜科のササ。
¶タケ亜科 (No.99/カ写)

**アキカサスゲ** *Carex nemostachys*
カヤツリグサ科の多年草。
¶カヤツリ (p472/モ図)
原牧1 (No.896/カ図)
新分牧 (No.917/モ図)
新牧日 (No.4206/モ図)
スゲ増 (No.263/カ写)
牧野ス1 (No.896/カ図)
野生1 (p333/カ写)

**アキカラマツ** *Thalictrum minus* var.*hypoleucum* 秋唐松
キンポウゲ科の多年草。高さは40〜120cm。
¶学フ増野夏 (p106/カ写)
原牧1 (No.1244/カ図)

新分牧（No.1364/モ図）
新牧日（No.569/モ図）
茶花下（p45/カ写）
牧野ス1（No.1244/カ図）
野生2（p166/カ写）
山力野草（p485/カ写）
山ハ山花（p232/カ写）

**アキギリ** *Salvia glabrescens* var.*glabrescens* 秋桐
シソ科シソ亜科〔イヌハッカ亜科〕の多年草。日本
固有種。高さは20〜50cm。花は紫色。
¶原牧2（No.1677/カ図）
固有（p122）
山野草（No.1025/カ写）
新分牧（No.3794/モ図）
新牧日（No.2589/モ図）
茶花下（p169/カ写）
牧野ス2（No.3522/カ図）
野生5（p138/カ写）
山力野草（p222/カ写）
山ハ山花（p427/カ写）

**アキグミ** *Elaeagnus umbellata* var.*umbellata* 秋茱萸
グミ科の落葉低木。高さは3〜4m。花は帯黄白色。
¶APG原樹（No.634/カ図）
学フ増山菜（p180/カ写）
学フ増樹（p41/カ写・カ図）
学フ増薬草（p219/カ写）
原牧2（No.8/カ写）
新分牧（No.2048/モ図）
新牧日（No.1784/モ図）
都木花新〔アキグミとナツグミ〕（p147/カ写）
牧野ス1（No.1853/カ写）
ミニ山（p184/カ写）
野生2（p311/カ写）
山力樹木（p506/カ写）
落葉図譜（p245/モ図）

**アキザキナギラン** *Cymbidium aspidistrifolium*
ラン科の草本。
¶野生1（p193）

**アキザキバケイスゲ** *Carex mochomuensis*
カヤツリグサ科の多年草。日本固有種。
¶カヤツリ（p412/モ図）
固有（p186）
新分牧（No.851/モ図）
スゲ増（No.224/カ写）
野生1（p325/カ写）

**アキザキヤツシロラン** ⇒ヤツシロランを見よ

**アキザクラ** ⇒コスモスを見よ

**アキサンゴ** ⇒サンシュユを見よ

**アギスミレ** *Viola verecunda* var.*semilunaris*
スミレ科の多年草。
¶原牧2（No.328/カ図）
新分牧（No.2314/モ図）
新牧日（No.1801/モ写）
牧野ス1（No.2173/カ図）
ミニ山（p195/カ写）

野生3（p223/カ写）
山力野草（p350/カ写）

**アキタブキ** *Petasites japonicus* var.*giganteus* 秋田蕗
キク科キク亜科のフキ。フキの変種。別名エゾブ
キ。葉柄は1.5〜2m。
¶学フ有毒〔フキ・アキタブキ〕（p101/カ写）
野生5（p308/カ写）
山力野草（p48/カ写）
山ハ野花（p566/カ写）
山ハ山花（p534/カ写）

**アキチョウジ** *Isodon longitubus* 秋丁字, 秋丁子
シソ科シソ亜科〔イヌハッカ亜科〕の多年草。日本
固有種。別名キリツボ。高さは70〜100cm。
¶原牧2（No.1718/カ図）
固有（p123/カ写）
山野草（No.1019/カ写）
新分牧（No.3811/モ図）
新牧日（No.2627/モ図）
茶花下（p169/カ写）
牧野ス2（No.3563/カ図）
野生5（p142/カ写）
山力野草（p232/カ写）
山ハ山花（p437/カ写）

**アギナシ** *Sagittaria aginashi* 顎無
オモダカ科の抽水性〜湿生の多年草。別名オトガイ
ナシ, トバエグワイ。オモダカによく似ている。果
実は倒卵形。
¶学フ増野秋（p189/カ写）
原牧1（No.220/カ図）
植調（p44/カ写）
新分牧（No.268/モ図）
新牧日（No.3313/モ図）
茶花下（p170/カ写）
日水草（p77/カ写）
牧野ス1（No.220/カ写）
野生1（p117/カ写）
山力野草（p697/カ写）
山ハ野花（p33/カ写）
山レ増（p622/カ写）

**アキニレ** *Ulmus parvifolia* 秋楡
ニレ科の落葉高木。別名イシゲヤキ, カワラゲヤ
キ。高さは15m。樹皮は灰褐色。
¶APG原樹（No.657/カ図）
学フ増樹（p234/カ写）
原牧2（No.35/カ図）
新分牧（No.2075/カ図）
新牧日（No.162/モ図）
都木花新〔アキニレとハルニレ〕（p42/カ写）
牧野ス1（No.1880/カ写）
野生2（p326/カ写）
山力樹木（p154/カ写）
落葉図譜（p96/モ図）

**アキノアシナガイグチ** *Boletellus longicollis*
イグチ科のキノコ。
¶山力日き（p354/カ写）

**アキノウナギヅル** ⇒アキノウナギツカミ(1)を見よ

## アキノウナギツカミ(1) *Persicaria sagittata* 秋の
鰻攫
タデ科の一年生つる草。別名アキノウナギヅル。長
さは20〜100cm。
¶色野草（p269/カ写）
学フ増野秋（p40/カ写）
原牧2（No.827/カ写）
新分牧（No.2869/モ図）
新牧日（No.289/モ図）
茶花下（p170/カ写）
牧野ス2（No.2672/カ図）
山カ野草（p539/カ写）
山ハ野花（p257/カ写）

## アキノウナギツカミ(2) ⇒ウナギツカミを見よ

## アキノエノコログサ *Setaria faberi* 秋の狗尾草
イネ科キビ亜科の一年草。高さは50〜100cm。
¶色野草（p354/カ写）
学フ増野秋（p227/カ写）
桑イネ（p437/カ写・モ図）
原牧1（No.1033/カ図）
植調（p314/カ写）
新分牧（No.1226/モ図）
新牧日（No.3797/モ図）
茶花下（p289/カ写）
牧野ス1（No.1033/カ図）
野生2（p96/カ写）
山カ野草（p682/カ写）
山ハ野花（p197/カ写）

## アキノキリンソウ *Solidago virgaurea* subsp.*asiatica*
var.*asiatica* 秋の麒麟草
キク科キク亜科の多年草、ハーブ。別名アワダチソ
ウ。高さは60〜90cm。
¶色野草（p173/カ写）
学フ増野秋（p115/カ写）
原牧2（No.1921/カ図）
山野草（No.1284/カ写）
新分牧（No.4157/モ図）
新牧日（No.2959/モ図）
茶花下（p171/カ写）
牧野ス2（No.3766/カ図）
野生5（p325/カ写）
山カ野草（p32/カ写）
山ハ野花（p552/カ写）
山ハ山花（p519/カ写）

## アキノギンリョウソウ *Monotropa uniflora* 秋の銀
竜草
ツツジ科ギンリョウソウ亜科（イチヤクソウ科）の
多年生の菌従属栄養植物。別名ギンリョウソウモド
キ。高さは10〜30cm。
¶原牧2（No.1266/カ写）
新分牧（No.3218/モ図）
新牧日（No.2107/モ図）
牧野ス2（No.3111/カ図）
野生4〔ギンリョウソウモドキ〕（p226/カ写）
山ハ山花〔ギンリョウソウモドキ〕（p381/カ写）

## アキノコハマギク *Chrysanthemum arcticum* subsp.
*arcticum*
キク科キク亜科の多年草。海岸に生える。高さは
30〜40cm。花は白色。
¶野生5（p335/カ写）

## アキノタムラソウ *Salvia japonica* 秋の田村草
シソ科シソ亜科〔イヌハッカ亜科〕の多年草。高さ
は20〜80cm。
¶色野草（p286/カ写）
学フ増野秋（p65/カ写）
原牧2（No.1674/カ図）
山野草（No.1029/カ写）
新牧日（No.3791/モ図）
新牧日（No.2586/モ図）
茶花下（p45/カ写）
牧野ス2（No.3519/カ写）
野生5（p139/カ写）
山カ野草（p220/カ写）
山ハ野花（p464/カ写）

## アキノノゲシ *Lactuca indica* var.*indica* 秋の野罌粟
キク科キクニガナ亜科の一年草〜二年草。高さは
60〜200cm。
¶色野草（p172/カ写）
学フ増野秋（p89/カ写）
原牧2（No.2243/カ写）
植調（p134/カ写）
新分牧（No.4056/モ図）
新牧日（No.3271/モ図）
茶花下（p289/カ写）
牧野ス2（No.4088/カ写）
野生5（p282/カ写）
山カ野草（p122/カ写）
山ハ野花（p614/カ写）

## アキノハイルリソウ *Nihon akiense*
ムラサキ科ムラサキ亜科。日本固有種。
¶固有（p121/カ写）
野生5（p57/カ写）

## アキノハナワラビ ⇒ヘビノシタを見よ

## アキノハハコグサ *Pseudognaphalium hypoleucum*
秋の母子草
キク科キク亜科の一年草。高さは30〜60cm。
¶学フ増野秋（p116/カ写）
原牧2（No.1989/カ図）
新分牧（No.4138/モ図）
新牧日（No.3026/モ図）
牧野ス2（No.3834/カ図）
野生5（p349/カ写）
山ハ山花（p522/カ写）
山レ増（p53/カ写）

## アキノミチヤナギ *Polygonum polyneuron* 秋の道柳
タデ科の一年草。別名ハマミチヤナギ, ナガバハマ
ミチヤナギ。高さは40〜80cm。
¶原牧2（No.797/カ写）
新分牧（No.2847/モ図）
新牧日（No.259/モ図）
牧野ス2（No.2642/カ図）
野生4（p101/カ写）

山ハ野花（p253/カ写）

**アキノヤノネアザミ** ⇒セイタカトウヒレンを見よ

**アキノヤマ** *Camellia japonica* 'Aki-no-yama (Kantō)' 秋の山
ツバキ科。ツバキの品種。花は絞りが入る。
¶茶花上（p154/カ写）

**アキハギク** *Aster sugimotoi*
キク科キク亜科の草本。日本固有種。別名アキバギク，キヨスミギク。
¶固有（p145）
野生5（p318/カ写）

**アキハゴケ** *Erioderma sorediatum*
ハナビラゴケ科のキノコ。
¶原きの（No.591/カ写・カ図）

**アキホコリ** ⇒メナモミを見よ

**アキメヒシバ** *Digitaria violascens* 秋雌日芝
イネ科キビ亜科の一年草。高さは20〜50cm。
¶桑イネ（p185/カ写・モ図）
原牧1（No.1040/カ図）
植調（p297/カ写）
新分牧（No.1210/モ図）
新牧日（No.3807/モ図）
牧野ス1（No.1040/カ図）
野生2（p82/カ写）
山力野草（p684/カ写）
山ハ野花（p205/カ写）

**アキヤマタケ** *Hygrocybe flavescens*
ヌメリガサ科のキノコ。小型。傘はレモン色，条線・粘性あり。ひだは淡黄色。
¶山力日き（p43/カ写）

**アキヨシアザミ** *Cirsium calcicola*
キク科アザミ亜科の草本。日本固有種。
¶固有（p138）
野生5（p224/カ写）

**アキヨシミミナグサ** *Cerastium akiyoshiense*
ナデシコ科の多年草。高さ10〜20cm。
¶野生4（p112/カ写）

**アキレア・ウンベラーツム** *Achillea umbellatum*
キク科の多年草。高さは12〜20cm。花は白色。
¶山野草（No.1331/カ写）

**アクイレギア・アルピナ** *Aquilegia alpina*
キンポウゲ科の草本。高さは15〜80cm。
¶山野草（No.0075/カ写）

**アクイレギア・エインセレアナ** *Aquilegia einseleana*
キンポウゲ科の草本。高さは10〜30cm。
¶山野草（No.0071/カ写）

**アクイレギア・クレマチフロラ'** ⇒クレマチフロラを見よ

**アクイレギア・サキシモンタナ** *Aquilegia saximontana*
キンポウゲ科の草本。高さは5〜30cm。
¶山野草（No.0073/カ写）

**アクイレギア・スコプロルム** *Aquilegia scopulorum*
キンポウゲ科の草本。高さは5〜40cm。
¶山野草（No.0074/カ写）

**アクイレギア・チャプリニー** *Aquilegia chaplinii*
キンポウゲ科の草本。高さは20〜30cm。
¶山野草（No.0078/カ写）

**アクイレギア・フラベスケンス** *Aquilegia flavescens*
キンポウゲ科の草本。高さは20〜70cm。
¶山野草（No.0077/カ写）

**アクイレギア・ララミエンシス** *Aquilegia laramiensis*
キンポウゲ科の草本。高さは5〜25cm。
¶山野草（No.0066/カ写）

**アクシバ** *Vaccinium japonicum* var.*japonicum* 灰汁柴
ツツジ科スノキ亜科の落葉低木。
¶APG原樹（No.1310/カ図）
原牧2（No.1255/カ図）
新分牧（No.3308/モ図）
新牧日（No.2199/モ図）
茶花上（p489/カ写）
牧野ス2（No.3100/カ図）
野生4（p261/カ写）
山力樹木（p606/カ写）
落葉図譜（p274/モ図）

**アクシバモドキ** *Vaccinium yakushimense*
ツツジ科スノキ亜科の木本。日本固有種。
¶固有（p104/カ写）
野生4（p260/カ写）
山レ増（p218/カ写）

**アークトチス** *Arctotis venusta*
キク科の多年草。別名ハゴロモギク，アフリカギク。高さは60cm。花は紫紅色。
¶原牧2（No.1927/カ写）
牧野ス2（No.3772/カ写）

**アクマノツメ** ⇒フィソプレクシス・コモーサを見よ

**アクロクリニウム** ⇒ハナカンザシを見よ

**アケウベ** ⇒アケビ(1)を見よ

**アゲハノチョウ** *Prunus mume* 'Agehanochō' 揚羽の蝶
バラ科。ウメの品種。杏系ウメ，豊後性一重。
¶ウメ〔揚羽の蝶〕（p128/カ写）

**アケビ(1)** *Akebia quinata* 木通，通草
アケビ科の落葉つる性植物。別名アケビカズラ，ヤマヒメ，アケウベ，テンテンコボシ。花は紅紫色。
¶APG原樹（No.247/カ図）
学フ増山菜〔アケビ類〕（p122/カ写）
学フ増樹（p12/カ写・カ図）
原牧1（No.1155/カ図）
新分牧（No.1312/モ図）
新牧日（No.652/モ図）
茶花上（p229/カ写）
都木花新〔アケビとムベ〕（p32/カ写）
牧野ス1（No.1155/カ図）

アケヒ

ミニ山（p63/カ写）
野生2（p109/カ写）
山カ樹木（p184/カ写）

アケビ(2) ⇒ミツバアケビを見よ

アケビガキ ⇒ポウポウを見よ

アケビカズラ ⇒アケビ(1)を見よ

アケビドコロ　Dioscorea pentaphylla
ヤマノイモ科のつる性多年草。
¶野生1（p149/カ写）

アケボノ(1)　Camellia japonica 'Akebono'　曙
ツバキ科の木本。ツバキの品種。花は桃色。
¶茶花上（p116/カ写）

アケボノ(2)　Prunus mume 'Akebono'　曙
バラ科の木本。ウメの品種。野梅系ウメ，野梅性一
重。花は淡紅紫色，果皮は淡緑黄色。
¶ウメ〔曙〕（p18/カ写）

アケボノ(3)　Rhododendron×pulchrum 'Akebono'　曙
ツツジ科の木本。ツツジの品種。別名タカネシ
ボリ。
¶APG原樹〔ツツジ'アケボノ'〕（No.1266/カ図）

アケボノアオイ　Asarum kiusianum var.tubulosum
曙葵
ウマノスズクサ科の草本。
¶山野草（No.0409/カ写）

アケボノアワタケ　Leccinum chromapes
イグチ科のキノコ。中型～大型。傘は淡紅灰色～淡
赤褐色。
¶原きの（No.327/カ写・カ図）
山カ日き（p332/カ写）

アケボノオシロイタケ　Tyromyces incarnatus
所属科未確定のキノコ。小型～中型。傘は紅色。
¶山カ日き（p462/カ写）

アケボノキンバイ ⇒ポテンティラ・ネパレンシス
を見よ

アケボノクロトン　Codiaeum variegatum var.pictum
f.platyphyllum 'Akebono'
トウダイグサ科。クロトンノキの品種。
¶APG原樹〔クロトンノキ'アケボノクロトン'〕（No.
803/カ図）

アケボノザクラ ⇒アカツキザクラを見よ

アケボノサクラシメジ　Hygrophorus fagi
ヌメリガサ科のキノコ。
¶山カ日き（p32/カ写）

アケボノザサ　Pleioblastus akebono　曙笹
イネ科タケ亜科のササ。
¶タケ亜科（No.44/カ写）
タケササ（p162/カ写）

アケボノシュスラン　Goodyera foliosa var.laevis　曙
繻子蘭
ラン科の多年草。高さは5～10cm。
¶原牧1（No.437/カ写）
山野草（No.1714/カ写）
新分牧（No.432/モ図）

新牧日（No.4311/モ図）
茶花下（p290/カ写）
牧野ス1（No.437/カ図）
野生1（p204/カ写）
山カ野草（p575/カ写）
山ハ山花（p107/カ写）

アケボノスギ ⇒メタセコイアを見よ

アケボノスミレ　Viola rossii　曙菫
スミレ科の多年草。高さは10～15cm。花は淡紅色。
¶学フ増野春（p64/カ写）
原牧2（No.346/カ写）
山野草（No.0716/カ写）
新分牧（No.2333/モ図）
新牧日（No.1819/モ図）
茶花上（p229/カ写）
牧野ス1（No.2191/カ図）
ミニ山（p191/カ写）
野生3（p214/カ写）
山カ野草（p342/カ写）
山ハ山花（p315/カ写）

アケボノセンノウ　Silene dioica
ナデシコ科の多年草。高さは15～80cm。花は紅
紫色。
¶帰化写2（p38/カ写）
山野草〔シレネ・ディオイカ〕（No.0048/カ写）

アケボノソウ　Swertia bimaculata　曙草
リンドウ科の一年草または越年草。高さは50～
80cm。花は黄白色。
¶学フ増野秋（p165/カ写）
原牧2（No.1359/カ図）
山野草（No.0975/カ写）
新分牧（No.3397/モ図）
新牧日（No.2340/モ図）
茶花下（p290/カ写）
牧野ス2（No.3204/カ図）
野生4（p303/カ写）
山カ野草（p255/カ写）
山ハ山花（p399/カ写）

アケボノタケ　Hygrocybe calyptriformis
ヌメリガサ科のキノコ。
¶原きの（No.123/カ写・カ図）

アケボノツツジ　Rhododendron pentaphyllum var.
shikokianum　曙躑躅
ツツジ科ツツジ亜科の落葉低木。日本固有種。花は
淡桃色。
¶APG原樹（No.1215/カ図）
原牧2（No.1203/カ図）
固有（p106）
新分牧（No.3241/モ図）
新牧日（No.2149/モ図）
茶花上（p230/カ写）
牧野ス2（No.3048/カ写）
野生4（p238/カ写）
山カ樹木（p539/カ写）

アケボノフウロ　Geranium sanguineum　曙風露
フウロソウ科の宿根草。高さは20～60cm。花は紅

紫色。
¶山野草（No.0664/カ写）
茶花上〔あけぼのふうろそう〕（p338/カ写）

**アケボノフウロソウ** ⇒アケボノフウロを見よ

**アケボノモズク** *Trichogloea requienii*
コナハダ科の海藻。蠕虫状。
¶新分牧（No.5022/モ図）
新牧日（No.4882/モ図）

**アケボノヤダケ** *Pseudosasa japonica* f.*akebono* 曙矢竹
イネ科のササ。
¶タケササ（p138/カ写）

**アゲラタム** ⇒ムラサキカッコウアザミを見よ

**アコウ** *Ficus subpisocarpa* 榕，雀榕，赤榕
クワ科の常緑高木。別名アコギ，アコミズキ。
¶APG原樹（No.669/カ図）
原牧2（No.61/カ図）
新分牧（No.2095/モ図）
新牧日（No.185/モ図）
図説樹木（p102/カ写）
牧野ス1（No.1906/カ図）
野生2（p335/カ写）
山力樹木（p167/カ写）

**アコウグンバイ** *Lepidium draba*
アブラナ科の多年草。別名イヌグンバイナズナ。高さは50cm。花は白色。
¶帰化写改（p93/カ写）
ミニ山（p89/カ写）
野生4（p66）

**アコウザンショウ**(1) *Zanthoxylum ailanthoides* var. *inerme*
ミカン科の落葉高木。小笠原固有変種。花は黄白色。葉は奇数羽状複葉。
¶原牧2（No.561/カ図）
固有（p84）
新分牧（No.2611/モ図）
新牧日（No.1498/モ図）
牧野ス2（No.2406/カ図）
野生3（p306/カ写）
山力樹木（p725/カ写）

**アコウザンショウ**(2) ⇒カラスザンショウを見よ

**アコウネッタイラン** *Tropidia somae*
ラン科の地生の多年草。花は最大で2個まで。
¶野生1（p229）

**アゴガキバナ** ⇒スミレを見よ

**アコギ** ⇒アコウを見よ

**アコニツム** ⇒トリカブト類を見よ

**アコニツム・ブルバリア** *Aconitum vulparia*
キンポウゲ科の多年草。高さは1m。花は淡黄色。
¶山野草（No.0090/カ写）

**アコミズキ** ⇒アコウを見よ

**アサ** *Cannabis sativa* 麻
アサ科（クワ科）の大型の一年草。別名タイマ，オ。

雌雄異株。高さは1～3m。
¶学フ有毒（p162/カ写）
帰化写2（p17/カ写）
原牧2（No.37/カ図）
新分牧（No.2081/モ図）
新牧日（No.190/モ図）
牧野ス1（No.1882/カ図）

**アサガオ**(1) *Camellia japonica* 'Asagao' 朝顔
ツバキ科。ツバキの品種。花は桃色。
¶茶花上（p121/カ写）

**アサガオ**(2) *Ipomoea nil* 朝顔
ヒルガオ科の一年草のつる植物。別名シノノメグサ，シュンカ。
¶学フ有毒（p194/カ写）
帰化写改（p246/カ写，p505/カ写）
原牧2（No.1441/カ写）
植調（p244/カ写）
新分牧（No.3455/モ図）
新牧日（No.2453/モ図）
茶花下（p46/カ写）
牧野ス2（No.3286/カ図）
野生5（p30/カ写）

**アサガオガラクサ（広義）** *Evolvulus alsinoides*
ヒルガオ科の匍匐草。別名アサガオカラクサ。花はコバルト色。
¶野生5（p27）

**アサガオモドキ** ⇒ツタノハヒルガオを見よ

**アサガスミ** *Clematis* 'Asagasumi' 朝霞
キンポウゲ科。クレマチスの品種。
¶APG原樹〔クレマチス'アサガスミ'〕（No.277/カ図）

**アサガラ**(1) *Pterostyrax corymbosa* 麻殻
エゴノキ科の落葉高木。
¶APG原樹（No.1192/カ図）
原牧2（No.1148/カ図）
新分牧（No.3191/モ図）
新牧日（No.2264/モ図）
牧野ス2（No.2993/カ図）
野生4（p216/カ写）
山力樹木（p625/カ写）

**アサガラ**(2) ⇒フカノキを見よ

**アサカワホラゴケモドキ** *Calypogeia asakawana*
ツキヌキゴケ科のコケ。日本固有種。
¶固有（p221/カ写）

**アサギエンレイソウ** ⇒トリリウム・ルテウムを見よ

**アサギズイセン** ⇒フリージアを見よ

**アサギスズメノヒエ** *Luzula lutescens* 浅黄雀の稗
イグサ科の多年草。日本固有種。
¶固有（p163）
野生1（p293）

**アサギリソウ** *Artemisia schmidtiana* 朝霧草
キク科キク亜科の宿根草，多年草。別名ハクサンヨモギ。高さは15～40cm。
¶原牧2（No.2097/カ図）

山野草（No.1271／カ写）
新分牧（No.4233／モ図）
新牧日（No.3131／モ図）
茶花下（p291／カ写）
牧野ス2（No.3942／カ写）
野生5（p334／カ写）
山ハ高山（p430／カ写）

**アサクサノリ**　*Pyropia tenera*　浅草海苔
ウシケノリ科の海藻。厚さ14〜26μ。
¶新分牧（No.5020／モ図）
　新牧日（No.4880／モ図）

**アサザ**　*Nymphoides peltata*　浅沙, 莕菜, 荇菜
ミツガシワ科の多年生水草。別名ハナジュンサイ。
花は黄色。葉身は卵型〜円形、裏面は紫色がかって、
粒状の腺点がある。
¶学フ増野夏（p112／カ写）
　原牧2（No.1888／カ図）
　山野草（No.0979／カ写）
　新分牧（No.3925／モ図）
　新牧日（No.2350／モ図）
　茶花上（p490／カ写）
　日水草（p296／カ写）
　牧野ス2（No.3733／カ図）
　野生5（p196／カ写）
　山カ野草（p268／カ写）
　山ハ野花（p511／カ写）
　山レ増（p158／カ写）

**アサシラゲ**　⇒ハコベ(1)を見よ

**アサダ**　*Ostrya japonica*
カバノキ科の落葉高木。別名ハネカワ, ミノカブ
リ。樹高は17m。樹皮は灰褐色。
¶APG原樹（No.761／カ写）
　原牧2（No.136／カ図）
　新分牧（No.2192／モ図）
　新牧日（No.114／モ図）
　牧野ス1（No.1981／カ図）
　野生3（p118／カ写）
　山カ樹木（p131／カ写）
　落葉図譜（p68／モ図）

**アサツキ**　*Allium schoenoprasum* var. *foliosum*　浅葱,
糸葱
ヒガンバナ科（ユリ科、ネギ科）の多年草。別名セン
ボンワケギ、センブキ。高さは30〜60cm。
¶学フ増山菜（p23／カ写）
　原牧1（No.531／カ図）
　山野草（No.1450／カ写）
　新分牧（No.578／モ図）
　新牧日（No.3414／モ図）
　茶花上（p490／カ写）
　牧野ス1（No.531／カ図）
　野生1（p242／カ写）
　山カ野草（p616／カ写）
　山ハ野花（p74／カ写）

**アサトカンアオイ**　*Asarum tabatanum*
ウマノスズクサ科の多年草。奄美大島の山地に産
する。

¶野生1（p66／カ写）

**アサノハカエデ**　*Acer argutum*　麻の葉楓
ムクロジ科（カエデ科）の小高木、雌雄異株。日本固
有種。別名ミヤマモミジ。
¶APG原樹（No.918／カ図）
　原牧2（No.530／カ図）
　固有（p85）
　新分牧（No.2576／モ図）
　新牧日（No.1572／カ図）
　牧野ス2（No.2375／カ図）
　野生3（p287／カ写）
　山カ樹木（p445／カ写）

**アサハタヤガミスゲ**　*Carex longii*
カヤツリグサ科。高さは20〜60cm。
¶スゲ増（p372／カ写）
　野生1（p306）

**アサヒエビネ**　*Calanthe hattorii*
ラン科の草本。日本固有種。
¶固有（p189）
　野生1（p188／カ写）
　山レ増（p475／カ写）

**アサヒカエデ**(1)　⇒イタヤカエデを見よ

**アサヒカエデ**(2)　⇒エンコウカエデ(1)を見よ

**アサヒカズラ**　*Antigonon leptopus*
タデ科の多年生のつる性植物。別名ニトベカズラ。
花は赤〜ピンク色。
¶帰化写2（p394／カ写）

**アサヒカワアザミ**　*Cirsium kenji-horieanum*　旭川薊
キク科アザミ亜科の多年草。超塩基性岩植物。高さ
は150〜250cm。
¶野生5（p237／カ写）

**アサヒシオギク**　⇒ミソノシオギクを見よ

**アサヒヅル**　*Prunus mume* 'Asahizuru'　旭鶴
バラ科。ウメの品種。野梅系ウメ, 野梅性一重。
¶ウメ〔旭鶴〕（p18／カ写）

**アサヒノミナト**　*Camellia japonica* 'Asahi-no-
minato'　旭の湊
ツバキ科。ツバキの品種。花は紅色。
¶茶花上（p133／カ写）

**アサヒヤマ**　*Cerasus lannesiana* 'Asahiyama'　旭山
バラ科の落葉小低木。サクラの栽培品種。花は淡紅
紫色。
¶APG原樹〔サクラ 'アサヒヤマ'〕（No.437／カ図）
　学フ増桜〔'旭山'〕（p143／カ写）

**アサヒラン**　⇒サワランを見よ

**アザブタデ**　*Persicaria hydropiper* f. *angustissima*　麻
布蓼
タデ科の一年草。別名エドタデ。高さは30〜50cm
くらい。
¶原牧2（No.805／カ図）
　新分牧（No.2881／モ図）
　新牧日（No.267／カ写）
　牧野ス2（No.2650／カ図）

**アサマカンゾウ**　⇒ゼンテイカを見よ

アサマキスゲ ⇒ユウスゲを見よ

アサマシケシダ ⇒ナチシケシダを見よ

アサマシダ ⇒ナチシケシダを見よ

アサマスゲ *Carex lithophila*
カヤツリグサ科の多年草。
¶カヤツリ (p88/モ写)
　スゲ増 (No.25/カ写)
　野生1 (p303/カ写)

アサマソウ ⇒キンランを見よ

アサマツゲ ⇒ツゲを見よ

アサマヒゴタイ *Saussurea savatieri* 浅間平江帯
キク科アザミ亜科の多年草。日本固有種。別名キントキヒゴタイ, センゴクヒゴタイ。高さは50〜90cm。
¶固有 (p148)
　野生5 (p269/カ写)
　山ハ山花 (p562/カ写)

アサマフウロ *Geranium soboliferum* var. *hakusanense* 浅間風露
フウロソウ科の多年草。
¶原牧2 (No.420/カ図)
　山野草 (No.0649/カ写)
　新分牧 (No.2457/モ図)
　新牧日 (No.1421/モ図)
　新牧日 (No.1425/モ図)
　茶花下 (p171/カ写)
　牧野ス2 (No.2265/カ図)
　野生3 (p252/カ写)
　山ハ山花 (p297/カ写)
　山レ増 (p278/カ写)

アサマフウロ (広義) *Geranium soboliferum* 浅間風露
フウロソウ科の多年草。高さは60〜80cm。花は紅紫色。
¶ミニ山〔アサマフウロ〕(p164/カ写)
　山力野草〔アサマフウロ〕(p372/カ写)

アサマブドウ ⇒クロマメノキを見よ

アサマリンドウ *Gentiana sikokiana* 朝熊竜胆
リンドウ科の多年草。日本固有種。高さは7〜25cm。
¶原牧2 (No.1339/カ写)
　固有 (p115/カ写)
　山野草 (No.0957/カ写)
　新分牧 (No.3383/モ図)
　新牧日 (No.2321/モ図)
　牧野ス2 (No.3184/カ写)
　野生4 (p297/カ写)
　山力野草 (p263/カ写)
　山ハ山花 (p394/カ写)

アザミカンギク *Chrysanthemum indicum* var. *indicum*
キク科の多年草。アブラギクの園芸種。
¶原牧2 (No.2058/カ図)
　新分牧 (No.4203/モ図)
　新牧日 (No.3094/モ図)

牧野ス2 (No.3903/カ図)

アザミゲシ *Argemone mexicana* 薊芥子
ケシ科の一年草または二年草。高さは30〜60cm。花は淡黄色。
¶帰化写2 (p59/カ写)
　原牧1 (No.1128/カ写)
　新分牧 (No.1286/モ図)
　新牧日 (No.778/モ写)
　牧野ス1 (No.1128/カ図)

アザミコギク *Chrysanthemum morifolium* 薊小菊
キク科。栽培されるキク。筒状花冠が大型になったもの。
¶原牧2 (No.2051/カ図)
　新分牧 (No.4197/モ図)
　新牧日 (No.3087/モ図)
　牧野ス2 (No.3896/カ写)

アザミヤグルマ *Plectocephalus americanus* 薊矢車
キク科の一年草。別名バスケット・フラワー。高さは2m。花は淡紫紅色。
¶原牧2 (No.2220/カ図)
　茶花上 (p491/カ写)
　牧野ス2 (No.4065/カ図)

アサリナ ⇒ツタバキリカズラを見よ

アサルム・スペキオサム *Asarum speciosum*
ウマノスズクサ科の草本。
¶山野草 (No.0428/カ写)

アサルム・デラバイ *Asarum delavayi*
ウマノスズクサ科の草本。
¶山野草 (No.0426/カ写)

アサルム・ペテロッティー *Asarum petelotii*
ウマノスズクサ科の草本。
¶山野草 (No.0425/カ写)

アザレア'オウカン' ⇒オウカン (2)を見よ

アザレア'ギョウザン' ⇒ギョウザンを見よ

アザレア'ジブラルタル' ⇒ジブラルタルを見よ

アザレア'ハマノヨソオイ' ⇒ハマノヨソオイを見よ

アサン ⇒タイワンスギを見よ

アシ ⇒ヨシを見よ

アジアカラマツイグチ ⇒ウツロベニハナイグチを見よ

アシイ ⇒コブナグサを見よ

アシウアザミ *Cirsium ashiuense* 芦生薊
キク科アザミ亜科の多年草。高さ100〜200cm。花は淡紅紫色。
¶野生5 (p243/カ写)

アシウスギ *Cryptomeria japonica* var.*radicans* 芦生杉
ヒノキ科 (スギ科) の木本。別名ウラスギ, キタヤマダイスギ, ダイスギ。
¶APG原樹 (No.65/カ図)
　野生1 (p38)

**アシカキ**(1) *Leersia japonica* 足掻
イネ科イネ亜科の半抽水植物, 多年草。花序は5〜
10本あまりの枝が斜上する。高さは20〜50cm。
¶桑イネ(p295/カ写・モ図)
原牧1(No.911/カ図)
植調(p21/カ写)
新分牧(No.1011/モ図)
新牧日(No.3637/モ図)
日水草(p211/カ写)
牧野ス1(No.911/カ図)
野生2(p38)
山ハ野花(p176/カ写)

**アシカキ**(2) ⇒イシミカワを見よ

**アシガタシダ** *Pteris grevilleana*
イノモトソウ科の常緑性シダ。別名グレブレイノモ
トソウ。葉身は長さ8〜20cm, 卵形〜ほぼ円形。
¶シダ標1(p379/カ写)
山レ増(p672/カ写)

**アシガラノキシノブ** *Lepisorus onoei× L.
thunbergianus*
ウラボシ科のシダ植物。
¶シダ標2(p465/カ写)

**アシグロクビオレタケ** *Ophiocordyceps nigripoda*
オフィオコルディセプス科の冬虫夏草。宿主はハエ
目, コウチュウ目の幼虫。
¶冬虫生態(p198/カ写)

**アシグロタケ** *Polyporus badius*
タマチョレイタケ科のキノコ。中型〜大型。傘は黄
褐色〜黒褐色, 無毛平滑。
¶山力日き(p452/カ写)

**アシグロホウライタケ** *Marasmiellus nigripes*
ツキヨタケ科(ホウライタケ科)のキノコ。
¶原きの(No.276/カ写・カ図)
山力日き(p112/カ写)

**アジサイ** *Hydrangea macrophylla f.macrophylla* 紫
陽花
アジサイ科(ユキノシタ科)の落葉低木。別名シチ
ヘンゲ。観賞用植物。高さは2〜3m。
¶APG原樹(No.1075/カ図)
学フ増山菜(p197)
学フ増花庭(p173/カ写)
学フ増薬草(p183/カ写)
学フ有毒(p174/カ写)
原牧2(No.1022/カ図)
新分牧(No.3054/モ図)
新牧日(No.986/モ図)
都木花新〔アジサイとガクアジサイ〕(p107/カ写)
牧野ス2(No.2867/カ図)
ミニ山(p106/カ写)
野生4(p165/カ写)
山力樹木(p219/カ写)
落葉図譜(p131/モ図)

**アシズリノジギク** *Chrysanthemum japonense* var.
*ashizuriense* 足摺野路菊
キク科キク亜科の草本。日本固有種。ノジギクの
変種。

固有(p143)
山野草(No.1217/カ写)
茶花下(p378/カ写)
野生5(p337/カ写)
山力野草(p73/カ写)
山ハ野花(p515/カ写)

**アシタカジャコウソウ** *Chelonopsis yagiharana*
シソ科オドリコソウ亜科の多年草。日本固有種。
¶原牧2(No.1658/カ写)
固有(p124)
山野草(No.1037/カ写)
新分牧(No.3747/モ図)
新牧日(No.2570/モ図)
牧野ス2(No.3503/モ図)
野生5(p122/カ写)

**アシタカツツジ** *Rhododendron komiyamae* 愛鷹躑躅
ツツジ科ツツジ亜科の低木または高木, 半常緑。日
本固有種。
¶APG原樹(No.1231/カ図)
固有(p107)
野生4(p244/カ写)

**アシタカマツムシソウ** ⇒ソナレマツムシソウを
見よ

**アシタバ** *Angelica keiskei* 明日葉
セリ科セリ亜科の多年草。日本固有種。別名ハチ
ジョウソウ。高さは80〜120cm。茎葉や蕾は食用
となる。
¶学フ増山菜(p88/カ写)
学フ増山秋(p238/カ写)
学フ増薬草(p93/カ写)
原牧2(No.2455/カ図)
固有(p100/カ写)
新分牧(No.4490/モ図)
新牧日(No.2069/モ図)
牧野ス2(No.4300/カ写)
野生5(p389/カ写)
山力野草(p319/カ写)
山ハ野花(p492/カ写)

**アシダンセラ**(1) *Acidanthera bicolor* var.*mulieliae*
アヤメ科の球根植物。別名ニオイグラジオラス。茎
は長さ30〜45cm。花はクリーム色で内面に褐色の
斑紋をもつ。
¶原牧1(No.517/カ図)
牧野ス1(No.517/カ図)

**アシダンセラ**(2) *Gladiolus murielae*
アヤメ科の球根植物。草丈は50〜90cm。花は白色
で底にチョコレート色の斑紋がある。
¶茶花下(p291/カ写)

**アシナガイグチ** *Boletellus elatus*
イグチ科のキノコ。小型〜中型。傘は赤褐色〜栗
褐色。
¶山力日き(p354/カ写)

**アシナガタケ** *Mycena polygramma*
ラッシタケ科のキノコ。小型。傘は淡灰褐色〜灰褐
色。ひだは赤褐色のしみ。
¶山力日き(p129/カ写)

**アシナガトマヤタケ** *Inocybe acutata* 脚長苫屋茸
アセタケ科のキノコ。小型。傘はまんじゅう型で中央に突起を有しこげ茶色。ひだは黄褐色。
¶山カ日き (p596/カ写)

**アシナガヌメリ** *Hebeloma spoliatum*
ヒメノガステル科のキノコ。小型～中型。傘は饅頭形～平ら、湿時粘性、褐色。ひだは白色～汚褐色。
¶山カ日き (p245/カ写)

**アシノクラアザミ** *Cirsium ashinokuraense*
キク科アザミ亜科の草本。日本固有種。
¶固有 (p141)
　野生5 (p252/カ写)

**アシビ** ⇒アセビを見よ

**アシブトアミガサタケ** *Morchella crassipes*
アミガサタケ科のキノコ。
¶山カ日き (p564/カ写)

**アシブトイモムシタケ** *Ophiocordyceps* sp.
オフィオコルディセプス科の冬虫夏草。宿主はコウモリガ類の幼虫。
¶冬虫生態 (p86/カ写)

**アシブトセミタケ** *Ophiocordyceps* sp.
オフィオコルディセプス科の冬虫夏草。セミタケの結実部と柄の境が明瞭なタイプ。
¶冬虫生態 (p107/カ写)

**アシブトワダン** ⇒コヘラナレンを見よ

**アシベツタンポポ** ⇒クモマタンポポを見よ

**アシベニイグチ** *Boletus calopus*
イグチ科のキノコ。中型～大型。傘は黄褐色～淡褐色。
¶学フ増毒き (p179/カ写)
　原きの (No.296/カ写・カ図)
　山カ日き (p320/カ写)

**アシボソ** *Microstegium vimineum* 足細、脚細
イネ科ササクサ亜科の一年草。ヒメアシボソより全体にやや大きい。高さは60～90cm。
¶桑イネ (p317/カ写・モ図)
　原牧1 (No.1088/カ図)
　植調 (p328/カ写)
　新分牧 (No.1151/モ図)
　新牧日 (No.3876/モ図)
　牧野ス1 (No.1088/カ図)
　野生2 (p88)
　山カ野草 (p692/カ写)
　山ハ野花 (p219/カ写)

**アシボソアカバナ** *Epilobium anagallidifolium* 足細赤花
アカバナ科の草本。別名ナガエアカバナ。
¶原牧2 (No.457/カ写)
　新分牧 (No.2505/カ図)
　新牧日 (No.1942/モ図)
　牧野ス2 (No.2303/カ図)
　野生3 (p267/カ写)
　山ハ高山 (p170/カ写)

**アシボソアミガサタケ** *Morchella deliciosa*
アミガサタケ科のキノコ。
¶山カ日き (p566/カ写)

**アシボソウリノキ** ⇒ホソエカエデを見よ

**アシボソクリタケ** *Hypholoma marginatum*
モエギタケ科のキノコ。
¶山カ日き (p226/カ写)

**アシボソスゲ** *Carex scita* var.*tenuiseta*
カヤツリグサ科の多年草。鳥海山に生育するもの。果胞は長さ7～9mm。
¶スゲ増 (p.109/カ写)
　野生1 (p329/カ写)

**アシボソチチタケ** *Lactarius gracilis*
ベニタケ科のキノコ。小型。傘は淡褐色、中央に小突起。細粒状。ひだは淡肉色。
¶山カ日き (p386/カ写)

**アシボソトマヤタケ** *Inocybe calospora*
アセタケ科のキノコ。
¶山カ日き (p243/カ写)

**アシボソノボリリュウタケ** *Helvella elastica*
ノボリリュウタケ科のキノコ。小型。頭部は鞍形、黄土色～淡褐色。
¶山カ日き (p559/カ写)

**アシボソムラサキハツ** *Russula gracillima*
ベニタケ科のキノコ。
¶山カ日き (p377/カ写)

**アジマメ** ⇒フジマメを見よ

**アシミナ** ⇒ポウポウを見よ

**アジュガ** ⇒セイヨウキランソウを見よ

**アスカイノデ** *Polystichum fibrillosopaleaceum* 飛鳥猪の手
オシダ科の常緑性シダ。日本固有種。葉柄下部の鱗片は狭披針形。
¶固有 (p206/カ写)
　シダ標2 (p410/カ写)

**アズキ** *Vigna angularis* var.*angularis* 小豆
マメ科マメ亜科の作物。別名ショウズ、アカツキ。花は黄色。
¶原牧1 (No.1597/カ図)
　新分牧 (No.1724/モ図)
　新牧日 (No.1383/モ図)
　茶花上 (p491/カ写)
　牧野ス1 (No.1597/カ図)
　野生2 (p304/カ写)

**アズキナ** ⇒ナンテンハギを見よ

**アズキナシ** *Aria alnifolia* 小豆梨
バラ科シモツケ亜科の落葉高木。別名ハカリノメ、カタスギ。高さは20m。花は白色。樹皮は暗褐色。
¶APG原樹 (No.541/カ写)
　原牧1 (No.1709/カ図)
　新分牧 (No.1901/モ図)
　新牧日 (No.1061/モ図)
　茶花上 (p339/カ写)
　牧野ス1 (No.1709/カ図)

アスケルソ 28

野生3（p60/カ写）
山力樹木（p341/カ写）
落葉図譜（p168/モ図）

**アスケルソニア アレイロディス** *Aschersonia aleyrodis*
バッカクキン科の冬虫夏草。宿主はカメムシ目コナジラミ幼虫。
¶冬虫生態（p280/カ写）

**アスケルソニア カワカミイ** *Aschersonia kawakamii*
バッカクキン科の冬虫夏草。宿主はカイガラムシ。
¶冬虫生態（p281/カ写）

**アズサ** ⇒ミズメを見よ

**アズサカンバ** ⇒ミズメを見よ

**アズサバラモミ**(1) *Picea maximowiczii* var. *senanensis*
マツ科の常緑高木。
¶野生1（p29/カ写）

**アズサバラモミ**(2) ⇒ヒメバラモミを見よ

**アズサミネバリ** ⇒オノオレを見よ

**アズサユミ** *Prunus mume* 'Azusayumi' 梓弓
バラ科。ウメの品種。野梅系ウメ，野梅性一重。
¶ウメ〔梓弓〕（p19/カ写）

**アスター** ⇒エゾギクを見よ

**アストラガルス・ダニクス** *Astragalus danicus*
マメ科の多年草。
¶山野草（No.0636/カ写）

**アスナロ** *Thujopsis dolabrata* 明日檜，翌檜
ヒノキ科の常緑高木。日本固有種。別名ヒバ，アテ，アスヒ。高さは30m。樹皮は紫褐色。
¶APG原樹（No.99/カ写）
学フ増樹（p147/カ写）
原牧1（No.38/カ図）
固有（p196）
新分牧（No.55/モ図）
新牧日（No.55/モ図）
図説樹木（p50/カ写）
牧野ス1（No.39/カ図）
野生1（p41/カ写）
山力樹木（p54/カ写）

**アスパラガス** *Asparagus officinalis*
キジカクシ科〔クサスギカズラ科〕（ユリ科）の多年草。別名オランダキジカクシ，マツバウド。茎は食用となる。高さは1.5m。花は緑白色。
¶原牧1（No.582/カ図）
新分牧（No.603/モ図）
新牧日（No.3457/モ図）
牧野ス1（No.582/カ図）
野生1〔オランダキジカクシ〕（p247/カ写）

**アスヒ** ⇒アスナロを見よ

**アスヒカズラ** *Lycopodium complanatum* 明日檜葛
ヒカゲノカズラ科の常緑性シダ。表面は緑色，裏面は淡緑色。高さは10〜30cm。
¶シダ標1（p262/カ写）

新分牧（No.4817/モ図）
新牧日（No.4368/モ図）

**アスペルラ・アルカデンシス** *Asperula arcadiensis*
アカネ科の草本。クッション状に生える。
¶山野草（No.0984/カ写）

**アスペルラ・シンテニシー** *Asperula sintenisii*
アカネ科の多年草。高さは3cm。
¶山野草（No.0983/カ写）

**アズマイチゲ** *Anemone raddeana* 東一花，東一華
キンポウゲ科の多年草。別名ウラベニイチゲ。高さは15〜20cm。花は白色。
¶色野草（p24/カ写）
学フ増野春（p177/カ写）
原牧1（No.1259/カ図）
山野草（No.0223/カ写）
新分牧（No.1445/モ図）
新牧日（No.584/モ図）
茶花上（p200/カ写）
牧野ス1（No.1259/カ図）
ミニ山（p53/カ写）
野生2（p135/カ写）
山力野草（p478/カ写）
山ハ山花（p239/カ写）

**アズマイバラ**(1) *Rosa onoei* var.*oligantha*
バラ科バラ亜科の落葉低木。日本固有種。宮城県以南，愛知県豊川以東に分布。
¶固有（p78/カ写）
野生3（p41/カ写）

**アズマイバラ**(2) ⇒ヤマテリハノイバラを見よ

**アズマカモメヅル** *Vincetoxicum sublanceolatum* var.*sublanceolatum* f.*albiflorum*
キョウチクトウ科の多年草。花は白色。
¶野生4（p320）

**アズマガヤ** *Hystrix duthiei* subsp.*longearistata* 吾妻茅
イネ科イチゴツナギ亜科の多年草。高さは80〜130cm。
¶桑イネ（p77/モ図）
原牧1（No.955/カ図）
新分牧（No.1060/モ図）
新牧日（No.3659/モ図）
牧野ス1（No.955/カ図）
野生2（p55/カ写）
山ハ山花（p192/カ写）

**アズマカンアオイ** ⇒カンアオイを見よ

**アズマギク**(1) *Erigeron thunbergii* subsp.*thunbergii* 東菊
キク科キク亜科の多年草。日本固有種。高さは10〜37cm。花は帯紫青色。
¶原牧2（No.1964/カ図）
固有（p151）
山野草（No.1274/カ写）
新分牧（No.4145/モ図）
新牧日（No.3000/モ図）
茶花上（p339/カ写）

牧野ス2（No.3809/カ図）
野生5（p321/カ写）
山カ野草（p39/カ写）
山ハ山花（p518/カ写）

**アズマギク**(2) ⇒ミヤマヨメナを見よ

**アズマキヌゴケ** *Pylaisia nana*
ハイゴケ科のコケ植物。日本固有種。
¶固有（p220/カ写）

**アズマザサ** *Sasaella ramosa* 東笹
イネ科タケ亜科の常緑中型ササ。日本固有種。高さは1〜2m。
¶APG原樹（No.236/カ図）
原牧1（No.924/カ図）
固有（p170/カ写）
新分牧（No.1032/モ図）
新牧日（No.3625/モ図）
タケ亜科（No.121/カ図）
タケササ（p121/カ写）
牧野ス1（No.924/カ図）
野生2（p37/カ写）

**アズマサラサ** *Prunus mume* 'Azuma-sarasa' 東更紗
バラ科。ウメの品種。李系ウメ，難波性八重。
¶ウメ〔東更紗〕（p83/カ写）

**アズマシノ** ⇒アズマネザサを見よ

**アヅマシボリ** *Camellia japonica* 'Azuma-shibori'
吾妻絞
ツバキ科。ツバキの品種。花は絞りが入る。
¶茶花上（p162/カ写）

**アズマシャクナゲ** *Rhododendron degronianum* var.
*degronianum* 吾妻石楠花, 吾妻石南花, 東石楠花, 東石南花
ツツジ科ツツジ亜科の常緑低木。日本固有種。別名シャクナゲ。高さは1.8m。花は淡桃〜濃桃色。
¶APG原樹（No.1288/カ図）
学フ増樹（p34/カ写）
原牧2（No.1206/カ図）
固有（p105/カ写）
山野草（No.0785/カ写）
新分牧（No.3271/モ図）
新牧日（No.2151/モ図）
牧野ス2（No.3051/カ図）
野生4（p236/カ写）
山カ樹木（p570/カ写）
山ハ高山（p279/カ写）

**アズマシライトソウ** *Chionographis japonica* var.
*hisauchiana*
シュロソウ科（ユリ科）の多年草。日本固有種。
¶固有（p156）
野生1（p159/カ写）
山レ増（p598/カ写）

**アズマシロカネソウ** *Dichocarpum nipponicum* 東白銀草
キンポウゲ科の多年草。日本固有種。別名アズマシロガネソウ，エチゴシロカネソウ。高さは10〜30cm。
¶原牧1（No.1203/カ図）

固有（p54）
山野草（No.0107/カ写）
新分牧（No.1353/モ図）
新牧日（No.524/モ図）
牧野ス1（No.1203/カ写）
ミニ山〔アズマシロガネソウ〕（p43/カ写）
野生2（p150/カ写）
山カ野草（p498/カ写）
山ハ山花（p224/カ写）

**アズマスゲ** *Carex lasiolepis*
カヤツリグサ科の多年草。日本固有種。
¶カヤツリ（p388/モ図）
固有（p186）
新分牧（No.856/カ写）
新牧日（No.4144/モ写）
スゲ増（No.208/カ写）
野生1（p324/カ写）

**アズマタケ** *Inunotus vallatus*
タバコウロコタケ科のキノコ。中型。傘は黄褐色〜褐色。
¶山カ日き（p493/カ写）

**アズマタンポポ** ⇒カントウタンポポを見よ

**アズマツメクサ** *Tillaea aquatica* 東爪草
ベンケイソウ科の一年草。高さは2〜6cm。
¶原牧1（No.1432/カ図）
新分牧（No.1569/カ写）
新牧日（No.938/モ図）
牧野ス1（No.1432/カ図）
野生2（p229/カ写）
山ハ野花（p303/カ写）
山レ増（p333/カ写）

**アズマツリガネツツジ**(1) ⇒ウラジロヨウラクを見よ

**アズマツリガネツツジ**(2) ⇒ツリガネツツジ(1)を見よ

**アズマナルコ** ⇒ミヤマナルコスゲを見よ

**アズマニシキ** *Prunus mume* 'Azuma-nishiki' 東錦
バラ科。ウメの品種。李系ウメ，難波性八重。
¶ウメ〔東錦〕（p83/カ写）

**アズマネザサ** *Pleioblastus chino* 東根笹
イネ科タケ亜科の常緑大型ササ。日本固有種。別名アズマシノ，シナガワダケ，オオシマダケ，シノ。
¶APG原樹（No.241/カ図）
原牧1（No.920/カ図）
固有（p175/カ写）
新分牧（No.1027/モ図）
新牧日（No.3620/モ図）
タケ亜科（No.37/カ図）
タケササ（p154/カ写）
牧野ス1（No.920/カ図）
野生2（p34）
山カ樹木（p72/カ写）

**アズマハンショウヅル** ⇒トリガタハンショウヅルを見よ

アスマヒカ

**アズマヒガン** ⇒ウバヒガンを見よ

**アズマホシクサ** *Eriocaulon takae*
ホシクサ科の一年草。日本固有種。別名ミヤマヒナ
ホシクサ。高さは8〜14cm。
¶固有 (p163)
　新分牧 (No.704/モ図)
　野生1 (p284/カ写)

**アズマミクリ** ⇒オオミクリを見よ

**アズマミヤコザサ** *Sasa chartacea* var.*simotsukensis*
イネ科タケ亜科の植物。日本固有種。
¶固有 (p173)

**アズマヤマアザミ** *Cirsium microspicatum* 東山薊
キク科アザミ亜科の多年草。日本固有種。別名ネバ
リアズマヤマアザミ。高さは1.5〜2m。
¶学フ増野秋 (p47/カ写)
　原牧2 (No.2183/カ図)
　固有 (p140)
　新分牧 (No.3970/モ図)
　新牧日 (No.3215/モ図)
　牧野ス2 (No.4028/カ図)
　野生5 (p248/カ写)
　山ハ山花 (p552/カ写)

**アズマレイジンソウ** *Aconitum pterocaule* var.
*pterocaule* 東伶人草
キンポウゲ科の草本。日本固有種。高さは0.8〜1.
5m。
¶固有 (p55)
　野生2 (p124/カ写)
　山ハ山花 (p216/カ写)

**アズミイヌノヒゲ** *Eriocaulon mikawanum* subsp.
*azumianum*
ホシクサ科の一年草。高さは5〜15cm。
¶野生1 (p284)

**アヅミイノデ** *Polystichum microchlamys* var.
*azumiense*
オシダ科のシダ植物。日本固有種。別名カラクサイ
ノデ。
¶固有〔アズミイノデ〕(p207)
　シダ標2 (p410/カ写)

**アヅミカラクサイノデ** *Polystichum microchlamys*
var.*microchlamys*×*P.microchlamys* var.*azumiense*
オシダ科のシダ植物。別名アイノコカラクサイ
ノデ。
¶シダ標2 (p415/カ写)

**アズミトリカブト** *Aconitum azumiense*
キンポウゲ科の擬似一年草。日本固有種。高さは
90〜145cm。
¶固有 (p56)
　新分牧 (No.1430/モ図)
　野生2 (p126/カ写)

**アヅミノナライシダ** *Arachniodes*×*azuminoensis*
オシダ科のシダ植物。
¶シダ標2 (p399/カ写)

**アズミノヘラオモダカ** *Alisma canaliculatum* var.
*azuminoense*
オモダカ科の多年生水草。日本固有種。

¶固有 (p153)
　日水草 (p73/カ写)
　野生1 (p116/カ写)
　山レ増 (p624/カ写)

**アヅミホソイノデ** *Polystichum*×*sarukurense*
オシダ科のシダ植物。
¶シダ標2 (p414/カ写)

**アゼオトギリ** *Hypericum oliganthum* 畦弟切
オトギリソウ科の草本。
¶原牧2 (No.404/カ図)
　新分牧 (No.2298/モ図)
　新牧日 (No.758/モ図)
　牧野ス1 (No.2249/カ図)
　野生3 (p241/カ写)
　山レ増 (p354/カ写)

**アゼガヤ** *Leptochloa chinensis* 畦茅, 畔茅
イネ科ヒゲシバ亜科の一年草。高さは40〜80cm。
¶桑イネ (p300/カ写・モ図)
　原牧1 (No.1112/カ図)
　植調 (p20/カ写)
　新分牧 (No.1265/モ図)
　新牧日 (No.3761/モ図)
　牧野ス1 (No.1112/カ図)
　野生2 (p70/カ写)
　山ハ野花 (p172/カ写)

**アゼガヤツリ** *Cyperus flavidus* 畦蚊帳釣, 畔蚊帳吊,
畔蚊屋吊
カヤツリグサ科の一年草。別名ホソバガヤツリ。高
さは20〜40cm。
¶学フ増野秋 (p215/カ写)
　カヤツリ (p700/モ図)
　原牧1 (No.704/カ図)
　新分牧 (No.984/モ図)
　新牧日 (No.3962/モ図)
　茶花下 (p172/カ写)
　牧野ス1 (No.704/カ図)
　野生1 (p339/カ写)
　山カ野草 (p656/カ写)
　山ハ野花 (p107/カ写)

**アゼガヤモドキ** *Bouteloua curtipendula*
イネ科の多年草。
¶新分牧 (No.1261/モ図)
　新牧日 (No.3770/モ図)

**アゼスゲ** *Carex thunbergii* var.*thunbergii* 畦菅
カヤツリグサ科の多年草, 水草。高さは20〜80cm。
¶カヤツリ (p158/モ図)
　原牧1 (No.812/カ図)
　新分牧 (No.820/モ図)
　新牧日 (No.4103/モ図)
　スゲ増 (No.71/カ写)
　日水草 (p175/カ写)
　牧野ス1 (No.812/カ図)
　野生1 (p310/カ写)
　山ハ野花 (p129/カ写)

**アゼダイコン** ⇒イヌガラシを見よ

## アセタケ　*Inocybe rimosa*
アセタケ科（フウセンタケ科）のキノコ。別名ドクスギタケ。傘は黄色。
- ¶新分牧（No.5114/モ図）
- 新牧日（No.4993/モ図）

## アゼテンツキ　*Fimbristylis squarrosa*　畦点突
カヤツリグサ科の一年草。高さは6〜25cm。
- ¶カヤツリ（p594/カ写）
- 原牧1（No.759/カ図）
- 新分牧（No.999/モ図）
- 新牧日（No.4032/モ図）
- 牧野ス1（No.759/カ図）
- 野生1（p350）

## アゼトウガラシ　*Vandellia micrantha*　畦唐辛子, 畔唐辛子
アゼナ科〔アゼトウガラシ科〕（ゴマノハグサ科）の一年草。高さは8〜25cm。
- ¶学フ増野秋（p15/カ写）
- 原牧2（No.1611/カ図）
- 植調（p56/カ写）
- 新分牧（No.3651/モ図）
- 新牧日（No.2700/モ図）
- 牧野ス2（No.3456/モ図）
- 野生5（p99/カ写）
- 山力野草（p176/カ写）
- 山ハ野花（p474/カ写）

## アゼトウナ　*Crepidiastrum keiskeanum*　畔唐菜
キク科キクニガナ亜科の多年草。日本固有種。高さは10cm。
- ¶原牧2（No.2278/カ図）
- 固有（p141）
- 新分牧（No.4031/モ図）
- 新牧日（No.3304/モ図）
- 牧野ス2（No.4123/カ図）
- 野生5（p275/カ写）
- 山力野草（p113/カ写）
- 山ハ野花（p602/カ写）

## アゼナ　*Lindernia procumbens*　畔菜
アゼナ科〔アゼトウガラシ科〕（ゴマノハグサ科）の一年草。高さは7〜20cm。
- ¶学フ増野秋（p14/カ写）
- 原牧2（No.1612/カ図）
- 植調（p54/カ写）
- 新分牧（No.3645/モ図）
- 新牧日（No.2701/モ図）
- 牧野ス2（No.3457/カ図）
- 野生5（p97/カ写）
- 山力野草（p173/カ写）
- 山ハ野花（p475/カ写）

## アゼナルコ　⇒アゼナルコスゲを見よ

## アゼナルコスゲ　*Carex dimorpholepis*
カヤツリグサ科の多年草。高さは40〜80cm。
- ¶カヤツリ〔アゼナルコ〕（p182/モ図）
- 原牧1（No.821/カ図）
- 新分牧（No.830/モ図）
- 新牧日（No.4113/モ図）
- スゲ増〔アゼナルコ〕（No.82/カ写）
- 牧野ス1（No.821/カ図）
- 野生1〔アゼナルコ〕（p311/カ写）
- 山力野草〔アゼナルコ〕（p666/カ写）
- 山ハ野花〔アゼナルコ〕（p129/カ写）

## アセビ　*Pieris japonica* subsp.*japonica*　馬酔木
ツツジ科スノキ亜科の常緑低木。日本固有種。別名アセボ, アセミ, アセモ, アシビ（古名）。高さは1〜3m。花は白色。
- ¶APG原樹（No.1316/カ図）
- 学フ増山菜（p196/カ写）
- 学フ増樹（p76/カ写・カ図）
- 学フ増花庭（p81/カ写）
- 学フ有毒（p81/カ写）
- 原牧2（No.1233/カ図）
- 固有（p103）
- 新分牧（No.3288/モ図）
- 新牧日（No.2177/モ図）
- 茶花上（p230/カ写）
- 都木花新（p99/カ写）
- 牧野ス2（No.3078/カ図）
- 野生4（p256/カ写）
- 山力樹木（p588/カ写）

## アセボ　⇒アセビを見よ

## アセミ　⇒アセビを見よ

## アゼムシロ　⇒ミゾカクシを見よ

## アセモ　⇒アセビを見よ

## アソサイシン　*Asarum misandrum*　阿蘇細辛
ウマノスズクサ科の多年草。
- ¶野生1（p62）
- 山力野草（p718/カ写）
- 山ハ山花（p20/カ写）

## アソシケシダ　*Deparia otomasui*
メシダ科（イワデンダ科）の夏緑性シダ。日本固有種。葉身は長さ30〜50cm, 三角状卵形。
- ¶固有（p205/カ写）
- シダ標2（p344/カ写）

## アソタイゲキ　*Euphorbia pekinensis* subsp.*asoensis*　阿蘇大戟
トウダイグサ科の多年草。日本固有種。
- ¶固有（p83/カ写）
- 野生3（p154/カ写）

## アソタカラコウ　*Ligularia sibirica*
キク科の草本。日本固有種。
- ¶固有（p142）
- 山レ増（p33/カ写）

## アソノコギリソウ　*Achillea alpina* subsp. *subcartilaginea*　阿蘇鋸草
キク科キク亜科の多年草。日本固有種。高さは40〜75cm。
- ¶固有（p149）
- 野生5（p328/カ写）
- 山ハ山花（p499/カ写）
- 山レ増（p29/カ写）

**アソヒカゲ** 32

**アソヒカゲスミレ** *Viola yezoensis* var.*asoana* 阿蘇日陰菫
スミレ科の多年草。葉の基部が耳状に張り出し，葉がほこ形。
¶野生3(p218)

**アソムスメ** *Camellia japonica* 'Aso-musume' 阿蘇娘
ツバキ科。ツバキの品種。別名ヨシノ。花は桃色。
¶茶花上(p121/カ写)

**アソヨモギ** ⇒ヒロハヤマヨモギを見よ

**アゾラ・クリスタータ** ⇒アメリカオオアカウキクサを見よ

**アタミイノデ** ⇒イワシロイノデモドキを見よ

**アタミシノ** *Sasaella atamiana* var.*atamiana*
イネ科タケ亜科のササ。日本固有種。
¶固有(p170)

**アダン** *Pandanus odoratissimus* 阿檀
タコノキ科の常緑高木。別名リントウ，カネカダン，シマタコノキ。
¶原牧1(No.299/カ図)
　新分牧(No.345/モ図)
　新牧日(No.3948/モ図)
　牧野ス1(No.299/カ図)
　野生1(p156/カ写)
　山力樹木(p78/カ写)

**アツイタ** *Elaphoglossum yoshinagae* 厚板
オシダ科のシダ植物。別名アツイタシダ。葉身は長さ10〜30cm，長楕円状披針形。
¶シダ標2(p434/カ写)
　新分牧(No.4763/モ図)
　新牧日(No.4569/モ図)
　山レ増(p660/カ写)

**アツイタシダ** ⇒アツイタを見よ

**アッカキンボウゲ** ⇒オオウマノアシガタを見よ

**アッカゼキショウ** *Tofieldia coccinea* var.*akkana*
チシマゼキショウ科(ユリ科)の多年草。日本固有種。
¶固有(p157)
　野生1(p113)

**アツギノヌカイタチシダマガイ** *Dryopteris paomowanensis*
オシダ科のシダ植物。
¶シダ標2(p370/カ写)

**アッケシアザミ** ⇒シコタンアザミを見よ

**アッケシソウ** *Salicornia perennans* 厚岸草
ヒユ科(アカザ科)の一年草。別名ヤチサンゴ，ハママツ。高さは10〜35cm。
¶帰化写2(p47/カ写)
　原牧2(No.977/カ図)
　新分牧(No.3005/モ図)
　新牧日(No.430/モ図)
　牧野ス2(No.2822/カ図)
　ミニ山(p37/カ写)
　野生4(p141/カ写)
　山力野草(p530/カ写)

山ハ野花(p292/カ写)
山レ増(p415/カ写)

**アッサムゴム** ⇒インドゴムノキを見よ

**アッサムチャ** *Camellia sinensis* var.*assamica*
ツバキ科の低木。別名ホソバチャ。葉は製茶用。高さは3m。花は白色。
¶原牧2(No.1120/カ図)
　新分牧(No.3161/モ図)
　新牧日(No.726/モ図)
　牧野ス2(No.2965/カ図)
　野生4(p204)

**アツシ** ⇒オヒョウを見よ

**アツニ** ⇒オヒョウを見よ

**アツバアサガオ** *Ipomoea imperati*
ヒルガオ科の匍匐草。花は白色で中心が黄色。
¶野生5(p29/カ写)

**アツバアワダチソウ** ⇒トキワアワダチソウを見よ

**アツバキノボリシダ** *Diplazium donianum* var. *aphanoneuron*
メシダ科のシダ植物。
¶シダ標2(p328/カ写)

**アツバキミガヨラン** *Yucca gloriosa* var.*gloriosa* 厚葉君が代蘭
キジカクシ科〔クサスギカズラ科〕(リュウゼツラン科)の常緑低木。別名アメリカキミガヨラン。高さは50〜250cm。花は白色。
¶APG原樹(No.186/カ図)
　原牧1(No.566/カ図)
　都木花新〔ユッカ〕(p229/カ写)
　牧野ス1(No.566/カ図)
　山力樹木(p77/カ写)

**アツバクコ** *Lycium sandwicense* 厚葉枸杞
ナス科の落葉低木。別名ハマクコ。
¶原牧2(No.1460/カ図)
　新分牧(No.3472/モ図)
　新牧日(No.2636/モ図)
　牧野ス2(No.3305/カ図)
　野生5(p37/カ写)
　山力樹木(p666/カ写)

**アツバサイハイゴケ** *Asterella mussuriensis* var. *crassa*
ジンガサゴケ科のコケ。日本固有種。ロゼット状で，縁は紅紫色。
¶固有(p225/カ写)

**アツバサクラソウ** *Primula auricula*
サクラソウ科の草本。
¶山野草〔プリムラ・オウリクラ〕(p360)

**アツバシマザクラ** *Leptopetalum pachyphyllum*
アカネ科の木本。日本固有種。
¶固有(p118)
　野生4(p282/カ写)

**アツバシロテツ** *Melicope grisea* var.*crassifolia*
ミカン科の常緑低木。小笠原固有変種。オオバシロテツの変種。
¶固有(p84)

野生3（p303/カ写）
山カ樹木（p725/カ写）
山レ増（p269/カ写）

**アツバスミレ**　*Viola mandshurica var.triangularis*
スミレ科の草本。日本固有種。
¶固有（p93）
野生3（p217/カ写）

**アツバセフリイヌワラビ**　*Athyrium kuratae×A. oblitescens*
メシダ科のシダ植物。
¶シダ標2（p312/カ写）

**アツハダカンバ**　*Betula ermanii f.corticosa*
カバノキ科の落葉高木。樹皮がいちじるしく肥厚する。
¶野生3（p113）

**アツバタツナミソウ**　*Scutellaria tsusimensis*
シソ科タツナミソウ亜科の草本。
¶野生5（p119/カ写）
山レ増（p124/カ写）

**アツバチトセラン**　*Sansevieria trifasciata*
キジカクシ科〔クサスギカズラ科〕（リュウゼツラン科）の多肉質多年草。別名トラノオラン。大きなものは高さ120cmに達する。花は淡緑色。
¶帰化写2〔チトセラン〕（p453/カ写）
原牧1（No.586/カ図）
牧野ス1（No.586/カ図）

**アツバニガナ**　⇒ヤナギニガナを見よ

**アツバハイチゴザサ**　*Isachne repens*
イネ科チゴザサ亜科の多年草。高さは30〜70cm。
¶野生2（p76/カ写）

**アツミオトギリ**　*Hypericum momoseanum var. atumense*　渥美弟切
オトギリソウ科の多年草。
¶野生3（p239）

**アツミカンアオイ**　*Asarum rigescens var.rigescens*
ウマノスズクサ科の多年草。日本固有種。三重県・和歌山県の南部に分布。
¶原牧1（No.89/カ図）
固有（p61）
新分牧（No.110/モ図）
新牧日（No.685/モ図）
牧野ス1（No.89/カ図）
野生1（p69/カ写）

**アツミゲシ**　*Papaver somniferum subsp.setigerum*
ケシ科の越年草。別名セチゲルゲシ，セチゲルムゲシ。高さは30〜70cm。花は赤〜赤紫〜淡紫〜白色。
¶帰化写改（p81/カ写）
植調（p172/カ写）

**アツモリソウ**　*Cypripedium macranthos var. speciosum*　敦盛草
ラン科の多年草。高さは20〜40cm。
¶学フ増野春（p78/カ写）
原牧1（No.366/カ図）
山野草（No.1663/カ写）
新分牧（No.413/モ図）

新牧日（No.4240/モ図）
茶花上（p340/カ写）
牧野ス1（No.366/カ図）
野生1（p194）
山力野草（p560/カ写）
山ハ山花（p128/カ写）
山レ増（p458/カ写）

**アテ**　⇒アスナロを見よ

**アーティチョーク**　*Cynara scolymus*
キク科の宿根草，多年草，野菜。別名チョウセンアザミ。高さは1.5〜2m。花は淡紫色。
¶原牧2（No.2162/カ図）
新分牧（No.3950/モ図）
新牧日（No.3194/モ図）
牧野ス2（No.4007/カ図）

**アデク**　*Syzygium buxifolium*
フトモモ科の常緑高木。別名アカテツノキ。
¶APG原樹（No.879/カ図）
原牧2（No.482/カ図）
新分牧（No.2520/モ図）
新牧日（No.1911/モ図）
牧野ス2（No.2327/カ図）
野生3（p273/カ写）
山力樹木（p516/カ写）

**アデクモドキ**　⇒ヒメフトモモを見よ

**アテツマンサク**　*Hamamelis japonica var.bitchuensis*　阿哲満作
マンサク科の木本。日本固有種。
¶固有（p67）
野生2（p186/カ写）
山力樹木（p237/カ写）
山レ増（p337/カ写）

**アーデンス**　*Hibiscus syriacus 'Ardens'*
アオイ科。ムクゲの品種。半八重咲きバラ咲き型。
¶茶花下（p30/カ写）

**アドニス・コエルレア**　*Adonis coerulea*
キンポウゲ科の草本。高さは3〜20cm。
¶山野草（No.0270/カ写）

**アドニス・ダビディー**　*Adonis davidii*
キンポウゲ科の草本。高さは20〜40cm。
¶山野草（No.0269/カ写）

**アドニス・ブレビスティラ**　*Adonis brevistyla*
キンポウゲ科の草本。高さは10〜30cm。
¶山野草（No.0268/カ写）

**アドニス・ベルナリス**　*Adonis vernalis*
キンポウゲ科の草本，薬用植物。
¶山野草（No.0271/カ写）

**アトラスシーダー**　*Cedrus atlantica*
マツ科の木本。樹高は40m。樹皮は濃灰色。
¶APG原樹（No.26/カ図）

**アトラスシーダー'グラウカ ペンデュラ'**　⇒グラウカ ペンデュラを見よ

**アナアオサ**　*Ulva pertusa*
アオサ科の海藻。大型。体は20〜30cm。

¶新分牧 (No.4950/モ図)
新牧日 (No.4810/モ図)

**アナドカン** ⇒イヨカンを見よ

**アナナシタケ** *Dendrocalamus strictus*
イネ科のタケ。タケノコの葉鞘は黄褐色, 根に近い枝は下に向う。
¶タケササ〔デンドロカラムス ストリクタス〕(p193/カ写)

**アナナス** ⇒パイナップルを見よ

**アナファリス・コントルタ** *Anaphalis contorta*
キク科の草本。高さは約30cm。
¶山野草 (No.1292/カ写)

**アナベル** *Hydrangea arborescens* 'Annabelle'
アジサイ科 (ユキノシタ科)。アメリカアジサイの品種。
¶APG原樹〔アメリカアジサイ 'アナベル'〕(No.1578/カ図)

**アナマスミレ** *Viola mandshurica* var.*crassa* アナマ菫
スミレ科の多年草。花は濃赤紫色。
¶野生3 (p217/カ写)
山力野草 (p333/カ写)

**アナメ** *Agarum clathratum*
アナメ科 (コンブ科) の海藻。体は扁圧で, 長さ30～90cm。
¶新分牧 (No.4992/モ図)
新牧日 (No.4854/モ図)

**アナンイノデ** ⇒チャボイノデ×イノデモドキを見よ

**アネモネ** *Anemone coronaria*
キンポウゲ科の多年草, 球根植物。別名ベニバナオキナグサ, ハナイチゲ, ボタンイチゲ。高さは25～40cm。花は赤, 桃, 紫, 藍, 白色など。
¶学フ有毒 (p121/カ写)
原牧1 (No.1267/カ図)
山野草〔アネモネ・コロナリア〕(No.0235/カ写)
牧野ス1 (No.1267/カ写)

**アネモネ・アペニナ** *Anemone apennina*
キンポウゲ科の多年草。高さは15～20cm。花は青または白色。
¶山野草 (No.0238/カ写)

**アネモネ・コウカシカ** *Anemone caucasica*
キンポウゲ科の草本。高さは5～10cm。
¶山野草 (No.0239/カ写)

**アネモネ・コロナリア** ⇒アネモネを見よ

**アネモネタマチャワンタケ** *Dumontinia tuberosa*
キンカクキン科のキノコ。
¶原きの (No.522/カ写・カ図)

**アネモネ・ネモローサ** *Anemone nemorosa*
キンポウゲ科の多年草。別名ヤブイチゲ。高さは10～25cm。花は白色。
¶山野草 (No.0233/カ写)

**アネモネ・ホルテンシス** *Anemone hortensis*
キンポウゲ科の多年草。高さは20～30cm。花は紫紅色。

¶山野草 (No.0234/カ写)

**アバタマサキ** ⇒トゲマユミを見よ

**アバタマユミ** ⇒トゲマユミを見よ

**アブクマアザミ** *Cirsium tonense* var.*abukumense* 阿武隈薊
キク科アザミ亜科の多年草。
¶野生5 (p242/カ写)

**アブクマタンポタケ** *Elaphocordyceps* sp.
オフィオコルディセプス科の冬虫夏草。宿主はツチダンゴ類。
¶冬虫生態 (p249/カ写)

**アブクマトウヒレン** *Saussurea yuki-uenoana* 阿武隈唐飛簾
キク科アザミ亜科の多年草。
¶野生5 (p271)

**アブクマトラノオ** *Bistorta abukumensis* 阿武隈虎の尾
タデ科の多年草。日本固有種。
¶固有 (p46/カ写)
野生4 (p86/カ写)

**アブチロン**(1) *Abutilon* × *hybridum*
アオイ科の常緑低木。
¶都木花新 (p84/カ写)

**アブチロン**(2) ⇒ウキツリボクを見よ

**アブノメ** *Dopatrium junceum* 虻の眼, 虻の目
オオバコ科 (ゴマノハグサ科) の一年草。別名バチバチグサ。高さは10～30cm。
¶原牧2 (No.1565/カ図)
植調 (p57/カ写)
新分牧 (No.3580/モ図)
新牧日 (No.2708/モ図)
牧野ス2 (No.3410/カ図)
野生5 (p74/カ写)
山ハ野花 (p484/カ写)

**アブラガヤ** *Scirpus wichurae* f.*concolor* 油茅, 油萱
カヤツリグサ科の多年草。別名ナキリ, カニガヤ。高さは80～160cm。
¶原牧1 (No.742/カ図)
新分牧 (No.763/モ図)
茶花下 (p173/カ写)
牧野ス1 (No.742/カ写)

**アブラガヤ (広義)** *Scirpus wichurae* 油茅, 油萱
カヤツリグサ科の多年草。別名アイバソウ。
¶カヤツリ〔アブラガヤ〕(p666/モ図)
野生1〔アブラガヤ〕(p360/カ写)
山力野草〔アブラガヤ〕(p658/カ写)
山ハ野花〔アブラガヤ〕(p110/カ写)
山ハ山花〔アブラガヤ〕(p182/カ写)

**アブラカンギク** *Chrysanthemum indicum* var. *hortense* 油寒菊
キク科の多年草。アブラギクの園芸品種。
¶原牧2 (No.2057/カ図)
新分牧 (No.4202/モ図)
新牧日 (No.3093/モ図)

牧野ス**2**（No.3902/カ図）

## アブラギク<sub>(1)</sub> ⇒キクタニギクを見よ

アブラギク<sub>(1)</sub> ⇒キクタニギクを見よ

アブラギク<sub>(2)</sub> ⇒シマカンギクを見よ

**アブラギリ**　*Vernicia cordata*　油桐
トウダイグサ科の落葉高木。別名ドクエ。高さは
15m。
　¶**APG原樹**（No.801/カ図）
　　学フ有毒（p144/カ写）
　　原牧**2**（No.246/カ図）
　　新分牧（No.2406/モ図）
　　新牧日（No.1464/モ図）
　　牧野ス**1**（No.2091/カ図）
　　野生**3**（p165/カ写）
　　山力樹木（p395/カ写）

**アブラコ**　⇒コシアブラを見よ

**アブラシバ**　*Carex satzumensis*　油芝
カヤツリグサ科の多年草。高さは10～30cm。
　¶カヤツリ（p132/モ図）
　　原牧**1**（No.886/カ図）
　　新分牧（No.806/モ図）
　　新牧日（No.4194/モ図）
　　スゲ増（No.54/カ写）
　　牧野ス**1**（No.886/カ図）
　　野生**1**（p307/カ写）
　　山ハ山花（p166/カ写）

**アブラシメジ（広義）**　*Cortinarius elatior* s.l.
フウセンタケ科のキノコ。中型～大型。傘はオリー
ブ褐色～帯紫褐色, 乾くと粘土褐色～黄土色。ひだ
は粘土褐色。
　¶山力日き（p261/カ写）

**アブラスギ**　*Keteleeria davidiana*　油杉
マツ科の常緑高木。別名テッケンユサン, ユサン,
カタモミ。高さは10～20m。
　¶**APG原樹**〔テッケンユサン〕（No.56/カ図）
　　原牧**1**〔タイワンユサン〕（No.18/カ図）
　　新分牧（No.12/モ図）
　　新牧日（No.30/モ図）
　　牧野ス**1**〔タイワンユサン〕（No.19/カ図）
　　山力樹木（p42/カ写）

**アブラスゲ**　⇒クログワイを見よ

**アブラススキ**　*Spodiopogon cotulifer*　油薄
イネ科キビ亜科の多年草。高さは90～160cm。
　¶桑イネ（p193/カ写・モ図）
　　原牧**1**（No.1087/カ図）
　　新分牧（No.1154/モ図）
　　新牧日（No.3878/モ図）
　　牧野ス**1**（No.1087/カ図）
　　野生**2**（p83/カ写）
　　山力野草（p685/カ写）
　　山ハ野花（p214/カ写）

**アブラゼミタケ**　*Cordyceps nipponica*
ノムシタケ科の冬虫夏草。宿主はアブラゼミの
幼虫。
　¶冬虫生態（p115/カ写）

**アブラチャン**　*Lindera praecox*　油瀝青
クスノキ科の落葉低木。日本固有種。別名ムラダ
チ, ズサ, ヂシャ, ジシャ, チャガラ。雄花は黄, 雌
花は緑黄色。
　¶**APG原樹**（No.170/カ図）
　　学フ増樹（p53/カ写）
　　原牧**1**（No.162/カ図）
　　固有（p49/カ写）
　　新分牧（No.198/モ図）
　　新牧日（No.503/モ図）
　　茶花上（p231/カ写）
　　都木花新（p25/カ写）
　　牧野ス**1**（No.162/カ図）
　　野生**1**（p83/カ写）
　　山力樹木（p212/カ写）
　　落葉図譜（p125/モ図）

**アブラツツジ**　*Enkianthus subsessilis*　油躑躅
ツツジ科ドウダンツツジ亜科の落葉低木。日本固有
種。別名ホウキドウダン, ヤマドウダン。
　¶**APG原樹**（No.1201/カ図）
　　原牧**2**（No.1229/カ図）
　　固有（p108）
　　新分牧（No.3207/モ図）
　　新牧日（No.2173/モ図）
　　牧野ス**2**（No.3074/カ図）
　　野生**4**（p251/カ写）
　　山力樹木（p594/カ写）

**アブラツバキ**　⇒ユチャを見よ

**アブラナ**　*Brassica rapa* var.*oleifera*　油菜
アブラナ科の多年草。別名ナタネナ, ニホンアブラ
ナ。高さは60～80cm。花は黄色。
　¶原牧**2**（No.692/カ図）
　　新分牧（No.2790/カ図）
　　新牧日（No.813/モ図）
　　牧野ス**2**（No.2537/カ図）

**アブラヤシ**　*Elaeis guineensis*　油椰子
ヤシ科の木本, 薬用植物。ウメボシ大の果が人頭大
の果序をなす。高さは10～20m。
　¶**APG原樹**（No.210/カ図）

**アフリカエリカ**　⇒ジャノメエリカを見よ

**アフリカギク**　⇒アークトチスを見よ

**アフリカキンエノコロ**　*Setaria sphacelata*
イネ科の一年草または二年草。
　¶帰化写**2**（p463/カ写）
　　桑イネ（p441/モ図）

**アフリカキンセンカ**　*Dimorphotheca sinuata*
キク科の草本。別名ディモルホセカ。高さは30cm。
花は橙黄色。
　¶原牧**2**（No.1903/カ図）
　　牧野ス**2**（No.3748/カ図）

**アフリカコマツナギ**　*Indigofera hendecaphylla*　アフ
リカ駒繋ぎ
マメ科マメ亜科の匍匐またはやや斜上する多年草。
花は赤紅色。
　¶野生**2**（p274）

アフリカシタキヅル ⇒マダガスカルジャスミンを
見よ

アフリカタヌキマメ *Crotalaria trichotoma*
マメ科の木本状多年草。
¶帰化写2（p402/カ写）

アフリカヌカボ *Agrostis lachnantha*
イネ科の多年草。外花穎に3脈しかない。
¶帰化写2（p333/カ写）

アフリカヒゲシバ *Chloris gayana*
イネ科ヒゲシバ亜科の多年草、牧草。別名ローズソ
ウ。高さは50〜150cm。
¶帰化写改（p435/カ写）
桑イネ（p147/カ写・モ図）
新分牧（No.1267/モ図）
新牧日（No.3768/モ図）
野生2（p68/カ写）

アフリカヒメアヤメ *Romulea rosea*
アヤメ科の球根植物、多年草。花は赤紫、ピンク色。
¶帰化写2（p303/カ写）

アフリカフウチョウソウ *Cleome rutidosperma*
フウチョウソウ科の一年草。別名コバナフウチョウ
ソウ。高さは30〜90cm。
¶帰化写2（p66/カ写）

アフリカホウセンカ *Impatiens walleriana*
ツリフネソウ科の多年草。高さは30〜60cm。花は
緋紅、青紫色。
¶帰化写2（p411/カ写）

アフリカン・マリゴールド ⇒センジュギクを見よ

アプリコット ⇒アンズを見よ

アベトウヒレン *Saussurea kurosawae* 安倍唐飛簾
キク科アザミ亜科の多年草。日本固有種。
¶固有（p148）
野生5（p270）

アベマキ *Quercus variabilis* 阿部槇、槇
ブナ科の落葉高木。別名ワタクヌギ、ワタマキ、オ
クヌギ、クリガシワ、コルククヌギ。高さは15m。
樹皮は淡灰褐色。
¶APG原樹（No.704/カ図）
原牧2（No.108/カ図）
新分牧（No.2150/モ図）
新牧日（No.143/モ図）
牧野ス1（No.1953/カ図）
野生3（p95/カ写）
山力樹木（p142/カ写）
落葉図譜（p90/モ図）

アベ・マリア *Hydrangea macrophylla* 'Ave Maria'
アジサイ科（ユキノシタ科）。セイヨウアジサイの
品種。
¶APG原樹〔セイヨウアジサイ 'アベ・マリア'〕（No.
1077/カ図）

アベリア ⇒ハナゾノツクバネウツギを見よ

アベリア'ホープレイズ' ⇒ホープレイズを見よ

アヘンゲシ ⇒ケシを見よ

アポイアザミ *Cirsium apoense* アポイ薊
キク科アザミ亜科の草本。日本固有種。
¶固有（p139/カ写）
野生5（p230/カ写）
山ハ高山（p405/カ写）

アポイアズマギク *Erigeron thunbergii* subsp.
*glabratus* var.*angustifolius* アポイ東菊
キク科キク亜科の多年草。日本固有種。
¶固有（p151/カ写）
山野草（No.1275/カ写）
野生5（p322/カ写）
山力野草（p41/カ写）
山ハ高山（p385/カ写）
山レ増（p45/カ写）

アポイカラマツ *Thalictrum foetidum* var.*apoiense*
アポイ唐松
キンポウゲ科の草本。
¶野生2（p166/カ写）
山ハ高山（p91/カ写）

アポイカンバ *Betula apoiensis* アポイ樺
カバノキ科の落葉低木。日本固有種。別名ヒダカカ
ンバ、マルミカンバ。
¶固有（p42/カ写）
野生3（p114/カ写）
山力樹木（p117/カ写）
山ハ高山（p235/カ写）
山レ増（p453/カ写）

アポイギキョウ *Platycodon grandiflorus* アポイ桔梗
キキョウ科の多年草。北海道のアポイ岳などに自生
するキキョウの矮小種。
¶山野草（No.1145/カ写）

アポイキンバイ *Potentilla matsumurae* var.
*apoiensis* アポイ金梅
バラ科バラ亜科の多年草。日本固有種。
¶固有（p77）
野生3（p38/カ写）
山力野草（p402/カ写）
山ハ高山（p205/カ写）

アポイコザクラ ⇒ヒダカイワザクラを見よ

アポイザサ *Sasa samaniana*
イネ科タケ亜科の植物。日本固有種。
¶固有（p173）
タケ亜科（No.90/カ写）

アポイゼキショウ *Tofieldia coccinea* var.*kondoi* ア
ポイ石菖
チシマゼキショウ科（ユリ科）の常緑多年草。別名
チャボゼキショウ。
¶原牧1〔チャボゼキショウ〕（No.215/カ図）
牧野ス1〔チャボゼキショウ〕（No.215/カ図）
野生1（p112/カ写）
山ハ高山（p11/カ写）

アポイタチツボスミレ *Viola sacchalinensis* var.
*alpina* アポイ立坪菫
スミレ科の多年草。
¶野生3（p224/カ写）
山ハ高山（p188/カ写）

山レ増（p248/カ図）

## アポイタヌキラン　*Carex apoiensis*
カヤツリグサ科の多年草。日本固有種。
¶ カヤツリ（p226/モ図）
　固有（p182/カ写）
　スゲ増（No.107/カ写）
　野生1（p330/カ写）

## アポイツメクサ　*Arenaria katoana* var.*lanceolata*　アポイ爪草
ナデシコ科の多年草。日本固有種。
¶ 固有（p47）
　野生4（p110/カ写）
　山ハ高山（p141/カ写）

## アポイマンテマ　*Silene repens* var.*apoiensis*
ナデシコ科の多年草。日本固有種。
¶ 固有（p48）
　野生4（p121/カ写）
　山ハ高山（p151/カ写）
　山レ増（p430/カ写）

## アポイヤマブキショウマ　*Aruncus dioicus* var.*subrotundus*　アポイ山吹升麻
バラ科の多年草。
¶ 山ハ高山（p231/カ写）
　山レ増（p311/カ写）

## アボガド　*Persea americana*
クスノキ科の小木、果樹。別名ワニナシ。果実は黄，緑，黒紫色など。高さは6〜25m。
¶ APG原樹〔アボカド〕（No.160/カ図）
　原牧1〔アボカド〕（No.147/カ図）
　新分牧（No.182/モ図）
　新牧日（No.488/モ図）
　牧野ス1〔アボカド〕（No.147/カ図）

## アポロゴムノキ　*Ficus elastica* 'Apollo'
クワ科の木本。
¶ APG原樹（No.667/カ図）

## アマ　*Linum usitatissimum*　亜麻
アマ科の越年草または一年草。別名ヌメゴマ，イチネンアマ，アカゴマ。高さは60〜130cm。花は青色または白色。
¶ 帰化写2（p136/カ写）
　原牧2（No.382/カ図）
　新分牧（No.2431/モ図）
　新牧日（No.1434/モ図）
　茶花下（p47/カ写）
　牧野ス1（No.2227/カ図）
　野生3（p228/カ写）

## アマガシタ　*Camellia*×*intermedia* 'Amagashita'　天ヶ下
ツバキ科。ツバキの品種。花は斑入り。
¶ APG原樹〔ツバキ'アマガシタ'〕（No.1141/カ図）
　茶花上（p146/カ写）

## アマカズラ　⇒アマチャヅルを見よ

## アマギ　⇒ギョボクを見よ

## アマギアマチャ　*Hydrangea serrata* var.*angustata*　天城甘茶
アジサイ科（ユキノシタ科）の落葉小低木。日本固有種。伊豆半島に特産。
¶ 原牧2（No.1027/カ図）
　固有（p74）
　新分牧（No.3059/モ図）
　新牧日（No.991/モ図）
　牧野ス2（No.2872/カ写）
　ミニ山（p109/カ写）
　野生4（p166/カ写）
　山力樹木（p221/カ写）

## アマギイノデ　*Polystichum*×*mashikoi*
オシダ科のシダ植物。
¶ シダ標2（p418/カ写）

## アマギイワヘゴ　*Dryopteris atrata*×*D.uniformis*
オシダ科のシダ植物。
¶ シダ標2（p375/カ写）

## アマギカンアオイ　*Asarum muramatsui*　天城寒葵
ウマノスズクサ科の多年草。日本固有種。葉柄は緑色。
¶ 原牧1（No.98/カ図）
　固有（p61）
　山野草（No.0414/カ写）
　新分牧（No.120/モ図）
　新牧日（No.694/モ図）
　牧野ス1（No.98/カ図）
　野生1（p64/カ写）
　山力野草（p551/カ写）
　山ハ山花（p23/カ写）
　山レ増（p371/カ写）

## アマギギボウシ　⇒イズイワギボウシを見よ

## アマギザサ - ミヤコザサ複合体　*Sasa scytophylla* - *S.nipponica* complex
イネ科タケ亜科の植物。群落の辺縁部に無分枝のミヤコザサ節型，中心部に分枝したアマギザサ節型の稈を生ずる。
¶ タケ亜科（No.68/カ写）

## アマギシャクナゲ　*Rhododendron degronianum* var.*amagianum*
ツツジ科ツツジ亜科の常緑低木。日本固有種。
¶ 原牧2（No.1207/カ図）
　固有（p105）
　新分牧（No.3272/モ図）
　新牧日（No.2152/モ図）
　牧野ス2（No.3052/カ図）
　野生4（p236/カ写）

## アマギツツジ　*Rhododendron amagianum*　天城躑躅
ツツジ科ツツジ亜科の落葉低木または高木。日本固有種。
¶ APG原樹（No.1223/カ図）
　原牧2（No.1195/カ写）
　固有（p107）
　新分牧（No.3264/モ図）
　新牧日（No.2141/モ図）
　牧野ス2（No.3040/カ図）
　野生4（p246/カ写）

山力樹木（p546/カ写）
山レ増（p213/カ写）

**アマギテンナンショウ** *Arisaema kuratae*
サトイモ科の多年草。日本固有種。高さは15〜30cm。
¶固有（p177）
新分牧（No.236/モ図）
テンナン（No.17/カ写）
野生1（p101/カ写）

**アマギベニウツギ** *Weigela decora var.amagiensis*
天城紅空木
スイカズラ科の落葉低木。日本固有種。
¶固有（p135）
野生5（p427）
山力樹木（p693/カ写）

**アマギミヤママムシグサ** *Arisaema maekawae var. amagiense*
サトイモ科の草本。ミヤママムシグサの変種。
¶野生1（p104）

**アマクサ**(1) ⇒アマチャヅルを見よ

**アマクサ**(2) ⇒ノゲイトウを見よ

**アマクサギ** *Clerodendrum trichotomum var.fargesii*
シソ科キランソウ亜科（クマツヅラ科）の木本。
¶原牧2（No.1739/カ図）
新分牧（No.3703/モ図）
新牧日（No.2515/モ図）
牧野ス2（No.3584/カ図）
野生5（p112/カ写）
落葉図譜（p295/モ図）

**アマクサシダ** *Pteris semipinnata* 天草羊歯
イノモトソウ科の常緑性シダ。葉身は長さ20〜40cm、広披針形〜長楕円形。
¶シダ標1（p380/カ写）
新分牧（No.4595/モ図）
新牧日（No.4482/モ図）

**アマクサツチトリモチ** *Balanophora subcupularis*
天草土鳥餅
ツチトリモチ科の寄生草本。雌雄同株で葉緑素がない。高さは6〜8cm程度。
¶新分牧（No.2806/モ図）
野生4（p73/カ写）

**アマクサミツバツツジ** *Rhododendron amakusaense*
天草三葉躑躅
ツツジ科ツツジ亜科の木本。日本固有種。
¶固有（p107）
野生4（p247/カ写）

**アマグリ** *Castanea mollissima* 甘栗
ブナ科の木本。別名シナアマグリ，チュウゴクグリ。高さは18m。
¶APG原樹（No.722/カ図）

**アマシバ** *Symplocos formosana*
ハイノキ科の木本。日本固有種。
¶固有（p112）
野生4（p212/カ写）

**アマズラ** ⇒ツタを見よ

**アマヅル** *Vitis saccharifera* 甘蔓
ブドウ科の落葉つる性植物。日本固有種。別名オトコブドウ。
¶APG原樹（No.348/カ図）
原牧1〔オトコブドウ〕（No.1446/カ図）
固有（p90）
新分牧〔オトコブドウ〕（No.1625/モ図）
新牧日〔オトコブドウ〕（No.1700/モ図）
牧野ス1〔オトコブドウ〕（No.1446/カ図）
野生2（p237/カ写）

**アマゾントチカガミ** *Limnobium laevigatum*
トチカガミ科の水草。
¶日水草（p93/カ写）

**アマゾンフロッグビット** ⇒アマゾントチカガミを見よ

**アマゾンユリ** *Eucharis×grandiflora* アマゾン百合
ヒガンバナ科の多年草。別名アマゾンリリー，ギボウシスイセン。高さは60cm。花は白色。
¶茶花上（p192/カ写）

**アマゾンリリー** ⇒アマゾンユリを見よ

**アマタ** ⇒カジメ(1)を見よ

**アマタケ** *Gymnopus confluens*
ツキヨタケ科のキノコ。小型。傘は肉色。ひだは類白色。
¶山力日き（p111/カ写）

**アマダマシ** *Nierembergia frutescens*
ナス科。別名アマモドキ。高さは50cm。花は淡紫色。
¶原牧2（No.1497/カ図）
新分牧（No.3468/モ図）
新牧日（No.2672/モ図）
牧野ス2（No.3342/カ図）

**アマチャ** *Hydrangea serrata var.thunbergii* 甘茶
アジサイ科（ユキノシタ科）の落葉低木。日本固有種。別名コアマチャ，アマチャノキ。
¶APG原樹（No.1084/カ図）
学フ増薬草（p184/カ写）
原牧2（No.1028/カ図）
固有（p74）
新分牧（No.3060/モ図）
新牧日（No.992/モ図）
茶花上（p492/カ写）
牧野ス2（No.2873/カ図）
ミニ山（p109/カ写）
野生4（p166/カ写）
山力樹木（p221/カ写）

**アマチャヅル** *Gynostemma pentaphyllum* 甘茶蔓
ウリ科の多年生つる草。別名ツルアマチャ，アマクサ，アマカズラ，ヤブカンゾウ。
¶色野草〔アマチャヅル〕（p375/カ写）
学フ増薬秋（p232/カ写）
学フ増薬草（p82/カ写）
原牧2（No.185/カ図）
新分牧（No.2201/モ図）
新牧日（No.1889/モ図）

牧野ス1（No.2030/カ図）
野生3（p122/カ写）
山力野草（p143/カ写）
山ハ野花（p395/カ写）

**アマチャノキ** ⇒アマチャを見よ

**アマツオトメ**(1) *Camellia japonica* 'Amatsu-otome'
天津乙女
ツバキ科。ツバキの品種。花は桃色。
¶茶花上（p122/カ写）

**アマツオトメ**(2) *Rosa* 'Amatsuotome' 天津乙女
バラ科。バラの品種。ハイブリッド・ティーローズ系。花は濃黄色。
¶APG原樹〔バラ'アマツオトメ'〕（No.614/カ図）

**アマドコロ** *Polygonatum odoratum* var.*pluriflorum*
甘野老, 萎蕤
キジカクシ科〔クサスギカズラ科〕（ユリ科）の多年草。別名イズイ, カラスユリ, エミグサ。高さは35～85cm。
¶色野草（p56/カ写）
学フ増山菜（p24/カ写）
学フ増野春（p193/カ写）
学フ増薬草（p16/カ写）
原牧1（No.597/カ図）
山野草（No.1396/カ写）
新分牧（No.606/モ図）
新牧日（No.3464/モ図）
茶花上（p340/カ写）
牧野ス1（No.597/カ写）
野生1（p258/カ写）
山力野草（p629/カ写）
山ハ野花（p80/カ写）
山ハ山花（p146/カ写）

**アマナ** *Amana edulis* 甘菜
ユリ科の多年草。別名ムギグワイ, ムギクワイ。高さは15～30cm。
¶色野草（p31/カ写）
学フ増野春（p196/カ写）
学フ増薬草（p14/カ写）
原牧1（No.351/カ図）
山野草（No.1448/カ写）
新分牧（No.389/モ写）
新牧日（No.3447/モ図）
茶花上（p231/カ写）
牧野ス1（No.351/カ図）
野生1（p177/カ写）
山力野草（p625/カ写）
山ハ野花（p48/カ写）

**アマナツ** *Citrus natsudaidai* 甘夏
ミカン科の常緑小高木。別名アマナツミカン。ナツミカンの園芸品種的なもの。
¶山力樹木（p373/カ写）

**アマナツミカン** ⇒アマナツを見よ

**アマナラン** *Bletilla formosana*
ラン科の草本。花は桃を帯びる。
¶山野草（No.1724/カ写）
野生1（p184/カ写）

**アマニュウ** *Angelica edulis* 甘にゅう
セリ科セリ亜科の多年草。別名マルバエゾニュウ。高さは1～2m。
¶学フ増山菜（p168/カ写）
原牧2（No.2457/カ図）
新分牧（No.4492/モ図）
新牧日（No.2071/モ図）
牧野ス2（No.4302/カ図）
ミニ山（p222/カ写）
野生5（p389/カ写）
山力野草（p319/カ写）
山ハ山花（p475/カ写）

**アマノガワ**(1) *Camellia japonica* 'Amano-gawa' 天の川
ツバキ科。ツバキの品種。花は白色。
¶茶花上（p110/カ写）

**アマノガワ**(2) *Cerasus lannesiana* 'Erecta' 天の川
バラ科の落葉小高木。サクラの栽培品種。花は淡紅色。
¶APG原樹〔サクラ'アマノガワ'〕（No.428/カ図）
学フ増桜〔'天の川'〕（p148/カ写）

**アマノホシクサ** *Eriocaulon amanoanum*
ホシクサ科の水草。
¶野生1（p282）

**アマビリスファー** ⇒ウツクシモミを見よ

**アマミアオネカズラ** *Goniophiebium amamianum*
ウラボシ科の冬緑性シダ。日本固有種。葉身は長さ15～25cm, 長楕円状披針形。
¶固有（p210）
シダ標2（p457/カ写）
山レ増（p640/カ写）

**アマミアセビ** *Pieris amamioshimensis*
ツツジ科。日本固有種。
¶固有（p103/カ写）

**アマミアラカシ** *Quercus glauca* var.*amamiana*
ブナ科の木本。日本固有種。
¶固有（p43）

**アマミアワゴケ** *Ophiorrhiza yamashitae*
アカネ科の常緑多年草。日本固有種。
¶固有（p118）
野生4（p285/カ写）

**アマミイケマ** *Cynanchum boudieri*
キョウチクトウ科（ガガイモ科）の多年草。
¶野生4（p310/カ写）
山レ増（p164/カ写）

**アマミイナモリ** *Ophiorrhiza amamiana*
アカネ科の常緑多年草。日本固有種。
¶固有（p118/カ写）
野生4（p285/カ写）

**アマミエビネ** *Calanthe amamiana*
ラン科の常緑多年草。日本固有種。花は白または淡桃色。
¶固有（p189/カ写）
野生1（p187/カ写）

アマミカイ

**アマミカイキタンポタケ** *Elaphocordyceps* sp.
オフィオコルディセプス科の冬虫夏草。宿主は黒色系のツチダンゴ類。
¶冬虫生態（p248/カ写）

**アマミカジカエデ** *Acer amamiense* 奄美梶楓
ムクロジ科（カエデ科）の落葉高木。高さは4mほど。
¶野生3（p294/カ写）
　山力樹木（p720/カ写）
　山レ増（p270/カ写）

**アマミカタバミ** *Oxalis exilis*
カタバミ科の草本。日本固有種。
¶固有（p81/カ写）
　野生3（p141/カ写）
　山レ増（p283/カ写）

**アマミクサアジサイ** *Cardiandra amamiohsimensis*
アジサイ科（ユキノシタ科）の草本。日本固有種。
¶固有（p75）
　野生4（p159/カ写）
　山レ増（p325/カ写）

**アマミクラマゴケ** *Selaginella limbata*
イワヒバ科の常緑性シダ。茎は長さ50cm。葉は緑色～鮮緑色。
¶シダ標1（p273/カ写）

**アマミコベニタンポタケ** *Cordyceps* sp.
ノムシタケ科。宿主は甲虫の幼虫。
¶冬虫生態（p168/カ写）

**アマミゴヨウ** ⇒ヤクタネゴヨウを見よ

**アマミザンショウ** *Zanthoxylum amamiense*
ミカン科の落葉灌木。日本固有種。
¶固有（p84/カ写）
　野生3（p308）

**アマミサンショウソウ** *Elatostema oshimense*
イラクサ科の多年草。日本固有種。
¶固有（p44/カ写）
　野生2（p346）
　山レ増（p442/カ写）

**アマミシダ** *Diplazium amamianum*
メシダ科（イワデンダ科）の常緑性シダ。日本固有種。葉身は長さ1.5m, 広披針形。
¶固有（p205）
　シダ標2（p329/カ写）

**アマミシマアザミ** ⇒シマアザミを見よ

**アマミスミレ** *Viola amamiana*
スミレ科の草本。日本固有種。花は白色。
¶固有（p93）
　野生3（p221/カ写）
　山レ増（p251/カ写）

**アマミセイシカ** *Rhododendron latoucheae* var. *amamiense* 奄美聖紫花
ツツジ科ツツジ亜科の常緑低木, ときに高木。日本固有種。
¶固有（p105）
　野生4（p250/カ写）

　山力樹木（p563/カ写）
　山レ増（p208/カ写）

**アマミセミタケ** *Ophiocordyceps* sp.
オフィオコルディセプス科の冬虫夏草。宿主はオオシマゼミ, クロイワツクツクなどの幼虫。
¶冬虫生態（p121/カ写）

**アマミタツナミソウ** *Scutellaria rubropunctata* var. *naseana*
シソ科。日本固有種。
¶固有（p125）

**アマミタムラソウ** *Salvia ranzaniana* var.*simplicior*
シソ科シソ亜科〔イヌハッカ亜科〕。日本固有種。
¶固有（p122/カ写）
　野生5（p139）

**アマミチャルメルソウ** *Mitella amamiana* 奄美哨呐草
ユキノシタ科の多年草。山地の陰湿な岩壁に生える。
¶野生2（p208/カ写）

**アマミツチダンゴツブタケ** *Elaphocordyceps* sp.
オフィオコルディセプス科の冬虫夏草。宿主はツチダンゴ類。
¶冬虫生態（p261/カ写）

**アマミデンダ** *Polystichum obae*
オシダ科の常緑性シダ。日本固有種。別名ヒメデンダ。葉身は長さ3～5cm, 線形～線状披針形。
¶固有（p207/カ写）
　シダ標2（p411/カ写）
　山レ増（p654/カ写）

**アマミテンナンショウ** *Arisaema heterocephalum* subsp.*heterocephalum*
サトイモ科の多年草。日本固有種。別名ホソバテンナンショウ。鳥足状の複葉を持つ。
¶原牧1（No.184/カ図）
　固有（p176/カ図）
　山野草（No.1627/カ写）
　新分牧（No.218/モ図）
　新牧日（No.3915/モ図）
　テンナン（No.2a/カ写）
　牧野ス1（No.184/カ図）
　野生1（p96/カ写）
　山レ増（p545/カ写）

**アマミトンボ** *Platanthera mandarinorum* subsp. *hachijoensis* var.*amamiana*
ラン科の草本。日本固有種。
¶固有（p191/カ写）
　野生1（p224）

**アマミナキリスゲ** *Carex tabatae*
カヤツリグサ科の多年草。有花茎は高さ15～60cm。
¶新分牧（No.809/モ図）
　スゲ増（No.64/カ写）
　野生1（p308/カ写）

**アマミナツヅタ** *Parthenocissus heterophylla*
ブドウ科の木本。
¶野生2（p235/カ写）

**アマミヒイラギモチ** *Ilex dimorphophylla* 奄美柊黐
モチノキ科の木本。日本固有種。花は緑白色。
¶固有 (p88/カ写)
　野生5 (p183/カ写)
　山カ樹木 (p412/カ写)
　山レ増 (p265/カ写)

**アマミヒサカキ** *Eurya osimensis*
サカキ科 (ツバキ科) の木本。日本固有種。
¶固有 (p63/カ写)
　野生4 (p179/カ写)

**アマミヒトツバハギ** *Flueggea trigonoclada* 奄美一葉萩
コミカンソウ科の雌雄異株の低木。
¶野生3 (p170/カ写)

**アマミヒメタムラソウ** *Salvia pygmaea* var. *oshimensis* 奄美姫田村草
シソ科の草本。高さは5〜10cm。
¶山野草 (No.1031/カ写)

**アマミヒロハノコギリシダ** ⇒フトウワラビを見よ

**アマミフユイチゴ** *Rubus amamianus*
バラ科バラ亜科の木本。日本固有種。
¶固有 (p76)
　ミニ山 (p135/カ写)
　野生3 (p47)

**アマミマツバボタン** *Portulaca okinawensis* var. *amamiensis*
スベリヒユ科の多年草。花は淡黄色。
¶野生4 (p151/カ写)

**アマミヤスデゴケ** *Frullania amamiensis*
ヤスデゴケ科のコケ植物。日本固有種。
¶固有 (p223)

**アマミヤリノホセミタケ** *Metacordyceps owariensis* f.*viridescens*
バッカクキン科の冬虫夏草。宿主はニイニイゼミもしくはクロイワニイニイの幼虫。
¶冬虫生態 (p125/カ写)

**アマモ** *Zostera marina*
ヒルムシロ科 (アマモ科) の多年生水草。別名モシオグサ、リュウグウノオトヒメノモトユイノキリハズシ。長さは50〜100cm。
¶原牧1 (No.249/カ図)
　新分牧 (No.296/モ図)
　新牧日 (No.3350/モ図)
　牧野ス1 (No.249/カ写)
　野生1 (p129/カ写)

**アマモシシラン** *Haplopteris zosterifolia* 甘藻獅子蘭
イノモトソウ科 (シシラン科) の常緑性シダ。別名シマシシラン、オガサワラシシラン。葉長3〜100cm、葉身は線状。
¶シダ標1 (p388/カ写)
　新分牧 (No.4613/モ図)
　新牧日 (No.4687/モ図)

**アマモドキ** ⇒アマダマシを見よ

**アマユリ** ⇒コオニユリを見よ

**アマランサス** ⇒ハゲイトウを見よ

**アマリリス** *Hippeastrum* × *hybridum*
ヒガンバナ科の球根植物。
¶学フ有毒 (p114/カ図)
　原牧1 (No.554/カ図)
　新分牧 (No.598/モ図)
　新牧日 (No.3521/モ図)
　牧野ス1 (No.554/カ図)

**アミガサギリ** *Alchornea liukiuensis*
トウダイグサ科の木本。
¶野生3 (p148/カ写)

**アミガサソウ** ⇒エノキグサを見よ

**アミガサタケ** *Morchella esculenta*
ノボリリュウ科 (アミガサタケ科) のキノコ。中型。頭部は卵形、灰褐色。
¶原きの (No.560/カ写・カ図)
　新分牧 (No.5159/モ図)
　新牧日 (No.5021/モ図)
　山カ日き (p563/カ写)

**アミガサタケ類** *Morchella* spp.
アミガサタケ科のキノコ。
¶学フ増毒き (p238/カ写)

**アミガサユリ** *Fritillaria thunbergii* 編笠百合
ユリ科の球根性多年草。別名バイモ。高さは30〜60cm。
¶原牧1 (No.326/カ図)
　山野草〔バイモ〕(No.1422/カ写)
　新分牧 (No.394/モ図)
　新牧日 (No.3442/モ図)
　茶花上〔ばいも〕(p297/カ写)
　牧野ス1 (No.326/カ図)
　野生1〔バイモ〕(p170/カ写)
　山カ野草〔バイモ〕(p626/カ写)

**アミジグサ** *Dictyota dichotoma*
アミジグサ科の海藻。黄褐色。
¶新分牧 (No.4970/モ図)
　新牧日 (No.4830/モ図)

**アミシダ** *Thelypteris griffithii* var.*wilfordii* 網羊歯
ヒメシダ科 (オシダ科) の常緑性シダ。葉身は長さ10〜30cm、狭三角形。
¶シダ標1 (p436/カ写)
　新分牧 (No.4663/モ図)
　新牧日 (No.4565/モ図)

**アミシダダマシ** ⇒ジャコウシダを見よ

**アミスギタケ** *Polyporus arcularius*
タマチョレイタケ科のキノコ。小型。傘はベージュ色、鱗片あり。
¶山カ日き (p451/カ写)

**アミダガサ** ⇒シャジクソウを見よ

**アミタケ** *Suillus bovinus* 網茸
ヌメリイグチ科のキノコ。中型〜大型。傘は肉桂色〜黄土色、粘性。
¶山カ日き (p309/カ写)

**アミノキ** ⇒センダンを見よ

アミハナイ

## アミハナイグチ Boletinus cavipes
ヌメリイグチ科のキノコ。小型〜中型。傘は黄褐色〜褐色、綿毛状〜繊維状細鱗片。
¶原きの（No.321/カ写・カ図）
山カ日き（p299/カ写）

## アミヒカリタケ Mycena manipularis
ラッシタケ科（クヌギタケ科）のキノコ。小型。傘は類白色。
¶原きの（No.104/カ写・カ図）
山カ日き（p137/カ写）

## アミヒダタケ Campanella junghuhnii
ホウライタケ科のキノコ。
¶山カ日き（p113/カ写）

## アミヒラタケ Polyporus squamosus
タマチョレイタケ科のキノコ。
¶原きの（No.375/カ写・カ図）

## アミミドロ Hydrodictyon sp. 網味泥
アミミドロ科。アミミドロ属の複数種の総称。
¶植調（p74/カ写）

## アミメクロセイヨウショウロ Tuber aestivum
セイヨウショウロ科のキノコ。
¶原きの（No.566/カ写・カ図）

## アミメロン Cucumis melo L.Reticulatus Group 網メロン
ウリ科の一年生の果草。別名ジャコウウリ，マスクメロン。花は黄色。
¶原牧2〔マスクメロン〕（No.170/カ図）
新分牧（No.2219/モ図）
新牧日（No.1873/モ図）
牧野ス1〔マスクメロン〕（No.2015/カ図）

## アムールイチゲ ⇒ウラホロイチゲを見よ

## アムールイワノガリヤス Calamagrostis purpurea subsp.amurensis
イネ科イチゴツナギ亜科の多年草。北海道東部の湿原に稀に産する。
¶野生2（p48）

## アメイロクチキツブタケ Ophiocordyceps falcatoides
オフィオコルディセプス科の冬虫夏草。宿主は甲虫の幼虫。
¶冬虫生態（p190/カ写）

## アメイロスズメガタケ Cordyceps tuberculata f.
ノムシタケ科の冬虫夏草。宿主はガの成虫。ガヤドリナガミノツブタケの子嚢殻が淡茶褐色の個体。
¶冬虫生態（p101/カ写）

## アメフリバナ ⇒ヒルガオ（狭義）を見よ

## アメリカ Cerasus× yedoensis 'Akebono'
バラ科の落葉高木。サクラの栽培品種。米国では「曙（アケボノ）」と呼ばれる。花は淡紅色。
¶学フ増桜〔'アメリカ'〕（p106/カ写）

## アメリカアサガオ Ipomoea hederacea
ヒルガオ科の一年草。花は白，桃，紅紫，青紫色など。
¶帰化写改（p244/カ写, p504/カ写）
植調（p243/カ写）

野生5（p30/カ写）

## アメリカアジサイ'アナベル' ⇒アナベルを見よ

## アメリカアゼナ Lindernia dubia subsp.major
アゼナ科〔アゼトウガラシ科〕（ゴマノハグサ科）の一年草。
¶原牧2（No.1613/カ図）
植調（p55/カ写）
新分牧（No.3646/モ図）
新牧日（No.2702/モ図）
牧野ス2（No.3458/カ図）
山ハ野花（p475/カ写）

## アメリカアゼナ（広義） Lindernia dubia
アゼナ科〔アゼトウガラシ科〕（ゴマノハグサ科）の一年草。別名ヒメアメリカアゼナ。高さは10〜30cm。花は淡紫色。
¶帰化写改〔アメリカアゼナ〕（p294/カ写, p508/カ写）
野生5〔アメリカアゼナ〕（p98/カ写）

## アメリカアリタソウ Dysphania anthelmintica
ヒユ科（アカザ科）の一年草または短命な多年草。
¶帰化写2（p42/カ写）
野生4（p140/カ写）

## アメリカアワゴケ Callitriche terrestris
アワゴケ科の一年草。長さは2〜5cm。
¶帰化写2（p195/カ写）

## アメリカイヌホオズキ Solanum ptychanthum 亜米利加犬酸漿
ナス科の一年草。高さは40〜80cm。花は白色。
¶色野草（p296/カ写）
帰化写改（p284/カ写, p507/カ写）
原牧2（No.1474/カ図）
牧野ス2（No.3320/カ図）
野生5（p44）
山カ野草（p196/カ写）
山ハ野花（p437/カ写）

## アメリカイモ Ipomoea batatas var.batatas
ヒルガオ科の葡匐性草本。
¶原牧2（No.1450/カ図）
新分牧（No.3461/モ図）
新牧日（No.2462/モ図）
牧野ス2（No.3295/カ図）

## アメリカイワナンテン Leucothoe fontanesiana アメリカ岩南天
ツツジ科の低木。別名セイヨウイワナンテン。高さは1.5m。花は白色。
¶茶花上（p341/カ写）

## アメリカウラベニイロガワリ Boletus subvelutipes
イグチ科のキノコ。中型〜大型。傘は帯赤褐色〜暗褐色，ビロード状。
¶山カ日き（p330/カ写）

## アメリカウロコモミ ⇒チリマツを見よ

## アメリカウンランモドキ Agalinis heterophylla
ゴマノハグサ科の一年草。
¶帰化写2（p224/カ写）

## アメリカエノコログサ ⇒フシネキンエノコロを見よ

**アメリカオオアカウキクサ** *Azolla cristata*
サンショウモ科のシダ植物。別名アゾラ・クリスタータ。外来種。
　¶シダ標1 (p337/カ写)
　　日水草 (p33/カ写)

**アメリカオオバコ** *Plantago aristata*
オオバコ科の一年草。高さは15〜40cm。花は淡褐色。
　¶帰化写改 (p306/カ写, p509/カ写)

**アメリカオオモミ** *Abies grandis*
マツ科の常緑高木。別名グランドファー。高さは30〜100m。樹皮は灰褐色。
　¶APG原樹 (No.54/カ図)

**アメリカオダマキ** ⇒セイヨウオダマキを見よ

**アメリカオニアザミ** *Cirsium vulgare* 亜米利加鬼薊
キク科の多年草。別名ヨウシュオニアザミ。高さは50〜150cm。花は淡紅紫色。
　¶色野草 (p258/カ写)
　　帰化写改 (p339/カ写, p512/カ写)
　　植調 (p142/カ写)

**アメリカカイガンソウ** ⇒オオハマガヤを見よ

**アメリカカタクリ** ⇒エリスロニウムを見よ

**アメリカキカシグサ** *Rotala ramosior*
ミソハギ科の一年草。高さは10〜40cm。花は白色、または桃色。
　¶帰化写2 (p156/カ写)

**アメリカギク** *Boltonia asteroides*
キク科の多年草。別名ボルトニア。高さは20〜70cm。花は白色、または淡紫色。
　¶原牧2 (No.1963/カ図)
　　牧野ス2 (No.3808/カ図)

**アメリカキササゲ** *Catalpa bignonioides* アメリカ木捧, アメリカ木豇豆
ノウゼンカズラ科の落葉高木。別名インディアン・ビーン。樹高は15m。樹皮は灰褐色。
　¶APG原樹 (No.1437/カ図)
　　原牧2 (No.1812/カ図)
　　新分牧 (No.3669/モ図)
　　新牧日 (No.2773/モ図)
　　茶花上 (p492/カ写)
　　牧野ス2 (No.3657/カ図)

**アメリカキミガヨラン** ⇒アツバキミガヨランを見よ

**アメリカキンゴジカ** *Sida spinosa*
アオイ科の一年草。高さは30〜60cm。花は淡黄色。
　¶帰化写改 (p195/カ写, p502/カ写)
　　植調 (p77/カ写)
　　野生4 (p31)

**アメリカグサ** ⇒ヒメジョオンを見よ

**アメリカクサイ** *Juncus dudleyi*
イグサ科の多年草。高さは30〜80cm。花は緑色。
　¶帰化写2 (p305/カ写)

**アメリカクサレダマ** *Lysimachia ciliata*
サクラソウ科。葉は卵形〜狭卵形。

　¶野生4 (p193)

**アメリカグリ** *Castanea dentata*
ブナ科の木本。高さは30m。樹皮は暗褐色。
　¶APG原樹 (No.723/カ図)

**アメリカクロスグリ** ⇒アメリカフサスグリを見よ

**アメリカゴウカン** ⇒ハイクサネムを見よ

**アメリカコナギ** *Heteranthera limosa*
ミズアオイ科の抽水性一年草。花は先端がやや尖るヘラ形、青紫と白の2型色がある。
　¶帰化写改 (p411/カ写)
　　植調 (p47/カ写)
　　日水草 (p145/カ写)

**アメリカザイフリボク** *Amelanchier canadensis*
バラ科の落葉低木。
　¶APG原樹 (No.1558/カ図)

**アメリカサナエタデ** ⇒オトメサナエタデを見よ

**アメリカサワギキョウ** ⇒ベニバナサワギキョウを見よ

**アメリカシャクナゲ** ⇒カルミアを見よ

**アメリカシラネワラビ** *Dryopteris intermedia*
オシダ科の常緑多年生シダ植物。外来種。
　¶帰化写2 (p383/カ写)
　　シダ標2 (p372/カ写)

**アメリカズイナ** ⇒コバノズイナを見よ

**アメリカスズカケノキ** *Platanus occidentalis*
スズカケノキ科の落葉高木。別名ボタンノキ、セイヨウボタンノキ、プラタナス。高さは40〜50m。樹皮は灰色、褐色、乳黄色。
　¶APG原樹 (No.287/カ図)
　　原牧1 (No.1320/カ図)
　　新分牧 (No.1491/モ図)
　　新牧日 (No.888/モ図)
　　牧野ス1 (No.1320/カ図)
　　野生2 (p175/カ写)
　　山力樹木 (p244/カ写)
　　落葉図譜 (p138/モ図)

**アメリカスズメウリ** *Melothria pendula*
ウリ科のつる性の一年草。
　¶帰化写2 (p418/カ写)
　　植調 (p103/カ写)

**アメリカスズメノヒエ** *Paspalum notatum*
イネ科キビ亜科の多年草。高さは30〜80cm。
　¶帰化写改 (p459/カ写, p521/カ写)
　　桑イネ (p364/カ写・モ図)
　　植調 (p306/カ写)
　　野生2 (p93/カ写)

**アメリカヅタ** *Parthenocissus inserta*
ブドウ科のつる性植物。花は黒青色。葉脈は紫紅色。
　¶APG原樹 (No.352/カ図)
　　帰化写改 (p177/カ写)
　　原牧1 (No.1450/カ図)
　　新分牧 (No.1619/モ図)
　　新牧日 (No.1704/モ図)

アメリカス

牧野ス1（No.1450/カ図）
野生2（p235）

**アメリカスハマソウ** *Hepatica americana*
キンポウゲ科の多年草。花は白〜濃青色。
¶山野草（No.0209/カ写）

**アメリカスミレサイシン** *Viola sororia*
スミレ科の多年草。花はふつう紫色、ときに白色や
白地に紫色の斑紋があるものもある。葉の長さは5
〜12cm。
¶帰化写2（p152/カ写）
山野草〔ビオラ・ソロリア〕（No.0730/カ写）
山ハ野花（p327/カ写）

**アメリカスモモ** *Prunus americana*
バラ科の木本。
¶APG原樹（No.483/カ図）

**アメリカセンダングサ** *Bidens frondosa* アメリカ
栴檀草
キク科キク亜科の一年草。別名セイタカタウコギ。
高さは1〜1.5m。花は黄色。
¶色野草（p191/カ写）
学フ増野秋（p93/カ写）
帰化写改（p327/カ写, p511/カ写）
原牧2（No.2018/カ図）
植調（p62/カ写）
新分牧（No.4274/モ図）
新牧日（No.3057/モ図）
牧野ス2（No.3863/カ図）
野生5（p357/カ写）
山力野草（p85/カ写）
山ハ野花（p576/カ写）

**アメリカセンナ** *Senna hebecarpa*
マメ科の常緑小低木。花は橙黄色。
¶帰化写2（p400/カ写）

**アメリカセンノウ** *Lychnis chalcedonica* アメリカ
仙翁
ナデシコ科の一年草または多年草。別名ヤグルマセ
ンノウ。高さは0.5〜1m。花は鮮紅色。
¶原牧2（No.927/カ図）
新分牧（No.2956/モ図）
新牧日（No.399/モ図）
茶花上（p493/カ写）
牧野ス2（No.2772/カ図）

**アメリカタカサブロウ** *Eclipta alba*
キク科キク亜科の一年草。高さは10〜60cm。花は
白色。
¶帰化写改（p350/カ写, p513/カ写）
植調（p64/カ写）
野生5（p358/カ写）

**アメリカタツタソウ** *Jeffersonia diphylla*
メギ科の多年草。別名シロバナタツタソウ。高さは
15〜20cm。花は白色。
¶山野草（No.0378/カ写）

**アメリカチョウセンアサガオ** ⇒ケチョウセンア
サガオを見よ

**アメリカツガ** ⇒ベイツガを見よ

**アメリカツノクサネム** *Sesbania exaltata*
マメ科の一年草。高さは1〜3m。花は黄色。
¶帰化写改（p141/カ写, p498/カ写）
植調（p256/カ写）

**アメリカデイゴ** *Erythrina crista-galli*
マメ科の落葉小高木。別名アメリカデイコ, カイコ
ウズ。高さは6m。花は黄を帯びた赤色。
¶APG原樹〔カイコウズ〕（No.363/カ図）
学フ増花庭（p175/カ写）
原牧1（No.1616/カ図）
新分牧（No.1713/モ図）
新牧日（No.1402/モ図）
茶花下〔アメリカでいこ〕（p47/カ写）
都木花新〔デイゴとアメリカデイゴ〕（p145/カ写）
牧野ス1（No.1616/カ図）
山力樹木（p368/カ写）

**アメリカテンナンショウ** *Arisaema triphyllum*
サトイモ科の草本。高さは30〜90cm。
¶山野草（No.1640/カ写）

**アメリカトゲミギク** *Acanthospermum hispidum*
キク科の一年草。高さは1m。花は黄色。
¶帰化写2（p246/カ写）

**アメリカトチノキ** ⇒ヒメトチノキを見よ

**アメリカナデシコ** *Dianthus barbatus* アメリカ撫子
ナデシコ科の多年草。別名ヒゲナデシコ。花は緋
赤, 紅, 紫紅色, 蛇の目入りなど。
¶原牧2（No.936/カ写）
新分牧（No.2977/モ図）
新牧日（No.408/モ図）
牧野ス2（No.2781/カ図）

**アメリカネズコ** *Thuja plicata*
ヒノキ科の木本。別名ベイスギ, ウエスタンレッド
シーダー。高さは30〜60m。樹皮は紫褐色。
¶APG原樹（No.96/カ図）

**アメリカネナシカズラ** *Cuscuta campestris*
ヒルガオ科の一年生の寄生植物。花は白色。
¶学フ増野夏（p126/カ写）
帰化写改（p240/カ写）
原牧2（No.1454/カ写）
植調（p247/カ写）
新分牧（No.3449/モ図）
新牧日（No.2466/モ図）
牧野ス2（No.3299/カ写）
野生5（p26/カ写）
山力野草（p249/カ写）
山ハ野花（p446/カ写）

**アメリカノウゼンカズラ** *Campsis radicans* アメ
リカ凌霄花
ノウゼンカズラ科の落葉低木。花は緋黄色。
¶茶花下（p48/カ写）

**アメリカノキビ** *Eriochloa contracta*
イネ科の一年草。高さは30〜80cm。
¶帰化写2（p336/カ写）

**アメリカバス** ⇒キバナハスを見よ

**アメリカハッカクレン** *Podophyllum peltatum*
　メギ科の多年草。高さは30〜50cm。花は白色。
　¶山野草 (No.0379/カ写)

**アメリカハナズオウ** *Cercis canadensis*
　マメ科ジャケツイバラ亜科の木本。樹高10m。花は
　淡紅桃色。樹皮は暗灰褐色ないし黒色。
　¶新分牧 (No.1630/モ図)
　　野生2 (p249)

**アメリカハナズオウ‘フォレストパンシー’** ⇒
　フォレストパンシーを見よ

**アメリカハナノキ** *Acer rubrum*
　ムクロジ科 (カエデ科) の落葉高木。別名ベニカエ
　デ。樹高は25m。花は深紅色。樹皮は濃灰色。
　¶APG原樹 (No.933/カ図)
　　学フ増花庭 (p46/カ写)
　　野生3 (p287/カ写)
　　山力樹木 〔ベニカエデ〕(p452/カ写)
　　落葉図譜 〔ルブルムカエデ〕(p222/モ図)

**アメリカハナミズキ** ⇒ハナミズキを見よ

**アメリカハマグルマ** *Sphagneticola trilobata*
　キク科キク亜科の多年草。別名ウェデリア, ミツバ
　ハマグルマ。
　¶帰化写2 (p450/カ写)
　　植調 (p135/カ写)
　　野生5 (p359)

**アメリカハマニンイク** ⇒オオハマガヤを見よ

**アメリカヒイラギ** *Ilex opaca* アメリカ柊
　モチノキ科の木本。高さは6m。花は乳白色。樹皮
　は灰色。
　¶APG原樹 (No.1456/カ図)

**アメリカヒトツバタゴ** *Chionanthus virginicus*
　モクセイ科の木本。高さは6〜12m。樹皮は灰色。
　¶APG原樹 (No.1587/カ図)

**アメリカヒノキ** *Chamaecyparis nootkatensis*
　ヒノキ科の常緑高木。別名アラスカヒノキ, ベイヒ
　バ, イエローシーダー。高さは30〜40m。花は黄
　色。樹皮は灰褐色ないし橙褐色。
　¶APG原樹 (No.80/カ図)

**アメリカビュ** *Amaranthus blitoides*
　ヒユ科の一年草。別名イヌヒメシロビユ。
　¶野生4 (p133)

**アメリカフウ** ⇒モミジバフウを見よ

**アメリカフウロ** *Geranium carolinianum* アメリカ
　風露
　フウロソウ科の一年草または越年草。高さは10〜
　40cm。花は淡紅〜ほとんど白色。
　¶色野草 (p260/カ写)
　　学フ増野夏 (p21/カ写)
　　帰化写改 (p163/カ写, p499/カ写)
　　原牧2 (No.422/カ図)
　　植調 (p250/カ写)
　　新分牧 (No.2462/モ図)
　　新牧日 (No.1427/モ図)
　　牧野ス2 (No.2267/カ写)
　　ミニ山 (p164/カ写)

　　野生3 (p250/カ写)
　　山ハ野花 (p307/カ写)

**アメリカブクリョウサイ** ⇒ゴマギクを見よ

**アメリカフサスグリ** *Ribes americanum*
　スグリ科の低木。別名アメリカクロスグリ。萼は長
　さ1cm超, 苞は披針形。
　¶野生2 (p194)

**アメリカフヨウ** (1) *Hibiscus cvs.* アメリカ芙蓉
　アオイ科の多年草。高さは40〜160cm。近年導入
　された園芸品種は高さ40cmぐらいが多い。花は白,
　桃, 紅紫色など。花径15cm。
　¶茶花下 (p173/カ写)

**アメリカフヨウ** (2) *Hibiscus moscheutos* アメリカ
　芙蓉
　アオイ科の多年草。別名ミズフヨウ。高さは120〜
　150cm。花は桃色でまれに白色もある。花径10〜
　15cm。
　¶原牧2 (No.636/カ図)
　　新分牧 (No.2687/モ図)
　　新牧日 (No.1746/モ図)
　　茶花下 〔くさふよう〕(p203/カ写)
　　野野ス2 (No.2481/カ写)

**アメリカボウフウ** *Pastinaca sativa*
　セリ科の多年草。花は白色, または緑黄色。
　¶原牧2 (No.2471/カ図)
　　新分牧 (No.4466/モ図)
　　新牧日 (No.2085/モ図)
　　牧野ス2 (No.4316/モ図)

**アメリカホオズキ** ⇒ビロードホオズキを見よ

**アメリカホド** *Apios americana*
　マメ科のつる性多年草。別名アメリカホドイモ。長
　さは1〜3m。花は紫褐色。
　¶帰化写2 (p91/カ写)

**アメリカホドイモ** ⇒アメリカホドを見よ

**アメリカマツタケ** *Tricholoma magnivelare*
　キシメジ科のキノコ。傘の径最大2.5cm。
　¶原きの〔American matsutake (アメリカの松茸)〕
　　(No.280/カ写・カ図)

**アメリカマンサク** *Hamamelis virginiana*
　マンサク科の木本, 薬用植物。高さは2〜5m。花は
　鮮黄色。
　¶APG原樹 (No.323/カ図)

**アメリカミコシガヤ** *Carex annectens*
　カヤツリグサ科の多年草。別名マルミノヤガミス
　ゲ。高さは60〜80cm。
　¶カヤツリ (p520/モ図)
　　帰化写2 (p362/カ写)
　　スゲ増 (p368/カ写)
　　野生1 (p304)

**アメリカミズキンバイ** ⇒ヒレタゴボウを見よ

**アメリカミズバショウ** ⇒キバナミズバショウを
　見よ

**アメリカミスミソウ** *Hepatica acutiloba*
　キンポウゲ科の多年草。花は白, 青紫, 桃など。

¶山野草（No.0210/カ写）

**アメリカミズユキノシタ** *Ludwigia repens*
アカバナ科の多年生水生植物。高さは1m。花は黄色。
¶帰化写2（p163/カ写）
日水草（p255/カ写）

**アメリカミソハギ** ⇒ナンゴクヒメミソハギを見よ

**アメリカヤガミスゲ** *Carex scoparia*
カヤツリグサ科の多年草。高さは40〜60cm。
¶帰化写2（p366/カ写）
スゲ増（p371/カ写）
野生1（p306）

**アメリカヤマゴボウ** ⇒ヨウシュヤマゴボウを見よ

**アメリカヤマブキソウ** *Stylophorum diphyllum*
ケシ科の草本。
¶山野草（No.0470/カ写）

**アメリカヤマボウシ** ⇒ハナミズキを見よ

**アメリカロウバイ** *Calycanthus fertilis*
ロウバイ科の落葉低木。別名クロバナロウバイ。高さは1〜2.5m。花は暗紫紅色。
¶山力樹木（p191/カ写）

**アメントウ** ⇒カラモモ(1)を見よ

**アメンドウ** ⇒アーモンドを見よ

**アーモンド** *Prunus dulcis*
バラ科シモツケ亜科の木本。別名ヘントウ，アメンドウ。高さは6〜9m。花は淡紅色、または白色。樹皮は濃灰色。
¶APG原樹〔ヘントウ〕（No.498/カ図）
学フ増桜（p221/カ写）
原牧1（No.1626/カ図）
新分牧（No.1833/モ図）
新牧日（No.1211/モ図）
牧野ス1（No.1626/カ図）
野生3〔ヘントウ〕（p79/カ写）

**アヤニシキ** *Martensia jejuensis*
コノハノリ科の海藻。基部に円形に近い膜状部。体は5〜15cm。
¶新分牧（No.5083/モ図）
新牧日（No.4943/モ図）

**アヤメ** *Iris sanguinea* 菖蒲，文目，溪蓀
アヤメ科の多年草。別名ハナアヤメ（古名）。高さは30〜50cm。花は紫色。
¶色野草（p251/カ写）
学フ増野夏（p71/カ写）
原牧1（No.491/カ図）
山野草（No.1591/カ写）
新分牧（No.549/モ図）
新牧日（No.3539/モ図）
茶花上（p341/カ写）
牧野ス1（No.491/カ図）
野生1（p235/カ写）
山力野草（p590/カ写）
山ハ野花（p62/カ写）
山ハ山花（p132/カ写）

**アヤメ類** *Iris* spp.
アヤメ科の多年草。別名アイリス（総称）。世界の温帯を中心に150種が分布。
¶学フ有毒（p112/カ写）

**アライトツメクサ** *Sagina procumbens*
ナデシコ科の一年草または多年草。高さは10cm以下。花は白色。
¶帰化写改（p38/カ写）

**アライトヒナゲシ** *Papaver alboroseum*
ケシ科の草本。別名ホソバアライトヒナゲシ（流通名）。
¶山野草（No.0458/カ写）

**アライトヨモギ** *Artemisia borealis*
キク科キク亜科の草本。別名エトロフヨモギ。
¶野生5（p329/カ写）

**アラカシ** *Quercus glauca* 粗樫
ブナ科の常緑高木。高さは10〜20m。
¶APG原樹（No.707/カ図）
学フ増樹（p103/カ写）
原牧2（No.113/カ図）
新分牧（No.2155/モ図）
新牧日（No.148/モ図）
都木花新（p61/カ写）
牧野ス1（No.1958/カ図）
野生3（p98/カ写）
山力樹木（p148/カ写）

**アラカワカンアオイ** *Asarum ikegamii var. fujimakii*
荒川寒葵
ウマノスズクサ科の多年草。日本固有種。新潟県北部の荒川流域に沿って山形県小国周辺まで分布。
¶固有（p61）
野生1（p69/カ写）
山ハ山花（p22/カ写）

**アラゲアオダモ** ⇒ケアオダモを見よ

**アラゲアカサンザシ** ⇒オオバサンザシを見よ

**アラゲウスベニコップタケ** *Cookeina tricholoma*
ベニチャワンタケ科のキノコ。
¶原きの（No.518/カ写・カ図）

**アラゲガマズミ** ⇒ガマズミを見よ

**アラゲカワキタケ** *Panus lecomtei*
タマチョレイタケ科のキノコ。小型〜中型。傘は漏斗形、粗毛状。
¶山力日き（p26/カ写）

**アラゲカワラタケ** *Trametes hirsuta*
タマチョレイタケ科のキノコ。
¶山力日き（p473/カ写）

**アラゲキクラゲ** *Auricularia polytricha*
キクラゲ科のキノコ。小型〜中型。子実体は耳形、背面は白色。
¶原きの（No.409/カ写・カ写）
山力日き（p533/カ写）

**アラゲコベニチャワンタケ** *Scutellinia scutellata*
ピロネマキン科のキノコ。
¶原きの（No.548/カ写・カ図）

山カ日き（p573/カ写）

**アラゲサクラツツジ**　⇒ケサクラツツジを見よ

**アラゲサンショウソウ**　*Pellionia brevifolia*
イラクサ科の草本。
¶野生2（p349/カ写）
山レ増（p443/カ写）

**アラゲスミレ**　⇒ヒナスミレを見よ

**アラゲタデ**　*Persicaria attenuata* subsp.*pulchra*　荒毛蓼
タデ科の多年草。
¶野生4（p96/カ写）
山レ増（p440/カ写）

**アラゲチヂミザサ**　*Oplismenus compositus* var.*owatarii*
イネ科キビ亜科の草本。エダウチチヂミザサと同じとする説もある。
¶野生2（p90）

**アラゲトウバナ**　*Clinopodium micranthum* var.*fauriei*　粗毛塔花
シソ科シソ亜科〔イヌハッカ亜科〕の多年草。茎が直立せずにさかんに分枝して毛を密生する。
¶野生5（p133）

**アラゲナツハゼ**　*Vaccinium ciliatum*
ツツジ科スノキ亜科の木本。日本固有種。
¶固有（p104）
野生4（p259）

**アラゲニガクサ**　*Teucrium pilosum*　粗毛苦草
シソ科キランソウ亜科の多年草。ニガクサに比べ全体的に開出毛が多い種。
¶野生5（p113）

**アラゲニクハリタケ**　*Steccherinum rhois*
シワタケ科のキノコ。
¶山カ日き（p434/カ写）

**アラゲネザサ**　*Pleioblastus hattorianus*
イネ科タケ亜科のササ。日本固有種。
¶固有（p175）
タケ亜科（No.47/カ写）

**アラゲハンゴンソウ**　*Rudbeckia hirta* var.*pulcherrima*　粗毛反魂草
キク科キク亜科の多年草または一年草。別名キヌガサギク。高さは40〜90cm。花は黄色、または橙色。
¶帰化草改（p380/カ写, p516/カ写）
原牧2（No.2024/カ図）
新分牧（No.4290/モ図）
新牧日（No.3063/モ図）
牧野ス2（No.3869/カ図）
野生5（p360/カ写）

**アラゲヒナノチャワンタケ**　*Trichopezizella otanii*
ヒナノチャワンタケ科のキノコ。
¶山カ日き（p548/カ写）

**アラゲヒメワラビ**　*Macrothelypteris torresiana* var.*torresiana*
ヒメシダ科のシダ植物。
¶シダ標1（p431/カ写）

**アラゲヒョウタンボク**　*Lonicera strophiophora*　粗毛瓢箪木
スイカズラ科の木本。日本固有種。別名オオバヒョウタンボク。
¶原牧2（No.2329/カ図）
固有（p134）
新分牧（No.4349/モ図）
新牧日（No.2852/モ図）
牧野ス2（No.4174/カ図）
野生5（p420/カ写）
山力樹木（p686/カ写）

**アラゲホコリタケ**　*Lycoperdon echinatum*
ハラタケ科のキノコ。小型。子実体は球形〜洋ナシ形。
¶原きの（No.480/カ写・カ図）
山カ日き（p513/カ写）

**アラゲホコリタケモドキ**　*Lycoperdon caudatum*
ハラタケ科のキノコ。
¶山カ日き（p513/カ写）

**アラゲミゾシダ**　⇒ミゾシダを見よ

**アラサワトウヒレン**　*Saussurea yanagitae*
キク科アザミ亜科の多年草。
¶野生5（p263/カ写）

**アラシグサ**　*Boykinia lycoctonifolia*　嵐草
ユキノシタ科の多年草。日本固有種。高さは15〜40cm。
¶学フ増高山（p95/カ写）
原牧1（No.1385/カ図）
固有（p69）
新分牧（No.1549/モ図）
新牧日（No.964/モ図）
牧野ス1（No.1385/カ図）
野生2（p200/カ写）
山カ野草（p423/カ写）
山ハ高山（p163/カ写）

**アラジシ**　*Camellia japonica* 'Arajishi'　荒獅子
ツバキ科。ツバキの品種。花は斑入り。
¶茶花上（p151/カ写）

**アラシヤマ**　*Cerasus lannesiana* 'Arasiyama'　嵐山
バラ科の落葉高木。サクラの栽培品種。花は白色、または微淡紅色。
¶APG原樹〔サクラ'アラシヤマ'〕（No.441/カ図）
学フ増桜〔'嵐山'〕（p132/カ写）

**アラスカヒノキ**　⇒アメリカヒノキを見よ

**アラスカヒノキ'ペンデュラ'**　*Callitropsis nootkatensis* 'Pendula'
ヒノキ科の木本。
¶APG原樹（No.1541/カ図）

**アラセイトウ**(1)　*Matthiola incana*　荒世伊登宇, 紫羅欄花
アブラナ科の一年草または多年草。別名ストック。高さは75cm。花は紫、赤〜白色。
¶原牧2（No.760/カ図）
新分牧（No.2757/モ図）
新牧日（No.881/モ図）

アラセイト

茶花上（p232/カ写）
牧野ス2（No.2605/カ図）

**アラセイトウ**(2)　⇒コアラセイトウを見よ

**アラハダヒッコリー**　⇒ヒッコリーを見よ

**アラビアコーヒーノキ**　⇒コーヒーノキを見よ

**アラビス・ブレファロフィラ**　*Arabis blepharophylla*
アブラナ科の草本。高さは8〜10cm。花は紫紅色。
¶山野草（No.0489/カ写）

**アラメ**(1)　*Eisenia bicyclis*　荒布
コンブ科の海藻。別名カジメ。茎は円柱状。体は
長さ1.5m。
¶新分牧（No.4997/モ図）
新牧日（No.4857/モ図）

**アラメ**(2)　⇒スジメを見よ

**アラメ**(3)　⇒ツルアラメを見よ

**アララギ**　⇒イチイ(1)を見よ

**アラリア**　⇒モミジバアラリアを見よ

**アラレギク**　⇒チチコグサを見よ

**アランダ**　×*Aranda*
ラン科の草本。アラクニス属とバンダ属との2属間
交雑による人工属。
¶茶花下（p174/カ写）

**アリアケ**　*Cerasus lannesiana* 'Candida'　有明
バラ科の落葉高木。サクラの栽培品種。花は白色。
¶学フ増桜〔'有明'〕（p134/カ写）

**アリアケカズラ**　*Allamanda cathartica*　有明蔓, 有
明葛
キョウチクトウ科の常緑つる性植物。花は黄、蕾は
褐色。
¶APG原樹（No.1366/カ図）
原牧2（No.1402/カ図）
新分牧（No.3415/モ図）
新牧日（No.2359/モ図）
牧野ス2（No.3247/カ図）
山力樹木（p653/カ写）

**アリアケスミレ**　*Viola betonicifolia* var.*albescens*　有
明菫
スミレ科の草本。人家近くのやや湿ったところに生
える。
¶学フ増野春（p22/カ写）
原牧2（No.367/カ図）
新分牧（No.2351/モ図）
新牧日（No.1839/モ図）
牧野ス1（No.2212/カ図）
野生3（p216/カ写）
山力野草（p335/カ写）
山ハ野花（p329/カ写）

**アリウム**　*Allium neapolitanum*
ヒガンバナ科（ユリ科）の草本。別名アリウム・コ
ワニー。高さは30〜40cm。花は白色。
¶茶花上（p493/カ写）

**アリウム・コワニー**　⇒アリウムを見よ

**アリサエマ・インキアンゲンセ・マクラータム**
*Arisaema inkiangense* var.*maculatum*
サトイモ科の草本。高さは30〜60cm。
¶山野草（No.1644/カ写）

**アリサエマ・キャンディディシマム**　*Arisaema
candidissimum*
サトイモ科の多年草。別名モモイロテンナンショ
ウ。小葉は広卵形〜円形。
¶山野草（No.1641/カ写）

**アリサエマ・トルツオースム**　*Arisaema tortuosum*
サトイモ科の草本。高さは100〜200cm。
¶山野草（No.1643/カ写）

**アリサンアイ**　*Strobilanthes flexicaulis*
キツネノマゴ科の多年草。別名セイタカスズムシソ
ウ。高さは1m。
¶原牧2（No.1802/カ図）
新分牧（No.3659/モ図）
新牧日（No.2781/モ図）
牧野ス2（No.3647/カ図）

**アリサンイヌワラビ**(1)　⇒タイワンアリサンイヌワ
ラビを見よ

**アリサンイヌワラビ**(2)　⇒ツクシイヌワラビを見よ

**アリサンイノデ**　⇒コモチイノデを見よ

**アリサンタマツリスゲ**　*Carex arisanensis*
カヤツリグサ科の多年草。
¶カヤツリ（p454/モ図）
スゲ増（No.253/カ写）
野生1（p327/カ写）

**アリサンミズ**　*Pilea aquarum* subsp.*brevicornuta*　阿
里山みず
イラクサ科の多年草。別名シマミズ, ヒメミズ。地
上茎は高さ10〜20cm程度。
¶原牧2（No.79/カ写）
新分牧（No.2133/モ図）
新牧日（No.206/モ図）
牧野ス1（No.1924/カ写）
野生2〔シマミズ〕（p350/カ写）

**アリサンムヨウラン**　*Cheirostylis takeoi*
ラン科の植物。別名ヨシヒサラン。
¶野生1（p190/カ写）
山レ増（p500/カ写）

**アリサンヨウラクラン**　⇒クスクスヨウラクランを
見よ

**アリサンワラビ**　⇒タイワンアリサンイヌワラビを
見よ

**アリシビイヌワラビ**　*Athyrium*×*anceps*
メシダ科のシダ植物。別名シビツクシイヌワラビ。
¶シダ標2（p312/カ写）

**アリゾナトウヒ**　⇒エンゲルマントウヒを見よ

**アリタケ**　*Ophiocordyceps japonensis*
オフィオコルディセプス科の冬虫夏草。地上の小型
のアリから発生する。
¶冬虫生態（p213/カ写）
山力日き（p579/カ写）

アリタソウ(1)　⇒ケアリタソウを見よ

アリタソウ(2)　⇒ケイガイを見よ

アリッサム　⇒ニワナズナを見よ

アリドオシ　*Damnacanthus indicus* var.*indicus*　蟻通
アカネ科の常緑低木。高さは30〜60cm。花は白色。
　¶**APG原樹**（No.1335/カ図）
　学フ増樹（p71/カ写・カ図）
　原牧2（No.1304/カ図）
　新分牧（No.3318/モ図）
　新牧日（No.2418/モ図）
　茶花上（p342/カ写）
　牧野ス2（No.3149/カ図）
　野生4（p271/カ写）
　山力樹木（p679/カ写）

アリドオシラン　*Odontochilus japonicus*　蟻通蘭
ラン科の多年草。高さは3〜8cm。
　¶原牧1（No.441/カ図）
　新分牧（No.428/モ図）
　新牧日（No.4315/モ図）
　牧野ス1（No.441/カ図）
　野生1（p214/カ写）
　山力野草（p574/カ写）
　山ハ山花（p109/カ写）

アリノタイマツ　*Multiclavula clara*
カレエダタケ科のキノコ。小型。形は棍棒状。
　¶山力日き（p410/カ写）

アリノトウグサ　*Gonocarpus micranthus*　蟻の塔草
アリノトウグサ科の多年草。高さは10〜40cm。
　¶原牧1（No.1437/カ図）
　新分牧（No.1610/モ図）
　新牧日（No.1964/モ図）
　牧野ス1（No.1437/カ図）
　ミニ山（p209/カ写）
　野生2（p231/カ写）
　山力野草（p324/カ写）
　山ハ野花（p304/カ写）

アリノヒフキ　⇒キキョウを見よ

アリノミ(1)　⇒ナシ(1)を見よ

アリノミ(2)　⇒ヤマナシ(1)を見よ

アリハラススキ　⇒トキワススキを見よ

アリマイトスゲ　*Carex alterniflora* var.*arimaensis*
カヤツリグサ科の多年草。日本固有種。
　¶カヤツリ（p336/モ図）
　固有（p185）
　スゲ増（No.172/カ写）
　野生1（p320/カ写）

アリマウマノスズクサ　*Aristolochia shimadae*　有馬
馬の鈴草
ウマノスズクサ科の草本。別名ホソバウマノスズ
クサ。
　¶原牧1（No.116/カ図）
　山野草（No.0399/カ写）
　新分牧（No.143/モ図）

牧野ス1（No.116/カ図）
野生1（p58/カ写）
山ハ山花（p19/カ写）

アリマグミ　*Elaeagnus murakamiana*　有馬茱萸
グミ科の木本。日本固有種。
　¶原牧2（No.5/カ図）
　固有（p92）
　新分牧（No.2045/モ図）
　新牧日（No.1781/モ図）
　牧野ス1（No.1850/カ図）
　野生2（p312/カ写）
　山力樹木（p509/カ写）

アリマコスズ　*Neosasamorpha kagamiana* subsp.
*yoshinoi*　有馬小篶
イネ科タケ亜科のササ。日本固有種。
　¶固有（p173）
　タケ亜科（No.101/カ写）
　タケササ（p92/カ写）

アリマシノ　*Sasaella kogasensis* var.*yoshinoi*
イネ科タケ亜科のササ。日本固有種。
　¶固有（p170/カ写）

アリマソウ　⇒キンランを見よ

アリマラン　⇒ウチョウランを見よ

アリモリソウ　*Codonacanthus pauciflorus*
キツネノマゴ科の草本。
　¶原牧2（No.1808/カ図）
　新分牧（No.3660/モ図）
　新牧日（No.2787/モ図）
　牧野ス2（No.3653/カ図）
　野生5（p168/カ写）

アリヤクイヌワラビ　⇒ヤクツクシイヌワラビを
見よ

アリヤドリタンポタケ　*Cordyceps myrmecogena*
ノムシタケ科の冬虫夏草。宿主はトビイロケアリな
ど，アリの成虫。
　¶冬虫生態（p214/カ写）
　山力日き（p579/カ写）

アリワラススキ　⇒トキワススキを見よ

アルストロメリア　*Alstroemeria* cvs.
ユリズイセン科の多年草。丈は70〜80cm。
　¶茶花上（p342/カ写）

アルタイキンポウゲ　*Ranunculus altaicus* subsp.
*altaicus*
キンポウゲ科の多年草。
　¶野生2（p157）

アルニカ　*Arnica montana*
キク科の多年草。高さは20〜60cm。花は卵黄色。
　¶原牧2（No.2110/カ図）
　新分牧（No.4306/モ図）
　新牧日（No.3140/モ図）
　牧野ス2（No.3955/カ図）

アルファルファ　⇒ムラサキウマゴヤシを見よ

アルボレウム　*Rhododendron arboreum*
ツツジ科の木本。樹高は15m。樹皮は赤褐色。

¶**APG原樹**（No.1291/カ図）

**アルミバンノキ** ⇒バンノキを見よ

**アルム・イタリクム** *Arum italicum*
サトイモ科の塊茎植物。高さは30cm。花は淡黄緑色。
¶山野草（No.1654/カ写）

**アルメリア** ⇒ハマカンザシを見よ

**アルンディナリア アルピナ** *Arundinaria alpina*
イネ科の熱帯性タケ類。
¶タケササ（p201/カ写）

**アレキサンドル** ⇒シマシャリンバイを見よ

**アレチアザミ** *Cirsium segetum* 荒地薊
キク科アザミ亜科の薬用植物。
¶野生5（p223/カ写）

**アレチイネガヤ** *Piptatherum miliaceum*
イネ科の多年草。高さは60～150cm。
¶帰化写2（p346/カ写）

**アレチウリ** *Sicyos angulatus* 荒地瓜
ウリ科のつる性の一年草。頭状花序。花は白黄色。
¶色野草（p102/カ写）
　学フ増野秋（p203/カ写）
　帰化写改（p199/カ写, p502/カ写）
　植調（p102/カ写）
　新分牧（No.2211/モ図）
　新牧日（No.1890/モ図）
　野生3（p123/カ写）
　山力野草（p143/カ写）
　山ハ野花（p395/カ写）

**アレチガラシ** ⇒ダイコンモドキを見よ

**アレチギシギシ** *Rumex conglomeratus* 荒地羊蹄
タデ科の多年草。高さは40～120cm。
¶帰化写改（p20/カ写, p489/カ写）
　原牧2（No.788/カ図）
　植調（p207/カ写）
　新分牧（No.2830/モ図）
　新牧日（No.250/モ図）
　牧野ス2（No.2633/カ図）
　野生4（p103/カ写）
　山力野草（p532/カ写）
　山ハ野花（p269/カ写）

**アレチキンギョソウ** *Antirrhinum orontium*
ゴマノハグサ科の一年草。高さは20～50cm。花は淡紅紫色。
¶帰化写改（p289/カ写）

**アレチケツメイ** *Chamaecrista nicticans*
マメ科の一年草。
¶帰化写2（p124/カ写）

**アレチシオン** ⇒ホウキギクを見よ

**アレチヂシャ** ⇒トゲチシャを見よ

**アレチナズナ** *Alyssum alyssoides*
アブラナ科の一年草または二年草。高さは10～30cm。花は淡黄色。
¶帰化写改（p85/カ写）

**アレチニシキソウ** *Euphorbia* sp.
トウダイグサ科の一年草、原産地不詳の帰化植物。
ハイニシキソウに似ているが全面に毛がある。長さは8.5～23cm。
¶帰化写2（p139/カ写）
　ミニ山（p167/カ写）
　野生3（p160）

**アレチヌスビトハギ** *Desmodium paniculatum* 荒地盗人萩
マメ科の多年草, 帰化植物。高さは30～100cm。花は紅紫色。
¶色野草（p299/カ写）
　帰化写改（p127/カ写, p497/カ写）
　植調（p264/カ写）
　ミニ山（p151/カ写）
　山ハ野花（p365/カ写）

**アレチノギク** *Erigeron bonariensis* 荒地野菊
キク科キク亜科の一年草～二年草。高さは30～60cm。花は白黄色。
¶学フ増野夏（p179/カ写）
　帰化写改（p342/カ写, p512/カ写）
　原牧2（No.1973/カ図）
　植調（p125/カ写）
　新分牧（No.4154/モ図）
　新牧日（No.3008/モ図）
　牧野ス2（No.3818/カ図）
　野生5（p322/カ写）
　山力野草（p43/カ写）
　山ハ野花（p551/カ写）

**アレチノチャヒキ** *Bromus sterilis*
イネ科イチゴツナギ亜科の一年草または越年草。高さは30～70cm。
¶桑イネ（p110/モ図）
　野生2（p46）

**アレチハナガサ** *Verbena brasiliensis*
クマツヅラ科の多年草。高さは1.5m。花は淡紫色。
¶帰化写改（p265/カ写, p506/カ写）
　新分牧（No.3683/モ図）
　野生5（p177）

**アレチハマスゲ** *Cyperus filicullmis*
カヤツリグサ科の多年草。別名センダイガヤツリ。
¶帰化写2（p372/カ写）

**アレチヒナユリ** ⇒ハナツルボランを見よ

**アレチベニバナ** *Carthamus lanatus*
キク科の越年草または一年草。高さは30～70cm。花は黄色。
¶帰化写2（p263/カ写）

**アレチマツヨイグサ** *Oenothera parviflora* 荒地待宵草
アカバナ科の二年草。高さは0.3～1.5m。花は黄色。
¶茶花下（p292/カ写）
　野生3（p270/カ写）

**アレチムラサキ** *Heliotropium curassavicum*
ムラサキ科の一年草または短命の多年草。
¶帰化写2（p190/カ写）

アレチモウズイカ　*Verbascum virgatum*
　ゴマノハグサ科の越年草または二年草。高さは0.7
　〜1.5m。花は黄色。
　¶帰化写改 (p300/カ写, p509/カ写)
　　帰化写2 (p231/カ写)

アレノノギク　⇒ヤマジノギクを見よ

アレンフラスコモ　*Nitella allenii*
　シャジクモ科の水草。
　¶新分牧 (No.4938/モ図)
　　新牧日 (No.4798/モ図)

アロウカリア　⇒シマナンヨウスギを見よ

アローヘッド　⇒オモダカを見よ

アワ　*Setaria italica*　粟
　イネ科キビ亜科の草本。別名オオアワ。高さは1m。
　花は黄色、または紫色。
　¶桑イネ (p436/カ写・モ図)
　　原牧1 (No.1035/カ図)
　　新分牧 (No.1228/モ図)
　　新牧日 (No.3799/モ図)
　　茶花下 (p174/カ写)
　　牧野ス1 (No.1035/カ図)
　　野生2 (p96/カ写)
　　山ハ野花 (p198/カ写)

アワイチゴ　⇒モミジイチゴを見よ

アワガエリ　*Phleum paniculatum*　粟還り
　イネ科イチゴツナギ亜科の草本。
　¶桑イネ (p381/モ図)
　　原牧1 (No.996/カ図)
　　新分牧 (No.1129/モ図)
　　新牧日 (No.3740/モ図)
　　牧野ス1 (No.996/カ図)
　　野生2 (p59)

アワガタケスミレ　*Viola awagatakensis*
　スミレ科の多年草。葉が切形で厚く、鋭い光沢。
　¶野生3 (p225/カ写)
　　山カ野草 (p709/カ写)
　　山レ増 (p253/カ写)

アワギク　⇒イソギクを見よ

アワギボウシ　*Hosta kikutii* var.*densinervia*
　クサスギカズラ科 (ユリ科)。日本固有種。
　¶固有 (p155)
　　野生1 (p252)

アワコガネギク　⇒キクタニギクを見よ

アワゴケ　*Callitriche japonica*　泡苔
　オオバコ科 (アワゴケ科) の小型の一年草。高さは1
　〜4cm。
　¶原牧2 (No.1595/カ図)
　　新分牧 (No.3591/カ図)
　　新牧日 (No.2522/モ図)
　　牧野ス2 (No.3440/カ図)
　　野生5 (p73/カ写)
　　山ハ野花 (p479/カ写)

アワコバイモ　*Fritillaria muraiana*　阿波小貝母
　ユリ科の多年草。日本固有種。
　¶固有 (p158)
　　山野草 (No.1417/カ写)
　　野生1 (p170)
　　山ハ山花 (p71/カ写)
　　山レ増 (p581/カ写)

アワスゲ　⇒トダスゲを見よ

アワタケ (広義)　*Xerocomus subtomentosus* s.l.
　イグチ科のキノコ。傘は黄褐色〜帯褐オリーブ色。
　¶山カ日き (p310/カ写)

アワダチソウ　⇒アキノキリンソウを見よ

アワダン　*Melicope triphylla*
　ミカン科の木本。
　¶野生3 (p302/カ写)

アワチドリ　*Ponerorchis graminifolia* var.*suzukiana*
　安房千鳥
　ラン科の多年草。日本固有種。
　¶固有 (p189)
　　野生1 (p226)

アワノカナワラビ　⇒トミタカナワラビを見よ

アワノミツバツツジ　*Rhododendron dilatatum* var.
　*lasiocarpum*
　ツツジ科ツツジ亜科の木本。
　¶野生4 (p246/カ写)

アワノミネザサ　*Sasa minensis* var.*awaensis*
　イネ科タケ亜科の植物。日本固有種。
　¶固有 (p172/カ写)

アワバナ　⇒オミナエシを見よ

アワブキ　*Meliosma myriantha*　泡吹
　アワブキ科の落葉高木。
　¶APG原樹 (No.286/カ図)
　　学フ増樹 (p202/カ写・カ図)
　　原牧1 (No.1312/カ図)
　　新分牧 (No.1483/モ図)
　　新牧日 (No.1607/モ図)
　　牧野ス1 (No.1312/カ図)
　　野生2 (p172/カ写)
　　山カ樹木 (p457/カ写)

アワフキムシタケ　*Ophiocordyceps tricentri*
　オフィオコルディセプス科の冬虫夏草。宿主は各種
　アワフキムシの成虫。
　¶冬虫生態 (p130/カ写)

アワボスゲ　*Carex brownii*　粟穂菅
　カヤツリグサ科の多年草。高さは30〜70cm。
　¶カヤツリ (p480/モ図)
　　原牧1 (No.890/カ図)
　　新分牧 (No.909/カ図)
　　新牧日 (No.4198/モ図)
　　スゲ増 (p268/カ写)
　　牧野ス1 (No.890/カ写)
　　野生1 (p332/カ写)
　　山ハ山花 (p166/カ写)

アワミョウギシダ　⇒ミョウギシダを見よ

**アワムヨウラン** *Lecanorchis trachycaula*
ラン科の草本。日本固有種。
¶固有 (p193/カ写)
　野生1 (p210/カ写)

**アワモリショウマ** *Astilbe japonica* 泡盛升麻
ユキノシタ科の多年草。日本固有種。別名アワモリ
ソウ。高さは30～60cm。花は白色。
¶原牧1 (No.1367/カ図)
　固有 (p69)
　山野草 (No.0547/カ写)
　新分牧 (No.1547/モ図)
　新牧日 (No.946/モ図)
　茶花上 (p494/カ写)
　牧野ス1 (No.1367/カ図)
　ミニ山 (p99/カ写)
　野生2 (p198/カ写)

**アワモリソウ** ⇒アワモリショウマを見よ

**アワユキセンダングサ**(1) *Bidens pilosa* var.*bisetosa*
キク科の草本。
¶帰化写改 (p328/カ写)

**アワユキセンダングサ**(2) ⇒オオバナノセンダン
グサを見よ

**アワユキニシキソウ** ⇒ミヤコジマニシキソウを
見よ

**アワユキハコベ** *Stellaria holostea*
ナデシコ科の多年草。
¶帰化写2 (p41/カ写)

**アワユキヒルガオ** ⇒フウリンユキアサガオを見よ

**アワユリ** ⇒オニユリを見よ

**アンギョウヒトエヤバイ** *Prunus mume* 'Angyō-
hitoe-yabai' 安行一重野梅
バラ科。ウメの品種。野梅系ウメ，野梅性一重。
¶ウメ〔安行一重野梅〕(p19/カ写)

**アンギョウヤエヤバイ** *Prunus mume* 'Angyō-yae-
yabai' 安行八重野梅
バラ科。ウメの品種。野梅系ウメ，野梅性八重。
¶ウメ〔安行八重野梅〕(p47/カ写)

**アンコハナワラビ** *Botrychium*×*pulchrum*
ハナヤスリ科のシダ植物。
¶シダ標1 (p294/カ写)

**アンジャベル** ⇒カーネーションを見よ

**アンズ** *Prunus armeniaca* var.*ansu* 杏, 杏子
バラ科シモツケ亜科の木本。別名カラモモ，アプリ
コット。
¶APG原樹 (No.458/カ図)
　学フ増桜 (p223/カ写)
　学フ有毒 (p155/カ写)
　原牧1 (No.1629/カ図)
　新分牧 (No.1825/モ図)
　新牧日 (No.1204/モ図)
　茶花上 (p201/カ写)
　牧野ス1 (No.1629/カ図)
　野生3 (p78/カ写)
　山力樹木 (p319/カ写)

**アンズタケ** *Cantharellus cibarius*
アンズタケ科のキノコ。中型。傘は卵黄色。
¶学フ増毒き (p206/カ写)
　原きの (No.439/カ写・カ図)
　山力日き (p400/カ写)

**アンスリウム** ⇒オオベニウチワを見よ

**アンチゴケ** *Anzia opuntiella*
ウメノキゴケ科の地衣類。裂片はサボテン状につら
なる。
¶新分牧 (No.5185/モ図)
　新牧日 (No.5045/モ図)

**アンチューサ・セスピトーサ** *Anchusa cespitosa*
ムラサキ科の多年草。高さは2～5cm。
¶山野草 (No.1005/カ写)

**アントクメ** *Eckloniopsis radicosa*
コンブ科の海藻。茎は扁平。
¶新分牧 (No.5000/モ図)
　新牧日 (No.4860/モ図)

**アンドロサーケ・カルネア** *Androsace carnea*
サクラソウ科の多年草。高さは3～5cm。花はピン
ク色。
¶山野草 (No.0919/カ写)

**アンドロサーケ・タペテ** *Androsace tapete*
サクラソウ科の草本。クッション状に生える。
¶山野草 (No.0921/カ写)

**アンドロサーケ・ハウスマンニー** *Androsace
housmannii*
サクラソウ科の草本。クッション状に生える。
¶山野草 (No.0922/カ写)

**アンドロサーケ・フォリオサ** *Androsace foliosa*
サクラソウ科の草本。高さは5～25cm。
¶山野草 (No.0920/カ写)

**アンドンタケ** *Clathrus ruber* f.*kusanoi*
アカカゴタケ科のキノコ。小型。子実体は楕円形
籠形。
¶山力日き (p515/カ写)

**アンドンマユミ** *Euonymus pauciflorus* subsp.
*oligospermus*
ニシキギ科の木本。
¶野生3 (p134/カ写)

**アンプリッシマス** *Hibiscus syriacus* 'Amplissimus'
アオイ科。ムクゲの品種。八重咲き鞠咲き型。花
は濃桃紫色。
¶茶花下 (p37/カ写)

**アンブレラ・プラント** ⇒シュロガヤツリを見よ

**アンペラ** *Lepironia articulata*
カヤツリグサ科の多年草。別名アンペラソウ。茎は
円柱形、横の隔壁がある。茎の高さ2m。
¶カヤツリ (p746/モ図)
　原牧1 (No.724/カ図)
　新分牧 (No.737/モ図)
　新牧日 (No.3982/モ図)
　牧野ス1 (No.724/カ図)
　野生1 (p352)

アンペライ ⇒ネビキグサを見よ

アンペラソウ ⇒アンペラを見よ

アンボレラ *Amborella trichopoda*
アンボレラ科の無毛の常緑灌木。高さは8m。
¶新分牧 (No.82/モ図)

アンモビウム ⇒カイザイクを見よ

## 【イ】

イ ⇒イグサを見よ

イイギリ *Idesia polycarpa* 飯桐
ヤナギ科 (イイギリ科) の落葉高木。高さは10m。
花は帯緑黄色。樹皮は灰白色。
¶**APG原樹** (No.851/カ図)
学フ増花庭 (p143/カ写)
原牧2 (No.293/カ図)
新分牧 (No.2368/モ図)
新牧日 (No.1791/モ図)
図説樹木 (p163/カ写)
都木花新 (p88/カ写)
牧野ス1 (No.2138/カ図)
野生3 (p184/カ写)
山力樹木 (p496/カ写)
落葉図譜 (p243/モ図)

イイジマスナゴ *Acer palmatum* 'Iizimasunago' 飯
島砂子
ムクロジ科 (カエデ科)。カエデの品種。
¶**APG原樹**〔カエデ'イイジマスナゴ'〕(No.908/カ図)

イイタ ⇒モッコクを見よ

イイデトリカブト *Aconitum iidemontanum*
キンポウゲ科の擬似一年草。日本固有種。高さは
120〜200cm。
¶固有 (p56/カ写)
新分牧 (No.1419/モ図)
野生2 (p125/カ写)

イイデホラゴケモドキ *Calypogeia contracta*
ツキヌキゴケ科のコケ植物。日本固有種。
¶固有 (p221)

イイデリンドウ *Gentiana nipponica* var.*robusta* 飯
豊竜胆
リンドウ科の草本。日本固有種。
¶学フ増高山 (p49/カ写)
原牧2 (No.1344/カ図)
固有 (p115)
新分牧 (No.3386/モ図)
新牧日 (No.2326/モ図)
牧野ス2 (No.3189/カ図)
野生4 (p297/カ写)
山力野草 (p265/カ写)
山ハ高山 (p306/カ写)
山レ増 (p167/カ写)

イイヌマムカゴ *Platanthera iinumae*
ラン科の多年草。日本固有種。

原牧1 (No.400/カ図)
固有 (p191)
新分牧 (No.457/モ図)
新牧日 (No.4275/モ図)
牧野ス1 (No.400/カ図)
野生1 (p221/カ写)

イイノカナワラビ *Arachniodes × mirabilis*
オシダ科のシダ植物。
¶シダ標2 (p396/カ写)

イエジマチャセンシダ *Asplenium oligophlebium*
var.*iezimaense*
チャセンシダ科のシダ植物。日本固有種。
¶固有 (p203)
シダ標1 (p413/カ写)

イエヤスバイ *Prunus mume* 'Ieyasubai' 家康梅
バラ科。ウメの品種。李系ウメ、紅材性八重。
¶ウメ〔家康梅〕(p108/カ写)

イエロー・コスモス ⇒キバナコスモスを見よ

イエローシーダー ⇒アメリカヒノキを見よ

イエロージャスミン ⇒カロライナジャスミンを
見よ

イエローリボン *Thuja occidentalis* 'Yellow Ribbon'
ヒノキ科の木本。
¶**APG原樹**〔ニオイヒバ'イエロー リボン'〕(No.1542/
カ図)

イオザワトリカブト ⇒ヤチトリカブトを見よ

イオウジマハナヤスリ *Ophioglossum parvifolium*
ハナヤスリ科の夏緑性シダ。葉身は長さ0.3〜1.
8cm、楕円形〜ほぼ円形。
¶シダ標1 (p289/カ写)

イオウソウ ⇒クサレダマを見よ

イオウトウキイチゴ *Rubus boninensis*
バラ科バラ亜科の木本。日本固有種。別名オガサワ
ラカジイチゴ。
¶原牧1 (No.1758/カ図)
固有 (p76)
新分牧 (No.1954/モ図)
新牧日 (No.1093/モ図)
牧野ス1 (No.1758/カ図)
野生3 (p50/カ写)

イオウトウフヨウ *Hibiscus pacificus*
アオイ科の木本。日本固有種。
¶固有 (p91)
野生4 (p29/カ写)

イオウトウリュウビンタイモドキ ⇒リュウビン
タイモドキを見よ

イオウノボタン *Melastoma candidum* var.
*alessandrense*
ノボタン科の常緑性低木。日本固有種。
¶固有 (p96)
野生3 (p276/カ写)

イオノプシジウム ⇒ヒメムラサキハナナを見よ

**イガアザミ**(1)　*Cirsium tonense* var.*comosum*
キク科の草本。トネアザミの変種。
¶山ハ野花(p588/カ写)

**イガアザミ**(2)　⇒タイアザミ(1)を見よ

**イガウスギタンポポ**　⇒キビシロタンポポを見よ

**イガオナモミ**　*Xanthium orientale* subsp.*italicum*
キク科キク亜科の一年草。高さは50〜150cm。
¶帰化写改(p398/カ写, p518/カ写)
原牧2(No.2038/カ写)
植調(p140/カ写)
新分牧(No.4300/モ図)
新牧日(No.3075/モ図)
牧野ス2(No.3883/カ図)
野生5(p362/カ写)
山力野草(p26/カ写)
山ハ野花(p583/カ写)

**イガカエデ**　⇒フウを見よ

**イガガヤツリ**　*Cyperus polystachyos*　毬蚊帳吊
カヤツリグサ科の一年草または多年草。高さは10
〜40cm。
¶カヤツリ(p700/モ図)
原牧1(No.716/カ図)
新分牧(No.983/モ図)
新牧日(No.3975/モ図)
牧野ス1(No.716/カ図)
野生1(p338/カ写)
山ハ野花(p107/カ写)

**イガギク**　*Calotis cuneifolia*
キク科の多年草。別名ゴウシュウヨメナ、ヨシカワ
ギク。高さは15〜30cm。花は白〜淡紫色。
¶帰化写2(p258/カ写)

**イガクサ**　*Rhynchospora rubra*
カヤツリグサ科の多年草。高さは30〜70cm。
¶カヤツリ(p540/モ図)
原牧1(No.779/カ写)
新分牧(No.755/モ図)
新牧日(No.4059/モ図)
牧野ス1(No.779/カ図)
野生1(p354/カ写)

**イガコウゾリナ**　⇒ミスミグサを見よ

**イカダカズラ**　*Bougainvillea spectabilis*　筏葛
オシロイバナ科の観賞用半つる性低木。別名ブーゲ
ンビレア、ココノエカズラ。刺がある。
¶APG原樹(No.1064/カ図)
茶花下(p378/カ写)

**イガタケ**　*Lysurus arachnoideus*
スッポンタケ科(アカカゴタケ科)のキノコ。中型。
イカ形、白色。
¶新牧分(No.5133/モ図)
新牧日(No.5006/モ図)
山カ日き(p517/カ写)

**イガタツナミ**(1)　*Scutellaria laeteviolacea* var.
*kurokawae*　伊賀立波
シソ科の草本。日本固有種。

¶固有(p125/カ写)
新分牧(No.3728/モ図)
新牧日(No.2546/モ図)

**イガタツナミ**(2)　⇒シソバタツナミを見よ

**イガトキンソウ**　*Soliva anthemifolia*
キク科キク亜科の一年草。別名シマトキンソウ、タ
カサゴトキンソウ。高さは10cm。花は黄緑色。
¶帰化写改〔シマトキンソウ〕(p348/カ写)
帰化写2(p267/カ写)
植調(p159/カ写)
野生5(p341)

**イガフウジュ**　⇒フウを見よ

**イガフシタケ**　*Cephalostachyum pergracile*
イネ科のタケ。稈長7〜30m。
¶タケササ〔セファロスタキウム ペルグラシール〕
(p190/カ写)

**イガホオズキ**　*Physaliastrum echinatum*　毬酸漿
ナス科の多年草。高さは50〜70cm。
¶学フ増新夏(p143/カ写)
原牧2(No.1468/カ写)
新分牧(No.3501/モ図)
新牧日(No.2644/モ図)
牧野ス2(No.3313/カ図)
野生5(p38/カ写)
山力野草(p199/カ写)
山ハ山花(p407/カ写)

**イガホビユ**　⇒ホナガアオゲイトウを見よ

**イガミゲシ**　⇒トゲミゲシを見よ

**イガヤグルマギク**　*Centaurea solstitialis*
キク科の一年草または二年草。高さは30〜100cm。
¶帰化写2(p266/カ写)

**イカリグサ**　⇒イカリソウを見よ

**イカリソウ**　*Epimedium grandiflorum* var.
*thunbergianum*　碇草, 錨草
メギ科の多年草、宿根草。日本固有種。別名サンシ
クヨウソウ、イカリグサ、クモキリソウ、ヨツデグ
サ。高さは20〜40cm。花は淡紫色、または白色。
¶色野草(p231/カ写)
学フ増山菜(p105/カ写)
学フ増新春(p72/カ写)
学フ増薬草(p51/カ写)
原牧1(No.1175/カ写)
固有(p58/カ写)
山野草(No.0337/カ写)
新分牧(No.1323/モ図)
新牧日(No.642/モ図)
茶花上(p233/カ写)
牧野ス1(No.1175/カ図)
ミニ山(p62/カ写)
野生2〔イカリソウ(広義)〕(p117/カ写)
山力野草(p462/カ写)
山ハ山花(p206/カ写)

**イキクサ**　⇒ベンケイソウを見よ

**イギス** *Ceramium kondoi*
イギス科の海藻。三叉状に分岐するところがある。体は5〜50cm。
¶新分牧（No.5079/モ図）
新牧日（No.4939/モ図）

**イキノコシダ** ⇒コシダを見よ

**イギリスナラ** ⇒ヨーロッパナラを見よ

**イギリスベンケイソウ** ⇒ヒメボシタイトゴメを見よ

**イク** ⇒モッコクを見よ

**イグサ** *Juncus decipiens* 藺草
イグサ科の多年草。別名イ, トウシンソウ, トウシングサ。高さは20〜100cm。
¶色専草（p336/カ写）
学フ増野夏（p231/カ写）
学フ増薬草〔イ〕（p18/カ写）
原牧1〔イ〕（No.678/カ図）
植調〔イ〕（p280/カ写）
新分牧〔イ〕（No.715/モ図）
新牧日〔イ〕（No.3568/モ図）
茶花下〔い〕（p48/カ写）
日水草（p164/カ写）
牧野ス1〔イ〕（No.678/カ図）
野生1（p289/カ写）
山力野草〔イ〕（p642/カ写）
山ハ野花〔イ〕（p96/カ写）

**イクソラ** ⇒サンタンカを見よ

**イクタイヌワラビ** *Athyrium×ikutae*
メシダ科のシダ植物。
¶シダ標2（p309/カ写）

**イクビゴケ** *Diphyscium fulvifolium*
イクビゴケ科（キセルゴケ科）のコケ。別名チャイロイクビゴケ。葉は光沢がなく, 長楕円形披針形で微突頭, 長さ約5mm。
¶新分牧（No.4844/モ図）
新牧日（No.4697/モ図）

**イクヨノネザメ** *Prunus mume* ‘Ikuyononezame’ 幾夜の寝覚
バラ科。ウメの品種。李系ウメ, 紅材性八重。
¶ウメ〔幾夜の寝覚〕（p108/カ写）

**イクリ** ⇒スモモを見よ

**イケノハタ** ⇒ユキノシタ(1)を見よ

**イケノミズハコベ** *Callitriche stagnalis*
オオバコ科（アワゴケ科）の多年草。茎は分枝し, 長く伸びる。
¶帰化写改（p266/カ写）
日水草（p273/カ写）

**イケノヤナギ** *Salix×ikenoana*
ヤナギ科の雑種。
¶野生3〔イケノヤナギ（イヌコリヤナギ×オノエヤナギ）〕（p204）

**イケマ** *Cynanchum caudatum* 生馬
キョウチクトウ科（ガガイモ科）の多年生つる草。別名ヤマコガメ, コサ。

¶学フ増山菜（p156/カ写）
学フ増野夏（p144/カ写）
学フ有毒（p84/カ写）
原牧2（No.1373/カ図）
新分牧（No.3424/モ図）
新牧日（No.2362/モ図）
茶花下（p49/カ写）
牧野ス2（No.3218/カ図）
野生4（p311/カ写）
山力野草（p250/カ写）
山ハ山花（p400/カ写）

**イケミネナラライシダ** *Arachniodes×ikeminensis*
オシダ科のシダ植物。
¶シダ標2（p399/カ写）

**イゴ** ⇒クログワイを見よ

**イササグサ** ⇒ソラマメを見よ

**イザヨイバラ** *Rosa roxburghii* 十六夜薔薇
バラ科の落葉低木。
¶APG原樹（No.606/モ図）
原牧1（No.1801/カ図）
新分牧（No.1996/モ図）
新牧日（No.1187/モ図）
牧野ス1（No.1801/カ図）
山力樹木（p254/カ写）

**イザリア カテニアニュラータ** *Isaria cateniannulata*
ノムシタケ科の冬虫夏草。宿主はガの蛹, 幼虫。
¶冬虫生態（p269/カ写）

**イザリア フモソロセア** *Isaria fumosorosea*
ノムシタケ科の冬虫夏草。宿主はガの蛹, 幼虫。
¶冬虫生態（p269/カ写）

**イサワラビ** *Diplazium×tetsu-yamanakae*
メシダ科のシダ植物。
¶シダ標2（p332/カ写）

**イシイモ** ⇒クワズイモを見よ

**イシガキイトテンツキ** *Fimbristylis pauciflora* 石垣糸天突
カヤツリグサ科の草本。国内では石垣島に分布。
¶野生1（p348）

**イシガキウラボシ** *Lepisorus yamaokae*
ウラボシ科のシダ植物。
¶シダ標2（p462/カ写）
新分牧（No.4790/モ図）

**イシガキカラスウリ** *Trichosanthes homophylla* var. *ishigakiensis* 石垣烏瓜
ウリ科の多年生のつる植物。日本固有種。
¶固有（p94）
野生3（p124/カ写）

**イシガキキヌラン** *Zeuxine sakagutii*
ラン科の草本。
¶野生1（p231/カ写）

**イシガキジマ** *Hibiscus syriacus* ‘Ishigakijima’ 石垣島
アオイ科。ムクゲの品種。一重咲き中弁型。

イシカキス

¶茶花下（p17/カ写）

**イシガキスミレ** *Viola tashiroi* var.*tairae*
スミレ科の草本。
¶山野草（No.0723/カ写）
野生3（p220/カ写）
山レ増（p255/カ写）

**イシガキソウ** *Sciaphila multiflora* 石垣草
ホンゴウソウ科の多年生の菌従属栄養植物。高さは
3〜13cm。
¶野生1（p151/カ写）

**イシガキタキミシダ** ⇒シマタキミシダを見よ

**イシガキノキシノブ** *Lepisorus thunbergianus* × *L.*
*yamaokae*
ウラボシ科のシダ植物。別名コウラノキシノブ。
¶シダ標2（p464/カ写）

**イシガキバナ** ⇒ユキノシタ(1)を見よ

**イシカグマ** *Microlepia strigosa*
コバノイシカグマ科（イノモトソウ科）のシダ植物。
別名イブスキイシカグマ。葉は常緑、全長60〜
150cm、卵状長楕円形〜広披針形。
¶シダ標1（p363/カ写）
新分牧（No.4576/モ図）
新牧日（No.4444/モ図）

**イシカリキイチゴ** *Rubus exsul*
バラ科バラ亜科の落葉低木。高さは150cm。花は
白色。
¶野生3（p54）

**イシカリセミタケ** *Cordyceps ishikariensis*
ノムシタケ科の冬虫夏草。宿主はエゾゼミまたはコ
エゾゼミの幼虫。
¶冬虫生態（p112/カ写）

**イシカリハナヤスリタケ** *Elaphocordyceps sp.*
オフィオコルディセプス科の冬虫夏草。宿主はツチ
ダンゴ類。
¶冬虫生態（p260/カ写）

**イシゲ** *Ishige okamurae*
イシゲ科の海藻。叉状に分岐。体は10cm。
¶新分牧（No.4989/モ図）
新牧日（No.4849/モ図）

**イシゲヤキ** ⇒アキニレを見よ

**イシシデ** ⇒クマシデを見よ

**イシヅチアザミ** *Cirsium ishizuchiense*
キク科アザミ亜科の多年草。日本固有種。別名イシ
ヅチウスバアザミ。
¶固有〔イシヅチウスバアザミ〕（p140）
野生5（p240/カ写）

**イシヅチイチゴ** ⇒エゾキイチゴを見よ

**イシヅチウスバアザミ** ⇒イシヅチアザミを見よ

**イシヅチカラマツ** *Thalictrum minus* var.*yamamotoi*
キンポウゲ科の多年草。日本固有種。
¶固有（p52/カ写）
野生2（p167）

**イシヅチコザクラ** *Primula modesta* var.
*shikokumontana*
サクラソウ科の草本。日本固有種。
¶固有（p110）

**イシヅチザクラ** *Cerasus shikokuensis* 石鎚桜
バラ科シモツケ亜科の木本。サクラの品種。花は淡
紅色。
¶野生3（p65/カ写）

**イシヅチテンナンショウ** *Arisaema ishizuchiense*
subsp.*ishizuchiense*
サトイモ科の多年草。日本固有種。
¶原牧1（No.194/カ図）
固有（p177）
新分牧（No.230/モ図）
新牧日（No.3925/モ図）
テンナン（No.12/カ写）
牧野ス1（No.194/カ図）
野生1（p98/カ写）

**イシヅチノダケ**(1) ⇒オニノダケを見よ

**イシヅチノダケ**(2) ⇒ミヤマノダケ(1)を見よ

**イシヅチボウフウ** *Angelica saxicola*
セリ科セリ亜科の草本。日本固有種。
¶原牧2（No.2442/カ図）
固有（p99）
新分牧（No.4479/モ図）
新牧日（No.2056/モ図）
牧野ス2（No.4287/カ図）
野生5（p390/カ写）

**イシヅチミズキ** *Cornus controversa* var.
*shikokumontana*
ミズキ科の落葉高木。
¶野生4（p155/カ写）

**イシソネ** ⇒クマシデを見よ

**イシダテクサタチバナ** *Vincetoxicum calcareum*
キョウチクトウ科（ガガイモ科）の多年草。日本固
有種。
¶固有（p117）
野生4（p317/カ写）

**イシバイヤナギゴケ** *Amblystegium calcareum*
ヤナギゴケ科のコケ植物。日本固有種。
¶固有（p218）

**イシバナ** ⇒ユキノシタ(1)を見よ

**イシブキ** ⇒ツワブキを見よ

**イシブドウ** ⇒ノブドウを見よ

**イシミカワ** *Persicaria perfoliata* 石見川, 石膠
タデ科の一年生つる草。別名サデクサ, アシカキ。
果実は暗青色。長さは1〜2m。
¶色野草（p362/カ写）
学フ増野秋（p149/カ写）
原牧2（No.833/カ図）
植調（p196/カ写）
新分牧（No.2862/モ図）
新牧日（No.295/モ図）
牧野ス2（No.2678/カ図）

イスノシマ

　野生4 (p92/カ写)
　山力野草 (p535/カ写)
　山ハ野花 (p255/カ写)
イシモチ ⇒メナモミを見よ
イシモチソウ　*Drosera peltata* var.*nipponica*　石持草
　モウセンゴケ科の多年草食虫植物。高さは10～30cm。
　¶学フ増野春 (p199/カ写)
　　原牧2 (No.861/カ図)
　　新分牧 (No.2901/モ図)
　　新牧日 (No.769/モ図)
　　牧野ス2 (No.2706/カ図)
　　ミニ山 (p77/カ写)
　　野生4 (p106/カ写)
　　山力野草 (p440/カ写)
　　山ハ野花 (p251/カ写)
　　山レ増 (p352/カ写)
イシモモ ⇒キクモモを見よ
イシダオシ ⇒センブリを見よ
イシヤナギ ⇒シバヤナギを見よ
イジュ(1)　*Schima wallichii* subsp.*noronhae*
　ツバキ科。葉の縁は波状状または低鈍鋸歯を有する。
　¶野生4 (p206/カ写)
　　山力樹木 (p489/カ写)
イジュ(2) ⇒ヒメツバキ(広義)を見よ
イズアサツキ　*Allium schoenoprasum* var.*idzuense*
　ヒガンバナ科(ユリ科)の多年草。日本固有種。伊豆半島の南部海岸で発見された。
　¶固有 (p158)
　　山野草 (No.1451/カ写)
　　野生1 (p242/カ写)
　　山レ増 (p589/カ写)
イズイ ⇒アマドコロを見よ
イズイヌワラビ　*Athyrium*×*amagipedis*
　メシダ科のシダ植物。別名ミドリイズイヌワラビ。
　¶シダ標2 (p310/カ写)
イズイワギボウシ　*Hosta longipes* var.*latifolia*
　クサスギカズラ科(ユリ科)。日本固有種。別名ハチジョウギボウシ、アマギギボウシ。
　¶固有 (p155)
　　野生1 (p251)
イズカニコウモリ　*Parasenecio amagiensis*
　キク科キク亜科の草本。日本固有種。
　¶原牧2 (No.2136/カ図)
　　固有 (p144)
　　新分牧 (No.4087/モ図)
　　新牧日 (No.3168/モ図)
　　牧野ス2 (No.3981/カ図)
　　野生5 (p303/カ写)
　　山力野草 (p64/カ写)
　　山レ増 (p34/カ写)

イズカモメヅル　*Vincetoxicum izuense*
　キョウチクトウ科の多年草。茎は長さ0.5～1m。葉は卵形、楕円形、長楕円状卵形、長さ2～5cm。
　¶野生4 (p319/カ写)
イズカンスゲ ⇒カンスゲを見よ
イズクリハラン ⇒クリハランを見よ
イズコゴメグサ　*Euphrasia insignis* subsp.*iinumae* var.*idzuensis*
　ハマウツボ科(ゴマノハグサ科)の草本。日本固有。
　¶固有 (p128)
　　野生5 (p152/カ写)
　　山レ増 (p99/カ写)
イズコモチシダ　*Woodwardia*×*izuensis*
　シシガシラ科のシダ植物。
　¶シダ標1 (p461/カ写)
イズシロカネソウ ⇒ハコネシロカネソウを見よ
イズセンリョウ　*Maesa japonica*　伊豆千両
　サクラソウ科(ヤブコウジ科)の常緑小低木。別名ウバガネモチ、ツルセンリョウ。高さは1m。花は黄白色。
　¶APG原樹 (No.1114/カ図)
　　原牧2 (No.1109/カ図)
　　新分牧 (No.3107/モ図)
　　新牧日 (No.2201/モ図)
　　茶花上 (p233/カ写)
　　牧野ス2 (No.2954/カ図)
　　野生4 (p196/カ写)
　　山力樹木 (p612/カ写)
イースターリリー ⇒テッポウユリを見よ
イズテンナンショウ ⇒ヤマグチテンナンショウを見よ
イズドコロ　*Dioscorea izuensis*
　ヤマノイモ科の多年生つる草。
　¶野生1 (p149/カ写)
イズナツトウダイ ⇒ナツトウダイを見よ
イスノキ　*Distylium racemosum*　柞、蚊母樹、柞の木
　マンサク科の常緑高木。別名ユスノキ、ヒョンノキ、ユシノキ。高さは20m。
　¶APG原樹 (No.329/カ図)
　　学フ増樹 (p26/カ写)
　　原牧1 (No.1345/カ図)
　　新分牧 (No.1516/モ図)
　　新牧日 (No.899/モ図)
　　都花様新 (p41/カ写)
　　牧野ス1 (No.1345/カ図)
　　野生2 (p185/カ写)
　　山力樹木 (p241/カ写)
イズノシマウメバチソウ　*Parnassia palustris* var.*izuinsularis*　伊豆の島梅鉢草
　ニシキギ科の多年草。日本固有種。
　¶固有 (p73)
　　野生3 (p138)

イスノシマ 58

イズノシマダイモンジソウ *Saxifraga fortunei* var. *jotanii*
ユキノシタ科の多年草。日本固有種。
¶固有 (p72/カ写)
山野草 (No.0556/カ写)
ミニ山 (p114/カ写)
野生2 (p214)

イズノシマホシクサ *Eriocaulon taquetii* var.*zotanii*
ホシクサ科の草本。日本固有種。
¶固有 (p163/カ写)
野生1 (p285)

イズハイホラゴケ *Vandenboschia orientalis*
コケシノブ科のシダ植物。日本固有種。
¶固有 (p200)
シダ標1 (p315/カ写)

イズハハコ *Eschenbachia japonica*
キク科キク亜科の一年草または越年草。別名ワタナ，ヤマジオウギク，イズホオコ。高さは25〜55cm。
¶原牧2〔ワタナ〕(No.1975/カ図)
新分牧〔ワタナ〕(No.4142/モ図)
新牧日〔ワタナ〕(No.3012/モ図)
牧野ス2〔ワタナ〕(No.3820/カ図)
野生5 (p323/カ写)
山レ増 (p65/カ写)

イズホオコ ⇒イズハハコを見よ

イスミズスカケ *Veronicastrum noguchii*
オオバコ科 (ゴマノハグサ科) の多年草。
¶野生5 (p90/カ写)
山レ増 (p110/カ写)

イズモアザミ *Cirsium indefensum*
キク科アザミ亜科の多年草。別名トゲナシアザミ。
¶野生5 (p244/カ写)

イズモコバイモ *Fritillaria ayakoana*
ユリ科の多年草。日本固有種。花は杯状鐘形で下垂。
¶固有 (p158)
山野草 (No.1410/カ写)
野生1 (p170)
山レ増 (p583/カ写)

イズモサイシン *Asarum maruyamae*
ウマノスズクサ科の多年草。
¶新分牧 (No.132/モ図)
野生1 (p62)

イズヤブソテツ *Cyrtomium atropunctatum*
オシダ科のシダ植物。日本固有種。
¶固有 (p209)
シダ標2 (p430/カ写)

イヅルヒカゲワラビ ⇒ビッチュウヒカゲワラビを見よ

イセアオスゲ *Carex karashidaniensis*
カヤツリグサ科の多年草。日本固有種。
¶カヤツリ (p352/モ図)
固有 (p185)
スゲ増 (No.184/カ写)

野生1 (p320/カ写)

イセイチゴ ⇒オオバライチゴを見よ

イセウキヤガラ *Bolboschoenus planiculmis*
カヤツリグサ科の抽水植物。別名ヒメウキヤガラ。
¶カヤツリ (p648/モ図)
日水草 (p171/カ写)

イセサキトラノオ *Asplenium* × *kitazawae*
チャセンシダ科のシダ植物。別名イセザキトラノオ。
¶シダ標1 (p417/カ写)

イゼナガヤ *Eriachne armittii* 伊是名萱
イネ科チゴザサ亜科の多年草。高さは20〜60cm。
¶桑イネ (p229/モ図)
野生2 (p75/カ写)

イセナデシコ *Dianthus* × *isensis* 伊勢撫子
ナデシコ科の多年草。別名サツマナデシコ。高さは30cm。
¶茶花上 (p343/カ写)

イセノカンアオイ *Asarum savatieri* subsp. *pseudosavatieri* var.*iseanum* 伊勢の寒葵
ウマノスズクサ科の草本。日本固有種。
¶固有 (p61)
野生1 (p68)

イセハナビ *Strobilanthes japonica*
キツネノマゴ科の多年草。高さは30〜50cm。花は淡紫色。
¶帰化写改 (p304/カ写)
原牧2 (No.1799/カ図)
山野草 (No.1099/カ写)
新分牧 (No.3656/モ図)
新牧日 (No.2778/モ図)
牧野ス2 (No.3644/カ図)
野生5 (p172/カ写)
山カ野草 (p161/カ写)

イセハラ *Clematis* 'Isehara' 伊勢原
キンポウゲ科。クレマチスの品種。
¶APG原樹〔クレマチス‘イセハラ’〕(No.278/カ図)

イセビ ⇒ハクサンボクを見よ

イセボウフ ⇒ハマボウフウを見よ

イソアオスゲ *Carex meridiana*
カヤツリグサ科の多年草。日本固有種。
¶カヤツリ (p366/モ図)
固有 (p185)
スゲ増 (No.193/カ写)
野生1 (p321/カ写)

イソカンギク *Aster pseudoasagrayi* 磯寒菊
キク科の草本。別名カンヨメナ。
¶原牧2 (No.1953/カ図)
山野草 (No.1267/カ写)
新分牧 (No.4193/モ図)
新牧日 (No.2995/モ図)
牧野ス2 (No.3798/カ図)

イソギク *Chrysanthemum pacificum* 磯菊
キク科キク亜科の多年草。日本固有種。別名イワギ

ク，キラクサ，アワギク。高さは30〜40cm。
¶色野草 (p198/カ写)
　学フ増秋 (p127/カ写)
　原牧2 (No.2064/カ図)
　固有 (p142)
　山野草 (No.1225/カ写)
　新分牧 (No.4211/モ図)
　新牧日 (No.3100/モ図)
　茶花下 (p354/カ写)
　牧野ス2 (No.3909/カ図)
　野生5 (p336/カ写)
　山力野草 (p70/カ写)
　山ハ野花 (p524/カ写)

**イソコマツ** ⇒ウスユキマンネングサを見よ

**イソザンショウ** ⇒テンノウメ(1)を見よ

**イソスギナ** *Halicoryne wrightii*
カサノリ科の海藻。石灰藻。
¶新分牧 (No.4958/モ図)
　新牧日 (No.4818/モ図)

**イソスゲ** ⇒ヒゲスゲを見よ

**イソスミレ** *Viola grayi* 磯菫
スミレ科の多年草。日本固有種。別名ケイソスミレ，セナミスミレ。海岸の砂地に生える。高さは10〜15cm。花は濃紫色，または淡紫色。
¶学フ増野春 (p85/カ写)
　原牧2〔セナミスミレ〕(No.340/カ図)
　固有 (p93/カ写)
　山野草 (No.0701/カ写)
　新分牧〔セナミスミレ〕(No.2329/モ図)
　新牧日〔セナミスミレ〕(No.1813/モ図)
　牧野ス1〔セナミスミレ〕(No.2185/カ図)
　ミニ山 (p196/カ写)
　野生3 (p225/カ写)
　山力野草 (p346/カ写)
　山ハ野花 (p323/カ写)
　山レ増 (p253/カ写)

**イソツツジ**(1) *Rhododendron groenlandicum* subsp. *diversipilosum* 磯躑躅
ツツジ科ツツジ亜科の常緑小低木。別名エゾイソツツジ。
¶APG原樹 (No.1297/カ図)
　原牧2 (No.1166/カ写)
　山野草 (No.0806/カ写)
　新分牧 (No.3279/モ図)
　新牧日 (No.2111/モ図)
　茶花上 (p494/カ写)
　牧野ス2 (No.3011/カ図)
　野生4 (p235/カ写)
　山力樹木 (p577/カ写)
　山ハ高山 (p266/カ写)

**イソツツジ**(2) ⇒キシツツジを見よ

**イソツツジ**(3) ⇒シロバナキシツツジを見よ

**イソテンツキ** *Fimbristylis pacifica* 磯点突
カヤツリグサ科の多年草。日本固有種。別名イトテンツキ，スギコケテンツキ。

¶カヤツリ (p590/モ図)
　固有 (p187)
　新分牧 (No.1008/モ図)
　新牧日 (No.4041/モ図)
　野生1 (p349/カ写)

**イソトマ**(1) *Laurentia axillaris*
キキョウ科の多年草。別名ローレンティア。草丈20〜30cm。花は白・ピンク・青・青紫色など。
¶学フ有毒 (p199/カ写)

**イソトマ**(2) ⇒ホシアザミを見よ

**イソナレ** ⇒ハイビャクシンを見よ

**イソニガナ** *Ixeridium dentatum* subsp. *nipponicum* var. *nipponicum*
キク科キクニガナ亜科の草本。日本固有種。
¶固有 (p149/カ写)
　野生5 (p278/カ写)
　山レ増 (p8/カ写)

**イソノキ** *Frangula crenata* 磯の木
クロタキカズラ科（クロウメモドキ科）の落葉低木。高さは1〜3m。花は黄緑色。
¶APG原樹 (No.650/カ写)
　原牧2 (No.26/カ図)
　新分牧 (No.2054/カ図)
　新牧日 (No.1688/モ図)
　牧野ス1 (No.1871/カ図)
　野生2 (p320/カ写)
　山力樹木 (p462/カ写)

**イソノギク**(1) *Aster asagrayi* var. *asagrayi* 磯野菊
キク科キク亜科の草本。
¶原牧2 (No.1952/カ写)
　新分牧 (No.4192/モ図)
　新牧日 (No.2994/モ図)
　牧野ス2 (No.3797/カ図)
　野生5 (p315/カ写)
　山レ増 (p41/カ写)

**イソノギク**(2) ⇒ハマベノギクを見よ

**イソハナビ** ⇒イソマツを見よ

**イソビワ** ⇒ハマビワを見よ

**イソフサギ** *Blutaparon wrightii*
ヒユ科の多年草。高さは2〜5cm。
¶原牧2 (No.959/カ写)
　新分牧 (No.2999/モ図)
　新牧日 (No.453/モ図)
　牧野ス2 (No.2804/カ図)
　野生4 (p136/カ写)
　山ハ野花 (p285/カ写)

**イソフジ** *Sophora tomentosa* 磯藤
マメ科マメ亜科の常緑低木。葉裏は白毛密布。
¶原牧1 (No.1477/カ写)
　新分牧 (No.1642/モ図)
　新牧日 (No.1266/モ図)
　牧野ス1 (No.1477/カ図)
　野生2 (p294/カ写)
　山レ増 (p294/カ写)

イソホウキ　60

## イソホウキ　*Bassia scoparia*
ヒユ科（アカザ科）の草本。別名イソホウキギ。
- ¶原牧2（No.976/カ図）
- 新分牧（No.3004/モ図）
- 新牧日（No.429/モ図）
- 牧野ス2（No.2821/カ図）
- 野生4〔イソホウキギ〕(p135/カ写)

## イソホウキギ　⇒イソホウキを見よ

## イソマツ　*Limonium wrightii* var.*arbusculum*　磯松
イソマツ科の多年草。別名イソハナビ。高さは5〜20cm。
- ¶原牧2（No.783/カ図）
- 新分牧（No.2823/モ図）
- 新牧日（No.2255/モ図）
- 牧野ス2（No.2628/カ図）
- 野生4（p83/カ写）
- 山力野草（p268/カ写）
- 山レ増（p184/カ写）

## イソマンテマ‘ドルエッツバリエゲーテッド’　⇒ ドルエッツバリエゲーテッドを見よ

## イソムラサキ　*Symphyocladia latiuscula*
フジマツモ科の海藻。体は扁圧で、15cm。
- ¶新分牧（No.5087/モ図）
- 新牧日（No.4947/モ図）

## イソモク　*Sargassum hemiphyllum*
ホンダワラ科の海藻。単条。体は50cm。
- ¶新分牧（No.5015/モ図）
- 新牧日（No.4875/モ図）

## イソモチ　⇒カモガシラノリを見よ

## イソヤマアオキ　*Cocculus laurifolius*　磯山青木
ツヅラフジ科の常緑低木。別名イソヤマダケ，ゴメ ゴメジン，コウシュウウヤク。花は黄色。
- ¶APG原樹（No.252/カ図）
- 原牧1（No.1160/カ図）
- 新分牧（No.1317/モ図）
- 新牧日（No.657/モ図）
- 牧野ス1（No.1160/カ図）
- 野生2（p111/カ写）
- 山力樹木〔コウシュウウヤク〕(p190/カ写)

## イソヤマダケ　⇒イソヤマアオキを見よ

## イソヤマテンツキ　*Fimbristylis sieboldii*　磯山点突
カヤツリグサ科の多年草。別名シバテンツキ。大株 をなす。高さは15〜40cm。
- ¶カヤツリ（p592/モ図）
- 原牧1（No.761/カ図）
- 新分牧（No.1001/モ図）
- 新牧日（No.4034/モ図）
- 牧野ス1（No.761/カ図）
- 野生1（p349/カ写）
- 山ハ野花（p117/カ写）

## イタイタグサ　⇒イラクサを見よ

## イタジイ　⇒スダジイを見よ

## イタチカナワラビ　⇒コバノカナワラビを見よ

## イタチガヤ　*Pogonatherum crinitum*　鼬茅
イネ科キビ亜科の多年草。
- ¶桑イネ（p413/モ図）
- 原牧1（No.1092/カ図）
- 山野草（No.1622/カ写）
- 新分牧（No.1184/モ図）
- 新牧日（No.3881/モ図）
- 牧野ス1（No.1092/カ図）
- 野生2（p94/カ写）
- 山ハ野花（p223/カ写）

## イタチササゲ　*Lathyrus davidii*　鼬豇豆
マメ科マメ亜科の多年草。別名エンドウソウ。高さ は60〜200cm。
- ¶原牧1（No.1583/カ図）
- 新分牧（No.1789/モ図）
- 新牧日（No.1370/モ図）
- 茶花下（p49/カ写）
- 牧野ス1（No.1583/カ図）
- ミニ山（p151/カ写）
- 野生2（p275/カ写）
- 山力野草（p381/カ写）
- 山ハ野花（p370/カ写）

## イタチジソ　⇒チシマオドリコソウを見よ

## イタチシダ　*Dryopteris bissetiana*　鼬羊歯
オシダ科のシダ植物。別名ヤマイタチシダ。
- ¶シダ標2〔ヤマイタチシダ〕(p367/カ写)
- 新分牧（No.4736/モ図）
- 新牧日（No.4523/モ図）

## イタチシダモドキ　⇒ナンカイイタチシダを見よ

## イタチタケ　*Psathyrella candolleana*
ナヨタケ科（ヒトヨタケ科）のキノコ。小型〜中型。 傘は淡黄褐色。ひだは白色〜紫褐色。
- ¶学フ増毒き（p129/カ写）
- 山力日き（p210/カ写）

## イタチナミハタケ　*Lentinellus ursinus*
マツカサタケ科のキノコ。小型〜中型。傘は半円形 〜扇形，淡黄褐色のち褐色で軟毛状。
- ¶山力日き（p30/カ写）

## イタチノシッポ　⇒ヒノキゴケを見よ

## イタチハギ　*Amorpha fruticosa*　鼬萩
マメ科マメ亜科の落葉低木。別名クロバナエン ジュ。高さは1.5〜3m。花は暗紫黒色。
- ¶帰化写改（p122/カ写，p497/カ写）
- 茶花上（p495/カ写）
- 野生2（p292）
- 山力樹木（p355/カ写）
- 落葉図譜（p179/モ図）

## イタドリ　*Fallopia japonica* var.*japonica*　虎杖，伊多 止利，疼取
タデ科の多年草。別名サイタヅマ，タジヒ，スカン ポ，タンジ，スッパグサ，サイタナ。高さは30〜 150cm。茎には縦条。葉柄は赤。
- ¶色野草（p103/カ写）
- 学フ増山菜（p30/カ写）
- 学フ増野秋（p150/カ写）

イチコツナ

　　原牧2（No.841/カ図）
　　植調（p194/カ写）
　　新分牧（No.2840/モ図）
　　新牧日（No.303/モ図）
　　茶花下（p50/カ写）
　　牧野ス2（No.2686/カ図）
　　野生4（p89/カ写）
　　山力野草（p544/カ写）
　　山ハ野花（p270/カ写）
**イタビ**　⇒イヌビワを見よ
**イタビカズラ**　*Ficus sarmentosa* subsp. *nipponica*　崖石榴，崖爬藤
　クワ科の常緑つる性植物。別名ツタカズラ。
　¶APG原樹（No.674/カ図）
　　学フ増樹（p215/カ写）
　　原牧2（No.56/カ写）
　　新分牧（No.2100/モ図）
　　新牧日（No.180/モ図）
　　牧野ス1（No.1901/カ図）
　　野生2（p335/カ写）
　　山力樹木（p168/カ写）
**イタブ**　⇒イヌビワを見よ
**イタヤ**　⇒ハウチワカエデを見よ
**イタヤカエデ**　*Acer pictum*　板屋楓
　ムクロジ科（カエデ科）の落葉高木。別名トキワカエデ，ツタモミジ，アサヒカエデ，エンコウカエデ，ナナバケイタヤ，エゾイタヤ。
　¶APG原樹〔イタヤカエデ（広義）〕（No.928/カ図）
　　学フ増樹（p116/カ写）
　　原牧2（No.541/カ写）
　　新分牧〔イタヤカエデ（広義）〕（No.2578/モ図）
　　新牧日〔イタヤカエデ（広義）〕（No.1583/モ図）
　　図説樹木（p153/カ写）
　　都木花新（p186/カ写）
　　牧野ス2（No.2386/カ図）
　　野生3〔イタヤカエデ（総称）〕（p294/カ写・モ図）
　　山力樹木（p439/カ写）
　　落葉図譜（p209/モ図）
**イタヤメイゲツ**　⇒コハウチワカエデを見よ
**イタリアサイプレス**　⇒ホソイトスギを見よ
**イタリアヤマナラシ**　⇒セイヨウハコヤナギを見よ
**イタリアンサイプレス'スウェンズ ゴールド'**
　　⇒スウェンズ ゴールドを見よ
**イタリアン・ライグラス**　⇒ネズミムギを見よ
**イタリーマンテマ**　*Silene gallica* var. *giraldii*
　ナデシコ科の越年草。別名ケナシマンテマ。
　¶帰化写2（p40/カ写）
**イチイ**(1)　*Taxus cuspidata* var. *cuspidata*　一位，櫟
　イチイ科の常緑高木。別名アララギ，オンコ，シャクノキ。高さは20m。
　¶APG原樹（No.112/カ図）
　　学フ増山菜（p198）
　　学フ増樹（p160/カ写・カ図）
　　学フ増花庭（p141/カ写）

　　学フ増薬草（p161/カ写）
　　学フ有毒（p105/カ写）
　　原牧1（No.61/カ図）
　　新分牧（No.80/モ図）
　　新牧日（No.5/モ図）
　　図説樹木（p54/カ写）
　　茶花上（p201/カ写）
　　都木花新（p246/カ写）
　　牧野ス1（No.62/カ図）
　　野生1（p43/カ写）
　　山力樹木（p8/カ写）
**イチイ**(2)　⇒イチイガシを見よ
**イチイガシ**　*Quercus gilva*　一位樫
　ブナ科の常緑高木。別名イチイ，イチガシ。高さは30m。
　¶APG原樹（No.712/カ図）
　　原牧2（No.120/カ図）
　　新分牧（No.2162/モ図）
　　新牧日（No.155/モ図）
　　牧野ス1（No.1965/カ図）
　　野生3（p97/カ写）
　　山力樹木（p144/カ写）
**イチイヒノキ**　⇒メタセコイアを見よ
**イチイモドキ**　⇒セコイアメスギを見よ
**イチガシ**　⇒イチイガシを見よ
**イチゲイチヤクソウ**　*Moneses uniflora*　一花一薬草
　ツツジ科イチヤクソウ亜科（イチヤクソウ科）の草本。
　¶野生4（p227/カ写）
**イチゲキスミレ**　⇒キスミレを見よ
**イチゲサクラソウ**　⇒プリムラ・ブルガリスを見よ
**イチゲシュスラン**　⇒シマシュスランを見よ
**イチゲスミレ**　⇒キスミレを見よ
**イチゲソウ**　⇒イチリンソウを見よ
**イチゲフウロ**　*Geranium sibiricum*　一花風露
　フウロソウ科の多年草。高さは30～50cm。
　¶原牧2（No.411/カ写）
　　新分牧（No.2452/モ図）
　　新牧日（No.1416/モ図）
　　牧野ス2（No.2256/カ図）
　　野生3（p250/カ写）
　　山ハ山花（p300/カ写）
**イチゴツナギ**(1)　*Poa sphondylodes*　苺繋
　イネ科イチゴツナギ亜科の多年草。別名ザラツキイチゴツナギ，カワライチゴツナギ。高さは30～70cm。
　¶桑イネ（p405/カ写・モ図）
　　原牧1（No.1004/カ写）
　　新分牧（No.1125/カ写）
　　新牧日（No.3694/モ図）
　　牧野ス1（No.1004/カ図）
　　野生2（p62/カ写）
　　山力野草（p676/カ写）
　　山ハ野花（p161/カ写）

**イチゴツナギ**(2) ⇒スズメノカタビラを見よ

**イチゴツナギ**〔夏型〕 *Poa sphondylodes*
　イネ科の多年草。イチゴツナギの夏咲きの一型。
　¶新牧日（No.3695/モ図）

**イチコワビスケ** *Camellia japonica* 'Ichiko-wabisuke'
　一子侘助
　ツバキ科。ツバキの品種。花は紅色。
　¶茶花上（p128/カ写）

**イチシ** ⇒ギシギシを見よ

**イチジク** *Ficus carica* 無花果、映日果
　クワ科の落葉低木。別名トウガキ。高さは3〜6m。
　花は淡紅白色。樹皮は灰色。
　¶APG原樹（No.663/カ図）
　　学フ増花庭（p209/カ写）
　　原牧2（No.55/カ図）
　　新分牧（No.2103/モ図）
　　新牧日（No.179/モ図）
　　都木花新（p48/カ写）
　　牧野ス1（No.1900/カ図）
　　野生2（p337/カ写）
　　山力樹木（p166/カ写）
　　落葉図譜（p105/モ図）

**イチジクタケ** ⇒メロカンナ バンブーソイデスを
　見よ

**イチネンアマ** ⇒アマを見よ

**イチノタニ** *Prunus mume* 'Ichinotani' 一の谷
　バラ科。ウメの品種。杏系ウメ、豊後性一重。
　¶ウメ〔一の谷〕（p128/カ写）

**イチハツ** *Iris tectorum* 一八、一初、鳶尾
　アヤメ科の多年草。別名コヤスグサ。高さは30〜
　50cm。花は藤色。
　¶原牧1（No.503/カ図）
　　新分牧（No.561/モ図）
　　新牧日（No.3551/モ図）
　　茶花上（p343/カ写）
　　牧野ス1（No.503/カ図）
　　野生1（p234/カ写）

**イチハラトラノオ** *Cerasus jamasakura* 'Ichihara'
　市原虎の尾
　バラ科の落葉小高木。サクラの栽培品種。花は
　白色。
　¶APG原樹〔サクラ'イチハラトラノオ'〕（No.404/カ
　　図）
　　学フ増桜〔'市原虎の尾'〕（p96/カ写）

**イチビ**(1) *Abutilon theophrasti* 青麻
　アオイ科の一年草。別名キリアサ。高さは50〜
　100cm。花は上部の葉腋につき、黄色で直径約2cm。
　葉は多毛。
　¶帰化写改（p184/カ写, p501/カ写）
　　原牧2（No.617/カ写）
　　植調（p76/カ写）
　　新分牧（No.2668/モ図）
　　新牧日（No.1727/モ図）
　　牧野ス2（No.2462/カ図）
　　山ハ野花（p408/カ写）

**イチビ**(2) ⇒ツナソを見よ

**イチヤクソウ** *Pyrola japonica* 一薬草
　ツツジ科イチヤクソウ亜科（イチヤクソウ科）の常
　緑多年草。高さは15〜30cm。花は白色。
　¶学フ増薬草（p94/カ写）
　　原牧2（No.1257/カ図）
　　新分牧（No.3214/モ図）
　　新牧日（No.2098/モ図）
　　茶花下（p50/カ写）
　　牧野ス2（No.3102/カ写）
　　野生4（p229/カ写）
　　山力野草（p294/カ写）
　　山ハ山花（p379/カ写）

**イチョウ** *Ginkgo biloba* 銀杏、公孫樹
　イチョウ科の落葉高木。別名ギンナン。高さは
　30m。樹皮は褐灰色。
　¶APG原樹（No.5/カ図）
　　学フ増花庭（p159/カ写）
　　学フ有毒（p104/カ写）
　　原牧1（No.2/カ図）
　　新分牧（No.4/モ図）
　　新牧日（No.4/モ図）
　　図説樹木（p18/カ写）
　　都木花新（p230/カ写）
　　牧野ス1（No.2/カ図）
　　野生1（p24/カ写・モ図）
　　山力樹木（p7/カ写）

**イチョウ** *Cerasus lannesiana* 'Hisakura' 一葉
　バラ科の落葉高木。サクラの栽培品種。花は淡
　紅色。
　¶APG原樹〔サクラ'イチョウ'〕（No.424/カ図）
　　学フ増桜〔'一葉'〕（p154/カ写）

**イチョウウキゴケ** *Ricciocarpus natans* 銀杏浮苔
　ウキゴケ科のコケ。緑色、秋になると赤紫色、長さ1
　〜1.5cm。
　¶植調（p73/カ写）
　　新分牧（No.4924/モ図）
　　新牧日（No.4784/モ図）
　　日水草（p306/カ写）

**イチョウシダ** *Asplenium ruta-muraria* 銀杏羊歯
　チャセンシダ科の常緑性シダ。葉身は長さ2〜7cm、
　円形、披針形、倒卵形。
　¶シダ標1（p409/カ写）
　　新分牧（No.4638/モ図）
　　新牧日（No.4637/モ図）
　　山レ増（p667/カ写）

**イチョウシノブ** ⇒ハコネソウを見よ

**イチョウタケ** *Tapinella panuoides*
　イチョウタケ科（ヒダハタケ科）のキノコ。小型〜
　中型。傘は貝殻形、汚黄土色。ひだは帯黄土色。
　¶学フ増毒き（p166/カ写）
　　原きの（No.274/カ写・カ図）
　　山力日き（p289/カ写）

**イチョウチドリ** ⇒カモメランを見よ

イチョウバイカモ　*Ranunculus nipponicus* var. *nipponicus*
　キンポウゲ科の水草。日本固有種。別名オオイチョウバイカモ，ミシマバイカモ。浮葉は長さ1〜2cm，先は裂ける。
　¶固有(p53)
　　日水草(p226/カ写)
　　野生2(p156/カ写)

イチョウラン　*Dactylostalix ringens*　一葉蘭
　ラン科の多年草。別名ヒトハラン。高さは10〜20cm。
　¶学フ増高山(p238/カ写)
　　原牧1(No.464/カ写)
　　新分牧(No.522/モ図)
　　新牧日(No.4338/モ図)
　　茶花上(p495/カ写)
　　牧野ス1(No.464/カ写)
　　野生1(p195/カ写)
　　山力野草(p584/カ写)
　　山ハ高山(p42/カ写)
　　山ハ山花(p93/カ写)

イチリュウ　*Prunus mume* 'Ichiryū'　一流
　バラ科。ウメの品種。野梅系ウメ，野梅性八重。
　¶ウメ〔一流〕(p47/カ写)

イチリンソウ　*Anemone nikoensis*　一輪草
　キンポウゲ科の多年草。日本固有種。別名イチゲソウ，ウラベニイチゲ。高さは20〜30cm。花は白色。
　¶色野草(p26/カ写)
　　学フ増野春(p175/カ写)
　　学フ有毒(p37/カ写)
　　原牧1(No.1257/カ写)
　　固有(p57)
　　山野草(No.0218/カ写)
　　新分牧(No.1443/モ図)
　　新牧日(No.582/モ図)
　　茶花上(p234/カ写)
　　牧野ス1(No.1257/カ図)
　　ミニ山(p54/カ写)
　　野生2(p134/カ写)
　　山力野草(p479/カ写)
　　山ハ野花(p235/カ写)
　　山ハ山花(p236/カ写)

イチロベエゴロシ　⇒ドクウツギを見よ

イチロベゴロシ　⇒ドクウツギを見よ

イツカヤマ　*Cerasus lannesiana* 'Sobanzakura'　早晩山
　バラ科の落葉高木。サクラの栽培品種。花は白色。
　¶学フ増桜〔'早晩山'〕(p136/カ写)

イツキイヌワラビ　*Athyrium kuratae* × *A. setuligerum*
　メシダ科のシダ植物。
　¶シダ標2(p311/カ写)

イツキイノモトソウ　*Pteris* × *calcarea*
　イノモトソウ科のシダ植物。
　¶シダ標1(p384/カ写)

イツキカナワラビ　*Arachniodes cantilenae*
　オシダ科の常緑性シダ。日本固有種。葉身は3—4回羽状複生。
　¶固有(p209)
　　シダ標2(p393/カ写)

イツキシシラン　⇒シシランを見よ

イツキュウ　*Camellia japonica* 'Ikkyū'　一休
　ツバキ科。ツバキの品種。花は白色。
　¶茶花上(p106/カ写)

イッサイ　*Prunus mume* 'Issai'　一歳
　バラ科。ウメの品種。野梅系ウメ，野梅性一重。
　¶ウメ〔一歳〕(p20/カ写)

イッショウチザサ　*Neosasamorpha magnifica* subsp. *magnifica*
　イネ科タケ亜科のササ。日本固有種。
　¶固有(p173)
　　タケ亜科(No.102/カ写)
　　タケササ(p93/カ写)

イッショウノハル　*Rhododendron indicum* 'Isshyōnoharu'　一生の春
　ツツジ科。サツキの品種。
　¶APG原樹〔サツキ'イッショウノハル'〕(No.1253/カ図)

イッスンキンカ　*Solidago minutissima*　一寸金花
　キク科キク亜科の多年草。日本固有種。
　¶固有(p138/カ写)
　　山野草(No.1286/カ写)
　　野生5(p325/カ写)
　　山ハ山花(p519/カ写)

イッスンテンツキ　*Fimbristylis kadzusana*　一寸点突
　カヤツリグサ科の一年草。日本固有種。
　¶カヤツリ(p576/モ図)
　　固有(p187)
　　新分牧(No.995/モ図)
　　新牧日(No.4028/モ図)
　　野生1(p348/カ写)
　　山レ増(p528/カ写)

イッポンシメジ　*Entoloma sinuatum*　一本占地
　イッポンシメジ科のキノコ。有毒菌。
　¶学フ増毒き(p44/カ写)
　　原きの(No.099/カ写・カ図)
　　新分牧(No.5113/カ写)
　　新牧日(No.4991/モ図)
　　山力日き(p285/カ写)

イッポンショウマ　⇒サラシナショウマを見よ

イッポンスゲ　*Carex tenuiflora*
　カヤツリグサ科の多年草。別名シロハリスゲ，ハリスゲ。やや単生する細長い種類。有花茎は高さ20〜60cm。
　¶カヤツリ(p118/モ図)
　　原牧1〔シロハリスゲ〕(No.809/カ図)
　　新分牧〔シロハリスゲ〕(No.796/モ図)
　　新牧日〔シロハリスゲ〕(No.4099/モ図)
　　スゲ増(No.45/カ写)
　　牧野ス1〔シロハリスゲ〕(No.809/カ図)

野生1（p306/カ写）

**イッポンワラビ** *Cornopteris crenulatoserrulata* 一本蕨
メシダ科（オシダ科）の夏緑性シダ。別名オオミヤマイヌワラビ。葉身は長さ35〜60cm, 三角状〜三角状楕円形。
¶シダ標2（p304/カ写）
新分牧（No.4697/モ図）
新牧日（No.4576/モ図）

**イツモヂシャ**(1) ⇒サトウヂシャを見よ

**イツモヂシャ**(2) ⇒フダンソウを見よ

**イトアオスゲ** *Carex puberula*
カヤツリグサ科の多年草。
¶カヤツリ（p360/モ図）
スゲ増（No.189/カ写）
野生1（p321/カ写）

**イトアゼガヤ** *Leptochloa panicea*
イネ科ヒゲシバ亜科の一年草。
¶桑イネ（p301/カ写・モ図）
植調（p326/カ写）
野生2（p70）

**イトイ** *Juncus maximowiczii* 糸藺
イグサ科の多年草。高さは5〜15cm。
¶原牧1（No.691/カ図）
新分牧（No.722/モ図）
新牧日（No.3575/モ図）
牧野ス1（No.691/カ図）
野生1（p290/カ写）
山ハ高山（p55/カ写）
山ハ山花（p152/カ写）

**イトイチゴツナギ** *Poa matsumurae*
イネ科イチゴツナギ亜科の多年草。高さは50〜80cm。
¶野生2（p62）

**イトイヌノハナヒゲ** *Rhynchospora faberi*
カヤツリグサ科の多年草。別名ヒメイヌノハナヒゲ。高さは10〜50cm。
¶カヤツリ（p554/モ図）
原牧1（No.777/カ図）
新分牧（No.753/モ図）
新牧日（No.4057/モ図）
牧野ス1（No.777/カ図）
野生1（p355/カ写）

**イトイヌノヒゲ** *Eriocaulon decemflorum* 糸犬の髭
ホシクサ科の一年草。別名コイヌノヒゲ。高さは5〜30cm。
¶原牧1（No.665/カ写）
新分牧（No.701/モ図）
新牧日（No.3601/モ図）
牧野ス1（No.665/カ図）
野生1〔コイヌノヒゲ〕（p281/カ写）
山ハ野花（p93/カ写）

**イトイバラモ** *Najas yezoensis*
トチカガミ科（イバラモ科）の水草。日本固有種。
¶固有（p154/カ写）

日水草（p102/カ写）
野生1（p123/カ写）

**イトウリ** ⇒ヘチマを見よ

**イトウロコゴケ** *Nardia minutifolia*
ツボミゴケ科のコケ植物。日本固有種。
¶固有（p221）

**イトカケソウ** ⇒ミカエリソウを見よ

**イトキツネノボタン** *Ranunculus arvensis*
キンポウゲ科の一年草。別名トゲミオトコゼリ。高さは30〜50cm。
¶帰化写2（p53/カ写）

**イトキンスゲ** *Carex hakkodensis* 糸金菅
カヤツリグサ科の多年草。高さは10〜40cm。
¶カヤツリ（p60/モ図）
原牧1（No.788/カ写）
新分牧（No.817/モ図）
新牧日（No.4071/モ図）
スゲ増（No.6/カ写）
牧野ス1（No.788/カ図）
野生1（p300/カ写）
山ハ高山（p59/カ写）

**イトキンポウゲ** *Ranunculus reptans* 糸金鳳花
キンポウゲ科の多年草。高さは2〜3cm。
¶原牧1（No.1273/カ図）
新分牧（No.1383/モ図）
新牧日（No.596/モ図）
牧野ス1（No.1273/カ図）
野生2（p156/カ写）
山レ増（p385/カ写）

**イドクサ** ⇒ユキノシタ(1)を見よ

**イトクズモ** *Zannichellia palustris* 糸屑藻
ヒルムシロ科（イトクズモ科）の沈水植物。別名ミカヅキイトモ。葉は対生もしくは輪生状, 線形。
¶原牧1（No.253/カ図）
新分牧（No.298/モ図）
新牧日（No.3354/モ図）
日水草（p138/カ写）
牧野ス1（No.253/カ図）
野生1（p134/カ写・モ図）

**イトクリ** ⇒オダマキを見よ

**イトコヌカグサ** *Agrostis capillaris*
イネ科イチゴツナギ亜科の多年草。別名コロニアルベント。高さは20〜50cm。
¶野生2（p41）

**イトザクラ** ⇒シダレザクラを見よ

**イトザサ** ⇒ミヤコザサを見よ

**イトシシラン** *Haplopteris mediosora*
イノモトソウ科のシダ植物。
¶シダ標1（p389/カ写）

**イトシャジクモ** *Chara fibrosa* subsp.*gymnopitys* 糸車軸藻
シャジクモ科の水草。体長10〜30cm。
¶新分牧（No.4930/モ図）

新牧日（No.4790/モ図）

**イトシャジン**　*Campanula rotundifolia*
キキョウ科の多年草, 宿根草。高さは15〜45cm。
花は青色。
¶山野草（No.1200/カ写）

**イトスイラン**　⇒チョウセンスイランを見よ

**イトスギ**　⇒ホソイトスギを見よ

**イトスゲ**　*Carex fernaldiana*　糸菅
カヤツリグサ科の多年草。高さは10〜30cm。
¶カヤツリ（p340/モ図）
　原牧1（No.858/モ図）
　新分牧（No.877/モ図）
　新牧日（No.4162/モ図）
　スゲ増（No.176/カ写）
　牧野ス1（No.858/カ図）
　野生1（p320/カ写）
　山ハ山花（p174/カ写）

**イトススキ**　*Miscanthus sinensis f.gracillimus*　糸薄,
糸芒
イネ科キビ亜科の多年草。
¶桑イネ（p326/カ写・モ図）
　原牧1（No.1077/カ図）
　新分牧（No.1177/モ図）
　新牧日（No.3864/モ図）
　茶花下（p175/カ写）
　牧野ス1（No.1077/カ図）
　野生2（p89/カ写）

**イトスズメガヤ**　*Eragrostis brownii*
イネ科ヒゲシバ亜科の多年草。
¶桑イネ（p218/モ図）
　野生2（p70）

**イトスナヅル**　*Cassytha pergracilis*
クスノキ科の寄生植物。日本固有種。
¶固有（p49/カ写）
　野生1（p79/カ写）

**イドタケ**　*Coniophora puteana*
イドタケ科のキノコ。
¶原きの（No.388/カ写・カ図）

**イトタヌキモ**　⇒ミカワタヌキモを見よ

**イトツメクサ**　*Sagina apetala*
ナデシコ科の一年草。高さは2.5〜10cm。
¶帰化写2（p34/カ写）

**イトテンツキ**(1)　*Bulbostylis densa var.capitata*　糸
点突
カヤツリグサ科の一年草。別名クロハタガヤ。
¶カヤツリ（p604/モ図）
　原牧1（No.769/カ図）
　新分牧（No.988/モ図）
　新牧日（No.4047/モ図）
　牧野ス1（No.769/カ図）
　野生1（p297/カ写）

**イトテンツキ**(2)　⇒イソテンツキを見よ

**イトトリゲモ**　*Najas gracillima*
トチカガミ科（イバラモ科）の一年生水草。全長は

10〜30cm, 種子は2個並んで付く。
¶原牧1（No.285/カ写）
　新分牧（No.285/モ図）
　新牧日（No.3363/モ図）
　日水城（p99/カ写）
　牧野ス1（No.240/カ図）
　野生1（p123/カ写）
　山レ増（p609/カ写）

**イトナルコスゲ**　*Carex laxa*
カヤツリグサ科の多年草。
¶カヤツリ（p422/モ図）
　スゲ増（No.232/カ写）
　野生1（p331/カ写）

**イトバアワダチソウ**　*Solidago graminifolia*
キク科の草本。
¶帰化写改（p387/カ写）

**イトバオオバコ**　⇒ニチナンオオバコを見よ

**イトハカラマツ**　*Thalictrum foeniculaceum*　糸葉唐松
キンポウゲ科の草本。高さは10〜80cm。
¶山野草（No.0286/カ写）

**イトバギク**　*Schkuhria pinnata var.abrotanoides*
キク科の一年草。高さは30〜80cm。花は黄色。
¶帰化写改（p384/カ写）

**イトハコベ**　*Stellaria filicaulis*
ナデシコ科の草本。
¶原牧2（No.877/カ図）
　新分牧（No.2938/モ図）
　新牧日（No.349/モ図）
　牧野ス2（No.2722/カ写）
　野生4（p125/カ写）
　山レ増（p418/カ写）

**イトハシャクヤク**　*Paeonia tenuifolia*
ボタン科。別名ホソバシャクヤク。高さは45〜
60cm。花は深紅色。
¶山野草（No.0058/カ写）

**イトバショウ**　⇒リュウキュウバショウを見よ

**イトバセリ**　*Oenanthe javanica subsp.linearis*
セリ科セリ亜科の多年草。奄美大島の産。
¶野生5（p396）

**イトバドクゼリモドキ**　*Ammi visnaga*
セリ科の草本。
¶帰化写改（p217/カ写）

**イトハナビテンツキ**　*Bulbostylis densa var.densa*
糸花火点突
カヤツリグサ科の一年草。高さは10〜40cm。
¶カヤツリ（p604/モ図）
　原牧1（No.768/カ図）
　新分牧（No.987/モ図）
　新牧日（No.4046/モ図）
　牧野ス1（No.768/カ図）
　野生1（p297/カ写）
　山ハ野花（p115/カ写）

**イトハユリ**　*Lilium pumilum*　糸葉百合
ユリ科の球根植物, 薬用植物。

**イトヒキス**　66

¶山野草（No.1480/カ写）

**イトヒキスゲ**　*Carex remotiuscula*
カヤツリグサ科の多年草。
　¶カヤツリ（p110/モ写）
　スゲ増（No.39/カ写）
　野生1（p305/カ写）

**イトヒキフタゴゴケ**　*Didymodon leskeoides*
センボンゴケ科のコケ。日本固有種。チョウゴクネ
ジクチゴケによく似る。
　¶固有（p214/カ写）

**イトヒバ**　⇒ヒヨクヒバを見よ

**イトヒバゴケ**　*Cryphaea obovato-carpa*
イトヒバゴケ科のコケ。別名クワノイトヒバゴケ。
一次茎は細く這い、二次茎は長さ3〜4cmで立ち上
がり、枝葉は卵形。
　¶新分牧（No.4881/モ図）
　新牧日（No.4740/モ図）

**イトヒメハギ**　*Polygala tenuifolia*　糸姫萩
ヒメハギ科の多年草。別名オンジ。
　¶原牧1（No.1618/カ図）
　新分牧（No.1810/モ図）
　新牧日（No.1546/モ図）
　牧野ス1（No.1618/カ図）

**イトマキイタヤ**　*Acer pictum* subsp.*savatieri*
ムクロジ科（カエデ科）の高木。日本固有種。別名
モトゲイタヤ。
　¶固有（p86）
　野生3（p295/カ写・モ図）

**イトメヒシバ**　*Digitaria leptalea*
イネ科キビ亜科の草本。葉身や小穂は無毛かほとん
ど無毛。
　¶野生2（p83）

**イトモ**(1)　*Potamogeton berchtoldii*　糸藻
ヒルムシロ科の小型沈水植物。別名イトヤナギモ。
葉は線形、無柄。
　¶原牧1〔イトヤナギモ〕（No.265/カ図）
　新分牧〔イトヤナギモ〕（No.311/モ図）
　新牧日〔イトヤナギモ〕（No.3347/モ図）
　日水草（p133/カ写）
　牧野ス1〔イトヤナギモ〕（No.265/カ図）
　野生1（p133）

**イトモ**(2)　⇒セキショウモを見よ

**イトモ**(3)　⇒ミズヒキモを見よ

**イトヤナギ**　⇒シダレヤナギを見よ

**イトヤナギモ**　⇒イトモ(1)を見よ

**イトヨモギ**　*Artemisia japonica* var.*angustissima*
キク科キク亜科の多年草。葉は羽状に裂ける。
　¶野生5（p330）

**イトラッキョウ**　*Allium virgunculae* var.*virgunculae*
糸辣韮，糸辣韭，糸薤
ヒガンバナ科（ユリ科，ネギ科）の多年草。日本固有
種。長崎県平戸島に特産。
　¶固有（p158/カ写）
　山野草（No.1457/カ写）

茶花下（p354/カ写）
野生1（p241/カ写）
山ハ野花（p74/カ写）
山レ増（p586/カ写）

**イトラン**　*Yucca flaccida*　糸蘭
キジカクシ科〔クサスギカズラ科〕（リュウゼツラ
ン科）の木本。別名ジュモウラン。長さは30〜
50cm。花は白色。
　¶APG原樹（No.189/カ図）
　原牧1（No.568/カ図）
　新分牧（No.636/モ図）
　新牧日（No.3504/モ図）
　牧野ス1（No.568/カ図）

**イナイノデ**　⇒ヤシャイノデを見よ

**イナカアザミ**　⇒ヨシノアザミを見よ

**イナカギク**　*Aster semiamplexicaulis*　田舎菊
キク科キク亜科の多年草。日本固有種。別名ヤマシ
ロギク，ヤシロギク。高さは60〜100cm。
　¶学フ増野秋（p155/カ写）
　原牧2（No.1945/カ図）
　固有（p145）
　新分牧（No.4184/モ図）
　新牧日（No.2984/モ図）
　牧野ス2（No.3790/カ図）
　野生5（p318/カ写）
　山ハ野花（p543/カ写）
　山ハ山花（p516/カ写）

**イナキビ**　⇒キビを見よ

**イナコゴメグサ**　*Euphrasia multifolia* var.*inaensis*
ゴマノハグサ科の一年草。日本固有種。
　¶固有（p129）
　山レ増（p101/カ写）

**イナコスズ**　*Neosasamorpha tsukubensis* subsp.
*pubifolia*
イネ科タケ亜科のササ。日本固有種。
　¶固有（p174/カ写）
　タケ亜科（No.105/カ写）

**イナサツキヒナノウスツボ**　*Scrophularia*
*musashiensis* var.*ina-vallicola*
ゴマノハグサ科。日本固有種。
　¶固有（p130）
　野生5（p94/カ写）

**イナズマ**　*Prunus mume* 'Inazuma'　稲妻
バラ科。ウメの品種。杏系ウメ，豊後性一重。
　¶ウメ〔稲妻〕（p129/カ写）

**イナヅミ**　*Prunus mume* 'Inazumi'　稲積
バラ科。ウメの品種。果皮は淡緑色。実ウメ，野
梅系。
　¶ウメ〔稲積〕（p162/カ写）

**イナツルデンダ**　*Polystichum*×*pseudocraspedosorum*
オシダ科のシダ植物。
　¶シダ標2（p420/カ写）

**イナデンダ**　*Polystichum capillipes*
オシダ科の夏緑性シダ。日本固有種。葉身は長さ4
〜8cm，線状披針形。

¶固有 (p207/カ写)
シダ標2 (p412/カ写)
山レ増 (p654/カ写)

## イナトウヒレン　*Saussurea inaensis*
キク科アザミ亜科の草本。日本固有種。
¶固有 (p148)
野生5 (p261/カ写)

## イナノキシノブ　*Lepisorus oligolepidus × L. thunbergianus*
ウラボシ科のシダ植物。
¶シダ標2 (p465/カ写)

## イナバラン　*Odontochilus tashiroi*
ラン科の草本。別名オオギミラン。
¶野生1 (p217/カ写)

## イナヒロハテンナンショウ　*Arisaema inaense*
サトイモ科の多年草。日本固有種。高さは20〜50cm。
¶固有 (p177)
新分牧 (No.227/モ図)
テンナン (No.9/カ写)
野生1 (p97/カ写)
山レ増 (p545/カ写)

## イナベアザミ　*Cirsium magofukui*
キク科アザミ亜科の草本。日本固有種。
¶固有 (p138)
野生5 (p224/カ写)

## イナモリソウ　*Pseudopyxis depressa*　稲森草
アカネ科の多年草。日本固有種。別名ヨツバハコベ。高さは5〜10cm。
¶原牧2 (No.1299/カ図)
固有 (p118)
新分牧 (No.3336/モ図)
新牧日 (No.2413/モ図)
茶花上 (p344/カ写)
牧野ス2 (No.3144/カ図)
野生4 (p287/カ写)
山力野草 (p148/カ写)
山ハ山花 (p387/カ写)

## イヌアラギ　⇒ナギナタコウジュを見よ

## イヌアワ　*Setaria chondrachne*　犬粟
イネ科キビ亜科の多年草。高さは50〜90cm。
¶桑イネ (p435/カ写・モ図)
原牧1 (No.1036/カ図)
新分牧 (No.1231/モ図)
新牧日 (No.3802/モ図)
牧野ス1 (No.1036/カ図)
野生2 (p96/カ写)
山ハ野花 (p198/カ写)
山ハ山花 (p199/カ写)

## イヌイ　*Juncus fauriei*
イグサ科の多年草。別名ヒライ、ネジイ。高さは20〜50cm。
¶原牧1 (No.677/カ図)
新分牧 (No.718/モ図)
新牧日 (No.3571/モ図)

牧野ス1 (No.677/カ図)
野生1 (p289/カ写)

## イヌイトモ　*Potamogeton obtusifolius*
ヒルムシロ科の沈水性の多年草。葉は線形、無柄で鈍頭。
¶日水草 (p132/カ写)
野生1 (p133)

## イヌイノモトソウ　*Lindsaea ensifolia*
ホングウシダ科の直立する常緑性シダ。葉身は長さ25cm、単羽状。
¶シダ標1 (p351/カ写)
山レ増 (p679/カ写)

## イヌイワイタチシダ　*Dryopteris saxifragivaria*
オシダ科のシダ植物。
¶シダ標2 (p366/カ写)

## イヌイワガネソウ　*Coniogramme × fauriei*
イノモトソウ科のシダ植物。別名キソイヌイワガネソウ、コダマイヌイワガネ。
¶シダ標1 (p376/カ写)

## イヌイワデンダ　*Woodsia intermedia*
イワデンダ科の夏緑性シダ。葉身は単羽状複生から2回羽状複生。
¶シダ標1 (p450/カ写)

## イヌイワヘゴ　*Dryopteris cycadina*
オシダ科のシダ植物。
¶シダ標2 (p362/カ写)

## イヌウド　⇒シシウドを見よ

## イヌエ　⇒ナギナタコウジュを見よ

## イヌエノコログサ　*Setaria verticillata* var. *ambigua*
イネ科の一年草。高さは30〜90cm。
¶桑イネ (p443/モ図)

## イヌエボウシゴケ　*Dolichomitriopsis crenulata*
トラノオゴケ科のコケ植物。日本固有種。
¶固有 (p217/カ写)

## イヌエンジュ　*Maackia amurensis*　犬槐
マメ科マメ亜科の落葉高木。別名オオエンジュ、ハネミイヌエンジュ。
¶APG原樹 (No.388/カ図)
原牧1 (No.1481/カ図)
新分牧 (No.1643/モ図)
新牧日 (No.1270/モ図)
牧野ス1 (No.1481/カ図)
野生2 (p282/カ写)
山力樹木 (p353/カ写)
落葉図譜 (p174/モ図)

## イヌカキネガラシ　*Sisymbrium orientale*　犬垣根辛子,犬垣根芥子
アブラナ科の一年草。高さは20〜80cm。花は黄色。
¶学フ増野春 (p114/カ写)
帰化q改 (p115/カ写)
原牧2 (No.758/カ図)
植調 (p93/カ写)
新分牧 (No.2785/モ図)
新牧日 (No.879/モ図)

牧野ス2 (No.2603/カ図)
ミニ山 (p91/カ写)
野生4 (p70/カ写)
山ハ野花 (p400/カ写)

**イ**

## イヌカゴ ⇒コガンピを見よ

### イヌガシ *Neolitsea aciculata* 犬樫
クスノキ科の常緑高木。別名マツラニッケイ。
¶APG原樹 (No.172/カ図)
原牧1 (No.149/カ図)
新分牧 (No.184/カ図)
新牧日 (No.490/モ図)
牧野ス1 (No.149/カ図)
野生1 (p88/カ写)
山力樹木 (p216/カ写)

### イヌガタケスミレ ⇒ヒナスミレを見よ

### イヌカタヒバ *Selaginella moellendorffii*
イワヒバ科の常緑多年生シダ植物。葉はわら色。
¶帰化写2〔イヌカタヒバ (在来種あり)〕(p382/カ写)
シダ標1 (p278/カ写)
山レ増 (p695/カ写)

### イヌガマズミ *Viburnum erosum* var.*vegetum*
ガマズミ科〔レンプクソウ科〕の落葉低木。葉が長さ6〜12cm、幅3〜8cm。
¶野生5 (p410)

### イヌカミツレ *Tripleurospermum maritimum* subsp. *indorum*
キク科の一年草または二年草。高さは30〜60cm。花は白色。
¶帰化写改 (p378/カ写)
植調 (p150/カ写)

### イヌカモジグサ *Elymus gmelinii* var.*tenuisetus* 犬髦草
イネ科イチゴツナギ亜科の多年草。高さ0.8〜1m。
¶桑イネ (p36/モ図)
野生2 (p52/カ写)
山ハ山花 (p191/カ写)

### イヌガヤ *Cephalotaxus harringtonia* var.*harringtonia* 犬榧
イチイ科 (イヌガヤ科) の常緑高木。別名ヘボガヤ、ヒノキダマ、ヘダマ。樹高は10m。樹皮は褐色。
¶APG原樹 (No.109/カ図)
学フ増樹 (p153/カ写)
原牧1 (No.59/カ写)
新分牧 (No.77/モ図)
新牧日 (No.11/モ図)
牧野ス1 (No.60/カ図)
野生1 (p42/カ写)
山力樹木 (p12/カ写)

### イヌガラシ *Rorippa indica* 犬芥子, 犬芥
アブラナ科の多年草。別名イヌナズナ、アゼダイコン、ノガラシ。高さは10〜50cm。花は黄色。
¶色野草 (p128/カ写)
学フ増山菜 (p25/カ写)
学フ増野春 (p112/カ写)
原牧2 (No.712/カ図)
植調 (p90/カ写)

新分牧 (No.2737/モ図)
新牧日 (No.832/モ図)
茶花上 (p344/カ写)
牧野ス2 (No.2557/カ図)
野生4 (p68/カ写)
山力野草 (p449/カ写)
山ハ野花 (p398/カ写)

### イヌカラマツ *Pseudolarix amabilis*
マツ科の落葉高木。高さは30〜40m。樹皮は灰褐色。
¶新分牧 (No.9/モ図)

### イヌカンゾウ *Glycyrrhiza pallidiflora* 犬甘草
マメ科の多年草。花は淡紫色。
¶原牧1 (No.1486/カ図)
新分牧 (No.1736/モ図)
新牧日 (No.1274/モ図)
牧野ス1 (No.1486/カ図)

### イヌガンソク *Pentarhizidium orientale* 犬雁足
コウヤワラビ科 (オシダ科) の夏緑性シダ。別名ハゴロモイヌガンソク。葉身は長さ4〜12cm、単羽状。
¶シダ標1 (p456/カ写)
新分牧 (No.4669/モ図)
新牧日 (No.4610/モ図)

### イヌガンピ ⇒コガンピを見よ

### イヌキクイモ *Helianthus strumosus* 犬菊芋
キク科の多年草。
¶帰化写改 (p372/カ写, p516/カ写)
山力野草 (p124/カ写)
山ハ野花 (p578/カ写)

### イヌクグ *Cyperus cyperoides* 犬莎草
カヤツリグサ科の多年草。別名クグ、アオクグ。高さは20〜80cm。
¶カヤツリ (p722/モ図)
原牧1 (No.721/カ図)
新分牧 (No.981/モ図)
新牧日 (No.3980/モ図)
牧野ス1 (No.721/カ図)
野生1 (p339/カ写)
山ハ野花 (p102/カ写)

### イヌグス ⇒タブノキを見よ

### イヌクテガワザサ *Sasa heterotricha* var.*nagatoensis*
イネ科タケ亜科の植物。日本固有種。
¶固有 (p172)

### イヌクログワイ *Eleocharis dulcis* 犬黒慈姑
カヤツリグサ科の多年生抽水植物。別名シログワイ。塊茎は茶色、肉は純白色。高さは50〜80cm。
¶カヤツリ (p612/モ図)
新分牧 (No.934/モ図)
新牧日 (No.4011/モ図)
日水草 (p180/カ写)
野生1 (p343/カ写)

### イヌグンバイナズナ ⇒アコウグンバイを見よ

### イヌゲシ ⇒トゲミゲシを見よ

イヌシテ

**イヌケホシダ** Thelypteris dentata
ヒメシダ科の常緑多年生シダ植物。葉身は長さ25〜40cm, 広披針形。
¶帰化写2〔イヌケホシダ(在来種あり)〕(p384/カ写)
シダ標1 (p440/カ写)

**イヌコウジュ** Mosla scabra 犬香薷
シソ科シソ亜科〔イヌハッカ亜科〕の一年草。高さは20〜60cm。
¶学フ増野秋 (p21/カ写)
原牧2 (No.1707/カ図)
植調 (p182/カ写)
新分牧 (No.3767/モ図)
新牧日 (No.2616/モ図)
牧野ス2 (No.3552/カ図)
野生5 (p130/カ写)
山力野草 (p223/カ写)
山ハ野花 (p461/カ写)

**イヌコスギイヌワラビ** Athyrium × kawabataeoides
メシダ科のシダ植物。
¶シダ標2 (p308/カ写)

**イヌコハコベ** ⇒イヌハコベを見よ

**イヌゴマ** Stachys aspera var.hispidula 犬胡麻, 狗胡麻
シソ科オドリコソウ亜科の多年草。別名チョロギダマシ。高さは40〜70cm。
¶色野草 (p284/カ写)
学フ増野夏 (p12/カ写)
原牧2 (No.1668/カ写)
新分牧 (No.3750/モ図)
新牧日 (No.2580/モ写)
茶花下 (p175/カ写)
牧野ス2 (No.3513/カ写)
野生5 (p123/カ写)
山力野草 (p220/カ写)
山ハ野花 (p457/カ写)

**イヌコモチナデシコ** Petrorhagia nanteuilii
ナデシコ科の越年草。種子の背面に円錐状の微細な突起。
¶帰化写改 (p36/カ写)

**イヌコリシライヤナギ** Salix × sakaii
ヤナギ科の雑種。
¶野生3〔イヌコリシライヤナギ(イヌコリヤナギ×シライヤナギ)〕(p204)

**イヌコリヤナギ** Salix integra 犬行李柳
ヤナギ科の落葉低木。小川の緑や湿地にふつうな低木。
¶APG原樹 (No.820/カ図)
原牧2 (No.303/カ図)
新分牧 (No.2381/モ図)
新牧日 (No.94/モ図)
茶花上 (p184/カ写)
牧野ス1 (No.2148/カ図)
野生3 (p201/カ写)
山力樹木 (p91/カ写)
落葉図譜 (p45/モ図)

**イヌザクラ** Padus buergeriana 犬桜
バラ科シモツケ亜科の落葉高木。別名シロザクラ。高さは10m。花は白色。
¶APG原樹 (No.454/カ図)
学フ増桜 (p227/カ写)
原牧1 (No.1660/カ図)
新分牧 (No.1821/モ図)
新牧日 (No.1238/モ図)
都木花新 (p122/カ写)
牧野ス1 (No.1660/カ図)
野生3 (p75/カ写)
山力樹木 (p312/カ写)

**イヌサフラン** Colchicum autumnale 犬泪夫藍
イヌサフラン科(ユリ科)の多年草。別名コルチカム, コルチクム(園芸名)。高さは15〜20cm。花は淡藤桃色。
¶学フ有毒 (p110/カ写)
原牧1 (No.314/カ図)
新分牧 (No.363/モ図)
新牧日 (No.3426/モ図)
牧野ス1 (No.314/カ図)

**イヌザンショウ** Zanthoxylum schinifolium 犬山椒
ミカン科の落葉低木。
¶APG原樹 (No.993/カ図)
学フ増樹 (p213/カ写)
学フ増薬草 (p200/カ写)
原牧2 (No.559/カ図)
新分牧 (No.2609/モ図)
新牧日 (No.1496/モ図)
牧野ス2 (No.2404/カ図)
野生3 (p307/カ写)
山力樹木 (p381/カ写)

**イヌシケチイヌワラビ** Athyrium × petiolulatum
メシダ科のシダ植物。
¶シダ標2 (p313/カ写)

**イヌヂシャ** ⇒カキバチシャノキを見よ

**イヌシダ** Dennstaedtia hirsuta 犬羊歯
コバノイシカグマ科(イノモトソウ科)の夏緑性シダ。別名カラクサイヌシダ, フギレイヌシダ, シシイヌシダ。葉身は長さ7〜25cm, 披針形。
¶シダ標1 (p362/カ写)
新分牧 (No.4571/モ図)
新牧日 (No.4447/モ図)

**イヌシデ** Carpinus tschonoskii 犬四手, 犬幣
カバノキ科の落葉高木。別名シロシデ, ソネ, ソロ。葉に毛が多い。
¶APG原樹 (No.756/カ図)
学フ増樹 (p142/カ写)
原牧2 (No.131/カ図)
新分牧 (No.2195/モ図)
新牧日 (No.109/モ図)
都木花新 (p65/カ写)
牧野ス1 (No.1976/カ図)
野生3 (p117/カ写)
山力樹木 (p129/カ写)

イヌシバ

## イヌシバ　*Stenotaphrum secundatum*　犬芝
イネ科キビ亜科の匍匐性低草、多年草。芝生用または牧草として有用。葉長5〜15cm。
¶帰化写2 (p354/カ写)
　新分牧 (No.1216/モ図)
　新牧日 (No.3838/モ図)
　野生2 (p98/カ写)

## イヌシマイヌワラビ　*Athyrium × yakumonticola*
メシダ科のシダ植物。
¶シダ標2 (p308/カ写)

## イヌシュロチク　⇒シュロチクを見よ

## イヌショウマ　*Cimicifuga biternata*　犬升麻
キンポウゲ科の多年草。別名ミツバショウマ。高さは60〜90cm。
¶学フ増野秋 (p180/カ写)
　原牧1 (No.1238/カ図)
　新分牧 (No.1376/モ図)
　新牧日 (No.563/モ図)
　茶花下 (p176/カ写)
　牧野ス1 (No.1238/カ図)
　ミニ山 (p50/カ写)
　野生2 (p141/カ写)
　山ハ野花 (p237/カ写)
　山ハ山花 (p218/カ写)

## イヌシロソケイ　*Jasminum nervosum*
モクセイ科の低木。花は白色。
¶野生5 (p63/カ写)

## イヌシロネ(1)　⇒カキドオシを見よ

## イヌシロネ(2)　⇒コシロネを見よ

## イヌスギ　⇒スイショウを見よ

## イヌスギナ　*Equisetum palustre*　犬杉菜
トクサ科の多年草、抽水性〜湿生。高さは20〜60cm。
¶シダ標1 (p283/カ写)
　植調 (p336/カ写)
　新分牧 (No.4516/モ図)
　新牧日 (No.4390/モ図)
　日水草 (p25/カ写)

## イヌスミレ　⇒エゾノタチツボスミレを見よ

## イヌセンブリ　*Swertia tosaensis*　犬千振
リンドウ科の一年草または越年草。高さは5〜35cm。
¶原牧2 (No.1364/カ図)
　新分牧 (No.3406/モ図)
　新牧日 (No.2345/モ図)
　牧野ス2 (No.3209/カ図)
　野生4 (p303/カ写)
　山ハ山花 (p398/カ写)
　山レ増 (p175/カ写)

## イヌセンボンタケ　*Coprinellus disseminatus*
ナヨタケ科のキノコ。超小型。傘は白色〜灰色、傘の表面は微毛状。ひだは白色〜暗灰色。
¶原きの (No.056/カ写・カ図)
　山力日き (p206/カ写)

## イヌタデ(1)　*Persicaria longiseta*　犬蓼
タデ科の一年草。別名アカノマンマ、アカマンマ。高さは5〜40cm。花は淡紅色。
¶色野草 (p290/カ写)
　学フ増野秋 (p34/カ写)
　原牧2 (No.803/カ写)
　植調 (p199/カ写)
　新分牧 (No.2879/モ図)
　新牧日 (No.265/モ図)
　茶花下 (p176/カ写)
　牧野ス2 (No.2648/カ図)
　野生4 (p97/カ写)
　山力野草 (p541/カ写)
　山ハ野花 (p262/カ写)

## イヌタデ(2)　⇒オオケタデ(1)を見よ

## イヌタヌキモ　*Utricularia australis*
タヌキモ科の多年生の浮遊植物。全長は約1m, 花弁は黄色。
¶日水草 (p286/カ写)
　野生5 (p166/カ写)

## イヌタマシダ　*Dryopteris hayatae*
オシダ科の常緑性シダ。葉身は長さ15〜35cm, 披針形〜卵状披針形。
¶シダ標2 (p360/カ写)

## イヌタムラソウ　*Salvia japonica f.polakioides*
シソ科の草本。
¶原牧2 (No.1675/カ図)
　新分牧 (No.3792/モ図)
　新牧日 (No.2587/モ図)
　牧野ス2 (No.3520/カ図)

## イヌチャセンシダ　*Asplenium tripteropus*
チャセンシダ科の常緑性シダ。中軸に無性芽を付ける。
¶シダ標1 (p412/カ写)

## イヌツゲ　*Ilex crenata var.crenata*　犬黄楊
モチノキ科の常緑低木。別名コバノイヌツゲ, ヤマツゲ, ニセツゲ。花は緑白色。
¶APG原樹 (No.1447/カ図)
　学フ増樹 (p203/カ写・カ図)
　学フ増花庭 (p195/カ写)
　原牧2 (No.1839/カ図)
　新分牧 (No.3863/モ図)
　新牧日 (No.1630/モ図)
　都木花新 (p170/カ写)
　牧野ス2 (No.3684/カ図)
　野生5 (p181/カ写)
　山力樹木 (p408/カ写)

## イヌツヅラ　⇒ハスノハカズラを見よ

## イヌツヅラフジ　⇒ハスノハカズラを見よ

## イヌツルダカナワラビ　*Arachniodes × repens*
オシダ科のシダ植物。別名イヌツルタカナワラビ, コウラカナワラビ, キノクニカナワラビ, オノアイダカナワラビ。
¶シダ標2 (p398/カ写)

**イヌトウキ** *Angelica shikokiana* 犬当帰
セリ科セリ亜科の多年草。日本固有種。高さは50
〜80cm。
¶原牧2(No.2443/カ図)
　固有(p99)
　新分牧(No.4480/モ図)
　新牧日(No.2057/モ図)
　牧野ス2(No.4288/カ図)
　野生5(p390/カ写)
　山ハ山花(p476/カ写)
　山レ増(p227/カ写)

**イヌドウナ** *Parasenecio aidzuensis*
キク科キク亜科の大型の多年草。日本固有種。別名
ウドブキ, ホンナ, ポンナ。高さは2mを越すことも
多い。
¶学フ増山菜(p124/カ写)
　固有(p144)
　野生5(p306/カ写)

**イヌトウバナ** *Clinopodium micranthum* var.
*micranthum* 犬塔花
シソ科シソ亜科〔イヌハッカ亜科〕の多年草。高さ
は20〜50cm。
¶原牧2(No.1686/カ図)
　新分牧(No.3806/モ図)
　新牧日(No.2597/モ図)
　茶花下(p292/カ写)
　牧野ス2(No.3531/カ図)
　野生5(p133/カ写)
　山カ野草(p225/カ写)
　山ハ山花(p430/カ写)

**イヌトクガワザサ** *Sasa scytophylla*
イネ科タケ亜科の植物。日本固有種。
¶固有(p171)
　タケ亜科(No.61/カ写)

**イヌドクサ** *Equisetum ramosissimum* 犬木賊
トクサ科の常緑性シダ。別名カワラドクサ, タカト
クサ。茎は高さ1m。
¶シダ標1(p286/カ写)
　新分牧(No.4518/モ図)
　新牧日(No.4392/モ図)

**イヌナギナタガヤ** *Vulpia bromoides*
イネ科イチゴツナギ亜科の一年草または越年草。高
さは5〜60cm。
¶帰化写2(p356/カ写)
　野生2(p66)

**イヌナズナ** (1) *Draba nemorosa* 犬薺
アブラナ科の越年草。別名アイズイヌナズナ, ケナ
シイヌナズナ, メイヌナズナ。高さは10〜30cm。
¶色野草(p127/カ写)
　学フ増野春(p111/カ写)
　原牧2(No.732/カ写)
　植調(p97/カ写)
　新分牧(No.2771/モ図)
　新牧日(No.852/モ図)
　牧野ス2(No.2577/カ図)
　野生4(p61/カ写)

山カ野草(p450/カ写)
山ハ野花(p398/カ写)

**イヌナズナ** (2) ⇒イヌガラシを見よ

**イヌナチクジャク** *Dryopteris integripinnula*
オシダ科のシダ植物。
¶シダ標2(p371/カ写)

**イヌニガクサ** *Teucrium veronicoides* var.
*brachytrichum*
シソ科キランソウ亜科の多年草。開出毛が多く長さ
0.5〜1mm, 葉の鋸歯が粗い。
¶野生5(p114)

**イヌニンドウ** ⇒ハマニンドウを見よ

**イヌノグサ** *Carpha aristata*
カヤツリグサ科の草本。日本産として報告されて
いる。
¶野生1(p358)

**イヌノハナヒゲ** *Rhynchospora japonica*
カヤツリグサ科の多年草。高さは30〜90cm。
¶カヤツリ(p550/モ図)
　原牧1(No.774/カ図)
　新分牧(No.749/モ図)
　新牧日(No.4053/モ図)
　牧野ス1(No.774/カ図)
　野生1(p354/カ写)

**イヌノヒゲ** *Eriocaulon miquelianum* var.*miquelianum*
ホシクサ科の草本。
¶新分牧(No.709/モ図)
　新牧日(No.3609/モ図)
　野生1(p284/カ写・モ図(p280))

**イヌノフグリ** *Veronica polita* 犬の陰嚢
オオバコ科(ゴマノハグサ科)の二年草。別名ヒョ
ウタングサ, テンニンカラクサ, イヌフグリ。高さ
は5〜25cm。
¶色野草(p317/カ写)
　原牧2(No.1566/カ写)
　植調(p107/カ写)
　新分牧(No.3628/モ図)
　新牧日(No.2709/モ図)
　牧野ス2(No.3411/カ図)
　野生5(p84/カ写)
　山カ野草(p180/カ写)
　山ハ野花(p480/カ写)
　山レ増(p117/カ写)

**イヌハギ** *Lespedeza tomentosa* 犬萩
マメ科マメ亜科の多年草。高さは60〜150cm。
¶原牧1(No.1552/カ図)
　新分牧(No.1684/モ図)
　新牧日(No.1339/モ図)
　牧野ス1(No.1552/カ図)
　野生2(p281/カ写)
　山レ増(p290/カ写)

**イヌハコベ** *Stellaria pallida*
ナデシコ科の一年草。高さは10〜20cm。
¶帰化写改〔イヌコハコベ〕(p51/カ写, p492/カ写)
　植調(p221/カ写)

イヌハツカ　　　　　　72

ミニ山（p32/カ写）

## イヌハツカ　*Nepeta cataria*
シソ科シソ亜科〔イヌハッカ亜科〕の多年草。別名チクマハッカ。高さは40〜100cm。花は淡い青色。
¶帰化写改（p273/カ写）
　原牧2〔チクマハッカ〕（No.1649/カ図）
　新分牧〔チクマハッカ〕（No.3785/モ図）
　新牧日〔チクマハッカ〕（No.2561/モ図）
　牧野ス2〔チクマハッカ〕（No.3494/カ図）
　野生5（p136/カ写）

## イヌバッコヤナギ　*Salix × hachiojiensis*
ヤナギ科の雑種。
¶野生3〔イヌバッコヤナギ（イヌコリヤナギ×バッコヤナギ）〕（p204）

## イヌビエ　*Echinochloa crus-galli* var.*crus-galli*　犬稗
イネ科キビ亜科の一年草。別名サルビエ, ノビエ, ケイヌビエ。高さは60〜100cm。
¶色野草（p352/カ写）
　学フ増野夏（p200/カ写）
　桑イネ（p197/カ写・モ図）
　原牧1（No.1045/カ図）
　植調（p19/カ写）
　新分牧（No.1202/モ図）
　新牧日（No.3817/モ図）
　牧野ス1（No.1045/カ図）
　野生2（p83/カ写）
　山カ野草（p686/カ写）
　山ハ野花（p206/カ写）

## イヌヒメカンガレイ　*Schoenoplectiella mucronata* var.*antrorsispinulosa*
カヤツリグサ科の中型の多年草。
¶新分牧（No.958/モ図）

## イヌヒメコズチ　*Salvia reflexa*
シソ科の一年草。高さは15〜50cm。花は青色。
¶帰化写改（p274/カ写, p506/カ写）

## イヌヒメシロビユ　⇒アメリカビユを見よ

## イヌビユ　*Amaranthus blitum*　犬莧
ヒユ科の一年草。茎に赤味がある。高さは30〜70cm。
¶学フ増山菜（p65/カ写）
　学フ増野夏（p186/カ写）
　原牧2（No.952/カ写）
　植調（p232/カ写）
　新分牧（No.2988/モ図）
　新牧日（No.446/モ図）
　牧野ス2（No.2797/カ写）
　野生4（p134/カ写）
　山ハ野花（p282/カ写）

## イヌヒレアザミ　*Carduus tenuiflorus*
キク科アザミ亜科の越年草または二年草。高さは30〜100cm。花は淡紅紫色。
¶帰化写2（p262/カ写）
　野生5（p216）

## イヌビワ　*Ficus erecta* var.*erecta*　犬枇杷
クワ科の落葉低木。別名イタブ, イタビ, コイチジク, チチノミ, ヤマビワ。高さは3〜5m。

¶APG原樹（No.673/カ図）
　学フ増樹（p162/カ写・カ図）
　原牧2（No.59/カ図）
　新分牧（No.2104/モ図）
　新牧日（No.183/モ図）
　都木花新（p49/カ写）
　牧野ス1（No.1904/カ図）
　野生2（p337/カ写）
　山カ樹木（p166/カ写）
　落葉図譜（p104/モ図）

## イヌフグリ　⇒イヌノフグリを見よ

## イヌブシ　⇒ジゾウカンバを見よ

## イヌフトイ　*Schoenoplectus subulatus*
カヤツリグサ科の大型の多年草。高さは60〜220cm。
¶野生1（p357/カ写）

## イヌブドウ　⇒ノブドウを見よ

## イヌブナ　*Fagus japonica*　犬橅, 犬橅
ブナ科の落葉高木。日本固有種。別名クロブナ。
¶APG原樹（No.717/カ図）
　原牧2（No.103/カ図）
　固有（p43）
　新分牧（No.2144/モ図）
　新牧日（No.138/モ図）
　図説樹木（p80/カ写）
　都木花新（p55/カ写）
　牧野ス1（No.1948/カ図）
　野生3（p92/カ写）
　山カ樹木（p136/カ写）
　落葉図譜（p85/モ図）

## イヌホウキギ　*Axyris amaranthoides*
アカザ科。葉は狭卵形。
¶帰化写改（p53/カ写）

## イヌホオズキ　*Solanum nigrum*　犬酸漿
ナス科の一年草。別名バカナス。果実は黒く熟す。高さは30〜60cm。花は白色。
¶学フ増野秋（p145/カ写）
　学フ増薬草（p120/カ写）
　学フ有毒（p91/カ写）
　原牧2（No.1473/カ写）
　植調（p216/カ写）
　新分牧（No.3480/モ図）
　新牧日（No.2649/モ図）
　牧野ス2（No.3319/カ図）
　野生5（p43/カ写）
　山カ野草（p197/カ写）
　山ハ野花（p437/カ写）

## イヌホシダ　⇒ホシダを見よ

## イヌホタルイ　*Schoenoplectus juncoides*　犬蛍藺
カヤツリグサ科の抽水植物、多年草または一年草。果実は両側にやや凸状。稈は高さ40〜70cm。
¶カヤツリ（p672/モ図）
　植調（p30/カ写）
　日水草（p193/カ写）
　山ハ野花（p112/カ写）

イネカヤ

**イヌマキ**　*Podocarpus macrophyllus* var. *macrophyllus*　犬槙
マキ科（イヌマキ科）の常緑高木。別名クサマキ、マキ、ホンマキ。高さは25m。
- ¶ APG原樹（No.62/カ図）
- 学フ増樹（p154/カ写・モ図）
- 学フ増花庭（p140/カ写）
- 原牧1（No.32/カ図）
- 新分牧（No.42/モ図）
- 新牧日（No.9/モ図）
- 図説樹木（p53/カ写）
- 茶花上（p345/カ写）
- 都木花新（p245/カ写）
- 牧野ス1（No.33/カ図）
- 野生1（p34/カ写）
- 山力樹木（p11/カ写）

**イヌムギ**　*Bromus catharticus*　犬麦
イネ科イチゴツナギ亜科の越年草または多年草。高さは40〜100cm。
- ¶ 色野草（p349/カ写）
- 学フ増野夏（p207/カ写）
- 帰化写改（p428/カ写, p519/カ写）
- 桑イネ（p101/カ写・モ図）
- 原牧1（No.950/カ図）
- 植調（p294/カ写）
- 新分牧（No.1058/モ図）
- 新牧日（No.3678/モ図）
- 牧野ス1（No.950/カ図）
- 野生2（p46/カ写）
- 山力野草（p674/カ写）

**イヌムラサキ**　*Buglossoides arvensis*　犬紫
ムラサキ科ムラサキ亜科の越年草。高さは20〜40cm。花は白色。
- ¶ 帰化写改（p256/カ写）
- 原牧2（No.1427/カ写）
- 新分牧（No.3533/モ図）
- 新牧日（No.2487/モ図）
- 牧野ス2（No.3272/カ図）
- 野生5（p53/カ写）

**イヌムラサキシキブ**　*Callicarpa × shirasawana*　犬紫式部
シソ科（クマツヅラ科）の落葉低木。ムラサキシキブとヤブムラサキとの雑種と考えられる。高さは3〜4m。
- ¶ 原牧2（No.1728/カ写）
- 新分牧（No.3690/モ図）
- 新牧日（No.2504/モ図）
- 牧野ス2（No.3573/カ図）

**イヌメドハギ**　⇒カラメドハギを見よ

**イヌメヒシバ**　*Digitaria setigera*
イネ科キビ亜科の一年草。メヒシバに似るが第一包頴がない。
- ¶ 野生2（p82）

**イヌヤチスギラン**　*Lycopodiella caroliniana*
ヒカゲノカズラ科の常緑性シダ。茎は高さ5〜30cm。
- ¶ シダ標1（p263/カ写）

**イヌヤマハッカ**　*Isodon umbrosus* var. *umbrosus*　犬山薄荷
シソ科シソ亜科〔イヌハッカ亜科〕の多年草。日本固有種。高さは60〜80cm。
- ¶ 原牧2（No.1720/カ図）
- 固有（p123）
- 新分牧（No.3813/モ図）
- 新牧日（No.2629/モ図）
- 茶花下（p293/カ写）
- 牧野ス2（No.3565/カ図）
- 野生5（p142/カ写）
- 山力野草（p230/カ写）
- 山ハ山花（p438/カ写）

**イヌヤマモモソウ**　*Gaura parviflora*
アカバナ科の一年草。高さは0.3〜2m。花は淡紅〜紅色。
- ¶ 帰化写改（p206/カ写）

**イヌヨメナ**　⇒ヒメジョオンを見よ

**イヌヨモギ**　*Artemisia keiskeana*　犬蓬
キク科キク亜科の多年草。高さは30〜80cm。
- ¶ 原牧2（No.2090/カ図）
- 新分牧（No.4223/モ図）
- 新牧日（No.3124/モ図）
- 牧野ス2（No.3935/カ図）
- 野生5（p331/カ写）
- 山力野草（p82/カ写）
- 山ハ野花（p528/カ写）

**イヌリンゴ**　⇒ヒメリンゴ[1]を見よ

**イヌワカナシダ**　*Dryopteris × yuyamae*
オシダ科のシダ植物。別名タカクマイワヘゴ。
- ¶ シダ標2（p375/カ写）

**イヌワラビ**　*Anisocampium niponicum*　犬蕨
メシダ科（イワデンダ科、オシダ科）の夏緑性シダ。別名ニシキシダ、キンギョイヌワラビ、シシニシキシダ。葉身は長さ20〜50cm、卵形〜卵状長楕円形。
- ¶ 山野草（No.1809/カ写）
- シダ標2（p324/カ写）
- 新分牧（No.4695/モ図）
- 新牧日（No.4584/モ図）

**イネ**　*Oryza sativa*　稲, 禾, 伊禰
イネ科の草本。東アジアの主要な穀類。高さは60〜180cm。
- ¶ 桑イネ（p348/カ写・モ図）
- 原牧1（No.908/カ図）
- 新分牧（No.1012/モ図）
- 新牧日（No.3639/モ図）
- 茶花下（p293/カ写）
- 牧野ス1（No.908/カ図）
- 山ハ野花（p177/カ写）

**イネガヤ**　*Piptatherum kuoi*
イネ科イチゴツナギ亜科の多年草。高さは60〜100cm。
- ¶ 桑イネ（p349/モ図）
- 野生2（p59/カ写）

イネゴセミ　　74

**イネゴセミタケ**　*Elaphocordyceps inegoensis*
オフィオコルディセプス科の冬虫夏草。宿主はミンミンゼミもしくはエゾゼミの幼虫。
¶冬虫生態 (p119/カ写)

**イ**

**イノウエイワトラノオ**　*Asplenium×tenuivarians*
チャセンシダ科のシダ植物。
¶シダ標1 (p418/カ写)

**イノウエシダ**　*Dryopteris crassirhizoma×D.dickinsii*
オシダ科のシダ植物。
¶シダ標2 (p374/カ写)

**イノウエトラノオ**　*Asplenium varians*
チャセンシダ科のシダ植物。
¶シダ標1 (p414/カ写)

**イノウエネジクチゴケ**　*Barbula hiroshii*
センボンゴケ科のコケ。日本固有種。大型, 緑色～暗緑色, 茎は長さ20～40mm。
¶固有 (p214/カ写)

**イノウエヨウジョウゴケ**　*Cololejeunea inoueana*
クサリゴケ科のコケ植物。日本固有種。
¶固有 (p224/カ写)

**イノカシラフラスコモ**　*Nitella mirabilis* var. *inokasiraensis*　井の頭フラスコ藻
シャジクモ科の水草。日本特産種。体長は20cmくらい。
¶新分牧 (No.4936/モ図)
　新牧日 (No.4796/モ図)

**イノキュベ・エルベスケンス**　*Inocybe erubescens*
アセタケ科のキノコ。傘の径最大10cm。
¶原きの〔Deadly fibercap (死を招く繊維茸)〕(No.145/カ写・カ図)

**イノコシバ**　⇒ハイノキ(1)を見よ

**イノコヅチ**　*Achyranthes bidentata* var.*japonica*　家槌, 猪小槌
ヒユ科の多年草。別名ヒカゲイノコヅチ, フシダカ, コマノヒザ。高さは50～100cm。
¶色野草 (p374/カ写)
　学フ増山菜 (p62/カ写)
　学フ増野秋〔ヒカゲイノコヅチ〕(p208/カ写)
　学フ増薬草〔イノコヅチ〕(p46/カ写)
　原牧2 (No.944/カ図)
　植調 (p228/カ写)
　新分牧 (No.2993/モ図)
　新牧日 (No.438/モ図)
　牧野S2 (No.2789/カ図)
　野生4 (p130/カ写)
　山力野草〔イノコヅチ〕(p527/カ写)
　山ハ野花〔ヒカゲイノコヅチ〕(p284/カ写)

**イノデ**　*Polystichum polyblepharon*　猪の手, 猪之手
オシダ科の常緑性シダ。別名ホンイノデ, カズサイノデ。葉柄の長さは10～25cm, 葉身は披針形。
¶シダ標2 (p410/カ写)
　新分牧 (No.4721/モ図)
　新牧日 (No.4502/モ図)

**イノデモドキ**　*Polystichum tagawanum*　猪の手擬, 猪之手擬
オシダ科の常緑性シダ。日本固有種。別名ネッコイノデ。葉身は長さ70cm, 狭披針形～披針形。
¶固有 (p206)
　シダ標2 (p412/カ写)
　新分牧 (No.4726/モ図)
　新牧日 (No.4507/モ図)

**イノモトソウ**　*Pteris multifida*　井許草
イノモトソウ科の常緑性シダ。葉身は長さ60cm。
¶学フ増薬草 (p155/カ写)
　山野草 (No.1829/カ写)
　シダ標1 (p378/カ写)
　新分牧 (No.4591/モ図)
　新牧日 (No.4478/モ図)

**イノンド**　*Anethum graveolens*　蒔蘿
セリ科の一年草または二年草。高さは30～50cm。花は黄色。
¶原牧2 (No.2430/カ図)
　新分牧 (No.4461/モ図)
　新牧日 (No.2044/モ図)
　牧野S2 (No.4275/カ図)

**イハイヅル**　⇒スベリヒユを見よ

**イバナシ**　⇒イワナシを見よ

**イハラ**　*Prunus mume* 'Ihara'　庵原
バラ科。ウメの品種。実ウメ, 野梅系。
¶ウメ〔庵原〕(p162/カ写)

**イバラモ**　*Najas marina*　茨藻
トチカガミ科 (イバラモ科) の一年生沈水植物。葉身は線形, 長さ2～6cm。
¶原牧1 (No.236/カ図)
　新分牧 (No.281/モ図)
　新牧日 (No.3359/モ図)
　日水草 (p94/カ写)
　牧野S1 (No.236/カ図)
　野生1 (p122/カ写)

**イバリシメジ**　*Tephrocybe tylicolor*
シメジ科のキノコ。小型。傘は黒褐色～赤褐色で中央部突出, 湿時条線。
¶山力日きの (p55/カ写)

**イフェイオン**　⇒ハナニラを見よ

**イブキ**　*Juniperus chinensis* var.*chinensis*　伊吹
ヒノキ科の常緑高木。別名ビャクシン, イブキビャクシン, カマクライブキ, カマクラビャクシン。高さは3～5m。樹皮は赤褐色。
¶APG原樹 (No.100/カ図)
　学フ増樹 (p165/カ写)
　原牧1 (No.52/カ写)
　新分牧 (No.70/モ図)
　新牧日 (No.71/モ図)
　図説樹木〔ビャクシン〕(p48/カ写)
　牧野S1 (No.53/カ写)
　野生1 (p39/カ写)
　山力樹木 (p54/カ写)

**イブキアカツブエダカレキン** *Pithya cupressina*
ベニチャワンタケ科のキノコ。
¶山カ日き(p556/カ写)

**イブキアザミ** ⇒ヒメアザミ(1)を見よ

**イブキカモジグサ** *Elymus caninus*
イネ科イチゴツナギ亜科の多年草。穂状花序の長さは6～17cm。
¶野生2(p52)

**イブキガラシ** ⇒ヤマガラシを見よ

**イブキキンポウゲ** ⇒ウマノアシガタを見よ

**イブキクガイソウ** *Veronicastrum japonicum* var. *humile*
ゴマノハグサ科。日本固有種。
¶固有(p127)

**イブキコゴメグサ(狭義)** *Euphrasia insignis* subsp.*iinumae* var.*iinumae* 伊吹小米草
ハマウツボ科(ゴマノハグサ科)の草本。日本固有種。
¶固有〔イブキコゴメグサ〕(p128)
野生5(p152/カ写)

**イブキコゴメグサ(広義)** *Euphrasia insignis* subsp.*iinumae* 伊吹小米草
ハマウツボ科(ゴマノハグサ科)の草本。日本固有種。
¶原牧2〔コゴメグサ〕(No.1763/カ図)
新分牧〔コゴメグサ〕(No.3841/モ図)
新牧日〔コゴメグサ〕(No.2745/モ図)
牧野ス2〔コゴメグサ〕(No.3608/カ図)
野生5(p152/カ写)
山レ増〔イブキコゴメグサ〕(p99/カ写)

**イブキザサ** *Sasa tsuboiana*
イネ科タケ亜科の常緑中型ササ。日本固有種。
¶固有(p171/カ写)
タケ亜科(No.60/カ写)
タケササ(p97/カ写)
野生2(p36)

**イブキシダ** *Thelypteris esquirolii* var.*glabrata* 伊吹羊歯
ヒメシダ科(オシダ科)の常緑性シダ。別名オオイブキシダ,ハゴロモイブキシダ。葉身は長さ1m弱,広い披針形。
¶シダ標1(p439/カ写)
新分牧(No.4659/モ図)
新牧日(No.4558/モ図)

**イブキシモツケ** *Spiraea nervosa* var.*nervosa* 伊吹下野
バラ科シモツケ亜科の落葉低木。日本固有種。別名キビノシモツケ。高さは1～2m。花は白色。
¶APG原樹(No.516/カ図)
原牧1(No.1682/カ図)
固有(p78)
新分牧(No.1878/モ図)
新牧日(No.1035/モ図)
茶花上(p345/カ写)
牧野ス1(No.1682/カ図)
野生3(p87/カ写)

**イブキジャコウソウ** *Thymus quinquecostatus* var. *ibukiensis* 伊吹麝香草
シソ科シソ亜科〔イヌハッカ亜科〕の草本状小低木。別名ヒャクリコウ,イワジャコウソウ。高さは3～15cm。
¶APG原樹(No.1430/カ図)
学フ増高山(p59/カ写)
原牧2(No.1690/カ図)
山野草(No.1014/カ写)
新分牧(No.3799/モ図)
新牧日(No.2601/モ図)
牧野ス2(No.3535/カ図)
野生5(p140/カ写)
山カ樹木(p657/カ写)
山カ野草(p228/カ写)
山ハ高山(p315/カ写)

**イブキスミレ** *Viola mirabills* var.*subglabra* 伊吹菫
スミレ科の多年草。主に火山灰地に生える。高さは10～30cm。
¶原牧2(No.341/カ図)
新分牧(No.2330/モ図)
新牧日(No.1814/モ図)
牧野ス1(No.2186/カ図)
ミニ山(p189/カ写)
野生3(p222/カ写)
山ハ野花(p324/カ写)

**イブキゼリ** ⇒イブキゼリモドキを見よ

**イブキゼリモドキ** *Tilingia holopetala* 伊吹芹擬
セリ科セリ亜科の多年草。日本固有種。別名イブキゼリ(誤用),ニセイブキゼリ,コイブキゼリ。高さは30～80cm。
¶学フ増高山(p175/カ写)
原牧2(No.2434/カ図)
固有(p100)
新分牧(No.4463/モ図)
新牧日(No.2048/モ図)
牧野ス2(No.4279/カ図)
野生5(p400/カ写)
山カ野草〔イブキゼリ〕(p311/カ写)
山ハ高山(p355/カ写)
山ハ山花(p469/カ写)

**イブキソモソモ** *Poa radula*
イネ科イチゴツナギ亜科の多年草。別名チシマソモソモ。
¶桑イネ(p403/モ図)
野生2(p61)

**イブキタイゲキ** *Euphorbia lasiocaula* var.*ibukiensis* 伊吹大戟
トウダイグサ科の多年草。日本固有種。
¶固有(p83)
茶花上(p496/カ写)
野生3(p155/カ写)

**イブキタチヒダゴケ** *Orthotrichum ibukiense*
タチヒダゴケ科のコケ植物。日本固有種。
¶固有(p215)

**イブキトボシガラ** *Festuca parvigluma* var. *breviaristata*
イネ科イチゴツナギ亜科の多年草。日本固有種。
¶固有(p164)
　野生2(p53)

**イブキトラノオ** *Bistorta officinalis* subsp. *japonica*
伊吹虎の尾
タデ科の多年草, 宿根草。別名エゾイブキトラノオ。高さは30〜100cm。花は白色, または淡桃色。
¶学フ増高山(p12/カ写)
　学フ増野夏(p54/カ写)
　原牧2(No.848/カ図)
　新分牧(No.2850/モ図)
　新牧日(No.310/モ図)
　茶花下(p177/カ写)
　牧野ス2(No.2693/カ図)
　ミニ山(p23/カ写)
　野生4(p87/カ写)
　山力野草(p537/カ写)
　山ハ高山(p130/カ写)
　山ハ山花(p252/カ写)

**イブキトリカブト** *Aconitum japonicum* subsp. *ibukiense* 伊吹鳥兜
キンポウゲ科の多年草。日本固有種。別名キタヤマブシ。0.25〜1.8m。
¶固有(p57)
　茶花下〔きたやまぶし〕(p303/カ写)
　野生2(p129/カ写)
　山ハ山花(p212/カ写)

**イブキヌカボ** *Milium effusum* 伊吹糠穂
イネ科イチゴツナギ亜科の多年草。高さは60〜120cm。
¶桑イネ(p320/カ写・モ図)
　原牧1(No.1000/カ図)
　新分牧(No.1137/カ写)
　新牧日(No.3655/モ図)
　牧野ス1(No.1000/カ図)
　野生2(p57/カ写)
　山ハ山花(p190/カ写)

**イブキノエンドウ** *Vicia sepium* 伊吹野豌豆
マメ科マメ亜科のつる性多年草。別名カラスノエンドウ。長さは30〜100cm。花は淡紫色。
¶学フ増山菜〔カラスノエンドウ〕(p35/カ写)
　帰化写2(p122/カ写)
　原牧1(No.1564/カ図)
　新分牧(No.1770/モ図)
　新牧日(No.1351/カ写)
　牧野ス1(No.1564/カ図)
　野生2(p299/カ写)
　山ハ山花(p334/カ写)

**イブキハタザオ** *Arabidopsis halleri* subsp. *gemmifera* var. *senanensis* f. *alpicola*
アブラナ科の越年草。
¶野生4(p51/カ写)

**イブキビャクシン** ⇒イブキを見よ

**イブキフウロ**(1) *Geranium yezoense* var. *hidaense*
伊吹風露
フウロソウ科の常緑低木。別名ヒダフウロ, サクラザキフウロソウ。
¶山野草(p0652/カ写)
　茶花下(p177/カ写)
　野生3(p253/カ写)
　山ハ高山(p166/カ写)

**イブキフウロ**(2) ⇒エゾフウロを見よ

**イブキボウフウ** *Libanotis coreana* var. *coreana* 伊吹防風
セリ科セリ亜科の多年草。高さは40〜80cm。
¶学フ増野秋(p170/カ写)
　原牧2(No.2426/カ写)
　新分牧(No.4501/モ図)
　新牧日(No.2041/モ図)
　牧野ス2(No.4271/カ図)
　ミニ山(p219/カ写)
　野生5(p396/カ写)
　山力野草(p312/カ写)
　山ハ高山(p352/カ写)
　山ハ山花(p467/カ写)

**イブキミミナグサ** ⇒コバノミミナグサを見よ

**イブキルリトラノオ**(1) *Pseudolysimachion subsessile* var. *ibukiense*
ゴマノハグサ科。日本固有種。
¶固有(p131)

**イブキルリトラノオ**(2) ⇒ルリトラノオを見よ

**イブキレイジンソウ** *Aconitum chrysopilum*
キンポウゲ科の多年草。アズマレイジンソウの一型と考えられる。高さは60〜100cm。
¶山レ増(p405/カ写)

**イブスキイシカグマ** ⇒イシカグマを見よ

**イブスキノモトソウ** *Pteris*×*namegatae*
イノモトソウ科のシダ植物。
¶シダ標1(p383/カ写)

**イブダケキノボリシダ** *Diplazium crassiusculum*
メシダ科の常緑性シダ。葉身は長さ3〜5mm, 披針形〜長楕円状披針形。
¶シダ標2(p328/カ写)

**イブリザサ** *Neosasamorpha pubiculmis* subsp. *pubiculmis* var. *chitosensis*
イネ科タケ亜科のササ。日本固有種。
¶固有(p174)

**イブリスゲ** ⇒チャシバスゲを見よ

**イブリハナワラビ** *Botrychium microphyllum*
ハナヤスリ科の冬緑性シダ。日本固有種。葉身は長さ4cm, 三角形状。
¶固有(p199)
　シダ標1(p292/カ写)

**イヘヤヒゲクサ** *Schoenus calostachyus*
カヤツリグサ科の多年草。別名イヘヤヒゴクサ。
¶カヤツリ(p556/モ図)
　野生1(p358/カ写)

イヘヤヒゴクサ　⇒イヘヤヒゲクサを見よ

**イベリス・センペルビレンス**　*Iberis sempervirens*
アブラナ科の宿根草。別名トキワナズナ。高さは20〜30cm。花は白色。
¶山野草（No.0484/カ写）

**イボウキクサ**　*Lemna gibba*　疣浮草
サトイモ科（ウキクサ科）の多年草。帰化植物。葉状体は広楕円形、長さ4〜6mm。
¶帰化写改（p473/カ写）
　日水草（p63/カ写）
　野生1（p108）

**イボエクシノハゴケ**　*Ctenidium pulchellum*
ハイゴケ科のコケ植物。日本固有種。
¶固有（p220）

**イボクサ**　*Murdannia keisak*　疣草
ツユクサ科の一年草、湿生〜抽水性、沈水性。別名イボトリグサ。高さは20〜30cm。沈水状態において、葉は明るい緑白色。
¶学フ増野秋（p84/カ写）
　原牧1（No.632/カ図）
　植調（p52/カ写）
　新分牧（No.660/モ図）
　新牧日（No.3599/モ図）
　茶花下（p178/カ写）
　日水草（p142/カ写）
　牧野ス1（No.632/カ図）
　野生1（p267/カ写）
　山力野草（p646/カ写）
　山ハ野花（p227/カ写）

**イボスジネジクチゴケ**　*Barbula horrinervis*
センボンゴケ科のコケ植物。日本固有種。
¶固有（p214）

**イボセイヨウショウロ**　*Tuber indicum*
セイヨウショウロ科のキノコ。小型〜中型。子実体は類球形。
¶山カ日き（p575/カ写）

**イボタクサギ**　*Volkameria inermis*　伊保多臭木
シソ科キランソウ亜科（クマツヅラ科）の低木。別名ガシャンギ、ガジャンギ、コバノクサギ。高さは1〜2m。花は白色。葉は厚く、ネズミモチに似る。
¶野生5（p114/カ写）
　山力樹木（p664/カ写）

**イボタケ**　⇒シカクダケを見よ

**イボタノキ**　*Ligustrum obtusifolium* subsp. *obtusifolium*　水蠟の木, 疣取の木
モクセイ科の落葉低木。高さは2〜5m。花は白色。
¶APG原樹（No.1403/カ図）
　学フ増樹（p59/カ写・カ図）
　原牧2（No.1510/カ図）
　新分牧（No.3552/モ図）
　新牧日（No.2293/モ図）
　茶花上（p496/カ写）
　牧野ス2（No.3355/カ図）
　野生5（p65/カ写）
　山力樹木（p630/カ写）

落葉図譜（p284/モ図）

**イボタヒョウタンボク**　*Lonicera demissa* var. *demissa*
スイカズラ科の落葉低木。日本固有種。
¶APG原樹（No.1485/カ図）
　原牧2（No.2335/カ図）
　固有（p134）
　新分牧（No.4355/モ図）
　新牧日（No.2858/モ図）
　牧野ス2（No.4180/カ図）
　野生5（p419/カ写）
　山力樹木（p685/カ写）

**イボテングタケ**　*Amanita ibotengutake*
テングタケ科のキノコ。
¶学フ増毒き（p29/カ写）

**イボトリグサ**　⇒イボクサを見よ

**イボノリ**　*Mastocarpus pacifica*
オキツノリ科（イボノリ科）の海藻。叉状に分岐する。体は6cm。
¶新分牧（No.5067/モ図）
　新牧日（No.4927/モ図）

**イボミキンポウゲ**　*Ranunculus sardous*
キンポウゲ科の一年草。高さは10〜65cm。花は黄色。
¶帰化写改（p77/カ写）
　植調（p168/カ写）

**イボラン**　⇒ムギランを見よ

**イマショウジョウ**　*Rhododendron × obtusum*
'Imashōjō'　今猩々
ツツジ科。ツツジの品種。
¶APG原樹〔ツツジ'イマショウジョウ'〕（No.1274/カ図）

**イマメガシ**　⇒ウバメガシを見よ

**イモカタバミ**　*Oxalis articulata*　芋傍食
カタバミ科の多年草。別名フシネハナカタバミ。いも状の塊茎がある。高さは5〜15cm。花は濃厚な桃色。
¶色野草（p255/カ写）
　帰化写改（p154/カ写）
　植調（p111/カ写）
　野生3（p141/カ写）
　山ハ野花（p346/カ写）

**イモギ**　⇒フカノキを見よ

**イモセ**　*Cerasus lannesiana* 'Imose'　妹背
バラ科の落葉高木。サクラの栽培品種。花は淡紅紫色。
¶学フ増桜〔'妹背'〕（p188/カ写）

**イモタケ**　*Imaia gigantea*
アミガサタケ科のキノコ。
¶山カ日き（p575/カ写）

**イモネアサガオ**　*Ipomoea pandulata*
ヒルガオ科の多年草。長さは2〜3m。花は白色。
¶帰化写改（p246/カ写）

**イモネノホシアサガオ** *Ipomoea trichocarpa*
ヒルガオ科の多年生つる草。花は桃色。
¶帰化写改 (p246/カ写)

**イモネヤガラ** *Eulophia zollingeri*
ラン科の草本。
¶野生1 (p200/カ写)

**イモノキ**(1) ⇒タカノツメ(1)を見よ

**イモノキ**(2) ⇒マニホットを見よ

**イモムシタケ** *Cordyceps kyushuensis*
ノムシタケ科の冬虫夏草。宿主はガの幼虫。
¶冬虫生態 (p81/カ写)

**イモムシハナヤスリタケ** *Cordyceps ochraceostromata*
ノムシタケ科の冬虫夏草。宿主はガの幼虫。
¶冬虫生態 (p95/カ写)

**イモラン** *Eulophia toyoshimae*
ラン科の菌従属栄養植物。小笠原諸島に固有。
¶野生1 (p200)
　山レ増 (p512/カ写)

**イヤギボウシ** ⇒カンザシギボウシを見よ

**イヤリトリカブト** *Aconitum japonicum* subsp. *maritimum* var.*iyariense*
キンポウゲ科の擬似一年草。日本固有種。
¶固有 (p57)
　野生2 (p129)

**イヨ** ⇒イヨカンを見よ

**イヨアブラギク** *Chrysanthemum indicum* var. *iyoense*　伊予油菊
キク科キク亜科の草本。日本固有種。
¶固有 (p143)
　野生5 (p339/カ写)
　山力野草 (p75/カ写)
　山ハ野花 (p521/カ写)

**イヨカズラ**(1) *Vincetoxicum japonicum*　伊予葛
キョウチクトウ科 (ガガイモ科) の多年生つる草。別名スズメノオゴケ。高さは30〜80cm。
¶原牧2 (No.1375/カ図)
　新分牧 (No.3427/モ図)
　新牧日 (No.2364/モ図)
　茶花上 (p346/カ写)
　牧野ス2 (No.3220/カ図)
　野生4 (p318/カ写)
　山力野草 (p251/カ写)
　山ハ野花 (p434/カ写)
　山ハ山花 (p401/カ写)

**イヨカズラ**(2) ⇒コカモメヅルを見よ

**イヨカン** *Citrus* 'Iyo'　伊予柑
ミカン科の木本。別名イヨ、アナドカン。果皮は赤濃橙色を帯びる。花は白色。
¶APG原樹 (No.977/カ図)
　山力樹木 〔イヨミカン〕 (p372/カ写)

**イヨクジャク** *Diplazium okudairae*　伊予孔雀
メシダ科 (オシダ科) の夏緑性シダ。葉身は三角状

披針形。
¶シダ標2 (p325/カ写)
　新分牧 (No.4685/モ図)
　新牧日 (No.4604/モ図)

**イヨトンボ** *Habenaria iyoensis*
ラン科の草本。
¶野生1 (p206/カ写)
　山レ増 (p518/カ写)

**イヨノミツバイワガサ** *Spiraea blumei* var.*pubescens*
バラ科シモツケ亜科の落葉低木。日本固有種。
¶固有 (p78)
　野生3 (p87)

**イヨフウロ** ⇒シコクフウロを見よ

**イヨホシダ** ⇒ホシダを見よ

**イヨホトトギス** *Tricyrtis macropoda* var.*nomurae*
伊予杜鵑草
ユリ科。日本固有種。
¶固有 (p159)

**イヨミカン** ⇒イヨカンを見よ

**イヨミズキ** ⇒ヒュウガミズキを見よ

**イラガハリタケ** *Ophiocordyceps cochlidiicola*
オフィオコルディセプス科の冬虫夏草。宿主はイラガ類の繭。
¶冬虫生態 (p97/カ写)

**イラクサ** *Urtica thunbergiana*　刺草
イラクサ科の多年草。別名イタイタグサ。高さは40〜80cm。
¶学フ有毒 (p68/カ写)
　原牧2 (No.66/カ図)
　新分牧 (No.2138/モ図)
　新牧日 (No.193/モ図)
　牧野ス1 (No.1911/カ図)
　野生2 (p352/カ写)
　山ハ山花 (p347/カ写)

**イラブナスビ** *Solanum miyakojimense*　伊良部茄子
ナス科の横に広がる小低木。液果は球形で径1cm、赤色に熟す。花は白色。
¶野生5 (p44/カ写)

**イラモミ** *Picea alcoquiana*
マツ科の常緑針葉高木。日本固有種。別名マツハダ。高さは30m。
¶APG原樹 (No.36/カ図)
　固有 (p194)
　野生1 (p29/カ写)
　山力樹木 (p31/カ写)

**イララ** ⇒ヤハズエンドウを見よ

**イランイランノキ** *Cananga odorata*
バンレイシ科の常緑高木。高さは15m。花は蕾時から開いて成長、幼時緑色、老成し黄色。
¶新分牧 (No.163/モ図)

**イリオモテアザミ** *Cirsium irumtiense*
キク科アザミ亜科の草本。日本固有種。
¶固有 (p138)
　野生5 (p225/カ写)

**イリオモテカイガラムシタケ** *Torrubiella iriomoteana*
ノムシタケ科の冬虫夏草。宿主はカイガラムシ。
¶冬虫生態（p145/カ写）

**イリオモテカクレミノ** ⇒カクレミノを見よ

**イリオモテガヤ** *Chikusichloa brachyanthera* 西表茅
イネ科イネ亜科の草本。日本固有種。
¶固有（p167/カ写）
野生2（p38/カ写）

**イリオモテクマゼミタケ** *Cordyceps* sp.
ノムシタケ科の冬虫夏草。宿主はヤエヤマクマゼミおよびクマゼミの成虫。
¶冬虫生態（p127/カ写）

**イリオモテクマタケラン** *Alpinia flabellata*
ショウガ科の多年草。高さは2〜3m。
¶野生1（p274/カ写）

**イリオモテクモタケ** *Cordyceps cylindrica*
ノムシタケ科の冬虫夏草。宿主はトタテグモ科。
¶冬虫生態（p224/カ写）

**イリオモテコナゼミタケ** *Isaria cicadae*
ノムシタケ科の冬虫夏草。ツクツクボウシタケの西表島で採集された個体。
¶冬虫生態（p270/カ写）

**イリオモテコロモクモタケ** *Torrubiella ryukyuensis*
ノムシタケ科の冬虫夏草。宿主は中型の葉巻型のクモ。
¶冬虫生態（p231/カ写）

**イリオモテシャミセンヅル** *Lygodium microphyllum*
カニクサ科の常緑性シダ。葉は明るい黄緑色。葉柄は長さ10cm、葉身はつる状。
¶シダ標1（p331/カ写）
新分牧（No.4547/モ図）
新牧日（No.4413/モ図）

**イリオモテスミレ** *Viola tashiroi* f.*takushii*
スミレ科の多年草。花は淡紫白色。葉身は広心形〜菱形状心形。
¶ミニ山（p193/カ写）

**イリオモテセミタケ** *Ophiocordyceps pseudolongissima*
オフィオコルディセプス科の冬虫夏草。宿主はイワサキゼミ、イワサキヒメハルゼミ、ヤエヤマニイニイなどの幼虫。
¶冬虫生態（p123/カ写）

**イリオモテソウ** *Argostemma solaniflorum*
アカネ科の草本。
¶野生4（p269/カ写）

**イリオモテトンボソウ** *Platanthera stenoglossa* subsp.*iriomotensis*
ラン科の常緑地生ラン。日本固有種。
¶固有（p191）
野生1（p223/カ写）
山ン増（p508/カ写）

**イリオモテニシキソウ** *Euphorbia thymifolia*
トウダイグサ科の草本。

¶帰化写改（p173/カ写）
原牧2（No.271/カ図）
新分牧（No.2429/モ図）
新牧日（No.1487/モ図）
牧野ス1（No.2116/カ図）
野生3（p160/カ写）

**イリオモテハイノキ** *Symplocos liukiuensis* var. *iriomotensis* 西表灰の木
ハイノキ科の常緑高木。日本固有種。
¶固有（p112）
野生4（p212/カ写）

**イリオモテヒイラギ** ⇒ヤエヤマヒイラギを見よ

**イリオモテヒメラン** *Crepidium bancanoides*
ラン科の多年草。西表島・石垣島・与那国島に分布。
¶野生1（p191/カ写）

**イリオモテミドリムシタケ** *Metacordyceps* sp.
バッカクキン科の冬虫夏草。宿主は甲虫の幼虫。
¶冬虫生態（p162/カ写）

**イリオモテムヨウラン** *Stereosandra javanica*
ラン科の地生の多年草。
¶野生1（p227/カ写）

**イリオモテムラサキ** *Callicarpa oshimensis* var. *iriomotensis*
シソ科（クマツヅラ科）。日本固有種。
¶固有（p121）
野生5（p105/カ写）

**イリオモテヤスデゴケ** *Frullania iriomotensis*
ヤスデゴケ科のコケ植物。日本固有種。
¶固有（p223）

**イリシバ** ⇒ハマヒサカキを見よ

**イリス・ウィノグラドウィー** *Iris winogradowii*
アヤメ科の草本。高さは約10cm。
¶山野草（No.1597/カ写）

**イリス‘カサリンホズキン’** ⇒カサリンホズキンを見よ

**イリス・クリスタータ** *Iris cristata*
アヤメ科の多年草。高さは10cm。花は藤色。
¶山野草（No.1602/カ写）

**イリス・サベオレンス** *Iris suaveolens*
アヤメ科の草本。別名ケイビアヤメ。高さは8〜15cm。
¶山野草（No.1601/カ写）

**イリス・ソフェネンシス** *Iris sophenensis*
アヤメ科の草本。レティキュラータ系の青花。
¶山野草（No.1599/カ写）

**イリス・プミラ** *Iris pumila*
アヤメ科の多年草。別名ナンキンアヤメ。高さは10cm。花は紫、黄、白色。
¶山野草（No.1600/カ写）

**イリノイヌスビトハギ** *Desmodium illinoense*
マメ科の多年草。高さは50〜100cm。花は紅紫〜白色。
¶帰化写改（p126/カ写）

イリヒサカ　　　　　　　　　80

**イリヒサカキ**　⇒ハマヒサカキを見よ

**イリヒノウミ**　Prunus mume 'Irihinoumi'　入日の海
バラ科。ウメの品種。杏系ウメ，豊後性一重。
¶ウメ〔入日の海〕(p129/カ写)

**イルカンダ**　⇒ウジルカンダを見よ

**イロガワリ**　Boletus pulverulentus
イグチ科のキノコ。小型〜中型。傘はオリーブ褐色
〜黒褐色，ビロード状。
¶原きの (No.303/カ写・カ図)
山口日き (p328/カ写)

**イロガワリキイロハツ**　Russula claroflava
ベニタケ科のキノコ。傘は鮮黄色。
¶原きの (No.257/カ写・カ図)

**イロガワリシロハツ**　Russula metachroa
ベニタケ科のキノコ。
¶山口日き (p363/カ写)

**イロカワリトマヤタケ**　Inocybe transiens
アセタケ科のキノコ。傘は幼時円錐形，のちにまん
じゅう型。
¶山口日き (p596/カ写)

**イロガワリベニタケ**　Russula rubescens
ベニタケ科のキノコ。
¶山口日き (p360/カ写)

**イロハカエデ**　⇒タカオカエデを見よ

**イロハソウ**　⇒ハルトラノオを見よ

**イロハモミジ**　⇒タカオカエデを見よ

**イロマガリバナ**　Iberis umbellata
アブラナ科の草本。高さは30〜40cm。花は桃，淡
紅，紫赤色など。
¶帰化写改 (p101/カ写)

**イロマツヨイ**　Clarkia amoena　色待宵
アカバナ科の一年草。別名ゴデチア (園芸名)，サテ
ン・フラワー (園芸名)。高さは20〜60cm。花は淡
紅〜藤色。
¶原牧2 (No.472/カ図)
新分牧 (No.2511/モ図)
新牧日 (No.1957/モ図)
茶花上〔いろまつよいぐさ〕(p346/カ写)
牧野ス2 (No.2317/カ図)

**イロマツヨイグサ**　⇒イロマツヨイを見よ

**イロロ**　Ishige foliacea
イシゲ科の海藻。円柱状。体は20cm。
¶新分牧 (No.4990/モ図)
新牧日 (No.4850/モ図)

**イワアカザ**　Chenopodium gracilispicum
ヒユ科 (アカザ科) の一年草。別名ミドリアカザ。
高さは35〜100cm。
¶原牧2 (No.966/カ図)
新分牧 (No.3019/モ図)
新牧日 (No.419/モ図)
牧野ス2 (No.2811/カ図)
野生4 (p138/カ写)
山レ増 (p413/カ写)

**イワアカバナ**　Epilobium amurense subsp.
cephalostigma　岩赤花
アカバナ科の多年草。別名ヤマアカバナ，ナンブア
カバナ。高さは15〜60cm。
¶原牧2 (No.458/カ図)
新分牧 (No.2503/モ図)
新牧日 (No.1943/モ図)
牧野ス2 (No.2299/カ図)
ミニ山 (p206/カ写)
野生3 (p265/カ写)
山力野草 (p325/カ写)
山ハ高山 (p171/カ写)
山ハ山花 (p305/カ写)

**イワイタチシダ**　Dryopteris saxifraga
オシダ科の常緑性シダ。別名イワベニシダ。葉身の
長さは20〜30cm。
¶シダ標2 (p366/カ写)

**イワイチョウ**　Nephrophyllidium crista-galli subsp.
japonicum　岩銀杏
ミツガシワ科の多年草。日本固有種。別名ミズイ
チョウ。高さは15〜40cm。花は白色。
¶学フ増高山 (p196/カ写)
原牧2 (No.1890/カ図)
固有 (p116/カ写)
新分牧 (No.3927/モ図)
新牧日 (No.2352/モ図)
牧野ス2 (No.3735/カ図)
野生5 (p195/カ写)
山力野草 (p266/カ写)
山ハ高山 (p373/カ写)
山ハ山花 (p494/カ写)

**イワイヌワラビ**　Athyrium nikkoense
メシダ科 (イワデンダ科) の夏緑性シダ。日本固有
種。葉身は披針形〜狭披針形。
¶固有 (p204)
シダ標2 (p298/カ写)

**イワイノキ**　⇒ギンバイカを見よ

**イワインチン**　Chrysanthemum rupestre　岩茵蔯
キク科キク亜科の多年草。日本固有種。別名イワヨ
モギ，インチンヨモギ。高さは10〜20cm。
¶学フ増高山 (p122/カ写)
原牧2 (No.2068/カ図)
固有 (p142)
新分牧 (No.4214/モ図)
新牧日 (No.3104/モ図)
牧野ス2 (No.3913/カ図)
野生5 (p336/カ写)
山力野草 (p69/カ写)
山ハ高山 (p435/カ写)

**イワウイキョウ**　⇒ミヤマウイキョウを見よ

**イワウサギシダ**　Gymnocarpium robertianum
ナヨシダ科の夏緑性シダ。葉身は長さ30cm，三角
状長卵形。
¶シダ標1 (p404/カ写)

**イワウチワ**　⇒コイワウチワを見よ

## イワウチワ（広義） *Shortia uniflora* 岩団扇
イワウメ科の多年草。
- ¶学フ増野春〔イワウチワ〕(p53/カ写)
  - 山野草〔イワウチワ〕(No.0758/カ写)
  - 茶花上〔いわうちわ〕(p235/カ写)
  - 野生4〔イワウチワ〕(p214/カ写)

## イワウメ *Diapensia lapponica* subsp.*obovata* 岩梅
イワウメ科の矮小低木。別名フキヅメソウ、スケロクイチヤク。高さは2〜4cm。
- ¶**APG原樹**(No.1188/カ図)
  - 学フ増高山(p181/カ写)
  - 原牧2(No.1141/カ図)
  - 山野草(No.0761/カ写)
  - 新分牧(No.3184/モ図)
  - 新牧日(No.2090/モ図)
  - 牧野ス2(No.2986/カ図)
  - 野生4(p213/カ写)
  - 山力野草(p298/カ写)
  - 山ハ高山(p264/カ写)

## イワウメヅル *Celastrus flagellaris* 岩梅蔓
ニシキギ科の落葉つる性植物。
- ¶**APG原樹**(No.779/カ図)
  - 学フ増樹(p212/カ写)
  - 原牧2(No.211/カ写)
  - 新分牧(No.2241/モ図)
  - 新牧日(No.1662/モ図)
  - 茶花上(p497/カ写)
  - 牧野ス1(No.2056/カ図)
  - 野生3(p129/カ写)
  - 山力樹木(p423/カ写)

## イワウラジロ *Cheilanthes krameri*
イノモトソウ科の夏緑性シダ。日本固有種。葉身は長さ5〜8cm、卵状三角形。
- ¶固有(p203)
  - シダ標1(p385/カ写)
  - 山レ増(p675/カ写)

## イワオウギ *Hedysarum vicioides* subsp.*japonicum* var.*japonicum* 岩黄耆
マメ科マメ亜科の多年草。別名タテヤマオウギ。高さは10〜80cm。花は淡黄色。
- ¶学フ増高山(p170/カ写)
  - 原牧1(No.1527/カ写)
  - 新分牧(No.1753/モ図)
  - 新牧日(No.1314/モ図)
  - 牧野ス1(No.1527/カ写)
  - ミニ山(p149/カ写)
  - 野生2(p270/カ写)
  - 山力野草(p377/カ写)
  - 山ハ高山(p202/カ写)

## イワオトギリ *Hypericum senanense* subsp. *mutiloides* 岩弟切
オトギリソウ科の多年草。日本固有種。
- ¶固有(p64)
  - 野生3(p241/カ写)
  - 山ハ高山(p192/カ写)

## イワオモダカ *Pyrrosia hastata* 岩沢瀉
ウラボシ科の常緑性シダ。葉身は長さ5〜15cm、三角状披針形〜披針形。
- ¶山野草(No.1838/カ写)
  - シダ標2(p456/カ写)
  - 新分牧(No.4782/モ図)
  - 新牧日(No.4675/モ図)

## イワカガミ *Schizocodon soldanelloides* var. *soldanelloides* 岩鏡
イワウメ科の多年草。日本固有種。高さは6〜15cm。花は淡紅色、または紅色。
- ¶学フ増野春(p52/カ写)
  - 原牧2(No.1144/カ図)
  - 固有(p103)
  - 山野草(No.0754/カ写)
  - 新分牧(No.3187/モ図)
  - 新牧日(No.2093/モ図)
  - 茶花上(p235/カ写)
  - 牧野ス2(No.2989/カ図)
  - 野生4(p214/カ写)
  - 山力野草(p300/カ写)
  - 山ハ山花(p376/カ写)

## イワカゲワラビ *Dryopteris laeta*
オシダ科の夏緑性シダ。別名コイワカゲワラビ。葉身は長さ30〜45cm、卵状長楕円形。
- ¶シダ標2(p361/カ写)

## イワガサ *Spiraea blumei* 岩傘
バラ科シモツケ亜科の落葉低木。
- ¶**APG原樹**(No.513/カ図)
  - 原牧1(No.1684/カ写)
  - 新分牧(No.1882/モ図)
  - 新牧日(No.1039/モ図)
  - 茶花上(p347/カ写)
  - 牧野ス1(No.1684/カ図)
  - ミニ山(p121/カ写)
  - 野生3(p87/カ写)
  - 山力樹木(p279/カ写)

## イワカズラ ⇒ユキノシタ (1)を見よ

## イワガネ *Oreocnide frutescens* 岩が根
イラクサ科の落葉低木。別名カワシロ、コショウボク。
- ¶**APG原樹**(No.695/カ図)
  - 原牧2(No.100/カ図)
  - 新分牧(No.2106/モ図)
  - 新牧日(No.228/モ図)
  - 牧野ス1(No.1945/カ写)
  - 野生2(p348/カ写)
  - 山力樹木(p170/カ写)

## イワガネゼンマイ *Coniogramme intermedia* 岩が根薇
イノモトソウ科の常緑性シダ。別名チチブイワガネ、ウラゲイワガネ。葉身は長さ40〜60cm、卵状長楕円形。
- ¶シダ標1(p376/カ写)
  - 新分牧(No.4586/モ図)
  - 新牧日(No.4463/モ図)

**イワガネソウ** *Coniogramme japonica* 岩が根草
イノモトソウ科の常緑性シダ。別名シシイワガネソ
ウ, フイリイワガネソウ。葉身は長さ35〜50cm, 長
卵形〜広卵形。
　¶シダ標1 (p375/カ写)
　　新分牧 (No.4587/モ図)
　　新牧日 (No.4464/カ写)

**イワカラクサ** *Erinus alpinus* 岩唐草
ゴマノハグサ科の多年草。花は紫桃色。
　¶山野草 (No.1083/カ写)

**イワカラマツ** *Thalictrum minus* var.*sekimotoanum*
岩唐松
キンポウゲ科の多年草。日本固有種。別名ナツカラ
マツ。
　¶固有 (p52)
　　野生2 (p167/カ写)
　　山ハ野花 (p238/カ写)

**イワガラミ** *Hydrangea hydrangeoides* 岩絡み
アジサイ科 (ユキノシタ科) の落葉つる性植物。別
名ユキカズラ, ウリヅタ。花は白色。
　¶APG原樹 (No.1094/カ写)
　　学フ増山菜 (p106/カ写)
　　学フ増樹 (p206/カ写・カ図)
　　原牧2 (No.1037/カ図)
　　新分牧 (No.3072/モ図)
　　新牧日 (No.1001/モ図)
　　茶花上 (p347/カ写)
　　牧野ス2 (No.2882/カ図)
　　ミニ山 (p113/カ写)
　　野生4 (p172/カ写)
　　山力樹木 (p229/カ写)
　　落葉図譜 (p126/モ図)

**イワガリヤス** ⇒イワノガリヤスを見よ

**イワカンスゲ** *Carex makinoensis*
カヤツリグサ科の多年草。日本固有種。別名キバナ
スゲ。
　¶カヤツリ (p406/モ図)
　　固有 (p186/カ写)
　　スゲ増 (No.220/カ写)
　　野生1 (p325/カ写)

**イワキ** *Ligustrum japonicum* var.*spathulatum*
モクセイ科の常緑低木。
　¶野生5 (p63)

**イワキアブラガヤ** *Scirpus hattorianus* 磐城油茅,
磐城油萱
カヤツリグサ科の多年草。高さは1m以上。
　¶原牧1 (No.744/カ図)
　　新分牧 (No.768/モ図)
　　新牧日 (No.4005/モ図)
　　牧野ス1 (No.744/カ図)
　　野生1 (p360)

**イワギキョウ** *Campanula lasiocarpa* 岩桔梗
キキョウ科の多年草。高さは5〜12cm。花は青色。
　¶学フ増高山 (p73/カ写)
　　原牧2 (No.1854/カ図)
　　山野草 (No.1198/カ写)

　　新分牧 (No.3899/モ図)
　　新牧日 (No.2898/モ図)
　　牧野ス2 (No.3699/カ図)
　　野生5 (p190/カ写)
　　山力野草 (p133/カ写)
　　山ハ高山 (p367/カ写)

**イワギク** (1) *Chrysanthemum zawadskii* subsp.
*latilobum* var.*dissectum* 岩菊
キク科の多年草。別名ホソバチョウセンノギク, ピ
レオギク。
　¶茶花下 (p51/カ写)
　　山ハ野花 (p519/カ写)

**イワギク** (2) ⇒イソギクを見よ

**イワギク (広義)** *Chrysanthemum zawadskii*
キク科キク亜科の草本。別名ホソバチョウセンノギ
ク, チョウセンノギク。花は白〜淡紅色。
　¶山野草 〔イワギク〕(No.1213/カ写)
　　野生5 (p338)
　　山力野草 〔イワギク〕(p74/カ写)
　　山レ増 〔イワギク〕(p21/カ写)

**イワキコザクラ** ⇒ミチノクコザクラを見よ

**イワキスゲ** ⇒キンチャクスゲを見よ

**イワキヒメアザミ** *Cirsium yuzawae*
キク科アザミ亜科の多年草。日本固有種。
　¶固有 (p140)
　　野生5 (p241/カ写)

**イワギボウシ** *Hosta longipes* var.*longipes* 岩擬宝珠
キジカクシ科 〔クサスギカズラ科〕(ユリ科) の多年
草。日本固有種。高さは25〜40cm。葉柄に紫点が
出る。
　¶原牧1 (No.577/カ図)
　　固有 (p155)
　　山野草 (No.1497/カ写)
　　新分牧 (No.634/モ図)
　　新牧日 (No.3402/モ図)
　　茶花下 (p178/カ写)
　　牧野ス1 (No.577/カ図)
　　野生1 (p250/カ写)
　　山力野草 (p611/カ写)
　　山ハ山花 (p150/カ写)

**イワギリソウ** *Opithandra primuloides* 岩桐草
イワタバコ科の多年草。日本固有種。高さは10〜
20cm。花は淡紫色。
　¶原牧2 (No.1534/カ図)
　　固有 (p132/カ写)
　　山野草 (No.1108/カ写)
　　新分牧 (No.3573/モ図)
　　新牧日 (No.2794/モ図)
　　茶花上 (p348/カ写)
　　牧野ス2 (No.3379/カ図)
　　野生5 (p70/カ写)
　　山力野草 (p162/カ写)
　　山ハ山花 (p411/カ写)
　　山レ増 (p92/カ写)

**イワキリンソウ** ⇒イワベンケイを見よ

**イワキンバイ** *Potentilla ancistrifolia* var.*dickinsii*
岩金梅
バラ科バラ亜科の多年草。高さは10〜20cm。花は黄色。
¶原牧1（No.1820/カ図）
山野草（No.0606/カ写）
新分牧（No.2015/モ図）
新牧日（No.1145/モ図）
牧野ス1（No.1820/カ図）
ミニ山（p127/カ写）
野生3（p37/カ写）
山力野草（p401/カ写）
山ハ山花（p337/カ写）

**イワクジャクシダ** ⇒シマムカデシダを見よ

**イワグスリ** ⇒セッコクを見よ

**イワグミ** ⇒コケモモを見よ

**イワグルマ** ⇒チングルマを見よ

**イワザクラ** *Primula tosaensis* 岩桜
サクラソウ科の多年草。日本固有種。別名トサザクラ。高さは10〜15cm。
¶学フ増野春（p49/カ写）
原牧2（No.1079/カ図）
固有（p110）
山野草（No.0838/カ写）
新分牧（No.3123/モ図）
新牧日（No.2223/モ図）
茶花上（p236/カ写）
牧野ス2（No.2924/カ図）
野生4（p199/カ写）
山力野草（p282/カ写）
山ハ山花（p374/カ写）
山レ増（p192/カ写）

**イワザンショウ** *Zanthoxylum beecheyanum* var.*beecheyanum*
ミカン科の匍匐性常緑低木。日本固有種。
¶原牧2（No.558/カ図）
固有（p84）
新分牧（No.2608/モ図）
新牧日（No.1495/モ図）
牧野ス2（No.2403/カ図）
野生3（p308/カ写）

**イワヂシャ** ⇒イワタバコを見よ

**イワシデ** *Carpinus turczaninovii* 岩四手, 岩幣
カバノキ科の落葉高木。別名コシデ。葉長2〜5cm。
¶APG原樹（No.758/カ図）
原牧2（No.135/カ図）
新分牧（No.2197/モ図）
新牧日（No.113/カ図）
牧野ス1（No.1980/カ図）
野生3（p116/カ写）
山力樹木（p130/カ写）

**イワシモツケ** *Spiraea nipponica* var.*nipponica* f.*nipponica* 岩下野
バラ科シモツケ亜科の落葉低木。日本固有種。別名キイシモツケ。
¶APG原樹（No.514/カ図）

原牧1（No.1675/カ図）
固有（p78）
新分牧（No.1872/モ図）
新牧日（No.1029/モ図）
茶花上（p348/カ写）
牧野ス1（No.1675/カ図）
ミニ山（p122/カ写）
野生3（p86/カ写）
山力樹木（p278/カ写）
山ハ高山（p228/カ写）

**イワジャコウソウ** ⇒イブキジャコウソウを見よ

**イワシャジン** *Adenophora takedae* var.*takedae* 岩沙参
キキョウ科の多年草。日本固有種。別名イワツリガネソウ。高さは30〜40cm。花は紫青色。
¶学フ増野秋（p56/カ写）
原牧2（No.1860/カ図）
固有（p137）
山野草（No.1156/カ写）
新分牧（No.3904/モ図）
新牧日（No.2903/モ図）
茶花下（p294/カ写）
牧野ス2（No.3705/カ図）
野生5（p188/カ写）
山力野草（p126/カ写）
山ハ山花（p486/カ写）

**イワショウブ** *Triantha japonica* 岩菖蒲
チシマゼキショウ科（ユリ科）の多年草。日本固有種。別名ムシトリセンショウ。高さは20〜50cm。
¶学フ増高山（p213/カ写）
原牧1（No.212/カ図）
固有（p157）
山野草（No.1555/カ写）
新分牧（No.257/モ図）
新牧日（No.3369/モ図）
茶花下（p179/カ写）
牧野ス1（No.212/カ図）
野生1（p113/カ写）
山力野草（p603/カ写）
山ハ高山（p11/カ写）
山ハ山花（p47/カ写）

**イワシロイノデ** *Polystichum ovatopaleaceum* var.*coraiense*
オシダ科のシダ植物。別名チョウセンイノデ, ミョウコウイノデ。
¶シダ標2（p411/カ写）

**イワシロイノデモドキ** *Polystichum ovatopaleaceum* var.*coraiense*×*P.tagawanum*
オシダ科のシダ植物。別名アタミイノデ。
¶シダ標2（p420/カ写）

**イワスゲ** *Carex stenantha* var.*stenantha* 岩菅
カヤツリグサ科の多年草。日本固有種。別名タカネスゲ。高さは15〜40cm。
¶カヤツリ（p400/モ図）
原牧1（No.838/カ図）
固有（p186）
新分牧（No.848/モ図）

イワスタイ　84

新牧日 (No.4131/モ図)
スゲ増 (No.216/カ写)
牧野ス1 (No.838/カ写)
野生1 (p324/カ写)
山ハ高山 (p60/カ写)

**イワヅタイ** ⇒シラタマカズラを見よ

**イワスミレ** ⇒タニマスミレを見よ

**イワゼキショウ** ⇒ハナゼキショウを見よ

**イワセントウソウ** *Pternopetalum tanakae*　岩仙洞草
セリ科セリ亜科の多年草。高さは10〜30cm。
¶学フ増高山 (p178/カ写)
原牧2 (No.2412/カ図)
新分牧 (No.4450/モ図)
新牧日 (No.2028/モ図)
牧野ス2 (No.4257/カ図)
ミニ山 (p217/カ写)
野生5 (p399/カ写)
山力野草 (p310/カ写)
山ハ山花 (p466/カ写)

**イワタイゲキ** *Euphorbia jolkinii*　岩大戟
トウダイグサ科の多年草。高さは30〜80cm。
¶学フ増野春 (p239/カ写)
原牧2 (No.257/カ図)
新分牧 (No.2417/モ図)
新牧日 (No.1475/モ図)
牧野ス1 (No.2102/カ図)
ミニ山 (p166/カ写)
野生3 (p153/カ写)
山力野草 (p364/カ写)
山ハ野花 (p339/カ写)

**イワタカンアオイ** *Asarum kurosawae*　磐田寒葵
ウマノスズクサ科の多年草。日本固有種。静岡県磐田市付近と静岡・愛知県境付近に産する。葉は卵円形。
¶固有 (p61)
野生1 (p69)
山ハ山花 (p29/カ写)
山レ増 (p379/カ写)

**イワタケ** *Umbilicaria esculenta*　岩茸
イワタケ科の地衣類。地衣体の背面は灰褐色。
¶新分牧 (No.5181/モ図)
新牧日 (No.5041/モ図)

**イワタケソウ** *Hystrix duthiei* subsp.*japonica*
イネ科イチゴツナギ亜科の多年草。日本固有種。
¶桑イネ (p76/モ図)
原牧1 (No.956/カ図)
固有 (p164)
新分牧 (No.1061/モ図)
新牧日 (No.3660/モ図)
牧野ス1 (No.956/カ図)
野生2 (p56)

**イワタデ** ⇒オンタデを見よ

**イワタバコ** *Conandron ramondioides* var. *ramondioides*　岩煙草
イワタバコ科の多年草。別名イワナ、イワヂシャ、

ヤマヂシャ、タキヂシャ、ミズタバコ、ヤマタバコ、マツガネソウ。高さは10〜15cm。花は紫色。
¶色野草 (p272/カ写)
学フ増野夏 (p38/カ写)
原牧2 (No.1533/カ図)
山野草 (No.1102/カ写)
新分牧 (No.3572/モ図)
新牧日 (No.2793/モ図)
茶花上 (p497/カ写)
牧野ス2 (No.3378/カ写)
野生5 (p68/カ写)
山力野草 (p162/カ写)
山ハ野花 (p448/カ写)
山ハ山花 (p411/カ写)

**イワダレゴケ** *Hylocomium splendens*　岩垂苔
イワダレゴケ科のコケ。茎は密に規則正しく2〜3回羽状に平らに分枝。
¶新分牧 (No.4899/モ図)
新牧日 (No.4759/モ図)

**イワダレソウ** *Phyla nodiflora*　岩垂草
クマツヅラ科の多年草または低木。花はピンク色。葉を茶として飲む。
¶学フ増野夏 (p75/カ写)
原牧2 (No.1818/カ図)
新分牧 (No.3686/モ図)
新牧日 (No.2499/モ図)
牧野ス2 (No.3663/カ図)
野生5 (p175/カ写)
山力野草 (p233/カ写)
山ハ野花 (p451/カ写)

**イワダレネズ** ⇒ハイビャクシンを見よ

**イワダレヒトツバ** *Pyrrosia davidii*　岩垂一ツ葉
ウラボシ科の常緑性シダ。葉身は長さ3〜8cm, 披針形。
¶山野草 (No.1840/カ写)

**イワチドリ** *Hemipilia keiskei*　岩千鳥
ラン科の多年草。日本固有種。別名ヤチヨ。高さは8〜15cm。花は紅紫色。
¶原牧1 (No.376/カ図)
固有 (p189)
山野草 (No.1772/カ写)
新分牧 (No.443/モ図)
新牧日 (No.4249/モ図)
茶花上 (p498/カ写)
牧野ス1 (No.376/カ図)
野生1 (p182/カ写)
山力野草 (p564/カ写)
山レ増 (p505/カ写)

**イワツキヤスデゴケ** *Frullania iwatsukii*
ヤスデゴケ科のコケ植物。日本固有種。
¶固有 (p223)

**イワツクバネウツギ** *Zabelia integrifolia*　岩衝羽根空木
スイカズラ科の木本。日本固有種。
¶APG原樹 (No.1506/カ図)
原牧2 (No.2326/カ図)

イワニカナ

固有 (p135)
新分牧 (No.4374/モ図)
新牧日 (No.2849/モ図)
牧野ス2 (No.4171/カ図)
野生5 (p428/カ写)
山カ樹木 (p702/カ写)
山レ増 (p78/カ写)

**イワツゲ** ⇒ツルツゲを見よ

**イワツツジ**(1)　*Vaccinium praestans*　岩躑躅
ツツジ科スノキ亜科の矮小低木。高さは2～5cm。花は淡紅色。
¶原牧2 (No.1250/カ写)
　新分牧 (No.3302/モ図)
　新牧日 (No.2194/モ図)
　牧野ス2 (No.3095/カ図)
　野生4 (p261/カ写)
　山カ樹木 (p604/カ写)
　山カ野草 (p293/カ写)
　山ハ高山 (p287/カ写)

**イワツツジ**(2)　⇒モチツツジを見よ

**イワツバキ**　⇒イワナンテンを見よ

**イワツメクサ**　*Stellaria nipponica* var.*nipponica*　岩爪草
ナデシコ科の多年草。日本固有種。別名オオバツメクサ。高さは10～20cm。花は白色。
¶学フ増高山 (p142/カ写)
　原牧2 (No.878/カ図)
　固有 (p47/カ写)
　新分牧 (No.2939/モ図)
　新牧日 (No.350/モ図)
　牧野ス2 (No.2723/カ図)
　野生4 (p126/カ写)
　山カ野草 (p520/カ写)
　山ハ高山 (p144/カ写)

**イワツリガネソウ**　⇒イワシャジンを見よ

**イワテザサ**　*Sasa yahikoensis* var.*rotundissima*
イネ科タケ亜科の植物。日本固有種。
¶固有 (p172)

**イワテシオガマ**　*Pedicularis iwatensis*
ハマウツボ科 (ゴマノハグサ科) の草本。日本固有種。
¶固有 (p129)
　野生5 (p159/カ写)

**イワテトウキ**　⇒ミヤマトウキを見よ

**イワテハタザオ**　*Arabis serrata* var.*japonica* f.*fauriei*
アブラナ科の多年草。花柱は長さ1mm前後。
¶野生4 (p53/カ写)

**イワテヒゴタイ**　*Saussurea brachycephala*
キク科アザミ亜科の多年草。日本固有種。
¶固有 (p148)
　野生5 (p266/カ写)

**イワテヤマナシ**　⇒ミチノクナシを見よ

**イワデンダ**　*Woodsia polystichoides*　岩連朶
イワデンダ科 (オシダ科) の夏緑性シダ。別名エゾイワデンダ。葉身は長さ10～25cm、狭披針形～線形。
¶山野草 (No.1807/カ写)
　シダ標1 (p450/カ写)
　新分牧 (No.4665/モ図)
　新牧日 (No.4612/モ図)
　山ハ高山 (p466/カ写)

**イワトダシバ**　⇒ミギワトダシバを見よ

**イワトユリ**　⇒スカシユリを見よ

**イワトラノオ**　*Asplenium tenuicaule*　岩虎の尾
チャセンシダ科の常緑性シダ。葉身は長さ2～15cm、広披針形～三角状長楕円形。
¶シダ標1 (p415/カ写)
　新分牧 (No.4645/モ図)
　新牧日 (No.4632/モ図)

**イワナ**　⇒イワタバコを見よ

**イワナガヒゲ**　⇒イワヒゲ(1)を見よ

**イワナシ**　*Epigaea asiatica*　岩梨
ツツジ科ツツジ亜科の常緑小低木。日本固有種。別名イバナシ。高さは10～25cm。
¶APG原樹 (No.1319/カ図)
　原牧2 (No.1224/カ図)
　固有 (p104/カ写)
　山野草 (No.0808/カ写)
　新分牧 (No.3226/モ図)
　新牧日 (No.2168/モ図)
　茶花上 (p349/カ写)
　牧野ス2 (No.3069/カ図)
　野生4 (p231)
　山カ樹木 (p586/カ写)
　山カ野草 (p288/カ写)

**イワナンテン**　*Leucothoe keiskei*　岩南天
ツツジ科スノキ亜科の常緑低木。日本固有種。別名イワツバキ。高さは1.5m。花は白色。
¶原牧2 (No.1231/カ図)
　固有 (p104)
　山野草 (No.0814/カ写)
　新分牧 (No.3285/モ図)
　新牧日 (No.2175/モ図)
　茶花下 (p51/カ写)
　牧野ス2 (No.3076/カ図)
　野生4 (p255/カ写)
　山カ樹木 (p586/カ写)

**イワニガナ**　*Ixeris stolonifera*　岩苦菜
キク科キクニガナ亜科の多年草。別名ジシバリ、ヒメジシバリ、ハイジシバリ。高さは5cm前後。
¶色野草〔ジシバリ〕(p137/カ写)
　学フ増野春〔ジシバリ〕(p92/カ写)
　原牧2〔ジシバリ〕(No.2260/カ写)
　植調 (p132/カ写)
　新分牧〔ジシバリ〕(No.4044/モ図)
　新牧日〔ジシバリ〕(No.3288/モ図)
　牧野ス2〔ジシバリ〕(No.4105/カ図)
　野生5 (p280/カ写)
　山カ野草〔ジシバリ〕(p118/カ写)
　山ハ野花〔ジシバリ〕(p606/カ写)

イワニンシ　　　　　　　　　86

**イワニンジン**　*Angelica hakonensis* var.*hakonensis*
岩人参
セリ科セリ亜科の多年草。日本固有種。高さは60
〜120cm。
¶原牧2（No.2441/カ図）
　固有（p100）
　新分牧（No.4478/モ図）
　新牧日（No.2055/モ図）
　牧野ス2（No.4286/カ図）
　野生5（p390/カ写）

**イワネコノメソウ**　*Chrysosplenium echinus*　岩猫の
目草
ユキノシタ科の多年草。日本固有種。高さは3〜
15cm。
¶固有（p71）
　ミニ山（p100/カ写）
　野生2（p201/カ写）
　山ハ山花（p276/カ写）

**イワネシボリ**　*Camellia japonica* 'Iwane-shibori'　岩
根絞
ツバキ科。ツバキの品種。花は斑入り。
¶茶花上（p148/カ写）

**イワノガリヤス**　*Calamagrostis purpurea* subsp.
*langsdorfii*　岩野刈安
イネ科イチゴツナギ亜科の多年草。別名イワガリヤ
ス、ネムロガヤ、ヤマガリヤス、エゾノガリヤス。高
さは80〜130cm。
¶桑イネ（p129/カ写・モ図）
　原牧1〔イワガリヤス〕（No.981/カ図）
　新分牧〔イワガリヤス〕（No.1102/モ図）
　新牧日〔イワガリヤス〕（No.3723/モ図）
　牧野ス1〔イワガリヤス〕（No.981/カ図）
　野生2（p48/カ写）
　山ハ高山（p76/カ写）
　山ハ山花（p186/カ写）

**イワハギ**　⇒シチョウゲを見よ

**イワハゼ**　⇒アカモノを見よ

**イワハタザオ**　*Arabis serrata* var.*japonica*　岩旗竿
アブラナ科の多年草。別名ニッコウハタザオ。高さ
は15〜45cm。
¶原牧2（No.740/カ図）
　新分牧（No.2768/モ図）
　新牧日（No.860/モ図）
　茶花上（p498/カ写）
　牧野ス2（No.2585/カ図）
　野生4（p52）
　山ハ山花（p360/カ写）

**イワハリガネワラビ**　*Thelypteris musashiensis*
ヒメシダ科のシダ植物。
¶シダ標1（p436/カ写）

**イワヒゲ**(1)　*Cassiope lycopodioides*　岩髭, 岩鬚
ツツジ科イワヒゲ亜科の常緑小低木。別名イワナガ
ヒゲ。花は淡紅色。
¶APG原樹（No.1321/カ図）
　学フ増高山（p186/カ写）

原牧2（No.1238/カ図）
山野草（No.0810/カ写）
新分牧（No.3222/モ図）
新牧日（No.2182/モ図）
牧野ス2（No.3083/カ図）
野生4（p262/カ写）
山カ樹木（p580/カ写）
山カ野草（p287/カ写）
山ハ高山（p275/カ写）

**イワヒゲ**(2)　*Myelophycus simplex*　岩髭, 岩鬚
カヤモノリ科の海藻。往々ねじれる。体は15cm。
¶新分牧（No.4983/モ図）
　新牧日（No.4843/モ図）

**イワヒゲ**(3)　⇒シシランを見よ

**イワヒトデ**　*Leptochilus ellipticus*　岩人手
ウラボシ科の常緑性シダ。別名シシイワヒトデ。葉
身は長さ10〜25cm, 広卵形。
¶山野草（No.1833/カ写）
　シダ標2（p459/カ写）
　新分牧（No.4800/モ図）
　新牧日（No.4666/モ図）

**イワヒバ**　*Selaginella tamariscina*　岩檜葉
イワヒバ科の常緑性シダ。別名イワマツ。葉の上面
は暗緑色, 下面は淡緑色〜灰白色。
¶シダ標1（p272/カ写）
　新分牧（No.4831/モ図）
　新牧日（No.4384/モ図）

**イワヒメワラビ**　*Hypolepis punctata*　岩姫蕨
コバノイシカグマ科（イノモトソウ科）のシダ植物。
¶シダ標1（p366/カ写）
　新分牧（No.4583/モ図）
　新牧日（No.4460/モ図）

**イワヒモ**　⇒ヒモランを見よ

**イワブキ**(1)　⇒クロクモソウを見よ

**イワブキ**(2)　⇒ユキノシタ(1)を見よ

**イワブクロ**　*Pennellianthus frutescens*　岩袋
オオバコ科（ゴマノハグサ科）の多年草。別名タル
マイソウ。高さは10〜20cm。
¶学フ増高山（p64/カ写）
　原牧2（No.1556/カ図）
　山野草（No.1079/カ写）
　新分牧（No.3586/モ図）
　新牧日（No.2685/モ図）
　牧野ス2（No.3401/カ図）
　野生5（p79/カ写）
　山カ野草（p168/カ写）
　山ハ高山（p332/カ写）

**イワフジ**　⇒ニワフジを見よ

**イワヘゴ**　*Dryopteris cycadina*
オシダ科の常緑性シダ。別名タカクマキジノオ。葉
身は長さ40〜80cm, 倒披針形〜長楕円状倒披針形。
¶シダ標2（p362/カ写）
　新分牧（No.4755/モ図）
　新牧日（No.4540/モ図）

**イワヘゴモドキ** *Dryopteris × mayebarae*
オシダ科のシダ植物。別名キレコミイワヘゴ。
  ¶シダ標2 (p375/カ写)

**イワベニシダ** ⇒イワイタチシダを見よ

**イワベンケイ** *Rhodiola rosea* 岩弁慶
ベンケイソウ科の多年草。別名ナガバノイワベンケ
イ，イワキリンソウ，イワベンケイソウ。長さは10
〜30cm。花は緑黄色。
  ¶学フ増高山 (p93/カ写)
  原牧1 (No.1430/カ図)
  山野草 (No.0493/カ写)
  新分牧 (No.1576/モ図)
  新牧日 (No.936/モ図)
  茶花下 (p52/カ写)
  牧野S1 (No.1430/カ図)
  ミニ山 (p91/カ写)
  野生2 (p223/カ写)
  山カ野草 (p434/カ写)
  山ハ高山 (p164/カ写)

**イワベンケイソウ** ⇒イワベンケイを見よ

**イワホウライシダ** *Adiantum ogasawarense*
イノモトソウ科（ホングウシダ科）の常緑性シダ。
日本固有種。
  ¶固有 (p203)
  シダ標1 (p386/カ写)
  山レ増 (p677/カ写)

**イワボタン** *Chrysosplenium macrostemon* var.
*macrostemon* 岩牡丹
ユキノシタ科の多年草。日本固有種。別名ヨツバユ
キノシタ，ミヤマネコノメソウ。高さは3〜20cm。
  ¶学フ増野春 (p215/カ写)
  原牧1〔ミヤマネコノメソウ〕(No.1387/カ図)
  固有 (p71)
  新分牧〔ミヤマネコノメソウ〕(No.1552/モ図)
  新牧日〔ミヤマネコノメソウ〕(No.966/モ図)
  牧野S1〔ミヤマネコノメソウ〕(No.1387/カ図)
  ミニ山 (p101/カ写)
  野生2 (p202/カ写)
  山カ野草 (p430/カ写)
  山ハ山花 (p271/カ写)

**イワホトトギス** *Tricyrtis hirta* var.*saxicola* 岩杜
鵑草
ユリ科。日本固有種。
  ¶固有 (p159/カ写)

**イワマエビゴケ** ⇒エビゴケを見よ

**イワマタチツボスミレ** *Viola sacchalinensis* var.
*miyakei*
スミレ科の草本。
  ¶野生3 (p224)

**イワマツ** ⇒イワヒバを見よ

**イワマヘチマゴケ** *Pohlia pseudo-defecta*
ハリガネゴケ科のコケ植物。日本固有種。
  ¶固有 (p215)

**イワマメ** ⇒マメヅタを見よ

**イワミツバ** *Aegopodium podagraria*
セリ科セリ亜科の多年草。高さは40〜80cm。花は
白色。
  ¶帰化写改 (p216/カ写)
  ミニ山 (p218/カ写)
  野生5 (p387/カ写)

**イワムシロ** *Alchemilla arvensis*
バラ科の一年草または二年草。別名ノミノハゴロモ
グサ。高さは10cm。
  ¶帰化写2 (p88/カ写)

**イワムラサキ** *Lappula deflexa*
ムラサキ科ムラサキ亜科の草本。別名オカムラ
サキ。
  ¶野生5 (p54/カ写)
  山レ増 (p146/カ写)

**イワヤクシソウ** *Crepidiastrum yoshinoi*
キク科キクニガナ亜科の越年草。日本固有種。別名
ナガバヤクシソウ。
  ¶固有〔ナガバヤクシソウ〕(p151)
  野生5 (p275/カ写)
  山レ増 (p16/カ写)

**イワヤシダ** *Diplaziopsis cavaleriana* 岩屋羊歯
イワヤシダ科（オシダ科）の夏緑性シダ。葉身は長
さ30〜70cm，披針形〜広披針形。
  ¶シダ標1 (p421/カ写)
  新分牧 (No.4622/モ図)
  新牧日 (No.4608/モ図)

**イワヤスゲ** *Carex tumidula*
カヤツリグサ科の多年草。日本固有種。愛媛県のみ
に生息する。
  ¶カヤツリ (p242/モ図)
  固有 (p183/カ写)
  スゲ増 (No.114/カ写)
  野生1 (p322/カ写)

**イワヤツデ** *Mukdenia rossii* 岩八手
ユキノシタ科の多年草。別名タンチョウソウ。花は
白色。
  ¶原牧1 (No.1370/カ図)
  山野草〔タンチョウソウ〕(No.0541/カ写)
  新分牧 (No.1567/モ図)
  新牧日 (No.949/モ図)
  茶花上 (p236/カ写)
  牧野S1 (No.1370/カ図)

**イワヤナギ**(1) ⇒キツネヤナギを見よ

**イワヤナギ**(2) ⇒ヤマヤナギを見よ

**イワヤナギ**(3) ⇒ユキヤナギを見よ

**イワヤナギシダ** *Loxogramme salicifolia* 岩柳羊歯
ウラボシ科の常緑性シダ。別名フギレイワヤナギシ
ダ。葉身は長さ15〜20cm，狭倒披針形〜線形。
  ¶山野草 (No.1837/カ写)
  シダ標2 (p452/カ写)
  新分牧 (No.4772/モ図)
  新牧日 (No.4680/モ図)

**イワヤブソテツ** ⇒メヤブソテツを見よ

イワユキノ　88

**イワユキノシタ**　*Tanakaea radicans*　岩雪之下
ユキノシタ科の多年草。日本固有種。別名ヤマユキ
ノシタ。高さは10〜30cm。
　¶原牧1 (No.1369/カ図)
　　固有 (p69/カ写)
　　山野草 (No.0544/カ写)
　　新牧 (No.1548/モ図)
　　新牧日 (No.948/モ図)
　　牧野ス1 (No.1369/カ図)
　　野生2 (p214/カ写)
　　山ハ山花 (p284/カ写)

**イワユリ**　⇒スカシユリを見よ

**イワヨモギ**(1)　*Artemisia gmelinii*　岩蓬
キク科キク亜科の多年草。別名カムイヨモギ。
　¶帰化写2〔イワヨモギ (在来種あり)〕(p252/カ写)
　　野生5 (p332/カ写)
　　山ハ高山 (p431/カ写)
　　山レ増 (p24/カ写)

**イワヨモギ**(2)　⇒イワインチンを見よ

**イワラン**　⇒ウチョウランを見よ

**イワレンゲ**　*Orostachys malacophylla* var.*iwarenge*
岩蓮華
ベンケイソウ科の多年草。日本固有種。高さは10
〜20cm。花は白色。
　¶学フ増野秋 (p178/カ写)
　　原牧1 (No.1426/カ図)
　　固有 (p68)
　　新分牧 (No.1578/モ図)
　　新牧日 (No.932/モ図)
　　牧野ス1 (No.1426/カ図)
　　野生2 (p221/カ写)
　　山力野草 (p439/カ写)
　　山ハ野花 (p302/カ写)
　　山レ増 (p334/カ写)

**インカルビレア・アルグタ**　*Incarvillea arguta*
ノウゼンカズラ科の多年草。高さは25〜40cm。
　¶山野草 (No.1095/カ写)

**インカルビレア・シネンシス**　*Incarvillea sinensis*
ノウゼンカズラ科の多年草。高さは20cm。花は赤
〜紫紅色。
　¶山野草 (No.1097/カ写)

**インカルビレア・デラバイ**　*Incarvillea delavayi*
ノウゼンカズラ科の多年草。花は桃色。
　¶山野草 (No.1096/カ写)

**インカルビレア・マイレイ**　*Incarvillea mairei*
ノウゼンカズラ科の多年草。花は紅色。
　¶山野草 (No.1098/カ写)

**インキョ**　*Prunus mume* 'Inkyo'　隠居
バラ科。ウメの品種。実ウメ、野梅系。
　¶ウメ〔隠居〕(p163/カ写)

**インクベリー**　⇒ヨウシュヤマゴボウを見よ

**イングリッシュ・アイビー**　⇒セイヨウキヅタを
見よ

**イングリッシュ・グースベリー**　⇒セイヨウスグ
リを見よ

**インゲンマメ**(1)　*Phaseolus vulgaris*
マメ科マメ亜科のつる性植物。別名トウササゲ、ギ
ンブロウ。立性。花は白〜黄白色、または淡紫色。
　¶原牧1〔ゴガツササゲ〕(No.1594/カ図)
　　新分牧〔ゴガツササゲ〕(No.1721/モ図)
　　新牧日〔ゴガツササゲ〕(No.1380/モ図)
　　牧野ス1〔ゴガツササゲ〕(No.1594/カ図)
　　野生2 (p304/カ写)

**インゲンマメ**(2)　⇒フジマメを見よ

**インシバイ**　*Prunus mume* 'Inshibai'　胭脂梅
バラ科。ウメの品種。李系ウメ、紅材性八重。
　¶ウメ〔胭脂梅〕(p109/カ写)

**インチンナズナ**　⇒カラクサナズナを見よ

**インチンヨモギ**　⇒イワインチンを見よ

**インディアン・クレス**　⇒ノウゼンハレンを見よ

**インディアンタバコ**　⇒ロベリアソウを見よ

**インディアン・ビーン**　⇒アメリカキササゲを見よ

**インドオウダン**　⇒シッソノキを見よ

**インドカリン**　⇒ヤエヤマシタンを見よ

**インドゴムノキ**　*Ficus elastica*　印度護謨の木
クワ科の高木。別名アッサムゴム。高さは30m。気
根を垂下し、葉は厚い。
　¶APG原樹 (No.664/カ図)
　　原牧2 (No.64/カ図)
　　新分牧 (No.2098/モ図)
　　新牧日 (No.188/モ図)
　　牧野ス1 (No.1909/カ図)
　　山力樹木 (p168/カ写)

**インドシクンシ**　⇒シクンシを見よ

**インドシタン**　⇒ヤエヤマシタンを見よ

**インドソケイ**　⇒トガリバインドソケイを見よ

**インドトキワサンザシ**　⇒カザンデマリを見よ

**インドナギ**　⇒ダンマルジュを見よ

**インドヒモカズラ**　*Deeringia polysperma*
ヒユ科のつる性亜低木。
　¶野生4 (p139/カ写)
　　山レ増 (p412/カ写)

**インドボダイジュ**　⇒テンジクボダイジュを見よ

**インドヨメナ**　⇒コヨメナを見よ

**インドワタノキ**　*Bombax ceiba*
アオイ科 (パンヤ科) の落葉高木。別名キワタノキ。
花は紅色。
　¶新分牧 (No.2697/モ図)

**インノオクマワラビ**　*Dryopteris*×*gotenbaensis*
オシダ科のシダ植物。
　¶シダ標2 (p376/カ写)

**インヨウチク**　*Hibanobambusa tranquillans*　陰陽竹
イネ科タケ亜科の植物。日本固有種。高さは3〜
5m。

¶固有 (p171/カ写)
　タケ亜科 (No.26/カ写)
　タケササ (p60/カ写)
　野生2 (p32/カ写)

# 【 ウ 】

**ウイキョウ**　*Foeniculum vulgare*　茴香
セリ科の多年草。高さは1〜2m。花は黄色。
¶帰化写改 (p223/カ写, p503/カ写)
　原牧2 (No.2429/カ図)
　新分牧 (No.4460/モ図)
　新牧日 (No.2043/モ図)
　茶花上 (p499/カ写)
　牧野ス2 (No.4274/カ図)
　ミニ山 (p227/カ写)

**ウエスタンレッドシーダー**　⇒アメリカネズコを
見よ

**ウエダザサ**　*Pleioblastus shibuyanus f.tsuboi*
イネ科のササ。
¶タケササ (p166/カ写)

**ウエツアザミ**　*Cirsium uetsuense*
キク科アザミ亜科の草本。日本固有種。
¶固有 (p140)
　野生5 (p247/カ写)

**ウェデリア**　⇒アメリカハマグルマを見よ

**ウエマツソウ**　*Sciaphila secundiflora*
ホンゴウソウ科の多年生の菌従属栄養植物。別名ト
キヒサソウ。高さは6〜10cm。
¶原牧1 (No.293/カ図)
　新分牧 (No.338/モ図)
　新牧日 (No.3366/モ図)
　牧野ス1 (No.293/カ図)
　野生1 (p152/カ写)
　山レ増 (p607/カ写)

**ウェルウィッチア**　*Welwitschia mirabilis*
ウェルウィッチア科。別名キソウテンガイ。高さは
30〜45cm。花は紅色。
¶新分牧 (No.5/モ図)
　新牧日 (No.75/モ図)

**ウォータークレス**　⇒クレソンを見よ

**ウォーターバコパ**　*Bacopa caroliniana*
オオバコ科 (ゴマノハグサ科) の水草。
¶日水草 (p270/カ写)

**ウォーター・ヒヤシンス**　⇒ホテイアオイを見よ

**ウォーターポピー**　⇒ミズヒナゲシを見よ

**ウオノホネヌキ**　⇒カンラン(1)を見よ

**ウカイ**　⇒キカラスウリを見よ

**ウキアゼナ**　*Bacopa rotundifolia*　浮畔菜
オオバコ科 (ゴマノハグサ科) の浮葉〜湿生植物、一
年草。長さは20〜60cm、花は白〜淡紅色。

¶帰化写改 (p291/カ写)
　植調 (p58/カ写)
　日水草 (p269/カ写)
　野生5 (p79)

**ウキイ**　⇒ビャッコイを見よ

**ウキオモダカ**　⇒カラフトグワイを見よ

**ウキガヤ**　*Glyceria depauperata*
イネ科イチゴツナギ亜科の多年草。日本固有種。高
さは20〜40cm。葉身は狭線形、長さ3〜13cm。護
頴が長さ5mm内外になるものをvar.infirmaとして
区別することもある。
¶固有 (p167)
　日水草 (p205/カ写)
　野生2 (p54)

**ウキクサ**　*Spirodela polyrhiza*　浮草
サトイモ科 (ウキクサ科) の多年生浮遊植物。別名
カガミグサ (古名)。水田や池などにふつうに見ら
れる。葉状体は広倒卵形、裏面は赤紫色、長さは0.5
〜0.6mm。
¶原牧1 (No.171/カ図)
　植調 (p70/カ写)
　新分牧 (No.204/モ図)
　新牧日 (No.3942/モ図)
　日水草 (p68/カ写)
　牧野ス1 (No.171/カ図)
　野生1 (p110/カ写)
　山力野草 (p648/カ写)
　山ハ野花 (p29/カ写)

**ウキゴケ**　*Riccia fluitans*　浮苔
ウキゴケ科のコケ。別名カヅノゴケ。淡緑色、長さ
1〜5cm。
¶新分牧 (No.4925/モ図)
　新牧日 (No.4785/モ図)
　日水草 (p306/カ写)

**ウキシバ**　*Pseudoraphis sordida*　浮芝
イネ科キビ亜科の浮葉〜半抽水植物。葉身は狭線形
〜広線形、長さ2〜5cm。
¶桑イネ (p417/モ図)
　原牧1 (No.1059/カ図)
　新分牧 (No.1217/モ図)
　新牧日 (No.3788/モ図)
　日水草 (p218/カ写)
　牧野ス1 (No.1059/カ図)
　野生2 (p94/カ写)

**ウキツリボク**　*Abutilon megapotamicum*　浮釣木
アオイ科の常緑低木。別名アブチロン。花は黄色。
¶APG原樹 (No.1030/カ図)
　原牧2 (No.618/カ図)
　新分牧 (No.2669/モ図)
　新牧日 (No.1728/モ図)
　茶花下 (p179/カ写)
　牧野ス2 (No.2463/カ図)

**ウキボタン**　*Prunus mume* 'Ukibotan'　浮牡丹
バラ科。ウメの品種。李系ウメ、難波性八重。
¶ウメ〔浮牡丹〕(p84/カ写)

ウキミクリ　　　　　　　　90

**ウキミクリ**　*Sparganium gramineum*
ガマ科（ミクリ科）の多年生の浮葉植物。花序に分枝が見られる。葉は長さ～120cm。
¶日水草（p156/カ写）
　野生1（p277/カ写）

**ウキヤガラ**　*Bolboschoenus fluviatilis* subsp.*yagara*
浮木柄, 浮矢幹
カヤツリグサ科の多年生抽水植物。別名ヤガラ。桿の断面は三角形。高さは80～150cm。
¶原牧1（No.737/カ図）
　植調（p37/カ写）
　新分牧（No.947/モ図）
　新牧日（No.3998/モ図）
　茶花下（p52/カ写）
　日水草（p169/カ写）
　牧野ス1（No.737/カ図）
　野生1（p296/カ写）
　山ハ野花（p110/カ写）

**ウキヤガラ（広義）**　*Bolboschoenus fluviatilis*
カヤツリグサ科の多年草。別名ヤガラ。
¶カヤツリ〔ウキヤガラ〕（p646/モ図）
　山力野草〔ウキヤガラ〕（p658/カ写）

**ウグイスカグラ**　*Lonicera gracilipes* var.*glabra*　鶯神楽
スイカズラ科の落葉低木。日本固有種。別名ウグイスノキ。
¶APG原樹（No.1481/カ図）
　学フ増樹（p8/カ写）
　原牧2（No.2331/カ図）
　固有（p134）
　新分牧（No.4351/モ図）
　新牧日（No.2854/モ図）
　茶花上（p237/カ写）
　都木花新（p227/カ写）
　牧野ス2（No.4176/カ写）
　野生5（p420/カ写）
　山力樹木（p687/カ写）
　落葉図譜（p312/モ図）

**ウグイスチャチチタケ**　*Lactarius necator*
ベニタケ科のキノコ。
¶学フ増毒き（p203/カ写）
　山力日き（p390/カ写）

**ウグイスナ**　⇒コマツナを見よ

**ウグイスノキ**　⇒ウグイスカグラを見よ

**ウグヨシ**　⇒ヤマヒハツを見よ

**ウケザキオオヤマレンゲ**　*Magnolia*×*wieseneri*　受咲大山蓮華
モクレン科の落葉小高木。別名ギョクセイ。花は白色。
¶APG原樹（No.138/カ図）
　原牧1（No.126/カ図）
　新分牧（No.155/モ図）
　新牧日（No.464/カ図）
　牧野ス1（No.126/カ図）

**ウケザキカイドウ**　*Malus prunifolia* var.*rinki*
バラ科の木本。別名ベニリンゴ, リンキ。

¶APG原樹（No.555/カ図）

**ウケユリ**　*Lilium alexandrae*　受百合
ユリ科の多肉植物。日本固有種。高さは40～70cm。花は純白色。
¶固有（p160）
　山野草（No.1473/カ写）
　野生1（p174/カ写）
　山レ増（p576/カ写）

**ウケラ**　⇒オケラを見よ

**ウゴ**　⇒オゴノリを見よ

**ウゴアザミ**　*Cirsium ugoense*　羽後薊
キク科アザミ亜科の草本。日本固有種。
¶原牧2（No.2166/カ写）
　固有（p140）
　新分牧（No.3981/モ図）
　新牧日（No.3198/モ図）
　牧野ス2（No.4011/カ図）
　野生5（p249/カ写）
　山力野草（p89/カ写）
　山ハ高山（p408/カ写）
　山ハ山花（p546/カ写）

**ウコギ**(1)　⇒ヒメウコギを見よ

**ウコギ**(2)　⇒ヤマウコギを見よ

**ウゴツクバネウツギ**　*Abelia spathulata* var.*stenophylla*
スイカズラ科の落葉低木。日本固有種。別名オオバツクバネウツギ。
¶原牧2（No.2323/カ図）
　固有（p135）
　新分牧（No.4371/モ図）
　新牧日（No.2846/モ図）
　牧野ス2（No.4168/カ図）
　野生5（p416/カ写）

**ウゴトウヒレン**　*Saussurea ugoensis*
キク科アザミ亜科の多年草。
¶野生5（p266/カ写）

**ウゴノリ**　⇒オゴノリを見よ

**ウコン**(1)　*Acer amoenum* 'Ukon'　鬱金
ムクロジ科（カエデ科）。カエデの品種。
¶APG原樹〔カエデ'ウコン'〕（No.910/カ図）

**ウコン**(2)　*Cerasus lannesiana* 'Grandiflora'　鬱金
バラ科の落葉高木。サクラの栽培品種。花は淡黄緑色。
¶APG原樹〔サクラ'ウコン'〕（No.429/カ図）
　学フ増桜〔'鬱金'〕（p214/カ写）

**ウコン**(3)　*Curcuma longa*　鬱金
ショウガ科の多年草。花序は葉叢中から出る。花は白色。
¶原牧1（No.653/カ図）
　新分牧（No.688/モ図）
　新牧日（No.4235/モ図）
　茶花下（p180/カ写）
　牧野ス1（No.653/カ図）

**ウコンイソマツ** *Limonium wrightii* var.*wrightii* f. *wrightii*
イソマツ科の常緑多年草。別名キバナイソマツ。
¶野生4(p83/カ写)
　山レ増〔キバナイソマツ〕(p184/カ写)

**ウコンウツギ** *Weigela middendorffiana* 鬱金空木
スイカズラ科の落葉低木。高さは1.5m。花は黄緑色。
¶APG原樹(No.1501/カ図)
　学フ増高山(p114/カ写)
　原牧2(No.2347/カ図)
　新分牧(No.4337/モ図)
　新牧日(No.2870/モ図)
　牧野ス2(No.4192/カ図)
　野生5(p426/カ写)
　山カ樹木(p696/カ写)
　山ハ高山(p362/カ写)

**ウコンソウ** ⇒チューリップ(1)を見よ

**ウコンハツ** *Russula flavida*
ベニタケ科のキノコ。中型。傘は鮮やかな黄色,表面つやなし。ひだは黄色味が強い。
¶山カ日き(p368/カ写)

**ウコンバナ** ⇒ダンコウバイ(1)を見よ

**ウサギアオイ**(1) *Malva parviflora*
アオイ科の越年草。高さは50cm。
¶帰化写改(p188/カ写)
　植調(p78/カ写)

**ウサギアオイ**(2) ⇒ハイアオイを見よ

**ウサギカクシ** ⇒ツクバネウツギを見よ

**ウサギガヤ** ⇒ウサギノオを見よ

**ウサギギク** *Arnica unalaschcensis* var.*tschonoskyi* 兎菊
キク科キク亜科の多年草。別名キングルマ。高さは20～35cm。
¶学フ増高山(p117/カ写)
　原牧2(No.2108/カ写)
　山野草(No.1270/カ写)
　新分牧(No.4304/モ図)
　新牧日(No.3138/モ図)
　茶花上(p349/カ写)
　牧野ス2(No.3953/カ図)
　野生5(p365/カ写)
　山カ野草(p50/カ写)
　山ハ高山(p388/カ写)

**ウサギシダ** *Gymnocarpium dryopteris* 兎羊歯
ナヨシダ科(オシダ科)の夏緑性シダ。別名アオキガハラウサギシダ。葉身は長さ15～22cm。
¶シダ標1(p404/カ写)
　新分牧(No.4617/モ図)
　新牧日(No.4570/モ図)

**ウサギソウ** *Ixeris chinensis* subsp.*chinensis*
キク科キクニガナ亜科の多年草。タカサゴソウの基準亜種。
¶野生5(p280)

**ウサギノオ** *Lagurus ovatus*
イネ科の一年草。別名ヘアーズテイル・グラス,ラグラス,ウサギガヤ。高さは10～40cm。
¶帰化写改(p450/カ写)
　桑イネ(p293/カ写・モ図)
　原牧1(No.993/カ図)
　新分牧(No.1079/モ図)
　新牧日(No.3734/モ図)
　茶花上〔のうさぎのお〕(p438/カ写)
　牧野ス1(No.993/カ写)

**ウサンチク** *Phyllostachys aurea* f.*takemurai* 烏山竹
イネ科のタケ。別名オオタケ。稈長8～10m。
¶タケササ(p58/カ写)

**ウシオシカギク** *Cotula coronopifolia*
キク科キク亜科。高さは30cm。花は黄色。
¶野生5(p340)

**ウシオスゲ** *Carex ramenskii*
カヤツリグサ科の多年草。別名ウミベスゲ。
¶カヤツリ(p168/モ図)
　スゲ増(No.74/カ写)
　野生1(p310/カ写)

**ウシオツメクサ** *Spergularia marina* 潮爪草
ナデシコ科の一年草～二年草。別名オニツメクサ,シオツメクサ。
¶帰化写改(p48/カ写)
　原牧2(No.904/カ写)
　新分牧(No.2906/モ図)
　新牧日(No.376/モ図)
　牧野ス2(No.2749/カ図)
　ミニ山(p29/カ写)
　野生4(p123/カ写)
　山ハ野花(p273/カ写)

**ウシオハナツメクサ** *Spergularia bocconii*
ナデシコ科の一年草または越年草。別名オオウシオツメクサ。高さは5～15cm。花は下半部は白,上半部は紅紫色。
¶帰化写改(p48/カ写)
　ミニ山〔オオウシオツメクサ〕(p29/カ写)

**ウシオミチヤナギ** *Polygonum caducifolium*
タデ科の草本。瘦果は長さ約2.5mm。
¶野生4(p101)

**ウシカバ** ⇒クロソヨゴを見よ

**ウジカラマツソウ** *Thalictrum ujiinsulae*
キンポウゲ科の多年草。花序は長さ7～8cm,径15cm。
¶野生2(p165)

**ウシクグ** *Cyperus orthostachyus* 牛莎草
カヤツリグサ科の一年草。高さは20～60cm。
¶学フ増野秋(p218/カ写)
　カヤツリ(p714/モ図)
　原牧1(No.703/カ図)
　新分牧(No.973/モ図)
　新牧日(No.3961/モ図)
　牧野ス1(No.703/カ図)
　野生1(p341/カ写)

山カ野草 (p657/カ写)
山ハ野花 (p99/カ写)

**ウシクサ** *Schizachyrium brevifolium* 牛草
イネ科キビ亜科の一年草。高さは15〜40cm。
¶桑イネ (p61/カ写・モ図)
原牧1 (No.1069/カ図)
新分牧 (No.1190/モ図)
新牧日 (No.3849/モ図)
牧野ス1 (No.1069/カ図)
野生2 (p95/カ写)
山ハ野花 (p216/カ写)

**ウジクサ** ⇒ミソナオシを見よ

**ウシグソヒトヨタケ** *Coprinopsis cinerea*
ナヨタケ科のキノコ。
¶山カ日き (p202/カ写)

**ウシケノリ** *Bangia fuscopurpurea*
ウシケノリ科の海藻。糸は細く単条。
¶新分牧 (No.5019/モ図)
新牧日 (No.4879/モ図)

**ウシコロシ**(1) ⇒カマツカ(1)を見よ

**ウシコロシ**(2) ⇒カマツカ (狭義)を見よ

**ウシコロシ**(3) ⇒クロツバラを見よ

**ウシコロシ**(4) ⇒ワタゲカマツカ(1)を見よ

**ウジコロシ** ⇒ハナヒリノキを見よ

**ウシタキソウ** *Circaea cordata* 牛滝草
アカバナ科の多年草。高さは40〜60cm。
¶原牧2 (No.468/カ図)
新分牧 (No.2497/モ図)
新牧日 (No.1953/モ図)
牧野ス2 (No.2313/カ図)
ミニ山 (p204/カ写)
野生3 (p263/カ写)
山カ野草 (p328/カ写)
山ハ山花 (p303/カ写)

**ウシノケグサ** *Festuca ovina* 牛の毛草
イネ科イチゴツナギ亜科の多年草。別名ギンシンソ
ウ。高さは20〜40cm。花はやや密に淡紫を帯びた
白緑色。
¶桑イネ (p244/カ写・モ図)
原牧1 (No.1022/カ図)
新分牧 〔ウシノケグサ (広義)〕 (No.1116/モ図)
新牧日 (No.3683/モ図)
牧野ス1 (No.1022/カ図)
野生2 (p53/カ写)

**ウジノサト** *Prunus mume* 'Ujinosato' 宇治の里
バラ科。ウメの品種。野梅系ウメ，野梅性八重。
¶ウメ 〔宇治の里〕 (p48/カ写)

**ウシノシイ** ⇒キカラスウリを見よ

**ウシノシッペイ** *Hemarthria sibirica* 牛の竹箆
イネ科キビ亜科の多年草。別名バリン。高さは60
〜100cm。
¶桑イネ (p261/カ写・モ図)
原牧1 (No.1073/カ図)

新分牧 (No.1159/モ図)
新牧日 (No.3857/モ図)
牧野ス1 (No.1073/カ図)
野生2 (p86/カ写)
山カ野草 (p693/カ写)
山ハ野花 (p222/カ写)

**ウシノソウメン** ⇒ネナシカズラを見よ

**ウシノタケダグサ** *Erechtites hieraciifolius* var.
*cacalioides*
キク科キク亜科の草本。
¶帰化写改 (p352/カ写)
植調 (p127/カ写)
野生5 (p296/カ写)

**ウシノハナギ** ⇒カマツカ(1)を見よ

**ウシノヒタイ** ⇒ミゾソバを見よ

**ウシハコベ** *Stellaria aquatica* 牛繁縷
ナデシコ科の多年草。高さは20〜50cm。
¶色野草 (p51/カ写)
学フ増野春 (p147/カ写)
原牧2 (No.865/カ写)
植調 (p221/カ写)
新分牧 (No.2926/モ図)
新牧日 (No.337/モ図)
牧野ス2 (No.2710/カ写)
野生4 (p124/カ写)
山カ野草 (p519/カ写)
山ハ野花 (p277/カ写)

**ウシブドウ** ⇒マツブサを見よ

**ウジョウシダレ** *Cerasus spachiana* 'Ujou-shidare'
雨情枝垂
バラ科の落葉小高木。サクラの栽培品種。花は淡
紅色。
¶学フ増桜 〔'雨情枝垂'〕 (p150/カ写)

**ウジルカンダ** *Mucuna macrocarpa*
マメ科マメ亜科の木本。別名イルカンダ，カマエカ
ズラ，クズモダマ。
¶APG原樹 (No.366/カ図)
原牧1 (No.1613/カ図)
新分牧 (No.1671/モ図)
新牧日 (No.1399/モ図)
牧野ス1 (No.1613/カ図)
野生2 (p284/カ写)

**ウスアカオトメノカサ** *Hygrocybe russocoriacea*
ヌメリガサ科のキノコ。
¶原きの (No.132/カ写・カ図)

**ウスアカシャクトリムシタケ** *Cordyceps rosea*
ノムシタケ科の冬虫夏草。宿主はシャクガ科の
幼虫。
¶冬虫生態 (p80/カ写)

**ウスアカリンドウ** ⇒ユウバリリンドウを見よ

**ウスイタ** ⇒サジランを見よ

**ウスイハナワラビ**(1) *Botrychium nipponicum* var.
*minus*
ハナヤスリ科。日本固有種。

¶固有（p199）

**ウスイハナワラビ**(2) ⇒アカハナワラビを見よ

**ウスイロオオセミタケ** *Ophiocordyceps heteropoda* f.
オフィオコルディセプス科の冬虫夏草。オオセミタケの変異で色が淡い。
¶冬虫生態（p109/カ写）

**ウスイロオクノカンスゲ** *Carex foliosissima* var.
*pallidivaginata*
カヤツリグサ科の多年草。日本固有種。
¶カヤツリ（p300/モ図）
固有（p184）
スゲ増（No.151/カ写）
野生1（p318）

**ウスイロカラチチタケ** *Lactarius pterosporus*
ベニタケ科のキノコ。
¶山カ日き（p385/カ写）

**ウスイロコゴメセミタケ** *Cordyceps pleuricapitata*
f.
ノムシタケ科の冬虫夏草。ウスキタンポセミタケの変種。結実部が白色〜淡黄色。
¶冬虫生態（p114/カ写）

**ウスイロスゲ** *Carex pallida*
カヤツリグサ科の多年草。別名エゾカワズスゲ。
¶カヤツリ（p90/モ図）
原牧1（No.794/カ図）
新分牧（No.789/モ図）
新牧日（No.4082/モ図）
スゲ増（No.26/カ写）
牧野ス1（No.794/カ図）
野生1（p303/カ写）

**ウスイロタンポタケ** *Ophiocordyceps gracilioides*
オフィオコルディセプス科の冬虫夏草。宿主はフタモンウバタマコメツキの幼虫。
¶冬虫生態（p148/カ写）
山カ日き（p582/カ写）

**ウスイロチリメン** *Prunus mume* 'Usuiro-chirimen'
薄色縮緬
バラ科。ウメの品種。杏系ウメ，豊後性一重。
¶ウメ〔薄色縮緬〕（p130/カ写）

**ウスイロヒエスゲ** ⇒チュウゼンジスゲを見よ

**ウスイロヒメカンスゲ** *Carex* sp.
カヤツリグサ科の多年草。日本固有。葉はヒメカンスゲより明るい緑色。
¶カヤツリ（p284/モ図）

**ウスイロヒメフトバリタケ** *Ophiocordyceps carabidicola*
オフィオコルディセプス科の冬虫夏草。宿主は甲虫の幼虫。
¶冬虫生態（p184/カ写）

**ウスイロフクリンセンネンボク** *Dracaena fragrans* 'Lindenii' 薄色覆輪千年木
キジカクシ科〔クサスギカズラ科〕（リュウゼツラン科）の木本。
¶APG原樹（No.193/カ図）

**ウスイロホウビシダ** *Hymenasplenium subnormale*
チャセンシダ科の常緑性シダ。葉身は長さ10cm，狭長楕円形〜広披針形。
¶シダ標1（p419/カ写）

**ウスイロミヤマカンスゲ** ⇒アオミヤマカンスゲを見よ

**ウスイロミヤマハナゴケ** *Cladonia pseudoevansii*
ハナゴケ科の地衣類。地衣体は淡く緑〜緑黄。
¶新分牧（No.5176/モ図）

**ウスガサネオオシマ** *Cerasus speciosa* f.*semiplena*
薄重大島
バラ科の落葉高木。サクラの栽培品種。花は白色。
¶学フ増桜〔'薄重大島'〕（p81/カ写）
原牧1（No.1646/カ図）
新分牧（No.1851/モ図）
新牧日（No.1225/モ図）
牧野ス1（No.1646/カ図）

**ウスカワゴロモ** *Hydrobryum floribundum* 薄川衣
カワゴケソウ科の草本。日本固有種。根は葉状。葉は束柔らかく針状，長さは5〜8mm。
¶カワゴケ（No.4/カ写）
固有（p81/カ写）
日水草（p243/カ写）
野生3（p232/カ写）
山八山花（p329/カ写）
山レ増（p281/カ写）

**ウスギオウレン** *Coptis lutescens* 薄黄黄連
キンポウゲ科の多年草。日本固有種。高さは15〜40cm。
¶固有（p51）
野生2（p148/カ写）

**ウスキキヌガサタケ** *Dictyophora indusiata* f.*lutea*
スッポンタケ科のキノコ。大型。傘は網目状隆起，釣鐘形。
¶山カ日き（p524/カ写）

**ウスキサナギタケ** *Cordyceps takaomontana*
ノムシタケ科の冬虫夏草。宿主はガの蛹，幼虫。
¶冬虫生態（p75/カ写）
山カ日き（p581/カ写）

**ウスキタンポセミタケ** *Cordyceps pleuricapitata*
ノムシタケ科の冬虫夏草。宿主はイワサキゼミなどの幼虫。
¶冬虫生態（p114/カ写）

**ウスギタンポポ** ⇒キビシロタンポポを見よ

**ウスキテングタケ** *Amanita gemmata*
テングタケ科のキノコ。小型〜中型。傘は淡黄色，白色脱落性のいぼ・条線あり。
¶学フ増毒き（p74/カ写）

**ウスギナツノタムラソウ** *Salvia lutescens* var.
*lutescens*
シソ科シソ亜科〔イヌハッカ亜科〕の多年草。日本固有種。別名キバナナツノタムラソウ。
¶固有〔キバナナツノタムラソウ〕（p122）
野生5（p140/カ写）

**ウスキニセショウロ**  *Scleroderma flavidum*
ニセショウロ科のキノコ。
¶学フ増毒き (p223/カ写)
　山カ日き (p501/カ写)

**ウスキハクサンシャクナゲ**  ⇒ハクサンシャクナ
ゲを見よ

**ウヅキバナ**  ⇒ホンシャクナゲを見よ

**ウスギヒキノカサ**  *Ranunculus extorris f.pilosulus*
キンポウゲ科の多年草。茎は高さ30cm以上。
¶野生2 (p156)

**ウスキヒメヤドリバエタケ**  *Hypocrea sp.*
ボタンタケ属の冬虫夏草。宿主はミズアブ科の幼虫
と思われる。
¶冬虫生態 (p203/カ写)

**ウスキブナノミタケ**  *Mycena sp.*
ラッシタケ科のキノコ。超小型。傘は淡黄色～淡橙
色。ひだは淡黄色。
¶山カ日き (p134/カ写)

**ウスキムヨウラン**  *Lecanorchis kiusiana*
ラン科の草本。
¶原牧1 (No.407/カ図)
　新分牧 (No.420/モ図)
　新牧日 (No.4281/モ図)
　牧野ス1 (No.407/カ図)
　野生1 (p210/カ写)
　山レ増〔ウスギムヨウラン〕(p495/カ写)

**ウスギモクセイ**  *Osmanthus fragrans var.aurantiacus
f.thunbergii*　薄黄木犀
モクセイ科の木本。別名シキザキモクセイ。
¶APG原樹 (No.1383/カ図)
　原牧2 (No.1520/カ図)
　新分牧 (No.3563/モ図)
　新牧日 (No.2303/モ図)
　牧野ス2 (No.3365/カ図)
　野生5 (p66/カ写)
　山カ樹木 (p627/カ写)

**ウスキモミウラモドキ**  *Entoloma omiense*
イッポンシメジ科のキノコ。
¶山カ日き (p278/カ写)

**ウスキモリノカサ**  *Agaricus abruptibulbus*
ハラタケ科のキノコ。大型。傘は淡黄色、絹状のつ
や。ひだは白色のち帯紅色～紫褐色。
¶山カ日き (p191/カ写)

**ウスギヨウラク**  ⇒ツリガネツツジ(1)を見よ

**ウスキヨコバイタケ**  *Podonectrioides citrina*
トゥベウフィア科の冬虫夏草。宿主はヨコバイの
幼虫。
¶冬虫生態 (p134/カ写)

**ウスギワニグチソウ**  *Polygonatum cryptanthum*
クサスギカズラ科（ユリ科）の草本。
¶山野草 (No.1402/カ写)
　野生1 (p257/カ写)

**ウスゲアオイガワラビ**  ⇒アオイガワラビを見よ

**ウスゲアキメヒシバ**  *Digitaria violascens var.
intersita*
イネ科の一年草。日本固有種。
¶固有 (p169)

**ウスゲオオバナミズキンバイ**  *Ludwigia grandiflora
subsp.hexapetala*
アカバナ科の多年草。南アメリカ原産。
¶日水草 (p253/カ写)
　野生3 (p268)

**ウスゲキダチキンバイ**  *Ludwigia octovalvis var.
octovalvis*
アカバナ科の亜低木状の多年草。別名フシゲキダチ
キンバイ。
¶帰化写2 (p160/カ写)

**ウスゲクチキムシタケ**  *Ophiocordyceps sp.*
オフィオコルディセプス科の冬虫夏草。宿主は甲虫
の幼虫。
¶冬虫生態 (p174/カ写)

**ウスゲクマヤナギ**  *Berchemia racemosa var.pilosa*
薄毛熊柳
クロウメモドキ科。クマヤナギの変種。
¶野生2 (p318)

**ウスゲクロモジ**  *Lindera sericea var.glabrata*
クスノキ科の落葉低木。日本固有種。別名ミヤマク
ロモジ。
¶固有 (p49)
　野生1 (p83)

**ウスゲケホシダ**  ⇒アイノコホシダを見よ

**ウスゲコバノイシカグマ**  ⇒コバノイシカグマを
見よ

**ウスゲサンカクヅル**  *Vitis flexuosa var.tsukubana*
ブドウ科のつる性木本。日本固有種。
¶固有 (p90)
　野生2 (p237)

**ウスゲタマブキ**  *Parasenecio farfarifolius var.
farfarifolius*　薄毛玉蕗
キク科キク亜科の草本。日本固有種。
¶固有 (p144)
　茶花下 (p180/カ写)
　野生5 (p304/カ写)
　山ハ山花〔ウズゲタマブキ〕(p503/カ写)

**ウスゲチョウジタデ**  *Ludwigia epilobioides subsp.
greatrexii*
アカバナ科の一年草。高さは30～60cm。
¶原牧2 (No.463/カ図)
　新分牧 (No.2493/モ図)
　新牧日 (No.1948/モ図)
　牧野ス2 (No.2308/カ図)
　野生3 (p268/カ写)
　山レ増 (p237/カ写)

**ウスゲフモトシダ**  ⇒フモトシダを見よ

**ウスゲホオズキ**  *Physalis longifolia var.subglabrata*
ナス科の多年草。高さは40～60cm。花は黄色。
¶帰化写2 (p210/カ写)
　野生5 (p39)

**ウスゲミヤマシケシダ** *Deparia pycnosora* var. *mucilagina*
　メシダ科のシダ植物。
　¶シダ標2（p344/カ写）

**ウスゲヤナギラン** *Chamaenerion angustifolium* subsp.*circumvagum*　薄毛柳蘭
　アカバナ科の多年草。茎の上部や葉の裏面脈上にまばらに毛が生える。
　¶野生3（p262/カ写）

**ウスゲヤワラシダ**　⇒ヤワラシダを見よ

**ウズザクラ** *Cerasus lannesiana* 'Spiralis'　渦桜
　バラ科の落葉高木。サクラの栽培品種。花は淡紅色。
　¶APG原樹〔サクラ‘ウズザクラ’〕（No.436/カ図）
　学フ増桜〔‘渦桜’〕（p151/カ写）

**ウスジョウマンジ**　⇒セキドタロウアンを見よ

**ウスジロクモタケ** *Torrubiella flava*
　所属科未確定の冬虫夏草。クモに寄生。
　¶山カ日き（p586/カ写）

**ウスジロシモフリゴケ**　⇒エゾスナゴケを見よ

**ウスズミ** *Cerasus lannesiana* 'Nigrescens'　薄墨
　バラ科の落葉高木。サクラの栽培品種。花は白色。
　¶APG原樹〔サクラ‘ウスズミ’〕（No.434/カ図）
　学フ増桜〔‘薄墨’〕（p72/カ写）

**ウスズミチチタケ** *Lactarius fuliginosus*
　ベニタケ科のキノコ。
　¶原きの（No.154/カ写・カ図）

**ウスズミハツ** *Lactarius pyrogalus*
　ベニタケ科のキノコ。
　¶原きの（No.159/カ写・カ図）

**ウスタケ** *Turbinellus floccosus*
　ラッパタケ科のキノコ。小型～大型。傘は朱～黄～茶色で、赤～橙色の鱗片あり。ひだは肌色。
　¶学フ増毒き（p212/カ写）
　原きの（No.446/カ写・カ図）
　新分牧（No.5128/モ図）
　新牧日（No.4951/モ図）
　山カ日き（p405/カ写）

**ウズタケ** *Coltricia montagnei*
　所属科未確定（タバコウロコタケ目）のキノコ。全体はこま形、暗褐色。
　¶山カ日き（p466/カ写）

**ウズタツナミ**　⇒シソバタツナミを見よ

**ウスノキ** *Vaccinium hirtum* var.*pubescens*　臼の木
　ツツジ科スノキ亜科の落葉低木。
　¶野生4（p259/カ写）
　山ハ高山（p291/カ写）

**ウスノキ（広義）** *Vaccinium hirtum*　臼の木
　ツツジ科の落葉低木。日本固有種。別名アカモジ、カクミノスノキ。
　¶APG原樹〔ウスノキ〕（No.1303/カ図）
　原牧2〔ウスノキ〕（No.1245/カ図）
　固有〔ウスノキ〕（p104/カ写）
　新分牧〔ウスノキ〕（No.3297/モ図）

　新牧日〔ウスノキ〕（No.2189/モ図）
　茶花上〔うすのき〕（p237/カ写）
　牧野ス2〔ウスノキ〕（No.3090/カ図）
　山ハ樹木〔ウスノキ〕（p601/カ写）

**ウスバアカザ** *Chenopodiastrum hybridum*
　ヒユ科（アカザ科）の一年草。高さは1～2m。
　¶帰化写改（p57/カ写）
　野生4（p136/カ写）

**ウスバアザミ** *Cirsium tenue*
　キク科アザミ亜科の草本。日本固有種。
　¶固有（p140）
　野生5（p247/カ写）
　山レ増（p58/カ写）

**ウスバイシカグマ** *Microlepia substrigosa*
　コバノイシカグマ科の常緑性シダ。葉身は長さ50～100cm、3回羽状複生。
　¶シダ標1（p363/カ写）

**ウスバイヌツメゴケ** *Peltigera membranacea*
　ツメゴケ科のキノコ。
　¶原きの（No.596/カ写・カ図）

**ウスバイワヒトデ**　⇒オオイワヒトデを見よ

**ウスバオオイシカグマ**　⇒オオイシカグマを見よ

**ウスバカラマツ**　⇒オオカラマツを見よ

**ウスバカワリシダ**　⇒カワリウスバシダを見よ

**ウスバクジャク** *Hymenasplenium cheilosorum*　薄葉孔雀
　チャセンシダ科の常緑性シダ。葉身は長さ20～30cm、狭披針形。
　¶シダ標1（p419/カ写）
　新分牧（No.4623/モ図）
　新牧日（No.4644/モ図）

**ウスバゴケ**　⇒ウスバゼニゴケを見よ

**ウスバサイゴクベニシダ**　⇒ギフベニシダを見よ

**ウスバサイシン** *Asarum sieboldii*　薄葉細辛
　ウマノスズクサ科の多年草。別名ニッポンサイシン、サイシン。花は暗紫色。葉径5～8cm。
　¶学フ増野春（p223/カ写）
　学フ増薬草（p56/カ写）
　原山1（No.109/カ図）
　山野草（No.0404/カ写）
　新分牧（No.131/モ図）
　新牧日（No.705/モ図）
　牧野ス1（No.109/カ図）
　ミニ山（p72/カ写）
　野生1（p62/カ写）
　山カ野草（p549/カ写）
　山ハ山花（p21/カ写）

**ウスバザサ** *Sasa septentrionalis* var.*membranacea*
　イネ科タケ亜科の植物。
　¶タケ亜科（No.80/カ写）

**ウスバサルノオ**　⇒ホザキサルノオを見よ

**ウスバシケシダ** *Deparia longipes*
　メシダ科のシダ植物。

ウスハシタ　　　　　　　96

**ウスバシダ** *Tectaria devexa*　薄葉羊歯
ナナバケシダ科（オシダ科）の常緑性シダ。葉身は
長さ20～25cm、三角状卵形。
　¶シダ標2（p446/カ写）
　　新分牧（No.4768/モ図）
　　新牧日（No.4548/モ図）

**ウスバシハイタケ** *Trichaptum fuscoviolaceum*
所属科未確定のキノコ。小型。傘は灰白色、短毛。
　¶山カ日き（p476/カ写）

**ウスバスナゴショウ** *Peperomia pellucida*
コショウ科の軟草、一年草。茎は半透明、キクの香
あり。
　¶帰化写2（p56/カ写）
　　野生1（p55）

**ウスバスミレ** *Viola blandiformis*　薄葉菫
スミレ科の多年草。高さは4～7cm。花は白色。
　¶原牧2（No.350/カ写）
　　新分牧（No.2335/モ図）
　　新牧日（No.1823/モ図）
　　牧野ス1（No.2195/カ図）
　　野生3（p215/カ写）
　　山ハ高山（p188/カ写）

**ウスバゼニゴケ** *Blasia pusilla*
ウスバゼニゴケ科のコケ。別名ウスバゴケ。淡緑
色、長さ1～3cm。
　¶新分牧（No.4914/モ図）
　　新牧日（No.4769/モ図）

**ウズハツ** *Lactarius violascens*
ベニタケ科のキノコ。
　¶山カ日き（p391/カ写）

**ウスバトリカブト**(1) *Aconitum yesoense* var.
*corymbiferum*
キンポウゲ科の多年草。
　¶ミニ山（p46/カ写）

**ウスバトリカブト**(2)　⇒エゾトリカブトを見よ

**ウスバノミツバショウマ**　⇒ウスバミツバショウマ
を見よ

**ウスバハチジョウシダ**　⇒ヒカゲアマクサシダを
見よ

**ウスバヒョウタンボク** *Lonicera cerasina*　薄葉瓢
箪木
スイカズラ科の木本。日本固有種。
　¶原牧2（No.2337/カ図）
　　固有（p134）
　　新分牧（No.4357/モ図）
　　新牧日（No.2860/モ図）
　　牧野ス2（No.4182/カ図）
　　野生5（p421/カ写）
　　山カ樹木（p689/カ写）
　　山レ増（p84/カ写）

**ウスバヘビノネゴザ**　⇒キリシマヘビノネゴザを
見よ

**ウスバミツバショウマ** *Cimicifuga japonica* var.
*japonica*
キンポウゲ科の多年草。別名ウスバノミツバショウ
マ。葉は3出複葉。
　¶野生2（p141）

**ウスバミヤマカンスゲ**　⇒ヤワラミヤマカンスゲを
見よ

**ウスバミヤマノコギリシダ** *Diplazium deciduum*
メシダ科（イワデンダ科）のシダ植物。日本固有種。
　¶固有（p205）
　　シダ標2（p327/カ写）

**ウスバミヤマノコギリシダ × ミヤマノコギリシ
ダ** *Diplazium deciduum×D.mettenianum*
メシダ科のシダ植物。
　¶シダ標2（p332/カ写）

**ウスバヤブマメ** *Amphicarpaea edgeworthii* var.
*trisperma*
マメ科の一年草。茎に伏臥した毛がある。花は鮮
紫色。
　¶ミニ山（p155/カ写）

**ウスバヤマブキショウマ**　⇒ヤマブキショウマを
見よ

**ウスヒメワラビ** *Acystopteris japonica*　薄姫蕨
ナヨシダ科（オシダ科）の夏緑性シダ。葉身は長さ
20～50cm、三角状卵形。
　¶シダ標1（p403/カ写）
　　新分牧（No.4620/モ図）
　　新牧日（No.4574/モ図）

**ウスヒメワラビ × ウスヒメワラビモドキ**
*Acystopteris japonica× A.taiwaniana*
ナヨシダ科のシダ植物。
　¶シダ標1（p404/カ写）

**ウスヒメワラビモドキ** *Acystopteris taiwaniana*
ナヨシダ科のシダ植物。別名ミヤマウスヒメワ
ラビ。
　¶シダ標1（p404/カ写）

**ウスヒラタケ** *Pleurotus pulmonarius*
ヒラタケ科のキノコ。小型～中型。傘は貝殻形、淡
灰色。
　¶山カ日き（p23/カ写）

**ウスフジフウセンタケ** *Cortinarius alboviolaceus*
フウセンタケ科のキノコ。中型。傘は淡紫色～銀白
色、絹状光沢。ひだは淡帯紫色～肉桂褐色。
　¶原きの（No.062/カ写・カ図）
　　山カ日き（p254/カ写）

**ウスベニアオイ** *Malva sylvestris*
アオイ科の多年草。
　¶帰化写改（p191/カ写）
　　ミニ山（p181/カ写）

**ウスベニカノコソウ** *Centranthus macrosiphon*
スイカズラ科（オミナエシ科）の越年草。別名セン
トランサス。高さは30～50cm。花は藤色。
　¶帰化写2（p242/カ写）
　　原牧2（No.2315/カ図）
　　牧野ス2（No.4160/カ図）

**ウスベニコザクラ** ⇒プリムラ・ロゼアを見よ

**ウスベニチチコグサ** *Gamochaeta purpurea*
キク科の草本。
¶帰化写改(p366/カ写)
　植調(p129/カ写)

**ウスベニツメクサ** *Spergularia rubra*
ナデシコ科の一年草または多年草。高さは5〜
15cm。花は紅紫色。
¶帰化写改(p49/カ写, p492/カ写)
　原牧2(No.905/カ図)
　新分牧(No.2907/モ図)
　新牧日(No.377/モ図)
　牧野ス2(No.2750/カ図)

**ウスベニニガナ** *Emilia sonchifolia* var.*javanica*
キク科キク亜科の一年草。花序は下垂する。高さは
25〜45cm。花は紅紫色。
¶原牧2(No.2154/カ図)
　植調(p144/カ写)
　新分牧(No.4121/モ図)
　新牧日(No.3186/モ図)
　牧野ス2(No.3999/カ図)
　野生5(p296/カ写)

**ウスベニミミタケ** *Otidea onotica*
ピロネマキン科のキノコ。
¶原きの(No.537/カ写・カ図)
　山カ日き(p574/カ写)

**ウスミョウレンジ** *Camellia japonica* 'Usu-myôrenji'
淡妙蓮寺
ツバキ科。ツバキの品種。花は桃色。
¶茶花上(p118/カ写)

**ウスムラサキアセタケ** *Inocybe geophylla* var.
*lilacina*
アセタケ科(フウセンタケ科)のキノコ。小型。表
面は紫色〜ライラック色。
¶学フ増毒き〔ムラサキアセタケ〕(p148/カ写)
　原きの(No.146/カ写・カ図)

**ウスムラサキシメジ** *Lepista graveolens*
キシメジ科のキノコ。
¶学フ増毒き(p93/カ写)

**ウスムラサキハツ** *Russula lilacea*
ベニタケ科のキノコ。小型〜中型。傘は帯紫肉紅色
〜肉紅色,周辺部に溝線。ひだは白色。
¶山カ日き(p370/カ写)

**ウスユキキクアザミ** *Saussurea ussuriensis* var.
*nivea* 薄雪菊薊
キク科アザミ亜科の多年草。葉の下面に白い綿毛が
ある。
¶野生5(p260)

**ウスユキクチナシグサ** *Monochasma savatieri*
ハマウツボ科(ゴマノハグサ科)の草本。
¶原牧2(No.1785/カ図)
　新分牧(No.3849/モ図)
　新牧日(No.2767/モ図)
　牧野ス2(No.3630/カ図)
　野生5(p155/カ写)
　山カ野草(p184/カ写)

**ウスユキソウ** *Leontopodium japonicum* var.
*japonicum* 薄雪草
キク科キク亜科の多年草。高さは25〜50cm。
¶学フ増野夏(p140/カ写)
　原牧2(No.1976/カ図)
　山野草(No.1294/カ写)
　新分牧(No.4124/モ図)
　新牧日(No.3014/モ図)
　茶花下(p53/カ写)
　牧野ス2(No.3821/カ図)
　野生5(p347/カ写)
　山カ野草(p12/カ写)
　山ハ高山(p380/カ写)
　山ハ山花(p523/カ写)

**ウスユキトウヒレン** *Saussurea yanagisawae* var.
*yanagisawae* 薄雪唐飛廉
キク科アザミ亜科の多年草。日本固有種。別名オオ
タカネキタアザミ, タカネキタアザミ, ホソバエゾ
ヒゴタイ, ユキバタカネキタアザミ, コタカネキタ
アザミ。
¶固有(p148)
　野生5(p265/カ写)
　山ハ高山(p415/カ写)
　山レ増(p60/カ写)

**ウスユキナズナ** ⇒ヤハズナズナを見よ

**ウスユキハナヒリノキ** *Leucothoe grayana* var.
*pruinosa*
ツツジ科スノキ亜科の落葉低木。
¶野生4(p255)

**ウスユキマンネングサ** *Sedum hispanicum*
ベンケイソウ科の多年生多肉植物。別名イソコマ
ツ, シロガネツヅキ。高さは10〜20cm。花は白色。
¶帰化写2(p86/カ写)
　野生2(p228/カ写)

**ウスユキムグラ** *Galium shikokianum*
アカネ科の草本。日本固有種。
¶原牧2(No.1308/カ図)
　固有(p118)
　新分牧(No.3342/モ図)
　新牧日(No.2422/モ図)
　牧野ス2(No.3153/カ図)
　野生4(p273/カ写)

**ウズラバタンポポ** *Hieracium maculatum*
キク科の多年草。花は濃黄色。
¶帰化写2(p276/カ写)

**ウゼンアザミ** *Cirsium uzenense*
キク科アザミ亜科の多年草。日本固有種。
¶固有(p140)
　野生5(p239/カ写)
　山カ野草(p705/カ写)

**ウゼントリカブト** *Aconitum okuyamae* 羽前鳥兜
キンポウゲ科の多年草。日本固有種。
¶原牧1(No.1224/カ図)
　固有(p56)
　新分牧(No.1426/モ図)
　新牧日(No.549/モ図)

牧野ス1（No.1224/カ図）
野生2（p128/カ写）

**ウゼンヒメアザミ** *Cirsium katoanum*
キク科アザミ亜科の草本。日本固有種。天童市の特産。
¶固有（p140）
野生5（p249）

**ウゼンベニバナヒョウタンボク** *Lonicera uzenensis* 羽前紅花瓢箪木
スイカズラ科の落葉低木。高さは1mほど。
¶山力樹木（p720/カ写）

**ウダイカンバ** *Betula maximowicziana* 鵜松樺
カバノキ科の落葉高木。日本固有種。別名サイハダカンバ，マカバ，マカンバ。高さは30m。樹皮は赤みのある褐色。
¶APG原樹（No.748/カ図）
原牧2（No.144/カ図）
固有（p42）
新分牧（No.2187/モ図）
新牧日（No.122/モ図）
図説樹木（p72/カ写）
牧野ス1（No.1989/カ図）
野生3（p111/カ写）
山力樹木（p119/カ写）
落葉図譜（p73/モ図）

**ウチキアワビゴケ** *Nephromopsis ornata*
ウメノキゴケ科の地衣類。地衣体背面は黄緑色。
¶新分牧（No.5189/モ図）
新牧日（No.5049/モ図）

**ウチダシクロキ** *Symplocos kawakamii*
ハイノキ科の常緑低木。小笠原固有変種。別名オガサワラクロキ。
¶固有（p112）
野生4（p210/カ写）
山力樹木（p731/カ写）
山レ増（p182/カ写）

**ウチダシミヤマシキミ** *Skimmia japonica* var. *japonica* f.*yatabei* 打出深山樒
ミカン科の木本。
¶APG原樹（No.987/カ図）
原牧2（No.578/カ図）
新分牧（No.2597/モ図）
新牧日（No.1515/モ図）
牧野ス2（No.2423/カ図）

**ウチマキラララゴケ** *Cololejeunea uchimae*
クサリゴケ科のコケ植物。日本固有種。
¶固有（p224）

**ウチムラサキ** ⇒ブンタンを見よ

**ウチョウラン** *Hemipilia graminifolia* 羽蝶蘭
ラン科の多年草。別名イワラン，コチョウラン，アリマラン。高さは8〜15cm。花は紅紫色。
¶学フ増夏（p55/カ写）
原牧1（No.373/カ図）
山野草（No.1756・1757/カ写）
新分牧（No.446/モ図）
新牧日（No.4246/モ図）

茶花下（p53/カ写）
牧野ス1（No.373/カ図）
野生1（p225/カ写）
山力野草（p562/カ写）
山ハ山花（p126/カ写）
山レ増（p498/カ写）

**ウチワカエデ** ⇒ハウチワカエデを見よ

**ウチワゴケ** *Crepidomanes minutum* 団扇苔
コケシノブ科の常緑性シダ。葉身は長さ7〜15mm，うちわ形。
¶シダ標1（p313/カ写）
新分牧（No.4540/モ図）
新牧日（No.4424/モ図）

**ウチワサボテン** ⇒サボテンを見よ

**ウチワサボテングサ** *Halimeda discoidea*
サボテングサ科（ミル科）の海藻。石灰質を被る。
¶新分牧（No.4966/モ図）
新牧日（No.4826/モ図）

**ウチワゼニクサ** *Hydrocotyle verticillata* var. *triradiata* 団扇銭草
ウコギ科（セリ科）の多年草。別名タテバチドメグサ。葉身は円形。
¶帰化写改（p224/カ写）
茶花上〔うちわぜにぐさ〕（p499/カ写）
日水草（p301/カ写）
ミニ山（p215/カ写）

**ウチワダイモンジソウ** *Saxifraga fortunei* var. *obtusocuneata*
ユキノシタ科の多年草。日本固有種。
¶固有（p72）
ミニ山（p115/カ写）
野生2（p214/カ写）

**ウチワタケ** *Microporus affinis*
タマチョレイタケ科のキノコ。小型〜中型。傘は黄褐色〜茶褐色，初期密毛。
¶山カ日き（p454/カ写）

**ウチワツナギ** *Phyllodium pulchellum*
マメ科マメ亜科の木本。
¶野生2（p289/カ写）

**ウチワドコロ** *Dioscorea nipponica* 団扇野老
ヤマノイモ科の多年生つる草。別名コウモリドコロ。
¶原牧1（No.289/カ図）
新分牧（No.334/モ図）
新牧日（No.3532/モ図）
牧野ス1（No.289/カ図）
野生1（p150/カ写）

**ウチワノキ** *Abeliophyllum distichum* 団扇の木
モクセイ科の落葉低木。別名シロバナレンギョウ。高さは1m。花は白色。
¶茶花上（p238/カ写）
山力樹木（p634/カ写）

**ウチワホラシノブ** ⇒ホラシノブを見よ

**ウチワホングウシダ** *Lindsaea simulans*
ホングウシダ科のシダ植物。

¶シダ標1（p352/カ写）

**ウチワマンネンスギ** ⇒マンネンスギを見よ

**ウチワヤシ** ⇒オウギヤシを見よ

**ウツギ** *Deutzia crenata* 空木, 卯木
アジサイ科（ユキノシタ科）の落葉低木。日本固有種。別名ウノハナ。高さは2m。花は白色。
¶ＡＰＧ原樹（No.1095/カ図）
学フ増樹（p191/カ写）
学フ増花庭（p203/カ写）
学フ増薬草（p185/カ写）
原牧2（No.1014/カ図）
固有（p74/カ写）
新分牧（No.3046/モ図）
新牧日（No.978/モ図）
図説樹木（p135/カ写）
茶花上（p350/カ写）
都木花新〔ウツギとバイカウツギ〕（p110/カ写）
牧野ス2（No.2859/カ図）
ミニ山（p112/カ写）
野生4（p161/カ写）
山カ樹木（p226/カ写）
落葉図譜（p132/モ図）

**ウツクシザサ** *Sasa pulcherrima*
イネ科タケ亜科の植物。日本固有種。
¶固有（p173）
タケ亜科（No.84/カ写）

**ウツクシマツ**(1) *Pinus densiflora f.umbraculifera*
美松
マツ科の常緑低木〜高木。アカマツの品種。高さは
7〜8m。
¶山カ樹木（p20/カ写）

**ウツクシマツ**(2) ⇒タギョウショウを見よ

**ウツクシモミ** *Abies amabilis*
マツ科の常緑高木。別名アマビリスファー。高さは
80m。
¶ＡＰＧ原樹（No.50/カ図）

**ウッドローズ** *Merremia tuberosa*
ヒルガオ科のつる性の大型多年草。別名バラアサガ
オ, セイロンアサガオ。花は黄色。
¶帰化写2〔バラアサガオ〕（p425/カ写）
野生5（p31）

**ウツボカズラ** *Nepenthes mirabilis* 靫葛
ウツボカズラ科の食虫植物。高さは8m。
¶原牧2（No.863/カ図）
新分牧（No.2903/モ図）
新牧日（No.763/モ図）
牧野ス2（No.2708/カ図）

**ウツボグサ** *Prunella vulgaris* subsp.*asiatica* var.
*lilacina* 靫草
シソ科シソ亜科〔イヌハッカ亜科〕の多年草。別名
カコソウ。ウツボグサの基本亜種で, 花は長さ1〜1.
3cm。高さは10〜30cm。
¶色野草（p283/カ写）
学フ増山菜（p32/カ写）
学フ増野夏（p14/カ写）

原牧2（No.1654/カ図）
山野草（No.1038/カ写）
新分牧（No.3777/モ図）
新牧日（No.2566/モ図）
茶花上（p500/カ写）
牧野ス2（No.3499/カ図）
野生5（p137/カ写）
山カ野草（p212/カ写）
山ハ野花（p456/カ写）

**ウツリギボウシ** ⇒オオバギボウシを見よ

**ウツロイイグチ** *Xanthoconium affine*
イグチ科のキノコ。中型〜大型。傘は帯赤褐色〜暗
褐色。
¶学フ増毒き（p182/カ写）
山カ日き（p315/カ写）

**ウツロベニハナイグチ** *Boletinus asiaticus*
ヌメリイグチ科のキノコ。別名アジアカラマツイグ
チ。中型〜大型。傘は帯紫赤色, 繊維状細鱗片。
¶山カ日き（p301/カ写）

**ウド** *Aralia cordata* 独活
ウコギ科の多年草。別名カラフトウド, エゾウド,
ヤマウド。高さは1.5〜2m。花は淡緑色。
¶学フ増山菜（p108/カ写）
学フ増野夏（p148/カ写）
原牧2（No.2388/カ写）
新分牧（No.4406/モ図）
新牧日（No.1998/モ図）
牧野ス2（No.4233/カ写）
ミニ山（p214/カ写）
野生5（p374/カ写）
山カ野草（p323/カ写）
山ハ山花（p462/カ写）

**ウドカズラ** *Ampelopsis cantoniensis* var.*leeoides* 独
活葛
ブドウ科の落葉つる性植物。花は黄緑色。
¶ＡＰＧ原樹（No.353/カ写）
原牧1（No.1454/カ写）
新分牧（No.1616/モ図）
新牧日（No.1708/モ図）
牧野ス1（No.1454/カ写）
野生2（p234/カ写）

**ウドノキ** ⇒オオクサボクを見よ

**ウドブキ**(1) ⇒イヌドウナを見よ

**ウドブキ**(2) ⇒ヨブスマソウを見よ

**ウナギツル** ⇒ウナギツカミを見よ

**ウナギツカミ** *Persicaria sagittata* 鰻攫
タデ科の草本。別名ウナギヅル, アキノウナギツ
カミ。
¶原牧2（No.828/カ写）
植調（p198/カ写）
新分牧（No.2870/モ図）
新牧日（No.290/モ図）
牧野ス2（No.2673/カ図）
野生4（p93/カ写）

ウナスキエ　　　　　　　　　　100

**ウナズキエンレイソウ** ⇒トリリウム・セルヌルを見よ

**ウナズキギボウシ** *Hosta kikutii* var.*tosana*
クサスギカズラ科 (ユリ科) の多年草。日本固有種。別名トサノギボウシ。
¶固有〔トサノギボウシ〕(p155)
山野草〔ウナヅキギボウシ〕(No.1510/カ写)
野生1 (p252/カ写)

**ウナズキテンツキ** *Fimbristylis nutans*
カヤツリグサ科の多年草。
¶カヤツリ (p588/モ図)
野生1 (p349)

**ウナズキヒレアザミ** *Carduus nutans*
キク科の越年草または二年草。
¶帰化写2 (p260/カ写)

**ウナダレツメクサ** *Trifolium cernuum*
マメ科の越年草。
¶帰化写2 (p110/カ写)

**ウニアザミ** ⇒アオモリアザミを見よ

**ウニバヒシャクゴケ** *Scapania ciliata*
ヒシャクゴケ科のコケ。不透明な黄緑色であり, 茎は長さ1〜4cm。
¶新分牧 (No.4908/モ図)
新牧日 (No.4764/モ図)

**ウニバヨウジョウゴケ** *Cololejeunea spinosa*
クサリゴケ科のコケ。茎は長さ3〜5mm, 背片は卵形。
¶新分牧 (No.4903/モ図)
新牧日 (No.4768/モ図)

**ウノハナ** ⇒ウツギを見よ

**ウノハナギボウシ** ⇒オオバギボウシを見よ

**ウバガネモチ** ⇒イズセンリョウを見よ

**ウバタケギボウシ** *Hosta pulchella*
クサスギカズラ科 (ユリ科) の多年草。日本固有種。花は濃淡のまだら色。
¶固有 (p155)
山野草 (No.1503/カ写)
野生1 (p252/カ写)

**ウバタケニンジン** *Angelica ubatakensis* var.*ubatakensis*　祖母岳人参
セリ科セリ亜科の多年草。日本固有種。高さは40cm。
¶原牧2 (No.2445/カ図)
固有 (p99/カ写)
新分牧 (No.4495/モ図)
新牧日 (No.2059/モ図)
牧野ス2 (No.4290/カ図)
ミニ山 (p222/カ写)
野生5 (p390/カ写)
山ハ山花 (p472/カ写)
山レ増 (p226/カ写)

**ウバノカサ** *Cuphophyllus lacmus*
ヌメリガサ科のキノコ。
¶山カ日き (p39/カ写)

**ウバヒガン** *Cerasus itosakura* f.*ascendens*　姥彼岸
バラ科シモツケ亜科の落葉高木。日本種の桜。別名エドヒガン, アズマヒガン, ヒガンザクラ。花は淡紅色。
¶APG原樹〔エドヒガン〕(No.410/カ図)
学フ増桜〔エドヒガン〕(p52/カ写)
学フ増樹〔エドヒガン〕(p24/カ写)
学フ増樹庭〔エドヒガン〕(p49/カ写)
原牧1 (No.1639/カ図)
新分牧 (No.1839/モ図)
新牧日 (No.1216/モ図)
都木花新〔エドヒガン〕(p114/カ写)
牧野ス1 (No.1639/カ図)
野生3〔エドヒガン〕(p63/カ写)
山カ樹木〔エドヒガン〕(p290/カ写)
落葉図譜〔エドヒガン〕(p154/モ図)

**ウバメガシ** *Quercus phillyreoides*　姥目樫
ブナ科の常緑高木。別名イマメガシ, ウマメガシ。高さは15m。樹皮は暗灰色。
¶APG原樹 (No.706/カ図)
学フ増樹 (p163/カ写)
原牧2 (No.111/カ図)
新分牧 (No.2153/モ図)
新牧日 (No.146/モ図)
図説樹木 (p90/カ写)
都木花新 (p56/カ写)
牧野ス1 (No.1956/カ図)
野生3 (p94/カ写)
山カ樹木 (p143/カ写)

**ウバユリ** *Cardiocrinum cordatum* var.*cordatum*　姥百合
ユリ科の多年草。別名カバユリ, ネズミユリ。高さは50〜100cm。花は緑白色。
¶色野草 (p96/カ写)
学フ増山菜 (p101/カ写)
原牧1 (No.331/カ図)
山野草 (No.1489/カ写)
新分牧 (No.392/モ図)
新牧日 (No.3440/モ図)
茶花下 (p54/カ写)
牧野ス1 (No.331/カ図)
野生1 (p168/カ写)
山カ野草 (p623/カ写)
山ハ野花 (p47/カ写)
山ハ山花 (p78/カ写)

**ウブラリア・グランディフローラ** *Uvularia grandiflora*
ユリ科の多年草。高さは60〜70cm。花は淡黄色。
¶山野草 (No.1395/カ写)

**ウベ** ⇒ムベを見よ

**ウマウド** ⇒シシウドを見よ

**ウマグリ** (1) ⇒トチノキを見よ

**ウマグリ** (2) ⇒マロニエを見よ

**ウマゴヤシ** *Medicago polymorpha*　馬肥やし
マメ科マメ亜科の一年草〜越年草。別名マゴヤシ。長さは10〜60cm。花は黄色。

¶帰化写改 (p137/カ写, p497/カ写)
原牧1 (No.1499/カ図)
植調 (p260/カ写)
新分牧 (No.1761/モ図)
新牧日 (No.1286/モ図)
牧野ス1 (No.1499/カ図)
野生2 (p283/カ写)
山カ野草 (p396/カ写)
山ハ野花 (p355/カ写)

**ウマザサ** ⇒チマキザサを見よ

**ウマスギゴケ** *Polytrichum commune* 馬杉苔
スギゴケ科のコケ。大型、高さは5〜20cm。葉鞘部
は卵形。
¶新分牧 (No.4840/モ図)
新牧日 (No.4703/モ図)

**ウマスゲ** *Carex idzuroei* 馬菅
カヤツリグサ科の多年草。高さは40〜60cm。
¶カヤツリ (p474/モ図)
原牧1 (No.902/カ図)
新分牧 (No.923/モ図)
新牧日 (No.4212/モ図)
スゲ増 (No.264/カ写)
牧野ス1 (No.902/カ図)
野生1 (p333/カ写)
山ハ野花 (p144/カ写)

**ウマツツジ** ⇒レンゲツツジを見よ

**ウマツナギ** ⇒コマツナギを見よ

**ウマノアシガタ** *Ranunculus japonicus* 馬の足形, 馬
の脚形
キンポウゲ科の多年草。別名イブキキンポウゲ, キ
ンポウゲ, コマノアシガタ, オコリオトシ。高さは
10〜20cm。
¶色野草 (p146/カ写)
学フ増山菜 (p199/カ写)
学フ増野春 (p118/カ写)
原牧1 (No.1282/カ写)
山野草 (No.0302/カ写)
新分牧 (No.1389/モ図)
新牧日 (No.605/モ図)
茶花上 (p500/カ写)
牧野ス1 (No.1282/カ図)
野生2 (p159/カ写)
山カ野草〔キンポウゲ〕(p466/カ写)
山ハ野花 (p232/カ写)

**ウマノケタケ** *Marasmius crinis-equi*
ホウライタケ科のキノコ。
¶原きの (No.195/カ写・カ図)
山カ日き (p123/カ写)

**ウマノスズ** ⇒ウマノスズクサを見よ

**ウマノスズカケ** ⇒ウマノスズクサを見よ

**ウマノスズクサ** *Aristolochia debilis* 馬の鈴草
ウマノスズクサ科のつる性多年草。別名ウマノスズ
カケ, ウマノスズ, ショウモクコウ, ジャコウソウ,
オハグロバナ, バトウレイ。高さは1〜2m。花は紫
褐色。
¶色野草 (p372/カ写)

学フ増山菜 (p200/カ写)
学フ増野夏 (p191/カ写)
学フ有毒 (p12/カ写)
原牧1 (No.114/カ図)
山野草 (No.0398/カ写)
新分牧 (No.139/モ図)
新牧日 (No.710/モ図)
茶花下 (p294/カ写)
牧野ス1 (No.114/カ図)
ミニ山 (p73/カ写)
野生1 (p58/カ写)
山カ野草 (p548/カ写)
山ハ野花 (p20/カ写)

**ウマノチャヒキ** *Bromus tectorum var.tectorum* 馬
の茶挽
イネ科イチゴツナギ亜科の一年草〜二年草。高さは
20〜70cm。
¶帰化写改 (p433/カ写)
桑イネ (p111/カ写・モ図)
野生2 (p47/カ写)
山ハ野花 (p157/カ写)

**ウマノミツバ** *Sanicula chinensis* 馬の三葉
セリ科ウマノミツバ亜科の多年草。別名オニミツ
バ。高さは30〜120cm。
¶色野草 (p89/カ写)
原牧2 (No.2395/カ写)
新分牧 (No.4426/モ図)
新牧日 (No.2012/モ図)
茶花下 (p54/カ写)
牧野ス2 (No.4240/カ写)
ミニ山 (p215/カ写)
野生5 (p386/カ写)
山カ野草 (p308/カ写)
山ハ山花 (p464/カ写)

**ウマブドウ** ⇒ノブドウを見よ

**ウマメガシ** ⇒ウバメガシを見よ

**ウミウチワ** *Padina arborescens*
アミジグサ科の海藻。厚く革質。
¶新分牧 (No.4976/モ図)
新牧日 (No.4836/モ図)

**ウミジグサ** *Halodule uninervis*
ベニアマモ科 (ヒルムシロ科) の草本。
¶野生1 (p138/カ写)
山ハ増 (p613/カ写)

**ウミショウブ** *Enhalus acoroides*
トチカガミ科の沈水性植物。
¶原牧1 (No.242/カ図)
新分牧 (No.289/モ図)
新牧日 (No.3320/モ図)
牧野ス1 (No.242/カ図)
野生1 (p120/カ写)
山ハ増 (p616/カ写)

**ウミゾウメン** *Nemalion vermiculare* 海索麺
ウミゾウメン科 (コナハダ科) の海藻。蠕虫状。体
は20cm。
¶新分牧 (No.5026/モ図)

ウミトラノ　102

新牧日（No.4883/モ図）

**ウミトラノオ**　*Sargassum thunbergii*
ホンダワラ科の海藻。別名トラノオ，ネズミノオ。
羽状に分岐する。体は1m。
¶新分牧（No.5016/モ図）
新牧日（No.4876/モ図）

**ウミネコ**　*Cerasus×parvifolia* 'Umineko'　海猫
バラ科の落葉小高木。サクラの栽培品種。花は純
白色。
¶学フ増桜〔'海猫'〕（p65/カ写）

**ウミノサチスゲ**　*Carex augustini*
カヤツリグサ科の草本。小笠原諸島に固有。有花茎
は高さ40～70cm。
¶固有（p183）
スゲ増（No.134/カ写）
野生1（p317/カ写）

**ウミヒルモ**　*Halophila ovalis*　海蛭藻
トチカガミ科の多年生水草。
¶野生1（p121/カ写）
山レ増（p615/カ写）

**ウミブドウ**　⇒ハマベブドウを見よ

**ウミベスゲ**　⇒ウシオスゲを見よ

**ウミマヤコンブ**　⇒マコンブを見よ

**ウミミドリ**　*Lysimachia maritima* var.*obtusifolia*
海緑
サクラソウ科の多年草。別名シオマツバ。高さは5
～20cm。
¶野生4（p195/カ写）
山力野草（p269/カ写）
山ハ野花（p416/カ写）

**ウメ**　*Prunus mume*　梅
バラ科シモツケ亜科の落葉小高木。別名コウブンボ
ク，コノハナ，ムメ。果実はほぼ球形。高さは10m。
¶APG原樹（No.459/カ写）
学フ増桜（p222/カ写）
学フ増花庭（p30/カ写）
学フ有毒（p158/カ写）
原牧1（No.1630/カ図）
新分牧（No.1826/モ図）
新牧日（No.1205/モ図）
図説樹木（p140/カ写）
茶花上（p192/カ写）
都木花新（p121/カ写）
牧野ス1（No.1630/カ図）
野生3（p78/カ写）
山力樹木（p314/カ写）

**ウメ 'アオジクウメ'**　⇒リョクガクバイを見よ

**ウメウツギ**　*Deutzia uniflora*　梅空木，梅卯木
アジサイ科（ユキノシタ科）の落葉木本。日本固有
種。別名ニッコウウツギ，ミヤマウツギ。
¶APG原樹（No.1098/カ図）
原牧2（No.1019/カ図）
固有（p74）
新分牧（No.3051/モ図）
新牧日（No.983/モ図）

茶花上（p238/カ写）
牧野ス2（No.2864/カ図）
野生4（p160/カ写）
山力樹木（p228/カ写）
山レ増（p324/カ写）

**ウメ 'カゴシマ'**　⇒カゴシマ(2)を見よ

**ウメガサソウ**　*Chimaphila japonica*　梅笠草
ツツジ科イチヤクソウ亜科（イチヤクソウ科）の草
本状わい小低木。高さは5～15cm。
¶原牧2（No.1263/カ写）
新分牧（No.3210/モ図）
新牧日（No.2104/モ図）
茶花上（p501/カ写）
牧野ス2（No.3108/カ図）
野生4（p227/カ写）
山力野草（p297/カ写）
山ハ山花（p380/カ写）

**ウメガシマテンナンショウ**　*Arisaema maekawae*
サトイモ科の多年草。日本固有種。
¶固有（p179/カ写）
テンナン（No.41/カ写）
野生1（p104/カ写）

**ウメ 'カスガノ'**　⇒カスガノを見よ

**ウメ 'クロダ'**　⇒クロダを見よ

**ウメ 'コウテンバイ'**　⇒コウテンバイを見よ

**ウメザキイカリソウ**　*Epimedium×youngianum*　梅
咲錨草
メギ科の多年草。高さは20～30cm。花は白または
淡紫色。
¶原牧1（No.1182/カ図）
牧野ス1（No.1182/カ図）

**ウメザキウツギ**　*Exochorda racemosa*　梅咲空木，梅
咲вис木
バラ科の落葉低木。別名マルバヤナギザクラ，バイ
カシモツケ。高さは3～4m。
¶APG原樹〔リキュウバイ〕（No.502/カ図）
原牧1（No.1667/カ図）
新分牧（No.1863/モ図）
新牧日（No.1024/モ図）
茶花上〔りきゅうばい〕（p334/カ写）
牧野ス1（No.1667/カ図）
山力樹木〔リキュウバイ〕（p283/カ写）

**ウメザキサバノオ**　*Callianthemum insigne*
キンポウゲ科の多年草。花弁は長さ12～15mm。
¶野生2（p139）

**ウメ 'サバシコウ'**　⇒サバシコウを見よ

**ウメ 'ソウメイノツキ'**　⇒ソウメイノツキを見よ

**ウメ 'ツキカゲシダレ'**　⇒ツキカゲシダレを見よ

**ウメ 'ツキノカツラ'**　⇒ツキノカツラを見よ

**ウメ 'テッケンバイ'**　⇒テッケンバイを見よ

**ウメ 'トウバイ'**　⇒トウバイを見よ

**ウメ 'トヤデノタカ'**　⇒トヤデノタカを見よ

**ウメナデシコ**　⇒コムギセンノウを見よ

**ウメノキゴケ** *Parmotrema tinctorum* 梅樹苔
ウメノキゴケ科の地衣類。地衣体背面は灰白〜灰
緑色。
¶新分牧（No.5191/モ図）
　新牧日（No.5051/モ図）

**ウメハタザオ** *Arabis serrata* var.*japonica* f.
*grandiflora* 梅旗竿
アブラナ科の多年草。
¶学フ増高山（p153/カ写）
　野生4（p52/カ写）
　山力野草（p454/カ写）
　山ハ高山（p241/カ写）

**ウメバチキンポウゲ** *Ranunculus parnassifolius* 梅
鉢金鳳花
キンポウゲ科の草本。高さは10〜20cm。
¶山野草（No.0306/カ写）

**ウメバチソウ** *Parnassia palustris* var.*palustris* 梅
鉢草
ニシキギ科（ユキノシタ科）の多年草。別名エゾウ
メバチソウ。高さは10〜40cm。花は白色。
¶学フ増野秋（p173/カ写）
　原牧2（No.215/カ写）
　山野草（No.0531/カ写）
　新分牧（No.2232/モ図）
　新牧日（No.974/モ図）
　茶花下（p295/カ写）
　牧野ス1（No.2060/カ図）
　ミニ山（p104/カ写）
　野生3（p138/カ写）
　山力野草（p433/カ写）
　山ハ高山（p173/カ写）
　山ハ山花（p306/カ写）

**ウメバチモ** ⇒バイカモを見よ

**ウメハルシメジ** *Entoloma saepium*
イッポンシメジ科のキノコ。傘は灰色。
¶山力日き（p283/カ写）

**ウメ'フジボタンシダレ'** ⇒フジボタンシダレを
見よ

**ウメ'ホウリュウカク'** ⇒ホウリュウカクを見よ

**ウメ'ミチシルベ'** ⇒ミチシルベを見よ

**ウメムラセミタケ** *Elaphocordyceps paradoxa*
オフィオコルディセプス科の冬虫夏草。宿主はヒグ
ラシ、ミンミンゼミ、エゾハルゼミ、アブラゼミ、ニ
イニイゼミなどの幼虫。
¶冬虫生態（p118/カ写）

**ウメ'メオトシダレ'** ⇒メオトシダレを見よ

**ウメモドキ** *Ilex serrata* 梅擬
モチノキ科の落葉低木。別名オオバウメモドキ。高
さは3〜4m。花は淡紫色。
¶APG原樹（No.1443/カ図）
　学フ増花窓（p169/カ写）
　学フ増花庭（p168/カ写）
　原牧2（No.1844/カ図）
　新分牧（No.3884/モ図）
　新牧日（No.1635/モ図）

　茶花下（p379/カ写）
　都木花新（p164/カ写）
　牧野ス2（No.3689/カ写）
　野生5（p184/カ写）
　山力樹木（p406/カ写）
　落葉図譜（p197/モ写）

**ウヤク** ⇒テンダイウヤクを見よ

**ウラギク** *Tripolium pannonicum* 浦菊
キク科キク亜科の二年草。別名ハマシオン。高さは
20〜70cm。
¶原牧2（No.1959/カ図）
　新分牧（No.4144/モ図）
　新牧日（No.2991/モ図）
　牧野ス2（No.3804/カ図）
　野生5（p326/カ写）
　山力野草（p47/カ写）
　山ハ野花（p546/カ写）
　山レ増（p43/カ写）

**ウラギンツルグミ** *Elaeagnus hypoargentea*
グミ科。ナワシログミとツルグミとの雑種と見られ
ている。
¶野生2（p315）

**ウラク** ⇒タロウカジャを見よ

**ウラグロニガイグチ** *Leccinum eximius*
イグチ科のキノコ。中型〜大型。傘は焦茶色〜暗紫
褐色。
¶学フ増毒き（p184/カ写）
　山ハ日き（p333/カ写）

**ウラゲイワガネ** ⇒イワガネゼンマイを見よ

**ウラゲウコギ** *Eleutherococcus spinosus* var.*nikaianus*
ウコギ科。日本固有種。
¶固有（p97）
　野生5（p377）

**ウラゲエンコウカエデ** *Acer pictum* subsp.
*dissectum* f.*connivens* 裏毛猿猴楓
カエデ科の木本。
¶山力樹木（p441/カ写）

**ウラゲコバイケイ** *Veratrum stamineum* var.
*lasiophyllum*
シュロソウ科の大型の多年草。葉の裏面、特に脈上
に突起毛がある。
¶野生1（p161）

**ウラゲスズダケ** *Sasamorpha borealis* var.*pilosa*
イネ科タケ亜科の植物。日本固有種。
¶固有（p174）

**ウラゲハクサンシャクナゲ** ⇒ハクサンシャクナ
ゲを見よ

**ウラゲヒメアザミ** ⇒ナンブアザミ (2)を見よ

**ウラゲヨブスマソウ** *Parasenecio hastatus* subsp.
*hastatus*
キク科キク亜科の草本。別名オオヨブスマソウ。高
さは1mほど。
¶野生5（p307）

**ウラシマソウ** *Arisaema thunbergii* subsp.*urashima*
浦島草
サトイモ科の多年草。日本固有種。別名オオウラシ
マソウ。子球を多くつくる。高さは20～40cm。
¶色野草（p343/カ写）
学フ増野春（p233/カ写）
原牧1（No.187/カ図）
固有（p177/カ写）
山野草（No.1632/カ写）
新分牧（No.222/モ図）
新牧日（No.3918/モ写）
茶花上（p350/カ写）
テンナン（No.4b/カ写）
牧野ス1（No.187/カ図）
野生1（p97/カ写）
山カ野草（p650/カ写）
山ハ野花（p25/カ写）
山ハ山花（p38/カ写）

**ウラシマツツジ** *Arctous alpina* var.*japonica* 裏縞
躑躅
ツツジ科イチゴノキ亜科の矮小低木。別名クマコケ
モモ、アカミノクマコケモモ。高さは2～6cm。
¶APG原樹（No.1206/カ図）
学フ増高山（p108/カ写）
原牧2（No.1243/カ図）
新分牧（No.3220/モ図）
新牧日（No.2187/モ図）
牧野ス2（No.3088/カ写）
野生4（p252/カ写）
山カ樹木（p595/カ写）
山カ野草（p290/カ写）
山ハ高山（p282/カ写）

**ウラジロ**(1) *Diplopterygium glaucum* 裏白
ウラジロ科の常緑性シダ。葉柄の長さは30～
100cm。
¶シダ標1（p327/カ写）
新分牧（No.4541/モ図）
新牧日（No.4416/モ図）

**ウラジロ**(2) ⇒オヤマボクチを見よ

**ウラジロアカザ** *Oxybasis glauca*
ヒユ科（アカザ科）の一年草。高さは10～40cm。
¶帰化写改（p58/カ写）
原牧2（No.965/カ写）
植調（p238/カ写）
新分牧（No.3010/モ図）
新牧日（No.418/モ図）
牧野ス2（No.2810/カ写）
野生4（p141/カ写）

**ウラジロアカメガシワ** *Mallotus paniculatus*
トウダイグサ科の木本。
¶野生3（p163/カ写）

**ウラジロアザミ** ⇒ノリクラアザミを見よ

**ウラジロイカリソウ** ⇒オオイカリソウ(1)を見よ

**ウラジロイタドリ** ⇒ウラジロタデを見よ

**ウラジロイタヤ** *Acer pictum* subsp.*glaucum*
ムクロジ科（カエデ科）の小または中高木。日本固
有種。
¶固有（p86）
野生3（p296/カ写・モ図）

**ウラジロイチゴ** ⇒エビガライチゴを見よ

**ウラジロイワガサ** *Spiraea blumei* var.*hayatae*
バラ科シモツケ亜科の落葉低木。日本固有種。
¶固有（p78）
野生3（p87）

**ウラジロウコギ** *Eleutherococcus hypoleucus* 裏白
五加
ウコギ科の落葉低木。日本固有種。
¶固有（p98）
野生5（p377/カ写）
山カ樹木（p522/カ写）

**ウラジロウツギ** *Deutzia maximowicziana* 裏白空木,
裏白卯木
アジサイ科（ユキノシタ科）の低木。日本固有種。
葉身は長楕円状披針形。
¶APG原樹（No.1099/カ図）
原牧2（No.1018/カ写）
固有（p75）
新分牧（No.3050/モ図）
新牧日（No.982/モ図）
茶花上（p351/カ写）
牧野ス2（No.2863/カ写）
野生4（p161/カ写）
山カ樹木（p226/カ写）

**ウラジロエノキ** *Trema orientalis* 裏白榎
アサ科（ニレ科）の常緑高木。別名ウラジロムク、ヤ
マフクギ。
¶APG原樹（No.661/カ図）
原牧2（No.43/カ図）
新分牧（No.2080/モ図）
新牧日（No.167/モ図）
牧野ス1（No.1888/カ図）
野生2（p331/カ写）
山カ樹木（p161/カ写）

**ウラジロカガノアザミ** *Cirsium furusei* 裏白加賀
野薊
キク科アザミ亜科の多年草。日本固有種。
¶固有（p140/カ写）
野生5（p241/カ写）
山ハ高山（p406/カ写）

**ウラジロガシ** *Quercus salicina* 裏白樫
ブナ科の常緑高木。高さは20m。
¶APG原樹（No.708/カ図）
学フ増樹（p136/カ写・カ図）
原牧2（No.118/カ図）
新分牧（No.2160/モ図）
新牧日（No.153/モ図）
牧野ス1（No.1963/カ図）
野生3（p98/カ写）
山カ樹木（p147/カ写）

**ウラジロカンコノキ** *Glochidion triandrum*
コミカンソウ科（トウダイグサ科）の木本。
¶原牧2（No.284/カ図）
新分牧（No.2447/モ図）
新牧日（No.1452/モ図）
牧野ス1（No.2129/カ図）
野生3（p176/カ写）

**ウラジロカンバ** ⇒ネコシデを見よ

**ウラジロギボウシ** *Hosta hypoleuca*
クサスギカズラ科（ユリ科）の多年草。日本固有種。
高さは40〜60cm。葉裏は白色を帯びる。
¶固有（p155）
野生1（p251/カ写）
山レ増（p604/カ写）

**ウラジロキンバイ** *Potentilla nivea* 裏白金梅
バラ科バラ亜科の草本。別名エゾウラジロキン
バイ。
¶学フ増高山（p100/カ写）
原牧1（No.1824/カ図）
山野草（No.0610/カ写）
新分牧（No.2019/モ図）
新牧日（No.1149/モ図）
牧野ス1（No.1824/カ図）
野生3（p37/カ写）
山力野草（p402/カ写）
山ハ高山（p206/カ写）
山レ増（p300/カ写）

**ウラジロゲジゲジゴケ** *Heterodermia hypoleuca*
ムカデゴケ科の地衣類。裂片の縁が裂芽状にならず
全縁。
¶新分牧（No.5168/モ図）
新牧日（No.5028/モ図）

**ウラジロゴシュユ** ⇒ハマセンダンを見よ

**ウラジロコムラサキ** *Callicarpa parvifolia*
シソ科（クマツヅラ科）の常緑低木。日本固有種。
¶原牧2（No.1735/カ図）
固有（p121）
新分牧（No.3697/モ図）
新牧日（No.2511/モ図）
牧野ス2（No.3580/モ図）
野生5（p105/カ写）
山レ増（p140/カ写）

**ウラジロシモツケ** *Spiraea japonica* var.*hypoglauca*
バラ科シモツケ亜科の落葉低木。日本固有種。
¶固有（p78）
野生3（p88）

**ウラジロシラクチヅル** ⇒ウラジロマタタビを見よ

**ウラジロタイサンボク** ⇒ヒメタイサンボクを見よ

**ウラジロタデ** *Aconogonon weyrichii* var.*weyrichii*
裏白蓼
タデ科の草本。別名ウラジロイタドリ，ケイワタデ。
¶学フ増高山（p134/カ写）
原牧2（No.847/カ図）
新分牧（No.2858/モ図）
新牧日（No.309/モ図）

牧野ス2（No.2692/カ図）
ミニ山（p22/カ写）
野生4（p85/カ写）
山力野草（p543/カ写）
山ハ高山（p124/カ写）

**ウラジロタラノキ** *Aralia bipinnata*
ウコギ科の木本。
¶原牧2（No.2390/カ図）
牧野ス2（No.4235/カ図）

**ウラジロチチコグサ** *Gamochaeta coarctata* 裏白父
子草
キク科の一年草または越年草。高さは20〜70cm。
¶色野草（p346/カ写）
帰化写改（p366/カ写, p515/カ写）
植調（p129/カ写）

**ウラジロナナカマド** *Sorbus matsumurana* 裏白
七竈
バラ科シモツケ亜科の落葉低木。日本固有種。
¶APG原樹（No.538/カ写）
学フ増高山（p167/カ写）
原牧1（No.1714/カ写）
固有（p79）
新分牧（No.1906/モ図）
新牧日（No.1066/モ図）
茶花下（p55/カ写）
牧野ス1（No.1714/カ図）
野生3（p84/カ写）
山力樹木（p339/カ写）
山ハ高山（p227/カ写）

**ウラジロノキ** *Aria japonica* 裏白の木, 裏白の樹
バラ科シモツケ亜科の落葉高木。日本固有種。高さ
は15m。
¶APG原樹（No.540/カ図）
原牧1（No.1710/カ図）
固有（p76/カ写）
新分牧（No.1902/モ図）
新牧日（No.1062/モ図）
茶花上（p351/カ写）
牧野ス1（No.1710/カ図）
野生3（p60/カ写）
山力樹木（p341/カ写）

**ウラジロハコヤナギ** ⇒ギンドロを見よ

**ウラジロハナヒリノキ** *Leucothoe grayana* var.
*hypoleuca* 裏白鼻嚏の木
ツツジ科スノキ亜科の落葉小低木。別名コシノハナ
ヒリノキ。
¶野生4（p255/カ写）
山力樹木（p587/カ写）
山ハ高山（p277/カ写）

**ウラジロヒカゲツツジ** *Rhododendron keiskei* var.
*hypoglaucum* 裏白日陰躑躅
ツツジ科ツツジ亜科の常緑低木。日本固有種。
¶固有（p105）
野生4（p236/カ写）
山レ増（p207/カ写）

**ウラジロフ** 106

**ウラジロフジウツギ**(1) *Buddleja curviflora* f.
*venenifera* 裏白藤空木
ゴマノハグサ科（フジウツギ科）の木本。
　¶**APG原樹**（No.1411/カ図）
　　山カ樹木（p648/カ写）

**ウラジロフジウツギ**(2) ⇒コフジウツギを見よ

**ウラジロマタタビ** *Actinidia arguta* var.*hypoleuca*
裏白木天蓼
マタタビ科の落葉つる性植物。別名ウラジロシラク
チヅル。
　¶**野生4**（p220/カ写）
　　山カ樹木（p480/カ写）

**ウラジロミツバツツジ** *Rhododendron*
*osuzuyamense* 裏白三葉躑躅
ツツジ科ツツジ亜科の木本。日本固有種。
　¶**固有**（p107）
　　野生4（p246/カ写）
　　山レ増（p213/カ写）

**ウラジロムク** ⇒ウラジロエノキを見よ

**ウラジロモミ** *Abies homolepis* 裏白樅
マツ科の常緑高木。日本固有種。別名ダケモミ，
ニッコウモミ。高さは40m。樹皮は帯紅灰色。
　¶**原牧1**（No.13/カ図）
　　固有（p195）
　　新分牧（No.14/モ図）
　　新牧日（No.25/モ図）
　　牧野ス1（No.14/カ図）
　　野生1（p26/カ写）
　　山カ樹木（p36/カ写）

**ウラジロヤナギ** ⇒エゾノキヌヤナギ(1)を見よ

**ウラジロヨウラク** *Rhododendron multiflorum* var.
*multiflorum* 裏白瓔珞
ツツジ科ツツジ亜科の落葉低木。日本固有種。別名
アズマツリガネツツジ，ツリガネツツジ。高さは
1m。花は紫紅色。
　¶**APG原樹**（No.1208/カ図）
　　学フ増高山（p38/カ写）
　　原牧2（No.1214/カ図）
　　固有（p108）
　　山野草（No.0803/カ写）
　　新分牧（No.3235/モ図）
　　新牧日（No.2159/モ図）
　　茶花上（p352/カ写）
　　牧野ス2（No.3059/カ図）
　　野生4（p239/カ写）
　　山カ樹木（p578/カ写）

**ウラスギ** ⇒アシウスギを見よ

**ウラスジチャワンタケ** *Helvella acetabulum*
ノボリリュウタケのキノコ。
　¶**山カ日き**（p559/カ写）

**ウラノシダ** *Leptochilus neopothifolius*×*L.pteropus*
ウラボシ科のシダ植物。
　¶**シダ標2**（p460/カ写）

**ウラハグサ** *Hakonechloa macra* 裏葉草
イネ科ダンチク亜科の宿根草，多年草。日本固有種。

別名フウチソウ。高さは40〜70cm。花は帯黄緑色。
　¶**桑イネ**（p258/カ写・モ図）
　　原牧1（No.1097/カ図）
　　固有（p165/カ写）
　　山野草〔フウチソウ〕（No.1618/カ写）
　　新分牧（No.1277/モ図）
　　新牧日（No.3647/カ図）
　　茶花下〔ふうちそう〕（p260/カ写）
　　牧野ス1（No.1097/カ図）
　　野生2（p74/カ写）
　　山ハ山花（p198/カ写）

**ウラベニイグチ** *Boletus satanas*
イグチ科のキノコ。
　¶**原きの**（No.308/カ写・カ図）

**ウラベニイチゲ**(1) ⇒アズマイチゲを見よ

**ウラベニイチゲ**(2) ⇒イチリンソウを見よ

**ウラベニイチゲ**(3) ⇒ユキワリイチゲを見よ

**ウラベニガサ** *Pluteus cervinus*
ウラベニガサ科のキノコ。
　¶**山カ日き**（p177/カ写）

**ウラベニソウ** ⇒ユキワリイチゲを見よ

**ウラベニダイモンジソウ** *Saxifraga fortunei* f.
*rubrifolia*
ユキノシタ科の多年草。
　¶**学フ増高山**（p159/カ写）

**ウラベニホテイシメジ** *Entoloma sarcopum*
イッポンシメジ科のキノコ。大型。傘は灰褐色，白
色繊維紋，条線なし。ひだはピンク色。
　¶**新分牧**（No.5112/モ図）
　　新牧日（No.4992/モ図）
　　山カ日き（p286/カ写）

**ウラボシ** ⇒クリハランを見よ

**ウラボシノコギリシダ** *Anisocampium sheareri* 裏
星鋸羊歯
メシダ科（オシダ科）の常緑性シダ。葉身は長さ
30cm，卵状三角形。
　¶**シダ標2**（p324/カ写）
　　新分牧（No.4694/モ図）
　　新牧日（No.4591/モ図）

**ウラホロイチゲ** *Anemone amurensis*
キンポウゲ科の多年草。別名アムールイチゲ，ヤチ
イチゲ。花は白色。葉の裂片は深く欠刻。
　¶**野生2**（p135/カ写）

**ウラミグサ** ⇒クズを見よ

**ウラムラサキ** *Laccaria amethystina*
ヒドナンギウム科のキノコ。小型。傘は透明感あ
り。ひだは紫色〜濃紫色。
　¶**原きの**（No.148/カ写・カ図）
　　山カ日き（p60/カ写）

**ウラユキヤナギアザミ** ⇒ヤナギアザミを見よ

**ウリイタヤ** ⇒ウリハダカエデを見よ

**ウリカエデ** *Acer crataegifolium* 瓜楓
ムクロジ科（カエデ科）の落葉高木。日本固有種。

別名メウリノキ，メウリカエデ。樹幹が青緑色。高さは3〜5m。樹皮は緑色。

¶**APG原樹**（No.922/カ図）
原牧2（No.535/カ図）
固有（p85）
新分牧（No.2586/モ図）
新牧日（No.1577/モ図）
牧野ス2（No.2380/カ図）
野生3（p290/カ写）
山力樹木（p447/カ写）

## ウリカワ　*Sagittaria pygmaea*　瓜皮
オモダカ科の小型多年草，水性〜抽水性〜湿生。別名オオボシソウ。高さは10〜20cm。花は白色。葉は根生し，線形，長さ4〜18cm。

¶**学フ増野秋**（p188/カ写）
原牧1（No.221/カ図）
植調（p41/カ写）
新分牧（No.269/モ図）
新牧日（No.3314/モ図）
日水草（p81/カ写）
牧野ス1（No.221/カ図）
野生1（p116/カ写）
山力野草（p697/カ写）
山ハ野花（p31/カ写）

## ウリクサ　*Torenia crustacea*　瓜草
アゼナ科〔アゼトウガラシ科〕（ゴマノハグサ科）の一年草。長さは10〜20cm。

¶**学フ増野秋**（p16/カ写）
原牧2（No.1608/カ図）
植調（p99/カ写）
新分牧（No.3644/モ図）
新牧日（No.2695/モ図）
牧野ス2（No.3453/カ図）
野生5（p98/カ写）
山力野草（p175/カ写）
山ハ野花（p474/カ写）

## ウリヅタ　⇒イワガラミを見よ

## ウリノキ(1)　*Alangium platanifolium* var.*trilobatum*　瓜の木
ミズキ科（ウリノキ科）の落葉低木。

¶**APG原樹**（No.1066/カ図）
学フ増樹（p189/カ写）
原牧2（No.1010/カ図）
新分牧（No.3073/モ図）
新牧日（No.1970/モ図）
茶花上（p501/カ写）
牧野ス2（No.2855/カ図）
野生4（p153/カ写）
山力樹木（p514/カ写）
落葉図譜（p250/モ図）

## ウリノキ(2)　⇒ヤハズアジサイを見よ

## ウリバ　⇒ヤハズアジサイを見よ

## ウリハダカエデ　*Acer rufinerve*　瓜肌楓，瓜膚楓
ムクロジ科（カエデ科）の落葉高木。日本固有種。別名ウリイタヤ，オオウリカエデ，オオバウリノキ。高さは12m。花は黄色。樹皮は濃緑色。

¶**APG原樹**（No.920/カ図）
学フ増樹（p117/カ写）
原牧2（No.536/カ図）
固有（p85/カ写）
新分牧（No.2587/モ図）
新牧日（No.1578/モ図）
茶花上（p352/カ写）
牧野ス2（No.2381/カ図）
野生3（p291/カ写）
山力樹木（p449/カ写）
落葉図譜（p219/モ図）

## ウリュウキンポウゲ　*Ranunculus uryuensis*
キンポウゲ科の小型の多年草。

¶**新分牧**（No.1393/モ図）
野生2（p159/カ写）

## ウリュウコウホネ　*Nuphar pumila* var.*ozeensis* f. *rubroovaria*
スイレン科の多年草。果実は濃紅色。

¶**野生1**（p48）

## ウリュウシャジン　⇒シラトリシャジンを見よ

## ウリュウトウヒレン　*Saussurea uryuensis*　雨竜唐飛廉
キク科アザミ亜科の多年草。日本固有種。

¶**固有**（p148）
野生5（p262/カ写）
山ハ高山（p418/カ写）

## ウルイ　⇒オオバギボウシを見よ

## ウルシ　*Toxicodendron vernicifluum*　漆
ウルシ科の落葉高木。高さは10m。

¶**APG原樹**（No.890/カ図）
学フ有毒（p172/カ写）
原牧2（No.507/カ図）
新分牧（No.2549/モ図）
新牧日（No.1557/モ図）
牧野ス2（No.2352/カ図）
野生3（p283/カ写）
山力樹木（p401/カ写）

## ウルシグサ　*Desmarestia japonica*
ウルシグサ科の海藻。扁生膜質。体は60〜100cm。

¶**新分牧**（No.4981/モ図）
新牧日（No.4841/モ図）

## ウルシケシ　⇒ヒヨドリジョウゴを見よ

## ウルシヅタ　⇒ツタウルシを見よ

## ウルップソウ　*Lagotis glauca*　得撫草
オオバコ科（ウルップソウ科，ゴマノハグサ科）の多年草。別名ハマレンゲ（古名）。高さは10〜30cm。

¶**学フ増高山**（p67/カ写）
原牧2（No.1547/カ図）
新分牧（No.3604/モ図）
新牧日（No.2769/モ図）
牧野ス2（No.3392/カ図）
野生5（p77/カ写）
山力野草（p168/カ写）
山ハ高山（p330/カ写）
山レ増（p107/カ写）

ウルワシウ

**ウルワシウシオゴケ** *Ectropothecium andoi*
ハイゴケ科のコケ植物。日本固有種。
¶固有(p220)

**ウロコケシボウズタケ** *Tulostoma squamosum*
ハラタケ科のキノコ。
¶山力日き(p502/カ写)

**ウロコナズナ** *Lepidium campestre*
アブラナ科の一年草または二年草。高さは5〜
60cm。花は黄白色。
¶帰化写改(p103/カ写)
野生4(p66/カ写)

**ウロコノキシノブ** *Lepisorus oligolepidus*
ウラボシ科の常緑性シダ。別名カシオホテイシダ。
葉身は長さ15cm、狭披針形。
¶シダ標2(p464/カ写)
山レ増(p637/カ写)

**ウロコマリ** *Lepidagathis formosensis*
キツネノマゴ科の草本。
¶野生5(p170/カ写)

**ウワウルシ** *Arctostaphylos uva-ursi*
ツツジ科の常緑低木。別名クマコケモモ。
¶新分牧(No.3221/モ図)

**ウワジマテンナンショウ** *Arisaema undulatifolium*
subsp.*uwajimense*
サトイモ科の多年草。日本固有種。
¶固有(p178)
テンナン(No.26b/カ写)
野生1(p99)

**ウワバミソウ** *Elatostema involucratum* 蟒蛇草, 蟒草
イラクサ科の多年草。別名ミズナ, ミズ, クチナワ
ジョウゴ。茎は基部が紅色。高さは20〜50cm。
¶学フ増山菜(p150/カ写)
学フ増野夏(p217/カ写)
原牧2(No.81/カ写)
新分牧(No.2125/モ図)
新牧日(No.208/モ図)
茶花上(p353/カ写)
牧野ス1(No.1926/カ写)
ミニ山(p13/カ写)
野生2(p345/カ写)
山力野草(p553/カ写)
山ハ山花(p353/カ写)

**ウワミズザクラ** *Padus grayana* 上不見桜, 上溝桜
バラ科シモツケ亜科の落葉高木。日本固有種。別名
コンゴウザクラ, ハハカ(古名)。高さは15m。花は
白色。
¶APG原樹(No.452/カ図)
学フ増桜(p226/カ写)
学フ増樹(p85/カ写・カ図)
原牧1(No.1661/カ写)
固有(p76/カ写)
新分牧(No.1818/モ図)
新牧日(No.1239/モ図)
茶花上(p239/カ写)
都木花新(p123/カ写)

牧野ス1(No.1661/カ図)
野生3(p75/カ写)
山力樹木(p310/カ写)
落葉図譜(p159/モ図)

**ウンカハリタケ** *Ophiocordyceps* sp.
オフィオコルディセプス科の冬虫夏草。宿主はマル
ウンカ, またはまれにツマグロスケバの成虫。
¶冬虫生態(p134/カ写)

**ウンシュウミカン** *Citrus* 'Unshiu' 温州蜜柑
ミカン科の木本。花は白色。
¶APG原樹(No.951/カ図)
原牧2(No.589/カ図)
新分牧(No.2637/モ図)
新牧日(No.1526/モ図)
牧野ス2(No.2434/カ図)
山力樹木(p370/カ写)

**ウンゼンアザミ** *Cirsium unzenense*
キク科アザミ亜科の草本。日本固有種。
¶固有(p139)
野生5(p232/カ写)

**ウンゼンカンアオイ** *Asarum unzen* 雲仙寒葵
ウマノスズクサ科の多年草。日本固有種。花柱背部
は角状に伸びる。九州北部の福岡県, 長崎県, 熊本
県に産する。
¶原牧1(No.102/カ図)
固有(p62)
新分牧(No.124/モ図)
新牧日(No.698/モ図)
牧野ス1(No.102/カ図)
ミニ山(p71/カ写)
野生1(p67/カ写)
山レ増(p375/カ写)

**ウンゼンザサ** *Sasa gracillima*
イネ科タケ亜科の植物。日本固有種。
¶固有(p173)
タケ亜科(p.82/カ写)
タケササ(p119/カ写)

**ウンゼンツツジ** *Rhododendron serpyllifolium* var.
*serpyllifolium* 雲仙躑躅
ツツジ科ツツジ亜科の半常緑低木。日本固有種。別
名コケツツジ。花は白か極淡紅紫色。
¶APG原樹(No.1229/カ図)
原牧2(No.1187/カ図)
固有(p107/カ写)
新分牧(No.3246/モ図)
新牧日(No.2133/モ図)
牧野ス2(No.3032/カ写)
野生4(p242/カ写)
山力樹木(p563/カ写)

**ウンゼンノガリヤス** ⇒オニビトノガリヤスを見よ

**ウンゼンマムシグサ** *Arisaema unzenense*
サトイモ科の多年草。日本固有種。
¶固有(p179)
テンナン(No.50/カ写)
野生1(p105/カ写)

**ウンゼンマンネングサ**　*Sedum polytrichoides* subsp. *polytrichoides*
ベンケイソウ科の草本。別名ツクシマンネングサ，スギバマンネングサ。
¶原牧1（No.1404/カ図）
　新分牧（No.1599/モ図）
　新牧日（No.910/モ図）
　牧野ス1（No.1404/カ図）
　野生2（p227/カ写）

**ウンナンオウバイ**　*Jasminum mesnyi*　雲南黄梅
モクセイ科の低木。別名オウバイモドキ。高さは2m。花は鮮黄色。
¶山力樹木（p647/カ写）

**ウンナンキバナアツモリソウ**　⇒シプリペディウム・フラブムを見よ

**ウンナンショウハッキュウ**　*Bletilla yunnanensis*
雲南小白笈。ラン科の草本。高さは15〜80cm。
¶山野草（No.1725/カ写）

**ウンナンツバキ**　*Camellia yunnanensis*　雲南椿
ツバキ科の木本。
¶APG原樹（No.1146/カ図）

**ウンナントキソウ**　*Pleione yunnanensis*　雲南朱鷺草，雲南朱鷺草
ラン科の草本。花は淡いラベンダー〜ローズピンク色。
¶山野草（No.1743/カ写）

**ウンナンリョッカアツモリソウ**　⇒シプリペディウム・ヘンリーを見よ

**ウンナンレンギョウ**　⇒キンシバイを見よ

**ウンヌケ**　*Eulalia speciosa*
イネ科キビ亜科の多年草。高さは80〜120cm。
¶桑イネ（p235/モ図）
　原牧1（No.1090/カ図）
　新分牧（No.1170/カ図）
　新牧日（No.3879/モ図）
　牧野ス1（No.1090/カ図）
　野生2（p85/カ写）
　山レ増（p557/カ写）

**ウンヌケモドキ**　⇒コカリヤスを見よ

**ウンモンチク**　*Phyllostachys nigra* f.*boryana*　雲紋竹
イネ科のタケ。
¶タケササ（p44/カ写）

**ウンラン**　*Linaria japonica*　海蘭
オオバコ科（ゴマノハグサ科）の多年草。別名キンギョソウ（誤称）。高さは15〜40cm。
¶学フ増野秋（p129/カ写）
　原牧2（No.1551/カ図）
　山力野草（No.1087/カ写）
　新分牧（No.3587/モ図）
　新牧日（No.2678/モ図）
　茶花下（p181/カ写）
　牧野ス2（No.3396/カ図）
　野生5（p79/カ写）
　山力野草（p171/カ写）

山ハ野花（p485/カ写）

**ウンランカズラ**　⇒ツタバウンランを見よ

**ウンリュウツバキ**　*Camellia japonica* 'Unryu-tsubaki'　雲竜椿
ツバキ科。ツバキの品種。花は紅色。
¶茶花上（p131/カ写）

**ウンリュウバイ**　⇒コウテンバイを見よ

**ウンリュウヤナギ**　*Salix babylonica* 'Tortuosa'　雲竜柳
ヤナギ科の木本。
¶APG原樹（No.824/カ図）
　学フ増花庭（p134/カ写）
　茶花上（p185/カ写）
　野生3（p196/カ写）
　山力樹木（p94/カ写）

# 【エ】

**エ**　⇒エノキを見よ

**エイカン**　*Prunus mume* 'Eikan'　栄冠
バラ科。ウメの品種。李系ウメ，紅材性八重。
¶ウメ〔栄冠〕（p109/カ写）

**エイゲンジ**　*Cerasus lannesiana* 'Eigenji'　永源寺
バラ科の落葉高木。サクラの栽培品種。花は微淡紅色。
¶学フ増桜〔永源寺〕（p138/カ写）

**エイザンカタバミ**　⇒ミヤマカタバミを見よ

**エイザンスミレ**　*Viola eizanensis*　叡山菫
スミレ科の多年草。日本固有種。別名エゾスミレ。高さは7〜10cm。花は淡紅紫色。
¶色野草（p236/カ写）
　学フ増野春（p66/カ写）
　原牧2（No.377/カ写）
　固有（p93/カ写）
　山野草（No.0711/カ写）
　新分牧（No.2361/モ図）
　新牧日（No.1849/モ図）
　茶花上（p239/カ写）
　牧野ス1（No.2222/カ図）
　ミニ山（p186/カ写）
　野生3（p216/カ写）
　山力野草（p340/カ写）
　山ハ山花（p309/カ写）

**エイザンハク**　*Prunus mume* 'Eizanhaku'　叡山白
バラ科。ウメの品種。野梅系ウメ，野梅性八重。
¶ウメ〔叡山白〕（p48/カ写）

**エイザンユリ**　⇒ヤマユリを見よ

**エイノキ**　⇒ヨコグラノキを見よ

**エイラク**　*Camellia japonica* 'Eiraku'　永楽
ツバキ科。ツバキの品種。花は紅色。
¶茶花上（p131/カ写）

エイランタ 110

**エイランタイ** *Cetraria islandica* subsp.*orientalis* 英
蘭苔
ウメノキゴケ科の薬用植物。地衣体はやや灌木状。
¶新分牧（No.5186/モ図）
　新牧日（No.5046/モ図）

**エガオ** *Camellia×vernalis* 'Egao'　笑顔
ツバキ科。サザンカの品種。
¶APG原樹〔サザンカ‘エガオ’〕（No.1173/カ図）

**エキサイゼリ** *Apodicarpum ikenoi*　益斎芹
セリ科セリ亜科の多年草。日本固有種。別名オバゼ
リ。高さは30cm前後。
¶原牧2（No.2409/カ図）
　固有（p99/カ写）
　新分牧（No.4437/モ図）
　新牧日（No.2026/モ図）
　牧野ス2（No.4254/カ図）
　野生5（p391/カ写）
　山レ増（p224/カ写）

**エクボサイシン** *Asarum gelasinum*
ウマノスズクサ科の草本。日本固有種。
¶固有（p62/カ写）
　野生1（p66/カ写）

**エクリ**　⇒シュンランを見よ

**エゴ**　⇒エゴノリを見よ

**エゴノキ** *Styrax japonica*　売子の木
エゴノキ科の落葉小高木～高木。別名ロクロギ、チ
シャノキ、オオバエゴノキ、コウトウエゴノキ、ヒメ
エゴノキ、ホソバエゴノキ、ガンボクエゴノキ、ベニ
ガクエゴノキ、オオバケエゴノキ。高さは7～8m。
花は白色。樹皮は濃灰褐色。
¶APG原樹（No.1189/カ図）
　学フ増樹（p60/カ写）
　原牧2（No.1150/カ図）
　新分牧（No.3193/モ図）
　新牧日（No.2266/モ図）
　図説樹木（p176/カ写）
　茶花上（p353/カ写）
　都木花新（p102/カ写）
　牧野ス2（No.2995/カ図）
　野生4（p217/カ写）
　山力樹木（p623/カ写）
　落葉図譜（p280/モ図）

**エゴノキタケ** *Daedaleopsis styracina*
タマチョレイタケ科のキノコ。中型。傘は茶褐色～
黒褐色、環紋。
¶山力日き（p478/カ写）

**エゴノキ‘ピンク チャイム’**　⇒ピンク チャイムを
見よ

**エゴノリ** *Campylaephora hypnaeoides*　恵胡海苔
イギス科の海藻。別名エゴ、オキウド、カラクサイ
ギス。大きな塊となる。
¶新分牧（No.5080/モ図）
　新牧日（No.4940/モ図）

**エゴマ** *Perilla frutescens* var.*frutescens*　荏胡麻
シソ科シソ亜科〔イヌハッカ亜科〕の一年草。種皮
は黒～茶褐色や灰白色など。高さは60～150cm。

花は白色。
¶学フ増薬草（p111/カ写）
　原牧2（No.1704/カ図）
　新分牧（No.3771/モ図）
　新牧日（No.2613/モ図）
　牧野ス2（No.3549/カ図）
　野生5（p131/カ写）
　山力野草（p223/カ写）

**エシガラミ**　⇒ユキノシタ (1)を見よ

**エスガタ** *Camellia japonica* 'Esugata'　絵姿
ツバキ科。ツバキの品種。花は絞りが入る。
¶茶花上（p157/カ写）

**エセオリミキ** *Rhodocollybia butyracea*
ツキヨタケ科（ホウライタケ科）のキノコ。小型～
中型。傘は湿時赤褐色、乾燥時は白色を帯びる。ひ
だは白色。
¶原きの（No.249/カ写・カ図）
　山力日き（p109/カ写）

**エゾアオイスミレ** *Viola collina*　蝦夷葵菫
スミレ科の多年草。別名マルバケスミレ、テシオス
ミレ、ニオイケスミレ。花は淡紫色～白色。
¶原牧2（No.343/カ図）
　新分牧（No.2319/モ図）
　新牧日（No.1816/モ図）
　牧野ス1（No.2188/カ図）
　ミニ山（p190/カ写）
　野生3（p222/カ写）
　山力野草（p345/カ写）
　山ハ山花〔エゾノアオイスミレ〕（p318/カ写）

**エゾアカバナ** *Epilobium montanum*
アカバナ科の多年草。
¶原牧2（No.451/カ図）
　新分牧（No.2502/モ図）
　新牧日（No.1936/モ図）
　牧野ス2（No.2296/カ図）
　野生3（p265/カ写）

**エゾアザミ**　⇒チシマアザミを見よ

**エゾアジサイ** *Hydrangea serrata* var.*yesoensis*　蝦夷
紫陽花
アジサイ科（ユキノシタ科）の落葉低木。日本固有
種。別名ムツアジサイ。
¶APG原樹（No.1080/カ図）
　原牧2（No.1026/カ図）
　固有（p74/カ写）
　新分牧（No.3058/モ図）
　新牧日（No.990/モ図）
　牧野ス2（No.2871/カ図）
　ミニ山（p108/カ写）
　野生4（p165/カ写）
　山力樹木（p220/カ写）

**エゾアゼスゲ** (1)　⇒オオアゼスゲを見よ

**エゾアゼスゲ** (2)　⇒ヒラギシスゲを見よ

**エゾアブラガヤ** *Scirpus asiaticus*
カヤツリグサ科の多年草。別名ヒゲアブラガヤ。
¶カヤツリ（p664/モ図）

原牧1（No.743/カ図）
新分牧（No.764/モ図）
新牧日（No.4004/モ図）
牧野ス1（No.743/カ図）

**エゾアリドオシ** ⇒リンネソウを見よ

**エゾイシゲ** *Silvetia babingtonii*
ヒバマタ科の海藻。気胞をもつ。体は50cm。
¶新分牧（No.5005/モ図）
新牧日（No.4865/モ図）

**エゾイソツツジ**(1) *Ledum palustre* var.*yezoense*
ツツジ科の常緑小低木。
¶学フ増高山（p188/カ写）

**エゾイソツツジ**(2) ⇒イソツツジ(1)を見よ

**エゾイタヤ**(1) *Acer pictum* subsp.*mono*
ムクロジ科（カエデ科）の落葉高木。高さは20m。
¶原牧2（No.544/カ図）
新分牧（No.2581/モ図）
新牧日（No.1586/モ図）
牧野ス2（No.2389/カ図）
野生3〔エゾイタヤ（広義）〕（p295/カ写・モ図）

**エゾイタヤ**(2) ⇒イタヤカエデを見よ

**エゾイタヤ**(3) ⇒クロビイタヤを見よ

**エゾイチゲ** *Anemone soyensis* 蝦夷一花
キンポウゲ科の草本。別名ヒロハヒメイチゲ，ヒロ
バヒメイチゲ，ソウヤイチゲ。
¶学フ増高山（p144/カ写）
原牧1（No.1262/カ図）
山野草（No.0224/カ写）
新分牧（No.1448/モ図）
新牧日（No.587/モ図）
牧野ス1（No.1262/カ図）
ミニ山（p54/カ写）
野生2（p135/カ写）
山カ野草（p478/カ写）
山ハ高山（p97/カ写）
山ハ山花（p239/カ写）

**エゾイチゴ** ⇒エゾキイチゴを見よ

**エゾイチヤクソウ** *Pyrola minor* 蝦夷一薬草
ツツジ科イチヤクソウ亜科（イチヤクソウ科）の多
年草。高さは10〜20cm。
¶野生4（p228/カ写）
山ハ高山（p293/カ写）
山レ増（p221/カ写）

**エゾイトイ** *Juncus potaninii* 蝦夷糸蘭
イグサ科の草本。
¶野生1（p290）
山ハ高山（p55/カ写）

**エゾイヌガヤ** ⇒ハイイヌガヤを見よ

**エゾイヌゴマ** *Stachys aspera* var.*baicalensis* 蝦夷犬
胡麻
シソ科オドリコソウ亜科の多年草。茎，葉，萼など
に開出する剛毛を密生する。
¶野生5（p123/カ写）

**エゾイヌナズナ** *Draba borealis* 蝦夷犬薺
アブラナ科の多年草。別名アイヌイヌナズナ，サハ
リンイヌナズナ，シロバナイヌナズナ，シロバノ
イヌナズナ，チシマイヌナズナ。高さは5〜20cm。
花は白色。
¶原牧2〔シロバナイヌナズナ〕（No.735/カ図）
山野草（No.0474/カ写）
新分牧〔シロバナイヌナズナ〕（No.2776/モ図）
新牧日〔シロバナイヌナズナ〕（No.855/モ図）
牧野ス2〔シロバナイヌナズナ〕（No.2580/カ図）
ミニ山（p87/カ写）
野生4（p61/カ写）
山カ野草（p450/カ写）

**エゾイヌノヒゲ** *Eriocaulon perplexum*
ホシクサ科の草本。日本固有種。
¶固有（p163）
野生1（p283/カ写）

**エゾイヌワラビ** ⇒ヤマイヌワラビを見よ

**エゾイブキトラノオ**(1) *Bistorta officinalis* subsp.
*pacifica*
タデ科の多年草。
¶ミニ山（p23/カ写）
野生4（p87/カ写）
山カ野草（p537/カ写）

**エゾイブキトラノオ**(2) ⇒イブキトラノオを見よ

**エゾイラクサ** *Urtica platyphylla* 蝦夷刺草
イラクサ科の多年草。高さは50〜80cm。
¶原牧2（No.68/カ図）
新分牧（No.2139/モ図）
新牧日（No.195/モ図）
牧野ス1（No.1913/カ図）
ミニ山（p10/カ写）
野生2（p352/カ写）
山ハ山花（p347/カ写）

**エゾイワツメクサ** *Stellaria pterosperma* 蝦夷岩爪草
ナデシコ科の草本。日本固有種。
¶固有（p47）
野生4（p126/カ写）
山ハ高山（p145/カ写）
山レ増（p416/カ写）

**エゾイワデンダ** ⇒イワデンダを見よ

**エゾイワハタザオ** ⇒エゾノイワハタザオを見よ

**エゾウキヤガラ** ⇒コウキヤガラを見よ

**エゾウコギ** *Eleutherococcus senticosus* 蝦夷五加
ウコギ科の落葉低木。
¶原牧2（No.2378/カ図）
新分牧（No.4421/モ図）
新牧日（No.1989/モ図）
牧野ス2（No.4223/カ図）
野生5（p377/カ写）
山カ樹木（p522/カ写）

**エゾウサギギク** *Arnica unalaschcensis* var.
*unalaschcensis* 蝦夷兎菊
キク科キク亜科の多年草。ウサギギクの基準変種。
¶野生5（p365/カ写）

山ハ高山（p389/カ写）

**エゾウスユキソウ** *Leontopodium discolor* 蝦夷薄
雪草
キク科キク亜科の草本。別名レブンウスユキソウ。
¶学フ増高山（p206/カ写）
山野草（No.1295/カ写）
茶花下〔えぞのうすゆきそう〕（p56/カ写）
野生5（p347/カ写・モ図）
山力野草（p11/カ写）
山ハ高山（p378/カ写）
山レ増（p51/カ写）

**エゾウド** ⇒ウドを見よ

**エゾウメバチソウ**(1) ⇒ウメバチソウを見よ

**エゾウメバチソウ**(2) ⇒コウメバチソウを見よ

**エゾウラジロキンバイ** ⇒ウラジロキンバイを見よ

**エゾウラジロハナヒリノキ** *Leucothoe grayana* var.
*glabra* 蝦夷裏白鼻嚏の木
ツツジ科スノキ亜科の落葉低木。別名ヒロハハナヒ
リノキ。葉の幅は2.5〜7cm。
¶野生4（p255/カ写）
山ハ高山（p277/カ写）

**エゾエノキ** *Celtis jessoensis* 蝦夷榎
アサ科（ニレ科）の落葉高木。別名オクエノキ。高
さは20m。
¶**APG原樹**（No.658/カ図）
原牧2（No.42/カ図）
新分牧（No.2079/モ図）
新牧日（No.166/モ図）
牧野ス1（No.1887/カ図）
野生2（p329/カ写）
山力樹木（p160/カ写）
落葉図譜（p98/モ図）

**エゾエンゴサク** *Corydalis fumariifolia* subsp.*azurea*
蝦夷延胡索
ケシ科の多年草。別名エンゴサク。高さは10〜
30cm。花は青紫色。
¶学フ増山菜（p149/カ写）
学フ増野春（p70/カ写）
原牧1（No.1148/カ図）
山野草（No.0443/カ写）
新分牧（No.1305/モ図）
新牧日（No.791/モ図）
茶花上（p354/カ写）
牧野ス1（No.1148/カ写）
ミニ山（p79/カ写）
野生2（p104/カ写）
山力野草（p459/カ写）
山ハ山花（p248/カ写）

**エゾオオケマン** *Corydalis gigantea*
ケシ科の草本。日本固有種。
¶固有（p65）
野生2（p105/カ写）

**エゾオオサクラソウ** *Primula jesoana* var.*pubescens*
蝦夷大桜草
サクラソウ科の多年草。別名エゾノサクラソウ。

¶学フ増高山（p47/カ写）
野生4（p198/カ写）
山力野草（p282/カ写）
山ハ高山（p259/カ写）

**エゾオオバコ** *Plantago camtschatica* 蝦夷大葉子
オオバコ科の多年草。高さは7〜30cm。花は白色。
¶原牧2（No.1544/カ図）
新分牧（No.3598/モ図）
新牧日（No.2821/モ図）
牧野ス2（No.3389/カ図）
野生5（p80/カ写）
山力野草（p156/カ写）

**エゾオオバセンキュウ** ⇒オオバセンキュウを見よ

**エゾオオヤマハコベ** *Stellaria radians*
ナデシコ科の多年草。高さは50〜80cm。
¶原牧2（No.873/カ図）
新分牧（No.2934/モ図）
新牧日（No.345/モ図）
牧野ス2（No.2718/カ図）
ミニ山（p27/カ写）
野生4（p125/カ写）

**エゾオオヨモギ** ⇒チシマヨモギを見よ

**エゾオグルマ** *Senecio pseudoarnica* 蝦夷小車
キク科キク亜科の草本。別名チシマオグルマ。
¶野生5（p309/カ写）
山力野草（p57/カ写）

**エゾオトギリ** *Hypericum yezoense*
オトギリソウ科の草本。
¶原牧2（No.403/カ図）
新分牧（No.2288/モ図）
新牧日（No.757/モ図）
牧野ス1（No.2248/カ図）
ミニ山（p76/カ写）
野生3（p239/カ写）

**エゾオニシバリ** ⇒ナニワズを見よ

**エゾオノエリンドウ** ⇒ユウバリリンドウを見よ

**エゾオヤマノエンドウ** *Oxytropis japonica* var.
*sericea* 蝦夷御山の豌豆
マメ科マメ亜科の多年草。日本固有種。
¶学フ増高山（p28/カ写）
固有（p80）
野生2（p288/カ写）
山力野草（p393/カ写）
山ハ高山（p197/カ写）
山レ増（p286/カ写）

**エゾオヤマリンドウ** *Gentiana triflora* var.*japonica*
f.*montana* 蝦夷御山竜胆
リンドウ科の多年草。
¶茶花下（p181/カ写）
山ハ高山（p310/カ写）

**エゾカクミノスノキ** ⇒コウスノキを見よ

**エゾカサスゲ** ⇒アカンカサスゲを見よ

**エゾカモジグサ** *Elymus pendulinus* var.*yezoensis*
イネ科イチゴツナギ亜科の多年草。高さは80cm。

¶桑イネ（p41/モ図）
　野生2（p52）

**エゾカラマツ**　*Thalictrum sachalinense*
キンポウゲ科の草本。別名ミヤマアキカラマツ。
¶野生2（p167/カ写）

**エゾカワズスゲ**　⇒ウスイロスゲを見よ

**エゾカワラナデシコ**　*Dianthus superbus* var.
*superbus*　蝦夷河原撫子
ナデシコ科の多年草。高さは30～80cm。花は淡
紅色。
¶山野草（p291）
　茶花上（p502/カ写）
　ミニ山（p34/カ写）
　野生4（p112/カ写）
　山ハ山花（p255/カ写）

**エゾカンスゲ**　⇒オクノカンスゲを見よ

**エゾカンゾウ**　⇒ゼンテイカを見よ

**エゾキイチゴ**　*Rubus idaeus* subsp.*melanolasius*　蝦
夷木苺
バラ科バラ亜科の落葉低木。別名エゾイチゴ, ミヤ
マウラジロイチゴ, シナノキイチゴ, カナヤマイチ
ゴ, カラフトイチゴ, イシヅチイチゴ, ラズベリー。
¶APG原樹〔エゾイチゴ〕（No.585/カ図）
　原牧1（No.1764/カ図）
　新分牧（No.1948/モ図）
　新牧日（No.1105/モ図）
　牧野ス1（No.1764/カ図）
　ミニ山〔エゾイチゴ〕（p140/カ写）
　野生3（p51/カ写）
　山ハ樹木〔エゾイチゴ〕（p272/カ写）

**エゾギク**　*Callistephus chinensis*
キク科の一年草。別名アスター, エドギク, サツマ
ギク, サツマコンギク, タイミンギク, チョウセンギ
ク。花は紫～淡紅色, 青紫色, 白色など。
¶原牧2（No.1929/カ図）
　新分牧（No.4165/モ図）
　新牧日（No.2967/モ図）
　牧野ス2（No.3774/カ図）

**エゾキケマン**　*Corydalis speciosa*　蝦夷黄華鬘
ケシ科の越年草。
¶原牧1（No.1154/カ図）
　新分牧（No.1311/カ図）
　新牧日（No.797/モ図）
　牧野ス1（No.1154/カ図）
　ミニ山（p81/カ写）
　野生2（p106/カ写）
　山ハ山花（p250/カ写）

**エゾキスゲ**　*Hemerocallis lilioasphodelus* var.*yezoensis*
蝦夷黄菅
ススキノキ科（ユリ科）の草本。
¶茶花下（p182/カ写）
　野生1（p238/カ写）

**エゾキスミレ**　*Viola brevistipulata* subsp.*hidakana*
蝦夷黄菫
スミレ科の草本。北海道に分布。
¶野生3〔亜種エゾキスミレ〕（p213/カ写）

山ハ高山（p184/カ写）

**エゾキスミレ（狭義）**　*Viola brevistipulata* var.
*hidakana*　蝦夷黄菫
スミレ科の草本。アポイ岳とその周辺地域および天
塩山地の白鳥山に分布。
¶固有〔エゾキスミレ〕（p94）
　野生3〔変種エゾキスミレ（狭義）〕（p213）
　山ハ野草〔エゾキスミレ〕（p353/カ写）

**エゾキヌタソウ**　*Galium boreale* var.*kamtschaticum*
アカネ科の草本。
¶野生4（p276/カ写）

**エゾギボウシ**　⇒タチギボウシを見よ

**エゾキリンソウ**　⇒エゾノキリンソウを見よ

**エゾキンバイ**　⇒シナノキンバイを見よ

**エゾキンバイソウ**　⇒シナノキンバイを見よ

**エゾキンポウゲ**　*Ranunculus franchetii*　蝦夷金鳳花
キンポウゲ科の草本。
¶原牧1（No.1280/カ写）
　山野草（No.0301/カ写）
　新分牧（No.1401/モ図）
　新牧日（No.603/モ図）
　牧野ス1（No.1280/カ図）
　野生2（p157/カ写）

**エゾギンラン**　⇒クゲヌマランを見よ

**エゾクガイソウ**(1)　*Veronicastrum borissovae*　蝦夷
九蓋草
オオバコ科（ゴマノハグサ科）の多年草。高さは1.5
～2m。
¶原牧2（No.1590/カ図）
　新分牧（No.3600/モ図）
　新牧日（No.2735/モ図）
　牧野ス2（No.3435/カ図）
　山力野草（p182/カ写）
　山ハ山花（p459/カ写）

**エゾクガイソウ**(2)　⇒クガイソウを見よ

**エゾクサイチゴ**　⇒シロバナノヘビイチゴを見よ

**エゾクロウスゴ**　⇒クロウスゴを見よ

**エゾクロクモソウ**　*Micranthes fusca* var.*fusca*　蝦夷
黒雲草
ユキノシタ科の多年草。クロクモソウの基準変種。
¶学フ増高山（p229/カ写）
　ミニ山（p117/カ写）
　野生2〔エゾノクロクモソウ〕（p206）
　山力野草（p417/カ写）
　山ハ高山（p160/カ写）

**エゾクロユリ**　⇒クロユリ(2)を見よ

**エゾコウキクサ**　⇒キタグニコウキクサを見よ

**エゾコウゾリナ**　*Hypochaeris crepidioides*　蝦夷髪
剃菜
キク科キクニガナ亜科の草本。日本固有種。
¶原牧2（No.2231/カ図）
　固有（p142）
　新分牧（No.4068/モ図）

エソコウホ　　　　　114

新牧日（No.3260／モ図）
牧野ス2（No.4076／カ図）
野生5（p277／カ写）
山ハ高山（p444／カ写）
山レ増（p7／カ写）

**エゾコウボウ**　*Anthoxanthum pluriflorum* var. *pluriflorum*
イネ科イチゴツナギ亜科の多年草。日本固有種。
¶桑イネ（p266／モ図）
固有（p165／カ写）
野生2（p43）
山レ増（p556／カ写）

**エゾコウホネ**　⇒ネムロコウホネを見よ

**エゾコガネムシタケ**　*Cordyceps brongniartii*
ノムシタケ科の冬虫夏草。宿主はコガネムシ類の幼虫。マヤサンエツキムシタケと同種。
¶冬虫生態（p156／カ写）

**エゾコゴメグサ**　*Euphrasia maximowiczii* var. *yezoensis*
ハマウツボ科（ゴマノハグサ科）。日本固有種。
¶固有（p129）
野生5（p153／カ写）

**エゾコザクラ**　*Primula cuneifolia* var.*cuneifolia*　蝦夷小桜
サクラソウ科の多年草。高さは5〜15cm。花は紅紫色。
¶学フ増高山（p46／カ写）
原牧2（No.1068／カ図）
山野草（No.0832／カ写）
新分牧（No.3113／モ図）
新牧日（No.2213／モ図）
茶花下（p55／カ写）
牧野ス2（No.2913／カ図）
野生4（p200／カ写）
山力野草（p275／カ写）
山ハ高山（p252／カ写）

**エゾゴゼンタチバナ**　*Cornus suecica*　蝦夷御前橘
ミズキ科の多年草。別名エゾタチバナ。
¶原牧2（No.1009／カ図）
山野草（No.0747／カ写）
新分牧（No.3082／モ図）
新牧日（No.1979／モ図）
茶花上（p502／カ写）
牧野ス2（No.2854／カ図）
ミニ山（p211／カ写）
野生4（p155／カ写）
山力野草（p322／カ写）
山ハ高山（p248／カ写）
山レ増（p231／カ写）

**エゾサイコ**　*Bupleurum nipponicum* var.*yasoense*　蝦夷柴湖
セリ科セリ亜科の多年草。日本固有種。
¶固有（p102）
野生5（p392／カ写）
山ハ高山〔ホソバノコガネサイコ〕（p356／カ写）

**エゾサカネラン**　*Neottia nidus-avis*
ラン科の多年草。
¶野生1（p215）

**エゾサトメシダ**　*Athyrium brevifrons× A. deltoidofrons*
メシダ科のシダ植物。
¶シダ標2（p305／カ写）

**エゾサワスゲ**　*Carex viridula*
カヤツリグサ科の多年草。別名ヒメサワスゲ。
¶カヤツリ（p434／モ写）
新分牧（No.911／モ図）
新牧日（No.4200／モ図）
スゲ増（No.241／カ写）
野生1（p333／カ写）

**エゾサンザシ**　*Crataegus jozana*　蝦夷山査子,蝦夷山樝子
バラ科の木本。別名エゾノオオサンザシ。
¶APG原樹（No.525／カ図）
山力樹木（p344／カ写）
山レ増（p310／カ写）

**エゾシオガマ**　*Pedicularis yezoensis* var.*yezoensis*　蝦夷塩竃
ハマウツボ科（ゴマノハグサ科）の多年草。日本固有種。高さは20〜60cm。
¶学フ増高山（p113／カ写）
原牧2（No.1770／カ図）
固有（p130）
新分牧（No.3853／モ図）
新牧日（No.2752／モ図）
牧野ス2（No.3615／カ図）
野生5（p158／カ写）
山力野草（p191／カ写）
山ハ高山（p328／カ写）

**エゾシコロ**　*Alatocladia yessoensis*
サンゴモ科の海藻。集叢様叉状に分岐。体は7cm。
¶新分牧（No.5045／モ図）
新牧日（No.4905／モ図）

**エゾシモツケ**　*Spiraea media* var.*sericea*　蝦夷下野
バラ科シモツケ亜科の落葉低木。
¶APG原樹（No.517／カ図）
原牧1（No.1681／モ図）
新分牧（No.1877／モ図）
新牧日（No.1034／モ図）
牧野ス1（No.1681／カ図）
ミニ山（p121／カ写）
野生3（p86／カ写）
山力樹木（p277／カ写）
山レ増（p303／カ写）

**エゾシャクナゲ**　⇒ハクサンシャクナゲを見よ

**エゾシラビソ**　⇒トドマツを見よ

**エゾシロネ**　*Lycopus uniflorus*　蝦夷白根
シソ科シソ亜科〔イヌハッカ亜科〕の多年草。高さは20〜40cm。
¶原牧2（No.1696／カ図）
新分牧（No.3776／モ図）
新牧日（No.2606／モ図）

エゾタヌキ

牧野ス2（No.3541/カ図）
野生5（p135/カ写）
山力野草（p224/カ写）
山ハ山花（p429/カ写）

**エゾシロヤナギ** ⇒シロヤナギを見よ

**エゾスカシユリ** *Lilium pensylvanicum* 蝦夷透百合
ユリ科の多肉植物。別名エゾユリ，ミカドユリ。ス
カシユリの亜種。高さは60～90cm。花は黄橙～橙
赤色。
¶山野草（No.1461/カ写）
茶花上（p503/カ写）
野生1（p172/カ写）
山力野草（p621/カ写）
山ハ野花（p46/カ写）

**エゾスグリ** *Ribes latifolium* 蝦夷須具利, 蝦夷酸塊
スグリ科（ユキノシタ科）の落葉低木。萼は紅紫。
¶APG原樹（No.339/カ図）
原牧1（No.1356/カ図）
新分牧（No.1527/モ図）
新牧日（No.1009/モ図）
牧野ス1（No.1356/カ図）
野生2（p194/カ写）
山力樹木（p230/カ写）

**エゾススキゴケ** *Dicranella yezoana*
シッポゴケ科のコケ植物。日本固有種。
¶固有（p213）

**エゾススシロ** *Erysimum cheiranthoides*
アブラナ科の一年草または二年草。別名キタミハタ
ザオ。高さは10～60cm。花は黄色。
¶帰化写改（p100/カ写）
原牧2（No.752/カ写）
植調（p94/カ写）
新分牧（No.2754/モ図）
新牧日（No.872/モ図）
牧野ス2（No.2597/カ図）
野生4（p63/カ写）

**エゾススシロモドキ** *Erysimum repandum*
アブラナ科の一年草。高さは15～60cm。花は淡
黄色。
¶帰化写改（p101/カ写）

**エゾスズラン** ⇒アオスズランを見よ

**エゾスナゴケ** *Racomitrium japonicum*
ギボウシゴケ科のコケ。別名スナゴケ，ウスジロシ
モフリゴケ。体は長さ3cmまで。葉は卵状披針形～
卵状楕円形。
¶新分牧（No.4850/モ図）
新牧日（No.4720/モ図）

**エゾスミレ** ⇒エイザンスミレを見よ

**エゾゼキショウ** ⇒ホロムイソウを見よ

**エゾゼンテイカ**(1) *Hemerocallis middendorffii*
ユリ科の多年草。北海道，千島・樺太などの寒地に
分布。
¶山力野草（p612/カ写）

**エゾゼンテイカ**(2) ⇒ゼンテイカを見よ

**エゾセンノウ** *Silene fulgens* 蝦夷仙翁
ナデシコ科の一年草または多年草。高さは50cm。
花は鮮紅色。
¶山野草（No.0032/カ写）
野生4（p120）

**エゾソナレギク** ⇒ピレオギク(1)を見よ

**エゾタイセイ** ⇒ハマタイセイを見よ

**エゾタカネスミレ** *Viola crassa* subsp.*borealis* 蝦夷
高嶺菫
スミレ科の草本。
¶学フ増高山（p105/カ写）
野生3（p212/カ写）
山ハ高山（p180/カ写）

**エゾタカネセンブリ** *Swertia tetrapetala* subsp.
*tetrapetala* var.*yezoalpina* 蝦夷高嶺千振
リンドウ科の多年草。日本固有種。
¶固有（p114）
野生4（p302/カ写）
山力野草（p256/カ写）
山ハ高山（p299/カ写）

**エゾタカネツメクサ** *Minuartia arctica* var.*arctica*
蝦夷高嶺爪草
ナデシコ科の多年草。別名オオタカネツメクサ，ヌ
プリポツメクサ，レブンタカネツメクサ。
¶学フ増高山〔エゾノタカネツメクサ〕（p136/カ写）
原牧2（No.890/カ写）
新分牧（No.2911/モ図）
新牧日（No.362/モ図）
牧野ス2（No.2735/カ図）
野生4（p115/カ写）
山ハ高山〔エゾノタカネツメクサ〕（p134/カ写）
山レ増（p420/カ写）

**エゾタカネニガナ** *Crepis gymnopus* 蝦夷高嶺苦菜
キク科キクニガナ亜科の多年草。日本固有種。
¶原牧2（No.2272/カ写）
固有（p150）
牧野ス2（No.4117/カ図）
野生5（p276/カ写）
山ハ高山（p442/カ写）
山レ増（p13/カ写）

**エゾタカラコウ** ⇒トウゲブキを見よ

**エゾタチカタバミ** *Oxalis stricta*
カタバミ科の多年草。高さは20～40cm。
¶原牧2（No.220/カ図）
新分牧（No.2263/モ図）
新牧日（No.1406/モ図）
牧野ス1（No.2065/カ図）
野生3（p141/カ写）

**エゾタチバナ** ⇒エゾゴゼンタチバナを見よ

**エゾタツナミソウ** *Scutellaria pekinensis* var.
*ussuriensis*
シソ科タツナミソウ亜科の草本。
¶野生5（p117/カ写）
山力野草（p206/カ写）

**エゾタヌキラン** ⇒ミヤマクロスゲを見よ

エゾタンホ　　　116

**エゾタンポタケ**　*Elaphocordyceps intermedia*
オフィオコルディセプス科の冬虫夏草。宿主はツチダンゴ類。
¶冬虫生態 (p247/カ写)

**エゾタンポポ**　*Taraxacum venustum* subsp.*venustum*
蝦夷蒲公英
キク科キクニガナ亜科の多年草。高さは10〜30cm。雌蕊は黄色。
¶色野草 (p135/カ写)
学フ増野春 (p95/カ写)
原牧2 (No.2267/カ図)
新分牧 (No.4024/モ図)
新牧日 (No.3295/モ図)
牧野ス2 (No.4112/カ図)
野生5 (p289/カ写)
山力野草 (p109/カ写)
山ハ野花 (p598/カ写)

**エゾチドリ**　*Platanthera metabifolia*
ラン科の草本。
¶野生1 (p222/カ写)

**エゾツガザクラ**　⇒エゾノツガザクラを見よ

**エゾツツジ**　*Therorhodion camtschaticum*　蝦夷躑躅
ツツジ科ツツジ亜科の落葉低木。別名カラフトツツジ。
¶APG原樹 (No.1207/カ図)
学フ増高山 (p41/カ写)
原牧2 (No.1165/カ図)
山野草 (No.0788/カ写)
新分牧 (No.3232/モ図)
新牧日 (No.2113/モ図)
牧野ス2 (No.3010/カ図)
野生4 (p250/カ写)
山力樹木 (p568/カ写)
山ハ野草 (p284/カ写)
山ハ高山 (p281/カ写)

**エゾツノマタ**　*Chondrus yendoi*
スギノリ科の海藻。別名クロハギンナンソウ, ギンナンソウ, ホトケノミミ。基脚は楔形。体は7〜20cm。
¶新分牧 (No.5071/モ図)
新牧日 (No.4931/モ図)

**エゾツリスゲ**　*Carex papulosa*
カヤツリグサ科の多年草。
¶カヤツリ (p454/モ図)
スゲ増 (No.254/カ写)
野生1 (p327/カ写)

**エゾツルキンバイ**　*Argentina anserina* var.*grandis*
蝦夷蔓金梅
バラ科バラ亜科の草本。
¶原牧1 (No.1826/カ図)
新分牧 (No.2030/モ図)
新牧日 (No.1152/モ図)
牧野ス1 (No.1826/カ図)
ミニ山 (p126/カ写)
野生3 (p26/カ写)

**エゾツルツゲ**　⇒ツルツゲを見よ

**エゾツルハシゴケ**　*Eurhynchium yezoanum*
アオギヌゴケ科のコケ植物。日本固有種。
¶固有 (p219)

**エゾデンダ**　*Polypodium sibiricum*
ウラボシ科の常緑性シダ。葉脈は羽状に分枝し, 葉縁に達しない。葉身は長さ7〜20cm, 長楕円状披針形〜披針形。
¶シダ標2 (p467/カ写)
新分牧 (No.4804/モ図)
新牧日 (No.4652/モ図)

**エゾトウウチソウ**　*Sanguisorba japonensis*　蝦夷唐打草
バラ科バラ亜科の多年草。日本固有種。
¶固有〔エゾノトウウチソウ〕(p79)
野生3 (p57/カ写)
山ハ高山 (p221/カ写)

**エゾトウヒレン**　*Saussurea yezoensis*　蝦夷唐飛簾
キク科アザミ亜科の多年草。日本固有種。別名レブントウヒレン。
¶固有 (p148/カ写)
野生5 (p263/カ写)

**エゾトウヤクリンドウ**　⇒トウヤクリンドウを見よ

**エゾトリカブト**　*Aconitum sachalinense* subsp.*yezoense*　蝦夷鳥兜
キンポウゲ科の草本。日本固有種。別名テリハブシ, ウスバトリカブト。
¶原牧1 (No.1221/カ図)
固有 (p56)
新分牧 (No.1423/モ図)
新牧日 (No.546/モ図)
牧野ス1 (No.1221/カ図)
ミニ山 (p46/カ写)
野生2 (p127/カ写)
山ハ山花 (p215/カ写)

**エゾナガバツガザクラ**　⇒ナガバツガザクラを見よ

**エゾナツボウズ**　⇒ナニワズを見よ

**エゾナナカマド**(1)　⇒オオナナカマド(1)を見よ

**エゾナナカマド**(2)　⇒ナナカマドを見よ

**エゾナニワズ**　⇒ナニワズを見よ

**エゾナミキ**　*Scutellaria yezoensis*　蝦夷波来
シソ科タツナミソウ亜科の多年草。高さは20〜70cm。
¶原牧2 (No.1641/カ図)
新分牧 (No.3735/モ図)
新牧日 (No.2553/モ図)
牧野ス2 (No.3486/カ図)
野生5 (p117/カ写)
山レ増 (p123/カ写)

**エゾニガクサ**　*Teucrium veronicoides* var.*veronicoides*　蝦夷苦草
シソ科キランソウ亜科の草本。別名ヒメニガクサ。
¶原牧2 (No.1629/カ図)
新分牧 (No.3711/モ図)
新牧日 (No.2538/モ図)
牧野ス2 (No.3474/カ図)

野生5（p114/カ写）

エゾニシキ　Camellia japonica 'Ezonishiki'　蝦夷錦
ツバキ科。ツバキの品種。花は絞りが入る。
¶茶花上（p157/カ写）

エゾニュウ　Angelica ursina　蝦夷にゅう
セリ科セリ亜科の草本。
¶原牧2（No.2452/カ図）
新分牧（No.4487/モ図）
新牧日（No.2066/モ図）
牧野ス2（No.4297/カ図）
ミニ山（p223/カ写）
野生5（p389/カ写）
山力野草（p319/カ写）
山ハ山花（p475/カ写）

エゾニワトコ　Sambucus racemosa subsp. kamtschatica　蝦夷接骨木
ガマズミ科〔レンプクソウ科〕（スイカズラ科）の低木または高木。
¶原牧2（No.2286/カ図）
新分牧（No.4334/モ図）
新牧日（No.2824/モ図）
牧野ス2（No.4131/カ図）
野生5（p404/カ写）
落葉図譜（p302/モ図）

エゾヌカススキ　⇒コメススキを見よ

エゾヌカボ　Agrostis scabra　蝦夷糠穂
イネ科イチゴツナギ亜科の草本。
¶桑イネ（p52/カ写・モ図）
原牧1（No.985/カ図）
新分牧（No.1088/モ図）
新牧日（No.3727/モ図）
牧野ス1（No.985/カ図）
野生2（p41/カ写）

エゾネギ　Allium schoenoprasum var.schoenoprasum　蝦夷葱
ヒガンバナ科（ユリ科）の多年草。アサツキの基本種。
¶原牧1（No.532/カ図）
新分牧（No.579/モ図）
新牧日（No.3415/モ図）
牧野ス1（No.532/カ図）
野生1（p242）

エゾネコノメソウ　Chrysosplenium alternifolium var.sibiricum　蝦夷猫の目草
ユキノシタ科の多年草。別名カラフトネコノメソウ、オクヤマネコノメソウ。
¶山野草（No.0537/カ写）
野生2（p204/カ写）
山ハ山花（p275/カ写）

エゾネマガリ　Sasa kurilensis var.gigantea
イネ科タケ亜科の植物。
¶タケ亜科（No.56/カ写）

エゾノアオイスミレ　⇒エゾアオイスミレを見よ

エゾノアカバナシモツケソウ　⇒エゾノシモツケソウを見よ

エゾノイワハタザオ　Arabis serrata var.glauca　蝦夷の岩旗竿
アブラナ科の多年草。別名エゾイワハタザオ。
¶野生4（p53/カ写）
山ハ高山（p241/カ写）

エゾノウスユキソウ　⇒エゾウスユキソウを見よ

エゾノウワミズザクラ　Padus avium　蝦夷の上溝桜
バラ科シモツケ亜科の落葉高木。樹高は15m。樹皮は濃灰色。
¶原牧1（No.1662/カ図）
新分牧（No.1819/モ図）
新牧日（No.1240/モ図）
牧野ス1（No.1662/カ図）
野生3（p76/カ写）
山ハ樹木（p311/カ写）
落葉図譜（p159/モ図）

エゾノオオサンザシ　⇒エゾサンザシを見よ

エゾノオオシラカンバ　⇒シラカンバを見よ

エゾノオオレイジンソウ　⇒エゾレイジンソウを見よ

エゾノガリヤス(1)　⇒イワノガリヤスを見よ

エゾノガリヤス(2)　⇒オニノガリヤスを見よ

エゾノカワヂシャ　Veronica americana　蝦夷の川萵苣
オオバコ科（ゴマノハグサ科）の草本。高さは30〜50cm。
¶原牧2（No.1579/カ図）
新分牧（No.3612/モ図）
新牧日（No.2722/モ図）
牧野ス2（No.3424/カ図）
野生5（p86/カ写）
山ハ山花（p457/カ写）

エゾノカワヤナギ　Salix miyabeana subsp.miyabeana
ヤナギ科の木本。北海道、本州北部に分布。
¶野生3（p202/カ写）
落葉図譜（p53/モ図）

エゾノカワラマツバ　Galium verum var. trachycarpum
アカネ科の多年草。花は黄色。
¶野生4（p274/カ写）

エゾノギシギシ　Rumex obtusifolius　蝦夷の羊蹄
タデ科の多年草。別名ヒロハギシギシ。高さは50〜130cm。花は淡緑や帯赤色。
¶帰化写改（p21/カ写, p490/カ写）
原牧2（No.789/カ図）
植調（p207/カ写）
新分牧（No.2831/モ図）
新牧日（No.251/モ図）
牧野ス2（No.2634/カ図）
野生4（p104/カ写）
山力野草（p533/カ写）
山ハ野花（p268/カ写）

エゾノキツネアザミ　Cirsium setosum
キク科アザミ亜科の多年草。高さは50〜180cm。

エソノキヌ

¶原牧2（No.2196/カ図）
植調（p143/カ写）
新分牧（No.3984/モ図）
新牧日（No.3228/モ図）
牧野ス2（No.4041/カ図）
野生5（p222/カ写）
山力野草（p87/カ写）

エゾノキヌヤナギ(1)　Salix schwerinii　蝦夷の絹柳
ヤナギ科の木本。別名ウラジロヤナギ、ギンヤナギ。水辺に生える高木。
¶APG原樹（No.841/カ図）
野生3（p200/カ写）
山力樹木（p96/カ写）
落葉図譜（p50/モ図）

エゾノキヌヤナギ(2)　⇒キヌヤナギを見よ

エゾノキリンソウ　Phedimus kamtschaticus　蝦夷の麒麟草
ベンケイソウ科の草本。別名エゾキリンソウ。
¶原牧1（No.1414/カ図）
新分牧（No.1572/モ図）
新牧日（No.920/モ図）
牧野ス1（No.1414/カ図）
野生2（p222/カ写）
山ハ高山（p165/カ写）

エゾノクサイチゴ(1)　Fragaria yezoensis　蝦夷の草苺
バラ科の草本。
¶原牧1（No.1841/カ図）
新分牧（No.2035/モ図）
新牧日（No.1136/モ図）
牧野ス1（No.1841/カ図）

エゾノクサイチゴ(2)　⇒シロバナノヘビイチゴを見よ

エゾノクサタチバナ　Vincetoxicum inamoenum
キョウチクトウ科（ガガイモ科）の草本。
¶野生4（p318/カ写）

エゾノクマイチゴ　⇒クマイチゴを見よ

エゾノクモマグサ　Saxifraga nishidae　蝦夷の雲間草
ユキノシタ科の草本。日本固有種。
¶固有（p73）
野生2（p212/カ写）
山ハ高山（p157/カ写）
山レ増（p314/カ写）

エゾノクロウメモドキ　Rhamnus japonica var. japonica　蝦夷の黒梅擬
クロウメモドキ科の木本。日本固有種。
¶固有（p89）
野生2（p323/カ写）

エゾノクロクモソウ　⇒エゾクロクモソウを見よ

エゾノコウボウムギ　Carex macrocephala　蝦夷の弘法麦
カヤツリグサ科の多年草。高さは10〜30cm。
¶カヤツリ（p82/モ図）
原牧1（No.799/カ図）
新分牧（No.784/モ図）

新牧日（No.4087/モ図）
スゲ増（No.22/カ写）
牧野ス1（No.799/カ写）
野生1（p302/カ写）
山ハ野花（p125/カ写）

エゾノコギリソウ　Achillea ptarmica subsp. macrocephala var.speciosa　蝦夷鋸草
キク科キク亜科の草本。
¶原牧2（No.2047/カ図）
新分牧（No.4239/モ図）
新牧日（No.3083/モ図）
牧野ス2（No.3892/カ図）
野生5（p327/カ写）
山力野草（p67/カ写）
山ハ高山（p434/カ写）
山ハ山花（p499/カ写）

エゾノコスギラン　⇒コスギランを見よ

エゾノコリンゴ　Malus baccata var.mandshurica　蝦夷の小林檎
バラ科シモツケ亜科の落葉高木。別名ヒロハオオズミ、ヒメリンゴ、マンシュウズミ、カラフトズミ。
¶APG原樹（No.552/カ図）
学フ増桜（p230/カ写）
原牧1（No.1705/カ図）
新分牧（No.1892/モ図）
新牧日（No.1052/モ図）
牧野ス1（No.1705/カ図）
野生3（p72/カ写）
山力樹木（p327/カ写）
落葉図譜（p162/モ図）

エゾノサクラソウ　⇒エゾオオサクラソウを見よ

エゾノサクラソウモドキ　⇒サクラソウモドキを見よ

エゾノサヤヌカグサ　Leersia oryzoides
イネ科イネ亜科の草本。
¶桑イネ（p296/カ写・モ図）
植調（p20/カ写）
野生2（p39/カ写）
山力野草（p693/カ写）

エゾノサワアザミ　Cirsium pectinellum　蝦夷之沢薊
キク科アザミ亜科の草本。日本固有種。別名エゾヒレアザミ、マミヤアザミ。
¶固有（p139）
野生5（p230/カ写）
山ハ高山（p404/カ写）
山ハ山花（p544/カ写）

エゾノシシウド　Coelopleurum gmelinii　蝦夷の獅独活
セリ科セリ亜科の多年草。高さは0.6〜1.5m。
¶原牧2（No.2463/カ図）
新分牧（No.4474/モ図）
新牧日（No.2077/モ図）
牧野ス2（No.4308/カ図）
ミニ山（p221/カ写）
野生5（p393/カ写）
山力野草（p314/カ写）

山ハ山花 (p470/カ写)

## エゾノシジミバナ　*Spiraea faurieana*
バラ科シモツケ亜科の落葉低木。日本固有種。別名コシジミバナ。
¶原牧1 (No.1689/カ図)
　固有 (p78)
　新分牧 (No.1885/モ図)
　新牧日 (No.1042/モ図)
　牧野ス1 (No.1689/カ図)
　野生3 (p85/カ写)

## エゾノシモツケソウ　*Filipendula yezoensis*　蝦夷の下野草
バラ科バラ亜科の多年草。別名エゾノアカバナシモツケソウ。高さは1m。花は淡紅色。
¶野生3 (p28/カ写)
　山ハ高山 (p216/カ写)
　山ハ山花 (p344/カ写)

## エゾノジャニンジン　*Cardamine schinziana*　蝦夷の蛇人参
アブラナ科の多年草。
¶原牧2 (No.722/カ図)
　新分牧 (No.2748/モ図)
　新牧日 (No.842/モ図)
　牧野ス2 (No.2567/カ図)
　野生4 (p59/カ写)

## エゾノシラカンバ　⇒シラカンバを見よ

## エゾノシロバナシモツケ　*Spiraea miyabei*　蝦夷の白花下野
バラ科シモツケ亜科の落葉低木。
¶APG原樹 (No.509/カ図)
　原牧1 (No.1685/カ図)
　新分牧 (No.1881/モ図)
　新牧日 (No.1038/モ図)
　牧野ス1 (No.1685/カ図)
　野生3 (p88/カ写)

## エゾノソナレギク　⇒ピレオギク(1)を見よ

## エゾノタウコギ　*Bidens maximowicziana*
キク科キク亜科の草本。
¶原牧2 (No.2017/カ図)
　新分牧 (No.4273/モ図)
　新牧日 (No.3056/モ図)
　牧野ス2 (No.3862/カ図)
　野生5 (p357/カ写)

## エゾノタカアザミ　⇒タカアザミを見よ

## エゾノタカネツメクサ　⇒エゾタカネツメクサを見よ

## エゾノタカネヤナギ　*Salix nakamurana* subsp. *yezoalpina*　蝦夷の高嶺柳
ヤナギ科の落葉小低木。別名マルバヤナギ，オオマルバヤナギ，ホソバマルバヤナギ。北海道の高山に分布。
¶APG原樹 (No.834/カ図)
　原牧2 (No.315/カ写)
　新分牧 (No.2392/モ図)
　新牧日 (No.92/モ図)
　牧野ス1 (No.2160/カ図)

野生3 (p194/カ写)
山力樹木 (p95/カ写)
山ハ高山 (p176/カ写)
山レ増 (p454/カ写)

## エゾノダケカンバ　⇒ダケカンバを見よ

## エゾノタチツボスミレ　*Viola acuminata*　蝦夷の立坪菫
スミレ科の多年草。別名イヌスミレ。高さは20〜40cm。花は淡紫色，または白色。
¶原牧2 (No.332/カ図)
　新分牧 (No.2321/モ図)
　新牧日 (No.1805/モ図)
　牧野ス1 (No.2177/カ図)
　ミニ山 (p194/カ写)
　野生3 (p224/カ写)
　山ガ野草 (p344/カ写)
　山ハ野花 (p324/カ写)
　山ハ山花 (p320/カ写)

## エゾノダッタンコゴメグサ　*Euphrasia pectinata* var.*obtusiserrata*
ハマウツボ科 (ゴマノハグサ科) の草本。日本固有種。
¶固有 (p129)
　野生5 (p153/カ写)

## エゾノチチコグサ　*Antennaria dioica*　蝦夷の父子草
キク科キク亜科の多年草。高さは6〜25cm。花は桃〜濃桃色。
¶原牧2 (No.1987/カ図)
　山野草 (No.1293/カ写)
　新分牧 (No.4134/モ図)
　新牧日 (No.3024/モ図)
　牧野ス2 (No.3832/カ図)
　野生5 (p344/カ写)
　山ハ高山 (p383/カ写)
　山レ増 (p53/カ写)

## エゾノチャルメルソウ　*Mitella integripetala*　蝦夷の哨吶草
ユキノシタ科の草本。日本固有種。
¶固有 (p70)
　ミニ山 (p105/カ写)
　野生2 (p207/カ写)
　山ハ山花 (p277/カ写)

## エゾノツガザクラ　*Phyllodoce caerulea*　蝦夷の栂桜
ツツジ科ツツジ亜科の矮性低木。別名エゾツガザクラ。高さは10〜30cm。花は紅紫色。
¶APG原樹 (No.1324/カ図)
　学フ増高山 (p39/カ写)
　原牧2 (No.1223/カ図)
　山野草 (No.0817/カ写)
　新分牧 (No.3229/モ図)
　新牧日 (No.2167/モ図)
　牧野ス2 (No.3068/カ図)
　野生4 (p231/カ写)
　山力樹木 (p583/カ写)
　山力野草 (p287/カ写)
　山ハ高山 (p272/カ写)

## エゾノトウウチソウ　⇒エゾトウウチソウを見よ

エゾノハク　120

**エゾノハクサンイチゲ** *Anemone narcissiflora*
subsp.*sachalinensis* 蝦夷の白山一花
キンポウゲ科の多年草。別名カラフトセンカソウ。
¶野生2（p134/カ写）
山ハ高山（p96/カ写）

**エゾノバッコヤナギ**(1) *Salix hultenii* var.
*angustifolia*
ヤナギ科の木本。別名エゾノヤマネコヤナギ。
¶落葉図譜（p47/モ図）

**エゾノバッコヤナギ**(2) ⇒バッコヤナギを見よ

**エゾノハナシノブ**(1) *Polemonium caeruleum* subsp.
*yezoense* var.*yezoense* 蝦夷の花葱
ハナシノブ科の多年草。日本固有種。別名ヒダカハ
ナシノブ，エゾハナシノブ。高さは35〜80cm。
¶固有〔エゾハナシノブ〕（p119/カ写）
山野草（No.0988/カ写）
茶花下（p56/カ写）
野生4（p175/カ写）
山力野草〔エゾハナシノブ〕（p240/カ写）
山ハ高山〔エゾハナシノブ〕（p250/カ写）
山レ増〔エゾハナシノブ〕（p149/カ写）

**エゾノハナシノブ**(2) ⇒ミヤマハナシノブを見よ

**エゾノハナヤスリ** ⇒ヒロハハナヤスリを見よ

**エゾノハハコグサ** ⇒ヒメチチコグサを見よ

**エゾノヒツジグサ** ⇒ヒツジグサを見よ

**エゾノヒメクラマゴケ** *Selaginella helvetica*
イワヒバ科の常緑性シダ。主茎は長さ10cm。高さ
は1〜2cm。
¶シダ標1（p273/カ写）

**エゾノヒメクワガタ** ⇒エゾヒメクワガタを見よ

**エゾノヒモカズラ** *Selaginella sibirica* 蝦夷の紐蔓
イワヒバ科の常緑性シダ。茎は高さ1〜2cm。葉は
披針形。
¶山草（No.1844/カ写）
シダ標1（p272/カ写）

**エゾノヒルムシロ** *Potamogeton gramineus* 蝦夷の
蛭蓆
ヒルムシロ科の沈水植物〜浮葉植物。沈水葉は線形
〜倒披針形。
¶日水草〔エゾヒルムシロ〕（p115/カ写）
野生1（p132）

**エゾノヘビイチゴ** ⇒エゾヘビイチゴを見よ

**エゾノホソバトリカブト** *Aconitum yuparense* var.
*yuparense* 蝦夷の細葉鳥兜
キンポウゲ科の草本。日本固有種。別名エゾホソバ
トリカブト，ユウバリトリカブト，ユウバリウズ。
¶学フ増高山〔エゾホソバトリカブト〕（p18/カ写）
原牧1（No.1217/カ図）
固有（p56）
新分牧（No.1417/モ図）
新牧日（No.542/モ図）
牧野ス1（No.1217/カ図）
野生2（p125/カ写）
山力野草（p488/カ写）

山ハ高山（p108/カ写）

**エゾノマルバシモツケ** *Spiraea betulifolia* var.
*aemiliana* 蝦夷の丸葉下野
バラ科シモツケ亜科の木本。別名マシケシモツケ。
¶原牧1（No.1679/カ図）
新分牧（No.1875/モ図）
新牧日（No.1032/モ図）
牧野ス1（No.1679/カ図）
ミニ山（p123/カ写）
野生3〔エゾマルバシモツケ〕（p88/カ写）
山ハ高山（p229/カ写）

**エゾノミクリゼキショウ** *Juncus mertensianus* 蝦
夷の実栗石菖
イグサ科の草本。別名クモマミクリゼキショウ。
¶野生1（p290/カ写）
山レ増（p567/カ写）

**エゾノミズタデ** *Persicaria amphibia*
タデ科の多年生水草。淡紅色〜白色の花が密生
する。
¶原牧2（No.820/カ写）
新分牧（No.2859/モ図）
新牧日（No.282/モ図）
日水草（p260/カ写）
牧野ス2（No.2665/カ図）
野生4（p95/カ写）

**エゾノミツバフウロ** *Geranium wilfordii* var.
*yezoense* 蝦夷の三葉風露
フウロソウ科の多年草。葉の下全面にわたって短い
伏毛がまばらにある。
¶野生3（p251/カ写）

**エゾノミツモトソウ** *Potentilla norvegica*
バラ科バラ亜科の一年草または二年草。高さは20
〜50cm。花は黄色。
¶帰化写改（p119/カ写）
原牧1（No.1832/カ図）
新分牧（No.2026/モ図）
新牧日（No.1158/モ図）
牧野ス1（No.1832/カ図）
ミニ山（p129/カ写）
野生3（p36/カ写）

**エゾノミノフスマ** ⇒ナガバツメクサを見よ

**エゾノミヤマアザミ** *Cirsium yezoalpinum* 蝦夷の
深山薊
キク科アザミ亜科の多年草。別名タカネヒレアザ
ミ，ミヤマサワアザミ。高さは20〜90cm。
¶野生5（p231/カ写）
山力野草〔ミヤマサワアザミ〕（p90/カ写）
山ハ高山〔エゾミヤマアザミ〕（p405/カ写）

**エゾノミヤマエンレイソウ** *Trillium tschonoskii*
var.*atrorubens*
ユリ科。日本固有種。
¶固有（p154）

**エゾノミヤマハコベ** ⇒オオハコベを見よ

**エゾノムカシヨモギ** ⇒エゾムカシヨモギを見よ

**エゾノヤマネコヤナギ** ⇒エゾノバッコヤナギ(1)を
見よ

## エゾノユキヨモギ *Artemisia montana* var. *shiretokoensis*
キク科キク亜科の多年草。茎, 花序の枝, 葉に白色くも毛を密生し, 芳香がない。
¶野生5 (p334/カ写)

## エゾノヨツバムグラ *Galium kamtschaticum* var. *kamtschaticum* 蝦夷の四葉葎
アカネ科の多年草。
¶野生4 (p276/カ写)
山力野草 (p153/カ写)
山ハ高山 (p296/カ写)

## エゾノヨロイグサ *Angelica anomala* 蝦夷の鎧草
セリ科セリ亜科の草本。
¶原牧2 (No.2451/カ図)
新分牧 (No.4486/モ図)
新牧日 (No.2065/モ図)
牧野ス2 (No.4296/カ図)
ミニ山 (p223/カ写)
野生5 (p389/カ写)
山ハ山花 (p474/カ写)

## エゾノリュウキンカ *Caltha fistulosa* 蝦夷の立金花
キンポウゲ科の多年草。別名ヤチブキ。
¶学フ増山菜 (p158/カ写)
学フ有毒 (p39/カ写)
山力野草 (No.0104/カ写)
ミニ山 (p41/カ写)
野生2 (p139/カ写)
山力野草 (p501/カ写)
山ハ高山 (p107/カ写)
山ハ山花 (p221/カ写)

## エゾノレイジンソウ ⇒エゾレイジンソウを見よ

## エゾノレンリソウ *Lathyrus palustris* 蝦夷の連理草
マメ科マメ亜科の草本。別名ヒメレンリソウ, ベニザラサ。
¶原牧1 (No.1578/カ図)
新分牧 (No.1784/モ図)
新牧日 (No.1365/モ図)
牧野ス1 (No.1578/カ図)
ミニ山 (p152/カ写)
野生2 (p276/カ写)

## エゾバイケイソウ ⇒バイケイソウを見よ

## エゾハコベ *Stellaria humifusa*
ナデシコ科の草本。
¶原牧2 (No.874/カ図)
新分牧 (No.2935/モ図)
新牧日 (No.346/モ図)
牧野ス2 (No.2719/カ図)
野生4 (p126/カ写)
山レ増山 (p417/カ写)

## エゾハシバミ *Corylus heterophylla* var.*yezoensis* 蝦夷榛
カバノキ科の落葉低木。葉柄に柄のある赤色腺毛がある。
¶野生3 (p118)

## エゾハタザオ *Catolobus pendula* 蝦夷旗竿
アブラナ科の草本。
¶原牧2 (No.750/カ図)
新分牧 (No.2728/モ図)
新牧日 (No.869/モ図)
牧野ス2 (No.2595/カ図)
野生4 (p59/カ写)
山ハ山花 (p361/カ写)

## エゾハナシノブ ⇒エゾノハナシノブ[1]を見よ

## エゾハナヤスリタケ *Elaphocordyceps jezoensis*
オフィオコルディセプス科の冬虫夏草。宿主はElaphomyces anthracinus, およびクロツチダンゴ, コクロツチダンゴ。
¶冬虫生態 (p258/カ写)

## エゾハハコヨモギ *Artemisia furcata* 蝦夷母子蓬
キク科キク亜科の草本。日本固有種。
¶学フ増高山 (p118/カ写)
固有 (p152)
野生5 (p331/カ写)
山力野草 (p81/カ写)
山ハ高山 (p427/カ写)

## エゾハマツメクサ *Sagina linnaei* f.*crassicaulis*
ナデシコ科の草本。花柄や萼片が無毛。
¶野生4 (p118/カ写)

## エゾハマハタザオ ⇒ハマハタザオを見よ

## エゾハリイ *Eleocharis maximowiczii*
カヤツリグサ科の一年草または多年草。
¶カヤツリ (p628/モ写)
新分牧 (No.945/モ図)
新牧日 (No.4022/モ図)
日水草 (p187/カ写)
野生1 (p345)

## エゾハリスゲ *Carex uda*
カヤツリグサ科の多年草。別名オオハリスゲ。
¶カヤツリ (p68/モ図)
スゲ増 (No.14/カ写)
野生1 (p302/カ写)

## エゾハリタケ *Climacodon septentrionalis*
マクカワタケ科のキノコ。大型。傘は細毛密生。
¶原きの (No.339/カ写・カ図)
山力日き (p435/カ写)

## エゾハルゼミタケ *Ophiocordyceps longissima*
オフィオコルディセプス科の冬虫夏草。宿主は主にエゾハルゼミの幼虫。
¶冬虫生態 (p122/カ写)

## エゾハンショウヅル ⇒クロバナハンショウヅルを見よ

## エゾハンノキ *Alnus japonica* f.*arguta* 蝦夷榛の木
カバノキ科の落葉高木。別名ヤチハンノキ。葉は長さ15cm, 幅8cmに達する。
¶野生3 (p109)

## エゾヒカゲノカズラ *Lycopodium clavatum* var. *asiaticum*
ヒカゲノカズラ科のシダ植物。

エゾヒツシ　122

¶シダ標1（p261/カ写）

**エゾヒツジグサ** ⇒ヒツジグサを見よ

**エゾヒナスミレ** ⇒ヒナスミレを見よ

**エゾヒナノウスツボ** *Scrophularia alata* 蝦夷雛の臼壺
ゴマノハグサ科の多年草。高さは40〜100cm。
¶原牧2（No.1604/カ図）
新分牧（No.3643/モ図）
新牧日（No.2684/モ図）
牧野ス2（No.3449/モ図）
野生5（p94/カ写）
山カ野草（p170/カ写）
山ハ山花（p412/カ写）

**エゾヒメアマナ** *Gagea vaginata* 蝦夷姫甘菜
ユリ科の多年草。
¶野生1（p171/カ写）
山ハ山花（p68/カ写）
山レ増（p583/カ写）

**エゾヒメクワガタ** *Veronica stelleri* var.*longistyla* 蝦夷姫鍬形
オオバコ科（ゴマノハグサ科）の多年草。別名ハクトウクワガタ。高さは7〜15cm。
¶学力増高山（p66/カ写）
原牧2〔エゾノヒメクワガタ〕（No.1572/カ図）
新分牧〔エゾノヒメクワガタ〕（No.3610/モ図）
新牧日〔エゾノヒメクワガタ〕（No.2715/モ図）
牧野ス2〔エゾノヒメクワガタ〕（No.3417/カ図）
野生5（p83/カ写）
山カ野草（p179/カ写）
山ハ高山（p337/カ写）
山レ増（p116/カ写）

**エゾヒョウタンボク** *Lonicera alpigena* subsp. *glehnii* 蝦夷瓢箪木
スイカズラ科の落葉小高木。別名スルガヒョウタンボク、オオバブシダマ、オオバエゾヒョウタンボク。中部地方〜北海道にかけての限られた地域に分布。
¶APG原樹（No.1491/カ図）
原牧2（No.2342/カ図）
新分牧（No.4362/モ図）
新牧日（No.2865/モ図）
牧野ス2（No.4187/カ図）
野生5（p421/カ写）
山カ樹木（p690/カ写）
山レ増（p83/カ写）

**エゾヒルムシロ** ⇒エゾノヒルムシロを見よ

**エゾヒレアザミ** ⇒エゾノサワアザミを見よ

**エゾフウロ** *Geranium yesoense* var.*yesoense* 蝦夷風露
フウロソウ科の多年草。日本固有種。別名イブキフウロ。
¶原牧2（No.416/カ図）
固有（p82）
山野草（No.0651/カ写）
新分牧（No.2456/モ図）
新牧日（No.1420/モ図）
茶花下（p182/カ写）

牧野ス2（No.2261/カ図）
野生3（p252/カ写）
山ハ高山（p167/カ写）

**エゾブキ** ⇒アキタブキを見よ

**エゾフスマ**（1） ⇒シラオイハコベを見よ

**エゾフスマ**（2） ⇒タチハコベを見よ

**エゾフユノハナワラビ** *Botrychium multifidum* var. *robustum*
ハナヤスリ科の冬緑性シダ。葉身は長さ2〜8cm，三角状長楕円形，鈍頭。
¶シダ標1（p293/カ写）

**エゾベニヒツジグサ** *Nymphaea tetragona* var. *erythrostigmatica*
スイレン科の水草。
¶日水草（p51/カ写）
野生1（p48）
山カ野草（p509/カ写）

**エゾヘビイチゴ** *Fragaria vesca* 蝦夷蛇苺
バラ科バラ亜科の多年草。別名ベスカイチゴ。高さは10〜20cm。花は白色。
¶帰化写改（p118/カ写）
原牧1（No.1840/カ図）
新分牧（No.2032/モ図）
新牧日（No.1138/モ図）
牧野ス1（No.1840/カ図）
ミニ山（p125/カ写）
野生3〔エゾノヘビイチゴ〕（p30/カ写）

**エゾヘビノネゴザ** *Athyrium brevifrons* × *A. yokoscense*
メシダ科のシダ植物。
¶シダ標2（p305/カ写）

**エゾボウフウ** *Aegopodium alpestre* 蝦夷防風
セリ科セリ亜科の多年草。高さは30〜50cm。
¶原牧2（No.2417/カ図）
新分牧（No.4453/モ図）
新牧日（No.2033/モ図）
牧野ス2（No.4262/カ図）
ミニ山（p217/カ写）
野生5（p387/カ写）

**エゾホシクサ** *Eriocaulon miquelianum* var. *monococcon*
ホシクサ科の草本。日本固有種。
¶固有（p163）
野生1（p284/カ写）

**エゾホソイ** *Juncus filiformis* 蝦夷細藺
イグサ科の多年草。別名リシリイ、カラフトホソイ。高さは30〜90cm。
¶原牧1（No.676/カ写）
新分牧（No.719/モ図）
新牧日（No.3572/モ図）
牧野ス1（No.676/カ図）
野生1（p289/カ写）
山ハ高山（p54/カ写）

**エゾホソバトリカブト** ⇒エゾノホソバトリカブトを見よ

**エゾホタルサイコ** *Bupleurum longiradiatum* f. *sachalinense*
セリ科の多年草。高さは60〜100cm。花は黄色。
¶ミニ山 (p216/カ写)

**エゾマツ** *Picea jezoensis* var.*jezoensis* 蝦夷松
マツ科の常緑高木。別名クロエゾ, クロエゾマツ。高さは30〜40m。樹皮は灰褐色。
¶APG原樹 (No.30/カ写)
学フ増高山 (p221/カ写)
学フ増樹 (p175/カ写・カ図)
原牧1 (No.3/カ図)
新分牧 (No.22/モ図)
新牧日 (No.15/モ図)
図説樹木 (p34/カ写)
牧野ス1 (No.4/カ図)
野生1 (p28/カ写)
山力樹木 (p26/カ写)
山ハ高山 (p452/カ写)

**エゾマツバスゲ** ⇒ハリガネスゲを見よ

**エゾマツムシソウ** *Scabiosa jezoensis*
スイカズラ科 (マツムシソウ科) の草本。日本固有種。別名トウマツムシソウ。
¶固有 (p136)
山野草 (No.1137/カ写)
野生5 (p424/カ写)

**エゾママコナ** *Melampyrum yezoense*
ハマウツボ科 (ゴマノハグサ科)。日本固有種。
¶固有 (p130)
野生5 (p154/カ写)

**エゾマミヤアザミ** *Cirsium charkeviczii*
キク科アザミ亜科の多年草。日本固有種。別名チトセアザミ。
¶固有 (p139)
野生5 (p231/カ写)

**エゾマメヤナギ** *Salix nummularia* 蝦夷豆柳
ヤナギ科の木本。日本で最も小さいヤナギ。
¶APG原樹 (No.838/カ図)
野生3 (p193/カ写)
山ハ高山 (p177/カ写)
山レ増 (p454/カ写)

**エゾマルバシモツケ** ⇒エゾノマルバシモツケを見よ

**エゾマンテマ** *Silene foliosa*
ナデシコ科の多年草。
¶原牧2 (No.909/カ図)
新分牧 (No.2959/モ図)
新牧日 (No.381/モ図)
牧野ス2 (No.2754/カ図)
野生4 (p120/カ写)

**エゾミクリ** *Sparganium emersum*
ガマ科 (ミクリ科) の多年生の抽水性〜浮葉〜沈水植物。果実は紡錘形で長さ3.5〜5.5mm。
¶日水草 (p153/カ写)
野生1 (p278/カ写)

**エゾミズゼニゴケ** *Pellia neesiana* 蝦夷水銭苔
ミズゼニゴケ科のコケ植物。
¶新分牧 (No.4910/モ図)
新牧日 (No.4773/モ図)

**エゾミズタマソウ** *Circaea canadensis* subsp. *quadrisulcata* 蝦夷水玉草
アカバナ科の多年草。茎は高さ30〜40cm。花は白色。
¶原牧2 (No.470/カ図)
新分牧 (No.2499/モ図)
新牧日 (No.1955/モ図)
牧野ス2 (No.2315/カ図)
野生3 (p263/カ写)

**エゾミセバヤ** ⇒カラフトミセバヤを見よ

**エゾミソハギ** *Lythrum salicaria* 蝦夷禊萩
ミソハギ科の多年草。別名ボンバナ, ショウロウバナ。高さは50〜150cm。花は紅紫色。
¶原牧2 (No.437/カ図)
新分牧 (No.2471/モ図)
新牧日 (No.1892/モ図)
茶花下 (p183/カ写)
牧野ス2 (No.2282/カ図)
野生3 (p258/カ写)
山ハ野花 (p309/カ写)

**エゾミヤマアザミ** ⇒エゾノミヤマアザミを見よ

**エゾミヤマカタバミ** *Oxalis acetosella* var.*acetosella* f.*vegeta*
カタバミ科の多年草。
¶野生3 (p142)

**エゾミヤマクロユリ** *Fritillaria camtschatcensis* subsp.*alpina*
ユリ科。北海道に分布。
¶学フ増高山 (p232/カ写)

**エゾミヤマクワガタ** *Veronica schmidtiana* subsp. *senanensis* var.*yezoalpina* 蝦夷深山鍬形
オオバコ科 (ゴマノハグサ科) の多年草。日本固有種。別名エゾミヤマトラノオ。
¶固有 (p131)
野生5 (p89/カ写)
山ハ高山〔エゾミヤマトラノオ〕(p336/カ写)
山レ増 (p116/カ写)

**エゾミヤマツメクサ** *Minuartia macrocarpa* var. *yezoalpina* 蝦夷深山爪草
ナデシコ科の多年草。日本固有種。
¶固有 (p47)
野生4 (p115/カ写)
山ハ高山 (p136/カ写)

**エゾミヤマトラノオ** ⇒エゾミヤマクワガタを見よ

**エゾミヤマハンショウヅル** *Clematis ochotensis* var.*ochotensis*
キンポウゲ科の木本性つる植物。花弁の幅が広く, 萼片に縁毛。
¶野生2 (p142)

**エゾムカシヨモギ** *Erigeron acris* var.*acris* 蝦夷昔蓬
キク科キク亜科の一年草または多年草。高さは15

~55cm。
¶学フ増高山（p203/カ写）
原牧2〔エゾノムカシヨモギ〕（No.1966/カ図）
新分牧〔エゾノムカシヨモギ〕（No.4147/モ図）
新牧日〔エゾノムカシヨモギ〕（No.3002/モ図）
牧野ス2〔エゾノムカシヨモギ〕（No.3811/カ図）
野生5（p322/カ写）
山力野草（p43/カ写）
山ハ高山（p386/カ写）

**エゾムギ** *Elymus sibiricus*
イネ科イチゴツナギ亜科の多年草。別名ホソテンキ。
¶桑イネ（p212/カ写・モ図）
原牧1（No.958/カ図）
新分牧（No.1062/モ図）
新牧日（No.3661/モ図）
牧野ス1（No.958/カ図）
野生2（p51/カ写）

**エゾムグラ** *Galium manshuricum*
アカネ科の草本。
¶原牧2（No.1310/カ図）
新分牧（No.3344/モ図）
新牧日（No.2424/モ図）
牧野ス2（No.3155/カ図）
野生4（p274/カ写）

**エゾムラサキ** *Myosotis sylvatica* 蝦夷紫
ムラサキ科ムラサキ亜科の多年草。別名ワスレナグサ（流通名）。高さは20〜40cm。花は青色。
¶学フ増野春（p44/カ写）
原牧2（No.1424/カ図）
新分牧（No.3518/モ図）
新牧日（No.2484/モ図）
茶花上（p240/カ写）
牧野ス2（No.3269/カ写）
野生5（p56/カ写）
山力野草（p238/カ写）
山ハ山花（p384/カ写）

**エゾムラサキツツジ** *Rhododendron dauricum* 蝦夷紫躑躅
ツツジ科ツツジ亜科の半常緑低木。別名トキワゲンカイ。高さは2.4m。花は紫紅色。
¶APG原樹（No.1293/カ図）
原牧2（No.1169/カ図）
山野草（No.0762/カ写）
新分牧（No.3281/モ図）
新牧日（No.2115/モ図）
牧野ス2（No.3014/カ写）
野生4（p235/カ写）
山力樹木（No567/カ写）
山レ増（p207/カ写）

**エゾムラサキニガナ** *Lactuca sibirica*
キク科キクニガナ亜科の草本。
¶原牧2（No.2247/カ写）
新分牧（No.4053/モ図）
新牧日（No.3274/モ図）
牧野ス2（No.4092/モ図）
野生5（p281/カ写）

**エゾメシダ** *Athyrium sinense* 蝦夷雌羊歯
メシダ科（オシダ科，イワデンダ科）の夏緑性シダ。別名コウライメシダ。葉身は長さ60cm弱，広卵状披針形〜披針形。
¶シダ標2（p297/カ写）
新分牧（No.4705/モ図）
新牧日（No.4593/モ図）
山ハ高山（p465/カ写）

**エゾモメンヅル** *Astragalus japonicus* 蝦夷木綿蔓
マメ科マメ亜科の草本。別名チシマモメンヅル。
¶野生2（p258/カ写）
山ハ高山（p199/カ写）

**エゾヤスデゴケ** *Frullania cristata*
ヤスデゴケ科のコケ植物。日本固有種。
¶固有（p223）

**エゾヤナギ** *Salix rorida* 蝦夷柳
ヤナギ科の木本。河岸に生える。
¶APG原樹（No.839/カ図）
野生3（p200/カ写）
山力樹木（p96/カ写）

**エゾヤナギモ** *Potamogeton compressus*
ヒルムシロ科の沈水植物。葉は線形，無柄，先端が円頭凸端型。
¶日水草（p131/カ写）
野生1（p133）

**エゾヤノネゴケ** *Bryhnia tokubuchii*
アオギヌゴケ科のコケ植物。日本固有種。
¶固有（p219）

**エゾヤマアザミ** *Cirsium albrechtii* 蝦夷山薊
キク科アザミ亜科の多年草。日本固有種。高さは100〜200cm。
¶固有（p140）
野生5（p249/カ写）

**エゾヤマオトギリ** *Hypericum kurodakeanum* 蝦夷山弟切
オトギリソウ科の多年草。日本固有種。
¶固有（p65）
野生3（p243/カ写）

**エゾヤマコウボウ** *Anthoxanthum pluriflorum* var. *intermedium*
イネ科イチゴツナギ亜科の多年草。日本固有種。
¶桑イネ（p267/モ図）
固有（p166）
野生2（p43）

**エゾヤマザクラ** ⇒オオヤマザクラを見よ

**エゾヤマゼンコ** *Coelopleurum rupestre* 蝦夷山前胡
セリ科の多年草。日本固有種。別名エゾヤマゼンゴ。高さは30〜60cm。
¶固有（p99）
山ハ高山（p350/カ写）

**エゾヤマツツジ** ⇒ヤマツツジを見よ

**エゾヤマナラシ** *Populus tremula* var.*davidiana*
ヤナギ科の木本。別名チョウセンヤマナラシ。
¶野生3（p186）

エゾヤマハンノキ ⇒ケヤマハンノキを見よ

エゾヤマモモ ⇒ヤチヤナギを見よ

エゾユズリハ *Daphniphyllum macropodum* subsp.
*humile* 蝦夷譲葉
ユズリハ科の常緑低木。日本固有種。別名ヒナユズ
リハ。
¶ **APG原樹**（No.332/カ図）
　**原牧1**（No.1350/カ写）
　**固有**（p84/カ写）
　**新分牧**（No.1521/モ図）
　**新牧日**（No.1491/モ図）
　**牧野ス1**（No.1350/カ図）
　**野生2**（p188/カ写）
　**山力樹木**（p387/カ写）

エゾユリ ⇒エゾスカシユリを見よ

エゾヨツバシオガマ *Pedicularis chamissonis*
ハマウツボ科（ゴマノハグサ科）の草本。
¶ **野生5**（p158/カ写）

エゾヨモギ ⇒オオヨモギを見よ

エゾヨモギギク *Tanacetum vulgare* var.*boreale*
キク科キク亜科の草本。
¶ **野生5**（p342/カ写）
　**山レ増**（p27/カ写）

エゾリンドウ *Gentiana triflora* var.*japonica* 蝦夷
竜胆
リンドウ科の宿根草。高さは30〜100cm。
¶ **学フ増高山**（p50/カ写）
　**学フ増野秋**（p71/カ写）
　**原牧2**（No.1337/カ図）
　**山野草**（No.0944/カ写）
　**新分牧**（No.3381/モ図）
　**新牧日**（No.2319/モ図）
　**茶花下**（p57/カ写）
　**牧野ス2**（No.3182/カ図）
　**野生4**（p298/カ写）
　**山力野草**（p260/カ写）
　**山ハ高山**（p311/カ写）
　**山ハ山花**（p395/カ写）

エゾルリソウ *Mertensia pterocarpa* var.*yezoensis*
蝦夷瑠璃草
ムラサキ科ムラサキ亜科の草本。日本固有種。
¶ **原牧2**（No.1435/カ写）
　**固有**（p120/カ写）
　**山野草**（No.1006/カ写）
　**新分牧**（No.3516/モ図）
　**新牧日**（No.2495/モ図）
　**牧野ス2**（No.3280/カ図）
　**野生5**（p55/カ写）
　**山力野草**（p238/カ写）
　**山ハ高山**（p295/カ写）
　**山レ増**（p143/カ写）

エゾルリトラノオ *Veronica ovata* subsp.*miyabei*
ゴマノハグサ科の多年草。日本固有種。近畿・中部
地方の日本海側の山地、東北・北海道南部の山地に
生育。
¶ **固有**（p130）

　**野生5**（p87）

エゾルリトラノオ（基準変種）*Veronica ovata*
subsp.*miyabei* var.*miyabei* 蝦夷瑠璃虎の尾
オオバコ科の多年草。本州（岩手県）と北海道南部
に分布。
¶ **野生5**（p87/カ写）
　**山ハ高山**〔エゾルリトラノオ〕（p333/カ写）

エゾルリムラサキ *Eritrichium nipponicum* var.
*albiflorum* 蝦夷瑠璃紫
ムラサキ科ムラサキ亜科の草本。茎はときに高さ
20cmに達する。花はふつう淡青紫色だが白色も
ある。
¶ **野生5**（p54/カ写）
　**山ハ高山**（p295/カ写）
　**山レ増**（p143/カ写）

エゾレイジンソウ *Aconitum gigas* 蝦夷伶人草
キンポウゲ科の多年草。日本固有種。別名エゾノレ
イジンソウ、エゾノオオレイジンソウ。
¶ **学フ増高山**〔エゾノレイジンソウ〕（p85/カ写）
　**原牧1**〔エゾノレイジンソウ〕（No.1214/カ図）
　**固有**（p55）
　**新分牧**（No.1407/モ図）
　**新牧日**〔エゾノレイジンソウ〕（No.539/モ図）
　**牧野ス1**〔エゾノレイジンソウ〕（No.1214/カ図）
　**ミニ山**〔エゾノレイジンソウ〕（p48/カ写）
　**野生2**（p123/カ写）
　**山力野草**（p488/カ写）
　**山ハ高山**（p117/カ写）

エゾワクノテ *Clematis sibiricoides*
キンポウゲ科の木本性のつる植物。日本固有種。
¶ **固有**（p54）
　**野生2**（p143）

エゾワサビ *Cardamine yezoensis* 蝦夷山葵
アブラナ科の草本。別名アイヌワサビ。
¶ **野生4**（p59/カ写）
　**山ハ山花**（p359/カ写）

エゾワタスゲ *Eriophorum scheuchzeri* var.
*tenuifolium* 蝦夷綿菅
カヤツリグサ科の多年草。
¶ **カヤツリ**（p642/モ図）
　**野生1**（p346）
　**山ハ山花**（p180/カ写）
　**山レ増**（p525/カ写）

エダウチアオスゲ ⇒シロホンモンジスゲを見よ

エダウチアカバナ *Epilobium fastigiatoramosum*
アカバナ科の草本。
¶ **野生3**（p266）

エダウチカメムシタケ *Polycephalomyces* sp.
オフィオコルディセプス科の冬虫夏草。宿主はカメ
ムシの成虫。
¶ **冬虫生態**（p138/カ写）

エダウチクサアジサイ ⇒クサアジサイを見よ

エダウチクサネム *Aeschynomene americana*
マメ科マメ亜科の木本状多年草。
¶ **帰化写2**（p400/カ写）

新分牧（No.1658/モ図）
野生2（p254）

**エダウチクジャク**　*Lindsaea heterophylla*
ホングウシダ科の常緑性シダ。葉身は長さ10〜45cm、長楕円形〜三角状。
¶シダ標1（p351/カ写）

**エダウチスズメノトウガラシ**　*Lindernia antipoda* var.*grandiflora*
アゼナ科〔アゼトウガラシ科〕（ゴマノハグサ科）の一年草。
¶植調（p56/カ写）
山カ野草（p708/カ写）

**エダウチゼキショウ**　*Tofieldia coccinea* var.*dibotrya*
チシマゼキショウ科の多年草。
¶野生1（p113）

**エダウチタニギキョウ**　*Peracarpa carnosa* var.*kiusiana*
キキョウ科。日本固有種。
¶固有（p136）

**エダウチタヌキマメ**　*Crotalaria uncinella* subsp.*elliptica*
マメ科マメ亜科の多年草。高さは20〜60cm。花は黄色。
¶野生2（p262/カ写）

**エダウチチチカラシバ**　*Pennisetum orientale* var.*triflorum*
イネ科キビ亜科の多年草。高さは80〜120cm。
¶野生2（p93）

**エダウチチチカラシバ（広義）**　*Pennisetum orientale*
イネ科キビ亜科の多年草。高さは80〜140cm。
¶帰化写2〔エダウチチチカラシバ〕（p349/カ写）

**エダウチチチヂミザサ**　*Oplismenus compositus* var.*compositus*
イネ科キビ亜科の多年草。
¶桑イネ（p339/モ図）
原牧1（No.1052/モ図）
新分牧（No.1214/モ図）
新牧日（No.3826/モ図）
牧野ス1（No.1052/カ図）
野生2（p90/カ写）

**エダウチチチチコグサ**　*Gnaphalium sylvaticum*
キク科の多年草。高さは15〜50cm。花は淡褐色。
¶帰化写改（p367/カ写）

**エダウチトクサ**　⇒トクサを見よ

**エダウチニガナ**　*Chondrilla juncea*
キク科の多年草。
¶帰化写2（p268/カ写）

**エダウチフクジュソウ**　⇒フクジュソウを見よ

**エダウチヘゴ**(1)　*Cyathea tuyamae*
ヘゴ科の常緑性シダ植物。日本固有種。葉身は長さ30〜40cm、倒卵状長楕円形。
¶固有（p201/カ写）

**エダウチヘゴ**(2)　⇒エダウチムニンヘゴを見よ

**エダウチホコリタケモドキ**　*Dendrosphaera eberhardti*
マユハキタケ科のキノコ。
¶山カ日き（p543/カ写）

**エダウチホングウシダ**　*Lindsaea chienii*　枝打ち本宮羊歯
ホングウシダ科（イノモトソウ科）の常緑性シダ。別名シマエダウチホングウシダ，サタケホングウシダ。葉身は長さ5〜10cm、三角形〜長楕円形。
¶シダ標1（p351/カ写）
新分牧（No.4568/モ図）
新牧日（No.4455/モ図）

**エダウチミゾシダ**　⇒ミゾシダを見よ

**エダウチミミナグサ**　⇒セイヨウミミナグサを見よ

**エダウチムニンヘゴ**　*Cyathea aramaganensis*
ヘゴ科のシダ植物。別名エダウチヘゴ。
¶シダ標1（p346/カ写）

**エダウチヤガラ**　*Eulophia graminea*
ラン科の地生の多年草。別名オキナワイモネヤガラ。
¶野生1（p200/カ写）

**エダウチヤマモモソウ**　*Gaura biennis*
アカバナ科の一年草または二年草。
¶帰化写2（p158/カ写）

**エチオネマ × ‘ワーレイローズ’**　*Aethionema* × *warleyense* ‘Warley Rose’
アブラナ科の草本。
¶山野草（No.0481/カ写）

**エチゴキジムシロ**　*Potentilla togasii*　越後雉子筵
バラ科バラ亜科の多年草。小葉は5個。
¶ミニ山（p128/カ写）
野生3（p38/カ写）
山カ野草（p401/カ写）
山ハ山花（p337/カ写）

**エチゴシロカネソウ**　⇒アズマシロカネソウを見よ

**エチゴタイゲキ**　⇒シナノタイゲキを見よ

**エチゴツルキジムシロ**　*Potentilla toyamensis*　越後蔓雉筵
バラ科バラ亜科の多年草。日本固有種。福井県〜秋田県の日本海側に分布。
¶固有（p77/カ写）
野生3（p38/カ写）

**エチゴトラノオ**　*Veronica ovata* subsp.*maritima*
オオバコ科（ゴマノハグサ科）の多年草。日本固有種。高さは40〜100cm。
¶原牧2（No.1582/カ図）
固有（p130/カ写）
新分牧（No.3623/モ図）
新牧日（No.2725/モ図）
牧野ス2（No.3427/カ図）
野生5（p87/カ写）

**エチゴボダイジュ**　*Tilia mandshurica* var.*toriiana*
シナノキ科。日本固有種。
¶固有（p91）

**エチゴメダケ** *Pleioblastus pseudosasaoides*
イネ科タケ亜科のササ。日本固有種。
¶固有 (p175)
　タケ亜科 (No.36/カ写)

**エチゴルリソウ** *Nihon laevispermum*
ムラサキ科ムラサキ亜科の草本。日本固有種。
¶固有 (p121)
　山野草 (No.1004/カ写)
　野5 (p57/カ写)

**エチゼンアザミ** ⇒オハラメアザミを見よ

**エチゼンインヨウ** *Hibanobambusa kamitegensis*
イネ科タケ亜科の植物。
¶タケ亜科 (No.27/カ写)
　野2 (p32)

**エチゼンオニアザミ** *Cirsium occidentalinipponense*
キク科アザミ亜科の草本。日本固有種。
¶固有 (p139)
　野5 (p229/カ写)

**エチゼンシノブ** ⇒タチシノブを見よ

**エチゼンダイモンジソウ** *Saxifraga acerifolia*
ユキノシタ科の草本。日本固有種。
¶固有 (p72)
　山野草 (No.0557/カ写)
　野2 (p213/カ写)
　山レ増 (p317/カ写)

**エチゼンネザサ** *Pleioblastus nagashima* var. *koidzumii*
イネ科タケ亜科のササ。日本固有種。
¶固有 (p175)
　タケ亜科 (No.42/カ写)

**エチゼンヒメアザミ** *Cirsium wakasugianum*
キク科アザミ亜科の草本。日本固有種。
¶固有 (p140)
　野5 (p238/カ写)

**エツキクロコップタケ** *Urnula craterium*
クロチャワンタケ科のキノコ。小型。子嚢盤は深い椀形で、黒色。
¶原きの (No.552/カ写・カ図)
　山カ日き (p552/カ写)

**エッグプラント** ⇒ナスを見よ

**エッサシノ** *Sasaella shiobarensis* var.*yessaensis*
イネ科タケ亜科のササ。日本固有種。
¶固有 (p170)

**エッショルチア・カエスピトサ** ⇒ヒメハナビシソウを見よ

**エッチュウミセバヤ** *Hylotelephium sieboldii* var. *ettyuense*
ベンケイソウ科の草本。日本固有種。
¶固有 (p68)
　野2 (p218/カ写)
　山レ増 (p330/カ写)

**エーデルワイス** *Leontopodium nivale* subsp.*alpinum*
キク科の多年草。高さは10〜20cm。
¶原牧2 (No.1980/カ図)
　山野草〔レオントポジウム・アルビナム〕(No.1301/カ写)
　牧スワ2 (No.3825/カ図)

**エド** *Cerasus lannesiana* 'Nobilis'　江戸
バラ科の落葉小高木。サクラの栽培品種。
¶APG原樹〔サクラ'エド'〕(No.444/カ図)
　学フ proba桜〔'江戸'〕(p184/カ写)

**エドイチゴ** ⇒カジイチゴを見よ

**エドギク** ⇒エゾギクを見よ

**エドタデ** ⇒アザブタデを見よ

**エドドコロ** ⇒ヒメドコロを見よ

**エドニシキ** *Camellia japonica* 'Edonishiki'　江戸錦
ツバキ科。ツバキの品種。花は絞りが入る。
¶茶花上 (p159/カ写)

**エドヒガン** ⇒ウバヒガンを見よ

**エドヒガン × オオシマザクラ** *Cerasus × yedoensis*
バラ科の木本。桜の種間雑種。
¶学フ proba桜 (p48/カ写)

**エドムラサキ** *Clematis* 'Edomurasaki'　江戸紫
キンポウゲ科の木本。クレマチスの品種。
¶APG原樹〔クレマチス'エドムラサキ'〕(No.273/カ図)

**エドライアンサス・セルフィリフォリウス**
*Edraianthus serpyllifolius*
キキョウ科の草本。高さは2〜5cm。
¶山野草 (No.1183/カ写)

**エドライアンサス・テヌイフォリウス**
*Edraianthus tenuifolius*
キキョウ科の多年草。高さは10〜15cm。
¶山野草 (No.1181/カ写)

**エドライアンサス・プミリオ** *Edraianthus pumilio*
キキョウ科の多年草。花は紫色。
¶山野草 (No.1182/カ写)

**エトロフヨモギ** ⇒アライトヨモギを見よ

**エナガキクモ** ⇒コキクモを見よ

**エナガクロチャワンタケ** *Plectania nannfeldtii*
クロチャワンタケ科のキノコ。小型。子嚢盤は浅い椀形、黒色。
¶山カ日き (p552/カ写)

**エナガスミレ** ⇒リュウキュウシロスミレを見よ

**エナシシソウクサ** *Limnophila fragrans*
オオバコ科 (ゴマノハグサ科) の草本。
¶野5 (p78/カ写)
　山レ増 (p104/カ写)

**エナシヒゴクサ** *Carex aphanolepis*　柄無肥後草
カヤツリグサ科の多年草。別名サワスゲ。高さは20〜40cm。
¶カヤツリ (No.430/モ図)
　原牧1 (No.895/カ図)
　新分牧 (No.916/モ図)
　新牧日 (No.4205/モ図)
　スゲ増 (No.238/カ写)

牧野ス1（No.895/カ図）
**野生1**（p332/カ写）
山ハ野花（p142/カ写）

## エニシダ　*Cytisus scoparius*　金雀児, 金雀枝
マメ科の落葉低木。別名エニスダ。高さは1〜3m。花は黄色。
¶**APG原樹**（No.379/カ図）
学フ増花庭（p63/カ写）
学フ有毒（p147/カ写）
原牧1（No.1492/カ図）
新分牧（No.1652/モ図）
新牧日（No.1279/モ図）
茶花上（p240/カ写）
牧野ス1（No.1492/カ図）
山力樹木（p360/カ写）

## エニスダ　⇒エニシダを見よ

## エニワセミタケ　*Cordyceps* sp.
ノムシタケ科の冬虫夏草。宿主はエゾゼミやコエゾゼミなどの幼虫。
¶冬虫生態（p113/カ写）

## エヌノコグサ　⇒エノコログサを見よ

## エノキ　*Celtis sinensis*　榎
アサ科（ニレ科）の落葉高木。別名エ（古名）。高さは20m。花は淡黄色。
¶**APG原樹**（No.659/カ図）
学フ増樹（p130/カ写・カ図）
学フ増花庭（p145/カ写）
原牧2（No.41/カ図）
新分牧（No.2078/モ図）
新牧日（No.165/モ図）
図説樹木（p100/カ写）
都木花新（p43/カ写）
牧野ス1（No.1886/カ図）
野生2（p329/カ写）
山力樹木（p159/カ写）
落葉図譜（p97/モ図）

## エノキアオイ　*Malvastrum coromandelianum*
アオイ科の一年草または多年草。別名アオイモドキ。靭皮繊維は強い。高さは20〜150cm。花は黄色。
¶帰化写改（p192/カ写）
原調2（No.622/カ図）
植調（p77/カ写）
新分牧（No.2672/モ図）
新牧日（No.1732/モ図）
牧野ス2（No.2467/カ図）
野生3（p31/カ写）

## エノキグサ　*Acalypha australis*　榎草
トウダイグサ科の一年草。別名アミガサソウ。高さは20〜40cm。
¶原牧2（No.238/カ図）
植調（p210/カ写）
新分牧（No.2396/モ図）
新牧日（No.1456/モ図）
牧野ス1（No.2083/カ図）
野生3（p148/カ写）

山力野草（p366/カ写）
山ハ野花（p342/カ写）

## エノキタケ　*Flammulina velutipes*　榎茸
タマバリタケ科（キシメジ科）のキノコ。別名ナメタケ、ナメススキ、ナメコ、ユキノシタ。小型〜中型。傘は黄褐色、強粘性。
¶原きの（No.105/カ写・カ図）
新分牧（No.5097/カ写）
新牧日（No.4980/モ図）
山力日き（p139/カ写）

## エノキフジ　*Discocleidion ulmifolium*
トウダイグサ科の木本。
¶野生3（p150/カ写）

## エノキマメ　*Flemingia macrophylla* var.*philippinensis*
マメ科マメ亜科の木本。
¶野生2（p268/カ写）

## エノコアワ　⇒コアワを見よ

## エノコログサ　*Setaria viridis* var.*minor*　狗尾草
イネ科キビ亜科の一年草。別名ネコジャラシ、エヌノコグサ（古名）。高さは20〜80cm。
¶色野草（p355/カ写）
学フ増野秋（p226/カ写）
桑イネ（p444/カ写・モ図）
原牧1（No.1029/カ図）
植調（p314/カ写）
新分牧（No.1222/モ図）
新牧日（No.3793/モ図）
茶花下（p183/カ写）
牧野ス1（No.1029/カ図）
野生2（p96/カ写）
山力野草（p682/カ写）
山ハ野花（p194/カ写）

## エノコロスゲ　*Carex frankii*
カヤツリグサ科の草本。湿地や流水縁に生える。
¶スゲ増（p374）

## エノコロヤナギ　⇒ネコヤナギを見よ

## エノシマキブシ　⇒ハチジョウキブシを見よ

## エノシマヨメナ　⇒ハマコンギクを見よ

## エノテラ・テトラゴナ　*Oenothera tetragona*
アカバナ科の草本。高さは30〜90cm。花は黄色。
¶山野草（No.0742/カ写）

## エノテラ・パリダ　*Oenothera pallida*
アカバナ科の草本。
¶山野草（No.0744/カ写）

## エビアマモ　*Phyllospadix japonicus*　海老甘藻
アマモ科（ヒルムシロ科）の海藻。
¶原牧1（No.252/カ図）
新分牧（No.295/モ図）
新牧日（No.3353/モ図）
牧野ス1（No.252/カ図）
野生1（p128/カ写）

## エビウラタケ　*Gloeoporus dichrous*
シワタケ科のキノコ。

¶山カ日き（p477/カ写）

**エヒガサ** *Rosa* 'Ehigasa' 絵日傘
バラ科。バラの品種。
¶APG原樹〔バラ'エヒガサ'〕（No.624/カ図）

**エビカズラ** ⇒エビヅルを見よ

**エビガライチゴ** *Rubus phoenicolasius* 海老殻苺
バラ科バラ亜科の落葉性つる性低木。別名ウラジロイチゴ。
¶APG原樹（No.584/カ図）
　原牧1（No.1776/カ図）
　新分牧（No.1944/モ図）
　新牧日（No.1123/モ図）
　牧野ス1（No.1776/カ図）
　ミニ山（p139/カ写）
　野生3（p53/カ写）
　山カ樹木（p270/カ写）

**エビガラシダ** *Cheilanthes chusana*
イノモトソウ科の常緑性シダ。葉身は長さ5～25cm, 狭披針形～長楕円形。
¶シダ標1（p385/カ写）
　新分牧（No.4616/モ図）
　新牧日（No.4468/モ図）

**エビコウヤクタケ** *Cylindrobasidium evolvens*
タマバリタケ科のキノコ。
¶山カ日き（p422/カ写）

**エビゴケ** *Bryoxiphium norvegicum* subsp. *japonicum*
エビゴケ科のコケ。別名イワマエビゴケ。小型。多数の葉を2列に付ける。葉は披針形。
¶新分牧（No.4847/モ図）
　新牧日（No.4707/モ図）

**エビスグサ**(1) *Senna obtusifolia* 夷草, 恵比須草
マメ科ジャケツイバラ亜科の一年草。別名ロッカクソウ。高さは0.5～1.5m。花は黄色。小葉間の腺体は尖り, 橙色。
¶学フ増薬草（p69/カ写）
　帰化写改（p124/カ写, p497/カ写）
　原牧1（No.1465/カ図）
　植調（p256/カ写）
　新分牧（No.1795/モ図）
　新牧日（No.1254/モ図）
　茶花下（p184/カ写）
　牧野ス1（No.1465/カ図）
　ミニ山（p144/カ写）
　野生2（p253/カ写）
　山カ野草（p397/カ写）

**エビスグサ**(2) ⇒シャクヤクを見よ

**エビスグスリ** ⇒シャクヤクを見よ

**エビスネ** ⇒ワレモコウを見よ

**エビスメ** ⇒マコンブを見よ

**エビヅル** *Vitis ficifolia* 海老蔓, 蝦蔓
ブドウ科の落葉つる性植物。別名エビカズラ（古名）。
¶APG原樹（No.349/カ図）
　学フ増山菜（p183/カ写）

学フ増樹春（p210/カ写・カ図）
原牧1（No.1443/カ図）
新分牧（No.1622/モ図）
新牧日（No.1697/モ図）
茶花下（p57/カ写）
牧野ス1（No.1443/カ図）
野生2（p238/カ写）
山カ樹木（p469/カ写）
山ハ野花（p305/カ写）

**エビタケ** *Ganoderma tsunodae*
タマチョレイタケ科のキノコ。
¶山カ日き（p487/カ写）

**エビネ** *Calanthe discolor* 海老根, 蝦根
ラン科の多年草。高さは30～50cm。花は白色。
¶色染草（p329/カ写）
　学フ増野春（p226/カ写）
　原牧1（No.456/カ図）
　山野草（No.1678/カ写）
　新分牧（No.490/モ図）
　新牧日（No.4330/モ図）
　茶花上（p241/カ写）
　牧野ス1（No.456/カ図）
　野生1（p187/カ写）
　山カ野草（p580/カ写）
　山ハ野花（p54/カ写）
　山ハ山花（p90/カ写）
　山レ増（p471/カ写）

**エビノオオクジャク** *Dryopteris dickinsii* × *D. polylepis*
オシダ科のシダ植物。日本固有種。別名ヒュウガオオクジャク, テンカワオオクジャク。
¶固有（p207/カ写）
　シダ標2（p375/カ写）

**エヒメアヤメ** *Iris rossii* 愛媛菖蒲, 愛媛文目
アヤメ科の多年草。別名タレユエソウ。高さは5～15cm。花は青紫色。
¶原牧1（No.500/カ図）
　山野草（No.1594/カ写）
　新分牧（No.558/モ図）
　新牧日（No.3548/モ図）
　茶花上（p503/カ写）
　牧野ス1（No.500/カ図）
　野生1（p234/カ写）
　山ハ山花（p136/カ写）
　山レ増（p570/カ写）

**エピメディウム・アクミナツム** *Epimedium acuminatum*
メギ科の草本。高さは25～50cm。
¶山野草（No.0359/カ写）

**エピメディウム・ウーシャネンセ** *Epimedium wushanense*
メギ科の草本。高さは40～100cm。
¶山野草（No.0366/カ写）

**エピメディウム・オギスイ** *Epimedium ogisui*
メギ科の草本。高さは25～35cm。
¶山野草（No.0361/カ写）

エヒメテイ　　　　　　　　　　130

エピメディウム × オメイエンセ　*Epimedium×*
*omeiense*
メギ科の草本。高さは約60cm。
¶山野草（No.0372/カ写）

エピメディウム・サギッタツム　⇒ホザキイカリ
ソウを見よ

エピメディウム・ダビディー　*Epimedium davidii*
メギ科の草本。高さは30〜50cm。
¶山野草（No.0360/カ写）

エピメディウム・ドリコステモン　*Epimedium*
*dolichostemon*
メギ科の草本。高さは約30cm。
¶山野草（No.0368/カ写）

エピメディウム・ピンナツム・コルキクム
*Epimedium pinnatum* subsp.*colchicum*
メギ科の草本。高さは20〜40cm。
¶山野草（No.0369/カ写）

エピメディウム・ブラキルリズム　*Epimedium*
*brachyrrhizum*
メギ科の草本。高さは20〜30cm。
¶山野草（No.0363/カ写）

エピメディウム‘ブラックシー’　⇒ブラックシー
を見よ

エピメディウム・フランケティー　*Epimedium*
*franchetii*
メギ科の草本。高さは20〜60cm。
¶山野草（No.0365/カ写）

エピメディウム・ブレビコルヌ　*Epimedium*
*brevicornu*
メギ科の草本。高さは20〜60cm。
¶山野草（No.0358/カ写）

エピメディウム・ペルラルデリアヌム
*Epimedium perralderianum*
メギ科の草本。高さは15〜30cm。
¶山野草（No.0370/カ写）

エピメディウム・ミキノリ　*Epimedium mikinori*
メギ科の草本。高さは28〜40cm。
¶山野草（No.0364/カ写）

エピメディウム・ラティセパルム　*Epimedium*
*latisepalum*
メギ科の草本。高さは約30cm。
¶山野草（No.0367/カ写）

エピメディウム × ルブラム　*Epimedium×rubrum*
メギ科の草本。高さは25〜35cm。
¶山野草（No.0373/カ写）

エヒメテンナンショウ　*Arisaema ehimense*
サトイモ科の多年草。日本固有種。
¶固有（p178）
テンナン（No.31/カ写）
野生1（p102/カ写）

エビモ(1)　*Potamogeton crispus*　海老藻，蝦藻
ヒルムシロ科の多年生水草。多数の鋸歯があり，葉
脈はふつう赤味を帯びる。
¶原牧1（No.263/カ図）
新分牧（No.309/モ図）

新牧日（No.3345/モ図）
日水草（p126/カ写）
牧野ス1（No.263/カ図）
野生1（p133/カ写）

エビモ(2)　⇒クロモを見よ

エビラシダ　*Gymnocarpium oyamense*　箆羊歯
ナヨシダ科（オシダ科，イワデンダ科）の夏緑性シ
ダ。別名ジクオレシダ。葉身は長さ10〜20cm，三
角状卵形。
¶山野草（No.1813/カ写）
シダ標1（p405/カ写）
新分牧（No.4618/モ図）
新牧日（No.4571/モ図）

エビラハギ　⇒シナガワハギを見よ

エビラフジ　*Vicia venosa* subsp.*cuspidata* var.
*cuspidata*　箆藤
マメ科マメ亜科の多年草。
¶原牧1（No.1573/カ図）
新分牧（No.1780/モ図）
新牧日（No.1361/モ図）
茶花下（p58/カ写）
牧野ス1（No.1573/カ図）
ミニ山（p150/カ写）
野生2（p301/カ写）
山カ野草（p379/カ写）

エフクレタヌキモ　*Utricularia inflata*
タヌキモ科の食虫植物，多年草。花は黄色。花茎の
立つ基部の葉は，放射状に付く。
¶帰化写2（p239/カ写）
日水草（p294/カ写）

エフデギク(1)　⇒コウリンタンポポを見よ

エフデギク(2)　⇒ベニニガナを見よ

エフデタンポポ　⇒コウリンタンポポを見よ

エブリコ　*Fomitopsis officinalis*　恵布里古
ツガサルノコシカケ科のキノコ。
¶学フ増毒き（p221/カ写）
新分牧（No.5138/モ図）
新牧日（No.4958/モ図）

エボシグサ　⇒ミヤコグサを見よ

エボシヒトツバ　⇒ヒトツバを見よ

エミグサ(1)　⇒アマドコロを見よ

エミグサ(2)　⇒ナルコユリを見よ

エミグサ(3)　⇒ボタンヅルを見よ

エモギ　⇒ヨモギを見よ

エヤミグサ(1)　⇒オケラを見よ

エヤミグサ(2)　⇒リンドウを見よ

エラブコウモリシダ　*Thelypteris×insularis*
ヒメシダ科のシダ植物。
¶シダ標1（p441/カ写）

エラブハイノキ　⇒アオバナハイノキを見よ

**エランティス・キリキカ**　*Eranthis cilicica*
キンポウゲ科の多年草。草丈は5〜10cm。花は黄色。
¶山野草（No.0276/カ写）

**エランティス・ヒエマリス**　⇒キバナセツブンソウを見よ

**エリアシタンポタケ**　*Elaphocordyceps valvatistipitata*
オフィオコルディセプス科の冬虫夏草。宿主はツチダンゴ類。
¶冬虫生態（p257/カ写）
　山力日き（p585/カ写）

**エリゲロン・アウレウス**　⇒キバナアズマギクを見よ

**エリゲロン・アルピヌス**　⇒ヨウシュタカネアズマギクを見よ

**エリゲロン・スペキオスス**　⇒ヒロハヒメジオンを見よ

**エリゲロン・ユニフロルス**　*Erigeron uniflorus*
キク科の多年草。高さは15〜20cm。花は紫紅色。
¶山野草（No.1279/カ写）

**エリスロニウム**　*Erythronium* spp.
ユリ科。エリスロニウム属の総称。別名アメリカカタクリ。
¶茶花上（p241/カ写）

**エリスロニウム・アメリカナム**　*Erythronium americanum*
ユリ科の多年草。高さは7〜30cm。花は黄色。
¶山野草（No.1445/カ写）

**エリスロニウム・カルフォルニカム**　*Erythronium californicum*
ユリ科の多年草。高さは10〜35cm。花は白〜黄白色。
¶山野草（No.1446/カ写）

**エリスロニウム・デンスカニス**　*Erythronium dens-canis*
ユリ科の多年草。高さは10〜30cm。花は赤〜紫色。
¶山野草（No.1443/カ写）

**エリスロニウム・レボルタム**　*Erythronium revolutum*
ユリ科の多年草。高さは20〜40cm。花は赤紫色。
¶山野草（No.1444/カ写）

**エリトリチウム・アレチオイデス**　*Eritrichium aretioides*
ムラサキ科の草本。高さは8cm。
¶山野草（No.1001/カ写）

**エリマキ**　⇒ツリバナを見よ

**エリマキツチガキ**　⇒エリマキツチグリを見よ

**エリマキツチグリ**　*Geastrum triplex*
ヒメツチグリ科のキノコ。別名エリマキツチガキ。中型〜大型。柄はなく、外皮は星形に裂開する。
¶原きの（No.477/カ写・カ図）
　新分牧（No.5127/モ図）
　新牧日（No.5011/モ図）
　山力日き（p507/カ写）

**エリマキハコベ**　⇒ツキヌキヌマハコベを見よ

**エリムス・アレナリウス**　⇒ロシアンワイルドライグラスを見よ

**エリンギ**　*Pleurotus eryngii*
ヒラタケ科のキノコ。
¶原きの（No.238/カ写・カ図）

**エリンギウム・プラヌム**　⇒マツカサアザミを見よ

**エリンジウム**　⇒マツカサアザミを見よ

**エルム**　*Ulmus glabra*
ニレ科の木本。別名セイヨウハルニレ。高さは40m。
¶APG原樹（No.656/カ図）

**エレガンティッシマス**　*Hibiscus syriacus* 'Elegantissimus'
アオイ科。ムクゲの品種。半八重咲きバラ咲き型。
¶茶花下（p30/カ写）

**エロディウム・クリサンセマム**　*Erodium chrysanthemum*
フウロソウ科の草本。
¶山野草（No.0669/カ写）

**エロディウム'スパニッシュアイズ'**　⇒スパニッシュアイズを見よ

**エロディウム・ペトラエウム・クリスプム**　*Erodium petraeum* subsp. *crispum*
フウロソウ科の草本。
¶山野草（No.0673/カ写）

**エロディウム・マネスカヴィ**　*Erodium manescavi*
フウロソウ科の宿根草。
¶山野草（No.0670/カ写）

**エロディウム × リンダビカム**　*Erodium × lindavicum*
フウロソウ科の草本。
¶山野草（No.0672/カ写）

**エンオウ**　*Prunus mume* 'En-ō'　鴛鴦
バラ科。ウメの品種。李系ウメ、紅材性八重。
¶ウメ〔鴛鴦〕（p110/カ写）

**エンゲイタロウアン**　⇒タロウアンを見よ

**エンゲルマントウヒ**　*Picea engelmanii*
マツ科の常緑高木。別名アリゾナトウヒ。高さは20m。
¶APG原樹（No.38/カ図）

**エンコウカエデ**(1)　*Acer pictum* subsp. *dissectum* f. *dissectum*　猿猴楓
ムクロジ科（カエデ科）の落葉高木, 雌雄同株。別名アサヒカエデ。
¶APG原樹（No.929/カ図）
　原樹2（No.542/カ図）
　新分牧（No.2579/モ図）
　新牧日（No.1584/モ図）
　牧野ス2（No.2387/カ図）

**エンコウカエデ**(2)　⇒イタヤカエデを見よ

**エンコウカエデ（広義）**　*Acer pictum* subsp. *dissectum*
ムクロジ科の高木。

エンコウス　　　　　　　　　　132

¶野生3（p295/カ写）

**エンコウスギ**　Cryptomeria japonica 'Araucarioides'
猿猴杉
　ヒノキ科（スギ科）の木本。
　¶APG原樹（No.66/カ図）
　　原牧1（No.56/カ図）
　　新分牧（No.51/モ図）
　　新牧日（No.45/カ図）
　　牧野ス1（No.57/カ図）

**エンコウソウ**　Caltha palustris var.enkoso　猿猴草
　キンポウゲ科の多年草。
　¶原牧1（No.1192/カ図）
　　山野草（No.0103/カ写）
　　新分牧（No.1479/カ図）
　　新牧日（No.513/モ図）
　　茶花上（p242/カ写）
　　牧野ス1（No.1192/カ図）
　　ミニ山（p41/カ写）
　　野生2（p140/カ写）

**エンゴサク**(1)　Corydalis yanhusuo　延胡索
　ケシ科の多年草。高さは20cm。
　¶学フ有毒（p128/カ写）

**エンゴサク**(2)　⇒エゾエンゴサクを見よ

**エンサイ**　⇒ヨウサイを見よ

**エンジェルストランペット**　⇒キダチチョウセン
アサガオを見よ

**エンジュ**　Styphonolobium japonicum　槐
　マメ科マメ亜科の落葉高木。高さは20m。樹皮は灰
褐色。
　¶APG原樹（No.387/カ図）
　　学フ増花庭（p188/カ写）
　　原牧1（No.1478/カ図）
　　新分牧（No.1636/モ図）
　　新牧日（No.1267/モ図）
　　都木花新（p142/カ写）
　　牧野ス1（No.1478/カ図）
　　野生2（p294/カ写）
　　山力樹木（p353/カ写）
　　落葉図譜（p173/モ図）

**エンシュウイトシダレ**　Prunus mume 'Enshu-ito-
shidare'　遠州糸枝垂
　バラ科。ウメの品種。枝垂れ系ウメ。
　¶ウメ〔遠州糸枝垂〕（p149/カ写）

**エンシュウカナワラビ**　Arachniodes×tohtomiensis
　オシダ科のシダ植物。
　¶シダ標2（p399/カ図）

**エンシュウシャクナゲ**　⇒ホソバシャクナゲを見よ

**エンシュウツリフネソウ**　Impatiens hypophylla var.
microhypophylla
　ツリフネソウ科の一年草。日本固有種。
　¶固有（p87）
　　野生4（p174/カ写）
　　山レ増（p263/カ写）

**エンシュウヌリトラノオ**　Asplenium normale×A.
shimurae
　チャセンシダ科のシダ植物。
　¶シダ標1（p416/カ写）

**エンシュウハグマ**　Ainsliaea dissecta　遠州羽熊
　キク科コウヤボウキ亜科の草本。日本固有種。別名
ランコウハグマ。
　¶原牧2（No.1895/カ図）
　　固有（p151）
　　山野草（No.1308/カ写）
　　新分牧（No.3933/モ図）
　　新牧日（No.2932/モ図）
　　牧野ス2（No.3740/カ図）
　　野生5（p210/カ写）
　　山力野草（p24/カ写）
　　山ハ山花（p538/カ写）

**エンシュウベニシダ**　Dryopteris medioxima
　オシダ科のシダ植物。
　¶シダ標2（p371/カ写）

**エンシュウムヨウラン**　Lecanorchis suginoana
　ラン科の草本。日本固有種。
　¶固有（p193）
　　野生1（p210）

**エンダイブ**　⇒チコリを見よ

**エンドウ**(1)　⇒アカエンドウを見よ

**エンドウ**(2)　⇒シロエンドウを見よ

**エンドウソウ**　⇒イタチササゲを見よ

**エンネンソウ**　⇒エンレイソウを見よ

**エンバク**　⇒オートムギを見よ

**エンビセン**　⇒エンビセンノウを見よ

**エンビセンノウ**　Lychnis wilfordii　燕尾仙翁
　ナデシコ科の一年草または多年草。別名エンビセ
ン。高さは50cm。花は鮮橙色。
　¶原牧2（No.924/カ図）
　　山野草（No.0031/カ写）
　　新分牧（No.2953/モ図）
　　新牧日（No.396/モ図）
　　茶花下（p184/カ写）
　　牧野ス2（No.2769/カ図）
　　ミニ山（p33/カ写）
　　野生4（p120/カ写）
　　山力野草（p523/カ写）
　　山ハ山花（p256/カ写）
　　山レ増（p426/カ写）

**エンビツノキ**　⇒エンピツビャクシンを見よ

**エンビツビャクシン**　Juniperus virginiana　鉛筆柏槙
　ヒノキ科の木本。別名エンピツノキ。高さは12〜
30m。樹皮は赤褐色。
　¶新分牧（No.73/モ図）
　　新牧日（No.74/モ図）
　　山力樹木（p56/カ写）

**エンメイギク**　⇒ヒナギクを見よ

**エンメイソウ**　⇒ヒキオコシを見よ

**エンレイショウキラン**　*Acanthephippium pictum*
ラン科の草本。高さは10〜20cm。花は淡黄色。
¶野1 (p182/カ写)
　山ハ増 (p486/カ写)

**エンレイソウ**　*Trillium apetalon*　延齢草
シュロソウ科 (ユリ科) の多年草。別名タチアオイ，
エンネンソウ。高さは20〜40cm。
¶学フ増山菜 (p201/カ写)
　学フ増野春 (p227/カ写)
　学フ有毒 (p21/カ写)
　原牧1 (No.310/カ図)
　山野草 (No.1334/カ写)
　新分牧 (No.356/モ図)
　新牧日 (No.3480/モ図)
　茶花上 (p243/カ写)
　牧野ス1 (No.310/カ図)
　野1 (p160/カ写)
　山力野草 (p638/カ写)
　山ハ高山 (p21/カ写)
　山ハ山花 (p56/カ写)

## 【オ】

**オ**　⇒アサを見よ

**オイラセクチキムシタケ**　*Ophiocordyceps rubiginosiperitheciata*
オフィオコルディセプス科の冬虫夏草。宿主は甲虫
の幼虫。
¶冬虫生態 (p189/カ写)
　山ハ日き (p583/カ写)

**オイランアザミ**　*Cirsium spinosum*　花魁薊
キク科アザミ亜科の草本。日本固有種。別名ハマア
ザミ。
¶原牧2 (No.2168/カ写)
　固有 (p138)
　新分牧 (No.3955/モ図)
　新牧日 (No.3200/モ図)
　牧野ス2 (No.4013/カ図)
　野5 (p225/カ写)
　山力野草 (p91/カ写)

**オイランソウ**　⇒クサキョウチクトウを見よ

**オウカン**(1)　*Camellia japonica* 'Ōkan'　王冠
ツバキ科。ツバキの品種。花は白地に濃紅色の
覆輪。
¶茶花上 (p169/カ写)

**オウカン**(2)　*Rhododendron* 'Ōkan'　王冠
ツツジ科。アザレアの品種。
¶APG原樹〔アザレア'オウカン'〕(No.1280/カ図)

**オウカンユリ**　⇒リリウム・レガレを見よ

**オウギカズラ**　*Ajuga japonica*　扇蔓
シソ科キランソウ亜科の多年草。日本固有種。高さ
は8〜20cm。
¶原牧2 (No.1623/カ写)

固有 (p123)
　山野草 (No.1058/カ写)
　新分牧 (No.3717/モ図)
　新牧日 (No.2532/モ図)
　茶花上 (p354/カ写)
　牧野ス2 (No.3468/カ図)
　野5 (p109/カ写)
　山力野草 (p202/カ写)
　山ハ山花 (p418/カ写)

**オウギタケ**　*Gomphidius roseus*
オウギタケ科のキノコ。小型〜中型。傘はバラ色，
平滑。湿時はゼラチン質。ひだは灰白色〜帯紫暗灰
褐色。
¶原きの (No.110/カ写・カ図)
　山ハ日き (p295/カ写)

**オウギナガシ**　*Prunus mume* 'Ōginagashi'　扇流し
バラ科。ウメの品種。野梅系ウメ，野梅性一重。
¶ウメ〔扇流し〕(p20/カ写)

**オウギバショウ**　*Ravenala madagascariensis*　扇芭蕉
ゴクラクチョウカ科 (バショウ科)。高さは3〜
10m。花は白色。
¶原牧1 (No.637/カ図)
　新分牧 (No.673/モ図)
　新牧日 (No.4221/モ図)
　牧野ス1 (No.637/カ図)

**オウギヤシ**　*Borassus flabellifer*　扇椰子
ヤシ科の木本。別名パルミラヤシ，ウチワヤシ。雌
雄異株。高さは12〜18m。
¶APG原樹 (No.206/カ写)

**オウゴンイトヒバ**　⇒オウゴンヒヨクヒバを見よ

**オウゴンオニユリ**　*Lilium lancifolium* var.*fraviflorum*
ユリ科の多年草。オニユリの黄花品。
¶野1 (p173)

**オウゴンカシワ**　*Quercus aliena* 'Lutea'　黄金欅
ブナ科の木本。
¶APG原樹 (No.701/カ図)

**オウゴンカズラ**　*Epipremnum aureum*
サトイモ科の大型つる性多年草。別名ポトス。
¶学フ有毒〔ポトス〕(p108/カ写)
　帰化写2 (p465/カ写)

**オウゴンシノブヒバ**　*Chamaecyparis pisifera* 'Plumosa Aurea'　黄金忍檜葉
ヒノキ科の木本。別名ホタルヒバ。
¶APG原樹 (No.92/カ図)

**オウゴンスギ**　⇒セッカンスギを見よ

**オウゴンチク**　*Phyllostachys bambusoides* var. *holochrysa*　黄金竹
イネ科のタケ。稈は黄色，時に緑色の条がある。
¶タケササ (p22/カ写)

**オウゴンチャボヒバ**　*Chamaecyparis obtusa* 'Breviramea Aurea'　黄金矮鶏檜葉
ヒノキ科の木本。別名オウゴンヒバ，キンヒバ。
¶APG原樹 (No.85/カ図)

**オウゴンバイ** *Prunus mume* 'Ōgonbai' 黄金梅
バラ科。ウメの品種。野梅系ウメ，野梅性一重。
¶ウメ〔黄金梅〕(p21/カ写)

**オウゴンヒバ** ⇒オウゴンチャボヒバを見よ

**オウゴンヒヨクヒバ** *Chamaecyparis pisifera*
'Filifera Aurea' 黄金比翼檜葉
ヒノキ科の木本。サワラの品種。別名オウゴンイト
ヒバ。
¶APG原樹 (No.90/カ図)

**オウゴンホテイ** *Phyllostachys aurea* f.*folochrysa* 黄
金布袋
イネ科のタケ。
¶タケササ (p57/カ写)

**オウゴンモウソウ** *Phyllostachys heterocycla* f.
*holochrysa* 黄金孟宗
イネ科のタケ。
¶タケササ (p40/カ写)

**オウゴンモチ** *Ilex integra* 'Ougon'
モチノキ科の木本。
¶APG原樹 (No.1588/カ図)

**オウゴンヤグルマ** *Centaurea macrocephala* 黄金
矢車
キク科の草本。別名キバナヤグルマギク，マクロセ
ファラ（園芸名）。高さは1m。花は黄色。
¶原牧2 (No.2219/カ図)
牧野ス2 (No.4064/カ図)

**オウサカソウ** ⇒フシグロセンノウを見よ

**オウシキナ** ⇒フタマタイチゲを見よ

**オウシャジクモ** *Chara corallina*
シャジクモ科の水草。別名オオシャジクモ。シャジ
クモに似るが大型。全長50cmくらい。
¶新分牧 (No.4928/モ図)
新牧日 (No.4788/モ図)

**オウシュウアカマツ** ⇒ヨーロッパアカマツを見よ

**オウシュウイワカガミ** *Soldanella alpina* 欧州岩鏡
サクラソウ科の多年草。花は青色で内側は赤色を帯
びる。
¶原牧2 (No.1108/カ図)
山野草〔ソルダネラ・アルピナ〕(No.0923/カ写)
牧野ス2 (No.2953/カ図)

**オウシュウサトザクラ** *Cerasus lannesiana* 'Oshu-
satozakura' 奥州里桜
バラ科の落葉高木。サクラの栽培品種。花は淡紅
紫色。
¶学フ増桜〔奥州里桜'〕(p175/カ写)

**オウシュウトウヒ** ⇒ドイツトウヒを見よ

**オウシュウナナカマド** ⇒セイヨウナナカマドを
見よ

**オウシュウマツタケ** *Tricholoma caligatum*
キシメジ科のキノコ。傘の径最大1.25cm。
¶原きの〔True booted knight（本物の「ブーツを履いた
騎士」）〕(No.277/カ写・カ図)

**オウシュウマンネングサ** ⇒ヨーロッパタイトゴメ
を見よ

**オウシュク** *Prunus mume* 'Ōshuku' 鶯宿
バラ科。ウメの品種。実ウメ，野梅系。
¶ウメ〔鶯宿〕(p163/カ写)

**オウシュクバイ** *Prunus mume* 'Ōshukubai' 鶯宿梅
バラ科。ウメの品種。野梅系ウメ，野梅性八重。
¶ウメ〔鶯宿梅〕(p49/カ写)

**オウショウクン** *Camellia japonica* 'Ōshôkun' 王
昭君
ツバキ科。ツバキの品種。花は桃色。
¶茶花上 (p126/カ写)

**オウショッキ** ⇒トロロアオイを見よ

**オウチ** ⇒センダンを見よ

**オウトウカ** ⇒キヨスミウツボを見よ

**オウナタケ** *Bolbitius callistus*
オキナタケ科のキノコ。
¶山カ日き (p216/カ写)

**オウバイ** *Jasminum nudiflorum* 黄梅
モクセイ科の落葉性小低木。別名キンバイ。高さは
1〜1.5m。花は黄色。
¶APG原樹 (No.1380/カ図)
学フ増花庭 (p58/カ写)
原牧2 (No.1527/カ図)
新分牧 (No.3539/モ図)
新牧日 (No.2309/モ図)
茶花上 (p202/カ写)
牧野ス2 (No.3372/カ図)
野生5 (p63/カ写)
山カ樹木 (p647/カ写)

**オウバイタケ** *Mycena aurantiidisca*
クヌギタケ科のキノコ。
¶原きの (No.208/カ写・カ図)

**オウバイモドキ** ⇒ウンナンオウバイを見よ

**オウミカリヤス** ⇒カリヤス(1)を見よ

**オウミコゴメグサ** *Euphrasia insignis* subsp.*insignis*
var.*omiensis*
ハマウツボ科の草本。日本固有種。
¶固有〔オオミコゴメグサ〕(p128)
野生5 (p152)

**オウレア** *Cedrus deodara* 'Aurea'
マツ科。ヒマラヤシーダーの品種。
¶APG原樹〔ヒマラヤシーダー 'オウレア'〕(No.1531/
カ図)

**オウレン** *Coptis japonica* var.*anemonifolia* 黄連
キンポウゲ科の多年草。日本固有種。別名キクバオ
ウレン。高さは15〜40cm。花は白色。
¶学フ増野春 (p170/カ写)
学フ増薬草 (p50/カ写)
原牧1 (No.1189/カ図)
固有〔キクバオウレン〕(p51/カ写)
山野草〔キクバオウレン〕(No.0094/カ写)
新分牧 (No.1350/モ図)
新牧日 (No.530/モ図)
茶花上 (p243/カ写)
牧野ス1 (No.1189/カ図)

ミニ山 (p44/カ写)
野生2〔キクバオウレン〕(p148/カ写)
山カ野草〔キクバオウレン〕(p493/カ写)
山ハ山花 (p229/カ写)

**オウレンシダ** *Dennstaedtia wilfordii* 黄連羊歯
コバノイシカグマ科 (イノモトソウ科) の夏緑性シダ。葉身は長さ10〜30cm, 長楕円状披針形。
¶シダ標1 (p362/カ写)
新分牧 (No.4572/モ図)
新牧日 (No.4448/モ図)

**オウレンダマシ** ⇒セントウソウを見よ

**オエノテラ・テトラゴナ** ⇒エノテラ・テトラゴナを見よ

**オオアオガネシダ** ⇒アオガネシダを見よ

**オオアオグキイヌワラビ** *Athyrium* × *satsumense*
メシダ科のシダ植物。
¶シダ標2 (p312/カ写)

**オオアオスゲ** *Carex lonchophora*
カヤツリグサ科の多年草。
¶カヤツリ (p370/モ図)
スゲ増 (No.196/カ写)
野生1 (p321/カ写)

**オオアオホラゴケ** *Crepidomanes bipunctatum*
コケシノブ科の常緑性シダ。別名アオホラゴケモドキ, ナンヨウアオホラゴケ。葉身は長さ3〜12cm, 卵状長楕円形。
¶シダ標1 (p312/カ写)

**オオアカウキクサ** *Azolla japonica* 大赤浮草
サンショウモ科の水面に浮遊するシダ植物。日本固有種。色は淡い紅色。植物体は長さ1.5〜7cm。
¶固有 (p200/カ写)
シダ標1 (p336/カ写)
植調 (p71/カ写)
新分牧 (No.4551/モ図)
新牧日 (No.4690/モ図)
日水草 (p31/カ写)
山レ増 (p631/カ写)

**オオアカネ** *Rubia hexaphylla*
アカネ科の多年草。高さは1〜3m。
¶原牧2 (No.1326/カ図)
新分牧 (No.3360/モ図)
新牧日 (No.2440/カ図)
牧野ス2 (No.3171/カ図)
野生4 (p289)

**オオアカバナ** *Epilobium hirsutum*
アカバナ科の多年草。
¶ミニ山 (p206/カ写)
野生3 (p265/カ写)
山レ増 (p236/カ写)

**オオアガリニシキソウ** ⇒ボロジノニシキソウを見よ

**オオアキギリ** *Salvia glabrescens* f.*robusta* 大秋桐
シソ科の草本。葉は幅広く, やや丸く先端が尖る。
¶山ハ山花 (p427/カ写)

**オオアキノキリンソウ** *Solidago virgaurea* subsp. *gigantea* 大秋の麒麟草
キク科キク亜科の多年草。別名オクコガネギク。
¶茶花下 (p355/カ写)
野生5 (p326/カ写)

**オオアザミ** *Silybum marianum* 大薊
キク科の一年草または二年草。高さは20〜150cm。花は紅紫色。
¶帰化写改 (p386/カ写)

**オオアゼスゲ** *Carex thunbergii* var.*appendiculata*
カヤツリグサ科の多年草。別名エゾアゼスゲ。
¶カヤツリ (p160/モ図)
野生1 (p310)
山カ野草 (p663/カ写)

**オオアゼテンツキ** *Fimbristylis bisumbellata*
カヤツリグサ科の一年草。
¶カヤツリ (p588/カ写)
野生1 (p349/カ写)

**オオアブノメ** *Gratiola japonica* 大虻の眼
オオバコ科 (ゴマノハグサ科) の草本。
¶原牧2 (No.1557/カ図)
植調 (p57/カ写)
新分牧 (No.3579/モ図)
新牧日 (No.2689/モ図)
日水草 (p276/カ写)
牧野ス2 (No.3402/カ図)
野生5 (p75/カ写)
山レ増 (p106/カ写)

**オオアブラガヤ** *Scirpus ternatanus*
カヤツリグサ科の多年草。高さは2m。
¶カヤツリ (p668/モ図)
野生1 (p360/カ写)

**オオアブラギリ** *Vernicia fordii*
トウダイグサ科の落葉高木。別名シナアブラギリ。花は白色。
¶野生3 (p166/カ写)
山カ樹木〔シナアブラギリ〕(p395/カ写)

**オオアブラススキ** *Spodiopogon sibiricus* 大油薄
イネ科キビ亜科の多年草。高さは80〜120cm。
¶桑イネ (p458/モ図)
原牧1 (No.1085/カ図)
新分牧 (No.1152/モ図)
新牧日 (No.3874/モ図)
牧野ス1 (No.1085/カ図)
野生2 (p97/カ写)
山ハ野花 (p215/カ写)

**オオアマクサシダ** *Pteris alata*
イノモトソウ科の常緑性シダ。葉身は長さ15〜40cm, 三角状長楕円形〜卵形。
¶シダ標1 (p380/カ写)
新分牧 (No.4596/モ図)
新牧日 (No.4483/モ図)

**オオアマクサシダ × リュウキュウイノモトソウ**
*Pteris alata* × *P.ryukyuensis*
イノモトソウ科のシダ植物。

オオアマチ　　　　　　　　　　　136

¶シダ標1（p384/カ写）

**オオアマチャ**　*Hydrangea serrata* var.*thunbergii*
'Oamacha'　大甘茶
アジサイ科（ユキノシタ科）の木本。
¶**APG原樹**（No.1085/カ図）
　**山力樹木**（p221/カ写）

**オオアマドコロ**　*Polygonatum odoratum* var.
*maximowiczii*　大甘野老
キジカクシ科〔クサスギカズラ科〕（ユリ科）の多年
草。高さは40～50cm。花は白色。
¶**山野草**（No.1398/カ写）
　**野生1**（p258/カ写）
　**山ハ山花**（p147/カ写）

**オオアマナ**　*Ornithogalum umbellatum*　大甘菜
キジカクシ科〔クサスギカズラ科〕（ユリ科）の多年
草。別名オーニソガラム。花は白色。
¶**色野草**（p55/カ写）
　**帰化写改**（p408/カ写）
　**原牧1**〔オーニソガラム〕（No.557/カ図）
　**牧野ス1**〔オーニソガラム〕（No.557/カ図）

**オオアマミテンナンショウ**　*Arisaema*
*heterocephalum* subsp.*majus*
サトイモ科の多年草。日本固有種。
¶**固有**（p176）
　**テンナン**（No.2c/カ写）
　**野生1**（p96/カ写）

**オオアマモ**　*Zostera asiatica*
アマモ科の海藻。
¶**野生1**（p129/カ写）

**オオアミガサタケ**　*Morchella smithiana*
アミガサタケ科のキノコ。
¶**山力日き**（p565/カ写）

**オオアミメツボミゴケ**　*Jungermannia shimizuana*
ツボミゴケ科のコケ植物。日本固有種。
¶**固有**（p222）

**オオアメリカキササゲ**　⇒ハナキササゲを見よ

**オオアメリカミコシガヤ**　*Carex fissa*
カヤツリグサ科の草本。茎は幅4～6mm。
¶**スゲ増**（p369）

**オオアラセイトウ**　⇒ショカツサイを見よ

**オオアリドオシ**　*Damnacanthus indicus* var.*major*
大蟻通し
アカネ科の常緑低木。別名ニセジュズネノキ。牧野
富太郎は本種を本来のジュズネノキと考えていた。
¶**APG原樹**（No.1336/カ図）
　**原牧2**〔ジュズネノキ（ニセジュズネノキ，オオアリド
　　オシ）〕（No.1305/カ図）
　**新分牧**〔ジュズネノキ（ニセジュズネノキ，オオアリド
　　オシ）〕（No.3319/モ図）
　**新牧日**〔ジュズネノキ（ニセジュズネノキ，オオアリド
　　オシ）〕（No.2419/モ図）
　**牧野ス2**〔ジュズネノキ（ニセジュズネノキ，オオアリ
　　ドオシ）〕（No.3150/カ図）
　**野生4**（p271/カ写）
　**山力樹木**（p679/カ写）

**オオアレチノギク**　*Erigeron sumatrensis*　大荒地野菊
キク科キク亜科の二年草。高さは80～180cm。花
は汚白色。
¶**色野草**（p78/カ写）
　**学フ増新秋**（p136/カ写）
　**帰化写改**（p343/カ写, p512/カ写）
　**原牧2**（No.1972/カ図）
　**植調**（p124/カ写）
　**新分牧**（No.4153/モ写）
　**新牧日**（No.3007/モ図）
　**牧野ス2**（No.3817/カ図）
　**野生5**（p322/カ写）
　**山力野草**（p43/カ写）
　**山ハ野花**（p550/カ写）

**オオアワ**　⇒アワを見よ

**オオアワガエリ**　*Phleum pratense*　大粟還り，大粟
返り
イネ科イチゴツナギ亜科の多年草。別名チモシー
（通称）。キヌイトソウ。高さは50～130cm。
¶**学フ増新夏**（p212/カ写）
　**帰化写改**（p462/カ写, p522/カ写）
　**桑イネ**（p382/カ写・モ図）
　**原牧1**（No.999/カ図）
　**植調**（p318/カ写）
　**新分牧**（No.1132/モ図）
　**新牧日**（No.3743/モ図）
　**牧野ス1**（No.999/カ図）
　**野生2**（p59/カ写）
　**山力野草**（p668/カ写）
　**山ハ野花**（p188/カ写）
　**山ハ山花**（p188/カ写）

**オオアワダチソウ**　*Solidago gigantea* subsp.*serotina*
大泡立草
キク科キク亜科の多年草。高さは50～150cm。花
は黄色。
¶**帰化写改**（p389/カ写, p517/カ写）
　**原牧2**（No.1924/カ図）
　**植調**（p137/カ写）
　**新分牧**（No.4161/モ図）
　**新牧日**（No.2962/モ図）
　**牧野ス2**（No.3769/カ図）
　**野生5**（p325/カ写）
　**山力野草**（p30/カ写）
　**山ハ野花**（p553/カ写）

**オオアワビゴケ**　*Nephromopsis nephromoides*
ウメノキゴケ科の地衣類。地衣体背面は緑黄。
¶**新分牧**（No.5188/モ図）
　**新牧日**（No.5048/モ図）

**オオイ**　⇒フトイを見よ

**オオイカリソウ**(1)　*Epimedium sempervirens* var.
*rugosum*
メギ科。日本固有種。別名ウラジロイカリソウ。
¶**固有**（p58）

**オオイカリソウ**(2)　⇒トキワイカリソウを見よ

**オオイグサ**　⇒フトイを見よ

**オオイシカグマ** *Microlepia speluncae*
コバノイシカグマ科（イノモトソウ科）の常緑性シダ。別名ヤエヤマカグマ，ウスバオオイシカグマ。葉身は長さ70cm，3・4回羽状複生。
　¶シダ標1（p363/カ写）
　　新分牧（No.4577/モ図）
　　新牧日（No.4445/モ図）

**オオイソノギク** *Aster ujiinsularis*
キク科キク亜科の草本。鹿児島県宇治島群島に分布。
　¶野生5（p315）

**オオイタチシダ** *Dryopteris hikonensis*
オシダ科の常緑性シダ。別名キンキイタチシダ，ベニオオイタチシダ。葉柄下部の鱗片は黒褐色〜黒色。
　¶シダ標2（p367/カ写）

**オオイタドリ** *Fallopia sachalinensis* 大虎杖
タデ科の多年草。高さは1〜2m。
　¶学フ増山菜（p31/カ写）
　　原牧2（No.843/カ図）
　　植調（p195/カ写）
　　新分牧（No.2842/モ図）
　　新牧日（No.305/モ図）
　　牧野ス2（No.2688/カ図）
　　野生4（p89/カ写）
　　山カ野草（p544/カ写）
　　山ハ高山（p129/カ写）
　　山ハ山花（p252/カ写）

**オオイタビ** *Ficus pumila* 大木蓮子
クワ科の常緑つる性植物。
　¶APG原樹（No.675/カ図）
　　原牧2（No.58/カ図）
　　新分牧（No.2102/モ図）
　　新牧日（No.182/モ図）
　　牧野ス1（No.1903/カ図）
　　野生2（p336/カ写）
　　山カ樹木（p169/カ写）

**オオイタヤメイゲツ** *Acer shirasawanum* 大板屋明月，大板屋名月
ムクロジ科（カエデ科）の落葉高木。日本固有種。高さは20m。樹皮は灰褐色。
　¶APG原樹（No.916/カ図）
　　原牧2（No.528/カ図）
　　固有（p86）
　　新分牧（No.2569/モ図）
　　新牧日（No.1570/モ図）
　　牧野ス2（No.2373/カ図）
　　野生3（p290/カ写）
　　山カ樹木（p436/カ写）

**オオイチゴツナギ** *Poa nipponica* 大苺繋
イネ科イチゴツナギ亜科の一年草または越年草。別名カラスノカタビラ。高さは30〜50cm。
　¶桑イネ（p399/モ写）
　　原牧1（No.1002/カ写）
　　新分牧（No.1123/モ写）
　　新牧日（No.3692/モ写）
　　牧野ス1（No.1002/カ写）

　　野生2（p60/カ写）

**オオイチョウタケ** *Leucopaxillus giganteus*
キシメジ科のキノコ。中型〜超大型。傘は浅い漏斗形，白色。ひだはクリーム白色。
　¶学フ増毒き（p107/カ写）
　　原きの（No.184/カ写・カ図）
　　山カ日き（p99/カ写）

**オオイチョウバイカモ** ⇒イチョウバイカモを見よ

**オオイトスゲ** ⇒シロイトスゲを見よ

**オオイトスゲ（広義）** *Carex alterniflora*
カヤツリグサ科の多年草。高さは15〜40cm。
　¶スゲ増（No.170/カ写）

**オオイヌイ** ⇒ハマイを見よ

**オオイヌシメジ** *Infundibulicybe geotropa*
キシメジ科のキノコ。
　¶原きの（No.141/カ写・カ図）

**オオイヌタデ** *Persicaria lapathifolia var.lapathifolia* 大犬蓼
タデ科の一年草。水面上に群生することがある。高さは50〜120cm。
　¶色野草（p291/カ写）
　　学フ増野秋（p37/カ写）
　　原牧2（No.802/カ写）
　　植調（p200/カ写）
　　新分牧（No.2878/モ図）
　　新牧日（No.264/モ図）
　　茶花下（p295/カ写）
　　牧野ス2（No.2647/カ図）
　　野生4（p99/カ写）
　　山カ野草（p539/カ写）
　　山ハ野花（p261/カ写）

**オオイヌノハナヒゲ** *Rhynchospora fauriei* 大犬の鼻髭
カヤツリグサ科の多年草。日本固有種。別名ヒメミカヅキ。
　¶カヤツリ（p548/モ図）
　　原牧1（No.775/カ図）
　　固有（p188/カ写）
　　新分牧（No.750/モ図）
　　新牧日（No.4054/モ図）
　　牧野ス1（No.775/カ図）
　　野生1（p354/カ写）
　　山ハ野花（p124/カ写）

**オオイヌノヒゲ** ⇒シロイヌノヒゲを見よ

**オオイヌノフグリ** *Veronica persica* 大犬の陰嚢
オオバコ科（ゴマノハグサ科）の越年草。別名オオイヌフグリ。長さは10〜30cm。花は青紫色。
　¶色野草（p318/カ写）
　　学フ増野春（p10/カ写）
　　帰化写改（p303/カ写，p509/カ写）
　　原牧2（No.1567/カ写）
　　植調（p106/カ写）
　　新分牧（No.3629/モ写）
　　新牧日（No.2710/モ図）
　　茶花上（p185/カ写）

オオイヌフ　　　　　　　　138

　　　牧野ス2 (No.3412/カ図)
　　　野生5 (p84/カ写)
　　　山カ野草 (p181/カ写)
　　　山ハ野花 (p480/カ写)

**オ**　**オオイヌフグリ**　⇒オオイヌノフグリを見よ

**オオイヌホオズキ**　*Solanum nigrescens*
　　ナス科の一年草または短命な多年草。花は白色。
　　¶帰化写2 (p216/カ写)
　　　植調 (p216/カ写)
　　　野生5 (p44/カ写)

**オオイノデモドキ**　*Polystichum × suginoi*
　　オシダ科のシダ植物。
　　¶シダ標2 (p420/カ写)

**オオイブキシダ**　⇒イブキシダを見よ

**オオイワアザミ**　⇒ミネアザミを見よ

**オオイワインチン**　*Chrysanthemum pallasianum*　大岩茵蔯
　　キク科キク亜科の草本。別名トガクシインチン, トガクシイワインチン。
　　¶野生5 (p336/カ写)
　　　山ハ高山 (p435/カ写)
　　　山レ増 (p23/カ写)

**オオイワウチワ**(1)　*Shortia uniflora* var.*uniflora*　大岩団扇
　　イワウメ科の多年草。日本固有種。
　　¶固有 (p102)
　　　野生4 (p215/カ写)

**オオイワウチワ**(2)　⇒ヒマラヤユキノシタを見よ

**オオイワカガミ**　*Schizocodon soldanelloides* var.*magnus*　大岩鏡
　　イワウメ科の草本。日本固有種。
　　¶原牧2 (No.1145/カ図)
　　　固有 (p103/カ写)
　　　新分牧 (No.3188/モ図)
　　　新牧日 (No.2094/モ図)
　　　牧野ス2 (No.2990/カ図)
　　　山カ野草 (p300/カ写)

**オオイワガネ**　⇒ヌノマオを見よ

**オオイワギリソウ**　*Sinningia speciosa*
　　イワタバコ科の多年草。別名グロキシニア (園芸名)。高さは10cm。花は濃紅, 赤, 紫, 桃, 白色など。
　　¶原牧2 (No.1531/カ図)
　　　新分牧 (No.3577/モ図)
　　　新牧日 (No.2791/モ図)
　　　牧野ス2 (No.3376/カ図)

**オオイワグンバイ**　⇒ヒマラヤユキノシタを見よ

**オオイワツメクサ**　*Stellaria nipponica* var.*yezoensis*　大岩爪草
　　ナデシコ科の多年草。日本固有種。
　　¶固有 (p47)
　　　野生4 (p126/カ写)
　　　山ハ高山 (p145/カ写)
　　　山レ増 (p416/カ写)

**オオイワヒトデ**　*Leptochilus neopothifolius*　大岩人手
　　ウラボシ科の常緑性シダ。別名ウスバイワヒトデ, オニイワヒトデ, シシオイワヒトデ。葉身は長さ40～80cm, 狭卵形。
　　¶シダ標2 (p459/カ写)
　　　新分牧 (No.4799/モ図)
　　　新牧日 (No.4665/モ図)

**オオイワヒトデモドキ**　*Leptochilus elegans × L. neopothifolius*
　　ウラボシ科のシダ植物。
　　¶シダ標2 (p461/カ写)

**オオイワヒメワラビ**　*Hypolepis tenuifolia*
　　コバノイシカグマ科のシダ植物。
　　¶シダ標1 (p366/カ写)

**オオウコギ**　⇒ケヤマウコギを見よ

**オオウサギギク**　*Arnica sachalinensis*　大兎菊
　　キク科キク亜科の草本。
　　¶原牧2 (No.2109/カ図)
　　　新分牧 (No.4305/モ図)
　　　新牧日 (No.3139/モ図)
　　　牧野ス2 (No.3954/カ図)
　　　野生5 (p365/カ写)
　　　山レ増 (p64/カ写)

**オオウシオツメクサ**　⇒ウシオハナツメクサを見よ

**オオウシノケグサ**　*Festuca rubra*　大牛の毛草
　　イネ科イチゴツナギ亜科の多年草。高さは20～60cm。
　　¶桑イネ (p246/カ写・モ図)
　　　原牧1 (No.1023/カ図)
　　　新分牧 〔オオウシノケグサ (広義)〕(No.1117/モ図)
　　　新牧日 (No.3684/モ図)
　　　牧野ス1 (No.1023/カ図)
　　　野生2 (p53)
　　　山ハ野花 (p159/カ写)
　　　山ハ山花 (p192/カ写)

**オオウスムラサキフウセンタケ**　*Cortinarius traganus*
　　フウセンタケ科のキノコ。
　　¶学フ増毒き (p153/カ写)
　　　原きの (No.077/カ写・カ図)
　　　山カ日き (p255/カ写)

**オオウバタケニンジン**　*Angelica ubatakensis* var.*valida*
　　セリ科セリ亜科。日本固有種。
　　¶固有 (p99)
　　　野生5 (p390)

**オオウバユリ**　*Cardiocrinum cordatum* var.*glehnii*　大姥百合
　　ユリ科の多年草。
　　¶学フ増夏 (p226/カ写)
　　　原牧1 (No.332/カ図)
　　　新分牧 (No.393/モ図)
　　　新牧日 (No.3441/モ図)
　　　牧野ス1 (No.332/カ図)
　　　野生1 (p169/カ写)
　　　山カ野草 (p623/カ写)

山ハ高山 (p23/カ写)
山ハ山花 (p78/カ写)

**オオウマノアシガタ** *Ranunculus grandis* var.
*grandis* 大馬の脚形
キンポウゲ科の草本。日本固有種。別名ムツキンポ
ウゲ, アッカキンポウゲ。
¶原牧1 (No.1281/カ写)
固有 (p53)
新分牧 (No.1388/モ図)
新牧日 (No.604/モ図)
牧野ス1 (No.1281/カ図)
野生2 (p159/カ写)

**オオウミヒルモ** *Halophila major* 大海蛭藻
トチカガミ科の草本。
¶原牧1 (No.245/カ写)
新分牧 (No.288/モ図)
新牧日 (No.3332/モ図)
牧野ス1 (No.245/カ図)

**オオウメガサソウ** *Chimaphila umbellata* 大梅笠草
ツツジ科イチヤクソウ亜科 (イチヤクソウ科) の草
本状わい小低木。高さは5～15cm。
¶原牧2 (No.1264/カ写)
新分牧 (No.3211/モ図)
新牧日 (No.2105/モ図)
牧野ス2 (No.3109/カ図)
野生4 (p227/カ写)
山ハ山花 (p380/カ写)
山レ増 (p222/カ写)

**オオウラシマソウ** ⇒ウラシマソウを見よ

**オオウラジロノキ** *Malus tschonoskii* 大裏白の木
バラ科シモツケ亜科の落葉高木。日本固有種。別名
オオズミ, ヤマリンゴ, ズミ, ミヤマカイドウ, ヤマ
ナシ。樹高は12m。樹皮は紫褐色。
¶APG原樹 (No.548/カ写)
原牧1 (No.1708/カ写)
固有 (p79/カ写)
新分牧 (No.1895/モ図)
新牧日 (No.1055/モ図)
茶花上 (p355/カ写)
牧野ス1 (No.1708/カ図)
野生3 (p73/カ写)
山力樹木 (p329/カ写)

**オオウリカエデ** ⇒ウリハダカエデを見よ

**オオウロコタケ** *Xylobolus princeps*
ウロコタケ科のキノコ。
¶山力日き (p426/カ写)

**オオエゾデンダ** *Polypodium vulgare*
ウラボシ科の常緑性シダ。エゾデンダによく似る。
葉身は長さ6～20cm, 卵状長～広披針形。
¶シダ標2 (p467/カ写)
山レ増 (p641/カ写)

**オオエノコロ** *Setaria× pycnocoma*
イネ科の一年草。
¶原牧1 (No.1032/カ写)
新分牧 (No.1225/モ図)

新牧日 (No.3796/モ図)
牧野ス1 (No.1032/カ図)
山ハ野花 〔オオエノコログサ〕(p198/カ写)

**オオエノコログサ** ⇒オオエノコロを見よ

**オオエビネ** ⇒キエビネを見よ

**オオエビラシダ** *Gymnocarpium× bipinnatifidum*
ナヨシダ科のシダ植物。別名キレハエビラシダ。
¶シダ標1 (p405/カ写)

**オオエミ** ⇒ナルコユリを見よ

**オオエンジュ** ⇒イヌエンジュを見よ

**オオオキナワキジノオ** *Bolbitis× laxireticulata*
オシダ科のシダ植物。
¶シダ標2 (p435/カ写)

**オオオサラン** *Eria scabrilinguis* 大筬蘭
ラン科の草本。高さは4～7cm。
¶野生1 (p199/カ写)

**オオオタカラコウ** ⇒オタカラコウを見よ

**オオオトコシダ** ⇒オトコシダを見よ

**オオオナモミ** *Xanthium occidentale* 大巻耳
キク科キク亜科の一年草。高さは50～200cm。雄
花は黄白, 雌花は淡緑色。
¶色野草 (p376/カ写)
帰化写改 (p399/カ写, p518/カ写)
植調 (p140/カ写)
野生5 (p362/カ写)
山力野草 (p26/カ写)
山ハ野花 (p582/カ写)

**オオカギイトゴケ** *Gollania splendens*
ハイゴケ科のコケ植物。日本固有種。
¶固有 (p220/カ写)

**オオカグマ** *Woodwardia japonica*
シシガシラ科の常緑性シダ。別名トサノオオカグ
マ。葉身は長さ30～70cm, 狭長楕円形～卵状披
針形。
¶シダ標1 (p460/カ写)
新分牧 (No.4677/モ図)
新牧日 (No.4621/モ図)

**オオカゲロウラン** *Hetaeria oblongifolia*
ラン科の多年草。別名テリハカゲロウラン。茎の高
さ45cm内外。
¶野生1 (p208/カ写)

**オオカサゴケ** *Rhodobryum giganteum* 大傘苔
ハリガネゴケ科の水草。別名カラカサゴケ, レンゲ
ゴケ。
¶新分牧 (No.4867/モ図)
新牧日 (No.4728/モ図)

**オオカサスゲ** *Carex rhynchophysa* 大笠菅
カヤツリグサ科の多年草。高さは60～100cm。
¶カヤツリ (p500/モ図)
新分牧 (No.925/モ図)
新牧日 (No.4214/モ図)
スゲ増 (No.278/カ写)
日水草 (p173/カ写)

オオカサモ

野生1（p334/カ写）
山ハ山花（p170/カ写）

**オオカサモチ** *Pleurospermum uralense* 大傘持
セリ科セリ亜科の多年草。別名オニカサモチ。高さ
は100～150cm。
¶学フ増高山（p177/カ写）
原牧2（No.2437/カ図）
新分牧（No.4434/モ図）
新牧日（No.2051/モ図）
牧野ス2（No.4282/カ図）
ミニ山（p218/カ写）
野生5（p398/カ写）
山力野草（p310/カ写）
山ハ高山（p351/カ写）
山ハ山花（p477/カ写）

**オオガシ** ⇒アカガシを見よ

**オオガシワ** ⇒カシワを見よ

**オオカタウロコタケ** *Xylobolus annosus*
ウロコタケ科のキノコ。中型～大型。傘は暗褐色。
¶山カ日き（p426/カ写）

**オオカッコウアザミ** ⇒ムラサキカッコウアザミを
見よ

**オオカナダモ** *Egeria densa* 大加奈陀藻
トチカガミ科の常緑沈水植物、多年草。花弁は白色
で3枚。葉は広線形。
¶学フ増野秋（p187/カ写）
帰化写改（p404/カ写）
原牧1（No.232/カ図）
新分牧（No.276/モ図）
新牧日（No.3329/モ図）
日水草（p88/カ写）
牧野ス1（No.232/カ図）
野生1（p119/カ写）
山ハ野花（p35/カ写）

**オオカナメモチ** *Photinia serratifolia* 大要黐
バラ科シモツケ亜科の常緑高木。高さは6～14m。
花は白色。樹皮は灰褐色。
¶APG原樹（No.544/カ写）
原牧1（No.1723/カ図）
新分牧（No.1912/モ図）
新牧日（No.1071/モ図）
牧野ス1（No.1723/カ図）
野生3（p77/カ写）
山力樹木（p337/カ写）

**オオカナワラビ** *Arachniodes rhomboidea* 大鉄蕨
オシダ科の常緑性シダ。別名カナワラビ。葉身は長
さ35～75cm、卵状楕円形。
¶シダ標2（p392/カ写）
新分牧（No.4730/モ図）
新牧日（No.4515/モ図）

**オオカニコウモリ** *Parasenecio nikomontanus* 大蟹
蝙蝠
キク科キク亜科の多年草。日本固有種。別名ニッコ
ウコウモリ。高さは30～100cm。
¶原牧2（No.2144/カ図）
固有（p144/カ写）

新分牧（No.4091/モ図）
新牧日（No.3176/モ図）
牧野ス2（No.3989/カ図）
野生5（p305/カ写）
山力野草（p62/カ写）
山ハ高山（p391/カ写）
山ハ山花（p504/カ写）

**オオカニツリ** *Arrhenatherum elatius* 大蟹釣
イネ科イチゴツナギ亜科の多年草。高さは80～
130cm。
¶帰化写改（p424/カ写）
桑イネ（p68/カ写・モ図）
原牧1（No.973/カ図）
新分牧（No.1075/モ図）
新牧日（No.3708/モ図）
牧野ス1（No.973/カ図）
野生2（p43）
山ハ山花（p188/カ写）

**オオカボチャタケ** *Hapalopilus croceus*
シワタケ科のキノコ。傘は鮮橙色, 乾燥すると黒
褐色。
¶山カ日き（p469/カ写）

**オオカメノキ** *Viburnum furcatum* 大亀の木
ガマズミ科〔レンプクソウ科〕（スイカズラ科）の落
葉低木。別名ムシカリ。高さは2～5m。花は白色。
¶APG原樹（No.1475/カ図）
学フ増樹〔ムシカリ〕（p69/カ写）
原牧2〔ムシカリ〕（No.2299/カ図）
新分牧〔ムシカリ〕（No.4318/モ図）
新牧日〔ムシカリ〕（No.2837/モ図）
茶花上〔むしかり〕（p319/カ写）
牧野ス2〔ムシカリ〕（No.4144/カ図）
野生5（p407/カ写）
山力樹木〔ムシカリ〕（p713/カ写）
落葉図譜（p306/モ図）

**オオカモメヅル** *Vincetoxicum aristolochioides* 大
鷗蔓
キョウチクトウ科（ガガイモ科）の多年生つる草。
日本固有種。
¶原牧2（No.1387/カ図）
固有（p116）
新分牧（No.3439/モ図）
新牧日（No.2376/モ図）
茶花下（p58/カ写）
牧野ス2（No.3232/カ図）
野生4（p319/カ写）
山ハ山花（p404/カ写）

**オオガヤツリ** ⇒ミズガヤツリを見よ

**オオカラクサイヌワラビ** *Athyrium×tokashikii*
メシダ科のシダ植物。別名ミドリオオカラクサイヌ
ワラビ。
¶シダ標2（p310/カ写）

**オオカラコ** *Camellia japonica* 'Ōkarako' 大唐子
ツバキ科。ツバキの品種。花は紅色。
¶茶花上（p139/カ写）

**オオカラスウリ**　*Trichosanthes laceribractea*
ウリ科の草本。
¶野生3（p124/カ写）

**オオカラスノエンドウ**　⇒オオヤハズエンドウを見よ

**オオカラマツ**　*Thalictrum minus* var.*stipellatum*　大唐松
キンポウゲ科の木本。別名コカラマツ，ナガエノアキカラマツ，ウスバカラマツ。
¶学フ増高山〔コカラマツ〕（p88/カ写）
　野生2（p167/カ写）
　山力野草〔コカラマツ〕（p485/カ写）
　山ハ高山（p91/カ写）
　山ハ山花〔コカラマツ〕（p232/カ写）

**オオカワヂサ**　⇒オオカワヂシャを見よ

**オオカワヂシャ**　*Veronica anagallisaquatica*
オオバコ科（ゴマノハグサ科）の一年草または多年草。別名オオカワヂサ。高さは0.3〜1m。花は淡紫色。
¶帰化写改〔オオカワヂサ〕（p300/カ写）
　原牧2（No.1581/カ写）
　新分牧（No.3614/モ図）
　新牧日（No.2724/モ図）
　日水草（p282/カ写）
　牧野ス2（No.3426/カ図）
　野生5（p86/カ写）

**オオカワズスゲ**　*Carex stipata*　大蛙菅
カヤツリグサ科の多年草。高さは30〜60cm。
¶カヤツリ（p100/モ写）
　原牧1（No.802/カ写）
　新分牧（No.802/モ写）
　新牧日（No.4091/モ写）
　スゲ増（No.33/カ写）
　牧野ス1（No.802/カ写）
　野生1（p304/カ写）
　山ハ山花（p156/カ写）

**オオガンクビソウ**　*Carpesium macrocephalum*　大雁首草
キク科キク亜科の多年草。高さは100cm。
¶原牧2（No.1999/カ写）
　新分牧（No.4257/モ写）
　新牧日（No.3036/モ写）
　牧野ス2（No.3844/カ図）
　野生5（p352/カ写）
　山ハ野花（p562/カ写）
　山ハ山花（p525/カ写）

**オオカンザクラ**　*Cerasus*×*kanzakura* 'Oh-kanzakura'　大寒桜
バラ科の落葉高木。サクラの栽培品種。樹高は10m。花は淡紅色。樹皮は紫褐色ないし灰褐色。
¶学フ増桜〔'大寒桜'〕（p120/カ写）

**オオカンシノブホラゴケ**　⇒カンシノブホラゴケを見よ

**オオキジノオ**　*Plagiogyria euphlebia*
キジノオシダ科の常緑性シダ。葉身の長さは25〜75cm。

**オオキシュウシダ**　⇒ヒメムカゴシダを見よ

**オオキセルソウ**　⇒オオナンバンギセルを見よ

**オオキソチドリ**　*Platanthera* var.*ophrydioides*
ラン科の地生の多年草。別名ミチノクチドリ。茎は30cmを超える。
¶野生1（p224）

**オオキダチハマグルマ**　*Melanthera biflora* var.*ryukyuensis*　大木立浜車
キク科キク亜科のつる性の亜低木または多年草。
¶野生5（p358）

**オオキツネタケ**　*Laccaria bicolor*
ヒドナンギウム科のキノコ。大型。ひだは赤紫色を帯びた肉色。
¶山力日き（p60/カ写）

**オオキツネノカミソリ**　*Lycoris sanguinea* var.*kiushiana*
ヒガンバナ科の多年草。
¶山野草（No.1579/カ写）
　野生1（p244）
　山力野草（p600/カ写）

**オオキツネヤナギ**　*Salix futura*　大狐柳
ヤナギ科の木本。日本固有種。別名オオネコヤナギ，キンメヤナギ。若枝は白色または帯褐黄色の軟毛を有する。
¶APG原樹（No.831/カ図）
　原牧2（No.305/カ図）
　固有（p41）
　新分牧（No.2384/モ図）
　新牧日（No.96/モ図）
　牧野ス1（No.2150/カ図）
　野生3（p198/カ写）
　山力樹木〔オオネコヤナギ〕（p99/カ写）

**オオキヌタソウ**　*Rubia chinensis*　大砧草
アカネ科の多年草。高さは30〜60cm。
¶原牧2（No.1329/カ図）
　新分牧（No.3363/モ図）
　新牧日（No.2443/モ図）
　茶花上（p504/カ写）
　牧野ス2（No.3174/カ図）
　野生4（p289/カ写）
　山ハ山花（p388/カ写）

**オオキヌハダトマヤタケ**　*Inocybe fastigiata*
アセタケ科（フウセンタケ科）のキノコ。中型。傘は黄色〜黄褐色。ひだは黄褐色。
¶学フ増毒き（p145/カ写）
　山カ日き（p240/カ写）

**オオキヌラン**　*Zeuxine nervosa*
ラン科の地生の多年草。別名センカクキヌラン。開花時の茎の高さは30cm。
¶野生1（p231/カ写）

**オオキノボリイグチ**　*Boletellus mirabilis*
イグチ科のキノコ。中型〜大型。傘は暗赤褐色，帯

オオキノホ　　142

黄色の斑点をもつ。
¶山力日き (p352/カ写)

**オオキノボリシダ** ⇒ツルキジノオ(1)を見よ

**オオキバナカタバミ** *Oxalis pes-caprae*
カタバミ科の多年草。別名キイロハナカタバミ。高
さは15cm。花は黄色。
¶帰化写改 (p158/カ写)
ミニ山 (p162/カ写)

**オオキバナムカシヨモギ** *Blumea conspicua*
キク科キク亜科の多年草。日本固有種。別名ツルヤ
ブタバコ, ナガバコウゾリナ。
¶固有 (p149)
新分牧 (No.4251/モ図)
新牧日 (No.3013/モ図)
野生5 (p350/カ写)

**オオギミシダ** *Woodwardia harlandii*
シシガシラ科の常緑性シダ。葉身は長さ20cm, 単
羽状。
¶シダ標1 (p461/カ写)
山レ増 (p668/カ写)

**オオギミラン** ⇒イナバランを見よ

**オオギョウギシバ** *Cynodon dactylon var.nipponicus*
イネ科ヒゲシバ亜科の多年草。日本固有種。
¶固有 (p165)
野生2 (p68)

**オオキヨズミシダ** *Polystichum mayebarae*
オシダ科のシダ植物。別名オオキヨスミシダ。
¶シダ標2 (p408/カ写)

**オオギリ** ⇒ハンカチノキを見よ

**オオキリシマエビネ** ⇒ニオイエビネを見よ

**オオキンケイギク** *Coreopsis lanceolata* 大金鶏菊
キク科の多年草。高さは30〜70cm。花は橙黄色。
¶色野草 (p166/カ写)
帰化写改 (p344/カ写, p513/カ写)
原牧2 (No.2007/カ図)
植調 (p154/カ写)
新分牧 (No.4279/モ図)
新牧日 (No.3044/モ図)
牧野ス2 (No.3852/カ図)

**オオキンレイカ** *Patrinia takeuchiana* 大金鈴花
スイカズラ科 (オミナエシ科) の多年草。日本固有
種。高さは0.5〜1m。
¶原牧2 (No.2311/カ図)
固有 (p136/カ写)
新分牧 (No.4382/モ図)
新牧日 (No.2883/モ図)
牧野ス2 (No.4156/カ図)
野生5 (p424/カ写)
山ハ山花 (p480/カ写)
山レ増 (p76/カ写)

**オオクグ** *Carex rugulosa* 大莎草
カヤツリグサ科の多年草。別名オオムシャスゲ。
¶カヤツリ (p502/モ図)
新分牧 (No.928/モ図)

新牧日 (No.4217/モ図)
スゲ増 (No.280/カ写)
野生1 (p335/カ写)

**オオクサアジサイ** *Cardiandra moellendorffii* 大草
紫陽花
アジサイ科 (ユキノシタ科) の多年草。
¶野生4 (p159/カ写)

**オオクサキビ** *Panicum dichotomiflorum* 大草黍
イネ科キビ亜科の一年草。高さは40〜100cm。
¶帰化写改 (p454/カ写, p521/カ写)
桑イネ (p352/カ写・モ図)
原牧1 (No.1043/カ図)
植調 (p325/カ写)
新分牧 (No.1242/モ図)
新牧日 (No.3810/モ図)
牧野ス1 (No.1043/モ図)
野生2 (p91)
山ハ野花 (p200/カ写)

**オオクサボク** *Pisonia umbellifera*
オシロイバナ科の常緑高木。別名ウドノキ。高さは
8〜10m, 大きいものは高さ20m。
¶野生4 (p147/カ写)

**オオクサボタン** *Clematis speciosa*
キンポウゲ科の草本。日本固有種。
¶固有 (p55/カ写)
新分牧 (No.1470/モ図)
野生2 (p144/カ写)

**オオクジャクシダ** *Dryopteris dickinsii*
オシダ科の常緑性シダ。別名オクシリイワヘゴ。葉
身は長さ40〜70cm, 倒披針形。
¶シダ標2 (p364/カ写)

**オオクボシダ** *Micropolypodium okuboi*
ウラボシ科の常緑性シダ。別名コケシダ, ムカデシ
ダ。葉身は長さ15cm, 狭披針形〜線形。
¶シダ標2 (p468/カ写)
新分牧 (No.4805/モ図)
新牧日 (No.4682/モ図)

**オオクマシデ** ⇒クマシデを見よ

**オオクマヤナギ** *Berchemia magna* 大熊柳
クロタキカズラ科 (クロウメモドキ科) の木本。別
名ケオオクマヤナギ。
¶APG原樹 (No.642/カ図)
原牧2 (No.19/カ図)
新分牧 (No.2062/モ図)
新牧日 (No.1681/モ図)
牧野ス1 (No.1864/カ図)
野生2 (p319/カ写)

**オオクリノイガ** *Cenchrus tribuloides*
イネ科。総苞は長さ10〜15mm。
¶桑イネ (p142/モ図)

**オオクリハラン** *Neolepisorus fortunei*
ウラボシ科のシダ植物。別名シナノキシノブ。
¶シダ標2 (p466/カ写)
山レ増 (p635/カ写)

**オオクルマバナ** *Clinopodium coreanum* subsp.
*stoloniferum* 大車花
シソ科シソ亜科〔イヌハッカ亜科〕の多年草。萼に
腺毛がある。
¶野生5 (p132/カ写)

**オオクロウメモドキ** ⇒クロツバラを見よ

**オオクロニガイグチ** *Tylopilus alboater*
イグチ科のキノコ。
¶原きの (No.326/カ写・カ図)
山力日き (p335/カ写)

**オオクロメスゲ** ⇒カブスゲを見よ

**オオゲジゲジシダ** ⇒ゲジゲジシダを見よ

**オオケゼニゴケ** ⇒ケゼニゴケを見よ

**オオケタデ**(1) *Persicaria orientalis* 大毛蓼
タデ科の大型の一年草。別名オオベニタデ, ハブテ
コブラ, ハブテコブラ, ベニバナオオケタデ, イヌタ
デ (古名)。高さは1.8m。花は淡紅〜紅紫色。
¶色野草 (p293/カ写)
学フ増野秋 (p38/カ写)
学フ増薬草 (p37/カ写)
帰化写改 (p16/カ写, p489/カ写)
原牧2 (No.800/カ図)
新分牧 (No.2876/カ図)
新牧日 (No.262/モ図)
茶花下 (p59/カ写)
牧野ス2 (No.2645/カ図)
野生4 (p95/カ写)
山力野草 (p540/カ写)

**オオケタデ**(2) ⇒オオベニタデ(1)を見よ

**オオケタネツケバナ** *Cardamine dentipetala* 大毛種
付花
アブラナ科の草本。別名ニシノオオタネツケバナ,
マルバノコンロンソウモドキ。
¶原牧2 (No.723/カ写)
新分牧 (No.2749/モ図)
新牧日 (No.843/モ図)
牧野ス2 (No.2568/カ図)
野生4 (p58/カ写)

**オオコウモリシダ** *Thelypteris liukiuensis*
ヒメシダ科の常緑性シダ。葉身は長さ30〜50cm,
広披針形。
¶シダ標1 (p438/カ写)

**オオコガネネコノメソウ** *Chrysosplenium pilosum*
var.*fulvum* 大黄金猫の目草
ユキノシタ科の多年草。
¶ミニ山 (p100/カ写)
野生2 (p203)

**オオコカヨウオウレン** *Coptis ramosa* 大五箇葉
黄連
キンポウゲ科の草本。日本固有種。別名オオバイカ
オウレン。
¶固有 (p51/カ写)
山野草 (No.0097/カ写)
野生2 (p148/カ写)
山ハ高山 (p101/カ写)

山ハ山花 (p229/カ写)

**オオコクモウクジャク** ⇒コクモウクジャクを見よ

**オオケシノブ** ⇒オニケシノブを見よ

**オオコゲチャイグチ** *Boletus obscureumbrinus*
イグチ科のキノコ。大型〜超大型。傘は焦茶色, ビ
ロード状。
¶学フ増毒きの (p180/カ写)

**オオコゴメスナビキソウ** *Euploca procumbens*
ムラサキ科キダチルリソウ亜科の多年草。花は
白色。
¶野生5 (p51)

**オオコブミノトマヤタケ** *Inocybe magnicarpa*
アセタケ科のキノコ。傘は中高の平ら, 灰褐色。
¶山力日き (p596/カ写)

**オオコマユミ** *Euonymus alatus* var.*rotundatus* 大小
真弓
ニシキギ科の落葉低木。日本固有種。別名ソガイコ
マユミ。
¶APG原樹 (No.768/カ図)
原牧2 (No.200/カ図)
固有 (p88)
新分牧 (No.2253/モ図)
新牧日 (No.1651/モ図)
牧野ス1 (No.2045/カ図)

**オオゴムタケ** *Galiella celebica*
クロチャワンタケ科のキノコ。中型。子嚢盤は半球
形, 黒褐色。
¶山力日き (p553/カ写)

**オオコメススキ** ⇒ミヤマコウボウを見よ

**オオコメツツジ** *Rhododendron tschonoskii* subsp.
*trinerve* 大米躑躅
ツツジ科ツツジ亜科の落葉低木。日本固有種。別名
シロバナコメツツジ。
¶APG原樹 (No.1260/カ図)
原牧2 (No.1175/カ図)
固有 (p106/カ写)
新分牧 (No.3245/カ図)
新牧日 (No.2121/モ図)
牧野ス2 (No.3020/カ図)
野生4 (p240/カ写)
山力樹木 (p564/カ写)
山ハ高山 (p280/カ写)

**オオサカズキ**(1) *Prunus mume* 'Ōsakazuki' 大盃
バラ科。ウメの品種。李系ウメ, 紅材性一重。
¶ウメ〔大盃〕(p98/カ写)

**オオサカズキ**(2) *Rhododendron indicum* 'Osakazuki'
大盃
ツツジ科。サツキの品種。
¶APG原樹〔サツキ 'オオサカズキ'〕(No.1240/カ図)

**オオサカズキ**(3) ⇒オオムラサキを見よ

**オオサカバサトメシダ** *Athyrium × paludicola*
メシダ科のシダ植物。
¶シダ標2 (p306/カ写)

**オオサクラソウ** *Primula jesoana* var.*jesoana* 大
桜草
サクラソウ科の多年草。高さは20～40cm。花は紅
紫色。
¶学フ増高山 (p47/カ写)
　学フ増野夏 (p44/カ写)
　原牧2 (No.1076/カ図)
　固有 (p110)
　山野草 (p357)
　新分牧 (No.3120/モ図)
　新牧日 (No.2220/モ図)
　牧野ス2 (No.2921/カ図)
　野生4 (p198/カ写)
　山力野草 (p281/カ写)
　山ハ高山 (p259/カ写)
　山ハ山花 (p373/カ写)

**オオサクラタデ** *Persicaria glabra*
タデ科の一年草。別名テリハサクラタデ。高さは1.
5m。葉は披針形。
¶野生4 (p99)

**オオザサ** *Sasa veitchii* var.*grandifolia*
イネ科のササ。
¶タケササ (p102/カ写)

**オオササエビモ** *Potamogeton*× *anguillanus*
ヒルムシロ科の沈水植物。葉身は狭披針形～狭長楕
円形。
¶日水草 (p124/カ写)

**オオササガヤ** *Microstegium fasciculatum*
イネ科キビ亜科の一年草。
¶桑イネ (p314/モ図)
　野生2 (p88)

**オオサトメシダ** *Athyrium*× *multifidum*
メシダ科のシダ植物。別名オゼオオサトメシダ。
¶シダ標2 (p306/カ写)

**オオサワザクラ** *Cerasus lannesiana* 'Ohsawazakura'
大沢桜
バラ科の落葉高木。サクラの栽培品種。花は淡
紅色。
¶学フ増桜〔'大沢桜'〕 (p174/カ写)

**オオサワシバ** ⇒サワシバを見よ

**オオサワトリカブト** *Aconitum senanense* subsp.
*senanense* var.*isidzukae* 大沢鳥兜
キンポウゲ科の草本。別名オオザワトリカブト。
¶固有 (p56)
　野生2 (p130/カ写)
　山ハ高山 (p112/カ写)
　山レ増 (p404/カ写)

**オオサワハコベ** *Stellaria diversiflora* f.*robusta*
ナデシコ科の草本。
¶野生4 (p124)

**オオサンカクイ** *Actinoscirpus grossus*
カヤツリグサ科の多年草。茎は三角柱。高さは1.
5m。
¶カヤツリ (p650/モ図)
　野生1 (p296)

　山レ増 (p524/カ写)

**オオサンショウソウ** *Pellionia radicans* var.*radicans*
大山椒草
イラクサ科の多年草。茎は地を這い, 10～20cm。
¶原牧2 (No.85/カ図)
　新分牧 (No.2123/モ図)
　新牧日 (No.212/モ図)
　牧野ス1 (No.1930/カ図)
　野生2 (p349/カ写)
　山ハ山花 (p352/カ写)

**オオサンショウモ** *Salvinia molesta* 大山椒藻
サンショウモ科の水生一年草または多年草。葉長1
～2cm。
¶帰化写2 (p385/カ写)
　日水草 (p29/カ写)

**オオシイバモチ** *Ilex warburgii*
モチノキ科の木本。
¶野生5 (p183/カ写)

**オオシケシダ** *Deparia bonincola*
メシダ科（イワデンダ科）の常緑性シダ。日本固有
種。葉身は長さ55～75cm, 披針形。
¶固有 (p205)
　シダ標2 (p344/カ写)

**オオシコロ** *Corallina maxima*
サンゴモ科の海藻。叢生する。体は20cm。
¶新分牧 (No.5044/モ図)
　新牧日 (No.4904/モ図)

**オオシウド** ⇒ヨロイグサを見よ

**オオジシバリ** *Ixeris japonica* 大地縛り
キク科キクニガナ亜科の多年草。別名ツルニガナ。
高さは10～15cm。
¶学フ増野春 (p93/カ写)
　原牧2 (No.2261/カ図)
　植調 (p133/カ写)
　新分牧 (No.4045/モ図)
　新牧日 (No.3289/モ図)
　牧野ス2 (No.4106/カ図)
　野生5 (p280/カ写)
　山力野草 (p118/カ写)
　山ハ野花 (p606/カ写)

**オオシダザサ** *Neosasamorpha oshidensis* subsp.
*oshidensis*
イネ科タケ亜科のササ。日本固有種。
¶固有 (p173)
　タケ亜科 (No.97/カ写)

**オオシチトウ** *Cyperus malaccensis* subsp.*malaccensis*
カヤツリグサ科の草本。
¶野生1 (p340)

**オオシッポゴケ** (1) *Dicranum nipponense*
シッポゴケ科のコケ。別名ナガミシッポゴケ。仮根
は褐色。茎は高さ2～5cm。
¶新分牧 (No.4857/モ図)
　新牧日〔ナガミシッポゴケ〕(No.4712/モ図)

**オオシッポゴケ** (2) ⇒シッポゴケを見よ

**オオシトネタケ** *Discina parma*
ノボリリュウタケ科のキノコ。
¶学フ増毒き (p232/モ写)

**オオシナノオトギリ** *Hypericum ovalifolium* subsp. *ovalifolium*
オトギリソウ科の草本。日本固有種。
¶固有 (p65)
野生3 (p245/カ写)

**オオシバスゲ** ⇒クモマシバスゲを見よ

**オオシビレタケ** *Psilocybe subaeruginascens*
モエギタケ科のキノコ。
¶学フ増毒き (p136/カ写)
山カ日き (p227/カ写)

**オオシマウツギ** *Deutzia naseana* var.*naseana*
アジサイ科 (ユキノシタ科) の木本。日本固有種。
¶固有 (p75)
野生4 (p163/カ写)

**オオシマガマズミ** *Viburnum tashiroi*
ガマズミ科〔レンプクソウ科〕(スイカズラ科) の木本。日本固有種。
¶固有 (p133)
新分牧 (No.4331/モ図)
新牧日 (No.2830/モ図)
野生5 (p412/カ写)

**オオシマカンスゲ** *Carex oshimensis*
カヤツリグサ科の多年草。日本固有種。
¶カヤツリ (p288/モ図)
原牧1 (No.865/カ図)
固有 (p184)
新分牧 (No.885/カ図)
新牧日 (No.4170/カ図)
スゲ増 (No.146/カ写)
牧野ス1 (No.865/カ図)
野生1 (p318/カ写)

**オオシマガンピ** *Diplomorpha phymatoglossa*
ジンチョウゲ科の木本。日本固有種。
¶固有 (p91/カ写)
野生4 (p41)

**オオシマコバンノキ** *Breynia vitis-idaea*
コミカンソウ科 (トウダイグサ科) の木本。別名タカサゴコバンノキ，タイワンヒメコバンノキ。
¶原牧2 (No.275/カ写)
新分牧 (No.2438/モ図)
新牧日 (No.1441/モ図)
牧野ス1 (No.2120/カ図)
野生3 (p175/カ写)

**オオシマザクラ** *Cerasus speciosa* 大島桜
バラ科シモツケ亜科の落葉高木。日本種の桜。花は白色。
¶APG原樹 (No.409/カ図)
学フ増桜 (p34/カ写)
学フ増樹 (p84/カ写・カ写)
学フ増花庭 (p116/カ写)
原牧1 (No.1645/カ図)
固有 (p77)

---

新分牧 (No.1850/モ図)
新牧日 (No.1224/モ図)
図説樹木 (p140/カ写)
茶花上 (p244/カ写)
都木花新 (p113/カ写)
牧野ス1 (No.1645/カ図)
野生3 (p65/カ写)
山カ樹木 (p299/カ写)

**オオシマシュスラン** *Goodyera hachijoensis* f. *izuohsimensis* 大島繻子蘭
ラン科の草本。高さは10〜25cm。
¶山野草 (No.1713/カ写)

**オオシマダケ** ⇒アズマネザサを見よ

**オオシマツツジ** *Rhododendron kaempferi* var. *macrogemma*
ツツジ科ツツジ亜科の半落葉低木。日本固有種。
¶固有 (p107)
野生4 (p244/カ写)

**オオシマノジギク** *Chrysanthemum crassum* 大島野路菊
キク科キク亜科の多年草。日本固有種。
¶固有 (p143/カ写)
茶花下 (p355/カ写)
野生5 (p337/カ写)
山ハ野花 (p516/カ写)

**オオシマハイネズ**(1) *Juniperus conferta* var. *maritima*
ヒノキ科の常緑ほふく性低木。
¶原牧1 (No.50/カ図)
新分牧 (No.68/モ図)
新牧日 (No.69/モ図)
牧野ス1 (No.51/カ図)

**オオシマハイネズ**(2) ⇒オキナワハイネズを見よ

**オオシマベニシダ** *Dryopteris caudipinna*× *D. erythrosora*
オシダ科のシダ植物。
¶シダ標2 (p377/カ写)

**オオシマムラサキ** *Callicarpa oshimensis* var. *oshimensis*
シソ科 (クマツヅラ科) の木本。日本固有種。
¶固有 (p121)
野生5 (p105)

**オオシャグマタケ** *Gyromitra gigas*
ノボリリュウタケ科のキノコ。別名ホソヒダシャグマアミガサタケ。
¶学フ増毒き (p236/カ写)

**オオシャジクモ** ⇒オウシャジクモを見よ

**オオシュモクシダ** ⇒ジュウモンジシダを見よ

**オオヂョウチン** *Cerasus lannesiana* 'Ōjōchin' 大提灯
バラ科の落葉高木。サクラの品種。花は白色。
¶APG原樹〔サクラ‘オオヂョウチン’〕(No.443/カ図)

**オオシラガゴケ** *Leucobryum scabrum*
シラガゴケ科のコケ。別名オキナゴケ，トラゴケ。茎は長さ5cm以上，葉は披針形。

¶新分牧（No.4859/モ図）
　新牧日（No.4714/モ図）

**オオシラタマ**　Camellia japonica 'Ôshiratama'　大白玉
ツバキ科。ツバキの品種。花は白色。
¶茶花上（p103/カ写）

**オオシラタマカズラ**　Psychotria boninensis
アカネ科の常緑つる性植物。日本固有種。
¶固有（p119）
　野生4（p288/カ写）

**オオシラタマソウ**　Silene conoidea
ナデシコ科の一年草。高さは50〜80cm。花は紅紫色，または白色。
¶帰化写改（p41/カ写）

**オオシラタマホシクサ**　Eriocaulon sexangulare
ホシクサ科の草本。
¶野生1（p282/カ写）

**オオシラヒゲソウ**　Parnassia foliosa var.japonica
大白髭草
ニシキギ科（ユキノシタ科）の多年草。日本固有種。
¶固有（p73/カ写）
　野生3（p139/カ写）
　山力野草（p433/カ写）
　山ハ山花（p307/カ写）

**オオシラビソ**　Abies mariesii　大白檜曽
マツ科の常緑高木。日本固有種。別名アオモリトドマツ，ホソミノアオモリトドマツ。高さは30m。
¶**APG原樹**（No.44/カ図）
　学フ増高山（p218/カ写）
　学フ増樹（p179/カ写）
　原牧1（No.17/カ図）
　固有（p195/カ写）
　新分牧（No.18/モ図）
　新牧日（No.29/モ図）
　牧野ス1（No.18/カ図）
　野生1（p27/カ写）
　山力樹木（p39/カ写）
　山ハ高山（p448/カ写）

**オオシロアリタケ**　Termitomyces eurrhizus
シメジ科のキノコ。中型〜大型。傘は市女笠状で，淡褐色〜灰褐色，中央部は濃色。ひだは白色〜淡紅色。
¶山力日き（p101/カ写）

**オオシロカネソウ**　⇒チチブシロカネソウを見よ

**オオシロガヤツリ**　Cyperus nipponicus var.spiralis
カヤツリグサ科の一年草。
¶カヤツリ（p736/カ写）
　野生1（p340）

**オオシロカラカサタケ**　Chlorophyllum molybdites
ハラタケ科のキノコ。中型〜大型。傘は白色〜緑色，白地に反り返った鱗片。
¶学フ増毒き（p118/カ写）
　原きの（No.045/カ写・カ図）
　山力日き（p181/カ写）

**オオシロショウジョウバカマ**　Heloniopsis leucantha　大白猩々袴
シュロソウ科（ユリ科）の草本。日本固有種。
¶固有（p156/カ写）
　山野草（No.1549/カ写）
　野生1（p159/カ写）
　山ハ山花（p65/カ写）
　山レ増（p596/カ写）

**オオシロヤナギ**　⇒ジャヤナギを見よ

**オオシワカラカサタケ**　Cystodermella japonica
カブラマツタケ科のキノコ。
¶山力日き（p196/カ写）

**オオシワタケ**　Cystidiophorus castaneus
タマチョレイタケ科のキノコ。
¶山力日き（p427/カ写）

**オオシンジュガヤ**　Scleria terrestris　大真珠茅
カヤツリグサ科の多年草。別名ハネシンジュガヤ。
¶カヤツリ（p530/モ図）
　野生1（p361/カ写）

**オオズキンカブリ**　Verpa bohemica
アミガサタケ科のキノコ。
¶原きの（No.561/カ写・カ図）

**オオズキンカブリタケ**　Ptychoverpa bohemica
アミガサタケ科のキノコ。
¶学フ増毒き（p240/カ写）
　山力日き（p568/カ写）

**オオスグリ**　⇒セイヨウスグリを見よ

**オオスズムシラン**　Cryptostylis arachnites
ラン科の草本。高さは30〜40cm。花は赤橙色。
¶野生1（p191）

**オオスズメウリ**　Thladiantha dubia　大雀瓜
ウリ科の多年草。長さは2m。花は黄色。
¶帰化写改〔キバナカラスウリ〕（p202/カ写）
　原牧2（No.163/カ写）
　新分牧（No.2203/モ図）
　新牧日（No.1866/モ図）
　牧野ス1（No.2008/カ図）
　野生3（p123）

**オオスズメガヤ**　Eragrostis cilianensis
イネ科ヒゲシバ亜科の一年草。別名スズメガヤ。
¶桑イネ〔スズメガヤ〕（p217/カ写・モ図）
　原牧1（No.1109/カ図）
　新分牧（No.1248/モ図）
　新牧日（No.3757/モ図）
　牧野ス1（No.1109/カ図）
　野生2〔スズメガヤ〕（p70/カ写）
　山ハ野花〔スズメガヤ〕（p166/カ写）

**オオスズメノカタビラ**　Poa trivialis subsp.trivialis
イネ科イチゴツナギ亜科の多年草。高さは20〜100cm。
¶帰化写改（p464/カ写）
　桑イネ（p406/カ写・モ図）
　植調（p313/カ写）
　野生2（p62/カ写）

**オオスズメノチャヒキ** ⇒ヒゲナガスズメノチャヒキを見よ

**オオスズメノテッポウ** *Alopecurus pratensis* 大雀の鉄砲
イネ科イチゴツナギ亜科の多年草。高さは40～120cm。
¶帰化写改（p420/カ写）
帰化写2（p313/カ写）
桑イネ（p59/カ写・モ図）
原牧1（No.1012/カ図）
植調（p289/カ写）
新分牧（No.1135/モ図）
新牧日（No.3746/モ図）
牧野ス1（No.1012/カ図）
野生2（p42/カ写）

**オオスハマソウ** *Hepatica maxima* 大州浜草, 大洲浜草
キンポウゲ科の草本。高さは20～40cm。花は白色～桃色。葉は大きく丸い。
¶山野草（No.0213/カ写）

**オオスベリヒユ** ⇒タチスベリヒユを見よ

**オオズミ**(1) *Malus toringo* var.*zumi* 大桷
バラ科シモツケ亜科の落葉小高木または低木。葉が大型で広楕円形。
¶野生3（p73）

**オオズミ**(2) ⇒オオウラジロノキを見よ

**オオスミイワヘゴ** *Dryopteris × pseudocommixta*
オシダ科のシダ植物。
¶シダ標2（p376/カ写）

**オオスミキヌラン** ⇒カゲロウランを見よ

**オオスミナツトウダイ** ⇒ナットウダイを見よ

**オオスミミツバツツジ** *Rhododendron mayebarae* var.*ohsumiense* 大隅三葉躑躅
ツツジ科ツツジ亜科の落葉低木。日本固有種。
¶固有（p108）
野生4（p249）

**オオセキショウモ** *Vallisneria gigantea*
トチカガミ科の水草。
¶帰化写改（p405/カ写）
日水草（p108/カ写）

**オオセミタケ** *Ophiocordyceps heteropoda*
オフィオコルディセプス科の冬虫夏草。宿主は各種セミの幼虫。
¶冬虫生態（p108/カ写）
山力日き（p577/カ写）

**オオゼリ** ⇒ドクゼリを見よ

**オオセンナリ** *Nicandra physalodes* 大千成
ナス科の一年草。高さは60～200cm。花は淡紅紫色。
¶帰化写改（p279/カ写, p507/カ写）
原牧2（No.1458/カ図）
植調（p215/カ写）
新分牧（No.3475/モ図）
新牧日（No.2634/モ図）

牧野ス2（No.3303/カ図）
野生5（p37/カ写）
山ハ野花（p439/カ写）

**オオソナレムグラ** *Leptopetalum strigulosum* var. *luxurians*
アカネ科の多年草。日本固有種。
¶固有（p119）
野生4（p282/カ写）

**オオソネ** ⇒クマシデを見よ

**オオダイコンソウ** *Geum aleppicum* 大大根草
バラ科バラ亜科の多年草。ダイコンソウに似ている。高さは60～100cm。
¶原牧1（No.1785/カ図）
新分牧（No.1980/モ図）
新牧日（No.1165/モ図）
牧野ス1（No.1785/カ図）
ミニ山（p132/カ写）
野生3（p32/カ写）
山ハ野花（p384/カ写）
山ハ山花（p339/カ写）

**オオダイトウヒレン** *Saussurea nipponica* 大大塔飛廉
キク科アザミ亜科の多年草。日本固有種。高さは50～100cm。
¶原牧2（No.2207/カ図）
固有（p148/カ写）
新分牧（No.4004/モ図）
新牧日（No.3239/モ図）
茶花下（p296/カ写）
牧野ス2（No.4052/カ図）
野生5（p270/カ写）
山ハ山花（p561/カ写）

**オオタカネイバラ** ⇒オオタカネバラを見よ

**オオタカネキタアザミ** ⇒ウスユキトウヒレンを見よ

**オオタカネスミレ** *Viola biflora* var.*vegeta* 大高嶺菫
スミレ科の多年草。
¶野生3（p212）

**オオタカネツメクサ** ⇒エゾタカネツメクサを見よ

**オオタカネバラ** *Rosa acicularis* 大高嶺薔薇
バラ科バラ亜科の落葉低木。別名オオタカネイバラ, オオミヤマバラ。
¶学フ増高山（p25/カ写）
山野草（No.0622/カ写）
野生3（p43/カ写）
山ハ樹木（p250/カ写）
山ハ高山（p224/カ写）

**オオタガヤツリ** *Cyperus oxylepis*
カヤツリグサ科の多年草。アメリカ原産。
¶帰化写2（p373/カ写）

**オオタキカイガラムシタケ** *Torrubiella* sp.
ノムシタケ科の冬虫夏草。宿主はカイガラムシから生じた突き抜け型の冬虫夏草への二次寄生。
¶冬虫生態（p143/カ写）

**オオタザクラ** *Cerasus lannesiana* 'Ohta-zakura' 太田桜
バラ科の落葉高木。サクラの栽培品種。花は紅紫色。
¶学フ増桜〔'太田桜'〕(p190/カ写)

**オオタチツボスミレ** *Viola kusanoana* 大立坪菫, 大立壺菫
スミレ科の多年草。高さは5〜20cm。
¶学フ増野春(p55/カ写)
原牧2 (No.337/カ図)
新分牧(No.2326/モ図)
新牧日(No.1810/モ図)
茶花上(p244/カ写)
牧野ス1(No.2182/カ図)
ミニ山(p194/カ写)
野生3(p225/カ写)
山力野草(p346/カ写)
山ハ山花(p319/カ写)

**オオタチヤナギ** *Salix pierotii*
ヤナギ科の木本。
¶野生3(p195/カ写)

**オオタツノヒゲ** ⇒タキキビを見よ

**オオタニイノデ** *Polystichum× ohtanii*
オシダ科のシダ植物。
¶シダ標2(p415/カ写)

**オオタニワタリ** *Asplenium antiquum* 大谷渡
チャセンシダ科の常緑性シダ。別名タニワタリ, ミツナガシワ。葉身は長さ1m, 広披針形。
¶シダ標1(p410/カ写)
新分牧(No.4634/モ図)
新牧日(No.4640/モ図)
山レ増(p664/カ写)

**オオタヌキモ** *Utricularia macrorhiza*
タヌキモ科の水草。
¶日水草(p287/カ写)
野生5(p166/カ写)

**オオタヌキラン** ⇒マシケスゲモドキを見よ

**オオタマガヤツリ** ⇒アオガヤツリを見よ

**オオタマシダ** ⇒ヤンバルタマシダを見よ

**オオタマツリスゲ** *Carex rouyana* 大玉釣菅
カヤツリグサ科の多年草。日本固有種。
¶カヤツリ(p450/モ図)
固有(p186)
スゲ増(No.251/カ写)
野生1(p326/カ写)
山ハ野花(p138/カ写)
山ハ山花(p167/カ写)

**オオチ** ⇒センダンを見よ

**オオチゴザサ** *Isachne subglobosa*
イネ科チゴザサ亜科の多年草。日本固有種。
¶桑イネ(p279/モ図)
固有(p166)
野生2(p76)

**オオチゴユリ** *Disporum viridescens* 大稚児百合
イヌサフラン科 (ユリ科) の草本。別名アオチゴユリ。
¶野生1(p164/カ写)
山ハ山花(p86/カ写)

**オオチシマアカバナ** *Epilobium ciliatum* subsp. *glandulosum* 大千島赤花
アカバナ科の多年草。花は紅紫色。
¶野生3(p266)

**オオチダケサシ** *Astilbe chinensis* 大乳覃刺, 大乳茸挿
ユキノシタ科の多年草。中国・朝鮮半島・アムール・ウスリーにかけて分布。日本では対馬に自生する。花茎は高さ30〜50cm。
¶茶花下(p59/カ写)
野生2(p199)
山レ増(p318/カ写)

**オオチッパベンケイ** *Hylotelephium sordidum* var.*oishii*
ベンケイソウ科の多年草。日本固有種。
¶固有(p68)
野生2(p217)
山レ増(p331/カ写)

**オオチドメ** *Hydrocotyle ramiflora* 大血止
ウコギ科 (セリ科) の多年草。別名ヤマチドメ。高さは10〜15cm。
¶学フ増春秋(p206/カ写)
原牧2(No.2369/カ図)
植調(p100/カ写)
新分牧(No.4402/モ図)
新牧日(No.2009/モ図)
牧野ス2(No.4214/カ図)
野生5(p380/カ写)
山力野草(p304/カ写)
山ハ野花(p489/カ写)

**オオチャボイノデ** *Polystichum igaense× P. polyblepharon*
オシダ科のシダ植物。
¶シダ標2(p417/カ写)

**オオチャルメルソウ** *Mitella japonica* 大哨吶草
ユキノシタ科の多年草。日本固有種。高さは20〜35cm。
¶固有(p70/カ写)
ミニ山(p105/カ写)
野生2(p207/カ写)
山ハ山花(p281/カ写)

**オオチャワンタケ** *Peziza vesiculosa*
チャワンタケ科のキノコ。別名フクロチャワンタケ。中型〜大型。子嚢盤は浅い椀形, 子実層は淡褐色。
¶学フ増毒き(p242/カ写)
原きの(No.542/カ写・カ図)
新分牧(No.5156/モ図)
新牧日(No.5016/モ図)
山力日き(p570/カ写)

**オオチョウジガマズミ** (1) *Viburnum carlesii* var. *carlesii*
ガマズミ科〔レンプクソウ科〕(スイカズラ科)の低木または小高木。高さは1.5〜2.5m。花は淡紅色。
¶野生5 (p408/カ写)
山レ増 (p79/カ写)

**オオチョウジガマズミ** (2) ⇒チョウジガマズミ(広義)を見よ

**オオチリメンタケ** *Trametes gibbosa*
タマチョレイタケ科のキノコ。
¶山日き (p470/カ写)

**オオツガザクラ** *Phyllodoce × alpina* 大栂桜
ツツジ科の常緑小低木。別名コツガザクラ。
¶APG原樹 (No.1325/カ図)
山力樹木〔コツガザクラ〕(p583/カ写)
山ハ高山 (p270/カ写)

**オオツガタケ** *Cortinarius claricolor*
フウセンタケ科のキノコ。大型。傘は橙褐色、湿時粘性、縁部は内側に巻く。
¶山日き (p248/カ写)

**オオツクバネウツギ** *Abelia tetrasepala* 大衝羽根空木
スイカズラ科の落葉低木。日本固有種。別名メックバネウツギ。
¶APG原樹 (No.1503/カ図)
原牧2 (No.2325/カ図)
固有 (p135/カ写)
新分牧 (No.4373/モ図)
新牧日 (No.2848/モ図)
牧野ス2 (No.4170/カ図)
野生5 (p415/カ写)
山力樹木 (p699/カ写)

**オオツヅラフジ** ⇒ツヅラフジを見よ

**オオツノハシバミ** *Corylus sieboldiana* var. *mandshurica*
カバノキ科の落葉低木。葉は長さ7〜15cm, 幅4〜11cm, 広倒卵形。
¶野生3 (p118)

**オオツメクサ** *Spergula arvensis* var.*sativa* 大爪草
ナデシコ科の一年草または越年草。高さは15〜30cm。花は白色。
¶帰化写改 (p47/カ写)
植調 (p223/カ写)
野生4 (p122/カ写)
山ハ野花 (p273/カ写)

**オオツメクサ(広義)** *Spergula arvensis* 大爪草
ナデシコ科の一年草または越年草。
¶原牧2〔オオツメクサ〕(No.903/カ図)
新分牧〔オオツメクサ〕(No.2905/モ図)
新牧日〔オオツメクサ〕(No.375/モ図)
牧野ス2〔オオツメクサ〕(No.2748/カ図)

**オオツメクサモドキ** *Spergula arvensis* var.*maxima* 大爪草擬
ナデシコ科の一年草または越年草。種子は径2.5mm。
¶野生4 (p122)

**オオツリバナ** *Euonymus planipes* 大吊花, 大釣花
ニシキギ科の落葉低木。別名ニッコウツリバナ。
¶APG原樹 (No.775/カ図)
原牧2 (No.193/カ図)
新分牧 (No.2246/モ図)
新牧日 (No.1644/モ図)
牧野ス1 (No.2038/カ図)
ミニ山 (p176/カ写)
野生3 (p136/カ写)
山力樹木 (p417/カ写)

**オオツルイタドリ** *Fallopia dentatoalata* 大蔓虎杖
タデ科の一年草。
¶帰化写改 (p13/カ写)
原牧2 (No.836/カ写)
新分牧 (No.2844/モ図)
新牧日 (No.298/モ図)
牧野ス2 (No.2683/カ図)
ミニ山 (p21/カ写)
野生4 (p88/カ写)
山ハ野花 (p271/カ写)

**オオツルウメモドキ** *Celastrus stephanotidifolius* 大蔓梅擬
ニシキギ科の落葉つる性植物。別名シタキツルウメモドキ。
¶APG原樹 (No.778/カ図)
原牧2 (No.210/カ図)
新分牧 (No.2240/モ図)
新牧日 (No.1661/モ図)
牧野ス1 (No.2055/カ図)
野生3 (p130/カ写)
山力樹木 (p423/カ写)

**オオツルコウジ** *Ardisia walkeri*
サクラソウ科(ヤブコウジ科)の木本。
¶原牧2 (No.1112/カ写)
新分牧 (No.3137/モ図)
新牧日 (No.2204/モ図)
牧野ス2 (No.2957/カ図)
野生4 (p189/カ写)

**オオツルスゲ** ⇒ヒロハイッポンスゲを見よ

**オオツルタケ** *Amanita punctata*
テングタケ科のキノコ。中型〜大型。傘は灰褐色〜暗灰色。ひだの縁は暗灰色。
¶学フ増毒き (p59/カ写)
山ハ日き (p149/カ写)

**オオツワブキ** *Farfugium japonicum* var.*giganteum*
キク科キク亜科の草本。別名オオバノツワブキ, トウツワブキ。
¶野生5 (p297)

**オオデマリ** *Viburnum plicatum* var.*plicatum* f. *plicatum* 大手毬
ガマズミ科〔レンプクソウ科〕(スイカズラ科)の低木または小高木。別名テマリバナ, ジャパニーズ・スノーボール。高さは3〜5m。花は白色, または少し赤みを帯びた白色。
¶APG原樹 (No.1474/カ図)
学フ増花庭 (p79/カ写)
原牧2〔テマリバナ〕(No.2295/カ図)

オオテンニ

新分牧〔テマリバナ〕(No.4321/モ図)
新牧日〔テマリバナ〕(No.2833/モ図)
茶花上 (p356/カ写)
牧野ス2〔テマリバナ〕(No.4140/カ図)
野生5 (p409/カ写)
山カ樹木 (p711/カ写)

**オオテンニンギク** *Gaillardia aristata* 大天人菊
キク科の宿根草。高さは60〜90cm。花は紫紅色。
¶茶花上 (p504/カ写)

**オオトウヒレン** *Saussurea sikokiana* 大塔飛廉
キク科アザミ亜科の多年草。日本固有種。高さは0.
5〜1m。
¶固有 (p148)
野生5 (p270/カ写)
山ハ山花 (p562/カ写)

**オオトウワタ** *Asclepias syriaca* 大唐綿
キョウチクトウ科（ガガイモ科）の多年草。高さは
60〜90cm。花は暗紫紅色。
¶原牧2 (No.1391/カ図)
新分牧 (No.3443/モ図)
新牧日 (No.2380/モ図)
牧野ス2 (No.3236/カ図)

**オオトガリアミガサタケ** *Morchella elata*
アミガサタケ科のキノコ。
¶原きの (No.559/カ写・カ図)
山カ日き (p566/カ写)

**オオトキワイヌビワ** *Ficus nishimurae*
クワ科の常緑低木。日本固有種。
¶固有 (p44/カ写)
野生2 (p338/カ写)
山レ増 (p448/カ写)

**オオトキワシダ** *Asplenium laserpitiifolium*
チャセンシダ科の常緑性シダ。葉身は長さ30〜
40cm, 楕円形〜三角状長楕円形。
¶シダ標1 (p411/カ写)

**オオドチ** ⇒オトコエシを見よ

**オオトネリコ** ⇒ヤマトアオダモを見よ

**オオトボシガラ** *Festuca extremiorientalis*
イネ科イチゴツナギ亜科の草本。別名オニトボシ
ガラ。
¶桑イネ (p239/モ図)
原牧1 (No.1021/カ図)
新分牧 (No.1115/モ図)
新牧日 (No.3682/モ図)
牧野ス1 (No.1021/カ図)
野生2 (p52)

**オオトモエソウ** *Hypericum ascyron* var.*longistylum*
オトギリソウ科の多年草。別名コウライオトギリ。
¶野生3 (p237/カ写)
山レ増〔コウライトモエソウ〕(p355/カ写)

**オオトヨグチイノデ** *Polystichum*×*kaimontanum*
オシダ科のシダ植物。
¶シダ標2 (p419/カ写)

**オオトラノオゴケ** *Thamnobryum subseriatum*
ヒラゴケ科（オオトラノオゴケ科）のコケ。大型, 二
次茎は立ち上がって, 長さ5〜10cm。枝葉は卵形。
¶新分牧 (No.4886/モ図)
新牧日 (No.4745/モ図)

**オオトリゲモ** *Najas oguraensis*
トチカガミ科（イバラモ科）の沈水植物。葉は対生,
葉身は線形, 多数の鋸歯をもつ。
¶原牧2 (No.238/カ図)
新分牧 (No.283/モ図)
新牧日 (No.3361/モ図)
日水草 (p96/カ写)
牧野ス1 (No.238/カ図)
野生1 (p123/カ写)

**オオトリトマ** ⇒シャグマユリを見よ

**オオナ** ⇒タカナを見よ

**オオナガバハグマ** *Ainsliaea oblonga* var.*latifolia*
大長葉羽熊
キク科コウヤボウキ亜科の多年草。葉身は長さ5〜
11cm。
¶野生5 (p210)

**オオナギナタガヤ** *Vulpia myuros* var.*megalura*
イネ科イチゴツナギ亜科の草本。
¶帰化写改 (p469/カ写)
野生2 (p66)

**オオナギラン** *Cymbidium lancifolium*
ラン科の多年草。アキザキナギランより茎・葉とも
に長い。
¶野生1 (p193/カ写)

**オオナキリスゲ** *Carex autumnalis*
カヤツリグサ科の多年草。
¶カヤツリ (p136/モ図)
新分牧 (No.807/モ図)
新牧日 (No.4134/モ図)
スゲ増 (No.56/カ写)
野生1 (p308/カ写)

**オオナズナ** *Capsella bursa-pastoris* 大薺
アブラナ科の越年草。ふつうのナズナとは葉の側裂
片に耳片がないことで区別される。
¶原牧2 (No.729/カ図)
新分牧 (No.2727/モ図)
新牧日 (No.849/モ図)
牧野ス2 (No.2574/カ図)

**オオナナカマド**(1) *Sorbus commixta* var.*commixta*
大七竈
バラ科。ナナカマドの葉が大型のもの。別名エゾナ
ナカマド。
¶原牧1 (No.1713/カ図)
新分牧 (No.1904/モ図)
新牧日 (No.1065/モ図)
牧野ス1 (No.1713/カ図)

**オオナナカマド**(2) ⇒ナナカマドを見よ

**オオナラ** ⇒ミズナラを見よ

**オオナルコユリ** *Polygonatum macranthum*
キジカクシ科〔クサスギカズラ科〕（ユリ科）の草

本。日本固有種。別名ヤマナルコユリ。
¶原牧1 (No.600/カ図)
　固有 (p154)
　新分牧 (No.609/モ図)
　新牧日 (No.3467/モ図)
　牧野ス1 (No.600/カ図)
　野生1 (p259/カ写)
　山カ野草 (p630/カ写)

### オオナンバンギセル　*Aeginetia sinensis*
ハマウツボ科の一年生寄生植物。別名オオキセルソウ，ヤマナンバンギセル。高さは20〜30cm。
¶原牧2 (No.1759/カ図)
　山野草 (No.1128/カ図)
　新分牧 (No.3833/モ図)
　新牧日 (No.2804/モ図)
　牧野ス2 (No.3604/カ図)
　野生5 (p150/カ写)
　山カ野草 (p165/カ写)

### オオニガナ　*Nabalus tanakae*　大苦菜
キク科キクニガナ亜科の多年草。高さは60〜90cm。
¶原牧2 (No.2241/カ図)
　新分牧 (No.4051/モ図)
　新牧日 (No.3270/モ図)
　牧野ス2 (No.4086/カ図)
　野生5 (p283/カ写)
　山カ野草 (p112/カ写)
　山ハ山花 (p566/カ写)

### オオニシキソウ　*Euphorbia nutans*　大錦草
トウダイグサ科の一年草。長さは18〜63cm。花は白色。
¶帰化写改 (p170/カ写, p500/カ写)
　原牧2 (No.269/カ図)
　植調 (p212/カ写)
　新分牧 (No.2425/モ図)
　新牧日 (No.1485/モ図)
　牧野ス1 (No.2114/カ図)
　野生3 (p159/カ写)
　山カ野草 (p366/カ写)
　山ハ野花 (p341/カ写)

### オオニワゼキショウ(1)　*Sisyrinchium* sp.　大庭石菖
アヤメ科の草本。
¶帰化写改 (p413/カ写)

### オオニワゼキショウ(2)　⇒ルリニワゼキショウを見よ

### オオニワトコ　*Sambucus racemosa* subsp.*sieboldiana* var.*major*
ガマズミ科〔レンプクソウ科〕(スイカズラ科)。日本固有種。別名ミヤマニワトコ，ナガエニワトコ。
¶固有 (p135/カ写)
　野生5 (p404/カ写)

### オオニワホコリ　*Eragrostis pilosa*
イネ科ヒゲシバ亜科の一年草。
¶桑イネ (p223/カ写・モ図)
　植調 (p300/カ写)
　野生2 (p69)

### オオニンジンボク　*Vitex quinata*
シソ科ハマゴウ亜科 (クマツヅラ科) の常緑樹。
¶野生5 (p108/カ写)
　山レ増 (p139/カ写)

### オオヌカキビ　*Panicum paludosum*
イネ科キビ亜科の多年草。高さは1mほど。
¶野生2 (p91)

### オオヌマハリイ　⇒ヌマハリイを見よ

### オオネコヤナギ　⇒オオキツネヤナギを見よ

### オオネズミガヤ　*Muhlenbergia huegelii*　大鼠茅
イネ科ヒゲシバ亜科の多年草。高さは50〜120cm。
¶桑イネ (p335/カ写・モ図)
　原牧1 (No.1119/カ図)
　新分牧 (No.1258/モ図)
　新牧日 (No.3772/モ図)
　牧野ス1 (No.1119/カ図)
　野生2 (p71/カ写)
　山ハ山花 (p200/カ写)

### オオネバリタデ　*Persicaria viscofera* var.*robusta*
タデ科の草本。
¶野生4 (p97/カ写)

### オオノアザミ　⇒アオモリアザミを見よ

### オオノウタケ　*Calvatia boninensis*
ハラタケ科のキノコ。
¶山カ日き (p511/カ写)

### オオノキシノブ　⇒ホテイシダを見よ

### オオバアカメガシワ　⇒オオバベニガシワを見よ

### オオバアコウ　*Ficus caulocarpa*
クワ科の木本。
¶野生2 (p335/カ写)

### オオバアサガラ　*Pterostyrax hispida*　大葉麻殻
エゴノキ科の落葉高木。別名ケアサガラ。樹高は12m。樹皮は淡い灰褐色。
¶APG原樹 (No.1193/カ図)
　原牧2 (No.1149/カ図)
　新分牧 (No.3192/モ図)
　新牧日 (No.2265/モ図)
　茶花上 (p356/カ写)
　牧野ス2 (No.2994/カ図)
　野生4 (p216/カ写)
　山カ樹木 (p625/カ写)

### オオバアザミ　⇒ヨシノアザミを見よ

### オオバアズマザサ　*Sasaella ramosa* var.*latifolia*
イネ科タケ亜科のササ。日本固有種。
¶固有 (p170)

### オオバイカイカリソウ　*Epimedium*×*setosum*　大梅花碇草
メギ科の草本。別名スズフリイカリソウ。
¶原牧1 (No.1181/カ図)
　新分牧 (No.1329/モ図)
　新牧日 (No.648/モ図)
　牧野ス1 (No.1181/カ図)
　野生2 (p117/カ写)

オオハイカ　　　　　　　152

山ハ山花（p208/カ写）

**オオバイカオウレン** ⇒オオゴカヨウオウレンを
見よ

**オオバイカモ**　*Ranunculus ashibetsuensis*
キンポウゲ科の沈水植物。全長は2～4m。葉の長さ
は4～9cm。
¶日水草（p229/カ写）

**オオバイケイソウ**(1)　*Veratrum oxysepalum* var.
*maximum*
ユリ科。日本固有種。
¶固有（p156）

**オオバイケイソウ**(2)　⇒バイケイソウを見よ

**オオバイチビ**　*Abutilon grandifolium*
アオイ科の低木。高さは3～4m。
¶帰化写2〔オオバイチビ（新称）〕（p412/カ写）

**オオバイヌビワ**　*Ficus septica*　大葉犬枇杷
クワ科の木本。
¶野生2（p337/カ写）

**オオバイボタ**　*Ligustrum ovalifolium* var.*ovalifolium*
大葉水蠟
モクセイ科の半常緑小高木あるいは低木。高さは2
～6m。花は白色。
¶APG原樹（No.1405/カ図）
　原牧2（No.1511/カ図）
　新分牧（No.3553/モ図）
　新牧日（No.2294/モ図）
　牧野ス2（No.3356/カ図）
　野生5（p64/カ写）
　山力樹木（p630/カ写）

**オオハイホラゴケ**　*Vandenboschia striata*
コケシノブ科の常緑性シダ。別名リュウキュウコガ
ネ。葉身は長さ15～30cm, 広披針形～広卵状披
針形。
¶シダ標1（p315/カ写）

**オオバウマノスズクサ**　*Aristolochia kaempferi*　大
葉馬の鈴草
ウマノスズクサ科の多年生つる草。日本固有種。花
は黄色。葉径8～15cm。
¶学フ増野春（p221/カ写）
　原牧1〔オオバノウマノスズクサ〕（No.115/カ図）
　固有（p60）
　山野草（No.0401/カ写）
　新分牧（No.141/モ図）
　新牧日〔オオバノウマノスズクサ〕（No.711/モ図）
　牧野ス1〔オオバノウマノスズクサ〕（No.115/カ図）
　ミニ山（p73/カ写）
　野生1（p59/カ写）
　山力野草（p548/カ写）
　山ハ山花（p18/カ写）

**オオバウメモドキ**　⇒ウメモドキを見よ

**オオバウリノキ**　⇒ウリハダカエデを見よ

**オオバエゴノキ**　⇒エゴノキを見よ

**オオバエゾヒョウタンボク**　⇒エゾヒョウタンボ
クを見よ

**オオバオオヤマレンゲ**　*Magnolia sieboldii* subsp.
*sieboldii*　大葉大山蓮華
モクレン科の落葉木本。別名ミヤマレンゲ。高さは
4m内外。
¶APG原樹（No.137/カ図）
　新分牧（No.154/モ図）
　新牧日（No.463/モ図）
　野生1（p72/カ写）

**オオバオトギリ**　*Hypericum pibairense*
オトギリソウ科の多年草。日本固有種。
¶固有（p64）
　野生3（p239/カ写）

**オオバガシ**　⇒アカガシを見よ

**オオバガラシ**　⇒タカナを見よ

**オオバカンアオイ**　*Asarum lutchuense*
ウマノスズクサ科の草本。日本固有種。
¶固有（p62）
　野生1（p65/カ写）
　山レ増（p371/カ写）

**オオバギ**　*Macaranga tanarius*　大葉木
トウダイグサ科の小木。葉に細毛があり, 葉裏は
粉白。
¶野生3（p162/カ写）

**オオバキスミレ**　*Viola brevistipulata* subsp.
*brevistipulata* var.*brevistipulata*　大葉黄菫
スミレ科の多年草。日本固有種。
¶学フ増高山（p106/カ写）
　学フ増山菜（p121/カ写）
　原牧2（No.320/カ図）
　固有（p94/カ写）
　山野草（p344）
　新分牧（No.2305/モ図）
　新牧日（No.1793/モ図）
　茶花上（p357/カ写）
　牧野ス1（No.2165/カ図）
　ミニ山（p198/カ写）
　野生3（p213/カ写）
　山力野草（p355/カ写）
　山ハ高山（p182/カ写）
　山ハ山花（p308/カ写）

**オオハキダメギク**　*Eleutheranthera ruderalis*
キク科の一年草。茎はやや紫色を帯びる。高さは
81cmほど。
¶帰化写2（p271/カ写）

**オオバキハダ**　*Phellodendron amurense* var.
*japonicum*
ミカン科の落葉高木。日本固有種。
¶原牧2（No.575/カ図）
　固有（p84）
　新分牧（No.2602/モ図）
　新牧日（No.1512/モ図）
　牧野ス2（No.2420/カ図）
　野生3（p304/カ写）

**オオバギボウシ**　*Hosta sieboldiana*　大葉擬宝珠
キジカクシ科〔クサスギカズラ科〕（ユリ科）の多年
草。日本固有種。別名トウギボウシ, ウルイ, ハヤ

ザキオオバギボウシ, ウノハナギボウシ, ウツリギ
ボウシ。若葉はウルイと呼ばれ山菜として利用。高
さは60〜100cm。花は白緑〜淡紫色。
¶色野草(p279/カ写)
　学フ増山菜(p126/カ写)
　学フ増野夏(p60/カ写)
　原牧1(No.570/カ写)
　固有(p155/カ写)
　山野草〔トウギボウシ〕(No.1505/カ写)
　新分牧(No.627/モ図)
　新牧日(No.3395/モ図)
　茶花下(p60/カ写)
　牧野ス1(No.570/カ図)
　野生1(p251/カ写)
　山カ野草〔トウギボウシ〕(p611/カ写)
　山カ野草(p611/カ写)
　山ハ野花(p79/カ写)
　山ハ山high(p148/カ写)

**オオハクウンラン**　*Kuhlhasseltia fissa*
ラン科の草本。日本固有種。
¶固有(p192/カ写)
　野生1(p209)

**オオバクサフジ**　*Vicia pseudo-orobus*　大葉草藤
マメ科マメ亜科の多年草。高さは80〜150cm。
¶原牧1(No.1566/カ写)
　新分牧(No.1773/モ図)
　新牧日(No.1354/モ図)
　牧野ス1(No.1566/カ図)
　野生2(p299/カ写)
　山ハ山花(p334/カ写)

**オオハクサンサイコ**　*Bupleurum longiradiatum* var.
*pseudonipponicum*　大白山柴胡
セリ科の多年草。日本固有種。
¶固有(p101)
　山カ野草(p307/カ写)
　山ハ高山(p357/カ写)

**オオバグミ**　⇒マルバグミを見よ

**オオバクロテツ**　⇒ムニンノキを見よ

**オオバクロモジ**　*Lindera umbellata* var.*membranacea*
大葉黒文字
クスノキ科の落葉低木。日本固有種。
¶原牧1(No.155/カ図)
　固有(p49)
　新分牧(No.192/モ図)
　新牧日(No.496/モ図)
　牧野ス1(No.155/カ図)
　野生1(p83/カ写)
　山カ樹木(p207/カ写)
　落葉図譜(p124/モ図)

**オオバケアサガオ**　*Lepistemon binectariferum* var.
*trichocarpum*
ヒルガオ科の草本。
¶野生5(p31/カ写)

**オオバケエゴノキ**　⇒エゴノキを見よ

**オオバケカンコノキ**　⇒ケカンコノキを見よ

**オオバコ**　*Plantago asiatica* var.*asiatica*　大葉子
オオバコ科の多年草。別名オバコ、オンバク、オン
バコ、カエルバ、シャゼンソウ、スモウトリグサ。高
さは10〜50cm。
¶色野草(p68/カ写)
　学フ増山菜(p66/カ写)
　学フ増野春(p208/カ写)
　学フ増薬草(p124/カ写)
　原牧2(No.1541/カ図)
　植調(p104/カ写)
　新分牧(No.3595/モ図)
　新牧日(No.2818/カ写)
　茶花上(p357/カ写)
　牧野ス2(No.3386/カ図)
　野生5(p81/カ写)
　山カ野草(p155/カ写)
　山ハ野花(p476/カ写)

**オオバコウモリ**　*Parasenecio tschonoskii*　大葉蝙蝠
キク科キク亜科の多年草。日本固有種。茎は大きい
ものでは1.5mぐらいになる。
¶固有(p144)
　野生5(p307/カ写)
　山ハ山花(p506/カ写)

**オオバコケモモ**(1)　*Vaccinium emarginatum*
ツツジ科スノキ亜科の常緑低木。別名ヤドリコケモ
モ。高さは20〜60cm。
¶野生4(p258/カ写)

**オオバコケモモ**(2)　⇒コケモモを見よ

**オオハコベ**　*Stellaria bungeana*
ナデシコ科の草本。別名エゾノミヤマハコベ。
¶原牧2(No.867/カ写)
　新分牧(No.2928/モ図)
　新牧日(No.339/モ図)
　牧野ス2(No.2712/カ図)
　野生4(p124)
　山レ増(p418/カ写)

**オオバゴマキ**　⇒マルバゴマキを見よ

**オオバザサ**　*Sasa megalophylla*　大葉笹
イネ科タケ亜科のササ。高さは1.5〜2m。
¶APG原樹(No.231/カ写)
　タケ亜科(No.78/カ写)
　タケササ(p110/カ写)

**オオバサンザシ**　*Crataegus maximowiczii*
バラ科シモツケ亜科の落葉小高木。別名アラゲアカ
サンザシ。
¶原牧1(No.1732/カ写)
　新分牧(No.1923/モ図)
　新牧日(No.1082/モ図)
　牧野ス1(No.1732/カ図)
　野生3(p69)

**オオハシカグサ**　*Neanotis hirsuta* var.*glabra*
アカネ科の多年草。日本固有種。
¶原牧2(No.1273/カ図)
　固有(p118)
　新分牧(No.3328/モ図)

オオハシコ　154

新牧日（No.2386/モ図）
牧野ス2（No.3118/モ図）
野生4（p284）

**オオハシゴシダ**　Thelypteris angulariloba
ヒメシダ科の常緑性シダ。別名チュウレイハシゴシ
ダ。葉身は長さ20cm, 広披針形。
¶シダ標1（p435/カ写）

**オオバヂシャ**　⇒ハクウンボクを見よ

**オオバシシラン**　Haplopteris yakushimensis
イノモトソウ科の常緑性シダ。葉身は長さ15〜
30cm, 線状披針形。
¶シダ標1（p388/カ写）

**オオバシナミズニラ**　Isoetes sinensis var.coreana
ミズニラ科の夏緑性シダ。
¶シダ標1（p280/カ写）
日水草（p22/カ写）
山レ増（p693/カ写）

**オオハシバミ(1)**　⇒ハシバミを見よ

**オオハシバミ(2)**　⇒ハシバミ（広義）を見よ

**オオバシマイヌワラビ**　Athyrium×subcrassipes
メシダ科のシダ植物。
¶シダ標2（p308/カ写）

**オオバシマムラサキ**　Callicarpa subpubescens
シソ科（クマツヅラ科）の常緑小高木。小笠原固有
種。高さは7〜8m。
¶原牧2（No.1734/カ図）
固有（p122）
新分牧（No.3696/モ図）
新牧日（No.2510/モ図）
牧野ス2（No.3579/カ図）
野生5（p105/カ写）
山カ樹木（p732/カ写）

**オオバジャノヒゲ**　Ophiopogon planiscapus　大葉蛇
の鬚
キジカクシ科〔クサスギカズラ科〕（ユリ科）の多年
草。日本固有種。高さは15〜30cm。花は淡紫か
白色。
¶学フ増野夏（p137/カ写）
原牧1（No.594/カ図）
固有（p156）
新分牧（No.619/モ図）
新牧日（No.3488/モ図）
茶花下（p60/カ写）
牧野ス1（No.594/カ図）
野生1（p256/カ写）
山カ野草（p640/カ写）
山ハ野花（p85/カ写）

**オオバショウマ**　Cimicifuga japonica　大葉升麻
キンポウゲ科の多年草。高さは40〜100cm。花は
白色。
¶学フ増野秋（p181/カ写）
原牧1（No.1239/カ図）
新分牧（No.1377/モ図）
新牧日（No.564/モ図）
牧野ス1（No.1239/カ図）

ミニ山（p50/カ写）
山カ野草（p492/カ写）
山ハ山花（p218/カ写）

**オオバショウマ（狭義）**　Cimicifuga japonica var.
macrophylla　大葉升麻
キンポウゲ科の多年草。別名キケンショウマ。
¶茶花下〔おおばしょうま〕（p296/カ写）
野生2〔オオバショウマ〕（p141/カ写）

**オオバショリマ**　Thelypteris quelpaertensis
ヒメシダ科（オシダ科）の夏緑性シダ。別名ヤクシ
マショリマ。葉身は長さ50〜80cm, 倒披針形。
¶シダ標1（p436/カ写）
新分牧（No.4658/モ図）
新牧日（No.4557/モ図）
山ハ高山（p468/カ写）

**オオバシロテツ**　Melicope grisea
ミカン科の常緑高木または低木。日本固有種。
¶原牧2（No.568/カ写）
固有（p84）
新分牧（No.2616/モ図）
新牧日（No.1505/モ図）
牧野ス2（No.2413/カ図）
野生3（p303/カ写）

**オオバスノキ**　Vaccinium smallii var.smallii　大葉酢
の木
ツツジ科スノキ亜科の落葉低木。
¶野生4（p259/カ写）
山カ樹木（p600/カ写）
山ハ高山（p290/カ写）

**オオバセンキュウ**　Angelica genuflexa　大葉川芎
セリ科セリ亜科の多年草。別名エゾオオバセンキュ
ウ。高さは1〜2m。
¶学フ増高山（p173/カ写）
原牧2（No.2456/カ図）
新分牧（No.4491/モ図）
新牧日（No.2070/カ写）
牧野ス2（No.4301/カ写）
ミニ山（p224/カ写）
野生5（p389/カ写）
山カ野草（p318/カ写）
山ハ山花（p474/カ写）

**オオバタケシマラン**　Streptopus amplexifolius var.
papillatus　大葉竹縞蘭
ユリ科の多年草。高さは50〜100cm。
¶学フ増高山（p211/カ写）
原牧1（No.364/カ図）
山野草（No.1406/カ写）
新分牧（No.383/モ図）
新牧日（No.3463/モ図）
牧野ス1（No.364/カ図）
野生1（p175/カ写）
山カ野草（p631/カ写）
山ハ高山（p27/カ写）
山ハ山花（p67/カ写）

**オオバタチツボスミレ** *Viola langsdorfii* subsp. *sachalinensis* 大立坪菫
スミレ科の草本。花は紅紫色，または淡紅紫色。
¶原牧2（No.331/カ図）
　新分牧（No.2316/モ図）
　新牧日（No.1804/カ図）
　牧野ス1（No.2176/カ図）
　ミニ山（p194/カ写）
　野生3（p222/カ写）
　山ハ山花（p319/カ写）
　山ハ増（p248/カ写）

**オオバタネツケバナ** *Cardamine regeliana*
〔*Cardamine scutata*〕　大葉種漬花
アブラナ科の多年草。高さは10〜40cm。
¶原牧2（No.719/カ図）
　植調〔タネツケバナ〕（p88/カ写）
　新分牧（No.2745/モ図）
　新牧日（No.839/カ図）
　日水草（p257/カ写）
　牧野ス2（No.2564/カ図）
　野生4（p57/カ写）
　山ハ山花（p359/カ写）

**オオバタンキリマメ** ⇒トキリマメを見よ

**オオバチシマコハマギク** ⇒チシマコハマギクを見よ

**オオバチヂミザサ** *Oplismenus compositus* var.*patens*
イネ科キビ亜科の草本。
¶桑イネ（p340/モ図）
　野生2（p90/カ写）

**オオバチドメ** *Hydrocotyle javanica*　大葉血止
ウコギ科（セリ科）の多年草。高さは5〜25cm。
¶学フ増野秋（p233/カ写）
　原牧2〔オオバチドメグサ〕（No.2370/カ図）
　新分牧〔オオバチドメグサ〕（No.4403/モ図）
　新牧日〔オオバチドメグサ〕（No.2010/モ図）
　牧野ス2〔オオバチドメグサ〕（No.4215/カ図）
　ミニ山（p215/カ写）
　野生5（p380/カ写）
　山力野草（p304/カ写）
　山ハ山花（p461/カ写）

**オオバチドメグサ** ⇒オオバチドメを見よ

**オオバツクバネウツギ** ⇒ウゴツクバネウツギを見よ

**オオバツチグリ** ⇒キジムシロを見よ

**オオバツツジ** *Rhododendron nipponicum*　大葉躑躅
ツツジ科ツツジ亜科の落葉低木。日本固有種。
¶APG原樹（No.1211/カ写）
　原牧2（No.1205/カ図）
　固有（p106）
　新分牧（No.3239/モ図）
　新牧日（No.2150/モ図）
　牧野ス2（No.3050/カ図）
　野生4（p238/カ写）
　山力樹木（p565/カ写）
　山ハ高山（p280/カ写）

**オオバツノマタ** ⇒タンバノリを見よ

**オオバツメクサ** ⇒イワツメクサを見よ

**オオバツユクサ** ⇒ナンバンツユクサを見よ

**オオバツルウメモドキ** ⇒リュウキュウツルウメモドキを見よ

**オオバナイトタヌキモ** *Utricularia gibba*
タヌキモ科の浮遊性の食虫植物，通常一年草。
¶帰化写2（p238/カ写）
　日水草（p293/カ写）

**オオハナウド** *Heracleum sphondylium* subsp. *montanum*　大葉独活
セリ科セリ亜科の大型の多年草。高さは1〜2m。
¶学フ増高山（p174/カ写）
　原牧2（No.2473/カ図）
　新分牧（No.4468/モ図）
　新牧日（No.2087/モ図）
　牧野ス2（No.4318/カ図）
　ミニ山（p229/カ写）
　野生5（p395/カ写）
　山ハ高山（p346/カ写）
　山ハ山花（p478/カ写）

**オオバナオオヤマサギソウ** *Platanthera hondoensis*
ラン科の草本。日本固有種。
¶固有（p191）
　野生1（p223）

**オオバナコマツヨイグサ** *Oenothera grandis*　大花小待宵草
アカバナ科の越年草。
¶山ハ野花（p318/カ写）

**オオバナサイカク** *Stapelia grandiflora*　大花犀角
キョウチクトウ科（ガガイモ科）。花は黒紫色。
¶原牧2（No.1395/カ図）
　牧野ス2（No.3240/カ図）

**オオバナシロヨメナ** ⇒シロヨメナを見よ

**オオバナセンダングサ**(1)　⇒オオバナノセンダングサを見よ

**オオバナセンダングサ**(2)　⇒コシロノセンダングサを見よ

**オオバナソケイ** ⇒ソケイを見よ

**オオバナソシンカ** *Bauhinia×blakeana*　大花蘇芯花
マメ科の常緑木。別名ヨウテイボク，アカバナハカマノキ。花は紫赤色。
¶茶花下（p356/カ写）

**オオバナチョウセンアサガオ** ⇒キダチチョウセンアサガオを見よ

**オオバナニガナ** ⇒ハナニガナを見よ

**オオバナノエンレイソウ** *Trillium camschatcense*
大花の延齢草
シュロソウ科（ユリ科）の多年草。別名シロバナノエンレイソウ。高さは30〜50cm。花は白色。
¶学フ増野春（p185/カ写）
　原牧1（No.312/カ図）
　山野草（No.1339/カ写）
　新分牧（No.358/モ図）

オオハナノ　　　　156

新牧日（No.3482/モ図）
茶花上（p505/カ写）
牧野ス1（No.312/カ図）
野生1（p161/カ写）
山力野草（p639/カ写）
山ハ山花（p57/カ写）

**オオバナノセンダングサ**　*Bidens pilosa* var.*radiata*
キク科キク亜科の草本。コセンダングサの変種。別名タチアワユキセンダングサ，オオバナセンダングサ，アワユキセンダングサ，シロノセンダングサ。
¶植調（p117/カ写）
野生5（p356/カ写）
山ハ野花〔タチアワユキセンダングサ〕（p575/カ写）

**オオバナノミミナグサ**　⇒オオバナミミナグサを見よ

**オオバナノワレモコウ**　⇒チシマワレモコウを見よ

**オオバナヒエンソウ**　⇒ルリバナヒエンソウを見よ

**オオバナミズキンバイ**　*Ludwigia grandiflora* subsp. *grandiflora*
アカバナ科の多年草。南アメリカ原産。
¶日水草（p252/カ写）
野生3（p268）

**オオバナミズキンバイ（広義）**　*Ludwigia grandiflora*
アカバナ科の多年草。
¶帰化写2（p504/カ写）

**オオバナミミナグサ**　*Cerastium fischerianum* var. *fischerianum*　大花耳菜草
ナデシコ科の多年草。別名オオバナノミミナグサ，タカネミミナグサ，リシリミミナグサ。高さは50cm。
¶原牧2（No.884/カ図）
新分牧（No.2945/モ図）
新牧日（No.356/モ図）
牧野ス2（No.2729/カ図）
ミニ山〔オオバナノミミナグサ〕（p28/カ写）
野生4〔オオバナノミミナグサ〕（p111/カ写）
山力野草〔オオバナノミミナグサ〕（p516/カ写）

**オオハナヤスリ**　⇒ヒロハハナヤスリを見よ

**オオハナワラビ**　*Botrychium japonicum*　大花蕨
ハナヤスリ科（ハナワラビ科）の冬緑性シダ。葉身は長さ10〜25cm，五角形。
¶シダ標1（p293/カ写）
新分牧（No.4507/モ図）
新牧日（No.4397/モ図）

**オオバニワスギゴケ**　⇒セイタカスギゴケを見よ

**オオバヌスビトハギ**　*Hylodesmum laxum*　大葉盗人萩
マメ科マメ亜科の多年草。別名サイコクトキワヤブハギ，サイゴクトキワヤブハギ。
¶原牧1（No.1534/カ図）
新分牧（No.1704/モ図）
新牧日（No.1321/モ図）
牧野ス1（No.1534/カ図）
野生2（p271/カ写）
山ハ野花（p365/カ写）

**オオバネムノキ**　*Albizia kalkora*
マメ科オジキソウ亜科の高木。莢は白褐色，種子は褐色。高さは15m。花は緑黄色。
¶新分牧（No.1806/モ図）
野生2（p245/カ写）
山レ増（p297/カ写）

**オオバナノアマクサシダ**　*Pteris inaequalis*　大葉の天草羊歯
イノモトソウ科のシダ植物。
¶シダ標1（p380/カ写）
新分牧（No.4601/モ図）
新牧日（No.4488/モ図）

**オオバノイタチシダ**　⇒ムニンベニシダを見よ

**オオバノイノモトソウ**　*Pteris cretica*　大葉の井許草
イノモトソウ科の常緑性シダ。別名セフリイノモトソウ。葉身は長さ15〜40cm，頂羽片のはっきりした単羽状。
¶シダ標1（p378/カ写）
新分牧（No.4592/モ図）
新牧日（No.4479/モ図）

**オオバノウマノスズクサ**　⇒オオバウマノスズクサを見よ

**オオバノキンモウワラビ**　⇒キンモウワラビを見よ

**オオバノコウザキシダ**　⇒オオバノヒノキシダを見よ

**オオバノセンナ**　*Senna sophera*
マメ科ジャケツイバラ亜科の低木。莢はやや円柱形。高さは1〜2m。花は鮮黄色。
¶帰化写改（p125/カ写）
野生2（p252/カ写）

**オオバノツワブキ**　⇒オオツワブキを見よ

**オオバノトンボソウ**　*Platanthera minor*　大葉の蜻蛉草
ラン科の多年草。別名ノヤマトンボソウ，ノヤマトンボソウ，ノヤマトンボ。高さは20〜60cm。
¶原牧1（No.395/カ図）
新分牧（No.463/カ写）
新牧日（No.4269/モ図）
牧野ス1（No.395/カ図）
野生1（p223/カ写）
山力野草（p566/カ写）
山ハ野花（p60/カ写）

**オオバノハチジョウシダ**　*Pteris terminalis*　大葉の八丈羊歯
イノモトソウ科の常緑性シダ。葉柄の長さは0.4〜1m，葉身は長楕円状卵形。
¶シダ標1（p380/カ写）
新分牧（No.4600/モ図）
新牧日（No.4487/モ図）

**オオバノヒノキシダ**　*Asplenium trigonopterum*
チャセンシダ科の常緑性シダ。別名オオバヒノキシダ，オオバノコウザキシダ。葉身は長さ50cm，卵状長楕円形。
¶シダ標1（p410/カ写）

**オオバノヤエムグラ** *Galium pseudoasprellum* 大葉
の八重葎
アカネ科の多年草。高さは1〜2m。
¶学フ増野夏 (p142/カ写)
　原牧2 (No.1311/カ図)
　新分牧 (No.3345/モ図)
　新牧日 (No.2425/モ図)
　牧野ス2 (No.3156/カ図)
　野生4 (p274/カ写)
　山ハ里花 (p425/カ写)

**オオバノヨツバムグラ** *Galium kamtschaticum* var.
*acutifolium* 大葉の四葉葎
アカネ科の多年草。高さは20〜40cm。
¶原牧2 (No.1312/カ図)
　新分牧 (No.3346/モ図)
　新牧日 (No.2426/モ図)
　牧野ス2 (No.3157/カ図)
　野生4 (p276/カ写)
　山カ野草 (p153/カ写)
　山ハ高山 (p296/カ写)
　山ハ山花 (p390/カ写)

**オオバハマアサガオ** *Stictocardia tiliifolia*
ヒルガオ科の大蔓木。別名マルバアサガオ。花は淡
紅紫色、花筒内濃紅紫色。
¶野生5 (p32/カ写)

**オオバヒノキシダ** ⇒オオバノヒノキシダを見よ

**オオバヒメマオ** ⇒ヤンバルツルマオを見よ

**オオバヒョウタンボク** ⇒アラゲヒョウタンボクを
見よ

**オオバヒルギ** ⇒ヤエヤマヒルギを見よ

**オオバブシダマ** ⇒エゾヒョウタンボクを見よ

**オオバフジボグサ** *Uraria lagopodioides*
マメ科マメ亜科の木本。別名ヤエヤマフジボグサ。
¶野生2 (p298/カ写)
　山レ増 (p299/カ写)

**オオバブナ** *Fagus crenata* f.*grandifolia* 大葉橅
ブナ科の落葉高木。
¶野生3 (p92)

**オオバベニガシワ** *Alchornea davidii* 大葉紅柏, 大
葉紅槲
トウダイグサ科の落葉低木。別名オオバアカメガシ
ワ。発芽時の若葉は鮮紅色。
¶APG原樹 (No.795/カ写)
　原牧2 (No.240/カ図)
　新分牧 (No.2399/モ図)
　新牧日 (No.1458/モ図)
　茶花上 (p202/カ写)
　都木花新 (p173/カ写)
　牧野ス1 (No.2085/カ図)
　野生3 (p149/カ写)
　山カ樹木 (p392/カ写)

**オオバホウオウゴケ** ⇒ホウオウゴケを見よ

**オオバボダイジュ** *Tilia maximowicziana* 大葉菩
提樹
アオイ科（シナノキ科）の落葉広葉高木。日本固有

種。別名アオジナ。高さは25m。
¶APG原樹 (No.1005/カ図)
　原牧2 (No.650/カ図)
　固有 (p90/カ写)
　新分牧 (No.2662/モ図)
　新牧日 (No.1718/モ図)
　牧野ス2 (No.2495/カ図)
　野生4 (p33/カ写)
　山カ樹木 (p473/カ写)
　落葉図譜 (p235/モ図)

**オオバボンテンカ** *Urena lobate* subsp.*lobata* 大葉
梵天花
アオイ科の草本。葉緑に暗色のシミあり。
¶原牧2 (No.628/カ図)
　新分牧 (No.2679/モ図)
　新牧日 (No.1738/モ図)
　牧野ス2 (No.2473/カ図)
　野生4 (p35/カ写)
　山カ樹木 (p477/カ写)

**オオハマオモト** ⇒オガサワラハマユウを見よ

**オオハマガヤ** *Ammophila breviligulata*
イネ科の多年草。別名アメリカハマニンイク, アメ
リカカイガンソウ。高さは60〜100cm。
¶帰化写2 (p316/カ写)
　新分牧 (No.1096/モ図)
　新牧日 (No.3733/モ図)

**オオハマギキョウ** *Lobelia boninensis*
キキョウ科の木本。日本固有種。
¶原牧2 (No.1885/カ図)
　固有 (p137/カ写)
　新分牧 (No.3923/モ図)
　新牧日 (No.2928/モ図)
　牧野ス2 (No.3730/カ写)
　野生5 (p192/カ写)
　山レ (p73/カ写)

**オオハマグルマ** *Melanthera robusta*
キク科キク亜科の草本。
¶原牧2 (No.2025/カ図)
　新分牧 (No.4286/モ図)
　新牧日 (No.3064/カ写)
　牧野ス2 (No.3870/カ写)
　野生5 (p359/カ写)

**オオバマサキ** ⇒マサキを見よ

**オオハマボウ** *Hibiscus tiliaceus* 大浜朴
アオイ科の常緑小高木。別名ヤマアサ。花は黄, 中
心は暗赤色。
¶原牧2 (No.639/カ図)
　新分牧 (No.2690/モ図)
　新牧日 (No.1749/モ図)
　茶花下 (p185/カ写)
　牧野ス2 (No.2484/カ図)
　野生4 (p29/カ写)

**オオハマボッス** *Lysimachia mauritiana* var.*rubida*
サクラソウ科の二年草。日本固有種。
¶固有 (p109)
　野生4 (p194/カ写)

**オオバマンサク** Hamamelis japonica var. megalophylla
マンサク科の木本。日本固有種。
¶固有 (p67)
野生2 (p186/カ写)

**オオバミズヒキゴケ** ⇒ミズスギモドキを見よ

**オオバミゾホオズキ** Mimulus sessilifolius 大葉溝酸漿
ハエドクソウ科 (ゴマノハグサ科) の多年草。別名サワホオズキ。高さは20〜35cm。
¶学フ増高山 (p111/カ写)
原牧2 (No.1750/カ図)
山野草 (No.1093/カ写)
新分牧 (No.3823/モ図)
新牧日 (No.2688/モ図)
牧野ス2 (No.3595/カ図)
野生5 (p147/カ写)
山力野草 (p173/カ写)
山ハ高山 (p316/カ写)
山ハ山花 (p453/カ写)

**オオバミネカエデ** ⇒ミネカエデを見よ

**オオバミヤマイヌワラビ** ⇒ホソバシケチシダを見よ

**オオバミヤマノコギリシダ** Diplazium hayatamae
メシダ科 (イワデンダ科) のシダ植物。日本固有種。
¶固有 (p205)
シダ標2 (p328/カ写)

**オオバミヤマノコギリシダ × ミヤマノコギリシダ** Diplazium hayatamae×D.mettenianum
メシダ科のシダ植物。
¶シダ標2 (p332/カ写)

**オオバメギ** Berberis tschonoskyana 大葉目木
メギ科の落葉低木。日本固有種。別名ミヤマヘビノボラズ, ミヤマメギ, シコクメギ。
¶APG原樹 (No.257/カ図)
原牧1 (No.1170/カ図)
固有 (p59)
新分牧 (No.1339/モ図)
新牧日 (No.637/モ図)
牧野ス1 (No.1170/カ図)
山力樹木 (p186/カ写)

**オオバメドハギ** Lespedeza daurica
マメ科マメ亜科の小低木。高さは1m。花は黄緑色。
¶帰化写改 (p130/カ写)
野生2 (p280)

**オオバモク** Sargassum ringgoldianum 大葉藻屑
ホンダワラ科の海藻。別名ガラモ, ササバモク。茎は円柱状。体は1〜1.5m。
¶新分牧 (No.5009/モ図)
新牧日 (No.4869/モ図)

**オオバヤシャゼンマイ** Osmunda×intermedia
ゼンマイ科のシダ植物。別名オクタマゼンマイ。
¶シダ標1 (p306/カ写)

**オオバヤシャブシ** Alnus sieboldiana 大葉夜叉五倍子
カバノキ科の落葉高木。日本固有種。
¶APG原樹 (No.745/カ図)
原牧2 (No.158/カ図)
固有 (p42/カ写)
新分牧 (No.2181/モ図)
新牧日 (No.136/モ図)
牧野ス1 (No.2003/カ図)
野生3 (p109/カ写)
山力樹木 (p125/カ写)

**オオバヤダケ** Indocalamus hamadae 大葉矢竹
イネ科タケ亜科の常緑大型ササ。高さは3.5〜4m。
¶タケササ (p137/カ写)
野生2 (p32/カ写)

**オオバヤドリギ** Taxillus yadoriki 大葉宿生木
オオバヤドリギ科 (ヤドリギ科) の常緑低木。別名コガノヤドリギ。
¶APG原樹 (No.1059/カ図)
原牧2 (No.775/カ図)
新分牧 (No.2818/モ図)
新牧日 (No.238/モ図)
牧野ス2 (No.2620/カ図)
ミニ山 (p19/カ写)
野生4 (p80/カ写)

**オオバヤナギ**(1) Salix cardiophylla var.urbaniana 大葉柳
ヤナギ科の落葉大高木。別名トカチヤナギ, アカヤナギ。
¶APG原樹 (No.843/カ図)
原牧2 (No.297/カ図)
新牧日 (No.87/モ図)
牧野ス1 (No.2142/カ図)
山力樹木 (p101/カ写)
落葉図譜 (p42/モ図)

**オオバヤナギ**(2) ⇒トカチヤナギ(1)を見よ

**オオバユキザサ** ⇒ヤマトユキザサを見よ

**オオバユズリハ** ⇒ヒメユズリハを見よ

**オオバヨウラクラン** Oberonia makinoi
ラン科の草本。
¶山レ増 (p470/カ写)

**オオバヨメナ** Aster miquelianus 大葉嫁菜
キク科キク亜科の草本。日本固有種。
¶原牧2 (No.1935/カ図)
固有 (p146/カ写)
新分牧 (No.4168/モ図)
新牧日 (No.2972/モ図)
牧野ス2 (No.3780/カ図)
野生5 (p317/カ写)
山ハ山花 (p508/カ写)

**オオバヨモギ** Artemisia koidzumii var.megaphylla
キク科キク亜科の草本。日本固有種。
¶固有 (p152)
野生5 (p333/カ写)

**オオバライチゴ** *Rubus croceacanthus* 大薔薇苺
バラ科バラ亜科の木本。別名キシュウイチゴ, イセ
イチゴ, リュウキュウバライチゴ。
　¶ **APG原樹**（No.592/カ図）
　　**原牧1**（No.1774/カ図）
　　**新分牧**（No.1972/モ図）
　　**新牧日**（No.1100/モ図）
　　**牧野ス1**（No.1774/カ図）
　　**ミニ山**（p138/カ写）
　　**野生3**（p53/カ写）
　　**山力樹木**（p269/カ写）

**オオハリイ**(1) *Eleocharis congesta* var.*congesta* f.
*dolichochaeta*
カヤツリグサ科の一年草または多年草。
　¶ **カヤツリ**（p624/モ図）
　　**日水草**（p186/カ写）

**オオハリイ**(2) ⇒セイタカハリイを見よ

**オオハリイ**(3) ⇒ハリイを見よ

**オオハリスゲ** ⇒エゾハリスゲを見よ

**オオハリソウ** *Symphytum asperum*
ムラサキ科の多年草。花冠裂片の先端は直立。
　¶ **原牧2**（No.1423/カ図）
　　**新分牧**（No.3530/モ図）
　　**新牧日**（No.2483/モ図）
　　**牧野ス2**（No.3268/カ図）

**オオバリンドウ** ⇒ゲンチアナ・マクロフィラを
見よ

**オオハルシャギク** ⇒コスモスを見よ

**オオハルタデ** ⇒ハルタデを見よ

**オオハルトラノオ** *Bistorta tenuicaulis* var.
*chionophila* 大春虎の尾
タデ科の多年草。日本固有種。
　¶ **固有**（p46）
　　**野生4**（p87/カ写）

**オオバルリミノキ** *Lasianthus verticillatus*
アカネ科の木本。
　¶ **野生4**（p280/カ写）

**オオハンゲ** *Pinellia tripartita* 大半夏
サトイモ科の多年草。日本固有種。仏炎苞は緑色ま
たは帯紫色。高さは20〜50cm。
　¶ **原牧1**（No.211/カ図）
　　**固有**（p179/カ写）
　　**山野草**（No.1650/カ写）
　　**新分牧**（No.217/モ図）
　　**新牧日**（No.3941/モ図）
　　**茶花下**（p61/カ写）
　　**牧野ス1**（No.211/カ図）
　　**野生1**（p109/カ写）
　　**山力野草**（p653/カ写）
　　**山ハ野花**（p28/カ写）
　　**山ハ山花**（p45/カ写）

**オオハンゴンソウ** *Rudbeckia laciniata* 大反魂草
キク科キク亜科の多年草または一年草。高さは60
〜300cm。花は黄色。

　¶ **学フ増野秋**（p95/カ写）
　　**帰化写改**（p381/カ写, p516/カ写）
　　**原牧2**（No.2023/カ図）
　　**植調**（p154/カ写）
　　**新分牧**（No.4289/モ図）
　　**新牧日**（No.3062/モ図）
　　**茶花下**（p61/カ写）
　　**牧野ス2**（No.3868/カ図）
　　**野生5**（p360/カ写）
　　**山力野草**（p55/カ写）

**オオバンソウ** ⇒ゴウダソウを見よ

**オオバンマツリ** *Brunfelsia calycina*
ナス科の常緑低木。花は青紫色であるが翌日は
白色。
　¶ **原牧2**（No.1457/カ図）
　　**牧野ス2**（No.3302/カ図）

**オオヒキヨモギ** *Siphonostegia laeta* 大蔓艾
ハマウツボ科（ゴマノハグサ科）の草本。
　¶ **原牧2**（No.1783/カ図）
　　**新分牧**（No.3846/モ図）
　　**新牧日**（No.2765/モ図）
　　**牧野ス2**（No.3628/カ図）
　　**野生5**（p162/カ写）
　　**山レ増ロ**（p94/カ写）

**オオヒゲガリヤス** *Calamagrostis × grandiseta*
イネ科イチゴツナギ亜科の草本。日本固有種。別名
ナガヒゲガリヤス, シロウマガリヤス。
　¶ **固有**（p168）
　　**野生2**（p50/カ写）

**オオヒゲクサ** *Schoenus falcatus*
カヤツリグサ科の多年草。
　¶ **カヤツリ**（p560/モ図）
　　**野生1**（p359/カ写）

**オオヒゲスゲ** ⇒ヒゲスゲを見よ

**オオヒゲナガカリヤスモドキ** *Miscanthus*
*intermedius*
イネ科キビ亜科の多年草。日本固有種。高さは1〜
1.8m。
　¶ **固有**（p166/カ写）
　　**野生2**（p90/カ写）

**オオヒナノウスツボ** *Scrophularia kakudensis* 大雛
の白壺
ゴマノハグサ科の多年草。別名ツシマヒナノウスツ
ボ, シコクヒナノウスツボ。高さは100cm。
　¶ **学フ増野秋**（p17/カ写）
　　**原牧2**（No.1601/カ図）
　　**新分牧**（No.3640/モ図）
　　**新牧日**（No.2681/モ図）
　　**牧野ス2**（No.3446/モ図）
　　**野生5**（p95/カ写）
　　**山力野草**（p170/カ写）
　　**山ハ野花**（p449/カ写）

**オオヒメクグ** *Cyperus kyllingia* 大姫莎草
カヤツリグサ科の多年草。別名シロヒメクグ。
　¶ **カヤツリ**（p692/モ図）

オオヒメノ 160

野生1（p338／カ写）

## オオヒメノカサ　Hygrocybe ovina
ヌメリガサ科のキノコ。中型。傘は黒褐色，粘性なし。
¶原きの（No.128／カ写・カ図）

## オオヒメワラビ　Deparia okuboana　大姫蕨
メシダ科（オシダ科）の夏緑性シダ。葉身は長さ35〜80cm，三角状，卵形または卵状披針形。
¶シダ標2（p342／カ写）
新分牧（No.4678／モ図）
新牧日（No.4577／モ図）

## オオヒメワラビモドキ　Deparia unifurcata
メシダ科の夏緑性シダ。葉身は長さ25〜65cm，広披針形〜三角状。
¶シダ標2（p343／カ写）

## オオヒョウタンボク　Lonicera tschonoskii　大瓢箪木
スイカズラ科の落葉低木。日本固有種。
¶APG原樹（No.1487／カ写）
学フ増高山（p200／カ写）
原牧2（No.2340／カ図）
固有（p134）
新分牧（No.4360／モ図）
新牧日（No.2863／モ図）
牧野ス2（No.4185／カ図）
野生5（p422／カ写）
山力樹木（p688／カ写）
山ハ高山（p365／カ写）

## オオヒラウスユキソウ　Leontopodium miyabeanum　大平薄雪草
キク科キク亜科の多年草。日本固有種。
¶固有（p141／カ写）
野生5（p348／カ写）
山ハ高山（p378／カ写）
山レ増（p50／カ写）

## オオヒラタンポポ　Taraxacum ohirense　大平蒲公英
キク科キクニガナ亜科の多年草。日本固有種。
¶固有（p147）
野生5（p287／カ写）
山ハ高山（p438／カ写）

## オオヒラテンツキ　Fimbristylis complanata f. complanata
カヤツリグサ科の多年草。
¶カヤツリ（p584／モ図）

## オオビランジ　Silene keiskei var.keiskei　大びらんじ
ナデシコ科の草本。日本固有種。花は淡桃〜濃紫紅色。
¶固有（p47）
山野草（No.0038／カ写）
茶花下（p297／カ写）
野生4（p121／カ写）
山ハ高山（p148／カ写）
山レ増（p431／カ写）

## オオヒレアザミ　⇒ゴロツキアザミを見よ

## オオヒロハノイヌワラビ　⇒カラクサイヌワラビを見よ

## オオヒンジガヤツリ　Lipocarpha chinensis
カヤツリグサ科の一年草。
¶カヤツリ（p690／モ図）
野生1（p352／カ写）

## オオフガクスズムシ　Liparis koreojaponica　大富岳鈴虫
ラン科の多年草。北海道・朝鮮半島に分布。
¶野生1（p212）

## オオフクロタケ　Volvopluteus gloiocephalus
ウラベニガサ科のキノコ。
¶山ロ日き（p175／カ写）

## オオフサモ　Myriophyllum aquaticum　大房藻
アリノトウグサ科の多年生抽水植物。茎は径5mm前後，赤みがかる。長さは1m。
¶帰化写改（p215／カ写）
日水草（p237／カ写）

## オオフジイバラ　⇒ヤマテリハノイバラを見よ

## オオフジシダ　⇒キシュウシダを見よ

## オオブタクサ　Ambrosia trifida　大豚草
キク科キク亜科の一年草。別名クワモドキ。高さは1〜3m。
¶色野草（p169／カ写）
学フ増野秋（p201／カ写）
帰化写改〔クワモドキ〕（p315／カ写, p510／カ写）
原牧2〔クワモドキ〕（No.2036／カ図）
植調（p115／カ写）
新分牧〔クワモドキ〕（No.4298／モ図）
新牧日〔クワモドキ〕（No.3073／モ図）
牧野ス2〔クワモドキ〕（No.3881／カ図）
野生5（p361／カ写）
山力野草（p25／カ写）
山ハ野花（p585／カ写）

## オオフタバムグラ　Diodiella teres　大二葉葎
アカネ科の一年草。別名タチフタバムグラ。長さは10〜50cm。花は白色，または淡桃色。
¶帰化写改（p229／カ写, p504／カ写）
原牧2（No.1271／カ写）
新分牧（No.3333／モ図）
新牧日（No.2384／モ図）
牧野ス2（No.3116／カ図）
野生4（p278／カ写）
山力野草（p149／カ写）
山ハ野花（p428／カ写）

## オオフトイ　Schoenoplectus lacustris
カヤツリグサ科の水草。
¶日水草（p200／カ写）
野生1（p358）

## オオブドウホオズキ　Physalis ixocarpa
ナス科の一年草。別名キバナホオズキ。高さは1〜1.3m。花は黄色。
¶野生5（p40）

## オオフトモモ　⇒レンブを見よ

## オオヘツカシダ　Bolbitis heteroclita
オシダ科の常緑性シダ。別名コモチヘツカシダ。湿

潤な林床に生える。葉身は長さ7〜15cm, 頂羽片と5対以下の側羽片のある単羽状。
¶シダ標2 (p435/カ写)

**オオベニウチワ** *Anthurium andraeanum* 大紅団扇
サトイモ科の多年草。別名アンスリウム。仏炎苞は朱赤色。葉長20〜40cm。
¶茶花下 (p62/カ写)

**オオベニウツギ** *Weigela florida* 大紅空木
スイカズラ科の落葉低木。高さは2〜3m。花は紅色。
¶原牧2 (No.2349/カ図)
　新分牧 (No.4339/モ図)
　新牧日 (No.2872/モ図)
　牧野ス2 (No.4194/カ図)
　野生5 (p426)
　山カ樹木 (p696/カ写)
　山し増 (p78/カ写)

**オオベニウツギ'オーレオバリエガータ'** ⇒オーレオバリエガータを見よ

**オオベニシダ** *Dryopteris hondoensis*
オシダ科の常緑性シダ。別名ホホベニオオベニシダ。葉身は長さ30〜50cm, 卵形〜三角状広卵形。
¶シダ標2 (p369/カ写)

**オオベニタデ**(1) *Persicaria orientalis* 大紅蓼
タデ科の一年草。別名アカバナ, アカバナオオケタデ, オオケタデ, ベニバナオオケタデ。オオケタデに比べ全体に毛が少ない。
¶原牧2 (No.801/カ図)
　新分牧 (No.2877/モ図)
　新牧日 (No.263/モ図)
　牧野ス2 (No.2646/カ図)
　山ハ野花 (p260/カ写)

**オオベニタデ**(2) ⇒オオケタデ(1)を見よ

**オオベニミカン** *Citrus* 'Tangerina' 大紅蜜柑
ミカン科。果頂部が著しくくぼんでいる。
¶原牧2 (No.592/カ図)
　新分牧 (No.2639/カ図)
　新牧日 (No.1529/モ図)
　牧野ス2 (No.2437/カ図)

**オオヘビイチゴ** *Potentilla recta*
バラ科バラ亜科の多年草。別名タチロウゲ。高さは20〜60cm。花は淡黄色。
¶帰化写改 (p121/カ写)
　野生3 (p35)

**オオベンケイソウ** *Hylotelephium spectabile* 大弁慶草
ベンケイソウ科の多年草。高さは30〜70cm。花は紅色。
¶学フ増薬草 (p63/カ写)
　原牧1 (No.1421/カ図)
　新分牧 (No.1586/モ図)
　新牧日 (No.927/モ図)
　牧野ス1 (No.1421/カ図)
　野生2 (p217/カ写)

**オオホウキガヤツリ** *Cyperus digitatus*
カヤツリグサ科の草本。

¶野生1 (p341)

**オオホウキギク** *Symphyotrichum subulatum* var. *elongatum* 大箒菊
キク科の一年草または多年草。高さは40〜100cm。花は淡紅紫色。
¶帰化写2 (p254/カ写)
　山ハ野花 (p547/カ写)

**オオボウシバナ** *Commelina communis* 'Hortensis' 大帽子花
ツユクサ科の草本。別名アオバナ。
¶原牧1 (No.631/カ図)
　新分牧 (No.664/モ図)
　新牧日 (No.3598/モ図)
　茶花下 (p62/カ写)
　牧野ス1 (No.631/カ図)
　野生1 (p266/カ写)

**オオホウライタケ** *Marasmius maximus*
ホウライタケ科のキノコ。中型〜大型。傘は淡褐色, 放射状の溝, 肉は薄く革質。
¶山カ日き (p126/カ写)

**オオボケガヤ** *Arundinella riparia* subsp.*breviaristata*
イネ科キビ亜科の多年草。日本固有種。
¶固有 (p167/カ写)
　野生2 (p78)

**オオホシクサ** *Eriocaulon buergerianum* 大星草
ホシクサ科の草本。
¶野生1 (p283/カ写)

**オオボシシダ** ⇒タイトウベニシダを見よ

**オオボシソウ** ⇒ウリカワを見よ

**オオホシダ** *Thelypteris boninensis*
ヒメシダ科の常緑性シダ。日本固有種。別名ムニンミゾシダ。
¶固有 (p205/カ写)
　シダ標1 (p440/カ写)
　山し増 (p649/カ写)

**オオホソバシケシダ** *Deparia conilii* × *D.japonica*
メシダ科のシダ植物。
¶シダ標2 (p348/カ写)

**オオホソバトラノオ** *Veronica linariifolia* var. *dilatata* 大細葉虎の尾
オオバコ科の多年草。葉身が幅広く, 狭卵形〜広線形または卵状長楕円形。
¶野生5 (p87)

**オオホタルサイコ** *Bupleurum longiradiatum* var. *longiradiatum*
セリ科セリ亜科の多年草。ホタルサイコの基準変種。
¶野生5 (p392/カ写)

**オオボタンタケ** *Hypocrea grandis*
ボタンタケ科のキノコ。
¶山カ日き (p587/カ写)

**オオホナガアオゲイトウ** *Amaranthus palmeri*
ヒユ科の一年草。高さは2m。
¶帰化写改 (p67/カ写, p494/カ写)

オオホロキ　162

**オオボロギク**　⇒ダンドボロギクを見よ

**オオマツバシバ**　*Aristida takeoi*
イネ科マツバシバ亜科の多年草。日本固有種。
¶桑イネ（p67/モ図）
　原牧1（No.1024/カ図）
　固有（p169/カ写）
　新分牧（No.1141/モ図）
　新牧日（No.3654/モ図）
　牧野ス1（No.1024/モ図）
　野生2（p66/カ写）

**オオマツユキソウ**　*Leucojum aestivum*
ヒガンバナ科の多年草，球根植物。別名スノーフ
レーク，スズランズイセン。花は白色。葉長30〜
40cm。
¶原牧1（No.549/カ図）
　茶花上〔スノーフレーク〕（p277/カ写）
　牧野ス1（No.549/カ図）

**オオマツヨイグサ**　*Oenothera glazioviana*　大待宵草
アカバナ科の二年草または多年草。高さは0.5〜1.
5m。花は黄色。
¶学フ増野夏（p84/カ写）
　帰化写改（p208/カ写, p503/カ写）
　原牧2（No.475/カ図）
　植調（p83/カ写）
　新分牧（No.2518/モ図）
　新牧日（No.1960/モ図）
　茶花下（p63/カ写）
　牧野ス2（No.2320/カ図）
　野生3（p270/カ写）
　山力野草（p330/カ写）
　山ハ野花（p316/カ写）

**オオママコナ**　*Melampyrum macranthum*　大飯子菜
ハマウツボ科の半寄生の一年草。高さは40〜80cm。
¶野生5（p154/カ写）

**オオマムシグサ**　*Arisaema takedae*　大蝮草
サトイモ科の多年草。日本固有種。
¶原牧1（No.204/カ図）
　固有（p179/カ写）
　新分牧（No.255/モ図）
　新牧日（No.3935/モ図）
　テンナン（No.46/カ写）
　牧野ス1（No.204/カ図）
　野生1（p106/カ写）
　山力野草（p653/カ写）
　山ハ野花（p27/カ写）

**オオマルバコンロンソウ**　*Cardamine arakiana*
アブラナ科の多年草。日本固有種。
¶固有（p66）
　野生4（p56/カ写）
　山レ増（p338/カ写）

**オオマルバノテンニンソウ**　*Comanthosphace
stellipila* var.*tosaensis*　大丸葉の天人草
シソ科オドリコソウ亜科の半低木。日本固有種。別
名ツクシミカエリソウ，トサノミカエリソウ。高さ
は0.4〜1m。
¶APG原樹（No.1428/カ図）

原牧2〔トサノミカエリソウ〕（No.1715/カ図）
　固有〔ツクシミカエリソウ〕（p125）
　新分牧〔トサノミカエリソウ〕（No.3743/モ図）
　新牧日〔トサノミカエリソウ〕（No.2624/モ図）
　牧野ス2〔トサノミカエリソウ〕（No.3560/モ図）
　野生5（p121/カ写）
　山ハ山花（p432/カ写）

**オオマルバノホロシ**　*Solanum megacarpum*　大丸葉
の保呂之
ナス科の草本。
¶原牧2（No.1479/カ図）
　新分牧（No.3486/モ図）
　新牧日（No.2655/モ図）
　牧野ス2（No.3325/カ図）
　野生5（p43/カ写）
　山力野草（p199/カ写）
　山ハ山花（p409/カ写）

**オオマルバベニシダ**　⇒マルバベニシダを見よ

**オオマルバヤナギ**(1)　⇒エゾノタカネヤナギを見よ

**オオマルバヤナギ**(2)　⇒タカネイワヤナギを見よ

**オオマンテマ**　⇒サクラマンテマを見よ

**オオミイボタ**　*Ligustrum tschonoskii* var.
*macrocarpum*
モクセイ科の落葉低木。果実が径12mmに達する。
¶野生5（p64）

**オオミクリ**　*Sparganium macrocarpum*　大実栗
ガマ科（ミクリ科）の多年生の抽水植物。日本固有
種。別名アズマミクリ。果実が際だって幅広。
¶原牧1（No.660/カ図）
　新分牧（No.693/モ図）
　新牧日（No.3951/モ図）
　日水草（p150/カ写）
　牧野ス1（No.660/カ図）

**オオミクリゼキショウ**　⇒ミクリゼキショウを見よ

**オオミコゴメグサ**　⇒オウミコゴメグサを見よ

**オオミサンザシ**　*Crataegus pinnatifida* var.*major*　大
実山査子, 大実山樝子
バラ科の木本。高さは6m。花は白色。
¶APG原樹（No.522/カ図）

**オオミズゴケ**　*Sphagnum palustre*
ミズゴケ科のコケ。別名ミズゴケ。茎は長さ10cm
以上，茎葉は舌形，枝葉は長さ1.5〜2mm。
¶新分牧（No.4832/モ図）
　新牧日（No.4692/モ図）

**オオミズタマソウ**　⇒ヒロハイヌノヒゲを見よ

**オオミズトンボ**　*Habenaria linearifolia*　大水蜻
ラン科の多年草。別名サワトンボ。
¶原牧1（No.389/カ写）
　新分牧（No.439/モ図）
　新牧日（No.4262/モ図）
　牧野ス1（No.389/カ写）
　野生1（p206/カ写）
　山ハ山花（p121/カ写）
　山レ増（p501/カ写）

**オオミズヒキモ** *Potamogeton×kamogawaensis*
ヒルムシロ科の沈水植物または浮葉植物。別名カモガワモ。沈水葉は細長い線形。
¶日水草（p136/カ写）

**オオミスミソウ** *Hepatica nobilis* var.*japonica* f. *magna*　大三角草
キンポウゲ科の草本。高さは10〜15cm。葉は幅5〜10cm。
¶山野草（No.0148/カ写）
　茶花上（p245/カ写）
　山カ野草（p476/カ写）
　山ハ山花（p243/カ写）

**オオミゾソバ** *Persicaria thunbergii*
タデ科の一年草。全体がミゾソバと比べるとやや大型であることから名付けられた。
¶原牧2（No.824/カ図）
　新分牧（No.2866/モ図）
　新牧日（No.286/モ図）
　牧野ス2（No.2669/カ図）

**オオミツデ**　⇒ナガサキシダを見よ

**オオミツバキ**　⇒ヤクシマツバキを見よ

**オオミツバハンゴンソウ** *Rudbeckia triloba*
キク科の一年草または越年草。高さは50〜150cm。花は黄色。
¶帰化写改（p383/カ写, p516/カ写）

**オオミツルコケモモ** *Vaccinium macrocarpon*
ツツジ科の木本。別名クランベリー。
¶**APG原樹**（No.1313/カ図）
　山野草〔オオミノツルコケモモ〕（No.0794/カ写）
　新分牧（No.3307/モ図）

**オオミトベラ**　⇒オオミノトベラを見よ

**オオミナト** *Prunus mume* 'Ōminato'　大湊
バラ科。ウメの品種。野梅系ウメ, 野梅性一重。
¶ウメ〔大湊〕（p21/カ写）

**オオミナナカマド**　⇒タカネナナカマドを見よ

**オオミネアザミ** *Cirsium ohminense*
キク科アザミ亜科の草本。日本固有種。
¶固有（p139）
　野生5（p233/カ写）

**オオミネイワヘゴ** *Dryopteris lunanensis*
オシダ科の常緑性シダ。
¶シダ標2（p363/カ写）
　山レ増（p658/カ写）

**オオミネコザクラ**(1)　*Primula reinii* var.*okamotoi*
サクラソウ科の草本。日本固有種。
¶固有（p110）

**オオミネコザクラ**(2)　⇒コイワザクラを見よ

**オオミネザクラ** *Cerasus×oneyamensis* nothovar. *takasawana*　大峰桜
バラ科シモツケ亜科の落葉高木。サクラの品種。花は白色または淡紅色。
¶野生3（p67/カ写）

**オオミネテンナンショウ** *Arisaema nikoense* subsp. *australe*
サトイモ科の多年草。日本固有種。
¶固有（p177）
　テンナン（No.13b/カ写）
　野生1（p98/カ写）

**オオミネヒナノガリヤス** *Calamagrostis nana* subsp.*ohminensis*
イネ科イチゴツナギ亜科の多年草。日本固有種。
¶固有（p168）
　野生2（p49）

**オオミノカラマツソウ**　⇒カラマツソウを見よ

**オオミノクロアワタケ** "*Boletus*" *griseus* var.*fuscus*
イグチ科のキノコ。中型〜大型。傘は銀灰色, なめし皮様。
¶山カ日き（p320/カ写）

**オオミノサナギタケ** *Cordyceps chichibuensis*
ノムシタケ科の冬虫夏草。宿主はイラガ類の蛹やシャチホコガ類の蛹。
¶冬虫生態（p73/カ写）

**オオミノツルコケモモ**　⇒オオミツルコケモモを見よ

**オオミノトベラ** *Pittosporum chichijimense*
トベラ科の常緑低木。日本固有種。別名オオミトベラ。
¶原牧2（No.2359/カ図）
　固有（p76）
　新分牧（No.4392/モ図）
　新牧日（No.1019/モ写）
　牧野ス2（No.4204/カ図）
　野生5（p371/カ写）
　山レ増（p312/カ写）

**オオミノミズナラ**　⇒ミズナラを見よ

**オオミノミミブサタケ** *Wynnea americana*
ベニチャワンタケ科のキノコ。
¶山カ日き（p554/カ写）

**オオミミガタシダ** *Polystichum formosanum*
オシダ科の常緑性シダ。別名シマノコギリシダ, タイワンノコギリシダ。葉身は長さ15〜30cm, 線形。
¶シダ標2（p413/カ写）

**オオミミナグサ** *Cerastium fontanum* subsp.*vulgare* var.*vulgare*
ナデシコ科の多年草。萼片が長さ5〜9mm。
¶野生4（p111）

**オオミヤシ**　⇒フタゴヤシを見よ

**オオミヤマイヌワラビ**　⇒イッポンワラビを見よ

**オオミヤマガマズミ** *Viburnum wrightii* var. *stipellatum*
ガマズミ科〔レンプクソウ科〕（スイカズラ科）の落葉低木。別名ケミヤマガマズミ, チョウセンミヤマガマズミ。
¶野生5（p411/カ写）

**オオミヤマカラマツ** *Thalictrum filamentosum*
キンポウゲ科の多年草。高さは60〜80cm。

オオミヤマ　164

¶野生2（p165/カ写）

オオミヤマカンスゲ　⇒タイワンスゲを見よ

オオミヤマタニタデ　⇒ケミヤマタニタデを見よ

オオミヤマナナカマド　⇒タカネナナカマドを見よ

オオミヤマバラ　⇒オオタカネバラを見よ

オオミヤマヤチヤナギ　Salix × pseudopaludicola
ヤナギ科の雑種。
　¶野生3〔オオミヤマヤチヤナギ（ミヤマヤナギ×ミヤマ
　ヤチヤナギ）〕（p204）

オオムカデゴケ　⇒ムチゴケを見よ

オオムカデノリ　Grateloupia acuminata
ムカデノリ科の海藻。膜質。体は45〜60cm。
　¶新分牧（No.5047/モ図）
　新牧日（No.4907/モ図）

オオムギ　Hordeum vulgare　大麦
イネ科の草本。別名フトムギ，カチカタ。高さは1.
2m。
　¶原牧1（No.951/カ図）
　新分牧（No.1066/モ図）
　新牧日（No.3668/モ図）
　茶花上（p358/カ写）
　牧野ス1（No.951/カ図）
　山ハ野花〔オオムギの仲間〕（p189/カ写）

オオムギスゲ　Carex laticeps
カヤツリグサ科の多年草。別名チュウゴクスゲ。
　¶カヤツリ（p252/モ図）
　スゲ増（No.120/カ写）
　野生1（p314/カ写）

オオムシャスゲ　⇒オオクグを見よ

オオムタ　Prunus mume ‘Ōmuta’　大牟田
バラ科。ウメの品種。李系ウメ，難波性八重。
　¶ウメ〔大牟田〕（p84/カ写）

オオムラサキ　Rhododendron × pulchrum
‘Oomurasaki’　大紫
ツツジ科の常緑低木。別名ヨドガワ，ベニヒラト，
オオサカズキ，オオムラサキリュウキュウ。花は紅
紫色。
　¶APG原樹（No.1263/カ図）
　学フ増花庭（p43/カ写）
　原牧2（No.1177/カ図）
　新分牧（No.3248/モ図）
　新牧日（No.2123/モ図）
　茶花上〔おおむらさきつつじ〕（p358/カ写）
　牧野ス2（No.3022/カ写）

オオムラサキシキブ　Callicarpa japonica var.
luxurians　大紫式部
シソ科（クマツヅラ科）の落葉低木。
　¶APG原樹（No.1415/カ図）
　原牧2（No.1727/カ図）
　新分牧（No.3689/モ図）
　新牧日（No.2503/モ図）
　牧野ス2（No.3572/カ図）
　野生5（p105/カ写）
　山力樹木（p659/カ写）

オオムラサキシメジ　Lepista personata
キシメジ科のキノコ。
　¶原きの（No.177/カ写・カ図）

オオムラサキツツジ　⇒オオムラサキを見よ

オオムラサキツユクサ　Tradescantia virginiana　大
紫露草
ツユクサ科の宿根草。高さは20〜60cm。花は紫色。
　¶原牧1（No.627/カ図）
　新分牧（No.667/モ図）
　新牧日（No.3594/モ図）
　茶花上（p505/カ写）
　牧野ス1（No.627/カ図）

オオムラサキリュウキュウ　⇒オオムラサキを見よ

オオムラザクラ　Cerasus lannesiana ‘Mirabilis’　大
村桜
バラ科の落葉高木。サクラの栽培品種。花は淡紅
紫色。
　¶APG原樹〔サクラ‘オオムラザクラ’〕（No.433/カ図）
　学フ増桜〔‘大村桜’〕（p164/カ写）

オオメシダ　Deparia pterorachis　大雌羊歯
メシダ科（オシダ科）の夏緑性シダ。葉身は長さ50
〜100cm，長楕円形〜広披針形。
　¶シダ標2（p343/カ写）
　新分牧（No.4679/モ図）
　新牧日（No.4578/モ図）

オオメシダモドキ　Deparia okuboana × D.pterorachis
メシダ科のシダ植物。
　¶シダ標2（p346/カ写）

オオメタカラコウ　⇒メタカラコウを見よ

オオメノマンネングサ　Sedum rupifragum
ベンケイソウ科の草本。日本固有種。
　¶固有（p68/カ写）
　ミニ山（p95/カ写）
　野生2（p227/カ写）

オオモクゲンジ　Koelreuteria bipinnata
ムクロジ科の落葉高木。別名マルバノモクゲンジ。
高さは15〜20m。花は明るい黄色。
　¶山力樹木（p456/カ写）

オオモクセイ　Osmanthus rigidus
モクセイ科の木本。日本固有種。
　¶固有（p113）
　野生5（p65/カ写）

オオモミジ　Acer amoenum var.amoenum　大紅葉
ムクロジ科（カエデ科）の落葉高木，雌雄同株。日本
固有種。別名ヒロハモミジ。
　¶APG原樹（No.909/カ図）
　学フ増樹（p21/カ写）
　原牧2（No.524/カ写）
　固有（p86/カ写）
　新分牧（No.2565/モ図）
　新牧日（No.1566/モ図）
　図説樹木（p153/カ写）
　都木花新（p184/カ写）
　牧野ス2（No.2369/カ図）
　野生3（p288/カ写・モ図）

山力樹木 (p431/カ写)

**オオモミジガサ** *Miricacalia makinoana* 大紅葉傘
キク科キク亜科の多年草。日本固有種。別名トサノモミジソウ、トサノモミジガサ。高さは55〜80cm。
- ¶原牧2 (No.2150/カ写)
  - 固有 (p142/カ写)
  - 新分牧 (No.4080/モ図)
  - 新牧日 (No.3182/モ図)
  - 茶花下 (p185/カ写)
  - 牧野ス2 (No.3995/カ図)
  - 野生5 (p300/カ写)
  - 山力野草 (p55/カ写)
  - 山ハ山花 (p529/カ写)

**オオモミタケ** *Catathelasma imperiale*
オオモミタケ科 (キシメジ科) のキノコ。大型。傘は縁部内側に巻く。
- ¶原きの (No.044/カ写・カ図)
  - 山力日き (p104/カ写)

**オオモリノカサ** ⇒モリハラタケを見よ

**オオヤクシマシャクナゲ** *Rhododendron yakushimanum* var. *intermedium*
ツツジ科ツツジ亜科の常緑低木。
- ¶野生4 (p237/カ写)

**オオヤグルマシダ** *Dryopteris wallichiana* 大矢車羊歯
オシダ科の常緑性シダ。別名マキヒレシダ。葉身は長さ2m、披針形〜広披針形。
- ¶シダ標2 (p361/カ写)
  - 新分牧 (No.4753/モ図)
  - 新牧日 (No.4538/モ図)

**オオヤシャイグチ** *Austroboletus subvirens*
イグチ科のキノコ。
- ¶山力日き (p348/カ写)

**オオヤナギアザミ** *Cirsium hupehense*
キク科アザミ亜科。総苞内片と中片の先端に扇状の付属体をもつ。
- ¶野生5 (p223)

**オオヤハズエンドウ** *Vicia sativa* subsp. *sativa*
マメ科マメ亜科の一年草または越年草。別名ザートヴィッケ。長さは30〜150cm。花は紅紫色。
- ¶帰化写2〔オオカラスノエンドウ〕(p121/カ写)
  - 野生2 (p299)

**オオヤブツルアズキ** *Vigna reflexipilosa* 大藪蔓小豆
マメ科マメ亜科のつる性の一年草。花は黄色。
- ¶原牧1 (No.1600/カ図)
  - 新分牧 (No.1727/モ図)
  - 新牧日 (No.1386/モ図)
  - 牧野ス1 (No.1600/カ図)
  - 野生2 (p304/カ写)

**オオヤマイチジク** *Ficus iidaiana*
クワ科の常緑高木。日本固有種。
- ¶固有 (p44)
  - 野生2 (p338/カ写)
  - 山レ増 (p448/カ写)

**オオヤマオダマキ** *Aquilegia buergeriana* var. *oxysepala*
キンポウゲ科の草本。別名チョウセンヤマオダマキ。
- ¶野生2 (p138/カ写)

**オオヤマカタバミ** *Oxalis obtriangulata* 大山傍食
カタバミ科の多年草。高さは4〜25cm。
- ¶原牧2 (No.223/カ写)
  - 新分牧 (No.2266/モ図)
  - 新牧日 (No.1409/モ図)
  - 牧野ス1 (No.2068/カ図)
  - 野生3 (p142/カ写)
  - 山ハ山花 (p331/カ写)
  - 山レ増 (p284/カ写)

**オオヤマサギソウ** *Platanthera sachalinensis* 大山鷺草
ラン科の多年草。高さは40〜60cm。
- ¶原牧1 (No.392/カ写)
  - 新分牧 (No.460/モ図)
  - 新牧日 (No.4266/モ図)
  - 牧野ス1 (No.392/カ図)
  - 野生1 (p223/カ写)
  - 山ハ山花 (p119/カ写)

**オオヤマザクラ** *Cerasus sargentii* 大山桜
バラ科シモツケ亜科の落葉高木。日本種の桜。別名エゾヤマザクラ、ベニヤマザクラ。高さは25m。花は紅紫色。樹皮は赤褐色。
- ¶APG原樹 (No.406/カ図)
  - 学フ増桜 (p54/カ写)
  - 学フ増樹 (p25/カ写・カ図)
  - 学フ増花庭 (p54/カ写)
  - 原牧1 (No.1644/カ図)
  - 新分牧 (No.1849/モ図)
  - 新牧日 (No.1223/モ図)
  - 茶花上 (p359/カ写)
  - 牧野ス1 (No.1644/カ図)
  - 野生3 (p66/カ写)
  - 山力樹木 (p297/カ写)
  - 落葉図譜〔エゾヤマザクラ〕(p156/モ図)

**オオヤマザクラ × オオシマザクラ** *Cerasus sargentii* × *C.speciosa*
バラ科の木本。桜の種間雑種。
- ¶学フ増桜 (p56/カ写)

**オオヤマジソ** *Mosla hadae*
シソ科シソ亜科〔イヌハッカ亜科〕の一年草。
- ¶野生5 (p129/カ写)
  - 山レ増 (p125/カ写)

**オオヤマシロギク** ⇒シロヨメナを見よ

**オオヤマツツジ** *Rhododendron transiens*
ツツジ科ツツジ亜科の木本。日本固有種。
- ¶固有 (p107)
  - 野生4 (p243/カ写)

**オオヤマトイタチゴケ** *Leucodon giganteus*
イタチゴケ科のコケ植物。日本固有種。
- ¶固有 (p216)

**オオヤマハコベ** *Stellaria monosperma* var.*japonica*
大山繁縷
ナデシコ科の多年草。高さは40〜80cm。
¶原牧2（No.872/カ図）
　新分牧（No.2933/モ図）
　新牧日（No.344/モ図）
　牧野ス2（No.2717/カ図）
　ミニ山（p27/カ写）
　野生4（p125/カ写）
　山ハ山花（p259/カ写）

**オオヤマフスマ** *Arenaria lateriflora* 大山襖
ナデシコ科の多年草。別名ヒメタガソデソウ。高さ
は10〜20cm。
¶原牧2（No.895/カ図）
　新分牧（No.2918/モ図）
　新牧日（No.367/モ図）
　牧野ス2（No.2740/カ図）
　ミニ山（p28/カ写）
　野生4（p109/カ写）
　山力野草（p515/カ写）
　山ハ山花（p260/カ写）

**オオヤマムグラ** *Galium pogonanthum* var.
*trichopetalum* 大山葎
アカネ科の多年草。日本固有種。別名オヤマムグラ。
¶固有（p119）
　野生4（p275）

**オオヤマレンゲ** *Magnolia sieboldii* subsp.*japonica*
大山蓮華
モクレン科の落葉大型低木。別名ミヤマレンゲ。花
は白色。
¶学フ増樹（p209/カ写）
　学フ増花庭（p105/カ写）
　原花1（No.125/カ図）
　茶花上（p359/カ写）
　牧野ス1（No.125/カ写）
　野生1（p72/カ写）
　山力樹木（p193/カ写）
　落葉図譜（p113/モ図）

**オオヤリノホラン** ⇒シンテンウラボシを見よ

**オオユウガギク** *Aster yomena* var.*angustifolius* 大
柚香菊
キク科キク亜科の多年草。
¶原牧2（No.1934/カ図）
　新分牧（No.4189/モ図）
　新牧日（No.2971/モ図）
　牧野ス2（No.3779/カ図）
　野生5（p317/カ写）
　山ハ野花（p534/カ写）

**オオユキノハナ** ⇒ガランサス・エルウェシーを
見よ

**オオユズ** *Citrus pseudogulgul* 大柚子
ミカン科の木本。別名シシユズ。
¶APG原樹（No.967/カ図）

**オオユリワサビ** *Eutrema okinosimense*
アブラナ科の多年草。葉は卵心形で色が薄い。

¶野生4（p64/カ写）

**オオヨドカワゴロモ** *Hydrobryum koribanum*
カワゴケソウ科の水草。日本固有種。根は葉状。
葉は柔らかく針状。
¶カワゴケ（No.6/カ写）
　固有（p81）
　日水草（p245/カ写）
　野生3（p233/カ写）
　山レ増（p282/カ写）

**オオヨブスマソウ** ⇒ウラゲヨブスマソウを見よ

**オオヨモギ** *Artemisia montana* var.*montana* 大蓬,
大艾
キク科キク亜科の多年草。別名ヤマヨモギ, エゾヨ
モギ。高さは20〜60cm。
¶原牧2〔ヤマヨモギ〕（No.2084/カ図）
　植調（p119/カ写）
　新分牧〔ヤマヨモギ〕（No.4217/モ図）
　新牧日〔ヤマヨモギ〕（No.3118/モ図）
　牧野ス2〔ヤマヨモギ〕（No.3929/カ図）
　野生5（p333/カ写）
　山力野草（p77/カ写）
　山ハ山花（p497/カ写）

**オオルリソウ**(1) *Cynoglossum furcatum* var.
*villosulum* 大瑠璃草
ムラサキ科ムラサキ亜科の越年草。高さは50〜
100cm。
¶原牧2（No.1415/カ図）
　新分牧（No.3527/モ図）
　新牧日（No.2475/モ図）
　牧野ス2（No.3258/カ図）
　野生5（p53/カ写）
　山ハ山花（p385/カ写）

**オオルリソウ**(2) ⇒オニルリソウを見よ

**オオレイジンソウ** *Aconitum iinumae* 大伶人草
キンポウゲ科の多年草。日本固有種。高さは50〜
100cm。
¶学フ増高山（p85/カ写）
　固有（p55）
　野生2（p123/カ写）
　山力野草（p487/カ写）
　山ハ高山（p116/カ写）
　山ハ山花（p216/カ写）

**オオロウソクゴケモドキ** *Xanthoria elegans*
ダイダイキノリ科のキノコ。
¶原きの（No.600/カ写・カ図）

**オオロベリアソウ** *Lobelia siphilitica*
キキョウ科。高さは60〜90cm。花は濃青色。
¶山野草（No.1154/カ写）

**オオワカフサタケ** *Hebeloma crustuliniforme*
モエギタケ科のキノコ。
¶原きの（No.116/カ写・カ図）

**オオワタヨモギ** ⇒ヒロハウラジロヨモギを見よ

**オオワライタケ** *Gymnopilus junonius* 大笑茸
フウセンタケ科（モエギタケ科）のキノコ。中型〜
大型。傘はこがね色, 繊維状鱗片。ひだはさび褐色。

¶学フ増毒き（p159/カ写）
原きの（No.112/カ写・カ図）
山力日き（p268/カ写）

**オガアザミ**　*Cirsium horiianum*
キク科アザミ亜科の多年草。日本固有種。
¶固有（p140）
野生5（p240/カ写）
山力野草（p702/カ写）

**オカイボタ**　*Ligustrum ovalifolium* var.*hisauchii*
モクセイ科の半常緑の低木。日本固有種。
¶固有（p113）
野生5（p64）

**オカウコギ**　*Eleutherococcus spinosus* var.*japonicus*
岡五加
ウコギ科の落葉低木。日本固有種。別名マルバウコ
ギ, ツクシウコギ。
¶原牧2（No.2377/カ図）
固有（p97）
新分牧（No.4420/モ図）
新牧日（No.1988/モ図）
牧野ス2（No.4222/カ図）
ミニ山（p212/カ写）
野生5（p377/カ写）
山力樹木（p521/カ写）

**オカオグルマ**　*Tephroseris integrifolia* subsp.*kirilowii*
丘小車, 岡小車
キク科キク亜科の多年草。高さは20〜65cm。
¶学フ増野春（p100/カ写）
原牧2（No.2115/カ図）
新分牧（No.4076/モ図）
新牧日（No.3145/モ図）
茶花上（p360/カ写）
牧野ス2（No.3960/カ図）
野生5（p312/カ写）
山力野草（p61/カ写）
山ハ野花（p564/カ写）

**オガコウモリ**　*Parasenecio ogamontanus*
キク科キク亜科の中型の多年草。日本固有種。
¶固有（p144）
新分牧（No.4094/モ写）
野生5（p306/カ写）

**オガサワラアオグス**　*Machilus boninensis*
クスノキ科の常緑高木。日本固有種。別名ムニンイ
ヌグス。
¶固有（p50）
野生1（p86/カ写）

**オガサワラアザミ**　*Cirsium boninense*
キク科アザミ亜科の草本。日本固有種。
¶固有（p138/カ写）
野生5（p226/カ写）
山レ増（p57/カ写）

**オガサワラウチワゴケ**　⇒ムニンホラゴケを見よ

**オガサワラエノキ**　⇒クワノハエノキを見よ

**オガサワラオニホラゴケ**　⇒オニホラゴケを見よ

**オガサワラカジイチゴ**　⇒イオウトウキイチゴを
見よ

**オガサワラカタシロゴケ**　*Calymperes boninense*
カタシロゴケ科のコケ植物。日本固有種。
¶固有（p213/カ写）

**オガサワラカノコソウ**　*Boerhavia coccinea*　小笠原
鹿子草
オシロイバナ科の海岸に生える多年草。花はピン
ク色。
¶新分牧〔オガサワラカノコソウ（新称）〕（No.3029/モ
図）

**オガサワラガンピ**　⇒ムニンアオガンピを見よ

**オガサワラクチナシ**　*Gardenia boninensis*
アカネ科の常緑低木。日本固有種。
¶固有（p118/カ写）
野生4（p277/カ写）
山レ増（p152/カ写）

**オガサワラグミ**　*Elaeagnus rotundata*
グミ科の常緑低木。日本固有種。
¶固有（p92/カ写）
野生2（p315/カ写）

**オガサワラクロキ**　⇒ウチダシクロキを見よ

**オガサワラグワ**　*Morus boninensis*
クワ科の落葉高木。小笠原固有種。高さは20m。
¶固有（p44）
野生2（p339/カ写）
山力樹木（p724/カ写）
山レ増（p449/カ写）

**オガサワラケビラゴケ**　*Radula boninensis*
ケビラゴケ科のコケ植物。日本固有種。
¶固有（p223）

**オガサワラコミカンソウ**　*Phyllanthus debilis*
コミカンソウ科（トウダイグサ科）の一年草。高さ
は10〜45cm。
¶帰化写2（p140/カ写）
原牧2〔オガサワラミカンソウ〕（No.278/カ図）
新分牧〔オガサワラミカンソウ〕（No.2441/モ図）
新牧日〔オガサワラミカンソウ〕（No.1446/モ図）
牧野ス1〔オガサワラミカンソウ〕（No.2123/カ図）
野生3（p175/カ写）

**オガサワラシゲリゴケ**　*Cheilolejeunea boninensis*
クサリゴケ科のコケ植物。日本固有種。
¶固有（p224/カ写）

**オガサワラシコウラン**　*Bulbophyllum boninense*　小
笠原指甲蘭
ラン科の着生植物。日本固有種。
¶固有（p192/カ写）
新分牧（No.516/モ図）
野生1（p185/カ写）
山レ増（p488/カ写）

**オガサワラシシラン**　⇒アマモシシランを見よ

**オガサワラシロダモ**　*Neolitsea boninensis*
クスノキ科の木本。日本固有種。
¶固有（p49）

オカサワラ　　　　　　　　　　168

野生1（p87/カ写）

**オガサワラススキ** ⇒ムニンススキを見よ

**オガサワラスズメノヒエ** *Paspalum conjugatum*
小笠原雀の稗
イネ科キビ亜科の草本。小穂は長さ約1.5mm。
¶帰化写改（p456/カ写）
桑イネ（p361/カ写・モ図）
植調（p306/カ写）
新分牧（No.1195/モ図）
新牧日（No.3828/モ図）
野生2（p93/カ写）

**オガサワラタコノキ** ⇒タコノキを見よ

**オガサワラツツジ** ⇒ムニンツツジを見よ

**オガサワラツルキジノオ** ⇒ツルキジノオ(1)を見よ

**オガサワラハチジョウシダ** *Pteris boninensis*
イノモトソウ科の常緑性シダ。日本固有種。葉身は
長さ20〜35cm,2回羽状複葉。
¶固有（p203）
シダ標1（p381/カ写）

**オガサワラハマユウ** *Crinum gigas*
ヒガンバナ科の多年草。別名オオハマオモト。
¶野生1（p243）

**オガサワラビロウ** *Livistona chinensis* var.
*boninensis* 小笠原檳榔
ヤシ科の常緑高木。日本固有種。
¶原牧1（No.610/カ図）
固有（p176）
新分牧（No.652/モ図）
新牧日（No.3890/モ図）
牧野ス1（No.610/カ図）
野生1（p262/カ写）
山カ樹木（p80/カ写）

**オガサワラフトモモ** ⇒ムニンフトモモを見よ

**オガサワラホウオウゴケ** *Fissidens boninensis*
ホウオウゴケ科のコケ植物。日本固有種。
¶固有（p211/カ写）

**オガサワラボチョウジ** *Psychotria homalosperma*
アカネ科の常緑小高木。小笠原固有種。
¶原牧2（No.1293/カ図）
固有（p119/カ写）
新分牧（No.3325/モ図）
新牧日（No.2407/モ図）
牧野ス2（No.3138/カ図）
野生4（p288/カ写）
山カ樹木（p733/カ写）
山レ増（p152/カ写）

**オガサワラホラゴケ** ⇒アオホラゴケを見よ

**オガサワラミカンソウ** ⇒オガサワラコミカンソウ
を見よ

**オガサワラモクマオ** *Boehmeria densiflora* var.
*boninensis* 小笠原木苧麻
イラクサ科の常緑低木。
¶野生2（p343/カ写）
山カ樹木（p171/カ写）

**オガサワラモクレイシ** *Geniostoma glabrum*
マチン科の常緑小高木。小笠原固有種。高さは5〜
8m。
¶原牧2（No.1369/カ図）
固有（p114）
新分牧（No.3410/モ図）
新牧日（No.2312/モ図）
牧野ス2（No.3214/カ図）
野生4（p306/カ写）
山カ樹木（p730/カ写）
山レ増（p178/カ写）

**オガサワラヤスデゴケ** *Frullania zennoskeana*
ヤスデゴケ科のコケ植物。日本固有種。
¶固有（p223/カ写）

**オガサワラヤブニッケイ** ⇒コヤブニッケイを見よ

**オガサワラリュウビンタイ** *Angiopteris boninensis*
リュウビンタイ科のシダ植物。
¶シダ標1（p303/カ写）

**オカスズメノヒエ** *Luzula pallidula*
イグサ科の草本。
¶原牧1（No.696/カ図）
新分牧（No.732/モ図）
新牧日（No.3585/モ図）
牧野ス1（No.696/カ図）
野生1（p293）

**オカスミレ** *Viola phalacrocarpa* f.*glaberrima*
スミレ科の多年草。
¶原牧2（No.374/カ図）
新分牧（No.2358/モ図）
新牧日（No.1846/モ図）
牧野ス1（No.2219/カ図）
ミニ山（p189/カ写）
野生3（p218/カ写）
山カ野草（p338/カ写）

**オカヅラ** ⇒カツラを見よ

**オカダイコン** *Adenostemma madurense*
キク科キク亜科の多年草。湿った林縁に生える。高
さは30〜150cm。
¶野生5（p365/カ写）

**オカダゲンゲ** *Oxytropis revoluta*
マメ科マメ亜科の多年草。高山植物。別名ヒダカゲ
ンゲ。
¶原牧1（No.1522/カ図）
山野草〔オキトロピス・レボルタ〕（No.0633/カ写）
新分牧（No.1748/モ図）
新牧日（No.1309/モ図）
牧野ス1（No.1522/カ図）
野生2（p287/カ写）

**オガタチイチゴツナギ** *Poa ogamontana*
イネ科イチゴツナギ亜科の草本。日本固有種。
¶桑イネ（p400/モ図）
固有（p164）
野生2（p61/カ写）

**オカタツナミソウ** *Scutellaria brachyspica* 丘立波
草, 丘立浪草, 岡立波草, 岡立浪草
シソ科タツナミソウ亜科の多年草。日本固有種。茎
には密に下向きの毛がある。高さは10〜50cm。
　¶学フ増野春(p40/カ写)
　　原牧2(No.1639/カ図)
　　固有(p125)
　　山野草(No.1048/カ写)
　　新分牧(No.3732/モ図)
　　新牧日(No.2550/モ図)
　　茶花上(p360/カ写)
　　牧野ス2(No.3484/カ図)
　　野生5(p118/カ写)
　　山カ野草(p206/カ写)
　　山ハ野花(p467/カ写)

**オガタテンナンショウ** *Arisaema ogatae* 緒方天
南星
サトイモ科の多年草。日本固有種。別名ツクシテン
ナンショウ。
　¶原牧1(No.196/カ図)
　　固有(p177)
　　新分牧(No.232/モ図)
　　新牧日(No.3927/モ図)
　　テンナン(No.15/カ写)
　　牧野ス1(No.196/カ図)
　　野生1(p100/カ写)

**オガタマノキ** *Magnolia compressa* 小賀玉の木, 招霊
の木, 御賀玉の樹
モクレン科の常緑高木。別名ダイシコウ。高さは
20m。花は白色。
　¶APG原樹(No.140/カ写)
　　学フ増花庭(p101/カ写)
　　原牧1(No.130/カ図)
　　新分牧(No.160/モ図)
　　新牧日(No.468/モ図)
　　茶花上(p203/カ写)
　　牧野ス1(No.130/カ図)
　　野生1(p73/カ写)
　　山カ樹木(p198/カ写)

**オカトトキ** ⇒キキョウを見よ

**オカトラノオ** *Lysimachia clethroides* 岡虎の尾
サクラソウ科の多年草。別名トラノオ, グーズネッ
ク。高さは40〜100cm。花は白色。
　¶色野草(p73/カ写)
　　学フ増野夏(p128/カ写)
　　原牧2(No.1091/カ図)
　　山野草(No.0907/カ写)
　　新分牧(No.3154/モ図)
　　新牧日(No.2234/モ図)
　　茶花下(p63/カ写)
　　牧野ス2(No.2936/カ写)
　　野生4(p195/カ写)
　　山カ野草(p270/カ写)
　　山ハ野花(p413/カ写)

**オカノリ** *Malva verticillata* var.*crispa* 陸海苔
アオイ科の葉菜類。フユアオイの変種。
　¶原牧2(No.627/カ図)

新分牧(No.2678/モ図)
新牧日(No.1737/モ図)
牧野ス2(No.2472/カ図)

**オカヒジキ** *Salsola komarovii* 陸鹿尾菜
ヒユ科(アカザ科)の一年草。別名ミルナ。高さは
10〜30cm。花は淡緑色。葉は円柱状多肉質。
　¶学フ増山菜(p86/カ写)
　　原牧2(No.981/カ写)
　　新分牧(No.3006/モ図)
　　新牧日(No.434/モ図)
　　牧野ス2(No.2826/カ図)
　　ミニ山(p37/カ写)
　　野生4(p141/カ写)
　　山カ野草(p530/カ写)
　　山ハ野花(p290/カ写)

**オカベ** *Prunus mume* 'Okabe' 岡部
バラ科。ウメの品種。実ウメ, 野梅系。
　¶ウメ〔岡部〕(p164/カ写)

**オカミズオジギソウ** *Neptunia triquetra*
マメ科の匍匐する小低木。
　¶帰化写2(p406/カ写)

**オカムラサキ** ⇒イワムラサキを見よ

**オカメ** *Cerasus* 'Okame'
バラ科の落葉低木。サクラの栽培品種。花は紅
紫色。
　¶学フ増桜〔'オカメ'〕(p167/カ写)

**オカメザサ** *Shibataea kumasaca* 阿亀笹, 岡女笹
イネ科タケ亜科の常緑小型タケ。別名ブンゴザサ,
ゴマイザサ, メゴザサ。高さは0.5〜2m。
　¶APG原樹(No.227/カ写)
　　原牧1(No.918/カ図)
　　新分牧(No.1023/モ図)
　　新牧日(No.3618/モ図)
　　タケ亜科(No.19/カ写)
　　タケササ(p80/カ写)
　　牧野ス1(No.918/カ図)
　　野生2(p37/カ写)
　　山カ樹木(p65/カ写)

**オガラバナ** *Acer ukurunduense* 麻幹花, 麻枝花, 苧
殻花
ムクロジ科(カエデ科)の落葉小高木, 雌雄同株。別
名ホザキカエデ。
　¶APG原樹(No.919/カ写)
　　学フ増高山(p103/カ写)
　　原牧2(No.531/カ図)
　　新分牧(No.2561/モ図)
　　新牧日(No.1573/モ図)
　　茶花下(p64/カ写)
　　牧野ス2(No.2376/カ図)
　　野生3(p292/カ写)
　　山カ樹木(p443/カ写)
　　山ハ高山(p247/カ写)

**オガルカヤ** *Cymbopogon tortilis* var.*goeringii* 雄刈
茅, 雄刈萱
イネ科キビ亜科の多年草。別名スズメカルカヤ, カ
ルカヤ。高さは60〜100cm。

オキ                                    170

¶学フ増野秋（p221/カ写）
　桑イネ〔オガルガヤ〕（p160/カ写・モ図）
　原牧1（No.1066/カ図）
　新分牧（No.1185/モ図）
　新牧日（No.3846/モ図）
　茶花下（p297/カ写）
　牧野ス1（No.1066/カ写）
　野生2（p80/カ写）
　山力野草（p692/カ写）
　山ハ野花（p216/カ写）

**オギ** *Miscanthus sacchariflorus* 荻
イネ科キビ亜科の多年草。別名オギヨシ。高さは100〜250cm。
¶色野草（p111/カ写）
　学フ増野秋（p224/カ写）
　桑イネ（p324/カ写・モ図）
　原牧1（No.1082/カ図）
　植調（p317/カ写）
　新分牧（No.1175/モ図）
　新牧日（No.3871/モ図）
　牧野ス1（No.1082/カ写）
　野生2（p89/カ写）
　山力野草（p691/カ写）
　山ハ野花（p212/カ写）

**オキウド** ⇒エゴノリを見よ

**オキザリス** ⇒ハナカタバミを見よ

**オキシテナンセラ アビシニカ** *Oxytenanthera abyssinica*
イネ科の熱帯性タケ類。
¶タケササ（p202/カ写）

**オキジムシロ** *Potentilla supina*
バラ科バラ亜科の一年草または二年草。高さは15〜40cm。花は黄色。
¶帰化写改（p120/カ写）
　ミニ山（p129/カ写）
　野生3（p35/カ写）

**オキシャクナゲ** *Rhododendron japonoheptamerum var.okiense*
ツツジ科ツツジ亜科の木本。日本固有種。
¶固有（p106）
　野生4（p237/カ写）

**オキタンポポ** *Taraxacum maruyamanum*
キク科キクニガナ亜科。日本固有種。
¶固有（p147/カ写）
　野生5（p288/カ写）

**オキチノリ** ⇒オキツノリを見よ

**オキツノリ** *Ahnfeltiopsis flabelliformis* 興津海苔
オキツノリ科の海藻。別名オキチノリ、キクノリ。叉状に分岐。体は7cm。
¶新分牧（No.5065/モ図）
　新牧日（No.4925/モ図）

**オキトロピス・レボルタ** ⇒オカダゲンゲを見よ

**オキナ** *Prunus mume* 'Okina' 翁
バラ科。ウメの品種。野梅系ウメ、野梅性一重。
¶ウメ〔翁〕（p22/カ写）

**オキナアサガオ** *Jacquemontia tamnifolia*
ヒルガオ科の一年草。花は青紫色。
¶帰化写改（p251/カ写, p505/カ写）
　帰化写2（p469/カ写）
　野生5（p31/カ写）

**オキナアザミ**(1) ⇒ニッコウアザミを見よ

**オキナアザミ**(2) ⇒ノアザミを見よ

**オキナウチワ** *Padina japonica*
アミジグサ科の海藻。扇形。体は6cm。
¶新分牧（No.4977/モ図）
　新牧日（No.4837/モ図）

**オキナグサ**(1) *Pulsatilla cernua* 翁草
キンポウゲ科の多年草。別名シャグマサイコ、チゴグサ、ネコグサ。高さは10〜40cm。花は暗赤紫色。
¶学フ増野春（p220/カ写）
　学フ増薬草（p48/カ写）
　学フ有毒（p41/カ写）
　原牧1（No.1255/カ図）
　山野草（No.0133/カ写）
　新分牧（No.1441/モ図）
　新牧日（No.580/モ図）
　茶花上（p245/カ写）
　牧野ス1（No.1255/カ図）
　ミニ山（p60/カ写）
　野生2（p154/カ写）
　山力野草（p475/カ写）
　山ハ野花（p242/カ写）
　山レ増（p397/カ写）

**オキナグサ**(2) ⇒アオヤギバナを見よ

**オキナクサハツ** *Russula senis*
ベニタケ科のキノコ。中型。傘は黄褐色、しわ・溝線あり。ひだは黒褐色の縁どりがある。
¶学フ増毒き（p191/カ写）
　山力日き（p362/カ写）

**オキナゴケ** ⇒オオシラガゴケを見よ

**オキナタケ** *Bolbitius coprophilus* 翁茸
オキナタケ科のキノコ。
¶山力日き（p216/カ写）

**オキナダケ**(1) *Phyllostachys bambusoides f.albo-variegata* 翁竹
イネ科のタケ。マダケの稈の表面に白い縦条が入る栽培種。葉にも白い縦条が数本主脈に平行してある。
¶タケササ（p27/カ写）

**オキナダケ**(2) *Pleioblastus argenteostriatus* 翁竹
イネ科タケ亜科のササ。葉に白・黄・濃緑・うぐいす色など、様々は幅の線状の斑が入る。
¶タケ亜科（No.43/カ写）

**オキナダンチク** *Arundo donax* 'Versicolor' 翁暖竹
イネ科の大型の多年草。白斑葉をもつ品種。別名フイリノセイヨウダンチク、フイリダンチク。高さは8mくらい。
¶原牧1（No.1102/カ図）
　新分牧（No.1282/モ図）

新牧日（No.3652/モ図）
牧野ス1（No.1102/カ図）

**オキナワヤシ** *Washingtonia filifera*
ヤシ科の木本。別名ワシントンヤシ。高さは20m。
¶山力樹木（p84/カ写）

**オキナワヤシモドキ** ⇒オニジュロを見よ

**オキナワアツイタ** *Elaphoglossum callifolium*
オシダ科のシダ植物。
¶シダ標2（p434/カ写）

**オキナワイノコヅチ** ⇒モンパンイノコヅチを見よ

**オキナワイボタ** *Ligustrum liukiuense*
モクセイ科の木本。日本固有種。別名コバノタマツ
バキ。
¶固有（p113/カ写）
野生5（p64/カ写）

**オキナワイモネヤガラ** ⇒エダウチヤガラを見よ

**オキナワウラジロガシ** *Quercus miyagii* 沖縄裏白樫
ブナ科の木本。日本固有種。別名ヤエヤマガシ。
¶原牧2（No.119/カ図）
固有（p43）
新分牧（No.2161/モ図）
新牧日（No.154/モ図）
牧野ス1（No.1964/カ図）
野生3（p99/カ写）

**オキナワウラボシ** *Microsorum scolopendria* 沖縄
裏星
ウラボシ科の常緑性シダ。別名シマイワヒトデ。葉
質は厚く革質。葉身は長さ40cm, 卵状長楕円形～
三角状。
¶シダ標2（p458/カ写）
新分牧（No.4797/モ図）
新牧日（No.4664/モ図）

**オキナワオオガヤツリ** *Cyperus alopeculoides*
カヤツリグサ科の多年草。
¶カヤツリ（p744/モ図）

**オキナワカナワラビ** *Arachniodes amabilis* var.
*okinawensis*
オシダ科のシダ植物。日本固有種。
¶固有（p209）

**オキナワカルカヤ** *Apluda mutica*
イネ科キビ亜科の多年草。高さは100～150cm。
¶桑イネ（p66/カ写・モ図）
野生2（p77/カ写）

**オキナワカワラケツメイ** ⇒ガランビネムチャを
見よ

**オキナワガンピ** ⇒アオガンピを見よ

**オキナワギク** *Aster miyagii*
キク科キク亜科の草本。日本固有種。
¶固有（p146/カ写）
山野草（No.1253/カ写）
新分牧（No.4191/モ図）
新牧日（No.2993/モ図）
野生5（p314/カ写）
山レ増（p40/カ写）

**オキナワキジノオ** *Bolbitis appendiculata*
オシダ科の常緑性シダ。葉身は長さ10～30cm, 披
針形。
¶シダ標2（p435/カ写）

**オキナワキョウチクトウ** ⇒ミフクラギを見よ

**オキナワクジャク** (1) *Adiantum flabellulatum* 沖縄
孔雀
イノモトソウ科の常緑性シダ。葉身は長さ20cm,
掌状に分岐するか, 3回羽状複生。
¶シダ標1〔オキナワクジャクシダ〕（p386/カ写）
新分牧（No.4608/モ図）
新牧日（No.4476/モ図）

**オキナワクジャク** (2) ⇒オキナワコクモウジャク
を見よ

**オキナワクジャクシダ** ⇒オキナワクジャク (1)を
見よ

**オキナワクルマバナ** *Clinopodium chinense* subsp.
*chinense* 沖縄車花
シソ科シソ亜科〔イヌハッカ亜科〕の多年草。花は
紅紫色または白色。
¶野生5（p132/カ写）

**オキナワコウバシ** *Lindera communis* var.
*okinawensis*
クスノキ科の木本。
¶野生1（p84/カ写）

**オキナワコクモウジャク** *Diplazium*
*okinawaense* 沖縄黒毛孔雀
メシダ科のシダ植物。別名オキナワクジャク。
¶シダ標2（p330/カ写）

**オキナワサザンカ** ⇒サザンカを見よ

**オキナワジイ** *Castanopsis sieboldii* subsp.*lutchuensis*
ブナ科の木本。日本固有種。
¶固有（p43）
野生3（p91/カ写）

**オキナワシゲリゴケ** *Pycnolejeunea minutilobula*
クサリゴケ科のコケ。日本固有種。淡緑色, 茎は長
さ1～1.5cm。
¶固有（p224）

**オキナワジュズスゲ** *Carex ischnostachya* var.
*fastigiata*
カヤツリグサ科の多年草。日本固有種。
¶カヤツリ（p462/モ図）
固有（p187）
野生1（p327/カ写）

**オキナワジンコウ** ⇒シマシラキを見よ

**オキナワスゲ** *Carex breviscapa*
カヤツリグサ科の多年草。別名ホウランスゲ。
¶カヤツリ（p270/モ図）
スゲ増（No.135/カ写）
野生1（p317/カ写）

**オキナワスズムシソウ** *Strobilanthes tashiroi*
キツネノマゴ科の草本。日本固有種。
¶固有（p131/カ写）
野生5（p173/カ写）

## オキナワ 172

### オキナワスズメウリ　*Diplocyclos palmatus*
ウリ科の草本。
¶原牧2（No.161/カ図）
　植調（p103/カ写）
　新分牧（No.2222/モ図）
　新牧日（No.1864/モ図）
　牧野ス1（No.2006/カ図）
　ミニ山（p202/カ写）
　野生3（p122/カ写）

### オキナワスナゴショウ　*Peperomia okinawensis*
コショウ科の多年草。別名ケナシサダソウ。全体無毛で肉質。
¶新分牧（No.107/モ図）
　野生1（p55/カ写）

### オキナワスミレ　*Viola utchinensis*
スミレ科の草本。日本固有種。花は淡青紫〜白色。
¶原牧2（No.361/カ図）
　固有（p93）
　新分牧（No.2346/モ図）
　新牧日（No.1834/モ図）
　牧野ス1（No.2206/カ図）
　ミニ山（p193/カ写）
　野生3（p224/カ写）
　山レ増（p251/カ写）

### オキナワセッコク　*Dendrobium okinawense*
ラン科の多年草。
¶新分牧（No.509/モ図）
　野生1（p196/カ写）

### オキナワセンニンソウ　*Clematis alsomitrifolia*
キンポウゲ科の木本性つる植物。別名オキナワボタンヅル、サンヨウボタンヅル。痩果は有毛，花は径1〜1.5cm。
¶野生2（p146/カ写）

### オキナワソケイ　*Jasminum superfluum*
モクセイ科の低木。日本固有種。花は白色。
¶原牧2（No.1528/カ図）
　固有（p113）
　新分牧（No.3540/モ図）
　新牧日（No.2310/モ図）
　牧野ス2（No.3373/カ図）
　野生5（p62/カ写）

### オキナワダケ　⇒ホウライチクを見よ

### オキナワチドメグサ　*Hydrocotyle tuberifera*　沖縄血止草
ウコギ科の草本。チドメグサに似る。葉の上面脈状にはまばらに微小毛がある。
¶野生5（p381/カ写）

### オキナワチドリ　*Amitostigma lepidum*　沖縄千鳥
ラン科の草本。日本固有種。高さは8〜15cm。花は淡紅紫色。
¶固有（p189/カ写）
　山野草（p436）
　野生1（p182/カ写）
　山レ増（p504/カ写）

### オキナワツゲ　*Buxus liukiuensis*
ツゲ科の木本。
¶原牧1（No.1329/カ図）
　新分牧（No.1499/モ図）
　新牧日（No.1672/モ図）
　牧野ス1（No.1329/カ図）
　野生2（p179/カ写）
　山レ増（p264/カ写）

### オキナワテイカカズラ　*Trachelospermum gracilipes* var.*liukiuense*
キョウチクトウ科の木本。別名リュウキュウテイカカズラ。
¶野生4（p315/カ写）

### オキナワテイショウソウ　⇒オキナワハグマを見よ

### オキナワテンナンショウ　*Arisaema heterocephalum* subsp.*okinawense*
サトイモ科の多年草。日本固有種。
¶固有（p176）
　新分牧（No.219/モ図）
　テンナン（No.2b/カ写）
　野生1（p96/カ写）

### オキナワトベラ　⇒リュウキュウトベラを見よ

### オキナワハイネズ　*Juniperus taxifolia* var.*lutchuensis*
ヒノキ科の木本。日本固有種。別名オオシマハイネズ。
¶APG原樹（No.107/カ図）
　固有（p196/カ写）
　野生1（p40/カ写）

### オキナワハグマ　*Ainsliaea macroclinidioides* var.*okinawensis*
キク科コウヤボウキ亜科の草本。日本固有種。別名オキナワテイショウソウ。
¶固有（p151）
　野生5（p211/カ写）

### オキナワハシゴシダ　⇒リュウキュウハシゴシダを見よ

### オキナワバライチゴ　*Rubus okinawensis*　沖縄薔薇苺
バラ科バラ亜科の小低木。日本固有種。別名リュウキュウバライチゴ。
¶原牧1（No.1773/カ図）
　固有（p76）
　新分牧（No.1971/モ図）
　新牧日（No.1117/モ図）
　牧野ス1（No.1773/カ図）
　野生3（p53/カ写）

### オキナワヒメウツギ　*Deutzia naseana* var.*amanoi*
アジサイ科（ユキノシタ科）の落葉低木。日本固有種。
¶固有（p75）
　野生4（p163/カ写）
　山レ増（p323/カ写）

### オキナワヒメナキリ　*Carex tamakii*
カヤツリグサ科の多年草。日本固有種。有花茎は高さ20〜60cm。
¶カヤツリ〔オキナワヒメナキリスゲ〕（p144/モ図）
　固有〔オキナワヒメナキリスゲ〕（p181）

スゲ増（No.65/カ写）
野生1（p308/カ写）

**オキナワヒメナキリスゲ** ⇒オキナワヒメナキリを見よ

**オキナワヒメユズリハ** ⇒ヒメユズリハを見よ

**オキナワヒメラン** *Crepidium purpureum*
ラン科の多年草。沖縄島に分布。
¶野生1（p191）

**オキナワヒヨドリジョウゴ** *Solanum kayamae* 沖縄鵯上戸
ナス科の多年草。茎はつる状。花は紫色。
¶野生5（p42/カ写）

**オキナワボタンヅル** ⇒オキナワセンニンソウを見よ

**オキナワマツ** ⇒リュウキュウマツを見よ

**オキナワマツバボタン** *Portulaca okinawensis*
スベリヒユ科の多年草。日本固有種。
¶原牧2（No.999/カ図）
固有（p46/カ写）
新分牧（No.3040/モ図）
新牧日（No.334/モ図）
牧野ス2（No.2844/カ図）
野生4（p151/カ写）
山レ増（p432/カ写）

**オキナワミゾイチゴツナギ** *Poa acroleuca* var. *ryukyuensis* 沖縄溝苺繋
イネ科イチゴツナギ亜科の一年草。
¶野生2（p61）

**オキナワミチシバ** *Chrysopogon aciculatus*
イネ科キビ亜科の多年草。
¶桑イネ（p151/カ写・モ図）
新分牧（No.1147/モ図）
新牧日（No.3851/モ図）
野生2（p80/カ写）

**オキナワムヨウラン** *Lecanorchis javanica*
ラン科の地生の菌従属栄養植物。沖縄に分布。
¶野生1（p210/カ写）

**オキナワヤスデゴケ** *Frullania okinawensis*
ヤスデゴケ科のコケ植物。日本固有種。
¶固有（p223）

**オキナワヤブムラサキ** *Callicarpa oshimensis* var. *okinawensis*
シソ科（クマツヅラ科）。日本固有種。
¶原牧2（No.1733/カ図）
固有（p121）
新分牧（No.3695/モ図）
新牧日（No.2509/モ図）
牧野ス2（No.3578/カ図）
野生5（p105/カ写）

**オキナワヨモギ** ⇒ニシヨモギを見よ

**オキノアザミ** *Cirsium japonicum* var.*okiense* 隠岐薊
キク科アザミ亜科の多年草。
¶野生5（p227）

**オキノアブラギク**(1) *Chrysanthemum okiense* 隠岐の油菊
キク科の多年草。日本固有種。
¶固有（p143）
山野草（No.1221/カ写）
山力野草（p76/カ写）
山ハ野花（p522/カ写）

**オキノアブラギク**(2) ⇒シマカンギクを見よ

**オキノイシ** *Camellia japonica* 'Oki-no-ishi' 沖の石
ツバキ科。ツバキの品種。花は絞りが入る。
¶茶花上（p158/カ写）

**オキノクリハラン** *Leptochilus decurrens*
ウラボシ科の常緑性シダ。葉身は長さ30cm，長楕円形〜長楕円状披針形。
¶シダ標2（p460/カ写）
山レ増（p635/カ写）

**オギノツメ** *Hygrophila ringens*
キツネノマゴ科の多年草。高さは30〜60cm。花は淡紫色で下弁先端のみ濃紫色。
¶原牧2（No.1798/カ写）
新分牧（No.3655/モ図）
新牧日（No.2777/モ図）
牧野ス2（No.3643/カ図）
野生5（p169/カ写）

**オキノナミ** *Camellia japonica* 'Okinonami' 沖の浪
ツバキ科。ツバキの品種。花は絞りが入る。
¶APG原樹〔ツバキ‘オキノナミ’〕（No.1132/カ図）
茶花上（p163/カ写）

**オギョウ** ⇒ハハコグサを見よ

**オギヨシ** ⇒オギを見よ

**オクイボタ** ⇒ミヤマイボタを見よ

**オクウスギタンポポ**(1) *Taraxacum denudatum*
キク科。日本固有種。
¶固有（p147）

**オクウスギタンポポ**(2) ⇒キビシロタンポポを見よ

**オクエゾガラガラ** *Rhinanthus angustifolius* subsp. *grandiflorus*
ハマウツボ科（ゴマノハグサ科）の一年生の半寄生植物。別名シオガマモドキ。高さは20〜50cm。
¶原牧2（No.1766/カ写）
新分牧（No.3844/モ図）
新牧日（No.2748/モ図）
牧野ス2（No.3611/カ図）

**オクエゾサイシン** *Asarum heterotropoides* 奥蝦夷細辛
ウマノスズクサ科の多年草。花は緑紫色。
¶原牧1（No.110/カ図）
山野草（No.0405/カ写）
新分牧（No.135/モ図）
新牧日（No.706/モ図）
牧野ス1（No.110/カ図）
ミニ山（p71/カ写）
野生1（p62/カ写）
山ハ山花（p21/カ写）

オクエゾスギナ ⇒スギナを見よ

オクエノキ ⇒エゾエノキを見よ

オクキタアザミ *Saussurea riederi* var.*japonica* 奥北薊
キク科アザミ亜科の草本。日本固有種。
¶固有 (p148)
　野生5 (p262/カ写)
　山カ野草 (p99/カ写)
　山ハ高山 (p417/カ写)

オクキヌイノデ *Polystichum braunii*× *P. retrosopaleaceum*
オシダ科のシダ植物。
¶シダ標2 (p415/カ写)

オクキンバイソウ ⇒レブンキンバイソウを見よ

オククルマムグラ *Galium trifloriforme* 奥車葎
アカネ科の草本。別名チョウセンクルマムグラ。
¶原牧2 (No.1321/カ図)
　新分牧 (No.3355/モ図)
　新牧日 (No.2435/モ図)
　茶花下 (p64/カ写)
　牧野ス2 (No.3166/カ図)
　野生4 (p274/カ写)
　山カ野草 (p151/カ写)
　山ハ山花 (p389/カ写)

オククロウスゴ *Vaccinium ovalifolium* var.*sachalinense*
ツツジ科スノキ亜科の落葉低木。葉は卵状長楕円形～卵形。
¶野生4 (p261)

オクコガネギク ⇒オオアキノキリンソウを見よ

オクシモハギ *Lespedeza davidii*
マメ科の半低木～低木。高さは1～3m。花は紅紫色。
¶帰化写2 (p96/カ写)

オクシリイワヘゴ ⇒オオクジャクシダを見よ

オクシリエビネ *Calanthe puberula* var.*okushirensis*
ラン科の地生の多年草。北海道（奥尻島）および青森県西部に自生する。
¶野生1 (p188)

オクタマシダ *Asplenium pseudowilfordii*
チャセンシダ科の常緑性シダ。別名アオガネシダモドキ。葉身は広披針形～狭五角形。
¶シダ標1 (p411/カ写)

オクタマゼンマイ ⇒オオバヤシャゼンマイを見よ

オクタマツリスゲ *Carex filipes* subsp.*kuzakaiensis*
カヤツリグサ科の多年草。日本固有種。
¶カヤツリ (p450/モ図)
　固有 (p186)
　スゲ増 (No.250/カ写)
　野生1 (p326/カ写)

オクチョウジザクラ *Cerasus apetala* var.*pilosa* 奥丁字桜
バラ科シモツケ亜科の落葉高木。日本種の桜。花は白色または淡紅色。

¶APG原樹 (No.416/カ図)
　学フ増桜 (p28/カ写)
　原牧1 (No.1657/カ図)
　固有 (p77)
　新分牧 (No.1862/モ図)
　新牧日 (No.1235/モ図)
　牧野ス1 (No.1657/カ図)
　野生3 (p63/カ写)
　山カ樹木 (p285/カ写)

オクツバキ ⇒ユキツバキを見よ

オクトリカブト *Aconitum japonicum* subsp.*subcuneatum* 奥鳥兜
キンポウゲ科の多年草。日本固有種。別名センウズ。花は青紫色。
¶原牧1 (No.1226/カ図)
　固有 (p57/カ写)
　新分牧 (No.1428/モ図)
　新牧日 (No.551/モ図)
　茶花下 (p186/カ写)
　牧野ス1 (No.1226/カ図)
　ミニ山 (p47/カ写)
　野生2 (p129/カ写)
　山カ野草 (p488/カ写)
　山ハ山花 (p213/カ写)

オクニッカワクモタケ *Torrubiella miyagiana*
ノムシタケ科の冬虫夏草。クモに寄生。
¶山カ日き (p586/カ写)

オクヌギ ⇒アベマキを見よ

オクノカンスゲ *Carex foliosissima* 奥の寒菅
カヤツリグサ科の多年草。別名エゾカンスゲ。鞘は暗褐色。高さは15～40cm。
¶カヤツリ (p296/モ図)
　新分牧 (No.884/モ図)
　新牧日 (No.4169/モ図)
　スゲ増 (No.150/カ写)
　野生1 (p318/カ写)
　山カ野草 (p666/カ写)
　山ハ山花 (p176/カ写)

オクノフウリンウメモドキ *Ilex geniculata* var.*glabra*
モチノキ科の落葉低木。
¶野生5 (p185)

オクノミズギク *Inula ciliaris* var.*pubescens*
キク科キク亜科の多年草。亜高山帯の湿原に生える。
¶野生5 (p354)

オクノヤシャゼンマイ ⇒ヤシャゼンマイを見よ

オクマワラビ *Dryopteris uniformis* 雄熊蕨
オシダ科の常緑性シダ。別名シシオクマワラビ。葉身は長さ40～60cm、長楕円状披針形～長楕円形。
¶シダ標2 (p362/モ図)
　新分牧 (No.4749/モ図)
　新牧日 (No.4535/モ図)

**オクミチヤナギ** *Polygonum aviculare* subsp. *neglectum*
タデ科の一年草。葉は長さ1〜3.5cm。
¶野生4 (p101)

**オクミヤマキンバイ** ⇒ミヤマキンバイを見よ

**オクモミジカラマツ** *Trautvetteria palmata* var. *borealis*
キンポウゲ科の多年草。葉の下面に伏毛。
¶野生2 (p168)

**オクモミジハグマ** *Ainsliaea acerifolia* var.*subapoda*
奥紅葉白熊
キク科コウヤボウキ亜科の多年草。高さは40〜80cm。
¶原牧2 (No.1893/カ図)
　新分牧 (No.3932/モ図)
　新牧日 (No.2931/モ図)
　牧野ス2 (No.3738/カ図)
　野生5 (p211/カ写)
　山力野草 (p24/カ写)
　山ハ山花 (p536/カ写)

**オクヤマアザミ** *Cirsium ovalifolium* 奥山薊
キク科アザミ亜科の多年草。日本固有種。別名オネトネアザミ，ヤツガタケアザミ。
¶固有 (p140)
　野生5 (p245/カ写)

**オクヤマオトギリ** *Hypericum gracillimum* 奥山弟切
オトギリソウ科の多年草。日本固有種。別名ニッコウヤマオトギリ。
¶固有 (p65)
　野生3 (p245/カ写)
　山ハ山花 (p324/カ写)

**オクヤマガラシ** *Cardamine torrentis* 奥山芥子
アブラナ科の多年草。
¶野生4 (p58/カ写)
　山ハ高山 (p245/カ写)

**オクヤマコウモリ** *Parasenecio maximowicziana* var.*alata*
キク科キク亜科の草本。日本固有種。
¶固有 (p144)
　野生5 (p305/カ写)

**オクヤマザサ** *Sasa spiculosa*
イネ科タケ亜科のササ。
¶タケササ (p88/カ写)
　野生2 (p36)

**オクヤマサルコ** *Salix×matsumurae*
ヤナギ科の雑種。
¶野生3〔オクヤマサルコ (オオキツネヤナギ×キツネヤナギ)〕(p204)

**オクヤマシダ** *Dryopteris amurensis*
オシダ科の夏緑性シダ。葉身は長さ15〜25cm，五角状広卵形。
¶シダ標2 (p359/カ写)

**オクヤマスミレ** ⇒タニマスミレを見よ

**オクヤマヌカボ** ⇒ユキクラヌカボを見よ

**オクヤマネコノメソウ** ⇒エゾネコノメソウを見よ

**オクヤマヤナギ** ⇒ヤマヤナギを見よ

**オクヤマリンドウ** ⇒オノエリンドウを見よ

**オクヤマワラビ** *Athyrium alpestre* 奥山蕨
メシダ科 (オシダ科, イワデンダ科) の夏緑性シダ。葉身は長さ30〜60cm，狭長楕円形〜卵状長楕円形。
¶シダ標2 (p297/カ写)
　新分牧 (No.4708/モ図)
　新牧日 (No.4596/モ図)
　山ハ高山 (p464/カ写)

**オクラ** *Abelmoschus esculentus*
アオイ科の果菜類。果は緑色。高さは5〜6m。花は黄色，中心は赤色。
¶原牧2 (No.642/カ図)
　牧野ス2 (No.2487/カ図)

**オグラギク** *Chrysanthemum zawadskii* var.*latilobum* f.*campanulatum*
キク科の草本。
¶原牧2 (No.2062/カ図)
　新分牧 (No.4209/モ図)
　新牧日 (No.3098/モ図)
　牧野ス2 (No.3907/カ図)

**オグラクモタケ** *Cordyceps ogurasanensis*
ノムシタケ科の冬虫夏草。宿主はブナの葉で葉巻き型の巣を作る小型のクモ。
¶冬虫生態 (p226/カ写)

**オグラコウホネ** *Nuphar oguraensis*
スイレン科の水生植物。日本固有種。花は黄色。沈水葉は広卵型〜円心形で，長さ8〜14cm。
¶原牧1 (No.68/カ図)
　固有 (p59)
　新分牧 (No.87/モ図)
　新牧日 (No.666/モ図)
　日水草 (p45/カ写)
　牧野ス1 (No.68/カ図)
　野生1 (p47/カ写)
　山レ増 (p361/カ写)

**オグラセンノウ** *Lychnis kiusiana* 小倉仙翁
ナデシコ科の草本。別名サワナデシコ。
¶原牧2 (No.923/カ図)
　山野草 (No.0034/カ写)
　新分牧 (No.2952/モ図)
　新牧日 (No.395/モ図)
　茶花下 (p65/カ写)
　牧野ス2 (No.2768/カ図)
　野生4 (p120/カ図)
　山ハ山花 (p256/カ写)
　山レ増 (p428/カ写)

**オグラノフサモ** *Myriophyllum oguraense*
アリノトウグサ科の多年生沈水植物。日本固有種。葉は4〜5輪生，羽状葉の全長は2〜4cm。
¶固有 (p96/カ写)
　日水草 (p234/カ写)
　野生2 (p232/カ写)

**オグルマ** *Inula britannica* subsp.*japonica* 小車
キク科キク亜科の多年草。別名カマツボグサ。高さ

オ

は1.5～2m。
¶学フ増野夏 (p82/カ写)
　原牧2 (No.1995/カ図)
　新分牧 (No.4253/モ図)
　新牧日 (No.3032/モ図)
　茶花下 (p186/カ写)
　牧野ス2 (No.3840/カ写)
　野生5 (p354/カ写)
　山力野草 (p20/カ写)
　山ハ野花 (p555/カ写)
　山ハ山花 (p520/カ写)

**オグルミ** ⇒オニグルミを見よ

**オケラ** *Atractylodes ovata* 朮
キク科アザミ亜科の多年草。別名ウケラ（古名），エ
ヤミグサ，サキクサ。高さは30～100cm。花は帯白
色。若い葉は綿毛をかぶってやわらかい。
¶学フ増山菜 (p33/カ写)
　学フ増野秋 (p151/カ写)
　学フ増薬草 (p141/カ写)
　原牧2 (No.2222/カ図)
　山野草 (No.1327/カ写)
　新分牧 (No.3947/モ図)
　新牧日 (No.3252/モ図)
　茶花下 (p298/カ写)
　牧野ス2 (No.4067/カ写)
　野生5 (p215/カ写)
　山力野草 (p86/カ写)
　山ハ野花 (p594/カ写)

**オゴ** ⇒オゴノリを見よ

**オコゼシダ**(1) *Arachniodes rhomboidea* (selected)
オシダ科のシダ植物。
¶山野草 (No.1820/カ写)

**オコゼシダ**(2) ⇒ホソバカナワラビを見よ

**オゴノリ** *Gracilaria vermiculophylla* 海髪
オゴノリ科の海藻。別名オゴ，ナゴヤ，ウゴ，ウゴノ
リ。密に羽状に分岐。体は20～30cm。
¶新分牧 (No.5061/モ図)
　新牧日 (No.4921/モ図)

**オコリオトシ** ⇒ウマノアシガタを見よ

**オサシダ** *Blechnum amabile* 筬羊歯
シシガシラ科の常緑性シダ。日本固有種。葉身の長
さは2～10cm。
¶固有 (p206)
　シダ標1 (p459/カ写)
　新分牧 (No.4672/カ写)
　新牧日 (No.4616/モ図)

**オサバグサ** *Pteridophyllum racemosum* 筬葉草
ケシ科の多年草。日本固有種。高さは5～15cm。
¶学フ増高山 (p151/カ写)
　原牧1 (No.1139/カ図)
　固有 (p65/カ写)
　新分牧 (No.1285/モ図)
　新牧日 (No.771/モ図)
　茶花上 (p361/カ写)
　牧野ス1 (No.1139/カ図)

　ミニ山 (p80/カ写)
　野生2 (p108/カ写)
　山力野草 (p458/カ写)
　山ハ高山 (p121/カ写)

**オサムシタケ** *Tilachlidiopsis nigra*
オフィオコルディセプス科の冬虫夏草。小型。長さ
は2～7cm, 柄は黒色針金状。
¶冬虫生態 (p153/カ写)
　山力日き (p582/カ写)

**オサムシタンボタケ** *Ophiocordyceps entomorrhiza*
オフィオコルディセプス科の冬虫夏草。宿主はオサ
ムシ類の幼虫および成虫。
¶冬虫生態 (p152/カ写)

**オサラク** *Camellia japonica* 'Osaraku'　長楽
ツバキ科。ツバキの品種。花は桃色。
¶茶花上 (p123/カ写)

**オサラン** *Eria japonica* 筬蘭
ラン科の多年草。別名バッコクラン。高さは2cm。
花は白色。
¶原牧1 (No.469/カ図)
　新分牧 (No.496/モ図)
　新牧日 (No.4344/モ図)
　牧野ス1 (No.469/カ図)
　野生1 (p199/カ写)
　山力野草 (p585/カ写)

**オジギソウ** *Mimosa pudica* 御辞儀草, 含羞草
マメ科の多年草または一年草。別名ネムリグサ。高
さは30～50cm。花はピンク色。葉は敏感に動く。
¶帰化写改 (p152/カ写, p499/カ写)
　原牧1 (No.1461/カ図)
　新分牧 (No.1804/モ図)
　新牧日 (No.1250/モ図)
　牧野ス1 (No.1461/カ図)

**オシダ** *Dryopteris crassirhizoma* 雄羊歯
オシダ科の夏緑性シダ。別名メンマ，シシオシダ，
キレコミオシダ。葉身は長さ60～120cm, 倒披針形。
¶シダ標2 (p362/カ写)
　新分牧 (No.4751/カ図)
　新牧日 (No.4536/モ図)

**オシダモドキ** ⇒カラフトメンマを見よ

**オシマオトギリ** *Hypericum vulcanicum*
オトギリソウ科の草本。日本固有種。
¶固有 (p64)
　野生3 (p243/カ写)

**オシマレイジンソウ** *Aconitum umezawae*
キンポウゲ科の多年草。
¶新分牧 (No.1409/モ図)
　野生2 (p122/カ写)

**オシャグジデンダ** *Polypodium fauriei*
ウラボシ科の冬緑性シダ。別名オシャゴジデンダ。
根茎は横に匍い, 鱗片におおわれる。葉身は長さ5
～20cm, 狭卵形～広披針形。
¶シダ標2 (p467/カ写)
　新分牧 (No.4803/モ図)
　新牧日 (No.4651/モ図)

**オシャゴジデンダ** ⇒オシャグジデンダを見よ

**オショレバナ** ⇒ミソハギを見よ

**オショロソウ** ⇒バシクルモンを見よ

**オシロイグサ** ⇒オシロイバナを見よ

**オシロイシメジ** *Clitocybe connata*
キシメジ科のキノコ。小型～中型。傘は白色, 縁部は波打つ。
¶学フ増毒き (p83/カ写)
　原きの (No.187/カ写・カ図)
　山カ日き (p54/カ写)

**オシロイタケ** *Tyromyces chioneus*
所属科未確定 (タマチョレイタケ目) のキノコ。表面は白, のち黄ばむ。
¶山カ日き (p463/カ写)

**オシロイバナ** *Mirabilis jalapa* 白粉花
オシロイバナ科の多年草。別名オシロイグサ, ユウニシキ, ユウゲショウ, フォー・オクロック。高さは60～100cm。花は赤, 桃, 白, 赤紫, 黄色で夕方開く。
¶色野草 (p305/カ写)
　学フ有毒 (p135/カ写)
　帰化写改 (p27/カ写, p490/カ写)
　原牧2 (No.989/カ図)
　新分牧 (No.3030/モ図)
　新牧日 (No.322/モ図)
　茶花下 (p65/カ写)
　牧野ス2 (No.2834/カ図)
　ミニ山 (p24/カ写)
　野生4 (p146/カ写)

**オゼオオサトメシダ** ⇒オオサトメシダを見よ

**オゼキンポウゲ** *Ranunculus subcorymbosus* var. *ozensis*
キンポウゲ科の多年草。日本固有種。
¶固有 (p53)
　野生2 (p160/カ写)

**オゼコウホネ** *Nuphar pumila* var.*ozeensis* 尾瀬河骨
スイレン科の多年生水草。日本固有種。柱頭盤が赤く色付く。葉径約10cm。
¶学フ増高山 (p90/カ写)
　原牧1 (No.70/カ図)
　固有 (p59/カ写)
　山野草 (No.0390/カ写)
　新分牧 (No.89/モ図)
　新牧日 (No.668/モ図)
　牧野ス1 (No.70/カ図)
　野生1 (p47/カ写)
　山カ野草 (p506/カ写)
　山ハ高山 (p7/カ写)
　山レ増 (p362/カ写)

**オゼザサ** *Sasa yahikoensis* var.*oseana* 尾瀬笹
イネ科タケ亜科のササ。
¶タケ亜科 (No.77/カ写)

**オゼサトメシダ** ⇒サトメシダを見よ

**オゼソウ** *Japonolirion osense* 尾瀬草
サクライソウ科 (ユリ科) の多年草。日本固有種。

別名オセソウ。高さは15～35cm。
¶原牧1 (No.273/カ図)
　固有 (p155/カ写)
　新分牧 (No.317/モ図)
　新牧日 (No.3374/モ図)
　牧野ス1 (No.273/カ図)
　野生1 (p139/カ写)
　山カ野草 (p602/カ写)
　山ハ高山 (p13/カ写)
　山レ増 (p597/カ写)

**オゼタイゲキ** ⇒ハクサンタイゲキを見よ

**オゼニガナ** *Ixeridium dentatum* subsp.*ozense*
キク科キクニガナ亜科の草本。
¶野生5 (p278)

**オゼヌマアザミ** *Cirsium homolepis* 尾瀬沼薊
キク科アザミ亜科の多年草。日本固有種。
¶原牧2 (No.2194/カ写)
　固有 (p140/カ写)
　新分牧 (No.3983/モ図)
　新牧日 (No.3226/モ図)
　牧野ス2 (No.4039/カ図)
　野生5 (p250/カ写)
　山カ野草 (p97/カ写)
　山ハ高山 (p407/カ写)
　山レ増 (p54/カ写)

**オゼヌマスゲ** ⇒ヒロハオゼヌマスゲを見よ

**オゼヌマタイゲキ** ⇒ハクサンタイゲキを見よ

**オゼノサワトンボ** ⇒ヒメミズトンボを見よ

**オゼミズギク** *Inula ciliaris* var.*glandulosa*
キク科キク亜科の草本。日本固有種。
¶固有 (p142/カ写)
　野生5 (p354)
　山カ野草 (p21/カ写)

**オタカラコウ** *Ligularia fischeri* 雄宝香
キク科キク亜科の多年草。別名オオオタカラコウ, シヅオタカラコウ。高さは1～2m。
¶学フ増野高 (p123/カ写)
　学フ増野夏 (p99/カ写)
　原牧2 (No.2129/カ図)
　山野草 (No.1233/カ写)
　新分牧 (No.4107/カ写)
　新牧日 (No.3160/モ図)
　茶花下 (p66/カ写)
　牧野ス2 (No.3974/カ図)
　野生5 (p299/カ写)
　山カ野草 (p52/カ写)
　山ハ高山 (p394/カ写)
　山ハ山花 (p530/カ写)

**オタネニンジン** *Panax ginseng*
ウコギ科の多年草。別名チョウセンニンジン, コウライニンジン。高さは70～80cm。花は黄緑色。
¶原牧2 (No.2392/カ図)
　新分牧 (No.4408/モ図)
　新牧日 (No.2002/モ図)
　牧野ス2 (No.4237/カ写)

オタフクア　　　　　　　　　178

**オタフクアザミ** ⇒ヨシノアザミを見よ

**オダマキ** *Aquilegia flabellata* var.*flabellata* 苧環, 苧
手巻
キンポウゲ科の多年草。別名イトクリ。高さは30
〜50cm。花は紫, 白色。
¶学フ有毒 (p123/カ写)
　原牧1 (No.1209/カ写)
　新分牧 (No.1359/モ図)
　新牧日 (No.535/モ図)
　茶花上 (p246/カ写)
　牧野ス1 (No.1209/カ図)

**オダマキ類** *Aquilegia*
キンポウゲ科の多年草。
¶学フ増山菜 (p202)

**オタルスゲ** *Carex otaruensis* 小樽菅
カヤツリグサ科の多年草。日本固有種。別名ヒメテ
キリスゲ。高さは30〜80cm。
¶カヤツリ (p194/モ図)
　固有 (p182)
　新分牧 (No.831/モ図)
　新牧日 (No.4114/モ図)
　スゲ増 (No.87/カ写)
　野生1 (p312/カ写)
　山ハ山花 (p158/カ写)

**オタルヒツジゴケ** *Brachythecium otaruense*
アオギヌゴケ科のコケ植物。日本固有種。
¶固有 (p218)

**オタルミスゴケ** *Pohlia otaruensis*
ハリガネゴケ科のコケ植物。日本固有種。
¶固有 (p215)

**オチクラブシ** ⇒ミヤマトリカブトを見よ

**オチバタケ** *Marasmius androsaceus*
ホウライタケ科のキノコ。
¶原きの (No.194/カ写・カ図)

**オチフジ** *Meehania montis-koyae*
シソ科シソ亜科〔イヌハッカ亜科〕の草本。日本固
有種。
¶固有 (p126)
　山野草 (No.1054/カ写)
　野生5 (p135/カ写)
　山レ増 (p133/カ写)

**オーチャードグラス** ⇒カモガヤを見よ

**オックスアイ・デージー** ⇒フランスギクを見よ

**オッタチカタバミ** *Oxalis dillenii* おっ立ち傍食
カタバミ科の多年草。高さは20〜50cm。花は黄色。
¶色野草 (p163/カ写)
　帰化写改 (p159/カ写, p499/カ写)
　植調 (p110/カ写)
　ミニ山 (p162/カ写)

**オッタチカンギク** *Chrysanthemum indicum* var.
*maruyamanum* 乙立寒菊
キク科キク亜科。葉はシマカンギクより小さく, 3
中裂する。
¶野生5 (p339/カ写)

山ハ野花 (p520/カ写)

**オツネンタケ** *Coltricia perennis*
タバコウロコタケ科のキノコ。
¶原きの (No.340/カ写・カ図)
　山力日き (p467/カ写)

**オツネンタケモドキ** *Polyporus brumalis*
タマチョレイタケ科のキノコ。
¶山力日き (p454/カ写)

**オトガイナシ** ⇒アギナシを見よ

**オトギリソウ** *Hypericum erectum* var.*erectum* 弟
切草
オトギリソウ科の多年草。別名ヤクシソウ, アオグ
スリ。高さは50〜60cm。
¶色野草 (p178/カ写)
　学フ増野夏 (p86/カ写)
　学フ増薬草 (p59/カ写)
　学フ有毒 (p62/カ写)
　原牧2 (No.394/カ図)
　山野草 (No.0430/カ写)
　新分牧 (No.2289/モ図)
　新牧日 (No.748/モ図)
　茶花下 (p187/カ写)
　牧野ス1 (No.2239/カ図)
　野生3 (p244/カ写)
　山力野草 (p357/カ写)
　山ハ野花 (p344/カ写)
　山ハ山花 (p325/カ写)

**オトコエシ** *Patrinia villosa* 男郎花
スイカズラ科 (オミナエシ科) の多年草。別名チメ
クサ, トチナ, オトコメシ, オオドチ, シロアワバ
ナ。高さは80〜100cm。花は白色。
¶色野草 (p114/カ写)
　学フ増野秋 (p142/カ写)
　原牧2 (No.2309/カ図)
　山野草 (No.1132/カ写)
　新分牧 (No.4380/モ図)
　新牧日 (No.2881/モ図)
　茶花下 (p187/カ写)
　牧野ス2 (No.4154/カ写)
　野生5 (p423/カ写)
　山力野草 (p144/カ写)
　山ハ野花 (p504/カ写)

**オトコシダ** *Arachniodes yoshinagae* 男羊歯
オシダ科の常緑性シダ。別名オオオトコシダ。葉身
は長さ30〜65cm, 長楕円状披針形。
¶シダ標2 (p392/カ写)
　新分牧 (No.4729/モ図)
　新牧日 (No.4514/モ図)

**オトコゼリ** *Ranunculus tachiroei* 男芹
キンポウゲ科の一年草または越年草。高さは30〜
100cm。
¶原牧1 (No.1290/カ図)
　新分牧 (No.1399/モ図)
　新牧日 (No.613/モ図)
　牧野ス1 (No.1290/カ図)
　野生2 (p161/カ写)

オトコブドウ ⇒アマヅルを見よ

オトコヘビイチゴ ⇒オヘビイチゴを見よ

オトコメシ ⇒オトコエシを見よ

オトコヨウゾメ *Viburnum phlebotrichum* 男よう
ぞめ
ガマズミ科〔レンプクソウ科〕（スイカズラ科）の落
葉低木。日本固有種。別名コネソ。
¶APG原樹（No.1468/カ写）
学フ増樹（p68/カ写）
原牧2（No.2296/カ図）
固有（p133/カ写）
新分牧（No.4326/モ図）
新牧日（No.2834/モ図）
茶花上（p361/カ写）
牧野ス2（No.4141/カ図）
野生5（p409/カ写）
山カ樹木（p706/カ写）
落葉図譜（p309/モ図）

オトコヨモギ *Artemisia japonica* subsp.*japonica* var.
*japonica* 男蓬, 男艾
キク科キク亜科の多年草。高さは40〜140cm。
¶学フ増野秋（p197/カ写）
原牧2（No.2085/カ写）
植調（p119/カ写）
新分牧（No.4235/モ図）
新牧日（No.3119/モ図）
牧野ス2（No.3930/カ図）
野生5（p330/カ写）
山カ野草（p82/カ写）
山ハ野花（p531/カ写）

オトマスイヌワラビ *Athyrium×fuscopaleaceum*
メシダ科のシダ植物。
¶シダ標2（p311/カ写）

オトマスイノモトソウ *Pteris×otomasui*
イノモトソウ科のシダ植物。
¶シダ標1（p383/カ写）

オートムギ *Avena sativa*
イネ科イチゴツナギ亜科の一年草。別名マカラスム
ギ, エンバク。高さは40〜140cm。
¶桑イネ〔マカラスムギ〕（p81/カ写・モ図）
原牧1（No.969/カ図）
新分牧（No.1073/モ図）
新牧日（No.3712/モ図）
牧野ス1（No.969/カ図）
野生2〔マカラスムギ〕（p44/カ写）
山ハ野花〔マカラスムギ〕（p152/カ写）

オトメアオイ *Asarum savatieri* subsp.*savatieri*
ウマノスズクサ科の多年草。日本固有種。萼筒はや
や丸みを帯びた筒形。葉径5〜7cm。
¶原牧1（No.92/カ写）
固有（p61）
新分牧（No.112/モ図）
新牧日（No.688/モ図）
牧野ス1（No.92/カ図）
野生1（p68/カ写）
山レ増（p377/カ写）

オトメアゼナ *Bacopa monnieri*
オオバコ科（ゴマノハグサ科）の湿地性匍匐草。花
は淡紫色。
¶帰化写改（p290/カ写）
日水草（p271/カ写）

オトメイタチシダ ⇒クロミノイタチシダを見よ

オトメイチゲ *Anemone flaccida* var.*tagawae*
キンポウゲ科の多年草。日本固有種。
¶固有（p57）
野生2（p137）

オトメイヌゴマ *Stachys palustris*
シソ科の多年草。花は濃桃紫色。
¶帰化写2（p203/カ写）

オトメイヌワラビ ⇒ホウライイヌワラビを見よ

オトメウスユキソウ *Leontopodium roseum* 乙女薄
雪草
キク科の草本。高さは8〜35cm。
¶山野草（No.1306/カ写）

オトメエンゴサク *Corydalis fukuharae*
ケシ科の草本。花は青紫色が多い。
¶野生2（p104/カ写）

オトメカイザイク ⇒ヒロハノハナカンザシを見よ

オトメギキョウ *Campanula portenschlagiana* 乙女
桔梗
キキョウ科の多年草。高さは10〜15cm。花は紫
青色。
¶茶花上（p362/カ写）

オトメギボウシ *Hosta venusta*
ユリ科の多年草。苞は舟形。
¶山野草（p414）

オトメクジャク *Adiantum edgeworthii* 乙女孔雀
イノモトソウ科の常緑性シダ。葉身は長さ20cm,
線形。
¶シダ標1（p387/カ写）
新分牧（No.4607/モ図）
新牧日（No.4475/モ図）

オトメザクラ *Primula malacoides* 乙女桜
サクラソウ科の多年草。別名ヒメザクラ, ヒメサク
ラソウ, ケショウザクラ, マラコイデス（園芸名）。
高さは20〜50cm。花は桃, 淡紫, 白など。
¶原牧2（No.1085/カ図）
新分牧（No.3129/モ図）
新牧日（No.2229/モ図）
茶花上（p193/カ写）
牧野ス2（No.2930/カ図）

オトメサナエタデ *Persicaria pensylvanica* var.
*laevigata*
タデ科の一年草。別名アメリカサナエタデ。花序の
柄や苞に有柄の腺毛。
¶野生4（p99）

オトメシダ *Asplenium tenerum*
チャセンシダ科の常緑性シダ。葉身は長さ25cm,
単羽状複生。
¶シダ標1（p411/カ写）
山レ増（p667/カ写）

**オトメシャジン** *Adenophora triphylla* var.*puellaris*
乙女沙参
キキョウ科の多年草。日本固有種。
¶原牧2（No.1865/カ図）
　固有（p137）
　山野草（No.1163/カ写）
　新分牧（No.3909/モ図）
　新牧日（No.2908/モ図）
　茶花下（p188/カ写）
　牧野ス2（No.3710/カ図）
　野生5（p187/カ写）
　山ハ山花（p488/カ写）

**オトメセッコク** *Dendrobium bigibbum*　乙女石斛
ラン科の常緑の多年草。形態の変異にとみ、交配品も含めて園芸品種が多い。花は紅紫色。
¶新分牧（No.512/モ図）
　新牧日（No.4342/モ図）

**オトメソウ**　⇒ヤワタソウを見よ

**オトメツバキ** *Camellia×intermedia* 'Rosacea'　乙女椿
ツバキ科。ツバキの品種。花は桃色。
¶APG原樹［ツバキ'オトメツバキ'］（No.1140/カ図）
　学フ増花庭（p24/カ写）
　茶花上（p127/カ写）

**オトメナデシコ**　⇒ヒメナデシコを見よ

**オトメノカサ** *Cuphophyllus virgineus*
ヌメリガサ科のキノコ。小型。傘は白色、粘性なし。ひだは白色。
¶山カ日き（p38/カ写）

**オトメノソデ** *Prunus mume* 'Otomenosode'　乙女の袖
バラ科。ウメの品種。杏系ウメ、豊後性八重。
¶ウメ［乙女の袖］（p136/カ写）

**オトメノハナガサ**　⇒ハダイロガサを見よ

**オトメフウロ** *Geranium dissectum*
フウロソウ科の一年草。長さは10〜30cm。花は濃桃紫色。
¶帰化写2（p129/カ写）

**オトメフラスコモ** *Nitella hyalina*
シャジクモ科の海藻。
¶新分牧（No.4947/モ図）
　新牧日（No.4807/モ図）

**オトメユリ**　⇒ヒメサユリを見よ

**オドリグサ**　⇒オドリコソウを見よ

**オドリコカグマ** *Microlepia sinostrigosa*
コバノイシカグマ科の常緑性シダ。日本固有種。小羽片の切れ込みが浅い。
¶固有（p202/カ写）
　シダ標1（p364/カ写）

**オドリコソウ** *Lamium album* var.*barbatum*　踊り子草
シソ科オドリコソウ亜科の多年草。別名オドリグサ、オドリバナ、コムソウバナ。高さは30〜50cm。
¶色野草（p49/カ写）
　学フ増野春（p137/カ写）

原牧2（No.1659/カ図）
山野草（No.1024/カ写）
新分牧（No.3757/モ図）
新牧日（No.2571/モ図）
茶花上（p246/カ写）
牧野ス2（No.3504/カ図）
野生5（p126/カ写）
山カ野草（p216/カ写）
山ハ野花（p456/カ写）

**オドリコテンナンショウ** *Arisaema aprile*
サトイモ科の多年草。日本固有種。
¶固有（p177）
　テンナン（No.14/カ写）
　野生1（p99/カ写）

**オドリバナ**　⇒オドリコソウを見よ

**オナガウラボシ**　⇒ツクシノキシノブを見よ

**オナガエビネ** *Calanthe masuca*
ラン科の草本。
¶山野草（No.1691/カ写）
　野生1（p188/カ写）

**オナガカンアオイ** *Asarum minamitanianum*　尾長寒葵
ウマノスズクサ科の多年草。日本固有種。
¶原牧1（No.107/カ図）
　固有（p62/カ写）
　山野草（No.0407/カ写）
　新分牧（No.129/モ図）
　新牧日（No.703/モ図）
　牧野ス1（No.107/カ図）
　ミニ山（p72/カ写）
　野生1（p62/カ写）
　山ハ山花（p24/カ写）
　山レ増（p366/カ写）

**オナガサイシン** *Asarum caudigerum*
ウマノスズクサ科の多年草。別名カツウダケカンアオイ。葉は三角状卵形。
¶原牧1（No.112/カ図）
　新分牧（No.137/モ図）
　新牧日（No.708/モ図）
　牧野ス1（No.112/カ図）
　野生1（p61/カ写）

**オナガノキシノブ**　⇒ツクシノキシノブを見よ

**オナゴダケ**　⇒メダケを見よ

**オナモミ** *Xanthium strumarium* subsp.*sibiricum*　葉木、葉耳
キク科キク亜科の一年草。果実は利尿薬、全草心臓毒。高さは20〜100cm。
¶学フ増野秋（p199/カ写）
　学フ増薬草（p129/カ写）
　学フ有毒（p102/カ写）
　原牧2（No.2037/カ図）
　植調（p141/カ写）
　新分牧（No.4299/モ図）
　新牧日（No.3074/モ図）
　牧野ス2（No.3882/カ図）
　野生5（p362/カ写）

山ハ野花 (p583/カ写)
山レ増 (p65/カ写)

**オニアザミ** *Cirsium borealinipponense* 鬼薊
キク科アザミ亜科の多年草。日本固有種。別名オニ
ノアザミ。高さは50〜100cm。
¶学フ増高山 (p75/カ写)
原牧2 (No.2175/カ図)
固有 (p139)
新分牧 (No.3962/モ図)
新牧日 (No.3207/モ図)
牧野ス2 (No.4020/カ図)
山カ野草 (p94/カ写)
山ハ高山 (p402/カ写)
山ハ山花 (p548/カ写)

**オニアゼガヤ** *Diplachne fascicularis*
イネ科の一年草。
¶帰化写改 (p440/カ写)

**オニアゼスゲ** ⇒キリガミネスゲを見よ

**オニアワダチソウ** ⇒トキワアワダチソウを見よ

**オニイグチ** *Strobilomyces strobilaceus*
イグチ科 (オニイグチ科) のキノコ。
¶原きの (No.320/カ写・カ図)
新分牧 (No.5122/モ図)
新牧日 (No.4967/カ写)
山カ日き (p346/カ写)

**オニイグチモドキ** *Strobilomyces confusus*
イグチ科のキノコ。中型。傘は黒色、繊維質のかた
い刺状鱗片。
¶山カ日き (p347/カ写)

**オニイタヤ (広義)** *Acer pictum* subsp.*pictum*
ムクロジ科の高木。別名ケイタヤ。
¶野生3 (p295/カ写・モ図)

**オニイチゴツナギ** *Poa eminens*
イネ科イチゴツナギ亜科の多年草。高さは40〜
100cm。
¶桑イネ (p391/モ図)
野生2 (p61/カ写)

**オニイヌガラシ** ⇒ノハラガラシを見よ

**オニイノデ** *Polystichum rigens*
オシダ科の常緑性シダ。葉身は長さ40〜70cm, 広
披針形。
¶シダ標2 (p408/カ写)

**オニイワヒトデ** ⇒オオイワヒトデを見よ

**オニウコギ**(1) ⇒ケヤマウコギを見よ

**オニウコギ**(2) ⇒ヤマウコギを見よ

**オニウシノケグサ** *Schedonorus phoenix* 鬼牛の毛草
イネ科イチゴツナギ亜科の多年草。別名トールフェ
スク。高さは50〜120cm。
¶帰化写改 (p446/カ写)
桑イネ (p237/カ写・モ図)
植調 (p311/カ写)
野生2 (p64/カ写)

山カ野草 (p679/カ写)
山ハ野花 (p158/カ写)

**オニウスタケ** *Gomphus kauffmanii*
ラッパタケ科のキノコ。中型〜大型。傘は淡肌色,
黄褐色大型の粗鱗片。
¶学フ増毒き (p212/カ写)

**オニウド** ⇒ハマウドを見よ

**オニウロコアザミ** *Onopordum illyricum*
キク科の二年草。
¶帰化写2 (p281/カ写)

**オニオオノアザミ** *Cirsium japonicum* var.
*diabolicum*
キク科アザミ亜科の草本。日本固有種。
¶固有 (p139)
野生5 (p227/カ写)

**オニオタカラコウ** ⇒トウゲブキを見よ

**オニオトコヨモギ** *Artemisia congesta*
キク科キク亜科の草本。日本固有種。
¶固有 (p153)
野生5 (p329/カ写)

**オニカサモチ** ⇒オオカサモチを見よ

**オニカナワラビ** *Arachniodes chinensis*
オシダ科の常緑性シダ。
¶シダ標2 (p394/カ写)

**オニカモジグサ** *Elymus tsukushiensis* var.
*tsukushiensis*
イネ科イチゴツナギ亜科の多年草。日本固有種。
¶固有 (p165)
野生2 (p52)

**オニガヤツリ** *Cyperus pilosus*
カヤツリグサ科の多年草。高さは40〜100cm。
¶カヤツリ (p710/モ図)
原牧1 (No.710/カ図)
新分牧 (No.977/モ図)
新牧日 (No.3969/モ図)
牧野ス1 (No.710/カ図)
野生1 (p342/カ写)

**オニカラスノエンドウ** *Vicia lutea*
マメ科の一年草。長さは20〜80cm。花は黄色。
¶帰化写2 (p121/カ写)

**オニカラスムギ**(1) *Avena sterilis* subsp.*ludoviciana*
イネ科の一年草。ヨーロッパ〜西アジア原産。高さ
は50〜150cm, 葉の長さは60cm以上に達する。
¶帰化写2 (p319/カ写)

**オニカラスムギ**(2) *Avena sterilis* subsp.*macrocarpa*
イネ科の越年草。中央アジア原産, 日本では本州に
分布。茎の高さは80〜100cm, 葉の長さ20〜30cm。
¶桑イネ (p80/モ図)

**オニカンアオイ** ⇒ヤクシマアオイを見よ

**オニカンゾウ** ⇒ヤブカンゾウ(1)を見よ

**オニキツネノボタン** ⇒ケキツネノボタンを見よ

オニキョウ 182

**オニギョウギシバ** *Cynodon plectostachyus*
イネ科の多年草。高さは60〜100cm。
¶桑イネ (p163/モ図)

**オニキヨタキシダ** *Diplazium nipponicum*× *D. squamigerum*
メシダ科のシダ植物。
¶シダ標2 (p331/カ写)

**オニキランソウ** *Ajuga dictyocarpa*
シソ科キランソウ亜科の草本。
¶野生5 (p110/カ写)

**オニク** *Boschniakia rossica* 御肉
ハマウツボ科の寄生植物。別名キムラタケ。高さは15〜30cm。
¶学フ増高山 (p231/カ写)
　原牧2 (No.1756/カ図)
　新分牧 (No.3831/カ図)
　新牧日 (No.2802/モ図)
　牧野ス2 (No.3601/カ図)
　野生5 (p150/カ写)
　山力野草 (p164/カ写)
　山ハ高山 (p317/カ写)

**オニクグ** *Cyperus javanicus* 鬼莎草
カヤツリグサ科の草本。高さは40〜80cm。
¶野生1 (p339/カ写)

**オニクサ** (1) *Gelidium japonicum*
テングサ科の海藻。体は10cm未満。
¶新分牧 (No.5037/モ写)
　新牧日 (No.4897/モ図)

**オニクサ** (2) ⇒ワルナスビを見よ

**オニクサヨシ** *Phalaris aquatica*
イネ科の多年草。高さは60〜200cm。
¶帰化写2 (p350/カ写)

**オニクシノハゴケ** *Ctenidium percrassum*
ハイゴケ科のコケ植物。日本固有種。
¶固有 (p220)

**オニグジョウシノ** *Sasaella caudiceps*
イネ科タケ亜科のササ。日本固有種。
¶固有 (p170/カ写)
　タケ亜科 (No.130/カ写)

**オニクラマゴケ** *Selaginella doederleinii*
イワヒバ科の常緑性シダ。別名ミドリカタヒバ, コウヅシマクラマゴケ。茎は長さ35cm, 全体は緑色〜深緑色。
¶シダ標1 (p278/カ写)

**オニグルミ** *Juglans mandshurica* var.*sachalinensis*
鬼胡桃
クルミ科の落葉高木。別名クルミ, オグルミ, カラフトグルミ, コオニグルミ。高さは20〜25m。樹皮は灰褐色。
¶APG原樹 (No.726/カ図)
　学フ増樹 (p106/カ写)
　学フ有毒 (p71/カ写)
　原牧2 (No.129/カ図)
　新分牧 (No.2170/モ図)

　新牧日 (No.83/モ図)
　図説樹木 (p58/カ写)
　都木花新 (p50/カ写)
　牧野ス1 (No.1974/カ図)
　野生3 (p102/カ写)
　山力樹木 (p107/カ写)
　落葉図譜 (p59/モ図)

**オニクロキ** ⇒ヒロハノミミズバイを見よ

**オニゲシ** *Papaver orientale* 鬼罌粟
ケシ科の多年草。高さは1〜1.5m。花は白に黄色斑点。
¶原牧1 (No.1131/カ図)
　新分牧 (No.1289/モ図)
　新牧日 (No.781/カ図)
　牧野ス1 (No.1131/カ図)

**オニコウガイゼキショウ** *Juncus validus*
イグサ科の多年草。
¶帰化写2 (p307/カ写)

**オニコケシノブ** *Hymenophyllum badium* 鬼苔忍
コケシノブ科のシダ植物。別名オオコケシノブ, ミヤマコケシノブ, チヂレコケシノブ。
¶シダ標1 〔オオコケシノブ〕(p310/カ写)
　新分牧 (No.4532/モ図)
　新牧日 (No.4423/モ図)

**オニコナスビ** *Lysimachia tashiroi*
サクラソウ科の草本。日本固有種。
¶原牧2 (No.1099/カ図)
　固有 (p109)
　新分牧 (No.3150/モ図)
　新牧日 (No.2243/モ図)
　牧野ス2 (No.2944/カ図)
　野生4 (p194/カ写)
　山レ増 (p200/カ写)

**オニコバカナワラビ** *Arachniodes chinensis*× *A. sporadosora*
オシダ科のシダ植物。
¶シダ標2 (p397/カ写)

**オニコメススキ** *Deschampsia cespitosa* var.*macrothyrsa*
イネ科の多年草。
¶桑イネ (p173/モ図)

**オニササガヤ** *Dichanthium aristatum*
イネ科キビ亜科の多年草。稈は高さ52〜120cmほど。
¶野生2 (p81)

**オニシオガマ** *Pedicularis nipponica* 鬼塩竈
ハマウツボ科 (ゴマノハグサ科) の多年草。日本固有種。高さは30〜100cm。
¶原牧2 (No.1767/カ図)
　固有 (p129/カ写)
　新分牧 (No.3850/モ図)
　新牧日 (No.2749/モ図)
　牧野ス2 (No.3612/カ図)
　野生5 (p158/カ写)
　山力野草 (p193/カ写)

山ハ山花(p450/カ写)

**オニシバ** *Zoysia macrostachya* 鬼芝
イネ科ヒゲシバ亜科の多年草。高さは15〜45cm。
¶桑イネ(p480/カ写・モ図)
原牧1(No.1125/カ写)
新分牧(No.1252/モ図)
新牧日(No.3779/モ図)
牧野ス1(No.1125/カ図)
野生2(p73/カ写)
山力野草(p680/カ写)
山ハ野花(p191/カ写)

**オニシバリ** *Daphne pseudomezereum* 鬼縛り
ジンチョウゲ科の落葉低木。別名ナツボウズ。高さ
は80cm。花は黄緑色。
¶APG原樹(No.1043/カ図)
学フ増山菜(p204/カ写)
学フ有毒(p72/カ写)
原牧2(No.661/カ図)
新分牧(No.2701/モ図)
新牧日(No.1766/モ図)
茶花上(p203/カ写)
牧野ス2(No.2506/カ図)
ミニ山(p182/カ写)
野生4(p37/カ写)
山力樹木(p501/カ写)

**オニシメリゴケ** *Leptodictyum mizushimae*
ヤナギゴケ科のコケ。日本固有種。大型で茎葉は
卵形。
¶固有(p218)

**オニシモツケ** *Filipendula camtschatica* 鬼下野
バラ科バラ亜科の多年草。高さは1〜2m。花は白
色,または淡紅色。
¶原牧1(No.1735/カ図)
山野草(No.0590/カ写)
新分牧(No.1931/モ図)
新牧日(No.1171/モ図)
茶花上(p362/カ写)
牧野ス1(No.1735/カ図)
ミニ山(p141/カ写)
野生3(p28/カ写)
山力野草(p410/カ写)
山ハ高山(p217/カ写)
山ハ山花(p343/カ写)

**オニジュロ** *Washingtonia robusta* 鬼棕櫚
ヤシ科の草本。別名ワシントンヤシモドキ。高さは
30〜35m。
¶APG原樹(No.205/カ図)
学フ増花庭〔ワシントンヤシモドキ〕(p128/カ写)
原牧1〔オキナヤシモドキ〕(No.612/カ図)
新分牧〔オキナヤシモドキ〕(No.653/モ図)
新牧日〔オキナヤシモドキ〕(No.3892/モ図)
牧野ス1〔オキナヤシモドキ〕(No.612/カ図)

**オニシロガヤツリ** ⇒メリケンガヤツリを見よ

**オニスゲ** *Carex dickinsii* 鬼菅
カヤツリグサ科の多年草。別名ミクリスゲ。高さは
20〜50cm。

カヤツリ(p494/モ図)
原牧1(No.901/カ図)
新分牧(No.922/モ図)
新牧日(No.4211/モ図)
スゲ増(No.276/カ写)
牧野ス1(No.901/カ図)
野生1(p334/カ写)
山ハ野花(p148/カ写)

**オニゼンマイ** *Osmunda claytoniana* 鬼薇
ゼンマイ科の夏緑性シダ。葉身は長さ30〜40cm,
狭長楕円形。
¶シダ標1(p306/カ写)
新分牧(No.4524/モ図)
新牧日(No.4410/モ図)

**オーニソガラム** ⇒オオアマナを見よ

**オニタケ** *Echinoderma aspera*
ハラタケ科のキノコ。中型。傘は褐色,暗褐色の小
突起。ひだは白色。
¶学フ増毒き(p123/カ写)
原きの(No.169/カ写・カ図)
山力日き(p193/カ写)

**オニタビラコ**(1) *Youngia japonica* 鬼田平子
キク科の一年草〜二年草。高さは20〜100cm。
¶色野草(p131/カ写)
学フ増野夏(p78/カ写)
原牧2(No.2274/カ写)
新分牧(No.4047/モ図)
新牧日(No.3300/カ図)
牧野ス2(No.4119/カ図)
山力野草(p123/カ写)
山ハ野花(p610/カ写)

**オニタビラコ**(2) ⇒アオオニタビラコを見よ

**オニチョウセンアサガオ** ⇒ツノミチョウセンアサ
ガオを見よ

**オニツクバネウツギ** *Abelia serrata* var.*tomentosa*
スイカズラ科。日本固有種。
¶固有(p135)
野生5(p415)

**オニツツジ** ⇒レンゲツツジを見よ

**オニツメクサ** ⇒ウシオツメクサを見よ

**オニツルウメモドキ** *Celastrus orbiculatus* var.
*strigillosus*
ニシキギ科の落葉藤本。
¶ミニ山(p174/カ写)
野生3(p129/カ写)

**オニツルボ** *Barnardia japonica* var.*major*
ユリ科。日本固有種。
¶固有(p158)

**オニトウゲシバ** ⇒トウゲシバを見よ

**オニドコロ** ⇒トコロを見よ

**オニトボシガラ** ⇒オオトボシガラを見よ

**オニナスビ** ⇒ワルナスビを見よ

**オニナナカマド** ⇒サビバナナカマドを見よ

オニナルコ 184

**オニナルコスゲ** *Carex vesicaria* 鬼鳴子菅
カヤツリグサ科の多年草。高さは30～100cm。
¶カヤツリ (p496/モ図)
 原牧1 (No.903/カ図)
 新分牧 (No.924/モ図)
 新牧日 (No.4213/モ図)
 スゲ増 (No.277/カ図)
 牧野ス1 (No.903/カ図)
 野生1 (p334/カ写)
 山ハ山花 (p170/カ写)

**オニノアザミ** ⇒オニアザミを見よ

**オニノガリヤス** *Calamagrostis gigas*
イネ科イチゴツナギ亜科の多年草。日本固有種。別
名エゾノガリヤス。
¶桑イネ (p126/カ写・モ図)
 固有 (p168/カ写)
 野生2 (p49/カ写)

**オニノゲシ** *Sonchus asper* 鬼野芥子, 鬼野罌粟
キク科キクニガナ亜科の越年草。高さは20～
100cm。花は黄色。
¶色野草 (p141/カ写)
 学フ増野春 (p88/カ写)
 帰化写改 (p390/カ写, p517/カ写)
 原牧2 (No.2234/カ写)
 植調 (p146/カ写)
 新分牧 (No.4061/モ図)
 新牧日 (No.3263/モ図)
 牧野ス2 (No.4079/カ図)
 野生5 (p285/カ写)
 山力野草 (p120/カ写)
 山ハ野花 (p613/カ写)

**オニノケヤリタケ** *Queletia mirabilis*
ハラタケ科のキノコ。
¶山力日き (p502/カ写)

**オニノシコクサ** ⇒シオンを見よ

**オニノダケ** *Angelica gigas* 鬼野竹
セリ科の草本。別名ミヤマノダケ, イシヅチノダケ。
¶茶花下 (p188/カ写)

**オニノヒゲ** ⇒ヤエヤマアブラスゲを見よ

**オニノヤガラ** *Gastrodia elata* 鬼の矢柄
ラン科の多年生の菌従属栄養植物。別名ヌスビトノ
アシ, オニヤガラ, カミノヤガラ。高さは40～
100cm。
¶色野草 (p358/カ写)
 学フ増野夏 (p194/カ写)
 原牧1 (No.418/カ写)
 新分牧 (No.484/モ図)
 新牧日 (No.4292/モ図)
 牧野ス1 (No.418/カ図)
 山力野草 (p569/カ写)
 山ハ野花 (p59/カ写)

**オニハエヤドリタケ** *Ophiocordyceps* sp.
オフィオコルディセプス科の冬虫夏草。宿主はキン
バエ類の成虫。
¶冬虫生態 (p207/カ写)

**オニバス** *Euryale ferox* 鬼蓮
スイレン科の一年生浮葉植物。別名ミズブキ。花弁
は紫色, 種子は淡紅色の斑点をもつ。浮葉は径30～
120cm。
¶学フ増野夏 (p67/カ写)
 原牧1 (No.72/カ図)
 新分牧 (No.92/モ図)
 新牧日 (No.670/モ図)
 日水草 (p39/カ写)
 牧野ス1 (No.72/カ図)
 ミニ山 (p67/カ写)
 野生1 (p46/カ写)
 山力野草 (p508/カ写)
 山ハ野花 (p16/カ写)
 山レ増 (p360/カ写)

**オニハマダイコン** *Cakile edentula*
アブラナ科の一年草または二年草。高さは15～
50cm。
¶帰化写改 (p92/カ写)
 野生4 (p68/カ写)

**オニヒカゲワラビ** *Diplazium nipponicum* 鬼日陰蕨
メシダ科 (オシダ科) の常緑性シダ。葉身は長さ40
～70cm, 広卵状三角形。
¶シダ標2 (p326/カ写)
 新分牧 (No.4690/モ図)
 新牧日 (No.4603/モ図)

**オニヒゲスゲ** ⇒ヒゲスゲを見よ

**オニビシ** *Trapa natans* var.*quadrispinosa* 鬼菱
ミソハギ科 (ヒシ科) の一年生浮葉植物。果実は4本
の刺を持ち, 全幅45～75mm。
¶原牧2 (No.433/カ写)
 新分牧 (No.2478/モ図)
 新牧日 (No.1906/モ図)
 日水草 (p248/カ写)
 牧野ス2 (No.2278/カ写)
 野生3 (p260/カ写)

**オニビトノガリヤス** *Calamagrostis onibitoana*
イネ科イチゴツナギ亜科の多年草。日本固有種。別
名ウンゼンノガリヤス。
¶固有 (p168)
 野生2 (p49)

**オニヒノキシダ** *Asplenium* × *kenzoi*
チャセンシダ科のシダ植物。
¶シダ標1 (p416/カ写)

**オニヒョウタンボク** *Lonicera vidalii* 鬼瓢箪木
スイカズラ科の落葉低木。
¶APG原樹 (No.1488/カ図)
 原牧2 (No.2338/カ図)
 新分牧 (No.4358/モ図)
 新牧日 (No.2861/モ図)
 牧野ス2 (No.4183/カ図)
 野生5 (p421/カ写)
 山力樹木 (p688/カ写)
 山レ増 (p85/カ写)

**オニフウセンタケ** *Cortinarius nigrosquamosus*
フウセンタケ科のキノコ。
¶山カ日き (p256/カ写)

**オニフスベ** *Lanopila nipponica* 鬼燻
ハラタケ科 (ホコリタケ科) のキノコ。別名ヤブダ
マ。超大型。外皮は白色〜茶褐色。
¶新分牧 (No.5105/モ図)
　新牧日 (No.5010/モ図)
　山カ日き (p509/カ写)

**オニヘゴ** ⇒クロヘゴを見よ

**オニホシダ** ⇒ナタギリシダを見よ

**オニホラゴケ** *Abrodictyum obscurum* 鬼洞苔
コケシノブ科の常緑性シダ。別名オガサワラオニホ
ラゴケ。葉身は長さ2.5〜15cm、卵状楕円形。
¶シダ標1 (p317/カ写)
　新分牧 (No.4533/モ図)
　新牧日 (No.4431/モ図)

**オニマタタビ** ⇒キーウィを見よ

**オニマツヨイグサ** *Oenothera grandiflora*
アカバナ科の二年草。高さは1.8m。花は黄色。
¶帰化写改 (p209/カ写)

**オニマメヅタ** *Lemmaphyllum pyriforme*
ウラボシ科の常緑性シダ。葉身は長さ2〜4cm、卵
形〜洋梨形。
¶シダ標2 (p461/カ写)
　山レ増 (p642/カ写)

**オニミツバ** ⇒ウマノミツバを見よ

**オニミヤジマシダ** ⇒ミヤジマシダを見よ

**オニモミジ** ⇒カジカエデを見よ

**オニヤガラ** ⇒オニノヤガラを見よ

**オニヤブソテツ(狭義)** *Cyrtomium falcatum*
subsp.*falcatum* 鬼藪蘇鉄
オシダ科の常緑性シダ植物。
¶山野草〔オニヤブソテツ〕(No.1821/カ写)
　シダ標2〔オニヤブソテツ〕(p428/カ写)

**オニヤブソテツ(広義)** *Cyrtomium falcatum* 鬼藪
蘇鉄
オシダ科の常緑性シダ植物。葉身は長さ15〜60cm、
広披針形。
¶新分牧〔オニヤブソテツ〕(No.4713/モ図)
　新牧日〔オニヤブソテツ〕(No.4509/モ図)

**オニヤブマオ** ⇒ニオウヤブマオを見よ

**オニヤブムラサキ** ⇒ビロードムラサキを見よ

**オニヤブラン** *Liriope tawadae*
クサスギカズラ科。沖縄島の特産。
¶野生1 (p254)

**オニヤマボクチ** *Synurus pungens* var.*giganteus*
キク科アザミ亜科の草本。日本固有種。
¶固有 (p152)
　野生5 (p273)

**オニユリ** *Lilium lancifolium* 鬼百合
ユリ科の多年草。別名テンガイユリ、サツマユリ、ノ

ユリ、アワユリ。高さは100〜180cm。花は橙赤色。
¶学フ増野夏 (p94/カ写)
　原牧1 (No.333/カ写)
　山野草 (No.1465/カ写)
　新分牧 (No.399/モ図)
　新牧日 (No.3427/モ図)
　茶花下 (p66/カ写)
　牧野ス1 (No.333/カ写)
　野生1 (p173/カ写)
　山山野草 (p618/カ写)
　山ハ野花 (p44/カ写)
　山ハ山花 (p74/カ写)

**オニルリソウ** *Cynoglossum asperrimum* 鬼瑠璃草
ムラサキ科ムラサキ亜科の越年草。高さは60〜
120cm。
¶学フ増野夏 (p43/カ写)
　原牧2 (No.1416/カ写)
　新分牧 (No.3528/モ図)
　新牧日 (No.2476/モ図)
　牧野ス2 (No.3259/カ図)
　野生5 (p53/カ写)
　山山野草〔オオルリソウ〕(p235/カ写)

**オヌカザサ** *Sasa hibaconuca*
イネ科タケ亜科のササ。日本固有種。
¶固有 (p173)
　タケ亜科 (No.83/カ写)
　タケササ (p118/カ写)

**オネトネアザミ** ⇒オクヤマアザミを見よ

**オノアイダカナワラビ** ⇒イヌツルダカナワラビを
見よ

**オノイチョウゴケ** *Anastrophyllum ellipticum*
ツボミゴケ科のコケ植物。日本固有種。
¶固有 (p221)

**オノエイタドリ** ⇒フジイタドリを見よ

**オノエガリヤス** ⇒タカネノガリヤスを見よ

**オノエスゲ** *Carex tenuiformis* 尾上菅
カヤツリグサ科の多年草。別名レブンスゲ、チョウ
センスゲ、ケオノエスゲ。高さは10〜40cm。
¶カヤツリ (p440/モ図)
　原牧1 (No.882/カ図)
　新分牧 (No.903/モ図)
　新牧日 (No.4189/モ図)
　スゲ増 (No.245/カ図)
　牧野ス1 (No.882/カ図)
　野生1 (p325/カ写)
　山ハ高山 (p64/カ写)

**オノエテンツキ** *Fimbristylis fusca*
カヤツリグサ科の草本。
¶原牧1 (No.754/カ写)
　新分牧 (No.990/モ図)
　新牧日 (No.4025/モ図)
　牧野ス1 (No.754/カ写)
　野生1 (p347)

**オノエノガリヤス** ⇒タカネノガリヤスを見よ

オノエヤナギ

186

**オノエヤナギ** *Salix udensis* 尾上柳
ヤナギ科の落葉低木〜小高木。別名カラフトヤナギ，ナガバヤナギ，ヤブヤナギ。湿地や河岸に生える。
¶**APG原樹**（No.840/カ図）
原牧2（No.310/カ図）
新分牧（No.2387/モ図）
新牧日（No.101/カ図）
牧野ス1（No.2155/カ図）
野生3（p199/カ写）
山力樹木（p95/カ写）
落葉図譜〔ナガバヤナギ〕（p52/モ図）

**オノエラン** *Galearis fauriei* 尾上蘭
ラン科の多年草。日本固有種。高さは10〜15cm。
¶**原牧1**（No.372/カ図）
固有（p189/カ写）
新分牧（No.454/モ図）
新牧日（No.4245/モ図）
牧野ス1（No.372/カ図）
野生1（p201/カ写）
山力野草（p562/カ写）
山ハ高山（p30/カ写）
山ハ山花（p127/カ写）

**オノエリンドウ** *Gentianella amarella* subsp.*takedae*
尾上竜胆
リンドウ科の草本。日本固有種。別名オクヤマリンドウ。
¶**学フ増高山**（p53/カ写）
原牧2（No.1353/カ図）
固有（p115）
新分牧（No.3408/モ図）
新牧日（No.2335/カ図）
牧野ス2（No.3198/カ図）
野生4（p299/カ写）
山力野草（p259/カ写）
山ハ高山（p302/カ写）
山レ増（p170/カ写）

**オノオレ** *Betula schmidtii* 斧折
カバノキ科の落葉高木。別名オンノレ，アズサミネバリ，オノオレカンバ，ミネバリ。
¶**APG原樹**〔オノオレカンバ〕（No.752/カ図）
原牧2（No.148/カ図）
新分牧（No.2191/モ図）
新牧日（No.126/モ図）
牧野ス1（No.1993/カ図）
野生3〔オノオレカンバ〕（p114/カ写）
山力樹木〔オノオレカンバ〕（p116/カ写）

**オノオレカンバ** ⇒オノオレを見よ

**オノクサリゴケ** *Lejeunea syoshii*
クサリゴケ科のコケ植物。日本固有種。
¶**固有**（p224）

**オノナデシコ** ⇒タカネナデシコを見よ

**オノマンネングサ** *Sedum lineare* 雄万年草
ベンケイソウ科の多年草。別名マンネングサ，タカノツメ。高さは10〜25cm。花は黄色。
¶**原牧1**（No.1398/カ図）
新分牧（No.1593/モ図）

新牧日（No.904/モ図）
牧野ス1（No.1398/カ図）
ミニ山（p94/カ写）
野生2（p228/カ写）
山ハ山花（p293/カ写）

**オハギ** ⇒ヨメナを見よ

**オバクサ** *Pterocladiella tenuis*
オバクサ科（テングサ科）の海藻。別名ガニクサ，ドラクサ，ヨタグサ。体は10〜20cm。
¶**新分牧**（No.5034/モ図）
新牧日（No.4894/モ図）

**オハグロスゲ** *Carex bigelowii*
カヤツリグサ科の多年草。
¶**カヤツリ**（p170/モ図）
スゲ増（No.77/カ写）
野生1（p311/カ写）
山レ増（p535/カ写）

**オハグロバナ** ⇒ウマノスズクサを見よ

**オバコ** ⇒オオバコを見よ

**オバゼリ** ⇒エキサイゼリを見よ

**オハツキイチョウ** *Ginkgo biloba* var.*epiphylla*
イチョウ科の落葉大高木。
¶**野生1**（p24）

**オハツキガラシ** *Erucastrum gallicum*
アブラナ科の一年草。高さは20〜60cm。花は淡黄色。
¶**帰化写改**（p100/カ写）

**オハツキギボウシ** ⇒ギボウシを見よ

**オバナ** ⇒ススキを見よ

**オハラメアザミ** *Cirsium kiotoense* 大原女薊
キク科アザミ亜科の多年草。日本固有種。別名エチゼンアザミ。
¶**固有**（p140）
茶花下（p298/カ写）
野生5（p239/カ写）

**オバルハンノキ** ⇒ミヤマカワラハンノキを見よ

**オヒガンギボウシ** *Hosta longipes* var.
aequinoctiiantha
クサスギカズラ科（ユリ科）。日本固有種。
¶**固有**（p155/カ写）
野生1（p251）

**オヒゲシバ** *Chloris virgata*
イネ科ヒゲシバ亜科の一年草。花は紫色。
¶**帰化写改**（p436/カ写）
桑イネ（p149/カ写・モ図）
野生2（p68）

**オビケビラゴケ** *Radula campanigera* subsp.*obiensis*
ケビラゴケ科のコケ植物。日本固有種。
¶**固有**（p223/カ写）

**オヒシバ** *Eleusine indica* 雄日芝
イネ科ヒゲシバ亜科の一年草。別名チカラグサ。茎をサナダに編む。高さは20〜60cm。
¶**色野草**（p351/カ写）

学フ増野夏（p203/カ写）
桑イネ（p206/カ写・モ図）
原牧1（No.1114/カ図）
植調（p298/カ写）
新分牧（No.1263/モ図）
新牧日（No.3764/モ図）
牧野ス1（No.1114/カ図）
野生2（p69/カ写）
山力野草（p679/カ写）
山ハ野花（p173/カ写）

**オヒョウ** *Ulmus laciniata* 於瓢
ニレ科の落葉高木。別名ヤジナ、ネバリジナ、アツ
シ、オヒョウニレ、アツニ。高さは25m。
¶ **APG原樹**（No.655/カ図）
原牧2（No.34/カ図）
新分牧（No.2074/モ図）
新牧日（No.161/モ図）
牧野ス1（No.1879/カ図）
野生2（p326/カ写）
山力樹木（p154/カ写）
落葉図譜（p94/モ図）

**オヒョウニレ** ⇒オヒョウを見よ

**オヒョウハシバミ** ⇒ハシバミを見よ

**オヒルギ** *Bruguiera gymnorrhiza* 雄蛭木, 雄漂木
ヒルギ科の常緑高木, マングローブ植物。別名ベニ
ガクヒルギ、アカバナヒルギ。高さは20m。萼は
赤色。
¶ **APG原樹**（No.789/カ図）
原牧2（No.232/カ図）
新分牧（No.2275/モ図）
新牧日（No.1929/モ図）
図説樹木（p168/カ写）
牧野ス1（No.2077/カ図）
野生3（p145/カ写）
山力樹木（p513/カ写）

**オヒルムシロ** *Potamogeton natans* 雄蛭筵, 雄蛭蓆
ヒルムシロ科の多年生水草。沈水葉は互生し、針状、
長さは12～30cm。
¶原牧1（No.254/カ図）
新分牧（No.300/モ図）
新牧日（No.3336/モ図）
日水草（p110/カ写）
牧野ス1（No.254/カ図）
野生1（p131/カ写）

**オーブリエタ・カネスセンス** *Aubrieta canescens*
アブラナ科の草本。
¶山野草（No.0482/カ写）

**オヘビイチゴ** *Potentilla anemonifolia* 雄蛇苺
バラ科バラ亜科の多年草。別名オトコヘビイチゴ。
高さは20～40cm。
¶色野草（p157/カ写）
学フ増野春（p106/カ写）
原牧1（No.1830/カ写）
新分牧（No.2024/モ図）
新牧日（No.1156/モ図）
牧野ス1（No.1830/カ写）

野生3（p35/カ写）
山力野草（p405/カ写）
山ハ野花（p382/カ写）

**オホーツクテンツキ** ⇒アカンテンツキを見よ

**オボロヅキ** ⇒ジャノヒゲ'朧月'を見よ

**オマツ** ⇒クロマツを見よ

**オミナエシ** *Patrinia scabiosifolia* 女郎花
スイカズラ科（オミナエシ科）の多年草。別名オミ
ナメシ、アワバナ、ボンバナ、チチグサ、チメグサ
（古名）。高さは60～100cm。花は黄色。
¶色野草（p189/カ写）
学フ増野秋（p102/カ写）
学フ増薬草（p128/カ写）
原牧2（No.2308/カ図）
山野草（No.1131/カ写）
新分牧（No.4379/モ図）
新牧日（No.2880/モ図）
茶花下（p189/カ写）
牧野ス2（No.4153/カ図）
野生5（p423/カ写）
山力野草（p144/カ写）
山ハ野花（p503/カ写）

**オミナメシ** ⇒オミナエシを見よ

**オミノキ** ⇒モミを見よ

**オムナグサ** *Drymaria cordata* var.*pacifica*
ナデシコ科の一年草。
¶帰化写2（p31/カ写）
野生4（p114/カ写）

**オムロアリアケ** *Cerasus lannesiana* 'Omuro-ariake'
御室有明
バラ科の落葉小高木。サクラの栽培品種。花は
白色。
¶学フ増桜〔'御室有明'〕（p86/カ写）

**オメキグサ** ⇒ハシリドコロを見よ

**オモイグサ** ⇒ナンバンギセルを見よ

**オモエザサ** *Sasa pubiculmis*
イネ科タケ亜科のササ。日本固有種。
¶固有（p174）
タケ亜科（No.106/カ写）
タケササ（p95/カ写）
野生2（p36）

**オモゴウテンナンショウ** *Arisaema iyoanum* subsp.
*iyoanum* 面河天南星
サトイモ科の多年草。日本固有種。高さは20～
60cm。
¶原牧1（No.206/カ図）
固有（p178）
新分牧（No.249/モ図）
新牧日〔オモゴテンナンショウ〕（No.3937/モ図）
テンナン（No.34a/カ写）
牧野ス1（No.206/カ図）
野生1（p103/カ写）

**オモゴテンナンショウ** ⇒オモゴウテンナンショウ
を見よ

**オモダカ** *Sagittaria trifolia* var.*trifolia* 沢瀉, 面高
オモダカ科の抽水性多年草。別名ハナグワイ, ナマイ, アローヘッド。高さは20〜80cm。花は白色。葉身は矢尻形。
¶色野草 (p115/カ写)
学フ増野秋 (p190/カ写)
原牧1 (No.217/カ写)
植調 (p42/カ写)
新分牧 (No.265/モ図)
新牧日 (No.3310/モ図)
茶花下 (p189/カ写)
日ハ草 (p78/カ写)
牧野ス1 (No.217/カ図)
野生1 (p117/カ写)
山ハ野花 (p32/カ写)

**オモテスギ** ⇒スギを見よ

**オモト** *Rohdea japonica* 万年青
キジカクシ科〔クサスギカズラ科〕(ユリ科) の多年草。花は淡黄色。葉長30〜50cm。
¶学フ増薬草 (p15/カ写)
学フ有毒 (p119/カ写)
原牧1 (No.588/カ図)
新分牧 (No.622/モ図)
新牧日 (No.3476/モ図)
牧野ス1 (No.588/カ図)
野生1 (p260/カ写)

**オモロカズラ** *Tetrastigma liukiuense*
ブドウ科の木本。
¶野生2 (p236/カ写)

**オモロカンアオイ** *Asarum dissitum*
ウマノスズクサ科の草本。日本固有種。
¶原牧1 (No.108/カ図)
固有 (p62)
新分牧 (No.130/モ図)
新牧日 (No.704/モ図)
牧野ス1 (No.108/カ図)
野生1 (p63/カ写)
山レ増 (p367/カ写)

**オヤブジラミ** *Torilis scabra* 雄藪蝨
セリ科セリ亜科の越年草。果実は三日月形。高さは30〜70cm。花は白色。
¶原牧2 (No.2401/カ写)
植調 (p192/カ写)
新分牧 (No.4445/モ図)
新牧日 (No.2018/モ図)
牧野ス2 (No.4246/カ図)
野生5 (p401/カ写)
山ハ野花 (p500/カ写)

**オヤマソバ** *Aconogonon nakaii* 御山蕎麦
タデ科の多年草。日本固有種。高さは15〜50cm。
¶学フ増高山 (p133/カ写)
原牧2 (No.845/カ図)
固有 (p46)
新分牧 (No.2856/モ図)
新牧日 (No.307/モ図)
牧野ス2 (No.2690/カ図)

野生4 (p86/カ写)
山力野草 (p544/カ写)
山ハ高山 (p126/カ写)

**オヤマナデシコ** *Dianthus alpinus* 小山撫子
ナデシコ科の多年草。高さは5〜10cm。花は紅紫色, 白色などの変種もある。
¶山野草 (No.0023/カ写)

**オヤマノエンドウ** *Oxytropis japonica* var.*japonica* 御山豌豆
マメ科マメ亜科の小型半低木。日本固有種。高さは5〜10cm。
¶学フ増高山 (p28/カ写)
原牧1 (No.1521/カ図)
固有 (p80/カ写)
山野草 (No.0629/カ写)
新分牧 (No.1747/モ図)
新牧日 (No.1308/モ図)
牧野ス1 (No.1521/カ図)
野生1 (p287/カ写)
野生2〔オヤマノエンドウ (基準変種)〕(p288)
山力野草 (p393/カ写)
山ハ高山 (p196/カ写)

**オヤマボクチ** *Synurus pungens* var.*pungens* 御山火口, 雄山火口
キク科アザミ亜科の多年草。日本固有種。別名ウラジロ。高さは1〜1.5m。
¶学フ増野秋 (p230/カ写)
原牧2 (No.2214/カ図)
固有 (p152/カ写)
新分牧 (No.3985/モ図)
新牧日 (No.3246/モ図)
茶花下 (p299/カ写)
牧野ス2 (No.4059/カ図)
野生5 (p273/カ写)
山力野草 (p102/カ写)
山ハ野花 (p592/カ写)

**オヤマムグラ** ⇒オオヤマムグラを見よ

**オヤマリンドウ** *Gentiana makinoi* 御山竜胆
リンドウ科の多年草。日本固有種。高さは20〜60cm。
¶学フ増高山 (p50/カ写)
学フ増野秋 (p72/カ写)
原牧2 (No.1338/カ図)
固有 (p115)
山野草 (No.0960/カ写)
新分牧 (No.3382/モ図)
新牧日 (No.2320/モ図)
牧野ス2 (No.3183/カ図)
野生4 (p298/カ写)
山力野草 (p260/カ写)
山ハ高山 (p310/カ写)
山ハ山花 (p395/カ写)

**オヤリハグマ** *Pertya trilobata* 御槍白熊
キク科コウヤボウキ亜科の多年草。日本固有種。高さは40〜85cm。
¶原牧2 (No.1905/カ図)
固有 (p143)

新分牧（No.3941/モ図）
新牧日（No.2941/モ図）
牧野ス2（No.3750/モ図）
野生5（p214/カ写）
山カ野草（p23/カ写）
山ハ山花（p540/カ写）

オラン　⇒スルガランを見よ

オランダアヤメ(1)　⇒グラジオラスを見よ

オランダアヤメ(2)　⇒ダッチアイリスを見よ

オランダイチゴ　*Fragaria* × *ananassa*　和蘭陀苺
バラ科バラ亜科の多年草。花は白色。
¶原牧1（No.1844/カ図）
新分牧（No.2033/モ図）
新牧日（No.1137/モ図）
牧野ス1（No.1844/カ図）
野生3（p30/カ写）

オランダカイウ　*Zantedeschia aethiopica*　和蘭陀海芋
サトイモ科の多年草。別名バンカイウ、カラー（園芸名）。高さは1m。仏炎苞は白色。
¶原牧1（No.178/カ図）
新分牧（No.210/モ図）
新牧日（No.3910/モ図）
茶花下（p190/カ写）
牧野ス1（No.178/カ図）

オランダガラシ　⇒クレソンを見よ

オランダキジカクシ　⇒アスパラガスを見よ

オランダグサ　⇒サンシチソウを見よ

オランダゲンゲ　⇒シロツメクサを見よ

オランダコウ　*Camellia japonica* 'Oranda-kô'　オランダ紅
ツバキ科。ツバキの品種。花は紅色。
¶茶花上（p145/カ写）

オランダヂシャ　⇒チコリを見よ

オランダセキチク　⇒カーネーションを見よ

オランダゼリ　⇒パセリーを見よ

オランダセンニチ　*Acmella oleracea*　和蘭陀千日
キク科の一年草。別名ハトウガラシ。葉は初め紫でシソの葉の感じ。
¶原牧2（No.2034/カ図）
新分牧（No.4293/モ図）
新牧日（No.3071/モ図）
牧野ス2（No.3879/カ図）

オランダドリアン　⇒トゲバンレイシを見よ

オランダハッカ　*Mentha spicata*　和蘭陀薄荷
シソ科の多年草。別名スペアミント。高さは30〜100cm。花は藤、ピンク、白色。
¶帰化写改（p272/カ写、p506/カ写）
原牧2（No.1699/カ図）
新分牧（No.3801/モ図）
新牧日（No.2608/モ図）
牧野ス2（No.3544/カ図）

オランダフウロ　*Erodium cicutarium*　和蘭陀風露
フウロソウ科の一年草または越年草。高さは10〜

60cm。花は紅紫色、または白色。
¶帰化写改（p161/カ写）
原牧2（No.423/カ図）
新分牧（No.2463/モ図）
新牧日（No.1428/モ図）
牧野ス2（No.2268/カ図）
野生3（p248/カ写）

オランダボダイジュ　*Tilia* × *vulgaris*　和蘭陀菩提樹
アオイ科（シナノキ科）の落葉高木。フユボダイジュとナツボダイジュの交配種。別名セイヨウシナノキ。高さは40m。花は黄色。
¶APG原樹（No.1011/カ写）

オランダミツバ　⇒セロリを見よ

オランダミミナグサ　*Cerastium glomeratum*　和蘭陀耳菜草
ナデシコ科の越年草。別名アオミミナグサ。高さは10〜30cm。花は白色。
¶色野草（p53/カ写）
学フ増野春（p149/カ写）
帰化写改（p33/カ写、p491/カ写）
原牧2（No.881/カ図）
植調（p224/カ写）
新分牧（No.2942/モ図）
新牧日（No.353/モ図）
牧野ス2（No.2726/カ図）
野生4（p111/カ写）
山カ野草（p518/カ写）
山ハ野花（p275/カ写）

オランダモミ　⇒コウヨウザンを見よ

オランダワレモコウ　*Sanguisorba minor*　和蘭陀吾亦紅, 和蘭陀吾木香
バラ科の多年草。高さは20〜45cm。花は緑色、または帯紫色。
¶帰化写2（p90/カ写）

オリヅルシダ　*Polystichum lepidocaulon*　折鶴羊歯
オシダ科の常緑性シダ。別名ツルカンジュ、ツルキジノオ、キヨズミオリヅルシダ。葉身は長さ20〜40cm、単羽状複生。
¶シダ標2（p413/カ写）
新分牧（No.4716/モ図）
新牧日（No.4497/モ図）

オリヅルスミレ　*Viola stoloniflora*　折鶴菫
スミレ科の草本。日本固有種。
¶固有（p93/カ写）
野生3（p223/カ写）
山レ増（p252/カ写）

オリヅルラン　*Chlorophytum comosum*　折鶴蘭
キジカクシ科〔クサスギカズラ科〕（ユリ科）の多年草。花は白色。
¶原牧1（No.563/カ図）
新分牧（No.625/カ図）
新牧日（No.3391/カ図）
牧野ス1（No.563/カ図）

オリヒメ　*Prunus mume* 'Orihime'　織姫
バラ科。ウメの品種。実ウメ、野梅系。
¶ウメ〔織姫〕（p164/カ写）

オリーブ　*Olea europaea*
モクセイ科の常緑高木。果実は長卵形の石果。高さは10m。花は乳白色。
¶ **APG原樹**（No.1388/カ図）
　学フ増花庭（p180/カ写）
　原牧2（No.1529/カ図）
　新分牧（No.3568/モ図）
　新牧日（No.2311/モ図）
　都木花新（p207/カ写）
　牧野S2（No.3374/カ図）
　山力樹木（p629/カ写）

オリーブサカズキタケ　*Gerronema nemorale*
ボロテレウム科のキノコ。超小型。傘は漏斗形, 黄色。ひだは淡黄色。
¶ 山力日き（p96/カ写）

オルキス・パピリオナケア　*Orchis papilionacea*
ラン科の草本。高さは20〜40cm。花は紅紫〜淡紅紫色。
¶ 山野草（No.1770/カ写）

オルキス・ロンギコルヌ　*Orchis longicornu*
ラン科の草本。高さは10〜35cm。花は濃紅紫〜桃色。
¶ 山野草（No.1771/カ写）

オールスパイス　*Pimenta dioica*
フトモモ科の小木。葉は硬質。
¶ **APG原樹**（No.877/カ図）

オルドガキ　*Diospyros oldhamii*
カキノキ科の木本。
¶ 野生4（p186/カ写）

オルビリア アウリコロール　*Orbilia auricolor*
オルビリア科のキノコ。
¶ 山力日き（p549/カ写）

オーレオバリエガータ　*Weigela florida*
'Aureovariegata'
スイカズラ科の木本。
¶ **APG原樹**〔オオベニウツギ'オーレオバリエガータ'〕（No.1591/カ図）

オレオバンボス ブフワルディ　*Oreobambos buchwaldii*
イネ科の熱帯性タケ類。
¶ タケササ（p202/カ写）

オレガノ　⇒ハナハッカを見よ

オレゴンパイン　⇒ベイマツを見よ

オレンジ・メイアンディナ　*Rosa* 'Orange Meillandina'
バラ科。バラの品種。
¶ **APG原樹**〔バラ'オレンジ・メイアンディナ'〕（No.627/カ図）

オロシタケ　*Heterochaete delicata*
ヒメキクラゲ科のキノコ。
¶ 山力日き（p536/カ写）

オロシマチク　*Pleioblastus argenteostriatus*　於呂島竹, 小呂島竹
イネ科タケ亜科の常緑小型のササ。高さは40〜50cm。

タケササ（p160/カ写）
　野生2（p34）
　山力樹木（p72/カ写）

オロシャギク　⇒コシカギクを見よ

オワセシダ　*Diplazium* × *owaseanum*
メシダ科のシダ植物。
¶ シダ標2（p333/カ写）

オワセベニシダ　*Dryopteris ryo-itoana*
オシダ科の常緑性シダ。葉身は長さ40cm, 三角状卵形。
¶ シダ標2（p370/カ写）

オワリケツメイ　⇒カワラケツメイを見よ

オンガタイノデ　*Polystichum* × *ongataense*
オシダ科のシダ植物。
¶ シダ標2（p418/カ写）

オンコ　⇒イチイ(1)を見よ

オンジ　⇒イトヒメハギを見よ

オンタケブシ　*Aconitum metajaponicum*
キンポウゲ科の草本。日本固有種。
¶ 固有（p56）
　野生2（p128/カ写）
　山レ増（p403/カ写）

オンタデ　*Aconogonon weyrichii* var.*alpinum*　御蓼
タデ科の多年草。別名イワタデ, ハクサンタデ, ミヤマイタドリ。高さは20〜80cm。
¶ 学フ増高山（p134/カ写）
　原牧2（No.846/カ図）
　新分牧（No.2857/モ図）
　新牧日（No.308/モ図）
　茶花下（p67/カ写）
　牧野S2（No.2691/カ図）
　野生4（p85/カ写）
　山力野草（p543/カ写）
　山ハ高山（p125/カ写）

オンツツジ　*Rhododendron weyrichii* var.*weyrichii*　雄躑躅
ツツジ科ツツジ亜科の落葉低木。日本固有種。別名ツクシアカツツジ。花は紅色。
¶ **APG原樹**（No.1224/カ図）
　原牧2（No.1193/カ図）
　固有（p107）
　新分牧（No.3262/モ図）
　新牧日（No.2139/モ図）
　茶花上（p247/カ写）
　牧野S2（No.3038/カ図）
　野生4（p245/カ写）
　山力樹木（p546/カ写）

オンナダケ　⇒メダケを見よ

オンノレ　⇒オノオレを見よ

オンバク　⇒オオバコを見よ

オンバコ　⇒オオバコを見よ

**オンファロデス・カッパドキア** *Omphalodes cappadocia*
ムラサキ科の草本。高さは20cm。花は淡い紫青色。
¶山野草（No.1002/カ写）

## 【カ】

**カイ** ⇒ランシンボクを見よ

**カイウン** *Prunus mume* 'Kaiun' 開運
バラ科。ウメの品種。杏系ウメ，豊後性八重。
¶ウメ〔開運〕（p136/カ写）

**カイエンナッツ** ⇒パキラを見よ

**カイガラサルビア** ⇒モルセラを見よ

**カイガラタケ** *Lenzites betulinus*
タマチョレイタケ科のキノコ。中型〜大型。傘は灰色，環紋。
¶原きの（No.364/カ写・カ図）
山カ日き（p475/カ写）

**カイガラムシキイロツブタケ** *Torrubiella superficialis*
ノムシタケ科の冬虫夏草。宿主はカイガラムシ。
¶冬虫生態（p144/カ写）

**カイガラムシコナタケ** *Hirsutella coccidiicola*
オフィオコルディセプス科の冬虫夏草。宿主は大型のカイガラムシ。
¶冬虫生態（p281/カ写）

**カイガラムシタケ** *Ophiocordyceps clavulata*
オフィオコルディセプス科の冬虫夏草。宿主はカイガラムシ。
¶冬虫生態（p141/カ写）

**カイガラムシツブタケ** *Ophiocordyceps coccidiicola*
オフィオコルディセプス科の冬虫夏草。宿主は大型のカイガラムシ。
¶冬虫生態（p140/カ写）
山カ日き（p578/カ写）

**カイコウズ** ⇒アメリカデイゴを見よ

**カイコバイモ** *Fritillaria kaiensis* 甲斐小貝母
ユリ科の多年草。日本固有種。高さは10〜20cm。
¶原牧1（No.329/カ図）
固有（p158）
山野草（No.1413/カ写）
新分牧（No.397/モ図）
新牧日（No.3445/モ図）
牧野S1（No.329/カ図）
野生1（p170/カ写）
山カ野草（p626/カ写）
山ハ野花（p49/カ写）
山ハ山花（p70/カ写）
山レ増（p581/カ写）

**カイザイク** *Ammobium alatum* 貝細工
キク科の一年草。別名アンモビウム。高さは60〜80cm。花は白色。

¶原牧2（No.1993/カ図）
新分牧（No.4140/モ図）
新牧日（No.3030/モ図）
牧野S2（No.3838/カ図）

**カイサカネラン** *Neottia furusei*
ラン科の菌従属栄養植物。日本固有種。落葉広葉樹林下に生える腐生蘭。
¶固有（p190）
野生1（p216）
山カ野草（p722/カ写）
山レ増（p514/カ写）

**カイジンドウ** *Ajuga ciliata* var.*villosior*
シソ科キランソウ亜科の多年草。日本固有種。別名ガイジンドウ。高さは30〜40cm。
¶原牧2（No.1625/カ図）
固有（p124/カ写）
新分牧（No.3719/モ図）
新牧日（No.2534/モ図）
茶花上（p363/カ写）
牧野S2（No.3470/カ図）
野生5（p110/カ写）
山カ野草（p202/カ写）
山ハ山花（p416/カ写）
山レ増（p135/カ写）

**カイヅカイブキ** *Juniperus chinensis* 'Kaizuka' 貝塚伊吹
ヒノキ科の木本。別名カイヅカビャクシン。
¶APG原樹（No.103/カ図）
都木花新（p244/カ写）
山カ樹木（p55/カ写）

**カイヅカビャクシン** ⇒カイヅカイブキを見よ

**カイセイトウ** ⇒ダイダイ(1)を見よ

**カイソウ** ⇒コトジツノマタを見よ

**カイタカラコウ** *Ligularia kaialpina* 甲斐宝香
キク科の多年草。日本固有種。高さは30〜50cm。
¶学フ増高山（p125/カ写）
原牧2（No.2126/カ図）
固有（p142/カ写）
新分牧（No.4104/モ図）
新牧日（No.3157/モ図）
牧野S2（No.3971/カ図）
山カ野草（p54/カ写）
山ハ高山（p396/カ写）
山ハ山花（p533/カ写）

**カイチュウホウシ** *Prunus mume* 'Kaityūhōshi' 懐中抱子
バラ科。ウメの品種。野梅系ウメ，野梅性八重。
¶ウメ〔懐中抱子〕（p49/カ写）

**カイドウ(1)** ⇒ハナカイドウを見よ

**カイドウ(2)** ⇒ミカイドウを見よ

**カイドウズミ** *Malus floribunda*
バラ科の木本。樹高は5m。樹皮は紫褐色。
¶APG原樹（No.546/カ図）

**カイドウマル** *Camellia sasanqua* 'Kaidōmaru' 快童丸
ツバキ科。サザンカの品種。
¶**APG原樹**〔サザンカ'カイドウマル'〕(No.1168/カ図)

**カイナ** ⇒コブナグサを見よ

**カイナグサ** ⇒コブナグサを見よ

**カイナンサラサドウダン** *Enkianthus sikokianus*
海南更紗灯台
ツツジ科ドウダンツツジ亜科の落葉低木。日本固有種。
¶**APG原樹** (No.1205/カ図)
固有 (p108)
野生4 (p251/カ写)

**カイノキ** ⇒ランシンボクを見よ

**カイフウロ** *Geranium shikokianum* var.*kaimontanum*
フウロソウ科の多年草。日本固有種。
¶固有 (p82/カ写)
野生3 (p253/カ写)
山レ増 (p279/カ図)

**カイホシダ** ⇒アイイヌケホシダを見よ

**カイメンタケ** *Phaeolus schweinitzii*
ツガサルノコシカケ科のキノコ。大型。傘は鮮橙色〜暗褐色, ビロード状。
¶原きの (No.369/カ写・カ図)
山カ日き (p466/カ写)

**カイリョウウチダ** *Prunus mume* 'Kairyō-uchida'
改良内田
バラ科。ウメの品種。実ウメ, 野梅系。
¶ウメ〔改良内田〕(p165/カ写)

**カエデ** ⇒タカオカエデを見よ

**カエデ'イイジマスナゴ'** ⇒イイジマスナゴを見よ

**カエデ'ウコン'** ⇒ウコン(1)を見よ

**カエデ'カセンニシキ'** ⇒カセンニシキを見よ

**カエデ'サザナミ'** ⇒サザナミを見よ

**カエデ'サンゴカク'** ⇒サンゴカクを見よ

**カエデ'セイゲン'** ⇒セイゲンを見よ

**カエデダイモンジソウ** ⇒ナメラダイモンジソウを見よ

**カエデドコロ** *Dioscorea quinquelobata* 楓野老
ヤマノイモ科の多年生つる草。
¶原牧1 (No.290/カ図)
新分牧 (No.335/モ図)
新牧日 (No.3533/モ図)
牧野ス1 (No.290/カ図)
野生1 (p150/カ写)
山カ野草 (p597/カ写)
山ハ山花 (p53/カ写)

**カエデバスズカケノキ** ⇒モミジバスズカケノキを見よ

**カエルエンザ** ⇒トチカガミを見よ

**カエルバ** ⇒オオバコを見よ

**カエンソウ** *Manettia cordifolia* 火焔草
アカネ科のつる性草本。花は上部赤色, 筒部は黄色。
¶原牧2 (No.1281/カ図)
新分牧 (No.3368/モ図)
新牧日 (No.2395/モ図)
牧野ス2 (No.3126/カ図)

**カエンタケ** *Podostroma cornu-damae*
ボタンタケ科 (ニクザキン科) のキノコ。中型〜大型。子実体は棒状〜とさか状, 肉質は硬い。
¶学フ増毒き (p48/カ写)
原きの (No.581/カ写・カ図)
山カ日き (p587/カ写)

**カエンボク** *Spathodea campanulata* 火炎木
ノウゼンカズラ科の常緑高木。花は樹頂に開き大型, 緋紅色。高さは20m。
¶新分牧 (No.3671/モ図)

**カオヨグサ**(1) ⇒カキツバタを見よ

**カオヨグサ**(2) ⇒シャクヤクを見よ

**カオヨバナ** ⇒カキツバタを見よ

**カオリカズラ** *Thunbergia fragrans*
キツネノマゴ科の観賞用つる草, 多年草。花は白色。
¶帰化写2 (p438/カ写)

**カオリツムタケ** *Pholiota alnicola*
モエギタケ科のキノコ。小型〜中型。傘は淡黄褐色, 平滑, やや粘性, 橙色のしみ。
¶学フ増毒き (p144/カ写)
山カ日き (p235/カ写)

**カオリトマヤタケ** *Inocybe griseolilacina*
アセタケ科のキノコ。傘は幼時円錐形でのちにまんじゅう型で赤褐色, 中央部暗赤褐色。
¶山カ日き〔カオリトマヤタケ (日本新産)〕(p597/カ写)

**ガガイモ** *Cynanchum rostellatum* 蘿藦
キョウチクトウ科 (ガガイモ科) の多年生つる草。別名ゴガミ, クサパンヤ, カガミグサ, カガミ, ジガイモ。
¶色野草 (p261/カ写)
学フ増山菜 (p76/カ写)
学フ増野夏 (p18/カ写)
原牧2 (No.1389/カ写)
植調 (p82/カ写)
新分牧 (No.3426/モ図)
新牧日 (No.2378/モ図)
牧野ス2 (No.3234/カ図)
野生4 (p313/カ写)
山カ野草 (p250/カ写)
山ハ野花 (p434/カ写)

**カカエバスギゴケ** *Polytrichum juniperinum*
スギゴケ科のコケ。別名スギゴケ。茎は高さ3〜10cm。葉は卵状楕円形。
¶新分牧 (No.4841/モ図)
新牧日 (No.4704/モ図)

**カカオ** *Theobroma cacao*
アオイ科 (アオギリ科) の常緑小高木。別名ココアノキ, カカオノキ。果実は長さ20cm。高さは6〜

8m。花は桃色，または黄色。
¶APG原樹（No.1035/カ図）
　原牧2（No.613/カ図）
　新分牧（No.2654/モ図）
　新牧日（No.1762/モ図）
　牧野ス2（No.2458/カ図）

**カカオノキ**　⇒カカオを見よ

**カガシラ**　*Diplacrum caricum*
カヤツリグサ科の一年草。別名ヒメシンジュガヤ。
高さは5〜15cm。
¶カヤツリ（p528/モ図）
　原牧1（No.725/カ図）
　新分牧（No.739/モ図）
　新牧日（No.3983/モ図）
　牧野ス1（No.725/カ図）
　野生1（p342/カ写）
　山レ増（p521/カ写）

**カカツガユ**　*Maclura cochinchinensis*　和活ヶ柚
クワ科の低木。別名ヤマミカン，ソンノイゲ。若葉
は生食，材や根は黄色染料になる。
¶APG原樹（No.692/カ図）
　原牧2（No.45/カ図）
　新分牧（No.2094/モ図）
　新牧日（No.169/モ図）
　牧野ス1（No.1890/カ図）
　野生2（p338/カ写）
　山力樹木（p163/カ写）

**カガノアザミ**　*Cirsium kagamontanum*　加賀野薊
キク科アザミ亜科の草本。日本固有種。別名ナガエ
ノアザミ。
¶原牧2（No.2180/カ図）
　固有（p140）
　新分牧（No.3967/モ図）
　新牧日（No.3212/モ図）
　牧野ス2（No.4025/カ図）
　野生5（p239/カ写）

**ガガブタ**　*Nymphoides indica*　鏡蓋
ミツガシワ科の多年生浮葉植物。花弁は白色，径約
15mm。葉の表面には紫褐色の斑状模様があり。
¶学フ増野夏（p161/カ写）
　原牧2（No.1889/カ図）
　新分牧（No.3926/モ図）
　新牧日（No.2351/カ図）
　日水草（p297/カ写）
　牧野ス2（No.3734/カ図）
　野生5（p196/カ写）
　山力野草（p268/カ写）
　山ハ野花（p511/カ写）
　山レ増（p159/カ写）

**カガミ**　⇒ガガイモを見よ

**カガミグサ** (1)　⇒ウキクサを見よ

**カガミグサ** (2)　⇒ガガイモを見よ

**カガミグサ** (3)　⇒ビャクレン (1) を見よ

**カガミグサ** (4)　⇒ヤマブキ (1) を見よ

**カガミゴケ**　*Brotherella henonii*
ハシボソゴケ科のコケ。茎は這い，茎葉は長さ1.
5mmに達し，卵形。
¶新分牧（No.4893/モ図）
　新牧日（No.4754/モ図）

**カガミナンブスズ**　*Neosasamorpha kagamiana*
subsp.*kagamiana*
イネ科タケ亜科のササ。日本固有種。
¶固有（p173）
　タケ亜科（No.100/カ写）
　タケササ（p94/カ写）

**ガガメ**　⇒ツルアラメを見よ

**カカヤンバラ**　*Rosa bracteata*
バラ科バラ亜科の常緑低木。別名ヤエヤマノイ
バラ。
¶山野草（p0625/カ写）
　野生3（p44/カ写）

**カカラ**　⇒サルトリイバラを見よ

**カカリア**　⇒ベニニガナを見よ

**カガリビソウ**　⇒クチナシグサを見よ

**カガリビバナ**　⇒シクラメンを見よ

**カガワビスケ**　*Camellia japonica* ‘Kaga-wabisuke’
加賀侘助
ツバキ科。ツバキの品種。花は桃色。
¶茶花上（p115/カ写）

**カキ**　*Diospyros kaki*　柿
カキノキ科の落葉高木。別名カキノキ，シュカ，セ
キジツカ。樹高は15m。樹皮は淡灰色。
¶APG原樹〔カキノキ〕（No.1109/カ図）
　学フ増花庭〔カキノキ〕（p80/カ写）
　原牧2（No.1059/カ図）
　新分牧（No.3101/モ図）
　新牧日（No.2258/カ図）
　茶花下（p379/カ写）
　都木花新（p100/カ写）
　牧野ス2（No.2904/カ図）
　野生4〔カキノキ〕（p185/カ写）
　落葉図譜（p275/モ図）

**カギイバラノリ**　*Hypnea japonica*
イバラノリ科の海藻。団塊をつくる。体は7〜
20cm。
¶新分牧（No.5059/モ図）
　新牧日（No.4919/モ図）

**カキオ**　*Clematis* ‘Kakio’　柿生
キンポウゲ科。クレマチスの品種。
¶APG原樹〔クレマチス‘カキオ’〕（No.275/カ写）

**カギカズラ**　*Uncaria rhynchophylla*　鉤葛
アカネ科の常緑つる性植物。別名カラスノカギ
ヅル。
¶APG原樹（No.1344/カ図）
　原牧2（No.1278/カ図）
　新分牧（No.3365/モ図）
　新牧日（No.2392/モ図）
　牧野ス2（No.3123/カ図）
　野生4（p292/カ写）

カキカタア　194

山力樹木（p676/カ写）

**カギガタアオイ**　*Asarum curvistigma*　鈎形葵
ウマノスズクサ科の多年草。日本固有種。葉は卵形、または楕円形。
¶原牧1（No.99/カ図）
　固有（p61）
　新分牧（No.121/モ図）
　新牧日（No.695/モ図）
　牧野ス1（No.99/カ図）
　野生1（p64/カ写）
　山ハ山花（p23/カ写）
　山レ増（p370/カ写）

**カギケノリ**　*Asparagopsis taxiformis*
カギケノリ科の海藻。質は多肉。体は10〜20cm。
¶新分牧（No.5033/モ図）
　新牧日（No.4893/モ図）

**カギザケハコベ**　*Holosteum umbellatum*
ナデシコ科の越年草。花は散状に3〜8個付く。
¶帰化写2（p33/カ写）

**カキシメジ**　*Tricholoma ustale*
キシメジ科のキノコ。中型。傘は赤褐色〜栗褐色で湿時粘性、表面平滑。ひだは白色に赤褐色のしみ。
¶学フ増毒き（p34/カ写）
　山力日き（p93/カ写）

**カキツバタ**　*Iris laevigata*　杜若, 燕子花
アヤメ科の多年草。別名カオヨバナ、カオヨグサ。水辺に群生することが多い。高さは50〜70cm。花は紫色。
¶色野草（p250/カ写）
　学フ増野夏（p72/カ写）
　原牧1（No.496/カ写）
　新分牧（No.554/モ図）
　新牧日（No.3544/モ図）
　茶花上（p363/カ写）
　牧野ス1（No.496/カ写）
　野生1（p235/カ写）
　山力野草（p593/カ写）
　山ハ高山（p44/カ写）
　山ハ野花（p62/カ写）
　山ハ山花（p134/カ写）
　山レ増（p569/カ写）

**カキツバナ**　⇒ムサシアブミを見よ

**カキドオシ**　*Glechoma hederacea* subsp.*grandis*　垣通し, 籬通し
シソ科シソ亜科〔イヌハッカ亜科〕の多年草。別名ヒメサルダヒコ、サルダヒコ、イヌシロネ、カントリソウ、グラウンド・アイビー。高さは5〜25cm。
¶色野草（p219/カ写）
　学フ増山菜（p34/カ写）
　学フ増山春（p17/カ写）
　学フ増薬草（p114/カ写）
　原牧2（No.1652/カ図）
　植調（p184/カ写）
　新分牧（No.3779/モ図）
　新牧日（No.2564/モ図）
　茶花上（p247/カ写）

牧野ス2（No.3497/カ図）
野生5（p134/カ写）
山力野草（p210/カ写）
山ハ野花（p452/カ写）

**カキネガラシ**　*Sisymbrium officinale*　垣根芥子
アブラナ科の一年草〜越年草。高さは40〜80cm。花は黄色。
¶帰化写改（p114/カ写, p496/カ写）
　原牧2（No.757/カ図）
　植調（p93/カ写）
　新分牧（No.2784/モ図）
　新牧日（No.878/モ図）
　牧野ス2（No.2602/カ図）
　野生4（p70/カ写）
　山ハ野花（p400/カ写）

**カキノキ**　⇒カキを見よ

**カキノキダマシ**　⇒チシャノキ(1)を見よ

**カキノハグサ**　*Polygala reinii*　柿の葉草
ヒメハギ科の常緑多年草。日本固有種。高さは20〜35cm。
¶原牧1（No.1621/カ図）
　固有（p85/カ写）
　山野草（No.0675/カ写）
　新分牧（No.1813/モ図）
　新牧日（No.1549/モ図）
　茶花上（p507/カ写）
　牧野ス1（No.1621/カ図）
　野生2（p308/カ写）
　山ハ野花（p379/カ写）
　山ハ山花（p335/カ写）

**カキノミタケ**　*Penicilliopsis clavariiformis*
マユハキタケ科のキノコ。小型。カキの種子に発生する。
¶山力日き（p543/カ写）

**カギノリ**　*Bonnemaisonia hamifera*
カギケノリ科の海藻。外形円錐形に分岐。体は10〜15cm。
¶新分牧（No.5032/モ図）
　新牧日（No.4892/モ図）

**カキバカンコノキ**　*Glochidion zeylanicum* var. *zeylanicum*
コミカンソウ科（トウダイグサ科）の木本。
¶原牧2（No.282/カ図）
　新分牧（No.2445/モ図）
　新牧日（No.1450/モ図）
　牧野ス1（No.2127/カ図）
　野生3（p176/カ写）
　山力樹木（p389/カ写）

**カギバダンツウゴケ**　⇒ミノゴケを見よ

**カキバチシャノキ**　*Cordia dichotoma*
ムラサキ科カキバチシャノキ亜科の木本。
¶原牧2〔イヌヂシャ〕（No.1407/カ図）
　新分牧〔イヌヂシャ〕（No.3507/モ図）
　新牧日〔イヌヂシャ〕（No.2468/モ図）
　牧野ス2〔イヌヂシャ〕（No.3252/カ図）

野生5 (p49/カ写)

**カギバニワスギゴケ** ⇒コスギゴケを見よ

**カギバリウマゴヤシ** *Medicago praecox*
マメ科の越年草。
¶帰化写2 (p102/カ写)

**カギバリチチコグサ** *Stuartina hamata*
キク科の越年草。
¶帰化写2 (p288/カ写)

**カギミギシギシ** *Rumex brownii*
タデ科の多年草。高さは30〜60cm。
¶帰化写2 (p24/カ写)

**カギムギ** *Aegilops cylindrica*
イネ科の一年草。別名ヤギムギ。高さは20〜60cm。
¶帰化写改〔ヤギムギ〕(p416/カ写)
新分牧 (No.1059/モ図)
新牧日 (No.3672/モ図)

**カキラン** *Epipactis thunbergii* 柿蘭
ラン科の多年草。別名スズラン。高さは30〜70cm。
花は橙色。
¶学フ増野夏 (p115/カ写)
原牧1 (No.413/カ図)
山野草 (No.1692/カ写)
新分牧 (No.479/モ図)
新牧日 (No.4287/モ図)
茶花下 (p67/カ写)
牧野ス1 (No.413/カ図)
野生1 (p198/カ写)
山力野草 (p568/カ写)
山ハ野花 (p58/カ写)
山ハ山花 (p111/カ写)

**カギリ** *Camellia japonica* 'Kagiri' 限り
ツバキ科。ツバキの品種。花は白色。
¶茶花上 (p114/カ写)

**ガク** ⇒ガクアジサイを見よ

**ガクアサガオ** ⇒ネコアサガオを見よ

**ガクアジサイ** *Hydrangea macrophylla* f.*normalis* 額
紫陽花
アジサイ科 (ユキノシタ科) の落葉・半常緑低木。
日本固有種。別名ハマアジサイ, ガクバナ, ガクソ
ウ, ガク。
¶APG原樹 (No.1076/カ図)
学フ増花庭 (p172/カ図)
原牧2 (No.1021/カ図)
固有 (p74)
新分牧 (No.3053/モ図)
新牧日 (No.985/モ図)
茶花上 (p507/カ写)
都木花新〔アジサイとガクアジサイ〕(p107/カ写)
牧野ス2 (No.2866/カ図)
ミニ山 (p108/カ写)
野生4 (p165/カ写)
山力樹木 (p219/カ写)

**ガクウツギ** *Hydrangea scandens* 額空木
アジサイ科 (ユキノシタ科) の落葉低木。日本固有
種。別名コンテリギ。高さは1.5m。花は白色。

¶APG原樹 (No.1089/カ図)
原牧2 (No.1029/カ図)
固有 (p74/カ写)
新分牧 (No.3062/モ図)
新牧日 (No.993/モ図)
茶花上 (p364/カ写)
都木花新 (p109/カ写)
牧野ス2 (No.2874/カ図)
ミニ山 (p111/カ写)
野生4 (p167/カ写)
山力樹木 (p223/カ写)

**ガクウラジロヨウラク** *Menziesia multiflora* var.
*longicalyx* 萼裏白瓔珞
ツツジ科の落葉低木。
¶学フ増高山 (p38/カ写)
山力樹木 (p579/カ写)

**ガクソウ** ⇒ガクアジサイを見よ

**カクダケ** ⇒シカクダケを見よ

**ガクタヌキマメ** *Crotalaria calycina* 萼狸豆
マメ科マメ亜科の一年草。タヌキマメに似る。花は
淡黄色。
¶野生2 (p262)

**カクチョウラン** *Phaius tankarvilleae* 鶴頂蘭
ラン科の草本。別名カクラン。高さは1m。花は紅
紫色。
¶山野草 (No.1700/カ写)
野生1 (p220/カ写)
山レ増 (p482/カ写)

**カクトラノオ** ⇒ハナトラノオを見よ

**カクバシラタマ** ⇒ロウゲツを見よ

**ガクバナ** ⇒ガクアジサイを見よ

**カクバモミ** *Abies magnifica*
マツ科の常緑高木。別名カリフォルニアレッド
ファー。高さは60m。樹皮は灰色。
¶APG原樹 (No.53/カ写)

**カクベンダイコウ** *Prunus mume* 'Kakuben-daikō'
擱弁大紅
バラ科。ウメの品種。野梅系ウメ, 野梅性八重。
¶ウメ〔擱弁大紅〕(p50/カ写)

**カクミノシメジ** *Lyophyllum sykosporum*
シメジ科のキノコ。中型〜大型。傘は帯褐灰色。
ひだは白色。
¶山力日き (p56/カ写)

**カクミノスノキ**(1) ⇒ウスノキ (広義) を見よ

**カクミノスノキ**(2) ⇒コウスノキを見よ

**カグラジシ** *Camellia japonica* 'Kagura-jishi' 神楽
獅子
ツバキ科。ツバキの品種。花は桃色。
¶茶花上 (p126/カ写)

**カグラソウ** ⇒キツネノマゴを見よ

**カクラン** ⇒カクチョウランを見よ

**カクレイソ** *Camellia japonica* 'Kakure-iso' 隠れ磯
ツバキ科。ツバキの品種。暗紅紫色〜紅色の地に白

カクレミノ　　　　　　　　　196

覆輪と白色の斑。
¶茶花上（p171/カ写）

**カクレミノ**　Dendropanax trifidus　隠れ蓑
ウコギ科の常緑高木。別名イリオモテカクレミノ，
ミツナガシワ。花は淡黄緑色。
¶**APG原樹**（No.1517/カ図）
学フ増樹（p224/カ写・カ図）
原牧2（No.2385/カ写）
新分牧（No.4413/モ図）
新牧日（No.1996/モ図）
茶花上（p508/カ写）
都木花新（p197/カ写）
牧野ス2（No.4230/カ写）
野生5（p375/カ写）
山力樹木（p527/カ写）

**カケバナ**　⇒スミレを見よ

**カゲロウラン**　Zeuxine agyokuana　蜉蝣蘭
ラン科の草本。別名オオスミキヌラン。
¶野生1（p231/カ写）
山ハ山花（p109/カ写）
山レ増（p519/カ写）

**カケロマカンアオイ**　Asarum trinacriforme　加計呂
麻寒葵
ウマノスズクサ科の草本。日本固有種。
¶固有（p62）
野生1（p66/カ写）

**カゴガシ**　⇒コガノキ(1)を見よ

**カゴシマ**(1)　Camellia japonica ‘Kagoshima’　鹿児島
ツバキ科。ツバキの品種。別名マツカサシボリ，パ
インコーン。花は斑入り。
¶茶花上（p149/カ写）

**カゴシマ**(2)　Prunus mume ‘Kagoshima’　鹿児島
バラ科。ウメの品種。
¶**APG原樹**〔ウメ‘カゴシマ’〕（No.476/カ図）

**カゴシマコウ**　Prunus mume ‘Kagoshima-kō’　鹿児
島紅
バラ科。ウメの品種。李系ウメ，紅材性八重。
¶ウメ〔鹿児島紅〕（p110/カ写）

**カゴシマスゲ**　Carex kagoshimensis
カヤツリグサ科の多年草。日本固有種。別名セトウ
チスゲ。有花茎は高さ30～50cm。
¶カヤツリ（p250/モ図）
固有（p183）
スゲ増（No.121/カ写）
野生1（p314/カ写）

**カコソウ**　⇒ウツボグサを見よ

**カゴタケ**　Ileodictyon gracile
スッポンタケ科（アカカゴタケ科）のキノコ。子実
体は類球形籠形，托は白色。
¶新分牧（No.5131/モ図）
新牧日（No.5003/モ図）
山力日き（p514/カ写）

**カゴノキ**　⇒コガノキ(1)を見よ

**カコマハグマ**　Pertya×hybrida
キク科の草本。カシワバハグマとコウヤボウキの種
間雑種。
¶原牧2（No.1908/カ図）
新分牧（No.3944/モ図）
新牧日（No.2944/モ図）
牧野ス2（No.3753/カ図）
山ハ山花（p540/カ写）

**カゴメ**　⇒スジメを見よ

**カゴメノリ**　Hydroclathrus clathratus
カヤモノリ科の海藻。体は径30cm。
¶新分牧（No.4987/モ図）
新牧日（No.4847/モ図）

**カゴメラン**　Goodyera hachijoensis var.matsumurana
ラン科の草本。
¶野生1（p204/カ写）

**カザグルマ**　Clematis patens　風車
キンポウゲ科のつる性の低木。花は紫色，または
白色。
¶**APG原樹**（No.264/カ図）
原牧1（No.1310/カ図）
山野草（No.0116/カ写）
新分牧（No.1472/モ図）
新牧日（No.632/モ図）
茶花上（p364/カ写）
牧野ス1（No.1310/カ図）
ミニ山（p59/カ写）
野生2（p145/カ写）
山力樹木（p180/カ写）
山力野草（p473/カ写）
山ハ野花（p242/カ写）
山レ増（p400/カ写）

**カサザキサクラソウ**　⇒タマザキサクラソウを見よ

**カサザキルピナス**　⇒カサバルピナスを見よ

**カサスゲ**　Carex dispalata　笠菅
カヤツリグサ科の多年草。別名ミノスゲ，スゲ（古
名）。高さは50～100cm。
¶カヤツリ（p468/モ図）
原牧1（No.897/カ図）
新分牧（No.918/モ図）
新牧日（No.4207/モ図）
スゲ増（No.261/カ写）
茶花上（p508/カ写）
日水草（p172/カ写）
牧野ス1（No.897/カ図）
野生1（p333/カ写）
山ハ野花（p145/カ写）

**カサノリ**　Acetabularia ryukyuensis　傘海苔
カサノリ科の海藻。傘上部の色は鮮緑色。
¶新分牧（No.4957/モ図）
新牧日（No.4817/モ図）

**カサバルピナス**　Lupinus hirsutus
マメ科。別名ケノボリフジ，ブルー・ルーピン。高
さは60～80cm。花は紫青色。
¶原牧1（No.1490/カ写）

茶花上〔かさざきルピナス〕(p248/カ写)
牧野ス1 (No.1490/カ図)

**カサヒダタケ** *Pluteus thomsonii*
ウラベニガサ科のキノコ。小型。傘は暗褐色、網目
状に隆起したしわ・周辺に条線がある。ひだは褐色。
¶原きの (No.243/カ写・カ図)
山カ日き (p179/カ写)

**カサモチ** *Nothosmyrnium japonicum*
セリ科セリ亜科の草本。
¶原牧2 (No.2404/カ図)
新分牧 (No.4454/モ図)
新牧日 (No.2021/モ図)
牧野ス2 (No.4249/カ図)
野草5 (p396/カ写)

**カサヤマイノデ** *Polystichum × kasayamense*
オシダ科のシダ植物。
¶シダ標2 (p414/カ写)

**カサユリ** ⇒クルマユリを見よ

**カザリカボチャ** ⇒キントウガを見よ

**カザリシダ** *Aglaomorpha coronans* 飾羊歯
ウラボシ科の常緑性シダ。葉身は長さ40cm弱、三
角状狭披針形。
¶山野草 (No.1834/カ写)
シダ標2 (p453/カ写)
新分牧 (No.4774/モ図)
新牧日 (No.4678/モ図)

**カザリナス** ⇒ヒラナスを見よ

**カサリンホズキン** *Iris* 'Katharine Hodgkin'
アヤメ科の草本。レティキュラータ系の交配種。
¶山野草〔イリス'カサリンホズキン'〕(No.1598/カ写)

**カザンジマ** ⇒ケラマツツジを見よ

**カザンデマリ** *Pyracantha crenulata* 華山手毬
バラ科の常緑性低木。別名ヒマラヤトキワサンザ
シ、インドトキワサンザシ。葉は長楕円形または倒
披針形。
¶APG原樹 (No.528/カ写)
山カ樹木〔ヒマラヤトキワサンザシ〕(p346/カ写)

**カジ** ⇒カジノキを見よ

**カジイチゴ** *Rubus trifidus* 梶苺, 構苺
バラ科バラ亜科の落葉低木。別名トウイチゴ、エド
イチゴ。果実は淡黄色。花は白色。
¶APG原樹 (No.577/カ図)
学フ増山菜 (p75/カ写)
学フ増樹 (p91/カ写・カ図)
原牧1 (No.1756/カ写)
新分牧 (No.1955/モ図)
新牧日 (No.1130/モ図)
茶花上 (p248/カ写)
都木花新 (No.129/カ写)
牧野ス1 (No.1756/カ写)
ミニ山 (p135/カ写)
野草3 (p50/カ写)
山カ樹木 (p262/カ写)

**カシオシミ** ⇒ネジキを見よ

**カシオホテイシダ** ⇒ウロコノキシノブを見よ

**カジカエデ** *Acer diabolicum* 梶楓
ムクロジ科 (カエデ科) の落葉高木, 雌雄異株。日本
固有種。別名オニモミジ。
¶APG原樹 (No.931/カ図)
原牧2 (No.547/カ図)
固有 (p86)
新分牧 (No.2560/モ図)
新牧日 (No.1589/モ図)
茶花上 (p249/カ写)
牧野ス2 (No.2392/カ図)
野草3 (p293/カ写)
山カ樹木 (p445/カ写)
落葉図譜 (p217/モ図)

**カシグルミ** ⇒テウチグルミを見よ

**カシサルノコシカケ** *Phellinus robustus*
タバコウロコタケ科のキノコ。
¶原きの (No.370/カ写・カ図)

**カシタケ** *Russula* sp.
ベニタケ科のキノコ。
¶山カ日き (p366/カ写)

**カシダザサ** *Neosasamorpha shimidzuana* subsp.
*kashidensis*
イネ科タケ亜科のササ。日本固有種。
¶固有 (p174/カ写)
タケ亜科 (No.109/カ写)
タケササ (p95/カ写)

**カージナル・フラワー** ⇒ベニバナサワギキョウを
見よ

**カジノキ** *Broussonetia papyrifera* 梶の木, 構の木, 楮
の木, 穀の木
クワ科の落葉高木。別名カジ, カミノキ。樹高は
15m。複合果の単果は赤色。葉表剛毛, 葉裏白毛。
樹皮は灰褐色。
¶APG原樹 (No.688/カ図)
学フ増樹 (p98/カ写)
原牧2 (No.51/カ図)
新分牧 (No.2092/モ図)
新牧日 (No.175/モ図)
茶花上 (p365/カ写)
都木花新 (p46/カ写)
牧野ス1 (No.1896/カ図)
野草2 (p333/カ写)
山カ樹木 (p165/カ写)

**カシノキラン** *Gastrochilus japonicus*
ラン科の多年草。長さは3〜10cm。
¶原牧1 (No.481/カ図)
山野草 (No.1797/カ写)
新分牧 (No.530/モ図)
新牧日 (No.4356/モ図)
牧野ス1 (No.481/カ図)
野生1 (p201/カ写)
山カ野草 (p585/カ写)
山レ増 (p491/カ写)

**カシノハモチ** ⇒ナナミノキを見よ

カジノハラ　　198

カジノハラセンソウ　*Triumfetta rhomboidea*
アオイ科（シナノキ科）の草本。やや木質。
¶野生4（p34/カ写）

カシポオキナグサ　*Pulsatilla sugawarai*　樫保翁草
キンポウゲ科の草本。高さは5〜15cm。
¶山野草（No.0141/カ写）

カシマガヤ　⇒タキキビを見よ

カジメ (1)　*Ecklonia cava*　搗布
コンブ科の海藻。別名ノロカジメ、アマタ。円柱状。体は1〜2m。
¶新分牧（No.4998/モ図）
新牧日（No.4858/モ図）

カジメ (2)　⇒アラメ (1)を見よ

ガシャモク　*Potamogeton lucens*
ヒルムシロ科の多年生水草。葉身は狭長楕円形。
¶日水草（p121/カ写）
野生1（p132/カ写）
山レ増（p610/カ写）

ガシャンギ（ガジャンギ）　⇒イボタクサギを見よ

カシュウイモ　*Dioscorea bulbifera* 'Domestica'　何首烏芋
ヤマノイモ科の蔓草。大きなムカゴを生ずる。
¶原牧1（No.287/カ写）
新分牧（No.332/モ図）
新牧日（No.3530/モ図）
牧野ス1（No.287/カ図）

カシュウナットノキ　*Anacardium occidentale*
ウルシ科の果樹。別名カシューナットノキ、カシューナット。肥大果柄は紫果状で黄色。高さは10〜15m。花は白色、または薄緑色。
¶APG原樹〔カシューナットノキ〕（No.902/カ図）
原牧2（No.502/カ図）
新分牧（No.2542/モ図）
新牧日（No.1552/モ図）
牧野ス2（No.2347/カ図）

カシューナット　⇒カシュウナットノキを見よ

カシューナットノキ　⇒カシュウナットノキを見よ

ガジュマル　*Ficus microcarpa*　榕樹
クワ科の常緑高木。別名タイワンマツ。高さは20m。
¶APG原樹（No.672/カ図）
原牧2（No.62/カ図）
新分牧（No.2096/モ図）
新牧日（No.186/カ写）
牧野ス1（No.1907/カ図）
野生2（p335/カ写）
山力樹木（p167/カ写）

カショウアブラススキ　*Capillipedium kwashotensis*
イネ科キビ亜科の多年草。高さは30〜50cm。
¶桑イネ（p86/モ図）
野生2（p79/カ写）

カショウクズマメ　*Mucuna membranacea*
マメ科マメ亜科の木本。別名ハネミノモダマ。
¶野生2（p285/カ写）

ガショウソウ　⇒ニリンソウを見よ

カシロダケ　*Phyllostachys bambusoides* f.*kasirodake*
皮白竹
イネ科のタケ。
¶タケササ（p18/カ写）

カシワ　*Quercus dentata*　柏、槲、櫟
ブナ科の落葉高木。別名カシワギ、モチガシワ、ホソバガシワ、タチガシワ、オオガシワ。高さは10〜15m。
¶APG原樹（No.702/カ図）
学フ増樹（p101/カ写・カ図）
原牧2（No.109/カ図）
新分牧（No.2151/カ写）
新牧日（No.144/モ図）
図説樹木（p87/カ写）
都木花新（p58/カ写）
牧野ス1（No.1954/カ図）
野生3（p95/カ写）
山力樹木（p141/カ写）
落葉図譜（p88/モ図）

カシワギ　⇒カシワを見よ

カシワギイノモトソウ　*Pteris multifida* × *P. yamatensis*
イノモトソウ科のシダ植物。
¶シダ標1（p383/カ写）

カシワナラ　⇒ナラガシワを見よ

カシワバアジサイ　*Hydrangea quercifolia*　柏葉紫陽花
アジサイ科（ユキノシタ科）。高さは1〜2m。花は白色。
¶茶花下（p68/カ写）

カシワバアジサイ 'スノークイーン'　⇒スノークイーンを見よ

カシワバゴムノキ　*Ficus lyrata*
クワ科の木本。高さは12〜15m。
¶APG原樹（No.670/カ図）

カシワバチョウセンアサガオ　⇒キダチチョウセンアサガオを見よ

カシワバハグマ　*Pertya robusta*　柏葉白熊、柏葉羽熊
キク科コウヤボウキ亜科の多年草。日本固有種。高さは30〜70cm。
¶学フ増野秋（p158/カ写）
原牧2（No.1907/カ図）
固有（p143）
山野草（No.1312/カ写）
新分牧（No.3943/モ図）
新牧日（No.2943/モ図）
茶花下（p300/カ写）
牧野ス2（No.3752/カ図）
野生5（p213/カ写）
山力野草（p23/カ写）
山ハ山花（p539/カ写）

カスガコウ　*Prunus mume* 'Kasuga-kō'　春日紅
バラ科。ウメの品種。李系ウメ、難波性八重。
¶ウメ〔春日紅〕（p85/カ写）

**カスカスガヤ** ⇒ベチベルソウを見よ

**カスガノ** *Prunus mume* 'Kasugano' 春日野
バラ科。ウメの品種。李系ウメ，難波性八重。
¶ウメ〔春日野〕(p85/カ写)
　APG原樹〔ウメ 'カスガノ'〕(No.468/カ図)

**カズサイノデ**(1) *Polystichum polyblepharon* var. *scabiosum*
オシダ科。日本固有種。
¶固有(p207)

**カズサイノデ**(2) ⇒イノデを見よ

**カズザキコウゾリナ** *Blumea lanceolaria*
キク科キク亜科の多年草。高さは2m。葉はリウゼツナに似る。
¶野生5(p350/カ写)

**カズザキヨモギ** ⇒ヨモギを見よ

**カズノコグサ** *Beckmannia syzigachne* 数の子草
イネ科イチゴツナギ亜科の一年草〜二年草。別名ミノゴメ。高さは30〜100cm。
¶学フ増野夏(p211/カ写)
　桑イネ(p84/カ写・モ図)
　原牧1(No.1009/カ写)
　植調(p290/カ写)
　新分牧(No.1136/モ図)
　新牧日(No.3747/モ図)
　牧野ス1(No.1009/カ図)
　野生2(p44/カ写)
　山カ野草(p671/カ写)
　山ハ野花(p181/カ写)

**カヅノゴケ** ⇒ウキゴケを見よ

**カスピダアータ** *Camellia cuspidata*
ツバキ科の木本。花は白色。
¶APG原樹(No.1150/カ図)

**カスマグサ** *Vicia tetrasperma* かす間草
マメ科マメ亜科の越年草。高さは30〜60cm。
¶色野草(p227/カ写)
　学フ増野春(p29/カ写)
　原牧1(No.1560/カ写)
　植調(p263/カ写)
　新分牧(No.1766/モ図)
　新牧日(No.1347/モ図)
　牧野ス1(No.1560/カ図)
　野生2(p299/カ写)
　山カ野草(p378/カ写)
　山ハ野花(p367/カ写)

**カスミオオヤマザクラ** ⇒アカツキザクラを見よ

**カスミザクラ** *Cerasus leveilleana* 霞桜
バラ科シモツケ亜科の落葉高木。日本種の桜。別名ケヤマザクラ。高さは20m。花は微紅色，またはほとんど白色。樹皮は灰褐色。
¶APG原樹(No.407/カ図)
　学フ増桜(p46/カ写)
　原牧1(No.1643/カ写)
　新分牧(No.1848/カ写)
　新牧日(No.1222/モ図)
　牧野ス1(No.1643/カ図)

　野生3(p67/カ写)
　山カ樹木(p305/カ写)
　落葉図譜(p157/モ図)

**カスミソウ**(1) *Gypsophila elegans* 霞草
ナデシコ科の草本。別名ムレナデシコ，ハナイトナデシコ。高さは20〜50cm。花は白色。
¶原牧2(No.938/カ図)
　新分牧(No.2979/モ図)
　新牧日(No.410/モ図)
　茶花上(p249/カ写)
　牧野ス2(No.2783/カ図)

**カスミソウ**(2) ⇒ホトケノザ(1)を見よ

**カスミノキ** *Cotinus coggygria* 霞の木
ウルシ科の落葉低木。別名スモーク・ツリー，ハグマノキ。高さは4〜5m。花は帯紫色。
¶APG原樹(No.900/カ図)
　茶花下〔けむりのき〕(p87/カ写)
　山カ樹木〔ハグマノキ〕(p403/カ写)

**カスミヒメハギ** ⇒コバナヒメハギを見よ

**カズラサボテン** ⇒サンカクチュウを見よ

**カゼクサ** *Eragrostis ferruginea* 風草
イネ科ヒゲシバ亜科の多年草。別名ミチシバ。高さは30〜80cm。
¶学フ増野夏(p204/カ写)
　桑イネ(p220/カ写・モ図)
　原牧1(No.1108/カ写)
　植調(p299/カ写)
　新分牧(No.1247/モ図)
　新牧日(No.3756/モ図)
　茶花下(p190/カ写)
　牧野ス1(No.1108/カ図)
　野生2(p69/カ写)
　山カ野草(p677/カ写)
　山ハ野花(p169/カ写)

**カセンガヤ** *Chloris radiata*
イネ科ヒゲシバ亜科の一年草。別名コウセンガヤ，ヒゲシバ。高さは20〜50cm。
¶帰化写2〔コウセンガヤ〕(p512/カ写)
　桑イネ〔コウセンガヤ〕(p148/モ図)
　野生2(p68)

**カセンソウ** *Inula salicina* var. *asiatica* 歌仙草
キク科キク亜科の多年草。高さは60〜80cm。
¶学フ増野夏(p100/カ写)
　原牧2(No.1994/カ図)
　山野草(No.1288/カ写)
　新分牧(No.4252/モ図)
　新牧日(No.3031/モ図)
　茶花下(p69/カ写)
　牧野ス2(No.3839/カ図)
　野生5(p354/カ写)
　山カ野草(p677/カ写)
　山ハ野花(p554/カ写)

**カセンニシキ** *Acer palmatum* 'Kasennishiki' 花泉錦
ムクロジ科(カエデ科)の木本。カエデの品種。別名ハナイズミニシキ。

¶**APG原樹**〔カエデ'カセンニシキ'〕(No.905/カ図)

**カゾ**(1) ⇒コウゾ(1)を見よ

**カゾ**(2) ⇒ヒメコウゾ(1)を見よ

**カタイノデ** *Polystichum makinoi* 堅猪之手
オシダ科の常緑性シダ。葉身は長さ25～60cm, 狭卵状長楕円形。
¶シダ標**2**(p412/カ写)
新分牧(No.4724/モ図)
新牧日(No.4505/モ図)

**カタイノデ × イワシロイノデ** *Polystichum makinoi × P.ovatopaleaceum var.coraiense*
オシダ科のシダ植物。
¶シダ標**2**(p419/カ写)

**カタイノデモドキ** *Polystichum × izuense*
オシダ科のシダ植物。
¶シダ標**2**(p420/カ写)

**カタオカザクラ** *Cerasus verecunda* 'Norioi' 片丘桜
バラ科の落葉低木。サクラの栽培品種。花は淡紅色。
¶学フ増桜〔'片丘桜'〕(p102/カ写)

**カタオカソウ** *Pulsatilla taraoi*
キンポウゲ科の多年草。
¶山野草(No.0142/カ写)

**カタカゴ** ⇒カタクリを見よ

**カタカシ** ⇒カタクリを見よ

**カタガワヤガミスゲ** *Carex unilateralis*
カヤツリグサ科の多年草。果胞には広い翼がある。
¶カヤツリ〔バラムシロスゲ〕(p522/モ図)
スゲ増(p373)

**カタクリ** *Erythronium japonicum* 片栗
ユリ科の多年草。別名カタコ, カタカシ, カタカゴ(古名), ブンダイユリ。高さは15～30cm。花は紅紫色。
¶色野草(p244/カ写)
学フ増山菜(p96/カ写)
学フ増野春(p82/カ写)
原牧**1**(No.353/カ図)
山野草(No.1439/カ写)
新分牧(No.391/モ図)
新牧日(No.3451/モ図)
茶花上(p250/カ写)
牧野ス**1**(No.353/カ図)
野生**1**(p169/カ写)
山力野草(p625/カ写)
山ハ野花(p43/カ写)
山ハ山花(p72/カ写)

**カタコ** ⇒カタクリを見よ

**カタザクラ** ⇒リンボクを見よ

**カタシデ** ⇒クマシデを見よ

**カタシボチク** *Phyllostachys bambusoides f.katashibo*
片皺竹
イネ科のタケ。
¶タケササ(p21/カ写)

**カタシャジクモ** *Chara globularis* 硬車軸藻
シャジクモ科の水草。
¶新分牧(No.4931/モ図)
新牧日(No.4791/モ図)

**カタシログサ** ⇒ハンゲショウを見よ

**カタスギ** ⇒アズキナシを見よ

**カタスゲ** *Carex macrandrolepis*
カヤツリグサ科の多年草。別名シャリョウスゲ。
¶カヤツリ(p396/モ図)
新分牧(No.852/モ図)
新牧日(No.4140/モ図)
スゲ増(No.214/カ写)
野生**1**(p323/カ写)

**カタツボミゴケ** *Jungermannia kyushuensis*
ツボミゴケ科のコケ植物。日本固有種。
¶固有(p222)

**カタナンビイノデ** *Polystichum × minamitanii*
オシダ科のシダ植物。
¶シダ標**2**(p420/カ写)

**カタバミ** *Oxalis corniculata* 酢漿草, 傍食
カタバミ科の多年草。別名スイモノグサ。高さは10～30cm。花は黄色。
¶色野草(p162/カ写)
学フ増野夏(p88/カ写)
学フ有毒(p64/カ写)
原調**2**(No.218/カ図)
植調(p110/カ写)
新分牧(No.2261/モ図)
新牧日(No.1404/モ図)
牧野ス**1**(No.2063/カ図)
野生**3**〔カタバミ(広義)〕(p140/カ写)
山力野草(p368/カ写)
山ハ野花(p346/カ写)

**カタバミ(狭義)** *Oxalis corniculata f.villosa*
カタバミ科の多年草。
¶野生**3**(p141)

**カタバミツメクサ** *Trifolium suffocatum*
マメ科の越年草。
¶帰化写**2**(p116/カ写)

**カタバミモ** ⇒デンジソウを見よ

**カタヒバ** *Selaginella involvens* 片檜葉
イワヒバ科の常緑性シダ。地下茎は淡黄緑色。高さは10～40cm。
¶シダ標**1**(p278/カ写)
新分牧(No.4827/モ図)
新牧日(No.4385/モ図)

**カタベニフクロノリ** *Halosaccion firmum*
ダルス科の海藻。
¶新分牧(No.5077/モ図)
新牧日(No.4937/モ図)

**カタボウシノケグサ** *Desmazeria rigida* 片穂牛の毛草
イネ科の一年草。高さは2～30cm。
¶帰化写**2**(p327/カ写)

新分牧 (No.1121/モ図)
新牧日 (No.3700/モ図)

**カタホソイノデ** *Polystichum × kunioi*
オシダ科のシダ植物。
¶シダ標2 (p415/カ写)

**カタモミ** ⇒アブラスギを見よ

**カタヤマソウタン** *Camellia japonica* 'Katayama-sōtan' 片山宗旦
ツバキ科。ツバキの品種。花は白色。
¶茶花上 (p105/カ写)

**カタワグルマ** ⇒シャジクソウを見よ

**カタン** ⇒アカギ(1)を見よ

**カチカタ** ⇒オオムギを見よ

**カチョウグサ** ⇒カヤツリグサを見よ

**カツウダケカンアオイ** ⇒オナガサイシンを見よ

**ガッコウ** ⇒ボクハンを見よ

**カッコウアザミ**(1) *Ageratum conyzoides* 藿香薊
キク科の一年草。高さは30～60cm。花は紫色、または白色。葉は悪臭とハッカ臭との混合。
¶帰化写改 (p313/カ写)
原牧2 (No.1913/カ図)
植調 (p144/カ写)
新分牧 (No.4309/モ図)
新牧日 (No.2950/モ図)
牧野ス2 (No.3758/カ図)

**カッコウアザミ**(2) ⇒ムラサキカッコウアザミを見よ

**カッコウセンノウ** *Lychnis flos-cuculi*
ナデシコ科の多年草。花は紅紫色。
¶山野草 (No.0037/カ写)

**カッコソウ** *Primula kisoana* かっこ草
サクラソウ科の多年草。日本固有種。別名キソザクラ, キソコザクラ。高さは10～15cm。花は紅紫色。
¶原牧2 (No.1077/カ写)
固有 (p110/カ写)
山野草 (No.0845/カ写)
新分牧 (No.3121/モ図)
新牧日 (No.2221/モ図)
茶花上 (p365/カ写)
牧野ス2 (No.2922/カ図)
野生4 (p198/カ写)
山力野草 (p282/カ写)
山ハ山花 (p373/カ写)
山レ増 (p190/カ写)

**ガッサンチドリ** *Platanthera takedae* subsp.*uzenensis* 月山千鳥
ラン科の草本。日本固有種。
¶固有 (p191)
野生1 (p223/カ写)
山ハ高山 (p39/カ写)
山ハ山花 (p118/カ写)
山レ増 (p507/カ写)

**ガッサントリカブト** *Aconitum gassanense*
キンポウゲ科の擬似一年草。日本固有種。高さは1～1.7m。
¶固有 (p56)
新分牧 (No.1420/モ図)
野生2 (p125/カ写)

**カッテザクラ** ⇒モチヅキザクラを見よ

**カツモウイノデ** *Ctenitis subglandulosa*
オシダ科の常緑性シダ。葉身は長さ45～70cm、卵状三角形。
¶シダ標2 (p405/カ写)
新分牧 (No.4711/モ図)
新牧日 (No.4546/モ図)

**カツラ** *Cercidiphyllum japonicum* 桂
カツラ科の落葉高木。別名コウノキ, ショウユノキ, マッコウノキ, オカヅラ (古名)。高さは30m。樹皮は灰褐色。
¶APG原樹 (No.330/カ図)
学ナ増樹 (p27/カ写)
学ナ増花庭 (p56/カ写)
原牧1 (No.1347/カ写)
新分牧 (No.1518/モ図)
新牧日 (No.510/モ図)
図説樹木 (p124/カ写)
茶花上 (p250/カ写)
都木花新 (p33/カ写)
牧野ス1 (No.1347/カ図)
野生2 (p187/カ写)
山力樹木 (p178/カ写)
落葉図譜 (p107/モ図)

**カツラカワアザミ** *Cirsium opacum*
キク科アザミ亜科の草本。日本固有種。
¶固有 (p139)
野生5 (p234/カ写)

**カツラガワスゲ** *Carex subtumida*
カヤツリグサ科の多年草。高さは30～90cm。
¶カヤツリ (p464/モ写)
スゲ増 (No.259/カ写)
野生1 (p327/カ写)

**カツラギグミ** *Elaeagnus takeshitae*
グミ科の木本。日本固有種。
¶固有 (p92)
野生2 (p312/カ写)

**カツラギザサ** *Sasa admirabilis* 葛城笹
イネ科のササ。
¶タケササ (p120/カ写)

**カテンソウ** *Nanocnide japonica* 花点草
イラクサ科の多年草。別名ヒシバカキドウシ。高さは10～30cm。
¶色野草 (p338/カ写)
原牧2 (No.73/カ写)
新分牧 (No.2137/モ図)
新牧日 (No.200/モ図)
牧野ス1 (No.1918/カ図)
ミニ山 (p11/カ写)

カトウハコ　202

野生2（p347/カ写）
山力野草（p552/カ写）
山ハ野花（p388/カ写）

**カトウハコベ**　*Arenaria katoana*　加藤繁縷
ナデシコ科の多年草。日本固有種。高さは5〜10cm。
¶学フ増高山（p137/カ写）
原牧2（No.893/カ図）
固有（p47/カ写）
新分牧（No.2916/モ図）
新牧日（No.365/モ図）
牧野ス2（No.2738/カ図）
野生4（p110/カ写）
山力野草（p514/カ写）
山ハ高山（p140/カ写）
山レ増（p421/カ写）

**カドハリイ**　*Eleocharis tetraquetra* var.*tsurumachii*
カヤツリグサ科の多年草。日本固有種。
¶カヤツリ（p620/モ図）
固有（p188）

**カトレア**　*Cattleya labiata*
ラン科。別名ヒノデラン。高さは10〜30cm。
¶原牧1（No.468/カ図）
新分牧（No.524/モ図）
新牧日（No.4343/モ図）
牧野ス1（No.468/カ図）

**カナウツギ**　*Neillia tanakae*　椿木空木
バラ科シモツケ亜科の落葉低木。日本固有種。別名ヤマドウシン。花は白色。
¶APG原樹（No.402/カ図）
原牧1（No.1625/カ図）
固有（p77/カ写）
新分牧（No.1817/モ図）
新牧日（No.1026/モ図）
牧野ス1（No.1625/カ図）
野生3（p74/カ写）
山力樹木（p282/カ写）

**カナカケコンブ**　⇒ネコアシコンブを見よ

**カナクギノキ**　*Lindera erythrocarpa*　金釘の木, 鉄釘の木
クスノキ科の落葉高木。別名ナツコガ。
¶APG原樹（No.166/カ図）
原牧1（No.157/カ図）
新分牧（No.194/モ図）
新牧日（No.498/モ図）
牧野ス1（No.157/カ図）
野生1（p82/カ写）
山力樹木（p208/カ写）
落葉図譜（p122/モ図）

**カナクサ**　⇒ヘビノネゴザを見よ

**カナグスクシダ**　⇒シマムカデシダを見よ

**カナシデ**　⇒クマシデを見よ

**カナダアキノキリンソウ**　*Solidago canadensis*
キク科の多年草。高さは40〜120cm。
¶帰化写改（p386/カ写）

**カナダオダマキ**　*Aquilegia canadensis*　カナダ苧環
キンポウゲ科の多年草。高さは30〜60cm。花は黄色。
¶山野草（No.0067/カ写）
茶花上（p366/カ写）

**カナダトウヒ**　*Picea canadensis*　カナダ唐檜
マツ科の常緑高木。高さは30m。樹皮は灰褐色。
¶APG原樹（No.31/カ図）

**カナダトウヒ‘コニカ’**　⇒コニカを見よ

**カナビキソウ**　*Thesium chinense*　金引草, 鉄引草
ビャクダン科カナビキソウ連の多年生の半寄生植物。高さは10〜25cm。
¶学フ増野春（p152/カ写）
原牧2（No.772/カ図）
新分牧（No.2810/モ図）
新牧日（No.235/モ図）
牧野ス2（No.2617/カ図）
野生4（p76/カ写）
山力野草（p556/カ写）
山ハ野花（p296/カ写）
山ハ山花（p263/カ写）

**カナムグラ**　*Humulus scandens*　金葎, 鉄葎
アサ科（クワ科）の一年生つる草。別名クワムグラ, ハナムグラ, ムグラ。
¶色野草（p377/カ写）
学フ増野秋（p213/カ写）
学フ増薬草（p32/カ写）
原牧2（No.38/カ図）
植調（p175/カ写）
新分牧（No.2082/モ図）
新牧日（No.191/モ図）
牧野ス1（No.1883/カ図）
野生2（p330/カ写）
山力野草（p556/カ写）
山ハ野花（p386/カ写）

**カナメ**　⇒チャンチンモドキを見よ

**カナメノキ**　⇒チャンチンモドキを見よ

**カナメモチ**　*Photinia glabra*　要黐
バラ科シモツケ亜科の常緑高木。別名ソバノキ, アカメモチ。高さは3〜5m。花は白色。
¶APG原樹（No.543/カ図）
学フ増花庭（p123/カ写）
原牧1（No.1721/カ図）
新分牧（No.1911/モ図）
新牧日（No.1070/モ図）
茶花上（p366/カ写）
都木花新（p134/カ写）
牧野ス1（No.1721/カ図）
野生3（p76/カ写）
山力樹木（p337/カ写）

**カナヤマイチゴ**　⇒エゾキイチゴを見よ

**カナヤマシダ**　⇒ヘビノネゴザを見よ

**カナリアノキ**　⇒カンラン(1)を見よ

**カナリーキヅタ** *Hedera canariensis*
ウコギ科の常緑つる性低木。別名アオオロメヅタ。
葉長15〜20cm。
¶ **APG原樹** (No.1520/カ図)

**カナリークサヨシ** *Phalaris canariensis*
イネ科イチゴツナギ亜科の一年草。別名カナリヤク
サヨシ。高さは40〜100cm。
¶ **帰化写改** (p461/カ写, p521/カ写)
　桑イネ (p378/カ写・モ図)
　野生2 (p58/カ写)
　山ハ野花 (p174/カ写)

**カナリヤクサヨシ** ⇒カナリークサヨシを見よ

**カナリーヤシ** *Phoenix canariensis*
ヤシ科の常緑高木。別名フェニックス。果実は橙
色, 果序の枝は扁平。高さは15〜20m。花は黄色。
¶ **APG原樹** (No.209/カ写)
　学フ増花庭 (p76/カ写)
　原牧1 (No.620/カ図)
　新分牧 (No.645/モ図)
　新牧日 (No.3900/モ図)
　牧野S1 (No.620/カ写)
　山ハ樹木 (p84/カ写)

**カナワラビ**(1) ⇒オオカナワラビを見よ

**カナワラビ**(2) ⇒ホソバカナワラビを見よ

**カニオクマワラビ** *Dryopteris kinkiensis* × *D. uniformis*
オシダ科のシダ植物。
¶ **シダ標2** (p376/カ写)

**カニガヤ** ⇒アブラガヤを見よ

**カニクサ** *Lygodium japonicum* 蟹草
カニクサ科の夏緑性シダ。別名ツルシノブ, シャミ
センヅル, ナガバカニクサ。葉柄の長さは30cm, 葉
身はつる状。
¶ **シダ標1** (p331/カ写)
　新分牧 (No.4546/モ図)
　新牧日 (No.4412/モ図)

**ガニクサ** ⇒オバクサを見よ

**カニコウモリ** *Parasenecio adenostyloides* 蟹蝙蝠
キク科キク亜科の多年草。日本固有種。高さは60
〜95cm。
¶ **学フ増高山** (p202/カ写)
　原牧2 (No.2135/カ図)
　固有 (p144)
　新分牧 (No.4086/モ図)
　新牧日 (No.3167/モ図)
　茶花下 (p191/カ写)
　牧野S2 (No.3980/カ写)
　野生5 (p304/カ写)
　山カ野草 (p62/カ写)
　山ハ高山 (p391/カ写)
　山ハ山花 (p502/カ写)

**カニサボテン** *Schlumbergera truncata*
サボテン科の多肉植物。別名カニバサボテン。花は
紫紅色。
¶ **原牧2** (No.1001/カ図)

新分牧 (No.3041/モ図)
新牧日 (No.454/モ図)
牧野S2 (No.2846/カ図)

**カニタケ** *Disciotis venosa*
アミガサタケ科のキノコ。
¶ **原きの** (No.521/カ写・カ図)
　山カ日き (p569/カ写)

**カニツリグサ** *Trisetum bifidum* 蟹釣草
イネ科イチゴツナギ亜科の多年草。高さは40〜
80cm。
¶ **桑イネ** (p473/モ図)
　原牧1 (No.971/カ図)
　新分牧 (No.1076/モ図)
　新牧日 (No.3709/モ図)
　牧野S1 (No.971/カ図)
　野生2 (p65/カ写)
　山カ野草 (p671/カ写)
　山ハ野花 (p150/カ写)

**カニツリススキ** ⇒チシマカニツリを見よ

**カニツリノガリヤス** *Calamagrostis fauriei*
イネ科イチゴツナギ亜科の多年草。日本固有種。高
さは30〜75cm。
¶ **桑イネ** (p125/モ図)
　原牧1 (No.983/カ写)
　固有 (p168)
　新分牧 (No.1104/モ図)
　新牧日 (No.3725/モ図)
　牧野S1 (No.983/カ写)
　野生2 (p50/カ写)

**カニノツメ** *Linderia bicolumnata*
スッポンタケ科 (アカカゴタケ科) のキノコ。小型
〜中型。カニのハサミのような形をし, 托はピンク
色〜橙黄色。
¶ **原きの** (No.5132/モ図)
　新牧日 (No.5004/モ図)
　山カ日き (p515/カ写)

**カニノテ** *Amphiroa anceps*
サンゴモ科の海藻。叉状分岐。体は10cm。
¶ **新分牧** (No.5043/モ図)
　新牧日 (No.4903/モ図)

**カニノメ** ⇒ツルアズキを見よ

**カニハ** ⇒シラカンバを見よ

**カニバサボテン** ⇒カニサボテンを見よ

**カニメ** ⇒ツルアズキを見よ

**カニンガムモクマオウ** *Casuarina cunninghamiana*
モクマオウ科の木本。高さは20m。
¶ **野生3** (p105/カ写)

**カネカダン** ⇒アダンを見よ

**カネコシダ** *Diplopterygium laevissimum* 金子羊歯
ウラジロ科の常緑性シダ。羽片は卵状長楕円形。
¶ **シダ標1** (p328/カ写)
　新分牧 (No.4542/モ図)
　新牧日 (No.4417/モ図)
　山レ増 (p691/カ写)

**カーネーション** *Dianthus caryophyllus*
ナデシコ科の草本。別名オランダセキチク, アンジャベル。高さは40〜50cm。花は肉色。
¶原牧2 (No.932/カ図)
　新分牧 (No.2973/モ図)
　新牧日 (No.404/モ図)
　牧野ス2 (No.2777/カ図)

**カネヤマイノデ** *Polystichum ovatopaleaceum* var. *coraiense × P.pseudomakinoi*
オシダ科のシダ植物。
¶シダ標2 (p418/カ写)

**カノウギョクチョウタイカク** *Prunus mume* 'Kanō-gyokuchō-taikaku' 華農玉蝶台閣
バラ科。ウメの品種。野梅系ウメ, 野梅性八重。
¶ウメ〔華農玉蝶台閣〕(p50/カ写)

**カノコガ** ⇒コガノキ(1)を見よ

**カノコソウ** *Valeriana fauriei* 鹿の子草
スイカズラ科 (オミナエシ科) の多年草。別名ハルオミナエシ。高さは40〜80cm。花は白〜淡紅色。
¶学フ増菜草 (p127/カ写)
　原牧2 (No.2317/カ図)
　新分牧 (No.4387/モ図)
　新牧日 (No.2888/モ図)
　茶花上 (p367/カ写)
　牧野ス2 (No.4162/カ写)
　野生5 (p425/カ写)
　山力野草 (p146/カ写)
　山ハ山花 (p481/カ写)

**カノコユリ** *Lilium speciosum* f.*speciosum* 鹿の子百合
ユリ科の多年草。日本固有種。別名ドヨウユリ, スズユリ, タナバタユリ, カラユリ, タキユリ。シマカノコユリ (var.speciosum) とタキユリ (var. clivorum) に分けられるとする説もある。高さは1〜1.5m。花は白色で淡紅色を帯びる。
¶原牧1 (No.341/カ図)
　固有 (p160)
　新分牧 (No.407/モ図)
　新牧日 (No.3435/モ図)
　茶花下 (p69/カ写)
　牧野ス1 (No.341/カ図)
　野生1 (p173/カ写)
　山ハ野花 (p45/カ写)
　山レ増 (p574/カ写)

**カノシタ** *Hydnum repandum*
カノシタ科 (ハリタケ科) のキノコ。小型〜中型。傘は肌色, 不整円形。
¶学フ増毒き (p214/カ写)
　原きの (No.434/カ写・カ図)
　山力日き (p434/カ写)

**カノツメソウ** *Spuriopimpinella calycina* 鹿の爪草
セリ科セリ亜科の多年草。日本固有種。別名ダケゼリ。高さは50〜80cm。
¶原牧2 (No.2415/カ図)
　固有 (p99)
　新分牧 (No.4457/モ図)
　新牧日 (No.2031/モ図)

牧野ス2 (No.4260/カ図)
　ミニ山 (p229/カ写)
　野生5 (p400/カ写)
　山ハ山花 (p467/カ写)

**カノヤスゲ** *Carex* sp.
カヤツリグサ科の多年草。日本固有。鹿児島県鹿屋市で発見。ヒメカンスゲに似る。
¶カヤツリ (p286/モ写)

**カバ** ⇒シラカンバを見よ

**カバイロオオホウライタケ** *Marasmius aurantioferrugineus*
ホウライタケ科のキノコ。中型。傘は赤橙色, 放射状のしわ。ひだは白色。
¶山力日き (p125/カ写)

**カバイロコナテングタケ** *Amanita rufoferruginea*
テングタケ科のキノコ。中型。傘は帯褐橙色粉質。
¶学フ増毒き (p72/カ写)
　山力日き (p141/カ写)

**カバイロサカズキタケ** *Helvella leucomelaena*
ノボリリュウタケ科のキノコ。
¶山力日き (p559/カ写)

**カバイロタケ** *Leratiomyces squamosus* var.*thraustus*
モエギタケ科のキノコ。小型〜中型。傘は赤褐色, 早落性小鱗片付着。ひだは白色。
¶学フ増毒き (p130/カ写)
　原きの (No.179/カ写・カ図)
　山力日き (p226/カ写)

**カバイロチャワンタケ** *Pachyella clypeata*
チャワンタケ科のキノコ。
¶山力日き (p571/カ写)

**カバイロツルタケ** *Amanita fulva*
テングタケ科のキノコ。中型。傘は茶褐色, 条線あり。
¶学フ増毒き (p60/カ写)
　原きの (No.020/カ写・カ図)
　山力日き (p149/カ写)

**カバイロテングノメシガイ** *Geoglossum fallax* var. *fallax*
テングノメシガイ科のキノコ。
¶山力日き (p545/カ写)

**カバイロトマヤタケ** *Inocybe aureostipes*
アセタケ科のキノコ。小型。傘は幼時円錐形, のちにまんじゅう型で暗橙褐色。ひだは灰褐色。
¶山力日き (p597/カ写)

**カバノアナタケ** *Inonotus obliquus*
タバコウロコタケ科のキノコ。
¶原きの (No.361/カ写・カ図)
　山力日き (p492/カ写)

**カバノキ** ⇒シラカンバを見よ

**カバノリ** *Gracilaria textorii*
オゴノリ科の海藻。内部に大きな柔細胞を持つ。体は20cm。
¶新分牧 (No.5064/モ図)
　新牧日 (No.4924/モ図)

**カバユリ** ⇒ウバユリを見よ

**ガビフタリシズカ** *Chloranthus sessilifolius* 峨眉二人静
センリョウ科の草本。別名シダレフタリシズカ。高さは35〜70cm。
¶山野草 (No.0397/カ写)

**カブ** *Brassica rapa* var.*rapa* 蕪
アブラナ科の根菜類。別名カブラ，カブナ。根の直径は20cm。花は鮮黄色。
¶原牧2 (No.694/カ写)
　新分牧 (No.2793/モ図)
　新牧日 (No.816/モ図)
　牧野ス2 (No.2539/カ図)

**カブス** ⇒カボスを見よ

**カブスゲ** *Carex cespitosa*
カヤツリグサ科の多年草。別名クロオスゲ，オオクロメスゲ。
¶カヤツリ (p174/モ図)
　原牧1 (No.811/モ図)
　新分牧 (No.819/モ図)
　新牧日 (No.4102/モ図)
　スゲ増 (No.79/カ写)
　牧野ス1 (No.811/カ図)
　野生1 (p311/カ写)

**カブダチアッケシソウ** *Sarcocornia pacifica* 株立厚岸草
ヒユ科（アカザ科）の多年草。根茎は横にはって木化。
¶帰化写2 (p47/カ写)
　山ハ野花 (p292/カ写)

**カブダチジャノヒゲ** *Ophiopogon japonicus* var. *caespitosus*
クサスギカズラ科の多年草。葉の長さは25〜45cm。
¶野生1 (p256)

**カブダチナズナ** *Draba sachalinensis* var. *shinanomontana*
アブラナ科の多年草。
¶野生4 (p61/カ写)

**カブトギク**(1) ⇒トリカブトを見よ

**カブトギク**(2) ⇒トリカブト類を見よ

**カブトバナ**(1) ⇒トリカブトを見よ

**カブトバナ**(2) ⇒トリカブト類を見よ

**カブナ** ⇒カブを見よ

**カブベニチャ** *Gymnopus acervatus*
ツキヨタケ科のキノコ。
¶山カ日き (p107/カ写)

**カブムラサキ** ⇒タビラコモドキを見よ

**カブヤマツブタケ** *Ophiocordyceps macularis* f.
オフィオコルディセプス科の冬虫夏草。ミヤマムシタケの子嚢殻が裸生型の個体。
¶冬虫生態 (p182/カ写)

**カブラ** ⇒カブを見よ

**カブラアセタケ** *Inocybe asterospora*
アセタケ科（フウセンタケ科）のキノコ。
¶学フ増毒き (p149/カ写)
　山カ日き (p242/カ写)

**カブラテングタケ** *Amanita gymnopus*
テングタケ科のキノコ。大型。傘はクリーム色。
¶学フ増毒き (p69/カ写)
　山カ日き (p168/カ写)

**カブラマツタケ** *Squamanita umbonata*
カブラマツタケ科のキノコ。小型〜中型。傘は円錐形，茶褐色の繊維状鱗片。ひだは白色。
¶山カ日き (p197/カ写)

**カブラミツバ** ⇒セルリアックを見よ

**カベイラクサ** *Parietaria judaica*
イラクサ科の草本。別名ヨーロッパヒカゲミズ。高さは30〜40cm。
¶帰化写2 (p18/カ写)

**ガーベラ** *Gerbera hybrida*
キク科の多年草。花は赤色，黄色ほか。
¶原牧2 (No.1902/カ図)
　牧野ス2 (No.3747/カ図)

**カベンタケ** *Clavulinopsis laeticolor*
シロソウメンタケ科のキノコ。小型〜中型。形は紡錘形〜へら状，黄色。
¶山カ日き (p408/カ写)

**カホウ** *Rhododendron indicum* 'Kahō' 華宝
ツツジ科。サツキの品種。
¶APG原樹〔サツキ 'カホウ'〕(No.1249/カ図)

**カホクザンショウ** *Zanthoxylum bungeanum*
ミカン科の落葉低木。
¶野生3 (p308)

**カボス** *Citrus sphaerocarpa* 臭橙
ミカン科の木本。別名ダイダイ，カブス。果肉は柔軟多汁。
¶APG原樹 (No.956/カ図)

**カボチャ** *Cucurbita moschata* 南瓜
ウリ科の果菜類，蔓草。別名ボウブラ，トウナス，ナンキン。鮮果の果肉に芳香。花は黄色。
¶学フ増薬草 (p150/カ写)
　茶花下 (p191/カ写)

**カボチャタケ** *Pycnoporellus fulgens*
ツガサルノコシカケ科のキノコ。
¶山カ日き (p468/カ写)

**カポック**(1) ⇒パンヤノキを見よ

**カポック**(2) ⇒ヤドリフカノキを見よ

**ガマ** *Typha latifolia* 蒲
ガマ科の抽水性水草，大型の多年草。別名ヒラガマ，アカマ，シキナ，ミスクサ，ミスクサ（古名）。高さは1〜2m。葉は緑白色。
¶色草図 (p359/カ写)
　学フ増野夏 (p236/カ写)
　学フ増薬草 (p29/カ写)
　原牧1 (No.656/カ図)

カマエカス　　　　　206

植調（p28/カ写）
新分牧（No.697/モ図）
新牧日（No.3955/モ図）
茶花下（p192/カ写）
日水草（p159/カ写）
牧野ス1（No.656/カ図）
野生1（p279/カ写・モ図）
山カ野草（p699/カ写）
山ハ野花（p87/カ写）

**カマエカズラ**　⇒ウジルカンダを見よ

**カマガタナガダイゴケ**　⇒ユミダイゴケを見よ

**カマキリソウ**　⇒レンリソウを見よ

**カマクライブキ**　⇒イブキを見よ

**カマクラカイドウ**　⇒マルメロを見よ

**カマクラサイコ**　⇒ミシマサイコを見よ

**カマクラヒバ**　⇒チャボヒバを見よ

**カマクラビャクシン**　⇒イブキを見よ

**カマクラユリ**　⇒ヤマユリを見よ

**カマシア**　*Camassia* spp.
キジカクシ科〔クサスギカズラ科〕（ユリ科）の球根植物。カマシア属の総称。
¶茶花上（p367/カ写）

**ガマズミ**　*Viburnum dilatatum*　莢蒾
ガマズミ科〔レンプクソウ科〕（スイカズラ科）の低木または小高木。別名アラゲガマズミ，ヨソゾメ，ヨツヅミ。高さは2〜3m。花は白色。
¶APG原樹（No.1464/カ図）
学フ増山菜（p188/カ写）
学フ増樹（p67/カ写・カ図）
原牧2（No.2289/カ図）
新分牧（No.4327/モ図）
新牧日（No.2826/モ図）
図説樹木（p184/カ写）
茶花上（p368/カ写）
都木花新（p221/カ写）
牧野ス2（No.4134/カ図）
野生5（p411/カ写）
山カ樹木（p703/カ写）
落葉図譜（p308/モ図）

**カマタフジ**　*Paeonia suffruticosa* 'Kamatafuji'　鎌田藤
ボタン科の木本。ボタンの品種。
¶APG原樹〔ボタン'カマタフジ'〕（No.313/カ図）

**カマツカ**　⇒ツユクサを見よ

**カマツカ**(1)　*Pourthiaea villosa* var.*villosa*　鎌柄
バラ科シモツケ亜科の落葉小高木。別名ウシコロシ，ケナシウシコロシ，ウシノハナギ，ワタゲカマツカ。
¶APG原樹（No.542/カ図）
原牧1〔ウシコロシ〕（No.1724/カ図）
新分牧〔ウシコロシ〕（No.1914/モ図）
新牧日〔ウシコロシ〕（No.1073/モ図）
茶花上（p251/カ写）
牧野ス1〔ウシコロシ〕（No.1724/カ図）
野生3（p77/カ写）

**カマツカ**(2)　⇒ハゲイトウを見よ

**カマツカ（狭義）**　*Pourthiaea villosa* var.*laevis*　鎌柄
バラ科シモツケ亜科の落葉小高木。別名ウシコロシ，ケナシウシコロシ。
¶野生3（p77）
山カ樹木〔カマツカ〕（p342/カ写）

**カマッシア**　⇒カマシアを見よ

**カマツボグサ**　⇒オグルマを見よ

**カマナシコザクラ**　⇒シナノコザクラを見よ

**カマナシシモツケ**　⇒アイズシモツケを見よ

**カマノキ**　⇒ヤマモガシを見よ

**カマヤマショウブ**　*Iris sanguinea* var.*violacea*
アヤメ科の多年草。
¶原牧1（No.492/カ図）
新分牧（No.550/モ図）
新牧日（No.3540/モ図）
牧野ス1（No.492/カ図）
野生1（p235）

**カマヤリソウ**　*Thesium refractum*　鎌鎗草
ビャクダン科カナビキソウ連の草本。
¶原牧2（No.771/カ図）
新分牧（No.2809/モ図）
新牧日（No.234/モ図）
牧野ス2（No.2616/カ図）
野生4（p76/カ写）
山ハ山花（p263/カ写）

**カマルドレンシス**　⇒セキザイユーカリを見よ

**カミエビ**　⇒アオツヅラフジを見よ

**カミガモシダ**　*Asplenium oligophlebium* var.*oligophlebium*　上賀茂羊歯
チャセンシダ科の常緑性シダ。日本固有種。別名ホングウシダ，ヒメチャセンシダ。葉身は長さ7〜20cm，線形〜狭披針形。
¶固有（p203/カ写）
山野草（No.1816/カ写）
シダ標1（p413/カ写）
新分牧（No.4640/モ図）
新牧日（No.4623/モ図）

**カミガモソウ**　*Gratiola fluviatilis*
オオバコ科（ゴマノハグサ科）。日本固有種。
¶固有（p127）
野生5（p75/カ写）
山レ増（p106/カ写）

**カミガヤツリ**　*Cyperus papyrus*
カヤツリグサ科の大型常緑多年草。別名パピルス。高さは1.5〜2.5m。
¶帰化写2（p466/カ写）
野生1（p339/カ写）

**カミカワスゲ**　*Carex sabynensis* var.*sabynensis*
カヤツリグサ科の多年草。
¶カヤツリ（p378/モ図）
スゲ増（No.201/カ写）
野生1（p321/カ写）

カミカワタケ　*Phlebiopsis gigantea*
マクカワタケ科のキノコ。
¶山カ日き (p422/カ写)

カミコウチスゲ　⇒グレーンスゲを見よ

カミコウチテンナンショウ　*Arisaema nikoense*
subsp.*brevicollum*　上高地天南星
サトイモ科の多年草。日本固有種。
¶固有 (p177)
テンナン (No.13c/カ写)
野生1 (p98)
山ハ山花 (p41/カ写)
山レ増 (p543/カ写)

カミコウチヤナギ　*Salix* × *kamikotica*
ヤナギ科の雑種。
¶野生3〔カミコウチヤナギ (トカチヤナギ×ケショウヤ
ナギ)〕(p204)

カミスキスダレグサ　⇒ヌマガヤを見よ

カミソリナ　⇒コウゾリナを見よ

カミツレ　⇒カミルレを見よ

カミツレモドキ　*Anthemis cotula*
キク科の一年草。高さは20〜50cm。花は白色。
¶帰化写改 (p318/カ写, p510/カ写)
植調 (p150/カ写)

カミノキ(1)　⇒カジノキを見よ

カミノキ(2)　⇒ガンピ(1)を見よ

カミノヤガラ　⇒オニノヤガラを見よ

カミヤツデ　*Tetrapanax papyrifer*　紙八手
ウコギ科の常緑低木。別名ツウダツボク, ツウソ
ウ。高さは3〜5m。花は帯黄緑白色。
¶帰化写2 (p515/カ写)
原牧2 (No.2373/カ図)
牧野ス2 (No.4218/カ図)
野生5 (p383/カ写)

カミルレ　*Matricaria chamomilla*
キク科の一年草または越年草。別名カミツレ, カミ
レ, ゼルマンカミルレ, ドイツカミルレ。高さは30
〜60cm。花は白色。
¶帰化写改〔カミツレ〕(p377/カ写)
原牧2 (No.2079/カ図)
植調〔カミツレ〕(p151/カ写)
新分牧 (No.4246/モ図)
新牧日 (No.3113/モ図)
牧野ス2 (No.3924/カ図)

カミレ　⇒カミルレを見よ

カムイアザミ　*Cirsium austrohidakaense*
キク科アザミ亜科の多年草。好超塩基性岩植物。高
さ150〜250cm。
¶野生5 (p236/カ写)

カムイコザクラ　*Primula hidakana* var.*kamuiana*
サクラソウ科の草本。日本固有種。
¶固有 (p110)
野生4 (p199)

カムイトウヒレン　*Saussurea kenji-horieana*
キク科アザミ亜科の多年草。超塩基性岩植物。高さ
は110〜130cm。花は淡紅紫色。
¶野生5 (p261/カ写)

カムイビランジ　*Silene hidaka-alpina*
ナデシコ科の多年草。
¶山野草 (No.0041/カ写)
野生4 (p122/カ写)
山ハ高山 (p149/カ写)

カムイヨモギ　⇒イワヨモギ(1)を見よ

カムイレイジンソウ　*Aconitum asahikawaense*　神
居伶人草
キンポウゲ科の多年草。
¶新分牧 (No.1412/モ図)
野生2 (p123/カ写)
山ハ高山 (p118/カ写)

カムシバ　⇒タムシバを見よ

カムリゴケ　*Pilophorus clavatus*
ハナゴケ科の地衣類。地衣体は汚れた灰緑色。
¶新分牧 (No.5179/モ図)
新牧日 (No.5039/モ図)

カムロザサ　*Pleioblastus viridistriatus*　禿笹
イネ科タケ亜科のササ。葉は黄金色で, 多数の緑条
がある。
¶タケ亜科 (No.49/カ写)
タケササ (p165/カ写)
山カ樹木 (p70/カ写)

カムロトウヒレン　*Saussurea sawae*
キク科アザミ亜科の多年草。
¶野生5 (p266/カ写)

カメシパリス・オブツーサ‘ナナ’　⇒ナナを見よ

カメバソウ　⇒カメバヒキオコシを見よ

カメバヒキオコシ　*Isodon umbrosus* var.*leucanthus*
亀葉引起
シソ科シソ亜科〔イヌハッカ亜科〕の多年草。日本
固有種。別名カメバソウ。高さは50〜100cm。
¶原牧2 (No.1721/カ図)
固有 (p123/カ写)
山野草 (No.1021/カ写)
新分牧 (No.3814/モ図)
新牧日 (No.2630/モ図)
牧野ス2 (No.3566/カ図)
野生5 (p142/カ写)
山カ野草 (No.232/カ写)
山ハ山花 (p438/カ写)

カメムシタケ　⇒ミミカキタケを見よ

カモアオイ　⇒フタバアオイを見よ

カモアシオウレン　*Asteropyrum cavaleriei*　鴨脚黄連
キンポウゲ科の草本。高さは5〜10cm。
¶山野草 (No.0099/カ写)

カモウリ　⇒トウガンを見よ

カモガシラノリ　*Dermonema pulvinatum*　鴨頭海苔
コナハダ科 (カサマツ科) の海藻。別名イソモチ, ト

オヤマノリ。軟骨質。
¶新分牧（No.5025/モ図）
　新牧日（No.4886/モ図）

**カモガヤ**　*Dactylis glomerata*　鴨茅
イネ科イチゴツナギ亜科の多年草。別名オーチャードグラス。高さは40〜120cm。
¶学フ増野夏（p206/カ写）
　帰化写改（p438/カ写, p520/カ写）
　桑イネ（p167/カ写・モ図）
　原牧1（No.1013/カ図）
　植調（p318/カ写）
　新分牧（No.1120/モ図）
　新牧日（No.3699/モ図）
　牧野ス1（No.1013/カ図）
　野生2（p50/カ写）
　山カ野草（p675/カ写）
　山ハ野花（p163/カ写）

**カモガワ**　*Camellia japonica* 'Kamogawa'　加茂川
ツバキ科。ツバキの品種。
¶APG原樹〔ツバキ‘カモガワ’〕（No.1137/カ図）

**カモガワモ**　⇒オオミズヒキモを見よ

**カモジグサ**　*Elymus tsukushiensis* var.*transiens*　鞁草
イネ科イチゴツナギ亜科の多年草。別名ナツノチャヒキ。高さは50〜100cm。
¶学フ増野夏（p208/カ写）
　桑イネ（p40/カ写・モ図）
　原牧1（No.960/カ図）
　植調（p302/カ写）
　新分牧（No.1064/モ図）
　新牧日（No.3664/モ図）
　牧野ス1（No.960/カ図）
　野生2（p51/カ写）
　山カ野草（p671/カ写）
　山ハ野花（p153/カ写）

**カモノハシ**　*Ischaemum aristatum* var.*crassipes*　鴨の嘴
イネ科キビ亜科の多年草。高さは30〜80cm。
¶桑イネ（p284/カ写・モ図）
　原牧1（No.1071/カ図）
　新分牧（No.1161/モ図）
　新牧日（No.3854/モ図）
　牧野ス1（No.1071/カ図）
　野生2（p87/カ写）
　山ハ野花（p220/カ写）

**カモノハシガヤ**　*Bothriochloa ischaemum*　鴨の嘴萱
イネ科キビ亜科。高さは20〜80cm。
¶野生2（p79）

**カモホンナミ**　*Camellia japonica* 'Kamo-hon-nami'　加茂本阿弥
ツバキ科。ツバキの品種。別名マドノツキ。花は白色。
¶茶花上（p105/カ写）

**カモメヅル**　⇒タチカモメヅルを見よ

**カモメソウ**　⇒カモメランを見よ

**カモメラン**　*Galearis cyclochila*　鷗蘭
ラン科の多年草。別名イチヨウチドリ, カモメソウ。高さは10〜20cm。花は深紅紫色。
¶原牧1（No.381/カ写）
　新分牧（No.455/モ図）
　新牧日（No.4254/モ図）
　茶花下（p70/カ写）
　牧野ス1（No.381/カ図）
　野生1（p201/カ写）
　山カ野草（p562/カ写）
　山ハ高山（p31/カ写）
　山ハ山花（p126/カ写）
　山レ増（p500/カ写）

**カヤ**(1)　*Torreya nucifera*　榧
イチイ科の常緑高木または低木。別名カヤノキ, ホンガヤ。高さは30m。
¶APG原樹（No.115/カ図）
　学フ増樹（p155/カ写・カ図）
　学フ増薬草（p162/カ写）
　原牧1（No.63/カ写）
　新分牧（No.79/モ図）
　新牧日（No.7/モ図）
　図説樹木（p55/カ写）
　茶花上（p368/カ写）
　都木花新（p247/カ写）
　牧野ス1（No.64/カ図）
　野生1（p43/カ写）
　山カ樹木（p10/カ写）

**カヤ**(2)　⇒ススキを見よ

**カヤタケ**　*Infundibulicybe gibba*
キシメジ科のキノコ。中型。傘は淡クリーム色〜淡赤褐色。ひだは白色〜淡クリーム色。
¶学フ増毒き（p84/カ写）
　山カ日き（p64/カ写）

**カヤツリ**　⇒カヤツリグサを見よ

**カヤツリグサ**　*Cyperus microiria*　蚊帳釣草, 蚊帳吊草
カヤツリグサ科の一年草。別名マスクサ, キガヤツリ, カヤツリ, カチョウグサ, トンボグサ, コガヤツリ。高さは20〜70cm。
¶色野草（p378/カ写）
　学フ増野秋（p217/カ写）
　カヤツリ（p718/カ図）
　原牧1（No.700/カ図）
　植調（p282/カ写）
　新分牧（No.970/モ図）
　新牧日（No.3958/モ図）
　茶花下（p192/カ写）
　牧野ス1（No.700/カ図）
　野生1（p341/カ写）
　山カ野草（p656/カ写）
　山ハ野花（p98/カ写）

**カヤツリスゲ**　*Carex bohemica*　蚊帳釣菅, 蚊帳吊菅
カヤツリグサ科の一年草〜二年草。高さは15〜30cm。
¶カヤツリ（p102/モ図）
　新分牧（No.791/モ図）

新牧日（No.4101/モ図）
スゲ増（No.34/カ写）
野生1（p304/カ写）
山ハ野花（p128/カ写）

**カヤツリマツバイ**　*Eleocharis retroflexa* subsp. *chaetaria*
カヤツリグサ科の一年草。
¶カヤツリ（p618/モ図）
野生1（p345）

**ガヤドリキイロツブタケ**　*Cordyceps tuberculata* f.
ノムシタケ科の冬虫夏草。宿主はガの成虫。ガヤドリナガミノツブタケの子嚢殻がツブタケ型である個体。
¶冬虫生態（p101/カ写）

**ガヤドリナガミツブタケ**　*Cordyceps tuberculata* f. *moelleri*
ノムシタケ科の冬虫夏草。宿主はガの成虫。
¶冬虫生態〔ガヤドリナガミノツブタケ〕（p100/カ写）
山力日き（p580/カ写）

**ガヤドリナガミノツブタケ**　⇒ガヤドリナガミツブタケを見よ

**ガヤドリミジンツブタケ**　*Torrubiella* sp.
ノムシタケ科の冬虫夏草。宿主はガの成虫。
¶冬虫生態（p103/カ写）

**カヤナ**　⇒キツネノマゴを見よ

**カヤネダケ**　⇒ニセホウライタケを見よ

**カヤノキ**　⇒カヤ(1)を見よ

**カヤモノリ**　*Scytosiphon lomentaria*　萱藻海苔
カヤモノリ科の海藻。体は60cm。
¶新分牧（No.4984/モ図）
新牧日（No.4844/モ図）

**カヤラン**　*Thrixspermum japonicum*　榧蘭
ラン科の多年草。長さは3〜10cm。
¶原牧1（No.486/カ図）
山野草（No.1701/カ写）
新分牧（No.526/モ図）
新牧日（No.4361/モ図）
牧野ス1（No.486/カ図）
野生1（p228/カ写）
山力野草（p586/カ写）
山ハ山花（p96/カ写）

**カユプテ**　*Melaleuca cajuputi* subsp. *cumingiana*
フトモモ科の高木。葉は硬く両面性。樹皮は白。
¶APG原樹（No.874/カ図）

**カヨイコマチ**　*Prunus mume* 'Kayoi-komachi'　通い小町
バラ科。ウメの品種。野梅系ウメ、野梅性一重。
¶ウメ〔通い小町〕（p22/カ写）

**カヨイドリ**　*Camellia japonica* 'Kayoidori'　通い鳥
ツバキ科。ツバキの品種。花は絞りが入る。
¶茶花上（p168/カ写）

**カラー**　⇒オランダカイウを見よ

**カラアキグミ**　*Elaeagnus umbellata* var. *coreana*
グミ科の木本。

¶野生2（p311/カ写）

**カライタドリ**　*Fallopia forbesii*
タデ科の多年草。葉は広卵形。
¶野生4（p89/カ写）

**カライト**　*Camellia japonica* 'Karaito'　唐糸
ツバキ科。ツバキの品種。花は紅色。
¶茶花上（p142/カ写）

**カライトソウ**(1)　*Sanguisorba hakusanensis* var. *hakusanensis*　唐糸草
バラ科バラ亜科の多年草。日本固有種。高さは30〜100cm。
¶原牧1（No.1793/カ図）
固有（p79）
山野草（No.0595/カ写）
新分牧（No.1989/モ図）
新牧日（No.1179/モ図）
茶花下（p193/カ写）
牧野ス1（No.1793/カ図）
ミニ山（p142/カ写）
野生3（p57/カ写）
山力野草（p413/カ写）
山ハ高山（p218/カ写）

**カライトソウ**(2)　⇒ワレモコウを見よ

**カライモ**(1)　⇒キクイモを見よ

**カライモ**(2)　⇒サツマイモを見よ

**カラウメ**　⇒ロウバイを見よ

**カラカサカヤツリ**　⇒シュロガヤツリを見よ

**カラカサゴケ**　⇒オオカサゴケを見よ

**カラカサタケ**　*Macrolepiota procera*
ハラタケ科のキノコ。別名ニギリタケ。大型。傘は大きな鱗片。
¶学フ増毒き（p117/カ写）
原きの（No.192/カ写・カ図）
新分牧（No.5107/モ図）
新牧日（No.4985/モ図）
山力日き（p183/カ写）

**カラカサタケモドキ**　*Chlorophyllum rhacodes*
ハラタケ科のキノコ。
¶原きの（No.046/カ写・カ図）

**ガラガラ**　*Tricleocarpa cylindrica*
ガラガラ科の海藻。叉状に分岐。
¶新分牧（No.5029/モ図）
新牧日（No.4889/モ図）

**カラクサイギス**　⇒エゴノリを見よ

**カラクサイヌシダ**　⇒イヌシダを見よ

**カラクサイヌワラビ**　*Athyrium clivicola*　唐草犬蕨
メシダ科（オシダ科）の夏緑性シダ。別名オオヒロハノイヌワラビ。葉身は長さ30〜60cm、楕円形〜長楕円形。
¶シダ標2（p302/カ写）
新分牧（No.4700/モ図）
新牧日（No.4587/モ図）

カラクサイ　210

**カラクサイヌワラビ × サトメシダ**　*Athyrium clivicola×A.deltoidofrons*
メシダ科のシダ植物。
¶シダ標2（p308/カ写）

**カラクサイノデ**(1)　*Polystichum microchlamys* var. *microchlamys*　唐草猪手
オシダ科の夏緑性シダ。別名シノブイノデ, キタノカラクサイノデ。葉身は長さ60〜90cm, 長楕円状披針形〜広披針形。
¶シダ標2（p410/カ写）

**カラクサイノデ**(2)　⇒アヅミイノデを見よ

**カラクサガラシ**　⇒カラクサナズナを見よ

**カラクサキンポウゲ**　*Ranunculus gmelinii*
キンポウゲ科の草本。
¶野生2（p156/カ写）

**カラクサケマン**　*Fumaria officinalis*　唐草華鬘
ケシ科の一年草または越年草。花は淡紅紫〜紅紫色。
¶帰化写改（p80/カ写）

**カラクサシダ**　*Pleurosoriopsis makinoi*
ウラボシ科のシダ植物。葉身は長さ1.5〜7cm, 卵状長楕円形, 鋭頭。
¶シダ標2（p466/カ写）

**カラクサシュンギク**　*Thymophylla tenuiloba*
キク科の一年草でまれに短命な多年草。別名ダールベルクデージー。
¶帰化写2（p289/カ写）

**カラクサナズナ**　*Lepidium didymum*　唐草薺
アブラナ科の越年草。別名インチンナズナ, カラクサガラシ。高さは10〜20cm。花は白〜淡黄色。
¶帰化写改（p96/カ写）
　原牧2（No.682/カ写）
　植調（p98/カ写）
　新分牧（No.2724/モ図）
　新牧日（No.873/カ写）
　牧野ス2（No.2527/カ図）
　ミニ山（p90/カ写）
　野生4（p65/カ写）
　山ハ野花（p402/カ写）

**カラクサハタザオ**　⇒ロボウガラシを見よ

**カラグワ**　⇒マグワを見よ

**カラケグワ**　⇒ケグワを見よ

**カラコギカエデ**　*Acer tataricum* subsp.*aidzuense*　唐子木楓, 鹿子木楓
ムクロジ科（カエデ科）の落葉小高木, 雌雄同株。日本固有種。樹高は10m。樹皮は暗灰褐色。
¶APG原樹（No.926/カ図）
　原牧2（No.540/カ写）
　固有（p86）
　新分牧（No.2574/モ図）
　新牧日（No.1582/モ図）
　牧野ス2（No.2385/カ図）
　野生3（p287/カ写）
　山ハ樹木（p437/カ写）

**カラコンテリギ**　*Hydrangea chinensis*
アジサイ科（ユキノシタ科）の落葉低木。高さは1〜2m。
¶原牧2（No.1031/カ図）
　新分牧〔カラコンテリギ（広義）〕（No.3064/モ図）
　新牧日〔カラコンテリギ（広義）〕（No.995/モ図）
　牧野ス2（No.2876/カ図）

**カラサキモリイヌワラビ**　*Athyrium clivicola×A. oblitescens*
メシダ科のシダ植物。別名ニセカラタニイヌワラビ, サキモリカラクサイヌワラビ。
¶シダ標2（p311/カ写）

**カラシダネ**　⇒キダチタバコを見よ

**カラシナ**　*Brassica juncea* var.*juncea*　芥子菜
アブラナ科の一年草。別名ナガラシ, セイヨウカラシナ。セイヨウアブラナによく似ている。高さは30〜100cm。花は黄色。
¶色野草（p126/カ写）
　学フ有毒〔セイヨウカラシナ〕（p166/カ写）
　帰化写改（p90/カ写）
　原牧2（No.698/カ図）
　植調（p86/カ写）
　新分牧（No.2788/モ図）
　新牧日（No.819/モ図）
　牧野ス2（No.2543/カ図）
　山ハ野花〔セイヨウカラシナ〕（p396/カ写）

**カラスウリ**　*Trichosanthes cucumeroides*　烏瓜
ウリ科のつる性多年草。別名タマズサ, ムスビジョウ, グドウジン。果実は朱赤色。花は白色。
¶色野草（p101/カ写）
　学フ増山菜（p78/カ写）
　学フ増野秋（p140/カ写）
　学フ増薬草（p80/カ写）
　原牧2（No.177/カ図）
　新分牧（No.2207/モ図）
　新牧日（No.1880/モ図）
　茶花下（p380/カ写）
　牧野ス1（No.2022/カ写）
　野生3（p124/カ写）
　山力野草（p140/カ写）
　山ハ野花（p393/カ写）

**カラスオウギ**　⇒ヒオウギを見よ

**カラスキバサンキライ**　*Smilax bockii*　唐鋤刃山奇粮
サルトリイバラ科（ユリ科）の草本。
¶APG原樹（No.183/カ図）
　原牧1（No.325/カ図）
　新分牧（No.364/モ図）
　新牧日（No.3498/モ図）
　牧野ス1（No.325/カ図）
　野生1（p165/カ写）

**カラスザンショウ**　*Zanthoxylum ailanthoides* var. *ailanthoides*　鴉山椒, 烏山椒
ミカン科の落葉高木。別名アコウザンショウ。樹高は15m。樹皮は灰と緑の縞色。
¶APG原樹（No.994/カ図）
　原牧2（No.560/カ図）
　新分牧（No.2610/モ図）

新牧日（No.1497/モ図）
都木花新（p192/カ写）
牧野ス2（No.2405/カ図）
野生3（p306/カ写）
山カ樹木（p381/カ写）
落葉図譜（p181/モ図）

**カラスシキミ**　*Daphne miyabeana*　烏樒
ジンチョウゲ科の常緑低木。日本固有種。
¶APG原樹（No.1042/カ写）
原牧2（No.663/カ図）
固有（p92）
新分牧（No.2703/モ図）
新牧日（No.1768/モ図）
牧野ス2（No.2508/カ図）
野生4（p37/カ写）

**カラスタケ**　*Polyozellus multiplex*
イボタケ科のキノコ。大型。藍色～黒色，マイタ
ケ形。
¶山カ日き（p444/カ写）

**カラスノエンドウ**(1)　⇒イブキノエンドウを見よ

**カラスノエンドウ**(2)　⇒ヤハズエンドウを見よ

**カラスノカギヅル**　⇒カギカズラを見よ

**カラスノカタビラ**　⇒オオイチゴツナギを見よ

**カラスノゴマ**　*Corchoropsis crenata*　烏の胡麻
アオイ科（シナノキ科）の一年草。高さは30～
60cm。
¶色野草（p187/カ写）
学フ増野夏（p87/カ写）
原牧2（No.656/カ図）
新分牧（No.2665/モ図）
新牧日（No.1724/モ図）
牧野ス2（No.2501/カ図）
ミニ山（p180/カ写）
山ハ野花（p407/カ写）

**カラスノチャヒキ**　*Bromus secalinus*
イネ科イチゴツナギ亜科の一年草または越年草。高
さは40～100cm。
¶帰化写改（p432/カ写）
桑イネ（p108/カ写・モ図）
野生2（p46/カ写）

**カラスビシャク**　*Pinellia ternata*　烏柄杓
サトイモ科の多年草。別名ハンゲ，スズメノヒシャ
ク，シャクシソウ，ヘソクリ，ヘブス。仏炎苞は緑色
または帯紫色。高さは20～40cm。
¶色野草（p344/カ写）
学フ増野夏（p197/カ写）
学フ増薬草（p26/カ写）
学フ有毒（p18/カ写）
原牧1（No.210/カ図）
植調（p276/カ写）
新分牧（No.216/モ図）
新牧日（No.3940/モ図）
茶花上（p509/カ写）
牧野ス1（No.210/カ図）

野生1（p108/カ写）
山カ野草（p653/カ写）
山ハ野花（p28/カ写）

**カラスムギ**　*Avena fatua*　烏麦
イネ科イチゴツナギ亜科の一年草～二年草。別名
チャヒキグサ，チャヒキ。高さは60～100cm。
¶色野草（p333/カ写）
学フ増野夏（p210/カ写）
帰化写改（p424/カ写，p519/カ写）
桑イネ（p79/カ写・モ図）
原牧1（No.968/カ図）
植調（p322/カ写）
新分牧（No.1072/モ図）
新牧日（No.3711/モ図）
牧野ス1（No.968/カ図）
野生2（p44/カ写）
山カ野草（p672/カ写）
山ハ野花（p152/カ写）

**カラスユリ**　⇒アマドコロを見よ

**カラダイオウ**　*Rheum rhabarbarum*　唐大黄
タデ科の多年草。
¶原牧2（No.795/カ図）
新分牧（No.2824/モ図）
新牧日（No.257/モ図）
牧野ス2（No.2640/カ図）

**カラタケ（カラダケ）**　⇒ハチクを見よ

**カラタチ**　*Citrus trifoliata*　枸橘，枸桔，唐橘
ミカン科の落葉または常緑低木。別名キコク。高さ
は2m。花は白色。
¶APG原樹（No.980/カ図）
学フ増花庭（p127/カ写）
原牧2（No.582/カ図）
新分牧（No.2622/モ図）
新牧日（No.1519/モ図）
都木花新（p194/カ写）
牧野ス2（No.2427/カ図）
野生3（p301/カ写）
山カ樹木（p376/カ写）
落葉図譜（p184/モ図）

**カラタチバラ**　⇒サルトリイバラを見よ

**カラタチゴケ**　*Ramalina conduplicans*
カラタチゴケ科の地衣類。地衣体は狭帯状。
¶新分牧（No.5196/モ図）
新牧日（No.5056/モ図）

**カラタチバナ**　*Ardisia crispa*　唐橘，唐立花
サクラソウ科（ヤブコウジ科）の常緑小低木。別名
タチバナ，コウジ，ヒャクリョウキン，ヒャクリョ
ウ。高さは50cm。花は白色。
¶APG原樹（No.1118/カ写）
学フ増花庭（p205/カ写）
原牧2（No.1114/カ写）
新分牧（No.3139/モ図）
新牧日（No.2206/モ図）
茶花下（p70/カ写）
牧野ス2（No.2959/カ図）
野生4（p190/カ写）

カラタニイ

山力樹木（p609/カ写）

## カラタニイヌワラビ　*Athyrium×purpureipes*
メシダ科のシダ植物。
¶シダ標2（p311/カ写）

## カラタネオガタマ　*Magnolia figo*　唐種小賀玉，唐種招霊
モクレン科の常緑高木。別名トウオガタマ，バナナノキ，バナナシュラブ。高さは3〜5m。花は黄白色。葉は厚い。
¶**APG原樹**（No.142/カ図）
新分牧（No.161/モ図）
茶花上（p369/カ写）
都木花新（p16/カ写）
山力樹木（p199/カ写）

## カラツツジ　⇒クロフネツツジを見よ

## カラナシ　⇒カリンを見よ

## カラナデシコ　⇒セキチクを見よ

## カラニシキ　*Camellia japonica* 'Karanishiki'　唐錦
ツバキ科。ツバキの品種。花は絞りが入る。
¶茶花上（p166/カ写）

## カラハツタケ　*Lactarius torminosus*
ベニタケ科のキノコ。中型。傘は淡赤褐色〜淡茶褐色，濃い環紋あり。縁部は内側に巻く。
¶学フ増毒き（p198/カ写）
原きの（No.162/カ写・カ図）
新分牧（No.5150/モ図）
新牧日（No.4969/モ図）
山カ日き（p389/カ写）

## カラハナソウ　*Humulus lupulus* var.*cordifolius*　唐花草
アサ科（クワ科）のつる性多年草。
¶学フ増野秋（p235/カ写）
学フ増薬草（p33/カ写）
原牧2（No.39/カ図）
新分牧（No.2083/モ図）
新牧日（No.192/モ図）
茶花下（p300/カ写）
牧野ス1（No.1884/カ図）
ミニ山（p9/カ写）
野生2（p330/カ写）
山力野草（p556/カ写）
山ハ野花（p387/カ写）
山ハ山花（p345/カ写）

## カラフトアカバナ　*Epilobium ciliatum* subsp. *ciliatum*
アカバナ科の草本。
¶野生3（p266/カ写）

## カラフトアザミ　*Saussurea sachalinensis*
キク科アザミ亜科の多年草。
¶野生5（p265/カ写）

## カラフトアツモリソウ　*Cypripedium calceolus*
ラン科の多年草。高さは25〜40cm。花は褐色，黄色。
¶山レ増（p461/カ写）

## カラフトイチゴ　⇒エゾキイチゴを見よ

## カラフトイチゴツナギ　*Poa macrocalyx*
イネ科イチゴツナギ亜科の多年草。高さは30〜60cm。
¶桑イネ（p395/モ写）
野生2（p61）

## カラフトイチヤクソウ　*Pyrola faurieana*　樺太一薬草
ツツジ科イチヤクソウ亜科（イチヤクソウ科）の草本。
¶野生4（p228/カ写）
山力野草（p297/カ写）
山ハ高山（p293/カ写）
山レ増（p221/カ写）

## カラフトイバラ　*Rosa amblyotis*　樺太茨
バラ科バラ亜科の落葉低木。別名ヤマハマナス。
¶原牧1（No.1799/カ図）
新分牧（No.1994/モ図）
新牧日（No.1185/モ図）
牧野ス1（No.1799/カ写）
野生3（p43/カ写）
山力樹木（p251/カ写）

## カラフトイワスゲ　*Carex rupestris*　樺太岩菅
カヤツリグサ科の多年草。
¶カヤツリ（p62/モ図）
新分牧（No.815/モ図）
新牧日（No.4069/モ図）
スゲ増（No.7/カ写）
野生1（p301/カ写）

## カラフトイワデンダ　⇒トガクシデンダを見よ

## カラフトウド　⇒ウドを見よ

## カラフトオオバヤナギ　⇒トカチヤナギ(1)を見よ

## カラフトオグルマ　*Inula britannica* subsp. *britannica*
キク科キク亜科。別名ヨウシュオグルマ，ツイミオグルマ。オグルマの基準亜種。
¶野生5（p354/カ写）

## カラフトカサスゲ　*Carex rostrata* var.*rostrata*
カヤツリグサ科の多年草。別名ヌマスゲ。
¶カヤツリ（p498/モ図）
スゲ増（No.279/カ写）
野生1（p334/カ写）

## カラフトキハダ　⇒ヒロハノキハダ(1)を見よ

## カラフトグルミ　⇒オニグルミを見よ

## カラフトクロヤナギ　⇒ケショウヤナギを見よ

## カラフトグワイ　*Sagittaria natans*
オモダカ科の浮葉性多年草。別名ウキオモダカ。浮葉は矢尻形，長さ7〜12cm。
¶原牧1（No.219/カ図）
新分牧（No.267/モ図）
新牧日（No.3312/モ図）
日水草（p80/カ写）
牧野ス1（No.219/カ図）
野生1（p117）
山レ増（p623/カ写）

**カラフトゲンゲ** Hedysarum hedysaroides 樺太紫雲英
マメ科マメ亜科の草本。別名チョウセンイワオウギ。高さは10～40cm。花は紅紫色。
¶原牧1（No.1528/カ図）
　新分牧（No.1754/モ図）
　新牧日（No.1315/モ図）
　牧野ス1（No.1528/カ図）
　野生2（p270/カ写）
　山ハ高山（p202/カ写）
　山レ増（p285/カ写）

**カラフトコマクサ** ⇒コマクサを見よ

**カラフトサクラソウモドキ** ⇒サクラソウモドキを見よ

**カラフトシラカンバ** ⇒シラカンバを見よ

**カラフトスゲ** Carex mackenziei
カヤツリグサ科の多年草。別名ノルゲスゲ。
¶カヤツリ〔ノルゲスゲ〕（p128/モ図）
　原牧1（No.805/カ図）
　新分牧（No.800/モ図）
　新牧日（No.4094/モ図）
　スゲ増〔ノルゲスゲ〕（No.51/カ写）
　牧野ス1（No.805/カ図）
　野生1〔ノルゲスゲ〕（p307/カ写）

**カラフトズミ** ⇒エゾノコリンゴを見よ

**カラフトスミレ** ⇒タニマスミレを見よ

**カラフトセンカソウ** ⇒エゾノハクサンイチゲを見よ

**カラフトダイオウ** ⇒カラフトノダイオウを見よ

**カラフトダイコンソウ** Geum macrophyllum var. sachalinense 樺太大根草
バラ科バラ亜科の草本。別名チシマダイコンソウ。
¶原牧1（No.1786/カ図）
　新分牧（No.1981/モ図）
　新牧日（No.1166/モ図）
　牧野ス1（No.1786/カ図）
　ミニ山（p133/カ写）
　野生3（p32/カ写）
　山ハ山花（p339/カ写）

**カラフトツツジ** ⇒エゾツツジを見よ

**カラフトデンダ** ⇒ヒイラギデンダを見よ

**カラフトトウゲブキ** Ligularia hodgsonii var. sachalinensis 樺太峠蕗
キク科キク亜科の多年草。トウゲブキの変種。
¶野生5（p299）

**カラフトドジョウツナギ** Glyceria lithuanica 樺太泥鰌繋
イネ科イチゴツナギ亜科の草本。
¶桑イネ（p255/モ図）
　野生2（p54/カ写）

**カラフトニンジン** Conioselinum kamtschaticum 樺太人参
セリ科セリ亜科の草本。
¶原牧2（No.2465/カ図）
　新分牧（No.4452/モ図）

　新牧日（No.2079/モ図）
　牧野ス2（No.4310/カ図）
　ミニ山（p226/カ写）
　野生5（p394/カ写）

**カラフトネコノメソウ** ⇒エゾネコノメソウを見よ

**カラフトノダイオウ** Rumex gmelini 樺太の大黄
タデ科の草本。別名カラフトダイオウ。
¶野生4（p102/カ写）
　山力野草（p534/カ写）
　山ハ山花（p132/カ写）
　山レ増（p435/カ写）

**カラフトノミノフスマ** ⇒ナガバツメクサを見よ

**カラフトハナシノブ** Polemonium caeruleum subsp. laxiflorum var.laxiflorum 樺太花忍
ハナシノブ科の多年草。
¶野生4（p175/カ写）
　山力野草（p240/カ写）
　山ハ高山（p251/カ写）
　山ハ山花（p368/カ写）
　山レ増（p148/カ写）

**カラフトヒヨクソウ** Veronica chamaedrys
ゴマノハグサ科の多年草。高さは15～30cm。花は淡青紫色。
¶帰化写2（p232/カ写）

**カラフトビランジ** Silene sachalinensis
ナデシコ科の草本。
¶山野草（No.0044/カ写）

**カラフトヒロハテンナンショウ** Arisaema amurense var.sachalinense
サトイモ科の多年草。高さは17～50cm。
¶新分牧（No.233/モ図）
　テンナン（No.16/カ写）
　野生1（p101/カ写）

**カラフトブシ** Aconitum sachalinense subsp. sachalinense 樺太付子
キンポウゲ科の草本。
¶原牧1（No.1220/カ図）
　新分牧（No.1422/モ図）
　新牧日（No.545/モ図）
　牧野ス1（No.1220/カ図）
　野生2（p127/カ写）
　山ハ山花（p215/カ写）

**カラフトホシクサ** Eriocaulon sachalinense
ホシクサ科の草本。
¶野生1（p284）

**カラフトホソイ** ⇒エゾホソイを見よ

**カラフトホソバハコベ** Stellaria graminea
ナデシコ科の多年草。高さは10～45cm。花は白色。
¶帰化写改（p52/カ写）

**カラフトマツ** ⇒グイマツを見よ

**カラフトマンテマ** Silene repens var.repens
ナデシコ科の草本。
¶山野草（No.0042/カ写）
　野生4（p120/カ写）

山ハ高山（p150／カ写）
山レ増（p429／カ写）

**カラフトミセバヤ** *Hylotelephium pluricaule*
ベンケイソウ科の多年草。別名ゴケンミセバヤ、エゾミセバヤ、ヒメミセバヤ。長さは5〜10cm。花は紅紫色。
¶山野草（No.0505／カ写）
野生2（p218／カ写）

**カラフトミミナグサ** ⇒セイヨウミミナグサを見よ

**カラフトミヤマイチゲ** *Callianthemum sachalinense*
キンポウゲ科の多年草。茎は高さ45cm。
¶野生2（p139）

**カラフトミヤマイノデ** ⇒カラフトメンマを見よ

**カラフトミヤマシダ** *Athyrium spinulosum* 樺太深山羊歯
メシダ科（オシダ科）の夏緑性シダ。別名ミヤマイヌワラビ。葉身は長さ20〜30cm, 広三角形。
¶シダ標2（p299／カ写）
新分牧（No.4709／モ図）
新牧日（No.4597／モ図）

**カラフトメンマ** *Dryopteris sichotensis* 樺太綿馬
オシダ科の夏緑性シダ。別名オシダモドキ, カラフトミヤマイノデ。色は淡い茶色。
¶シダ標2（p362／カ写）
山ハ高山（p469／カ写）

**カラフトモメンヅル** *Astragalus schelichovii* 樺太木綿蔓
マメ科マメ亜科の多年草。高さは30〜60cm。花は淡黄色。
¶野生2（p258／カ写）

**カラフトヤナギ** ⇒オノエヤナギを見よ

**カラフトヨモギ** ⇒ヒロハウラジロヨモギを見よ

**カラボケ** ⇒ボケを見よ

**カラマツ** *Larix kaempferi* 唐松, 落葉松
マツ科の落葉高木。日本固有種。別名フジマツ, ニッコウマツ, ラクヨウショウ。高さは30m。樹皮は帯赤褐色。
¶APG原樹（No.24／カ図）
学フ増高山（p220／カ写）
学フ増樹（p57／カ写・カ図）
原牧1（No.19／カ図）
固有（p194／カ写）
新分牧（No.19／モ図）
新牧日（No.31／モ図）
図説樹木（p26／カ写）
牧野ス1（No.20／カ図）
野生1（p27／カ写）
山カ樹木（p24／カ写）
山ハ高山（p454／カ写）

**カラマツシメジ** *Tricholoma psammopus*
キシメジ科のキノコ。
¶山カ日き（p91／カ写）

**カラマツソウ** *Thalictrum aquilegiifolium* var. *intermedium* 唐松草
キンポウゲ科の多年草。日本固有種。別名オオミノ

カラマツソウ, ミチノクカラマツソウ。高さは50〜120cm。
¶学フ増高山（p148／カ写）
学フ増野夏（p154／カ写）
原牧1（No.1247／カ図）
固有（p52／カ写）
山野草（No.0278／カ写）
新分牧（No.1368／モ図）
新牧日（No.572／モ図）
茶花下（p71／カ写）
牧野ス1（No.1247／カ図）
ミニ山（p51／カ写）
野生2（p163／カ写）
山ハ高山（p92／カ写）
山ハ山花（p230／カ写）

**カラマツソウ（広義）** *Thalictrum aquilegiifolium*
唐松草
キンポウゲ科の多年草。日本固有種。
¶山カ野草〔カラマツソウ〕（p484／カ写）

**カラマツチチタケ** *Lactarius porninsis*
ベニタケ科のキノコ。小型〜中型。傘は橙黄土色, 環紋あり。湿時粘性。
¶山カ日き（p387／カ写）

**カラマツベニハナイグチ** *Boletinus paluster*
ヌメリイグチ科のキノコ。小型〜中型。傘は赤紫色〜ローズピンク色, 綿毛〜繊維状鱗片。
¶山カ日き（p299／カ写）

**カラミザクラ** ⇒シナミザクラを見よ

**カラムシ**(1) *Boehmeria nivea* var.*concolor* f. *nipononivea* 苧, 茎蒸
イラクサ科の多年草。別名マオ, クサマオ。高さは50〜100cm。
¶色野草（p370／カ写）
学フ増野夏（p193／カ写）
植調（p272／カ写）
野生2（p342／カ写）
山ハ野花（p388／カ写）

**カラムシ**(2) ⇒アオカラムシを見よ

**カラムラサキハツ** *Russula omiensis*
ベニタケ科のキノコ。
¶山カ日き（p375／カ写）

**カラメドハギ** *Lespedeza inschanica* 唐蓍萩
マメ科マメ亜科の多年草。別名イヌメドハギ。全体にメドハギとよく似ている。
¶野生2（p280／カ写）
山ハ野花（p363／カ写）

**ガラモ** ⇒オオバモクを見よ

**カラモモ**(1) *Prunus persica* 'Densa' 唐桃
バラ科。モモの品種。別名アメントウ。
¶APG原樹〔モモ 'カラモモ'〕（No.495／カ図）

**カラモモ**(2) ⇒アンズを見よ

**カラヤマグワ** ⇒マグワを見よ

**カラユリ** ⇒カノコユリを見よ

カランコエ ⇒ベニベンケイを見よ

ガランサス・エルウェシー　*Galanthus elwesii*
ヒガンバナ科の球根植物。
¶山野草（No.1582/カ写）

ガランビネムチャ　*Chamaecrista garambiensis*　鵝鑾
鼻合歓茶
マメ科ジャケツイバラ亜科の匍匐または斜上する多
年草。別名オキナワカワラケツメイ。高さは10～
35cm。
¶野生2（p250/カ写）

カリアンテマム・アネモノイデス　*Callianthemum
anemonoides*
キンポウゲ科の草本。高さは10～20cm。
¶山野草（No.0299/カ写）

カリガネソウ　*Tripora divaricata*　雁草
シソ科キランソウ亜科（クマツヅラ科）の多年草。
別名ホカケソウ。高さは100cm以上。
¶学フ増野秋（p69/カ写）
原牧2（No.1743/カ写）
山野草（No.1009/カ写）
新分牧（No.3706/モ図）
新牧日（No.2519/モ図）
茶花下（p193/カ写）
牧野ス2（No.3588/カ図）
野生5（p114/カ写）
山力野草（p233/カ写）
山ハ山花（p440/カ写）

カリギヌ　*Camellia japonica* 'Kariginu'　狩衣
ツバキ科。ツバキの品種。花は絞りが入る。
¶茶花上（p158/カ写）

カリステモン　⇒ブラシノキを見よ

カリッサ　*Carissa carandas*
キョウチクトウ科の常緑低木。刺がある。高さは
5m。花は白く筒部は淡紅色。
¶APG原樹（No.1365/カ図）

カリナタム　⇒ハナワギクを見よ

カリバオウギ　*Astragalus yamamotoi*
マメ科マメ亜科の草本。日本固有種。
¶固有（p80）
野生2（p258/カ写）
山レ増（p289/カ写）

カリフォルニアアカモミ　⇒カクバモミを見よ

カリフォルニア・ポピー　⇒ハナビシソウを見よ

カリフォルニアレッドファー　⇒カクバモミを見よ

カリフラワー　*Brassica oleracea* var.*botrytis*
アブラナ科の葉菜類。別名ハナヤサイ，ハナハボタ
ン，ハナナ。葉は長楕円形。
¶原牧2（No.702/カ図）
新分牧（No.2798/モ図）
新牧日（No.823/モ図）
牧野ス2（No.2547/カ図）

カリマタガヤ　*Dimeria ornithopoda* var.*tenera*　雁
股茅
イネ科キビ亜科の一年草。高さは10～45cm。

桑イネ（p188/モ図）
原牧1（No.1061/カ図）
新分牧（No.1160/モ図）
新牧日（No.3840/モ図）
牧野ス1（No.1061/カ図）
野生2（p83/カ写）
山ハ野花（p218/カ写）

カリマタスズメノヒエ　*Paspalum distichum* var.
*distichum*
イネ科キビ亜科の半抽水植物，多年草。別名キシュ
ウスズメノヒエ。高さは10～50cm。葉身は線形。
¶帰化写改〔キシュウスズメノヒエ〕（p458/カ写）
桑イネ〔キシュウスズメノヒエ〕（p363/カ写・モ図）
原牧1（No.1055/カ図）
植調〔キシュウスズメノヒエ〕（p22/カ写）
新分牧（No.1200/モ図）
新牧日（No.3833/モ図）
日水草〔キシュウスズメノヒエ〕（p213/カ写）
牧野ス1（No.1055/カ図）
野生2〔キシュウスズメノヒエ〕（p92/カ写）
山ハ野花〔キシュウスズメノヒエ〕（p202/カ写）

カリヤス(1)　*Miscanthus tinctorius*　刈安
イネ科キビ亜科の多年草。日本固有種。別名オウミ
カリヤス，ヤマカリヤス。高さは90～120cm。
¶原牧1（No.1080/カ写）
固有（p166/カ写）
新分牧（No.1182/モ図）
新牧日（No.3869/モ図）
牧野ス1（No.1080/カ写）
野生2（p89/カ写）
山ハ山花（p204/カ写）

カリヤス(2)　⇒コブナグサを見よ

カリヤスモドキ　*Miscanthus oligostachyus*　刈安擬
イネ科キビ亜科の多年草。日本固有種。山原に自
生。高さは60～100cm。
¶桑イネ（p323/モ図）
原牧1（No.1081/モ図）
固有（p166）
山野草（No.1621/カ写）
新分牧（No.1183/モ図）
新牧日（No.3870/モ図）
牧野ス1（No.1081/カ写）
野生2（p90/カ写）
山ハ山花（p204/カ写）

カリワシノ　*Sasaella ikegamii*
イネ科タケ亜科のササ。日本固有種。
¶固有（p170）
タケ亜科（No.119/カ写）

カリン　*Chaenomeles sinensis*　榠樝，花櫚，花梨
バラ科シモツケ亜科の落葉小高木～高木。別名カラ
ナシ，キボケ。果皮は黄色。高さは8m。花は淡
紅色。
¶APG原樹（No.568/カ図）
学フ増花庭（p33/カ写）
学フ有毒（p156/カ写）
原牧1（No.1694/カ写）

カルイサワ　216

新分牧〔No.1920/モ図〕
新牧日〔No.1079/モ図〕
茶花上〔p251/カ図〕
都木花新〔カリンとマルメロ〕〔p136/カ写〕
牧野ス1〔No.1694/カ図〕
野生3〔p80/カ写〕
山カ樹木〔p333/カ写〕

**カ**

**カルイザワツリスゲ** ⇒クジュウツリスゲを見よ

**カルイザワテンナンショウ** ⇒ヤマトテンナン
ショウを見よ

**カルカヤ**(1) ⇒オガルカヤを見よ

**カルカヤ**(2) ⇒メガルカヤを見よ

**カルセオラリア** *Calceolaria herbeohybrida*
キンチャクソウ科の園芸種。高さは20～25cm。花
は緋赤, 濃桃, 黄など。
¶原牧2〔No.1530/カ図〕
牧野ス2〔No.3375/カ図〕

**カルーナ** *Calluna vulgaris*
ツツジ科の常緑低木。別名ギョリュウモドキ, ナツ
ザキエリカ。高さは20～50cm。花は桃紫色。
¶APG原樹〔No.1299/カ図〕
原牧2〔ギョリュウモドキ〕〔No.1256/カ図〕
牧野ス2〔ギョリュウモドキ〕〔No.3101/カ図〕

**カルマタ** ⇒ヒバマタを見よ

**カルミア** *Kalmia latifolia*
ツツジ科の常緑低木。別名ハナガサシャクナゲ, ア
メリカシャクナゲ。
¶APG原樹〔アメリカシャクナゲ〕〔No.1298/カ図〕
学フ増花庭〔p19/カ写〕
原牧2〔No.1164/カ図〕
茶花上〔p252/カ写〕
都木花新〔p97/カ写〕
牧野ス2〔No.3009/カ図〕
山カ樹木〔p599/カ写〕

**カレエダタケ** *Clavulina coralloides*
カレエダタケ科のキノコ。小型～中型。形はほうき
状, 白色。
¶原きの〔No.455/カ写・カ図〕
山カ日き〔p413/カ写〕

**カレー・バイン** ⇒ツリガネカズラを見よ

**カレバキツネタケ** *Laccaria vinaceoavellanea*
ヒドナンギウム科のキノコ。小型～中型。くすんだ
色合いで地上生（林内）。
¶山カ日き〔p61/カ写〕

**カレバハツ** *Russula castanopsidis*
ベニタケ科のキノコ。中型。傘は褐色を帯びた灰
色, ひび割れる。ひだは白色のち黄味を帯びる。
¶山カ日き〔p370/カ写〕

**カレーヤシ** ⇒ケンチャヤシを見よ

**カレンコウアミシダ** *Tectaria simonsii*
ナナバケシダ科の常緑性シダ。別名クロジクミカワ
リシダ, クログキシダ。葉身は長さ30～40cm, ほぼ
五角形。
¶シダ標2〔p446/カ写〕

**カロライナジャスミン** *Gelsemium sempervirens*
ゲルセミウム科（マチン科）の常緑性つる性低木。
別名イエロージャスミン。
¶学フ有毒〔p182/カ写〕

**カロライナツユクサ** *Commelina caroliniana*
ツユクサ科の一年草。花弁は青色。
¶帰化写2〔p510/カ写〕

**カワイヌコリヤナギ** *Salix × hapala*
ヤナギ科の雑種。
¶野生3〔カワイヌコリヤナギ（イヌコリヤナギ×カワヤ
ナギ）〕〔p205〕

**カワウソタケ** *Inonotus mikadoi*
タバコウロコタケ科のキノコ。小型～中型。傘は黄
褐色～さび褐色, 密毛。
¶山カ日き〔p493/カ写〕

**カワオノエヤナギ** *Salix × euerata*
ヤナギ科の雑種。
¶野生3〔カワオノエヤナギ（オノエヤナギ×カワヤナ
ギ）〕〔p205〕

**カワカミウメ** *Prunus mume* 'Kawakamiume'　川上梅
バラ科。ウメの品種。実ウメ, 野梅系。
¶ウメ〔川上梅〕〔p165/カ写〕

**カワカミモメンヅル** *Astragalus kawakamii*
マメ科マメ亜科の多年草。花は黄白色。
¶野生2〔p259〕

**カワクマツヅラ** ⇒マユミを見よ

**カワグルミ** ⇒サワグルミを見よ

**カワゴケ** *Fontinalis hypnoides*
カワゴケ科のコケ。別名ムクムクシミズゴケ。葉は
狭卵状披針形。
¶新分牧〔No.4878/モ図〕
新牧日〔No.4736/モ図〕

**カワゴケソウ** *Cladopus doianus*　川苔草
カワゴケソウ科の水草。別名マノセカワゴケソウ,
ツクシポドステモン, トキワカワゴケソウ。分子系
統学的研究による分類では, マノセカワゴケソウと
トキワカワゴケソウは「カワゴケソウ」にまとめら
れた。根はリボン状。葉は束状で線形。
¶カワゴケ〔No.1/カ写〕
原牧2〔No.389/カ図〕
新分牧〔No.2282/モ図〕
新牧日〔No.1403/モ図〕
日水草〔p240/カ写〕
牧野ス1〔No.2234/カ図〕
野生3〔p231/カ写・モ図〕
山ハ山花〔p328/カ写〕
山ハ山花〔トキワカワゴケソウ〕〔p328/カ写〕
山ハ山花〔マノセカワゴケソウ〕〔p328/カ写〕
山レ増〔p280/カ写〕

**カワゴロモ** *Hydrobryum japonicum*　川衣
カワゴケソウ科の多年草。根は葉状。葉は柔らかく
針状。
¶カワゴケ〔No.3/カ写〕
日水草〔p242/カ写〕
野生3〔p232/カ写・モ図〕

カワヂシャ　*Veronica undulata*　川萵苣
オオバコ科（ゴマノハグサ科）の二年草。高さは10
〜60cm。
¶学フ増野春（p198/カ写）
原牧2（No.1580/カ図）
新分牧（No.3613/モ図）
新牧日（No.2723/モ図）
日水草（p283/カ写）
牧野ス2（No.3425/カ図）
野生5（p86/カ写）
山カ野草（p180/カ写）
山ハ野花（p482/カ写）
山レ増（p117/カ写）

カワシロ　⇒イワガネを見よ

カワシワタケ　*Meruliopsis corium*
マクカワタケ科のキノコ。
¶山カ日き（p428/カ写）

カワヅカナワラビ　*Arachniodes × kenzo-satakei*
オシダ科のシダ植物。
¶シダ標2（p398/カ写）

カワヅザクラ　*Cerasus × kanzakura* 'Kawazu-zakura'
河津桜
バラ科の落葉高木。サクラの栽培品種。花は淡紅
紫色。
¶学フ増桜〔'河津桜'〕（p124/カ写）

カワズスゲ　*Carex omiana* var.*monticola*
カヤツリグサ科の多年草。日本固有種。
¶カヤツリ（p104/モ図）
固有（p181/カ写）
野生1（p305/カ写）
山カ野草（p663/カ写）

カワセミソウ　*Mazus quadriprotuberans*　翡翠草
サギゴケ科の多年草。日本固有種。
¶野生5（p145）

カワゼンゴ　*Angelica tenuisecta*
セリ科セリ亜科の草本。日本固有種。
¶固有〔カワゼンコ〕（p99）
野生5（p391/カ写）

カワタケ(1)　⇒コウタケを見よ

カワタケ(2)　⇒メダケを見よ

カワチスズシロソウ　*Arabis flagellosa* var.
*kawachiensis*
アブラナ科の多年草。匍匐枝を出さない。
¶野生4（p52/カ写）

カワチブシ　*Aconitum geossedentatum*　河内付子, 河
内附子
キンポウゲ科の草本。日本固有種。
¶原牧1（No.1222/カ図）
固有（p56）
新分牧（No.1424/モ図）
新牧日（No.547/モ図）

茶花下（p301/カ写）
牧野ス1（No.1222/カ図）
野生2（p127/カ写）
山ハ山花（p214/カ写）

カワツツジ　⇒キシツツジを見よ

カワツルモ　*Ruppia maritima*　川蔓藻
カワツルモ科（ヒルムシロ科）の多年生水草。葉は
針状で互生, 葉縁に鋸歯。
¶原牧1（No.267/カ図）
新分牧（No.312/カ図）
新牧日（No.3349/モ図）
日水草（p139/カ写）
牧野ス1（No.267/カ図）
野生1（p135/カ写・モ図）
山レ増（p614/カ写）

カワナヤギ　⇒ネコヤナギを見よ

カワバタクジャク　*Dryopteris commixta × D.*
*handeliana*
オシダ科のシダ植物。
¶シダ標2（p376/カ写）

カワバタハチジョウシダ　*Pteris kawabatae*
イノモトソウ科の常緑性シダ。日本固有種。葉身は
長さ25〜40cm, 卵形。
¶固有（p202）
シダ標1（p382/カ写）
山レ増（p673/カ写）

カワバタホシダ　*Thelypteris × incesta*
ヒメシダ科のシダ植物。
¶シダ標1（p441/カ写）

カワハッカクレン　*Dysosma veitchii*
メギ科の草本。高さは12〜20cm。
¶山野草（No.0383/カ写）

カワホネ　⇒コウホネを見よ

カワミドリ　*Agastache rugosa*　川緑
シソ科シソ亜科〔イヌハッカ亜科〕の多年草。高さ
は40〜100cm。
¶学フ増野秋（p68/カ写）
原牧2（No.1653/カ図）
新分牧（No.3780/モ図）
新牧日（No.2565/モ図）
茶花下（p194/カ写）
牧野ス2（No.3498/カ図）
野生5（p131/カ写）
山カ野草（p215/カ写）
山ハ山花（p422/カ写）

カワムラフウセンタケ　*Cortinarius purpurascens*
フウセンタケ科のキノコ。別名フウセンタケ。中型
〜大型。傘は褐色, 周辺部は帯紫色, 湿時粘性。ひ
だは紫色〜褐色。
¶山カ日き（p254/カ写）

カワヤナギ(1)　*Salix miyabeana* subsp.*gymnolepis*
川柳
ヤナギ科の落葉低木〜小高木。別名ナガバカワヤナ
ギ。冬芽が赤く大きい。
¶APG原樹（No.818/カ図）

カワヤナキ　　　　　　218

学フ増薬草（p164/カ写）
原牧2〔ナガバカワヤナギ〕（No.301/カ図）
新分牧〔ナガバカワヤナギ〕（No.2379/モ図）
新牧日〔ナガバカワヤナギ〕（No.91/モ図）
牧野ス1〔ナガバカワヤナギ〕（No.2146/カ図）
野生3（p202/カ写）
山カ樹木（p90/カ写）

**カワヤナギ**(2)　⇒ネコヤナギを見よ

**カワユエンレイソウ**　*Trillium channellii*
ユリ科の多年草。オオバナエンレイソウとミヤマエ
ンレイソウの雑種と考えられている。
¶山カ野草（p722/カ写）
山レ増（p601/カ写）

**カワラアカザ**　*Chenopodium acuminatum* var.*vachelii*
河原藜
ヒユ科（アカザ科）の一年草。高さは30～50cm。
¶原牧2（No.967/カ写）
新分牧（No.3014/モ図）
新牧日（No.420/モ図）
牧野ス2（No.2812/カ図）
山ハ野花（p287/カ写）

**カワライセナデシコ**　*Dianthus hybrids*　河原伊勢
撫子
ナデシコ科の草本。
¶山野草（No.0020/カ写）

**カワライチゴツナギ**　⇒イチゴツナギ(1)を見よ

**カワラウスユキソウ**　*Leontopodium japonicum* var.
*perniveum*
キク科キク亜科の草本。日本固有種。長野県伊那市
戸台川の河原の石灰岩地に特産。
¶固有（p142）
野生5（p347/カ写）
山レ増（p51/カ写）

**カワラオトギリ**　*Hypericum kawaranum*　河原弟切
オトギリソウ科の多年草。日本固有種。
¶固有（p64）
野生3（p241）

**カワラギク**　⇒キササゲを見よ

**カワラケツメイ**　*Chamaecrista nomame*　河原決明
マメ科ジャケツイバラ亜科の一年草または多年草。
アレチケツメイの類似種。別名ネムチャ，マメチャ，
ハマチャ，コウボウチャ，オワリケツメイ，キシマメ。
高さは30～60cm。花は黄色。葉は茶にして飲む。
¶学フ増薬秋（p110/カ写）
学フ増薬草（p68/カ写）
帰化写2（p124/カ写）
原牧1（No.1463/カ図）
植調（p257/カ写）
新分牧（No.1793/モ図）
新牧日（No.1252/モ図）
茶花下（p194/カ写）
牧野ス1（No.1463/カ図）
ミニ山（p144/カ写）
野生2（p250/カ写）
山カ野草（p397/カ写）

山ハ野花（p377/カ写）

**カワラケナ**　⇒コオニタビラコを見よ

**カワラゲヤキ**　⇒アキニレを見よ

**カワラサイコ**　*Potentilla chinensis*　河原柴胡
バラ科バラ亜科の多年草。高さは30～70cm。
¶学フ増薬夏（p90/カ写）
原牧1（No.1818/カ図）
新分牧（No.2013/モ図）
新牧日（No.1143/モ図）
茶花下（p71/カ写）
牧野ス1（No.1818/カ図）
ミニ山（p130/カ写）
野生3（p36/カ写）
山カ野草（p405/カ写）
山ハ野花（p381/カ写）

**カワラスガナ**　*Cyperus sanguinolentus*　河原菅菜，川
原菅菜
カヤツリグサ科の一年草。高さは10～40cm。
¶カヤツリ（p698/モ図）
原牧1（No.714/カ写）
新分牧（No.985/モ図）
新牧日（No.3973/モ図）
牧野ス1（No.714/カ写）
野生1（p338/カ写）
山ハ野花（p106/カ写）

**カワラスゲ**　*Carex incisa*　河原菅
カヤツリグサ科の多年草。日本固有種。別名タニス
ゲ。高さは20～50cm。
¶カヤツリ（p192/モ図）
原牧1（No.815/カ写）
固有（p182）
新分牧（No.823/モ図）
新牧日（No.4106/モ図）
スゲ増（No.86/カ写）
牧野ス1（No.815/カ写）
野生1（p312/カ写）
山ハ野花（p130/カ写）

**カワラタケ**　*Trametes versicolor*　瓦茸
タマチョレイタケ科（サルノコシカケ科）のキノコ。
中型。傘は暗褐色～黒色，環紋。
¶学フ増毒き（p220/カ写）
原きの（No.384/カ写・カ図）
新分牧（No.5142/モ図）
新牧日（No.4962/モ図）
山カ日き（p473/カ写）

**カワラドクサ**　⇒イヌドクサを見よ

**カワラナデシコ**　*Dianthus superbus* var.
*longicalycinus*　河原撫子
ナデシコ科の多年草。別名ナデシコ，ヤマトナデシ
コ。高さは30～80cm。
¶色野草（p306/カ写）
学フ増薬秋（p32/カ写）
学フ増薬草（p43/カ写）
原牧2〔ナデシコ〕（No.929/カ図）
山野草（No.0014/カ写）
新分牧〔ナデシコ〕（No.2970/モ図）

新牧日〔ナデシコ〕(No.401/モ図)
茶花下(p72/カ写)
牧野ス2〔ナデシコ〕(No.2774/カ図)
野生4(p112/カ写)
山カ野草(p511/カ写)
山ハ野花(p278/カ写)
山ハ山花(p255/カ写)

## カワラニガナ　*Ixeris tamagawaensis*　河原苦菜
キク科キクニガナ亜科の多年草。高さは15〜30cm。
¶原牧2(No.2258/カ写)
新分牧(No.4042/モ図)
新牧日(No.3286/モ図)
牧野ス2(No.4103/カ図)
野生5(p280/カ写)
山カ野草(p116/カ写)
山ハ野花(p608/カ写)
山レ増(p11/カ写)

## カワラニンジン　*Artemisia carvifolia*　河原人参
キク科キク亜科の越年草。別名ノニンジン。高さは
40〜150cm。
¶学フ増薬草(p133/カ写)
原牧2(No.2102/カ写)
新分牧(No.4228/モ図)
新牧日(No.3134/モ図)
牧野ス2(No.3947/カ図)
野生5(p330/カ写)
山ハ野花(p529/カ写)

## カワラノギク　*Aster kantoensis*　河原野菊
キク科キク亜科の越年草または多年草。日本固有
種。高さは40〜60cm。
¶原牧2(No.1954/カ写)
固有(p146)
山野草(No.1252/カ写)
新分牧(No.4194/モ図)
新牧日(No.2996/モ図)
牧野ス2(No.3799/カ図)
野生5(p314/カ写)
山カ野草(p47/カ写)
山ハ野花(p544/カ写)
山レ増(p43/カ写)

## カワラハハコ　*Anaphalis margaritacea* var.*yedoensis*
河原母子
キク科キク亜科の多年草。日本固有種。別名カワラ
ホウコ。高さは30〜50cm。
¶学フ増野秋(p139/カ写)
原牧2(No.1983/カ写)
固有(p150)
新分牧(No.4130/モ図)
新牧日(No.3020/モ図)
茶花下(p195/カ写)
牧野ス2(No.3828/カ図)
野生5(p343/カ写)
山カ野草(p19/カ写)
山ハ野花(p556/カ写)

## カワラハンノキ　*Alnus serrulatoides*　河原榛の木, 川
原榛の木
カバノキ科の落葉高木。日本固有種。別名メハリ
ノキ。
¶APG原樹(No.742/カ図)
原牧2(No.153/カ図)
固有(p42/カ写)
新分牧(No.2176/モ図)
新牧日(No.131/モ図)
茶花上(p193/カ写)
牧野ス1(No.1998/カ図)
野生3(p110/カ写)
山カ樹木(p122/カ写)

## カワラフジ　⇒ジャケツイバラを見よ

## カワラフジノキ　⇒サイカチを見よ

## カワラホウコ　⇒カワラハハコを見よ

## カワラボウフウ　*Peucedanum terebinthaceum*　河原
防風
セリ科セリ亜科の多年草。別名ヤマニンジン, シラ
カワボウフウ。高さは30〜90cm。
¶原牧2(No.2470/カ写)
新分牧(No.4502/モ図)
新牧日(No.2083/モ図)
牧野ス2(No.4315/カ図)
ミニ山(p228/カ写)
野生5(p398/カ写)
山カ野草(p320/カ写)

## カワラマツバ　*Galium verum* subsp.*asiaticum* var.
*asiaticum* f.*lacteum*　河原松葉
アカネ科の多年草。高さは30〜80cm。
¶色野夏(p98/カ写)
学フ増野夏(p125/カ写)
原牧2(No.1323/カ写)
新分牧(No.3357/モ図)
新牧日(No.2437/モ図)
牧野ス2(No.3168/カ図)
山カ野草(p151/カ写)

## カワラヨモギ　*Artemisia capillaris*　河原蓬, 河原艾
キク科キク亜科の多年草。高さは30〜100cm。
¶学フ増野秋(p198/カ写)
学フ増薬草(p132/カ写)
原牧2(No.2103/カ写)
新分牧(No.4234/モ図)
新牧日(No.3135/モ図)
牧野ス2(No.3948/カ図)
野生5(p330/カ写)
山カ野草(p82/カ写)
山ハ野花(p531/カ写)

## カワリウスバシダ　*Tectaria phaeocaulis*
ナナバケシダ科の常緑性シダ。別名ウスバカワリシ
ダ, クログキシダ。葉身は長さ80cm弱, 卵状長楕
円形。
¶シダ標2(p446/カ写)

## カワリバアサガオ　*Ipomoea polymorpha*
ヒルガオ科の草本。
¶野生5(p29)

## カワリバアマクサシダ　*Pteris cadieri*
イノモトソウ科の常緑性シダ。葉身は2回羽状深裂,
革質で無毛。

カワリハツ

¶シダ標1 (p379/カ写)
　山レ増 (p671/カ写)

**カワリハツ**　*Russula cyanoxantha*
ベニタケ科のキノコ。中型〜大型。傘は緑色，紫色など変化に富む。ひだは白色。
¶原きの (No.258/カ写・カ図)
　山カ日き (p365/カ写)

**カワリバトウダイ**　*Euphorbia graminea*
トウダイグサ科の多年草。高さは30〜60cm。
¶帰化写2 〔カワリバトウダイ（新称）〕(p468/カ写)
　野生3 (p157)

**カワリバマキエハギ**　*Desmodium heterophyllum*
マメ科マメ亜科の匍匐性の草本性亜低木。
¶新分牧 (No.1694/モ図)
　野生2 (p265/カ写)

**カワリミタンポポモドキ**　*Leontodon taraxacoides*
キク科の多年草。別名タンポポモドキ。高さは25〜35cm。花は濃黄色。
¶帰化写2 (p278/カ写)

**カンアオイ**　*Asarum nipponicum* var.*nipponicum*
寒葵
ウマノスズクサ科の常緑の多年草。日本固有種。別名カントウカンアオイ，アズマカンアオイ。花は暗紫色，または緑紫色。葉径6〜10cm。
¶学フ増野秋 (p210/カ写)
　学フ増薬草 (p57/カ写)
　原牧1 (No.88/カ図)
　固有 (p61)
　新分牧 (No.109/モ図)
　新牧日 (No.684/モ図)
　牧野ス1 (No.88/カ写)
　ミニ山 (p70/カ写)
　野生1 (p68/カ写・モ図 (p62))
　山カ野草 (p550/カ写)
　山ハ野花 (p19/カ写)
　山ハ山花 (p28/カ写)

**カンアオイ（八重咲き）**　*Asarum nipponicum*
'Pleno'　寒葵
ウマノスズクサ科の常緑の多年草。日本固有種。別名カントウカンアオイ。
¶山野草 (No.0420/カ写)

**カンアオイ類**　*Asarum* spp.
ウマノスズクサ科の常緑の多年草。
¶学フ有毒 (p13/カ写)

**カンイタドリ**　⇒ヒメツルソバを見よ

**カンイチゴ**　⇒フユイチゴを見よ

**カンエンガヤツリ**　*Cyperus exaltatus* var.*iwasakii*
灌園蚊帳吊
カヤツリグサ科の一年草。高さは40〜100cm。
¶原牧1 (No.712/カ写)
　新分牧 (No.979/モ図)
　新牧日 (No.3971/モ図)
　牧野ス1 (No.712/カ図)
　野生1 (p341/カ写)
　山ハ野花 (p101/カ写)

**カンエンガヤツリ（広義）**　*Cyperus exaltatus*　灌園蚊帳吊
カヤツリグサ科の一年草。東南アジア〜オーストラリアにかけて分布。高さは100〜180cm。
¶帰化写2 〔カンエンガヤツリ（在来種あり）〕(p371/カ写)

**カンカケイニラ**　*Allium togashii*
ヒガンバナ科（ユリ科）の草本。日本固有種。
¶固有 (p158)
　山野草 (No.1456/カ写)
　野生1 (p241)
　山レ増 (p588/カ写)

**カンカシボリ**　*Camellia japonica* 'Kanka-shibori'　灌花紋
ツバキ科。ツバキの品種。花は絞りが入る。
¶茶花上 (p161/カ写)

**カンガレイ**　*Schoenoplectiella triangulata*　寒枯藺
カヤツリグサ科の多年生抽水植物。稈は長さ50〜130cm，小穂は長楕円形。
¶カヤツリ (p684/モ図)
　原牧1 (No.733/カ図)
　新分牧 (No.957/モ図)
　新牧日 (No.3994/モ図)
　茶花下 (p195/カ写)
　日水草 (p195/カ写)
　牧野ス1 (No.733/カ図)
　野生1 (p355/カ写)
　山ハ野花 (p113/カ写)

**カンギク**　*Chrysanthemum indicum* var.*hibernum*
寒菊
キク科の多年草。アブラギクの栽培種。
¶原牧2 (No.2056/カ写)
　新分牧 (No.4201/モ図)
　新牧日 (No.3092/モ図)
　牧野ス2 (No.3901/カ図)

**カンキソウ**　⇒ユキモチソウを見よ

**カンキチク**　*Muehlenbeckia platyclada*　寒忌竹
タデ科の多年草。高さは50〜60cm。
¶原牧2 (No.855/カ写)
　新分牧 (No.2839/カ写)
　新牧日 (No.317/モ図)
　牧野ス2 (No.2700/カ図)

**ガンクビソウ** (1)　*Carpesium divaricatum* var.*divaricatum*　雁首草
キク科キク亜科の多年草。別名キバナガンクビソウ。
¶学フ増野秋 (p101/カ写)
　原牧2 〔キバナガンクビソウ〕(No.2002/カ図)
　新分牧 〔キバナガンクビソウ〕(No.4260/モ図)
　新牧日 〔キバナガンクビソウ〕(No.3039/モ図)
　茶花下 (p196/カ写)
　牧野ス2 〔キバナガンクビソウ〕(No.3847/カ図)
　野生5 (p353/カ写)
　山カ野草 (p22/カ写)
　山ハ野花 (p563/カ写)
　山ハ山花 (p524/カ写)

**ガンクビソウ**(2) ⇒コヤブタバコを見よ

**ガンクビヤブタバコ** ⇒ミヤマヤブタバコを見よ

**カンコウ** *Camellia japonica* 'Kankô' 菅公
ツバキ科。ツバキの品種。花は絞りが入る。
¶茶花上（p163/カ写）

**カンコウバイ** *Prunus mume* f.*alphandii* 寒紅梅
バラ科の木本。
¶APG原樹（No.463/カ図）

**ガンコウラン** *Empetrum nigrum* var.*japonicum* 岩
高蘭
ツツジ科ツツジ亜科（ガンコウラン科）の矮小低木。
高さは10〜20cm。
¶APG原樹（No.1300/カ図）
学フ増高山（p45/カ写）
原牧2（No.1161/カ図）
山野草（No.0821/カ写）
新分牧（No.3231/モ図）
新牧日（No.2200/モ図）
牧野ス2（No.3006/カ図）
野生4（p230/カ写）
山カ樹木（p398/カ写）
山ハ高山（p265/カ写）

**カンコノキ** *Glochidion obovatum* 餡餬木
コミカンソウ科（ミカンソウ科，トウダイグサ科）の
落葉低木。日本固有種。
¶APG原樹（No.811/カ図）
原牧2（No.285/カ図）
固有（p82/カ写）
新分牧（No.2448/モ図）
新牧日（No.1453/モ図）
牧野ス1（No.2130/カ図）
野生3（p176/カ写）
山カ樹木（p388/カ写）

**カンゴロモ** *Prunus mume* 'Kangoromo' 寒衣
バラ科。ウメの品種。野梅系ウメ，野梅性八重。
¶ウメ〔寒衣〕（p51/カ写）

**カンサイイワスゲ**(1) *Carex chrysolepis* var.*glabrior*
カヤツリグサ科の多年草。ミヤマイワスゲに似る。
近畿地方の氷ノ山・大峰山に生育。
¶カヤツリ（p408/モ写）

**カンサイイワスゲ**(2) ⇒ミヤマイワスゲを見よ

**カンサイオオイトスゲ** ⇒ベニイトスゲを見よ

**カンサイスノキ** *Vaccinium smallii* var.*versicolor*
ツツジ科スノキ亜科の落葉低木。葉の裏面下部に粗
い毛または無毛。
¶野生4（p259/カ写）

**カンサイタンポポ** *Taraxacum japonicum* 関西蒲
公英
キク科キクニガナ亜科の多年草。高さは10〜30cm。
頭花は黄色で直径約2〜3cm。
¶色野草（p134/カ写）
学フ増野春（p98/カ写）
原牧2（No.2269/カ図）
新分牧（No.4023/モ図）
新牧日（No.3297/モ図）

茶花上（p204/カ写）
牧野ス2（No.4114/カ図）
野生5（p287/カ写）
山カ野草（p109/カ写）
山ハ野花（p599/カ写）

**カンサイヨメナ** ⇒ヨメナを見よ

**カンザキアヤメ** *Iris unguicularis* 寒咲菖蒲，寒咲
文目
アヤメ科の多年草。花は藤色。
¶茶花下（p380/カ写）

**カンザキオオシマ** *Cerasus speciosa* 'Kanzaki-
ohshima' 寒咲大島
バラ科の落葉高木。サクラの栽培品種。花は白色。
¶学フ増桜〔'寒咲大島'〕（p69/カ写）

**カンザキハナナ** ⇒ナノハナを見よ

**カンザクラ**(1) *Creasus* × *kanzakura* 寒桜
バラ科の木本。サクラの品種。ヒカンザクラとヤマ
ザクラの雑種といわれている園芸品種。花は淡
紅色。
¶APG原樹（No.450/カ図）
学フ増桜〔'寒桜'〕（p118/カ写）

**カンザクラ**(2) ⇒チュウカザクラを見よ

**カンザシイヌホオズキ** *Solanum* sp.
ナス科の一年草または短命な多年草。高さは50〜
150cm。花冠は白色。
¶帰化写2（p220/カ写）

**カンザシギボウシ** *Hosta capitata* 簪擬宝珠
キジカクシ科〔クサスギカズラ科〕（ユリ科）の多年
草。別名イヤギボウシ。高さは50〜65cm。花は濃
赤紫色。
¶茶花上（p509/カ写）
野生1（p253/カ写）

**カンザシセミタケ** *Cordyceps kanzashiana*
ノムシタケ科の冬虫夏草。宿主はイワサキゼミ，イ
ワサキヒメハルゼミなどの幼虫。
¶冬虫生態（p116/カ写）

**カンザシワラビ** *Schizaea dichotoma* 簪蕨
フサシダ科の常緑性シダ。根茎は短く匍匐。
¶シダ標1（p332/カ写）
新分牧（No.4549/モ図）
新牧日（No.4415/モ図）
山レ増（p690/カ写）

**カンザブロウノキ** *Symplocos theophrastifolia* 勘三
郎の木
ハイノキ科の常緑高木。別名デコンノキ。花は
白色。
¶APG原樹（No.1181/カ図）
原牧2（No.1140/カ図）
新分牧（No.3183/モ図）
新牧日（No.2280/モ図）
牧野ス2（No.2985/カ図）
野生4（p211/カ写）
山カ樹木（p620/カ写）

カンサラサ 　　　　　　　　　222

**カンサラサ** *Chaenomeles speciosa* 'Kansarasa' 寒
更紗
バラ科。ボケの品種。
¶APG原樹〔ボケ‘カンサラサ’〕(No.563/カ図)

**カンザン** *Cerasus lannesiana* 'Sekiyama' 関山
バラ科の落葉高木。サクラの栽培品種。別名セキ
ヤマ。
¶APG原桜〔サクラ‘カンザン’〕(No.423/カ図)
学フ増桜〔‘関山’〕(p208/カ写)

**カンザンチク** *Pleioblastus hindsii* 寒山竹
イネ科タケ亜科の常緑大型ササ。別名ゴキダケ。高
さは5〜6m。
¶APG原樹(No.238/カ図)
原牧1(No.923/カ図)
新分牧(No.1031/モ図)
新牧日(No.3624/モ図)
タケ亜科(No.31/カ写)
タケササ(p146/カ写)
牧野ス1(No.923/カ図)
野生2(p33/カ写)
山力樹木(p71/カ写)

**ガンジツソウ** ⇒フクジュソウを見よ

**カンシノブ** ⇒タチシノブを見よ

**カンシノブホラゴケ** *Crepidomanes thysanostomum*
コケシノブ科のシダ植物。別名オオカンシノブホラ
ゴケ,ヤエヤマカンシノブホラゴケ。
¶シダ標1(p313/カ写)

**カンシャ** ⇒サトウキビを見よ

**カンシャクヤク** ⇒ハルザキクリスマスローズを
見よ

**ガンジュアザミ** *Cirsium ganjuense* 岩手薊
キク科アザミ亜科の多年草。日本固有種。高さは
70〜100cm。
¶固有(p140)
野生5(p251/カ写)
山力野草(p97/カ写)
山ハ高山(p409/カ写)
山レ増(p55/カ写)

**カンショ** ⇒サトウキビを見よ

**カンショウ** ⇒サトウキビを見よ

**カンスイチゴ** ⇒クサイチゴを見よ

**カンスゲ** *Carex morrowii* 寒菅
カヤツリグサ科の多年草。日本固有種。別名イズカ
ンスゲ。高さは15〜30cm。
¶学フ増野春(p235/カ写)
カヤツリ(p290/モ図)
原牧1(No.864/カ図)
固有(p184)
新分牧(No.883/モ図)
新牧日(No.4168/モ図)
スゲ増(No.147/カ写)
牧野ス1(No.864/カ図)
野生1(p317/カ写)
山力野草(p666/カ写)
山ハ山花(p175/カ写)

**カンススキ** ⇒トキワススキを見よ

**ガンセキヤバイ** *Prunus mume* 'Ganseki-yabai' 巌
石野梅
バラ科。ウメの品種。野梅系ウメ,野梅性一重。
¶ウメ〔巌石野梅〕(p23/カ写)

**ガンゼキラン** *Phaius flavus* 岩石蘭
ラン科の多年草。高さは30〜70cm。花は淡黄色。
¶山野草(No.1698/カ写)
野生1(p220/カ写)
山力野草(p583/カ写)
山レ増(p483/カ写)

**カンゾウ** *Glycyrrhiza glabra* 甘草
マメ科の多年草。別名スペインカンゾウ。高さは
60〜90cm。花は淡青色。
¶新分牧(No.1735/モ図)

**カンゾウタケ** *Fistulina hepatica*
カンゾウタケ科のキノコ。大型。傘は赤色,半円形
〜へら状。
¶原きの(No.347/カ写・カ図)
山力日き(p431/カ写)

**ガンソク** ⇒クサソテツを見よ

**カンタケ** ⇒ヒラタケを見よ

**ガンタケ** *Amanita rubescens*
テングタケ科のキノコ。中型〜大型。傘は赤褐色,
灰白色〜淡褐色のいぼあり,条線なし。
¶学フ増毒き(p70/カ写)
原きの(No.026/カ写・カ図)
山力日き(p162/カ写)

**ガンタチイバラ(ガンダチイバラ)** ⇒サルトリイ
バラを見よ

**カンダヒメラン** *Crepidium kandae*
ラン科の草本。日本固有種。
¶固有(p193)
野生1(p191/カ写)

**カンチク** *Chimonobambusa marmorea* 寒竹
イネ科タケ亜科の常緑大型ササ。稈は紫色を帯び
る。高さは1〜3m。
¶APG原樹(No.244/カ図)
学フ増花庭(p211/カ写)
原牧1(No.931/カ図)
新分牧(No.1024/モ図)
新牧日(No.3632/カ写)
タケ亜科(No.16/カ写)
タケササ(p167/カ写)
牧野ス1(No.931/カ図)
野生2(p32/カ写)
山力樹木(p73/カ写)

**カンチコウゾリナ** *Picris hieracioides* subsp.
*kamtschatica* 寒地髪剃菜
キク科キクニガナ亜科の二年草。別名タカネコウゾ
リナ。
¶野生5(p284/カ写)
山力野草(p105/カ写)
山ハ高山(p443/カ写)

**カンチスゲ** *Carex gynocrates* 寒地菅
カヤツリグサ科の多年草。
¶カヤツリ (p56/モ図)
スゲ増 (No.2/カ写)
野生1 (p300/カ写)
山ハ高山 (p65/カ写)

**カンチヤチハコベ** *Stellaria calycantha* 寒地谷地
繁縷
ナデシコ科の草本。
¶野生4 (p127/カ写)
山ハ高山 (p146/カ写)
山レ増 (p419/カ写)

**カンツバキ** *Camellia sasanqua* 'Shishigashira' 寒椿
ツバキ科の木本。別名シシガシラ。花は紅色。
¶APG原樹 (No.1172/カ図)
茶花上 (p102/カ写)
山カ樹木 (p487/カ写)

**カンツワブキ** *Farfugium hiberniflorum* 寒蕗吾, 寒
石蕗
キク科キク亜科の草本。日本固有種。
¶原牧2 (No.2134/カ図)
固有 (p149)
新分牧 (No.4101/モ図)
新牧日 (No.3165/モ図)
茶花下 (p388/カ写)
牧野ス2 (No.3979/カ図)
野生5 (p297/カ写)

**カンテラギ** ⇒ナンキンハゼを見よ

**カントウカンアオイ** (1) ⇒カンアオイを見よ

**カントウカンアオイ** (2) ⇒カンアオイ (八重咲き)
を見よ

**カントウタンポポ** *Taraxacum platycarpum* var.
*platycarpum* 関東蒲公英
キク科キクニガナ亜科の多年草。日本固有種。別名
アズマタンポポ。有性生殖を行う。高さは10〜
30cm。
¶色野草 (p133/カ写)
学フ増野春 (p96/カ写)
原牧2 (No.2265/カ図)
固有 (p147/カ写)
植調 (p139/カ写)
新分牧 (No.4021/モ図)
新牧日 (No.3293/モ図)
茶花上 (p204/カ写)
牧野ス2 (No.4110/カ図)
野生5 (p288/カ写)
山カ野草 (p109/カ写)
山ハ野花 (p596/カ写)

**カントウマムシグサ** *Arisaema serratum* 関東蝮草
サトイモ科の多年草。マムシグサ, オオマムシグサ
によく似ている。高さは15〜75cm。葉は鳥足状に
切れ込む。
¶学フ増野夏〔ムラサキマムシグサ〕(p196/カ写)
原牧1 (No.202/カ図)
新分牧 (No.252/モ図)
新牧日 (No.3933/モ図)

テンナン (No.42/カ写)
牧野ス1 (No.202/カ図)
野生1 (p106/カ写)
山ハ野花 (p27/カ写)

**カントウマユミ** *Euonymus sieboldianus* var.
*sanguineus*
ニシキギ科の落葉小高木または高木。別名ユモトマ
ユミ。葉の下脈上に突起状の短毛を密生する。
¶野生3 (p134)

**カントウミヤマカタバミ** *Oxalis griffithii* var.
*kantoensis* 関東深山酢漿草
カタバミ科の多年草。日本固有種。
¶固有 (p81)
野生3 (p142/カ写)

**カントウヨメナ** *Aster yomena* var.*dentatus* 関東
嫁菜
キク科キク亜科の多年草。日本固有種。高さは40
〜100cm。
¶色野草 (p274/カ写)
固有 (p146)
山野草 (No.1265/カ写)
野生5 (p317/カ写)
山カ野草 (p34/カ写)
山ハ野花 (p537/カ写)

**カントラノオ** ⇒ハマトラノオを見よ

**カントリソウ** ⇒カキドオシを見よ

**カントリーレッド** *Lagerstroemia indica* 'Country
Red'
ミソハギ科の木本。サルスベリの品種。
¶APG原樹〔サルスベリ 'カントリー レッド'〕(No.
1567/カ図)

**カントンアブラギリ** *Vernicia montana* 広東油桐
トウダイグサ科の落葉高木。
¶野生3 (p166)

**カントンスギ** ⇒コウヨウザンを見よ

**カンナ** ⇒ハナカンナを見よ

**カンノンソウ** ⇒キチジョウソウを見よ

**カンノンチク** *Rhapis excelsa* 観音竹
ヤシ科の常緑低木。別名リュウキュウシュロチク。
高さは2〜3m。葉の裂片は3〜5。
¶APG原樹 (No.202/カ図)
原牧1 (No.608/カ図)
新分牧 (No.650/モ図)
新牧日 (No.3888/モ図)
牧野ス1 (No.608/カ図)
山カ樹木 (p81/カ写)

**カンバ** ⇒シラカンバを見よ

**カンバイ** *Rosa* 'Kampai' 乾杯
バラ科。バラの品種。ハイブリッド・ティーローズ
系。花は濃紅色。
¶APG原樹〔バラ 'カンバイ'〕(No.617/カ図)

**カンバク** ⇒ハクトウを見よ

**カンバタケ** *Piptoporus betulinus*
ツガサルノコシカケ科のキノコ。大型。傘は淡褐
色, 半円形〜腎臓形, なめし皮状。

¶原きの (No.371/カ写・カ図)
　山力日き (p465/カ写)

カンハタケゴケ　*Riccia nipponica*
ウキゴケ科のコケ。日本固有種。長さ1〜2cm。
¶固有 (p226)

カンパニュラ・ラプンキュロイデス　⇒ハタザオ
キキョウを見よ

カンパヌラ・アーチェリ　*Campanula aucheri*
キキョウ科の多年草。花は紫青色。
¶山野草 (No.1205/カ写)

カンパヌラ・アルペストリス　*Campanula alpestris*
キキョウ科の多年草。花は青紫色。
¶山野草 (No.1201/カ写)

カンパヌラ・ガルガニカ　*Campanula garganica*
キキョウ科の多年草。別名ホシギキョウ。高さは
15cm。花は青色。
¶山野草 (No.1203/カ写)

カンパヌラ・コルヘンシス　*Campanula choruhensis*
キキョウ科の草本。高さは7〜10cm。
¶山野草 (No.1208/カ写)

カンパヌラ・サキシフラガ　*Campanula saxifraga*
キキョウ科の多年草。高さは20cm。花は紫色。
¶山野草 (No.1209/カ写)

カンパヌラ・パツラ　*Campanula patula*
キキョウ科の多年草。高さは50〜60cm。花は淡
紫色。
¶山野草 (No.1206/カ写)

カンパヌラ・バルバータ　*Campanula barbata*
キキョウ科の多年草。花は淡青または白色。
¶山野草 (No.1202/カ写)

カンパヌラ・ベチュリフォリア　*Campanula
betulifolia*
キキョウ科の草本。高さは15〜25cm。
¶山野草 (No.1204/カ写)

ガンピ(1)　*Diplomorpha sikokiana*　雁皮
ジンチョウゲ科の落葉低木。日本固有種。別名カミ
ノキ。
¶**APG原樹** (No.1047/カ図)
　学フ増樹 (p45/カ図)
　原牧2 (No.665/カ図)
　固有 (p91)
　新分牧 (No.2705/モ図)
　新牧日 (No.1770/モ図)
　茶花上 (p370/カ写)
　牧野ス2 (No.2510/カ図)
　ミニ山 (p183/カ写)
　野生4 (p40/カ写)
　山力樹木 (p504/カ写)

ガンピ(2)　⇒ガンピセンノウを見よ

ガンピ(3)　⇒シラカンバを見よ

カンヒザクラ　*Cerasus campanulata*　寒緋桜
バラ科シモツケ亜科の落葉高木。日本種の桜。別名
ヒカンザクラ，タイワンザクラ，ヒザクラ。花は暗

紅紫か桃紅色。
¶**APG原樹** (No.420/カ図)
　学フ増桜 (p60/カ写)
　学フ増花庭 (p52/カ写)
　茶花上 (p194/カ写)
　都木花新 (p118/カ写)
　野生3 (p65/カ写)
　山力樹木 (p306/カ写)

カンヒザクラ × ヤマザクラ　*Cerasus campanulata*
× *C.jamasakura*
バラ科の木本。桜の種間雑種。
¶学フ増桜 (p59/カ写)

ガンピセンノウ　*Lychnis coronata*　岩菲仙翁
ナデシコ科の一年草または多年草。別名ガンピ。高
さは40〜60cm。花は朱紅色。
¶原牧2 (No.919/カ写)
　山野草〔ガンピ〕 (No.0036/カ写)
　新分牧 (No.2948/モ図)
　新牧日 (No.391/モ図)
　茶花上〔がんぴ〕 (p370/カ写)
　牧野ス2 (No.2764/カ写)

カンピョウ　⇒ユウガオ(1)を見よ

カンピレームシタケ　*Metacordyceps* sp.
バッカクキン科の冬虫夏草。宿主はコウチュウ目。
南西諸島産。
¶冬虫生態 (p163/カ写)

カンボウフウ　⇒シナサワグルミを見よ

カンボウラン　⇒ヘツカランを見よ

カンボク　*Viburnum opulus* var.*sargentii*　肝木
ガマズミ科〔レンプクソウ科〕（スイカズラ科）の落
葉低木。別名ケナシカンボク。
¶**APG原樹** (No.1476/カ図)
　学フ増樹 (p193/カ写)
　原牧2 (No.2297/カ図)
　新分牧 (No.4325/モ図)
　新牧日 (No.2835/モ図)
　茶花上 (p371/カ写)
　牧野ス2 (No.4142/カ写)
　野生5 (p405/カ写)
　山力樹木 (p709/カ写)
　落葉図譜 (p304/モ図)

ガンボクエゴノキ　⇒エゴノキを見よ

カンボクソウ　⇒クサヤツデを見よ

カンボケ　*Chaenomeles speciosa* 'Kanboke'　寒木瓜
バラ科。ボケの品種。
¶**APG原樹**〔ボケ'カンボケ'〕 (No.564/カ図)

カンボタン　*Paenia suffruticosa*　寒牡丹
ボタン科。ボタンの品種。別名フユボタン。
¶茶花上 (p186/カ写)

カンムリタケ　*Mitrula paludosa*
ビョウタケ科のキノコ。超小型。地上生（湿地に発
生），頭部はほぼ棍棒状。
¶原きの (No.535/カ写・カ図)
　山力日き (p546/カ写)

カンムリナズナ　*Carrichtera annua*
　アブラナ科の一年草または越年草。高さは25cm内外。
　¶帰化写2（p70/カ写）

カンムリヤマサトメシダ　*Athyrium × watanabei*
　メシダ科のシダ植物。
　¶シダ標2（p308/カ写）

カンヨメナ　⇒イソカンギクを見よ

ガンライコウ　⇒ハゲイトウを見よ

ガンライソウ　⇒ハゲイトウを見よ

カンラン(1)　*Canarium album*　橄欖
　カンラン科の高木。別名ウオノホネヌキ，カナリアノキ。
　¶APG原樹（No.889/カ図）
　　原牧2（No.501/カ図）
　　新分牧（No.2540/モ図）
　　新牧日（No.1542/モ図）
　　牧野ス2（No.2346/カ図）

カンラン(2)　*Cymbidium kanran*　寒蘭
　ラン科の多年草。花は赤茶色，紫褐色，緑色，紅色など。
　¶原牧1（No.475/カ図）
　　山野草（No.1716/カ写）
　　新分牧（No.537/モ図）
　　新牧日（No.4350/モ図）
　　茶花上（p194/カ写）
　　牧野ス1（No.475/カ写）
　　野生1（p192/カ写）
　　山ハ山花（p88/カ写）
　　山レ増（p484/カ写）

カンラン(3)　⇒ハボタンを見よ

カンレンボク　*Camptotheca acuminata*　旱蓮木
　ヌマミズキ科（ミズキ科，オオギリ科）の木本。別名キジュ。
　¶茶花下（p73/カ写）
　　都木花新（p152/カ写）
　　山カ樹木（p534/カ写）

## 【キ】

キアカソ　⇒コアカソを見よ

キアサガオ　⇒コダチアサガオを見よ

キアシオオセミタケ　*Cordyceps cicadae*
　ノムシタケ科の冬虫夏草。宿主はアブラゼミなどの幼虫。
　¶冬虫生態（p107/カ写）

キアシグロタケ近縁種　*Polyporus cf. varius*
　タマチョレイタケ科のキノコ。柄が中心生で傘がじょうご形。
　¶山カ日き（p452/カ写）

キアダン　⇒タコノキを見よ

キアブラシメジ　*Cortinarius vibratilis*
　フウセンタケ科のキノコ。
　¶山カ日き（p259/カ写）

キアマ　⇒キバナアマを見よ

キアミアシイグチ　*Retiboletus ornatipes*
　イグチ科のキノコ。小型〜大型。傘は暗オリーブ色〜帯黄褐色。
　¶山カ日き（p325/カ写）

キアレチギク　*Flaveria bidentis*
　キク科の一年草。
　¶帰化写2（p272/カ写）

キイアミゴケ　*Syrrhopodon kiiensis*
　カタシロゴケ科のコケ。日本固有種。茎は長さ2〜3cm。葉は狭披針形。
　¶固有（p213/カ写）

キイイトラッキョウ　*Allium kiiense*
　ヒガンバナ科（ユリ科）の草本。日本固有種。
　¶固有（p158/カ写）
　　山野草（No.1455/カ写）
　　野生1（p241/カ写）
　　山レ増（p587/カ写）

キイシオギク(1)　*Chrysanthemum shiwogiku* var. *kinokuniense*
　キク科。日本固有種。
　¶固有（p142）

キイシオギク(2)　⇒キノクニシオギクを見よ

キイシモツケ(1)　*Spiraea nipponica* var. *ogawae*
　バラ科の落葉性低木。
　¶山レ増（p303/カ写）

キイシモツケ(2)　⇒イワシモツケを見よ

キイジョウロウホトトギス　*Tricyrtis macranthopsis*　紀伊上臈杜鵑草
　ユリ科の多年草。日本固有種。高さは40〜80cm。
　¶原牧1（No.361/カ図）
　　固有（p159）
　　山野草（No.1528/カ写）
　　新分牧（No.379/モ図）
　　新牧日（No.3389/モ図）
　　茶花下（p301/カ写）
　　牧野ス1（No.361/カ写）
　　野生1（p177/カ写）
　　山ハ山花（p85/カ写）
　　山レ増（p594/カ写）

キイセンニンソウ　*Clematis uncinata* var. *ovatifolia*
　紀伊仙人草
　キンポウゲ科の草本。日本固有種。
　¶原牧1（No.1296/カ図）
　　固有（p55）
　　新分牧（No.1457/モ図）
　　新牧日（No.618/モ図）
　　牧野ス1（No.1296/カ写）
　　野生2（p146/カ写）

キイチゴ(1)　⇒モミジイチゴを見よ

キイチコ 226

キイチゴ(2) ⇒モミジイチゴ（広義）を見よ

キイトスゲ *Carex alterniflora* var.*fulva*
カヤツリグサ科の多年草。日本固有種。
¶カヤツリ (p332/モ図)
　固有 (p185)
　スゲ増 (p227/カ写)
　野生1 (p319/カ写)

キイハナネコノメ *Chrysosplenium album* var.
*nachiense* 紀伊花猫の眼
ユキノシタ科の草本。日本固有種。
¶固有 (p71)
　野生2 (p203)

キイボカサタケ *Entoloma murrayi*
イッポンシメジ科のキノコ。小型。傘は黄色で円錐
形、中央に鉛筆芯状突起あり。湿時条線。ひだは
黄色。
¶学フ増毒き (p160/カ写)
　原きの (No.095/カ写・カ図)
　山力日き (p279/カ写)

キイムヨウラン *Lecanorchis japonica* var.*kiiensis*
ラン科の草本。日本固有種。
¶固有 (p193)
　野生1 (p210/カ写)

キイルンスゲ ⇒タイワンスゲを見よ

キイレツチトリモチ *Balanophora tobiracola* 喜入
土鳥黐
ツチトリモチ科の多年草。ネズミモチ等の根に寄
生、全体は黄色。高さは10〜15cm。
¶原牧2 (No.766/カ図)
　新分牧 (No.2805/モ図)
　新牧日 (No.244/モ図)
　牧野ス2 (No.2611/カ図)
　ミニ山 (p74/カ写)
　野生4 (p73/カ写)
　山力野草 (p547/カ写)
　山ハ山花 (p265/カ写)

キイロアセタケ *Inocybe lutea*
アセタケ科のキノコ。小型。傘は橙黄色、放射状の
繊維。ひだは黄色。
¶山力日き (p243/カ写)

キイロイグチ *Pulveroboletus ravenelii*
イグチ科のキノコ。小型〜中型。傘はレモン黄色
で、粉質。
¶学フ増毒き (p175/カ写)
　原きの (No.319/カ写・カ図)
　山力日き (p313/カ写)

キイロカメムシタケ *Cordyceps nutans* f.
オフィオコルディセプス科の冬虫夏草。宿主はカメ
ムシの成虫。カメムシタケの頭部が黄色いタイプ。
¶冬虫生態 (p138/カ写)

キイロケチチタケ ⇒ムラサキイロガワリハツを
見よ

キイロスッポンタケ *Phallus costatus*
スッポンタケ科のキノコ。
¶山力日き (p521/カ写)

キイロハナカタバミ ⇒オオキバナカタバミを見よ

キイロヒメボタンタケ *Vibrissea leptospora*
ビンタケ科のキノコ。
¶山力日き (p544/カ写)

キーウィ *Actinidia chinensis* var.*deliciosa*
マタタビ科（サルナシ科）の蔓木。別名シナサルナ
シ、オニマタタビ。多毛、果実は長さ5cm、褐毛、果
肉は翠緑色。
¶APG原樹〔キウイフルーツ〕(No.1198/カ図)
　学フ増花庭 (p86/カ写)
　原牧2 (No.1158/カ図)
　新分牧 (No.3201/モ図)
　新牧日 (No.723/モ図)
　都木花新 (p76/カ写)
　牧野ス2 (No.3003/カ図)
　山力樹木〔キーウィフルーツ〕(p481/カ写)

キウイカンアオイ *Asarum campaniforme*
ウマノスズクサ科の草本。
¶山野草 (No.0427/カ写)

キウイフルーツ ⇒キーウィを見よ

キウロコタケ *Stereum hirsutum*
ウロコタケ科のキノコ。
¶原きの (No.402/カ写・カ図)
　山力日き (p424/カ写)

キウロコテングタケ *Amanita alboflavescens*
テングタケ科のキノコ。
¶山力日き (p168/カ写)

キエビネ *Calanthe citrina* 黄蝦根, 黄海老根
ラン科の多年草。別名オオエビネ。高さは20〜
40cm。花の色は鮮黄色。
¶山野草 (No.1681/カ写)
　茶花上 (p252/カ写)
　野生1 (p186/カ写)
　山力野草 (p580/カ写)
　山ハ野花 (p54/カ写)
　山ハ山花 (p90/カ写)
　山レ増 (p473/カ写)

キオウギタケ *Gomphidius maculatus*
オウギタケ科のキノコ。小型〜中型。傘は淡黄白
色、平滑、湿時ゼラチン質。
¶山力日き (p295/カ写)

キオキナタケ *Bolbitius titubans* var.*olivaceus*
オキナタケ科のキノコ。中型。傘はオリーブ色〜レ
モン色、強粘性。ひだは白色〜肉桂色。
¶山力日き (p216/カ写)

キオン *Senecio nemorensis* 黄苑
キク科キク亜科の多年草。別名ヒゴオミナエシ。高
さは50〜100cm。
¶学フ増秋 (p113/カ写)
　原牧2 (No.2120/カ図)
　新分牧 (No.4117/モ図)
　新牧日 (No.3151/モ図)
　牧野ス2 (No.3965/カ図)
　野生5 (p309/カ写)
　山力野草 (p57/カ写)

山ハ高山 (p392/カ写)
山ハ山花 (p527/カ写)

**キカイガラタケ** *Gloeophyllum sepiarium*
キカイガラタケ科のキノコ。
¶原きの (No.353/カ写・カ図)

**キカイタツナミソウ** *Scutellaria kikai-insularis*
シソ科タツナミソウ亜科。日本固有種。別名ヒメタ
ツナミソウ。
¶固有〔ヒメタツナミソウ〕(p125)
野生5 (p118)

**キカシグサ** *Rotala indica*
ミソハギ科の一年草。高さは10〜15cm。
¶原牧2 (No.439/カ図)
植調 (p59/カ写)
新分牧 (No.2482/モ図)
新牧日 (No.1894/モ図)
牧野ス2 (No.2284/カ図)
野生3 (p259/カ写)
山力野草 (p332/カ写)
山ハ野花 (p310/カ写)

**キカノアシタケ** ⇒ベニカノアシタケを見よ

**キガヤツリ** ⇒カヤツリグサを見よ

**キカラスウリ** *Trichosanthes kirilowii* var.*japonica*
黄烏瓜
ウリ科のつる性多年草。日本固有種。別名ウカイ,
ウシノシイ。果実は黄色。
¶色野草 (p100/カ写)
学フ増野秋 (p141/カ写)
学フ増薬草 (p79/カ写)
原牧2 (No.178/カ図)
固有 (p94/カ写)
新分牧 (No.2208/モ図)
新牧日 (No.1881/モ図)
茶花下 (p196/カ写)
牧野ス1 (No.2023/カ図)
ミニ山 (p201/カ写)
野生3 (p124/カ写)
山力野草 (p140/カ写)
山ハ野花 (p393/カ写)

**キカラハツタケ** *Lactarius scrobiculatus*
ベニタケ科のキノコ。
¶学フ増毒き (p199/カ写)
原きの (No.161/カ写・カ図)

**キカラマツ** ⇒ノカラマツを見よ

**ギガントクロア アプス** ⇒ナワタケを見よ

**キガンピ** *Diplomorpha trichotoma* 黄雁皮
ジンチョウゲ科の落葉低木。別名キコガンピ。
¶APG原樹 (No.1049/カ図)
原牧2 (No.668/カ写)
新分牧 (No.2709/モ図)
新牧日 (No.1774/モ図)
牧野ス2 (No.2513/カ図)
野生4 (p39/カ写)
山力樹木 (p505/カ写)

**キキョウ** *Platycodon grandiflorus* 桔梗
キキョウ科の多年草。別名アリノヒフキ, オカトト
キ, キチコウ。高さは40〜100cm。花は青紫色。
¶色野草 (p325/カ写)
学フ増野夏 (p33/カ写)
学フ有毒 (p100/カ写)
原牧2 (No.1881/カ図)
山野草 (p384)
新牧日 (No.2924/モ図)
茶花上 (p510/カ写)
牧野ス2 (No.3726/カ図)
野生5 (p194/カ写)
山力野草 (p129/カ写)
山ハ野花 (p505/カ写)
山ハ山花 (p492/カ写)
山レ増 (p67/カ写)

**キキョウカタバミ** ⇒ムラサキカタバミを見よ

**キキョウソウ** *Triodanis perfoliata* 桔梗草
キキョウ科の一年草。別名ダンダンギキョウ。高さ
は15〜100cm。花は鮮紫色。
¶色野草 (p270/カ写)
帰化写改 (p310/カ写)
原牧2 (No.1873/カ図)
植調 (p112/カ写)
新分牧 (No.3917/モ図)
新牧日 (No.2916/モ図)
茶花上 (p371/カ写)
牧野ス2 (No.3718/カ図)
野生5 (p190/カ写)
山ハ野花 (p506/カ写)

**キキョウナデシコ** *Phlox drummondii* 桔梗撫子
ハナシノブ科の一年草。高さは50cm。花は白, 淡
黄, ピンク, 紅, 紫紅色など。
¶原牧2 (No.1048/カ写)
新分牧 (No.3090/モ図)
新牧日 (No.2448/モ図)
茶花上 (p372/カ写)
牧野ス2 (No.2893/カ図)

**キキョウラン** *Dianella ensifolia* 桔梗蘭
ワスレグサ科〔ススキノキ科〕(ユリ科)の多年草。
高さは50〜80cm。花は青色。葉は硬質。
¶原牧1 (No.518/カ写)
新分牧 (No.572/モ図)
新牧日 (No.3392/モ図)
牧野ス1 (No.518/カ写)
野生1 (p237/カ写)

**キク** *Chrysanthemum morifolium* 菊
キク科の多年草。花は黄色。
¶原牧2 (No.2050/カ写)
新分牧 (No.4196/モ図)
新牧日 (No.3086/モ図)
牧野ス2 (No.3895/カ図)

**キクアザミ** *Saussurea ussuriensis* var.*ussuriensis*
菊薊
キク科アザミ亜科の多年草。高さは30〜120cm。

キクイモ　228

¶原牧2（No.2200/カ図）
　新分牧（No.3995/モ図）
　新牧日（No.3232/モ図）
　牧野ス2（No.4045/カ図）
　野生5（p260/カ写）
　山力野草（p100/カ写）
　山ハ山花（p561/カ写）

**キ　キクイモ**　*Helianthus tuberosus*　菊芋
キク科の多年草。別名カライモ。塊茎の皮色は赤
紫、黄、白など。高さは1.5～3m。花は黄色。
¶色野草（p194/カ写）
　学フ増山菜（p38/カ写）
　学フ増野秋（p94/カ写）
　帰化写改（p372/カ写, p516/カ写）
　原牧2（No.2033/カ写）
　植調（p162/カ写）
　新分牧（No.4296/モ図）
　新牧日（No.3070/モ図）
　茶花下（p302/カ写）
　牧野ス2（No.3878/カ図）
　山力野草（p124/カ写）
　山ハ野花（p578/カ写）

**キクイモモドキ**　*Heliopsis helianthoides*　菊芋擬
キク科の多年草。高さは1～1.5m。花は黄色、また
は橙黄色。
¶帰化写改（p373/カ写）
　山ハ野花（p579/カ写）

**キクガラクサ**　*Ellisiophyllum pinnatum*　菊唐草
オオバコ科（ゴマノハグサ科）の多年草。日本固有
種。別名ホロギク。高さは5～9cm。
¶原牧2（No.1550/カ図）
　固有（p127/カ写）
　新分牧（No.3593/モ図）
　新牧日（No.2676/モ図）
　茶花下（p73/カ写）
　牧野ス2（No.3395/カ写）
　野生5（p75/カ写）

**キクゴボウ**　*Scorzonera hispanica*　菊牛蒡
キク科の多年草。別名キバナバラモンジン。高さは
60～90cm。花は黄色。
¶原牧2（No.2229/カ図）
　牧野ス2（No.4074/カ写）

**キクザアサガオ**　*Ipomoea pes-tigridis*　菊座朝顔
ヒルガオ科のつる草。多毛。花は白色、数個集団で
夜開き朝はしぼむ。
¶帰化写改（p247/カ写）
　野生5（p29）

**キクザカボチャ**　⇒ボウブラ(1)を見よ

**キクザキイチゲ**　*Anemone pseudoaltaica*　菊咲一花
キンポウゲ科の多年草。別名キクザキイチゲソウ、
ルリイチゲソウ、キクザキイチリンソウ。高さは10
～30cm。花は淡紫色、または白色。
¶色野草（p25/カ写）
　学フ増野春（p176/カ写）
　原牧1（No.1258/カ図）
　山野草（No.0225/カ写）

新分牧（No.1444/モ図）
新牧日（No.583/モ図）
茶花上（p253/カ写）
牧野ス1（No.1258/カ図）
ミニ山（p53/カ写）
野生2（p135/カ写）
山力野草〔キクザキイチリンソウ〕（p476/カ写）
山ハ山花（p240/カ写）

**キクザキイチゲソウ**　⇒キクザキイチゲを見よ

**キクザキイチリンソウ**　⇒キクザキイチゲを見よ

**キクザキハンショウヅル**　⇒クレマチス・マクロペ
タラを見よ

**キクザキリュウキンカ**　*Ficaria ficarioides*
キンポウゲ科の多年草。花は光沢のある鮮黄色。葉
は全縁で心臓形。
¶帰化写2（p54/カ写）

**キクザクラ**　*Cerasus lannesiana* 'Chrysanthemoides'
菊桜
バラ科の落葉小高木。サクラの栽培品種。花は淡紅
紫色。
¶学フ増桜〔'菊桜'〕（p192/カ写）

**キクサラサ**　*Camellia japonica* 'Kiku-sarasa'　菊更紗
ツバキ科。ツバキの品種。花は絞りが入る。
¶茶花上（p165/カ写）

**キクヂシャ**　⇒チコリを見よ

**キクシノブ**　*Davallia repens*　菊忍
シノブ科の常緑性シダ。葉身は長さ2.5～10cm、三
角状長楕円形～五角形状。
¶シダ標2（p448/カ写）
　新分牧（No.4771/モ図）
　新牧日（No.4493/モ図）
　山レ増（p680/カ写）

**キクヅキ**　*Camellia japonica* 'Kikuzuki'　菊月
ツバキ科。ツバキの品種。花は桃色。
¶茶花上（p119/カ写）

**キクタニギク**　*Chrysanthemum seticuspe* f.*boreale*
菊渓菊
キク科キク亜科の多年草。別名アワコガネギク、ア
ブラギク。高さは10～150cm。
¶学フ増野秋〔アワコガネギク〕（p98/カ写）
　帰化写2〔キクタニギク（在来種あり）〕（p270/カ写）
　原牧2〔アワコガネギク〕（No.2059/カ写）
　山野草（No.1218/カ写）
　新分牧〔アワコガネギク〕（No.4204/モ図）
　新牧日〔アワコガネギク〕（No.3095/モ図）
　茶花下（p356/カ写）
　牧野ス2〔アワコガネギク〕（No.3904/カ図）
　野生5（p338/カ写）
　山力野草（p76/カ写）
　山ハ野花〔アワコガネギク〕（p522/カ写）
　山ハ山花〔アワコガネギク〕（p495/カ写）

**キクトウジ**　*Camellia japonica* 'Kiku-tôji'　菊冬至
ツバキ科。ツバキの品種。花は斑入り。
¶茶花上（p152/カ写）

**キクニガナ** *Cichorium intybus* 菊苦菜
キク科の多年草，ハーブ，葉菜類。高さは40～150cm。花は淡青色。
¶帰化写改（p337/カ写, p512/カ写）
　原牧2（No.2225/カ図）
　新分牧（No.4018/モ図）
　新牧日（No.3255/モ図）
　牧野ス2（No.4070/カ図）

**キクノハアオイ** *Modiola caroliniana*
アオイ科の一年草。高さは50cm。花は紅色。
¶帰化写改（p193/カ写）
　ミニ山（p180/カ写）
　野生4（p31/カ写）

**キクノリ** ⇒オキツノリを見よ

**キクバアカザ** ⇒キクバアリタソウを見よ

**キクバアリタソウ** *Dysphania schraderiana*
ヒユ科（アカザ科）の一年草。別名キクバアカザ。
¶帰化写2（p43/カ写）
　野生4（p140）

**キクバイズハハコ** *Eschenbachia aegyptiaca*
キク科キク亜科の草本。
¶野生5（p323）

**キクバウツボグサ** *Prunella lanciniata* 菊葉靫草
シソ科の草本。高さは5～10cm。
¶山野草（No.1041/カ写）

**キクバオウレン** ⇒オウレンを見よ

**キクバクワガタ** *Veronica schmidtiana* subsp.
*schmidtiana* 菊葉鍬形
オオバコ科（ゴマノハグサ科）の多年草。高さは10～20cm。
¶原牧2（No.1588/カ図）
　山野草（No.1068/カ写）
　新分牧（No.3624/モ図）
　新牧日（No.2732/モ図）
　牧野ス2（No.3433/カ図）
　野生5（p88/カ写）
　山ケ野草（p178/カ写）
　山ハ高山（p336/カ写）

**キクバツルデンダ** ⇒ツルデンダを見よ

**キクバテンジクアオイ** *Pelargonium radens* 菊葉天
竺葵
フウロソウ科の多年草。高さは30cm内外。花はバラ色。
¶原牧2（No.426/カ図）
　新分牧（No.2466/モ図）
　新牧日（No.1431/モ図）
　牧野ス2（No.2271/カ図）

**キクバドコロ** *Dioscorea septemloba* 菊葉野老
ヤマノイモ科の多年生つる草。別名モミジドコロ。
¶原牧1（No.291/カ図）
　新分牧（No.336/モ図）
　新牧日（No.3534/モ図）
　牧野ス1（No.291/カ図）
　野生1（p150/カ写）
　山ハ山花（p53/カ写）

**キクバナイグチ** *Boletellus floriformis*
イグチ科のキノコ。中型～大型。傘は赤褐色，フェルト状大型鱗片，縁部に皮膜。
¶山カ日き（p350/カ写）

**キクバヤマボクチ** *Synurus palmatopinnatifidus* var.
*palmatopinnatifidus* 菊葉山火口
キク科アザミ亜科の多年草。日本固有種。
¶原牧2（No.2215/カ図）
　固有（p152/カ写）
　茶花下（p357/カ写）
　牧野ス2（No.4060/カ図）
　野生5（p273/カ写）
　山ハ山花（p558/カ写）

**キクブキ** ⇒クロクモソウを見よ

**キクムグラ** *Galium kikumugura* 菊葎
アカネ科の多年草。日本固有種。別名ヒメムグラ。高さは20～50cm。
¶原牧2（No.1320/カ図）
　固有（p119）
　新分牧（No.3354/モ図）
　新牧日（No.2434/モ図）
　牧野ス2（No.3165/カ図）
　野生4（p275/カ写）
　山カ野草（p152/カ写）
　山ハ山花（p390/カ写）

**キクモ** *Limnophila sessiliflora* 菊藻
オオバコ科（ゴマノハグサ科）の沈水性～抽水性～湿生植物，多年草。高さは10～60cm。花の花弁は筒状で紅紫色。
¶原牧2（No.1564/カ図）
　植調（p58/カ写）
　新分牧（No.3585/モ図）
　新牧日（No.2707/モ図）
　日水草（p278/カ写）
　牧野ス2（No.3409/カ図）
　野生5（p78/カ写）
　山カ野草（p173/カ写）
　山ハ野花（p484/カ写）

**キクモバホラゴケ** *Callistopteris apiifolia*
コケシノブ科の常緑性シダ。葉身は長さ12～35cm。
¶シダ標1（p317/カ写）
　山レ増（p684/カ写）

**キクモモ** *Prunus persica* 'Stellata' 菊桃
バラ科。モモの品種。別名ケモモ，イシモモ，ゲンジグルマ。
¶APG原樹〔モモ'キクモモ'〕（No.496/カ図）

**キクヨモギ** ⇒シコタンヨモギを見よ

**キクラゲ** *Auricularia auricula-judae* 木耳
キクラゲ科のキノコ。小型～中型。子実体は耳形，肉はゼラチン質。
¶原きの（No.408/カ写・カ図）
　新分牧（No.5119/モ図）
　新牧日（No.4949/モ図）
　山カ日き（p534/カ写）

キケマン

**キケマン** *Corydalis heterocarpa* var.*japonica* 黄華鬘
ケシ科の越年草。高さは40〜60cm。
¶学フ増野春 (p133/カ図)
原牧1 (No.1150/カ図)
新分牧 (No.1307/モ図)
新牧日 (No.793/モ図)
茶花上 (p253/カ写)
牧野ス1 (No.1150/カ図)
野生2 (p106/カ写)
山力野草 (p460/カ写)
山ハ野花 (p248/カ写)

**キケンショウマ**(1) *Cimicifuga japonica* var.*peltata*
キンポウゲ科の多年草。日本固有種。
¶固有 (p54)
野生2 (p141)

**キケンショウマ**(2) ⇒オオバショウマ（狭義）を見よ

**キコウチク** ⇒キッコウチクを見よ

**キコガサタケ** *Conocybe albipes*
オキナタケ科のキノコ。小型。傘は釣鐘形〜円錐
形，淡黄色。ひだは黄褐色。
¶山力日き (p219/カ写)

**キコガンピ** ⇒キガンピを見よ

**キコク** ⇒カラタチを見よ

**キゴケ** *Stereocaulon exutum*
キゴケ科の地衣類。子柄は長さ3〜8cm。
¶新分牧 (No.5180/モ図)
新牧日 (No.5040/モ図)

**キコブタケ** *Phellinus igniarius*
タバコウロコタケ科のキノコ。
¶山力日き (p496/カ写)

**キサカズキタケ** *Lichenomphalia alpina*
ヌメリガサ科のキノコ。
¶原きの (No.185/カ写・カ図)

**ギザギザヘラシダ** ⇒ヘラシダを見よ

**キサゴゴケ** *Hypnodontopsis apiculata*
キブネゴケ科のコケ。日本固有種。茎は長さ2〜
3mm。葉は舌形〜へら形。
¶固有 (p215)

**キササゲ** *Catalpa ovata* 木捧，木豇豆，木大角豆
ノウゼンカズラ科の落葉高木。別名カワラギク。高
さは10m。花は淡黄色。
¶APG原樹 (No.1436/カ図)
学フ増花庭 (p184/カ写)
学フ増薬草 (p233/カ写)
原牧2 (No.1810/カ図)
新分牧 (No.3668/モ図)
新牧日 (No.2772/モ図)
茶花上 (p510/カ写)
都木花新 (p216/カ写)
牧野ス2 (No.3655/カ図)
野生5 (p174/カ写)
山力樹木 (p671/カ写)
落葉図譜 (p298/モ図)

**キサマツモドキ** *Tricholomopsis decora*
キシメジ科のキノコ。小型〜中型。傘は黄色の地に
暗緑色細鱗片。ひだは黄色。
¶原きの (No.286/カ写・カ図)
山力日き (p73/カ写)

**キサラギカナワラビ** *Arachniodes* × *mitsuyoshiana*
オシダ科のシダ植物。
¶シダ標2 (p398/カ写)

**キジカクシ** *Asparagus schoberioides* 雉隠
キジカクシ科〔クサスギカズラ科〕（ユリ科）の多年
草。高さは50〜100cm。
¶原牧1 (No.581/カ図)
新分牧 (No.602/モ図)
新牧日 (No.3456/モ図)
牧野ス1 (No.581/カ図)
野生1 (p247/カ写)
山力野草 (p628/カ写)
山ハ山花 (p151/カ写)

**ギシギシ** *Rumex japonicus* 羊蹄
タデ科の多年草。別名イチシ，シノネ，シブクサ。
高さは40〜100cm。
¶色野草 (p360/カ写)
学フ増山菜〔ギシギシ類〕(p14/カ写)
学フ増野夏 (p190/カ写)
学フ増薬草 (p35/カ写)
学フ有毒 (p51/カ写)
原牧2 (No.787/カ写)
植調 (p206/カ写)
新分牧 (No.2829/モ図)
新牧日 (No.249/モ図)
牧野ス2 (No.2632/カ図)
野生4 (p103/カ写)
山力野草 (p532/カ写)
山ハ野花 (p269/カ写)

**キジタケ** ⇒クリタケを見よ

**キシダマムシグサ** *Arisaema kishidae*
サトイモ科の多年草。日本固有種。別名ムロウマム
シグサ。
¶固有 (p178)
新分牧 (No.245/モ図)
テンナン (No.23/カ写)
野生1 (p101/カ写)

**キシツツジ** *Rhododendron ripense* 岸躑躅
ツツジ科ツツジ亜科の半常緑低木。日本固有種。別
名カワツツジ，イソツツジ。花は淡紫色。
¶APG原樹 (No.1233/カ図)
原牧2 (No.1179/カ写)
固有 (p106)
新分牧 (No.3250/モ図)
新牧日 (No.2125/モ図)
茶花上 (p254/カ写)
牧野ス2 (No.3024/カ図)
野生4 (p242/カ写)
山力樹木 (p559/カ写)

**キジノオシダ** *Plagiogyria japonica* var.*japonica*
キジノオシダ科のシダ植物。タカサゴキジノオより

も羽片の基部がよりくびれている。
¶シダ標1（p340/カ写）

**キジバト** *Hibiscus syriacus* 'Kijibato'　雉鳩
アオイ科。ムクゲの品種。一重咲き広弁型。
¶茶花下（p23/カ写）

**キシマシイヤ** *Sasaella glabra* f.*aureo-striata*
イネ科のササ。
¶タケササ（p130/カ写）

**キシマメ**　⇒カワラケツメイを見よ

**キシマヤネフキザサ** *Sasa kurokawara* f.*aureo-striata*　黄縞屋根葺き笹
イネ科のササ。
¶タケササ（p113/カ写）

**キジムシロ** *Potentilla fragarioides* var.*major*　雉蓆
バラ科バラ亜科の多年草。別名オオバツチグリ。高さは5〜30cm。
¶色野草（p154/カ写）
学フ増野春（p122/カ写）
原牧1（No.1821/カ写）
山野草（No.0605/カ写）
新分牧（No.2016/モ図）
新牧日（No.1146/モ図）
茶花上（p254/カ写）
牧野ス1（No.1821/カ図）
野生3（p38/カ写）
山カ野草（p401/カ写）
山ハ野花（p380/カ写）

**キシメジ** *Tricholoma flavovirens*　黄占地
キシメジ科のキノコ。
¶学フ増毒き（p99/カ写）
山カ日き（p79/カ写）

**キシモツケ**　⇒シモツケを見よ

**キシャモジタケ** *Microglossum rufum*
テングノメシガイ科のキノコ。
¶原きの（No.533/カ写・カ図）

**キジュ**　⇒カンレンボクを見よ

**キシュウイチゴ**　⇒オオバライチゴを見よ

**キシュウギク**　⇒ホソバノギクを見よ

**キシュウシダ** *Monachosorum nipponicum*　紀州羊歯
コバノイシカグマ科（イノモトソウ科）の常緑性シダ。別名オオフジシダ。葉身は長さ20〜60cm、三角状広披針形。
¶シダ標1〔オオフジシダ〕（p365/カ写）
新分牧（No.4579/モ図）
新牧日〔オオフジシダ〕（No.4450/モ図）

**キシュウスゲ**　⇒キノクニスゲを見よ

**キシュウスズメノヒエ**　⇒カリマタスズメノヒエを見よ

**キシュウダンコウ** *Prunus mume* 'Kishū-dankō'　徽州檀香
バラ科。ウメの品種。野梅系ウメ，野梅性八重。
¶ウメ〔徽州檀香〕（p51/カ写）

**キシュウツカサ** *Camellia japonica* 'Kishū-tsukasa'　紀州司
ツバキ科。ツバキの品種。花は斑入り。
¶茶花上（p152/カ写）

**キシュウナキリスゲ** *Carex nachiana*
カヤツリグサ科の多年草。
¶カヤツリ（p140/モ図）
新分牧（No.808/モ図）
新牧日（No.4135/モ図）
スゲ増（No.60/カ写）
野生1（p308/カ写）
山レ増（p532/カ写）

**キシュウネコノメ** *Chrysosplenium macrostemon* var.*calicitrapa*　紀州猫の目
ユキノシタ科の草本。日本固有種。
¶固有（p72）
野生2（p203/カ写）

**キシュウミカン** *Citrus* 'Kinokuni'　紀州蜜柑
ミカン科の木本。別名コミカン，ホンミカン。果面は橙黄色。
¶APG原樹（No.953/カ写）
原牧2（No.588/カ写）
新分牧（No.2630/モ図）
新牧日（No.1525/モ図）
牧野ス2（No.2433/カ図）

**キショウゲンジ** *Descolea flavoannulata*
オキナタケ科のキノコ。中型。傘は黄土色〜暗黄褐色，放射状のしわがある。ひだの縁は黄色。
¶山カ日き（p247/カ写）

**キショウブ** *Iris pseudacorus*　黄菖蒲
アヤメ科の多年生抽水植物。高さは50〜100cm。花はあざやかな黄色。葉は2列に根生。
¶色野草（p161/カ写）
学フ増野春（p131/カ写）
帰化写改（p412/カ写）
原牧1（No.495/カ写）
植調（p278/カ写）
新分牧（No.553/モ図）
新牧日（No.3543/モ図）
茶花上（p372/カ写）
日水草（p141/カ写）
牧野ス1（No.495/カ図）
野生1（p235/カ写）
山カ野草（p590/カ写）
山ハ野花（p63/カ写）

**キジョラン** *Marsdenia tomentosa*　鬼女蘭
キョウチクトウ科（ガガイモ科）の多年生つる草。
¶原牧2（No.1392/カ写）
新分牧（No.3444/モ図）
新牧日（No.2381/モ図）
牧野ス2（No.3237/カ図）
野生4（p312/カ写）
山カ野草（p253/カ写）
山ハ山花（p404/カ写）

**キシワタケ** *Pseudomerulius aureus*
イチョウタケ科のキノコ。

キシンソウ　　　　　　　232

¶原きの（No.398/カ写・カ図）
　　山カ日き（p427/カ写）

**キジンソウ**　⇒ユキノシタ(1)を見よ

**キズイセン**　*Narcissus jonquilla*　黄水仙
ヒガンバナ科の多年草。
¶原牧1（No.551/カ図）
　　山野草〔ナルキサス・ジョンクィラ〕（No.1568/カ写）
　　新分牧（No.594/モ図）
　　新牧日（No.3514/モ図）
　　牧野ス1（No.551/カ図）

**キスゲ**　⇒ユウスゲを見よ

**キスゲユリ**　⇒キバナノヒメユリを見よ

**キヅタ**　*Hedera rhombea*　木蔦
ウコギ科の常緑つる性低木。別名フユヅタ。長さは
30〜40m。
¶APG原樹（No.1519/カ図）
　　学フ増樹（p240/カ写・カ図）
　　原牧2（No.2386/カ図）
　　新分牧（No.4423/モ図）
　　新牧日（No.1997/モ図）
　　都木花新（p199/カ写）
　　牧野ス2（No.4231/カ図）
　　ミニ山（p214/カ写）
　　野生5（p379/カ写）
　　山カ樹木（p524/カ写）

**キスミレ**　*Viola orientalis*　黄菫
スミレ科の多年草。別名イチゲキスミレ，イチゲス
ミレ。高さは10〜15cm。花は黄色。
¶学フ増野春（p120/カ写）
　　原牧2（No.319/カ図）
　　山野草（No.0691/カ写）
　　新分牧（No.2304/モ図）
　　新牧日（No.1792/モ図）
　　茶花上（p255/カ写）
　　牧野ス1（No.2164/カ図）
　　ミニ山（p200/カ写）
　　野生3（p213/カ写）
　　山カ野草（p352/カ写）
　　山ハ山花（p308/カ写）

**キセルアザミ**　*Cirsium sieboldii*　煙管薊
キク科アザミ亜科の多年草。日本固有種。別名サワ
アザミ，ミズアザミ，マアザミ。高さは50〜100cm。
¶原牧2（No.2167/カ図）
　　固有（p139）
　　新分牧（No.3954/モ図）
　　新牧日（No.3199/モ図）
　　茶花下（p302/カ写）
　　牧野ス2（No.4012/カ図）
　　野生5（p230/カ写）
　　山カ野草（p90/カ写）
　　山ハ野花（p590/カ写）
　　山ハ山花（p548/カ写）

**キセワタ**　*Leonurus macranthus*　着綿，被綿
シソ科オドリコソウ亜科の多年草。高さは60〜
100cm。

¶学フ増野秋（p66/カ写）
　　原牧2（No.1666/カ図）
　　新分牧（No.3755/モ図）
　　新牧日（No.2578/モ図）
　　茶花下（p197/カ写）
　　牧野ス2（No.3511/カ写）
　　野生5（p125/カ写）
　　山カ野草（p215/カ写）
　　山ハ山花（p424/カ写）
　　山レ増（p132/カ写）

**キソアザミ**　*Cirsium fauriei*　木曾薊
キク科アザミ亜科の多年草。日本固有種。
¶固有（p140）
　　野生5（p245/カ写）
　　山ハ高山（p399/カ写）

**キソイチゴ**　⇒キソキイチゴを見よ

**キソイヌイワガネソウ**　⇒イヌイワガネソウを見よ

**キソウテンガイ**　⇒ウェルウィッチアを見よ

**キソウメンタケ**　*Clavulinopsis helvola*
シロソウメンタケ科のキノコ。形は棍棒状，黄色〜
橙黄色。
¶山カ日き（p409/カ写）

**キソウラジロアザミ**　*Cirsium kisoense*
キク科アザミ亜科の草本。
¶野生5（p241）

**キソエビネ**　*Calanthe alpina*
ラン科の多年草。長さは25〜35cm。
¶野生1（p186/カ写）
　　山カ野草（p581/カ写）
　　山レ増（p471/カ写）

**キソキイチゴ**　*Rubus kisoensis*　木曾木苺
バラ科バラ亜科の落葉小低木。日本固有種。別名キ
ソイチゴ。
¶原牧1（No.1752/カ図）
　　固有〔キソイチゴ〕（p76）
　　新分牧（No.1960/モ図）
　　新牧日（No.1109/モ図）
　　牧野ス1（No.1752/カ図）
　　野生3（p49）

**キソキバナアキギリ**　*Salvia nipponica* var.*kisoensis*
シソ科シソ亜科〔イヌハッカ亜科〕の草本。日本固
有種。キバナアキギリの変種。
¶固有（p122）
　　野生5（p138）
　　山カ野草（p709/カ写）

**キソケイ**　*Jasminum humile* var.*revolutum*　黄素馨，
木素馨
モクセイ科の常緑低木。高さは2m。花は黄色。
¶APG原樹（No.1381/カ図）
　　学フ増庭（p179/カ写）
　　原牧2（No.1526/カ図）
　　新分牧（No.3538/モ図）
　　新牧日（No.2308/モ図）
　　茶花上（p373/カ写）
　　牧野ス2（No.3371/カ図）

野生5 (p63/カ写)
山カ樹木 (p646/カ写)

キソコザクラ ⇒カッコソウを見よ

キソザクラ ⇒カッコソウを見よ

キソチドリ(1) Platanthera ophrydioides 木曾千鳥
ラン科の多年草。葉は2〜3個付く。高さは15〜
30cm。
¶原牧1 (No.393/カ図)
新分牧 (No.461/モ図)
新牧日 (No.4267/モ図)
茶花下 (p74/カ写)
牧野ス1 (No.393/カ図)
山ヤ野草 (p566/カ写)
山ハ高山 (p37/カ写)

キソチドリ(2) ⇒ヒトツバキソチドリを見よ

キソツトノミタケ Ophiocordyceps sp.
オフィオコルディセプス科の冬虫夏草。宿主は甲虫
の幼虫。
¶冬虫生態 (p171/カ写)

キゾメカミツレ Anthemis arvensis
キク科の一年草。高さは20〜50cm。花は白色。
¶帰化写改 (p317/カ写)

キタアゼスゲ ⇒キリガミネスゲを見よ

キタカミアザミ Cirsium nipponicum 北上薊
キク科アザミ亜科の多年草。高さは60〜200cm。
花は淡紅紫色〜紅紫色。
¶野生5 (p253/カ写)

キタカミヒョウタンボク Lonicera demissa var.
borealis
スイカズラ科の落葉低木。日本固有種。
¶固有 (p134)
野生5 (p419)
山レ増 (p82/カ写)

キタキンバイソウ ⇒チシマノキンバイソウを見よ

キタグニコウキクサ Lemna turionifera
サトイモ科の水草。別名エゾコウキクサ。コウキク
サに似る。北海道に分布。
¶日水草 (p62/カ写)
野生1 (p108)

キタグニハチタケ Ophiocordyceps sphecocephala
オフィオコルディセプス科の冬虫夏草。マルハナバ
チ類から発生する。
¶冬虫生態 (p209/カ写)

キタコブシ Magnolia kobus var.borealis
モクレン科の落葉高木。
¶原牧1 (No.122/カ図)
新分牧 (No.151/カ図)
新牧日 (No.460/モ図)
牧野ス1 (No.122/カ図)
野生1 (p73)
落葉図譜 (p114/モ図)

キタゴヨウ ⇒キタゴヨウマツを見よ

キタゴヨウマツ Pinus parviflora var.pentaphylla 北
五葉松
マツ科の常緑高木。日本固有種。別名キタゴヨウ。
¶APG原樹 〔キタゴヨウ〕(No.18/カ図)
原牧1 (No.26/カ図)
固有 〔キタゴヨウ〕(p194/カ写)
新分牧 (No.34/モ図)
新牧日 (No.38/モ図)
牧野ス1 (No.27/カ図)
野生1 〔キタゴヨウ〕(p32/カ写)
山カ樹木 (p14/カ写)

キタササガヤ Leptatherum japonicum var.boreale
イネ科キビ亜科の多年草。日本固有種。
¶桑イネ (p316/カ図)
固有 (p166/カ写)
野生2 (p88)

キタザワブシ Aconitum nipponicum subsp.
micranthum 北沢付子
キンポウゲ科の疑似一年草。日本固有種。
¶学フ増高山 (p16/カ写)
原牧1 (No.1236/カ図)
固有 (p56)
新分牧 (No.1439/モ図)
新牧日 (No.561/モ図)
牧野ス1 (No.1236/カ図)
野生2 (p131/カ写)
山ヤ野草 (p491/カ写)
山ハ高山 (p115/カ写)
山レ増 (p402/カ写)

キタダケイチゴツナギ Poa glauca var.kitadakensis
イネ科イチゴツナギ亜科の草本。日本固有種。
¶固有 (p164/カ写)
野生2 (p62)

キタダケオドリコソウ Lamium album var.
kitadakense
シソ科の多年草。
¶山レ増 (p131/カ写)

キタダケカニツリ Trisetum spicatum subsp.molle
北岳蟹釣
イネ科イチゴツナギ亜科の多年草。
¶野生2 (p65/カ写)
山ハ高山 (p74/カ写)
山レ増 (p553/カ写)

キタダケキンポウゲ Ranunculus kitadakeanus 北
岳金鳳花
キンポウゲ科の多年草。日本固有種。高さは10〜
20cm。
¶原牧1 (No.1274/カ図)
固有 (p53/カ写)
新分牧 (No.1384/モ図)
新牧日 (No.597/モ図)
牧野ス1 (No.1274/カ図)
野生2 (p158/カ写)
山ヤ野草 (p468/カ写)
山ハ高山 (p86/カ写)
山レ増 (p382/カ写)

**キタダケソウ** *Callianthemum hondoense* 北岳草
キンポウゲ科の多年草。日本固有種。高さは10〜20cm。花は白色。
¶学フ増高山（p146/カ写）
原牧1（No.1253/カ図）
固有（p52）
山野草（No.0297/カ写）
新分牧（No.1380/モ図）
新牧日（No.578/モ図）
牧野ス1（No.1253/カ図）
野生2（p139/カ写）
山力野草（p483/カ写）
山ハ高山（p88/カ写）
山レ増（p380/カ写）

**キタダケデンダ** *Woodsia subcordata* 北岳連染
イワデンダ科の夏緑性シダ。別名ヒメデンダ。葉身は長さ5〜12cm, 狭披針形。
¶山野草（No.1808/カ写）
シダ標1（p451/カ写）
山ハ高山（p466/カ写）
山レ増（p647/カ写）

**キタダケトラノオ** *Veronica ovata* subsp.*kiusiana* var.*kitadakemontana* 北岳虎の尾
オオバコ科（ゴマノハグサ科）の多年草。日本固有種。高さは50〜70cm。
¶固有（p130）
野生5（p87/カ写）
山ハ高山（p333/カ写）
山レ増（p115/カ写）

**キタダケトリカブト** *Aconitum kitadakense* 北岳鳥兜
キンポウゲ科の草本。日本固有種。
¶原牧1（No.1237/カ図）
固有（p56/カ写）
新分牧（No.1440/モ図）
新牧日（No.562/モ図）
牧野ス1（No.1237/カ図）
野生2（p130/カ写）
山力野草（p490/カ写）
山ハ高山（p116/カ写）
山レ増（p401/カ写）

**キタダケナズナ** *Draba kitadakensis* 北岳薺
アブラナ科の多年草。日本固有種。別名ヤツガタケナズナ, ハクホウナズナ。高さは10〜15cm。
¶原牧2（No.736/カ写）
固有（p66）
新分牧（No.2777/モ図）
新牧日（No.856/モ図）
牧野ス2（No.2581/カ図）
野生4（p62/カ写）
山ハ高山（p237/カ写）
山レ増（p341/カ写）

**キタダケメンマ** *Dryopteris coreanomontana*× *D. crassirhizoma*
オシダ科のシダ植物。
¶シダ標2（p374/カ写）

**キタダケヤナギラン** ⇒ヒメヤナギランを見よ

**キタダケヨモギ** *Artemisia kitadakensis* 北岳蓬
キク科キク亜科の草本。日本固有種。
¶学フ増高山（p119/カ写）
原牧2（No.2096/カ図）
固有（p152）
新分牧（No.4232/モ図）
新牧日（No.3130/カ図）
牧野ス2（No.3941/カ図）
野生5（p334/カ写）
山力野草（p81/カ写）
山ハ高山（p432/カ写）
山レ増（p25/カ写）

**キタダケリンドウ** *Gentiana scabra* var.*kitadakensis* 北岳竜胆
リンドウ科の多年草。日本固有種。
¶固有（p115）
野生4（p298/カ写）

**キダチアサガオ** ⇒コダチアサガオを見よ

**キダチアミガサ** ⇒キダチアミガサソウを見よ

**キダチアミガサソウ** *Acalypha indica* 木立編笠草
トウダイグサ科の草本。別名キダチアミガサノキ。
¶帰化写改〔キダチアミガサ〕（p164/カ写）
野生3（p148）

**キダチアミガサノキ** ⇒キダチアミガサソウを見よ

**キダチアロエ** ⇒キダチロカイを見よ

**キダチイナモリ** ⇒サツマイナモリを見よ

**キダチイナモリソウ** ⇒サツマイナモリを見よ

**キダチイヌホオズキ** *Solanum spirale*
ナス科の低木。
¶帰化写2（p429/カ写）
野生5（p42/カ写）

**キダチカミルレ** ⇒モクシュンギクを見よ

**キダチキンバイ** *Ludwigia octovalvis*
アカバナ科の草本。花は黄色。
¶原牧2（No.461/カ図）
新分牧（No.2491/モ図）
新牧日（No.1946/モ図）
牧野ス2（No.2306/カ図）
野生3（p268/カ写）

**キダチコマツナギ** *Indigofera* sp.
マメ科の落葉小低木。
¶帰化写2（p95/カ写）

**キダチコミカンソウ** *Phyllanthus amarus* 木立小蜜柑草
コミカンソウ科（トウダイグサ科）の一年草。別名キダチミカンソウ。
¶帰化写改〔キダチミカンソウ〕（p175/カ写）
原牧2（No.279/カ図）
新分牧（No.2442/モ図）
新牧日（No.1447/モ図）
牧野ス1（No.2124/カ図）
野生3（p175/カ写）

**キダチコンギク** *Aster pilosus* 木立紺菊
キク科の多年草。高さは40〜120cm。花は白色。
¶帰化写改（p324/カ写, p511/カ写）
山ハ野花（p546/カ写）

**キダチタバコ** *Nicotiana glauca* 木立煙草
ナス科の半常緑の小低木。別名カラシダネ。
¶学フ有毒（p191/カ写）
帰化写2（p205/カ写）
野生5（p37）

**キダチチョウセンアサガオ** *Brugmansia suaveolens*
木立朝鮮朝顔
ナス科の常緑低木。別名オオバナチョウセンアサガ
オ, カシワバチョウセンアサガオ, ブルグマンシア,
ダツラ（園芸名）, ダチュラ（園芸名）, エンジェルス
トランペット（園芸名）。高さは3〜5m。花は白色。
¶学フ有毒（p187/カ写）
帰化写2（p204/カ写）
野生5（p34/カ写）
山ハ樹木（p668/カ写）

**キダチトウガラシ** *Capsicum frutescens*
ナス科の小低木状草本。別名シマトウガラシ。花は
淡緑色, 葯は淡紫色。
¶帰化写2（p427/カ写）
野生5（p34）

**キダチニンドウ** *Lonicera hypoglauca* 木立忍冬
スイカズラ科の木本。別名トウニンドウ, チョウセ
ンニンドウ。
¶APG原樹（No.1479/カ図）
原牧2（No.2343/カ図）
新分牧（No.4363/モ図）
新牧日（No.2866/モ図）
牧野ス2（No.4188/カ図）
野生5（p418/カ写）

**キダチノジアオイ** *Melochia compacta* var.
*villosissima*
アオイ科（アオギリ科）の小低木。
¶原牧2（No.609/カ図）
新分牧（No.2652/モ図）
新牧日（No.1758/モ図）
牧野ス2（No.2454/カ図）
野生4（p30/カ写）

**キダチノネズミガヤ** *Muhlenbergia ramosa*
イネ科ヒゲシバ亜科の多年草。別名ヤブネズミガ
ヤ。高さは40〜110cm。
¶桑イネ（p338/モ写）
原牧1（No.1121/カ図）
新分牧（No.1260/モ図）
新牧日（No.3774/モ図）
牧野ス1（No.1121/カ図）
野生2（p71/カ写）

**キダチハマグルマ** *Melanthera biflora* 木立浜車
キク科キク亜科のつる性の亜低木。葉は厚く卵形。
¶野生5（p358/カ写）
山ハ野花（p572/カ写）

**キダチヒャクリ** ⇒タチジャコウソウを見よ

**キダチミカンソウ** ⇒キダチコミカンソウを見よ

**キダチルリソウ** ⇒ヘリオトロープを見よ

**キダチロカイ** *Aloe arborescens*
ワスレグサ科〔ススキノキ科〕（ユリ科）の多肉性多
年草。別名キダチアロエ。高さは1〜2m。花は鮮
紅色。
¶学フ有毒〔キダチアロエ〕（p113/カ写）
原牧1（No.526/カ図）
新分牧（No.565/モ図）
新牧日（No.3409/モ図）
牧野ス1（No.526/カ図）

**キタナナカマド** *Sorbaria sorbifolia* var.*sorbifolia*
北七竈
バラ科シモツケ亜科の落葉低木。
¶野生3（p83）

**キタノエゾデンダ** *Polypodium sibiricum*×*P.vulgare*
ウラボシ科のシダ植物。
¶シダ標2（p467/カ写）

**キタノカラクサイノデ** ⇒カラクサイノデ(1)を見よ

**キタノカワズスゲ** *Carex echinata*
カヤツリグサ科の多年草。
¶カヤツリ（p106/モ図）
スゲ増（No.36/カ写）
野生1（p305/カ写）

**キタノコギリソウ** *Achillea alpina* subsp.*japonica*
北鋸草
キク科キク亜科の多年草。別名ホロマンノコギリ
ソウ。
¶野生5（p327/カ写）
山ハ高山（p434/カ写）
山レ増（p29/カ写）

**キタノミヤマシダ** *Diplazium sibiricum* var.*sibiricum*
メシダ科のシダ植物。
¶シダ標2（p325/カ写）

**キタノミヤマシダ × ミヤマシダ** *Diplazium
sibiricum* var.*sibiricum*×*D.sibiricum* var.*glabrum*
メシダ科のシダ植物。
¶シダ標2（p331/カ写）

**キタマゴタケ** *Amanita javanica*
テングタケ科のキノコ。中型〜大型。傘は黄色, 条
線あり。ひだは帯黄色。
¶山カ日き（p153/カ写）

**キタミオトギリ** *Hypericum kitamense*
オトギリソウ科の多年草。日本固有種。
¶固有（p64）
野生3（p243）

**キタミソウ** *Limosella aquatica* 北見草
オオバコ科（ゴマノハグサ科）の一年草。長さは5〜
15cm。
¶原牧2（No.1562/カ図）
新分牧（No.3638/モ図）
新牧日（No.2694/モ図）
日水草（p280/カ写）
牧野ス2（No.3407/カ図）
野生5（p93/カ写）
山レ増（p105/カ写）

キタミハタ　　　236

**キタミハタザオ** ⇒エゾスズシロを見よ

**キタミフクジュソウ** *Adonis amurensis*
　キンポウゲ科の多年草。ひとつの花茎に花は1個だ
　け咲く。葉裏にはやわらかい毛が生える。
　¶山野草（p307）
　　野生2（p132/カ写）
　　山カ野草（p714/カ写）

**キタメヒシバ** *Digitaria ischaemum*
　イネ科キビ亜科の一年草。高さは20〜35cm。
　¶野生2（p83）

**キタヤマオウレン** *Coptis kitayamensis*　北山黄連
　キンポウゲ科の常緑の多年草。
　¶新分牧（No.1348/モ図）
　　野生2（p148/カ写）
　　山ハ高山（p101/カ写）

**キタヤマダイスギ** ⇒アシウスギを見よ

**キタヤマヌカボ** *Agrostis osakae*
　イネ科イチゴツナギ亜科の草本。日本固有種。
　¶固有（p167）
　　野生2（p41）

**キタヤマブシ** ⇒イブキトリカブトを見よ

**キタヨシ** ⇒ヨシを見よ

**キタヨツバシオガマ** *Pedicularis chamissonis* var.
*hokkaidoensis*　北四葉塩竈
　ハマウツボ科（ゴマノハグサ科）の草本。別名ハッ
　コウダシオガマ。花序は長く、細い毛を密生。
　¶山カ野草（p188/カ写）
　　山ハ高山（p324/カ写）

**キチガイナスビ** ⇒チョウセンアサガオを見よ

**キチコウ** ⇒キキョウを見よ

**キチジソウ** ⇒フッキソウ(1)を見よ

**キチジョウソウ** *Reineckea carnea*　吉祥草
　キジカクシ科〔クサスギカズラ科〕（ユリ科）の常緑
　の多年草。別名キチジョウウラン、カンノンソウ、キチ
　ジョウボウソウ。高さは5〜13cm。花は淡紅紫色。
　¶色野草（p280/カ写）
　　学フ増野秋（p77/カ写）
　　原牧1（No.589/カ図）
　　山野草（No.1409/カ写）
　　新分牧（No.621/モ図）
　　新牧日（No.3475/モ図）
　　茶花下（p381/カ写）
　　牧野S1（No.589/カ図）
　　野生1（p259/カ写）
　　山カ野草（p635/カ写）
　　山ハ野花（p83/カ写）

**キチジョウボウソウ** ⇒キチジョウソウを見よ

**キチジョウラン** ⇒キチジョウソウを見よ

**キチチタケ** *Lactarius chrysorrheus*
　ベニタケ科のキノコ。
　¶学フ増毒き（p201/カ写）
　　山カ日き（p392/カ写）

**キチャハツ** *Russula sororia*
　ベニタケ科のキノコ。小型〜中型。傘は淡セピア
　色、粒状線。
　¶山カ日き（p364/カ写）

**キチャホウライタケ** *Xeromphalina cauticinalis*
　ガマノホタケ科のキノコ。
　¶山カ日き（p136/カ写）

**キチャワンタケ** *Caloscypha fulgens*
　キチャワンタケ科のキノコ。小型。子嚢盤は椀形、
　子実層は黄色。
　¶原きの（No.514/カ写・カ図）
　　山カ日き（p572/カ写）

**キツクバネウツギ** ⇒キバナツクバネウツギを見よ

**キッコウアワタケ** *Xerocomus chrysenteron* s.l.
　イグチ科のキノコ。
　¶原きの（No.297/カ写・カ図）
　　山カ日き〔キッコウアワタケ（広義）〕（p311/カ写）

**キッコウチク** *Phyllostachys edulis* 'Kikko-chiku'　亀
甲竹
　イネ科タケ亜科のタケ。別名キコウチク、ブツメン
　チク。
　¶APG原樹（No.219/カ図）
　　タケ亜科（No.10/カ写）
　　タケササ（p34/カ写）

**キッコウツゲ** *Ilex crenata* 'Nummularia'　亀甲黄楊
　モチノキ科の木本。
　¶APG原樹（No.1448/カ図）
　　原牧2（No.1840/カ図）
　　新分牧（No.3864/モ図）
　　新牧日（No.1631/モ図）
　　牧野S2（No.3685/カ図）

**キッコウハグマ** *Ainsliaea apiculata*　亀甲白熊
　キク科コウヤボウキ亜科の多年草。高さは10〜
　30cm。
　¶原牧2（No.1894/カ図）
　　新分牧（No.3936/カ写）
　　新牧日（No.2935/モ図）
　　茶花下（p357/カ写）
　　牧野S2（No.3739/カ図）
　　野生5（p211/カ写）
　　山ハ山花（p536/カ写）

**キツネアザミ** *Hemisteptia lyrata*　狐薊
　キク科アザミ亜科の二年草。高さは60〜80cm。
　¶色野草（p259/カ写）
　　学フ増野春（p6/カ写）
　　原牧2（No.2213/カ図）
　　植調（p156/カ写）
　　新分牧（No.3989/モ図）
　　新牧日（No.3245/モ図）
　　茶花上（p373/カ写）
　　牧野S2（No.4058/カ図）
　　野生5（p254/カ写）
　　山カ野草（p87/カ写）
　　山ハ野花（p594/カ写）

キツネガヤ　*Bromus remotiflorus*　狐茅
イネ科イチゴツナギ亜科の多年草。高さは70〜
120cm。
¶桑イネ (p105/カ写・モ写)
　原牧1 (No.949/カ図)
　新分牧 (No.1057/モ図)
　新牧日 (No.3677/モ図)
　牧野ス1 (No.949/カ図)
　野生2 (p46)
　山ハ山花 (p192/カ写)

キツネササゲ　⇒ノササゲを見よ

キツネタケ　*Laccaria laccata*　狐茸
ヒドナンギウム科のキノコ。
¶原きの (No.149/カ写・カ図)
　山力日き (p61/カ写)

キツネノエフデ　*Mutinus bambusinus*　狐の絵筆
スッポンタケ科のキノコ。小型〜中型。托は先の
尖った円筒形。
¶新分牧 (No.5130/モ図)
　新牧日 (No.4999/モ図)
　山力日き (p518/カ写)

キツネノオ(1)　⇒ノギランを見よ

キツネノオ(2)　⇒フサモを見よ

キツネノカミソリ　*Lycoris sanguinea* var.*sanguinea*
狐の剃刀
ヒガンバナ科の多年草。日本固有種。高さは30〜
50cm。
¶色野草 (p207/カ写)
　学フ増山菜 (p205/カ写)
　学フ増野夏 (p59/カ写)
　学フ有毒 (p29/カ写)
　原牧1 (No.546/カ図)
　固有 (p161/カ写)
　山野草 (No.1578/カ写)
　新分牧 (No.591/モ図)
　新牧日 (No.3518/モ図)
　茶花下 (p197/カ写)
　牧野ス1 (No.546/カ図)
　野生1 (p244/カ写)
　山力野草 (p600/カ写)
　山ハ野花 (p70/カ写)

キツネノカラカサ　*Lepiota cristata*　狐の唐傘
ハラタケ科のキノコ。小型。傘は中央部赤褐色、白
地に褐色の鱗片。ひだは白色。
¶学フ増毒き (p124/カ写)
　原きの (No.171/カ写・カ図)
　山力日き (p193/カ写)

キツネノタイマツ　*Phallus rugulosus*　狐の炬火
スッポンタケ科のキノコ。中型。傘は長釣鐘形、し
わ状〜いぼ状。
¶新分牧 (No.5136/モ図)
　新牧日 (No.5000/モ図)
　山力日き (p521/カ写)

キツネノチャブクロ(1)　⇒コミカンソウを見よ

キツネノチャブクロ(2)　⇒ホコリタケを見よ

キツネノチョウチン　⇒ホウチャクソウを見よ

キツネノテブクロ　*Digitalis purpurea*　狐の手袋
オオバコ科 (ゴマノハグサ科) の多年草。別名ジギ
タリス。高さは120cm。花は紫紅色。
¶学フ有毒〔ジギタリス〕(p198/カ写)
　原牧2 (No.1594/カ図)
　新分牧 (No.3594/モ図)
　新牧日 (No.2739/モ図)
　牧野ス2 (No.3439/カ図)

キツネノハナガサ　*Leucocoprinus fragilissimus*
ハラタケ科のキノコ。小型。傘は粉状鱗片、淡黄。
¶原きの (No.183/カ写・カ図)
　山力日き (p185/カ写)

キツネノヒマゴ　*Justicia procumbens* var.*riukiuensis*
キツネノマゴ科の一年草。
¶野生5 (p169/カ写)

キツネノボタン　*Ranunculus silerifolius* var.
*silerifolius*　狐の牡丹
キンポウゲ科の多年草。別名ヤマキツネノボタン，
コンペイトウグサ。高さは30〜50cm。
¶色野草 (p148/カ写)
　学フ増野春 (p117/カ写)
　学フ有毒 (p43/カ写)
　原牧1 (No.1287/カ写)
　植調 (p170/カ写)
　新分牧 (No.1397/モ図)
　新牧日 (No.610/モ図)
　茶花上 (p511/カ写)
　牧野ス1 (No.1287/カ図)
　ミニ山〔ヤマキツネノボタン〕(p58/カ写)
　野生2 (p161/カ写)
　山力野草 (p470/カ写)
　山ハ野花 (p233/カ写)
　山ハ山花〔ヤマキツネノボタン〕(p234/カ写)

キツネノマゴ　*Justicia procumbens* var.*procumbens*
狐の孫
キツネノマゴ科の一年草。別名カグラソウ，カヤナ，
メグスリバナ。高さは10〜40cm。花は淡紅紫色。
¶色野草 (p310/カ写)
　学フ増野秋 (p12/カ写)
　学フ増薬草 (p122/カ写)
　原牧2 (No.1806/カ図)
　植調 (p174/カ写)
　新分牧 (No.3663/モ図)
　新牧日 (No.2785/カ写)
　牧野ス2 (No.3651/カ写)
　野生5 (p169/カ写)
　山力野草 (p161/カ写)
　山ハ野花 (p450/カ写)

キツネノメマゴ　*Justicia hayatae*
キツネノマゴ科の小型の草本。
¶野生5 (p169/カ写)

キツネノロウソク　*Mutinus caninus*
スッポンタケ科のキノコ。中型。托は先の細い円
柱形。
¶原きの (No.504/カ写・カ図)

山力日き (p518/カ写)

**キツネヤナギ** *Salix vulpina* 狐柳
ヤナギ科の落葉低木。日本固有種。別名イワヤナギ
（古名）。丘陵や山地に生える。
¶**APG原樹** (No.830/カ図)
原牧2 (No.304/カ図)
固有 (p41)
新分牧 (No.2383/モ図)
新牧日 (No.95/モ図)
牧野ス1 (No.2149/カ図)
野生3 (p198/カ写)
山力樹木 (p99/カ写)
落葉図譜 (p48/モ図)

**キツネユリ** ⇒ユリグルマを見よ

**キツリフネ** *Impatiens noli-tangere* 黄釣船, 黄釣舟
ツリフネソウ科の一年草。別名ホラガイソウ。高さ
は30〜80cm。花は黄色。
¶色野草 (p177/カ写)
学フ増野夏 (p103/カ写)
原牧2 (No.1043/カ図)
山野草 (No.0681/カ写)
新分牧 (No.3085/モ図)
新牧日 (No.1614/モ図)
茶花下 (p74/カ写)
牧野ス2 (No.2888/カ図)
ミニ山 (p173/カ写)
野生4 (p173/カ写)
山力野草 (p360/カ写)
山ハ山花 (p366/カ写)

**キドイノモトソウ** ⇒キドイモトソウを見よ

**キドイモトソウ** *Pteris kidoi*
イノモトソウ科の常緑性シダ。葉身は長さ7〜
20cm。
¶シダ標1〔キドイノモトソウ〕(p377/カ写)
山レ増 (p671/カ写)

**キナメツムタケ** *Pholiota spumosa*
モエギタケ科のキノコ。小型〜中型。傘は黄褐色,
綿毛状小鱗片点在, 粘性。
¶山力日き (p237/カ写)

**キニガイグチ** *Tylopilus balloui*
イグチ科のキノコ。中型〜大型。傘は黄褐色。
¶山力日き (p334/カ写)

**キヌイトソウ** ⇒オオアワガエリを見よ

**キヌイトツメクサ** *Sagina decumbens*
ナデシコ科の越年草。
¶帰化写2 (p35/カ写)

**キヌオオフクロタケ** *Volvariella bombycina*
ウラベニガサ科のキノコ。大型。傘は淡黄白色, 白
色絹糸状の密毛。ひだは白色〜肉色。
¶原きの (No.289/カ写・カ図)
山力日き (p176/カ写)

**キヌガサギク** ⇒アラゲハンゴンソウを見よ

**キヌガサソウ** *Kinugasa japonica* 衣笠草
シュロソウ科 (ユリ科) の多年草。日本固有種。別

名ハナガサソウ。高さは40〜100cm。花は白色。
¶学フ増高山 (p210/カ写)
学フ増野夏 (p159/カ写)
原牧1 (No.313/カ図)
固有 (p158/カ写)
新分牧 (No.359/モ図)
新牧日 (No.3483/モ図)
茶花下 (p75/カ写)
牧野ス1 (No.313/カ図)
野生1 (p159/カ写)
山力野草 (p636/カ写)
山ハ高山 (p20/カ写)

**キヌガサタケ** *Phallus indusiatus* 絹傘茸, 衣笠茸
スッポンタケ科のキノコ。別名コムソウタケ。大
型。傘は釣鐘形。
¶原きの (No.506/カ写・カ図)
新分牧 (No.5135/モ図)
新牧日 (No.5002/モ図)
山力日き (p522/カ写)

**キヌガシワ** ⇒シノブノキを見よ

**キヌクサ** *Gelidium linoides*
テングサ科の海藻。別名ヒゲクサ。細い。体は25
〜30cm。
¶新分牧 (No.5036/モ図)
新牧日 (No.4896/モ図)

**キヌゲウマノスズクサ** *Aristolochia mollissima* 絹
毛馬の鈴草
ウマノスズクサ科の草本。別名ワタゲウマノスズ
クサ。
¶山野草 (No.0402/カ写)

**キヌゲカメバソウ** ⇒チョウセンカメバソウを見よ

**キヌゲチチコグサ** *Facelis retusa*
キク科の一年草。高さは20〜25cm。
¶帰化写改 (p360/カ写)

**キヌゲメヒシバ** *Digitaria sericea*
イネ科キビ亜科の多年草。南西諸島・台湾などに
分布。
¶野生2 (p82)

**キヌタソウ** *Galium kinuta* 砧草
アカネ科の多年草。日本固有種。高さは30〜60cm。
¶学フ増野夏 (p141/カ写)
原牧2 (No.1322/カ図)
固有 (p119/カ写)
新分牧 (No.3356/モ図)
新牧日 (No.2436/モ図)
茶花下 (p75/カ写)
牧野ス2 (No.3167/カ図)
野生4 (p276/カ写)
山力野草 (p154/カ写)
山ハ山花 (p392/カ写)

**キヌハダトマヤタケ** *Inocybe cookei*
アセタケ科 (フウセンタケ科) のキノコ。
¶学フ増毒き (p145/カ写)
山力日き (p240/カ写)

**キヌハダニセトマヤタケ** *Inocybe paludinella*
アセタケ科（フウセンタケ科）のキノコ。
¶山カ日き（p240/カ写）

**キヌフサソウ** ⇒ベニニガナを見よ

**キヌフラスコモ** *Nitella gracilens*
シャジクモ科の水草。
¶新分牧（No.4941/モ図）
新牧日（No.4801/モ図）

**キヌメリガサ（広義）** *Hygrophorus lucorum*
ヌメリガサ科のキノコ。小型。傘はレモン色で，粘性。
¶山カ日き（p36/カ写）

**キヌモミウラタケ** *Entoloma sericellum*
イッポンシメジ科のキノコ。小型。傘は白色，絹状。ひだはピンク色。
¶山カ日き（p277/カ写）

**キヌヤナギ** *Salix schwerinii* 'Kinuyanagi' 絹柳
ヤナギ科の落葉低木～小高木。別名エゾノキヌヤナギ。雄株のみ知られている。
¶APG原樹（No.842/カ図）
原牧2（No.311/カ図）
新分牧（No.2388/モ図）
新牧日（No.102/モ図）
牧野ス1（No.2156/カ図）
野生3（No.200/カ写）
山カ樹木（p96/カ写）

**キヌラン** *Zeuxine strateumatica*
ラン科の多年草。高さは5～10cm。
¶野生1（p231/カ写）

**ギネアキビ** *Panicum maximum*
イネ科キビ亜科の多年草。高さは1.5～2m。
¶帰化写改（p455/カ写，p521/カ写）
桑イネ（p354/カ写・モ図）
新分牧（No.1243/モ図）
新牧日（No.3811/モ図）
野生2（p91/カ写）

**キネン** *Prunus mume* 'Kinen' 記念
バラ科。ウメの品種。杏系ウメ，豊後性八重。
¶ウメ〔記念〕（p137/カ写）

**キノエササラン** *Liparis uchiyamae*
ラン科の草本。日本固有種。
¶固有（p190）
野生1（p211）

**キノクニイヌワラビ** ⇒タカサゴイヌワラビを見よ

**キノクニイノデ** ⇒ツヤナシイノデを見よ

**キノクニウラボシ** *Selliguea engleri*×*S.hastata*
ウラボシ科のシダ植物。
¶シダ標2（p455/カ写）

**キノクニオカムラゴケ** *Okamuraea plicata*
ウスグロゴケ科のコケ。日本固有種。葉は弱い光沢があり，広卵形。
¶固有（p217）

**キノクニカナワラビ** ⇒イヌツルダカナワラビを見よ

**キノクニカモメヅル** *Cynanchum sublanceolatum* var.*kinokuniense*
ガガイモ科。日本固有種。
¶固有（p117）

**キノクニシオギク** *Chrysanthemum kinokuniense*
キク科キク亜科の草本。シオギクによく似た種。別名キイシオギク。
¶野生5（p336/カ写）
山ハ野花〔キイシオギク〕（p525/カ写）

**キノクニスゲ** *Carex matsumurae*
カヤツリグサ科の多年草。別名キシュウスゲ，クロシマスゲ。
¶カヤツリ（p248/モ図）
原牧1（No.868/カ図）
新分牧（No.889/カ図）
新牧日（No.4173/モ図）
スゲ増（No.132/カ写）
牧野ス1（No.868/カ図）
野生1（p316/カ写）

**キノクニスズカケ** *Veronicastrum tagawae*
オオバコ科（ゴマノハグサ科）の草本。日本固有種。
¶固有（p128）
野生5（p89/カ写）
山レ増（p109/カ写）

**キノクニベニシダ** *Dryopteris kinokuniensis*
オシダ科のシダ植物。日本固有種。
¶固有（p208）
シダ標2（p369/カ写）

**キノシタ** ⇒モミジガサを見よ

**キノボリイグチ** *Suillus spectabilis*
ヌメリイグチ科（イグチ科）のキノコ。
¶学フ増毒き（p172/カ写）
山カ日き（p302/カ写）

**キノボリシダ** *Diplazium donianum* 木登羊歯
メシダ科（オシダ科）の常緑性シダ。葉身は長さ15～25cm，単羽状。
¶シダ標2（p328/カ写）
新分牧（No.4692/モ図）
新牧日（No.4607/モ図）

**キノボリツガゴケ** *Distichophyllum yakumontanum*
ホソバツガゴケ科のコケ植物，日本固有種。
¶固有（p216/カ写）

**キハギ** *Lespedeza buergeri* 木萩
マメ科マメ亜科の落葉低木。別名ノハギ。高さは1.5～2m。
¶APG原樹（No.374/カ図）
原牧1（No.1549/カ図）
新分牧（No.1681/モ図）
新牧日（No.1336/モ図）
茶花下（p76/カ写）
牧野ス1（No.1549/カ図）
ミニ山（p145/カ写）
野生2（p277/カ写）

キハタ　　　　　　　　240

**キハダ**　*Phellodendron amurense* var.*amurense*　黄膚
　ミカン科の落葉高木。別名ヒロハノキハダ, シコ
　ロ。高さは15m。樹皮は灰褐色。
　¶**APG原樹**（No.989/カ図）
　　学フ増樹（p221/カ写）
　　学フ増薬草（p202/カ写）
　　原牧2（No.574/カ図）
　　新分牧（No.2601/モ図）
　　新牧日（No.1511/モ図）
　　図説樹木（p149/カ写）
　　牧野ス2（No.2419/カ図）
　　野生3（p304/カ写）
　　山力樹木（p379/カ写）
　　落葉図譜（p183/モ図）

**キハツダケ**　*Lactarius tottoriensis*
　ベニタケ科のキノコ。中型～大型。傘は白色～淡汚
　黄色, 淡青緑色のしみあり。ひだは淡黄色。
　¶山力日き（p390/カ写）

**キバナアキギリ**　*Salvia nipponica* var.*nipponica*　黄
　花秋桐
　シソ科シソ亜科〔イヌハッカ亜科〕の多年草。日本
　固有種。別名コトジソウ。高さは20～40cm。花は
　黄色。
　¶学フ増山菜（p140/カ写）
　　学フ増野秋（p119/カ写）
　　原牧2（No.1676/カ図）
　　固有（p122）
　　山野草（No.1028/カ写）
　　新分牧（No.3793/モ写）
　　新牧日（No.2588/モ図）
　　茶花下（p303/カ写）
　　牧野ス2（No.3521/カ図）
　　野生5（p138/カ写）
　　山ハ野花（p464/カ写）
　　山ハ山花（p428/カ写）

**キバナアズマギク**　*Erigeron aureus*　黄花東菊
　キク科の多年草。高さは20cm。
　¶山野草（No.1277/カ写）

**キバナアマ**　*Reinwardtia indica*　黄花亜麻
　アマ科の常緑小低木。別名キアマ。高さは60～
　120cm。花は濃黄色。
　¶帰化写2（p409/カ写）

**キバナアマドコロ**　⇒キバナホウチャクソウを見よ

**キバナイカリソウ**　*Epimedium koreanum*　黄花碇草
　メギ科の多年草。高さは20～40cm。
　¶学フ増野春（p125/カ写）
　　原牧1（No.1176/カ図）
　　山野草（No.0341/カ写）
　　新分牧（No.1324/モ図）
　　新牧日（No.643/モ図）
　　茶花上（p255/カ写）
　　牧野ス1（No.1176/カ図）
　　野生2（p117/カ写）
　　山力野草（p462/カ写）

　　山ハ山花（p208/カ写）

**キバナイソマツ**　⇒ウコンイソマツを見よ

**キバナイチゲ**　*Anemone ranunculoides*　黄花一花
　キンポウゲ科の多年草。花は黄色。
　¶山野草（No.0236/カ写）

**キバナウツギ**　*Weigela maximowiczii*　黄花空木
　スイカズラ科の落葉低木。日本固有種。高さは1～
　1.5m。花は淡黄色。
　¶**APG原樹**（No.1498/カ図）
　　原牧2（No.2348/カ図）
　　固有（p134）
　　新分牧（No.4338/モ図）
　　新牧日（No.2871/モ図）
　　茶花上（p374/カ写）
　　牧野ス2（No.4193/カ図）
　　野生5（p426/カ写）
　　山力樹木（p697/カ写）

**キバナウンラン**　*Linaria genistifolia* subsp.*dalmatica*
　ゴマノハグサ科の多年草。高さは30～100cm。花
　は黄色。
　¶帰化写2（p228/カ写）

**キバナエンレイソウ**　⇒トリリウム・ルテウムを見
　よ

**キバナオダマキ**　*Aquilegia chrysantha*　黄花苧環, 黄
　花苧手巻
　キンポウゲ科の多年草。別名ゴールデン・コロンバ
　イン。高さは90～100cm。花弁は濃黄色。
　¶茶花上（p511/カ写）

**キバナオトメアゼナ**　*Mecardonia procumbens*
　オオバコ科（ゴマノハグサ科）の一年草または多年
　草。長さ15～40cm。花は黄色～橙黄色。
　¶帰化写2（p431/カ写）
　　野生5（p79/カ写）

**キバナオドリコソウ**　*Lamium galeobdolon*
　シソ科の多年草。別名ツルオドリコソウ。
　¶帰化写2（p197/カ写）

**キバナカラスウリ**　⇒オオスズメウリを見よ

**キバナカラスノエンドウ**　*Vicia grandiflora*
　マメ科の一年草。高さは30～60cm。花は黄色。
　¶帰化写2（p119/カ写）

**キバナカワラマツバ**　*Galium verum* subsp.*asiaticum*
　var.*asiaticum*　黄花河原松葉
　アカネ科の多年草。別名タカネカワラマツバ。
　¶色野草（p184/カ写）
　　野生4（p273/カ写）
　　山力野草（p150/カ写）
　　山ハ高山〔キバナノカワラマツバ〕（p297/カ写）
　　山ハ野花（p422/カ写）

**キバナカワラマツバ（狭義）**　*Galium verum* subsp.
　*asiaticum* f.*luteolum*　黄花河原松葉
　アカネ科の多年草。
　¶茶花下〔きばなかわらまつば〕（p76/カ写）

**キバナガンクビソウ**　⇒ガンクビソウ(1)を見よ

キバナキョウチクトウ　*Thevetia peruviana*　黄花夾竹桃
キョウチクトウ科の常緑低木。花は黄、ときに橙黄色。
¶原牧2 (No.1404/カ写)
　牧野ス2 (No.3249/カ図)

キバナクレス　*Barbarea verna*
アブラナ科の越年草または二年草。高さは30～60cm。根生葉は羽状に深裂。
¶帰化写2 (p68/カ写)

キバナコウリンカ　*Tephroseris furusei*
キク科キク亜科の草本。日本固有種。
¶原牧2 (No.2116/カ図)
　固有 (p145)
　新分牧 (No.4077/モ図)
　新牧日 (No.3146/モ図)
　牧野ス2 (No.3961/カ図)
　野生5 (p312/カ写)
　山レ増 (p31/カ写)

キバナコウリンタンポポ　*Hieracium pratense*
キク科の多年草。高さは25～50cm。花は黄色。
¶帰化写改 (p374/カ写)

キバナコクラン　*Liparis sootenzanensis*
ラン科の多年草。花は黄色。
¶野生1 (p211)

キバナコスモス　*Cosmos sulphureus*　黄花コスモス
キク科の一年草。別名イエロー・コスモス。高さは60～200cm。花は黄色、または橙色。
¶帰化写改 (p346/カ写, p513/カ写)
　原牧2 (No.2012/カ写)
　新分牧 (No.4277/モ図)
　新牧日 (No.3049/モ図)
　茶花下 (p77/カ写)
　牧野ス2 (No.3857/カ図)

キバナコツクバネ　⇒コックバネウツギを見よ

キバナザキバラモンジン　*Tragopogon pratensis*　黄花咲婆羅門参
キク科の越年草または多年草。別名キバナムギナデシコ、バラモンギク。茎は高さ30～70cm。
¶帰化写2〔バラモンギク〕(p292/カ写)
　原牧2 (No.2227/カ図)
　新分牧 (No.4071/モ図)
　新牧日 (No.3257/モ図)
　牧野ス2 (No.4072/カ図)

キバナサバノオ　*Dichocarpum pterigionocaudatum*　黄花鯖の尾
キンポウゲ科の多年草。日本固有種。高さは10～30cm。
¶固有 (p54)
　山野草 (No.0110/カ写)
　野生2 (p150/カ写)
　山ハ山花 (p226/カ写)
　山レ増 (p407/カ写)

キバナサフランモドキ　*Zephyranthes citrina*
ヒガンバナ科の多年草。花は黄金色。
¶帰化写2 (p297/カ写)

キバナシオガマ　*Pedicularis oederi*　黄花塩竈
ハマウツボ科(ゴマノハグサ科)の多年草。高さは10～20cm。
¶学フ増高山 (p112/カ写)
　野生5 (p160/カ写)
　山力野草 (p191/カ写)
　山ハ高山 (p327/カ写)
　山ハ山花 (p448/カ写)
　山レ増 (p97/カ写)

キバナシャクナゲ　*Rhododendron aureum*　黄花石南花, 黄花石楠花
ツツジ科ツツジ亜科の常緑低木。高さは30cm。花はクリーム色。
¶APG原樹 (No.1284/カ図)
　学フ増高山 (p109/カ写)
　原牧2 (No.1212/カ写)
　山野草 (No.0771/カ写)
　新牧日 (No.3277/モ図)
　新牧日 (No.2157/モ図)
　茶花上 (p512/カ写)
　牧野ス2 (No.3057/カ図)
　野生4 (p236/カ写)
　山力樹木 (p574/カ写)
　山ハ高山 (p278/カ写)

キバナシュスラン　*Anoectochilus formosanus*
ラン科の地生の多年草。高さは20cm。花は白色。
¶野生1 (p183)

キバナショウハッキュウ　*Bletilla ochracea*
ラン科の草本。高さは25～50cm。花は黄または帯黄白色。
¶山野草 (No.1726/カ写)

キバナスゲ　⇒イワカンスゲを見よ

キバナスゲユリ　⇒キバナノヒメユリを見よ

キバナスズシロ　*Eruca vesicaria* subsp. *sativa*
アブラナ科の一年草。花は淡黄色。
¶帰化写2 (p73/カ写)

キバナスズシロモドキ　*Coincya monensis*
アブラナ科の越年草。
¶帰化写2〔キバナスズシロモドキ〕(p69/カ写)

キバナセッコク　⇒キバナノセッコクを見よ

キバナセツブンソウ　*Eranthis hyemalis*
キンポウゲ科の多年草。高さは10cm。
¶山野草 (No.0275/カ写)

キバナセンダングサ　⇒センダングサを見よ

キバナタカサブロウ　*Guizotia abyssinica*
キク科の一年草。高さは40～100cm。花は橙黄色。
¶帰化写2 (p273/カ写)

キバナダンドク　*Canna indica* var. *flava*
カンナ科の多年草。
¶野生1 (p273/カ写)

キバナチゴユリ　*Disporum lutescens*　黄花稚児百合
イヌサフラン科(ユリ科)の草本。日本固有種。
¶原牧1 (No.316/カ図)
　固有 (p157)

キハナチヨ　　　　　　　242

山野草（No.1379/カ写）
新分牧（No.361/モ図）
新牧日（No.3472/モ図）
茶花上（p374/カ写）
牧野ス1（No.316/カ図）
野生1（p164/カ写）
山ハ山花（p87/カ写）

**キバナチョウノスケソウ**　*Dryas drummondii*　黄花
長之助草
バラ科の草本。
¶山野草（No.0598/カ写）

**キバナツクバネウツギ**　*Abelia serrata* var.
*buchwaldii*　黄花衝羽根空木
スイカズラ科の落葉低木。コツクバネウツギの変
種。別名キツクバネウツギ。高さは1～2m。花は
黄色。
¶茶花上（p375/カ写）
山力樹木（p700/カ写）

**キバナツノウマゴヤシ**　*Ornithopus compressus*
マメ科の越年草。
¶帰化写2（p104/カ写）

**キバナツノゴマ**　*Ibicella lutea*
ツノゴマ科の一年草。
¶帰化写2（p237/カ写）

**キバナツメクサ**　⇒コメツブツメクサを見よ

**キバナツルネラ**　*Turnera ulmifolia*
ツルネラ科の小低木状草本。別名ニレノハツル
ネラ。
¶帰化写2（p399/カ写）

**キバナトチカガミ**　⇒ミズヒナゲシを見よ

**キバナナツノタムラソウ**　⇒ウスギナツノタムラソ
ウを見よ

**キバナナデシコ**　⇒ホタルナデシコを見よ

**キバナニワゼキショウ**　*Sisyrinchium exile*　黄花庭
石菖
アヤメ科の一年草または短命な多年草。
¶帰化写2（p304/カ写）

**キバナノアツモリソウ**　*Cypripedium yatabeanum*
黄花の敦盛草
ラン科の多年草。別名コクマガイソウ。高さは10
～30cm。花は淡黄緑色。
¶原牧1（No.367/カ図）
山野草（No.1660/カ写）
新分牧（No.414/モ図）
新牧日（No.4241/モ図）
牧野ス1（No.367/カ図）
野生1（p194/カ写）
山力野草（p560/カ写）
山ハ高山（p28/カ写）
山ハ山花（p130/カ写）
山レ増（p460/カ写）

**キバナノアマナ**　*Gagea nakaiana*　黄花の甘菜
ユリ科の多年草。高さは15～25cm。
¶学フ増野春（p129/カ写）
原牧1（No.348/カ図）

山野草（No.1447/カ写）
新分牧（No.386/モ図）
新牧日（No.3424/モ図）
茶花上（p205/カ写）
牧野ス1（No.348/カ図）
野生1（p171/カ写）
山力野草（p625/カ写）
山ハ野花（p49/カ写）
山ハ山花（p68/カ写）

**キバナノカワラマツバ**　⇒キバナカワラマツバを
見よ

**キバナノギョウジャニンニク**　*Allium moly*　黄花
の行者大蒜
ヒガンバナ科（ユリ科）の多年草。高さは30～
40cm。花は黄色。
¶茶花上（p375/カ写）

**キバナノクリンザクラ**　*Primula veris* subsp.*veris*
黄花の九輪桜
サクラソウ科の多年草。花は硫黄色。
¶原牧2（No.1084/カ図）
山野草〔プリムラ・ベリス〕（No.0885/カ写）
新分牧（No.3128/モ図）
新牧日（No.2228/モ図）
牧野ス2（No.2929/カ図）

**キバナノクリンソウ**　*Primula helodoxa*　黄花の九
輪草
サクラソウ科の宿根草。高さは1m。花は黄色。
¶山野草（No.0878/カ写）

**キバナノコオニユリ**　⇒キヒラトユリを見よ

**キバナノコギリソウ**　*Achillea filipendulina*　黄花鋸草
キク科の多年草。高さは30～70cm。花は黄色。
¶帰化写改（p312/カ写）

**キバナノコマノツメ**　*Viola biflora*　黄花の駒の爪
スミレ科の多年草。高さは5～20cm。
¶学フ増高山（p104/カ写）
原牧2（No.325/カ写）
山野草（No.0695/カ写）
新分牧（No.2310/モ図）
新牧日（No.1798/モ図）
牧野ス1（No.2170/カ図）
ミニ山（p200/カ写）
野生3（p212/カ写）
山力野草（p356/カ写）
山ハ高山（p179/カ写）

**キバナノショウキラン**　*Yoania amagiensis*　黄花の
鍾馗蘭
ラン科の多年生の菌従属栄養植物。日本固有種。高
さは20～50cm。
¶固有（p191）
野生1（p230/カ写）
山ハ山花（p105/カ写）
山レ増（p464/カ写）

**キバナノセキコク**　⇒キバナノセッコクを見よ

**キバナノセッコク**　*Dendrobium tosaense*　黄花の石斛
ラン科の多年草。別名キバナノセキコク、キバナ
セッコク。長さは20～40cm。花は黄緑色。

¶原牧1（No.466/カ図）
山野草（No.1735/カ写）
新分牧（No.510/モ図）
新牧日（No.4340/モ図）
牧野ス1（No.466/カ図）
野生1（p196/カ写）
山ハ山花（p94/カ写）
山レ増（p487/カ写）

**キバナノツキヌキホトトギス** *Tricyrtis perfoliata*
黄花の突抜杜鵑草
ユリ科の多年草。日本固有種。高さは60〜90cm。
花は鮮黄色。
¶固有（p159）
山野草（No.1532/カ写）
茶花下（p358/カ写）
野生1（p176/カ写）
山力野草（p608/カ写）
山ハ山花（p82/カ写）
山レ増（p591/カ写）

**キバナノハウチワマメ** *Lupinus luteus* 黄花の葉団
扇豆
マメ科の草本。別名ノボリフジ，キバナルピナス，
タチフジソウ。高さは40〜60cm。花は黄色。
¶原牧1（No.1489/カ図）
新分牧（No.1650/モ図）
新牧日（No.1277/モ図）
茶花上〔きばなのぼりふじ〕（p205/カ写）
牧野ス1（No.1489/カ図）

**キバナノヒメユリ** *Lilium callosum* var.*flaviflorum*
黄花の姫百合
ユリ科の草本。日本固有種。別名キバナスゲユリ，
キスゲユリ。
¶固有（p160/カ写）
山野草（No.1484/カ写）
野生1（p173）

**キバナノホトトギス** ⇒キバナホトトギスを見よ

**キバナノボリフジ** ⇒キバナノハウチワマメを見よ

**キバナノマツバニンジン** *Linum medium* 黄花の松
葉人参
アマ科の一年草。高さは20〜70cm。花は黄色。
¶帰化写改（p164/カ写, p499/カ写）
帰化写2（p357/カ写）
原牧2（No.385/カ写）
新分牧（No.2434/モ図）
新牧日（No.1437/モ図）
牧野ス1（No.2230/カ図）
ミニ山（p165/カ写）
野生3（p228/カ写）

**キバナノレンリソウ** *Lathyrus pratensis* 黄花の連
理草
マメ科マメ亜科の多年草。長さは120cm。花は濃
黄色。
¶帰化写2（p96/カ写）
原牧1（No.1579/カ写）
新分牧（No.1785/モ図）
新牧日（No.1366/モ図）
牧野ス1（No.1579/カ図）

野生2（p276/カ写）
山ハ山花（p332/カ写）

**キバナハウチワカエデ** ⇒コハウチワカエデを見よ

**キバナハス** *Nelumbo lutea* 黄花蓮
ハス科の多年草。別名アメリカバス。花は淡黄色。
¶茶花下（p198/カ写）

**キバナハタザオ** *Sisymbrium luteum* 黄花旗竿
アブラナ科の多年草。別名ヘスペリソウ。高さは
80〜120cm。
¶原牧2（No.759/カ図）
新分牧〔キバナノハタザオ〕（No.2786/モ図）
新牧日〔キバナノハタザオ〕（No.880/モ図）
牧野ス2（No.2604/カ図）
ミニ山（p87/カ写）
野生4（p69/カ写）
山ハ山花（p362/カ写）

**キバナハナシノブ** *Polemonium pauciflorum* 黄花
花忍
ハナシノブ科の草本。高さは15〜30cm。
¶山野草（No.0991/カ写）

**キバナハナネコノメ** *Chrysosplenium album* var.
*flavum* 黄花花猫の眼
ユキノシタ科の多年草。日本固有種。
¶固有（p71）
野生2（p203）
山レ増（p322/カ写）

**キバナハマクサギ** ⇒ハマクサギを見よ

**キバナハマヒルガオ** *Ipomoea violacea* 黄花浜昼顔
ヒルガオ科のつる性多年草。花は白色。
¶野生5（p29/カ写）

**キバナバラモンジン** ⇒キクゴボウを見よ

**キバナヒメフウチョウ** *Cleome viscosa*
フウチョウソウ科の草本。花は白黄色。
¶帰化写改（p85/カ写）

**キバナフジ** ⇒キングサリを見よ

**キバナホウチャクソウ** *Disporum uniflorum* 黄花
宝鐸草
イヌサフラン科（ユリ科）の宿根草。別名コガネホ
ウチャクソウ，キバナアマドコロ。
¶山野草（No.1393/カ写）
茶花上（p256/カ写）

**キバナホオズキ**(1) *Physalis philadelphica* 黄花酸漿
ナス科の一年草。
¶帰化写2（p208/カ写）

**キバナホオズキ**(2) ⇒オオブドウホオズキを見よ

**キバナボタン** *Paeonia lutea* 黄花牡丹
ボタン科。花は黄色。
¶茶花上（p256/カ写）

**キバナホトトギス** *Tricyrtis flava* 黄花杜鵑草
ユリ科の多年草。日本固有種。別名キホトトギス。
高さは10〜40cm。花は鮮黄色。
¶原牧1（No.358/カ図）
固有〔キバナノホトトギス〕（p159）

キハナマツ　　　　　　　　　　244

　　山野草〔キバナノホトトギス〕（No.1533/カ写）
　　新分牧（No.375/モ図）
　　新牧日（No.3386/モ図）
　　茶花下〔きばなのほととぎす〕（p304/カ写）
　　牧野ス1（No.358/カ図）
　　野生1〔キバナノホトトギス〕（p176/カ写）
　　山力野草（p608/カ写）
　　山山山花〔キバナノホトトギス〕（p84/カ写）
　　山レ増〔キバナノホトトギス〕（p590/カ写）

**キバナマツムシソウ** ⇒スカビオサ・オクロレウカ
を見よ

**キバナママコナ** ⇒タカネママコナを見よ

**キバナミズバショウ** *Lysichiton americanum* 黄花
水芭蕉
　サトイモ科の多年草。別名アメリカミズバショウ。
仏炎苞が黄色を帯びる。
　¶山野草（No.1649/カ写）

**キバナミソハギ** *Heimia myrtifolia* 黄花禊萩
　ミソハギ科の低木。高さは1m。
　¶APG原樹（No.861/カ図）
　　原牧2（No.445/カ図）
　　新分牧（No.2481/モ図）
　　新牧日（No.1900/モ図）
　　牧野ス2（No.2290/カ図）

**キバナムギナデシコ** ⇒キバナザキバラモンジンを
見よ

**キバナムラサキ** *Nonea lutea*
　ムラサキ科の一年草。
　¶帰化写2（p182/カ写）

**キバナモクセイソウ** *Reseda lutea*
　モクセイソウ科の越年草または二年草。別名ホソバ
モクセイソウ。高さは20〜60cm。花は淡黄色。
　¶帰化写2（p80/カ写）

**キバナヤグルマギク** ⇒オウゴンヤグルマを見よ

**キバナヤセウツボ** *Orobanche minor* var.*flava* 黄花
痩靫
　ハマウツボ科の一年草。マメ科やキク科の植物に寄
生する。茎や花が黄白色を帯びる。
　¶野生5（p156）

**キバナランタナ** *Lantana×hybrida*
　クマツヅラ科の木本。別名ランタナ・ヒブリダ。
　¶APG原樹（No.1439/カ図）

**キバナルピナス** ⇒キバナノハウチワマメを見よ

**キバナワルタビラコ** *Amsinckia* sp.
　ムラサキ科の越年草。高さは30〜90cm。花は淡
黄色。
　¶帰化写2〔キバナワルタビラコ（仮称）〕（p186/カ写）

**キバフンタケ** *Stropharia semiglobata*
　モエギタケ科のキノコ。
　¶原きの（No.272/カ写・カ図）

**キハマスゲ** ⇒ショクヨウガヤツリを見よ

**キバンザクロ** ⇒キミノバンジロウを見よ

**キバンジロウ** ⇒キミノバンジロウを見よ

**キビ** *Panicum miliaceum* 黍
　イネ科の一年草。別名イナキビ，コキビ，キミ（古
名）。
　¶桑イネ（p355/カ写・モ図）
　　原牧1（No.1041/カ図）
　　新分牧（No.1240/モ図）
　　新牧日（No.3808/モ図）
　　牧野ス1（No.1041/カ図）

**キビシロタンポポ** *Taraxacum hideoi*
　キク科キクニガナ亜科。日本固有種。別名イガウス
ギタンポポ，ウスギタンポポ，オクウスギタンポポ，
ナンブシロタンポポ。
　¶固有（p147）
　　野生5（p288/カ写）

**キヒタイカク** *Prunus mume* 'Kihi-taikaku' 貴妃台閣
　バラ科。ウメの品種。野梅系ウメ，野梅性八重。
　¶ウメ〔貴妃台閣〕（p52/カ写）

**キヒダタケ** *Phylloporus bellus*
　イグチ科のキノコ。小型〜中型。傘は灰褐色〜オ
リーブ褐色，ビロード状。ひだは鮮黄色。
　¶学フ増毒き（p174/カ写）
　　山力日き（p296/カ写）

**キヒダマツシメジ** *Tricholoma fulvum*
　キシメジ科のキノコ。
　¶学フ増毒き（p97/カ写）
　　山力日き（p91/カ写）

**キビナワシロイチゴ** *Rubus yoshinoi* 吉備苗代苺
　バラ科バラ亜科の落葉低木。
　¶原牧1（No.1778/カ図）
　　新分牧（No.1947/モ図）
　　新牧日（No.1132/モ図）
　　牧野ス1（No.1778/カ図）
　　ミニ山（p138/カ写）
　　野生3〔キビノナワシロイチゴ〕（p54/カ写）

**キビノクロウメモドキ** *Rhamnus yoshinoi* 吉備の
黒梅擬
　クロタキカズラ科（クロウメモドキ科）の落葉低木。
　¶原牧2（No.28/カ図）
　　新分牧（No.2058/モ図）
　　新牧日（No.1690/モ図）
　　牧野ス1（No.1873/カ図）
　　野生2（p323/カ写）

**キビノシモツケ** ⇒イブキシモツケを見よ

**キビノタイアザミ** ⇒ヨシノアザミを見よ

**キビノナワシロイチゴ** ⇒キビナワシロイチゴを
見よ

**キビノミノボロスゲ** *Carex paxii*
　カヤツリグサ科の多年草。
　¶カヤツリ（p100/モ図）
　　原牧1（No.797/カ図）
　　新分牧（No.787/モ図）
　　新牧日（No.4085/モ図）
　　スゲ増（No.32/カ写）
　　牧野ス1（No.797/カ図）
　　野生1（p304/カ写）

**キビヒトリシズカ** *Chloranthus fortunei* 吉備一人静
センリョウ科の草本。
　¶原牧1 (No.78/カ図)
　　山野草 (No.0394/カ写)
　　新分牧 (No.98/モ図)
　　新牧日 (No.680/モ図)
　　牧野ス1 (No.78/カ図)
　　野生1 (p52/カ写)
　　山ハ山花 (p32/カ写)
　　山レ増 (p355/カ写)

**キビフウロ** ⇒ビッチュウフウロを見よ

**キヒメユリ** *Lilium concolor* var.*partheneion* f.
*coridion* 黄姫百合
ユリ科の多年草。
　¶茶花上 (p512/カ写)

**キヒモ** ⇒クラガリシダを見よ

**キヒモカワタケモドキ** *Rhizochaete radicata*
マクカワタケ科のキノコ。周縁部はからし色。
　¶山カ日き (p420/カ写)

**キヒヨドリジョウゴ** ⇒ヤブサンザシを見よ

**キヒラタケ** *Phyllotopsis nidulans*
フサタケ科(キシメジ科)のキノコ。小型〜中型。
傘は半円形,鮮黄色,粗毛状。ひだは橙黄色。
　¶原きの (No.235/カ写・カ図)
　　山カ日き (p20/カ写)

**キヒラトユリ** *Lilium leichtlinii* f.*leichtlinii*
ユリ科の多年草。コオニユリの基本種。別名キバナ
ノコオニユリ。
　¶野生1 (p173)

**キフクリンベンテン** *Camellia japonica* 'Kifukurin-
benten' 黄覆輪弁天
ツバキ科。ツバキの品種。別名ホシセカイ。花は
紅色。
　¶茶花上 (p131/カ写)

**キフクリンマサキ** *Euonymus japonicus*
'Aureovariegatus' 黄覆輪柾
ニシキギ科の常緑低木。
　¶学フ増花庭 (p206/カ写)

**キブシ** *Stachyurus praecox* 木五倍子
キブシ科の落葉低木。日本固有種。別名キフジ, ズ
イノキ, マメブシ, マメフジ。高さは4m。花は黄色。
　¶APG原樹 (No.888/カ写)
　　学フ増樹 (p46/カ写・カ図)
　　原牧2 (No.499/カ図)
　　固有 (p94)
　　新分牧 (No.2538/モ図)
　　新牧日 (No.1853/モ図)
　　茶花上 (p206/カ写)
　　都木花新 (p89/カ写)
　　牧野ス2 (No.2344/カ図)
　　ミニ山 (p201/カ写)
　　野生3 (p279/カ写)
　　山カ樹木 (p499/カ写)
　　落葉図譜 (p244/モ図)

**ギブソンズスカーレット** *Potentilla atrosanguinea*
'Gibson's Scarlet'
バラ科の草本。ポテンティラ・アトロサンギネアの
品種。
　¶山野草〔ポテンティラ‘ギブソンズスカーレット’〕(No.
0616/カ写)

**キフタコノキ** *Pandanus tectorius* var.*sanderi* 黄斑
蛸の木
タコノキ科の木本。
　¶APG原樹 (No.177/カ図)

**キブネギク** ⇒シュウメイギクを見よ

**キブネゴケ** *Rhachithecium nipponicum*
キブネゴケ科のコケ。日本固有種。小型, 茎は立ち,
長さ3〜4mm。葉は倒卵形〜へら形。
　¶固有 (p216/カ写)

**キブネダイオウ** *Rumex nepalensis* subsp.
*andreaeanus* 貴船大黄
タデ科の草本。日本固有種。
　¶原牧2 (No.793/カ図)
　　固有 (p46)
　　新分牧 (No.2835/モ図)
　　新牧日 (No.255/モ図)
　　牧野ス2 (No.2638/カ図)
　　野生4 (p103/カ写)
　　山レ増 (p434/カ写)

**ギフベニシダ** *Dryopteris kinkiensis*
オシダ科の常緑性シダ。別名ウスバサイゴクベニシ
ダ, ベニシダモドキ。葉身は卵状長楕円形〜長楕
円形。
　¶シダ標2 (p372/カ写)

**キブリイボタケ** *Thelephora multipartita*
イボタケ科のキノコ。
　¶山カ日き (p438/カ写)

**ギベルラ プルクラ** *Gibellula pulchra*
ノムシタケ科の冬虫夏草。宿主はクモ, 小型のクモ
に多い。
　¶冬虫生態 (p278/カ写)

**ギベルラ レイオパス** *Gibellula leiopus*
ノムシタケ科の冬虫夏草。宿主はクモ, 小型のクモ
に多い。
　¶冬虫生態 (p279/カ写)

**キホウキタケ** *Ramaria flaba*
ラッパタケ科のキノコ。
　¶山カ日き (p417/カ写)

**ギボウシ** *Hosta undulata* var.*erromena* 擬宝珠
キジカクシ科〔クサスギカズラ科〕(ユリ科)の多年
草。別名オハツキギボウシ。
　¶原牧1 (No.572/カ図)
　　新分牧 (No.629/モ図)
　　新牧日 (No.3397/モ図)
　　牧野ス1 (No.572/カ図)
　　野生1〔オハツキギボウシ〕(p252)

**ギボウシゴケ** *Schistidium apocarpum*
ギボウシゴケ科のコケ。別名アカミノギボウシゴ
ケ。体は暗緑色, 茎は長さ4cm, 明瞭な中心束を
もつ。

キホウシス　246

¶新牧日（No.4718/モ図）

**ギボウシスイセン**　⇒アマゾンユリを見よ

**キボウシノ**　*Pleioblastus kodzumae*
イネ科タケ亜科のササ。日本固有種。
¶固有（p175）
　タケ亜科（No.33/カ写）

**ギボウシラン**　*Liparis auriculata*
ラン科の草本。高さは15〜30cm。花は白色。
¶野生1（p212/カ写）
　山レ増（p467/カ写）

**キボケ**　⇒カリンを見よ

**キホコリタケ**　*Lycoperdon spadiceum*
ハラタケ科のキノコ。中型。幼時は白色，内皮は
黄色。
¶山カ日き（p512/カ写）

**キホトトギス**　⇒キバナホトトギスを見よ

**キボリア　アメンタケア**　*Ciboria amentacea*
キンカクキン科のキノコ。
¶山カ日き（p547/カ写）

**ギーマ**　*Vaccinium wrightii*
ツツジ科スノキ亜科の木本。
¶原牧2（No.1249/カ図）
　新分牧（No.3301/モ図）
　新牧日（No.2193/モ図）
　牧野ス2（No.3094/カ図）
　野生4（p258/カ写）

**キマワリアラゲツトノミタケ**　*Ophiocordyceps* sp.
オフィオコルディセプス科の冬虫夏草。宿主はキマ
ワリ類の幼虫。
¶冬虫生態（p170/カ写）

**キミ**　⇒キビを見よ

**キミカゲソウ**　⇒スズラン(1)を見よ

**キミガヨ**　*Camellia japonica* 'Kimigayo (Kantô)'
君ヶ代
ツバキ科。ツバキの品種。花は白色。
¶茶標上（p108/カ写）

**キミガヨラン**　*Yucca gloriosa* var.*recurvifolia*　君代蘭
キジカクシ科〔クサスギカズラ科〕（リュウゼツラ
ン科）の常緑低木。別名ネジイトラン。
¶APG原樹（No.187/カ図）
　原牧1（No.567/カ図）
　新分牧（No.635/モ図）
　新牧日（No.3503/モ図）
　牧野ス1（No.567/カ図）

**キミズ**　*Pellionia scabra*
イラクサ科の草本。
¶原牧2（No.84/カ図）
　新分牧（No.2122/モ図）
　新牧日（No.211/モ図）
　牧野ス1（No.1929/カ図）
　ミニ山（p13/カ写）
　野生2（p348/カ写）

**キミノバンジロウ**　*Psidium cattleyanum* f.*lucidum*
フトモモ科の小低木。別名キバンザクロ。
¶帰化写2（p420/カ写）
　原牧2〔キバンジロウ〕（No.487/カ図）
　新分牧〔キバンジロウ〕（No.2526/モ図）
　新牧日〔キバンジロウ〕（No.1915/モ図）
　牧野ス2〔キバンジロウ〕（No.2332/カ図）

**キミノワタゲカマツカ**　*Pourthiaea villosa* var.
*villosa* f.*aurantiaca*
バラ科シモツケ亜科の落葉低木または小高木。果実
は橙黄色。
¶野生3（p77）

**キムラタケ**　⇒オニクを見よ

**キモゴキイチゴ**　⇒モミジイチゴ（広義）を見よ

**キャッサバ**　⇒マニホットを見よ

**キヤニモモ**　*Garcinia xanthochymus*
フクギ科（オトギリソウ科）の木本。別名タマゴ
ノキ。
¶APG原樹（No.856/カ図）

**キャプテン・ロー**　⇒トウツバキを見よ

**キャベツ**　*Brassica oleracea* var.*capitata*
アブラナ科の葉菜類。別名タマナ。
¶原牧2（No.700/カ図）
　新分牧（No.2796/モ図）
　新牧日（No.821/モ図）
　牧野ス2（No.2545/カ図）

**キャラハゴケ**　*Taxiphyllum taxirameum*
ハイゴケ科のコケ。茎は這い，葉は卵状披針形。
¶新分牧（No.4894/モ図）
　新牧日（No.4755/モ図）

**キャラハゴケモドキ**　*Taxiphyllopsis iwatsukii*
ハイゴケ科のコケ。日本固有種。茎は這い，枝葉は
卵状披針形。
¶固有（p220/カ写）

**キャラボク**　*Taxus cuspidata* var.*nana*　伽羅木
イチイ科の常緑低木。日本固有種。
¶APG原樹（No.113/カ図）
　学フ増花庭（p142/カ写）
　原牧1（No.62/カ図）
　固有（p197/カ写）
　新分牧（No.81/モ図）
　新牧日（No.6/モ図）
　牧野ス1（No.63/カ図）
　野生1（p43/カ写）
　山カ樹木（p9/カ写）
　山ハ高山（p458/カ写）

**キュウケイカンラン**　*Brassica oleracea* var.*caulorapa*
アブラナ科の栽培植物。別名コールラビー。径4〜
10cm。
¶原牧2（No.704/カ図）
　牧野ス2（No.2549/カ図）

**キュウシュウイノデ**　*Polystichum grandifrons*
オシダ科の常緑性シダ。葉身は長さ50〜90cm，広
卵状披針形。
¶シダ標2（p409/カ写）

## キュウシュウコゴメグサ　*Euphrasia insignis* subsp. *iinumae* var.*kiusiana*
ハマウツボ科（ゴマノハグサ科）。日本固有種。別名ダイセンコゴメグサ。
¶固有（p128）
　野生5（p152）
　山力野草（p186/カ写）

## キュウシュウツチトリモチ　⇒ミヤマツチトリモチを見よ

## ギュウシンリ　*Annona reticulata*　牛心梨
バンレイシ科の低木。葉はクリに似る。
¶APG原樹（No.146/カ図）

## キュウバンタケ　*Mycena stylobates*
ラッシタケ科のキノコ。
¶山力日き（p127/カ写）

## キュウリ　*Cucumis sativus*　胡瓜
ウリ科の果菜類。果実は長さ20〜50cm。
¶学フ増薬草（p149/カ写）
　原牧2（No.169/カ図）
　新分牧（No.2218/モ図）
　新牧日（No.1872/モ図）
　牧野ス1（No.2014/カ図）

## キュウリグサ　*Trigonotis peduncularis*　胡瓜草
ムラサキ科ムラサキ亜科の二年草。別名タビラコ。高さは10〜30cm。
¶色野草（p320/カ写）
　学フ増野春（p19/カ写）
　原牧2（No.1430/カ図）
　植調（p270/カ写）
　新分牧（No.3523/モ図）
　新牧日（No.2490/モ図）
　牧野ス2（No.3275/カ図）
　野生5（p58/カ写）
　山力野花（p419/カ写）

## キュストデルマ・カルカリアス　*Cystoderma carcharias*
ハラタケ科のキノコ。傘は桃灰色、傘の径最大6cm。
¶原きの〔Pearly powdercap（真珠の粉茸）〕（No.089/カ写・カ図）

## ギョイコウ　*Cerasus lannesiana* ‘Gioiko’　御衣黄
バラ科の落葉高木。サクラの栽培品種。花は淡い緑色。
¶APG原樹〔サクラ‘ギョイコウ’〕（No.430/カ図）
　学フ増桜〔‘御衣黄’〕（p216/カ写）

## キョウオウ　*Curcuma aromatica*　姜黄
ショウガ科の多年草。別名ハルウコン。高さは90〜140cm。花は黄色。
¶原牧1（No.652/カ図）
　新分牧（No.687/モ図）
　新牧日（No.4234/モ図）
　牧野ス1（No.652/カ図）

## ギョウカ　*Prunus mume* ‘Gyōka’　凝馨
バラ科。ウメの品種。野梅系ウメ、野梅性八重。
¶ウメ〔凝馨〕（p52/カ写）

## キョウガノコ　*Filipendula purpurea*　京鹿子
バラ科バラ亜科の多年草。園芸雑種。高さは60〜150cm。花は紅紫色。
¶原牧1（No.1736/カ図）
　新分牧（No.1933/モ図）
　新牧日（No.1173/モ図）
　茶花下（p77/カ写）
　牧野ス1（No.1736/カ図）
　野生3（p29/カ写）

## キョウカラコ　*Camellia japonica* ‘Kyô-karako’　京唐子
ツバキ科。ツバキの品種。花は絞りが入る。
¶茶花上（p160/カ写）

## ギョウギシバ　*Cynodon dactylon*　行儀芝
イネ科ヒゲシバ亜科の匍匐性の多年草。芝生用あるいは牧草に使われる。高さは15〜40cm。
¶帰化写改（p438/カ写, p520/カ図）
　桑イネ（p162/カ写・モ図）
　原牧1（No.1116/カ図）
　植調（p334/カ写）
　新分牧（No.1270/モ図）
　新牧日（No.3766/モ図）
　牧野ス1（No.1116/カ図）
　野生2（p68/カ写）
　山ハ野花（p190/カ写）

## ギョウザン　*Rhododendron* ‘Gyōzan’　暁山
ツツジ科。アザレアの品種。
¶APG原樹〔アザレア‘ギョウザン’〕（No.1278/カ図）

## ギョウジャアザミ　*Cirsium gyojanum*　行者薊
キク科アザミ亜科の草本。日本固有種。高さは50〜70cm。
¶固有（p138）
　野生5（p226/カ写）
　山ハ山花（p551/カ写）

## ギョウジャカズラ　⇒クロヅルを見よ

## ギョウジャソウ　⇒タガネソウを見よ

## ギョウジャニンニク　*Allium victorialis* subsp. *platyphyllum*　行者忍辱, 行者葫
ヒガンバナ科（ユリ科, ネギ科）の多年草。高さは30〜50cm。花は白色。
¶学フ増高山（p207/カ写）
　学フ増山菜（p110/カ写）
　学フ増野夏（p157/カ写）
　原牧1（No.539/カ図）
　山野草（No.1453/カ写）
　新分牧（No.586/モ図）
　新牧日（No.3422/モ図）
　牧野ス1（No.539/カ図）
　野生1（p241/カ写）
　山力野草（p616/カ写）
　山ハ山花（p142/カ写）

## ギョウジャノミズ　*Vitis flexuosa* var.*flexuosa*　行者の水
ブドウ科の落葉つる性植物。別名サンカクヅル。
¶APG原樹〔サンカクヅル〕（No.347/カ図）
　原牧1（No.1444/カ図）

キヨウチク

新分牧〔No.1623/モ図〕
新牧日〔No.1698/モ図〕
牧野ス1〔No.1444/カ図〕
ミニ山〔サンカクヅル〕(p178/カ写)
野生2〔サンカクヅル〕(p237/カ写)
山力樹木〔サンカクヅル〕(p469/カ写)

**キョウチクトウ** *Nerium oleander* var.*indicum* 夾竹桃
キョウチクトウ科の常緑低木。乳液は無色。花は紅色。
¶ **APG原樹**〔No.1358/カ図〕
学フ増花庭(p176/カ写)
学フ有毒(p185/カ写)
原牧2〔No.1403/カ図〕
新分牧〔No.3420/モ図〕
新牧日〔No.2360/モ図〕
茶花下(p78/カ写)
都木花新(p201/カ写)
牧野ス2〔No.3248/カ図〕
野生4(p313)
山力樹木(p650/カ写)

**キョウチクトウ'マドンナ・グランディフローラ'**
⇒マドンナ・グランディフローラを見よ

**キョウチクトウ'ミセス・スワンソン'** ⇒ミセス・スワンソンを見よ

**キョウニシキ** *Camellia japonica* 'Kyô-nishiki' 京錦
ツバキ科。ツバキの品種。花は絞りが入る。
¶ 茶花上(p157/カ写)

**キョウノヒモ** *Polyopes lancifolius*
ムカデノリ科の海藻。別名ヒモノリ, ハサッペイ, ミノジノリ。体は長さ60cm。
¶ 新分牧〔No.5050/モ図〕
新牧日〔No.4909/モ図〕

**キョウマルシャクナゲ** *Rhododendron japonoheptamerum* var.*kyomaruense* 京丸石楠花
ツツジ科ツツジ亜科の木本。日本固有種。
¶ 固有(p106)
野生4(p237/カ写)
山力樹木(p570/カ写)
山レ増(p216/カ写)

**ギョクエイ** *Prunus mume* 'Gyokuei' 玉英
バラ科。ウメの品種。果皮は淡緑黄色。実ウメ, 野梅系。
¶ ウメ〔玉英〕(p166/カ写)

**ギョクシンカ** *Tarenna kotoensis* var.*gyokushinkwa* 玉心花
アカネ科の常緑低木。
¶ **APG原樹**〔No.1353/カ図〕
原牧2〔No.1284/カ図〕
新分牧〔No.3372/モ図〕
新牧日〔No.2398/モ図〕
牧野ス2〔No.3129/カ図〕
野生4(p291/カ写)
山力樹木(p675/カ写)

**ギョクセイ** ⇒ウケザキオオヤマレンゲを見よ

**キョクチチョウノスケソウ** ⇒ヨウシュチョウノスケソウを見よ

**ギョクボタン** *Prunus mume* 'Gyokubotan' 玉牡丹
バラ科。ウメの品種。野梅系ウメ, 野牡性八重。
¶ ウメ〔玉牡丹〕(p53/カ写)

**キヨシソウ** *Saxifraga bracteata*
ユキノシタ科の草本。
¶ 野生2(p211/カ写)
山力野草(p419/カ写)
山ハ高山(p159/カ写)
山レ増(p315/カ写)

**キヨズミイノデ** *Polystichum* × *kiyozumianum*
オシダ科のシダ植物。別名キヨスミイノデ。
¶ シダ標2(p418/カ写)

**キヨズミイボタ** *Ligustrum tschonoskii* var. *kiyozumianum*
モクセイ科の木本。日本固有種。
¶ 原牧2〔No.1514/カ図〕
固有(p113)
新分牧〔No.3556/モ図〕
新牧日〔No.2297/モ図〕
牧野ス2〔No.3359/カ図〕
野生5(p64)

**キヨスミウツボ** *Phacellanthus tubiflorus* 清澄靱
ハマウツボ科の寄生植物。別名キヨズミウツボ, オウトウカ。高さは5〜10cm。
¶ 原牧2〔No.1760/カ図〕
新分牧〔No.3834/モ図〕
新牧日〔No.2805/モ図〕
牧野ス2〔No.3605/カ図〕
野生5(p161/カ写)
山力野草(p164/カ写)
山ハ山花(p452/カ写)

**キヨズミオオクジャク** *Dryopteris namegatae*
オシダ科の常緑性シダ。葉柄や中軸の鱗片が黒色。
¶ シダ標2(p363/カ写)

**キヨズミオオクジャク × オクマワラビ**
*Dryopteris namegatae* × *D.uniformis*
オシダ科のシダ植物。
¶ シダ標2(p375/カ写)

**キヨズミオリヅルシダ** ⇒オリヅルシダを見よ

**キヨスミギク** ⇒アキハギクを見よ

**キヨスミギボウシ** *Hosta kiyosumiensis* 清澄擬宝珠
クサスギカズラ科(ユリ科)の多年草。日本固有種。高さは30〜65cm。葉裏脈上に小突起がある。
¶ 固有(p155/カ写)
野生1(p251/カ写)

**キヨスミコケシノブ** *Hymenophyllum oligosorum* 清澄苔忍
コケシノブ科の常緑性シダ。葉身は長さ2〜4cm, 卵状長楕円形〜卵状披針形。
¶ シダ標1(p311/カ写)
新分牧〔No.4530/モ図〕
新牧日〔No.4421/モ図〕

**キヨスミサワアジサイ** *Hydrangea serrata* var. *serrata* f.*pulchella* 清澄沢紫陽花
アジサイ科 (ユキノシタ科) の木本。
¶ **APG原樹** (No.1081/カ図)

**キヨスミシダ (キヨズミシダ)** ⇒ヒメカナワラビ を見よ

**キヨスミヒメワラビ** *Dryopteris maximowicziana* 清澄姫蕨
オシダ科の常緑性シダ。別名シラガシダ。葉身は長さ35〜55cm, 広卵状長楕円形。
¶ **シダ標2** (p364/カ写)
　新分牧 (No.4761/モ図)
　新牧日 (No.4547/モ図)

**キヨスミミツバツツジ** *Rhododendron kiyosumense* 清澄三葉躑躅
ツツジ科ツツジ亜科の木本。日本固有種。花は紫色。
¶ **APG原樹** (No.1222/カ図)
　原牧2 (No.1200/カ図)
　固有 (p108)
　新分牧 (No.3269/モ図)
　新牧日 (No.2146/モ図)
　牧野ス2 (No.3045/カ図)
　野生4 (p249/カ写)
　山力樹木 (p542/カ写)

**キヨズミメシダ** *Deparia* × *kiyozumiana*
メシダ科のシダ植物。
¶ **シダ標2** (p347/カ写)

**キヨタキシダ** *Diplazium squamigerum* 清滝羊歯
メシダ科 (オシダ科) の夏緑性シダ。別名キヨタケシダ。葉身は長さ30〜50cm, 三角形。
¶ **シダ標2** (p325/カ写)
　新分牧 (No.4688/モ図)
　新牧日 (No.4600/モ図)

**キヨタケシダ** ⇒キヨタキシダを見よ

**ギョッケン** *Prunus mume* 'Gyokken' 玉拳
バラ科。ウメの品種。李系ウメ, 難波性八重。
¶ **ウメ** 〔玉拳〕(p86/カ写)

**ギョッコウ** *Prunus mume* 'Gyokkō' 玉光
バラ科。ウメの品種。李系ウメ, 紅材性一重。
¶ **ウメ** 〔玉光〕(p98/カ写)

**ギョッコウシダレ** *Prunus mume* 'Gyokkō-shidare' 玉光枝垂
バラ科。ウメの品種。枝垂れ系ウメ。
¶ **ウメ** 〔玉光枝垂〕(p149/カ写)

**ギョボク** *Crateva formosensis* 魚木
フウチョウボク科 (フウチョウソウ科) の常緑高木。別名アマキ, アマギ。花は黄白色。
¶ **APG原樹** (No.1052/カ図)
　原牧2 (No.676/カ図)
　新分牧 (No.2717/カ図)
　新牧日 (No.798/モ図)
　牧野ス2 (No.2521/カ図)
　野生4 (p43/カ写)
　山力樹木 (p217/カ写)

**キヨミトリカブト** *Aconitum kiyomiense* 清見鳥兜
キンポウゲ科の大型の擬似一年草。日本固有種。
¶ **固有** (p56)
　野生2 (p126/カ写)

**ギョリュウ** *Tamarix chinensis* 御柳
ギョリュウ科の落葉小高木。別名サツキギョリュウ。高さは6m。花は淡紅色。
¶ **APG原樹** 〔サツキギョリュウ〕(No.1062/カ図)
　原牧2 (No.778/カ図)
　新分牧 (No.2819/モ図)
　新牧日 (No.1857/モ図)
　茶花上 (p376/カ写)
　牧野ス2 (No.2623/カ図)
　山力樹木 (p496/カ写)

**ギョリュウバイ** *Leptospermum scoparium* 御柳梅, 檉柳梅
フトモモ科の常緑低木または小高木。別名ネズミモドキ, レプトスペルムム。高さは3〜5m。花は白色。
¶ **APG原樹** (No.867/カ図)
　山力樹木 (p518/カ写)

**ギョリュウモドキ** ⇒カルーナを見よ

**キラクサ** ⇒イソギクを見よ

**キララタケ** *Coprinopsis micaceus*
ナヨタケ科 (ヒトヨタケ科) のキノコ。小型。傘は淡黄褐色, 雲母状鱗片あり。鐘形〜円錐形。ひだは白色〜黒色。
¶ **学フ増毒き** (p126/カ写)
　原きの (No.058/カ写・カ図)
　山力日き (p205/カ写)

**ギランイヌビワ** *Ficus variegata*
クワ科の常緑高木。別名コニシイヌビワ。
¶ **野生2** (p337/カ写)

**キランソウ** *Ajuga decumbens* 金瘡小草
シソ科キランソウ亜科の多年草。別名ジゴクノカマノフタ。
¶ **色野草** (p217/カ写)
　学フ増野春 (p18/カ写)
　学フ増薬草 (p106/カ写)
　原牧2 (No.1618/カ図)
　山野草 (No.1056/カ写)
　植調 (p184/カ写)
　新分牧 (No.3712/モ図)
　新牧日 (No.2527/モ図)
　茶花上 (p257/カ写)
　牧野ス2 (No.3463/カ図)
　野生5 (p109/カ写)
　山力野草 (p200/カ写)
　山ハ野花 (p463/カ写)

**キランニシキゴロモ** *Ajuga* × *bastarda*
シソ科キランソウ亜科の草本。キランソウとツクバキンモンソウの雑種。
¶ **野生5** (p110)

**キリ** *Paulownia tomentosa* 桐
キリ科 (ゴマノハグサ科, ノウゼンカズラ科) の落葉高木。樹高は15m。花は紫色。樹皮は灰色。
¶ **APG原樹** (No.1433/カ図)

学フ増花庭（p10/カ写）
原牧2（No.1751/カ写）
新分牧（No.3825/モ図）
新牧日（No.2686/モ図）
図説樹木（p182/カ写）
茶花上（p257/カ写）
都市花新（p215/カ写）
牧野ス2（No.3596/カ図）
野生5（p148/カ写）
山力樹木（p669/カ写）
落葉図譜（p296/モ図）

**キリアサ** ⇒イチビ(1)を見よ

**キリエノキ** *Trema cannabina*
アサ科（ニレ科）の木本。別名コバフンギ。
¶野生2（p331/カ写）

**キリガミネアキノキリンソウ** *Solidago virgaurea*
subsp.*leiocarpa* f.*paludosa* 霧ヶ峰秋の麒麟草
キク科キク亜科の多年草。草丈は15〜50cm。
¶野生5（p326/カ写）

**キリガミネアサヒラン** *Eleorchis japonica* var.
*conformis* 霧ヶ峰旭蘭
ラン科の草本。日本固有種。
¶固有（p190）
野生1（p197）

**キリガミネキンバイソウ** ⇒キンバイソウを見よ

**キリガミネスゲ** *Carex×leiogona* 霧ヶ峰菅
カヤツリグサ科の多年草。別名オニアゼスゲ，キタ
アゼスゲ。
¶カヤツリ（p178/モ図）
原牧1（No.819/カ図）
新分牧（No.828/モ図）
新牧日（No.4111/モ図）
牧野ス1（No.819/カ図）

**キリガミネトウヒレン(1)** *Saussurea kirigaminensis*
霧ヶ峰唐飛簾
キク科アザミ亜科の多年草。日本固有種。
¶固有（p148）
野生5（p261/カ写）

**キリガミネトウヒレン(2)** ⇒ネコヤマヒゴタイを
見よ

**キリガミネヒオウギアヤメ** *Iris setosa* var.
*hondoensis* 霧ヶ峰檜扇菖蒲
アヤメ科の多年草。日本固有種。
¶固有（p162/カ写）
野生1（p235）
山力増（p569/カ写）

**キリギシアズマギク** *Erigeron thunbergii* subsp.
*glabratus* f.*kirigishiensis* 雌東菊
キク科の草本。葉は細長く，縁に長い毛。
¶山ハ高山（p385/カ写）

**キリギシソウ** *Callianthemum kirigishiense* 雌草
キンポウゲ科の多年草。日本固有種。
¶固有（p52/カ写）
野生2（p138/カ写）
山力野草（p713/カ写）

山ハ高山（p89/カ写）
山レ増（p381/カ写）

**キリシマ** *Rhododendron×obtusum* 霧島
ツツジ科の常緑低木。別名キリシマツツジ，クルメ
ツツジ，サタツツジ。
¶APG原樹〔キリシマツツジ〕（No.1269/カ図）
学フ増花庭〔キリシマツツジ〕（p14/カ写）
原牧2（No.1183/カ図）
新分牧（No.3254/モ図）
新牧日（No.2129/モ図）
牧野ス2（No.3028/カ図）
山力樹木（p552/カ写）

**キリシマアザミ** *Cirsium kirishimense* 霧島薊
キク科アザミ亜科の多年草。日本固有種。
¶固有（p139）
野生5（p233/カ写）
山力野草（p703/カ写）

**キリシマイワヘゴ** *Dryopteris hangchowensis*
オシダ科のシダ植物。
¶シダ標2（p363/カ写）

**キリシマエビネ** *Calanthe aristulifera* 霧島蝦根，霧
島海老根
ラン科の多年草。別名コキリシマエビネ。高さは
30〜40cm。花は帯紫微紅色，または白色。
¶原牧1（No.458/カ写）
山野草（No.1683/カ写）
新分牧（No.492/モ図）
新牧日（No.4332/カ写）
茶花上（p258/カ写）
牧野ス1（No.458/カ図）
野生1（p187/カ写）
山力野草（p582/カ写）
山レ増（p474/カ写）

**キリシマグミ** ⇒クマヤマグミを見よ

**キリシマザサ** *Neosasamorpha takizawana* subsp.
*nakashimana*
イネ科タケ亜科のササ。日本固有種。
¶固有（p174）
タケ亜科（No.111/カ写）

**キリシマシャクジョウ** *Burmannia nepalensis* 霧
島錫杖
ヒナノシャクジョウ科の多年生の菌従属栄養植物。
高さは5〜15cm。
¶野生1（p147/カ写）
山力野草（p588/カ写）
山ハ山花（p51/カ写）
山レ増（p565/カ写）

**キリシマタヌキノショクダイ** *Thismia tuberculata*
タヌキノショクダイ科（ヒナノシャクジョウ科）。
日本固有種。
¶固有（p162）
野生1（p145）

**キリシマツツジ** ⇒キリシマを見よ

**キリシマテンナンショウ** *Arisaema sazensoo* 霧島
天南星
サトイモ科の多年草。日本固有種。別名ヒメテンナ

ンショウ。
　¶原牧1（No.200/カ図）
　　固有（p177）
　　山野草（No.1626/カ写）
　　新分牧（No.235/モ図）
　　新牧日（No.3931/モ図）
　　テンナン（No.19/カ写）
　　牧野ス1（No.200/カ図）
　　野生1（p102/カ写）
　　山ハ山花（p44/カ写）

**キリシマノガリヤス**　*Calamagrostis autumnalis*
イネ科イチゴツナギ亜科の多年草。日本固有種。
　¶桑イネ（p121/モ図）
　　固有（p168/カ写）
　　野生2（p49）

**キリシマヒゴタイ**　*Saussurea scaposa*
キク科アザミ亜科の草本。日本固有種。
　¶固有（p148）
　　野生5（p261/カ写）

**キリシマヘビノネゴザ**　*Athyrium kirisimaense*
メシダ科（イワデンダ科）の夏緑性シダ。日本固有
種。別名ウスバヘビノネゴザ。葉身は長さ25〜
30cm、広楕円形〜広卵状披針形。
　¶固有（p204/カ写）
　　シダ標2（p298/カ写）

**キリシマミズキ**　*Corylopsis glabrescens*　霧島水木
マンサク科の木本。日本固有種。高さは2〜5m。花
は淡黄色。
　¶原牧1（No.1344/カ図）
　　固有（p67）
　　新分牧（No.1515/モ図）
　　新牧日（No.898/モ図）
　　牧野ス1（No.1344/カ図）
　　野生2（p184/カ写）
　　山力樹木（p240/カ写）
　　山レ増（p336/カ写）

**キリシママツバツツジ**　*Rhododendron nudipes* var.
*kirishimense*　霧島三葉躑躅
ツツジ科ツツジ亜科の木本。日本固有種。
　¶固有（p108）
　　野生4（p248/カ写）
　　山レ増（p215/カ写）

**キリシマワカナシダ**　*Dryopteris* ×
*pseudohangchowensis*
オシダ科のシダ植物。
　¶シダ標2（p377/カ写）

**キリタケ**　⇒シラウオタケを見よ

**キリタ・シネンシス**　*Chirita sinensis* var.*latifolia*
イワタバコ科。花は淡紫青色。
　¶山野草（No.1113/カ写）

**キリタチヤマザクラ**　*Cerasus sargentii* var.*akimotoi*
霧立山桜
バラ科シモツケ亜科の木本。日本固有種。花は淡
紅色。
　¶固有（p77/カ写）
　　野生3（p66/カ写）

**キリタ・モナンサ**　*Chirita monantha*
イワタバコ科の草本。高さは15cm。
　¶山野草（No.1111/カ写）

**キリタ・リボエンシス**　*Chirita liboensis*
イワタバコ科の草本。別名ダンザキイワギリソウ。
高さは12cm。
　¶山野草（No.1112/カ写）

**キリツボ**　⇒アキチョウジを見よ

**キリノミタケ**　*Chorioactis geaster*
キリノミタケ科のキノコ。
　¶山力日き（p556/カ写）

**キリモドキ**　*Jacaranda mimosifolia*
ノウゼンカズラ科の落葉高木。別名シウンボク。高
さは15m。花は青藤色。
　¶原牧2（No.1815/カ図）
　　牧野ス2（No.3660/カ図）

**キリン**(1)　*Cerasus lannesiana* ‘Kirin’　麒麟
バラ科の落葉小高木。サクラの栽培品種。花は淡
紅色。
　¶学フ埴桜〔麒麟〕（p210/カ写）

**キリン**(2)　*Rhododendron* × *obtusum* ‘Kirin’　麒麟
ツツジ科。ツツジの品種。
　¶APG原樹〔ツツジ‘キリン’〕（No.1272/カ図）

**キリンギク**　*Liatris spicata*　麒麟菊
キク科の多年草。別名リアトリス、ユリアザミ。高
さは150cm。花は桃色。
　¶原牧2（No.1920/カ図）
　　新分牧（No.4317/モ図）
　　新牧日（No.2958/モ図）
　　茶花下〔まつかさぎく〕（p265/カ写）
　　牧野ス2（No.3765/カ図）

**キリンサイ**　*Eucheuma denticulatum*
ミリン科の海藻。別名リュウキュウツノマタ。多肉
で軟骨質。体は10〜25cm。
　¶新分牧（No.5057/モ図）
　　新牧日（No.4917/モ図）

**キリンソウ**　*Phedimus aizoon* var.*floribundus*　麒麟
草、黄輪草
ベンケイソウ科の多年草。別名タマノオ。高さは
10〜30cm。
　¶原牧1（No.1415/カ図）
　　山野草（No.0494/カ写）
　　新分牧（No.1573/モ図）
　　新牧日（No.921/モ図）
　　茶花上（p513/カ写）
　　牧野ス1（No.1415/カ図）
　　ミニ山（p93/カ写）
　　野生2（p221/カ写）
　　山力野草（p438/カ写）
　　山ハ山花（p292/カ写）

**ギルト　エッジ**　*Elaeagnus* × *ebbingei* ‘Gilt Edge’
グミ科の常緑低木。オオバグミとナワシログミの交
雑種の園芸品種。
　¶APG原樹〔グミ‘ギルト エッジ’〕（No.1561/カ図）

キルンカン　　　　　　　　252

**キールンカンコノキ**　*Phyllanthus keelungensis*
コミカンソウ科（トウダイグサ科）の木本。
¶野生3（p176/カ写）

**キールンクラマゴケ**　⇒クラマゴケを見よ

**キールンフジバカマ**　*Eupatorium luchuense* var. *kiirunense*
キク科キク亜科の多年草。海岸近くの草原や岩上に生える。葉柄は0.5〜1.5cm。
¶野生5（p369/カ写）

**キールンヤマノイモ**　*Dioscorea preudojaponica*
ヤマノイモ科の多年草。
¶野生1（p149/カ写）

**キレコミイワヘゴ**　⇒イワヘゴモドキを見よ

**キレコミオシダ**　⇒オシダを見よ

**キレコミクマワラビ**　⇒クマワラビを見よ

**キレコミジュウモンジシダ**　⇒ジュウモンジシダを見よ

**キレダマ**　⇒レダマを見よ

**キレニシキ**　⇒チリメンカエデを見よ

**キレハイヌガラシ**　*Rorippa sylvestris*
アブラナ科の多年草。別名ヤチイヌガラシ。高さは10〜60cm。花は黄色。
¶帰化写改（p111/カ写）
　原牧2（No.714/カ図）
　植調（p92/カ写）
　新分牧（No.2739/モ図）
　新牧日（No.834/モ図）
　牧野ス2（No.2559/カ図）
　野生4（p69）

**キレハウマゴヤシ**　*Medicago laciniata*
マメ科の一年草または越年草。長さは10〜40cm。花は黄色。
¶帰化写2（p99/カ写）

**キレハエビラシダ**　⇒オオエビラシダを見よ

**キレハオオクボシダ**　*Tomophyllum sakaguchianum*
ウラボシ科の常緑性シダ。日本固有種。葉身は長さ4〜8cm，線状披針形〜線形。
¶固有（p210/カ写）
　シダ標2（p468/カ写）
　山レ増（p641/カ写）

**キレバキノボリシダ**　*Diplazium lobatum*
メシダ科の常緑性シダ。葉身は長さ25cm，広いくさび形〜ほぼ切形。
¶シダ標2（p328/カ写）

**キレハクロミイチゴ**　*Rubus laciniatus*
バラ科の半落葉または常緑のつる性低木。枝は暗赤色。
¶帰化写2（p90/カ写）

**キレバコウシュウヒゴタイ**　⇒コウシュウヒゴタイを見よ

**キレハサンカヨウ**　⇒サンカヨウを見よ

**キレハシケチシダ**　*Athyrium × undulatipinnulum*
メシダ科のシダ植物。

¶シダ標2（p313/カ写）

**キレハシラカンバ**　⇒シラカンバを見よ

**キレハダケカンバ**　*Betula ermanii* var.*incisa*
カバノキ科の落葉高木。葉縁の欠刻がいちじるしい。
¶野生3（p113）

**キレバチダケサシ**　*Astilbe microphylla* var.*riparia*
ユキノシタ科の草本。日本固有種。
¶固有（p69）
　野生2（p199）

**キレバノコギリシダ**　⇒ミヤマノコギリシダを見よ

**キレハノブドウ**　*Ampelopsis glandulosa* f.*citrulloides*
ブドウ科。ノブドウの品種。
¶ミニ山（p179/カ写）

**キレハマメグンバイナズナ**　*Lepidium bonariense*
アブラナ科の一年草または二年草。高さは30〜50cm。花は白色。
¶帰化写改（p102/カ写）
　ミニ山（p90/カ写）

**キレバヤマビワソウ**　*Rhynchotechum discolor* var. *incisum*
イワタバコ科の小低木。葉の切れこみがいちじるしい。
¶野生5（p70/カ写）

**キレンゲ**　⇒ミヤコグサを見よ

**キレンゲショウマ**　*Kirengeshoma palmata*　黄蓮華升麻
アジサイ科（ユキノシタ科）の多年草。別名クサレンゲ，コダチレンゲショウマ。高さは80〜120cm。
¶原牧2（No.1040/カ図）
　山野草（No.0507/カ写）
　新分牧（No.3045/モ図）
　新牧日（No.1004/モ図）
　茶花下（p78/カ写）
　牧野ス2（No.2885/カ図）
　ミニ山（p118/カ写）
　野生4（p168/カ写）
　山ハ山花（p365/カ写）
　山レ増（p326/カ写）

**キレンゲツツジ**　*Rhododendron molle* subsp. *japonicum* f.*flavum*　黄蓮華躑躅
ツツジ科の木本。
¶APG原樹（No.1214/カ図）
　学フ増花庭（p59/カ写）

**キロベエ**　*Prunus mume* 'Kirobē'　吉郎兵衛
バラ科。ウメの品種。実ウメ，野梅系。
¶ウメ〔吉郎兵衛〕（p166/カ写）

**ギワ**　⇒クログワイを見よ

**キワタゲテングタケ**　*Amanita flavofloccosa*
テングタケ科のキノコ。傘および柄はささくれた綿質の鱗片で密に覆われる。
¶山カ日き（p595/カ写）

**キワタノキ**　⇒インドワタノキを見よ

**キンエイカ**　⇒ハナビシソウを見よ

**キンエノコロ** *Setaria pumila* 金狗尾
イネ科キビ亜科の一年草。高さは20〜50cm。
¶学フ増野秋(p225/カ写)
桑イネ(p439/カ写・モ図)
原牧1(No.1034/カ写)
植調(p315/カ写)
新分牧(No.1227/モ図)
新牧日(No.3798/モ図)
茶花下(p198/カ写)
牧野ス1(No.1034/カ図)
野生2(p96/カ写)
山カ野草(p682/カ写)
山ハ野花(p196/カ写)

**キンカアザミ** *Cirsium muraii*
キク科アザミ亜科の草本。日本固有種。
¶固有(p141)
野生5(p253/カ写)

**ギンカエデ** *Acer saccharinum* 銀楓
カエデ科の落葉高木。別名ギンヨウカエデ。樹高30m。葉裏が銀色。樹皮は灰色。
¶山カ樹木(p453/カ写)

**ギンカソウ** ⇒ゴウダソウを見よ

**ギンガソウ** ⇒ギンバイソウを見よ

**キンカチャ** *Camellia petelotii* 金花茶
ツバキ科の木本。花は黄色。
¶APG原樹(No.1154/カ写)
茶花上(p101/カ写)

**キンガヤツリ** *Cyperus odoratus* 金蚊帳吊
カヤツリグサ科の一年草。別名ムツオレガヤツリ。高さは20〜70cm。
¶カヤツリ〔ムツオレガヤツリ〕(p724/モ図)
帰化写改(p482/カ写)
野生1(p339/カ写)
山ハ野花(p102/カ写)

**キンカン**(1) *Citrus japonica* 'Margarita' 金柑
ミカン科の木本。別名ナガキンカン，ナガミキンカン。果実は縦径3〜3.5cm。樹高は1.5m。
¶APG原樹(No.981/カ図)
原牧2(No.603/カ図)
新分牧(No.2624/モ図)
新牧日(No.1539/モ図)
牧野ス2(No.2448/カ図)

**キンカン**(2) ⇒マルキンカンを見よ

**キンキイタチシダ** ⇒オオイタチシダを見よ

**キンキエンゴサク** *Corydalis papilligera*
ケシ科の草本。日本固有種。
¶固有(p66/カ写)
野生2(p105/カ写)

**キンキカサスゲ** *Carex persistens*
カヤツリグサ科の多年草。日本固有種。
¶カヤツリ(p470/モ図)
原牧1(No.898/カ図)
固有(p187/カ写)
新分牧(No.919/モ図)

新牧日(No.4208/モ図)
スゲ増(No.262/カ写)
牧野ス1(No.898/カ図)
野生1(p333/カ写)

**キンキヌカイタチシダ** ⇒タカサゴシダを見よ

**キンキヒョウタンボク** *Lonicera ramosissima* var. *kinkiensis*
スイカズラ科の小型木本。日本固有種。
¶固有(p134)
野生5(p420)

**キンキマメザクラ** *Cerasus incisa* var.*kinkiensis* 近畿豆桜
バラ科シモツケ亜科の木本。サクラの品種，日本種の桜。花は白色または淡紅色。
¶学フ増桜(p42/カ写)
原牧1(No.1654/カ写)
固有(p77/カ写)
新分牧(No.1860/モ図)
新牧日(No.1232/モ図)
茶花上(p258/カ写)
牧野ス1(No.1654/カ図)
野生3(p63/カ写)
山カ樹木(p289/カ写)

**キンキミヤマカンスゲ** *Carex multifolia* var. *glaberrima*
カヤツリグサ科の多年草。日本固有種。別名ケナシミヤマカンスゲ。
¶カヤツリ〔ケナシミヤマカンスゲ〕(p308/モ図)
固有〔ケナシミヤマカンスゲ〕(p184)
スゲ増〔ケナシミヤマカンスゲ〕(No.159/カ写)
野生1(p319/カ写)

**キンギョイヌワラビ** ⇒イヌワラビを見よ

**キンギョシバ** ⇒ハマジンチョウを見よ

**キンギョソウ** *Antirrhinum majus* 金魚草
オオバコ科(ゴマノハグサ科)の多年草。別名スナップドラゴン(英名)。高さは0.2〜1m。花は白，黄，桃，濃桃，緋赤色など。
¶原牧2(No.1553/カ図)
新分牧(No.3589/モ図)
新牧日(No.2680/モ図)
牧野ス2(No.3398/カ図)

**キンギョバツバキ** *Camellia japonica* 'Kingyoba-tsubaki' 錦魚葉椿
ツバキ科。ツバキの品種。葉先が3裂して金魚の尾びれ形となる。
¶APG原樹〔ツバキ'キンギョツバキ'〕(No.1124/カ図)
茶花上(p172/カ写)

**キンギョモ**(1) ⇒ホザキノフサモを見よ

**キンギョモ**(2) ⇒マツモ(2)を見よ

**キンギンカ** ⇒スイカズラを見よ

**キンギンソウ**(1) *Goodyera procera*
ラン科の多年草。高さは40〜80cm。花は白色。
¶原牧1(No.434/カ写)
新分牧(No.429/モ図)
新牧日(No.4308/モ図)

**キンキンソ**

牧野ス1 (No.434/カ図)
野生1 (p204/カ写)
山カ野草 (p575/カ写)

**キンギンソウ(2)** ⇒ユキノシタ(1)を見よ

**キンギンチク** ⇒キンメイチクを見よ

**キンギンナスビ** *Solanum capsicoides* 金銀茄子
ナス科の一年草。別名ニシキハリナスビ。刺が多い。果実は橙黄色。高さは0.5～1m。花は白色。
¶ 学フ有毒 (p90/カ写)
帰化写改 (p283/カ写, p508/カ写)
原牧2 (No.1472/カ図)
新分牧 (No.3489/モ図)
新牧日 (No.2648/モ図)
牧野ス2 (No.3318/カ図)
野生5 (p45/カ写)
山ハ野花 (p436/カ写)

**キンギンナスビモドキ** *Solanum viarum*
ナス科の草本。葉の表面に単純毛がある。
¶ 野生5 (p45)

**キンギンボク** *Lonicera morrowii* 金銀木
スイカズラ科の落葉低木。別名ヒョウタンボク, ヨメゴロシ。高さは1～3m。花は初め白, 後に黄色。
¶ APG原樹 (No.1493/カ図)
学フ増山菜〔ヒョウタンボク〕(p227/カ写)
学フ増樹〔ヒョウタンボク〕(p66/カ写)
学フ有毒 (p206/カ写)
原牧2 (No.2328/カ図)
新分牧 (No.4348/モ図)
新牧日 (No.2851/モ図)
茶花上 (p259/カ写)
牧野ス2 (No.4173/カ図)
野生5 (p418/カ写)
山カ樹木〔ヒョウタンボク〕(p684/カ写)

**キングイヌビワ** ⇒ホソバムクイヌビワを見よ

**キングサリ** *Laburnum anagyroides* 金鎖
マメ科の木本。別名キバナフジ, キンレイカ。高さは7～10m。樹皮は暗灰色。
¶ 茶花上 (p376/カ写)
山カ樹木 (p359/カ写)

**キンクネンボ** *Citrus sinensis*
ミカン科の常緑高木。別名スイートオレンジ。
¶ APG原樹 (No.958/カ写)

**キングルマ** ⇒ウサギギクを見よ

**キンケイギク** *Coreopsis basalis* 金鶏菊
キク科の一年草。高さは30～70cm。花は濃黄色。
¶ 原牧2 (No.2006/カ写)
新分牧 (No.4278/モ図)
新牧日 (No.3043/モ図)
牧野ス2 (No.3851/カ写)

**ギンケンソウ** *Argyroxiphium sandwicense*
キク科の多年草。
¶ 原牧2 (No.2041/カ図)
牧野ス2 (No.3886/カ写)

**キンコウ** *Prunus mume* 'Kinkō' 錦光
バラ科。ウメの品種。李系ウメ, 紅材性八重。
¶ ウメ〔錦光〕(p111/カ写)

**キンコウカ** *Narthecium asiaticum* 金黄花, 金光花, 金紅花
キンコウカ科 (ノギラン科, ユリ科) の多年草。日本固有種。高さは20～40cm。
¶ 学フ増高山 (p131/カ写)
原牧1 (No.274/カ図)
固有 (p156/カ写)
山野草 (No.1557/カ写)
新分牧 (No.322/モ図)
新牧日 (No.3375/モ図)
茶花下 (p199/カ写)
牧野ス1 (No.274/カ図)
野生1 (p142/カ写)
山カ野草 (p604/カ写)
山ハ高山 (p14/カ写)
山ハ山花 (p48/カ写)

**ギンゴウカン** ⇒ギンネムを見よ

**ギンコウタイカク** *Prunus mume* 'Ginkō-taikaku' 銀紅台閣
バラ科。ウメの品種。野梅系ウメ, 野梅性八重。
¶ ウメ〔銀紅台閣〕(p53/カ写)

**ギンコウバイ** *Prunus mume* 'Kinkōbai' 金光梅
バラ科。ウメの品種。杏系ウメ, 豊後性一重。
¶ ウメ〔金光梅〕(p130/カ写)

**ギンコウバイ** ⇒ギンバイカを見よ

**ギンゴケ** *Bryum argenteum*
ハリガネゴケ科のコケ。別名シロガネマゴケ。小型, 白緑色。茎は長さ5～10mm。葉は広卵形～ほぼ円形。
¶ 新分牧 (No.4866/モ図)
新牧日 (No.4727/モ図)

**キンゴジカ** *Sida rhombifolia* 金午時花
アオイ科の多年草。民間薬, 靭皮繊維はロープ用。高さは30～150cm。花は淡黄色。
¶ 帰化写改 (p194/カ写)
原牧2 (No.620/カ写)
新分牧 (No.2670/モ図)
新牧日 (No.1730/モ図)
牧野ス2 (No.2465/カ図)
野生4 (p31/カ写)

**ギンザ** ⇒シロザを見よ

**キンサイ** *Rhododendron indicum* 'Kinsai' 金采
ツツジ科。サツキの品種。
¶ APG原樹〔サツキ'キンサイ'〕(No.1239/カ図)

**キンサクシダ** *Diplazium amamianum×D. doederleinii*
メシダ科のシダ植物。
¶ シダ標2 (p333/カ写)

**ギンサン** *Cathaya argyrophylla*
マツ科の常緑針葉樹。高さは20m。樹皮は灰褐色。
¶ 新分牧 (No.29/モ図)

**キンシゴケモドキ** *Dicranella ditrichoides*
シッポゴケ科のコケ植物。日本固有種。
¶固有(p212)

**キンジシ** *Prunus mume* 'Kinjishi' 金獅子
バラ科。ウメの品種。野梅系ウメ, 野梅性一重。
¶ウメ〔金獅子〕(p23/カ写)

**ギンシダ** *Pityrogramma calomelanos* 銀羊歯
イノモトソウ科(ホウライシダ科)の常緑性シダ。
別名ギンプンワラビ。琉球列島を中心に逸出。葉身
は長さ15〜60cm, 長楕円形。
¶帰化写改(p485/カ写)
　シダ標1(p384/カ写)

**キンシチク** ⇒スホウチクを見よ

**キンシバイ** *Hypericum patulum* 金糸梅
オトギリソウ科の常緑小低木。別名ウンナンレン
ギョウ。高さは0.5〜1m。
¶APG原樹(No.857/カ図)
　学フ増花庭(p182/カ写)
　原牧2(No.390/カ写)
　新分牧(No.2284/モ図)
　新牧日(No.744/モ図)
　茶花上(p377/カ写)
　都市花新〔キンシバイとビヨウヤナギ〕(p78/カ写)
　牧野ス1(No.2235/カ図)
　野生3(p236/カ写)
　山力樹木(p494/カ写)

**キンジュモクレン** *Magnolia acuminata* 'Kinju' 金
寿木蓮
モクレン科の木本。花は黄色。
¶茶花上(p259/カ写)

**キンショウシダレ** *Prunus mume* 'Kinshō-shidare'
錦性枝垂
バラ科。ウメの品種。枝垂れ系ウメ。
¶ウメ〔錦性枝垂〕(p150/カ写)

**キンショクダモ** *Neolitsea sericea* var.*aurata*
クスノキ科の常緑中高木。花は黄色。
¶野牛1(p87/カ写)

**ギンシンソウ** ⇒ウシノケグサを見よ

**キンヅ** ⇒マメキンカンを見よ

**キンスゲ** *Carex pyrenaica* var.*altior* 金菅
カヤツリグサ科の多年草。日本固有種。別名セイタ
カキンスゲ。高さは10〜40cm。
¶カヤツリ(p60/モ写)
　原牧1(No.787/カ図)
　固有(p181/カ写)
　新分牧(No.816/モ図)
　新牧日(No.4070/モ図)
　スゲ増(No.5/カ写)
　牧野ス1(No.787/カ写)
　野生1(p300/カ写)
　山ハ高山(p59/カ写)

**キンセイラン** *Calanthe nipponica* 金星蘭
ラン科の多年草。高さは30〜60cm。
¶山野草(No.1682/カ写)
　茶花上(p377/カ写)

野生1(p186/カ写)
山レ増(p480/カ写)

**キンセンカ**(1) *Calendula arvensis* 金盞花
キク科の一年草または越年草。別名ホンキンセン
カ, ヒメキンセンカ, フユシラズ(園芸名)。高さは
30cm。花は硫黄色。
¶帰化写2〔ヒメキンセンカ〕(p257/カ写)
　原牧2(No.2158/カ写)
　新分牧(No.4122/モ図)
　新牧日(No.3190/モ図)
　牧野ス2(No.4003/カ図)

**キンセンカ**(2) ⇒トウキンセンカを見よ

**ギンセンカ** *Hibiscus trionum* 銀盞花, 銀銭花
アオイ科の一年草または越年草。別名チョウロソ
ウ。高さは30〜60cm。花は淡黄色。
¶帰化写改(p186/カ写, p501/カ写)
　原牧2(No.630/カ写)
　植調2(p79/カ写)
　新分牧(No.2681/モ図)
　新牧日(No.1740/モ図)
　茶花下(p79/カ写)
　牧野ス2(No.2475/カ図)

**キンセンギンダイ** ⇒スイセン(狭義)を見よ

**ギンセンソウ** ⇒ゴウダソウを見よ

**キンセンリョクガク** *Prunus mume* 'Kinsen-
ryokugaku' 金銭緑萼
バラ科。ウメの品種。野梅系ウメ, 野梅性八重。
¶ウメ〔金銭緑萼〕(p54/カ写)

**ギンタイアズマネザサ** *Pleioblastus chino* f.
*murakamianus*
イネ科のササ。
¶タケササ(p157/カ写)

**キンタイカ** ⇒ハコネウツギを見よ

**キンチャクアオイ** *Asarum hexalobum* var.*perfectum*
巾着葵
ウマノスズクサ科の常緑多年草。日本固有種。
¶原牧1(No.105/カ図)
　固有(p61/カ写)
　新分牧(No.127/モ図)
　新牧日(No.701/モ図)
　牧野ス1(No.105/カ図)
　野生1(p64)
　山レ増(p368/カ写)

**キンチャクアオイ(素心花)** *Asarum perfectum*
var.*perfectum* 'Soshin' 巾着葵
ウマノスズクサ科の常緑多年草。
¶山野草(No.0417/カ写)

**キンチャクスゲ** *Carex mertensii* var.*urostachys* 巾
着菅
カヤツリグサ科の多年草。別名イワキスゲ。高さは
30〜70cm。
¶カヤツリ(p214/モ図)
　原牧1〔イワキスゲ〕(No.833/カ図)
　新分牧〔イワキスゲ〕(No.843/モ図)
　新牧日〔イワキスゲ〕(No.4126/モ図)
　スゲ増(No.99/カ写)

キンチヤク

牧野ス1〔イワキスゲ〕(No.833/カ図)
野生1 (p329/カ写)
山ハ高山 (p62/カ写)

**キンチャクタケ** *Nidularia deformis*
ハラタケ科のキノコ。
¶山カ日き (p505/カ写)

**キンチャクマメ** *Pycnospora iutescens*
マメ科マメ亜科の木本。
¶野生2 (p291/カ写)

**キンチャフウセンタケ** *Cortinarius aureobrunneus*
フウセンタケ科のキノコ。
¶山カ日き (p258/カ写)

**キンチャヤマイグチ** *Leccinum versipelle*
イグチ科のキノコ。中型〜大型。傘は橙黄色、縁部表皮下垂。
¶山カ日き (p342/カ写)

**キンチャワンタケ** *Aleuria rhenana*
ピロネマキン科 (チャワンタケ科) のキノコ。小型。子嚢盤は椀形, 子実層は鮮黄色。
¶原きの (No.510/カ写・カ図)
新分牧 (No.5157/モ図)
新牧日 (No.5017/モ図)
山カ日き (p572/カ写)

**キンチョウ** *Bryophyllum delagoense*
ベンケイソウ科の多年草。茎は直立し, 高さは10〜50cm。
¶帰化写2 (p83/カ写)

**キンツクバネ** ⇒ハシドイを見よ

**キンテイ** *Paeonia lemoinei* 'L.Esperance' 金帝
ボタン科。ボタンの品種。
¶APG原樹〔ボタン'キンテイ'〕(No.318/カ図)

**キントウガ** *Cucurbita pepo* 'Kintoga' 金冬瓜
ウリ科の一年生のつる草。セイヨウカボチャの栽培変種。別名カザリカボチャ。
¶原牧2 (No.182/カ図)
新分牧 (No.2227/モ図)
新牧日 (No.1886/モ図)
牧野ス1 (No.2027/カ図)

**キントキ** *Grateloupia angusta*
ムカデノリ科の海藻。硬い軟骨質。体は10〜30cm。
¶新分牧 (No.5053/モ図)
新牧日 (No.4913/モ図)

**キントキシロヨメナ** *Aster ageratoides* var. *oligocephalus*
キク科。日本固有種。
¶固有 (p145)

**キントキヒゴタイ** (1) *Saussurea sinuatoides* var. *glabrescens*
キク科アザミ亜科の多年草。日本固有種。別名センゴクヒゴタイ。
¶固有 (p148)
野生5 (p268)

**キントキヒゴタイ** (2) ⇒アサマヒゴタイを見よ

**キントラノオ** *Galphimia glauca* 金虎の尾
キントラノオ科の観賞用低木。花は黄色。
¶茶花下 (p199/カ写)

**ギンドロ** *Populus alba* 銀泥
ヤナギ科の落葉高木。別名ウラジロハコヤナギ, ハクヨウ。高さは25m。樹皮は灰色。
¶APG原樹 (No.849/カ図)
山カ樹木 (p104/カ写)
落葉図譜 (p39/モ図)

**ギンナン** ⇒イチョウを見よ

**ギンナンソウ** ⇒エゾツノマタを見よ

**ギンネム** *Leucaena leucocephala* 銀合歓
マメ科オジキソウ亜科の常緑小高木。別名ギンゴウカン。若葉はゆでて可食。高さは10m。花は白黄色。
¶帰化写改 (p152/カ写)
原牧1 (No.1456/カ図)
植調 (p265/カ写)
新分牧 (No.1802/モ図)
新牧日 (No.1245/モ図)
牧野ス1 (No.1456/カ図)
野生2〔ギンゴウカン〕(p247/カ写)
山カ樹木 (p349/カ写)

**ギンバアカシア** ⇒ギンヨウアカシアを見よ

**キンバイ** ⇒オウバイを見よ

**ギンバイカ** *Myrtus communis* 銀梅花
フトモモ科の常緑低木。別名イワイノキ, ギンコウバイ, ミルテ。高さは1.5〜2m。花は白色, またはわずかに紅を帯びる。
¶APG原樹 (No.873/カ図)
茶花上 (p513/カ写)

**キンバイザサ** *Curculigo orchioides* 金梅笹
キンバイザサ科の草本。果実は甘く生食。花は黄色。葉の高さは60cm。
¶原牧1 (No.489/カ図)
新分牧 (No.542/モ図)
新牧日 (No.3522/モ図)
牧野ス1 (No.489/カ図)
野生1 (p232/カ写)
山ハ山花 (p131/カ写)

**キンバイソウ** *Trollius hondoensis* 金梅草
キンポウゲ科の多年草。日本固有種。別名キリガミネキンバイソウ。高さは40〜80cm。
¶原牧1 (No.1194/カ図)
固有 (p53)
新分牧 (No.1474/モ図)
新牧日 (No.515/モ図)
茶花下 (p79/カ写)
牧野ス1 (No.1194/カ図)
ミニ山 (p42/カ写)
野生2 (p169/カ写)
山カ野草 (p494/カ写)
山ハ高山 (p102/カ写)
山ハ山花 (p222/カ写)

**ギンバイソウ** *Hydrangea bifida* 銀梅草
アジサイ科（ユキノシタ科）の多年草。日本固有種。
別名ギンガソウ。高さは40〜70cm。花は白色。
　¶学フ増山菜（p157/カ写）
　　学フ増野夏（p151/カ写）
　　原牧2（No.1039/カ図）
　　固有（p75/カ写）
　　山野草（No.0508/カ写）
　　新分牧（No.3070/モ図）
　　新牧日（No.1003/モ図）
　　茶花下（p80/カ写）
　　牧野ス2（No.2884/カ図）
　　ミニ山（p118/カ写）
　　野生4（p159/カ写）
　　山力野草（p431/カ写）
　　山ハ山花（p364/カ写）

**キンバイタウコギ** *Bidens aurea*
キク科の多年草。高さは40〜80cm。花は橙黄色。
　¶帰化写改（p326/カ写）

**ギンバヒマワリ** ⇒シロタエヒマワリを見よ

**キンヒバ** ⇒オウゴンチャボヒバを見よ

**キンブヒゴタイ**(1) *Saussurea kimbuensis*
キク科アザミ亜科の多年草。
　¶野生5（p264/カ写）

**キンブヒゴタイ**(2) ⇒シラネヒゴタイを見よ

**ギンブロウ** ⇒インゲンマメ(1)を見よ

**ギンブンワラビ** ⇒ギンシダを見よ

**キンホウキタケ** *Clavulinopsis corniculata*
シロソウメンタケ科のキノコ。
　¶原きの（No.456/カ写・カ図）

**キンポウゲ** ⇒ウマノアシガタを見よ

**キンポウラン** *Yucca aloifolia* 'Tricolor'　金峰蘭
キジカクシ科〔クサスギカズラ科〕（リュウゼツラン科）の園芸品種。
　¶APG原樹（No.188/カ図）

**キンマ** *Piper betle*
コショウ科の蔓木。葉は卵状楕円形〜卵円形。
　¶APG原樹（No.125/カ図）

**ギンマメ** ⇒ヤブマメを見よ

**ギンマルバユーカリ** *Eucalyptus cinerea*　銀丸葉有加利
フトモモ科の木本。別名シネレア。高さは6〜8m。
花は白色。
　¶APG原樹（No.864/カ図）

**キンミズヒキ** *Agrimonia japonica*　金水引
バラ科バラ亜科の多年草。高さは30〜150cm。花
は黄色。
　¶色野草（p174/カ写）
　　学フ増野秋（p111/カ写）
　　学フ増薬草（p67/カ写）
　　原牧1（No.1789/カ図）
　　新分牧（No.1984/モ図）
　　新牧日（No.1175/モ図）

　　茶花下（p200/カ写）
　　牧野ス1（No.1789/カ図）
　　野生3（p25/カ写）
　　山ハ野花（p384/カ写）
　　山ハ山花（p342/カ写）

**キンミズヒキ（広義）** *Agrimonia pilosa*　金水引
バラ科バラ亜科の多年草。
　¶山力野草〔キンミズヒキ〕（p413/カ写）

**キンメイアズマネザサ** *Pleioblastus chino* f.*kimmei*
イネ科のササ。
　¶タケササ（p157/カ写）

**キンメイチク** *Phyllostachys sulphurea*　金明竹
イネ科のタケ。別名キンギンチク。
　¶APG原樹（No.221/カ図）
　　タケササ（p16/カ写）

**ギンメイチク** *Phyllostachys bambusoides* var.
*castilloni-inoversa*　銀明竹
イネ科のタケ。
　¶タケササ（p17/カ写）

**キンメイネマガリ** *Sasa kurilensis* f.*kimmei*　金明根曲竹
イネ科のササ。
　¶タケササ（p87/カ写）

**キンメイホテイ** *Phyllostachys aurea* var.*flavescens*
金明布袋
イネ科のタケ。
　¶タケササ（p58/カ写）

**ギンメイホテイ** *Phyllostachys aurea* f.*flavescens-inoversa*　銀明布袋
イネ科のタケ。
　¶タケササ（p56/カ写）

**キンメイモウソウ** *Phyllostachys edulis* 'Tao Kiang'
金明孟宗
イネ科のタケ。
　¶APG原樹（No.218/カ図）
　　タケササ（p36/カ写）

**ギンメイモウソウ** *Phyllostachys pubescens* f.*gimmei*
銀明孟宗
イネ科のタケ。
　¶タケササ（p38/カ写）

**キンメイヤシャダケ** *Semiarundinaria yashadake* f.
*kimmei*
イネ科のタケ。
　¶タケササ（p71/カ写）

**キンメヤナギ** ⇒オオキツネヤナギを見よ

**キンモウイノデ** *Ctenitis lepigera*
オシダ科の常緑性シダ。別名シシキンモウイノデ。
葉身は長さ40〜50cm、広卵形。
　¶シダ標2（p406/カ写）

**キンモウワラビ** *Hypodematium crenatum* subsp.
*fauriei*　金毛蕨
キンモウワラビ科（オシダ科）の夏緑性シダ。日本
固有種。別名オオバノキンモウワラビ。葉身は長さ
50cm、五角形〜三角状長楕円形。
　¶固有（p209）

キンモクセ

シダ標2 (p354/カ写)
新分牧 (No.4710/モ図)
新牧日 (No.4572/モ図)
山ル増 (p650/カ写)

**キンモクセイ** *Osmanthus fragrans* var.*aurantiacus* f. *aurantiacus* 金木犀
モクセイ科の常緑小高木。
¶ **APG原樹** (No.1382/カ図)
学フ増花庭 (p217/カ写)
学フ増薬草 (p227/カ写)
原牧2 (No.1519/カ図)
新分牧 (No.3562/モ図)
新牧日 (No.2302/モ図)
都木花新 (p213/カ写)
牧野ス2 (No.3364/カ図)
野生5 (p66/カ写)
山カ樹木 (p626/カ写)

**ギンモクセイ** *Osmanthus fragrans* var.*fragrans* 銀木犀
モクセイ科の常緑木。別名モクセイ。高さは3～6m。花は白色。
¶ **APG原樹** (No.1384/カ図)
学フ増花庭 (p218/カ写)
原牧2 (No.1518/カ図)
新分牧 (No.3561/モ図)
新牧日 (No.2301/モ図)
牧野ス2 (No.3363/カ図)
野生5 (p66/カ写)
山カ樹木 (p627/カ写)

**キンモンソウ** ⇒ニシキゴロモを見よ

**ギンヤナギ** ⇒エゾノキヌヤナギ(1)を見よ

**ギンヨウアカシア** *Acacia baileyana* 銀葉アカシア
マメ科の常緑高木。別名ハナアカシア，ギンバアカシア。高さは5～10m。花は黄金色。
¶ **APG原樹** (No.398/カ図)
学フ増花庭 (p64/カ写)
原牧1 (No.1458/カ図)
新分牧 (No.1807/モ図)
新牧日 (No.1247/モ図)
都木花新〔アカシア〔ギンヨウアカシア〕〕(p139/カ写)
牧野ス1 (No.1458/カ図)
山カ樹木 (p349/カ写)

**ギンヨウカエデ** ⇒ギンカエデを見よ

**キンラン** *Cephalanthera falcata* 金蘭
ラン科の多年草。別名アサマソウ，アリマソウ。高さは30～60cm。花は黄色。
¶ 色野草 (p160/カ写)
学フ増野春 (p128/カ写)
原牧1 (No.409/カ図)
新分牧 (No.475/モ図)
新牧日 (No.4283/モ図)
茶花上 (p260/カ写)
牧野ス1 (No.409/カ図)
野生1 (p189/カ写)
山カ野草 (p570/カ写)
山ハ野花 (p56/カ写)

山ハ山花 (p112/カ写)
山レ増 (p496/カ写)

**ギンラン** *Cephalanthera erecta* 銀蘭
ラン科の多年草。高さは20～30cm。花は白色。
¶ 色野草 (p66/カ写)
学フ増野春 (p183/カ写)
原牧1 (No.410/カ図)
新分牧 (No.476/モ図)
新牧日 (No.4284/モ図)
茶花上 (p260/カ写)
牧野ス1 (No.410/カ図)
野生1 (p189/カ写)
山カ野花 (p570/カ写)
山ハ野花 (p57/カ写)
山ハ山花 (p113/カ写)

**キンランジソ** ⇒ニシキジソを見よ

**キンリュウカ** *Strophanthus divaricatus* 金竜花
キョウチクトウ科の低木。花は黄色。
¶ 茶花下 (p80/カ写)

**ギンリョウソウ** *Monotropastrum humile* 銀竜草
ツツジ科ギンリョウソウ亜科（イチヤクソウ科）の多年生の菌従属栄養植物。別名ユウレイタケ，マルミノギンリョウソウ。高さは8～20cm。
¶ 色野草 (p76/カ写)
学フ増野夏 (p145/カ写)
原牧2 (No.1267/カ図)
新分牧 (No.3219/モ図)
新牧日 (No.2108/モ図)
牧野ス2 (No.3112/カ図)
野生4 (p219/カ写)
山カ野草 (p297/カ写)
山ハ山花 (p382/カ写)

**ギンリョウソウモドキ** ⇒アキノギンリョウソウを見よ

**キンレイカ**(1) *Patrinia palmata* 金鈴花
スイカズラ科（オミナエシ科）の多年草。日本固有種。高さは20～60cm。
¶ 原牧2 (No.2310/カ図)
固有 (p135/カ写)
新分牧 (No.4381/カ図)
新牧日 (No.2882/モ図)
茶花下 (p81/カ写)
牧野ス2 (No.4155/カ図)
野生5 (p423/カ写)
山カ野草 (p146/カ写)
山ハ高山 (p360/カ写)

**キンレイカ**(2) ⇒キングサリを見よ

**ギンレイカ** *Lysimachia acroadenia* 銀鈴花
サクラソウ科の多年草。別名ミヤマタゴボウ。高さは30～60cm。
¶ 原牧2 (No.1095/カ図)
新分牧 (No.3152/モ図)
新牧日 (No.2238/モ図)
牧野ス2 (No.2940/カ図)
野生4 (p194/カ写)

山力野草〔ミヤマタゴボウ〕(p270/カ写)
山ハ山花(p370/カ写)

キンレンカ ⇒ノウゼンハレンを見よ

キンロウバイ ⇒キンロバイを見よ

キンロバイ *Dasiphora fruticosa* 金露梅
バラ科バラ亜科の落葉小低木。別名キンロウバイ。
¶ APG原樹(No.628/カ図)
学フ増高山(p99/カ写)
原牧1(No.1836/カ図)
山野草(No.0614/モ図)
新分牧(No.2036/モ図)
新牧日(No.1142/モ図)
茶花上(p378/カ写)
牧野ス1(No.1836/カ図)
ミニ山(p131/カ写)
野生3(p27/カ写)
山力樹木(p274/カ写)
山力野草(p404/カ写)
山ハ高山(p207/カ写)
山レ増(p300/カ写)

ギンロバイ *Dasiphora fruticosa* var.*mandshurica* 銀
露梅
バラ科の落葉低木。別名ハクロバイ。
¶ APG原樹(No.629/カ図)
茶花下(p200/カ写)


# 【 ク 】

グアドゥア アングスティフォリア *Guadua*
*angustifolia*
イネ科の熱帯性タケ類。
¶ タケササ(p198/カ写)

グアバ *Psidium guajava*
フトモモ科の常緑低木〜小高木。別名バンジロウ。
果皮は黄色ないし黄緑色,果肉は白色。高さは4〜
9m。花は白色。
¶ APG原樹〔バンジロウ〕(No.875/カ図)
帰化写2〔バンジロウ〕(p419/カ写)
原牧2(No.486/カ写)
新分牧(No.2525/モ図)
新牧日(No.1914/モ図)
牧野ス2(No.2331/カ図)
野生3〔バンジロウ〕(p272/カ写)

グイ ⇒ノイバラを見よ

グイマツ *Larix gmelinii* var.*japonica*
マツ科の木本。別名シコタンマツ,カラフトマツ。
¶ APG原樹(No.23/カ図)
原牧1(No.20/カ図)
新分牧(No.20/モ図)
新牧日(No.32/モ図)
牧野ス1(No.21/カ図)
野生1(p27/カ写)
山力樹木(p23/カ写)

クインスランドナットノキ ⇒マカダミアを見よ

クウィニマンゴー *Mangifera odorata*
ウルシ科の高木。葉はマンゴーに似る。
¶ APG原樹(No.901/カ図)

クウェイキング・グラス ⇒コバンソウを見よ

クウシンサイ ⇒ヨウサイを見よ

クエイバイ ⇒ロウバイを見よ

クガイソウ *Veronicastrum sibiricum* f.*glabratum* 九
蓋草, 九階草
オオバコ科(ゴマノハグサ科)の多年草。日本固有
種。別名エゾクガイソウ,クカイソウ,トラノオ。
高さは80〜150cm。
¶ 学フ増野夏(p39/カ写)
学フ増薬草(p121/カ写)
原牧2(No.1591/カ図)
固有(p127)
山野草(No.1089/カ写)
新分牧(No.3601/モ図)
新牧日(No.2736/モ図)
茶花下(p81/カ写)
牧野ス2(No.3436/カ図)
野生5(p90/カ写)
山力野草(p182/カ写)
山ハ山花(p458/カ写)

クキジロサナギタケ *Cordyceps militaris* f.
ノムシタケ科の冬虫夏草。宿主はガの蛹,幼虫。子
実体が硬い。
¶ 冬虫生態(p72/カ写)

クギタケ *Chroogomphus rutilus*
オウギタケ科のキノコ。小型〜大型。傘は中央が突
出した丸山形,帯赤褐色,湿時粘性。
¶ 原きの(No.047/カ写・カ図)
山力日き(p293/カ写)

クグ ⇒イヌクグを見よ

ククイノキ *Aleurites moluccanus*
トウダイグサ科の高木。果実はクルミ状で核は堅
い。花は白色。
¶ 野生3(p166/カ写)

クグガヤツリ *Cyperus compressus* 莎草蚊帳吊
カヤツリグサ科の一年草。高さは10〜40cm。
¶ カヤツリ(p728/モ図)
原牧1(No.706/カ図)
新分牧(No.974/モ図)
新牧日(No.3964/モ図)
牧野ス1(No.706/カ図)
野生1(p340/カ写)

クグスゲ *Carex pseudocyperus* 莎草菅
カヤツリグサ科の多年草。
¶ カヤツリ(p438/カ図)
スゲ増(p243/カ写)
野生1(p333/カ写)
山レ増(p536/カ写)

**クグテンツキ** *Fimbristylis dichotoma* var.*diphylla*
莎草点突
カヤツリグサ科の多年草。
¶カヤツリ (p598/モ図)
新分牧 (No.992/モ図)
新牧日 (No.4043/モ図)
野生1 (p349)

**クゲヌマラン** *Cephalanthera longifolia* 鵠沼蘭
ラン科の多年草。別名エゾギンラン。高さは30〜
50cm。
¶原牧1 (No.411/カ図)
新分牧 (No.477/モ図)
新牧日 (No.4285/モ図)
牧野ス1 (No.411/カ図)
野生1 (p189)
山レ増 (p496/カ写)

**クコ** *Lycium chinense* 枸杞
ナス科の落葉低木。果実は赤色。高さは1〜2m。花
は淡紫紅色。
¶APG原樹 (No.1373/カ図)
学フ増山菜 (p54/カ写)
学フ増樹 (p229/カ写・カ図)
学フ増薬草 (p232/カ写)
原牧2 (No.1459/カ図)
新分牧 (No.3471/モ図)
新牧日 (No.2635/モ図)
茶花下 (p201/カ写)
牧野ス2 (No.3304/カ図)
野生5 (p37/カ写)
山力樹木 (p666/カ写)

**クサアジサイ** *Hydrangea alternifolia* 草紫陽花
アジサイ科 (ユキノシタ科) の多年草。日本固有種。
別名エダウチクサアジサイ。高さは20〜80cm。
¶原牧2 (No.1038/カ図)
固有 (p75)
山野草 (No.0510/カ写)
新分牧 (No.3069/モ図)
新牧日 (No.1002/モ図)
茶花下 (p201/カ写)
牧野ス2 (No.2883/カ図)
ミニ山 (p106/カ写)
野生4 (p158/カ写)
山力野草 (p432/カ写)
山ハ山花 (p365/カ写)

**クサイ** *Juncus tenuis* 草藺
イグサ科の多年草。別名シラネイ。高さは30〜
60cm。
¶学フ増野夏 (p195/カ写)
原牧1 (No.681/カ図)
植調 (p280/カ写)
新分牧 (No.726/モ図)
新牧日 (No.3579/モ図)
牧野ス1 (No.681/カ図)
野生1 (p288/カ写)
山力野草 (p643/カ写)
山ハ野花 (p96/カ写)

**クサイチゴ** *Rubus hirsutus* 草苺
バラ科バラ亜科の落葉低木。別名ワセイチゴ, ナベ
イチゴ, カンスイチゴ。果実は赤色。
¶APG原樹 (No.593/カ図)
学フ増樹 (p63/カ写・カ図)
原牧1 (No.1772/カ図)
新分牧 (No.1969/モ図)
新牧日 (No.1104/モ図)
茶花上 (p379/カ写)
牧野ス1 (No.1772/カ図)
ミニ山 (p136/カ写)
野生3 (p52/カ写)
山力樹木 (p268/カ写)

**クサイロアカネタケ** *Russula olivacea*
ベニタケ科のキノコ。大型。傘はワイン赤色〜オ
リーブ褐色。ひだは濃黄土色。
¶山力日き (p376/カ写)

**クサウラベニタケ** *Entoloma rhodopolium* s.l.
イッポンシメジ科のキノコ。中型。傘は灰色, 乾く
と絹状の光沢。ひだはピンク色。
¶学フ増きの〔クサウラベニタケ (広義)〕(p42/カ写)
原きの (No.097/カ写・カ図)
山力日き〔クサウラベニタケ (広義)〕(p285/カ写)

**クサエンジュ** ⇒クララを見よ

**クサギ** *Clerodendrum trichotomum* var.*trichotomum*
臭木
シソ科キランソウ亜科 (クマツヅラ科) の落葉低木。
別名クサギナ, クサギリ。花は白色。
¶APG原樹 (No.1422/カ図)
学フ増山菜 (p130/カ写)
学フ増樹 (p186/カ写・カ図)
学フ増薬草 (p230/カ写)
原牧2 (No.1738/カ図)
新分牧 (No.3702/モ図)
新牧日 (No.2514/モ図)
茶花下 (p202/カ写)
都木花新 (p203/カ写)
牧野ス2 (No.3583/カ図)
野生5 (p112/カ写)
山力樹木 (p663/カ写)
落葉図譜 (p294/モ図)

**クサギナ** ⇒クサギを見よ

**クサギムシタケ** *Cordyceps hepialidicola*
ノムシタケ科の冬虫夏草。宿主はコウモリガ類の
幼虫。
¶冬虫生態 (p87/カ写)

**クサキョウチクトウ** *Phlox paniculata* 草夾竹桃
ハナシノブ科の多年草。別名オイランソウ, シュッ
コンフロックス。高さは60〜120cm。花は淡紫紅
色, または白色。
¶原牧2 (No.1047/カ図)
新分牧 (No.3089/モ図)
新牧日 (No.2447/モ図)
茶花下 (p82/カ写)
牧野ス2 (No.2892/カ図)

**クサギリ** ⇒クサギを見よ

**クサコアカソ** *Boehmeria gracilis* 草小赤麻
イラクサ科の多年草。別名マルバアカソ。高さは
60〜120cm。
¶原牧2（No.93/カ図）
新分牧（No.2112/モ図）
新牧日（No.221/モ図）
牧野ス1（No.1938/カ図）
ミニ山（p15/カ図）
野生2（p343/カ写）
山力野草（p554/カ写）
山ハ山花（p349/カ写）

**クササンゴ** ⇒センリョウを見よ

**クサシモツケ** ⇒シモツケソウを見よ

**クサショウジョウ** ⇒ショウジョウソウを見よ

**クサスギカズラ** *Asparagus cochinchinensis* f.
*cochinchinensis* 草杉葛, 草杉蔓
キジカクシ科〔クサスギカズラ科〕（ユリ科）のつる
性多年草。別名テンモンドウ。長さは1〜2m。花は
淡黄色。
¶原牧1（No.579/カ図）
新分牧（No.600/モ図）
新牧日（No.3454/モ図）
茶花上〔てんもんどう〕（p549/カ写）
牧野ス1（No.579/カ図）
野生1（p248/カ写）
山力野草（p628/カ写）
山ハ野花（p82/カ写）

**クサスゲ** *Carex rugata* 草菅
カヤツリグサ科の多年草。
¶カヤツリ（p350/モ図）
原牧1（No.853/カ図）
新分牧（No.871/モ図）
新牧日（No.4156/モ図）
スゲ増（No.183/カ写）
牧野ス1（No.853/カ図）
野生1（p320/カ写）
山ハ野花（p135/カ写）

**クサセンナ** ⇒ハブソウを見よ

**クサソテツ** *Matteuccia struthiopteris* 草蘇鉄
コウヤワラビ科（オシダ科, イワデンダ科）の夏緑性
シダ。別名コゴミ, ガンソク。葉身は長さ50〜
150cm, 倒卵形〜倒卵状披針形。
¶学フ増山菜（p138/カ写）
シダ標1（p456/カ写）
新分牧（No.4668/モ図）
新牧日（No.4609/モ図）

**クサタチバナ** *Vincetoxicum acuminatum* 草橘
キョウチクトウ科（ガガイモ科）の多年草。高さは
30〜60cm。
¶原牧2（No.1377/カ図）
山野草（No.0980/カ写）
新分牧（No.3430/モ図）
新牧日（No.2366/モ図）
茶花上（p514/カ写）
牧野ス2（No.3222/カ図）
野生4（p317/カ写）

山力野草（p251/カ写）
山ハ山花（p401/カ写）
山レ増（p163/カ写）

**クサツゲ** ⇒ヒメツゲを見よ

**クサテンツキ** ⇒ヒメテンツキを見よ

**クサドウ** ⇒ハマニンニクを見よ

**クサトケイソウ** *Passiflora foetida*
トケイソウ科のつる草。花弁は白, 副花冠は紫色。
¶帰化写改（p196/カ写）

**クサトベラ** *Scaevola taccada* 草扉
クサトベラ科の常緑低木。花は白, のち汚黄色。葉
は淡緑色, 光沢がある。
¶原牧2（No.1891/カ図）
新分牧（No.3928/モ図）
新牧日（No.2929/モ図）
牧野ス2（No.3736/カ図）
野生5（p197/カ写）
山力樹木（p681/カ写）

**クサナギオゴケ** *Vincetoxicum katoi*
キョウチクトウ科（ガガイモ科）の草本。日本固有
種。別名ヤマワキオゴケ。高さは0.3〜1m。
¶固有（p117/カ写）
野生4（p318/カ写）
山ハ山花（p402/カ写）
山レ増（p160/カ写）

**クサナギヒメタンポタケ** *Metacordyceps
kusanagiensis*
バッカクキン科の冬虫夏草。宿主はガの蛹。
¶冬虫生態（p83/カ写）

**クサニワトコ** ⇒ソクズを見よ

**クサネム** *Aeschynomene indica* 草合歓
マメ科マメ亜科の一年草。高さは50〜100cm。
¶学フ増野秋（p109/カ写）
原牧1（No.1529/カ図）
植調（p68/カ写）
新分牧（No.1657/モ図）
新牧日（No.1316/モ図）
茶花下（p202/カ写）
牧野ス1（No.1529/カ図）
野生2（p254/カ写）
山力野草（p375/カ写）
山ハ野花（p375/カ写）

**クサノオウ** *Chelidonium majus* subsp. *asiaticum* 草
の王, 草の黄
ケシ科の越年草。高さは10〜30cm。
¶色野草（p151/カ写）
学フ増山菜（p206/カ写）
学フ増野春（p115/カ写）
学フ増薬草（p60/カ写）
学フ有毒（p49/カ写）
原牧1（No.1133/カ図）
新分牧（No.1292/モ図）
新牧日（No.773/モ図）
茶花上（p379/カ写）
牧野ス1（No.1133/カ図）

クサノオウ

野生2 (p103/カ写)
山力野草 (p457/カ写)
山ハ野花 (p244/カ写)

**クサノオウバノギク** *Crepidiastrum chelidoniifolium*
キク科キクニガナ亜科の草本。別名クサノオウバノヤクシソウ。高さは15〜45cm。
¶原牧2 (No.2275/カ図)
新分牧 (No.4028/モ図)
新牧日 (No.3301/モ図)
牧野ス2 (No.4120/カ図)
野生5 (p275/カ写)
山力野草 (p123/カ写)
山ハ山花 (p566/カ写)
山レ増 (p16/カ写)

**クサノオウバノヤクシソウ** ⇒クサノオウバノギクを見よ

**クサノガキ** ⇒リュウキュウガキを見よ

**クサノボタン** ⇒ヒメノボタンを見よ

**クサハギ(1)** ⇒コマツナギを見よ

**クサハギ(2)** ⇒シバハギを見よ

**クサハツ** *Russula foetens*
ベニタケ科のキノコ。中型〜大型。傘は淡褐色、溝線。ひだは淡黄褐色。
¶学フ増毒き (p190/カ写)
山力日き (p361/カ写)

**クサハツモドキ** *Russula grata*
ベニタケ科のキノコ。中型。傘は淡黄土色, 粒状線。
¶山力日き (p363/カ写)

**クサバンヤ** ⇒ガガイモを見よ

**クサビエ** ⇒タイヌビエを見よ

**クサビガヤ** *Sphenopholis obtusata*
イネ科の多年草。別名ミゾイチゴツナギモドキ。高さは40〜80cm。
¶帰化写2 (p353/カ写)

**クサビヨウ** ⇒トモエソウを見よ

**クサビラゴケ** *Ochrolechia trochophora*
ニクイボゴケ科の地衣類。地衣体は灰白, 汚灰または褐色。
¶新分牧 (No.5183/モ図)
新牧日 (No.5043/モ図)

**クサフジ** *Vicia cracca* 草藤
マメ科マメ亜科のつる性多年草。高さは80〜150cm。
¶学フ増山菜 (p44/カ写)
学フ増野夏 (p26/カ写)
原牧1 (No.1565/カ図)
新分牧 (No.1772/モ図)
新牧日 (No.1353/モ図)
茶花上 (p380/カ写)
牧野ス1 (No.1565/カ図)
野生2 (p300/カ写)
山力野草 (p380/カ写)
山ハ野花 (p369/カ写)

**クサフヨウ** ⇒アメリカフヨウ(2)を見よ

**クサボケ** *Chaenomeles japonica* 草木瓜
バラ科シモツケ亜科の低木。日本固有種。別名シドミ, ヂナシ, ノボケ, コボケ。高さは30〜50cm。花は朱に近い淡紅色。
¶APG原樹 (No.560/カ図)
学フ増樹 (p10/カ写・カ図)
学フ増薬草 (p192/カ写)
原牧1 (No.1692/カ図)
固有 (p79/カ写)
新分牧 (No.1919/モ図)
新牧日 (No.1078/モ図)
茶花上 (p261/カ写)
都木花新〔ボケとクサボケ〕(p135/カ写)
牧野ス1 (No.1692/カ図)
野生3 (p68/カ写)
山力樹木 (p334/カ写)

**クサボタン** *Clematis stans* 草牡丹
キンポウゲ科の多年草。日本固有種。高さは1m前後。花は淡紫色。
¶APG原樹 (No.267/カ図)
学フ増野秋 (p76/カ写)
原牧1 (No.1308/カ図)
固有 (p55)
山野草 (No.0120/カ写)
新分牧 (No.1469/モ図)
新牧日 (No.630/モ図)
茶花下 (p82/カ写)
牧野ス1 (No.1308/カ図)
ミニ山 (p60/カ写)
野生2 (p143/カ写)
山力野草 (p473/カ写)
山ハ山花 (p246/カ写)

**クサホルト** ⇒ホルトソウを見よ

**クサマオ(1)** ⇒アオカラムシを見よ

**クサマオ(2)** ⇒カラムシ(1)を見よ

**クサマキ** ⇒イヌマキを見よ

**クサマルハチ** *Cyathea hancockii* 草丸八
ヘゴ科の常緑性シダ。葉身は長さ100cm, 三角状長楕円形。
¶シダ標1 (p347/カ写)
新分牧 (No.4559/モ図)
新牧日 (No.4437/モ図)

**クサミズキ** *Nothapodytes nimmonianus* 草水木
クロタキカズラ科の木本。
¶原牧2 (No.1269/カ図)
新分牧 (No.3310/モ図)
新牧日 (No.1675/モ図)
牧野ス2 (No.3114/カ図)
野生4 (p263/カ写)
山レ増 (p259/カ写)

**クサミノシカタケ** *Pluteus petasatus*
ウラベニガサ科のキノコ。
¶山力日き (p178/カ写)

クサヤツデ　*Diaspananthus uniflorus*　草八手
キク科コウヤボウキ亜科の多年草。日本固有種。別名ヨシノソウ，カンボクソウ。高さは40〜100cm。
¶原牧2（No.1900/カ図）
固有（p143/カ写）
山野草（No.1310/カ写）
新分牧（No.3939/モ図）
新牧日（No.2938/モ図）
牧野ス2（No.3745/カ図）
野生5（p212/カ写）
山ハ山花（p538/カ写）

クサヤマブキ　⇒ヤマブキソウを見よ

クサヨシ　*Phalaris arundinacea*　草葦
イネ科イチゴツナギ亜科の多年草。別名リードカナリーグラス，ホソボクサヨシ。高さは80〜180cm。
¶桑イネ（p376/カ写・モ図）
原牧1（No.966/カ図）
植調（p319/カ写）
新分牧（No.1080/モ図）
新牧日（No.3750/モ図）
日水草（p215/カ写）
牧野ス1（No.966/カ図）
野生2（p58/カ写）
山力野草（p672/カ写）
山ハ野花（p174/カ写）

クサリスギ　⇒ヨレスギを見よ

クサレダマ　*Lysimachia vulgaris* subsp.*davurica*　草連玉
サクラソウ科の多年草。別名イオウソウ。高さは80〜90cm。花は黄に橙の斑点。
¶学フ増野夏（p83/カ写）
原牧2（No.1100/カ写）
新分牧（No.3146/モ図）
新牧日（No.2244/モ図）
茶花下（p83/カ写）
牧野ス2（No.2945/カ図）
野生4（p193/カ写）
山力野草（p270/カ写）
山ハ野花（p414/カ写）
山ハ山花（p369/カ写）

クサレンゲ(1)　⇒キレンゲショウマを見よ

クサレンゲ(2)　⇒レンゲショウマを見よ

クシガヤ　*Cynosurus cristatus*
イネ科の多年草。高さは30〜75cm。
¶新分牧（No.1110/モ図）
新牧日（No.3701/モ図）

クシクリノイガ　*Cenchrus setigerus*
イネ科の多年草。高さは20〜60cm。
¶帰化写2（p328/カ写）

クシノハシダ　*Thelypteris jaculosa*
ヒメシダ科の常緑性シダ。葉身は長さ45〜75cm，広披針形。
¶シダ標1（p439/カ写）

クシノハタケモドキ　⇒ニセクサハツを見よ

クシノハホシダ　*Thelypteris acuminata*× *T.jaculosa*
ヒメシダ科のシダ植物。別名アイクシノハシダ。
¶シダ標1（p441/カ写）

クシバタンポポ　*Taraxacum pectinatum*
キク科キクニガナ亜科。日本固有種。
¶固有（p147）
野生5（p289/カ写）

クジャクウラボシ　⇒ミツデウラボシを見よ

クジャクザサ　⇒スホウチクを見よ

クジャクシダ　⇒クジャクソウ(1)を見よ

クジャクソウ(1)　*Adiantum pedatum*　孔雀草
イノモトソウ科の夏緑性シダ。別名クジャクシダ，ケセンクジャク。葉身は長さ15〜25cm，卵形〜ほぼ円形。
¶シダ標1〔クジャクシダ〕（p387/カ写）
新分牧（No.4609/モ図）
新牧日（No.4477/モ図）

クジャクソウ(2)　⇒コウオウソウを見よ

クジャクソウ(3)　⇒ハルシャギクを見よ

クジャクツバキ　*Camellia japonica* 'Kujakutsubaki'　孔雀椿
ツバキ科。ツバキの品種。花は斑入り。
¶APG原樹〔ツバキ'クジャクツバキ'〕（No.1135/カ図）
茶花上（p149/カ写）

クジャクヒバ　*Chamaecyparis obtusa* 'Filicoides'　孔雀檜葉
ヒノキ科の木本。別名アオノクジャクヒバ。
¶APG原樹〔アオノクジャクヒバ〕（No.84/カ図）
原牧1（No.42/カ図）
新分牧（No.60/モ図）
新牧日（No.60/モ図）
牧野ス1（No.43/カ写）

クジャクフモトシダ　*Microlepia*× *bipinnata*
コバノイシカグマ科のシダ植物。
¶シダ標1（p364/カ写）

クジャクヤシ　*Caryota urens*　孔雀椰子
ヤシ科の木本。幹のシュロ毛はKittulといい，ロープ用になる。高さは12〜18m。花は赤みを帯びる。
¶APG原樹（No.207/カ図）

クシャミノキ　⇒ハナヒリノキを見よ

クジュウアザミ　*Cirsium kujuense*
キク科アザミ亜科の草本。日本固有種。
¶固有（p139）
野生5（p232/カ写）

クジュウガリヤス　*Calamagrostis autumnalis* subsp. *autumnalis* var.*microtis*
イネ科の草本，日本固有種。キリシマノガリヤスの変種。
¶固有（p168）

クジュウスゲ　*Carex alterniflora* var.*elongatula*
カヤツリグサ科の多年草。日本固有種。
¶カヤツリ（p330/モ図）
固有（p185/カ写）

スゲ増（p227/カ写）
野生1（p320/カ写）

**クジュウツリスゲ** *Carex kujuzana*
カヤツリグサ科の多年草。別名ホソバハネスゲ, カルイザワツリスゲ, リクチュウツリスゲ。
¶カヤツリ（p444/モ図）
原牧1〔ホソバハネスゲ〕（No.880/カ図）
新分牧（No.901/モ図）
新牧日〔ホソバハネスゲ〕（No.4187/モ図）
スゲ増（No.247/カ写）
牧野ス1〔ホソバハネスゲ〕（No.880/カ図）
野生1（p326/カ写）

**グジョウシノ** *Sasaella bitchuensis* var. *tashirozentaroana*
イネ科タケ亜科のササ。日本固有種。
¶固有（p170）

**クジラグサ**(1) *Descurainia sophia* 鯨草
アブラナ科の一年草または二年草。高さは25〜75cm。花は黄白色。
¶帰化写改（p99/カ写, p496/カ写）
原牧2（No.686/カ図）
植調（p95/カ写）
新分牧（No.2721/モ図）
新牧日（No.807/モ図）
牧野ス2（No.2531/カ図）
野生4（p60/カ写）

**クジラグサ**(2) ⇒ハマウドを見よ

**クジラタケ** *Trametes orientalis*
タマチョレイタケ科のキノコ。中型〜大型。傘は灰白色, 粉毛〜無毛。
¶山カ日き（p471/カ写）

**クシロチドリ** *Herminium monorchis*
ラン科の草本。
¶原牧1（No.384/カ図）
新分牧（No.442/モ図）
新牧日（No.4257/モ図）
牧野ス1（No.384/カ図）
野生1（p208/カ写）

**クシロチャヒキ** *Bromus ciliatus*
イネ科イチゴツナギ亜科の多年草。高さは70〜120cm。
¶桑イネ（p113/モ図）
野生2（p46/カ写）

**クシロネナシカズラ** *Cuscuta europaea*
ヒルガオ科の草本。
¶野生5（p26/カ写）

**クシロハナシノブ** *Polemonium caeruleum* subsp. *laxiflorum* var.*paludosum*
ハナシノブ科の多年草。
¶野生4（p175/カ写）
山レ増（p148/カ写）

**クシロホシクサ** *Eriocaulon sachalinense* var. *kusiroense*
ホシクサ科の草本。
¶野生1（p285/カ写）

**クシロヤエ** *Cerasus sargentii* 'Kushiroyae' 釧路八重
バラ科の木本。サクラの栽培品種。
¶学フ増桜〔'釧路八重〕（p212/カ写）

**クシロヤガミスゲ** *Carex crawfordii*
カヤツリグサ科の多年草。高さは30〜60cm。
¶スゲ増（p370/カ写）
野生1（p306）

**クシロワチガイ** ⇒クシロワチガイソウを見よ

**クシロワチガイソウ** *Pseudostellaria sylvatica* 釧路輪違草
ナデシコ科の草本。別名クシロワチガイ。
¶原牧2〔クシロワチガイ〕（No.900/カ図）
新分牧〔クシロワチガイ〕（No.2923/モ図）
新牧日〔クシロワチガイ〕（No.372/モ図）
牧野ス2〔クシロワチガイ〕（No.2745/カ図）
野生4（p117/カ写）
山力野草（p518/カ写）
山ハ山花（p261/カ写）
山レ増（p425/カ写）

**クス** ⇒クスノキを見よ

**クズ** *Pueraria lobata* 葛
マメ科マメ亜科の木本性つる草, 多年草。別名マクズ, クズカズラ, ウラミグサ。長さは10m前後。
¶色野草（p303/カ写）
APG原樹（No.377/カ図）
学フ増山桜（p45/カ写）
学フ増秋桜（p26/カ写）
学フ増薬草（p72/カ写）
原牧1（No.1611/カ図）
植調（p266/カ写）
新分牧（No.1715/モ図）
新牧日（No.1397/モ図）
茶花下（p203/カ写）
牧野ス1（No.1611/カ図）
野生2（p290/カ写）
山力野草（p384/カ写）
山ハ野花（p374/カ写）

**クズカズラ** ⇒クズを見よ

**グスクカンアオイ** *Asarum gusk*
ウマノスズクサ科の多年草。日本固有種。奄美大島の特産。
¶固有（p62）
野生1（p65/カ写）

**クスクスヨウラクラン** *Oberonia arisanensis*
ラン科の着生の多年草。別名アリサンヨウラクラン。沖縄と台湾に分布。
¶野生1（p217）

**クスクスラン** *Bulbophyllum affine*
ラン科の草本。花は白〜淡緑色。
¶野生1（p185）

**クスザサ** ⇒チマキザサを見よ

**クスタブ** ⇒ヤブニッケイを見よ

**クスダマ**(1) *Prunus mume* 'Kusudama' 楠玉
バラ科。ウメの品種。李系ウメ, 紅材性八重。

¶ウメ〔楠玉〕(p111/カ写)

**クスダマ(2)** ⇒ユバシボリを見よ

**クスダマツメクサ** *Trifolium campestre* 薬玉詰草
マメ科マメ亜科の一年草。別名ホップツメクサ。長
さは5〜30cm。花は鮮黄色。
¶帰化写改(p144/カ写, p498/カ写)
　植調(p259/カ写)
　野生2(p297)
　山ハ野花(p354/カ写)

**クスドイゲ** *Xylosma congesta*
ヤナギ科(イイギリ科)の常緑低木。
¶APG原樹(No.850/カ図)
　原牧2(No.292/カ図)
　新分牧(No.2367/モ図)
　新牧日(No.1790/モ図)
　牧野ス1(No.2137/カ図)
　野生3(p208/カ図)
　山ハ樹木(p497/カ写)

**グーズネック** ⇒オカトラノオを見よ

**クスノキ** *Cinnamomum camphora* 楠, 樟
クスノキ科の常緑高木。別名クス。高さは15〜
30m。花は淡黄色。
¶APG原樹(No.152/カ図)
　学フ増樹(p44/カ写・カ図)
　学フ増花庭(p74/カ写)
　学フ増薬草(p173/カ写)
　原牧1(No.140/カ図)
　新分牧(No.173/モ図)
　新牧日(No.481/モ図)
　図説樹木(p114/カ写)
　都木花新(p20/カ写)
　牧野ス1(No.140/カ写)
　野生1(p80/カ写)
　山カ樹木(p202/カ写)

**クスノキ'レッドモンロー'** ⇒レッドモンローを
見よ

**クスノハカエデ** *Acer itoanum* 楠の葉楓
ムクロジ科(カエデ科)の木本。日本固有種。
¶固有(p86)
　新分牧(No.2572/モ図)
　野生3(p296/カ写)
　山カ樹木(p442/カ写)
　山レ増(p270/カ写)

**クスノハガシワ** *Mallotus philippensis* 障葉柏
トウダイグサ科の小木。葉は光沢をもち, 葉柄と花
序は褐色。
¶新分牧(No.2401/モ図)
　野生3(p163/カ写)

**クズヒトヨタケ** *Coprinus patouillardi*
ハラタケ科のキノコ。
¶山日き(p208/カ写)

**グースベリー** ⇒セイヨウスグリを見よ

**クズモダマ** ⇒ウジルカンダを見よ

**クズレミル** ⇒ナガミルを見よ

**クソエンドウ** *Thermopsis chinensis*
マメ科マメ亜科の多年草。
¶野生2(p295/カ写)

**クソニンジン** *Artemisia annua* 糞人参
キク科キク亜科の一年草。別名ホソバニンジン。高
さは1m以上。花は白緑色。
¶帰化写改(p320/カ写, p510/カ写)
　原牧2(No.2105/カ図)
　新分牧(No.4229/モ図)
　新牧日(No.3136/モ図)
　牧野ス2(No.3950/カ図)
　野生5(p331/カ写)
　山ハ野花(p530/カ写)

**クダアカゲシメジ** *Tricholoma vaccinum*
キシメジ科のキノコ。中型。傘は赤褐色, 綿屑状鱗
片。ひだは白色。
¶原きの(No.285/カ写・カ図)

**クダアナタケ** *Schizopora paradoxa*
アナタケ科のキノコ。
¶原きの(No.383/カ写・カ図)

**クダタケ** *Macrotyphula fistulosa*
ガマノホタケ科のキノコ。
¶原きの(No.459/カ写・カ図)

**クダモノトケイソウ** *Passiflora edulis*
トケイソウ科のつる草。別名パッションフルーツ。
果肉は橙黄色。花は白色, または淡紫色。
¶原牧2(No.291/カ図)
　新分牧(No.2366/モ図)
　新牧日(No.1856/モ図)
　牧野ス1(No.2136/カ図)

**クダンソウ** ⇒クリンソウを見よ

**クチキカノツノタケ** *Ophiocordyceps* sp.
オフィオコルディセプス科の冬虫夏草。宿主は甲虫
の幼虫。
¶冬虫生態(p183/カ写)

**クチキツトノミタケ** *Ophiocordyceps stylophora*
オフィオコルディセプス科の冬虫夏草。宿主はコメ
ツキムシ科, ゴミムシダマシ科の幼虫。
¶冬虫生態(p170/カ写)

**クチキトサカタケ** *Ascoclavulina sakaii* 朽木鶏冠茸
ビョウタケ科(ズキンタケ科)のキノコ。
¶新分牧(No.5160/カ図)
　新牧日(No.5025/モ図)
　山カ日き(p550/カ写)

**クチキハスノミアリタケ** *Ophiocordyceps lloydii*
オフィオコルディセプス科の冬虫夏草。宿主は穿孔
性のアリの成虫。
¶冬虫生態(p215/カ写)

**クチキフサノミタケ** *Ophiocordyceps clavata*
オフィオコルディセプス科の冬虫夏草。宿主はゴミ
ムシダマシ科の幼虫。
¶冬虫生態(p194/カ写)

## クチキムシコガネツブタケ　*Ophiocordyceps geniculata*
オフィオコルディセプス科の冬虫夏草。宿主は甲虫の幼虫。
¶冬虫生態（p185/カ写）

## クチキムシツブタケ　*Ophiocordyceps cuboidea*
バッカクキン科の冬虫夏草。宿主は甲虫の幼虫。
¶冬虫生態（p186/カ写）

## クチナシ　*Gardenia jasminoides* var.*jasminoides*　梔子, 卮子, 口無
アカネ科の常緑低木。別名センプク。高さは1.5m以上。花は純白色。
¶APG原樹（No.1349/カ図）
学フ増花庭（p190/カ写）
学フ増薬草（p229/カ写）
原牧2（No.1286/カ図）
新分牧（No.3374/モ図）
新牧日（No.2400/モ図）
都木花新（p218/カ写）
牧野ス2（No.3131/カ図）
野生4（p276/カ写）
山カ樹木（p673/カ写）

## クチナシグサ　*Monochasma sheareri*　梔子草, 口無草, 卮子草
ハマウツボ科（ゴマノハグサ科）の半寄生の二年草。別名カガリビソウ。高さは10〜30cm。
¶学フ増野春（p14/カ写）
原牧2（No.1784/カ図）
新分牧（No.3848/モ図）
新牧日（No.2766/モ図）
茶花上（p261/カ写）
牧野ス2（No.3629/カ図）
野生5（p155/カ写）
山カ野草（p184/カ写）
山ハ野花（p472/カ写）

## クチナワジョウゴ　⇒ウワバミソウを見よ

## クチナワノシャクシ　⇒マムシグサを見よ

## クチバシグサ　*Bonnaya ruelloides*
アゼナ科〔アゼトウガラシ科〕（ゴマノハグサ科）の湿地に生える多年草。花は淡紅紫色。
¶新分牧（No.3648/モ図）
新牧日（No.2698/モ図）
野生5（p97/カ写）

## クチバシシオガマ　*Pedicularis chamissonis* var. *longirostrata*　嘴塩竈
ハマウツボ科（ゴマノハグサ科）の草本。
¶山ハ高山（p324/カ写）

## クチベニスイセン　*Narcissus poeticus*　口紅水仙
ヒガンバナ科の多年草。
¶茶花上（p262/カ写）

## クチベニタケ　*Calostoma japonicum*
クチベニタケ科のキノコ。小型。頂孔部は赤色。
¶山カ日き（p503/カ写）

## クツクサ　⇒ツボクサを見よ

## クテガワザサ　*Sasa heterotricha*
イネ科タケ亜科のササ。日本固有種。
¶固有（p172）
タケ亜科（No.74/カ写）
タケササ（p106/カ写）

## グドウジン　⇒カラスウリを見よ

## クナウティア・マケドニカ　⇒アカバナマツムシソウを見よ

## クナシリオヤマノエンドウ　*Oxytropis kunashiriensis*　国後御山の豌豆
マメ科マメ亜科の無茎の多年草。花は青紫色または紅紫色。
¶野生2（p288）

## クニガミサンショウヅル　*Elatostema suzukii*
イラクサ科の草本。日本固有種。
¶固有（p44）
野生2（p346/カ写）

## クニガミシュスラン　*Goodyera sonoharae*
ラン科の多年草。沖縄に産する。
¶野生1（p205）

## クニガミツワブキ　⇒リュウキュウツワブキを見よ

## クニガミトンボソウ　*Platanthera sonoharae*
ラン科の草本。日本固有種。
¶固有（p191）

## クニガミヒサカキ　*Eurya zigzag*
サカキ科（ツバキ科）の木本。日本固有種。
¶固有（p63）
野生4（p179/カ写）

## クニブ　⇒クネンボを見よ

## クニフォフィア・トリアングラリス　⇒ヒメシャグマユリを見よ

## クヌギ　*Quercus acutissima*　椚, 櫟, 橡
ブナ科の落葉高木。別名ツルバミ（古名）。高さは10〜15m。樹皮は灰褐色。
¶APG原樹（No.703/カ図）
学フ増樹（p100/カ写・カ図）
原牧2（No.107/カ図）
新分牧（No.2149/モ図）
新牧日（No.142/モ図）
図説樹木（p84/カ写）
都木花新（p57/カ写）
牧野ス1（No.1952/カ図）
野生3（p95/カ写）
山カ樹木（p142/カ写）
落葉図譜（p89/モ図）

## クヌギタケ　*Mycena galericulata*
ラッシタケ科のキノコ。小型〜中型。傘は淡褐色〜灰褐色, 放射状のしわがある。ひだは灰白色〜淡紅色。
¶山カ日き（p130/カ写）

## グネツム　⇒グネモンノキを見よ

## グネモンノキ　*Gnetum gnemon*
グネツム科の小木。別名グネツム。種子は赤熟, 胚乳は殿粉質。高さは15m。

¶新分牧（No.6/モ図）
新牧日〔グネツム〕（No.76/モ図）

**クネンボ**　*Citrus nobilis*　九年母
ミカン科の木本。別名クニブ。果面は濃橙色。
¶**APG原樹**（No.973/カ図）
原牧2（No.596/カ図）
新分牧（No.2641/モ図）
新牧日（No.1533/モ図）
牧野ス2（No.2441/カ図）

**クビオレアリタケ**　*Ophiocordyceps unilateralis* var.
*clavata*
オフィオコルディセプス科の冬虫夏草。宿主はトゲ
アリなど、アリの成虫。
¶冬虫生態（p217/カ写）

**クビオレカメムシタケ**　*Ophiocordyceps pentatomae*
オフィオコルディセプス科の冬虫夏草。宿主はカメ
ムシの成虫。
¶冬虫生態（p139/カ写）

**クビジロアマミタンポタケ**　*Elaphocordyceps* sp.
オフィオコルディセプス科の冬虫夏草。宿主はツチ
ダンゴまたはアミメツチダンゴ。
¶冬虫生態（p253/カ写）

**グビジンソウ**　⇒ヒナゲシを見よ

**クビナガクチキムシタケ**　*Elaphocordyceps* sp.
オフィオコルディセプス科の冬虫夏草。宿主はハエ
目クチキカ科の幼虫。
¶冬虫生態（p202/カ写）

**クマイザサ**　*Sasa senanensis*　九枚笹
イネ科タケ亜科の常緑中型ササ。
¶**APG原樹**（No.232/カ図）
タケ亜科（No.75/カ写）
タケササ〔シナノザサ〕（p103/カ写）
野生2（p36/カ写）

**クマイチゴ**　*Rubus crataegifolius*　熊苺
バラ科バラ亜科の落葉低木。別名クワイチゴ、エゾ
ノクマイチゴ。
¶**APG原樹**（No.578/カ図）
学フ増山菜（p170/カ写）
原牧1（No.1761/カ図）
新分牧（No.1959/モ図）
新牧日（No.1099/モ図）
牧野ス1（No.1761/カ図）
ミニ山（p136/カ写）
野生3（p50/カ写）
山力樹木（p262/カ写）
落葉図譜（p145/モ図）

**クマイワヘゴ**　*Dryopteris anthracinisquama*
オシダ科のシダ植物。日本固有種。
¶固有（p207）
シダ標2（p364/カ写）

**クマオシダ**　*Dryopteris × tokudae*
オシダ科のシダ植物。
¶シダ標2（p374/カ写）

**クマガイ**　*Camellia japonica* 'Kumagai（Kansai）'
熊谷
ツバキ科。ツバキの品種。花は紅色。
¶茶花上（p134/カ写）

**クマガイザクラ**　*Cerasus incisa* var.*kinkiensis*
'Kumagaizakura'　熊谷桜
バラ科の落葉小高木。サクラの栽培品種。花は淡紅
紫色。
¶学フ増桜〔'熊谷桜'〕（p156/カ写）

**クマガイソウ**　*Cypripedium japonicum*　熊谷草
ラン科の多年草。別名クマガエソウ、ホテイソウ、
ホロカケソウ。高さは15〜40cm。花は淡緑色。
¶学フ増野春（p79/カ写）
原牧1（No.365/カ図）
山野草（No.1657/カ写）
新分牧（No.412/モ図）
新牧日（No.4239/モ図）
茶花上（p380/カ写）
牧野ス1（No.365/カ図）
野生1（p194/カ写）
山力野草（p560/カ写）
山ハ野花（p53/カ写）
山ハ山花（p128/カ写）
山レ増（p462/カ写）

**クマガエソウ**　⇒クマガイソウを見よ

**クマガワイノモトソウ**　*Pteris deltodon*
イノモトソウ科の常緑性シダ。別名ミツバイノモト
ソウ。葉身は長さ10〜20cm、線状長楕円形。
¶シダ標1（p379/カ写）
山レ増（p670/カ写）

**クマガワブドウ**　*Vitis kiusiana*
ブドウ科の木本。
¶原牧1（No.1448/カ図）
新分牧（No.1627/モ図）
新牧日（No.1702/モ図）
牧野ス1（No.1448/カ図）
野生2（p237/カ写）

**クマギク**　⇒チョウジギクを見よ

**クマコケモモ**(1)　⇒ウラシマツツジを見よ

**クマコケモモ**(2)　⇒ウワウルシを見よ

**クマサカ**　*Camellia japonica* 'Kumasaka'　熊坂
ツバキ科。ツバキの品種。別名レディ・マリオン。
花は紅色。
¶茶花上（p142/カ写）

**クマザサ**　*Sasa veitchii*　隈笹
イネ科タケ亜科の常緑中型ササ。日本固有種。別名
ヤキバザサ、ヘリトリザサ。高さは1〜2m。
¶**APG原樹**（No.230/カ図）
学フ増薬草（p25/カ写）
原牧1（No.925/カ図）
固有（p172/カ写）
新分牧（No.1035/モ図）
新牧日（No.3626/モ図）
タケ亜科（No.72/カ写）
タケササ（p106/カ写）

クマシテ　　　　　　　　268

　　牧野ス1（No.925/カ図）
　　野生2（p36/カ写）
　　山力樹木（p66/カ写）

**クマシデ**　*Carpinus japonica*　熊四手, 熊幣
　カバノキ科の落葉高木。日本固有種。別名オオソ
　ネ, イシソネ, オオクマシデ, カタシデ, カナシデ,
　イシシデ。樹高は15m。樹皮は灰色。
　¶APG原樹（No.759/カ図）
　　学フ増樹（p140/カ写）
　　原牧2（No.133/カ図）
　　固有（p42/カ写）
　　新分牧（No.2193/カ図）
　　新牧日（No.111/モ図）
　　茶花上（p262/カ写）
　　牧野ス1（No.1978/カ図）
　　野生3（p116/カ写）
　　山力樹木（p126/カ写）
　　落葉図譜（p67/モ図）

**クマシメジ**　*Tricholoma terreum*
　キシメジ科のキノコ。中型。傘は黒褐色, 繊維状。
　ひだは灰白色。
　¶山力日き（p84/カ写）

**クマスズ**　*Sasamorpha amabilis*　隈篶
　イネ科のササ。
　¶タケササ（p143/カ写）

**クマタケラン**　*Alpinia×formosana*　熊竹蘭
　ショウガ科の多年草。高さは100～200cm。
　¶原牧1（No.646/カ図）
　　新分牧（No.683/モ図）
　　新牧日（No.4228/モ図）
　　牧野ス1（No.646/カ図）
　　野生1（p275/カ写）

**クマダラ**　⇒ハリブキを見よ

**クマツヅラ**　*Verbena officinalis*　熊葛
　クマツヅラ科の多年草。別名バベンソウ。高さは
　30～80cm。
　¶学フ増野夏（p15/カ写）
　　学フ増薬草（p105/カ写）
　　原牧2（No.1819/カ図）
　　新分牧（No.3682/モ図）
　　新牧日（No.2500/モ図）
　　牧野ス2（No.3664/カ図）
　　野生5（p176/カ写）
　　山力野草（p233/カ写）
　　山ハ野花（p451/カ写）

**クマツヅラハギ**　*Cullen cinereus*
　マメ科の多年草または一年草。
　¶帰化写2（p106/カ写）

**クマナリヒラ**　*Semiarundinaria fortis*
　イネ科タケ亜科のタケ。日本固有種。
　¶固有（p175）
　　タケ亜科（No.25/カ写）
　　タケササ（p66/カ写）

**クマノギク**　*Sphagneticola calendulacea*　熊野菊
　キク科キク亜科の草本。別名ハマグルマ, シオカゼ。

　¶原牧2（No.2027/カ図）
　　新分牧（No.4288/モ図）
　　新牧日（No.3066/モ図）
　　茶花下（p204/カ写）
　　牧野ス2（No.3872/カ図）
　　野生5（p359/カ写）

**クマノダケ**　*Angelica mayebarana*
　セリ科セリ亜科。日本固有種。
　¶固有（p100）
　　野生5（p391）

**クマノチョウジゴケ**　*Buxbaumia minakatae*
　キセルゴケ科のコケ。蒴がほぼ円筒形で側部に稜が
　ない。
　¶新分牧（No.4843/モ図）
　　新牧日（No.4696/モ図）

**クマノミズキ**　*Cornus macrophylla*　熊野水木
　ミズキ科の落葉高木。高さは5～10m。花は灰黄色。
　樹皮は濃灰色。
　¶APG原樹（No.1069/カ図）
　　学フ増樹（p198/カ写）
　　原牧2（No.1004/カ図）
　　新分牧（No.3077/モ図）
　　新牧日（No.1974/モ図）
　　牧野ス2（No.2849/カ図）
　　野生4（p155/カ写）
　　山力樹木（p529/カ写）

**クマフジ**　⇒クマヤナギを見よ

**クマモトヤブソテツ**　⇒ナガバヤブソテツモドキを
　見よ

**クマヤナギ**　*Berchemia racemosa*　熊柳
　クロタキカズラ科（クロウメモドキ科）の落葉つる
　性植物。日本固有種。別名クマフジ, クロガネカズ
　ラ。長さは5～6m。花は緑色。
　¶APG原樹（No.641/カ図）
　　学フ増樹（p219/カ写）
　　学フ増薬草（p214/カ写）
　　原牧2（No.18/カ図）
　　固有（p89/カ写）
　　新分牧（No.2061/モ図）
　　新牧日（No.1680/モ図）
　　茶花下（p83/カ写）
　　牧野ス1（No.1863/カ図）
　　野生2（p318/カ写）
　　山力樹木（p463/カ写）
　　落葉図譜（p226/モ図）

**クマヤブソテツ**　*Cyrtomium anomophyllum*
　オシダ科のシダ植物。
　¶シダ標2（p430/カ写）

**クマヤマグミ**　*Elaeagnus epitricha*
　グミ科の木本。日本固有種。別名キリシマグミ。
　¶原牧2（No.10/カ図）
　　固有（p92）
　　新分牧（No.2050/モ図）
　　新牧日（No.1786/モ図）
　　牧野ス1（No.1855/カ図）
　　野生2（p314/カ写）

**クマワラビ** *Dryopteris lacera* 熊蕨
オシダ科の常緑性シダ。別名シシクマワラビ, キレ
コミクマワラビ。葉身は長さ30〜60cm, 楕円形〜
長楕円形。
¶山野草 (No.1818/カ写)
シダ標2 (p361/カ写)
新分牧 (No.4748/モ図)
新牧日 (No.4534/モ図)

**クマワラビモドキ** ⇒アイノコクマワラビを見よ

**グミ'ギルト エッジ'** ⇒ギルト エッジを見よ

**クミスクチン** ⇒ネコノヒゲを見よ

**グミバナス** ⇒ラシャナスを見よ

**グミモドキ** *Croton cascarilloides*
トウダイグサ科の低木。葉裏は銀白で鱗毛が密布。
¶原牧2 (No.245/カ図)
新分牧 (No.2404/モ図)
新牧日 (No.1463/モ図)
牧野ス1 (No.2090/カ図)
野生3 (p149/カ写)

**クモイ** *Prunus mume* 'Kumoi' 雲井
バラ科。ウメの品種。杏系ウメ, 豊後性八重。
¶ウメ〔雲井〕(p137/カ写)

**クモイアオヤギソウ** ⇒タカネアオヤギソウを見よ

**クモイイカリソウ** *Epimedium koreanum* var.
*coelestre* 雲居碇草
メギ科の多年草。
¶野生2 (p117)
山力野草 (p463/カ写)
山ハ高山 (p82/カ写)
山レ増 (p364/カ写)

**クモイオトギリ** *Hypericum hyugamontanum*
オトギリソウ科の草本。
¶野生3 (p240)

**クモイカグマ** ⇒ヒイラギデンダを見よ

**クモイコゴメグサ** *Euphrasia multifolia* var.
*kirisimana*
ハマウツボ科 (ゴマノハグサ科)。日本固有種。
¶固有 (p129/カ写)
野生5 (p153)

**クモイコザクラ** *Primula reinii* var.*kitadakensis* 雲
居小桜
サクラソウ科の多年草。日本固有種。
¶原牧2 (No.1081/カ図)
固有 (p110)
新分牧 (No.3125/モ図)
新牧日 (No.2225/モ図)
牧野ス2 (No.2926/カ図)
野生4 (p199/カ写)
山力野草 (p282/カ写)
山ハ高山 (p258/カ写)
山レ増 (p186/カ写)

**クモイザクラ** *Cerasus nipponica* var.*alpina* 雲居桜
バラ科シモツケ亜科の木本。日本固有種。
¶固有 (p77)

野生3 (p65)

**クモイジガバチ** *Liparis truncata*
ラン科の多年草。日本固有種。
¶固有 (p190)
野生1 (p211)
山レ増 (p468/カ写)

**クモイナズナ** *Arabis tanakana* 雲居薺
アブラナ科の草本。日本固有種。別名クモイハタ
ザオ。
¶原牧2 (No.743/カ図)
固有 (p67)
新分牧 (No.2766/モ図)
新牧日 (No.864/モ図)
牧野ス2 (No.2588/カ図)
野生4 (p52/カ写)
山力野草 (p455/カ写)
山ハ高山 〔クモイハタザオ〕(p242/カ写)
山レ増 (p339/カ写)

**クモイナデシコ**(1) *Dianthus superbus* var.*amoenus*
ナデシコ科の多年草。
¶学フ増高山 (p14/カ写)
山野草 (No.0016/カ写)
野生4 (p113)

**クモイナデシコ**(2) ⇒タカネナデシコを見よ

**クモイハタザオ** ⇒クモイナズナを見よ

**クモイミミナグサ** ⇒クモマミミナグサを見よ

**クモイヤシ** *Oribignya cohune*
ヤシ科の木本。別名コフネヤシ。高さは15〜20m,
幹径は30〜35cm。
¶APG原樹 (No.212/カ図)

**クモイリンドウ**(1) *Gentiana algida* var.*igarashii*
リンドウ科の草本。
¶学フ増高山 (p110/カ写)
山力野草 (p265/カ写)

**クモイリンドウ**(2) ⇒トウヤクリンドウを見よ

**クモイワトラノオ** *Asplenium* × *akaishiense*
チャセンシダ科のシダ植物。
¶シダ標1 (p417/カ写)

**クモキリソウ**(1) *Liparis kumokiri* 雲切草
ラン科の多年草。別名クモチリソウ。高さは10〜
20cm。花は緑色。
¶学フ増晩夏 (p219/カ写)
原牧1 (No.449/カ図)
山野草 (No.1702/カ写)
新分牧 (No.504/モ図)
新牧日 (No.4323/モ図)
茶花上 (p514/カ写)
牧野ス1 (No.449/カ図)
野生1 (p211/カ写)
山力野草 (p578/カ写)
山ハ山花 (p98/カ写)

**クモキリソウ**(2) ⇒イカリソウを見よ

**クモタケ** *Nomuraea atypicola*
所属科未確定の冬虫夏草。不完全菌類，クモタケ目の菌の総称。宿主はトタテグモ科など。
¶冬虫生態（p225/カ写）
　山カ日き（p586/カ写）

**クモチリソウ** ⇒クモキリソウ(1)を見よ

**クモノアケボノ** *Prunus mume* 'Kumonoakebono'
雲の曙
バラ科。ウメの品種。野梅系ウメ，野梅性一重。
¶ウメ〔雲の曙〕（p24/カ写）

**クモノエツキツブタケ** *Torrubiella globosostipitata*
ノムシタケ科の冬虫夏草。宿主は葉上の小型のクモ。
¶冬虫生態（p229/カ写）

**クモノオオトガリツブタケ** *Torrubiella globosa*
ノムシタケ科の冬虫夏草。宿主は微小なクモ類。
¶冬虫生態（p233/カ写）
　山カ日き（p586/カ写）

**クモノスゴケ** *Pallavicinia subciliata*
クモノスゴケ科（ミズゼニゴケ科）のコケ。淡緑色～鮮緑色で，長さ3～6cm。
¶新分牧（No.4912/モ図）
　新牧日（No.4774/モ図）

**クモノスシダ** *Asplenium ruprechtii* 蜘蛛の巣羊歯
チャセンシダ科の常緑性シダ。葉身は長さ2～20cm，狭披針形～狭三角形。
¶シダ標1（p414/カ写）
　新分牧（No.4644/モ図）
　新牧日（No.4642/モ図）

**クモノススミレ** ⇒ツルタチツボスミレを見よ

**クモノモモガタツブタケ** *Torrubiella ellipsoidea*
ノムシタケ科の冬虫夏草。宿主は葉上の小型のクモ。
¶冬虫生態（p237/カ写）

**クモマオウギ** ⇒リシリゲンゲを見よ

**クモマキンポウゲ** *Ranunculus pygmaeus* 雲間金鳳花
キンポウゲ科の多年草。高さは3～7cm。
¶原牧1（No.1276/カ図）
　新分牧（No.1386/モ図）
　新牧日（No.599/モ図）
　牧野ス1（No.1276/カ図）
　野生2（p157/カ写）
　山カ野草（p468/カ写）
　山ハ高山（p86/カ写）
　山レ増（p383/カ写）

**クモマグサ** *Micranthes merkii* subsp.*idsuroei* 雲間草
ユキノシタ科の多年草。日本固有種。高さは2～10cm。
¶学フ増高山（p160/カ写）
　原牧1（No.1378/カ図）
　固有（p73）
　新分牧（No.1557/モ図）
　新牧日（No.957/モ図）
　茶花下（p84/カ写）

牧野ス1（No.1378/カ図）
野生2（p211/カ写）
山カ野草（p423/カ写）
山ハ高山（p155/カ写）

**クモマシダ** ⇒タカネシダを見よ

**クモマシバスゲ** *Carex subumbellata* var.*verecunda*
カヤツリグサ科の多年草。日本固有種。別名オオシバスゲ。
¶カヤツリ（p376/モ図）
　固有（p186）
　新分牧（No.865/モ図）
　新牧日（No.4150/モ図）
　スゲ増（No.200/カ写）
　野生1（p321）

**クモマスズメノヒエ** *Luzula arcuata* subsp.*unalaschkensis* 雲間雀の稗
イグサ科の多年草。別名クモマスズメノヤリ，チシマヌカボシソウ。高さは15～25cm。
¶野生1（p293/カ写）
　山ハ高山（p57/カ写）

**クモマスズメノヤリ** ⇒クモマスズメノヒエを見よ

**クモマスミレ** *Viola crassa* subsp.*alpicola* 雲間菫
スミレ科の草本。
¶野生3（p212/カ写）
　山ハ高山（p180/カ写）

**クモマタンポポ** *Taraxacum yesoalpinum* 雲間蒲公英
キク科キクニガナ亜科の草本。別名ホソバタンポポ，アシベツタンポポ。
¶学フ増高山（p128/カ写）
　野生5（p287/カ写）
　山カ野草（p110/カ写）
　山ハ高山（p439/カ写）
　山レ増（p6/カ写）

**クモマナズナ**(1) *Draba sakuraii* var.*nipponica* 雲間薺
アブラナ科の多年草。日本固有種。別名ヒメイヌナズナ，タカネナズナ，ミヤマナズナ。本州中部と栃木県日光の高山に分布。高さは5～15cm。花は白色。
¶学フ増高山（p155/カ写）
　固有（p66/カ写）
　野生4（p62/カ写）
　山カ野草（p451/カ写）
　山ハ高山（p238/カ写）
　山レ増（p341/カ写）

**クモマナズナ**(2) ⇒トガクシナズナ（広義）を見よ

**クモマニガナ** *Ixeridium dentatum* subsp.*kimuranum* 雲間苦菜
キク科キクニガナ亜科の草本。日本固有種。
¶固有（p149）
　野生5（p278/カ写）
　山ハ高山（p440/カ写）

**クモマミクリゼキショウ** ⇒エゾノミクリゼキショウを見よ

**クモマミミナグサ** *Cerastium schizopetalum* var. *bifidum* 雲間耳菜草
ナデシコ科の草本。日本固有種。別名クモイミミナグサ。
¶学フ増高山（p140/カ写）
　固有（p48）
　野生4（p111/カ写）
　山カ野草（p517/カ写）
　山ハ高山（p143/カ写）

**クモマユキノシタ** *Micranthes laciniata* 雲間雪之下
ユキノシタ科の多年草。別名ヒメヤマハナソウ。高さは2～10cm。
¶原牧1（No.1379/カ写）
　山野草（No.0581/カ写）
　新分牧（No.1560/モ図）
　新牧日（No.958/モ図）
　牧野ス1（No.1379/カ図）
　野生2（p205/カ写）
　山カ野草（p419/カ写）
　山ハ高山（p163/カ写）
　山レ増（p316/カ写）

**クモマリンドウ** ⇒リシリリンドウを見よ

**クモラン** *Taeniophyllum glandulosum* 蜘蛛蘭
ラン科の多年草。
¶原牧1（No.484/カ図）
　新分牧（No.525/モ図）
　新牧日（No.4359/モ図）
　牧野ス1（No.484/カ図）
　野生1（p228/カ写）
　山カ野草（p586/カ写）
　山ハ山花（p96/カ写）

**クヨウバイ** ⇒ロウバイを見よ

**クライタボ** ⇒ヒメイタビを見よ

**グラウカ ペンデュラ** *Cedrus atlantica* 'Glauca Pendula'
マツ科の木本。アトラスシーダーの品種。
¶APG原樹〔アトラスシーダー‘グラウカ ペンデュラ’〕（No.1530/カ図）

**グラウカモクマオウ** *Casuarina glauca*
モクマオウ科の木本。
¶APG原樹（No.734/カ図）

**グラウンド・アイビー** ⇒カキドオシを見よ

**クラガタノボリリュウタケ** *Helvella ephippium*
ノボリリュウタケ科のキノコ。
¶山カ日き（p559/カ写）

**クラガリシダ** *Lepisorus miyoshianus* 暗がり羊歯
ウラボシ科の常緑性シダ。別名キヒモ。葉身は長さ30～50cm, 狭線形。
¶シダ標2（p464/カ写）
　新分牧（No.4785/モ図）
　新牧日（No.4677/モ図）
　山レ増（p636/カ写）

**クラクラグサ** ⇒クララを見よ

**グラジオラス** *Gladiolus*×*gandavensis*
アヤメ科の多年草。別名オランダアヤメ, トウショ

ウブ。
¶原牧1（No.515/カ図）
　新分牧（No.543/モ図）
　新牧日（No.3558/モ図）
　牧野ス1（No.515/カ図）

**クラタエグス・モノギナ** ⇒ヒトシベサンザシを見よ

**クラタケ** *Cudonia helvelloides*
ホテイタケ科のキノコ。
¶山カ日き（p545/カ写）

**クラトゥルス・アルケリ** *Clathrus archeri*
スッポンタケ科のキノコ。径最大2cm。
¶原きの〔Devil's fingers（悪魔の指）〕（No.498/カ写・カ図）

**クラナリイヌワラビ** *Athyrium clivicola*× *A. subrigescens*
メシダ科のシダ植物。
¶シダ標2（p311/カ写）

**クラマゴケ** *Selaginella remotifolia* 鞍馬苔
イワヒバ科の常緑性シダ。別名キールンクラマゴケ。鮮緑色, 主茎は地上を長く匍う。
¶シダ標1（p272/カ写）
　新分牧（No.4826/モ図）
　新牧日（No.4380/モ図）

**クラヤミイグチ** *Boletus fuscopunctatus*
イグチ科のキノコ。
¶山カ日き（p330/カ写）

**クララ** *Sophora flavescens* 苦参, 久良良, 眩草
マメ科マメ亜科の多年草。別名クサエンジュ, マトリグサ, クラクラグサ。高さは60～150cm。
¶学フ増野夏（p89/カ写）
　学フ増薬草（p70/カ写）
　学フ有毒（p66/カ写）
　原牧1（No.1475/カ図）
　新分牧（No.1640/モ図）
　新牧日（No.1264/モ図）
　茶花下（p84/カ写）
　牧野ス1（No.1475/カ図）
　野生2（p293/カ写）
　山カ野草（p374/カ写）
　山ハ山花（p332/カ写）

**グランサムツバキ** *Camellia granthamiana*
ツバキ科の木本。花は白色。
¶APG原樹（No.1149/カ図）

**グラントヒノキ** ⇒ローソンヒノキを見よ

**グランドファー** ⇒アメリカオオモミを見よ

**クランベリー** ⇒オオミツルコケモモを見よ

**クリ** *Castanea crenata* 栗
ブナ科の落葉高木。別名シバグリ, ヤマグリ。高さは17m。
¶APG原樹（No.720/カ図）
　学フ増樹（p222/カ写・カ図）
　原牧2（No.104/カ図）
　新分牧（No.2165/モ図）
　新牧日（No.139/モ図）

271　　　　クリ

ク

クリイロイ 272

図説樹木（p90/カ写）
茶花上（p515/カ写）
都木花新（p53/カ写）
牧野ス1（No.1949/カ図）
野生3（p89/カ写）
山カ樹木（p150/カ写）
落葉図譜（p91/モ図）

**ク**

**クリイロイグチ**　*Gyroporus castaneus*
クリイロイグチ科のキノコ。
¶原きの（No.311/カ写・カ図）
山カ日き（p297/カ写）

**クリイロカラカサタケ**　*Lepiota castanea*
ハラタケ科のキノコ。小型。傘は栗褐色の鱗片。
ひだは白色。
¶学フ増毒き（p36/カ写）
山カ日き（p194/カ写）

**クリイロスゲ**　*Carex diandra*
カヤツリグサ科の多年草。
¶カヤツリ（p92/モ図）
スゲ増（No.27/カ写）
野生1（p303/カ写）

**クリイロチャワンタケ**　*Peziza badia*
チャワンタケ科のキノコ。
¶学フ増毒き（p242/カ写）
原きの（No.540/カ写）
山カ日き（p569/カ写）

**クリイロムクエタケ**　*Macrocystidia cucumis*
ホウライタケ科のキノコ。小型。傘は褐色で湿時条
線。中心に突起。
¶原きの（No.190/カ写・カ図）

**クリオザサ**　*Sasaella masamuneana*
イネ科タケ亜科のササ。日本固有種。
¶固有（p170）
タケ亜科（No.129/カ写）
タケササ（p131/カ写）

**クリガシワ**　⇒アベマキを見よ

**クリカボチャ**　*Cucurbita maxima*　栗南瓜
ウリ科の野菜。別名セイヨウカボチャ。葉や花はカ
ボチャに似る。
¶原牧2（No.183/カ図）
新分牧（No.2228/モ図）
新牧日（No.1887/モ図）
牧野ス1（No.2028/カ図）

**クリカワヤシャイグチ**　*Austroboletus gracilis*
イグチ科のキノコ。
¶山カ日き（p349/カ写）

**クリゲノチャヒラタケ**　*Crepidotus badiofloccosus*
アセタケ科のキノコ。小型。傘は腎臓形～半球形、
褐色綿毛。
¶山カ日き（p275/カ写）

**クリサンセマム・アルピナム**　*Chrysanthemum alpinum*
キク科。キク属の代表的な自然交雑種。
¶山野草（No.1230/カ写）

**クリスマス・ビューティー**　*Camellia* 'Christmas Beauty'
ツバキ科。ツバキの品種。
¶APG原樹〔ツバキ 'クリスマス・ビューティー'〕（No.1164/カ図）

**クリスマスローズ**　*Helleborus niger*
キンポウゲ科の多年草。花は白色。
¶学フ有毒（p126/カ写）
原牧1（No.1271/カ図）
山野草〔ヘレボルス・ニゲル〕（No.0326/カ写）
茶花下（p388/カ写）
牧野ス1（No.1271/カ図）

**クリタケ**　*Hypholoma lateritium*　栗茸
モエギタケ科のキノコ。別名キジタケ、アカンボ
ウ。小型～超大型。傘は明茶褐色、白色鱗片付着。
ひだは黄白色。
¶学フ増毒き（p135/カ写）
新分牧（No.5116/モ図）
新牧日（No.4994/モ図）
山カ日き（p223/カ写）

**クリナム**　*Crinum × powellii*
ヒガンバナ科の大型多年草。高さは60cm。花は筒
部が緑色で長く内側は桃色, 中央は淡紅色。
¶原牧1（No.542/カ図）
牧野ス1（No.542/カ図）

**クリノイガ**　*Cenchrus brownii*
イネ科の一年草。花序には総苞が付く。高さは25
～60cm。
¶帰化写改（p434/カ写）
桑イネ（p141/カ写・モ図）

**クリノイガワンタケ**　*Lanzia echinophila*
トウヒキンカクキン科のキノコ。
¶原きの（No.529/カ写・カ図）

**クリハラン**　*Neocheiropteris ensata*　栗葉蘭
ウラボシ科の常緑性シダ。別名イズクリハラン, ウ
ラボシ, ツノダシクリハラン, ハゴロモクリハラン,
ヒロハクリハラン。葉身は長さ25～40cm, 広披
針形。
¶シダ標2（p466/カ写）
新分牧（No.4793/モ図）
新牧日（No.4659/モ図）

**クリーピングベントグラス**　⇒ハイコヌカグサを
見よ

**クリフウセンタケ**　⇒ニセアブラシメジを見よ

**クリムソン キング**　*Acer platanoides* 'Crimson King'
ムクロジ科（カエデ科）の木本。ノルウェーカエデ
の品種。
¶APG原樹〔ノルウェーカエデ 'クリムソン キング'〕（No.1573/カ図）

**クリヤマハハコ**　*Anaphalis sinica* var.*viscosissima*
キク科キク亜科の多年草。日本固有種。
¶原牧2（No.1985/カ図）
固有（p149）
新分牧（No.4132/モ図）
新牧日（No.3022/モ図）
牧野ス2（No.3830/カ図）

野生5（p344/カ写）
山レ増（p52/カ写）

**クリンザクラ** *Primula polyantha* 九輪桜
サクラソウ科。別名プリムラ・ポリアンサ。高さは
30cm。
¶原牧2〔プリムラ・ポリアンサ〕（No.1086/カ図）
茶花下（p389/カ写）
牧野ス2〔プリムラ・ポリアンサ〕（No.2931/カ図）

**クリンソウ** *Primula japonica* 九輪草
サクラソウ科の多年草。日本固有種。別名クダンソ
ウ，ナナカイソウ。高さは40〜80cm。花は紅紫色。
¶学フ増野春（p50/カ写）
原牧2（No.1066/カ図）
固有（p110/カ写）
山野草（No.0822/カ写）
新分牧（No.3111/モ図）
新牧日（No.2211/モ図）
茶花上（p381/カ写）
牧野ス2（No.2911/カ図）
野生4（p200/カ写）
山力野草（p281/カ写）
山ハ山花（p372/カ写）

**グリーンネックレス** ⇒ミドリノスズを見よ

**クリンホシダ** ⇒ホシダを見よ

**クリンユキフデ** *Bistorta suffulta* 九輪雪筆
タデ科の多年草。高さは20〜40cm。
¶原牧2（No.852/カ図）
山野草（No.0003/カ写）
新分牧（No.2854/モ図）
新牧日（No.314/モ図）
茶花下（p85/カ写）
牧野ス2（No.2697/カ図）
ミニ山（p24/カ写）
野生4（p86/カ写）
山力野草（p535/カ写）
山ハ山花（p253/カ写）

**クルサル** *Cerasus* 'Kursar'
バラ科の落葉低木。サクラの栽培品種。花は濃
紅色。
¶学フ増桜〔'クルサル'〕（p200/カ写）

**クルソンカナワラビ** *Arachniodes*×*minamitanii*
オシダ科のシダ植物。
¶シダ標2（p397/カ写）

**クルマアザミ**(1) *Cirsium oligophyllum* var.
*oligophyllum* 車薊
キク科の多年草。ノハラアザミの一奇形。葉状総苞
が放射輪状に付くが一時的な変態現象で，一変種と
は認め難い。
¶原牧2（No.2173/カ写）
新分牧（No.3960/モ図）
新牧日（No.3205/モ図）
牧野ス2（No.4018/カ図）

**クルマアザミ**(2) ⇒ノハラアザミを見よ

**クルマギク** *Aster tenuipes* 車菊
キク科キク亜科の草本。日本固有種。茎は垂れ下

がって生える。
¶原牧2（No.1950/カ図）
固有（p145）
山野草（No.1262/カ写）
新分牧（No.4177/モ図）
新牧日（No.2990/モ図）
牧野ス2（No.3795/カ図）
野生5（p318/カ写）
山ハ山花（p517/カ写）
山レ増（p38/カ写）

**クルマシダ** *Asplenium wrightii* 車羊歯
チャセンシダ科の常緑性シダ。別名ハゴロモクルマ
シダ。葉身は長さ30〜80cm，広披針形。
¶シダ標1（p415/カ写）
新分牧（No.4627/モ図）
新牧日（No.4627/モ図）

**クルマバアカネ** *Rubia cordifolia* var.*lancifolia* 車
葉茜
アカネ科の草本。
¶原牧2（No.1324/カ図）
新分牧（No.3358/モ図）
新牧日（No.2438/モ図）
牧野ス2（No.3169/カ図）
野生4（p289/カ写）

**クルマバザクロソウ** *Mollugo verticillata* 車葉柘
榴草
ザクロソウ科の一年草。江戸時代末期に渡来し，各
地に帰化。高さは10〜20cm。花は白色。
¶帰化写改（p28/カ写，p490/カ写）
原牧2（No.992/カ図）
植調（p179/カ写）
新分牧（No.3033/モ図）
新牧日（No.325/モ図）
牧野ス2（No.2837/カ図）
野生4（p148/カ写）
山ハ野花（p293/カ写）

**クルマバソウ** *Galium odoratum* 車葉草
アカネ科の多年草。高さは25〜40cm。
¶学フ増野春（p154/カ写）
原牧2（No.1307/カ写）
新分牧（No.3341/モ図）
新牧日（No.2421/モ図）
茶花上（p381/カ写）
牧野ス2（No.3152/カ写）
野生4（p273/カ写）
山力野草（p154/カ写）
山ハ山花（p392/カ写）

**クルマバツクバネソウ** *Paris verticillata* 車葉衝羽
根草
シュロソウ科（ユリ科）の多年草。高さは50〜
90cm。花は緑色。
¶学フ増高山（p233/カ写）
原牧1（No.309/カ写）
山野草（No.1369/カ写）
新分牧（No.355/モ図）
新牧日（No.3479/モ図）
茶花上（p515/カ写）

牧野ス1（No.309/カ図）
野生1（p160/カ写）
山カ野草（p636/カ写）
山ハ高山（p20/カ写）
山ハ山花（p58/カ写）

**クルマバテンナンショウ** *Arisaema consanguineum*
車葉天南星
サトイモ科の草本。高さは30〜100cm。
¶山野草（No.1645/カ写）

**クルマバナ** *Clinopodium coreanum* subsp.*coreanum*
車花
シソ科シソ亜科〔イヌハッカ亜科〕の多年草。高さ
は20〜80cm。
¶色野草（p287/カ写）
学フ増野夏（p11/カ写）
原牧2（No.1687/カ図）
新分牧（No.3807/モ図）
新牧日（No.2598/モ図）
茶花下（p204/カ写）
牧野ス2（No.3532/カ図）
野生5（p132/カ写）
山カ野草（p226/カ写）
山ハ山花（p430/カ写）

**クルマバハグマ** *Pertya rigidula* 車葉白熊，車葉羽熊
キク科コウヤボウキ亜科の多年草。日本固有種。高
さは50〜80cm。
¶原牧2（No.1904/カ図）
固有（p143）
新分牧（No.3940/モ図）
新牧日（No.2940/モ図）
茶花下（p205/カ写）
牧野ス2（No.3749/カ写）
野生5（p213/カ写）
山カ野草（p23/カ写）
山ハ山花（p539/カ写）

**クルマバヒメクグ** *Cyperus aromaticus* 車葉姫莎草
カヤツリグサ科の多年草。
¶帰化写2（p375/カ写）

**クルマバヒメハギ** *Polygala verticillata* 車葉姫萩
ヒメハギ科の一年草。葉は茎の下部〜中央部までは
輪生。
¶帰化写2（p145/カ写）

**クルマバヒヨドリ** ⇒ヨツバヒヨドリを見よ

**クルマミズキ** ⇒ミズキを見よ

**クルマムグラ** *Galium japonicum* 車葎
アカネ科の多年草。高さは15〜50cm。
¶野生4（p274/カ写）
山ハ山花（p389/カ写）

**クルマユリ** *Lilium medeoloides* 車百合
ユリ科の多年草。別名カサユリ，コメユリ，チシマ
クルマユリ，ホソバクルマユリ。高さは70〜
100cm。花は朱赤色。
¶学フ増高山（p81/カ写）
学フ増野夏（p109/カ写）
原牧1（No.335/カ図）
山野草（No.1470/カ写）

新分牧（No.401/モ図）
新牧日（No.3429/モ図）
茶花下（p85/カ写）
牧野ス1（No.335/カ図）
野生1（p172/カ写）
山カ野草（p621/カ写）
山ハ高山（p22/カ写）
山ハ山花（p76/カ写）

**クルミ** ⇒オニグルミを見よ

**クルミタケ** *Hydnotrya tulasnei*
フクロシトネタケ科のキノコ。小型。子嚢果は暗赤
褐色。
¶原きの（No.563/カ写・カ図）
山カ日き（p575/カ写）

**クルメツツジ** ⇒キリシマを見よ

**クレイマーズ・シュプリーム** *Camellia* ‘Kramer’s
Supreme’
ツバキ科。ツバキの品種。
¶APG原樹〔ツバキ‘クレイマーズ・シュプリーム’〕
（No.1166/カ図）

**クレオメ** ⇒セイヨウフウチョウソウを見よ

**クレオメソウ** ⇒セイヨウフウチョウソウを見よ

**クレソン** *Nasturtium officinale*
アブラナ科の多年草。別名オランダガラシ，ミズガ
ラシ，ウォータークレス。全長20〜70cm，総状花序
に白い小さな花を多数付ける。高さは20〜60cm。
¶色野草〔オランダガラシ〕（p34/カ写）
学フ増山菜〔オランダガラシ〕（p42/カ写）
学フ増野春〔オランダガラシ〕（p200/カ写）
帰化写改〔オランダガラシ〕（p107/カ写，p496/カ写）
原牧2（No.710/カ写）
新分牧（No.2742/モ図）
新牧日（No.830/モ図）
茶花上〔オランダがらし〕（p506/カ写）
日水草〔オランダガラシ〕（p258/カ写）
牧野ス2（No.2555/カ図）
野生4〔オランダガラシ〕（p67/カ写）
山カ野草〔オランダガラシ〕（p449/カ写）
山ハ野花〔オランダガラシ〕（p404/カ写）

**クレタケ**(1) ⇒ハチクを見よ

**クレタケ**(2) ⇒ホテイチクを見よ

**クレナイ** ⇒ベニバナを見よ

**クレノアイ** ⇒ベニバナを見よ

**クレノユキ** *Rhododendron* × *obtusum* ‘Kurenoyuki’
暮の雪
ツツジ科の木本。ツツジの品種。
¶APG原樹〔ツツジ‘クレノユキ’〕（No.1271/カ図）

**クレハシダレ** *Prunus mume* ‘Kureha-shidare’ 呉服
枝垂
バラ科。ウメの品種。枝垂れ系ウメ。
¶ウメ〔呉服枝垂〕（p150/カ写）

**グレープフルーツ** *Citrus paradisi*
ミカン科の木本。別名ポメロ。果皮は黄白色もしく
は赤みを帯びる。

¶**APG原樹**(No.963/カ図)
原牧2(No.586/カ図)
新分牧(No.2632/モ図)
新牧日(No.1523/モ図)
牧野ス2(No.2431/カ図)
山カ樹木(p374/カ写)

## グレブレイノモトソウ ⇒アシガタシダを見よ

## クレマチス　Clematis spp.
キンポウゲ科の宿根草。センニンソウ属の総称。ま
た, 園芸品種の総称。
¶学フ増花庭(p39/カ写)
学フ有毒(p124/カ写)
茶花上(p382/カ写)
山カ樹木(p181/カ写)

## クレマチス'アサガスミ' ⇒アサガスミを見よ

## クレマチス・アルピナ　Clematis alpina
キンポウゲ科。花は空色。
¶山野草(No.0123/カ写)

## クレマチス'イセハラ' ⇒イセハラを見よ

## クレマチス・インテグリフォリア　Clematis integrifolia
キンポウゲ科。花は紫色。
¶山野草(No.0127/カ写)

## クレマチス'エドムラサキ' ⇒エドムラサキを見よ

## クレマチス'カキオ' ⇒カキオを見よ

## クレマチス'タテシナ' ⇒タテシナを見よ

## クレマチス・タングチカ　Clematis tangutica
キンポウゲ科。花は黄色。
¶山野草(No.0122/カ写)

## クレマチス・チベタナ　Clematis tibetana
キンポウゲ科の草本。
¶山野草(No.0124/カ写)

## クレマチス・テキセンシス　Clematis texensis
キンポウゲ科。花は赤色。
¶山野草(No.0132/カ写)

## クレマチス'テシオ' ⇒テシオを見よ

## クレマチス'ヒサ' ⇒ヒサを見よ

## クレマチス・マクロペタラ　Clematis macropetala
キンポウゲ科。別名キザキハンショウヅル。花は
青紫色。
¶山野草(No.0126/カ写)

## クレマチス・マルモラリア　Clematis marmoraria
キンポウゲ科の草本。高さは5〜10cm。
¶山野草(No.0128/カ写)

## クレマチス'ミサヨ' ⇒ミサヨを見よ

## クレマチス'ミョウコウ' ⇒ミョウコウを見よ

## クレマチス・モンタナ　Clematis montana
キンポウゲ科の薬用植物。
¶山野草(No.0125/カ写)

## クレマチス'ワカムラサキ' ⇒ワカムラサキを見よ

## クレマチフロラ　Aquilegia 'Clematiflora'
キンポウゲ科の草本。セイヨウオダマキの品種。高
さは30〜60cm。
¶山野草〔アクイレギア'クレマチフロラ'〕(No.0072/カ
写)

## グレーンスゲ　Carex parciflora var.parciflora
カヤツリグサ科の多年草。別名カミコウチスゲ。
¶カヤツリ(p458/モ図)
原牧1(No.877/カ図)
新分牧(No.896/モ図)
新牧日(No.4182/モ図)
スゲ増(No.256/カ写)
牧野ス1(No.877/カ図)
野生1(p327/カ写)
山ハ山花(p168/カ写)

## クロアザアワタケ　Xerocomus nigromaculatus
イグチ科のキノコ。小型〜中型。傘は黄褐色〜褐
色, 肉は青変, 赤変〜黒変。
¶山カ日き(p311/カ写)

## クロアザミ　Centaurea nigra
キク科の多年草。
¶帰化写2(p265/カ写)

## クロアシボソノボリリュウタケ　Helvella atra
ノボリリュウタケ科のキノコ。小型。頭部は不規則
鞍形, 黒灰色。
¶原きの(No.554/カ写・カ図)
山カ日き(p558/カ写)

## クロアブラガヤ　Scirpus sylvaticus var.maximowiczii
黒油茅
カヤツリグサ科の多年草。別名ヤマアブラガヤ。高
さは80〜120cm。
¶カヤツリ(p654/モ図)
新分牧(No.767/モ図)
新牧日(No.4007/モ図)
野生1(p360/カ写)
山ハ山花(p182/カ写)

## クロアミメセイヨウショウロ ⇒アミメクロセイ
ヨウショウロを見よ

## クロアワタケ　Retiboletus griseus
イグチ科のキノコ。
¶山カ日き(p320/カ写)

## クロイグチ　Porphyrellus porphyrosporus
イグチ科のキノコ。
¶山カ日き(p334/カ写)

## クロイゲ　Sageretia thea
クロタキカズラ科(クロウメモドキ科)の常緑低木。
¶原牧2(No.25/カ図)
新分牧(No.2060/モ図)
新牧日(No.1687/モ図)
牧野ス1(No.1870/カ図)
野生2(p324/カ写)

## クロイチゴ　Rubus mesogaeus var.mesogaeus　黒苺
バラ科バラ亜科の落葉低木。
¶**APG原樹**(No.588/カ図)
原牧1(No.1775/カ図)

クロイヌノ　　276

新分牧（No.1943/モ図）
新牧日（No.1112/モ図）
牧野ス1（No.1775/カ図）
ミニ山（p138/カ写）
野生3（p53/カ写）
山力樹木（p270/カ写）

**クロイヌノヒゲ**　*Eriocaulon atrum*　黒犬の髭
ホシクサ科の草本。
¶原牧1（No.673/カ図）
新分牧（No.710/モ図）
新牧日（No.3610/モ図）
牧野ス1（No.673/カ図）
野生1（p284/カ写）

**クロイヌビエ**　⇒ケイヌビエ(1)を見よ

**クロイワザサ**　*Thuarea involuta*
イネ科キビ亜科の常緑多年草。
¶桑イネ（p468/モ図）
野生2（p98/カ写）

**クロウグイス**　⇒クロミノウグイスカグラ(1)を見よ

**クロウスゴ**　*Vaccinium ovalifolium*　黒臼子
ツツジ科スノキ亜科の落葉低木。別名エゾクロウ
スゴ。
¶APG原樹（No.1306/カ図）
学フ増高山（p193/カ写）
学フ増山菜（p193/カ写）
原牧2（No.1247/カ図）
新分牧（No.3299/モ図）
新牧日（No.2191/モ図）
牧野ス2（No.3092/カ図）
野生4（p260/カ写）
山力樹木（p602/カ写）
山ハ高山（p288/カ写）

**クロウスタケ**　⇒クロラッパタケを見よ

**クロウメモドキ**　*Rhamnus japonica*　黒梅擬
クロタキカズラ科（クロウメモドキ科）の落葉低木。
日本固有種。別名コバノクロウメモドキ。高さは2
〜6m。
¶APG原樹（No.646/カ図）
学フ増樹（p115/カ写）
学フ有毒（p67/カ写）
原牧2〔クロウメモドキ（広義）〕（No.27/カ図）
固有（p89/カ写）
新分牧〔クロウメモドキ（広義）〕（No.2057/モ図）
新牧日〔クロウメモドキ（広義）〕（No.1689/モ図）
茶花上（p263/カ写）
牧野ス1〔クロウメモドキ（広義）〕（No.1872/カ図）
野生2（p322/カ写）
山力樹木（p461/カ写）
落葉図譜（p227/モ図）

**クロエゾ**　⇒エゾマツを見よ

**クロエゾマツ**　⇒エゾマツを見よ

**クロオスゲ**　⇒カブスゲを見よ

**クロカキ**　⇒トキワガキを見よ

**クロガシ**　⇒シラカシを見よ

**クロガネカズラ**　⇒クマヤナギを見よ

**クロガネシダ**　*Asplenium coenobiale*　黒鉄羊歯
チャセンシダ科の常緑性シダ。別名ホウオウシダ。
葉身は長さ4〜8cm，狭三角形。
¶シダ標1（p415/カ写）
新分牧（No.4632/モ図）
新牧日（No.4638/モ図）
山レ増（p663/カ写）

**クロガネシダモドキ**　*Asplenium×tosaense*
チャセンシダ科のシダ植物。
¶シダ標1（p417/カ写）

**クロガネモチ**　*Ilex rotunda*　黒鉄黐
モチノキ科の常緑高木。別名フクラシバ，フクラモ
チ。高さは15m。花は淡紫色。
¶APG原樹（No.1451/カ図）
学フ増樹（p122/カ写）
原牧2（No.1828/カ図）
新分牧（No.3877/モ図）
新牧日（No.1619/モ図）
都木花新（p168/カ写）
牧野ス2（No.3673/カ図）
野生5（p182/カ写）
山力樹木（p409/カ写）

**クロカミシライトソウ**　*Chionographis japonica* var.
*kurokamiana*
シュロソウ科（ユリ科）の多年草。日本固有種。
¶固有（p157）
野生1（p159）
山レ増（p598/カ写）

**クロカミラン**　*Ponerorchis graminifolia* var.
*kurokamiana*　黒髪蘭
ラン科の多年草。日本固有種。
¶固有（p189）
野生1（p226）
山レ増（p499/カ写）

**クロガヤ**　*Gahnia tristis*
カヤツリグサ科の多年草。
¶カヤツリ（p568/モ図）
新分牧（No.745/モ図）
新牧日（No.4051/モ図）
野生1（p351/カ写）

**クロガラシ**　*Brassica nigra*
アブラナ科の一年草。
¶帰化写改（p91/カ写，p495/カ写）

**クロカワ**　*Boletopsis leucomelaena*　黒皮
マツバハリタケ科（クロカワ科）のキノコ。中型〜
大型。傘は灰色〜黒色，微毛。
¶新分牧（No.5153/モ図）
新牧日（No.4955/モ図）
山力日き（p445/カ写）

**クロカワズスゲ**　*Carex arenicola*
カヤツリグサ科の多年草。高さは10〜40cm。
¶カヤツリ（p84/モ図）
原牧1（No.793/カ図）
新分牧（No.788/モ図）

新牧日 (No.4081/モ図)
スゲ増 (No.23/カ写)
牧野ス1 (No.793/カ図)
野生1 (p303/カ写)

## クロカンバ　*Rhamnus costata*　黒樺
クロタキカズラ科 (クロウメモドキ科) の落葉高木。
日本固有種。葉は楕円形。
¶ APG原樹 (No.647/カ図)
原牧2 (No.31/カ図)
固有 (p89)
新分牧 (No.2055/モ図)
新牧日 (No.1693/モ図)
牧野ス1 (No.1876/カ図)
野生2 (p322/カ写)
山カ樹木 (p461/カ写)

## クロキ　*Symplocos kuroki*　黒木
ハイノキ科の常緑高木。日本固有種。果実は長楕
円形。
¶ APG原樹 (No.1178/カ図)
原牧2 (No.1138/カ図)
固有 (p111)
新分牧 (No.3179/モ図)
新牧日 (No.2277/モ図)
牧野ス2 (No.2983/カ図)
野生4 (p211/カ写)
山カ樹木 (p619/カ写)

## クロギ　⇒モクレイシを見よ

## グロキシニア　⇒オオイワギリソウを見よ

## クロギボウシ　*Hosta sieboldiana* var.*nigrescens*
クサスギカズラ科の多年草。葉は黄緑色。
¶ 野生1 (p251)

## クログキシダ(1)　⇒カレンコウアミシダを見よ

## クログキシダ(2)　⇒カワリウスバシダを見よ

## クロクモ　*Prunus mume* 'Kurokumo'　黒雲
バラ科。ウメの品種。李系ウメ，紅材性八重。
¶ ウメ〔黒雲〕(p112/カ写)

## クロクモソウ　*Micranthes fusca* var.*kikubuki*　黒雲草
ユキノシタ科の多年草。日本固有種。別名イワブ
キ，キクブキ。高さは10～30cm。
¶ 学フ増高山 (p229/カ写)
原牧1 (No.1377/カ図)
固有 (p72)
新分牧 (No.1559/モ図)
新牧日 (No.956/モ図)
牧野ス1 (No.1377/カ図)
ミニ山 (p117/カ写)
野生2 (p205/カ写)
山カ野草 (p416/カ写)
山ハ高山 (p160/カ写)
山ハ山花 (p286/カ写)

## クロクルミ　*Juglans nigra*　黒胡桃
クルミ科の木本。別名ニグラクルミ，ブラック
ウォールナット。高さは45m。樹皮は濃灰褐色ない
し帯黒色。
¶ APG原樹 (No.728/カ図)

落葉図譜〔クログルミ〕(p61/モ図)

## クログワイ　*Eleocharis kuroguwai*　黒慈姑
カヤツリグサ科の多年生抽水植物。別名クワイヅル，
イゴ，ゴヤ，ギワ，スルリン，アブラスゲ，クワイ (古
名)。桿は高さ25～90cm，円筒形で暗緑色，両性花。
¶ カヤツリ (p612/モ図)
原牧1 (No.745/カ図)
植調 (p38/カ写)
新分牧 (No.933/モ図)
新牧日 (No.4010/モ図)
茶花下 (p305/カ写)
日水草 (p179/カ写)
牧野ス1 (No.745/カ図)
野生1 (p343/カ写)
山ハ野花 (p123/カ写)

## クロゲシジミタケ　*Resupinatus trichotis*
シジミタケ科のキノコ。超小型。傘は灰色貝殻形～
扇形で無柄，基部黒色毛あり。
¶ 山カ日き (p113/カ写)

## クロコウガイゼキショウ　*Juncus castaneus* subsp. *triceps*　黒笄石菖
イグサ科の草本。別名チシマコウガイゼキショウ。
¶ 野生1 (p290)
山ハ高山 (p56/カ写)
山レ増 (p565/カ写)

## クロコウセンガヤ　⇒ムラサキシマヒゲシバを見よ

## クロゴケ　*Andreaea rupestris*　黒苔
クロゴケ科のコケ。別名タカネクロゴケ。黒赤色。
茎は高さ1～2cm。
¶ 新分牧 (No.4834/モ図)
新牧日 (No.4694/モ図)

## クロコタマゴテングタケ　*Amanita citrina* var.*grisea*
テングタケ科のキノコ。
¶ 学フ増毒き (p67/カ写)

## クロコヌカグサ　*Agrostis nigra*　黒小糠草
イネ科の多年草。高さは1m。
¶ 帰化写改 (p418/カ写)
桑イネ (p50/カ写・モ図)
山ハ山花 (p184/カ写)

## クロコブタケ　*Hypoxylon truncatum*
クロサイワイタケ科のキノコ。小型。子実体は半
球形。
¶ 山カ日き (p589/カ写)

## クロコムギ　⇒ライムギを見よ

## クロサイワイタケ　*Xylaria hypoxylon*
クロサイワイタケ科のキノコ。
¶ 原きの (No.583/カ写・カ図)

## クロサカズキシメジ　*Pseudoclitocybe cyathiformis*
ガマノホタケ科 (キシメジ科) のキノコ。小型～中
型。傘は漏斗形，湿時焦茶色。ひだは灰褐色。
¶ 原きの (No.246/カ写・カ図)
山カ日き (p101/カ写)

## クロサルノコシカケ　*Melanoporia castanea*
ツガサルノコシカケ科のキノコ。

¶山力日き (p481/カ写)

**クロジクトジクチゴケ** *Weissia atrocaulis*
センボンゴケ科のコケ植物。日本固有種。
¶固有 (p213)

**クロジクミカワリシダ** ⇒カレンコウアミシダを
見よ

**クロシバフダンゴタケ** *Bovista nigrescens*
ハラタケ科のキノコ。
¶原きの (No.471/カ写・カ図)

**クロシベエリカ** ⇒ジャノメエリカを見よ

**クロシマスゲ** ⇒キノクニスゲを見よ

**クロシワオキナタケ** *Bolbitius reticulatus*
オキナタケ科のキノコ。小型～中型。傘は黒紫色で
放射状のしわがある。ひだは淡紅色～さび色。
¶原きの (No.036/カ写・カ図)
山力日き (p215/カ写)

**クロスグリ** *Ribes nigrum*
スグリ科 (ユキノシタ科) の落葉低木。別名クロフ
サスグリ。高さは1.8m。
¶野生2 (p194)

**クロスゲ** ⇒ホロムイスゲを見よ

**クロヅル** *Tripterygium regelii* 黒蔓
ニシキギ科の落葉つる性植物。別名アカネカズラ,
ギョウジャカズラ, ベニヅル。
¶**APG原樹** (No.780/カ図)
原牧2 (No.212/カ図)
新分牧 (No.2237/モ図)
新牧日 (No.1663/モ図)
茶花下 (p86/カ図)
牧野ス1 (No.2057/カ図)
ミニ山 (p177/カ写)
野生3 (p139/カ写)
山力樹木 (p421/カ写)

**クロセンダン** ⇒チャンチンモドキを見よ

**クロソヨゴ** *Ilex sugerokii* var.*sugerokii* 黒冬青, 黒戦
モチノキ科の常緑低木。日本固有種。別名ウシカ
バ, フブラギ。高さは2～5m。花は白色。
¶**APG原樹** 〔ウシカバ〕(No.1446/カ図)
原牧2 (No.1836/カ図)
固有 (p87)
新分牧 (No.3881/モ図)
新牧日 (No.1627/モ図)
牧野ス2 (No.3681/カ図)
野生5 (p182/カ写)

**クロダ** *Prunus mume* 'Kuroda' 黒田
バラ科。ウメの品種。杏系ウメ, 豊後性八重。
¶ウメ 〔黒田〕(p138/カ写)
**APG原樹** 〔ウメ'クロダ'〕(No.479/カ図)

**クロタキカズラ** *Hosiea japonica* 黒滝葛
クロタキカズラ科の落葉つる性植物。日本固有種。
¶原牧2 (No.1268/カ図)
固有 (p89)
新分牧 (No.3311/モ図)
新牧日 (No.1674/モ図)

牧野ス2 (No.3113/カ図)
野生4 (p263/カ写)
山力樹木 (p425/カ写)

**クロタネソウ** *Nigella damascena* 黒種子草, 黒種草
キンポウゲ科の一年草。別名ニゲラ。高さは60～
80cm。花は青色, または白色。
¶原牧1 (No.1200/カ図)
新分牧 (No.1481/モ図)
新牧日 (No.521/モ図)
茶花上 (p382/カ写)
牧野ス1 (No.1200/カ図)

**クロタマガヤツリ** *Fuirena ciliaris*
カヤツリグサ科の一年草。
¶カヤツリ (p606/カ図)
原牧1 (No.723/カ図)
新分牧 (No.949/モ図)
新牧日 (No.3981/モ図)
牧野ス1 (No.723/カ図)
野生1 (p350/カ写)

**クロタマゴテングタケ** *Amanita fuliginea*
テングタケ科のキノコ。中型。ひだは暗褐色～黒
色, 繊維状。
¶学フ増毒き (p61/カ写)
山力日き (p156/カ写)

**クロダモ** ⇒ヤブニッケイを見よ

**クロタラリア** ⇒コヤシタヌキマメを見よ

**クロチク** *Phyllostachys nigra* var.*nigra* 黒竹
イネ科タケ亜科の常緑中型タケ。別名シチク。
¶**APG原樹** (No.223/カ図)
新分牧 (No.1021/モ図)
新牧日 (No.3616/モ図)
タケ亜科 (No.14/カ写)
タケササ (p41/カ写)
山力樹木 (p63/カ写)

**クロチチタケ** *Lactarius lignyotus*
ベニタケ科のキノコ。小型～中型。傘は黒褐色, 放
射状のしわがありビロード状。ひだは白色。
¶原きの (No.156/カ写・カ図)
山力日き (p384/カ写)

**クロチチダマシ** *Lactarius gerardii*
ベニタケ科のキノコ。小型～中型。傘は暗黄褐色,
放射状のしわ。ひだの縁部は黒く縁どられる。
¶山力日き (p384/カ写)

**クロチャワンタケ** *Pseudoplectania nigrella*
クロチャワンタケ科のキノコ。
¶山力日き (p552/カ写)

**クロッカス** *Crocus vernus*
アヤメ科の多年草。別名ハナサフラン, ムラサキサ
フラン。花は紫色, または白色。
¶原牧1 (No.511/カ図)
牧野ス1 (No.511/カ図)

**クロツグ** *Arenga engleri*
ヤシ科の常緑低木。別名ツグ, ヤマシュロ, コミノ
クロツグ。
¶**APG原樹** (No.214/カ図)

野生1（p261/カ写）

**グロッソスティグマ・エラティノイデス** ⇒ハビ
コリハコベを見よ

**グロッバ** *Globba winitii*
ショウガ科の多年草。別名シャムノマイヒメ。高さ
は90cm。花は黄色。
¶茶花下（p86/カ写）

**グロッバ・ウィニティー** ⇒グロッバを見よ

**クロツバキ** *Camellia japonica* 'Kuro-tsubaki' 黒椿
ツバキ科。ツバキの品種。花は紅色。
¶茶花上（p137/カ写）

**クロツバラ** *Rhamnus davurica* var.*nipponica* 黒つ
薔薇
クロタキカズラ科（クロウメモドキ科）の落葉低木。
別名オオクロウメモドキ、ウシコロシ、ナベコウジ。
花は黄緑色。
¶APG原樹（No.649/カ図）
原牧2（No.29/カ図）
新分牧（No.2056/モ図）
新牧日（No.1691/モ図）
牧野ス1（No.1874/カ図）
野生2（p322/カ写）
山力樹木（p460/カ写）

**クロツブイラガタケ** *Cordyceps* sp.
ノムシタケ科の冬虫夏草。宿主はイラガ類の繭。
¶冬虫生態（p88/カ写）

**クロツブガマノホタケ** *Typhula subsclerotioides*
ガマホタケ科のキノコ。頭部と柄は白色、のち帯
黄色〜黄褐色。
¶山力日き（p411/カ写）

**クロツリバナ** *Euonymus tricarpus* 黒吊花
ニシキギ科の落葉低木。別名ムラサキツリバナ。高
さは2〜3m。花は暗紫色。
¶APG原樹（No.774/カ図）
学フ増高山（p32/カ写）
原牧2〔ムラサキツリバナ〕（No.192/カ写）
新分牧〔ムラサキツリバナ〕（No.2245/モ図）
新牧日〔ムラサキツリバナ〕（No.1643/モ図）
牧野ス1〔ムラサキツリバナ〕（No.2037/カ図）
ミニ山（p177/カ写）
野生3（p136/カ写）
山力樹木（p418/カ写）
山ハ高山（p173/カ写）

**クロテツ** ⇒アカテツを見よ

**クロテンシラトリオトギリ** *Hypericum watanabei*
オトギリソウ科の多年草。日本固有種。別名ヌポロ
オトギリ。
¶固有（p64）
野生3（p242/カ写）

**クロテンツキ** *Fimbristylis diphylloides*
カヤツリグサ科の一年草または多年草。テンツキに
似ているが全体にやや小さい。高さは10〜40cm。
¶カヤツリ（p586/モ図）
原牧1（No.756/カ図）
新分牧（No.993/モ図）

新牧日（No.4027/モ図）
牧野ス1（No.756/カ図）
野生1（p348/カ写）

**クロトウヒレン** *Saussurea sessiliflora* 黒唐飛廉
キク科アザミ亜科の多年草。日本固有種。
¶学フ増高山（p77/カ写）
固有（p148）
野生5（p267/カ写）
山力野草（p98/カ写）
山ハ高山（p421/カ写）

**クロトキワガキ** ⇒トキワガキを見よ

**クロトチュウ** ⇒コクテンギを見よ

**クロトマヤタケ** *Inocybe lacera*
アセタケ科（フウセンタケ科）のキノコ。
¶学フ増毒き（p146/カ写）
山力日き（p241/カ写）

**クロトマヤタケモドキ** *Inocybe cincinnata*
アセタケ科（フウセンタケ科）のキノコ。
¶学フ増毒き（p146/カ写）
山力日き（p241/カ写）

**クロトンノキ** ⇒ヘンヨウボクを見よ

**クロトンノキ'アケボノクロトン'** ⇒アケボノク
ロトンを見よ

**クロトンノキ'ハーベスト・ムーン'** ⇒ハーベス
ト・ムーンを見よ

**クロトンノキ'ホソキマキ'** ⇒ホソキマキを見よ

**クロトンノキ'リュウセイクロトン'** ⇒リュウセ
イクロトンを見よ

**クロニガイグチ** *Tylopilus nigropurpureus*
イグチ科のキノコ。中型。傘は黒褐色〜帯紫黒色,
ビロード状。
¶学フ増毒き（p183/カ写）
山力日き（p335/カ写）

**クロヌマハリイ** *Eleocharis palustris* 黒沼針藺
カヤツリグサ科の湿地に群生する多年草。高さは
20〜40cm。
¶原牧1（No.748/カ図）
新分牧（No.939/モ図）
新牧日（No.4016/モ図）
牧野ス1（No.748/カ図）
野生1（p344）

**クロノボリリュウタケ** *Helvella lacunosa*
ノボリリュウタケ科のキノコ。
¶原きの（No.556/カ写・カ図）
山力日き（p558/カ写）

**クローバー** ⇒シロツメクサを見よ

**クロバイ** *Symplocos prunifolia* 黒灰
ハイノキ科の常緑高木。別名ハイノキ、トチシバ、
ソメシバ。花は白色。
¶APG原樹（No.1179/カ図）
原牧2（No.1133/カ図）
新分牧（No.3174/モ図）
新牧日（No.2272/モ図）

茶花上（p263/カ写）
牧野ス2（No.2978/カ図）
野生4（p212/カ写）
山力樹木（p618/カ写）

**クロハギンナンソウ** ⇒エゾツノマタを見よ

**クロハタガヤ** ⇒イトテンツキ(1)を見よ

**クロハツ** *Russula nigricans*
ベニタケ科のキノコ。中型〜大型。傘は白色〜黒色，平滑。ひだは白色〜黒色。
¶学フ増毒き（p188/カ写）
原きの（No.261/カ写・カ図）
新分牧（No.5151/モ図）
新牧日（No.4972/モ図）
山力日き（p358/カ写）

**クロハツモドキ** *Russula densifolia*
ベニタケ科のキノコ。中型。傘は白色〜灰褐色〜黒色。ひだは淡クリーム色。
¶学フ増毒き（p189/カ写）
山力日き（p359/カ写）

**クロバナイリス** *Hermodactylus tuberosus*
アヤメ科。花は緑色。
¶山野草（No.1603/カ写）

**クロバナウマノミツバ** *Sanicula rubriflora* 黒花馬の三葉
セリ科ウマノミツバ亜科の多年草。高さは20〜50cm。
¶原牧2（No.2397/カ図）
新分牧（No.4428/モ図）
新牧日（No.2014/モ図）
牧野ス2（No.4242/カ図）
野生5（p386/カ写）

**クロバナエンジュ** ⇒イタチハギを見よ

**クロバナエンレイソウ** ⇒トリリウム・セッシレを見よ

**クロバナオダマキ** *Aquilegia viridiflora*
キンポウゲ科の多年草。高さは20〜35cm。
¶山野草（No.0069/カ写）

**クロバナカモメヅル** ⇒タチカモメヅルを見よ

**クロバナキハギ** *Lespedeza melanantha*
マメ科マメ亜科の草本。高さは30〜50cm。花は暗紅紫色。
¶野生2（p278/カ写）
山レ増（p290/カ写）

**クロバナツルアズキ** *Macroptilium atropurpureum*
マメ科マメ亜科の多年生牧草。
¶野生2（p305/カ写）

**クロバナハンショウヅル** *Clematis fusca* 黒花半鐘蔓
キンポウゲ科の草本。別名エゾハンショウヅル，チシマハンショウヅル。花は赤紫色。
¶APG原樹（No.268/カ図）
原牧1（No.1307/カ図）
山野草（No.0121/カ写）
新分牧（No.1468/モ図）

新牧日（No.629/モ図）
牧野ス1（No.1307/カ図）
野生2（p145/カ写）
山レ増（p398/カ写）

**クロバナヒキオコシ** *Isodon trichocarpus* 黒花引起し
シソ科シソ亜科〔イヌハッカ亜科〕の多年草。日本固有種。高さは60〜150cm。
¶原牧2（No.1723/カ図）
固有（p122）
山野草（No.1023/カ写）
新分牧（No.3816/モ図）
新牧日（No.2632/モ図）
茶花下（p205/カ写）
牧野ス2（No.3568/カ図）
野生5（p141/カ写）
山力野草（p230/カ写）
山ハ山花（p436/カ写）

**クロバナヒョウタンボク** ⇒チシマヒョウタンボクを見よ

**クロハナビラタケ** *Ionomidotis frondosa*
所属科未確定のキノコ。小型。子実体は花びら状，黒色。
¶学フ増毒き（p230/カ写）
山力日き（p550/カ写）

**クロハナビラニカワタケ** *Tremella fimbriata*
シロキクラゲ科のキノコ。小型〜中型。子実体は八重咲きの花状，表面は平滑。
¶山力日き（p530/カ写）

**クロバナフウロ** *Geranium phaeum*
フウロソウ科の多年草。
¶山野草（No.0659/カ写）

**クロバナマツムシソウ** ⇒セイヨウマツムシソウを見よ

**クロバナロウゲ** *Comarum palustre* 黒花狼牙
バラ科バラ亜科の多年草。高さは30〜100cm。
¶原牧1（No.1839/カ図）
新分牧（No.2039/モ図）
新牧日（No.1141/モ図）
日水草（p238/カ写）
牧野ス1（No.1839/カ図）
ミニ山（p130/カ写）
野生3（p26/カ写）
山力野草（p405/カ写）
山ハ高山（p208/カ写）

**クロバナロウバイ** (1) ⇒アメリカロウバイを見よ

**クロバナロウバイ** (2) ⇒ニオイロウバイを見よ

**クロハリイ** *Eleocharis kamtschatica* 黒針藺
カヤツリグサ科の抽水性〜沈水植物，一年生または多年生。別名ヒメハリイ。穂は紫褐色，先は尖る。
¶カヤツリ（p632/モ図）
原牧1（No.746/カ図）
新分牧（No.935/モ図）
新牧日（No.4012/モ図）
牧野ス1（No.746/カ図）

野生1〔ヒメハリイ〕(p344/カ写)
山カ野草〔ヒメハリイ〕(p662/カ写)

**クロハリタケ** *Phellodon niger*
マツバハリタケ科のキノコ。
¶原きの (No.437/カ写・カ図)
山カ日き (p440/カ写)

**クロビ** ⇒クロベを見よ

**クロビイタヤ** *Acer miyabei* 黒皮板屋
ムクロジ科 (カエデ科) の落葉高木, 雌雄同株。日本
固有種。別名ミヤベイタヤ, エゾイタヤ。樹高は
20m。樹皮は灰褐色。
¶APG原樹 (No.930/カ図)
原牧2 (No.546/カ図)
固有 (p86)
新分牧 (No.2577/モ図)
新牧日 (No.1588/モ図)
牧野ス2 (No.2391/カ図)
野生3 (p294/カ写)
山カ樹木 (p441/カ写)
山レ増 (p269/カ写)
落葉図譜 (p211/モ図)

**クロヒナスゲ** *Carex gifuensis*
カヤツリグサ科の多年草。日本固有種。
¶カヤツリ (p382/モ図)
固有 (p186)
スゲ増 (No.203/カ写)
野生1 (p330/カ写)

**クロヒメアジサイ** *Hydrangea serrata* 'Kurohime'
黒姫紫陽花
アジサイ科。ヤマアジサイの園芸品種。萼片が紺色
に近い濃紫色。
¶茶花上 (p516/カ写)

**クロヒメオニタケ** *Cystoagaricus strobilomyces*
ナヨタケ科のキノコ。
¶山カ日き (p195/カ写)

**クロヒメカラカサタケ** *"Lepiota" fusciceps*
ハラタケ科のキノコ。
¶山カ日き (p194/カ写)

**クロヒメカンアオイ** *Asarum yoshikawae* 黒姫寒葵
ウマノスズクサ科の多年草。日本固有種。富山県北
部〜新潟県南部上越地方に産する。
¶固有 (p61)
野生1 (p68/カ写)

**クロヒメシライトソウ** *Chionographis hisauchiana*
subsp. *kurohimensis*
ユリ科。日本固有種。
¶固有 (p157)

**クロフサスグリ** ⇒クロスグリを見よ

**クロブシヒョウタンボク** *Lonicera kurobushiensis*
黒伏瓢箪木
スイカズラ科の落葉低木。高さは1mほど。
¶山カ樹木 (p720/カ写)

**クロフチシカタケ** *Pluteus atromarginatus*
ウラベニガサ科のキノコ。
¶原きの (No.240/カ写・カ図)

**クロブナ** ⇒イヌブナを見よ

**クロフネ** ⇒クロフネツツジを見よ

**クロフネサイシン** *Asarum dimidiatum* 黒船細辛
ウマノスズクサ科の多年草。日本固有種。花は緑紫
色。葉径7〜15cm。
¶原牧1 (No.111/カ図)
固有 (p60/カ写)
新分牧 (No.136/モ図)
新牧日 (No.707/モ図)
牧野ス1 (No.111/カ図)
野生1 (p62/カ写)
山ハ山花 (p26/カ写)
山レ増 (p365/カ写)

**クロフネツツジ** *Rhododendron schlippenbachii* 黒船
躑躅
ツツジ科の木本。別名クロフネ, カラツツジ, ロイ
ヤル・アザレア。花は淡桃色。
¶茶花上 (p383/カ写)
山カ樹木 (p547/カ写)
落葉図譜 (p269/モ図)

**クローブノキ** ⇒チョウジノキを見よ

**グロブラリア・コルディフォリア** *Globularia*
*cordifolia*
グロブラリア科の草本。高さは5cm。
¶山野草 (No.1094/カ写)

**クロベ** *Thuja standishii* 黒檜
ヒノキ科の常緑高木。日本固有種。別名クロビ, ネ
ズコ, ゴロウヒバ。高さは15〜25m。樹皮は赤褐色。
¶APG原樹〔ネズコ〕(No.94/カ図)
学フ増樹 (p35/カ写・カ図)
原牧1 (No.37/カ図)
固有〔ネズコ〕(p196/カ写)
新分牧 (No.56/モ図)
新牧日 (No.54/モ図)
図説樹木〔ネズコ〕(p48/カ写)
牧野ス1 (No.38/カ図)
野生1 (p41/カ写)
山カ樹木 (p52/カ写)

**クロヘゴ** *Cyathea podophylla*
ヘゴ科の常緑性シダ。別名オニヘゴ。葉身は長さ
60cm, 2回羽状に複生。
¶シダ標1 (p346/カ写)
新分牧 (No.4558/モ図)
新牧日 (No.4436/モ図)

**クロボウ** ⇒リュウキュウガキを見よ

**クロボウモドキ** *Monoon liukiuense*
バンレイシ科の木本。
¶野生1 (p75/カ写)
山レ増 (p409/カ写)

**グロボーサ** *Picea pungens* 'Globosa'
マツ科の木本。コロラドトウヒの品種。
¶APG原樹〔プンゲンストウヒ 'グロボーサ'〕(No.
1532/カ図)

クロホサナ　　　282

**グロボーサ ナナ** *Cryptomeria japonica* 'Globosa Nana'
ヒノキ科（スギ科）の木本。スギの品種。
¶**APG原樹**〔スギ‘グロボーサ ナナ’〕(No.1535/カ図)

**クロホシクサ** *Eriocaulon parvum* 黒星草
ホシクサ科の一年草。高さは10～20cm。
¶**原牧1** (No.667/カ図)
　山野草 (No.1607/カ写)
　新分牧 (No.703/モ図)
　新牧日 (No.3603/モ図)
　牧野ス1 (No.667/カ図)
　野生1 (p282/カ写・モ図 (p280) )
　山ハ野花 (p90/カ写)
　山レ増 (p562/カ写)

**クロボシソウ** *Luzula plumosa* subsp.*dilatata* 黒星草
イグサ科の多年草。日本固有種。
¶**原牧1** (No.698/カ図)
　固有 (p163/カ写)
　新分牧 (No.734/モ図)
　新牧日 (No.3587/モ図)
　牧野ス1 (No.698/カ図)
　野生1 (p292)
　山ハ山花 (p152/カ写)

**クロボスゲ** *Carex atrata* var.*japonalpina*
カヤツリグサ科の多年草。
¶**スゲ増** (No.98/カ写)
　野生1 (p329/カ写)

**クロボスゲ（広義）** *Carex atrata*
カヤツリグサ科の多年草。
¶**カヤツリ**〔クロボスゲ〕(p210/モ図)

**クロホテイシメジ** *Ampulloclitocybe avellaneoalba*
ヌメリガサ科のキノコ。
¶**原きの** (No.029/カ写・カ図)

**クロポプラ** ⇒クロヤマナラシを見よ

**クロマツ** *Pinus thunbergii* 黒松
マツ科の常緑高木。別名オマツ。樹高は35m。樹皮は灰色。
¶**APG原樹** (No.6/カ図)
　学フ増樹 (p38/カ写・カ図)
　学フ増花庭 (p42/カ写)
　原牧1 (No.24/カ写)
　新分牧 (No.32/モ図)
　新牧日 (No.36/モ図)
　図説樹木 (p28/カ写)
　都木花新 (p232/カ写)
　牧野ス1 (No.25/カ図)
　野生1 (p30/カ写・モ図 (p28) )
　山カ樹木 (p17/カ写)

**クロマメノキ** *Vaccinium uliginosum* var.*japonicum*
黒豆の木
ツツジ科スノキ亜科の落葉低木。別名アサマブドウ。高さは10～80cm。花は白色、または淡紅色。
¶**APG原樹** (No.1307/カ図)
　学フ増山菜 (p190/カ写)
　学フ増樹 (p223/カ写)
　原牧2 (No.1251/カ図)

　山野草 (No.0793/カ写)
　新分牧 (No.3303/モ図)
　新牧日 (No.2195/モ図)
　牧野ス2 (No.3096/カ写)
　野生4 (p260/カ写)
　山カ樹木 (p601/カ写)
　山ノ野草 (p293/カ写)
　山ハ高山 (p290/カ写)

**クロミキイチゴ** ⇒セイヨウヤブイチゴを見よ

**クロミクリゼキショウ** ⇒ミクリゼキショウを見よ

**クロミグワ** *Morus nigra* 黒実桑
クワ科の木本。樹高は10m。樹皮は橙褐色。
¶**APG原樹** (No.687/カ図)

**クロミサンザシ** *Crataegus chlorosarca* 黒味山査子,
黒味山櫨子,黒実山査子,黒実山櫨子
バラ科シモツケ亜科の木本。果実は暗橙色。
¶**APG原樹** (No.526/カ図)
　原牧1 (No.1731/カ図)
　新分牧 (No.1922/モ図)
　新牧日 (No.1081/モ図)
　牧野ス1 (No.1731/カ図)
　野生3 (p69/カ写)
　山カ樹木 (p344/カ写)
　落葉図譜 (p160/モ図)

**クロミノイタチシダ** *Dryopteris melanocarpa*
オシダ科のシダ植物。別名オトメイタチシダ。
¶**シダ標2** (p360/カ写)

**クロミノウグイス** ⇒クロミノウグイスカグラ(1)を見よ

**クロミノウグイスカグラ**(1) *Lonicera caerulea*
subsp.*edulis* var.*emphyllocalyx* 黒実の鶯神楽
スイカズラ科の落葉低木。別名クロミノウグイス,クロウグイス。
¶**APG原樹** (No.1484/カ図)
　原牧2 (No.2327/カ図)
　新分牧 (No.4347/モ図)
　新牧日 (No.2850/モ図)
　牧野ス2 (No.4172/カ写)
　野生5 (p419/カ写)
　山カ樹木 (p685/カ写)

**クロミノウグイスカグラ**(2) ⇒ケヨノミを見よ

**クロミノオキナワスズメウリ** *Zehneria guamensis*
ウリ科の草本。日本固有種。
¶**固有** (p95)
　ミニ山 (p202/カ写)
　野生3 (p125/カ写)

**クロミノクチキムシタケ** *Ophiocordyceps uchiyamae*
バッカクキン科の冬虫夏草。宿主は甲虫の幼虫。
¶**冬虫生態** (p160/カ写)

**クロミノサワフタギ** *Symplocos tanakana*
ハイノキ科の落葉低木。
¶**野生4** (p209/カ写)

**クロミノシンジュガヤ**　*Scleria sumatrensis*
カヤツリグサ科の多年草。茎は三角柱, 果実は赤
色。高さは2m。
　¶カヤツリ (p528/モ図)
　　野生1 (p362/カ写)
　　山レ増 (p522/カ写)

**クロミノスズメウリ**　*Zehneria guamensis*
ウリ科の常緑多年草。
　¶帰化写2 (p155/カ写)

**クロミノトケイソウ**　⇒ミスミトケイソウを見よ

**クロミノニシゴリ**　⇒シロサワフタギを見よ

**クロミノハリイ**　*Eleocharis atropurpurea*
カヤツリグサ科の一年草。高さは5～15cm。
　¶野生1 (p344)

**クロミノハリイ (狭義)**　*Eleocharis atropurpurea*
var.*hashimotoi*
カヤツリグサ科の一年草。
　¶カヤツリ〔クロミノハリイ〕(p630/モ図)

**クロミノハリスグリ**　*Ribes horridum*
スグリ科 (ユキノシタ科) の木本。
　¶野生2 (p195/カ写)

**クロムギ**　⇒ライムギを見よ

**クロムヨウラン**　*Lecanorchis nigricans*　黒無葉蘭
ラン科の多年草。高さは10～30cm。
　¶原牧1 (No.406/カ図)
　　新分牧 (No.421/モ図)
　　新牧日 (No.4280/モ図)
　　牧野ス1 (No.406/カ図)
　　野生1 (p210/カ写)
　　山ハ山花 (p116/カ写)

**クロモ**　*Hydrilla verticillata*　黒藻
トチカガミ科の多年生沈水植物。別名エビモ。花弁
は半透明。葉は無柄で線形。
　¶原牧1 (No.231/カ図)
　　新分牧 (No.278/モ図)
　　新牧日 (No.3327/モ図)
　　日水草 (p90/カ写)
　　牧野ス1 (No.231/カ図)
　　野生1 (p121/カ写)
　　山ハ野花 (p35/カ写)

**クロモジ**　*Lindera umbellata* var.*umbellata*　黒文字
クスノキ科の落葉低木。日本固有種。花は黄色。
　¶APG原樹 (No.165/カ図)
　　学フ増樹 (p52/カ写・カ図)
　　学フ増薬草 (p174/カ写)
　　原牧1 (No.154/カ図)
　　固有 (p49/カ写)
　　新分牧 (No.191/モ図)
　　新牧日 (No.495/モ図)
　　茶花上 (p264/カ写)
　　都木花新 (p24/カ写)
　　牧野ス1 (No.154/カ図)
　　野生1 (p83/カ写)
　　山力樹木 (p207/カ写)
　　落葉図譜 (p123/モ図)

**クロモモドキ**　*Lagarosiphon major*
トチカガミ科の水草。
　¶日水草〔クロモモドキ (新称)〕(p91/カ写)

**クロヤガミスゲ**　*Carex limnophila*
カヤツリグサ科の草本。果胞は狭卵形～披針形。
　¶スゲ増 (p372)

**クロヤツシロラン**　*Gastrodia pubilabiata*　黒八代蘭
ラン科の多年生の菌従属栄養植物, 地生の多年草。
高さは3～8cm。
　¶野生1 (p203/カ写)
　　山ハ山花 (p115/カ写)

**クロヤナギ**　*Salix gracilistyla* f.*melanostachys*　黒柳
ヤナギ科の木本。
　¶APG原樹 (No.817/カ図)
　　山力樹木 (p89/カ写)

**クロヤマナラシ**　*Populus nigra*　黒山鳴らし
ヤナギ科の木本。別名セイヨウヤマナラシ, ヨー
ロッパクロヤマナラシ。樹高は30m。樹皮は暗灰
褐色。
　¶APG原樹 (No.846/カ図)
　　落葉図譜〔クロポプラ〕(p40/モ図)

**クロユキザサ**　⇒ヒロハユキザサを見よ

**クロユリ(1)**　*Camellia japonica* 'Kuroyuri'　黒百合
ツバキ科。ツバキの品種。花は紅色。
　¶茶花上 (p132/カ写)

**クロユリ(2)**　*Fritillaria camtschatcensis* var.
*camtschatcensis*　黒百合
ユリ科の球根性多年草。別名エゾクロユリ。染色体
数3倍体, 花は3個以上付く。
　¶山草増 (No.1419/カ写)
　　山ハ高山 (p24/カ写)

**クロユリ (広義)**　*Fritillaria camtschatcensis*　黒百合
ユリ科の球根性多年草。高さは10～50cm。花は黒
紫色, 1～数個付く。
　¶学フ増高山〔クロユリ〕(p232/カ写)
　　原牧1〔クロユリ〕(No.330/カ図)
　　新分牧〔クロユリ〕(No.398/モ図)
　　新牧日〔クロユリ〕(No.3446/モ図)
　　茶花上〔くろゆり〕(p383/カ写)
　　牧野ス1〔クロユリ〕(No.330/カ図)
　　野生1〔クロユリ〕(p170/カ写)
　　山力野草〔クロユリ〕(p626/カ写)

**クロヨナ**　*Pongamia pinnata*
マメ科マメ亜科の常緑高木。花は紅紫色。
　¶原牧1 (No.1509/カ図)
　　新分牧 (No.1668/モ図)
　　新牧日 (No.1296/モ図)
　　牧野ス1 (No.1509/カ図)
　　野生2 (p289/カ写)
　　山力樹木 (p359/カ写)

**クロラッパタケ**　*Craterellus cornucopioides*
アンズタケ科のキノコ。別名クロウスタケ。小型～
中型。傘は黒褐色。ひだは灰白色～淡灰紫色。
　¶原きの (No.443/カ写・カ図)
　　新分牧 (No.5126/モ図)

クロリオサ 284

新牧日（No.4950/モ図）
山力日き（p402/カ写）

**グロリオサ** ⇒ユリグルマを見よ

**クワ**(1) ⇒マグワを見よ

**クワ**(2) ⇒ヤマグワ(1)を見よ

**クワイ**(1) *Sagittaria trifolia* 'Caerulea' 慈姑
オモダカ科の根菜類。長さは30cm。花は白色。
¶原牧1（No.218/カ図）
新分牧（No.266/モ図）
新牧日（No.3311/モ図）
茶花下（p358/カ写）
日水草（p79/カ写）
牧野ス1（No.218/カ図）
野生1（p117/カ写）

**クワイ**(2) ⇒クログワイを見よ

**クワイヅル** ⇒クログワイを見よ

**クワイチゴ** ⇒クマイチゴを見よ

**クワイバカンアオイ** *Asarum kumageanum*
ウマノスズクサ科の草本。日本固有種。
¶固有（p62）
野生1（p65/カ写）
山レ増（p372/カ写）

**クワガタソウ** *Veronica miqueliana* 鍬形草
オオバコ科（ゴマノハグサ科）の多年草。日本固有
種。別名コクワガタ。高さは10〜30cm。
¶学フ増野夏（p40/カ写）
原牧2（No.1573/カ図）
固有（p128/カ写）
新分牧（No.3607/モ図）
新牧日（No.2716/モ図）
茶花上（p384/カ写）
牧野ス2（No.3418/カ図）
野生5（p85/カ写）
山力野草（p177/カ写）
山ハ山花（p456/カ写）

**クワクサ** *Fatoua villosa* 桑草
クワ科の一年草。高さは30〜80cm。
¶学フ増野秋（p214/カ写）
原牧2（No.52/カ図）
植調（p174/カ写）
新分牧（No.2086/モ図）
新牧日（No.176/モ図）
牧野ス1（No.1897/カ図）
野生2（p334/カ写）
山力野草（p556/カ写）
山ハ野花（p387/カ写）

**クワズイモ** *Alocasia odora* 不喰芋
サトイモ科の多年草。別名イシイモ，ドクイモ。高
さは100cm前後。葉の先端は上向，根茎澱粉質。
¶学フ有毒（p16/カ写）
原牧1（No.180/カ図）
新分牧（No.215/モ図）
新牧日（No.3912/モ図）
牧野ス1（No.180/カ図）

野生1（p92/カ写）
山ハ山花（p37/カ写）

**クワゾメアケビ** *Akebia trifoliata* var.*integrifolia*
アケビ科のつる性木本。小葉は全縁。
¶野生2（p110）

**クワノイトヒバゴケ** ⇒イトヒバゴケを見よ

**クワノハイチゴ** *Rubus nesiotes*
バラ科バラ亜科の木本。日本固有種。
¶原牧1（No.1744/カ図）
固有（p76）
新分牧（No.1939/モ図）
新牧日（No.1115/モ図）
牧野ス1（No.1744/カ図）
野生3（p47/カ写）

**クワノハエノキ** *Celtis boninensis*
アサ科（ニレ科）の落葉高木。日本固有種。別名オ
ガサワラエノキ，ムニンエノキ。
¶固有（p43/カ写）
野生2（p330/カ写）
山力樹木〔ムニンエノキ〕（p161/カ写）

**クワムグラ** ⇒カナムグラを見よ

**クワモドキ** ⇒オオブタクサを見よ

**クワレシダ** *Diplazium esculentum*
メシダ科の常緑性シダ。高さは30〜60cm。葉身は
広卵形。
¶シダ標2（p326/カ写）

**グンナイキンポウゲ** *Ranunculus grandis* var.
*mirissimus*
キンポウゲ科の多年草。日本固有種。
¶固有（p53）
野生2（p160/カ写）

**グンナイフウロ** *Geranium onoei* var.*onoei* f.*onoei*
郡内風露
フウロソウ科の多年草。高さは30〜50cm。
¶原牧2（No.413/カ図）
山野草（No.0653/カ写）
新分牧（No.2454/モ図）
新牧日（No.1418/モ図）
茶花上（p384/カ写）
牧野ス2（No.2258/カ図）
ミニ山（p162/カ写）
野生3（p250/カ写）
山力野草（p372/カ写）
山ハ山花（p299/カ写）

**グンバイヅル** *Veronica onoei* 軍配蔓
オオバコ科（ゴマノハグサ科）の多年草。日本固有
種。別名マルバクワガタ。花は青紫色。
¶原牧2（No.1578/カ図）
固有（p128）
新分牧（No.3611/モ図）
新牧日（No.2721/モ図）
牧野ス2（No.3423/カ図）
野生5（p85/カ写）
山ハ山花（p457/カ写）
山レ増（p118/カ写）

**グンバイナズナ** *Thlaspi arvense* 軍配薺
アブラナ科の一年草または多年草。高さは10〜80cm。花は白色。
¶帰化写改 (p115/カ写, p496/カ写)
　原牧2 (No.684/カ図)
　植調 (p96/カ写)
　新分牧 (No.2781/モ図)
　新牧日 (No.805/モ図)
　牧野ス2 (No.2529/カ図)
　野生4 (p71/カ写)
　山ハ野花 (p401/カ写)

**グンバイヒルガオ** *Ipomoea pes-caprae* 軍配昼顔
ヒルガオ科のつる性多年草。花は紅紫色。葉は厚く光沢がある。
¶原牧2 (No.1446/カ図)
　新分牧 (No.3462/モ図)
　新牧日 (No.2458/モ図)
　茶花下 (p206/カ写)
　牧野ス2 (No.3291/カ図)
　野生5 (p29/カ写)
　山カ野草 (p245/カ写)
　山ハ野花 (p444/カ写)

# 【ケ】

**ケアオダモ** *Fraxinus lanuginosa f.lanuginosa*
モクセイ科の落葉高木。別名アラゲアオダモ。冬芽や花序に粗い毛がある。
¶野生5 (p61/カ写)
　山カ樹木 〔アラゲアオダモ〕(p637/カ写)

**ケアカメヤナギ** ⇒マルバヤナギ(1)を見よ

**ケアクシバ** *Vaccinium japonicum* var.*ciliare*
ツツジ科スノキ亜科の落葉低木。
¶野生4 (p261/カ写)

**ケアサガラ** ⇒オオバアサガラを見よ

**ケアブラチャン** *Lindera praecox* var.*pubescens*
クスノキ科の落葉低木。
¶野生1 (p83)

**ケアリタソウ** *Dysphania ambrosioides* 毛有田草
ヒユ科 (アカザ科) の一年草。別名アリタソウ。高さは30〜80cm。
¶学フ増野夏 (p188/カ写)
　帰化写改 (p56/カ写, p493/カ写)
　原牧2 (No.970/カ写)
　植調 〔アリタソウ〕(p239/カ写)
　新分牧 (No.3008/モ図)
　新牧日 (No.423/モ図)
　牧野ス2 (No.2815/カ写)
　野生4 〔アリタソウ〕(p140/カ写)
　山カ野草 〔アリタソウ〕(p529/カ写)
　山ハ野花 (p288/カ写)

**ケイオウザクラ** *Cerasus* 'Keio-zakura' 啓翁桜
バラ科の落葉小高木。サクラの栽培品種。花は淡紅紫色。
¶学フ増桜 〔'啓翁桜'〕(p116/カ写)

**ケイガイ** *Schizonepeta tenuifolia* var.*japonica* 荊芥
シソ科の草本。別名アリタソウ。薬用植物。
¶原牧2 (No.1650/カ図)
　新分牧 (No.3781/モ図)
　新牧日 (No.2562/モ図)
　牧野ス2 (No.3495/カ図)

**ケイジュ** ⇒ハマビワを見よ

**ケイセイバナ** ⇒ナツズイセンを見よ

**ケイソスミレ** ⇒イソスミレを見よ

**ケイタオフウラン** *Thrixspermum saruwatarii*
ラン科の着生の多年草。花は淡黄緑色。
¶野生1 (p228)

**ケイタドリ** *Fallopia japonica* var.*uzenensis* 毛虎杖
タデ科の多年草。日本固有種。
¶固有 (p46)
　野生4 (p89/カ写)

**ケイタヤ** ⇒オニイタヤ (広義) を見よ

**ケイトウ** *Celosia cristata* 鶏頭
ヒユ科の一年草。高さは60〜90cm。花は赤, 黄, 橙色など。葉を食用とする。
¶学フ増葉草 (p45/カ写)
　原牧2 (No.941/カ写)
　新分牧 (No.2981/モ図)
　新牧日 (No.435/モ図)
　茶花下 (p305/カ写)
　牧野ス2 (No.2786/カ図)
　野生4 (p136)

**ケイトウクチキムシタケ** *Cordyceps formosana*
ノムシタケ科の冬虫夏草。宿主は甲虫の幼虫。
¶冬虫生態 (p168/カ写)

**ケイヌビエ**(1) *Echinochloa crus-galli* var.*aristata* 毛犬稗
イネ科の草本。イヌビエの変種。別名クロイヌビエ。
¶桑イネ (p198/カ写・モ図)
　原牧1 (No.1046/カ写)
　新分牧 (No.1203/モ図)
　新牧日 (No.3818/モ図)
　牧野ス1 (No.1046/カ図)
　山ハ野花 (p206/カ写)

**ケイヌビエ**(2) ⇒イヌビエを見よ

**ケイヌビワ** *Ficus erecta* var.*beecheyana*
クワ科の落葉木。
¶野生2 (p337/カ写)

**ケイヌホオズキ** *Solanum sarrachoides*
ナス科の一年草。高さは20〜50cm。花冠は白色。
¶帰化写2 (p219/カ写)
　植調 (p217/カ写)
　野生5 (p43)

**ケイノコヅチ** *Achyranthes aspera* var.*aspera*
ヒユ科の多年草。別名シマイノコヅチ, ムラサキイ

ノコヅチ。高さは1.2m。
¶原牧2 (No.946/カ図)
　新分牧 (No.2995/モ図)
　新牧日 (No.440/モ図)
　牧野ス2 (No.2791/カ図)
　野生4 (p130/カ写)

**ケイビアヤメ** ⇒イリス・サベオレンスを見よ

**ゲイビゼキショウ** *Tofieldia coccinea* var.*geibiensis*
チシマゼキショウ科 (ユリ科) の多年草。日本固有種。
¶固有 (p157)
　野生1 (p113)

**ケイビラン** *Comospermum yedoense* 鶏尾蘭
キジカクシ科〔クサスギカズラ科〕(ユリ科) の多年草。日本固有種。別名ヤクシマケイビラン。高さは10〜40cm。
¶原牧1 (No.583/カ図)
　固有 (p156)
　山野草 (No.1558/カ写)
　新分牧 (No.612/モ図)
　新牧日 (No.3393/モ図)
　茶花下 (p87/カ写)
　牧野ス1 (No.583/カ図)
　野生1 (p249/カ写)
　山ハ山花 (p151/カ写)

**ゲイホクアザミ** *Cirsium akimontanum*
キク科アザミ亜科の多年草。日本固有種。
¶固有 (p140)
　野生5 (p241/カ写)

**ケイリュウタチツボスミレ** *Viola grypoceras* var.*ripensis* 渓流立坪菫
スミレ科の多年草。日本固有種。
¶固有 (p93)
　野生3 (p226/カ写)

**ケイワタデ** ⇒ウラジロタデを見よ

**ケイワタバコ** *Conandron ramondioides* var.*pilosum*
イワタバコ科の多年草。
¶野生5 (p68/カ写)
　山カ野草 (p162/カ写)

**ケウスバスミレ** ⇒チシマウスバスミレを見よ

**ケウツギ**(1) *Weigela sanguinea* 毛空木
スイカズラ科の木本。別名ビロードウツギ。
¶APG原樹 (No.1500/カ図)
　原牧2〔ビロードウツギ〕(No.2355/カ図)
　新分牧〔ビロードウツギ〕(No.4345/モ図)
　新牧日〔ビロードウツギ〕(No.2878/モ図)
　牧野ス2〔ビロードウツギ〕(No.4200/カ図)

**ケウツギ**(2) ⇒ビロードウツギ(1)を見よ

**ケウツギ**(3) ⇒ヤブウツギを見よ

**ケウリクサ** *Vandellia viscosa*
アゼナ科〔アゼトウガラシ科〕の一年草。茎は斜上または開出し、長さ5〜13cm。花は淡紫色。
¶野生5 (p99)

**ケウワミズザクラ** *Padus avium* var.*pubescens* 毛上溝桜
バラ科シモツケ亜科の落葉高木。エゾウワズミザクラの有毛型。
¶野生3 (p76)

**ケエゾキスミレ** *Viola brevistipulata* subsp.*hidakana* var.*yezoana* 毛蝦夷黄菫
スミレ科の多年草。高さ10〜20cm。
¶野生3 (p214/カ写)

**ケオオクマヤナギ** ⇒オオクマヤナギを見よ

**ケオオツヅラフジ** *Sinomenium acutum* var.*cinereum*
ツヅラフジ科の落葉性つる性木本。葉の裏面は密毛。
¶野生2 (p113)

**ケオノエスゲ** ⇒オノエスゲを見よ

**ケオロシマチク** *Pleioblastus pygmaeus*
イネ科タケ亜科のササ。
¶タケ亜科 (No.48/カ写)

**ケガキ** *Diospyros discolor* 毛柿
カキノキ科の高木。花は白色。葉はインドゴムのよう。
¶APG原樹 (No.1113/カ図)

**ケカマツカ** *Pourthiaea villosa* var.*zollingeri* 毛鎌柄
バラ科シモツケ亜科。カマツカとワタゲカマツカの中間型。
¶野生3 (p77)
　山カ樹木 (p343/カ写)

**ケカモノハシ** *Ischaemum anthephoroides* 毛鴨の嘴
イネ科キビ亜科の多年草。別名ヒザオリシバ、ヒザオリヒバ。
¶桑イネ (p282/カ写・モ図)
　原牧1 (No.1072/カ図)
　新分牧 (No.1162/モ図)
　新牧日 (No.3855/モ図)
　牧野ス1 (No.1072/カ図)
　野生2 (p87/カ写)
　山カ野花 (p693/カ写)
　山ハ野花 (p220/カ写)

**ケカラスウリ** *Trichosanthes ovigera* var.*ovigera*
ウリ科の草本。
¶野生3 (p124/カ写)

**ケガワタケ** *Lentinus squarrosulus*
タマチョレイタケ科のキノコ。
¶山カ日き (p26/カ写)

**ケカワラハンノキ** *Alnus serrulatoides* f.*katoana* 毛河原榛の木
カバノキ科の低木または小高木。カワラハンノキの有毛型。
¶野生3 (p110)

**ケカンコノキ** *Phyllanthus hirsutus* 毛𥔎䴴木
コミカンソウ科の常緑の小高木。別名オオバケカンコノキ。若枝、葉の裏面などに軟毛を密生する。
¶野生3 (p176/カ写)

**ケキツネノボタン** *Ranunculus cantoniensis* 毛狐野
牡丹
キンポウゲ科の多年草。別名オニキツネノボタン。
高さは45〜60cm。
¶色野草（p149/カ写）
学フ増山菜（p207/カ写）
学フ増野春（p116/カ写）
原牧1（No.1288/カ図）
植調（p170/カ写）
新分牧（No.1398/モ図）
新牧日（No.611/モ図）
牧野ス1（No.1288/カ図）
ミニ山（p57/カ写）
野生2（p161/カ写）
山力野草（p470/カ写）
山ハ野花（p233/カ写）

**ケキブシ** *Stachyurus praecox* var.*leucotrichus*
キブシ科。日本固有種。
¶固有（p94）

**ケキンモウワラビ** *Hypodematium glandulosopilosum*
キンモウワラビ科の夏緑性シダ。葉身は長さ25cm。
¶シダ標2（p355/カ写）

**ケクサスゲ** ⇒ケヒエスゲを見よ

**ケクロモジ** *Lindera sericea* 毛黒文字
クスノキ科の木本。
¶原牧1（No.156/カ図）
新分牧（No.193/モ図）
新牧日（No.497/モ図）
牧野ス1（No.156/カ図）
野生1（p83/カ写）

**ケグワ** *Morus cathayana* 毛桑
クワ科の木本。別名ノグワ、カラケグワ。
¶APG原樹（No.686/カ図）
原牧2〔ノグワ〕（No.48/カ図）
新分牧〔ノグワ〕（No.2089/モ図）
新牧日〔ノグワ〕（No.172/モ図）
牧野ス1〔ノグワ〕（No.1893/カ図）
野生2（p339/カ写）

**ケケンポナシ** *Hovenia trichocarpa* var.*robusta*
クロウメモドキ科の木本。日本固有種。
¶固有（p89）
野生2（p320）

**ケコナハダ** *Ganonema farinosa*
コナハダ科の海藻。
¶新分牧（No.5024/モ図）
新牧日（No.4885/モ図）

**ケゴンアカバナ** *Epilobium amurense* subsp.
*amurense* 華厳赤花
アカバナ科の多年草。別名シコタンアカバナ。高さ
は6〜40cm。
¶原牧2（No.453/カ図）
新分牧（No.2504/モ図）
新牧日（No.1938/モ図）
牧野ス2（No.2298/カ図）
ミニ山（p206/カ写）
野生3（p265/カ写）

山ハ山花（p305/カ写）

**ケコンペイトウグサ** ⇒ハテルマカズラを見よ

**ケサクラタデ** *Persicaria japonica* var.*scabrida*
タデ科の多年草。葉に著しい毛がある。
¶野生4（p96）

**ケサクラツツジ** *Rhododendron tashiroi* var.
*lasiophyllum* 毛桜躑躅
ツツジ科ツツジ亜科の常緑低木。日本固有種。別名
アラゲサクラツツジ。
¶固有〔アラゲサクラツツジ〕（p107）
野生4（p245）

**ケザサ** *Sasa pubens*
イネ科タケ亜科のササ。日本固有種。
¶固有（p172）
タケ亜科（No.70/カ写）

**ケサヤバナ** *Plectranthus formosanus*
シソ科シソ亜科〔イヌハッカ亜科〕の多年草。
¶野生5（p143/カ写）
山レ増（p137/カ写）

**ケサンカクヅル** *Vitis flexuosa* var.*rufotomentosa*
ブドウ科の木本。日本固有種。
¶原牧1（No.1445/カ図）
固有（p90/カ写）
新分牧（No.1624/モ図）
新牧日（No.1699/モ図）
牧野ス1（No.1445/カ図）
野生2（p237）

**ケシ** *Papaver somniferum* 芥子, 罌粟
ケシ科の一年草。別名アヘンゲシ、ボタンケシ。高
さは100〜170cm。花は純白〜深紅色、または紫色
など。
¶学フ有毒（p132/カ写）
原牧1（No.1129/カ図）
新分牧（No.1287/モ図）
新牧日（No.779/モ図）
牧野ス1（No.1129/カ図）

**ケシアザミ** ⇒ノゲシを見よ

**ゲジゲジシダ** *Thelypteris decursivepinnata* 蚰蜒
羊歯
ヒメシダ科（オシダ科）の夏緑性シダ。別名オオゲ
ジゲジシダ、コゲジゲジシダ、ホウライゲジゲジシ
ダ。葉身は長さ30〜50cm, 披針形。
¶シダ標1（p432/カ写）
新分牧（No.4650/モ図）
新牧日（No.4551/モ図）

**ケシバニッケイ** *Cinnamomum doederleinii* var.
*pseudodaphnoides*
クスノキ科の常緑小高木。日本固有種。
¶固有（p50/カ写）
野生1（p81）

**ケシボウズタケ** *Tulostoma brumale*
ハラタケ科のキノコ。小型。頭部は類球形, 柄部は
細長い。
¶原きの（No.491/カ写・カ図）

**ケシマイヌワラビ** ⇒シマイヌワラビを見よ

**ケショウアザミ**　*Cirsium japonicum* var.*vestitum*
キク科アザミ亜科の草本。日本固有種。
¶固有 (p138)
　野生5 (p227)

**ケショウザクラ**　⇒オトメザクラを見よ

**ケショウシロハツ**　*Lactarius controversus*
ベニタケ科のキノコ。大型。傘は白色、淡赤褐色の
斑紋あり。縁部は内側に巻く。ひだは肌色。
¶山カ日き (p385/カ写)

**ケショウハツ**　*Russula violeipes*
ベニタケ科のキノコ。中型。傘は淡黄地に淡い桃
色、表面は粉状。ひだはクリーム色。
¶原きの (No.264/カ写・カ図)
　山カ日き (p368/カ写)

**ケショウヤナギ**　*Salix arbutifolia*　化粧柳
ヤナギ科の落葉大高木。別名カラフトクロヤナギ。
¶APG原樹 (No.844/カ図)
　原牧2 (No.318/カ図)
　新分牧 (No.2376/モ図)
　新牧日 (No.108/モ図)
　牧野ス1 (No.2163/カ図)
　野生3 (p192/カ写)
　山カ樹木 (p103/カ写)
　山ハ高山 (p178/カ写)
　落葉図譜 (p41/モ図)

**ケショウヨモギ**　*Artemisia codonocephala*
キク科キク亜科の草本。
¶野生5 (p332/カ写)

**ケシロハツ**　*Lactarius vellereus*
ベニタケ科のキノコ。大型。傘は白色、細毛に覆わ
れる。縁部は内側に巻く。
¶学フ増毒き (p196/カ写)
　山カ日き (p380/カ写)

**ケシロハツモドキ**　*Lactarius subvellereus*
ベニタケ科のキノコ。
¶学フ増毒き (p197/カ写)
　山カ日き (p381/カ写)

**ケシロヨメナ**　*Aster leiophyllus* var.*intermedius*
キク科キク亜科の草本。日本固有種。
¶固有 (p145)
　野生5 (p319)

**ケシンジュガヤ**　*Scleria rugosa* var.*rugosa*　毛真珠茅
カヤツリグサ科の一年草。高さは10〜30cm。
¶カヤツリ (p538/モ図)
　原牧1 (No.782/カ図)
　新分牧 (No.742/モ図)
　新牧日 (No.4063/モ図)
　牧野ス1 (No.782/カ図)
　野生1 (p361/カ写)

**ケシンテンルリミノキ**　*Lasianthus curtisii*
アカネ科の木本。
¶APG原樹 (No.1334/カ図)
　野生4 (p280/カ写)

**ケスエコザサ**　*Sasaella leucorhoda* var.*kanayamensis*
イネ科タケ亜科のササ。日本固有種。
¶固有 (p170)
　タケ亜科 (No.124/カ写)

**ケスゲ**　*Carex duvaliana*　毛菅
カヤツリグサ科の多年草。高さは20〜40cm。
¶カヤツリ (p318/モ図)
　原牧1 (No.859/カ図)
　新分牧 (No.878/カ図)
　新牧日 (No.4163/モ図)
　スゲ増 (No.165/カ写)
　牧野ス1 (No.859/カ図)
　野生1 (p319/カ写)
　山ハ山花 (p173/カ写)

**ケスズ**　*Sasa shikokiana*
イネ科タケ亜科のタケ。日本固有種。
¶固有 (p174)
　タケ亜科 (No.94/カ写)
　タケササ (p142/カ写)
　野生2 (p35)

**ケスナヅル**　*Cassytha filiformis* var.*duripraticola*　毛
砂蔓
クスノキ科の寄生性のつる草。茎に褐色の毛を密生
する。
¶野生1 (p79/カ写)

**ケスハマソウ**　*Hepatica nobilis* var.*pubescens*　毛州浜
草, 毛洲浜草
キンポウゲ科の草本。
¶山野草 (No.0150/カ写)

**ケゼニゴケ**　*Dumortiera hirsuta*　毛銭苔
ケゼニゴケ科 (ゼニゴケ科) のコケ。別名オオケゼ
ニゴケ。表面に微小な乳頭状をした同化糸があり。
長さ3〜15cm。
¶新分牧 (No.4923/モ図)
　新牧日 (No.4783/モ図)

**ケセンクジャク**　⇒クジャクソウ(1)を見よ

**ケタカネザクラ**　⇒チシマザクラを見よ

**ケタガネソウ**　*Carex ciliatomarginata*
カヤツリグサ科の多年草。
¶カヤツリ (p238/モ図)
　原牧1 (No.875/カ図)
　新分牧 (No.772/モ図)
　新牧日 (No.4180/モ図)
　スゲ増 (No.116/カ写)
　牧野ス1 (No.875/カ図)
　野生1 (p322/カ写)

**ケタデ**　*Persicaria barbata* var.*barbata*
タデ科の多年草。高さは40〜80cm。
¶野生4 (p96/カ写)

**ケタニタデ**　⇒ケミヤマタニタデを見よ

**ケタノシロキクザクラ**　*Cerasus jamasakura*
'Haguiensis'　気多白菊桜
バラ科の落葉高木。サクラの栽培品種。花は白色。
¶学フ増桜 〔'気多の白菊桜'〕 (p100/カ写)

**ケチガヤ**　⇒チガヤを見よ

**ケチヂミザサ** *Oplismenus undulatifolius*
イネ科の多年草。高さは10〜30cm。葉は披針型で葉鞘とともに毛が多い。
¶桑イネ(p341/カ写・モ図)

**ケチドメ** ⇒ケチドメグサを見よ

**ケチドメグサ** *Hydrocotyle dichondrioides* 毛血止
ウコギ科(セリ科)の多年草。チドメグサに似るが、葉柄に下向きの短毛がある。
¶原牧2〔ケチドメ〕(No.2365/カ図)
　新分牧〔ケチドメ〕(No.4398/モ図)
　新牧日〔ケチドメ〕(No.2005/モ図)
　牧野ス2〔ケチドメ〕(No.4210/カ図)
　野生5(p381/カ写)

**ケチョウセンアサガオ** *Datura wrightii*
ナス科の一年草。別名アメリカチョウセンアサガオ。高さは1m。花は白色。
¶帰化写改(p277/カ写, p507/カ写)
　野生5(p35/カ写)

**ケチョウチンゴケ** *Rhizomnium tuomikoskii*
チョウチンゴケ科のコケ。茎は長さ1〜3cm、全面に黒褐色の大仮根が密生。葉は幅広い倒卵形。
¶新分牧(No.4872/モ図)
　新牧日(No.4732/モ図)

**ゲッカビジン** *Epiphyllum oxypetalum* 月下美人
サボテン科の多肉植物。長さは3m。花は白色。
¶新分牧(No.3043/モ図)

**ゲッキツ** *Murraya paniculata* 月橘
ミカン科の常緑低木。花は白色。葉は濃緑で、芳香あり。果実は赤色。
¶原牧2(No.580/カ図)
　新分牧(No.2621/モ図)
　新牧日(No.1517/モ図)
　牧野ス2(No.2425/カ図)
　野生3(p303/カ写)
　山力樹木(p377/カ写)

**ゲッキツモドキ** ⇒ハナシンボウキを見よ

**ゲッキュウデン** *Prunus mume* 'Gekkyūden' 月宮殿
バラ科。ウメの品種。野梅系ウメ、野梅性八重。
¶ウメ〔月宮殿〕(p54/カ写)

**ゲッケイジュ** *Laurus nobilis* 月桂樹
クスノキ科の常緑高木。別名ローレル。高さは5〜10m。花は黄色。樹皮は暗灰色。
¶APG原樹(No.174/カ図)
　学フ増花庭(p70/カ写)
　学フ増薬草(p176/カ写)
　原牧1(No.164/カ写)
　新分牧(No.186/モ図)
　新牧日(No.505/モ図)
　図説樹木(p118/カ写)
　都木花新(p23/カ写)
　牧野ス1(No.164/カ図)
　野生1(p81/カ写)
　山力樹木(p216/カ写)

**ゲッセカイ** *Prunus mume* 'Gessekai' 月世界
バラ科。ウメの品種。実ウメ、野梅系。

¶ウメ〔月世界〕(p167/カ写)

**ゲッチバイ** *Prunus mume* 'Getchibai' 月知梅
バラ科。ウメの品種。李系ウメ、難波性八重。
¶ウメ〔月知梅〕(p86/カ写)

**ゲットウ** *Alpinia zerumbet* 月桃
ショウガ科の多年草。花序は垂下する。高さは2〜3m。花の唇弁には赤色、黄斑あり。
¶原牧1(No.647/カ図)
　新分牧(No.684/モ図)
　新牧日(No.4229/モ図)
　牧野ス1(No.647/カ図)
　野生1(p275/カ写)

**ケツルアズキ** *Vigna mungo*
マメ科マメ亜科の蔓木。別名ブラックマッペ。花は黄色。
¶野生2(p304)

**ケツルマサキ** *Euonymus fortunei* var.*villosus* 毛蔓柾
ニシキギ科の常緑藤本。日本固有種。別名ナガバケツルマサキ。
¶固有(p88)
　野生3(p133)

**ケテイカカズラ** *Trachelospermum jasminoides* var. *pubescens*
キョウチクトウ科の木本。
¶野生4(p315/カ写)

**ケトダシバ** *Arundinella hirta* var.*hirta*
イネ科の多年草。高さは40〜50cm。
¶桑イネ(p71/カ写・モ図)

**ケナガエサカキ** *Adinandra yaeyamensis*
サカキ科(ツバキ科)の木本。日本固有種。
¶固有(p63)
　野生4(p177/カ写)

**ケナガシャジクモ** *Chara fibrosa* subsp.*benthamii*
毛長車軸藻
シャジクモ科の水草。体長15〜50cm。
¶新分牧(No.4929/モ図)
　新牧日(No.4789/モ図)

**ケナガバヤブマオ** *Boehmeria hirtella*
イラクサ科。ナガバヤブマオとニオウヤブマオの交雑に由来する型とみなされる。
¶野生2(p344)

**ケナシアブラガヤ** ⇒ツルアブラガヤを見よ

**ケナシイヌゴマ** *Stachys aspera* var.*japonica* 毛無犬胡麻
シソ科オドリコソウ亜科の多年草。茎、葉、萼などが無毛か、茎の稜上にごくまばらに短いとげがある。
¶野生5(p123/カ写)

**ケナシイヌナズナ** ⇒イヌナズナ(1)を見よ

**ケナシイワハタザオ** *Arabis serrata* var.*japonica* f. *glabrescens*
アブラナ科の多年草。
¶野生4(p52)

**ケナシウシコロシ(1)** ⇒カマツカ(1)を見よ

ケナシウシ　　290

**ケナシウシコロシ**(2)　⇒カマツカ（狭義）を見よ

**ケナシカシダザサ**　Neosasamorpha oshidensis subsp. glabra
イネ科タケ亜科のササ。日本固有種。
¶固有（p173）
　タケ亜科（No.98/カ写）

**ケナシカンボク**　⇒カンボクを見よ

**ケナシクモマナズナ**　Draba sakuraii var.linearis
アブラナ科の多年草。
¶野生4（p62）

**ケナシサダソウ**　⇒オキナワスナゴショウを見よ

**ケナシシナノキ**　⇒シコクシナノキを見よ

**ケナシチガヤ**　Imperata cylindrica var.cylindrica　毛無茅萱
イネ科キビ亜科の多年草。稈の節に毛がない。
¶野生2（p87）

**ケナシツルモウリンカ**　Tylophora tanakae var. glabrescens
ガガイモ科。日本固有種。
¶固有（p117）

**ケナシニシキソウ**　⇒ニシキソウを見よ

**ケナシハイチゴザサ**　Isachne lutchuensis
イネ科チゴザサ亜科の一年草または越年草。日本固有種。
¶桑イネ（p277/モ図）
　固有（p166）
　野生2（p76/カ写）

**ケナシハクサンオオバコ**　Plantago hakusanensis f. glabra　毛無白山大葉子
オオバコ科の多年草。高さは7〜20cm。花冠は白色。
¶山ハ高山（p339/カ写）

**ケナシハクサンシャクナゲ**　⇒ハクサンシャクナゲを見よ

**ケナシヒメムカシヨモギ**　Erigeron pusillus
キク科キク亜科の一年草または越年草。高さは60〜150cm。花は白色。
¶帰化写改（p358/カ写）
　新分牧（No.4156/モ図）
　新牧日（No.3010/モ図）
　野生5（p323）

**ケナシブタナ**　⇒ヒメブタナを見よ

**ケナシマンテマ**　⇒イタリーマンテマを見よ

**ケナシミヤマカンスゲ**　⇒キンキミヤマカンスゲを見よ

**ケナシヨツバムグラ**　Galium trachyspermum var. miltiorrhizum
アカネ科の多年草。果実に鉤状毛はない。
¶野生4（p275）

**ケナツノタムラソウ**　⇒ミヤマタムラソウを見よ

**ケニオイグサ**　Oldenlandia tenelliflora
アカネ科のやや匍匐性草本。花は白色。
¶野生4（p285/カ写）

**ケネザサ**　Pleioblastus fortunei f.pubescens　毛根笹
イネ科タケ亜科のササ。
¶APG原樹（No.243/カ図）
　タケササ（p166/カ写）
　野生2（p34）

**ケネバリタデ**　⇒ネバリタデを見よ

**ケノボリフジ**　⇒カサバルピナスを見よ

**ケハギ**　Lespedeza thunbergii subsp.patens
マメ科マメ亜科の草本。日本固有種。ミヤギノハギの亜種。花は紅紫色。
¶原牧1（No.1544/カ図）
　固有（p80）
　新分牧（No.1677/モ図）
　新牧日（No.1331/モ図）
　牧野ス1（No.1545/カ図）
　野生2（p279/カ写）

**ケハコネシケチシダ**　⇒ハコネシケチシダを見よ

**ケハタケゴケ**　Riccia pubescens
ウキゴケ科のコケ植物。日本固有種。
¶固有（p226/カ写）

**ケハダルリミノキ**　Lasianthus fordii var.pubescens
アカネ科の木本。別名シンテンルリミノキ。
¶野生4（p280）

**ケハンショウヅル**　Clematis japonica var.villosula
キンポウゲ科の木本性つる植物。萼片の背面に淡黄褐色の毛が密生。
¶野生2（p144）

**ケハンノキ**　Alnus japonica f.koreana　毛榛の木
カバノキ科の落葉高木。若枝と若葉に赤褐色の毛が密生する。
¶野生3（p109）

**ケヒエスゲ**　Carex mayebarana
カヤツリグサ科の多年草。日本固有種。別名ケクサスゲ。
¶カヤツリ（p318/モ図）
　固有（p184）
　スゲ増（No.164/カ写）
　野生1（p319/カ写）

**ケヒメシダ**　⇒メニッコウシダを見よ

**ケブカツルカコソウ**　Ajuga shikotanensis f.hirsuta　毛深蔓夏枯草
シソ科キランソウ亜科の草本。高さは10〜30cm。
¶野生5（p109/カ写）
　山カ野草（p204/カ写）
　山ハ山花（p417/カ写）

**ケブカフモトシダ**　⇒フモトシダを見よ

**ケブカルイラソウ**　Ruellia squarrosa
キツネノマゴ科の多年草。
¶帰化写2（p435/カ写）

**ケフシグロ**　Silene firma f.pubescens
ナデシコ科の越年草。
¶原牧2（No.917/カ図）
　新分牧（No.2966/モ図）

新牧日（No.389/モ図）
牧野ス2（No.2762/カ図）
野生4（p121）

**ケープツリフネ** ⇒アカボシツリフネソウを見よ

**ケープツリフネソウ** ⇒アカボシツリフネソウを見よ

**ケホウヤクイヌワラビ** ⇒ホウヤクイヌワラビを見よ

**ケホウライイヌワラビ** ⇒ホウライイヌワラビを見よ

**ケホオズキ** ⇒ブドウホオズキを見よ

**ケホシダ** *Thelypteris parasitica*　毛穂羊歯
ヒメシダ科（オシダ科）の常緑性シダ。葉身は長さ80cm、披針形～広披針形。
¶シダ標1（p439/カ写）
新分牧（No.4661/モ図）
新牧日（No.4563/モ図）

**ケボタンヅル** ⇒リュウキュウボタンヅルを見よ

**ケマキヤマザサ** *Sasa maculata* var.*abei*
イネ科タケ亜科の植物。日本固有種。
¶固有（p172）

**ケマルバスミレ** ⇒マルバスミレ(1)を見よ

**ケマンソウ** *Lemprocapnos spectabilis*　華鬘草
ケシ科の多年草。別名タイツリソウ、ヨウラクボタン、リラ・フラワー。高さは40～60cm。花は紅色。
¶学フ有毒（p131/カ写）
原牧1（No.1141/カ図）
山野草（No.0437/カ写）
新分牧（No.1298/モ図）
新牧日（No.784/モ図）
茶花上（p264/カ写）
牧野ス1（No.1141/カ図）

**ケマンネングサ** ⇒ナナツガママンネングサを見よ

**ケミズキンバイ** *Ludwigia adscendens*
アカバナ科の水生植物、常緑多年草。高さは30～90cm。花は黄色。
¶野生3（p268/カ写）
山レ増（p238/カ写）

**ケミドリゼニゴケ** *Aneura hirsuta*
スジゴケ科のコケ植物。日本固有種。
¶固有（p225）

**ケミヤコグサ** *Lotus subbiflorus*　毛都草
マメ科の一年草。長さは30cm。花は黄色。
¶帰化写2（p97/カ写）

**ケミヤコザサ** *Sasa samaniana* var.*villosa*
イネ科タケ亜科の植物。日本固有種。
¶固有（p173）

**ケミヤマガマズミ** ⇒オオミヤマガマズミを見よ

**ケミヤマタニタデ** *Circaea alpina* subsp.*caulescens*　毛深山谷蓼
アカバナ科の多年草。別名ケタニタデ、オオミヤマタニタデ。茎や葉に曲がった毛が生える。
¶野生3（p263）

**ケミヤマナミキ** *Scutellaria shikokiana* var.*pubicaulis*
シソ科タツナミソウ亜科。日本固有種。
¶固有（p125）
野生5（p117）

**ケムラサキオトメイヌワラビ** ⇒ムラサキオトメイヌワラビを見よ

**ケムリノキ** ⇒カスミノキを見よ

**ケモイワシャジン** ⇒モイワシャジンを見よ

**ケモモ** ⇒キクモモを見よ

**ケヤキ** *Zelkova serrata*　欅
アサ科（ニレ科）の落葉高木。別名ツキ。高さは30m。樹皮は淡灰色。
¶APG原樹（No.653/カ図）
学フ増樹（p99/カ写・カ図）
学フ増花庭（p144/カ写）
原牧2（No.36/カ図）
新分牧（No.2077/モ図）
新牧日（No.164/モ図）
図説樹木（p98/カ写）
都木花新（p44/カ写）
牧野ス1（No.1881/カ図）
野生2（p326/カ写）
山力樹木（p156/カ写）
落葉図譜（p99/モ図）

**ケヤブハギ** *Hylodesmum podocarpum* subsp.*fallax*　毛藪萩
マメ科マメ亜科の多年草。高さは30～120cm。
¶原牧1（No.1533/カ図）
新分牧（No.1703/モ図）
新牧日（No.1320/モ図）
牧野ス1（No.1533/カ図）
野生2（p272/カ写）

**ケヤマイヌワラビ** ⇒ヤマイヌワラビを見よ

**ケヤマウコギ** *Eleutherococcus divaricatus*　毛山五加,毛山五加木
ウコギ科の落葉低木。別名オニウコギ, オオウコギ。
¶APG原樹（No.1512/カ図）
原牧2（No.2380/カ図）
新分牧（No.4419/モ図）
新牧日（No.1991/モ図）
茶花下（p206/カ写）
牧野ス2（No.4225/カ図）
ミニ山（p211/カ写）
野生5（p377/カ写）
山力樹木（p521/カ写）

**ケヤマザクラ** ⇒カスミザクラを見よ

**ケヤマタカネサトメシダ** ⇒ヤマタカネサトメシダを見よ

**ケヤマタニイヌワラビ** ⇒ヤマタニイヌワラビを見よ

**ケヤマハンノキ** *Alnus hirsuta* var.*hirsuta*　毛山榛の木
カバノキ科の木本。別名エゾヤマハンノキ。
¶APG原樹（No.740/カ図）
学フ増樹（p137/カ写・カ図）

野生3 (p110/カ写)
山力樹木 (p123/カ写)
落葉図譜 (p80/モ図)

**ケヤマメシダ** ⇒ヤマメシダを見よ

**ケヤリスゲ** ⇒サヤスゲを見よ

**ケヨノミ** *Lonicera caerulea* subsp.*edulis* var.*edulis*
スイカズラ科の落葉低木。別名クロミノウグイスカ
グラ。高さは1mほどまで。
¶野生5 (p419/カ写)
山ハ高山 (p364/カ写)

**ゲラニウム・キレネウム** *Geranium cinereum*
フウロソウ科の宿根草。高さは8〜15cm。花は紅
紫色。
¶山野草 (No.0665/カ写)

**ゲラニウム・ダルマチカム** *Geranium dalmaticum*
フウロソウ科の宿根草。花は淡紅色。
¶山野草 (No.0658/カ写)

**ゲラニウム・ノドスム** *Geranium nodosum*
フウロソウ科の草本。
¶山野草 (No.0663/カ写)

**ゲラニウム・ピレナイカム** ⇒ピレネーフウロを
見よ

**ゲラニウム・ファエウム** ⇒クロバナフウロを見よ

**ゲラニウム・プラテンセ'サマースカイ'** ⇒サ
マースカイを見よ

**ケラマツツジ** *Rhododendron scabrum* 慶良間躑躅
ツツジ科ツツジ亜科の常緑低木。日本固有種。別名
カザンジマ。花は淡紅色。
¶APG原樹 (No.1236/カ図)
原牧2 (No.1176/カ図)
固有 (p106)
新分牧 (No.3247/モ図)
新牧日 (No.2122/モ図)
茶花上 (p265/カ写)
牧野ス2 (No.3021/カ図)
野生4 (p241/カ写)
山力樹木 (p562/カ写)
山レ増 (p211/カ写)

**ケルリソウ** *Trigonotis radicans* var.*radicans*
ムラサキ科ムラサキ亜科の草本。
¶野生5 (p58/カ写)
山レ増 (p144/カ写)

**ケロウジ** *Sarcodon scabrosus*
マツバハリタケ科のキノコ。中型〜大型。傘は微毛
〜鱗片状。
¶山力日き (p444/カ写)

**ゲンカ** ⇒フジモドキを見よ

**ゲンカイイワレンゲ** *Orostachys malacophylla* var.
*malacophylla* 玄海岩蓮華
ベンケイソウ科の緑質・肉質の多年草。高さは10〜
20cm。
¶野生2 (p221/カ写)
山レ増 (p334/カ写)

**ゲンカイツツジ** *Rhododendron mucronulatum* var.
*ciliatum* 玄海躑躅
ツツジ科ツツジ亜科の落葉または半常緑低木。
¶APG原樹 (No.1294/カ図)
原牧2 (No.1170/カ図)
山野草 (p350)
新分牧 (No.3282/モ図)
新牧日 (No.2116/モ図)
茶花上 (p206/カ写)
牧野ス2 (No.3015/カ図)
野生4 (p235/カ写)
山力樹木 (p567/カ写)
山レ増 (p205/カ写)

**ゲンカイミミナグサ** *Cerastium fischerianum* var.
*molle* 玄海耳菜草
ナデシコ科の多年草。
¶野生4 (p111/カ写)
山レ増 (p424/カ写)

**ゲンカイモエギスゲ** *Carex genkaiensis*
カヤツリグサ科の多年草。
¶カヤツリ (p276/モ図)
スゲ増 (No.139/カ写)
野生1 (p317/カ写)

**ゲンカイヤブマオ** *Boehmeria nakashimae* 玄海藪
麻苧
イラクサ科。日本固有種。
¶固有 (p45)

**ケンキョウ**(1) *Camellia japonica* 'Kenkyō' 見鷲
ツバキ科。ツバキの品種。花は白色。
¶APG原樹〔ツバキ'ケンキョウ'〕(No.1134/カ図)
茶花上 (p108/カ写)

**ケンキョウ**(2) *Prunus mume* 'Kenkyō' 見鷲
バラ科。ウメの品種。野梅系ウメ, 野梅性八重。
¶ウメ〔見鷲〕(p55/カ写)

**ゲンゲ** *Astragalus sinicus* 翹揺, 紫雲英
マメ科マメ亜科の多年草または越年草。別名ゲンゲ
バナ, レンゲソウ, レンゲ。高さは10〜25cm。花は
紫紅色。
¶色野草 (p229/カ写)
学フ増山菜 (p46/カ写)
学フ増山春〔レンゲソウ〕(p26/カ写)
帰化写改 (p123/カ写)
原牧1 (No.1520/カ図)
植調 (p267/カ写)
新分牧 (No.1746/モ図)
新牧日 (No.1307/モ図)
茶花上〔れんげそう〕(p336/カ写)
牧野ス1 (No.1520/カ図)
野生2 (p257/カ写)
山力野草 (p388/カ写)
山ハ野花 (p348/カ写)

**ゲンゲバナ** ⇒ゲンゲを見よ

**ケンサキ**(1) *Prunus mume* 'Kensaki' 剣先
バラ科。ウメの品種。実ウメ, 野梅系。
¶ウメ〔剣先〕(p167/カ写)

ケンサキ(2) ⇒ヒトエノコクチナシを見よ

ケンサキタンポポ　Taraxacum ceratolepis
キク科。日本固有種。
¶固有(p147)

ケンザンデンダ ⇒トガクシデンダを見よ

ゲンジグルマ(1)　Camellia japonica 'Genji-guruma'
源氏車
ツバキ科。ツバキの品種。花は紅色。
¶茶花上(p141/カ写)

ゲンジグルマ(2) ⇒キクモモを見よ

ゲンジスミレ　Viola variegata var.nipponica　源氏菫
スミレ科の多年草。高さは5〜15cm。
¶原牧2(No.353/カ図)
　新分牧(No.2338/モ図)
　新牧日(No.1826/モ図)
　牧野ス1(No.2198/カ図)
　野生3(p218/カ写)
　山ハ山花(p317/カ写)

ゲンジバナ ⇒コバナツルウリクサを見よ

ケンタッキーブルーグラス ⇒ナガハグサを見よ

ゲンチアナ・アコウリス　Gentiana acaulis
リンドウ科。別名チャボリンドウ。高さは5〜
10cm。花は濃青色。
¶山野草(No.0961/カ写)

ゲンチアナ・アルピネ　Gentiana alpine
リンドウ科の草本。高さは4〜8cm。
¶山野草(No.0964/カ写)

ゲンチアナ・セプテムフィダ　Gentiana septemfida
リンドウ科の多年草。高さは15〜45cm。花は濃
青色。
¶山野草(No.0970/カ写)

ゲンチアナ・ネウベリー　Gentiana newberryi
リンドウ科の草本。高さは5〜15cm。
¶山野草(No.0968/カ写)

ゲンチアナ・パラドクサ　Gentiana paradoxa
リンドウ科の草本。高さは15〜25cm。
¶山野草(No.0967/カ写)

ゲンチアナ・ベルナ　Gentiana verna
リンドウ科の草本。高さは5〜10cm。花は鮮青色。
¶山野草(No.0965/カ写)

ゲンチアナ・マクロフィラ　Gentiana macrophylla
リンドウ科の薬用植物。
¶山野草(No.0971/カ写)

ゲンチアナ・ルビクンダ　Gentiana rubicunda
リンドウ科の草本。高さは8〜15cm。
¶山野草(No.0966/カ写)

ケンチャヤシ　Howea belmoreana
ヤシ科の木本。別名カレーヤシ。高さは7m。
¶原牧1(No.622/カ図)
　牧野ス1(No.622/カ図)

ゲンノショウコ　Geranium thunbergii　現の証拠, 験
の証拠
フウロソウ科の多年草。別名ミコシグサ。高さは
30〜50cm。花はわずかに紅紫を帯びた白色、また
は紅紫色。
¶色図草(p104/カ写)
　学フ増山菜(p77/カ写)
　学フ増野秋(p23/カ写)
　学フ増薬草(p74/カ写)
　原牧2(No.408/カ図)
　植調(p250/カ写)
　新分牧(No.2449/モ図)
　新牧日(No.1413/モ図)
　茶花下(p88/カ写)
　牧野ス2(No.2253/カ図)
　野生3(p251/カ写)
　山力野草(No.371/カ写)
　山ハ野花(p307/カ写)

ゲンペイカズラ ⇒ゲンペイクサギを見よ

ゲンペイクサギ　Clerodendrum thomsoniae　源平臭木
シソ科(クマツヅラ科)の観賞用蔓木。別名ゲンペ
イカズラ。花は深紅色。
¶APG原樹(No.1423/カ図)
　原牧2(No.1740/カ写)
　新分牧(No.3704/モ図)
　新牧日(No.2516/モ図)
　茶花下(p306/カ写)
　牧野ス2(No.3585/カ図)
　山力樹木(p665/カ写)

ゲンペイツリフネ ⇒ハナツリフネソウを見よ

ゲンペイツリフネソウ ⇒ハナツリフネソウを見よ

ゲンペイモモ　Prunus persica 'Versicolor'　源平桃
バラ科。モモの品種。別名サキワケモモ。
¶APG原樹〔モモ'ゲンペイモモ'〕(No.492/カ図)

ケンポナシ　Hovenia dulcis　玄圃梨
クロタキカズラ科(クロウメモドキ科)の落葉高木。
高さは15〜20m。花は紫色。
¶APG原樹(No.638/カ図)
　学フ増樹(p218/カ写・カ図)
　原牧2(No.32/カ図)
　新分牧(No.2068/モ図)
　新牧日(No.1694/モ図)
　都木花新(p176/カ写)
　牧野ス1(No.1877/カ図)
　野生2(p320/カ写)
　山力樹木(p464/カ写)
　落葉図譜(p229/モ図)

ケンロクエンキクザクラ　Cerasus lannesiana
'Sphaerantha'　兼六園菊桜
バラ科の落葉小高木。サクラの栽培品種。花は淡
紅色。
¶APG原樹〔サクラ'ケンロクエンキクザクラ'〕(No.
432/カ図)
　学フ増桜〔'兼六園菊桜'〕(p198/カ写)

ケンロクエ　　　　　294

**ケンロクエンクマガイ** *Cerasus jamasakura*
'Kenrokuen-kumagai' 兼六園熊谷
バラ科の落葉高木。サクラの栽培品種。
¶学フ増桜〔'兼六園熊谷'〕(p128/カ写)

## 【 コ 】

コ

**コアオイ** ⇒ゼニアオイを見よ

**コアカエガマホタケ** *Typhula erythropus*
ガマホタケ科のキノコ。
¶山ハ日き(p411/カ写)

**コアカザ** *Chenopodium ficifolium* 小藜
ヒユ科(アカザ科)の一年草。高さは30〜60cm。
¶帰化写改(p54/カ写, p493/カ写)
　原牧2(No.964/カ図)
　植調(p237/カ写)
　新分牧(No.3018/モ図)
　新牧日(No.417/モ図)
　牧野ス2(No.2809/カ図)
　野生4(p138/カ写)
　山力野草(p529/カ写)
　山ハ野花(p287/カ写)

**コアカソ** *Boehmeria spicata* 小赤麻
イラクサ科の小低木。別名キアカソ。高さは50〜
100cm。
¶APG原樹(No.693/カ図)
　原牧2(No.94/カ図)
　新分牧(No.2111/モ図)
　新牧日(No.222/モ図)
　牧野ス1(No.1939/カ図)
　野生2(p344/カ写)
　山力野草(p554/カ写)
　山ハ山花(p349/カ写)

**コアカバナ** ⇒ミヤマアカバナを見よ

**コアカハマキゴケ** *Bryoerythrophyllum rubrum* var.
*minus*
センボンゴケ科のコケ植物。日本固有種。
¶固有(p213)

**コアザミ** ⇒ノアザミを見よ

**コアジサイ** *Hydrangea hirta* 小紫陽花
アジサイ科(ユキノシタ科)の落葉低木。日本固有
種。別名シバアジサイ。高さは1m。花は淡碧色。
¶APG原樹(No.1088/カ図)
　学フ増樹(p174/カ写)
　原牧2(No.1032/カ図)
　固有(p74)
　山野草(No.0512/カ写)
　新分牧(No.3061/モ図)
　新牧日(No.996/モ図)
　茶花上(p516/カ写)
　牧野ス2(No.2877/カ図)
　ミニ山(p110/カ写)
　野生4(p166/カ写)
　山力樹木(p222/カ写)

**コアゼガヤツリ** *Cyperus haspan* var.*tuberuferus* 小
畦蚊帳釣, 小畔蚊帳吊
カヤツリグサ科の多年草。別名ミズハナビ。高さは
20〜45cm。
¶カヤツリ(p730/モ図)
　原牧1(No.705/カ図)
　新分牧(No.962/モ図)
　新牧日(No.3963/モ図)
　牧野ス1(No.705/カ図)
　野生1(p340/カ写)
　山ハ野花(p104/カ写)

**コアゼスゲ** ⇒ヒメアゼスゲを見よ

**コアゼテンツキ** *Fimbristylis aestivalis* 小畦点突
カヤツリグサ科の一年草。
¶カヤツリ(p600/モ図)
　原牧1(No.760/カ図)
　新分牧(No.1000/モ図)
　新牧日(No.4033/モ図)
　牧野ス1(No.760/カ図)
　野生1(p349)

**コアツモリ** ⇒コアツモリソウを見よ

**コアツモリソウ** *Cypripedium debile* 小敦盛草
ラン科の多年草。高さは10〜20cm。花は淡緑色。
¶原牧1(No.368/カ図)
　山野草〔コアツモリ〕(No.1662/カ写)
　新分牧(No.415/モ図)
　新牧日(No.4242/モ図)
　牧野ス1(No.368/カ図)
　野生1(p193/カ写)
　山力野草(p560/カ写)
　山ハ山花(p128/カ写)
　山レ増(p463/カ写)

**コアナタケ** *Ceriporia tarda*
マクカワタケ科のキノコ。
¶原きの(No.338/カ写・カ図)

**コアニチドリ** *Hemipilia kinoshitae* 小阿仁千鳥
ラン科の多年草。高さは10〜20cm。
¶原牧1(No.377/カ図)
　山野草(No.1776/カ写)
　新分牧(No.444/モ図)
　新牧日(No.4250/モ図)
　牧野ス1(No.377/カ図)
　野生1(p182/カ写)
　山力野草(p564/カ写)
　山ハ山花(p124/カ写)
　山レ増(p505/カ写)

**コアブラススキ** ⇒ミヤマアブラススキを見よ

**コアブラツツジ** *Enkianthus nudipes* 小油躑躅
ツツジ科ドウダンツツジ亜科の木本。日本固有種。
¶原牧2(No.1230/カ図)
　固有(p108/カ写)
　新分牧(No.3208/モ図)
　新牧日(No.2174/モ図)
　茶花上(p517/カ写)
　牧野ス2(No.3075/カ図)

野生4（p252/カ写）
山力樹木（p594/カ写）

**コアマチャ** ⇒アマチャを見よ

**コアマモ** *Zostera japonica* 小甘藻
アマモ科（ヒルムシロ科）の海藻。
¶原牧1（No.250/カ図）
新分牧（No.297/モ図）
新牧日（No.3351/モ図）
日水草（p109/カ図）
牧野ス1（No.250/カ図）
野生1（p129/カ写）

**コアミメギボウシゴケ** *Grimmia brachydictyon*
ギボウシゴケ科のコケ植物。日本固有種。
¶固有（p214/カ写）

**コアラセイトウ** *Matthiola incana* 'Annua'
アブラナ科の一年草。別名アラセイトウ。
¶原牧2（No.761/カ図）
新分牧（No.2758/モ図）
新牧日（No.882/モ図）
牧野ス2（No.2606/カ図）

**コアワ** *Setaria italica* 小粟
イネ科の一年草。別名エノコアワ。高さは90〜
110cmくらい。
¶新分牧（No.1229/モ図）
新牧日（No.3800/モ図）

**コアワガエリ** *Phleum paniculatum* 小粟還り
イネ科の一年草。アワガエリの小型の一型。現在で
は特に区別されてはいない。高さは18〜25cmく
らい。
¶原牧1（No.997/カ図）
新分牧（No.1130/モ図）
新牧日（No.3741/モ図）
牧野ス1（No.997/カ図）

**コイケマ** *Cynanchum wilfordii*
キョウチクトウ科（ガガイモ科）の草本。
¶原牧2（No.1374/カ図）
新分牧（No.3425/カ図）
新牧日（No.2363/モ図）
牧野ス2（No.3219/カ図）
野生4（p310/カ写）

**ゴイシ** *Camellia japonica* 'Goishi' 碁石
ツバキ科。ツバキの品種。花は斑入り。
¶茶花上（p150/カ写）

**コイチゴツナギ** *Poa compressa*
イネ科イチゴツナギ亜科の多年草。別名ヒライチゴ
ツナギ。高さは10〜60cm。
¶帰化写2（p351/カ写）
桑イネ（p390/カ写・モ図）
野生2（p61）

**コイチジク** ⇒イヌビワを見よ

**コイチヤクソウ** *Orthilia secunda* 小一薬草
ツツジ科イチヤクソウ亜科（イチヤクソウ科）の多
年草。高さは10〜25cm。
¶学フ増高山（p182/カ写）
原牧2（No.1262/カ図）

新分牧（No.3209/モ図）
新牧日（No.2103/モ図）
牧野ス2（No.3107/カ図）
野生4（p228/カ写）
山力野草（p295/カ写）
山ハ山花（p378/カ写）

**コイチヨウラン** *Ephippianthus schmidtii* 小一葉蘭
ラン科の多年草。高さは10〜20cm。
¶学フ増高山（p238/カ写）
原牧1（No.453/カ図）
新分牧（No.523/モ図）
新牧日（No.4327/モ図）
茶花下（p207/カ写）
牧野ス1（No.453/カ図）
野生1（p197/カ写）
山力野草（p576/カ写）
山ハ高山（p42/カ写）
山ハ山花（p102/カ写）

**ゴイッシングサ** ⇒ヒメムカシヨモギを見よ

**コイトスゲ** ⇒ゴンゲンスゲを見よ

**コイヌガラシ** *Rorippa cantoniensis* 小犬芥子
アブラナ科の一年草または越年草。高さは10〜
40cm。
¶原牧2（No.716/カ図）
植調（p92/カ写）
新分牧（No.2741/モ図）
新牧日（No.836/モ図）
牧野ス2（No.2561/カ図）
野生4（p68/カ写）
山レ増（p346/カ写）

**コイヌノエフデ** *Mutinus borneensis*
スッポンタケ科のキノコ。小型。托は円筒状，托上
部は赤褐色。
¶原きの（No.503/カ写・カ図）

**コイヌノハナヒゲ** *Rhynchospora fujiiana* 小犬の
鼻髭
カヤツリグサ科の多年草。別名ホソイヌノハナヒ
ゲ。高さは10〜40cm。
¶カヤツリ（p554/モ図）
原牧1（No.778/カ図）
新分牧（No.754/モ図）
新牧日（No.4058/モ図）
牧野ス1（No.778/カ図）
野生1（p355/カ写）
山力野草（p662/カ写）
山ハ山花（p124/カ写）

**コイヌノヒゲ** ⇒イトイヌノヒゲを見よ

**コイヌワラビ** ⇒ヘビノネゴザを見よ

**コイブキアザミ** *Cirsium confertissimum* 小伊吹薊
キク科アザミ亜科の草本。日本固有種。高さは0.5
〜1m。
¶固有（p140）
野生5（p246/カ写）
山力野草（p94/カ写）
山ハ山花（p550/カ写）

コイフキセ　296

山レ増（p56/カ写）

**コイブキゼリ**　⇒イブキゼリモドキを見よ

**コイラクサ**　⇒ヒメイラクサを見よ

**コイワウチワ**　*Shortia uniflora* var.*kantoensis*　小岩団扇
イワウメ科の多年草。日本固有種。別名イワウチワ。高さは3〜10cm。花は淡紅色。
¶原牧2（No.1142/カ図）
固有〔イワウチワ〕（p102/カ写）
新分牧（No.3185/モ図）
新牧日（No.2091/モ図）
牧野ス2（No.2987/カ図）
野生4〔イワウチワ（狭義）〕（p215）
山ハ山花〔イワウチワ〕（p375/カ写）

**コイワカガミ**　*Schizocodon soldanelloides* var.*soldanelloides* f.*alpinus*　小岩鏡
イワウメ科の常緑多年草。
¶学フ増高山（p34/カ写）
山力野草（p302/カ写）
山ハ高山（p262/カ写）

**コイワカゲワラビ**　⇒イワカゲワラビを見よ

**コイワカンスゲ**　*Carex chrysolepis*　小岩寒菅
カヤツリグサ科の多年草。日本固有種。
¶カヤツリ（p406/モ図）
固有（p186/カ写）
スゲ増（No.221/カ写）
野生1（p325/カ写）
山ハ山花（p165/カ写）

**コイワザクラ**　*Primula reinii* var.*reinii*　小岩桜
サクラソウ科の多年草。日本固有種。別名オオミネコザクラ。高さは5〜10cm。花は淡紅色。
¶原牧2（No.1080/カ図）
固有（p110）
山野草（No.0834・0835/カ写）
新分牧（No.3124/モ図）
新牧日（No.2224/モ図）
牧野ス2（No.2925/カ図）
野生4（p199/カ写）
山力野草（p282/カ写）
山ハ山花（p374/カ写）
山レ増（p186/カ写）

**コウオウカ**　⇒ランタナ（広義）を見よ

**コウオウソウ**　*Tagetes patula*　紅黄草
キク科の草本。別名クジャクソウ, フレンチ・マリゴールド。高さは50cm。花は黄, オレンジ色。
¶原牧2（No.2045/カ写）
新分牧（No.4284/モ図）
新牧日（No.3081/カ写）
茶花下〔まんじゅぎく〕（p374/カ写）
牧野ス2（No.3890/カ図）

**コウオトメ**　*Camellia japonica* 'Kô-otome'　紅乙女
ツバキ科。ツバキの品種。別名チャフル。花は紅色。
¶茶花上（p144/カ写）

**コウカ**(1)　⇒サンザシを見よ

**コウカ**(2)　⇒ネムノキを見よ

**コウガイゼキショウ**　*Juncus prismatocarpus* subsp.*leschenaultii*　笄石菖
イグサ科の多年草。別名ヒラコウガイゼキショウ。高さは20〜40cm。
¶原牧1（No.687/カ図）
植調（p281/カ写）
新分牧（No.724/モ図）
新牧日（No.3577/モ図）
牧野ス1（No.687/カ図）
野生1（p291/カ写）
山力野草（p644/カ写）
山ハ野花（p94/カ写）

**コウガイモ**　*Vallisneria denseserrulata*　笄藻
トチカガミ科の多年生沈水植物。葉は根生, 線形（リボン状）。
¶原牧1（No.235/カ図）
新分牧（No.280/モ図）
新牧日（No.3326/モ図）
日水草（p104/カ写）
牧野ス1（No.235/カ図）
野生1（p124/カ写）

**コウカギ**　⇒ネムノキを見よ

**ゴウカンタチシノブ**　⇒ヤクイヌワラビを見よ

**コウキ**　*Prunus mume* 'Kōki'　光輝
バラ科。ウメの品種。李系ウメ, 紅材性八重。
¶ウメ〔光輝〕（p112/カ写）

**コウキクサ**　*Lemna minor*　小浮草
サトイモ科（ウキクサ科）の常緑浮遊植物。
¶原牧1（No.173/カ図）
新分牧（No.206/モ図）
新牧日（No.3944/モ図）
日水草（p60/カ写）
牧野ス1（No.173/カ図）
野生1（p108/カ写）

**コウキセッコク**　*Dendrobium nobile*　高貴石斛
ラン科の多年草。別名デンドロビュウム, ニオイセッコク。花は白色。
¶原牧1（No.467/カ図）
新分牧（No.511/モ図）
新牧日（No.4341/モ図）
牧野ス1（No.467/カ図）

**コウキヤガラ**　*Bolboschoenus koshevnikovii*　小浮矢幹
カヤツリグサ科の多年生抽水性〜湿生植物。別名エゾウキヤガラ。稈の断面は三角形。茎は長さ40〜100cm。
¶カヤツリ（p644/モ図）
植調（p36/カ写）
新分牧〔エゾウキヤガラ〕（No.948/モ図）
新牧日〔エゾウキヤガラ〕（No.3999/モ図）
日水草（p170/カ写）
野生1（p297/カ写）
山ハ野花（p111/カ写）

**コウギョク**　*Camellia sasanqua* 'Kōgyoku'　皇玉
ツバキ科。サザンカの品種。

¶APG原樹〔サザンカ'コウギョク'〕(No.1169/カ図)

**コウキリン** *Camellia japonica* 'Kôkirin'　紅麒麟
ツバキ科。ツバキの品種。花は紅色。
¶茶花上(p142/カ写)

**コウグイスカグラ** *Lonicera ramosissima* var. *ramosissima*
スイカズラ科の落葉低木。日本固有種。別名チチブヒョウタンボク, ヒメヒョウタンボク。
¶APG原樹(No.1483/カ図)
原牧2(No.2333/カ図)
固有〔チチブヒョウタンボク〕(p134/カ写)
新分牧(No.4353/モ図)
新牧日(No.2856/モ図)
牧野ス2(No.4178/カ図)
野生5(p420/カ写)
山力樹木(p686/カ写)

**コウゲ** ⇒マツバイを見よ

**コウザキシダ** *Asplenium ritoense*
チャセンシダ科の常緑性シダ。葉身は長さ10〜18cm, 卵形〜三角状長楕円形。
¶シダ標1(p415/カ写)
新分牧(No.4629/モ図)
新牧日(No.4631/モ図)

**コウザン** *Rhododendron indicum* 'Kōzan'　晃山
ツツジ科。サツキの品種。
¶APG原樹〔サツキ'コウザン'〕(No.1244/カ図)

**コウザンアセビ** ⇒ヒマラヤアセビを見よ

**コウシ** *Camellia japonica* 'Kôshi'　香紫
ツバキ科。ツバキの品種。花は紅色。
¶茶花上(p132/カ写)

**コウジ**(1)　*Citrus leiocarpa*　柑子
ミカン科の木本。高さは3〜4m。
¶APG原樹(No.959/カ図)

**コウジ**(2)　⇒カラタチバナを見よ

**コウジシ** *Camellia japonica* 'Kôjishi'　紅獅子
ツバキ科。ツバキの品種。花は紅色。
¶茶花上(p143/カ写)

**コウジタケ** *Boletus fraternus*
イグチ科のキノコ。小型〜中型。傘は赤褐色〜紅色, ビロード状, 細かいひび割れ。
¶山力日き(p327/カ写)

**ゴウシュウアリタソウ** *Dysphania pumilio*　豪州有田草
ヒユ科(アカザ科)の一年草。高さは15〜40cm。
¶帰化写改(p59/カ写, p493/カ写)
植調(p239/カ写)
ミニ山(p38/カ写)
野生4(p140/カ写)
山ハ野花(p288/カ写)

**コウシュウウヤク** ⇒イソヤマアオキを見よ

**コウシュウオウジュク** *Prunus mume* 'Kōshū-ōjuku'　甲州黄熟
バラ科。ウメの品種。実ウメ, 野梅系。
¶ウメ〔甲州黄熟〕(p168/カ写)

**コウシュウサイショウ** *Prunus mume* 'Kōshū-saishō'　甲州最小
バラ科。ウメの品種。実ウメ, 野梅系。
¶ウメ〔甲州最小〕(p168/カ写)

**コウシュウシンコウ** *Prunus mume* 'Kōshūshinkō'　甲州深紅
バラ科。ウメの品種。実ウメ, 野梅系。
¶ウメ〔甲州深紅〕(p169/カ写)

**コウシュウヒゴタイ** *Saussurea amabilis*　甲州平江帯
キク科アザミ亜科の多年草。日本固有種。別名キレバコウシュウヒゴタイ。高さは40〜60cm。
¶原牧2(No.2209/カ図)
固有(p148)
新分牧(No.4008/モ図)
新牧日(No.3241/モ図)
牧野ス2(No.4054/カ図)
野生5(p267/カ写)
山力野草(p100/カ写)
山ハ山花(p564/カ写)

**コウシュウヤバイ** *Prunus mume* 'Kōshū-yabai'　甲州野梅
バラ科。ウメの品種。野梅系ウメ, 野梅性一重。
¶ウメ〔甲州野梅〕(p24/カ写)

**ゴウシュウヤブジラミ** *Daucus glochidiatus*
セリ科の越年草。大散形花序は3〜9個。
¶帰化写2(p166/カ写)

**ゴウシュウヨメナ** ⇒イガギクを見よ

**コウシュンウマノスズクサ** *Aristolochia zollingeriana*
ウマノスズクサ科の多年生のつる草。
¶野生1(p57/カ写)

**コウシュンカズラ** *Tristellateria australasiae*　恒春葛
キントラノオ科のつる性低木。花は光沢のある黄色。葉は黄緑色。
¶茶花上(p517/カ写)
野生3(p181/カ写)
山レ増(p267/カ写)

**コウシュンシダ**(1)　*Microlepia obtusiloba* var. *obtusiloba*
コバノイシカグマ科の常緑性シダ。別名ヤクシマカグマ。葉身は長さ30〜80cm, 長楕円状披針形。
¶シダ標1(p364/カ写)

**コウシュンシダ**(2)　⇒ホソバコウシュンシダを見よ

**コウシュンシバ** *Zoysia matrella*
イネ科ヒゲシバ亜科の多年草。
¶野生2(p73)

**コウシュンシュスラン** *Anoectochilus koshunensis*
ラン科の地生の多年草。
¶野生1(p183)

**コウシュンスゲ** *Cyperus pedunculatus*
カヤツリグサ科の多年草。
¶カヤツリ(p688/モ図)
野生1(p339/カ写)

コウシュン

**コウシュンモダマ** *Entada phaseoloides*
マメ科オジキソウ亜科の大型の常緑性木本つる植物。別名ヒメモダマ。
¶新分牧（No.1801/モ図）
　野生2（p246）
　山レ増（p295/モ写）

**コウシュンヤドリギ** *Taxillus pseudochinensis*
オオバヤドリギ科の常緑低木。別名シナヤドリギモドキ。葉は楕円形または卵状楕円形。
¶野生4（p80/カ写）

**コウショッキ** ⇒モミジアオイを見よ

**コウシンソウ** *Pinguicula ramosa* 庚申草
タヌキモ科の多年生食虫植物。日本固有種。高さは3〜15cm。
¶原牧2（No.1788/カ図）
　固有（p132）
　新分牧（No.3673/モ図）
　新牧日（No.2807/モ図）
　牧野ス2（No.3633/カ写）
　野生5（p163/カ写）
　山力野草（p160/カ写）
　山ハ山花（p460/カ写）
　山レ増（p91/カ写）

**コウシンバラ** *Rosa chinensis* 庚申薔薇
バラ科の常緑低木。別名チョウシュン，ティー・ローズ。高さは1〜2m。花は淡桃〜濃紅色。
¶APG原樹（No.599/カ図）
　原牧1（No.1807/カ図）
　新分牧（No.2002/モ図）
　新牧日（No.1193/モ図）
　茶花上（p385/カ写）
　牧野ス1（No.1807/カ写）
　山力樹木（p254/カ写）

**コウシンヒゴタイ** *Saussurea pseudosagitta*
キク科アザミ亜科の多年草。日本固有種。
¶固有（p148）
　野生5（p264）

**コウシンヤマハッカ** *Isodon umbrosus* var.*latifolius*
シソ科シソ亜科〔イヌハッカ亜科〕の多年草。日本固有種。
¶固有（p123）
　野生5（p142/カ写）
　山力野草（p232/カ写）

**コウスイグサ** ⇒ヘリオトロープを見よ

**コウスイボク** ⇒ボウシュウボクを見よ

**コウヅシマクラマゴケ**(1) *Selaginella doederleinii* var.*opaca*
イワヒバ科。日本固有種。
¶固有（p198/カ写）

**コウヅシマクラマゴケ**(2) ⇒オニクラマゴケを見よ

**コウスノキ** *Vaccinium hirtum* var.*hirtum*
ツツジ科スノキ亜科の落葉低木。別名カクミノスノキ，コバウスノキ，エゾカクミノスノキ。葉は長さ1.5〜4cm，幅1〜2cm。
¶野生4（p260/カ写）

**コウスユキソウ** *Leontopodium japonicum* var. *spathulatum* 小薄雪草
キク科キク亜科の草本。日本固有種。別名コバノウスユキソウ。石灰岩植物または超塩基性岩植物。
¶固有（p142）
　野生5（p347/カ写）
　山ハ高山（p381/カ写）

**コウセンガヤ** ⇒カセンガヤを見よ

**コウゾ**(1) *Broussonetia*×*kazinoki* 楮
クワ科の落葉低木。別名カゾ，ヒメコウゾ。高さは2〜5m。葉は卵形。
¶原牧2（No.49/カ図）
　新分牧（No.2090/モ図）
　新牧日（No.173/モ図）
　牧野ス1（No.1894/カ写）

**コウゾ**(2) ⇒ヒメコウゾ(1)を見よ

**ゴウソ** *Carex maximowiczii* 郷麻
カヤツリグサ科の多年草。別名タイツリスゲ。高さは30〜70cm。
¶学フ増野夏（p198/カ写）
　カヤツリ（p190/モ図）
　原牧1（No.817/カ図）
　新分牧（No.826/モ図）
　新牧日（No.4109/モ図）
　スゲ増（No.85/カ写）
　茶花上（p385/カ写）
　牧野ス1（No.817/カ写）
　野生1（p311/カ写）
　山力野草（p665/カ写）
、山ハ野花（p130/カ写）

**コウゾリナ** *Picris hieracioides* subsp.*japonica* var. *japonica* 髪剃菜
キク科キクニガナ亜科の多年草または越年草。別名カミソリナ。高さは10〜25cm。葉や茎に赤褐色の鋭い剛毛をもつ。
¶色野草（p142/カ写）
　学フ増山菜（p47/カ写）
　学フ増野夏（p79/カ写）
　原牧1（No.2232/カ写）
　植調（p155/カ写）
　新分牧（No.4069/モ図）
　新牧日（No.3261/モ図）
　茶花上（p386/カ写）
　牧野ス2（No.4077/カ図）
　野生5（p284/カ写）
　山力野草（p105/カ写）
　山ハ野花（p600/カ写）

**コウタケ** *Sarcodon aspratus* 香茸
マツバハリタケ科（イボタケ科）のキノコ。別名カワタケ。大型。傘は漏斗形，中央は窪む。表面に顕著な鱗片。
¶学フ増毒き（p215/カ写）
　新分牧（No.5154/モ図）
　新牧日（No.4954/モ図）
　山力日き（p443/カ写）

**ゴウダソウ** *Lunaria annua* 合田草
アブラナ科の一年草。別名ギンセンソウ，ギンカソウ，オオバンソウ，シルバー・シリング，ムーン・ウワート。花は紅紫色，または白色。
　¶帰化写改（p106/カ写）
　　帰化写2（p173/カ写）
　　茶花上（p265/カ写）

**コウチニッケイ** ⇒マルバニッケイを見よ

**コウチムラサキ** ⇒ビロードムラサキを見よ

**コウツギ** *Deutzia floribunda*
アジサイ科（ユキノシタ科）の木本。日本固有種。
　¶固有（p74）
　　野生4（p161/カ写）

**コウテイヒマワリ** ⇒ニトベギクを見よ

**コウテンバイ** *Prunus mume* 'Spiralis' 香篆梅
バラ科。ウメの品種。別名ウンリュウバイ。野梅系ウメ，野梅性八重。
　¶ウメ〔香篆〕（p55/カ写）
　　APG原樹〔ウメ'コウテンバイ'〕（No.466/カ図）

**コウトウイヌビワ** ⇒アカメイヌビワを見よ

**コウトウエゴノキ** ⇒エゴノキを見よ

**コウトウジ** *Prunus mume* 'Kō-tōji' 紅冬至
バラ科。ウメの品種。野梅系ウメ，野梅性一重。
　¶ウメ〔紅冬至〕（p25/カ写）

**コウトウシュウカイドウ** *Begonia fenicis*
シュウカイドウ科の多年草。
　¶野生3（p126/カ写）
　　山レ増（p235/カ写）

**コウトウシラン** *Spathoglottis plicata* 紅頭紫蘭
ラン科の地生植物。高さは100cm。花は藤，青紫色。
　¶野生1（p226/カ写）
　　山ハ山花（p97/カ写）
　　山レ増（p482/カ写）

**コウトウハイノキ** ⇒アオバノキを見よ

**コウトウヒスイラン** *Vanda lamellata*
ラン科の草本。高さは30〜40cm。花は黄色。
　¶野生1（p229）

**コウトウヤマヒハツ** *Antidesma montanum*
コミカンソウ科（トウダイグサ科）の木本。別名シマヤマヒハツ。
　¶野生3（p168/カ写）

**コウナン** *Prunus mume* 'Kōnan' 江南
バラ科。ウメの品種。杏系ウメ，豊後性八重。
　¶ウメ〔江南〕（p138/カ写）

**コウナンシュサ** *Prunus mume* 'Kōnan-shusa' 江南朱砂
バラ科。ウメの品種。李系ウメ，紅材性八重。
　¶ウメ〔江南朱砂〕（p113/カ写）

**コウナンショム** *Prunus mume* 'Kōnanshomu' 江南所無
バラ科。ウメの品種。杏系ウメ，豊後性八重。
　¶ウメ〔江南所無〕（p139/カ写）

**コウノキ** ⇒カツラを見よ

**コウバイ（コウセツキュウフン）** *Prunus mume*
'Kōbai' 紅梅（香雪宮粉）
バラ科。ウメの品種。野梅系ウメ，野梅性八重。
　¶ウメ〔紅梅（香雪宮粉）〕（p56/カ写）

**コウバイタケ** *Mycena adonis*
ラッシタケ科（クヌギタケ科）のキノコ。超小型。傘は淡紅色。ひだは白色。
　¶原きの（No.207/カ写・カ図）
　　山カ日き（p134/カ写）

**コウブシ** ⇒ハマスゲを見よ

**コウフンタイカク** *Prunus mume* 'Kōfun-taikaku'
紅粉台閣
バラ科。ウメの品種。野梅系ウメ，野梅性八重。
　¶ウメ〔紅粉台閣〕（p56/カ写）

**コウブンボク** ⇒ウメを見よ

**コウベナズナ** ⇒マメグンバイナズナを見よ

**コウボウ** *Anthoxanthum nitens* var.*sachalinense*
香茅
イネ科イチゴツナギ亜科の多年草。高さは20〜50cm。
　¶桑イネ（p265/カ写・モ図）
　　野生2（p43/カ写）
　　山カ野草（p673/カ写）
　　山ハ野花（p175/カ写）
　　山山山花（p190/カ写）

**コウボウ（広義）** *Anthoxanthum nitens* 香茅
イネ科イチゴツナギ亜科の多年草。高さは20〜40cm。
　¶原牧1〔コウボウ〕（No.962/カ図）
　　新分牧〔コウボウ〕（No.1082/モ図）
　　新牧日〔コウボウ〕（No.3748/モ図）
　　牧野ス1〔コウボウ〕（No.962/カ図）

**コウボウシバ** *Carex pumila* 弘法芝
カヤツリグサ科の多年草。高さは10〜20cm。
　¶学フ増野夏（p238/カ写）
　　カヤツリ（p506/モ図）
　　原牧1（No.905/カ図）
　　新分牧（No.929/モ図）
　　新牧日（No.4218/モ図）
　　スゲ増（No.282/カ写）
　　牧野ス1（No.905/カ図）
　　野生1（p335/カ写）
　　山カ野草（p667/カ写）
　　山ハ野花（p147/カ写）

**コウボウチャ** ⇒カワラケツメイを見よ

**コウボウビエ** ⇒シコクビエを見よ

**コウボウフデ** *Pseudotulostoma japonicum*
ツチダンゴ科のキノコ。中型〜大型。幼菌は長卵形，汚白色〜黄褐色。
　¶山カ日き（p503/カ写）

**コウボウムギ** *Carex kobomugi* 弘法麦
カヤツリグサ科の多年草。別名フデクサ，ホウキコウボウムギ。高さは10〜30cm。

コウホネ

¶学フ増野春 (p240/カ写)
カヤツリ (p80/モ図)
原牧1 (No.798/カ図)
新分牧 (No.783/モ図)
新牧日 (No.4086/モ図)
スゲ増 (No.21/カ写)
牧野ス1 (No.798/カ写)
野生1 (p302/カ写)
山カ野草 (p665/カ写)
山ハ野花 (p125/カ写)

**コウホネ** *Nuphar japonica* 河骨, 川骨
スイレン科の多年生水草。別名カワホネ, センコツ,
ホネヨモギ。花は径3〜5cmで黄色, 果実は卵形で
緑色。長さは20〜30cm。
¶学フ増野夏 (p114/カ写)
学フ増薬草 (p52/カ写)
原牧1 (No.67/カ図)
山野草 (No.0388/カ写)
新分牧 (No.85/モ図)
新牧日 (No.665/モ図)
茶花下 (p207/カ写)
日水草 (p40/カ写)
牧野ス1 (No.67/カ写)
ミニ山 (p65/カ写)
野生1 (p47/カ写)
山カ野草 (p505/カ写)
山ハ山花 (p16/カ写)

**コウマゴヤシ** *Medicago minima* 小馬肥
マメ科マメ亜科の一年草〜越年草。長さは5〜
30cm。花は淡黄色。
¶帰化写改 (p136/カ写)
原牧1 (No.1500/カ図)
新分牧 (No.1762/モ図)
新牧日 (No.1287/モ図)
牧野ス1 (No.1500/カ写)
ミニ山 (p157/カ写)
野生2 (p283/カ写)
山ハ野花 (p356/カ写)

**コウマンヨウ** *Rhododendron indicum* 'Kōmanyo' 紅
萬重
ツツジ科。サツキの品種。
¶APG原樹 〔サツキ 'コウマンヨウ'〕(No.1242/カ図)

**コウメ** (1) *Prunus mume* 'Microcarpa' 小梅
バラ科の落葉小高木。別名シナノウメ。果皮は黄緑
で, 陽向面は紅色。
¶APG原樹 (No.461/カ図)
原牧1 (No.1632/カ図)
新分牧 (No.1828/モ図)
新牧日 (No.1207/モ図)
牧野ス1 (No.1632/カ図)

**コウメ** (2) ⇒スノキを見よ

**コウメ** (3) ⇒ニワウメを見よ

**コウメバチソウ** *Parnassia palustris* var. *tenuis* 小梅
鉢草
ニシキギ科 (ユキノシタ科) の多年草。別名エゾウ
メバチソウ。

¶学フ増高山 (p156/カ写)
野生3 (p138/カ写)
山カ野草 (p433/カ写)
山ハ高山 (p172/カ写)

**コウモリカズラ** *Menispermum dauricum* 蝙蝠葛
ツヅラフジ科のつる性木本。花は淡緑色。
¶APG原樹 (No.255/カ図)
原牧1 (No.1164/カ図)
新分牧 (No.1321/モ図)
新牧日 (No.661/モ図)
牧野ス1 (No.1164/カ図)
ミニ山 (p64/カ写)
野生2 (p112/カ写)

**コウモリシダ** *Thelypteris triphylla* 蝙蝠羊歯
ヒメシダ科 (オシダ科) の常緑性シダ植物。別名ス
ケモリシダ。葉身は長さ10〜25cm,3出葉, 頂羽片は
広披針形。
¶シダ標1 (p438/カ写)
新分牧 (No.4662/モ図)
新牧日 (No.4564/モ図)

**コウモリソウ** *Parasenecio maximowiczianus* var.
*maximowiczianus* 蝙蝠草
キク科キク亜科の多年草。日本固有種。高さは30
〜70cm。
¶原牧2 (No.2141/カ図)
固有 (p144)
新分牧 (No.4095/モ図)
新牧日 (No.3173/モ図)
茶花下 (p208/カ写)
牧野ス2 (No.3986/カ写)
野生5 (p305/カ写)
山カ野草 (p62/カ写)
山ハ高山 (p390/カ写)
山ハ山花 (p506/カ写)

**コウモリタケ** *Albatrellus dispansus*
ニンギョウタケモドキ科のキノコ。中型〜大型。傘
は黄色。
¶学フ増毒き (p216/カ写)
山カ日き (p449/カ写)

**コウモリドコロ** ⇒ウチワドコロを見よ

**コウヤカミツレ** *Anthemis tinctoria*
キク科の二年草または多年草。別名ソメモノカミツ
レ。高さは20〜60cm。花は濃黄色, または淡黄色。
¶帰化写2 (p247/カ写)

**コウヤカンアオイ** *Asarum kooyanum* 高野寒葵
ウマノスズクサ科の多年草。日本固有種。和歌山県
北東部の高野山を中心とする山地に産する。
¶固有 (p61)
野生1 (p68)

**コウヤグミ** *Elaeagnus numajiriana* 高野茱萸
グミ科の落葉低木。日本固有種。
¶原牧2 (No.9/カ図)
固有 (p92)
新分牧 (No.2049/モ図)
新牧日 (No.1785/モ図)
牧野ス1 (No.1854/カ図)

野生2（p314/カ写）

**コウヤコケシノブ**　*Hymenophyllum barbatum*　高野苔忍
コケシノブ科の常緑性シダ。葉身は長さ4〜8cm，長楕円形。
　¶シダ標1（p310/カ写）
　　新分牧（No.4528/モ図）
　　新牧日（No.4419/モ図）

**コウヤザサ**　*Brachyelytrum japonicum*　高野笹
イネ科イチゴツナギ亜科の多年草。高さは50〜70cm。
　¶桑イネ（p95/モ図）
　　原牧1（No.933/モ図）
　　新分牧（No.1040/モ図）
　　新牧日（No.3643/モ図）
　　牧野ス1（No.933/カ図）
　　野生2（p44）

**コウヤシロカネソウ**　*Dichocarpum numajirianum*　高野白銀草
キンポウゲ科の草本。日本固有種。
　¶固有（p54）
　　野生2（p150/カ写）

**コウヤノマンネングサ**　*Climacium japonicum*　高野の万年草
コウヤノマンネングサ科のコケ。別名コウヤノマンネンゴケ。大型、一次茎は小さな鱗片状の葉と多くの仮根を付ける。枝葉は狭い三角形〜披針形。
　¶新分牧（No.4879/モ図）
　　新牧日（No.4737/モ図）

**コウヤノマンネンゴケ**　⇒コウヤノマンネングサを見よ

**コウヤハリスゲ**　*Carex koyaensis* var.*koyaensis*
カヤツリグサ科の多年草。日本固有種。有花茎は高さ10〜25cm。
　¶カヤツリ（p76/モ図）
　　固有（p181）
　　スゲ増（No.15/カ写）
　　野生1（p302）

**コウヤハンショウヅル**　*Clematis obvallata* var.*obvallata*　高野半鐘蔓
キンポウゲ科の草本。日本固有種。
　¶原牧1（No.1303/カ図）
　　固有（p54）
　　新分牧（No.1464/モ図）
　　新牧日（No.625/モ図）
　　牧野ス1（No.1303/カ図）
　　野生2（p144/カ写）
　　山レ増（p399/カ写）

**コウヤボウキ**　*Pertya scandens*　高野箒
キク科コウヤボウキ亜科の小低木。日本固有種。別名タマボウキ、バイコウハグマ、メンド、メンドウ、ネンド、ネンドウ。高さは60〜100cm。
　¶色野草（p119/カ写）
　　APG原樹（No.1459/カ写）
　　学フ増樹（p236/カ写）
　　原牧2（No.1909/カ図）
　　固有（p143/カ写）

新分牧（No.3945/モ図）
新牧日（No.2945/モ図）
茶花下（p359/カ写）
牧野ス2（No.3754/モ図）
野生5（p212/カ写）
山力樹木（p718/カ写）
山力野草（p23/カ写）
山ハ山花（p541/カ写）

**コウヤマキ**　*Sciadopitys verticillata*　高野槇
コウヤマキ科（スギ科）の常緑高木。日本固有種。別名ホンマキ。樹高は30m。樹皮は赤褐色。
　¶APG原樹（No.64/カ図）
　　学フ増樹（p151/カ図）
　　学フ増花庭（p149/カ写）
　　原牧1（No.34/カ図）
　　固有（p195/カ図）
　　新分牧（No.44/モ図）
　　新牧日（No.43/モ図）
　　図説樹木（p42/カ写）
　　都木花新（p239/カ写）
　　牧野ス1（No.35/カ図）
　　野生1（p36/カ写）
　　山力樹木（p48/カ写）

**コウヤミズキ**　⇒ミヤマトサミズキを見よ

**コウヤワラビ**　*Onoclea sensibilis* var.*interrupta*　高野蕨
コウヤワラビ科（オシダ科）の夏緑性シダ。葉身は長さ8〜30cm、広卵形〜三角状楕円形。
　¶シダ標1（p456/カ写）
　　新分牧（No.4670/モ図）
　　新牧日（No.4611/モ図）

**コウヨウザン**　*Cunninghamia lanceolata*　広葉杉
ヒノキ科（スギ科）の常緑高木。別名オランダモミ、カントンスギ。高さは30m。樹皮は赤褐色。
　¶APG原樹（No.72/カ図）
　　学フ増花庭（p137/カ写）
　　原牧1（No.58/カ図）
　　新分牧（No.45/モ図）
　　新牧日（No.48/モ図）
　　牧野ス1（No.59/カ図）
　　野生1（p38/カ写）
　　山力樹木（p46/カ写）

**コウヨウザンカズラ**　*Phlegmariurus cunninghamioides*
ヒカゲノカズラ科の常緑性シダ。長さ70cm。葉身は葉は披針形。
　¶シダ標1（p265/カ写）

**コウライアゼスゲ**　⇒シュミットスゲを見よ

**コウライイヌワラビ**　*Deparia coreana*
メシダ科の夏緑性シダ。別名タニメシダ。葉身は長さ30〜60cm、広披針形〜卵状披針形。
　¶シダ標2（p342/カ写）

**コウライイヌワラビ × ミヤマシケシダ**　*Deparia coreana* × *D.pycnosora* var.*pycnosora*
メシダ科のシダ植物。
　¶シダ標2（p347/カ写）

**コウライイヌワラビモドキ** *Deparia henryi*
メシダ科のシダ植物。
¶シダ標2（p342/カ写）

**コウライウシノケグサ** *Festuca ovina* var.*duriuscula*
イネ科イチゴツナギ亜科の多年草。四国に稀に生える。
¶野生2（p53）

**コウライウスユキソウ** *Leontopodium leiolepis* 高麗薄雪草
キク科の草本。高さは10～20cm。
¶山野草（No.1300/カ写）

**コウライオトギリ** ⇒オオトモエソウを見よ

**コウライシバ** *Zoysia pacifica* 高麗芝
イネ科ヒゲシバ亜科。シバの一種。
¶野生2（p73/カ写）

**コウライタムラソウ** ⇒タムラソウを見よ

**コウライテンナンショウ** *Arisaema peninsulae*
サトイモ科の多年草。
¶テンナン（No.44/カ写）
　野生1（p105/カ写）
　山力野草（p652/カ写）

**コウライトモエソウ** ⇒オオトモエソウを見よ

**コウライニワフジ** ⇒チョウセンニワフジを見よ

**コウライニンジン** ⇒オタネニンジンを見よ

**コウライバッコヤナギ** ⇒バッコヤナギを見よ

**コウライヒナスゲ** ⇒サワヒメスゲを見よ

**コウライヒメノダケ** *Angelica cartilaginomarginata* var.*matsumurae* 高麗姫野竹
セリ科セリ亜科。ヒメノダケの変形。
¶野生5（p388）

**コウライヒメヒゴタイ** ⇒ヒメヒゴタイを見よ

**コウライブシ** *Aconitum jaluense* subsp.*jaluense*
キンポウゲ科の草本。別名ミツバトリカブト。
¶野生2（p127/カ写）
　山レ増（p403/カ写）

**コウライメシダ** ⇒エゾメシダを見よ

**コウラカナワラビ** ⇒イヌツルダカナワラビを見よ

**コウラノキシノブ** ⇒イシガキノキシノブを見よ

**コウラボシ** *Lepisorus uchiyamae* 小裏星
ウラボシ科の常緑性シダ。日本固有種。葉身は長さ15cm弱、狭披針形。
¶固有（p210）
　シダ標2（p462/カ写）
　新牧日（No.4657/モ図）

**コウリヤナギ** ⇒コリヤナギを見よ

**コウリャン** *Nervosum Group* 高粱
イネ科キビ亜科の多年草。
¶野生2（p97）

**コウリョウカモジグサ** *Elymus pendulinus* var.*pendulinus*
イネ科イチゴツナギ亜科の多年草。別名タイシャクカモジ。
¶野生2（p52）

**コウリンカ** *Tephroseris flammea* subsp.*glabrifolia* 紅輪花
キク科キク亜科の多年草。別名シラゲコウリンカ。高さは50～60cm。
¶原牧2（No.2117/カ図）
　新分牧（No.4078/モ図）
　新牧日（No.3147/モ図）
　茶花下（p88/カ写）
　牧野ス2（No.3962/カ図）
　野生5（p311/カ写）
　山力野草（p58/カ写）
　山ハ山花（p528/カ写）
　山レ増（p30/カ写）

**コウリンギク** *Senecio argunensis*
キク科キク亜科の草本。
¶新分牧（No.4116/モ図）
　新牧日（No.3150/モ図）
　野生5（p309/カ写）

**コウリンタンポポ** *Pilosella aurantiaca* 紅輪蒲公英
キク科の多年草。別名エフデギク、エフデタンポポ。高さは10～50cm。花は朱赤色。
¶帰化写改（p374/カ写）
　植調（p165/カ写）
　山力野草（p111/カ写）
　山ハ野花（p601/カ写）

**コウルメ** ⇒ゴモジュを見よ

**コウレイニコウ** *Prunus mume* ‘Kōrei-nikō’ 洪嶺二紅
バラ科。ウメの品種。野梅系ウメ、野梅性八重。
¶ウメ〔洪嶺二紅〕（p57/カ写）

**コエゾツガザクラ** *Phyllodoce aleutica*×*P.caerulea* 小蝦夷栂桜
ツツジ科の木本。
¶原牧2（No.1222/カ図）
　牧野ス2（No.3067/カ図）
　山ハ高山（p272/カ写）

**コエダクモタケ** *Torrubiella leiopus*
ノムシタケ科の冬虫夏草。宿主は小型または中型のクモ。
¶冬虫生態（p234/カ写）

**コエビソウ** *Justicia brandegeeana* 小海老草、小蝦草
キツネノマゴ科の常緑低木。別名ベロベロネ、シュリンプ・プラント。苞は赤褐色。高さは30～60cm。花は白色。
¶茶花下（p208/カ写）

**コエレスチス** *Hibiscus syriacus* ‘Coelestis’
アオイ科。ムクゲの品種。一重咲き中弁型。
¶茶花下（p20/カ写）

**コエンドロ** *Coriandrum sativum*
セリ科の一年草。別名コリアンダー（英名）。高さは30～50cm。花は白～桃紫色。
¶帰化写改（p221/カ写）
　原牧2（No.2403/カ図）
　新分牧（No.4469/モ図）

新牧日(No.2020/モ図)
牧野ス2(No.4248/カ図)

**コオトギリ** *Hypericum hakonense* 小弟切
オトギリソウ科の多年草。日本固有種。高さは10
～50cm。
¶原牧2(No.396/カ図)
固有〔ハコネオトギリ〕(p65)
新分牧(No.2291/モ図)
新牧日(No.750/モ図)
牧野ス1(No.2241/カ図)
野生3(p245/カ写)

**コオトメノカサ** *Cuphophyllus niveus*
ヌメリガサ科のキノコ。
¶山カ日き(p39/カ写)

**コオニイグチ** *Strobilomyces seminudus*
イグチ科のキノコ。別名ススケオニイグチ。小型～
中型。傘は灰褐色～暗灰色、綿毛状小鱗片、鱗片は
やわらかい。
¶山カ日き(p346/カ写)

**コオニグルミ** ⇒オニグルミを見よ

**コオニシバ** *Zoysia sinica* var.*sinica*
イネ科ヒゲシバ亜科の多年草。高さは15～30cm。
¶桑イネ(p484/モ図)
野生2(p73/カ写)

**コオニタビラコ** *Lapsanastrum apogonoides* 小鬼田平子
キク科キクニガナ亜科の二年草。別名タビラコ、カワラケナ、ホトケノザ。高さは4～20cm。
¶色野草(p130/カ写)
学フ増山菜(p16/カ写)
学フ増野春(p99/カ写)
原牧2(No.2250/カ図)
植調(p152/カ写)
新分牧(No.4048/モ図)
新牧日(No.3279/モ図)
牧野ス2(No.4095/カ図)
野生5(p283/カ写)
山カ野草(p105/カ写)
山ハ野花(p611/カ写)

**コオニビシ** *Trapa natans* var.*pumila*
ミソハギ科(ヒシ科)。果実は4刺、全幅が3～5cmしかない。
¶野生3(p260)

**コオニホラゴケ** ⇒ナンバンホラゴケを見よ

**コオニユリ** *Lilium leichtlinii* f.*pseudotigrinum* 小鬼百合
ユリ科の多年草。別名アカヒラトユリ、アマユリ、スゲユリ、ナツユリ、ノユリ。高さは1～2m。
¶色野草(p204/カ写)
学フ増山菜(p184/カ写)
学フ増野夏(p95/カ写)
原牧1(No.334/カ図)
山野草(No.1468/カ写)
新分牧(No.400/モ図)
新牧日(No.3428/モ図)
茶花下(p89/カ写)

牧野ス1(No.334/カ図)
野生1(p173/カ写)
山カ野草(p619/カ写)
山ハ山花(p74/カ写)

**コオノオレ** ⇒ヤエガワカンバを見よ

**コオロギラン** *Stigmatodactylus sikokianus* 蟋蟀蘭
ラン科の多年生の菌従属栄養植物。高さは3～10cm。
¶原牧1(No.416/カ図)
新分牧(No.426/モ図)
新牧日(No.4290/モ図)
牧野ス1(No.416/カ図)
野生1(p227/カ写)
山ハ山花(p117/カ写)
山レ増(p494/カ写)

**コカイスゲ** *Carex alopecuroides* var.*alopecuroides*
カヤツリグサ科の多年草。
¶野生1(p332)

**コカキツバタ** *Iris ruthenica* 小燕子花
アヤメ科の多年草。高さは3～15cm。花は淡色。
¶原牧1(No.502/カ図)
新分牧(No.560/モ図)
新牧日(No.3550/モ図)
牧野ス1(⇒No.502/カ写)

**コガク**(1) ⇒ホソバコガクを見よ

**コガク**(2) ⇒ヤマアジサイを見よ

**コガクウツギ** *Hydrangea luteovenosa* 小額空木
アジサイ科(ユキノシタ科)の落葉低木。日本固有種。
¶原牧2(No.1030/カ図)
固有(p74)
新分牧(No.3063/モ図)
新牧日(No.994/モ図)
牧野ス2(No.2875/カ図)
野生4(p167/カ写)
山カ樹木(p223/カ写)

**コガクウツギ(八重咲き)** *Hydrangea luteovenosa* 'Pleno' 小額空木
ユキノシタ科の落葉低木。
¶山野草(No.0529/カ写)

**コカゲラン** *Didymoplexiella siamensis*
ラン科の地生の多年草。高さは13～30cm。
¶野生1(p196)

**コーカサスサワグルミ** *Pterocarya fraxinifolia*
クルミ科の木本。樹高30m。樹皮は白っぽい灰色。
¶山カ樹木(p109/カ写)

**コガサタケ** *Conocybe tenera*
オキナタケ科のキノコ。
¶山カ日き(p219/カ写)

**コガシアスザサ** *Sasaella kogasensis* var.*kogasensis*
イネ科タケ亜科のササ。日本固有種。
¶固有(p170)
タケ亜科(No.125/カ写)

**コカシササ** 304

**コガシザサ** *Sasa kogasensis*
イネ科タケ亜科のササ。日本固有種。
¶固有 (p173)
タケ亜科 (No.85/カ写)

**コガタシンビジウム** *Cymbidium hybrid* 小形シンビジウム
ラン科の草本。東洋ランと大型のシンビジウムの交配種の総称。
¶茶花上 (p207/カ写)

**ゴガツイチゴ** ⇒ニガイチゴを見よ

**ゴガツササゲ** ⇒インゲンマメ(1)を見よ

**コカナダモ** *Elodea nuttallii* 小加奈陀藻
トチカガミ科の多年生水草。花は乳白色。葉はふつう3輪生、線形、長さは5～15mm。
¶帰化写改 (p404/カ写)
原牧1 (No.233/カ図)
新分牧 (No.277/モ図)
新牧日 (No.3330/モ図)
日水草 (p89/カ写)
牧野ス1 (No.233/カ図)
野生1 (p120/カ写)

**コガネアオダモ** ⇒マルバアオダモを見よ

**コガネイチゴ** *Rubus pedatus* 黄金苺
バラ科バラ亜科の匍匐性低木。長さは3～10cm。
¶学フ増高山 (p165/カ写)
原牧1 (No.1741/カ図)
新分牧 (No.1934/モ図)
新牧日 (No.1121/モ図)
牧野ス1 (No.1741/カ図)
野生3 (p46/カ写)
山ハ高山 (p214/カ写)
山ハ山花 (p336/カ写)

**コガネウスバタケ** *Hydnochaete tabacinoides*
タバコウロコタケ科のキノコ。
¶山カ日き (p491/カ写)

**コガネエンジュ** ⇒ヘビノボラズを見よ

**コガネガヤツリ** *Cyperus strigosus*
カヤツリグサ科の一年草または多年草。高さは20～60cm。
¶帰化写改 (p481/カ写)
帰化写2 (p372/カ写)

**コガネカワラタケ** *Coriolopsis glabrorigens*
タマチョレイタケ科のキノコ。傘は橙黄色のち黄土色～鈍黄色。
¶山カ日き (p479/カ写)

**コガネギク** ⇒ミヤマアキノキリンソウを見よ

**コガネギシギシ** *Rumex maritimus var.ochotskius*
タデ科の多年草。
¶帰化写2 (p26/カ写)
原牧2 (No.790/カ図)
新分牧 (No.2832/モ図)
新牧日 (No.252/モ図)
牧野ス2 (No.2635/カ図)
野生4 (p104/カ写)

**コガネキヌカラカサタケ** *Leucocoprinus brinbaumii*
ハラタケ科のキノコ。小型～中型。傘はレモン色、溝線あり。
¶原きの (No.181/カ写・カ図)
山カ日き (p185/カ写)

**コガネグルマ** *Chrysogonum virginianum*
キク科の多年草。高さは20cm。花は黄色。
¶山野草 (No.1332/カ写)

**コガネサイコ** *Bupleurum longiradiatum* var. *shikotanense* 黄金柴胡
セリ科セリ亜科の多年草。日本固有種。高さは20～40cm。
¶固有 (p101)
野生5 (p392/カ写)
山ハ山花 (p465/カ写)

**コガネシダ** *Woodsia macrochlaena*
イワデンダ科の夏緑性シダ。別名ジョウシュウコガネシダ。葉身は長さ5～15cm、長楕円状披針形。
¶シダ標1 (p451/カ写)

**コガネシノブ** ⇒ハイホラゴケを見よ

**コガネシワウロコタケ** *Phlebia radiata*
シワタケ科のキノコ。
¶山カ日き (p421/カ写)

**コガネスゲ** *Carex aurea* 黄金菅
カヤツリグサ科の草本。高さは5～40cm。
¶山野草 (No.1614/カ写)

**コガネズル** *Prunus mume* 'Koganezuru' 黄金鶴
バラ科。ウメの品種。野梅系ウメ、野梅性八重。
¶ウメ〔黄金鶴〕(p57/カ写)

**コガネタケ** *Phaeolepiota aurea*
カブラマツタケ科 (ハラタケ科) のキノコ。大型。傘はこがね色で、粉状。
¶学フ増毒き (p125/カ写)
原きの (No.229/カ写・カ図)
山カ日き (p198/カ写)

**コガネツルタケ** *Amanita crocea*
テングタケ科のキノコ。傘は橙色。
¶原きの (No.016/カ写・カ図)

**コガネテングタケ** *Amanita flavipes*
テングタケ科のキノコ。中型。傘は黄褐色、条線なし、黄色のいほあり。
¶学フ増毒き (p56/カ写)
山カ日き (p162/カ写)

**コガネニカワタケ** *Tremella mesenterica*
シロキクラゲ科のキノコ。
¶原きの (No.425/カ写・カ図)
山カ日き (p531/カ写)

**コガネヌメリタケ** *Mycena leaiana*
クヌギタケ科のキノコ。
¶原きの (No.213/カ写・カ図)

**コガネネコノメソウ** *Chrysosplenium pilosum* var. *sphaerospermum* 黄金猫の目草
ユキノシタ科の多年草。高さは4～10cm。
¶原牧1 (No.1389/カ図)

新分牧（No.1554/モ図）
　　新牧日（No.968/モ図）
　　牧野ス1（No.1389/カ図）
　　ミニ山（p100/カ写）
　　野生2（p203/カ写）
　　山力野草（p428/カ写）
　　山ハ山花（p274/カ写）
**コガネネバリコウヤクタケ**　*Crustodontia chrysocreas*
所属科未確定（タマチョレイタケ目）のキノコ。子実層面は平滑～わずかにいぼ状。
　¶山力日き（p421/カ写）
**コガネバナ**(1)　⇒コガネヤナギを見よ
**コガネバナ**(2)　⇒ミヤコグサを見よ
**コガネハナガサ**　*Mycena auricoma*
ラッシタケ科のキノコ。傘は淡黄色の地に橙黄色の毛被におおわれる。
　¶山力日き（p593/カ写）
**コガネフウセンタケ**　*Cortinarius olearioides*
フウセンタケ科のキノコ。
　¶原きの（No.070/カ写・カ図）
**コガネホウキタケ**　*Ramaria aurea*
ラッパタケ科のキノコ。中型～大型。形はほうき状、地上生（林内）。
　¶山力日き（p417/カ写）
**コガネホウチャクソウ**　⇒キバナホウチャクソウを見よ
**コガネホラゴケ**　⇒ツルホラゴケを見よ
**コガネムシタケ**　*Cordyceps scarabaeicola*
ノムシタケ科の冬虫夏草。宿主はコガネムシ類の成虫。
　¶冬虫生態（p157/カ写）
**コガネムシタンポタケ**　*Ophiocordyceps neovolkiana*
オフィオコルディセプス科の冬虫夏草。宿主はコガネムシ類の幼虫。
　¶冬虫生態（p146/カ写）
　　山力日き（p581/カ写）
**コガネムシハナヤスリタケ**　*Ophiocordyceps nigrella*
オフィオコルディセプス科の冬虫夏草。宿主は小型のコガネムシ類の幼虫。
　¶冬虫生態（p180/カ写）
**コガネヤナギ**　*Scutellaria baicalensis*　黄金柳
シソ科の草本。別名コガネバナ。高さは60cm。花は青紫色。
　¶原牧2（No.1645/カ図）
　　新分牧（No.3739/モ図）
　　新牧日（No.2557/モ図）
　　茶花下〔こがねばな〕（p209/カ写）
　　牧野ス2（No.3490/カ図）
**コガネヤマドリ**　*Boletus aurantiosplendens*
イグチ科のキノコ。中型～大型。傘は鮮黄褐色～黄土色、平滑。
　¶山力日き（p324/カ写）

**コカノキ**　*Erythroxylum coca*
コカノキ科の木本。高さは2m。花は白黄緑色。
　¶原牧2（No.235/カ図）
　　新分牧（No.2278/モ図）
　　新牧日（No.1438/モ図）
　　牧野ス1（No.2080/カ図）
**コガノキ**(1)　*Litsea coreana*　古加之木
クスノキ科の常緑高木。別名カゴノキ，カゴガシ，カノコガ。
　¶APG原樹〔カゴノキ〕（No.162/カ図）
　　原牧1（No.152/カ図）
　　新分牧（No.187/モ図）
　　新牧日（No.493/モ図）
　　図説樹木〔カゴノキ〕（p119/カ写）
　　茶花下〔かごのき〕（p299/カ写）
　　牧野ス1（No.152/カ図）
　　野生1〔カゴノキ〕（p85/カ写）
　　山力樹木〔カゴノキ〕（p214/カ写）
**コガノキ**(2)　⇒ヤブニッケイを見よ
**コガノヤドリギ**　⇒オオバヤドリギを見よ
**コカバコバンノキ**　*Phyllanthus oligospermus* subsp. *oligospermus*
コミカンソウ科の低木。台湾に生育する。
　¶野生3（p173）
**コカブイヌシメジ**　*Clitocybe fragrans*
キシメジ科のキノコ。小型。傘は淡黄灰色。
　¶学フ増毒き（p88/カ写）
　　山力日き（p67/カ写）
**コガマ**　*Typha orientalis*　小蒲
ガマ科の多年生抽水植物。高さは1～1.5m。
　¶原牧1（No.657/カ図）
　　植調（p29/カ写）
　　新分牧（No.698/モ図）
　　新牧日（No.3956/モ図）
　　茶花下（p209/カ写）
　　日水草（p160/カ写）
　　牧野ス1（No.657/カ図）
　　野生1（p279/カ写）
　　山力野草（p699/カ写）
　　山ハ野花（p88/カ写）
**ゴガミ**　⇒ガガイモを見よ
**コカモメヅル**　*Vincetoxicum floribundum*　小鴎蔓
キョウチクトウ科（ガガイモ科）の多年生つる草。別名イヨカズラ。
　¶原牧2（No.1386/カ図）
　　新分牧（No.3438/モ図）
　　新牧日（No.2375/モ図）
　　牧野ス2（No.3231/カ図）
　　野生4（p319/カ写）
**コガヤツリ**　⇒カヤツリグサを見よ
**ゴカヨウオウレン**　⇒バイカオウレンを見よ
**コカラスザンショウ**　*Zanthoxylum fauriei*　小鴉山椒
ミカン科の木本。
　¶APG原樹（No.995/カ図）

コカラスム

原牧2（No.563/カ図）
新分牧（No.2613/モ図）
新牧日（No.1500/モ図）
牧野ス2（No.2408/カ図）
野生3（p307/カ写）

**コカラスムギ** *Avena fatua* var.*glabrata*
イネ科イチゴツナギ亜科の一年草または越年草。
¶野生2（p44）

**コカラマツ** ⇒オオカラマツを見よ

**コカリヤス** *Eulalia quadrinervis*
イネ科キビ亜科の多年草。別名ウンヌケモドキ。
¶桑イネ〔ウンヌケモドキ〕（p234/モ図）
原牧1（No.1091/カ図）
新分牧（No.1171/モ図）
新牧日（No.3880/モ図）
牧野ス1（No.1091/カ図）
野生2〔ウンヌケモドキ〕（p85/カ写）
山レ増〔ウンヌケモドキ〕（p557/カ写）

**コカンスゲ** *Carex reinii* 小寒菅
カヤツリグサ科の多年草。日本固有種。別名ナンブスゲ。高さは30〜60cm。
¶カヤツリ（p244/モ図）
原牧1（No.839/カ図）
固有（p183）
新分牧（No.849/モ図）
新牧日（No.4132/モ図）
スゲ増（No.118/カ写）
牧野ス1（No.839/カ図）
野生1（p313/カ写）
山ハ山花（p166/カ写）

**コカンバタケ** *Piptoporus quercinus*
ツガサルノコシカケ科のキノコ。
¶原きの（No.372/カ写・カ図）

**コガンピ** *Diplomorpha ganpi* 小雁皮
ジンチョウゲ科の落葉低木。別名イヌガンピ，イヌカゴ。
¶APG原樹（No.1048/カ図）
原牧2（No.666/カ図）
新分牧（No.2706/モ図）
新牧日（No.1771/モ図）
茶花下（p89/カ写）
牧野ス2（No.2511/カ図）
ミニ山（p183/カ写）
野生4（p40/カ写）
山力樹木（p504/カ写）

**コキア** ⇒ホウキギを見よ

**コキイロウラベニタケ** *Entoloma ater*
イッポンシメジ科のキノコ。
¶山力日き（p282/カ写）

**コキクザキイチゲ** *Anemone pseudoaltaica* var.
*gracilis*
キンポウゲ科。日本固有種。
¶固有（p57）

**コキクモ** *Limnophila indica*
オオバコ科（ゴマノハグサ科）の沈水性〜抽水植物。

別名タイワンキクモ，エナガキクモ。果実は有柄。
¶日水草（p279/カ写）
野生5（p78）
山レ増（p111/カ写）

**コギシギシ** *Rumex dentatus* subsp.*klotzschianus*
タデ科の草本。
¶野生4（p104/カ写）
山レ増（p433/カ写）

**ゴキヅル** *Actinostemma tenerum* 合器蔓
ウリ科の一年生つる草。
¶学フ増野秋（p182/カ写）
原牧2（No.160/カ図）
新分牧（No.2202/モ図）
新牧日（No.1863/モ図）
牧野ス1（No.2005/カ図）
野生3（p121/カ写）
山力野草（p142/カ写）
山ハ野花（p394/カ写）

**ゴキダケ**(1) *Pleioblastus chino* f.*pumilis*
イネ科のササ。
¶タケササ（p158/カ写）

**ゴキダケ**(2) ⇒カンザンチクを見よ

**コキツネノボタン** *Ranunculus chinensis* 小狐の
牡丹
キンポウゲ科の草本。
¶原牧1（No.1286/カ図）
新分牧（No.1396/モ図）
新牧日（No.609/モ図）
牧野ス1（No.1286/カ図）
ミニ山（p58/カ写）
野生2（p161/カ写）
山レ増（p386/カ写）

**コギノキ** ⇒ツクバネを見よ

**コギノコ** ⇒ツクバネを見よ

**コキビ** ⇒キビを見よ

**コキュウバンフン** *Prunus mume* 'Kokyu-banfun'
虎丘晩粉
バラ科。ウメの品種。李系ウメ，難波性八重。
¶ウメ〔虎丘晩粉〕（p87/カ写）

**ゴギョウ** ⇒ハハコグサを見よ

**コキョウノニシキ** *Prunus mume* 'Kokyōnonishiki'
古郷の錦
バラ科。ウメの品種。李系ウメ，難波性八重。
¶ウメ〔古郷の錦〕（p87/カ写）

**コキララタケ** *Coprinellus domesticus*
ナヨタケ科のキノコ。小型。傘は淡黄褐色，ふけ状鱗片がある，傘の径最大7.5cm。ひだは白色〜帯紫黒色。
¶原きの〔Firerug inkcap（炎の敷物のインク茸）〕（No.
057/カ写・カ図）
山力日き（p204/カ写）

**コキリシマエビネ** ⇒キリシマエビネを見よ

**コキンシュウ** *Prunus mume* 'Kokinshū' 古金集
バラ科。ウメの品種。野梅系ウメ，野梅性一重。

¶ウメ〔古金集〕(p25/カ写)

**コキンバイ** *Geum ternatum* 小金梅
バラ科バラ亜科の多年草。高さは10〜20cm。花は黄色。
¶原牧1 (No.1788/カ図)
新分牧 (No.1983/モ図)
新牧日 (No.1169/モ図)
牧野ス1 (No.1788/カ図)
ミニ山 (p125/カ写)
野ス3 (p33/カ写)
山力野草 (p407/カ写)
山ハ山花 (p340/カ写)

**コキンバイザサ** *Hypoxis aurea* 小金梅笹
キンバイザサ科の多年草。高さは10〜25cm。
¶原牧1 (No.490/カ図)
山野草 (No.1589/カ写)
新分牧 (No.541/モ図)
新牧日 (No.3523/モ図)
牧野ス1 (No.490/カ図)
野生1 (p232/カ写)
山ハ山花 (p131/カ写)

**コキンボウゲ** ⇒ヒキノカサを見よ

**コキンモウイノデ** *Ctenitis microlepigera*
オシダ科の常緑性シダ。日本固有種。葉身は長さ30〜45cm。
¶固有 (p208)
シダ標2 (p405/カ写)

**コキンラン**(1) *Camellia japonica* 'Kokinran' 古金襴
ツバキ科。ツバキの品種。花は絞りが入る。
¶茶花上 (p159/カ写)

**コキンラン**(2) *Prunus mume* 'Kokinran' 古金襴
バラ科。ウメの品種。杏系ウメ、紅筆性一重・八重。
¶ウメ〔古金襴〕(p123/カ写)

**コキンレイカ** ⇒ハクサンオミナエシを見よ

**コクコウ** *Prunus mume* 'Kokukō' 黒光
バラ科。ウメの品種。李系ウメ、紅材性八重。
¶ウメ〔黒光〕(p113/カ写)

**コクサウラベニタケ** *Entoloma nidorosum*
イッポンシメジ科のキノコ。
¶学フ増毒き (p163/カ写)

**コクサギ** *Orixa japonica* 小臭木
ミカン科の落葉低木。高さは2m。
¶APG原樹 (No.998/カ図)
学フ増樹 (p95/カ写・カ写)
学フ増薬草 (p199/カ写)
原牧2 (No.569/カ図)
新分牧 (No.2600/モ図)
新牧日 (No.1506/モ図)
茶花上 (p266/カ写)
牧野ス2 (No.2414/カ図)
ミニ山 (p170/カ写)
野ス3 (p303/カ写)
山力樹木 (p382/カ写)
落葉図譜 (p182/モ図)

**コクタン**(1) *Diospyros ebenum* 黒檀
カキノキ科の高木。心材は真黒, 緻密。
¶APG原樹 (No.1112/カ図)
原牧2 (No.1063/カ図)
新分牧 (No.3105/モ図)
新牧日 (No.2262/モ図)
牧野ス2 (No.2908/カ図)

**コクタン**(2) ⇒テッカエデを見よ

**コクタンノキ** ⇒コクテンギを見よ

**コクチナシ** *Gardenia jasminoides* var.*radicans* 小口無, 小梔子
アカネ科の木本。別名ヒメクチナシ。
¶APG原樹 (No.1350/カ図)
野生4 (p277)

**コクテンギ** *Euonymus tanakae* 黒檀木
ニシキギ科の常緑低木。別名クロトチュウ, コクタンノキ。
¶APG原樹 (No.772/カ図)
原牧2 (No.206/カ図)
新分牧 (No.2259/モ図)
新牧日 (No.1657/モ図)
牧野ス1 (No.2051/カ図)
野ス3 (p133/カ写)
山力樹木 (p420/カ写)

**コクマガイソウ** ⇒キバナノアツモリソウを見よ

**コクマザサ** ⇒ヒメシノを見よ

**コクモウクジャク** *Diplazium virescens* 黒毛孔雀
メシダ科の常緑性シダ。別名オオコクモウクジャク。葉身は長さ30〜75cm、三角形〜卵状三角形。
¶シダ標2 (p330/カ写)

**ゴクラクチョウカ** ⇒ストレリッチアを見よ

**コクラマゴケ** ⇒ツルカタヒバを見よ

**コクラン** *Liparis nervosa* 黒蘭
ラン科の多年草。高さは20〜35cm。花は淡紫色。
¶原牧1 (No.445/カ図)
新分牧 (No.500/モ図)
新牧日 (No.4319/モ図)
茶花下 (p90/カ写)
牧野ス1 (No.445/カ図)
野生1 (p211/カ写)
山力野草 (p578/カ写)
山ハ山花 (p100/カ写)

**コクリノカサ** *Hygrophorus arbustivus*
ヌメリガサ科のキノコ。
¶山力日き (p37/カ写)

**コクリュウ** *Camellia japonica* 'Kokuryû (Kansai)' 黒龍
ツバキ科。ツバキの品種。花は紅色。
¶茶花上 (p140/カ写)

**コクワ** ⇒サルナシを見よ

**コクワガタ**(1) *Veronica miqueliana* var.*takedana*
ゴマノハグサ科。日本固有種。
¶固有 (p128)

コクワガタ(2) ⇒クワガタソウを見よ

コゲ ⇒マツバイを見よ

**コケイラクサ** *Soleirolia soleirolii*
イラクサ科の常緑の多年草。葉は表面緑〜濃緑。
¶帰化写2 (p19/カ写)

**コケイラン** *Oreorchis patens* 小恵蘭, 小蕙蘭
ラン科の多年草。別名ササエビネ。高さは20〜
40cm。花は乳白色。
¶学フ増野夏 (p218/カ写)
原牧1 (No.455/カ図)
新分牧 (No.521/モ図)
新牧日 (No.4329/モ図)
茶花上 (p518/カ写)
牧野ス1 (No.455/カ図)
野生1 (p218/カ写)
山力野草 (p583/カ写)
山ハ山花 (p93/カ写)

**コケイランモドキ** *Oreorchis coreana*
ラン科の地生の多年草。コケイランと比べて花が小
さい。
¶野生1 (p218)

**コゲイロサカズキホウライタケ** *Micromphale
foetidum*
ホウライタケ科のキノコ。
¶原きの (No.206/カ写・カ図)

**コケイロサラタケ** *Chlorencoelia versiformis*
ヘミファキジウム科のキノコ。
¶山力日き (p551/カ写)

**コゲエノヘラタケ** *Spathularia velutipes*
ホテイタケ科のキノコ。
¶山力日き (p546/カ写)

**コケオトギリ** *Hypericum laxum* 苔弟切
オトギリソウ科の多年草。高さは5〜10cm。花は
黄色。
¶色野草 (p179/カ写)
原牧2 (No.406/カ写)
新分牧 (No.2300/モ図)
新牧日 (No.760/モ図)
牧野ス1 (No.2251/カ図)
ミニ山 (p76/カ写)
野生3 (p238/カ写)
山力野草 (p357/カ写)
山ハ野花 (p345/カ写)

**コケカタヒバ** *Selaginella aristata*
イワヒバ科の常緑性シダ。主茎は長さ10〜15cm。
¶シダ標1 (p273/カ写)

**コケコゴメグサ** *Euphrasia kisoalpina* 苔小米草
ハマウツボ科 (ゴマノハグサ科) の一年草。日本固
有種。
¶固有 (p129)
野生5 (p152/カ写)
山ハ高山 (p319/カ写)
山レ増 (p98/カ写)

**コゲジゲジシダ** ⇒ゲジゲジシダを見よ

コケシダ ⇒オオクボシダを見よ

**コケシノブ** *Hymenophyllum wrightii* 苔忍
コケシノブ科の常緑性シダ。葉身は長さ3〜5cm,
卵状長楕円形〜三角状卵形。
¶シダ標1 (p310/カ写)
新分牧 (No.4529/モ図)
新牧日 (No.4420/モ図)

**コケシミズ** *Cerasus lannesiana* 'Angustipetala' 苔
清水
バラ科の落葉高木。サクラの栽培品種。花は白色。
¶学フ増桜 [‘苔清水’] (p127/カ写)

**コケスギラン** *Selaginella selaginoides* 苔杉蘭
イワヒバ科の常緑性シダ。小枝は高さ1〜8cm。
¶シダ標1 (p271/カ写)
新分牧 (No.4824/モ図)
新牧日 (No.4387/モ図)
山ハ高山 (p461/カ写)

コケスゲ ⇒コハリスゲを見よ

**コケスミレ** *Viola verecunda* var.*yakushimana* 苔菫
スミレ科の草本。日本固有種。ツボスミレの変種。
¶固有 (p93)
野生3 (p223/カ写)
山ハ山花 (p322/カ写)

**コケセンボンギク** *Lagenophora lanata*
キク科キク亜科の草本。
¶原牧2 (No.1926/カ図)
新分牧 (No.4164/モ図)
新牧日 (No.2965/モ図)
牧野ス2 (No.3771/カ図)
野生5 (p324/カ写)
山レ増 (p46/カ写)

**コケセンボンギクモドキ** *Lagenophora* sp.
キク科の多年草。
¶帰化写2 (p443/カ写)

**コケタンポポ** *Solenogyne mikadoi*
キク科キク亜科の小型の常緑多年草。日本固有種。
¶固有 (p144)
野生5 (p324/カ写)
山レ増 (p46/カ写)

**コゲチャイロガワリ** *Boletus brunneissimus*
イグチ科のキノコ。
¶山力日き (p331/カ写)

コケツツジ ⇒ウンゼンツツジを見よ

コケトウバナ ⇒ヤクシマトウバナを見よ

**コケハイホラゴケ** *Vandenboschia subclathrata*
コケシノブ科の常緑性シダ。日本固有種。別名ニセ
アミホラゴケ。葉身は長さ1〜10cm, 三角状卵形〜
卵状披針形。
¶固有 (p200/カ写)
シダ標1 (p314/カ写)

**コケハリガネスゲ** *Carex koyaensis* var.
*yakushimensis*
カヤツリグサ科の多年草。日本固有種。
¶カヤツリ (p78/モ図)

固有（p181）
野生1（p302/カ写）

**コケホラゴケ** *Crepidomanes makinoi*
コケシノブ科のシダ植物。
¶シダ標1（p312/カ写）

**コケホングウシダ** *Osmolindsaea × yakushimensis*
ホングウシダ科のシダ植物。
¶シダ標1（p354/カ写）

**コケマンテマ** ⇒シレネ・アコウリスを見よ

**コケマンネングサ** *Tillaea muscosa*
ベンケイソウ科の一年草。
¶帰化写2（p87/カ写）

**コケミズ** *Pilea peploides* 苔みず
イラクサ科の一年草。高さは7〜15cm。
¶原牧2（No.80/カ写）
新分牧（No.2134/モ図）
新牧日（No.207/モ図）
牧野ス1（No.1925/カ図）
野生2（p350/カ写）
山ハ山花（p351/カ写）

**コケモモ** *Vaccinium vitis-idaea* 苔桃
ツツジ科スノキ亜科の常緑小低木。別名コバノコケモモ, イワグミ, ヒロハコケモモ, オオバコケモモ。高さは8〜20cm。花は白色, または淡紅色。
¶APG原樹（No.1311/カ図）
学フ増高山（p43/カ写）
学フ増山菜（p194/カ写）
原牧2（No.1252/カ写）
山野草（No.0790/カ写）
新分牧（No.3304/モ図）
新牧日（No.2196/モ図）
茶花下（p90/カ写）
牧野ス2（No.3097/カ図）
野生4（p258/カ写）
山力樹木（p605/カ写）
山力野草（p292/カ写）
山ハ高山（p286/カ写）

**コケリンドウ** *Gentiana squarrosa* 苔竜胆
リンドウ科の一年草または越年草。高さは2〜10cm。
¶学フ増野春（p48/カ写）
原牧2（No.1346/カ図）
山野草（No.0952/モ図）
新分牧（No.3388/モ図）
新牧日（No.2328/モ図）
牧野ス2（No.3191/カ図）
野生4（p296/カ写）
山力野草（p263/カ写）
山ハ野花（p430/カ写）

**ゴケンミセバヤ** ⇒カラフトミセバヤを見よ

**ココアノキ** ⇒カカオを見よ

**ココノエカズラ** ⇒イカダカズラを見よ

**ココノエギリ** *Paulownia fortunei*
キリ科の落葉高木。別名ミカドキリ, シナギリ。高

さは6m。花は淡黄色。
¶野生5（p148）

**コゴミ** ⇒クサソテツを見よ

**コゴメアカバナ** ⇒ヒメアカバナを見よ

**コゴメイ** *Juncus polyanthemus*
イグサ科の多年草。高さは80〜150cm。
¶帰化写2（p306/カ写）
日水草（p165/カ写）
山ハ野花（p96/カ写）

**コゴメイトサワゴケ** *Plagiobryum hultenii*
ハリガネゴケ科のコケ植物。日本固有種。
¶固有（p215/カ写）

**コゴメイヌノフグリ** *Veronica cymbalaria*
ゴマノハグサ科の越年草。長さは10〜20cm。花は白色。
¶帰化写2（p234/カ写）

**コゴメウツギ** *Neillia incisa* 小米空木
バラ科シモツケ亜科の落葉低木。高さは1〜2m。花は白色。
¶APG原樹（No.401/カ図）
学フ増樹（p81/カ写・カ図）
原牧1（No.1624/カ図）
新分牧（No.1816/モ図）
新牧日（No.1025/モ図）
茶花上（p386/カ写）
牧野ス1（No.1624/カ図）
野生3（p73/カ写）
山力樹木（p282/カ写）
落葉図譜（p140/モ図）

**コゴメオドリコソウ** *Lagopsis supina*
シソ科の多年草。別名シロバナノホトケノザ, ミナトメハジキ。高さは20〜50cm。花は白色。
¶帰化写2（p196/カ写）

**コゴメカゼクサ** *Eragrostis japonica* 小米風草
イネ科ヒゲシバ亜科の一年草。
¶桑イネ（p221/モ図）
原牧1（No.1110/カ図）
植調（p301/カ写）
新分牧（No.1250/モ図）
新牧日（No.3759/モ図）
牧野ス1（No.1110/カ図）
野生2（p69/カ写）

**コゴメカタバミ** *Oxalis exilis*
カタバミ科の多年草。アマミカタバミと別種とした新称。
¶帰化写2（p126/カ写）

**コゴメカマキリムシタケ** *Cordyceps mantidicola*
ノムシタケ科の冬虫夏草。宿主はカマキリ目の卵嚢。
¶冬虫生態（p220/カ写）

**コゴメガヤツリ** *Cyperus iria* 小米蚊帳釣, 小米蚊帳吊
カヤツリグサ科の一年草。高さは20〜70cm。
¶カヤツリ（p716/モ図）
原牧1（No.702/カ図）

ココメカヤ

植調（p35/カ写）
新分牧（No.972/モ図）
新牧日（No.3960/モ図）
牧野ス1（No.702/カ図）
野生1（p341/カ写）
山力野草（p657/カ写）
山ハ野花（p99/カ写）

**コゴメカラマツ** Thalictrum microspermum 小米唐松
キンポウゲ科の草本。日本固有種。
¶固有（p52）
山野草（No.0283/カ写）
茶花上（p387/カ写）
野生2（p165/カ写）
山レ増（p387/カ写）

**コゴメギク**(1) Galinsoga parviflora
キク科キク亜科の一年草。筒状花の冠毛の先は房状に裂ける。
¶帰化写改（p362/カ写, p514/カ写）
原牧2（No.2029/カ図）
植調（p161/カ写）
新分牧（No.4301/モ図）
新牧日（No.3067/モ図）
牧野ス2（No.3874/カ図）
野生5（p363/カ写）

**コゴメギク**(2) ⇒ハキダメギクを見よ

**コゴメキノエラン** Liparis elliptica
ラン科の着生植物。
¶野生1（p211）
山レ増（p466/カ写）

**コゴメグサ** ⇒イブキコゴメグサ（広義）を見よ

**コゴメクモタケ** Torrubiella plana
ノムシタケ科の冬虫夏草。宿主は小型のクモまたはアシダカグモ類。
¶冬虫生態（p232/カ写）

**コゴメザクラ** ⇒ユキヤナギを見よ

**コゴメスゲ** Carex brunnea 小米菅
カヤツリグサ科の多年草。別名コゴメナキリスゲ。高さは40〜80cm。
¶カヤツリ〔コゴメナキリスゲ〕（p146/モ図）
新分牧（No.810/モ図）
新牧日（No.4136/モ図）
スゲ増（No.66/カ写）
野生1（p308/カ写）
山ハ野花（p140/カ写）

**コゴメススキ** ⇒ヌカススキを見よ

**コゴメツメクサ** ⇒コメツブツメクサを見よ

**コゴメナキリスゲ** ⇒コゴメスゲを見よ

**コゴメナデシコ** Gypsophila paniculata
ナデシコ科。別名シュッコンカスミソウ。高さは90cm。花は白か淡桃色。
¶原牧2（No.937/カ写）
新分牧（No.2978/モ図）
新牧日（No.409/モ図）

牧野ス2（No.2782/カ図）

**コゴメヌカボシ** Luzula piperi 小米糠星
イグサ科の草本。
¶野生1（p293/カ写）

**コゴメバオトギリ** Hypericum perforatum subsp. chinense 小米葉弟切
オトギリソウ科の多年草, 帰化植物。
¶帰化写改（p79/カ写）
ミニ山（p74/カ写）
山ハ野花（p344/カ写）

**コゴメハギ** ⇒シロバナシナガワハギを見よ

**コゴメバナ**(1) ⇒シジミバナを見よ

**コゴメバナ**(2) ⇒ユキヤナギを見よ

**コゴメビエ** Paspalidium distans
イネ科キビ亜科の多年草。直立茎の高さは10〜30cm。
¶桑イネ（p356/モ図）
野生2（p92/カ写）

**コゴメヒョウタンボク** Lonicera linderifolia var. konoi
スイカズラ科の落葉低木。日本固有種。
¶原牧2（No.2334/カ図）
固有（p134）
新分牧（No.4354/モ図）
新牧日（No.2857/モ図）
牧野ス2（No.4179/カ図）
野生5（p420/カ写）
山レ増（p87/カ写）

**コゴメマンネングサ** Sedum japonicum subsp. uniflorum 小米万年草
ベンケイソウ科の草本。別名タイワンタイトゴメ。
¶原牧1（No.1402/カ図）
新分牧（No.1597/モ図）
新牧日（No.908/モ図）
牧野ス1（No.1402/カ図）
野生2（p227/カ写）

**コゴメミズ** Pilea microphylla
イラクサ科の一年草または越年草。高さは5〜20cm。花は緑色, または帯紅紫色。
¶帰化写改（p10/カ写）
ミニ山（p14/カ写）
野生2（p350）

**コゴメヤナギ**(1) Salix dolichostyla subsp. serissifolia 小米柳
ヤナギ科の落葉高木。日本固有種。別名コメヤナギ。湿地に生える。
¶APG原樹（No.827/カ図）
原牧2（No.309/カ図）
固有（p41/カ写）
新分牧（No.2374/モ図）
新牧日（No.100/モ図）
牧野ス1（No.2154/カ図）
野生3（p196/カ写）
山力樹木（p93/カ写）

**コゴメヤナギ**(2) ⇒ユキヤナギを見よ

ココヤシ ⇒ヤシを見よ

ココロブト ⇒マクサを見よ

コサ ⇒イケマを見よ

ゴサイバ ⇒アカメガシワを見よ

ゴサイバイ *Prunus mume* 'Gosaibai' 五彩梅
バラ科。ウメの品種。杏系ウメ, 紅筆性一重・八重。
¶ウメ〔五彩梅〕(p124/カ写)

ゴサクイノデ *Polystichum fibrillosopaleaceum* × *P. retrosopaleaceum*
オシダ科のシダ植物。
¶シダ標2 (p416/カ写)

コササキビ *Setaria plicata*
イネ科キビ亜科の多年草。
¶野生2 (p96/カ写)

ゴザダケザサ(1) *Pleioblastus gozadakensis* 御座岳笹
イネ科タケ亜科のササ。
¶タケ亜科 (No.28/カ写)

ゴザダケザサ(2) ⇒リュウキュウチクを見よ

ゴザダケシダ *Tapeinidium pinnatum*
ホングウシダ科 (イノモトソウ科) の常緑性シダ。
葉身は長さ15〜50cm, 長楕円形。
¶シダ標1 (p354/カ写)
新分牧 (No.4566/モ図)
新牧日 (No.4459/モ図)

コサフランモドキ *Zephyranthes rosea*
ヒガンバナ科の多年草。
¶帰化写2 (p298/カ写)

コザラミノシメジ *Melanoleuca polioleuca*
所属科未確定のキノコ。中型。傘は淡灰褐色, 平滑
で中高。
¶山カ日き (p103/カ写)

ゴサンチク (ゴザンチク) ⇒ホテイチクを見よ

コジ ⇒ユキノシタ(1)を見よ

コシアブラ *Chengiopanax sciadophylloides* 漉油
ウコギ科の落葉高木。日本固有種。別名ゴンゼツノ
キ, ゴンゼツ, アブラコ。長さは7〜30cm。花は黄
緑色。
¶APG原樹 (No.1513/カ図)
学フ増山菜 (p128/カ写)
原牧2 (No.2381/カ写)
固有 (p98/カ写)
新分牧 (No.4415/モ図)
新牧日 (No.1992/モ図)
牧野ス2 (No.4226/モ図)
野生5 (p375/カ写)
山カ樹木 (p520/カ写)
落葉図譜 (p254/モ図)

コジイ ⇒ツブラジイを見よ

コシオガマ *Phtheirospermum japonicum* 小塩釜, 小
塩竈
ハマウツボ科 (ゴマノハグサ科) の半寄生一年草。
高さは20〜70cm。
¶学フ増野秋 (p61/カ写)

原牧2 (No.1781/カ図)
山野草 (No.1085/カ写)
新分牧 (No.3859/モ図)
新牧日 (No.2763/モ図)
茶花下 (p306/カ写)
牧野ス2 (No.3626/カ図)
野生5 (p161/カ写)
山カ野草 (p193/カ写)
山ハ野花 (p473/カ写)

ゴジカ *Pentapetes phoenicea* 午時花
アオイ科 (アオギリ科) の一年草。高さは50〜
200cm。花は赤色。
¶原牧2 (No.608/カ図)
新分牧 (No.2666/モ図)
新牧日 (No.1757/モ図)
牧野ス2 (No.2453/カ図)

コシカギク *Matricaria matricarioides* 小鹿菊
キク科キク亜科の一年草。別名オロシャギク。高さ
は20〜40cm。花は黄緑色。
¶帰化写改 (p379/カ写, p516/カ写)
原牧2 (No.2080/カ写)
植調 (p151/カ写)
新分牧 (No.4247/モ図)
新牧日 (No.3114/モ図)
牧野ス2 (No.3925/カ図)
野生5 (p341/カ写)
山ハ野花 (p532/カ写)

コシガヤホシクサ *Eriocaulon heleocharioides*
ホシクサ科の草本。日本固有種。
¶固有 (p163/カ写)
野生1 (p283/カ写)
山レ増 (p561/カ写)

コジキイチゴ *Rubus sumatranus* 乞食苺
バラ科バラ亜科の落葉低木。
¶APG原樹 (No.594/カ図)
原牧1 (No.1771/カ写)
新分牧 (No.1975/モ図)
新牧日 (No.1135/カ写)
牧野ス1 (No.1771/カ写)
野生3 (p52/カ写)

コシキイトラッキョウ *Allium virgunculae* var.
*koshikiense*
ヒガンバナ科 (ユリ科)。日本固有種。
¶固有 (p158)
野生1 (p241)

ゴシキギ ⇒ニシキギを見よ

コシキギク *Aster koshikiensis* 甑菊
キク科キク亜科の多年草。匍匐する長い地下茎を持
つ。高さは30〜80cm。花は白色または淡紫色を帯
びる。
¶野生5 (p319/カ写)

ゴシキトウガラシ *Capsicum annuum* Cerasiforme
Group 五色唐辛子
ナス科の一年草。トウガラシの栽培変種。花は
白色。
¶原牧2 (No.1489/カ写)

コシキフ　312

新分牧（No.3497／モ図）
新牧日（No.2665／モ図）
牧野ス2（No.3334／カ図）

**コシキブ**　⇒コムラサキを見よ

**ゴシキヤエチリツバキ**　*Camellia japonica* 'Goshiki-yae-chiritsubaki'　五色八重散椿
ツバキ科。ツバキの品種。別名チリツバキ。花は絞りが入る。
¶茶花上（p168／カ写）

**コシケシダ**　⇒ナチシケシダを見よ

**コシジオウレン**　⇒ミツバノバイカオウレンを見よ

**コシジシモツケソウ**　*Filipendula auriculata*　越路下野草
バラ科バラ亜科の草本。日本固有種。
¶原牧1（No.1737／カ図）
固有（p78）
新分牧（No.1932／モ図）
新牧日（No.1172／モ図）
牧野ス1（No.1737／カ図）
ミニ山（p140／カ写）
野生3（p29）

**コシジタネツケバナ**　*Cardamine niigatensis*
アブラナ科の越年草。日本固有種。
¶固有（p66）
野生4（p58／カ写）

**コシジタビラコ**　*Trigonotis brevipes* var.*coronata*
ムラサキ科ムラサキ亜科の多年草。日本固有種。
¶固有（p120）
野生5（p57）

**コシジミツバオウレン**　⇒ミツバノバイカオウレンを見よ

**コシジミバナ**　⇒エゾノシジミバナを見よ

**コシダ**　*Dicranopteris pedata*　小羊歯
ウラジロ科の常緑性シダ。別名イキノコシダ。副枝は長楕円状披針形、長さ15〜40cm。葉長3m。
¶シダ標1（p328／カ写）
新分牧（No.4543／モ図）
新牧日（No.4418／モ図）

**コシデ**(1)　⇒アカシデを見よ

**コシデ**(2)　⇒イワシデを見よ

**コシナガワハギ**　*Melilotus indicus*
マメ科マメ亜科の一年草。高さは60cm。花は黄色。
¶帰化写改（p139／カ写）
野生2（p284）

**コシノウメ**　*Prunus mume* 'Koshinoume'　越の梅
バラ科。ウメの品種。実ウメ、野梅系。
¶ウメ〔越の梅〕（p169／カ写）

**コシノオカムラゴケ**　*Okamuraea brevipes*
ウスグロゴケ科のコケ植物。日本固有種。
¶固有（p217／カ写）

**コシノカンアオイ**　*Asarum megacalyx*　越寒葵
ウマノスズクサ科の多年草。日本固有種。萼筒は暗紫色。葉径8〜14cm。

¶原牧1（No.93／カ図）
固有（p60／カ写）
山野草（No.0411／カ写）
新分牧（No.113／モ図）
新牧日（No.689／モ図）
牧野ス1（No.93／カ図）
野生1（p68／カ写）
山ハ山花（p28／カ写）
山レ増（p378／カ写）

**コシノコバイモ**　*Fritillaria koidzumiana*　越之小貝母
ユリ科の多年草。日本固有種。花は淡黄色。
¶学フ増野春（p229／カ写）
固有（p158／カ写）
山野草（No.1412／カ写）
野生1（p170／カ写）
山カ野草（p626／カ写）
山ハ山花（p70／カ写）

**コシノサトメシダ**　*Athyrium neglectum* subsp. *neglectum*
メシダ科（イワデンダ科）の夏緑性シダ。日本固有種。
¶固有（p204）
シダ標2（p300／カ写）

**コシノチャルメルソウ**　*Mitella koshiensis*　越の哨吶草
ユキノシタ科の多年草。日本固有種。高さは15〜50cm。
¶固有（p70）
野生2（p209／カ写）
山カ野草（p432／カ写）
山ハ山花（p280／カ写）

**コシノネズミガヤ**　*Muhlenbergia curviaristata* var. *curviaristata*
イネ科ヒゲシバ亜科の多年草。日本固有種。別名ミヤマネズミガヤ。高さは60〜110cm。
¶桑イネ（p332／モ図）
固有（p167）
野生2（p71）

**コシノハナヒリノキ**　⇒ウラジロハナヒリノキを見よ

**コシノヒガンザクラ**　*Cerasus × subhirtella* f. *koshiensis*　越彼岸桜
バラ科シモツケ亜科の木本。サクラの栽培品種。花は淡紅色。
¶学フ増桜〔'越の彼岸桜'〕（p112／カ写）
野生3（p64／カ写）

**コシノホンモンジスゲ**　*Carex stenostachys* var. *ikegamiana*　越の本門寺菅
カヤツリグサ科の多年草。
¶山ハ野花（p132／カ写）

**コシノヤバネゴケ**　*Dichelyma japonicum*
カワゴケ科のコケ。日本固有種。茎はふつう15cm前後。葉は狭卵状披針形。
¶固有（p216／カ写）

**コジマエンレイソウ**　*Trillium smallii*
シュロソウ科（ユリ科）の草本。

¶山野草 (No.1340/カ写)
　野生1 (p161/カ写)
　山レ増 (p602/カ写)

**コシミノナズナ** *Lepidium perfoliatum*
アブラナ科の一年草または二年草。高さは30cm。花は淡黄色。
¶帰化写改 (p104/カ写)
　野生4 (p66)

**コシャク（コジャク）** ⇒シャクを見よ

**コジュズスゲ** *Carex parciflora* var.*macroglossa*　小数珠菅
カヤツリグサ科の多年草。高さは15～30cm。
¶カヤツリ (p456/モ図)
　原牧1 (No.878/カ図)
　新分牧 (No.898/カ図)
　新牧日 (No.4184/モ図)
　スゲ増 (No.255/カ写)
　牧野ス1 (No.878/カ図)
　野生1 (p327/カ写)
　山ハ野花 (p139/カ写)

**ゴシュユ** *Tetradium ruticarpum* var.*ruticarpum*　呉茱萸
ミカン科の落葉低木。別名ニセゴシュユ。高さは2.5m。
¶APG原樹 (No.996/カ図)
　原牧2〔ニセゴシュユ〕(No.566/カ図)
　新分牧〔ニセゴシュユ〕(No.2604/モ図)
　新牧日〔ニセゴシュユ〕(No.1503/モ図)
　牧野ス2〔ニセゴシュユ〕(No.2410/カ図)
　野生3 (p305/カ写)
　山力樹木 (p383/カ写)

**ゴショイチゴ** *Rubus chingii*　御所苺
バラ科バラ亜科の落葉低木。
¶原牧1 (No.1751/カ図)
　新分牧 (No.1963/モ図)
　新牧日 (No.1096/モ図)
　牧野ス1 (No.1751/カ図)
　野生3 (p49/カ写)
　山レ増 (p305/カ写)

**コショウ** *Piper nigrum*　胡椒
コショウ科の蔓木。葉裏は粉白, 果実は赤色。
¶APG原樹 (No.123/カ図)
　原牧1 (No.85/カ図)
　新分牧 (No.105/モ図)
　新牧日 (No.676/モ図)
　牧野ス1 (No.85/カ図)

**コショウイグチ** *Chalciporus piperatus*
イグチ科のキノコ。小型～中型。傘は黄土色。
¶原きの (No.310/カ写・カ図)
　山力日き (p312/カ写)

**コショウジョウバカマ** *Heloniopsis kawanoi*　小猩々袴
シュロソウ科（ユリ科）の多年草。日本固有種。別名シマショウジョウバカマ。花は白色。
¶固有 (p156)
　山野草 (No.1550/カ写)

　野生1 (p159/カ写)
　山ハ山花 (p65/カ写)
　山レ増 (p596/カ写)

**コショウソウ** *Lepidium sativum*　胡椒草
アブラナ科の野菜。
¶帰化写改 (p104/カ写)
　原牧2 (No.681/カ図)
　新分牧 (No.2723/モ図)
　新牧日 (No.803/モ図)
　牧野ス2 (No.2526/カ図)

**コショウノキ** *Daphne kiusiana*　胡椒の木
ジンチョウゲ科の常緑小低木。別名ハナチョウジ, ヤマジンチョウゲ。果実は赤色。
¶APG原樹 (No.1041/カ図)
　原牧2 (No.660/カ図)
　新分牧 (No.2700/カ図)
　新牧日 (No.1765/モ図)
　牧野ス2 (No.2505/カ図)
　ミニ山 (p182/カ写)
　野生4 (p37/カ写)
　山力樹木 (p501/カ写)

**コジョウノハル** *Prunus mume* 'Kojōnoharu'　古城の春
バラ科。ウメの品種。野梅系ウメ, 野梅性八重。
¶ウメ〔古城の春〕(p58/カ写)

**コショウハッカ** ⇒セイヨウハッカを見よ

**コショウボク** ⇒イワガネを見よ

**ゴショグルマ** *Camellia japonica* 'Gosho-guruma'　御所車
ツバキ科。ツバキの品種。花は斑入り。
¶茶花上 (p151/カ写)

**ゴショザクラ** *Camellia japonica* 'Gosho-zakura'　御所桜
ツバキ科。ツバキの品種。花は桃色。
¶茶花上 (p122/カ写)

**ゴショベニ** *Prunus mume* 'Gosho-beni'　御所紅
バラ科。ウメの品種。李系ウメ, 難波性八重。
¶ウメ〔御所紅〕(p88/カ写)

**ゴジロ** *Prunus mume* 'Gojiro'　古城
バラ科。ウメの品種。実ウメ, 野梅系。小向と同品種。
¶ウメ〔古城〕(p170/カ写)

**コシロオニタケ** *Amanita castanopsidis*
テングタケ科のキノコ。小型～中型。傘は白色, 細かな錐形のいぼ多数。
¶学フ増毒き (p62/カ写)
　山力日き (p169/カ写)

**コシロガヤツリ** *Cyperus michelianus*
カヤツリグサ科の一年草。シロガヤツリに似たもの。
¶野生1 (p340)

**コシロギク** ⇒ナツシロギクを見よ

**コシロネ** *Lycopus cavaleriei*　小白根
シソ科シソ亜科〔イヌハッカ亜科〕の多年草。別名

コシロノセ　314

イヌシロネ，サルダヒコ。高さは20〜80cm。
¶原牧2〔サルダヒコ〕(No.1694/カ図)
　新分牧〔サルダヒコ〕(No.3774/モ図)
　新牧日〔サルダヒコ〕(No.2604/モ図)
　牧野ス2〔サルダヒコ〕(No.3539/カ図)
　野生5(p134/カ写)
　山力野草(p224/カ写)
　山ハ野花(p462/カ写)

**コシロノセンダングサ**　*Bidens pilosa* var.*minor*
キク科キク亜科の草本。コセンダングサの変種。別名シロバナセンダングサ，シロノセンダングサ，オオバナセンダングサ。
¶帰化写改〔シロバナセンダングサ〕(p329/カ写)
　野生5(p356/カ写)
　山ハ野花〔シロノセンダングサ〕(p574/カ写)

**コシワツバタケ**　*Stropharia coronilla*
モエギタケ科のキノコ。
¶原きの(No.269/カ写・カ図)

**ゴジンカハナワラビ**　*Botrychium* × *silvicola*
ハナヤスリ科のシダ植物。
¶シダ標1(p294/カ写)

**ゴシンザクラ**　*Cerasus jamasakura* 'Goshinzakura'
御信桜
バラ科の落葉高木。サクラの品種。花は淡紅紫色。
¶APG原樹〔サクラ‘ゴシンザクラ’〕(No.405/カ図)

**コシンジュガヤ**　*Scleria parvula*　小真珠茅
カヤツリグサ科の一年草。高さは25〜60cm。
¶カヤツリ(p536/モ図)
　原牧1(No.781/カ図)
　新分牧(No.741/モ図)
　新牧日(No.4062/モ図)
　牧野ス1(No.781/カ図)
　野生1(p361/カ写)

**コスギイタチシダ**　*Dryopteris yakusilvicola*
オシダ科の常緑性シダ。日本固有種。根茎や葉柄の鱗片は卵状披針形。
¶固有(p208/カ写)
　シダ標2(p360/カ写)

**コスギイヌワラビ**　*Athyrium* × *kawabatae*
メシダ科のシダ植物。
¶シダ標2(p309/カ写)

**コスギゴケ**　*Pogonatum inflexum*
スギゴケ科のコケ。別名カギバニワスギゴケ。茎は高さ1〜5cm。葉の鞘部は卵形。
¶新分牧(No.4836/モ図)
　新牧日〔カギバニワスギゴケ〕(No.4699/モ図)

**コスギダニキジノオ**　⇒ヤクシマキジノオを見よ

**コスギトウゲシバ**　*Huperzia somae*
ヒカゲノカズラ科の常緑性シダ。葉身は長さ2〜4mm，披針形〜狭長楕円形。
¶シダ標1(p264/カ写)

**コスギニガナ**　*Ixeridium yakuinsulare*
キク科キクニガナ亜科の多年草。
¶野生5(p279)

**コスギラン**　*Huperzia selago*　小杉蘭
ヒカゲノカズラ科の常緑性シダ。別名エゾノコスギラン，チシマスギラン。葉身は線状披針形〜狭披針形。
¶シダ標1(p264/カ写)
　新分牧(No.4811/モ写)
　新牧日(No.4376/モ写)

**コスズメガヤ**　*Eragrostis minor*　小雀茅
イネ科ヒゲシバ亜科の一年草。高さは10〜50cm。
¶帰化写改(p444/カ写, p520/カ写)
　桑イネ(p224/カ写・モ図)
　植調(p301/カ写)
　新分牧(No.1249/モ図)
　新牧日(No.3758/モ図)
　野生2(p70/カ写)
　山ハ野花(p167/カ写)

**コスズメノチャヒキ**　*Bromus inermis*
イネ科イチゴツナギ亜科の多年草。別名マンシュウチャヒキ。高さは50〜100cm。
¶帰化写改(p429/カ写)
　桑イネ(p102/カ写・モ図)
　野生2(p46/カ写)

**コスミレ**　*Viola japonica*　小菫
スミレ科の多年草。別名ツクシコスミレ。高さは6〜12cm。花は白っぽいものから淡紅紫色まで変化が多い。
¶色野草(p235/カ写)
　学フ増野春(p60/カ写)
　原牧2(No.375/カ写)
　山野草(No.0709/カ写)
　新分牧(No.2359/モ図)
　新牧日(No.1847/モ図)
　牧野ス1(No.2220/カ写)
　ミニ山(p190/カ写)
　野生3(p219/カ写)
　山力野草(p336/カ写)
　山ハ野花(p330/カ写)

**コスモス**　*Cosmos bipinnatus*
キク科の一年草。別名アキザクラ，オオハルシャギク。高さは2〜3m。花は白，淡紅色，または濃紅色。
¶帰化写改〔オオハルシャギク〕(p346/カ写, p513/カ写)
　原牧2(No.2011/カ写)
　新分牧(No.4276/モ図)
　新牧日(No.3048/モ図)
　茶花下(p307/カ写)
　牧野ス2(No.3856/カ写)

**コスリコギタケ**　*Clavariadelphus ligula*
スリコギタケ科のキノコ。形は棍棒状，淡黄褐色。
¶山力日き(p412/カ写)

**コセイタカシケシダ**　*Deparia conilii* × *D. dimorphophylla*
メシダ科のシダ植物。
¶シダ標2(p348/カ写)

**コセイタカスギゴケ**　*Pogonatum contortum*
スギゴケ科のコケ。別名チヂレバニワスギゴケ。茎は高さ4〜10cm。葉の鞘部は卵形。

¶新分牧(No.4838/モ図)
新牧日(No.4701/モ図)

**コセキヤナギ** *Salix × sirakawensis*
ヤナギ科の雑種。
¶野生3〔コセキヤナギ(イヌコリヤナギ×オオキツネヤナギ)〕(p205)

**ゴセチノマイ** *Prunus mume* 'Gosetinomai' 五節の舞
バラ科。ウメの品種。李系ウメ、紅材性八重。
¶ウメ〔五節の舞〕(p114/カ写)

**コセリバオウレン** *Coptis japonica* var. *japonica*
キンポウゲ科の常緑多年草。日本固有種。
¶固有(p51)
野生2(p148/カ写)

**ゴゼンタチバナ** *Cornus canadensis* 御前橘
ミズキ科の多年草。高さは5〜15cm。花は緑白色。
¶学フ増高山(p172/カ写)
学フ増野夏(p146/カ写)
原牧2(No.1008/カ写)
山野草(No.0746/カ写)
新分牧(No.3081/モ図)
新牧日(No.1978/モ図)
茶花上(p518/カ写)
牧野ス2(No.2853/カ写)
ミニ山(p211/カ写)
野生4(p154/カ写)
山力野草(p322/カ写)
山ハ高山(p248/カ写)
山ハ山花(p364/カ写)

**コセンダングサ** *Bidens pilosa* var. *pilosa* 小栴檀草
キク科キク亜科の一年草。果実は衣類に付着。高さは50〜120cm。舌状花は白色。
¶色野草(p190/カ写)
学フ増野秋(p91/カ写)
帰化写改(p332/カ写, p512/カ写)
原牧2〔コセンダングサ(広義)〕(No.2015/カ写)
植調(p116/カ写)
新分牧〔コセンダングサ(広義)〕(No.4270/モ図)
新牧日〔コセンダングサ(広義)〕(No.3053/モ図)
牧野ス2〔コセンダングサ(広義)〕(No.3860/カ写)
野生5(p356/カ写)
山力野草(p85/カ写)
山ハ野花(p574/カ写)

**コソネ** ⇒アカシデを見よ

**ゴダイシュウ** *Paeonia suffruticosa* 'Godaisyū' 五大州
ボタン科の木本。ボタンの品種。
¶APG原樹〔ボタン'ゴダイシュウ'〕(No.314/カ図)

**コダイベニオウシュク** *Prunus mume* 'Kodai-beni-ōshuku' 古代紅鶯宿
バラ科。ウメの品種。李系ウメ、紅材性八重。
¶ウメ〔古代紅鶯宿〕(p114/カ写)

**コタカネキタアザミ** ⇒ウスユキトウヒレンを見よ

**コダカラベンケイ** *Kalanchoe daigremontianum*
ベンケイソウ科の多肉植物。高さは50〜60cm。花は淡桃色。

¶原牧1(No.1434/カ図)
牧野ス1(No.1434/カ図)
野生2(p219)

**コダチアサガオ** *Ipomoea fistulosa*
ヒルガオ科の草本状低木。別名キアサガオ、キダチアサガオ。
¶帰化写2(p423/カ写)

**コダチスズムシソウ** *Strobilanthes glandulifera*
キツネノマゴ科の半低木状の常緑多年草。別名セイタカスズムシソウ。オキナワスズムシソウに似る。花は淡青紫色。
¶野生5(p173/カ写)

**コダチチョウセンアサガオ** *Brugmansia × candida*
ナス科の低木。高さは3m。花は白色。
¶原牧2(No.1493/カ図)
牧野ス2(No.3338/カ図)

**コダチツボスミレ** *Viola grypoceras* var. *exilis* 小立壺菫、小立坪菫
スミレ科の多年草。
¶野生3(p226/カ写)

**コダチベゴニア** *Begonia* spp.&hybrids 木立ベゴニア
シュウカイドウ科の多年草。茎の高く立つ種類の総称。高さは30〜120cm。
¶茶花下(p307/カ写)

**コダチボタンボウフウ** *Peucedanum japonicum* var. *latifolium*
セリ科。日本固有種。
¶固有(p101)

**コダチレンゲショウマ** ⇒キレンゲショウマを見よ

**コタニワタリ** *Asplenium scolopendrium* subsp. *japonicum* 小谷渡
チャセンシダ科の常緑性シダ。別名ハガワリコタニワタリ。葉身は長さ12〜50cm、披針形。
¶シダ標1(p409/カ写)
新分牧(No.4637/モ図)
新牧日(No.4639/モ図)

**コタヌキモ** *Utricularia intermedia* 小狸藻
タヌキモ科の多年生食虫植物。茎は長さ約20cm。高さは3〜15cm。花は黄色。
¶原牧2(No.1791/カ図)
新分牧(No.3676/モ図)
新牧日(No.2810/モ図)
日水草(p290/カ写)
牧野ス2(No.3636/カ図)
野生5(p165/カ写)
山力野草(p158/カ写)

**コタヌキラン** *Carex doenitzii* 小狸蘭
カヤツリグサ科の多年草。日本固有種。高さは30〜60cm。
¶カヤツリ(p204/カ写)
原牧1(No.836/カ図)
固有(p182)
山野草(No.1610/カ写)
新分牧(No.846/カ写)
新牧日(No.4129/モ図)

コタネツケ　　　　　　　　316

スゲ増（No.93/カ写）
牧野ス1（No.836/カ図）
野生1（p313/カ写）
山力野草（p667/カ写）
山ハ高山（p62/カ写）
山ハ山花（p162/カ写）

**コタネツケバナ**　Cardamine parviflora
アブラナ科の越年草。別名コカイタネツケバナ。高
さは5〜20cm。花は白色。
¶帰化写改（p95/カ写）
野生4（p57）

**コダマイヌイワガネ**　⇒イヌイワガネソウを見よ

**コタマゴテングタケ**　Amanita citrina var.citrina
テングタケ科のキノコ。
¶学フ増毒き（p66/カ写）
原きの（No.015/カ写・カ図）
山力日き（p160/カ写）

**コダマソウ**　⇒ヒダカミヤマノエンドウを見よ

**コチヂミザサ**　Oplismenus undulatifolius var.
undulatifolius f.japonicus
イネ科の一年草。
¶原牧1（No.1051/カ図）
新分牧（No.1213/モ図）
新牧日（No.3825/カ図）
牧野ス1（No.1051/カ図）

**コチャガヤツリ**　Cyperus amuricus var.japonicus
カヤツリグサ科の一年草。
¶カヤツリ（p720/モ図）

**コチャダイゴケ**　Nidula niveotomentosa
ハラタケ科のキノコ。小型。
¶原きの（No.495/カ写・カ図）
山力日き（p505/カ写）

**コチャルメルソウ**　Mitella pauciflora　小哨吶草
ユキノシタ科の多年草。日本固有種。高さは20〜
40cm。
¶色野草（p345/カ写）
学フ増野春（p219/カ写）
原牧1（No.1394/カ図）
固有（p70/カ写）
新分牧（No.1564/モ図）
新牧日（No.973/モ図）
茶花上（p387/カ写）
牧野ス1（No.1394/カ図）
ミニ山（p105/カ写）
野生2（p208/カ写）
山力野草（p432/カ写）
山ハ山花（p278/カ写）

**コチャルメルソウ（斑入り）**　Mitella pauciflora
'Variegata'　小哨吶草
ユキノシタ科の多年草。
¶山野草（No.0539/カ写）

**コチョウ**　⇒コチョウワビスケを見よ

**コチョウインゲン**　Vigna adenantha
マメ科マメ亜科のつる性多年草。
¶野生2（p304/カ写）

山レ増（p292/カ写）

**コチョウジュ**　⇒ヤブデマリを見よ

**コチョウショウジョウバカマ**(1)　Helonias
breviscapa　胡蝶猩猩袴
シュロソウ科（ユリ科）の多年草。ショウジョウバ
カマの変種。別名シロバナショウジョウバカマ，ツ
クシシショウジョウバカマ。
¶山ハ高山（p19/カ写）
山ハ野花（p41/カ写）

**コチョウショウジョウバカマ**(2)　⇒ツクシショウ
ジョウバカマ(1)を見よ

**コチョウラン**(1)　Phalaenopsis aphrodite　胡蝶蘭
ラン科の草本。高さは50〜80cm。花は白色。
¶原牧1（No.488/カ図）
新分牧（No.527/モ図）
新牧日（No.4363/モ図）
牧野ス1（No.488/カ図）

**コチョウラン**(2)　⇒ウチョウランを見よ

**コチョウワビスケ**　Camellia japonica 'Kochô-
wabisuke'　胡蝶佗助
ツバキ科の木本。ツバキの品種。別名コチョウ，ニ
シキワビスケ，ワビスケ。花は斑入り。
¶茶花上（p147/カ写）

**コツガザクラ**　⇒オオツガザクラを見よ

**コツクバネ**　⇒ツクバネウツギを見よ

**コツクバネウツギ**　Abelia serrata var.serrata　小衝
羽根空木
スイカズラ科の落葉低木。別名キバナコツクバネ。
¶APG原樹（No.1504/カ図）
原牧2（No.2324/カ図）
新分牧（No.4372/モ図）
新牧日（No.2847/モ図）
牧野ス2（No.4169/カ図）
野生5（p414/カ写）
山力樹木（p700/カ写）

**コツゲ**　Buxus microphylla var.riparia
ツゲ科の木本。日本固有種。
¶固有（p88）

**コッコウ**　Chaenomeles speciosa 'Kokkô'　黒光
バラ科。ボケの品種。
¶APG原樹〔ボケ・コッコウ'〕（No.566/カ図）

**コツバイチメガサ**　Conocybe filaris
オキナタケ科のキノコ。
¶原きの（No.055/カ写・カ図）

**コツブアメリカヤガミスゲ**　Carex bebbii
カヤツリグサ科の多年草。高さは30〜80cm。
¶帰化写2（p361/カ写）
スゲ増（p371/カ写）
野生1（p306）

**コツブイモムシハリタケ**　Ophiocordyceps crinalis
オフィオコルディセプス科の冬虫夏草。宿主はガの
幼虫。
¶冬虫生態（p90/カ写）

コツブキンエノコロ　*Setaria pallidefusca*　小粒金狗尾
イネ科キビ亜科の一年草。
¶桑イネ(p440/カ写・モ写)
　野生2(p96)
　山ハ野花(p197/カ写)

コツブサナギハリタケ　*Ophiocordyceps hiugensis*
オフィオコルディセプス科の冬虫夏草。宿主はガの蛹。
¶冬虫生態(p98/カ写)

コツブタケ　*Pisolithus arhizus*
ニセショウロ科のキノコ。中型〜大型。頭部は類球形〜洋ナシ形、断面は小粒状。
¶原きの(No.486/カ写・カ図)
　山カ日き(p501/カ写)

コツブチゴザサ　*Isachne globosa* var.*brevispicula*
イネ科チゴザサ亜科の多年草。チゴザサの変種。
¶野生2(p76)

コツブヌマハリイ　*Eleocharis parvinux*　小粒沼針藺
カヤツリグサ科の多年草。日本固有種。高さは30〜50cm。
¶カヤツリ(p636/モ図)
　固有(p187/カ写)
　新分牧(No.941/モ図)
　新牧日(No.4018/モ図)
　日水草(p182/カ写)
　野生1(p344/カ写)
　山ハ野花(p122/カ写)
　山レ増(p530/カ写)

コツブヒメヒガサヒトヨタケ　*Parasola leiocephala*
ナヨタケ科のキノコ。
¶山カ日き(p208/カ写)

コップモエギスゲ　⇒ヒメモエギスゲを見よ

コツブユラギハリタケ　*Ophiocordyceps* sp.
オフィオコルディセプス科の冬虫夏草。宿主は甲虫の幼虫。
¶冬虫生態(p191/カ写)

コツブラッシタケ　*Favolaschia fujisanensis*
ラッシタケ科のキノコ。
¶山カ日き(p116/カ写)

コツボゴケ　*Plagiomnium acutum*
チョウチンゴケ科のコケ。別名コツボチョウチンゴケ。ツボゴケに非常によく似るが、葉はやや狭く、葉身細胞は大きさがより均一。
¶新分牧(No.4871/モ図)
　新牧日(No.4731/モ図)

コツボチョウチンゴケ　⇒コツボゴケを見よ

コツマトリソウ　*Trientalis europaea* var.*arctica*　小端取草
サクラソウ科の多年草。
¶山ハ高山(p261/カ写)

コツルウメモドキ　⇒テリハツルウメモドキを見よ

ゴデチア　⇒イロマツヨイを見よ

コデマリ　*Spiraea cantoniensis*　小手毬
バラ科シモツケ亜科の落葉低木。別名スズカケ。高さは1〜2m。花は白色。
¶APG原樹(No.512/カ図)
　学フ増庭(p97/カ写)
　原牧1(No.1686/カ図)
　新分牧(No.1880/モ図)
　新牧日(No.1037/モ図)
　茶花上(p267/カ写)
　都木花新〔ユキヤナギとコデマリ〕(p111/カ写)
　牧野ス1(No.1686/カ図)
　ミニ山(p120/カ写)
　野生3(p86/カ写)
　山カ樹木(p279/カ写)

コテリハキンバイ　*Potentilla riparia* var.*miyajimensis*
バラ科バラ亜科の多年草。日本固有種。高さは1〜10cm。
¶固有(p77)
　野生3(p40/カ写)

コテングクワガタ　*Veronica serpyllifolia* subsp.*serpyllifolia*
オオバコ科(ゴマノハグサ科)の多年草。テングクワガタの基準亜種。高さは10〜15cm。花は淡青紫色。
¶帰化写改(p304/カ写)
　野生5(p84/カ写)

コテングタケ　*Amanita porphyria*
テングタケ科のキノコ。中型。傘は茶褐色〜灰褐色、ややかすり模様で、条線なし。
¶学フ増毒き(p66/カ写)
　山カ日き(p157/カ写)

コテングタケモドキ　*Amanita pseudoporphyria*
テングタケ科のキノコ。中型〜大型。傘は暗褐色〜灰褐色、ややかすり模様で、条線なし。
¶学フ増毒き(p63/カ写)
　山カ日き(p155/カ写)

ゴテンツバキ　⇒ダイジョウカンを見よ

ゴテンバイノデ　*Polystichum longifrons* × *P. ovatopaleaceum* var.*coraiense*
オシダ科のシダ植物。
¶シダ標2(p417/カ写)

ゴテンバザサ　*Sasa asahinae*　御殿場笹
イネ科のササ。
¶タケササ(p91/カ写)

コトウカンアオイ　*Asarum majale*　湖東寒葵
ウマノスズクサ科の多年草。三重県北部の藤原岳周辺〜滋賀県境付近に産する。
¶新分牧(No.114/モ図)
　野生1(p69/カ写)

ゴトウヅル　⇒ツルアジサイを見よ

コトジソウ　⇒キバナアキギリを見よ

コトジツノマタ　*Chondrus elatus*　琴柱角叉
スギノリ科の海藻。別名ナガツノマタ、カイソウ。体は扁圧で、20cm。
¶新分牧(No.5069/モ図)

コトシホウ　318

コトシホウ（No.4929/モ図）

**コトジホウキタケ** ⇒フサヒメホウキタケを見よ

**コトナミツブハリタケ** *Ophiocordyceps* sp.
オフィオコルディセプス科の冬虫夏草。宿主は甲虫の幼虫。
¶冬虫生態（p187/カ写）

**コトネアスター** *Cotoneaster*
バラ科。バラ科シャリントウ属の総称。
¶都木花新〔ピラカンサとコトネアスター〕（p130/カ写）

**コドノプシス・クレマティデア** *Codonopsis clematidea*
キキョウ科の草本。高さは30〜50cm。花は淡青色。
¶山野草（No.1172/カ写）

**コトヒラ** *Cerasus lannesiana* 'Kotohira'　琴平
バラ科の落葉高木。サクラの栽培品種。花は白色。
¶学フ増桜〔'琴平'〕（p88/カ写）

**コトヒラシロテングタケ** *Amanita kotohiraensis*
テングタケ科のキノコ。傘の表面は粘性があり綿質な破片あるいはいぼを散在する。
¶山カ日き（p595/カ写）

**コトブキ** *Prunus mume* 'Kotobuki'　寿
バラ科。ウメの品種。李系ウメ，紅材性八重。
¶ウメ〔寿〕（p115/カ写）

**コトブキギク** *Tridax procumbens*
キク科キク亜科の多年草。長さは80cm。花はクリームがかった白色。
¶帰化写改（p396/カ写）
　野生5（p363/カ写）

**コトモエソウ** ⇒ヒメトモエソウを見よ

**コトリスワラズ** ⇒メギを見よ

**コトリトマラズ** ⇒メギを見よ

**コトンボソウ** ⇒トンボソウ(1)を見よ

**コナウキクサ** ⇒ミジンコウキクサを見よ

**コナカブトゴケ** *Lobaria pulmonaria*
カブトゴケ科の地衣類。葉体背面に網目状の凹凸がある。
¶原きの（No.594/カ写・カ図）

**コナカブリテングタケ** *Amanita griseofarinosa*
テングタケ科のキノコ。中型。傘は灰色〜暗褐灰色，粉状〜綿状，条線なし。
¶学フ増毒き（p76/カ写）
　山カ日き（p166/カ写）

**コナギ** *Monochoria vaginalis*　小菜葱，小水葱
ミズアオイ科の抽水性一年草。別名ササナギ。花は青紫色で，径1.5〜2cm。高さは10〜30cm。
¶学フ増野秋（p82/カ写）
　原牧1（No.635/カ図）
　植調（p46/カ写）
　新分牧（No.672/モ図）
　新牧日（No.3536/モ図）
　茶花下（p210/カ写）
　日水草（p148/カ写）
　牧野ス1（No.635/カ図）

野生1（p271/カ写）
山カ野草（p645/カ写）
山ハ野花（p228/カ写）

**コナサナギタケ** *Isaria farinosa*
ノムシタケ科の冬虫夏草。宿主はガの蛹，幼虫。
¶冬虫生態（p268/カ写）

**コナシ** ⇒ズミ(1)を見よ

**コナスビ** *Lysimachia japonica*　小茄子
サクラソウ科の多年草。高さは15〜20cm。花は黄色。
¶色野草（p145/カ写）
　学フ増野春（p102/カ写）
　原牧2（No.1097/カ写）
　山野草（No.0909/カ写）
　植調（p178/カ写）
　新分牧（No.3148/モ図）
　新牧日（No.2241/カ写）
　牧野ス2（No.2942/カ図）
　野生4（p193/カ写）
　山カ野草（p272/カ写）
　山ハ野花（p415/カ写）

**コナツツバキ** ⇒ヒメシャラを見よ

**コナツミカン** *Citrus* 'Tamurana'　小夏蜜柑
ミカン科の木本。別名タムラミカン，ヒュウガナツミカン，ニューサマーオレンジ。果実は球形ないしは倒卵形。
¶APG原樹〔ヒュウガナツ〕（No.979/カ図）
　原牧2（No.595/カ写）
　新分牧（No.2634/モ図）
　新牧日（No.1532/カ写）
　牧野ス2（No.2440/カ図）

**コナミキ** *Scutellaria guilielmii*　小波来
シソ科タツナミソウ亜科の草本。
¶原牧2（No.1644/カ写）
　新分牧（No.3738/モ図）
　新牧日（No.2556/カ写）
　牧野ス2（No.3489/カ図）
　野生5（p116/カ写）
　山レ増（p123/カ写）

**コナヨタケ** *Psathyrella obtusata*
ナヨタケ科のキノコ。
¶山カ日き（p212/カ写）

**コナラ** *Quercus serrata*　小楢
ブナ科の落葉高木。別名ホオソ，ナラ，ハハソ，ホウソ。高さは15〜20m。
¶APG原樹（No.698/カ図）
　学フ増樹（p102/カ写）
　原牧2（No.105/カ写）
　新分牧（No.2147/モ図）
　新牧日（No.140/モ図）
　図説樹木（p84/カ写）
　茶花上（p388/カ写）
　都木花新（p59/カ写）
　牧野ス1（No.1950/カ図）
　野生3（p96/カ写）

コハウチワ

　　山カ樹木 (p139/カ写)
　　落葉図譜 (p87/モ図)
**コニカ**　*Picea glauca* 'Conica'
　マツ科。カナダトウヒの品種。
　¶APG原樹〔カナダトウヒ'コニカ'〕(No.1534/カ図)
**コニガクサ**　*Teucrium viscidum* var. *viscidum*
　シソ科キランソウ亜科の多年草。葉がやや厚く、花序が長く伸びて円錐状となり、密に腺毛がある。
　¶野生5 (p113/カ写)
**コニシイヌビワ**　⇒ギランイヌビワを見よ
**コニシキソウ**　*Euphorbia maculata*　小錦草
　トウダイグサ科の一年草。長さは6.5〜38cm。
　¶色野草 (p363/カ写)
　　学フ増野夏 (p184/カ写)
　　学フ有毒 (p58/カ写)
　　帰化写改 (p171/カ写, p500/カ写)
　　原牧2 (No.267/カ図)
　　植調 (p211/カ写)
　　新分牧 (No.2427/モ図)
　　新牧日 (No.1483/モ図)
　　牧野ス1 (No.2112/カ図)
　　野生3 (p160/カ写)
　　山カ野草 (p366/カ写)
　　山ハ野花 (p340/カ写)
**コニシセミタケ**　*Ophiocordyceps* sp.
　オフィオコルディセプス科の冬虫夏草。宿主はニイニイゼミの成虫。
　¶冬虫生態 (p129/カ写)
**コニシハイノキ**　*Symplocos konishii*
　ハイノキ科の木本。
　¶野生4 (p211)
　　山レ増 (p183/カ写)
**コヌカグサ**　*Agrostis gigantea*　小糠草
　イネ科イチゴツナギ亜科の多年草。別名レッドトップ。高さは50〜100cm。花は赤色。
　¶帰化写改 (p417/カ写)
　　桑イネ (p44/カ写・モ図)
　　原牧1 (No.989/カ図)
　　植調 (p286/カ写)
　　新分牧 (No.1092/モ図)
　　新牧日 (No.3731/モ図)
　　牧野ス1 (No.989/カ図)
　　野生2 (p41/カ写)
　　山カ野草 (p669/カ写)
　　山ハ野花 (p183/カ写)
**コヌマスゲ**　*Carex rotundata*
　カヤツリグサ科の多年草。別名ルエサンスゲ。
　¶カヤツリ (p490/カ写)
　　スゲ増 (p275/カ写)
　　野生1 (p334/カ写)
**コネジレゴケ**　*Tortella japonica*
　センボンゴケ科のコケ。日本固有種。茎は長さ5mm以下。葉は披針形〜狭披針形。
　¶固有 (p214)

**コネズミガヤ**　*Muhlenbergia schreberi*
　イネ科ヒゲシバ亜科の多年草。高さは10〜30cm。
　¶帰化写2 (p345/カ写)
　　野生2 (p71)
**コネソ**　⇒オトコヨウゾメを見よ
**コノテガシワ**　*Platycladus orientalis*　児の手柏
　ヒノキ科の観賞用小木。別名ハリギ。多枝上向性。高さは1〜2m。
　¶APG原樹 (No.97/カ図)
　　学フ増花庭 (p136/カ写)
　　学フ増薬草 (p160/カ写)
　　原牧1 (No.35/カ図)
　　新分牧 (No.75/モ図)
　　新牧日 (No.53/モ図)
　　都木花新 (p242/カ写)
　　牧野ス1 (No.36/カ図)
　　野生1 (p41/カ写)
　　山カ樹木 (p53/カ写)
**コノハナ**　⇒ウメを見よ
**コバイケイ**　⇒コバイケイソウを見よ
**コバイケイソウ**　*Veratrum stamineum*　小梅蕙草
　シュロソウ科(ユリ科)の多年草。別名コバイケイ。高さは60〜100cm。花は白色。
　¶学フ増高山 (p214/カ写)
　　学フ増山菜 (p223/カ写)
　　学フ有毒 (p207/カ写)
　　原牧1 (No.305/カ図)
　　固有 (p156)
　　新分牧 (No.351/モ図)
　　新牧日 (No.3382/モ図)
　　牧野ス1 (No.305/カ図)
　　野生1 (p161/カ写)
　　山カ野草 (p607/カ写)
　　山ハ高山 (p16/カ写)
　　山ハ山花 (p60/カ写)
**コハイヒモゴケ**　*Meteorium buchananii* subsp. *helminthocladulum*
　ハイヒモゴケ科のコケ。別名モッポレサガリゴケ。小型、葉は舌形で長さ1〜2mm。
　¶新分牧 (No.4883/モ図)
　　新牧日 (No.4742/モ図)
**コハイホラゴケ**　*Vandenboschia* × *stenosiphon*
　コケシノブ科のシダ植物。
　¶シダ標1 (p316/カ写)
**コバイモ**　⇒ミノコバイモを見よ
**コバウスノキ**　⇒コウスノキを見よ
**コハウチワカエデ**　*Acer sieboldianum*　小羽団扇楓
　ムクロジ科(カエデ科)の落葉高木。日本固有種。別名イタヤメイゲツ、キバナハウチワカエデ。樹高は10m。花は黄白色。葉は円形で7〜9に中裂。樹皮は濃灰褐色。
　¶APG原樹 (No.915/カ図)
　　原牧2 (No.527/カ図)
　　固有 (p86)
　　新分牧 (No.2568/モ図)

コハキ

320

新牧日（No.1569/モ図）
牧野ス2（No.2372/カ図）
野生3（p288/カ写）
山カ樹木（p436/カ写）

**コハギ** ⇒マルバハギを見よ

**コバギボウシ** *Hosta sieboldii* var.*sieboldii* f.
*spathulata* 小葉擬宝珠
キジカクシ科〔クサスギカズラ科〕（ユリ科）の多年
草。別名サジギボウシ。高さは30～100cm。花は
赤紫色。
¶学フ増野夏（p61/カ写）
原牧1（No.574/カ図）
新分牧（No.631/モ図）
新牧日（No.3399/モ図）
茶花上（p519/カ写）
牧野ス1（No.574/カ図）
山カ野草（p611/カ写）
山ハ野花（p78/カ写）
山ハ山花（p150/カ写）

**コバギボウシ（広義）** *Hosta sieboldii* 小葉擬宝珠
キジカクシ科〔クサスギカズラ科〕（ユリ科）の多
年草。
¶山野草〔コバギボウシ〕（No.1509/カ写）
野生1〔コバギボウシ〕（p252/カ写）

**コハクウンボク** *Styrax shiraiana* 小白雲木
エゴノキ科の落葉高木。別名ヤマヂシャ。高さは5
～8m。
¶APG原樹（No.1191/カ図）
原牧2（No.1152/カ図）
新分牧（No.3195/モ図）
新牧日（No.2268/モ図）
茶花上（p519/カ写）
牧野ス2（No.2997/カ図）
野生4（p218/カ写）
山カ樹木（p624/カ写）
落葉図譜（p283/モ図）

**コハクサンボク** ⇒ハクサンボクを見よ

**コハクラン** *Oreorchis indica*
ラン科の冬緑性の多年草。高さは20～40cm。
¶野生1（p218/カ写）
山レ増（p516/カ写）

**コバケイスゲ** *Carex tenuior*
カヤツリグサ科の多年草。日本固有種。
¶カヤツリ（p410/モ図）
固有（p186/カ写）
スゲ増（No.223/カ写）
野生1（p325/カ写）

**コバコシャジン** ⇒モイワシャジンを見よ

**コハコベ** *Stellaria media* 小繁縷
ナデシコ科の一年草または越年草。別名ハコベ，ハ
コベラ。茎は地面を匍う。ハコベによく似ている
が，全体にやや小型。高さは10～20cm。
¶学フ増山菜（p27/カ写）
学フ増野春〔ハコベ〕（p146/カ写）
学フ増薬草〔ハコベ〕（p42/カ写）
帰化写改（p50/カ写, p492/カ写）

植調（p220/カ写）
野生4（p125/カ写）
山カ野草〔ハコベ〕（p519/カ写）
山ハ野花（p276/カ写）

**コバザクラ**(1) *Cerasus parvifolia* 'Parviflora' 小葉桜
バラ科の木本。別名サクラ 'フユザクラ'。
¶APG原樹（No.446/カ図）

**コバザクラ**(2) ⇒フダンザクラを見よ

**コバザケシダ** *Thelypteris taiwanensis*
ヒメシダ科の常緑性シダ。葉身は長さ50～80cm，
広披針形。
¶シダ標1（p439/カ写）

**コハシゴシダ** *Thelypteris angustifrons*
ヒメシダ科（オシダ科）の常緑性シダ。葉身は長さ
10～17cm，披針形。
¶シダ標1（p434/カ写）

**コバシジノキ** ⇒ミヤマアオダモを見よ

**コハスバカラマツ** *Thalictrum coreanum* var.*minor*
小蓮葉唐松
キンポウゲ科の草本。高さは20～40cm。
¶山野草（No.0290/カ写）

**コバタ** *Hibiscus syriacus* 'Kobata' 小旗
アオイ科の木本。ムクゲの品種。一重咲き中弁型。
¶APG原樹〔ムクゲ 'コバタ'〕（No.1015/カ図）
茶花下（p14/カ写）

**コハダケカンバ** *Betula ermanii* var.*parvifolia*
カバノキ科の落葉高木。葉は長さ3～4cm。
¶野生3（p113）

**コバチ** ⇒シオジを見よ

**コハチジョウシダ**(1) *Pteris oshimensis*
イノモトソウ科の常緑性シダ。別名ハチジョウシダ
モドキ。葉身は長さ50cm，長楕円形。
¶シダ標1〔ハチジョウシダモドキ〕（p381/カ写）
新分牧（No.4598/モ図）
新牧日（No.4485/モ図）

**コハチジョウシダ**(2) ⇒ニシノコハチジョウシダを
見よ

**コバテイシ** ⇒モモタマナを見よ

**コバトベラ** *Pittosporum parvifolium*
トベラ科の常緑小高木。日本固有種。別名コバノト
ベラ。
¶原牧2〔コバノトベラ〕（No.2360/カ図）
固有（p76）
新分牧〔コバノトベラ〕（No.4393/モ図）
新牧日〔コバノトベラ〕（No.1020/モ図）
牧野ス2〔コバノトベラ〕（No.4205/カ図）
野生5（p371/カ写）
山レ増（p313/カ写）

**コバナアザミ** *Cirsium boreale*
キク科アザミ亜科の草本。日本固有種。
¶固有（p139）
野生5（p237/カ写）

**コバナイボタ** ⇒ムニンネズミモチを見よ

コハナガサノキ　⇒ムニンハナガサノキを見よ

コハナカモノハシ　*Ischaemum setaceum*
イネ科キビ亜科の草本。ハナカモノハシに似る。
¶野生2 (p87)

コバナガンクビソウ　*Carpesium faberi*　小花雁首草
キク科キク亜科の多年草。別名バンジンガンクビソウ。高さは50〜70cm。
¶原牧2 (No.2004/カ図)
　新分牧 (No.4262/モ図)
　新牧日 (No.3041/モ図)
　牧野ス2 (No.3849/カ図)
　野生5 (p353/カ写)
　山ハ山花 (p526/カ写)

コバナキジムシロ　*Potentilla amurensis*
バラ科バラ亜科の一年草または二年草。長さは5〜30cm。花は黄色。
¶帰化写改 (p118/カ写)
　野生3 (p36)

コバナツルウリクサ　*Torenia asiatica*
アゼナ科〔アゼトウガラシ科〕（ゴマノハグサ科）の草本。別名ゲンジバナ。
¶野生5 (p98)

コバナベワリ　*Croomia saitoana*　小花舐割
ビャクブ科の多年草。日本固有種。
¶固有 (p161)
　野生1 (p153/カ写)
　山ハ山花 (p55/カ写)

コバナノガリヤス　*Calamagrostis adpressiramea*
イネ科イチゴツナギ亜科の多年草。日本固有種。
¶桑イネ (p119/モ図)
　固有 (p167)
　野生2 (p49)

コバナノコウモリ　⇒コバナノコウモリソウを見よ

コバナノコウモリソウ　*Parasenecio chokaiensis*
キク科キク亜科の多年草。日本固有種。別名チョウカイコウモリ。
¶固有〔コバナノコウモリ〕(p144)
　野生5 (p306/カ写)

コバナノワレモコウ(1)　*Sanguisorba tenuifolia* var. *parviflora*　小花の吾木香
バラ科の多年草。
¶茶花下 (p210/カ写)
　山ハ野花 (p385/カ写)

コバナノワレモコウ(2)　⇒ナガボノワレモコウを見よ

コバナヒメハギ　*Polygala paniculata*
ヒメハギ科の一年草または越年草。別名カスミヒメハギ。
¶帰化写改〔カスミヒメハギ〕(p177/カ写)
　帰化写2 (p145/カ写)

コバナフウチョウソウ　⇒アフリカフウチョウソウを見よ

コバナムラサキムカシヨモギ　⇒ムラサキムカシヨモギを見よ

コハナヤスリ　*Ophioglossum thermale* var. *nipponicum*　小花鑢
ハナヤスリ科のシダ植物。
¶シダ標1 (p289/カ写)
　新分牧 (No.4512/モ図)
　新牧日 (No.4402/モ図)

コハノアカテツ(1)　*Planchonella obovata* var. *dubia*
アカテツ科の常緑低木。小笠原固有種。
¶山力樹木 (p730/カ写)
　山レ増 (p179/カ写)

コバノアカテツ(2)　⇒アカテツを見よ

コバノイクビゴケ　*Diphyscium perminutum*
イクビゴケ科のコケ。日本固有種。小型。葉は線状披針形で、長さ約1mm。
¶固有 (p211/カ写)

コバノイシカグマ　*Dennstaedtia scabra*
コバノイシカグマ科（イノモトソウ科）の常緑性シダ。別名ウスゲコバノイシカグマ。葉身は長さ20〜60cm、三角状長楕円形。
¶山野草 (No.1825/カ写)
　シダ標1 (p362/カ写)
　新分牧 (No.4570/モ図)
　新牧日 (No.4446/モ図)

コバノイチヤクソウ　*Pyrola alpina*　小葉の一薬草
ツツジ科イチヤクソウ亜科（イチヤクソウ科）の多年草。日本固有種。高さは10〜20cm。
¶学フ増高山 (p183/カ写)
　原牧2 (No.1258/カ図)
　固有 (p103/カ写)
　新分牧 (No.3215/モ図)
　新牧日 (No.2099/モ図)
　茶花下 (p91/カ写)
　牧野ス2 (No.3103/カ図)
　野生4 (p229/カ写)
　山力野草 (p294/カ写)
　山ハ高山 (p292/カ写)
　山ハ山花 (p378/カ写)

コバノイヌツゲ　⇒イヌツゲを見よ

コバノイノウエトラノオ　*Asplenium anogrammoides* × *A. varians*
チャセンシダ科のシダ植物。
¶シダ標1 (p417/カ写)

コバノイラクサ　*Urtica laetevirens*　小葉の刺草
イラクサ科の多年草。高さは50〜100cm。
¶原牧2 (No.70/カ写)
　新分牧 (No.2142/モ図)
　新牧日 (No.197/モ図)
　牧野ス1 (No.1915/カ図)
　ミニ山 (p9/カ写)
　野生2 (p352/カ写)
　山ハ山花 (p348/カ写)

コバノウシノシッペイ　*Hemarthria compressa*
イネ科キビ亜科の多年草。
¶桑イネ (p260/モ図)
　野生2 (p86)

コバノウス

**コバノウスユキソウ** ⇒コウスユキソウを見よ

**コバノエダウチホングウシダ** ⇒ヒメホングウシダを見よ

**コバノオランダガラシ** *Nasturtium microphyllum*
アブラナ科の多年草。別名ホソミノオランダガラシ, ニセオランダガラシ。角果は幅約1mm。
¶野生4 (p67/カ写)

**コバノカナワラビ** *Arachniodes sporadosora*
オシダ科の常緑性シダ。別名トガリバカナワラビ, イタチカナワラビ。葉柄の長さは50cm, 葉身は4回羽状深裂。
¶山野草 (No.1819/カ写)
シダ標2 (p393/カ写)

**コバノカナワラビ × ツルダカナワラビ**
*Arachniodes sporadosora× A.yaoshanensis*
オシダ科のシダ植物。
¶シダ標2 (p397/カ写)

**コバノガマズミ** *Viburnum erosum var.erosum*　小葉の莢蒾
ガマズミ科〔レンプクソウ科〕(スイカズラ科) の落葉低木。別名テリハコバノガマズミ。
¶APG原樹 (No.1465/カ図)
原牧2 (No.2290/カ図)
新分牧 (No.4328/モ図)
新牧日 (No.2827/モ図)
茶花上 (p267/カ写)
牧野ス2 (No.4135/カ図)
野生5 (p410/カ写)
山力樹木 (p705/カ写)

**コバノカモメヅル** *Vincetoxicum sublanceolatum var.sublanceolatum*　小葉の鷗蔓
キョウチクトウ科 (ガガイモ科) のつる性多年草。日本固有種。
¶学フ増野夏 (p214/カ写)
原牧2 (No.1383/カ図)
固有 (p117/カ写)
新分牧 (No.3435/モ図)
新牧日 (No.2372/モ図)
牧野ス2 (No.3228/カ図)
野生4 〔コバノカモメヅル (広義)〕(p320/カ写)
山力野草 (p253/カ写)
山ハ野花 (p435/カ写)
山ハ山花 (p403/カ写)

**コバノクサギ** ⇒イボタクサギを見よ

**コバノクロウメモドキ**(1) *Rhamnus japonica var. microphylla*
クロウメモドキ科の落葉低木。日本固有種。
¶固有 (p89)
野生2 (p323)

**コバノクロウメモドキ**(2) ⇒クロウメモドキを見よ

**コバノクロヅル** *Tripterygium doianum*
ニシキギ科の木本。日本固有種。
¶原牧2 (No.213/カ図)
固有 (p88)
新分牧 (No.2238/モ図)
新牧日 (No.1664/モ図)

牧野ス1 (No.2058/カ図)
野生3 (p139/カ図)

**コバノクロマメノキ**(1)　*Vaccinium uliginosum var. microphyllum*
ツツジ科の夏緑矮性低木。
¶学フ増高山 (p44/カ写)

**コバノクロマメノキ**(2) ⇒ヒメクロマメノキを見よ

**コバノコアカソ** *Boehmeria spicata var.microphylla*
イラクサ科の草本。日本固有種。
¶固有 (p44)

**コバノコケモモ** ⇒コケモモを見よ

**コバノコゴメグサ** *Euphrasia matsumurae*　小葉の小米草
ハマウツボ科 (ゴマノハグサ科) の半寄生一年草。日本固有種。別名ヒメコゴメグサ。高さは3～20cm。
¶学フ増高山 (p197/カ写)
固有 (p129)
野生5 (p152/カ写)
山力野草 〔ヒメコゴメグサ〕(p187/カ写)
山ハ高山 (p318/カ写)

**コバノゴムビワ** ⇒フランスゴムノキを見よ

**コバノズイナ** *Itea virginica*　小葉の髄菜
ズイナ科 (ユキノシタ科) の木本。別名アメリカズイナ, ヒメリョウブ。葉は楕円形か倒卵形。
¶茶花上 (p520/カ写)

**コバノセンダングサ** *Bidens bipinnata*
キク科キク亜科の一年草。高さは30～90cm。花は黄色。
¶帰化写改 (p326/カ写, p511/カ写)
原牧2 (No.2014/カ図)
植調 (p116/カ写)
新分牧 (No.4269/モ図)
新牧日 (No.3052/モ図)
牧野ス2 (No.3859/カ図)
野生5 (p356/カ写)

**コバノタツナミ** *Scutellaria indica var.parvifolia*　小葉の立浪
シソ科タツナミソウ亜科の草本。日本固有種。タツナミソウの変種。別名コバノタツナミソウ, ビロードタツナミ。
¶色野草 (p223/カ写)
固有 (p125)
山野草 (No.1045/カ写)
茶花上 (p389/カ写)
野生5 (p119/カ写)
山力野草 (p205/カ写)
山ハ野花 (p466/カ写)

**コバノタツナミソウ** ⇒コバノタツナミを見よ

**コバノタマツバキ** ⇒オキナワイボタを見よ

**コバノチョウセンエノキ** *Celtis biondii var.biondii*　小葉の朝鮮榎
アサ科 (ニレ科) の高木。葉は卵状長楕円形。
¶APG原樹 (No.660/カ図)
野生2 (p330/カ写)
山力樹木 (p160/カ写)

**コバノチョウチンゴケ** Trachycystis microphylla
小葉の提灯苔
チョウチンゴケ科のコケ。茎は立ち，長さ2〜3cm。茎葉は披針形。
¶新分牧（No.4869/モ図）
　新牧日（No.4729/モ図）

**コバノツメクサ** Minuartia verna var.japonica　小葉の爪草
ナデシコ科の多年草。別名ホソバツメクサ。高さは10cm以下。
¶学フ増高山（p139/カ写）
　原牧2（No.888/カ図）
　新分牧（No.2910/モ図）
　新牧日（No.360/モ図）
　牧野2（No.2733/カ写）
　野生4〔ホソバツメクサ〕（p115/カ写）
　山力野草〔ホソバツメクサ〕（p513/カ写）
　山ハ高山〔ホソバツメクサ〕（p137/カ写）

**コバノトネリコ**(1)　⇒アオダモ（狭義）を見よ

**コバノトネリコ**(2)　⇒アオダモ（広義）を見よ

**コバノトベラ**　⇒コバトベラを見よ

**コバノトンボソウ** Platanthera nipponica　小葉の蜻蛉草
ラン科の多年草。高さは20〜40cm。
¶野生1（p224/カ写）
　山力野草（p567/カ写）
　山ハ高山（p36/カ写）
　山ハ花（p119/カ写）

**コバノナナカマド**　⇒ナンキンナナカマドを見よ

**コバノナンヨウスギ**　⇒シマナンヨウスギを見よ

**コバノニシキソウ**(1) Euphorbia makinoi
トウダイグサ科の一年草。
¶帰化写2（p138/カ写）
　野生3（p158/カ写）

**コバノニシキソウ**(2)　⇒リュウキュウタイゲキを見よ

**コバノハイキンポウゲ** Ranunculus repens var. repens
キンポウゲ科の多年草。
¶帰化写2（p54/カ写）

**コバノハカタシダ** Arachniodes simplicior × A. sporadosora
オシダ科のシダ植物。
¶シダ標2（p397/カ写）

**コバノハナイカダ** Helwingia japonica var.parvifolia
ハナイカダ科（ミズキ科）の落葉低木。日本固有種。
¶固有（p97）
　野生5（p178/カ写）

**コバノヒノキシダ** Asplenium anogrammoides　小葉の檜羊歯
チャセンシダ科の常緑性シダ。葉身は長さ5〜15cm，広披針形〜長楕円形。
¶シダ標1（p414/カ写）
　新分牧（No.4647/モ図）

　新牧日（No.4634/モ図）

**コバノヒルムシロ** Potamogeton cristatus
ヒルムシロ科の多年生水草。背稜に突起がある。
¶原牧1（No.257/カ図）
　新分牧（No.303/モ図）
　新牧日（No.3339/モ図）
　日水草（p119/カ図）
　牧野ス1（No.257/カ図）
　野生1（p132）

**コバノフユイチゴ**　⇒マルバフユイチゴを見よ

**コバノボタンヅル**　⇒メボタンヅル(1)を見よ

**コバノミズゴケ** Sphagnum calymmatophyllum
ミズゴケ科のコケ。日本固有種。茎葉は多型，同葉性か異葉性。
¶固有（p211/カ写）

**コバノミツバツツジ** Rhododendron reticulatum　小葉の三葉躑躅
ツツジ科ツツジ亜科の落葉低木。日本固有種。花は紅紫色。
¶APG原樹（No.1220/カ図）
　原牧2（No.1198/カ図）
　固有（p108）
　新分牧（No.3268/モ図）
　新牧日（No.2144/モ図）
　茶花上（p268/カ写）
　牧野ス2（No.3043/カ図）
　野生4（p248/カ写）
　山力樹木（p545/カ写）

**コバノミミナグサ** Cerastium ibukiense
ナデシコ科の多年草。別名イブキミミナグサ。
¶野生4（p112/カ写）
　山レ増（p423/カ写）

**コバノミヤマノボタン** Bredia okinawensis
ノボタン科の常緑低木。日本固有種。
¶固有（p96/カ写）
　野生3（p275/カ写）

**コバノヤマハンノキ**　⇒タニガワハンノキを見よ

**コバノヨツバムグラ**　⇒ヒメヨツバムグラを見よ

**コバノランタナ** Lantana montevidensis　小葉のランタナ
クマツヅラ科。花は淡紅紫色。
¶茶花下（p359/カ写）

**コバノリュウキンカ** Caltha palustris var.pygmaea
キンポウゲ科の多年草。
¶野生2（p140）

**コバハッカ**　⇒ハナハッカを見よ

**コハブナ** Fagus undulata　小葉橅
ブナ科の落葉高木。
¶野生3（p92）

**コバフンギ**　⇒キリエノキを見よ

**コハマアカザ**　⇒ハマアカザを見よ

**コハマギク** Chrysanthemum yezoense　小浜菊
キク科キク亜科の多年草。日本固有種。高さは10

コハマシン　324

〜50cm。
¶原牧2（No.2067/カ図）
　固有（p142）
　山野草（No.1212/カ写）
　新分牧（No.4208/モ図）
　新牧日（No.3103/モ図）
　茶花下（p360/カ写）
　牧野ス2（No.3912/カ図）
　野生5（p338/カ写）
　山カ野草（p74/カ写）
　山ハ野花（p526/カ写）

**コハマジンチョウ**　*Myoporum boninense*　小浜沈丁
ゴマノハグサ科（ハマジンチョウ科）の木本。
¶原牧2（No.1599/カ図）
　新分牧（No.3634/モ図）
　新牧日（No.2816/モ図）
　牧野ス2（No.3444/カ図）
　野生5（p93/カ写）
　山カ樹木（p672/カ写）

**コハモミジ**　⇒タカオカエデを見よ

**コバヤシアセタケ**　*Inocybe kobayasii*
アセタケ科のキノコ。小型〜中型。傘はクリーム褐
色〜黄褐色、鱗片状。ひだはクリーム褐色。
¶山カ日き（p242/カ写）

**コバヤシカナワラビ**　*Arachniodes yasu-inouei* var.
*angustipinnula*
オシダ科のシダ植物。
¶シダ標2（p394/カ写）

**コハリスゲ**　*Carex hakonensis*　小針薹
カヤツリグサ科の多年草。別名コケスゲ。高さは
10〜30cm。
¶カヤツリ（p72/モ図）
　原牧1（No.790/カ図）
　新分牧（No.776/モ図）
　新牧日（No.4074/モ図）
　スゲ増（No.11/カ写）
　牧野ス1（No.790/カ図）
　野生1（p301/カ写）
　山ハ山花（p154/カ写）

**ゴハリマツモ**　⇒ヨツバリキンギョモを見よ

**コーバルノキ**　⇒ダンマルジュを見よ

**コバレンギク**　*Ratibida columnifera*
キク科の多年草。
¶帰化写2（p283/カ写）

**コバンコナスビ**　*Lysimachia nummularia*
サクラソウ科の多年草、宿根草。長さは10〜60cm。
花は黄色。
¶帰化写改〔コバンバコナスビ〕（p226/カ写）
　野生4（p193/カ写）

**コバンソウ**　*Briza maxima*　小判草
イネ科イチゴツナギ亜科の一年草。別名タワラム
ギ、クウェイキング・グラス。高さは10〜60cm。
花は緑褐色。
¶色野草（p334/カ写）
　学フ増野夏（p205/カ写）

帰化写改（p426/カ写, p519/カ写）
　桑イネ（p98/カ写・モ図）
　原牧1（No.975/カ図）
　植調（p292/カ写）
　新分牧（No.1086/モ図）
　新牧日（No.3702/モ図）
　茶花上（p389/カ写）
　牧野ス1（No.975/カ図）
　野生2（p45/カ写）
　山カ野草（p694/カ写）
　山ハ野花（p170/カ写）

**ゴバンノアシ**　*Barringtonia asiatica*
サガリバナ科の高木。高さは15〜20m。花は白色。
葉は肉質。
¶原牧2（No.1049/カ図）
　新分牧（No.3091/モ図）
　新牧日（No.1919/モ図）
　牧野ス2（No.2894/カ図）
　野生4（p176/カ写）
　山レ増（p233/カ写）

**コバンノキ**　*Phyllanthus flexuosus*　小判の木
コミカンソウ科（ミカンソウ科、トウダイグサ科）の
落葉低木。日本固有種。
¶APG原樹（No.810/カ図）
　原牧2（No.281/カ図）
　固有（p82）
　新分牧（No.2444/モ図）
　新牧日（No.1449/モ図）
　茶花上（p390/カ写）
　牧野ス1（No.2126/カ図）
　野生3（p172/カ写）
　山カ樹木（p388/カ写）

**コバンバコナスビ**　⇒コバンコナスビを見よ

**コバンボダイジュ**　*Ficus deltoidea*
クワ科の木本。高さは2m。
¶APG原樹（No.681/カ図）

**コバンムグラ**　*Exallage chrysotricha*
アカネ科の草本。
¶新分牧（No.3331/モ図）
　新牧日（No.2389/モ図）
　野生4（p272/カ写）

**コバンモチ**　*Elaeocarpus japonicus*　小判緬
ホルトノキ科の常緑高木。ホルトノキより幅広く、
葉柄が長い。
¶APG原樹（No.787/カ図）
　原牧2（No.230/カ図）
　新分牧（No.2273/モ図）
　新牧日（No.1712/モ図）
　牧野ス1（No.2075/カ図）
　野生3（p144/カ写）
　山カ樹木（p471/カ写）

**コヒガンザクラ**　*Cerasus* × *subhirtella*　小彼岸桜
バラ科シモツケ亜科の落葉小高木。マメザクラ（ま
たはキンキマメザクラ）とエドヒガンの種間雑種。
別名ヒガンザクラ。栽培品種〈小彼岸〉'Kohigan'は
観賞用に栽培される落葉小高木で高さ5m。

¶APG原樹（No.412/カ図）
学フ増桜〔マメザクラ×エドヒガン〕（p49/カ写）
学フ増桜〔'小彼岸'〕（p110/カ写）
学フ増花庭（p51/カ写）
原牧1（No.1640/カ図）
新分牧（No.1841/モ図）
新牧日（No.1218/モ図）
茶花上〔ひがんざくら〕（p219/カ写）
牧野ス1（No.1640/カ図）
野生3（p64/カ写）
山力樹木（p290/カ写）

**コヒゲ** *Juncus decipiens* 'Utilis'
イグサ科の多年草。別名トウシンソウ。
¶原牧1（No.679/カ写）
新分牧（No.716/モ図）
新牧日（No.3569/モ図）
牧野ス1（No.679/カ写）

**コヒツジゴケ** *Brachythecium uyematsui*
アオギヌゴケ科のコケ植物。日本固有種。
¶固有（p218/カ写）

**コビトイヌワラビ** *Athyrium × pygmaei-silvae*
メシダ科のシダ植物。
¶シダ標2（p308/カ写）

**コビトホラシノブ** *Odontosoria minutula*
ホングウシダ科の常緑性シダ。日本固有種。葉身は長さ1〜2cm、卵形〜長卵形。
¶固有（p202/カ写）
シダ標1（p355/カ写）
山レ増（p677/カ写）

**コヒナガヤツリ** ⇒ヒナガヤツリを見よ

**コヒナリンドウ** *Gentiana laeviuscula* 小雛竜胆
リンドウ科の高山植物。日本固有種。
¶固有（p115）
野生4（p296/カ写）
山ハ高山（p309/カ写）
山レ増（p168/カ写）

**ゴビニシキ** *Rhododendron indicum* 'Gobinishiki' 護美錦
ツツジ科。サツキの品種。
¶APG原樹〔サツキ'ゴビニシキ'〕（No.1243/カ図）

**コーヒーノキ** *Coffea arabica* 珈琲の木
アカネ科の常緑低木。別名アラビアコーヒーノキ。高さは4.5m。花は白、後に黄色。
¶APG原樹（No.1355/カ図）
原牧2（No.1330/カ写）
新分牧（No.3376/モ図）
新牧日（No.2444/モ図）
牧野ス2（No.3175/カ図）
山力樹木（p681/カ写）

**コヒマワリ** *Helianthus × multiflorus*
キク科。北アメリカ原産のヒマワリとノヒマワリとの交配。花は黄色。
¶原牧2（No.2032/カ写）
牧野ス2（No.3877/カ図）

**コヒメビエ** ⇒ワセビエを見よ

**コヒルガオ** *Calystegia hederacea* 小昼顔
ヒルガオ科のつる性多年草。
¶色野草（p263/カ写）
学フ増野夏（p17/カ写）
原牧2（No.1438/カ図）
植調（p240/カ写）
新分牧（No.3452/モ図）
新牧日（No.2450/モ図）
茶花上（p520/カ写）
牧野ス2（No.3283/カ図）
野生5（p24/カ写）
山ハ野草（p243/カ写）
山ハ野花（p442/カ写）

**コヒロハシケシダ** *Deparia pseudoconilii* var. *subdeltoidofrons*
メシダ科（イワデンダ科）のシダ植物。日本固有種。
¶固有（p205）
シダ標2（p346/カ写）

**コヒロハハナヤスリ** *Ophioglossum petiolatum*
ハナヤスリ科の夏緑性シダ。別名フジハナヤスリ、ナガバハナヤスリ。葉身は長さ1〜6cm、長楕円形〜広卵形。
¶シダ標1（p288/カ写）
新分牧（No.4511/モ図）
新牧日〔ハナヤスリ〕（No.4401/モ図）

**コブアセタケ** *Inocybe nodulosospora*
アセタケ科のキノコ。
¶山力日き（p243/カ写）

**コフウセンカズラ** *Cardiospermum halicacabum* var. *microcarpum*
ムクロジ科の一年草〜多年草。
¶帰化写2（p410/カ写）

**コフウロ** *Geranium tripartitum* 小風露
フウロソウ科の多年草。高さは20〜50cm。
¶原牧2（No.409/カ図）
新分牧（No.2450/モ図）
新牧日（No.1414/モ図）
牧野ス2（No.2254/カ図）
野生3（p251/カ写）
山ハ山花（p301/カ写）

**コブガシ** *Machilus kobu* 榴樫
クスノキ科の常緑高木。日本固有種。
¶原牧1（No.146/カ写）
固有（p50）
新分牧（No.181/モ図）
新牧日（No.487/モ図）
牧野ス1（No.146/カ写）
野生1（p86/カ写）

**コブガタアリタケ** *Ophiocordyceps pulvinata*
オフィオコルディセプス科の冬虫夏草。宿主はムネアカオオアリなど、アリの成虫。
¶冬虫生態（p218/カ写）

**コフキサルノコシカケ** *Ganoderma applanatum*
タマチョレイタケ科（マンネンタケ科）のキノコ。大型。傘は灰白色〜灰褐色。
¶原きの（No.351/カ写・カ図）

コフクサク 326

新分牧（No.5143/モ図）
新牧日（No.4964/モ図）
山力日き〔コフキサルノコシカケ（広義）〕（p489/カ写）

**コブクザクラ** *Cerasus* 'Kobuku-zakura' 子福桜
バラ科の落葉高木。サクラの栽培品種。
¶学フ増桜〔'子福桜'〕（p94/カ写）

**コフクロタケ** *Volvariella subtaylori*
ウラベニガサ科のキノコ。
¶山力日き（p176/カ写）

**コフサミズゴケ** ⇒ホソバミズゴケを見よ

**コブシ** *Magnolia kobus* var.*kobus* 辛夷、拳、木筆
モクレン科の落葉高木。別名ヤマアララギ、コブシ
ハジカミ。樹高は20m。花は白色。樹皮は灰色。
¶**APG原樹**（No.131/カ図）
学フ増樹（p89/カ写・カ図）
学フ増花庭（p102/カ写）
学フ増薬草（p168/カ写）
原牧1（No.121/カ写）
新分牧（No.150/モ図）
新牧日（No.459/モ図）
図説樹木（p109/カ写）
茶花上（p268/カ写）
都木花新（p13/カ写）
牧野ス1（No.121/カ写）
野生1（p73/カ写）
山力樹木（p194/カ写）

**コフジウツギ** *Buddleja curviflora* 小藤空木
ゴマノハグサ科（フジウツギ科）の落葉低木。別名
ウラジロフジウツギ。
¶**APG原樹**（No.1410/カ図）
原牧2（No.1606/カ図）
新分牧（No.3636/モ図）
新牧日（No.2674/カ図）
牧野ス2（No.3451/カ写）
野生5（p92/カ写）

**コブシハジカミ** ⇒コブシを見よ

**コブシモドキ** *Magnolia pseudokobus*
モクレン科の落葉小高木。日本固有種。別名ハイコ
ブシ。
¶固有（p48）
野生1（p73/カ写）
山レ増（p411/カ写）

**コブゾゾ** *Chondrophycus undulatus*
フジマツモ科の海藻。膜質で、硬い。体は10cm。
¶新分牧（No.5086/モ図）
新牧日（No.4946/モ図）

**コフタゴゴケ** *Grimmia percarinata*
ギボウシゴケ科のコケ植物。日本固有種。
¶固有（p214）

**コフタバラン** *Neottia cordata* 小二葉蘭
ラン科の多年草。別名フタバラン。高さは10〜
20cm。
¶学フ増高山（p239/カ写）
原牧1（No.426/カ図）
新分牧（No.468/モ図）

新牧日（No.4300/モ図）
牧野ス1（No.426/カ写）
野生1（p215/カ写）
山力野草（p574/カ写）
山ハ高山（p40/カ写）

**コブナグサ** *Arthraxon hispidus* 小鮒草
イネ科キビ亜科の一年草。別名カリヤス、カイナグ
サ、カイナ（古名）、アシイ（古名）。高さは20〜
50cm。
¶学フ増野秋（p222/カ写）
桑イネ（p69/カ写・モ図）
原牧1（No.1060/カ図）
植調〔コブナクサ〕（p329/カ写）
新分牧（No.1146/モ図）
新牧日（No.3839/カ写）
牧野ス1（No.1060/カ写）
野生2（p78/カ写）
山力野草（p692/カ写）
山ハ野花（p223/カ写）

**コブニレ**(1) *Ulmus davidiana* f.*suberosa*
ニレ科。ハルニレのうち、枝にコルク質の翼ないし
隆起の発達したもの。
¶落葉図譜（p94/モ図）

**コブニレ**(2) ⇒ハルニレを見よ

**コフネヤシ** ⇒クモイヤシを見よ

**コブノキ** ⇒シマホルトノキを見よ

**コブミノコガサタケ** *Conocybe nodulosospora*
オキナタケ科のキノコ。小型〜中型。傘は黄土褐
色。ひだは黄土褐色。
¶山力日き（p219/カ写）

**コブラン** *Ophioglossum pendulum* 昆布蘭
ハナヤスリ科の常緑性シダ。葉身は長さ30〜80cm、
帯状。
¶シダ標1（p289/カ写）
新分牧（No.4513/モ図）
新牧日（No.4403/モ図）
山レ増（p690/カ写）

**コブリビロードツエタケ** *Xerula sinopudens*
タマバリタケ科のキノコ。傘は灰褐色、さび色の細
毛を密生。
¶山力日き（p118/カ写）

**コベニヤマタケ** *Hygrocybe imazekii*
ヌメリガサ科のキノコ。
¶山力日き（p44/カ写）

**コヘラナレン** *Crepidiastrum grandicollum*
キク科キクニガナ亜科の多年草。日本固有種。別名
アシブトワダン。
¶原牧2（No.2283/カ写）
固有（p141/カ写）
新分牧（No.4034/モ図）
新牧日（No.3309/モ図）
牧野ス2（No.4128/カ図）
野生5（p275/カ写）
山レ増（p15/カ写）

**コベンケイソウ** ⇒ベンケイソウを見よ

**コヘンルウダ** *Ruta chalepensis* var.*bracteosa* 小ヘンルウダ
ミカン科の多年草。別名コヘンルーダ。高さは30cmくらい。花は薄黄色。
¶原牧2（No.572/カ図）
　新分牧（No.2619/モ図）
　新牧日（No.1509/モ図）
　牧野ス2（No.2417/カ図）

**コヘンルーダ** ⇒コヘンルウダを見よ

**ゴボウ** *Arctium lappa* 牛蒡
キク科の根菜類。高さは3m。花は紫紅色。
¶原牧2（No.2160/カ図）
　新分牧（No.3988/モ図）
　新牧日（No.3192/モ図）
　牧野ス2（No.4005/カ図）

**ゴボウアザミ** ⇒モリアザミを見よ

**コホウオウゴケモドキ** *Fissidens pseudoadelphinus*
ホウオウゴケ科のコケ植物。日本固有種。
¶固有（p211）

**コホクショウヤバイ** *Prunus mume* 'Kohokushō-yabai' 湖北省野梅
バラ科。ウメの品種。野梅類型ウメ。
¶ウメ〔湖北省野梅〕（p10/カ写）

**コボケ** ⇒クサボケを見よ

**コホタルイ** *Schoenoplectiella komarovii*
カヤツリグサ科の多年草。別名マンシュウホタルイ。
¶カヤツリ（p676/モ写）
　野生1（p356/カ写）

**コボタンヅル** *Clematis apiifolia* var.*biternata*
キンポウゲ科の多年草。日本固有種。別名メボタンヅル。
¶原牧1（No.1298/カ図）
　固有（p55）
　新分牧（No.1459/モ図）
　新牧日（No.620/モ図）
　牧野ス1（No.1298/カ図）
　野生2（p145）

**ゴマ** *Sesamum orientale* 胡麻
ゴマ科の草本。高さは1m。花は白、桃、紫色など。
¶原牧2（No.1614/カ図）
　新分牧（No.3653/モ図）
　新牧日（No.2788/モ図）
　茶花下（p91/カ写）
　牧野ス2（No.3459/カ図）

**ゴマイザサ** ⇒オカメザサを見よ

**コマイワヤナギ** *Salix rupifraga* 駒岩柳
ヤナギ科の落葉低木。日本固有種。
¶固有（p41）
　野生3（p201/カ写）
　山レ増（p455/カ写）

**コマウスユキソウ** *Leontopodium shinanense* 駒薄雪草
キク科キク亜科の多年草。日本固有種。別名ヒメウスユキソウ。高さは4〜7cm。
¶学フ増高山（p204/カ写）
　固有〔ヒメウスユキソウ〕（p141/カ写）
　野生5（p348/カ写）
　山ノ野草〔ヒメウスユキソウ〕（p11/カ写）
　山ハ高山〔ヒメウスユキソウ〕（p376/カ写）
　山レ増〔ヒメウスユキソウ〕（p48/カ写）

**コマガタケスグリ** *Ribes japonicum* 駒ヶ岳酸塊，駒ヶ岳須具利
スグリ科（ユキノシタ科）の落葉低木。日本固有種。高さは2m。
¶APG原樹（No.340/カ図）
　学フ増高山（p97/カ写）
　原牧1（No.1358/カ図）
　固有（p73/カ写）
　新分牧（No.1529/モ図）
　新牧日（No.1011/モ図）
　牧野ス1（No.1358/カ図）
　ミニ山（p118/カ写）
　野生2（p193/カ写）
　山ノ樹木（p232/カ写）

**ゴマキ** *Viburnum sieboldii* var.*sieboldii* 胡麻木
ガマズミ科〔レンプクソウ科〕（スイカズラ科）の落葉低木。日本固有種。
¶APG原樹（No.1471/カ図）
　原牧2〔ゴマギ〕（No.2293/カ図）
　固有〔ゴマギ〕（p133/カ写）
　新分牧〔ゴマギ〕（No.4323/モ図）
　新牧日〔ゴマギ〕（No.2831/モ図）
　茶花上〔ごまぎ〕（p269/カ写）
　牧野ス2〔ゴマギ〕（No.4138/カ図）
　野生5（p406/カ写）
　山ノ樹木〔ゴマギ〕（p707/カ写）
　落葉図譜〔ゴマギ〕（p311/モ図）

**ゴマギク** *Parthenium hysterophorus*
キク科の一年草または二年草。別名アメリカブクリョウサイ、ニセブタクサ。
¶帰化写2（p282/カ写）

**コマクサ** *Dicentra peregrina* 駒草
ケシ科の多年草。別名カラフトコマクサ。高さは5〜10cm。花は紅色。
¶学フ増高山（p22/カ写）
　学フ有毒（p47/カ写）
　原牧1（No.1140/カ図）
　山野草（No.0432/カ写）
　新分牧（No.1297/モ図）
　新牧日（p783/モ図）
　茶花下（p92/カ写）
　牧野ス1（No.1140/カ図）
　ミニ山（p82/カ写）
　野生2（p107/カ写）
　山ノ野草（p456/カ写）
　山ハ高山（p121/カ写）

**ゴマクサ** *Centranthera cochinchinensis* var.*lutea* 胡麻草
ハマウツボ科（ゴマノハグサ科）の一年草。高さは10〜60cm。
¶原牧2（No.1761/カ図）
　新分牧（No.3847/モ図）
　新牧日（No.2743/モ図）
　茶花下（p211/カ写）
　牧野ス2（No.3606/カ図）
　野生5（p151/カ写）
　山カ野草（p176/カ写）
　山ハ野花（p473/カ写）
　山レ増（p103/カ写）

**ゴマシオホシクサ** *Eriocaulon nepalense*
ホシクサ科の草本。
¶野生1（p282/カ写）
　山レ増（p562/カ写）

**ゴマダケ** *Phyllostachys nigra* f.*punctata* 胡麻竹
イネ科のタケ。
¶タケササ（p52/カ写）

**ゴマダラクサリゴケ** *Stictolejeunea iwatsukii*
クサリゴケ科のコケ。日本固有種。褐色、茎は長さ1〜1.5cm。
¶固有（p224）

**ゴマダラヤスデゴケ** *Frullania pseudoalstonii*
ヤスデゴケ科のコケ植物。日本固有種。
¶固有（p223）

**コマチイワヒトデ** *Leptochilus elegans*
ウラボシ科のシダ植物。
¶シダ標2（p459/カ写）

**コマチグサ** ⇒ムシトリナデシコを見よ

**コマチゴケ** *Haplomitrium mnioides*
コマチゴケ科のコケ。緑色、長さ約2cm。
¶新分牧（No.4900/モ図）
　新牧日（No.4760/モ図）

**コマチダケ** *Bambusa multiplex* f.*solida*
イネ科のタケ。
¶タケササ（p178/カ写）

**コマチユリ** *Arthropodium candidum* 小町百合
ユリ科の草本。高さは10〜20cm。
¶山野草（No.1559/カ写）

**コマツカササスキ** *Scirpus fuirenoides* 小松毬薄
カヤツリグサ科の多年草。日本固有種。別名タマススキ。高さは60〜120cm。
¶カヤツリ（p662/モ図）
　原牧1（No.740/カ図）
　固有（p180/カ写）
　新分牧（No.770/モ図）
　新牧日（No.4001/モ図）
　牧野ス1（No.740/カ写）
　野生1（p359/カ写）
　山ハ野花（p109/カ写）
　山ハ山花（p183/カ写）

**コマツナ** *Brassica rapa* var.*perviridis* 小松菜
アブラナ科の一年草。別名ウグイスナ，フユナ。
¶原牧2（No.697/カ図）
　牧野ス2（No.2542/カ図）

**コマツナギ** *Indigofera bungeana* 駒繋
マメ科マメ亜科の草本状小低木。別名クサハギ，コマトドメ，ウマツナギ。高さは60〜90cm。
¶色野草（p302/カ写）
　APG原樹（No.359/カ図）
　学フ増野夏（p23/カ写）
　原牧1（No.1505/カ図）
　山野草（No.0639/カ写）
　植調（p267/カ写）
　新分牧（No.1659/モ図）
　新牧日（No.1292/モ図）
　茶花下（p92/カ写）
　牧野ス1（No.1505/カ図）
　ミニ山（p156/カ写）
　野生2（p274/カ写）
　山力樹木（p365/カ写）
　山力野草（p386/カ写）
　山ハ野花（p360/カ写）

**コマツヨイグサ** *Oenothera laciniata* 小待宵草
アカバナ科の一年草または多年草。別名ヨイマチグサ。高さは20〜60cm。花は黄〜淡い黄色。
¶色野草（p164/カ写）
　学フ増野夏（p118/カ写）
　帰化写改（p210/カ写, p503/カ写）
　原牧2（No.476/カ図）
　植調（p84/カ写）
　新分牧（No.2515/モ図）
　新牧日（No.1961/モ図）
　牧野ス2（No.2321/カ図）
　ミニ山（p209/カ写）
　野生3（p269/カ写）
　山力野草（p329/カ写）

**コマトドメ** ⇒コマツナギを見よ

**ゴマナ** *Aster glehnii* var.*hondoensis* 胡麻菜
キク科キク亜科の多年草。日本固有種。別名ヤマクキタチ，サワクキタチ，ノクキタチ。高さは100〜150cm。
¶学フ増山菜（p116/カ写）
　学フ増野秋（p156/カ写）
　固有（p146）
　山野草（p1258/カ写）
　茶花下（p308/カ写）
　山力野草（p45/カ写）
　山ハ山花（p512/カ写）

**ゴマナ（広義）** *Aster glehnii* 胡麻菜
キク科キク亜科の多年草。日本固有種。
¶原牧2〔ゴマナ〕（No.1940/カ図）
　新分牧〔ゴマナ〕（No.4179/モ図）
　新牧日〔ゴマナ〕（No.2979/カ図）
　牧野ス2〔ゴマナ〕（No.3785/カ図）
　野生5〔ゴマナ〕（p320/カ写）

**コマノアシガタ** ⇒ウマノアシガタを見よ

コマノツメ(1) ⇒ニョイスミレを見よ
コマノツメ(2) ⇒メノマンネングサを見よ
ゴマノハグサ　Scrophularia buergeriana　胡麻葉草
　ゴマノハグサ科の多年草。高さは80〜150cm。
　¶原牧2 (No.1603/カ図)
　　新分牧 (No.3642/モ図)
　　新牧日 (No.2683/モ図)
　　牧野ス2 (No.3448/カ図)
　　野生5 (p94/カ写)
　　山力野草 (p170/カ写)
　　山ハ山花 (p412/カ写)
　　山レ増 (p103/カ写)
コマノヒザ　⇒イノコヅチを見よ
ゴマフガヤツリ　Cyperus sphacelatus
　カヤツリグサ科の一年草。高さは10〜30cm。
　¶帰化写2 (p374/カ写)
コマメグンバイナズナ　Lepidium densiflorum
　アブラナ科の草本。角果は広倒卵形または倒卵円形。
　¶野生4 (p66)
コマヤマハッカ　Isodon umbrosus var.komaensis
　シソ科シソ亜科〔イヌハッカ亜科〕。日本固有種。
　¶固有 (p123)
　　野生5 (p142)
コマユミ　Euonymus alatus var.alatus f.striatus　小真弓
　ニシキギ科の落葉低木。別名ヤマニシキギ。
　¶APG原樹 (No.767/カ図)
　　学フ有毒 (p56/カ写)
　　原牧2 (No.199/カ写)
　　新分牧 (No.2252/モ図)
　　新牧日 (No.1650/モ図)
　　牧野ス1 (No.2044/カ写)
　　ミニ山 (p175/カ写)
　　落葉図譜 (p203/モ図)
コマユリ　Lilium amabile
　ユリ科の多肉植物。高さは60〜100cm。花は朱赤色。
　¶山野草 (No.1482/カ写)
コマンネングサ　⇒ヒメレンゲを見よ
コマンネンソウ　⇒ヒメレンゲを見よ
コミカン　⇒キシュウミカンを見よ
コミカンソウ　Phyllanthus lepidocarpus　小蜜柑草
　コミカンソウ科（ミカンソウ科,トウダイグサ科）の一年草。別名キツネノチャブクロ。キダチミカンソウに似る。高さは10〜30cm。
　¶色野草 (p186/カ写)
　　原牧2 (No.276/カ図)
　　植調 (p268/カ写)
　　新分牧 (No.2439/モ図)
　　新牧日 (No.1444/モ図)
　　牧野ス1 (No.2121/カ写)
　　野生3 (p173/カ写)
　　山力野草 (p367/カ写)

山ハ野花 (p343/カ写)
コミゾソバ　Persicaria mikawana
　タデ科の一年草。葉は狭卵状ほこ形。
　¶野生4 (p93)
コミダケシダ　Ctenitis iriomotensis
　オシダ科の常緑性シダ。日本固有種。葉身の長さは15cm。
　¶固有 (p208)
　　シダ標2 (p405/カ写)
　　山レ増 (p657/カ写)
コミダレ　Hibiscus syriacus 'Komidare'　小乱
　アオイ科。ムクゲの品種。八重咲き乱咲き型。
　¶茶花下 (p34/カ写)
コミネカエデ　Acer micranthum　小峰楓
　ムクロジ科（カエデ科）の落葉高木。日本固有種。
　¶APG原樹 (No.924/カ写)
　　原牧2 (No.533/カ図)
　　固有 (p86)
　　新分牧 (No.2584/カ図)
　　新牧日 (No.1575/モ図)
　　牧野ス2 (No.2378/カ図)
　　野生3 (p292/カ写・モ図)
　　山力樹木 (p446/カ写)
コミノカワタケ　Peniophora manshurica
　カワタケ科のキノコ。周縁部は白〜淡肉色。
　¶山日きき (p419/カ写)
コミノクロツグ　⇒クロツグを見よ
コミノヒメウツギ　Deutzia hatusimae
　アジサイ科（ユキノシタ科）の落葉低木。日本固有種。
　¶固有 (p75)
　　野生4 (p162/カ写)
　　山レ増 (p324/カ写)
コミヤマカタバミ　Oxalis acetosella var.acetosella　小深山酢漿草
　カタバミ科の多年草。高さは5〜15cm。
　¶学フ増高山 (p171/カ写)
　　原牧2 (No.221/カ図)
　　新分牧 (No.2264/モ図)
　　新牧日 (No.1407/モ図)
　　牧野ス1 (No.2066/カ写)
　　ミニ山 (p161/カ写)
　　野生3 (p142/カ写)
　　山力野草 (p369/カ写)
　　山ハ高山 (p195/カ写)
　　山ハ山花 (p331/カ写)
コミヤマカンスゲ　Carex multifolia var.toriiana　小深山寒菅
　カヤツリグサ科の多年草。日本固有種。
　¶カヤツリ (p308/モ図)
　　固有 (p184)
　　スゲ増 (p157/カ写)
　　野生1 (p318)
コミヤマスミレ　Viola maximowicziana　小深山菫
　スミレ科の多年草。日本固有種。高さは5〜10cm。

コミヤマヌ 330

花は白色。
¶学フ増野春（p161/カ写）
原牧2（No.362/カ図）
固有（p93）
新分牧（No.2347/モ図）
新牧日（No.1835/モ図）
牧野S1（No.2207/カ図）
野生3（p220/カ写）
山ハ山花（p314/カ写）

コミヤマヌカボ　Agrostis mertensii　小深山糠穂
イネ科イチゴツナギ亜科の多年草。
¶桑イネ（p45/モ図）
野生2（p41/カ写）

コミヤマハンショウヅル　Clematis alpina var.
fauriei　小深山半鐘蔓
キンポウゲ科の落葉低木。
¶山野草（No.0115/カ写）
山ハ高山（p99/カ写）

コミヤマミズ　Pilea notata　小深山みず
イラクサ科の多年草。葉は淡い緑色。
¶原牧2（No.78/カ図）
新分牧（No.2132/モ図）
新牧日（No.205/モ図）
牧野S1（No.1923/カ図）
野生2（p350/カ写）

ゴム　⇒パラゴムノキを見よ

ゴムカズラ　Urceola micrantha
キョウチクトウ科の木本。
¶野生4（p315/カ写）
山レ増（p165/カ写）

コムギ　Triticum aestivum　小麦
イネ科の草本、作物。
¶桑イネ（p477/カ写・モ図）
原牧1（No.953/カ図）
新分牧（No.1071/モ図）
新牧日（No.3671/モ図）
牧野S1（No.953/カ図）
山ハ野花〔コムギの仲間〕（p189/カ写）

コムギセンノウ　Silene coeli-rosa　小麦仙翁
ナデシコ科の一年草。別名ウメナデシコ、ビスカリ
ア（園芸名）。高さは30〜80cm。花色はふつう桃
赤色。
¶茶花上（p390/カ写）

コムギダマシ　Agropyron intermedium
イネ科の多年草。高さは60〜100cm。
¶桑イネ（p37/モ図）

コムソウタケ　⇒キヌガサタケを見よ

コムソウバナ　⇒オドリコソウを見よ

ゴムタケ　Bulgaria inquinans
ゴムタケ科のキノコ。こま形〜椀形、上面は暗黒褐
色、側面は褐色。
¶原きの（No.513/カ写・カ図）
山力日き（p550/カ写）

ゴムタケモドキ　⇒ニカワチャワンタケを見よ

コムラサキ　Callicarpa dichotoma　小紫
シソ科（クマツヅラ科）の落葉低木。別名コシキブ、
コムラサキシキブ、ムラサキシキブ。高さは1.2〜
2m。花は淡紫紅色。
¶APG原樹（No.1416/カ図）
学フ増花庭（p162/カ写）
原牧2〔コムラサキシキブ〕（No.1731/カ図）
新分牧〔コムラサキシキブ〕（No.3693/モ図）
新牧日〔コムラサキシキブ〕（No.2507/モ図）
茶花下（p93/カ写）
都木花新（p205/カ写）
牧野S2〔コムラサキシキブ〕（No.3576/カ図）
野生5（p105/カ写）
山力樹木（p659/カ写）

コムラサキイッポンシメジ　Entoloma violaceum
イッポンシメジ科のキノコ。
¶原きの（No.100/カ写・カ図）
山力日き（p281/カ写）

コムラサキシキブ　⇒コムラサキを見よ

コムラサキシメジ　Lepista sordida
キシメジ科のキノコ。小型〜中型。傘は平滑。
¶山力日き（p69/カ写）

コメガヤ　Melica nutans　米茅、米萱
イネ科イチゴツナギ亜科の多年草。別名スズメノコ
メ。高さは25〜60cm。
¶桑イネ（p311/カ写・モ図）
原牧1（No.938/カ図）
新分牧（No.1050/モ図）
新牧日（No.3705/モ図）
茶花上（p391/カ写）
牧野S1（No.938/カ図）
野生2（p57/カ写）
山力野草（p675/カ写）
山ハ山花（p196/カ写）

コメゴメ　⇒ムラサキシキブ(1)を見よ

ゴメゴメジン　⇒イソヤマアオキを見よ

コメススキ　Avenella flexuosa　米薄
イネ科イチゴツナギ亜科の多年草。別名エゾヌカス
スキ。高さは25〜60cm。
¶桑イネ（p174/カ写・モ図）
原牧1（No.994/カ図）
新分牧（No.1109/モ図）
新牧日（No.3714/モ図）
牧野S1（No.994/カ図）
野生2（p44/カ写）
山力野草（p670/カ写）
山ハ高山（p72/カ写）

コメツガ　Tsuga diversifolia　米栂
マツ科の常緑高木。日本固有種。高さは25m。
¶APG原樹（No.40/カ図）
学フ増高山（p223/カ写）
原牧1（No.10/カ写）
固有（p194/カ写）
新分牧（No.11/モ図）
新牧日（No.22/モ図）

牧野ス1（No.11/カ図）
野生1（p33/カ写）
山カ樹木（p35/カ写）
山ハ高山（p450/カ写）

**コメツキタンポタケ** Ophiocordyceps gracilioides f.
オフィオコルディセプス科の冬虫夏草。ウスイロタンポタケの種内変異。
¶冬虫生態（p149/カ写）

**コメツキムシタケ** Ophiocordyceps agriotidis
オフィオコルディセプス科の冬虫夏草。宿主はコメツキムシ科の幼虫。
¶冬虫生態（p188/カ写）

**コメツキヤドリシロツブタケ** Torrubiella sp.
ノムシタケ科の冬虫夏草。コメツキムシタケに重複寄生する。
¶冬虫生態（p188/カ写）

**コメツツジ** Rhododendron tschonoskii subsp. tschonoskii var.tschonoskii 米躑躅
ツツジ科ツツジ亜科の落葉低木。花は白色。
¶APG原樹（No.1259/カ図）
学フ増高山（p191/カ写）
学フ増樹（p208/カ写・カ図）
原牧2（No.1174/カ図）
山野草（No.0782/カ写）
新分牧（No.3244/モ図）
新牧日（No.2120/カ写）
茶花下（p93/カ写）
牧野ス2（No.3019/カ図）
野生4（p240/カ写）
山カ樹木（p564/カ写）
山ハ高山（p280/カ写）

**コメツブウマゴヤシ** Medicago lupulina 米粒馬肥
マメ科マメ亜科の一年草〜越年草。別名コメツブマゴヤシ。長さは10〜60cm。花は黄色。
¶学フ増野春（p104/カ写）
帰化写改（p135/カ写, p497/カ写）
原牧1（No.1501/カ図）
植調（p260/カ写）
新分牧（No.1763/モ図）
新牧日（No.1288/モ図）
牧野ス1（No.1501/カ図）
野生2（p283/カ写）
山カ野草（p396/カ写）
山ハ野花（p357/カ写）

**コメツブツメクサ** Trifolium dubium 米粒詰草
マメ科マメ亜科の一年草。別名キバナツメクサ、コゴメツメクサ。高さは20〜40cm。花は淡黄〜黄色。
¶色野草（p143/カ写）
帰化写改（p145/カ写, p498/カ写）
植調（p259/カ写）
野生2（p297/カ写）
山カ野草（p394/カ写）
山ハ野花（p354/カ写）

**コメツブマゴヤシ** ⇒コメツブウマゴヤシを見よ

**コメツブヤエムグラ** Galium divaricatum
アカネ科の一年草。別名ヒメヤエムグラ。高さは5〜30cm。花は橙黄色。
¶帰化写2（p175/カ写）

**コメナモミ** Sigesbeckia glabrescens 小豨薟
キク科キク亜科の一年草。高さは35〜100cm。
¶色野草（p192/カ写）
原牧2（No.2021/カ写）
植調（p166/カ写）
新分牧（No.4303/モ図）
新牧日（No.3060/モ図）
牧野ス2（No.3866/カ図）
野生5（p364/カ写）
山カ野草（p83/カ写）
山ハ野花（p570/カ写）

**コメノリ** Polyopes prolifer
ムカデノリ科の海藻。基部楔形。体は7cm。
¶新分牧（No.5051/モ図）
新牧日（No.4911/モ図）

**コメバツガザクラ** Arcterica nana 米葉栂桜
ツツジ科スノキ亜科の常緑小低木。別名ハマザクラ。高さは5〜15cm。
¶学フ増高山（p185/カ写）
原牧2（No.1239/カ図）
山野草（No.0815/カ写）
新分牧（No.3287/モ図）
新牧日（No.2183/モ図）
牧野ス2（No.3084/カ図）
野生4（p253/カ写）
山カ樹木（p584/カ写）
山カ野草（p284/カ写）
山ハ高山（p275/カ写）

**コメバミソハギ** Lythrum hyssopifolia
ミソハギ科の一年草。高さは20〜40cm。花は紫紅色。
¶帰化写改（p205/カ写）

**コメハリタケ** Mucronella calva
シロソウメンタケ科のキノコ。
¶原きの（p.435/カ写・カ図）

**コメヒシバ** Digitaria radicosa 小雌日芝
イネ科キビ亜科の一年草。高さは25〜40cm。
¶桑イネ（p184/カ写・モ図）
原牧1（No.1039/カ写）
植調（p297/カ写）
新分牧（No.1208/モ図）
新牧日（No.3805/モ図）
牧野ス1（No.1039/カ図）
野生2（p82/カ写）
山ハ野花（p205/カ写）

**コメヤナギ** ⇒コゴメヤナギ[1]を見よ

**コメユリ** ⇒クルマユリを見よ

**コモウセンゴケ** Drosera spathulata 小毛氈苔
モウセンゴケ科の多年生食虫植物。モウセンゴケより全体に小さい。高さは5〜15cm。花は白〜赤色。
¶学フ増野夏（p66/カ写）
原牧2（No.858/カ図）
新分牧（No.2898/モ図）

コモシユ

新牧日（No.766/モ図）
牧野ス2（No.2703/カ図）
ミニ山（p78/カ写）
野生4（p106/カ写）
山ハ野花（p250/カ写）

**ゴモジュ** *Viburnum suspensum* 五毛樹
ガマズミ科〔レンプクソウ科〕（スイカズラ科）の低木または小高木。日本固有種。別名コウルメ，タイトウガマズミ。高さは1.5〜3m。
¶原牧2（No.2301/カ図）
固有（p133/カ写）
新分牧（No.4322/モ図）
新牧日（No.2839/モ図）
茶花上（p207/カ写）
牧野ス2（No.4146/カ写）
野生5（p407/カ写）
山力樹木（p714/カ写）

**コモチイトゴケ** *Pylaisiadelpha tenuirostris* 子持糸苔
コモチイトゴケ科（ハシボソゴケ科）のコケ。茎は長さ5mm前後。枝葉は披針形。
¶新分牧（No.4892/モ図）
新牧日（No.4753/モ図）

**コモチイヌワラビ** *Athyrium strigillosum* 子持犬蕨
メシダ科の夏緑性シダ。葉身は長さ25〜42cm，披針形。
¶シダ標2（p301/カ写）

**コモチイノデ** *Polystichum anomalum* 子持猪の手
オシダ科の常緑性シダ。別名アリサンイノデ。葉身は長さ35〜50cm，狭卵状長楕円形。
¶シダ標2（p409/カ写）
山レ増（p657/カ写）

**コモチイバラ** ⇒ノイバラを見よ

**コモチカンラン** ⇒メキャベツを見よ

**コモチコウガイゼキショウ** ⇒ハリコウガイゼキショウを見よ

**コモチシダ** *Woodwardia orientalis* 子持羊歯
シシガシラ科の常緑性シダ。葉身は長さ30〜200cm，広卵形。
¶シダ標1（p460/カ写）
新分牧（No.4675/モ図）
新牧日（No.4619/モ図）

**コモチシモフリゴケ** *Racomitrium vulcanicola* 子持霜降苔
ギボウシゴケ科のコケ植物。日本固有種。
¶固有（p214）

**コモチゼキショウ** ⇒ハリコウガイゼキショウを見よ

**コモチタマナ** ⇒メキャベツを見よ

**コモチトラノオ**(1) ⇒ムカゴトラノオを見よ

**コモチトラノオ**(2) ⇒ヤエヤマトラノオを見よ

**コモチナデシコ** *Petrorhagia prolifera* 子持撫子
ナデシコ科の越年草。高さは10〜50cm。花は紅紫色。

¶帰化写改（p36/カ写）

**コモチナナバケシダ** *Tectaria fauriei*
ナナバケシダ科の常緑性シダ。葉身は長さ45cm，単葉〜単羽状，単羽状の場合長楕円形〜卵形。
¶シダ標2（p443/カ写）

**コモチネジレゴケ** *Tortula pagorum*
センボンゴケ科の蘚類。茎は長さ5mm以下，弱い中心束がある。
¶帰化写2（p389/カ写）

**コモチヘツカシダ** ⇒オオヘツカシダを見よ

**コモチマンネングサ** *Sedum bulbiferum* 子持万年草
ベンケイソウ科の越年草。高さは7〜20cm。
¶学フ増野春（p109/カ写）
原牧1（No.1412/カ図）
植調（p272/カ写）
新分牧（No.1607/モ図）
新牧日（No.918/モ図）
牧野ス1（No.1412/カ図）
ミニ山（p96/カ写）
野生2（p226/カ写）
山力野草（p435/カ写）
山ハ野花（p300/カ写）

**コモチミドリゼニゴケ** *Aneura gemmifera*
スジゴケ科のコケ植物。日本固有種。
¶固有（p225/カ写）

**コモチミミコウモリ** *Parasenecio kamtschaticus* var.*bulbifer*
キク科キク亜科の草本。日本固有種。
¶固有（p144）
野生5（p304/カ写）
山レ増（p35/カ写）

**コモチヤエヤマトラノオ** ⇒ヤエヤマトラノオを見よ

**コモチレンゲ** *Orostachys malacophylla* var.*boehmeri* 子持蓮華
ベンケイソウ科の草本。日本固有種。別名レブンイワレンゲ。
¶原牧1（No.1427/カ図）
固有（p68）
新分牧（No.1579/モ図）
新牧日（No.933/モ図）
牧野ス1（No.1427/カ図）
野生2（p221/カ写）

**コモノギク** *Aster komonoensis* 菰野菊
キク科キク亜科の草本。日本固有種。別名タマギク。
¶原牧2（No.1936/カ図）
固有（p145）
新分牧（No.4172/モ図）
新牧日（No.2975/モ図）
茶花下（p94/カ写）
牧野ス2（No.3781/カ図）
野生5（p316/カ写）
山ハ山花（p509/カ写）

**コモミジ** *Camellia japonica* 'Komomiji'　小紅葉
ツバキ科。ツバキの品種。花は絞りが入る。
¶茶花上（p160/カ写）

**コモロコシガヤ** *Sorghum nitidum* var.*nitidum*　小唐茅
イネ科の多年草。高さは90〜120cm。
¶新分牧（No.1164/モ図）
　新牧日（No.3841/モ図）

**コモンカラクサ** ⇒ルリカラクサを見よ

**コモングサ** *Dictyopteris pacifica*
アミジグサ科の海藻。叉状に分岐。体は30cm。
¶新分牧（No.4971/モ図）
　新牧日（No.4831/モ図）

**コモンセージ** ⇒セージを見よ

**コモン・バイオレット** ⇒ニオイスミレを見よ

**ゴーヤ** ⇒ツルレイシを見よ

**ゴヤ** ⇒クログワイを見よ

**コヤクシマショウマ** *Astilbe glaberrima* var.*saxatilis*
ユキノシタ科。日本固有種。
¶固有（p69/カ写）

**コヤシタヌキマメ** *Crotalaria juncea*
マメ科の一年草。別名サンヘンプ, クロタラリア。高さは1〜2.5m。花は鮮黄色。軟毛, 葉は褐毛。
¶帰化写2（p401/カ写）

**コヤスグサ** ⇒イチハツを見よ

**コヤスノキ** *Pittosporum illicioides*　子安の木
トベラ科の常緑低木。別名ヒメシキミ。
¶APG原樹（No.1509/カ図）
　原牧2（No.2362/カ図）
　新分牧（No.4395/モ図）
　新牧日（No.1022/モ図）
　牧野ス2（No.4207/カ図）
　野生5（p370/カ写）
　山カ樹木（p234/カ写）

**コヤブタバコ** *Carpesium cernuum*　小藪煙草
キク科キク亜科の多年草。別名ガンクビソウ。高さは50〜100cm。
¶学フ増野秋（p202/カ写）
　原牧2（No.2000/カ図）
　新分牧（No.4258/モ図）
　新牧日（No.3037/モ図）
　牧野ス2（No.3845/カ図）
　野生5（p352/カ写）
　山ハ野花（p561/カ写）

**コヤブデマリ** *Viburnum plicatum* var.*parvifolium*
ガマズミ科〔レンプクソウ科〕（スイカズラ科）。日本固有種。
¶固有（p133）
　野生5（p409）

**コヤブニッケイ** *Cinnamomum pseudopedunculatum*
クスノキ科の木本。日本固有種。別名オガサワラヤブニッケイ。
¶固有〔オガサワラヤブニッケイ〕（p50）
　野生1（p80/カ写）

**コヤブミョウガ** *Pollia miranda*
ツユクサ科の草本。高さは7.5〜40cm。
¶野生1（p267/カ写）

**コヤブラン** *Liriope spicata*　小藪蘭
キジカクシ科〔クサスギカズラ科〕（ユリ科）の多年草。別名リュウキュウヤブラン。花は淡紫色。
¶原牧1〔リュウキュウヤブラン〕（No.591/カ図）
　新分牧〔リュウキュウヤブラン〕（No.616/モ図）
　新牧日〔リュウキュウヤブラン〕（No.3485/モ図）
　牧野ス1〔リュウキュウヤブラン〕（No.591/カ図）
　野生1（p254/カ写）

**コヤブレガサ** ⇒ホソバヤブレガサを見よ

**ゴヨウアケビ** *Akebia × pentaphylla*　五葉木通
アケビ科のつる性落葉木。葉縁に波状の鋸歯をもつ。
¶APG原樹（No.249/カ図）
　原牧1（No.1156/カ図）
　新分牧（No.1313/モ図）
　新牧日（No.653/モ図）
　牧野ス1（No.1156/カ図）
　山カ樹木（p184/カ写）

**ゴヨウイグチ** *Suillus placidus*
ヌメリイグチ科（イグチ科）のキノコ。
¶学フ増毒き（p173/カ写）
　原きの（No.325/カ写・カ図）

**ゴヨウイチゴ** *Rubus ikenoensis*　五葉苺
バラ科バラ亜科の多年草。別名トゲゴヨウイチゴ。
¶APG原樹（No.572/カ図）
　学フ増高山（p165/カ写）
　原牧1（No.1781/カ図）
　新分牧（No.1950/モ図）
　新牧日（No.1107/モ図）
　牧野ス1（No.1781/カ図）
　野生3（p47/カ写）
　山カ樹木（p267/カ写）
　山ハ高山（p214/カ写）
　山ハ山花（p336/カ写）

**ゴヨウザンヨウラク** *Rhododendron goyozanense*
ツツジ科ツツジ亜科の木本。日本固有種。
¶固有（p109/カ写）
　野生4（p240/カ写）

**ゴヨウツツジ** ⇒シロヤシオを見よ

**ゴヨウマツ** *Pinus parviflora* var.*parviflora*　五葉松
マツ科の木本。別名ヒメコマツ, マルミゴヨウ。高さは20〜30m。樹皮は灰色。
¶APG原樹〔ヒメコマツ〕（No.17/カ図）
　学フ増樹（p31/カ写）
　学フ増花庭〔ヒメコマツ〕（p138/カ写）
　原牧1〔ヒメコマツ〕（No.27/カ図）
　新分牧（No.35/モ図）
　新牧日（No.39/モ図）
　牧野ス1〔ヒメコマツ〕（No.28/カ図）
　野生1（p32/カ写・モ図（p28））
　山カ樹木（p14/カ写）

コヨウラク                                    334

**コヨウラクツツジ**　*Rhododendron pentandrum*　小瓔
珞躑躅
　ツツジ科ツツジ亜科の落葉低木。高さは1〜3m。花
は黄白色。
　¶**APG原樹**（No.1210/カ図）
　　原牧2（No.1217/カ図）
　　新分牧（No.3238/モ図）
　　新牧日（No.2162/モ図）
　　茶花上（p391/カ写）
　　牧野ス2（No.3062/カ図）
　　野生4（p240/カ写）
　　山力樹木（p580/カ写）

**コヨメナ**　*Aster indicus*
　キク科キク亜科の草本。別名インドヨメナ。
　¶野生5（p316/カ写）

**コーラ**　⇒コラノキを見よ

**コラノキ**　*Cola nitida*
　アオイ科（アオギリ科）の木本。別名コーラ。枝は
横に拡がる。花は白黄色で紫黒条あり。
　¶**APG原樹**（No.1036/カ図）

**コラン**　⇒スルガランを見よ

**コリアンダー**　⇒コエンドロを見よ

**コリウス**　⇒ニシキジソを見よ

**ゴリカナワラビ**　*Arachniodes × pseudohekiana*
　オシダ科のシダ植物。
　¶シダ標2（p396/カ写）

**コリスポラ・マクロポダ**　*Chorispora macropoda*
　アブラナ科の草本。
　¶山野草（No.0492/カ写）

**コリダリス・ウイルソニー**　*Corydalis wilsonii*
　ケシ科の草本。
　¶山野草（No.0448/カ写）

**コリダリス・カバ‘アルビフロラ’**　*Corydalis cava*
‘Albiflora’
　ケシ科の草本。
　¶山野草（No.0454/カ写）

**コリダリス・ソリダ**　*Corydalis solida*
　ケシ科の多年草。苞葉にはやや深い切れ込み。
　¶山野草（p323）

**コリダリス・デンシフロラ**　*Corydalis densiflora*
　ケシ科の草本。
　¶山野草（No.0452/カ写）

**コリダリス・ヌディカウリス**　*Corydalis nudicaulis*
　ケシ科の草本。
　¶山野草（No.0451/カ写）

**コリダリス・フレクスオサ**　*Corydalis flexuosa*
　ケシ科の草本。
　¶山野草（p323）

**コリダリス・ヘンリッキー**　*Corydalis henrikii*
　ケシ科の草本。
　¶山野草（No.0455/カ写）

**コリダリス・マーケンシス**　*Corydalis malkensis*
　ケシ科の草本。

　¶山野草（No.0453/カ写）

**コリダリス・ルテア**　*Corydalis lutea*
　ケシ科の草本。高さは10〜40cm。花は黄色。
　¶山野草（No.0449/カ写）

**コリバス・ディラタートゥス**　*Corybas dilatatus*
　ラン科の草本。高さは約2cm。
　¶山野草（No.1795/カ写）

**コリヤナギ**　*Salix koriyanagi*　行李柳
　ヤナギ科の落葉低木。別名コウリヤナギ。枝は淡黄
緑色、または褐色を帯びる。高さは2〜3m。
　¶**APG原樹**（No.819/カ図）
　　原牧2（No.302/カ図）
　　新分牧（No.2380/モ図）
　　新牧日（No.93/モ図）
　　茶花上（p186/カ写）
　　牧野ス1（No.2147/カ写）
　　野生3（p202/カ写）
　　山力樹木（p90/カ写）
　　落葉図譜（p45/モ図）

**ゴリン**　*Camellia japonica* ‘Gorin’　御輪
　ツバキ科。ツバキの品種。花は白色。
　¶茶花上（p109/カ写）

**コリンゴ**　⇒ズミ(1)を見よ

**ゴリンバナ**　⇒レンプクソウを見よ

**コルオティナリウス・ソダグニトゥス**
*Cortinarius sodagnitus*
　フウセンタケ科のキノコ。傘は明紫色，傘の径最大
7.5cm。
　¶原きの〔Bitter bigfoot webcap（苦い大足の網目傘）〕
　　（No.076/カ写・カ図）

**コルクウィッチア・アマビリス**　⇒ショウキウツ
ギを見よ

**コルクガシ**　*Quercus suber*
　ブナ科の高木。コルクを採取する。樹高は20m。樹
皮は淡い灰色。
　¶**APG原樹**（No.705/カ図）

**コルククヌギ**　⇒アベマキを見よ

**コルチカム**　⇒イヌサフランを見よ

**コルチクム**　⇒イヌサフランを見よ

**ゴールテリア**　*Gaultheria procumbens*
　ツツジ科の常緑小低木。別名チェッカーベリー，ヒ
メコウジ。高さは6〜20cm。花は帯桃白色。
　¶山野草（No.0797/カ写）

**ゴールデン・コランバイン**　⇒キバナオダマキを
見よ

**ゴールド コースト**　*Juniperus × pfitzeriana* ‘Gold
Coast’
　ヒノキ科の木本。ビャクシンメディアの品種。
　¶**APG原樹**〔ジュニペルス‘ゴールド コースト’〕（No.
　　1544/カ図）

**ゴールドハート**　*Hedera helix* ‘Goldheart’
　ウコギ科の木本。ヘデラの品種。
　¶**APG原樹**〔ヘデラ‘ゴールドハート’〕（No.1523/カ図）

*335*　　　　　　　　　　　　　　　　　　　　　　　　　　　　　　　　　　　　　　　　　　コンテトエ

**ゴールド フレーム** *Spiraea japonica* 'Goldflame'
バラ科の木本。シモツケの品種。
¶ **APG原樹**〔シモツケ'ゴールド フレーム'〕(No.1559/カ図)

**ゴールド ライダー** *Callitropsis × leylandii* 'Gold Rider'
ヒノキ科の木本。レイランドヒノキの品種。
¶ **APG原樹**〔レイランドサイプレス'ゴールド ライダー'〕(No.1540/カ図)

**ゴールドラッシュ** *Metasequoia glyptostroboides* 'Gold Rush'
ヒノキ科(スギ科)の木本。メタセコイアの品種。
¶ **APG原樹**〔メタセコイア'ゴールドラッシュ'〕(No.1536/カ図)

**コルモハ** ⇒マクサを見よ

**コールラビー** ⇒キュウケイカンランを見よ

**コレラタケ** *Galerina fasciculata*
ヒメノガステル科(フウセンタケ科)のキノコ。別名ドクアジロガサ。小型。傘は饅頭形、平滑、湿時条線。
¶ **学フ増毒き** (p40/カ写)
山力日き (p272/カ写)

**ゴレンシ** *Averrhoa carambola* 五斂子
カタバミ科の常緑小高木。果実は黄熟。高さは5～12m。花は赤紫色、または桃色。
¶ **APG原樹** (No.784/カ写)
新分牧 (No.2260/モ図)

**コロ** ⇒ヒョウタンを見よ

**ゴロウヒバ** ⇒クロベを見よ

**コロシントウリ** *Citrullus colocynthis*
ウリ科の蔓草。
¶ **原牧2** (No.168/カ図)
新分牧 (No.2213/モ図)
新牧日 (No.1871/モ図)
牧野ス1 (No.2013/カ図)

**ゴロツキアザミ** *Onopordum acanthium*
キク科の二年草。別名オオヒレアザミ。高さは30～150cm。花は淡紫色。
¶ **帰化写2** (p279/カ写)

**コロニアルベント** ⇒イトコヌカグサを見よ

**コロミア・デビリス** *Collomia debilis* var.*debilis*
ハナシノブ科の多年草。高さは5cm。
¶ **山野草** (No.0994/カ写)

**コロモコメツキムシタケ** *Ophiocordyceps acicularis*
オフィオコルディセプス科の冬虫夏草。宿主はコメツキムシ科の幼虫。
¶ **冬虫生態** (p178/カ写)

**コロラドモミ** *Abies concolor*
マツ科の常緑高木。別名ホワイトファー、ベイモミ。高さは40m。樹皮は灰色。
¶ **APG原樹** (No.49/カ図)

**コンイロイッポンシメジ** *Entoloma cyanonigrum*
イッポンシメジ科のキノコ。
¶ **山力日き** (p281/カ写)

**コンギク** *Aster microcephalus* var.*ovatus* 'Hortensis'
紺菊
キク科の草本。ノコンギクの自生品種の中から選ばれたもの。
¶ **原牧2** (No.1943/カ図)
新分牧 (No.4182/モ図)
新牧日 (No.2982/モ図)
茶color下 (p360/カ写)
牧野ス2 (No.3788/カ図)
山ハ野花 (p542/カ写)

**ゴンゲンスゲ** *Carex sachalinensis* var.*iwakiana* 権現菅
カヤツリグサ科の多年草。日本固有種。別名コイトスゲ。高さは10～30cm。
¶ **カヤツリ**〔コイトスゲ〕(p334/モ図)
原牧1 (No.857/カ図)
固有〔コイトスゲ〕(p185)
新分牧 (No.875/モ図)
新牧日 (No.4160/モ図)
スゲ増〔コイトスゲ〕(No.173/カ写)
牧野ス1 (No.857/カ図)
野生1〔コイトスゲ〕(p320/カ写)

**コンゴウザクラ** ⇒ウワミズザクラを見よ

**コンゴウダケ** *Pleioblastus kongosanensis*
イネ科タケ亜科のササ。日本固有種。
¶ **固有** (p175)
タケ亜科 (No.46/カ写)

**コンジキヤガラ** *Gastrodia javanica*
ラン科の地生の多年草。
¶ **野生1** (p203/カ写)

**コンシマダケ** *Phyllostachys bambusoides* f. *subvariegata* 紺縞竹
イネ科のタケ。
¶ **タケササ** (p26/カ写)

**ゴンズイ** *Euscaphis japonica* 権萃
ミツバウツギ科の落葉小高木。別名ヤアツバキ。高さは3～6m。花は淡緑色。
¶ **APG原樹** (No.886/カ図)
学フ増樹 (p47/カ写)
原牧2 (No.497/カ図)
新分牧 (No.2536/モ図)
新牧日 (No.1667/モ図)
茶color上 (p392/カ写)
都木花新 (p179/カ写)
牧野ス2 (No.2342/カ図)
野生3 (p277/カ写)
山力樹木 (p424/カ写)

**ゴンゼツ** ⇒コシアブラを見よ

**ゴンゼツノキ** ⇒コシアブラを見よ

**コンセントウヒレン** *Saussurea hamanakaensis*
キク科アザミ亜科の多年草。
¶ **新分牧** (No.3998/モ図)
野生5 (p260/カ写)

**コンテ・ド・エイモンテ** *Hibiscus syriacus* 'Comte de Heimont'
アオイ科。ムクゲの品種。半八重咲きバラ咲き型。

コンテリキ　336

¶茶花下（p30/カ写）

**コンテリギ** ⇒ガクウツギを見よ

**コンテリクラマゴケ** *Selaginella uncinata* 紺照鞍馬苔
イワヒバ科の常緑性シダ。主茎は長さ30〜60cm。葉は青緑色。
¶帰化写改（p484/カ写）
シダ標1（p278/カ写）
新分牧（No.4830/モ図）
新牧日（No.4383/モ図）

**サ**

**コンニャク** *Amorphophallus konjac* 蒟蒻
サトイモ科の作物。球茎は扁球状で皮色は淡褐ないし濃褐色。
¶原牧1（No.182/カ図）
新分牧（No.211/モ図）
新牧日（No.3908/モ図）
牧野ス1（No.182/カ図）
野生1（p93/カ写）

**コーンフラワー** ⇒ヤグルマギクを見よ

**コンフリー**(1)　*Symphytum* spp.
ムラサキ科の多年草。別名ヒレハリソウ（広義），シンフィツム。
¶学フ有毒（p180/カ写）

**コンフリー**(2)　⇒ヒレハリソウ(1)を見よ

**コンブレイジンソウ** *Aconitum hiroshi-igarashii*
キンポウゲ科の多年草。
¶新分牧（No.1413/モ図）
野生2（p122/カ写）

**コンペイトウグサ**(1)　*Triumfetta repens*
アオイ科（シナノキ科）の木本。
¶野生4（p34）

**コンペイトウグサ**(2)　⇒キツネノボタンを見よ

**コンペイトウグサ**(3)　⇒シラタマホシクサを見よ

**コンペイトウバナ** ⇒ミゾソバを見よ

**コンボウアミガサタケ** *Morchella miyabeana*
アミガサタケ科のキノコ。
¶山力日き（p564/カ写）

**コンボルブルス・カンタブリカ**　*Convolvulus cantabrica*
ヒルガオ科の草本。高さは15〜20cm。
¶山野草（No.0997/カ写）

**コンボルブルス・コンパクツス**　*Convolvulus compactus*
ヒルガオ科の多年草。高さは8cm。
¶山野草（No.0995/カ写）

**コンボルブルス・ボイッシェリ**　*Convolvulus boissieri*
ヒルガオ科の草本。クッション状に生える。
¶山野草（No.0996/カ写）

**コンヨウセルリー** ⇒セルリアックを見よ

**コンロンカ** *Mussaenda parviflora* 崑崙花
アカネ科の常緑低木。高さは1〜1.5m。花は白色。
¶APG原樹（No.1347/カ図）

原牧2（No.1282/カ図）
新分牧（No.3370/モ図）
新牧日（No.2396/モ図）
茶花上（p521/カ写）
牧野ス2（No.3127/カ図）
野生4（p284/カ写）
山力樹木（p674/カ写）

**コンロンコク** *Camellia japonica* ‘Konronkoku’ 崑崙黒
ツバキ科。ツバキの品種。花は紅色。
¶茶花上（p143/カ写）

**コンロンソウ** *Cardamine leucantha* 崑崙草
アブラナ科の多年草。高さは30〜70cm。
¶原牧2（No.725/カ図）
新分牧（No.2751/モ図）
新牧日（No.845/モ図）
茶花上（p269/カ写）
牧野ス2（No.2570/カ図）
ミニ山（p84/カ写）
野生4（p58/カ写）
山力野草（p442/カ写）
山ハ山花（p357/カ写）

**コンワビスケ** *Camellia japonica* ‘Kon-wabisuke’ 紺侘助
ツバキ科。ツバキの品種。花は紅色。
¶茶花上（p130/カ写）

# 【 サ 】

**サイカイシ** ⇒サイカチを見よ

**サイカイジュ** ⇒サイカチを見よ

**サイカイツツジ** *Rhododendron kaempferi* var. *saikaiense*
ツツジ科ツツジ亜科の半落葉低木。日本固有種。
¶固有（p107）
野生4（p244）

**サイカイヤブマオ** ⇒ニオウヤブマオを見よ

**サイカシ** ⇒サイカチを見よ

**サイカチ** *Gleditsia japonica* 西海子, 皂莢
マメ科ジャケツイバラ亜科の落葉高木。別名カワラフジノキ，サイカイジュ，サイカシ，サイカイシ（古名）。高さは15m。花は黄緑色。
¶APG原樹（No.394/カ図）
学フ増樹（p214/カ写）
学フ増薬草（p195/カ写）
原牧1（No.1470/カ図）
新分牧（No.1792/モ図）
新牧日（No.1259/モ図）
茶花上（p521/カ写）
都木花新（p141/カ写）
牧野ス1（No.1470/カ図）
野生2（p251/カ写）
山力樹木（p351/カ写）
落葉図譜（p172/モ図）

サイカチイバラ ⇒ヤマカシュウを見よ
サイカチバラ ⇒ヤマカシュウを見よ
サイキョウカボチャ　Cucurbita moschata var. meloniformis 'Toonas'　西京南瓜
　ウリ科の一年生のつる植物。別名トウナス、シシガタニ。果実はひょうたん型。
　¶原牧2（No.180/カ図）
　　新分牧（No.2225/モ図）
　　新牧日（No.1884/モ図）
　　牧野ス1（No.2025/カ図）
サイゴウグサ ⇒ヒメジョオンを見よ
サイコクイカリソウ　Epimedium diphyllum subsp. kitamuranum
　メギ科の草本。日本固有種。
　¶原牧1（No.1179/カ図）
　　固有（p58）
　　新分牧（No.1327/モ図）
　　新牧日（No.646/モ図）
　　牧野ス1（No.1179/カ図）
サイゴクイノデ　Polystichum pseudomakinoi　西国猪之手
　オシダ科の常緑性シダ。葉身は長さ40〜60cm、長楕円状披針形。
　¶シダ標2（p411/カ写）
　　新分牧（No.4725/モ写）
　　新牧日（No.4506/モ写）
サイコクイボタ　Ligustrum ibota
　モクセイ科の木本。日本固有種。
　¶原牧2〔サイコクイボタ〕（No.1515/カ図）
　　固有（p113）
　　新分牧〔サイコクイボタ〕（No.3557/モ図）
　　新牧日〔サイコクイボタ〕（No.2298/モ図）
　　牧野ス2〔サイコクイボタ〕（No.3360/カ図）
　　野生5（p64/カ写）
サイコクイワギボウシ　Hosta longipes var.caduca
　クサスギカズラ科の多年草。イワギボウシの変種。
　¶野生1（p251）
サイコクキツネヤナギ　Salix vulpina subsp. alopochroa
　ヤナギ科の木本。本州（近畿以西）、四国、九州北部に分布。
　¶野生3（p199/カ写）
サイコクサガリゴケ　Meteorium buchananii subsp. helminthocladulum var.cuspidatum
　ハイヒモゴケ科のコケ植物。日本固有種。
　¶固有（p216/カ写）
サイゴクザサ　Sasa occidentalis
　イネ科タケ亜科のササ。日本固有種。
　¶固有（p172）
　　タケ亜科（No.62/カ図）
サイコクサバノオ　Dichocarpum univalve　西国鯖の尾
　キンポウゲ科の多年草。日本固有種。
　¶固有（p54）
　　野生2（p149/カ写）
　　山ハ山花（p224/カ写）

サイゴクシムライノデ　Polystichum pseudomakinoi × P.shimurae
　オシダ科のシダ植物。
　¶シダ標2（p418/カ写）
サイコクトキワヤブハギ ⇒オオバヌスビトハギを見よ
サイコクヌカボ　Persicaria foliosa var.nikaii
　タデ科の一年草。
　¶野生4（p99/カ写）
　　山ハ増（p437/カ写）
サイコクヒメコウホネ　Nuphar saikokuensis
　スイレン科の水草。
　¶日水草（p44/カ写）
　　野生1（p47/カ写）
サイコクベニシダ　Dryopteris championii　西国紅羊歯
　オシダ科の常緑性シダ。葉身は長さ30〜60cm、卵形〜卵状長楕円形。
　¶シダ標2〔サイゴクベニシダ〕（p371/カ写）
　　新分牧（No.4743/モ写）
　　新牧日（No.4530/モ写）
サイコクホングウシダ　Osmolindsaea japonica　西国本宮羊歯
　ホングウシダ科（イノモトソウ科）のシダ植物。別名サイコクホングウシダ。
　¶シダ標1（p353/カ写）
　　新分牧（No.4565/モ写）
　　新牧日（No.4453/モ写）
サイゴクミツバツツジ　Rhododendron nudipes var. nudipes　西国三葉躑躅
　ツツジ科ツツジ亜科の木本。日本固有種。別名ツクシミツバツツジ。花は紅紫色。
　¶APG原樹（No.1221/カ図）
　　固有（p108）
　　野生4（p248/カ写）
　　山力樹木〔サイコクミツバツツジ〕（p542/カ写）
サイザル ⇒サイザルアサを見よ
サイザルアサ　Agave sisalana
　キジカクシ科〔クサスギカズラ科〕（リュウゼツラン科）の多肉植物。珠芽を付ける。葉の繊維はロープ用。高さは1m。花は緑色。
　¶原牧1（No.565/カ図）
　　新分牧（No.639/モ図）
　　新牧日（No.3509/モ図）
　　牧野ス1（No.565/カ図）
　　野生1〔サイザル〕（p247）
サイシュウタムラソウ ⇒タムラソウを見よ
サイジョウコウホネ　Nuphar × saijoensis
　スイレン科の水草。柱頭盤が赤く、葉は卵形に近い。
　¶日水草（p42/カ写）
サイシン ⇒ウスバサイシンを見よ
サイタヅマ ⇒イタドリを見よ
サイタナ ⇒イタドリを見よ
サイタンソウ ⇒フクジュソウを見よ

サイトウガヤ ⇒ノガリヤスを見よ

サイネリア ⇒フウキギクを見よ

サイハイラン *Cremastra appendiculata* var.*variabilis*
采配蘭
ラン科の多年草。別名ハックリ，ホウクリ。高さは
30〜50cm。花は淡紫褐色。
¶ 色野草（p247/カ写）
　学フ増野春（p80/カ写）
　原牧1（No.462/カ図）
　新分牧（No.519/モ図）
　新牧日（No.4336/モ図）
　茶花上（p392/カ写）
　牧野ス1（No.462/カ図）
　野生1（p191/カ写）
　山カ野草（p584/カ写）
　山ハ山花（p93/カ写）

サイハダカンバ ⇒ウダイカンバを見よ

サイフ *Camellia japonica* 'Saifu' 財布，宰府
ツバキ科。ツバキの品種。花は斑入り。
¶ 茶花上（p152/カ写）

ザイフリボク *Amelanchier asiatica* 采振り木
バラ科シモツケ亜科の落葉高木。別名シデザクラ，
ニレザクラ，シデヤナギ。高さは10m。花は白色。
樹皮は灰褐色。
¶ APG原樹（No.530/カ図）
　学フ増樹（p87/カ写・カ図）
　原牧1（No.1718/カ図）
　新分牧（No.1915/モ図）
　新牧日（No.1074/モ図）
　茶花上（p270/カ写）
　牧野ス1（No.1718/カ図）
　野生3（p59/カ写）
　山カ樹木（p336/カ写）
　落葉図譜（p164/モ図）

サイミ ⇒ハリガネを見よ

サイモリバ ⇒アカメガシワを見よ

サイヨウアカバナ ⇒トダイアカバナを見よ

サイヨウザサ *Neosasamorpha stenophylla* subsp.
*stenophylla*
イネ科タケ亜科のササ。日本固有種。
¶ 固有（p173）
　タケ亜科（No.95/カ写）

サイヨウシャジン *Adenophora triphylla* var.
*triphylla* 細葉沙参
キキョウ科。別名ナガサキシャジン。高さは40〜
100cm。花は淡青色。
¶ 原牧2（No.1862/カ図）
　山野草（No.1162/カ写）
　新分牧（No.3906/モ図）
　新牧日（No.2905/モ図）
　牧野ス2（No.3707/カ図）
　野生5（p187/カ写）
　山ハ山花（p488/カ写）

サイリンヨウラク ⇒ツリガネツツジ(1)を見よ

ザオウアザミ *Cirsium zawoense*
キク科アザミ亜科の多年草。日本固有種。
¶ 固有（p140）
　野生5（p246/カ写）
　山カ野草（p705/カ写）

サオトメカズラ ⇒ヘクソカズラを見よ

サオトメバナ(1) ⇒フタリシズカを見よ

サオトメバナ(2) ⇒ヘクソカズラを見よ

サオヒメ ⇒ジオウを見よ

サカイツツジ *Rhododendron lapponicum* subsp.
*parvifolium* 境躑躅
ツツジ科ツツジ亜科の常緑低木。高さは90cm。花
は紅紫色。
¶ APG原樹（No.1296/カ図）
　原牧2（No.1204/カ図）
　山野草（No.0767/カ写）
　牧野ス2（No.3049/カ図）
　野生4（p235/カ写）
　山カ樹木（p566/カ写）
　山レ増（p206/カ写）

サカキ *Cleyera japonica* 榊，栄樹，賢木，神木
サカキ科（ツバキ科）の常緑小高木。別名マサカキ，
ホンサカキ。高さは10m。花は白で後に黄色。
¶ APG原樹（No.1106/カ図）
　学フ増花庭（p202/カ写）
　原牧2（No.1056/カ図）
　新分牧（No.3098/モ図）
　新牧日（No.740/モ図）
　図説樹木（p130/カ写）
　都木花新（p74/カ写）
　牧野ス2（No.2901/カ図）
　野生4（p178/カ写）
　山カ樹木（p492/カ写）

サカキカズラ *Anodendron affine* 榊葛，栄樹葛
キョウチクトウ科の常緑つる性植物。別名ニシキ
ラン。
¶ APG原樹（No.1364/カ図）
　原牧2（No.1400/カ図）
　新分牧（No.3421/モ図）
　新牧日（No.2357/モ図）
　牧野ス2（No.3245/カ図）
　野生4（p309/カ写）
　山カ樹木（p653/カ写）

サガギク *Chrysanthemum morifolium* Ramat.Saga-
giku Group 嵯峨菊
キク科。キクの品種。
¶ 茶花下（p381/カ写）

サカゲイノデ *Polystichum retrosopaleaceum*
オシダ科の夏緑性シダ。葉身は長さ1m，長楕円状
披針形。
¶ シダ標2（p412/カ写）

サカゲイワシロイノデ *Polystichum ovatopaleaceum*
var.*coraiense*× *P.retrosopaleaceum*
オシダ科のシダ植物。
¶ シダ標2（p420/カ写）

**サカゲカタイノデ** *Polystichum × microlepis*
オシダ科のシダ植物。
¶シダ標2（p420/カ写）

**サカゲシムライノデ** *Polystichum retrosopaleaceum × P.shimurae*
オシダ科のシダ植物。
¶シダ標2（p419/カ写）

**サカコザクラ** *Androsace filiformis*
サクラソウ科の越年草。葉は卵形〜卵状披針形。
¶野生4（p188/カ写）

**サカサダケ** *Phyllostachys nigra f.pendula* 逆さ竹
イネ科のタケ。
¶タケササ（p52/カ写）

**サカズキカワラタケ** *Trametes conchifer*
タマチョレイタケ科のキノコ。
¶山カ日き（p475/カ写）

**サカヅキキクラゲ** *Exidia recisa*
ヒメキクラゲ科（キクラゲ科）のキノコ。
¶原きの〔サカズキキクラゲ〕（No.416/カ写・カ図）
山カ日き（p535/カ写）

**サカズキバツバキ** *Camellia japonica* 'Sakazukiba-tsubaki' 盃葉椿
ツバキ科。ツバキの品種。葉の縁が上に曲がり盃形となる。
¶茶花上（p172/カ写）

**サカネラン** *Neottia papiligera* 逆根蘭
ラン科の多年生の菌従属栄養植物。高さは20〜40cm。
¶原牧1（No.431/カ図）
新分牧（No.473/モ図）
新牧日（No.4305/モ図）
牧野ス1（No.431/カ図）
野生1（p215/カ写）
山ハ山花（p108/カ写）
山レ増（p514/カ写）

**サカバイヌワラビ** *Athyrium reflexipinnum*
メシダ科の夏緑性シダ。葉身は長さ25cm, 披針形〜線状披針形。
¶シダ標2（p299/カ写）

**サカバサトメシダ** *Athyrium palustre*
メシダ科（イワデンダ科）の夏緑性シダ。日本固有種。葉身は長さ1m, 披針形〜線状披針形。
¶固有（p204/カ写）
シダ標2（p299/カ写）

**サカバシシガシラ** ⇒シシガシラ(1)を見よ

**サカマキヤナギ** *Salix × sakamakiensis*
ヤナギ科の雑種。
¶野生3〔サカマキヤナギ（オノエヤナギ×コマイワヤナギ）〕（p205）

**サガミコウジ** ⇒フクレミカンを見よ

**サガミジョウロウホトトギス** *Tricyrtis ishiiana var.ishiiana* 相模上臈杜鵑草
ユリ科の多年草。日本固有種。高さは20〜50cm。
¶固有（p159）

**サガミトリゲモ** ⇒ヒロハトリゲモを見よ

**サガミメドハギ** *Lespedeza hisauchii* 相模菁萩
マメ科マメ亜科の落葉小低木。メドハギに似る。
¶野生2（p280）

**サガミラン** *Cymbidium nipponicum* 相模蘭
ラン科の多年草。別名サガミランモドキ。花は緑を帯びた乳白色。
¶固有（p191/カ写）
野生1（p193）

**サガミランモドキ** ⇒サガミランを見よ

**サガリイチゴ** ⇒モミジイチゴを見よ

**サガリトウガラシ** *Capsicum annuum* Longum Group
ナス科の一年草。トウガラシの栽培変種群。別名ナガミトウガラシ。花はやや紫色。
¶原牧2（No.1490/カ図）
新分牧（No.3498/モ図）
新牧日（No.2666/カ写）
牧野ス2（No.3335/カ図）

**サガリバナ** *Barringtonia racemosa* 下花
サガリバナ科の常緑高木。高さは15m。花は白または赤を帯び, 夜開き朝は落下する。
¶原牧2（No.1050/カ図）
新分牧（No.3092/モ図）
新牧日（No.1920/モ図）
牧野ス2（No.2895/カ図）
野生4（p176/カ写）

**サガリハリタケ** *Radulomyces copelandii*
カンザタケ科のキノコ。中型〜大型。傘は類白色〜薄茶色。
¶山カ日き（p423/カ写）

**サガリヒメヒラゴケ** *Neckera pusilla* var.pendula
ヒラゴケ科のコケ植物。日本固有種。
¶固有（p217）

**サガリラン** *Diploprora championii*
ラン科の着生の多年草。花は淡黄色。
¶野生1（p197）

**サカワサイシン** *Asarum sakawanum* 佐川細辛
ウマノスズクサ科の多年草。日本固有種。花は暗紫色。葉径6〜10cm。
¶原牧1（No.106/カ図）
固有（p61）
山野草〔サカワサイシン（素心花）〕（No.0416/カ写）
新分牧（No.128/モ図）
新牧日（No.702/モ図）
牧野ス1（No.106/カ図）
野生1（p63）
山ハ山花（p24/カ写）
山レ増（p365/カ写）

---

山野草（No.1530/カ写）
新分牧（No.380/モ図）
野生1（p177/カ写）
山カ野草（p608/カ写）
山ハ山花（p85/カ写）
山レ増（p592/カ写）

サキクサ　⇒オケラを見よ

**サギゴケ** (1)　*Mazus miquelii*　鷺苔
サギゴケ科（ハエドクソウ科, ゴマノハグサ科）の多
年草。別名ムラサキサギゴケ。高さは7〜15cm。花
は紅紫色。
　¶色野草 (p248/カ写)
　　学フ増野春〔ムラサキサギゴケ〕(p13/カ写)
　　原牧2 (No.1745/カ図)
　　山野草 (No.1091/カ写)
　　植調 (p176/カ写)
　　新分牧 (No.3818/モ図)
　　新牧日 (No.2703/モ図)
　　牧野ス2 (No.3590/カ図)
　　野生5 (p144/カ写)
　　山力野草〔ムラサキサギゴケ〕(p174/カ写)
　　山ハ野花 (p469/カ写)

**サギゴケ** (2)　*Mazus miquelii f.albiflorus*　鷺苔
サギゴケ科（ハエドクソウ科, ゴマノハグサ科）の多
年草。別名サギシバ, シロバナサギゴケ。サギゴケ
（ムラサキサギゴケ）の色変わり品。花は白色。
　¶山力野草 (p174/カ写)

**サギシバ**　⇒サギゴケ (2) を見よ

**サキシフラガ・オポジティフォリア**　*Saxifraga
oppositifolia*
ユキノシタ科の多年草。
　¶山野草 (No.0585/カ写)

**サキシフラガ・ポロフィラ**　*Saxifraga porophylla*
ユキノシタ科の草本。
　¶山野草 (No.0584/カ写)

**サキシマイチビ**　*Abutilon indicum* subsp.*albescens*
アオイ科の多年草。葉は鋭先頭。
　¶野生4 (p25/カ写)

**サキシマエノキ**　*Celtis biondii var.insularis*　先島榎
アサ科の落葉小高木。葉に毛が少ない。
　¶野生2 (p330/カ写)

**サキシマスオウノキ**　*Heritiera littoralis*　先島蘇方木
アオイ科（アオギリ科）の常緑木。葉裏は銀白で,
褐点。
　¶**APG原樹** (No.1034/カ図)
　　原牧2 (No.612/カ写)
　　新分牧 (No.2657/モ図)
　　新牧日 (No.1761/モ図)
　　牧野ス2 (No.2457/カ図)
　　野生4 (p27/カ写)

**サキシマスケロクラン**　*Lecanorchis flavicans*
ラン科の草本。日本固有種。
　¶固有 (p193)
　　野生1 (p210)

**サキシマツツジ**　*Rhododendron amanoi*　先島躑躅
ツツジ科ツツジ亜科の常緑低木。日本固有種。
　¶固有 (p106)
　　野生4 (p241/カ写)
　　山力樹木 (p562/カ写)

**サキシマハブカズラ**　*Rhaphidophora korthalsii*
サトイモ科の大型よじのぼり植物。葉は大型で羽状
に切れ込み, 深緑色。
　¶野生1 (p109/カ写)
　　山レ増 (p547/カ写)

**サキシマハマボウ**　*Thespesia populnea*
アオイ科の小高木。ヤマアサに似るが葉は鋸歯がな
い。花は黄, 後に紫色。
　¶原牧2 (No.644/カ写)
　　新分牧 (No.2694/モ図)
　　新牧日 (No.1753/モ図)
　　牧野ス2 (No.2489/カ図)
　　野生4 (p32/カ写)

**サキシマヒサカキ**　*Eurya sakishimensis*
サカキ科（ツバキ科）の木本。日本固有種。
　¶固有 (p63)
　　野生4 (p180/カ写)

**サキシマフヨウ**　*Hibiscus makinoi*　先島芙蓉
アオイ科の落葉または半常緑低木・小高木。日本固
有種。
　¶原牧2 (No.633/カ写)
　　固有 (p91/カ写)
　　新分牧 (No.2684/モ図)
　　新牧日 (No.1743/モ図)
　　牧野ス2 (No.2478/カ写)
　　野生4 (p28/カ写)

**サキシマボタンヅル**　*Clematis chinensis*　先島牡丹蔓
キンポウゲ科の薬用植物。別名シナボタンヅル, ミ
ヤコジマボタンヅル。
　¶原牧1 (No.1300/カ写)
　　新分牧 (No.1461/モ図)
　　新牧日 (No.622/モ図)
　　牧野ス1 (No.1300/カ図)
　　野生2 (p147/カ写)

**サキシマホラゴケ**　*Cephalomanes atrovirens*
コケシノブ科の常緑性シダ。葉身は長さ1.5cm, 卵
状長楕円形〜広披針形。
　¶シダ標1 (p326/カ写)

**サギスゲ**　*Eriophorum gracile*　鷺菅
カヤツリグサ科の多年草。高さは20〜50cm。
　¶学フ増高山 (p215/カ写)
　　カヤツリ (p640/カ写)
　　原牧1 (No.726/カ写)
　　山野草 (No.1617/カ写)
　　新分牧 (No.759/モ図)
　　新牧日 (No.3984/モ図)
　　牧野ス1 (No.726/カ図)
　　野生1 (p346/カ写)
　　山力野草 (p660/カ写)
　　山ハ高山 (p66/カ写)
　　山ハ山花 (p180/カ写)

**サギソウ**　*Habenaria radiata*　鷺草
ラン科の多年草。高さは20〜30cm。
　¶学フ増野夏 (p172/カ写)
　　原牧1 (No.386/カ写)
　　山野草 (No.1799/カ写)

新分牧（No.436/モ図）
新牧日（No.4259/モ図）
茶花上（p522/カ写）
牧野ス1（No.386/カ図）
野生1（p218/カ写）
山カ野草（p563/カ写）
山ハ若花（p61/カ写）
山レ増（p506/カ写）

**サギノシリサシ** ⇒サンカクイを見よ

**サキブトタマヤドリタケ** *Elaphocordyceps* sp.
オフィオコルディセプス科の冬虫夏草。宿主は白色
菌糸に覆われた外殻黒色のツチダンゴ。
¶冬虫生態（p258/カ写）

**サキミウスバシダ** ⇒ナガバウスバシダを見よ

**サキモリイヌワラビ** *Athyrium oblitescens*
メシダ科（イワデンダ科）の常緑性シダ。日本固有
種。葉身は長さ30〜50cm、三角状卵形〜卵状長楕
円形。
¶固有（p204）
シダ標2（p303/カ写）

**サキモリカラクサイヌワラビ** ⇒カラサキモリイ
ヌワラビを見よ

**サキモリヒロハイヌワラビ** *Athyrium oblitescens×*
*A.wardii*
メシダ科のシダ植物。
¶シダ標2（p310/カ写）

**サキワケモモ** ⇒ゲンペイモモを見よ

**サクノキ** *Meliosma arnottiana* subsp.*oldhamii* var.
*hachijoensis*
アワブキ科の高木。日本固有種。
¶固有（p87/カ写）
野生2（p172）

**サクヤアカササゲ** *Vigna vexillata* var.*vexillata*
マメ科マメ亜科。アカササゲの基準変種。
¶野生2（p303/カ写）

**サクヤヒメ** *Cerasus× yedoensis* 'Sakuyahime' 咲
耶姫
バラ科の落葉高木。サクラの栽培種。花は白色。
¶学フ増補〔咲耶姫'〕（p140/カ写）

**サクユリ** *Lilium auratum* var.*platyphyllum* 佐久百合
ユリ科の多年草。日本固有種。
¶原牧1（No.344/カ図）
固有（p160）
新分牧（No.410/モ図）
新牧日（No.3438/モ図）
牧野ス1（No.344/カ図）
野生1（p173）

**サクラ'アサヒヤマ'** ⇒アサヒヤマを見よ

**サクラ'アマノガワ'** ⇒アマノガワ(2)を見よ

**サクラ'アラシヤマ'** ⇒アラシヤマを見よ

**サクライカグマ** *Dryopteris gymnophylla*
オシダ科の常緑性シダ。別名タカオミサキカグマ。
葉身は長さ20〜40cm、五角状広卵形。
¶シダ標2（p365/カ写）

新分牧（No.4758/モ図）
新牧日（No.4543/モ図）

**サクライソウ** *Petrosavia sakuraii* 桜井草
サクライソウ科（ユリ科）の多年生の菌従属栄養植
物。無葉緑菌根植物。高さは10〜20cm。
¶原牧1（No.272/カ図）
新分牧（No.318/モ図）
新牧日（No.3367/モ図）
牧野ス1（No.272/カ図）
野生1（p140/カ写）
山ハ山花（p47/カ写）
山レ増（p597/カ写）

**サクラ'イチハラトラノオ'** ⇒イチハラトラノオを
見よ

**サクラ'イチヨウ'** ⇒イチヨウを見よ

**サクライバラ** ⇒サクラバラを見よ

**サクラ'ウコン'** ⇒ウコン(2)を見よ

**サクラ'ウズザクラ'** ⇒ウズザクラを見よ

**サクラ'ウスズミ'** ⇒ウスズミを見よ

**サクラ'エド'** ⇒エドを見よ

**サクラ'オオヂョウチン'** ⇒オオヂョウチンを見よ

**サクラ'オオムラザクラ'** ⇒オオムラザクラを見よ

**サクラオグルマ** *Inula britannica* subsp.*japonica×I.*
*linariifolia* 佐倉小車
キク科の多年草。高さは50cm内外。
¶原牧2（No.1996/カ写）
新分牧（No.4254/モ図）
新牧日（No.3033/モ図）
牧野ス2（No.3841/カ図）

**サクラカガミ**(1) *Prunus mume* 'Sakurakagami'
桜鏡
バラ科。ウメの品種。杏系ウメ，豊後性八重。
¶ウメ〔桜鏡〕（p139/カ写）

**サクラカガミ**(2) ⇒ヒマラヤユキノシタを見よ

**サクラ'カンザン'** ⇒カンザンを見よ

**サクラガンピ** *Diplomorpha pauciflora* var.*pauciflora*
桜雁皮
ジンチョウゲ科の落葉低木。日本固有種。別名ヒメ
ガンピ。
¶原牧2（No.667/カ図）
固有（p91）
新分牧（No.2707/モ図）
新牧日（No.1772/モ図）
牧野ス2（No.2512/カ図）
野生4（p40/カ写）

**サクラ'ギョイコウ'** ⇒ギョイコウを見よ

**サクラ'ケンロクエンキクザクラ'** ⇒ケンロクエ
ンキクザクラを見よ

**サクラ'ゴシンザクラ'** ⇒ゴシンザクラを見よ

**サクラザキフウロソウ** ⇒イブキフウロ(1)を見よ

**サクラ'シキザクラ'** ⇒シキザクラ(1)を見よ

サクラシマ 342

**サクラジマイノデ** *Polystichum piceopaleaceum*
オシダ科の常緑性シダ。別名シンイノデ。葉身は長さ25〜60cm、狭長楕円形。
¶シダ標2（p412/カ写）

**サクラジマエビネ** *Calanthe mannii*
ラン科の草本。
¶野生1（p186/カ写）

**サクラジマハナヤスリ** *Ophioglossum kawamurae*
ハナヤスリ科の夏緑性シダ。日本固有種。葉身の長さは3〜5cm。
¶固有（p199）
　シダ標1（p289/カ写）
　山レ増（p689/カ写）

**サクラシメジ** *Hygrophorus russula*
ヌメリガサ科のキノコ。中型〜大型。傘はワイン色で湿時粘性。ひだは白色にワイン色のしみ。
¶原きの（No.136/カ写・カ図）
　山カ日き（p35/カ写）

**サクラシメジモドキ** *Hygrophorus purpurascens*
ヌメリガサ科のキノコ。中型。傘はワイン色で湿時粘性。ひだは白色でワイン色のしみ。
¶山カ日き（p33/カ写）

**サクラ'ショウゲツ'** ⇒ショウゲツを見よ

**サクラ'シロタエ'** ⇒シロタエ(1)を見よ

**サクラスミレ** *Viola hirtipes* 桜菫
スミレ科の多年草。高さは7〜15cm。
¶学フ増野春（p59/カ写）
　原牧2（No.372/カ写）
　山野草（No.0717/カ写）
　新分牧（No.2356/モ図）
　新牧日（No.1844/モ図）
　茶花上（p393/カ写）
　牧野ス1（No.2217/カ図）
　ミニ山（p197/カ写）
　野生3（p218/カ写）
　山カ野草（p336/カ写）
　山ハ山花（p313/カ写）

**サクラ'スルガダイニオイ'** ⇒スルガダイニオイを見よ

**サクラ'センリコウ'** ⇒センリコウを見よ

**サクラソウ** *Primula sieboldii* 桜草
サクラソウ科の多年草。別名ニホンサクラソウ，プリムラ。高さは15〜40cm。花は淡紅色。
¶色野草（p239/カ写）
　学フ増野春（p21/カ写）
　学フ有毒（p93/カ写）
　原牧2（No.1065/カ図）
　山野草（No.0854/カ写）
　新分牧（No.3110/モ図）
　新牧日（No.2210/モ図）
　茶花上（p270/カ写）
　牧野ス2（No.2910/カ図）
　野生4（p198/カ写）
　山カ野草（p281/カ写）
　山ハ野花（p411/カ写）

**サクラソウモドキ** *Primula matthioli* subsp. *sachalinensis* 桜草擬
サクラソウ科の多年草。別名カラフトサクラソウモドキ，エゾノサクラソウモドキ。高さは10〜30cm。
¶原牧2（No.1090/カ図）
　山野草（No.0912/カ写）
　新分牧（No.3109/モ図）
　新牧日（No.2233/モ図）
　牧野ス2（No.2935/カ図）
　野生4（p191/カ写）
　山カ野草（p273/カ写）
　山ハ山花（p371/カ写）
　山レ増（p199/カ写）

**サクラ'タイザンフクン'** ⇒タイザンフクンを見よ

**サクラタケ** *Mycena pura*
ラッシタケ科（クヌギタケ科）のキノコ。小型〜中型。傘は淡紅色〜淡紫色。
¶学フ増毒き（p112/カ写）
　原きの（No.214/カ写・カ図）
　山カ日き（p132/カ写）

**サクラタデ** *Persicaria odorata* subsp.*conspicua* 桜蓼
タデ科の多年草。
¶学フ増野秋（p36/カ写）
　原牧2（No.817/カ図）
　山野草（No.0004/カ写）
　新分牧（No.2893/モ図）
　新牧日（No.279/モ図）
　茶花下（p361/カ写）
　牧野ス2（No.2662/カ図）
　野生4（p96/カ写）
　山カ野草（p542/カ写）
　山ハ野花（p264/カ写）

**サクラツツジ** *Rhododendron tashiroi* var.*tashiroi* 桜躑躅
ツツジ科ツツジ亜科の常緑低木。日本固有種。別名カワザクラ。花は桜色。
¶APG原樹（No.1226/カ写）
　原牧2（No.1192/カ写）
　固有（p107/カ写）
　新分牧（No.3261/モ図）
　新牧日（No.2138/モ図）
　茶花上（p271/カ写）
　牧野ス2（No.3037/カ写）
　野生4（p245/カ写）
　山カ樹木（p563/カ写）

**サクラ'ナラヤエザクラ'** ⇒ナラヤエザクラを見よ

**サクラバイ** *Prunus mume* 'Sakurabai' 桜梅
バラ科。ウメの品種。杏系ウメ，豊後性八重。
¶ウメ〔桜梅〕（p140/カ写）

**サクラ'バイゴジジュズカケザクラ'** ⇒バイゴジジュズカケザクラを見よ

**サクラバツバキ** *Camellia japonica* 'Sakuraba-tsubaki' 桜葉椿
ツバキ科。ツバキの品種。花は白色〜淡い桃地に紅色の縦絞り。葉が桜の葉に似ている。

¶茶花上（p173/カ写）

**サクラバハンノキ**　*Alnus trabeculosa*　桜葉榛の木
カバノキ科の木本。
¶**APG原樹**（No.739/カ図）
原牧2（No.150/カ図）
新分牧（No.2173/モ図）
新牧日（No.128/モ図）
牧野ス1（No.1995/カ図）
野生3（p110/カ写）
山力樹木（p121/カ写）
山レ増（p451/カ写）

**サクラバラ**　*Rosa multiflora* var.*carnea*　桜薔薇
バラ科の落葉低木。別名サクライバラ。おそらくノ
イバラを母種として生まれた園芸品種。
¶原牧1〔サクライバラ〕（No.1810/カ図）
新分牧（No.2005/モ図）
新牧日（No.1196/モ図）
牧野ス1〔サクライバラ〕（No.1810/カ図）

**サクラ'フクロクジュ'**　⇒フクロクジュを見よ

**サクラ'フゲンゾウ'**　⇒フゲンゾウを見よ

**サクラ'フユザクラ'**　⇒コバザクラ(1)を見よ

**サクラ'ホウリンジ'**　⇒ホウリンジを見よ

**サクラマンテマ**　*Silene pendula*
ナデシコ科の一年草。別名オオマンテマ。花は紅
紫色。
¶帰化写改（p44/カ写）
原牧2（No.908/カ写）
新分牧（No.2958/モ図）
新牧日（No.380/モ図）
茶花上〔ふくろなでしこ〕（p310/カ写）
牧野ス2（No.2753/カ図）

**サクラ'ヨウキヒ'**　⇒ヨウキヒ(1)を見よ

**サクララン**　*Hoya carnosa*　桜蘭
キョウチクトウ科（ガガイモ科）の多年草。花は
白色。
¶原牧2（No.1394/カ図）
新分牧（No.3446/モ図）
新牧日（No.2383/モ図）
茶花下（p308/カ写）
牧野ス2（No.3239/カ図）
野生4（p312/カ写）
山力樹木（p656/カ写）
山ハ山花（p405/カ写）

**サクラ'ワシノオ'**　⇒ワシノオを見よ

**ザクロ**　*Punica granatum*　石榴, 柘榴, 安石榴
ミソハギ科（ザクロ科）の落葉木。果皮は黄で, 陽向
面は紅色。花は赤色。
¶**APG原樹**（No.862/カ図）
学フ増花庭（p165/カ写）
学フ有毒（p138/カ写）
原牧2（No.430/カ図）
新分牧（No.2489/モ図）
新牧日（No.1918/モ図）
都木花新（p154/カ写）
牧野ス2（No.2275/カ図）

山力樹木（p515/カ写）
落葉図譜（p248/モ図）

**ザクロソウ**　*Trigastrotheca stricta*　石榴草, 柘榴草
ザクロソウ科の一年草。砂地に多い。高さは10〜
30cm。
¶原牧2（No.991/カ図）
植調（p179/カ写）
新分牧（No.3032/モ図）
新牧日（No.324/モ図）
牧野ス2（No.2836/カ図）
野生4（p149/カ写）
山ハ野花（p293/カ写）

**サケツバタケ**　*Stropharia rugosoannulata*
モエギタケ科のキノコ。中型〜大型。傘はブドウ酒
色〜赤褐色, 繊維状。ひだは暗紫灰色。
¶原きの（No.271/カ写・カ図）
山力日き（p221/カ写）

**サケバコウゾリナ**　*Blumea laciniata*
キク科キク亜科の一年草。
¶野生5（p351/カ写）

**サケバタケ**　*Pseudomerulius curtisii*
イチョウタケ科（ヒダハタケ科）のキノコ。中型。
傘は黄色。ひだは黄色。
¶学フ増毒まき（p166/カ写）
山力日き（p289/カ写）

**サケバヒヨドリ**　*Eupatorium laciniatum*　裂葉鴨
キク科キク亜科の多年草。日本固有種。高さは0.5
〜1m。
¶固有（p150）
野生5（p369/カ写）
山ハ山花（p543/カ写）

**サコスゲ**　*Carex sakonis*
カヤツリグサ科の多年草。
¶カヤツリ（p256/モ図）
スゲ増（No.123/カ写）
野生1（p314/カ写）

**サゴヤシ**　*Metroxylon sagu*
ヤシ科の湿地性植物。別名マサゴヤシ, ホンサゴ。
地下茎で増殖, 15年で開花する。高さは12m。
¶**APG原樹**（No.196/カ写）

**ササエビネ**　⇒コケイランを見よ

**ササエビモ**　*Potamogeton×nitens*　笹蝦藻
ヒルムシロ科の沈水植物。葉身は倒披針形〜狭長楕
円形。
¶原牧1（No.260/カ図）
新分牧（No.306/カ図）
新牧日（No.3342/モ図）
日水草（p116/カ写）
牧野ス1（No.260/カ図）

**ササガヤ**　*Leptatherum japonicum* var.*japonicum*
笹芽
イネ科キビ亜科の一年草。
¶桑イネ（p315/カ写・モ図）
原牧1（No.1089/カ図）
植調（p328/カ写）

新分牧〔No.1169/モ図〕
新牧日〔No.3877/モ図〕
牧野ス1〔No.1089/カ図〕
**野生2**〔p88/カ写〕
山ハ野花〔p219/カ写〕
山ハ山花〔p204/カ写〕

## ササキカズラ *Ryssopterys timoriensis*
キントラノオ科の木本。
¶**野生3**〔p181/カ写〕

## ササキビ *Setaria palmifolia* 笹黍
イネ科キビ亜科の高木性草本。
¶**原牧1**〔No.1037/カ図〕
新分牧〔No.1232/モ図〕
新牧日〔No.3803/モ図〕
牧野ス1〔No.1037/モ図〕
**野生2**〔p96/カ写〕
山ハ野花〔p199/カ写〕

## ササクサ *Lophatherum gracile* 笹草
イネ科ササクサ亜科の多年草。別名シャシ。高さは
40〜80cm。
¶**桑イネ**〔p308/カ写・モ図〕
原牧1〔No.1025/カ図〕
新分牧〔No.1142/モ図〕
新牧日〔No.3644/モ図〕
牧野ス1〔No.1025/カ図〕
**野生2**〔p77/カ写〕
山ハ山花〔p197/カ写〕

## ササクレシロオニタケ *Amanita eijii*
テングタケ科のキノコ。中型。傘は白色, 細かな錐
形のいぼ。
¶山力日き〔p170/カ写〕

## ササクレヒトヨタケ *Coprinus comatus*
ハラタケ科(ヒトヨタケ科)のキノコ。中型〜大型。
傘は淡灰色, 淡黄土色のささくれ状鱗片あり。時間
とともに液化。ひだは白色〜黒色。
¶**原きの**〔No.061/カ写・カ図〕
新分牧〔No.5103/モ図〕
新牧日〔No.4997/モ図〕
山力日き〔p200/カ写〕

## ササクレヒメノカサ *Hygrocybe caespitosa*
ヌメリガサ科のキノコ。
¶**原きの**〔No.122/カ写・カ図〕

## ササクレフウセンタケ *Cortinarius pholideus*
フウセンタケ科のキノコ。中型。傘は濃褐色, 細か
いささくれ状。ひだは帯紫色〜肉桂色。
¶**原きの**〔No.071/カ写・カ図〕
山力日き〔p256/カ写〕

## ササゲ *Vigna unguiculata* var.*unguiculata* 豇豆
マメ科マメ亜科の果菜類。花は白色, または紫色。
¶**原牧1**〔No.1601/カ図〕
新分牧〔No.1728/モ図〕
新牧日〔No.1387/モ図〕
牧野ス1〔No.1601/カ図〕
**野生2**〔p303〕

## ササスゲ ⇒タガネソウを見よ

## ササタケ *Cortinarius cinnamomeus*
フウセンタケ科のキノコ。小型〜中型。傘は黄褐色
〜オリーブ褐色, 繊維状。ひだは黄橙色〜肉桂色。
¶**学フ増毒き**〔p154/カ写〕
山力日き〔p266/カ写〕

## ササナギ ⇒コナギを見よ

## ササナミ *Acer palmatum* 'Sazanami' 漣波
ムクロジ科(カエデ科)。カエデの品種。
¶**APG原樹**〔カエデ'サザナミ'〕〔No.907/カ図〕

## サザナミツバフウセンタケ *Cortinarius bovinus*
フウセンタケ科のキノコ。中型。傘は肉桂褐色〜灰
褐色。ひだは灰褐色〜肉桂褐色。
¶山力日き〔p265/カ写〕

## サザナミニセフウセンタケ *Cortinarius obtusus*
フウセンタケ科のキノコ。
¶山力日き〔p264/カ写〕

## ササニンドウ ⇒ツバメオモトを見よ

## ササノハスゲ *Carex pachygyna*
カヤツリグサ科の多年草。日本固有種。別名タキノ
ムラサキ。
¶**カヤツリ**〔p240/モ図〕
原牧1〔No.876/カ図〕
固有〔p183〕
新分牧〔No.773/モ図〕
新牧日〔No.4181/モ図〕
スゲ増〔No.117/カ写〕
牧野ス1〔No.876/カ図〕
**野生1**〔p322/カ写〕

## ササバエンゴサク ⇒ヤマエンゴサクを見よ

## ササハギ *Alysicarpus vaginalis*
マメ科マメ亜科の多年草。別名マルバダケハギ。葉
は円形, 良質の牧草。
¶新分牧〔No.1692/モ図〕
**野生2**〔p255/カ写〕

## ササバギンラン *Cephalanthera longibracteata* 笹葉
銀蘭
ラン科の多年草。高さは30〜50cm。
¶**色野草**〔p67/カ写〕
学フ増野春〔p182/カ写〕
原牧1〔No.412/カ図〕
新分牧〔No.478/モ図〕
新牧日〔No.4286/モ図〕
茶花上〔p393/カ写〕
牧野ス1〔No.412/カ図〕
**野生1**〔p189/カ写〕
山力野草〔p571/カ写〕
山ハ野花〔p57/カ写〕
山ハ山花〔p112/カ写〕

## ササバサンキライ *Smilax nervomarginata*
サルトリイバラ科の常緑で小型のつる性半低木。奄
美大島・琉球, 中国に分布。
¶**野生1**〔p166〕

## ササバノボタン ⇒ヒメノボタンを見よ

**ササバモ** *Potamogeton wrightii* 笹葉藻
ヒルムシロ科の沈水植物〜浮葉植物。別名サジバ
モ。葉身は長楕円状線形〜狭披針形, 花は4心皮。
¶原牧1（No.261/カ図）
新分牧（No.307/モ図）
新牧日（No.3343/モ図）
日水草（p120/カ写）
牧野ス1（No.261/カ図）
野生1（p132）

**ササバモク** ⇒オオバモクを見よ

**ササバラン** *Liparis odorata*
ラン科の草本。高さは20〜40cm。花は黄緑色。
¶野生1（p212/カ写）
山レ増（p468/カ写）

**ササモ** ⇒ヤナギモを見よ

**ササユリ** *Lilium japonicum* 笹百合
ユリ科の多年草。日本固有種。別名サユリ。高さ
は50〜100cm。花は濃淡の桃色。
¶学フ増野夏（p62/カ写）
原牧1（No.340/カ図）
固有（p160/カ写）
山野草（No.1474/カ写）
新分牧（No.406/モ図）
新牧日（No.3434/モ図）
茶花上（p522/カ写）
牧野ス1（No.340/カ図）
野生1（p173/カ写）
山カ野草（p621/カ写）
山ハ野花（p46/カ写）
山ハ山花（p74/カ写）

**ササリンドウ**(1) ⇒ハナミョウガを見よ

**ササリンドウ**(2) ⇒リンドウを見よ

**サザンカ** *Camellia sasanqua* 山茶花
ツバキ科の常緑小高木。日本固有種。別名オキナワ
サザンカ。高さは7〜10m。花は白色。
¶APG原樹（No.1167/カ図）
学フ増花庭（p220/カ写）
原牧2（No.1124/カ図）
固有（p63）
新分牧（No.3165/モ図）
新牧日（No.730/モ図）
都木花新（p69/カ写）
牧野ス2（No.2969/カ図）
野生4（p203/カ写）
山カ樹木（p486/カ写）

**サザンカ'エガオ'** ⇒エガオを見よ

**サザンカ'カイドウマル'** ⇒カイドウマルを見よ

**サザンカ'コウギョク'** ⇒コウギョクを見よ

**サザンカ'シチフクジン'** ⇒シチフクジンを見よ

**サザンカ'フジノミネ'** ⇒フジノミネを見よ

**サジオモダカ** *Alisma plantago-aquatica* var. *orientale*
匙沢瀉, 匙面高
オモダカ科の多年草, 抽水性〜湿生。花弁は3枚で
白色〜淡い桃色。高さは10〜90cm。

¶原牧1（No.223/カ図）
植調（p45/カ写）
新分牧（No.263/モ図）
新牧日（No.3316/モ図）
日水草（p70/カ写）
牧野ス1（No.223/カ図）
野生1（p115/カ写）
山ハ野花（p30/カ写）

**サジガンクビソウ** *Carpesium glossophyllum* 匙雁
首草
キク科キク亜科の多年草。高さは25〜50cm。
¶原牧2（No.2001/カ写）
新分牧（No.4259/モ図）
新牧日（No.3038/モ図）
牧野ス2（No.3846/カ図）
野生5（p352/カ写）
山カ野草（p22/カ写）
山ハ野花（p563/カ写）

**サジギボウシ**(1) ⇒コバギボウシを見よ

**サジギボウシ**(2) ⇒ナガバミズギボウシを見よ

**サジタケ** *Inonotus sacaurus*
タバコウロコタケ科のキノコ。
¶山カ日き（p492/カ写）

**サジナ** ⇒ヒルムシロを見よ

**サジバエボウシゴケ** *Dolichomitriopsis obtusifolia*
トラノオゴケ科のコケ。日本固有種。二次茎の葉は
長さ1〜1.5mm, 卵形〜卵状楕円形。
¶固有（p217）

**サジバモ** ⇒ササバモを見よ

**サジバモウセンゴケ** *Drosera × obovata* 匙葉毛氈苔
モウセンゴケ科の食虫植物, 多年草。
¶原牧2（No.859/カ図）
新分牧（No.2899/モ図）
新牧日（No.767/モ図）
牧野ス2（No.2704/カ図）

**サジビユ** *Amaranthus crassipes*
ヒユ科の一年草。花被片はさじ形。
¶帰化写2（p48/カ写）

**サシブノキ** ⇒シャシャンボを見よ

**サシモグサ** ⇒ヨモギを見よ

**サジラン** *Loxogramme duclouxii* 匙蘭
ウラボシ科の常緑性シダ。別名ウスイタ。葉身は長
さ15〜45cm, 倒披針形。
¶シダ標2（p452/カ写）
新分牧（No.4773/モ図）
新牧日（No.4681/モ図）

**サセモグサ** ⇒ヨモギを見よ

**ザゼンソウ** *Symplocarpus renifolius* 座禅草
サトイモ科の多年草。別名ダルマソウ, ベコノシタ,
スカンク・キャベツ。苞は暗紫色または淡紫色。高
さは20〜40cm。
¶学フ増野春（p238/カ写）
学フ有毒（p19/カ写）

サゼンモモ　346

原牧1（No.168/カ図）
山野草（No.1647/カ写）
新分牧（No.202/モ図）
新牧日（No.3905/モ図）
茶花上（p394/カ写）
牧野ス1（No.168/カ図）
野生1（p110/カ写）
山力野草（p654/カ写）
山ハ高山（p8/カ写）
山ハ山花（p36/カ写）

**サ**

**ザゼンモモ**　⇒バントウを見よ

**ザダイダイ**　⇒ダイダイ(1)を見よ

**サタケホングウシダ**　⇒エダウチホングウシダを見よ

**サダソウ**　*Peperomia japonica*　佐田草
コショウ科の多年草。高さは10〜30cm。
¶原牧1（No.86/カ図）
新分牧（No.106/モ図）
新牧日（No.677/モ図）
牧野ス1（No.86/カ図）
ミニ山（p68/カ写）
野生1（p55/カ写）

**サタツツジ**　⇒キリシマを見よ

**サー・チャーレス・ド・ブレトン**　*Hibiscus syriacus* 'Sir Charles de Breton'
アオイ科。ムクゲの品種。半八重咲きバラ咲き型。
¶茶花下（p31/カ写）

**サツキ**　⇒サツキツツジを見よ

**サツキ'アイコク'**　⇒アイコクを見よ

**サツキイチゴ**　⇒ナワシロイチゴを見よ

**サツキ'イッショウノハル'**　⇒イッショウノハルを見よ

**サツキ'オオサカズキ'**　⇒オオサカズキ(2)を見よ

**サツキ'カホウ'**　⇒カホウを見よ

**サツキギョリュウ**　⇒ギョリュウを見よ

**サツキ'キンサイ'**　⇒キンサイを見よ

**サツキ'コウザン'**　⇒コウザンを見よ

**サツキ'コウマンヨウ'**　⇒コウマンヨウを見よ

**サツキ'ゴビニシキ'**　⇒ゴビニシキを見よ

**サツキ'ジュコウ'**　⇒ジュコウを見よ

**サツキ'シリュウノマイ'**　⇒シリュウノマイを見よ

**サツキ'シンニョノツキ'**　⇒シンニョノツキを見よ

**サツキ'セッチュウノマツ'**　⇒セッチュウノマツを見よ

**サツキ'チトセニシキ'**　⇒チトセニシキを見よ

**サツキツツジ**　*Rhododendron indicum*　皐月躑躅、五月躑躅
ツツジ科ツツジ亜科の常緑低木。日本固有種。別名サツキ。花は紅色。
¶APG原樹〔サツキ〕（No.1237/カ図）
学フ増花庭〔サツキ〕（p16/カ写）

原牧2（No.1188/カ図）
固有〔サツキ〕（p107）
新分牧（No.3258/モ図）
新牧日（No.2134/モ図）
茶花上（p394/カ写）
都木花新〔サツキ〕（p93/カ写）
牧野ス2（No.3033/カ図）
野生4〔サツキ〕（p243/カ写）
山力樹木〔サツキ〕（p554/カ写）

**サツキ'ニッコウ'**　⇒ニッコウを見よ

**サツキ'ハカタジロ'**　⇒ハカタジロを見よ

**サツキヒナノウスツボ**　*Scrophularia musashiensis* var.*musashiensis*　五月雛の臼壺
ゴマノハグサ科の多年草。日本固有種。高さは40〜80cm。
¶固有（p130）
野生5（p94/カ写）
山力野草（p171/カ写）
山ハ山花（p413/カ写）

**サツキ'ベニガサ'**　⇒ベニガサを見よ

**サツキ'マツナミ'**　⇒マツナミを見よ

**サツキ'マツノホマレ'**　⇒マツノホマレを見よ

**サツキ'ヤタノカガミ'**　⇒ヤタノカガミを見よ

**サツキ'ヤマノヒカリ'**　⇒ヤマノヒカリを見よ

**サツキユリ**　⇒ヒメサユリを見よ

**サック**　⇒チークノキを見よ

**サッコウフジ**　⇒ムラサキナツフジを見よ

**ザッソウイネ**　*Oryza sativa*　雑草稲
イネ科の一年生（夏生）の草本。
¶植調〔雑草イネ〕（p25/カ写）

**サッポロスゲ**　*Carex pilosa*　札幌菅
カヤツリグサ科の多年草。別名ハナマガリスゲ。
¶カヤツリ（p442/モ図）
新分牧（No.900/モ図）
新牧日（No.4186/モ図）
スゲ増（No.246/モ図）
野生1（p326/カ写）
山ハ山花（p168/カ写）

**サツマアオイ**　*Asarum satsumense*　薩摩葵
ウマノスズクサ科の多年草。日本固有種。花柱背部の突起が短い翼状。
¶原牧1（No.101/カ図）
固有（p62）
新分牧（No.123/モ図）
新牧日（No.697/モ図）
牧野ス1（No.101/カ図）
野生1（p67）

**サツマイナモリ**　*Ophiorrhiza japonica*　薩摩稲森
アカネ科の多年草。別名キダチイナモリ，キダチイナモリソウ。高さは10〜20cm。
¶学フ増野春（p155/カ写）
原牧2（No.1277/カ図）
山野草（No.0985/カ写）

新分牧（No.3314/モ図）
新牧日（No.2391/モ図）
茶花下（p389/カ写）
牧野ス2（No.3122/カ図）
野生4（p286/カ写）
山力野草（p148/カ写）
山ハ山花（p386/カ写）

**サツマイモ**　*Ipomoea batatas* var.*edulis*　薩摩芋
ヒルガオ科の根菜類。別名カライモ。皮色は白、黄褐、紫紅など。花は白色、または淡紅色。
¶原牧2（No.1449/カ図）
新分牧（No.3460/モ図）
新牧日（No.2461/モ図）
牧野ス2（No.3294/カ図）

**サツマウツギ**　⇒バイカウツギを見よ

**サツマオオクジャク**　⇒ナンゴクオオクジャクを見よ

**サツマオモト**　*Rohdea japonica* var.*latifolia*
クサスギカズラ科（ユリ科）。日本固有種。
¶固有（p155）
野生1（p260）

**サツマガシ**　⇒ハナガガシを見よ

**サツマカンアオイ'リョクフウ'**　*Asarum satsumense* 'Ryokufuu'　薩摩寒葵 '緑風'
ウマノスズクサ科の草本。
¶山野草（No.0419/カ写）

**サツマギク**　⇒エゾギクを見よ

**サツマクジャク**　*Diplazium* × *satsumense*
メシダ科のシダ植物。
¶シダ標2（p333/カ写）

**サツマコンギク**　⇒エゾギクを見よ

**サツマサンキライ**　*Smilax bracteata*
サルトリイバラ科（ユリ科）の草本。
¶野生1（p167/カ写）

**サツマジイ**　⇒マテバシイを見よ

**サツマシケシダ**　*Deparia* × *birii*
メシダ科のシダ植物。
¶シダ標2（p348/カ写）

**サツマシダ**　*Ctenitis sinii*
オシダ科の常緑性シダ。葉身は長さ60cm、下部が広い卵状長楕円形。
¶シダ標2（p405/カ写）

**サツマシロ**　*Hibiscus syriacus* 'Satsuma-shiro'　薩摩白
アオイ科。ムクゲの品種。一重咲き中弁型。
¶茶花下（p15/カ写）

**サツマシロギク**　*Aster satsumensis*　薩摩白菊
キク科キク亜科の草本。日本固有種。宮崎県南部・鹿児島県に分布。
¶固有（p145）
野生5（p318）

**サツマスゲ**　*Carex ligulata*　薩摩菅
カヤツリグサ科の多年草。

¶カヤツリ（p414/モ図）
新分牧（No.926/モ図）
新牧日（No.4215/モ図）
スゲ増（No.226/カ写）
野生1（p323/カ写）

**サツマチドリ**　*Ponerorchis graminifolia* var.*micropunctata*　薩摩千鳥
ラン科の多年草。
¶野生1（p226）

**サツマナデシコ**　⇒イセナデシコを見よ

**サツマニンジン**　⇒フシグロ₍₁₎を見よ

**サツマネコノメ**　*Chrysosplenium macrostemon* var.*viridescens*　薩摩猫の目
ユキノシタ科の草本。日本固有種。
¶固有（p72）
野生2（p203/カ写）

**サツマノギク**　*Chrysanthemum ornatum* var.*ornatum*　薩摩野菊
キク科キク亜科の多年草。日本固有種。
¶原牧2（No.2061/カ図）
固有（p143）
山野草（No.1219/カ写）
新分牧（No.4207/モ図）
新牧日（No.3097/モ図）
牧野ス2（No.3906/カ図）
野生5（p337/カ写）
山力野草（p74/カ写）
山ハ野花（p516/カ写）

**サツマハギ**　*Lespedeza thunbergii* subsp.*satsumensis*　薩摩萩
マメ科マメ亜科の草本。日本固有種。ミヤギノハギの亜種。
¶固有（p80/カ写）
野生2（p279）

**サツマハチジョウシダ**　*Pteris satsumana*
イノモトソウ科（ワラビ科）のシダ植物。日本固有種。
¶固有（p202）
シダ標1（p382/カ写）

**サツマビャクゼン**　*Vincetoxicum doianum*
キョウチクトウ科（ガガイモ科）の草本。日本固有種。
¶固有（p117）
野生4（p319）

**サツマフジ**　⇒フジモドキを見よ

**サツマホトトギス**　*Tricyrtis hirta* var.*masamunei*　薩摩杜鵑草
ユリ科の多年草。日本固有種。
¶固有（p159）
野生1（p176）

**サツママアザミ**　*Cirsium austrokiushianum*　薩摩薊
キク科アザミ亜科の草本。日本固有種。
¶固有（p139）
野生5（p230/カ写）
山レ増（p57/カ写）

サツママン　　　　　　　　　　　　348

**サツママンネングサ**　*Sedum satumense*　薩摩万年草
ベンケイソウ科の草本。日本固有種。
¶固有 (p68)
野生2 (p225/カ写)
山レ増 (p328/カ写)

**サツマモクセイ**　⇒シマモクセイを見よ

**サツマヤナギ**　*Salix sieboldiana* var.*doiana*　薩摩柳
ヤナギ科の低木または高木。
¶野生3 (p204)

**サツマユリ**(1)　⇒オニユリを見よ

**サツマユリ**(2)　⇒テッポウユリを見よ

**サデクサ**(1)　⇒イシミカワを見よ

**サデクサ**(2)　⇒ミゾサデクサを見よ

**サテン・フラワー**　⇒イロマツヨイを見よ

**サドアザミ**　*Cirsium sadoense*
キク科アザミ亜科の多年草。
¶野生5 (p244/カ写)

**サトイモ**　*Colocasia esculenta*　里芋
サトイモ科の根菜類。別名タイモ。芋作物。
¶学フ増薬草 (p147/カ写)
原牧1 (No.179/カ図)
新分牧 (No.214/モ図)
新牧日 (No.3911/モ図)
牧野ス1 (No.179/カ図)

**ザートヴィッケ**　⇒オオヤハズエンドウを見よ

**ザトウエビ**　⇒ノブドウを見よ

**サトウカエデ**　*Acer saccharum*　砂糖楓
ムクロジ科 (カエデ科) の落葉高木。樹液から砂糖
を採取。樹高は30m。樹皮は灰褐色。
¶APG原樹 (No.936/カ図)
山カ樹木 (p453/カ写)

**サトウキビ**　*Saccharum officinarum*　砂糖黍
イネ科キビ亜科の作物。別名カンショウ, カンショ,
カンシャ。砂糖を採る。
¶原牧1 (No.1084/カ図)
新分牧 (No.1173/モ図)
新牧日 (No.3873/モ図)
牧野ス1 (No.1084/カ図)
野生2 (p95)

**サトウヂシャ**　*Beta vulgaris* var.*altissima*
ヒユ科 (アカザ科) の作物。別名サトウダイコン, テ
ンサイ, イツモヂシャ。
¶原牧2 (No.961/カ図)
新分牧 (No.3021/モ図)
新牧日 (No.414/モ図)
牧野ス2 (No.2806/カ図)

**サトウシバ**　⇒タムシバを見よ

**サトウダイコン**　⇒サトウヂシャを見よ

**ザトウムシタケ**　*Torrubiella* sp.
ノムシタケ科の冬虫夏草。宿主はザトウムシ。
¶冬虫生態 (p242/カ写)

**サトウヤシ**　*Arenga pinnata*　砂糖椰子
ヤシ科の木本。幹に黒毛。高さは7〜14m。葉裏は
銀灰色。
¶APG原樹 (No.215/カ図)
野生1 (p262)

**サドカニコウモリ**　*Parasenecio sadoensis*　佐渡蟹
蝙蝠
キク科キク亜科の多年草。高さは30〜70cm。花は
白色で青みを帯びる。
¶野生5 (p304/カ写)

**サドカンスゲ**　⇒ホソバカンスゲを見よ

**サドクルマユリ**　*Lilium medeoloides* var.*sadoinsulare*
ユリ科の多年草。日本固有種。
¶固有 (p160)
野生1 (p172)

**サトザクラ**　*Cerasus* Sato-zakura Group　里桜
バラ科シモツケ亜科の落葉高木。桜の栽培種。別名
ボタンザクラ。
¶学フ増桜 (p57/カ写)
原牧1 (No.1648/カ図)
新分牧 (No.1852/モ図)
新牧日 (No.1226/モ図)
牧野ス1 (No.1648/カ図)
野生3 (p66/カ写)

**サドザサ**　*Sasaella sadoensis*
イネ科タケ亜科のササ。日本固有種。
¶固有 (p170)
タケ亜科 (No.120/カ写)

**サドスゲ**　*Carex sadoensis*　佐渡菅
カヤツリグサ科の多年草。高さは30〜70cm。
¶カヤツリ (p152/モ写)
原牧1 (No.814/カ図)
新分牧 (No.822/モ図)
新牧日 (No.4105/モ図)
スゲ増 (No.67/カ写)
牧野ス1 (No.814/カ図)
野生1 (p309/カ写)
山ハ山花 (p159/カ写)

**サトチマキ**　⇒チマキザサを見よ

**サトトネリコ**　⇒トネリコを見よ

**サドヒゴタイ**　*Saussurea nakagawae*　佐渡平江帯
キク科アザミ亜科の二年草。高さは70〜150cm。
花は淡紅紫色。
¶野生5 (p258/カ写)

**サトメシダ**　*Athyrium deltoidofrons*　里雌羊歯
メシダ科 (オシダ科) の夏緑性シダ。別名トガリバ
メシダ, オゼサトメシダ。葉身は長さ25〜70cm, 三
角形〜卵状三角形。
¶シダ標2 (p300/カ写)
新分牧 (No.4706/モ図)
新牧日 (No.4594/モ図)

**サトヤマタデ**　*Persicaria clivorum*
タデ科の一年草, ときに越年草。
¶野生4 (p97)

**サトヤマハリスゲ** *Carex ruralis*
カヤツリグサ科の多年草。日本固有種。有花茎は高さ15〜30cm。
¶カヤツリ（p76/モ図）
　固有（p181）
　スゲ増（No.16/カ写）
　野生1（p302/カ写）

**サドワビスケ** *Camellia japonica* 'Sado-wabisuke'
佐渡侘助
ツバキ科。ツバキの品種。別名ショウナゴン。花は紅色。
¶茶花上（p132/カ写）

**サナエタデ** *Persicaria lapathifolia* var.*incana* 早苗蓼
タデ科の一年草。高さは20〜60cm。
¶学フ増野夏（p29/カ写）
　原牧2（No.815/カ図）
　植調（p201/カ写）
　新分牧（No.2891/モ図）
　新牧日（No.277/モ図）
　茶花上（p395/カ写）
　牧野S2（No.2660/カ図）
　野生4（p99/カ写）
　山ハ野花（p261/カ写）

**サナカズラ** ⇒サネカズラを見よ

**サナギ** ⇒モミを見よ

**サナギイチゴ** *Rubus pungens* var.*oldhamii* 猿投苺
バラ科バラ亜科の落葉低木。
¶APG原樹（No.590/カ図）
　原牧1（No.1780/カ図）
　新分牧（No.1976/カ図）
　新牧日（No.1126/モ図）
　牧野S1（No.1780/カ図）
　野生3（p52/カ写）
　山カ樹木（p266/カ写）
　山ハ樹（p306/カ写）

**サナギスゲ** *Carex grallatoria* var.*heteroclita*
カヤツリグサ科の多年草。高さは5〜20cm。
¶カヤツリ（p56/モ図）
　新分牧（No.861/モ図）
　新牧日（No.4068/モ図）
　スゲ増（No.3/カ写）
　野生1（p300/カ写）

**サナギタケ** *Cordyceps militaris*
ノムシタケ科の冬虫夏草。宿主はガの蛹, 幼虫。
¶原きの（No.570/カ写・カ図）
　冬虫生態（p70/カ写）
　山カ日き（p580/カ写）

**サナシ** ⇒ズミ(1)を見よ

**サナダムギ** ⇒ヤバネオオムギを見よ

**サニクラ・カエルレスセンス** *Sanicula caerulescens*
セリ科の草本。別名アオバナミツバ。
¶山野草（No.0750/カ写）

**サヌキクチキムシタケ** *Ophiocordyceps* sp.
オフィオコルディセプス科の冬虫夏草。宿主はゴミムシダマシの幼虫。
¶冬虫生態（p175/カ写）

**サヌキトラノオ** *Asplenium incisum*×*A.pekinense*
チャセンシダ科のシダ植物。
¶シダ標1（p418/カ写）

**サネカズラ** *Kadsura japonica* 実葛, 真葛
マツブサ科（モクレン科）の常緑つる性植物。別名ビナンカズラ, サナカズラ（古名）。花は黄白色。
¶APG原樹（No.119/カ写）
　学フ増樹（p233/カ写・カ図）
　学フ増薬草〔ビナンカズラ〕（p170/カ写）
　原牧1（No.76/カ図）
　新分牧（No.96/モ図）
　新牧日（No.477/モ図）
　茶花下（p361/カ写）
　牧野S1（No.76/カ図）
　野生1（p50/カ写）
　山カ樹木（p201/カ写）

**サネブトナツメ** *Ziziphus jujuba* var.*spinosa* 核太棗,
実太棗
クロタキカズラ科（クロウメモドキ科）の木本。花は黄色。
¶APG原樹（No.640/カ図）
　原牧2（No.23/カ図）
　新分牧（No.2070/モ図）
　新牧日（No.1685/モ図）
　牧野S1（No.1868/カ図）
　野生2（p324/カ写）

**サノザクラ** *Cerasus jamasakura* 'Sanozakura' 佐野桜
バラ科の落葉高木。サクラの栽培品種。
¶学フ増桜〔'佐野桜'〕（p142/カ写）

**サバシコウ** *Prunus mume* 'Sabashikō' 佐橋紅
バラ科。ウメの品種。李系ウメ, 紅城性一重。
¶ウメ〔佐橋紅〕（p99/カ写）
　APG原樹〔ウメ'サバシコウ'〕（No.475/カ図）

**ザ・バナー** *Hibiscus syriacus* 'The Banner'
アオイ科。ムクゲの品種。八重咲き菊咲き型。
¶茶花下（p35/カ写）

**サバノオ** *Dichocarpum dicarpon* var.*dicarpon* 鯖の尾
キンポウゲ科の草本。日本固有種。
¶原牧1（No.1202/カ図）
　固有（p54/カ写）
　山野草（No.0108/カ写）
　新分牧（No.1352/モ図）
　新牧日（No.523/モ図）
　牧野S1（No.1202/カ図）
　野生2（p149/カ写）
　山ハ山花（p223/カ写）

**サハリンイトスゲ** *Carex sachalinensis* var.
*sachalinensis*
カヤツリグサ科の多年草。
¶カヤツリ（p338/モ図）
　スゲ増（No.174/カ写）
　野生1（p320/カ写）

**サハリンイヌナズナ** ⇒エゾイヌナズナを見よ

**サビイロクビオレタケ** *Ophiocordyceps ferruginosa*
オフィオコルディセプス科の冬虫夏草。宿主はアブの幼虫、甲虫の幼虫。
¶冬虫生態（p196/カ写）
山カ日き（p582/カ写）

**サビタ** ⇒ノリウツギを見よ

**サビバナナカマド** *Sorbus commixta* var. *rufoferruginea* 錆葉七竈
バラ科シモツケ亜科の落葉小高木。日本固有種。別名アカテツナナカマド、オニナナカマド。
¶APG原樹（No.534/カ図）
原牧1（No.1712/カ図）
固有（p79）
新分牧（No.1905/モ図）
新牧日（No.1064/カ図）
牧野S1（No.1712/カ図）
野生3（p84/カ写）

**サフラン** *Crocus sativus* 泊夫藍
アヤメ科の多年草。花は淡紫色。
¶原牧1（No.510/カ図）
新分牧（No.547/モ図）
新牧日（No.3538/モ図）
牧野S1（No.510/カ図）

**サフランモドキ** *Zephyranthes carinata* 泊夫藍擬
ヒガンバナ科の小球根植物。花は鮮桃色。
¶帰化写改（p409/カ写）
原牧1（No.556/カ図）
新分牧（No.596/モ図）
新牧日（No.3511/モ図）
茶花下（p309/カ写）
牧野S1（No.556/カ図）

**サポジラ** *Manilkara zapota*
アカテツ科の小木。別名チューインガムノキ。果肉は黄褐色ないし赤褐色。高さは10〜15m。花は黄白色。
¶APG原樹（No.1108/カ図）

**サボテン** *Opuntia ficus-indica*
サボテン科の多肉植物。別名ウチワサボテン。高さは4〜5m。花は明るい黄色。
¶原牧2（No.1002/カ図）
新分牧（No.3042/モ図）
新牧日（No.455/モ図）
牧野S2（No.2847/カ図）

**サボテンギク** ⇒マツバギクを見よ

**サポナリア × 'オリバナ'** *Saponaria* × 'Olivana'
ナデシコ科。S.カエスピトーサとS.プミリオの交配種。高さは3〜8cm。
¶山野草（No.0050/カ写）

**ザボン**(1) *Citrus maxima*
ミカン科の常緑の小木。果肉は白。
¶原牧2（No.599/カ図）
新分牧（No.2642/モ図）
新牧日（No.1535/モ図）
牧野S2（No.2444/カ図）

**ザボン**(2) ⇒ブンタンを見よ

**サボンソウ** *Saponaria officinalis*
ナデシコ科の多年草。高さは50〜80cm。花は淡紅色、または白色。
¶帰化写改（p38/カ写, p491/カ写）
原牧2（No.940/カ図）
新分牧（No.2980/モ図）
新牧日（No.412/カ図）
牧野S2（No.2785/カ図）

**サマースカイ** *Geranium pratense* 'Summer Skies'
フウロソウ科の草本。ノハラフウロの品種。
¶山野草〔ゲラニウム・プラテンセ'サマースカイ'〕（No.0661/カ写）

**サマツモドキ** *Tricholomopsis rutilans*
キシメジ科のキノコ。中型〜大型。傘はなめし皮様、黄色の地に赤褐色細鱗片。ひだは黄色。
¶学フ増毒き（p91/カ写）
原きの（No.287/カ写・カ図）
山カ日き（p73/カ写）

**サマニオトギリ** *Hypericum nakaii* subsp.*nakaii* 様似弟切
オトギリソウ科の多年草。日本固有種。
¶固有（p64）
野生3（p240/カ写）
山ハ高山（p193/カ写）

**サマニカラマツ** ⇒ナガバカラマツを見よ

**サマニユキワリ** *Primula modesta* var. *samanimontana* 様似雪割
サクラソウ科の草本。日本固有種。
¶固有（p110）
山ハ高山（p256/カ写）

**サマニヨモギ** *Artemisia arctica* subsp.*sachalinensis* 様似蓬
キク科キク亜科の多年草。高さは20〜50cm。
¶原牧2（No.2095/カ図）
新分牧（No.4226/モ図）
新牧日（No.3129/モ図）
牧野S2（No.3940/カ図）
野生5（p331/カ写）
山カ野草（p78/カ写）
山ハ高山（p428/カ写）

**サミダレツツジ** ⇒バイカツツジを見よ

**サメノタスキ** ⇒ナガミルを見よ

**サヤゴケ** *Glyphomitrium humillimum* 莢苔
ヒナノハイゴケ科のコケ。別名ヒメハイカラゴケ。小型、茎は長さ5〜10（〜20）mm。葉は狭披針形。
¶新分牧（No.4860/モ図）
新牧日（No.4721/モ図）

**サヤシロスゲ** *Carex gravida*
カヤツリグサ科の多年草。1節に1個の小穂を付ける。高さは60〜120cm。
¶帰化写2（No.364/カ写）
スゲ増（p370）

**サヤスゲ** *Carex vaginata*
カヤツリグサ科の多年草。別名ケヤリスゲ。
¶カヤツリ〔ケヤリスゲ〕（p446/モ図）

スゲ増〔ケヤリスゲ〕(No.248/カ写)
野生1 (p326/カ写)

**サヤナギナタタケ** *Clavaria fumosa*
シロソウメンタケ科のキノコ。形は円筒状, 薄淡黄
色〜淡灰褐色。
¶原きの (No.450/カ写・カ図)
山カ日き (p407/カ写)

**サヤヌカグサ** *Leersia sayanuka* 莠糠草, 鞘糠草
イネ科イネ亜科の多年草。高さは40〜70cm。
¶学フ増野秋 (p229/カ写)
桑イネ (p297/カ写・モ図)
原牧1 (No.910/カ図)
植調 (p21/カ写)
新分牧 (No.1010/カ写)
新牧日 (No.3636/モ図)
日水草 (p212/カ写)
牧野ス1 (No.910/カ図)
野生2 (p39/カ写)
山ハ野花 (p176/カ写)

**サヤマスゲ** *Carex hashimotoi*
カヤツリグサ科の多年草。日本固有種。
¶カヤツリ (p390/モ図)
固有 (p186)
スゲ増 (No.209/カ写)
野生1 (p324/カ写)

**サユリ** ⇒ササユリを見よ

**サラ** ⇒ナツツバキを見よ

**ザラエノハラタケ** *Agaricus subrutilescens*
ハラタケ科のキノコ。中型〜大型。傘は白地に紫褐
色の鱗片。ひだは白色のち淡紅色〜黒褐色。
¶学フ増毒き (p120/カ写)
山カ日き (p189/カ写)

**ザラエノヒトヨタケ** *Coprinopsis lagopus*
ナヨタケ科のキノコ。
¶山カ日き (p203/カ写)

**サラサウツギ** *Deutzia crenata f.plena* 更紗空木, 更
紗卯木
アジサイ科の木本。オシベが花弁化して八重咲きに
なり, 外弁の外側が紅紫色になったものをいう。
¶茶花上 (p523/カ写)

**サラサドウダン** *Enkianthus campanulatus* var.
*campanulatus* 更紗灯台, 更紗満天星
ツツジ科ドウダンツツジ亜科の落葉小高木。日本固
有種。別名フウリンツツジ, ドウダンツツジ。高さ
は4〜5m。花は淡紅色。
¶APG原樹 (No.1203/カ図)
学フ増花庭 (p164/カ写)
原牧2 (No.1226/カ図)
固有 (p108)
山野草 (No.0801/カ写)
新分牧 (No.3204/モ図)
新牧日 (No.2170/モ図)
茶花上 (p523/カ写)
牧野ス2 (No.3071/カ図)
野生4 (p251/カ写)
山カ樹木 (p592/カ写)

落葉図譜 (p272/モ図)

**サラサバナ** ⇒パイプカズラを見よ

**サラシナショウマ** *Cimicifuga simplex* 晒菜升麻
キンポウゲ科の多年草。別名イッポンショウマ, ミ
ヤマショウマ, ヤサイショウマ。高さは80〜
150cm。花は白色。
¶色季草 (p109/カ写)
学フ増野秋 (p179/カ写)
学フ増薬草 (p47/カ写)
原牧1 (No.1240/カ写)
山野草 (No.0336/カ写)
新分牧 (No.1378/モ図)
新牧日 (No.565/モ図)
茶花下 (p211/カ写)
牧野ス1 (No.1240/カ図)
ミニ山 (p50/カ写)
野生2 (p140/カ写)
山カ野草 (p492/カ写)
山ハ山花 (p217/カ写)

**サラジュ** ⇒ナツツバキを見よ

**サラセニア** *Sarracenia purpurea*
サラセニア科の多年草。別名ヘイシソウ, ムラサキ
ヘイシソウ。長さは30cm。花は桃, 淡紅〜暗赤色。
¶原牧2 (No.1153/カ写)
新分牧 (No.3196/モ図)
新牧日 (No.762/モ図)
牧野ス2 (No.2998/カ図)

**サラダナ** ⇒チシャを見よ

**ザラツキイチゴツナギ** ⇒イチゴツナギ(1)を見よ

**ザラツキエノコログサ** *Setaria verticillata*
イネ科キビ亜科の一年草。高さは30〜100cm。
¶帰化写2 (p352/カ写)
桑イネ (p442/モ図)
新分牧 (No.1230/カ写)
新牧日 (No.3801/モ図)
野生2 (p96)

**ザラツキギボウシ** *Hosta kikutii* var.*scabrinervia*
クサスギカズラ科 (ユリ科)。日本固有種。
¶固有 (p155)
野生1 (p252)

**ザラツキシラスゲ** *Carex albidibasis*
カヤツリグサ科の草本。別名チチブシラスゲ。高さ
は20〜50cm。
¶スゲ増 (No.236/カ写)
野生1 (p332)

**ザラツキニセショウロ** *Scleroderma verrucosum*
ニセショウロ科のキノコ。
¶学フ増毒き〔ショウロダマシ〕(p225/カ写)
山カ日き (p501/カ写)

**ザラツキヒナガリヤス** *Calamagrostis nana* subsp.
*hayachinensis*
イネ科イチゴツナギ亜科の多年草。日本固有種。
¶固有 (p168)
野生2 (p49)

サラハナソ　　352

**ザラバナソモソモ**　*Poa macrocalyx* var.*scabriflora*
イネ科イチゴツナギ亜科の多年草。高さは30〜45cm。
　¶桑イネ（p396/モ図）
　野生2（p61）

**ザラメ**　⇒スジメを見よ

**ザリグミ**　⇒ザリコミを見よ

**ザリコミ**　*Ribes maximowiczianum*
スグリ科（ユキノシタ科）の落葉低木。別名ザリグミ。高さは1m。
　¶APG原樹（No.344/カ図）
　原牧1（No.1361/カ図）
　新分牧（No.1532/モ図）
　新牧日（No.1014/モ図）
　牧野ス1（No.1361/カ図）
　野生2（p193/カ写）
　山力樹木（p231/カ写）

**サルイワツバキ**　⇒ユキツバキを見よ

**サルインツバキ**　⇒サルウィンツバキを見よ

**サルウィンツバキ**　*Camellia saluenensis*
ツバキ科の木本。別名サルインツバキ。花は紫を帯びた淡桃色。
　¶APG原樹（No.1152/カ図）

**サルカケミカン**　*Toddalia asiatica*
ミカン科の常緑つる性植物。
　¶原牧2（No.576/カ図）
　新分牧（No.2605/モ図）
　新牧日（No.1513/モ図）
　牧野ス2（No.2421/カ図）
　野生3（p305/カ写）

**サルクラハンノキ**　*Alnus hakkodensis*
カバノキ科の木本。日本固有種。
　¶固有（p42）

**サルスベリ**(1)　*Lagerstroemia indica*　猿滑, 百日紅
ミソハギ科の落葉小高木。別名ヒャクニチコウ, ヒャクジツコウ, サルナメリ。高さは2〜10m。花は紅, 桃, 白, 紫紅色など。
　¶APG原樹（No.859/カ図）
　学フ増花庭（p166/カ写）
　原牧2（No.446/カ図）
　新分牧（No.2473/モ図）
　新牧日（No.1901/モ図）
　茶花下（p212/カ写）
　都木花新（p148/カ写）
　牧野ス2（No.2291/カ図）
　野生3（p258/カ写）
　山力樹木（p512/カ写）
　落葉図譜（p247/モ図）

**サルスベリ**(2)　⇒ナツツバキを見よ

**サルスベリ**(3)　⇒ヒメシャラを見よ

**サルスベリ‘カントリー レッド’**　⇒カントリーレッドを見よ

**サルスベリ‘タスカローラ’**　⇒タスカローラを見よ

**ザルゾコミョウガ**　*Pollia secundiflora*
ツユクサ科の常緑の多年草。高さは55〜110cm。
　¶野生1（p268）

**サルタノキ**　⇒ヒメシャラを見よ

**サルダヒコ**(1)　⇒カキドオシを見よ

**サルダヒコ**(2)　⇒コシロネを見よ

**サルトリイバラ**　*Smilax china*　猿捕り茨
サルトリイバラ科（ユリ科）のつる性低木。別名ガンタチイバラ, カカラ, ガンダチイバラ, カラタチイバラ, サンキライ。花は黄緑色。葉長5cm。
　¶APG原樹（No.178/カ図）
　学フ増山菜（p176/カ写）
　学フ増薬草（p163/カ写）
　原牧1（No.318/カ図）
　新分牧（No.365/モ図）
　新牧日（No.3491/モ図）
　茶花下（p362/カ写）
　牧野ス1（No.318/カ図）
　野生1（p166/カ写）
　山力樹木（p75/カ写）

**サルナシ**　*Actinidia arguta*　猿梨
マタタビ科（サルナシ科）の落葉つる性植物。別名シラクチヅル, コクワ。花は白色。
　¶APG原樹（No.1196/カ図）
　学フ増山菜（p177/カ写）
　学フ増（p201/カ写・カ図）
　原牧2（No.1154/カ図）
　新分牧（No.3197/モ図）
　新牧日（No.719/モ図）
　都木花新（p77/カ写）
　牧野ス2（No.2999/カ図）
　野生4（p220/カ写）
　山力樹木（p480/カ写）
　落葉図譜（p238/モ図）

**サルナメリ**(1)　⇒サルスベリ(1)を見よ

**サルナメリ**(2)　⇒ヒメシャラを見よ

**サルビア**(1)　⇒セージを見よ

**サルビア**(2)　⇒ヒゴロモソウを見よ

**サルビエ**　⇒イヌビエを見よ

**サルマ・ヘンリー**　*Saruma henryi*
ウマノスズクサ科の草本。別名タカアシサイシン。
　¶山野草（No.0429/カ写）

**サルマメ**　*Smilax biflora* var.*trinervula*　猿豆
サルトリイバラ科（ユリ科）の低木。高さは30〜50cm。
　¶APG原樹（No.181/カ図）
　原牧1（No.321/カ図）
　新分牧（No.368/モ図）
　新牧日（No.3494/モ図）
　牧野ス1（No.321/カ図）
　野生1（p166/カ写）
　山力樹木（p76/カ写）

**サルメン**　⇒チガイソを見よ

**サルメンエビネ** *Calanthe tricarinata* 猿面蝦根
ラン科の多年草。高さは30〜60cm。花は緑，緑黄色。
¶原牧1 (No.460/カ図)
　山野草 (No.1680/カ図)
　新分牧 (No.494/モ図)
　新牧日 (No.4334/モ図)
　茶花上 (p395/カ写)
　牧野ス1 (No.460/カ図)
　野生1 (p188/カ写)
　山力野草 (p581/カ写)
　山ハ山花 (p89/カ写)
　山レ増 (p478/カ写)

**サルメンワカメ** ⇒チガイソを見よ

**サルルショウマ** ⇒モミジバショウマを見よ

**ザロン（ウスベニ）** *Prunus mume* 'Zaron-usubeni' 座論（薄紅）
バラ科。ウメの品種。野梅系ウメ，野梅性八重。
¶ウメ〔座論（薄紅）〕(p59/カ写)

**ザロン（シロ）** *Prunus mume* 'Zaron-shiro' 座論（白）
バラ科。ウメの品種。野梅系ウメ，野梅性八重。
¶ウメ〔座論（白）〕(p58/カ写)

**ザロン（ベニ）** *Prunus mume* 'Zaron-beni' 座論（紅）
バラ科。ウメの品種。野梅系ウメ，野梅性八重。
¶ウメ〔座論（紅）〕(p59/カ写)

**ザロンバイ** ⇒ヤツブサウメを見よ

**サワアザミ**(1) *Cirsium yezoense* 沢薊
キク科アザミ亜科の多年草。日本固有種。別名マアザミ。
¶学フ増山菜 (p160/カ写)
　学フ増野秋 (p49/カ写)
　固有 (p139)
　野生5 (p234/カ写)
　山力野草 (p90/カ写)
　山ハ山花 (p546/カ写)

**サワアザミ**(2) ⇒キセルアザミを見よ

**サワアジサイ** ⇒ヤマアジサイを見よ

**サワオグルマ** *Tephroseris pierotii* 沢小車
キク科キク亜科の多年草。日本固有種。高さは50〜80cm。
¶色野草 (p138/カ写)
　学フ増山菜 (p69/カ写)
　原牧2 (No.2114/カ図)
　固有 (p145/カ写)
　山野草 (No.1246/カ写)
　新分牧 (No.4075/モ図)
　新牧日 (No.3144/モ図)
　茶花上 (p524/カ写)
　牧野ス2 (No.3959/カ図)
　野生5 (p312/カ写)
　山力野草 (p61/カ写)
　山ハ野花 (p564/カ写)

**サワオトギリ** *Hypericum pseudopetiolatum* 沢弟切
オトギリソウ科の多年草。日本固有種。高さは10〜15cm。
¶原牧2 (No.401/カ図)
　固有 (p65)
　新分牧 (No.2297/モ図)
　新牧日 (No.755/モ図)
　牧野ス1 (No.2246/カ図)
　ミニ山 (p75/カ写)
　野生3 (p246/カ写)
　山力野草 (p357/カ写)
　山ハ山花 (p326/カ写)

**サワギキョウ**(1) *Lobelia sessilifolia* 沢桔梗
キキョウ科の多年草。高さは40〜100cm。花は紫色。
¶学フ増山菜 (p209)
　学フ増野秋 (p54/カ写)
　学フ有毒 (p99/カ写)
　原牧2 (No.1884/カ図)
　山野草 (No.1151/カ写)
　新分牧 (No.3922/モ図)
　新牧日 (No.2927/モ図)
　茶花下 (p212/カ写)
　牧野ス2 (No.3729/カ図)
　野生5 (p192/カ写)
　山力野草 (p135/カ写)
　山ハ山花 (p491/カ写)

**サワギキョウ**(2) ⇒ハルリンドウを見よ

**サワギク** *Nemosenecio nikoensis* 沢菊
キク科キク亜科の多年草。日本固有種。別名ボロギク。高さは35〜110cm。
¶色野草 (p168/カ写)
　学フ増野夏 (p96/カ写)
　原牧2 (No.2123/カ写)
　固有 (p145/カ写)
　山野草 (No.1244/カ写)
　新分牧 (No.4074/モ図)
　新牧日 (No.3154/モ図)
　茶花下 (p95/カ写)
　牧野ス2 (No.3968/カ図)
　野生5 (p301/カ写)
　山力野草 (p57/カ写)
　山ハ山花 (p528/カ写)

**サワクキタチ** ⇒ゴマナを見よ

**サワグルミ** *Pterocarya rhoifolia* 沢胡桃
クルミ科の落葉高木。別名カワグルミ，フジグルミ。高さは30m。花は淡黄緑色。樹皮は濃灰色。
¶APG原樹 (No.732/カ写)
　学フ増樹 (p144/カ写・カ図)
　原牧2 (No.128/カ図)
　新分牧 (No.2169/モ図)
　新牧日 (No.82/モ図)
　図説樹木 (p60/カ写)
　牧野ス1 (No.1973/カ図)
　野生3 (p103/カ写)
　山力樹木 (p111/カ写)

サワクワ 354

落葉図譜 (p58/モ図)

**サワグワ** ⇒フサザクラを見よ

**サワシオン** ⇒タコノアシを見よ

**サワシデ** ⇒サワシバを見よ

**サワシバ** *Carpinus cordata* 沢柴
カバノキ科の落葉高木。別名オオサワシバ, ヒメサ
ワシバ, サワシデ。樹高は15m。樹皮は灰褐色。
　¶APG原樹 (No.760/カ図)
　学フ増樹 (p141/カ写)
　原牧2 (No.134/カ図)
　新分牧 (No.2194/モ図)
　新牧日 (No.112/モ図)
　牧野ス1 (No.1979/カ図)
　野生3 (p116/カ写)
　山力樹木 (p128/カ写)
　落葉図譜 (p64/モ図)

**サワシロギク** *Aster rugulosus* var.*rugulosus* 沢白菊
キク科キク亜科の多年草。日本固有種。高さは30
〜60cm。
　¶原牧2 (No.1937/カ図)
　固有 (p145)
　新分牧 (No.4170/モ図)
　新牧日 (No.2976/モ図)
　茶花下 (p213/カ写)
　牧野ス2 (No.3782/カ図)
　野生5 (p315/カ写)
　山ハ野花 (p541/カ写)

**サワスゲ** ⇒エナシヒゴクサを見よ

**サワスズメノヒエ** *Paspalum vaginatum*
イネ科キビ亜科の多年草。高さは50〜80cm。
　¶桑イネ (p368/モ図)
　野生2 (p92/カ写)

**サワゼリ** ⇒ヌマゼリを見よ

**サワタチ (サワダチ)** ⇒サワダツを見よ

**サワダツ** *Euonymus melananthus* 沢立
ニシキギ科の落葉低木。日本固有種。別名サワタ
チ, アオジクマユミ, サワダチ。
　¶APG原樹 (No.764/カ図)
　原牧2 (No.196/カ図)
　固有 (p88)
　新分牧 (No.2249/モ図)
　新牧日 (No.1647/モ図)
　茶花上 (p524/カ写)
　牧野ス1 (No.2041/カ図)
　野生3 (p135/カ写)
　山力樹木 (p418/カ写)

**サワテラシ** ⇒ヒカゲツツジを見よ

**サワトウガラシ** *Deinostema violaceum* 沢唐辛子
オオバコ科 (ゴマノハグサ科) の一年草。高さは10
〜20cm。
　¶原牧2 (No.1558/カ図)
　新分牧 (No.3581/モ図)
　新牧日 (No.2690/モ図)
　牧野ス2 (No.3403/カ図)

　野生5 (p74/カ写)

**サワトラノオ** *Lysimachia leucantha*
サクラソウ科の草本。別名ミズトラノオ。
　¶原牧2 (No.1094/カ図)
　新分牧 (No.3157/モ図)
　新牧日 (No.2237/モ図)
　牧野ス2 (No.2939/カ図)
　野生4 (p194/カ写)
　山レ増 (p201/カ写)

**サワトンボ** ⇒オオミズトンボを見よ

**サワナス** ⇒ハシリドコロを見よ

**サワナデシコ** ⇒オグラセンノウを見よ

**サワハコベ** *Stellaria diversiflora* var.*diversiflora* 沢
繁縷
ナデシコ科の多年草。日本固有種。別名ツルハコ
ベ。高さは5〜30cm。
　¶原牧2 (No.868/カ図)
　固有 (p47)
　新分牧 (No.2929/モ図)
　新牧日 (No.340/モ図)
　牧野ス2 (No.2713/カ図)
　ミニ山 (p26/カ写)
　野生4 (p124/カ写)
　山力野草 (p519/カ写)
　山ハ山花 (p259/カ写)

**サワヒナスゲ** ⇒サワヒメスゲを見よ

**サワヒメスゲ** *Carex mira*
カヤツリグサ科の多年草。別名サワヒナスゲ, コウ
ライヒナスゲ。
　¶カヤツリ (p384/モ図)
　スゲ増 (No.205/カ写)
　野生1 (p330/カ写)

**サワヒヨドリ** *Eupatorium lindleyanum* var.
*lindleyanum* 沢鴨
キク科キク亜科の多年草。高さは50〜100cm。花
は白色, または淡紫色。
　¶学フ増野秋 (p8/カ写)
　原牧2 (No.1919/カ図)
　山野草 (No.1315/カ写)
　新分牧 (No.4316/モ図)
　新牧日 (No.2957/カ写)
　茶花下 (p213/カ写)
　牧野ス2 (No.3764/カ図)
　野生5 (p367/カ写)
　山力野草 (p29/カ写)
　山ハ野花 (p580/カ写)
　山ハ山花 (p543/カ写)

**サワフタギ** *Symplocos sawafutagi* 沢寒, 沢蓋木
ハイノキ科の落葉低木。別名ニシゴリ, ルリミノウ
シコロシ。
　¶APG原樹 (No.1185/カ図)
　学フ増樹 (p75/カ写・カ図)
　原牧2 (No.1130/カ図)
　新分牧 (No.3171/モ図)
　新牧日 (No.2269/モ図)
　茶花上 (p396/カ写)

都木花新 (p104/カ写)
牧野ス2 (No.2975/カ図)
野生4 (p210/カ写)
山力樹木 (p620/カ写)
落葉図譜 (p278/モ図)

**サワホオズキ** ⇒オオバミゾホオズキを見よ

**サワラ** *Chamaecyparis pisifera* 椹, 花柏
ヒノキ科の常緑高木。日本固有種。高さは30〜
40m。花は紫褐色。樹皮は赤褐色。
¶ **APG原樹** (No.89/カ写)
学フ増樹 (p148/カ写)
原牧1 (No.44/カ図)
固有 (p196)
新分牧 (No.62/モ図)
新牧日 (No.62/モ図)
図説樹木 (p48/カ写)
都木花新 (p240/カ写)
牧野ス1 (No.45/カ図)
野生1 (p38/カ写)
山力樹木 (p51/カ写)

**サワライヌワラビ** *Athyrium subrigescens × A.vidalii*
メシダ科のシダ植物。
¶ シダ標2 (p307/カ写)

**サワラゴケ** *Neotrichocolea bissetii*
サワラゴケ科のコケ。別名ムクムクサワラゴケ。茎
は長さ3〜10cm。
¶ 新分牧 (No.4904/モ図)
新牧日 (No.4762/モ図)

**サワラトガ** ⇒トガサワラを見よ

**サワラン** *Eleorchis japonica* var.*japonica* 沢蘭
ラン科の多年草。別名アサヒラン。高さは10〜
20cm。花は紅紫色。
¶ 学フ増野夏 (p68/カ写)
原牧1 (No.408/カ図)
山野草 (No.1727/カ写)
新分牧 (No.488/モ図)
新牧日 (No.4282/モ図)
牧野ス1 (No.408/カ図)
野生1 (p197/カ写)
山力野草 (p577/カ写)
山ハ高山 (p42/カ写)

**サワルリソウ** *Ancistrocarya japonica* 沢瑠璃草
ムラサキ科ムラサキ亜科の多年草。日本固有種。高
さは50〜80cm。
¶ 原牧2 (No.1429/カ写)
固有 (p120)
新分牧 (No.3531/モ図)
新牧日 (No.2489/モ図)
茶花上 (p525/カ写)
牧野ス2 (No.3274/カ図)
野生5 (p52/カ写)
山ハ山花 (p383/カ写)

**サンインギク** *Chrysanthemum × aphrodite* 山陰菊
キク科の草本。シマカンギクより全体に大きい。
¶ 山力野草 (p75/カ写)

山ハ野花 (p521/カ写)

**サンインクワガタ** *Veronica muratae*
オオバコ科 (ゴマノハグサ科) の草本。日本固有種。
別名ニシノヤマクワガタ。
¶ 固有 (p128)
野生5 (p86/カ写)

**サンインシロカネソウ** *Dichocarpum sarmentosum*
山陰白銀草
キンポウゲ科の草本。日本固有種。別名ソコベニシ
ロカネソウ。
¶ 固有 (p54)
茶花上 (p396/カ写)
野生2 (p150/カ写)
山ハ山花 (p224/カ写)

**サンイントラノオ** *Veronica ogurae*
オオバコ科 (ゴマノハグサ科)。日本固有種。
¶ 固有 (p131)
山野草 (No.1074/カ写)
新分牧 (No.3620/モ図)
新牧日 (No.2731/モ図)
野生5 (p88/カ写)
山レ増 (p114/カ写)

**サンインヒエスゲ** *Carex jubozanensis*
カヤツリグサ科の多年草。日本固有種。
¶ カヤツリ (p260/モ図)
固有 (p183/カ写)
新分牧 (No.892/モ図)
スゲ増 (No.127/カ写)
野生1 (p314/カ写)

**サンインヒキオコシ** *Isodon shikokianus* var.
*occidentalis* 山陰引起し
シソ科シソ亜科〔イヌハッカ亜科〕。日本固有種。
¶ 固有 (p123)
茶花下 (p362/カ写)
野生5 (p143)

**サンインヤマトリカブト** ⇒タンナトリカブトを
見よ

**サンガイグサ** ⇒ホトケノザ (1) を見よ

**サンカオウトウ** ⇒スミミザクラを見よ

**サンカクイ** *Schoenoplectus triqueter* 三角藺
カヤツリグサ科の多年生抽水植物。別名サギノシリ
サシ, テガヌマイ, タイホクイ, タイコウイ。小穂は
長楕円状卵形。稈は高さ50〜130cm, 三角形。
¶ カヤツリ (p680/モ図)
原牧1 (No.734/カ写)
新分牧 (No.951/モ図)
新牧日 (No.3995/モ図)
茶花下 (p214/カ写)
日水草 (p198/カ写)
牧野ス1 (No.734/カ図)
野生1 (p357/カ写)
山力野草 (p658/カ写)
山ハ野花 (p114/カ写)

**サンカククラマゴケモドキ** *Porella densifolia*
クラマゴケモドキ科。日本固有種。

¶固有 (p223/カ写)

**サンカクヅル** ⇒ギョウジャノミズを見よ

**サンカクチュウ** *Hylocereus undatus*
サボテン科のサボテン。別名カズラサボテン。長さ
3〜5m。花は黄緑色。
¶原牧2 (No.1000/カ図)
　牧野ス2 (No.2845/カ図)

**サンカクナ** ⇒ヒンジモを見よ

**サンカクハゼラン** *Talinum fruticosum*
スベリヒユ科の多年草。
¶帰化写2 (p396/カ写)

**サンカクホタルイ** *Schoenoplectus triangulatus × S. hotarui*
カヤツリグサ科の水草。
¶日水草 (p202/カ写)

**サンカクホングウシダ** *Lindsaea javanensis*
ホングウシダ科の林床生の常緑性シダ。別名ミヤマ
エダウチホングウシダ。葉身は長さ7〜20cm、三角
形〜長楕円形。
¶シダ標1 (p352/カ写)

**サンカヨウ** *Diphylleia grayi* 山荷葉
メギ科の多年草。別名キレハサンカヨウ。高さは
30〜60cm。
¶学フ増高山 (p150/カ写)
　学フ増野夏 (p153/カ写)
　原牧1 (No.1166/カ図)
　山野草 (No.0374/カ写)
　新分牧 (No.1331/モ図)
　新牧日 (No.633/モ図)
　茶花下 (p214/カ写)
　牧野ス1 (No.1166/カ写)
　ミニ山 (p61/カ写)
　野生2 (p116/カ写)
　山力野草 (p464/カ写)
　山ハ高山 (p80/カ写)
　山ハ山花 (p209/カ写)

**サンギナリア・カナデンシス** *Sanguinaria canadensis*
ケシ科の多年草。花は白または桃色。
¶山野草 (No.0472/カ写)

**サンキライ** ⇒サルトリイバラを見よ

**サンゴアブラギリ** ⇒トックリアブラギリを見よ

**サンゴカク** *Acer amoenum* var.*matsumurae* 'Sangokaku' 珊瑚閣
ムクロジ科（カエデ科）。カエデの品種。
¶APG原樹〔カエデ'サンゴカク'〕(No.912/カ図)

**サンゴカンアオイ** *Asarum trigynum*
ウマノスズクサ科の多年草。日本固有種。葉は三角
状卵形。
¶固有 (p62)
　野生1 (p67)

**サンゴクモタケ** *Torrubiella rosea*
ノムシタケ科の冬虫夏草。宿主は小型のクモ。
¶冬虫生態 (p230/カ写)

**サンゴゴケ** *Sphaerophorus meiophorus* 珊瑚苔
サンゴゴケ科の地衣類。地衣体は小灌木状。
¶新分牧 (No.5169/モ図)
　新牧日 (No.5029/モ図)

**サンゴシトウ** *Erythrina × bidwillii* 珊瑚刺桐
マメ科の木本。別名ヒシバデイコ, ヒシバデイゴ。
高さは4m。花は鮮濃赤色。
¶APG原樹 (No.364/カ図)
　茶花下 (p96/カ写)
　山力樹木 (p369/カ写)

**サンゴジュ** *Viburnum odoratissimum* var.*awabuki* 珊瑚樹
ガマズミ科〔レンプクソウ科〕(スイカズラ科)の常
緑低木または高木。高さは10m以上。花は白色。
¶APG原樹 (No.1472/カ図)
　学フ増花庭 (p200/カ写)
　原牧2 (No.2300/カ図)
　新分牧 (No.4324/モ図)
　新牧日 (No.2838/モ図)
　茶花上 (p525/カ写)
　都木花新 (p220/カ写)
　牧野ス2 (No.4145/カ写)
　野生5 (p406/カ写)
　山力樹木 (p713/カ写)

**サンゴジュスズメウリ** *Mukia maderaspatana*
ウリ科の草本。
¶野生3 (p122/カ写)

**サンゴジュマツナ** ⇒シチメンソウを見よ

**サンゴタケ** *Pseudocolus fusiformis* 三鈷茸
スッポンタケ科（アカカゴタケ科）のキノコ。小型
〜中型。托枝は3本。
¶原きの (No.507/カ写・カ図)
　新分牧 (No.5137/モ図)
　新牧日 (No.5005/モ図)
　山力日き (p516/カ写)

**サンゴバナ** *Justicia carnea* 珊瑚花
キツネノマゴ科の観賞用低木状草本。別名ユスチシ
ア, マンネンカ。高さは1.5〜2m。花は濃桃赤色。
¶APG原樹 (No.1432/カ図)
　原牧2 (No.1807/カ図)
　新分牧 (No.3664/カ図)
　新牧日 (No.2786/モ図)
　牧野ス2 (No.3652/カ図)

**サンゴハリタケ** *Hericium coralloides*
サンゴハリタケ科のキノコ。
¶原きの (No.430/カ写・カ図)
　山力日き (p432/カ写)

**サンゴホオズキ** ⇒メジロホオズキを見よ

**サンゴミズキ** *Cornus alba* var.*sibirica* 珊瑚水木
ミズキ科の落葉木。
¶山力樹木 (p529/カ写)

**サンサ** ⇒サンザシを見よ

**サンザシ** *Crataegus cuneata* 山査子, 山樝子
バラ科シモツケ亜科の落葉低木。別名コウカ, サン
サ, メイフラワー。高さは1.5m。花は白色。

¶APG原樹（No.520/カ写）
学フ増花庭（p91/カ写）
学フ増薬草（p191/カ写）
原牧1（No.1730/カ写）
新分牧（No.1921/モ図）
新牧日（No.1080/カ写）
茶花上（p397/カ写）
牧野ス1（No.1730/カ図）
野生3（p69/カ写）
山力樹木（p343/カ写）

**サンシキウツギ** *Weigela×fujisanensis* 三色空木
スイカズラ科の木本。別名フジサンシキウツギ。
¶APG原樹〔フジサンシキウツギ〕（No.1499/カ図）
原牧2（No.2353/カ写）
新分牧（No.4343/モ図）
新牧日（No.2876/モ図）
牧野ス2（No.4198/カ図）

**サンシキカミツレ** ⇒ハナワギクを見よ

**サンシキスミレ** *Viola×wittrockiana*
スミレ科の一年草または多年草。別名パンジー。花は紫、黄、白色など。
¶原牧2（No.381/カ写）
新分牧（No.2364/モ図）
新牧日（No.1852/カ写）
牧野ス1（No.2226/カ図）

**サンシクヨウソウ** ⇒イカリソウを見よ

**サンシチ** ⇒サンシチソウを見よ

**サンシチソウ** *Gynura japonica* 三七草、山漆草
キク科の多年草。別名サンシチ、オランダグサ。高さは60～120cm。花は黄色。葉裏は紅色、葉や塊根を薬用とする。
¶帰化写改（p369/カ写）
原牧2（No.2112/カ写）
新分牧（No.4113/モ図）
新牧日（No.3142/カ写）
茶花下（p309/カ写）
牧野ス2（No.3957/カ図）

**サンジュタイカク** *Prunus mume* 'Sanju-taikaku'
算珠台閣
バラ科。ウメの品種。野梅系ウメ、野梅性八重。
¶ウメ〔算珠台閣〕（p60/カ写）

**サンシュユ** *Cornus officinalis* 山茱萸
ミズキ科の落葉高木。別名ハルコガネバナ、アキサンゴ、ヤマグミ。高さは6～7m。花は黄色。
¶APG原樹（No.1071/カ写）
学フ増花庭（p60/カ写）
原牧2（No.1007/カ写）
新分牧（No.3080/カ写）
新牧日（No.1977/モ図）
茶花上（p208/カ写）
都木花新（p157/カ写）
牧野ス2（No.2852/カ図）
野生4（p155/カ写）
山力樹木（p530/カ写）
落葉図譜（p262/モ図）

**サンショウ** *Zanthoxylum piperitum* 山椒
ミカン科の落葉低木。別名ハジカミ（古名）。高さは3m。花は黄緑色。
¶APG原樹（No.991/カ写）
学フ増山菜（p112/カ写）
学フ増樹（p128/カ写・カ図）
学フ増薬草（p201/カ写）
原牧2（No.556/カ図）
新分牧（No.2606/モ図）
新牧日（No.1493/モ図）
都木花新（p193/カ写）
牧野ス2（No.2401/カ図）
ミニ山（p169/カ写）
野生3（p308/カ写）
山力樹木（p380/カ写）
落葉図譜（p180/モ図）

**サンショウソウ** *Pellionia radicans* var. *minima* 山椒草
イラクサ科の多年草。別名ハイミズ。高さは10～30cm。
¶原牧2（No.86/カ写）
新分牧（No.2124/モ図）
新牧日（No.213/カ写）
茶花上（p271/カ写）
牧野ス1（No.1931/カ図）
ミニ山（p14/カ写）
野生2（p349/カ写）
山力野草（p552/カ写）
山ハ山花（p352/カ写）

**サンショウバラ** *Rosa hirtula* 山椒薔薇
バラ科バラ亜科の落葉低木～小高木。日本固有種。高さは5～6m。花は淡紅色。
¶APG原樹（No.605/カ図）
原牧1（No.1800/カ図）
固有（p78/カ写）
新分牧（No.1995/モ図）
新牧日（No.1186/モ図）
茶花上（p397/カ写）
牧野ス1（No.1800/カ図）
野生3（p42/カ写）
山力樹木（p251/カ写）
山レ増（p306/カ写）
落葉図譜（p149/モ図）

**サンショウモ** *Salvinia natans* 山椒藻
サンショウモ科のシダ植物。茎は長さ3～10cm。葉は3枚ずつ輪生。浮葉の長さは1～1.5cm。
¶シダ標1（p336/カ写）
植調（p72/カ写）
新分牧（No.4552/モ図）
新牧日（No.4691/モ図）
日水草（p28/カ写）
山ハ野花（p29/カ写）
山レ増（p632/カ写）

**サンショウモドキ** *Schinus terebinthifolia*
ウルシ科の木本。高さは6m。
¶原牧2（No.512/カ写）
新分牧（No.2545/モ図）

サンセツ

新牧日（No.1562/モ図）
牧野ス2（No.2357/カ図）
野生3（p282/カ写）

**ザンセツ** *Prunus mume* 'Zansetsu' 残雪
バラ科。ウメの品種。野梅系ウメ，野梅性八重。
¶ウメ〔残雪〕（p60/カ写）

**ザンセツシダレ** *Prunus persica* 'Pendula' 残雪枝垂
バラ科の木本。モモの品種。
¶APG原樹〔モモ'ザンセツシダレ'〕（No.493/カ図）

**サンダイガサ** ⇒ツルボを見よ

**サンダルシタン** *Pterocarpus santalinus*
マメ科の小型高木。別名シタン。高さは7〜15mぐ
らい。
¶APG原樹（No.367/カ図）
原牧1〔シタン〕（No.1473/カ図）
新分牧〔シタン〕（No.1654/モ図）
新牧日〔シタン〕（No.1262/モ図）
牧野ス1〔シタン〕（No.1473/カ図）

**サンタンカ** *Ixora chinensis* 山丹花，三段花
アカネ科の観賞用低木。別名イクソラ。高さは1m。
花は赤色。
¶新分牧（No.3369/モ図）
茶花下（p310/カ写）
野生4（p278/カ写）

**サンチュウムシタケモドキ** *Shimizuomyces
paradoxa*
バッカクキン科の冬虫夏草。宿主はヤマガシュウも
しくはサルトリイバラの種子。
¶冬虫生態（p263/カ写）

**サンデリアナ** *Bougainvillea glabra* 'Sanderiana'
オシロイバナ科の木本。ブーゲンビレアの品種。
¶APG原樹〔ブーゲンビレア'サンデリアナ'〕（No.
1065/カ図）

**サンネンモ** *Potamogeton × biwaensis*
ヒルムシロ科の沈水植物。葉は無柄で線形，長さ3.5
〜5.5cm。
¶日水草（p129/カ写）

**サンバクソウ** ⇒ハンゲショウを見よ

**サンブイノデ** *Polystichum fibrillosopaleaceum × P.
ovatopaleaceum* var.*coraiense*
オシダ科のシダ植物。
¶シダ標2（p416/カ写）

**サンブクリンドウ** *Comastoma pulmonarium* subsp.
*sectum* 三伏竜胆
リンドウ科の草本。日本固有種。
¶原牧2（No.1355/カ図）
固有（p114）
新分牧（No.3401/モ図）
新牧日（No.2337/モ図）
牧野ス2（No.3200/カ図）
野生4（p294/カ写）
山力野草（p257/カ写）
山ハ高山（p301/カ写）
山レ増（p171/カ写）

**サンベイサワアザミ** ⇒サンベサワアザミを見よ

**サンベサワアザミ** *Cirsium tenuisquamatum* 三瓶
沢薊
キク科アザミ亜科の草本。日本固有種。別名サンベ
イサワアザミ。
¶固有（p139）
野生5（p235/カ写）

**サンヘンプ** ⇒コヤシタヌキマメを見よ

**サンボウカン** *Citrus sulcata* 三宝柑
ミカン科の木本。豊産性。
¶APG原樹（No.978/カ図）

**サンヨウアオイ** *Asarum hexalobum* var.*hexalobum*
山陽葵
ウマノスズクサ科の多年草。日本固有種。花は淡紫
褐色。
¶原牧1（No.104/カ図）
固有（p61）
新分牧（No.126/モ図）
新牧日（No.700/モ図）
牧野ス1（No.104/カ図）
野生1（p63/カ写・モ図）
山ハ山花（p26/カ写）

**サンヨウカナワラビ** *Arachniodes × masakii*
オシダ科のシダ植物。
¶シダ標2（p397/カ写）

**サンヨウブシ** *Aconitum sanyoense* 山陽付子
キンポウゲ科の草本。日本固有種。
¶原牧1（No.1218/カ図）
固有（p56）
新分牧（No.1418/モ図）
新牧日（No.543/モ図）
牧野ス1（No.1218/カ図）
野生2（p125/カ写）
山ハ山花（p214/カ写）

**サンヨウボタンヅル** ⇒オキナワセンニンソウを
見よ

**サンリョウ** ⇒ミクリを見よ

**サンリンソウ** *Anemone stolonifera* 三輪草
キンポウゲ科の草本。
¶原牧1（No.1264/カ図）
山野草（No.0222/カ写）
新分牧（No.1450/モ図）
新牧日（No.589/モ図）
茶花上（p208/カ写）
牧野ス1（No.1264/カ図）
ミニ山（p55/カ写）
野生2（p136/カ写）
山ハ高山（p96/カ写）
山ハ山花（p238/カ写）

# 【 シ 】

**シイ** ⇒スダジイを見よ

**シイクワシャー** ⇒シーカーシャーを見よ

ジイソブ ⇒ツルニンジンを見よ

シイタケ　*Lentinula edodes*
ツキヨタケ科（ヒラタケ科）のキノコ。
¶原きの（No.166/カ写・カ図）
　新分牧（No.5089/モ図）
　新牧日（No.4973/モ図）
　山カ日き（p29/カ写）

シイノキカズラ　*Derris trifoliata*　椎木蔓
マメ科マメ亜科の木本。
¶野生2（p264/カ写）

シイバサトメシダ　*Athyrium neglectum* subsp. *australe*
メシダ科（イワデンダ科）のシダ植物。日本固有種。
¶固有（p204/カ写）
　シダ標2（p300/カ写）

シイバサトメシダ × ヘビノネゴザ　*Athyrium neglectum* subsp. *australe* × *A. yokoscense*
メシダ科のシダ植物。
¶シダ標2（p305/カ写）

シイモチ(1)　*Ilex buergeri*　椎黐
モチノキ科の木本。別名ヒゼンモチ。
¶原牧2（No.1829/カ図）
　新分牧（No.3878/モ図）
　新牧日（No.1620/モ図）
　牧野ス2（No.3674/カ図）
　野生5（p183/カ写）
　山カ樹木（p412/カ写）

シイモチ(2)　⇒ムニンモチを見よ

シイヤザサ　*Sasaella glabra*
イネ科のササ。
¶タケササ（p128/カ写）

シウリザクラ　*Padus ssiori*
バラ科シモツケ亜科の落葉高木。別名シオリザクラ，ミヤマイヌザクラ。高さは15m。花は帯黄白色。
¶APG原樹（No.453/カ図）
　原牧1（No.1663/カ図）
　新分牧（No.1820/モ図）
　新牧日（No.1241/モ図）
　牧野ス1（No.1663/カ図）
　野生3（p75/カ写）
　山カ樹木（p311/カ写）

シウンボク　⇒キリモドキを見よ

ジオウ　*Rehmannia glutinosa* f. *glutinosa*　地黄
ハマウツボ科（ゴマノハグサ科）の多年草。別名サオヒメ，アカヤジオウ。高さは10～30cm。花は黄白色。
¶原牧2（No.1752/カ図）
　新分牧（No.3826/モ図）
　新牧日（No.2740/モ図）
　牧野ス2（No.3597/カ図）

シオカゼ　⇒クマノギクを見よ

シオカゼオトギリ　*Hypericum iwatelittorale*　潮風弟切
オトギリソウ科の多年草。日本固有種。
¶固有（p64）

野生3（p239）

シオカゼギク　⇒シオギクを見よ

シオカゼテンツキ　*Fimbristylis cymosa*　潮風点突
カヤツリグサ科の多年草。別名シバテンツキ。
¶カヤツリ（p578/モ写）
　新分牧（No.1005/モ図）
　新牧日（No.4038/モ図）
　野生1（p348/カ写）

シオガマギク　*Pedicularis resupinata* subsp. *oppositifolia* var. *oppositifolia*　塩竈菊
ハマウツボ科（ゴマノハグサ科）の多年草。別名シオガマソウ。高さは25～100cm。
¶原牧2（No.1769/カ図）
　新分牧（No.3852/モ図）
　新牧日（No.2751/モ図）
　茶花下（p215/カ写）
　牧野ス2（No.3614/カ図）
　野生5〔シオガマギク（狭義）〕（p157/カ写）

シオガマギク（広義）　*Pedicularis resupinata* subsp. *oppositifolia*　塩竈菊
ハマウツボ科（ゴマノハグサ科）の多年草。高さは30～60cm。
¶学フ増野秋〔シオガマギク〕（p60/カ写）
　野生5（p157/カ写）
　山カ野草〔シオガマギク〕（p188/カ写）
　山ハ山花〔シオガマギク〕（p446/カ写）

シオガマザクラ　*Cerasus lannesiana* 'Shiogama'　塩竈桜
バラ科の落葉小高木。サクラの栽培品種。
¶学フ増桜〔'塩釜'〕（p160/カ写）

シオガマソウ　⇒シオガマギクを見よ

シオガマモドキ　⇒オクエゾガラガラを見よ

シオギク　*Chrysanthemum shiwogiku*　潮菊，塩菊
キク科キク亜科の多年草。日本固有種。別名シオカゼギク，マメシオギク。高さは25～35cm。
¶固有（p142）
　山カ野草（No.1226/モ図）
　茶花下（p382/カ写）
　野生5（p336/カ写）
　山カ野草（p71/カ写）
　山ハ野花（p524/カ写）

シオギリソウ　*Aeluropus littoralis*
イネ科ヒゲシバ亜科の多年草。高さは25cmほど。
¶野生2（p67）

シオクグ　*Carex scabrifolia*　潮莎草，塩莎草
カヤツリグサ科の多年草。別名ハマクグ。高さは30～50cm。
¶カヤツリ（p504/モ図）
　原牧1（No.904/カ図）
　新分牧（No.927/モ図）
　新牧日（No.4216/モ図）
　スゲ増（No.281/カ写）
　牧野ス1（No.904/カ図）
　野生1（p335/カ写）
　山ハ野花（p145/カ写）

**シオザキソウ** *Tagetes minuta*
キク科の一年草。高さは50〜100cm。花は淡黄色。
¶帰化写改 (p393/カ写, p517/カ写)

**シオジ** *Fraxinus spaethiana* 塩地
モクセイ科の落葉高木。日本固有種。別名コバチ。高さは25m。
¶APG原樹 (No.1396/カ図)
原牧2 (No.1502/カ図)
固有 (p112)
新分牧 (No.3547/モ図)
新牧日 (No.2285/モ図)
図説樹木 (p178/カ写)
牧野ス2 (No.3347/カ図)
野生5 (p61/カ写)
山力樹木 (p640/カ写)

**シオツメクサ** ⇒ウシオツメクサを見よ

**シオデ** *Smilax riparia* 牛尾菜
サルトリイバラ科 (ユリ科) の多年生つる草。別名ショウデ, シオデカズラ, シュデコ, ショーデンズル, ソデ, ソデコ。花は淡黄色。
¶色野草 (p367/カ写)
学フ増山菜 (p142/カ写)
学フ増野夏 (p224/カ写)
原牧1 (No.323/カ図)
新分牧 (No.370/モ図)
新牧日 (No.3496/モ図)
茶花下 (p96/カ写)
牧野ス1 (No.323/カ図)
野生1 (p166/カ写)
山力野草 (p641/カ写)
山ハ野花 (p42/カ写)

**シオデカズラ** ⇒シオデを見よ

**シオニラ** *Syringodium isoetifolium*
シオニラ科 (ベニアマモ科, ヒルムシロ科, イトクズモ科) の草本。別名ボウアマモ, ボウバアマモ。
¶原牧1 (No.271/カ図)
新分牧 (No.316/モ図)
新牧日 (No.3358/モ図)
牧野ス1 (No.271/カ図)
野生1 〔ボウアマモ〕(p138/カ写・モ図)
山レ増 (p612/カ写)

**シオバラザサ** *Sasaella shiobarensis*
イネ科タケ亜科のササ。日本固有種。
¶固有 (p170)
タケ亜科 (No.127/カ写)

**シオマツバ** ⇒ウミミドリを見よ

**シオミイカリソウ** *Epimedium trifoliatobinatum* var. *maritimum*
メギ科。日本固有種。
¶固有 (p58)

**シオヤキソウ** ⇒ヒメフウロ(2)を見よ

**シオリザクラ** ⇒シウリザクラを見よ

**シオン** *Aster tataricus* 紫苑, 紫菀, 紫園
キク科キク亜科の多年草。別名オニノシコグサ。高さは1〜2m。花は青紫色。

**学フ増野秋** (p52/カ写)
学フ増菜草 (p137/カ写)
原牧2 (No.1947/カ図)
山野草 (No.1259/カ写)
新分牧 (No.4175/モ図)
新牧日 (No.2986/モ図)
茶花下 (p310/カ写)
牧野ス2 (No.3792/カ写)
野生5 (p320/カ写)
山力野草 (p44/カ写)
山ハ野花 (p540/カ写)
山レ増 (p36/カ写)

**シカイナミ** *Camellia japonica* 'Shikainami (Kantô)'
四海波
ツバキ科。ツバキの品種。花は絞りが入る。
¶茶花上 (p164/カ写)

**ジガイモ** ⇒ガガイモを見よ

**シカギク** *Tripleurospermum tetragonospermum* 鹿菊
キク科キク亜科の一年草。高さは15〜50cm。
¶原牧2 (No.2081/カ図)
新分牧 (No.4245/モ図)
新牧日 (No.3115/モ図)
牧野ス2 (No.3926/カ図)
野生5 (p342/カ写)
山力野草 (p67/カ写)
山ハ野花 (p532/カ写)

**シカクイ** *Eleocharis wichurae* 四角藺
カヤツリグサ科の多年草。高さは20〜70cm。
¶カヤツリ (p620/モ図)
原牧1 (No.747/カ写)
新分牧 (No.937/モ図)
新牧日 (No.4014/モ図)
牧野ス1 (No.747/カ図)
野生1 (p345/カ写)
山ハ野花 (p121/カ写)

**シカクダケ** *Chimonobambusa quadrangularis* 四角竹
イネ科タケ亜科の常緑中型タケ。別名シホウチク, カクダケ, イボダケ。程径20〜30mm。
¶APG原樹 〔シホウチク〕(No.245/カ図)
原牧1 (No.932/カ写)
新分牧 (No.1025/カ写)
新牧日 (No.3633/モ図)
タケ亜科 〔シホウチク〕(No.17/カ写)
タケササ 〔シホウチク〕(p77/カ写)
牧野ス1 (No.932/カ図)
野生2 〔シホウチク〕(p32/カ写)
山力樹木 〔シホウチク〕(p65/カ写)

**シカクホタルイ** *Schoenoplectus × trapezoideus*
カヤツリグサ科の多年草。
¶カヤツリ (p674/モ図)

**シーカーシャー** *Citrus depressa*
ミカン科の常緑低木。別名ヒラミレモン。花は頂生または腋生。
¶原牧2 (No.587/カ図)
新分牧 (No.2629/モ図)
新牧日 (No.1524/モ図)

牧野ス2（No.2432/カ写）
野生3〔シイクワシャー〕(p301/カ写)

**シカタケ** *Datronia mollis*
タマチョレイタケ科のキノコ。
¶原きの（No.344/カ写・カ図）
山カ日き（p471/カ写）

**シガツマメ** ⇒ソラマメを見よ

**シカナ** ⇒ヤマタバコ(1)を見よ

**ジガバチソウ** *Liparis krameri*　似我蜂草
ラン科の多年草。高さは10～20cm。花は帯暗紫色。
¶原牧1（No.450/カ図）
山野草（No.1706/カ写）
新分牧（No.506/モ図）
新牧日（No.4324/モ図）
茶花上（p526/カ写）
牧野ス1（No.450/カ図）
野生1（p211/カ写）
山カ野草（p579/カ写）
山ハ山花（p98/カ写）

**シカミヨモギ** ⇒ヨモギを見よ

**シカモアカエデ** *Acer pseudoplatanus*
ムクロジ科（カエデ科）の落葉高木。別名セイヨウカジカエデ。園芸品種多数。樹高30m。樹皮は桃色ないし黄がかった灰色。
¶原牧2（No.554/カ図）
新分牧（No.2554/モ図）
新牧日（No.1596/モ図）
牧野ス2（No.2399/カ図）

**シキキツ** *Citrus mitis*　四季橘
ミカン科の低木。別名トウキンカン。果面は平滑で鮮橙色。
¶APG原樹（No.974/カ図）

**シキザキサクラソウ** ⇒トキワザクラを見よ

**シキザキベゴニア** *Begonia × semperflorens*　四季咲きベゴニア
シュウカイドウ科の多年草。別名ベゴニア・センパーフローレンス。
¶学フ有毒〔四季咲きベゴニア（ベゴニア・センパーフローレンス）〕(p165/カ写)
原牧2〔シキザキベゴニヤ〕(No.189/カ図)
新分牧〔シキザキベゴニヤ〕(No.2231/モ図)
新牧日〔シキザキベゴニヤ〕(No.1862/モ図)
茶花上（p398/カ写）
牧野ス1〔シキザキベゴニヤ〕(No.2034/カ図)

**シキザキモクセイ** ⇒ウスギモクセイを見よ

**シキザクラ**(1)　*Cerasus subhirtella* 'Semperflorens'　四季桜
バラ科の落葉小高木。サクラの栽培品種。花は微淡紅色～白色。
¶APG原樹〔サクラ・シキザクラ〕(No.414/カ図)
学フ増桜〔四季桜〕(p109/カ写)

**シキザクラ**(2)　⇒ジュウガツザクラを見よ

**シキズイセン**　⇒タマスダレ(2)を見よ

**ジギタリス**　⇒キツネノテブクロを見よ

**シキナ**　⇒ガマを見よ

**シキビ**　⇒シキミを見よ

**シキミ**　*Illicium anisatum*　樒，梻
マツブサ科（シキミ科，モクレン科）の常緑小高木。別名シキビ，ハナシバ，ハナノキ。花被は細長く淡黄色。
¶APG原樹（No.120/カ図）
学フ増山菜（p210/カ写）
学フ増樹（p54/カ写・カ図）
学フ増花庭（p75/カ写）
学フ有毒（p10/カ写）
原牧1（No.73/カ図）
新分牧（No.93/カ写）
新牧日（No.478/モ図）
都木花新（p28/カ写）
牧野ス1（No.73/カ図）
野生1（p49/カ写）
山カ樹木（p200/カ写）

**シギョク**　*Hibiscus syriacus* 'Shigyoku'　紫玉
アオイ科。ムクゲの品種。別名ルリイロムクゲ。八重咲き鞠咲き型。花弁は濃紫色。
¶茶花下（p37/カ写）

**シキンカラマツ**　*Thalictrum rochebruneanum*　紫金唐松，紫錦唐松
キンポウゲ科の多年草。高さは50～100cm。
¶原牧1（No.1246/カ図）
山野草（No.0280/カ写）
新分牧（No.1366/モ図）
新牧日（No.571/モ図）
茶花下（p97/カ写）
牧野ス1（No.1246/カ図）
ミニ山（p52/カ写）
野生2（p165/カ写）
山カ野草（p484/カ写）
山ハ山花（p230/カ写）

**シギンカラマツ**　*Thalictrum actaeifolium*　紫銀唐松
キンポウゲ科の多年草。日本固有種。高さは40～80cm。
¶原牧1（No.1251/カ図）
固有（p52）
山野草（No.0279/カ写）
新分牧（No.1372/モ図）
新牧日（No.576/モ図）
茶花下（p215/カ写）
牧野ス1（No.1251/カ図）
野生2（p167/カ写）
山ハ山花（p231/カ写）

**シキンサイ**　⇒ショカツサイを見よ

**シキンラン**　⇒ムラサキオモトを見よ

**ジクオレシダ**　⇒エビラシダを見よ

**シクラメン**　*Cyclamen persicum*
サクラソウ科の多年草。別名カガリビバナ，ブタノマンジュウ。花は濃桃色。
¶学フ有毒（p178/カ写）
原牧2（No.1107/カ図）

シクラメン 362

山野草〔シクラメン・ペルシカム〕(No.0931/カ写)
新分牧(No.3134/モ図)
新牧日(No.2251/モ図)
牧野ス2(No.2952/カ図)

**シクラメン・アフリカナム** Cyclamen africanum
サクラソウ科の多年草。花は紫紅〜淡桃色。
¶山野草(No.0927/カ写)

**シクラメン・アルピナム** Cyclamen alpinum
サクラソウ科の多年草。
¶山野草(No.0938/カ写)

**シクラメン・インタミナツム** Cyclamen intaminatum
サクラソウ科の草本。高さは5〜16cm。
¶山野草(No.0939/カ写)

**シクラメン・グラエカム** Cyclamen graecum
サクラソウ科の多年草。花は淡桃色。
¶山野草(No.0928/カ写)

**シクラメン・コウム** Cyclamen coum
サクラソウ科の多年草。花は桃〜深紅色。
¶山野草(No.0936/カ写)

**シクラメン・シリシウム** Cyclamen cilicium
サクラソウ科の多年草。花は白〜紫桃色。
¶山野草(No.0932/カ写)

**シクラメン・パープレスセンス** Cyclamen purprescens
サクラソウ科の草本。高さは4〜18cm。
¶山野草(No.0933/カ写)

**シクラメン・プセウディベリカム** Cyclamen pseudibericum
サクラソウ科の多年草。花は濃桃紫色。
¶山野草(No.0940/カ写)

**シクラメン・ヘデリフォリウム** Cyclamen hederifolium
サクラソウ科の多年草。花は深紅〜桃色。
¶山野草(No.0925/カ写)

**シクラメン・ペルシカム** ⇒シクラメンを見よ

**シクラメン・ミラビレ** Cyclamen mirabile
サクラソウ科の多年草。花は淡桃色。
¶山野草(No.0929/カ写)

**シクラメン・リバノティカム** Cyclamen libanoticum
サクラソウ科の多年草。花は桃色。
¶山野草(No.0930/カ写)

**シクラメン・レパンダム・ペロポネシアクム**
Cyclamen repandum subsp.peloponnesiacum
サクラソウ科の草本。高さは10〜20cm。
¶山野草(No.0935/カ写)

**シクラメン・レパンダム・ローデンセ** Cyclamen repandum subsp.rhodense
サクラソウ科の草本。高さは10〜20cm。
¶山野草(No.0934/カ写)

**シグルマ** Hibiscus syriacus 'Shiguruma' 紫車
アオイ科。ムクゲの品種。一重咲き中弁型。
¶茶花下(p20/カ写)

**シグレヤナギ** Salix× eriocataphylla
ヤナギ科の雑種。
¶野生3〔シグレヤナギ(シバヤナギ×バッコヤナギ)〕
(p205/カ写)

**シクンシ** Quisqualis indica 使君子
シクンシ科のつる性低木。別名インドシクンシ。高
さは7〜8m。花は初め白,後赤色。
¶帰化写2(p422/カ写)
原牧2(No.427/カ図)
新分牧(No.2467/モ図)
新牧日(No.1932/モ図)
牧野ス2(No.2272/カ図)

**シケシダ** Deparia japonica 湿気羊歯
メシダ科(オシダ科)の夏緑性シダ。葉身は長さ20
〜50cm,長楕円形〜長楕円状披針形。
¶シダ標2(p344/カ写)
新分牧(No.4681/モ図)
新牧日(No.4580/モ図)

**シケシダ × ウスバシケシダ** Deparia japonica× D.longipes
メシダ科のシダ植物。
¶シダ標2(p348/カ写)

**シケチイヌワラビ** Athyrium× cornopteroides
メシダ科のシダ植物。
¶シダ標2(p312/カ写)

**シゲチガヤ** ⇒チガヤを見よ

**シケチシダ** Cornopteris decurrentialata 湿気地羊歯
メシダ科(オシダ科)の夏緑性シダ。別名タカオシ
ケチシダ。葉身は長さ25〜50cm,広披針形〜ほぼ
楕円形。
¶シダ標2(p304/カ写)
新分牧(No.4696/モ図)
新牧日(No.4575/モ図)

**ジゲンヤバイ** Prunus mume 'Jigen-yabai' 洱源野梅
バラ科。ウメの品種。野梅類型ウメ。
¶ウメ〔洱源野梅〕(p11/カ写)

**シコウラン** Bulbophyllum macraei
ラン科の草本。高さは10〜20cm。花は黄白〜黄
緑色。
¶野生1(p185/カ写)

**シコクアザミ** ⇒ヨシノアザミを見よ

**シコクイチゲ** Anemone sikokiana 四国一花
キンポウゲ科の草本。日本固有種。
¶固有(p57)
茶花下(p97/カ写)
野生2(p134/カ写)
山レ増(p392/カ写)

**シコクイトスゲ** ⇒ベニイトスゲを見よ

**シコクウスゴ** ⇒マルバウスゴを見よ

**シコクエビラフジ** Vicia venosa subsp.yamanakae
四国簸模
マメ科マメ亜科の多年草。日本固有種。
¶固有(p80)
野生2(p302)

**シコクカッコソウ** *Primula kisoana* var. *shikokiana*
サクラソウ科の草本。日本固有種。
¶固有 (p110)
　野生4 (p198/カ写)
　山va増 (p191/カ写)

**シコクギボウシ** *Hosta shikokiana* 四国擬宝珠
クサスギカズラ科 (ユリ科) の多年草。日本固有種。
高さは30〜60cm。
¶固有 (p155)
　野生1 (p253)

**シコクザサ** *Sasa hayatae* var. *hirtella* 四国笹
イネ科タケ亜科の植物。日本固有種。
¶固有 (p172)

**シコクシナノキ** *Tilia japonica* var. *leiocarpa* 四国科の木
アオイ科の落葉高木。別名ケナシシナノキ。子房に星状毛、果実は上部を除き無毛。
¶野生4 (p33/カ写)

**シコクシモツケソウ** *Filipendula tsuguwoi* 四国下野草
バラ科バラ亜科の草本。日本固有種。
¶固有 (p78)
　茶花下 (p98/カ写)
　野生3 (p28)

**シコクショウマ** *Astilbe thunbergii* var. *shikokiana* 四国升麻
ユキノシタ科の多年草。日本固有種。別名シコクトリアシショウマ。
¶固有 (p70)
　新分牧 (No.1542/モ図)
　野生2 〔シコクトリアシショウマ〕(p200)

**シコクシラベ** *Abies veitchii* var. *reflexa* 四国白檜
マツ科の木本。日本固有種。
¶固有 (p195)
　野生1 (p27/カ写)
　山カ樹木 (p41/カ写)

**シコクシロギク** *Aster yoshinaganus* 四国白菊
キク科キク亜科の草本。日本固有種。
¶固有 (p145)
　野生5 (p318/カ写)

**シコクスミレ** *Viola shikokiana* 四国菫
スミレ科の多年草。日本固有種。高さは5〜10cm。花は白色。
¶原牧2 (No.351/カ図)
　固有 (p93/カ写)
　新分牧 (No.2336/モ図)
　新牧日 (No.1824/モ図)
　牧野ス1 (No.2196/カ図)
　野生3 (p214/カ写)
　山カ野草 (p337/カ写)
　山va山花 (p317/カ写)

**シコクチャルメルソウ** *Mitella stylosa* var. *makinoi* 四国哨吶草
ユキノシタ科の多年草。日本固有種。
¶固有 (p70)
　新分牧 (No.1563/モ図)

　牧野ス1 (No.1393/カ図)
　野生2 (p209/カ写)
　山va山花 (p279/カ写)

**シコクテンナンショウ** *Arisaema iyoanum* subsp. *nakaianum* 四国天南星
サトイモ科の多年草。日本固有種。
¶固有 (p178)
　テンナン (No.34b/カ写)
　野生1 (p103/カ写)

**シコクトリアシショウマ** ⇒シコクショウマを見よ

**シコクナベワリ** *Croomia kinoshitae* 四国舐割
ビャクブ科の多年草。高さは40〜58cm。
¶新分牧 (No.342/モ図)
　野生1 (p153/カ写)
　山va山花 (p54/カ写)

**ジゴクノカマノフタ** ⇒キランソウを見よ

**シコクノガリヤス** *Calamagrostis tashiroi* subsp. *sikokiana*
イネ科イチゴツナギ亜科の多年草。日本固有種。
¶固有 (p168)
　野生2 (p49)

**シコクバイカオウレン** *Coptis quinquefolia* var. *shikokumontana*
キンポウゲ科の多年草。日本固有種。花弁の舷部がコップ状。
¶固有 (p51)
　新分牧 (No.1346/モ図)
　野生2 (p148)
　山カ野草 (p718/カ写)

**シコクハタザオ** *Arabis serrata* var. *shikokiana* 四国旗竿
アブラナ科の多年草。高さは20〜40cm。
¶原牧2 (No.741/カ図)
　新分牧 (No.2769/モ図)
　新牧日 (No.861/モ図)
　牧野ス2 (No.2586/カ図)
　ミニ山 (p88/カ写)
　野生4 (p53/カ写)
　山カ野草 (p454/カ写)

**ジゴクバラ** ⇒ハリブキを見よ

**シコクハンショウヅル** *Clematis obvallata* var. *shikokiana* 四国半鐘蔓
キンポウゲ科の木本性のつる植物。日本固有種。
¶固有 (p55/カ写)
　野生2 (p144/カ写)

**シコクビエ** *Eleusine coracana* 四国稗
イネ科ヒゲシバ亜科の草本。別名コウボウビエ。オヒシバの栽培種。
¶桑イネ (p205/カ写・モ図)
　原牧1 (No.1115/カ図)
　新分牧 (No.1264/モ図)
　新牧日 (No.3765/モ図)
　牧野ス1 (No.1115/カ図)
　野生2 (p69)

**シコクヒナノウスツボ** ⇒オオヒナノウスツボを見よ

シコクヒロ　　　　　　364

**シコクヒロハテンナンショウ**　*Arisaema longipedunculatum*　四国広葉天南星
サトイモ科の多年草。日本固有種。
¶原牧1（No.192/カ図）
　固有（p177）
　新分牧（No.229/モ図）
　新牧日（No.3923/モ図）
　テンナン（No.11/カ写）
　牧野ス1（No.192/カ図）
　野生1（p98/カ写）

**シコクフウロ**　*Geranium shikokianum* var. *shikokianum*　四国風露
フウロソウ科の多年草。別名イヨフウロ。高さは30～70cm。
¶原牧2（No.419/カ図）
　新分牧（No.2460/モ図）
　新牧日（No.1424/モ図）
　茶花下（p98/カ写）
　牧野ス2（No.2264/カ図）
　ミニ山〔イヨフウロ〕（p164/カ写）
　野生3〔イヨフウロ〕（p253/カ写）
　山力野草〔イヨフウロ〕（p373/カ写）
　山ハ山花〔イヨフウロ〕（p296/カ写）
　山レ増〔イヨフウロ〕（p280/カ写）

**シコクフクジュソウ**　*Adonis shikokuensis*　四国福寿草
キンポウゲ科の多年草。日本固有種。花弁は萼片と同長，葉裏は無毛で茎は中空。
¶固有（p57/カ写）
　野生2（p132/カ写）
　山力野草（p715/カ写）
　山レ増（p395/カ写）

**シコクブシ**　*Aconitum grossedentatum* var.*sikokianum*
キンポウゲ科の多年草。日本固有種。
¶固有（p56）

**シコクママコナ**　*Melampyrum laxum* var.*laxum*
ハマウツボ科（ゴマノハグサ科）の草本。日本固有種。
¶原牧2（No.1779/カ図）
　固有（p130/カ写）
　新分牧（No.3838/モ図）
　新牧日（No.2761/モ図）
　牧野ス2（No.3624/カ図）
　野生5（p154/カ写）

**シコクムギ**　⇒ハトムギを見よ

**シコクメギ**　⇒オオバメギを見よ

**シコタンアカバナ**　⇒ケゴンアカバナを見よ

**シコタンアザミ**　*Cirsium ito-kojianum*
キク科アザミ亜科の多年草。日本固有種。別名アッケシアザミ。
¶固有〔アッケシアザミ〕（p139）
　野生5（p236/カ写）

**シコタンキンポウゲ**　*Ranunculus subcorymbosus* var.*austrokurilensis*
キンポウゲ科の多年草。別名アイヌキンポウゲ。葉は腎円形。

¶野生2（p160/カ写）

**シコタンシャジン**　⇒モイワシャジンを見よ

**シコタンスゲ**　*Carex scita* var.*scabrinervia*
カヤツリグサ科の多年草。
¶カヤツリ（p230/モ写）
　原牧1（No.831/カ図）
　新分牧（No.841/モ図）
　新牧日（No.4124/モ図）
　スゲ増（No.111/カ写）
　牧野ス1（No.831/カ図）
　野生1（p329/カ写）

**シコタンソウ**　*Saxifraga bronchialis* subsp.*funstonii* var.*rebunshirensis*　色丹草
ユキノシタ科の多年草。別名レブンクモマグサ。高さは3～12cm。
¶学フ増高山（p158/カ写）
　原牧1（No.1380/カ図）
　山野草（No.0580/カ写）
　新分牧（No.1539/モ図）
　新牧日（No.959/モ図）
　牧野ス1（No.1380/カ図）
　野生2（p212/カ写）
　山力野草（p422/カ写）
　山ハ高山（p156/カ写）

**シコタンタンポポ**　*Taraxacum shikotanense*
キク科キクニガナ亜科の草本。日本固有種。
¶固有（p147）
　野生5（p287/カ写）

**シコタントリカブト**　*Aconitum maximum* subsp. *kurilense*
キンポウゲ科の多年草。日本固有種。別名シレトコブシ。
¶固有（p57）
　野生2（p126/カ写）

**シコタンハコベ**　*Stellaria ruscifolia*　色丹繁縷
ナデシコ科の多年草。別名ネムロハコベ。高さは8～15cm。花は白色。
¶学フ増高山（p143/カ写）
　原牧2（No.879/カ図）
　山野草（No.0051/カ写）
　新分牧（No.2940/モ図）
　新牧日（No.351/モ図）
　牧野ス2（No.2724/カ図）
　野生4（p126/カ写）
　山力野草（p520/カ写）
　山ハ高山（p146/カ写）
　山レ増（p417/カ写）

**シコタンマツ**(1)　⇒アカエゾマツを見よ

**シコタンマツ**(2)　⇒グイマツを見よ

**シコタンヨモギ**　*Artemisia tanacetifolia*　色丹蓬
キク科キク亜科の草本。別名キクヨモギ。高さは25～40cm。
¶野生5（p332/カ写）
　山ハ高山（p431/カ写）
　山レ増（p27/カ写）

シ

シコロ ⇒キハダを見よ

シコンノボタン　*Tibouchina urvilleana*　紫紺野牡丹
ノボタン科の常緑半低木。別名ブラジリアン・スパイダー・フラワー。多毛。高さは1～3m。花は紫色。
¶茶花下（p311/カ写）

シシアクチ　*Ardisia quinquegona*
サクラソウ科（ヤブコウジ科）の木本。
¶野生4（p191/カ写）
　山カ樹木（p610/カ写）

シシイヌシダ ⇒イヌシダを見よ

シシイワガネソウ ⇒イワガネソウを見よ

シシイワヒトデ ⇒イワヒトデを見よ

シシウド　*Angelica pubescens* var.*pubescens*　猪独活
セリ科セリ亜科の多年草。日本固有種。別名イヌド、ウマウド、タカオキョウカツ。高さは80～150cm。
¶色野草（p90/カ写）
　学フ増野秋（p168/カ写）
　学フ増薬草（p92/カ写）
　原牧2（No.2449/カ図）
　固有（p100）
　新分牧（No.4484/モ図）
　新牧日（No.2063/カ図）
　牧野ス2（No.4294/カ写）
　野生5（p388/カ写）
　山カ野草（p317/カ写）
　山ハ山花（p473/カ写）

シシウマトウガラシ ⇒シシトウガラシを見よ

シシオオイワヒトデ ⇒オオイワヒトデを見よ

シシオクマワラビ ⇒オクマワラビを見よ

シシオシダ ⇒オシダを見よ

シシガシラ(1)　*Blechnum niponicum*　獅子頭
シシガシラ科の常緑性シダ。日本固有種。別名サカバシシガシラ、スエヒロシシガシラ、ナミバシシガシラ、ヒメシシガシラ、フタマタチャボシシガシラ。葉身は長さ40cm、披針形。
¶固有（p206/カ写）
　シダ標1（p459/カ写）
　新分牧（No.4671/モ図）
　新牧日（No.4615/モ図）

シシガシラ(2)　*Prunus mume* 'Shishigashira'　獅子頭
バラ科。ウメの品種。杏系ウメ、豊後性八重。
¶ウメ〔獅子頭〕（p140/カ写）

シシガシラ(3) ⇒カンツバキを見よ

シシガタニ ⇒サイキョウカボチャを見よ

シシキカンアオイ　*Asarum hexalobum* var. *controversum*
ウマノスズクサ科の多年草。日本固有種。
¶固有〔シジキカンアオイ〕（p61）
　野生1（p64）
　山レ増〔シジキカンアオイ〕（p368/カ写）

シシキリガヤ ⇒ヒトモトススキを見よ

シシキンモウイノデ ⇒キンモウイノデを見よ

シシクマワラビ ⇒クマワラビを見よ

シシシシラン ⇒シシランを見よ

シシジュウモンジシダ ⇒ジュウモンジシダを見よ

シシズク ⇒ニクズクを見よ

シシゼンマイ ⇒ゼンマイを見よ

シシタケ　*Sarcodon imbricatus*
マツバハリタケ科のキノコ。
¶原きの（No.438/カ写・カ図）

シシトウガラシ　*Capsicum annuum* Angulosum Group　獅子唐辛子
ナス科。別名シシウマトウガラシ。トウガラシの変種。
¶原牧2（No.1488/カ図）
　新分牧（No.3496/モ図）
　新牧日（No.2664/モ図）
　牧野ス2（No.3333/カ図）

シシニシキシダ ⇒イヌワラビを見よ

ジジババ ⇒シュンランを見よ

ジシバリ(1) ⇒イワニガナを見よ

ジシバリ(2) ⇒ツルヨシを見よ

ジシバリ(3) ⇒メヒシバを見よ

ジジバンバ ⇒スミレを見よ

シシヒトツバ ⇒ヒトツバを見よ

シシホシダ ⇒ホシダを見よ

シシミゾシダ ⇒ミゾシダを見よ

シジミタケ　*Resupinatus applicatus*
シジミタケ科のキノコ。
¶山カ日き（p113/カ写）

シジミバナ　*Spiraea prunifolia*　蜆花
バラ科シモツケ亜科の落葉低木。別名ハゼバナ、コゴメバナ。
¶APG原樹（No.511/カ図）
　学フ増学庭（p96/カ写）
　原牧1（No.1688/カ図）
　新分牧（No.1884/モ図）
　新牧日（No.1041/モ図）
　茶花上（p272/カ写）
　牧野ス1（No.1688/カ図）
　ミニ山（p119/カ写）
　野生3（p85/カ写）
　山カ樹木（p281/カ写）

シジミヘラオモダカ ⇒ホソバヘラオモダカを見よ

ジシャ（ヂシャ） ⇒アブラチャンを見よ

シシユズ ⇒オオユズを見よ

シシラン　*Haplopteris flexuosa*　獅子蘭
イノモトソウ科（シシラン科）の常緑性シダ。別名イワヒゲ、ツノマタシシラン、シシシシラン、イツキシシラン。葉身は長さ15～45cm、線状。
¶シダ標1（p388/カ写）
　新分牧（No.4611/モ図）

シ

シシンテン 366

新牧日（No.4685/モ図）

**シシンデン** Platycladus orientalis 'Ericoides' 紫宸殿
ヒノキ科の木本。別名ホウオウヒバ。
¶**APG原樹**（No.98/カ図）
原牧1（No.36/カ図）
新分牧（No.76/モ図）
新牧日（No.56/モ図）
牧野ス1（No.37/カ図）

**シシンラン** Lysionotus pauciflorus 石弔蘭
イワタバコ科の矮小低木。高さは10〜50cm。花は
淡桃色。
¶**APG原樹**（No.1407/カ図）
原牧2（No.1532/カ図）
山野草（No.1114/カ写）
新分牧（No.3571/モ図）
新牧日（No.2792/モ図）
茶花下（p99/カ写）
牧野ス2（No.3377/カ図）
野生5（p69/カ写）
山力野草（p162/カ写）
山レ増（p92/カ写）

**シズイ** Schoenoplectus nipponicus
カヤツリグサ科の多年生抽水植物。別名テガヌマ
イ。桿の断面は三角形で，高さ40〜70cm。
¶**カヤツリ**（p682/モ図）
原牧1（No.736/モ図）
植調（p32/カ写）
新分牧（No.950/モ図）
新牧日（No.3997/モ図）
日水草（p201/カ写）
牧野ス1（No.736/カ図）
野生1（p357/カ写）

**シヅオタカラコウ** ⇒オタカラコウを見よ

**シズノオダマキ** Aquilegia semiaquilegia
キンポウゲ科の草本。高さは10〜20cm。
¶山野草（No.0076/カ写）

**シセントキワガキ** Diospyros cathayensis
カキノキ科の木本。
¶**APG原樹**（No.1580/カ図）

**シソ** Perilla frutescens var.crispa f.purpurea 紫蘇
シソ科の野菜，草本。別名アカジソ。花は白色，ま
たは淡紫色。
¶**学フ増薬草**（p112/カ写）
原牧2（No.1701/カ図）
新分牧（No.3768/モ図）
新牧日（No.2610/モ図）
牧野ス2（No.3546/カ図）

**ジゾウカンバ** Betula globispica 地蔵樺
カバノキ科の落葉高木。日本固有種。別名イヌ
ブシ。
¶**APG原樹**（No.755/カ図）
原牧2（No.142/カ図）
固有（p42）
新分牧（No.2185/モ図）
新牧日（No.120/モ図）
牧野ス1（No.1987/カ図）

野生3（p115/カ写）
山力樹木（p118/カ写）

**シソクサ** Limnophila aromatica
オオバコ科（ゴマノハグサ科）の一年草。高さは10
〜30cm。
¶原牧2（No.1563/カ図）
新分牧（No.3584/モ図）
新牧日（No.2706/モ図）
牧野ス2（No.3408/カ図）
野生5（p78/カ写）
山力野草（p173/カ写）

**シソノミグサ** Knoxia sumatrensis
アカネ科の草本。
¶野生4（p279）

**シソバウリクサ** Vandellia setulosa 紫蘇葉瓜草
アゼナ科〔アゼトウガラシ科〕（ゴマノハグサ科）の
一年草。
¶原牧2（No.1609/カ図）
新分牧（No.3649/モ図）
新牧日（No.2696/モ図）
牧野ス2（No.3454/カ図）
野生5（p99/カ写）
山ハ野花（p475/カ写）

**シソバキスミレ** Viola yubariana 紫蘇葉黄董
スミレ科の草本。日本固有種。別名シソバスミレ。
花は濃黄色。
¶原牧2（No.323/カ図）
固有（p94）
山野草（No.0696/カ写）
新分牧（No.2308/モ図）
新牧日（No.1796/モ図）
牧野ス1（No.2168/カ図）
野生3（p214/カ写）
山力野草（p353/カ写）
山ハ高山（p186/カ写）
山レ増（p246/カ写）

**シソバスミレ** ⇒シソバキスミレを見よ

**シソバタツナミ** Scutellaria laeteviolacea var.
laeteviolacea 紫蘇葉立浪
シソ科タツナミソウ亜科の多年草。日本固有種。別
名ホナガタツナミソウ，イガタツナミ，ウズタツナ
ミ。高さは5〜20cm。
¶原牧2（No.1635/カ図）
固有（p125）
山野草（No.1049/カ写）
新分牧（No.3727/モ図）
新牧日（No.2545/モ図）
茶花上（p398/カ写）
牧野ス2（No.3480/カ図）
野生5（p118/カ写）
山ハ山花（p420/カ写）

**シタキソウ** Jasminanthes mucronata 舌切草
キョウチクトウ科（ガガイモ科）の多年生つる草。
別名シタキリソウ。葉は卵形〜円状楕円形。
¶原牧2（No.1393/カ図）
新分牧（No.3445/モ図）
新牧日（No.2382/モ図）

牧野ス2 (No.3238/カ図)
野生4 (p312/カ写)
山力野草 (p253/カ写)
山ハ山花 (p405/カ写)

**シタキツルウメモドキ** ⇒オオツルウメモドキを
見よ

**シタキリソウ** ⇒シタキソウを見よ

**ジダケ** ⇒スズタケを見よ

**シダリザクラ** ⇒シダレザクラを見よ

**シダリヤナギ** ⇒シダレヤナギを見よ

**シダレエンジュ** *Styphonolobium japonicum*
'Pendula' 枝垂槐
マメ科の落葉小高木。エンジュの園芸品種。
¶**APG原樹** (No.1555/カ図)

**シダレガジュマル** ⇒ベンジャミンゴムを見よ

**シダレカツラ** *Cercidiphyllum japonicum* 'Pendulum'
枝垂桂
カツラ科の木本。
¶**APG原樹** (No.1553/カ図)

**シダレゴヘイゴケ** *Ptychanthus striatus* 枝垂御幣苔
クサリゴケ科のコケ。緑褐色、茎は長さ3～6cm。
¶**新分牧** (No.4902/モ図)
　**新牧日** (No.4767/モ図)

**シダレザクラ** *Cerasus itosakura* 'Pendula' 枝垂桜
バラ科の落葉高木。別名イトザクラ, シダリザクラ,
シダレヒガン。
¶**学フ増花庭** (p50/カ写)
　**原牧1** (No.1638/カ図)
　**新分牧** (No.1840/カ図)
　**新牧日** (No.1217/モ図)
　**茶花上** (p209/カ写)
　**牧野ス1** (No.1638/カ図)

**シダレソメイヨシノ** *Cerasus* × *yedoensis*
'Perpendens' 枝垂染井吉野
バラ科の落葉高木。サクラの栽培品種。花は微淡
紅色。
¶**学フ増桜**〔'枝垂染井吉野'〕(p103/カ写)

**シダレハナビタケ** *Deflexula fascicularis*
フサタケ科のキノコ。
¶**山力日き** (p411/カ写)

**シダレヒガン** ⇒シダレザクラを見よ

**シダレフタリシズカ** ⇒ガビフタリシズカを見よ

**シダレヤスデゴケ** *Frullania tamarisci* subsp.*obscura*
ヤスデゴケ科のコケ。灰緑色～赤褐色、茎は長さ3
～7cm。
¶**新分牧** (No.4901/モ図)
　**新牧日** (No.4766/モ図)

**シダレヤナギ** *Salix babylonica* 枝垂柳
ヤナギ科の落葉高木。別名イトヤナギ, シダリヤナ
ギ。枝は細く、下垂し、やや光沢を帯びる。樹高は
15m。樹皮は灰褐色。
¶**APG原樹** (No.828/カ図)
　**学フ増花庭** (p157/カ写)
　**原牧2** (No.308/カ図)

**新分牧** (No.2373/モ図)
**新牧日** (No.99/モ図)
**図説樹木** (p64/カ写)
**茶花上** (p209/カ写)
**都木花新** (p90/カ写)
**牧野ス1** (No.2153/カ図)
**野生3** (p196/カ写)
**山園樹木** (p92/カ写)

**ジタロウイノデ** *Polystichum* × *jitaroi*
オシダ科のシダ植物。
¶**シダ標2** (p415/カ写)

**シタワレ** ⇒マサキを見よ

**シタン**(1) ⇒サンダルシタンを見よ

**シタン**(2) ⇒ヤエヤマシタンを見よ

**シチク**(1) *Bambusa stenostachya* 刺竹
イネ科のタケ。日本では防風, 防盗のために生垣と
される。
¶**タケ百科** (No.7/カ写)
　**タケササ** (p181/カ写)

**シチク**(2) ⇒クロチクを見よ

**シチゴサンアオイ** *Alcea ficifolia*
アオイ科の二年草または多年草。花は紅色, 紫紅色,
淡紫紅色, 淡黄色。
¶**帰化写2** (p148/カ写)

**シチサイ** *Hibiscus syriacus* 'Shichisai' 七彩
アオイ科。ムクゲの品種。別名レインボー。一重
咲き広弁型。
¶**茶花下** (p24/カ写)

**シチダンカ** *Hydrangea serrata* f.*prolifera* 七段花
アジサイ科 (ユキノシタ科)。ヤマアジサイの八重
咲き品種。別名シチヘンゲ。
¶**茶花上** (p526/カ写)

**シチトウ** *Cyperus malaccensis* subsp.*monophyllus*
七島
カヤツリグサ科の多年草。別名リュウキュウイ。茎
は三角柱。高さは1～1.5m。
¶**カヤツリ**〔シチトウイ〕(p702/モ図)
　**帰化写改**〔シチトウイ〕(p482/カ写)
　**原牧1** (No.718/カ図)
　**新分牧** (No.968/モ図)
　**新牧日** (No.3977/モ図)
　**牧野ス1** (No.718/カ図)
　**野生1**〔シチトウイ〕(p339/カ写)

**シチトウイ** ⇒シチトウを見よ

**シチトウエビヅル** *Vitis ficifolia* var.*izuinsularis* 七
島海老蔓, 七島蝦蔓
ブドウ科のつる性落葉木本。日本固有種。
¶**固有** (p90/カ写)
　**野生2** (p238)

**シチトウスミレ** *Viola grypoceras* var.*hichitoana* 七
島菫
スミレ科の多年草。日本固有種。別名ツヤスミレ。
¶**固有** (p93)
　**野生3** (p226/カ写)

**シチトウタ**　368

**シチトウタラノキ**　*Aralia ryukyuensis* var.*inermis*
七島楤木
ウコギ科。日本固有種。別名ミクラジマタラノキ。
¶固有(p98)
　野生5(p375)

**シチトウハナワラビ**　*Botrychium atrovirens*　七島
花蕨
ハナヤスリ科の冬緑性シダ。日本固有種。別名ナン
キハナワラビ, モトマチハナワラビ。葉身は長さ6
～21cm, 五角形。
¶固有(p199/カ写)
　シダ標1(p293/カ写)

**シチフクジン**　*Camellia sasanqua* 'Shichifukujin'　七
福神
ツバキ科。サザンカの品種。
¶APG原樹〔サザンカ'シチフクジン'〕(No.1170/カ図)

**シチフクジンベンテン**　⇒ベンテンカグラを見よ

**シチヘンゲ**(1)　*Lantana camara* subsp.*aculeata*　七
変化
クマツヅラ科の落葉低木。別名ランタナ, ナナヘン
ゲ。高さは100～120cm。花は黄より紅まで変色。
¶茶花下(p216/カ写)
　野生5(p175/カ写)

**シチヘンゲ**(2)　⇒アジサイを見よ

**シチヘンゲ**(3)　⇒シチダンカを見よ

**シチヘンゲ**(4)　⇒ランタナ(広義)を見よ

**シチメンソウ**　*Suaeda japonica*　七面草
ヒユ科(アカザ科)の草本。別名ミルマツナ, サンゴ
ジュマツナ。
¶原牧2(No.980/カ図)
　新分牧(No.3002/モ図)
　新牧日(No.433/モ図)
　牧野ス2(No.2825/カ図)
　野生4(p142/カ写)
　山レ増(p414/カ写)

**シチメンフヨウ**　*Hibiscus mutabilis* var.*polygamus*
hort.　七面芙蓉
アオイ科。フヨウの変種, 九州地方で栽培される。
花は淡紅色で八重咲き。
¶茶花下(p363/カ写)

**シチョウゲ**　*Leptodermis pulchella*　紫丁花
アカネ科の落葉低木。日本固有種。別名イワハギ。
高さは1m。花は紫色。
¶APG原樹(No.1341/カ図)
　原牧2(No.1298/カ図)
　固有(p118)
　新分牧(No.3335/モ図)
　新牧日(No.2412/モ図)
　茶花下(p99/カ写)
　牧野ス2(No.3143/カ図)
　野生4(p281/カ写)
　山力樹木(p680/カ写)
　山レ増(p154/カ写)

**ジツゲツ**(1)　*Camellia japonica* 'Jitsugetsu'　日月
ツバキ科。ツバキの品種。花は絞りが入る。

**茶花上**(p158/カ写)

**ジツゲツ**(2)　*Prunus mume* 'Jitsugetsu'　日月
バラ科。ウメの品種。李系ウメ, 難波性一重。
¶ウメ〔日月〕(p79/カ写)

**ジツゲツコウ**　*Prunus mume* 'Jitsugetsu-kō'　日月紅
バラ科。ウメの品種。李系ウメ, 難波性一重。
¶ウメ〔日月紅〕(p80/カ写)

**ジツゲツセイ**　*Camellia japonica* 'Jitsugetsusei'　日
月星
ツバキ科。ツバキの品種。花は斑入り。
¶茶花上(p147/カ写)

**ジツゲツニシキ**(1)　*Paeonia suffruticosa*
'Jitsugetsunishiki'　日月錦
ボタン科。ボタンの品種。
¶APG原樹〔ボタン'ジツゲツニシキ'〕(No.309/カ図)

**ジツゲツニシキ**(2)　*Prunus mume* 'Jitsugetsu-
nishiki'　日月錦
バラ科。ウメの品種。李系ウメ, 難波性一重。
¶ウメ〔日月錦〕(p80/カ写)

**シッシェム**　⇒シッソノキを見よ

**シッソノキ**　*Dalbergia sissoo*
マメ科の木本。別名シッシェム, インドオウダン。
¶APG原樹(No.368/カ図)

**シッポガヤ**　⇒ナギナタガヤを見よ

**シッポゴケ**　*Dicranum japonicum*　尻尾苔
シッポゴケ科のコケ。別名オオシッポゴケ。大型,
茎は長さ10cm, 白っぽい仮根を付ける。
¶新分牧(No.4858/モ図)
　新牧日(No.4713/モ図)

**シデコブシ**　*Magnolia stellata*　幣辛夷, 幣拳, 四手辛夷
モクレン科の落葉低木。日本固有種。別名ヒメコブ
シ, ベニコブシ。花は白～淡紅色。
¶APG原樹(No.136/カ図)
　学フ増花庭(p103/カ写)
　原牧1(No.124/カ図)
　固有(p48/カ写)
　新分牧(No.153/モ図)
　新牧日(No.462/モ図)
　茶花上(p272/カ写)
　都木花新(p12/カ写)
　牧野ス1(No.124/カ図)
　野生1(p72/カ写)
　山力樹木(p196/カ写)
　山レ増(p410/カ写)

**シデザクラ**　⇒ザイフリボクを見よ

**シデサツキ**　*Rhododendron indicum* 'Laciniatum'
ツツジ科。サツキの園芸品種。
¶原牧2(No.1189/カ写)
　新分牧(No.3259/モ図)
　新牧日(No.2135/モ図)
　牧野ス2(No.3034/カ図)

**シデシャジン**　*Asyneuma japonicum*　四手沙参
キキョウ科の多年草。高さは50～100cm。

¶学フ増野夏 (p35/カ写)
原牧2 (No.1874/カ図)
山野草 (No.1176/カ写)
新分牧 (No.3918/モ図)
新牧日 (No.2917/モ図)
茶花下 (p100/カ写)
牧野ス2 (No.3719/カ図)
野生5 (p189/カ写)
山カ野草 (p134/カ写)
山ハ山花 (p490/カ写)

**シデノキ** ⇒アカシデを見よ

**シデヤナギ** ⇒ザイフリボクを見よ

**シテンクモキリ** Liparis purpureovittata 紫点雲切
ラン科の多年草。日本固有種。
¶固有 (p190/カ写)
新分牧 (No.505/モ図)
野生1 (p212)
山カ野草 (p723/カ写)

**シトカトウヒ** ⇒シトカハリモミを見よ

**シトカハリモミ** Picea sitchensis
マツ科の常緑高木。別名シトカトウヒ,ベイトウヒ。高さは50m。樹皮は灰及び紫灰色。
¶APG原樹 (No.35/カ図)

**シトギ(シドキ)** ⇒モミジガサを見よ

**シドキヤマアザミ** Cirsium shidokimontanum
キク科アザミ亜科の多年草。日本固有種。
¶固有 (p141)
野生5 (p244/カ写)

**シドケ** ⇒モミジガサを見よ

**シドミ** ⇒クサボケを見よ

**シトロン** ⇒マルブシュカンを見よ

**シナアブラギリ** ⇒オオアブラギリを見よ

**シナアマグリ** ⇒アマグリを見よ

**シナガワダケ** ⇒アズマネザサを見よ

**シナガワハギ** Melilotus officinalis subsp. suaveolens 品川萩
マメ科マメ亜科の一年草または越年草。別名エビラハギ。高さは120〜250cm。花は黄色。
¶帰化写改 (p140/カ写, p498/カ写)
原牧1 (No.1493/カ図)
植調 (p257/カ写)
新分牧 (No.1755/モ図)
新牧日 (No.1280/モ図)
牧野ス1 (No.1493/カ図)
ミニ山 (p160/カ写)
野生2 (p284/カ写)
山ハ野花 (p359/カ写)

**シナカンゾウ** ⇒ホンカンゾウを見よ

**シナキササゲ** ⇒トウキササゲを見よ

**シナギリ** ⇒ココノエギリを見よ

**シナクズ** Pueraria lobata subsp. thomsonii
マメ科マメ亜科の大型のつる性半低木。花は青紫色。
¶野生2 (p291/カ写)

**シナクスモドキ** Cryptocarya chinensis
クスノキ科の木本。
¶原牧1 (No.163/カ図)
新分牧 (No.171/モ図)
新牧日 (No.504/モ図)
牧野ス1 (No.163/カ図)
野生1 (p81)
山レ増 (p408/カ写)

**シナサルナシ** ⇒キーウィを見よ

**シナサワグルミ** Pterocarya stenoptera 支那沢胡桃
クルミ科の落葉高木。別名カンポウフウ。樹高は30m。葉軸に翼があり,堅果の翼は狭長。樹皮は灰褐色。
¶都木花新 (p51/カ写)
山カ樹木 (p109/カ写)

**ヂナシ** ⇒クサボケを見よ

**シナダレスズメガヤ** Eragrostis curvula 撓垂雀茅
イネ科ヒゲシバ亜科の多年草。別名セイタカカゼクサ,セイタカスズメガヤ。高さは60〜120cm。
¶帰化写改 (p444/カ写, p520/カ写)
桑イネ (p219/カ写・モ図)
植調 (p299/カ写)
新分牧 (No.1246/モ図)
新牧日 (No.3755/モ図)
野生2 (p70/カ写)
山カ野草 (p676/カ写)
山ハ野花 (p169/カ写)

**シナチダケサシ** Astilbe chinensis 支那乳覃刺,支那乳茸挿
ユキノシタ科の多年草。中国の揚子江中流・下流沿岸に分布。高さは60cm。
¶茶花下 (p100/カ写)

**シナナシ** Pyrus bretschneideri 支那梨
バラ科の木本。別名チュウゴクナシ。
¶APG原樹 (No.558/カ図)

**シナノアキギリ** Salvia koyamae 信濃秋桐
シソ科シソ亜科〔イヌハッカ亜科〕の多年草。日本固有種。高さは50〜80cm。
¶原牧2 (No.1678/カ図)
固有 (p122)
新分牧 (No.3795/モ図)
新牧日 (No.2590/モ図)
牧野ス2 (No.3523/カ図)
野生5 (p138/カ写)
山ハ山花 (p428/カ写)
山レ増 (p126/カ写)

**シナノウメ** ⇒コウメ (1) を見よ

**シナノオトギリ** Hypericum senanense subsp. senanense 信濃弟切
オトギリソウ科の草本。日本固有種。別名ミヤマオトギリ。
¶学フ増高山 (p91/カ写)
原牧2 (No.399/カ図)

シナノカキ　370

固有 (p64/カ写)
新分牧 (No.2294/モ図)
新牧日 (No.753/モ図)
茶花下 [みやまおとぎり] (p272/カ写)
牧野ス1 (No.2244/カ図)
野生3 (p241/カ写)
山力野草 (p358/カ写)
山ハ高山 (p192/カ写)
山ハ山花 (p324/カ写)

**シナノガキ**(1)　⇒マメガキを見よ

**シ**

**シナノガキ**(2)　⇒リュウキュウマメガキを見よ

**シナノカリヤスモドキ**　*Miscanthus oligostachyus*
*var.shinanoensis*
イネ科。日本固有種。
¶固有 (p166)

**シナノキ**　*Tilia japonica*　科の木, 級の木
アオイ科 (シナノキ科) の落葉広葉高木。別名アカ
ジナ。高さは20m。
¶**APG原樹** (No.1004/カ図)
学フ増樹 (p184/カ写・カ図)
原牧2 (No.646/カ図)
新分牧 (No.2658/モ図)
新牧日 (No.1714/モ図)
図説樹木 (p160/カ写)
都market花新 (p80/カ写)
牧野ス2 (No.2491/カ図)
野生4 (p32/カ写)
山力樹木 (p472/カ写)
落葉図譜 (p233/モ図)

**シナノキイチゴ**(1)　*Rubus yabei f.marmoratus*　信濃
木苺
バラ科の木本。
¶山力樹木 (p272/カ写)

**シナノキイチゴ**(2)　⇒エゾキイチゴを見よ

**シナノキシノブ**　⇒オオクリハランを見よ

**シナノキンバイ**　*Trollius shinanensis*　信濃金梅
キンポウゲ科の多年草。日本固有種。別名シナノキ
ンバイソウ, エゾキンバイソウ, エゾキンバイ, ヒダ
カキンバイ。高さは20〜80cm。
¶学フ増高山 (p89/カ写)
原牧1 (No.1195/カ図)
固有 [シナノキンバイソウ] (p53)
山野草 (No.0100/カ写)
新分牧 (No.1475/モ図)
新牧日 (No.516/モ図)
茶花下 (p101/カ写)
牧野ス1 (No.1195/カ図)
ミニ山 (p42/カ写)
野生2 [シナノキンバイソウ] (p170/カ写)
山力野草 [シナノキンバイソウ] (p494/カ写)
山ハ高山 [シナノキンバイソウ] (p103/カ写)
山ハ山花 [シナノキンバイソウ] (p222/カ写)

**シナノキンバイソウ**　⇒シナノキンバイを見よ

**シナノクワガタ**　⇒ミヤマクワガタを見よ

**シナノコウメ**　*Prunus mume 'Shinano-koume'*　信濃
小梅
バラ科。ウメの品種。長野県下伊那地方選抜小梅の
総称。実ウメ, 野梅系。
¶ウメ [信濃小梅] (p170/カ写)

**シナノコガネムシタンポタケ**　*Ophiocordyceps*
*amazonica* var.*neoamazonica*
オフィオコルディセプス科の冬虫夏草。宿主はコガ
ネムシ類の幼虫。
¶冬虫生態 (p150/カ写)

**シナノコザクラ**　*Primula tosaensis var.brachycarpa*
サクラソウ科の多年草。日本固有種。別名カマナシ
コザクラ。
¶固有 (p110)
山野草 (No.0840/カ写)
野生4 (p199/カ写)
山レ増 (p193/カ写)

**シナノザサ**　⇒クマイザサを見よ

**シナノショウキラン**　*Yoania flava*
ラン科の菌従属栄養植物。日本固有種。花の色がク
リーム色で, 側萼片が平開する。
¶固有 (p191/カ写)
野生1 (p230)
山力野草 (p724/カ写)
山レ増 (p464/カ写)

**シナノタイゲキ**　*Euphorbia sinanensis*　信濃大戟
トウダイグサ科の多年草。日本固有種。別名エチゴ
タイゲキ。
¶固有 (p83/カ写)
野生3 (p155/カ写)

**シナノタンポポ**　*Taraxacum venustum* subsp.
*hondoense*
キク科キクニガナ亜科。日本固有種。
¶固有 (p147)
野生5 (p289/カ写)

**シナノトウヒレン**　*Saussurea tobitae*　信濃唐飛廉
キク科アザミ亜科の多年草。日本固有種。
¶固有 (p148)
野生5 (p264/カ写)
山ハ高山 (p421/カ写)

**シナノナデシコ**　*Dianthus shinanensis*　信濃撫子
ナデシコ科の多年草。日本固有種。別名ミヤマナデ
シコ。高さは25〜40cm。
¶学フ増高山 (p13/カ写)
原牧2 (No.934/カ図)
固有 (p47/カ写)
山野草 (No.0017/カ写)
新分牧 (No.2975/モ図)
新牧日 (No.406/モ図)
茶花下 (p216/カ写)
牧野ス2 (No.2779/カ図)
ミニ山 (p35/カ写)
野生4 (p113/カ写)
山力野草 (p510/カ写)
山ハ高山 (p153/カ写)
山ハ山花 (p255/カ写)

**シナノノダケ** *Angelica sinanomontana*
セリ科セリ亜科の多年草。日本固有種。
¶固有 (p99)
　野生5 (p390)
　山レ増 (p227/カ写)

**シナノヒメクワガタ** *Veronica nipponica* var.
*sinanoalpina* 信濃姫鍬形
オオバコ科 (ゴマノハグサ科) の草本。日本固有種。
¶固有 (p128)
　野生5 (p84/カ写)
　山ハ高山 (p338/カ写)

**シナヒイラギ** ⇒ヤバネヒイラギモチを見よ

**シナフジ** *Wisteria sinensis*
マメ科マメ亜科の落葉のつる性木本。花は紫〜濃
紫色。
¶野生2 (p305)

**シナボタンヅル** ⇒サキシマボタンヅルを見よ

**シナマオウ** ⇒マオウを見よ

**シナマンサク** *Hamamelis mollis* 支那万作, 支那満作
マンサク科の落葉小高木。高さは3〜7m。花は黄
金色。
¶APG原樹 (No.322/カ図)
　学フ増花庭 (p69/カ写)
　茶花上 (p210/カ写)
　山カ樹木 (p237/カ写)

**シナミザクラ** *Cerasus pseudocerasus* 支那実桜
バラ科シモツケ亜科の木本。別名ダンチオウトウ,
カラミザクラ。高さは7〜8m。花は白色または淡
紅色。
¶APG原樹〔カラミザクラ〕(No.449/カ図)
　学フ増桜〔カラミザクラ〕(p51/カ写)
　原牧1 (No.1658/カ図)
　新分牧 (No.1856/モ図)
　新牧日 (No.1236/モ図)
　牧野ス1 (No.1658/カ図)
　野生3〔カラミザクラ〕(p62/カ写)

**シナミズニラ** *Isoetes sinensis* var.*sinensis*
ミズニラ科の夏緑性シダ。大胞子表面の模様が不規
則でうね状あるいはいぼ状。
¶シダ標1 (p280/カ写)

**シナモン** ⇒セイロンニッケイを見よ

**シナヤドリギモドキ** ⇒コウシュンヤドリギを見よ

**シナヤブコウジ** *Ardisia cymosa*
サクラソウ科 (ヤブコウジ科) の木本。
¶野生4 (p190/カ写)

**シナヤマツツジ** ⇒タイワンヤマツツジを見よ

**シナレンギョウ** *Forsythia viridissima* var.
*viridissima* 支那連翹
モクセイ科の落葉低木。高さは3m。花は帯緑黄色。
¶APG原樹 (No.1379/カ図)
　野生5 (p60/カ写)
　山カ樹木 (p644/カ写)

**シナワスレナグサ** *Cynoglossum amabile* 支那勿忘草
ムラサキ科の草本。別名シノグロッサム, ハウン

ズ・タン。高さは50cm。花は碧色。
¶原牧2 (No.1417/カ図)
　茶花上 (p399/カ写)
　牧野ス2 (No.3260/カ図)

**シネイレシス・アコニティフォリア** ⇒ホソバヤ
ブレガサを見よ

**シネラリア** ⇒フウキギクを見よ

**シネレア** ⇒ギンマルバユーカリを見よ

**シネンシストウチュウカソウ** *Ophiocordyceps*
*sinensis*
オフィオコルディセプス科の冬虫夏草。宿主はコウ
モリガ類, Thitarodes属の幼虫。径最大1cm。
¶原きの〔Chinese caterpillar fungus (中国の芋虫茸)〕
　(No.580/カ写・カ図)
　冬虫生態 (p14/カ写)

**ジネンジョ** ⇒ヤマノイモを見よ

**ジネンジョウ** ⇒ヤマノイモを見よ

**シノ** ⇒アズマネザサを見よ

**シノグロッサム** ⇒シナワスレナグサを見よ

**シノネ** ⇒ギシギシを見よ

**シノノメ** *Prunus mume* 'Shinonome' 東雲
バラ科。ウメの品種。李系ウメ, 紅材性一重。
¶ウメ〔東雲〕(p99/カ写)

**シノノメギク** ⇒ユウゼンギクを見よ

**シノノメグサ** ⇒アサガオ(2)を見よ

**シノノメソウ** *Swertia swertopsis* 東雲草
リンドウ科の一年草〜二年草。日本固有種。高さは
30〜40cm。
¶原牧2 (No.1360/カ図)
　固有 (p114)
　新分牧 (No.3398/モ図)
　新牧日 (No.2341/モ図)
　牧野ス2 (No.3205/カ図)
　野生4 (p303/カ写)
　山ハ野草 (p256/カ写)
　山ハ山花 (p399/カ写)
　山レ増 (p173/カ写)

**シノブ** *Davallia mariesii* 忍
シノブ科の夏緑性シダ。別名タイワンシノブ。葉身
は長さ10〜20cm, 三角状卵形。
¶シダ標2 (p448/カ写)
　新分牧 (No.4770/モ図)
　新牧日 (No.4492/モ図)

**シノブイノデ** ⇒カラクサイノデ(1)を見よ

**シノブカグマ** *Arachniodes mutica*
オシダ科の常緑性シダ。別名ミヤマカナワラビ。葉
身は長さ40〜60cm, 卵状長楕円形。
¶シダ標2 (p396/カ写)
　新分牧 (No.4733/モ図)
　新牧日 (No.4518/モ図)

**シノブノキ** *Grevillea robusta* 忍の木
ヤマモガシ科の木本。別名ハゴロモノキ, キヌガシ
ワ。高さは30m。花は金色。

シノフヒバ 372

¶**APG原樹**〔ハゴロモノキ〕(No.291/カ図)
　**新分牧**(No.1492/モ図)

**シノブヒバ** *Chamaecyparis pisifera* 'Plumosa'　忍檜葉
ヒノキ科の木本。別名ツマジロヒバ。
　¶**APG原樹**(No.91/カ図)
　**原牧1**(No.46/カ図)
　**新分牧**(No.64/モ図)
　**新牧日**(No.64/モ図)
　**牧野ス1**(No.47/カ図)

**シ**

**シノブボウキ** *Asparagus setaceus*
ユリ科のつる性多年草。花は白色。
　¶**帰化写2**(p451/カ写)

**シノブホラゴケ** *Vandenboschia maxima*　忍洞苔
コケシノブ科の常緑性シダ。別名セリバホラゴケ。
葉身は長さ20〜40cm、三角状楕円形〜広楕円形。
　¶**シダ標1**(p316/カ写)
　**新分牧**(No.4538/モ図)
　**新牧日**(No.4427/モ図)

**シノブホングウシダ** *Lindsaea kawabatae*　忍本宮羊歯
ホングウシダ科の常緑性シダ。日本固有種。葉身は長さ8〜15cm、三角状長楕円形。
　¶**固有**(p202)
　**シダ標1**(p353/カ写)
　**山レ増**(p678/カ写)

**シノブモクセイソウ** *Reseda alba*
モクセイソウ科。別名レセダ(園芸名)。高さは90cm。花は緑白色。
　¶**原牧2**(No.675/カ図)
　**新分牧**(No.2716/モ図)
　**新牧日**(No.885/モ図)
　**牧野ス2**(No.2520/カ図)

**シノベ**　⇒ヤダケを見よ

**シノリコンブ**　⇒マコンブを見よ

**シバ** *Zoysia japonica*　芝
イネ科ヒゲシバ亜科の多年草。別名ノシバ。高さは10〜20cm。
　¶**学フ増野夏**(p202/カ写)
　**桑イネ**(p479/カ写・モ図)
　**原牧1**(No.1124/カ図)
　**植調**(p335/カ写)
　**新分牧**(No.1251/モ図)
　**新牧日**(No.3778/モ図)
　**牧野ス1**(No.1124/カ図)
　**野生2**(p73/カ写)
　**山力野草**(p680/カ写)
　**山ハ野花**(p190/カ写)

**シバアジサイ**　⇒コアジサイを見よ

**シハイ** *Hibiscus syriacus* 'Shihai'　紫盃
アオイ科。ムクゲの品種。一重咲き中弁型。
　¶**茶花下**(p19/カ写)

**シハイスミレ** *Viola violacea* var.*violacea*　紫背菫
スミレ科の多年草。高さは4〜10cm。花は淡紅色〜濃紅紫色。葉は狭卵形または広披針形。

**学フ増野春**(p57/カ写)
　**原牧2**(No.356/カ図)
　**山野草**(No.0704/カ写)
　**新分牧**(No.2341/モ図)
　**新牧日**(No.1829/モ図)
　**茶花上**(p273/カ写)
　**牧野ス1**(No.2201/カ図)
　**ミニ山**(p196/カ写)
　**野生3**(p219/カ写)
　**山力野草**(p341/カ写)
　**山ハ野花**(p333/カ写)

**シハイタケ** *Trichaptum abietinum*
タマチョレイタケ科のキノコ。
　¶**原きの**(No.385/カ写・カ図)
　**山カ日き**(p476/カ写)

**シバイモ**　⇒スズメノヤリを見よ

**シバキツネヤナギ** *Salix×japopina*
ヤナギ科の雑種。
　¶**野生3**〔シバキツネヤナギ(シバヤナギ×キツネヤナギ)〕(p205/カ写)

**シバクサネム**　⇒シバネムを見よ

**シバグリ**　⇒クリを見よ

**シバスゲ** *Carex nervata*　芝菅
カヤツリグサ科の多年草。高さは10〜30cm。
　¶**カヤツリ**(p374/モ図)
　**原牧1**(No.849/カ図)
　**新分牧**(No.866/モ図)
　**新牧日**(No.4151/モ図)
　**スゲ増**(No.198/カ写)
　**牧野ス1**(No.849/カ図)
　**野生1**(p321/カ写)
　**山ハ野花**(p135/カ写)

**シバツメクサ** *Scleranthus annuus*
ナデシコ科の越年草または一年草。高さは3〜20cm。
　¶**帰化写2**(p36/カ写)

**シバテンツキ**(1)　⇒イソヤマテンツキを見よ

**シバテンツキ**(2)　⇒シオカゼテンツキを見よ

**シバナ** *Triglochin maritima*　塩場菜
シバナ科(ホロムイソウ科)の多年草。別名モシオグサ。高さは10〜50cm。
　¶**原牧1**(No.247/カ図)
　**新分牧**〔シバナ(広義)〕(No.292/モ図)
　**新牧日**(No.3334/モ図)
　**牧野ス1**(No.247/カ図)
　**野生1**(p127/カ写)
　**山力野草**(p697/カ写)
　**山レ増**(p620/カ写)

**シバニッケイ** *Cinnamomum doederleinii*
クスノキ科の木本。日本固有種。
　¶**固有**(p50)
　**野生1**(p81/カ写)

**シバネム** *Smithia ciliata*
マメ科マメ亜科の草本。別名シバクサネム。

¶原牧1（No.1487/カ図）
新分牧（No.1656/モ図）
新牧日（No.1275/モ図）
牧野ス1（No.1487/カ図）
野生2（p293/カ写）

**シバハキ** ⇒ヤブマメを見よ

**シバハギ** *Desmodium heterocarpon* 柴萩
マメ科マメ亜科の草本状小低木。別名クサハギ。高
さは100cm前後。
¶原牧1（No.1539/カ図）
新分牧（No.1693/モ図）
新牧日（No.1326/モ図）
茶花下（p311/カ写）
牧野ス1（No.1539/カ図）
野生2（p265/カ写）

**シバフタケ** *Marasmius oreades*
ホウライタケ科のキノコ。別名ワヒダタケ。
¶原きの（No.198/カ写・カ図）
山力日き（p126/カ写）

**シバムギ** *Elytrigia repens* var.*repens*
イネ科イチゴツナギ亜科の多年草。別名ヒメカモジ
グサ。高さは40〜90cm。
¶帰化写改（p416/カ写）
桑イネ（p38/カ写・モ図）
植調（p287/カ写）
野生2（p52/カ写）

**シバヤナギ** *Salix japonica* 柴柳
ヤナギ科の落葉低木。日本固有種。別名イシヤ
ナギ。
¶APG原樹（No.832/カ図）
学フ増樹（p145/カ写・カ図）
原牧2（No.312/カ図）
固有（p41/カ写）
新分牧（No.2389/モ図）
新牧日（No.103/モ図）
茶花上（p195/カ写）
牧野ス1（No.2157/カ図）
野生3（p200/カ写）
山力樹木（p100/カ写）

**シバヤマ** *Cerasus lannesiana* 'Shibayama' 芝山
バラ科の木本。サクラの栽培品種。花は白色または
淡紅色。
¶学フ増桜〔'芝山'〕（p75/カ写）

**シバヤマハリイ** *Eleocharis engelmannii* f.*detonsa*
カヤツリグサ科の多年草。
¶帰化写2（p374/カ写）

**シビイタチシダ** *Dryopteris shibipedis*
オシダ科の常緑性シダ。日本固有種。葉身は2回羽
状複生。
¶固有（p208/カ写）
シダ標2（p368/カ写）

**シビイヌワラビ** *Athyrium arisanense* var.*kenzo-
satakei* 紫毛犬蕨
メシダ科（イワデンダ科）の常緑性シダ。日本固有
種。葉身は長さ30cm, 狭卵形〜狭長楕円状三角形。

¶固有（p204）
シダ標2（p304/カ写）

**シビイワヘゴ** *Dryopteris × shibisanensis*
オシダ科のシダ植物。
¶シダ標2（p376/カ写）

**シビカナワラビ** *Arachniodes hekiana*
オシダ科の常緑性シダ。最下羽片の下向きの第1小
羽片は羽状に中裂。
¶シダ標2（p392/カ写）

**シビツクシイヌワラビ** ⇒アリシビイヌワラビを
見よ

**シビトバナ** ⇒ホタルブクロを見よ

**シビレタケモドキ** *Psilocybe cubensis*
モエギタケ科のキノコ。傘は黄褐色。
¶原きの（No.247/カ写・カ図）

**シブカワシロギク** *Aster rugulosus* var.
*shibukawaensis*
キク科キク亜科の草本。日本固有種。群馬県渋川
の産。
¶固有（p145）
山野増（No.1256/カ写）
野生5（p315/カ写）
山レ増（p39/カ写）

**シブカワツツジ**(1) *Rhododendron sanctum* var.
*lasiogynum*
ツツジ科ツツジ亜科の落葉低木。日本固有種。
¶固有（p107/カ写）
野生4（p246/カ写）
山レ増（p212/カ写）

**シブカワツツジ**(2) ⇒ジングウツツジを見よ

**シブカワニンジン** *Codonopsis lanceolata* var.*omurae*
キキョウ科。日本固有種。
¶固有（p137）
野生5（p191）

**シブキ** ⇒ドクダミを見よ

**シブクサ** ⇒ギシギシを見よ

**シブツアサツキ** *Allium schoenoprasum* var.
*shibutuense* 至仏浅葱
ヒガンバナ科（ユリ科, ネギ科）の多年草。日本固有
種。尾瀬の至仏山と谷川岳の特産。
¶固有（p158）
野生1（p242/カ写）
山ハ高山（p49/カ写）

**シブヤザサ** *Pleioblastus shibuyanus*
イネ科タケ亜科の常緑中型ササ。日本固有種。葉の
縁辺と中央とに緑条が残り, 他の部分は白い。
¶固有（p175）
タケ亜科（No.45/カ写）

**ジブラルタル** *Rhododendron* 'Gibraltar'
ツツジ科。アザレアの品種。
¶APG原樹〔アザレア'ジブラルタル'〕（No.1281/カ図）

**シブリディジウム × アンドルーシー**
*Cypripedium × andrewsii*
ラン科の草本。自然雑種。高さは15〜30cm。

シフリヘテ　374

¶山野草（No.1677/カ写）

**シプリペディウム・チベティクム**　*Cypripedium tibeticum*
ラン科の草本。高さは15〜35cm。
¶山野草（No.1669/カ写）

**シプリペディウム・パルビフロルム・プベスセンス**　*Cypripedium parviflorum var.pubescens*
ラン科の草本。高さは30〜45cm。
¶山野草（No.1676/カ写）

**シプリペディウム・ヒマライクム**　*Cypripedium himalaicum*
ラン科の多年草。
¶山野草（No.1672/カ写）

**シプリペディウム・フラブム**　*Cypripedium flavum*
ラン科の草本。別名ウンナンキバナアツモリソウ。高さは30〜50cm。
¶山野草（No.1670/カ写）

**シプリペディウム・プレクトロキロン**
*Cypripedium plectrochilon*
ラン科の草本。高さは5〜20cm。
¶山野草（No.1674/カ写）

**シプリペディウム・ヘンリー**　*Cypripedium henryi*
ラン科の草本。別名ウンナンリョッカアツモリソウ。高さは30〜60cm。
¶山野草（No.1673/カ写）

**シプリペディウム・マクランサム**　*Cypripedium macranthum*
ラン科の草本。高さは25〜40cm。花は淡紅紫色。
¶山野草（No.1668/カ写）

**シプリペディウム・ユンナネンセ**　*Cypripedium yunnanense*
ラン科の草本。高さは20〜40cm。
¶山野草（No.1671/カ写）

**シベナガムラサキ**　*Echium vulgare*
ムラサキ科の二年草。高さは40〜80cm。花は青紫色。
¶帰化草2（p188/カ写）

**シベリアクモマグサ**　⇒チシマクモマグサを見よ

**シベリアメドハギ**　*Lespedeza juncea*
マメ科マメ亜科の多年草。カラメドハギと誤称されていたことがある。
¶新分牧（No.1687/モ図）
　野生2（p280/カ写）

**シホウチク**　⇒シカクダケを見よ

**シボチク**　*Phyllostachys bambusoides var.marliacea*
イネ科のタケ。マダケの変種。
¶タケササ（p20/カ写）

**シーボピー**　⇒ツノゲシを見よ

**シーホリー**　⇒マツカサアザミを見よ

**シボリオトメ**　*Camellia japonica* 'Shibori-otome'　絞乙女
ツバキ科。ツバキの品種。花は絞りが入る。
¶茶花上（p165/カ写）

**シボリカラコ**　*Camellia japonica* 'Shibori-karako'　絞唐子
ツバキ科。ツバキの品種。花は絞りが入る。
¶茶花上（p160/カ写）

**シボリロウゲツ**　*Camellia japonica* 'Shibori-rôgetsu'　絞臘月
ツバキ科。ツバキの品種。花は絞りが入る。
¶茶花上（p154/カ写）

**シーボルトノキ**　*Rhamnus utilis*
クロタキカズラ科（クロウメモドキ科）の木本。高さは2〜4m。
¶APG原樹（No.648/カ図）
　原牧2（No.30/カ図）
　新分牧（No.2059/モ図）
　新牧日（No.1692/モ図）
　牧野ス1（No.1875/カ図）
　野生2（p322/カ写）

**シマアオネカズラ**　⇒タイワンアオネカズラを見よ

**シマアケボノソウ**　*Swertia makinoana*
リンドウ科の常緑多年草。日本固有種。
¶固有（p114）
　野生4（p303/カ写）
　山レ増（p175/カ写）

**シマアザミ**　*Cirsium brevicaule*
キク科アザミ亜科の草本。日本固有種。別名アマミシマアザミ、シロバナシマアザミ、リュウキュウシロバナアザミ。
¶固有（p138/カ写）
　野生5（p225/カ写）

**シマアシ**　*Phalaris arundinacea* 'Picta'　縞葦, 縞芦
イネ科の多年草。クサヨシの園芸品種。別名シマクサヨシ。高さは1〜1.5m。
¶桑イネ〔シマガヤ〕（p377/モ図）
　茶花上（p527/カ写）

**シマアワイチゴ**　⇒リュウキュウイチゴを見よ

**シマイガクサ**　*Rhynchospora boninensis*
カヤツリグサ科の多年草。日本固有種。
¶カヤツリ（p540/モ図）
　固有（p188）
　野生1（p354/カ写）
　山レ増（p526/カ写）

**シマイス**　⇒シマイスノキを見よ

**シマイズセンリョウ**　*Maesa perlaria var.formosana*　島伊豆千両
サクラソウ科（ヤブコウジ科）の常緑小低木。花は白色。
¶野生4（p196/カ写）
　山力樹木（p612/カ写）

**シマイスノキ**　*Distylium lepidotum*
マンサク科の常緑低木。日本固有種。別名マルバイスノキ、シマイス。
¶原牧1（No.1346/カ図）
　固有（p67）
　新分牧（No.1517/モ図）
　新牧日（No.900/モ図）

牧野ス1 (No.1346/カ図)
野生2 (p185/カ写)

**シマイソスゲ** *Carex boninensis*
カヤツリグサ科の草本。日本固有種。高さは40〜80cm。
¶固有 (p183)
スゲ増 (No.124/カ写)

**シマイヌエンジュ** ⇒シマエンジュを見よ

**シマイヌザンショウ** *Zanthoxylum schinifolium* var. *okinawense* 島犬山椒
ミカン科の落葉低木。葉が狭披針形。
¶野生3 (p307/カ写)

**シマイヌツゲ** ⇒ムッチャガラを見よ

**シマイヌノエフデ** *Jansia boninensis*
スッポンタケ科のキノコ。
¶山カ日き (p518/カ写)

**シマイヌワラビ** *Athyrium tozanense*
メシダ科の夏緑性シダ。別名ケシマイヌワラビ。葉身は長さ13〜35cm、披針形。
¶シダ標2 (p301/カ写)

**シマイノコヅチ** ⇒ケイノコヅチを見よ

**シマイボクサ** *Murdannia loriformis*
ツユクサ科の草本。別名ハナイボクサ。
¶野生1 (p267/カ写)

**シマイワウチワ** *Shortia rotundifolia*
イワウメ科の常緑多年草。葉は卵円形〜円形。
¶野生4 (p215/カ写)

**シマイワヒトデ** ⇒オキナワウラボシを見よ

**シマウオクサギ** ⇒タイワンウオクサギを見よ

**シマウキクサ** ⇒ヒメウキクサを見よ

**シマウチワドコロ** *Dioscorea septemloba* var. *sititoana*
ヤマノイモ科のつる性多年草。日本固有種。キクバドコロの大型の変種。
¶固有 (p161)
野生1 (p150)

**シマウツボ** *Orobanche boninsimae*
ハマウツボ科の寄生草。日本固有種。全株黄色で、粗毛密布。花は黄色。
¶原牧2 (No.1755/カ図)
固有 (p132/カ写)
新分牧 (No.3830/モ図)
新牧日 (No.2801/モ図)
牧野ス2 (No.3600/カ図)
野生5 (p156/カ写)
山レ増 (p93/カ写)

**シマウリカエデ** *Acer insulare*
ムクロジ科 (カエデ科) の木本。日本固有種。
¶原牧2 (No.538/カ図)
固有 (p85)
新分牧 (No.2589/モ図)
新牧日 (No.1580/モ図)
牧野ス2 (No.2383/カ図)
野生3 (p290/カ写)

**シマウリクサ** *Vandellia anagallis* 島瓜草
アゼナ科〔アゼトウガラシ科〕(ゴマノハグサ科) の草本。
¶新分牧 (No.3650/モ図)
新牧日 (No.2699/モ図)
野生5 (p99/カ写)

**シマウリノキ** *Alangium premnifolium* 島瓜木
ミズキ科 (ウリノキ科) の落葉低木または高木。
¶APG原樹 (No.1068/カ図)
原牧2 (No.1012/カ図)
新分牧 (No.3075/モ図)
新牧日 (No.1972/モ図)
牧野ス2 (No.2857/カ図)
野生4 (p154/カ写)

**シマエダウチホングウシダ** ⇒エダウチホングウシダを見よ

**シマエンジュ** *Maackia tashiroi* 島槐
マメ科マメ亜科の落葉低木。日本固有種。別名シマイヌエンジュ。
¶原牧1 (No.1483/カ図)
固有 (p80/カ写)
新分牧 (No.1645/モ図)
新牧日 (No.1272/モ図)
牧野ス1 (No.1483/カ図)
野生2 (p282/カ写)
山カ樹木 (p354/カ写)

**シマオオギ** *Zonaria diesingiana*
アミジグサ科の海藻。体は径5cm。いくつもの葉片からなる。
¶新分牧 (No.4975/モ図)
新牧日 (No.4835/モ図)

**シマオオタニワタリ** *Asplenium nidus* 島大谷渡
チャセンシダ科の常緑性シダ。葉長1〜1.5m、葉身は披針形。
¶シダ標1 (p409/カ写)
新分牧 (No.4635/モ図)
新牧日 (No.4641/モ図)
山レ (p665/カ写)

**シマオカメザサ** *Shibataea kumasaka* f.*aureostriata* 縞阿亀笹
イネ科のタケ類。
¶タケササ (p82/カ写)

**シマカコソウ** *Ajuga boninsimae*
シソ科キランソウ亜科の多年草。日本固有種。
¶固有 (p124)
野生5 (p109/カ写)
山レ増 (p136/カ写)

**シマガシ** ⇒ヨコメガシを見よ

**シマカテンソウ** ⇒ヤエヤマカテンソウを見よ

**シマカナビキソウ** *Scoparia dulcis*
ゴマノハグサ科の草本。花は白色。
¶帰化写改 (p297/カ写)

**シマカナメモチ** *Photinia wrightiana*
バラ科シモツケ亜科の常緑高木。日本固有種。
¶原牧1 (No.1722/カ図)

固有 (p76)
新分牧 (No.1913/モ図)
新牧日 (No.1072/モ図)
牧野ス1 (No.1722/カ図)
野生3 (p76/カ写)

**シマガマズミ** *Viburnum brachyandrum*
ガマズミ科〔レンプクソウ科〕(スイカズラ科) の落葉低木。日本固有種。
¶原牧2 (No.2291/カ図)
固有 (p133)
新分牧 (No.4329/モ図)
新牧日 (No.2828/モ図)
牧野ス2 (No.4136/カ図)
野生5 (p411/カ写)
山力樹木 (p705/カ写)

**シマカモノハシ** *Ischaemum ischaemoides*
イネ科キビ亜科の植物。日本固有種。
¶固有 (p165)
野生2 (p87)
山レ増 (p556/カ写)

**シマガヤ** ⇒シマアシを見よ

**シマカンギク** *Chrysanthemum indicum* var.*indicum*
島寒菊
キク科キク亜科の多年草。別名ハマカンギク, アブラギク, オキノアブラギク。高さは30〜80cm。花は黄色。
¶学フ増野秋 (p97/カ写)
原牧2 〔アブラギク〕(No.2055/カ図)
山野草 (No.1222/カ写)
新分牧 〔アブラギク〕(No.4200/モ図)
新牧日 〔アブラギク〕(No.3091/モ図)
茶花下 (p363/カ写)
牧野ス2 〔アブラギク〕(No.3900/カ図)
野生5 (p339/カ写)
山力野草 (p75/カ写)
山ハ野花 (p520/カ写)
山ハ山花 (p496/カ写)

**シマキクシノブ** *Davallia cumingii*
シノブ科の常緑性シダ。葉身は長さ14cm, 三角状長楕円形。
¶シダ標2 (p448/カ写)

**シマキケマン** *Corydalis balansae*
ケシ科の草本。
¶原牧1 (No.1151/カ図)
新分牧 (No.1308/モ図)
新牧日 (No.794/モ図)
牧野ス1 (No.1151/カ図)
ミニ山 (p81/カ写)
野生2 (p106/カ写)

**シマキツネノボタン** *Ranunculus sieboldii* 島狐の牡丹
キンポウゲ科の草本。別名ヤエヤマキツネノボタン。
¶原牧1 (No.1285/カ図)
植調 (p171/カ写)
新分牧 (No.1395/モ図)
新牧日 (No.608/モ図)

牧野ス1 (No.1285/カ図)
野生2 (p160/カ写)

**シマギョウギシバ** *Digitaria platycarpha*
イネ科キビ亜科の多年草。高さは20〜30cm。
¶桑イネ (p182/モ図)
野生2 (p82)

**シマギョクシンカ** *Tarenna subsessilis*
アカネ科の常緑低木。日本固有種。
¶固有 (p118)
野生4 (p292/カ写)
山レ増 (p156/カ写)

**シマキンレイカ** *Patrinia kozushimensis*
スイカズラ科 (オミナエシ科)。日本固有種。
¶固有 (p136)
野生5 (p423/カ写)

**シマギンレイカ** *Lysimachia decurrens*
サクラソウ科の草本。
¶新分牧 (No.3153/モ図)
新牧日 (No.2240/モ図)
野生4 (p194/カ写)

**シマクグ** *Cyperus cyperinus*
カヤツリグサ科の草本。別名タイワンクグ。
¶野生1 (p339)

**シマクサギ** *Clerodendrum izuinsulare*
シソ科キランソウ亜科 (クマツヅラ科) の木本。
¶野生5 (p112/カ写)

**シマクサヨシ** ⇒シマアシを見よ

**シマクジャク** *Diplazium longicarpum*
メシダ科 (イワデンダ科) の常緑性シダ。日本固有種。別名シマクジャクシダ。葉身は長さ80cm, 単羽状複生。
¶固有 (p205)
シダ標2 (p326/カ写)
山レ増 (p647/カ写)

**シマクジャクシダ** ⇒シマクジャクを見よ

**シマクマタケラン** *Alpinia boninsimensis*
ショウガ科の多年草。日本固有種。
¶固有 (p188/カ図)
野生2 (p275)
山レ増 (p521/カ写)

**シマクモキリソウ** *Liparis hostifolia*
ラン科の草本。日本固有種。
¶固有 (p190)

**シマクロキ** ⇒ハマセンダンを見よ

**シマグワ**(1) *Morus australis* 島桑
クワ科の薬用植物。
¶山力樹木 (p163/カ写)

**シマグワ**(2) ⇒ヤマグワ(1)を見よ

**シマクワズイモ** *Alocasia cucullata*
サトイモ科の常緑の多年草。葉滑, 根茎は澱粉が多い。
¶野生1 (p92/カ写)

シマコウヤボウキ　Pertya yakushimensis
キク科コウヤボウキ亜科。日本固有種。
¶固有(p143)
　野生5(p213/カ写)

シマコガネギク　Solidago virgaurea subsp. asiatica var. insularis
キク科キク亜科の多年草。日本固有種。
¶固有(p138)
　野生5(p325/カ写)

シマコガンピ　⇒シマサクラガンピを見よ

シマコゴメウツギ　Stephanandra incisa var. macrophylla
バラ科。日本固有種。
¶固有(p77)

シマゴショウ　Peperomia boninsimensis
コショウ科の多年草。日本固有種。
¶原牧1(No.87/カ図)
　固有(p59)
　新分牧(No.108/モ図)
　新牧日(No.678/モ図)
　牧野ス1(No.87/カ図)
　野生1(p55/カ写)
　山レ増(p357/カ写)

シマコバンノキ　Phyllanthus reticulatus
コミカンソウ科(トウダイグサ科)の木本。
¶原牧2(No.280/カ図)
　新分牧(No.2443/モ図)
　新牧日(No.1448/モ図)
　牧野ス1(No.2125/カ図)
　野生3(p173/カ写)

シマコンテリギ　⇒ヤエヤマコンテリギを見よ

シマザクラ　Leptopetalum grayi
アカネ科の常緑小高木。小笠原固有種。
¶原牧2(No.1276/カ図)
　固有(p118/カ写)
　新分牧(No.3329/モ図)
　新牧日(No.2390/モ図)
　牧野ス2(No.3121/カ図)
　野生4(p282/カ写)
　山カ樹木(p734/カ写)
　山レ増(p155/カ写)

シマサクラガンピ　Diplomorpha pauciflora var. yakushimensis　島桜雁皮
ジンチョウゲ科の木本。日本固有種。別名シマコガンピ。
¶原牧2(No.669/カ図)
　固有(p91)
　新分牧(No.2708/モ図)
　新牧日(No.1773/モ図)
　牧野ス2(No.2514/カ図)
　野生4(p40/カ写)

シマサジラン　⇒ムニンサジランを見よ

シマサルスベリ　Lagerstroemia subcostata var. subcostata　島猿滑、島百日紅
ミソハギ科の落葉高木。別名アカブラ、タイワンサルスベリ。高さは10m。花は薄紫～白色。
¶APG原樹(No.860/カ図)
　原牧2(No.447/カ図)
　新分牧(No.2474/モ図)
　新牧日(No.1902/モ図)
　牧野ス2(No.2292/カ図)
　野生3(p257/カ写)
　山カ樹木(p512/カ写)

シマサルナシ　⇒ナシカズラを見よ

シマシカクイ　⇒マシカクイを見よ

シマシシラン　⇒アマモシシランを見よ

シマジタムラソウ　Salvia isensis
シソ科シソ亜科〔イヌハッカ亜科〕の草本。日本固有種。
¶固有(p122)
　山野草(No.1033/カ写)
　野生5(p139/カ写)
　山レ増(p127/カ写)

シマシャジン　Adenophora tashiroi
キキョウ科の草本。草丈は10～30cm。
¶山野草〔マルバシャジン〕(No.1168/カ写)
　野生5(p189/カ写)
　山レ増(p69/カ写)

シマシャリンバイ　Rhaphiolepis wrightiana　島車輪梅
バラ科の常緑小高木。別名アレキサンドラ。
¶山カ樹木(p332/カ写)

シマジュウモンジシダ　⇒タイワンジュウモンジシダを見よ

シマシュスラン　Goodyera viridiflora　島繻子蘭
ラン科の草本。別名イチゲシュスラン。
¶野生1(p205/カ写)
　山ハ山花(p106/カ写)
　山レ増(p512/カ写)

シマショウジョウバカマ　⇒コショウジョウバカマを見よ

シマシラキ　Excoecaria agallocha
トウダイグサ科の小木。別名オキナワジンコウ。マングローブ。
¶野生3(p161/カ写)

シマジリスミレ　Viola okinawensis
スミレ科の草本。
¶ミニ山(p193/カ写)
　山レ増(p252/カ写)

シマシロヤマシダ　Diplazium doederleinii
メシダ科の常緑性シダ。葉柄は長さ30～50cm、葉身は卵状三角形。
¶シダ標2(p329/カ写)

シマスズメノヒエ　Paspalum dilatatum　島雀の稗
イネ科キビ亜科の多年草。高さは50～150cm。
¶帰化等改(p457/カ写, p521/カ写)
　桑イネ(p362/カ写・モ図)
　植調(p305/カ写)
　新分牧(No.1196/モ図)

新牧日（No.3829/モ図）
野生2（p92/カ写）
山力野草（p684/カ写）
山ハ野花（p202/カ写）

**シマセンブリ**　*Schenkia japonica*
リンドウ科の草本。
¶野生4（p301/カ写）

**シマソケイ**　*Ochrosia iwasakiana*
キョウチクトウ科の木本。日本固有種。
¶固有（p116/カ写）
野生4（p314/カ写）
山レ増（p165/カ写）

**シマソナレムグラ**　*Leptopetalum biflorum*
アカネ科の草本。高さは20〜40cm。托葉は三角形、
先端が裂片。
¶野生4（p281/カ写）

**シマタイミンタチバナ**　*Myrsine maximowiczii*
サクラソウ科（ヤブコウジ科）の常緑小高木。日本
固有種。別名マルバタイミンタチバナ。
¶固有（p109/カ写）
野生4（p197/カ写）
山レ増（p204/カ写）

**シマタキミシダ**　*Antrophyum formosanum*
イノモトソウ科の常緑性シダ。別名イシガキタキミ
シダ。葉身は長さ10〜30cm、倒披針形〜長楕円形。
¶シダ標1（p389/カ写）
山レ増（p669/カ写）

**シマダケ**　*Pleioblastus fortunei*
イネ科タケ亜科のササ。別名チゴザサ。
¶タケ亜科〔チゴザサ〕（No.50/カ写）
タケササ〔チゴザサ〕（p163/カ写）
野生2（p34）
山力樹木〔チゴザサ〕（p72/カ写）

**シマタゴ**　*Fraxinus insularis*
モクセイ科の木本。
¶野生5（p62/カ写）

**シマタコノキ**　⇒アダンを見よ

**シマタヌキラン**　*Carex okuboi*　島狸蘭
カヤツリグサ科の多年草。日本固有種。
¶カヤツリ（p208/モ図）
原牧1（No.837/カ図）
固有（p182/カ写）
新分牧（No.847/モ図）
新牧日（No.4130/カ写）
スゲ増（No.94/カ写）
牧野ス1（No.837/カ図）
野生1（p313/カ写）
山ハ山花（p162/カ写）

**シマチカラシバ**　*Pennisetum sordidum*
イネ科キビ亜科の多年草。日本固有種。
¶固有（p166）
野生2（p93/カ写）

**シマツナソ**（1）　*Corchorus aestuans*
アオイ科（シナノキ科）。別名トガリバツナソ。花

は濃黄色。
¶帰化写改〔トガリバツナソ〕（p179/カ写）
原牧2（No.654/カ図）
新分牧（No.2650/モ図）
新牧日（No.1722/モ図）
牧野ス2（No.2499/カ図）
野生4（p25）

**シマツナソ**（2）　⇒タイワンツナソを見よ

**シマツユクサ**　*Commelina diffusa*　島露草
ツユクサ科の草本。別名ハダカツユクサ。花は淡
紫色。
¶植調（p275/カ写）
日水草（p143/カ写）
野生1（p266/カ写）
山ハ野花（p226/カ写）

**シマツレサギソウ**　*Platanthera boninensis*
ラン科の地上生植物。日本固有種。
¶固有（p191/カ写）
野生1（p222/カ写）
山レ増（p508/カ写）

**シマテンツキ**　*Fimbristylis sieboldii* var.*anpinensis*
カヤツリグサ科の一年草。
¶カヤツリ（p592/モ図）
野生1（p349）

**シマテンナンショウ**　*Arisaema negishii*　島天南星
サトイモ科の多年草。日本固有種。別名ヘンゴダ
マ。仏炎苞は緑色。
¶原牧1（No.185/カ図）
固有（p176/カ写）
新分牧（No.220/モ図）
新牧日（No.3916/モ図）
テンナン（No.1/カ写）
牧野ス1（No.185/カ図）
野生1（p96/カ写）

**シマトウガラシ**　⇒キダチトウガラシを見よ

**シマトウヒレン**　*Saussurea insularis*
キク科アザミ亜科の草本。日本固有種。
¶固有（p148）
野生5（p260/カ写）
山レ増（p63/カ写）

**シマトキンソウ**　⇒イガトキンソウを見よ

**シマトネリコ**　*Fraxinus griffithii*　島十練子
モクセイ科の落葉高木。別名タイワンシオジ。4裂
する花冠。
¶APG原樹（No.1394/カ図）
新分牧（No.3544/モ図）
野生5（p62/カ写）
山力樹木（p640/カ写）

**シマトベラ**　*Pittosporum undulatum*
トベラ科の常緑高木。別名トウソヨゴ。
¶原牧2（No.2363/カ図）
新分牧（No.4396/モ図）
新牧日（No.1023/モ図）
牧野ス2（No.4208/カ図）

シマナガバヤブマオ *Boehmeria egregia*
イラクサ科。ナガバヤブマオとラセイタソウの交雑に由来する無融合生殖型と考えられる。
¶野生2 (p344)

シマナンヨウスギ *Araucaria heterophylla* 島南洋杉
ナンヨウスギ科の常緑大高木。別名ノーフォークマツ, コバノナンヨウスギ, アロウカリア。高さは50〜60m。
¶APG原樹〔コバノナンヨウスギ〕(No.59/カ図)
　新分牧 (No.40/モ図)
　新牧日 (No.14/モ図)

シマニシキソウ *Euphorbia hirta* 島錦草
トウダイグサ科の草本。別名タイワンニシキソウ。多毛。
¶帰化写改 (p168/カ写, p500/カ写)
　原牧2 (No.270/カ写)
　植調 (p212/カ写)
　新分牧 (No.2423/モ図)
　新牧日 (No.1486/モ図)
　牧野ス1 (No.2115/カ図)
　野生3 (p157/カ写)
　山力野草 (p366/カ写)

シマノガリヤス *Calamagrostis autumnalis* subsp. *insularis*
イネ科の草本, 日本固有種。
¶桑イネ (p122/モ図)
　固有 (p168)

シマノコギリシダ ⇒オオミミガタシダを見よ

シマハクサンボク ⇒トキワガマズミを見よ

シマハチジョウシダ ⇒ハチジョウシダを見よ

シマバライチゴ *Rubus lambertianus* 島原苺
バラ科バラ亜科の木本。
¶原牧1 (No.1748/カ図)
　新分牧 (No.1940/モ図)
　新牧日 (No.1110/モ図)
　牧野ス1 (No.1748/カ図)
　野生3 (p48/カ写)
　山力樹木 (p264/カ写)

シマバラソウ *Bergia serrata*
ミゾハコベ科の草本。別名ヤンバルミゾハコベ。
¶野生3 (p178)

シマハリイ ⇒トクサイを見よ

シマヒゲシバ ⇒ムラサキシマヒゲシバを見よ

シマヒメタデ *Persicaria tenella*
タデ科の一年草または多年草。別名フトボノヌカボタデ。高さは20cm。
¶野生4 (p98/カ写)

シマヒメミカンソウ *Phyllanthus simplex*
コミカンソウ科 (トウダイグサ科) の草本。萼は中肋縁, 両縁白。
¶野生3 (p172)

シマフジバカマ *Eupatorium luchuense* var. *luchuense*
キク科キク亜科の草本。日本固有種。
¶固有 (p150)

新分牧 (No.4314/モ図)
新牧日 (No.2955/モ図)
野生5 (p369/カ写)

シマフトイ *Schoenoplectus tabernaemontani* 'Zebrinus' 縞太藺
カヤツリグサ科の草本。フトイの園芸品種。
¶茶花下 (p217/カ写)

シマホオズキ ⇒ブドウホオズキを見よ

シマホザキラン *Crepidium boninense*
ラン科の草本。日本固有種。
¶固有 (p193)
　野生1 (p191/カ写)
　山レ増 (p470/カ写)

シマホタルブクロ *Campanula microdonta* 島蛍袋
キキョウ科の多年草。日本固有種。ホタルブクロの近縁種。
¶原牧2 (No.1852/カ図)
　固有 (p137/カ写)
　山野草 (p1192/カ写)
　新分牧 (No.3897/モ図)
　新牧日 (No.2896/モ図)
　牧野ス2 (No.3697/カ図)
　野生5 (p190/カ写)
　山ハ野花 (p507/カ写)

シマホルトノキ *Elaeocarpus photiniifolius*
ホルトノキ科の常緑高木。日本固有種。別名コブノキ。
¶原牧2 (No.229/カ図)
　固有 (p90/カ写)
　新分牧 (No.2272/モ図)
　新牧日 (No.1711/モ図)
　牧野ス1 (No.2074/カ図)
　野生3 (p144/カ写)
　山力樹木 (p471/カ写)

シマボロギク ⇒タケダグサを見よ

シママメヅタ ⇒マメヅタを見よ

シママンネングサ ⇒ハママンネングサを見よ

シママンネンタケ *Ganoderma boninense*
タマチョレイタケ科のキノコ。
¶山力日き (p485/カ写)

シマミサオノキ *Aidia canthioides*
アカネ科の木本。
¶野生4 (p268/カ写)

シマミズ ⇒アリサンミズを見よ

シマミソハギ *Ammannia baccifera*
ミソハギ科の一年草。別名ナガトミソハギ。
¶帰化写改 (p202/カ写)
　野生3 (p257)

シマミツバキイチゴ ⇒ニシムラキイチゴを見よ

シマムカデシダ *Prosaptia kanashiroi* 島百足羊歯
ウラボシ科 (ヒメウラボシ科) の常緑性シダ。日本固有種。別名カナグスクシダ, イワクジャクシダ。葉身は長さ10〜30cm, 狭披針形。
¶固有 (p210)

シダ標**2**（p469/カ写）
新分牧（No.4807/モ図）
新牧日（No.4684/モ図）

**シマムクロジ** ⇒ムクロジを見よ

**シマムラサキ** *Callicarpa glabra*
シソ科（クマツヅラ科）の常緑低木。小笠原固有種。
¶固有（p121/カ写）
野生**5**（p105/カ写）
山力樹木（p732/カ写）
山レ増（p141/カ写）

**シマムラサキツユクサ** ⇒ハカタカラクサを見よ

**シマムロ** *Juniperus taxifolia* var.*taxifolia*
ヒノキ科の低木または高木。小笠原固有種。別名ヒ
デ。高さは2〜3m。
¶固有（p196）
野生**1**（p40/カ写）
山力樹木（p723/カ写）
山レ増（p628/カ写）

**シマモクセイ** *Osmanthus insularis* var.*insularis*　島
木犀
モクセイ科の常緑木。別名ナタオレノキ, ハチジョ
ウモクセイ, サツマモクセイ。高さは18m。花は
白色。
¶原牧**2**〔ナタオレノキ〕（No.1521/カ図）
新分牧〔ナタオレノキ〕（No.3565/モ図）
新牧日〔ナタオレノキ〕（No.2304/モ図）
牧野ス**2**〔ナタオレノキ〕（No.3366/カ図）
野生**5**（p65/カ写）
山力樹木（p629/カ写）

**シマモチ** *Ilex mertensii* var.*mertensii*
モチノキ科の木本。日本固有種。
¶原牧**2**（No.1831/カ図）
固有（p88）
新分牧（No.3870/モ図）
新牧日（No.1622/モ図）
牧野ス**2**（No.3676/カ図）
野生**5**（p184/カ写）
山レ増（p265/カ写）

**シマヤマソテツ** *Plagiogyria stenoptera*
キジノオシダ科の常緑性シダ。葉身の長さは20〜
50cm。
¶シダ標**1**（p341/カ写）
山レ増（p684/カ写）

**シマヤマヒハツ** ⇒コウトウヤマヒハツを見よ

**シマヤマブキショウマ** *Aruncus dioicus* var.
*insularis*
バラ科シモツケ亜科の多年草。日本固有種。
¶原牧**1**（No.1673/カ図）
固有（p79/カ写）
新分牧（No.1869/モ図）
新牧日（No.1046/モ図）
牧野ス**1**（No.1673/カ図）
野生**3**（p61）

**シマヤワラシダ** *Thelypteris gracilescens*
ヒメシダ科の常緑性シダ。葉身は長さ25〜35cm,
長楕円状披針形〜披針形。

¶シダ標**1**（p434/カ写）

**シマユキカズラ** *Pileostegia viburnoides*
アジサイ科（ユキノシタ科）の木本。
¶野生**4**（p170/カ写）

**シマヨシ** ⇒チグサを見よ

**シマレンプクソウ** *Adoxa moschatellina* var.
*insularis*　島連福草
ガマズミ科〔レンプクソウ科〕の多年草。
¶野生**5**（p403）

**シミタケ** *Postia fragilis*
ツガサルノコシカケ科のキノコ。中型〜大型。傘は
白色→赤褐色。
¶山力日き（p462/カ写）

**ジムカデ** *Harrimanella stelleriana*　地蜈蚣, 地百足
ツツジ科ジムカデ亜科の矮小低木。
¶APG原樹（No.1301/カ図）
学フ増高山（p186/カ写）
原牧**2**（No.1237/カ図）
山野草（No.0809/カ写）
新分牧（No.3284/モ図）
新牧日〔ヂムカデ〕（No.2181/モ図）
牧野ス**2**（No.3082/カ写）
野生**4**（p262/カ写）
山力樹木（p581/カ写）
山力野草（p288/カ写）
山ハ高山（p276/カ写）

**ジムシヤドリタケ** *Ophiocordyceps superficialis*
オフィオコルディセプス科の冬虫夏草。宿主は甲虫
の幼虫。
¶冬虫生態（p192/カ写）

**シムライノデ** *Polystichum shimurae*
オシダ科の常緑性シダ。葉身は長さ30〜75cm, 広
披針形〜狭長楕円形。
¶シダ標**2**（p411/カ写）

**シムライノデモドキ** *Polystichum shimurae*× *P.*
*tagawanum*
オシダ科のシダ植物。
¶シダ標**2**（p419/カ写）

**シムラニンジン** *Pterygopleurum neurophyllum*　志
村人参
セリ科セリ亜科の多年草。
¶原牧**2**（No.2413/カ図）
新分牧（No.4455/モ図）
新牧日（No.2029/モ図）
牧野ス**2**（No.4258/カ図）
野生**5**（p399/カ写）
山ハ野花（p495/カ写）
山レ増（p229/カ写）

**シモウサイノデ** *Polystichum ovatopaleaceum* var.
*coraiense*× *P.polyblepharon*
オシダ科のシダ植物。別名シモフサイノデ。
¶シダ標**2**（p417/カ写）

**シモキタイチゴ** *Rubus mesogaeus* var.*adenothrix*
下北苺
バラ科バラ亜科のつる状小低木。

¶野生3 (p53)

**ジモグリツメクサ** *Trifolium subterraneum*
マメ科の一年草。長さは5〜30cm。花は淡黄色。
¶帰化写2 (p114/カ写)

**シモクレン** ⇒モクレンを見よ

**シモコシ** *Tricholoma auratum*
キシメジ科のキノコ。中型〜大型。傘は硫黄色、中央は帯赤褐色。ひだは硫黄色。
¶学フ増毒き (p99/カ写)
山カ日き (p79/カ写)

**シモダカグマ** *Microlepia pseudostrigosa* × *M. sinostrigosa*
コバノイシカグマ科のシダ植物。
¶シダ標1 (p364/カ写)

**シモダカナワラビ** *Arachniodes* × *sasamotoi*
オシダ科のシダ植物。
¶シダ標2 (p398/カ写)

**シモダカンアオイ** *Heterotropa muramatsui* var. *shimodana*
ウマノスズクサ科の多年草。
¶野生1 (p64)

**シモダヌリトラノオ** *Asplenium boreale* × *A.normale*
チャセンシダ科のシダ植物。
¶シダ標1 (p416/カ写)

**シモツケ** *Spiraea japonica* 下野
バラ科シモツケ亜科の落葉低木。別名キシモツケ。
¶APG原樹 (No.507/カ図)
学フ増樹 (p171/カ写)
学フ増花庭 (p171/カ写)
原牧1 (No.1674/カ図)
新分牧 (No.1870/モ図)
新牧日 (No.1027/モ図)
茶花上 (p527/カ写)
牧野ス1 (No.1674/カ図)
ミニ山 (p122/カ写)
野生3 (p88/カ写)
山カ樹木 (p276/カ写)

**シモツケアザミ** *Cirsium nasuense*
キク科アザミ亜科の草本。栃木県那須連山の山地帯に分布。
¶野生5 (p241)

**シモツケコウホネ** *Nuphar submersa*
スイレン科の多年生の水草。日本固有種。浮葉を形成せず、沈水葉のみ。
¶固有 (p59/カ写)
新分牧 (No.86/モ図)
日水草 (p49/カ写)
野生1 (p47/カ写)
山カ野草 (p719/カ写)
山レ増 (p361/カ写)

**シモツケ 'ゴールド フレーム'** ⇒ゴールド フレームを見よ

**シモツケソウ** *Filipendula multijuga* 下野草
バラ科バラ亜科の多年草。日本固有種。別名クサシ
モツケ。高さは30〜100cm。花は淡紅色。
¶学フ増野夏 (p48/カ写)
原牧1 (No.1734/カ図)
固有 (p78/カ写)
山野草 (No.0588/カ写)
新分牧 (No.1930/モ図)
新牧日 (No.1170/モ図)
茶花上 (p528/カ写)
牧野ス1 (No.1734/カ図)
ミニ山 (p140/カ写)
野生3 (p28/カ写)
山カ野草 (p410/カ写)
山ハ高山 (p216/カ写)
山ハ山花 (p343/カ写)

**シモツケヌリトラノオ** *Asplenium boreale*
チャセンシダ科のシダ植物。
¶シダ標1 (p413/カ写)

**シモツケハリスゲ** *Carex noguchii*
カヤツリグサ科。有花茎は高さ25〜40cm。
¶スゲ (No.19/カ写)
野生1 (p302/カ写)

**シモツマ** ⇒ユキミグルマを見よ

**シモバシラ** *Keiskea japonica* 霜柱
シソ科シソ亜科〔イヌハッカ亜科〕の多年草。日本固有種。別名ユキヨセソウ。高さは40〜70cm。
¶色野草 (p122/カ写)
学フ増野秋 (p163/カ写)
原牧2 (No.1711/カ図)
固有 (p124/カ写)
山野草 (No.1016/カ写)
新分牧 (No.3764/モ図)
新牧日 (No.2620/モ図)
茶花下 (p312/カ写)
牧野ス2 (No.3556/カ図)
野生5 (p129/カ写)
山カ野草 (p227/カ写)
山ハ山花 (p434/カ写)

**シモフサイノデ** ⇒シモウサイノデを見よ

**シモフリゴケ** *Racomitrium lanuginosum* 霜降苔
ギボウシゴケ科のコケ。別名タカネシモフリゴケ。中型〜大型、暗緑色〜黒緑色。葉は狭披針形。
¶新分牧 (No.4849/モ図)
新牧日 (No.4719/モ図)

**シモフリシメジ** *Tricholoma portentosum*
キシメジ科のキノコ。中型。傘は暗灰色で湿時粘性、放射状繊維。ひだは帯黄白色。
¶山カ日き (p80/カ写)

**シモフリヌメリガサ** *Hygrophorus hypothejus*
ヌメリガサ科のキノコ。小型〜中型。傘はオリーブ色、粘性。
¶原きの (No.135/カ写・カ図)

**シモフリネマガリ** *Sasa kurilensis* f.*maclosa* 霜降根曲
イネ科のササ。
¶タケササ (p87/カ写)

シモフリヒ                           382

**シモフリヒジキゴケ** ⇒ヒジキゴケを見よ

**シモフリヒバ** ⇒ヒムロを見よ

**シャガ** *Iris japonica* 射干, 著莪
アヤメ科の常緑の多年草。高さは30〜70cm。花は
白色。
¶色野草 (p63/カ写)
　学フ増野春 (p184/カ写)
　原牧1 (No.497/カ図)
　新分牧 (No.555/モ図)
　新牧日 (No.3545/モ図)
　茶花上 (p273/カ写)
　牧野ス1 (No.497/カ図)
　野生1 (p234/カ写)
　山カ野草 (p594/カ写)
　山ハ野花 (p64/カ写)

**ジャガイモ** *Solanum tuberosum*
ナス科の根菜類。別名ジャガタライモ, バレイ
ショ。長さは60〜100cm。花は白, 淡紅, 紫色など。
¶学フ有毒 (p193/カ写)
　原牧2 (No.1484/カ図)
　新分牧 (No.3479/モ図)
　新牧日 (No.2660/モ図)
　牧野ス2 (No.3329/カ図)

**ジャガイモタケ** *Heliogaster columellifer*
イグチ科のキノコ。子実体は淡黄色〜淡褐色, 傷付
けると青色〜褐色〜黒色に変色。
¶山カ日き (p525/カ写)

**シャカシメジ** *Lyophyllum fumosum* 釈迦占地
シメジ科のキノコ。別名センボンシメジ。小型〜中
型。傘は灰褐色。ひだは灰白色。
¶山カ日き (p50/カ写)

**ジャガタライモ** ⇒ジャガイモを見よ

**ジャガタラズイセン** *Hippeastrum reginae* 咬嚼吧
水仙
ヒガンバナ科の多年草, 球根植物。花は赤色。
¶原牧1 (No.553/カ図)
　新分牧 (No.597/モ図)
　新牧日 (No.3520/モ図)
　牧野ス1 (No.553/カ図)

**シャカトウ** ⇒バンレイシを見よ

**シャク** *Anthriscus sylvestris* 杓
セリ科セリ亜科の多年草。別名コシャク, コジャ
ク。高さは80〜140cm。
¶色野草 (p45/カ写)
　学フ増山菜 (p131/カ写)
　学フ増薬草 (p88/カ写)
　原牧2 (No.2399/カ図)
　新分牧 (No.4443/モ図)
　新牧日 (No.2016/モ図)
　牧野ス2 (No.4244/カ図)
　野生5 (p391/カ写)
　山カ野草 (p308/カ写)
　山ハ山花 (p466/カ写)

**シャクシゴケ** *Cavicularia densa*
ウスバゼニゴケ科のコケ。日本固有種。別名ミドリ
シャクシゴケ。不透明な緑色, 長さ3〜10cm。
¶固有 (p225/カ写)
　新分牧 (No.4915/モ図)
　新牧日 (No.4770/モ写)

**シャクシソウ** ⇒カラスビシャクを見よ

**シャクシナズナ** ⇒タカネグンバイを見よ

**シャクジョウソウ** *Hypopitys monotropa* 錫杖草
ツツジ科ギンリョウソウ亜科 (イチヤクソウ科) の
多年生の菌従属栄養植物。別名シャクジョウバナ。
高さは10〜25cm。
¶原牧2 (No.1265/カ図)
　新分牧 (No.3217/モ図)
　新牧日 (No.2106/モ図)
　牧野ス2 (No.3110/カ図)
　野生4 (p226/カ写)
　山カ野草 (p297/カ写)
　山ハ山花 (p381/カ写)

**シャクジョウバナ** ⇒シャクジョウソウを見よ

**シャクチリソバ** *Fagopyrum cymosum* 赤地利蕎麦
タデ科の多年草。高さは50〜120cm。花は白色。
¶帰化写改 (p11/カ写, p489/カ写)
　原牧2 (No.854/カ写)
　新分牧 (No.2838/モ図)
　新牧日 (No.316/モ図)
　茶花下 (p364/カ写)
　牧野ス2 (No.2699/カ図)
　ミニ山 (p22/カ写)

**シャクトリムシハリセンボン** *Cordyceps sp.*
ノムシタケ科の冬虫夏草。宿主はガの幼虫。
¶冬虫生態 (p99/カ写)

**シャクトリムシハリタケ** *Ophiocordyceps sp.*
オフィオコルディセプス科の冬虫夏草。宿主はシャ
クガ科幼虫。
¶冬虫生態 (p93/カ写)

**シャクトリムシマメ** *Scorpiurus muricatus*
マメ科の一年草。
¶帰化写2 (p107/カ写)

**シャクナゲ**(1) *Rhododendron spp.* 石南花, 石楠花
ツツジ科。シャクナゲ属の総称。
¶学フ有毒 〔シャクナゲ類〕 (p83/カ写)
　都木花新 (p96/カ写)

**シャクナゲ**(2) ⇒アズマシャクナゲを見よ

**シャクナゲ**(3) ⇒ツクシシャクナゲを見よ

**シャクナゲ**(4) ⇒ホンシャクナゲを見よ

**シャクナゲ‘プレジデント・ルーズベルト’** ⇒プ
レジデント・ルーズベルトを見よ

**シャクナンガンピ** *Daphnimorpha kudoi*
ジンチョウゲ科の落葉低木。日本固有種。別名ヤク
シマガンピ。
¶固有 (p92)
　野生4 (p38/カ写)
　山カ樹木 (p505/カ写)
　山レ増 (p256/カ写)

シャクナンショ ⇒ハマビワを見よ
シャクノキ ⇒イチイ(1)を見よ
シャグバークヒッコリー ⇒ヒッコリーを見よ
シャグマアミガサタケ Gyromitra esculenta
フクロシトネタケ科(ノボリリュウタケ科)のキノコ。中型〜大型。頭部は脳状、赤褐色。
¶学フ増毒き(p47/カ写)
　原きの(No.553/カ写・カ図)
　山力日き(p560/カ写)
シャグマサイコ ⇒オキナグサ(1)を見よ
シャグマハギ Trifolium arvense
マメ科の一年草。高さは5〜30cm。花は淡紅〜白色。
¶帰化写改(p143/カ写, p498/カ写)
シャグマユリ Kniphofia uvaria
ススキノキ科(ユリ科)の多年草。別名オオトリトマ。高さは1m。花は黄色。葉は広線形で根生叢生。
¶原牧1(No.525/カ図)
　牧野ス1(No.525/カ図)
シャクヤク Paeonia lactiflora var.trichocarpa 芍薬
ボタン科の多年草。別名カオヨグサ、エビスグサ、エビスグスリ。高さは50〜90cm。花は白〜赤色。
¶学フ増薬草(p58/カ写)
　原牧1(No.1331/カ図)
　新分牧(No.1504/モ図)
　新牧日(No.717/モ図)
　茶花上(p399/カ写)
　牧野ス1(No.1331/カ図)
ジャケツイバラ Caesalpinia decapetala 蛇結茨
マメ科ジャケツイバラ亜科のつる性落葉低木。別名カワラフジ。
¶APG原樹(No.393/カ図)
　学フ増樹(p43/カ写)
　学フ有毒(p204/カ写)
　原牧1(No.1466/カ図)
　新分牧(No.1796/モ図)
　新牧日(No.1255/モ図)
　茶花上(p528/カ写)
　牧野ス1(No.1466/カ図)
　ミニ山(p144/カ写)
　野生2(p248/カ写)
　山力樹木(p351/カ写)
ジャコウアオイ Malva moschata 麝香葵
アオイ科の多年草。高さは30〜60cm。花は白色、または淡紅色。
¶帰化写改(p187/カ写)
　原牧2(No.625/カ図)
　新分牧(No.2676/モ図)
　新牧日(No.1735/モ図)
　牧野ス2(No.2470/カ図)
　ミニ山(p182/カ写)
ジャコウウリ ⇒アミメロンを見よ
ジャコウエンドウ ⇒スイートピーを見よ

ジャコウオランダフウロ Erodium moschatum
フウロソウ科の一年草または越年草。高さは10〜50cm。花は紫色、または紅紫色。
¶帰化写改(p162/カ写)
ジャコウキヌラン Zeuxine odorata
ラン科の地生の多年草。開花時の茎の高さは50cm。
¶野生1(p231/カ写)
ジャコウシダ Deparia formosana
メシダ科のシダ植物。別名アミシダダマシ。
¶シダ標2(p343/カ写)
ジャコウソウ(1) Chelonopsis moschata 麝香草
シソ科オドリコソウ亜科の多年草。日本固有種。高さは60〜100cm。花は紅色。
¶学フ増野秋(p67/カ写)
　原牧2(No.1656/カ図)
　固有(p124)
　山野草(No.1036/カ写)
　新分牧(No.3745/モ図)
　新牧日(No.2568/モ図)
　茶花下(p312/カ写)
　牧野ス2(No.3501/カ図)
　野生5(p122/カ写)
　山力野草(p215/カ写)
　山ハ山花(p424/カ写)
ジャコウソウ(2) ⇒ウマノスズクサを見よ
ジャコウソウモドキ Chelone lyoni 麝香草擬
オオバコ科(ゴマノハグサ科)の耐寒性の多年草。別名リオン。
¶原牧2(No.1554/カ図)
　牧野ス2(No.3399/カ図)
ジャコウチドリ ⇒ミズチドリを見よ
ジャコウノコギリソウ Achillea erba-rotta subsp. moschata 麝香鋸草
キク科の多年草。高さは20cmほど。花は白色、中心は黄色。
¶茶花下(p101/カ写)
ジャコウバイ Prunus mume 'Jakōbai' 麝香梅
バラ科。ウメの品種。野梅系ウメ、野梅性八重。
¶ウメ〔麝香梅〕(p61/カ写)
ジャコウレンリソウ ⇒スイートピーを見よ
ジャゴケ Conocephalum conicum 蛇苔
ジャゴケ科のコケ。灰緑色でしばしば赤みをおび、長さ3〜15cm。
¶新分牧(No.4917/モ図)
　新牧日(No.4777/モ図)
シャコタンチク Sasa cernua f.nebulosa
イネ科の常緑のササ。
¶タケササ(p89/カ写)
シャシ ⇒ササクサを見よ
シャジクソウ Trifolium lupinaster 車軸草
マメ科マメ亜科の多年草。別名カタワグルマ、アミダガサ、ボサツソウ。高さは15〜50cm。
¶原牧1(No.1494/カ図)
　新分牧(No.1756/モ図)

シ

シヤシクモ

　　新牧日（No.1281/モ図）
　　茶花下（p102/カ図）
　　牧野ス1（No.1494/カ図）
　　ミニ山（p159/カ写）
　　野生2（p296/カ写）
　　山カ野草（p394/カ写）
　　山ハ山花（p332/カ写）

**シャジクモ**　*Chara braunii*　車軸藻
　シャジクモ科のシダ植物。
　¶植調（p73/カ写）
　　新分牧（No.4927/モ図）
　　新牧日（No.4787/モ図）

**シャシャップ**　⇒トゲバンレイシを見よ

**シャシャンボ**　*Vaccinium bracteatum*　小小ん坊
　ツツジ科スノキ亜科の常緑低木。別名ワクラハ，サ
　シブノキ（古名）。
　¶**APG原樹**（No.1305/カ図）
　　学フ増樹（p187/カ写）
　　原牧2（No.1248/カ図）
　　新分牧（No.3300/モ図）
　　新牧日（No.2192/モ図）
　　牧野ス2（No.3093/カ図）
　　野生4（p258/カ写）
　　山カ樹木（p604/カ写）

**シャジン**　⇒ツリガネニンジンを見よ

**シャスタ・デージー**　*Leucanthemum maximum*
　キク科の草本。高さは50～60cm。花は白色。
　¶原牧2（No.2071/カ図）
　　茶花上〔シャスタデージー〕（p400/カ写）
　　牧野ス2（No.3916/カ図）

**ジャスミン・タバコ**　⇒ハナタバコを見よ

**シャゼンソウ**　⇒オオバコを見よ

**シャゼンムラサキ**　*Echium plantagineum*
　ムラサキ科。高さは50cm。花は赤みを帯びた紫色。
　¶帰化写改（p253/カ写）

**ジャチ**　⇒チークノキを見よ

**ジャックフルーツ**　⇒パラミツを見よ

**ジャニンジン**　*Cardamine impatiens*　蛇人参
　アブラナ科の一年草または越年草。高さは10～
　80cm。
　¶原牧2（No.721/カ図）
　　新分牧（No.2747/モ図）
　　新牧日（No.841/モ図）
　　牧野ス2（No.2566/カ図）
　　ミニ山（p85/カ写）
　　野生4（p56/カ写）

**ジャノヒゲ**　*Ophiopogon japonicus*　蛇の鬚
　キジカクシ科〔クサスギカズラ科〕（ユリ科）の多年
　草。別名リュウノヒゲ。高さは7～15cm。花は淡
　紫色。
　¶色野草（p86/カ写）
　　学フ増野夏（p136/カ写）
　　学フ増葉草（p12/カ写）
　　原牧1（No.593/カ図）

　　新分牧（No.618/モ図）
　　新牧日（No.3487/モ図）
　　牧野ス1（No.593/カ図）
　　野生1（p255/カ写）
　　山ハ野花（p85/カ写）

**ジャノヒゲ'オボロヅキ'**　*Ophiopogon japonicus*
　'Oboroduki'　蛇の鬚 '朧月'
　キジカクシ科〔クサスギカズラ科〕（ユリ科）の多年
　草。高さは8～15cm。
　¶山野草（No.1360/カ写）

**ジャノメアカマツ**　*Pinus densiflora* 'Oculus-
　draconis'　蛇の目赤松
　マツ科。アカマツの園芸品種。
　¶APG原樹（No.9/カ図）

**ジャノメエリカ**　*Erica canaliculata*　蛇の目エリカ
　ツツジ科の低木。別名クロシベエリカ，アフリカエ
　リカ。高さは2m。花は桃色。
　¶学フ増花庭（p18/カ写）
　　茶花下（p382/カ写）
　　山カ樹木（p599/カ写）

**ジャノメギク**　*Arctotis fastuosa*　蛇の目菊
　キク科。高さは60～80cm。花は鮮やかな橙黄色，
　黒みを帯びた蛇の目が入る。
　¶茶花上（p400/カ写）

**ジャノメソウ**　⇒ハルシャギクを見よ

**ジャパニーズ・アイリス**　⇒ハナショウブを見よ

**ジャパニーズ・スノーボール**　⇒オオデマリを見よ

**ジャーマンアイリス**　*Iris germanica*
　アヤメ科の多年草。別名ドイツアヤメ，ムラサキイ
　リス。高さは60～90cm。花は紫色。
　¶原牧1（No.505/カ図）
　　牧野ス1（No.505/カ図）

**シャミセンヅル**　⇒カニクサを見よ

**シャムオニホラゴケ**　⇒ナンバンホラゴケを見よ

**シャムノマイヒメ**　⇒グロッバを見よ

**シャモヒバ**　*Chamaecyparis obtusa* 'Lycopodioides'
　ヒノキ科の木本。
　¶原牧1（No.41/カ図）
　　新分牧（No.59/モ図）
　　新牧日（No.59/モ図）
　　牧野ス1（No.42/カ図）

**ジャヤナギ**　*Salix eriocarpa*　蛇柳
　ヤナギ科の木本。別名オオシロヤナギ。本州，四国，
　九州に分布。
　¶APG原樹（No.825/カ図）
　　野生3（p195/カ写）

**シャラ**　⇒ナツツバキを見よ

**シャラノキ**　⇒ナツツバキを見よ

**シャラメイ**　⇒ナツロウバイを見よ

**シャリスゲ**　*Carex augustinowiczii* var.*sharensis*
　カヤツリグサ科の多年草。
　¶カヤツリ（p218/モ図）

**シャリョウスゲ**　⇒カタスゲを見よ

**シャリンバイ** (1) *Rhaphiolepis indica* var.*umbellata*
車輪梅
バラ科シモツケ亜科の常緑低木。別名マルバシャリンバイ、タチシャリンバイ、ハマモッコク。
¶APG原樹 (No.531/カ図)
　学フ増花庭 (p92/カ写)
　茶花上 (p401/カ写)
　都木花新 (p133/カ写)
　ミニ山 (p131/カ写)
　野生3 (p81/カ写)
　山カ樹木 (p332/カ写)

**シャリンバイ** (2) ⇒タチシャリンバイ (1) を見よ

**シャリンバイ** (3) ⇒マルバシャリンバイ (1) を見よ

**ジャワナガゴショウ** ⇒ヒハツモドキを見よ

**ジャワフトモモ** ⇒レンブを見よ

**シャングリラヤバイ** *Prunus mume* 'Shangurira-yabai' 香格里拉野梅
バラ科。ウメの品種。野梅類型ウメ。
¶ウメ〔香格里拉野梅〕(p12/カ写)

**シュイロクチキタンボタケ** *Ophiocordyceps* sp.
オフィオコルディセプス科の冬虫夏草。宿主は甲虫の幼虫。
¶冬虫生態 (p167/カ写)

**シュイロハツ** *Russula pseudointegra*
ベニタケ科のキノコ。
¶山カ日き (p372/カ写)

**シュイロヤンマタケ** *Hymenostilbe* sp.
スチルベラ科の冬虫夏草。宿主はヤンマタケの鮮やかな朱色を呈するタイプ。
¶冬虫生態 (p223/カ写)

**シュウカイドウ** *Begonia grandis* 秋海棠
シュウカイドウ科の多年草。別名ヨウラクソウ。高さは40〜50cm。花は淡紅色。
¶学フ有毒 (p164/カ写)
　帰化写改 (p197/カ写)
　原牧2 (No.187/カ写)
　新分牧 (No.2229/モ図)
　新牧日 (No.1860/モ図)
　茶花下 (p313/カ写)
　牧野ス1 (No.2032/カ図)
　ミニ山 (p200/カ写)
　野生3 (p126/カ写)

**ジュウガツザクラ** *Cerasus × subhirtella*
'Autumnalis' 十月桜
バラ科の落葉小高木。サクラの栽培品種。別名シキザクラ。花は淡紅色〜白色。
¶APG原樹 (No.413/カ図)
　学フ増桜〔'十月桜'〕(p144/カ写)
　原牧1 (No.1641/カ図)
　新分牧 (No.1842/モ図)
　新牧日 (No.1219/モ図)
　茶花下 (p364/カ写)
　牧野ス1 (No.1641/カ図)
　山カ樹木 (p291/カ写)

**ジュウガツツジ** ⇒フジツツジを見よ

**シュウゲツ** *Rosa* 'Shūgetsu' 秋月
バラ科。バラの品種。ハイブリッド・ティーローズ系。花は濃黄色。
¶APG原樹 〔バラ 'シュウゲツ'〕(No.613/カ図)

**ジュウニキランソウ** *Ajuga × mixta*
シソ科キランソウ亜科の草本。キランソウとジュウニヒトエの雑種。
¶野生5 (p110)

**ジュウニヒトエ** *Ajuga nipponensis* 十二単, 十二単衣
シソ科キランソウ亜科の多年草。高さは5〜15cm。
¶色野草 (p218/カ写)
　学フ増野春 (p138/カ写)
　原牧2 (No.1620/カ図)
　山野草 (No.1055/カ写)
　新分牧 (No.3714/モ図)
　新牧日 (No.2529/モ図)
　茶花上 (p274/カ写)
　牧野ス2 (No.3465/カ図)
　野生5 (p110/カ写)
　山カ野草 (p204/カ写)
　山ハ野花 (p463/カ写)

**シュウフウラク** *Camellia japonica* 'Syûfûraku' 秋風楽
ツバキ科。ツバキの品種。花は白色。
¶茶花上 (p103/カ写)

**シュウブンソウ** *Aster verticillatus* 秋分草
キク科キク亜科の多年草。山地に生える。高さは50〜100cm。
¶原牧2 (No.1930/カ図)
　新分牧 (No.4178/モ図)
　新牧日 (No.2964/カ写)
　牧野ス2 (No.3775/カ図)
　野生5 (p317/カ写)
　山カ野草 (p47/カ写)
　山ハ野花 (p561/カ写)

**シュウホウカラコ** *Camellia japonica* 'Shûhô-karako' 衆芳唐子
ツバキ科。ツバキの品種。花は紅色。
¶茶花上 (p140/カ写)

**シュウメイギク** *Anemone hupehensis* var.*japonica* 秋明菊
キンポウゲ科の多年草。別名キブネギク。高さは30〜100cm。花は紅紫色。
¶色野草 (p315/カ写)
　学フ有毒 (p122/カ写)
　帰化写改 (p76/カ写, p495/カ写)
　原牧1 (No.1268/カ写)
　新分牧 (No.1453/モ図)
　新牧日 (No.592/モ図)
　茶花下〔きぶねぎく〕(p304/カ写)
　牧野ス1 (No.1268/カ写)
　ミニ山 (p53/カ写)
　野生2 (p133/カ写)
　山カ野草 (p479/カ写)
　山ハ野花 (p234/カ写)

**ジュウモンジシダ** *Polystichum tripteron* 十文字羊歯
オシダ科の夏緑性シダ。別名オオシュモクシダ、キレコミジュウモンジシダ、シシジュウモンジシダ、シュモクシダ、トリアシシュモクシダ、ヒトツバジュウモンジシダ。葉身は長さ20〜50cm、披針形、三角状狭長楕円形。
¶シダ標2 (p413/カ写)
　新分牧 (No.4718/モ図)
　新牧日 (No.4499/モ図)

**ジュウモンジスゲ** ⇒ハナビスゲを見よ

**ジュウヤク** ⇒ドクダミを見よ

**ジュウロクササゲ** *Vigna marina* var. *sesquipedalis*
マメ科マメ亜科の一年生つる草。別名ナガササゲ。
¶野生2 (p303)

**シュカ** ⇒カキを見よ

**シュカワタケ** *Phlebia coccineofulva*
シワタケ科のキノコ。
¶原きの (No.394/カ写・カ図)

**シュクコンアマ** *Linum perenne* 宿根亜麻
アマ科の多年草。別名シュッコンアマ。高さは50〜70cm。花は青紫または白色。
¶帰化写2〔シュッコンアマ〕(p137/カ写)
　原牧2 (No.383/カ図)
　新分牧 (No.2432/モ図)
　新牧日 (No.1435/モ図)
　茶花上〔しゅっこんあま〕(p529/カ写)
　牧野ス1 (No.2228/カ図)

**シュクシャ**(1) ⇒ジンジャー(1)を見よ

**シュクシャ**(2) ⇒ハナシュクシャを見よ

**ジュコウ** *Rhododendron indicum* 'Jukō' 寿光
ツツジ科。サツキの品種。
¶APG原樹〔サツキ'ジュコウ'〕(No.1255/カ図)

**ジュズサンゴ** *Rivina humilis* 数珠珊瑚
ジュズサンゴ科 (ヤマゴボウ科) の小低木。高さは40〜60cm。
¶帰化写2 (p395/カ写)
　新分牧 (No.3028/モ図)
　茶花上 (p529/カ写)

**ジュズスゲ** *Carex ischnostachya* var. *ischnostachya* 数珠菅
カヤツリグサ科の多年草。高さは30〜60cm。
¶カヤツリ (p460/モ図)
　原牧1 (No.889/カ図)
　新分牧 (No.908/モ図)
　新牧日 (No.4197/モ図)
　スゲ増 (No.258/カ写)
　牧野ス1 (No.889/カ図)
　野生1 (p327/カ写)
　山力野草 (p665/カ写)
　山ハ野花 (p139/カ写)

**ジュズダマ** *Coix lacryma-jobi* var. *lacryma-jobi* 数珠球、数珠玉
イネ科キビ亜科の多年草。別名ズズゴ、トウムギ、ツシダマ (古名)、タマツシ (古名)、ツス (古名)。

苞鞘は緑〜黒、灰白と変化。高さは80〜200cm。
¶色野草 (p357/カ写)
　学フ増野秋 (p219/カ写)
　学フ増薬草 (p20/カ写)
　帰化写改 (p436/カ写, p520/カ写)
　桑イネ (p157/カ写・モ図)
　原牧1 (No.1094/カ図)
　植調 (p27/カ写)
　新分牧 (No.1149/モ図)
　新牧日 (No.3883/モ図)
　茶花下 (p102/カ写)
　牧野ス1 (No.1094/カ写)
　野生2 (p80/カ写)
　山力野草 (p693/カ写)
　山ハ野花 (p224/カ写)

**ジュズネノキ** *Damnacanthus macrophyllus* 数珠根の木
アカネ科の常緑低木。日本固有種。
¶固有 (p117)
　野生4 (p270/カ写)

**ジュズミノガヤドリタケ** *Cordyceps* sp.
ノムシタケ科の冬虫夏草。宿主はガの成虫。
¶冬虫生態 (p102/カ写)

**シュスラン** *Goodyera velutina* 繻子蘭
ラン科の多年草。別名ビロードラン。高さは10〜15cm。花は桃色。
¶原牧1 (No.436/カ図)
　新分牧 (No.431/モ図)
　新牧日 (No.4310/モ図)
　牧野ス1 (No.436/カ図)
　野生1 (p205/カ写)
　山力野草 (p575/カ写)
　山ハ山花 (p106/カ写)

**シュゼンジカンザクラ** *Cerasus* × *kanzakura* 'Rubescens' 修善寺寒桜
バラ科の落葉高木。サクラの栽培品種。花は紅紫色。
¶学フ増桜〔'修善寺寒桜'〕(p122/カ写)

**シュタケ** *Pycnoporus cinnabarinus*
タマチョレイタケ科のキノコ。
¶山力日き (p468/カ写)

**シュチク** ⇒スホウチクを見よ

**シュチュウカ** *Camellia japonica* 'Shuchūka' 酒中花
ツバキ科。ツバキの品種。花は白地に濃紅色の細い縁取りがあり中輪。
¶茶花上 (p169/カ写)

**シュッコンアマ** ⇒シュクコンアマを見よ

**シュッコンカスミソウ** ⇒コゴメナデシコを見よ

**シュッコンツユクサ** *Commelina erecta*
ツユクサ科の多年草。神奈川県二宮町や藤沢市に帰化。葉は広線形〜狭披針形。
¶帰化写2 (p508/カ写)

**シュッコントウワタ** ⇒ヤナギトウワタを見よ

シュッコンバーベナ　*Verbena rigida*
　クマツヅラ科の多年草。別名ツルタチバーベナ，ヒメクマツヅラ。高さは25〜45cm。花は紫紅色。
　¶帰化写2（p194/カ写）

シュッコンパンヤ　⇒ヤナギトウワタを見よ

シュッコンフロックス　⇒クサキョウチクトウを見よ

シュッコンルピナス　*Lupinus polyphyllus*
　マメ科の多年草。別名タヨウハウチワマメ。
　¶帰化写2（p98/カ写）

シュデコ　⇒シオデを見よ

シュテンドウジ　*Camellia japonica* 'Shutendôji'　酒天童子
　ツバキ科。ツバキの品種。花は紅色。
　¶茶花上（p135/カ写）

ジュニペルス'ゴールド コースト'　⇒ゴールドコーストを見よ

ジュニペルス'スパルタン'　⇒スパルタンを見よ

ジュニペルス'センチネル'　⇒センチネルを見よ

ジュニペルス'バーキィー'　⇒バーキィーを見よ

ジュニペルス'ムーングロウ'　⇒ムーングロウを見よ

シュミットスゲ　*Carex schmidtii*
　カヤツリグサ科の多年草。別名コウライアゼスゲ。
　¶カヤツリ（p172/モ図）
　　スゲ増（No.78/カ写）
　　野生1（p311/カ写）

シュムシュクワガタ　*Veronica grandiflora*
　ゴマノハグサ科の草本。高さは5〜10cm。
　¶山野草（No.1078/カ写）

シュムシュノコギリソウ　*Achillea alpina* subsp. *camtschatica*
　キク科キク亜科の草本。
　¶野生5（p327/カ写）
　　山力野草（p67/カ写）

ジュモウラン　⇒イトランを見よ

シュモクシダ　⇒ジュウモンジシダを見よ

ジュラク　*Camellia japonica* 'Juraku'　聚楽
　ツバキ科。ツバキの品種。花は淡い桃色の地。花弁の周辺に紅色縞のぼけた覆輪。
　¶茶花上（p170/カ写）

シュラン　⇒シランを見よ

ジュリオ・ヌチオ　*Camellia* 'Guilio Nuccio'
　ツバキ科。ツバキの品種。
　¶APG原樹〔ツバキ'ジュリオ・ヌチオ'〕（No.1165/カ写）

シュリンプ・プラント　⇒コエビソウを見よ

シュロ　*Trachycarpus fortunei*　棕櫚
　ヤシ科の常緑高木。別名ワジュロ，ノジュロ。高さは5〜10m。花は緑がかった淡黄色。樹皮は褐色。
　¶APG原樹（No.199/カ図）
　　原牧1（No.605/カ図）
　　新分牧（No.647/モ図）
　　新牧日（No.3885/モ図）
　　都木花新（p248/カ写）
　　牧野ス1（No.605/カ図）
　　野生1（p264/カ写）
　　山力樹木（p79/カ写）

ジュロウカンアオイ　*Asarum kinoshitae*　寿老寒葵
　ウマノスズクサ科の草本。日本固有種。
　¶固有（p61）
　　野生1（p69）

シュロガヤツリ　*Cyperus alternifolius* subsp. *flabelliformis*　棕櫚蚊屋吊,棕梠蚊帳釣
　カヤツリグサ科の多年草。別名カラカサカヤツリ，アンブレラ・プラント。
　¶カヤツリ（p706/モ図）
　　帰化写改（p479/カ写）
　　茶花下（p217/カ写）
　　日水草（p178/カ写）

シュロガヤツリ（広義）　*Cyperus alternifolius*　棕櫚蚊屋吊,棕梠蚊帳釣
　カヤツリグサ科の一年草または多年草。高さは60〜120cm。花は白緑色。
　¶野生1〔シュロガヤツリ〕（p339/カ写）

シュロソウ　*Veratrum maackii* var. *reymondianum*　棕櫚草
　シュロソウ科（ユリ科）の多年草。高さは50〜100cm。
　¶新分牧（No.347/モ図）
　　新牧日（No.3378/モ図）
　　茶花下（p103/カ写）
　　野生1（p162）
　　山力野草（p607/カ写）

シュロチク　*Rhapis humilis*　棕櫚竹
　ヤシ科の常緑低木。別名イヌシュロチク。高さは2〜4m。葉は7〜8片に分裂。
　¶APG原樹（No.201/カ写）
　　原牧1（No.607/カ図）
　　新分牧（No.649/カ図）
　　新牧日（No.3887/モ図）
　　牧野ス1（No.607/カ図）
　　山力樹木（p81/カ写）

シュンカ　⇒アサガオ(2)を見よ

シュンギク　*Xanthophthalmum coronarium*　春菊
　キク科の葉菜類。別名フダンギク，ムジンソウ，シンギク。花は黄，黄と白，白色など。
　¶原牧2（No.2073/カ図）
　　新分牧（No.4249/モ図）
　　新牧日（No.3111/モ図）
　　茶花上（p274/カ写）
　　牧野ス2（No.3918/カ図）

ジュンサイ　*Brasenia schreberi*　蓴菜
　ジュンサイ科（ハゴロモモ科，スイレン科）の多年生浮葉植物。別名ヌナワ。暗赤色の花被片をもつ。葉径5〜10cm、葉身は楕円形、裏面は赤紫色。
　¶学フ増山菜（p60/カ写）
　　学フ増野夏（p230/カ写）
　　原牧1（No.65/カ図）

シ

新分牧 (No.83/モ図)
新牧日 (No.664/モ図)
日水草 (p37/カ写)
牧野ス1 (No.65/カ図)
ミニ山 (p65/カ写)
野生1 (p45/カ写)
山力野草 (p505/カ写)
山ハ野花 (p17/カ写)

**シュンジュギク** *Aster savatieri* var.*pygmaeus* 春寿菊
キク科キク亜科の多年草。日本固有種。別名シンジュギク。花は紅紫色。
¶原牧2 (No.1957/カ図)
固有 (p145)
新分牧 (No.4167/モ図)
新牧日 (No.2999/モ図)
茶花上 (p401/カ写)
牧野ス2 (No.3802/カ図)
野生5 (p316/カ写)

**シュンショッコウ** *Camellia japonica* 'Shunshokkô' 春曙紅
ツバキ科。ツバキの品種。花は桃色。
¶茶花上 (p123/カ写)

**シュンラン** *Cymbidium goeringii* 春蘭
ラン科の多年草。別名ニホンシュンラン（園芸名），ホクロ，ホックリ，エクリ，ハクリ，ジジババ。高さは10〜25cm。花は緑，桃，赤，黄，朱金色など。
¶色野草 (p328/カ写)
学フ増野春 (p225/カ写)
原牧1 (No.474/カ図)
山野草 (No.1715/カ写)
新分牧 (No.536/モ図)
新牧日 (No.4349/モ図)
茶花上 (p275/カ写)
牧野ス1 (No.474/カ図)
野生1 (p192/カ写)
山力野草 (p586/カ写)
山ハ野花 (p54/カ写)
山ハ山花 (p88/カ写)

**ジョウイ** *Schoenus brevifolius*
カヤツリグサ科の多年草。
¶カヤツリ (p558/モ図)
野生1 (p358/カ写)

**ショウガ** *Zingiber officinale* 生姜, 生薑
ショウガ科の根菜類。別名ハジカミ。高さは50〜70cm。花は赤紫色。
¶原牧1 (No.651/カ図)
新分牧 (No.691/モ図)
新牧日 (No.4233/モ図)
牧野ス1 (No.651/カ図)
野生1 (p275/カ写)

**ショウガノキ**(1) ⇒アオモジを見よ

**ショウガノキ**(2) ⇒ヤマコウバシを見よ

**ショウキウツギ** *Kolkwitzia amabilis* 鐘馗空木
スイカズラ科の落葉低木。
¶山力樹木 (p702/カ写)

**ショウキズイセン** ⇒ショウキラン(1)を見よ

**ショウキラン**(1) *Lycoris traubii* 鐘馗蘭
ヒガンバナ科の多年草。別名ショウキズイセン。高さは30〜60cm。花は鮮黄または橙黄色。
¶原牧1 (No.545/カ図)
新分牧 (No.590/モ図)
新牧日 (No.3517/モ図)
牧野ス1 (No.545/カ図)
野生1 〔ショウキズイセン〕(p243/カ写)

**ショウキラン**(2) *Yoania japonica* 鐘馗蘭
ラン科の多年生の菌従属栄養植物。高さは10〜25cm。
¶原牧1 (No.425/カ図)
新分牧 (No.518/モ図)
新牧日 (No.4299/モ図)
牧野ス1 (No.425/カ図)
野生1 (p230/カ写)
山力野草 (p572/カ写)
山ハ山花 (p105/カ写)

**ショウゲツ** *Cerasus lannesiana* 'Superba' 松月
バラ科の落葉小高木。サクラの栽培品種。花は淡紅紫色。
¶APG原樹〔サクラ'ショウゲツ'〕(No.425/カ図)
学フ増桜〔'松月'〕(p152/カ写)

**ショウゲンジ** *Cortinarius caperatus*
フウセンタケ科のキノコ。中型〜大型。傘は黄土色，初め絹状繊維が覆う。放射状のしわあり。ひだは類白色〜さび色。
¶原きの (No.067/カ写・カ図)
山力日き (p247/カ写)

**ショウコウシュサ** *Prunus mume* 'Shōkō-shusa' 小紅朱砂
バラ科。ウメの品種。李系ウメ，紅材性八重。
¶ウメ〔小紅朱砂〕(p115/カ写)

**ジョウザン** *Dichroa febrifuga*
ユキノシタ科の常緑低木。別名ジョウザンアジサイ，チュウゴクアジサイ。
¶山野草 (No.0530/カ写)

**ジョウザンアジサイ** ⇒ジョウザンを見よ

**ショウジツ** ⇒ダイカグラを見よ

**ジョウシュウアズマギク** *Erigeron thunbergii* subsp.*glabratus* var.*heterotrichus* 上州東菊
キク科の草本。日本固有種。
¶学フ増高山 (p76/カ写)
固有 (p151)
山力野草 (p40/カ写)
山ハ高山 (p385/カ写)

**ジョウシュウオニアザミ** *Cirsium okamotoi* 上州鬼薊
キク科アザミ亜科の草本。日本固有種。
¶固有 (p139)
野生5 (p229/カ写)
山ハ高山 (p403/カ写)

**ジョウシュウカモメヅル** *Vincetoxicum sublanceolatum* var. *auriculatum*
キョウチクトウ科の多年草。
¶野生4 (p320/カ写)

**ジョウシュウコガネシダ** ⇒コガネシダを見よ

**ジョウシュウシロ** *Prunus mume* 'Jōshū-shiro'　城州白
バラ科。ウメの品種。実ウメ，野梅系。
¶ウメ〔城州白〕(p171/カ写)

**ジョウシュウトリカブト** *Aconitum tonense*
キンポウゲ科の草本。日本固有種。
¶固有 (p56)
　野生2 (p125)

**ショウジョウスゲ** *Carex blepharicarpa*　猩猩菅
カヤツリグサ科の多年草。別名タカネショウジョウ
スゲ。高さは10～60cm。
¶カヤツリ (p402/モ図)
　原牧1 (No.840/カ図)
　新分牧 (No.850/モ図)
　新牧日 (No.4133/モ図)
　スゲ増 (No.217/カ写)
　牧野ス1 (No.840/カ図)
　野生1 (p324/カ写)
　山ハ高山 (p58/カ写)
　山ハ山花 (p165/カ写)

**ショウジョウソウ** *Euphorbia cyathophora*　猩猩草
トウダイグサ科の多肉植物。別名クサショウジョ
ウ，メキシカン・ファイア・プラント。高さは50～
60cm。花は黄色。上部の葉は基部赤。
¶帰化写改 (p167/カ写, p500/カ写)
　原牧2 (No.260/カ図)
　新分牧 (No.2420/モ図)
　新牧日 (No.1479/カ写)
　茶花下 (p103/カ写)
　牧野ス1 (No.2105/カ図)
　野生3 (p157/カ写)

**ショウジョウソウモドキ** *Euphorbia heterophylla*
トウダイグサ科の一年草。
¶帰化写改 (p169/カ写, p500/カ写)
　帰化写2 (p503/カ写)
　野生3 (p157/カ写)

**ショウジョウバカマ** *Heloniopsis orientalis*　猩猩袴
シュロソウ科 (ユリ科) の多年草。高さは20～
30cm。花は紅紫色。
¶色野草 (p243/カ写)
　学フ増高山 (p80/カ写)
　学フ増野春 (p83/カ写)
　原牧1 (No.306/カ写)
　山野草 (No.1546/カ写)
　新分牧 (No.352/モ図)
　新牧日 (No.3376/モ図)
　茶花上 (p275/カ写)
　牧野ス1 (No.306/カ写)
　野生1 (p159/カ写)
　山ハ野草 (p604/カ写)
　山ハ高山 (p19/カ写)

山ハ野花 (p41/カ写)
山ハ山花 (p64/カ写)

**ショウジョウボク** ⇒ポインセチアを見よ

**ショウズ** ⇒アズキを見よ

**ショウスイバイ** *Prunus mume* 'Shōsuibai'　照水梅
バラ科。ウメの品種。実ウメ，野梅系。
¶ウメ〔照水梅〕(p171/カ写)

**ショウデ** ⇒シオデを見よ

**ショウドシマベンケイソウ** *Hylotelephium verticillatum* var. *lithophilos*　小豆島弁慶草
ベンケイソウ科の草本。日本固有種。
¶固有 (p68)
　野生2 (p216)

**ショウドシマレンギョウ** *Forsythia togashii*　小豆島連翹
モクセイ科の落葉小低木。小豆島の固有種。高さは
1～2m。花は緑を帯びた黄色。
¶固有 (p113)
　野生5 (p60/カ写)
　山カ樹木 (p644/カ写)
　山レ増 (p180/カ写)

**ショウナイオオカニコウモリ** *Parasenecio katoanus*　庄内大蟹蝙蝠
キク科キク亜科の多年草。高さは50～120cm。花
は白色。
¶野生5 (p305/カ写)

**ショウナイトウヒレン** *Saussurea shonaiensis*　庄内唐飛廉
キク科アザミ亜科の多年草。
¶野生5 (p268/カ写)

**ショウナゴン** ⇒サドワビスケを見よ

**ジョウニオイ** *Cerasus lannesiana* 'Affinis'　上匂
バラ科の落葉小高木。サクラの栽培品種。
¶学フ増桜〔'上匂'〕(p83/カ写)

**ショウブ** *Acorus calamus*　菖蒲
ショウブ科 (サトイモ科) の水辺に群生する多年草。
別名フキグサ。高さは50～90cm。花は淡黄緑色。
葉は長さ50～120cm，黄色を帯びた明るい緑色。
¶学フ増野春 (p237/カ写)
　学フ増薬草 (p27/カ写)
　原牧1 (No.166/カ図)
　新分牧 (No.199/モ図)
　新牧日 (No.3903/モ図)
　茶花上 (p530/カ写)
　日水草 (p54/カ写)
　牧野ス1 (No.166/カ写)
　野生1 (p89/カ写)
　山カ野草 (p655/カ写)
　山ハ野花 (p24/カ写)

**ショウブノキ** ⇒ヤマコウバシを見よ

**ショウベンノキ** *Turpinia ternata*　小便の木
ミツバウツギ科の常緑低木。別名ヤマデキ。
¶APG原樹 (No.887/カ図)
　原牧2 (No.498/カ図)
　新分牧 (No.2537/モ図)

シヨウホウ

新牧日（No.1668/モ図）
牧野ス2（No.2343/カ図）
野生3（p278/カ図）
山カ樹木（p425/カ写）

**ジョウボウザサ** *Sasaella bitchuensis*
イネ科タケ亜科のササ。日本固有種。
¶固有（p170）
タケ亜科（No.118/カ写）

**ショウモクコウ** ⇒ウマノスズクサを見よ

**ショウユノキ** ⇒カツラを見よ

**ショウヨウ** ⇒チシャノキ(1)を見よ

**ショウリョウバナ** ⇒ミソハギを見よ

**ショウリョクガク** *Prunus mume* 'Shō-ryokugaku'
小緑萼
バラ科。ウメの品種。野梅系ウメ、野梅性八重。
¶ウメ〔小緑萼〕（p61/カ写）

**ショウリンスズカノセキ** *Prunus mume* 'Shōrin-suzukanoseki'　小輪鈴鹿の関
バラ科。ウメの品種。李系ウメ、紅材性一重。
¶ウメ〔小輪鈴鹿の関〕（p100/カ写）

**ジョウレンシダ** ⇒ハイコモチシダを見よ

**ショウロ** *Rhizopogon roseolus* 松露
ショウロ科のキノコ。小型〜中型。表皮は白色〜黄褐色〜赤色と変わる。
¶新分牧（No.5123/モ図）
新牧日（No.5007/モ図）
山カ日き（p526/カ写）

**ジョウロウスゲ** *Carex capricornis* 上臈菅
カヤツリグサ科の多年草。別名ヒロハノジョウロウスゲ。高さは40〜70cm。
¶カヤツリ（p436/モ図）
原牧1（No.900/カ図）
新分牧（No.921/モ図）
新牧日（No.4210/モ図）
スゲ増（No.242/カ写）
牧野ス1（No.900/カ図）
野生1（p333/カ写）
山ハ野花（p147/カ写）
山レ増〔ジョウロスゲ〕（p536/カ写）

**ショウロウバナ**(1) ⇒エゾミソハギを見よ

**ショウロウバナ**(2) ⇒ミソハギを見よ

**ジョウロウホトトギス** *Tricyrtis macrantha* 上臈杜鵑草
ユリ科の多年草。日本固有種。花は鮮黄色。
¶固有（p159）
新分牧（No.378/モ図）
茶花下（p314/カ写）
野生1（p177/カ写）
山ハ山花（p82/カ写）
山レ増（p595/カ写）

**ジョウロウラン** *Disperis neilgherrensis*
ラン科の地生の多年草。
¶野生1（p197/カ写）

**ジョウロスゲ** ⇒ジョウロウスゲを見よ

**ショウロダマシ** ⇒ザラツキニセショウロを見よ

**ショウワニシキ** *Camellia japonica* 'Shôwa-nishiki'
昭和錦
ツバキ科。ツバキの品種。花は絞りが入る。
¶茶花上（p156/カ写）

**ショウワノアケボノ** *Camellia japonica* 'Shôwa-no-akebono'　昭和の曙
ツバキ科。ツバキの品種。花は桃色。
¶茶花上（p124/カ写）

**ショウワワビスケ** ⇒ハツカリ(1)を見よ

**ショオクノチョウ** *Prunus mume* 'Shookunochō'
書屋の蝶
バラ科。ウメの品種。杏系ウメ、紅筆性一重・八重。
¶ウメ〔書屋の蝶〕（p124/カ写）

**ショカツサイ** *Orychophragmus violaceus* 諸葛菜
アブラナ科の一年草または越年草。別名ハナダイコン、ムラサキハナナ、ムラサキダイコン、オオアラセイトウ、シキンサイ、ヒソクサイ。高さは20〜50cm。花は青紫色。
¶色野草（p214/カ写）
学フ増野春（p30/カ写）
帰化写改〔ハナダイコン〕（p108/カ写, p496/カ写）
原牧1〔ハナダイコン〕（No.753/カ図）
新牧日〔ハナダイコン〕（No.2787/モ図）
新牧日〔ハナダイコン〕（No.874/モ図）
茶花上〔むらさきはなな〕（p321/カ写）
牧野ス2〔ハナダイコン〕（No.2598/カ図）
ミニ山（p83/カ写）
山カ野草〔オオアラセイトウ〕（p455/カ写）
山ハ野花〔オオアラセイトウ〕（p406/カ写）

**ショクヨウガヤツリ** *Cyperus esculentus*
カヤツリグサ科の多年草。別名キハマスゲ。高さは30〜70cm。
¶帰化写改（p475/カ写, p522/カ写）
植調（p284/カ写）
野生1（p342）

**ショクヨウボウフウ** ⇒ボタンボウフウを見よ

**ショクヨウホオズキ** *Physalis grisea*
ナス科の果菜類。果実は黄色。高さは30cm。
¶帰化写改（p282/カ写）
新分牧（No.3506/モ図）
野生5（p39）

**ショタイソウ（斑入り）** *Carex* sp.'Variegata'　書帯草
カヤツリグサ科の草本。
¶山野草（No.1612/カ写）

**ジョチュウギク** ⇒シロムシヨケギクを見よ

**ショッコウ** *Camellia japonica* 'Shokkô'　蜀紅
ツバキ科。ツバキの品種。花は斑入り。
¶茶花上（p148/カ写）

**ショッコウニシキ** *Camellia japonica* 'Shokkô-nishiki'　蜀光錦
ツバキ科。ツバキの品種。花は絞りが入る。
¶茶花上（p155/カ写）

**ショーデンズル** ⇒シオデを見よ

**ショリマ** ⇒ヒメシダを見よ

**ジョロモク** *Myagropsis myagroides*
ウガノモク科の海藻。気胞は紡錘形。体は1〜3m。
¶新分牧 (No.5006/モ図)
　新牧日 (No.4866/モ図)

**シライトソウ** *Chionographis japonica*　白糸草
シュロソウ科 (ユリ科) の多年草。別名ユキノフデ。
高さは30〜60cm。花は白色。
¶学フ増野春 (p197/カ写)
　原牧1 (No.307/カ図)
　山野草 (No.1552/カ写)
　新分牧 (No.353/モ図)
　新牧日 (No.3368/モ図)
　茶花上 (p402/カ写)
　牧野ス1 (No.307/カ図)
　野生1 (p158/カ写)
　山力野草 (p602/カ写)
　山ハ山花 (p63/カ写)

**シライヤナギ** *Salix shiraii* var.*shiraii*　白井柳
ヤナギ科の落葉低木。日本固有種。
¶原牧2 (No.313/カ図)
　固有 (p41)
　新分牧 (No.2390/モ図)
　新牧日 (No.104/モ図)
　牧野ス1 (No.2158/カ図)
　野生3 (p201/カ写)

**シライワアザミ** *Cirsium akimotoi*
キク科アザミ亜科の草本。日本固有種。
¶固有 (p139)
　野生5 (p235/カ写)

**シライワコゴメグサ** *Euphrasia maximowiczii* var.*calcarea*
ハマウツボ科 (ゴマノハグサ科)。日本固有種。
¶固有 (p129)
　野生5 (p153/カ写)

**シライワシャジン** *Adenophora nikoensis* var.*teramotoi*　白岩沙参
キキョウ科の多年草。日本固有種。
¶原牧2 (No.1870/カ図)
　固有 (p137)
　新分牧 (No.3914/モ図)
　新牧日 (No.2913/モ図)
　牧野ス2 (No.3715/カ図)
　野生5 (p189/カ写)
　山レ増 (p71/カ写)

**シラウオタケ** *Multiclavula mucida*
カレエダタケ科のキノコ。別名キリタケ。小型。
形は棍棒状、緑藻類上生。
¶山カ日き (p410/カ写)

**シラオイエンレイソウ** *Trillium×hagae*　白老延齢草
シュロソウ科 (ユリ科) の多年草。
¶山ハ山花 (p58/カ写)

**シラオイハコベ** *Stellaria fenzlii*　白老繁縷
ナデシコ科の草本。別名エゾフスマ。

¶原牧2 (No.875/カ図)
　新分牧 (No.2936/モ図)
　新牧日 (No.347/モ図)
　牧野ス2 (No.2720/カ図)
　野生4 (p127/カ写)
　山ハ高山 (p147/カ写)

**シラカシ** *Quercus myrsinifolia*　白樫
ブナ科の常緑高木。別名クロガシ。高さは15〜
20m。樹皮は濃灰色。
¶APG原樹 (No.709/カ図)
　学フ増樹 (p135/カ写)
　原牧2 (No.112/カ図)
　新分牧 (No.2154/モ図)
　新牧日 (No.147/モ図)
　都木花新 (p60/カ写)
　牧野ス1 (No.1957/カ図)
　野生3 (p99/カ写)
　山力樹木 (p147/カ写)

**シラガシダ** ⇒キヨスミヒメワラビを見よ

**シラガツバフウセンタケ** *Cortinarius hemitrichus*
フウセンタケ科のキノコ。
¶原きの (No.068/カ写・カ図)
　山力日き (p264/カ写)

**シラガニセホウライタケ** *Moniliophthora canescens*
ホウライタケ科のキノコ。成菌の傘は赤褐色〜帯褐
黄色を呈す。
¶山力日き (p593/カ写)

**シラカバ** ⇒シラカンバを見よ

**シラカバ ジャクモンティー‘ドーレンボス’** ⇒
ドーレンボスを見よ

**シラガブドウ** *Vitis shiragae*　白神葡萄
ブドウ科のつる性の落葉低木。岡山県の山地に稀に
産する。
¶原牧1 (No.1447/カ図)
　新分牧 (No.1626/モ図)
　新牧日 (No.1701/モ図)
　牧野ス1 (No.1447/カ図)
　野生2 (p237/カ写)

**シラガミクワガタ** ⇒バンダイクワガタを見よ

**シラカワスゲ** ⇒ヌマクロボスゲを見よ

**シラカワタデ** *Persicaria maculosa* subsp.*hirticaulis* var.*amblyophylla*
タデ科の一年草。高さは0.7〜2m。
¶野生4 (p97)

**シラカワボウフウ** ⇒カワラボウフウを見よ

**シラカンバ** *Betula platyphylla*　白樺
カバノキ科の落葉高木。別名シラカバ、エゾノオオ
シラカンバ、エゾノシラカンバ、カバ、カバノキ、カ
ラフトシラカンバ、カンバ、ガンピ、キレハシラカン
バ、マンシュウシラカンバ、カニハ (古名)。高さは
20m。花は黄褐色。
¶APG原樹 (No.749/カ図)
　学フ増樹 (p159/カ写)
　学フ増花庭 (p147/カ写)
　原牧2 (No.139/カ図)

シラキ                                    392

新分牧（No.2182/モ図）
新牧日（No.117/モ図）
図説樹木（p74/カ写）
都木花新〔シラカバ〕（p66/カ写）
牧野ス1（No.1984/カ写）
野生3（p112/カ写）
山力樹木〔シラカバ〕（p112/カ写）
落葉図譜（p76/モ図）

**シラキ** *Neoshirakia japonica* 白木
トウダイグサ科の落葉小高木。
¶APG原樹（No.796/カ図）
原牧2（No.249/カ図）
新分牧（No.2409/モ図）
新牧日（No.1467/カ図）
牧野ス1（No.2094/カ図）
野生3（p164/カ写）
山力樹木（p394/カ写）
落葉図譜（p189/モ図）

**シラクチヅル** ⇒サルナシを見よ

**シラゲアセタケ** *Inocybe maculata*
アセタケ科（フウセンタケ科）のキノコ。小型。傘
は暗赤褐色、中央に白菌糸。ひだは灰褐色。
¶学フ増毒き（p147/カ写）
山力日き（p241/カ写）

**シラゲオニササガヤ** *Dichanthium sericeum*
イネ科キビ亜科。北アメリカに帰化する。
¶野生2（p81）

**シラゲガヤ** *Holcus lanatus* 白毛茅
イネ科イチゴツナギ亜科の多年草。別名ベルベット
グラス。円錐花序は長さ7～17cm。高さは30～
100cm。花は帯淡紫白色。
¶帰化写改（p448/カ写）
桑イネ（p270/カ写・モ図）
原牧1（No.1015/カ図）
植調（p320/カ写）
新分牧（No.1106/カ図）
新牧日（No.3716/モ図）
牧野ス1（No.1015/カ図）
野生2（p55/カ写）
山力野草（p670/カ写）
山ハ野花（p151/カ写）

**シラゲキツネノヒガサ** *Crossandra nilotica*
キツネノマゴ科の多年草。花は淡橙色。
¶帰化写2（p433/カ写）

**シラゲクサフジ** ⇒ビロードクサフジを見よ

**シラゲコウリンカ** ⇒コウリンカを見よ

**シラゲテンノウメ** *Osteomeles lanata*
バラ科の低木。
¶原牧1（No.1729/カ図）
新分牧（No.1928/モ図）
新牧日（No.1087/モ図）
牧野ス1（No.1729/カ図）

**シラゲヒメジソ** *Mosla hirta* 白毛姫紫蘇
シソ科シソ亜科〔イヌハッカ亜科〕の一年草。別名
ヒカゲヒメジソ。

¶野生5（p130/カ写）
山ハ野花（p460/カ写）

**シラゲホウキギ** *Kochia scoparia* var.*subvillosa*
アカザ科の一年草。別名ミナトイソボウキ。ホウキ
ギの変種とされる。葉は線状披針形、長い白毛が縁
にある。
¶帰化写2（p45/カ写）

**シラコスゲ** *Carex rhizopoda* 白子菅
カヤツリグサ科の多年草。日本固有種。高さは20
～50cm。
¶カヤツリ（p64/モ図）
原牧1（No.789/カ図）
固有（p181）
新分牧（No.805/モ図）
新牧日（No.4073/モ図）
スゲ増（No.8/カ写）
牧野ス1（No.789/カ図）
野生1（p301/カ写）
山ハ野花（p149/カ写）

**シラサギカヤツリ** ⇒シラサギスゲを見よ

**シラサギスゲ** *Rhynchospora colorata* 白鷺菅
カヤツリグサ科の草本。別名シロサギカヤツリ。
¶山野草〔シラサギカヤツリ〕（No.1608/カ写）
茶花上（p530/カ写）

**シラシマメダケ** *Pleioblastus nabeshimanus*
イネ科タケ亜科のササ。日本固有種。
¶固有（p175）
タケ亜科（No.35/カ写）

**シラスゲ** *Carex alopecuroides* var.*chlorostachya* 白菅
カヤツリグサ科の多年草。別名ムシャナルコスゲ。
高さは30～70cm。
¶カヤツリ（p424/モ図）
原牧1（No.894/カ図）
新分牧（No.914/モ図）
新牧日（No.4203/モ図）
スゲ増（No.234/カ写）
牧野ス1（No.894/カ図）
野生1（p332/カ写）
山ハ野花（p143/カ写）

**シラスミ** ⇒シロスミクラを見よ

**シラタキシダレ** *Prunus mume* 'Shirataki-shidare'
白滝枝垂
バラ科。ウメの品種。枝垂れ系ウメ。
¶ウメ〔白滝枝垂〕（p151/カ写）

**シラタケイノモトソウ** *Pteris cretica*×*P.kidoi*
イノモトソウ科のシダ植物。
¶シダ標1（p383/カ写）

**シラタマ** (1) 白玉
ツバキ科。ツバキの品種。「初嵐」「本白玉」「赤山
白玉」など。
¶茶花上（p107/カ写）

**シラタマ** (2) ⇒ハツアラシを見よ

**シラタマカズラ** *Psychotria serpens* 白玉蔓, 白玉葛
アカネ科の常緑つる性植物。別名イワヅタイ, ワラ

ベナカセ。花は白色。
¶APG原樹(No.1339/カ図)
　原牧2(No.1294/カ図)
　新分牧(No.3326/モ図)
　新牧日(No.2408/モ図)
　牧野ス2(No.3139/カ図)
　野生4(p288/カ写)
　山カ樹木(p678/カ写)

**シラタマソウ** *Silene vulgaris* 白玉草
ナデシコ科の多年草。高さは20〜50cm。花は白色。
¶帰化写改(p46/カ写)
　帰化写2(p39/カ写)
　原牧2(No.912/カ写)
　新分牧(No.2963/モ図)
　新牧日(No.384/モ図)
　牧野ス2(No.2757/カ図)

**シラタマタケ** *Kobayasia nipponica*
プロトファルス科のキノコ。子実体は不整球形、地中生〜半地中生。
¶山カ日き(p525/カ写)

**シラタマノキ** *Gaultheria pyroloides* 白玉の木
ツツジ科スノキ亜科の常緑低木。別名シロモノ。高さは10〜30cm。花は白色。
¶APG原樹(No.1328/カ図)
　学フ増高山(p187/カ写)
　学フ増山菜(p191/カ写)
　原牧2(No.1241/カ写)
　山野草(No.0795/カ写)
　新分牧(No.3294/モ図)
　新牧日(No.2185/モ図)
　茶花下(p104/カ写)
　牧野ス2(No.3086/カ写)
　野生4(p254/カ写)
　山カ樹木(p598/カ写)
　山カ野草(p290/カ写)
　山ハ高山(p284/カ写)

**シラタマバイ** *Prunus mume* 'Shiratamabai' 白玉梅
バラ科。ウメの品種。実ウメ、野梅系。
¶ウメ〔白玉梅〕(p172/カ写)

**シラタマホシクサ** *Eriocaulon nudicuspe* 白玉星草
ホシクサ科の一年草。日本固有種。別名コンペイトウグサ。高さは20〜40cm。
¶原牧1(No.671/カ写)
　固有(p163/カ写)
　山野草(No.1606/カ写)
　新分牧(No.707/モ図)
　新牧日(No.3607/モ図)
　茶花下(p314/カ写)
　牧野ス1(No.671/カ図)
　野生1(p283/カ写)
　山カ野草(p649/カ写)
　山ハ野花(p90/カ写)
　山レ増(p560/カ写)

**シラタマミズキ** *Cornus alba* 白玉水木
ミズキ科の木本。別名シロミノミズキ。高さは3m。
¶茶花上(p402/カ写)

山カ樹木(p528/カ写)

**シラタマモ** *Lamprothamnium succinctum* 白玉藻
シャジクモ科の水草。体長50cmくらい。
¶新分牧(No.4933/モ図)
　新牧日(No.4793/モ図)

**シラタマモクレン** ⇒トキワレンゲを見よ

**シラタマユリ** *Lilium speciosum f.kratzeri* 白玉百合
ユリ科の球根植物。別名シロカノコユリ。
¶原牧1(No.342/カ図)
　新分牧(No.408/カ図)
　新牧日(No.3436/モ図)
　牧野ス1(No.342/カ図)

**シラトリオトギリ** *Hypericum tatewakii*
オトギリソウ科の多年草。日本固有種。別名フルセオトギリ。
¶固有(p64)
　野生3(p243)

**シラトリシャジン** *Adenophora uryuensis* 白鳥沙参
キキョウ科の草本。日本固有種。別名ウリュウシャジン。
¶固有(p137/カ写)
　山野草(No.1166/カ写)
　野生5(p188/カ写)

**シラネアオイ** *Glaucidium palmatum* 白根葵
キンポウゲ科(シラネアオイ科)の多年草。日本固有種。別名ハルフヨウ、ヤマフヨウ。高さは30〜60cm。
¶学フ増高山(p21/カ写)
　学フ増野春(p74/カ写)
　原牧1(No.1186/カ写)
　固有(p58/カ写)
　山野草(No.0105/カ写)
　新分牧(No.1342/モ図)
　新牧日(No.512/モ図)
　茶花上(p531/カ写)
　牧野ス1(No.1186/カ写)
　ミニ山(p67/カ写)
　野生2(p152/カ写)
　山カ野草(p502/カ写)
　山ハ高山(p83/カ写)
　山ハ山花(p246/カ写)

**シラネアザミ** *Saussurea nikoensis* 白根薊
キク科アザミ亜科の多年草。日本固有種。別名ニッコウトウヒレン。高さは35〜65cm。
¶原牧2(No.2203/カ図)
　固有(p148)
　新分牧(No.4001/モ図)
　新牧日(No.3236/モ図)
　牧野ス2(No.4048/カ図)
　野生5(p266/カ写)
　山カ野草(p98/カ写)
　山ハ高山(p419/カ写)
　山ハ山花(p560/カ写)

**シラネイ** ⇒クサイを見よ

**シラネコウボウ** ⇒タカネコウボウを見よ

**シラネセンキュウ** *Angelica polymorpha* 白根川芎
セリ科セリ亜科の多年草。別名スズカゼリ。高さは
80〜150cm。
　¶学フ増野秋（p169/カ写）
　原牧2（No.2447/カ図）
　新分牧（No.4482/モ図）
　新牧日（No.2061/モ図）
　牧野ス2（No.4292/カ図）
　野生5（p389/カ写）
　山カ野草（p318/カ写）
　山ハ山花（p476/カ写）

**シラネチドリ**　⇒ハクサンチドリを見よ

**シラネニガナ** *Ixeridium dentatum* subsp.*shiranense*
キク科キクニガナ亜科の草本。
　¶野生5（p278）

**シラネニンジン** *Tilingia ajanensis* 白根人参
セリ科セリ亜科の多年草。別名チシマニンジン。高
さは10〜30cm。
　¶学フ増高山（p180/カ写）
　原牧2（No.2435/カ図）
　新分牧（No.4464/モ図）
　新牧日（No.2049/モ図）
　牧野ス2（No.4280/カ図）
　野生5（p400/カ写）
　山カ野草（p311/カ写）
　山ハ高山（p354/カ写）

**シラネヒゴタイ** *Saussurea kaialpina* 白根平江帯
キク科アザミ亜科の多年草。別名キンブヒゴタイ。
　¶学フ増高山（p78/カ写）
　野生5（p264/カ写）
　山ハ高山（p420/カ写）

**シラネワラビ** *Dryopteris expansa* 白根蕨
オシダ科の夏緑性シダ。葉身は長さ20〜60cm，や
や五角状の長楕円状卵形。
　¶シダ標2（p359/カ写）
　新分牧（No.4757/モ図）
　新牧日（No.4542/モ図）

**シラハギ** *Lespedeza thunbergii* subsp.*thunbergii* f.*alba*
白萩
マメ科の木本。花は白色。
　¶APG原樹（No.372/カ図）
　原牧1（No.1542/カ図）
　新分牧（No.1675/モ図）
　新牧日（No.1329/モ図）
　茶花下（p315/カ写）
　牧野ス1（No.1542/カ図）

**シラハトツバキ** *Camellia fraterna* 白鳩椿
ツバキ科の木本。別名フラテルナー。花は白色。
　¶APG原樹（No.1151/カ図）

**シラヒゲウメバチソウ** *Parnassia crassifolia* 白髭
梅鉢草
ユキノシタ科の草本。
　¶山野草（No.0534/カ写）

**シラヒゲソウ** *Parnassia foliosa* var.*foliosa* 白鬚草
ニシキギ科（ユキノシタ科）の多年草。高さは15〜
30cm。
　¶学フ増野秋（p174/カ写）
　原牧2（No.217/カ図）
　山野草（No.0533/カ写）
　新分牧（No.2234/モ図）
　新牧日（No.976/モ図）
　茶花下（p218/カ写）
　牧野ス1（No.2062/カ図）
　ミニ山（p104/カ写）
　野生3（p138/カ写）
　山ハ山花（p307/カ写）

**シラビソ** *Abies veitchii* 白檜曽
マツ科の常緑高木。日本固有種。別名シラベ。高
さは25m。樹皮は灰色。
　¶APG原樹（No.45/カ図）
　学フ増高山（p218/カ写）
　学フ増樹（p178/カ写・カ図）
　原牧1（No.14/カ図）
　固有（p195）
　新分牧（No.15/モ図）
　新牧日（No.26/モ図）
　図説樹木（p32/カ図）
　牧野ス1（No.15/カ図）
　野生1（p27/カ写）
　山カ樹木（p41/カ写）
　山ハ高山（p449/カ写）

**シラブクモタケ** *Cordyceps* sp.
ノムシタケ科の冬虫夏草。クモに寄生。子嚢殻が赤
みの強い橙黄紅色。
　¶冬虫生態（p227/カ写）

**シラベ**　⇒シラビソを見よ

**シラホシムグラ** *Galium aparine*
アカネ科の多年草。
　¶帰化写2（p174/カ写）

**シラホスゲ**　⇒フサスゲを見よ

**シラミコロシ**　⇒ニシキギを見よ

**シラミシバ** *Tragus racemosus*
イネ科の一年草。高さは10〜40cm。
　¶帰化写2（p355/カ写）
　新分牧（No.1256/モ図）
　新牧日（No.3780/モ図）

**シラモ** *Gracilaria parvisora* 白藻
オゴノリ科の海藻。軟骨質。体は30cm。
　¶新分牧（No.5062/モ図）
　新牧日（No.4922/モ図）

**シラヤマギク** *Aster scaber* 白山菊
キク科キク亜科の多年草。別名ムコナ。高さは100
〜150cm。
　¶色野草（p82/カ写）
　学フ増野秋（p157/カ写）
　原牧2（No.1939/カ写）
　山野草（No.1255/カ写）
　新分牧（No.4173/モ図）
　新牧日（No.2978/モ図）
　茶花下（p218/カ写）

牧野ス2（No.3784/カ図）
野生5（p316/カ写）
山力野草（p44/カ写）
山ハ野花（p544/カ写）
山ハ山花（p509/カ写）

**シラヤマニンジン** ⇒ミヤマウイキョウを見よ

**シラユキ** *Cerasus lannesiana* 'Sirayuki'　白雪
バラ科の落葉小高木。サクラの栽培品種。花は白色。
¶学フ増桜〔'白雪'〕（p76/カ写）

**シラユキイワギリソウ** *Petrocosmea begoniifolia*
白雪岩桐草
イワタバコ科の草本。高さは3〜7cm。
¶山野草（No.1118/カ写）

**シラユキゲシ** *Eomecon chionantha*
ケシ科の多年草, 宿根草。高さは30cm。
¶帰化写2（p60/カ写）
山野草（No.0471/カ写）

**シラユキヒメ** *Tradescantia sillamontana*　白雪姫
ツユクサ科のつる性多年草。花は紅紫色。
¶茶花下（p383/カ写）

**シラン** *Bletilla striata*　紫蘭
ラン科の多年草。別名シュラン。茎の長さは30〜50cm。花は紅紫色。
¶色野草（p245/カ写）
学フ増野春（p77/カ写）
学フ増薬草（p31/カ写）
原牧1（No.442/カ図）
山野草（No.1718/カ写）
新分牧（No.489/モ図）
新牧日（No.4316/モ図）
茶花上（p403/カ写）
牧野ス1（No.442/カ図）
野生1（p184/カ写）
山力野草（p577/カ写）
山ハ山花（p100/カ写）
山レ増（p465/カ写）

**シリブカ** ⇒シリブカガシを見よ

**シリブカガシ** *Lithocarpus glaber*　尻深樫
ブナ科の常緑高木。別名シリブカ。高さは15m。
¶APG原樹（No.713/カ図）
原牧2（No.124/カ図）
新分牧（No.2146/モ図）
新牧日（No.159/モ図）
牧野ス1（No.1969/カ図）
野生3（p93/カ写）
山力樹木（p150/カ写）

**シリベシナズナ** *Draba igarashii*
アブラナ科の多年草。高さは18〜24cm。花は白色。
¶野生4（p62/カ写）

**シリュウノマイ** *Rhododendron indicum* 'Shiryūnomai'　紫龍の舞
ツツジ科。サツキの品種。
¶APG原樹〔サツキ'シリュウノマイ'〕（No.1257/カ写）

**ジリンゴ** ⇒ワリンゴを見よ

**シルバー・シリング** ⇒ゴウダソウを見よ

**シルバープリベット** *Ligustrum sinense* 'Variegatum'
モクセイ科の木本。
¶APG原樹（No.1585/カ図）

**シレトコイノデ** ⇒ツバメイノデを見よ

**シレトコスミレ** *Viola kitamiana*　知床菫
スミレ科の草本。日本固有種。花は白色。
¶原牧2（No.324/カ図）
固有（p94）
山野草（No.0694/カ写）
新分牧（No.2309/モ図）
新牧日（No.1797/モ図）
牧野ス1（No.2169/カ図）
野生3（p211/カ写）
山ハ高山（p186/カ写）

**シレトコブシ** ⇒シコタントリカブトを見よ

**シレネ・アコウリス** *Silene acaulis*
ナデシコ科の多年草。別名コケマンテマ。
¶山野草（No.0046/カ写）

**シレネ・ディオイカ** ⇒アケボノセンノウを見よ

**シレネ・ニグレスケンス・ラティフォリア** *Silene nigrescens* subsp. *latifolia*
ナデシコ科の草本。
¶山野草（No.0045/カ写）

**シロアカザ** ⇒シロザを見よ

**シロアシヒメハナヤスリタケ** *Elaphocordyceps* sp.
オフィオコルディセプス科の冬虫夏草。宿主はツチダンゴ類。
¶冬虫生態（p259/カ写）

**シロアセタケ** ⇒シロニセトマヤタケを見よ

**シロアワバナ** ⇒オトコエシを見よ

**シロアンズタケ** *Gloeocantharellus pallidus*
ラッパタケ科のキノコ。中型。傘は肉質, 放射状に裂けやすい。
¶山力日き（p403/カ写）

**シロイトスゲ** *Carex sachalinensis* var. *alterniflora*
白糸菅
カヤツリグサ科の多年草。別名オオイトスゲ。基部の葉鞘は淡色, 果胞は長さ3〜3.5mm。高さは20〜50cm。
¶カヤツリ（p326/モ図）
新分牧〔オオイトスゲ〕（No.876/モ図）
新牧日〔オオイトスゲ〕（No.4161/モ図）
スゲ増（p225/カ写）
野生1（p319/カ写）
山ハ野花（p131/カ写）

**シロイナモリソウ** *Pseudopyxis heterophylla*　白稲森草
アカネ科の多年草。日本固有種。別名シロバナイナモリソウ。高さは10〜30cm。
¶原牧2（No.1300/カ図）
固有〔シロバナイナモリソウ〕（p118）
新分牧（No.3337/モ図）
新牧日（No.2414/モ図）

シロイヌナ

牧野ス2（No.3145/カ図）
野生4〔シロバナイナモリソウ〕（p287/カ写）
山ハ山花〔シロバナイナモリソウ〕（p387/カ写）

**シロイヌナズナ** Arabidopsis thaliana　白犬薺
アブラナ科の一年草または越年草。高さは20〜30cm。花は白色。
¶帰化写2〔シロイヌナズナ（在来種あり）〕（p67/カ写）
原牧2（No.749/カ図）
新分牧（No.2732/モ図）
新牧日（No.870/モ図）
牧野ス2（No.2594/カ図）
野生4（p50/カ写）

**シロイヌノヒゲ** Eriocaulon miquelianum var. miquelianum
ホシクサ科の一年草。別名オオイヌノヒゲ。最近は、イヌノヒゲの一型に過ぎないと考えられている。高さは15〜40cm。
¶原牧1（No.672/カ図）
新分牧（No.708/モ図）
新牧日（No.3608/モ図）
牧野ス1（No.672/カ図）

**シロイバラ**　⇒ノイバラを見よ

**シロイボカサタケ** Entoloma aibum
イッポンシメジ科のキノコ。
¶学フ増毒き（p161/カ写）
山ハ日き（p279/カ写）

**シロウマアカバナ** Epilobium lactiflorum　白馬赤花
アカバナ科の草本。
¶原牧2（No.454/カ図）
新分牧（No.2506/モ図）
新牧日（No.1939/モ図）
牧野ス2（No.2300/カ図）
野生3（p266/カ写）

**シロウマアサツキ** Allium schoenoprasum var. orientale　白馬浅葱
ヒガンバナ科（ユリ科、ネギ科）の多年草。高さは30〜50cm。
¶学フ増高山（p79/カ写）
原牧1（No.533/カ図）
新分牧（No.580/モ図）
新牧日（No.3416/モ図）
牧野ス1（No.533/カ図）
野生1（p242/カ写）
山力野草（p616/カ写）
山ハ高山（p48/カ写）

**シロウマアザミ** Cirsium tonense var.shiroumense　白馬薊
キク科アザミ亜科の多年草。超塩基性岩植物。
¶野生5（p243/カ写）

**シロウマイタチシダ** Dryopteris shiroumensis　白馬鼬羊歯
オシダ科の夏緑性シダ。日本固有種。葉身は長さ50cm、広卵形。
¶固有（p208/カ写）
シダ標2（p361/カ写）

**シロウマイノデ** Polystichum×shin-tashiroi　白馬猪の手
オシダ科のシダ植物。
¶シダ2（p415/カ写）

**シロウマエビラフジ** Vicia venosa subsp.cuspidata var.glabristyla　白馬籠藤
マメ科マメ亜科の多年草。日本固有種。花柱が無毛の変種。
¶固有（p80）
野生2（p301）

**シロウマオウギ** Astragalus shiroumensis　白馬黄耆
マメ科マメ亜科の多年草。日本固有種。高さは10〜40cm。
¶学フ増高山（p169/カ写）
原牧1（No.1519/カ図）
固有（p80/カ写）
新分牧（No.1745/モ図）
新牧日（No.1306/モ図）
牧野ス1（No.1519/カ図）
野生2（p258/カ写）
山力野草（p390/カ写）
山ハ高山（p200/カ写）

**シロウマガリヤス**(1)　Calamagrostis fauriei var. intermedia
イネ科。日本固有種。
¶固有（p168）

**シロウマガリヤス**(2)　⇒オオヒゲガリヤスを見よ

**シロウマスゲ**(1)　Carex scita var.brevisquama　白馬菅
カヤツリグサ科の多年草。日本固有種。日本海側の高山草原に生える。鳥海山のものは果胞が長く、アシボソスゲとして区別することもある。果胞は長さ5〜6mm。
¶カヤツリ〔アシボソスゲ〕（p228/モ図）
原牧1（No.832/カ図）
固有〔アシボソスゲ〕（p182）
新分牧（No.842/モ図）
新牧日（No.4125/モ図）
牧野ス1（No.832/カ図）
野生1（p329/カ写）
山ハ高山〔アシボソスゲ〕（p61/カ写）
山レ増〔アシボソスゲ〕（p534/カ写）

**シロウマスゲ**(2)　⇒アシボソスゲを見よ

**シロウマタンポポ** Taraxacum alpicola var. shiroumense　白馬蒲公英
キク科の草本。日本固有種。
¶固有（p147）
山力野草（p110/カ写）
山ハ高山（p436/カ写）

**シロウマチドリ** Platanthera convallariifolia　白馬千鳥
ラン科の多年草。別名ユウバリチドリ。高さは25〜50cm。
¶野生1（p222/カ写）
山力野草（p567/カ写）
山ハ高山（p38/カ写）
山レ増（p507/カ写）

**シロウマナズナ** Draba shiroumana 白馬薺
アブラナ科の多年草。日本固有種。高さは5〜10cm。
- ¶原牧2（No.734/カ図）
  - 固有（p66）
  - 新分牧（No.2775/モ図）
  - 新牧日（No.854/モ図）
  - 牧野ス2（No.2579/カ図）
  - 野生4（p62/カ写）
  - 山カ野草（p451/カ写）
  - 山ハ高山（p236/カ写）
  - 山レ増（p340/カ写）

**シロウマヒメスゲ** ⇒ヌイオスゲを見よ

**シロウマリンドウ** Gentianopsis yabei var.yabei 白馬竜胆
リンドウ科の一年草〜越年草。日本固有種。別名タカネリンドウ。高さは5〜30cm。
- ¶原牧2（No.1351/カ図）
  - 固有（p114/カ写）
  - 新分牧（No.3394/モ図）
  - 新牧日（No.2333/モ図）
  - 牧野ス2（No.3196/カ図）
  - 野生4（p299/カ写）
  - 山カ野草（p258/カ写）
  - 山ハ高山〔タカネリンドウ〕（p304/カ写）
  - 山レ増（p172/カ写）

**シロウマレイジンソウ** Aconitum pterocaule var. siroumense 白馬伶人草
キンポウゲ科の多年草。日本固有種。
- ¶固有（p55/カ写）
  - 野生2（p124/カ写）

**シロウリ** Cucumis melo L.Conomon Group 白瓜
ウリ科の野菜。
- ¶原牧2（No.171/カ図）
  - 新分牧（No.2220/モ図）
  - 新牧日（No.1874/モ図）
  - 牧野ス1（No.2016/カ図）

**シロウロコツルタケ** Amanita clarisquamosa
テングタケ科のキノコ。別名フクロツルタケ。
- ¶山カ日き（p161/カ写）

**シロエゾホシクサ** Eriocaulon pallescens
ホシクサ科の草本。日本固有種。
- ¶固有（p163）
  - 野生1（p285）

**シロエノカラカサタケ** Macrolepiota mastoidea
ハラタケ科のキノコ。
- ¶原きの（No.191/カ写・カ図）

**シロエノクギタケ** Gomphidius glutinosus
オウギタケ科のキノコ。傘は灰褐色。ひだは白〜褐色。
- ¶原きの（No.109/カ写・カ図）

**シロエンドウ** Pisum sativum L.Hortense Group 白豌豆
マメ科の越年草。別名エンドウ、ブントウ、ノラマメ（古名）。
- ¶原牧1（No.1584/カ図）

新分牧（No.1790/モ図）
新牧日（No.1371/モ図）
茶花上〔えんどう〕（p242/カ写）
牧野ス1（No.1584/カ図）

**シロオオハラタケ** Agaricus arvensis
ハラタケ科のキノコ。
- ¶原きの（No.001/カ写・カ図）
  - 山カ日き（p188/カ写）

**シロオニタケ** Amanita virgineoides
テングタケ科のキノコ。大型。傘は白色、細かな錐形いぼ多数。
- ¶学フ増毒き（p77/カ写）
  - 山カ日き（p170/カ写）

**シロオビテングタケ** Amanita concentrica
テングタケ科のキノコ。傘は白色〜黄白色、淡褐色。
- ¶山カ日き（p595/カ写）

**シロカイメンタケ** Piptoporus soloniensis
ツガサルノコシカケ科のキノコ。大型。傘は鮮橙色〜類白色。
- ¶山カ日き（p462/カ写）

**シロカガ** Prunus mume 'Shiro-kaga' 白加賀
バラ科。ウメの品種。果皮は淡緑黄色。実ウメ、野梅系。
- ¶ウメ〔白加賀〕（p172/カ写）

**シロカゼクサ** Eragrostis silveana
イネ科の多年草。高さは40〜60cm。
- ¶帰化写改（p445/カ写）

**シロガネガラクサ** Evolvulus boninensis
ヒルガオ科。日本固有種。
- ¶固有（p120/カ写）
  - 野生5（p27/カ写）

**シロカネカラマツ** Thalictrum koikeanum
キンポウゲ科の多年草。萼片は白色。
- ¶野生2（p166/カ写）

**シロカネソウ** ⇒ツルシロカネソウを見よ

**シロガネツヅキ** ⇒ウスユキマンネングサを見よ

**シロガネマゴケ** ⇒ギンゴケを見よ

**シロガネヨシ** ⇒パンパスグラスを見よ

**シロカノコユリ** ⇒シラタマユリを見よ

**シロガヤ** ⇒シロガヤツリを見よ

**シロガヤツリ** Cyperus pacificus
カヤツリグサ科の一年草。別名シロガヤ。高さは5〜30cm。
- ¶カヤツリ（p740/モ図）
  - 野生1（p340/カ写）

**シロガラシ** Sinapis alba 白芥子
アブラナ科の一年草。高さは30〜80cm。花は黄色。
- ¶帰化写改（p112/カ写）

**シロカラハツタケ** Lactarius pubescens
ベニタケ科のキノコ。
- ¶学フ増毒き（p198/カ写）
  - 原きの（No.158/カ写・カ図）

シロキオン　　　　　　　　　398

**シロギオンマモリ**　*Hibiscus syriacus* 'Shiro-gion-mamori'　白祇園守
アオイ科。ムクゲの品種。半八重咲き祇園守型。
¶茶花下（p24/カ写）

**シロキクヅキ**　*Camellia japonica* 'Shiro-kikuzuki'　白菊月
ツバキ科。ツバキの品種。花は白色。
¶茶花上（p104/カ写）

**シロキクラゲ**　*Tremella fuciformis*
シロキクラゲ科のキノコ。
¶原きの（No.424/カ写・カ図）
山力日き（p531/カ写）

**シロキツネノサカズキモドキ**　*Microstoma macrosporum*
ベニチャワンタケ科のキノコ。子実層は紅色。
¶山力日き（p556/カ写）

**シロクモタケ**　*Torrubiella corniformis*
ノムシタケ科の冬虫夏草。
¶山力日き（p586/カ写）

**シロクモノスタケ**　*Ripartites tricholoma*
キシメジ科のキノコ。
¶原きの（No.253/カ写・カ図）

**シロクルマバナ**　⇒ニガハッカを見よ

**シロクローバー**　⇒シロツメクサを見よ

**シログワイ**　⇒イヌクログワイを見よ

**シロケシメジ**　*Tricholoma columbetta*
キシメジ科のキノコ。
¶山力日き（p77/カ写）

**シロコスミレ**　*Viola lactiflora*
スミレ科。花は白色。
¶ミニ山（p197/カ写）
山レ増（p254/カ写）

**シロコナカブリ**　*Mycena alphitophora*
ラッシタケ科のキノコ。
¶山力日き（p127/カ写）

**シロザ**　*Chenopodium album* var.*album*　白藜
ヒユ科（アカザ科）の一年草。別名シロアカザ，ギンザ。高さは1〜1.5m。
¶学フ増野秋（p209/カ写）
植調（p236/カ写）
茶花下（p315/カ写）
野生4（p138/カ写）
山力野草（p529/カ写）
山ハ野花（p286/カ写）

**シロサギカヤツリ**　⇒シラサギスゲを見よ

**シロザクラ**　⇒イヌザクラを見よ

**シロサナギタケ**　*Cordyceps militaris* f.*albina*
ノムシタケ科の冬虫夏草。宿主はガの蛹，幼虫。子実体が白色。
¶冬虫生態（p73/カ写）

**シロサマニヨモギ**　*Artemisia arctica* subsp. *sachalinensis* f.*villosa*　白様似蓬
キク科の多年草。

¶山ハ高山（p428/カ写）

**シロザモドキ**　*Chenopodium strictum*
ヒユ科の草本。葉は卵形〜卵状長楕円形または上部の葉で披針形。
¶野生4（p139/カ写）

**シロサワフタギ**　*Symplocos paniculata*
ハイノキ科の落葉低木。日本固有種。別名クロミノニシゴリ，ニシゴリ。果実は卵球形。
¶APG原樹〔クロミノニシゴリ〕（No.1187/カ図）
原牧2（No.1131/カ図）
固有〔クロミノニシゴリ〕（p112）
新分牧（No.3172/モ図）
新牧日（No.2270/モ図）
牧野ス2（No.2976/カ図）
野生4〔クロミノニシゴリ〕（p209/カ写）
山力樹木〔クロミノニシゴリ〕（p622/カ写）

**シロサンゴタケ**　*Polycephalomyces* sp.
オフィオコルディセプス科の冬虫夏草。マユダマタケの分生子柄束が白色で樹枝状に分岐したタイプ。
¶冬虫生態（p283/カ写）

**シロシキブ**　*Callicarpa japonica* f.*albibaccata*　白式部
シソ科（クマツヅラ科）の低木。茎は褐毛，果実は白。花は紫色。
¶茶花上（p532/カ写）

**シロジシ**　*Prunus mume* 'Shiro-jishi'　白獅子
バラ科。ウメの品種。杏系ウメ，豊後性一重。
¶ウメ〔白獅子〕（p131/カ写）

**シロジシャ**　⇒ダンコウバイ(1)を見よ

**シロシダレヤナギ**　*Salix* × *lasiogyne* nothosubsp. *lasiogyne*
ヤナギ科の雑種。
¶野生3〔シロシダレヤナギ（コゴメヤナギ×シダレヤナギ）〕（p205）

**シロシデ**　⇒イヌシデを見よ

**シロシマシイヤ**　*Sasaella glabra* f.*albostriatus*
イネ科のササ。
¶タケササ（p129/カ写）

**シロシマセンネンボク**　*Dracaena deremensis*　白縞千年木
キジカクシ科〔クサスギカズラ科〕（リュウゼツラン科）の木本。高さは3〜5m。
¶APG原樹（No.191/カ図）

**シロシメジ**　*Tricholoma japonicum*
キシメジ科のキノコ。別名ヌノビキ。
¶学フ増毒き（p97/カ写）
山力日き（p77/カ写）

**シロシャクジョウ**　*Burmannia cryptopetala*　白錫杖
ヒナノシャクジョウ科の草本。
¶原牧1（No.279/カ写）
新分牧（No.324/モ図）
新牧日（No.3561/モ図）
牧野ス1（No.279/カ図）
野生1（p147/カ写）

**シロシャクナゲ**　⇒ハクサンシャクナゲを見よ

**シロジュズスゲ** *Carex subdita* var.*kiyozumiensis*
カヤツリグサ科の多年草。
¶カヤツリ (p266/モ図)

**シロショウリン** *Hibiscus syriacus* 'Shiro-shôrin' 白小輪
アオイ科。ムクゲの品種。一重咲き細弁型。
¶茶花下 (p12/カ写)

**シロスジイリ** *Hibiscus syriacus* 'Shiro-sujiiri' 白筋入
アオイ科。ムクゲの品種。一重咲き細弁型。
¶茶花下 (p12/カ写)

**シロスズメノワン** *Humaria hemisphaerica*
ピロネマキン科のキノコ。
¶原きの (No.526/カ写・カ図)
　山カ日き (p574/カ写)

**シロスミクラ** *Camellia*×*intermedia* 'Shirosumikura' 白角倉
ツバキ科。ツバキの品種。別名シラスミ。花は白色。
¶APG原樹〔ツバキ'シロスミクラ'〕(No.1143/カ図)
　茶花上〔しろすみのくら〕(p113/カ写)

**シロスミノクラ** ⇒シロスミクラを見よ

**シロスミレ** *Viola patrinii* var.*patrinii* 白菫
スミレ科の多年草。高さは7～15cm。花は白色。
¶原牧2 (No.366/カ図)
　新分牧 (No.2350/モ図)
　新牧日 (No.1838/モ図)
　牧野ス1 (No.2211/カ図)
　野生3 (p216/カ写)
　山ワ野草 (p335/カ写)
　山ハ山花 (p312/カ写)

**シロセイヨウショウロ** *Tuber magnatum*
セイヨウショウロ科のキノコ。
¶原きの (No.567/カ写・カ図)

**シロセミタケ** *Ophiocordyceps sobolifera* f.
オフィオコルディセプス科の冬虫夏草。セミタケの子実体が純白の変種。
¶冬虫生態 (p106/カ写)

**シロソウメンタケ** *Clavaria fragilis*
シロソウメンタケ科のキノコ。形は円筒状～細長い紡錘形、白色。
¶原きの (No.449/カ写・カ図)
　山 カ日き (p407/カ写)

**シロタエ**(1) *Cerasus lannesiana* 'Sirotae' 白妙
バラ科の落葉小高木。サクラの栽培品種。フロリバンダ・ローズ系。花は白色。
¶APG原樹〔サクラ'シロタエ'〕(No.426/カ図)
　学フ増桜〔'白妙'〕(p90/カ写)

**シロタエ**(2) *Rhododendron*×*pulchrum* 'Shirotae' 白妙
ツツジ科。ツツジの品種。
¶APG原樹〔ツツジ'シロタエ'〕(No.1267/カ図)

**シロタエヒマワリ** *Helianthus argophyllus* 白妙向日葵
キク科。別名ギンバヒマワリ、ダイセツザン(園芸

名)。高さは1.2～2m。花は橙黄色。
¶帰化写改 (p370/カ写、p515/カ写)
　茶花下 (p365/カ写)

**シロタブ** ⇒シロダモを見よ

**シロタマゴクチキムシタケ** *Metacordyceps* sp.
バッカクキン科の冬虫夏草。宿主はヤスデ類の卵塊。
¶冬虫生態 (p262/カ写)

**シロタマゴテングタケ** *Amanita verna* 白卵天狗茸
テングタケ科のキノコ。
¶学フ増毒き (p21/カ写)
　山 カ日き (p159/カ写)

**シロダモ** *Neolitsea sericea*
クスノキ科の常緑高木。別名シロタブ、タマガラ。花は黄色。
¶APG原樹 (No.173/カ図)
　原牧1 (No.148/カ図)
　新分牧 (No.183/モ図)
　新牧日 (No.489/モ図)
　都木花新 (p19/カ写)
　牧野ス1 (No.148/カ図)
　野生1 (p87/カ写)
　山カ樹木 (p215/カ写)

**シロタモギタケ** *Hypsizygus ulmarius*
シメジ科のキノコ。
¶原きの (No.140/カ写・カ図)

**シロチリメン** *Prunus mume* 'Shiro-chirimen' 白縮緬
バラ科。ウメの品種。野梅系ウメ、野梅性一重。
¶ウメ〔白縮緬〕(p26/カ写)

**シロツチガキ** *Geastrum saccatum*
ヒメツチグリ科のキノコ。外皮は白色、のち褐色。円座は不明瞭。
¶山 カ日き (p507/カ写)

**シロツブ** *Caesalpinia bonduc* 白粒
マメ科ジャケツイバラ亜科の常緑つる性木本。
¶原牧1 (No.1467/カ図)
　新分牧 (No.1797/モ図)
　新牧日 (No.1256/モ図)
　牧野ス1 (No.1467/カ図)
　野生2 (p248/カ写)

**シロツブクロクモタケ** *Torrubiella corniformis*
ノムシタケ科の冬虫夏草。宿主は小型のクモ。
¶冬虫生態 (p235/カ写)

**シロツメクサ** *Trifolium repens* 白詰草
マメ科マメ亜科の多年草。別名ツメクサ、オランダゲンゲ、クローバー、シロツメグサ、シロクローバー。高さは20～30cm。花は白～淡紅色。
¶色野草 (p71/カ写)
　学フ増山菜 (p64/カ写)
　学フ増野春 (p140/カ写)
　帰化写改 (p151/カ写、p499/カ写)
　原牧1 (No.1495/カ図)
　植調 (p258/カ写)
　新分牧 (No.1757/モ図)

新牧日（No.1282/モ図）
茶花上（p532/カ写）
牧野ス1（No.1495/カ図）
野生2（p296/カ写）
山カ野草（p394/カ写）
山ハ野花（p352/カ写）

**シロツルタケ** *Amanita vaginata* f.*alba*
テングタケ科のキノコ。中型。傘は白色、条線あり。
¶学フ増毒き（p58/カ写）
山カ日き（p147/カ写）

**シロテツ** *Melicope quadrilocularis*
ミカン科の常緑高木または低木。日本固有種。
¶原牧2（No.567/カ図）
固有（p84/カ写）
新分牧（No.2615/モ図）
新牧日（No.1504/モ図）
牧野ス2（No.2412/カ図）
野生3（p303/カ写）

**シロテングサゴケ** *Riccardia glauca*
スジゴケ科のコケ植物。日本固有種。
¶固有（p225）

**シロテングタケ** *Amanita neoovoidea*
テングタケ科のキノコ。中型～大型。傘は白色
粉状。
¶学フ増毒き（p71/カ写）
山カ日き（p160/カ写）

**シロテンマ** *Gastrodia elata* var.*pallens*
ラン科の地生の多年草。
¶野生1（p202）

**シロドウダン** *Enkianthus cernuus* 白灯台
ツツジ科の木本。日本固有種。
¶固有（p108）
山カ樹木（p590/カ写）

**シロトダシバ** *Arundinella hirta* var.*glauca*
イネ科。日本固有種。
¶固有（p167）

**シロトベラ** *Pittosporum boninense*
トベラ科の常緑小高木。日本固有種。
¶原牧2（No.2358/カ図）
固有（p76/カ写）
新分牧（No.4391/モ図）
新牧日（No.1018/モ図）
牧野ス2（No.4203/カ図）
野生5（p371/カ写）

**シロトマヤタケ** *Inocybe geophylla*
アセタケ科（フウセンタケ科）のキノコ。小型。傘
は白色、平滑。ひだは灰褐色。
¶学フ増毒き（p147/カ写）
山カ日き（p242/カ写）

**シロナメツムタケ** *Pholiota lenta*
モエギタケ科のキノコ。小型～中型。傘は白茶色、
綿毛状小鱗片を点在、粘性。
¶山カ日き（p237/カ写）

**シロニカワタケ** *Tremella pulvinaris*
シロキクラゲ科のキノコ。
¶山カ日き（p532/カ写）

**シロニセトマヤタケ** *Inocybe umbratica* 白偽苫屋茸
アセタケ科（フウセンタケ科）のキノコ。別名シロ
アセタケ。小型。傘は白色、平滑。ひだは灰褐色。
¶学フ増毒き（p148/カ写）
山カ日き（p242/カ写）

**シロヌメリイグチ** *Suillus viscidus*
ヌメリイグチ科のキノコ。中型～大型。傘は汚白
色、著しい粘性を帯びる。
¶山カ日き（p303/カ写）

**シロヌメリガサ** *Hygrophorus eburneus*
ヌメリガサ科のキノコ。
¶原きの（No.134/カ写・カ図）

**シロヌメリカラカサタケ** *Limacella illinita*
テングタケ科のキノコ。中型。傘は白色、粘性。ひ
だは白色。
¶山カ日き（p173/カ写）

**シロネ** *Lycopus lucidus* 白根
シソ科シソ亜科〔イヌハッカ亜科〕の多年草。高さ
は100cm以上。
¶学フ増野秋（p183/カ写）
学フ増薬草（p108/カ写）
原牧2（No.1692/カ図）
新分牧（No.3772/モ図）
新牧日（No.2602/モ図）
茶花下（p219/カ写）
牧野ス2（No.3537/カ図）
野生5（p134/カ写）
山カ野草（p224/カ写）
山ハ野花（p462/カ写）

**シロネグサ** ⇒セリを見よ

**シロノヂシャ** *Valerianella radiata*
スイカズラ科（オミナエシ科）の一年草または越年
草。別名シロノジシャ。
¶帰化写2（p243/カ写）
野生5（p425）

**シロノジスミレ** *Viola yedoensis* f.*albescens*
スミレ科の草本。別名ツクシコスミレ。
¶山野草（No.0710/カ写）

**シロノセンダングサ**(1) ⇒オオバナノセンダングサ
を見よ

**シロノセンダングサ**(2) ⇒コシロノセンダングサを
見よ

**シロノハイイロシメジ** *Clitocybe robusta*
キシメジ科のキノコ。
¶学フ増毒き（p87/カ写）

**シロバイ** *Symplocos lancifolia* 白灰
ハイノキ科の常緑低木。花は白色。
¶APG原樹（No.1180/カ図）
原牧2（No.1134/カ図）
新分牧（No.3175/モ図）
新牧日（No.2273/モ図）

牧野ス2 (No.2979/カ図)
野生4 (p211/カ写)

**シロハツ** *Russula delica*
ベニタケ科のキノコ。中型〜大型。傘は白色, 平滑。ひだは白色。
¶山力日き (p356/カ写)

**シロハツサク** *Camellia japonica* 'Shiro-hassaku' 白八朔
ツバキ科。ツバキの品種。花は白色。
¶茶花上 (p104/カ写)

**シロハツモドキ** *Russula japonica*
ベニタケ科のキノコ。大型。傘は白色〜淡黄土色。ひだは白色〜淡黄土色。
¶学フ増毒き (p189/カ写)
山力日き (p357/カ写)

**シロバナイガコウゾリナ** *Elephantopus mollis*
キク科キクニガナ亜科の多年草。
¶帰化写2 (p442/カ写)
野生5 (p291/カ写)

**シロバナイナモリソウ** ⇒シロイナモリソウを見よ

**シロバナイヌナズナ** ⇒エゾイヌナズナを見よ

**シロバナイリス** ⇒ニオイアヤメを見よ

**シロバナウンゼンツツジ** *Rhododendron serpyllifolium* var.*albiflorum*
ツツジ科ツツジ亜科の半常緑の低木。日本固有種。別名セトウチウンゼンツツジ。
¶固有 (p107)
野生4 (p242/カ写)

**シロバナエニシダ** *Cytisus multiflorus*
マメ科の小低木。高さは3m。花は白色。
¶APG原樹 (No.378/カ図)

**シロバナエンレイソウ** ⇒ミヤマエンレイソウを見よ

**シロハナガサ** *Hibiscus syriacus* 'Shiro-hanagasa' 白花笠
アオイ科。ムクゲの品種。半八重咲き花笠型。
¶茶花下 (p26/カ写)

**シロバナカモメヅル** *Vincetoxicum sublanceolatum* var.*macranthum*
キョウチクトウ科 (ガガイモ科) の多年草。日本固有種。
¶固有 (p117/カ写)
野生4 (p320/カ写)
山力野草 (p253/カ写)

**シロバナキシツツジ** *Rhododendron ripense* f. *leucanthum* 白花岸躑躅
ツツジ科。母種はキシツツジ。別名イソツツジ。
¶山野草 (No.0781/カ写)

**シロバナクサタチバナ** *Vincetoxicum japonicum* var.*albiflorum*
キョウチクトウ科の多年草。別名ビロードイヨカズラ。花は白色。
¶野生4 (p318)

**シロバナクサナギオゴケ** *Vincetoxicum katoi* f. *albescens* 白花草薙尾苔
キョウチクトウ科の多年草。高さは30〜100cm。花冠は緑白色。
¶茶花上 (p533/カ写)

**シロバナケショウアザミ** *Cirsium japonicum* var. *vestitum* f.*arakii* 白花化粧薊
キク科アザミ亜科。ケショウアザミの白花品種。
¶野生5 (p227)

**シロバナコバノタツナミ** *Scutellaria indica* var. *parvifolia* f.*alba* 白花小葉の立浪
シソ科の草本。
¶山野草 (No.1046/カ写)

**シロバナコメツツジ** ⇒オオコメツツジを見よ

**シロバナサギゴケ** ⇒サギゴケ(2)を見よ

**シロバナサクラタデ** *Persicaria japonica* 白花桜蓼
タデ科の多年草。高さは40〜100cm。
¶原牧2 (No.818/カ図)
新分牧 (No.2894/モ図)
新牧日 (No.280/モ図)
牧野ス2 (No.2663/カ図)
野生4 (p96/カ写)
山八要花 (p264/カ写)

**シロバナシナガワハギ** *Melilotus officinalis* subsp. *albus* 白花品川萩
マメ科マメ亜科の一年草〜越年草。別名コゴメハギ。高さは30〜120cm。花は白色。
¶帰化写改 (p138/カ写, p498/カ写)
ミニ山 (p160/カ写)
野生2 (p284/カ写)
山八要花 (p359/カ写)

**シロバナシマアザミ** ⇒シマアザミを見よ

**シロバナシモツケ** ⇒アイズシモツケを見よ

**シロバナシャクナゲ** ⇒ハクサンシャクナゲを見よ

**シロバナショウジョウバカマ**(1) *Heloniopsis orientalis* var.*flavida*
シュロソウ科 (ユリ科) の多年草。本州の関東以西・四国に産する。花は紅紫色。
¶固有 (p156/カ写)
野生1 (p159)

**シロバナショウジョウバカマ**(2) ⇒コチョウショウジョウバカマ(1)を見よ

**シロバナジョチュウギク** ⇒シロムシヨケギクを見よ

**シロバナジンチョウゲ** *Daphne odora* f.*alba* 白花沈丁花
ジンチョウゲ科の木本。別名フクリンシロバナジンチョウゲ。
¶APG原樹 (No.1040/カ図)

**シロバナセンダングサ** ⇒コシロノセンダングサを見よ

**シロバナソシンカ** *Bauhinia variegata* var.*candida*
マメ科ジャケツイバラ亜科の落葉小高木。花は白色。
¶野生2 (p252)

シ

## シロバナタカネビランジ　*Silene akaisialpina* f. *leucantha*
ナデシコ科の多年草。
¶学フ増高山 (p15/カ写)

## シロバナタツタソウ　⇒アメリカタツタソウを見よ

## シロバナタンポポ　*Taraxacum albidum*　白花蒲公英
キク科キクニガナ亜科の多年草。日本固有種。高さは10～30cm。花は白色。
¶色野草 (p38/カ写)
学フ増野春 (p134/カ写)
原牧2 (No.2268/カ図)
固有 (p147)
植調 (p139/カ写)
新分牧 (No.4025/モ図)
新牧日 (No.3296/モ写)
茶花上 (p210/カ写)
牧ス2 (No.4113/カ図)
野生5 (p288/カ写)
山カ野草 (p109/カ写)
山ハ野花 (p599/カ写)

## シロバナチョウセンアサガオ (1)　*Datura stramonium* f.*stramonium*　白花朝鮮朝顔
ナス科の草本、薬用植物。ヨウシュチョウセンアサガオの母種。花は白色。
¶帰化写改 (p278/カ写)

## シロバナチョウセンアサガオ (2)　⇒ヨウシュチョウセンアサガオを見よ

## シロバナトウウチソウ　*Sanguisorba albiflora*　白花唐打草
バラ科バラ亜科の草本。日本固有種。
¶学フ増高山 (p166/カ写)
原牧1 (No.1795/カ図)
固有 (p79)
新分牧 (No.1991/モ図)
新牧日 (No.1181/モ写)
牧ス1 (No.1795/カ図)
ミニ山 (p141/カ写)
野生3 (p56/カ写)
山カ野草 (p412/カ写)
山ハ高山 (p219/カ写)

## シロバナナツノタムラソウ　*Salvia lutescens* var. *intermedia* f.*albiflora*　白花夏の田村草
シソ科の草本。高さは20～50cm。
¶山野草 (No.1030/カ写)

## シロバナニガナ　*Ixeridium dentatum* subsp. *nipponicum* var.*albiflorum*　白花苦菜
キク科。ニガナの亜種。
¶山カ野草 (p114/カ写)
山ハ野花 (p604/カ写)

## シロバナネコノメ　⇒シロバナネコノメソウを見よ

## シロバナネコノメソウ　*Chrysosplenium album* var. *album*　白花猫の目草
ユキノシタ科の草本。日本固有種。
¶固有 (p71/カ写)
山野草 〔シロバナネコノメ〕 (No.0536/カ写)
野生2 (p203/カ写)

---

山ハ山花 (p273/カ写)

## シロバナノイヌナズナ　⇒エゾイヌナズナを見よ

## シロバナノエンレイソウ (1)　⇒オオバナノエンレイソウを見よ

## シロバナノエンレイソウ (2)　⇒ミヤマエンレイソウを見よ

## シロバナノヘビイチゴ　*Fragaria nipponica*　白花の蛇苺
バラ科バラ亜科の多年草。別名モリイチゴ, エゾクサイチゴ, エゾノクサイチゴ, ヤクシマシロバナヘビイチゴ。高さは10～30cm。
¶学フ増高山 (p163/カ写)
学フ増山菜 (p169/カ写)
原牧1 〔モリイチゴ〕 (No.1842/カ図)
山野草 (No.0603/カ写)
新分牧 〔モリイチゴ〕 (No.2034/モ図)
新牧日 〔モリイチゴ〕 (No.1139/モ写)
牧ス1 〔モリイチゴ〕 (No.1842/カ図)
ミニ山 〔モリイチゴ〕 (p126/カ写)
野生3 (p30/カ写)
山カ野草 (p398/カ写)
山ハ高山 (p213/カ写)
山ハ山花 (p340/カ写)

## シロバナノホトケノザ　⇒コゴメオドリコソウを見よ

## シロバナハクサンシャクナゲ　⇒ハクサンシャクナゲを見よ

## シロバナハンショウヅル　*Clematis williamsii*　白花半鐘蔓
キンポウゲ科の多年草。日本固有種。花は白色。
¶原牧1 (No.1304/カ図)
固有 (p55)
山野草 (No.0118/カ写)
新分牧 (No.1465/モ図)
新牧日 (No.626/モ写)
牧ス1 (No.1304/カ写)
野生2 (p144/カ写)
山ハ山花 (p245/カ写)

## シロバナヒガンバナ　⇒シロバナマンジュシャゲを見よ

## シロバナヒルギ　⇒ヤエヤマヒルギを見よ

## シロバナマンジュシャゲ　*Lycoris*×*albiflora*　白花曼珠沙華
ヒガンバナ科の多年草。別名シロバナヒガンバナ。花は白色。
¶原牧1 (No.544/カ図)
新分牧 (No.589/モ図)
新牧日 (No.3516/カ写)
牧ス1 (No.544/カ写)
野生1 (p244/カ写)

## シロバナマンテマ　*Silene gallica* var.*gallica*　白花マンテマ
ナデシコ科の一年草または越年草。高さは30～50cm。花は白色、または淡紅色。
¶色野草 (p54/カ写)

シロバナミヤコグサ *Lotus taitungensis* 白花都草
マメ科マメ亜科の多年草。
¶新分牧（No.1734/モ図）
野生2（p281/カ写）

シロバナミヤマムラサキ *Eritrichium nipponicum*
var.*albiflorum*
ムラサキ科のミヤマムラサキの変種。
¶固有（p121）

シロバナムクゲ *Hibiscus syriacus* f.*albus* 白花木槿
アオイ科の落葉低木。
¶APG原樹（No.1017/カ図）

シロバナヤブツバキ *Camellia japonica* subsp.
*japonica* f.*leucantha* 白花藪椿
ツバキ科の木本。別名ヤブジロ。
¶APG原樹（No.1123/カ図）

シロバナヤマブキ *Kerria japonica* f.*albescens* 白花
山吹
バラ科の落葉性低木。ヤマブキの1品種。高さは1m
くらい。花は白色。
¶原牧1（No.1669/カ図）
新分牧（No.1865/モ図）
新牧日（No.1090/モ図）
牧野S1（No.1669/カ図）

シロバナヤマフジ *Wisteria brachybotrys* f.*alba*
マメ科の落葉木。
¶学フ増花庭（p115/カ写）

シロバナレンギョウ ⇒ウチワノキを見よ

シロバラ ⇒ノイバラを見よ

シロハリスゲ ⇒イッポンスゲを見よ

シロハンショウヅル *Clematis japonica* f.*cremea*
キンポウゲ科の木本性つる植物。花は黄白色。
¶野生2（p144）

シロヒジキゴケ ⇒ヒジキゴケを見よ

シロヒナノチャワンタケ *Lachnum virgineum*
ヒナノチャワンタケ科のキノコ。
¶原きの（No.528/カ写・カ図）

シロヒメカヤタケ *Clitocybe candicans*
キシメジ科のキノコ。
¶学フ増毒き（p85/カ写）

シロヒメカラカサタケ *Leucocoprinus cygneus*
ハラタケ科のキノコ。
¶山カ日き（p194/カ写）

シロヒメクグ ⇒オオヒメクグを見よ

シロヒメホウキタケ *Ramariopsis kunzei*
シロソウメンタケ科のキノコ。形はほうき状、白色。
¶原きの（No.467/カ写・カ図）
山カ日き（p413/カ写）

シロヒメホウライタケ *Marasmius rotula*
ホウライタケ科のキノコ。
¶原きの（No.200/カ写・カ図）

シロフオカメザサ *Shibataea kumasaka* f.
*albovariegata* 白斑阿亀笹
イネ科のタケ類。

¶タケササ（p82/カ写）

シロフクロタケ *Volvopluteus gloiocephalus*
ウラベニガサ科のキノコ。日本ではオオフクロタケ
の一変異型として取り扱われている。
¶山カ日き（p176/カ写）

シロブナ ⇒ブナを見よ

シロフヨウ *Hibiscus mutabilis* f.*albiflorus* 白芙蓉
アオイ科の木本。
¶APG原樹（No.1020/カ図）

ジロボウエンゴサク *Corydalis decumbens* 次郎坊
延胡索
ケシ科の多年草。別名スモトリクサ。高さは10～
20cm。花は紅紫色。
¶色野草（p240/カ写）
学フ増野春（p31/カ写）
原牧1（No.1144/カ図）
新分牧（No.1301/モ図）
新牧日（No.787/モ図）
牧野S1（No.1144/カ図）
ミニ山（p80/カ写）
野生2（p105/カ写）
山カ野草（p459/カ写）
山ハ野花（p247/カ写）

シロホウライタケ *Marasmiellus candidus*
ツキヨタケ科のキノコ。
¶山カ日き（p112/カ写）

シロボクハン *Camellia japonica* 'Shiro-bokuhan'
白卜伴
ツバキ科。ツバキの品種。花は白色。
¶茶花上（p111/カ写）

シロホンモンジスゲ *Carex polyschoena*
カヤツリグサ科の多年草。別名エダウチアオスゲ。
対馬に生育。
¶カヤツリ（p324/モ図）
スゲ増（No.168/カ写）
野生1（p319/カ写）

シロマツ *Pinus bungeana* 白松
マツ科の木本。別名ハクショウ。高さは20～30m。
樹皮は灰緑と乳白色。
¶APG原樹（No.12/カ図）
山カ樹木〔ハクショウ〕（p21/カ写）

シロマツタケモドキ *Tricholoma radicans*
キシメジ科のキノコ。中型。傘は鱗片。
¶山カ日き（p89/カ写）

シロミダレ *Hibiscus syriacus* 'Shiro-midare' 白乱
アオイ科。ムクゲの品種。八重咲き乱咲き型。
¶茶花下（p34/カ写）

シロミノカイガラムシタケ *Torrubiella* sp.
ノムシタケ科の冬虫夏草。宿主はカイガラムシ。
¶冬虫生態（p144/カ写）

シロミノクチキムシタケ *Cordyceps alboperitheciata*
ノムシタケ科の冬虫夏草。宿主は甲虫の幼虫。
¶冬虫生態（p187/カ写）

シロミノハ　　　　404

**シロミノハリイ**　*Eleocharis margaritacea*
カヤツリグサ科の多年草。
¶カヤツリ (p614/モ図)
　野生1 (p343/カ写)

**シロミノミズキ**　⇒シラタマミズキを見よ

**シロミミズ**　*Diplospora dubia*
アカネ科の木本。
¶野生4 (p271/カ写)

**シロミルスベリヒユ**　*Sesuvium portulacastrum* var.
*griseum*
ハマミズナ科の多年草。萼裂片は純白色。
¶野生4 (p143/カ写)

**シロムシヨケギク**　*Tanacetum cinerariifolium*　白虫
除菊
キク科の草本。別名シロバナジョチュウギク、ジョ
チュウギク、ダルマチアジョチュウギク、ダルマチ
ヤジョチュウギク、ノミトリギク、ムシヨケギク。
高さは60cm。花は白色。
¶原牧2 (No.2075/カ図)
　新分牧 (No.4243/モ図)
　新牧日 (No.3109/モ図)
　茶花上 (p404/カ写)
　牧野ス2 (No.3920/カ図)

**シロモジ**　*Lindera triloba*　白文字
クスノキ科の落葉低木。日本固有種。別名アカジ
シャ。花は淡黄色。
¶APG原樹 (No.171/カ図)
　原牧1 (No.161/カ図)
　固有 (p49/カ写)
　新分牧 (No.197/モ図)
　新牧日 (No.502/モ図)
　茶花上 (p276/カ写)
　牧野ス1 (No.161/カ写)
　野生1 (p84/カ写)
　山力樹木 (p213/カ写)

**シロモノ**　⇒シラタマノキを見よ

**シロヤエムクゲ**　*Hibiscus syriacus* f.*alboplenus*　白八
重木槿
アオイ科の木本。
¶APG原樹 (No.1018/カ図)

**シロヤシオ**　*Rhododendron quinquefolium*　白八汐
ツツジ科ツツジ亜科の落葉低木または高木。日本固
有種。別名ゴヨウツツジ、マツハダ。
¶APG原樹 (No.1217/カ図)
　原牧2 (No.1191/カ図)
　固有 (p106)
　山野草 (No.0775/カ写)
　新分牧 (No.3242/モ写)
　新牧日 (No.2137/モ図)
　茶花上 (p404/カ写)
　牧野ス2 (No.3036/カ図)
　野生4 (p238/カ写)
　山力樹木〔ゴヨウツツジ〕(p547/カ写)

**シロヤジオウ**　*Rehmannia glutinosa* f.*lutea*　白矢地黄
ハマウツボ科 (ゴマノハグサ科) の多年草。花は淡
黄色。

¶新分牧 (No.3827/モ図)
　新牧日 (No.2741/モ図)

**シロヤナギ**　*Salix dolichostyla* subsp.*dolichostyla*
白柳
ヤナギ科の落葉高木。日本固有種。別名エゾシロヤ
ナギ。一年生の枝で、折れやすい。
¶APG原樹 (No.826/カ図)
　固有 (p41)
　野生3 (p196/カ写)
　山力樹木 (p93/カ写)

**シロヤブツバキ**　*Camellia japonica* f.*leucantha*　白
藪椿
ツバキ科。ツバキの品種。花は白色。
¶茶花上 (p106/カ写)

**シロヤマイグチ**　*Leccinum niveum*
イグチ科のキノコ。小型～中型。傘は白色～灰
緑色。
¶原きの (No.316/カ写・カ図)
　山力日き (p345/カ写)

**シロヤマザクラ**　⇒ヤマザクラを見よ

**シロヤマシダ**　*Diplazium hachijoense*　城山羊歯
メシダ科 (オシダ科) の常緑性シダ。別名テリハシ
ロヤマシダ。葉身は長さ50～100cm、三角形～三角
状卵形。
¶シダ標2 (p329/カ写)
　新分牧 (No.4693/モ図)
　新牧日 (No.4601/モ図)

**シロヤマゼンマイ**　*Osmunda banksiifolia*　城山銭巻
ゼンマイ科の常緑性シダ。葉身は長さ1～1.8m、単
羽状複葉。
¶シダ標1 (p306/カ写)
　新分牧 (No.4527/モ図)
　新牧日 (No.4411/モ図)

**シロヤマブキ**　*Rhodotypos scandens*　白山吹
バラ科シモツケ亜科の落葉低木。高さは1.5m。花
は白色。
¶APG原樹 (No.504/カ図)
　学フ増花庭 (p94/カ写)
　原牧1 (No.1670/カ図)
　新分牧 (No.1866/モ図)
　新牧日 (No.1091/モ図)
　茶花上 (p405/カ写)
　都木花新〔ヤマブキとシロヤマブキ〕(p125/カ写)
　牧野ス1 (No.1670/カ図)
　ミニ山 (p124/カ写)
　野生3 (p82/カ写)
　山力樹木 (p259/カ写)
　山レ増 (p302/カ写)
　落葉図譜 (p143/モ図)

**シロヤリタケ**　*Clavaria acuta*
シロソウメンタケ科のキノコ。
¶山力日き (p407/カ写)

**シロヨナ**　⇒タシロマメを見よ

**シロヨメナ**　*Aster leiophyllus* var.*leiophyllus*　白嫁菜
キク科キク亜科の多年草。別名オオバナシロヨメ
ナ、オオヤマシロギク、ホソバノシロヨメナ、ヤマシ

ロギク。高さは50〜100cm。
¶原牧2（No.1941/カ図）
　山野草（No.1260/カ写）
　新分牧（No.4180/モ図）
　新牧日（No.2980/モ図）
　茶花下（p219/カ写）
　牧野ス2（No.3786/カ図）
　野生5（p319/カ写）
　山ハ野花（p542/カ写）
　山ハ山花（p516/カ写）

**シロヨモギ**　Artemisia stelleriana　白蓬, 白艾
キク科キク亜科の多年草。高さは20〜60cm。
¶原牧2（No.2087/カ図）
　新分牧（No.4222/カ図）
　新牧日（No.3121/モ図）
　牧野ス2（No.3932/カ図）
　野生5（p332/カ写）
　山力野草（p78/カ写）
　山ハ野花（p529/カ写）

**シロリュウキュウ**　⇒リュウキュウツツジを見よ

**シロワビスケ**　Camellia japonica 'Shiro-wabisuke'
白侘助
ツバキ科。ツバキの品種。花は白色。
¶茶花上（p104/カ写）

**シロワレモコウ**　⇒ナガボノワレモコウを見よ

**シワカラカサタケ**　Cystoderma amianthinum
カブラマツタケ科（ハラタケ科）のキノコ。
¶原きの（No.088/カ写・カ図）
　山力日き（p196/カ写）

**シワタケ**　Phlebia tremellosas
シワタケ科のキノコ。中型〜大型。傘は白色, 柔毛。
¶原きの（No.393/カ写・カ図）
　山力日き（p429/カ写）

**シワチャヤマイグチ**　Leccinum hortonii
イグチ科のキノコ。中型〜大型。傘は赤褐色, 著し
いしわがある。
¶山力日き（p339/カ写）

**シワナシキオキナタケ**　Bolbitius titubans var.
titubans
オキナタケ科のキノコ。
¶原きの（No.037/カ写・カ図）
　山力日き（p216/カ写）

**シワナシキツネゴケ**　Rigodiadelphus arcuatus
ウスグロゴケ科のコケ植物。日本固有種。
¶固有（p217）

**シワバヒツジゴケ**　Brachythecium camptothecioides
アオギヌゴケ科のコケ植物。日本固有種。
¶固有（p218）

**シワヤハズ**　Dictyopteris undulata
アミジグサ科の海藻。中肋は隆起。体は25cm。
¶新分牧（No.4972/モ図）
　新牧日（No.4832/モ図）

**ジワリ**　⇒ツチカブリを見よ

**シンイノデ**　⇒サクラジマイノデを見よ

**シンウシノケグサ**　Festuca ovina var.ovina　真牛の
毛草
イネ科イチゴツナギ亜科の多年草。全体無毛。
¶野生2（p53/カ写）

**シンエダウチホングウシダ**　Lindsaea orbiculata
var.commixta
ホングウシダ科のシダ植物。
¶シダ標1（p352/カ写）

**ジンガサゴケ**　Reboulia hemisphaerica subsp.
orientalis　陣笠苔
ジンガサゴケ科のコケ。別名ハナガタジンガサゴ
ケ。緑と腹面は紫紅色, 長さ1〜4cm。
¶新分牧（No.4916/モ図）
　新牧日（No.4776/モ図）

**ジンガサタケ**　Panaeolus semiovatus var.semiovatus
オキナタケ科（ナヨタケ科）のキノコ。小型〜中型。
傘は淡黄褐色, 鐘形。湿時粘性。ひだは灰白色〜
黒色。
¶原きの（No.223/カ写・カ図）
　山力日き（p214/カ写）

**ジンガサドクフウセンタケ**　Cortinarius rubellus
フウセンタケ科のキノコ。傘は赤橙色。
¶原きの（No.073/カ写・カ図）

**シンギク**　⇒シュンギクを見よ

**ジングウスゲ**　Carex sacrosancta
カヤツリグサ科の多年草。日本固有種。別名ヒメナ
キリスゲ。
¶カヤツリ（p142/モ図）
　原牧1（No.843/カ図）
　固有（p181）
　新分牧（No.853/モ図）
　新牧日（No.4141/モ図）
　スゲ増（No.61/モ写）
　牧野ス1（No.843/カ図）
　野生1（p308/カ写）

**ジングウツツジ**　Rhododendron sanctum var.sanctum
神宮躑躅
ツツジ科ツツジ亜科の落葉低木。日本固有種。別名
シブカワツツジ。
¶APG原樹（No.1225/カ図）
　原牧2（No.1194/カ図）
　固有（p107）
　新分牧（No.3263/モ図）
　新牧日（No.2140/モ図）
　茶花上（p405/カ写）
　牧野ス2（No.3039/カ図）
　野生4（p245/カ写）
　山力樹木（p546/カ写）
　山レ増（p212/カ写）

**シンクリノイガ**　Cenchrus echinatus
イネ科キビ亜科の一年草。高さは15〜80cm。
¶帰化写改（p434/カ写）
　植調（p309/カ写）
　野生2（p79/カ写）

**シングル・レッド**　Hibiscus syriacus 'Single Red'
アオイ科。ムクゲの品種。一重咲き細弁型。花は

シンコマツ 406

紅色を帯びたレンガ色。
¶茶花下 (p14/カ写)

**シンコマツ** ⇒アカエゾマツを見よ

**シンシシラン** ⇒セトシシランを見よ

**ジンジソウ** *Saxifraga cortusifolia* 人字草
ユキノシタ科の多年草。日本固有種。別名モミジバ
ダイモンジソウ。高さは10〜30cm。
¶学フ増野秋 (p176/カ写)
原牧1 (No.1374/カ図)
固有 (p72)
山野草 (No.0558/カ写)
新分牧 (No.1537/モ図)
新牧日 (No.953/モ図)
茶花下 (p316/カ写)
牧野ス1 (No.1374/カ図)
ミニ山 (p115/カ写)
野生2 (p212/カ写)
山力野草 (p414/カ写)
山ハ山花 (p287/カ写)

**ジンジャー**(1) *Hedychium coronarium* var.
*chrysoleucum*
ショウガ科の多年草。別名シュクシャ。葉はショウ
ガに似た円状披針形。
¶原牧1 (No.655/カ写)
牧野ス1 (No.655/カ写)

**ジンジャー**(2) *Hedychium* spp.
ショウガ科の球根植物。ハナシュクシャ属の総称。
¶茶花下 (p220/カ写)

**シンジュ** *Ailanthus altissima* 神樹
ニガキ科の落葉高木。別名ニワウルシ。高さは20m
以上。花は黄緑色。樹皮は灰褐色。
¶APG原樹 〔ニワウルシ〕(No.1000/カ図)
学フ増花庭 〔ニワウルシ〕(p208/カ写)
帰化写2 (p142/カ写)
原牧2 (No.605/カ図)
新分牧 (No.2644/カ図)
新牧日 (No.1541/モ図)
都木花新 (p190/カ写)
牧野ス2 (No.2450/カ図)
野生3 〔ニワウルシ〕(p309/カ写)
山力樹木 〔ニワウルシ〕(p384/カ写)
落葉図譜 (p187/モ図)

**シンジュガヤ** *Scleria levis* 真珠茅
カヤツリグサ科の多年草。高さは50〜120cm。
¶カヤツリ (p532/モ図)
原牧1 (No.780/カ図)
新分牧 (No.740/モ図)
新牧日 (No.4061/モ図)
牧野ス1 (No.780/カ図)
野生1 (p361/カ写)

**シンジュギク** ⇒シュンジュギクを見よ

**シンセツ** *Rosa* 'Shinsetsu' 新雪
バラ科の木本。バラの品種。クライミング・ローズ
系。花は白色。
¶APG原樹 〔バラ 'シンセツ'〕(No.625/カ図)

**シンチクヒメハギ** *Polygala polifolia*
ヒメハギ科の草本。
¶野生2 (p308)

**ジンチョウゲ** *Daphne odora* 沈丁花
ジンチョウゲ科の常緑低木。別名チンチョウゲ。高
さは1m。
¶APG原樹 (No.1039/カ図)
学フ増花庭 (p23/カ写)
学フ増薬草 (p218/カ写)
学フ有毒 (p169/カ写)
原牧2 (No.659/カ図)
新分牧 (No.2699/モ図)
新牧日 (No.1764/モ図)
都木花新 〔ジンチョウゲとミツマタ〕(p149/カ写)
牧野ス2 (No.2504/カ図)
野生4 (p38/カ写)
山力樹木 (p500/カ写)

**シンテッポウユリ** ⇒タカサゴユリを見よ

**シンデレラ** *Rosa* 'Cinderella'
バラ科。バラの品種。
¶APG原樹 〔バラ 'シンデレラ'〕(No.626/カ図)

**シンテンウラボシ** *Leptochilus* × *shintenensis* 新天
裏星
ウラボシ科の常緑性シダ。別名オオヤリノホラン,
ワカメシダ。葉身は長さ25〜50cm, 三角状, 裂片を
除いた部分は披針形。
¶シダ標2 (p461/カ写)
新分牧 (No.4801/モ図)
新牧日 (No.4667/モ図)

**シンテンルリミノキ** ⇒ケハダルリミノキを見よ

**シントウジ** *Prunus mume* 'Shin-tōji' 新冬至
バラ科。ウメの品種。野梅系ウメ, 野梅性一重。
¶ウメ 〔新冬至〕(p26/カ写)

**シンニョノツキ** *Rhododendron indicum*
'Shinnyonotsuki' 真如の月
ツツジ科。サツキの品種。
¶APG原樹 〔サツキ 'シンニョノツキ'〕(No.1251/カ図)

**シンノウヤシ** *Phoenix roebelenii* 親王椰子
ヤシ科の観賞用植物。小型のヤシで幹に葉の跡が残
る。高さは2〜4m。
¶原牧1 (No.621/カ図)
新分牧 (No.646/モ図)
新牧日 (No.3901/モ図)
牧野ス1 (No.621/カ図)

**シンノスギカズラ** ⇒スギカズラを見よ

**ジンバイソウ** *Platanthera florentii*
ラン科の多年草。日本固有種。別名ミズモラン。
高さは20〜40cm。
¶原牧1 (No.397/カ図)
固有 (p191/カ写)
新分牧 (No.465/モ図)
新牧日 (No.4271/モ図)
牧野ス1 (No.397/カ図)
野生1 (p223/カ写)
山力野草 (p566/カ写)

山ハ山花（p120/カ写）

**シンパク** ⇒ミヤマビャクシンを見よ

**ジンバソウ** ⇒ホンダワラを見よ

**シンビジウム** *Cymbidium*
ラン科の草本。シンビジウム属の総称。また, 洋ランの園芸品種群名。
¶茶花下（p390/カ写）

**シンファンドラ・アルメナ** *Symphyandra armena*
キキョウ科の草本。高さは30cm。
¶山野草（No.1179/カ写）

**シンファンドラ・ホフマンニー** *Symphyandra hofmannii*
キキョウ科の草本。高さは30〜60cm。花は白色。
¶山野草（No.1178/カ写）

**シンファンドラ・ワンネリ** *Symphyandra wanneri*
キキョウ科の草本。高さは15cm。花は菫青色。
¶山野草（No.1177/カ写）

**シンフィツム** ⇒コンフリー(1)を見よ

**シンヘイケ** *Prunus mume* 'Shin-heike'　新平家
バラ科。ウメの品種。李系ウメ, 紅材性八重。
¶ウメ〔新平家〕（p116/カ写）

**ジンボソウ** *Luzula jimboi* subsp.*jimboi*
イグサ科の多年草。高さは15〜30cm。
¶原牧1（No.699/カ写）
新分牧（No.735/モ図）
新牧日（No.3588/モ図）
牧野ス1（No.699/カ図）

**シンミズヒキ** *Persicaria neofiliformis*　新水引
タデ科の多年草。高さは30〜80cm。
¶原牧2（No.840/カ写）
新分牧（No.2875/モ図）
新牧日（No.302/モ図）
茶花下（p220/カ写）
牧野ス2（No.2681/カ写）
ミニ山（p21/カ写）
野4（p95/カ写）

**ジンムジカナワラビ** *Arachniodes exilis*× *A. standishii*
オシダ科のシダ植物。
¶シダ標2（p399/カ写）

**ジンヤクラン** *Arachnis labrosa*
ラン科の草本。琉球（石垣島）に分布。
¶野生1（p184）

**ジンヨウイチヤクソウ** *Pyrola renifolia*　腎葉一薬草
ツツジ科イチヤクソウ亜科（イチヤクソウ科）の常緑多年草。高さは10〜20cm。花は白色。
¶学フ増高山（p184/カ写）
原牧2（No.1261/カ写）
新分牧（No.3212/モ図）
新牧日（No.2102/モ図）
牧野ス2（No.3106/カ図）
野生4（p228/カ写）
山力野草（p295/カ写）
山ハ高山（p292/カ写）

**ジンヨウキスミレ** *Viola alliariifolia*　腎葉黄菫
スミレ科の草本。日本固有種。花は黄色。
¶原牧2（No.322/カ図）
固有（p94）
新分牧（No.2307/モ図）
新牧日（No.1795/モ図）
牧野ス1（No.2167/カ図）
野生3（p212/カ写）
山力野草（p352/カ写）
山ハ高山（p186/カ写）
山レ増（p246/カ写）

**ジンヨウスイバ** ⇒マルバギシギシを見よ

**ジンリョウユリ** *Lilium japonicum* var.*abeanum*
ユリ科の多年草。
¶野生1（p174/カ写）
山レ増（p577/カ写）

**シンリョクガク** *Prunus mume* 'Shin-ryokugaku'　新緑萼
バラ科。ウメの品種。野梅系ウメ, 野梅性八重。
¶ウメ〔新緑萼〕（p62/カ写）

**シンワスレナグサ** *Myosotis scorpioides*　真勿忘草
ムラサキ科ムラサキ亜科の多年草。別名ワスレナグサ。花は径8mm, 鮮青色。高さは20〜40cm。
¶帰化写改〔ワスレナグサ〕（p259/カ写, p505/カ写）
日水草（p266/カ写）
野生5（p56/カ写）
山ハ野花〔ワスレナグサ〕（p419/カ写）

# 【 ス 】

**スイカ** *Citrullus lanatus*　西瓜, 水瓜
ウリ科の野菜, 一年生つる植物。蔓の長さは7〜10m。花は黄色。
¶原牧2（No.167/カ図）
新分牧（No.2212/モ図）
新牧日（No.1870/モ図）
牧野ス1（No.2012/カ図）

**スイカズラ** *Lonicera japonica* var.*japonica*　吸葛
スイカズラ科の半常緑つる性低木。別名ニンドウ, キンギンカ。花は初め白, 後に黄色。
¶APG原樹（No.1477/カ図）
学フ増山菜（p132/カ写）
学フ増樹（p39/カ写）
学フ増薬草（p235/カ写）
原牧2（No.2346/カ写）
新分牧（No.4366/モ図）
新牧日（No.2869/モ図）
茶花上（p406/カ写）
都木花新（p226/カ写）
牧野ス2（No.4191/カ図）
野生5（p418/カ写）
山力樹木（p682/カ写）

スイガン *Paeonia suffruticosa* 'Suigan'　酔顔
　ボタン科。ボタンの品種。
　¶APG原樹〔ボタン'スイガン'〕(No.301/カ図)

ズイガンジガリュウバイシロ *Prunus mume*
'Zuiganji-garyūbai-shiro'　瑞厳寺臥竜梅白
　バラ科。ウメの品種。李系ウメ、難波性八重。
　¶ウメ〔瑞厳寺臥竜梅白〕(p88/カ写)

スイゲツ *Prunus mume* 'Suigetsu'　酔月
　バラ科。ウメの品種。野梅系ウメ、野梅性一重。
　¶ウメ〔酔月〕(p27/カ写)

スイシカイドウ　⇒ハナカイドウを見よ

スイシャホシクサ *Eriocaulon truncatum*
　ホシクサ科の一年草。頭花は灰白色。
　¶野生1(p282/カ写)

スイショウ *Glyptostrobus pensilis*　水松
　ヒノキ科(スギ科)の落葉小高木。別名イヌスギ、ミ
　ズマツ。球果は倒卵形。樹高10m。樹皮は灰褐色。
　¶APG原樹(No.74/カ図)
　新分牧(No.53/モ図)
　新牧日(No.47/モ図)
　山力樹木(p48/カ写)

スイシンキョウ *Prunus mume* 'Suishinkyō'　水心鏡
　バラ科。ウメの品種。野梅系ウメ、野梅性八重。
　¶ウメ〔水心鏡〕(p62/カ写)

スイシンバイ *Prunus mume* 'Suishinbai'　酔心梅
　バラ科。ウメの品種。野梅系ウメ、野梅性八重。
　¶ウメ〔酔心梅〕(p63/カ写)

スイセン(1) *Narcissus tazetta*　水仙
　ヒガンバナ科の多年草。別名ニホンズイセン、セッ
　チュウカ、ニワキ。
　¶色野草(p123/カ写)
　学フ増山菜(p211/カ写)
　山ハ野花(p72/カ写)

スイセン(2) *Narcissus* spp.
　ヒガンバナ科。スイセン属の球根植物の総称。
　¶学フ有毒〔スイセン類〕(p115/カ写)

スイセン(狭義) *Narcissus tazetta* var.*chinensis*
　水仙
　ヒガンバナ科の多年草。別名フサザキスイセン、キ
　ンセンギンダイ、セッチュウカ、チョウジュカ。高
　さは20〜30cm。花は純白色。
　¶学フ増野春〔スイセン〕(p205/カ写)
　原牧1〔スイセン〕(No.550/カ図)
　新分牧〔スイセン〕(No.593/モ図)
　新牧日〔スイセン〕(No.3513/カ図)
　茶花上〔すいせん〕(p195/カ写)
　牧野ス1〔スイセン〕(No.550/カ図)
　野生1〔スイセン〕(p244/カ写)
　山力野草〔スイセン〕(p598/カ写)

スイセンアヤメ *Tritonia lineata*
　アヤメ科の草本。高さは30〜40cm。花は白色、ま
　たは淡桃色。
　¶原牧1(No.514/カ図)
　新分牧(No.548/モ図)

新牧日(No.3557/モ図)
牧野ス1(No.514/カ図)

スイゼンジナ *Gynura bicolor*　水前寺菜
　キク科の多年草、葉菜類。別名ハルタマ。高さは30
　〜60cm。花は黄赤色。葉裏は紫色。
　¶帰化写改(p368/カ写)
　原牧2(No.2113/カ図)
　新分牧(No.4114/モ図)
　新牧日(No.3143/モ図)
　牧野ス2(No.3958/カ図)

スイセンノウ *Lychnis coronaria*　酔仙翁、水仙翁
　ナデシコ科の一年草または多年草。別名フラネルソ
　ウ、フランネルソウ。高さは1m。花は明るい紫
　紅色。
　¶帰化写改(p34/カ写、p491/カ写)
　原牧2(No.926/カ図)
　新分牧(No.2955/モ図)
　新牧日(No.398/モ図)
　茶花上(p533/カ写)
　牧野ス2(No.2771/カ図)

スイセンバイ *Prunus mume* 'Suisenbai'　水仙梅
　バラ科。ウメの品種。野梅系ウメ、野梅性一重。
　¶ウメ〔水仙梅〕(p27/カ写)

スイチョウカ　⇒セイヨウフウチョウソウを見よ

スイート・アリッサム　⇒ニワナズナを見よ

スイート・ウィリアム・キャッチフライ　⇒ムシ
　トリナデシコを見よ

スイートオレンジ　⇒キンクネンボを見よ

スイート・バイオレット　⇒ニオイスミレを見よ

スイートピー *Lathyrus odoratus*
　マメ科の一年草。別名ジャコウレンリソウ、ジャコ
　ウエンドウ、ニオイエンドウ。長さは4m。
　¶学フ有毒(p149/カ写)
　原牧1(No.1581/カ図)
　新分牧(No.1787/モ図)
　新牧日(No.1368/モ図)
　牧野ス1(No.1581/カ図)

ズイナ *Itea japonica*　瑞菜、髄菜
　ズイナ科(ユキノシタ科)の落葉低木。日本固有種。
　別名ヨメナノキ。高さは1〜2m。
　¶APG原樹(No.335/カ図)
　原牧1(No.1352/カ図)
　固有(p73/カ写)
　新分牧(No.1523/モ図)
　新牧日(No.1005/モ図)
　茶花上(p406/カ写)
　牧野ス1(No.1352/カ図)
　ミニ山(p111/カ写)
　野生2(p190/カ写)
　山力樹木(p229/カ写)

ズイノキ　⇒キブシを見よ

スイバ *Rumex acetosa*　酸い葉
　タデ科の多年草。別名スカンポ。高さは50〜80cm。
　¶色野草(p361/カ写)
　学フ増山菜(p15/カ写)

学フ増野春（p33/カ写）
学フ増薬草（p34/カ写）
原牧2（No.784/カ図）
植調（p204/カ写）
新分牧（No.2826/モ図）
新牧日（No.246/モ図）
茶花上（p276/カ写）
牧野ス2（No.2629/カ図）
野生4（p102/カ写）
山カ野草（p533/カ写）
山ハ野花（p266/カ写）

## スイフヨウ　*Hibiscus mutabilis* 'Versicolor'　酔芙蓉
アオイ科の木本。別名ヤエザキフヨウ。
¶ APG原樹（No.1021/カ図）
原牧2（No.632/カ写）
新分牧（No.2683/モ図）
新牧日（No.1742/モ図）
茶花下（p316/カ写）
牧野ス2（No.2477/カ写）
山カ樹木（p474/カ写）

## スイモノグサ　⇒カタバミを見よ

## スイラン　*Hololeion krameri*　水蘭
キク科キクニガナ亜科の多年草。日本固有種。
¶ 原牧2（No.2238/カ図）
固有（p146）
新分牧（No.4065/モ図）
新牧日（No.3267/モ図）
牧野ス2（No.4083/カ図）
野生5（p277/カ写）
山カ野草（p111/カ写）
山ハ野花（p609/カ写）

## スイリュウヒバ　*Chamaecyparis obtusa* 'Filiformis'
垂柳檜葉
ヒノキ科の木本。
¶ APG原樹（No.86/カ図）
原牧1（No.43/カ図）
新分牧（No.61/モ図）
新牧日（No.61/モ図）
牧野ス1（No.44/カ図）

## スイレン(1)　*Nymphaea* cvs.　水蓮
スイレン科。野生種をもとに作り出された園芸植
物。花は白・赤・黄色など。
¶ 茶花下（p221/カ写）

## スイレン(2)　⇒ヒツジグサを見よ

## スイレン(3)　⇒ヒツジグサ（狭義）を見よ

## スウェンズ　ゴールド　*Cupressus sempervirens*
'Swane's Gold'
ヒノキ科の常緑小高木。ホソイトスギの園芸品種。
¶ APG原樹〔イタリアンサイプレス‘スウェンズ　ゴール
ド’〕（No.1537/カ図）

## スウメイコウメ　*Prunus mume* 'Sūmei-koume'　嵩明
小梅
バラ科。ウメの品種。野梅類型ウメ。
¶ ウメ〔嵩明小梅〕（p13/カ写）

## スエコザサ　*Sasaella ramosa* var.*suwekoana*
イネ科タケ亜科の常緑中型ササ。日本固有種。
¶ 固有（p170/カ写）
タケ亜科（No.122/カ写）
タケササ（p123/カ写）

## スエツムハナ(1)　*Rhododendron × obtusum*
'Suetsumuhana'　末摘花
ツツジ科。ツツジの品種。
¶ APG原樹〔ツツジ‘スエツムハナ’〕（No.1275/カ図）

## スエツムハナ(2)　⇒ベニバナを見よ

## スエヒロアオイ　*Asarum dilatatum*
ウマノスズクサ科の多年草。日本固有種。鈴鹿山地
南部の野登山に産する。
¶ 固有（p61/カ写）
野生1（p69/カ写）
山レ増（p379/カ写）

## スエヒロシシガシラ　⇒シシガシラ(1)を見よ

## スエヒロタケ　*Schizophyllum commune*
スエヒロタケ科のキノコ。小型。傘は綿毛密生、灰
褐色。
¶ 原きの（No.266/カ写・カ図）
山カ日き（p30/カ写）

## スオウイノデ　*Polystichum × kuratae*
オシダ科のシダ植物。
¶ シダ標2（p417/カ写）

## スオウバイ　*Prunus mume* 'Suōbai'　蘇芳梅
バラ科。ウメの品種。李系ウメ、紅材性八重。
¶ ウメ〔蘇芳梅〕（p116/カ写）

## スオウバナ　⇒ハナズオウを見よ

## スカタゴボウ　*Rorippa palustris*　透し田牛蒡
アブラナ科の一年草～越年草。高さは30～100cm。
¶ 色野草（p129/カ写）
学フ増野春（p113/カ写）
原牧2（No.715/カ写）
植調（p91/カ写）
新分牧（No.2740/モ図）
牧野ス2（No.2560/カ図）
野生4（p69/カ写）
山カ野草（p449/カ写）
山ハ野花（p398/カ写）

## スカシバガタケ　*Metacordyceps* sp.
バッカクキン科の冬虫夏草。宿主はスカシバガ科オ
オモモブトスカシバガの幼虫。
¶ 冬虫生態（p84/カ写）

## スカシユリ　*Lilium maculatum* var.*maculatum*　透し
百合
ユリ科の多年草。日本固有種。別名イワユリ、イワ
トユリ。高さは50～80cm。花は橙赤色。
¶ 学フ増野夏（p120/カ写）
原牧1（No.337/カ図）
固有（p160）
山野草（No.1460/カ写）
新分牧（No.403/モ図）

スカヒオサ　　　　　　　　410

新牧日（No.3431/モ図）
茶花上（p407/カ写）
牧野ス1（No.337/カ図）
野生1（p172/カ写）
山カ野草（p621/カ写）
山ハ野花（p46/カ写）

**スカビオサ**　⇒セイヨウマツムシソウを見よ

**スカビオサ・オクロレウカ**　*Scabiosa ochroleuca*
マツムシソウ科の草本。別名キバナマツムシソウ。
高さは60～80cm。花は淡黄色。
¶山野草（No.1143/カ写）

**スカビオサ・グラミニフォリア**　*Scabiosa graminifolia*
マツムシソウ科の草本。高さは20～30cm。
¶山野草（No.1139/カ写）

**スカビオサ・ファリノーサ**　*Scabiosa farinosa*
マツムシソウ科の草本。高さは20～30cm。
¶山野草（No.1142/カ写）

**スカビオサ・ルキダ**　*Scabiosa lucida*
マツムシソウ科の宿根草。高さは10～30cm。花は
淡紅紫色。
¶山野草（No.1140/カ写）

**スガモ**　*Phyllospadix iwatensis*
アマモ科（ヒルムシロ科）の多年生水草。長さは1～
1.5m。
¶原牧1（No.251/カ図）
新分牧（No.294/モ図）
新牧日（No.3352/モ図）
牧野ス1（No.251/カ図）
野生1（p128/カ写）

**スガヤヤナギ**　*Salix × sugayana*
ヤナギ科の雑種。
¶野生3〔スガヤヤナギ（イヌコリヤナギ×コマイワヤナ
ギ）〕（p205/カ写）

**スガワラビランジ**　*Silene stenophylla*　菅原ビランジ
ナデシコ科の草本。
¶山野草（No.0043/カ写）

**スカンク・キャベツ**　⇒ザゼンソウを見よ

**スカンポ**(1)　⇒イタドリを見よ

**スカンポ**(2)　⇒スイバを見よ

**スギ**　*Cryptomeria japonica* var.*japonica*　杉
ヒノキ科（スギ科）の常緑高木。日本固有種。別名
オモテスギ、ヨシノスギ、マキ。樹高は40m。樹皮
は橙褐色。
¶**APG原樹**（No.67/カ図）
学フ増樹（p150/カ写）
原牧1（No.55/カ写）
固有（p195/カ写）
新分牧（No.50/カ写）
新牧日（No.44/モ図）
図説樹木（p40/カ写）
都木花新（p236/カ写）
牧野ス1（No.56/カ図）
野生1（p38/カ写）
山カ樹木（p44/カ写）

**スギエダタケ**　*Strobilurus ohshimae*
タマバリタケ科（キシメジ科）のキノコ。小型～中
型。傘は白色、微毛に覆われる。ひだは白色。
¶山カ日き（p122/カ写）

**スギカズラ**　*Lycopodium annotinum*　杉蔓
ヒカゲノカズラ科の常緑性シダ。別名シンノスギカ
ズラ、タカネスギカズラ、ヒロハスギカズラ。側枝
は長さ6～20cm。葉身は線状披針形。
¶シダ標1（p261/カ写）
新分牧（No.4818/モ図）
新牧日（No.4371/モ図）
山ハ高山（p460/カ写）

**スギグシニンジン**　⇒ナガミゼリを見よ

**スギ‘グロボーサ ナナ’**　⇒グロボーサ ナナを見よ

**スギゴケ**　⇒カカエバスギゴケを見よ

**スギゴケテンツキ**　⇒イソテンツキを見よ

**スギタ**　*Prunus mume* 'Sugita'　杉田
バラ科。ウメの品種。実ウメ、野梅系。
¶ウメ〔杉田〕（p173/カ写）

**スギタケ**　*Pholiota squarrosa*
モエギタケ科のキノコ。中型。傘は黄色、赤褐色
鱗片。
¶学フ増毒き（p140/カ写）
原きの（No.233/カ写・カ図）
山カ日き（p230/カ写）

**スギタケモドキ**　*Pholiota squarrosoides*
モエギタケ科のキノコ。中型。傘は黄白色、刺状鱗
片、やや粘性。
¶学フ増毒き（p140/カ写）
山カ日き（p231/カ写）

**スギナ**　*Equisetum arvense* f.*arvense*　杉菜
トクサ科の夏緑性シダ。別名ミモチスギナ、オクエ
ゾスギナ、ツクシ。栄養茎は高さ20～40cm。
¶学フ増菜（p20/カ写）
シダ標1（p282/カ写）
植調（p336/カ写）
新分牧（No.4515/モ図）
新牧日（No.4389/モ図）

**スギナモ**　*Hippuris vulgaris*　杉菜藻
オオバコ科（スギナモ科）の沈水性～抽水植物、多年
生。茎は軟質で長さ10～60cm。高さは5～50cm。
花は濃紅紫色。
¶原牧2（No.1597/カ図）
新分牧（No.3590/モ図）
新牧日（No.1969/モ図）
日水草（p277/カ写）
牧野ス2（No.3442/カ図）
ミニ山（p210/カ写）
野生5（p76/カ写）

**スギノタマバリタケ**　*Physalacria cryptomeriae*
タマバリタケ科のキノコ。スギ落枝の枯れた葉上に
生える微小な白色のきのこ。
¶山カ日き（p598/カ写）

**スギノリ** *Chondracanthus tenellus*
スギノリ科の海藻。暗紅色。体は5〜12cm。
¶新分牧（No.5068/モ図）
　新牧日（No.4928/モ図）

**スギバマンネングサ** ⇒ウンゼンマンネングサを
見よ

**スギヒラタケ** *Pleurocybella porrigens*
所属科未確定のキノコ。小型〜中型。傘はほとんど
無柄で耳形〜扇形、基部に短毛。
¶山力日き（p106/カ図）

**スギモク** *Coccophora langsdorfii*
ウガノモク科の海藻。茎は円柱状。体は40〜50cm。
¶新分牧（No.5007/モ図）
　新牧日（No.4867/モ図）

**スギモリゲイトウ** *Amaranthus cruentus*
ヒユ科の観賞用草本。種子を食用とする。
¶野生4（p133）

**スキヤ** *Camellia japonica* ‘Sukiya’　数寄屋
ツバキ科。ツバキの品種。別名モモイロワビスケ，
スキヤワビスケ。花は桃色。
¶茶花上（p116/カ写）

**スキヤクジャク** *Adiantum diaphanum*
イノモトソウ科の常緑性シダ。葉身は長さ6〜
15cm、単羽状か、2回羽状。
¶シダ標1（p386/カ写）
　新分牧（No.4605/モ図）
　新牧日（No.4473/モ図）

**スキヤワビスケ** ⇒スキヤを見よ

**スキラ・ヒスパニカ** *Scilla hispanica*
キジカクシ科〔クサスギカズラ科〕（ユリ科）の多年
草。花は青〜淡紅紫色。
¶原牧1（No.560/カ図）
　牧野ス1（No.560/カ図）

**スギラン** *Huperzia cryptomerina*　杉蘭
ヒカゲノカズラ科の常緑性シダ。高さは10〜30cm。
葉身は線状披針形〜狭披針形。
¶シダ標1（p265/カ写）
　新分牧（No.4809/モ図）
　新牧日（No.4374/モ図）
　山ヒ増（p696/カ写）

**ズキンタケ** *Leotia lubrica* f.*lubrica*
ズキンタケ科のキノコ。超小型。黄土色〜緑色、半
透明。
¶原きの（No.530/カ写・カ図）
　山力日き（p550/カ写）

**スグキナ** *Brassica rapa* var.*rapa* ‘Neosuguki’　酸茎菜
アブラナ科の野菜。
¶原牧2（No.695/カ図）
　新分牧（No.2794/モ図）
　新牧日（No.817/モ図）
　牧野ス2（No.2540/カ図）

**スクテルリニア エリナケウス** *Scutellinia
erinaceus*
ピロネマキン科のキノコ。
¶山力日き（p573/カ写）

**スグリ** *Ribes sinanense*　酸塊, 須久利
スグリ科（ユキノシタ科）の落葉低木。日本固有種。
高さは1m。
¶APG原樹（No.336/カ図）
　原牧1（No.1354/カ図）
　固有（p73）
　新分牧（No.1525/モ図）
　新牧日（No.1007/モ図）
　牧野ス1（No.1354/カ図）
　野生2（p195/カ写）

**スゲ** ⇒カサスゲを見よ

**スゲアマモ** *Zostera caespitosa*
アマモ科の海草。
¶野生1（p129/カ写）

**スゲモリシダ** ⇒コウモリシダを見よ

**スゲユリ**(1) ⇒コオニユリを見よ

**スゲユリ**(2) ⇒ノヒメユリを見よ

**スケロクイチヤク** ⇒イワウメを見よ

**ズサ** ⇒アブラチャンを見よ

**スザク** *Cerasus lannesiana* ‘Shujaku’　朱雀
バラ科の落葉小高木。サクラの栽培品種。花は淡紅
紫色。
¶学フ増桜〔'朱雀'〕（p173/カ写）

**スサビノリ** *Pyropia yezoensis*
ウシケノリ科の海藻。卵形。体は長さ15〜23cm。
¶新分牧（No.5021/モ図）
　新牧日（No.4881/モ図）

**スジイリオウシュク** *Prunus mume* ‘Sujiiri-ōshuku’
筋入鴬宿
バラ科。ウメの品種。野梅系ウメ，野梅性一重。
¶ウメ〔筋入鴬宿〕（p28/カ写）

**スジイリツキカゲ** *Prunus mume* ‘Sujiiri-tsukikage’
筋入月影
バラ科。ウメの品種。野梅系ウメ，野梅性一重。
¶ウメ〔筋入月影〕（p28/カ写）

**スジイリツキノヒカリ** *Prunus mume* ‘Sujiiri-
tsukinohikari’　筋入月の光
バラ科。ウメの品種。野梅系ウメ，野梅性一重。
¶ウメ〔筋入月の光〕（p29/カ写）

**スジイリヒトエヤバイ** *Prunus mume* ‘Sujiiri-hitoe-
yabai’　筋入一重野梅
バラ科。ウメの品種。野梅系ウメ，野梅性一重。
¶ウメ〔筋入一重野梅〕（p29/カ写）

**スジイリミチシルベ** *Prunus mume* ‘Sujiiri-
michishirube’　筋入道知辺
バラ科。ウメの品種。野梅系ウメ，野梅性一重。
¶ウメ〔筋入道知辺〕（p30/カ写）

**スジイリヤエトウジ** *Prunus mume* ‘Sujiiri-yae-tōji’
筋入八重冬至
バラ科。ウメの品種。野梅系ウメ，野梅性八重。
¶ウメ〔筋入八重冬至〕（p63/カ写）

**スジオチバタケ** *Marasmius purpureostriatus*
ホウライタケ科のキノコ。小型。傘は淡黄土色、放

射状紫褐色の溝あり。
¶山力日き(p125/力写)

**スジギボウシ** *Hosta undulata* var.*undulata* 筋擬宝珠, 条擬宝珠
キジカクシ科〔クサスギカズラ科〕(ユリ科)の多年草。花は淡暗赤紫色。
¶原牧1(No.573/力図)
新分牧(No.630/モ図)
新牧日(No.3398/モ図)
茶花上(p534/力写)
牧野ス1(No.573/力図)
野生1(p252)

**スジチャダイゴケ** *Cyathus striatus*
ハラタケ科(チャダイゴケ科)のキノコ。小型。子実体はコップ形, 内壁は縦すじ。
¶原きの(No.494/力写・力図)
新分牧(No.5104/モ図)
新牧日(No.5012/モ図)
山力日き(p505/力写)

**スジテッポウユリ** ⇒タカサゴユリを見よ

**スジナガサムシロゴケ** ⇒アオギヌゴケを見よ

**スジヌマハリイ** *Eleocharis equisetiformis*
カヤツリグサ科の多年草。高さは30〜60cm。
¶カヤツリ(p634/モ図)
新分牧(No.938/モ図)
新牧日(No.4015/モ図)
野生1(p344)

**スジヒトツバ** *Cheiropleuria integrifolia* 筋一つ葉
ヤブレガサウラボシ科(スジヒトツバ科, ウラボシ科)の常緑性シダ。葉身は長さ10〜20cm, 広卵形。
¶シダ標1(p329/力写)
新分牧(No.4544/モ図)
新牧日(No.4647/モ図)

**スジフノリ** ⇒ハリガネを見よ

**スジメ** *Costaria costata*
アナメ科(コンブ科)の海藻。別名ザラメ, アラメ, カゴメ。茎は円柱状。
¶新分牧(No.4993/モ図)
新牧日(No.4855/モ図)

**スズ** ⇒スズタケを見よ

**スズカアザミ** *Cirsium suzukaense* 鈴鹿薊
キク科アザミ亜科の多年草。日本固有種。高さは1〜1.5m。
¶固有(p140)
野生5(p249/力写)
山力野草(p95/力写)
山ハ山花(p551/力写)

**スズカカンアオイ** *Asarum rigescens* var. *brachypodion* 鈴鹿寒葵
ウマノスズクサ科の草本。日本固有種。
¶固有(p61)
野生1(p69/力写)
山力野草(p550/力写)
山ハ山花(p29/力写)

**スズカケ** ⇒コデマリを見よ

**スズカケソウ** *Veronicastrum villosulum* 鈴懸草
オオバコ科(ゴマノハグサ科)の草本。別名チョウケンカズラ。
¶原牧2(No.1592/力図)
山野草(No.1090/力写)
新分牧(No.3602/モ図)
新牧日(No.2737/モ図)
牧野ス2(No.3437/力図)
野生5(p90/力写)
山ハ山花(p459/力写)
山レ増(p109/力写)

**スズカケノキ** *Platanus orientalis* 鈴懸の木
スズカケノキ科の落葉高木。別名プラタナス。高さは30m。樹皮は灰色, 赤褐色, 乳黄色。
¶APG原樹(No.289/力図)
学フ増花庭(p153/力写)
原牧1(No.1318/力図)
新分牧(No.1489/モ図)
新牧日(No.886/モ図)
牧野ス1(No.1318/力図)
野生2(p175/力写)
山力樹木(p243/力写)

**スズカケヤナギ** ⇒リュウキュウヤナギを見よ

**スズカゼリ** ⇒シラネセンキュウを見よ

**スズカノセキ** *Prunus mume* 'Suzukanoseki' 鈴鹿の関
バラ科。ウメの品種。李系ウメ, 紅材性一重。
¶ウメ〔鈴鹿の関〕(p100/力写)

**スズカマムシグサ** *Arisaema pseudoangustatum* var. *suzukaense*
サトイモ科の草本。ミヤママムシグサの変種。
¶野生1(p104)

**スズガヤ** ⇒ヒメコバンソウを見よ

**ススキ** *Miscanthus sinensis* var.*sinensis* 薄, 芒
イネ科キビ亜科の多年草。別名カヤ, オバナ。叢生して円形の大株となって育つ。高さは70〜220cm。
¶色草花(p110/力写)
学フ増野秋(p223/力写)
桑イネ(p325/力写・モ図)
原牧1(No.1076/力図)
植調(p316/力写)
新分牧(No.1176/モ図)
新牧日(No.3863/モ図)
茶花下(p317/力写)
牧野ス1(No.1076/力図)
野生2(p89/力写)
山力野草(p688/力写)
山ハ野花(p210/力写)
山ハ山花(p202/力写)

**スズキアオ** *Prunus mume* 'Suzuki-ao' 鈴木青
バラ科。ウメの品種。実ウメ, 野梅系。
¶ウメ〔鈴木青〕(p173/力写)

**スズキイクビゴケ** *Diphyscium suzukii*
イクビゴケ科のコケ植物。日本固有種。
¶固有(p211)

**ススキゴケ**　*Dieranella heteromalla*
シッポゴケ科のコケ。茎は長さ1〜4cm。葉は三角形。
¶新分牧（No.4854/モ図）
　新牧日（No.4709/モ図）

**スズキセミタケ**　*Cordyceps ryogamimontana*
ノムシタケ科の冬虫夏草。宿主はエゾゼミまたはミンミンゼミの成虫。
¶冬虫生態（p128/カ写）

**スズキニセカガミゴケ**　*Rhaphidorrhynchium hyoji-suzukii*
ナガハシゴケ科のコケ植物。日本固有種。
¶固有（p219）

**ススケオニイグチ**　⇒コオニイグチを見よ

**ススケベニタケ**　*Russula decolorans*
ベニタケ科のキノコ。
¶原きの（No.259/カ写・カ図）

**ススケヤマドリタケ**　*Boletus hiratsukae*
イグチ科のキノコ。中型〜やや大型なイグチで，傘は径5〜12cm。傘は焦茶色，ビロード状。
¶山カ日き（p599/カ写）

**ズズゴ**　⇒ジュズダマを見よ

**スズコウジュ**　*Perillula reptans*　鈴香薷
シソ科シソ亜科〔イヌハッカ亜科〕の草本。日本固有種。高さは20〜30cm。
¶原牧2（No.1708/カ図）
　固有（p124/カ写）
　新分牧（No.3761/モ図）
　新牧日（No.2617/モ図）
　牧野ス2（No.3553/カ図）
　野生5（p131/カ写）
　山カ野草（p222/カ写）
　山ハ山花（p432/カ写）

**スズコナリヒラ**　*Sinobambusa tootsik f.albostriana*
鈴子業平
イネ科のタケ。トウチクの園芸品種。
¶タケササ（p75/カ写）

**スズサイコ**　*Vincetoxicum pycnostelma*　鈴柴胡
キョウチクトウ科（ガガイモ科）の多年草。別名ヒメカガミ。高さは40〜100cm。花は純白色。
¶原牧2（No.1385/カ図）
　新分牧（No.3437/モ図）
　新牧日（No.2374/モ図）
　茶花下（p104/カ写）
　牧野ス2（No.3230/カ図）
　野生4（p317/カ写）
　山ハ野花（p435/カ写）
　山レ増（p161/カ写）

**スズシロソウ**　*Arabis flagellosa*　清白草, 鈴白草
アブラナ科の多年草。高さは10〜25cm。
¶原牧2（No.744/カ写）
　山野草（No.0488/カ写）
　新分牧（No.2770/モ図）
　新牧日（No.868/モ図）
　牧野ス2（No.2589/カ図）

　野生4（p51/カ写）
　山ハ山花（p361/カ写）

**スズタケ**　*Sasa borealis*　篠竹
イネ科タケ亜科の常緑中型ササ。別名スズダケ, スズ, ジダケ, ミスズ。
¶APG原樹（No.234/カ図）
　原牧1（No.928/カ図）
　新分牧（No.1033/モ図）
　新牧日（No.3630/モ図）
　タケ亜科（No.92/カ写）
　タケササ〔スズダケ〕（p139/カ写）
　牧野ス1（No.928/カ図）
　野生2（p35/カ写）
　山カ樹木（p68/カ写）

**スズフリイカリソウ**(1)　*Epimedium × sasakii*　鈴振り碇草
メギ科。オオバイカイカリソウとトキワイカリソウの交配種。
¶山野草（No.0340/カ写）

**スズフリイカリソウ**(2)　⇒オオバイカイカリソウを見よ

**スズフリバナ**　⇒トウダイグサを見よ

**スズフリホンゴウソウ**　*Sciaphila ramosa*
ホンゴウソウ科の草本。
¶野生1（p152/カ写）
　山レ増（p608/カ写）

**スズムシソウ**(1)　*Liparis makinoana*　鈴虫草
ラン科の多年草。別名スズムシラン。高さは8〜30cm。花は暗紫褐色。
¶原牧1（No.447/カ図）
　山野草（No.1703/カ写）
　新分牧（No.502/モ図）
　新牧日（No.4321/モ図）
　茶花下（p105/カ写）
　牧野ス1（No.447/カ図）
　野生1（p212/カ写）
　山カ野草（p579/カ写）
　山ハ山花（p99/カ写）

**スズムシソウ**(2)　⇒スズムシバナを見よ

**スズムシバナ**　*Strobilanthes oligantha*　鈴虫花
キツネノマゴ科の草本。別名スズムシソウ。
¶原牧2（No.1801/カ写）
　山野草（No.1100/カ写）
　新分牧（No.3658/モ図）
　新牧日（No.2780/モ図）
　茶花下（p221/カ写）
　牧野ス2（No.3646/カ図）
　野生5（p172/カ写）
　山カ野草（p161/カ写）
　山ハ山花（p414/カ写）

**スズムシラン**　⇒スズムシソウ(1)を見よ

**スズメウリ**　*Zehneria japonica*　雀瓜
ウリ科のつる性の一年草。
¶学フ増野秋（p204/カ写）

スズメガヤ

原牧2（No.162/カ図）
山野草（No.0736/カ写）
植調（p102/カ写）
新分牧（No.2223/モ図）
新牧日（No.1865/モ図）
牧野ス1（No.2007/カ図）
野生3（p125/カ写）
山力野草（p141/カ写）
山ハ野花（p394/カ写）

**スズメガヤ** ⇒オオスズメガヤを見よ

**スズメカルカヤ** ⇒オガルカヤを見よ

**スズメナスビ** *Solanum torvum*
ナス科の草性低木。花は白色。
¶帰化写2（p430/カ写）
野生5（p44/カ写）

**スズメノアワ** ⇒ナルコビエを見よ

**スズメノエンドウ** *Vicia hirsuta* 雀野豌豆
マメ科マメ亜科の一年草または越年草。高さは30
～60cm。
¶色野草（p228/カ写）
学フ増野春（p28/カ写）
原牧1（No.1559/カ図）
植調（p262/カ写）
新分牧（No.1765/モ図）
新牧日（No.1346/モ図）
牧野ス1（No.1559/カ図）
野生2（p299/カ写）
山力野草（p378/カ写）
山ハ野花（p366/カ写）

**スズメノオゴケ** ⇒イヨカズラ(1)を見よ

**スズメノカタビラ** *Poa annua* 雀の帷子
イネ科イチゴツナギ亜科の一年草～二年草。別名ニ
ラミグサ, イチゴツナギ。高さは5～25cm。
¶色野草（p331/カ写）
学フ増野春（p213/カ写）
桑イネ（p389/カ写・モ図）
原牧1（No.1001/カ図）
植調（p312/カ写）
新分牧（No.1122/モ図）
新牧日（No.3691/モ図）
牧野ス1（No.1001/カ図）
野生2（p60/カ写）
山力野草（p675/カ写）
山ハ野花（p160/カ写）

**スズメノケヤリ** ⇒ワタスゲを見よ

**スズメノコビエ** *Paspalum scrobiculatum* var.
*orbiculare*
イネ科キビ亜科の草本。
¶桑イネ（p365/カ写・モ図）
原牧1（No.1054/カ図）
新分牧（No.1199/モ図）
新牧日（No.3832/モ図）
牧野ス1（No.1054/カ図）
野生2（p92）

**スズメノコメ** ⇒コメガヤを見よ

**スズメノチャヒキ** *Bromus japonicus* 雀の茶挽
イネ科イチゴツナギ亜科の一年草。高さは30～
80cm。
¶桑イネ（p103/カ写・モ図）
原牧1（No.948/カ図）
植調（p295/カ写）
新分牧（No.1056/モ図）
新牧日（No.3676/モ図）
牧野ス1（No.948/カ図）
野生2（p46/カ写）
山力野草（p674/カ写）
山ハ野花（p156/カ写）

**スズメノテッポウ** *Alopecurus aequalis* var.
*amurensis* 雀の鉄砲
イネ科イチゴツナギ亜科の一年草～二年草。別名ス
ズメノマクラ, ヤリクサ。高さは20～40cm。
¶色野草（p332/カ写）
学フ増野春（p214/カ写）
桑イネ（p57/カ写・モ図）
原牧1（No.1010/カ図）
植調（p288/カ写）
新分牧（No.1133/モ図）
新牧日（No.3744/モ図）
牧野ス1（No.1010/カ図）
野生2（p42/カ写）
山力野草（p668/カ写）
山ハ野花（p186/カ写）

**スズメノトウガラシ** *Bonnaya antipoda*
アゼナ科〔アゼトウガラシ科〕（ゴマノハグサ科）の
一年草。高さは8～20cm。
¶原牧2（No.1610/カ図）
新分牧（No.3647/モ図）
新牧日（No.2697/モ図）
牧野ス2（No.3455/カ図）
野生5（p97/カ写）

**スズメノトウガラシモドキ** *Bonnaya ciliata*
アゼナ科〔アゼトウガラシ科〕の一年草。高さは10～
20cm。花は淡紫色または淡紅紫色。
¶野生5（p97）

**スズメノナギナタ** *Parapholis incurva*
イネ科の一年草。高さは2～25cm。
¶帰化写2（p348/カ写）

**スズメノハコベ** *Microcarpaea minima*
ハエドクソウ科（ゴマノハグサ科）の一年草。別名
スズメハコベ。長さは5～20cm。
¶原牧2〔スズメハコベ〕（No.1561/カ図）
新分牧〔スズメハコベ〕（No.3821/モ図）
新牧日〔スズメハコベ〕（No.2693/モ図）
牧野ス2〔スズメハコベ〕（No.3406/カ図）
野生5（p146/カ写）
山レ増（p105/カ写）

**スズメノヒエ**(1) *Paspalum thunbergii* 雀の稗
イネ科キビ亜科の多年草。飼料とする。高さは40
～90cm。
¶桑イネ（p366/カ写・モ図）
原牧1（No.1053/カ図）

植調（p304/カ写）
新分牧（No.1194/モ図）
新牧日（No.3827/モ図）
牧野ス1（No.1053/カ図）
野生2（p92/カ写）
山ハ野花（p202/カ写）

**スズメノヒエ**(2)　⇒スズメノヤリを見よ

**スズメノヒシャク**　⇒カラスビシャクを見よ

**スズメノマクラ**　⇒スズメノテッポウを見よ

**スズメノヤリ**　*Luzula capitata*　雀の槍
イグサ科の多年草。別名スズメノヒエ，シバイモ。
高さは10〜30cm。
¶色野草（p335/カ写）
学フ増野春（p211/カ写）
原牧1（No.692/カ図）
植調（p281/カ写）
新分牧（No.729/モ図）
新牧日（No.3582/モ図）
牧野ス1（No.692/カ図）
野生1（p293/カ写）
山カ野草（p644/カ写）
山ハ野花（p97/カ写）

**スズメハコベ**　⇒スズメノハコベを見よ

**ススヤトモエ**　⇒ヒメトモエソウを見よ

**スズユリ**　⇒カノコユリを見よ

**スズラン**(1)　*Convallaria majalis* var.*manshurica*
鈴蘭
キジカクシ科〔クサスギカズラ科〕（ユリ科）の多年
草。別名キミカゲソウ。高さは20〜35cm。花は
白色。
¶学フ増山菜（p212/カ写）
学フ増野春（p186/カ写）
学フ有毒（p31/カ写）
原牧1（No.603/カ図）
山野草（No.1365/カ写）
新分牧（No.620/モ図）
新牧日（No.3474/モ図）
茶花上（p407/カ写）
牧野ス1（No.603/カ図）
野生1（p249/カ写）
山カ野草（p635/カ写）
山ハ山花（p143/カ写）

**スズラン**(2)　⇒カキランを見よ

**スズランズイセン**　⇒オオマツユキソウを見よ

**ズソウカンアオイ**　*Asarum savatieri* subsp.
*pseudosavatieri* var.*pseudosavatieri*　豆相寒葵
ウマノスズクサ科の多年草。日本固有種。
¶固有（p61/カ写）
野生1（p68）
山ハ山花（p22/カ写）
山レ増（p377/カ写）

**スダジイ**　*Castanopsis sieboldii*
ブナ科の常緑高木。別名シイ，イタジイ，ナガジイ。
¶**APG原樹**（No.715/カ図）

学フ増樹（p104/カ写・カ図）
学フ増花庭（p146/カ写）
原牧2（No.122/カ図）
新分牧（No.2164/モ図）
新牧日（No.157/モ図）
図説樹木（p94/カ写）
都木花新〔シイ〕（p62/カ写）
牧野ス1（No.1967/カ図）
野生3（p91/カ写）
山カ樹木（p149/カ写）

**スダチ**　*Citrus sudachi*　酢橘, 酢立, 酸橘
ミカン科の木本。枝条は細小で，ふつうは棘がある。
¶**APG原樹**（No.966/カ図）
原牧2（No.597/カ図）
牧野ス2（No.2442/カ図）
山カ樹木（p371/カ写）

**スターチス**　⇒ハナハマサジを見よ

**ズダヤクシュ**　*Tiarella polyphylla*　喘息薬種
ユキノシタ科の多年草。高さは10〜40cm。花は
白色。
¶学フ増高山（p161/カ写）
原牧1（No.1392/カ写）
山野草（No.0540/カ写）
新分牧（No.1562/モ図）
新牧日（No.971/モ図）
茶花上（p534/カ写）
牧野ス1（No.1392/カ写）
ミニ山（p104/カ写）
野生2（p214/カ写）
山カ野草（p431/カ写）
山ハ山花（p276/カ写）

**スダレイバラ**　⇒モッコウバラを見よ

**スダレギボウシ**　*Hosta kikutii* var.*polyneuron*　簾擬
宝珠
ユリ科の草本。
¶山野草（No.1511/カ写）

**スチハナガサ**　*Hibiscus syriacus* 'Suchi-hanagasa'
須知花笠
アオイ科。ムクゲの品種。半八重咲き花笠型。
¶茶花下（p27/カ写）

**スッパグサ**　⇒イタドリを見よ

**スッポンタケ**　*Phallus impudicus*
スッポンタケ科のキノコ。大型。傘は釣鐘状，表面
は網目状。
¶原きの（No.505/カ写・カ図）
新分牧（No.5134/モ図）
新牧日（No.5001/モ図）
山カ日き（p521/カ写）

**スッポンノカガミ**　⇒トチカガミを見よ

**ステゴビル**　*Allium inutile*　捨小蒜, 捨子蒜
ヒガンバナ科（ユリ科，ネギ科）の多年草。日本固
有植。
¶原牧1（No.527/カ図）
固有（p159/カ写）
新分牧（No.574/モ図）

ステノカル　　　　　　　　　416

新牧日（No.3410/モ図）
牧野ス1（No.527/カ図）
野生1（p241/カ写）
山ハ野花（p76/カ写）
山レ増（p586/カ写）

**ステノカルパス・シヌアタス**　Stenocarpus sinuatus
ヤマモガシ科の木本。高さは10〜30m。花は鮮
赤色。
¶APG原樹（No.293/カ図）

**スドウツゲ**　⇒セイヨウツゲを見よ

**ストケシア**　⇒ルリギクを見よ

**ストック**　⇒アラセイトウ(1)を見よ

**ストレリッチア**　Strelitzia reginae
ゴクラクチョウカ科（バショウ科）の多年草。別名
ゴクラクチョウカ。高さは1m。花は橙黄色。
¶原牧1（No.638/カ図）
新分牧（No.674/モ図）
新牧日（No.4222/モ図）
牧野ス1（No.638/カ図）

**ストローブゴヨウ**　⇒ストローブマツを見よ

**ストローブマツ**　Pinus strobus
マツ科の木本。別名ストローブゴヨウ。樹高は
50m。樹皮は濃灰色。
¶APG原樹（No.22/カ図）
山力樹木（p22/カ写）

**ストロー・フラワー**　⇒ムギワラギクを見よ

**スナゴケ**　⇒エゾスナゴケを見よ

**スナジスゲ**　Carex glabrescens
カヤツリグサ科の多年草。
¶カヤツリ（p514/モ図）
スゲ増（No.286/カ写）
野生1（p336/カ写）

**スナジタイゲキ**　⇒ハマタイゲキを見よ

**スナジノギク**　⇒ハマベノギクを見よ

**スナジマメ**　Zornia cantoniensis　砂地豆
マメ科マメ亜科の草本。
¶原牧1（No.1556/カ図）
新分牧（No.1653/モ図）
新牧日（No.1343/モ図）
牧野ス1（No.1556/カ図）
野生2（p306/カ写）
山レ増（p291/カ写）

**スナジミチヤナギ**　⇒ハイミチヤナギを見よ

**スナスゲ**　⇒ハマアオスゲを見よ

**スナヅル**　Cassytha filiformis　砂蔓
クスノキ科の地上寄生のつる草。別名ハリガネソ
ウ。つるは淡緑または黄色, 果実は淡黄色。
¶APG原樹（No.175/カ図）
原牧1（No.165/カ図）
新分牧（No.172/モ図）
新牧日（No.506/モ図）
牧野ス1（No.165/カ図）
野生1（p79/カ写）

山ハ野花（p21/カ写）

**スナタマゴタケ**　Chlorophyllum agaricoides
ハラタケ科のキノコ。
¶原きの（No.474/カ写・カ図）

**スナップドラゴン**　⇒キンギョソウを見よ

**スナハマスゲ**　Cyperus stoloniferus
カヤツリグサ科の多年草。
¶カヤツリ（p708/モ図）
野生1（p342/カ写）

**スナビキソウ**　Heliotropium japonicum　砂引草
ムラサキ科キダチルリソウ亜科の多年草。別名ハマ
ムラサキノキ, ハマムラサキ。高さは30〜50cm。
花は白色。
¶学フ増野夏（p174/カ写）
原牧2（No.1411/カ図）
新分牧（No.3512/モ図）
新牧日（No.2478/モ図）
茶花上（p535/カ写）
牧野ス2（No.3261/カ図）
野生5（p51/カ写）
山力野草（p234/カ写）
山ハ野花（p420/カ写）

**スナヤマチャワンタケ**　Peziza ammophila
チャワンタケ科のキノコ。
¶原きの（No.538/カ写・カ図）

**スノー・オン・ザ・マウンテン**　⇒ハツユキソウ
を見よ

**スノキ**　Vaccinium smallii var.glabrum　酸の木, 酢の木
ツツジ科スノキ亜科の落葉低木。日本固有種。別名
コウメ。
¶APG原樹（No.1302/カ図）
学フ増樹（p112/カ写）
原牧2（No.1244/カ図）
固有（p104）
新分牧（No.3296/モ図）
新牧日（No.2188/モ図）
牧野ス2（No.3089/カ図）
野生4（p259/カ写）
山力樹木（p600/カ写）

**スノークイーン**　Hydrangea quercifolia 'Snow Queen'
アジサイ科（ユキノシタ科）の木本。
¶APG原樹〔カシワバアジサイ 'スノークイーン'〕（No.
1579/カ図）

**スノー・ドリフト**　Hibiscus syriacus 'Snow Drift'
アオイ科。ムクゲの品種。一重咲き細弁型。花は
純白で底紅はない。
¶茶花下（p12/カ写）

**スノードロップ**　Galanthus nivalis
ヒガンバナ科の多年草。別名ユキノハナ, ユキノシ
ズク。葉幅は1cm前後。
¶原牧1（No.548/カ図）
茶花上〔まつゆきそう〕（p189/カ写）
牧野ス1（No.548/カ図）

**スノーフレーク**　⇒オオマツユキソウを見よ

**スノリ**　⇒フトモズクを見よ

**スパイダー・フラワー** ⇒セイヨウフウチョウソウを見よ

**ズバイモモ** ⇒ネクタリンを見よ

**スーパー・スター** Rosa 'Super Star'
バラ科。バラの品種。ハイブリッド・ティーローズ系。花は朱橙色。
¶ APG原樹〔バラ'スーパー・スター'〕(No.616/カ図)

**スパニッシュアイズ** Erodium 'Spanish Eyes'
フウロソウ科の草本。
¶ 山野草〔エロディウム'スパニッシュアイズ'〕(No.0671/カ写)

**スーパーバ** ⇒ユリグルマを見よ

**スハマソウ** Hepatica nobilis var.japonica f.variegata
洲浜草, 州浜草
キンポウゲ科の多年草。別名ユキワリソウ。高さは10~15cm。
¶ 学フ増野春 (p173/カ写)
　原牧1 (No.1269/カ図)
　山野草 (No.0149/カ写)
　新分牧 (No.1454/モ図)
　新牧日 (No.593/カ写)
　茶花上 (p277/カ写)
　牧野ス1 (No.1269/カ図)
　山野草 (p476/カ写)
　山ハ山花 (p242/カ写)

**スパルタン** Juniperus chinensis 'Spartan'
ヒノキ科の木本。
¶ APG原樹〔ジュニベルス'スパルタン'〕(No.1543/カ写)

**スファエロスポレルラ ブルンネア**
Sphaerosporella brunnea
ピロネマキン科のキノコ。
¶ 山カ日き (p573/カ写)

**スブタ** Blyxa echinosperma 簀蓋
トチカガミ科の一年生沈水植物。花弁は3枚, 細長く白色。葉は線形。
¶ 原牧1 (No.227/カ図)
　新分牧 (No.271/モ図)
　新牧日 (No.3321/モ図)
　日水草 (p86/カ写)
　牧野ス1 (No.227/カ図)
　野生1 (p119/カ写)

**スペアミント** ⇒オランダハッカを見よ

**スペインアヤメ** Iris xiphium
アヤメ科の多年草。高さは50cm。花は紫や青色。
¶ 原牧1 (No.507/カ図)
　新分牧 (No.562/モ図)
　新牧日 (No.3552/モ図)
　牧野ス1 (No.507/カ図)

**スペインカンゾウ** ⇒カンゾウを見よ

**スペシオーサス・プレナス** Hibiscus syriacus 'Speciosus Plenus'
アオイ科。ムクゲの品種。半八重咲きバラ咲き型。
¶ 茶花下 (p34/カ写)

**スベリヒユ** Portulaca oleracea var.oleracea 滑り莧
スベリヒユ科の一年草。別名イハイヅル, トンボソウ, ノハイヅル。種々の変異があって食用種もある。高さは10~30cm。
¶ 色野草 (p185/カ写)
　学フ増山菜 (p79/カ写)
　学フ増野夏 (p91/カ写)
　学フ増薬草 (p41/カ写)
　原牧2 (No.996/カ図)
　植調 (p186/カ写)
　新分牧 (No.3037/モ図)
　新牧日 (No.331/モ図)
　牧野ス2 (No.2841/カ図)
　野生4 (p151/カ写)
　山カ野草 (p529/カ写)
　山ハ野花 (p294/カ写)

**スベリヒユモドキ** Trianthema portulacastrum
ザクロソウ科の匍匐性草本。多肉。長さは20~50cm。花は淡紅紫~白色。
¶ 帰化写改 (p29/カ写)

**スホウチク** Bambusa multiplex f.alphonsokarri 蘇枋竹
イネ科のタケ。別名キンシチク, クジャクザサ, シュチク。
¶ タケササ (p174/カ写)
　山カ樹木 (p74/カ写)

**ズミ**(1) Malus toringo 酸実, 梔
バラ科シモツケ亜科の落葉小高木。別名コナシ, コリンゴ, サナシ, ヒメカイドウ, ミツバカイドウ。高さは10m。花は白色。樹皮は暗灰色。
¶ APG原樹 (No.547/カ写)
　学フ増桜 (p231/カ写)
　学フ増樹 (p86/カ写・カ図)
　原牧1 (No.1701/カ図)
　新分牧 (No.1888/モ図)
　新牧日 (No.1048/モ図)
　茶花上 (p408/カ写)
　牧野ス1 (No.1701/カ図)
　野生3 (p73/カ写)
　山カ樹木 (p326/カ写)

**ズミ**(2) ⇒オオウラジロノキを見よ

**スミゾメ** Cerasus lannesiana 'Subfusca' 墨染
バラ科の木本。サクラの栽培品種。花は白色。
¶ 学フ増桜〔'墨染'〕(p74/カ写)

**スミゾメシメジ** Lyophyllum semitale
シメジ科のキノコ。中型。傘は帯褐灰色。ひだは白色。
¶ 山カ日き (p57/カ写)

**スミゾメヤマイグチ** Leccinum pseudoscabrum
イグチ科のキノコ。中型。傘は暗褐色, 表面凹凸。
¶ 原きの〔Hazel bolete (ハシバミのイグチ)〕(No.317/カ写・カ図)
　山カ日き (p344/カ写)

**スミダノハナビ** Hydrangea macrophylla 'Sumida-no-hanabi' 墨田の花火
アジサイ科。ガクアジサイの園芸品種。

スミノクラ

¶茶花上（p535/カ写）

**スミノクラ** *Hibiscus syriacus* 'Suminokura' 角倉
アオイ科。ムクゲの品種。一重咲き中弁型。
¶茶花下（p18/カ写）

**スミノクラハナガサ** *Hibiscus syriacus*
'Suminokura-hanagasa' 角倉花笠
アオイ科。ムクゲの品種。半八重咲き花笠型。
¶茶花下（p28/カ写）

**スミミザクラ** *Cerasus vulgaris*
バラ科の木本。別名サンカオウトウ。
¶APG原樹（No.448/カ図）

**スミヨシヤナギ** *Salix×sumiyosensis*
ヤナギ科の雑種。
¶野生3〔スミヨシヤナギ（ネコヤナギ×ヨシノヤナギ）〕
（p205/カ写）

**スミレ** *Viola mandshurica* 菫
スミレ科の多年草。別名マンジュリカ，スモウトリ
グサ，スモウソウ，スモウトリバナ，アゴガキバナ，
ジジバンバ，カケバナ。高さは5〜20cm。花は紫色。
¶色野草（p233/カ写）
学フ増野春（p25/カ写）
原牧2（No.368/カ図）
山野草（No.0706/カ写）
植調（p188/カ写）
新分牧（No.2352/モ図）
新牧日（No.1840/モ図）
茶花上（p278/カ写）
牧野ス1（No.2213/カ図）
野生3（p217/カ写）
山カ野草（p333/カ写）
山ハ野花（p328/カ写）

**スミレイワギリソウ** ⇒ペトロコスメア・フラッキ
ダを見よ

**スミレウコロタケ** *Corticium roseocarneum*
コウヤクタケ科のキノコ。
¶山カ日き（p422/カ写）

**スミレサイシン** *Viola vaginata* 菫細辛
スミレ科の多年草。日本固有種。高さは10〜20cm。
花は淡紫色。
¶学フ増山菜（p152/カ写）
学フ増野春（p63/カ写）
原牧2（No.347/カ図）
固有（p93）
山野草（No.0714/カ写）
新分牧（No.2334/カ写）
新牧日（No.1820/モ図）
牧野ス1（No.2192/カ図）
ミニ山（p187/カ写）
野生3（p215/カ写）
山カ野草（p342/カ写）
山ハ山花（p316/カ写）

**スミレバオウレン** *Beesia calthifolia* 菫葉黄連
キンポウゲ科の草本。高さは20〜50cm。
¶山野草（No.0098/カ写）

**スミレハリタケ** *Bankera violascens*
マツバハリタケ科のキノコ。
¶原きの（No.428/カ写・カ図）

**スモウソウ** ⇒スミレを見よ

**スモウトリグサ**(1) ⇒オオバコを見よ

**スモウトリグサ**(2) ⇒スミレを見よ

**スモウトリバナ** ⇒スミレを見よ

**スモーク・ツリー** ⇒カスミノキを見よ

**スモークツリー'ローヤル パープル'** ⇒ローヤル
パープルを見よ

**スモトリクサ** ⇒ジロボウエンゴサクを見よ

**スモモ** *Prunus salicina* 李，酸桃
バラ科シモツケ亜科の落葉小高木。別名ハタンキョ
ウ，イクリ。果肉は黄色または紫紅色。花は白色。
¶APG原樹（No.482/カ図）
学フ増桜（p228/カ写）
学フ増庭園（p88/カ写）
学フ有毒（p159/カ写）
原牧1（No.1635/カ図）
新分牧（No.1831/モ図）
新牧日（No.1210/モ図）
茶花上（p278/カ写）
牧野ス1（No.1635/カ図）
野生3（p79/カ写）
山カ樹木（p319/カ写）
落葉図譜（p151/モ図）

**スモモウメ** *Prunus mume* 'Sumomoume' 李梅
バラ科。ウメの品種。実ウメ，李系。
¶ウメ〔李梅〕（p174/カ写）

**スヤマイノデ** *Polystichum×suyamanum*
オシダ科のシダ植物。
¶シダ標2（p416/カ写）

**スリコギタケ** *Clavariadelphus pistillaris*
スリコギタケ科のキノコ。
¶原きの（No.454/カ写・カ図）
山カ日き（p412/カ写）

**スルガイノデ** *Polystichum×shizuokaense* 駿河猪
の手
オシダ科のシダ植物。日本固有種。
¶固有（p207）
シダ標2（p415/カ写）

**スルガクマワラビ** *Dryopteris×sugino-takaoi* 駿河
熊蕨
オシダ科のシダ植物。
¶シダ標2（p374/カ写）

**スルガジョウロウホトトギス** *Tricyrtis ishiiana*
var.*surugensis* 駿河上臈杜鵑草
ユリ科の多年草。日本固有種。花は黄色。
¶固有（p159/カ写）
山野草（No.1531/カ写）
野生1（p177）
山レ増（p593/カ写）

**スルガスゲ** *Carex omurae* 駿河菅
カヤツリグサ科の多年草。日本固有種。
¶カヤツリ(p302/モ写)
固有(p184)
スゲ増(No.153/カ写)
野生1(p319/カ写)

**スルガダイニオイ** *Cerasus lannesiana* 'Surugadai-odora' 駿河台匂
バラ科の落葉高木。サクラの栽培品種。花は白色。
¶APG原樹〔サクラ'スルガダイニオイ'〕(No.431/カ図)
学フ増桜〔'駿河台匂'〕(p84/カ写)

**スルガテンナンショウ** *Arisaema yamatense* subsp. *sugimotoi* 駿河天南星
サトイモ科の多年草。日本固有種。
¶固有(p178)
テンナン(No.36b/カ写)
野生1(p104/カ写)
山ハ野草(p652/カ写)

**スルガヒョウタンボク**(1) *Lonicera alpigena* subsp. *glehnii* var.*watanabeana* 駿河瓢箪木
スイカズラ科の低木。日本固有種。赤石山脈周辺の限られた山の亜高山帯に見られる。
¶固有(p134)
山レ増(p83/カ写)

**スルガヒョウタンボク**(2) ⇒エゾヒョウタンボク
を見よ

**スルガラン** *Cymbidium ensifolium* 駿河蘭
ラン科の多年草。別名オラン,コラン。花は乳白色。
¶原牧1(No.477/カ図)
新分牧(No.539/モ図)
新牧日(No.4352/モ図)
牧野ス1(No.477/カ図)
野生1(p192)

**スルボ** ⇒ツルボを見よ

**スルリン** ⇒クログワイを見よ

**スレース・スー** *Hibiscus hybridus* 'Sleace Sou'
アオイ科。ハワイアン・ハイビスカスの品種。
¶APG原樹〔ハワイアン・ハイビスカス'スレース・スー'〕(No.1025/カ写)

**スワレノクロア サブテッセラータ** *Swallenochloa subtessellata*
イネ科の熱帯性タケ類。
¶タケササ(p200/カ写)

# 【 セ 】

**セイオウボ**(1) *Camellia* 'Seiôbo' 西王母
ツバキ科の木本。ツバキの品種。花は桃色。
¶APG原樹(No.1157/カ図)
茶花上(p117/カ写)

**セイオウボ**(2) *Prunus mume* 'Seiôbo' 西王母
バラ科。ウメの品種。杏系ウメ,紅筆性一重・八重。

¶ウメ〔西王母〕(p125/カ写)

**セイカ** *Rosa* 'Seika' 聖火
バラの品種。バラの品種。ハイブリッド・ティーローズ系。花はローズ紅色。
¶APG原樹〔バラ'セイカ'〕(No.619/カ図)

**セイゲン** *Acer palmatum* 'Seigen' 清玄
ムクロジ科(カエデ科)。カエデの品種。
¶APG原樹〔カエデ'セイゲン'〕(No.906/カ図)

**セイコノヨシ** *Phragmites karka* 西湖の葭,西湖の葦
イネ科ダンチク亜科の多年草。別名セイタカヨシ。高さは2～4m。
¶桑イネ〔セイタカヨシ〕(p386/カ写・モ図)
原牧1(No.1100/カ図)
新分牧(No.1280/モ図)
新牧日(No.3650/モ図)
牧野ス1(No.1100/カ図)
野生2〔セイタカヨシ〕(p75/カ写)
山ハ野花(p165/カ写)

**セイシカ** *Rhododendron latoucheae* var.*latoucheae* 聖紫花
ツツジ科ツツジ亜科の常緑低木またはまれに高木。別名タイトンシャクナゲ。高さは5m。花は淡桃色。
¶APG原樹(No.1283/カ図)
原牧2(No.1172/カ図)
山野草(No.0772/カ写)
新分牧(No.3278/モ図)
新牧日(No.2118/モ図)
牧野ス2(No.3017/カ図)
野生4(p249/カ写)
山力樹木(p563/カ写)

**セイシギョクチョウ** *Prunus mume* 'Seishigyokucho' 青芝玉蝶
バラ科。ウメの品種。野梅系ウメ,野梅性八重。
¶ウメ〔青芝玉蝶〕(p64/カ写)

**セイタカアキノキリンソウ** ⇒セイタカアワダチソウを見よ

**セイタカアワダチソウ** *Solidago altissima* 背高泡立草
キク科キク亜科の多年草。別名セイタカアキノキリンソウ,ヘイザンソウ,ベトナムソウ。高さは100～250cm。花は濃黄色。
¶色野草(p196/カ写)
学フ増野秋(p99/カ写)
帰化写改(p388/カ写, p517/カ写)
原牧2(No.1923/カ写)
植調〔セイダカアワダチソウ〕(p136/カ写)
新分牧(No.4160/モ図)
新牧日(No.2961/モ図)
茶花下(p365/カ写)
牧野ス2(No.3768/カ図)
野生5(p325/カ写)
山力野草(p30/カ写)
山ハ野花(p552/カ写)

**セイタカイグチ** *Boletellus russellii*
イグチ科のキノコ。中型。傘は帯褐灰色。
¶学フ増毒き(p187/カ写)

セイタカイ　　　　　　　　　420

原きの（No.294/カ写・カ図）
山力日き（p350/カ写）

**セイタカイワヒメワラビ**　*Hypolepis alpina*
コバノイシカグマ科の常緑性シダ。葉身は長さ70
〜100cm、長楕円形〜三角状卵形。
¶シダ標1（p366/カ写）

**セイタカオオニシキソウ**　*Euphorbia hyssopifolia*
背高大錦草
トウダイグサ科の一年草。別名セイタカニシキソ
ウ。茎はアーチ状に斜上し、長さ29〜68cm。
¶野生3（p159/カ写）

**セイタカオトギリ**　*Hypericum momoseanum*
オトギリソウ科の草本。日本固有種。
¶固有（p64）
野生3（p239）

**セイタカカゼクサ**　⇒シナダレスズメガヤを見よ

**セイタカカワズスゲ**　*Carex laevivaginata*
カヤツリグサ科の草本。鞘の腹面に横しわが生じ
ない。
¶スゲ増（p369）

**セイタカカキンスゲ**　⇒キンスゲを見よ

**セイタカカシケシダ**　*Deparia dimorphophylla*
メシダ科の夏緑性シダ。葉身は長さ幅は15〜30cm、
ほぼ二形になる。
¶シダ標2（p345/カ写）

**セイタカスギゴケ**　*Pogonatum japonicum*　背高杉苔
スギゴケ科のコケ。別名オオバニワスギゴケ。大
型、茎は高さ8〜20cm。
¶新牧（No.4839/モ図）
新牧日（No.4702/モ図）

**セイタカスズムシソウ**(1)　*Liparis japonica*　背高鈴
虫草
ラン科の多年草。高さは10〜40cm。花は淡緑色、
または帯紫色。
¶原牧1（No.448/カ図）
山野草（No.1704/カ写）
新分牧（No.503/モ図）
新牧日（No.4322/モ図）
牧野ス1（No.448/カ図）
野生1（p212/カ写）
山ハ山花（p99/カ写）

**セイタカスズムシソウ**(2)　⇒アリサンアイを見よ

**セイタカスズムシソウ**(3)　⇒コダチスズムシソウ
を見よ

**セイタカスズメガヤ**　⇒シナダレスズメガヤを見よ

**セイタカタウコギ**　⇒アメリカセンダングサを見よ

**セイタカタンポポ**　*Taraxacum platycarpum* var.
*elatum*
キク科キクニガナ亜科の草本。
¶野生5（p288/カ写）

**セイタカツルスゲ**　⇒ヒロハイッポンスゲを見よ

**セイタカトウヒレン**　*Saussurea tanakae*　背高唐飛廉
キク科アザミ亜科の多年草。日本固有種。別名アキ
ノヤノネアザミ。高さは70〜100cm。

¶原牧2〔トウヒレン〕（No.2199/カ図）
固有（p148）
新分牧〔トウヒレン〕（No.3992/モ図）
新牧日〔トウヒレン〕（No.3231/モ図）
牧野ス2〔トウヒレン〕（No.4044/カ図）
野生5（p259/カ写）
山ハ山花（p563/カ写）

**セイタカナチシケシダ**　*Deparia dimorphophylla*×
*D.petersenii*
メシダ科のシダ植物。
¶シダ標2（p349/カ写）

**セイタカニシキソウ**　⇒セイタカオオニシキソウを
見よ

**セイタカヌカボシソウ**　*Luzula elata*
イグサ科の草本。
¶野生1（p292/カ写）

**セイタカハハコグサ**　*Pseudognaphalium luteoalbum*
キク科キク亜科の一年草または越年草。
¶帰化写改（p364/カ写）
野生5（p349）

**セイタカハマスゲ**　*Cyperus longus*
カヤツリグサ科の多年草。高さは20〜120cm。
¶帰化写改（p479/カ写, p522/カ写）

**セイタカハリイ**　*Eleocharis attenuata*
カヤツリグサ科の多年草。別名オオハリイ。高さは
25〜55cm。
¶カヤツリ（p622/モ図）
原牧1（No.750/カ図）
新分牧（No.942/モ図）
新牧日（No.4019/モ図）
牧野ス1（No.750/カ図）
野生1（p345/カ写）

**セイタカフモトシケシダ**　*Deparia dimorphophylla*
×*D.pseudoconilii*
メシダ科のシダ植物。
¶シダ標2（p349/カ写）

**セイタカホラゴケ**　*Vandenboschia*×*quelpaertensis*
コケシノブ科のシダ植物。
¶シダ標1（p316/カ写）

**セイタカミヤマノコギリシダ**　*Diplazium fauriei*×
*D.nipponicum*
メシダ科のシダ植物。
¶シダ標2（p332/カ写）

**セイタカムクゲシケシダ**　*Deparia dimorphophylla*
×*D.kiusiana*
メシダ科のシダ植物。
¶シダ標2（p349/カ写）

**セイタカヨシ**　⇒セイコノヨシを見よ

**セイタカヨモギ**　⇒タカヨモギを見よ

**セイバンナスビ**　⇒ヤイマナスビを見よ

**セイバンモロコシ**　*Sorghum halepense*　西蕃蜀黍
イネ科キビ亜科の多年草。高さは1〜3m。
¶帰化写改（p468/カ写, p522/カ写）
桑イネ（p453/カ写・モ図）

原牧1（No.1065/カ図）
植調（p333/カ写）
新分牧（No.1168/モ図）
新牧日（No.3845/モ図）
牧野ス1（No.1065/カ図）
野生2（p97/カ写）
山カ野草（p694/カ写）
山ハ野花（p224/カ写）

**セイヒ** ⇒ダイカグラを見よ

**セイヤブシ** *Aconitum ito-seiyanum* 誠哉付子
キンポウゲ科の草本。日本固有種。
¶固有（p57）
　野生2（p127/カ写）

**セイヨウアカネ** *Rubia tinctorum* 西洋茜
アカネ科の草本, 薬用植物。別名ムツバアカネ。
¶原牧2（No.1327/カ図）
　新分牧（No.3361/モ図）
　新牧日（No.2441/モ図）
　牧野ス2（No.3172/カ図）

**セイヨウアジサイ** *Hydrangea macrophylla* f.
*hortensia* 西洋紫陽花
アジサイ科（ユキノシタ科）の落葉低木。別名ハイ
ドランジア, ハイドランジャー。
¶学フ増花庭（p174/カ写）
　茶花上（p536/カ写）
　ミニ山（p106/カ写）
　山カ樹木（p218/カ写）

**セイヨウアジサイ‘アベ・マリア’** ⇒アベ・マリ
アを見よ

**セイヨウアジサイ‘マダム・プルム・コワ’** ⇒マ
ダム・プルム・コワを見よ

**セイヨウアブラナ** *Brassica napus* 西洋油菜
アブラナ科の一年草または二年草。別名セイヨウナ
タネ。茎や葉が粉白を帯びているのが特徴。高さは
30〜150cm。花は鮮黄色。
¶色野草（p125/カ写）
　帰化写改（p90/カ写, p495/カ写）
　植調（p86/カ写）
　山ハ野花（p396/カ写）

**セイヨウアマナ** ⇒ハナニラを見よ

**セイヨウイチイ** *Taxus baccata* 西洋一位
イチイ科の木本。別名ヨーロッパイチイ。樹高は
20m。樹皮は紫褐色。
¶APG原樹（No.114/カ図）

**セイヨウイワナンテン** ⇒アメリカイワナンテンを
見よ

**セイヨウウキガヤ** *Glyceria* × *occidentalis*
イネ科の水草。小穂は長さ13〜22mm。
¶日水草（p209/カ写）

**セイヨウウツボグサ** *Prunella vulgaris* subsp.
*vulgaris*
シソ科の多年草。茎は長さ18〜24cm。花は紫〜
白色。
¶帰化写2（p200/カ写）

**セイヨウエビラハギ** *Melilotus officinalis* subsp.
*officinalis* var.*officinalis* 西洋簸萩
マメ科マメ亜科の越年草。帰化植物。
¶野生2（p284）

**セイヨウエンゴサク** *Fumaria muralis*
ケシ科の越年草。
¶帰化写2（p61/カ写）

**セイヨウオオバコ** *Plantago major*
オオバコ科の多年草。高さは50cm。
¶帰化写改（p308/カ写）

**セイヨウオキナグサ** *Pulsatilla vulgaris* ‘Alba’ 西
洋翁草
キンポウゲ科の草本。高さは約15cm。
¶山野草〔セイヨウオキナグサ（白花）〕（No.0139/カ写）

**セイヨウオダマキ** *Aquilegia vulgaris* 西洋苧環, 西
洋苧手巻
キンポウゲ科の多年草。別名アメリカオダマキ,
ユーロピアン・コランバイン。高さは60cm。花は
紫色。
¶原牧1（No.1212/カ図）
　茶花上（p408/カ写）
　牧野ス1（No.1212/カ図）

**セイヨウオニフスベ** *Calvatia gigantea*
ハラタケ科のキノコ。
¶原きの（No.473/カ写・カ図）

**セイヨウカイドウ** *Malus* × *purpurea* 西洋海棠
バラ科の大型の低木。ハナカイドウとミツバカイド
ウの雑種にマルス・プミラの一品種を交雑したも
の。花は紫紅赤色〜紅桃色。
¶茶花上（p409/カ写）

**セイヨウカジカエデ** ⇒シカモアカエデを見よ

**セイヨウカタクリ** ⇒エリスロニウム・デンスカニ
スを見よ

**セイヨウカナメモチ** ⇒レッドロビンを見よ

**セイヨウカボチャ**(1) *Cucurbita pepo*
ウリ科の野菜。別名ナタウリ, ペポカボチャ。葉や
花はカボチャに似る。
¶原牧2（No.181/カ図）
　新分牧（No.2226/モ図）
　新牧日（No.1885/モ図）
　牧野ス1（No.2026/カ図）

**セイヨウカボチャ**(2) ⇒クリカボチャを見よ

**セイヨウカラシナ** ⇒カラシナを見よ

**セイヨウカラハナソウ** ⇒ホップを見よ

**セイヨウカリン**(1) *Mespilus germanica*
バラ科の落葉小高木。別名メドラー。果実は暗いミ
カン色。高さは5m。花は白色, または淡紅色。樹
皮は灰褐色。
¶APG原樹（No.570/カ図）
　原牧1（No.1726/カ図）
　新分牧（No.1925/モ図）
　新牧日（No.1084/モ図）
　牧野ス1（No.1726/カ図）

**セイヨウカリン**(2) ⇒マルメロを見よ

セイヨウカ

**セイヨウカンボク** *Viburnum opulus* 西洋肝木
レンプクソウ科（スイカズラ科）の低木または小高木。高さは3〜5m。花は白色。
¶茶花上（p409/カ図）

**セイヨウギシギシ** ⇒ヒョウタンギシギシを見よ

**セイヨウキヅタ** *Hedera helix* 西洋木蔦
ウコギ科の常緑つる性低木。別名イングリッシュ・アイビー。高さは30m。
¶**APG原樹**（No.1521/カ図）
　原牧2（No.2387/カ図）
　牧野ス2（No.4232/カ図）

**セイヨウキョウチクトウ** *Nerium oleander* 西洋夾竹桃
キョウチクトウ科の常緑小低木。花は桃，白のほかに紅，橙色。
¶茶花下（p222/カ写）

**セイヨウキランソウ** *Ajuga reptans*
シソ科の多年草。別名アジュガ，セイヨウジュウニヒトエ，ツルジュウニヒトエ，ヨウシュジュウニヒトエ。高さは10〜30cm。花は青紫色。
¶帰化写改〔セイヨウジュウニヒトエ〕（p266/カ写）
　新分牧（No.3721/モ図）
　茶花上〔ようしゅじゅうにひとえ〕（p332/カ写）

**セイヨウキンバイ** *Trollius europaeus* 西洋金梅
キンポウゲ科の多年草。高さは10〜70cm。花は黄緑色。
¶茶花上（p536/カ写）

**セイヨウクサレダマ** *Lysimachia vulgaris* subsp. *vulgaris*
サクラソウ科の多年草。在来種のクサレダマの母種に当たる。
¶帰化写2（p170/カ写）
　野生4（p193）

**セイヨウグリ** ⇒ヨーロッパグリを見よ

**セイヨウグルミ** ⇒ペルシャグルミを見よ

**セイヨウグンバイナズナ** ⇒マメグンバイナズナを見よ

**セイヨウコウゾリナ** *Picris hieracioides* subsp. *hieracioides* 西洋髪剃菜
キク科キクニガナ亜科。コウゾリナの基準亜種。瘦果が褐色。
¶野生5（p284）

**セイヨウコウボウ** *Hierochloe odorata*
イネ科の多年草。円錐花序は長さ3〜14cm。
¶桑イネ（p264/モ図）

**セイヨウゴボウ** ⇒バラモンジンを見よ

**セイヨウサクラソウ** ⇒トキワザクラを見よ

**セイヨウサンザシ** *Crataegus laevigata* 西洋山査子，西洋山櫨子
バラ科の落葉低木または小高木。高さは5〜6m。花は白色。樹皮は灰色。
¶**APG原樹**（No.524/カ図）
　原牧1（No.1733/カ図）
　新分牧（No.1924/モ図）
　新牧日（No.1083/モ図）

　牧野ス1（No.1733/カ図）

**セイヨウサンシュユ** *Cornus mas* 西洋山茱萸
ミズキ科の落葉小高木。
¶茶花上（p211/カ写）

**セイヨウシデ'ファスティギアータ'** ⇒ファスティギアータを見よ

**セイヨウシナノキ**(1) *Tilia×vulgaris* 西洋科の木
アオイ科（シナノキ科）の落葉高木。ナツボダイジュとフユボダイジュの雑種。高さは20〜30m。
¶**APG原樹**（No.1010/カ図）

**セイヨウシナノキ**(2) ⇒オランダボダイジュを見よ

**セイヨウシャクナゲ** *Rhododendron*
ツツジ科。品種改良されたシャクナゲ類の総称。
¶学フ増花庭（p17/カ写）

**セイヨウジュウニヒトエ** ⇒セイヨウキランソウを見よ

**セイヨウスグリ** *Ribes uva-crispa* 西洋酸塊
スグリ科（ユキノシタ科）の落葉低木。別名オオスグリ，マルスグリ，グースベリー，イングリッシュ・グースベリー。高さは1.2m。
¶**APG原樹**〔マルスグリ〕（No.337/カ図）
　原牧1（No.1355/カ図）
　新分牧（No.1526/モ図）
　新牧日（No.1008/モ図）
　茶花上（p410/カ写）
　牧野ス1（No.1355/カ図）
　野生2〔マルスグリ〕（p195/カ写）
　山力樹木〔マルスグリ〕（p233/カ写）

**セイヨウスモモ** *Prunus domestica* 西洋李
バラ科シモツケ亜科の木本。別名プラム，ヨーロッパスモモ。樹高は10m。樹皮は灰褐色。
¶**APG原樹**（No.480/カ図）
　学フ増桜〔ヨーロッパスモモ〕（p229/カ写）
　野生3（p79/カ写）

**セイヨウダイコンソウ** *Geum* cvs. 西洋大根草
バラ科。西洋のダイコンソウ。チリダイコンソウとアカバナダイコンソウを両親とした多くの交雑種がある。高さは40〜60cm。
¶茶花上（p537/カ写）

**セイヨウタマゴタケ** *Amanita caesarea*
テングタケ科のキノコ。
¶原きの（No.012/カ写・カ図）

**セイヨウタンポポ** *Taraxacum officinale* 西洋蒲公英
キク科キクニガナ亜科の多年草。瘦果は淡褐色〜暗褐色。高さは10〜45cm。花は黄色。
¶色野草（p132/カ写）
　学フ増山菜〔タンポポ類[セイヨウタンポポ]〕（p36/カ写）
　学フ増野春（p94/カ写）
　帰化写改（p395/カ写, p518/カ写）
　原牧2（No.2270/カ図）
　植調（p138/カ写）
　新分牧（No.4026/モ図）
　新牧日（No.3298/モ図）
　茶花上（p211/カ写）

牧野ス2（No.4115/カ図）
野生5（p286/カ写）
山カ野草（p109/カ写）
山ハ野花（p596/カ写）

**セイヨウチャヒキ**　*Avena strigosa*
イネ科の一年草。
¶帰化写2（p320/カ写）

**セイヨウツゲ**　*Buxus sempervirens*　西洋黄楊
ツゲ科の常緑低木。別名スドウツゲ。造園樹。樹
高6m。樹皮は灰色。
¶APG原樹（No.297/カ図）

**セイヨウトゲアザミ**　*Cirsium arvense*
キク科の多年草。高さは50～120cm。花は淡紅
紫色。
¶帰化写改（p338/カ写）
植調（p143/カ写）

**セイヨウトチノキ**　⇒マロニエを見よ

**セイヨウナシ**　*Pyrus communis*　西洋梨
バラ科シモツケ亜科の落葉高木。別名ヨウリ。果実
は緑色。高さは15～20m。樹皮は濃灰色。
¶APG原樹（No.559/カ図）
原牧1（No.1700/カ図）
牧野ス1（No.1700/カ図）
野生3（p81/カ写）

**セイヨウナタネ**　⇒セイヨウアブラナを見よ

**セイヨウナナカマド**　*Sorbus aucuparia*
バラ科の木本。高さは18m。樹皮は灰色。
¶APG原樹〔オウシュウナナカマド〕（No.536/カ図）
新分牧（No.1909/モ図）

**セイヨウニワトコ**　*Sambucus nigra*　西洋接骨木
レンプクソウ科（スイカズラ科）の木本。高さは4.5
～6m。花は黄白色。
¶原牧2（No.2287/カ図）
牧野ス2（No.4132/カ図）

**セイヨウニンジンボク**　*Vitex agnus-castus*　西洋人
参木
シソ科（クマツヅラ科）の木本。高さは2～3m。花
は淡紫色。
¶茶花下（p105/カ写）

**セイヨウヌカボ**　*Apera spica-venti*
イネ科の一年草。高さは20～100cm。
¶帰化写2（p317/カ写）
新分牧（No.1138/モ図）
新牧日（No.3735/モ図）

**セイヨウネズ**　*Juniperus communis* var.*communis*
ヒノキ科の草本。高さは15m。雄花は黄，雌花は緑
色。樹皮は赤褐色。
¶野生1（p40）

**セイヨウノコギリソウ**　*Achillea millefolium*　西洋
鋸草
キク科キク亜科の多年草。別名ヤロウ。高さは30
～100cm。花は白色，または淡紅色。
¶帰化写改（p312/カ写，p510/カ写）
原牧2（No.2048/カ図）
植調（p164/カ写）

新分牧（No.4240/モ図）
新牧日（No.3084/モ図）
茶花上（p410/カ写）
牧野ス2（No.3893/カ図）
野生5（p328/カ写）
山ハ野花（p533/カ写）

**セイヨウノダイコン**　*Raphanus raphanistrum*
アブラナ科の一年草または二年草。高さは20～
120cm。花は淡黄色。
¶帰化写改（p110/カ写）

**セイヨウバイ**　*Prunus mume* 'Seiyōbai'　西洋梅
バラ科。ウメの品種。実ウメ，杏系。
¶ウメ〔西洋梅〕（p174/カ写）

**セイヨウバイモ**　*Fritillaria meleagris*　西洋貝母
ユリ科の球根性多年草。高さは30cm。花は濃い
チョコレート色，赤紫紅色，桃藤色などに白の市松
模様。
¶山野草〔フリチラリア・メレアグリス〕（No.1423/カ写）
茶花上（p279/カ写）

**セイヨウバクチノキ**　*Laurocerasus officinalis*　西洋
博打の木
バラ科の木本。別名チェリー・ローレル。高さは
6m。花は白色。樹皮は灰褐色。
¶APG原樹（No.456/カ図）
学フ園桜（p225/カ写）
原牧1（No.1666/カ図）
新分牧（No.1824/モ図）
新牧日（No.1244/モ図）
茶花上（p279/カ写）
牧野ス1（No.1666/カ図）
山カ樹木（p313/カ写）

**セイヨウハコヤナギ**　*Populus nigra* var.*italica*　西洋
箱柳
ヤナギ科の落葉高木。別名ポプラ，イタリアヤマナ
ラシ。
¶APG原樹（No.845/カ写）
学フ増花庭（p158/カ写）
原牧2（No.296/カ写）
新分牧（No.2371/モ図）
新牧日（No.86/モ図）
牧野ス1（No.2141/カ図）

**セイヨウハシバミ**　*Corylus avellana*　西洋榛
カバノキ科の低木。
¶APG原樹（No.737/カ写）
落葉図譜（p72/カ写）

**セイヨウハッカ**　*Mentha*×*piperita*　西洋薄荷
シソ科の多年草。別名コショウハッカ。精油成分
（ペパーミント）を香料や薬用にする。高さは30～
90cm。花は藤を帯びたピンク色。
¶帰化写改〔コショウハッカ〕（p271/カ写）
原牧2（No.1698/カ図）
牧野ス2（No.3543/カ写）

**セイヨウハナシノブ**　*Polemonium caeruleum*　西洋
花忍
ハナシノブ科の多年草。高さは90cm。花は青色。
¶茶花上（p537/カ写）

**セイヨウハナズオウ** *Cercis siliquastrum* 西洋花蘇芳
マメ科ジャケツイバラ亜科の落葉小高木。樹高は10m。葉は灰緑色。樹皮は灰褐色。
¶**APG原樹**（No.392/カ図）
　**野生2**（p249）

**セイヨウハナスグリ** ⇒ハナスグリを見よ

**セイヨウハナダイコン** ⇒ハナスズシロを見よ

**セイヨウバラ** *Rosa×centifolia* 西洋薔薇
バラ科の落葉低木。花の大きい八重咲きのいわゆるバラ。高さは1〜2m。
¶**原牧1**（No.1806/カ図）
　**新分牧**（No.2001/モ図）
　**新牧日**（No.1192/モ図）
　**牧野ス1**（No.1806/カ図）

**セイヨウハルニレ** ⇒エルムを見よ

**セイヨウヒイラギ** ⇒ヒイラギモチを見よ

**セイヨウヒイラギガシ** *Quercus ilex*
ブナ科の常緑高木。樹高は20m。樹皮は黒色。
¶**APG原樹**（No.697/カ図）

**セイヨウヒキヨモギ** *Parentucellia viscosa*
ゴマノハグサ科の一年草。高さは20〜70cm。花は黄色。
¶**帰化写改**（p296/カ写）

**セイヨウヒメスノキ** ⇒ビルベリーを見よ

**セイヨウヒルガオ** *Convolvulus arvensis* 西洋昼顔
ヒルガオ科のつる性多年草。長さは1〜2m。花は白色、または淡紅色。
¶**帰化写改**（p234/カ写）
　**原牧2**（No.1440/カ図）
　**植調**（p241/カ写）
　**新分牧**（No.3454/モ図）
　**新牧日**（No.2452/モ図）
　**牧野ス2**（No.3285/カ図）
　**野生5**（p25/カ写）
　**山力野草**（p248/カ写）
　**山ハ野花**（p443/カ写）

**セイヨウフウチョウソウ** *Tarenaya hassleriana* 西洋風蝶草
フウチョウソウ科の一年草。別名クレオメ、クレオメソウ、スイチョウカ、ハリフウチョウソウ、スパイダー・フラワー。高さは80〜100cm。花は白〜淡紅紫色。
¶**帰化写改**（p84/カ写, p495/カ写）
　**原牧2**（No.678/カ図）
　**新分牧**（No.2719/モ図）
　**新牧日**（No.800/モ図）
　**茶花下**（p222/カ写）
　**牧野ス2**（No.2523/カ図）

**セイヨウボダイジュ** ⇒ナツボダイジュを見よ

**セイヨウボタンノキ** ⇒アメリカスズカケノキを見よ

**セイヨウマツタケ** ⇒ツクリタケを見よ

**セイヨウマツムシソウ** *Scabiosa atropurpurea* 西洋松虫草
スイカズラ科（マツムシソウ科）の草本。別名クロバナマツムシソウ、ピンクッション・フラワー、スカビオサ（園芸名）。高さは60〜90cm。花は深紅色。
¶**原牧2**（No.2307/カ写）
　**茶花上**（p411/カ写）
　**牧野ス2**（No.4152/カ図）

**セイヨウミザクラ** *Cerasus avium* 西洋実桜
バラ科シモツケ亜科の木本。高さは十数m。花は白色。樹皮は赤褐色。
¶**APG原樹**（No.447/カ図）
　**学フ増桜**（p38/カ写）
　**都木花新**（p119/カ写）
　**野生3**（p62/カ写）
　**山力樹木**（p308/カ写）

**セイヨウミズユキノシタ** *Ludwigia palustris*
アカバナ科の多年生水生植物。高さは20〜40cm。花は黄色。
¶**帰化写2**（p162/カ写）

**セイヨウミゾカクシ** ⇒ロベリアソウを見よ

**セイヨウミミナグサ** *Cerastium arvense* 西洋耳菜草
ナデシコ科の多年草。別名エダウチミミナグサ、カラフトミミナグサ。花序は疎花、白色。高さは5〜40cm。
¶**帰化写2**（p30/カ写）
　**茶花上**（p412/カ写）

**セイヨウミヤコグサ** *Lotus corniculatus* subsp. *corniculatus* 西洋都草
マメ科マメ亜科の多年草。ミヤコグサとよく似ている。長さは5〜40cm。花は黄〜鮮黄色。
¶**帰化写改**（p132/カ写, p497/カ写）
　**原牧1**（No.1504/カ図）
　**新分牧**（No.1733/モ図）
　**新牧日**（No.1291/モ図）
　**牧野ス1**（No.1504/カ図）
　**ミニ山**（p158/カ写）
　**野生2**（p281/カ写）
　**山ハ野花**（p350/カ写）

**セイヨウムラサキ** *Lithospermum officinale* 西洋紫
ムラサキ科の多年草。花は紫色。
¶**帰化写改**（p257/カ写）

**セイヨウヤドリギ** *Viscum album* subsp. *album*
ビャクダン科ヤドリギ連の常緑樹林の低木。ヤドリギの基準亜種。
¶**野生4**（p78）

**セイヨウヤブイチゴ** *Rubus armeniacus* 西洋藪苺
バラ科バラ亜科の落葉低木。別名ブラックベリー、クロミキイチゴ。高さは150cm。花は白〜淡紅色。
¶**APG原樹**（No.597/カ図）
　**帰化写改**（p121/カ写）
　**原牧1**（No.1782/カ図）
　**新分牧**（No.1977/モ図）
　**新牧日**（No.1101/モ図）
　**牧野ス1**（No.1782/カ図）
　**野生3**（p54/カ写）

**セイヨウヤマカモジ** *Brachypodium distachyon*
イネ科の一年草。別名ミナトカモジグサ。高さは5
～40cm。
¶ 新分牧（No.1054/モ図）
　新牧日（No.3667/モ図）

**セイヨウヤマガラシ** ⇒ハルザキヤマガラシを見よ

**セイヨウヤマナラシ** ⇒クロヤマナラシを見よ

**セイヨウヤマホロシ** *Solanum dulcamara*
ナス科の半つる性の多年草。花冠は紫色。葉は濃
緑色。
¶ 帰化写（p213/カ写）
　野生5（p43）

**セイヨウリンゴ** *Malus pumila* 西洋林檎
バラ科シモツケ亜科の落葉高木。果皮は，紅，赤，暗
赤，緑黄色など。花は白色。樹皮は灰褐色ないし紫
褐色。
¶ APG原樹〔リンゴ〕（No.549/カ図）
　茶花上〔りんご〕（p335/カ写）
　野生3（p72/カ写）
　山力樹木（p331/カ写）

**セイヨウワサビ** *Armoracia rusticana*
アブラナ科の多年草。別名ワサビダイコン。長さは
50～80cm。花は白色。
¶ 帰化写改（p86/カ写）
　原牧2（No.762/カ図）
　新分牧（No.2735/モ図）
　新牧日（No.883/モ図）
　牧野ス2（No.2607/カ図）
　ミニ山（p86/カ写）

**セイリュウシダレ** *Prunus mume* 'Seiryū-shidare'
青竜枝垂
バラ科。ウメの品種。枝垂れ系ウメ。
¶ ウメ〔青竜枝垂〕（p151/カ写）

**セイロンアサガオ** ⇒ウッドローズを見よ

**セイロンオリーブ** *Elaeocarpus serratus*
ホルトノキ科の高木。果実は長さ2cmオリーブ状。
¶ APG原樹（No.785/カ図）

**セイロン・グーズベリー** *Dovyalis hebecarpa*
ヤナギ科（イイギリ科）の木本。
¶ APG原樹（No.852/カ図）

**セイロンニッケイ** *Cinnamomum verum*
クスノキ科の小高木。別名シナモン。樹皮は甘く芳
香。高さは10m。花は黄白色。
¶ APG原樹（No.157/カ図）
　新分牧（No.178/モ図）

**セイロンベンケイ** ⇒トウロウソウを見よ

**セイロンベンケイソウ** ⇒トウロウソウを見よ

**セイロンライティア** *Wrightia antidysenterica*
キョウチクトウ科の常緑低木。高さは1.5mほど。
花冠は純白。
¶ 茶花上（p538/カ写）

**セカイノズ** *Prunus mume* 'Sekainozu' 世界の図
バラ科。ウメの品種。野梅系ウメ，野梅性一重。
¶ ウメ〔世界の図〕（p30/カ写）

**セキコク** ⇒セッコクを見よ

**セキザイユーカリ** *Eucalyptus camaldulensis*
フトモモ科の木本。別名カマルドレンシス，レッ
ド・リバー・ガム。高さは20～35m。花は白色。
¶ APG原樹（No.865/カ図）

**セキジツカ** ⇒カキを見よ

**セキショウ** *Acorus gramineus* 石菖
ショウブ科（サトイモ科）の常緑の多年草。別名ネ
ガラミ。高さは20～50cm。
¶ 学フ野春（p236/カ写）
　学フ増薬草（p28/カ図）
　原牧1（No.167/カ図）
　山野草（No.1652/カ写）
　新分牧（No.200/モ図）
　新牧日（No.3904/モ図）
　茶花下（p390/カ写）
　日水草（p55/カ写）
　牧野ス1（No.167/カ図）
　野生1（p89/カ写・モ図）
　山力野草（p655/カ写）
　山ハ野花（p24/カ写）

**セキショウイ** *Juncus prominens*
イグサ科の草本。
¶ 野生1（p289/カ写）

**セキショウモ** *Vallisneria natans* 石菖藻
トチカガミ科の多年生沈水植物。別名ヘラモ，イト
モ。葉は根生，線形（リボン状）。
¶ 原牧1（No.234/カ図）
　新分牧（No.279/モ図）
　新牧日（No.3325/モ図）
　日水草（p105/カ写）
　牧野ス1（No.234/カ写）
　野生1（p124/カ写）
　山ハ野花（p34/カ写）

**セキチク** *Dianthus chinensis* 石竹
ナデシコ科の多年草。別名カラナデシコ，ナデシ
コ。高さは30cm。花は紅，淡紅，白色。
¶ 原牧2（No.931/カ写）
　新分牧（No.2972/モ図）
　新牧日（No.403/モ図）
　茶花上（p412/カ写）
　牧野ス2（No.2776/カ図）

**セキデラ** *Rhododendron* × *pulchrum* 'Sekidera' 関寺
ツツジ科。ツツジの品種。
¶ APG原樹〔ツツジ 'セキデラ'〕（No.1264/カ図）

**セキドタロウアン** *Camellia japonica* 'Sekido-
tarôan' 関戸太郎庵
ツバキ科。ツバキの品種。別名ウスジョウマンジ。
花は桃色。
¶ 茶花上（p117/カ写）

**セキモリ** *Prunus mume* 'Sekimori' 関守
バラ科。ウメの品種。李系ウメ，紅材性一重。
¶ ウメ〔関守〕（p101/カ写）

**セキモンウライソウ** *Procris boninensis*
イラクサ科の常緑草本。日本固有種。

¶固有 (p44/カ写)
　野生2 (p349/カ写)
　山レ増 (p446/カ写)

**セキモンスゲ**　*Carex toyoshimae*
カヤツリグサ科の多年草。日本固有種。
¶カヤツリ (p250/モ図)
　固有 (p183)
　新分牧 (No.888/モ図)
　スゲ増 (No.133/カ写)
　野生1 (p316/カ写)

**セキモンノキ**　*Claoxylon centinarium*
トウダイグサ科の常緑小高木。小笠原固有種。高さは5～6m。
¶原牧2 (No.272/カ図)
　固有 (p83)
　新分牧 (No.2398/モ図)
　新牧日 (No.1489/モ図)
　牧野ス1 (No.2117/カ図)
　野生3 (p149/カ写)
　山カ樹木 (p726/カ写)
　山レ増 (p275/カ写)

**セキヤノアキチョウジ**　*Isodon effusus*　関屋の秋丁字
シソ科シソ亜科〔イヌハッカ亜科〕の多年草。日本固有種。高さは70～100cm。
¶学フ増野秋 (p62/カ写)
　原牧2 (No.1719/カ図)
　固有 (p123)
　山野草 (No.1017/カ写)
　新分牧 (No.3812/モ図)
　新牧日 (No.2628/モ図)
　茶花下 (p317/カ写)
　牧野ス2 (No.3564/カ図)
　野生5 (p142/カ写)
　山カ野草 (p232/カ写)
　山ハ山花 (p437/カ写)

**セキヤマ**　⇒カンザンを見よ

**セコイア**　⇒セコイアメスギを見よ

**セコイアオスギ**　*Sequoiadendron giganteum*
ヒノキ科 (スギ科) の木本。別名セコイアデンドロン。樹高は100m。雄花は黄褐色。樹皮は赤褐色。
¶APG原樹 (No.77/カ図)
　新分牧 (No.48/モ図)
　新牧日 (No.50/モ図)

**セコイアデンドロン**　⇒セコイアオスギを見よ

**セコイアメスギ**　*Sequoia sempervirens*
ヒノキ科 (スギ科) の針葉高木。別名セコイア, イチイモドキ。樹皮は赤褐色。樹高は110m。樹皮は赤褐色。
¶APG原樹〔セコイア〕(No.75/カ図)
　新分牧 (No.47/モ図)
　新牧日 (No.49/モ図)

**セージ**　*Salvia officinalis*
シソ科の多年草。別名コモンセージ, サルビア, ヤクヨウサルビア。高さは60cm。花は青～ピンク色。
¶原牧2 (No.1679/カ図)

　新分牧 (No.3796/モ図)
　新牧日〔サルビア〕(No.2591/モ図)
　茶花下〔コモンセージ〕(p94/カ写)
　牧野ス2 (No.3524/カ写)

**セストラム**　⇒ベニチョウジを見よ

**セチゲルゲシ**　⇒アツミゲシを見よ

**セチゲルムゲシ**　⇒アツミゲシを見よ

**セッカスギ**　*Cryptomeria japonica* f.cristata　石化杉
ヒノキ科 (スギ科) の木本。
¶APG原樹 (No.70/カ図)

**セッカンスギ**　*Cryptomeria japonica* 'Sekkansugi'
ヒノキ科 (スギ科) の木本。別名オウゴンスギ。
¶APG原樹 (No.69/カ図)

**セツゲツカ**　*Prunus mume* 'Setsugetsuka'　雪月花
バラ科。ウメの品種。野梅系ウメ, 野梅性一重。
¶ウメ〔雪月花〕(p31/カ写)

**セッコク**　*Dendrobium moniliforme*　石斛
ラン科の多年草。別名セキコク, イワグスリ, チョウセイソウ, チョウセイラン。高さは5～25cm。花は白色。
¶学フ増野夏 (p156/カ写)
　原牧1 (No.465/カ写)
　山野草 (p432)
　新分牧 (No.508/モ図)
　新牧日 (No.4339/モ図)
　茶花上 (p280/カ写)
　牧野ス1 (No.465/カ写)
　野生1 (p196/カ写)
　山カ野草 (p584/カ写)
　山ハ山花 (p94/カ写)

**セッコツボク**　⇒ニワトコを見よ

**セッチュウカ**(1)　⇒スイセン(1)を見よ

**セッチュウカ**(2)　⇒スイセン (狭義)を見よ

**セッチュウカ**(3)　⇒ハッカリ(1)を見よ

**セッチュウノマツ**　*Rhododendron indicum* 'Settyūnomatsu'　雪中の松
ツツジ科。サツキの品種。
¶APG原樹〔サツキ'セッチュウノマツ'〕(No.1256/カ図)

**セッテイカ**　⇒ゼンテイカを見よ

**セッピコテンナンショウ**　*Arisaema seppikoense*
サトイモ科の多年草。日本固有種。
¶固有 (p177)
　新分牧 (No.237/モ図)
　テンナン (No.20/カ写)
　野生1 (p102/カ写)

**セツブンソウ**　*Eranthis pinnatifida*　節分草
キンポウゲ科の多年草。日本固有種。高さは5～15cm。花は藤色がかった白色。
¶色野草 (p28/カ写)
　学フ増野春 (p169/カ写)
　原牧1 (No.1199/カ図)
　固有 (p54/カ写)

山野草（No.0272/カ写）
新分牧（No.1375/モ図）
新牧日（No.520/モ図）
茶花上（p196/カ写）
牧野ス1（No.1199/カ図）
ミニ山（p42/カ写）
野生2（p152/カ写）
山カ野草（p499/カ写）
山ハ山花（p223/カ写）
山レ増（p393/カ写）

**セトウチウンゼンツツジ** ⇒シロバナウンゼンツツ
ジを見よ

**セトウチギボウシ** *Hosta pycnophylla*
クサスギカズラ科（ユリ科）の多年草。日本固有種。
葉は淡緑色。
¶固有（p155）
山野草（No.1512/カ写）
野生1（p251）

**セトウチコスズ** *Neosasamorpha magnifica* subsp.
*fujitae*
イネ科タケ亜科のササ。日本固有種。
¶固有（p174）
タケ亜科（No.103/カ写）

**セトウチスゲ** ⇒カゴシマスゲを見よ

**セトウチツノミタケ** *Ophiocordyceps* sp.
オフィオコルディセプス科の冬虫夏草。宿主は甲虫
の幼虫。
¶冬虫生態（p179/カ写）

**セトウチホトトギス** *Tricyrtis setouchiensis* 瀬戸内
杜鵑草
ユリ科の草本。日本固有種。
¶固有（p159/カ写）
野生1（p176/カ写）

**セトウチマンネングサ** *Sedum polytrichoides* subsp.
*yabeanum* var.*setouchiense* 瀬戸内万年草
ベンケイソウ科の多年草。日本固有種。
¶固有（p68）
野生2（p227/カ写）

**セトエゴマ** *Perilla setoyensis* 瀬戸佳胡麻
シソ科シソ亜科〔イヌハッカ亜科〕の一年草。花は
白色。
¶野生5（p131/カ写）

**セトガヤ** *Alopecurus japonicus* 瀬戸茅，背戸芽
イネ科イチゴツナギ亜科の一年草。高さは20〜
60cm。
¶桑イネ（p58/カ写・モ図）
原牧1（No.1011/カ図）
植調（p288/カ写）
新分牧（No.1134/モ図）
新牧日（No.3745/モ図）
牧野ス1（No.1011/カ図）
野生2（p42/カ写）
山カ野草（p668/カ写）
山ハ野花（p187/カ写）

**セトガヤモドキ** *Phalaris paradoxa*
イネ科の一年草。高さは40〜60cm。
¶帰化写改（p462/カ写）

**セトシシラン** *Haplopteris flexuosa*×*H.fudzinoi*
イノモトソウ科のシダ植物。別名シンシシラン。
¶シダ標1（p389/カ写）

**セトノジギク**(1) *Chrysanthemum japonense* var.
*debile* 瀬戸野路菊
キク科。ノジギクの変種。
¶山カ野草（p73/カ写）
山ハ野花（p515/カ写）

**セトノジギク**(2) ⇒ノジギクを見よ

**セトヤナギスブタ** *Blyxa alternifolia*
トチカガミ科の一年生沈水植物。葉の長さは6〜
8cm、表面に隆起が数個ある。
¶日水草（p85/カ写）
野生1（p119/カ写）

**セナミスミレ** ⇒イソスミレを見よ

**ゼニアオイ** *Malva mauritiana* 銭葵
アオイ科の越年草。別名コアオイ。高さは60〜
150cm。花は淡紫色で濃紫色のすじがある。
¶色野草（p271/カ写）
帰化写改（p190/カ写, p501/カ写）
原牧2（No.624/カ写）
新牧日（No.1734/モ図）
茶花上（p413/カ写）
牧野ス2（No.2469/カ図）
ミニ山（p181/カ写）
山ハ野花（p408/カ写）

**ゼニゴケ** *Marchantia polymorpha* 銭苔
ゼニゴケ科のコケ。灰緑色、長さ3〜10cm。
¶新牧ス（No.4919/モ図）
新牧日（No.4779/モ図）

**ゼニゴケシダ** *Didymoglossum tahitense* 銭苔羊歯
コケシノブ科の常緑性シダ。葉身は楯状に付く。
¶シダ標1（p311/カ写）
新牧ス（No.4535/モ図）
新牧日（No.4429/モ図）

**ゼニバアオイ** *Malva neglecta* 銭葉葵
アオイ科の越年草、まれに短命な多年草。帰化植
物。高さは30〜60cm。花は白色。
¶帰化写2（p149/カ写）
植調（p78/カ写）
ミニ山（p181/カ写）
山ハ野花（p409/カ写）

**セネガ** *Polygala senega*
ヒメハギ科の薬用植物。高さは40〜60cm。花は白
色、または緑白色。
¶原牧1（No.1619/カ図）
新分牧（No.1811/モ図）
新牧日（No.1547/モ図）
牧野ス1（No.1619/カ図）

セフアロス　　　　　　　　　　428

**セファロスタキウム ペルグラシール** ⇒イガフシ
タケを見よ

**ゼブラグラス** ⇒タカノハススキを見よ

**セフリアブラガヤ** *Scirpus georgianus*
カヤツリグサ科の多年草。高さは90〜150cm。
¶帰化写2 (p376/カ写)

**セフリイヌワラビ** *Athyrium×sefuricola*
メシダ科のシダ植物。
¶シダ標2 (p310/カ写)

**セフリイノモトソウ** ⇒オオバノイノモトソウを
見よ

**セフリヘビノネゴザ** *Athyrium kirisimaense×A.*
*vidalii*
メシダ科のシダ植物。
¶シダ標2 (p306/カ写)

**セフリワラビ** *Diplazium deciduum×D.nipponicum*
メシダ科のシダ植物。
¶シダ標2 (p332/カ写)

**セボリーヤシ** ⇒ノヤシを見よ

**セミタケ** *Ophiocordyceps sobolifera*　蟬茸
オフィオコルディセプス科の冬虫夏草。宿主はニイ
ニイゼミの幼虫。
¶新分牧 (No.5164/モ図)
新牧日 (No.5022/モ図)
冬虫生態 (p104/カ写)
山力日き (p577/カ写)

**セミノハリセンボン** *Isaria takamizusanensis*
ノムシタケ科の冬虫夏草。宿主はヒグラシ，ミンミ
ンゼミなどセミの成虫。
¶冬虫生態 (p272/カ写)

**セミヤドリサナギタケ** *Cordyceps militaris*
ノムシタケ科の冬虫夏草。宿主はセミ類幼虫から発
生した稀なサナギタケ。
¶冬虫生態 (p72/カ写)

**セメンシナ** *Artemisia cina*
キク科の薬用植物。高さは50cm。
¶原牧2 (No.2101/カ図)
牧野ス2 (No.3946/カ図)

**ゼラニウム** ⇒テンジクアオイを見よ

**セリ** *Oenanthe javanica subsp.javanica*　芹
セリ科セリ亜科の多年草。別名シロネグサ。高さは
30〜80cm。花は白色。
¶色野草 (p88/カ写)
学フ増山菜 (p48/カ写)
学フ増野夏 (p165/カ写)
原牧2 (No.2427/カ図)
植調 (p53/カ写)
新分牧 (No.4436/モ図)
新牧日 (No.2042/モ図)
日水草 (p304/カ写)
牧野ス2 (No.4272/カ図)
野生5 (p396/カ写)
山力野草 (p305/カ写)
山ハ野花 (p497/カ写)

**セリバオウレン** *Coptis japonica var.major*　芹葉黄連
キンポウゲ科の多年草。日本固有種。
¶原牧1 (No.1190/カ図)
固有 (p51)
新分牧 (No.1351/モ図)
新牧日 (No.531/モ図)
牧野ス1 (No.1190/カ図)
ミニ山 (p44/カ写)
野生2 (p148/カ写)
山力野草 (p493/カ写)

**セリバオオバコ** *Plantago coronopus*
オオバコ科の多年草または一年草。
¶帰化写2 (p240/カ写)

**セリバシオガマ** *Pedicularis keiskei*　芹葉塩竈
ハマウツボ科 (ゴマノハグサ科) の多年草。日本固
有種。高さは20〜50cm。
¶学フ増高山 (p198/カ写)
原牧2 (No.1772/カ図)
固有 (p129)
新分牧 (No.3855/モ図)
新牧日 (No.2754/モ図)
茶花下 (p223/カ写)
牧野ス2 (No.3617/カ図)
野生5 (p157/カ写)
山力野草 (p188/カ写)
山ハ高山 (p329/カ写)
山ハ山花 (p446/カ写)

**セリバノセンダングサ** *Glossocardia bidens*
キク科キク亜科の草本。
¶新分牧 (No.4267/モ図)
新牧日 (No.3050/モ図)
野生5 (p357/カ写)

**セリバヒエンソウ** *Delphinium anthriscifolium*　芹
葉飛燕草
キンポウゲ科の一年草。中国原産。高さは30〜
80cm。花は白色。
¶色野草 (p216/カ写)
帰化写2 (p53/カ写)
ミニ山 (p60/カ写)
山ハ野花 (p243/カ写)

**セリバホラゴケ** ⇒シノブホラゴケを見よ

**セリバヤマブキソウ** *Hylomecon japonica f.dissecta*
芹葉山吹草
ケシ科の多年草。ヤマブキソウの一品種。
¶原牧1 (No.1136/カ写)
新分牧 (No.1295/カ写)
新牧日 (No.776/モ図)
牧野ス1 (No.1136/カ図)

**セリモドキ** *Dystaenia ibukiensis*　芹擬
セリ科セリ亜科の多年草。日本固有種。高さは30
〜90cm。
¶原牧2 (No.2466/カ図)
固有 (p100)
新分牧 (No.4498/モ図)
新牧日 (No.2080/モ図)
牧野ス2 (No.4311/カ図)

野生5（p395/カ写）

**ゼルマンカミルレ** ⇒カミルレを見よ

**セルリアック** *Apium graveolens* var.*rapaceum*
セリ科の根菜類。別名コンヨウセルリー，カブラミ
ツバ。
¶原牧2（No.2422/カ図）
　牧野ス2（No.4267/カ図）

**セロリ** *Apium graveolens*
セリ科の葉菜類。別名オランダミツバ。高さは60
〜80cm。
¶原牧2（No.2421/カ図）
　新分牧（No.4459/モ図）
　新牧日（No.2037/モ図）
　牧野ス2（No.4266/カ図）

**センウズ** ⇒オクトリカブトを見よ

**センウズモドキ** *Aconitum jaluense* subsp.*iwatekense*
川烏頭擬
キンポウゲ科の多年草。日本固有種。
¶原牧1（No.1223/カ図）
　固有〔センウヅモドキ〕（p56/カ写）
　新分牧（No.1425/モ図）
　新牧日（No.548/モ図）
　牧野ス1（No.1223/カ図）
　野生2（p128）

**センカクアオイ** *Asarum senkakuinsulare* 尖閣葵
ウマノスズクサ科の草本。尖閣諸島の魚釣島の
特産。
¶固有〔センカクカンアオイ〕（p62）
　野生1（p63）

**センカクオトギリ** *Hypericum senkakuinsulare*
オトギリソウ科の低木。日本固有種。
¶固有（p64）
　野生3（p237）

**センカクカンアオイ** ⇒センカクアオイを見よ

**センカクキヌラン** ⇒オオキヌランを見よ

**センカクツツジ** *Rhododendron eriocarpum* var.
*tawadae* 尖閣躑躅
ツツジ科ツツジ亜科の半常緑低木。日本固有種。
¶固有（p107）
　野生4（p243/カ写）

**センカクトロロアオイ** *Hibiscus tiliaceus* var.
*betulifolius*
アオイ科の草本。副萼片が幅広く，茎の毛が少ない。
¶野生4（p30）

**センカクハマサジ** *Limonium senkakuense* 尖閣浜匙
イソマツ科の多年草。日本固有種。
¶固有（p111/カ写）
　野生4（p82）

**センカソウ** *Anemone narcissiflora* subsp.*villosissima*
キンポウゲ科の多年草。
¶野生2（p134）

**センキュウ** *Ligusticum officinale* 川芎
セリ科の草本。
¶原牧2（No.2432/カ図）

新分牧（No.4462/モ図）
新牧日（No.2047/モ図）
牧野ス2（No.4277/カ図）
ミニ山（p228/カ写）

**センゲンオトギリ** *Hypericum yamamotoanum* 千
軒弟切
オトギリソウ科の多年草。日本固有種。
¶固有（p64）
　野生3（p243/カ写）

**センコク** ⇒ハトムギを見よ

**センゴクヒゴタイ** (1) ⇒アサマヒゴタイを見よ

**センゴクヒゴタイ** (2) ⇒キントキヒゴタイ (1) を見よ

**センゴクマメ** ⇒フジマメを見よ

**センコツ** ⇒コウホネを見よ

**センシゴケ** *Menegazzia terebrata*
ウメノキゴケ科の地衣類。地衣体背面は灰緑，淡灰
褐色。
¶新分牧（No.5192/モ図）
　新牧日（No.5052/モ図）

**センジュガンピ** *Lychnis gracillima* 千手岩菲
ナデシコ科の多年草。日本固有種。高さは40〜
100cm。
¶学フ増高山（p141/カ写）
　原牧2（No.925/カ図）
　固有（p48/カ写）
　山野草（No.0030/カ写）
　新分牧（No.2954/モ図）
　新牧日（No.397/モ図）
　茶花下（p106/カ写）
　牧野ス2（No.2770/カ図）
　ミニ山（p33/カ写）
　野生4（p119/カ写）
　山力草（p522/カ写）
　山ハ高山（p147/カ写）
　山ハ山花（p257/カ写）

**センジュギク** *Tagetes erecta* 千寿菊
キク科の草本。別名アフリカン・マリゴールド。花
は黄〜橙色。
¶原牧2（No.2044/カ図）
　新分牧（No.4283/モ図）
　新牧日（No.3080/モ図）
　茶花下（p318/カ写）
　牧野ス2（No.3889/カ図）

**センジョウアザミ** *Cirsium senjoense* 仙丈薊
キク科アザミ亜科の草本。日本固有種。
¶学フ増高山（p74/カ写）
　原牧2（No.2190/カ図）
　固有（p140）
　新分牧（No.3979/モ図）
　新牧日（No.3222/モ図）
　牧野ス2（No.4035/カ図）
　野生5（p246/カ写）
　山力野草（p97/カ写）
　山ハ高山（p401/カ写）

センシヨウ

**センジョウスゲ** *Carex lehmannii*
カヤツリグサ科の多年草。
¶カヤツリ (p216/モ図)
スゲ増 (No.100/カ写)
野生1 (p329/カ写)

**センジョウデンダ** *Polystichum atkinsonii*
オシダ科の常緑性シダ。日本固有種。葉身は長さ5
〜10cm、線形〜線状披針形。
¶固有 (p207/カ写)
シダ標2 (p409/カ写)
山レ増 (p655/カ写)

**センソウグサ** ⇒ヒメジョオンを見よ

**センダイガヤツリ** ⇒アレチハマスゲを見よ

**センダイカンゾウ** ⇒ゼンテイカを見よ

**センダイザサ** *Sasa chartacea*
イネ科タケ亜科の木本。日本固有種。
¶固有 (p173)
タケ亜科 (No.87/カ写)

**センダイシダレ** *Cerasus lannesiana* 'Sendai-shidare'
仙台枝垂
バラ科の落葉小高木。サクラの栽培品種。花は
白色。
¶学フ増桜 〔'仙台枝垂'〕(p70/カ写)

**センダイスゲ** *Carex lenta* var.*sendaica* 仙台菅
カヤツリグサ科の多年草。
¶カヤツリ (p150/モ図)
新分牧 (No.811/モ図)
新牧日 (No.4137/モ図)
スゲ増 (No.63/カ写)
山ハ野花 (p141/カ写)

**センダイソウ** *Saxifraga sendaica* 仙台草
ユキノシタ科の草本。日本固有種。
¶固有 (p72)
茶花下 (p366/カ写)
野生2 (p213/カ写)
山ハ山花 (p289/カ写)
山レ増 (p316/カ写)

**センダイタイゲキ** *Euphorbia sendaica* 仙台大戟
トウダイグサ科の草本。日本固有種。別名ムサシタ
イゲキ。
¶原牧2 (No.253/カ図)
固有 (p83)
新分牧 (No.2413/モ図)
新牧日 (No.1471/モ図)
牧野ス1 (No.2098/カ写)
野生3 (p156/カ写)

**センダイトウヒレン** *Saussurea sendaica*
キク科アザミ亜科の多年草。日本固有種。
¶固有 (p148)
野生5 (p271/カ写)

**センダイハギ** *Thermopsis fabacea* 先代萩, 千代萩,
仙台萩
マメ科マメ亜科の多年草。高さは40〜80cm。花は
黄色。

**原牧1** (No.1484/カ図)
山野草 (No.0626/カ写)
新分牧 (No.1648/モ図)
新牧日 (No.1273/モ図)
茶花上 (p413/カ写)
牧野ス1 (No.1484/カ図)
ミニ山 (p145/カ写)
野生2 (p295/カ写)
山力野草 (p375/カ写)
山ハ野花 (p377/カ写)

**センダイハグマ** *Pertya* × *koribana* 仙台羽熊
キク科の多年草。高さは50cm内外。
¶原牧2 (No.1906/カ写)
新分牧 (No.3942/モ図)
新牧日 (No.2942/モ図)
牧野ス2 (No.3751/カ写)

**センダイヤ** *Cerasus jamasakura* 'Sendaiya' 仙台屋
バラ科の落葉高木。サクラの栽培品種。花は淡紅
紫色。
¶学フ増桜 〔'仙台屋'〕(p172/カ写)

**センダイヤナギ** *Salix* × *sendaica* nothosubsp.
*sendaica*
ヤナギ科の雑種。
¶野生3 〔センダイヤナギ（バッコヤナギ×キツネヤナ
ギ）〕(p205/カ写)

**センダイヤマハギ** ⇒ツクシハギを見よ

**センダン** *Melia azedarach* var.*subtripinnata* 栴檀
センダン科の落葉高木。別名アミノキ, オウチ, オ
オチ, タイワンセンダン。
¶APG原樹 (No.1003/カ図)
学フ増桜 (p37/カ写・カ図)
学フ増花庭 (p47/カ写)
学フ増薬草 (p205/カ写)
学フ有毒 (p76/カ写)
原牧2 (No.607/カ写)
新分牧 (No.2646/モ図)
新牧日 (No.1544/モ図)
茶花上 (p414/カ写)
都木花新 (p191/カ写)
牧野ス2 (No.2452/カ図)
野生3 (p311/カ写)
山力樹木 (p385/カ写)

**センダングサ** *Bidens biternata* var.*biternata* 栴檀草
キク科キク亜科の一年草。別名キバナセンダング
サ。高さは30〜150cm。
¶学フ増野秋 (p90/カ写)
原牧2 (No.2013/カ図)
新分牧 (No.4268/モ図)
新牧日 (No.3051/モ図)
茶花下 (p366/カ写)
牧野ス2 (No.3858/カ写)
野生5 (p356/カ写)
山ハ野花 (p573/カ写)

**センダンバノボダイジュ** ⇒モクゲンジを見よ

**センチネル** *Juniperus communis* 'Sentinel'
ヒノキ科の常緑小高木。セイヨウネズの園芸品種。

¶**APG原樹**〔ジュニベルス‘センチネル’〕(No.1545/カ図)

## ゼンテイカ Hemerocallis dumortieri var.esculenta
禅庭花

ワスレグサ科〔ススキノキ科〕(ユリ科) の多年草。別名セッテイカ、アサマカンゾウ、エゾゼンテイカ、エゾカンゾウ、センダイカンゾウ、ニッコウキスゲ。高さは60〜90cm。
¶**学フ増高山**〔ニッコウキスゲ〕(p130/カ写)
**学フ増野夏**〔ニッコウキスゲ〕(p107/カ写)
**原牧1**(No.523/カ図)
**山野草**(No.1493/カ写)
**新分牧**(No.569/モ図)
**新牧日**(No.3406/モ図)
**茶花下**〔にっこうきすげ〕(p123/カ写)
**牧野ス1**(No.523/カ図)
**野生1**(p238/カ写)
**山カ野草**(p612/カ写)
**山ハ高山**(p46/カ写)
**山ハ山花**(p138/カ写)

## セントウソウ Chamaele decumbens var.decumbens
仙洞草

セリ科セリ亜科の多年草。日本固有種。別名オウレンダマシ。高さは10〜25cm。
¶**色野草**(p43/カ写)
**学フ増野春**(p157/カ写)
**原牧2**(No.2424/カ図)
**固有**(p100/カ写)
**新分牧**(No.4448/モ図)
**新牧日**(No.2039/モ図)
**牧野ス2**(No.4269/カ図)
**ミニ山**(p217/カ写)
**野生5**(p393/カ写)
**山カ野草**(p310/カ写)
**山ハ野花**(p498/カ写)

## セントポーリア・イオナンタ Saintpaulia ionantha

イワタバコ科の多年草, 観賞用草本。花は薄青紫色。葉は多毛裏面紫。
¶**原牧2**(No.1540/カ図)
**牧野ス2**(No.3385/カ図)

## セントランサス ⇒ウスベニカノコソウを見よ

## センナシツルニガクサ Teucrium viscidum var. nepetoides

シソ科キランソウ亜科の多年草。
¶**野生5**(p113)

## センナリホオズキ ⇒ヒメセンナリホオズキを見よ

## センニチコウ Gomphrena globosa 千日紅

ヒユ科の一年草。別名センニチソウ。高さは50cm。化は紫紅, 肉桃, 淡桃, 白色など。
¶**原牧2**(No.958/カ図)
**新分牧**(No.2998/モ図)
**新牧日**(No.452/モ図)
**茶花上**(p538/カ写)
**牧野ス2**(No.2803/カ図)

## センニチソウ ⇒センニチコウを見よ

## センニチノゲイトウ Gomphrena celosioides

ヒユ科の一年草。長さは10〜40cm。花は白色。
¶**帰化写改**(p74/カ写)
**野生4**(p131/カ写)

## センニンコク ⇒ヒモゲイトウを見よ

## センニンソウ Clematis terniflora 仙人草

キンポウゲ科のつる性の半低木。別名タカタデ。葉は羽状複葉。
¶**色野草**(p106/カ写)
**APG原樹**(No.265/カ図)
**学フ増薬草**(p49/カ写)
**学フ有毒**(p40/カ写)
**原牧1**(No.1295/カ図)
**新分牧**(No.1456/モ図)
**新牧日**(No.617/モ図)
**茶花上**(p539/カ写)
**牧野ス1**(No.1295/カ図)
**野生2**(p146/カ写)
**山カ野草**(p472/カ写)
**山ハ野花**(p240/カ写)

## センニンタケ Albatrellus pes-caprae

ニンギョウタケモドキ科のキノコ。
¶**山カ日き**(p449/カ写)

## センニンモ Potamogeton maackianus 仙人藻

ヒルムシロ科の常緑性沈水植物。葉は線形, 葉縁に鋸歯。
¶**原牧1**(No.262/カ図)
**新分牧**(No.308/モ図)
**新牧日**(No.3344/モ図)
**日水草**(p127/カ写)
**牧野ス1**(No.262/カ図)
**野生1**(p133/カ写)

## センネンボク ⇒ドラセナを見よ

## センネンボクラン ⇒ニオイシュロランを見よ

## センノウ Lychnis senno 仙翁

ナデシコ科の一年草または多年草。別名センノウゲ。高さは50cm。花は深紅色。
¶**原牧2**(No.920/カ図)
**山野草**(No.0035/カ写)
**新分牧**(No.2949/モ図)
**新牧日**(No.392/モ図)
**茶花下**(p106/カ写)
**牧野ス2**(No.2765/カ図)

## センノウゲ ⇒センノウを見よ

## センノキ ⇒ハリギリを見よ

## センブキ ⇒アサツキを見よ

## センプク ⇒クチナシを見よ

## センブリ Swertia japonica 千振

リンドウ科の一年草または越年草。別名トウヤク, イシャダオシ。高さは5〜25cm。花は白色。
¶**色野草**(p118/カ写)
**学フ増野秋**(p166/カ写)
**学フ増薬草**(p96/カ写)
**原牧2**(No.1362/カ図)

センホンイ

山野草 (No.0972/カ写)
新分牧 (No.3404/モ図)
新牧日 (No.2343/モ図)
茶花下 (p318/カ写)
牧野ス2 (No.3207/カ写)
野生4 (p304/カ写)
山カ野草 (p254/カ写)
山ハ野花 (p431/カ写)
山ハ山花 (p398/カ写)

**センボンイチメガサ** *Kuehneromyces mutabilis*
モエギタケ科のキノコ。小型。傘はやや中高の丸山形、黄茶褐色で、条線あり。
¶原きの (No.147/カ写・カ図)

**センボンギク** *Aster microcephalus* var.*microcephalus*
キク科キク亜科の多年草。日本固有種。別名タニガワコンギク。
¶固有 (p146)
野生5 (p320/カ写)

**センボンクズタケ** *Psathyrella multissima*
ナヨタケ科のキノコ。小型。傘は焦茶色〜淡褐色。ひだは白色〜紫褐色。
¶山力日き (p209/カ写)

**センボンサイギョウガサ** *Panaeolus subbalteatus*
オキナタケ科 (ヒトヨタケ科) のキノコ。
¶学フ増毒き (p131/カ写)
山力日き (p213/カ写)

**センボンシメジ** ⇒シャカシメジを見よ

**センボンタンポポ** *Crepis rubra*
キク科の一年草または越年草。別名モモイロタンポポ。高さは30〜40cm。花は淡紅色。
¶帰化写2 〔モモイロタンポポ〕(p269/カ写)
原牧2 (No.2273/カ図)
牧野ス2 (No.4118/カ図)

**センボンヤリ** *Leibnitzia anandria* 千本槍
キク科センボンヤリ亜科の多年草。別名ムラサキタンポポ。高さは春5〜15cm、秋30〜60cm。花は白色。
¶色野草 (p39/カ写)
学フ増野春 (p37/カ写)
原牧2 (No.1901/カ図)
山野草 (No.1313/カ写)
新分牧 (No.3930/モ図)
新牧日 (No.2939/モ図)
茶花上 (p280/カ写)
牧野ス2 (No.3746/カ図)
野生5 (p209/カ写)
山力野草 (p21/カ写)
山ハ野花 (p569/カ写)

**センボンワケギ** ⇒アサツキを見よ

**ゼンマイ** *Osmunda japonica* 薇、銭巻
ゼンマイ科の夏緑性シダ。別名ハゼンマイ、シシゼンマイ。葉身は長さ30〜50cm、三角状広卵形。
¶学フ増山菜 (p114/カ写)
山野草 (No.1828/カ写)

シダ標1 (p305/カ写)
新分牧 (No.4525/モ図)
新牧日 (No.4407/モ図)

**センリコウ** *Cerasus lannesiana* 'Senriko' 千里香
バラ科の落葉高木。サクラの品種。
¶APG原樹 〔サクラ'センリコウ'〕(No.440/カ図)

**センリゴマ** *Rehmannia japonica* 千里胡麻
ハマウツボ科 (ゴマノハグサ科) の草本。別名ハナジオウ。高さは20〜50cm。花は紅紫色。
¶原牧2 (No.1753/カ写)
新分牧 (No.3828/モ図)
新牧日 (No.2742/モ図)
牧野ス2 (No.3598/カ図)
野生5 (p161/カ写)
山レ増 (p118/カ写)

**センリョウ** *Sarcandra glabra* 千両、仙蓼
センリョウ科の常緑小低木。別名クササンゴ。高さは50〜100cm。花は黄緑色。
¶APG原樹 (No.121/カ図)
学フ増花庭 (p189/カ写)
原牧1 (No.81/カ写)
新分牧 (No.101/モ図)
新牧日 (No.683/モ図)
茶花上 (p187/カ写)
牧野ス1 (No.81/カ図)
野生1 (p53/カ写)
山力樹木 (p86/カ写)

# 【ソ】

**ソウウンナズナ** *Draba nakaiana*
アブラナ科の多年草。高さは10〜18cm。花は白色。
¶野生4 (p63/カ写)

**ソウギョウカ** *Prunus mume* 'Sōgyōka' 早凝馨
バラ科。ウメの品種。野梅系ウメ、野梅性八重。
¶ウメ 〔早凝馨〕(p64/カ写)

**ソウザンハイノキ** ⇒ヤエヤマクロバイを見よ

**ソウシアライ** *Camellia japonica* 'Sōshiarai' 草紙洗
ツバキ科。ツバキの品種。花は絞りが入る。
¶APG原樹 〔ツバキ'ソウシアライ'〕(No.1133/カ図)
茶花上 (p167/カ写)

**ソウシカンバ** ⇒ダケカンバを見よ

**ソウシジュ** *Acacia confusa* 相思樹
マメ科の常緑木。別名タイワンアカシア。高さは3〜15m。花は濃黄色。偽葉は硬質、莢は扁平。
¶APG原樹 (No.397/カ図)
原牧1 (No.1459/カ図)
新分牧 (No.1808/モ図)
新牧日 (No.1248/モ図)
牧野ス1 (No.1459/カ図)
山力樹木 (p350/カ写)

**ソウシバイ** *Prunus mume* 'Sōshibai' 草思梅
バラ科。ウメの品種。野梅系ウメ、野梅性八重。

¶ウメ〔草思梅〕(p65/カ写)

**ソウシュン** *Prunus mume* 'Sōshun'  送春
バラ科。ウメの品種。杏系ウメ, 豊後性八重。
¶ウメ〔送春〕(p141/カ写)

**ゾウジョウジビャクシ** ⇒ハナウドを見よ

**ソウタン** *Hibiscus syriacus* 'Sôtan'  宗旦
アオイ科。ムクゲの品種。一重咲き中弁型。
¶茶花下(p15/カ写)

**ソウメイノツキ** *Prunus mume* 'Sōmeinotsuki'  滄冥
の月, 滄明の月
バラ科。ウメの品種。杏系ウメ, 豊後性一重。
¶ウメ〔滄明の月〕(p131/カ写)
APG原樹〔ウメ・'ソウメイノツキ'〕(No.478/カ図)

**ソウヤイチゲ** ⇒エゾイチゲを見よ

**ソウヤキンバイソウ** *Trollius soyaensis*
キンポウゲ科の多年草。花はボウル形または皿形,
橙黄色。
¶野生2(p169/カ写)

**ソウヤキンポウゲ** *Ranunculus horieanus*
キンポウゲ科の多年草。日本固有種。
¶固有(p53)
新分牧(No.1392/モ図)
野生2(p158/カ写)

**ソウヤレイジンソウ** *Aconitum soyaense*
キンポウゲ科の多年草。日本固有種。
¶固有(p55)
新分牧(No.1410/モ図)
野生2(p123/カ写)
山力野草(p717/カ写)

**ソガイコマユミ** ⇒オオコマユミを見よ

**ソクシンラン** *Aletris spicata*  束心蘭
キンコウカ科(ノギラン科, ユリ科)の多年草。高さ
は30～50cm。
¶原牧1(No.277/カ図)
新分牧(No.321/モ図)
新牧日(No.3490/モ図)
牧野ス1(No.277/カ図)
野生1(p141/カ写)
山力野草(p641/カ写)
山ハ山花(p49/カ写)

**ソクズ** *Sambucus chinensis* var.*chinensis*
ガマズミ科〔レンプクソウ科〕(スイカズラ科)の多
年草。別名クサニワトコ。高さは0.5～2m。花は
白色。
¶学フ増野夏(p123/カ写)
学フ増薬草(p126/カ写)
原牧2(No.2288/カ図)
新分牧(No.4335/モ図)
新牧日(No.2825/モ図)
牧野ス2(No.4133/カ図)
野生5(p403/カ写)
山力野草(p147/カ写)
山ハ野花(p502/カ写)

**ソケイ** *Jasminum grandiflorum*  素馨
モクセイ科の常緑低木。別名ツルマツリ, ツルマリ,
オオバナソケイ。花は白色。
¶原牧2(No.1524/カ図)
新分牧(No.3537/モ図)
新牧日(No.2307/モ図)
茶花上(p539/カ写)
牧野ス2(No.3369/カ図)
山力樹木(p646/カ写)

**ソケイノウゼン** *Pandorea jasminoides*
ノウゼンカズラ科のつる性低木。別名ダイソケイ,
ナンテンソケイ。花は白, 花筒内は淡紅色。
¶原牧2(No.1814/カ図)
牧野ス2(No.3659/カ図)

**ソケイモドキ** ⇒ツルハナナスを見よ

**ソゲキ** ⇒タイミンタチバナを見よ

**ソコベニアオイ** *Hibiscus militaris*  底紅葵
アオイ科。高さは1.5～2m。花は白色。
¶茶花下(p223/カ写)

**ソコベニシロカネソウ** ⇒サンインシロカネソウを
見よ

**ソコベニハクモクレン** *Magnolia* × *soulangeana*
モクレン科の木本。別名ニシキモクレン。樹高は
9m。樹皮は灰色。
¶APG原樹(No.132/カ図)
茶花上〔にしきもくれん〕(p293/カ写)

**ソコベニヒルガオ** *Ipomoea littoralis*
ヒルガオ科の匍匐草。花は淡紫色で, 中央は紅紫色。
¶野生5(p29/カ写)

**ソシンエンレイソウ** ⇒トイシノエンレイソウを
見よ

**ソシンカ**(1)  *Bauhinia acuminata*
マメ科ジャケツイバラ亜科の観賞用小木。別名モク
ワンジュ。花は白色。
¶野生2(p252)

**ソシンカ**(2)  ⇒フイリソシンカを見よ

**ソシンロウバイ** *Chimonanthus praecox* f.*concolor*
素心蝋梅
ロウバイ科の木本。
¶APG原樹(No.150/カ図)
茶花下(p391/カ写)
山力樹木(p191/カ写)

**ソデ** ⇒シオデを見よ

**ソデカクシ** *Camellia japonica* 'Sodekakushi'  袖隠
ツバキ科の木本。ツバキの品種。別名ロータス。
花は白色。
¶APG原樹〔ツバキ・'ソデカクシ'〕(No.1131/カ図)
茶花上(p110/カ写)

**ソデガラミ** *Actinotrichia fragilis*
ガラガラ科の海藻。石灰質を沈積。体は5～8cm。
¶新分牧(No.5030/モ図)
新牧日(No.4890/モ図)

**ソデコ** ⇒シオデを見よ

ソテツ *Cycas revoluta* 蘇鉄
ソテツ科の常緑低木。高さは3〜5m。葉は濃緑で光沢あり。
¶ **APG原樹**（No.2/カ図）
学フ増樹（p227/カ写）
学フ有毒（p9/カ写）
原牧1（No.1/カ図）
固有（p194/カ写）
新分牧（No.1/モ図）
新牧日（No.1/モ図）
牧野ス1（No.1/カ図）
野生1（p23/カ写）
山力樹木（p6/カ写）

ソテツホラゴケ *Cephalomanes javanicum* var. *asplenioides* 蘇鉄洞苔
コケシノブ科の常緑性シダ。葉柄は長さ6cm，葉身は卵状広披針形。
¶ **シダ標1**（p326/カ写）
新分牧（No.4534/モ図）
新牧日（No.4430/モ図）

ソトオリヒメ *Cerasus* × *yedoensis* 'Sotorihime' 衣通姫
バラ科の落葉高木。サクラの栽培品種。花は淡紅色。
¶ **学フ増桜**〔'衣通姫'〕（p108/カ写）

ソナレ ⇒ハイビャクシンを見よ

ソナレアマチャヅル *Gynostemma* var. *maritimum*
ウリ科のつる性草本。
¶ **野生3**（p122）

ソナレシバ *Sporobolus virginicus*
イネ科ヒゲシバ亜科の多年草。高さは15〜60cm。
¶ **桑イネ**（p464/モ図）
野生2（p72）

ソナレセンブリ *Swertia noguchiana*
リンドウ科の一年草または越年草。日本固有種。高さは10〜14cm。
¶ **原牧2**（No.1361/カ図）
固有（p115/カ写）
山野草（No.0974/カ写）
新分牧（No.3403/モ図）
新牧日（No.2342/モ図）
牧野ス2（No.3206/カ図）
野生4（p303/カ写）
山レ増（p174/カ写）

ソナレノギク *Aster hispidus* var. *insularis* 磯馴野菊
キク科キク亜科の草本。日本固有種。ヤマジノギクの変種。
¶ **固有**（p146）
茶花下（p367/カ写）
野生5（p314/カ写）
山ハ野花（p538/カ写）

ソナレマツムシソウ *Scabiosa japonica* var. *lasiophylla*
スイカズラ科（マツムシソウ科）。日本固有種。別名アシタカマツムシソウ。
¶ **固有**（p136/カ写）

山野草（No.1138/カ写）
野生5（p424/カ写）
山力野草（p138/カ写）
山レ増（p75/カ写）

ソナレムグラ *Leptopetalum strigulosum* 磯馴葎
アカネ科の常緑の多年草。高さは5〜20cm。
¶ **学フ増秋**（p194/カ写）
原牧2（No.1275/カ図）
新分牧（No.3330/モ図）
新牧日（No.2388/モ図）
牧野ス2（No.3120/カ図）
野生4（p282/カ写）
山ハ野花（p426/カ写）

ソネ ⇒イヌシデを見よ

ソノウサイシン ⇒ツルダシアオイを見よ

ソノエビネ ⇒タカネを見よ

ソノノユキ *Prunus mume* 'Sononoyuki' 園の雪
バラ科。ウメの品種。杏系ウメ，豊後性一重。
¶ **ウメ**〔園の雪〕（p132/カ写）

ソバ *Fagopyrum esculentum* 蕎麦
タデ科の一年草。別名ソバムギ（古名）。中央アジア原産。
¶ **原牧2**（No.853/カ図）
新分牧（No.2837/モ図）
新牧日（No.315/モ図）
茶花下（p224/カ写）
牧野ス2（No.2698/カ図）
山ハ野花（p259/カ写）

ソバカズラ *Fallopia convolvulus* 蕎麦葛
タデ科のつる性一年草。長さは50〜200cm。花は緑白色。
¶ **帰化写改**（p12/カ写）
原牧2（No.837/カ図）
植調（p195/カ写）
新分牧（No.2846/モ図）
新牧日（No.299/モ図）
牧野ス2（No.2684/カ図）
野生4（p88/カ写）

ソハクタイカク *Prunus mume* 'Sohaku-taikaku' 素白閣
バラ科。ウメの品種。野梅系ウメ，野梅性八重。
¶ **ウメ**〔素白台閣〕（p65/カ写）

ソバグリ ⇒ブナを見よ

ソバナ *Adenophora remotiflora* 蕎麦菜，岨菜
キキョウ科の多年草。高さは40〜100cm。
¶ **学フ増山菜**（p133/カ写）
学フ増野夏（p37/カ写）
原牧2（No.1867/カ図）
山野草（No.1158/カ写）
新分牧（No.3911/モ図）
新牧日（No.2910/モ図）
茶花下（p224/カ写）
牧野ス2（No.3712/カ図）
野生5（p188/カ写）

山力野草 (p128/カ写)
山ハ山花 (p489/カ写)

ソバノキ　⇒カナメモチを見よ

ソバムギ　⇒ソバを見よ

ソハヤキトンボソウ　*Platanthera stenoglossa* subsp. *hottae*
ラン科の草本。日本固有種。
¶固有 (p191)
　野生1 (p223/カ写)

ソハヤキミズ　*Pilea swinglei*
イラクサ科の草本。
¶野生2 (p350/カ写)

ソボサンスゲ　⇒ミヤマイワスゲを見よ

ソマセットバリエゲーテド　*Daphne × burkwoodii* 'Somerset Variegated'
ジンチョウゲ科の草本。
¶山野草〔ダフネ×バークウッディー‘ソマセットバリエゲーテド’〕(No.0689/カ写)

ソメイヨシノ　*Cerasus × yedoensis*　染井吉野
バラ科シモツケ亜科の落葉高木。サクラの栽培品種。別名ヨシノザクラ。樹高は12m。花は淡紅白色。樹皮は紫灰色。
¶APG原樹 (No.421/カ図)
　学フ増桜〔‘染井吉野’〕(p104/カ写)
　学フ増花庭 (p53/カ写)
　学フ増薬草 (p187/カ写)
　原牧1 (No.1647/カ図)
　新分牧 (No.1845/モ図)
　新牧日 (No.1220/モ図)
　図説樹木 (p138/カ写)
　茶花上 (p281/カ写)
　都木花新 (p112/カ写)
　牧野ス1 (No.1647/カ図)
　野生3 (p64/カ写)
　山力樹木 (p299/カ写)
　落葉図譜 (p155/モ図)

ソメカワ　*Camellia japonica* 'Somekawa'　染川
ツバキ科。ツバキの品種。花は絞りが入る。
¶茶花上 (p166/カ写)

ソメシバ　⇒クロバイを見よ

ソメモノイモ　*Dioscorea cirrhosa*
ヤマノイモ科のつる性多年草。
¶野生1 (p149/カ写)

ソメモノカズラ　*Marsdenia tinctoria* var. *tomentosa*
キョウチクトウ科(ガガイモ科)の草本。
¶野生4 (p312/カ写)

ソメモノカミツレ　⇒コウヤカミツレを見よ

ソヨゴ　*Ilex pedunculosa*　冬青, 戦
モチノキ科の常緑低木。別名フクラシバ。高さは3〜7m。花は白色。樹皮は灰緑色。
¶APG原樹 (No.1445/カ図)
　学フ増樹 (p204/カ写)
　原牧2 (No.1835/カ図)
　新分牧 (No.3880/モ図)

新牧日 (No.1626/モ図)
茶花上 (p540/カ写)
都木花新 (p169/カ写)
牧野ス2 (No.3680/カ図)
野生5 (p182/カ写)
山力樹木 (p409/カ写)

ソライロサルビア　*Salvia patens*
シソ科の落葉小低木。高さは50〜80cm。花は空または青色。
¶原牧2 (No.1682/カ図)
　牧野ス2 (No.3527/カ図)

ソライロタケ　*Entoloma virescens*
イッポンシメジ科のキノコ。
¶原きの (No.101/カ写・カ図)
　山力日き (p280/カ写)

ソ

ソラチアオヤギバナ　*Solidago horieana*
キク科キク亜科の多年草。日本固有種。
¶固有 (p138)
　新分牧 (No.4159/モ図)
　野生5 (p325/カ写)

ソラチコザクラ　*Primula sorachiana*　空知小桜
サクラソウ科の草本。日本固有種。
¶固有 (p110/カ写)
　山野草 (No.0826/カ写)
　野生4 (p201/カ写)
　山ハ高山 (p258/カ写)
　山ハ山花 (p372/カ写)
　山レ増 (p197/カ写)

ソラマメ　*Vicia faba*　空豆, 蚕豆
マメ科の果菜類。別名イササグサ, シガツマメ, トウマメ, ノラマメ, ヤマトマメ。高さは1m。花は白か淡紫色。
¶原牧1 (No.1576/カ写)
　新分牧 (No.1771/モ図)
　新牧日 (No.1352/モ図)
　茶花上 (p281/カ写)
　牧野ス1 (No.1576/カ写)

ソルダネラ・アルピナ　⇒オウシュウイワカガミを見よ

ソーレンバナ　⇒ホタルブクロを見よ

ソロ(1)　⇒アカシデを見よ

ソロ(2)　⇒イヌシデを見よ

ソロノキ　⇒アカシデを見よ

ソロハギ　*Flemingia strobilifera*
マメ科マメ亜科の木本。
¶野生2 (p268)

ソンノイゲ　⇒カカツガユを見よ

# 【タ】

**タイアザミ** (1)　*Cirsium comosum*
キク科アザミ亜科の多年草。別名イガアザミ, ハコネアザミ。
¶野生5（p243/カ写）

**タイアザミ** (2)　⇒トネアザミ(1)を見よ

**ダイアナ**　*Hibiscus syriacus* 'Diana'
アオイ科。ムクゲの品種。一重咲き中弁型。
¶茶花下（p16/カ写）

**ダイオウショウ**　⇒ダイオウマツを見よ

**ダイオウナスビ**　*Solanum mauritianum*
ナス科の小高木。
¶帰化写2（p505/カ写）
　野生5（p42/カ写）

**ダイオウマツ**　*Pinus palustris*　大王松
マツ科の木本。別名ダイオウショウ。高さは40m。
¶APG原樹（No.15/カ図）
　学フ増花庭〔ダイオウショウ〕（p139/カ写）
　原牧1（No.25/カ写）
　新分牧（No.33/モ図）
　新牧日（No.37/モ図）
　牧野ス1（No.26/カ図）
　山力樹木〔ダイオウショウ〕（p21/カ写）

**ダイオウヤシ**　*Roystonea regia*
ヤシ科の木本。高さは20〜25m。
¶山力樹木（p83/カ写）

**タイカオケラ**　*Atractylodes chinensis*　大花朮
キク科の草本。高さは20〜50cm。
¶山野草（No.1328/カ写）

**タイカカラマツ**　*Thalictrum grandiflorum*　大花唐松
キンポウゲ科の草本。高さは20〜30cm。
¶山野草（No.0287/カ写）

**タイカクシュサ**　*Prunus mume* 'Taikaku-shusa'　台閣朱砂
バラ科。ウメの品種。李系ウメ, 紅材性八重。
¶ウメ〔台閣朱砂〕（p117/カ写）

**ダイカグラ**　*Camellia japonica* 'Daikagura'　太神楽
ツバキ科。ツバキの品種。別名ショウジツ, セイヒ。花は斑入り。
¶茶花上（p150/カ写）

**タイキンギク**　*Senecio scandens*　堆金菊
キク科キク亜科の多年草。別名ツタギク, ユキミギク。
¶原牧2（No.2122/カ図）
　山野草（No.1245/カ写）
　新分牧（No.4115/モ図）
　新牧日（No.3153/モ図）
　牧野ス2（No.3967/カ図）
　野生5（p309/カ写）
　山力野草（p58/カ写）

山ハ野花（p564/カ写）
山レ増（p32/カ写）

**タイコウイ**　⇒サンカクイを見よ

**タイコグサ**　⇒ホシクサを見よ

**ダイコクシメジ**　⇒ホンシメジを見よ

**ダイコクマメグンバイナズナ**　*Lepidium africanum*
アブラナ科の越年草または多年草。高さは20〜60cm。花は先端紫色。
¶帰化写2（p76/カ写）
　野生4（p66）

**タイコヒメツチグリ**　*Geastrum fornicatum*
ヒメツチグリ科のキノコ。
¶原きの（No.476/カ写・カ図）

**ダイコン**　*Raphanus sativus* var.*hortensis*　大根
アブラナ科の栽培植物, 野菜。
¶学フ増薬草（p148/カ写）
　原牧2（No.705/カ写）
　新分牧（No.2800/モ図）
　新牧日（No.825/モ図）
　牧野ス2（No.2550/カ図）

**ダイコンソウ**　*Geum japonicum*　大根草
バラ科バラ亜科の多年草。高さは60〜80cm。花は黄色。
¶色野草（p176/カ写）
　学フ増野夏（p104/カ写）
　原牧1（No.1787/カ図）
　新分牧（No.1979/モ図）
　新牧日（No.1164/モ図）
　茶花下（p107/カ写）
　牧野ス1（No.1787/カ図）
　ミニ山（p132/カ写）
　野生3（p32/カ写）
　山力野草（p407/カ写）
　山ハ野花（p384/カ写）

**ダイコンモドキ**　*Hirschfeldia incana*
アブラナ科の一年草または越年草。別名アレチガラシ。高さは20〜100cm。花は淡黄色。
¶帰化写2（p74/カ写）

**ダイサイコ**　⇒ホタルサイコを見よ

**ダイサギソウ**　*Habenaria dentata*　大鷺草
ラン科の多年草。高さは30〜50cm。花は白色。
¶原牧1（No.387/カ図）
　山野草（No.1805/カ写）
　新分牧（No.437/モ図）
　新牧日（No.4260/モ図）
　茶花下（p319/カ写）
　牧野ス1（No.387/カ図）
　野生1（p206/カ写）
　山力野草（p563/カ写）
　山ハ山花（p122/カ写）
　山レ増（p502/カ写）

**ダイサンチク**　*Bambusa vulgaris*　泰山竹
イネ科タケ亜科のタケ。別名タイサンチク。庭園観賞, 防風などに有用。

¶タケ亜科 (No.6/カ写)
　タケササ〔タイサンチク〕(p179/カ写)
　タケササ〔バンブーサ ブルガリス〕(p189/カ写)

**タイザンフクン** *Cerasus×miyoshii* ‘Ambigua’ 泰山府君
バラ科の落葉小高木。サクラの栽培品種。
¶APG原樹〔サクラ‘タイザンフクン’〕(No.451/カ図)
　学フ増桜〔‘泰山府君’〕(p162/カ写)

**タイサンボク** *Magnolia grandiflora* 泰山木, 大山木, 大盞木
モクレン科の常緑高木。別名ハクレンボク, ダイサンボク。高さは30m。花は白色。樹皮は灰色。
¶APG原樹 (No.135/カ写)
　学フ増花庭 (p124/カ写)
　原牧1 (No.128/カ図)
　新分牧 (No.157/モ図)
　新牧日 (No.466/モ図)
　図説樹木 (p110/カ写)
　茶花上 (p540/カ写)
　都木花新 (p11/カ写)
　牧野ス1 (No.128/カ図)
　野生1 (p74/カ写)
　山力樹木 (p198/カ写)

**タイサンボク‘リトル ジェム’** ⇒リトル ジェムを見よ

**ダイシコウ** ⇒オガタマノキを見よ

**ダイシハイ** *Hibiscus syriacus* ‘Daishihai’ 大紫盃
アオイ科。ムクゲの品種。一重咲き中弁型。
¶茶花下 (p20/カ写)

**タイシャクアザミ** *Cirsium taishakuense* 帝釈薊
キク科の多年草。茎は高さ1〜1.5m。
¶山力野草 (p91/カ写)
　山ハ山花 (p546/カ写)

**タイシャクイタヤ** *Acer pictum* subsp.*taishakuense*
ムクロジ科 (カエデ科) の小または中高木。日本固有種。
¶固有 (p86)
　野生3 (p296/カ写)

**タイシャクカモジ** ⇒コウリョウカモジグサを見よ

**タイシャクカラマツ** *Thalictrum kubotae*
キンポウゲ科の多年草。日本固有種。
¶固有 (p51/カ写)
　新分牧 (No.1367/モ図)
　野生2 (p167/カ写)
　山力野草 (p716/カ写)
　山レ増 (p389/カ写)

**タイシャククロウメモドキ** *Rhamnus chugokuensis*
クロウメモドキ科の落葉低木。樹皮はサクラに似て光沢があり, 暗紫色と灰褐色の黄斑ができる。
¶野生2 (p323)

**タイシャクトウヒレン** *Saussurea kubotae*
キク科アザミ亜科の多年草。日本固有種。
¶固有 (p148)
　新分牧 (No.3993/モ図)
　野生5 (p259/カ写)

**ダイジョ** *Dioscorea alata* 大薯
ヤマノイモ科のつる性多年草。いもは大型で, 通常重さは2〜3kg。
¶野生1 (p149)

**ダイジョウカン** *Camellia japonica* ‘Daijōkan’ 大城冠
ツバキ科。ツバキの品種。別名ゴテンツバキ。花は白色。
¶APG原樹〔ツバキ‘ダイジョウカン’〕(No.1139/カ図)
　茶花上 (p109/カ写)

**ダイズ** *Glycine max* subsp.*max* 大豆
マメ科マメ亜科の果菜類。多毛, 種子は黄, 黒。高さは30〜90cm。花は白, 紫, 淡紅色。
¶学フ有毒 (p148/カ写)
　原牧1 (No.1587/カ図)
　新分牧 (No.1719/モ図)
　新牧日 (No.1374/モ図)
　牧野ス1 (No.1587/カ図)
　野生2 (p269/カ写)

**ダイスギ** ⇒アシウスギを見よ

**タイセイ** *Isatis tinctoria* 大青
アブラナ科の二年草。I.tinctoria L.の一園芸品種。高さは70cmほど。
¶原牧2 (No.689/カ図)
　新分牧 (No.2783/モ図)
　新牧日 (No.810/モ図)
　牧野ス2 (No.2534/カ図)

**タイセツイワスゲ** *Carex stenantha* var.*taisetsuensis*
カヤツリグサ科の多年草。
¶カヤツリ (p400/モ図)
　野生1 (p324)

**ダイセツザン** ⇒シロタエヒマワリを見よ

**ダイセツトリカブト** *Aconitum yamazakii* 大雪鳥兜
キンポウゲ科の草本。日本固有種。別名タイセットリカブト。
¶学フ増高山 (p18/カ写)
　原牧1 (No.1216/カ図)
　固有 (p56)
　新分牧 (No.1416/モ図)
　新牧日 (No.541/モ図)
　牧野ス1 (No.1216/カ図)
　野生2 (p124/カ写)
　山ハ高山 (p108/カ写)
　山レ増 (p402/カ写)

**ダイセツヒゴタイ** ⇒ナガバキタアザミを見よ

**ダイセツヒナオトギリ** *Hypericum yojiroanum* 大雪雛弟切
オトギリソウ科の多年草。日本固有種。
¶固有 (p65)
　野生3 (p244/カ写)
　山ハ高山〔タイセツヒナオトギリ〕(p194/カ写)
　山レ増 (p353/カ写)

**ダイセツレイジンソウ** ⇒ヒダカレイジンソウを見よ

**ダイセンアシボソスゲ** *Carex scita* var.*parvisquama*
カヤツリグサ科の多年草。日本固有種。鳥取大山に
生育。
¶カヤツリ（p228/モ図）
　固有（p182）
　スゲ増（No.110/カ写）
　野生1（p329/カ写）

**ダイセンオトギリ** *Hypericum asahinae*
オトギリソウ科の草本。日本固有種。
¶原牧2（No.402/カ図）
　固有（p65/カ写）
　新分牧（No.2296/モ図）
　新牧日（No.756/モ図）
　牧野ス1（No.2247/カ図）
　野生3（p244）

**ダイセンギオンマモリ** *Hibiscus syriacus* ‘Daisen-
gion-mamori’　大仙祇園守
アオイ科。ムクゲの品種。半八重咲き祇園守型。
¶茶花下（p25/カ写）

**ダイセンキスミレ** *Viola brevistipulata* subsp.*minor*
大山黄菫
スミレ科の草本。
¶新分牧（No.2306/モ図）
　新牧日（No.1794/モ図）
　ミニ山（p199/カ写）
　野生3（p213/カ写）
　山ハ高山（p184/カ写）

**ダイセンクチキムシタケ** *Ophiocordyceps* sp.
オフィオコルディセプス科の冬虫夏草。宿主は甲虫
の幼虫。
¶冬虫生態（p176/カ写）

**ダイセンクワガタ**(1)　*Veronica schmidtiana* subsp.
*senanensis* f.*daisenensis*
オオバコ科（ゴマノハグサ科）の草本。
¶新分牧（No.3626/モ図）
　新牧日（No.2734/モ図）

**ダイセンクワガタ**(2)　⇒バンダイクワガタを見よ

**ダイセンコゴメグサ**　⇒キュウシュウコゴメグサを
見よ

**ダイセンスゲ** *Carex daisenensis*
カヤツリグサ科の多年草。日本固有種。
¶カヤツリ（p316/モ図）
　原牧1（No.861/カ図）
　固有（p184）
　新分牧（No.880/モ図）
　新牧日（No.4165/モ図）
　スゲ増（No.163/カ写）
　牧野ス1（No.861/カ図）
　野生1（p317/カ写）

**ダイセンヒョウタンボク** *Lonicera strophiophora*
var.*glabra*
スイカズラ科の小型木本。日本固有種。
¶固有（p134）

**ダイセンミツバツツジ** *Rhododendron lagopus* var.
*lagopus*　大山三葉躑躅
ツツジ科ツツジ亜科の木本。日本固有種。花は

紅色。
¶固有（p108）
　野生4（p247/カ写）
　山力樹木（p545/カ写）

**ダイセンヤナギ**　⇒ヤマヤナギを見よ

**タイソウ**　⇒ナツメを見よ

**ダイソケイ**　⇒ソケイノウゼンを見よ

**ダイダイ**(1)　*Citrus aurantium*　橙
ミカン科の常緑低木。別名ザダイダイ，カイセイト
ウ。果面は濃橙色でやや粗い。
¶APG原樹（No.955/カ図）
　原牧2（No.583/カ図）
　新分牧（No.2631/モ図）
　新牧日（No.1520/モ図）
　牧野ス2（No.2428/カ図）
　山力樹木（p372/カ写）

**ダイダイ**(2)　⇒カボスを見よ

**ダイダイイグチ** *Boletus laetissimus*
イグチ科のキノコ。中型。全体が鮮やかな橙色。
¶山力日き（p331/カ写）

**ダイダイガサ** *Cyptotrama asprata*
タマバリタケ科（キシメジ科）のキノコ。小型。傘
は橙色の鱗片を密布。ひだは白色。
¶原きの（No.086/カ写・カ図）
　山力日き（p137/カ写）

**ダイダイサカズキタケ** *Loreleia postii*
ヒナノヒガサ科のキノコ。
¶山力日き（p97/カ写）

**ダイダイタケ** *Inonotus xeranticus*
タバコウロコタケ科のキノコ。小型～中型。傘は黄
褐色～茶褐色，密毛。
¶山力日き（p495/カ写）

**タイツリオウギ** *Astragalus shinanensis*　鯛釣黄耆
マメ科マメ亜科の多年草。高さは30～70cm。花は
淡黄色。
¶学フ増高山（p169/カ写）
　原牧1（No.1517/カ図）
　新分牧（No.1743/モ図）
　新牧日（No.1304/モ図）
　牧野ス1（No.1517/カ図）
　野生2（p259/カ写）
　山力野草（p390/カ写）
　山ハ高山（p201/カ写）

**タイツリスゲ**　⇒ゴウソを見よ

**タイツリソウ**　⇒ケマンソウを見よ

**タイトウガマズミ**　⇒ゴモジュを見よ

**タイトウクグ** *Cyperus sesquiflorus* subsp.*cylindricus*
カヤツリグサ科の多年草。
¶野生1（p338）

**ダイトウサクラタデ** *Persicaria taitoinsularis*
タデ科の多年草。
¶野生4（p96/カ写）
　山レ増（p440/カ写）

**ダイトウシロダモ** *Neolitsea sericea* var.*argentea*
クスノキ科の常緑中高木。日本固有種。
　¶固有 (p49)
　　野生1 (p87/カ写)

**ダイトウセイシボク** *Excoecaria formosana* var.
*daitoinsularis*
トウダイグサ科の常緑低木。日本固有種。
　¶固有 (p83)
　　野生3 (p161/カ写)
　　山レ増 (p276/カ写)

**タイトウベニシダ** *Dryopteris polita*
オシダ科の常緑性シダ。別名オオボシシダ。葉身は
長さ35〜70cm, 長楕円状卵形。
　¶シダ標2 (p365/カ写)

**ダイトウワダン** *Crepidiastrum lanceolatum* var.
*daitoense*
キク科キクニガナ亜科の多年草。
　¶野生5 (p275/カ写)
　　山レ増 (p17/カ写)

**ダイトクジギオンマモリ** *Hibiscus syriacus*
'Daitokuji-gion-mamori' 大徳寺祇園守
アオイ科。ムクゲの品種。半八重咲き祇園守型。
　¶茶花下 (p26/カ写)

**ダイトクジシロ** *Hibiscus syriacus* 'Daitokuji-shiro'
大徳寺白
アオイ科。ムクゲの品種。一重咲き中弁型。
　¶茶花下 (p22/カ写)

**ダイトクジハナガサ** *Hibiscus syriacus* 'Daitokuji-
hanagasa' 大徳寺花笠
アオイ科。ムクゲの品種。半八重咲き花笠型。
　¶茶花下 (p29/カ写)

**ダイトクジヒトエ** *Hibiscus syriacus* 'Daitokuji-
hitoe' 大徳寺一重
アオイ科。ムクゲの品種。一重咲き中弁型。
　¶茶花下 (p17/カ写)

**タイトゴメ** *Sedum japonicum* subsp.*oryzifolium* 大
唐米
ベンケイソウ科の多年草。高さは5〜12cm。花は濃
黄色。
　¶学フ増春 (p132/カ写)
　　原牧1 (No.1401/カ図)
　　新分牧 (No.1596/モ図)
　　新牧日 (No.907/モ図)
　　牧野ス1 (No.1401/カ図)
　　ミニ山 (p96/カ写)
　　野生2 (p227/カ写)
　　山力野草 (p438/カ写)
　　山ハ野花 (p301/カ写)

**タイトンシャクナゲ** ⇒セイシカを見よ

**ダイトンチゴザサ** *Isachne myosotis*
イネ科チゴザサ亜科の多年草。ハイチゴザサに
似る。
　¶野生2 (p76/カ写)

**ダイトンチヂミザサ** *Oplismenus aemulus*
イネ科キビ亜科の草本。エダウチチヂミザサと同じ
とする説もある。

**¶野生2** (p90)

**ダイニチアザミ** *Cirsium babanum* 大日薊
キク科アザミ亜科の草本。日本固有種。
　¶固有 (p139)
　　野生5 (p232/カ写)
　　山ハ高山 (p401/カ写)

**タイヌビエ** *Echinochloa oryzicola* 田犬稗
イネ科キビ亜科の一年草。別名クサビエ。高さは50
〜100cm。葉の縁が厚くて白い筋になるのが特徴。
　¶桑イネ (p201/カ写・モ図)
　　植調 (p18/カ写)
　　野生2 (p84/カ写)
　　山ハ野花 (p207/カ写)

**タイハイ** ⇒デワタイリンを見よ

**タイハウラボシ** ⇒トヨグチウラボシを見よ

**タイハク** *Cerasus lannesiana* 'Taihaku' 太白
バラ科の落葉高木。サクラの栽培品種。花は白色。
　¶学フ増桜〔'太白'〕(p78/カ写)

**ダイフクチク** *Bambusa ventricosa* 大福竹
イネ科タケ亜科のタケ。節部の直上部がふくらむ。
　¶タケ亜科 (No.3/カ写)
　　タケササ (p182/カ写)

**タイヘイ** *Prunus mume* 'Taihei' 太平
バラ科。ウメの品種。実ウメ, 杏系。
　¶ウメ〔太平〕(p175/カ写)

**タイヘイラク** ⇒デワタイリンを見よ

**タイホクイ** ⇒サンカクイを見よ

**タイホクスゲ** *Carex taihokuensis*
カヤツリグサ科の多年草。
　¶カヤツリ (p398/モ図)
　　スゲ増 (No.215/カ写)
　　野生1 (p323/カ写)

**タイマ** ⇒アサを見よ

**タイマツバナ** *Monarda didyma* 松明花, 炬花
シソ科の多年草。別名モナルダ, ベルガモット,
ビー・バーム。高さは50〜150cm。花は深紅色。
　¶野生2 (No.1683/カ写)
　　茶花下 (p107/カ写)
　　牧野ス2 (No.3528/カ図)

**ダイミョウチク** ⇒トウチクを見よ

**タイミンガサ** *Parasenecio peltifolius* 大明傘
キク科キク亜科の多年草。日本固有種。高さは40
〜60cm。
　¶原牧2 (No.2148/カ写)
　　固有 (p144)
　　新分牧 (No.4083/モ図)
　　新牧日 (No.3180/モ図)
　　茶花下 (p319/カ写)
　　牧野ス2 (No.3993/カ図)
　　野生5 (p302/カ写)
　　山ハ山花 (p507/カ写)

**タイミンガサモドキ** ⇒ヤマタイミンガサを見よ

**タイミンギク** ⇒エゾギクを見よ

**タイミンタチバナ** *Myrsine seguinii* 大明橘
サクラソウ科 (ヤブコウジ科) の常緑高木。別名ヒチノキ, ソゲキ。
　¶**APG原樹** (No.1119/カ図)
　原牧2 (No.1116/カ図)
　新分牧 (No.3141/モ図)
　新牧日 (No.2208/モ図)
　茶花上 (p212/カ写)
　牧野S2 (No.2961/カ図)
　野生4 (p197/カ写)
　山力樹木 (p611/カ写)

**タイミンチク** *Pleioblastus gramineus* 大明竹
イネ科タケ亜科の常緑大型ササ。別名ツウシチク。高さは2〜4m。
　¶**APG原樹** (No.239/カ図)
　原牧1 (No.922/カ図)
　新分牧 (No.1030/モ図)
　新牧日 (No.3623/モ図)
　タケ亜科 (No.30/カ写)
　タケササ (p148/カ写)
　牧野S1 (No.922/カ図)
　野生2 (p33/カ写)
　山力樹木 (p71/カ写)

**タイム** ⇒タチジャコウソウを見よ

**タイモ** ⇒サトイモを見よ

**ダイモンジソウ** *Saxifraga fortunei* var.*alpina* 大文字草
ユキノシタ科の多年草。高さは5〜35cm。
　¶学フ増野秋 (p175/カ写)
　原牧1 (No.1373/カ図)
　山野草 (No.0553/カ写)
　新分牧 (No.1536/モ図)
　新牧日 (No.952/モ図)
　茶花下 (p108/カ写)
　牧野S1 (No.1373/カ図)
　ミニ山 (p114/カ写)
　野生2 (p213/カ写)
　山力野草 (p420/カ写)
　山ハ山花 (p288/カ写)

**タイヨウ** *Paeonia suffruticosa* 'Taiyō' 太陽
ボタン科。ボタンの品種。
　¶**APG原樹** 〔ボタン 'タイヨウ'〕(No.312/カ図)

**タイヨウシダ** *Thelypteris erubescens*
ヒメシダ科の常緑性シダ。葉身は長さ70〜130cm, 広披針形。
　¶シダ標1 (p438/カ写)

**タイヨウフウトウカズラ** *Piper postelsianum*
コショウ科の大型の常緑多年草。小笠原諸島母島の固有種。高さは1〜2m。
　¶固有 (p59/カ写)
　野生1 (p56/カ写)
　山レ増 (p356/カ写)

**タイヨウベゴニヤ** *Begonia rex*
シュウカイドウ科の多年草。花は淡桃色。
　¶原牧2 (No.188/カ図)
　新分牧 (No.2230/モ図)

　新牧日 (No.1861/モ図)
　牧野S1 (No.2033/カ図)

**ダイリ** *Prunus mume* 'Dairi' 内裏
バラ科。ウメの品種。杏系ウメ, 紅筆性一重・八重。
　¶ウメ 〔内裏〕(p125/カ写)

**タイリクイラクサ** ⇒ヒメイラクサを見よ

**ダイリユリ** ⇒リリウム・タリエンセを見よ

**タイリンアオイ** *Asarum asaroides* 大輪葵
ウマノスズクサ科の多年草。日本固有種。花は暗紫色。葉径8〜12cm。
　¶原牧1 (No.100/カ図)
　固有 (p62/カ写)
　新分牧 (No.122/モ図)
　新牧日 (No.696/モ図)
　牧野S1 (No.100/カ図)
　ミニ山 (p71/カ写)
　野生1 (p67/カ写・モ図 (p62))

**タイリンアオイ (素心花)** *Asarum asaroides* 'Soshin' 大輪葵
ウマノスズクサ科の多年草。色素の抜けた逸品。
　¶山野草 (No.0415/カ写)

**タイリンエンレイソウ** ⇒トリリウム・グランディフロールムを見よ

**タイリントキソウ** *Pleione bulbocodioides* 大輪鴇草, 大輪朱鷺草
ラン科の多年草。
　¶山野草 (No.1740/カ写)

**ダイリンヒバイ** *Prunus mume* 'Dairin-hibai' 大輪緋梅
バラ科。ウメの品種。李系ウメ, 紅材性一重。
　¶ウメ 〔大輪緋梅〕(p101/カ写)

**タイリンムクゲ** *Hibiscus sinosyriacus* 大輪木槿
アオイ科。ムクゲの近縁種。一重咲き細弁型。高さは1.5〜2.5m。花は紫を含む薫色。
　¶茶花下 (p11/カ写)

**タイリンヤマハッカ** *Isodon umbrosus* var. *excisinflexus*
シソ科シソ亜科〔イヌハッカ亜科〕。日本固有種。
　¶固有 (p123)
　野生5 (p142/カ写)

**タイリンリョクガク** *Prunus mume* 'Tairin-ryokugaku' 大輪緑萼
バラ科。ウメの品種。野梅系ウメ, 野梅性八重。
　¶ウメ 〔大輪緑萼〕(p66/カ写)

**タイリンルリマガリバナ** *Browallia speciosa* 大輪瑠璃歪り花
ナス科の半低木。別名ブロワリア。
　¶茶花下 (p225/カ写)

**タイワンアイアシ** *Ischaemum rugosum* var.*segetum*
イネ科キビ亜科の草本。
　¶野生2 (p87)

**タイワンアオイラン** *Acanthephippium striatum*
ラン科の草本。高さは5〜15cm。花は白色。
　¶野生1 (p182)

**タイワンアオネカズラ** *Goniophlebium formosanum*
台湾青根葛
ウラボシ科の冬緑性シダ。別名シマアオネカズラ。
樹幹や岩上に着生する。葉身は長さ30〜60cm, 狭
長楕円形。
¶シダ標2（p457/カ写）
　山レ増（p640/カ写）

**タイワンアカシア** ⇒ソウシジュを見よ

**タイワンアキグミ** *Elaeagnus thunbergii*
グミ科の木本。日本固有種。別名リュウキュウツル
グミ。
¶固有〔リュウキュウツルグミ〕（p92）
　野生2（p315/カ写）

**タイワンアサガオ** ⇒モミジヒルガオを見よ

**タイワンアサマツゲ** *Buxus microphylla* var.*sinica*
ツゲ科の常緑小低木。小枝は灰黄色。
¶野生2（p180/カ写）

**タイワンアシカキ** *Leersia hexandra*
イネ科イネ亜科の多年草。高さは30〜100cm。
¶桑イネ（p294/カ写・モ図）
　野生2（p38/カ写）

**タイワンアマクサシダ** *Pteris formosana*
イノモトソウ科の常緑性シダ。葉身は長さ60〜
100cm, 卵形〜卵状披針形。
¶シダ標1（p381/カ写）

**タイワンアリサンイヌワラビ** *Athyrium*
*arisanense* 台湾阿里山犬蕨
メシダ科の常緑性シダ。別名アリサンイヌワラビ,
アリサンワラビ。葉身は長さ30〜50cm, 三角状卵
形〜卵状長楕円形。
¶シダ標2（p303/カ写）
　山レ増（p643/カ写）

**タイワンアリタケ** *Ophiocordyceps unilateralis*
オフィオコルディセプス科の冬虫夏草。宿主はチク
シトゲアリなど, アリの成虫。
¶冬虫生態（p216/カ写）

**タイワンイチビ** *Abutilon indicum* subsp.*guineense*
アオイ科の低木状多年草。
¶野生4（p24/カ写）

**タイワンイワタバコ** *Conandron ramondioides* var.
*taiwanensis* 台湾岩煙草
イワタバコ科の多年草。琉球（西表島）と台湾・中
国に分布。
¶野生5（p68/カ写）

**タイワンウオクサギ** *Premna serratifolia*
シソ科ハマクサギ亜科（クマツヅラ科）の木本。別
名シマウオクサギ。
¶野生5（p107/カ写）

**タイワンウメ** *Prunus mume* 'Taiwan-ume' 台湾梅
バラ科。ウメの品種。野梅類型ウメ。
¶ウメ〔台湾梅〕（p14/カ写）

**タイワンエビネ** *Calanthe speciosa*
ラン科の常緑多年草。高さは35〜45cm。花は鮮
黄色。
¶野生1（p186/カ写）

山レ増（p477/カ写）

**タイワンオオバコ** *Plantago formosana*
オオバコ科の草本。
¶野生5（p81）

**タイワンオガタマ** *Magnolia compressa* var.
*formosana* 台湾招霊
モクレン科の常緑高木。台湾のもの。
¶野生1（p73/カ写）

**タイワンオヒゲシバ** ⇒ムラサキシマヒゲシバを
見よ

**タイワンカモノハシ** *Ischaemum aristatum* var.
*aristatum* 台湾鴨の嘴
イネ科キビ亜科の多年草。高さは30〜60cm。
¶桑イネ（p283/モ図）
　野生2（p87）

**タイワンカワラケツメイ** *Chamaecrista*
*leschenaultiana* 台湾河原決明
マメ科ジャケツイバラ亜科の一年草または多年草,
ときに半低木状。高さは30〜150cm。
¶野生2（p250）

**タイワンカンスゲ** *Carex longistipes*
カヤツリグサ科の多年草。別名ナンブスゲ。
¶カヤツリ（p412/モ図）
　スゲ増（No.225/カ写）
　野生1（p325/カ写）

**タイワンキクモ** ⇒コキクモを見よ

**タイワンキジョラン** *Marsdenia formosana*
キョウチクトウ科の常緑つる性多年草。葉は卵形ま
たは狭卵形。
¶野生4（p313）

**タイワンキバナアツモリソウ** *Cypripedium segawai*
ラン科の草本。高さは20〜30cm。
¶山野草（No.1675/カ写）

**タイワンクグ** ⇒シマクグを見よ

**タイワンクズ** *Pueraria montana*
マメ科マメ亜科のつる性多年草。
¶野生5（p291/カ写）

**タイワンクマガイソウ** *Cypripedium formosanum*
台湾熊谷草
ラン科の草本。高さは30〜40cm。
¶山野草（No.1659/カ写）

**タイワンクリハラン** *Leptochilus hemionitideus*
ウラボシ科の常緑性シダ。別名ヘビノキシノブ。葉
身は長さ20〜60cm, 長楕円形〜長楕円状披針形。
¶シダ標2（p460/カ写）

**タイワングルミ** *Juglans cathayensis*
クルミ科の落葉高木。高さは20〜25m。
¶野生3（p103）

**タイワンコウゾリナ** *Blumea oblongifolia*
キク科キク亜科の一年草。
¶野生5（p351）

**タイワンコウホネ** *Nuphar shimadae*
スイレン科の水草。

タイワンコ

¶野生1 (p47)

**タイワンコショウノキ** *Daphne kiusiana* var.
*atrocaulis*
ジンチョウゲ科の常緑小低木。
¶野生4 (p38)

**タイワンコナラ** *Quercus serrata* var.*brevipetilata*
台湾木楢
ブナ科の落葉高木。葉柄が3〜4mm。
¶野生3 (p96)

**タイワンコマツナギ** *Indigofera tinctoria*
マメ科マメ亜科の半低木, 薬用植物。翼弁は赤色,
旗弁と龍骨弁は緑褐色。
¶野生2 (p274)

**タイワンコモチシダ** ⇒ハチジョウカグマを見よ

**タイワンサイトウガヤ** *Calamagrostis brachytricha*
var.*ciliata* 台湾西塔芽
イネ科イチゴツナギ亜科の多年草。
¶野生2 (p49)

**タイワンサギゴケ** *Staurogyne concinnula*
キツネノマゴ科の草本。
¶野生5 (p171/カ写)

**タイワンザクラ** ⇒カンヒザクラを見よ

**タイワンササキビ** *Ichnanthus pallens* var.*major* 台
湾笹黍
イネ科キビ亜科の一年草。高さは15〜50cm。
¶桑イネ (p274/モ図)
　新分牧 (No.1193/モ図)
　新牧日 (No.3822/モ図)
　野生2 (p86/カ写)

**タイワンサルスベリ** ⇒シマサルスベリを見よ

**タイワンシオジ** ⇒シマトネリコを見よ

**タイワンシシガシラ** ⇒ハクウンシダを見よ

**タイワンシシンラン** *Lysionotus apicidens* 台湾石
弔蘭
イワタバコ科の小低木。岩上や樹幹などに着生。
¶野生5 (p69/カ写)

**タイワンシノブ** ⇒シノブを見よ

**タイワンジュウモンジシダ** *Polystichum hancockii*
オシダ科の常緑性シダ。別名シマジュウモンジシダ,
ハゴロモジュウモンジシダ。葉身は長さ15〜35cm。
¶シダ標2 (p414/カ写)

**タイワンショウキラン** *Acanthephippium sylhetense*
ラン科の多年草。高さは15cm。花は黄白色。
¶野生1 (p181/カ写)

**タイワンスギ** *Taiwania cryptomerioides* 台湾杉
ヒノキ科 (スギ科) の常緑高木。別名アサン。高さ
は50m。樹皮は赤褐色。
¶APG原樹 (No.78/カ図)
　新分牧 (No.46/モ図)
　野生1 (p38/カ写)

**タイワンスゲ** *Carex formosensis*
カヤツリグサ科の多年草。別名オオミヤマカンス
ゲ, キイルンスゲ。
¶カヤツリ (p274/モ図)

スゲ増 (No.138/カ写)
野生1 (p317/カ写)

**タイワンスベリヒユ** *Portulaca quadrifida*
スベリヒユ科の多年草。葉は倒卵形。
¶野生4 (p151)

**タイワンセンダン** ⇒センダンを見よ

**タイワンソクズ** *Sambucus chinensis* var.*formosana*
ガマズミ科 [レンプクソウ科] (スイカズラ科) の
草本。
¶野生5 (p403/カ写)

**タイワンタイトゴメ** ⇒コゴメマンネングサを見よ

**タイワンチドメグサ** *Hydrocotyle pseudoconferta*
台湾血止草
ウコギ科の草本。チドメグサに似る。
¶野生5 (p380)

**タイワンツクバネウツギ** *Abelia chinensis* var.
*ionandra*
スイカズラ科の木本。花は白色。
¶新分牧 (No.4368/モ図)
　新牧日 (No.2843/モ図)
　野生5 (p414/カ写)

**タイワンツナソ** *Corchorus olitorius*
アオイ科 (シナノキ科) の一年草。別名シマツナソ,
モロヘイヤ。
¶学有毒 [モロヘイヤ] (p167/カ写)
　帰化写改 (p179/カ写)
　原牧2 (No.655/カ写)
　新分牧 (No.2651/カ図)
　新牧日 (No.1723/モ図)
　牧野ス2 (No.2500/カ図)
　野生4 (p25/カ写)

**タイワンツルギキョウ** ⇒タンゲブを見よ

**タイワンニガナ** *Lactuca formosana*
キク科キクニガナ亜科の越年草。
¶野生5 (p282)

**タイワンニシキソウ** ⇒シマニシキソウを見よ

**タイワンニンジンボク** *Vitex negundo* 台湾人参木
クマツヅラ科の低木。高さは5m。花は淡紫色。葉
裏は粉白。
¶山力樹木 (p661/カ写)

**タイワンヌルデ** *Rhus javanica* var.*javanica*
ウルシ科の落葉小高木。別名タイワンフシノキ, ハ
ネナシヌルデ。
¶野生3 (p282)

**タイワンノコギリシダ** ⇒オオミミガタシダを見よ

**タイワンバイカカラマツ** *Thalictrum urbainii* 台
湾梅花唐松
キンポウゲ科の草本。別名タカサゴカラマツ。高さ
は10〜30cm。
¶山野草 (No.0295/カ写)

**タイワンハギ** *Lespedeza thunbergii* subsp.*formosa*
マメ科マメ亜科の草本。ミヤギノハギの亜種, 台湾
と中国南西部に自生。
¶野生2 (p279)

タイワンハグロソウ　*Peristrophe bivalvis*
キツネノマゴ科の多年草。茎は長さ1〜1.5m。花は淡紅色。
¶帰化写2（p434/カ写）

タイワンハシゴシダ　*Thelypteris castanea*
ヒメシダ科のシダ植物。
¶シダ標1（p436/カ写）
　山レ増（p649/カ写）

タイワンハチジョウナ　*Sonchus wightianus*
キク科キクニガナ亜科の多年草。高さは10〜60cm。花は黄色。
¶帰化写改（p390/カ写）
　植調（p145/カ写）
　野生5（p285）

タイワンハナイカダ　⇒リュウキュウハナイカダを見よ

タイワンハマオモト　*Crinum asiaticum* var. *sinicum*
ヒガンバナ科の多年草。
¶野生1（p243）

タイワンハマサジ　*Limonium sinense*
イソマツ科の多年草。高さは30〜50cm。花は黄色。
¶野生4（p82）

タイワンハリガネワラビ　*Thelypteris uraiensis*
ヒメシダ科の常緑性シダ。葉身は長さ15〜30cm, 三角状長卵形〜披針形。
¶シダ標1（p433/カ写）

タイワンヒメクグ　⇒アイダクグを見よ

タイワンヒメコバンノキ　⇒オオシマコバンノキを見よ

タイワンヒメワラビ　*Acrophorus nodosus*
オシダ科の常緑性シダ。葉身は長さ1m, 三角状長楕円形。
¶シダ標2（p365/カ写）
　山レ増（p661/カ写）

タイワンヒヨドリ　*Eupatorium formosanum*　台湾鵯
キク科キク亜科の多年草。別名タイワンヒヨドリバナモドキ。高さは30cm〜1m。花は白色。
¶原牧2〔タイワンヒヨドリバナ〕（No.1918/カ図）
　新分牧〔タイワンヒヨドリバナ〕（No.4315/モ図）
　新牧日〔タイワンヒヨドリバナ〕（No.2956/モ図）
　牧野ス2〔タイワンヒヨドリバナ〕（No.3763/カ図）
　野生5（p367/カ写）

タイワンヒヨドリバナ　⇒タイワンヒヨドリを見よ

タイワンヒヨドリバナモドキ　⇒タイワンヒヨドリを見よ

タイワンビロードシダ　⇒ビロードシダを見よ

タイワンフシノキ　⇒タイワンヌルデを見よ

タイワンヘゴ　⇒ヘゴを見よ

タイワンホウビシダ　*Hymenasplenium apogamum*
チャセンシダ科のシダ植物。
¶シダ標1（p419/カ写）

タイワンホトトギス　*Tricyrtis formosana*　台湾杜鵑草
ユリ科の多年草。観賞用によく栽培される。高さは30〜50cm。花は紫紅色。
¶山野草（No.1536/カ写）
　茶花下（p367/カ写）
　野生1（p176/カ写）
　山ハ野花（p51/カ写）

タイワンマダケ　*Phyllostachys makinoi*
イネ科タケ亜科のタケ。高さは2〜7m。
¶タケ亜科（No.13/カ写）
　タケササ（p28/カ写）

タイワンマツ　⇒ガジュマルを見よ

タイワンミヤマトベラ　*Euchresta formosana*
マメ科マメ亜科の木本。別名リュウキュウミヤマトベラ。高さは1.5m。
¶新分牧（No.1647/モ図）
　野生2（p267/カ写）
　山レ増（p298/カ写）

タイワンヤノネスミレ　⇒リュウキュウシロスミレを見よ

タイワンヤマイ　*Schoenoplectiella wallichii*
カヤツリグサ科の多年草。高さは15〜40cm。
¶カヤツリ（p672/モ図）
　植調（p31/カ写）
　新分牧（No.956/モ図）
　新牧日（No.3993/モ図）
　野生1（p356/カ写）

タイワンヤマツツジ　*Rhododendron simsii*　台湾山躑躅
ツツジ科ツツジ亜科の木本。別名シナヤマツツジ, トウサツキ。
¶野生4（p243/カ写）
　山力樹木（p562/カ写）

タイワンヤマツバキ[1]　⇒ホウザンツバキ[1]を見よ

タイワンヤマツバキ[2]　⇒ヤブツバキを見よ

タイワンヤマモガシ　*Helicia formosana*
ヤマモガシ科の常緑高木。葉は長楕円形〜卵状長楕円形。
¶野生2（p177）

タイワンユサン　⇒アブラスギを見よ

タイワンユリ　⇒タカサゴユリを見よ

タイワンルリソウ　*Cynoglossum lanceolatum* var. *formosanum*
ムラサキ科ムラサキ亜科の草本。
¶野生5（p53/カ写）

タイワンルリミノキ　*Lasianthus hirsutus*
アカネ科の木本。
¶野生4（p279/カ写）

タウコギ　*Bidens tripartita*　田五加木
キク科キク亜科の一年草。高さは20〜150cm。
¶学フ増野秋（p92/カ写）
　原牧2（No.2016/カ図）
　植調（p63/カ写）

新分牧（No.4272/モ図）
新牧日（No.3055/モ図）
牧野ス2（No.3861/カ図）
野生5（p357/カ写）
山カ野草（p84/カ写）
山ハ野花（p576/カ写）

**タウンセンディア・インカナ** *Townsendia incana*
キク科の多年草。高さは2〜8cm。
¶山野草（No.1272/カ写）

**タウンセンディア・フォルモーサ** *Townsendia formosa*
キク科の草本。高さは30〜60cm。花は白色。
¶山野草（No.1273/カ写）

**ダエダレア・クエルキナ** *Daedalea quercina*
ツガサルノコシカケ科のキノコ。傘は白黄色〜淡灰色，傘の径最大2cm。
¶原きの〔Oak mazegill（オークの迷路ひだ）〕（No.342/カ写・カ図）

**タオヤメ** *Cerasus lannesiana* 'Taoyame' 手弱女
バラ科の落葉小高木。サクラの栽培品種。花は微淡紅色。
¶学フ増桜〔'手弱女'〕（p141/カ写）

**タカアザミ** *Cirsium pendulum* 高薊
キク科アザミ亜科の二年草。別名エゾノタカアザミ。高さは1〜2m。
¶原牧2（No.2164/カ図）
新分牧（No.3952/モ図）
新牧日（No.3196/モ図）
牧野ス2（No.4009/カ図）
野生5（p223/カ写）
山カ野草（p88/カ写）
山ハ野花（p590/カ写）

**タカアシサイシン** ⇒サルマ・ヘンリーを見よ

**タカウラボシ** *Microsorum rubidum* 高裏星
ウラボシ科の常緑性シダ。別名ミズカザリシダ。葉身は長さ1m弱，長楕円形。
¶シダ標2（p458/カ写）
新分牧（No.4796/モ図）
新牧日（No.4663/モ図）
山レ増（p634/カ写）

**タカオイノデ** *Polystichum×takaosanense*
オシダ科のシダ植物。
¶シダ標2（p416/カ写）

**タカオオオスズムシラン** *Cryptostylis taiwaniana*
ラン科の常緑の多年草。西表島から台湾・フィリピンに自生。
¶野生1（p191）

**タカオカエデ** *Acer palmatum*
ムクロジ科（カエデ科）の落葉高木。別名カエデ，モミジ，イロハカエデ，イロハモミジ，タカオモミジ，ヤマモミジ（園芸名），コハモミジ。高さは10〜15m。樹皮は灰褐色。
¶APG原樹〔イロハモミジ〕（No.903/カ図）
学フ増樹〔イロハモミジ〕（p9/カ写・カ図）
原牧2（No.521/カ図）
新分牧（No.2562/モ図）

新牧日（No.1563/モ図）
茶花上〔いろはもみじ〕（p234/カ写）
都木花新〔イロハカエデ〕（p183/カ写）
牧野ス2（No.2366/カ図）
野生3〔イロハモミジ〕（p288/カ写・モ図）
山ハ樹木〔イロハモミジ〕（p429/カ写）

**タカオキョウカツ** ⇒シシウドを見よ

**タカオシケチシダ** ⇒シケチシダを見よ

**タカオスミレ** *Viola yezoensis f.discolor*
スミレ科の草本。
¶ミニ山（p190/カ写）

**タカオバレンガヤ** ⇒ハマガヤを見よ

**タカオヒゴタイ** *Saussurea sinuatoides* 高尾平江帯
キク科アザミ亜科の多年草。日本固有種。高さは35〜60cm。
¶原牧2（No.2208/カ図）
固有（p148）
新分牧（No.4005/モ図）
新牧日（No.3240/モ図）
牧野ス2（No.4053/カ図）
野生5（p268/カ写）
山ハ山花（p564/カ写）

**タカオフウロ** *Geranium wilfordii* var.*chinense* 高尾風露
フウロソウ科の多年草。花柄や萼片の外面に開出毛がある。
¶野生3（p251）

**タカオホロシ** *Solanum japonense* var.*takaoyamense*
ナス科の多年草。
¶原牧2（No.1477/カ図）
新分牧（No.3484/モ図）
新牧日（No.2653/モ図）
牧野ス2（No.3323/カ図）
野生5（p43）

**タカオミサキカグマ** ⇒サクライカグマを見よ

**タカオムシタケ** *Cordyceps obliqua*
ノムシタケ科の冬虫夏草。宿主はガの蛹。
¶冬虫生態（p82/カ写）

**タカオモミジ** ⇒タカオカエデを見よ

**タカキビ** ⇒モロコシを見よ

**タガクシュサ** *Prunus mume* 'Tagaku-shusa' 多愕朱砂
バラ科。ウメの品種。李系ウメ，紅材性八重。
¶ウメ〔多愕朱砂〕（p117/カ写）

**タカクマイワヘゴ** ⇒イヌワカナシダを見よ

**タカクマキガンピ** *Diplomorpha×ohsumiensis*
ジンチョウゲ科の木本。
¶野生4（p40）

**タカクマキジノオ** ⇒イワヘゴを見よ

**タカクマソウ** *Sciaphila tenella*
ホンゴウソウ科の草本。
¶野生1（p151/カ写）

**タカクマヒキオコシ** *Isodon shikokianus* var. *intermedius* 高隈引起こし
シソ科シソ亜科〔イヌハッカ亜科〕の多年草。日本固有種。高さは40〜70cm。
¶固有(p123)
 山野草(No.1022/カ写)
 野生5(p143/カ写)
 山力野草(p230/カ写)
 山ハ山花(p438/カ写)

**タカクマホトトギス** *Tricyrtis flava* subsp. *ohsumiensis* 高隈杜鵑草
ユリ科の多年草。日本固有種。高さは20〜50cm。花は黄色。
¶固有(p159)
 野生1(p177)
 山ハ山花(p84/カ写)
 山レ増(p590/カ写)

**タカクマミツバツツジ** *Rhododendron viscistylum*
ツツジ科ツツジ亜科の木本。日本固有種。
¶固有(p107)
 野生4(p247/カ写)
 山レ増(p214/カ写)

**タカクマムラサキ** *Callicarpa longissima*
シソ科(クマツヅラ科)の木本。別名ナガバムラサキ。
¶野生5(p105/カ写)

**タカサゴ**(1) *Cerasus*×*sieboldii* 'Caespitosa' 高砂
バラ科の落葉小高木。サクラの栽培品種。
¶学フ増桜〔'高砂'〕(p176/カ写)

**タカサゴ**(2) *Prunus mume* 'Takasago' 高砂
バラ科。ウメの品種。杏系ウメ、豊後性八重。
¶ウメ〔高砂〕(p141/カ写)

**タカサゴ**(3) ⇒ナデンを見よ

**タカサゴアザミ** ⇒ノアザミを見よ

**タカサゴイチビ** *Abutilon indicum* subsp. *indicum*
アオイ科の多年草。高さは0.5〜2.5m。花は黄色または橙黄色。
¶野生4(p24)

**タカサゴイヌワラビ** *Athyrium silvicola*
メシダ科の常緑性草本。別名キノクニイヌワラビ。
¶シダ標2(p300/カ写)
 山レ増(p644/カ写)

**タカサゴカラマツ** ⇒タイワンバイカカラマツを見よ

**タカサゴキジノオ** *Plagiogyria adnata* var. *adnata*
キジノオシダ科の常緑性シダ。葉身の長さは15〜50cm。
¶シダ標1(p340/カ写)
 新分牧(No.4553/モ図)
 新牧日(No.4432/モ図)

**タカサゴコウゾリナ** *Blumea hieraciifolia*
キク科キク亜科の多年草。
¶野生5(p350/カ写)

**タカサゴコバンノキ** ⇒オオシマコバンノキを見よ

**タカサゴサギソウ** *Peristylus formosana*
ラン科の草本。
¶野生1(p219)

**タカサゴシダ** *Dryopteris formosana*
オシダ科の常緑性シダ。別名キンキヌカイタチシダ。葉身は長さ30〜50cm、卵状三角形または五角状。
¶シダ標2(p368/カ写)

**タカサゴシラタマ** *Saurauia tristyla* var. *oldhamii*
マタタビ科の木本。別名ヤエヤマシラタマ。
¶野生4(p221/カ写)

**タカサゴソウ** *Ixeris chinensis* subsp. *strigosa* 高砂草
キク科キクニガナ亜科の多年草。高さは20〜50cm。
¶原牧2(No.2257/カ図)
 新分牧(No.4041/モ図)
 新牧日(No.3285/モ図)
 牧野ス2(No.4102/カ図)
 野生5(p280/カ写)
 山力野草(p117/カ写)
 山ハ野花(p605/カ写)
 山レ増(p10/カ写)

**タカサゴトキンソウ** ⇒イガトキンソウを見よ

**タカサゴノコギリシダ** ⇒ヒロハミヤマノコギリシダを見よ

**タカサゴノチドメ** *Hydrocotyle batrachium*
ウコギ科の匍匐性の多年草。ノチドメに似る。葉柄は0.5〜5cm。
¶野生5(p380/カ写)

**タカサゴヒラテンツキ** ⇒ノテンツキを見よ

**タカサゴフヨウ** ⇒ヤノネボンテンカを見よ

**タカサゴマンネングサ** ⇒ハママンネングサを見よ

**タカサゴヤガラ** *Eulophia dentata*
ラン科の地生の多年草。
¶野生1(p200/カ写)

**タカサゴユリ** *Lilium formosanum* 高砂百合
ユリ科の多年草。別名ホソバテッポウユリ、シンテッポウユリ、タイワンユリ、スジテッポウユリ。高さは30〜150cm。花は白色。
¶色野草(p95/カ写)
 帰化写改(p406/カ写)
 原牧1〔タイワンユリ〕(No.346/カ図)
 植調(p277/カ写)
 茶花下(p225/カ写)
 牧野ス1〔タイワンユリ〕(No.346/カ図)

**タカサブロウ** *Eclipta thermalis* 高三郎
キク科キク亜科の一年草。別名モトタカサブロウ。高さは10〜60cm。
¶学フ増野秋(p138/カ写)
 帰化写改(p350/カ写, p513/カ写)
 原牧2(No.2022/カ写)
 植調(p64/カ写)
 新分牧(No.4285/モ図)
 新牧日(No.3061/モ図)
 茶花下(p108/カ写)

牧野ス2（No.3867/カ図）
野生5（p358/写）
山力野草（p84/カ写）
山ハ野花（p571/カ写）

**タカスソウ** *Hylotelephium takasui*
ベンケイソウ科の草本。
¶山野草（No.0506/カ写）

**タガソデソウ** *Cerastium pauciflorum* var.*amurense*
誰袖草
ナデシコ科の多年草。高さは30〜50cm。
¶原牧2（No.885/カ図）
新分牧（No.2946/モ図）
新牧日（No.357/モ図）
牧野ス2（No.2730/カ図）
ミニ山（p28/カ写）
野生4（p110/カ写）
山ハ山花（p261/カ写）
山レ増（p422/カ写）

**タカタデ** ⇒センニンソウを見よ

**タカチホイノデ** *Polystichum igaense* × *P. ovatopaleaceum* var.*ovatopaleaceum*
オシダ科のシダ植物。
¶シダ標2（p417/カ写）

**タカチホイワヘゴ** *Dryopteris* × *takachihoensis*
オシダ科のシダ植物。
¶シダ標2（p376/カ写）

**タカチホウツギ** ⇒マルバコウツギを見よ

**タカツルラン** *Erythrorchis altissima*
ラン科のつる性植物。無葉緑、菌根性、全株赤橙色，茎は径5mm。
¶野生1（p200/カ写）
山レ増（p495/カ写）

**タカトウダイ** *Euphorbia lasiocaula* 高灯台
トウダイグサ科の多年草。高さは20〜80cm。
¶学フ増野夏（p183/カ写）
原牧2（No.252/カ図）
新分牧（No.2412/モ図）
新牧日（No.1470/モ図）
茶花上（p541/カ写）
牧野ス1（No.2097/カ図）
野生3（p154/カ写）
山力野草（p364/カ写）
山ハ野花（p336/カ写）
山ハ山花（p323/カ写）

**タカトクサ** ⇒イヌドクサを見よ

**タカナ** *Brassica juncea* var.*integrifolia* 高菜
アブラナ科の葉菜類。別名オオバガラシ，オオナ。
¶原牧2（No.699/カ図）
新分牧（No.2789/モ図）
新牧日（No.820/モ図）
牧野ス2（No.2544/カ図）

**タカナタナメ** *Canavalia cathartica* 高鉈豆
マメ科マメ亜科のつる性多年草。花が淡紅色または藤色。
¶野生2（p260/カ写）

**タカナベイ** ⇒ニセコウガイゼキショウを見よ

**タカネ** *Calanthe* × *striata*
ラン科の多年草。別名ソノエビネ。花は鮮黄色または黄褐色。
¶原牧1（No.457/カ図）
新分牧（No.491/モ図）
新牧日（No.4331/モ図）
牧野ス1（No.457/カ図）

**タカネアオチドリ** *Coeloglossum viride* var.*akaishimontanum* 高嶺青千鳥
ラン科の多年草。
¶山ハ高山（p34/カ写）

**タカネアオヤギソウ** *Veratrum maackii* var.*longibracteatum* 高嶺青柳草
シュロソウ科（ユリ科）の多年草。別名クモイアオヤギソウ。
¶学フ増高山（p236/カ写）
原牧1（No.303/カ図）
新分牧（No.349/モ図）
新牧日（No.3380/モ図）
牧野ス1（No.303/カ図）
山力野草（p607/カ写）
山ハ高山（p18/カ写）

**タカネイ** *Juncus triglumis* 高嶺藺
イグサ科の多年草。高さは5〜15cm。
¶原牧1（No.690/カ図）
新分牧（No.727/モ図）
新牧日（No.3580/モ図）
牧野ス1（No.690/カ図）
野生1（p290/カ写）
山レ増（p566/カ写）

**タカネイチゴツナギ** ⇒ミヤマイチゴツナギを見よ

**タカネイチョウゴケ** *Lophozia silvicoloides*
ツボミゴケ科のコケ植物。日本固有種。
¶固有（p221）

**タカネイバラ** ⇒タカネバラを見よ

**タカネイブキボウフウ** *Libanotis coreana* var.*alpicola* 高嶺伊吹防風
セリ科セリ亜科の多年草。日本固有種。別名タカネボウフウ。
¶学フ増高山（p179/カ写）
固有（p98）
野生5（p396/カ写）
山力野草（p312/カ写）
山ハ高山（p352/カ写）

**タカネイワヤナギ** *Salix nakamurana* subsp.*nakamurana* 高嶺岩柳
ヤナギ科の落葉匍匐低木。別名レンゲイワヤナギ，オオマルバヤナギ，ホソバタカネイワヤナギ，タカネヤナギ。本州中部の高山に分布。
¶**APG**原樹〔レンゲイワヤナギ〕（No.833/カ図）
原牧2（No.316/カ図）
新分牧（No.2393/モ図）
新牧日（No.106/モ図）
牧野ス1（No.2161/カ図）
野生3〔レンゲイワヤナギ〕（p193/カ写）

山カ樹木〔レンゲイワヤナギ〕(p94/カ写)
山ハ高山〔レンゲイワヤナギ〕(p175/カ写)

**タカネウシノケグサ** *Festuca ovina* var.*tateyamensis*
イネ科イチゴツナギ亜科の草本。
¶野生2(p53/カ写)

**タカネウスユキソウ**(1) ⇒タカネヤハズハハコを
見よ

**タカネウスユキソウ**(2) ⇒ミネウスユキソウを見よ

**タカネウメバチソウ** ⇒ヒメウメバチソウを見よ

**タカネウラベニイロガワリ** *Boletus frostii*
イグチ科のキノコ。
¶原きの(No.301/カ写・カ図)

**タカネエゾムギ** *Elymus yubaridakensis*
イネ科イチゴツナギ亜科の多年草。日本固有種。
¶桑イネ(p213/モ図)
固有(p165)
野生2(p51/カ写)

**タカネオウギ** ⇒リシリゲンゲを見よ

**タカネオオヤマザクラ** *Cerasus*×*kubotana* 高嶺大
山桜
バラ科シモツケ亜科の落葉高木。オオヤマザクラと
タカネザクラの自然雑種と推定される。
¶野生3(p67)

**タカネオトギリ** *Hypericum sikokumontanum* 高嶺
弟切
オトギリソウ科の草本。日本固有種。
¶固有(p64/カ写)
茶花下(p226/カ写)
野生3(p240/カ写)
山ハ高山(p194/カ写)
山ハ山花(p327/カ写)

**タカネオミナエシ** ⇒チシマキンレイカを見よ

**タカネカニツリ**(1) ⇒ミヤマカニツリを見よ

**タカネカニツリ**(2) ⇒リシリカニツリを見よ

**タカネカワラマツバ** ⇒キバナカワラマツバを見よ

**タカネキスミレ** ⇒タカネスミレを見よ

**タカネキタアザミ** ⇒ウスユキトウヒレンを見よ

**タカネキヌメリガサ** *Hygrophorus speciosus*
ヌメリガサ科のキノコ。
¶原きの(No.137/カ写・カ図)

**タカネキンポウゲ** *Ranunculus altaicus* subsp.
*shinanoalpinus* 高嶺金鳳花
キンポウゲ科の草本。日本固有種。高さは8〜
15cm。
¶原牧1(No.1277/カ図)
固有(p53/カ写)
新分牧(No.1387/モ図)
新牧日(No.600/モ図)
牧野ス1(No.1277/カ図)
野生2(p157/カ写)
山カ野草(p468/カ写)
山ハ高山(p85/カ写)

山レ増(p383/カ写)

**タカネクロゴケ** ⇒クロゴケを見よ

**タカネクロスゲ** *Scirpus maximowiczii* 高嶺黒菅
カヤツリグサ科の多年草。別名ミヤマワタスゲ。高
さは15〜40cm。
¶カヤツリ(p652/モ図)
原牧1(No.738/モ図)
新分牧(No.761/モ図)
新牧日(No.3986/モ図)
牧野ス1(No.738/カ図)
野生1(p359/カ写)
山レ増(p523/カ写)

**タカネグンナイフウロ** *Geranium onoei* var.*onoei* f.
*alpinum* 高嶺郡内風露
フウロソウ科の多年草。高さは20〜50cm。
¶学フ増高山(p30/カ写)
山野草(No.0654/カ写)
山カ野草(p372/カ写)
山ハ高山(p169/カ写)

**タカネグンバイ** *Noccaea cochleariformis* 高嶺軍配
アブラナ科の多年草。別名テンググンバイ、シャク
シナズナ。高さは8〜20cm。
¶原牧2(No.685/カ写)
山野草(No.0485/カ写)
新分牧(No.2761/モ図)
新牧日(No.806/モ図)
牧野ス2(No.2530/カ写)
野生4(p67/カ写)
山カ野草(p445/カ写)
山ハ高山(p245/カ写)
山レ増(p343/カ写)

**タカネコウゾリナ** ⇒カンチコウゾリナを見よ

**タカネコウボウ** *Anthoxanthum horsfieldii* var.
*japonicum* 高嶺香茅
イネ科イチゴツナギ亜科の多年草。日本固有種。別
名シラネコウボウ。高さは25〜70cm。
¶桑イネ(p64/モ図)
原牧1(No.965/カ図)
固有(p168/カ写)
新分牧(No.1084/モ図)
新牧日(No.3753/モ図)
牧野ス1(No.965/カ図)
野生2(p43/カ写)
山ハ高山(p73/カ写)

**タカネコウリンカ** *Tephroseris takedana* 高嶺高輪花
キク科キク亜科の多年草。日本固有種。高さは20
〜40cm。
¶学フ増高山(p126/カ写)
原牧2(No.2118/カ写)
固有(p145)
新分牧(No.4079/モ図)
新牧日(No.3148/モ図)
牧野ス2(No.3963/カ図)
野生5(p311/カ写)
山カ野草(p59/カ写)
山ハ高山(p392/カ写)

タカネコウ　　　　　　　　　　448

山レ増（p31/カ写）

**タカネコウリンギク**　*Tephroseris flammea* subsp. *flammea*
キク科キク亜科の草本。
¶野生5（p312）
山レ増（p30/カ写）

**タカネコゲノリ**　*Umbilicaria cylindrica*
イワタケ科の地衣類。地衣体背面は灰褐色。
¶原きの（No.598/カ写・カ図）

**タカネコメススキ**　*Vahlodea atropurpurea* subsp. *paramushirensis*　高嶺米薄
イネ科イチゴツナギ亜科の多年草。
¶野生2（p65）

**タカネゴヨウ**　*Pinus armandii* var.*mastersiana*
マツ科の常緑高木。台湾から中国に分布。
¶野生1（p32）

**タカネコンギク**　*Aster viscidulus* var.*alpinus*　高嶺紺菊
キク科キク亜科。日本固有種。
¶固有（p146）
野生5（p318/カ写）

**タカネサギソウ**　*Platanthera mandarinorum* subsp. *maximowicziana* var.*maximowicziana*　高嶺鷺草
ラン科の多年草。
¶原牧1（No.396/カ図）
新分牧（No.464/モ図）
新牧日（No.4270/モ図）
牧野ス1（No.396/カ図）
野生1（p223/カ写）
山ハ高山（p36/カ写）

**タカネザクラ**　⇒ミネザクラを見よ

**タカネサトメシダ**　*Athyrium pinetorum*　高嶺里雌羊歯
メシダ科（オシダ科，イワデンダ科）の夏緑性シダ。日本固有種。葉身は長さ35cm，三角形〜広卵状三角形。
¶固有（p204）
シダ標2（p300/カ写）
新分牧（No.4707/カ写）
新牧日（No.4595/モ図）

**タカネシオガマ**　*Pedicularis verticillata*　高嶺塩竈
ハマウツボ科（ゴマノハグサ科）の一年草。別名ユキワリシオガマ。高さは5〜20cm。
¶学フ増高山（p63/カ写）
原牧2（No.1774/カ図）
新分牧（No.3857/モ図）
新牧日（No.2756/モ図）
牧野ス2（No.3619/カ図）
野生5（p159/カ写）
山力野草（p193/カ写）
山ハ高山（p326/カ写）

**タカネシダ**　*Polystichum lachenense*　高嶺羊歯
オシダ科の夏緑性シダ。別名クモマシダ。葉身は長さ5〜20cm，線形〜線状披針形。
¶シダ標2（p409/カ写）
新分牧（No.4719/モ図）

新牧日（No.4500/モ図）
山レ増（p653/カ写）

**タカネシバスゲ**　*Carex capillaris*　高嶺芝菅
カヤツリグサ科の多年草。
¶カヤツリ（p440/モ図）
新分牧（No.904/モ図）
新牧日（No.4190/モ図）
スゲ増（No.244/カ図）
野生1（p326/カ写）

**タカネシボリ**　⇒アケボノ(3)を見よ

**タカネシモフリゴケ**　⇒シモフリゴケを見よ

**タカネシュロソウ**　*Veratrum maackii* var.*japonicum* f.*atropurpureum*　高嶺棕櫚草
ユリ科の多年草。別名ムラサキタカネアオヤギソウ。高さは20〜40cm。花は紫褐色。
¶山ハ高山（p18/カ写）

**タカネショウジョウスゲ**　⇒ショウジョウスゲを見よ

**タカネスイバ**　*Rumex alpestris* subsp.*lapponicus*　高嶺酸葉
タデ科の多年草。高さは30〜80cm。
¶原牧2（No.786/カ図）
新分牧（No.2828/モ図）
新牧日（No.248/モ図）
牧野ス2（No.2631/カ図）
野生4（p102/カ写）
山力野草（p534/カ写）
山ハ高山（p132/カ写）

**タカネスギカズラ**(1)　*Lycopodium annotinum* var. *acrifolium*　高嶺杉蔓
ヒカゲノカズラ科のシダ植物。高さは5〜15cm。
¶山ハ高山（p460/カ写）

**タカネスギカズラ**(2)　⇒スギカズラを見よ

**タカネスゲ**　⇒イワスゲを見よ

**タカネスジゴケ**　*Riccardia subalpina*
スジゴケ科のコケ植物。日本固有種。
¶固有（p225）

**タカネススメノヒエ**　*Luzula oligantha*　高嶺雀の稗
イグサ科の多年草。別名タカネスズメノヤリ。高さは10〜20cm。
¶原牧1（No.694/カ図）
新分牧（No.731/モ図）
新牧日（No.3584/モ図）
牧野ス1（No.694/カ図）
野生1（p293/カ写）
山力野草（p644/カ写）
山ハ高山（p57/カ写）

**タカネススメノヤリ**　⇒タカネススメノヒエを見よ

**タカネスミレ**　*Viola crassa*　高嶺菫
スミレ科の多年草。別名タカネキスミレ。高さは5〜12cm。花はオレンジイエロー。
¶学フ増高山（p105/カ写）
原牧2（No.326/カ図）
山野草（No.0693/カ写）

新分牧（No.2311/モ図）
新牧日（No.1799/モ図）
牧野ス1（No.2171/カ図）
野生3（p212/カ写）
山カ野草（p356/カ写）
山ハ高山（p180/カ写）
山レ増（p247/カ写）

## タカネセンブリ　*Swertia tetrapetala* subsp.*micrantha* var.*chrysantha*　高嶺千振
リンドウ科の一年草〜越年草。日本固有種。別名ヤケイシセンブリ。
¶固有（p114）
野生4（p302/カ写）
山ハ高山（p298/カ写）

## タガネソウ　*Carex siderosticta*　鏨草
カヤツリグサ科の多年草。別名ササスゲ、ギョウジャソウ。高さは10〜40cm。葉が倒披針形。
¶学フ増野春（p234/カ写）
カヤツリ（p236/モ写）
原牧1（No.874/カ図）
山野草（No.1609/カ写）
新分牧（No.771/モ図）
新牧日（No.4179/モ図）
スゲ増（No.115/カ写）
牧野ス1（No.874/カ図）
野生1（p322/カ写）
山ハ山花（p178/カ写）

## タカネソモソモ　*Festuca takedana*　高嶺そもそも
イネ科イチゴツナギ亜科の草本。日本固有種。
¶固有（p164）
新分牧（No.1118/モ図）
新牧日（No.3685/モ図）
野生2（p53/カ写）
山レ増（p552/カ写）

## タカネタチイチゴツナギ　*Poa glauca* var.*glauca*
イネ科イチゴツナギ亜科の多年草。
¶野生2（p62/カ写）

## タカネタチツボスミレ　*Viola langsdorfii*　高嶺立壺菫, 高嶺立坪菫
スミレ科の多年草。オオバタチツボスミレに似る。花は淡紅紫色。
¶野生3（p223/カ写）

## タカネタンポポ　*Taraxacum yuparense*　高嶺蒲公英
キク科キクニガナ亜科の草本。日本固有種。別名ユウバリタンポポ。
¶固有（p147/カ写）
山野草（No.1329/カ写）
野生5〔ユウバリタンポポ〕（p287/カ写）
山カ野草（p110/カ写）
山ハ高山（p438/カ写）
山レ増（p6/カ写）

## タカネツキヌキゴケ　*Calypogeia neesiana* subsp.*subalpina*
ツキヌキゴケ科のコケ。日本固有種。白緑色〜黄緑色, 長さ2cm。
¶固有（p221）

## タカネツメクサ　*Minuartia arctica* var.*hondoensis*　高嶺爪草
ナデシコ科の多年草。日本固有種。高さは10cm以下。
¶学フ増高山（p136/カ写）
固有（p47）
野生4（p115/カ写）
山カ野草（p513/カ写）
山ハ高山（p134/カ写）

## タカネツリガネニンジン　⇒ハクサンシャジンを見よ

## タカネトウウチソウ　*Sanguisorba canadensis* subsp.*latifolia*　高嶺唐打草
バラ科バラ亜科の多年草。別名フデトウウチソウ。高さは30〜80cm。
¶学フ増高山（p166/カ写）
原牧1（No.1796/カ図）
新分牧（No.1992/モ図）
新牧日（No.1182/モ図）
茶花下（p226/カ写）
牧野ス1（No.1796/カ図）
野生3（p57/カ写）
山カ野草（p413/カ写）
山ハ高山（p220/カ写）

## タカネトリカブト　*Aconitum zigzag* subsp.*zigzag*　高嶺鳥兜
キンポウゲ科の草本。日本固有種。
¶学フ増高山（p16/カ写）
原牧1（No.1229/カ図）
固有（p56）
新分牧（No.1432/モ図）
新牧日（No.554/モ図）
牧野ス1（No.1229/カ図）
野生2（p129/カ写）
山ハ高山（p110/カ写）
山レ増（p404/カ写）

## タカネトンボ　*Platanthera chorisiana*　高嶺蜻蛉
ラン科の多年草。
¶原牧1（No.401/カ図）
新分牧（No.467/モ図）
新牧日（No.4273/モ図）
牧野ス1（No.401/カ図）
野生1（p222/カ写）
山ハ高山（p35/カ写）

## タカネナズナ　⇒クモマナズナ (1)を見よ

## タカネナデシコ　*Dianthus superbus* var.*speciosus*　高嶺撫子
ナデシコ科の多年草。別名オノナデシコ, クモイナデシコ。高さは20cm前後。
¶学フ増高山（p14/カ写）
原牧2（No.930/カ写）
山野草（No.0015/カ写）
新分牧（No.2971/モ図）
新牧日（No.402/モ図）
茶花下（p109/カ写）
牧野ス2（No.2775/カ図）
野生4（p113/カ写）

タカネナナ　　　　　450

山力野草 (p511/カ写)
山ハ高山 (p152/カ写)

**タカネナナカマド**　*Sorbus sambucifolia*　高嶺七竈
バラ科シモツケ亜科の落葉低木。別名オオミヤマナ
ナカマド, オオミナナカマド。高さは1～2m。花は
白で紅を帯びる。
　¶**APG原樹** (No.537/カ図)
　学フ増高山 (p167/カ写)
　原牧1 (No.1715/カ図)
　新分牧 (No.1907/モ図)
　新牧日 (No.1067/モ図)
　牧野ス1 (No.1715/カ図)
　野生3 (p84/カ写)
　山力樹木 (p340/カ写)
　山ハ高山 (p226/カ写)

**タカネナルコ**　*Carex siroumensis*　高嶺鳴子
カヤツリグサ科の多年草。別名タカネナルコスゲ。
　¶**カヤツリ** (p232/モ図)
　新分牧 (No.818/モ図)
　新牧日 (No.4072/モ図)
　スゲ増 (No.112/カ写)
　野生1 (p328/カ写)
　山ハ高山 (p60/カ写)

**タカネナルコスゲ**　⇒タカネナルコを見よ

**タカネナンバンハコベ**　*Silene baccifera* var. *baccifera*
ナデシコ科の多年草。種子の長さは約1.8mm。
　¶野生4 (p119)

**タカネニガナ**　*Ixeridium alpicola*　高嶺苦菜
キク科キクニガナ亜科の多年草。日本固有種。高さ
は7～17cm。
　¶**原牧2** (No.2254/カ写)
　固有 (p149)
　新分牧 (No.4038/モ図)
　新牧日 (No.3282/モ図)
　牧野ス2 (No.4099/カ写)
　野生5 (p279/カ写)
　山力野草 (p114/カ写)
　山ハ高山 (p440/カ写)

**タカネノガリヤス**　*Calamagrostis sachalinensis*　高
嶺野刈安
イネ科イチゴツナギ亜科の多年草。別名オノエノガ
リヤス, オノエガリヤス。
　¶桑イネ (p134/モ図)
　野生2 (p48/カ写)
　山ハ高山 (p76/カ写)

**タカネハナワラビ**　*Botrychium boreale*
ハナヤスリ科のシダ植物。
　¶シダ標1 (p291/カ写)

**タカネバラ**　*Rosa nipponensis*　高嶺薔薇
バラ科バラ亜科の落葉低木。別名タカネイバラ, ミ
ヤマハマナス。
　¶**APG原樹** (No.604/カ図)
　学フ増高山 (p25/カ写)
　原牧1 (No.1798/カ図)
　山野草 (No.0621/カ写)
　新分牧 (No.1993/モ図)

新牧日 (No.1184/モ図)
茶花下 〔たかねいばら〕(p109/カ写)
牧野ス1 (No.1798/カ図)
ミニ山 〔タカネイバラ〕(p143/カ写)
野生3 (p43/カ写)
山力樹木 (p250/カ写)
山ハ高山 (p224/カ写)

**タカネハリスゲ**　*Carex pauciflora*　高嶺針菅
カヤツリグサ科の多年草。別名ミガエリスゲ。
　¶**カヤツリ** (p66/モ図)
　原牧1 (No.792/カ図)
　新分牧 (No.775/モ図)
　新牧日 (No.4080/モ図)
　スゲ増 (No.9/カ写)
　牧野ス1 (No.792/カ図)
　野生1 (p301/カ写)

**タカネハンショウヅル**　*Clematis lasiandra*　高嶺半
鐘蔓
キンポウゲ科のつる性低木。別名ヒメハンショウヅ
ル。葉は2回3出複葉。
　¶**原牧1** (No.1305/カ図)
　新分牧 (No.1466/モ図)
　新牧日 (No.627/モ図)
　牧野ス1 (No.1305/カ図)
　野生2 (p143/カ写)
　山ハ山花 (p244/カ写)

**タカネヒカゲノカズラ**　*Lycopodium sitchense* var.
*nikoense*　高嶺日陰の蔓
ヒカゲノカズラ科の常緑性シダ。淡緑色。高さは3
～12cm。葉身は針状～線状披針形。
　¶**シダ標1** (p262/カ写)
　新分牧 (No.4816/モ図)
　新牧日 (No.4367/モ図)

**タカネヒゴタイ**　*Saussurea kaimontana*　高嶺平江帯
キク科アザミ亜科の多年草。日本固有種。別名ミヤ
マヒゴタイ。
　¶**学フ増高山** (p78/カ写)
　固有 (p148)
　野生5 (p264/カ写)
　山力野草 (p101/カ写)
　山ハ高山 (p420/カ写)

**タカネヒナゲシ**　⇒ミヤマヒナゲシを見よ

**タカネヒメスゲ**　*Carex melanocarpa*
カヤツリグサ科の多年草。
　¶**カヤツリ** (p384/モ図)
　スゲ増 (No.204/カ写)
　野生1 (p330/カ写)

**タカネビランジ**　*Silene akaisialpina*　高嶺ビランジ
ナデシコ科の多年草。日本固有種。
　¶**学フ増高山** (p15/カ写)
　固有 (p47)
　山野草 (No.0039/カ写)
　野生4 (p122/カ写)
　山力野草 (p524/カ写)
　山ハ高山 (p148/カ写)

**タカネヒレアザミ**　⇒エゾノミヤマアザミを見よ

**タカネフタバラン** *Neottia puberula* 高嶺二葉蘭
ラン科の多年草。高さは15〜20cm。
¶学フ増高山（p239/カ写）
原牧1（No.428/カ図）
新分牧（No.470/モ図）
新牧日（No.4302/モ図）
牧野ス1（No.428/カ図）
野生1（p215/カ写）
山ハ高山（p41/カ写）

**タカネヘビノネゴザ**(1) ⇒ヘビノネゴザを見よ

**タカネヘビノネゴザ**(2) ⇒ミヤマヘビノネゴザを見よ

**タカネボウフウ** ⇒タカネイブキボウフウを見よ

**タカネマスクサ** *Carex planata*
カヤツリグサ科の多年草。日本固有種。高さは30〜60cm。
¶カヤツリ（p112/モ図）
原牧1（No.810/カ図）
固有（p181/カ写）
新分牧（No.801/モ図）
新牧日（No.4100/モ図）
スゲ増（No.40/カ写）
牧野ス1（No.810/カ図）
野生1（p305/カ写）

**タカネマツムシソウ** *Scabiosa japonica* var.*alpina* 高嶺松虫草
スイカズラ科（マツムシソウ科）の多年草。日本固有種。別名ミヤママツムシソウ。高さは40〜80cm。
¶学フ増高山（p71/カ写）
原牧2（No.2306/カ写）
固有（p136/カ写）
山野草（No.1136/カ写）
新分牧（No.4378/モ図）
新牧日（No.2893/モ図）
牧野ス2（No.4151/カ写）
野生5（p424/カ写）
山力高草（p138/カ写）
山ハ高山（p358/カ写）

**タカネママコナ** *Melampyrum laxum* var.*arcuatum* 高嶺飯子菜
ハマウツボ科（ゴマノハグサ科）の草本。日本固有種。別名キバナママコナ。
¶原牧2（No.1780/カ写）
固有（p130）
新分牧（No.3839/モ図）
新牧日（No.2762/モ図）
牧野ス2（No.3625/カ図）
野生5（p154/カ写）
山ハ高山（p318/カ写）
山レ増（p102/カ写）

**タカネマンテマ** *Silene uralensis*
ナデシコ科の多年草。高さは10〜20cm。
¶原牧2（No.913/カ写）
新分牧（No.2962/モ図）
新牧日（No.385/モ図）
牧野ス2（No.2758/カ図）

野生4（p121/カ写）
山力野草（p524/カ写）
山ハ高山（p150/カ写）
山レ増（p430/カ写）

**タカネマンネングサ** *Sedum tricarpum* 高嶺万年草
ベンケイソウ科の草本。日本固有種。
¶原牧1（No.1409/カ図）
固有（p69）
新分牧（No.1604/モ図）
新牧日（No.915/モ図）
牧野ス1（No.1409/カ図）
野生2（p225/カ写）

**タカネミクリ** ⇒チシマミクリを見よ

**タカネミズキ** *Cornus controversa* var.*alpina*
ミズキ科の落葉低木。
¶野生4（p155/カ写）

**タカネミミナグサ**(1) *Cerastium rubescens* var. *koreanum* 高嶺耳菜草
ナデシコ科の多年草。別名ホソバミミナグサ, ホクセンミミナグサ。
¶山ハ高山（p142/カ写）
山レ増（p423/カ写）

**タカネミミナグサ**(2) ⇒オオバナミミナグサを見よ

**タカネミミナグサ**(3) ⇒ホソバミミナグサ(1)を見よ

**タカネメンマ** *Dryopteris coreanomontana*× *D. monticola*
オシダ科のシダ植物。
¶シダ標2（p373/カ写）

**タカネヤガミスゲ** *Carex lachenalii* 高嶺八神菅
カヤツリグサ科の多年草。
¶カヤツリ（p126/モ図）
新分牧（No.797/モ図）
新牧日（No.4089/モ図）
スゲ増（No.50/カ写）
野生1（p307/カ写）

**タカネヤナギ** ⇒タカネイワヤナギを見よ

**タカネヤハズハハコ** *Anaphalis alpicola* 高嶺矢筈母子
キク科キク亜科の多年草。日本固有種。別名タカネウスユキソウ。高さは10〜30cm。花は白色。
¶学フ増高山（p201/カ写）
原牧2（No.1986/カ写）
固有（p149/カ写）
新分牧（No.4133/モ図）
新牧日（No.3023/モ図）
茶花下（p227/カ写）
牧野ス2（No.3831/カ図）
野生5（p344/カ写）
山力野草（p19/カ写）
山ハ高山（p382/カ写）

**タカネヨモギ** *Artemisia sinanensis* 高嶺蓬
キク科キク亜科の多年草。日本固有種。高さは20〜50cm。
¶学フ増高山（p121/カ写）
原牧2（No.2094/カ写）

タカネラン　　　452

固有 (p152)
新分牧 (No.4225/モ図)
新牧日 (No.3128/モ図)
牧野ス2 (No.3939/カ図)
野生5 (p331/カ写)
山カ野草 (p80/カ写)
山ハ高山 (p429/カ写)

**タガネラン**　*Calanthe bungoana*
ラン科の草本。日本固有種。
¶固有 (p189)
野生1 (p186)

**タカネリンドウ**　⇒シロウマリンドウを見よ

**タカノツメ** (1)　*Gamblea innovans*　鷹の爪
ウコギ科の落葉高木。日本固有種。別名イモノキ。
¶APG原樹 (No.1514/カ図)
原牧2 (No.2384/カ図)
固有 (p98)
新分牧 (No.4414/モ図)
新牧日 (No.1995/モ図)
牧野ス2 (No.4229/カ図)
野生5 (p379/カ写)
山カ樹木 (p526/カ写)
落葉図譜 (p258/モ写)

**タカノツメ** (2)　⇒オノマンネングサを見よ

**タカノツメ** (3)　⇒ツメクサ(1)を見よ

**タカノハ**　*Codiaeum variegatum* var.*pictum* f. *ovalifolium*　鷹の羽
トウダイグサ科。クロトンノキの品種。
¶APG原樹 (No.805/カ図)

**タカノハウラボシ**　*Selliguea engleri*
ウラボシ科の常緑性シダ。葉身は長さ10〜30cm, 線状披針形。
¶シダ標2 (p455/カ写)
新分牧 (No.4776/モ図)
新牧日 (No.4670/モ図)

**タカノハススキ**　*Miscanthus sinensis*
イネ科。ススキの栽培品種。別名トラモンススキ, ゼブラグラス。
¶桑イネ (p330/モ写)
新分牧 (No.1178/モ図)
新牧日 (No.3865/モ図)
茶花上 〔やはずすすき〕 (p588/カ写)

**タカノホシクサ**　*Eriocaulon setaceum*
ホシクサ科の草本。日本固有種。
¶固有 (p163)
日水草 (p166/カ写)
野生1 (p283)

**タカハシテンナンショウ**　*Arisaema nambae*
サトイモ科の多年草。日本固有種。
¶固有 (p178)
新分牧 (No.240/モ図)
テンナン (No.24/カ写)
野生1 (p99/カ写)

**タカヤマナライシダ**　*Arachniodes* × *miqueliana*
オシダ科のシダ植物。
¶シダ標2 (p399/カ写)

**タカヨモギ**　*Artemisia selengensis*
キク科の多年草。別名セイタカヨモギ。高さは1〜2m。
¶帰化写2 (p253/カ写)

**タカラアワセ** (1)　*Camellia japonica* 'Takara-awase'　宝合
ツバキ科。ツバキの品種。花は絞りが入る。
¶茶花上 (p153/カ写)

**タカラアワセ** (2)　*Prunus mume* 'Takara-awase'　宝合せ
バラ科。ウメの品種。李系ウメ, 難波性一重。
¶ウメ 〔宝合せ〕 (p81/カ写)

**タカラコ**　⇒ツワブキを見よ

**タカラコウ**　⇒トウゲブキを見よ

**タガラシ** (1)　*Ranunculus sceleratus*　田芥, 田辛
キンポウゲ科の越年草。別名タタラビ。高さは25〜60cm。
¶色野草 (p147/カ写)
学フ増野春 (p119/カ写)
原牧1 (No.1279/カ図)
植調 (p169/カ写)
新分牧 (No.1402/モ図)
新牧日 (No.602/モ図)
日水草 (p230/カ写)
牧野ス1 (No.1279/カ図)
野生2 (p157/カ写)
山カ野草 (p469/カ写)
山ハ野花 (p234/カ写)

**タガラシ** (2)　⇒タネツケバナ(1)を見よ

**タカワラビ**　*Cibotium barometz*　高蕨
タカワラビ科の常緑性シダ。別名ヒツジシダ。葉身は長さ1.5〜3m,3回羽状に深裂。
¶シダ標1 (p344/カ写)
新分牧 (No.4556/モ図)
新牧日 (No.4440/モ図)

**タキアザミ**　*Cirsium yoshidae*
キク科アザミ亜科の草本。日本固有種。
¶固有 (p138)
野生5 (p226/カ写)

**タキキビ**　*Phaenosperma globosum*
イネ科イチゴツナギ亜科の草本。別名カシマガヤ, オオタツノヒゲ。
¶桑イネ (p375/モ写)
原牧1 (No.934/カ図)
新分牧 (No.1041/モ図)
新牧日 (No.3634/モ図)
牧野ス1 (No.934/カ図)
野生2 (p58)

**タキザワザサ**　*Neosasamorpha takizawana* subsp. *takizawana*
イネ科タケ亜科のササ。日本固有種。

¶固有 (p174)
　タケ亜科 (No.110/カ写)
　タケササ (p92/カ写)

タキヂシャ ⇒イワタバコを見よ

タキナガワシノ　*Sasaella takinagawaensis*
　イネ科タケ亜科のササ。日本固有種。
¶固有 (p171)
　タケ亜科 (No.116/カ写)

タキナショウマ ⇒ヤワタソウを見よ

タキネツクバネウツギ　*Abelia spathulata* var.
*colorata*　滝根衝羽根空木
スイカズラ科の落葉低木。高さは1.5〜2m。花は淡黄色。
¶山カ樹木 (p698/カ写)

タキノムラサキ ⇒ササノハスゲを見よ

ダキバアレチハナガサ　*Verbena incompta*
クマツヅラ科の多年草。花は淡紫色。
¶帰化写2 (p193/カ写)

ダキバナンブアザミ ⇒ナンブアザミ(2)を見よ

ダキバニオイムラサキ　*Heliotropium amplexicaule*
ムラサキ科の多年草。
¶帰化写2 (p189/カ写)

ダキバヒメアザミ(1)　*Cirsium amplexifolium*
キク科アザミ亜科の多年草。日本固有種。高さは1.5〜2m。
¶原牧2 (No.2189/カ図)
　固有 (p140)
　新分牧 (No.3978/モ図)
　新牧日 (No.3221/モ図)
　牧野ス2 (No.4034/カ図)
　野生5 (p251/カ写)

ダキバヒメアザミ(2) ⇒ナンブアザミ(2)を見よ

タキミシダ　*Antrophyum obovatum*　滝見羊歯
イノモトソウ科 (シシラン科) の常緑性シダ。葉身は長さ10cm、倒卵形。
¶シダ標1 (p389/カ写)
　新分牧 (No.4610/モ図)
　新牧日 (No.4688/モ図)
　山レ増 (p669/カ写)

タキミチャルメルソウ　*Mitella stylosa* var.*stylosa*
滝見哨吶草
ユキノシタ科の草本。日本固有種。別名ハリベンチャルメルソウ。高さは20〜30cm。
¶固有 (p70)
　野生2 (p209/カ写)
　山ハ山花 (p279/カ写)
　山レ増 (p321/カ写)

タキユリ(1)　*Lilium speciosum* var.*clivorum*
ユリ科の多年草。四国と九州の一部に分布。高さは60〜100cm。花は白色〜淡赤紫色。
¶山レ増 (p574/カ写)

タキユリ(2) ⇒カノコユリを見よ

タギョウショウ　*Pinus densiflora* f.*umbraculifera*　多行松
マツ科の常緑針葉樹。アカマツの品種。別名ウツクシマツ。
¶APG原樹 (No.8/カ図)
　学フ増花庭 (p41/カ写)
　原牧1 (No.23/カ図)
　新分牧 (No.31/モ図)
　新牧日 (No.35/モ図)
　牧野ス1 (No.24/カ図)
　野生1 (p31)
　山カ樹木 (p20/カ写)

タクヒデンダ　*Polypodium fauriei* × *P.vulgare*
ウラボシ科のシダ植物。
¶シダ標2 (p467/カ写)

タクヨウレンリソウ　*Lathyrus aphaca*
マメ科マメ亜科の一年草。長さは14〜60cm。花は黄色。
¶帰化写改 (p128/カ写)
　野生2 (p276/カ写)

タグリイチゴ ⇒ホウロクイチゴを見よ

タケアズキ ⇒ツルアズキを見よ

ダケカバ ⇒ダケカンバを見よ

ダケカンバ　*Betula ermanii* var.*ermanii*　岳樺
カバノキ科の落葉高木。別名ダケカバ、エゾノダケカンバ、ソウシカンバ。高さは20m。樹皮は淡黄白色。
¶APG原樹 (No.750/カ図)
　学フ増高山 (p226/カ写)
　学フ増 (p158/カ写・カ図)
　原牧2 (No.140/カ図)
　新分牧 (No.2183/モ図)
　新牧日 (No.118/モ図)
　図説樹木 (p70/カ写)
　牧野ス1 (No.1985/カ図)
　野生3 (p113/カ写)
　山カ樹木 (p114/カ写)
　山ハ高山 (p234/カ写)
　落葉図譜 (p75/モ図)

タケシマシシウド　*Pystaenia takesimana*
セリ科セリ亜科の草本。鬱陵島の産。
¶野生5 (p395)

タケシマホタルブクロ　*Campanula takesimana*　竹島蛍袋
キキョウ科の草本。高さは30〜100cm。
¶山野草 (No.1193/カ写)

タケシマユリ　*Lilium hansonii*　竹島百合, 武島百合
ユリ科の多年草。高さは80〜150cm。花は橙黄色。
¶原牧1 (No.336/カ図)
　新分牧 (No.402/モ図)
　新牧日 (No.3430/モ図)
　茶花上 (p541/カ写)
　牧野ス1 (No.336/カ図)
　野生1 (p172)

**タケシマラン** *Streptopus streptopoides* subsp.
*japonicus* 竹縞蘭
　ユリ科の多年草。日本固有種。高さは25〜35cm。
　¶学フ増高山 (p235/カ写)
　　学フ増野夏 (p225/カ写)
　　原牧1 (No.363/カ図)
　　固有 (p157/カ写)
　　新分牧 (No.382/モ図)
　　新牧日 (No.3462/モ図)
　　牧野ス1 (No.363/カ図)
　　野生1 (p175/カ写)
　　山力野草 (p631/カ写)
　　山ハ高山 (p26/カ写)
　　山ハ山花 (p67/カ写)

**ダケスゲ** *Carex magellanica* subsp.*irrigua*　岳菅
　カヤツリグサ科の多年草。高さは15〜40cm。
　¶カヤツリ (p420/モ図)
　　原牧1 (No.872/カ図)
　　新分牧 (No.894/モ図)
　　新牧日 (No.4177/モ図)
　　スゲ増 (No.231/カ写)
　　牧野ス1 (No.872/カ図)
　　野生1 (p331/カ写)
　　山ハ山花 (p165/カ写)
　　山レ増 (p534/カ写)

**ダケゼリ** ⇒カノツメソウを見よ

**タケダグサ** *Erechtites valerianifolius*
　キク科キク亜科の一年草。別名シマボロギク。葉は
　3〜9の羽片に中裂〜深裂。
　¶原牧2 (No.2156/カ図)
　　新分牧 (No.4109/モ図)
　　新牧日 (No.3188/モ図)
　　牧野ス2 (No.4001/カ写)
　　野生5 (p297/カ写)

**タケダコメツキムシタケ** *Ophiocordyceps*
*melolonthae*
　オフィオコルディセプス科の冬虫夏草。宿主はコメ
　ツキムシ科の幼虫。
　¶冬虫生態 (p172/カ写)
　　山力日き (p583/カ写)

**タケトアゼナ** *Lindernia dubia* subsp.*dubia*
　アゼナ科〔アゼトウガラシ科〕(ゴマノハグサ科)の
　一年草。アメリカアゼナの一タイプで,基部が円形。
　¶帰化写改 (p294/カ写, p508/カ写)
　　植調 (p55/カ写)

**ダケトンボ** *Peristylus hatusimanus*
　ラン科の草本。日本固有種。
　¶固有 (p193)

**タケニグサ** *Macleaya cordata* 竹煮草, 竹似草
　ケシ科の多年草。別名チャンパギク。高さは1.5〜
　2m。
　¶色野草 (p87/カ写)
　　学フ増山菜 (p213/カ写)
　　学フ増野夏 (p185/カ写)
　　学フ増薬草 (p61/カ写)
　　学フ有毒 (p44/カ写)

**原牧1** (No.1138/カ図)
　　植調 (p173/カ写)
　　新分牧 (No.1291/モ図)
　　新牧日 (No.777/モ図)
　　茶花下 (p110/カ写)
　　牧野ス1 (No.1138/カ図)
　　野生2 (p108/カ写)
　　山力野草 (p458/カ写)
　　山ハ野花 (p245/カ写)

**ダケモミ** ⇒ウラジロモミを見よ

**タケリタケ** *Hypomyces* sp.
　ボタンタケ科のキノコ。中型。全体に橙色,こけ
　し状。
　¶山力日き (p588/カ写)

**タコヅル** *Freycinetia formosana* var.*boninensis*
　タコノキ科の常緑つる性低木。
　¶野生1 (p155/カ写)

**タゴトノツキ** *Prunus mume* 'Tagotonotsuki'　田毎
の月
　バラ科。ウメの品種。野梅系ウメ,野梅性一重。
　¶ウメ〔田毎の月〕(p31/カ写)

**タコノアシ** *Penthorum chinense*　蛸の足
　タコノアシ科 (ユキノシタ科, ベンケイソウ科) の多
　年草。別名サワシオン。高さは30〜80cm。
　¶原牧1 (No.1436/カ図)
　　新分牧 (No.1609/モ図)
　　新牧日 (No.941/モ図)
　　茶花下 (p227/カ写)
　　牧野ス1 (No.1436/カ図)
　　野生2 (p230/カ写)
　　山力野草 (p439/カ写)
　　山ハ野花 (p299/カ写)
　　山レ増 (p326/カ写)

**タゴノウラ** *Prunus mume* 'Tagonoura'　田子の浦
　バラ科。ウメの品種。野梅系ウメ,野梅性一重。
　¶ウメ〔田子の浦〕(p32/カ写)

**タコノキ** *Pandanus boninensis*　蛸の木
　タコノキ科の常緑高木。日本固有種。別名オガサワ
　ラタコノキ, キアダン。高さは6〜10m。花は黄色。
　¶APG原樹 (No.176/カ図)
　　原牧1 (No.298/カ図)
　　固有 (p180/カ写)
　　新分牧 (No.346/モ図)
　　新牧日 (No.3947/モ図)
　　牧野ス1 (No.298/カ図)
　　野生1 (p156/カ写)
　　山力樹木 (p78/カ写)

**タゴボウ** ⇒チョウジタデを見よ

**タゴボウモドキ** *Ludwigia hyssopifolia*
　アカバナ科の一年草。高さは1m。花は黄, 後に橙
　黄色。
　¶帰化写改 (p207/カ写)
　　野生3 (p268)

**タジヒ** ⇒イタドリを見よ

**タジマタムラソウ** *Salvia omerocalyx* var. *omerocalyx*
但馬田村草
シソ科シソ亜科〔イヌハッカ亜科〕の草本。日本固有種。
¶ 固有 (p122)
　山野草 (No.1032/カ写)
　茶花上 (p542/カ写)
　野生5 (p139/カ写)
　山レ増 (p127/カ写)

**タシロカワゴケソウ** *Cladopus fukienensis*
カワゴケソウ科の水草。根は細いリボン状または扁平な円柱状。葉は束状, 長さは0.5〜1mm。
¶ カワゴケ (No.2/カ写)
　日水草 (p241/カ写)
　野生3 (p232/カ写)

**タシロスゲ** *Carex sociata*
カヤツリグサ科の多年草。
¶ カヤツリ (p278/モ図)
　原牧1 (No.863/カ図)
　新分牧 (No.882/モ図)
　新牧日 (No.4167/モ図)
　スゲ増 (No.141/カ写)
　牧野ス1 (No.863/カ図)
　野生1 (p318/カ写)

**タシロテンナンショウ** *Arisaema tashiroi*
サトイモ科の多年草。日本固有種。別名ツクシヒトツバテンナンショウ。
¶ 固有 (p179)
　テンナン (No.35/カ写)
　野生1 (p102/カ写)

**タシロノガリヤス** *Calamagrostis tashiroi* subsp. *tashiroi*
イネ科イチゴツナギ亜科の多年草。日本固有種。
¶ 桑イネ (p135/モ図)
　固有 (p168)
　野生2 (p49)

**タシロマメ** *Intsia bijuga*
マメ科ジャケツイバラ亜科の木本。別名シロヨナ。
¶ 新分牧 (No.1633/モ図)
　野生2 (p251/カ写)

**タシロラン** *Epipogium roseum* 田代蘭
ラン科の多年生の菌従属栄養植物。高さは20〜50cm。
¶ 原牧1 (No.424/カ図)
　新分牧 (No.483/モ図)
　新牧日 (No.4298/モ図)
　牧野ス1 (No.424/カ図)
　野生1 (p199/カ写)
　山ハ山花 (p110/カ写)
　山レ増 (p492/カ写)

**タシロルリミノキ** ⇒リュウキュウルリミノキを見よ

**タズ** ⇒ニワトコを見よ

**タスカローラ** *Lagerstroemia* ‘Tuscarora’
ミソハギ科の木本。
¶ APG原樹〔サルスベリ‘タスカローラ’〕(No.1568/カ図)

**タズノキ** ⇒ニワトコを見よ

**タソバ** ⇒ミゾソバを見よ

**タダミヨコバイタケ** *Podonectrioides* sp.
トウベウフィア科の冬虫夏草。宿主はヨコバイの幼虫。子嚢殻が小さい。
¶ 冬虫生態 (p133/カ写)

**タタラカンガレイ** *Schoenoplectiella mucronata*
カヤツリグサ科の多年草。高さは25〜80cm。
¶ カヤツリ (p682/モ図)
　日水草 (p197/カ写)
　野生1 (p355/カ写)

**タタラビ** ⇒タガラシ(1)を見よ

**タータンムギ** ⇒ホソノゲムギを見よ

**タチアオイ**(1) *Alcea rosea* 立葵
アオイ科の多年草。別名ツユアオイ, ハナアオイ, ホリホック。多毛。高さは3m。花の色は白色, 淡紅色, 濃紅色など。
¶ 原牧2 (No.621/カ写)
　新分牧 (No.2671/モ図)
　新牧日 (No.1731/モ図)
　茶花上 (p542/カ写)
　牧野ス2 (No.2466/カ図)
　ミニ山 (p181/カ写)
　山ハ野花 (p409/カ写)

**タチアオイ**(2) ⇒エンレイソウを見よ

**タチアザミ** *Cirsium inundatum* 立薊
キク科アザミ亜科の多年草。日本固有種。高さは1〜2m。
¶ 原牧2 (No.2195/カ図)
　固有 (p140)
　新分牧 (No.3982/モ図)
　新牧日 (No.3227/モ図)
　茶花下 (p228/カ写)
　牧野ス2 (No.4040/カ図)
　野生5 (p250/カ写)
　山ハ山花 (p556/カ写)

**タチアマモ** *Zostera caulescens*
アマモ科の海藻。
¶ 野生1 (p129/カ写)

**タチアワユキセンダングサ** ⇒オオバナノセンダングサを見よ

**タチイチゴツナギ** *Poa nemoralis*
イネ科イチゴツナギ亜科の多年草。
¶ 桑イネ (p398/モ図)
　野生2 (p61)

**タチイヌノフグリ** *Veronica arvensis* 立犬の陰嚢
オオバコ科〔ゴマノハグサ科〕の越年草。高さは10〜40cm。花は淡紫色。
¶ 色野草 (p319/カ写)
　学フ増野春 (p11/カ写)
　帰化野改 (p301/カ写, p509/カ写)
　原牧2 (No.1569/カ図)
　植調 (p106/カ写)

タチオオハ 456

新分牧 (No.3631/モ図)
新牧日 (No.2712/モ図)
牧野ス2 (No.3414/カ図)
野生5 (p84/カ写)
山カ野草 (p181/カ写)
山ハ野花 (p481/カ写)

**タチオオバコ** ⇒ツボミオオバコを見よ

**タチオランダゲンゲ** *Trifolium hybridum*
マメ科マメ亜科の多年草。高さは30〜50cm。花は白色。
¶帰化写改 (p148/カ写)
原牧1 (No.1497/カ図)
新分牧 (No.1759/モ図)
新牧日 (No.1284/モ図)
牧野ス1 (No.1497/カ図)
野生2 (p297)

**タチガシワ(1)** *Vincetoxicum magnificum* 立柏
キョウチクトウ科 (ガガイモ科) の多年草。日本固有種。高さは30〜60cm。
¶原牧2 (No.1380/カ図)
固有 (p117)
新分牧 (No.3432/モ図)
新牧日 (No.2369/モ図)
茶花上 (p414/カ写)
牧野ス2 (No.3225/カ図)
野生4 (p317/カ写)
山ハ山花 (p400/カ写)

**タチガシワ(2)** ⇒カシワを見よ

**タチカタバミ** *Oxalis corniculata* 立酢漿草, 立酸漿草
カタバミ科の多年草。中部以南の各地に生える。カタバミと区別されないことが多い。
¶原牧2 (No.219/カ図)
新分牧 (No.2262/モ図)
新牧日 (No.1405/モ図)
牧野ス1 (No.2064/カ図)

**タチカメバソウ** *Trigonotis guilielmi* 立亀葉草
ムラサキ科ムラサキ亜科の多年草。日本固有種。高さは20〜40cm。
¶学フ増野春 (p156/カ写)
原牧2 (No.1432/カ図)
固有 (p120/カ写)
新分牧 (No.3525/モ図)
新牧日 (No.2492/モ図)
茶花上 (p415/カ写)
牧野ス2 (No.3277/カ図)
野生5 (p58/カ写)
山カ野草 (p237/カ写)
山ハ山花 (p384/カ写)

**タチカモジ** *Elymus racemifer* var.*japonensis*
イネ科イチゴツナギ亜科の多年草。
¶野生2 (p51)

**タチカモメヅル** *Vincetoxicum glabrum* 立鴎蔓
キョウチクトウ科 (ガガイモ科) の草本。別名カモメヅル, クロバナカモメヅル。
¶原牧2 (No.1384/カ図)

新分牧 (No.3436/モ図)
新牧日 (No.2373/モ図)
茶花下 (p110/カ写)
牧野ス2 (No.3229/カ図)
野生4 (p318/カ写)

**タチガヤツリ** *Cyperus diaphanus*
カヤツリグサ科の草本。別名ヒトリガヤツリ。カワラスガナに似る。
¶野生1 (p338)

**タチギボウシ** *Hosta sieboldii* var.*rectifolia* 立擬宝珠
キジカクシ科〔クサスギカズラ科〕(ユリ科) の草本。別名マルバタチギボウシ, エゾギボウシ。
¶山野草 (No.1508/カ写)
茶花上 (p543/カ写)

**タチキランソウ** *Ajuga makinoi*
シソ科キランソウ亜科の多年草。日本固有種。高さは5〜15cm。
¶原牧2 (No.1622/カ図)
固有 (p124)
新分牧 (No.3716/モ図)
新牧日 (No.2531/モ図)
牧野ス2 (No.3467/カ図)
野生5 (p111/カ写)
山レ増 (p136/カ写)

**タチクサネム** ⇒ヒメギンネムを見よ

**タチクラマゴケ** *Selaginella nipponica* 立鞍馬苔
イワヒバ科の常緑性シダ。主茎は長さ5〜20cm。
¶シダ標1 (p273/カ写)
新分牧 (No.4828/モ図)
新牧日 (No.4381/モ図)

**タチゲヒカゲミズ** *Parietaria micrantha* var.*coreana*
イラクサ科の一年草。
¶野生2 (p348)
山レ増 (p447/カ写)

**タチコウガイゼキショウ** *Juncus krameri*
イグサ科の多年草。高さは30〜50cm。
¶原牧1 (No.684/カ図)
新分牧 (No.721/モ図)
新牧日 (No.3574/モ図)
牧野ス1 (No.684/カ図)
野生1 (p291/カ写)

**タチコゴメグサ** *Euphrasia maximowiczii* var.*maximowiczii* 立小米草
ハマウツボ科 (ゴマノハグサ科) の半寄生一年草。高さは10〜30cm。
¶学フ増野秋 (p161/カ写)
原牧2 (No.1762/カ図)
新分牧 (No.3840/モ図)
新牧日 (No.2744/モ図)
牧野ス2 (No.3607/カ図)
野生5 (p153/カ写)
山カ野草 (p187/カ写)
山ハ山花 (p444/カ写)

**タチシオデ** *Smilax nipponica* 立牛尾菜
サルトリイバラ科 (ユリ科) の多年草。高さは1〜2m。

¶原牧1 (No.324/カ図)
新分牧 (No.371/モ図)
新牧日 (No.3497/モ図)
牧野ス1 (No.324/カ図)
野生1 (p166/カ写)
山力野草 (p641/カ写)
山ハ野花 (p42/カ写)

**タチシノブ** *Onychium japonicum* 立忍
イノモトソウ科の常緑性シダ。別名カンシノブ, エ
チゼンシノブ。葉身は長さ60cm, 卵状披針形。
¶シダ標1 (p384/カ写)
新分牧 (No.4590/モ図)
新牧日 (No.4469/モ図)

**タチシバハギ** *Desmodium incanum*
マメ科の小低木。高さは20～50m。
¶帰化写2 (p403/カ写)
ミニ山 (p148/カ写)

**タチジャコウソウ** *Thymus vulgaris* 立麝香草
シソ科の常緑小高木。別名タイム, キダチヒャク
リ。全草を乾燥したものがタイム。高さは20cm。
花は白～淡桃色。
¶APG原樹 (No.1431/カ図)
原牧2 (No.1691/カ図)
牧野ス2 (No.3536/カ図)

**タチシャリンバイ**(1) *Raphiolepis indica* var.
*umbellata* 立車輪梅
バラ科の常緑低木～小高木。別名シャリンバイ。高
さは2～4m。花は白色。
¶原牧1 (No.1719/カ図)
新分牧 (No.1917/モ図)
新牧日 (No.1076/モ図)
牧野ス1 (No.1719/カ図)

**タチシャリンバイ**(2) ⇒シャリンバイ(1)を見よ

**タチスゲ** *Carex maculata*
カヤツリグサ科の多年草。
¶カヤツリ (p416/モ写)
原牧1 (No.881/カ図)
新分牧 (No.902/モ図)
新牧日 (No.4188/モ図)
スゲ増 (No.228/カ写)
牧野ス1 (No.881/カ図)
野生1 (p325/カ写)

**タチスズシロソウ** *Arabidopsis kamchatica* subsp.
*kawasakiana*
アブラナ科の草本。
¶原牧2 (No.748/カ図)
新分牧 (No.2730/モ図)
新牧日 (No.867/モ図)
牧野ス2 (No.2593/カ図)
野生4 (p51/カ写)
山レ増 (p344/カ写)

**タチスズメノヒエ** *Paspalum urvillei*
イネ科キビ亜科の多年草。高さは70～150cm。
¶帰化写2 (p460/カ写)
桑イネ (p367/カ写・モ図)
植調 (p305/カ写)

新分牧 (No.1198/モ図)
新牧日 (No.3831/モ図)
野生2 (p92/カ写)

**タチスベリヒユ** *Portulaca oleracea* var.*sativa* 立
滑莧
スベリヒユ科の葉菜類。別名オオスベリヒユ。花は
黄色。
¶原牧2 (No.997/カ図)
新分牧 (No.3038/モ図)
新牧日 (No.332/モ図)
牧野ス2 (No.2842/カ図)

**タチスミレ** *Viola raddeana* 立菫
スミレ科の多年草。高さは30～50cm。花は白色ま
たは帯紫色。
¶原牧2 (No.329/カ図)
新分牧 (No.2315/モ図)
新牧日 (No.1802/モ図)
牧野ス1 (No.2174/カ図)
野生3 (p223/カ写)
山力野草 (p351/カ写)
山ハ野花 (p325/カ写)
山レ増 (p249/カ写)

**タチタネツケバナ** *Cardamine fallax*
アブラナ科の草本。全体に毛が多く, 茎が直立。
¶野生4 (p57/カ写)

**タチチチコグサ**(1) ⇒チチコグサモドキを見よ

**タチチチコグサ**(2) ⇒ホソバノチチコグサモドキを
見よ

**タチツボスミレ** *Viola grypoceras* var.*grypoceras* 立
壺菫, 立坪菫
スミレ科の多年草。別名ツボスミレ, ヤブスミレ,
リュウキュウタチツボスミレ, ミツバタチツボスミ
レ。高さは20～30cm。花はふつう淡紫色だが, 変
異が多い。
¶色野草 (p232/カ写)
学フ増野春 (p23/カ写)
原牧2 (No.334/カ図)
山野草 (p0697/カ写)
植調 (p189/カ写)
新分牧 (No.2323/モ図)
新牧日 (No.1807/モ図)
茶花上 (p282/カ写)
牧野ス1 (No.2179/カ図)
ミニ山 (p195/カ写)
野生3 (p226/カ写)
山力野草 (p348/カ写)
山ハ野花 (p321/カ写)

**タチデンダ** *Polystichum deltodon*
オシダ科の常緑性シダ。葉身は長さ15～40cm, 線
形～線状披針形。
¶シダ標2 (p413/カ写)

**タチテンノウメ** *Osteomeles boninensis* 立天の梅
バラ科シモツケ亜科の常緑低木。
¶原牧1 (No.1728/カ図)
新分牧 (No.1927/モ図)
新牧日 (No.1086/モ図)

タチテンモ　458

牧野ス1（No.1728/カ図）
野生3（p74/カ写）
山力樹木（p347/カ写）

**タチテンモンドウ**　*Asparagus cochinchinensis* f.
*pygmaeus*　立天門冬
キジカクシ科〔クサスギカズラ科〕（ユリ科）の草
本。高さは20〜30cm。
¶原牧1（No.580/カ図）
新分牧（No.601/モ図）
新牧日（No.3455/モ図）
牧野ス1（No.580/カ図）
野生1（p248）

**タチドコロ**　*Dioscorea gracillima*　立野老
ヤマノイモ科のつる性多年草。
¶原牧1（No.286/カ図）
新分牧（No.331/モ図）
新牧日（No.3529/モ図）
牧野ス1（No.286/カ図）
野生1（p149/カ写）
山力野草（p596/カ写）
山ハ野花（p40/カ写）
山ハ山花（p53/カ写）

**タチドジョウツナギ**　*Puccinellia nipponica*
イネ科イチゴツナギ亜科の草本。
¶桑イネ（p419/カ写・モ図）
野生2（p63/カ写）

**タチナタマメ**　*Canavalia ensiformis*　立鉈豆
マメ科のつる草。別名ツルナシナタマメ。莢はやや
細く、種子白色。高さは60〜120cm。花は赤色、ま
たは赤紫色。
¶原牧1（No.1590/カ図）
新分牧（No.1664/モ図）
新牧日（No.1377/モ図）
牧野ス1（No.1590/カ図）

**タチナンキンナナカマド**　*Sorbus × viminalis*
バラ科シモツケ亜科。ナンキンナナカマドとナナカ
マドとの雑種と推定される。
¶野生3（p83）

**タチネコノメソウ**　*Chrysosplenium tosaense*　立猫の
目草
ユキノシタ科の多年草。日本固有種。高さは5〜
12cm。
¶固有（p72/カ写）
野生2（p204/カ写）
山ハ山花（p275/カ写）

**タチネコハギ**　*Ledpedeza pilosa* var.*erecta*　立猫萩
マメ科マメ亜科の多年草。小葉は長さ2〜4cm。
¶野生2（p280）

**タチネズミガヤ**　*Muhlenbergia hakonensis*
イネ科ヒゲシバ亜科の多年草。高さは40〜90cm。
¶桑イネ（p333/モ図）
原牧1（No.1120/カ図）
新分牧（No.1259/モ図）
新牧日（No.3773/モ図）
牧野ス1（No.1120/カ図）
野生1（p71/カ写）

**タチハイゴケ**　*Pleurozium schreberi*　立這苔
イワダレゴケ科（ヤナギゴケ科）のコケ。別名ミヤ
マシトネゴケ。大型で、茎は赤色で長く、やや羽状
に平らに分枝する。
¶新分牧（No.4898/モ図）
新牧日（No.4749/モ図）

**タチハコベ**　*Arenaria trinervia*
ナデシコ科の一年草または多年草。別名エゾフ
スマ。
¶原牧2（No.894/カ図）
新分牧（No.2917/モ図）
新牧日（No.366/モ図）
牧野ス2（No.2739/カ図）
野生4（p109/カ写）

**タチバナ**(1)　*Citrus tachibana*　橘
ミカン科の木本。別名ニッポンタチバナ，ヤマトタ
チバナ。高さは3m。
¶APG原樹（No.950/カ図）
原牧2〔ニッポンタチバナ〕（No.590/カ図）
新分牧〔ニッポンタチバナ〕（No.2628/モ図）
新牧日〔ニッポンタチバナ〕（No.1527/モ図）
茶花上（p543/カ写）
牧野ス2〔ニッポンタチバナ〕（No.2435/カ図）
野生3（p301/カ写）
山力樹木（p370/カ写）
山レ増（p268/カ写）

**タチバナ**(2)　⇒カラタチバナを見よ

**タチバナアデク**　*Eugenia uniflora*
フトモモ科の観賞用小木。別名ピタンガ。葉は薄
質，果実は赤く縦溝。
¶APG原樹（No.882/カ図）

**タチハナカノコソウ**　*Boerhavia erecta*
オシロイバナ科の一年草。
¶帰化写2（p28/カ写）

**タチバナモドキ**　*Pyracantha angustifolia*　橘擬
バラ科の常緑性低木。別名ホソバノトキワサンザ
シ，ホソバトキワサンザシ，ピラカンサス，ピラカン
サ。果実は黄橙。
¶APG原樹（No.527/カ図）
原牧1（No.1725/カ図）
新分牧（No.1887/モ図）
新牧日（No.1047/モ図）
茶花上（p415/カ写）
牧野ス1（No.1725/カ図）
山力樹木（p346/カ写）

**タチヒメクグ**　*Cyperus kamtschaticus*
カヤツリグサ科の一年草。別名マメクグ。
¶野生1（p338/カ写）

**タチヒメワラビ**　*Thelypteris bukoensis*　立姫蕨
ヒメシダ科（オシダ科）の夏緑性シダ。葉身は長さ
40〜70cm，長楕円状披針形。
¶シダ標1（p432/カ写）
新分牧（No.4649/モ図）
新牧日（No.4552/モ図）

**タチビャクブ**　*Stemona sessilifolia*
ビャクブ科の草本。
¶原牧1（No.297/カ図）
　新分牧（No.340/モ図）
　新牧日（No.3502/モ図）
　牧野ス1（No.297/カ図）

**タチフウロ**　*Geranium krameri*　立風露
フウロソウ科の多年草。高さは60〜80cm。
¶学フ増野夏（p47/カ写）
　原牧2（No.412/カ図）
　山野草（No.0655/カ写）
　新分牧（No.2453/モ図）
　新牧日（No.1417/モ図）
　牧野ス2（No.2257/カ図）
　野生3（p251/カ写）
　山カ野草（p373/カ写）
　山ハ山花（p298/カ写）

**タチフジソウ**　⇒キバナノハウチワマメを見よ

**タチフタバムグラ**　⇒オオフタバムグラを見よ

**タチマンネンスギ**　⇒マンネンスギを見よ

**タチミゾカクシ**　*Lobelia dopatrioides* var.*cantonensis*
キキョウ科の草本。
¶原牧2（No.1883/カ図）
　新分牧（No.3921/モ図）
　新牧日（No.2926/モ図）
　牧野ス2（No.3728/カ図）
　野生5（p193/カ写）

**タチモ**　*Myriophyllum ussuriense*　立藻
アリノトウグサ科の沈水性〜抽水性〜湿生植物, 多
年生。水中では茎の長さ20〜60cm, 陸生形は高さ5
〜15cm。
¶原牧1（No.1440/カ図）
　新分牧（No.1613/モ図）
　新牧日（No.1967/モ図）
　日水草（p236/カ写）
　牧野ス1（No.1440/カ図）
　野生2（p232/カ写）
　山ハ野花（p304/カ写）

**タチヤナギ**　*Salix triandra*　立柳, 立楊
ヤナギ科の落葉小高木。成葉は披針状長楕円形〜広
楕円形。
¶APG原樹（No.823/カ図）
　学フ増樹（p108/カ写・カ図）
　原牧2（No.299/カ図）
　新分牧（No.2375/モ図）
　新牧日（No.89/モ図）
　牧野ス1（No.2144/カ図）
　野生3（p195/カ写）
　山カ樹木（p87/カ写）
　落葉図譜（p51/モ図）

**ダチュラ**(1)　⇒キダチチョウセンアサガオを見よ

**ダチュラ**(2)　⇒チョウセンアサガオを見よ

**ダチョウゴケ**　*Ptilium crista-castrensis*　駝鳥苔
ハイゴケ科のコケ。茎は長さ10cm以上。茎葉は卵
状披針形。

**タチロウゲ**　⇒オオヘビイチゴを見よ

**タツタソウ**　*Jeffersonia dubia*　竜田草
メギ科の多年草。高さは10〜15cm。花はラベン
ダーブルー。
¶山野草（No.0377/カ写）

**ダッタンソバ**　*Fagopyrum tataricum*
タデ科の一年草。別名ニガソバ。中国では食用や飼
料として栽培。
¶帰化写改（p10/カ写）

**ダッチアイリス**　*Iris hollandica*
アヤメ科の球根植物。園芸品種群。別名オランダア
ヤメ。花は白、黄、青など。
¶原牧1（No.506/モ図）
　牧野ス1（No.506/カ図）

**タツナミソウ**　*Scutellaria indica* var.*indica*　立浪草
シソ科タツナミソウ亜科の多年草。高さは20〜
40cm。
¶学フ増野春（p41/カ写）
　原牧2（No.1631/カ図）
　山野草（No.1044/カ写）
　新分牧（No.3722/モ図）
　新牧日（No.2540/モ図）
　茶花上（p416/カ写）
　牧野ス2（No.3476/カ図）
　野生5（p119/カ写）
　山カ野草（p205/カ写）
　山ハ野花（p466/カ写）

**タツノツメガヤ**　*Dactyloctenium aegyptium*　竜の
爪茅
イネ科ヒゲシバ亜科の一年草。砂地に多い。高さは
10〜40cm。
¶帰化写改（p439/カ写）
　桑イネ（p169/カ写・モ図）
　原牧1（No.1113/カ図）
　植調（p309/カ写）
　新分牧（No.1262/モ図）
　新牧日（No.3763/カ写）
　牧野ス1（No.1113/カ図）
　野生2（p68/カ写）
　山ハ野花（p173/カ写）

**タツノヒゲ**　*Diarrhena japonica*　龍の髭
イネ科イチゴツナギ亜科の多年草。高さは40〜
80cm。
¶桑イネ（p177/カ写・モ図）
　原牧1（No.946/カ写）
　新分牧（No.1053/モ図）
　新牧日（No.3642/モ図）
　牧野ス1（No.946/カ図）
　野生2（p58/カ写）
　山ハ山花（p198/カ写）

**タツマキスギ**　⇒ヨレスギを見よ

**ダツラ**　⇒キダチチョウセンアサガオを見よ

**タデアイ**　⇒アイを見よ

タテカタツ　　　　　　　　　　　　　460

**タテガタツノマタタケ**　*Guepiniopsis buccina*
アカキクラゲ科のキノコ。
¶山カ日き（p538/カ写）

**タテシナ**　*Clematis* 'Tateshina'　蔓科
キンポウゲ科。クレマチスの品種。
¶APG原樹〔クレマチス'タテシナ'〕（No.281/カ図）

**タデスミレ**　*Viola thibaudieri*　菫堇
スミレ科の多年草。高さは25〜35cm。
¶原牧2（No.330/カ図）
新分牧（No.2320/モ図）
新牧日（No.1803/モ図）
牧野ス1（No.2175/カ図）
野生3（p224/カ写）
山カ野草（p344/カ写）
山ハ山花（p312/カ写）
山レ増（p250/カ写）

**タデノウミコンロンソウ**　⇒ヒロハコンロンソウを
見よ

**タテハキ**　⇒ナタマメを見よ

**タデハギ**　*Tadehagi triquetrum* subsp.*triquetrum*
蔓萩
マメ科マメ亜科。タデハギモドキの基準変種。
¶野生2〔タデハギ（基準亜種）〕（p295）

**タデハギモドキ**　*Tadehagi triquetrum* subsp.
*pseudotriquetrum*　蔓萩擬
マメ科マメ亜科の常緑の低木または半低木。高さは
2mほど。花は紅紫色。
¶野生2（p295/カ写）

**タテバチドメグサ**　⇒ウチワゼニクサを見よ

**タテヤマアザミ**　*Cirsium otayae*　立山薊
キク科アザミ亜科の多年草。日本固有種。高さは1
〜1.5m。
¶学フ増高山（p74/カ写）
原牧2（No.2191/カ図）
固有（p140）
新分牧（No.3980/モ図）
新牧日（No.3223/モ図）
牧野ス2（No.4036/カ図）
野生5（p245/カ写）
山ハ高山（p398/カ写）

**タテヤマイ**　⇒ミヤマイを見よ

**タテヤマイワブキ**　*Micranthes nelsoniana* var.
*tateyamensis*　立山岩蕗
ユキノシタ科の多年草。日本固有種。
¶固有（p73）
野生2（p206）
山ハ高山（p161/カ写）

**タテヤマウツボグサ**　*Prunella prunelliformis*　立山
靫草
シソ科シソ亜科〔イヌハッカ亜科〕の多年草。日本
固有種。高さは25〜50cm。花は紫色。
¶学フ増高山（p58/カ写）
原牧2（No.1655/カ図）
固有（p123/カ写）
山野草（No.1040/カ写）

新分牧（No.3778/モ図）
新牧日（No.2567/モ図）
牧野ス2（No.3500/カ図）
野生5（p137/カ写）
山カ野草（p212/カ写）
山ハ高山（p312/カ写）

**タテヤマオウギ**　⇒イワオウギを見よ

**タテヤマギク**　*Aster dimorphophyllus*　立山菊
キク科キク亜科の多年草。日本固有種。三国山脈の
立山の名をとったもの。高さは30〜55cm。
¶原牧2（No.1949/カ図）
固有（p145/カ写）
新分牧（No.4169/モ図）
新牧日（No.2989/モ図）
牧野ス2（No.3794/カ図）
野生5（p317/カ写）
山ハ野花（p543/カ写）
山ハ山花（p513/カ写）
山レ増（p37/カ写）

**タテヤマキンバイ**　*Sibbaldia procumbens*　立山金梅
バラ科バラ亜科の草本状小低木。
¶学フ増高山（p102/カ写）
原牧1（No.1838/カ図）
新分牧（No.2038/モ図）
新牧日（No.1160/モ図）
牧野ス1（No.1838/カ図）
野生3（p58/カ写）
山カ野草（p406/カ写）
山ハ高山（p208/カ写）

**タテヤマスゲ**　*Carex aphyllopus* var.*aphyllopus*　立
山菅
カヤツリグサ科の多年草。日本固有種。高さは30
〜100cm。
¶カヤツリ（p162/モ図）
固有（p182）
スゲ増（No.72/カ写）
野生1（p310/カ写）
山ハ高山（p65/カ写）

**タテヤマタンポポ**　⇒ミヤマタンポポを見よ

**タテヤマヌカボ**　*Agrostis tateyamensis*
イネ科イチゴツナギ亜科の多年草。日本固有種。
¶桑イネ（p56/モ図）
固有（p167）
野生2（p41）

**タテヤマリンドウ**　*Gentiana thunbergii* var.*minor*
立山竜胆
リンドウ科の越年草。日本固有種。
¶学フ増高山（p52/カ写）
固有（p115）
野生4（p296/カ写）
山カ野草（p262/カ写）
山ハ高山（p308/カ写）

**タナカイヌワラビ**　*Athyrium tozanense*× *A.vidalii*
メシダ科のシダ植物。
¶シダ標2（p307/カ写）

**タナバタユリ** ⇒カノコユリを見よ

**タニイチゴツナギ** *Poa yatsugatakensis*
イネ科イチゴツナギ亜科の草本。日本固有種。
¶固有 (p164)
野生2 (p61)

**タニイヌワラビ** *Athyrium otophorum* var. *otophorum*
谷犬蕨
メシダ科(オシダ科)の常緑性シダ。別名ヤマグチタニイヌワラビ、ミドリタニイヌワラビ。葉身は長さ30〜50cm、三角状卵形〜卵状長楕円形。
¶シダ標2 (p303/カ写)
新分牧 (No.4698/モ図)
新牧日 (No.4585/モ図)

**タニウツギ** *Weigela hortensis* 谷空木
スイカズラ科の落葉低木。日本固有種。別名ベニウツギ。高さは2〜3m。花は紅色。
¶APG原樹 (No.1494/カ図)
学フ増樹 (p13/カ写・カ図)
学フ増花庭 (p9/カ写)
原牧2 (No.2351/カ図)
固有 (p135)
新分牧 (No.4341/モ図)
新牧日 (No.2874/モ図)
茶花上 (p416/カ写)
都木花新 (p224/カ写)
牧野ス2 (No.4196/カ写)
野生5 (p427/カ写)
山力樹木 (p691/カ写)
落葉図譜 (p313/モ図)

**タニオクマワラビ** *Dryopteris tokyoensis* × *D. uniformis*
オシダ科のシダ植物。
¶シダ標2 (p373/カ写)

**タニオシダ** *Dryopteris crassirhizoma* × *D. tokyoensis*
オシダ科のシダ植物。
¶シダ標2 (p373/カ写)

**タニオトメイヌワラビ** ⇒タニホウライイヌワラビを見よ

**タニガワコザクラ** ⇒ハクサンコザクラを見よ

**タニガワコンギク**(1) *Aster microcephalus* var. *ripensis* 谷川紺菊
キク科の多年草。高さは20〜90cm。
¶原牧2 (No.1944/カ写)
新分牧 (No.4183/モ図)
新牧日 (No.2983/モ図)
牧野ス2 (No.3789/カ写)
山ハ山花 (p515/カ写)

**タニガワコンギク**(2) ⇒センボンギクを見よ

**タニガワスゲ** *Carex forficula* 谷川菅
カヤツリグサ科の多年草。高さは30〜60cm。
¶カヤツリ (p154/モ図)
新分牧 (No.825/モ図)
新牧日 (No.4108/モ図)
スゲ増 (No.68/カ写)
野生1 (p310/カ写)

山ハ山花 (p157/カ写)

**タニガワハンノキ** *Alnus inokumae* 谷川榛の木
カバノキ科の落葉高木。別名コバノヤマハンノキ。
¶野生3 (p110/カ写)
山力樹木 (p123/カ写)

**タニガワヤナギ** ⇒ネコヤナギを見よ

**タニギキョウ** *Peracarpa carnosa* 谷桔梗
キキョウ科の多年草。高さは10cm。
¶原牧2 (No.1875/カ写)
新分牧 (No.3894/モ図)
新牧日 (No.2918/モ図)
茶花上 (p417/カ写)
牧野ス2 (No.3720/カ写)
野生5 (p193/カ写)
山力野草 (p129/カ写)
山ハ山花 (p490/カ写)

**タニグワ** ⇒フサザクラを見よ

**タニサキモリイヌワラビ** *Athyrium* × *awatae*
メシダ科のシダ植物。
¶シダ標2 (p313/カ写)

**タニサトメシダ** *Athyrium deltoidofrons* × *A. otophorum*
メシダ科のシダ植物。
¶シダ標2 (p308/カ写)

**タニジャコウソウ** *Chelonopsis longipes* 谷麝香草
シソ科オドリコソウ亜科の多年草。日本固有種。花柄は3〜4cm。
¶原牧2 (No.1657/カ写)
固有 (p124)
新分牧 (No.3746/モ図)
新牧日 (No.2569/モ図)
牧野ス2 (No.3502/カ図)
野生5 (p122/カ写)
山力野草 (p215/カ写)
山ハ山花 (p424/カ写)
山レ増 (p137/カ写)

**タニスゲ** ⇒カワラスゲを見よ

**タニソバ** *Persicaria nepalensis* 谷蕎麦
タデ科の一年草。高さは10〜30cm。花は桃色、または白色。
¶学フ増野秋 (p148/カ写)
原牧2 (No.821/カ写)
植調 (p199/カ写)
新分牧 (No.2861/カ写)
新牧日 (No.283/モ図)
茶花下 (p228/カ写)
牧野ス2 (No.2666/カ写)
野生4 (p94/カ写)
山ハ野花 (p258/カ写)

**タニタデ** *Circaea erubescens* 谷蓼
アカバナ科の多年草。高さは20〜50cm。
¶原牧2 (No.469/カ写)
新分牧 (No.2498/モ図)
新牧日 (No.1954/モ図)
茶花下 (p229/カ写)

タニノユキ 462

牧野ス2（No.2314/カ図）
ミニ山（p205/カ写）
野生3（p263/カ写）
山力野草（p328/カ写）
山ハ山花（p304/カ写）

**タニノユキ** *Prunus mume* 'Taninoyuki' 谷の雪
バラ科。ウメの品種。杏系ウメ、豊後性一重。
¶ウメ〔谷の雪〕（p132/カ写）

**タニヘゴ** *Dryopteris tokyoensis*
オシダ科の夏緑性シダ。葉身は長さ1m、倒披針形。
¶シダ標2（p361/カ写）
新分牧（No.4754/モ図）
新牧日（No.4539/モ図）

**タニヘゴモドキ** *Dryopteris×kominatoensis*
オシダ科のシダ植物。
¶シダ標2（p372/カ写）

**タニホウライイヌワラビ** *Athyrium otophorum×A. subrigescens*
メシダ科のシダ植物。別名タニオトメイヌワラビ。
¶シダ標2（p311/カ写）

**タニマスミレ** *Viola epipsiloides* 谷間菫
スミレ科の草本。別名イワスミレ、オクヤマスミレ、カラフトスミレ、チシマコマノツメ。花は淡紫色。
¶野生3（p215/カ写）
山ハ高山（p189/カ写）
山レ増（p247/カ写）

**タニマノオトギリ** *Hypericum pseudoerectum*
オトギリソウ科の多年草。日本固有種。
¶固有（p64）
野生3（p242）

**タニマノツル** *Camellia japonica* 'Tanima-no-tsuru' 谷間の鶴
ツバキ科。ツバキの品種。花は紅色。
¶茶花上（p128/カ写）

**タニミツバ** *Sium serra* 谷三葉
セリ科セリ亜科の草本。日本固有種。
¶原牧2（No.2420/カ図）
固有（p101）
新分牧（No.4440/モ図）
新牧日（No.2036/モ図）
牧野ス2（No.4265/カ図）
ミニ山（p220/カ写）
野生5（p399/カ写）

**タニムラアオイ** ⇒タニムラカンアオイを見よ

**タニムラカンアオイ** *Asarum leucosepalum*
ウマノスズクサ科の草本。日本固有種。
¶固有〔タニムラアオイ〕（p62）
野生1（p65）

**タニメシダ** ⇒コウライイヌワラビを見よ

**タニワタシ** ⇒ナンテンハギを見よ

**タニワタリ** ⇒オオタニワタリを見よ

**タニワタリノキ** *Adina pilulifera* 谷渡りの木
アカネ科の常緑低木。花は淡黄色。

¶APG原樹（No.1345/カ図）
原牧2（No.1279/カ図）
新分牧（No.3366/モ図）
新牧日（No.2393/モ図）
牧野ス2（No.3124/カ図）
野生4（p268/カ写）
山力樹木（p675/カ写）

**タヌキアヤメ** *Philydrum lanuginosum* 狸菖蒲
タヌキアヤメ科の多年草。高さは50～100cm。
¶原牧1（No.633/カ図）
新分牧（No.669/モ図）
新牧日（No.3563/モ図）
牧野ス1（No.633/カ図）
野生1（p269/カ写）

**タヌキコマツナギ** *Indigofera hirsuta*
マメ科マメ亜科の半低木。茎に褐毛。花は紅色。
¶野生2（p274）

**タヌキシダ** *Dryopteris labordei*
オシダ科のシダ植物。
¶シダ標2（p369/カ写）

**タヌキノショクダイ** *Thismia abei* 狸の燭台
タヌキノショクダイ科（ヒナノシャクジョウ科）の多年生の菌従属栄養植物。日本固有種。無葉緑、花の頂部を僅かに地上に出す。高さは1～4cm。
¶固有（p162/カ写）
野生1（p144/カ写）
山力野草（p588/カ写）
山ハ山花（p50/カ写）
山レ増（p564/カ写）

**タヌキノチャブクロ** *Lycoperdon pyriforme*
ハラタケ科のキノコ。
¶原きの（No.482/カ写・カ図）
山力日き（p513/カ写）

**タヌキマメ** *Crotalaria sessiliflora* 狸豆
マメ科マメ亜科の一年草。高さは20～70cm。
¶学フ増野秋（p24/カ写）
原牧1（No.1488/カ図）
山野草（No.0642/カ写）
新分牧（No.1649/モ図）
新牧日（No.1276/モ図）
茶花下（p229/カ写）
牧野ス1（No.1488/カ図）
ミニ山（p159/カ写）
野生2（p262/カ写）
山力野草（p396/カ写）
山ハ野花（p360/カ写）

**タヌキモ** *Utricularia×japonica* 狸藻
タヌキモ科の多年生食虫植物。多数の捕虫嚢をもち、花弁は黄色。高さは10～30cm。
¶学フ増野夏（p110/カ写）
原牧2（No.1789/カ写）
新分牧（No.3674/モ図）
新牧日（No.2808/モ図）
日水草（p288/カ写）
牧野ス2（No.3634/カ図）
野生5（p166/カ写）

山カ野草 (p158/カ写)
山ハ野花 (p486/カ写)
山レ増 (p89/カ写)

**タヌキラン** *Carex podogyna* 狸蘭
カヤツリグサ科の多年草。日本固有種。高さは30〜100cm。
¶カヤツリ (p202/モ図)
原牧1 (No.834/カ図)
固有 (p182)
新分牧 (No.844/モ図)
新牧日 (No.4127/モ図)
スゲ増 (No.92/カ写)
牧野ス1 (No.834/カ写)
野生1 (p312/カ写)
山カ野草 (p667/カ写)
山ハ山花 (p161/カ写)

**タネガシマアザミ** *Cirsium tanegashimense* 種子島薊
キク科アザミ亜科の草本。日本固有種。
¶固有 (p140/カ写)
野生5 (p251/カ写)

**タネガシマアリノトウグサ** *Haloragis walkeri*
アリノトウグサ科の多年草。日本固有種。別名ホソバアリノトウグサ。長年、ナガバアリノトウグサと混同されてきた。
¶固有〔ホソバアリノトウグサ〕(p96)
野生2 (p231)

**タネガシマムヨウラン** *Aphyllorchis montana*
ラン科の草本。
¶野生1 (p183/カ写)
山レ増 (p509/カ写)

**タネツケバナ**(1) *Cardamine occulta* 種付花、種漬花
アブラナ科の越年草。別名タガラシ。高さは10〜30cm。
¶色野草 (p35/カ写)
学フ増山菜 (p17/カ写)
学フ増野春 (p144/カ写)
原牧2 (No.717/カ図)
新分牧 (No.2743/モ図)
新牧日 (No.837/カ写)
牧野ス2 (No.2562/カ写)
野生4 (p57/カ写)
山カ野草 (p442/カ写)
山ハ野花 (p404/カ写)

**タネツケバナ**(2) ⇒オオバタネツケバナを見よ

**タネヒリグサ** ⇒トキンソウを見よ

**タノジモ** ⇒デンジソウを見よ

**タバコ** *Nicotiana tabacum* 煙草
ナス科の草本。全株粘毛。花は淡紅色。
¶学フ有毒 (p192/カ写)
原牧2 (No.1494/カ写)
新分牧 (No.3469/モ図)
新牧日 (No.2669/カ写)
牧野ス2 (No.3339/カ図)

**タバコウロコタケ属の一種** *Hymenochaete* sp.
タバコウロコタケ科のキノコ。
¶山カ日き (p491/カ写)

**タバコグサ** *Desmarestia dudresnayi* subsp. *tabacoides*
ウルシグサ科の海藻。体は70cm。葉状卵円形の単葉。
¶新分牧 (No.4982/モ図)
新牧日 (No.4842/モ図)

**タハレグサ** ⇒ヨモギを見よ

**タピオカノキ** ⇒マニホットを見よ

**タビビトナカセ** ⇒ツノゴマを見よ

**タビラコ**(1) ⇒キュウリグサを見よ

**タビラコ**(2) ⇒コオニタビラコを見よ

**タビラコモドキ** *Myosotis laxa* subsp. *caespitosa*
ムラサキ科ムラサキ亜科の草本。別名カブムラサキ, ナヨナヨワスレナグサ。茎は他物にもたれかかって斜上する。
¶野生5 (p56/カ写)

**タブガシ** *Machilus pseudokobu* 椨樫
クスノキ科の常緑高木。別名テリハコブガシ。小笠原(父島)産。
¶野生1 (p86/カ写)

**タフクベンテン** *Camellia japonica* 'Tafukubenten' 多福弁天
ツバキ科。ツバキの品種。
¶APG原樹〔ツバキ・タフクベンテン〕(No.1128/カ図)

**ダフネ・アルブスクラ** *Daphne arbuscula*
ジンチョウゲ科の低木。花はピンク色。
¶山野草 (No.0685/カ写)

**ダフネ・コサニニー** *Daphne kosaninii*
ジンチョウゲ科の草本。
¶山野草 (No.0686/カ写)

**ダフネ・タングチカ** *Daphne tangutica*
ジンチョウゲ科の低木。高さは1m。花は紫紅がかった白色。
¶山野草 (No.0688/カ写)

**ダフネ × バークウッディー 'ソマセットバリエゲーテド'** ⇒ソマセットバリエゲーテドを見よ

**ダフネ・ペトラエア** *Daphne petraea*
ジンチョウゲ科の低木。高さは7cm。花はピンク色。
¶山野草 (No.0684/カ写)

**タブネユリ** ⇒ヤマユリを見よ

**ダフネ・レツーサ** *Daphne retusa*
ジンチョウゲ科の低木。高さは70cm。花は濃いピンク色。
¶山野草 (No.0687/カ写)

**タブノキ** *Machilus thunbergii* 椨の木
クスノキ科の常緑高木。別名イヌグス。高さは10〜15m。
¶APG原樹 (No.159/カ図)
学フ増樹 (p96/カ写・カ図)
原牧1 (No.144/カ図)

タフルフラ　464

新分牧（No.179/モ図）
新牧日（No.485/モ図）
図説樹木（p116/カ写）
都木花新（p22/カ写）
牧野ス1（No.144/カ図）
野生1（p86/カ写）
山力樹木（p205/カ写）

**ダブル・ブラウン**　*Hibiscus hybridus* 'Double Brown'
アオイ科。ハワイアン・ハイビスカスの品種。
¶APG原樹〔ハワイアン・ハイビスカス'ダブル・ブラウン'〕（No.1026/カ図）

**タホウタウコギ**　*Bidens polylepis*
キク科の一年草または二年草。高さは30〜100cm。
花は黄色。
¶帰化写2（p256/カ写）

**タマアジサイ**　*Hydrangea involucrata*　球紫陽花, 玉紫陽花
アジサイ科（ユキノシタ科）の落葉低木。日本固有
種。別名ヤマタバコ。高さは1〜2m。花は白色。
¶APG原樹（No.1090/カ図）
学フ増樹（p173/カ写・カ図）
原牧2（No.1033/カ図）
固有（p74/カ図）
新分牧（No.3065/モ図）
新牧日（No.997/モ図）
茶花下（p230/カ写）
牧野ス2（No.2878/カ図）
ミニ山（p109/カ写）
野生4（p171/カ写）
山力樹木（p224/カ写）

**タマアセタケ**　*Inocybe sphaerospora*
アセタケ科のキノコ。
¶山力日き（p243/カ写）

**タマイ**　*Juncus decipiens* var.*glomeratus*
イグサ科の多年草。イグサの変異。
¶野生1（p289）

**タマイタダキ**　*Delisea japonica*
カギケノリ科の海藻。嚢果が小枝の先端に付く。体
は20〜25cm。
¶新分牧（No.5031/モ図）
新牧日（No.4891/モ図）

**タマイヌガラシ**　⇒タマガラシを見よ

**タマイブキ**　*Juniperus chinensis* 'Globosa'　玉伊吹
ヒノキ科の木本。
¶APG原樹（No.104/カ図）

**タマウサギ**(1)　*Camellia japonica* 'Tamausagi'　玉兎
ツバキ科。ツバキの品種。花は白色。
¶茶花上（p113/カ写）

**タマウサギ**(2)　*Hibiscus syriacus* 'Tamausagi'　玉兎
アオイ科。ムクゲの品種。一重咲き細弁型。花は
純白色。
¶茶花下（p13/カ写）

**タマウラベニタケ**　*Entoloma abortivum*
イッポンシメジ科のキノコ。中型。傘は淡灰色。
ひだはピンク色。

¶山力日き（p282/カ写）

**タマオオスズメノカタビラ**　*Poa trivialis* subsp.
*sylvicola*
イネ科イチゴツナギ亜科の草本。基部の節間が
肥厚。
¶野生2（p62）

**タマガキ**　*Prunus mume* 'Tamagaki'　玉垣
バラ科。ウメの品種。野梅系ウメ、野梅性八重。
¶ウメ〔玉垣〕（p66/カ写）

**タマガキシダレ**　*Prunus mume* 'Tamagaki-shidare'
玉垣枝垂
バラ科。ウメの品種。枝垂れ系ウメ。
¶ウメ〔玉垣枝垂〕（p152/カ写）

**タマガヤツリ**　*Cyperus difformis*　球（玉）蚊帳釣（吊）
カヤツリグサ科の一年草。高さは25〜60cm。
¶カヤツリ（p732/モ図）
原牧1（No.707/カ図）
植調（p34/カ写）
新分牧（No.975/モ図）
新牧日（No.3965/モ図）
茶花下（p230/カ写）
牧野ス1（No.707/カ図）
野生1（p340/カ写）
山力野草（p657/カ写）
山ハ野花（p103/カ写）

**タマガラ**　⇒シロダモを見よ

**タマガラシ**　*Neslia paniculata*
アブラナ科の一年草。別名タマイヌガラシ。高さは
20〜80cm。花は淡黄色。
¶帰化写2（p75/カ写）

**タマカラマツ**　*Thalictrum watanabei*
キンポウゲ科の草本。日本固有種。
¶固有（p52）
野生2（p164/カ写）

**タマガワ**　*Camellia japonica* 'Tamagawa'　玉川
ツバキ科。ツバキの品種。花は桃色。
¶茶花上（p117/カ写）

**タマガワホトトギス**　*Tricyrtis latifolia*　玉川杜鵑草
ユリ科の多年草。日本固有種。高さは40〜80cm。
¶学フ増高山（p132/カ写）
学フ増山菜（p161/カ写）
学フ増野秋（p124/カ写）
原牧1（No.360/カ図）
固有（p160）
山野草（No.1527/カ写）
新分牧（No.377/モ図）
新牧日（No.3388/モ図）
茶花下（p111/カ写）
牧野ス1（No.360/カ図）
野生1（p176/カ写）
山力野草（p610/カ写）
山ハ山花（p81/カ写）

**タマギク**　⇒コモノギクを見よ

**タマキクラゲ** *Exidia uvapassa*
ヒメキクラゲ科のキノコ。小型。子実体は類球形，融合しない。
¶山口日き (p535/カ写)

**タマクサギ** ⇒ボタンクサギを見よ

**タマゴケ** *Bartramia pomiformis*
タマゴケ科のコケ。別名チヂレバタマゴケ。やや大型，茎は長さ4〜5cm，褐色の仮根に覆われる。葉はやや幅広い卵形。
¶新分牧 (No.4873/モ図)
　新牧日 (No.4734/モ図)

**タマゴタケ** *Amanita hemibapha*
テングタケ科のキノコ。中型〜大型。傘は赤色，条線あり。ひだは帯黄色。
¶新分牧 (No.5108/モ図)
　新牧日 (No.4990/モ図)
　山口日き (p150/カ写)

**タマゴタケモドキ** *Amanita subjunquillea*
テングタケ科のキノコ。中型。傘はくすんだ橙黄色〜淡黄色，条線なし。ひだは白色。
¶学フ増毒き (p25/カ写)
　山口日き (p156/カ写)

**タマゴテングタケ** *Amanita phalloides* 卵天狗茸
テングタケ科のキノコ。
¶学フ増毒き (p20/カ写)
　原きの (No.025/カ写・カ図)
　新分牧 (No.5111/モ図)
　新牧日 (No.4989/モ図)

**タマゴテングタケモドキ** *Amanita longistriata*
テングタケ科のキノコ。小型〜中型。傘は灰褐色，条線あり。ひだはピンク色。
¶学フ増毒き (p65/カ写)
　山口日き (p154/カ写)

**タマゴノキ** ⇒キヤニモモを見よ

**タマゴバロニア** *Valonia macrophysa*
バロニア科の海藻。団塊となる。体は径15cm。
¶新分牧 (No.4956/モ図)
　新牧日 (No.4816/モ図)

**タマザキエビネ** *Calanthe densiflora*
ラン科の多年草。花は黄色。
¶野生1 (p186)

**タマザキクサフジ** *Coronilla varia*
マメ科のつる性一年草。高さは20〜120cm。花は白，ピンク色，または紫色。
¶帰化写改 (p126/カ写)
　ミニ山 (p151/カ写)

**タマザキゴウカン** ⇒アカハダノキを見よ

**タマザキサクラソウ** *Primula denticulata* 玉咲桜草
サクラソウ科の多年草，宿根草。別名カサザキサクラソウ。花はピンク色。
¶山野草 〔プリムラ・デンティクラータ〕(No.0877/カ写)
　茶花上 (p282/カ写)

**タマザキフタバムグラ** *Oldenlandia corymbosa*
アカネ科の一年草。

**タマザキヤマビワソウ** *Rhynchotechum discolor* var.*austrokiushiuense* 玉咲山枇杷草
イワタバコ科の小低木。花柄は1.5〜5cm，花柄の先に多数の花が密集して付く。
¶野生5 (p70/カ写)

**タマサナギタケ** *Cordyceps militaris* var.*sphaerocephala*
ノムシタケ科の冬虫夏草。結実部が球形。宿主は，ガの蛹，幼虫。
¶冬虫生態 (p72/カ写)

**タマサンゴ** *Solanum pseudocapsicum* 玉珊瑚
ナス科の小低木。別名フユサンゴ，リュウノタマ。高さは50〜100cm。花は白色。
¶APG原樹 (No.1375/カ図)
　帰化写改 (p287/カ写, p508/カ写)
　原牧2 (No.1482/カ図)
　新分牧 (No.3488/モ図)
　新牧日 (No.2658/モ図)
　牧野ス2 (No.3327/カ写)
　野生5 (p42)
　山口樹木 〔フユサンゴ〕(p667/カ写)

**タマシケシダ** *Deparia japonica* × *D.pseudoconilii* var.*pseudoconilii*
メシダ科のシダ植物。
¶シダ標2 (p348/カ写)

**タマシダ** *Nephrolepis cordifolia* 玉羊歯
タマシダ科（シノブ科）の常緑性シダ。葉身は長さ30〜100cm，線状披針形。
¶シダ標2 (p439/カ写)
　新分牧 (No.4765/モ図)
　新牧日 (No.4494/モ図)

**タマシャジン** *Phyteuma scheuchzeri*
キキョウ科の多年草。高さは10〜40cm。花は濃紫青色。
¶山野草 (No.1173/カ写)

**タマシロオニタケ** *Amanita sphaerobulbosa*
テングタケ科のキノコ。中型。傘は角錐状のいぼ，帯白色，条線なし。
¶学フ増毒き (p24/カ写)
　山口日き (p169/カ写)

**タマズサ** ⇒カラスウリを見よ

**タマヅシ** ⇒ジュズダマを見よ

**タマススキ** ⇒コマツカススキを見よ

**タマススキゴケ** *Dicranella globuligera*
シッポゴケ科のコケ植物。日本固有種。
¶固有 (p212)

**タマスダレ**(1) *Prunus mume* 'Tamasudare' 玉簾
バラ科。ウメの品種。野梅系ウメ，野梅性八重。
¶ウメ 〔玉簾〕(p67/カ写)

**タマスダレ**(2) *Zephyranthes candida* 玉簾
ヒガンバナ科の小球根植物，観賞用草本。別名シキズイセン，フェアリーリリー，レインリリー。花は淡紅色。

タマタレ 466

¶学フ有毒 (p116/カ写)
　帰化写改 (p408/カ写)
　原牧1 (No.555/カ図)
　新分牧 (No.595/モ図)
　新牧日 (No.3510/モ図)
　茶花下 (p111/カ写)
　牧野ス1 (No.555/カ図)

タマダレ　*Camellia japonica* 'Tamadare'　玉垂
ツバキ科。ツバキの品種。花は絞りが入る。
¶茶花上 (p167/カ写)

タマチョレイタケ　*Polyporus tuberaster*
タマチョレイタケ科のキノコ。小型～大型。傘は黄
褐色、濃色の鱗片。
¶山カ日き (p450/カ写)

タマツキカレバタケ　*Collybia cookei*
キシメジ科のキノコ。超小型。傘は白色。
¶山カ日き (p110/カ写)

タマツナギ　*Desmodium gangeticum*
マメ科マメ亜科のやや木性の草本。莢は粘毛、葉裏
粉白。花は緑色。
¶野生2 (p265/カ写)

タマツバキ(1)　⇒ネズミモチを見よ

タマツバキ(2)　⇒ヒメツバキを見よ

タマツリスゲ　*Carex filipes* var.*filipes*　珠吊り菅
カヤツリグサ科の多年草。日本固有種。高さは30
～60cm。
¶カヤツリ (p448/モ図)
　原牧1 (No.879/カ図)
　固有 (p186)
　新分牧 (No.899/モ図)
　新牧日 (No.4185/モ図)
　スゲ増 (No.249/カ写)
　牧野ス1 (No.879/カ図)
　野生1 (p326/カ写)
　山ハ山花 (p167/カ写)

タマテバコ　*Camellia japonica* 'Tamatebako'　玉手箱
ツバキ科。ツバキの品種。花は白色。
¶茶花上 (p112/カ写)

タマテンツキ　*Fimbristylis cymosa* subsp.
*umbellatocapitata*
カヤツリグサ科の多年草。
¶カヤツリ (p580/モ図)

タマナ(1)　⇒キャベツを見よ

タマナ(2)　⇒テリハボクを見よ

タマニョウソシメジ　*Tephrocybe ambusta*
シメジ科のキノコ。
¶山カ日き (p55/カ写)

タマネギ　*Allium cepa*　玉葱
ヒガンバナ科 (ユリ科) の根菜類。
¶原牧1 (No.538/カ図)
　新分牧 (No.585/モ図)
　新牧日 (No.3421/モ図)
　牧野ス1 (No.538/カ図)

タマノウラ　*Camellia japonica* 'Tamanoura'　玉之浦
ツバキ科。ツバキの品種。花は紅地に幅広い白
覆輪。
¶APG原樹 〔ツバキ 'タマノウラ'〕 (No.1138/カ図)
　茶花上 (p171/カ写)

タマノオ(1)　⇒キリンソウを見よ

タマノオ(2)　⇒ミセバヤを見よ

タマノカンアオイ　*Asarum tamaense*　多摩の寒葵
ウマノスズクサ科の常緑の多年草。日本固有種。葉
は広卵円形、葉径5～13cm。
¶学フ増寿春 (p222/カ写)
　原牧1 (No.97/カ図)
　固有 (p61/カ写)
　新分牧 (No.119/モ図)
　新牧日 (No.693/モ図)
　牧野ス1 (No.97/カ図)
　ミニ山 (p70/カ写)
　野生1 (p64/カ写・モ図 (p62) )
　山カ野草 (p551/カ写)
　山ハ野花 (p19/カ写)
　山ハ山花 (p26/カ写)
　山レ増 (p370/カ写)

タマノカンザシ　*Hosta plantaginea* var.*japonica*
玉簪
キジカクシ科 〔クサスギカズラ科〕 (ユリ科) の草本。
¶原牧1 (No.569/カ図)
　山野草 (No.1520/カ写)
　新分牧 (No.626/モ図)
　新牧日 (No.3394/モ図)
　茶花下 (p320/カ写)
　牧野ス1 (No.569/カ図)
　野生1 (p250/カ写)

タマノホシザクラ　⇒ホシザクラを見よ

タマノヤガミスゲ　*Carex aenea*
カヤツリグサ科の草本。果胞の腹面はほとんど
無脈。
¶スゲ増 (p371)

タマノリイグチ　*Pseudoboletus astraeicola*
イグチ科のキノコ。
¶新分牧 (No.5121/モ図)
　新牧日 (No.4966/モ図)
　山カ日き (p312/カ写)

タマハジキタケ　*Sphaerobolus stellatus*
タマハジキタケ科 (ヒメツチグリ科) のキノコ。超
小型。幼菌は白色。
¶原きの (No.496/カ写・カ図)
　山カ日き (p504/カ写)

タマバシロヨメナ　*Aster leiophyllus* var.*ovalifolius*
キク科キク亜科の草本。日本固有種。
¶固有 (p145)
　野生5 (p319/カ写)

タマハリイ　*Eleocharis geniculata*
カヤツリグサ科の一年草。別名フシイ。
¶カヤツリ (p632/モ図)
　野生1 (p344/カ写)

タマブキ　*Parasenecio farfarifolius* var.*bulbiferus*
　珠芽
　キク科キク亜科の多年草。日本固有種。高さは50
　～140cm。
　¶学フ増山菜(p162/カ写)
　　原牧2(No.2138/カ図)
　　固有(p144)
　　新分牧(No.4089/モ図)
　　新牧日(No.3170/モ図)
　　牧野ス2(No.3983/カ図)
　　野生5(p304/カ写)

タマフジウツギ　*Buddleja globosa*　玉藤空木
　ゴマノハグサ科(フジウツギ科)の常緑低木。
　¶茶花下(p112/カ写)

タマフヨウ　*Paeonia suffruticosa* 'Tamafuyō'　玉芙蓉
　ボタン科。ボタンの品種。
　¶APG原樹〔ボタン'タマフヨウ'〕(No.300/カ図)

タマボウキ(1)　*Asparagus oligoclonos*
　クサスギカズラ科(ユリ科)の草本。高さは1m。花
　は黄緑色。
　¶野生1(p247/カ写)
　　山レ増(p603/カ写)

タマボウキ(2)　⇒コウヤボウキを見よ

タマボウキ(3)　⇒タムラソウを見よ

タマミクリ　*Sparganium glomeratum*　球実栗
　ガマ科(ミクリ科)の多年生抽水植物。全高20～
　80cm、雄性頭花が少ない。高さは30～60cm。
　¶原牧1(No.661/カ写)
　　新分牧(No.694/モ図)
　　新牧日(No.3952/モ図)
　　日水草(p154/カ写)
　　牧野ス1(No.661/カ写)
　　野生1(p278/カ写)

タマミズキ　*Ilex micrococca*　玉水木
　モチノキ科の木本。別名アカミズキ。
　¶APG原樹(No.1442/カ図)
　　原牧2(No.1849/カ図)
　　新分牧(No.3883/モ図)
　　新牧日(No.1640/モ図)
　　牧野ス2(No.3694/カ図)
　　野生5(p184/カ写)
　　山力樹木(p405/カ写)

タマミゾイチゴツナギ　*Poa acroleuca* var.
　*submoniliformis*　玉溝苺繁
　イネ科イチゴツナギ亜科の越年草。
　¶野生2(p61)

タマムクエタケ　*Agrocybe arvalis*
　モエギタケ科のキノコ。小型。傘は黄土褐色、中央
　部にしわ。ひだは暗褐色。
　¶山力日き(p217/カ写)

タマムラサキ(1)　*Allium pseudojaponicum*
　ヒガンバナ科の多年草。
　¶野生1(p242/カ写)

タマムラサキ(2)　⇒ムラサキシキブ(1)を見よ

タマヤブジラミ　⇒ツルヤブジラミを見よ

タマリンド　*Tamarindus indica*
　マメ科の高木。別名チョウセンモダマ。莢灰褐色。
　高さは24m。花は黄赤色。
　¶APG原樹(No.389/カ図)
　　新分牧(No.1635/モ図)

タムギ　⇒ムツオレグサを見よ

タムシバ　*Magnolia salicifolia*　田虫葉
　モクレン科の落葉木。日本固有種。別名カムシバ、
　サトウシバ、ニオイコブシ。樹高は10m。花は白
　色。樹皮は灰色。
　¶APG原樹(No.133/カ図)
　　学フ増山菜(p137/カ写)
　　学フ増樹(p90/カ写)
　　学フ増薬草(p169/カ写)
　　原牧1(No.123/カ図)
　　固有(p48)
　　新分牧(No.152/モ図)
　　新牧日(No.461/モ図)
　　茶花上(p283/カ写)
　　牧野ス1(No.123/カ図)
　　野生1(p73/カ写)
　　山力樹木(p194/カ写)

ダムソンプラム　⇒ブレースを見よ

タムラソウ　*Serratula coronata* subsp.*insularis*　田
　村草
　キク科アザミ亜科の多年草。別名タマボウキ、コウ
　ライタムラソウ、サイシュウタムラソウ。高さは30
　～140cm。
　¶学フ増野秋(p46/カ写)
　　原牧2(No.2217/カ図)
　　山野章(No.1323/カ写)
　　新分牧(No.4012/モ図)
　　新牧日(No.3249/モ図)
　　茶花下(p320/カ写)
　　牧野ス2(No.4062/カ図)
　　野生5(p272/カ写)
　　山力野草(p103/カ写)
　　山ハ山花(p557/カ写)

タムラミカン　⇒コナツミカンを見よ

タメトモユリ　⇒テッポウユリを見よ

タモ　⇒トネリコを見よ

タモギタケ　*Pleurotus cornucopiae* var.*citrinopileatus*
　ヒラタケ科のキノコ。小型～中型。傘は漏斗形、鮮
　黄色。ひだは白色。
　¶原きの(No.236/カ写・カ図)
　　山力日き(p21/カ写)

タモトユリ　*Lilium nobilissimum*　袂百合
　ユリ科の多肉植物。高さは50～70cm。花は純白色。
　¶野生1(p174)

タモノキ　⇒トネリコを見よ

タヨウハウチワマメ　⇒シュッコンルピナスを見よ

タラ　⇒タラノキを見よ

タライカヤ 468

**タライカヤナギ** *Salix taraikensis*
ヤナギ科の木本。北海道東部、サハリンに分布。
¶野生3 (p197/カ写)

**タラオアカバナ** *Epilobium hornemannii* subsp.
*behringianum*
アカバナ科の多年草。ミヤマアカバナの花の大型の
個体に似る。
¶野生3 (p267)

**タラノキ** *Aralia elata* 楤木
ウコギ科の落葉低木。別名タラ。高さは150cm。
¶APG原樹 (No.1524/カ写)
　学フ増山菜 (p134/カ写)
　学フ増樹 (p188/カ写・カ図)
　原牧2 (No.2389/カ図)
　新分牧 (No.4404/モ図)
　新牧日 (No.1999/モ図)
　都木花新 (p200/カ写)
　牧野ス2 (No.4234/カ図)
　ミニ山 (p213/カ写)
　野生5 (p374/カ写)
　山力樹木 (p523/カ写)
　落葉図譜 (p252/モ図)

**タラマシダ** ⇒アイノコホウビカンジュを見よ

**タラヨウ** *Ilex latifolia* 多羅葉
モチノキ科の常緑高木。別名モンツキシバ、ノコギ
リシバ。高さは10m。花は黄緑色。樹皮は灰色。
¶APG原樹 (No.1450/カ図)
　原牧2 (No.1838/カ図)
　新分牧 (No.3873/モ図)
　新牧日 (No.1629/モ図)
　茶花上 (p283/カ写)
　都木花新 (p166/カ写)
　牧野ス2 (No.3683/カ写)
　野生5 (p183/カ写)
　山力樹木 (p411/カ写)

**ダリア** *Dahlia pinnata*
キク科の多年草。別名テンジクボタン。高さは2m。
花は緋赤色。
¶原牧2 (No.2009/カ図)
　新分牧 (No.4281/モ図)
　新牧日 (No.3046/モ図)
　茶花下〔てんじくぼたん〕(p238/カ写)
　牧野ス2 (No.3854/カ写)

**タリクトルム・オリエンタル** *Thalictrum orientale*
キンポウゲ科の草本。高さは15〜30cm。
¶山野草 (No.0293/カ写)

**タリクトルム・ツベロスム** *Thalictrum tuberosum*
キンポウゲ科の草本。高さは約40cm。
¶山野草 (No.0294/カ写)

**タリクトルム・デラバイ** *Thalictrum delavayi*
キンポウゲ科の多年草、宿根草。高さは60〜120cm。
¶山野草 (No.0291/カ写)

**タルウマゴヤシ** *Medicago truncatula*
マメ科の一年草。高さは50cm。花は黄色。
¶帰化写2 (p103/カ写)

**ダルス** *Palmaria palmata*
ダルス科の海藻。薄い膜質。体は15〜40cm。
¶新分牧 (No.5076/モ図)
　新牧日 (No.4936/モ図)

**タルゼッタ カティヌス** *Tarzetta catinus*
ピロネマキン科のキノコ。径最大5cm。
¶原きの〔Greater toothed cup（大型の歯付きカップ）〕
(No.550/カ写・カ図)
　山力日き (p571/カ写)

**ダールベルクデージー** ⇒カラクサシュンギクを
見よ

**タルマイスゲ** *Carex buxbaumii*
カヤツリグサ科の多年草。
¶カヤツリ (p210/モ図)
　スゲ増 (No.96/カ写)
　野生1 (p328/カ写)

**タルマイソウ** ⇒イワブクロを見よ

**ダルマエビネ** *Calanthe alismifolia*
ラン科の多年草。花は白色。
¶野生1 (p187/カ写)

**ダルマギク** *Aster spathulifolius* 達磨菊
キク科キク亜科の多年草。高さは20〜60cm。
¶原牧2 (No.1951/カ図)
　山野草 (No.1254/カ写)
　新分牧 (No.4190/モ図)
　新牧日 (No.2992/モ図)
　茶花下 (p368/カ写)
　牧野ス2 (No.3796/カ図)
　野生5 (p315/カ写)
　山力野草 (p45/カ写)
　山ハ野花 (p545/カ写)

**ダルマキンミズヒキ** *Agrimonia pilosa* var.
*succapitata*
バラ科。日本固有種。
¶固有 (p77)

**ダルマソウ** ⇒ザゼンソウを見よ

**ダルマチアジョチュウギク** ⇒シロムシヨケギク
を見よ

**ダルマチヤジョチュウギク** ⇒シロムシヨケギク
を見よ

**タレユエソウ** ⇒エヒメアヤメを見よ

**タロウアン** *Camellia japonica* 'Tarôan' 太郎庵
ツバキ科。ツバキの品種。別名エンゲイタロウア
ン。花は桃色。
¶茶花上 (p119/カ写)

**タロウカジャ** *Camellia japonica* 'Tarôkaja' 太郎
冠者
ツバキ科。ツバキの品種。別名ウラク。花は桃色。
¶茶花上 (p120/カ写)

**タワダギク** *Pluchea carolinensis*
キク科キク亜科の常緑低木。
¶帰化写2 (p446/カ写)
　野生5 (p355/カ写)

**タワラムギ** ⇒コバンソウを見よ

タンウンキュウフン　*Prunus mume* 'Tan-un-kyūfun'
淡暈宮粉
バラ科。ウメの品種。李系ウメ、離波性八重。
¶ウメ〔淡暈宮粉〕(p89/カ写)

タンガザサ　*Sasa elegantissima*
イネ科タケ亜科のササ。日本固有種。
¶固有 (p173)
　タケ亜科 (No.89/カ写)

タンカン　*Citrus tankan*　桶柑
ミカン科の木本。果実は濃橙色。
¶**APG原樹** (No.957/カ図)

ダンギク　*Caryopteris incana*　段菊
シソ科キランソウ亜科 (クマツヅラ科) の多年草。
別名ランギク。花は紫色。
¶原牧2 (No.1744/カ図)
　山野草 (No.1011/カ写)
　新分牧 (No.3708/モ図)
　新牧日 (No.2520/モ図)
　茶花下 (p231/カ写)
　牧野ス2 (No.3589/カ図)
　野生5 (p111/カ写)
　山カ野草 (p233/カ写)
　山ハ山花 (p441/カ写)
　山レ増 (p138/カ写)

タンキリマメ　*Rhynchosia volubilis*　痰切豆
マメ科マメ亜科の多年生つる草。高さは2m前後。
¶色野草 (p180/カ写)
　原牧1 (No.1605/カ図)
　新分牧 (No.1708/モ図)
　新牧日 (No.1391/モ図)
　牧野ス1 (No.1605/カ図)
　ミニ山 (p154/カ写)
　野生2 (p292/カ写)
　山ハ野花 (p372/カ写)

タンゲブ　*Cyclocodon lancifolius*
キキョウ科の山地に生える多年草。別名タイワンツ
ルギキョウ。高さは30〜80cm。
¶原牧2 (No.1880/カ図)
　新分牧 (No.3891/モ図)
　新牧日 (No.2923/モ図)
　牧野ス2 (No.3725/カ図)
　野生5 (p192/カ写)

タンゴイワガサ　⇒ミツバイワガサを見よ

ダンコウバイ (1)　*Lindera obtusiloba*　檀香梅
クスノキ科の落葉低木。別名ウコンバナ、シロジ
シャ。花は黄色。
¶**APG原樹** (No.167/カ図)
　学フ増樹 (p51/カ写)
　原牧1 (No.158/カ写)
　新分牧 (No.195/モ写)
　新牧日 (No.499/モ写)
　茶花上 (p212/カ写)
　都木花新 (p27/カ写)
　牧野ス1 (No.158/カ写)
　野生1 (p84/カ写)
　山カ樹木 (p211/カ写)

落葉図譜 (p120/モ図)

ダンコウバイ (2)　⇒トウロウバイを見よ

ダンゴギ　⇒ヤマボウシを見よ

ダンゴギク　*Helenium autumnale*　団子菊
キク科の多年草。別名ヘレニウム。高さは60〜
180cm。花は黄色。
¶帰化写図 (p369/カ写)
　原牧2 (No.2042/カ図)
　新分牧 (No.4265/モ図)
　新牧日 (No.3078/モ図)
　茶花下 (p231/カ写)
　牧野ス2 (No.3887/カ図)

タンゴグミ　*Elaeagnus arakiana*
グミ科の木本。日本固有種。
¶固有 (p92)
　野生2 (p313)

タンゴシノ　*Sasaella leucorhoda* var.*leucorhoda*
イネ科タケ亜科のササ。
¶タケ亜科 (No.123/カ写)

ダンゴツメクサ　*Trifolium glomeratum*
マメ科の一年草。長さは5〜20cm。花は淡紅色。
¶帰化写図 (p147/カ写)

ダンゴノキ　⇒ミズキを見よ

ダンゴバナ　⇒ワレモコウを見よ

ダンザキイワギリソウ　⇒キリタ・リボエンシスを
見よ

タンザワイケマ　*Cynanchum caudatum* var.
*tanzawamontanum*
キョウチクトウ科 (ガガイモ科) の多年生つる草。
¶野生4 (p311)

タンザワウマノスズクサ　*Aristolochia tanzawana*
ウマノスズクサ科の落葉の木性つる植物。日本固
有種。
¶固有 (p60/カ写)
　新分牧 (No.142/モ図)
　野生1 (p58/カ写)

タンザワサカネラン　*Neottia inagakii*
ラン科の菌従属栄養植物。日本固有種。
¶固有 (p190/カ写)
　野生1 (p216)
　山レ増 (p515/カ写)

タンザワヒゴタイ　*Saussurea hisauchii*
キク科アザミ亜科の多年草。日本固有種。別名トゲ
キクアザミ。
¶固有 (p148)
　野生5 (p263/カ写)

タンジ　⇒イタドリを見よ

タンジン　*Salvia miltiorrhiza*　丹参
シソ科の薬用植物。
¶原牧2 (No.1671/カ写)
　新分牧 (No.3788/モ図)
　新牧日 (No.2583/モ図)
　牧野ス2 (No.3516/カ図)

**ダンダンギキョウ** ⇒キキョウソウを見よ

**ダンチアブラススキ** *Eccoilopus cotulifer* var. *densiflorus*
イネ科キビ亜科の多年草。高さは60〜100cm。
¶桑イネ (p194/モ図)
　野生2 (p83)

**ダンチオウトウ** ⇒シナミザクラを見よ

**ダンチク**(1) *Arundo donax* 葭竹
イネ科ダンチク亜科の多年草。別名ヨシタケ。高さは2〜4m。
¶桑イネ (p74/カ写・モ図)
　原牧1 〔ヨシタケ〕(No.1101/カ図)
　新分牧 〔ヨシタケ〕(No.1281/モ図)
　新牧日 〔ヨシタケ〕(No.3651/モ図)
　牧野ス1 〔ヨシタケ〕(No.1101/カ図)
　野生2 (p73/カ写)
　山力野草 (p678/カ写)
　山ハ野花 (p166/カ写)

**ダンチク**(2) ⇒トウチクを見よ

**ダンチョウゲ** *Serissa japonica* 'Crassiramea' 段丁花
アカネ科。ハクチョウゲの園芸品種。別名ダンチョウボク。
¶原牧2 (No.1302/カ図)
　新分牧 (No.3339/モ図)
　新牧日 (No.2416/モ図)
　牧野ス2 (No.3147/カ図)

**タンチョウソウ** ⇒イワヤツデを見よ

**ダンチョウボク** ⇒ダンチョウゲを見よ

**ダンドイヌワラビ** ⇒ミヤコイヌワラビを見よ

**ダントウイノデ** *Polystichum*×*kumamontanum*
オシダ科のシダ植物。
¶シダ標2 (p418/カ写)

**ダンドク** *Canna indica* 檀特
カンナ科の多年草。高さは1〜1.5m。花は赤および黄色。葉縁は銅色、茎は赤色。
¶帰化写2 (p380/カ写)
　原牧1 (No.643/カ写)
　新分牧 (No.680/モ図)
　新牧日 (No.4237/モ図)
　茶花下 (p321/カ写)
　牧野ス1 (No.643/カ写)
　野生1 (p273/カ写)

**ダンドシダ** *Diplazium*×*toriianum*
メシダ科のシダ植物。
¶シダ標2 (p331/カ写)

**ダンドタムラソウ** *Salvia lutescens* var.*stolonifera*
シソ科シソ亜科〔イヌハッカ亜科〕。日本固有種。
¶固有 (p122)
　野生5 (p140)

**ダンドボロギク** *Erechtites hieraciifolius* var. *hieraciifolius* 段戸襤褸菊
キク科キク亜科の一年草。別名オオボロギク。花序は筒状花のみからなり、白色。高さは30〜150cm。
¶色野草 (p195/カ写)

学フ増野秋 (p114/カ写)
帰化写改 (p352/カ写, p514/カ写)
原牧2 (No.2157/カ図)
植調 (p126/カ写)
新分牧 (No.4110/モ図)
新牧日 (No.3189/モ図)
牧野ス2 (No.4002/カ図)
野生5 (p296/カ写)
山力野草 (p51/カ写)
山ハ野花 (p568/カ写)

**タンナゲンカイツツジ** *Rhododendron mucronulatum* var.*taquetii* ('Dwarf Cheju') 耽羅玄海躑躅
ツツジ科。ゲンカイツツジの矮小種。
¶山野草 (No.0766/カ写)

**タンナザサ** *Sasa quelpartensis* 耽羅笹
イネ科のササ。
¶タケササ (p114/カ写)

**タンナサワフタギ** *Symplocos coreana* 耽羅沢塞, 耽羅沢蓋木
ハイノキ科の落葉低木。
¶APG原樹 (No.1186/カ写)
　原牧2 (No.1132/カ図)
　新分牧 (No.3173/モ図)
　新牧日 (No.2271/モ図)
　牧野ス2 (No.2977/カ図)
　野生4 (p209/カ写)
　山力樹木 (p622/カ写)

**タンナチョウセンヤマツツジ** *Rhododendron yedoense* var.*hallaisanense*
ツツジ科ツツジ亜科の木本。
¶野生4 (p242/カ写)

**タンナトリカブト** *Aconitum japonicum* subsp. *napiforme* 耽羅鳥兜
キンポウゲ科の多年草。別名サンインヤマトリカブト。高さは15〜150cm。
¶原牧1 (No.1227/カ図)
　新分牧 (No.1429/モ図)
　新牧日 (No.552/モ図)
　牧野ス1 (No.1227/カ図)
　野生2 (p129/カ写)
　山ハ山花 (p212/カ写)

**タンナヤハズハハコ** *Anaphalis sinica* var.*morii*
キク科キク亜科の多年草。別名タンナヤマハハコ。
¶野生5 (p344)

**タンナヤブマオ** *Boehmeria quelpaertensis*
イラクサ科の多年草。ハマヤブマオに似るが、葉は左右相称で鋸歯があらい。
¶野生2 (p344)

**タンナヤマハハコ** ⇒タンナヤハズハハコを見よ

**タンバノリ** *Grateloupia elliptica*
ムカデノリ科の海藻。別名オオバツノマタ、ホグロ。やや硬い革状。体は長さ20〜30cm。
¶新分牧 (No.5048/モ図)
　新牧日 (No.4908/モ図)

**タンバヤブレガサ** *Syneilesis aconitifolia* var. *longilepis*
キク科キク亜科の草本。日本固有種。
¶固有(p152)
　野生5(p310)

**タンプン** *Prunus mume* 'Tanfun' 淡粉
バラ科。ウメの品種。野梅系ウメ、野梅性八重。
¶ウメ〔淡粉〕(p67/カ写)

**タンベンチョウシ** *Prunus mume* 'Tanbenchōshi'
単弁跳枝
バラ科。ウメの品種。李系ウメ、難波性一重。
¶ウメ〔単弁跳枝〕(p81/カ写)

**タンポタケ** *Tolypocladium capitatum*
オフィオコルディセプス科の冬虫夏草。宿主はツチダンゴおよびアミメツチダンゴ。
¶原きの(No.572/カ写・カ図)
　新分牧(No.5165/モ図)
　新牧日(No.5024/モ図)
　冬虫生態(p244/カ写)
　山カ日き(p585/カ写)

**タンポタケモドキ** *Elaphocordyceps japonica*
オフィオコルディセプス科の冬虫夏草。宿主はツチダンゴ類。
¶冬虫生態(p256/カ写)
　山カ日き(p585/カ写)

**タンポポ** *Taraxacum* spp.
キク科の草本。タンポポ属の総称。
¶学フ増薬草(p142/カ写)

**タンポポモドキ**(1) ⇒カワリミタンポポモドキを見よ

**タンポポモドキ**(2) ⇒ブタナを見よ

**タンポヤンマタケ** *Ophiocordyceps odonatae*
オフィオコルディセプス科の冬虫夏草。宿主はトンボ成虫の体節上に生じる。
¶冬虫生態(p222/カ写)

**ダンマルジュ** *Agathis dammara*
ナンヨウスギ科の常緑高木。別名コーパルノキ、インドナギ、ナンヨウナギ。葉は卵形あるいは披針形。
¶APG原樹(No.60/カ図)

## 【チ】

**チ** ⇒チガヤを見よ

**チイサンウシノケグサ** *Festuca ovina* var. *chiisanensis* 智異山牛の毛草
イネ科イチゴツナギ亜科の多年草。四国の高山などに生える。
¶野生2(p53/カ写)

**チウロコタケ** *Stereum gausapatum*
ウロコタケ科のキノコ。小型〜中型。傘は赤茶色、波状に屈曲。
¶山カ日き(p425/カ写)

**チウロコタケモドキ** *Stereum sanguinolentum*
ウロコタケ科のキノコ。傘の径は最大10cm。傘がある場合、幅の狭いリボン状。
¶原きの(No.404/カ写・カ図)

**チェッカーベリー** ⇒ゴールテリアを見よ

**チェリモヤ** *Annona cherimola*
バンレイシ科の常緑樹。果実は緑色、心皮面はやや凹面。高さは4〜8m。
¶APG原樹(No.145/カ図)
　原牧1(No.134/カ図)
　新分牧(No.165/モ図)
　新牧日(No.472/モ図)
　牧野ス1(No.134/カ図)

**チェリー・ローレル** ⇒セイヨウバクチノキを見よ

**チェロキーサンセット** *Cornus florida* 'Cherokee Sunset'
ミズキ科の木本。
¶APG原樹〔ハナミズキ'チェロキーサンセット'〕(No.1576/カ図)

**チガイソ** *Alaria crassifolia* 千賀磯
チガイソ科の海藻。別名サルメン、サルメンワカメ。
¶新分牧(No.5001/モ図)
　新牧日(No.4861/モ図)

**チカブミアザミ** *Cirsium chikabumiense* 近文薊
キク科アザミ亜科の多年草。好超塩基性岩植物。高さは70〜140cm。
¶野生5(p237/カ写)

**チガヤ** *Imperata cylindrica* 茅萱、千茅
イネ科キビ亜科の多年草。別名ケチガヤ、シゲチガヤ、チガ、チバナ、ツバナ、フシゲチガヤ。白毛の著しい穂を出す。高さは30〜80cm。
¶色野草(p69/カ写)
　学フ増野春(p212/カ写)
　学フ増薬草(p23/カ写)
　桑イネ(p275/カ写・モ図)
　原牧1(No.1075/カ写)
　山野草(No.1623/カ写)
　植調(p330/カ写)
　新分牧(No.1174/モ図)
　新牧日(No.3862/モ図)
　茶花上(p417/カ写)
　牧野ス1(No.1075/カ写)
　野生2(p86/カ写)
　山カ野草(p687/カ写)
　山ハ野花(p209/カ写)

**チカラグサ** ⇒オヒシバを見よ

**チカラシバ**(1) *Cenchrus purpurascens* 力芝
イネ科キビ亜科の多年草。別名ミチシバ。高さは30〜80cm。
¶色野草(p356/カ写)
　学フ増野秋(p228/カ写)
　桑イネ(p370/カ写・モ図)
　原牧1(No.1027/カ図)
　植調(p329/カ写)
　新分牧(No.1218/モ図)
　新牧日(No.3789/モ図)

チカラシハ　　472

牧野ス1（No.1027/カ図）
野生2（p93/カ写）
山力野草（p680/カ写）
山ハ野花（p193/カ写）

**チカラシバ**(2)　⇒ナギを見よ

**チギ**　*Elaeocarpus zollingeri* var.*pachycarpus*
ホルトノキ科の常緑高木。高さは10m。花は白色。
¶原牧2（No.228/カ図）
新分牧（No.2271/モ図）
新牧日（No.1710/モ図）
牧野ス1（No.2073/カ図）
野生3（p144/カ写）

**チギレハツタケ**　*Russula vesca*
ベニタケ科のキノコ。中型。傘は帯褐肉色、湿時粘性、成熟すると縁部の表皮がはがれる。ひだは白色。
¶原きの（No.263/カ写・カ図）
山力日き（p367/カ写）

**チーク**　⇒チークノキを見よ

**チクゴスズメノヒエ**　*Paspalum distichum* var.*indutum*
イネ科キビ亜科の草本。高さは30〜80cm。葉鞘の毛が著しい。
¶帰化写改（p458/カ写）
植調（p22/カ写）
日水草（p214/カ写）
野生2（p92/カ写）

**チグサ**　*Phalaris arundinacea*　血草
イネ科の多年草。別名リボングラス，シマヨシ。
¶原牧1（No.967/カ図）
新分牧（No.1081/モ図）
新牧日（No.3751/モ図）
牧野ス1（No.967/カ図）

**チクセツニンジン**　⇒トチバニンジンを見よ

**チクセツラン**　*Corymborkis subdensa*
ラン科の多年草。小笠原諸島固有。
¶野生1（p190）
山レ増（p498/カ写）

**チクゼンヤナギ**　*Salix*×*hatusimae*
ヤナギ科の雑種。
¶野生3〔チクゼンヤナギ（イヌコリヤナギ×ネコヤナギ）〕（p206）

**チークノキ**　*Tectona grandis*
シソ科（クマツヅラ科）の落葉高木。別名サック，テック，ジャチ。花は白色。
¶APG原樹〔チーク〕（No.1418/カ図）
原牧2（No.1725/カ図）
新分牧（No.3701/モ図）
牧野ス2（No.3570/カ図）

**チクマハッカ**　⇒イヌハッカを見よ

**チクリンカ**　*Alpinia nigra*
ショウガ科の多年草。
¶原牧1（No.648/カ図）
新分牧（No.685/モ図）
新牧日（No.4230/モ図）

牧野ス1（No.648/カ図）
野生1（p275/カ写）

**チケイラン**　*Liparis bootanensis*
ラン科の草本。花は淡黄緑色。
¶野生1（p211/カ写）
山レ増（p467/カ写）

**チゴカンチク**　*Chimonobambusa marmorea* f.*variegata*　稚児寒竹
イネ科のタケ。
¶タケササ（p169/カ写）

**チゴグサ**　⇒オキナグサ(1)を見よ

**チゴザサ**(1)　*Isachne globosa*　稚児笹
イネ科チゴザサ亜科の多年草。高さは30〜80cm。
¶桑イネ（p276/カ写・モ図）
原牧1（No.1105/カ図）
植調（p23/カ写）
新分牧（No.1274/モ図）
新牧日（No.3783/モ図）
茶花下（p112/カ写）
日水草（p210/カ写）
牧野ス1（No.1105/カ図）
野生2（p76/カ写）
山力野草（p684/カ写）
山ハ野花（p171/カ写）

**チゴザサ**(2)　⇒シマダケを見よ

**チゴノマイ**　⇒チングルマを見よ

**チゴフウロ**　*Geranium pusillum*
フウロソウ科の一年草または越年草。高さは10〜30cm。花は淡紅色。
¶帰化写2（p132/カ写）

**チゴユリ**　*Disporum smilacinum*　稚児百合
イヌサフラン科（ユリ科）の多年草。高さは20〜30cm。花は白色。
¶色野草（p58/カ写）
学フ増野春（p187/カ写）
原牧1（No.315/カ図）
山野草（No.1374/カ写）
新分牧（No.360/モ図）
新牧日（No.3471/モ図）
茶花上（p284/カ写）
牧野ス1（No.315/カ図）
野生1（p164/カ写）
山力野草（p634/カ写）
山ハ野花（p52/カ写）
山ハ山花（p86/カ写）

**チコリ**　*Cichorium endivia*
キク科の葉菜類。別名キクヂシャ，オランダヂシャ，ハナヂシャ，エンダイブ（英名）。花は紫青色。
¶原牧2（No.2224/カ図）
新分牧（No.4017/モ図）
新牧日（No.3254/モ図）
牧野ス2（No.4069/カ図）

**チサ**(1)　⇒チシャを見よ

**チサ**(2)　⇒チシャノキ(1)を見よ

**チシオタケ** *Mycena haematopus*
ラッシタケ科(クヌギタケ科)のキノコ。小型。傘は淡赤褐色〜暗赤色。
¶原きの(No.211/カ写・カ図)
山カ日き(p131/カ写)

**チシオハツ** *Russula sanguinea*
ベニタケ科のキノコ。中型。傘は赤色。ひだはやや黄土色。
¶山カ日き(p372/カ写)

**チシマアザミ** *Cirsium kamtschaticum* 千島薊
キク科アザミ亜科の多年草。別名エゾアザミ。高さは1〜2m。
¶原牧2(No.2165/カ図)
新分牧(No.3953/モ図)
新牧日(No.3197/モ図)
牧野ス2(No.4010/カ図)
野生5(p235/カ写)
山カ野草(p89/カ写)
山ハ高山(p404/カ写)
山ハ山花(p544/カ写)

**チシマアマナ** *Gagea serotina* 千島甘菜
ユリ科の多年草。高さは7〜15cm。
¶学フ増高山(p209/カ写)
原牧1(No.349/カ写)
新分牧(No.387/モ図)
新牧日(No.3450/モ図)
牧野ス1(No.349/カ図)
野生1(p174/カ写)
山カ野草(p625/カ写)
山ハ高山(p25/カ写)

**チシマイチゴ** *Rubus arcticus*
バラ科の草本。
¶原牧1(No.1739/カ写)
山野草(No.0601/カ写)
新分牧(No.1952/モ図)
新牧日(No.1092/モ図)
牧野ス1(No.1739/カ図)

**チシマイヌナズナ** ⇒エゾイヌナズナを見よ

**チシマイワブキ** *Micranthes nelsoniana* var. *reniformis* 千島岩蕗
ユキノシタ科の多年草。高さは5〜25cm。
¶野生2(p206/カ写)
山カ野草(p418/カ写)
山ハ高山(p161/カ写)
山レ増(p315/カ写)

**チシマウスバスミレ** *Viola hultenii* 千島薄葉菫
スミレ科の草本。別名ケウスバスミレ。花は白色。
¶ミニ山(p197/カ写)
野生3(p215/カ写)
山カ野草(p337/カ写)
山ハ高山(p188/カ写)
山レ増(p249/カ写)

**チシマウスユキソウ** *Leontopodium kurilense* 千島薄雪草
キク科キク亜科の草本。日本固有種。
¶固有(p141)

山野草(No.1299/カ写)
野生5(p347/カ写)

**チシマオグルマ** ⇒エゾオグルマを見よ

**チシマオドリコ** ⇒チシマオドリコソウを見よ

**チシマオドリコソウ** *Galeopsis bifida* 千島踊り子草
シソ科オドリコソウ亜科の一年草。別名イタチジソ。高さは20〜50cm。花は淡紫色。
¶帰化写(p267/カ写)
原牧2〔チシマオドリコ〕(No.1665/カ図)
新分牧〔チシマオドリコ〕(No.3749/モ図)
新牧日〔チシマオドリコ〕(No.2577/モ図)
牧野ス2〔チシマオドリコ〕(No.3510/カ図)
野生5(p123/カ写)
山ハ山花(p426/カ写)

**チシマカニツリ** *Trisetum sibiricum* 千島蟹釣
イネ科イチゴツナギ亜科の草本。別名カニツリススキ。
¶桑イネ(p474/モ図)
野生2(p65/カ写)

**チシマガリヤス** *Calamagrostis stricta* subsp. *inexpansa*
イネ科イチゴツナギ亜科の多年草。
¶桑イネ(p131/カ写・モ図)
野生2(p48/カ写)

**チシマギキョウ** *Campanula chamissonis* 千島桔梗
キキョウ科の多年草。高さは40〜80cm。花は青色。
¶学フ増高山(p73/カ写)
原牧2(No.1855/カ図)
山野草(No.1194/カ写)
新分牧(No.3900/モ図)
新牧日(No.2899/モ図)
牧野ス2(No.3700/カ図)
野生5(p190/カ写)
山カ野草(p133/カ写)
山ハ高山(p366/カ写)

**チシマキタアザミ** *Saussurea riederi* var. *riederi* 千島北薊
キク科アザミ亜科。ナガバキタアザミの基準変種。
¶野生5(p263)

**チシマキャラボク** *Taxus cuspidata* var. *borealis*
イチイ科の常緑高木。千島列島のもの。
¶野生1(p43)

**チシマキンバイ**(1) *Potentilla fragiformis* subsp. *megalantha* 千島金梅
バラ科バラ亜科の多年草。高さは10〜30cm。花は黄色。
¶原牧1(No.1825/カ図)
山野草(No.0611/カ写)
新分牧(No.2020/モ図)
新牧日(No.1151/モ図)
牧野ス1(No.1825/カ図)
ミニ山(p126/カ写)
野生3(p37/カ写)
山ハ高山(p206/カ写)

**チシマキンバイ**(2) ⇒チシマノキンバイソウを見よ

チシマキン 474

チシマキンバイソウ ⇒チシマノキンバイソウを
見よ

チシマキンレイカ　*Patrinia sibirica*　千島金鈴花
スイカズラ科（オミナエシ科）の多年草。別名タカ
ネオミナエシ。高さは7〜15cm。花は黄色。
¶学フ増高山（p115/カ写）
原牧2（No.2313/カ図）
山果草（No.1134/カ写）
新分牧（No.4384/モ図）
新牧日（No.2885/モ図）
牧野ス2（No.4158/カ写）
野生5（p423/カ写）
山力野草（p145/カ写）
山ハ高山〔タカネオミナエシ〕（p359/カ写）
山レ増（p77/カ写）

チシマクモマグサ　*Saxifraga merkii* var.*merkii*　千島
雲間草
ユキノシタ科の多年草。別名ヒメチシマクモマグサ,
シベリアクモマグサ。高さは2〜10cm。花は白色。
¶学フ増高山（p160/カ写）
野生2（p212/カ写）
山力野草（p422/カ写）
山ハ高山（p155/カ写）

チシマクルマユリ　⇒クルマユリを見よ

チシマゲンゲ　*Hedysarum hedysaroides* f.*neglectum*
マメ科の多年草。
¶山力野草（p377/カ写）

チシマコウガイゼキショウ　⇒クロコウガイゼキ
ショウを見よ

チシマコゴメグサ　*Euphrasia mollis*　千島小米草
ハマウツボ科の直立する一年草。高さは4〜15cm。
花は薄黄色。
¶野生5（p153/カ写）

チシマコザクラ　⇒トチナイソウを見よ

チシマコハマギク　*Chrysanthemum arcticum* subsp.
*yezoense*
キク科キク亜科の草本。別名オオバチシマコハマ
ギク。
¶野生5（p336/カ写）
山レ増（p22/カ写）

チシマコマノツメ　⇒タニマスミレを見よ

チシマザクラ　*Cerasus nipponica* var.*kurilensis*　千
島桜
バラ科シモツケ亜科の落葉小高木。サクラの品種,
日本種の桜。別名ケタカネザクラ。
¶学フ増桜（p43/カ写）
原牧1（No.1652/カ図）
新分牧（No.1858/モ図）
新牧日（No.1230/モ図）
牧野ス1（No.1652/カ図）
野生3（p65/カ写）
山力樹木（p287/カ写）
山ハ高山（p225/カ写）
落葉図譜（p153/モ図）

チシマザサ　*Sasa kurilensis*　千島笹
イネ科タケ亜科の常緑中型ササ。別名ネマガリダ
ケ。高さは2〜3m。
¶APG原樹（No.228/カ図）
学フ増山菜（p154/カ写）
タケ亜科（No.55/カ写）
タケササ（p85/カ写）
野生2（p36/カ写）
山力樹木（p66/カ写）

チシマザサ - チマキザサ複合体　*Sasa kurilensis -
S.senanensis* complex
イネ科タケ亜科のササ。推定両親種はチシマザサと
チマキザサ節の1種。浸透性交雑を繰り返して形
成。稈は高さ3m。
¶タケ亜科（No.59/カ写）

チシマシバスゲ　⇒チャシバスゲを見よ

チシマスギラン　⇒コスギランを見よ

チシマスグリ　⇒トカチスグリを見よ

チシマゼキショウ　*Tofieldia coccinea* var.*coccinea*
千島石菖
チシマゼキショウ科（ユリ科）の多年草。高さは5〜
15cm。花は白色、または帯紫色。
¶学フ増高山（p212/カ写）
原牧1（No.214/カ図）
山野草（No.1554/カ写）
新分牧（No.259/モ図）
新牧日（No.3371/モ図）
牧野ス1（No.214/カ図）
野生1（p112/カ写）
山ハ高山（p10/カ写）

チシマセンブリ　*Swertia tetrapetala* subsp.*tetrapetala*
var.*tetrapetala*　千島千振
リンドウ科の一年草〜二年草。
¶原牧2（No.1366/カ写）
新分牧（No.3399/モ図）
新牧日（No.2347/モ図）
牧野ス2（No.3211/カ図）
野生4〔チシマセンブリ（狭義）〕（p302）
山ハ高山（p299/カ写）

チシマセンブリ（広義）　*Swertia tetrapetala*
リンドウ科の一年草〜二年草。
¶野生4〔チシマセンブリ〕（p302/カ写）

チシマソモソモ　⇒イブキソモソモを見よ

チシマダイコンソウ　⇒カラフトダイコンソウを
見よ

チシマタネツケバナ　*Cardamine umbellata*
アブラナ科の多年草。花弁は長さ3.5〜4.5mm。
¶野生4（p57）

チシマツガザクラ　*Bryanthus gmelinii*　千島栂桜
ツツジ科ツツジ亜科の矮小低木。別名ヒメツガザク
ラ。高さは2〜3.5cm。
¶学フ増高山（p37/カ写）
原牧2（No.1219/カ図）
山野草（No.0819/カ写）
新分牧（No.3230/モ図）

新牧日（No.2164/モ図）
牧野ス2（No.3064/カ図）
野生4（p229/カ写）
山力樹木（p584/カ写）
山ハ野草（p284/カ写）
山ハ高山（p268/カ写）
山レ増（p220/カ写）

**チシマツメクサ** Sagina saginoides 千島爪草
ナデシコ科の草本。
¶野生4（p118/カ写）
山ハ高山（p141/カ写）
山レ増（p419/カ写）

**チシマドジョウツナギ** Puccinellia kurilensis 千島鰌繋
イネ科イチゴツナギ亜科の草本。
¶桑イネ（p420/モ図）
野生2（p63/カ写）

**チシマニンジン** ⇒シラネニンジンを見よ

**チシマヌカボシソウ** ⇒クモマスズメノヒエを見よ

**チシマネコノメソウ** Chrysosplenium kamtschaticum var.kamtschaticum 千島猫の目草
ユキノシタ科の多年草。高さは3～20cm。
¶野生2（p202/カ写）
山ハ山花（p268/カ写）

**チシマノキンバイソウ** Trollius riederianus 千島の金梅草
キンポウゲ科の草本。別名キタキンバイソウ、チシマキンバイソウ、チシマキンバイ。花は濃黄色。
¶原牧1（No.1196/カ写）
新分牧（No.1476/モ図）
新牧日（No.517/モ図）
牧野ス1（No.1196/カ図）
野生2（p170/カ写）
山ハ高山（p104/カ写）

**チシマハンショウヅル** ⇒クロバナハンショウヅルを見よ

**チシマヒカゲノカズラ** ⇒ミヤマヒカゲノカズラを見よ

**チシマヒメイワタデ** ⇒ヒメイワタデを見よ

**チシマヒメクワガタ** Veronica stelleri var.stelleri 千島姫鍬形
オオバコ科。エゾヒメクワガタの基準変種。
¶野生5（p84）

**チシマヒメドクサ** Equisetum variegatum
トクサ科の常緑性シダ。地上茎は高さ10～30cm。
¶シダ標1（p286/カ写）

**チシマヒョウタンボク** Lonicera chamissoi 千島瓢箪木
スイカズラ科の落葉低木。別名クロバナヒョウタンボク。高さは0.3～1m。花は濃紅色。
¶APG原樹（No.1486/カ写）
学フ増高山（p70/カ写）
原牧2（No.2336/カ写）
新分牧（No.4356/モ図）
新牧日（No.2859/モ図）

牧野ス2（No.4181/カ図）
野生5（p422/カ写）
山力樹木（p689/カ写）
山ハ高山（p365/カ写）
山レ増（p85/カ写）

**チシマフウロ** Geranium erianthum 千島風露
フウロソウ科の多年草。高さは20～50cm。花は青紫色。
¶学フ増高山（p30/カ写）
原牧2（No.414/カ写）
山野草（No.0646/カ写）
新分牧（No.2455/モ図）
新牧日（No.1419/モ図）
牧野ス2（No.2259/カ図）
ミニ山（p163/カ写）
野生3（p250/カ写）
山ハ野草（p372/カ写）
山ハ高山（p168/カ写）
山ハ山花（p298/カ写）

**チシマホソコウガイゼキショウ** ⇒ミヤマホソコウガイゼキショウを見よ

**チシママツバイ** Eleocharis acicularis var.acicularis
カヤツリグサ科の草本。
¶野生1（p344）

**チシママンテマ** Silene repens var.latifolia
ナデシコ科の多年草。
¶野生4（p120）
山ハ高山（p151/カ写）
山ハ山花（p258/カ写）
山レ増（p429/カ写）

**チシマミクリ** Sparganium hyperboreum 千島実栗
ガマ科（ミクリ科）の多年生浮葉植物。別名タカネミクリ。果実は倒卵形。
¶日水草（p158/カ写）
野生1（p278/カ写）
山ハ高山（p53/カ写）
山レ増（p541/カ写）

**チシマミズハコベ** Callitriche hermaphroditica
オオバコ科（アワゴケ科）の沈水植物。沈水葉は暗緑色で半透明、茎は長さ15～50cm。
¶日水草（p274/カ写）
野生5（p73/カ写）

**チシマモメンヅル** ⇒エゾモメンヅルを見よ

**チシマヤマブキショウマ** ⇒ヤマブキショウマを見よ

**チシマヨモギ** Artemisia unalaskensis 千島蓬
キク科キク亜科の草本。別名エゾオオヨモギ。
¶野生5（p333/カ写）
山ハ高山（p430/カ写）

**チシマリンドウ** Gentianella auriculata 千島竜胆
リンドウ科の一年草～越年草。高さは5～30cm。花は紅紫色。
¶原牧2（No.1352/カ写）
新分牧（No.3407/モ図）
新牧日（No.2334/モ図）

チシマルリ

牧野ス2（No.3197/カ図）
野生4（p298/カ写）
山ハ高山（p303/カ写）
山レ増（p169/カ写）

**チシマルリソウ** *Mertensia pterocarpa var.pterocarpa*
ムラサキ科ムラサキ亜科の多年草。花は青色。
¶野生5（p55/カ写）

**チシマワレモコウ** *Sanguisorba tenuifolia var. kurilensis* 千島吾木香
バラ科バラ亜科の多年草。ナガボワレモコウの一変種。別名オオバナノワレモコウ。高さは30〜40cm。花は白色。
¶原牧1（No.1797/カ図）
新分牧（No.1988/モ図）
新牧日（No.1183/モ図）
牧野ス1（No.1797/カ図）
野生3（p56/カ写）
山ハ高山（p222/カ写）

**チヂミザサ** *Oplismenus undulatifolius var. undulatifolius* 縮笹
イネ科キビ亜科の多年草。高さは10〜30cm。葉は広披針形。
¶色野草（p113/カ写）
学フ増野夏（p229/カ写）
桑イネ（p346/カ写・モ図）
原牧1（No.1050/カ図）
新分牧（No.1212/モ図）
新牧日（No.3824/モ図）
牧野ス1（No.1050/カ図）
野生2（p90/カ写）
山カ野草（p684/カ写）
山ハ野花（p208/カ写）

**チヂミバコブゴケ** *Oncophorus crispifolius*
シッポゴケ科のコケ。小型，茎は高さ3cm以下，蒴歯は赤褐色。
¶新分牧（No.4856/モ図）
新牧日（No.4711/モ図）

**チシャ** *Lactuca sativa*
キク科の葉菜類。別名レタス，サラダナ，チサ（古名）。葉をサラダとして生食。花は黄色。
¶原牧2（No.2248/カ図）
新分牧（No.4055/モ図）
新牧日（No.3276/モ図）
牧野ス2（No.4093/カ図）

**チシャノキ**(1) *Ehretia acuminata var.obovata* 萵苣の木
ムラサキ科チシャノキ亜科の落葉高木。別名ショウヨウ，カキノキダマシ，チサ。
¶APG原樹（No.1369/カ図）
原牧2（No.1408/カ図）
新分牧（No.3508/モ図）
新牧日（No.2469/モ図）
茶花上（p544/カ写）
牧野ス2（No.3253/カ図）
野生5（p50/カ写）
山カ樹木（p654/カ写）

**チシャノキ**(2) ⇒エゴノキを見よ

**チヂレコケシノブ** ⇒オニコケシノブを見よ

**チヂレタケ** *Plicaturopsis crispa*
アミロコルティキウム科のキノコ。超小型〜小型。傘は淡黄色〜淡黄褐色，扇形〜ほぼ円形。
¶原きの（No.373/カ写・カ図）
山カ日き（p423/カ写）

**チヂレバタマゴケ** ⇒タマゴケを見よ

**チジレバニワスギゴケ** ⇒コセイタカスギゴケを見よ

**チズゴケ** *Phizocarpon geographicum* 地図苔
チズゴケ科のコケ。地衣体は硫黄色。
¶新分牧（No.5175/モ図）
新牧日（No.5035/モ図）

**チダケサシ** *Astilbe microphylla* 乳茸刺，乳蕈刺，乳茸挿
ユキノシタ科の多年草。日本固有種。高さは30〜80cm。
¶色野草（p265/カ写）
学フ増野夏（p49/カ写）
学フ増薬草（p64/カ写）
原牧1（No.1363/カ図）
固有（p69）
山野草（No.0545/カ写）
新分牧（No.1545/モ図）
新牧日（No.942/モ図）
茶花下（p113/カ写）
牧野ス1（No.1363/カ図）
ミニ山（p98/カ写）
野生2（p198/カ写）
山カ野草（p425/カ写）
山ハ野花（p298/カ写）

**チチアワタケ** *Suillus granulatus*
ヌメリイグチ科（イグチ科）のキノコ。中型〜大型。傘は栗褐色，著しい粘性あり。
¶学フ増毒き（p170/カ写）
山カ日き（p308/カ写）

**チチグサ** ⇒オミナエシを見よ

**チチコグサ** *Gnaphalium japonicum* 父子草
キク科キク亜科の多年草。別名アラレギク。高さは10〜25cm。
¶色野草（p347/カ写）
学フ増野夏（p180/カ写）
原牧2（No.1990/カ図）
植調（p130/カ写）
新分牧（No.4135/モ図）
新牧日（No.3027/モ図）
茶花上（p544/カ写）
牧野ス2（No.3835/カ図）
野生5（p346/カ写）
山カ野草（p14/カ写）
山ハ野花（p558/カ写）

**チチコグサモドキ** *Gamochaeta pensylvanica* 父子草擬
キク科キク亜科の越年草。別名タチチチコグサ。茎は高さ15〜40cm。
¶色野草（p348/カ写）

学フ増野春（p206/カ写）
帰化写改（p365/カ写, p515/カ写）
原牧2（No.1991/カ図）
植調（p128/カ写）
新分牧（No.4136/モ図）
新牧日（No.3028/カ図）
茶花上（p545/カ写）
牧野ス2（No.3836/カ図）
野生5（p345/カ写）
山カ野草（p15/カ写）
山ハ野花（p559/カ写）

## チチジマキイチゴ　*Rubus nakaii*
バラ科の常緑低木。
¶山レ増（p305/カ写）

## チチジマクロキ　*Symplocos pergracilis*
ハイノキ科の常緑低木。日本固有種。
¶固有（p112/カ写）
野生4（p210/カ写）
山レ増（p182/カ写）

## チチジマナキリスゲ　*Carex chichijimensis*
カヤツリグサ科の多年草。日本固有種。
¶カヤツリ（p142/モ図）
固有（p181）
スゲ増（No.59/カ写）
野生1（p308/カ写）

## チチジマベニシダ　*Dryopteris chichisimensis*
オシダ科のシダ植物。日本固有種。
¶固有（p208）
シダ標2（p367/カ写）

## チチタケ　*Lactarius volemus*
ベニタケ科のキノコ。中型〜大型。傘は黄褐色〜赤褐色、ビロード状。ひだは白色〜淡黄色。
¶原きの（No.163/カ写・カ図）
山カ日き（p383/カ写）

## チチッパベンケイ　*Hylotelephium sordidum* var. *sordidum*
ベンケイソウ科の多年草。日本固有種。高さは10〜25cm。花は淡黄緑色。
¶原牧1（No.1423/カ図）
固有（p68/カ写）
新分牧（No.1588/モ図）
新牧日（No.929/モ図）
牧野ス1（No.1423/カ図）
ミニ山（p92/カ写）
野生2（p217/カ写）

## チチノミ　⇒イヌビワを見よ

## チチブイノデ　*Polystichum* × *titibuense*　秩父猪の手
オシダ科のシダ植物。
¶シダ標2（p414/カ写）

## チチブイワガネ　⇒イワガネゼンマイを見よ

## チチブイワザクラ　*Primula reinii* var. *rhodotricha*　秩父岩桜
サクラソウ科の多年草。日本固有種。
¶原牧2（No.1082/カ図）
固有（p110）

## 新分牧（No.3126/モ図）
新牧日（No.2226/モ図）
牧野ス2（No.2927/カ図）
野生4（p199/カ写）
山カ野草（p282/カ写）
山レ増（p188/カ写）

## チチブザクラ　*Cerasus* × *chichibuensis*　秩父桜
バラ科シモツケ亜科の木本。サクラの品種。花は白色。
¶野生3（p63/カ写）

## チチブシラスゲ　⇒ザラツキシラスゲを見よ

## チチブシロカネソウ　*Enemion raddeanum*　秩父白銀草
キンポウゲ科の多年草。別名オオシロカネソウ、チョウセンシロガネソウ、マンシュウシロガネソウ。高さは20〜35cm。
¶原牧1（No.1201/カ図）
新分牧（No.1357/モ図）
新牧日（No.522/モ図）
牧野ス1（No.1201/カ図）
野生2（p151/カ写）
山ハ山花（p227/カ写）

## チチブドウダン (1)　*Enkianthus cernuus* var. *matsudae*　秩父灯台
ツツジ科の落葉低木。縁にベニドウダンより粗い細鋸歯がある。
¶山カ樹木（p591/カ写）

## チチブドウダン (2)　⇒ベニドウダンを見よ

## チチブニセカガミゴケ　*Rhaphidorrhynchium chichibuense*
ナガハシゴケ科のコケ植物。日本固有種。
¶固有（p219）

## チチブヒョウタンボク　⇒コウグイスカグラを見よ

## チチブフジウツギ　⇒フサフジウツギを見よ

## チチブホラゴケ　*Crepidomanes schmidtianum* var. *schmidtianum*
コケシノブ科の常緑性シダ。葉身は長さ1.5〜7cm、三角状卵形〜卵状披針形。
¶シダ標1（p313/カ写）

## チチブミネバリ　*Betula chichibuensis*　秩父峰榛
カバノキ科の木本。日本固有種。
¶固有（p42）
野生3（p114/カ写）
山カ樹木（p116/カ写）
山レ増（p452/カ写）

## チチブヤナギ　*Salix shiraii* var. *kenoensis*　秩父柳
ヤナギ科。埼玉県武甲山に分布し、石灰岩に生える。
¶野生3（p201/カ写）

## チチブリンドウ　*Gentianopsis contorta*　秩父竜胆
リンドウ科の一年草〜越年草。別名ヒロハヒゲリンドウ。高さは5〜15cm。
¶原牧2（No.1350/カ図）
新分牧（No.3393/モ図）
新牧日（No.2332/モ図）
牧野ス2（No.3195/カ図）

チトセアサ　478

野生4（p299/カ写）
山ハ高山（p305/カ写）
山レ増（p173/カ写）

**チトセアザミ** ⇒エゾマミヤアザミを見よ

**チトセカズラ**　*Gardneria multiflora*　千歳葛
マチン科の木本。
¶APG原樹（No.1356/カ図）
野生4（p305/カ写）

**チトセギク**(1)　*Camellia japonica* 'Chitose-giku'　千歳菊
ツバキ科。ツバキの品種。花は紅色。
¶茶花上（p144/カ写）

**チトセギク**(2)　*Prunus mume* 'Chitosegiku'　千歳菊
バラ科。ウメの品種。杏系ウメ，豊後性八重。
¶ウメ〔千歳菊〕（p142/カ写）

**チトセナンブスズ**　*Neosasamorpha takizawana*
subsp.*takizawana* var.*lasioclada*
イネ科タケ亜科のササ。日本固有種。
¶固有（p174）

**チトセニシキ**　*Rhododendron indicum*
'Chitosenishiki'　千歳錦
ツツジ科。サツキの品種。
¶APG原樹〔サツキ'チトセニシキ'〕（No.1245/カ図）

**チトセバイカモ**　*Ranunculus yezoensis*
キンポウゲ科の沈水植物。別名ネムロウメバチモ。
葉身の長さ2.5〜4.5cm，花床も果実も無毛。
¶日水草（p228/カ写）
野生2（p155/カ写）
山カ野草（p470/カ写）
山レ増（p384/カ写）

**チトセラン**(1)　*Sansevieria nilotica*　千歳蘭
キジカクシ科〔クサスギカズラ科〕（リュウゼツラン科）の多年生多肉植物。果実は赤色。
¶原牧1（No.585/カ図）
新分牧（No.637/モ図）
新牧日（No.3507/モ図）
牧野ス1（No.585/カ図）
野生1（p260/カ写）

**チトセラン**(2)　⇒アツバチトセランを見よ

**チトニア**　*Tithonia rotundifolia*
キク科の一年草。別名ヒロハヒマワリ，メキシコヒマワリ。高さは1.5〜1.8m。花は橙赤色。
¶原牧2（No.2028/カ図）
牧野ス2（No.3873/カ図）

**チドメグサ**　*Hydrocotyle sibthorpioides*　血止草
ウコギ科（セリ科）の多年草。別名チトメグサ。芳香。高さは1〜3cm。
¶色野草（p364/カ写）
学フ増薬草（p86/カ写）
原牧2（No.2364/カ写）
植調（p101/カ写）
新分牧（No.4397/モ図）
新牧日（No.2004/カ写）
牧野ス2（No.4209/カ図）

野生5（p381/カ写）
山カ野草（p304/カ写）
山ハ野花（p488/カ写）

**チドリケマン**　*Corydalis kushiroensis*
ケシ科の二年草。日本固有種。
¶固有（p66）
野生2（p106/カ写）

**チドリシダレ**　*Prunus mume* 'Chidori-shidare'　千鳥枝垂
バラ科。ウメの品種。枝垂れ系ウメ。
¶ウメ〔千鳥枝垂〕（p152/カ写）

**チドリソウ**(1)　⇒テガタチドリを見よ

**チドリソウ**(2)　⇒ヒエンソウ(1)を見よ

**チドリノキ**　*Acer carpinifolium*　千鳥の木
ムクロジ科（カエデ科）の落葉小高木，雌雄異株。日本固有種。別名ヤマシバカエデ。樹高は10m。樹皮は灰色。
¶APG原樹（No.938/カ図）
原牧2（No.550/カ図）
固有（p85/カ写）
新分牧（No.2559/モ図）
新牧日（No.1592/モ図）
牧野ス2（No.2395/カ図）
野生3（p293/カ写）
山カ樹木（p444/カ写）
落葉図譜（p220/モ図）

**チナゼシダ**　⇒ミミガタシダを見よ

**チバナ**　⇒チガヤを見よ

**チバナライシダ**　*Arachniodes × chibaensis*
オシダ科のシダ植物。
¶シダ標2（p399/カ写）

**チビウキクサ**　⇒アオウキクサを見よ

**チビッコキンシゴケ**　*Ditrichum brevisetum*
キンシゴケ科のコケ植物。日本固有種。
¶固有（p212）

**チマキザサ**　*Sasa palmata*　粽笹
イネ科タケ亜科の常緑中型ササ。別名ウマザサ，クサザサ，サトチマキ，ヤネフキザサ。高さは1〜2m。
¶APG原樹（No.229/カ図）
原牧1（No.927/カ図）
新分牧（No.1034/モ図）
新牧日（No.3628/モ図）
タケ亜科（No.69/カ写）
タケ分（p100/カ写）
牧野ス1（No.927/カ図）
野生2（p36/カ写）
山カ樹木（p67/カ写）

**チメクサ**　⇒オトコエシを見よ

**チメグサ**　⇒オミナエシを見よ

**チモシー**　⇒オオアワガエリを見よ

**チャ**　⇒チャノキを見よ

**チャイトスゲ**(1)　*Carex alterniflora* var.*aureobrunnea*
カヤツリグサ科の多年草。日本固有種。

¶カヤツリ (p330/モ図)
　固有 (p185)
　スゲ増 (p226/カ写)
　野生1 (p319/カ写)

**チャイトスゲ**(2)　⇒ツルナシオイトスゲを見よ

**チャイボタケ**　*Thelephora terrestris*
イボタケ科のキノコ。傘は暗紫褐色。
¶原きの (No.407/カ写・カ図)
　山力日き (p438/カ写)

**チャイロイクビゴケ**　⇒イクビゴケを見よ

**チャイロクグガヤツリ**　⇒チャガヤツリを見よ

**チャイロシダレゴケ**　⇒ツルゴケを見よ

**チャイロタヌキラン**　⇒ミヤマクロスゲを見よ

**チャイロテンツキ**　*Fimbristylis leptoclada* var. *takamineana*
カヤツリグサ科の一年草。日本固有種。
¶カヤツリ (p576/モ図)
　野生1 (p348)

**チャイロテンツキ（広義）**　*Fimbristylis takamineana*
カヤツリグサ科の一年草。日本固有種。
¶固有〔チャイロテンツキ〕(p187)

**チャウロコタケ**　*Stereum ostrea*
ウロコタケ科のキノコ。中型。傘は灰白色～暗褐色, 環紋。
¶原きの (No.403/カ写・カ図)
　山力日き (p424/カ写)

**チャオビフウセンタケ**　*Cortinarius triumphans*
フウセンタケ科のキノコ。
¶原きの (No.078/カ写・カ図)

**チャカイガラタケ**　*Daedaleopsis tricolor*
タマチョレイタケ科のキノコ。中型。傘は茶褐色～暗褐色, 環紋。
¶山力日き (p478/カ写)

**チャガヤツリ**　*Cyperus amuricus*　茶蚊帳吊
カヤツリグサ科の一年草。別名チャイロクグガヤツリ。高さは10～60cm。
¶学フ増野秋 (p216/カ写)
　カヤツリ (p720/モ図)
　原牧1 (No.701/カ図)
　新分牧 (No.971/カ図)
　新牧日 (No.3959/モ図)
　牧野ス1 (No.701/カ図)
　野生1 (p341/カ写)
　山ハ野花 (p99/カ写)

**チャガラ**　⇒アブラチャンを見よ

**チャコブタケ**　*Daldinia concentrica*
クロサイワイタケ科のキノコ。小型。子実体はこぶ形, 径1～3cm。
¶山力日き (p589/カ写)

**チャシオグサ**　*Cladophora wrightiana*　茶塩草
シオグサ科の海藻。生時は青みを帯びた緑色。体は高さ40cm。
¶新分牧 (No.4954/モ図)

新牧日 (No.4814/モ図)

**チャシバスゲ**　*Carex caryophyllea* var. *microtricha*
カヤツリグサ科の多年草。別名イブリスゲ, チシマシバスゲ, ハマシバスゲ, ミヤマシバスゲ。
¶カヤツリ (p376/カ写)
　原牧1 (No.850/カ図)
　新分牧 (No.867/モ図)
　新牧日 (No.4152/モ図)
　スゲ増 (No.199/カ写)
　牧野ス1 (No.850/カ図)
　野生1 (p321/カ写)

**チャシブゴケ**　*Lecanora allophana*
チャシブゴケ科の地衣類。地衣体は痂状で薄い。
¶新分牧 (No.5184/モ図)
　新牧日 (No.5044/モ図)

**チャシワウロコタケ**　*Phlebia acerina*
シワタケ科のキノコ。
¶山力日き (p421/カ写)

**チャセイカ**　*Prunus mume* 'Chaseika'　茶青花
バラ科。ウメの品種。野梅系ウメ, 野梅性一重。
¶ウメ〔茶青花〕(p32/カ写)

**チャセンシダ**　*Asplenium trichomanes*　茶筌羊歯
チャセンシダ科の常緑性シダ。葉身は長さ5～25cm, 線形。
¶山野草 (No.1815/カ写)
　新分牧 (No.4641/モ図)
　新牧日 (No.4624/モ図)

**チャセンシダ（狭義）**　*Asplenium trichomanes* subsp. *quadrivalens*　茶筌羊歯
チャセンシダ科の常緑性シダ。
¶シダ標1〔チャセンシダ〕(p412/カ写)

**チャセンバイ**　⇒テッケンバイを見よ

**チャダイゴケ**　*Cyathus olla*
ハラタケ科のキノコ。
¶原きの (No.493/カ写・カ図)

**チャタマゴタケ**　*Amanita similis*
テングタケ科のキノコ。中型～大型。傘は暗褐色, 条線あり。ひだは帯白色, 縁は黄色。
¶山力日き (p153/カ写)

**チャツムタケ**　*Gymnopilus picreus*
所属科未確定のキノコ。小型。傘は黄褐色～茶褐色。ひだは黄色～さび色。
¶学フ増毒き (p158/カ写)
　山力日き (p270/カ写)

**チャナメツムタケ**　*Pholiota lubrica*
モエギタケ科のキノコ。中型。傘はレンガ赤褐色, 粘性あり, 綿毛状小鱗片点在。
¶山力日き (p236/カ写)

**チャヌメリカラカサタケ**　*Limacella glioderma*
テングタケ科のキノコ。中型。傘は赤褐色, 粘性。ひだは白色。
¶山力日き (p173/カ写)

**チャノキ**　*Camellia sinensis* var. *sinensis*　茶の木
ツバキ科の常緑低木。別名チャ。花は白色。

チヤハリタ 480

¶**APG原樹**（No.1120/カ図）
学フ増花庭（p219/カ写）
原牧2（No.1118/カ図）
新分牧（No.3159/モ図）
新牧日（No.724/モ図）
茶花上〔ちゃ〕（p100/カ写）
都木花新（p70/カ写）
牧野ス2（No.2963/カ図）
野生4（p204/カ写）
山カ樹木（p488/カ写）

**チ**

**チャハリタケ**　*Hydnellum concrescens*
マツバハリタケ科のキノコ。小型。傘は茶褐色～さ
び色、偏平～浅い漏斗状、放射状繊維模様、絹光沢。
¶山カ日き（p440/カ写）

**チャヒキ**　⇒カラスムギを見よ

**チャヒキグサ**　⇒カラスムギを見よ

**チャヒメオニタケ**　*Cystodermella cinnabarina*
カブラマツタケ科のキノコ。
¶山カ日き（p197/カ写）

**チャヒラタケ**　*Crepidotus mollis*
アセタケ科のキノコ。
¶原きの（No.084/カ写・カ図）
山カ日き（p274/カ写）

**チャフル**　⇒コウオトメを見よ

**チャボイ**　*Eleocharis parvula*
カヤツリグサ科の多年草。
¶カヤツリ（p616/モ図）
日水草（p184/カ写）
野生1（p345）
山レ増（p529/カ写）

**チャボイナモリ**　*Ophiorrhiza pumila*
アカネ科の草本。別名ヤエヤマイナモリ。
¶野生4（p286/カ写）

**チャボイノデ**　*Polystichum igaense*
オシダ科の常緑性シダ。日本固有種。葉身は長さ
40cm。
¶固有（p206）
シダ標2（p410/カ写）

**チャボイノデ × イノデモドキ**　*Polystichum igaense×P.tagawanum*
オシダ科のシダ植物。別名アナンイノデ。
¶シダ標2（p417/カ写）

**チャホウキタケ**　*Ramaria stricta*
ラッパタケ科のキノコ。
¶原きの（No.466/カ写・カ図）

**チャホウキタケモドキ**　*Ramaria apiculata*
ラッパタケ科のキノコ。
¶山カ日き（p418/カ写）

**チャボウシノシッペイ**　*Eremochloa ophiuroides*
イネ科キビ亜科の多年草。別名ムカデシバ。花は
紫色。
¶帰化写2（p335/カ写）
野生2（p84/カ写）

**チャボエンオウ**　*Prunus mume* 'Chabo-en-ō'　矮生
鴛鴦
バラ科。ウメの品種。李系ウメ、紅材性八重。
¶ウメ〔矮生鴛鴦〕（p118/カ写）

**チャボガヤ**　*Torreya nucifera* var.*radicans*　矮鶏榧
イチイ科の常緑低木。日本固有種。別名ハイガヤ。
¶**APG原樹**（No.116/カ図）
固有（p197）
野生1（p44/カ写）
山カ樹木（p10/カ写）

**チャボカラマツ**　*Thalictrum foetidum* var.*glabrescens*
矮鶏唐松
キンポウゲ科の多年草。日本固有種。別名ニオイカ
ラマツ。
¶固有（p52/カ写）
ミニ山（p52/カ写）
野生2（p166/カ写）
山レ増（p387/カ写）

**チャボカワズスゲ**　*Carex omiana* var.*yakushimensis*
カヤツリグサ科の多年草。日本固有種。別名ヤクシ
マカワズスゲ。屋久島の高山の湿地に生える。
¶カヤツリ（p104/モ図）
固有（p181）
野生1（p305）

**チャボシライトソウ**　*Chionographis koidzumiana*
矮鶏白糸草
シュロソウ科（ユリ科）の多年草。日本固有種。別
名ヒナシライトソウ。高さは12～30cm。花は白色。
¶固有（p157）
山野草（No.1553/カ写）
野生1（p159/カ写）
山ハ山花（p63/カ写）
山レ増（p599/カ写）

**チャボスギゴケ**　*Pogonatum otaruense*
スギゴケ科のコケ。日本固有種。茎は高さ1～4cm。
葉は広卵形で披針形に伸びる。
¶固有（p211/カ写）

**チャボゼキショウ**(1)　⇒アポイゼキショウを見よ

**チャボゼキショウ**(2)　⇒ハコネハナゼキショウを
見よ

**チャボタイゲキ**　*Euphorbia peplus*　矮鶏大戟
トウダイグサ科の一年草または多年草。茎の長さは
4～7cm。
¶帰化写改（p172/カ写）
帰化写2（p141/カ写）
ミニ山（p167/カ写）
野生3（p156/カ写）

**チャボタンポタケ**　*Elaphocordyceps* sp.
オフィオコルディセプス科の冬虫夏草。宿主はツチ
ダンゴ類。
¶冬虫生態（p251/カ写）

**チャボチヂミザサ**　*Oplismenus undulatifolius* var.*microphyllus*
イネ科キビ亜科の一年草。
¶桑イネ（p343/モ図）

野生2 (p90)

**チャボチャヒキ** *Bromus rubens*
イネ科イチゴツナギ亜科の一年草。高さは15～40cm。
¶帰化写改 (p431/カ写)
　桑イネ (p107/カ写・モ図)
　野生2 (p47)

**チャボツメレンゲ** *Meterostachys sikokiana* 矮鶏爪蓮華
ベンケイソウ科の多年草。花は帯紅白色。
¶原牧1 (No.1395/カ図)
　新分牧 (No.1582/モ図)
　新牧日 (No.901/モ図)
　牧野ス1 (No.1395/カ図)
　野生2 (p220/カ写)
　山ハ山花 (p294/カ写)
　山レ増 (p333/カ写)

**チャボトウジ** *Prunus mume* 'Chabo-tōji' 矮生冬至
バラ科。ウメの品種。野梅系ウメ、野梅性一重。
¶ウメ〔矮生冬至〕(p33/カ写)

**チャボトウジュロ** *Chamaerops humilis*
ヤシ科の木本。別名ヨーロッパウチワヤシ。高さは1.5～3m。
¶APG原樹 (No.204/カ図)

**チャボノコギリシダ** ⇒ノコギリシダを見よ

**チャボハエドクソウ** ⇒ハエドクソウを見よ

**チャボハナヤスリ** *Ophioglossum parvum*
ハナヤスリ科の夏緑性シダ。日本固有種。葉身は長さ0.5～1.5cm、狭披針形～楕円形。
¶固有 (p199)
　シダ標1 (p289/カ写)
　山レ増 (p688/カ写)

**チャボヒバ** *Chamaecyparis obtusa* 'Breviramea' 矮鶏檜葉
ヒノキ科の木本。別名カマクラヒバ。
¶APG原樹〔カマクラヒバ〕(No.83/カ図)
　原牧1 (No.40/カ写)
　新分牧 (No.58/モ図)
　新牧日 (No.58/モ図)
　牧野ス1 (No.41/カ写)

**チャボフラスコモ** *Nitella acuminata* var.*capitulifera* 矮鶏フラスコ藻
シャジクモ科の水草。暗緑色。体長70cmまで。
¶新分牧 (No.4937/モ図)
　新牧日 (No.4797/モ図)

**チャボヘゴ** *Cyathea metteniana*
ヘゴ科の常緑性シダ。葉身は長さ1.5m、長楕円状披針形。
¶シダ標1 (p347/カ写)

**チャボホトトギス** *Tricyrtis nana* 矮鶏杜鵑
ユリ科の多年草。日本固有種。高さは2～6cm。花は淡黄色。
¶原牧1 (No.359/カ図)
　固有 (p159/カ写)
　山野草 (No.1535/カ写)

新分牧 (No.376/モ図)
新牧日 (No.3387/モ図)
茶花下 (p321/カ写)
牧野ス1 (No.359/カ図)
野生1 (p177/カ写)
山力野草 (p610/カ写)
山ハ山花 (p82/カ写)

**チャボミツデウラボシ** ⇒ミツデウラボシを見よ

**チャボミヤマキンバイ** ⇒ユウバリキンバイを見よ

**チャボヤハズトウヒレン**(1) *Saussurea sagitta* var.*yoshizawae* 矮鶏矢筈唐飛廉
キク科。日本固有種。
¶固有 (p148)

**チャボヤハズトウヒレン**(2) ⇒ヤハズトウヒレンを見よ

**チャボヤマハギ** *Lespedeza bicolor* var.*nana*
マメ科マメ亜科の矮小低木。日本固有種。
¶固有 (p80)
　野生2 (p278)

**チャボリンドウ** ⇒ゲンチアナ・アコウリスを見よ

**チャミダレアミタケ** *Daedaleopsis confragosa*
タマチョレイタケ科のキノコ。
¶原きの (p343/カ写・カ図)

**チャメリオン・ドドナエイ** *Chamerion dodonaei*
アカバナ科の草本。
¶山野草 (No.0739/カ写)

**チャラン** *Chloranthus spicatus* 茶蘭
センリョウ科の常緑小低木。花や葉を茶に混じて香を付ける。花は淡黄色。
¶APG原樹 (No.122/カ図)
　帰化写2 (p398/カ写)
　原牧1 (No.80/カ図)
　新分牧 (No.100/モ図)
　新牧日 (No.682/モ図)
　牧野ス1 (No.80/カ写)

**チャリティー** *Berberis* 'Charity'
メギ科の常緑低木。ヒイラギナンテンに近縁な園芸品種。
¶APG原樹〔マホニア'チャリティー'〕(No.1551/カ図)

**チャルメルソウ** *Mitella furusei* var.*subramosa* 哨吶草
ユキノシタ科の多年草。日本固有種。高さは30～50cm。
¶学フ増野春 (p218/カ写)
　原牧1 (No.1393/カ図)
　固有 (p70)
　山野草 (No.0538/カ写)
　新牧日 (No.972/モ図)
　茶花上 (p284/カ写)
　ミニ山 (p105/カ写)
　野生2 (p209/カ写)
　山カ野草 (p432/カ写)
　山ハ山花 (p280/カ写)

**チャワンザクラ** ⇒ナデンを見よ

**チャンチン** *Toona sinensis* 香椿
センダン科の落葉高木。中国野菜。高さは15〜20m。花は白色。樹皮は褐色。
¶**APG原樹** (No.1001/カ図)
原牧2 (No.606/カ図)
新分牧 (No.2645/カ図)
新牧日 (No.1543/モ図)
牧野ス2 (No.2451/カ図)
落葉図譜 (p188/モ図)

**チャンチンモドキ** *Choerospondias axillaris*
ウルシ科の木本。別名カナメノキ, クロセンダン, カナメ。
¶**APG原樹** (No.896/カ図)
原牧2 (No.511/カ図)
新分牧 (No.2541/モ図)
新牧日 (No.1561/モ図)
牧野ス2 (No.2356/カ図)
野生3 (p281/カ写)
山力樹木 (p402/カ写)
落葉図譜 (p196/モ図)

**チャンパギク** ⇒タケニグサを見よ

**チューインガムノキ** ⇒サポジラを見よ

**チュウカザクラ** *Primula sinensis* 中華桜
サクラソウ科。別名カンザクラ, ハナザクラ。高さは15〜20cm。花は淡藤, 後に桃赤色。
¶原牧2 (No.1087/カ図)
新分牧 (No.3130/モ図)
新牧日 (No.2230/モ図)
牧野ス2 (No.2932/カ図)

**チユウキンレン** *Ensete lasiocarpum* 地湧金蓮
バショウ科の多年草。
¶新分牧 (No.679/モ図)

**チュウゴクアジサイ** ⇒ジョウザンを見よ

**チュウゴクエノキ** *Celtis biondii* var.*holophylla* 中国榎
アサ科の落葉小低木。
¶野生2 (p330)

**チュウゴクガマズミ** ⇒チョウジガマズミを見よ

**チュウゴクグリ** ⇒アマグリを見よ

**チュウゴクザサ** *Sasa veitchii* var.*tyugokuensis*
イネ科タケ亜科の植物。
¶タケ亜科 (No.73/カ写)
タケササ (p111/カ写)

**チュウゴクスゲ** ⇒オオムギスゲを見よ

**チュウゴクナシ** ⇒シナナシを見よ

**チュウゴクホトトギス**(1) *Tricyrtis chiugokuensis*
ユリ科の多年草。近畿・中国・四国地方に産する。
¶野生1 (p176)

**チュウゴクホトトギス**(2) ⇒ヤマジノホトトギスを見よ

**チュウゼンジスゲ** *Carex longirostrata* var. *tenuistachya*
カヤツリグサ科の多年草。別名ウスイロヒエスゲ。

¶カヤツリ (p268/モ図)
原牧1 (No.871/カ図)
新分牧 (No.893/モ図)
新牧日 (No.4176/モ図)
牧野ス1 (No.871/カ図)
野生1 (p314)

**チュウゼンジナ** ⇒ヤマガラシを見よ

**チュウレイハシゴシダ** ⇒オオハシゴシダを見よ

**チュスクエア メイエリアナ** *Chusquea meyeriana*
イネ科の熱帯性タケ類。
¶タケササ (p199/カ図)

**チュスクエア ロンギフォリア** *Chusquea longifolia*
イネ科の熱帯性タケ類。
¶タケササ (p199/カ写)

**チューリップ**(1) *Tulipa gesneriana*
ユリ科の多年草。
¶原牧1 (No.350/カ図)
新分牧 (No.388/カ図)
新牧日 (No.3449/モ図)
牧野ス1 (No.350/カ図)

**チューリップ**(2) *Tulipa* spp.
ユリ科の球根植物。チューリップ属の総称。別名ウコンソウ。
¶学フ有毒 (p109/カ写)

**チューリップ・ツリー** ⇒ユリノキを見よ

**チューリップヒノキ** ⇒ユリノキを見よ

**チョウカイアザミ** *Cirsium chokaiense* 鳥海薊
キク科アザミ亜科の草本。日本固有種。別名ネバリアザミ。
¶原牧2 (No.2176/カ図)
固有 (p139/カ写)
新分牧 (No.3963/モ図)
新牧日 (No.3208/モ図)
牧野ス2 (No.4021/カ図)
野生5 (p229/カ写)
山力野草 (p93/カ写)
山ハ高山 (p403/カ写)
山レ増 (p55/カ写)

**チョウカイコウモリ** ⇒コバナノコウモリソウを見よ

**チョウカイゼリ** ⇒ミヤマセンキュウを見よ

**チョウカイチングルマ** ⇒チングルマを見よ

**チョウカイフスマ** *Arenaria merckioides* var. *chokaiensis* 鳥海衾
ナデシコ科の多年草。高さは5〜10cmほど。
¶学ブ増高山 (p138/カ写)
原牧2 (No.892/カ写)
新分牧 (No.2915/モ図)
新牧日 (No.364/モ図)
牧野ス2 (No.2737/カ図)
野生4 (p109/カ写)
山力野草 (p515/カ写)
山ハ高山 (p139/カ写)
山レ増 (p421/カ写)

チョウケンカズラ ⇒スズカケソウを見よ

チョウジカズラ(1) *Trachelospermum asiaticum* var. *majus*
キョウチクトウ科の常緑藤本。葉は長さ5〜10cm、幅3〜5cm。
¶野生4 (p315/カ写)

チョウジカズラ(2) ⇒テイカカズラを見よ

チョウジガマズミ *Viburnum carlesii* var. *bitchiuense* 丁字莢蒾
ガマズミ科〔レンプクソウ科〕(スイカズラ科)の落葉低木。別名チュウゴクガマズミ。
¶APG原樹 (No.1470/カ図)
　茶花上 (p285/カ写)
　野生5 (p408/カ写)
　山レ増 (p79/カ写)

チョウジガマズミ(広義) *Viburnum carlesii* 丁字莢蒾
ガマズミ科〔レンプクソウ科〕(スイカズラ科)の落葉低木。別名オオチョウジガマズミ。
¶山力樹木〔チョウジガマズミ〕(p714/カ写)

チョウジギク *Arnica mallotopus* 丁字菊、丁子菊
キク科キク亜科の多年草。日本固有種。別名クマギク。高さは20〜85cm。
¶学フ増高山 (p116/カ写)
　原牧2 (No.2111/カ図)
　固有 (p141/カ写)
　新分牧 (No.4307/モ図)
　新牧日 (No.3141/モ図)
　茶花下 (p232/カ写)
　牧野ス2 (No.3956/カ図)
　野生5 (p364/カ写)
　山力野草 (p50/カ写)
　山ハ高山 (p387/カ写)

チョウジコメツツジ *Rhododendron tschonoskii* var. *tetramerum* 丁字米躑躅
ツツジ科ツツジ亜科の落葉低木。日本固有種。
¶学フ増高山 (p191/カ写)
　固有 (p106)
　野生4 (p240/カ写)
　山力樹木 (p564/カ写)
　山ハ高山 (p280/カ写)

チョウジザクラ(1) *Cerasus apetala* var. *tetsuyae* 丁字桜、丁子桜
バラ科シモツケ亜科の落葉小高木。日本種の桜。別名メジロザクラ。高さは3〜6m。花は白色。
¶APG原樹 (No.415/カ図)
　学フ増桜 (p26/カ写)
　原牧1 (No.1656/カ図)
　固有 (p77)
　新牧日 (No.1861/モ図)
　新牧日 (No.1234/モ図)
　茶花上 (p285/カ写)
　牧野ス1 (No.1656/カ図)
　野生3 (p62/カ写)
　山力樹木 (p285/カ写)
　落葉図譜 (p152/モ写)

チョウジザクラ(2) ⇒フジモドキを見よ

チョウジソウ *Amsonia elliptica* 丁字草、丁子草
キョウチクトウ科の多年草。高さは40〜80cm。花は淡青色。
¶原牧2 (No.1396/カ図)
　新分牧 (No.3419/モ図)
　新牧日 (No.2353/モ図)
　茶花上 (p418/カ写)
　牧野ス2 (No.3241/カ図)
　野生4 (p309/カ写)
　山力野草 (p253/カ写)
　山ハ野花 (p433/カ写)
　山レ増 (p164/カ写)

チョウジタデ *Ludwigia epilobioides* subsp. *epilobioides* 丁字蓼、丁子蓼
アカバナ科の一年草。別名タゴボウ。高さは30〜70cm。花は黄色。
¶学フ増野秋 (p106/カ写)
　原牧2 (No.462/カ図)
　植調 (p66/カ写)
　新分牧 (No.2492/モ図)
　新牧日 (No.1947/モ図)
　牧野ス2 (No.2307/カ図)
　野生3 (p268/カ写)
　山力野草 (p332/カ写)
　山ハ野花 (p313/カ写)

チョウシチク *Bambusa dolichoclada* 長枝竹
イネ科タケ亜科のタケ。高さは20m。
¶タケ亜科 (No.5/カ写)

チョウジチチタケ *Lactarius quietus*
ベニタケ科のキノコ。中型。傘は赤褐色、不明瞭な環紋がある。ひだは帯赤白色。
¶原きの (No.160/カ写・カ図)

チョウジノキ *Syzygium aromaticum* 丁子木
フトモモ科の常緑樹。別名クローブノキ。高さは10m。花は淡緑色。葉は光沢、芳香。
¶APG原樹 (No.880/カ図)
　原牧2 (No.485/カ図)
　新分牧 (No.2523/モ図)
　牧野ス2 (No.2330/カ図)

チョウジャノキ ⇒メグスリノキを見よ

チョウシュウヒザクラ *Cerasus lannesiana* 'Chosiuhizakura' 長州緋桜
バラ科の落葉小高木。サクラの栽培品種。花は紅紫色。
¶学フ増桜〔長州緋桜〕(p204/カ写)

チョウジュカ ⇒スイセン(狭義)を見よ

チョウジュギク ⇒フクジュソウを見よ

チョウジュキンカン *Citrus japonica* 'Obovata' 長寿金柑
ミカン科の木本。別名フクシュウキンカン。果実は縦径3.8cmほど。
¶APG原樹 (No.985/カ図)

チョウジュソウ ⇒フクジュソウを見よ

チョウシュ　484

**チョウジュバイ** *Chaenomeles japonica* 'Chōjubai'
長寿梅
バラ科。ボケの品種。
¶**APG原樹**〔ボケ‘チョウジュバイ’〕(No.561/カ図)

**チョウジュラク** *Chaenomeles speciosa* 'Chōjuraku'
長寿楽
バラ科。ボケの品種。
¶**APG原樹**〔ボケ‘チョウジュラク’〕(No.565/カ図)

**チョウシュン** ⇒コウシンバラを見よ

**チョウセイソウ** ⇒セッコクを見よ

**チョウセイラン** ⇒セッコクを見よ

**チョウセンアサガオ** *Datura metel* 朝鮮朝顔
ナス科の一年草。別名マンダラゲ、キチガイナスビ、
ダチュラ。全株スコポラミンを含み有毒。高さは1.
5m。花は白色。
¶**学フ有毒**(p188/カ写)
帰化写改(p276/カ写)
原牧2(No.1491/カ図)
新分牧(No.3476/モ図)
新牧日(No.2667/モ図)
牧野ス2(No.3336/カ図)
山ハ野花(p440/カ写)

**チョウセンアザミ** ⇒アーティチョークを見よ

**チョウセンイノデ** ⇒イワシロイノデを見よ

**チョウセンイワオウギ** ⇒カラフトゲンゲを見よ

**チョウセンイワギク** ⇒チョウセンノギク(1)を見よ

**チョウセンウメ** *Prunus mume* 'Chōsen-ume' 朝
鮮梅
バラ科。ウメの品種。杏系ウメ、豊後性一重。
¶**ウメ**〔朝鮮梅〕(p133/カ写)

**チョウセンカメバソウ** *Trigonotis radicans* var.
*sericea*
ムラサキ科ムラサキ亜科の草本。別名キヌゲカメバ
ソウ。
¶**野生5**(p58/カ写)
山レ増(p144/カ写)

**チョウセンカラスウリ** *Trichosanthes kirilowii* var.
*kirilowii* 朝鮮烏瓜
ウリ科のつる性多年草。
¶**野生3**(p124)

**チョウセンカラマツ** ⇒ムラサキカラマツを見よ

**チョウセンガリヤス** *Cleistogenes hackelii* 朝鮮刈安
イネ科ヒゲシバ亜科の多年草。別名ヒメガリヤス。
高さは40〜90cm。
¶**桑イネ**(p289/モ図)
原牧1(No.1111/カ図)
新分牧(No.1272/モ図)
新牧日(No.3760/モ図)
牧野ス1(No.1111/カ図)
野生2(p68/カ写)
山ハ野花(p171/カ写)

**チョウセンギク** ⇒エゾギクを見よ

**チョウセンキハギ** *Lespedeza maximowiczii*
マメ科マメ亜科。花は紅紫色。

¶**野生2**(p278/カ写)

**チョウセンキバナアツモリソウ** *Cypripedium*
*guttatum* 朝鮮黄花敦盛草
ラン科の地生の多年草。国内では男鹿半島に自生。
¶**野生1**(p194/カ写)

**チョウセンギボウシ** ⇒トクダマを見よ

**チョウセンキンミズヒキ** *Agrimonia coreana* 朝鮮
金水引
バラ科バラ亜科の多年草。茎に長軟毛が多い。
¶**野生3**(p25/カ写)
山ハ山花(p342/カ写)
山レ増(p312/カ写)

**チョウセンクルマムグラ** ⇒オククルマムグラを
見よ

**チョウセンゴミシ** *Schisandra chinensis* 朝鮮五味子
マツブサ科(モクレン科)の落葉つる性植物。花は
乳白色。
¶**APG原樹**(No.118/カ図)
学フ増薬草(p172/カ写)
原牧1(No.75/カ図)
新分牧(No.95/モ図)
新牧日(No.476/モ図)
牧野ス1(No.75/カ図)
野生1(p50/カ写)
山力樹木(p200/カ写)
落葉図譜(p119/モ図)

**チョウセンゴヨウ** ⇒チョウセンマツを見よ

**チョウセンザクロ** ⇒ヒメザクロを見よ

**チョウセンシオン** *Aster koraiensis*
キク科の多年草。高さは40〜80cm。花は淡紫色。
¶**帰化写改**(p368/カ写)
茶花下〔ちょうせんよめな〕(p233/カ写)

**チョウセンシロガネソウ** ⇒チチブシロカネソウを
見よ

**チョウセンスイラン** *Hololeion fauriei*
キク科キクニガナ亜科の草本。別名マンシュウスイ
ラン、イトスイラン。
¶**原牧2**(No.2239/カ図)
新分牧(No.4066/モ図)
新牧日(No.3268/モ図)
牧野ス2(No.4084/カ図)
野生5(p277/カ写)
山レ増〔マンシュウスイラン〕(p17/カ写)

**チョウセンスゲ** ⇒オノエスゲを見よ

**チョウセンツバキ** *Camellia japonica*
'Chōsentsubaki' 朝鮮椿
ツバキ科。ツバキの品種。
¶**APG原樹**〔ツバキ‘チョウセンツバキ’〕(No.1127/カ
図)

**チョウセンナニワズ** *Daphne pseudomezereum* var.
*koreana*
ジンチョウゲ科の落葉小低木。高さは80cm。花は
黄緑色。
¶**野生4**(p37/カ写)
山力樹木(p502/カ写)

チョウセンナルコユリ　*Polygonatum lasianthum* var.*coreanum*
　クサスギカズラ科の多年草。対馬・朝鮮半島に産する。
　¶野生1（p258）

チョウセンニワフジ　*Indigofera kirilowii*　朝鮮庭藤
　マメ科マメ亜科の木本。別名コウライニワフジ。高さは30〜60cm。花は淡紅色。
　¶APG原樹（No.360/カ図）
　　原牧1（No.1507/カ図）
　　新分牧（No.1661/モ図）
　　新牧日（No.1294/モ図）
　　牧野ス1（No.1507/カ図）
　　野生2（p273/カ写）
　　山力樹木（p365/カ写）

チョウセンニンジン　⇒オタネニンジンを見よ

チョウセンニンドウ　⇒キダチニンドウを見よ

チョウセンネコヤナギ　*Salix gracilistyla* var.*graciliglans*　朝鮮猫柳
　ヤナギ科の低木。成葉の葉身裏面はほぼ無毛。
　¶野生3（p203）

チョウセンノギク(1)　*Chrysanthemum zawadskii* var.*alpinum*　朝鮮野菊
　キク科の草本。キク属の代表的な自然交雑種。
　¶山野草〔チョウセンイワギク〕（No.1231/カ写）
　　山レ増（p21/カ写）

チョウセンノギク(2)　⇒イワギク（広義）を見よ

チョウセンハリイ　*Eleocharis attenuata* f.*laeviseta*
　カヤツリグサ科の一年草または多年草。
　¶カヤツリ（p624/モ図）

チョウセンヒメツゲ　*Buxus microphylla* var.*insularis*　朝鮮姫黄楊
　ツゲ科の木本。
　¶野生2（p180/カ写）
　　山力樹木（p397/カ写）
　　山レ増（p264/カ写）

チョウセンマキ　*Cephalotaxus harringtonia* 'Fastigiata'　朝鮮槇
　イチイ科（イヌガヤ科）の木本。
　¶APG原樹（No.111/カ図）
　　原牧1（No.60/カ図）
　　新分牧（No.78/モ図）
　　新牧日（No.12/モ図）
　　牧野ス1（No.61/カ図）

チョウセンマツ　*Pinus koraiensis*　朝鮮松
　マツ科の常緑高木。別名チョウセンゴヨウ。高さは30m。樹皮は暗灰色。
　¶APG原樹〔チョウセンゴヨウ〕（No.20/カ図）
　　原牧1（No.29/カ図）
　　新分牧（No.37/モ図）
　　新牧日（No.41/モ図）
　　牧野ス1（No.30/カ図）
　　野生1〔チョウセンゴヨウ〕（p31/カ写）
　　山力樹木〔チョウセンゴヨウ〕（p16/カ写）

チョウセンマツカサススキ　⇒ヒメマツカサススキを見よ

チョウセンマンテマ　⇒テバコマンテマを見よ

チョウセンミネバリ　⇒マカンバ(1)を見よ

チョウセンミヤマガマズミ　⇒オオミヤマガマズミを見よ

チョウセンモダマ　⇒タマリンドを見よ

チョウセンヤマオダマキ　⇒オオヤマオダマキを見よ

チョウセンヤマツツジ　*Rhododendron yedoense* var.*yedoense* f.*poukhanense*　朝鮮山躑躅
　ツツジ科の木本。
　¶APG原樹（No.1234/カ図）
　　山力樹木（p559/カ写）
　　山レ増（p210/カ写）

チョウセンヤマナラシ　⇒エゾヤマナラシを見よ

チョウセンヤマニガナ　*Lactuca raddeana* var.*raddeana*　朝鮮山苦菜
　キク科キクニガナ亜科の草本。高さは0.6〜1.2m。
　¶野生5（p282）
　　山ハ山花（p567/カ写）

チョウセンヨメナ　⇒チョウセンシオンを見よ

チョウセンリンドウ　⇒トウリンドウを見よ

チョウセンレンギョウ　*Forsythia viridissima* var.*koreana*　朝鮮連翹
　モクセイ科の落葉低木。高さは3m。
　¶APG原樹（No.1378/カ図）
　　野生5（p60/カ写）
　　山力樹木（p643/カ写）
　　落葉図譜（p286/モ図）

チョウチドリ　*Camellia japonica* 'Chôchidori'　蝶千鳥
　ツバキ科。ツバキの品種。花は白色。
　¶茶花上（p107/カ写）

チョウチンバナ　⇒ホタルブクロを見よ

チョウノスケソウ　*Dryas octopetala* var.*asiatica*　長之助草
　バラ科チョウノスケソウ亜科の多年草。別名ミヤマグルマ、ミヤマチングルマ。
　¶APG原樹（No.400/カ図）
　　学フ増高山（p162/カ写）
　　原牧1（No.1623/カ図）
　　山野草（No.0596/モ図）
　　新分牧（No.1815/モ図）
　　新牧日（No.1168/モ図）
　　茶花下（p233/カ写）
　　牧野ス1（No.1623/カ図）
　　ミニ山（p119/カ写）
　　野生3（p59/カ写）
　　山力樹木（p274/カ写）
　　山力野草（p406/カ写）
　　山ハ高山（p209/カ写）

チヨウノハ　　　486

**チョウノハガサネ** *Prunus mume* 'Chōnohagasane'
蝶の羽重ね
バラ科。ウメの品種。杏系ウメ，豊後性八重。
¶ウメ〔蝶の羽重ね〕(p142/カ写)

**チョウマメ** *Clitoria ternatea*　蝶豆
マメ科のつる草。別名バタフライ・ピー，パイプマメ。花は濃青色。
¶学フ有毒(p146/カ写)
茶花上(p545/カ写)

**チョウメイジュ**　⇒ムベを見よ

**チョウリョウソウ**　⇒ハンカイソウを見よ

**チョウロソウ**　⇒ギンセンカを見よ

**チ**　**チョクザキミズ** *Lecanthus peduncularis*
イラクサ科の一年草。高さは15cmほど。
¶野生2(p351/カ写)
山ハ山花(p350/カ写)
山レ増(p445/カ写)

**チョクミシッポゴケ** *Dicranoloma cylindrothecium*
var.*brachycarpum*
シッポゴケ科のコケ植物。日本固有種。
¶固有(p213)

**チョクレイハクサイ** *Brassica rapa* var.*glabra*
Pekinensis Group　直隷白菜
アブラナ科の野菜。白菜の一品種。
¶原牧2(No.693/カ図)
新分牧(No.2791/モ図)
新牧日(No.814/モ図)
牧スタ2(No.2538/カ図)

**チヨダニシキ** *Camellia japonica* 'Chiyoda-nishiki'
千代田錦
ツバキ科。ツバキの品種。花は絞りが入る。
¶茶花上(p154/カ写)

**チョレイマイタケ** *Dendropolyporus umbellatus*　猪
苓舞茸
タマチョレイタケ科のキノコ。中型～大型。傘は灰色～褐灰色で，中央は窪む。
¶原きの(No.376/カ写・カ図)
山カ日き(p456/カ写)

**チョロギ** *Stachys sieboldii*　草石蚕
シソ科の根菜類。高さは100～120cm。花は淡紅紫色。
¶原牧2(No.1669/カ図)
新分牧(No.3751/モ図)
新牧日(No.2581/モ図)
牧スタ2(No.3514/カ図)

**チョロギガヤ** *Arrhenatherum elatius* var.*bulbosum*
イネ科イチゴツナギ亜科の草本。
¶野生2(p43)

**チョロギダマシ**　⇒イヌゴマを見よ

**チリーアヤメ** *Alophia amoena*
アヤメ科の多年草。花は淡青紫色。
¶帰化写2(p302/カ写)
山野草〔チリアヤメ〕(No.1604/カ写)

**チリアロウカリア**　⇒チリマツを見よ

**チリウキクサ** *Lemna valdiviana*　智利浮草
サトイモ科（ウキクサ科）の多年草。
¶帰化写2(p357/カ写)
日水草(p65/カ写)
野生1(p107)

**チリツバキ**　⇒ゴシキヤエチリツバキを見よ

**チリマツ** *Araucaria araucana*
ナンヨウスギ科の常緑大高木。別名アメリカウロコモミ，チリアロウカリア，ヨロイスギ。高さは5～45m。樹皮は灰色。
¶APG原樹(No.58/カ図)
新分牧(No.39/モ図)
新牧日(No.13/モ図)

**チリメンアオジソ**　⇒アオチリメンジソを見よ

**チリメンカエデ** *Acer amoenum* var.*matsumurae*
'Dissectum'　縮緬楓
ムクロジ科（カエデ科）の木本。別名キレニシキ。
¶APG原樹(No.904/カ図)
原牧2(No.522/カ図)
新分牧(No.2563/モ図)
新牧日(No.1564/モ図)
牧スタ2(No.2367/カ図)

**チリメンシダ** *Dryopteris erythrosora* 'Prolifica'　縮
緬羊歯
オシダ科のシダ植物。
¶山野草(No.1817/カ写)
新分牧(No.4741/モ写)
新牧日(No.4528/モ図)

**チリメンツゲ**　⇒ツルツゲを見よ

**チリメントラノオシダ**　⇒トラノオシダを見よ

**チリメンドロ** *Populus koreana*
ヤナギ科の落葉高木。別名ニオイドロ。新芽や若葉には香気がある。葉は小型で細長くしわが目立つ。
¶野生3(p186/カ写)
山カ樹木〔ニオイドロ〕(p105/カ写)

**チリメンナガボソウ** *Stachytarpheta dichotoma*
クマツヅラ科の多年草。
¶帰化写改(p261/カ写)

**チリメンハクサイ** *Brassica rapa* var.*glabra* Regel
Pe-tsai Group　縮緬白菜
アブラナ科の野菜。
¶新分牧(No.2792/モ図)
新牧日(No.815/モ図)

**チリメンベニシダ**　⇒ベニシダを見よ

**チリメンホシダ**　⇒ホシダを見よ

**チルソスタキス シアメンシス** *Thyrsostachys*
*siamensis*
イネ科。密集束生，桿は径30mm。
¶タケササ(p195/カ写)

**チングルマ** *Sieversia pentapetala*　稚児車
バラ科バラ亜科の落葉小低木。別名イワグルマ，チゴノマイ，チョウカイチングルマ。高さは10～20cm。花は白色。
¶APG原樹(No.598/カ図)
学フ増高山(p164/カ写)

原牧1（No.1783/カ図）
山野草（No.0599/カ写）
新分牧（No.1978/モ図）
新牧日（No.1163/モ図）
牧野ス1（No.1783/カ図）
ミニ山（p132/カ写）
野生3（p31/カ写）
山力樹木（p275/カ写）
山力野草（p408/カ写）
山ハ高山（p210/カ写）

チンシバイ ⇒ニワナナカマドを見よ
チンチク ⇒ホウライチクを見よ
チンチョウゲ ⇒ジンチョウゲを見よ
チンチンカズラ ⇒アオツヅラフジを見よ
チンチンバナ ⇒ヒメウズを見よ
チンバイ ⇒ニワナナカマドを見よ

# 【ツ】

ツイタチソウ ⇒フクジュソウを見よ
ツイミオグルマ ⇒カラフトオグルマを見よ
ツウシチク ⇒タイミンチクを見よ
ツウソウ ⇒カミヤツデを見よ
ツウダツボク ⇒カミヤツデを見よ
ツエタケ　*Xerula radicata*
　タマバリタケ科（キシメジ科）のキノコ。中型〜大型。傘は淡褐色で放射状のしわ。湿時強粘性あり。ひだは白色。
　¶原きの（No.292/カ写・カ図）
ツガ　*Tsuga sieboldii*　栂
　マツ科の常緑高木。別名トガ、ツガマツ。高さは30m。
　¶**APG原樹**（No.39/カ図）
　　学フ増樹（p32/カ写）
　　原牧1（No.9/カ図）
　　新分牧（No.10/モ図）
　　新牧日（No.21/モ図）
　　図説樹木（p36/カ写）
　　牧野ス1（No.10/カ図）
　　野生1（p33/カ写）
　　山力樹木（p34/カ写）
ツガコウヤクタケ　*Aleurodiscus tsugae*
　ウロコタケ科のキノコ。
　¶山力日き（p419/カ写）
ツガザクラ　*Phyllodoce nipponica* subsp. *nipponica*
　栂桜
　ツツジ科ツツジ亜科の常緑小低木。日本固有種。高さは10〜20cm。花は淡紅色。
　¶**APG原樹**（No.1322/カ図）
　　学フ増高山（p39/カ写）
　　原牧2（No.1220/カ図）
　　固有（p105）

山野草（No.0816/カ写）
新分牧（No.3227/モ図）
新牧日（No.2165/モ図）
牧野ス2（No.3065/カ図）
野生4（p232/カ写）
山力樹木（p582/カ写）
山力野草（p286/カ写）
山ハ高山（p269/カ写）

ツカサシボリ　*Prunus mume* 'Tsukasa-shibori'　司絞り
　バラ科。ウメの品種。李系ウメ、難波性八重。
　¶ウメ〔司絞り〕（p89/カ写）
ツガサルノコシカケ　*Fomitopsis pinicola*
　ツガサルノコシカケ科のキノコ。大型。傘は赤褐色〜黒褐色、ニス状光沢。
　¶原きの（No.349/カ写・カ図）
　　山力日き（p480/カ写）
ツガノマンネンタケ　*Ganoderma valesiacum*
　タマチョレイタケ科のキノコ。中型〜大型。傘は黄色〜赤褐色〜黒褐色、ニス状光沢。
　¶山力日き（p487/カ写）
ツガマイタケ　*Osteina obducta*
　ツガサルノコシカケ科のキノコ。
　¶山力日き（p454/カ写）
ツガマツ ⇒ツガを見よ
ツガルオニアザミ　*Cirsium shimae*
　キク科アザミ亜科の草本。日本固有種。
　¶固有（p139）
　　野生5（p229/カ写）
ツガルコウモリ　*Parasenecio hosoianus*
　キク科キク亜科の大型の多年草。日本固有種。
　¶固有（p144）
　　新分牧（No.4093/モ図）
　　野生5（p306/カ写）
　　山力野草（p702/カ写）
ツガルフジ　*Vicia fauriei*　津軽藤
　マメ科マメ亜科の草本。日本固有種。
　¶原牧1（No.1574/カ図）
　　固有（p80）
　　新分牧（No.1781/モ図）
　　新牧日（No.1362/モ図）
　　牧野ス1（No.1574/カ図）
　　ミニ山（p149/カ写）
　　野生2（p301/カ写）
ツガルミセバヤ　*Hylotelephium ussuriense* var. *tsugaruense*
　ベンケイソウ科の多年草。日本固有種。高さは10〜40cm。花は乳白色。
　¶固有（p68）
　　山野草（No.0504/カ写）
　　野生2（p217/カ写）
ツガルヤナギ　*Salix* × *hiraoana* nothosubsp. *tsugaluensis*
　ヤナギ科の雑種。
　¶野生3〔ツガルヤナギ（イヌコリヤナギ×キツネヤナ

ツキ

ギ）〕(p207/カ写)

**ツキ** ⇒ケヤキを見よ

**ツキイゲ** *Spinifex littoreus*
イネ科キビ亜科の匍匐性草本。高さは30～100cm。
葉は硬質。
¶桑イネ (p455/モ図)
原牧1 (No.1057/カ図)
新分牧 (No.1215/モ図)
新牧日 (No.3837/モ図)
牧野ス1 (No.1057/カ図)
野生2 (p97/カ写)

**ツキカゲ** *Prunus mume* 'Tsukikage'　月影
バラ科。ウメの品種。野梅系ウメ，野梅性一重。
¶ウメ〔月影〕(p33/カ写)

**ツキカゲシダレ** *Prunus mume* 'Tsukikageshidare'
月影枝垂
バラ科。ウメの品種。枝垂れ系ウメ。
¶ウメ〔月影枝垂〕(p153/カ写)
APG原樹〔ウメ‘ツキカゲシダレ’〕(No.474/カ図)

**ツキクサ** ⇒ツユクサを見よ

**ツキヌキオトギリ** *Hypericum sampsonii*　突抜弟切
オトギリソウ科の多年草。高さは50cmほど。
¶原牧2 (No.393/カ図)
新分牧 (No.2287/モ図)
新牧日 (No.747/モ図)
牧野ス1 (No.2238/カ図)
野生3 (p238/カ写)

**ツキヌキゴケ** *Calypogeia angusta*
ツキヌキゴケ科のコケ。日本固有種。茎は長さ1～
2cm。葉は半円形～広舌形。
¶固有 (p221)

**ツキヌキソウ** *Triosteum sinuatum*　突抜草
スイカズラ科の多年草。高さは1mほど。花は淡
黄色。
¶原牧2 (No.2319/カ図)
新分牧 (No.4346/モ図)
新牧日 (No.2841/モ図)
牧野ス2 (No.4164/カ図)
野生5 (p425/カ写)
山ハ山花 (p482/カ写)
山レ増 (p80/カ写)

**ツキヌキニンドウ** *Lonicera sempervirens*　突抜忍冬，
突貫忍冬
スイカズラ科の常緑つる性低木。別名トランペッ
ト・ハニーサークル。高さは3m。花は明るい橙黄
～深紅色。
¶APG原樹 (No.1480/カ図)
学フ増花庭 (p161/カ写)
原牧2 (No.2345/カ図)
新分牧 (No.4365/モ図)
新牧日 (No.2868/モ図)
茶花上 (p418/カ写)
牧野ス2 (No.4190/カ図)
山力樹木 (p690/カ写)

**ツキヌキヌマハコベ** *Claytonia perfoliata*
スベリヒユ科の越年草。別名エリマキハコベ，フユ
スベリヒユ。
¶帰化写2 (p29/カ写)

**ツキヌキハチタケ** *Ophiocordyceps elongatistromata*
オフィオコルディセプス科の冬虫夏草。宿主はハチ
の成虫。
¶冬虫生態 (p210/カ写)

**ツキヌグサ** ⇒フタリシズカを見よ

**ツキネグサ** ⇒フタリシズカを見よ

**ツキノカツラ** *Prunus mume* 'Tsukinokatsura'　月
の桂
バラ科。ウメの品種。野梅系ウメ，野梅性一重。
¶ウメ〔月の桂〕(p34/カ写)
APG原樹〔ウメ‘ツキノカツラ’〕(No.473/カ図)

**ツキノミヤコ** *Camellia japonica* 'Tsuki-no-miyako'
月の都
ツバキ科。ツバキの品種。花は白色。
¶茶花上 (p110/カ写)

**ツキノワ** *Camellia japonica* 'Tsuki-no-wa'　月の輪
ツバキ科。ツバキの品種。花は斑入り。
¶茶花上 (p146/カ写)

**ツキミグサ** ⇒ツキミソウを見よ

**ツキミグルマ** *Camellia japonica* 'Tsukimiguruma
(Kantô)'　月見車
ツバキ科。ツバキの品種。花は桃色。
¶茶花上 (p118/カ写)

**ツキミセンノウ** *Silene noctiflora*
ナデシコ科の一年草。高さは30～60cm。花は帯紅
白色。
¶帰化写改 (p43/カ写)

**ツキミソウ** *Oenothera tetraptera*　月見草
アカバナ科の多年草。別名ツキミグサ。高さは30
～60cm。花は白色，または淡紅色。
¶原牧2 (No.478/カ図)
山野草 (No.0741/カ写)
新分牧 (No.2514/モ図)
新牧日 (No.1963/モ図)
茶花上 (p546/カ写)
牧野ス2 (No.2323/カ図)

**ツキミマンテマ** *Silene nocturna*
ナデシコ科の一年草または越年草。高さは10～
60cm。花は白か淡紅紫色。
¶帰化写2 (p40/カ写)

**ツキヨタケ** *Omphalotus japonicus*　月夜茸
ツキヨタケ科（ホウライタケ科）のキノコ。中型～
大型。傘は半円形～腎臓形。ひだは白色。
¶学フ増毒き (p30/カ写)
原きの (No.219/カ写・カ図)
新分牧 (No.5090/モ図)
新牧日 (No.4975/モ図)
山力日き (p63/カ写)

**ツグ** ⇒クロツグを見よ

**ツクシ** ⇒スギナを見よ

**ツクシアオイ**　*Asarum kiusianum*　筑紫葵
ウマノスズクサ科の多年草。日本固有種。別名ツクシカンアオイ。葉は長楕円形。
¶原牧1（No.90/カ図）
固有（p62）
新分牧（No.111/モ図）
新牧日（No.686/モ図）
牧野ス1（No.90/カ図）
野生1（p67/カ写）
山ハ山花（p25/カ写）
山レ増（p376/カ写）

**ツクシアカショウマ**　*Astilbe thunbergii* var. *longipedicellata*
ユキノシタ科の草本。日本固有種。
¶固有（p70）
野生2（p199）

**ツクシアカツツジ**　⇒オンツツジを見よ

**ツクシアケボノツツジ**　*Rhododendron pentaphyllum* var. *pentaphyllum*
ツツジ科ツツジ亜科の落葉小高木。日本固有種。
¶固有（p106/カ写）
野生4（p238/カ写）
山レ増（p215/カ写）

**ツクシアザミ**　*Cirsium suffultum*　筑紫薊
キク科アザミ亜科の多年草。日本固有種。別名ツクシクルマアザミ。高さは1m。
¶原牧2（No.2169/カ図）
固有（p139）
新分牧（No.3956/モ図）
新牧日（No.3201/モ図）
茶花下（p322/カ写）
牧野ス2（No.4014/カ図）
野生5（p233/カ写）
山力野草（p96/カ写）
山ハ野花（p587/カ写）
山ハ山花（p555/カ写）

**ツクシアブラガヤ**　*Scirpus rosthornii* var. *kiushuensis*
カヤツリグサ科の多年草。日本固有種。
¶固有（p180）
新分牧（No.765/モ図）
新牧日（No.4008/モ図）
野生1（p360/カ写）

**ツクシアリドオシラン**　*Myrmechis tsukusiana*
ラン科の草本。日本固有種。
¶固有（p189）
野生1（p214）

**ツクシイヌツゲ**　*Ilex crenata* var. *fukasawana*
モチノキ科の常緑小高木。葉柄が長さ3〜5mm、葉身は長楕円形で長さ3〜4.5cm、幅1〜1.5cm。
¶野生5（p181）

**ツクシイヌワラビ**　*Athyrium kuratae*
メシダ科の常緑性シダ。別名アリサンイヌワラビ。葉身は長さ30〜50cm、三角状卵形〜卵状長楕円形。
¶シダ標2（p302/カ写）

**ツクシイバラ**　*Rosa multiflora* var. *adenochaeta*　筑紫薔薇
バラ科バラ亜科の木本。日本固有種。花はソフトピンク。
¶原牧1（No.1809/カ図）
固有（p78）
新分牧（No.2004/モ図）
新牧日（No.1195/モ図）
牧野ス1（No.1809/カ図）
野生3（p41/カ写）
山力樹木（p246/カ写）

**ツクシイワシャジン**　*Adenophora hatsushimae*　筑紫岩沙参
キキョウ科の草本。日本固有種。
¶原牧2（No.1861/カ図）
固有（p136/カ写）
山野草（No.1167/カ写）
新分牧（No.3905/モ図）
新牧日（No.2904/モ図）
牧野ス2（No.3706/カ図）
野生5（p188/カ写）
山レ増（p68/カ写）

**ツクシイワヘゴ**　*Dryopteris commixta*
オシダ科の常緑性シダ。日本固有種。葉柄の鱗片は光沢がなく、黒褐色〜淡黒色。
¶固有（p207）
シダ標2（p363/カ写）

**ツクシウコギ**　⇒オカウコギを見よ

**ツクシウスノキ**　*Vaccinium hirtum* var. *kiusianum*　筑紫臼の木
ツツジ科スノキ亜科の落葉低木。日本固有種。
¶固有（p104）
野生4（p260）

**ツクシウツギ**(1)　*Deutzia scabra* var. *sieboldiana*
アジサイ科（ユキノシタ科）の落葉低木。日本固有種。
¶固有（p75）
野生4（p161）

**ツクシウツギ**(2)　⇒マルバウツギを見よ

**ツクシオオガヤツリ**　*Cyperus ohwii*
カヤツリグサ科の草本。
¶日水草（p177/カ写）
野生1（p341/カ写）
山レ増（p531/カ写）

**ツクシオオクジャク**　*Dryopteris handeliana*
オシダ科の常緑性シダ。葉柄基部の鱗片は淡い茶色。
¶シダ標2（p364/カ写）

**ツクシオオナラ**　⇒ナラガシワを見よ

**ツクシオクマワラビ**　*Dryopteris handeliana*× *D. uniformis*
オシダ科のシダ植物。
¶シダ標2（p376/カ写）

**ツクシカイドウ**　*Malus hupehensis*
バラ科シモツケ亜科の落葉小高木。高さは6m。花

ツクシカシ 490

は白あるいは淡紅がかった白色。樹皮は紫褐色。
　¶野生3（p72/カ写）

**ツクシガシワ**　⇒ツルガシワを見よ

**ツクシカシワバハグマ**　Pertya robusta var.kiushiana
　キク科。日本固有種。
　¶固有（p143）

**ツクシカナワラビ**　⇒ホソコバカナワラビを見よ

**ツクシガヤ**　Chikusichloa aquatica
　イネ科イネ亜科の草本。
　¶桑イネ（p144/モ図）
　　新分牧（No.1015/モ図）
　　新牧日（No.3635/モ図）
　　野生2（p38）

**ツクシカラマツ**　Thalictrum kiusianum　筑紫唐松
　キンポウゲ科の多年草。高さは15cm。花は淡紅
　紫色。
　¶山野草（No.0281/カ写）
　　茶花下（p113/カ写）
　　野生2（p165）

**ツクシカワタケ**　Peniophora nuda
　カワタケ科のキノコ。
　¶山カ日き（p419/カ写）

**ツクシカンアオイ**　⇒ツクシアオイを見よ

**ツクシカンガレイ**　Schoenoplectiella multiseta
　カヤツリグサ科の抽水性の多年草。日本固有種。
　¶カヤツリ（p686/モ図）
　　固有（p188）
　　新分牧（No.959/モ図）

**ツクシキケマン**　Corydalis heterocarpa var.
　heterocarpa
　ケシ科の草本。花は黄色。
　¶野生2（p106/カ写）

**ツクシクガイソウ**　Veronicastrum sibiricum var.
　zuccarinii
　ゴマノハグサ科の草本。
　¶山レ増（p110/カ写）

**ツクシクサボタン**　Clematis stans var.
　austrojaponensis
　キンポウゲ科の低木。日本固有種。
　¶固有（p55）
　　野生2（p144）

**ツクシグミ**　⇒トウグミを見よ

**ツクシクルマアザミ**　⇒ツクシアザミを見よ

**ツクシクロイヌノヒゲ**　Eriocaulon kiusianum
　ホシクサ科の草本。
　¶野生1（p285/カ写）
　　山レ増（p563/カ写）

**ツクシケゴケ**　Helicodontium kiusianum
　アオギヌゴケ科のコケ。日本固有種。枝葉は長さ0.
　9～1.4mm、披針形～狭披針形。
　¶固有（p219）

**ツクシコウ**　Prunus mume 'Tsukushi-kō'　筑紫紅
　バラ科。ウメの品種。野梅系ウメ、野梅性八重。

¶ウメ〔筑紫紅〕（p68/カ写）

**ツクシコウモリ**　Parasenecio nipponicus
　キク科キク亜科の草本。日本固有種。別名ツクシコ
　ウモリソウ。
　¶原牧2〔ツクシコウモリソウ〕（No.2142/カ図）
　　固有（p144）
　　新分牧〔ツクシコウモリソウ〕（No.4096/モ図）
　　新牧日〔ツクシコウモリソウ〕（No.3174/モ図）
　　牧野ス2〔ツクシコウモリソウ〕（No.3987/カ図）
　　野生5（p305/カ写）

**ツクシコウモリソウ**　⇒ツクシコウモリを見よ

**ツクシコゴメグサ**　Euphrasia multifolia var.
　multifolia
　ハマウツボ科（ゴマノハグサ科）の半寄生一年草。
　高さは10～35cm。
　¶野生5（p153/カ写）
　　山レ増（p101/カ写）

**ツクシコスミレ**(1)　⇒コスミレを見よ

**ツクシコスミレ**(2)　⇒シロノジスミレを見よ

**ツクシサカネラン**　Neottia kiusiana
　ラン科の地生の多年草。サカネランによく似るがよ
　り小さい。
　¶野生1（p215）

**ツクシシオガマ**　Pedicularis refracta　筑紫塩竈
　ハマウツボ科（ゴマノハグサ科）の草本。日本固
　有種。
　¶原牧2（No.1775/カ図）
　　固有（p129/カ写）
　　新分牧（No.3858/モ図）
　　新牧日（No.2757/モ図）
　　牧野ス2（No.3620/カ図）
　　野生5（p159/カ写）
　　山カ野草（p193/カ写）
　　山ハ山花（p448/カ写）

**ツクシシャクナゲ**　Rhododendron japonoheptamerum
　var.japonoheptamerum　筑紫石南花, 筑紫石楠花
　ツツジ科ツツジ亜科の木本。日本固有種。別名シャ
　クナゲ。高さは3.5m。花は淡紅色。
　¶APG原樹（No.1286/カ図）
　　学フ増樹（p17/カ写）
　　原牧2（No.1208/カ図）
　　固有（p105）
　　新分牧（No.3273/モ図）
　　新牧日（No.2153/モ図）
　　茶花上（p419/カ写）
　　牧野ス2（No.3053/カ図）
　　野生4（p236/カ写）
　　山カ樹木（p570/カ写）

**ツクシショウジョウバカマ**(1)　Heloniopsis
　orientalis var.breviscapa
　シュロソウ科（ユリ科）の多年草。別名コチョウ
　ショウジョウバカマ。九州の山地に産する。
　¶固有（p156）
　　山野草〔ツクシショウジョウバカマ〕（No.1548/カ写）
　　野生1（p159/カ写）

**ツクシショウジョウバカマ**(2) ⇒コチョウショウジョウバカマ(1)を見よ

**ツクシスゲ** *Carex uber*
カヤツリグサ科の多年草。日本固有種。
¶カヤツリ(p278/モ図)
　固有(p183)
　スゲ増(No.142/カ写)
　野生1(p318/カ写)

**ツクシスズメノカタビラ** *Poa crassinervis*
イネ科イチゴツナギ亜科の一年草。日本固有種。
¶固有(p164)
　野生2(p60)

**ツクシスミレ** *Viola diffusa* 筑紫菫
スミレ科の多年草。花は白色でわずかに紫色を帯びる。
¶原牧2(No.344/カ写)
　山野草(No.0721/カ写)
　新分牧(No.2312/モ図)
　新牧日(No.1817/モ図)
　牧野ス1(No.2189/カ写)
　山ハ野花(p327/カ写)

**ツクシスミレ(狭義)** *Viola diffusa* var.*glabella* 筑紫菫
スミレ科の多年草。別名ハイスミレ。高さは3～10cm。
¶ミニ山〔ツクシスミレ〕(p192/カ写)
　野生3〔ツクシスミレ〕(p221/カ写)

**ツクシゼリ** *Angelica longiradiata* var.*longiradiata* 筑紫芹
セリ科セリ亜科の草本。日本固有種。
¶原牧2(No.2446/カ図)
　固有(p99/カ写)
　新分牧(No.4496/モ図)
　新牧日(No.2060/モ図)
　牧野ス2(No.4291/カ図)
　野生5(p390/カ写)
　山ハ山花(p472/カ写)

**ツクシタチドコロ** *Dioscorea asclepiadea* 筑紫立野老
ヤマノイモ科の草本。日本固有種。
¶固有(p161/カ写)
　野生1(p149)

**ツクシタツナミソウ** *Scutellaria kiusiana* 筑紫立波草
シソ科タツナミソウ亜科の多年草。日本固有種。
¶原牧2(No.1638/カ図)
　固有(p125/カ写)
　新分牧(No.3731/モ図)
　新牧日(No.2549/モ図)
　牧野ス2(No.3483/カ図)
　野生5(p117/カ写)

**ツクシタニギキョウ** *Peracarpa carnosa* var.*pumila*
キキョウ科の多年草。日本固有種。
¶固有(p136)

**ツクシタンポポ** *Taraxacum kiushianum*
キク科キクニガナ亜科の草本。日本固有種。

¶固有(p147)
　野生5(p289/カ写)

**ツクシチャルメルソウ** *Mitella kiusiana* 筑紫哨吶草
ユキノシタ科の多年草。日本固有種。
¶固有(p70/カ写)
　野生2(p208/カ写)

**ツクシツリガネツツジ** ⇒ヨウラクツツジ(1)を見よ

**ツクシテンツキ** *Fimbristylis dichotoma* subsp. *podocarpa*
カヤツリグサ科の多年草。日本固有種。
¶カヤツリ(p594/モ図)
　固有(p187)
　野生1(p349)

**ツクシテンナンショウ** ⇒オガタテンナンショウを見よ

**ツクシトウキ** *Angelica pseudoshikokiana*
セリ科セリ亜科。日本固有種。
¶固有(p99)
　野生5(p391/カ写)

**ツクシドウダン** *Enkianthus campanulatus* var. *longilobus*
ツツジ科ドウダンツツジ亜科の木本。日本固有種。
¶固有(p108)
　野生4(p251/カ写)

**ツクシトウヒレン** *Saussurea higomontana*
キク科アザミ亜科の多年草。日本固有種。
¶固有(p148)
　野生5(p269/カ写)

**ツクシトラノオ** *Veronica ovata* subsp.*kiusiana* var. *kiusiana* 筑紫虎の尾
オオバコ科(ゴマノハグサ科)の多年草。別名ヒロハトラノオ、ヒロバトラノオ。高さは50～70cm。花は青紫色。
¶野生5(p87/カ写)
　山ハ山花(p454/カ写)
　山レ増(p112/カ写)

**ツクシナルコ** *Carex subcernua*
カヤツリグサ科の多年草。
¶カヤツリ(p184/モ図)
　スゲ増(No.83/カ写)
　野生1(p311/カ写)
　山レ増(p533/カ写)

**ツクシネコノメソウ** *Chrysosplenium rhabdospermum* 筑紫猫の目草
ユキノシタ科の草本。日本固有種。
¶固有(p71)
　野生2(p203/カ写)
　山ハ山花(p274/カ写)

**ツクシノキシノブ** *Lepisorus tosaensis* 筑紫軒忍
ウラボシ科の常緑性シダ。別名オナガノキシノブ、トサノキシノブ、オナガウラボシ。葉身は長さ15～30cm、披針形～線状披針形。
¶シダ標2(p463/カ写)
　新分牧(No.4788/モ図)
　新牧日(No.4655/モ図)

ツクシノダ 492

ツ

ツクシノダケ ⇒ヒメノダケを見よ

ツクシハギ Lespedeza homoloba 筑紫萩
マメ科マメ亜科の木本。日本固有種。別名ニッコウ
シラハギ, ヤブキハギ, ヤブハギ, センダイヤマハ
ギ。高さは2m以上。花は白みを帯びた淡紅紫色。
¶APG原樹 (No.370/カ図)
原牧1 (No.1546/カ図)
固有 (p80)
新分牧 (No.1678/モ図)
新牧日 (No.1333/モ図)
茶花下 (p234/写)
牧野ス1 (No.1546/カ図)
野生2 (p278/カ写)
山力樹木 (p358/カ写)

ツクシハナガゴケ Dicranella mayebarae
シッポゴケ科のコケ植物。日本固有種。
¶固有 (p212)

ツクシヒゴタイ Saussurea kiusiana
キク科。日本固有種。
¶固有 (p148)

ツクシヒトツバテンナンショウ ⇒タシロテンナ
ンショウを見よ

ツクシヒメスミレ Viola inconspicua subsp.
nagasakiensis f.serratodentata
スミレ科の多年草。
¶野生3 (p217)

ツクシフウロ Geranium soboliferum var.kiusianum
フウロソウ科の多年草。日本固有種。
¶固有 (p82)
野生3 (p252/カ写)
山レ増 (p278/カ写)

ツクシボウフウ Pimpinella thellungiana var.
gustavohegiana
セリ科セリ亜科の草本。日本固有種。
¶固有 (p101)
野生5 (p398/カ写)

ツクシボダイジュ Tilia mandshurica var.rufovillosa
アオイ科 (シナノキ科) の落葉広葉高木。高さは
20m。
¶原牧2 (No.652/カ図)
新分牧 (No.2664/モ図)
新牧日 (No.1720/モ図)
牧野ス2 (No.2497/カ図)
野生4 (p33/カ写)

ツクシボドステモン ⇒カワゴケソウを見よ

ツクシマムシグサ Arisaema maximowiczii 筑紫
蝮草
サトイモ科の多年草。日本固有種。別名ナガハシマ
ムシソウ。高さは20～60cm。
¶原牧1 (No.207/カ図)
固有 (p178)
新分牧 (No.247/モ図)
新牧日 (No.3938/モ図)
テンナン (No.32/カ写)
牧野ス1 (No.207/カ図)
野生1 (p102/カ写)

ツクシマンネングサ ⇒ウンゼンマンネングサを
見よ

ツクシミカエリソウ ⇒オオマルバノテンニンソウ
を見よ

ツクシミツバツツジ ⇒サイゴクミツバツツジを
見よ

ツクシミノボロスゲ Carex albata var.franchetiana
カヤツリグサ科の多年草。日本固有種。
¶カヤツリ (p98/モ図)
固有 (p181/カ図)
スゲ増 (No.30/カ写)
野生1 (p304)

ツクシミヤマノダケ Angelica cryptotaeniifolia var.
kyushiana
セリ科。日本固有種。
¶固有 (p100)

ツクシムレスズメ Sophora franchetiana 筑紫群雀
マメ科マメ亜科の多年草。花は白色。
¶原牧1 (No.1474/カ図)
新分牧 (No.1639/モ図)
新牧日 (No.1263/モ図)
牧野ス1 (No.1474/カ図)
野生2 (p294/カ写)
山レ増 (p293/カ写)

ツクシメナモミ Sigesbeckia orientalis
キク科キク亜科の草本。花は黄色。
¶植調 (p167/カ写)
野生5 (p364/カ写)

ツクシヤブウツギ Weigela japonica
スイカズラ科の落葉低木。日本固有種。高さは2～
5m。花は初め白色, または黄緑後に紅色。
¶固有 (p134)
野生5 (p427/カ写)

ツクシヤブソテツ Cyrtomium tukusicola
オシダ科のシダ植物。
¶シダ標2 (p429/カ写)

ツクシヤブマオ Boehmeria kiusiana
イラクサ科の草本。日本固有種。
¶固有 (p45)
野生2 (p344)

ツクシヤマアザミ ⇒ヤマアザミを見よ

ツクシヤマザクラ Cerasus jamasakura var.
chikusiensis 筑紫山桜
バラ科シモツケ亜科の木本。日本固有種。
¶固有 (p77)
野生3 (p67/カ写)

ツクシヤマヤナギ ⇒ヤマヤナギを見よ

ツクシワラビ Diplazium chinense×D.fauriei
メシダ科のシダ植物。
¶シダ標2 (p332/カ写)

ツクツクボウシセミタケ Cordyceps sinclairii
ノムシタケ科の冬虫夏草。宿主は主にツクツクボウ
シの幼虫。
¶冬虫生態 (p126/カ写)

**ツクツクボウシタケ** *Isaria cicadae*
ノムシタケ科の冬虫夏草。宿主はツクツクボウシなどのセミの幼虫。
¶冬虫生態 (p270/カ写)
　山カ日き〔ツクツクホウシタケ〕(p577/カ写)

**ツクネイモ** *Dioscorea polystachya* 'Tsukune' 捏芋
ヤマノイモ科の多年生つる植物。地上部は一年生。花は淡白色。
¶原牧1 (No.283/カ図)
　新分牧 (No.328/モ図)
　新牧日 (No.3526/モ図)
　牧野ス1 (No.283/カ図)

**ツクバキンモンソウ** *Ajuga yesoensis* var.*tsukubana* 筑波金紋草
シソ科キランソウ亜科の多年草。日本固有種。太平洋側を中心に分布。
¶固有 (p124)
　野生5 (p111/カ写)
　山カ野草 (p203/カ写)
　山ハ山花 (p417/カ写)

**ツクバグミ** *Elaeagnus montana* var.*ovata* 筑波茱萸
グミ科の落葉低木。日本固有種。別名ニッコウナツグミ。
¶原牧2 (No.7/カ図)
　固有 (p92)
　新分牧 (No.2047/カ図)
　新牧日 (No.1783/カ図)
　牧野ス1 (No.1852/カ図)
　野生2 (p314/カ写)
　山カ樹木 (p507/カ写)

**ツクバスゲ** *Carex hirtifructus*
カヤツリグサ科の多年草。日本固有種。別名ホソミショウジョウスゲ。
¶カヤツリ (p404/モ図)
　固有 (p186)
　スゲ増 (No.219/カ図)
　野生1 (p325/カ写)

**ツクバトリカブト** *Aconitum japonicum* subsp. *maritimum* var.*maritimum* 筑波鳥兜
キンポウゲ科の多年草。日本固有種。高さは30〜90cm。
¶固有 (p57)
　野生2 (p129/カ写)
　山ハ山花 (p213/カ写)

**ツクバナンブスズ** *Neosasamorpha tsukubensis* subsp.*tsukubensis*
イネ科タケ亜科のササ。日本固有種。
¶固有 (p174/カ写)
　タケ亜科 (No.104/カ写)
　タケササ (p91/カ写)

**ツクバネ** *Buckleya lanceolata* 衝羽根
ビャクダン科カナビキソウ連の落葉小低木。別名ハゴノキ、コギノコ、コギノキ。
¶APG原樹 (No.1054/カ写)
　学フ増樹 (p156/カ写)
　原牧2 (No.770/カ図)
　新分牧 (No.2808/モ図)
　新牧日 (No.233/モ図)
　茶花上 (p187/カ図)
　牧野ス2 (No.2615/カ図)
　野生4 (p76/カ写)
　山カ樹木 (p173/カ写)

**ツクバネアサガオ** *Petunia* × *hybrida* 衝羽根朝顔
ナス科の観賞用草本。
¶原牧2 (No.1496/カ図)
　新分牧 (No.3466/モ図)
　新牧日 (No.2671/モ図)
　牧野ス2 (No.3341/カ図)

**ツクバネウツギ** *Abelia spathulata* var.*spathulata* 衝羽根空木
スイカズラ科の落葉低木。別名コツクバネ、ウサギカクシ。
¶APG原樹 (No.1502/カ図)
　原牧2 (No.2321/カ図)
　新分牧 (No.4369/モ図)
　新牧日 (No.2844/モ図)
　茶花上 (p419/カ写)
　都木花新 (p223/カ写)
　牧野ス2 (No.4166/カ図)
　野生5 (p415/カ写)
　山カ樹木 (p698/カ写)

**ツクバネガキ** ⇒ロウヤガキを見よ

**ツクバネガシ** *Quercus sessilifolia* 衝羽根樫
ブナ科の常緑高木。高さは20m。
¶APG原樹 (No.710/カ図)
　学フ増樹 (p134/カ写)
　原牧2 (No.117/カ図)
　新分牧 (No.2159/モ図)
　新牧日 (No.152/モ図)
　牧野ス1 (No.1962/カ図)
　野生3 (p98/カ写)
　山カ樹木 (p145/カ写)

**ツクバネソウ** *Paris tetraphylla* 衝羽根草
シュロソウ科(ユリ科)の多年草。日本固有種。高さは15〜40cm。
¶学フ増野春 (p228/カ写)
　原牧1 (No.308/カ図)
　固有 (p157)
　新分牧 (No.354/モ図)
　新牧日 (No.3478/モ図)
　茶花上 (p420/カ写)
　牧野ス1 (No.308/カ図)
　野生1 (p160/カ写)
　山カ野草 (p636/カ写)
　山ハ山花 (p59/カ写)

**ツクバネソウ(斑入り)** *Paris tetraphylla* 'Variegatus' 衝羽根草
シュロソウ科(ユリ科)の多年草。日本固有種。
¶山野草 (No.1368/カ写)

**ツクモグサ** *Pulsatilla nipponica* 九十九草
キンポウゲ科の多年草。日本固有種。高さは10〜30cm。
¶学フ増高山 (p86/カ写)

ツクリタケ

原牧1（No.1256/カ図）
固有（p51）
山野草（No.0135/カ写）
新分牧（No.1442/モ図）
新牧日（No.581/モ図）
牧野ス1（No.1256/カ図）
野生2（p154/カ写）
山カ野草（p475/カ写）
山ハ高山（p98/カ写）
山レ増（p396/カ写）

ツクリタケ　*Agaricus bisporus*
ハラタケ科のキノコ。別名マッシュルーム，セイヨ
ウマツタケ。傘の表面は初め白色，後に淡黄褐色ま
たは淡赤褐色。
¶原きの（No.003/カ写・カ図）
新分牧（No.5101/モ図）
新牧日（No.4986/モ図）
山カ日き（p186/カ写）

ツゲ　*Buxus microphylla* subsp.*microphylla* var.
*japonica*　黄楊，柘植
ツゲ科の常緑低木。日本固有種。別名ホンツゲ，ア
サマツゲ。
¶**APG原樹**（No.295/カ図）
学フ増樹（p48/カ写）
原牧1（No.1326/カ図）
固有（p88）
新分牧（No.1496/モ図）
新牧日（No.1669/モ図）
都木花新（p171/カ写）
牧野ス1（No.1326/カ図）
野生2（p180/カ写）
山カ樹木（p397/カ写）

ツゲモチ　*Ilex goshiensis*　黄楊黐
モチノキ科の木本。別名マルバノリュウキュウソ
ヨゴ。
¶**APG原樹**（No.1453/カ図）
原牧2（No.1833/カ図）
新分牧（No.3867/モ図）
新牧日（No.1624/カ図）
牧野ス2（No.3678/カ図）
野生5（p183/カ写）

ツゲモドキ　*Putranjiva matsumurae*
ツゲモドキ科（トウダイグサ科）の木本。日本固
有種。
¶原牧2（No.289/カ図）
固有（p83）
新分牧（No.2302/モ図）
新牧日（No.1443/モ図）
牧野ス1（No.2134/カ図）
野生3（p183/カ写）

ツシダマ　⇒ジュズダマを見よ

ツシマアカショウマ　*Astilbe tsushimensis*
ユキノシタ科の多年草。
¶新分牧（No.1543/モ図）

ツシマカンコノキ　*Phyllanthus puberus*
コミカンソウ科（トウダイグサ科）の木本。

¶野生3（p177）

ツシマギボウシ　*Hosta tsushimensis* var.*tsushimensis*
クサスギカズラ科（ユリ科）の多年草。日本固有種。
苞は舟形。
¶固有（p155）
野生1（p252）

ツシマスゲ　*Carex tsushimensis*
カヤツリグサ科の多年草。日本固有種。
¶カヤツリ（p280/モ図）
固有（p183）
スゲ増（No.143/カ写）
野生1（p318/カ写）
山レ増（p537/カ写）

ツシマトウキ　⇒ツシマノダケを見よ

ツシマナナカマド　*Sorbus commixta* var.*wilfordii*
バラ科シモツケ亜科の木本。
¶野生3（p84）

ツシマノダケ　*Tilingia tsusimensis*　対馬野竹
セリ科セリ亜科の多年草。日本固有種。別名ツシマ
トウキ。高さは25～40cm。
¶固有（p100）
野生5（p401/カ写）
山ハ山花（p469/カ写）
山レ増（p229/カ写）

ツシマヒナノウスツボ(1)　*Scrophularia kakudensis*
var.*toyamae*
ゴマノハグサ科の草本。日本固有種。
¶固有（p130）

ツシマヒナノウスツボ(2)　⇒オオヒナノウスツボ
を見よ

ツシマヒョウタンボク　*Lonicera fragrantissima*
スイカズラ科の落葉低木。高さは1～2m。花冠は薄
紅を帯びた白色，後に淡黄色。
¶野生5（p421/カ写）
山レ増（p84/カ写）

ツシマママコナ　*Melampyrum roseum* var.*roseum*
対馬飯子菜
ハマウツボ科（ゴマノハグサ科）の草本。
¶原牧2（No.1776/カ図）
新分牧（No.3835/モ図）
新牧日（No.2758/カ図）
牧野ス2（No.3621/カ図）
野生5（p155）

ツシママンネングサ　*Sedum polytrichoides* subsp.
*yabeanum* var.*yabeanum*
ベンケイソウ科の草本。日本固有種。
¶固有（p68）
野生2（p227/カ写）

ツシマラン　*Odontochilus poilanei*　対馬蘭
ラン科の菌従属栄養植物。唇弁は濃黄色。
¶野生1（p217）

ツス　⇒ジュズダマを見よ

ツヅラフジ　*Sinomenium acutum*　葛藤
ツヅラフジ科のつる性木本。別名アオカズラ，アオ

ツヅラ, オオツヅラフジ, ツタノハカズラ。
¶APG原樹 (No.253/カ図)
　原牧1 (No.1161/カ図)
　新分牧 (No.1318/モ図)
　新牧日 (No.658/モ図)
　牧野ス1 (No.1161/カ図)
　ミニ山 (p64/カ図)
　野生2 (p113/カ写)

**ツヅレタケ**　*Stropharia hornemannii*
モエギタケ科のキノコ。
¶原きの (No.270/カ写・カ図)

**ツタ**　*Parthenocissus tricuspidata*　蔦
ブドウ科の落葉つる性植物。別名ナツヅタ, アマヅラ。葉は紅色に色づく。
¶APG原樹 (No.351/カ図)
　学フ増樹 (p211/カ写・カ図)
　学フ増花庭 (p213/カ写)
　原牧1 (No.1449/カ図)
　新分牧 (No.1618/モ図)
　新牧日 (No.1703/モ図)
　図説樹木 (p158/カ図)
　都木花新 (p178/カ写)
　牧野ス1 (No.1449/カ図)
　ミニ山 (p178/カ写)
　野生2 (p235/カ写)
　山カ樹木 (p470/カ写)
　落葉図譜 (p232/モ図)

**ツタウルシ**　*Toxicodendron orientale* subsp. *orientale*
蔦漆
ウルシ科の落葉つる性植物。別名ウルシヅタ。
¶APG原樹 (No.892/カ図)
　学フ増樹 (p123/カ図)
　学フ有毒 (p75/カ写)
　原牧2 (No.510/カ図)
　新分牧 (No.2551/モ図)
　新牧日 (No.1560/モ図)
　牧野ス2 (No.2354/カ図)
　ミニ山 (p172/カ写)
　野生3 (p283/カ写)
　山カ樹木 (p399/カ写)
　落葉図譜 (p190/モ図)

**ツタカズラ**　⇒イタビカズラを見よ

**ツタガラクサ**　⇒ツタバウンランを見よ

**ツタギク**　⇒タイキンギクを見よ

**ツタノハイヌノフグリ**　⇒フラサバソウを見よ

**ツタノハカズラ**　⇒ツヅラフジを見よ

**ツタノハヒルガオ**　*Merremia hederacea*
ヒルガオ科のつる性植物。別名アサガオモドキ。花は黄色。
¶帰化写2 (p184/カ写)
　野生5 (p31/カ写)

**ツタノハルコウ**　*Ipomoea hederifolia*
ヒルガオ科のつる性多年草。
¶帰化写2 (p180/カ写)

**ツタバウンラン**　*Cymbalaria muralis*　蔦葉海蘭
オオバコ科 (ゴマノハグサ科) の一年草または多年草。別名ウンランカズラ, ツタガラクサ。長さは20～60cm。花は紫青色。
¶色野草 (p266/カ写)
　帰化写改 (p292/カ写, p508/カ写)

**ツタバキリカズラ**　*Asarina barclayana*
ゴマノハグサ科の多年草。別名アサリナ。花は濃青紫色, 下側と内部は白色。
¶帰化写2 (p225/カ写)

**ツタモミジ**　⇒イタヤカエデを見よ

**ツタヤツデ**　×*Fatshedera lizei*
ウコギ科の木本。別名ファトスヘデラ。高さは2～3m。花は黄緑色。
¶APG原樹 (No.1527/カ図)

**ツチアケビ**　*Cyrtosia septentrionalis*　土木通
ラン科の多年生の菌従属栄養植物。別名ヤマノカミノシャクジョウ。高さは50～100cm。
¶学フ増野夏 (p220/カ写)
　原牧1 (No.417/カ写)
　新分牧 (No.424/モ図)
　新牧日 (No.4291/モ図)
　牧野ス1 (No.417/カ写)
　野生1 (p194/カ写)
　山カ野草 (p568/カ写)
　山ハ山花 (p114/カ写)

**ツチガキ**　⇒ツチグリ(1)を見よ

**ツチカブリ**　*Lactarius piperatus*
ベニタケ科のキノコ。別名ジワリ。中型。傘は類白色, 褐色のしみ。
¶学フ増毒き (p194/カ写)
　原きの (No.157/カ写・カ図)
　新分牧 (No.5149/モ図)
　新牧日 (No.4970/モ図)
　山カ日き (p379/カ写)

**ツチカブリモドキ**　*Lactarius subpiperatus*
ベニタケ科のキノコ。中型～大型。傘は白色, 黄褐色のしみ。
¶学フ増きき (p195/カ写)
　山カ日き (p379/カ写)

**ツチクラゲ**　*Rhizina undulata*
ツチクラゲ科 (ノボリリュウタケ科) のキノコ。中型～大型。子嚢盤は皿形, 子実層面は赤褐色。
¶学フ増毒き (p237/カ写)
　原きの (No.544/カ写・カ図)
　山カ日き (p561/カ写)

**ツチグリ**(1)　*Astraeus hygrometricus*　土栗
ディプロシスチジア科 (ツチグリ科) のキノコ。別名ツチガキ。中型～大型。幼菌は類球形, 外皮は星形裂開。
¶原きの (No.469/カ写・カ図)
　新分牧 (No.5125/モ図)
　新牧日 (No.5014/モ図)
　山カ日き (p500/カ写)

ツチグリ(2)　*Potentilla discolor*　土栗
バラ科バラ亜科の多年草。高さは15〜40cm。
¶原牧1 (No.1823/カ図)
新分牧 (No.2018/モ図)
新牧日 (No.1148/モ図)
牧野ス1 (No.1823/カ図)
ミニ山 (p128/カ写)
野生3 (p38/カ写)
山レ増 (p302/カ写)

ツチグリカンアオイ　*Asarum asperum* var.*geaster*
ウマノスズクサ科の多年草。日本固有種。
¶固有 (p61)
野生1 (p64/カ写)

ツチスギタケ　*Pholiota terrestris*
モエギタケ科のキノコ。小型〜中型。傘は麦わら
色，淡褐色鱗片。
¶学フ増毒き (p141/カ写)

ツチスギタケモドキ　*Pholiota* sp.
モエギタケ科のキノコ。
¶山力日き〔ツチスギタケモドキ (仮称)〕(p233/カ写)

ツチダンゴ　*Elaphomyces granulatus*
ツチダンゴ科のキノコ。
¶山力日き (p543/カ写)

ツチトリモチ　*Balanophora japonica*　土鳥黐
ツチトリモチ科の多年生寄生植物。日本固有種。別
名ヤマデラボウズ。高さは5〜10cm。花穂は血赤
色。塊茎は淡褐色，鱗片葉は肉色。
¶原牧2 (No.763/カ図)
固有 (p45/カ写)
新分牧 (No.2803/モ図)
新牧日 (No.242/モ図)
牧野ス2 (No.2608/カ図)
野生4 (p74/カ写)
山力野草 (p546/カ写)
山ハ野花 (p296/カ写)
山ハ山花 (p264/カ写)

ツチナメコ　*Agrocybe erebia*
モエギタケ科のキノコ。小型〜中型。傘は暗褐色で
粘性あり。しわあり。
¶山力日き (p217/カ写)

ツチノウエノコゴケ　*Weissia controversa*
センボンゴケ科のコケ。茎は長さ5mm，葉は披針形
〜線状披針形。
¶新分牧 (No.4865/モ図)
新牧日 (No.4717/モ図)

ツチノウエノハリゴケ　*Uleobryum naganoi*
センボンゴケ科のコケ。日本固有種。体は微小。
葉は線状披針形。
¶固有 (p213/カ写)

ツチビノキ　*Daphnimorpha capitellata*
ジンチョウゲ科の木本。日本固有種。
¶固有 (p92/カ写)
野生4 (p38/カ写)
山レ増 (p257/カ写)

ツツイイワヘゴ　*Dryopteris tsutsuiana*
オシダ科の常緑性シダ。日本固有種。葉柄から中軸
にかけてやや密に付く鱗片は黒褐色。
¶固有 (p207)
シダ標2 (p364/カ写)

ツツイトモ　*Potamogeton pusillus*
ヒルムシロ科の沈水植物。花が上下2段に分かれて
付く。葉は無柄，線形。
¶日水草 (p134/カ写)
野生1 (p133/カ写)

ツツジ　*Rhododendron*
ツツジ科。ツツジ属の総称。
¶都木花新 (p92/カ写)

ツツジ‘アケボノ’ ⇒アケボノ(3)を見よ

ツツジ‘イマショウジョウ’ ⇒イマショウジョウを
見よ

ツツジ‘キリン’ ⇒キリン(2)を見よ

ツツジ‘クレノユキ’ ⇒クレノユキを見よ

ツツジ‘シロタエ’ ⇒シロタエ(2)を見よ

ツツジ‘スエツムハナ’ ⇒スエツムハナ(1)を見よ

ツツジ‘セキデラ’ ⇒セキデラを見よ

ツツジ‘テンニョノマイ’ ⇒テンニョノマイを見よ

ツツジ‘トコナツ’ ⇒トコナツ(2)を見よ

ツツジ‘ヒノデキリシマ’ ⇒ヒノデキリシマを見よ

ツツジ‘ミヤギノ’ ⇒ミヤギノを見よ

ツツジ‘ミヨノサカエ’ ⇒ミヨノサカエを見よ

ツツジ‘モモヤマ’ ⇒モモヤマ(2)を見よ

ツツナガオオセミタケ　*Ophiocordyceps heteropoda* f.
オフィオコルディセプス科の冬虫夏草。オオセミタ
ケの変異で頭部が細長い円筒形となる。
¶冬虫生態 (p109/カ写)

ツツナガクモタケ　*Torrubiella oblonga*
ノムシタケ科の冬虫夏草。宿主は小型のクモ。
¶冬虫生態 (p236/カ写)

ツナソ　*Corchorus capsularis*　綱麻
アオイ科 (シナノキ科) の草本。別名イチビ。茎は
緑。高さは1〜2.5m。
¶原牧2 (No.653/カ写)
新分牧 (No.2649/モ図)
新牧日 (No.1721/モ図)
牧野ス2 (No.2498/カ図)
野生4 (p25)

ツネノチャダイゴケ　*Crucibulum laeve*
ハラタケ科のキノコ。
¶山力日き (p505/カ写)

ツノアイアシ　*Rottboellia cochinchinensis*
イネ科キビ亜科の草本。熱帯アジア原産。
¶帰化写改 (p466/カ写)
桑イネ (p423/カ写・モ図)
植調 (p237/カ写)
新分牧 (No.1156/モ図)

新牧日（No.3858／モ図）
野生2（p94）

**ツノキビ** *Stenotaphrum micranthum*
イネ科キビ亜科の多年草。国内では小笠原諸島に生える。
¶野生2（p98）

**ツノギリソウ** *Hemiboea bicornuta* 角桐草
イワタバコ科の草本。
¶原牧2（No.1537／カ図）
新分牧（No.3575／モ図）
新牧日（No.2797／モ図）
牧野ス2（No.3382／カ図）
野生5（p69／カ写）

**ツノゲシ** *Glaucium flavum* 角芥子
ケシ科の薬用植物。別名ホーンポピー，シーポピー。
¶学フ有毒（p130／カ写）

**ツノゴマ** *Proboscidea louisianica* 角胡麻
ツノゴマ科の一年草。別名タビビトナカセ。
¶原牧2（No.1822／カ図）
新分牧（No.3652／モ図）
新牧日（No.2790／モ図）
牧野ス2（No.3667／カ図）

**ツノダシクリハラン** ⇒クリハランを見よ

**ツノハシバミ** *Corylus sieboldiana* var.*sieboldiana*
角榛
カバノキ科の落葉低木。別名ナガハシバミ。高さは3m。
¶APG原樹（No.736／カ図）
原牧2（No.138／カ図）
新分牧（No.2199／モ図）
新牧日（No.116／モ図）
茶花上（p213／カ写）
牧野ス1（No.1983／カ図）
野生3（p118／カ写）
山力樹木（p132／カ写）
落葉図譜（p71／モ図）

**ツノフノリタケ** *Calocera cornea*
アカキクラゲ科のキノコ。小型。子実体は角状，子実層は平滑。
¶原きの（No.411／カ写・カ図）

**ツノマタ** *Chondrus ocellatus* 角叉
スギノリ科の海藻。体は15cm。
¶新分牧（No.5070／モ図）
新牧日（No.4930／モ図）

**ツノマタゴケ** *Evernia prunastri*
ウメノキゴケ科の地衣類。地衣体は灰緑色。
¶原きの（No.592／カ写・カ図）

**ツノマタシシラン** ⇒シシランを見よ

**ツノマタタケ** *Dacryopinax spathularia*
アカキクラゲ科のキノコ。小型。子実体はへら状〜ツノマタ状，表面は粘性。
¶原きの（No.414／カ写・カ図）
山力日き（p538／カ写）

**ツノミオランダフウロ** *Erodium botrys*
フウロソウ科の一年草。別名ナガミオランダフウロ。高さは5〜40cm。花は紫色。
¶帰化写2（p127／カ写）

**ツノミチョウセンアサガオ** *Datura ferox*
ナス科の一年草。別名オニチョウセンアサガオ。高さは1m。花は白色。
¶帰化写改（p276／カ写）
野生5（p35）

**ツノミナズナ** *Chorispora tenella*
アブラナ科の一年草。高さは10〜50cm。花は淡紅紫〜淡紫色。
¶帰化写改（p98／カ写）
植調（p95／カ写）

**ツバアブラシメジ** *Cortinarius collinitus*
フウセンタケ科のキノコ。中型。傘は粘土褐色〜橙黄褐色，著しい粘液あり。ひだは淡褐色〜肉桂褐色。
¶山力日き（p260／カ写）

**ツバキ** ⇒ヤブツバキを見よ

**ツバキ‘アマガシタ’** ⇒アマガシタを見よ

**ツバキ‘E.G.ウォーターハウス’** ⇒E.G.ウォーターハウスを見よ

**ツバキ‘オキノナミ’** ⇒オキノナミを見よ

**ツバキ‘オトメツバキ’** ⇒オトメツバキを見よ

**ツバキ‘カモガワ’** ⇒カモガワを見よ

**ツバキカンザクラ** *Cerasus* 'Introrsa' 椿寒桜
バラ科の落葉小高木。サクラの栽培品種。花は紅紫色。
¶学フ増桜〔椿寒桜'〕（p168／カ写）

**ツバキキンカクチャワンタケ** *Ciborinia camelliae*
キンカクキン科のキノコ。小型。地中に菌核，上面は暗褐色。
¶山力日き（p547／カ写）

**ツバキ‘キンギョツバキ’** ⇒キンギョバツバキを見よ

**ツバキ‘クジャクツバキ’** ⇒クジャクツバキを見よ

**ツバキ‘クリスマス・ビューティー’** ⇒クリスマス・ビューティーを見よ

**ツバキ‘クレイマーズ・シュプリーム’** ⇒クレイマーズ・シュプリームを見よ

**ツバキ‘ケンキョウ’** ⇒ケンキョウ(1)を見よ

**ツバキ‘ジュリオ・ヌチオ’** ⇒ジュリオ・ヌチオを見よ

**ツバキ‘シロスミクラ’** ⇒シロスミクラを見よ

**ツバキ‘ソウシアライ’** ⇒ソウシアライを見よ

**ツバキ‘ソデカクシ’** ⇒ソデカクシを見よ

**ツバキ‘ダイジョウカン’** ⇒ダイジョウカンを見よ

**ツバキ‘タフクベンテン’** ⇒タフクベンテンを見よ

**ツバキ‘タマノウラ’** ⇒タマノウラを見よ

**ツバキ‘チョウセンツバキ’** ⇒チョウセンツバキを見よ

ツバキトネ                                        498

ツバキ・ドーネーション' ⇒ドーネーションを見よ

ツバキ・ニオイフブキ' ⇒ニオイフブキを見よ

ツバキ・ニチゲツセイ' ⇒ニチゲツセイを見よ

ツバキ・バーバラ・クラーク' ⇒バーバラ・クラークを見よ

ツバキ・ヒシカライト' ⇒ヒシカライトを見よ

ツバキ・ヒヂリメン' ⇒ヒヂリメンを見よ

ツバキ・ブライアン' ⇒ブライアンを見よ

ツバキ・フラワー・ガール' ⇒フラワー・ガールを見よ

ツバキ・フレーグラント・ピンク' ⇒フレーグラント・ピンクを見よ

ツバキ・ボクハン' ⇒ボクハンを見よ

ツバキ・ミウラオトメ' ⇒ミウラオトメを見よ

ツバキ・ユキオグニ' ⇒ユキオグニを見よ

ツバサクレシメジ　Tricholoma cingulatum
　キシメジ科のキノコ。
　¶原きの (No.278/カ写・カ図)

ツバナ　⇒チガヤを見よ

ツバナシフミヅキタケ　Agrocybe farinacea
　オキナタケ科のキノコ。小型〜中型。傘は黄土色,
　しわ。ひだは暗褐色。
　¶学フ増毒き (p134/カ写)

ツバフウセンタケ　Cortinarius armillatus
　フウセンタケ科のキノコ。中型〜大型。傘は赤褐
　色,粘性なし。ひだは淡肉桂色〜暗さび褐色。
　¶原きの (No.063/カ写・カ図)
　　山カ日き (p265/カ写)

ツバマツオウジ　Neolentinus lepideus
　タマチョレイタケ科のキノコ。
　¶原きの (No.217/カ写・カ図)

ツバメイノデ　Polystichum braunii×P.microchlamys
　var.microchlamys
　オシダ科のシダ植物。別名シレトコイノデ, ホソカ
　ラクサイノデ。
　¶シダ標2 (p414/カ写)

ツバメオモト　Clintonia udensis　燕万年青
　ユリ科の多年草。別名ササニンドウ。高さは20〜
　30cm。花は白色。
　¶学フ増高山 (p208/カ写)
　　学フ増野春 (p190/カ写)
　　原牧1 (No.354/カ図)
　　新分牧 (No.384/モ図)
　　新牧日 (No.3470/モ図)
　　茶花上 (p420/カ写)
　　牧野ス1 (No.354/カ図)
　　野生1 (p169/カ写)
　　山カ野草 (p632/カ写)
　　山ハ高山 (p25/カ写)
　　山ハ山花 (p66/カ写)

ツバメガエシ　Camellia japonica 'Tsubame-gaeshi'
　燕返し
　ツバキ科。ツバキの品種。花は絞りが入る。

¶茶花上 (p156/カ写)

ツブアワフキムシタケ　Cordyceps sp.
　ノムシタケ科の冬虫夏草。宿主は各種アワフキムシ
　の成虫。子実体が針タケ型になる。
　¶冬虫生態 (p131/カ写)

ツブエノウラベニイグチ　Boletus granulopunctatus
　イグチ科のキノコ。小型〜中型。傘はくすんだピン
　ク色。
　¶山カ日き (p331/カ写)

ツブエノシメジ　Melanoleuca verrucipes
　所属科未確定のキノコ。小型〜中型。傘は中高の平
　ら,白色。ひだは白色。
　¶山カ日き (p103/カ写)

ツブガタアリタケ　Ophiocordyceps sessilis
　オフィオコルディセプス科の冬虫夏草。宿主はムネ
　アカオオアリなど, コブガタアリタケに感染したア
　リの成虫。
　¶冬虫生態 (p219/カ写)

ツブカラカサタケ　Leucoagaricus americanus
　ハラタケ科のキノコ。中型。傘は淡褐色〜暗褐色粒
　状鱗片。
　¶学フ増毒き (p119/カ写)
　　山カ日き (p184/カ写)

ツブキクラゲ　Tremellochaete japonica
　ヒメキクラゲ科のキノコ。
　¶山カ日き (p536/カ写)

ツブノセミタケ　Ophiocordyceps prolifica
　オフィオコルディセプス科の冬虫夏草。宿主は各種
　セミの幼虫。
　¶冬虫生態 (p110/カ写)
　　山カ日き (p577/カ写)

ツブラジイ　Castanopsis cuspidata　円ら椎
　ブナ科の常緑高木。別名コジイ。高さは20m。花は
　白色。
　¶APG原樹 (No.716/カ図)
　　原牧2 (No.121/カ図)
　　新分牧 (No.2163/モ図)
　　新牧日 (No.156/モ図)
　　牧野ス1 (No.1966/カ図)
　　野生3 (p91/カ写)
　　山カ樹木 (p148/カ写)

ツーベロ　⇒ヌマミズキを見よ

ツボクサ　Centella asiatica　坪草, 壺草
　セリ科マッキンラヤ亜科の多年草。別名クツクサ。
　芳香。高さは5〜10cm。
　¶原牧2 (No.2394/カ図)
　　植調 (p193/カ写)
　　新分牧 (No.4425/モ図)
　　新牧日 (No.2011/モ図)
　　牧野ス2 (No.4239/カ図)
　　野生5 (p386/カ写)
　　山ハ野花 (p501/カ写)

ツボサンゴ　Heuchera sanguinea　壺珊瑚
　ユキノシタ科の多年草。別名ヒューケラ。高さは
　30〜60cm。花は赤色。

¶茶花上（p421/カ写）

**ツボスミレ**(1) ⇒タチツボスミレを見よ

**ツボスミレ**(2) ⇒ニョイスミレを見よ

**ツボミオオバコ** *Plantago virginica* 蕾大葉子
オオバコ科の一年草〜二年草。別名タチオオバコ。長さは10〜50cm。
¶帰化写改（p308/カ写, p509/カ写）
植調（p105/カ写）
野生5（p81/カ写）
山カ野草（p157/カ写）
山ハ野花（p478/カ写）

**ツマクレナイ** ⇒ホウセンカを見よ

**ツマジロヒバ** ⇒シノブヒバを見よ

**ツマトリソウ** *Lysimachia europaea* 褄取草，妻取草，端取草
サクラソウ科の多年草。高さは10〜15cm。花は白色。
¶学フ増高山（p195/カ写）
原牧2（No.1103/カ図）
山野草（No.0911/カ図）
新分牧（No.3143/モ図）
新牧日（No.2248/モ図）
茶花下（p234/カ写）
牧野ス2（No.2948/カ図）
野生4（p194/カ写）
山カ野草（p273/カ写）
山ハ高山（p261/カ写）
山ハ山桜（p371/カ写）

**ツマベニ** ⇒ホウセンカを見よ

**ツマミタケ** *Lysurus mokusin*
アカカゴタケ科（スッポンタケ科）のキノコ。中型〜大型。先端は角なし、頭部は筆先状。
¶原きの（No.502/カ写・カ図）
山カ日き（p515/カ写）

**ツメクサ**(1) *Sagina japonica* 爪草
ナデシコ科の一年草〜二年草。別名タカノツメ。高さは20cm以下。
¶学フ増野春（p151/カ写）
原牧2（No.886/カ図）
植調（p223/カ写）
新分牧（No.2908/モ図）
新牧日（No.358/カ写）
牧野ス2（No.2731/カ図）
野生4（p118/カ写）
山カ野草（p512/カ写）
山ハ野花（p272/カ写）

**ツメクサ**(2) ⇒シロツメクサを見よ

**ツメクサダマシ** *Trifolium fragiferum*
マメ科の多年草。花は白〜淡紅色。
¶帰化写改（p146/カ写）

**ツメレンゲ** *Orostachys japonica* 爪蓮華
ベンケイソウ科の多年草。別名ヒロハツメレンゲ、ヒロハイワレンゲ。ロゼット径は15cm。花は白色
¶学フ増野秋（p177/カ写）

原牧1（No.1429/カ図）
山野草（No.0499/カ写）
新分牧（No.1581/モ図）
新牧日（No.935/モ図）
牧野ス1（No.1429/カ図）
ミニ山（p97/カ写）
野生2（p220/カ写）
山カ野草（p439/カ写）
山ハ野花（p302/カ写）
山レ増（p335/カ写）

**ツヤウチワタケ** *Microporus vernicipes*
タマチョレイタケ科のキノコ。小型〜中型。傘は淡褐色〜茶褐色、無毛平滑。
¶山カ日き（p454/カ写）

**ツヤゴケ** ⇒ホソミツヤゴケを見よ

**ツヤジョウゴタケ** *Microporus xanthopus*
タマチョレイタケ科のキノコ。
¶原きの（No.367/カ写・カ図）

**ツヤスミレ** ⇒シチトウスミレを見よ

**ツヤダシタカネイタチゴケ** *Leucodon alpinus*
イタチゴケ科のコケ植物。日本固有種。
¶固有（p216）

**ツヤツケリボンゴケ** ⇒リボンゴケを見よ

**ツヤナシイノデ** *Polystichum ovatopaleaceum* var. *ovatopaleaceum* 艶無猪の手
オシダ科の夏緑性シダ。別名キノクニイノデ。葉柄の長さは5〜8mm。
¶シダ標2（p411/カ写）
新分牧（No.4722/モ図）
新牧日（No.4503/モ図）

**ツヤナシイノデモドキ** *Polystichum × pseudo-ovatopaleaceum*
オシダ科のシダ植物。
¶シダ標2（p419/カ写）

**ツヤナシイワシロイノデ** *Polystichum ovatopaleaceum* var. *ovatopaleaceum* × *P. ovatopaleaceum* var. *coraiense*
オシダ科のシダ植物。
¶シダ標2（p419/カ写）

**ツヤナシフナコシ** ⇒ツヤナシフナコシイノデを見よ

**ツヤナシフナコシイノデ** *Polystichum ovatopaleaceum* var. *ovatopaleaceum* × *P. polyblepharon*
オシダ科のシダ植物。別名ツヤナシフナコシ。
¶シダ標2（p417/カ写）

**ツヤナシマンネンタケ** *Pyrrhoderma sendaiense*
タバコウロコタケ科のキノコ。
¶山カ日き（p482/カ写）

**ツヤナシヤブソテツ** ⇒ヤブソテツを見よ

**ツヤマグソタケ** *Panaeolus antillarum*
オキナタケ科（ヒトヨタケ科）のキノコ。小型。傘は半球形〜鐘形、白色〜淡黄褐色。湿時粘性。ひだは灰白色〜黒色。
¶学フ増毒き（p133/カ写）
山カ日き（p214/カ写）

ツヤヤナキ　　　　　　　　　　500

**ツヤヤナギゴケ**　*Brachythecium nitidulum*
アオギヌゴケ科のコケ植物。日本固有種。
¶固有(p218)

**ツユアオイ**　⇒タチアオイ(1)を見よ

**ツユクサ**　*Commelina communis*　露草
ツユクサ科の一年草。別名アイバナ、アオバナ、カ
マッカ、ボウシバナ、ツキクサ(古名)。高さは20～
50cm。花は青と白色。
¶色野草(p324/カ写)
　学フ増山菜(p70/カ写)
　学フ増野夏(p32/カ写)
　学フ増薬草(p19/カ写)
　原牧1(No.630/カ図)
　植調(p274/カ写)
　新分牧(No.663/モ図)
　新牧日(No.3597/モ図)
　茶花下(p114/カ写)
　牧野ス1(No.630/カ図)
　野生1(p266/カ写)
　山ハ野花(p226/カ写)

**ツユクサシュスラン**　*Goodyera foliosa* var.*foliosa*
ラン科の多年草。高さは10～30cm。
¶野生1(p205/カ写)

**ツララコ**　⇒ヒヨドリジョウゴを見よ

**ツリウキソウ**　⇒フクシアを見よ

**ツリエノコロ**　*Cenchrus latifolius*
イネ科の一年草。
¶原牧1(No.1028/カ図)
　新分牧(No.1219/モ図)
　新牧日(No.3790/モ図)
　牧野ス1(No.1028/カ図)

**ツリガネカズラ**　*Bignonia capreolata*　釣鐘葛
ノウゼンカズラ科の観賞用蔓木。別名カレー・バイ
ン。高さは10m以上。花は黄赤色。
¶茶花上(p286/カ写)

**ツリガネソウ**(1)　⇒ツリガネニンジンを見よ

**ツリガネソウ**(2)　⇒ホタルブクロを見よ

**ツリガネタケ**　*Fomes fomentarius*
タマチョレイタケ科のキノコ。小型～大型。傘は灰
色～灰褐色。
¶原きの(No.348/カ写・カ図)
　山カ日き(p482/カ写)

**ツリガネツツジ**(1)　*Rhododendron benhallii*　釣鐘躑躅
ツツジ科ツツジ亜科の落葉低木。日本固有種。別名
ウスギヨウラク、サイリンヨウラク、アズマツリガ
ネツツジ。
¶APG原樹(No.1209/カ図)
　原牧2〔ウスギヨウラク〕(No.1213/カ図)
　固有(p108)
　山野草(No.0805/カ写)
　新分牧〔ウスギヨウラク〕(No.3234/モ図)
　新牧日〔ウスギヨウラク〕(No.2158/モ図)
　茶花上(p421/カ写)

　牧野ス2〔ウスギヨウラク〕(No.3058/カ図)
　野生4(p239/カ写)
　山力樹木〔ウスギヨウラク〕(p579/カ写)

**ツリガネツツジ**(2)　⇒ウラジロヨウラクを見よ

**ツリガネニンジン**　*Adenophora triphylla* var.
*japonica*　釣鐘人参
キキョウ科の多年草。別名ツリガネソウ、トトキニ
ンジン、トトキ(古名)、シャジン。高さは40～
100cm。
¶色野草(p278/カ写)
　学フ増山菜(p40/カ写)
　学フ増野秋(p55/カ写)
　原牧2(No.1863/カ図)
　山野草(No.1159/カ写)
　新分牧(No.3907/モ図)
　新牧日(No.2906/モ図)
　茶花下(p322/カ写)
　牧野ス2(No.3708/カ図)
　野生5(p187/カ写)
　山力野草(p127/カ写)
　山ハ山花(p488/カ写)

**ツリガネヤナギ**　*Penstemon campanulatus*　釣鐘柳
オオバコ科(ゴマノハグサ科)。高さは50～60cm。
花は深紅紫色。
¶原牧2(No.1555/カ図)
　牧野ス2(No.3400/カ図)

**ツリシュスラン**　*Goodyera pendula*　釣繻子蘭
ラン科の多年草。高さは10～20cm。花は乳白色。
¶原牧1(No.438/カ図)
　新分牧(No.433/モ図)
　新牧日(No.4312/モ図)
　牧野ス1(No.438/カ図)
　野生1(p204/カ写)
　山ハ山花(p107/カ写)

**ツリハコベ**　*Swertia dichotoma*
リンドウ科の草本。
¶野生4(p302)

**ツリバナ**　*Euonymus oxyphyllus*　吊花、釣花
ニシキギ科の落葉低木。別名エリマキ。花は淡
紫色。
¶APG原樹(No.773/カ図)
　学フ増樹(p120/カ写)
　原牧2(No.190/カ写)
　新分牧(No.2243/モ図)
　新牧日(No.1641/モ図)
　茶花上(p422/カ写)
　都木花新(p163/カ写)
　牧野ス1(No.2035/カ図)
　ミニ山(p176/カ写)
　野生3(p136/カ写)
　山力樹木(p417/カ写)
　落葉図譜(p205/モ図)

**ツリフネソウ**　*Impatiens textorii*　釣船草、釣舟草
ツリフネソウ科の一年草。別名ムラサキツリフネ。
高さは40～80cm。花は青紫色。
¶色野草(p311/カ写)

学フ増野秋 (p74/カ写)
原牧2 (No.1041/カ図)
山野草 (No.0679/カ写)
新分牧 (No.3083/モ図)
新牧日 (No.1612/モ図)
茶花下 (p235/カ写)
牧野ス2 (No.2886/カ図)
ミニ山 (p173/カ写)
野生4 (p174/カ写)
山力野草 (p360/カ写)
山ハ野花 (p410/カ写)
山ハ山花 (p366/カ写)

ツリフネラン ⇒ホテイランを見よ

ツルアカミノキ ⇒ツルマンリョウを見よ

ツルアジサイ　Hydrangea petiolaris　蔓紫陽花
アジサイ科 (ユキノシタ科) の落葉る性植物。別名ツルデマリ, ゴトウヅル。高さは15m。花は白色。
¶APG原樹 (No.1093/カ図)
学フ増山菜 (p107/カ写)
原牧2 (No.1036/カ図)
新分牧 (No.3068/モ図)
新牧日 (No.1000/モ図)
茶花上 (p546/カ写)
牧野ス2 (No.2881/カ図)
ミニ山 (p113/カ写)
野生4 (p158/カ写)
山力樹木 (p225/カ写)
落葉図譜 (p128/モ図)

ツルアズキ　Vigna umbellata　蔓小豆
マメ科マメ亜科の一年生のつる状草本。別名カニノメ, カニメ, タケアズキ。花は黄色。
¶原牧1 (No.1599/カ図)
新分牧 (No.1726/モ図)
新牧日 (No.1385/モ図)
牧野ス1 (No.1599/カ図)
野生2 (p304/カ写)

ツルアダン　Freycinetia formosana　蔓阿檀
タコノキ科の常緑つる性植物。葉長60cm。
¶原牧1 (No.300/カ図)
新分牧 (No.344/モ図)
新牧日 (No.3949/モ図)
牧野ス1 (No.300/カ図)
野生1 (p155/カ写)

ツルアブラガヤ　Scirpus radicans
カヤツリグサ科の多年草。別名ケナシアブラガヤ。
¶カヤツリ (p656/モ図)
新分牧 (No.766/モ図)
新牧日 (No.4006/モ図)
日水草 (p203/カ写)
野生1 (p360/カ写)

ツルアマチャ ⇒アマチャヅルを見よ

ツルアメリカコナギ　Heteranthera zosterifolia
ミズアオイ科の多年生水生植物。
¶帰化写2 (p299/カ写)

ツルアラメ　Ecklonia stolenifera
コンブ科の海藻。別名アラメ, ガガメ。体は長さ0.3～1m。葉は単条又は羽状分岐。
¶新分牧 (No.4999/モ図)
新牧日 (No.4859/モ図)

ツルアリドオシ　Mitchella undulata　蔓蟻通
アカネ科の多年草。長さは10～40cm。
¶原牧2 (No.1303/カ図)
新分牧 (No.3317/モ図)
新牧日 (No.2417/モ図)
茶花上 (p422/カ写)
牧野ス2 (No.3148/カ図)
野生4 (p283/カ写)
山ハ山花 (p388/カ写)

ツルイタドリ ⇒ツルタデを見よ

ツルイワギリソウ　Hemiboea sp.　蔓岩桐草
イワタバコ科の草本。高さは20cm。
¶山野草 (No.1120/カ写)

ツルウメモドキ　Celastrus orbiculatus var. orbiculatus　蔓梅擬
ニシキギ科のつる性落葉低木。別名ツルモドキ。花は淡緑色。
¶APG原樹 (No.777/カ図)
学フ増樹 (p94/カ写)
原牧2 (No.208/カ図)
新分牧 (No.2239/モ図)
新牧日 (No.1659/モ図)
茶花上 (p423/カ写)
牧野ス1 (No.2053/カ図)
ミニ山 (p174/カ写)
野生3 (p129/カ写)
山力樹木 (p422/カ写)
落葉図譜 (p199/モ図)

ツルウリクサ　Torenia concolor
アゼナ科 〔アゼトウガラシ科〕 (ゴマノハグサ科) の常緑多年草。茎はまばらに分枝し, 長さ1m程度。
¶野生5 (p98/カ写)
山レ増 (p119/カ写)

ツルオドリコソウ ⇒キバナオドリコソウを見よ

ツルカコソウ　Ajuga shikotanensis　蔓夏枯草
シソ科キランソウ亜科の多年草。日本固有種。高さは10～30cm。
¶原牧2 (No.1626/カ図)
固有 (p124)
新分牧 (No.3720/モ図)
新牧日 (No.2535/モ図)
牧野ス2 (No.3471/カ図)
野生5 (p109/カ写)

ツルガシワ　Vincetoxicum macrophyllum var. nikoense
キョウチクトウ科 (ガガイモ科) の多年生半つる性の草。日本固有種。別名ツクシガシワ。高さは50～100cm。
¶原牧2 (No.1381/カ図)
固有 〔ツクシガシワ〕(p117)
新分牧 (No.3433/モ図)
新牧日 (No.2370/モ図)

ツルカタヒ

牧野ス2（No.3226/カ図）
野生4（p318/カ写）
山力野草〔ツクシガシワ〕（p251/カ写）
山ハ山花（p402/カ写）

**ツルカタヒバ** *Selaginella flagellifera*
イワヒバ科の常緑性シダ。別名ミタニクラマゴケ，
コクラマゴケ。直立茎は高さ30cm。
¶帰化写改（p484/カ写）
シダ標1（p278/カ写）

**ツルカノコソウ** *Valeriana flaccidissima* 蔓鹿子草
スイカズラ科（オミナエシ科）の多年草。別名ヤマ
カノコソウ。高さは20〜60cm。
¶色野草（p62/カ写）
学フ増野春（p153/カ図）
原牧2（No.2318/カ図）
新分牧（No.4388/モ図）
新牧日（No.2889/モ図）
牧野ス2（No.4163/カ図）
野生5（p425/カ写）
山力野草（p146/カ写）
山ハ山花（p481/カ写）

**ツルカミカワスゲ** *Carex sabynensis* var.*rostrata*
カヤツリグサ科の草本。
¶野生1（p321/カ写）

**ツルカメバソウ** *Trigonotis iinumae* 蔓亀葉草
ムラサキ科ムラサキ亜科の草本。日本固有種。
¶原牧2（No.1433/カ図）
固有（p120）
新分牧（No.3526/モ図）
新牧日（No.2493/モ図）
牧野ス2（No.3278/カ図）
野生5（p58/カ写）
山レ増（p145/カ写）

**ツルカワズスゲ** ⇒ツルスゲを見よ

**ツルカンジュ** ⇒オリヅルシダを見よ

**ツルギカンギク** *Chrysanthemum indicum* var.
*tsurugisanense* 剣寒菊
キク科キク亜科の草本。日本固有種。葉は2回羽状
に中裂。
¶固有（p143）
野生5（p339/カ写）
山力野草（p75/カ写）
山ハ野花（p521/カ写）

**ツルギキョウ**(1) *Codonopsis javanica* subsp.*japonica*
蔓桔梗
キキョウ科のつる性多年草。
¶原牧2（No.1879/カ図）
新分牧（No.3890/モ図）
新牧日（No.2922/モ図）
牧野ス2（No.3724/カ図）
野生5（p191/カ写）
山力野草（p134/カ写）
山ハ野花（p510/カ写）
山ハ山花（p492/カ写）
山レ増（p74/カ写）

**ツルギキョウ**(2) ⇒ツルニチニチソウを見よ

**ツルギク** ⇒ツルヒヨドリを見よ

**ツルキケマン** *Corydalis ochotensis* 蔓黄華鬘
ケシ科の一年草または越年草。別名ツルケマン。高
さは1m。
¶原牧1（No.1149/カ図）
新分牧（No.1306/モ図）
新牧日（No.792/モ図）
牧野ス1（No.1149/カ図）
ミニ山（p80/カ写）
野生2〔ツルケマン〕（p105/カ写）
山力野草〔ツルケマン〕（p460/カ写）
山ハ山花〔ツルケマン〕（p249/カ写）
山レ増（p349/カ写）

**ツルキジノオ**(1) *Lomariopsis spectabilis* 蔓雉之尾
ツルキジノオ科（オシダ科）の常緑性シダ。別名オ
オキノボリシダ，オガサワラツルキジノオ。葉身は
長さ15〜18cm，線状披針形。
¶シダ標2（p438/カ写）
新分牧（No.4764/モ図）
新牧日（No.4568/モ図）

**ツルキジノオ**(2) ⇒オリヅルシダを見よ

**ツルキジムシロ** *Potentilla stolonifera* 蔓雉蓆
バラ科バラ亜科の草本。
¶原牧1（No.1822/カ図）
新分牧（No.2017/モ図）
新牧日（No.1147/モ図）
牧野ス1（No.1822/カ図）
ミニ山（p128/カ写）
野生3（p39/カ写）

**ツルキツネノボタン** *Ranunculus hakkodensis*
キンポウゲ科の草本。日本固有種。
¶固有（p53）
野生2（p160/カ写）

**ツルギテンナンショウ** *Arisaema abei* 剣天南星
サトイモ科の多年草。日本固有種。ブナ帯の林下に
生える。原産地は剣山。
¶固有（p178）
テンナン（No.37/カ写）
野生1（p104）

**ツルギハナウド** *Heracleum sphondylium* subsp.
*sphondylium* var.*turugisanense*
セリ科セリ亜科の多年草。日本固有種。
¶固有（p101）
野生5（p395/カ写）
山レ増（p228/カ写）

**ツルギミツバツツジ** *Rhododendron tsurugisanense*
剣三葉躑躅
ツツジ科ツツジ亜科の落葉低木。日本固有種。
¶固有（p108）
野生4（p248/カ写）

**ツルキンバイ** *Potentilla rosulifera* 蔓金梅
バラ科バラ亜科の多年草。高さは10〜20cm。
¶原牧1（No.1828/カ図）
新分牧（No.2022/モ図）

新牧日 (No.1154/モ写)
牧野ス1 (No.1828/カ図)
野生3 (p39/カ写)
山力野草 (p401/カ写)
山ハ山花 (p338/カ写)

ツルグミ　*Elaeagnus glabra*　蔓茱萸
グミ科の常緑低木。高さは1〜2m。
¶APG原樹 (No.636/カ図)
原牧2 (No.12/カ図)
新分牧 (No.2052/モ図)
新牧日 (No.1788/モ図)
牧野ス1 (No.1857/カ図)
ミニ山 (p185/カ写)
野生2 (p316/カ写)
山力樹木 (p511/カ写)

ツルクモマグサ　*Micranthes f.takedana*
ユキノシタ科の多年草。クモマユキノシタの一型で、地中に細い走出枝を出す。
¶野生2 (p205)

ツルケマン　⇒ツルキケマンを見よ

ツルコウジ　*Ardisia pusilla*　蔓柑子
サクラソウ科 (ヤブコウジ科) の常緑小低木。別名ツルヤブコウジ。
¶APG原樹 (No.1116/カ図)
原牧2 (No.1111/カ図)
新分牧 (No.3136/モ図)
新牧日 (No.2203/モ図)
茶花上 (p547/カ写)
牧野ス2 (No.2956/カ図)
野生4 (p190/カ写)
山力樹木 (p608/カ写)

ツルコウゾ　*Broussonetia kaempferi*　蔓楮
クワ科の木本。別名ムキミカズラ、ムクミカズラ。葉は長楕円形。
¶APG原樹 (No.690/カ図)
原牧2 (No.50/カ図)
新分牧 (No.2091/モ図)
新牧日 (No.174/モ図)
牧野ス1 (No.1895/カ図)
野生2 (p333/カ写)
山力樹木 (p165/カ写)

ツルゴケ　*Pilotrichopsis dentata*
イトヒバゴケ科のコケ。別名チャイロシダレゴケ。大型。枝葉は長さ1.5〜2mm、卵形〜披針形。
¶新分牧 (No.4882/モ図)
新牧日 (No.4741/モ図)

ツルコケモモ　*Vaccinium oxycoccos*　蔓苔桃
ツツジ科スノキ亜科の常緑小低木。高さは1.5〜8cm。花は紅紫色。
¶APG原樹 (No.1312/カ図)
学フ増高山 (p42/カ写)
学フ増山菜 (p179/カ写)
原牧2 (No.1253/カ図)
山野草 (No.0791/カ写)
新分牧 (No.3305/モ写)
新牧日 (No.2197/モ図)

茶花下 (p114/カ写)
牧野ス2 (No.3098/カ図)
野生4 (p261/カ写)
山力樹木 (p606/カ写)
山力野草 (p292/カ写)
山ハ高山 (p286/カ写)

ツルコショウ　⇒フウトウカズラを見よ

ツルサイカチ　*Dalbergia benthamii*
マメ科マメ亜科の常緑つる性低木。台湾・中国南部・ベトナムに分布。
¶野生2 (p263)

ツルザンショウ　*Zanthoxylum scandens*
ミカン科の木本。
¶野生3 (p307/カ写)

ツルシキミ　*Skimmia japonica* var.*intermedia* f.*repens*　蔓樒
ミカン科の常緑低木。別名ツルミヤマシキミ、ハイシキミ、ハイミヤマシキミ。
¶APG原樹 (No.988/カ図)
原牧2 (No.579/カ図)
新分牧 (No.2598/モ図)
新牧日 (No.1516/モ図)
牧野ス2 (No.2424/カ図)
ミニ山 (p170/カ写)
野生3 (p304/カ写)

ツルシコクショウマ　*Astilbe shikokiana* var. *surculosa*
ユキノシタ科。日本固有種。
¶固有 (p70)

ツルシノブ　⇒カニクサを見よ

ツルシャジン　⇒フクシマシャジンを見よ

ツルジュウニヒトエ　⇒セイヨウキランソウを見よ

ツルシラモ　*Gracilariopsis chorda*
オゴノリ科の海藻。老成すれば軟骨質。体は長さ1m。
¶新分牧 (No.5063/モ図)
新牧日 (No.4923/モ図)

ツルシロカネソウ　*Dichocarpum stoloniferum*　蔓白銀草
キンポウゲ科の多年草。日本固有種。別名シロカネソウ。高さは10〜20cm。
¶原牧1 (No.1206/カ図)
固有 (p54/カ写)
新分牧 (No.1356/カ図)
新牧日 (No.527/モ図)
牧野ス1 (No.1206/カ図)
ミニ山 (p43/カ写)
野生2 (p151/カ写)
山ハ山花 [シロカネソウ] (p225/カ写)

ツルジンジソウ　*Saxifraga cortusifolia* var.*stolonifera*
ユキノシタ科。日本固有種。
¶固有 (p72)

ツルスゲ　*Carex pseudocuraica*
カヤツリグサ科の多年草。別名ツルカワズスゲ。
¶カヤツリ (p86/モ図)

スゲ増 (No.24/カ写)
日水草 (p174/カ写)
野生1 (p303/カ写)

**ツルセンダングサ** *Calyptocarpus vialis*
キク科の多年草。別名ミチバタギク。
¶帰化写2 (p259/カ写)

**ツルセンノウ** ⇒ナンバンハコベを見よ

**ツルセンリョウ** ⇒イズセンリョウを見よ

**ツルソバ** *Persicaria chinensis* 蔓蕎麦
タデ科の多年生つる草。長さは1〜2m。
¶色野草 (p72/カ写)
原牧2 (No.834/カ図)
植調 (p196/カ写)
新分牧 (No.2860/モ図)
新牧日 (No.296/モ図)
牧野ス2 (No.2679/カ図)
野生4 (p94/カ写)
山力野草 (p539/カ写)
山ハ野花 (p259/カ写)

**ツルダイヌワラビ** *Athyrium×tsurutanum*
メシダ科のシダ植物。別名ツルタイヌワラビ。
¶シダ標2 (p313/カ写)

**ツルダカナワラビ** *Arachniodes yaoshanensis*
オシダ科の常緑性シダ。別名ツルタカナワラビ。葉
身は長さ45cm,2回羽状複生。
¶シダ標2 (p394/カ写)

**ツルタガラシ** ⇒ハクサンハタザオを見よ

**ツルタケ** *Amanita vaginata*
テングタケ科のキノコ。中型。傘は灰色〜灰褐色,
条線あり。
¶学フ増毒き (p57/カ写)
山力日き (p149/カ写)

**ツルタケダマシ** *Amanita spreta*
テングタケ科のキノコ。小型〜中型。傘は灰褐色,
条線あり。ひだは白色。
¶学フ増毒き (p64/カ写)
山力日き (p154/カ写)

**ツルタシアオイ** *Asarum fauriei* var.*stoloniferum*
ウマノスズクサ科の多年草。別名ソノウサイシン。
¶野生1 (p70)

**ツルタチツボスミレ** *Viola grypoceras* var.*rhizomata*
スミレ科の草本。日本固有種。別名クモノスス
ミレ。
¶固有 (p93)
野生3 (p226/カ写)

**ツルタチバーベナ** ⇒シュッコンバーベナを見よ

**ツルタデ** *Fallopia dumetorum*
タデ科のつる性一年草。別名ツルイタドリ。花は乳
白〜帯赤色。
¶帰化写改 (p13/カ写)
原牧2 (No.835/カ図)
新分牧 (No.2845/カ図)
新牧日 (No.297/モ図)
牧野ス2 (No.2682/カ図)

ミニ山 (p21/カ写)
野生4 (p88/カ写)

**ツルツゲ** *Ilex rugosa* var.*rugosa* 蔓黄楊
モチノキ科の常緑つる状小低木。別名エゾツルツ
ゲ,マルバツルツゲ,イワツゲ,チリメンツゲ。
¶APG原樹 (No.1449/カ図)
原牧2 (No.1843/カ図)
新分牧 (No.3874/モ図)
新牧日 (No.1634/モ図)
茶花下 (p115/カ写)
牧野ス2 (No.3688/カ図)
野生5 (p184/カ写)
山力樹木 (p410/カ写)
山ハ高山 (p340/カ写)

**ツルデマリ** ⇒ツルアジサイを見よ

**ツルデンダ** *Polystichum craspedosorum*
オシダ科の常緑性シダ。別名キクバツルデンダ。葉
身は長さ12〜20cm, 線状披針形。
¶シダ標2 (p412/カ写)
新分牧 (No.4717/モ図)
新牧日 (No.4498/モ図)

**ツルドクダミ** *Fallopia multiflora* 蔓戯草
タデ科のつる性多年草。長さは1〜2m。花は白色。
¶帰化写改 (p17/カ写)
原牧2 (No.838/カ写)
新分牧 (No.2843/モ図)
新牧日 (No.300/モ図)
牧野ス2 (No.2685/カ図)
野生4 (p88/カ写)
山ハ野花 (p271/カ写)

**ツルナ** *Tetragonia tetragonoides* 蔓菜
ハマミズナ科 (ツルナ科) の多年草。別名ハマヂ
シャ, ニュージーランド・スピニッチ。高さは40〜
60cm。花は黄色。
¶学フ増山菜 (p89/カ写)
学フ増野夏 (p119/カ写)
学フ増薬草 (p40/カ写)
原牧2 (No.984/カ図)
新分牧 (No.3024/モ図)
新牧日 (No.328/モ図)
茶花下 〔はまぢしゃ〕(p135/カ写)
牧野ス2 (No.2829/カ写)
ミニ山 (p25/カ写)
野生4 (p143/カ写)
山力野草 (p531/カ写)
山ハ野花 (p294/カ写)

**ツルナシインゲンマメ** *Phaseolus vulgaris* 蔓無隠
元豆
マメ科。インゲンマメのつるにならない栽培品
種群。
¶原牧1 (No.1595/カ図)
新分牧 (No.1722/モ図)
新牧日 (No.1381/モ図)
牧野ス1 (No.1595/カ図)

**ツルナシオオイトスゲ** *Carex tenuinervis* 蔓無大糸菅
カヤツリグサ科の多年草。日本固有種。別名チャイトスゲ。
¶カヤツリ (p342/モ図)
 原牧1 (No.860/カ図)
 固有 (p185)
 新分牧 (No.879/モ図)
 新牧日 (No.4164/モ図)
 スゲ増 (No.178/カ写)
 牧野ス1 (No.860/カ図)
 野生1 (p320/カ写)

**ツルナシカラスノエンドウ** *Vicia sativa* subsp. *nigra* var.*segetalis* f.*normalis* 蔓無烏野豌豆
マメ科の越年草。別名ツルナシヤハズエンドウ。
¶原牧1 (No.1562/カ図)
 新分牧 (No.1768/モ図)
 新牧日 (No.1349/モ図)
 牧野ス1 (No.1562/カ図)

**ツルナシコアゼガヤツリ** *Cyperus haspan* var. *microhaspan* 蔓無小畦蚊帳釣
カヤツリグサ科の一年草または短命な多年草。
¶カヤツリ (p726/モ図)
 野生1 (p341/カ写)

**ツルナシタマメ** ⇒タチナタマメを見よ

**ツルナシヤハズエンドウ** ⇒ツルナシカラスノエンドウを見よ

**ツルニガクサ** *Teucrium viscidum* var.*miquelianum* 蔓苦草
シソ科キランソウ亜科の多年草。高さは20〜40cm。
¶原牧2 (No.1628/カ図)
 新分牧 (No.3710/モ図)
 新牧日 (No.2537/モ図)
 牧野ス2 (No.3473/カ図)
 野生5 (p113/カ写)
 山力野草 (p207/カ写)
 山ハ山花 (p418/カ写)

**ツルニガナ** ⇒オオジシバリを見よ

**ツルニチニチソウ** *Vinca major* 蔓日日草
キョウチクトウ科のつる性多年草。別名ツルギキョウ。高さは1m以上。花は紫色。
¶色野草 (p215/カ写)
 学フ有毒 (p186/カ写)
 帰化写改 (p227/カ写)
 原牧2 (No.1399/カ図)
 新分牧 (No.3417/モ図)
 新牧日 (No.2356/モ図)
 茶花上 (p547/カ写)
 牧野ス2 (No.3244/カ図)

**ツルニチニチソウ（斑入り）** *Vinca major* 'Variegata' 蔓日日草
キョウチクトウ科のつる性多年草。別名フクリンツルニチニチソウ。
¶APG原樹〔フイリツルニチニチソウ〕(No.1367/カ図)

**ツルニンジン** *Codonopsis lanceolata* var.*lanceolata* 蔓人参
キキョウ科のつる性多年草。別名ジイソブ。長さは

2〜3m。花は白色。
¶学フ増山菜 (p148/カ写)
 学フ増野秋 (p231/カ写)
 原牧2 (No.1877/カ図)
 山野草 (No.1170/カ写)
 新分牧 (No.3888/モ図)
 新牧日 (No.2920/モ図)
 茶花下 (p323/カ写)
 牧野ス2 (No.3722/カ図)
 野生5 (p191/カ写)
 山力野草 (p136/カ写)
 山ハ野花 (p508/カ写)

**ツルネコノメソウ** *Chrysosplenium flagelliferum* 蔓猫の目草
ユキノシタ科の多年草。高さは3〜20cm。
¶学フ増高山 (p96/カ写)
 原牧1 (No.1391/カ図)
 新分牧 (No.1556/モ図)
 新牧日 (No.970/カ写)
 牧野ス1 (No.1391/カ図)
 ミニ山 (p103/カ写)
 野生2 (p204/カ写)
 山力野草 (p429/カ写)
 山ハ山花 (p274/カ写)

**ツルノゲイトウ** *Alternanthera sessilis*
ヒユ科の一年草。別名ホシノゲイトウ。茎はやや赤。長さは50cm。花は白色。
¶帰化写改 (p63/カ写, p493/カ写)
 原牧2 (No.956/モ図)
 植調 (p230/カ写)
 新分牧 (No.2996/モ図)
 新牧日 (No.450/モ図)
 牧野ス2 (No.2801/カ図)
 野生4 (p131/カ写)

**ツルハグマ** *Blumea riparia* var.*megacephala*
キク科キク亜科のつる性多年草。
¶野生5 (p350/カ写)

**ツルハコベ**(1) *Stellaria diversiflora* var.*diversiflora*
ナデシコ科の多年草。
¶原牧2 (No.869/カ図)
 新分牧 (No.2930/モ図)
 新牧日 (No.341/カ写)
 牧野ス2 (No.2714/カ図)

**ツルハコベ**(2) ⇒サワハコベを見よ

**ツルハナガタ** *Androsace sarmentosa*
サクラソウ科の多年草。花は濃桃色。
¶山野草 (No.0917/カ写)

**ツルハナナス** *Solanum jasminoides* 蔓花茄子
ナス科。別名ソケイモドキ。花は白色。
¶山野草〔ヨウシュヤマホロシ〕(No.1065/カ写)
 茶花下 (p115/カ写)

**ツルバミ** ⇒クヌギを見よ

**ツルヒキノカサ** ⇒ヒメキンポウゲを見よ

**ツルビャクブ** ⇒ビャクブを見よ

ツルヒヨト　　　　　　　　506

### ツルヒヨドリ　*Mikania micrantha*
キク科の大型つる性多年草。別名ツルギク。
¶帰化写2（p444/カ写）

### ツルフジバカマ　*Vicia amoena*　蔓藤袴
マメ科マメ亜科の多年草。高さは80〜180cm。
¶学フ増野夏（p27/カ写）
原牧1（No.1570/カ図）
新分牧（No.1777/モ図）
新牧日（No.1358/モ図）
茶花下（p235/カ写）
牧野ス1（No.1570/カ図）
野生2（p300/カ写）
山力野草（p379/カ写）
山ハ野花（p369/カ写）

### ツルボ　*Barnardia japonica* var.*japonica*　蔓穂
キジカクシ科〔クサスギカズラ科〕（ユリ科）の多年草。別名スルボ、サンダイガサ。高さは20〜50cm。
¶色野草（p282/カ写）
学フ増野秋（p45/カ写）
原牧1（No.559/カ図）
山野草（No.1407/カ写）
新分牧（No.640/モ図）
新牧日（No.3452/モ図）
茶花下（p236/カ写）
牧野ス1（No.559/カ図）
野生1（p248/カ写）
山力野草（p628/カ写）
山ハ野花（p77/カ写）

### ツルホラゴケ　*Vandenboschia auriculata*　蔓洞苔
コケシノブ科の常緑性シダ。別名コガネホラゴケ。葉身は長さ10〜30cm, 線状披針形〜広披針形。
¶シダ標1（p316/カ写）
新分牧（No.4537/モ図）
新牧日（No.4426/モ図）

### ツルマオ　*Pouzolzia hirta*　蔓苧麻
イラクサ科の多年草。高さは30〜50cm。
¶原牧2（No.98/カ写）
新分牧（No.2120/モ図）
新牧日（No.226/モ図）
牧野ス1（No.1943/カ図）
ミニ山（p14/カ写）
野生2（p351/カ写）
山ハ山花（p348/カ写）

### ツルマオモドキ　⇒ヤンバルツルマオを見よ

### ツルマサキ　*Euonymus fortunei*　蔓柾
ニシキギ科の常緑つる性植物。別名リュウキュウツルマサキ。
¶APG原樹（No.771/カ図）
原牧2（No.205/カ図）
新分牧（No.2258/カ図）
新牧日（No.1656/モ図）
牧野ス1（No.2050/カ図）
ミニ山（p173/カ写）
野生3（p132/カ写）
山力樹木（p419/カ写）
山レ増〔リュウキュウツルマサキ〕（p262/カ写）

### ツルマツリ　⇒ソケイを見よ

### ツルマメ　*Glycine max* subsp.*soja*　蔓豆
マメ科マメ亜科の一年生つる草。別名ノマメ。
¶色野草（p300/カ写）
学フ増野夏（p24/カ写）
原牧1（No.1586/カ図）
植調（p252/カ写）
新分牧（No.1718/モ図）
新牧日（No.1373/モ図）
牧野ス1（No.1586/カ図）
野生2（p269/カ写）
山力野草（p384/カ写）
山ハ野花（p375/カ写）

### ツルマリ　⇒ソケイを見よ

### ツルマンネングサ　*Sedum sarmentosum*　蔓万年草
ベンケイソウ科の多年草。高さは10〜20cm。花は黄色。
¶色野草（p167/カ写）
帰化写改（p117/カ写）
原牧1（No.1396/カ図）
新分牧（No.1591/モ図）
新牧日（No.902/モ図）
牧野ス1（No.1396/カ図）
ミニ山（p94/カ写）
野生2（p228/カ写）
山力野草（p436/カ写）
山ハ野花（p301/カ写）

### ツルマンリョウ　*Myrsine stolonifera*　蔓万両
サクラソウ科（ヤブコウジ科）の木本。別名ツルアカミノキ、アカミノイヌツゲ。
¶原牧2（No.1117/カ写）
新分牧（No.3142/モ図）
新牧日（No.2209/モ図）
茶花上（p548/カ写）
牧野ス2（No.2962/カ写）
野生4（p196/カ写）
山力樹木（p611/カ写）

### ツルミヤマカンスゲ　*Carex sikokiana*
カヤツリグサ科の多年草。日本固有種。
¶カヤツリ（p312/モ図）
固有（p184）
スゲ増（No.161/カ写）
野生1（p319/カ写）

### ツルミヤマシキミ　⇒ツルシキミを見よ

### ツルムラサキ　*Basella alba*　蔓紫
ツルムラサキ科のつる性越年草。茎は紫色のものと緑色のものとある。花は白色。
¶原牧2（No.994/カ図）
植調（p208/カ写）
新分牧（No.3035/モ図）
新牧日（No.335/モ図）
茶花下（p236/カ写）
牧野ス2（No.2839/カ図）

### ツルメヒシバ　*Axonopus compressus*
イネ科キビ亜科の低草。花桿は扁平。

¶新分牧(No.1192/モ図)
　新牧日(No.3836/モ図)
　野生2(p78)

ツルモ　*Chorda asiatica*　蔓藻
ツルモ科の海藻。紐状。体は長さ数m。
¶新分牧(No.4991/モ図)
　新牧日(No.4851/モ図)

ツルモウリンカ　*Vincetoxicum tanakae*
キョウチクトウ科(ガガイモ科)の草本。日本固有種。
¶原牧2(No.1388/カ図)
　固有(p116/カ写)
　新分牧(No.3441/モ図)
　新牧日(No.2377/モ図)
　牧野ス2(No.3233/カ図)
　野生4(p319/カ写)

ツルモドキ　⇒ツルウメモドキを見よ

ツルヤブコウジ　⇒ツルコウジを見よ

ツルヤブジラミ　*Torilis nodosa*
セリ科の一年草。別名タマヤブジラミ。長さは40cm。花は白色。
¶帰化写2(p168/カ写)

ツルヤブタバコ　⇒オオキバナムカシヨモギを見よ

ツルユリ　⇒ユリグルマを見よ

ツルヨシ　*Phragmites japonicus*　蔓葭, 蔓葦
イネ科ダンチク亜科の多年草。別名ジシバリ。高さは150～250cm。
¶桑イネ(p385/カ写・モ図)
　原牧1(No.1099/カ写)
　新分牧(No.1279/モ図)
　新牧日(No.3649/モ図)
　日水草(p217/カ写)
　牧野ス1(No.1099/カ図)
　野生2(p74/カ写)
　山ハ野花(p164/カ写)

ツルラン　*Calanthe triplicata*　鶴蘭
ラン科の多年草。高さは40～80cm。花は白, 乳白色。
¶原牧1(No.461/カ図)
　山野草(No.1690/カ写)
　新分牧(No.495/モ図)
　新牧日(No.4335/モ図)
　茶花下(p116/カ写)
　牧野ス1(No.461/カ図)
　野生1(p187/カ写)
　山力野草(p582/カ写)
　山レ増(p479/カ写)

ツルリンドウ　*Tripterospermum japonicum*　蔓竜胆
リンドウ科のつる性多年草。高さは30～80cm。
¶色野草(p326/カ写)
　学フ増野秋(p73/カ写)
　原牧2(No.1334/カ図)
　山野草(No.0977/カ写)
　新分牧(No.3391/モ図)
　新牧日(No.2316/モ図)
　茶花下(p237/カ写)
　牧野ス2(No.3179/カ図)
　野生4(p304/カ写)
　山力野草(p259/カ写)
　山ハ山花(p396/カ写)

ツルレイシ　*Momordica charantia*　蔓荔枝
ウリ科のつる草, 果菜。別名ニガウリ, ゴーヤ。花は黄色。
¶原牧2(No.165/カ図)
　新分牧(No.2204/モ図)
　新牧日(No.1868/モ図)
　茶花下(p237/カ写)
　牧野ス1(No.2010/カ図)

ツルワダン　*Ixeris longirostra*
キク科キクニガナ亜科の草本。日本固有種。
¶固有(p149)
　野生5(p280/カ写)
　山レ増(p11/カ写)

ツレサギソウ　*Platanthera japonica*　連鷺草
ラン科の多年草。高さは30～60cm。
¶原牧1(No.390/カ写)
　新分牧(No.458/モ図)
　新牧日(No.4264/カ写)
　牧野ス1(No.390/カ図)
　野生1(p221/カ写)
　山力野草(p566/カ写)
　山ハ山花(p120/カ写)

ツワ　⇒ツワブキを見よ

ツワブキ　*Farfugium japonicum* var. *japonicum*　石蕗, 橐吾
キク科キク亜科の多年草。別名ツワ, イシブキ, ヤマブキ, タカラコ(古名)。高さは30～75cm。
¶色野草(p200/カ写)
　学フ増山菜(p85/カ写)
　学フ増野秋(p128/カ写)
　学フ増薬草(p136/カ写)
　原牧2(No.2133/カ図)
　山野草(No.1234/カ写)
　新分牧(No.4100/モ図)
　新牧日(No.3164/モ図)
　茶花下(p383/カ写)
　牧野ス2(No.3978/カ図)
　野生5(p297/カ写)
　山力野草(p51/カ写)
　山ハ野花(p567/カ写)

【テ】

ディアンサス・アルピヌス　⇒オヤマナデシコを見よ

ディアンサス・ナッピー　⇒ホタルナデシコを見よ

ディアンサス・ニチドゥス　*Dianthus nitidus*
ナデシコ科の草本。
¶山野草(No.0021/カ写)

テイアンサ

## ディアンサス・パボニウス　*Dianthus pavonius*
ナデシコ科の草本。
¶山野草（No.0024/カ写）

## テイオウカイザイク　⇒ムギワラギクを見よ

## ディオニシア・アレチオイデス　*Dionysia aretioides*
サクラソウ科の草本。クッション状に生える。
¶山野草（No.0913/カ写）

## ディオニシア・テルメアナ　*Dionysia termeana*
サクラソウ科の草本。クッション状に生える。
¶山野草（No.0915/カ写）

## ディオニシア・ルロルム　*Dionysia lurorum*
サクラソウ科の草本。クッション状に生える。
¶山野草（No.0914/カ写）

## テイカカズラ　*Trachelospermum asiaticum*　定家葛
キョウチクトウ科の常緑つる性植物。別名チョウジ
カズラ，マサキノカズラ。花は白色。
¶**APG原樹**（No.1362/カ図）
　学フ増樹（p58/カ写・カ図）
　学フ増花庭（p129/カ写）
　学フ有毒（p85/カ写）
　原牧2（No.1401/カ図）
　新分牧（No.3422/モ図）
　新牧日（No.2358/モ図）
　茶花上（p423/カ写）
　都木花新（p202/カ写）
　牧野ス2（No.3246/カ図）
　野生4（p315/カ写）
　山力樹木（p652/カ写）

## テイカカズラ(斑入り)　*Trachelospermum asiaticum* 'Variegatum'　定家葛
キョウチクトウ科の常緑つる性植物。
¶**APG原樹**〔フィリテイカカズラ〕（No.1363/カ図）

## デイグ（デイク）　⇒デイコを見よ

## デイコ　*Erythrina variegata*　梯姑，梯梧，梯沽
マメ科マメ亜科の落葉高木。別名デイゴ，デイク，
デイグ，デンゴ。花は赤色。
¶**APG原樹**〔デイゴ〕（No.362/カ図）
　原牧1（No.1615/カ図）
　新分牧（No.1712/モ図）
　新牧日（No.1401/モ図）
　都木花新〔デイゴとアメリカデイゴ〕（p145/カ写）
　牧野ス1（No.1615/カ図）
　野生2〔デイゴ〕（p266/カ写）
　山力樹木（p368/カ写）

## テイショウソウ　*Ainsliaea cordifolia* var.*cordifolia*
キク科コウヤボウキ亜科の多年草。日本固有種。高
さは30～60cm。
¶原牧2（No.1896/カ図）
　固有（p151/カ写）
　新分牧（No.3934/モ図）
　新牧日（No.2933/モ図）
　茶花下（p323/カ写）
　牧野ス2（No.3741/カ図）
　野生5（p211/カ写）

山ハ山花（p536/カ写）

## ディセントラ・カナデンシス　*Dicentra canadensis*
ケシ科の多年草。高さは15～30cm。花は白色。
¶山野草（No.0441/カ写）

## ディセントラ・ククラリア　*Dicentra cucullaria*
ケシ科の多年草。高さは10～25cm。花は白色。
¶山野草（No.0440/カ写）

## ディセントラ・スカンデンス　*Dicentra scandens*
ケシ科のつる状草本。
¶山野草（No.0442/カ写）

## デイナンテ・カエルレア　*Deinanthe caerulea*
ユキノシタ科の多年草。
¶山野草（No.0509/カ写）

## テイネニガクサ　*Teucrium teinense*
シソ科キランソウ亜科の草本。日本固有種。
¶固有（p126）
　野生5（p113/カ写）

## ティフォニウム・クミンゲンセ　*Typhonium kumingense*
サトイモ科の草本。高さは10～30cm。
¶山野草（No.1653/カ写）

## ディモルホセカ　⇒アフリカキンセンカを見よ

## ティー・ローズ　⇒コウシンバラを見よ

## テウチグルミ　*Juglans regia* var.*orientis*　手打胡桃
クルミ科の木本。別名カシグルミ。
¶山力樹木（p108/カ写）
　落葉図譜（p61/モ写）

## テガタ　⇒テガタチドリを見よ

## テガタゼニゴケ　⇒ヒトデゼニゴケを見よ

## テガタチドリ　*Gymnadenia conopsea*　手形千鳥
ラン科の多年草。別名チドリソウ，テガタ。高さは
30～60cm。花は淡紅紫色。
¶学フ増高山（p83/カ写）
　学フ増野夏（p56/カ写）
　原牧1（No.380/カ図）
　山野草（No.1738/カ写）
　新分牧（No.450/モ図）
　新牧日（No.4253/モ図）
　茶花下〔ちどりそう〕（p232/カ写）
　牧野ス1（No.380/カ図）
　野生1（p205/カ写）
　山力野草（p564/カ写）
　山ハ高山（p32/カ写）

## テガヌマイ (1)　⇒サンカクイを見よ

## テガヌマイ (2)　⇒シズイを見よ

## テガヌマフラスコモ　*Nitella furcata* var.*fallosa*　手賀沼フラスコ藻
シャジクモ科の水草。暗緑色。長さ30cmくらい
まで。
¶新分牧（No.4945/モ図）
　新牧日（No.4805/モ図）

## テキリスゲ　*Carex kiotensis*　手切り菅
カヤツリグサ科の多年草。日本固有種。高さは30

〜70cm。
¶カヤツリ (p200/モ図)
原牧1 (No.822/カ図)
固有 (p182)
新分牧 (No.832/モ図)
新牧日 (No.4115/モ図)
スゲ増 (No.91/カ図)
牧野ス1 (No.822/カ図)
野生1 (p312/カ写)
山力野草 (p666/カ写)
山ハ山花 (p159/カ写)

## デゲニア・ベレビチカ　*Degenia velebitica*
アブラナ科の草本。
¶山野草 (No.0491/カ写)

## テコフィラエア・キアノクロクス　*Tecophilaea cyanocrocus*
ヒガンバナ科の球根植物。高さは10cm。花は濃青色。
¶山野草 (No.1572/カ写)

## デコラゴムノキ　⇒マルバインドゴムノキを見よ

## デコンノキ　⇒カンザブロウノキを見よ

## デージー　⇒ヒナギクを見よ

## テシオ　*Clematis* 'Teshio'　天塩
キンポウゲ科。クレマチスの品種。
¶APG原樹〔クレマチス 'テシオ'〕(No.276/カ図)

## テシオアザミ　*Cirsium teshioense*　天塩薊
キク科アザミ亜科の多年草。超塩基性岩植物。高さ50〜100cm。
¶野生5 (p236/カ写)

## テシオキンバイソウ　*Trollius teshioensis*　天塩金梅草
キンポウゲ科の多年草。花は皿形, 黄色。
¶野生2 (p169/カ写)

## テシオコザクラ　*Primula takedana*　天塩小桜
サクラソウ科の草本。日本固有種。
¶原牧2 (No.1083/カ図)
固有 (p110)
山野草 (No.0841/カ写)
新分牧 (No.3127/モ図)
新牧日 (No.2227/モ図)
牧野ス2 (No.2928/カ図)
野生4 (p199/カ写)
山ハ高山 (p260/カ写)
山レ増 (p189/カ写)

## テシオスミレ　⇒エゾアオイスミレを見よ

## テシオソウ　*Japonolirion saitoi*　天塩草
サクライソウ科の草本。花は40〜70個まばらに付く。
¶山ハ高山 (p13/カ写)

## テーダマツ　*Pinus taeda*
マツ科の常緑針葉高木。原産地では高さ25〜30m。
¶APG原樹 (No.16/カ図)

## テツカエデ　*Acer nipponicum*　鉄楓
ムクロジ科 (カエデ科) の落葉高木, 雌雄同株。日本固有種。別名テツノキ, コクタン。
¶APG原樹 (No.925/カ図)
原牧2 (No.539/カ図)
固有 (p86)
新分牧 (No.2558/モ図)
新牧日 (No.1581/モ図)
牧野ス2 (No.2384/カ図)
野生3 (p292)
山力樹木 (p443/カ写)

## テック　⇒チークノキを見よ

## テッケン　*Prunus mume* 'Tekken'　鬮懸
バラ科。ウメの品種。野梅系ウメ, 野梅性一重。
¶ウメ〔鬮懸〕(p34/カ写)

## テッケンバイ　*Prunus mume* 'Cryptopetala'
バラ科。ウメの品種。別名チャセンバイ。
¶APG原樹〔ウメ 'テッケンバイ'〕(No.471/カ図)

## テッケンユサン　⇒アブラスギを見よ

## テッセン　*Clematis florida*　鉄線, 鉄銭
キンポウゲ科の落葉つる性植物。花は白色。
¶APG原樹 (No.272/カ図)
原牧1 (No.1309/カ図)
新分牧 (No.1471/モ図)
新牧日 (No.631/モ図)
茶花上〔てっせん〕(p424/カ写)
牧野ス1 (No.1309/カ図)
山力樹木 (p180/カ写)

## テツドウグサ (1)　⇒ヒメジョオンを見よ

## テツドウグサ (2)　⇒ヒメムカシヨモギを見よ

## テツノキ　⇒テツカエデを見よ

## テッポウウリ　*Ecballium elaterium*　鉄砲瓜
ウリ科のつる性植物。果実は長さ5cm。高さは2m。
¶原牧2 (No.186/カ図)
牧野ス1 (No.2031/カ図)

## テッポウムシタケ　*Cordyceps nikkoënsis*
ノムシタケ科の冬虫夏草。宿主はカミキリムシの幼虫。
¶冬虫生態 (p154/カ写)
山力日き (p581/カ写)

## テッポウユリ　*Lilium longiflorum*　鉄砲百合
ユリ科の多年草。別名タメトモユリ, リュウキュウユリ, サツマユリ, イースターリリー。高さは50〜100cm。
¶原牧1 (No.345/カ図)
山野草 (No.1459/カ写)
新分牧 (No.411/モ図)
新牧日 (No.3439/モ図)
茶花上 (p424/カ写)
牧野ス1 (No.345/カ図)
野生1 (p174/カ写)
山ハ野花 (p47/カ写)

## テツホシダ　*Thelypteris interrupta*　鉄穂羊歯
ヒメシダ科 (オシダ科) の夏緑性シダ。葉身は長さ30〜50cm, 広拔針形。
¶シダ標1 (p438/カ写)

テツヤマイ　510

新分牧（No.4653/モ図）
新牧日（No.4562/モ図）

**テツヤマイノデ**　*Polystichum × tetsuyamense*
オシダ科のシダ植物。
¶シダ標**2**（p419/カ写）

**テツヤマカナワラビ**　*Arachniodes cantilenae × A. nipponica*
オシダ科のシダ植物。
¶シダ標**2**（p397/カ写）

**テドリトクサ**　*Equisetum × moorei*
トクサ科のシダ植物。別名テトリトクサ。
¶シダ標**1**（p286/カ写）

テ　**テバコマンテマ**　*Silene yanoei*
ナデシコ科の草本。別名チョウセンマンテマ。
¶原牧**2**（No.918/カ図）
新分牧（No.2967/モ図）
新牧日（No.390/モ図）
牧野ス**2**（No.2763/カ図）
野生**4**（p121/カ写）
山ハ高山（p150/カ写）
山ハ山花（p258/カ写）
山レ増（p431/カ写）

**テバコモミジガサ**　*Parasenecio tebakoensis*　手箱紅葉傘
キク科キク亜科の多年草。日本固有種。高さは40〜60cm。
¶原牧**2**（No.2147/カ図）
固有（p144）
新分牧（No.4082/モ図）
新牧日（No.3179/モ図）
牧野ス**2**（No.3992/カ図）
野生**5**（p303/カ写）
山力野草（p64/カ写）
山ハ山花（p501/カ写）

**テバコワラビ**　*Athyrium atkinsonii*
メシダ科の夏緑性シダ。葉身は長さ25〜65cm, 広卵形〜卵状三角形。
¶シダ標**2**（p297/カ写）

**テマリクサギ**　⇒ボタンクサギを見よ

**テマリタマアジサイ**　*Hydrangea involucrata* f. *sterillis*　手毬球紫陽花
アジサイ科（ユキノシタ科）の木本。
¶**APG**原樹（No.1091/カ図）

**テマリツメクサ**　*Trifolium aureum*
マメ科の越年草。茎の上部に付く葉は掌状3小葉。
¶帰化写**2**（p109/カ写）
原牧**1**（No.1498/カ図）
新分牧（No.1760/モ図）
新牧日（No.1285/モ図）
牧野ス**1**（No.1498/カ図）

**テマリバナ**　⇒オオデマリを見よ

**テララゴケ**　*Telaranea iriomotensis*
ムチゴケ科のコケ。日本固有種。黄緑色, 茎は長さ1〜2cm。
¶固有（p220/カ写）

**デリス**　*Paraderris elliptica*
マメ科マメ亜科のつる性低木。花は明るい赤色。葉はフジに酷似。
¶原牧**1**（No.1508/カ図）
新分牧（No.1667/モ図）
新牧日（No.1295/モ図）
牧野ス**1**（No.1508/カ図）
野生**2**〔ハイトバ〕（p264）

**テリハアカショウマ**　*Astilbe thunbergii* var. *kiusiana*
ユキノシタ科の多年草。日本固有種。
¶固有（p70）
野生**2**（p199）

**テリハアザミ**　*Cirsium lucens*
キク科アザミ亜科の草本。日本固有種。
¶固有（p139）
野生**5**（p234/カ写）

**テリハイカダカズラ**　⇒ブーゲンビレア[1]を見よ

**テリハオオバコ**　⇒トウオオバコを見よ

**テリハカゲロウラン**　⇒オオカゲロウランを見よ

**テリハキンバイ**　*Potentilla riparia* var. *riparia*　照葉金梅
バラ科バラ亜科の多年草。花は黄色。
¶野生**3**（p39/カ写）
山ハ山花（p338/カ写）

**テリハコバノガマズミ**　⇒コバノガマズミを見よ

**テリハコブガシ**　⇒タブガシを見よ

**テリハサクラタデ**　⇒オオサクラタデを見よ

**テリハザンショウ**　*Zanthoxylum nitidum*
ミカン科の常緑つる植物。
¶野生**3**（p307/カ写）

**テリハシロヤマシダ**　⇒シロヤマシダを見よ

**テリハタチツボスミレ**　*Viola faurieana* var. *faurieana*　照葉立坪菫
スミレ科の草本。花は淡紫色。
¶原牧**2**（No.339/カ図）
新分牧（No.2328/モ図）
新牧日（No.1812/モ図）
茶花上（p286/カ写）
牧野ス**1**（No.2184/カ図）
野生**3**（p226/カ写）

**テリハツルウメモドキ**　*Celastrus punctatus*
ニシキギ科の木本。別名コツルウメモドキ, ヒュウガツルウメモドキ。
¶原牧**2**（No.209/カ図）
新分牧（No.2242/モ図）
新牧日（No.1660/モ図）
牧野ス**1**（No.2054/カ図）
野生**3**（p129/カ写）

**テリハナツノタムラソウ**　*Salvia akiensis*
シソ科シソ亜科〔イヌハッカ亜科〕の多年草。タジマタムラソウに似る。
¶野生**5**（p139/カ写）

**テリハニシキソウ** *Euphorbia hirta* var. *glaberrima*
トウダイグサ科の草本。日本固有種。
¶野生3 (p157/カ写)

**テリハノイバラ** *Rosa luciae* 照葉野茨, 照葉野薔薇
バラ科バラ亜科の落葉匍匐性低木。別名ハイイバラ, ハマイバラ。花は白色。
¶APG原樹 (No.601/カ図)
　原牧1 (No.1811/カ図)
　山野草〔テリハノイバラ (濃色花)〕(No.0624/カ写)
　新分牧 (No.2006/モ図)
　新牧日 (No.1197/モ図)
　茶花上 (p548/カ写)
　牧野ス1 (No.1811/カ図)
　ミニ山 (p142/カ写)
　野生3 (p42/カ写)
　山力樹木 (p249/カ写)

**テリハノギク** *Aster lucens*
キク科キク亜科。日本固有種。
¶固有 (p145/カ写)
　野生5 (p318/カ写)

**テリハノセンニンソウ** ⇒ヤンバルセンニンソウを見よ

**テリハノハマボウ** ⇒モンテンボクを見よ

**テリハハマボウ** ⇒モンテンボクを見よ

**テリハバンジロウ** *Psidium cattleyanum* 照葉蕃石榴
フトモモ科の低木。葉裏は灰色, 短毛密布, 果実は赤紫色。
¶APG原樹 (No.876/カ図)
　野生3 (p272)

**テリバヒサカキ** *Eurya emarginata* var. *ryukyuensis*
サカキ科の常緑小高木または低木。別名ナガバヒサカキ。葉は倒披針形。
¶野生4 (p179/カ写)

**テリハブシ** ⇒エゾトリカブトを見よ

**テリハボク** *Calophyllum inophyllum* 照葉木
テリハボク科 (オトギリソウ科) の常緑高木。別名タマナ, ヤラボ。花は白色。葉は厚く光沢, 中肋黄。
¶APG原樹 (No.853/カ図)
　原牧2 (No.386/カ図)
　新分牧 (No.2281/モ図)
　新牧日 (No.741/モ図)
　牧野ス1 (No.2231/カ写)
　野生3 (p229/カ写)

**テリハミズハイゴケ** *Hygrohypnum alpinum* var. *tsurugizanicum*
ヤナギゴケ科のコケ。日本固有種。茎は不規則に分枝, 葉は広卵形〜ほぼ円形。
¶固有 (p218/カ写)

**テリハミヤマガマズミ** ⇒ミヤマガマズミを見よ

**テリハモモタマナ** *Terminalia nitens*
シクンシ科の常緑高木。高さは15m, 径は1mに達す。
¶野生3 (p255)

**テリハヤブソテツ** *Cyrtomium laetevirens*
オシダ科のシダ植物。
¶シダ標2 (p429/カ写)

**テリハヤマツツジ** ⇒ヤマツツジを見よ

**テリハヨロイゴケ** *Sticta nylanderiana*
カブトゴケのコケ。地衣体は中〜大型の葉状。
¶新分牧 (No.5173/モ図)
　新牧日 (No.5033/モ図)

**テリミコミカンソウ** *Phyllanthus urinaria* subsp. *nudicarpus*
コミカンソウ科の雌雄同株の一年草。
¶野生3 (p174)

**テリミノイヌホオズキ** *Solanum americanum* 照実の犬酸漿
ナス科の一年草または短命な多年草。
¶帰化写2 (p211/カ写)
　植調 (p217/カ写)
　新牧日 (No.3481/モ図)
　新牧日 (No.2650/モ図)
　野生5 (p44/カ写)

**デルフィニウム・グランディフロルム** ⇒ルリバナヒエンソウを見よ

**デルフィニウム・プルゼワルスキー** *Delphinium przewalskii*
キンポウゲ科の草本。高さは100〜200cm。
¶山野草 (No.0092/カ写)

**デロ** ⇒ドロヤナギを見よ

**デワタイリン** *Camellia japonica* 'Dewa-tairin' 出羽大輪
ツバキ科。ツバキの品種。別名タイヘイラク, タイハイ。花は紅色。
¶茶花上 (p129/カ写)

**デワノタツナミソウ** *Scutellaria muramatsui* 出羽の立波草
シソ科タツナミソウ亜科の草本。日本固有種。
¶原牧2 (No.1632/カ図)
　固有 (p125)
　新牧日 (No.3724/モ図)
　新牧日 (No.2542/モ図)
　牧野ス2 (No.3477/モ図)
　野生5 (p118)
　山ハ山花 (p421/カ写)

**デワノミヤマベニシダ** *Dryopteris monticola* × *D. uniformis*
オシダ科のシダ植物。
¶シダ標2 (p373/カ写)

**テンガイカブリタケ** *Verpa digitaliformis*
アミガサタケ科のキノコ。中型。頭部は釣鐘形, 黄土褐色〜褐色。
¶学フ増species (p241/カ写)
　山カ日き (p568/カ写)

**テンガイユリ**(1) ⇒オニユリを見よ

**テンガイユリ**(2) ⇒ミノコバイモを見よ

テンカワオオクジャク ⇒エビノオオクジャクを
見よ

テンキ ⇒ハマニンニクを見よ

テンキグサ ⇒ハマニンニクを見よ

テングクワガタ　*Veronica serpyllifolia* subsp.
*humifusa*　天狗鍬形
オオバコ科（ゴマノハグサ科）の多年草。別名ハイ
クワガタ。高さは10〜25cm。
¶原牧2（No.1575/カ図）
新分牧（No.3615/カ図）
新牧日（No.2718/モ図）
茶花上（p425/カ写）
牧野ス2（No.3420/カ図）
野生5（p84/カ写）
山カ野草（p180/カ写）
山ハ高山（p337/カ写）

テンググンバイ ⇒タカネグンバイを見よ

テングサ ⇒マクサを見よ

テングスミレ ⇒ナガハシスミレを見よ

テングタケ　*Amanita pantherina*　天狗茸
テングタケ科のキノコ。別名ハエトリタケ。中型〜
大型。傘は灰褐色〜オリーブ褐色、白色のいぼ。ひ
だは白色。
¶学フ増毒き（p27/カ写）
原きの（No.024/カ写・カ図）
新分牧（No.5110/モ図）
新牧日（No.4988/モ図）
山カ日き（p145/カ写）

テングタケダマシ　*Amanita sychnopyramis* f.
*subannulata*
テングタケ科のキノコ。小型〜中型。傘は灰褐色，
尖った白色のいぼあり。
¶学フ増毒き（p28/カ写）
山カ日き（p144/カ写）

テングツルタケ　*Amanita ceciliae*
テングタケ科のキノコ。中型。傘は灰褐色、黒褐色
綿質のいぼ・条線あり。ひだの縁は暗灰色粉状。
¶学フ増毒き（p68/カ写）
原きの（No.014/カ写・カ図）
山カ日き（p147/カ写）

テングノウチワ ⇒ヤツデを見よ

テングノコヅチ　*Tripterospermum japonicum* var.
*involubile*
リンドウ科の多年草。日本固有種。
¶固有（p115）
野生4（p304/カ写）
山レ増（p176/カ写）

テングノハウチワ ⇒ヤツデを見よ

テングノハナ　*Illigera luzonensis*
ハスノハギリ科の藤本。長さは4〜5m。花は淡赤
紫色。
¶野生1（p76/カ写）
山レ増（p363/カ写）

テングノメシガイ　*Trichoglossum hirsutum*
テングノメシガイ科のキノコ。小型。全体はビロー

ド状，黒色。
¶原きの（No.551/カ写・カ図）
新分牧（No.5162/モ図）
新牧日（No.5019/モ図）
山カ日き（p545/カ写）

デンゴ ⇒デイコを見よ

テンコウ　*Prunus mume* 'Tenkō'　甜香
バラ科。ウメの品種。実ウメ，野梅系。
¶ウメ〔甜香〕（p175/カ写）

テンサイ ⇒サトウヂシャを見よ

テンジクアオイ　*Pelargonium inquinans*　天竺葵
フウロソウ科の小低木状の多年草。別名ゼラニウム
（園芸名）。高さは30〜50cm。花は白色。
¶原牧2（No.424/カ図）
新分牧（No.2464/モ図）
新牧日（No.1429/モ図）
茶花下（p368/カ写）
牧野ス2（No.2269/カ図）

テンジクスゲ　*Carex phyllocephala*　天竺菅
カヤツリグサ科の多年草。サツマスゲによく似る。
¶野生1（p323）

テンジクボダイジュ　*Ficus religiosa*　天竺菩提樹
クワ科の高木。別名インドボダイジュ。高さは20m
以上。気根を垂らす。葉は光沢がある。
¶APG原樹〔インドボダイジュ〕（No.671/カ図）
原牧2（No.63/カ図）
新分牧（No.2097/カ図）
新牧日（No.187/モ図）
牧野ス1（No.1908/カ図）

テンジクボタン ⇒ダリアを見よ

テンジクマモリ ⇒ヤブソを見よ

デンジソウ　*Marsilea quadrifolia*　田字草
デンジソウ科の夏緑性シダ。別名タノジモ，カタバ
ミモ。若い葉は渦巻き状，胞子嚢果は黒色〜褐色に
なる。葉身は長さ1〜2cm，倒三角形〜円形。
¶シダ標1（p334/カ写）
植調（p72/カ写）
新分牧（No.4550/モ図）
新牧日（No.4689/モ図）
日水草（p26/カ写）
山レ増（p632/カ写）

テンジョウマモリ ⇒ヤブソを見よ

デンシンラン ⇒ホウライショウを見よ

テンダイウヤク　*Lindera aggregata*　天台烏薬
クスノキ科の常緑低木または小高木。別名ウヤク。
花は黄色。
¶APG原樹（No.169/カ図）
学フ増薬草（p175/カ写）
帰化写2（p514/カ写）
原牧1（No.160/カ図）
新分牧（No.190/モ図）
新牧日（No.501/モ図）
茶花上（p287/カ写）
牧野ス1（No.160/カ図）

**テンツキ** *Fimbristylis dichotoma* var.*tentsuki* 点突，天衝
カヤツリグサ科の一年草（温帯）〜多年草（暖帯・熱帯）。高さは10〜60cm（ナガボ除く）。
¶カヤツリ (p596/モ図)
原牧1 (No.755/カ図)
新分牧 (No.991/モ図)
新牧日 (No.4026/モ図)
牧野ス1 (No.755/カ図)
野生1 (p349/カ写)
山ハ野花 (p116/カ写)

**テンツキ（広義）** *Fimbristylis dichotoma* 点突，天衝
カヤツリグサ科の一年草（温帯）〜多年草（暖帯・熱帯）。
¶学フ増野夏〔テンツキ〕(p199/カ写)
野生1 (p349)

**テンテンコボシ** ⇒アケビ(1)を見よ

**デンドロカラムス アスパー** ⇒リョウリダケを見よ

**デンドロカラムス ギガンチウス** *Dendrocalamus giganticus*
イネ科の熱帯性タケ類。
¶タケササ (p192/カ写)

**デンドロカラムス ストリクタス** ⇒アナナシタケを見よ

**デンドロカラムス ラティフロラス** ⇒マチクを見よ

**デンドロビュウム** ⇒コウキセッコクを見よ

**テンナンショウ類** *Arisaema* spp.
サトイモ科の多年草。別名ヘビノダイハチ，ヤマゴンニャク。北海道〜沖縄まで約30種が分布。
¶学フ有毒 (p14/カ写)

**テンニョノマイ** *Rhododendron × obtusum* 'Tennyono-mai' 天女の舞
ツツジ科。ツツジの品種。
¶APG原樹〔ツツジ'テンニョノマイ'〕(No.1277/カ図)

**テンニンカ** *Rhodomyrtus tomentosa* 天人花
フトモモ科の常緑小低木。別名ハシカミ，ローズアップル。高さは1〜2m。花はバラ色。葉は厚く葉裏灰白，短毛が密布する。
¶APG原樹 (No.872/カ図)
原牧2 (No.488/カ図)
新分牧 (No.2524/モ図)
新牧日 (No.1916/モ図)
牧野ス2 (No.2333/カ図)
野生3 (p272/カ写)

**テンニンカラクサ** ⇒イヌノフグリを見よ

**テンニンギク** *Gaillardia pulchella* 天人菊
キク科の一年草。高さは30〜50cm。花の先端部は黄，基部は紫紅色。
¶帰化写改 (p361/カ写，p514/カ写)
原牧2 (No.2043/カ図)
新分牧 (No.4266/モ図)

新牧日 (No.3079/モ図)
茶花下 (p117/カ写)
牧野ス2 (No.3888/カ図)

**テンニンソウ** *Comanthosphace japonica* 天人草
シソ科オドリコソウ亜科の多年草。日本固有種。高さは50〜100cm。
¶学フ増野秋 (p118/カ写)
原牧2 (No.1716/カ図)
固有 (p125)
山野草 (No.1034/カ写)
新分牧 (No.3744/モ図)
新牧日 (No.2625/カ写)
茶花下 (p324/カ写)
牧野ス2 (No.3561/カ図)
野生5 (p121/カ写)
山力野草 (p227/カ写)
山ハ山花 (p433/カ写)

**テンノウメ**(1) *Osteomeles anthyllidifolia* var. *subrotunda* 天梅
バラ科シモツケ亜科の常緑低木。別名イソザンショウ。高さは20cm。花は白色。
¶原牧1 (No.1727/カ図)
新分牧 (No.1926/モ図)
新牧日 (No.1085/モ図)
牧野ス1 (No.1727/カ図)
野生3 (p74/カ写)
山レ増 (p309/カ写)

**テンノウメ**(2) ⇒ヤシャビシャクを見よ

**テンバイ** ⇒ヤシャビシャクを見よ

**テンモクジオウ** *Rehmannia piasezkii* 天目地黄
ゴマノハグサ科の多年草。高さは20〜40cm。
¶山野草 (No.1086/カ写)

**テンモンドウ** ⇒クサスギカズラを見よ

**テンリュウカナモドキ** *Arachniodes amabilis* var. *fimbriata × A.exilis*
オシダ科のシダ植物。
¶シダ標2 (p396/カ写)

**テンリュウカナワラビ** *Arachniodes × kurosawae*
オシダ科のシダ植物。
¶シダ標2 (p396/カ写)

**テンリュウヌリトラノオ** *Asplenium shimurae*
チャセンシダ科のシダ植物。
¶シダ標1 (p413/カ写)

**テンリンジガッコウ** *Camellia japonica* 'Tenrinji-gakkô' 天倫寺月光
ツバキ科。ツバキの品種。花は紅色。
¶茶花上 (p129/カ写)

# 【ト】

**ドアイヤナギ** *Salix caprea × S.hukaoana*
ヤナギ科の雑種。

トイシノエ　514

¶野生3〔ドアイヤナギ（バッコヤナギ×ユビソヤナギ）〕
（p206）

**トイシノエンレイソウ**　*Trillium apetalon* f.*album*
砥石の延齢草
シュロソウ科（ユリ科）。エンレイソウの品種。別名ソシンエンレイソウ。萼が黄緑色，雄しべの葯が白色。
¶山野草（No.1335/カ写）
　山ハ山花（p58/カ写）

**ドイツアヤメ**　⇒ジャーマンアイリスを見よ

**ドイツカミルレ**　⇒カミルレを見よ

**ドイツスズラン**　*Convallaria majalis* var.*majalis*　ドイツ鈴蘭
クサスギカズラ科（ユリ科）の多年草。花は白色。
¶野生1（p249/カ写）

**ドイツスズラン（斑入り）**　*Convallaria majalis*
'Variegata'　ドイツ鈴蘭
クサスギカズラ科（ユリ科）の多年草。
¶山野草（No.1366/カ写）

**ドイツトウヒ**　*Picea abies*　ドイツ唐檜
マツ科の常緑高木。別名ヨーロッパトウヒ，オウシュウトウヒ。高さは50m以上。樹皮は赤褐色ないし灰色。
¶**APG原樹**（No.37/カ図）
　学フ増花庭（p151/カ写）
　新分牧（No.28/モ図）
　山力樹木〔ヨーロッパトウヒ〕（p32/カ写）

**トウ**　*Daemonorops margaritae*　籘
ヤシ科の木本。高さは8m。
¶原牧1（No.623/カ図）
　新分牧（No.642/モ図）
　新牧日（No.3902/モ図）
　牧野ス1（No.623/カ図）

**トウアズキ**　*Abrus precatorius*　唐小豆
マメ科マメ亜科のつる草。花は暗紫色。
¶学フ有毒（p65/カ写）
　新分牧（No.1662/モ図）
　野生2（p253/カ写）

**トウイ**　⇒フトイを見よ

**トウイチゴ**　⇒カジイチゴを見よ

**トウオオバコ**　*Plantago japonica*　唐大葉子
オオバコ科の多年草。別名テリハオオバコ。高さは50～100cm。
¶原牧2（No.1542/カ図）
　新分牧（No.3596/モ図）
　新牧日（No.2819/モ図）
　牧野ス2（No.3387/モ図）
　野生5（p81/カ写）
　山力野草（p155/カ写）
　山ハ野花（p477/カ写）

**トウオガタマ**　⇒カラタネオガタマを見よ

**トウガ**　⇒トウガンを見よ

**トウカイコモウセンゴケ**　*Drosera tokaiensis* subsp.
*tokaiensis*
モウセンゴケ科の食虫植物。日本固有種。

¶固有（p65/カ写）
　野生4（p106/カ写）

**トウカイザクラ**　*Cerasus* 'Takenakae'　東海桜
バラ科の落葉小高木。サクラの栽培品種。花は微淡紅色。
¶学フ増桜〔'東海桜'〕（p117/カ写）

**トウカイタンポポ**　*Taraxacum platycarpum* var.
*longeappendiculatum*　東海蒲公英
キク科キクニガナ亜科の草本。日本固有種。別名ヒロハタンポポ。頭花は黄色で直径約3cm。
¶色野草（p135/カ写）
　学フ増野春〔ヒロハタンポポ〕（p97/カ写）
　原牧2〔ヒロハタンポポ〕（No.2266/カ図）
　固有（p147）
　新分牧〔ヒロハタンポポ〕（No.4022/モ図）
　新牧日〔ヒロハタンポポ〕（No.3294/モ図）
　牧野ス2〔ヒロハタンポポ〕（No.4111/カ図）
　野生5（p288/カ写）
　山力野草〔ヒロハタンポポ〕（p109/カ写）
　山ハ野花〔ヒロハタンポポ〕（p598/カ写）

**トウカエデ**　*Acer buergerianum*　唐楓
ムクロジ科（カエデ科）の落葉高木。高さは15m。樹皮は灰褐色。
¶**APG原樹**（No.934/カ図）
　学フ増花庭（p77/カ写）
　原牧2（No.549/カ図）
　新分牧（No.2571/モ図）
　新牧日（No.1591/モ図）
　都木花新（p187/カ写）
　牧野ス2（No.2394/カ図）
　野生3（p296/カ写）
　山力樹木（p444/カ写）

**トウカエデ'ハナチルサト'**　⇒ハナチルサトを見よ

**トウガキ**　⇒イチジクを見よ

**トウカテンソウ**　*Nanocnide pilosa*
イラクサ科の多年草。葉はカテンソウに酷似する。
¶野生2（p347）

**ドウガメバス**　⇒トチカガミを見よ

**トウガラシ**　*Capsicum annuum*　唐辛子，唐芥子
ナス科の野菜。辛味がある。花は白色。
¶原牧2（No.1486/カ図）
　新分牧（No.3494/モ図）
　新牧日（No.2662/モ図）
　牧野ス2（No.3331/カ図）

**トウガン**　*Benincasa hispida*　冬瓜
ウリ科のつる草。別名カモウリ，トウガ。果皮は濃緑色や灰緑色など。花は黄色。
¶原牧2（No.173/カ図）
　新分牧（No.2217/モ図）
　新牧日（No.1876/モ図）
　牧野ス1（No.2018/カ図）

**トウカンスミレ**　⇒ナンザンスミレを見よ

**トウカンゾウ**　*Hemerocallis major*　唐萱草
ススキノキ科（ユリ科）の多年草。日本固有種。別名ワスレグサ，ナンバンカンゾウ。九州・沖縄に分

布し, 海岸の近くに生える。
¶固有(p160)
  茶花下〔わすれぐさ〕(p166/カ写)
  野生1(p238)

**ドウカンソウ** *Vaccaria hispanica* 道灌草
ナデシコ科の一年草または越年草。高さは30〜60cm。花はピンク〜暗紅紫色。
¶帰化写改(p52/カ写)
  原牧2(No.939/カ図)
  新分牧(No.2919/モ図)
  新牧日(No.411/モ図)
  牧野ス2(No.2784/カ写)

**トウキ** *Angelica acutiloba* var.*acutiloba* 当帰
セリ科セリ亜科の多年草。日本固有種。別名ニホントウキ。高さは20〜80cm。
¶原牧2〔ニホントウキ〕(No.2438/カ図)
  固有(p99/カ写)
  新分牧〔ニホントウキ〕(No.4475/モ図)
  新牧日〔ニホントウキ〕(No.2052/モ図)
  牧野ス2〔ニホントウキ〕(No.4283/カ写)
  ミニ山(p222/カ写)
  野生5(p391/カ写)
  山力野草(p318/カ写)
  山ハ山花(p476/カ写)

**トウキササゲ** *Catalpa bungei* 唐木豇豆
ノウゼンカズラ科の高木。別名シナキササゲ。花は白色。
¶原牧2(No.1811/カ図)
  茶花上(p549/カ写)
  牧野ス2(No.3656/カ図)

**トウキビ** ⇒トウモロコシを見よ

**トウギボウシ** ⇒オオバギボウシを見よ

**トウキョウイノデ** *Polystichum* × *tokyoense*
オシダ科のシダ植物。
¶シダ標2(p419/カ写)

**トウギリ** ⇒ヒギリを見よ

**トウキンカン** ⇒シキキツを見よ

**トウキンセンカ** *Calendula officinalis*
キク科。別名キンセンカ。高さは30〜60cm。花は淡黄と橙黄色。
¶原牧2(No.2159/カ図)
  新分牧(No.4123/モ図)
  新牧日(No.3191/モ図)
  牧野ス2(No.4004/カ図)

**トウクサギ** ⇒ハマクサギを見よ

**トウグミ** *Elaeagnus multiflora* var.*hortensis* 唐茱萸
グミ科の落葉低木。日本固有種。別名ツクシグミ。果皮は黄〜赤紅色。
¶APG原樹(No.631/カ図)
  原牧2(No.2/カ図)
  固有(p92)
  新分牧(No.2042/モ図)
  新牧日(No.1778/モ図)
  牧野ス1(No.1847/カ図)
  ミニ山(p185/カ写)

野生2(p313/カ写)
  山力樹木(p508/カ写)
  落葉図譜(p246/モ図)

**トウゲオトギリ** *Hypericum nakaii* subsp.*miyabei*
オトギリソウ科の多年草。日本固有種。
¶固有(p64)
  野生3(p240/カ写)

**トウゲシバ** *Huperzia serrata* 峠柴
ヒカゲノカズラ科の常緑性シダ。別名トウゲヒバ, オニトウゲシバ, ヒロハトウゲシバ, ホソバトウゲシバ。胞子嚢は黄白色。
¶シダ標1(p264/カ写)
  新分牧(No.4808/モ図)
  新牧日(No.4373/モ図)

**トウゲダケ** *Sasaella sasakiana*
イネ科タケ亜科のササ。日本固有種。高さは1〜3m。
¶固有(p170/カ写)
  タケ亜科(No.128/カ写)
  タケササ(p124/カ写)

**トウゲヒバ** ⇒トウゲシバを見よ

**トウゲブキ** *Ligularia hodgsonii* var.*hodgsonii* 峠蕗
キク科キク亜科の多年草。別名タカラコウ, エゾタカラコウ, オニオタカラコウ。高さは30〜80cm。
¶学フ増高山(p124/カ写)
  原牧2(No.2125/カ図)
  新分牧(No.4103/モ図)
  新牧日(No.3156/モ図)
  牧野ス2(No.3970/カ図)
  野生5(p299/カ写)
  山力野草(p53/カ写)
  山ハ高山(p396/カ写)
  山ハ山花(p533/カ写)

**トウゲヤナギ** *Salix* × *algista*
ヤナギ科の雑種。
¶野生3〔トウゲヤナギ(ミヤマヤナギ×コゴメヤナギ)〕(p206)

**トウゲン** *Syringa vulgaris* 'Tōgen' 桃源
モクセイ科。ムラサキハシドイの品種。
¶APG原樹〔ムラサキハシドイ'トウゲン'〕(No.1398/カ図)

**トウゴクサイコ** ⇒ハクサンサイコを見よ

**トウゴクサイシン** *Asarum tohokuense*
ウマノスズクサ科の多年草。
¶新分牧(No.134/モ図)
  野生1(p62/カ写)

**トウゴクサバノオ** *Dichocarpum trachyspermum* 東国鯖の尾
キンポウゲ科の多年草。日本固有種。高さは10〜20cm。
¶原牧1(No.1205/カ図)
  固有(p54)
  山野草(No.0109/カ写)
  新分牧(No.1355/モ図)
  新牧日(No.526/モ図)
  牧野ス1(No.1205/カ写)

トウコクシ　516

ミニ山 (p43/カ写)
野生2 (p151/カ写)
山力野草 (p498/カ写)
山ハ山花 (p224/カ写)

**トウゴクシソバタツナミ**　*Scutellaria laeteviolacea*
var.*abbreviata*　東国紫蘇葉立波
シソ科タツナミソウ亜科の草本。日本固有種。
¶原牧2 (No.1637/カ図)
固有 (p125)
新分牧 (No.3730/モ図)
新牧日 (No.2548/モ図)
牧野ス2 (No.3482/カ図)
野生5 (p118/カ写)
山力野草〔トウゴクシソバタツナミソウ〕(p206/カ写)
山ハ山花 (p421/カ写)

**トウゴクシソバタツナミソウ**　⇒トウゴクシソバ
タツナミを見よ

**トウゴクシダ**　*Dryopteris nipponensis*　東谷羊歯
オシダ科の常緑性シダ。別名ヒロハベニシダ、ベニ
トウゴクシダ。葉身は広卵形。
¶シダ標2 (p368/カ写)
新分牧 (No.4742/モ図)
新牧日 (No.4529/モ図)

**トウゴクヘラオモダカ**　*Alisma rariflorum*
オモダカ科の抽水性〜湿生の多年草。日本固有種。
高さは10〜80cm。葉身の長さ5〜10cm, 薬の色は
褐色。
¶固有 (p153/カ写)
日水草 (p74/カ写)
野生1 (p116/カ写)

**トウゴクミツバツツジ**　*Rhododendron wadanum*
東国三葉躑躅
ツツジ科ツツジ亜科の落葉低木。日本固有種。
¶APG原樹 (No.1219/カ図)
学フ増花庭 (p12/カ写)
原牧2 (No.1197/カ図)
固有 (p108)
山野草 (No.0778/カ写)
新分牧 (No.3266/モ図)
新牧日 (No.2143/モ図)
牧野ス2 (No.3042/カ写)
野生4 (p247/カ写)
山力樹木 (p542/カ写)

**トウゴボウ**　⇒ヤマゴボウを見よ

**トウゴマ**　*Ricinus communis*　唐胡麻
トウダイグサ科の一年草。別名ヒマ。種子からヒマ
シ油をとる。高さは4〜5m。
¶学フ有毒 (p142/カ写)
帰化写改 (p176/カ写)
原牧2 (No.243/カ写)
新分牧 (No.2405/モ図)
新牧日 (No.1461/モ図)
茶花下 (p238/カ写)
牧野ス1 (No.2088/カ図)
ミニ山 (p168/カ写)

**トウゴロウ**　*Prunus mume* 'Tōgorō'　藤五郎
バラ科。ウメの品種。実ウメ, 杏系。
¶ウメ〔藤五郎〕(p176/カ写)

**トウササクサ**　*Lophatherum sinense*　唐笹草
イネ科ササクサ亜科の多年草。
¶桑イネ (p309/モ図)
原牧1 (No.1026/カ図)
新分牧 (No.1143/モ図)
新牧日 (No.3645/モ図)
牧野ス1 (No.1026/カ図)
野生2 (p77)

**トウササゲ**　⇒インゲンマメ(1)を見よ

**トウサツキ**　⇒タイワンヤマツツジを見よ

**トウサワトラノオ**　*Lysimachia candida*
サクラソウ科の草本。
¶野生4 (p195/カ写)
山レ増 (p202/カ写)

**トウジ**　*Prunus mume* 'Tōji'　冬至
バラ科。ウメの品種。野梅系ウメ, 野梅性一重。
¶ウメ〔冬至〕(p35/カ写)

**トウジウメ**　⇒トウジバイを見よ

**トウヂシャ**　⇒フダンソウを見よ

**トウジバイ**　*Armeniaca mume* 'Toji'　冬至梅
バラ科。ウメの品種。別名トウジウメ。
¶茶花上 (p196/カ写)

**トウシモツケ**　*Spiraea nervosa* var.*angustifolia*　唐
下野
バラ科。イブキシモツケの一変種。別名ホソバノイ
ブキシモツケ。花は白色。
¶原牧1 (No.1683/カ図)
新分牧 (No.1879/モ図)
新牧日 (No.1036/モ図)
牧野ス1 (No.1683/カ図)

**トウシャジン**　*Adenophora stricta*　唐沙参
キキョウ科の草本。別名マルバノニンジン。高さは
60〜100cm。花は紫色。
¶原牧2 (No.1858/カ図)
新分牧 (No.3902/モ図)
新牧日 (No.2901/モ図)
牧野ス2 (No.3703/カ図)
野生5 (p188/カ写)

**トウジュロ**　*Trachycarpus fortunei* 'Wagnerianus'　唐
棕櫚
ヤシ科の常緑高木。
¶APG原樹 (No.200/カ図)
学フ増花庭 (p73/カ写)
原牧1 (No.606/カ図)
新分牧 (No.648/モ図)
新牧日 (No.3886/モ図)
牧野ス1 (No.606/カ図)
野生1 (p264/カ写)
山力樹木 (p79/カ写)

**トウショウブ**　⇒グラジオラスを見よ

**トウシングサ**　⇒イグサを見よ

トウシンソウ(1) ⇒イグサを見よ
トウシンソウ(2) ⇒コヒゲを見よ
ドウシンタケ　Amanita esculenta
　テングタケ科のキノコ。中型。傘は灰褐色～暗褐色，条線あり。ひだは白色。
　¶山カ日き (p146/カ写)
トウジンビエ　⇒パールミレットを見よ
トウジンマメ　⇒ナンキンマメを見よ
トウズ　⇒ナタマメを見よ
トウセイ　⇒モチノキを見よ
トウソヨゴ　⇒シマトベラを見よ
トウダイグサ　Euphorbia helioscopia　灯台草
　トウダイグサ科の越年草。別名スズフリバナ。高さは20～50cm。
　¶色野草 (p159/カ写)
　　学フ増山菜 (p214/カ写)
　　学フ増野春 (p210/カ写)
　　学フ有毒 (p60/カ写)
　　原牧2 (No.250/カ写)
　　植調 (p210/カ写)
　　新分牧 (No.2410/モ図)
　　新牧日 (No.1468/モ図)
　　茶花上 (p287/カ写)
　　牧野ス1 (No.2095/カ図)
　　野生3 (p152/カ写)
　　山カ野草 (p362/カ写)
　　山ハ野花 (p336/カ写)
トウタカトウダイ　Euphorbia pekinensis　唐高灯台
　トウダイグサ科の多年草。
　¶野生3 (p154)
ドウダン　⇒ドウダンツツジ(1)を見よ
ドウダンツツジ(1)　Enkianthus perulatus　灯台躑躅
　ツツジ科ドウダンツツジ亜科の落葉低木。別名ドウダン，フデノキ。高さは1～3m。花は白色。
　¶APG原樹 (No.1200/カ写)
　　学フ増花庭 (p110/カ写)
　　原牧2 (No.1225/カ図)
　　新分牧 (No.3203/モ図)
　　新牧日 (No.2169/モ図)
　　茶花上 (p288/カ写)
　　都木花新 (p98/カ写)
　　牧野ス2 (No.3070/カ図)
　　野生4 (p252/カ写)
　　山カ樹木 (p590/カ写)
　　落葉図譜 (p271/モ図)
ドウダンツツジ(2)　⇒サラサドウダンを見よ
トウチク　Sinobambusa tootsik　唐竹
　イネ科タケ亜科の常緑中型タケ。別名ダイミョウチク，ハンショウダキ，ダンチク。
　¶APG原樹 (No.226/カ図)
　　タケ亜科 (No.18/カ写)
　　タケササ (p72/カ写)
　　野生2 (p37/カ写)

　　山カ樹木 (p64/カ写)
トウチャ　Camellia sinensis var.sinensis f.macrophylla
　ツバキ科の常緑低木。別名ニガチャ。
　¶原牧2 (No.1119/カ図)
　　新分牧 (No.3160/モ図)
　　新牧日 (No.725/モ図)
　　牧野ス2 (No.2964/カ写)
トウツバキ　Camellia reticulata　唐椿
　ツバキ科の常緑高木。別名キャプテン・ロー。花は桃色。
　¶APG原樹 (No.1156/カ図)
　　原牧2 (No.1123/カ図)
　　新分牧 (No.3164/モ図)
　　新牧日 (No.729/モ図)
　　茶花上 (p99/カ写)
　　牧野ス2 (No.2968/カ写)
トウツルモドキ　Flagellaria indica　籐蔓擬
　トウツルモドキ科のつる性木本。果実は赤熟。
　¶原牧1 (No.907/カ図)
　　新分牧 (No.1009/モ図)
　　新牧日 (No.3600/モ図)
　　牧野ス1 (No.907/カ図)
　　野生2 (p100/カ写)
トウツワブキ　⇒オオツワブキを見よ
トウテイラン　Veronica ornata　洞庭藍
　オオバコ科（ゴマノハグサ科）の多年草。日本固有種。高さは50～60cm。花は青紫色。
　¶原牧2 (No.1583/カ写)
　　固有 (p131)
　　山野草 (No.1067/カ写)
　　新分牧 (No.3617/モ図)
　　新牧日 (No.2726/モ図)
　　茶花下 (p239/カ写)
　　牧野ス2 (No.3428/カ写)
　　野生5 (p86/カ写)
　　山カ野草 (p182/カ写)
　　山ハ野花 (p483/カ写)
　　山レ増 (p113/カ写)
ドウトウアツモリソウ　Cypripedium shanxiense
　ラン科の地生の多年草。花は紅紫色。
　¶野生1 (p194/カ写)
トウトウヤナギ　⇒ネコヤナギを見よ
トウナス(1)　⇒カボチャを見よ
トウナス(2)　⇒サイキョウカボチャを見よ
トウナンテン　⇒ヒイラギナンテンを見よ
トウニンドウ　⇒キダチニンドウを見よ
トウネズミモチ　Ligustrum lucidum　唐鼠黐
　モクセイ科の常緑小高木。高さは3～10m。花は白色。樹皮は灰色。
　¶APG原樹 (No.1406/カ図)
　　帰化写2 (p440/カ写)
　　都木花新 (p211/カ写)
　　野生5 (p64/カ写)
　　山カ樹木 (p632/カ写)

ト

**トウネズミモチ'トリカラー'** ⇒トリカラーを見よ

**トウノウネコノメ** *Chrysosplenium pseudopilosum* var.*pseudopilosum* 東濃猫の目
ユキノシタ科の多年草。日本固有種。雄しべは8個、萼裂片より長い。
¶固有(p72)
　野生2(p204)
　山力野草(p711/カ写)
　山ハ山花(p272/カ写)

**トウバイ** *Prunus mume* 'Tōbai' 唐梅
バラ科。ウメの品種。
¶APG原樹〔ウメ・トウバイ'〕(No.477/カ図)

**トウバイシダレ** *Prunus mume* 'Tōbai-shidare' 唐梅枝垂
バラ科。ウメの品種。枝垂れ系ウメ。
¶ウメ〔唐梅枝垂〕(p153/カ写)

**トウハゼ** ⇒ナンキンハゼを見よ

**トウバナ** *Clinopodium gracile* 塔花
シソ科シソ亜科〔イヌハッカ亜科〕の多年草。高さは10〜30cm。
¶色野草(p225/カ写)
　学フ増野夏(p10/カ写)
　原牧2(No.1684/カ図)
　植調(p185/カ写)
　新分牧(No.3803/モ図)
　新牧日(No.2594/モ図)
　茶花上(p425/カ写)
　牧野ス2(No.3529/カ写)
　野生5(p133/カ写)
　山力野草(p225/カ写)
　山ハ野花(p459/カ写)

**トウヒ** *Picea jezoensis* var.*hondoensis* 唐檜
マツ科の常緑高木。日本固有種。別名トラノオモミ。
¶APG原樹(No.29/カ図)
　学フ増高山(p221/カ写)
　学フ増樹(p177/カ写)
　原牧1(No.4/カ図)
　固有(p194)
　新分牧(No.23/モ図)
　新牧日(No.16/モ図)
　牧野ス1(No.5/カ図)
　野生1(p28/カ写)
　山力樹木(p27/カ写)
　山ハ高山(p452/カ写)

**トウヒゴタイ** ⇒ヒナヒゴタイを見よ

**トウビシ** *Trapa bispinosa*
ヒシ科(ミソハギ科)の一年生浮葉水生植物。
¶帰化写2(p157/カ写)
　日水草(p249/カ写)

**トウヒレン** ⇒セイタカトウヒレンを見よ

**トウフジウツギ** *Buddleja lindleyana*
ゴマノハグサ科(フジウツギ科)の木本。別名リュウキュウフジウツギ。高さは1〜1.5m。花は赤紫色。
¶野生5(p92/カ写)

**トウベル・マグナトゥム** ⇒シロセイヨウショウロを見よ

**トウベル・メラノスポルム** *Tuber melanosporum*
セイヨウショウロ科のキノコ。径最大10cm。
¶原きの〔Black truffle(黒トリュフ)〕(No.568/カ写・カ図)

**トウホクメシダ** *Athyrium brevifrons* × *A.vidalii*
メシダ科のシダ植物。
¶シダ標2(p305/カ写)

**トウボケ** ⇒ボケを見よ

**トウマツムシソウ** ⇒エゾマツムシソウを見よ

**トウマメ** ⇒ソラマメを見よ

**トウミトウヒレン** *Saussurea mihoko-kawakamiana*
キク科アザミ亜科の多年草。
¶野生5(p265/カ写)

**トウムギ** ⇒ジュズダマを見よ

**トウモウソウ** ⇒モウソウチクを見よ

**トウモクレン** *Magnolia liliiflora* 'Gracilis' 唐木蓮
モクレン科の木本。別名ヒメモクレン。
¶APG原樹(No.130/カ写)
　原牧1(No.119/カ図)
　新分牧(No.148/モ図)
　新牧日(No.457/モ図)
　牧野ス1(No.119/カ図)

**トウモロコシ** *Zea mays* 玉蜀黍, 唐唐黍
イネ科キビ亜科の野菜。別名トウキビ, ナンバン。種子は食用, 茎葉は飼料。高さは4.5m。
¶学フ増薬草(p146/カ写)
　原牧1(No.1093/カ図)
　新分牧(No.1155/モ図)
　新牧日(No.3882/モ図)
　牧野ス1(No.1093/カ写)
　野生2(p99/カ写)
　山ハ野花(p225/カ写)

**トウヤク** ⇒センブリを見よ

**トウヤクリンドウ** *Gentiana algida* 当薬竜胆
リンドウ科の多年草。別名エゾトウヤクリンドウ, クモイリンドウ。高さは8〜20cm。
¶学フ増高山(p110/カ写)
　原牧2(No.1341/カ図)
　山野草(No.0951/カ写)
　新分牧(No.3377/モ図)
　新牧日(No.2323/モ図)
　牧野ス2(No.3186/カ図)
　野生4(p297/カ写)
　山力野草(p265/カ写)
　山ハ高山(p308/カ写)

**トウヨウチョウチンゴケ** *Mnium orientale*
チョウチンゴケ科のコケ。日本固有種。茎は長さ3cm, 下部に多くの小さな三角形の葉をもつ。
¶固有(p215)

**トウヨウニシキ** *Chaenomeles speciosa* 'Tōyōnishiki' 東洋錦
バラ科。ボケの品種。

¶**APG原樹**〔ボケ‘トウヨウニシキ’〕(No.567/カ図)

**トウリ** ⇒ヘチマを見よ

**ドウリョウイノデ** *Polystichum × anceps*
オシダ科のシダ植物。
¶**シダ標2**(p416/カ写)

**トウリンドウ** *Gentiana scabra* var.*scabra*
リンドウ科の薬用植物。別名チョウセンリンドウ。
¶**野生4**(p298)

**トウロウソウ** *Bryophyllum pinnatum* 灯篭草
ベンケイソウ科の多年生多肉植物。別名セイロンベンケイ, セイロンベンケイソウ。茎に紫斑あり。花は淡緑, 紅量。
¶**帰化写2**〔セイロンベンケイ〕(p82/カ写)
　**原牧1**(No.1435/カ図)
　**新分牧**(No.1571/モ図)
　**新牧日**(No.940/モ図)
　**牧野ス1**(No.1435/カ図)
　**野生2**(p219/カ写)

**トウロウバイ** *Chimonanthus praecox* var.
*grandiflorus* 唐蠟梅
ロウバイ科の落葉低木。別名ダンコウバイ。
¶**APG原樹**(No.149/カ図)
　**原牧1**(No.137/カ図)
　**新分牧**(No.168/モ図)
　**新牧日**(No.480/モ図)
　**牧野ス1**(No.137/カ図)

**トウロウバナ** ⇒ホタルブクロを見よ

**トウワタ** *Asclepias curassavica* 唐綿, 唐棉
キョウチクトウ科(ガガイモ科)の一年草または多年草。高さは30〜200cm。花は濃橙赤色。
¶**学フ有毒**(p183/カ写)
　**帰化写2**(p172/カ写)
　**原牧2**(No.1390/カ図)
　**新分牧**(No.3442/モ図)
　**新牧日**(No.2379/モ図)
　**茶花上**(p550/カ写)
　**牧野ス2**(No.3235/カ写)
　**野生4**(p310/カ写)

**トオノアザミ** *Cirsium heiianum* 遠野薊
キク科アザミ亜科の多年草。日本固有種。高さは100〜200cm。
¶**原牧2**(No.2179/カ図)
　**固有**(p140)
　**新分牧**(No.3966/モ図)
　**新牧日**(No.3211/モ図)
　**牧野ス2**(No.4024/カ図)
　**野生5**(p248/カ写)

**トオヤマノリ** ⇒カモガシラノリを見よ

**トガ** ⇒ツガを見よ

**トガアザミ** *Cirsium togaense*
キク科アザミ亜科の草本。日本固有種。
¶**固有**(p141)
　**野生5**(p253/カ写)

**トガクシイヌワラビ** ⇒ヤマイヌワラビを見よ

**トガクシイワインチン** ⇒オオイワインチンを見よ

**トガクシインチン** ⇒オオイワインチンを見よ

**トガクシオトギリ** *Hypericum ovalifolium* subsp.
*hisauchii* 戸隠弟切
オトギリソウ科の多年草。日本固有種。
¶**固有**(p65)
　**野生3**(p245)

**トガクシコゴメグサ** *Euphrasia insignis* subsp.
*insignis* var.*togakusiensis* 戸隠小米草
ハマウツボ科(ゴマノハグサ科)の一年草。日本固有種。
¶**固有**(p128)
　**野生5**(p152/カ写)
　**山ハ高山**(p321/カ写)

**トガクシショウマ** ⇒トガクシソウを見よ

**トガクシソウ** *Ranzania japonica* 戸隠草
メギ科の多年草。日本固有種。別名トガクシショウマ。高さは30〜50cm。花は淡紫色。
¶**学フ増野春**〔トガクシショウマ〕(p73/カ写)
　**原牧1**(No.1167/カ図)
　**固有**(p58/カ図)
　**山野草**(No.0375/カ写)
　**新分牧**(No.1332/モ図)
　**新牧日**(No.634/モ図)
　**茶花上**〔とがくししょうま〕(p550/カ写)
　**牧野ス1**(No.1167/カ図)
　**ミニ山**〔トガクシショウマ〕(p63/カ写)
　**野生2**(p118/カ写)
　**山カ野草**〔トガクシショウマ〕(p465/カ写)
　**山ハ高山**〔トガクシショウマ〕(p82/カ写)
　**山ハ山花**(p209/カ写)
　**山レ増**(p363/カ写)

**トガクシデンダ** *Woodsia glabella* 戸隠連朶
イワデンダ科の夏緑性シダ。別名ケンザンデンダ, カラフトイワデンダ。葉身は長さ4〜10cm, 線状披針形〜卵状披針形。
¶**シダ標1**(p451/カ写)
　**山ハ高山**(p466/カ写)

**トガクシナズナ** *Draba sakuraii* var.*sakuraii* 戸隠薺
アブラナ科の多年草。別名ミヤマナズナ。本州中部(戸隠連峰, 頸城山地)に分布。
¶**野生4**(p62/カ写)
　**山ハ高山**(p239/カ写)

**トガクシナズナ (広義)** *Draba sakuraii* 戸隠薺
アブラナ科の多年草。別名クモマナズナ。本州の関東北部と中部地方の高山に生える。
¶**原牧2**〔トガクシナズナ〕(No.733/カ図)
　**新分牧**〔トガクシナズナ〕(No.2774/モ図)
　**新牧日**〔トガクシナズナ〕(No.853/モ図)
　**牧野ス2**〔トガクシナズナ〕(No.2578/カ図)

**トガサワラ** *Pseudotsuga japonica* 栂椹
マツ科の常緑高木。日本固有種。別名サワラトガ。高さは15〜30m。
¶**APG原樹**(No.42/カ図)
　**原牧1**(No.11/カ図)
　**固有**(p194/カ写)

新分牧（No.21/モ図）
　　新牧日（No.23/モ図）
　　図説樹木（p38/カ写）
　　牧野ス1（No.12/カ図）
　　野生1（p32/カ写）
　　山カ樹木（p33/カ写）
　　山レ増（p626/カ写）

**トガスグリ**　*Ribes sachalinense*　樗酸塊
スグリ科（ユキノシタ科）の落葉低木。萼は淡黄緑
色、ときに紫紅色。
　¶APG原樹（No.341/カ図）
　　学フ増高山（p97/カ写）
　　原牧1（No.1359/カ図）
　　新分牧（No.1530/モ図）
　　新牧日（No.1012/モ図）
　　牧野ス1（No.1359/カ図）
　　野生2（p194/カ写）
　　山カ樹木（p231/カ写）

**トカチオウギ**　*Astragalus tokachiensis*
マメ科マメ亜科の多年草。日本固有種。
　¶固有（p80）
　　野生2（p258/カ写）
　　山カ野草（p710/カ写）
　　山レ増（p289/カ写）

**トカチキスミレ**　*Viola brevistipulata* subsp.*hidakana*
var.*yezoana* f.*glabra*　十勝黄菫
スミレ科。エゾキスミレより薄く緑色。
　¶山ハ高山（p185/カ写）

**トカチクビオレタケ**　*Ophiocordyceps* sp.
オフィオコルディセプス科の冬虫夏草。サビイロク
ビオレタケよりも子実体がやや大きい。
　¶冬虫生態（p197/カ写）

**トカチシャジン**　⇒モイワシャジンを見よ

**トカチスグリ**　*Ribes triste*　十勝酸塊
スグリ科（ユキノシタ科）の落葉低木。別名チシマ
スグリ。萼は紫あるいは淡紫。
　¶野生2（p194/カ写）

**トカチナガツキタンポタケ**　*Ophiocordyceps* sp.
オフィオコルディセプス科の冬虫夏草。二次胞子に
分裂しない。
　¶冬虫生態（p149/カ写）

**トカチビランジ**　*Silene tokachiensis*
ナデシコ科の草本。日本固有種。
　¶固有（p47）
　　野生4（p122/カ写）
　　山ハ高山（p148/カ写）

**トカチフウロ**　*Geranium erianthum* var.*erianthum* f.
*pallescens*
フウロソウ科の多年草。チシマフウロの淡色型。
　¶原牧2（No.415/カ図）
　　牧野ス2（No.2260/カ写）

**トカチフミヅキタンポタケ**　*Ophiocordyceps* sp.
オフィオコルディセプス科の冬虫夏草。宿主は蛾の
幼虫。
　¶冬虫生態（p149/カ写）

**トカチヤナギ**(1)　*Salix cardiophylla*
ヤナギ科の落葉高木。別名オオバヤナギ、カラフト
オオバヤナギ、ヒロハタチヤナギ。高さは15m。
　¶新分牧（No.2377/モ図）
　　野生3（p192/カ写）

**トカチヤナギ**(2)　⇒オオバヤナギ(1)を見よ

**トガヒゴタイ**　*Saussurea muramatsui*
キク科アザミ亜科の多年草。日本固有種。
　¶固有（p148）
　　野生5（p268/カ写）

**トカラアジサイ**　*Hortensia kawagoeana* var.
*kawagoeana*　吐噶喇紫陽花
アジサイ科の落葉低木。日本固有種。
　¶固有（p74）
　　野生4（p168/カ写）

**トカラカンアオイ**　*Asarum tokarense*　吐噶喇寒葵
ウマノスズクサ科の草本。日本固有種。
　¶固有（p62）
　　野生1（p67）

**トカラカンスゲ**　*Carex atroviridis* var.*scabrocaudata*
吐噶喇寒菅
カヤツリグサ科の多年草。日本固有種。
　¶カヤツリ（p288/モ図）
　　固有（p183/カ写）
　　スゲ増（No.145/カ写）
　　野生1（p318）

**トカラタマアジサイ**　*Platycrater involucrata* var.
*tokarensis*　吐噶喇玉紫陽花
アジサイ科の落葉低木。日本固有種。
　¶固有（p74）
　　野生4（p171）

**トカラノギク**　*Chrysanthemum ornatum* var.
*tokarense*　吐噶喇野菊
キク科キク亜科の多年草。
　¶野生5（p337）
　　山レ増（p18/カ写）

**トガリアミガサタケ**　*Morchella conica*
アミガサタケ科のキノコ。中型〜大型。頭部は卵状
円錐形、褐色。
　¶山カ日き（p564/カ写）

**トガリウラベニタケ**　*Entoloma acutoconicum*
イッポンシメジ科のキノコ。
　¶山カ日き（p280/カ写）

**トガリスズメバチタケ**　*Ophiocordyceps oxycephala*
オフィオコルディセプス科の冬虫夏草。スズメバチ
類から発生する。
　¶冬虫生態（p209/カ写）

**トガリツキミタケ**　*Hygrocybe acutoconica* f.*japonica*
ヌメリガサ科のキノコ。小型〜中型。傘は黄色で中
央部突出する円錐形、粘性あり。ひだは淡黄色。
　¶山カ日きつ（p41/カ写）

**トガリニセフウセンタケ**　*Cortinarius galeroides*
フウセンタケ科のキノコ。小型。傘は中央が突出、
黄土色、湿時条線。

¶山カ日き (p264/カ写)

**トガリバイヌワラビ** *Athyrium iseanum* var. *angustisectum*
メシダ科のシダ植物。
¶シダ標2 (p301/カ写)

**トガリバイヌワラビ × ヤクイヌワラビ**
*Athyrium iseanum* var.*angustisectum*× *A.masamunei*
メシダ科のシダ植物。
¶シダ標2 (p309/カ写)

**トガリバイヌワラビ × ヤマイヌワラビ**
*Athyrium iseanum* var.*angustisectum*× *A.vidalii*
メシダ科のシダ植物。
¶シダ標2 (p307/カ写)

**トガリバインドソケイ** *Plumeria rubra* 'Acutifolia'
キョウチクトウ科の常緑大型低木。別名インドソケイ。幹は白乳液多し。高さは2〜4m。花は白色で中央部は黄色。
¶原牧2 (No.1405/カ図)
牧野ス2 (No.3250/カ写)

**トガリバカナワラビ** ⇒コバノカナワラビを見よ

**トガリバサザンカ** ⇒ヒマラヤサザンカを見よ

**トガリバサワクサリゴケ** *Lejeunea aquatica* var. *apiculata*
クサリゴケ科のコケ植物。日本固有種。
¶固有 (p224)

**トガリバツナソ** ⇒シマツナソ(1)を見よ

**トガリバツメクサ** *Trifolium angustifolium*
マメ科の一年草。高さは10〜50cm。花は淡紅色。
¶帰化写改 (p142/カ写)

**トガリバハツキイヌワラビ** *Athyrium iseanum* var. *angustisectum*× *A.otophorum*
メシダ科のシダ植物。
¶シダ標2 (p310/カ写)

**トガリバハマキゴケ** *Hyophila acutifolia*
センボンゴケ科のコケ植物。日本固有種。
¶固有 (p214)

**トガリバメシダ** ⇒サトメシダを見よ

**トガリバヤブマオ** *Boehmeria japonica* var.*japonica*
イラクサ科の多年草。ヤブマオの基準変種。
¶野生2 (p344/カ写)

**トガリフカアミガサタケ** *Mitrophora semilibera*
アミガサタケ科のキノコ。
¶原きの (No.558/カ写・カ図)

**トガリフクロツチグリ** *Geastrum lageniforme*
ヒメツチグリ科のキノコ。
¶山カ日き (p506/カ写)

**トガリベニヤマタケ** *Hygrocybe cuspidata*
ヌメリガサ科のキノコ。小型〜中型。傘は鮮赤色で円錐形。中央部突出あり、粘性。
¶山カ日き (p41/カ写)

**トガリワカクサタケ** *Hygrocybe olivaceoviridis*
ヌメリガサ科のキノコ。
¶山カ日き (p44/カ写)

**トキイロヒラタケ** *Pleurotus djamor*
ヒラタケ科のキノコ。小型〜中型。傘は貝殻形でピンク色、やや綿毛状。ひだはピンク色。
¶原きの (No.237/カ写・カ図)
山カ日き (p22/カ写)

**トキイロラッパタケ** *Cantharellus luteocomus*
アンズタケ科のキノコ。小型。傘は白色〜淡黄色、薄い。
¶山カ日き (p401/カ写)

**トキジクフジ** ⇒ナツフジを見よ

**トキソウ** *Pogonia japonica* 朱鷺草, 鴇草
ラン科の多年草。高さは15〜20cm。花は紅紫色。
¶学フ増野夏 (p69/カ写)
原牧1 (No.403/カ図)
山野草 (No.1736/カ写)
新分牧 (No.417/モ図)
新牧日 (No.4277/モ図)
茶花上 (p426/カ写)
牧野ス1 (No.403/カ写)
野生1 (p225/カ写)
山カ野草 (p565/カ写)
山ハ野花 (p60/カ写)
山ハ山花 (p116/カ写)
山レ増 (p494/カ写)

**トキノハガサネ** *Camellia japonica* 'Toki-no-hagasane' 鴇の羽重
ツバキ科。ツバキの品種。花は白色。
¶茶花上 (p114/カ写)

**トキノマイ** *Prunus mume* 'Tokinomai' 朱鷺の舞
バラ科。ウメの品種。野梅系ウメ、野梅性八重。
¶ウメ〔朱鷺の舞〕(p68/カ写)

**トキヒサソウ** ⇒ウエマツソウを見よ

**トキホコリ** *Elatostema densiflorum*
イラクサ科の一年草。日本固有種。高さは10〜25cm。
¶学フ増野秋 (p234/カ写)
原牧2 (No.83/カ図)
固有 (p44)
新分牧 (No.2127/モ図)
新牧日 (No.210/モ図)
牧野ス1 (No.1928/カ写)
野生2 (p346/カ写)
山ハ山花 (p352/カ写)
山レ増 (p441/カ写)

**トキリマメ** *Rhynchosia acuminatifolia* 吐切豆
マメ科マメ亜科の多年生つる草。別名ベニカワ、オオバタンキリマメ。
¶色野草 (p181/カ写)
学フ増野秋 (p123/カ写)
原牧1 (No.1606/カ図)
新分牧 (No.1709/モ図)
新牧日 (No.1392/モ図)
茶花下 (p239/カ写)
牧野ス1 (No.1606/カ写)
ミニ山 (p154/カ写)

野生2〔オオバタンキリマメ〕(p292/カ写)
山力野草(p382/カ写)
山ハ野花(p372/カ写)

**トキワアケビ** ⇒ムベを見よ

**トキワアワダチソウ** *Solidago sempervirens*
キク科の多年草。別名アツバアワダチソウ, オニア
ワダチソウ。高さは40〜200cm。花は黄色。
¶帰化写2(p286/カ写)

**トキワイカリソウ** *Epimedium sempervirens* 常磐
碇草
メギ科の多年草。日本固有種。別名オオイカリソ
ウ。高さは20〜60cm。
¶学フ増野春(p167/カ写)
原牧1(No.1177/カ図)
固有(p58)
山野草(No.0338/カ写)
新分牧(No.1325/モ図)
新牧日(No.644/モ図)
茶花上(p288/カ写)
牧野ス1(No.1177/カ図)
野生2(p117/カ写)
山力野草(p463/カ写)
山ハ山花(p207/カ写)

**トキワイヌビワ** *Ficus boninsimae*
クワ科の常緑高木。日本固有種。
¶原牧2(No.60/カ図)
固有(p44)
新分牧(No.2105/モ図)
新牧日(No.184/モ図)
牧野ス1(No.1905/カ図)
野生2(p338/カ写)

**トキワカエデ** ⇒イタヤカエデを見よ

**トキワガキ** *Diospyros morrisiana* 常磐柿, 常盤柿
カキノキ科の常緑高木。別名トキワマメガキ, クロ
カキ, クロトキワガキ。
¶APG原樹(No.1111/カ図)
原牧2(No.1061/カ図)
新分牧(No.3103/モ図)
新牧日(No.2260/モ図)
牧野ス2(No.2906/カ図)
野生4(p185/カ写)
山力樹木(p617/カ写)

**トキワガマズミ** *Viburnum japonicum* var.
*boninsimense*
ガマズミ科〔レンプクソウ科〕(スイカズラ科) の常
緑低木。日本固有種。別名シマハクサンボク。
¶固有(p133)
野生5(p410/カ写)
山レ増(p80/カ写)

**トキワカモメヅル** *Vincetoxicum sieboldii*
キョウチクトウ科(ガガイモ科)の草本。日本固
有種。
¶固有(p116)
新分牧(No.3440/モ図)
野生4(p319/カ写)

**トキワカワゴケソウ** ⇒カワゴケソウを見よ

**トキワギョリュウ** *Casuarina equisetifolia* 常磐御柳
モクマオウ科の常緑高木。別名トクサバモクマオ
ウ, モクマオウ。高さは20m。
¶APG原樹〔トクサバモクマオウ〕(No.733/カ図)
帰化写2(p392/カ写)
原牧2(No.130/カ図)
新分牧(No.2171/モ図)
新牧日(No.78/モ図)
牧野ス1(No.1975/カ図)
野生3〔トクサバモクマオウ〕(p105/カ写)

**トキワゲンカイ** ⇒エゾムラサキツツジを見よ

**トキワザクラ** *Primula obconica* 常磐桜, 常盤桜
サクラソウ科の多年草。別名シキザキサクラソウ,
セイヨウサクラソウ, プリムラ・オブコニカ。高さ
は10〜20cm。花は淡桃色。
¶茶花下(p391/カ写)

**トキワサンザシ** *Pyracantha coccinea* 常磐山査子,
常盤山樝子
バラ科の常緑低木。果実は鮮紅色。高さは2m。
¶学フ増花庭(p90/カ写)
山力樹木(p345/カ写)

**トキワシダ** *Asplenium yoshinagae* 常磐羊歯
チャセンシダ科の常緑性シダ。葉身は長さ20cm,
披針形。
¶シダ標1(p411/カ写)
新分牧(No.4631/モ図)
新牧日(No.4635/モ図)

**トキワシノブ** *Davallia tyermannii*
シノブ科のシダ植物。
¶山野草(No.1826/カ写)

**トキワシャモジタケ** *Microglossum olivaceum*
テングノメシガイ科のキノコ。
¶原きの(No.532/カ写・カ図)

**トキワススキ** *Miscanthus floridulus* 常磐薄
イネ科キビ亜科の多年草。別名カンススキ, アリワ
ラススキ, アリハラススキ。高さは150〜350cm。
¶原牧1(No.1079/カ図)
新分牧(No.1181/カ図)
新牧日(No.3868/モ図)
牧野ス1(No.1079/カ図)
野生2(p89/カ写)
山力野草(p688/カ写)
山ハ野花(p212/カ写)

**トキワツユクサ** ⇒ノハカタカラクサを見よ

**トキワトラノオ** *Asplenium pekinense*
チャセンシダ科の常緑性シダ。葉身は長さ10〜
20cm, 広披針形。
¶シダ標1(p414/カ写)

**トキワナズナ** ⇒イベリス・センペルビレンスを見よ

**トキワバイカツツジ** *Rhododendron uwaense*
ツツジ科ツツジ亜科の常緑低木。日本固有種。
¶固有(p105)
野生4(p249/カ写)
山レ増(p209/カ写)

トキワハゼ　*Mazus pumilus*　常磐櫨, 常盤黄櫨
サギゴケ科（ハエドクソウ科, ゴマノハグサ科）の一年草。別名ナツハゼ。高さは5〜25cm。
¶色野草（p249/カ写）
　学フ増野春（p12/カ写）
　原牧2（No.1746/カ図）
　山野草（No.1092/カ写）
　植調（p176/カ写）
　新分牧（No.3819/モ図）
　新牧日（No.2704/モ図）
　牧野ス2（No.3591/カ写）
　野生5（p144/カ写）
　山力野草（p175/カ写）
　山ハ野花（p468/カ写）

トキワハナガタ　*Androsace sempervivoides*
サクラソウ科の多年草。高さは10cm。花は淡紅色。
¶山野草（No.0918/カ写）

トキワヒメハギ　*Polygala chamaebuxus*
ヒメハギ科。高さは15〜30cm。花は白または黄色。
¶山野草（No.0676/カ写）

トキワマメガキ　⇒トキワガキを見よ

トキワマンサク　*Loropetalum chinense*　常磐万作, 常盤満作
マンサク科の常緑低木。高さは4〜5m。花は白色, または淡黄色。
¶APG原樹（No.325/カ図）
　学フ増花庭（p98/カ写）
　原牧1（No.1337/カ写）
　新分牧（No.1509/モ図）
　新牧日（No.891/モ図）
　茶花上（p289/カ写）
　都木花新（p37/カ写）
　牧野ス1（No.1337/カ図）
　野生2（p186/カ写）
　山力樹木（p241/カ写）
　山レ増（p337/カ写）

トキワヤブハギ　*Hylodesmum leptopus*　常磐藪萩
マメ科マメ亜科の常緑の多年草。高さは50〜100cmくらい。花は淡紅色。
¶原牧1（No.1535/カ写）
　新分牧（No.1705/モ図）
　新牧日（No.1322/モ図）
　牧野ス1（No.1535/カ写）
　野生2（p271/カ写）

トキワラン　*Paphiopedilum insigne*　常盤蘭
ラン科の草本。高さは20〜40cm。花は褐色を帯びる。
¶原牧1（No.369/カ図）
　新分牧（No.416/モ図）
　新牧日（No.4243/モ図）
　牧野ス1（No.369/カ図）

トキワレンゲ　*Magnolia coco*　常磐蓮花
モクレン科の常緑低木。別名シラタマモクレン。花は卵黄白色。葉は厚く, 萼は緑黄色。
¶原牧1（No.129/カ図）
　新分牧（No.159/カ図）
　新牧日（No.467/モ図）
　茶花上〔しらたまもくれん〕（p531/カ写）
　牧野ス1（No.129/カ図）

トキンイバラ　*Rubus* 'Tokin-ibara'　頭巾茨
バラ科の落葉低木。別名ボタンイバラ。高さは1m。花は白色。
¶APG原樹（No.595/カ図）
　原牧1（No.1769/カ図）
　新分牧（No.1973/モ図）
　新牧日（No.1128/モ図）
　牧野ス1（No.1769/カ図）

トキンソウ　*Centipeda minima*　吐金草
キク科キク亜科の小型の一年草。別名タネヒリグサ, ハナヒリグサ。高さは5〜20cm。
¶原牧2（No.2049/カ写）
　植調（p158/カ写）
　新分牧（No.4264/モ図）
　新牧日（No.3085/モ図）
　牧野ス2（No.3894/モ図）
　野生5（p355/カ写）
　山力野草（p67/カ写）
　山ハ野花（p532/カ写）

ドクアジロガサ　⇒コレラタケを見よ

ドクイモ　⇒クワズイモを見よ

ドクウツギ　*Coriaria japonica*　毒空木
ドクウツギ科の落葉低木。別名イチロベゴロシ, イチロベエゴロシ。偽果は黒紫色。
¶APG原樹（No.762/カ図）
　学フ増山菜（p215/カ写）
　学フ増樹（p126/カ写）
　学フ有毒（p70/カ写）
　原牧2（No.159/カ図）
　新分牧（No.2200/モ図）
　新牧日（No.1551/モ図）
　図説樹木（p150/カ写）
　牧野ス1（No.2004/カ写）
　ミニ山（p171/カ写）
　野生3（p120/カ写）
　山力樹木（p398/カ写）

ドクエ　⇒アブラギリを見よ

ドクオノキ　⇒ヘラノキを見よ

ドクカラカサタケ　*Chlorophyllum neomastoideum*
ハラタケ科のキノコ。中型〜大型。傘は大型の鱗片。ひだは白色〜赤色味。
¶学フ増毒き（p116/カ写）
　山力日き（p181/カ写）

トクガワザサ　*Sasa tokugawana*
イネ科タケ亜科の植物。日本固有種。
¶固有（p172）
　タケ亜科（No.65/カ写）
　タケササ（p99/カ写）

ドクキツネノカラカサ　*Lepiota helveola*
ハラタケ科のキノコ。
¶学フ増毒き（p37/カ写）

**トクサ** *Equisetum hyemale* 木賊, 砥草
トクサ科の常緑性シダ。別名エダウチトクサ, ハマトクサ, フイリトクサ。茎は高さ数十cm〜1m。
¶学フ増薬草（p153/カ写）
シダ標1（p283/カ写）
新分牧（No.4517/モ図）
新牧日（No.4391/モ図）
茶花下（p117/カ写）

**トクサイ** *Eleocharis ochrostachys*
カヤツリグサ科の多年草。別名シマハリイ。
¶カヤツリ（p610/モ図）
野生1（p344/カ写）

**ドクササコ** *Paralepistopsis acromelalga*
キシメジ科のキノコ。別名ヤケドキン, ヤブシメジ。中型。傘は橙褐色で漏斗形, 縁部は内側に巻く。
¶学フ増毒き（p32/カ写）
新分牧（No.5094/モ図）
新牧日（No.4983/モ図）
山カ日き（p68/カ写）

**トクサバモクマオウ** ⇒トキワギョリュウを見よ

**トクサラン** *Cephalantheropsis obcordata* 木賊蘭
ラン科の草本。
¶野生1（p190/カ写）
山ハ山花（p91/カ写）
山レ増（p480/カ写）

**トクシマコバイモ** *Fritillaria tokushimensis* 徳島小貝母
ユリ科の草本。花はトサコバイモより, やや角ばった鐘形。
¶山野草（No.1415/カ写）

**ドクスギタケ** ⇒アセタケを見よ

**ドクゼリ** *Cicuta virosa* 毒芹
セリ科セリ亜科の多年草。別名オオゼリ。高さは60〜100cm。
¶学フ増山菜（p216/カ写）
学フ増野夏（p164/カ写）
学フ有毒（p96/カ写）
原牧2（No.2410/カ図）
新分牧（No.4435/モ図）
新牧日（No.2027/モ図）
日水草（p303/カ写）
牧野ス2（No.4255/カ図）
ミニ山（p219/カ写）
野生5（p393/カ写）
山カ野草（p305/カ写）
山ハ山花（p468/カ写）

**ドクゼリモドキ** *Ammi majus*
セリ科の一年草または越年草。高さは30〜100cm。花は白色。
¶帰化写改（p217/カ写）

**ドクター・ウエモト** *Hibiscus syriacus* 'Dr.Uemoto'
アオイ科。ムクゲの品種。一重咲き中弁型。
¶茶花下（p19/カ写）

**トクダマ** *Hosta sieboldiana*
キジカクシ科〔クサスギカズラ科〕（ユリ科）の多年草。別名チョウセンギボウシ。山地に自生するオオバギボウシから出た園芸品種と考えられる。花は淡紫色。
¶原牧1（No.571/カ図）
新分牧（No.628/モ図）
新牧日（No.3396/モ図）
茶花上〔とくだまぎぼうし〕（p551/カ写）
牧野ス1（No.571/カ図）
野生1（p251）

**トクダマギボウシ** ⇒トクダマを見よ

**ドクダミ** *Houttuynia cordata* 蕺草
ドクダミ科の多年草。別名ジュウヤク, ドクダメ, シブキ。高さは30〜50cm。花は白色。
¶色野草（p74/カ写）
学フ増山菜（p67/カ写）
学フ増野夏（p134/カ写）
学フ増薬草（p54/カ写）
原牧1（No.83/カ図）
植調（p273/カ写）
新分牧（No.103/モ図）
新牧日（No.674/モ図）
茶花上（p551/カ写）
牧野ス1（No.83/カ図）
野生1（p54/カ写）
山カ野草（p558/カ写）
山ハ野花（p18/カ写）

**ドクダメ** ⇒ドクダミを見よ

**ドクツルタケ** *Amanita virosa*
テングタケ科のキノコ。中型〜大型。傘は白色, 条線なし。
¶学フ増毒き（p22/カ写）
原きの（No.027/カ写・カ図）
山カ日き（p159/カ写）

**ドクナガシグサ** ⇒フジウツギを見よ

**ドクニンジン** *Conium maculatum* 毒人参
セリ科の多年草。別名ドクパセリ。高さは2m。花は白色。
¶学フ有毒（p97/カ写）
帰化写改（p220/カ写）
原牧2（No.2411/カ図）
牧野ス2（No.4256/カ図）

**トクノシマエビネ** *Calanthe tokunoshimensis*
ラン科の多年草。花は暗褐色。
¶山レ増（p476/カ写）

**トクノシマカンアオイ** *Asarum simile*
ウマノスズクサ科の多年草。日本固有種。
¶固有（p62）
野生1（p66）
山レ増（p373/カ写）

**トクノシマスゲ** *Carex kimurae*
カヤツリグサ科の多年草。
¶カヤツリ（p304/モ図）
野生1（p318）

**トクノシマテンナンショウ** *Arisaema kawashimae*
サトイモ科の多年草。日本固有種。高さは50cm。

¶固有（p178）
　新分牧（No.244/モ図）
　テンナン（No.29/カ写）
　野生1（p101/カ写）

**ドクバセリ**　⇒ドクニンジンを見よ

**ドクベニタケ**　*Russula emetica*
ベニタケ科のキノコ。中型。傘は鮮紅色。ひだは白色。
¶学入増毒き（p192/カ写）
　原きの（No.260/カ写・カ図）
　山力日き（p375/カ写）

**ドクベニダマシ**　*Russula neoemetica*
ベニタケ科のキノコ。中型。傘は鮮赤色。ひだは白色。
¶山力日き（p372/カ写）

**ドクムギ**　*Lolium temulentum*　毒麦
イネ科イチゴツナギ亜科の一年草。高さは30〜90cm。
¶帰化写改（p453/カ写）
　桑イネ（p307/カ写・モ図）
　原牧1（No.1016/カ図）
　新分牧（No.1111/モ図）
　新牧日（No.3674/モ図）
　牧野ス1（No.1016/カ図）
　野生2（p57）

**ドクヤマドリ**　*Boletus venenatus*
イグチ科のキノコ。大型〜超大型。傘は淡黄褐色，ビロード状。
¶学入増毒き（p178/カ写）
　山力日き（p323/カ写）

**ドグラスファー**　⇒ベイマツを見よ

**トクラベ**　⇒ミミズバイを見よ

**トクワカソウ**　*Shortia uniflora var.orbicularis*
イワウメ科の常緑の多年草。日本固有種。
¶原牧2（No.1143/カ図）
　固有（p102）
　山野草（No.0760/カ写）
　新分牧（No.3186/モ図）
　新牧日（No.2092/モ図）
　牧野ス2（No.2988/カ図）
　野生4（p215/カ写）
　山力野草（p299/カ写）

**トゲアザミ**　*Cirsium japonicum var.horridum*　刺薊
キク科アザミ亜科の草本。ノアザミの変種。
¶野生5（p227/カ写）
　山ハ山花（p546/カ写）

**トケイソウ**　*Passiflora caerulea*　時計草
トケイソウ科のつる性植物。別名パッション・フラワー。花は白〜桃紫色。
¶原牧2（No.290/カ写）
　新分牧（No.2365/モ図）
　新牧日（No.1855/モ図）
　茶花下（p118/カ写）
　牧野ス1（No.2135/カ図）

**トゲイヌツゲ**　*Scolopia oldhamii*
ヤナギ科（イイギリ科）の木本。
¶野生3（p208/カ写）

**トゲイボタ**　*Ligustrum tamakii*
モクセイ科の常緑低木。日本固有種。
¶固有（p113/カ写）
　野生5（p64/カ写）
　山レ増（p181/カ写）

**トゲオナモミ**　*Xanthium spinosum*
キク科キク亜科の一年草。高さは30〜100cm。
¶帰化写改（p402/カ写）
　野生5（p362）

**トゲカズラ**　*Pisonia aculeata*
オシロイバナ科の常緑藤本。
¶野生4（p147/カ写）

**トゲカラクサイヌワラビ**　*Athyrium setuligerum*
メシダ科（イワデンダ科）のシダ植物。日本固有種。
¶固有（p204）
　シダ標2（p302/カ写）

**トゲカワホリゴケ**　*Collema furfuraceum*
イワノリ科のキノコ。
¶原きの（No.590/カ写・カ図）

**トゲキクアザミ**　⇒タンザワヒゴタイを見よ

**トゲゴヨウイチゴ**　⇒ゴヨウイチゴを見よ

**トゲサゴ**　⇒トゲサゴヤシを見よ

**トゲサゴヤシ**　*Metroxylon sagu*
ヤシ科の湿地性植物。別名トゲサゴ。葉は刺が多い。
¶APG原樹（No.197/カ図）

**トゲソバ**　⇒ママコノシリヌグイを見よ

**トゲチシャ**　*Lactuca serriola*　刺萵苣
キク科キクニガナ亜科の大型の一〜二年草。別名アレチヂシャ。高さは1〜2m。花は黄白色。
¶帰化写改（p376/カ写, p516/カ写）
　植調（p134/カ写）
　新分牧（No.4054/モ図）
　新牧日（No.3275/モ図）
　野生5（p282）
　山ハ野花（p614/カ写）

**トゲナガミゲシ**　*Papaver argemone*
ケシ科の越年草。
¶帰化写2（p65/カ写）

**トゲナシアザミ**　⇒イズモアザミを見よ

**トゲナシカカラ**　⇒ハマサルトリイバラを見よ

**トゲナシカラクサゴケ**　*Parmelia fertilis*
ウメノキゴケ科の地衣類。葉縁は灰白色に隈取られる。
¶新分牧（No.5190/モ図）
　新牧日（No.5050/モ図）

**トゲナシゴヨウイチゴ**　⇒ヒメゴヨウイチゴを見よ

**トゲナシムグラ**　*Galium mollugo*
アカネ科の多年草。長さは30〜150cm。花は白色，

または緑白色。
¶帰化写改（p231/カ写）

**トゲナシヤエムグラ** *Galium spurium* var.*spurium*
アカネ科の多年草。
¶帰化写改（p231/カ写）
　野生4（p274）

**トゲナシランタナ** *Lantana camara* subsp.*camara*
クマツヅラ科の半つる性低木。シチヘンゲのトゲが少ないもの。
¶野生5（p175）

**トゲナス** *Solanum echinatum*
ナス科の一年草。花は淡紫色。
¶原牧2（No.1471/カ図）
　新分牧（No.3491/モ図）
　新牧日（No.2647/モ図）
　牧野ス2（No.3317/カ図）

**トゲハチジョウシダ** *Pteris setulosocostulata*
イノモトソウ科の常緑性シダ。葉身は長さ35〜70cm、卵状長楕円形。
¶シダ標1（p382/カ写）
　山レ増（p673/カ写）

**トゲバンレイシ** *Annona muricata* 刺蕃荔枝
バンレイシ科の低木。別名シャシャップ，オランダドリアン。高さは3〜8m。花は淡黄色。葉はカキに似る。
¶APG原樹（No.144/カ図）
　原牧1（No.135/カ図）
　新分牧（No.166/モ図）
　新牧日（No.473/モ図）
　牧野ス1（No.135/カ図）

**トゲホザキノフサモ** *Myriophyllum spicatum* var.*muricatum* 刺穂咲総藻
アリノトウグサ科の多年草。別名ハリミホザキノフサモ。分果の背面にかたい小突起がある。
¶野生2（p232）

**トゲマサキ** ⇒ハリツルマサキを見よ

**トゲマユミ** *Euonymus spraguei*
ニシキギ科の常緑のつる性低木。別名アバタマサキ，アバタマユミ。花は淡緑色。
¶野生3（p132）

**トゲミイヌヂシャ** ⇒トゲミノイヌチシャを見よ

**トゲミウドノキ** *Pisonia grandis*
オシロイバナ科の低木〜高木。高さは2〜3m。
¶野生4（p147）

**トゲミオトコゼリ** ⇒イトキツネノボタンを見よ

**トゲミゲシ** *Papaver hybridum*
ケシ科の越年草。別名トゲミヒナゲシ，イヌゲシ，イガミゲシ。
¶帰化写2（p64/カ写）

**トゲミツクシネコノメ** *Chrysosplenium rhabdospermum* var.*shikokianum*
ユキノシタ科。日本固有種。
¶固有（p71）

**トゲミノイヌヂシャ** *Cordia aspera* subsp.*kanehirae*
ムラサキ科カキバチシャノキ亜科の木本。別名トゲミイヌヂシャ。
¶野生5（p49/カ写）

**トゲミノキツネノボタン** *Ranunculus muricatus*
キンポウゲ科の一年草。高さは15〜50cm。花は黄色。
¶帰化写改（p77/カ写）
　原牧1（No.1289/カ図）
　植調（p168/カ写）
　新分牧（No.1382/モ図）
　新牧日（No.612/モ図）
　牧野ス1（No.1289/カ図）

**トゲミヒナゲシ** ⇒トゲミゲシを見よ

**トゲムラサキ** *Asperugo procumbens*
ムラサキ科の一年草。花は青紫色。
¶帰化写改（p253/カ写）

**トゲヤバネゴケ** *Cephaloziella acanthophora*
コヤバネゴケ科のコケ植物。日本固有種。
¶固有（p221）

**トゲヤマイヌワラビ** *Athyrium spinescens*
メシダ科（イワデンダ科）のシダ植物。日本固有種。
¶固有（p204）
　シダ標2（p300/カ写）

**トゲヤマルリソウ** *Nihon japonicum* var.*echinospermum*
ムラサキ科ムラサキ亜科。日本固有種。
¶固有（p121）
　野生5（p57）

**トケンラン** *Cremastra unguiculata* 杜鵑蘭
ラン科の多年草。高さは20〜40cm。花は黄褐色。
¶原牧1（No.463/カ図）
　新分牧（No.520/モ図）
　新牧日（No.4337/モ図）
　茶花上（p552/カ写）
　牧野ス1（No.463/カ図）
　野生1（p191/カ写）

**トコナツ** (1) *Dianthus chinensis* var.*semperflorens*
常夏
ナデシコ科の多年草。中国渡来のセキチクのうち四季咲き性の変種。
¶茶花上（p426/カ写）

**トコナツ** (2) *Rhododendron × obtusum* 'Tokonatsu'
常夏
ツツジ科の木本。ツツジの品種。
¶APG原樹〔ツツジ‘トコナツ’〕（No.1273/カ図）

**トコナリ** *Prunus mume* 'Tokonari' 常成り
バラ科。ウメの品種。野梅系ウメ，野梅性一重。
¶ウメ〔常成り〕（p35/カ写）

**トコブシゴケ** *Cetrelia nuda*
ウメノキゴケ科の地衣類。地衣体背面は灰白。
¶新分牧（No.5187/モ図）
　新牧日（No.5047/モ図）

**トコユ** ⇒ハナユを見よ

**トコロ** *Dioscorea tokoro* 野老
ヤマノイモ科のつる性多年草。別名オニドコロ、トコロズラ。
 ¶色野草〔オニドコロ〕(p369/カ写)
 学フ増山菜〔オニドコロ〕(p203)
 学フ増野夏〔オニドコロ〕(p222/カ写)
 学フ有毒〔オニドコロ〕(p20/カ写)
 原牧1 (No.284/カ図)
 新分牧 (No.329/モ図)
 新牧日 (No.3527/モ図)
 茶花下 (p240/カ写)
 牧野ス1 (No.284/カ写)
 野生1〔オニドコロ〕(p150/カ写)
 山力野草〔オニドコロ〕(p597/カ写)
 山ハ野花〔オニドコロ〕(p39/カ写)
 山ハ山花〔オニドコロ〕(p52/カ写)

**トコロズラ** ⇒トコロを見よ

**トコロテングサ** ⇒マクサを見よ

**トコン** *Cephaelis ipecacuanha* 吐根
アカネ科の草状低木。ヤブコウジの感じがある。
 ¶原牧2 (No.1332/カ図)
 牧野ス2 (No.3177/カ図)

**トサウラク** *Camellia japonica* 'Tosa-uraku' 土佐有楽
ツバキ科。ツバキの品種。花は桃色。
 ¶茶花上 (p121/カ写)

**トサオトギリ** *Hypericum tosaense* 土佐弟切
オトギリソウ科の多年草。日本固有種。高さは15〜70cm。
 ¶固有 (p64)
 野生3 (p238/カ写)
 山ハ山花 (p327/カ写)
 山レ増 (p354/カ写)

**トサカイモムシタケ** *Metacordyceps martialis*
バッカクキン科の冬虫夏草。宿主はガの幼虫、まれに蛹。
 ¶冬虫生態 (p78/カ写)
 山力日き (p581/カ写)

**トサカオチエダタケ** *Amparoina spinosissima*
キシメジ科のキノコ。
 ¶原きの (No.028/カ写・カ図)

**トサカノリ** *Meristotheca papulosa* 鶏冠海苔
ミリン科の海藻。膜質。体は10〜30cm。
 ¶新分牧 (No.5058/モ図)
 新牧日 (No.4918/モ図)

**トサカハナサナギタケ** anamorph of *Metacordyceps martialis*
バッカクキン科の冬虫夏草。宿主はトサカイモムシタケのアナモルフとされる。
 ¶冬虫生態 (p79/カ写)

**トサカホウキタケ** *Ramaria obtusissima*
ラッパタケ科のキノコ。
 ¶山力日き (p415/カ写)

**トサカメオトラン** *Geodorum densiflorum*
ラン科の草本。高さは30cm。花の色は黄褐色。

 ¶野生1 (p203/カ写)
 山レ増 (p481/カ写)

**トサコゴメグサ** *Euphrasia insignis* subsp.*iinumae* var.*makinoi*
ハマウツボ科(ゴマノハグサ科)。日本固有種。
 ¶固有〔トサノコゴメグサ〕(p128/カ写)
 野生5 (p152)

**トサコバイモ** *Fritillaria shikokiana* 土佐小貝母
ユリ科の草本。日本固有種。
 ¶固有 (p159)
 山野草 (No.1414/カ写)
 野生1 (p170/カ写)
 山ハ山花 (p71/カ写)
 山レ増 (p580/カ写)

**トサザクラ** ⇒イワザクラを見よ

**トサシモツケ** *Spiraea nipponica* var.*tosaensis* 土佐下野
バラ科シモツケ亜科の落葉低木。日本固有種。
 ¶APG原樹 (No.515/カ図)
 原牧1 (No.1677/カ図)
 固有 (p78/カ写)
 新分牧 (No.1871/モ図)
 新牧日 (No.1028/モ図)
 茶花上 (p427/カ写)
 牧野ス1 (No.1677/カ図)
 ミニ山 (p120/カ写)
 野生3 (p86/カ写)
 山力樹木 (p278/カ写)

**トサゼニゴケ** ⇒トサノゼニゴケを見よ

**トサトウヒレン** *Saussurea yoshinagae* 土佐唐飛廉
キク科アザミ亜科の多年草。日本固有種。
 ¶固有 (p148)
 野生5 (p271/カ写)
 山レ増 (p61/カ写)

**トサトネリコ** ⇒マルバアオダモを見よ

**トサトラフダケ** *Phyllostachys nigra* var.*tosaensis* 土佐虎斑竹
イネ科のタケ。
 ¶タケササ (p51/カ写)

**トサノアオイ** *Asarum costatum*
ウマノスズクサ科の多年草。日本固有種。萼筒は短筒形。
 ¶固有 (p61)
 野生1 (p63/カ写)
 山レ増 (p367/カ写)

**トサノオオカグマ** ⇒オオカグマを見よ

**トサノキシノブ** ⇒ツクシノキシノブを見よ

**トサノギボウシ** ⇒ウナズキギボウシを見よ

**トサノコゴメグサ** ⇒トサコゴメグサを見よ

**トサノゼニゴケ** *Marchantia emarginata* subsp.*tosana*
ゼニゴケ科のコケ。別名トサゼニゴケ。暗緑色、長さ2〜3cm。
 ¶新分牧 (No.4920/モ図)

トサノセミ

新牧日（No.4780/モ図）

**トサノセミタケ** Ophiocordyceps sobolifera f.
オフィオコルディセプス科の冬虫夏草。セミタケの子嚢殻が明瞭に突出し半裸生のタイプ。
¶冬虫生態（p106/カ写）

**トサノチャルメルソウ** Mitella yoshinagae 土佐の哨吶草
ユキノシタ科の草本。日本固有種。
¶固有（p71/カ写）
野生2（p207/カ写）
山ハ山花（p281/カ写）

**トサノハマスゲ** Cyperus rotundus var.yoshinagae
カヤツリグサ科の多年草。日本固有種。
¶固有（p180）
野生1（p342）
山レ増（p532/カ写）

**トサノミカエリソウ** ⇒オオマルバノテンニンソウを見よ

**トサノミゾシダモドキ** Thelypteris flexilis
ヒメシダ科の常緑性シダ。葉身は長さ30〜60cm,長楕円状披針形。
¶シダ標1（p437/カ写）
山レ増（p648/カ写）

**トサノミツバツツジ** Rhododendron dilatatum var. decandrum 土佐の三葉躑躅
ツツジ科ツツジ亜科の落葉低木。日本固有種。
¶固有（p107）
野生4（p246/カ写）
山力樹木（p541/カ写）

**トサノモミジガサ** ⇒オオモミジガサを見よ

**トサノモミジソウ** ⇒オオモミジガサを見よ

**トサボウフウ** Angelica yoshinagae
セリ科セリ亜科の草本。日本固有種。
¶固有（p99）
野生5（p390/カ写）

**トサミズキ** Corylopsis spicata 土佐水木, 土佐美豆木
マンサク科の落葉低木。日本固有種。別名ロウベンカ。高さは2〜4m。
¶APG原樹（No.326/カ図）
学フ増花庭（p68/カ写）
原牧1（No.1342/カ図）
固有（p67/カ写）
新分牧（No.1513/モ図）
新牧日（No.896/モ図）
茶花上（p213/カ写）
都木花新〔トサミズキとヒュウガミズキ〕（p40/カ写）
牧野ス1（No.1342/カ図）
野生2（p184/カ写）
山力樹木（p239/カ写）
山レ増（p336/カ写）
落葉図譜（p136/モ図）

**トサミノゴケ** Macromitrium tosae
タチヒダゴケ科のコケ。日本固有種。葉身細胞が比較的薄壁。
¶固有（p215）

**トサムラサキ** Callicarpa shikokiana 土佐紫
シソ科（クマツヅラ科）の木本。日本固有種。別名ヤクシマコムラサキ。
¶原牧2（No.1732/カ図）
固有（p121/カ写）
新分牧（No.3694/モ図）
新牧日（No.2508/モ図）
茶花下（p118/カ写）
牧野ス2（No.3577/カ図）
野生5（p105/カ写）
山力樹木（p660/カ写）

**トシマガヤ** ⇒ホッスガヤを見よ

**ドシャ** ⇒ハリグワを見よ

**トショウ** ⇒ネズを見よ

**ドジョウツナギ** Glyceria ischyroneura 泥鰍繋
イネ科イチゴツナギ亜科の多年草。高さは50〜120cm。
¶桑イネ（p253/カ写・モ図）
原牧1（No.942/カ図）
植調（p24/カ写）
新分牧（No.1047/モ図）
新牧日（No.3688/モ図）
日水草（p207/カ写）
牧野ス1（No.942/カ図）
野生2（p54/カ写）
山ハ野花（p162/カ写）

**ドスナラ** ⇒ハシドイを見よ

**トダイアカバナ** Epilobium platystigmatosum
アカバナ科の草本。別名サイヨウアカバナ。
¶野生3（p266/カ写）
山力野草（p325/カ写）
山レ増（p237/カ写）

**トダイハタザオ** ⇒ヘラハタザオを見よ

**トダイハハコ** Anaphalis sinica var.pernivea 戸台母子
キク科キク亜科の草本。日本固有種。
¶固有（p149）
野生5（p344/カ写）
山レ増（p52/カ写）

**トダシバ** Arundinella hirta 戸田芝
イネ科キビ亜科の多年草。別名バレンシバ。高さは60〜130cm。
¶桑イネ（p70/カ写・モ図）
原牧1（No.1058/カ図）
新分牧（No.1144/モ図）
新牧日（No.3786/モ図）
牧野ス1（No.1058/カ図）
野生2（p78/カ写）
山力野草（p680/カ写）
山ハ野花（p192/カ写）
山ハ山花（p201/カ写）

**トダスゲ** Carex aequialta
カヤツリグサ科の多年草。別名アワスゲ。
¶カヤツリ（p194/モ図）
原牧1〔アワスゲ〕（No.825/カ図）

新分牧〔アワスゲ〕(No.835/モ図)
新牧日〔アワスゲ〕(No.4118/モ図)
スゲ増(No.88/カ写)
牧野ス1〔アワスゲ〕(No.825/カ図)
野生1(p312/カ写)
山ハ野花(p128/カ写)

**トチ** ⇒トチノキを見よ

**トチカガミ** Hydrocharis dubia 鼈鏡
トチカガミ科の浮遊性多年草。別名ドウガメバス、スッポンノカガミ、カエルエンザ、ドチモ。葉身は円形、花弁は3枚で白色。
¶学フ増野秋(p186/カ写)
原牧1(No.225/カ写)
新分牧(No.270/モ図)
新牧日(No.3319/モ図)
日水草(p92/カ写)
牧野ス1(No.225/カ図)
野生1(p121/カ写)
山カ野草(p695/カ写)
山ハ野花(p34/カ写)
山レ増(p619/カ写)

**トチシバ** ⇒クロバイを見よ

**トチナ** ⇒オトコエシを見よ

**トチナイソウ** Androsace chamaejasme subsp. capitata 栃内草
サクラソウ科の多年草。別名チシマコザクラ。高さは3〜7cm。花は白〜ピンク色。
¶原牧2(No.1089/カ写)
山野草(No.0916/カ写)
新分牧(No.3132/モ図)
新牧日(No.2232/モ図)
牧野ス2(No.2934/カ図)
野生4(p188/カ写)
山カ野草(p272/カ写)
山ハ高山(p260/カ写)
山レ増(p198/カ写)

**トチノキ** Aesculus turbinata 栃、栃の木、橡、橡の木
ムクロジ科(トチノキ科)の落葉高木。日本固有種。別名トチ、ウマグリ。高さは30m。花はクリーム色。
¶APG原樹(No.941/カ写)
学フ増樹(p79/カ写・カ図)
学フ増庭(p126/カ写)
学フ増薬草(p209/カ写)
学フ有毒(p74/カ写)
原牧2(No.513/カ写)
固有(p87/カ写)
新分牧(No.2552/モ図)
新牧日(No.1604/モ図)
図説樹木(p156/カ写)
茶花上(p427/カ写)
都木花新(p181/カ写)
牧野ス2(No.2358/カ図)
野生3(p297/カ写)
山カ樹木(p455/カ写)
落葉図譜(p223/モ図)

**トチバニンジン** Panax japonicus var. japonicus 栃葉人参、橡葉人参
ウコギ科の多年草。日本固有種。別名チクセツニンジン。高さは50〜80cm。
¶学フ増夏(p215/カ写)
学フ増薬草(p85/カ写)
原牧2(No.2393/カ図)
固有(p98/カ写)
新分牧(No.4409/カ図)
新牧日(No.2003/モ図)
茶花上(p552/カ写)
牧野ス2(No.4238/カ図)
ミニ山(p214/カ写)
野生5(p382/カ写)
山カ野草(p323/カ写)
山ハ山花(p463/カ写)

**ドチモ** ⇒トチカガミを見よ

**トチュウ** Eucommia ulmoides 杜仲
トチュウ科の落葉高木。高さは20m。花は赤褐色。樹皮は淡い帯紫灰色。
¶APG原樹(No.1330/カ図)
新分牧(No.3312/モ図)
山カ樹木(p151/カ写)

**ドッグウッド** ⇒ハナミズキを見よ

**トックリアブラギリ** Jatropha podagrica 珊瑚油桐
トウダイグサ科の落葉小低木。別名サンゴアブラギリ。高さは50〜80cm。花は朱赤色。
¶APG原樹(No.800/カ写)

**トックリイチゴ** Rubus coreanus 徳利苺
バラ科の木本。
¶原牧1(No.1779/カ図)
新分牧(No.1945/モ図)
新牧日(No.1098/モ図)
牧野ス1(No.1779/カ図)

**トックリキワタ** Ceiba speciosa 徳利木綿
アオイ科(パンヤ科)の落葉高木。別名ナンヨウザクラ、ヨイドレノキ、ヨッパライノキ。花は鮮やかなピンク色。
¶茶花下(p369/カ写)

**トックリスゲ** Carex rhynchachaenium
カヤツリグサ科の多年草。別名ハツシマスゲ。有花茎は高さ4〜10cm。
¶カヤツリ(p272/モ図)
スゲ増(p136/カ写)
野生1(p317/カ写)

**トックリハシバミ** Corylus sieboldiana var. brevirostris
カバノキ科の落葉低木。
¶野生3(p118)

**トックリヤシ** Hyophorbe lagenicaulis 徳利椰子
ヤシ科の木本。高さは4m。花は黄緑色。
¶原牧1(No.618/カ図)
新分牧(No.655/モ図)
新牧日(No.3898/モ図)
牧野ス1(No.618/カ図)

**トックリヤシモドキ** *Hyophorbe verschaffeltii* 徳利椰子擬
ヤシ科の木本。高さは9〜10m。花は橙色。
¶山力樹木 (p82/カ写)

**トットリイヌワラビ** *Athyrium clivicola* × *A. tozanense*
メシダ科のシダ植物。
¶シダ標2 (p308/カ写)

**トットリハナガサ** *Hibiscus syriacus* 'Tottori-hanagasa' 鳥取花笠
アオイ科。ムクゲの品種。半八重咲き花笠型。
¶茶花下 (p28/カ写)

**ドデカテオン・デンターツム** *Dodecatheon dentatum*
サクラソウ科の草本。高さは25〜40cm。
¶山野草 (No.0943/カ写)

**ドデカテオン・プルチェルム** *Dodecatheon pulchellum*
サクラソウ科の多年草。
¶山野草 (No.0942/カ写)

**ドデカテオン・メアディア** *Dodecatheon meadia*
サクラソウ科の多年草。高さは50〜60cm。花は濃紅, 紫〜白色。
¶山野草 (No.0941/カ写)

**トトキ** ⇒ツリガネニンジンを見よ

**トトキニンジン** ⇒ツリガネニンジンを見よ

**トドシマゲンゲ** *Oxytropis todomoshiriensis* 海馬島蓮花
マメ科の草本。
¶山野草 (No.0634/カ写)

**トドマツ** *Abies sachalinensis* var.*sachalinensis* 椴松
マツ科の常緑高木。別名アカド, アカドドマツ, ネムロトドマツ, エゾシラビソ。高さは25m。
¶**APG原樹**〔アカドドマツ〕(No.51/カ図)
学フ増樹 (p176/カ写)
原牧1〔アカドドマツ〕(No.16/カ写)
新分牧 (No.17/モ図)
新牧日 (No.28/モ図)
図説樹木 (p32/カ写)
牧野ス1〔アカドドマツ〕(No.17/カ図)
野生1 (p26/カ写)
山力樹木 (p42/カ写)
山ハ高山 (p450/カ写)

**トナカイスゲ** *Carex globularis*
カヤツリグサ科の多年草。
¶カヤツリ (p380/モ図)
スゲ増 (No.202/カ写)
野生1 (p330/カ写)

**ドナンコバンノキ** *Phyllanthus oligospermus* subsp. *donanensis*
トウダイグサ科 (コミカンソウ科) の落葉低木。日本固有で与那国島の常緑樹林の林縁に生育する。
¶固有 (p82/カ写)
野生3 (p172/カ写)
山レ増 (p276/カ写)

**トネアザミ**(1) *Crisium comosum* var.*incomptum* 利根薊
キク科の多年草。日本固有種。別名タイアザミ。関東地方の山野にごくふつうに生える。高さは1〜2m。
¶原牧2 (No.2187/カ写)
固有 (p140)
新分牧 (No.3973/モ図)
新牧日 (No.3219/モ図)
牧野ス2 (No.4032/カ図)
山力野草 (p96/カ写)
山ハ野花 (p588/カ写)

**トネアザミ**(2) ⇒ナンブアザミ(2)を見よ

**ドーネーション** *Camellia* 'Donation'
ツバキ科。ツバキの品種。
¶**APG原樹**〔ツバキ・ドーネーション'〕(No.1162/カ図)

**トネテンツキ** *Fimbristylis stauntonii* var.*tonensis* 利根点突
カヤツリグサ科の一年草。日本固有種。
¶カヤツリ (p574/モ図)
固有 (p187)
新分牧 (No.1003/モ図)
新牧日 (No.4036/モ図)
野生1 (p348/カ写)

**トネハナヤスリ** *Ophioglossum namegatae*
ハナヤスリ科の常緑性シダ。日本固有種。葉身は長さ2.5〜11cm, 広披針形〜卵状三角形。
¶固有 (p199/カ写)
シダ標1 (p288/カ写)
山レ増 (p688/カ写)

**トネリコ** *Fraxinus japonica* 戸練子, 梣
モクセイ科の落葉高木。日本固有種。別名サトトネリコ, タモ, タモノキ。高さは15m。
¶**APG原樹** (No.1390/カ図)
学フ増樹 (p109/カ写)
学フ増薬草 (p225/カ写)
原牧2〔サトトネリコ〕(No.1499/カ図)
固有 (p112)
新分牧〔サトトネリコ〕(No.3543/モ図)
新牧日〔サトトネリコ〕(No.2282/モ図)
茶花上 (p289/カ写)
牧野ス2〔サトトネリコ〕(No.3344/カ図)
野生5 (p62/カ写)
山力樹木 (p636/カ写)
落葉図譜 (p290/モ図)

**トネリコシダ** ⇒ハルランシダを見よ

**トネリコバノカエデ** ⇒ネグンドカエデを見よ

**トネリバハゼノキ** ⇒ランシンボクを見よ

**トバエグワイ** ⇒アギナシを見よ

**トバタアヤメ** *Iris sanguinea* var.*tobataensis* 戸畑菖蒲
アヤメ科の多年草。日本固有種。
¶固有 (p162/カ写)
野生1 (p235/カ写)

トビイリオトメ　Camellia japonica 'Tobiiri-otome'
飛入乙女
ツバキ科。ツバキの品種。花は絞りが入る。
¶茶花上（p166/カ写）

トビイロノボリリュウタケ　Gyromitra infula
フクロシトネタケ科（ノボリリュウタケ科）のキノコ。別名ヒグマアミガサタケ。
¶学フ増毒き〔ヒグマアミガサタケ〕(p235/カ写）
山力日き（p560/カ写）

トビカズラ　Mucuna sempervirens　飛蔓
マメ科マメ亜科の木本。別名アイラトビカズラ。
¶APG原樹（No.365/カ図）
原牧1（No.1612/カ図）
新分牧（No.1670/モ図）
新牧日（No.1398/モ図）
牧野ス1（No.1612/カ図）
野生2（p285/カ写）
山力樹木〔アイラトビカズラ〕(p367/カ写）

トビシマカンゾウ　Hemerocallis dumortieri var. exaltata　飛島萱草
ススキノキ科（ユリ科）の草本。日本固有種。
¶固有（p160/カ写）
茶花上（p553/カ写）
野生1（p238）
山力野草（p612/カ写）

トビシマセミタケ　Cordyceps ramosipulvinata
ノムシタケ科の冬虫夏草。宿主はアブラゼミ、ミンミンゼミ、ヒグラシなどの幼虫。
¶冬虫生態（p117/カ写）
山力日き（p578/カ写）

トビシマトウヒレン　Saussurea katoana
キク科アザミ亜科の多年草。
¶野生5（p269/カ写）

トビヅタ　⇒ヤドリギを見よ

トビチャチチタケ　Lactarius uvidus
ベニタケ科のキノコ。
¶学フ増毒き（p200/カ写）
山力日き（p391/カ写）

トビツヅタ　⇒ヤドリギを見よ

トビラ　⇒トベラを見よ

トビラギ（トビラキ）　⇒トベラを見よ

トビラノキ　⇒トベラを見よ

トフンタケ　Psilocybe coprophila
モエギタケ科のキノコ。
¶学フ増毒き（p138/カ写）
山力日き（p227/カ写）

トベラ　Pittosporum tobira　海桐花，扉
トベラ科の常緑低木または小高木。別名トビラギ、トビラキ、トビラノキ、トビラ。高さは2〜3m。花は白、後に淡黄色。
¶APG原樹（No.1508/カ図）
学フ増樹（p92/カ写・カ図）
学フ増花庭（p99/カ写）
学フ増薬草（p186/カ写）

原牧2（No.2356/カ図）
新分牧（No.4389/モ図）
新牧日（No.1016/モ図）
茶花上（p290/カ写）
都木花新（p105/カ写）
牧野ス2（No.4201/カ図）
ミニ山（p143/カ写）
野生5（p371/カ写）
山力樹木（p234/カ写）

トボシガラ　Festuca parvigluma　唐法師殻，点火茎
イネ科イチゴツナギ亜科の多年草。高さは30〜60cm。
¶桑イネ（p245/カ写・モ図）
原牧1（No.1019/カ図）
新分牧（No.1113/モ図）
新牧日（No.3680/モ図）
牧野ス1（No.1019/カ図）
野生2（p53/カ写）
山ハ野花（p158/カ写）
山ハ山花（p193/カ写）

トマト　Solanum lycopersicum
ナス科の果菜類。別名アカナス。果実は赤色。高さは3m。
¶学フ有毒（p190/カ写）
原牧2（No.1485/カ図）
新分牧（No.3478/モ図）
新牧日（No.2661/モ図）
牧野ス2（No.3330/カ図）

トマトダマシ　Solanum rostratum
ナス科の一年草。高さは30〜70cm。花は黄色。
¶帰化写改（p288/カ写）
野生5（p45/カ写）

トマリスゲ　⇒ホロムイスゲを見よ

トミサトオトギリ　Hypericum mutilum
オトギリソウ科の多年草。
¶帰化写2（p57/カ写）
ミニ山（p77/カ写）

トミタカナワラビ　Arachniodes × tomitae
オシダ科のシダ植物。別名アワノカナワラビ。
¶シダ標2（p397/カ写）

トモエシオガマ　Pedicularis resupinata var. caespitosa　巴塩竈
ハマウツボ科（ゴマノハグサ科）の草本。日本固有種。
¶学フ増高山（p62/カ写）
固有（p130/カ写）
野生5（p158/カ写）
山力野草（p188/カ写）
山ハ高山（p329/カ写）

トモエソウ　Hypericum ascyron subsp. ascyron var. ascyron　巴草
オトギリソウ科の多年草。別名レンギョウ、クサビヨウ、ビヨウオトギリ。高さは50〜130cm。花は黄色。
¶学フ増野夏（p102/カ写）
原牧2（No.392/カ図）

トモエテン　　　　　　　　　　　　532

新分牧 (No.2286/モ図)
新牧日 (No.746/モ図)
茶花下 (p119/カ写)
牧野ス1 (No.2237/カ図)
ミニ山 (p75/カ写)
野生3 (p237/カ写)
山力野草 (p358/カ写)
山ハ山花 (p324/カ写)

**トモエテンツキ**　Fimbristylis fimbristyloides
カヤツリグサ科の小型の一年草。高さは4〜12cm。
¶野生1 (p347)

**トモシリソウ**　Cochlearia officinalis subsp.
oblongifolia
アブラナ科の草本。
¶原牧2 (No.707/カ図)
新分牧 (No.2778/モ図)
新牧日 (No.827/モ図)
牧野ス2 (No.2552/カ図)
野生4 (p59/カ写)
山力野草 (p455/カ写)
山レ増 (p345/カ写)

**トヤデノタカ**　Prunus mume 'Toyadenotaka'　埖出
の鷹
バラ科。ウメの品種。野梅系ウメ, 野梅性一重。
¶ウメ〔埖出の鷹〕(p36/カ写)
APG原樹〔ウメ‘トヤデノタカ'〕(No.470/カ図)

**トヤデノタカシダレ**　Prunus mume 'Toyadenotaka-
shidare'　埖出の鷹枝垂
バラ科。ウメの品種。枝垂れ系ウメ。
¶ウメ〔埖出の鷹枝垂〕(p154/カ写)

**トヤデノニシキ**　Prunus mume 'Toyadenonishiki'
埖出の錦
バラ科。ウメの品種。野梅系ウメ, 野梅性八重。
¶ウメ〔埖出の錦〕(p69/カ写)

**トヤマシノブゴケ**　Thuidium kanedae
シノブゴケ科のコケ。大型で, 茎葉はほぼ三角形で
下部には深い縦じわ。
¶新分牧 (No.4887/モ図)
新牧日 (No.4747/モ図)

**ドヨウダケ**　⇒ホウライチクを見よ

**ドヨウチク**　⇒ホウライチクを見よ

**ドヨウフジ**　⇒ナツフジを見よ

**ドヨウユリ**　⇒カノコユリを見よ

**トヨオカザサ**　⇒アオネザサを見よ

**トヨグチイノデ**　Polystichum ohmurae
オシダ科の夏緑性シダ。日本固有種。別名フジイノ
デ。葉身は長さ15〜23cm, 披針形〜長楕円状披
針形。
¶固有 (p207)
シダ標2 (p411/カ写)

**トヨグチウラボシ**　Lepisorus clathratus
ウラボシ科の夏緑性シダ。別名タイハウラボシ。葉
身は長さ10〜15cm, 披針形〜狭披針形。
¶シダ標2 (p462/カ写)
山レ増 (p638/カ写)

**トヨシマアザミ**　Cirsium toyoshimae
キク科アザミ亜科の草本。
¶野生5 (p251)

**トヨボタニソバ**　Persicaria geocarpica
タデ科の一年草。葉は三角状ほこ形。
¶野生4 (p92)

**トヨラクサイチゴ**　Rubus × toyorensis
バラ科。おそらくはクサイチゴとカジイチゴの一代
雑種。
¶原牧1 (No.1766/カ図)
新分牧 (No.1968/モ図)
新牧日 (No.1129/モ図)
牧野ス1 (No.1766/カ図)

**トラキチラン**　Epipogium aphyllum　虎吉蘭
ラン科の多年生の菌従属栄養植物。高さは10〜
30cm。
¶原牧1 (No.423/カ図)
新分牧 (No.482/モ図)
新牧日 (No.4297/モ図)
牧野ス1 (No.423/カ図)
野生1 (p199/カ写)
山力野草 (p571/カ写)
山ハ高山 (p43/カ写)
山ハ山花 (p110/カ写)
山レ増 (p493/カ写)

**ドラクサ**　⇒オバクサを見よ

**トラゴケ**　⇒オオシラガゴケを見よ

**ドラコセパルム・グランディフロルム**
Dracocephalum grandiflorum
シソ科の草本。高さは15〜26cm。
¶山野草 (No.1043/カ写)

**トラスピ・スティロスム**　Thlaspi stylosum
アブラナ科の草本。
¶山野草 (No.0486/カ写)

**ドラセナ**　Cordyline fruticosa
キジカクシ科〔クサスギカズラ科〕(リュウゼツラ
ン科)の水草。別名センネンボク。若葉を食用とす
る。高さは1〜3m。花はクリーム色。
¶原牧1 (No.578/カ図)
新分牧 (No.599/モ図)
新牧日 (No.3506/モ図)
牧野ス1 (No.578/カ図)

**トラデスカンティア**　Tradescantia cerinthoides
'Variegata'
ツユクサ科の多年草。葉に白色の斑が入る園芸
品種。
¶茶花下 (p240/カ写)

**トラデスカンティア・シラモンタナ**　⇒シラユキ
ヒメを見よ

**トラノオ**(1)　Prunus mume 'Toranoo'　虎の尾
バラ科。ウメの品種。李系ウメ, 難波性八重。
¶ウメ〔虎の尾〕(p90/カ写)

**トラノオ**(2)　⇒ウミトラノオを見よ

**トラノオ**(3)　⇒オカトラノオを見よ

トラノオ(4) ⇒クガイソウを見よ

トラノオイヌワラビ ⇒ヘビノネゴザを見よ

トラノオジソ　Perilla hirtella
シソ科シソ亜科〔イヌハッカ亜科〕の一年草。日本固有種。高さは50cm。
¶原牧2 (No.1703/カ図)
　固有 (p124)
　新分牧 (No.3770/モ図)
　新牧日 (No.2612/モ図)
　牧野ス2 (No.3548/カ図)
　野生5 (p130/カ写)

トラノオシダ　Asplenium incisum　虎の尾羊歯
チャセンシダ科の常緑性シダ。別名チリメントラノオシダ，フイリトラノオシダ。葉身は長さ20cm,2回羽状複生。
¶シダ標1 (p415/カ写)
　新分牧 (No.4643/モ図)
　新牧日 (No.4626/モ図)

トラノオスズカケ　Veronicastrum axillare　虎尾鈴懸
オオバコ科(ゴマノハグサ科)の多年草。
¶原牧2 (No.1593/カ図)
　新分牧 (No.3603/モ図)
　新牧日 (No.2738/モ図)
　牧野ス2 (No.3438/カ図)
　野生5 (p89/カ写)
　山ハ山花 (p459/カ写)

トラノオホングウシダ　Lindsaea merrillii subsp. yaeyamensis
ホングウシダ科のシダ植物。
¶シダ標1 (p351/カ写)

トラノオモミ　⇒トウヒを見よ

トラノオラン　⇒アツバチトセランを見よ

トラノハナヒゲ　Rhynchospora brownii
カヤツリグサ科の多年草。
¶カヤツリ (p552/モ図)
　原牧1 (No.776/カ図)
　新分牧 (No.751/モ図)
　新牧日 (No.4055/カ図)
　牧野ス1 (No.776/カ図)
　野生1 (p354/カ写)

ドラバ・デデアナ　Draba dedeana
アブラナ科の草本。高さは6〜7cm。花は白色。
¶山野草 (No.0478/カ写)

ドラバ・ポリトリカ　Draba polytricha
アブラナ科の草本。花は黄色。
¶山野草 (No.0477/カ写)

ドラバ・リギダ・ブリオイデス　Draba rigida var. bryoides
アブラナ科の草本。
¶山野草 (No.0480/カ写)

トラフセンネンボク　Dracaena goldieana　虎斑千年木
キジカクシ科〔クサスギカズラ科〕(リュウゼツラン科)の木本。高さは1〜2m。花は白色。
¶APG原樹 (No.195/カ図)

トラモンススキ　⇒タカノハススキを見よ

トランペット・ハニーサークル　⇒ツキヌキニンドウを見よ

トランペット・フラワー　⇒ノウゼンカズラを見よ

トリアシ　⇒ユイキリを見よ

トリアシシュモクシダ　⇒ジュウモンジシダを見よ

トリアシショウマ　Astilbe odontophylla　鳥足升麻, 鳥脚升麻
ユキノシタ科の多年草。日本固有種。高さは40〜100cm。
¶学フ増山菜 (p117/カ写)
　学フ増野夏 (p150/カ写)
　原牧1 (No.1365/カ図)
　固有 (p70/カ写)
　山野草 (No.0548/カ写)
　新分牧 (No.1544/モ図)
　新牧日 (No.944/モ図)
　茶花上 (p553/カ写)
　牧野ス1 (No.1365/カ図)
　ミニ山 (p99/カ写)
　野生2 (p199/カ写)
　山力野草 (p425/カ写)
　山ハ山花 (p282/カ写)

トリアシスミレ　Viola pedata
スミレ科。花は紅紫色。
¶山野草 (No.0733/カ写)

ドリアス・オクトペタラ　⇒ヨウシュチョウノスケソウを見よ

ドリアン　Durio zibethinus
アオイ科(パンヤ科)の常緑高木。仮種皮を食用にする。高さは40m。花は黄白色。
¶APG原樹 (No.1031/カ図)
　原牧2 (No.616/カ図)
　新分牧 (No.2667/カ図)
　新牧日 (No.1756/モ図)
　牧野ス2 (No.2461/カ図)

トリガタハンショウヅル　Clematis tosaensis　鳥形半鐘蔓
キンポウゲ科の多年生つる草。日本固有種。別名アズマハンショウヅル。花は白色。
¶APG原樹 (No.270/カ図)
　原牧1 (No.1301/カ図)
　固有 (p55)
　山野草 (No.0119/カ写)
　新分牧 (No.1462/モ図)
　新牧日 (No.623/モ図)
　茶花下 (p119/カ写)
　牧野ス1 (No.1301/カ図)
　野生2 (p144/カ写)
　山ハ山花 (p245/カ写)

トリカブト　Aconitum chinense　鳥兜
キンポウゲ科の多年草。別名カブトギク，カブトバナ，ハナトリカブト。高さは1m。花は濃青色。
¶学フ増山菜 (p218/カ写)
　原牧1 (No.1228/カ図)
　新分牧 (No.1431/モ図)

新牧日（No.553/モ図）
牧野ス1（No.1228/カ図）

## トリカブト類　Aconitum spp.
キンポウゲ科の多年草。別名カブトギク，カブトバナ，アコニツム。山地に生育。全草，特に地下部が有毒部位。
¶学フ有毒（p34/カ写）

## トリガミネカンアオイ　Asarum pellucidum
ウマノスズクサ科の草本。日本固有種。
¶固有（p62）
野生1（p65）

## トリカラー　Ligustrum lucidum 'Tricolor'
モクセイ科の木本。
¶APG原樹〔トウネズミモチ‘トリカラー’〕（No.1586/カ図）

## トリゲモ　Najas minor　鳥毛藻
トチカガミ科（イバラモ科）の一年生水草。葉の長さは1〜2cm，鋸歯が著しい。
¶原牧1（No.237/カ図）
新分牧（No.282/モ図）
新牧日（No.3360/モ図）
日水草（p97/カ写）
牧野ス1（No.237/カ図）
野生1（p123）

## トリトマラズ　⇒ヘビノボラズを見よ

## トリノアシ　⇒ユイキリを見よ

## トリノコ　Camellia japonica 'Torinoko'　鶏の子
ツバキ科。ツバキの品種。花は紅色。
¶茶花上（p136/カ写）

## トリモチノキ(1)　⇒モチノキを見よ

## トリモチノキ(2)　⇒ヤマグルマを見よ

## トリリウム・アルビダム　Trillium albidum
ユリ科。北米産・無花梗種。
¶山野草（No.1355/カ写）

## トリリウム・エレクツム　Trillium erectum
ユリ科の多年草。別名アカバナエンレイソウ。北米産・有花梗種。高さは45cm。花は淡紅〜深紅色。
¶山野草（No.1345/カ写）

## トリリウム・オバツム　Trillium ovatum
ユリ科。北米産・有花梗種。
¶山野草（No.1346/カ写）

## トリリウム・グランディフロールム　Trillium grandiflorum
ユリ科の多年草。別名タイリンエンレイソウ。北米産・有花梗種。
¶山野草（No.1342/カ写）

## トリリウム・スルカーツム　Trillium sulcatum
ユリ科。北米産・有花梗種。
¶山野草（No.1347/カ写）

## トリリウム・セッシレ　Trillium sessile
ユリ科の多年草。別名クロバナエンレイソウ。北米産・無花梗種。高さは30cm。花は紅褐色。
¶山野草（No.1359/カ写）

## トリリウム・セルヌム　Trillium cerunum
ユリ科。別名ウナズキエンレイソウ。北米産・有花梗種。
¶山野草（No.1350/カ写）

## トリリウム・ディスカラー　Trillium discolor
ユリ科。北米産・無花梗種。
¶山野草（No.1357/カ写）

## トリリウム・デクンベンス　Trillium decumbens
ユリ科。北米産・無花梗種。高さは20cm。花は紅紫色。
¶山野草（No.1354/カ写）

## トリリウム・ニバレ　Trillium nivale
ユリ科。北米産・有花梗種。高さは15cm。
¶山野草（No.1352/カ写）

## トリリウム・ニバレ‘パープルハート’　⇒パープルハートを見よ

## トリリウム・バッセイ　Trillium vaseyi
ユリ科。北米産・有花梗種。
¶山野草（No.1349/カ写）

## トリリウム・プシルム　Trillium pusillum
ユリ科。北米産・有花梗種。
¶山野草（No.1351/カ写）

## トリリウム・ルテウム　Trillium luteum
ユリ科。別名キバナエンレイソウ，アサギエンレイソウ。北米産・無花梗種。高さは50cm。花は黄色。
¶山野草（No.1358/カ写）

## トリリウム・レクルバーツム　Trillium recuruvatum
ユリ科。北米産・無花梗種。
¶山野草（No.1356/カ写）

## ドルエッツバリエゲーテッド　Silene unifloras 'Druett's Varigated'
ナデシコ科の草本。別名ホテイマンテマ。
¶山野草〔イソマンテマ‘ドルエッツバリエゲーテッド’〕（No.0047/カ写）

## トルコギキョウ　Eustoma grandiflorum　トルコ桔梗
リンドウ科の宿根草。別名リシアンサス。高さは90cm。花は淡紫〜濃紫，白，淡桃〜濃桃色など。
¶原牧2（No.1356/カ図）
茶花下（p120/カ写）
牧野ス2（No.3201/カ図）

## トールフェスク　⇒オニウシノケグサを見よ

## トレマクロン・フォレスティー　Tremacron forrestii
イワタバコ科の一年草または多年草，小低木化するものもある。高さは10cm。
¶山野草（No.1121/カ写）

## ドーレンボス　Betula utilis var.jaquemontii 'Doorenbos'
カバノキ科の木本。
¶APG原樹〔シラカバ ジャクモンティー‘ドーレンボス’〕（No.1564/カ図）

## ドロ　⇒ドロヤナギを見よ

## ドロイ　Juncus gracillimus　泥藺
イグサ科の草本。別名ミズイ。
¶原牧1（No.680/カ図）

ナカエスケ

新分牧（No.720/モ図）
新牧日（No.3573/モ図）
牧野ス1（No.680/カ図）
野生1（p288/カ写）

**ドロニガナ** *Ixeridium dentatum* subsp.*kitayamense*
キク科キクニガナ亜科の草本。
¶野生5（p278/カ写）
山レ増（p9/カ写）

**ドロノキ** ⇒ドロヤナギを見よ

**ドロノシモツケ** *Spiraea japonica* var.*ripensis*
バラ科シモツケ亜科の落葉低木。日本固有種。
¶固有（p78）
野生3（p88）

**ドロヤナギ** *Populus suaveolens* 泥柳
ヤナギ科の落葉高木。別名ドロ，ドロノキ，デロ。
高さは30m。花は雄花は赤紫，雌花は黄緑色。
¶APG原樹〔ドロノキ〕（No.848/カ図）
学フ増樹（p107/カ写）
原牧2（No.295/カ図）
新分牧（No.2370/モ図）
新牧日（No.85/モ図）
牧野ス1（No.2140/カ図）
野生3（p186/カ写）
山力樹木〔ドロノキ〕（p105/カ写）
落葉図譜〔ドロノキ〕（p37/モ図）

**トロロアオイ** *Hibiscus manihot* 薯蕷葵，黄葵
アオイ科の一年草または越年草。別名オウショッ
キ。高さは1.5〜2.5m。花は黄色。
¶原牧2（No.643/カ図）
新分牧（No.2693/モ図）
新牧日（No.1752/モ図）
茶花下（p241/カ写）
牧野ス2（No.2488/カ図）

**トロロアオイモドキ** ⇒リュウキュウトロロアオイ
を見よ

**トワダミドリクチキムシタケ** *Metacordyceps
pseudoatrovirens*
バッカクキン科の冬虫夏草。宿主は甲虫の幼虫。
¶冬虫生態（p165/カ写）

**トンキンニッケイ** *Cinnamomum cassia*
クスノキ科の高木。高さは7〜12m。花は淡黄色。
¶新分牧（No.177/モ図）

**トンビマイタケ** *Meripilus giganteus*
トンビマイタケ科（サルノコシカケ科）のキノコ。
大型。傘は茶褐色，大きい扇形。
¶学フ増毒き（p217/カ写）
原きの（No.366/カ写・カ図）
山力日き（p457/カ写）

**トンボグサ**(1) ⇒カヤツリグサを見よ

**トンボグサ**(2) ⇒ヒメムズを見よ

**トンボソウ**(1) *Platanthera ussuriensis* 蜻蛉草
ラン科の多年草。別名コトンボソウ。高さは15〜
35cm。
¶学フ増野夏（p221/カ写）

原牧1（No.399/カ図）
新分牧（No.456/モ図）
新牧日（No.4274/モ図）
茶花下（p120/カ写）
牧野ス1（No.399/カ図）
野生1（p221/カ写）
山力野草（p563/カ写）
山ハ山花（p121/カ写）

**トンボソウ**(2) ⇒スベリヒユを見よ

# 【ナ】

**ナエバキスミレ** *Viola brevistipulata* subsp.
*brevistipulata* var.*kishidae* 苗場黄菫
スミレ科の多年草。高さは15〜30cm。花は黄色。
茎や葉柄は暗赤色。
¶原牧2（No.321/カ図）
牧野ス1（No.2166/カ図）
ミニ山（p199/カ写）
野生3（p213/カ写）
山力野草（p355/カ写）
山ハ高山（p183/カ写）

**ナガイモ** *Dioscorea polystachya* 長芋
ヤマノイモ科のつる性多年草。茎には稜があり，葉
柄とともに紫色を帯びる。
¶原牧1（No.282/カ図）
新分牧（No.327/モ図）
新牧日（No.3525/モ図）
牧野ス1（No.282/カ図）
野生1（p149/カ写）
山ハ野花（p38/カ写）

**ナガエアカバナ** ⇒アシボソアカバナを見よ

**ナガエカマツカ** *Pourthiaea villosa* var.*longipes*
バラ科シモツケ亜科の落葉低木または小高木。葉柄
が長さ1〜2cm。
¶野生3（p77）

**ナガエコミカンソウ** *Phyllanthus tenellus*
コミカンソウ科（ミカンソウ科，トウダイグサ科）の
一年草。別名ブラジルコミカンソウ。
¶帰化写改〔ブラジルコミカンソウ〕（p174/カ写, p500/
カ写）
帰化写2〔ブラジルコミカンソウ〕（p141/カ写）
植調（p269/カ写）
ミニ山〔ブラジルコミカンソウ〕（p167/カ写）
野生3（p174/カ写）

**ナガエジャニンジン** ⇒ホソバジャニンジンを見よ

**ナガエスゲ** *Carex otayae*
カヤツリグサ科の多年草。日本固有種。
¶カヤツリ（p166/モ写）
原牧1（No.816/カ写）
固有（p182）
新分牧（No.824/モ図）
新牧日（No.4107/モ図）
スゲ増（No.73/カ写）

ナガエチヤ　536

牧野ス1（No.816/カ図）
野生1（p310/カ写）

**ナガエチャボゼキショウ**　*Tofieldia coccinea* var.
*kiusiana*
チシマゼキショウ科（ユリ科）の多年草。日本固有
種。別名ミヤマゼキショウ。
¶固有（p157）
野生1（p113）

**ナガエツルノゲイトウ**　*Alternanthera philoxeroides*
ヒユ科の一年生水草。別名ミズツルノゲイトウ。長
さは1m以上。花は白色。
¶帰化写改（p62/カ写）
植調（p231/カ写）
日水草（p264/カ写）
ミニ山（p39/カ写）
野生4（p131/カ写）

ナ　**ナガエナツハゼ**　⇒ナガボナツハゼを見よ

**ナガエニワトコ**　⇒オオニワトコを見よ

**ナガエノアキカラマツ**　⇒オオカラマツを見よ

**ナガエノアザミ**(1)　*Cirsium longipedunculatum*
キク科の草本。日本固有種。
¶固有（p140）

**ナガエノアザミ**(2)　⇒カガノアザミを見よ

**ナガエノスギタケ**　*Hebeloma radicosum*
ヒメノガステル科（フウセンタケ科，モエギタケ科）
のキノコ。中型～大型。傘は饅頭形，湿時粘性。
¶学フ増毒き（p152/カ写）
原きの（No.117/カ写・カ図）
山カ日き（p244/カ写）

**ナガエノスギタケダマシ**　*Hebeloma radicosoides*
ヒメノガステル科のキノコ。傘は初め円錐形，開け
ば丸山形から平らとなり，淡黄色。
¶山カ日き（p599/カ写）

**ナガエノセンナリホオズキ**　*Physalis acutifolia*
ナス科の一年草。別名フウリンホオズキ。高さは
30～60cm。花は淡黄緑色。
¶帰化写改（p281/カ写）
帰化写2〔フウリンホオズキ〕（p207/カ写）
野生5（p40/カ写）

**ナガエノチャワンタケ**　*Helvella macropus* var.
*macropus*
ノボリリュウタケ科のキノコ。小型。頭部は皿形，
灰色。
¶原きの（No.557/カ写・カ図）
山カ日き（p558/カ写）

**ナガエノモウセンゴケ**　⇒ナガエモウセンゴケを
見よ

**ナガエマツヨイグサ**　⇒ミズーリマツヨイグサを
見よ

**ナガエミクリ**　*Sparganium japonicum*
ガマ科（ミクリ科）の多年生抽水性～浮葉植物。高
さは40～100cm。抽水葉では背稜が顕著。
¶原牧1（No.662/モ図）
新分牧（No.695/モ図）

新牧日（No.3953/モ図）
日水草（p152/カ図）
牧野ス1（No.662/カ図）
野生1（p278/カ写）
山レ増（p539/カ写）

**ナガエモウセンゴケ**　*Drosera intermedia*
モウセンゴケ科の食虫植物，多年草。長さは1.5～3.
5cm。花は白色。
¶帰化写2（p58/カ写）

**ナガオノキシノブ**　*Lepisorus angustus*
ウラボシ科のシダ植物。別名ホソバノキシノブ。
¶シダ標2（p463/カ写）

**ナガカワシダ**　⇒マツサカシダを見よ

**ナガガワノギク**　*Chrysanthemum yoshinaganthum*
那賀川野菊
キク科キク亜科の多年草。日本固有種。
¶原牧2（No.2063/カ図）
固有（p143）
山野草（No.1215/カ写）
新分牧（No.4210/モ図）
新牧日（No.3099/モ図）
牧野ス2（No.3908/カ図）
野生5（p337/カ写）
山カ野草（p73/カ写）
山八野花（p518/カ写）
山レ増（p19/カ写）

**ナガキンカン**　⇒キンカン(1)を見よ

**ナカグロヒガサタケ**　*Leucocoprinus brebissonii*
ハラタケ科のキノコ。
¶原きの（No.182/カ写・カ図）

**ナガグロヒメカラカサタケ**　*Lepiota praetervisa*
ハラタケ科のキノコ。
¶山カ日き（p195/カ写）

**ナカグロモリノカサ**　*Agaricus moelleri*
ハラタケ科のキノコ。大型。傘は黒褐色の細鱗片。
ひだは白色～淡紅色，のち紫褐色。
¶学フ増毒き（p121/カ写）
山カ日き（p191/カ写）

**ナガサキオトギリ**　*Hypericum kiusianum* var.
*kiusianum*
オトギリソウ科の多年草。日本固有種。
¶固有（p65）
野生3（p246/カ写）

**ナガサキギボウシ**　*Hosta tsushimensis* var.*tibae*
クサスギカズラ科（ユリ科）。日本固有種。
¶固有（p155）
野生1（p253）

**ナガサキシダ**　*Dryopteris sieboldii*　長崎羊歯
オシダ科の常緑性シダ。別名オオミツデ。葉身は長
さ30～70cm，広卵形～円状卵形。
¶シダ標2（p361/カ写）
新分牧（No.4747/モ図）
新牧日（No.4522/モ図）

**ナガサキシダモドキ** *Dryopteris × toyamae*
オシダ科の常緑性シダ。羽片は羽状に浅裂～中裂。
¶シダ標2（p373/カ写）

**ナガサキシャジン** ⇒サイヨウシャジンを見よ

**ナガサキマンネングサ** *Sedum nagasakianum* 長崎万年草
ベンケイソウ科の草本。日本固有種。
¶原牧1（No.1407/カ図）
　固有（p68）
　新分牧（No.1602/モ図）
　新牧日（No.913/モ図）
　牧野ス1（No.1407/カ図）
　野生2（p226/カ写）

**ナガサキリンゴ** ⇒ミカイドウを見よ

**ナガササゲ** ⇒ジュウロクササゲを見よ

**ナガジイ** ⇒スダジイを見よ

**ナカジマヒメクサリゴケ** *Cololejeunea nakajimae*
クサリゴケ科のコケ植物。日本固有種。
¶固有（p224）

**ナガジラミ** ⇒ヤブニンジンを見よ

**ナガツノマタ** ⇒コトジツノマタを見よ

**ナガトアザミ** *Cirsium nagatoense*
キク科アザミ亜科の草本。日本固有種。
¶固有（p140）
　野生5（p238/カ写）

**ナガトミソハギ** ⇒シマミソハギを見よ

**ナガノギイネ** *Oryza sativa*
イネ科の草本。
¶原牧1（No.909/カ図）
　新分牧（No.1014/モ図）
　新牧日（No.3641/モ図）
　牧野ス1（No.909/カ図）

**ナカノシマ** *Camellia japonica* 'Nakanoshima' 中之島
ツバキ科。ツバキの品種。花は桃色。
¶茶花上（p122/カ写）

**ナガバアサガオ** *Aniseia martinicensis*
ヒルガオ科のつる草。花は白色。
¶野生5（p24/カ写）
　山レ増（p150/カ写）

**ナガバアメリカミコシガヤ** *Carex vulpinoidea*
カヤツリグサ科の多年草。高さは60～80cm。
¶帰化写2（p367/カ写）
　スゲ増（p369/カ写）
　野生1（p304）

**ナガバアリノトウグサ** *Gonocarpus chinensis* 長葉蟻の塔草
アリノトウグサ科の多年草。別名ホソバアリノトウグサ。高さは10～40cm。花は紅色～煉瓦色。
¶野生2（p231/カ写）

**ナガバイヌツゲ** *Ilex maximowicziana* var. *maximowicziana*
モチノキ科の木本。

¶野生5（p181/カ写）

**ナガバイボクサ** *Murdannia angustifolia*
ツユクサ科の一年草。高さは20～40cm。
¶野生1（p267）

**ナガバイラクサ** *Urtica angustifolia* var. *sikokiana*
イラクサ科の草本。
¶原牧2（No.69/カ図）
　新分牧（No.2141/カ図）
　新牧日（No.196/モ図）
　牧野ス1（No.1914/カ図）
　野生2（p352/カ写）

**ナガバイワカガミ** *Schizocodon soldanelloides* var. *longifolius*
イワウメ科。日本固有種。
¶固有（p103）

**ナガバイワザクラ** *Primula tosaensis* var. *ovatifolia*
サクラソウ科の草本。日本固有種。
¶固有（p110）

**ナガバウスバシダ** *Tectaria kusukusensis*
ナナバケシダ科の常緑性シダ。別名サキミウスバシダ。葉身は長さ45cm、長楕円形～広披針形。
¶シダ標2（p446/カ写）

**ナガバエビモ** *Potamogeton praelongus*
ヒルムシロ科の大型の沈水植物。葉は無柄、長楕円状線形～披針形。
¶日水草（p123/カ写）
　野生1（p131）

**ナガバオモダカ** *Sagittaria weatherbiana*
オモダカ科の抽水植物。高さは20～60cm。花は白色。冬期は線形の沈水葉。
¶帰化写改（p403/カ写）
　日水草（p82/カ写）

**ナガバカキノハグサ** *Polygala reinii* f. *angustifolia* 長葉柿の葉草
ヒメハギ科の多年草。高さは20～35cm。花は黄色。
¶山力野草（p370/カ写）

**ナガバカニクサ** ⇒カニクサを見よ

**ナガバカラマツ** *Thalictrum integrilobum* 長葉唐松
キンポウゲ科の多年草。日本固有種。別名サマニカラマツ、ホソバカラマツ、ナカバカラマツ。高さは20～40cm。
¶原牧1〔ホソバカラマツ〕（No.1249/カ図）
　固有（p52）
　山野草（No.0284/カ写）
　新分牧〔ホソバカラマツ〕（No.1370/モ図）
　新牧日〔ホソバカラマツ〕（No.574/モ図）
　牧野ス1〔ホソバカラマツ〕（No.1249/カ図）
　野生2（p164/カ写）
　山ハ山花（p233/カ写）
　山レ増（p388/カ写）

**ナガバカワツルモ** *Ruppia occidentalis*
カワツルモ科の沈水性の多年草。
¶野生1（p135）

**ナガバカワヤナギ** ⇒カワヤナギ(1)を見よ

**ナガバギシギシ** *Rumex crispus* 長葉羊蹄
タデ科の多年草。高さは0.8〜1.5m。花は緑白色。
¶帰化写改(p22/カ図)
原牧2(No.791/カ図)
植調(p206/カ写)
新分牧(No.2833/モ図)
新牧日(No.253/モ図)
牧野ス2(No.2636/カ図)
野生4(p103/カ写)

**ナガバキタアザミ** *Saussurea riederi* var.*yezoensis*
長葉北薊
キク科アザミ亜科の多年草。日本固有種。別名ナガ
ハキタアザミ、ダイセツヒゴタイ、ユウバリキタア
ザミ。高さは10〜40cm。
¶原牧2(No.2204/カ図)
固有(p148)
新分牧(No.4002/モ図)
新牧日(No.3237/モ図)
牧野ス2(No.4049/カ図)
野生5(p262/カ写)
山カ野草(p99/カ写)
山ハ高山(p416/カ写)

**ナガバキブシ** *Stachyurus macrocarpus*
キブシ科の常緑低木。日本固有種。別名ナガバキ
フジ。
¶原牧2(No.500/カ図)
固有(p94)
新分牧(No.2539/モ図)
新牧日(No.1854/モ図)
牧野ス2(No.2345/カ図)
野生3(p280/カ写)
山レ増(p258/カ写)

**ナガバグサ** *Poa pratensis* subsp.*pratensis* 長葉草
イネ科イチゴツナギ亜科の多年草。別名ケンタッ
キーブルーグラス。高さは10〜90cm。
¶帰化写改(p464/カ写, p522/カ写)
桑イネ(p402/カ写・モ図)
原牧1(No.1005/カ図)
植調(p312/カ写)
新分牧(No.1126/モ図)
新牧日(No.3696/モ図)
牧野ス1(No.1005/カ図)
野生2(p62/カ写)
山ハ野花(p161/カ写)

**ナガバクロバイ** *Symplocos prunifolia* var.*tawadae*
ハイノキ科の常緑高木。日本固有種。
¶固有(p112)
野生4(p212/カ写)

**ナガバケツルマサキ** ⇒ケツルマサキを見よ

**ナガバコウゾリナ** ⇒オオキバナムカシヨモギを
見よ

**ナガバコウラボシ** *Oreogrammitis tuyamae*
ウラボシ科(ヒメウラボシ科)の常緑性シダ。日本固
有種。葉身は長さ5〜8cm、線状披針形〜狭披針形。
¶固有(p210)
シダ標2(p469/カ写)

**ナガバコバンモチ** *Elaeocarpus multiflorus* 長葉小
判縄
ホルトノキ科の常緑高木。コバンモチに似るが葉が
細長い。
¶原牧2(No.231/カ図)
新分牧(No.2274/モ図)
新牧日(No.1713/モ図)
牧野ス1(No.2076/カ図)
野生3(p144/カ写)

**ナガバサンショウソウ** *Pellionia yosiei*
イラクサ科の草本。日本固有種。
¶固有(p45)
野生2(p348/カ写)
山レ増(p444/カ写)

**ナガハシスミレ** *Viola rostrata* var.*japonica* 長嘴菫
スミレ科の多年草。日本固有種。別名テングスミ
レ。高さは10〜15cm。
¶学フ増野春(p56/カ写)
原牧2(No.338/カ写)
固有(p93)
山野草(No.0700/カ写)
新分牧(No.2327/モ図)
新牧日(No.1811/モ図)
牧野ス1(No.2183/カ写)
ミニ山(p188/カ写)
野生3(p224/カ写)
山カ野草(p340/カ写)
山ハ山花(p321/カ写)

**ナガバシッポゴケ** *Dicranoloma cylindrothecium*
var.*maedae*
シッポゴケ科のコケ植物。日本固有種。
¶固有(p213)

**ナガハシバミ** ⇒ツノハシバミを見よ

**ナガハシマムシソウ** ⇒ツクシマムシグサを見よ

**ナガバシャジン** *Adenophora triphylla* var.*japonica* f.
*lancifolia*
キキョウ科の多年草。
¶山野草(No.1161/カ写)

**ナガバジャノヒゲ** *Ophiopogon japonicus* var.
*umbrosus*
クサスギカズラ科(ユリ科)の多年草。花は淡紫色。
¶野生1(p256)

**ナガバジュズネノキ** *Damnacanthus giganteus* 長
葉数珠根の木
アカネ科の常緑低木。葉身は広披針形または狭長楕
円形。
¶APG原樹(No.1337/カ図)
原牧2(No.1306/カ図)
新分牧(No.3320/モ図)
新牧日(No.2420/モ図)
牧野ス2(No.3151/カ図)
野生4(p270/カ写)

**ナガバシュロソウ** ⇒ホソバシュロソウを見よ

**ナガバシロダモ** *Neolitsea gilva*
クスノキ科。日本固有種。
¶固有(p49)

**ナガバシロヨメナ** *Aster ageratoides* var.*tenuifolius*
キク科。日本固有種。
¶固有 (p145)

**ナガバスズメノヒエ** *Paspalum longifolium*
イネ科キビ亜科。葉や葉鞘が無毛。
¶野生2 (p93)

**ナガバタチツボスミレ** ⇒ナガバノタチツボスミレ
を見よ

**ナガバツガザクラ** *Phyllodoce nipponica* subsp.
*tsugifolia* 長葉栂桜
ツツジ科ツツジ亜科の木本。日本固有種。別名エゾ
ナガバツガザクラ。
¶固有 (p105)
　野生4 (p232/カ写)
　山ハ高山 (p269/カ写)

**ナガバツメクサ** *Stellaria longifolia*
ナデシコ科の草本。別名エゾノミノフスマ, カラフ
トノミノフスマ。
¶野生4 (p126/カ写)

**ナガバトンボソウ** *Platanthera nipponica* var.
*linearifolia*
ラン科の草本。日本固有種。
¶固有 (p192)
　野生1 (p224)

**ナガバネマガリ** *Sasa kurilensis* f.*uchidai* 長葉根曲
イネ科のササ。
¶タケササ (p88/カ写)

**ナガバネマガリダケ** *Sasa kurilensis* var.*uchidae*
イネ科タケ亜科の植物。日本固有種。
¶固有 (p171)
　タケ亜科 (No.57/カ写)

**ナガバノイシモチソウ** *Drosera indica* 長葉の石
持草
モウセンゴケ科の一年生食虫植物。花は白色とピン
ク色。
¶学フ増野夏 (p166/カ写)
　原牧2 (No.862/カ図)
　新分牧 (No.2902/モ図)
　新牧日 (No.770/モ図)
　牧野ス2 (No.2707/カ写)
　ミニ山 (p77/カ写)
　野生4 (p107/カ写)
　山力草 (p440/カ写)
　山ハ野花 (p251/カ写)
　山レ増 (p351/カ写)

**ナガバノイタチシダ** *Dryopteris sparsa* var.*sparsa*
オシダ科の常緑性シダ。葉身は長さ30〜50cm, 卵
状長楕円形。
¶シダ標2 (p359/カ写)
　新分牧 (No.4738/モ図)
　新牧日 (No.4525/モ図)

**ナガバノイワベンケイ** ⇒イワベンケイを見よ

**ナガバノウナギヅカミ** ⇒ナガバノウナギツカミを
見よ

**ナガバノウナギヅル** ⇒ナガバノウナギツカミを
見よ

**ナガバノウナギツカミ** *Persicaria hastatosagittata*
長葉の鰻攫
タデ科の一年草。別名ナガバノウナギヅル。
¶原牧2 (No.831/カ図)
　新分牧 (No.2873/モ図)
　新牧日 (No.293/モ図)
　茶花下 〔ながばのうなぎづかみ〕(p324/カ写)
　牧野ス2 (No.2676/カ図)
　野生4 (p93/カ写)
　山レ増 (p439/カ写)

**ナガバノコウヤボウキ** *Pertya glabrescens* 長葉の
高野箒
キク科コウヤボウキ亜科の小低木。高さは60〜
100cm。
¶APG原樹 (No.1460/カ図)
　原牧2 (No.1910/カ図)
　新分牧 (No.3946/モ図)
　新牧日 (No.2946/モ図)
　茶花下 (p241/カ写)
　牧野ス2 (No.3755/カ図)
　野生5 (p212/カ写)
　山力樹木 (p719/カ写)
　山ハ山花 (p541/カ写)

**ナガバノサワハコベ** *Stellaria diversiflora* var.
*angustifolia*
ナデシコ科の多年草。葉は長さ5cm, 葉柄は長さ
3cm。
¶野生4 (p124)

**ナガバノシラカンバ** ⇒マカンバ(1)を見よ

**ナガバノスミレサイシン** *Viola bissetii* 長葉の菫
細辛
スミレ科の多年草。日本固有種。高さは5〜12cm。
花は淡紫色。
¶色野草 (p238/カ写)
　学フ増野春 (p62/カ写)
　原牧2 (No.348/カ図)
　固有 (p93)
　山野草 (No.0715/カ写)
　新分牧 (No.2332/カ写)
　新牧日 (No.1821/モ写)
　牧野ス1 (No.2193/カ写)
　ミニ山 (p188/カ写)
　野生3 (p215/カ写)
　山力草 (p342/カ写)
　山ハ山花 (p316/カ写)

**ナガバノダケカンバ** ⇒マカンバ(1)を見よ

**ナガバノタチツボスミレ** *Viola ovato-oblonga*
スミレ科の多年草。タチツボスミレによく似てい
る。高さは15〜40cm。
¶原牧2 (No.336/カ写)
　山野草 〔ナガバタチツボスミレ〕(No.0699/カ写)
　新分牧 (No.2325/モ図)
　新牧日 (No.1809/モ図)
　牧野ス1 (No.2181/カ図)

ナカハノネ      540

野生3〔ナガバタチツボスミレ〕(p226/カ写)
山力野草(p349/カ写)
山ハ野花〔ナガバタチツボスミレ〕(p322/カ写)

**ナガバハノネコヤナギ** *Salix × arakiana*
ヤナギ科の雑種。
¶野生3〔ナガバハノネコヤナギ(ネコヤナギ×オノエヤナギ)〕(p206)

**ナガバノバッコヤナギ** ⇒バッコヤナギを見よ

**ナガバノモウセンゴケ** *Drosera anglica* 長葉の毛
氈苔
モウセンゴケ科の多年生食虫植物。高さは10～20cm。花は白色。
¶原牧2(No.860/カ図)
新分牧(No.2900/モ図)
新牧日(No.768/モ図)
牧野ス2(No.2705/カ図)
野生4(p106/カ写)
山力野草(p441/カ写)
山ハ高山(p123/カ写)
山ハ山花(p262/カ写)
山レ増(p351/カ写)

**ナガバノヤノネグサ** *Persicaria breviochreata*
タデ科の草本。別名ホソバノヤノネグサ。
¶原牧2(No.830/カ写)
新分牧(No.2872/モ図)
新牧日(No.292/モ図)
牧野ス2(No.2675/カ図)
野生4(p93/カ写)

**ナガバハエドクソウ** *Phryma oblongifolia*
ハエドクソウ科の多年草。別名ヒメハエドクソウ。
¶野生5(p147/カ写)

**ナガバハグマ** *Ainsliaea oblonga* var.*oblonga*
キク科コウヤボウキ亜科の草本。日本固有種。
¶固有(p151/カ写)
野生5(p210/カ写)

**ナガバハッカ** *Mentha longifolia*
シソ科の多年草。高さは40～120cm。花は藤色、または青色。
¶帰化写改(p270/カ写)

**ナガバハナヤスリ** ⇒コヒロハハナヤスリを見よ

**ナガバハマササゲ** *Vigna luteola* 長葉浜豇豆
マメ科マメ亜科の多年草。ハマアズキに似る。
¶野生2(p303/カ写)

**ナガバハマミチヤナギ** ⇒アキノミチヤナギを見よ

**ナガバハリフタバムグラ** *Borreria laevis*
アカネ科の一年草。
¶帰化写改(p228/カ写, p504/カ写)

**ナガバヒサカキ** ⇒テリバヒサカキを見よ

**ナガバヒナノウスツボ** *Scrophularia*
*duplicatoserrata* var.*surugensis*
ゴマノハグサ科。日本固有種。
¶固有(p130)

**ナガバマサキ** ⇒マサキを見よ

**ナガバマムシグサ** *Arisaema undulatifolium* subsp.
*undulatifolium*
サトイモ科の多年草。日本固有種。別名ナミウチマムシグサ。
¶固有(p178)
新分牧(No.242/モ図)
新牧日(No.3928/モ図)
テンナン(No.26a/カ写)
野生1(p99/カ写)

**ナガバミズギボウシ** *Hosta longissima* 長葉水擬
宝珠
キジカクシ科〔クサスギカズラ科〕(ユリ科)の多年草。別名ミズギボウシ, サジギボウシ。高さは40～65cm。花は濃淡のまだら色。
¶原牧1(No.575/カ写)
山野草〔ミズギボウシ〕(No.1504/カ写)
新分牧(No.632/モ図)
新牧日(No.3400/モ図)
牧野ス1(No.575/カ図)
野生1〔ミズギボウシ〕(p252)
山ハ野花〔ミズギボウシ〕(p78/カ写)

**ナガバミズナラ** ⇒ミズナラを見よ

**ナガバミヤコヤブソテツ** *Cyrtomium*
*deveriscapulae × C.yamamotoi*
オシダ科のシダ植物。
¶シダ標2(p431/カ写)

**ナガバムラサキ** ⇒タカクマムラサキを見よ

**ナガバメドハギ** *Lespedeza caraganae* 長葉蓍萩
マメ科マメ亜科の帰化植物。中国の固有種。花は白色～黄緑色。
¶野生2(p280)

**ナガバメヤブソテツ** *Cyrtomium caryotideum × C.*
*deveriscapulae*
オシダ科のシダ植物。
¶シダ標2(p431/カ写)

**ナガバモミジイチゴ**(1) ⇒モミジイチゴを見よ

**ナガバモミジイチゴ**(2) ⇒モミジイチゴ(広義)を見よ

**ナガバヤクシソウ** ⇒イワヤクシソウを見よ

**ナガバヤナギ** ⇒オノエヤナギを見よ

**ナガバヤブソテツ** *Cyrtomium deveriscapulae*
オシダ科のシダ植物。
¶シダ標2(p428/カ写)

**ナガバヤブソテツ × ムニンオニヤブソテツ**
*Cyrtomium deveriscapulae × C.falcatum* subsp.*australe*
オシダ科のシダ植物。
¶シダ標2(p430/カ写)

**ナガバヤブソテツモドキ** *Cyrtomium*
*deveriscapulae × C.laetevirens*
オシダ科のシダ植物。別名クマモトヤブソテツ。
¶シダ標2(p430/カ写)

**ナガバヤブマオ** *Boehmeria sieboldiana* 長葉藪真麻
イラクサ科の多年草。高さは1～2m。葉裏は青白。
¶原牧2(No.91/カ図)
新分牧(No.2110/モ図)

新牧日 (No.219/モ図)
牧野ス1 (No.1936/カ図)
ミニ山 (p18/カ写)
野生2 (p344/カ写)

## ナカハラクロキ　Symplocos nakaharae
ハイノキ科の木本。日本固有種。別名リュウキュウクロキ。
¶固有 (p112/カ写)
野生4 (p210/カ写)

## ナカハララン　Liparis nakaharae　中原蘭
ラン科の常緑の多年草。花は淡黄緑色。
¶原牧1 (No.451/カ図)
新分牧 (No.507/モ図)
新牧日 (No.4325/モ図)
牧野ス1 (No.451/カ図)

## ナガヒゲガリヤス　⇒オオヒゲガリヤスを見よ

## ナガホアミガサノキ　⇒ベニヒモノキを見よ

## ナガホウシアマミコロモタンポタケ
Elaphocordyceps sp.
オフィオコルディセプス科の冬虫夏草。宿主はツツレサセッチダンゴまたはその近縁種。
¶冬虫生態 (p252/カ写)

## ナガボスゲ　Carex dolichostachya　長穂菅
カヤツリグサ科の草本。
¶スゲ増 (No.154/カ写)
野生1 (p318/カ写)

## ナガボソウ　Stachytarpheta urticifolia　長穂草
クマツヅラ科の多年草。高さは1〜1.2m。花は濃紫色。
¶原牧2 〔ホナガソウ〕(No.1821/カ図)
新分牧 〔ホナガソウ〕(No.3681/モ図)
新牧日 〔ホナガソウ〕(No.2521/モ図)
牧野ス2 〔ホナガソウ〕(No.3666/カ図)
野生5 (p176/カ写)

## ナガボテンツキ　Fimbristylis longispica var.
longispica　長穂天突
カヤツリグサ科の多年草。高さは30〜80cm。
¶原牧1 (No.766/カ図)
新分牧 (No.994/モ図)
新牧日 (No.4042/モ図)
牧野ス1 (No.766/カ図)
野生1 (p349/カ写)

## ナガボナツハゼ　Vaccinium sieboldii
ツツジ科スノキ亜科の落葉低木。日本固有種。別名ホナガボナツハゼ, ナガエナツハゼ。
¶固有 (p104/カ写)
野生4 (p259/カ写)
山力樹木 〔ホナガナツハゼ〕(p603/カ写)
山レ増 (p219/カ写)

## ナガボノアカワレモコウ　⇒ナガボノワレモコウを見よ

## ナガボノウルシ　Sphenoclea zeylanica
ナガボノウルシ科の一年生水草。高さは80cm。花は穂状で黄緑色。
¶帰化写改 (p311/カ写)

日水草 (p268/カ写)

## ナガホノケンガタムシタケ　Cordyceps
obliquiordinata
ノムシタケ科の冬虫夏草。宿主は甲虫の幼虫。
¶冬虫生態 (p159/カ写)

## ナガボノコジュズスゲ　Carex parciflora var.vaniotii
カヤツリグサ科の多年草。日本固有種。別名アオジュズスゲ。
¶カヤツリ (p456/モ図)
固有 (p187)
新分牧 (No.897/モ図)
新牧日 (No.4183/モ図)
スゲ増 (No.257/カ写)
野生1 (p327/カ写)

## ナガボノシロワレモコウ　⇒ナガボノワレモコウを見よ

## ナガホノナツノハナワラビ　⇒ナガホノナツハナワラビを見よ

## ナガホノナツハナワラビ　Botrychium strictum　長穂の夏花蕨
ハナヤスリ科 (ハナワラビ科) の夏緑性シダ。別名ナガホノナツノハナワラビ。葉身は長さ15〜30cm, 2〜3回羽状に深裂。
¶シダ標1 〔ナガホノナツノハナワラビ〕(p290/カ写)
新分牧 (No.4504/モ図)
新牧日 (No.4394/モ図)

## ナガホノフラスコモ　Nitella spiciformis
シャジクモ科の水草。明緑色。長さは10〜15cmくらい。
¶新分牧 (No.4940/モ図)
新牧日 (No.4800/モ図)

## ナガホノヤマヤナギ　⇒ヤマヤナギを見よ

## ナガボノワレモコウ　Sanguisorba tenuifolia var.
tenuifolia　長穂の吾木香
バラ科バラ亜科の多年草。別名コバナノワレモコウ, シロワレモコウ, ナガボノシロワレモコウ, ナガボノアカワレモコウ。高さは60〜130cm。
¶原牧1 (No.1792/カ図)
山мレ草 (No.0594/カ写)
新分牧 (No.1987/モ図)
新牧日 (No.1178/モ図)
茶花下 〔ながぼのあかわれもこう〕(p242/カ写)
牧野ス1 (No.1792/カ図)
ミニ山 〔ナガボノシロワレモコウ〕(p141/カ写)
野生3 (p56/カ写)
山力野草 〔ナガボノシロワレモコウ〕(p412/カ写)
山ハ高山 〔ナガボノシロワレモコウ〕(p222/カ写)
山ハ山花 〔ナガボノシロワレモコウ〕(p341/カ写)

## ナガミオランダフウロ　⇒ツノミオランダフウロを見よ

## ナガミカズラ　Aeschynanthus acuminatus　長実葛
イワタバコ科の常緑のつる植物。花はクリーム色。
¶原牧2 (No.1539/カ写)
新分牧 (No.3570/モ図)
新牧日 (No.2799/モ図)
牧野ス2 (No.3384/カ図)

ナカミキン　542

野生5（p67/カ写）

**ナガミキンカン** ⇒キンカン(1)を見よ

**ナカミシシラン** Haplopteris fudzinoi　中実獅子蘭
イノモトソウ科（シシラン科）の常緑性シダ。別名
ミヤマシシラン。葉身は長さ25〜45cm、線形。
¶シダ標1（p389/カ写）
新分牧（No.4612/モ図）
新牧日（No.4686/モ図）

**ナガミシッポゴケ** ⇒オオシッポゴケ(1)を見よ

**ナガミショウジョウスゲ** Carex blepharicarpa var.
stenocarpa
カヤツリグサ科。有花茎は高さ10〜35cm。
¶スゲ増（No.218/カ写）
野生1（p325）

**ナガミゼリ** Scandix pecten-veneris
セリ科の一年草。別名ナガミノセリモドキ, スギグ
シニンジン。高さは20〜40cm。花は白色。
¶帰化写2（p167/カ写）

**ナガミトウガラシ** ⇒サガリトウガラシを見よ

**ナガミノオニシバ** Zoysia sinica var.nipponica　長実
の鬼芝
イネ科ヒゲシバ亜科の草本。
¶桑イネ（p481/モ図）
野生2（p73/カ写）

**ナガミノセリモドキ** ⇒ナガミゼリを見よ

**ナガミノツルケマン** Corydalis raddeana
ケシ科の常緑低木。
¶野生2（p106/カ写）
山レ増（p349/カ写）

**ナガミハマナタマメ** Canavalia rosea　長実浜鉈豆
マメ科マメ亜科のつる性多年草。豆果は長楕円形。
花が淡桃色または藤色。
¶野生2（p260/カ写）

**ナガミパンノキ** ⇒パラミツを見よ

**ナガミヒナゲシ** Papaver dubium　長実雛罌粟
ケシ科の一年草または越年草。高さは10〜60cm。
¶色野草（p201/カ写）
帰化写改（p82/カ写, p495/カ写）
植調（p172/カ写）
ミニ山（p82/カ写）
山ハ野花（p244/カ写）

**ナガミヒメスゲ** Carex oxyandra var.lanceata
カヤツリグサ科の多年草。日本固有種。
¶カヤツリ（p388/モ図）
固有（p186/カ写）

**ナガミボチョウジ** Psychotria manillensis
アカネ科の木本。
¶野生4（p288/カ写）

**ナガミル** Codium cylindricum　長水松
ミル科の海藻。別名クズレミル, サメノタスキ。体
は長さ15m。
¶新分牧（No.4963/モ図）
新牧日（No.4823/モ図）

**ナカヨシツメクサ** ⇒ハクモウアカツメクサを見よ

**ナガラシ** ⇒カラシナを見よ

**ナガレコウホネ** Nuphar×fluminalis
スイレン科。シモツケコウホネとコウホネの雑種。
¶山カ野草（p719/カ写）

**ナギ** Nageia nagi　梛
マキ科（イヌマキ科）の常緑高木。別名チカラシバ,
ベンケイノチカラシバ。高さは25m。花は黄白色。
¶APG原樹（No.63/カ図）
原牧1（No.33/カ図）
新分牧（No.43/モ図）
新牧日（No.10/モ図）
茶花上（p428/カ写）
牧野ス1（No.34/カ図）
野生1（p34/カ写）
山カ樹木（p11/カ写）

**ナギイカダ** Ruscus aculeatus　梛筏
キジカクシ科〔クサスギカズラ科〕（ユリ科）の常緑
小低木。高さは10〜100cm。
¶APG原樹（No.184/カ図）
学フ増花庭（p130/カ写）
原牧1（No.604/カ図）
新分牧（No.614/カ図）
新牧日（No.3458/モ図）
茶花上（p214/カ写）
牧野ス1（No.604/カ図）
山カ樹木（p77/カ写）

**ナギソアザミ** Cirsium nagisoense
キク科アザミ亜科の草本。日本固有種。
¶固有（p140）
野生5（p241/カ写）

**ナギナタガヤ** Vulpia myuros　薙刀茅
イネ科イチゴツナギ亜科の一年草〜二年草。別名ネ
ズミノシッポ, シッポガヤ。高さは20〜40cm。葉
身は幅0.5mmほどの円筒形。
¶帰化写改（p468/カ写, p522/カ写）
桑イネ（p241/カ写・モ図）
原牧1（No.1018/カ写）
植調（p303/カ写）
新分牧（No.1119/モ図）
新牧日（No.3686/モ図）
牧野ス1（No.1018/カ写）
野生2（p66/カ写）
山ハ野花（p159/カ写）

**ナギナタコウジュ** Elsholtzia ciliata　薙刀香薷
シソ科シソ亜科〔イヌハッカ亜科〕の一年草。別名
イヌエ, イヌアラギ。高さは30〜60cm。
¶色野草（p313/カ写）
学フ増野秋（p18/カ写）
学フ増薬草（p109/カ写）
原牧2（No.1709/カ写）
植調（p183/カ写）
新分牧（No.3762/モ図）
新牧日（No.2618/モ図）
茶花下（p325/カ写）
牧野ス2（No.3554/カ図）

野生5（p128/カ写）
山力野草（p228/カ写）
山ハ野花（p458/カ写）

**ナギナタタケ** *Clavulinopsis fusiformis*
シロソウメンタケ科のキノコ。形はなぎなた状，黄色。
¶原きの（No.457/カ写・カ図）
山ロ日き（p409/カ写）

**ナギヒロハテンナンショウ** *Arisaema nagiense*
サトイモ科の多年草。日本固有種。高さは10〜40cm。
¶固有（p177）
新分牧（No.228/モ図）
テンナン（No.10/カ写）
野生1（p98/カ写）

**ナギラン** *Cymbidium nagifolium* 那木蘭
ラン科の多年草。高さは10〜20cm。花は白，黄，淡緑色。
¶原牧1（No.478/カ図）
新分牧（No.540/モ図）
新牧日（No.4353/モ図）
牧野ス1（No.478/カ図）
野生1（p193/カ写）
山ハ山花（p89/カ写）
山レ増（p484/カ写）

**ナキリ** ⇒アブラガヤを見よ

**ナキリスゲ** *Carex lenta* var.*lenta* 菜切菅
カヤツリグサ科の多年草。高さは40〜80cm。
¶カヤツリ（p148/モ図）
原牧1（No.841/カ写）
山野草（No.1611/カ写）
新分牧（No.812/モ図）
新牧日（No.4138/モ図）
スゲ増（No.62/カ写）
牧野ス1（No.841/カ図）
野生1（p308/カ写）
山ハ野花（p141/カ写）

**ナゴスゲ** *Carex cucullata*
カヤツリグサ科の多年草。前年の無花茎の中に有花茎を付ける。
¶カヤツリ（p302/モ図）
スゲ増（No.155/カ写）
野生1（p319/カ写）

**ナゴヤ** ⇒オゴノリを見よ

**ナゴラン** *Sedirea japonica* 名護蘭
ラン科の多年草。長さは5〜20cm。花は淡緑白色。
¶原牧1（No.485/カ図）
山野草（No.1696/カ写）
新分牧（No.532/モ図）
新牧日（No.4360/モ図）
牧野ス1（No.485/カ図）
野生1（p226/カ写）
山レ増（p491/カ写）

**ナシ**(1) *Pyrus pyrifolia* var.*culta* 梨
バラ科の落葉高木。別名アリノミ，ニホンナシ。果

実は球形〜長球形。
¶APG原樹（No.557/カ図）
原牧1（No.1698/カ図）
新分牧（No.1899/モ図）
新牧日（No.1059/モ図）
牧野ス1（No.1698/カ図）
落葉図譜（p163/モ図）

**ナシ**(2) ⇒ヤマナシ(1)を見よ

**ナシカズラ** *Actinidia rufa*
マタタビ科（サルナシ科）のつる性低木。別名シマサルナシ。
¶APG原樹〔シマサルナシ〕（No.1197/カ図）
原牧2（No.1155/カ図）
新分牧（No.3198/モ図）
新牧日（No.720/モ図）
牧野ス2（No.3000/カ図）
野生4〔シマサルナシ〕（p219/カ写）
山力樹木〔シマサルナシ〕（p481/カ写）

**ナジマザクラ** *Cerasus lannesiana* 'Multipetala' 名島桜
バラ科の落葉小高木。サクラの栽培品種。花は淡紅色。
¶学フ増桜〔'名島桜'〕（p196/カ写）

**ナス** *Solanum melongena* 茄子
ナス科の果菜類。別名ナスビ，エッグプラント。実は紫，黄，緑，白色など多種あり。花は淡紫色，または白色。
¶学フ増菜園（p152/カ写）
原牧2（No.1483/カ図）
新分牧（No.3492/モ図）
新牧日（No.2659/カ図）
茶花上（p554/カ写）
牧野ス2（No.3328/カ図）

**ナスコニイッポンシメジ** *Entoloma kujuense*
イッポンシメジ科のキノコ。中型。傘は暗紫色で微細な鱗片がある。ひだはピンク色。
¶山力日き（p281/カ写）

**ナスターチウム** ⇒ノウゼンハレンを見よ

**ナズナ** *Capsella bursa-pastoris* 薺，撫菜
アブラナ科の一年草または多年草。別名ペンペングサ，ペンペンソウ。高さは10〜50cm。花は白色。
¶色野草（p33/カ写）
学フ増山菜（p80/カ写）
学フ増野春（p143/カ写）
学フ増菜草（p62/カ写）
原牧2（No.728/カ図）
植調（p87/カ写）
新分牧（No.2726/モ図）
新牧日（No.848/モ図）
茶花上（p290/カ写）
牧野ス2（No.2573/カ図）
野生4（p54/カ写）
山力野草（p449/カ写）
山ハ野花（p401/カ写）

**ナスノイワヤナギ** *Salix*×*nasuensis*
ヤナギ科の雑種。

ナスノシク

¶野生3〔ナスノイワヤナギ(オオキツネヤナギ×シライ
ヤナギ)〕(p206/カ写)

**ナスノシグレヤナギ**　*Salix× eriocataphylloides*
ヤナギ科の雑種。
¶野生3〔ナスノシグレヤナギ(シライヤナギ×バッコヤ
ナギ)〕(p206)

**ナスノヒオウギアヤメ**　*Iris setosa var.nasuensis*
那須の檜扇菖蒲
アヤメ科の多年草。日本固有種。
¶固有(p162)
　野生1(p235)

**ナスノユカワザサ**　*Sasa kogasensis var.nasuensis*
イネ科タケ亜科の植物。日本固有種。
¶固有(p173/カ写)

**ナスビ**　⇒ナスを見よ

**ナスヒオオギアヤメ**　⇒ナスノヒオウギアヤメを
見よ

**ナゼカンアオイ**　*Asarum nazeanum*
ウマノスズクサ科の多年草。奄美大島中部の山地に
産する。
¶野生1(p65/カ写)

**ナタウリ**　⇒セイヨウカボチャ(1)を見よ

**ナタオレノキ**　⇒シマモクセイを見よ

**ナタギリシダ**　*Thelypteris truncata*
ヒメシダ科のシダ植物。別名オニホシダ。
¶シダ標1(p439/カ写)

**ナタネタビラコ**　*Lapsana communis*
キク科の一年草。高さは10〜70cm。花は淡黄色。
¶帰化写改(p377/カ写)
　植調(p153/カ写)

**ナタネナ**　⇒アブラナを見よ

**ナタネモドキ**　⇒ノハラガラシを見よ

**ナタマメ**　*Canavalia gladiata*　鉈豆
マメ科マメ亜科の果菜類。別名タテハキ, トウズ。
莢は巾広く種子は褐色。花は白, ピンク, 赤紫色。
¶学フ増薬草(p73/カ写)
　学フ有毒(p145/カ写)
　原牧1(No.1589/カ図)
　新分牧(No.1663/モ図)
　新牧日(No.1376/モ図)
　牧野ス1(No.1589/カ図)
　野生2(p260/カ写)

**ナチウツギ**　*Deutzia gracilis var.pauciflora*
アジサイ科の落葉高木。花序は3〜5花からなる総
状花序。
¶野生4(p162)

**ナチクジャク**　*Dryopteris decipiens*　那智孔雀
オシダ科の常緑性シダ。葉身は長さ20〜40cm, 披
針形〜長楕円状披針形。
¶シダ標2(p371/カ写)
　新分牧(No.4745/モ図)
　新牧日(No.4532/モ図)

**ナチシケシダ**　*Deparia petersenii var.petersenii*
メシダ科のシダ植物。別名ヒロハシケシダ, コシケ
シダ, アサマシケシダ, アサマシダ。
¶シダ標2(p345/カ写)

**ナチシダ**　*Pteris wallichiana*　那智羊歯
イノモトソウ科のシダ植物。葉身は長さ1m, 五角
形状。
¶シダ標1(p379/カ写)
　新分牧(No.4603/モ図)
　新牧日(No.4490/モ図)

**ナチフモトシケシダ**　*Deparia petersenii var.*
*petersenii× D.pseudoconilii var.pseudoconilii*
メシダ科のシダ植物。
¶シダ標2(p349/カ写)

**ナチワラビ**　⇒ニセヒロハノコギリシダを見よ

**ナツアイタケ**　⇒アイタケ(1)を見よ

**ナツアサドリ**　*Elaeagnus yoshinoi*　夏朝取
グミ科の落葉低木。日本固有種。高さは6m。
¶原牧2(No.4/カ図)
　固有(p92)
　新分牧(No.2044/モ図)
　新牧日(No.1780/モ図)
　牧野ス1(No.1849/カ図)
　野生2(p312/カ写)
　山力樹木(p509/カ写)

**ナツウメ**　⇒マタタビを見よ

**ナツエビネ**　*Calanthe puberula var.reflexa*　夏海老根,
夏蝦根
ラン科の多年草。高さは20〜40cm。花は淡藤色。
¶原牧1(No.459/カ図)
　山野草(No.1679/カ写)
　新分牧(No.493/モ図)
　新牧日(No.4333/モ図)
　茶花下(p121/カ写)
　牧野ス1(No.459/カ図)
　野生1(p188/カ写)
　山力野草(p582/カ写)
　山ハ山花(p91/カ写)
　山レ増(p478/カ写)

**ナツカ**　*Prunus mume* 'Natsuka'　長束
バラ科。ウメの品種。果皮は淡緑で, 陽向面は深紅
色。実ウメ, 野梅系。
¶ウメ〔長束〕(p176/カ写)

**ナツカラマツ**　⇒イワカラマツを見よ

**ナツグミ**　*Elaeagnus multiflora var.multiflora*　夏茱萸
グミ科の落葉低木。日本固有種。別名ヤマグミ。
高さは2〜4m。花の内面は淡黄色。
¶APG原樹(No.630/カ図)
　原牧2(No.1/カ図)
　固有(p92)
　新分牧(No.2041/モ図)
　新牧日(No.1777/モ図)
　茶花上(p291/カ写)
　都木花新〔アキグミとナツグミ〕(p147/カ写)
　牧野ス1(No.1846/カ図)

野生2（p313/カ写）

## ナツグミ（狭義）　*Elaeagnus multiflora* f.*orbiculata*
夏茱萸
グミ科の落葉低木。日本固有種。
¶学フ増樹〔ナツグミ〕（p42/カ写・カ図）
　山カ樹木〔ナツグミ〕（p508/カ写）

## ナツコガ　⇒カナクギノキを見よ

## ナツコムギ　⇒ライムギを見よ

## ナツゴロモ　*Prunus mume* 'Natsugoromo'　夏衣
バラ科。ウメの品種。李系ウメ，紅casar性一重。
¶ウメ〔夏衣〕（p102/カ写）

## ナツザキエリカ　⇒カルーナを見よ

## ナツザキフクジュソウ　*Adonis aestivalis*
キンポウゲ科の草本。高さは30～50cm。花は赤または朱紅色。
¶原牧1（No.1294/カ図）
　牧野ス1（No.1294/カ図）

## ナツシロギク　*Tanacetum parthenium*　夏白菊
キク科の多年草。別名コシロギク，ナツノコシロギク，フランスコギク，マトリカリア（園芸名）。高さは30～80cm。花は白色。
¶原牧2（No.2074/カ図）
　新分牧（No.4242/モ図）
　新牧日（No.3106/モ図）
　茶花上（p429/カ写）
　牧野ス2（No.3919/カ図）

## ナツズイセン　*Lycoris*×*squamigera*　夏水仙
ヒガンバナ科の多年草。別名ケイセイバナ，ハダカユリ。高さは50～60cm。花は淡紅紫色。
¶色野草（p307/カ写）
　学フ増山菜（p220/カ写）
　学フ増野夏（p58/カ写）
　学フ有毒（p30/カ写）
　原牧1（No.547/カ図）
　新分牧（No.592/モ図）
　新牧日（No.3519/モ図）
　茶花下（p325/カ写）
　牧野ス1（No.547/カ図）
　野生1（p244/カ写）
　山力野草（p598/カ写）
　山ハ野花（p70/カ写）

## ナツヅタ　⇒ツタを見よ

## ナツゾラ　*Hibiscus syriacus* 'Natsuzora'　夏空
アオイ科。ムクゲの品種。一重咲き中弁型。
¶茶花下（p21/カ写）

## ナツダイダイ　⇒ナツミカンを見よ

## ナツタデ　⇒ハルタデを見よ

## ナツツバキ　*Stewartia pseudocamellia*　夏椿
ツバキ科の落葉高木。別名シャラ，シャラノキ，サラ，サラジュ，サルスベリ。樹高は15m。花は白色。樹皮は赤褐色。
¶APG原樹（No.1174/カ図）
　学フ増樹（p199/カ写）
　原牧2（No.1126/カ図）

新分牧（No.3167/モ図）
新牧日（No.732/モ図）
茶花上（p554/カ写）
都木花新（p73/カ写）
牧野ス2（No.2971/カ図）
野生4（p206/カ写）
山力樹木（p490/カ写）
落葉図譜（p242/モ図）

## ナツトウダイ　*Euphorbia sieboldiana*　夏灯台
トウダイグサ科の多年草。日本固有種。別名イズナツトウダイ，オオスミナツトウダイ，ナンゴクナツトウダイ。高さは30～50cm。
¶色野草（p339/カ写）
　学フ増野春（p209/カ写）
　原牧2（No.251/カ図）
　固有（p83/カ写）
　新分牧（No.2411/モ図）
　新牧日（No.1469/モ図）
　茶花上（p429/カ写）
　牧野ス1（No.2096/カ図）
　野生3（p155/カ写）
　山力野草（p365/カ写）
　山ハ野花（p337/カ写）

## ナツノウナギツカミ　*Persicaria dichotoma*
タデ科の一年草。別名リュウキュウヤノネグサ。高さは30cm前後。
¶野生4（p94/カ写）

## ナツノコシロギク　⇒ナツシロギクを見よ

## ナツノタムラソウ　*Salvia lutescens* var.*intermedia*
夏の田村草
シソ科シソ亜科〔イヌハッカ亜科〕の多年草。日本固有種。高さは20～50cm。
¶原牧2（No.1673/カ図）
　固有（p122/カ写）
　新分牧（No.3790/モ図）
　新牧日（No.2585/モ図）
　牧野ス2（No.3518/カ図）
　野生5（p139/カ写）
　山ハ山花（p426/カ写）

## ナツノチャヒキ　⇒カモジグサを見よ

## ナツノハナワラビ　*Botrychium virginianum*　夏の花蕨
ハナヤスリ科（ハナワラビ科）の夏緑性シダ。葉身は長さ5～28cm，広五角形状。
¶シダ標1（p290/カ写）
　新分牧（No.4505/モ図）
　新牧日（No.4395/モ図）

## ナツハギ　⇒ミヤギノハギを見よ

## ナツハゼ(1)　*Vaccinium oldhamii*　夏櫨，夏黄櫨
ツツジ科スノキ亜科の落葉低木。
¶APG原樹（No.1304/カ図）
　学フ増山菜（p181/カ写）
　学フ増樹（p111/カ写）
　原牧2（No.1246/カ図）
　新分牧（No.3298/モ図）
　新牧日（No.2190/モ図）

茶花上 (p430/カ写)
牧野ス2 (No.3091/カ図)
野生4 (p258/カ写)
山カ樹木 (p603/カ写)
落葉図譜 (p273/モ図)

**ナツハゼ**(2) ⇒トキワハゼを見よ

**ナツフジ** *Wisteria japonica* f.*japonica* 夏藤
マメ科マメ亜科のつる性落葉木。別名ドヨウフジ，トキジクフジ。花は黄白色。
¶ **APG原樹** (No.357/カ図)
原牧1 (No.1512/カ図)
新分牧 (No.1739/モ図)
新牧日 (No.1299/モ図)
茶花下 (p121/カ写)
牧野ス1 (No.1512/カ図)
野生2 (p306/カ写)
山カ樹木 (p364/カ写)

**ナツボウズ**(1) ⇒オニシバリを見よ

**ナツボウズ**(2) ⇒ナニワズを見よ

**ナツボダイジュ** *Tilia platyphyllos* 夏菩提樹
アオイ科 (シナノキ科) の落葉広葉高木。別名ヨウシュボダイジュ。高さは32m。樹皮は灰色。
¶ **APG原樹** (No.1007/カ図)
原牧2 〔セイヨウボダイジュ〕 (No.647/カ図)
新分牧 〔セイヨウボダイジュ〕 (No.2659/モ図)
新牧日 〔セイヨウボダイジュ〕 (No.1715/モ図)
牧野ス2 〔セイヨウボダイジュ〕 (No.2492/カ図)

**ナツミカン** *Citrus* 'Natsudaidai' 夏蜜柑
ミカン科の木本。別名ナツダイダイ。果実は扁球形。
¶ **APG原樹** (No.975/カ図)
原牧2 (No.598/カ写)
新分牧 (No.2633/モ図)
新牧日 (No.1534/モ図)
都木花新 (p195/カ写)
牧野ス2 (No.2443/カ図)
山カ樹木 (p374/カ写)

**ナツメ** *Ziziphus jujuba* var.*inermis* 棗, 夏芽
クロタキカズラ科 (クロウメモドキ科) の落葉小高木。別名タイソウ。果皮は黄褐色。
¶ **APG原樹** (No.639/カ図)
学フ増花庭 (p183/カ写)
学フ増薬草 (p212/カ写)
原牧2 (No.24/カ図)
新分牧 (No.2071/モ図)
新牧日 (No.1686/モ図)
茶花上 (p555/カ写)
都木花新 (p177/カ写)
牧野ス1 (No.1869/カ図)
野生2 (p324/カ写)
山カ樹木 (p464/カ写)

**ナツメグ** ⇒ニクズクを見よ

**ナツメヤシ** *Phoenix dactylifera* 棗椰子
ヤシ科の木本。雌雄異株，果実は長さ4cm。高さは25〜30m。花は黄〜橙色。

¶ **APG原樹** (No.208/カ図)
原牧1 (No.619/カ図)
新分牧 (No.644/モ図)
新牧日 (No.3899/モ図)
牧野ス1 (No.619/カ図)

**ナツユキカズラ** *Pallopia aubertii* 夏雪葛
タデ科の落葉性つる性木本。
¶ 茶花下 (p242/カ写)

**ナツユリ** ⇒コオニユリを見よ

**ナツリンドウ** ⇒ゲンチアナ・セプテムフィダを見よ

**ナツロウバイ** *Calycanthus chinensis* 夏蝋梅
ロウバイ科の落葉灌木。別名シャラメイ。高さは1〜3m。樹皮は淡青緑色あるいは灰褐色。
¶ 新分牧 (No.169/モ図)

**ナデシコ**(1) ⇒カワラナデシコを見よ

**ナデシコ**(2) ⇒セキチクを見よ

**ナデン** *Cerasus sieboldii* 南殿, 奈天
バラ科の木本。サクラの品種。別名タカサゴ，チャワンザクラ，ムシャザクラ。花は白色。
¶ **APG原樹** (No.445/カ図)
原牧1 (No.1650/カ図)
新分牧 (No.1854/モ図)
新牧日 (No.1228/モ図)
牧野ス1 (No.1650/カ図)

**ナトリアザミ** *Cirsium kasaianum* 名取薊
キク科アザミ亜科の多年草。高さは70〜150cm。花は淡紅紫色。
¶ 野生5 (p238/カ写)

**ナトリグサ** ⇒ボタンを見よ

**ナナ** *Chamaecyparis obtusa* 'Nana'
ヒノキ科の常緑針葉低木。園芸品種。
¶ **APG原樹** 〔カメシパリス・オブツーサ 'ナナ'〕 (No.87/カ図)

**ナナカイソウ** ⇒クリンソウを見よ

**ナナカマド** *Sorbus commixta* var.*commixta* 七竈
バラ科シモツケ亜科の落葉高木。別名オオナナカマド，エゾナナカマド。高さは15m。花は白色。樹皮は灰色。
¶ **APG原樹** (No.535/カ図)
学フ増樹 (p205/カ写・カ図)
原牧1 (No.1711/カ図)
新分牧 (No.1903/モ図)
新牧日 (No.1063/モ図)
図説樹木 (p140/カ写)
茶花上 (p555/カ写)
都木花新 (p131/カ写)
牧野ス1 (No.1711/カ図)
野生3 (p83/カ写)
山カ樹木 (p338/カ写)
山ハ高山 (p226/カ写)
落葉図譜 (p166/モ図)

**ナナツガママンネングサ** *Sedum drymarioides*
ベンケイソウ科の草本。別名ハコベマンネングサ，ケマンネングサ。

¶野生2（p228/カ写）
　山レ増（p329/カ写）

**ナナバケイタヤ** ⇒イタヤカエデを見よ

**ナナバケシダ** *Tectaria decurrens* 七化羊歯
　ナナバケシダ科（オシダ科）の常緑性シダ。葉長50
　〜100cm、葉身は長楕円形〜卵形。
　¶シダ標2（p443/カ写）
　　新分牧（No.4769/モ図）
　　新牧日（No.4549/モ図）

**ナナヘンゲ** ⇒シチヘンゲ(1)を見よ

**ナナミノキ** *Ilex chinensis* 七実の木
　モチノキ科の常緑高木。別名ナナメノキ，カシノハ
　モチ。樹高は10m。樹皮は灰色。
　¶APG原樹（No.1454/カ図）
　　原牧2（No.1834/カ図）
　　新分牧（No.3879/モ図）
　　新牧日（No.1625/モ図）
　　茶花上（p556/カ写）
　　牧野ス2（No.3679/カ図）
　　野生5（p182/カ写）
　　山力樹木（p407/カ写）

**ナナメノキ** ⇒ナナミノキを見よ

**ナナ ルテア** *Chamaecyparis obtusa* 'Nana Lutea'
　ヒノキ科の常緑低木。カマクラヒバの矮性種。
　¶APG原樹〔ヒノキ'ナナ ルテア'〕（No.1539/カ図）

**ナニワ** *Prunus mume* 'Naniwa' 難波，浪花
　バラ科。ウメの品種。実ウメ，李系。
　¶ウメ〔難波（浪花）〕（p177/カ写）

**ナニワイバラ** *Rosa laevigata* 難波茨，難波薔薇
　バラ科バラ亜科の半つる性の常緑低木。別名ナニワ
　バラ。花は白色。
　¶APG原樹（No.607/カ図）
　　帰化写2（p502/カ写）
　　原牧1（No.1802/カ図）
　　新分牧（No.1997/モ図）
　　新牧日（No.1188/モ図）
　　茶花上（p430/カ写）
　　牧野ス1（No.1802/カ図）
　　野生3（p43/カ写）
　　山力樹木（p254/カ写）

**ナニワグサ** ⇒ヨシを見よ

**ナニワコウ** *Prunus mume* 'Naniwa-kō' 難波紅
　バラ科。ウメの品種。李系ウメ，難波性八重。
　¶ウメ〔難波紅〕（p90/カ写）

**ナニワシロ** *Prunus mume* 'Naniwa-shiro' 難波白
　バラ科。ウメの品種。李系ウメ，難波性八重。
　¶ウメ〔難波白〕（p91/カ写）

**ナニワズ** *Daphne jezoensis* 浪花津
　ジンチョウゲ科の落葉小低木。別名エゾナニワズ，
　エゾナツボウズ，ナツボウズ，エゾオニシバリ。葉
　は鈍形〜円形。
　¶APG原樹（No.1044/カ図）
　　学フ有毒（p73/カ写）
　　原牧2（No.662/カ図）

山野草（No.0682/カ写）
　新分牧（No.2702/モ図）
　新牧日（No.1767/カ写）
　牧野ス2（No.2507/カ写）
　ミニ山（p183/カ写）
　野生4（p37/カ写）
　山力樹木（p502/カ写）

**ナニワバラ** ⇒ナニワイバラを見よ

**ナニンジン** ⇒ニンジンを見よ

**ナノハナ** *Brassica rapa* 菜の花
　アブラナ科の越年草。観賞用として改良。別名カン
　ザキハナナ，ハナナ，ナバナ。高さは80〜100cm。
　¶茶花上（p214/カ写）

**ナノリソ** ⇒ホンダワラを見よ

**ナハカノコソウ** *Boerhavia glabrata*
　オシロイバナ科の匍匐草。花は紅紫色。葉は鋭頭、
　狭脚、果実は長柄。
　¶原牧2（No.988/カ写）
　　新牧日（No.321/モ図）
　　牧野ス2（No.2833/カ写）
　　野生4（p146/カ写）

**ナハキハギ** *Dendrolobium umbellatum*
　マメ科マメ亜科の木本。
　¶新分牧（No.1690/モ図）
　　野生2（p263/カ写）

**ナバナ** ⇒ナノハナを見よ

**ナピーアグラス** *Cenchrus purpureus*
　イネ科の多年草。高さは3m。
　¶帰化写2（No.460/カ写）
　　桑イネ〔ナピアグラス〕（p371/カ写・モ図）
　　新分牧（No.1220/モ図）
　　新牧日（No.3791/モ図）

**ナベイチゴ** ⇒クサイチゴを見よ

**ナベクラザゼンソウ** *Symplocarpus nabekuraensis*
　鍋倉座禅草
　サトイモ科の多年草。日本固有種。
　¶固有（p176）
　　野生1（p110/カ写）
　　山力野草（p720/カ写）
　　山ハ高山（p9/カ写）
　　山レ増（p548/カ写）

**ナベコウジ** ⇒クロツバラを見よ

**ナベナ** *Dipsacus japonicus* 鍋菜，続断，山芹菜
　スイカズラ科（マツムシソウ科）の越年草。高さは
　1m以上。
　¶原牧2（No.2303/カ図）
　　新分牧（No.4375/モ図）
　　新牧日（No.2890/モ図）
　　茶花下（p243/カ写）
　　牧野ス2（No.4148/カ写）
　　野生5（p416/カ写）
　　山力野草（p138/カ写）
　　山ハ山花（p484/カ写）

**ナベワリ** *Croomia heterosepala* 鍋破
ビャクブ科の多年草。日本固有種。高さは30〜60cm。
¶原牧1（No.294/カ図）
　固有（p161/カ写）
　新分牧（No.341/モ図）
　新牧日（No.3499/モ図）
　牧野ス1（No.294/カ図）
　野生1（p153/カ写）
　山カ野草（p645/カ写）
　山ハ山花（p54/カ写）

**ナマイ**　⇒オモダカを見よ

**ナミウチマムシグサ**　⇒ナガバマムシグサを見よ

**ナミガタタチゴケ** *Atrichum undulatum*
スギゴケ科のコケ。別名ホソバタチゴケ。茎は長さ4cm, 分枝しない。葉は披針形。
¶新分牧（No.4835/モ図）
　新牧日（No.4698/モ図）

**ナミキソウ** *Scutellaria strigillosa* 浪来草, 波来草
シソ科タツナミソウ亜科の多年草。高さは10〜40cm。
¶原牧2（No.1640/カ図）
　山野草（No.1050/カ写）
　新分牧（No.3734/モ図）
　新牧日（No.2552/モ図）
　茶花上（p556/カ写）
　牧野ス2（No.3485/カ図）
　野生5（p117/カ写）
　山カ野草（p207/カ写）
　山ハ野花（p467/カ写）

**ナミダタケ** *Serpula lacrymans*
Serpulaceae科のキノコ。
¶原きの（No.400/カ写・カ図）

**ナミノハナ** *Portieria japonica*
ナミノハナ科の海藻。小枝の縁辺が鋸歯状になる。
¶新分牧（No.5042/モ図）
　新牧日（No.4902/モ図）

**ナミバシシガシラ**　⇒シシガシラ(1)を見よ

**ナミモロコシ** *Sorghum bicolor* var.*bicolor*
イネ科の一年草。アフリカ原産。高さは2m前後。
¶桑イネ（p451/モ図）

**ナメアシタケ** *Mycena epipterygia*
ラッシタケ科（クヌギタケ科）のキノコ。小型。傘は淡灰黄色〜淡灰褐色, 粘性あり。
¶原きの（No.210/カ写・カ図）
　山カ日き（p132/カ写）

**ナメコ(1)** *Pholiota microspora* 滑子
モエギタケ科のキノコ。中型〜大型。高さは5cm。傘は明褐色, 下面にゼラチン質膜, 強粘性。ひだは淡黄色。
¶新分牧（No.5117/モ図）
　新牧日（No.4996/モ図）
　山カ日き（p229/カ写）

**ナメコ(2)**　⇒エノキタケを見よ

**ナメススキ**　⇒エノキタケを見よ

**ナメタケ**　⇒エノキタケを見よ

**ナメニセムクエタケ** *Phaeocollybia christinae*
フウセンタケ科のキノコ。小型。傘は粘性, 円錐形。
¶原きの（No.228/カ写・カ図）

**ナメライノデ** *Polystichum × okanum*
オシダ科のシダ植物。
¶シダ標2（p420/カ写）

**ナメラカブトゴケ** *Lobaria orientalis*
カブトゴケ科のコケ。地衣体は大型の葉状。
¶新分牧（No.5172/モ図）
　新牧日（No.5032/モ図）

**ナメラダイモンジソウ** *Saxifraga fortunei* var. *suwoensis*
ユキノシタ科の草本。日本固有種。別名カエデダイモンジソウ。
¶固有（p72）
　野生2（p213/カ写）
　山カ野草（p421/カ写）

**ナメラテキリスゲ**　⇒ヤマテキリスゲを見よ

**ナメリチョウチンゴケ** *Mnium lycopodioides*
チョウチンゴケ科のコケ。茎は長さ1〜3cm。葉は卵形〜卵状披針形。
¶新分牧（No.4870/モ図）
　新牧日（No.4730/モ図）

**ナメルギボウシ** *Hosta sieboldiana* var.*glabra*
クサスギカズラ科（ユリ科）。日本固有種。
¶固有（p155）
　野生1（p251）

**ナヤノシロチャワンタケ** *Peziza domiciliana*
チャワンタケ科のキノコ。
¶山カ日き（p571/カ写）

**ナヨクサフジ** *Vicia villosa* subsp.*varia*
マメ科マメ亜科の多年草。別名ヘアリーベッチ。
¶帰化写改（p153/カ写）
　植調（p263/カ写）
　ミニ山（p160/カ写）
　野生2（p300/カ写）
　山カ野草（p379/カ写）

**ナヨシダ** *Cystopteris fragilis* 弱羊歯
ナヨシダ科（オシダ科, イワデンダ科）の夏緑性シダ。葉身は長さ5〜23cm, 長楕円状卵形〜長楕円形。
¶シダ標（p403/カ写）
　新分牧（No.4619/モ図）
　新牧日（No.4573/モ図）
　山ハ高山（p467/カ写）

**ナヨタケ(1)** *Psathyrella corrugis*
ナヨタケ科のキノコ。小型。傘は湿時褐色, 乾燥時帯白色。被膜なし。ひだは淡灰色〜黒褐色, 縁部はピンク色。
¶山カ日き（p212/カ写）

**ナヨタケ(2)**　⇒メダケを見よ

**ナヨテンマ** *Gastrodia gracilis*
ラン科の地生の多年草。
¶原牧1（No.421/カ図）
　新分牧（No.487/モ図）
　新牧日（No.4295/モ図）
　牧野ス1（No.421/カ図）
　野生1（p202/カ写）
　山レ増（p510/カ写）

**ナヨナヨコゴメグサ** *Euphrasia microphylla*
ハマウツボ科（ゴマノハグサ科）の草本。日本固有種。
¶固有（p129/カ写）
　野生5（p152/カ写）
　山レ増（p98/カ写）

**ナヨナヨワスレナグサ** ⇒タビラコモドキを見よ

**ナラ** ⇒コナラを見よ

**ナラガシワ** *Quercus aliena* 楢柏, 楢槲
ブナ科の木本。別名カシワナラ, ツクシオオナラ, ノコバナラガシワ。
¶APG原樹（No.700/カ図）
　原牧2（No.110/カ図）
　新分牧（No.2152/モ図）
　新牧日（No.145/モ図）
　茶花上（p291/カ写）
　牧野ス1（No.1955/カ図）
　野生3（p96/カ写）
　山力樹木（p141/カ写）

**ナラザクラ** ⇒ナラヤエザクラを見よ

**ナラサモ** *Sargassum nigrifolium*
ホンダワラ科の海藻。根は瘤状。体は70cm。
¶新分牧（No.5018/モ図）
　新牧日（No.4878/モ図）

**ナラタケ** *Armillaria mellea* 楢茸
タマバリタケ科（キシメジ科）のキノコ。別名ハリガネタケ。小型〜中型。傘は黄褐色, 中央微毛鱗片。ひだは白色。
¶学フ増毒き〔ナラタケ（広義）〕（p102/カ写）
　原きの（No.032/カ写・カ図）
　新分牧（No.5096/モ図）
　新牧日（No.4979/モ図）
　山力日き〔ナラタケ（広義）〕（p95/カ写）

**ナラタケモドキ** *Armillaria tabescens*
タマバリタケ科（キシメジ科）のキノコ。小型〜中型。傘は黄蜜色で微細な褐色鱗片あり。粘性なし。
¶学フ増毒き（p104/カ写）
　山力日き（p93/カ写）

**ナラノヤエザクラ** ⇒ナラヤエザクラを見よ

**ナラヤエザクラ** *Cerasus leveilleana* ‘Narazakura’
奈良八重桜
バラ科の落葉高木。サクラの栽培品種。別名ナラザクラ。花は淡紅色。
¶APG原樹〔サクラ‘ナラヤエザクラ’〕（No.408/カ図）
　学フ増桜〔‘奈良の八重桜’〕（p98/カ写）

**ナリヒラダケ** *Semiarundinaria fastuosa* 業平竹
イネ科タケ亜科の常緑中型タケ。日本固有種。高さ

は7〜8m。
¶APG原樹（No.225/カ図）
　原牧1（No.930/カ図）
　固有（p174）
　新分牧（No.1038/モ図）
　新牧日（No.3631/モ図）
　タケ亜科（No.20/カ写）
　タケササ（p62/カ写）
　牧野ス1（No.930/カ図）
　野生2（p37/カ写）
　山力樹木（p64/カ写）

**ナリヤラン** *Arundina graminifolia*
ラン科の多年草, 地生植物。花は紅紫色, 唇弁濃紅紫色。
¶山野草（No.1750/カ写）
　野生1（p184/カ写）
　山ハ山花（p97/カ写）
　山レ増（p465/カ写）

**ナルキサス・アッソアヌス** *Narcissus assoanus*
ヒガンバナ科の草本。高さは約20cm。
¶山野草（No.1569/カ写）

**ナルキサス・カンタブリクス・モノフィルス**
*Narcissus cantabricus* subsp.*monophyllus*
ヒガンバナ科の多年草。高さは約15cm。
¶山野草（No.1560/カ写）

**ナルキサス・キクラミネウス** *Narcissus cyclamineus*
ヒガンバナ科の多年草。花は黄色。
¶山野草（No.1566/カ写）

**ナルキサス・ジョンクィラ** ⇒キズイセンを見よ

**ナルキサス・セロティヌス** *Narcissus serotinus*
ヒガンバナ科。花は白色。
¶山野草（No.1567/カ写）

**ナルキサス・ブルボコディウム・コンスピキュース** *Narcissus bulbocodium* var.*conspicuus*
ヒガンバナ科の草本。高さは4〜10cm。
¶山野草（No.1565/カ写）

**ナルキサス・ブロウソネティー** *Narcissus broussonetii*
ヒガンバナ科。花は白色。
¶山野草（No.1571/カ写）

**ナルキサス・ルピコラ** *Narcissus rupicola*
ヒガンバナ科。花は黄色。
¶山野草（No.1570/カ写）

**ナルキサス・ロミエウクシー** *Narcissus romieuxii*
ヒガンバナ科の草本。高さは約10cm。
¶山野草（No.1562/カ写）

**ナルキッスス・キクラミネウス** ⇒ナルキサス・キクラミネウスを見よ

**ナルキッスス・ブルーソーネティー** ⇒ナルキサス・ブロウソネティーを見よ

**ナルコスゲ** *Carex curvicollis* 鳴子菅
カヤツリグサ科の多年草。日本固有種。別名ヤマナルコ, ミズナルコ。高さは20〜40cm。
¶カヤツリ（p224/モ写）

原牧1（No.828/カ図）
固有（p182）
新分牧（No.838/モ図）
新牧日（No.4121/モ図）
スゲ増（No.106/カ写）
牧野ス1（No.828/カ図）
野生1（p330/カ写）
山力野草（p665/カ写）
山ハ山花（p163/カ写）

ナルコビエ　*Eriochloa villosa*　鳴子稗
イネ科キビ亜科の多年草。別名スズメノアワ。高さ
は50～100cm。
¶桑イネ（p232/カ写・モ図）
　原牧1（No.1056/カ図）
　植調（p324/カ写）
　新分牧（No.1234/モ図）
　新牧日（No.3835/モ図）
　牧野ス1（No.1056/カ図）
　野生2（p84/カ写）
　山ハ野花（p201/カ写）

ナルコユリ　*Polygonatum falcatum*　鳴子百合
キジカクシ科〔クサスギカズラ科〕（ユリ科）の多年
草。別名エミグサ，オオエミ，ヤマエミ。高さは50
～130cm。
¶色野草（p57/カ写）
　学フ増山菜（p50/カ写）
　学フ増野春（p194/カ写）
　学フ増薬草（p17/カ写）
　原牧1（No.599/カ図）
　山野草（No.1399/カ写）
　新分牧（No.608/モ図）
　新牧日（No.3466/モ図）
　茶花上（p431/カ写）
　牧野ス1（No.599/カ図）
　野生1（p259/カ写）
　山力野草（p630/カ写）
　山ハ野花（p81/カ写）

ナルト　*Citrus medioglobosa*　鳴門
ミカン科の常緑低高木。別名ナルトミカン。果面は
橙黄色。
¶APG原樹（No.971/カ図）

ナルトオウギ　*Astragalus sikokianus*
マメ科マメ亜科の草本。日本固有種。
¶固有（p80）
　野生2（p258/カ写）
　山レ増（p288/カ写）

ナルトサワギク　*Senecio madagascariensis*
キク科の多年草。高さは30～70cm。花は濃黄色。
¶帰化写改（p384/カ写）
　植調（p148/カ写）

ナルトミカン　⇒ナルトを見よ

ナワシロイチゴ　*Rubus parvifolius*　苗代苺
バラ科バラ亜科の落葉性つる性低木。別名サツキイ
チゴ。
¶APG原樹（No.589/カ図）
　学フ増山菜（p171/カ写）

原牧1（No.1777/カ図）
新分牧（No.1946/モ図）
新牧日（No.1118/モ図）
牧野ス1（No.1777/カ図）
ミニ山（p139/カ写）
野生3（p54/カ写）
山力樹木（p271/カ写）
落葉図譜（p148/モ図）

ナワシログミ　*Elaeagnus pungens*　苗代茱萸
グミ科の常緑低木。高さは2～3m。花は淡黄白色。
¶APG原樹（No.635/カ図）
　学フ増樹（p235/カ写・カ図）
　原牧2（No.11/カ図）
　新分牧（No.2051/モ図）
　新牧日（No.1787/モ図）
　牧野ス1（No.1856/カ図）
　ミニ山（p185/カ写）
　野生2（p314/カ写）
　山力樹木（p511/カ写）

ナワタケ　*Gigantochloa apus*
イネ科。稈をそのまま砕いて捩りロープを作る。稈
は直径6cm。
¶タケササ〔ギガントクロア アプス〕（p194/カ写）

ナンカイアオイ　*Asarum nipponicum var.nankaiense*
ウマノスズクサ科の多年草。日本固有種。
¶固有（p61）
　野生1（p68/カ写）
　山レ増（p378/カ写）

ナンカイイタチシダ　*Dryopteris varia*
オシダ科の常緑性シダ。別名イタチシダモドキ。葉
身は長さ30～60cm，広卵形～五角状広卵形。
¶シダ標2（p367/カ写）

ナンカイウスベニニガナ　*Emilia fosbergii*
キク科キク亜科の一年草。高さは20～100cm。花
は淡紅色～紅色。
¶野生5（p296）

ナンカイギボウシ　*Hosta tardiva*
キジカクシ科〔クサスギカズラ科〕（ユリ科）の多年
草。花は淡暗赤紫色。
¶原牧1（No.576/カ図）
　新分牧（No.633/モ図）
　新牧日（No.3401/モ図）
　牧野ス1（No.576/カ図）

ナンカイシダ　*Asplenium micantifrons*
チャセンシダ科の常緑性シダ。日本固有種。葉身は
長さ25cm，卵状披針形。
¶固有（p203）
　シダ標1（p412/カ写）

ナンカイシュスラン　*Goodyera augustini*
ラン科の草本。日本固有種。
¶固有（p190）
　野生1（p205）

ナンカイスゲ　⇒アオヒエスゲを見よ

ナンカイヌカボ　*Agrostis avenacea*
イネ科イチゴツナギ亜科の多年草。高さは20～

60cm。
¶帰化写2（p310/カ写）
野生2（p41）

**ナンカイヒメイワカガミ** *Schizocodon ilicifolius*
var.*nankaiensis*
イワウメ科。日本固有種。
¶固有（p102）

**ナンカクラン** *Huperzia fordii*
ヒカゲノカズラ科の常緑性シダ。高さは20〜40cm。
葉身は広披針形〜長楕円形。
¶シダ標1（p265/カ写）
新分牧（No.4813/モ図）
新牧日（No.4378/モ図）

**ナンキイヌワラビ** *Athyrium×minakuchii*
メシダ科のシダ植物。
¶シダ標2（p306/カ写）

**ナンキハナワラビ** ⇒シチトウハナワラビを見よ

**ナンキン** ⇒カボチャを見よ

**ナンキンアヤメ**(1) ⇒イリス・プミラを見よ

**ナンキンアヤメ**(2) ⇒ニワゼキショウを見よ

**ナンキンウメ** ⇒ロウバイを見よ

**ナンキンコザクラ** ⇒ハクサンコザクラを見よ

**ナンキンザクロ** ⇒ヒメザクロを見よ

**ナンキンナナカマド** *Sorbus gracilis* 南京七竈
バラ科シモツケ亜科の落葉低木。日本固有種。別名
コバノナナカマド。
¶**APG原樹**（No.539/カ図）
原牧1（No.1716/カ図）
固有（p79）
新分牧（No.1908/モ図）
新牧日（No.1068/モ図）
茶花上（p431/カ写）
牧野ス1（No.1716/カ図）
野生3（p83/カ写）
山力樹木（p340/カ写）

**ナンキンバイ** ⇒ロウバイを見よ

**ナンキンハゼ** *Triadica sebifera* 南京櫨, 南京黄櫨
トウダイグサ科の落葉高木。別名トウハゼ, カンテ
ラギ。
¶**APG原樹**（No.797/カ図）
学フ増花庭（p187/カ写）
学フ有毒（p143/カ写）
原牧2（No.248/カ図）
新分牧（No.2408/モ図）
新牧日（No.1466/モ図）
茶花下（p122/カ写）
都木花新（p174/カ写）
牧野ス1（No.2093/カ図）
野生3（p165/カ写）
山力樹木（p392/カ写）

**ナンキンマメ** *Arachis hypogaea* 南京豆
マメ科の野菜。別名ラッカセイ, トウジンマメ。匍
性と立性がある。花は黄色。
¶原牧1（No.1557/カ図）

新分牧（No.1655/モ図）
新牧日（No.1344/モ図）
牧野ス1（No.1557/カ図）

**ナンコウ**(1) *Prunus mume* 'Nankō' 南高
バラ科。ウメの品種。実ウメ, 野梅系。
¶ウメ〔南高〕（p177/カ写）

**ナンコウ**(2) *Prunus mume* 'Nankō' 南紅
バラ科。ウメの品種。実ウメ, 李系。
¶ウメ〔南紅〕（p178/カ写）

**ナンコカラマツ** *Thalictrum rubescens* 南湖唐松
キンポウゲ科の草本。高さは10〜20cm。
¶山野草（No.0292/カ写）

**ナンゴクアオイ** *Asarum crassum*
ウマノスズクサ科の多年草。日本固有種。
¶固有（p63）
野生1（p63）

**ナンゴクアオウキクサ** *Lemna aequinoctialis*
サトイモ科（ウキクサ科）の常緑の浮遊植物。根端
が鋭頭であり根鞘基部に翼がある。
¶日水草（p59/カ写）
野生1（p107）

**ナンゴクイヌワラビ** *Athyrium×austrojaponense*
メシダ科のシダ植物。
¶シダ標2（p312/カ写）

**ナンゴクウラシマソウ** *Arisaema thunbergii* subsp.
*thunbergii* 南国浦島草
サトイモ科の多年草。
¶山野草（No.1637/カ写）
テンナン（No.4a/カ写）
野生1（p97/カ写）
山ハ山花（p38/カ写）

**ナンゴクオオオクジャク** *Dryopteris×satsumana*
オシダ科のシダ植物。別名サツマオオオクジャク。
¶シダ標2（p376/カ写）

**ナンゴクカモメヅル** *Vincetoxicum austrokiusianum*
キョウチクトウ科（ガガイモ科）の多年草。日本固
有種。
¶固有（p117）
野生4（p320/カ写）
山レ増（p160/カ写）

**ナンゴクカワツルモ** *Ruppia rostellata*
カワツルモ科の沈水性の多年草。国内では島根と沖
縄（石垣島）に分布。
¶野生1（p136）

**ナンゴククガイソウ** *Veronicastrum japonicum* var.
*australe*
ゴマノハグサ科の多年草。日本固有種。
¶固有（p127/カ写）
山レ増（p111/カ写）

**ナンゴククマヤナギ** *Berchemia racemosa* var.
*luxurians* 南国熊柳
クロウメモドキ科。クマヤナギの変種。
¶野生2（p319）

ナンコクシ

**ナンゴクシケチシダ** *Athyrium opacum*
メシダ科のシダ植物。
¶シダ標2（p304/カ写）

**ナンゴクチヂミザサ** ⇒ホソバチヂミザサを見よ

**ナンゴクデンジソウ** *Marsilea crenata*
デンジソウ科の常緑性シダ。小葉は長さ0.7～1.5cm, 胞子嚢果は薄茶色～白色の毛が密生する。
¶シダ標1（p335/カ写）
　日水草（p27/カ写）
　山レ増（p633/カ写）

**ナンゴクナツトウダイ** ⇒ナツトウダイを見よ

**ナンゴクナライシダ** *Arachniodes fargesii*
オシダ科の常緑性シダ。日本固有種。葉身は長さ25～40cm, 五角形。
¶固有（p209）
　シダ標2（p395/カ写）
　新分牧（No.4735/モ図）
　新牧日（No.4520/モ図）

**ナンゴクネジバナ** *Spiranthes sinensis* var.*sinensis*
ラン科の地生の多年草。
¶野生1（p227/カ写）

**ナンゴクハマウド** *Angelica japonica* var.*hirsutiflora*
南国浜独活
セリ科セリ亜科の多年草。
¶野生5（p389/カ写）

**ナンゴクヒカゲノカズラ** ⇒ヒカゲノカズラを見よ

**ナンゴクヒメミソハギ** *Ammannia auriculata*
ミソハギ科の一年草。別名アメリカミソハギ。高さは20～80cm。花は紅紫色。
¶帰化写改（p204/カ写, p502/カ写）
　植調（p61/カ写）
　野生3（p257）

**ナンゴクベニシダ** ⇒ベニシダを見よ

**ナンゴクホウチャクソウ** *Disporum sessile* var.*micranthum*
ユリ科（イヌサフラン科）。日本固有種。
¶固有（p157）
　野生1（p164/カ写）

**ナンゴクホウビシダ** *Hymenasplenium murakami-hatanakae*
チャセンシダ科の常緑性シダ。別名ミタニシダ。羽片は鎌状になり, 長さ約3.5cm。
¶シダ標1（p419/カ写）

**ナンゴクホウビシダ × ヤクシマホウビシダ**
*Hymenasplenium murakami-hatanakae× H. obliquissimum*
チャセンシダ科のシダ植物。
¶シダ標1（p420/カ写）

**ナンゴクミズハコベ** ⇒ミズハコベを見よ

**ナンゴクミツバアケビ** *Akebia trifoliata* subsp.*australis* 南国三葉木通, 南国三葉通草
アケビ科のつる性木本。小葉は革質。
¶野生2（p109）

**ナンゴクミツバツツジ** *Rhododendron mayebarae* var.*mayebarae* 南国三葉躑躅
ツツジ科ツツジ亜科の木本。日本固有種。
¶固有（p108）
　野生4（p249/カ写）

**ナンゴクミネカエデ** *Acer australe*
ムクロジ科（カエデ科）の木本。日本固有種。
¶原牧2（No.534/カ図）
　固有（p85/カ写）
　新分牧（No.2585/モ図）
　新牧日（No.1576/モ図）
　牧野ス2（No.2379/カ図）
　野生3（p292/カ写・モ図）

**ナンゴクヤツシロラン** *Gastrodia shimizuana*
ラン科の草本。菌寄生性の腐生蘭。
¶野生1（p203/カ写）
　山力野草（p723/カ写）
　山レ増（p511/カ写）

**ナンゴクヤマアジサイ** *Hortensia serrata* var.*australis*
アジサイ科の落葉低木。日本固有種。
¶固有（p74）
　野生4（p166）

**ナンゴクヤマラッキョウ** *Allium austrokyushuense*
ヒガンバナ科（ユリ科）の多年草。日本固有種。
¶固有（p158）
　野生1（p242/カ写）

**ナンゴクワセオバナ** *Saccharum spontaneum* var.*spontaneum*
イネ科キビ亜科の多年草。高さは1.5～4m。
¶桑イネ（p426/モ図）
　野生2（p94/カ写）

**ナンザンスミレ** *Viola chaerophylloides* var.*chaerophylloides* 南山菫
スミレ科の草本。別名トウカンスミレ。花は淡紅紫色。
¶原牧2（No.378/カ図）
　新分牧（No.2362/モ図）
　新牧日（No.1850/モ図）
　牧野ス1（No.2223/カ図）
　野生3（p216/カ写）

**ナンジャモンジャ** ⇒ヒトツバタゴを見よ

**ナンタイカンバ** ⇒アカカンバを見よ

**ナンタイコウモリ** ⇒ニッコウコウモリ(1)を見よ

**ナンタイシダ** *Dryopteris maximowiczii* 男体羊歯
オシダ科の夏緑性シダ。別名ヤマシノブ。葉身は長さ20～25cm, 五角状卵形。
¶シダ標2（p359/カ写）
　新分牧（No.4746/モ図）
　新牧日（No.4521/モ図）

**ナンタイブシ** *Aconitum zigzag* subsp.*komatsui* 男体付子
キンポウゲ科の草本。日本固有種。
¶原牧1（No.1231/カ図）
　固有（p56）

新分牧（No.1434/モ図）
新牧日（No.556/モ図）
牧野ス1（No.1231/カ図）
野生2（p130/カ写）
山ハ高山（p111/カ写）

**ナンテン** *Nandina domestica* 南天
メギ科の常緑低木。別名ナンテンショク。幹径は2
〜3cm。花は白色。
¶APG原樹（No.263/カ図）
学フ増花庭（p199/カ写）
学フ増薬草（p178/カ写）
学フ有毒（p120/カ写）
原牧1（No.1185/カ図）
新分牧（No.1335/モ図）
新牧日（No.651/モ図）
茶花上（p188/カ写）
都木花新（p29/カ写）
牧野ス1（No.1185/カ図）
野生2（p117/カ写）
山力樹木（p188/カ写）

**ナンテンカズラ** *Caesalpinia crista*
マメ科ジャケツイバラ亜科の半蔓性木。莢は無刺，
1種子。花は鮮黄色。
¶原牧1（No.1468/カ図）
新分牧（No.1798/モ図）
新牧日（No.1257/モ図）
牧野ス1（No.1468/カ図）
野生2（p248/カ写）

**ナンテンショク** ⇒ナンテンを見よ

**ナンテンソケイ** ⇒ソケイノウゼンを見よ

**ナンテンハギ** *Vicia unijuga* 南天萩
マメ科マメ亜科の多年草。別名タニワタシ，フタバ
ハギ，アズキナ。高さは30〜100cm。葉は2小葉か
らなる。
¶学フ増山菜（p39/カ写）
学フ増野秋（p29/カ写）
原牧1（No.1571/カ図）
山野草（No.0638/カ写）
新分牧（No.1778/モ図）
新牧日（No.1359/モ図）
茶花下（p243/カ写）
牧野ス1（No.1571/カ図）
ミニ山（p149/カ写）
野生2（p300/カ写）
山力野草（p380/カ写）
山ハ野花（p367/カ写）

**ナンバン** ⇒トウモロコシを見よ

**ナンバンアカバナアズキ** *Macroptilium lathyroides*
マメ科マメ亜科の一年草または二年草。花は黄色。
¶帰化写2（p405/カ写）
野生2（p304/カ写）

**ナンバンアワブキ** *Meliosma squamulata*
アワブキ科の木本。
¶原牧1（No.1314/カ図）
新分牧（No.1485/モ図）
新牧日（No.1609/モ図）

牧野ス1（No.1314/カ図）
野生2（p172/カ写）

**ナンバンカゴメラン** *Macodes petola*
ラン科の草本。別名ナンバンカモメラン。高さは
20〜25cm。花は茶褐色。
¶野生1（p213/カ写）

**ナンバンカモメラン** ⇒ナンバンカゴメランを見よ

**ナンバンカラムシ** *Boehmeria nivea* var.*nivea*
イラクサ科の多年草。高さは2m。葉裏は白い。
¶帰化写改（p9/カ写, p489/カ写）
ミニ山（p16/カ写）
野生2（p343/カ写）

**ナンバンカンゾウ** ⇒トウカンゾウを見よ

**ナンバンギセル** *Aeginetia indica* 南蛮煙管
ハマウツボ科の一年生寄生植物。別名オモイグサ。
高さは15〜30cm。花冠淡紅色, 弁部濃紅紫色。
¶色野草（p304/カ写）
学フ増野秋（p13/カ写）
学フ増薬草（p123/カ写）
原牧2（No.1758/カ写）
山野草（No.1125/カ写）
新分牧（No.3832/モ図）
新牧日（No.2803/モ図）
茶花下（p326/カ写）
牧野ス2（No.3603/カ図）
野生5（p150/カ写）
山力野草（p165/カ写）
山ハ野花（p471/カ写）

**ナンバンキブシ** ⇒ハチジョウキブシを見よ

**ナンバンキンギンソウ** *Goodyera clavata*
ラン科の多年草。別名ヤエヤマキンギンソウ。花は
淡褐色。
¶野生1（p204/カ写）

**ナンバンコウ** *Camellia japonica* 'Nambankô' 南
蛮紅
ツバキ科。ツバキの品種。花は紅色。
¶茶花上（p143/カ写）

**ナンバンコマツナギ** *Indigofera suffruticosa*
マメ科マメ亜科の半低木。全株短毛, 果実は黒色。
花は赤色。
¶野生2（p274）

**ナンバンツユクサ** *Commelina paludosa*
ツユクサ科の多年草。別名オオバツユクサ。高さは
60〜90cm。
¶野生1（p266/カ写）

**ナンバンハコベ** *Silene baccifera* var.*japonica* 南蛮
繁縷
ナデシコ科の多年生つる草。別名ツルセンノウ。
¶学フ増野秋（p147/カ写）
原牧2（No.928/カ図）
山野草（No.0025/カ写）
新分牧（No.2964/モ図）
新牧日（No.400/モ図）
牧野ス2（No.2773/カ図）
ミニ山（p34/カ写）

ナンハンホ                                            554

野生4 (p119/カ写)
山力野草 (p521/カ写)
山ハ野花 (p281/カ写)

**ナンバンホラゴケ** *Trichomanes siamense*
コケシノブ科のシダ植物。別名シャムオニホラゴ
ケ, コオニホラゴケ。
¶シダ標1 (p326/カ写)

**ナンバンルリソウ** *Heliotropium indicum* 南蛮瑠
璃草
ムラサキ科の一年草。花は淡紫中央橙色。葉は皺
質, 葉は黒色染料になる。
¶帰化写改 (p254/カ写)
原牧2 (No.1418/カ図)
新分牧 (No.3513/モ図)
新牧日 (No.2477/モ図)
牧野ス2 (No.3263/カ図)

ナ **ナンピイノデ** *Polystichum otomasui*
オシダ科の常緑性シダ。中軸下部にも黒褐色の鱗片
が混じる。
¶シダ標2 (p412/カ写)

**ナンピイノモトソウ** *Pteris deltodon × P.kidoi*
イノモトソウ科のシダ植物。
¶シダ標1 (p383/カ写)

**ナンブアカバナ** ⇒イワアカバナを見よ

**ナンブアザミ**(1) *Cirsium comosum* var.*lanuginosum*
南部薊
キク科の多年草。別名ヒメアザミ。東北地方～中部
地方(岐阜県までに日本海側)に分布。高さは1～
2m。
¶原牧2 (No.2185/カ図)
新分牧 (No.3972/モ図)
新牧日 (No.3217/モ図)
牧野ス2 (No.4030/カ図)

**ナンブアザミ**(2) *Cirsium tonense* 南部薊
キク科アザミ亜科の多年草。日本固有種。別名ウラ
ゲヒメアザミ, ダキバナンブアザミ, ダキバヒメア
ザミ, トネアザミ。高さは60～200cm。
¶学フ増山菜〔アザミ類[ナンブアザミ]〕(p57/カ写)
学フ増野秋 (p50/カ写)
固有 (p140/カ写)
野生5 (p242/カ写)
山力野草 (p96/カ写)
山ハ野花 (p588/カ写)
山ハ山花 (p554/カ写)

**ナンブイヌナズナ** *Draba japonica* 南部犬薺
アブラナ科の多年草。日本固有種。別名ユウバリナ
ズナ。高さは5～10cm。
¶学フ増高山 (p92/カ写)
原牧2 (No.731/カ図)
固有 (p66)
山野草 (No.0475/カ写)
新分牧 (No.2773/モ図)
新牧日 (No.851/モ図)
牧野ス2 (No.2576/カ図)
野生4 (p61/カ写)
山力野草 (p451/カ写)

山ハ高山 (p239/カ写)
山レ増 (p342/カ写)

**ナンブコハモミジ** *Acer amoenum* var.*nambuanum*
ムクロジ科(カエデ科)。日本固有種。
¶固有 (p86)
野生3 (p288)

**ナンブシロタンポポ** ⇒キビシロタンポポを見よ

**ナンブスゲ**(1) ⇒コカンスゲを見よ

**ナンブスゲ**(2) ⇒タイワンカンスゲを見よ

**ナンブスズ** *Sasa togashiana* 南部篶
イネ科タケ亜科の常緑中型ササ。スズタケとクマイ
ザサの雑種と考えられるもの。岩手県中央部～北部
地域の太平洋側に分布。
¶タケササ (p90/カ写)
野生2 (p36/カ写)

**ナンブソウ** *Achlys japonica* 南部草
メギ科の草本。
¶原牧1 (No.1168/カ図)
新分牧 (No.1333/モ図)
新牧日 (No.635/モ図)
牧野ス1 (No.1168/カ図)
野生2 (p114/カ写)
山力野草 (p464/カ写)
山ハ山花 (p210/カ写)

**ナンブソモソモ** *Poa hayachinensis* 南部そもそも
イネ科イチゴツナギ亜科の草本。日本固有種。
¶桑イネ (p394/モ図)
固有 (p164)
野生2 (p61/カ写)
山レ増 (p552/カ写)

**ナンブタカネアザミ** *Cirsium nambuense* 南部高
嶺薊
キク科アザミ亜科の多年草。日本固有種。高さは
50cmほど。
¶固有 (p138)
野生5 (p225/カ写)
山力野草 (p97/カ写)
山ハ高山 (p407/カ写)

**ナンブトウウチソウ** *Sanguisorba obtusa* 南部唐
打草
バラ科バラ亜科の草本。日本固有種。
¶原牧1 (No.1794/カ図)
固有 (p79)
新分牧 (No.1990/モ図)
新牧日 (No.1180/モ図)
牧野ス1 (No.1794/カ図)
野生3 (p57/カ写)
山力野草 (p412/カ写)
山ハ高山 (p219/カ写)
山レ増 (p304/カ写)

**ナンブトウキ** ⇒ミヤマトウキを見よ

**ナンブトウヒレン** *Saussurea sugimurae*
キク科の多年草。日本固有種。
¶固有 (p148/カ写)

¶野生5 (p267/カ写)

**ナンブトラノオ** *Bistorta hayachinensis* 南部虎の尾
タデ科の草本。日本固有種。
¶学フ増高山 (p12/カ写)
原牧2 (No.849/カ図)
固有 (p46)
山野草 (No.0002/カ写)
新分牧 (No.2851/モ図)
新牧日 (No.311/モ図)
牧野ス2 (No.2694/カ図)
野生4 (p87/カ写)
山カ野草 (p536/カ写)
山ハ高山 (p131/カ写)
山レ増 (p436/カ写)

**ナンブワチガイ** *Pseudostellaria japonica*
ナデシコ科の草本。
¶原牧2 (No.901/カ図)
新分牧 (No.2924/モ図)
新牧日 (No.373/モ図)
牧野ス2 (No.2746/カ写)
野生4 〔ナンブワチガイソウ〕(p116/カ写)
山レ増 〔ナンブワチガイソウ〕(p426/カ写)

**ナンブワチガイソウ** ⇒ナンブワチガイを見よ
**ナンヨウアオホラゴケ** ⇒オオアオホラゴケを見よ
**ナンヨウアサガオ** ⇒ノアサガオを見よ
**ナンヨウザクラ** ⇒トックリキワタを見よ
**ナンヨウナギ** ⇒ダンマルジュを見よ
**ナンヨウリュウビンタイ** ⇒ホソバリュウビンタイを見よ

## 【 ニ 】

**ニイガタガヤツリ** *Cyperus niigatensis* 新潟蚊屋吊,
新潟蚊帳釣
カヤツリグサ科の草本。日本固有種。
¶固有 (p180)
野生1 (p340)

**ニイジマトンボ** *Habenaria crassilabia*
ラン科の地生の多年草。伊豆諸島に産する。
¶野生1 (p206)

**ニイタカスゲ** *Carex aphanandra* 新高菅
カヤツリグサ科の多年草。高さは4〜10cm。
¶カヤツリ (p364/モ図)
スゲ増 (No.192/カ写)
野生1 (p321/カ写)
山ハ山花 (p171/カ写)

**ニイタカチドリ** *Platanthera brevicalcarata*
ラン科の草本。
¶野生1 (p222/カ写)

**ニイタカヨモギ** *Artemisia morrisonensis*
キク科キク亜科の草本。別名リュウキュウヨモギ。
カワラヨモギに似る。

¶野生5 (p330/カ写)

**ニオイアシナガタケ** *Mycena filopes*
ラッシタケ科のキノコ。超小型〜小型。傘は淡灰褐色。
¶山カ日き (p129/カ写)

**ニオイアヤメ** *Iris florentina* 匂菖蒲
アヤメ科の多年草。別名ニオイイリス,シロバナイリス。高さは50cm。花は白色。
¶原牧1 (No.504/カ図)
牧野ス1 (No.504/カ写)

**ニオイアラセイトウ** *Erysimum cheiri* 匂紫羅蘭花,匂荒世伊登宇
アブラナ科の一年草または多年草。高さは30〜80cm。花は黄色。
¶原牧2 (No.754/カ図)
新分牧 (No.2755/モ図)
新牧日 (No.875/モ図)
牧野ス2 (No.2599/カ図)

**ニオイイバラ** ⇒ヤブイバラを見よ
**ニオイイリス** ⇒ニオイアヤメを見よ

**ニオイウツギ** *Weigela coraeensis* var. *fragrans*
スイカズラ科。日本固有種。
¶固有 (p135)
野生5 (p427/カ写)

**ニオイエビネ** *Calanthe izuinsularis* 匂蝦根
ラン科の多年草。日本固有種。別名オオキリシマエビネ。高さは20〜45cm。花は白色。
¶固有 (p189)
山野草 (No.1684/カ写)
茶花上 (p292/カ写)
野生1 (p187)

**ニオイエンドウ** ⇒スイートピーを見よ

**ニオイオオタマシメジ** *Squamanita odorata*
キシメジ科のキノコ。
¶原きの (No.267/カ写・カ図)

**ニオイカラマツ**(1) *Thalictrum foetidum* var. *foetidum* 臭唐松
キンポウゲ科の草本。
¶原牧1 (No.1245/カ図)
新分牧 (No.1365/モ図)
新牧日 (No.570/モ図)
牧野ス1 (No.1245/カ写)

**ニオイカラマツ**(2) ⇒チャボカラマツを見よ

**ニオイキシメジ** *Tricholoma sulphureum*
キシメジ科のキノコ。
¶学フ増毒き (p98/カ写)
原きの (No.284/カ写・カ図)

**ニオイグラジオラス** ⇒アシダンセラ(1)を見よ
**ニオイケスミレ** ⇒エゾアオイスミレを見よ
**ニオイコブシ** ⇒タムシバを見よ

**ニオイコベニタケ** *Russula bella*
ベニタケ科のキノコ。小型。傘は濃桃〜紅色,表面粉状。ひだはクリーム色。

ニオイシタ　　　　556

¶山力日き（p367/カ写）

**ニオイシダ**　*Dryopteris fragrans* var. *remotiuscula*　匂羊歯
オシダ科の常緑性シダ。葉身は長さ6〜25cm, 長楕円形〜倒披針形。
　¶シダ標2（p359/カ写）
　　新分牧（No.4759/モ写）
　　新牧日（No.4544/モ写）

**ニオイシュロラン**　*Cordyline australis*　匂棕呂蘭
キジカクシ科〔クサスギカズラ科〕（リュウゼツラン科）の木本。別名センネンボクラン。高さは10m。花は白色。
　¶APG原樹（No.185/カ図）
　　都木花新（p228/カ写）
　　山力樹木（p77/カ写）

**ニオイショウジョウバカマ**　*Ypsilandra thibetica*　匂猩々袴
ユリ科の草本。高さは7〜50cm。
　¶山野草（No.1551/カ写）

**ニオイスミレ**　*Viola odorata*　匂菫
スミレ科の多年草。別名スイート・バイオレット, コモン・バイオレット。花は濃紫色。
　¶帰化写改（p198/カ写）
　　原牧2（No.345/カ図）
　　新分牧（No.2317/モ写）
　　新牧日（No.1818/モ写）
　　茶花上（p197/カ写）
　　牧野ス1（No.2190/カ図）

**ニオイセッコク**　⇒コウキセッコクを見よ

**ニオイタチツボスミレ**　*Viola obtusa*　匂立坪菫
スミレ科の多年草。ほぼ日本全土の日当たりのいい草地などに生える。高さは10〜30cm。花は紅紫色。
　¶学フ増野春（p54/カ図）
　　原牧2（No.335/カ図）
　　新分牧（No.2324/モ図）
　　新牧日（No.1808/モ図）
　　牧野ス1（No.2180/カ図）
　　ミニ山（p196/カ写）
　　野生3（p225/カ写）
　　山力野草（p349/カ写）
　　山ハ野花（p322/カ写）

**ニオイタデ**　*Persicaria viscosa*　香蓼, 匂蓼
タデ科の一年草。高さは40〜150cm。花は淡紅〜紅色。
　¶帰化写改（p17/カ写）
　　原牧2（No.819/カ図）
　　植調（p202/カ写）
　　新分牧（No.2895/モ写）
　　新牧日（No.281/モ図）
　　牧野ス2（No.2664/カ図）
　　ミニ山（p20/カ写）
　　野生4（p95/カ写）
　　山ハ野花（p260/カ写）

**ニオイテンナンショウ**　*Arisaema bathycoleum*　匂天南星
サトイモ科の草本。高さは50〜100cm。
　¶山野草（No.1646/カ写）

**ニオイドロ**　⇒チリメンドロを見よ

**ニオイナズナ**　⇒ニワナズナを見よ

**ニオイハリタケ**　*Hydnellum suaveolens*
マツバハリタケ科のキノコ。中型〜大型。傘は白色。
　¶山力日き（p441/カ写）

**ニオイハリタケモドキ**　*Hydnellum caeruleum*
マツバハリタケ科のキノコ。中型〜大型。傘は偏平〜皿状。
　¶原きの（No.432/カ写・カ写）
　　山力日き（p441/カ写）

**ニオイハンゲ**　*Pinellia cordata*
サトイモ科の多年草。花は淡緑色。
　¶山野草（No.1651/カ写）

**ニオイバンマツリ**　*Brunfelsia latifolia*　匂蕃茉莉
ナス科の木本。高さは3m。花は紫, 後に白色。
　¶山力樹木（p668/カ写）

**ニオイヒバ**　*Thuja occidentalis*
ヒノキ科の木本。高さは10〜15m。樹皮は橙褐色。
　¶APG原樹（No.95/カ図）
　　学フ増花庭（p135/カ写）
　　都木花新（p243/カ写）

**ニオイヒバ‘イエロー　リボン’**　⇒イエローリボンを見よ

**ニオイフブキ**　*Camellia japonica* ‘Nioifubuki’　匂吹雪
ツバキ科。ツバキの品種。花は絞りが入る。
　¶APG原樹〔ツバキ‘ニオイフブキ’〕（No.1126/カ図）
　　茶花上（p155/カ写）

**ニオイムラサキ**　⇒ヘリオトロープを見よ

**ニオイラン**　*Haraella retrocalla*　匂蘭
ラン科の草本。花は緑色。
　¶野生1（p207）

**ニオイレセダ**　⇒モクセイソウを見よ

**ニオイロウバイ**　*Calycanthus floridus*　匂蝋梅
ロウバイ科の落葉低木。別名クロバナロウバイ, フロリダロウバイ。高さは1〜2.5m。花は暗赤褐色。
　¶APG原樹（No.151/カ図）
　　原牧1〔クロバナロウバイ〕（No.138/カ図）
　　茶花上（p432/カ写）
　　牧野ス1〔クロバナロウバイ〕（No.138/カ図）

**ニオイワチチタケ**　*Lactarius subzonarius*
ベニタケ科のキノコ。小型。傘は褐色で, 淡赤褐色の環紋がある。
　¶山力日き（p386/カ写）

**ニオウシメジ**　*Macrocybe gigantea*
キシメジ科のキノコ。
　¶山力日き（p75/カ写）

**ニオウヤブマオ**　*Boehmeria holosericea*　仁王藪真麻
イラクサ科の多年草。日本固有種。別名オニヤブマオ, サイカイヤブマオ。高さは1〜1.5m。
　¶固有（p45）
　　新分牧（No.2116/モ図）
　　新牧日（No.216/モ図）

ミニ山〔オニヤブマオ〕(p16/カ写)
ミニ山(p18/カ写)
野生2(p343/カ写)

**ニガイグチ** *Tylopilus felleus*
イグチ科のキノコ。中型〜大型。傘は黄褐色〜茶褐色。
¶学フ増毒き(p183/カ写)
　原きの(No.328/カ写・カ図)
　山力日き(p337/カ写)

**ニガイグチモドキ** *Tylopilus neofelleus*
イグチ科のキノコ。中型〜大型。傘はオリーブ褐色〜帯紅褐色、ビロード状。
¶山力日き(p336/カ写)

**ニガイチゴ** *Rubus microphyllus* 苦苺
バラ科バラ亜科の落葉低木。別名ゴガツイチゴ。
¶APG原樹(No.579/カ図)
　原牧1(No.1759/カ写)
　新分牧(No.1957/モ図)
　新牧日(No.1113/モ写)
　牧野ス1(No.1759/カ図)
　ミニ山(p134/カ写)
　野生3(p50/カ写)
　山力樹木(p263/カ写)

**ニガウリ** ⇒ツルレイシを見よ

**ニガカシュウ** *Dioscorea bulbifera* 苦何首烏
ヤマノイモ科の多年生つる草。
¶原牧1(No.288/カ図)
　新分牧(No.333/モ図)
　新牧日(No.3531/モ図)
　牧野ス1(No.288/カ図)
　野生1(p148/カ写)

**ニガキ** *Picrasma quassioides* 苦木
ニガキ科の落葉高木。
¶APG原樹(No.999/カ図)
　学フ増樹(p127/カ写・カ図)
　学フ増薬草(p204/カ写)
　原牧2(No.604/カ写)
　新分牧(No.2643/モ図)
　新牧日(No.1540/モ写)
　牧野ス2(No.2449/カ図)
　野生3(p309/カ写)
　山力樹木(p384/カ写)
　落葉図譜(p185/モ写)

**ニガクサ** *Teucrium japonicum* 苦草
シソ科キランソウ亜科の多年草。高さは30〜70cm。
¶学フ増野夏(p42/カ写)
　原牧2(No.1627/カ図)
　新分牧(No.3709/モ図)
　新牧日(No.2536/モ図)
　茶花下(p122/カ写)
　牧野ス2(No.3472/カ写)
　野生5(p113/カ写)
　山力野草(p207/カ写)
　山ハ野花(p461/カ写)
　山ハ山花(p418/カ写)

**ニガクリタケ** *Hypholoma fasciculare*
モエギタケ科のキノコ。小型。傘は鮮黄色、吸水性。ひだは硫黄色。
¶学フ増毒き(p38/カ写)
　原きの(No.138/カ写・カ図)
　新分牧(No.5115/モ図)
　新牧日(No.4995/モ図)
　山力日き(p225/カ写)

**ニガクリタケモドキ** "*Naematoloma*" *gracile*
モエギタケ科のキノコ。
¶山力日き(p225/カ写)

**ニガソバ** ⇒ダッタンソバを見よ

**ニガタケ**(1) ⇒マダケを見よ

**ニガタケ**(2) ⇒メダケを見よ

**ニガチャ** ⇒トウチャを見よ

**ニガナ** *Ixeridium dentatum* subsp.*dentatum* 苦菜
キク科キクニガナ亜科の多年草。別名ミチバタニガナ。高さは30cm。
¶色野草(p136/カ写)
　学フ増野春(p90/カ写)
　原牧2〔ニガナ(広義)〕(No.2252/カ図)
　植調(p131/カ写)
　新分牧〔ニガナ(広義)〕(No.4037/モ図)
　新牧日〔ニガナ(広義)〕(No.3281/モ図)
　茶花上(p432/カ写)
　牧野ス2〔ニガナ(広義)〕(No.4097/カ図)
　野生5(p278/カ写)
　山力野草(p114/カ写)
　山ハ野花(p604/カ写)

**ニガナノキ** ⇒ワダンノキを見よ

**ニガハッカ** *Marrubium vulgare* 苦薄荷
シソ科の多年草。別名シロクルマハナ、マルバハッカ。高さは40〜60cm。花は白色。
¶帰化写2(p198/カ写)

**ニガヨモギ** *Artemisia absinthium* 苦蓬
キク科の草本。高さは0.4〜1m。
¶原牧2(No.2099/カ図)
　新分牧(No.4231/モ図)
　新牧日(No.3133/モ写)
　牧野ス2(No.3944/カ図)

**ニカワアナタケ** *Favolaschia nipponica*
ラッシタケ科のキノコ。
¶山力日き(p116/カ写)

**ニカワオシロイタケ** *Antrodiella semisupina*
所属科未確定のキノコ。傘は半円形〜扇形。
¶山力日き(p470/カ写)

**ニカワシジミタケ** *Hohenbuehelia mastrucata*
ヒラタケ科のキノコ。
¶原きの(No.119/カ写・カ図)

**ニカワジョウゴタケ** *Guepinia helvelloides*
キクラゲ科(ヒメキクラゲ科)のキノコ。小型。傘は柄と区別不明瞭。
¶原きの(No.417/カ写・カ図)

ニカワタケ　　　　　　　　558

山力日き（p537／カ写）

**ニカワタケ**　*Tremella encephala*
シロキクラゲ科のキノコ。
¶原きの（No.422／カ写・カ図）

**ニカワチャワンタケ**　*Neobulgaria pura*
ビョウタケ科のキノコ。別名ゴムタケモドキ。材上生（ナラ類）、白色〜淡紫色。
¶原きの（No.536／カ写・カ図）
山力日き（p549／カ写）

**ニカワツノタケ**　*Holtermannia corniformis*
シロキクラゲ科のキノコ。小型。子実体は角形、表面は平滑。
¶山力日き（p532／カ写）

**ニカワハリタケ**　*Pseudohydnum gelatinosum*
ヒメキクラゲ科（キクラゲ科）のキノコ。小型。子実体はへら状半円形、表面は灰色〜褐色。
¶原きの（No.418／カ写・カ図）
山力日き（p536／カ写）

**ニカワホウキタケ**　*Calocera viscosa*
アカキクラゲ科のキノコ。小型。子実体は珊瑚状、弱粘性。
¶学フ増毒き（p226／カ写）
原きの（No.412／カ写・カ図）
山力日き（p538／カ写）

**ニギリタケ**　⇒カラカサタケを見よ

**ニクアツベニサラタケ**　*Phillipsia domingensis*
ベニチャワンタケ科のキノコ。
¶原きの（No.543／カ写）

**ニクイロアナタケ**　*Junghuhnia nitida*
シワタケ科のキノコ。
¶山力日き（p483／カ写）

**ニクウスバタケ**　*Cerrena consors*
所属科未確定（タマチョレイタケ目・ミダレアミタケ属）のキノコ。花は鮮緑色。
¶山力日き（p475／カ写）

**ニクウチワタケ**　*Abortiporus biennis*
シワタケ科のキノコ。
¶原きの（No.329／カ写・カ図）
山力日き（p456／カ写）

**ニクキビ**　*Urochloa subquadripara*　肉黍
イネ科キビ亜科の多年草。繁殖力の強い雑草。
¶桑イネ（p92／モ図）
新分牧（No.1237／モ図）
新牧日（No.3814／モ図）
野生2（p99）

**ニクキビモドキ**　*Urochloa paspaloides*
イネ科キビ亜科の一年草。高さは30〜80cm。
¶桑イネ（p91／モ図）
野生2（p99）

**ニクズク**　*Myristica fragrans*　肉豆蔲, 肉荳蔲
ニクズク科の小木。別名シシズク、ナツメグ。果実は淡黄色芳香、種子褐色。
¶APG原樹（No.127／カ図）
学フ有毒（p106／カ写）

原牧1（No.117／カ図）
新分牧（No.145／モ図）
新牧日（No.474／モ図）
牧野ス1（No.117／カ図）

**ニグラクルミ**　⇒クロクルミを見よ

**ニゲラ**　⇒クロタネソウを見よ

**ニコゲヌカキビ**　*Panicum lanuginosum*
イネ科キビ亜科の多年草。別名ワタゲキビ。高さは20〜70cm。
¶帰化写2（p347／カ写）
桑イネ（p353／モ図）
野生2（p91）

**ニコゲルリミノキ**　*Lasianthus hispidulus*
アカネ科の常緑低木。
¶野生4（p280／カ写）
山レ増（p154／カ写）

**ニジガハマギク**　*Chrysanthemum × shimotomaii*
キク科の草本。キク属の代表的な自然交雑種。
¶原牧2（No.2054／カ図）
山野草（No.1227／カ写）
新分牧（No.4199／モ図）
新牧日（No.3090／モ図）
牧野ス2（No.3899／カ図）

**ニシキアオイ**　*Abutilon cristata*
アオイ科の一年草。高さは30〜150cm。花は青色。
¶帰化写改（p185／カ写）
植調（p79／カ写）
野生4（p25）

**ニシキイモ**　⇒ハニシキを見よ

**ニシキウツギ**　*Weigela decora var.decora*　二色空木
スイカズラ科の落葉低木。日本固有種。別名ハコネニシキウツギ。高さは2〜3m。花は帯緑色、または白色。
¶APG原樹（No.1496／カ図）
学フ増樹（p14／カ写・カ図）
原牧2（No.2352／カ図）
固有（p135）
新分牧（No.4342／モ図）
新牧日（No.2875／モ図）
茶花上（p433／カ写）
都木花新〔ハコネウツギとニシキウツギ〕（p225／カ写）
牧野ス2（No.4197／カ図）
野生5（p427／カ写）
山力樹木（p693／カ写）

**ニシキエニシダ**　⇒ホオベニエニシダを見よ

**ニシキギ**　*Euonymus alatus var.alatus f.alatus*　錦木
ニシキギ科の落葉低木。別名ヤハズニシキギ、アオハダニシキギ、ゴシキギ、シラミコロシ。高さは2m。花は帯黄白色。
¶APG原樹（No.766／カ図）
学フ増樹（p118／カ写・カ図）
学フ増薬草（p210／カ写）
学フ有毒（p55／カ写）
原牧2（No.198／カ図）
新分牧（No.2251／モ図）

新牧日（No.1649/モ図）
茶花上（p433/カ写）
都木花新（p160/カ写）
牧野ス1（No.2043/カ図）
ミニ山（p175/カ写）
野生3（p131/カ写）
山力樹木（p413/カ写）
落葉図譜（p201/モ図）

**ニシキゴロモ** *Ajuga yesoensis* var.*yesoensis*　錦衣
シソ科キランソウ亜科の多年草。日本固有種。別名
キンモンソウ。高さは10〜25cm。
　¶原牧2（No.1621/カ図）
　固有（p124）
　山野草（No.1062/カ写）
　新分牧（No.3715/モ図）
　新牧日（No.2530/モ図）
　茶花上（p292/カ写）
　牧野ス2（No.3466/カ図）
　野生5（p111/カ写）
　山力野草（p203/カ写）
　山ハ山花（p416/カ写）

**ニシキジソ** *Plectranthus scutellarioides*
シソ科の多年草，観賞用草本。別名キンランジソ，
コリウス。高さは20〜80cm。葉は赤色，あるいは
赤と黄の斑がある。
　¶原牧2（No.1616/カ図）
　新分牧（No.3817/モ図）
　新牧日（No.2525/モ図）
　牧野ス2（No.3461/カ図）

**ニシキシダ**　⇒イヌワラビを見よ

**ニシキショウクロクモ** *Prunus mume* 'Nishikishō-
kurokumo'　錦性黒雲
バラ科。ウメの品種。李系ウメ，紅材性八重。
　¶ウメ〔錦性黒雲〕（p118/カ写）

**ニシキショウトヤデノタカ** *Prunus mume*
'Nishikishō-toyadenotaka'　錦性蔕出の鷹
バラ科。ウメの品種。野梅系ウメ，野梅性一重。
　¶ウメ〔錦性蔕出の鷹〕（p36/カ写）

**ニシキショウヤエヤバイ** *Prunus mume*
'Nishikishō-yae-yabai'　錦性八重野梅
バラ科。ウメの品種。野梅系ウメ，野梅性八重。
　¶ウメ〔錦性八重野梅〕（p69/カ写）

**ニシキソウ** *Euphorbia humifusa*　錦草
トウダイグサ科の一年草。別名ケナシニシキソウ。
高さは10〜30cm。
　¶原牧2（No.266/カ図）
　植調（p211/カ写）
　新分牧（No.2426/モ図）
　新牧日（No.1482/モ図）
　牧野ス1（No.2111/カ図）
　野生3（p159/カ写）
　山ハ野花（p340/カ写）

**ニシキタケ** *Russula aurea*
ベニタケ科のキノコ。中型。傘は鮮やかな黄赤色。
ひだは黄土色。
　¶原きの（No.255/カ写・カ図）

山力日き（p376/カ写）

**ニシキハギ** *Lespedeza thunbergii* f.*angustifolia*　錦萩
マメ科の草本状小低木。別名ビッチュウヤマハギ。
高さは1〜1.5m。
　¶茶花下（p326/カ写）

**ニシキハリナスビ**　⇒キンギンナスビを見よ

**ニシキフジウツギ**　⇒フサフジウツギを見よ

**ニシキミゾホオズキ** *Mimulus luteus*
ゴマノハグサ科の多年草。高さは30〜90cm。花は
黄色。
　¶帰化写改（p296/カ写）

**ニシキミヤコグサ** *Lotus corniculatus* var.*japonicus*
f.*versicolor*　錦都草
マメ科の多年草。ミヤコグサの変種。
　¶ミニ山（p158/カ写）

**ニシキモクレン**　⇒ソコベニハクモクレンを見よ

**ニシキラン**　⇒サカキカズラを見よ

**ニシキワビスケ**　⇒コチョウワビスケを見よ

**ニシゴリ**(1)　⇒サワフタギを見よ

**ニシゴリ**(2)　⇒シロサワフタギを見よ

**ニシダスゲ**　⇒ヤブスゲを見よ

**ニシノオオアカウキクサ** *Azolla filiculoides*
サンショウモ科のシダ植物。
　¶シダ標1（p337/カ写）
　日水草（p32/カ写）

**ニシノオオタネツケバナ**　⇒オオケタネツケバナを
見よ

**ニシノコハチジョウシダ** *Pteris kiuschiuensis*
イノモトソウ科のシダ植物。日本固有種。別名コハ
チジョウシダ。
　¶固有（p202/カ写）
　シダ標1（p382/カ写）

**ニシノハマカンゾウ** *Hemerocallis fulva* var.
*aurantiaca*
ユリ科。日本固有種。
　¶固有（p160）

**ニシノホンモンジスゲ** *Carex stenostachys* var.
*stenostachys*　西の本門寺菅
カヤツリグサ科の多年草。日本固有種。高さは30
〜50cm。
　¶カヤツリ（p320/モ図）
　原牧1（No.855/カ図）
　固有（p184/カ図）
　新分牧（No.873/モ図）
　新牧日（No.4158/モ図）
　スゲ増（No.166/カ写）
　牧野ス1（No.855/カ図）
　野生1（p319/カ写）
　山ハ山花（p172/カ写）

**ニシノミヤマカンスゲ**　⇒ヤワラミヤマカンスゲを
見よ

**ニシノメタカラコウ**　⇒メタカラコウを見よ

ニシノヤマ　560

**ニシノヤマアジサイ** *Hortensia serrata* var. *acuminata*
アジサイ科の落葉低木。萼片は青色または紅紫色。
¶野生4（p166/カ写）

**ニシノヤマクワガタ** ⇒サンインクワガタを見よ

**ニシノヤマタイミンガサ** *Parasenecio yatabei* var. *occidentalis*
キク科キク亜科の草本。日本固有種。
¶固有（p144）
　野生5（p303/カ写）
　山力野草（p64/カ写）

**ニシミゾソバ** *Persicaria thunbergii* var.*hassegawae*
タデ科の一年草。葉は卵状三角形。
¶野生4（p93/カ写）

**ニシムラキイチゴ** *Rubus nishimuranus*
バラ科バラ亜科の木本。日本固有種。別名ハチジョウクサイチゴ，ハチジョウキイチゴ，シマミツバキイチゴ。
¶原牧1（No.1767/カ図）
　固有〔ハチジョウクサイチゴ〕（p76/カ写）
　新分牧（No.1967/モ図）
　新牧日（No.1116/モ図）
　牧野ス1（No.1767/カ図）
　野生3（p51/カ写）
　山力樹木〔ハチジョウクサイチゴ〕（p273/カ写）

**ニシヨモギ** *Artemisia indica* var.*indica*
キク科キク亜科の草本。別名オキナワヨモギ。
¶野生5（p334/カ写）

**ニセアカシア** ⇒ハリエンジュを見よ

**ニセアカシア'フリーシア'** ⇒フリーシアを見よ

**ニセアシベニイグチ** *Boletus pseudocalopus*
イグチ科のキノコ。中型～大型。傘は赤褐色～黄褐色。
¶学フ増毒き（p179/カ写）
　山力日き（p328/カ写）

**ニセアゼガヤ** *Diplachne uninervia*
イネ科の一年草または多年草。高さは30～80cm。
¶帰化写改（p441/カ写）

**ニセアブラシメジ** *Cortinarius tenuipes*
フウセンタケ科のキノコ。別名クリフウセンタケ。中型。傘は淡黄土褐色，湿時粘性。ひだは類白色～肉桂褐色。
¶山力日き（p251/カ写）

**ニセアミホラゴケ** ⇒コケハイホラゴケを見よ

**ニセアレチギシギシ** *Rumex sanguineus*
タデ科。葉は鋭頭で基部はくさび形。
¶帰化写2（p21/カ写）

**ニセイブキゼリ** ⇒イブキゼリモドキを見よ

**ニセイボエホウオウゴケ** *Fissidens pseudohollianus*
ホウオウゴケ科のコケ植物。日本固有種。
¶固有（p212）

**ニセイロガワリ** *Boletus badius*
イグチ科のキノコ。
¶原きの（No.295/カ写・カ図）

**ニセオドリコカグマ** *Microlepia× austroizuensis*
コバノイシカグマ科のシダ植物。
¶シダ標1（p364/カ写）

**ニセオランダガラシ** ⇒コバノオランダガラシを見よ

**ニセカイメンタケ** *Onnia tomentosa*
タバコウロコタケ科のキノコ。
¶原きの（No.368/カ写・カ図）

**ニセカラクサケマン** *Fumaria capreolata*
ケシ科の越年草。
¶帰化写2（p63/カ写）

**ニセカラタニイヌワラビ** ⇒カラサキモリイヌワラビを見よ

**ニセクサキビ** *Leptoloma cognatum*
イネ科の多年草。高さは20～40cm。花は暗紫色。
¶帰化写2（p344/カ写）

**ニセクサハツ** *Russula pectinatoides*
ベニタケ科のキノコ。別名クシノハタケモドキ。中型。傘は灰白色～淡赤褐色に変色，粒状線。ひだはクリーム色で淡赤褐色に変色。
¶山力日き（p364/カ写）

**ニセクロチャワンタケ** *Pseudoplectania melaena*
クロチャワンタケ科のキノコ。
¶山力日き（p552/カ写）

**ニセクロハツ** *Russula subnigricans*
ベニタケ科のキノコ。
¶学フ増毒き（p46/カ写・カ図）
　山力日き（p359/カ写）

**ニセコウガイゼキショウ** *Juncus marginatus*
イグサ科の多年草。別名タカナベイ，マツカサコウガイゼキショウ。
¶帰化写2（p305/カ写）

**ニセコガネギシギシ** *Rumex trisetifer*
タデ科の一年草または越年草。翼状内萼片の刺毛が一対で太い。
¶野生4（p104）

**ニセコクモウクジャク** *Diplazium conterminum* 偽黒毛孔雀
メシダ科のシダ植物。
¶シダ標2（p330/カ写）

**ニセコシノサトメシダ** *Athyrium× bicolor*
メシダ科のシダ植物。
¶シダ標2（p306/カ写）

**ニセゴシュユ** ⇒ゴシュユを見よ

**ニセコヒツジゴケ** *Brachythecium pseudo-uematsui*
アオギヌゴケ科のコケ植物。日本固有種。
¶固有（p218）

**ニセコレイジンソウ** *Aconitum ikedae* ニセコ伶人草
キンポウゲ科の多年草。
¶新分牧（No.1414/モ図）
　野生2（p122/カ写）
　山ハ高山（p119/カ写）

**ニセセシイバサトメシダ** *Athyrium × bicolor*
nothosubsp.*shiibaense*
　メシダ科のシダ植物。
　¶シダ標2（p307/カ写）

**ニセシケチイヌワラビ** *Athyrium × glabrescens*
　メシダ科のシダ植物。
　¶シダ標2（p312/カ写）

**ニセシケチシダ** *Diplazium incomptum*
　メシダ科の常緑性シダ。葉身は長さ50〜60cm、卵
状披針形。
　¶シダ標2（p326/カ写）

**ニセジュズネノキ** ⇒オオアリドオシを見よ

**ニセショウロ** *Scleroderma citrinum*
　ニセショウロ科のキノコ。
　¶学フ増毒き（p224/カ写）
　　原きの（No.489/カ写・カ図）
　　新分牧（No.5124/モ図）
　　新牧日（No.5013/モ図）
　　山カ日き（p500/カ写）

**ニセショウロ類** *Scleroderma* spp.
　ニセショウロ科のキノコ。
　¶学フ増毒き（p222/カ写）

**ニセシラゲガヤ** *Holcus mollis*
　イネ科イチゴツナギ亜科の多年草。高さは20〜
50cm。
　¶帰化写改（p448/カ写）
　　野生2（p55）

**ニセシロヤマシダ** *Diplazium taiwanense*
　メシダ科の常緑性シダ。葉身は長さ50〜70cm、三
角形〜卵状三角形。
　¶シダ標2（p330/カ写）

**ニセタカネシメリゴケ** *Hygrohypnum subeugyrium*
var.*japonicum*
　ヤナギゴケ科のコケ植物。日本固有種。
　¶固有（p218）

**ニセチャワンタケ** *Otidea alutacea* var.*alutacea*
　ピロネマキン科のキノコ。
　¶山カ日き（p574/カ写）

**ニセツクシアザミ** *Cirsium pseudosuffultum*
　キク科アザミ亜科の多年草。日本固有種。
　¶固有（p139）
　　野生5（p233/カ写）
　　山レ増（p59/カ写）

**ニセツクシノキシノブ** *Lepisorus thunbergianus × L.
tosaensis*
　ウラボシ科のシダ植物。
　¶シダ標2（p465/カ写）

**ニセツゲ** ⇒イヌツゲを見よ

**ニセテングサゴケ** *Riccardia vitrea*
　スジゴケ科のコケ植物。日本固有種。
　¶固有（p225/カ写）

**ニセヌリトラノオ** *Asplenium boreale × A.
oligophlebium* var.*oligophlebium*
　チャセンシダ科のシダ植物。

　¶シダ標1（p417/カ写）

**ニセハガクレカナワラビ** *Arachniodes × ikutana*
　オシダ科のシダ植物。
　¶シダ標2（p398/カ写）

**ニセハツキイヌワラビ** *Athyrium × inabaense*
　メシダ科のシダ植物。
　¶シダ標2（p310/カ写）

**ニセヒメチチタケ** *Lactarius camphoratus*
　ベニタケ科のキノコ。
　¶原きの（No.151/カ写・カ図）
　　山カ日き（p386/カ写）

**ニセヒロハノコギリシダ** *Diplazium dilatatum* var.
*heterolepis*
　メシダ科（イワデンダ科）のシダ植物。日本固有種。
別名ナチワラビ。
　¶固有（p205）
　　シダ標2（p329/カ写）

**ニセフサノリ** *Scinaia okamurae*
　フサノリ科（ガラガラ科）の海藻。軟骨質。体は
9cm。
　¶新分牧（No.5027/モ図）
　　新牧日（No.4887/モ図）

**ニセブタクサ** ⇒ゴマギクを見よ

**ニセホウライタケ** *Crinipellis scabella*
　ホウライタケ科のキノコ。別名カヤネダケ。
　¶山カ日き（p127/カ写）

**ニセホングウシダ** ⇒ホングウシダ(1)を見よ

**ニセマツカサシメジ** *Baeospora myosura*
　フウリンタケ科のキノコ。超小型〜小型。傘は淡黄
褐色〜褐色。
　¶山カ日き（p136/カ写）

**ニセマンジュウガサ** *Cortinarius allutus*
　フウセンタケ科のキノコ。
　¶山カ日き（p248/カ写）

**ニセモリノカサ** *Agaricus subrufescens*
　ハラタケ科のキノコ。
　¶原きの（No.007/カ写・カ図）

**ニセヨゴレイタチシダ** *Dryopteris hadanoi*
　オシダ科の常緑性シダ。日本固有種。葉身は2回羽
状深裂〜複生。
　¶固有（p208）
　　シダ標2（p366/カ写）

**ニチゲツセイ** *Camellia japonica* 'Nichigetsusei'　日
月星
　ツバキ科。ツバキの品種。
　¶APG原樹〔ツバキ'ニチゲツセイ'〕（No.1125/カ図）

**ニチナンオオバコ** *Plantago heterophylla*
　オオバコ科の小型の一年草。別名イトバオオバコ。
長さは8〜17cm。
　¶帰化写2（p241/カ写）

**ニチニチカ** ⇒ニチニチソウを見よ

**ニチニチソウ** *Catharanthus roseus*　日日草
　キョウチクトウ科の多年草。別名ニチニチカ，ビン

カ。高さは30〜50cm。花は赤と白色。
¶学フ有毒 (p184/カ写)
帰化写2 (p172/カ写)
原牧2〔ニチニチカ〕(No.1398/カ図)
新分牧〔ニチニチカ〕(No.3416/モ図)
新牧日〔ニチニチカ〕(No.2355/モ図)
茶花下 (p244/カ写)
牧野ス2〔ニチニチカ〕(No.3243/カ図)

**ニッケイ** *Cinnamomum sieboldii* 肉桂
クスノキ科の常緑高木。日本固有種。高さは10〜15m。
¶**APG原樹** (No.154/カ図)
原牧1 (No.142/カ図)
固有 (p50)
新分牧 (No.176/モ図)
新牧日 (No.483/モ図)
牧野ス1 (No.142/カ図)
野生1 (p80/カ写)

**ニッケイタケ** *Coltricia cinnamomea*
所属科未確定のキノコ。小型。傘はさび褐色，絹糸状光沢がある。
¶山カ日き (p467/カ写)

**ニッコウ** *Rhododendron indicum* 'Nikkō' 日光
ツツジ科。サツキの品種。
¶**APG原樹**〔サツキ'ニッコウ'〕(No.1252/カ図)

**ニッコウアザミ** *Cirsium oligophyllum* var.*nikkoense*
日光薊
キク科アザミ亜科の薬用植物，草本。日本固有種。別名オキナアザミ。
¶固有 (p138)
野生5 (p228)

**ニッコウウツギ** ⇒ウメウツギを見よ

**ニッコウオトギリ** *Hypericum nikkoense* 日光弟切
オトギリソウ科の草本。日本固有種。
¶原牧2 (No.397/カ図)
固有 (p65)
新分牧 (No.2292/モ図)
新牧日 (No.751/モ図)
牧野ス1 (No.2242/カ図)
野生3 (p246/カ写)

**ニッコウカラマツ** ⇒ハルカラマツを見よ

**ニッコウキスゲ** ⇒ゼンテイカを見よ

**ニッコウコウモリ**(1) *Parasenecio nantaicus*
キク科キク亜科の多年草。日本固有種。別名ナンタイコウモリ。高さは50〜90cm。
¶固有 (p144)
野生5 (p307/カ写)

**ニッコウコウモリ**(2) ⇒オオカニコウモリを見よ

**ニッコウザクラ** *Cerasus×tschonoskii* 日光桜
バラ科シモツケ亜科の木本。サクラの品種。
¶野生3 (p63/カ写)

**ニッコウザサ** *Sasa chartacea* var.*nana*
イネ科タケ亜科の常緑小型のササ。日本固有種。
¶固有 (p173)

タケ亜科 (No.88/カ写)
タケササ (p120/カ写)

**ニッコウシダ** *Thelypteris nipponica* 日光羊歯
ヒメシダ科 (オシダ科) の夏緑性シダ。葉身は長さ40cm，広披針形〜披針形。
¶シダ標1 (p435/カ写)
新分牧 (No.4657/モ図)
新牧日 (No.4555/モ図)

**ニッコウシダ × メニッコウシダ** *Thelypteris nipponica* var.*nipponica*× *T.nipponica* var.*borealis*
ヒメシダ科のシダ植物。
¶シダ標1 (p440/カ写)

**ニッコウシャクナゲ** ⇒ヒメシャクナゲを見よ

**ニッコウシラハギ** ⇒ツクシハギを見よ

**ニッコウチドリ** ⇒ミヤマチドリを見よ

**ニッコウツリバナ** ⇒オオツリバナを見よ

**ニッコウトウヒレン** ⇒シラネアザミを見よ

**ニッコウナツグミ** ⇒ツクバグミを見よ

**ニッコウナリヒラ** *Semiarundinaria yoshimatsumurae*
イネ科のタケ。
¶タケササ (p67/カ写)

**ニッコウネコノメ** *Chrysosplenium macrostemon* var.*shiobarense* 日光猫の目
ユキノシタ科の多年草。日本固有種。
¶固有 (p72)
ミニ山〔ニッコウネコノメソウ〕(p101/カ写)
野生2 (p202/カ写)
山ハ山花 (p270/カ写)

**ニッコウネコノメソウ** ⇒ニッコウネコノメを見よ

**ニッコウバイ** *Prunus mume* 'Nikkōbai' 日光梅
バラ科。ウメの品種。李系ウメ，紅材性八重。
¶ウメ〔日光梅〕(p119/カ写)

**ニッコウハタザオ** ⇒イワハタザオを見よ

**ニッコウハリガネワラビ** ⇒メニッコウシダ×ハリガネワラビを見よ

**ニッコウハリスゲ** *Carex fulta* 日光針菅
カヤツリグサ科の多年草。日本固有種。別名ヒメタマスゲ。
¶カヤツリ (p68/モ図)
固有 (p181)
新分牧 (No.778/モ図)
新牧日 (No.4076/モ図)
スゲ増 (No.13/カ写)
野生1 (p302/カ写)
山ハ山花 (p153/カ写)

**ニッコウヒョウタンボク** *Lonicera mochidzukiana* var.*mochidzukiana* 日光瓢箪木
スイカズラ科の木本。日本固有種。
¶**APG原樹** (No.1489/カ図)
原牧2 (No.2341/カ図)
固有 (p134)
新分牧 (No.4361/モ図)
新牧日 (No.2864/モ図)

牧野ス2（No.4186/カ図）
野生5（p422/カ写）

ニッコウマツ　⇒カラマツを見よ

ニッコウモミ　⇒ウラジロモミを見よ

ニッコウヤマオトギリ　⇒オクヤマオトギリを見よ

ニッショウ　*Paeonia suffruticosa* 'Nisshō'　日照
ボタン科。ボタンの品種。
¶**APG原樹**〔ボタン'ニッショウ'〕（No.317/カ図）

ニッパヤシ　*Nypa fruticans*
ヤシ科の常緑小高木。無幹, 葉は屋根葺に最上, 長
さは3～9m。
¶**APG原樹**（No.198/カ図）
　**原牧1**（No.614/カ図）
　**新分牧**（No.643/モ図）
　**新牧日**（No.3894/モ図）
　**牧野ス1**（No.614/カ図）
　**野生1**（p263/カ写）
　**山レ増**（p551/カ写）

ニッポウアザミ　*Cirsium nippoense*
キク科アザミ亜科の草本。日本固有種。
¶**固有**（p140）
　**野生5**（p251/カ写）

ニッポンイヌノヒゲ　*Eriocaulon taquetii*　日本犬の髭
ホシクサ科の一年草。高さは10～20cm。
¶**原牧1**（No.670/カ図）
　**新分牧**（No.706/モ図）
　**新牧日**（No.3606/モ図）
　**牧野ス1**（No.670/カ図）
　**野生1**（p285/カ写）
　**山ハ野花**（p92/カ写）

ニッポンウミヒルモ　⇒ヤマトウミヒルモを見よ

ニッポンサイシン　⇒ウスバサイシンを見よ

ニッポンタチバナ　⇒タチバナ(1)を見よ

ニッポンフラスコモ　*Nitella japonica*　日本フラス
コ藻
シャジクモ科の水草。体長は20cm内外。
¶**新分牧**（No.4946/モ図）
　**新牧日**（No.4806/モ図）

ニドザクラ　*Cerasus jamasakura* 'Heteroflora'　二度桜
バラ科の落葉高木。サクラの栽培品種。花は淡
紅色。
¶**学フ増桜**〔'二度桜'〕（p92/カ写）

ニトベカズラ　⇒アサヒカズラを見よ

ニトベギク　*Tithonia diversifolia*
キク科キク亜科の木本状多年草。別名コウテイヒマ
ワリ。高さは4.5m。花はオレンジ黄色。
¶**帰化写2**（p449/カ写）
　**野生5**（p361/カ写）

ニホンアブラナ　⇒アブラナを見よ

ニホンサクラソウ　⇒サクラソウを見よ

ニホンシュンラン　⇒シュンランを見よ

ニホンズイセン　⇒スイセン(1)を見よ

ニホントウキ　⇒トウキを見よ

ニホンナシ　⇒ナシ(1)を見よ

ニホンノホマレ　*Camellia japonica* 'Nihon-no-
homare'　日本の誉
ツバキ科。ツバキの品種。花は淡い桃地に白覆輪が
入る。
¶**茶花上**（p170/カ写）

ニホンハッカ　⇒ハッカを見よ

ニホンヤマナシ　⇒ヤマナシ(1)を見よ

ニホンレンギョウ　⇒ヤマトレンギョウを見よ

ニュウメンラン　*Staurochilus lutchuensis*
ラン科の着生の多年草。花茎は長さ約25cm。
¶**野生1**（p227/カ写）
　**山レ増**〔イリオモテラン〕（p492/カ写）

ニューサイラン　*Phormium tenax*　新西蘭
ワスレグサ科〔ススキノキ科〕（ユリ科）の多年草。
別名ニュージーランドアサ, マオラン。高さは5m。
花は暗赤色。
¶**原牧1**（No.519/カ図）
　**新分牧**（No.571/モ図）
　**新牧日**（No.3408/モ図）
　**牧野ス1**（No.519/カ図）

ニューサマーオレンジ　⇒コナツミカンを見よ

ニュージーランドアサ　⇒ニューサイランを見よ

ニュージーランド・スピニッチ　⇒ツルナを見よ

ニュージーランドマツ　⇒ラジアータマツを見よ

ニュー・ピンク　*Hibiscus hybridus* 'New Pink'
アオイ科。ハワイアン・ハイビスカスの品種。
¶**APG原樹**〔ハワイアン・ハイビスカス'ニュー・ピン
ク'〕（No.1028/カ図）

ニューヨーク・アスター　⇒ユウゼンギクを見よ

ニョイスミレ　*Viola verecunda* var.*verecunda*　如意菫
スミレ科の多年草。別名ツボスミレ, コマノツメ。
高さは5～20cm。花は白色。
¶**色野草**〔ツボスミレ〕（p64/カ写）
　**学フ増野春**〔ツボスミレ〕（p139/カ写）
　**原牧2**（No.327/カ図）
　**山野草**〔ツボスミレ〕（No.0703/カ写）
　**新分牧**（No.2313/モ図）
　**新牧日**（No.1800/モ図）
　**茶花上**（p293/カ写）
　**牧野ス1**（No.2172/カ図）
　**野生3**〔ツボスミレ〕（p223/カ写）
　**山力野草**〔ツボスミレ〕（p350/カ写）
　**山ハ野花**〔ツボスミレ〕（p324/カ写）
　**山ハ山花**〔ツボスミレ〕（p321/カ写）

ニョホウチドリ　*Hemipilia joo-iokiana*　女峰千鳥
ラン科の多年草。高さは10～30cm。
¶**学フ増高山**（p84/カ写）
　**原牧1**（No.375/カ図）
　**新分牧**（No.447/モ図）
　**新牧日**（No.4247/モ図）
　**牧野ス1**（No.375/カ図）
　**野生1**（p225/カ写）

山ハ高山 (p30/カ写)
山ハ山花 (p126/カ写)
山レ増 (p499/カ写)

**ニラ** *Allium tuberosum* 韮
ヒガンバナ科 (ユリ科, ネギ科) の葉菜類。全体に特有の臭気がある。高さは50cm。花は白色。葉は扁平で細い。
¶原牧1 (No.530/カ図)
新分牧 (No.577/モ図)
新牧日 (No.3413/カ図)
牧野ス1 (No.530/カ図)
野生1 (p241/カ写)
山ハ野花 (p75/カ写)

**ニラバラン** *Microtis unifolia* 韮葉蘭
ラン科の草本。
¶原牧1 (No.402/カ図)
新分牧 (No.425/モ図)
新牧日 (No.4276/モ図)
牧野ス1 (No.402/カ図)
山ハ (p213/カ写)

**ニラミグサ** ⇒スズメノカタビラを見よ

**ニリョクガク** *Prunus mume* 'Ni-ryokugaku' 二緑萼
バラ科。ウメの品種。野梅系ウメ, 野梅性八重。
¶ウメ〔二緑萼〕(p70/カ写)

**ニリンソウ** *Anemone flaccida* 二輪草
キンポウゲ科の多年草。別名ガショウソウ, フクベラ。高さは15〜25cm。花は白色。
¶色野草 (p27/カ写)
学フ増山菜 (p98/カ写)
学フ増野春 (p174/カ写)
原牧1 (No.1263/カ図)
山野草 (No.0219/カ写)
新分牧 (No.1449/モ図)
新牧日 (No.588/モ図)
茶花上 (p294/カ写)
牧野ス1 (No.1263/カ図)
ミニ山 (p55/カ写)
野生2 (p136/カ写)
山力野草 (p480/カ写)
山ハ野花 (p235/カ写)
山ハ山花 (p237/カ写)

**ニレ** ⇒ハルニレを見よ

**ニレザクラ** ⇒ザイフリボクを見よ

**ニレサルノコシカケ** *Rigidoporus ulmarius*
トンビマイタケ科のキノコ。
¶原きの (No.382/カ写・カ図)

**ニレノハツルネラ** ⇒キバナツルネラを見よ

**ニワアジサイ** ⇒ヒメアジサイを見よ

**ニワウメ** *Prunus japonica* 庭梅
バラ科シモツケ亜科の落葉低木。別名コウメ, リンショウバイ。花は淡紅色, または白色。
¶APG原樹 (No.499/カ図)
学フ増桜 (p50/カ写)
学フ増花庭 (p27/カ写)

原牧1 (No.1636/カ図)
新分牧 (No.1836/モ図)
新牧日 (No.1214/モ図)
茶花上 (p215/カ写)
牧野ス1 (No.1636/カ図)
野生3 (p79/カ写)
山力樹木 (p308/カ写)

**ニワウルシ** ⇒シンジュを見よ

**ニワキ** ⇒スイセン(1)を見よ

**ニワクサ** ⇒ホウキギを見よ

**ニワザクラ** *Cerasus glandulosa* 'Alboplena' 庭桜
バラ科シモツケ亜科の落葉低木。高さは1.5mほど。花は白色または淡紅色。
¶学フ増花庭 (p29/カ写)
山力樹木 (p309/カ写)

**ニワザクラ (広義)** *Prunus glandulosa* 庭桜
バラ科シモツケ亜科の落葉低木。別名ヒトエニワザクラ, リンショウバイ。花は白色, または淡紅色。
¶APG原樹〔ニワザクラ〕(No.500/カ図)
学フ増桜〔ニワザクラ〕(p39/カ写)
茶花上〔にわざくら〕(p294/カ写)
野生3〔ニワザクラ〕(p79/カ写)

**ニワゼキショウ** *Sisyrinchium rosulatum* 庭石菖
アヤメ科の多年草。別名ナンキンアヤメ。高さは20〜40cm。花はスミレ色, 中心が黄色。
¶色野草 (p252/カ写)
学フ増春 (p35/カ写)
帰化写改 (p412/カ写, p519/カ写)
原牧1 (No.509/カ写)
植調 (p279/カ写)
新分牧 (No.564/モ図)
新牧日 (No.3554/モ図)
茶花上 (p434/カ写)
牧野ス1 (No.509/カ写)
野生1 (p236/カ写)
山力野草 (p595/カ写)
山ハ野花 (p65/カ写)

**ニワタケ** *Tapinella atrotomentosa*
イチョウタケ科 (ヒダハタケ科) のキノコ。中型〜大型。傘は褐色, 縁は内側に巻く。
¶学フ増毒き (p165/カ写)
原きの (No.273/カ写・カ図)
山力日き (p288/カ写)

**ニワツノゴケ** *Phaeoceros carolinianus*
ツノゴケ科のコケ。長さ1〜3cm, 縁は不規則に波打つ。
¶新分牧 (No.4926/モ図)
新牧日 (No.4786/モ図)

**ニワトコ** *Sambucus racemosa* subsp. *sieboldiana* var. *sieboldiana* 庭常, 接骨木
ガマズミ科〔レンプクソウ科〕(スイカズラ科) の落葉低木。別名タズ, タズノキ, セッコツボク。
¶APG原樹 (No.1463/カ図)
学フ増山菜 (p100/カ写)
学フ増樹 (p40/カ写・カ図)

学フ増薬草（p234/カ写）
学フ有毒（p98/カ写）
原牧2（No.2285/カ図）
新分牧（No.4333/モ図）
新牧日（No.2823/モ図）
図説樹木（p186/ケ図）
茶花上（p295/カ写）
都木花新（p219/カ写）
牧野ス2（No.4130/カ図）
野生5（p403/カ写）
山力樹木（p717/カ写）

## ニワナズナ　*Lobularia maritima*　庭薺
アブラナ科の草本。別名アリッサム，スイート・アリッサム，ニオイナズナ。高さは10～15cm。花は白色，またはラベンダー色。
¶原牧2（No.755/カ図）
　新分牧（No.2759/モ図）
　新牧日（No.876/モ図）
　茶花上（p215/カ写）
　牧野ス2（No.2600/カ図）

## ニワナナカマド　*Sorbaria kirilowii*　庭七竈
バラ科の木本。別名チンバイ，チンシバイ。
¶APG原樹（No.505/カ図）
　学フ増花庭（p197/カ写）
　茶花（p124/カ写）
　山力樹木（p283/カ写）

## ニワハナビ　*Limonium latifolium*　庭花火
イソマツ科の多年草。別名ヒロハノハマサジ。高さは40～60cm。花は青または紫色。
¶原牧2（No.782/カ図）
　牧野ス2（No.2627/カ図）

## ニワフジ　*Indigofera decora*　庭藤
マメ科マメ亜科の多年草。別名イワフジ。高さは30～60cm。花は紅紫色。
¶APG原樹（No.361/カ図）
　原牧1（No.1506/カ図）
　山野草（No.0640/カ写）
　新分牧（No.1660/モ図）
　新牧日（No.1293/モ図）
　茶花上（p434/カ写）
　牧野ス1（No.1506/カ図）
　ミニ山（p156/カ写）
　野生2（p273/カ写）
　山力樹木（p365/カ写）

## ニワホコリ　*Eragrostis multicaulis*　庭埃
イネ科ヒゲシバ亜科の一年草。高さは10～25cm。
¶桑イネ（p222/カ写・モ図）
　原牧1（No.1107/カ図）
　植調（p300/カ写）
　新分牧（No.1245/モ図）
　新牧日（No.3754/モ図）
　牧野ス1（No.1107/カ写）
　野生2（p69/カ写）
　山ハ野花（p167/カ写）

## ニワヤナギ　⇒ミチヤナギを見よ

## ニンギョウタケ　*Albatrellus confluens*
ニンギョウタケモドキ科のキノコ。中型～大型。傘は扇形～不定形，黄土色～クリーム色。
¶山ハ日き（p448/カ写）

## ニンギョウタケモドキ　*Albatrellus ovinus*
ニンギョウタケモドキ科のキノコ。
¶原きの（No.331/カ写・カ図）

## ニンジン　*Daucus carota* subsp.*sativus*　人参
セリ科の根菜類。別名ナニンジン。
¶学フ増薬草（p151/カ図）
　原牧2（No.2475/カ図）
　新分牧（No.4447/モ図）
　新牧日（No.2089/モ図）
　牧野ス2（No.4320/カ図）

## ニンジンボク　*Vitex negundo* var.*cannabifolia*　人参木
シソ科（クマツヅラ科）の木本。花は淡紫色。
¶APG原樹（No.1421/カ図）
　原牧2（No.1737/カ図）
　新分牧（No.3700/モ図）
　新牧日（No.2513/モ図）
　茶花下（p124/カ写）
　牧野ス2（No.3582/カ図）

## ニンドウ　⇒スイカズラを見よ

## ニンドウバノヤドリギ　*Taxillus nigrans*
ヤドリギ科の木本。
¶山レ増（p412/カ写）

## ニンニク　*Allium sativum*　蒜, 葫, 大蒜
ヒガンバナ科（ユリ科）の根菜類。高さは0.5～1m。
¶原牧1（No.536/カ写）
　新分牧（No.583/モ図）
　新牧日（No.3419/モ図）
　牧野ス1（No.536/カ図）

## ニンポウキンカン　*Citrus japonica* 'Crassifolia'　寧波金柑
ミカン科の木本。別名メイワキンカン。果実は縦径3cmほど。高さは2m。
¶APG原樹（No.982/カ図）

# 【ヌ】

## ヌイオスゲ　*Carex vanheurckii*
カヤツリグサ科の多年草。別名シロウマヒメスゲ。
¶カヤツリ（p386/モ図）
　新分牧（No.855/モ図）
　新牧日（No.4143/モ図）
　スゲ増（p206/カ写）
　野生1（p330/カ写）

## ヌカイタチシダ　*Dryopteris gymnosora*
オシダ科の常緑性シダ。葉身は長さ30～45cm, 卵状長楕円形～卵形。
¶シダ標2（p370/カ写）

ヌカイタチ　　　　　　　566

**ヌカイタチシダマガイ**　*Dryopteris simasakii*
オシダ科の常緑性シダ。日本固有種。葉身は2回羽状複生。
¶固有 (p207)
　シダ標2 (p370/カ写)

**ヌカイタチシダモドキ**　*Dryopteris indusiata*
オシダ科の常緑性シダ。葉身は長さ20〜40cm, 広卵状三角形。
¶シダ標2 (p369/カ写)

**ヌカイトナデシコ**　*Gypsophila muralis*
ナデシコ科の一年草。高さは4〜25cm。花は紅紫色。
¶帰化写2 (p32/カ写)

**ヌカカゼクサ**　*Eragrostis amabilis*
イネ科ヒゲシバ亜科の一年草。高さは10〜50cm。
¶帰化写改 (p446/カ写)
　桑イネ (p228/カ写・モ図)
　野生2 (p69)

**ヌカキビ**　*Panicum bisulcatum*　糠黍
イネ科キビ亜科の一年草。高さは30〜90cm。
¶桑イネ (p350/カ写・モ図)
　原牧1 (No.1042/カ図)
　植調 (p324/カ写)
　新分牧 (No.1241/カ図)
　新牧日 (No.3809/モ図)
　牧野ス1 (No.1042/カ図)
　野生2 (p91/カ写)
　山力野草 (p685/カ写)
　山ハ野花 (p200/カ写)

**ヌカスゲ**　*Carex mitrata* var.*mitrata*
カヤツリグサ科の多年草。高さは15cm内外。
¶カヤツリ (p354/モ図)
　原牧1 (No.847/カ図)
　スゲ増 (No.186/カ写)
　牧野ス1 (No.847/カ図)
　野生1 (p320/カ写)

**ヌカススキ**　*Aira caryophyllea*
イネ科イチゴツナギ亜科の一年草。別名コゴメススキ。高さは20〜50cm。
¶帰化写改 (p419/カ写)
　原牧1 (No.995/カ図)
　新分牧 (No.1108/モ図)
　新牧日 (No.3717/モ図)
　牧野ス1 (No.995/カ図)
　野生2 (p41/カ写)

**ヌカボ**　*Agrostis clavata* var.*nukabo*　糠穂
イネ科イチゴツナギ亜科の二年草。高さは30〜80cm。
¶桑イネ (p47/カ写・モ図)
　原牧1 (No.988/カ図)
　新分牧 (No.1091/モ図)
　新牧日 (No.3730/モ図)
　牧野ス1 (No.988/カ図)
　野生2 (p41/カ写)
　山ハ野花 (p183/カ写)
　山ハ山花 (p185/カ写)

**ヌカボガエリ**　*Polypogon fugax*× *Agropogon hondoensis*
イネ科イチゴツナギ亜科の草本。ヒエガエリとコヌカグサの雑種と推定。
¶野生2 (p63)

**ヌカボシクリハラン**　*Neocheiropteris ningpoensis*
糠星栗葉蘭
ウラボシ科の常緑性シダ。葉身は長さ10〜25cm, 幅1.5〜3cm。
¶シダ標2 (p465/カ写)
　新分牧 (No.4795/モ図)
　新牧日 (No.4661/モ図)

**ヌカボシソウ**　*Luzula plumosa* subsp.*plumosa*　糠星草
イグサ科の多年草。高さは15〜25cm。
¶原牧1 (No.697/カ図)
　新分牧 (No.733/モ図)
　新牧日 (No.3586/モ図)
　牧野ス1 (No.697/カ図)
　野生1 (p292/カ写)

**ヌカボタデ**　*Persicaria taquetii*
タデ科の草本。
¶原牧2 (No.811/カ図)
　新分牧 (No.2887/モ図)
　新牧日 (No.273/モ図)
　牧野ス2 (No.2656/カ図)
　野生4 (p99/カ写)
　山レ増 (p438/カ写)

**ヌカボミチヤナギ**　*Polygonum argyrocoleon*
タデ科の草本。茎頂に花がやや花穂状に付く。
¶野生4 (p101)

**ヌキフデ**　*Camellia japonica* 'Nukifude'　抜筆
ツバキ科。ツバキの品種。花は絞りが入る。
¶茶花上 (p162/カ写)

**ヌシロヤナギ**　*Salix*× *koiei*
ヤナギ科の雑種。
¶野生3〔ヌシロヤナギ (カワヤナギ×ネコヤナギ)〕(p206/カ写)

**ヌスビトノアシ**(1)　⇒オニノヤガラを見よ

**ヌスビトノアシ**(2)　⇒フジカンゾウを見よ

**ヌスビトハギ**　*Hylodesmum podocarpum* subsp.*oxyphyllum* var.*japonicum*　盗人萩
マメ科の多年草。高さは60〜120cm。
¶色野草 (p298/カ写)
　学フ増野秋 (p27/カ写)
　原牧1 (No.1531/カ図)
　植調 (p264/カ写)
　新分牧 (No.1701/モ図)
　新牧日 (No.1318/モ図)
　茶花下 (p125/カ写)
　牧野ス1 (No.1531/カ図)
　野生2 (p272)
　山力野草 (p376/カ写)
　山ハ野花 (p364/カ写)

**ヌナワ**　⇒ジュンサイを見よ

**ヌナワタケ** *Roridomyces roridus*
ラッシタケ科（クヌギタケ科）のキノコ。
¶原きの（No.254/カ写・カ図）
山力日き（p133/カ写）

**ヌノビキ** ⇒シロシメジを見よ

**ヌノマオ** *Pipturus arborescens*
イラクサ科の木本。別名オオイワガネ。
¶野生2（p351/カ写）

**ヌビル** ⇒ノビルを見よ

**ヌプリボツメクサ** ⇒エゾタカネツメクサを見よ

**ヌポロオトギリ**(1) *Hypericum nuporoense*
オトギリソウ科の草本。日本固有種。
¶固有（p65）

**ヌポロオトギリ**(2) ⇒クロテンシラトリオトギリを
見よ

**ヌマアゼスゲ** *Carex cinerascens*
カヤツリグサ科の多年草。
¶カヤツリ（p156/モ図）
スゲ増（No.70/カ図）
野生1（p310/カ写）

**ヌマイチゴツナギ** *Poa palustris*
イネ科イチゴツナギ亜科の多年草。高さは30～
150cm。
¶桑イネ（p401/カ写・モ図）
新分牧（No.1127/モ図）
新牧日（No.3697/モ図）
野生2（p62）

**ヌマカゼクサ** *Eragrostis aquatica*
イネ科ヒゲシバ亜科の多年草。日本固有種。高さは
15～50cm。
¶桑イネ（p216/モ図）
固有（p166）
野生2（p70）

**ヌマガヤ** *Moliniopsis japonica* 沼茅
イネ科ダンチク亜科の多年草。別名カミスキスダレ
グサ。高さは70～120cm。
¶桑イネ（p331/カ写・モ図）
原牧1（No.1096/カ図）
新分牧（No.1276/カ図）
新牧日（No.3646/モ図）
牧野ス1（No.1096/カ図）
野生2（p74/カ写）
山力野草（p675/カ写）
山ハ山花（p198/カ写）

**ヌマガヤツリ** *Cyperus glomeratus* 沼蚊帳釣, 沼蚊
帳吊
カヤツリグサ科の一年草または短命な多年草。高さ
は30～100cm。
¶カヤツリ（p712/モ図）
原牧1（No.711/カ図）
新分牧（No.978/モ図）
新牧日（No.3970/モ図）
牧野ス1（No.711/カ図）
野生1（p341/カ写）

山ハ野花（p100/カ写）

**ヌマクロボスゲ** *Carex meyeriana*
カヤツリグサ科の多年草。別名シラカワスゲ。
¶カヤツリ（p220/モ図）
原牧1（No.826/カ図）
新分牧（No.836/モ図）
新牧日（No.4119/モ図）
スゲ増（No.103/カ写）
牧野ス1（No.826/カ図）
野生1（p329/カ写）

**ヌマヅイノモトソウ** *Pteris multifida* × *P.nipponica*
イノモトソウ科のシダ植物。
¶シダ標1（p383/カ写）

**ヌマスギ** ⇒ラクウショウを見よ

**ヌマスギモドキ** ⇒メタセコイアを見よ

**ヌマスゲ**(1) *Carex rostrata* var.*borealis*
カヤツリグサ科の草本。八幡平（岩手県）に記録が
ある。
¶野生1（p334）

**ヌマスゲ**(2) ⇒カラフトカサスゲを見よ

**ヌマスノキ** ⇒ブルーベリー(1)を見よ

**ヌマゼリ** *Sium suave* var.*nipponicum* 沼芹
セリ科セリ亜科の多年草。別名サワゼリ。高さは
60～100cm。
¶原牧2（No.2419/カ図）
新分牧（No.4439/モ図）
新牧日（No.2035/モ図）
日水草（p305/カ写）
牧野ス2（No.4264/カ写）
野生5（p399/カ写）
山レ増（p224/カ写）

**ヌマダイオウ** *Rumex aquaticus*
タデ科の草本。
¶野生4（p103）

**ヌマダイコン** *Adenostemma lavenia* 沼大根
キク科キク亜科の多年草。高さは30～100cm。花
は白色。
¶原牧2（No.1912/カ図）
新分牧（No.4308/モ図）
新牧日（No.2949/モ図）
牧野ス2（No.3757/カ図）
野生5（p365/カ写）
山力野草（p27/カ写）
山ハ野花（p581/カ写）

**ヌマツルギク** *Acmella oppositifolia*
キク科キク亜科の多年草。長さは30～100cm。花
は黄色。
¶帰化写改（p391/カ写, p517/カ写）
野生5（p360/カ写）

**ヌマドジョウツナギ** *Glyceria spiculosa* 沼泥鰌繋
イネ科イチゴツナギ亜科の多年草。北海道と秋田の
湿地に稀に生える。
¶野生2（p54）

**ヌマトラノオ** *Lysimachia fortunei* 沼虎の尾
サクラソウ科の多年草。高さは40～100cm。
¶学フ増野夏 (p163/カ図)
原牧2 (No.1092/カ図)
山野草 (No.0908/カ写)
新分牧 (No.3155/モ図)
新牧日 (No.2235/モ図)
茶花下 (p125/カ写)
牧野ス2 (No.2937/カ図)
野生4 (p195/カ写)
山カ野草 (p270/カ写)
山ハ野花 (p414/カ写)

**ヌマハコベ** *Montia fontana* 沼繁縷
ヌマハコベ科 (スベリヒユ科) の草本。別名モンチソウ。
¶原牧2 (No.993/カ図)
新分牧 (No.3034/モ図)
新牧日 (No.330/モ図)
日水草 (p265/カ写)
牧野ス2 (No.2838/カ図)
野生4 (p150/カ写)
山レ増 (p433/カ写)

**ヌマバショウ** ⇒ミズカンナを見よ

**ヌマハッカ** *Mentha aquatica*
シソ科の多年草。別名ホザキハッカ。高さは30～50cm。花は淡紅色～藤色。
¶帰化写2 (p198/カ写)

**ヌマハリイ** *Eleocharis mamillata* var.*cyclocarpa* 沼針藺
カヤツリグサ科の多年生抽水植物。別名オオヌマハリイ、フトヌマハリイ。鱗片は濃褐色、広披針形～狭卵形。高さは30～60cm。
¶カヤツリ〔オオヌマハリイ〕(p634/モ図)
原牧1 (No.749/カ図)
新分牧 (No.940/モ図)
新牧日 (No.4017/モ図)
日水草 (p181/カ写)
牧野ス1 (No.749/カ図)
野生1〔オオヌマハリイ〕(p344/カ写)
山ハ野花〔オオヌマハリイ〕(p122/カ写)
山ハ山花〔オオヌマハリイ〕(p179/カ写)

**ヌマヒノキ'バリエガータ'** *Chamaecyparis thyoides* 'Variegata'
ヒノキ科の木本。
¶APG原樹 (No.1538/カ図)

**ヌマミズキ** *Nyssa sylvatica* 沼水木
ミズキ科の木本。別名ツーペロ。樹高は30m。樹皮は濃灰色。
¶APG原樹 (No.1074/カ図)

**ヌメゴマ** ⇒アマを見よ

**ヌメハノリ** *Cumathamnion serrulatum*
コノハノリ科の海藻。下部は茎状。体は30cm。
¶新分牧 (No.5082/モ図)
新牧日 (No.4942/モ図)

**ヌメリアイタケ** *Albatrellus yasudae*
ニンギョウタケモドキ科のキノコ。中型。傘は円

形、濃藍色。
¶山カ日き (p447/カ写)

**ヌメリアカチチタケ** *Lactarius hysginus*
ベニタケ科のキノコ。中型～大型。傘は赤褐色、不明瞭な環紋あり。湿時粘性。
¶学フ増毒き (p202/カ写)
山カ日き (p388/カ写)

**ヌメリイグチ** *Suillus luteus*
ヌメリイグチ科 (イグチ科) のキノコ。中型～大型。傘は褐色、著しい粘性あり。
¶学フ増毒き (p171/カ写)
原きの (No.323/カ写・カ図)
新分牧 (No.5120/モ図)
新牧日 (No.4965/モ図)
山カ日き (p307/カ写)

**ヌメリグサ** *Sacciolepis spicata* var.*oryzetorum* 滑り草
イネ科キビ亜科の一年草。ハイヌメリの変種。
¶桑イネ (p429/カ写・モ図)
原牧1 (No.1049/カ図)
新分牧 (No.1206/モ図)
新牧日 (No.3821/モ図)
牧野ス1 (No.1049/カ写)
野生2 (p95)
山ハ野花 (p199/カ写)

**ヌメリコウジタケ** *Aureoboletus auriporus*
イグチ科のキノコ。小型～中型。傘は赤褐色～明褐色、粘性あり。
¶山カ日き (p314/カ写)

**ヌメリササタケ** *Cortinarius pseudosalor*
フウセンタケ科のキノコ。中型。傘はオリーブ褐色～灰褐色、著しい粘液あり。ひだは淡紫色～さび褐色。
¶山カ日き (p262/カ写)

**ヌメリスギタケ** *Pholiota adiposa*
モエギタケ科のキノコ。
¶山カ日き (p233/カ写)

**ヌメリスギタケモドキ** *Pholiota cerifera*
モエギタケ科のキノコ。中型～大型。傘は黄色、褐色大型鱗片、強い粘性。
¶原きの (No.231/カ写・カ図)
山カ日き (p235/カ写)

**ヌメリタンポタケ** *Elaphocordyceps longisegmentis*
オフィオコルディセプス科の冬虫夏草。宿主はツチダンゴ類。
¶冬虫生態 (p246/カ写)

**ヌメリツバイグチ** *Suillus salmonicolor*
ヌメリイグチ科のキノコ。中型。傘は暗黄褐色、著しい粘性を帯びる。
¶山カ日き (p306/カ写)

**ヌメリツバタケ** *Mucidula mucida* var.*asiatica*
タマバリタケ科 (キシメジ科) のキノコ。中型。傘は白色～淡灰褐色、強粘性。ひだは白色。
¶原きの (No.220/カ写・カ図)
山カ日き (p119/カ写)

**ヌメリツバタケモドキ** *Mucidula mucida* var. *venosolamellata*
タマバリタケ科（キシメジ科）のキノコ。中型。傘は白色〜淡灰褐色, 強粘性。
¶山力日き（p118/カ写）

**ヌメリニガイグチ** *Tylopilus castaneiceps*
イグチ科のキノコ。小型〜中型。傘は栗褐色〜黄褐色, 強い粘性。
¶山力日き（p338/カ写）

**ヌリトラノオ** *Asplenium normale* 塗虎の尾
チャセンシダ科の常緑性シダ。葉身は長さ10〜40cm, 披針形〜線状披針形。
¶シダ標1（p413/カ写）
新分牧（No.4639/モ図）
新牧日（No.4622/モ図）

**ヌリバシ** ⇒ネジキを見よ

**ヌリワラビ** *Rhachidosorus mesosorus* 塗り蕨
ヌリワラビ科（オシダ科）の夏緑性シダ。葉身は長さ30〜60cm, 三角形〜卵状三角形。
¶シダ標1（p454/カ写）
新分牧（No.4621/モ図）
新牧日（No.4598/モ図）

**ヌルデ** *Rhus javanica* var.*chinensis* 白膠, 白膠木
ウルシ科の落葉高木。別名フシノキ。
¶APG原樹（No.895/カ図）
学フ増樹（p232/カ写）
学フ増薬草（p206/カ写）
原牧2（No.509/カ図）
新分牧（No.2546/モ図）
新牧日（No.1559/モ図）
都木花新（p188/カ写）
牧野ス2（No.2355/カ写）
ミニ山（p172/カ写）
野生3（p282/カ写）
山力樹木（p402/カ写）
落葉図譜（p195/モ図）

**ヌルデタケ** *Porodisculus pendulus*
カンゾウタケ科のキノコ。小型。傘は淡褐色。
¶山力日き（p465/カ写）

**ヌンチャクイラガタケ** *Cordyceps* sp.
ノムシタケ科の冬虫夏草。宿主はイラガ類の繭。
¶冬虫生態（p76/カ写）

# 【 ネ 】

**ネイチワラビ** *Dryopteris crassirhizoma*×*D.expansa*
オシダ科のシダ植物。
¶シダ標2（p372/カ写）

**ネイロウヤバイ** *Prunus mume* ‘Neirō-yabai’ 寧薀野梅
バラ科。ウメの品種。野梅類型ウメ。
¶ウメ〔寧薀野梅〕（p14/カ写）

**ネガラミ** ⇒セキショウを見よ

**ネギ** *Allium fistulosum* 葱
ヒガンバナ科（ユリ科）の葉菜類。別名ネブカ, ヒトモジ。花は白色。
¶学フ増薬草（p145/カ写）
原牧1（No.537/カ図）
新分牧（No.584/モ図）
新牧日（No.3420/モ図）
牧野ス1（No.537/モ写）

**ネクタリン** *Prunus persica* var.*nucipersica*
バラ科の木本。別名ズバイモモ, ユトウ。
¶APG原樹（No.488/カ図）

**ネクトリア キンナバリナ** *Nectria cinnabarina* var. *cinnabarina*
ボタンタケ科のキノコ。
¶山力日き（p588/カ写）

**ネグンドカエデ** *Acer negundo*
ムクロジ科（カエデ科）の落葉高木。別名トネリコバノカエデ。高さは20m。樹皮は灰褐色。
¶APG原樹〔トネリコバノカエデ〕（No.927/カ図）
学フ増花庭（p131/カ写）
原牧2（No.555/カ図）
新分牧（No.2557/モ図）
新牧日（No.1597/モ図）
牧野ス2（No.2400/カ図）
野生3〔トネリコバノカエデ〕（p297/カ写）
山力樹木（p452/カ写）
落葉図譜（p221/モ図）

**ネグンドカエデ‘フラミンゴ’** ⇒フラミンゴを見よ

**ネコアサガオ** *Ipomoea biflora*
ヒルガオ科のつる性の一年草または多年草。別名ガクアサガオ。多毛。花は白色, または淡紅色。
¶帰化写2（p179/カ写）
野生5（p30/カ写）

**ネコアシコンブ** *Arthrothamnus bifidus*
コンブ科の海藻。別名ミミコンブ, カナカケコンブ, ハタカセコンブ。体は長さ2〜4m。葉は線状。
¶新分牧（No.4996/モ図）
新牧日（No.4856/モ図）

**ネコグサ** ⇒オキナグサ(1)を見よ

**ネコシデ** *Betula corylifolia* 猫四手
カバノキ科の落葉高木。日本固有種。別名ウラジロカンバ。
¶APG原樹（No.751/カ図）
原牧2（No.147/カ図）
固有（p42）
新分牧（No.2190/モ図）
新牧日（No.125/モ図）
牧野ス1（No.1992/カ写）
野生3（p112/カ写）
山力樹木（p119/カ写）
山ハ高山（p235/カ写）

**ネコシバヤナギ** *Salix*×*cremnophila*
ヤナギ科の雑種。
¶野生3〔ネコシバヤナギ（シバヤナギ×ネコヤナギ）〕（p206）

**ネコジャラシ** ⇒エノコログサを見よ

**ネコノシタ** *Melanthera prostrata* 猫の舌
キク科キク亜科の多年草。別名ハマグルマ。高さは
10〜16cm。
¶学フ増野夏 (p117/カ写)
原牧2 (No.2026/モ図)
新分牧 (No.4287/モ図)
新牧日 (No.3065/モ図)
牧野ス2 (No.3871/カ写)
野生5 (p358/カ写)
山力野草〔ハマグルマ〕(p84/カ写)
山ハ野花 (p572/カ写)

**ネコノチチ** *Rhamnella franguloides* 猫の乳
クロタキカズラ科 (クロウメモドキ科) の落葉低木。
¶APG原樹 (No.652/カ図)
原牧2 (No.16/カ図)
新分牧 (No.2067/モ図)
新牧日 (No.1678/モ図)
牧野ス1 (No.1861/カ図)
野生2 (p321/カ写)
山力樹木 (p462/カ写)
落葉図譜 (p227/モ図)

**ネコノヒゲ** *Orthosiphon aristatus* 猫の髭
シソ科の多年草。別名クミスクチン。高さは60cm。
花は白色。
¶茶花下 (p126/カ写)

**ネコノメソウ** *Chrysosplenium grayanum* 猫の目草
ユキノシタ科の多年草。日本固有種。別名ミズネコ
ノメソウ。高さは4〜20cm。
¶色野草 (p152/カ写)
学フ増野春 (p217/カ写)
原牧1 (No.1386/カ図)
固有 (p71)
新分牧 (No.1551/モ図)
新牧日 (No.965/モ図)
茶花上 (p295/カ写)
牧野ス1 (No.1386/カ図)
ミニ山 (p102/カ写)
野生2 (p201/カ写)
山力野草 (p426/カ写)
山ハ山花 (p267/カ写)

**ネコハギ** *Lespedeza pilosa* 猫萩
マメ科マメ亜科の多年草。長さは30〜100cm。花
は白色。
¶学フ増野秋 (p146/カ写)
原牧1 (No.1551/カ図)
植調 (p254/カ写)
新分牧 (No.1683/モ図)
新牧日 (No.1338/モ図)
茶花下 (p126/カ写)
牧野ス1 (No.1551/カ図)
野生2 (p280/カ写)
山力野草 (p374/カ写)
山ハ野花 (p363/カ写)

**ネコヤナギ** *Salix gracilistyla* 猫柳
ヤナギ科の落葉低木。別名エノコロヤナギ, カワヤ

ナギ, トウトウヤナギ, タニガワヤナギ, カワナヤ
ギ。花は銀白色。
¶APG原樹 (No.816/カ図)
学フ増樹 (p65/カ写)
学フ増野庭 (p106/カ写)
原牧2 (No.300/カ図)
新分牧 (No.2378/モ図)
新牧日 (No.90/モ図)
茶花上 (p188/カ写)
牧野ス1 (No.2145/カ写)
野生3 (p203/カ写)
山力樹木 (p88/カ写)
落葉図譜 (p49/モ図)

**ネコヤマヒゴタイ** *Saussurea modesta* 猫山平江帯
キク科アザミ亜科の多年草。日本固有種。別名キリ
ガミネトウヒレン。高さは35〜70cm。
¶原牧2 (No.2212/カ図)
固有 (p148)
新分牧 (No.4011/モ図)
新牧日 (No.3244/モ図)
牧野ス2 (No.4057/カ図)
野生5 (p261/カ写)
山ハ山花 (p561/カ写)
山レ増 (p61/カ写)

**ネザサ** *Pleioblastus argenteostriatus f.glaber* 根笹
イネ科タケ亜科の常緑大型ササ。日本固有種。
¶原牧1 (No.921/カ図)
固有 (p175/カ写)
新分牧 (No.1029/モ図)
新牧日 (No.3622/モ図)
タケ亜科 (No.39/カ写)
タケササ (p156/カ写)
牧野ス1 (No.921/カ写)

**ネジアヤメ** *Iris lactea* 捩菖蒲
アヤメ科の多年草。別名パリン。高さは20cm。花
は淡紫色。
¶原牧1 (No.501/カ図)
新分牧 (No.559/モ図)
新牧日 (No.3549/モ図)
牧野ス1 (No.501/カ図)

**ネジイ** ⇒イヌイを見よ

**ネジイトラン** ⇒キミガヨランを見よ

**ネジガネソウ** ⇒ネジバナを見よ

**ネジキ** *Lyonia ovalifolia var.ellipticus* 捩木
ツツジ科スノキ亜科の落葉低木。別名カシオシミ,
ヌリバシ, アカギ。
¶APG原樹 (No.1318/カ図)
学フ増樹 (p196/カ写)
学フ有毒 (p80/カ写)
原牧2 (No.1234/カ図)
新分牧 (No.3289/モ図)
新牧日 (No.2178/モ図)
茶花上 (p435/カ写)
牧野ス2 (No.3079/カ写)
野生4 (p256/カ写)
山力樹木 (p595/カ写)

落葉図譜（p270/モ図）

## ネジクチゴケ　*Barbula unguiculata*
センボンゴケ科のコケ。体は灰緑色〜緑褐色。葉は狭舌状〜広卵形。
¶新分牧（No.4864/モ図）
新牧日（No.4716/モ図）

## ネジバナ　*Spiranthes sinensis var.amoena*　捩花
ラン科の多年草。別名モジズリ，ネジガネソウ。日当たりのよい草地や芝生などに生える。高さは10〜40cm。花は淡紅色。
¶色野草（p246/カ写）
学フ増野春（p34/カ写）
原牧1（No.433/カ写）
山野草（No.1751/カ写）
植調（p278/カ写）
新分牧（No.427/モ図）
新牧日（No.4307/モ図）
茶花上（p435/カ写）
牧野ス1（No.433/カ図）
野生1（p227/カ写）
山力野草（p572/カ写）
山ハ野花（p56/カ写）

## ネジリカワツルモ　*Ruppia megacarpa*
カワツルモ科（ヒルムシロ科）の多年生の沈水植物。受粉後，花茎がコイル状に巻く。
¶野生1（p135/カ写）

## ネジレスギ　⇒ヨレスギを見よ

## ネジレモ　*Vallisneria natans var.biwaensis*
トチカガミ科の多年生沈水植物。日本固有種。葉は螺旋状にねじれる，葉縁全体に鋸歯がある。
¶固有（p153）
日水草（p106/カ写）
野生1（p124）

## ネズ　*Juniperus rigida*　杜松
ヒノキ科の常緑低木。別名ネズミサシ，ムロ，トショウ。高さは10〜15m。
¶APG原樹〔ネズミサシ〕（No.105/カ図）
学フ増樹（p149/カ写）
原牧1（No.48/カ図）
新分牧（No.66/モ図）
新牧日（No.67/モ図）
牧野ス1（No.49/カ図）
野生1〔ネズミサシ〕（p40/カ写）
山力樹木（p57/カ写）

## ネズコ　⇒クロベを見よ

## ネズミガヤ　*Muhlenbergia japonica*　鼠茅
イネ科ヒゲシバ亜科の多年草。高さは15〜25cm。
¶桑イネ（p334/カ写・モ図）
原牧1（No.1118/カ図）
新分牧（No.1257/モ図）
新牧日（No.3771/モ図）
牧野ス1（No.1118/カ図）
野生2（p71/カ写）
山ハ山花（p200/カ写）

## ネズミサシ　⇒ネズを見よ

## ネズミシバ　*Tripogon chinensis var.coreensis*
イネ科ヒゲシバ亜科の多年草。
¶野生2（p72/カ写）

## ネズミシメジ　*Tricholoma virgatum*
キシメジ科のキノコ。中型。傘は灰色で中央部突出，放射状繊維模様。ひだは灰白色。
¶学フ増毒き（p95/カ写）
山力日き（p82/カ写）

## ネズミタケ　⇒ホウキタケを見よ

## ネズミノオ(1)　*Sporobolus fertilis*　鼠の尾
イネ科ヒゲシバ亜科の多年草。高さは40〜80cm。
¶桑イネ（p461/カ写・モ図）
原牧1（No.1122/カ写）
新分牧（No.1253/モ図）
新牧日（No.3775/モ図）
牧野ス1（No.1122/カ図）
野生2（p72/カ写）
山力野草（p572/カ写）
山ハ野花（p185/カ写）

## ネズミノオ(2)　⇒ウミトラノオを見よ

## ネズミノオゴケ　*Myuloclada maximowiczii*
アオギヌゴケ科のコケ。枝は長さ2〜4cm。枝葉はほぼ円形。
¶新分牧（No.4889/モ図）
新牧日（No.4750/モ図）

## ネズミノシッポ　⇒ナギナタガヤを見よ

## ネズミムギ　*Lolium multiflorum*　鼠麦
イネ科イチゴツナギ亜科の一年草〜二年草。別名イタリアン・ライグラス。高さは30〜100cm。
¶学フ増野夏（p209/カ写）
帰化写改（p451/カ写，p521/カ写）
桑イネ（p304/カ写・モ図）
原牧1（No.1017/カ図）
植調（p310/カ写）
新分牧（No.1112/モ図）
新牧日（No.3675/モ図）
牧野ス1（No.1017/カ図）
野生2（p56/カ写）
山力野草（p674/カ写）
山ハ野花（p154/カ写）

## ネズミモチ　*Ligustrum japonicum var.japonicum*
鼠鶲
モクセイ科の常緑低木。別名タマツバキ，ネズモチ。高さは2〜5m。
¶APG原樹（No.1401/カ図）
学フ増花庭（p191/カ写）
学フ増菜草（p228/カ写）
原牧2（No.1516/カ図）
新分牧（No.3558/モ図）
新牧日（No.2299/モ図）
茶花上（p436/カ写）
都木花新（p210/カ写）
牧野ス2（No.3361/カ写）
野生5（p63/カ写）
山力樹木（p631/カ写）

ネズミモドキ ⇒ギョリュウバイを見よ

ネズミユリ ⇒ウバユリを見よ

ネズモチ ⇒ネズミモチを見よ

ネッコイノデ ⇒イノデモドキを見よ

ネッタイスイレン ⇒ルリスイレンを見よ

ネナガシロヤマイグチ *Leccinum subradicatum*
イグチ科のキノコ。
¶山カ日き（p344/カ写）

ネナガノヒトヨタケ *Coprinopsis radiata*
ナヨタケ科のキノコ。
¶山カ日き（p202/カ写）

ネナシカズラ *Cuscuta japonica* 根無葛
ヒルガオ科の一年生つる草, 寄生植物。別名ウシノ
ソウメン。
¶学フ増野夏（p127/カ写）
学フ増薬草（p102/カ写）
原牧2（No.1452/カ図）
植調（p247/カ写）
新分牧（No.3447/モ図）
新牧日（No.2464/モ図）
茶花下（p244/カ写）
牧野ス2（No.3297/カ図）
野生5（p26/カ写）
山カ野草（p249/カ写）
山ハ野花（p446/カ写）

ネバリアザミ ⇒チョウカイアザミを見よ

ネバリアズマヤマアザミ ⇒アズマヤマアザミを
見よ

ネバリイズハハコ *Eschenbachia leucantha*
キク科キク亜科の草本。
¶野生5（p323）

ネバリジナ ⇒オヒョウを見よ

ネバリタデ *Persicaria viscofera* var.*viscofera* 粘蓼
タデ科の一年草。別名ケネバリタデ。高さは40〜
80cm。
¶原牧2〔ケネバリタデ〕（No.813/カ図）
新分牧〔ケネバリタデ〕（No.2889/モ図）
新牧日〔ケネバリタデ〕（No.275/モ図）
牧野ス2〔ケネバリタデ〕（No.2658/カ図）
野生4（p97/カ写）
山ハ野花（p265/カ写）

ネバリノギク *Symphyotrichum novae-angliae*
キク科の多年草。高さは90〜150cm。花は濃紫色。
¶帰化写改（p322/カ写, p511/カ写）
原牧2（No.1962/カ図）
牧野ス2（No.3807/カ写）

ネバリノギラン *Aletris foliata* 粘芒蘭, 粘乃木蘭
キンコウカ科（ノギラン科, ユリ科）の多年草。日本
固有種。高さは30〜50cm。
¶学フ増高山（p129/カ写）
原牧1（No.276/カ図）
固有（p157）
新分牧（No.320/モ図）

新牧日（No.3489/モ図）
茶花上（p436/カ写）
牧野ス1（No.276/カ図）
野生1（p142/カ写）
山カ野草（p641/カ写）
山ハ高山（p15/カ写）
山ハ山花（p48/カ写）

ネバリノミツヅリ *Arenaria serpyllifolia* var.*viscida*
ナデシコ科の草本。全体に腺毛が多く粘る。
¶野生4（p109）

ネバリハコベ ⇒ヤンバルハコベを見よ

ネバリミソハギ *Cuphea carthagenensis* 粘禊萩
ミソハギ科の暖地に帰化する一年草。茎や萼筒に粘
毛があって粘る。
¶野生3（p257/カ写）

ネバリモ *Leathesia difformis*
ネバリモ科の海藻。肉質。
¶新分牧（No.4978/モ図）
新牧日（No.4838/モ図）

ネビキグサ *Machaerina rubiginosa*
カヤツリグサ科の抽水性〜湿生植物, 多年生。別名
アンペライ, ヒラスゲ。稈は直立し, 高さ60〜
120cm, 小穂は赤褐色。
¶カヤツリ〔アンペライ〕（p562/モ図）
原牧1（No.772/カ図）
新分牧（No.746/モ図）
新牧日（No.4050/モ図）
日水草（p190/カ写）
牧野ス1（No.772/カ図）
野生1（p353/カ図）

ネビキミヤコグサ *Lotus pedunculatus* 根引都草
マメ科マメ亜科の多年草。長さは30〜120cm。花
は黄色。
¶帰化写改（p133/カ写）
野生2（p281）
山ハ野花（p351/カ写）

ネビル ⇒ノビルを見よ

ネブ ⇒ネムノキを見よ

ネブカ ⇒ネギを見よ

ネブノキ ⇒ネムノキを見よ

ネブラスカスゲ *Carex nebraskensis*
カヤツリグサ科の草本。
¶スゲ増（p374）

ネーブルオレンジ *Citrus sinensis* var.*brasiliensis*
ミカン科の木本。別名ワシントンネーブル。果実に
ネーブル（へそ）がある。
¶原牧2（No.594/カ図）
新分牧（No.2635/カ図）
新牧日（No.1531/モ図）
牧野ス2（No.2439/カ図）
山カ樹木（p372/カ写）

ネマガリダケ ⇒チシマザサを見よ

ネム ⇒ネムノキを見よ

ネムチャ ⇒カワラケツメイを見よ

ネムノキ *Albizia julibrissin* 合歓の木
マメ科オジキソウ亜科の落葉小高木。別名ネム、ネ
ブノキ、コウカ、コウカギ、ネブ、ミモサ。高さは
10m。花は紅色。樹皮は暗褐色。
¶**APG原樹** (No.396/カ図)
学フ増樹 (p170/カ写・カ図)
学フ増花庭 (p169/カ写)
学フ増薬草 (p194/カ写)
原牧1 (No.1460/カ図)
新分牧 (No.1805/モ図)
新牧日 (No.1249/モ図)
図説樹木 (p144/カ図)
茶花上 (p557/カ写)
都木花新 (p138/カ写)
牧野ス1 (No.1460/カ図)
野生2 (p245/カ写)
山カ樹木 (p348/カ写)
落葉図譜 (p170/モ図)

ネムノキ ロゼア *Albizia julibrissin* 'Rosea'
マメ科の落葉小高木。ネムノキの変種。基本種より
花色のピンクが鮮やか。
¶**APG原樹** (No.1557/カ図)

ネムラサキ ⇒ムラサキを見よ

ネムリグサ ⇒オジギソウを見よ

ネムロウメバチモ ⇒チトセバイカモを見よ

ネムロガヤ ⇒イワノガリヤスを見よ

ネムロコウホネ *Nuphar pumila* var.*pumila* 根室
河骨
スイレン科の浮葉(稀に抽水性)植物。別名エゾコ
ウホネ。沈水葉は広卵形〜円心形、浮葉は広卵形。
¶原牧1 (No.69/カ図)
新分牧 (No.88/モ図)
新牧日 (No.667/モ図)
日水草 (p47/カ写)
牧野ス1 (No.69/カ図)
ミニ山 (p65/カ写)
野生1 (p47/カ写)
山カ野草 (p507/カ写)
山ハ高山 (p6/カ写)
山ハ山花 (p17/カ写)
山レ増 (p362/カ写)

ネムロシオガマ *Pedicularis schistostegia* 根室塩竈
ハマウツボ科(ゴマノハグサ科)の草本。
¶野生5 (p160/カ写)
山カ野草 (p190/カ写)
山ハ高山 (p328/カ写)
山ハ山花 (p449/カ写)
山レ増 (p95/カ写)

ネムロスゲ *Carex gmelinii*
カヤツリグサ科の多年草。
¶カヤツリ (p212/モ図)
スゲ増 (No.97/カ写)
野生1 (p328/カ写)

ネムロチドリ ⇒アオチドリを見よ

ネムロトドマツ ⇒トドマツを見よ

ネムロハコベ ⇒シコタンハコベを見よ

ネムロブシダマ *Lonicera chrysantha*
スイカズラ科の低木。高さは4m。花は初め淡黄,
後に濃黄色。
¶野生5 (p419/カ写)

ネモトシャクナゲ *Rhododendron brachycarpum* f.
*nemotoanum* 根本石楠花
ツツジ科の常緑低木。
¶山カ樹木 (p573/カ写)

ネモフィラ ⇒ルリカラクサを見よ

ネモフィラ・マクラータ ⇒モンカラクサを見よ

ネンド ⇒コウヤボウキを見よ

ネンドウ(1) ⇒コウヤボウキを見よ

ネンドウ(2) ⇒ホウキギを見よ

ネンドタケ *Phellinus gilvus*
タバコウロコタケ科のキノコ。
¶山カ日き (p495/カ写)

ネンドタケモドキ *Phellinus setifer*
タバコウロコタケ科のキノコ。小型〜中型。傘は茶
褐色, 剛毛。
¶山カ日き (p495/カ写)

## 【ノ】

ノアサガオ *Ipomoea indica* 野朝顔
ヒルガオ科のつる性多年草。別名ナンヨウアサガ
オ。花は青色。
¶帰化写2 (p181/カ写)
原牧2 (No.1443/カ図)
植調 (p246/カ写)
新分牧 (No.3457/モ図)
新牧日 (No.2455/モ図)
茶花上 (p557/カ写)
牧野ス2 (No.3288/カ図)
野生5 (p30/カ写)
山カ野草 (p246/カ写)
山ハ野花 (p444/カ写)

ノアザミ *Cirsium japonicum* var.*japonicum* 野薊
キク科アザミ亜科の多年草、宿根草。別名オキナア
ザミ、コアザミ、タカサゴアザミ、ミヤマコアザミ。
高さは50〜100cm。花は淡紅紫色。
¶色野草 (p256/カ写)
学フ増野春 (p7/カ写)
学フ増薬草 (p140/カ写)
原牧2 (No.2171/カ図)
山野草 (No.1319/カ写)
植調 (p142/カ写)
新分牧 (No.3958/モ図)
新牧日 (No.3203/モ図)
茶花上 (p437/カ写)
牧野ス2 (No.4016/カ図)

野生5（p227/カ写）
山カ野草（p92/カ写）
山ハ野花（p586/カ写）
山ハ山花（p547/カ写）

**ノアズキ** *Dunbaria villosa* 野小豆
マメ科マメ亜科の多年生つる草。別名ヒメクズ。
¶ 学フ増野秋（p108/カ写）
原牧1（No.1608/カ図）
新分牧（No.1711/モ図）
新牧日（No.1394/モ図）
茶花下（p245/カ写）
牧野ス1（No.1608/カ写）
ミニ山（p153/カ写）
野生2（p266/カ写）
山カ野草（p382/カ写）
山ハ野花（p373/カ写）

**ノイバラ** *Rosa multiflora* var.*multiflora* 野茨, 野薔薇
バラ科バラ亜科の落葉低木。別名ノバラ, グイ, コ
モチイバラ, シロイバラ, シロバラ。高さは1〜3m。
花は白か淡紅色。
¶ APG原樹（No.600/カ図）
学フ増樹（p62/カ写・カ図）
学フ増薬草（p188/カ写）
原牧1（No.1808/カ図）
新分牧（No.2003/モ図）
新牧日（No.1194/モ図）
茶花上（p437/カ写）
都木花新（p126/カ写）
牧野ス1（No.1808/カ写）
ミニ山（p142/カ写）
野生3（p41/カ写）
山カ樹木（p246/カ写）

**ノウゴイチゴ** ⇒ノウゴウイチゴを見よ

**ノウゴウイチゴ** *Fragaria iinumae* 能郷苺
バラ科バラ亜科の多年草。別名ノウゴイチゴ。花
弁, 萼片とも7〜8個。高さは10〜15cm。
¶ 学フ増高山（p163/カ写）
学フ増山菜（p173/カ写）
原牧1（No.1843/カ図）
山野草（No.0602/カ写）
新分牧（No.2031/モ図）
新牧日（No.1140/モ図）
牧野ス1（No.1843/カ図）
ミニ山（p125/カ写）
野生3（p30/カ写）
山カ野草（p398/カ写）
山ハ高山（p213/カ写）
山ハ山花（p340/カ写）

**ノウサギノオ** ⇒ウサギノオを見よ

**ノウゼンカズラ** *Campsis grandiflora* 凌霄花
ノウゼンカズラ科の落葉つる性植物。別名トラン
ペット・フラワー。高さは10m。花は濃橙赤色。
¶ APG原樹（No.1435/カ図）
学フ増花庭（p178/カ写）
学フ有毒（p197/カ写）
原牧2（No.1813/カ図）

新分牧（No.3670/モ図）
新牧日（No.2774/モ図）
茶花下（p127/カ写）
都木花新（p217/カ写）
牧野ス2（No.3658/カ図）
野生5（p174/カ写）
山カ樹木（p670/カ写）

**ノウゼンハレン** *Tropaeolum majus* 凌霄葉蓮
ノウゼンハレン科のつる性の一年草。別名キンレン
カ, ナスターチウム, インディアン・クレス。花は
オレンジか黄色。
¶ 帰化写2（p408/カ写）
原牧2（No.672/カ図）
新分牧（No.2712/モ図）
新牧日（No.1432/モ図）
茶花上〔きんれんか〕（p378/カ写）
牧野ス2（No.2517/カ図）

**ノウタケ** *Calvatia craniiformis*
ハラタケ科（ホコリタケ科）のキノコ。中型〜大型。
白色〜黄褐色。
¶ 新分牧（No.5102/モ図）
新牧日（No.5009/モ図）
山カ日き（p511/カ写）

**ノウルシ** *Euphorbia adenochlora* 野漆
トウダイグサ科の多年草。日本固有種。高さは30
〜50cm。
¶ 色野草（p158/カ写）
学フ増野春（p103/カ写）
学フ有毒（p59/カ写）
原牧2（No.256/カ写）
固有（p83）
新分牧（No.2416/モ図）
新牧日（No.1474/モ図）
牧野ス1（No.2101/カ写）
野生3（p153/カ写）
山カ野草（p363/カ写）
山ハ野花（p338/カ写）
山レ増（p273/カ写）

**ノカイドウ**(1) *Malus spontanea* 野海棠
バラ科シモツケ亜科の落葉高木。日本固有種。別名
ヤマカイドウ。花は白にやや淡紅を帯びる。
¶ APG原樹（No.553/カ図）
原牧1（No.1704/カ図）
固有（p79）
新分牧（No.1891/モ図）
新牧日（No.1051/モ図）
牧野ス1（No.1704/カ図）
野生3（p72/カ写）
山カ樹木（p329/カ写）
山レ増（p310/カ写）

**ノカイドウ**(2) ⇒ハシカンボクを見よ

**ノガラシ** ⇒イヌガラシを見よ

**ノカラマツ** *Thalictrum simplex* var.*brevipes* 野唐松
キンポウゲ科の多年草。別名キカラマツ。高さは
60〜100cm。
¶ 原牧1（No.1243/カ図）

新分牧（No.1363/モ図）
新牧日（No.568/モ図）
茶花上（p558/カ写）
牧野ス1（No.1243/カ写）
野生2（p166/カ写）
山ハ野花（p238/カ写）
山レ増（p386/カ写）

**ノガリヤス** *Calamagrostis brachytricha* 野刈安
イネ科イチゴツナギ亜科の多年草。別名サイトウガ
ヤ。高さは1m内外。
¶桑イネ（p120/カ写・モ図）
原牧1（No.979/カ図）
新分牧（No.1099/モ図）
新分牧〔サイトウガヤ〕（No.1100/モ図）
新牧日（No.3720/モ図）
新牧日〔サイトウガヤ〕（No.3721/モ図）
牧野ス1（No.979/カ図）
野生2（p49/カ写）
山ハ野草（p669/カ写）
山ハ野花（p180/カ写）
山ハ山花（p187/カ写）

**ノカンゾウ** *Hemerocallis fulva* var.*disticha* 野萱草
ワスレグサ科〔ススキノキ科〕（ユリ科）の多年草。
別名ベニカンゾウ。高さは50～90cm。
¶色野草（p202/カ写）
学フ増山菜（p18/カ写）
学フ増野夏（p92/カ写）
学フ増薬草（p13/カ写）
原牧1（No.520/カ図）
新分牧（No.566/モ図）
新牧日（No.3403/モ図）
茶花下（p245/カ写）
牧野ス1（No.520/カ図）
野生1（p238/カ写）
山力野草（p615/カ写）
山ハ野花（p67/カ写）

**ノキシノブ** *Lepisorus thunbergianus* 軒忍
ウラボシ科の常緑性シダ。別名フジノキシノブ, ミ
カワノキシノブ, ヤツメラン。葉身は長さ12～
30cm、線形～広線形。
¶学フ増薬草（p156/カ写）
山野草（No.1843/カ写）
シダ標2（p463/カ写）
新分牧（No.4786/モ図）
新牧日（No.4653/モ図）

**ノギナシセイバンモロコシ** *Sorghum halepense* f.
*muticum*
イネ科の多年草。
¶帰化写改（p467/カ写）

**ノキビ** ⇒ムラサキノキビを見よ

**ノギラン** *Metanarthecium luteoviride* 芒蘭, 乃木蘭
キンコウカ科（ノギラン科, ユリ科）の多年草。別名
キツネノオ。高さは15～55cm。
¶学フ増野夏（p228/カ写）
原牧1（No.275/カ図）
新分牧（No.319/モ図）
新牧日（No.3377/モ図）

茶花下（p127/カ写）
牧野ス1（No.275/カ写）
野生1（p142/カ写）
山力野草（p603/カ写）
山ハ山花（p49/カ写）

**ノクキタチ** ⇒ゴマナを見よ

**ノグサ** *Schoenus apogon*
カヤツリグサ科の多年草。別名ヒゲクサ。高さは
10～25cm。
¶カヤツリ（p558/モ図）
原牧1（No.770/カ図）
新分牧（No.747/モ図）
新牧日（No.4048/モ図）
牧野ス1（No.770/カ図）
野生1（p358/カ写）

**ノグチゴケ** *Brachydontium noguchii*
キヌシッポゴケ科のコケ植物。日本固有種。
¶固有（p212/カ写）

**ノグチサキジロゴケ** *Gymnomitrion noguchianum*
野口先白苔
ミゾゴケ科のコケ。日本固有種。銀緑色、葉は卵形。
¶固有（p222/カ写）

**ノグルミ** *Platycarya strobilacea* 野胡桃
クルミ科の落葉高木。別名ノブノキ。樹高は25m。
樹皮は黄褐色。
¶APG原樹（No.731/カ図）
原牧2（No.127/カ図）
新分牧（No.2168/モ図）
新牧日（No.81/モ図）
牧野ス1（No.1972/カ図）
野生3（p103/カ写）
山力樹木（p107/カ写）
落葉図譜（p56/モ図）

**ノグワ** ⇒ケグワを見よ

**ノゲアオスゲ** ⇒メアオスゲを見よ

**ノゲイトウ** *Celosia argentea* 野鶏頭
ヒユ科の一年草。別名アマクサ。高さは30～
120cm。花はピンク色、後に白くなる。葉を食用。
¶学フ増野秋（p33/カ写）
帰化写改（p74/カ写, p494/カ写）
原牧2（No.942/カ写）
植調（p229/カ写）
新分牧（No.2982/モ図）
新牧日（No.436/モ図）
茶花下（p128/カ写）
牧野ス2（No.2787/カ図）
ミニ山（p40/カ写）
野生4（p136/カ写）
山力野草（p526/カ写）
山ハ野花（p283/カ写）

**ノゲイヌムギ** *Bromus sitchensis* 芒犬麦
イネ科の多年草。
¶桑イネ（p109/モ図）
山ハ野花（p156/カ写）

**ノゲエノコロ** *Aristida adscensionis*
イネ科マツバシバ亜科の一年草。高さは10〜40cm。
¶野生2（p66）

**ノゲシ** *Sonchus oleraceus* 野芥子, 野罌粟
キク科キクニガナ亜科の越年草。別名ケシアザミ,
ハルノゲシ, ハルノノゲシ。茎を切ると白乳を出
す。高さ50〜100cm。
¶色野草（p140/カ写）
　学フ増野春（p89/カ写）
　原牧2（No.2233/カ図）
　植調（p146/カ写）
　新分牧（No.4060/モ図）
　新牧日（No.3262/モ図）
　茶花上（p296/カ写）
　牧野ス2（No.4078/カ図）
　野生5（p285/カ写）
　山カ野草〔ハルノノゲシ〕（p120/カ写）
　山ハ野花（p612/カ写）

**ノゲシバムギ** *Elytrigia repens* var.*aristata*
イネ科イチゴツナギ亜科の多年草。高さは100〜
120cm。
¶桑イネ（p39/モ図）
　野生2（p52/カ写）

**ノゲヌカスゲ** *Carex mitrata* var.*aristata*
カヤツリグサ科の多年草。
¶カヤツリ（p356/モ図）
　新分牧（No.863/モ図）
　新牧日（No.4148/モ図）
　スゲ増（No.187/カ写）
　野生1（p321）

**ノコギリシダ** *Diplazium wichurae* var.*wichurae* 鋸
羊歯
メシダ科（オシダ科）の常緑性シダ。別名チャボノ
コギリシダ, ヤブクジャク。葉身は長さ20〜45cm,
広披針形。
¶シダ標2（p325/カ写）
　新分牧（No.4686/モ図）
　新牧日（No.4605/モ図）

**ノコギリシバ** ⇒タラヨウを見よ

**ノコギリソウ** *Achillea alpina* subsp.*alpina* var.
*longiligulata* 鋸草
キク科キク亜科の多年草。別名ハゴロモソウ。狭義
のノコギリソウvar.longiligulataは, 舌状花が3mm
以上。基準変種var.alpinaは舌状花冠が1〜3mm。
高さは50〜100cm。花は白色または淡紅色。
¶学フ増野秋（p152/カ写）
　原牧2（No.2046/カ図）
　新分牧（No.4238/モ図）
　新牧日（No.3082/モ図）
　牧野ス2（No.3891/カ図）
　野生5（p327/カ写）
　山ハ山花（p498/カ写）

**ノコギリソウ（広義）** *Achillea alpina* 鋸草
キク科の多年草。別名ハゴロモソウ。
¶学フ増薬草〔ノコギリソウ〕（p130/カ写）
　茶花下〔のこぎりそう〕（p128/カ写）
　山カ野草〔ノコギリソウ〕（p67/カ写）

**ノコギリバツバキ** *Camellia japonica* 'Nokogiriba-
tsubaki' 鋸葉椿
ツバキ科。ツバキの品種。ヤブツバキ系。葉の鋸
歯が粗く鋸の歯に似ている。
¶茶花上（p173/カ写）

**ノコギリヘラシダ** *Deparia × tomitaroana*
メシダ科のシダ植物。
¶シダ標2（p348/カ写）

**ノコギリモク** *Sargassum macrocarpum*
ホンダワラ科の海藻。茎は円柱状。体は1〜4m。
¶新分牧（No.5011/モ図）
　新牧日（No.4871/モ図）

**ノコギリヤマヤブソテツ** ⇒ヤブソテツを見よ

**ノコバナラガシワ** ⇒ナラガシワを見よ

**ノコンギク** *Aster microcephalus* var.*ovatus* 野紺菊
キク科キク亜科の多年草。日本固有種。高さは50
〜100cm。
¶色野草（p275/カ写）
　学フ増山菜（p51/カ写）
　学フ増野秋（p6/カ写）
　原牧2（No.1942/カ図）
　固有（p146）
　山野草（No.1247/カ写）
　植調（p120/カ写）
　新分牧（No.4181/カ写）
　新牧日（No.2981/モ図）
　茶花下（p246/カ写）
　牧野ス2（No.3787/カ写）
　野生5（p319/カ写）
　山カ野草（p47/カ写）
　山ハ野花（p542/カ写）
　山ハ山花（p514/カ写）

**ノササゲ** *Dumasia truncata* 野豇豆, 野大角豆
マメ科マメ亜科の多年生つる草。別名キツネササ
ゲ。高さは3m前後。
¶色野草（p182/カ写）
　学フ増野秋（p122/カ写）
　原牧1（No.1609/カ図）
　新分牧（No.1714/モ図）
　新牧日（No.1395/モ図）
　牧野ス1（No.1609/カ図）
　ミニ山（p159/カ写）
　野生2（p265/カ写）
　山カ野草（p386/カ写）
　山ハ野花（p373/カ写）

**ノジアオイ** *Melochia corchorifolia* 野路葵
アオイ科（アオギリ科）の草本。花は黄色。
¶帰化写改（p198/カ写, p502/カ写）
　原牧2（No.610/カ図）
　新分牧（No.2653/モ図）
　新牧日（No.1759/モ図）
　牧野ス2（No.2455/カ図）
　野生4（p30/カ写）

**ノジギク** *Chrysanthemum japonense* var.*japonense*
野路菊
キク科キク亜科の多年草。日本固有種。別名セトノ

ジギク。高さは30〜70cm。花は白色，または淡黄色。
¶学フ増野秋（p192/カ写）
　原牧2（No.2053/カ図）
　固有（p143）
　山野草（No.1216/カ写）
　新分牧（No.4206/モ図）
　新牧日（No.3089/モ図）
　茶花下（p370/カ写）
　牧野ス2（No.3898/カ図）
　野生5（p337/カ写）
　山力野草（p73/カ写）
　山ハ野花（p514/カ写）

**ノヂシャ** *Valerianella locusta* 野萵苣
スイカズラ科（オミナエシ科）の一年草〜二年草。高さは15〜25cm。花は薄藤色。
¶帰化写改〔ノジシャ〕（p309/カ写）
　原牧2（No.2316/カ図）
　植調（p187/カ写）
　新分牧（No.4386/モ図）
　新牧日（No.2887/モ図）
　牧野ス2（No.4161/カ図）
　野生5（p425/カ写）
　山力野草（p146/カ写）
　山ハ野花（p504/カ写）

**ノジスミレ** *Viola yedoensis* var.*yedoensis* 野路菫
スミレ科の多年草。高さは7〜15cm。花は淡紫色〜紅紫色まである。
¶学フ増野春（p24/カ写）
　原牧2（No.370/カ写）
　新分牧（No.2354/モ図）
　新牧日（No.1842/モ図）
　牧野ス1（No.2215/カ図）
　ミニ山（p189/カ写）
　野生3（p217/カ写）
　山力野草（p334/カ写）
　山ハ野花（p329/カ写）

**ノジトラノオ** *Lysimachia barystachys* 野路虎の尾
サクラソウ科の多年草。高さは50〜70cm。
¶原牧2（No.1093/カ図）
　新分牧（No.3156/モ図）
　新牧日（No.2236/モ図）
　牧野ス2（No.2938/カ図）
　野生4（p195/カ写）
　山ハ野花（p413/カ写）
　山レ増（p201/カ写）

**ノシバ** ⇒シバを見よ

**ノジュロ** ⇒シュロを見よ

**ノシュンギク** ⇒ミヤマヨメナを見よ

**ノシラン** *Ophiopogon jaburan* 野紫蘭
クサスギカズラ科（ユリ科，キジカクシ科）の多年草。高さは30〜50cm。花は白色，または淡紫色。
¶野生1（p256/カ写）
　山力野草（p640/カ写）
　山ハ野花（p85/カ写）

**ノシラン（斑入り）** *Ophiopogon jaburan* 'Variegatus'
野紫蘭
クサスギカズラ科（ユリ科，キジカクシ科）の多年草。
¶山野草（No.1363/カ写）

**ノスゲ** *Carex tashiroana*
カヤツリグサ科の多年草。日本固有種。
¶カヤツリ（p344/モ写）
　固有（p185/カ写）
　スゲ増（No.179/カ写）
　野生1（p320/カ写）

**ノスズメノテッポウ** *Alopecurus myosuroides*
イネ科の一年草。高さは20〜80cm。花は紫色。
¶帰化写2（p313/カ写）

**ノゼリ** ⇒ノダケを見よ

**ノソリホシクサ** *Eriocaulon nosoriense*
ホシクサ科の一年草。群馬県・青森県・北海道（釧路・根室）に分布。
¶野生1（p285）

**ノダアカバナ** *Epilobium coloratum*
アカバナ科の多年草。カラフトアカバナやイワアカバナに似る。
¶野生3（p266）

**ノダイオウ** *Rumex longifolius* 野大黄
タデ科の多年草。高さは80〜120cm。
¶原牧2（No.792/カ図）
　新分牧（No.2834/モ図）
　新牧日（No.254/モ図）
　牧野ス2（No.2637/カ図）
　野生4（p103/カ写）
　山ハ山花（p254/カ写）
　山レ増（p434/カ写）

**ノダケ** *Angelica decursiva* 野竹
セリ科セリ亜科の多年草。別名ノゼリ。高さは80〜150cm。
¶色野草（p316/カ写）
　学フ増野秋（p22/カ写）
　学フ増薬草（p91/カ写）
　原牧2（No.2458/カ写）
　新分牧（No.4493/モ図）
　新牧日（No.2072/モ図）
　茶花下（p327/カ写）
　牧野ス2（No.4303/カ図）
　野生5（p388/カ写）
　山力野草（p318/カ写）
　山ハ野花（p493/カ写）
　山ハ山花（p470/カ写）

**ノダケモドキ** *Angelica hakonensis* var.*nikoensis*
セリ科セリ亜科の草本。日本固有種。
¶固有（p100）
　野生5（p390）

**ノタヌキモ** *Utricularia aurea* 野狸藻
タヌキモ科の食虫植物，水草。茎は長さ1.5m，多数の捕虫嚢が付く。高さは8〜20cm。花は黄色。
¶原牧2（No.1790/カ図）

新分牧（No.3675/モ図）
新牧日（No.2809/モ図）
日水草（p285/カ写）
牧野ス2（No.3635/カ図）
野生5（p166/カ写）
山レ増（p90/カ写）

**ノダフジ** ⇒フジ(1)を見よ

**ノチドメ** *Hydrocotyle maritima* 野血止
ウコギ科（セリ科）の多年草。高さは7〜15cm。
¶原牧2（No.2366/カ図）
植調（p100/カ写）
新分牧（No.4401/モ図）
新牧日（No.2006/モ図）
牧野ス2（No.4211/カ図）
野生5（p380/カ写）
山ハ野花（p489/カ写）

**ノッポロガンクビソウ** *Carpesium divaricatum* var.
*matsuei* 野幌雁首草
キク科キク亜科の多年草。日本固有種。高さは0.6
〜1.5m。
¶固有（p152）
野生5（p353/カ写）
山ハ山花（p524/カ写）

**ノッポロシケシダ** *Deparia pycnosora* var.*pycnosora*
× *D.pycnosora* var.*albosquamata*
メシダ科のシダ植物。
¶シダ標2（p347/カ写）

**ノテンツキ** *Fimbristylis complanata* f.*exaltata* 野
点突
カヤツリグサ科の多年草。別名タカサゴヒラテンツ
キ，ヒラテンツキ。
¶カヤツリ（p582/モ図）
山ハ野花（p118/カ写）

**ノテンツキ（広義）** *Fimbristylis complanata* 野点突
カヤツリグサ科の多年草。別名ヒラテンツキ。茎は
扁平。高さは20〜80cm。
¶原牧1〔ノテンツキ〕（No.757/カ図）
新分牧〔ノテンツキ〕（No.996/モ図）
新牧日〔ノテンツキ〕（No.4029/モ図）
牧野ス1〔ノテンツキ〕（No.757/カ図）
野生1〔ノテンツキ〕（p348/カ写）

**ノニ** ⇒ヤエヤマアオキを見よ

**ノニガナ** *Ixeris polycephala* 野苦菜
キク科キクニガナ亜科の越年草。高さは15〜50cm。
¶原牧2（No.2259/カ図）
植調（p132/カ写）
新分牧（No.4043/モ図）
新牧日（No.3287/モ図）
牧野ス2（No.4104/カ図）
野生5（p280/カ写）
山力野草（p117/カ写）
山ハ野花（p608/カ写）

**ノニレ** *Ulmus pumila* 野楡
ニレ科の落葉高木。別名マンシュウニレ。高さは
25m。樹皮は灰褐色。
¶落葉図譜（p96/モ図）

**ノニンジン** ⇒カワラニンジンを見よ

**ノノイチ** *Camellia japonica* 'Nonoichi' 野々市
ツバキ科。ツバキの品種。花は桃色。
¶茶花上（p116/カ写）

**ノハイヅル** ⇒スベリヒユを見よ

**ノハカタカラクサ** *Tradescantia flumiensis* 野博多
唐草
ツユクサ科の多年草。別名トキワツユクサ。花は
緑色。
¶色野草（p91/カ写）
帰化写改（p415/カ写, p519/カ写）
山力野草〔トキワツユクサ〕（p646/カ写）

**ノハギ** ⇒キハギを見よ

**ノハナショウブ** *Iris ensata* var.*spontanea* 野花菖蒲
アヤメ科の多年草。高さは40〜100cm。
¶学フ増春夏（p70/カ写）
原牧1（No.494/カ図）
山野草（No.1593/カ写）
新分牧（No.552/モ図）
新牧日（No.3542/モ図）
茶花上（p558/カ写）
牧野ス1（No.494/カ図）
野生1（p235/カ写）
山力野草（p592/カ写）
山ハ野花（p63/カ写）
山ハ山花（p134/カ写）

**ノバラ** ⇒ノイバラを見よ

**ノハラアザミ** *Cirsium oligophyllum* var.*oligophyllum*
野原薊
キク科アザミ亜科の多年草。日本固有種。別名クル
マアザミ。高さは50〜100cm。
¶色野草（p257/カ写）
学フ増秋（p10/カ写）
原牧2（No.2172/カ図）
固有（p138）
新分牧（No.3959/モ図）
新牧日（No.3204/モ図）
茶花下（p246/カ写）
牧野ス2（No.4017/カ図）
野生5（p228/カ写）
山力野草（p91/カ写）
山ハ野花（p586/カ写）

**ノハライトキビ** *Ehrharta erecta*
イネ科の多年草。
¶帰化写2（p333/カ写）

**ノハラガラシ** *Sinapis arvensis*
アブラナ科の一年草。別名オニイヌガラシ，ナタネ
モドキ。高さは40〜80cm。花は黄色。
¶帰化写2（p78/カ写）

**ノハラクサフジ** *Vicia amurensis*
マメ科マメ亜科の多年草。高さは80〜150cm。
¶原牧1（No.1567/モ図）
新分牧（No.1774/モ図）
新牧日（No.1355/モ図）
牧野ス1（No.1567/モ図）

野生2（p300/カ写）

## ノハラジャク　*Anthriscus scandicina*
セリ科の一年草。高さは30〜50cm。花は白色。
¶帰化写改（p218/カ写）
　植調（p190/カ写）

## ノハラスズメノテッポウ　*Alopecurus aequalis* var. *aequalis*
イネ科イチゴツナギ亜科の一年草または越年草。スズメノテッポウより小穂が少し小型。
¶野生2（p42）

## ノハラツメクサ　*Spergula arvensis* var. *arvensis*
ナデシコ科の一年草。
¶帰化写改（p46/カ写, p492/カ写）
　野生4（p122/カ写）

## ノハラテンツキ　*Fimbristylis pierotii*　野原点突
カヤツリグサ科の多年草。別名ブゼンテンツキ。
¶カヤツリ（p582/モ図）
　新分牧（No.997/モ図）
　新牧日（No.4030/モ図）
　野生1（p348/カ写）

## ノハラナスビ　⇒ワルナスビを見よ

## ノハラナデシコ　*Dianthus armeria*　野原撫子
ナデシコ科の一年草〜越年草。高さは10〜50cm。花は淡紅色。
¶帰化写改（p34/カ写）
　ミニ山（p25/カ写）
　山ハ野花（p278/カ写）

## ノハラヒジキ　*Salsola kali*
アカザ科の一年草。高さは5〜40cm。
¶帰化写2（p48/カ写）

## ノハラムラサキ　*Myosotis arvensis*
ムラサキ科の一年草または多年草。高さは10〜50cm。花は淡青色。
¶帰化写改（p258/カ写, p505/カ写）
　植調（p271/カ写）

## ノハラワスレナグサ　*Myosotis alpestris*
ムラサキ科の多年草。別名ワスレナグサ, ワスルナグサ。
¶原牧2〔ワスレナグサ〕（No.1425/カ図）
　新分牧〔ワスレナグサ〕（No.3519/モ図）
　新牧日〔ワスレナグサ〕（No.2485/モ図）
　牧野ス2〔ワスレナグサ〕（No.3270/カ図）

## ノビエ　⇒イヌビエを見よ

## ノビキャシ　⇒マルバマンネングサを見よ

## ノビネチドリ　*Neolindleya camtschatica*　延根千鳥
ラン科の多年草。高さは30〜60cm。
¶原牧1（No.379/カ図）
　山野草（No.1739/カ写）
　新分牧（No.453/モ図）
　新牧日（No.4252/モ図）
　牧野ス1（No.379/カ図）
　野生1（p214/カ写）
　山力野草（p564/カ写）
　山ハ高山（p32/カ写）

山ハ山花（p125/カ写）

## ノヒメユリ　*Lilium callosum* var. *callosum*　野姫百合
ユリ科の多肉植物。別名スゲユリ。高さは1〜1.5m。花は橙赤色。
¶山野草（No.1483/カ写）
　野生1（p173/カ写）
　山ハ山花（p76/カ写）
　山レ増（p578/カ写）

## ノビル　*Allium macrostemon*　野蒜
ヒガンバナ科（ユリ科, ネギ科）の多年草。別名ヌビル、ネビル、ヒル。直径1〜2cmの白い鱗茎を生じる。高さは40〜80cm。
¶色野草（p224/カ写）
　学フ増山菜（p22/カ写）
　学フ増野春（p36/カ写）
　原牧1（No.529/カ図）
　植調（p277/カ写）
　新分牧（No.576/モ図）
　新牧日（No.3412/モ図）
　牧野ス1（No.529/カ図）
　野生1（p242/カ写）
　山力野草（p616/カ写）
　山ハ野花（p76/カ写）

## ノーフォークマツ　⇒シマナンヨウスギを見よ

## ノブキ(1)　*Adenocaulon himalaicum*　野蕗
キク科センボンヤリ亜科の多年草。高さは60〜100cm。
¶色野草（p83/カ写）
　学フ増野秋（p153/カ写）
　原牧2（No.2107/カ図）
　新分牧（No.3929/モ図）
　新牧日（No.3166/モ図）
　牧野ス2（No.3952/カ図）
　野生5（p209/カ写）
　山力野草（p82/カ写）
　山ハ野花（p567/カ写）
　山ハ山花（p529/カ写）

## ノブキ(2)　⇒フキを見よ

## ノブジ　⇒ヤマフジを見よ

## ノブドウ　*Ampelopsis glandulosa* var. *heterophylla*　野葡萄
ブドウ科の落葉低木。別名イシブドウ、イヌブドウ、ウマブドウ、ザトウエビ、ヘビブドウ、ヤマブドウ。葉が深く切れこむものをキレハノブドウという。
¶色野草（p368/カ写）
　学フ増野夏（p182/カ写）
　学フ増薬草（p215/カ写）
　学フ有毒（p202/カ写）
　原牧1（No.1452/カ図）
　新分牧（No.1614/モ図）
　新牧日（No.1706/モ図）
　茶花下（p129/カ写）
　牧野ス1（No.1452/カ図）
　野生2（p234/カ写）
　山力樹木（p465/カ写）
　山ハ野花（p306/カ写）

ノブノキ ⇒ノグルミを見よ

ノーブルファー ⇒ノーブルモミを見よ

ノーブルモミ *Abies procera*
マツ科の常緑高木。別名ノーブルファー。高さは
90m。樹皮は淡い銀灰か帯紫色。
¶**APG原樹**（No.55/カ図）

ノボケ ⇒クサボケを見よ

ノボタン *Melastoma candidum* 野牡丹
ノボタン科の低木。多毛。高さは1～1.8m。花は
桃色。
¶**APG原樹**（No.883/カ図）
原牧2（No.492/カ図）
新分牧（No.2531/モ図）
新牧日（No.1925/モ図）
茶花下（p327/カ写）
牧野ス2（No.2337/カ図）
野生3（p275/カ写）
山力樹木（p519/カ写）

ノボリフジ(1) ⇒キバナノハウチワマメを見よ

ノボリフジ(2) ⇒ルピナスを見よ

ノボリリュウ *Helvella crispa*
ノボリリュウタケ科（ノボリリュウ科）のキノコ。
中型。頭部は不規則鞍形，黄白色。
¶**学フ増毒き**〔ノボリリュウタケ〕（p234/カ写）
原きの〔ノボリリュウタケ〕（No.555/カ写・カ図）
新分牧（No.5158/モ図）
新牧日（No.5020/モ図）
山力日き〔ノボリリュウタケ〕（p557/カ写）

ノボリリュウタケ ⇒ノボリリュウを見よ

ノボロギク *Senecio vulgaris* 野襤褸菊
キク科の一年草または越年草。高さは20～40cm。
花は黄色。
¶**色野草**（p197/カ写）
学フ増野夏（p81/カ写）
帰化写改（p385/カ写, p517/カ写）
原牧2（No.2119/カ図）
植調（p149/カ写）
新分牧（No.4112/モ図）
新牧日（No.3149/モ図）
牧野ス2（No.3964/カ図）
山力野草（p57/カ写）
山ハ野花（p565/カ写）

ノマアザミ *Cirsium chikushiense*
キク科アザミ亜科の草本。日本固有種。
¶**固有**（p139/カ写）
野生5（p235/カ写）

ノマメ ⇒ツルマメを見よ

ノミトリギク ⇒シロムシヨケギクを見よ

ノミノコブスマ *Stellaria uliginosa* var.*uliginosa*
ナデシコ科の越年草。全体が無毛で白っぽい。
¶**帰化写改**（p49/カ写）
野生4（p127）

ノミノスマ ⇒ノミノフスマを見よ

ノミノツヅリ *Arenaria serpyllifolia* 蚤の綴り
ナデシコ科の一年草～越年草。高さは5～25cm。
¶**学フ増春春**（p150/カ写）
原牧2（No.891/カ図）
植調（p222/カ写）
新分牧（No.2914/モ図）
新牧日（No.363/モ図）
牧野ス2（No.2736/カ図）
野生4（p109/カ写）
山力野草（p514/カ写）
山ハ野花（p274/カ写）

ノミノハゴロモグサ ⇒イワムシロを見よ

ノミノフスマ *Stellaria uliginosa* var.*undulata* 蚤
の衾
ナデシコ科の一年草～越年草。別名ノミノスマ。高
さは5～20cm。
¶**色野草**（p52/カ写）
学フ増春春（p145/カ写）
原牧2（No.876/カ写）
植調（p222/カ写）
新分牧（No.2937/モ図）
新牧日（No.348/モ図）
牧野ス2（No.2721/カ図）
野生4（p126/カ写）
山力野草（p521/カ写）
山ハ野花（p277/カ写）

ノムラエア シリンドロスポラ *Nomuraea*
*cylindrosporae*
バッカクキン科の冬虫夏草。宿主はアブラゼミ，ヒ
グラシなどセミの成虫。
¶**冬虫生態**（p271/カ写）

ノムラエア リレイ *Nomuraea rileyi*
バッカクキン科の冬虫夏草。宿主はガの幼虫。
¶**冬虫生態**（p271/カ写）

ノムラサキ *Lappula squarrosa*
ムラサキ科ムラサキ亜科の一年草。高さは15～
60cm。花は淡青色。
¶**帰化写改**（p255/カ写）
野生5（p54）

ノモカリス・アペルタ *Nomocharis aperta*
ユリ科の球根類。高さは45～80cm。花は淡桃～桃
紫色。
¶**山野草**（No.1491/カ写）

ノモカリス・フォレスティー *Nomocharis forrestii*
ユリ科の草本。高さは20～50cm。
¶**山野草**（No.1492/カ写）

ノヤシ *Clinostigma savoryanum*
ヤシ科の常緑高木。小笠原固有種。別名セボリーヤ
シ，セボリヤシ。高さは7～10m。
¶**原牧1**（No.616/カ写）
固有（p176）
新分牧（No.659/モ図）
新牧日（No.3896/モ図）
牧野ス1（No.616/カ図）
野生1（p262/カ写）
山力樹木（p723/カ写）

山レ増 (p550/カ写)

**ノヤナギ** *Salix subopposita*
ヤナギ科の木本。山地や丘陵の草地に生える。
¶野生3 (p197/カ写)

**ノヤマトンボ** ⇒オオバノトンボソウを見よ

**ノヤマトンボソウ** ⇒オオバノトンボソウを見よ

**ノヤマノトンボソウ** ⇒オオバノトンボソウを見よ

**ノユリ**(1) ⇒オニユリを見よ

**ノユリ**(2) ⇒コオニユリを見よ

**ノラニンジン** *Daucus carota* subsp.*carota*
セリ科の一年草または多年草。主根は白色, 橙色の
多肉根。高さは50〜100cm。花は白色。
¶帰化写改 (p222/カ写, p503/カ写)
植調 (p191/カ写)
ミニ山 (p226/カ写)
山ハ野花 (p500/カ写)

**ノラマメ**(1) ⇒アカエンドウを見よ

**ノラマメ**(2) ⇒シロエンドウを見よ

**ノラマメ**(3) ⇒ソラマメを見よ

**ノリアジサイ** ⇒ミナヅキを見よ

**ノリウツギ** *Hydrangea paniculata* 糊空木
アジサイ科 (ユキノシタ科) の落葉低木または小高
木。別名ノリノキ, サビタ。高さは2〜3m。花は
白色。
¶APG原樹 (No.1086/カ図)
学フ増樹 (p192/カ写)
学フ増花庭 (p198/カ写)
原牧2 (No.1035/カ図)
新分牧 (No.3071/モ図)
新牧日 (No.999/モ図)
図説樹木 (p135/カ写)
茶花下 (p129/カ写)
牧野ス2 (No.2880/カ図)
ミニ山 (p111/カ写)
野生4 (p163/カ写)
山力樹木 (p225/カ写)
落葉図譜 (p130/モ写)

**ノリクラアザミ** *Cirsium norikurense* 乗鞍薊
キク科アザミ亜科の多年草。日本固有種。別名ウラ
ジロアザミ, マルバノリクラアザミ, ユキアザミ。
高さは1〜1.5m。
¶原牧2 (No.2193/カ図)
固有 (p140)
新分牧 (No.3976/モ図)
新牧日 (No.3225/モ図)
牧野ス2 (No.4038/カ図)
野生5 (p244/カ写)
山ハ山花 (p556/カ写)

**ノリコボシ** *Camellia japonica* 'Nori-koboshi' 糊こ
ぼし
ツバキ科。ツバキの品種。花は斑入り。
¶茶花上 (p148/カ写)

**ノリノキ** ⇒ノリウツギを見よ

**ノルウェーカエデ** *Acer platanoides*
カエデ科の落葉高木。別名ヨーロッパカエデ。樹高
25m。葉は5裂。樹皮は灰色。
¶山力樹木 (p453/カ写)

**ノルウェーカエデ 'クリムソン キング'** ⇒クリム
ソン キングを見よ

**ノルウェーカエデ 'プリンストン ゴールド'** ⇒
プリンストン ゴールドを見よ

**ノルゲスゲ** ⇒カラフトスゲを見よ

**ノレンガヤ** *Lamarckia aurea*
イネ科の一年草。高さは30cm。花は黄〜淡緑色。
¶帰化写2 (p340/カ写)

**ノロカジメ** ⇒カジメ(1)を見よ

# 【ハ】

**ハアザミ** ⇒アカンサスを見よ

**バアソブ** *Codonopsis ussuriensis* 婆そぶ
キキョウ科のつる性多年草。全体に白毛を密布。
¶学フ増野夏 (p34/カ写)
原牧2 (No.1878/カ図)
山野草 (No.1171/カ写)
新分牧 (No.3889/モ図)
新牧日 (No.2921/モ図)
茶花下 (p328/カ写)
牧野ス2 (No.3723/カ写)
野生5 (p191/カ写)
山力野草 (p136/カ写)
山ハ野花 (p509/カ写)
山レ増 (p74/カ写)

**ハイアオイ** *Malva parviflora*
アオイ科の草本。別名ウサギアオイ。花は帯紅白
色, または淡紫色。
¶帰化写改 (p189/カ写, p501/カ写)
原牧2 (No.623/カ図)
新分牧 (No.2674/モ図)
新牧日 (No.1733/モ図)
牧野ス2 (No.2468/カ図)

**ハイイヌガヤ** *Cephalotaxus harringtonia* var.*nana*
這犬榧
イチイ科 (イヌガヤ科) の常緑低木。日本固有種。
別名エゾイヌガヤ。
¶APG原樹 (No.110/カ写)
固有 (p197/カ写)
野生1 (p42/カ写)
山力樹木 (p12/カ写)

**ハイイヌツゲ** *Ilex crenata* var.*radicans* 這犬黄楊
モチノキ科の常緑つる状低木。別名ヤチイヌツゲ。
¶原牧2 (No.1841/カ図)
新分牧 (No.3865/モ図)
新牧日 (No.1632/モ図)
牧野ス2 (No.3686/カ図)
野生5 (p181/カ写)

ハイイハラ　　　　　582

山力樹木（p408/カ写）

**ハイイバラ**　⇒テリハノイバラを見よ

**ハイイロカラチチタケ**　Lactarius acris
ベニタケ科のキノコ。
¶学フ増毒き（p200/カ写）
山力日き（p385/カ写）

**ハイイロクズチャワンタケ**　Mollisia cinerea
ハイイロチャワンタケ科のキノコ。
¶山力日き（p548/カ写）

**ハイイロシメジ**　Clitocybe nebularis
キシメジ科のキノコ。中型〜大型。傘は淡灰色，
平滑。
¶学フ増毒き（p86/カ写）
原きの（No.048/カ写・カ図）
山力日き（p66/カ写）

**ハイイロナメアシタケ**　Mycena vulgaris
ラッシタケ科のキノコ。
¶山力日き（p133/カ写）

**ハイイロヨモギ**　Artemisia sieversiana
キク科の草本。
¶帰化写改（p321/カ写, p510/カ写）

**ハイオトギリ**　Hypericum kamtschaticum　逞弟切
オトギリソウ科の多年草。高さは10〜30cm。
¶学フ増高山（p91/カ写）
原牧2（No.398/カ図）
新分牧（No.2293/モ図）
新牧日（No.752/モ図）
牧野ス1（No.2243/カ図）
野生3（p240/カ写）
山力野草（p358/カ写）
山ハ高山（p193/カ写）

**バイカアマチャ**　Hydrangea platyarguta　梅花甘茶
アジサイ科（ユキノシタ科）の落葉低木。別名モッ
コバナ。
¶APG原樹（No.1101/カ図）
原牧2（No.1020/カ写）
新分牧（No.3067/モ図）
新牧日（No.984/モ図）
茶花下（p130/カ写）
牧野ス2（No.2865/カ写）
ミニ山（p110/カ写）
野生4（p170/カ写）
山力樹木（p228/カ写）

**バイカイカリソウ**　Epimedium diphyllum subsp.
diphyllum　梅花碇草
メギ科の多年草。日本固有種。高さは20〜30cm。
花は白色。
¶原牧1（No.1178/カ図）
固有（p58）
山野草（No.0339/カ写）
新分牧（No.1326/モ図）
新牧日（No.645/モ写）
茶花上（p296/カ写）
牧野ス1（No.1178/カ図）
ミニ山（p62/カ写）

野生2（p116/カ写）
山ハ山花（p208/カ写）

**バイカウツギ**　Philadelphus satsumi　梅花空木
アジサイ科（ユキノシタ科）の直立性低木。日本固
有種。別名サツマウツギ。高さは2m。花は白色。
¶APG原樹（No.1100/カ図）
学フ増樹（p207/カ写）
原牧2（No.1013/カ写）
固有（p75/カ写）
新分牧（No.3052/モ図）
新牧日（No.977/モ図）
茶花上（p559/カ写）
都木花新〔ウツギとバイカウツギ〕（p110/カ写）
牧野ス2（No.2858/カ写）
ミニ山（p114/カ写）
野生4（p169/カ写）
山力樹木（p228/カ写）

**バイカオウレン**　Coptis quinquefolia　梅花黄連
キンポウゲ科の多年草。日本固有種。別名ゴカヨウ
オウレン。高さは4〜15cm。花は白色。
¶原牧1（No.1188/カ図）
固有（p51）
山野草（No.0093/カ写）
新分牧（No.1345/モ図）
新牧日（No.529/モ図）
牧野ス1（No.1188/カ図）
野生2（p148/カ写）
山ハ山花（p228/カ写）

**バイカカラマツ**　Anemonella thalictroides
キンポウゲ科の多年草。高さは20cm。花は淡紅
紫色。
¶山野草（No.0329/カ写）

**ハイカグラテングタケ**　Amanita sinensis
テングタケ科のキノコ。大型。傘は灰色，粉状〜綿
屑状のいぼ・条線あり。
¶山力日き（p166/カ写）

**バイカシモツケ**　⇒ウメザキウツギを見よ

**バイカツツジ**　Rhododendron semibarbatum　梅花躑躅
ツツジ科ツツジ亜科の落葉低木。日本固有種。別名
サミダレツツジ。
¶APG原樹（No.1282/カ写）
原牧2（No.1173/カ図）
固有（p105）
新分牧（No.3240/モ図）
新牧日（No.2119/モ図）
茶花上（p438/カ写）
牧野ス2（No.3018/カ写）
野生4（p250/カ写）
山力樹木（p565/カ写）
落葉図譜（p267/モ図）

**バイカモ**　Ranunculus nipponicus var.submersus　梅
花藻
キンポウゲ科の常緑沈水植物。日本固有種。別名ウ
メバチモ。高さは1〜2m。葉柄の長さ0.5〜2cm, 花
弁は5枚で白色。
¶学フ増野夏（p168/カ写）
原牧1（No.1291/カ図）

固有 (p53)
山野草 (No.0300/カ写)
新分牧 (No.1403/モ図)
新牧日 (No.614/モ図)
日水草 (p225/カ写)
牧野ス1 (No.1291/カ図)
野生2 (p156/カ写)
山力野草 (p470/カ写)
山ハ山花 (p235/カ写)

## ハイガヤ ⇒チャボガヤを見よ

## ハイキジムシロ　*Potentilla anglica*
バラ科の多年草。高さは15〜40cm。花は黄色。
¶帰化写2 (p89/カ写)

## ハイキビ　*Panicum repens*　這黍
イネ科キビ亜科の匍匐性草本。
¶桑イネ (p357/カ写・モ図)
植調 (p325/カ写)
野生2 (p91/カ写)

## ハイキンゴジカ　*Sida rhombifolia* subsp.*insularis*
アオイ科の木本。
¶野生4 (p31/カ写)

## ハイキンポウゲ　*Ranunculus repens*　這金鳳花
キンポウゲ科の多年草。高さは15〜50cm。花は黄色。
¶原牧1 (No.1284/カ写)
新分牧 (No.1394/モ図)
新牧日 (No.607/モ図)
牧野ス1 (No.1284/カ図)
ミニ山 (p56/カ写)
野生2 (p160/カ写)
山力野草 (p469/カ写)

## ハイクサネム　*Desmanthus illinoensis*
マメ科の多年草。別名アメリカゴウカン。花は白色。
¶帰化写2 (p94/カ写)

## ハイクワガタ(1)　*Veronica prostrata* ‘Nana’　這鍬形
ゴマノハグサ科の草本。高さは約5cm。
¶山野草 (No.1076/カ写)

## ハイクワガタ(2)　⇒テングクワガタを見よ

## バイケイソウ　*Veratrum oxysepalum*　梅蕙草
シュロソウ科 (ユリ科) の多年草。別名オオバイケイソウ、エゾバイケイソウ。高さは60〜150cm。
¶学フ増山菜 (p222/カ写)
学フ増野夏 (p227/カ写)
学フ有毒 (p22/カ写)
原牧1 (No.304/カ図)
新分牧 (No.350/モ図)
新牧日 (No.3381/モ図)
茶花下 (p130/カ写)
牧野ス1 (No.304/カ図)
野生1 (p161/カ写)
山力野草 (p607/カ写)
山ハ高山 (p16/カ写)
山ハ山花 (p60/カ写)

## バイケイラン　*Corymborkis veratrifolia*
ラン科の地生の多年草。西表島・石垣島に分府。
¶野生1 (p190/カ写)

## バイゴウ　*Prunus mume* ‘Baigō’　梅郷
バラ科。ウメの品種。実ウメ, 野梅系。
¶ウメ 〔梅郷〕(p178/カ写)

## バイコウハグマ　⇒コウヤボウキを見よ

## ハイゴケ　*Hypnum plumaeforme*
ハイゴケ科のコケ。別名ムクムクチリメンゴケ。黄緑色で, 茎は這い、長さ10cm。
¶新分牧 (No.4896/モ図)
新牧日 (No.4757/モ図)

## バイゴジジュズカケザクラ　*Cerasus lannesiana* ‘Juzukakezakura’　梅護寺数珠掛桜
バラ科の落葉小高木。サクラの栽培品種。花は淡紅紫色。
¶APG原樹 〔サクラ ‘バイゴジジュズカケザクラ’〕(No.435/カ図)
学フ増桜 〔‘梅護寺数珠掛桜’〕(p194/カ写)

## ハイコトジソウ　*Salvia glabrescens* var.*repens*
シソ科。日本固有種。
¶固有 (p122)

## ハイコヌカグサ　*Agrostis stolonifera*　這小糠草
イネ科イチゴツナギ亜科の多年草。別名クリーピングベントグラス。コヌカグサより全体にやや小さい。高さは20〜100cm。
¶帰化写改 (p418/カ写)
桑イネ (p53/カ写・モ図)
植調 (p23/カ写)
野生2 (p41)
山ハ野花 (p183/カ写)

## ハイコブシ　⇒コブシモドキを見よ

## ハイコモチシダ　*Woodwardia unigemmata*　這子持羊歯
シシガシラ科の常緑性シダ。別名ジョウレンシダ。葉身は長さ1m, 広披針形。
¶シダ標1 (p460/カ写)
新分牧 (No.4676/モ図)
新牧日 (No.4620/モ図)

## ハイシキミ　⇒ツルシキミを見よ

## ハイジシバリ　⇒イワニガナを見よ

## ハイシバ　*Lepturus repens*
イネ科ヒゲシバ亜科の草本。
¶桑イネ (p303/モ図)
新分牧 (No.1269/モ図)
新牧日 (No.3781/モ図)
野生2 (p71/カ写)

## ハイスミレ　⇒ツクシスミレ (狭義) を見よ

## ハイタムラソウ　*Salvia omerocalyx* var.*prostrata*
シソ科シソ亜科 〔イヌハッカ亜科〕。日本固有種。
¶固有 (p122)
野生5 (p139/カ写)

## ハイチゴザサ　*Isachne nipponensis*
イネ科チゴザサ亜科の多年草。別名ヒナザサ。高さ

ハイツバキ

は10〜40cm。
¶桑イネ（p278/カ写・モ図）
原牧1（No.1106/カ図）
新分牧（No.1275/モ図）
新牧日（No.3784/モ図）
牧野ス1（No.1106/カ図）
野生2（p76）

ハイツバキ ⇒ユキツバキを見よ

ハイツメクサ Minuartia biflora 這爪草
ナデシコ科の高山植物。
¶野生4（p115/カ写）
山ハ高山（p138/カ写）
山レ増（p420/カ写）

ハイデルベリー ⇒ビルベリーを見よ

ハイドジョウツナギ Torreyochloa viridis
イネ科イチゴツナギ亜科の草本。
¶桑イネ（p470/モ図）
日水草（p220/カ写）
野生2（p64）

ハイトバ ⇒デリスを見よ

ハイドランジア ⇒セイヨウアジサイを見よ

ハイドランジャー ⇒セイヨウアジサイを見よ

パイナップル Ananas comosus
パイナップル科の地生植物。別名アナナス。高さは1.2m。
¶原牧1（No.664/カ図）
新分牧（No.700/モ図）
新牧日（No.3590/モ図）
牧野ス1（No.664/カ図）

パイナップルグアバ ⇒フェイジョアを見よ

ハイニシキソウ Euphorbia prostrata 這錦草
トウダイグサ科の一年草。長さは6.5〜20cm。
¶帰化写改（p165/カ写）
原牧2（No.268/カ図）
植調（p213/カ写）
新分牧（No.2428/モ図）
新牧日（No.1484/モ図）
牧野ス1（No.2113/カ図）
野生3（p160/カ写）
山ハ野花（p340/カ写）

ハイヌメリ Sacciolepis spicata var.spicata 這滑り
イネ科キビ亜科の一年草。別名ハイヌメリグサ。高さは20〜35cm。
¶桑イネ（p428/カ写・モ図）
原牧1（No.1048/カ図）
新分牧（No.1205/モ図）
新牧日（No.3820/モ図）
牧野ス1（No.1048/カ図）
野生2〔ハイヌメリグサ〕（p95）
山ハ野花（p199/カ写）

ハイヌメリグサ ⇒ハイヌメリを見よ

ハイネズ Juniperus conferta 這杜松
ヒノキ科の常緑匍匐性低木。雌雄異株。
¶APG原樹（No.106/カ図）

ハイノキ(1) Symplocos myrtacea 灰の木
ハイノキ科の常緑低木。日本固有種。別名イノコシバ。花は白色。
¶APG原樹（No.1177/カ図）
学フ増樹（p74/カ写）
原牧2（No.1135/カ図）
固有（p111/カ写）
新分牧（No.3176/モ図）
新牧日（No.2274/モ図）
牧野ス2（No.2980/カ写）
野生4（p212/カ写）
山力樹木（p618/カ写）

ハイノキ(2) ⇒クロバイを見よ

ハイハナシノブ Polemonium reptans
ハナシノブ科の多年草。高さは20〜30cm。花は淡青色。
¶山野草（No.0990/カ写）

ハイハマボッス Samolus parviflorus
サクラソウ科の多年草。別名ヤチハコベ。高さは10〜30cm。
¶原牧2（No.1104/カ図）
新分牧（No.3108/モ図）
新牧日（No.2247/モ図）
牧野ス2（No.2949/カ写）
野生4（p201/カ写）
山レ増（p203/カ写）

ハイヒカゲツツジ Rhododendron keiskei var.ozawae
ツツジ科ツツジ亜科の常緑低木。日本固有種。
¶固有（p105）
野生4（p236）

ハイビスカス(1) Hibiscus cv.
アオイ科の園芸品種群総称。
¶都木花新（p85/カ写）

ハイビスカス(2) ⇒ブッソウゲを見よ

ハイビャクシ ⇒ハイビャクシンを見よ

ハイビャクシン Juniperus chinensis var.procumbens 這柏槇
ヒノキ科の常緑匍匐性低木。別名ハイビャクシ、イワダレネズ、イソナレ、ソナレ。高さは60cm。
¶APG原樹（No.101/カ図）
原牧1（No.53/カ図）
新分牧（No.71/モ図）
新牧日（No.72/モ図）
牧野ス1（No.54/カ図）
野生1（p39）
山力樹木（p56/カ写）

ハイビユ Amaranthus deflexus
ヒユ科の一年草。高さは10〜30cm。花は白色。
¶帰化写2（p50/カ写）

原牧2 (No.955/カ図)
新分牧 (No.2991/モ図)
新牧日 (No.449/モ図)
牧野ス2 (No.2800/カ図)
野生4 (p134)

**パイプカズラ** *Aristolochia littoralis* パイプ葛
ウマノスズクサ科の常緑つる性低木。別名サラサバナ。花は白緑色, 紫黒色の斑点がある。
¶茶花下 (p247/カ図)

**パイプタケ** *Henningsomyces candidus*
ホウライタケ科のキノコ。
¶原きの (No.356/カ図・カ図)
山力日き (p423/カ写)

**パイプマメ** ⇒チョウマメを見よ

**ハイホラゴケ** *Vandenboschia kalamocarpa*
コケシノブ科の常緑性シダ。別名コガネシノブ。葉身は長さ5〜18cm, 卵状披針形〜倒卵状長楕円形。
¶シダ標1 (p314/カ図)
新分牧 (No.4536/モ図)
新牧日 (No.4425/モ図)

**ハイマキエハギ** *Desmodium triflorum*
マメ科マメ亜科の草本。
¶新分牧 (No.1695/モ図)
野生2 (p265/カ写)

**ハイマツ** *Pinus pumila* 這松
マツ科の常緑低木。高さは1m。
¶APG原樹 (No.21/カ図)
学フ増高山 (p222/カ写)
原牧1 (No.30/カ図)
新分牧 (No.38/モ図)
新牧日 (No.42/モ図)
図説樹木 (p28/カ図)
牧野ス1 (No.31/カ図)
野生1 (p31/カ写)
山力樹木 (p13/カ写)
山ハ高山 (p455/カ写)

**ハイミズ** ⇒サンショウソウを見よ

**ハイミチヤナギ** *Polygonum aviculare* subsp. *depressum*
タデ科の一年草。別名スナジミチヤナギ。高さは5〜40cm。花は帯紅色。
¶帰化写改 (p18/カ写)
植調 (p203/カ写)
ミニ山 (p20/カ写)
野生4 (p100/カ写)

**ハイミミガタシダ** *Phegopteris aurita*
ヒメシダ科のシダ植物。
¶シダ標1 (p433/カ写)

**ハイミヤマシキミ** ⇒ツルシキミを見よ

**ハイミル** *Codium lucasii*
ミル科の海藻。多肉で扁平。
¶新分牧 (No.4965/モ図)
新牧日 (No.4825/モ図)

**ハイメドハギ** *Lespedeza cuneata* var.*serpens* 這蓍萩
マメ科マメ亜科の草本。メドハギの変種。
¶野生2 (p280/カ写)
山ハ野花 (p362/カ写)

**ハイモ** ⇒ハニシキを見よ

**バイモ** ⇒アミガサユリを見よ

**ハイヤナギ** *Salix nakamurana* subsp.*kurilensis*
ヤナギ科の落葉小低木。別名ヒダカミネヤナギ。
¶野生3 (p194/カ写)

**ハイルリソウ** *Nihon proliferum*
ムラサキ科ムラサキ亜科の草本。日本固有種。
¶固有 (p121)
野生5 (p57)
山レ増 (p145/カ写)

**パインコーン** ⇒カゴシマ(1)を見よ

**ハウ** ⇒ハマゴウを見よ

**パウダー・パフ** *Hibiscus hybridus* 'Powder Puff'
アオイ科。ハワイアン・ハイビスカスの品種。
¶APG原樹〔ハワイアン・ハイビスカス'パウダー・パフ'〕(No.1027/カ図)

**ハウチワカエデ** *Acer japonicum* 羽団扇楓
ムクロジ科 (カエデ科) の落葉高木。日本固有種。別名ウチワカエデ, メイゲツ, メイゲツカエデ, イタヤ。高さは10〜12m。樹皮は灰褐色。
¶APG原樹 (No.913/カ図)
学フ増樹 (p20/カ写・カ図)
原牧2 (No.525/カ図)
固有 (p86)
新分牧 (No.2566/モ図)
新牧日 (No.1567/モ図)
茶花上 (p439/カ写)
牧野ス2 (No.2370/カ図)
野生3 (p290/カ写)
山力樹木 (p426/カ写)
落葉図譜 (p212/モ図)

**ハウチワテンナンショウ** ⇒ヒガンマムシグサを見よ

**ハウチワノキ** *Dodonaea viscosa*
ムクロジ科の常緑低木。別名ヒロハハウチワノキ。高さは4m。
¶原牧2 (No.518/カ図)
新分牧 (No.2590/モ図)
新牧日 (No.1601/モ図)
牧野ス2 (No.2363/カ図)
野生3 (p298/カ写)

**ハウチワマメ** ⇒ルピナスを見よ

**ハウンズ・タン** ⇒シナワスレナグサを見よ

**パエオニア・ルテア** ⇒キバナボタンを見よ

**パエオニフロルス** *Hibiscus syriacus* 'Paeoniflorus'
アオイ科。ムクゲの品種。半八重咲きバラ咲き型。
¶茶花下 (p32/カ写)

**ハエドクソウ** *Phryma nana* 蠅毒草
ハエドクソウ科の多年草。別名チャボハエドクソ

ウ, ハエトリソウ。高さは30〜70cm。

¶**色野草**（p92/カ写）
　**学フ有毒**（p95/カ写）
　**原牧2**（No.1748/カ図）
　**新分牧**（No.3824/モ図）
　**新牧日**（No.2817/モ図）
　**牧野ス2**（No.3593/カ図）
　**野生5**（p147/カ写）
　**山カ野草**（p147/カ写）
　**山ハ野花**（p468/カ写）

**ハエトリシメジ** *Tricholoma muscarium*
キシメジ科のキノコ。中型。傘は黄褐オリーブ黄色で中央部が突出, 放射状繊維模様。ひだは白色。
¶**学フ増毒き**（p96/カ写）
　**山カ日き**（p81/カ写）

**ハエトリソウ** ⇒ハエドクソウを見よ

**ハエトリタケ** ⇒テングタケを見よ

**ハエトリナデシコ** ⇒ムシトリナデシコを見よ

**ハエヤドリタケ** *Ophiocordyceps dipterigena*
オフィオコルディセプス科の冬虫夏草。宿主はハエ類, ムシヒキアブ類の成虫。
¶**冬虫生態**（p206/カ写）

**ハカ** ⇒ハッカを見よ

**ハガクレカナワラビ** *Arachniodes yasu-inouei* var. *yasu-inouei*
オシダ科の常緑性シダ。日本固有種。裂片の先の刺は長さ約1mmの芒状に伸びる。
¶**固有**（p209）
　**シダ標2**（p394/カ写）

**ハガクレキイロツブタケ** *Torrubiella* sp.
ノムシタケ科の冬虫夏草。宿主はハエ目の蛹。子嚢殻が濃黄色。
¶**冬虫生態**（p201/カ写）

**ハガクレキジノオ** *Plagiogyria* × *neointermedia*
キジノオシダ科のシダ植物。
¶**シダ標1**（p341/カ写）

**ハガクレシロツブタケ** *Torrubiella* sp.
ノムシタケ科の冬虫夏草。宿主はハエ目の蛹。
¶**冬虫生態**（p201/カ写）

**ハガクレスゲ** *Carex jacens*
カヤツリグサ科の多年草。高さは7〜15cm。
¶**カヤツリ**（p352/モ図）
　**新分牧**（No.869/モ図）
　**新牧日**（No.4154/モ図）
　**スゲ増**（No.185/カ写）
　**野生1**（p320/カ写）

**ハガクレツリフネ** *Impatiens hypophylla* 葉隠釣船, 葉隠釣舟
ツリフネソウ科の一年草。日本固有種。高さは30〜80cm。花は白色。
¶**原牧2**（No.1042/カ写）
　**固有**（p87/カ写）
　**新分牧**（No.3084/モ図）
　**新牧日**（No.1613/モ図）

　**茶花下**（p131/カ写）
　**牧野ス2**（No.2887/カ図）
　**野生4**（p174/カ写）
　**山カ野草**（p360/カ写）
　**山ハ山花**（p367/カ写）

**ハガクレナガミラン** *Thrixspermum fantasticum*
ラン科の着生の多年草。花は白色。
¶**野生1**（p228/カ写）

**ハカタカラクサ** *Tradescantia zebrina*
ツユクサ科の匍匐する多年草。別名ハカタガラクサ, シマムラサキツユクサ。
¶**帰化写2**（p456/カ写）

**ハカタシダ** *Arachniodes simplicior* 博多羊歯
オシダ科の常緑性シダ。葉身は長さ30〜40cm, 卵状長楕円形。
¶**シダ標2**（p394/カ写）
　**新分牧**（No.4728/モ図）
　**新牧日**（No.4513/モ図）

**ハカタジロ** *Rhododendron indicum* 'Hakatajiro' 博多白
ツツジ科の木本。
¶**APG原樹**〔サツキ'ハカタジロ'〕（No.1238/カ図）

**バカナス** ⇒イヌホオズキを見よ

**ハガネイワヘゴ** *Dryopteris* × *haganecola*
オシダ科のシダ植物。
¶**シダ標2**（p375/カ写）

**ハカマウラボシ** *Drynaria roosii*
ウラボシ科のシダ植物。
¶**シダ標2**（p454/カ写）

**ハカマカズラ** *Phanera japonica* 袴蔓, 袴葛
マメ科ジャケツイバラ亜科の常緑つる性木本。日本固有種。別名ワンジュ。
¶**APG原樹**（No.390/カ図）
　**原牧1**（No.1471/カ図）
　**固有**（p80/カ写）
　**新分牧**（No.1631/モ図）
　**新牧日**（No.1260/モ図）
　**牧野ス1**（No.1471/カ写）
　**ミニ山**（p158/カ写）
　**野生2**（p252/カ写）
　**山カ樹木**（p352/カ写）

**バカマツタケ** *Tricholoma bakamatsutake*
キシメジ科のキノコ。中型。傘は中央部褐色, 繊維状〜鱗片状。
¶**山カ日き**（p88/カ写）

**ハカリノメ** ⇒アズキナシを見よ

**ハカワラタケ** *Trichaptum biforme*
所属科未確定のキノコ。小型〜中型。傘は類白色, 環紋。
¶**山カ日き**（p476/カ写）

**ハガワリコタニワタリ** ⇒コタニワタリを見よ

**ハガワリトボシガラ** *Festuca heterophylla*
イネ科イチゴツナギ亜科の多年草。高さは60〜120cm。

587　　　　　　　　　　　　　　　　　　　　　ハクサンイ

¶野生2 (p53)

**ハガワリメダケ**　*Pleioblastus simonii* var. *haterophyllus*
イネ科のササ。
¶タケササ (p151/カ写)

**ハギ(1)**　⇒ハンノキを見よ

**ハギ(2)**　⇒ヤマハギを見よ

**バーキィー**　*Juniperus virginiana* 'Burkii'
ヒノキ科。エンピツビャクシンの品種。
¶APG原樹〔ジュニペルス'バーキィー'〕(No.1547/カ図)

**ハギカズラ**　*Galactia tashiroi* f.*tashiroi*
マメ科マメ亜科の草本。
¶原牧1 (No.1592/カ図)
　新分牧 (No.1666/モ図)
　新牧日 (No.1379/モ図)
　牧野ス1 (No.1592/カ図)
　ミニ山 (p153/カ写)
　野生2 (p269/カ写)

**ハギカタバミ**　*Oxalis barrelieri*
カタバミ科の小低木状草本。蓚酸を含む。花はピンク色。
¶帰化写2 (p407/カ写)

**ハギクソウ**　*Euphorbia octoradiata*
トウダイグサ科の多年草。高さは20〜40cm。
¶原牧2 (No.258/カ図)
　新分牧 (No.2418/モ図)
　新牧日 (No.1477/モ図)
　牧野ス1 (No.2103/カ図)
　野生3 (p156/カ写)
　山レ増 (p272/カ写)

**パキスタキス・ルテア**　*Pachystachys lutea*
キツネノマゴ科の常緑低木。高さは1〜1.5m。花は白色。
¶APG原樹 (No.1434/カ図)

**ハキダメガヤ**　*Dinebra retroflexa*
イネ科の一年草。高さは40〜120cm。
¶帰化写改 (p440/カ写)
　桑イネ (p191/カ写・モ図)
　新分牧 (No.1271/モ図)
　新牧日 (No.3762/モ図)

**ハキダメギク**　*Galinsoga quadriradiata*　掃溜菊
キク科キク亜科の一年草。別名コゴメギク。高さは15〜60cm。花は黄色。
¶色野草 (p80/カ写)
　学フ増野秋 (p131/カ写)
　帰化写改 (p363/カ写, p515/カ写)
　植調 (p161/カ写)
　野生5 (p363/カ写)
　山力野草 (p84/カ写)
　山ハ野花 (p571/カ写)

**ハギナ**　⇒ヨメナを見よ

**ハギノ**　*Prunus mume* 'Hagino'　萩野
バラ科。ウメの品種。李系ウメ，紅材性一重。

**ウメ**〔萩野〕(p102/カ写)

**パキラ**　*Pachira aquatica*
アオイ科（パンヤ科）の常緑高木。高さは5〜20m。花は緑白〜黄白色。
¶APG原樹〔カイエンナッツ〕(No.1032/カ図)
　新分牧 (No.2698/モ図)

**ハクウンシダ**　*Blechnum hancockii*
シシガシラ科の常緑性シダ。別名タイワンシシガシラ。根茎は暗褐色で披針形の鱗片を付ける。
¶シダ標1 (p459/カ写)

**ハクウンボク**　*Styrax obassia*　白雲木
エゴノキ科の落葉高木。別名オオバヂシャ。高さは8〜15m。樹皮は灰褐色。
¶APG原樹 (No.1190/カ図)
　学フ増樹 (p73/カ写)
　原牧2 (No.1151/カ図)
　新分牧 (No.3194/モ図)
　新牧日 (No.2267/モ図)
　茶花上 (p439/カ写)
　都木花新 (p103/カ写)
　牧野ス2 (No.2996/カ写)
　野生4 (p217/カ写)
　山力樹木 (p624/カ写)
　落葉図譜 (p282/モ図)

**ハクウンラン**　*Kuhlhasseltia nakaiana*
ラン科の多年草。高さは5〜10cm。
¶野生1 (p209/カ写)

**ハクオウジシ**　*Paeonia suffruticosa* 'Hakuōjishi'　白王獅子
ボタン科。ボタンの品種。
¶APG原樹〔ボタン'ハクオウジシ'〕(No.311/カ図)

**ハクサンアザミ**　*Cirsium matsumurae*　白山薊
キク科アザミ亜科の草本。日本固有種。
¶原牧2 (No.2192/カ図)
　固有 (p140)
　新分牧 (No.3975/モ図)
　新牧日 (No.3224/モ図)
　牧野ス2 (No.4037/カ図)
　野生5 (p242/カ写)

**ハクサンイチゲ**　*Anemone narcissiflora* subsp. *nipponica*　白山一華
キンポウゲ科の多年草。日本固有種。高さは20〜30cm。花は白色。
¶学フ増高山 (p145/カ写)
　原牧1 (No.1265/カ図)
　固有 (p57/カ写)
　新分牧 (No.1451/モ図)
　新牧日 (No.590/モ図)
　牧野ス1 (No.1265/カ図)
　ミニ山 (p52/カ写)
　野生2 (p134/カ写)
　山力野草 (p481/カ写)
　山ハ高山 (p94/カ写)

**ハクサンイチゴツナギ**　*Poa hakusanensis*　白山苺繋
イネ科イチゴツナギ亜科の多年草。日本固有種。高さは40〜90cm。

ハ

¶桑イネ（p393/モ図）
　固有（p164/カ写）
　野生2（p61/カ写）

## ハクサンオオバコ　*Plantago hakusanensis*　白山大葉子
オオバコ科の多年草。日本固有種。高さは7〜15cm。
¶学フ増高山（p199/カ写）
　原牧2（No.1545/カ図）
　固有（p133/カ写）
　新分牧（No.3599/モ図）
　新牧日（No.2822/モ図）
　牧野ス2（No.3390/カ図）
　野生5（p81/カ写）
　山力野草（p156/カ写）

## ハクサンオミナエシ　*Patrinia triloba*　白山女郎花
スイカズラ科（オミナエシ科）の多年草。日本固有種。別名コキンレイカ、モミジバオミナエシ。高さは30〜50cm。花は黄色。
¶固有（p135）
　山野草（No.1133/カ写）
　茶花下（p131/カ写）
　野生5（p424/カ写）
　山力野草〔コキンレイカ〕（p145/カ写）
　山ハ高山（p360/カ写）
　山ハ山花（p479/カ写）

## ハクサンカメバヒキオコシ　*Isodon umbrosus* var. *hakusanensis*　白山亀葉引起し
シソ科シソ亜科〔イヌハッカ亜科〕。日本固有種。
¶固有（p123）
　茶花下（p328/カ写）
　野生5（p142/カ写）

## ハクサンコザクラ　*Primula cuneifolia* var. *hakusanensis*　白山小桜
サクラソウ科の多年草。日本固有種。別名ナンキンコザクラ、タニガワコザクラ。高さは5〜20cm。
¶学フ増高山（p46/カ写）
　原牧2（No.1069/カ図）
　固有（p111）
　山野草（No.0828・0829/カ写）
　新分牧（No.3114/モ図）
　新牧日（No.2214/モ図）
　牧野ス2（No.2914/カ図）
　野生4（p199/カ写）
　山力野草（p275/カ写）
　山ハ高山（p252/カ写）

## ハクサンサイコ　*Bupleurum nipponicum* var. *nipponicum*　白山柴胡
セリ科セリ亜科の多年草。日本固有種。別名トウゴクサイコ。高さは20〜60cm。
¶原牧2（No.2407/カ図）
　固有（p101）
　新分牧（No.4432/モ図）
　新牧日（No.2024/モ図）
　牧野ス2（No.4252/カ図）
　野生5（p392/カ写）
　山ハ高山（p356/カ写）

## ハクサンシャクナゲ　*Rhododendron brachycarpum* var. *brachycarpum* f. *brachycarpum*　白山石楠花、白山石南花
ツツジ科ツツジ亜科の木本。日本固有種。別名エゾシャクナゲ、ウスキハクサンシャクナゲ、ウラゲハクサンシャクナゲ、ケナシハクサンシャクナゲ、シロシャクナゲ、シロバナシャクナゲ、シロバナハクサンシャクナゲ。高さは3m。花は白、帯桃白色。
¶APG原樹（No.1285/カ図）
　学フ増高山（p40/カ写）
　原牧2（No.1211/カ図）
　固有（p106）
　山野草（No.0783/カ写）
　新分牧（No.3276/モ図）
　新牧日（No.2156/モ図）
　茶花下（p132/カ写）
　牧野ス2（No.3056/カ写）
　野生4（p236/カ写）
　山力樹木（p573/カ写）
　山ハ高山（p278/カ写）

## ハクサンシャジン　*Adenophora triphylla* var. *japonica* f. *violacea*　白山沙参
キキョウ科の多年草。別名タカネツリガネニンジン。高さは30〜60cm。
¶原牧2（No.1864/カ図）
　新分牧（No.3908/モ図）
　新牧日（No.2907/モ図）
　牧野ス2（No.3709/カ写）
　山力野草（p127/カ写）
　山ハ高山（p370/カ写）

## ハクサンスゲ　*Carex canescens*　白山菅
カヤツリグサ科の多年草。高さは30〜50cm。
¶カヤツリ（p124/モ図）
　原牧1（No.807/カ図）
　新分牧（No.794/モ図）
　新牧日（No.4097/モ図）
　スゲ増（No.48/カ写）
　牧野ス1（No.807/カ図）
　野生1（p307/カ写）
　山ハ山花（p156/カ写）

## ハクサンタイゲキ　*Euphorbia togakusensis*　白山大戟
トウダイグサ科の多年草。日本固有種。別名ミヤマノウルシ、オゼタイゲキ、オゼヌマタイゲキ。高さは40〜80cm。
¶原牧2（No.254/カ図）
　固有（p83）
　新分牧（No.2414/モ図）
　新牧日（No.1472/モ図）
　牧野ス1（No.2099/カ写）
　野生3（p154/カ写）
　山力野草（p365/カ写）
　山ハ高山（p190/カ写）

## ハクサンタデ　⇒オンタデを見よ

## ハクサンチドリ　*Dactylorhiza aristata*　白山千鳥
ラン科の多年草。別名シラネチドリ。高さは10〜15cm。花は紅紫〜白色。
¶学フ増高山（p84/カ写）
　原牧1（No.370/カ写）

山野草〈No.1769/カ写〉
新分牧〈No.451/モ図〉
新牧日〈No.4244/モ図〉
茶花下〈p132/カ写〉
牧野ス1〈No.370/カ図〉
野生1〈p195/カ写〉
山力野草〈p562/カ写〉
山ハ高山〈p30/カ写〉

**ハクサンハタザオ** *Arabidopsis halleri* subsp. *gemmifera* var. *senanensis* 白山旗竿
アブラナ科の越年草。別名ツルタガラシ。
¶原牧2〔ツルタガラシ〕〈No.746/カ図〉
原牧2〈No.747/カ写〉
新分牧〈No.2731/モ図〉
新牧日〔ツルタガラシ〕〈No.865/モ図〉
新牧日〈No.866/モ図〉
茶花上〈p440/カ写〉
牧野ス2〔ツルタガラシ〕〈No.2591/カ図〉
牧野ス2〈No.2592/カ写〉
ミニ山〔ツルタガラシ〕〈p89/カ写〉
野生4〈p50/カ写〉
山力野草〈p453/カ写〉
山ハ山花〈p361/カ写〉

**ハクサンハタザクラ** *Cerasus lannesiana* 'Vexillifera' 白山旗桜
バラ科の落葉高木。サクラの栽培品種。花は白色。
¶学フ増桜〔'白山旗桜'〕〈p82/カ写〉

**ハクサンハンノキ** ⇒ヤハズハンノキを見よ

**ハクサンフウロ** *Geranium yesoense* var. *nipponicum* 白山風露
フウロソウ科の多年草。日本固有種。別名アカヌマフウロ。高さは30〜80cm。
¶学フ増高山〈p31/カ写〉
原牧2〔アカヌマフウロ〕〈No.417/カ図〉
固有〈p82/カ写〉
山野草〈No.0650/カ写〉
新分牧〔アカヌマフウロ〕〈No.2458/モ図〉
新牧日〔アカヌマフウロ〕〈No.1422/モ図〉
茶花下〈p133/カ写〉
牧野ス2〔アカヌマフウロ〕〈No.2262/カ図〉
ミニ山〈p163/カ写〉
野生3〈p252/カ写〉
山力野草〈p371/カ写〉
山ハ高山〈p166/カ写〉
山ハ山花〈p295/カ写〉

**ハクサンボウフウ** *Peucedanum multivittatum* 白山防風
セリ科セリ亜科の多年草。日本固有種。高さは30〜90cm。
¶学フ増高山〈p176/カ写〉
原牧2〈No.2469/カ図〉
固有〈p101/カ写〉
新分牧〈No.4497/モ図〉
新牧日〈No.2084/モ図〉
牧野ス2〈No.4314/カ図〉
野生5〈p398/カ写〉
山力野草〈p320/カ写〉

山ハ高山〈p346/カ写〉

**ハクサンボク** *Viburnum japonicum* var. *japonicum* 白山木
ガマズミ科〔レンプクソウ科〕〔スイカズラ科〕の低木または小高木。日本固有種。別名コハクサンボク、イセビ。高さは3〜6m。花は白色。
¶APG原樹〈No.1467/カ図〉
原牧2〈No.2302/カ図〉
固有〈p133〉
新分牧〈No.4332/モ図〉
新牧日〈No.2840/モ図〉
茶花上〈p297/カ写〉
牧野ス2〈No.4147/カ図〉
野生5〈p409/カ写〉
山力樹木〈p706/カ写〉

**ハクサンヨモギ** ⇒アサギリソウを見よ

**ハクジシ** *Camellia japonica* 'Haku-jishi' 白獅子
ツバキ科。ツバキの品種。花は白色。
¶茶花上〈p112/カ写〉

**ハクショウ** ⇒シロマツを見よ

**ハクセン** *Dictamnus albus* 白鮮, 白蘚
ミカン科の多年草。高さは60〜80cm。
¶茶花上〈p559/カ写〉

**ハクセンナズナ** *Macropodium pterospermum* 白鮮薺, 白蘚薺
アブラナ科の多年草。高さは40〜100cm。
¶学フ増高山〈p23/カ写〉
原牧2〈No.751/カ図〉
新分牧〈No.2762/モ図〉
新牧日〈No.871/モ図〉
牧野ス2〈No.2596/カ図〉
野生4〈p66/カ写〉
山力野草〈p446/カ写〉
山ハ高山〈p244/カ写〉

**ハクタカ** *Prunus mume* 'Hakutaka' 白鷹
バラ科。ウメの品種。野梅系ウメ、野梅性一重。
¶ウメ〔白鷹〕〈p37/カ写〉

**バクチノキ** *Laurocerasus zippeliana* 博打の木
バラ科シモツケ亜科の常緑高木。別名ビラン、ビランジュ。
¶APG原樹〈No.455/カ図〉
原牧1〈No.1665/カ図〉
新分牧〈No.1823/モ図〉
新牧日〈No.1243/モ図〉
都木花新〈p124/カ写〉
牧野ス1〈No.1665/カ写〉
野生3〈p71/カ写〉
山力樹木〈p313/カ写〉

**ハクチョウゲ** *Serissa japonica* 白丁花
アカネ科の常緑低木。高さは60〜100cm。花は帯紫白色。
¶APG原樹〈No.1342/カ図〉
学フ増花庭〈p201/カ写〉
原牧2〈No.1301/カ図〉
新分牧〈No.3338/モ図〉
新牧日〈No.2415/モ図〉

ハ

ハクチョウ　　　　　　　590

茶花上（p440/カ写）
牧野ス**2**（No.3146/カ図）
野生**4**（p290/カ写）
山カ樹木（p680/カ写）

**ハクチョウソウ**　*Oenothera lindheimeri*　白蝶草
アカバナ科の宿根草, 多年草。別名ヤマモモソウ。
¶帰化写**2**〔ヤマモモソウ〕（p159/カ写）
原牧**2**（No.465/カ図）
新分牧（No.2512/モ図）
新牧日（No.1950/モ図）
茶花上（p560/カ写）
牧野ス**2**（No.2310/カ図）

**ハクトウ**　*Prunus persica* 'Albo-plena'　白桃
バラ科の木本。モモの品種。別名カンパク。果皮
は白色。
¶APG原樹〔モモ'ハクトウ'〕（No.491/カ図）

**ハクトウクワガタ**　⇒エゾヒメクワガタを見よ

**ハクハイ**　*Camellia japonica* 'Hakuhai'　白盃
ツバキ科。ツバキの品種。花は白色。
¶茶花上（p106/カ写）

**ハクバブシ**　*Aconitum zigzag* subsp.*kishidae*　白馬
付子
キンポウゲ科の草本。日本固有種。
¶原牧**1**（No.1232/カ図）
固有（p56）
新分牧（No.1435/モ図）
新牧日（No.557/モ図）
牧野ス**1**（No.1232/カ図）
野生**2**（p130/カ写）
山ハ高山（p110/カ写）
山ハ山花（p214/カ写）

**ハクホウナズナ**　⇒キタダケナズナを見よ

**ハクボタン**(1)　*Camellia japonica* 'Haku-botan
（Kantô）'　白牡丹
ツバキ科。ツバキの品種。花は白色。
¶茶花上（p111/カ写）

**ハクボタン**(2)　*Prunus mume* 'Haku-botan'　白牡丹
バラ科。ウメの品種。杏系ウメ, 豊後性八重。
¶ウメ〔白牡丹〕（p143/カ写）

**ハグマノキ**　⇒カスミノキを見よ

**ハクモウアカツメクサ**　*Trifolium striatum*
マメ科の一年草。別名ナカヨシツメクサ。花はピン
ク色。
¶帰化写**2**（p113/カ写）

**ハクモウイノデ**　*Deparia jiulungensis* var.
*albosquamata*
メシダ科（オシダ科）のシダ植物。
¶シダ標**2**（p343/カ写）
新分牧（No.4680/モ図）
新牧日（No.4579/モ図）

**ハクモクレン**　*Magnolia denudata*　白木蓮, 白木蘭
モクレン科の落葉高木。別名ハクレン, ビャクレ
ン。高さは15m。花は乳白色。
¶APG原樹（No.128/カ図）

学フ増花庭（p104/カ写）
原牧**1**（No.120/カ図）
新分牧（No.149/モ図）
新牧日（No.458/モ図）
茶花上（p216/カ写）
都木花新（p14/カ写）
牧野ス**1**（No.120/カ図）
野生**1**（p72/カ写）
山カ樹木（p196/カ写）
落葉図譜（p116/モ図）

**ハクヨウ**　⇒ギンドロを見よ

**ハクリ**　⇒シュンランを見よ

**ハクレン**　⇒ハクモクレンを見よ

**ハクレンボク**　⇒タイサンボクを見よ

**ハグロコガネムシタケ**　*Ophiocordyceps* sp.
オフィオコルディセプス科の冬虫夏草。宿主はコガ
ネムシ類の幼虫。
¶冬虫生態（p151/カ写）

**ハグロサンアザミ**　*Cirsium hagurosanense*　羽黒山薊
キク科アザミ亜科の多年草。高さは100～220cm。
花は淡紅紫色。
¶野生**5**（p252/カ写）

**ハグロソウ**　*Peristrophe japonica*　葉黒草
キツネノマゴ科の多年草。高さは20～50cm。
¶色野草（p314/カ写）
学フ増野秋（p58/カ写）
原牧**2**（No.1804/カ図）
新分牧（No.3661/モ図）
新牧日（No.2783/モ図）
茶花下（p370/カ写）
牧野ス**2**（No.3649/カ図）
野生**5**（p170/カ写）
山カ野草（p161/カ写）
山ハ野花（p450/カ写）
山ハ山花（p414/カ写）

**ハクロニシキ**　*Salix integra* 'Hakuro-nishiki'
ヤナギ科の木本。
¶APG原樹〔ヤナギ'ハクロニシキ'〕（No.1566/カ図）

**ハクロバイ**　⇒ギンロバイを見よ

**ハゲイトウ**　*Amaranthus tricolor* var.*tricolor*　葉鶏頭
ヒユ科の一年草。別名カマツカ, ガンライソウ, ガ
ンライコウ, アマランサス。高さは80～150cm。葉
に赤や黄の斑がある。
¶原牧**2**（No.947/カ図）
新分牧（No.2983/モ図）
新牧日（No.441/モ図）
茶花下〔がんらいこう〕（p72/カ写）
牧野ス**2**（No.2792/カ図）
野生**4**（p133）

**ハゲシバリ**　⇒ヒメヤシャブシを見よ

**ハコダテヤナギ**　*Salix× ampherista* nothosubsp.
*ampherista*
ヤナギ科の雑種。
¶野生**3**〔ハコダテヤナギ（オノエヤナギ×キツネヤナ
ギ）〕（p206/カ写）

ハコツツジ ⇒ミヤマホツツジを見よ

ハコネアザミ ⇒タイアザミ(1)を見よ

ハコネイトスゲ　*Carex hakonemontana*
カヤツリグサ科の多年草。日本固有種。
¶カヤツリ(p342/モ図)
　固有(p185)
　スゲ増(No.177/カ写)
　野生1(p320/カ写)

ハコネイノデ　*Polystichum×hakonense*
オシダ科のシダ植物。
¶シダ標2(p416/カ写)

ハコネウツギ　*Weigela coraeensis var.coraeensis*　箱根空木
スイカズラ科の落葉低木。日本固有種。別名キンタイカ。高さは3〜5m。花は紅白色。
¶APG原樹(No.1495/カ図)
　学フ増樹(p36/カ写)
　学フ増花庭(p8/カ写)
　原牧2(No.2350/カ図)
　固有(p135/カ写)
　新分牧(No.4340/モ図)
　新牧日(No.2873/モ図)
　茶花上(p441/カ写)
　都木花新〔ハコネウツギとニシキウツギ〕(p225/カ写)
　牧野ス2(No.4195/カ図)
　野生5(p427/カ写)
　山力樹木(p695/カ写)

ハコネオオクジャク　*Dryopteris×hakonecola*
オシダ科のシダ植物。
¶シダ標2(p376/カ写)

ハコネオトギリ　⇒コオトギリを見よ

ハコネギク　*Aster viscidulus var.viscidulus*　箱根菊
キク科キク亜科の多年草。日本固有種。別名ミヤマコンギク。高さは35〜65cm。
¶原牧2〔ミヤマコンギク〕(No.1946/カ図)
　固有(p146)
　山野草(No.1261/カ写)
　新分牧〔ミヤマコンギク〕(No.4185/モ図)
　新牧日〔ミヤマコンギク〕(No.2985/モ図)
　牧野ス2〔ミヤマコンギク〕(No.3791/カ図)
　野生5(p318/カ写)
　山力野草(p47/カ写)
　山ハ山花(p517/カ写)

ハコネクサアジサイ　*Cardiandra alternifolia var. hakonensis*　箱根草紫陽花
アジサイ科の多年草。日本固有種。
¶固有(p75)
　野生4(p158)

ハコネグミ　*Elaeagnus matsunoana*　箱根茱萸
グミ科の落葉低木。日本固有種。
¶APG原樹(No.633/カ図)
　原牧2(No.3/カ図)
　固有(p92)
　新分牧(No.2043/モ図)
　新牧日(No.1779/モ図)

牧野ス1(No.1848/カ図)
野生2(p312/カ写)
山力樹木(p510/カ写)
山レ増(p259/カ写)

ハコネコメツツジ　*Rhododendron tsusiophyllum*　箱根米躑躅
ツツジ科ツツジ亜科の半落葉低木。日本固有種。高さは1m。花は白色。
¶APG原樹(No.1261/カ図)
　原牧2(No.1168/カ図)
　固有(p106)
　新分牧(No.3243/モ図)
　新牧日(No.2114/モ図)
　牧野ス2(No.3013/カ図)
　野生4(p240/カ写)
　山力樹木(p564/カ写)
　山レ増(p209/カ写)

ハコネザクラ　⇒マメザクラを見よ

ハコネシケチシダ　*Athyrium christensenianum*
メシダ科のシダ植物。別名ケハコネシケチシダ。
¶シダ標2(p304/カ写)

ハコネシダ　⇒ハコネソウを見よ

ハコネシノ　*Sasaella sawadae var.sawadae*
イネ科タケ亜科のササ。日本固有種。
¶固有(p171)
　タケ亜科(No.114/カ写)
　タケササ(p127/カ写)

ハコネシロカネソウ　*Dichocarpum hakonense*　箱根白銀草
キンポウゲ科の草本。日本固有種。別名イズシロカネソウ。
¶原牧1(No.1204/カ図)
　固有(p54)
　新分牧(No.1354/モ図)
　新牧日(No.525/モ図)
　牧野ス1(No.1204/カ図)
　野生2(p150)
　山ハ山花(p225/カ写)
　山レ増(p406/カ写)

ハコネソウ　*Adiantum monochlamys*　箱根草
イノモトソウ科の常緑性シダ。別名ハコネシダ,イチョウシノブ。葉身は長さ10〜26cm,三角状卵形。
¶シダ標1〔ハコネシダ〕(p387/カ写)
　新分牧(No.4604/モ図)
　新牧日(No.4472/モ図)

ハコネダケ　*Pleioblastus chino*　箱根竹
イネ科タケ亜科のササ。日本固有種。アズマネザサの一型で,火山地帯に生えて小型になったもの。箱根山周辺に多い。
¶APG原樹(No.242/カ図)
　固有(p175)
　新分牧(No.1028/モ図)
　新牧日(No.3621/モ図)
　タケ亜科(No.38/カ写)
　タケササ(p152/カ写)
　山力樹木(p72/カ写)

**ハコネトリカブト** *Aconitum japonicum* subsp. *japonicum* var.*hakonense* 箱根鳥兜
キンポウゲ科の擬似一年草。高さは30〜100cm。花は青紫色。
¶山力野草（p489/カ写）

**ハコネナンブスズ** *Sasa shimidzuana* 箱根南部篶
イネ科タケ亜科。日本固有種。本州の箱根地方より西の太平洋側の山地に分布。
¶固有（p174）
タケ亜科（No.108/カ写）
野生2（p35）

**ハコネニシキウツギ** ⇒ニシキウツギを見よ

**ハコネハナゼキショウ** *Tofieldia coccinea* var. *gracilis*
チシマゼキショウ科（ユリ科）の多年草。日本固有種。別名ミヤマゼキショウ。
¶固有〔チャボゼキショウ〕（p157）
新分牧（No.260/モ図）
新牧日（No.3372/モ図）
野生1〔チャボゼキショウ〕（p113）

**ハコネハナヒリノキ** *Leucothoe grayana* var.*venosa*
ツツジ科スノキ亜科の落葉低木。
¶野生4（p255/カ写）

**ハコネヒヨドリ** ⇒ヨツバヒヨドリを見よ

**ハコネユリ** ⇒ヤマユリを見よ

**ハコネラン** *Ephippianthus sawadanus* 箱根蘭
ラン科の多年草。日本固有種。高さは10〜20cm。
¶固有（p190）
野生1（p198/カ写）
山ハ山花（p102/カ写）
山レ増（p481/カ写）

**ハコノキ** ⇒ツクバネを見よ

**ハコベ**(1) *Stellaria neglecta* 繁縷
ナデシコ科の一年草または越年草。別名ハコベラ，ミドリハコベ，アサシラゲ。高さは10〜20cm。
¶色野草〔ミドリハコベ〕（p50/カ写）
原牧2（No.864/カ図）
植調〔ミドリハコベ〕（p220/カ写）
新分牧（No.2925/モ図）
新牧日（No.336/モ図）
茶花上〔みどりはこべ〕（p317/カ写）
牧野ス2（No.2709/カ図）
野生4〔ミドリハコベ〕（p125/カ写）
山ハ野花（p276/カ写）

**ハコベ**(2) ⇒コハコベを見よ

**ハコベホオズキ** *Salpichroa origanifolia* 繁縷酸漿
ナス科の多年草。長さは2m。花は白色。
¶帰化写改（p282/カ写, p507/カ写）
野生5（p40/カ写）
山ハ野花（p440/カ写）

**ハコベマンネングサ** ⇒ナナツガママンネングサを見よ

**ハコベラ**(1) ⇒コハコベを見よ

**ハコベラ**(2) ⇒ハコベ(1)を見よ

**ハコヤナギ** ⇒ヤマナラシを見よ

**ハゴロモ** *Camellia japonica* 'Hagoromo' 羽衣
ツバキ科。ツバキの品種。花は桃色。
¶茶花上（p124/カ写）

**ハゴロモイヌガンソク** ⇒イヌガンソクを見よ

**ハゴロモイヌホオズキ** *Solanum triflorum*
ナス科の一年草。長さは0.3〜1m。花は白色。
¶野生5（p43）

**ハゴロモイブキシダ** ⇒イブキシダを見よ

**ハゴロモギク** ⇒アークトチスを見よ

**ハゴロモキンポウゲ** *Ranunculus calandrinioides* 羽衣金鳳花
キンポウゲ科の草本。高さは10〜15cm。
¶山野草（No.0304/カ写）

**ハゴロモグサ** *Alchemilla japonica* 羽衣草
バラ科バラ亜科の多年草。高さは20〜40cm。花は緑黄色。
¶原牧1（No.1845/カ図）
新分牧（No.2040/モ図）
新牧日（No.1174/モ図）
牧野ス1（No.1845/カ図）
野生3（p26/カ写）
山力野草（p413/カ写）
山ハ高山（p223/カ写）
山レ増（p311/カ写）

**ハゴロモクリハラン** ⇒クリハランを見よ

**ハゴロモクルマシダ** ⇒クルマシダを見よ

**ハゴロモコタニワタリ** *Asplenium incisum*× *A. scolopendrium*
チャセンシダ科のシダ植物。
¶シダ標1（p416/カ写）

**ハゴロモシダレ** *Prunus persica* 'Rubro-pendula' 羽衣枝垂
バラ科。モモの品種。
¶APG原樹〔モモ'ハゴロモシダレ'〕（No.494/カ図）

**ハゴロモジュウモンジシダ** ⇒タイワンジュウモンジシダを見よ

**ハゴロモソウ**(1) ⇒ノコギリソウを見よ

**ハゴロモソウ**(2) ⇒ノコギリソウ（広義）を見よ

**ハゴロモツブタケ** *Torrubiella* sp.
ノムシタケ科の冬虫夏草。宿主はアオバハゴロモの成虫。
¶冬虫生態（p135/カ写）

**ハゴロモノキ** ⇒シノブノキを見よ

**ハゴロモヒトツバ** ⇒ヒトツバを見よ

**ハゴロモホトトギス** *Tricyrtis latifolia* var. *makinoana* 羽衣杜鵑草
ユリ科の多年草。北海道・本州（東北地方）に分布。
¶野生1（p176）

**ハゴロモミズナラ** ⇒ミズナラを見よ

**ハゴロモモ** *Cabomba caroliniana* 羽衣藻
ジュンサイ科 (ハゴロモモ科, スイレン科) の多年生
沈水植物。別名フサジュンサイ。葉柄は長さ5〜
20mm, 白い花を付ける。
　¶帰化写改 (p78/カ写)
　　原牧1 (No.66/カ写)
　　新分牧 (No.84/モ図)
　　新牧日 (No.671/モ図)
　　日水草 (p38/カ写)
　　牧野ス1 (No.66/カ図)
　　ミニ山 (p66/カ写)
　　野生1 〔フサジュンサイ〕(p45/カ写)
　　山ハ野花 (p16/カ写)

**ハゴロモヤリノホラン** ⇒ヤリノホクリハランを
見よ

**ハゴロモルコウ** *Quamoclit×multifida* 羽衣縷紅, 羽
衣留紅
ヒルガオ科の草本。別名モミジバルコウソウ。花は
赤色。
　¶茶花下 (p247/カ写)

**ハザクラキブシ** *Stachyurus macrocarpus* var.
*prunifolius*
キブシ科の常緑の低木。小笠原諸島の母島にのみ
分布。
　¶野生3 (p280)
　　山レ増 (p258/カ写)

**ハサッペイ** ⇒キョウノヒモを見よ

**ハシカエリヤナギ** ⇒ヤマヤナギを見よ

**ハシカグサ** *Neanotis hirsuta* var.*hirsuta*
アカネ科の一年草。高さは20〜40cm。
　¶原牧2 (No.1272/カ図)
　　新分牧 (No.3327/モ図)
　　新牧日 (No.2385/モ図)
　　牧野ス2 (No.3117/カ図)
　　野生4 (p284/カ写)
　　山力野草 (p149/カ写)
　　山ハ野花 (p427/カ写)

**ハシカグサモドキ** *Richardia scabra*
アカネ科の一年草または二年草。高さは20〜50cm。
花は白色。
　¶帰化写改 (p233/カ写)

**ハジカミ**(1) ⇒サンショウを見よ

**ハジカミ**(2) ⇒ショウガを見よ

**ハジカミ**(3) ⇒テンニンカを見よ

**ハシカン** ⇒ハシカンボクを見よ

**ハシカンボク** *Bredia hirsuta* 波志干木
ノボタン科の常緑低木。別名ハシカン, ノカイド
ウ。高さは30〜100cm。花は紅色。
　¶原牧2 (No.490/カ写)
　　新分牧 (No.2529/モ図)
　　新牧日 (No.1923/モ図)
　　牧野ス2 (No.2335/カ図)
　　野生3 (p275/カ写)
　　山力樹木 (p519/カ写)

**バシクルモン** *Apocynum venetum* var.*basikurumon*
キョウチクトウ科の草本。別名オショロソウ。
　¶原牧2 (No.1397/カ図)
　　新分牧 (No.3423/モ図)
　　新牧日 (No.2354/モ図)
　　牧野ス2 (No.3242/モ図)
　　野生4 (p309/カ写)

**ハシゴシダ** *Thelypteris glanduligera* 梯子羊歯
ヒメシダ科 (オシダ科) の常緑性シダ。葉身は長さ
20〜40cm, 披針形。
　¶シダ標1 (p434/カ写)
　　新分牧 (No.4655/モ図)
　　新牧日 (No.4553/モ図)

**ハシドイ** *Syringa reticulata* var.*reticulata*
モクセイ科の落葉小高木。別名キンツクバネ, ドス
ナラ, ヤマクワ。高さは10m。花は白色。
　¶APG原樹 (No.1399/カ写)
　　原牧2 (No.1507/カ図)
　　新分牧 (No.3551/モ図)
　　新牧日 (No.2290/モ図)
　　図説樹木 (p179/カ写)
　　茶花上 (p560/カ写)
　　牧野ス2 (No.3352/カ写)
　　野生5 (p66/カ写)
　　山力樹木 (p634/カ写)
　　落葉図譜 (p287/モ図)

**ハシナガカンスゲ** *Carex phaeodon*
カヤツリグサ科の多年草。日本固有種。
　¶カヤツリ (p300/カ写)
　　固有 (p184)
　　スゲ増 (No.152/カ写)
　　野生1 (p318/カ写)

**ハシナガヤマサギソウ** *Platanthera mandarinorum*
subsp.*mandarinorum* var.*mandarinorum*
ラン科の地生の多年草。ヤマザキソウの変種。
　¶野生1 (p224/カ写)

**バージニアツユクサ** *Commelina virginica*
ツユクサ科の多年草。葉は披針状長楕円形で鋭頭。
　¶帰化写2 (p511/カ写)

**バージニアモクレン** ⇒ヒメタイサンボクを見よ

**ハシバミ** *Corylus heterophylla* var.*thunbergii* 榛
カバノキ科の落葉低木。別名オヒョウハシバミ, オ
オハシバミ。
　¶APG原樹 (No.735/カ図)
　　学フ増樹 (p139/カ写)
　　原牧2 (No.137/カ写)
　　新分牧 (No.2198/モ図)
　　新牧日 (No.115/モ図)
　　牧野ス1 (No.1982/カ図)
　　野生3 (p118/カ写)
　　山力樹木 (p132/カ写)
　　落葉図譜 (p70/モ図)

**ハシバミ (広義)** *Corylus heterophylla* 榛
カバノキ科の落葉低木。別名オオハシバミ。高さは
3〜4m。

ハ

ハショウ　　　　　　　　　　594

¶茶花上〔はしばみ〕(p216/カ写)

**バショウ** *Musa basjoo* 芭蕉
バショウ科の多年草。偽茎は高さ5m。葉は長楕円
形または広線形。
¶原牧1 (No.639/カ図)
新分牧 (No.675/モ図)
新牧日 (No.4223/モ図)
牧野ス1 (No.639/カ図)
野生1 (p272)

**ハシリドコロ** *Scopolia japonica* 走り野老
ナス科の多年草。別名オメキグサ, サワナス。高さ
は30〜60cm。
¶色野草 (p337/カ写)
学フ増山菜 (p224/カ写)
学フ増野春 (p38/カ写)
学フ有毒 (p88/カ写)
原牧2 (No.1461/カ図)
新分牧 (No.3473/モ図)
新牧日 (No.2637/モ図)
茶花上 (p298/カ写)
牧野ス2 (No.3306/カ図)
野生5 (p40/カ写)
山力野草 (p194/カ写)
山ハ山花 (p410/カ写)

**ハス** *Nelumbo nucifera* 蓮
ハス科(スイレン科)の多年生水草。別名ハチス
(古名)。花は淡紅色, または白色。葉柄には突起が
多くざらつく。葉は円形で葉径20〜70cm。
¶学フ増薬草 (p53/カ写)
原牧1 (No.1317/カ図)
新分牧 (No.1488/モ図)
新牧日 (No.663/モ図)
茶花下 (p248/カ写)
日水草 (p231/カ写)
牧野ス1 (No.1317/カ図)
野生2 (p174/カ写)
山力野草 (p509/カ写)
山ハ野花 (p17/カ写)

**ハズ** *Croton tiglium* 巴豆
トウダイグサ科の低木。別名ハズノキ。木はカクレ
ミノの感じ。高さは3m。
¶APG原樹 (No.809/カ図)
学フ有毒 (p139/カ写)
原牧2 (No.244/カ写)
新分牧 (No.2403/モ図)
新牧日 (No.1462/モ図)
牧野ス1 (No.2089/カ図)

**ハスイチゴ** ⇒ハスノハイチゴを見よ

**バスケット・フラワー** ⇒アザミヤグルマを見よ

**ハズノキ** ⇒ハズを見よ

**ハスノハイチゴ** *Rubus peltatus* 蓮の葉苺
バラ科バラ亜科の木本。別名ハスイチゴ。
¶APG原樹 (No.583/カ図)
原牧1 (No.1749/カ図)
新分牧 (No.1965/モ図)
新牧日 (No.1122/モ図)

牧野ス1 (No.1749/カ図)
ミニ山 (p133/カ写)
野生3 (p48/カ写)
山力樹木 (p263/カ写)

**ハスノハカズラ** *Stephania japonica* 蓮の葉葛
ツヅラフジ科のつる性木本。別名イヌツヅラ, ヤキ
モチカヅラ, イヌツヅラフジ。
¶APG原樹 (No.254/カ図)
原牧1 (No.1165/カ図)
新分牧 (No.1322/モ図)
新牧日 (No.662/モ図)
牧野ス1 (No.1165/カ図)
ミニ山 (p64/カ写)
野生2 (p113/カ写)

**ハスノハギリ** *Hernandia nymphaeifolia* 蓮の葉桐
ハスノハギリ科の常緑高木。別名ハマギリ。果実に
乾性油がある。花は緑黄色。
¶APG原樹 (No.153/カ図)
原牧1 (No.139/カ図)
新分牧 (No.170/モ図)
新牧日 (No.507/モ図)
牧野ス1 (No.139/カ図)
野生1 (p76/カ写)
山力樹木 (p217/カ写)

**ハスノミウジムシタケ** *Hypocrea dipterobia*
ニクザキン科の冬虫夏草。宿主はミズアブ科の
幼虫。
¶冬虫生態 (p200/カ写)

**ハスノミカズラ** *Caesalpinia major*
マメ科ジャケツイバラ亜科の低木。多刺, 葉光沢。
花は黄色。
¶原牧1 (No.1469/カ図)
新分牧 (No.1799/モ図)
新牧日 (No.1258/モ図)
牧野ス1 (No.1469/カ図)
野生2 (p248/カ写)

**ハスノミクモタケ** *Cordyceps nelumboides*
ノムシタケ科の冬虫夏草。宿主は小型のクモ類。
¶冬虫生態 (p228/カ写)

**ハスノミマユタケ** *Cordyceps* sp.
ノムシタケ科の冬虫夏草。宿主はガの幼虫。
¶冬虫生態 (p89/カ写)

**ハスミジロ** *Camellia japonica* 'Hasumi-jiro' 蓮見白
ツバキ科。ツバキの品種。花は白色。
¶茶花上 (p113/カ写)

**ハゼ** ⇒ハゼノキを見よ

**ハセガワシボリ** *Prunus mume* 'Hasegawa-shibori'
長谷川絞り
バラ科。ウメの品種。李系ウメ, 難波性八重。
¶ウメ〔長谷川絞り〕(p91/カ写)

**ハゼノキ** *Toxicodendron succedaneum* 櫨木, 黄櫨木
ウルシ科の落葉高木。別名ハゼ, リュウキュウハゼ,
ロウノキ。高さは10m。花は黄緑色。
¶APG原樹 (No.893/カ図)
学フ増花庭 (p207/カ写)

学フ増薬草（p207/カ写）
原牧2（No.505/カ図）
新分牧（No.2547/モ図）
新牧日（No.1555/モ写）
図説樹木（p151/カ写）
都木花新（p189/カ写）
牧野ス2（No.2350/カ写）
野生3（p283/カ写）
山カ樹木（p400/カ写）
落葉図譜（p192/モ図）

**ハゼバナ** ⇒シジミバナを見よ

**ハゼラン** *Talinum paniculatum* 爆米蘭, 糠蘭, 米花蘭
ハゼラン科（スベリヒユ科）の一年草。別名ポースレン。高さは30〜60cm。花は紅紫色。葉はキンセンカに似る。
¶帰化写改（p31/カ写, p491/カ写）
原牧2（No.995/カ図）
新分牧（No.3036/モ図）
新牧日（No.329/モ写）
茶花下（p329/カ写）
牧野ス2（No.2840/カ写）
ミニ山（p25/カ写）

**パセリー** *Petroselinum crispum*
セリ科の多年草。別名オランダゼリ。高さは30〜60cm。花は黄緑色。
¶原牧2（No.2428/カ写）
牧野ス2（No.4273/カ写）

**ハゼリソウ** *Phacelia tanacetifolia* 爆ぜり草
ムラサキ科の草本。高さは30〜100cm。
¶茶花上（p298/カ写）

**ハゼンマイ** ⇒ゼンマイを見よ

**ハダイロガサ** *Cuphophyllus pratensis*
ヌメリガサ科のキノコ。別名オトメノハナガサ。小型〜中型。傘はくすんだ黄橙色、粘性なし。ひだはクリーム色。
¶原きの（No.129/カ写・カ図）
山カ日き（p39/カ写）

**ハダイロシメジ** *Calocybe carnea*
シメジ科のキノコ。
¶原きの（No.038/カ写・カ図）

**ハタカセコンブ** ⇒ネコアシコンブを見よ

**ハダカツユクサ** ⇒シマツユクサを見よ

**ハダカホオズキ** *Tubocapsicum anomalum* var. *anomalum* 裸酸漿
ナス科の多年草。高さは60〜100cm。
¶学フ増野秋（p117/カ写）
学フ増薬草（p116/カ写）
原牧2（No.1469/カ図）
新分牧（No.3499/モ図）
新牧日（No.2645/カ図）
牧野ス2（No.3314/カ図）
野生5（p46/カ写）
山カ野草（p196/カ写）
山ハ山花（p406/カ写）

**ハタガヤ** *Bulbostylis barbata* 畑茅
カヤツリグサ科の一年草。高さは10〜40cm。
¶カヤツリ（p602/モ図）
原牧1（No.767/カ図）
新分牧（No.986/モ図）
新牧日（No.4045/モ図）
牧野ス1（No.767/カ写）
野生1（p297/カ写）
山ハ野花（p115/カ写）

**ハダカユリ** ⇒ナツズイセンを見よ

**ハタカリ** ⇒メヒシバを見よ

**ハタケコガサタケ** *Conocybe fragilis*
オキナタケ科のキノコ。小型。傘は湿時ワイン色, 乾時淡色。ひだは黄土色〜肉桂色。
¶山カ日き（p219/カ写）

**ハタケシメジ** *Lyophyllum decastes*
シメジ科のキノコ。中型〜大型。傘は灰褐色, 白色かすり模様。ひだは類白色。
¶原きの（No.188/カ写・カ図）
山カ日き（p49/カ写）

**ハタケチャダイゴケ** *Cyathus stercoreus*
ハラタケ科のキノコ。小型。外皮は剛毛, 殻皮内側は平滑。
¶山カ日き（p505/カ写）

**ハタケテンツキ** *Fimbristylis stauntonii* var. *stauntonii*
カヤツリグサ科の草本。
¶野生1（p347/カ写）
山レ増（p528/カ写）

**ハタケニラ** *Nothoscordum fragrans*
ユリ科の多年草。高さは20〜60cm。花は白色。
¶帰化写改（p407/カ写）

**ハタザオ** *Turritis glabra* 旗竿
アブラナ科の一年草。高さは30〜130cm。
¶学フ増野春（p142/カ写）
原牧2（No.737/カ図）
新分牧（No.2725/モ図）
新牧日（No.857/モ図）
牧野ス2（No.2582/カ図）
ミニ山（p88/カ写）
野生4（p71/カ写）
山カ野草（p452/カ写）
山ハ野花（p403/カ写）

**ハタザオガラシ** *Sisymbrium altissimum* 旗竿芥子
アブラナ科の一年草。高さは20〜120cm。
¶帰化写改（p113/カ写）

**ハタザオキキョウ** *Campanula rapunculoides* 旗竿桔梗
キキョウ科の多年草。高さは60〜120cm。花は淡菫青色。
¶茶花上（p561/カ写）

**ハタササゲ** *Vigna marina* var. *catjang*
マメ科マメ亜科の一年草。
¶野生2（p303）

ハ

ハタシシヤ 596

**ハダシシャジクモ** *Chara zeylanica*
シャジクモ科の水草。体長は15～25cm。
¶新水牧 (No.4932/モ写)
新水日 (No.4792/モ写)

**ハタジュクイノデ** *Polystichum longifrons×P. tagawanum*
オシダ科のシダ植物。
¶シダ標2 (p417/カ写)

**ハダニベニイロツブタケ** *Conoideocrella luteorostrata*
バッカクキン科の冬虫夏草。宿主はカイガラムシ。
¶冬虫生態 (p243/カ写)

**バタフライ・ピー** ⇒チョウマメを見よ

**ハタベカンガレイ** *Schoenoplectiella gemmifera*
カヤツリグサ科の多年草。
¶カヤツリ (p674/モ図)
新分牧 (No.960/モ図)
日水草 (p196/カ写)
山レ増 (p525/カ写)

**ハタベスゲ** *Carex latisquamea* 端辺菅
カヤツリグサ科の多年草。
¶カヤツリ (p518/モ図)
新分牧 (No.931/モ図)
新牧日 (No.4220/モ図)
スゲ増 (No.288/カ写)
野生1 (p335/カ写)

**ハタンキョウ** ⇒スモモを見よ

**ハチオウジアザミ** *Cirsium tamastoloniferum* 八王子薊
キク科アザミ亜科。八王子 (東京都) の山間の湿地に生える。
¶野生5 (p237/カ写)
山ハ野花 (p589/カ写)

**ハチク** *Phyllostachys nigra* var.*henonis* 淡竹, 白竹
イネ科タケ亜科の常緑大型タケ。別名クレタケ, カラタケ, カラダケ。高さは10～15m。
¶APG原樹 (No.224/カ図)
原牧1 (No.917/カ図)
新分牧 (No.1020/モ図)
新牧日 (No.3615/モ図)
タケ亜科 (No.15/カ写)
タケササ (p48/カ写)
牧野ス2 (p33/カ写)
山力樹木 (p63/カ写)

**ハチクカ** ⇒ホウチャクソウを見よ

**ハチジョウアキノキリンソウ** *Solidago virgaurea* subsp.*leiocarpa* var.*praeflorens*
キク科キク亜科の多年草。日本固有種。別名ワセアキノキリンソウ。
¶固有 (p138/カ写)
山野草 (No.1285/カ写)
野生5 (p326/カ写)

**ハチジョウアザミ** *Cirsium hachijoense*
キク科アザミ亜科の草本。日本固有種。

¶固有 (p139/カ写)
野生5 (p251/カ写)

**ハチジョウイタドリ** *Fallopia japonica* var. *hachidyoensis*
タデ科の草本。日本固有種。別名ミハライタドリ。
¶原牧2 (No.842/カ図)
固有 (p46)
新分牧 (No.2841/モ図)
新牧日 (No.304/モ図)
牧野ス2 (No.2687/カ図)
野生4 (p89/カ写)

**ハチジョウイチゴ** *Rubus ribisoideus* 八丈苺
バラ科バラ亜科の落葉低木。別名ビロードカジイチゴ。
¶APG原樹 (No.582/カ図)
原牧1 (No.1755/カ図)
新分牧 (No.1953/モ図)
新牧日 (No.1127/モ図)
牧野ス1 (No.1755/カ図)
野生3 (p49/カ写)

**ハチジョウイノコヅチ** *Achyranthes bidentata* var. *hachijoensis*
ヒユ科の多年草。茎や葉の上面はほぼ無毛。
¶野生4 (p130/カ写)

**ハチジョウイボタ** *Ligustrum ovalifolium* var. *pacificum*
モクセイ科の半常緑の低木。日本固有種。
¶原牧2 (No.1512/カ図)
固有 (p113)
新分牧 (No.3554/モ図)
新牧日 (No.2295/モ図)
牧野ス2 (No.3357/カ図)
野生5 (p64/カ写)

**ハチジョウウラボシ** *Lepisorus hachijoensis*
ウラボシ科のシダ植物。日本固有種。
¶固有 (p210/カ写)
シダ標2 (p464/カ写)

**ハチジョウオトギリ** *Hypericum hachijyoense*
オトギリソウ科の草本。日本固有種。
¶原牧2 (No.400/カ図)
固有 (p65/カ写)
新分牧 (No.2295/モ図)
新牧日 (No.754/モ図)
牧野ス1 (No.2245/カ図)
野生3 (p246/カ写)

**ハチジョウカグマ** *Woodwardia prolifera*
シシガシラ科のシダ植物。別名タイワンコモチシダ。
¶シダ標1 (p460/カ写)

**ハチジョウカナワラビ** *Arachniodes davalliiformis*
オシダ科のシダ植物。
¶シダ標2 (p393/カ写)

**ハチジョウカンスゲ** *Carex hachijoensis*
カヤツリグサ科の多年草。日本固有種。
¶カヤツリ (p312/モ図)

固有 (p184/カ写)
スゲ増 (No.162/カ写)
野生1 (p317/カ写)

**ハチジョウキイチゴ** ⇒ニシムラキイチゴを見よ

**ハチジョウキブシ** *Stachyurus praecox* var.
*matsuzakii* 八丈木五倍子
キブシ科の落葉低木。日本固有種。別名ナンバンキ
ブシ、エノシマキブシ。
¶固有 (p94/カ写)
山力樹木 (p499/カ写)

**ハチジョウギボウシ** ⇒イズイワギボウシを見よ

**ハチジョウクサイチゴ** ⇒ニシムラキイチゴを見よ

**ハチジョウグワ** *Morus kagayamae* 八丈桑
クワ科の木本。日本固有種。
¶**APG**原樹 (No.685/カ図)
原牧2 (No.47/カ図)
固有 (p44/カ写)
新分牧 (No.2088/モ図)
新牧日 (No.171/モ図)
牧野ス1 (No.1892/カ図)
野生2 (p340/カ写)

**ハチジョウコゴメグサ** *Euphrasia hachijoensis*
ハマウツボ科 (ゴマノハグサ科) の草本。日本固
有種。
¶固有 (p128/カ写)
野生5 (p152/カ写)
山レ増 (p100/カ写)

**ハチジョウシダ** *Pteris fauriei* 八丈羊歯
イノモトソウ科の常緑性シダ。別名シマハチジョウ
シダ。葉身は長さ30〜45cm、卵状三角形。
¶シダ標1 (p381/カ写)
新分牧 (No.4597/モ図)
新牧日 (No.4484/モ図)

**ハチジョウシダモドキ** ⇒コハチジョウシダ(1)を
見よ

**ハチジョウシュスラン** *Goodyera hachijoensis* var.
*hachijoensis*
ラン科の多年草。高さは10〜20cm。花は黄褐色。
¶原牧1 (No.439/カ図)
新分牧 (No.434/モ図)
新牧日 (No.4313/モ図)
牧野ス1 (No.439/カ図)
野生1 (p204)

**ハチジョウショウマ** *Astilbe thunbergii* var.
*hachijoensis* 八丈升麻
ユキノシタ科の多年草。日本固有種。花は白色。
¶固有 (p69/カ写)
野生2 (p199)

**ハチジョウススキ** *Miscanthus condensatus* 八丈薄
イネ科キビ亜科の多年草。本州中部の太平洋岸〜琉
球・小笠原の海岸に生える。
¶桑イネ (p321/カ写・モ図)
原牧1 (No.1078/カ写)
新分牧 (No.1180/モ図)
新牧日 (No.3867/モ図)

牧野ス1 (No.1078/カ図)
野生2 (p89/カ写)
山力野草 (p690/カ写)
山ハ野花 (p211/カ写)

**ハチジョウスズタケ** *Sasa borealis* var.*viridescens*
イネ科タケ亜科のタケ。日本固有種。
¶固有〔ハチジョウスズダケ〕(p174)
タケ亜科 (No.93/カ写)
タケササ〔ハチジョウスズダケ〕(p141/カ写)

**ハチジョウソウ** ⇒アシタバを見よ

**ハチジョウチドリ** *Platanthera mandarinorum*
subsp.*hachijoensis* var.*hachijoensis*
ラン科の草本。日本固有種。
¶固有 (p191)
野生1 (p224)

**ハチジョウツゲ** *Buxus microphylla* subsp.
*microphylla* var.*kitashimae* 八丈黄楊、八丈柘植
ツゲ科。ツゲの一変種。別名ベンテンツゲ。高さ
は4〜5m。花は淡黄色。
¶原牧1 (No.1327/カ図)
新分牧 (No.1497/モ図)
新牧日 (No.1670/モ図)
牧野ス1 (No.1327/カ図)

**ハチジョウツレサギ** *Platanthera okuboi*
ラン科の草本。日本固有種。
¶固有 (p191)
野生1 (p222/カ写)

**ハチジョウテンナンショウ** *Arisaema hatizyoense*
サトイモ科の多年草。日本固有種。
¶固有 (p179)
テンナン (No.51/カ写)
野生1 (p100)

**ハチジョウナ** *Sonchus brachyotus* 八丈菜
キク科キクニガナ亜科の多年草。高さは30〜
100cm。
¶学フ増野秋 (p125/カ写)
原牧2 (No.2235/カ図)
植調 (p147/カ写)
新分牧 (No.4062/モ図)
新牧日 (No.3264/モ図)
牧野ス2 (No.4080/カ図)
野生5 (p285/カ写)
山力野草 (p120/カ写)
山ハ野花 (p613/カ写)

**ハチジョウネッタイラン** *Tropidia nipponica* var.
*hachijoensis*
ラン科の草本。日本固有種。
¶固有 (p192)
野生1 (p229)

**ハチジョウノリ** ⇒ハリガネを見よ

**ハチジョウベニシダ** *Dryopteris caudipinna*
オシダ科の常緑性シダ。小羽片は線状披〜線形、長
さ3〜4cm。
¶シダ標2 (p368/カ写)

**ハチジョウモクセイ** ⇒シマモクセイを見よ

ハ

ハチス(1)　⇒ムクゲを見よ

ハチス(2)　⇒ハスを見よ

ハチタケ　*Ophiocordyceps sphecocephala*
オフィオコルディセプス科の冬虫夏草。宿主は各種ハチの成虫。
¶冬虫生態（p208/カ写）
　山カ日き（p579/カ写）

ハチノジタデ　⇒ハルタデを見よ

ハチノスタケ　*Polyporus alveolaris*
タマチョレイタケ科のキノコ。小型〜中型。傘はベージュ〜淡褐色，鱗片。
¶山カ日き（p451/カ写）

ハチノヘトウヒレン　*Saussurea neichiana*　八戸唐飛廉
キク科アザミ亜科の多年草。日本固有種。
¶固有（p148）
　新分牧（No.4007/モ図）
　野生5（p267/カ写）

パチパチグサ　⇒アブノメを見よ

ハチマンソウ　⇒ベンケイソウを見よ

ハチマンタイアザミ　*Cirsium hachimantaiense*
キク科アザミ亜科の草本。日本固有種。
¶固有（p139）
　野生5（p229/カ写）

ハチヤドリサナギタケ　*Cordyceps militaris*
ノムシタケ科の冬虫夏草。宿主はハチ類成虫から発生した稀なサナギタケ。
¶冬虫生態（p72/カ写）

ハツアラシ　*Camellia japonica* 'Hatsu-arashi'　初嵐
ツバキ科。ツバキの品種。別名シラタマ。花は白色。
¶茶花上（p105/カ写）

ハッカ　*Mentha canadensis*　薄荷
シソ科シソ亜科〔イヌハッカ亜科〕の多年草。別名メグサ，ハカ，ニホンハッカ。高さは20〜50cm。茎赤色，葉は皺多く芳香あり。
¶色野草（p288/カ写）
　学フ増野秋（p19/カ写）
　学フ増薬草（p110/カ写）
　原牧2（No.1697/カ図）
　新分牧（No.3800/モ図）
　新牧日（No.2607/モ図）
　牧野ス2（No.3542/カ図）
　野生5（p136/カ写）
　山カ野草（p228/カ写）
　山ハ野花（p452/カ写）

ハッカク　*Camellia japonica* 'Hakkaku'　白鶴
ツバキ科。ツバキの品種。花は斑入り。
¶茶花上（p145/カ写）

バッカクキン　*Claviceps purpurea*
バッカクキン科の菌類。イネ科植物，とくにライ麦に寄生。
¶学フ増毒き（p243）
　原きの（No.569/カ写・カ図）

ハツカグサ　⇒ボタンを見よ

ハッカクレン(1)　*Dysosma pleiantha*
メギ科の多年草。中国名は「六角蓮」。高さは30〜50cm。
¶山野草（No.0381/カ写）

ハッカクレン(2)　*Dysosma versipellis*
メギ科の多年草。中国名は「八角蓮」。高さは20〜50cm。
¶山野草（No.0382/カ写）

ハツガラス　*Paeonia suffruticosa* 'Hatsugarasu'　初烏
ボタン科。ボタンの園芸品種。
¶APG原樹〔ボタン'ハツガラス'〕（No.305/カ図）

ハツカリ(1)　*Camellia japonica* 'Hatsukari (Kanto)'　初雁
ツバキ科。ツバキの品種。別名セッチュウカ，ショウワワビスケ，ヤナギバワビスケ，リトル・プリンセス。花は絞りが入る。
¶茶花上（p161/カ写）

ハツカリ(2)　*Prunus mume* 'Hatsukari'　初雁
バラ科。ウメの品種。野梅系ウメ，野梅性一重。
¶ウメ〔初雁〕（p37/カ写）

ハツキイヌワラビ　*Athyrium × pseudoiseanum*
メシダ科のシダ植物。
¶シダ標2（p309/カ写）

ハックリ　⇒サイハイランを見よ

ハッケティア・エピパクティス　*Hacquetia epipactis*
セリ科の多年草。
¶山野草（No.0753/カ写）

ハッコウダシオガマ　⇒キタヨツバシオガマを見よ

バッコオオキツネヤナギ　*Salix × arikae*
ヤナギ科の雑種。
¶野生3〔バッコオオキツネヤナギ（バッコヤナギ×オオキツネヤナギ）〕（p206）

バッコオノエヤナギ　*Salix koidzumii*
ヤナギ科の雑種。
¶野生3〔バッコオノエヤナギ（オノエヤナギ×バッコヤナギ）〕（p206）

バッコキヌヤナギ　*Salix × pedionoma*
ヤナギ科の雑種。
¶野生3〔バッコキヌヤナギ（エゾノキヌヤナギ×バッコヤナギ）〕（p206）

バッコクラン　⇒オサランを見よ

バッコヤナギ　*Salix caprea*　ばっこ柳
ヤナギ科の落葉小高木〜高木。別名ヤマネコヤナギ，エゾノバッコヤナギ，コウライバッコヤナギ，ナガバノバッコヤナギ，マルバノバッコヤナギ，マンシュウバッコヤナギ。
¶APG原樹（No.837/カ図）
　原牧2〔ヤマネコヤナギ〕（No.306/カ図）
　新分牧〔ヤマネコヤナギ〕（No.2385/モ図）
　新牧日〔ヤマネコヤナギ〕（No.97/モ図）
　茶花上（p217/カ写）
　牧野ス1〔ヤマネコヤナギ〕（No.2151/カ図）

野生3（p197／カ写）
山力樹木（p98／カ写）
落葉図譜（p46／モ図）

**ハッサク**(1) *Citrus* 'Hassaku' 八朔
ミカン科の木本。果面は黄色ないし黄橙色。
¶**APG原樹**（No.976／カ図）
山力樹木（p372／カ写）

**ハッサク**(2) *Prunus mume* 'Hassaku' 八朔
バラ科。ウメの品種。杏系ウメ、豊後性八重。
¶**ウメ**〔八朔〕（p143／カ写）

**ハツシマカンアオイ** *Asarum hatsushimae*
ウマノスズクサ科の草本。日本固有種。
¶固有（p62／カ写）
野生1（p65／カ写）
山レ増（p372／カ写）

**ハツシマスゲ** ⇒トックリスゲを見よ

**ハツシマラン** *Odontochilus hatusimanus*
ラン科の草本。日本固有種。
¶固有（p192）
野生1（p217／カ写）
山レ増（p517／カ写）

**ハッショウマメ** *Mucuna pruriens* var.*utilis*
マメ科の蔓草。種皮は灰白色。花は黒紫色。
¶原牧1（No.1614／カ図）
新分牧（No.1673／モ図）
新牧日（No.1400／モ図）
牧野ス1（No.1614／カ図）

**パッション・フラワー** ⇒トケイソウを見よ

**パッションフルーツ** ⇒クダモノトケイソウを見よ

**ハツタケ** *Lactarius hatsudake* 初茸
ベニタケ科のキノコ。別名アイタケ。中型。高さ
は2〜5cm。傘は黄褐色、濃い環紋がある。ひだは
ワイン紅色。
¶新分牧（No.5148／モ図）
新牧日（No.4968／モ図）
山力日き（p395／カ写）

**ハツタチアザミ** *Cirsium yamauchii* 波立薊
キク科アザミ亜科の草本。日本固有種。いわき市の
波立海岸の特産。
¶固有（p140）
野生5（p249／カ写）

**ハットリイトヤナギゴケ** *Platydictya hattorii*
ヤナギゴケ科のコケ。日本固有種。茎は糸状では
い、茎葉は披針形。
¶固有（p218）

**ハットリツボミゴケ** *Jungermannia hattoriana*
ツボミゴケ科のコケ植物。日本固有種。
¶固有（p221／カ写）

**ハツバキ** *Drypetes integerrima*
ツゲモドキ科（トウダイグサ科）の常緑小高木。小
笠原固有種。別名ムニンハツバキ。
¶原牧2（No.288／カ図）
固有（p84）

新分牧（No.2301／モ図）
新牧日（No.1442／モ図）
牧野ス1（No.2133／カ図）
野生3（p182／カ写）
山力樹木（p726／カ写）
山レ増（p275／カ写）

**ハッポウアザミ** *Cirsium happoense* 八方薊
キク科アザミ亜科の多年草。日本固有種。
¶固有（p140）
野生5（p245／カ写）
山ハ高山（p398／カ写）

**ハッポウウスユキソウ** *Leontopodium japonicum* f.
*happoense* 八方薄雪草
キク科キク亜科の草本。長野県白馬村の八方尾根と
遠見尾根の特産。
¶野生5（p347／カ写）
山ハ高山（p380／カ写）

**ハッポウタカネセンブリ** *Swertia tetrapetala* var.
*happoensis* 八方高嶺千振
リンドウ科の一年草〜越年草。日本固有種。
¶固有（p114）
野生4（p302／カ写）
山力野草（p256／カ写）
山ハ高山（p298／カ写）

**ハツユキソウ** *Euphorbia marginata* 初雪草
トウダイグサ科の多肉植物。別名ユーホルビア、ミ
ネノユキ、スノー・オン・ザ・マウンテン。高さは
90〜100cm。
¶原牧2（No.262／カ図）
茶花下（p248／カ写）
牧野ス1（No.2107／カ図）

**ハデフラスコモ** *Nitella pulchella* 派手フラスコ藻
シャジクモ科の水草。体長20〜30cmくらい。
¶新分牧（No.4939／モ図）
新牧日（No.4799／モ図）

**ハテルマカズラ** *Triumfetta procumbens*
アオイ科（シナノキ科）の木本。別名ケコンペイト
ウグサ。
¶原牧2（No.658／カ図）
新分牧（No.2648／モ図）
新牧日（No.1726／モ図）
牧野ス2（No.2503／カ図）
野生4（p34／カ写）

**ハテルマギリ** *Guettarda speciosa*
アカネ科の木本。
¶野生4（p277／カ写）

**ハトウガラシ** ⇒オランダセンニチを見よ

**バトウレイ** ⇒ウマノスズクサを見よ

**ハートカズラ** *Ceropegia woodii*
キョウチクトウ科（ガガイモ科）の木本。花は黒
紫色。
¶**APG原樹**（No.1368／カ写）

**ハトジムシハリタケ** *Ophiocordyceps* sp.
オフィオコルディセプス科の冬虫夏草。宿主はガの
幼虫。

¶冬虫生態 (p96/カ写)

**ハトノキ** ⇒ハンカチノキを見よ

**ハドノキ** *Oreocnide pedunculata*
イラクサ科の常緑低木。
¶原牧2 (No.101/カ写)
新分牧 (No.2107/モ図)
新牧日 (No.229/モ図)
牧野ス1 (No.1946/カ図)
野生2 (p347/カ写)
山力樹木 (p170/カ写)

**ハトノチャヒキ** *Bromus molliformis*
イネ科の一年草または二年草。
¶帰化写改 (p429/カ写)

**ハトノチョウチン** ⇒ホウチャクソウを見よ

**ハトムギ** *Coix lacryma-jobi var.ma-yuen* 鳩麦
イネ科キビ亜科の草本。別名シコクムギ, センコ
ク。苞鞘は軟らかく, 淡褐色。
¶学フ増薬草 (p22/カ写)
桑イネ (p158/モ図)
原牧1 (No.1095/カ図)
新分牧 (No.1150/モ図)
新牧日 (No.3884/モ図)
牧野ス1 (No.1095/カ図)
野生2 (p80/カ写)
山八野花 (p225/カ写)

**ハトヤバラ** *Rosa laevigata f.rosea* はとや薔薇
バラ科の常緑低木。
¶茶花上 (p561/カ写)

**ハナアオイ** (1) *Malva trimestris* 花葵
アオイ科の一年草。別名ラバテラ。高さは50〜
120cm。花は紅色。
¶原牧2 (No.619/カ図)
新分牧 (No.2673/モ図)
新牧日 (No.1729/モ図)
茶花下 (p133/カ写)
牧野ス2 (No.2464/カ図)

**ハナアオイ** (2) ⇒タチアオイ (1) を見よ

**ハナアカシア** (1) ⇒ギンヨウアカシアを見よ

**ハナアカシア** (2) ⇒ハナエンジュを見よ

**ハナアカシア** (3) ⇒フサアカシアを見よ

**ハナアサザ** ⇒ハナガガブタを見よ

**ハナアブラゼミタケ** anamorph of *Cordyceps nipponica*
ノムシタケ科の冬虫夏草。アブラゼミタケのアナモ
ルフとされる。
¶冬虫生態 (p115/カ写)

**ハナアヤメ** ⇒アヤメを見よ

**ハナイカダ** *Helwingia japonica* subsp.*japonica* var. *japonica* 花筏
ハナイカダ科 (ミズキ科) の落葉低木。別名ママッ
コ, ヨメノナミダ。花は淡緑色。
¶APG原樹 (No.1440/カ図)
学フ増山菜 (p163/カ写)

学フ増樹 (p114/カ写)
原牧2 (No.1823/カ図)
新分牧 (No.3861/モ図)
新牧日 (No.1980/モ図)
茶花上 (p299/カ写)
牧野ス2 (No.3668/カ写)
ミニ山 (p210/カ写)
野生5 (p178/カ写)
山力樹木 (p532/カ写)
落葉図譜 (p262/モ図)

**ハナイカリ** *Halenia corniculata* 花碇
リンドウ科の一年草または越年草。高さは10〜
60cm。
¶学フ増野秋 (p120/カ写)
原牧2 (No.1367/カ図)
新分牧 (No.3400/モ図)
新牧日 (No.2348/モ図)
茶花下 (p249/カ写)
牧野ス2 (No.3212/カ図)
野生4 (p300/カ写)
山力野草 (p257/カ写)
山八山花 (p397/カ写)

**ハナイグチ** *Suillus grevillei* 花猪口
ヌメリイグチ科のキノコ。中型〜大型。傘はこがね
色〜赤褐色, 著しい粘性あり。
¶原きの (No.322/カ写・カ図)
山力日き (p305/カ写)

**ハナイズミニシキ** ⇒カセンニシキを見よ

**ハナイソギク** *Chrysanthemum × marginatum* 花磯菊
キク科の草本。
¶原牧2 (No.2065/カ図)
新分牧 (No.4212/モ図)
新牧日 (No.3101/モ図)
牧野ス2 (No.3910/カ図)

**ハナイチゲ** ⇒アネモネを見よ

**ハナイトナデシコ** ⇒カスミソウ (1) を見よ

**ハナイバナ** *Bothriospermum zeylanicum* 葉内花
ムラサキ科ムラサキ亜科の一年草〜二年草。高さは
10〜30cm。
¶色野草 (p321/カ写)
学フ増野春 (p20/カ写)
原牧2 (No.1421/カ図)
植調 (p270/カ写)
新分牧 (No.3522/モ図)
新牧日 (No.2481/モ図)
牧野ス2 (No.3266/カ図)
野生5 (p52/カ写)
山力野草 (p236/カ写)
山八野花 (p418/カ写)

**ハナイボクサ** ⇒シマイボクサを見よ

**ハナイボタ** ⇒ヤナギイボタを見よ

**ハナウド** *Heracleum sphondylium* subsp.*sphondylium* var.*nipponicum* 花独活
セリ科セリ亜科の多年草または越年草。日本固有
種。別名ゾウジョウジビャクシ, ヤブウド。高さは

70〜100cm。
　¶色ण草（p46/カ写）
　学フ増野夏（p129/カ写）
　原牧2（No.2472/カ図）
　固有（p101/カ写）
　新分牧（No.4467/モ図）
　新牧日（No.2086/モ図）
　茶花上（p441/カ写）
　牧野ス2（No.4317/カ図）
　ミニ山（p229/カ写）
　野生5（p395/カ写）
　山カ野草（p320/カ写）
　山ハ野花（p490/カ写）
　山ハ山花（p478/カ写）

**ハナウロコタケ**　*Stereopsis burtianum*
シワタケ科のキノコ。小型。傘は浅い漏斗形。
　¶山カ日き（p429/カ写）

**ハナエンジュ**　*Robinia hispida*　花槐
マメ科マメ亜科の落葉低木。別名ハナアカシア、バ
ラアカシア。高さは0.5〜2m。花は淡紅色、または
淡紫紅色。
　¶APG原樹（No.383/カ図）
　野生2（p292）

**ハナオチバタケ**　*Marasmius pulcherripes*
ホウライタケ科のキノコ。小型。傘は淡紅色〜黄土
色、放射状の溝があり、肉は薄く革質。
　¶原きの（No.199/カ写・カ図）
　山カ日き（p124/カ写）

**ハナカイドウ**　*Malus halliana*　花海棠
バラ科シモツケ亜科の落葉高木。別名カイドウ、ス
イシカイドウ。
　¶APG原樹（No.551/カ図）
　学フ増花庭（p37/カ写）
　原牧1（No.1702/カ写）
　新分牧（No.1889/モ図）
　新牧日（No.1049/モ図）
　茶花上（p299/カ写）
　都木花新（p137/カ写）
　牧野ス1（No.1702/カ写）
　野生3（p72/カ写）
　山カ樹木（p328/カ写）
　落葉図譜〔カイドウ〕（p161/モ図）

**ハナカエデ**　⇒ハナノキ(1)を見よ

**ハナガガシ**　*Quercus hondae*　葉長樫
ブナ科の木本。日本固有種。別名サツマガシ。
　¶固有（p43/カ写）
　野生3（p97/カ写）
　山カ樹木（p144/カ写）
　山レ増（p451/カ写）

**ハナガガブタ**　*Nymphoides aquatica*
ミツガシワ科の浮葉性の多年生水生植物。別名ハナ
アサザ。
　¶帰化写2（p170/カ写）
　日水草（p299/カ写）

**ハナガサ**　⇒ビジョザクラを見よ

**ハナガサイグチ**　*Pulveroboletus auriflammeus*
イグチ科のキノコ。小型〜中型。傘は鮮橙色、粉質
繊維状。
　¶山カ日き（p313/カ写）

**ハナガサシャクナゲ**　⇒カルミアを見よ

**ハナガサソウ**　⇒キヌガサソウを見よ

**ハナガサタケ**　*Pholiota flammans*
モエギタケ科のキノコ。中型。傘は鮮黄色〜レモン
色、繊維状鱗片。ひだは黄色。
　¶原きの（No.232/カ写・カ図）
　山カ日き（p230/カ写）

**ハナガサノキ**　*Gynochthodes umbellata*　花傘の木
アカネ科の常緑つる性植物。集果は黄色に熟し、葉
裏葉脈は赤色。花は白色。
　¶APG原樹（No.1340/カ図）
　原牧2（No.1290/カ図）
　新分牧（No.3322/モ図）
　新牧日（No.2404/モ図）
　牧野ス2（No.3135/カ写）
　野生4（p277/カ写）
　山カ樹木（p677/カ写）

**ハナガサモドキ**　*Verbena urticifolia*
クマツヅラ科の多年草または二年草。
　¶帰化写2（p474/カ写）

**ハナカズラ**　*Aconitum ciliare*　花葛
キンポウゲ科の草本。
　¶山カ1（No.1219/カ写）
　新分牧（No.1421/モ図）
　新牧日（No.544/モ図）
　牧野ス1（No.1219/カ写）
　野生2（p126/カ写）
　山ハ山花（p211/カ写）
　山レ増（p405/カ写）

**ハナガタジンガサゴケ**　⇒ジンガサゴケを見よ

**ハナカタバミ**　*Oxalis bowieana*　花酢漿草, 花酸漿
カタバミ科の多年草。別名オキザリス、ローザ。高
さは40cm。花は淡紅色、または白色。
　¶帰化写改（p156/カ写）
　原牧2（No.225/カ図）
　新分牧（No.2268/モ図）
　新牧日（No.1411/モ図）
　茶花下（p371/カ写）
　牧野ス1（No.2070/カ図）
　ミニ山（p161/カ写）
　野生3（p141/カ写）

**ハナガツミ**　⇒マコモを見よ

**ハナカミ**　*Prunus mume* 'Hanakami'　花香味, 花香美
バラ科。ウメの品種。実ウメ、野梅系。果皮は緑黄
で、陽向面は橙紅色。
　¶ウメ〔花香美〕（p179/カ写）

**ハナカモノハシ**　*Ischaemum aureum*
イネ科キビ亜科の多年草。高さは30〜50cm。
　¶桑イネ（p285/モ図）
　野生2（p87/カ写）

八

ハナカンサ　602

**ハナカンザシ**　*Rhodanthe chlorocephala* subsp.*rosea*
花簪
キク科の草本。別名アクロクリニウム。高さは30
～60cm。
¶茶花上（p300/カ写）

**ハナカンナ**　*Canna*×*generalis*
カンナ科の観賞用草本。別名カンナ。
¶原牧1（No.644/カ写）
　新分牧（No.681/モ図）
　新牧日（No.4238/モ図）
　牧野ス1（No.644/カ図）

**ハナキササゲ**　*Catalpa speciosa*　花木大角豆
ノウゼンカズラ科の高木。別名オオアメリカキササ
ゲ。樹高は30m。花は白色。樹皮は灰色。
¶山力樹木（p671/カ写）
　落葉図譜（p300/モ図）

**ハナキソイ**　*Paeonia suffruticosa* 'Hanakisoi'　花競
ボタン科の木本。ボタンの品種。
¶APG原樹〔ボタン'ハナキソイ'〕（No.303/カ図）

**ハナキリン**　*Euphorbia milii* var.*splendens*　花麒麟
トウダイグサ科の多肉植物。花は赤，桃黄色など。
¶APG原樹（No.791/カ図）
　原牧2（No.263/カ写）
　新分牧（No.2430/モ図）
　新牧日（No.1488/モ図）
　牧野ス1（No.2108/カ図）

**ハナキンポウゲ**　⇒ラナンキュラスを見よ

**ハナクサキビ**　*Panicum capillare*
イネ科キビ亜科の一年草。高さは20～80cm。
¶帰化写改（p454/カ写, p521/カ写）
　桑イネ（p351/カ写・モ図）
　野生2（p91）

**ハナグルマ**　*Camellia japonica* 'Hana-guruma'　花車
ツバキ科。ツバキの品種。花は絞りが入る。
¶茶花上（p164/カ写）

**ハナグワイ**　⇒オモダカを見よ

**ハナケマンソウ**　*Dicentra formosa*
ケシ科の多年草。高さは50cm。花は紅紫または
白色。
¶山野草（No.0438/カ写）

**ハナゴケ**　*Cladonia rangiferina*　花苔
ハナゴケ科の地衣類。子柄は灰白色。
¶原きの（No.588/カ写・カ図）
　新分牧（No.5177/モ図）
　新牧日（No.5037/モ図）

**ハナコミカンボク**　*Phyllanthus liukiuensis*
コミカンソウ科（トウダイグサ科）の木本。日本固
有種。
¶固有（p82）
　野生3（p173/カ写）

**ハナザクラ**　⇒チュウカザクラを見よ

**ハナササゲ**　⇒ベニバナインゲンを見よ

**ハナサナギタケ**　*Isaria tenuipes*
ノムシタケ科の冬虫夏草。宿主はガの蛹，幼虫。
¶冬虫生態（p266/カ写）
　山力日き（p581/カ写）

**ハナサフラン**　⇒クロッカスを見よ

**ハナザロン**　*Prunus mume* 'Hanazaron'　花座論
バラ科。ウメの品種。野梅系ウメ，野梅性八重。
¶ウメ〔花座論〕（p70/カ写）

**ハナシエボウシゴケ**　*Dolichomitra cymbifolia* var.
*subintegerrima*
トラノオゴケ科のコケ植物。日本固有種。
¶固有（p217）

**ハナジオウ**　⇒センリゴマを見よ

**ハナヂシャ**　⇒チコリを見よ

**ハナシテンツキ**　*Fimbristylis umbellaris*
カヤツリグサ科の多年草。
¶カヤツリ（p586/モ図）
　野生1（p348/カ写）

**ハナシノブ**　*Polemonium caeruleum* subsp.
*kiushianum*　花忍
ハナシノブ科の多年草。高さは70～100cm。花は
青紫色。
¶原牧2（No.1045/カ図）
　山野草（No.0987/カ写）
　新分牧（No.3087/モ図）
　新牧日（No.2445/モ図）
　牧野ス2（No.2890/カ図）
　野生4（p175/カ写）
　山力野草（p240/カ写）
　山八山花（p368/カ写）
　山レ増（p147/カ写）

**ハナシバ**　⇒シキミを見よ

**ハナシュクシャ**　*Hedychium coronarium*　花縮砂
ショウガ科の観賞用多年草。高さは1～2m。花は
白色。
¶帰化写2（p467/カ写）
　茶花下〔しゅくしゃ〕（p313/カ写）

**ハナシュンギク**　⇒ハナワギクを見よ

**ハナジュンサイ**　⇒アサザを見よ

**ハナショウブ**　*Iris ensata* var.*ensata*　花菖蒲
アヤメ科の多年草。別名ジャパニーズ・アイリス。
高さは30～60cm。花は赤紫色。
¶原牧1（No.493/カ図）
　新分牧（No.551/モ図）
　新牧日（No.3541/モ図）
　茶花上（p562/カ写）
　牧野ス1（No.493/カ図）

**ハナシンボウキ**　*Glycosmis parviflora*
ミカン科の低木。別名ゲッキツモドキ。葉はツヤの
ないミカンのようである。
¶原牧2〔ハナシンボウギ〕（No.581/カ図）
　新分牧（No.2620/カ写）
　新牧日（No.1518/モ図）
　牧野ス2〔ハナシンボウギ〕（No.2426/カ図）

野生3〔ハナシンボウギ〕(p302/カ写)

**ハナズオウ** *Cercis chinensis* 花蘇芳
マメ科ジャケツイバラ亜科の落葉小高木〜低木。別名スオウバナ。高さは15m。花は紫を帯びた濃桃色。
¶**APG原樹**(No.391/カ図)
学フ増花庭(p26/カ写)
原牧1(No.1462/カ図)
新分牧(No.1629/モ図)
新牧日(No.1251/カ図)
茶花上(p300/カ写)
都木花新(p140/カ写)
牧野ス1(No.1462/カ図)
野生2(p249/カ写)
山力樹木(p352/カ写)

**ハナスグリ** *Ribes sanguineum* 花須具利
スグリ科(ユキノシタ科)の落葉低木。
¶**APG原樹**(No.345/カ図)
茶花上〔せいようはなすぐり〕(p411/カ写)

**ハナスゲ** *Anemarrhena asphodeloides* 花菅
キジカクシ科〔クサスギカズラ科〕(ユリ科)の草本,薬用植物。
¶原牧1(No.562/カ図)
新分牧(No.624/モ図)
新牧日(No.3390/モ図)
牧野ス1(No.562/カ図)

**ハナスズシロ** *Hesperis matronalis* 花蘿蔔, 花清白
アブラナ科の草本。別名ハナダイコン, セイヨウハナダイコン, ヘスペリス。高さは60cm。花は淡紫色。
¶茶花上〔はなだいこん〕(p442/カ写)

**ハナヅルソウ** *Mesembryanthemum cordifolium* 花蔓草
ハマミズナ科(ツルナ科)の多年草。花は紫紅色。
¶原牧2(No.982/カ写)
新分牧(No.3022/モ図)
新牧日(No.326/モ図)
牧野ス2(No.2827/カ写)

**ハナゼキショウ** *Tofieldia nuda* var.*nuda* 花石菖
チシマゼキショウ科(ユリ科)の多年草。日本固有種。別名イワゼキショウ。高さは15〜30cm。花は白色。
¶原牧1(No.216/カ図)
固有(p157)
山野草(No.1556/カ写)
新分牧(No.261/モ図)
新牧日(No.3373/モ図)
牧野ス1(No.216/カ図)
野生1(p113/カ写)
山ハ山花(p47/カ写)

**ハナゾノツクバネウツギ** *Abelia*× *grandiflora*
スイカズラ科の半常緑低木。別名アベリア, ハナツクバネウツギ。花は白色。
¶**APG原樹**(No.1505/カ図)
学フ増花庭(p108/カ写)
茶花上〔はなつくばねうつぎ〕(p563/カ写)
山力樹木(p701/カ写)

**ハナダイコン**(1) ⇒ショカツサイを見よ

**ハナダイコン**(2) ⇒ハナスズシロを見よ

**ハナダイジン** *Paeonia suffruticosa* 'Hanadaijin' 花大臣
ボタン科。ボタンの品種。
¶**APG原樹**〔ボタン'ハナダイジン'〕(No.310/カ図)

**ハナタチバナ** ⇒マンリョウを見よ

**ハナタツナミソウ** *Scutellaria iyoensis* 花立波草
シソ科タツナミソウ亜科の草本。日本固有種。
¶原牧2(No.1634/カ図)
固有(p125/カ写)
新分牧(No.3726/モ図)
新牧日(No.2544/モ図)
牧野ス2(No.3479/カ図)
野生5(p118/カ写)

**ハナタデ** *Persicaria posumbu* var.*posumbu* 花蓼
タデ科の一年草。別名ヤブタデ。高さは20〜60cm。
¶色野草(p294/カ写)
学フ増野秋(p35/カ写)
原牧2〔ヤブタデ〕(No.808/カ図)
新分牧〔ヤブタデ〕(No.2884/モ図)
新牧日〔ヤブタデ〕(No.270/モ図)
茶花下(p329/カ写)
牧野ス2〔ヤブタデ〕(No.2653/カ図)
野生4(p98/カ写)
山カ野草(p539/カ写)
山ハ野花(p263/カ写)

**ハナタネツケバナ** *Cardamine pratensis*
アブラナ科の多年草。
¶野生4(p56/カ写)
山レ増(p338/カ写)

**ハナタバコ** *Nicotiana*× *sanderae* 花煙草
ナス科の園芸品種。別名フラワーリング・タバコ, ジャスミン・タバコ。
¶茶花上(p442/カ写)

**ハナチダケサシ** *Astilbe thunbergii* var.*formosa* 花乳茸刺
ユキノシタ科の多年草。日本固有種。別名ミヤマチダケサシ。高さは40〜70cm。
¶固有(p69)
野生2(p199)
山ハ山花(p282/カ写)

**ハナチョウジ**(1) *Russelia equisetiformis* 花丁字
オオバコ科(ゴマノハグサ科)の常緑小低木。高さは50〜120cm。花は橙赤色。
¶**APG原樹**(No.1408/カ図)

**ハナチョウジ**(2) ⇒コショウノキを見よ

**ハナチルサト** *Acer buergerianum* 'Hanachirusato' 花散里
ムクロジ科(カエデ科)の落葉小高木。トウカエデの園芸品種。
¶**APG原樹**〔トウカエデ'花散里'〕(No.1571/カ図)

**ハナツクバネウツギ** ⇒ハナゾノツクバネウツギを見よ

ハナツヅキ　⇒メノマンネングサを見よ

**ハナツリフネソウ**　*Impatiens balfourii*
ツリフネソウ科の多年草。別名ゲンペイツリフネソウ，ゲンペイツリフネ。高さは30～40cm。
¶帰化写2 (p146/カ写)

**ハナツルボラン**　*Asphodelus fistulosus*
ユリ科の一年草または短命な多年草。別名アレチヒナユリ。高さは40～50cm。花は白～淡いピンク色。
¶帰化写2 (p296/カ写)

**ハナトラノオ**　*Physostegia virginiana*　花虎尾
シソ科の多年草。高さは40～120cm。花は紅，淡紅色，または白色。
¶帰化写改 (p274/カ写, p506/カ写)
原牧2 (No.1615/カ図)
新分牧 (No.3748/モ図)
新牧日 (No.2524/モ図)
茶花下〔かくとらのお〕(p68/カ写)
牧野ス2 (No.3460/カ図)

ハナトリカブト　⇒トリカブトを見よ

ハナナ(1)　⇒カリフラワーを見よ

ハナナ(2)　⇒ナノハナを見よ

**バナナ**　*Musa × paradisiaca*
バショウ科の多年草。別名ミバショウ。葉裏は粉白。
¶原牧1 (No.641/カ図)
新分牧 (No.677/モ図)
新牧日 (No.4225/モ図)
牧野ス1 (No.641/カ図)

バナナシュラブ　⇒カラタネオガタマを見よ

**ハナナズナ**　*Stevenia maximowiczii*　花薺
アブラナ科の一年草。
¶原牧2 (No.687/カ図)
新分牧 (No.2763/モ図)
新牧日 (No.808/モ図)
牧野ス2 (No.2532/カ図)
野生4 (p70/カ写)
山レ増 (p348/カ写)

バナナノキ　⇒カラタネオガタマを見よ

**ハナニガナ**　*Ixeridium dentatum* subsp.*nipponicum* var.*albiflorum* f.*amplifolium*　花苦菜
キク科キクニガナ亜科の草本，薬用植物。別名オオバナニガナ。
¶学フ増野春 (p91/カ写)
原牧2 (No.2253/カ図)
牧野ス2 (No.4098/カ図)
野生5 (p278/カ写)
山力野草 (p114/カ写)
山ハ高山 (p441/カ写)

**ハナニラ**　*Ipheion uniflorum*　花韮
ヒガンバナ科 (ユリ科) の多年草。別名イフェイオン，セイヨウアマナ。高さは5cm。花は藤青色。
¶色草花 (p47/カ写)
帰化写改 (p406/カ写)
原牧1 (No.540/カ図)

新分牧 (No.573/モ図)
新牧日 (No.3425/モ図)
茶花上 (p301/カ写)
牧野ス1 (No.540/カ写)

**ハナヌカススキ**　*Aira elegantissima*
イネ科イチゴツナギ亜科の一年草。高さは15～30cm。
¶帰化写改 (p419/カ写)
帰化写2 (p311/カ写)
野生2 (p41/カ写)

**ハナネコノメ**　*Chrysosplenium album* var.*stamineum*　花猫の眼
ユキノシタ科の多年草。日本固有種。高さは5～15cm。
¶学フ増野春 (p164/カ写)
原牧1 (No.1388/カ図)
固有 (p71/カ写)
新分牧 (No.1553/モ図)
新牧日 (No.967/モ図)
牧野ス1 (No.1388/カ写)
ミニ山 (p102/カ写)
野生2 (p203/カ写)
山力野草 (p428/カ写)

**ハナノキ**(1)　*Acer pycnanthum*　花之木, 花の木
ムクロジ科 (カエデ科) の落葉高木。日本固有種。別名ハナカエデ。高さは15m。
¶**APG原樹** (No.932/カ図)
学フ増花庭 (p45/カ写)
原牧2 (No.548/カ図)
固有 (p86/カ写)
新分牧 (No.2556/モ図)
新牧日 (No.1590/モ図)
茶花上 (p301/カ写)
都木花新 (p182/カ写)
牧野ス2 (No.2393/カ図)
野生3 (p287/カ写)
山力樹木 (p450/カ写)
山レ増 (p271/カ写)

ハナノキ(2)　⇒シキミを見よ

**ハナハギ**　*Campylotropis macrocarpa*
マメ科の落葉小低木。高さは1～2m。
¶帰化写2 (p93/カ写)

**ハナハコベ**　*Lepyrodiclis holosteoides*
ナデシコ科の一年草。長さは1m。花は白，ときに淡紅色。
¶帰化写改 (p35/カ写)

**ハナハタザオ**　*Dontostemon dentatus*　花旗竿
アブラナ科の多年草。
¶原牧2 (No.756/カ図)
新分牧 (No.2756/モ図)
新牧日 (No.877/モ図)
牧野ス2 (No.2601/カ図)
野生4 (p60/カ写)
山レ増 (p347/カ写)

**ハナハッカ** *Origanum vulgare*
シソ科の多年草, ハーブ。別名オレガノ, コバハッカ。高さは60cm。花は紫, ピンク, 白色など。
¶帰化写2(p199/カ写)

**ハナハボタン** ⇒カリフラワーを見よ

**ハナハマサジ** *Limonium sinuatum*
イソマツ科の多年草。別名スターチス(園芸名)。高さは60〜90cm。花は白か黄色。
¶原牧2(No.781/カ図)
　新分牧(No.2822/モ図)
　新牧日(No.2254/モ図)
　牧野ス2(No.2626/カ図)

**ハナハマセンブリ** *Centaurium tenuiflorum*
リンドウ科の一年草または二年草。
¶帰化写改(p227/カ写, p504/カ写)

**ハナビガヤ** *Melica onoei* 花火茅
イネ科イチゴツナギ亜科の多年草。別名ミチシバ。高さは80〜160cm。
¶桑イネ〔ミチシバ〕(p312/モ図)
　原牧1(No.939/カ図)
　新分牧(No.1051/モ図)
　新牧日(No.3706/モ図)
　牧野ス1(No.939/カ図)
　野生2〔ミチシバ〕(p57/カ写)
　山ハ山花〔ミチシバ〕(p196/カ写)

**ハナビシソウ** *Eschscholzia californica* 花菱草
ケシ科の多年草。別名キンエイカ, カリフォルニア・ポピー。高さは30〜60cm。
¶学フ有毒(p129/カ写)
　原牧1(No.1137/カ図)
　新分牧(No.1296/モ図)
　新牧日(No.772/モ図)
　茶花上(p302/カ写)
　牧野ス1(No.1137/カ図)

**ハナビスゲ** *Carex cruciata*
カヤツリグサ科の多年草。別名ジュウモンジスゲ。茎は高さ50〜100cm。
¶カヤツリ(p134/モ図)
　スゲ増(No.55/カ写)
　野生1(p307/カ写)

**ハナビゼキショウ** *Juncus alatus* 花火石菖
イグサ科の多年草。別名ヒロハノコウガイゼキショウ。高さは20〜40cm。
¶原牧1(No.688/カ図)
　新分牧(No.711/モ図)
　新牧日(No.3564/モ図)
　牧野ス1(No.688/カ図)
　野生1(p291/カ写)
　山力野草(p644/カ写)
　山ハ野花(p95/カ写)

**ハナビゼリ** *Angelica inaequalis* 花火芹
セリ科セリ亜科の草本。日本固有種。
¶原牧2(No.2448/カ図)
　固有(p100)
　新分牧(No.4483/モ図)
　新牧日(No.2062/モ図)

牧野ス2(No.4293/カ図)
野生5(p390/カ写)

**ハナヒョウタンボク** *Lonicera maackii* 花瓢箪木
スイカズラ科の落葉低木。高さは2〜5m。花は初め白, 後に黄白色。
¶原牧2(No.2339/カ図)
　新分牧(No.4359/モ図)
　新牧日(No.2862/モ図)
　牧野ス2(No.4184/カ図)
　野生5(p419/カ写)
　山力樹木(p683/カ写)
　山レ増(p82/カ写)

**ハナビラダクリオキン** *Dacrymyces chrysospermus*
アカキクラゲ科のキノコ。
¶原きの(No.413/カ写・カ図)
　山力日き(p538/カ写)

**ハナビラタケ** *Sparassis crispa*
ハナビラタケ科のキノコ。大型。子実体はハボタン状。
¶原きの(No.401/カ写・カ図)
　山力日き(p430/カ写)

**ハナビラニカワタケ** *Tremella foliacea*
シロキクラゲ科のキノコ。中型〜大型。子実体は八重咲きの花房状, 表面は半透明。
¶原きの(No.423/カ写・カ図)
　山力日き(p530/カ写)

**ハナヒリグサ** ⇒トキンソウを見よ

**ハナヒリノキ** *Eubotryoides grayana* 鼻嚏の木
ツツジ科スノキ亜科の落葉低木。別名クシャミノキ, ウジコロシ。
¶APG原樹(No.1315/カ図)
　学フ有毒(p79/カ写)
　原牧2(No.1232/カ図)
　新分牧(No.3286/モ図)
　新牧日(No.2176/モ図)
　茶花下(p134/カ写)
　牧野ス2(No.3077/カ写)
　野生4(p255/カ写)
　山力樹木(p587/カ写)

**ハナフウキ** *Camellia japonica* 'Hana-fūki' 花富貴
ツバキ科。ツバキの品種。花は桃色。
¶茶花上(p125/カ写)

**ハナブサソウ** *Hanabusaya asiatica*
キキョウ科の多年草。
¶山野草(No.1180/カ写)

**ハナホウキタケ** *Ramaria formosa*
ラッパタケ科のキノコ。
¶原きの(No.464/カ写・カ図)
　山力日き(p417/カ写)

**ハナマガリスゲ** ⇒サッポロスゲを見よ

**ハナマキアザミ** *Cirsium hanamakiense* 花巻薊
キク科アザミ亜科の草本。日本固有種。
¶原牧2(No.2188/カ図)
　固有(p140)

ハナマメ 606

新分牧 (No.3977／モ図)
新牧日 (No.3220／モ図)
牧野ス2 (No.4033／カ図)
野生5 (p238／カ写)

ハナマメ ⇒ベニバナインゲンを見よ

ハナミズキ Cornus florida 花水木
ミズキ科の落葉高木。別名アメリカヤマボウシ, フロリダミズキ, アメリカハナミズキ, ドッグウッド。高さは4〜10m。花は白色。樹皮は赤褐色。
¶APG原樹〔アメリカヤマボウシ〕(No.1073／カ図)
学フ増花庭 (p83／カ写)
学フ有毒 (p173／カ写)
原牧2 (No.1006／カ図)
新分牧 (No.3079／モ図)
新牧日 (No.1976／モ図)
図説樹木 (p170／カ写)
茶花上〔アメリカやまぼうし〕(p232／カ写)
都木花新 (p158／カ写)
牧野ス2 (No.2851／カ図)
野生4 (p156／カ写)
山カ樹木 (p531／カ写)

ハナミズキ 'チェロキーサンセット' ⇒チェロキーサンセットを見よ

ハナミョウガ Alpinia japonica 花茗荷, 花蘘荷
ショウガ科の多年草。別名ヤブミョウガ, ササリンドウ。高さは40〜60cm。
¶学フ増野夏 (p57／カ写)
原牧1 (No.645／カ図)
新分牧 (No.682／モ図)
新牧日 (No.4227／モ図)
茶花上 (p563／カ写)
牧野ス1 (No.645／カ図)
野生1 (p274／カ写・モ図 (p276))
山カ野草 (p589／カ写)
山ハ野花 (p230／カ写)

ハナムグラ (1) Galium tokyoense
アカネ科の多年草。長さは30〜60cm。
¶原牧2 (No.1319／カ図)
新分牧 (No.3353／モ図)
新牧日 (No.2433／モ図)
牧野ス2 (No.3164／カ図)
野生4 (p274／カ写)
山レ増 (p157／カ写)

ハナムグラ (2) ⇒カナムグラを見よ

ハナモモ Prunus persica cv. 花桃
バラ科の落葉低木。モモの園芸品種。高さは2〜3m。花は濃紅色または純白色の八重咲き品種が多い。
¶学フ増花庭 (p28／カ写)
原牧1 (No.1628／カ図)
新分牧 (No.1835／モ図)
新牧日 (No.1213／モ図)
牧野ス1 (No.1628／カ図)

ハナヤエムグラ Sherardia arvensis 花八重葎
アカネ科の一年草または二年草。長さは20〜60cm。花は淡紅色, または淡紫色。

¶帰化写改 (p233／カ写)
植調 (p80／カ写)
山ハ野花 (p428／カ写)

ハナヤサイ ⇒カリフラワーを見よ

ハナヤスリ ⇒コヒロハハナヤスリを見よ

ハナヤスリタケ Elaphocordyceps ophioglossoides
オフィオコルディセプス科の冬虫夏草。宿主はツチダンゴまたはアミメッチダンゴ。
¶原きの (No.573／カ写・カ図)
冬虫生態 (p254／カ写)
山カ日き (p584／カ写)

ハナヤマツルリンドウ Tripterospermum distylum
リンドウ科の多年草。日本固有種。
¶固有 (p115／カ写)
野生4 (p304／カ写)
山レ増 (p177／カ写)

ハナユ Citrus hanayu 花柚
ミカン科の木本。別名トコユ, ハナユズ。果面は黄色。高さは1.5m。
¶APG原樹 (No.965／カ図)

ハナユズ ⇒ハナユを見よ

ハナワギク Chrysanthemum carinatum 花輪菊
キク科の一年草。別名サンシキカミツレ, ハナシュンギク, カリナタム。高さは90cm。花は白色。
¶茶花上 (p443／カ写)

ハニガキ ⇒ヘツカニガキを見よ

ハニシ ⇒ヤマハゼを見よ

ハニシキ Caladium bicolor 葉錦
サトイモ科の多年草, 観賞用草本, 球根植物。別名ハイモ, ニシキイモ。葉は赤色斑, 葉長35cm。
¶原牧1 (No.181／カ写)
新分牧 (No.213／カ写)
新牧日 (No.3913／モ図)
牧野ス1 (No.181／カ図)

バニラ Vanilla mexicana
ラン科の多年草。花は黄緑色, 唇弁黄斑。葉は厚質。
¶原牧1 (No.422／カ図)
新分牧 (No.423／モ図)
新牧日 (No.4296／モ図)
牧野ス1 (No.422／カ図)

ハネガヤ Achnatherum pekinense 羽茅
イネ科イチゴツナギ亜科の多年草。高さは80〜150cm。花は白緑色, またはわずかに帯紫色。
¶桑イネ (p34／カ写・モ図)
原牧1 (No.935／カ図)
新分牧 (No.1044／モ図)
新牧日 (No.3656／モ図)
牧野ス1 (No.935／カ図)
野生2 (p39／カ写)
山ハ山花 (p189／カ写)

ハネカワ ⇒アサダを見よ

ハネシンジュガヤ ⇒オオシンジュガヤを見よ

ハネスズメノヒエ　*Paspalum fimbriatum*　羽雀の稗
イネ科の多年草。高さは30～100cm。
¶新分牧（No.1197/モ図）
新牧日（No.3830/モ図）

ハネナシヌルデ　⇒タイワンヌルデを見よ

ハネミイヌエンジュ(1)　*Maackia amurensis*　羽実
犬槐
マメ科の落葉高木。イヌエンジュのうち本州中部地
方以西に産する個体。
¶原牧1（No.1482/カ図）
新分牧（No.1644/モ図）
新牧日（No.1271/モ図）
牧野ス1（No.1482/カ図）

ハネミイヌエンジュ(2)　⇒イヌエンジュを見よ

ハネミギク　*Verbesina alternifolia*
キク科の多年草。高さは1～1.5m。花は黄色。葉は
剛毛。
¶帰化写改（p397/カ写, p518/カ写）

ハネミノモダマ　⇒カショウクズマメを見よ

ハネモ　*Bryopsis plumosa*
ハネモ科の海藻。叢生する。体は10cm。
¶新分牧（No.4959/モ図）
新牧日（No.4819/モ図）

パパイア　⇒パパイヤを見よ

パパイヤ　*Carica papaya*
パパイヤ科の草本状常緑小高木。別名パパヤ。果肉
は橙黄色または淡い紅橙色。高さは7～10m。花は
白色。
¶APG原樹（No.1051/カ図）
帰化写2〔パパイア〕（p416/カ写）
原牧2（No.673/カ図）
新分牧（No.2714/モ図）
新牧日（No.1859/モ図）
牧野ス2（No.2518/カ図）
山力樹木（p497/カ写）

ハハカ　⇒ウワミズザクラを見よ

ハハキアザミ　⇒ホウキアザミを見よ

ハハキギク　⇒ホウキギクを見よ

ハハキシオン　⇒ホウキギクを見よ

ハハコグサ　*Pseudognaphalium affine*　母子草
キク科キク亜科の一年草～二年草。別名ホウコグ
サ, ホオコグサ, オギョウ, ゴギョウ。高さは15～
35cm。花は黄色。葉は白毛密布。
¶色野草（p139/カ写）
学フ増山菜（p81/カ写）
学フ増野春（p101/カ写）
学フ増薬草（p138/カ写）
原牧2（No.1988/カ図）
植調（p130/カ写）
新分牧（No.4137/モ図）
新牧日（No.3025/モ図）
茶花上（p564/カ写）
牧野ス2（No.3833/カ図）
野生5（p349/カ写）

山力野草（p14/カ写）
山ハ野花（p558/カ写）

ハハコヨモギ　*Artemisia glomerata*　母子蓬
キク科キク亜科の多年草。高さは7～15cm。
¶学フ増高山（p118/カ写）
野生5（p331/カ写）
山力野草（p80/カ写）
山ハ高山（p426/カ写）
山レ増（p26/カ写）

ハハジマイヌワラビ　⇒ムニンミドリシダを見よ

ハハジマテンツキ　*Fimbristylis longispica* var.
*hahajimensis*　母島天突
カヤツリグサ科の草本。日本固有種。
¶固有（p187）
野生1（p349）
山レ増（p527/カ写）

ハハジマトベラ　*Pittosporum beecheyi*
トベラ科の常緑低木。小笠原固有種のコバトベラの
変種。高さは2～3m。
¶原牧2（No.2361/カ図）
固有（p76）
新分牧（No.4394/モ図）
新牧日（No.1021/モ図）
牧野ス2（No.4206/カ図）
野生5（p372/カ写）
山力樹木（p724/カ写）
山レ増（p313/カ写）

ハハジマノボタン　*Melastoma tetramerum* var.
*pentapetalum*
ノボタン科の常緑低木。小笠原固有変種, ムニンノ
ボタンの変種。高さは3～4m。
¶原牧2（No.494/カ図）
固有（p96）
新分牧（No.2533/モ図）
新牧日（No.1927/モ図）
牧野ス2（No.2339/カ図）
野生3（p276/カ写）
山力樹木（p728/カ写）
山レ増（p240/カ写）

ハハジマハナガサノキ　*Morinda umbellata* subsp.
*boninensis* var.*hahazimensis*
アカネ科の常緑つる性低木。小笠原固有種。
¶固有（p119）
山力樹木（p733/カ写）
山レ増（p153/カ写）

ハハジマホザキラン　*Crepidium hahajimense*
ラン科の常緑植物。日本固有種。
¶固有（p193）
野生1（p191/カ写）
山レ増（p469/カ写）

ハハジマホラゴケ　*Abrodictyum boninense*
コケシノブ科の常緑性シダ。日本固有種。別名ホソ
バホラゴケ。葉身は長さ5～12cm, 長楕円状披針形。
¶固有（p200/カ写）
シダ標1（p317/カ写）
山レ増（p682/カ写）

ハハソ　⇒コナラを見よ

**ハバノリ** *Patalonia binghamiae*
カヤモノリ科の海藻。体は長さ25cm。
¶新分牧（No.4988/モ図）
　新牧日（No.4848/モ図）

**ハバビロスゲ** *Carex foliosissima* var.*latissima*
カヤツリグサ科の多年草。
¶カヤツリ（p298/モ図）

**ババ・メイアン** *Rosa* 'Papa Meilland'
バラ科。バラの品種。ハイブリッド・ティーロー
ズ系。
¶APG原樹〔バラ 'ババ・メイアン'〕（No.618/カ図）

ババヤ　⇒パパイヤを見よ

**ハバヤマボクチ** *Synurus excelsus*　葉場山火口
キク科アザミ亜科の多年草。日本固有種。高さは1
～2m。
¶原牧2（No.2216/カ図）
　固有（p152）
　新分牧（No.3987/モ図）
　新牧日（No.3248/モ図）
　牧野ス2（No.4061/カ図）
　野生5（p272/カ写）
　山カ野草（p102/カ写）
　山ハ野花（p592/カ写）

**バーバラ・クラーク** *Camellia* 'Barbara Clark'
ツバキ科の木本。ツバキの品種。
¶APG原樹〔ツバキ 'バーバラ・クラーク'〕（No.1158/
カ図）

**ハビコリハコベ** *Glossostigma elatinoides*
オオバコ科（ゴマノハグサ科）の多年草。
¶帰化写2（p359/カ写）
　日水草（p275/カ写）

ハビラ　⇒ムニンヤツデを見よ

パピルス　⇒カミガヤツリを見よ

**ハブカズラ** *Epipremnum pinnatum*
サトイモ科の常緑つる性植物。葉長10m。
¶野生1（p106/カ写）

**ハブソウ** *Senna occidentalis*　波布草
マメ科ジャケツイバラ亜科の多年草。別名クサセン
ナ。高さは15～150cm。花は鮮黄色。
¶帰化写改（p125/カ写, p497/カ写）
　原牧1（No.1464/カ図）
　新分牧（No.1794/モ図）
　新牧日（No.1253/モ図）
　茶花下（p249/カ写）
　牧野ス1（No.1464/カ図）
　ミニ山（p145/カ写）
　野生2（p253）
　山カ野草（p397/カ写）

**ハブタエノリ** *Marionella schmitziana*
コノハノリ科の海藻。体は10～15cm。葉状。
¶新分牧（No.5081/モ図）
　新牧日（No.4941/モ図）

ハブテコブラ（ハブテコブラ）　⇒オオケタデ(1)を
見よ

**ハブハナワラビ** *Botrychium*× *argutum*
ハナヤスリ科のシダ植物。
¶シダ標1（p294/カ写）

**パープルハート** *Trillium nivale* 'Purple Heart'
ユリ科。北米産・有花梗種。
¶山野草〔トリリウム・ニバレ 'パープルハート'〕（No.
1353/カ写）

**パープル・ルージュ** *Hibiscus syriacus* 'Purple
Rouge'
アオイ科。ムクゲの品種。半八重咲きバラ咲き型。
¶茶花下（p31/カ写）

**ハーベスト・ムーン** *Codiaeum variegatum* var.
*pictum* f.*platyphyllum* 'Harvest Moon'
トウダイグサ科。クロトンノキの品種。
¶APG原樹〔クロトンノキ 'ハーベスト・ムーン'〕（No.
804/カ図）

バーベナ　⇒ビジョザクラを見よ

**ハベナリア・ロドケイラ** *Habenaria rhodocheila*
ラン科の多年草。高さは15～30cm。花は朱赤、橙
など。
¶山野草（No.1806/カ写）

**ハベルレア・ロドペンシス** *Haberlea rhodopensis*
イワタバコ科。高さは10～18cm。
¶山野草（No.1122/カ写）

バベンソウ　⇒クマツヅラを見よ

**ハボタン** *Brassica oleracea* var.*acephala*　葉牡丹
アブラナ科の植物。別名ボタンナ, カンラン, カン
ランハボタン。
¶原牧2（No.701/カ図）
　新分牧（No.2797/モ図）
　新牧日（No.822/モ図）
　茶花下（p392/カ写）
　牧野ス2（No.2546/カ図）

**ハマアオスゲ** *Carex fibrillosa*　浜青菅
カヤツリグサ科の多年草。別名スナスゲ。果胞は太
い脈が目立つ。高さは5～30cm。
¶カヤツリ（No.372/モ図）
　原牧1（No.852/カ図）
　新分牧（No.870/モ図）
　新牧日（No.4155/モ図）
　スゲ増（No.197/カ写）
　牧野ス1（No.852/カ図）
　野生1（p321/カ写）
　山ハ野花（p134/カ写）

**ハマアカザ** *Atriplex subcordata*　浜藜
ヒユ科（アカザ科）の一年草。別名コハマアカザ。
¶原牧2（No.971/カ図）
　新分牧（No.3011/モ図）
　新牧日（No.424/モ図）
　牧野ス2（No.2816/カ図）
　ミニ山（p36/カ写）
　野生4（p135/カ写）
　山カ野草（p530/カ写）

山ハ野花 (p289/カ写)

**ハマアキノキリンソウ** *Solidago virgaurea* subsp. *leiocarpa* var. *ovata*
キク科キク亜科の多年草。
¶野生5 (p326/カ写)

**ハマアザミ**(1) *Cirsium maritimum* 浜薊
キク科アザミ亜科の多年草。日本固有種。別名ハマゴボウ。高さは15〜60cm。
¶学フ増野秋 (p86/カ写)
原牧2 (No.2170/カ図)
固有 (p138)
山野草 (No.1322/カ写)
新分牧 (No.3957/モ図)
新牧日 (No.3202/モ図)
茶花下 (p134/カ写)
牧野ス2 (No.4015/カ図)
野生5 (p225/カ写)
山力野草 (p91/カ写)
山ハ野花 (p587/カ写)

**ハマアザミ**(2) ⇒オイランアザミを見よ

**ハマアジサイ** ⇒ガクアジサイを見よ

**ハマアズキ** *Vigna marina* 浜小豆
マメ科マメ亜科の多年草。
¶原牧1 (No.1602/カ図)
新分牧 (No.1729/モ図)
新牧日 (No.1388/モ図)
牧野ス1 (No.1602/カ図)
野生2 (p302/カ写)
山ハ野花 (p376/カ写)

**ハマアラセイトウ** ⇒ヒメアラセイトウを見よ

**ハマイ** *Juncus haenkei*
イグサ科の草本。別名オオイヌイ。
¶野生1 (p289/カ写)

**ハマイチョウ** ⇒ハマニガナを見よ

**ハマイヌビワ** *Ficus virgata*
クワ科の木本。
¶野生2 (p336/カ写)

**ハマイバラ** ⇒テリハノイバラを見よ

**ハマウツボ** *Orobanche coerulescens* 浜靭
ハマウツボ科の一年生の寄生植物。高さは10〜25cm。
¶学フ増野夏 (p74/カ写)
原牧2 (No.1754/カ図)
新分牧 (No.3829/モ図)
新牧日 (No.2800/モ写)
牧野ス2 (No.3599/カ図)
野生5 (p156/カ写)
山力野草 (p164/カ写)
山ハ野花 (p470/カ写)
山レ増 (p93/カ写)

**ハマウド** *Angelica japonica* var. *japonica* 浜独活
セリ科セリ亜科の大型の多年草。別名オニウド, クジラグサ。高さは1〜2m。
¶学フ増野春 (p203/カ写)

原牧2 (No.2453/カ図)
新分牧 (No.4488/モ図)
新牧日 (No.2067/モ図)
牧野ス2 (No.4298/カ図)
ミニ山 (p221/カ写)
野生5 (p389/カ写)
山力野草 (p319/カ写)
山ハ野花 (p492/カ写)

**ハマエノコロ** *Setaria viridis* var. *pachystachys* 浜狗尾
イネ科キビ亜科の一年草。
¶学フ増野秋 (p240/カ写)
桑イネ (p445/カ写・モ図)
原牧1 (No.1031/カ図)
新分牧 (No.1224/モ図)
新牧日 (No.3795/モ図)
茶花下 (p250/カ写)
牧野ス1 (No.1031/カ図)
野生2 (p96/カ写)
山力野草 (p682/カ写)
山ハ野花 (p195/カ写)

**ハマエンドウ** *Lathyrus japonicus* subsp. *japonicus* 浜豌豆
マメ科マメ亜科の多年草。高さは20〜100cm。
¶学フ増山菜 (p87/カ写)
学フ増野春 (p86/カ写)
原牧1 (No.1582/カ図)
山野草 (No.0637/カ写)
新分牧 (No.1788/モ図)
新牧日 (No.1369/モ図)
茶花上 (p443/カ写)
牧野ス1 (No.1582/カ図)
ミニ山 (p152/カ写)
野生2 (p275/カ写)
山力野草 (p381/カ写)
山ハ野花 (p371/カ写)

**ハマオウシノケグサ** *Festuca rubra* var. *muramatsui*
イネ科。日本固有種。
¶固有 (p164)

**ハマオギ** ⇒ヨシを見よ

**ハマオトコヨモギ** *Artemisia japonica* subsp. *littoricola*
キク科キク亜科の多年草。
¶野生5 (p330/カ写)

**ハマオモト** *Crinum asiaticum* var. *japonicum* 浜万年青
ヒガンバナ科の常緑の多年草。別名ハマユウ。高さは50〜80cm。花は白色。
¶学フ増山菜 (p221/カ写)
学フ増野夏 (p178/カ写)
学フ有毒〔ハマユウ〕(p27/カ写)
原牧1 (No.541/カ図)
新分牧 (No.587/モ図)
新牧日 (No.3512/モ図)
茶花下〔はまゆう〕(p252/カ写)
牧野ス1 (No.541/カ図)

ハマカキラ　　　　　　　　610

野生1（p243/カ写）
山力野草（p600/カ写）
山ハ野花（p73/カ写）

**ハマカキラン**　*Epipactis papillosa* var.*sayekiana*　浜柿蘭
ラン科の多年草。高さは30〜60cm。
¶原牧1（No.415/カ写）
新分牧（No.481/モ図）
新牧日（No.4289/モ図）
牧野ス1（No.415/カ写）
山力野草（p568/カ写）
山ハ野花（p58/カ写）
山レ増（p497/カ写）

**ハマガヤ**　*Leptochloa fusca*　浜茅
イネ科ヒゲシバ亜科の一年草または多年草。別名タカオバレンガヤ，ミツバガヤ。高さは30〜100cm。
¶帰化写改（p440/カ写）
桑イネ（p192/カ写・モ図）
野生2（p70）
山ハ野花（p172/カ写）

**ハマガヤツリ**　⇒ハマスゲを見よ

**ハマガラシ**　*Lepidium englerianum*
アブラナ科の一年草または多年草。別名ヤンバルガラシ。高さは10〜30cm。葉は全縁か一部が鋸葉縁。
¶野生4（p65/カ写）

**ハマカンギク**　⇒シマカンギクを見よ

**ハマカンザシ**　*Armeria maritima*　浜簪
イソマツ科の多年草。別名マツバカンザシ，アルメリア。高さは20cm。
¶原牧2（No.779/カ写）
新分牧（No.2820/モ図）
新牧日（No.2252/モ図）
茶花上（p302/カ写）
牧野ス2（No.2624/カ図）

**ハマカンゾウ**　*Hemerocallis fulva* var.*littorea*　浜萱草
ワスレグサ科〔ススキノキ科〕（ユリ科）の多年草。高さは50〜90cm。
¶学フ増野夏（p121/カ写）
原牧1（No.522/カ図）
新分牧（No.568/モ図）
新牧日（No.3405/モ図）
茶花下（p250/カ写）
牧野ス1（No.522/カ図）
野生1（p239/カ写）
山力野草（p615/カ写）
山ハ野花（p67/カ写）

**ハマギク**　*Nipponanthemum nipponicum*　浜菊
キク科キク亜科の亜低木。日本固有種。別名フキアゲギク。高さは50〜100cm。花は白色。
¶色野草（p120/カ写）
APG原樹（No.1461/カ写）
学フ増野秋（p193/カ写）
原牧2（No.2069/カ図）
固有（p150/カ写）
山野草（No.1269/カ写）
新分牧（No.4237/モ図）

新牧日（No.3105/モ図）
茶花下（p371/カ写）
牧野ス2（No.3914/カ図）
野生5（p341/カ写）
山力樹木（p719/カ写）
山力野草（p68/カ写）
山ハ野花（p526/カ写）

**ハマキゴケ**　*Hyophila propagulifera*
センボンゴケ科のコケ。体は長さ約1cm。葉は広楕円形〜広舌形。
¶新分牧（No.4863/モ図）
新牧日（No.4715/モ図）

**ハマギシギシ**　*Rumex maritimus* var.*maritimus*
タデ科の草本。こぶ状の突起は長さ1〜1.7mm。
¶野生4（p104）

**ハマキタケ**　*Xylaria tabacina*
クロサイワイタケ科のキノコ。小型。子実体は棍棒形，淡褐色。
¶山力日き（p590/カ写）

**ハマギリ**　⇒ハスノハギリを見よ

**ハマクグ**　⇒シオクグを見よ

**ハマクコ**　⇒アツバクコを見よ

**ハマクサギ**　*Premna microphylla*　浜臭木
シソ科ハマクサギ亜科（クマツヅラ科）の落葉低木。別名トウクサギ，キバナハマクサギ。
¶APG原樹（No.1425/カ図）
原牧2（No.1742/カ図）
新分牧（No.3698/モ図）
新牧日（No.2518/モ図）
牧野ス2（No.3587/カ図）
野生5（p107/カ写）
山力樹木（p661/カ写）

**ハマクサフジ**　⇒ヒロハクサフジを見よ

**ハマクマツヅラ**　*Verbena litoralis*
クマツヅラ科の多年草。
¶帰化写改（p262/カ写）

**ハマグルマ**(1)　⇒クマノギクを見よ

**ハマグルマ**(2)　⇒ネコノシタを見よ

**ハマクワガタ**　*Veronica javanica*
オオバコ科（ゴマノハグサ科）の草本。
¶原牧2（No.1570/カ図）
新分牧（No.3632/モ図）
新牧日（No.2713/モ図）
牧野ス2（No.3415/カ図）
野生5（p85/カ写）

**ハマゴウ**　*Vitex rotundifolia*　浜栲
シソ科ハマゴウ亜科（クマツヅラ科）の落葉匍匐性低木。別名ハマホウ，ハマボウ，ハウ，ハマシキミ，ハマハイ（古名）。
¶APG原樹（No.1420/カ図）
学フ増樹（p180/カ写）
学フ増薬草（p231/カ写）
原牧2（No.1736/カ図）
新分牧（No.3699/モ図）

新牧日 (No.2512/モ図)
牧野ス2 (No.3581/カ図)
野生5 (p108/カ写)
山力樹木 (p662/カ写)

**ハマコウゾリナ** *Picris hieracioides* subsp.*japonica* var.*litoralis*
キク科の越年草。日本固有種。高さは25〜200cm。
¶固有 (p144)

**ハマコギシギシ** *Rumex dentatus* subsp.*nigricans*
タデ科の草本。翼状内萼片は長さ3〜3.6cm。
¶野生4 (p104)

**ハマゴボウ** ⇒ハマアザミ(1)を見よ

**ハマコンギク** *Aster microcephalus* var.*littoricola*
キク科キク亜科の草本。別名エノシマヨメナ。
¶野生5 (p320/カ写)

**ハマザクラ** ⇒コメバツガザクラを見よ

**ハマザクロ** *Sonneratia alba* 浜石榴
ミソハギ科 (ハマザクロ科) の常緑小高木, マングローブ植物。別名マヤプシキ, マヤプシギ。呼吸根は小さい。
¶原牧2 (No.431/カ図)
新分牧 (No.2476/モ図)
新牧日 (No.1917/モ図)
牧野ス2 (No.2276/カ図)
野生3 (p260/カ写)
山レ増 〔マヤプシギ〕(p243/カ写)

**ハマササガヤ** *Microstegium glabratum*
イネ科キビ亜科の多年草。オオササガヤに似る。
¶野生2 (p89)

**ハマサジ** *Limonium tetragonum* 浜匙
イソマツ科の二年草。別名ハマジサ。高さは20〜60cm。
¶原牧2 (No.780/カ図)
新分牧 (No.2821/モ図)
新牧日 (No.2253/モ図)
牧野ス2 (No.2625/カ図)
野生4 (p82/カ写)
山ハ野花 (p252/カ写)
山レ増 (p183/カ写)

**ハマサルトリイバラ** *Smilax sebeana* 浜猿捕茨
サルトリイバラ科 (ユリ科) の草本。別名トゲナシカカラ。
¶野生1 (p167/カ写)
山力樹木 (p75/カ写)

**ハマサワヒヨドリ** *Eupatorium lindleyanum* var.*yasushii*
キク科キク亜科の草本。日本固有種。
¶固有 (p150)
野生5 (p368)

**ハマシオン** ⇒ウラギクを見よ

**ハマシキミ** ⇒ハマゴウを見よ

**ハマジサ** ⇒ハマサジを見よ

**ハマヂシャ** ⇒ツルナを見よ

**ハマシバスゲ** ⇒チャシバスゲを見よ

**ハマジンチョウ** *Pentacoelium bontioides* 浜沈丁
ゴマノハグサ科 (ハマジンチョウ科) の常緑低木。別名モクベンケイ, キンギョシバ。
¶APG原樹 (No.1413/カ図)
原牧2 (No.1598/カ図)
新分牧 (No.3633/モ図)
新牧日 (No.2815/モ図)
牧野ス2 (No.3443/カ図)
野生5 (p93/カ写)
山力樹木 (p672/カ写)
山レ増 (p87/カ写)

**ハマスギナ** *Equisetum × litorale*
トクサ科のシダ植物。
¶シダ標1 (p286/カ写)

**ハマスゲ** *Cyperus rotundus* 浜菅
カヤツリグサ科の多年草。別名コウブシ, ハマガヤツリ。球茎は香あり, 民間薬になる。高さは20〜40cm。
¶学フ増野夏 (p239/カ写)
学フ増薬草 (p30/カ写)
カヤツリ (p708/モ図)
原牧1 (No.717/カ図)
植調 (p285/カ写)
新分牧 (No.969/モ図)
新牧日 (No.3976/モ図)
牧野ス1 (No.717/カ図)
野生1 (p342/カ写)
山力野草 (p657/カ写)
山ハ野花 (p100/カ写)

**ハマススキ** ⇒ワセオバナを見よ

**ハマスベリヒユ**(1) *Sesuvium portulacastrum*
ザクロソウ科の草本。時に水中に没する。
¶帰化写改 (p29/カ写)

**ハマスベリヒユ**(2) ⇒ミルスベリヒユを見よ

**ハマゼリ** *Cnidium japonicum* 浜芹
セリ科セリ亜科の越年草。別名ハマニンジン。高さは10〜40cm。
¶学フ増野秋 (p195/カ写)
原牧2 (No.2433/カ図)
新分牧 (No.4470/モ図)
新牧日 (No.2046/モ図)
牧野ス2 (No.4278/カ図)
ミニ山 (p218/カ写)
野生5 (p393/カ写)
山力野草 (p305/カ写)
山ハ野花 (p495/カ写)

**ハマセンダン** *Tetradium glabrifolium* var.*glaucum* 浜柚檀
ミカン科の落葉高木。別名シマクロキ, ウラジロゴシュユ。高さは15m。花は白色。
¶APG原樹 (No.997/カ図)
原牧2 (No.564/カ図)
新分牧 (No.2603/モ図)
新牧日 (No.1501/モ図)
牧野ス2 (No.2409/カ図)

ハマセンナ　　　　　　　612

野生3（p305/カ写）
山カ樹木（p383/カ写）

## ハマセンナ　*Ormocarpum cochinchinense*
マメ科マメ亜科の低木。やや有毒。花は淡黄色に紫褐色の脈。
¶野生2（p286/カ写）

## ハマセンブリ　⇒ヒロハセンブリを見よ

## ハマタイゲキ　*Euphorbia atoto*　浜大戟
トウダイグサ科の常緑の多年草。別名スナジタイゲキ。白乳液。
¶原牧2（No.264/カ図）
　新分牧（No.2422/モ図）
　新牧日（No.1476/モ図）
　牧野ス1（No.2109/カ図）
　野生3（p158/カ写）

## ハマダイコン　*Raphanus sativus* var.*hortensis*　浜大根
アブラナ科の二年草。高さは30〜60cm。
¶学フ増山菜（p83/カ写）
　学フ増野春（p87/カ写）
　原牧2（No.706/カ写）
　新分牧（No.2801/モ図）
　新牧日（No.826/モ図）
　茶花上（p303/カ写）
　牧野ス2（No.2551/カ図）
　ミニ山（p83/カ写）
　野生4（p68/カ写）
　山カ野草（p445/カ写）
　山ハ野花（p406/カ写）

## ハマタイセイ　*Isatis tinctoria*　浜大青
アブラナ科の一年草または二年草。ユーラシア大陸に広く分布する多型なI.tinctoria L.の1地方型。別名エゾタイセイ。高さは30〜80cm。
¶原牧2（No.688/カ図）
　新分牧（No.2782/モ図）
　新牧日（No.809/モ図）
　牧野ス2（No.2533/カ図）
　野生4（p64/カ写）
　山レ増（p345/カ写）

## ハマタマボウキ　*Asparagus kiusianus*
クサスギカズラ科（ユリ科）の草本。日本固有種。
¶固有（p156）
　野生1（p248/カ写）

## ハマチドリ　*Prunus mume* 'Hamachidori'　浜千鳥
バラ科。ウメの品種。野梅系ウメ，野梅性一重。
¶ウメ〔浜千鳥〕（p38/カ写）

## ハマチャ　⇒カワラケツメイを見よ

## ハマチャヒキ　*Bromus hordeaceus*
イネ科イチゴツナギ亜科の一年草または越年草。高さは30〜80cm。
¶帰化写改（p430/カ写）
　桑イネ（p104/カ写・モ図）
　野生2（p46/カ写）

## ハマツバキ　⇒ハマボウ(1)を見よ

## ハマツメクサ　*Sagina maxima*　浜爪草
ナデシコ科の一年草または多年草。高さは25cm以下。花は紅紫色。
¶原牧2（No.887/カ図）
　新分牧（No.2909/モ図）
　新牧日（No.359/モ図）
　牧野ス2（No.2732/カ図）
　ミニ山（p29/カ写）
　野生4（p118/カ写）
　山ハ野花（p272/カ写）

## ハマツルボ　*Barnardia japonica* var.*litoralis*
ユリ科。日本固有種。
¶固有（p158）

## ハマデラソウ　*Froelichia gracilis*
ヒユ科の一年草。長さは20〜70cm。
¶帰化写改（p75/カ写, p495/カ写）

## ハマトクサ　⇒トクサを見よ

## ハマトラノオ　*Veronica sieboldiana*　浜虎の尾
オオバコ科（ゴマノハグサ科）の草本。日本固有種。別名カントラノオ。
¶原牧2（No.1584/カ図）
　固有（p131/カ写）
　山野草（No.1073/カ写）
　新分牧（No.3618/モ図）
　新牧日（No.2727/モ図）
　牧野ス2（No.3429/カ図）
　野生5（p87/カ写）
　山レ増（p115/カ写）

## ハマナシ　⇒ハマナスを見よ

## ハマナス　*Rosa rugosa*　浜茄子, 浜梨
バラ科バラ亜科の落葉低木。別名ハマナシ。花は濃桃色。
¶APG原樹（No.602/カ図）
　学フ増山菜（p90/カ写）
　学フ増樹（p181/カ写・カ図）
　学フ増花庭（p170/カ写）
　学フ増薬草（p189/カ写）
　原牧1〔ハマナシ〕（No.1804/カ図）
　山野草（No.0620/カ写）
　新分牧〔ハマナシ〕（No.1999/モ図）
　新牧日〔ハマナシ〕（No.1190/モ図）
　茶花上〔はまなし〕（p564/カ写）
　都木花新（p127/カ写）
　牧野ス1〔ハマナシ〕（No.1804/カ図）
　ミニ山（p143/カ写）
　野生3（p42/カ写）
　山カ樹木（p252/カ写）

## ハマナタマメ　*Canavalia lineata*　浜鉈豆
マメ科マメ亜科の多年生つる草。葉は厚質で光沢。
¶学フ増野夏（p77/カ図）
　原牧1（No.1591/カ図）
　新分牧（No.1665/モ図）
　新牧日（No.1378/モ図）
　牧野ス1（No.1591/カ図）
　ミニ山（p154/カ写）
　野生2（p260/カ写）

山カ野草（p383/カ写）
山ハ野花（p371/カ写）

**ハマナツメ** *Paliurus ramosissimus* 浜棗
クロタキカズラ科（クロウメモドキ科）の落葉低木。
¶**APG原樹**（No.651/カ図）
原牧2（No.14/カ図）
新分牧（No.2069/モ図）
新牧日（No.1676/モ図）
茶花下（p251/カ写）
牧野ス1（No.1859/カ図）
野生2（p321/カ写）
山カ樹木（p463/カ写）
山レ増（p260/カ写）

**ハマニガナ** *Ixeris repens* 浜苦菜
キク科キクニガナ亜科の多年草。別名ハマイ
チョウ。
¶**学フ増野夏**（p116/カ写）
原牧2（No.2262/カ図）
新分牧（No.4046/モ図）
新牧日（No.3290/モ図）
牧野ス2（No.4107/カ図）
野生5（p280/カ写）
山カ野草（p116/カ写）
山ハ野花（p605/カ写）

**ハマニセショウロ** *Scleroderma bovista*
ニセショウロ科のキノコ。
¶**学フ増毒き**（p224/カ写）

**ハマニンジン** ⇒ハマゼリを見よ

**ハマニンドウ** *Lonicera affinis* 浜忍冬
スイカズラ科の半常緑つる性低木。日本固有種。別
名イヌニンドウ。
¶**APG原樹**（No.1478/カ図）
原牧2（No.2344/カ図）
固有（p134/カ写）
新分牧（No.4364/モ図）
新牧日（No.2867/モ図）
牧野ス2（No.4189/カ図）
野生5（p418/カ写）
山カ樹木（p683/カ写）

**ハマニンニク** *Leymus mollis* 浜蒜, 浜大蒜
イネ科イチゴツナギ亜科の多年草。別名クサドウ,
テンキ, テンキグサ。高さは60〜140cm。
¶**桑イネ**〔テンキグサ〕（p211/カ写・モ図）
原牧1（No.957/カ図）
新分牧（No.1069/モ図）
新牧日（No.3663/モ図）
牧野ス1（No.957/カ図）
野生2〔テンキグサ〕（p56/カ写）
山カ野草（p674/カ写）
山ハ野花（p155/カ写）

**ハマネナシカズラ** *Cuscuta chinensis* 浜根無葛
ヒルガオ科の一年生の寄生植物。
¶原牧2（No.1455/カ図）
新分牧（No.3450/モ図）
新牧日（No.2467/モ図）
牧野ス2（No.3300/カ図）

野生5（p26/カ写）
山カ野草（p248/カ写）
山ハ野花（p447/カ写）
山レ増（p151/カ写）

**ハマノヨソオイ** *Rhododendron* 'Hamanoyosooi' 浜
の粧
ツツジ科。アザレアの品種。
¶**APG原樹**〔アザレア'ハマノヨソオイ'〕（No.1279/カ
図）

**ハマハイ** ⇒ハマゴウを見よ

**ハマハコベ** *Honkenya peploides* var.*major* 浜繁縷
ナデシコ科の多年草。高さは10〜30cm。
¶**学フ増野夏**（p177/カ写）
原牧2（No.902/カ図）
新分牧（No.2913/モ図）
新牧日（No.374/モ図）
牧野ス2（No.2747/カ図）
ミニ山（p35/カ写）
野生4（p114/カ写）
山カ野草（p512/カ写）
山ハ野花（p274/カ写）

**ハマハタザオ** *Arabis stelleri* var.*japonica* 浜旗竿
アブラナ科の多年草。別名エゾハマハタザオ。高さ
は20〜40cm。
¶**学フ増野春**（p204/カ写）
原牧2（No.742/カ図）
山野草（No.0487/カ写）
新分牧（No.2765/モ図）
新牧日（No.862/モ図）
茶花上（p444/カ写）
牧野ス2（No.2587/カ図）
ミニ山（p87/カ写）
野生4（p52/カ写）
山カ野草（p452/カ写）
山ハ野花（p403/カ写）

**ハマハナヤスリ** *Ophioglossum thermale* 浜花鑢
ハナヤスリ科の夏緑性シダ。葉の高さは7〜20cm。
¶**シダ標1**（p288/カ写）

**ハマヒエガエリ** *Polypogon monspeliensis* 浜稗還り
イネ科イチゴツナギ亜科の草本。
¶**桑イネ**（p415/モ図）
原牧1（No.992/カ図）
新分牧（No.1095/モ図）
新牧日（No.3739/モ図）
牧野ス1（No.992/カ図）
野生2（p62）

**ハマヒサカキ** *Eurya emarginata* 浜姫榊
サカキ科（ツバキ科）の常緑低木。別名イリヒサカ
キ, イリシバ。花は淡緑色。
¶**APG原樹**（No.1105/カ図）
学フ増花庭（p224/カ写）
原牧2（No.1054/カ図）
新分牧（No.3096/モ図）
新牧日（No.738/モ図）
都木花新〔ヒサカキとハマヒサカキ〕（p75/カ写）
牧野ス2（No.2899/カ図）

八

ハマヒシ　614

野生4（p179/カ写）
山力樹木（p493/カ写）

## ハマビシ　*Tribulus terrestris*　浜菱
ハマビシ科の多年草または一年草。長さは40～100cm。花は黄色。
¶学フ増野秋（p130/カ写）
原牧1（No.1455/カ図）
新分牧（No.1628/モ写）
新牧日（No.1433/モ写）
牧野ス1（No.1455/カ図）
ミニ山（p165/カ写）
野生2（p239/カ写）
山力野草（p370/カ写）
山ハ野花（p320/カ写）
山レ増（p277/カ写）

## ハマヒナノウスツボ　*Scrophularia grayanoides*
ゴマノハグサ科の草本。日本固有種。
¶固有（p130/カ写）
野生5（p94/カ写）

## ハマヒルガオ　*Calystegia soldanella*　浜昼顔
ヒルガオ科のつる性多年草。花は淡紅色。
¶学フ増野春（p84/カ写）
原牧2（No.1439/カ図）
新分牧（No.3453/モ写）
新牧日（No.2451/モ写）
茶花上（p565/カ写）
牧野ス2（No.3284/カ図）
野生5（p24/カ写）
山力野草（p244/カ写）
山ハ野花（p441/カ写）

## ハマビワ　*Litsea japonica*　浜枇杷
クスノキ科の常緑高木。別名ケイジュ，シャクナンショ，イソビワ。花は白色。
¶APG原樹（No.161/カ図）
原牧1（No.150/カ図）
新分牧（No.188/モ図）
新牧日（No.491/モ図）
茶花下（p372/カ写）
牧野ス1（No.150/カ図）
野生1（p85/カ写）
山力樹木（p215/カ写）

## ハマフウロ　*Geranium yezoense* var.*pseudopratense*
フウロソウ科の多年草。日本固有種。
¶固有（p82）
ミニ山（p163/カ写）
野生3（p252/カ写）

## ハマベノキ　*Baccharis halimifolia*
キク科の落葉性または半常緑性の樹木。
¶帰化写2（p294/カ写）

## ハマベノギク　*Aster arenarius*　浜辺野菊
キク科キク亜科の草本。日本固有種。別名イソノギク，スナジノギク。海岸の砂地に生える。
¶固有（p146/カ写）
山野草（No.1266/カ写）
茶花下（p135/カ写）

野生5（p315/カ写）
山力野草（p37/カ写）
山ハ野花（p539/カ写）

## ハマベブドウ　*Coccoloba uvifera*　浜辺葡萄
タデ科の木本。別名ウミブドウ。高さは1.5～2m。花は白色。
¶APG原樹（No.1063/カ図）

## ハマベマツヨイグサ　⇒ミナトマツヨイグサを見よ

## ハマベンケイソウ　*Mertensia maritima* subsp. *asiatica*　浜弁慶草
ムラサキ科ムラサキ亜科の多年草。高さは100cm以上。
¶学フ増野夏（p76/カ写）
原牧2（No.1434/カ図）
新分牧（No.3515/モ写）
新牧日（No.2494/モ写）
牧野ス2（No.3279/カ図）
野生5（p55/カ写）
山力野草（p238/カ写）
山ハ野花（p420/カ写）

## ハマホウ　⇒ハマゴウを見よ

## ハマボウ(1)　*Hibiscus hamabo*　浜箒，浜朴，黄槿
アオイ科の落葉低木または小高木。日本固有種。別名ハマツバキ。高さは2～4m。花は黄色。
¶APG原樹（No.1012/カ図）
学フ増樹（p185/カ写）
原牧2（No.640/カ図）
固有（p91）
新分牧（No.2691/モ写）
新牧日（No.1750/モ写）
茶花下（p251/カ写）
牧野ス2（No.2485/カ図）
野生4（p29/カ写）
山力樹木（p476/カ写）

## ハマボウ(2)　⇒ハマゴウを見よ

## ハマボウフウ　*Glehnia littoralis*　浜防風
セリ科セリ亜科の多年草。別名ヤオヤボウフウ，イセボウフ。高さは5～30cm。
¶学フ増山菜（p84/カ写）
学フ増夏（p176/カ写）
学フ増薬草（p90/カ写）
原牧2（No.2467/カ図）
新分牧（No.4500/カ写）
新牧日（No.2081/モ写）
茶花下（p252/カ写）
牧野ス2（No.4312/カ図）
ミニ山（p219/カ写）
野生5（p395/カ写）
山力野草（p312/カ写）
山ハ野花（p494/カ写）

## ハマボッス　*Lysimachia mauritiana*　浜払子
サクラソウ科の二年草。高さは10～40cm。
¶学フ増野春（p202/カ写）
原牧2（No.1096/カ図）
新分牧（No.3151/モ写）
新牧日（No.2239/モ写）

茶花上（p444/カ写）
牧野ス2（No.2941/カ図）
野生4（p194/カ写）
山力野草（p272/カ写）
山ハ野花（p415/カ写）

## ハマホラシノブ　*Odontosoria biflora*
ホングウシダ科（イノモトソウ科）の常緑性シダ。葉身は長さ10〜30cm, 卵形または長卵形。
¶シダ標1（p354/カ写）
新分牧（No.4563/モ図）
新牧日（No.4458/モ図）

## ハママツ　⇒アッケシソウを見よ

## ハママツナ　*Suaeda maritima*　浜松菜
ヒユ科（アカザ科）の一年草。高さは20〜60cm。
¶原牧2（No.979/カ図）
新分牧（No.3001/モ図）
新牧日（No.432/モ図）
牧野ス2（No.2824/カ図）
ミニ山（p38/カ写）
野生4（p142/カ写）
山力野草（p530/カ写）
山ハ野花（p290/カ写）

## ハママンネングサ　*Sedum formosanum*　浜万年草
ベンケイソウ科の草本。別名シママンネングサ, タカサゴマンネングサ。
¶原牧1（No.1406/カ図）
新分牧（No.1601/モ図）
新牧日（No.912/モ図）
牧野ス1（No.1406/カ図）
野生2（p226/カ写）
山レ増（p327/カ写）

## ハマミズナ　⇒ミルスベリヒユを見よ

## ハマミチヤナギ　⇒アキノミチヤナギを見よ

## ハマミツバアケビ　*Akebia trifoliata var.litoralis*
アケビ科のつる性木本。静岡県須崎半島の海岸に産する。
¶野生2（p109）

## ハマムギ　*Elymus dahuricus*
イネ科イチゴツナギ亜科の多年草。
¶桑イネ（p209/カ写・モ図）
原牧1（No.959/カ写）
新分牧（No.1063/モ図）
新牧日（No.3662/モ図）
牧野ス1（No.959/カ図）
野生2（p51/カ写）

## ハマムラサキ(1)　⇒スナビキソウを見よ

## ハマムラサキ(2)　⇒モンパノキを見よ

## ハマムラサキノキ(1)　⇒スナビキソウを見よ

## ハマムラサキノキ(2)　⇒モンパノキを見よ

## ハマモッコク(1)　⇒シャリンバイ(1)を見よ

## ハマモッコク(2)　⇒マルバシャリンバイ(1)を見よ

## ハマヤブマオ　*Boehmeria arenicola*
イラクサ科の多年草。日本固有種。高さは50〜120cm。
¶原牧2（No.89/カ図）
固有（p45）
新分牧（No.2118/モ図）
新牧日（No.218/モ図）
牧野ス1（No.1934/カ図）
野生2（p344/カ写）

## ハマユウ　⇒ハマオモトを見よ

## ハマヨモギ(1)　*Artemisia scoparia*　浜艾
キク科の薬用植物, 一年草または二年草。高さは60〜90cm。
¶原牧2（No.2104/カ図）
牧野ス2（No.3949/カ図）

## ハマヨモギ(2)　⇒フクドを見よ

## ハマレンゲ　⇒ウルップソウを見よ

## ハマワスレナグサ　*Myosotis discolor*
ムラサキ科の一年草。高さは5〜25cm。花は初め黄後に青色。
¶帰化写2（p191/カ写）

## ハミズゴケ　*Pogonatum spinulosum*
スギゴケ科のコケ。別名ハミズニワスギゴケ。茎は長さ2mm。葉は小さく鱗片状。
¶新分牧（No.4837/モ図）
新牧日（No.4700/モ図）

## ハミズニワスギゴケ　⇒ハミズゴケを見よ

## ハヤカワシロ　*Hibiscus syriacus* 'Hayakawashiro'　早川白
アオイ科。ムクゲの品種。八重咲き乱咲き型。
¶茶花下（p35/カ写）

## ハヤカワセミタケ　*Metacordyceps owariensis*
バッカクキン科の冬虫夏草。宿主はニイニイゼミなどの幼虫。
¶冬虫生態（p124/カ写）

## ハヤザキオオバギボウシ　⇒オオバギボウシを見よ

## ハヤザキヒョウタンボク　*Lonicera praeflorens var. japonica*
スイカズラ科の木本。日本固有種。
¶固有（p134/カ写）
野生5（p421/カ写）

## ハヤチネウスユキソウ　*Leontopodium hayachinense*　早池峰薄雪草
キク科キク亜科の多年草。日本固有種。高さは10〜20cm。
¶学フ増高山（p206/カ写）
原牧2（No.1979/カ図）
固有（p141）
山野草（No.1298/カ写）
新分牧（No.4127/モ図）
新牧日（No.3017/モ図）
牧野ス2（No.3824/カ図）
野生5（p348/カ写）
山力野草（p11/カ写）
山ハ高山（p378/カ写）

ハヤチネコ 616

ハヤチネコウモリ　*Parasenecio hayachinensis*
キク科キク亜科の多年草。日本固有種。
　¶固有 (p144)
　野生5 (p307/カ写)

ハヤチネミヤマスナゴケ　*Racomitrium fasciculare*
var.*hayachinense*
ギボウシゴケ科のコケ植物。日本固有種。
　¶固有 (p214)

ハヤトウリ　*Sicyos edulis*　隼人瓜
ウリ科の多年生つる草。果色はクリーム色～濃
緑色。
　¶原牧2 (No.184/カ図)
　新分牧 (No.2210/モ図)
　新牧日 (No.1888/モ図)
　牧野ス1 (No.2029/カ図)

ハヤトミツバツツジ　*Rhododendron dilatatum* var.
*satsumense*
ツツジ科ツツジ亜科の木本。日本固有種。
　¶固有 (p107)
　野生4 (p246/カ写)

ハヤマシダ　*Asplenium × shikokianum*　半山羊歯
チャセンシダ科のシダ植物。
　¶シダ標1 (p418/カ写)
　新分牧 (No.4628/モ図)
　新牧日 (No.4628/モ図)

バラ　*Rosa*　薔薇
バラ科。バラ属の総称。
　¶学フ増花庭 (p34/カ写)
　都木花新 (p128/カ写)

バラアカシア　⇒ハナエンジュを見よ

バラアサガオ　⇒ウッドローズを見よ

バラ‘アマツオトメ’　⇒アマツオトメ(2)を見よ

バライチゴ　*Rubus illecebrosus*　薔薇苺
バラ科バラ亜科の落葉低木。日本固有種。別名ミヤ
マイチゴ。
　¶APG原樹 (No.596/カ図)
　原牧1 (No.1768/カ図)
　固有 (p76)
　新分牧 (No.1974/モ図)
　新牧日 (No.1108/モ図)
　牧野ス1 (No.1768/カ図)
　ミニ山 (p137/カ写)
　野生3 (p52/カ写)
　山力樹木 (p268/カ写)

ハライヌノヒゲ　*Eriocaulon miquelianum* var.*ozense*
ホシクサ科の草本。
　¶野生1 (p284/カ写)

バライロウラベニイロガワリ　*Boletus rhodocarpus*
イグチ科のキノコ。
　¶学フ増毒き (p176/カ写)

バライロサルノコシカケ　*Fomitopsis rosea*
ツガサルノコシカケ科のキノコ。
　¶原きの (No.350/カ写・カ図)

ハラウロコゴケ　*Nardia scalaris* subsp.*harae*
ツボミゴケ科のコケ。日本固有種。黄緑色～赤緑
色、茎は長さ1～1.5cm。
　¶固有 (p221/カ写)

バラ‘エヒガサ’　⇒エヒガサを見よ

ハラエラ・レトロカラ　⇒ニオイランを見よ

バラ‘オレンジ・メイアンディナ’　⇒オレンジ・
メイアンディナを見よ

バラ‘カンパイ’　⇒カンパイを見よ

パラグアイチャ　⇒マテチャを見よ

パラクイレギア・アネモノイデス　*Paraquilegia*
*anemonoides*
キンポウゲ科の多年草。花は赤紫色、淡青紫色。
　¶山野草 (No.0083・0084/カ写)

パラクイレギア・ミクロフィラ　*Paraquilegia*
*microphylla*
キンポウゲ科の草本。高さは20～40cm。
　¶山野草 (No.0085・0086/カ写)

パラグラス　*Urochloa mutica*
イネ科キビ亜科の多年草。
　¶帰化写改 (p425/カ写)
　桑イネ (p90/カ写・モ図)
　植調 (p307/カ写)
　新分牧 (No.1236/モ図)
　新牧日 (No.3813/モ図)
　野生2 (p99/カ写)

パラゴム　⇒パラゴムノキを見よ

パラゴムノキ　*Hevea brasiliensis*
トウダイグサ科の高木。別名パラゴム、ゴム。種子
は褐斑あり。高さは18～35m。花は黄を帯びた
白色。
　¶APG原樹 (No.799/カ図)

バラ‘シュウゲツ’　⇒シュウゲツを見よ

バラ‘シンセツ’　⇒シンセツを見よ

バラ‘シンデレラ’　⇒シンデレラを見よ

バラ‘スーパー・スター’　⇒スーパー・スターを
見よ

バラ‘セイカ’　⇒セイカを見よ

パラダイスナット　*Lecythis pisonis* subsp.*usitata*
サガリバナ科の高木。果実は大型木質壁、蓋状に開
裂。花は赤色。
　¶APG原樹 (No.1103/カ図)

ハラタケ　*Agaricus campestris*　原茸
ハラタケ科のキノコ。
　¶原きの (No.004/カ写・カ図)
　山力日き (p187/カ写)

パラナマツ　*Araucaria angustifolia*
ナンヨウスギ科の常緑大高木。別名ブラジルマツ。
高さは30～60m。
　¶APG原樹 (No.57/カ図)

バラ‘パパ・メイアン’　⇒パパ・メイアンを見よ

バラ‘ブラック・ティー’　⇒ブラック・ティーを
見よ

バラ‘プリンセス・ミチコ’ ⇒プリンセス・ミチコ
を見よ

バラ‘ブルー・ムーン’ ⇒ブルー・ムーンを見よ

バラ‘ホウジュン’ ⇒ホウジュンを見よ

パラミツ　*Artocarpus heterophyllus*　婆羅密
クワ科の小木。別名ジャックフルーツ, ナガミパン
ノキ。高さは15〜20m。花は淡緑色。葉は無毛。
果長50cm。
¶ **APG原樹**（No.683/カ図）
　原牧2（No.54/カ写）
　新分牧（No.2085/モ図）
　新牧日（No.178/モ図）
　牧野ス1（No.1899/カ図）

バラムシロスゲ ⇒カタガワヤガミスゲを見よ

バラモミ ⇒ハリモミを見よ

バラモンギク ⇒キバナザキバラモンジンを見よ

バラモンジン　*Tragopogon porrifolius*　婆羅門参
キク科の越年草。別名ムギナデシコ, セイヨウゴボ
ウ。高さは40〜90cm。花は青紫色。
¶ 帰化写改（p396/カ写）
　帰化写2（p291/カ写）
　原牧2（No.2226/カ図）
　新分牧（No.4070/モ図）
　新牧日（No.3256/モ図）
　野野ス2（No.4071/カ図）

バラ‘ヨーロピアーナ’ ⇒ヨーロピアーナを見よ

ハラン　*Aspidistra elatior*　葉蘭
キジカクシ科〔クサスギカズラ科〕（ユリ科）の常緑
多年草。葉は長楕円状。
¶ 原牧1（No.587/カ図）
　新分牧（No.623/モ図）
　新牧日（No.3477/モ図）
　牧野ス1（No.587/カ図）
　野生1（p248/カ写）

バランギボウシ　*Hosta*×*alismifolia*　葉蘭擬宝珠
キジカクシ科〔クサスギカズラ科〕の草本。葉は細
く, 基部はくさび形。
¶ 山ハ山花（p148/カ写）

ハリアサガオ　*Ipomoea turbinata*
ヒルガオ科のつる性多年草または一年草。別名アカ
バナヨルガオ。茎に刺がある。花は白色, または淡
紅紫色。
¶ 帰化写2（p183/カ写）
　野生5（p30/カ写）

ハリイ　*Eleocharis pellucida*　針藺
カヤツリグサ科の抽水性〜沈水植物, 一年草または
多年草。別名オオハリイ。穂は卵形〜狭披針形で長
さ3〜12mm。高さは8〜25cm。
¶ カヤツリ（p628/モ図）
　原牧1（No.751/カ図）
　新分牧（No.944/モ図）
　新牧日（No.4021/モ図）
　日水草（p185/カ写）
　牧野ス1（No.751/カ図）
　野生1（p345/カ写）

山ハ野花（p121/カ写）

ハリイヌナズナ　*Draba aizoides*
アブラナ科の多年草。花は黄色。
¶ 山野草（No.0479/カ写）

ハリエニシダ　*Ulex europaeus*
マメ科の常緑性木本植物。高さは0.6〜2m。花は明
るい黄色。
¶ 帰化写2（p117/カ写）

ハリエンジュ　*Robinia pseudoacacia*　針槐
マメ科マメ亜科の落葉高木。別名ニセアカシア。高
さは25m。花は白色。樹皮は灰褐色。
¶ **APG原樹**（No.384/カ図）
　学フ増山菜（p71/カ写）
　学フ増樹（p61/カ写・カ図）
　学フ増花庭（p114/カ写）
　学フ有毒〔ニセアカシア〕（p152/カ写）
　原牧1（No.1526/カ図）
　新分牧（No.1731/モ図）
　新牧日（No.1313/モ図）
　図説樹木（p146/カ写）
　茶花上（p445/カ写）
　都木花新（p143/カ写）
　牧野ス1（No.1526/カ図）
　野生2（p292/カ写）
　山力樹木（p367/カ写）
　落葉図譜〔ニセアカシア〕（p178/モ図）

ハリオニアザミ　*Cirsium nipponense* var.*spinulosum*
キク科アザミ亜科の多年草。秋田駒ヶ岳に生育。
¶ 野生5（p228）

ハリカガノアザミ　*Cirsium spinuliferum*
キク科アザミ亜科の草本。日本固有種。
¶ 固有（p140）
　野生5（p241）

ハリガタカイガラムシタケ　*Ophiocordyceps* sp.
オフィオコルディセプス科の冬虫夏草。宿主は大型
のカイガラムシ。
¶ 冬虫生態（p142/カ写）

ハリガネ　*Ahnfeltiopsis paradoxa*
オキツノリ科の海藻。別名スジフノリ, ハチジョウ
ノリ, サイミ。叉状様に分岐。体は20cm。
¶ 新分牧（No.5066/モ図）
　新牧日（No.4926/モ図）

ハリガネオチバタケ　*Marasmius siccus*
ホウライタケ科（キシメジ科）のキノコ。小型。傘
は淡紅色〜肉桂色, 放射状の溝あり, 肉は薄く革質。
¶ 新分牧（No.5099/モ図）
　新牧日（No.4982/モ図）

ハリガネカズラ　*Gaultheria japonica*　針金葛
ツツジ科スノキ亜科の矮小低木。日本固有種。高さ
は20〜30cm。
¶ 原牧2（No.1242/カ図）
　固有（p104）
　新分牧（No.3292/モ図）
　新牧日（No.2186/モ図）
　牧野ス2（No.3087/カ図）

ハリカネス 618

ハリガネスゲ　*Carex capillacea*　針金菅
カヤツリグサ科の多年草。別名エゾマツバスゲ。高さは10〜30cm。
¶カヤツリ（p74/モ図）
新分牧（No.781/モ図）
新牧日（No.4079/モ図）
スゲ増（No.17/カ写）
野生1（p302/カ写）
山ハ山花（p154/カ写）

ハリガネソウ　⇒スナヅルを見よ

ハリガネタケ　⇒ナラタケを見よ

ハリガネワラビ　*Thelypteris japonica*　針金蕨
ヒメシダ科（オシダ科）の夏緑性シダ。葉身は長さ25〜40cm、三角状長楕円形。
¶シダ標1（p436/カ写）
新分牧（No.4656/モ図）
新牧日（No.4554/モ図）

ハリギ　⇒コノテガシワを見よ

ハリギリ　*Kalopanax septemlobus* subsp.*septemlobus*　針桐
ウコギ科の落葉高木。別名センノキ。高さは20m。花は淡黄緑色。樹皮は黒褐色。
¶APG原樹（No.1515/カ図）
学フ増山菜（p164/カ写）
学フ増樹（p216/カ写・カ図）
原牧2（No.2383/カ図）
新分牧（No.4416/カ写）
新牧日（No.1994/モ図）
図説樹木（p172/カ写）
牧野ス2（No.4228/カ図）
野生5（p381/カ写）
山ハ樹木（p526/カ写）
落葉図譜（p259/モ図）

ハリグワ　*Maclura tricuspidata*　針桑
クワ科の木本。別名ドシャ。
¶APG原樹（No.691/カ図）
原牧2（No.44/カ図）
新分牧（No.2093/モ図）
新牧日（No.168/モ図）
牧野ス1（No.1889/カ図）

ハリゲコウゾリナ　*Picris echioides*
キク科の越年草または二年草。高さは30〜80cm。花は黄色。
¶帰化写2（p282/カ写）

ハリゲナタネ　*Brassica tornefortii*
アブラナ科の越年草。茎は直立し、高さ100cmほど。花は淡黄色、直径1.5cm。
¶帰化写2（p68/カ写）

ハリコウガイゼキショウ　*Juncus wallichianus*
イグサ科の多年草。別名コモチコウガイゼキショウ、コモチゼキショウ。高さは10〜50cm。
¶原牧1（No.685/カ図）

新分牧（No.728/モ図）
新牧日（No.3581/モ図）
日水草（p163/カ写）
牧野ス1（No.685/カ図）
野生1（p291/カ写）

ハリスゲ(1)　⇒イッポンスゲを見よ

ハリスゲ(2)　⇒ヒカゲハリスゲを見よ

ハリセンボン　*Teloxys aristata*　針千本
ヒユ科（アカザ科）の一年草。高さは10〜30cm。
¶帰化写改（p57/カ写）
原牧2（No.969/カ図）
新分牧（No.3007/モ図）
新牧日（No.422/モ図）
牧野ス2（No.2814/カ図）
野生4（p140）

ハリタデ　*Persicaria bungeana*
タデ科。茎と葉の裏面脈上に下向きの刺を多数付ける。
¶帰化写改（p14/カ写）

ハリツルマサキ　*Gymnosporia diversifolia*　針蔓柾木
ニシキギ科の常緑半つる状低木。別名トゲマサキ、マッコウ。
¶APG原樹（No.782/カ図）
原牧2（No.214/カ図）
新分牧（No.2236/モ図）
新牧日（No.1665/モ図）
牧野ス1（No.2059/カ図）
野生3（p137/カ写）
山レ増（p263/カ写）

ハリナズナ　*Subularia aquatica*
アブラナ科の沈水植物または湿生植物。別名アカマロソウ。気中では白い花弁の花を付ける。葉は長さ0.5〜5cm。
¶日水草（p259/カ写）
野生4（p70/カ写）

ハリナスビ　*Solanum sisymbriifolium*
ナス科の一年草。長さは1m。花は白色、または淡紫色。
¶帰化写改（p288/カ写）
植調（p218/カ写）
野生5（p45）

ハリノキ　⇒ハンノキを見よ

ハリノキテンナンショウ　*Arisaema nikoense* subsp.*alpicola*
サトイモ科の多年草。日本固有種。
¶固有（p177）
テンナン（No.13d/カ写）
野生1（p99/カ写）

ハリノホ　*Hainardia cylindrica*
イネ科の一年草。高さは5〜35cm。
¶帰化写2（p337/カ写）

バリバリノキ　*Actinodaphne acuminata*
クスノキ科の常緑高木。別名アオガシ、アオカゴノキ。
¶APG原樹（No.164/カ図）

原牧1（No.153/カ図）
新分牧（No.185/モ図）
新牧日（No.494/モ図）
牧野ス1（No.153/カ図）
野生1（p78/カ写）
山力樹木（p214/カ写）

**ハリヒメハギ** *Polygala ambigua*
ヒメハギ科の一年草。高さは10〜40cm。花は白色。
¶帰化写2（p144/カ写）

**ハリビユ** *Amaranthus spinosus*
ヒユ科の一年草。茎葉にサポニンあり。飼料とな
る。高さは40〜80cm。花は黄緑色。
¶帰化写改（p70/カ写, p494/カ写）
原牧2（No.953/カ図）
植調（p234/カ写）
新分牧（No.2989/モ図）
新牧日（No.447/モ図）
牧野ス2（No.2798/カ写）
野生4（p132/カ写）

**ハリフウチョウソウ** ⇒セイヨウフウチョウソウを
見よ

**ハリブキ** *Oplopanax japonicus* 針蕗
ウコギ科の落葉低木。日本固有種。別名クマダラ，
ジゴクバラ。
¶APG原樹（No.1516/カ図）
学フ増高山（p230/カ写）
学フ増薬草（p223/カ写）
原牧2（No.2382/カ図）
固有（p98/カ写）
新分牧（No.4410/モ図）
新牧日（No.1993/モ図）
牧野ス2（No.4227/カ写）
ミニ山（p213/カ写）
野生5（p382/カ写）
山力樹木（p527/カ写）
山ハ高山（p341/カ写）

**ハリフタバ** *Spermacoce articularis*
アカネ科の草本。根はサルサバリラ代用。花は
白色。
¶野生4（p291）

**ハリベンチャルメルソウ** ⇒タキミチャルメルソウ
を見よ

**ハリマイノデ** *Polystichum × utsumii*
オシダ科のシダ植物。
¶シダ標2（p419/カ写）

**ハリマノフサモ** *Myriophyllum × harimense*
アリノトウグサ科の水草。
¶日水草（p235/カ写）

**ハリママムシグサ** *Arisaema minus*
サトイモ科の多年草。日本固有種。高さは15〜
30cm。
¶固有（p178/カ写）
新分牧（No.241/モ図）
テンナン（No.25/カ写）
野生1（p99/カ写）

**ハリミホザキノフサモ** ⇒トゲホザキノフサモを
見よ

**ハリモミ** *Picea polita* 針樅
マツ科の常緑高木。日本固有種。別名バラモミ。
高さは35m。
¶APG原樹（No.32/カ図）
原牧1（No.5/カ図）
固有（p194）
新分牧（No.24/モ図）
新牧日（No.17/モ図）
牧野ス1（No.6/カ図）
野生1（p29/カ写）
山力樹木（p30/カ写）

**バリン**（1） ⇒ウシノシッペイを見よ

**バリン**（2） ⇒ネジアヤメを見よ

**ハルウコン** ⇒キョウオウを見よ

**ハルオミナエシ** ⇒カノコソウを見よ

**ハルガヤ** *Anthoxanthum odoratum* 春茅
イネ科イチゴツナギ亜科の多年草。高さは30〜
70cm。
¶帰化写改（p422/カ写）
桑イネ（p65/カ写・モ図）
原牧1（No.964/カ図）
植調（p321/カ写）
新分牧（No.1085/モ図）
新牧日（No.3752/モ図）
牧野ス1（No.964/カ図）
野生2（p43/カ写）
山ハ野花（p175/カ写）

**ハルカラマツ** *Thalictrum baicalense* 春唐松
キンポウゲ科の草本。別名ニッコウカラマツ。
¶原牧1（No.1252/カ図）
新分牧（No.1373/モ図）
新牧日（No.577/モ図）
牧野ス1（No.1252/カ図）
野生2（p164/カ写）
山ハ山花（p230/カ写）
山レ増（p388/カ写）

**バルカン** *Hibiscus hybridus* ‘Vulcan’
アオイ科。ハワイアン・ハイビスカスの品種。
¶APG原樹〔ハワイアン・ハイビスカス‘バルカン’〕
（No.1024/カ図）

**ハルカンラン** *Cymbidium × nishiuchianum* 春寒蘭
ラン科の草本。シュンランとカンランの自然交
配種。
¶山野草（No.1717/カ写）

**ハルコガネバナ** ⇒サンシュユを見よ

**ハルザキクリスマスローズ** *Helleborus orientalis*
春咲クリスマスローズ
キンポウゲ科の多年草。別名レンテンローズ，カン
シャクヤク。花はクリーム色，後に褐色を帯びた黄
緑色。
¶茶花上（p217/カ写）

**ハルザキヤツシロラン** *Gastrodia nipponica*
ラン科の地生の多年草。日本固有種。

¶原牧1（No.419/カ図）
固有（p189/カ写）
新分牧（No.485/モ図）
新牧日（No.4293/モ図）
牧野ス1（No.419/カ図）
野生1（p203/カ写）
山レ増（p511/カ写）

**ハルザキヤマガラシ**　*Barbarea vulgaris*　春咲山芥子
アブラナ科の多年草。別名セイヨウヤマガラシ。高
さは30〜60cm。
¶帰化写改（p88/カ写）
原牧2（No.709/カ図）
植調（p96/カ写）
新分牧（No.2734/モ図）
新牧日（No.829/モ図）
牧野ス2（No.2554/カ図）
野生4（p53/カ写）
山ハ山花（p362/カ写）

**ハルサザンカ**　*Camellia×vernalis*　春山茶花
ツバキ科の木本。花は紅や桃色。
¶茶花上（p102/カ写）
山力樹木（p488/カ写）

**バルサムファー**　⇒バルサムモミを見よ

**バルサムモミ**　*Abies balsamea*
マツ科の常緑高木。別名バルサムファー。高さは
25m。
¶APG原樹（No.46/カ図）

**ハルジオン**　*Erigeron philadelphicus*　春紫苑
キク科キク亜科の多年草。別名ハルジョオン、ハル
シオン、ベニバナヒメジョオン。高さは30〜80cm。
花は淡紅〜白色。
¶色野草（p40/カ写）
学フ増山菜（p28/カ写）
学フ増野春（p9/カ写）
帰化写改（p357/カ写, p514/カ写）
原牧2（No.1968/カ図）
植調（p123/カ写）
新分牧（No.4149/モ図）
新牧日（No.3004/モ図）
牧野ス2（No.3813/カ写）
野生5（p322/カ写）
山力野草（p42/カ写）
山ハ野花（p549/カ写）

**ハルシメジ（広義）**　*Entoloma clypeatum* sl.
イッポンシメジ科のキノコ。
¶学フ増毒き（p164/カ写）

**ハルシャギク**　*Coreopsis tinctoria*　春車菊, 波斯菊
キク科の一年草。別名クジャクソウ, ジャノメソ
ウ。高さは50〜120cm。花は鮮黄色。
¶帰化写改（p345/カ写, p513/カ写）
原牧2（No.2008/カ写）
新分牧（No.4280/モ図）
新牧日（No.3045/モ図）
茶花上（p566/カ写）
牧野ス2（No.3853/カ写）

**ハルジョオン**　⇒ハルジオンを見よ

**ハルタデ**　*Persicaria maculosa* subsp.*hirticaulis* var.
*pubescens*　春蓼
タデ科の一年草。別名ハチノジタデ, オオハルタデ,
ナツタデ。高さは20〜50cm。
¶学フ増野春（p32/カ写）
原牧2（No.814/カ図）
植調（p201/カ写）
新分牧（No.2890/モ図）
新牧日（No.276/モ図）
茶花上（p445/カ写）
牧野ス2（No.2659/カ図）
野生4（p97/カ写）
山力野草（p542/カ写）
山ハ野花（p262/カ写）

**ハルタマ**　⇒スイゼンジナを見よ

**ハルトラノオ**　*Bistorta tenuicaulis* var.*tenuicaulis*
春虎の尾
タデ科の多年草。日本固有種。別名イロハソウ。
高さは7〜15cm。花は白色。
¶原牧2（No.851/カ図）
固有（p46/カ写）
山野草（No.0001/カ写）
新分牧（No.2853/モ図）
新牧日（No.313/モ図）
茶花上（p303/カ写）
牧野ス2（No.2696/カ図）
ミニ山（p24/カ写）
野生4（p87/カ写）
山力野草（p536/カ写）
山ハ山花（p254/カ写）

**ハルナユキザサ**　*Maianthemum robustum*　榛名雪笹
キジカクシ科〔クサスギカズラ科〕（ユリ科）の多年
草。花は白色。
¶野生1（p255/カ写）
山ハ山花（p144/カ写）

**ハルニレ**　*Ulmus davidiana* var.*japonica*　春楡
ニレ科の落葉高木。別名ニレ, アカダモ, コブニレ,
ヤニレ。樹高は30m。樹皮は淡い灰褐色。
¶APG原樹（No.654/カ図）
学フ増樹（p131/カ写・カ図）
原牧2（No.33/カ図）
新分牧（No.2073/モ図）
新牧日（No.160/モ図）
図説樹木（p99/カ写）
都木花新〔アキニレとハルニレ〕（p42/カ写）
牧野ス1（No.1878/カ図）
野生2（p325/カ写）
山力樹木（p152/カ写）
落葉図譜（p92/モ図）

**ハルノアケボノ**　*Paeonia suffruticosa*
'Harunoakebono'　春の曙
ボタン科の木本。ボタンの品種。
¶APG原樹〔ボタン'ハルノアケボノ'〕（No.306/カ図）

**ハルノウタゲ**　*Prunus mume* 'Harunoutage'　春の宴
バラ科。ウメの品種。野梅系ウメ, 野梅性一重。
¶ウメ〔春の宴〕（p38/カ写）

**ハルノウテナ** *Camellia japonica* 'Haru-no-utena'
春の台
ツバキ科。ツバキの品種。花は絞りが入る。
¶茶花上（p163／カ写）

**ハルノゲシ** ⇒ノゲシを見よ

**ハルノタムラソウ** *Salvia ranzaniana* var.*ranzaniana*
春の田村草
シソ科シソ亜科〔イヌハッカ亜科〕の草本。日本固有種。
¶原牧2（No.1672／カ図）
固有（p122／カ写）
新分牧（No.3789／モ図）
新牧日（No.2584／モ図）
牧野ス2（No.3517／カ図）
野生5（p139／カ写）
山カ野草（p222／カ写）

**ハルノノゲシ** ⇒ノゲシを見よ

**ハルノヨソオイ** *Prunus mume* 'Harunoyosooi' 春の粧
バラ科。ウメの品種。野梅系ウメ、野梅性八重。
¶ウメ〔春の粧〕（p71／カ写）

**バルバドスザクラ** *Malpighia glabra*
キントラノオ科の観賞用低木。高さは3m。花はピンク色。
¶APG原樹（No.815／カ図）

**ハルハナヤスリ** ⇒ヒロハハナヤスリを見よ

**ハルフヨウ** ⇒シラネアオイを見よ

**バルミラヤシ** ⇒オウギヤシを見よ

**パールミレット** *Cenchrus americanus*
イネ科の巨大な一年草。別名トウジンビエ。茎は2mに達する。
¶新分牧（No.1221／モ図）
新牧日（No.3792／モ図）

**ハルム** ⇒ヒカルゲンジを見よ

**ハルムクゲシケシダ** ⇒ムクゲムサシシケシダを見よ

**ハルユキノシタ** *Saxifraga nipponica* 春雪の下
ユキノシタ科の多年草。日本固有種。高さは20〜30cm。
¶原牧1（No.1372／カ図）
固有（p72／カ写）
山野草（No.0561／カ写）
新分牧（No.1535／モ図）
新牧日（No.951／モ図）
茶花上（p304／カ写）
牧野ス1（No.1372／カ図）
ミニ山（p117／カ写）
野生2（p212／カ写）
山カ野草（p416／カ写）

**ハルランシダ** *Tectaria harlandii*
ナナバケシダ科のシダ植物。別名トネリコシダ。
¶シダ標2（p443／カ写）

**ハルリンドウ** *Gentiana thunbergii* var.*thunbergii* 春竜胆
リンドウ科の一年草または越年草。別名サワギキョ

ウ。高さは5〜15cm。花は淡青〜帯紫青色。
¶学フ増春春（p47／カ写）
原牧2（No.1347／カ図）
山野草（No.0955／カ写）
新分牧（No.3389／モ図）
新牧日（No.2329／モ図）
茶花上（p304／カ写）
牧野ス2（No.3192／カ図）
野生4（p296／カ写）
山カ野草（p262／カ写）
山ハ山花（p393／カ写）

**バレイショ** ⇒ジャガイモを見よ

**バレンシバ** ⇒トダシバを見よ

**バレンタイン** *Hibiscus syriacus* 'Balentine'
アオイ科。ムクゲの品種。一重咲き細弁型。花は桃色でやや淡紫色を帯びる。
¶茶花下（p14／カ写）

**ハワイアン・ハイビスカス'スレース・スー'** ⇒スレース・スーを見よ

**ハワイアン・ハイビスカス'ダブル・ブラウン'** ⇒ダブル・ブラウンを見よ

**ハワイアン・ハイビスカス'ニュー・ピンク'** ⇒ニュー・ピンクを見よ

**ハワイアン・ハイビスカス'パウダー・パフ'** ⇒パウダー・パフを見よ

**ハワイアン・ハイビスカス'バルカン'** ⇒バルカンを見よ

**バンウコン** *Kaempferia galanga* 蕃欝金
ショウガ科の多年草。花は白で紫の斑点がある。
¶原牧1（No.654／カ図）
新分牧（No.689／モ図）
新牧日（No.4236／モ図）
牧野ス1（No.654／カ図）

**ハンカイアザミ** ⇒ハンカイシオガマを見よ

**バンカイウ** ⇒オランダカイウを見よ

**ハンカイシオガマ** *Pedicularis gloriosa* 樊噲塩竈
ハマウツボ科（ゴマノハグサ科）の多年草。日本固有種。別名ハンカイアザミ。高さは30〜90cm。
¶原牧2（No.1768／カ図）
固有（p129）
新分牧（No.3851／モ図）
新牧日（No.2750／モ図）
牧野ス2（No.3613／カ図）
野生5（p158／カ写）
山カ野草（p193／カ写）
山ハ山花（p450／カ写）

**ハンカイソウ** *Ligularia japonica* 樊噲草
キク科キク亜科の多年草。別名チョウリョウソウ。高さは60〜100cm。
¶原牧2（No.2127／カ図）
新分牧（No.4105／モ図）
新牧日（No.3158／モ図）
牧野ス2（No.3972／カ図）
野生5（p298／カ写）
山カ野草（p54／カ写）

ハンカチノ

**ハンカチノキ** *Davidia involucrata*
ヌマミズキ科（ミズキ科, オオギリ科）の落葉高木。
別名ハトノキ, オオギリ。高さは15〜20m。樹皮は
橙褐色。
　¶**APG原樹**（No.1577/カ図）
　学フ増花庭（p111/カ写）
　新分牧（No.3044/モ図）
　都木花新（p153/カ写）
　山力樹木（p534/カ写）

**バンクシア・セラータ** *Banksia serrata*
ヤマモガシ科の高木。高さは10m。花は銀灰色。
　¶原牧1（No.1323/カ図）
　牧野ス1（No.1323/カ図）

**ハンゲ** ⇒カラスビシャクを見よ

**ハンゲショウ** *Saururus chinensis* 半夏生, 半化粧
ドクダミ科の多年草。別名カタシログサ, サンパク
ソウ。高さは60〜100cm。
　¶色野草（p75/カ写）
　学フ増野夏（p135/カ写）
　原牧1（No.82/カ図）
　新分牧（No.102/モ図）
　新牧日（No.673/モ図）
　茶花下（p136/カ写）
　牧野ス1（No.82/カ図）
　野生1（p54/カ写）
　山力野草（p558/カ写）
　山ハ野花（p18/カ写）

**バンコウベリア・クリサンタ** *Vancouveria chrysantha*
メギ科の草本。高さは20〜40cm。
　¶山野草（No.0385/カ写）

**バンコウベリア・ヘキサンドラ** *Vancouveria hexandra*
メギ科の草本。高さは10〜40cm。
　¶山野草（No.0384/カ写）

**ハンコクシダ** *Diplazium pullingeri*
メシダ科のシダ植物。別名ハンコックシダ。
　¶シダ標2（p326/カ写）

**ハンコックシダ** ⇒ハンコクシダを見よ

**ハンゴンソウ** *Senecio cannabifolius* 反魂草
キク科キク亜科の多年草。高さは1〜2m。
　¶学フ増山菜（p165/カ写）
　学フ増野秋（p112/カ写）
　原牧2（No.2121/カ図）
　新分牧（No.4118/モ図）
　新牧日（No.3152/モ図）
　茶花下（p253/カ写）
　牧野ス2（No.3966/カ写）
　野生5（p309/カ写）
　山力野草（p57/カ写）
　山ハ山花（p527/カ写）

**パンジー** ⇒サンシキスミレを見よ

**ハンショウヅル** *Clematis japonica* 半鐘蔓
キンポウゲ科のつる性の低木。日本固有種。花は

紫色。
　¶**APG原樹**（No.269/カ図）
　原牧1（No.1302/カ図）
　固有（p54）
　山野草（No.0111/カ写）
　新分牧（No.1463/モ図）
　新牧日（No.624/モ図）
　茶花上（p566/カ写）
　牧野ス1（No.1302/カ図）
　ミニ山（p59/カ写）
　野生2（p144/カ写）
　山力野草（p474/カ写）
　山ハ野花（p241/カ写）
　山ハ山花（p244/カ写）

**ハンショウダキ** ⇒トウチクを見よ

**バンジロウ** ⇒グアバを見よ

**バンジンガンクビソウ** ⇒コバナガンクビソウを
見よ

**バンダイキノリ** *Sulcaria sulcata*
ウメノキゴケ科の地衣類。地衣体は灰白または
褐色。
　¶新分牧（No.5193/モ図）
　新牧日（No.5053/モ図）

**バンダイクワガタ** *Veronica schmidtiana* subsp.
*senanensis* var. *bandaiana* 磐梯鍬形
オオバコ科の草本。ミヤマクワガタの変種。別名ミ
チノククワガタ, ダイセンクワガタ, シラガミクワ
ガタ。
　¶野生5（p88/カ写）
　山ハ高山（p334/カ写）

**バンダイショウマ** *Astilbe odontophylla* var. *bandaica*
ユキノシタ科。日本固有種。
　¶固有（p70）

**バンダカンアオイ** *Asarum maximum*
ウマノスズクサ科の草本。
　¶山野草（No.0423/カ写）

**バンダ・ラメラタ** ⇒コウトウヒスイランを見よ

**ハンテンボク** ⇒ユリノキを見よ

**バントウ** *Prunus persica* var. *platycarpa* 蟠桃
バラ科の木本。別名ザゼンモモ。果実は扁円形。
　¶**APG原樹**（No.489/カ図）

**ハンノキ** *Alnus japonica* 榛の木
カバノキ科の落葉高木。別名ハリノキ, ハギ。高さ
は15〜20m。
　¶**APG原樹**（No.738/カ図）
　学フ増樹（p105/カ写・カ図）
　原牧2（No.149/カ図）
　新分牧（No.2172/モ図）
　新牧日（No.127/モ図）
　茶花下（p384/カ写）
　都木花新（p67/カ写）
　牧野ス1（No.1994/カ写）
　野生3（p109/カ写）
　山力樹木（p120/カ写）
　落葉図譜（p82/モ図）

パンノキ　*Ariocarpus incisus*
クワ科の木本, 薬用植物。別名アルミパンノキ。高さは12〜18m。雄花は黄, 雌花は緑色。
¶**APG原樹** (No.682/カ図)
原牧2 (No.53/カ図)
新分牧 (No.2084/モ図)
新牧日 (No.177/モ図)
牧野ス1 (No.1898/カ図)

ハンノキイグチ　*Gyrodon lividus*
ヒダハタケ科のキノコ。中型〜大型。傘は黄褐色〜褐色, 多少綿毛状。
¶山ケ日き (p298/カ写)

パンパスグラス　*Cortaderia selloana*
イネ科シロガネヨシ亜科の多年草。高さは1〜3m。花は銀白色。
¶帰化写改〔シロガネヨシ〕(p437/カ写, p520/カ写)
原牧1 (No.1103/カ図)
新分牧 (No.1244/モ図)
新牧日 (No.3653/モ図)
牧野ス1 (No.1103/カ図)
野生2〔シロガネヨシ〕(p67/カ写)

バンブーサ ツルダ　*Bambusa tulda*
イネ科のタケ。
¶タケササ (p188/カ写)

バンブーサ バンボス　*Bambusa bambos*
イネ科のタケ。
¶タケササ (p186/カ写)

バンブーサ ブルガリス　⇒ダイサンチクを見よ

バンブーサ ブルメアナ　*Bambusa blumeana*
イネ科のタケ。密集束生, 刺は多く上と下に向う。
¶タケササ (p187/カ写)

バンペイユ　*Citrus maxima*　晩白柚
ミカン科の木本。
¶**APG原樹** (No.962/カ図)

バンマツリ　*Brunfelsia uniflora*　蕃茉莉
ナス科の観賞用低木。高さは30cm。花は淡紫色, 翌日白色となる。
¶**APG原樹** (No.1372/カ図)
原牧2 (No.1456/カ図)
新分牧 (No.3467/モ図)
新牧日 (No.2633/モ図)
牧野ス2 (No.3301/カ図)

パンヤノキ　*Ceiba pentandra*
アオイ科(パンヤ科)の高木。別名カポック。高さは50m。花は白黄色。
¶原牧2 (No.615/カ図)
新分牧 (No.2696/モ図)
新牧日 (No.1755/モ図)
牧野ス2 (No.2460/カ図)

バンヤンジュ　⇒ベンガルボダイジュを見よ

バンレイシ　*Annona squamosa*　蕃荔枝
バンレイシ科の低木。別名シャカトウ。果実は甘く生食また醸酵飲料用。高さは2〜7m。花は緑色。
¶**APG原樹** (No.143/カ図)
原牧1 (No.133/カ図)

新分牧 (No.164/モ図)
新牧日 (No.471/モ図)
牧野ス1 (No.133/カ図)

# 【ヒ】

ヒアシンス　⇒ヒヤシンスを見よ

ビアルム・タビッシィー　*Biarum davisii*
サトイモ科の地下に球茎をもつ多年草。高さは約10〜30cm。
¶山野草 (No.1655/カ写)

ビアルム・テヌイフォリウス　*Biarum tenuifolius*
サトイモ科の草本。高さは約10〜20cm。
¶山野草 (No.1656/カ写)

ヒイラギ　*Osmanthus heterophyllus*　柊, 疼木, 比比羅木
モクセイ科の常緑低木。高さは10m。花は白色。
¶**APG原樹** (No.1385/カ図)
学フ増樹 (p238/カ写・カ図)
原牧2 (No.1523/カ図)
新分牧 (No.3567/モ図)
新牧日 (No.2306/モ図)
都木花新 (p212/カ写)
牧野ス2 (No.3368/カ図)
野生5 (p65/カ写)
山ケ樹木 (p628/カ写)

ヒイラギ(斑入り)　*Osmanthus heterophyllus*
'Variegatus'　柊, 疼木, 比比羅木
モクセイ科の常緑低木。
¶**APG原樹**〔フイリヒイラギ〕(No.1386/カ図)

ヒイラギガシ　⇒リンボクを見よ

ヒイラギギク　*Pluchea indica*
キク科キク亜科の低木。
¶帰化写2 (p445/カ写)
野生5 (p355/カ写)

ヒイラギシダ　⇒ヒイラギデンダを見よ

ヒイラギズイナ　*Itea oldhamii*
ズイナ科(ユキノシタ科)の木本。高さは2〜3m。
¶原牧1 (No.1353/カ図)
新分牧 (No.1524/モ図)
新牧日 (No.1006/モ図)
牧野ス1 (No.1353/カ図)
野生2 (p190/カ写)

ヒイラギソウ　*Ajuga incisa*　柊草
シソ科キランソウ亜科の多年草。日本固有種。高さは30〜50cm。
¶学フ増野春 (p42/カ写)
原牧2 (No.1624/カ図)
固有 (p124/カ写)
山野草 (No.1060/カ写)
新分牧 (No.3718/モ図)
新牧日 (No.2533/モ図)
牧野ス2 (No.3469/カ図)

ヒイラキテ

**ヒイラギデンダ** *Polystichum lonchitis* 柊連朶
オシダ科の常緑性シダ。別名ヒイラギシダ, カラフトデンダ, クモイカグマ。葉身は長さ10〜20cm, 線形〜線状披針形。
¶シダ標2 (p409/カ写)
山ハ高山 (p469/カ写)
山レ増 (p653/カ写)

**ヒイラギナンテン** *Berberis japonica* 柊南天
メギ科の常緑低木。別名トウナンテン, ヒラギナンテン。高さは1.5m。花は黄色。
¶APG原樹 (No.261/カ図)
学フ増花庭 (p72/カ写)
原牧1 (No.1173/カ図)
新分牧 (No.1336/モ図)
新牧日 (No.640/モ図)
茶花上 (p218/カ写)
都木花新 (p30/カ写)
牧野ス1 (No.1173/カ図)
野生2 (p115/カ写)
山力樹木 (p189/カ写)

**ヒイラギナンテンモドキ** *Xanthorhiza simplicissima* 柊南天擬
キンポウゲ科の小型の落葉灌木。
¶新分牧 (No.1343/モ図)

**ヒイラギバツバキ** *Camellia japonica* 'Hiiragiba-tsubaki' 柊葉椿
ツバキ科。ツバキの品種。ヤブツバキ系。葉がヒイラギの葉に似ている。
¶茶花上 (p173/カ写)

**ヒイラギモクセイ** *Osmanthus×fortunei* 柊木犀
モクセイ科の常緑木。花は白色。
¶APG原樹 (No.1387/カ図)
原牧2 (No.1522/カ図)
新分牧 (No.3566/モ図)
新牧日 (No.2305/カ図)
牧野ス2 (No.3367/カ図)
山力樹木 (p628/カ写)

**ヒイラギモチ** *Ilex aquifolium* 柊糯
モチノキ科の木本。別名セイヨウヒイラギ。高さは6m。花は白色。樹皮は淡い灰色。
¶APG原樹 〔セイヨウヒイラギ〕(No.1458/カ図)
原牧2 (No.1827/カ写)
新分牧 (No.3875/モ図)
新牧日 (No.1618/モ図)
牧野ス2 (No.3672/カ図)

**ヒイラギモドキ** ⇒ヤバネヒイラギモチを見よ

**ヒイラギヤブカラシ** *Cayratia tenuifolia*
ブドウ科の草本。
¶植調 (p249/カ写)
野生2 (p234/カ写)

**ヒイロイヌシメジ** *Lepista flaccida*
キシメジ科のキノコ。傘は黄褐色。

¶原きの (No.175/カ写・カ図)

**ヒイロオキノイシ** *Camellia japonica* 'Hiiro-oki-no-ishi' 緋色沖の石
ツバキ科。ツバキの品種。花は紅色。
¶茶花上 (p136/カ写)

**ヒイロガサ** *Hygrocybe punicea*
ヌメリガサ科のキノコ。
¶原きの (No.131/カ写・カ図)
山力日き (p43/カ写)

**ヒイロタケ** *Trametes coccinea*
タマチョレイタケ科 (サルノコシカケ科) のキノコ。中型〜大型。傘は朱色, 無毛。
¶新分牧 (No.5141/モ図)
新牧日 (No.4961/モ図)
山力日き (p468/カ写)

**ヒイロチャヒラタケ** *Crepidotus cinnabarinus*
アセタケ科のキノコ。
¶原きの (No.082/カ写・カ図)

**ヒイロチャワンタケ** *Aleuria aurantia*
ピロネマキン科のキノコ。小型〜中型。子嚢盤は浅い椀形, 子実層は緋色。
¶原きの (No.509/カ写・カ図)
山力日き (p572/カ写)

**ヒイロハリタケ** *Hydnophlebia chrysorhiza*
マクカワタケ科のキノコ。中型〜大型。子実体は背着生, 膜状。
¶山力日き (p420/カ写)

**ヒイロベニヒダタケ** *Pluteus aurantiorugosus*
ウラベニガサ科のキノコ。小型。傘は橙赤色, 縁部は白い縁どり。ひだは白色〜肉色。
¶原きの (No.241/カ写・カ図)
山力日き (p178/カ写)

**ヒエ** *Echinochloa esculenta* 稗, 比要
イネ科キビ亜科の一年草。
¶桑イネ (p199/カ写・モ図)
原牧1 (No.1047/カ図)
新分牧 (No.1204/モ図)
新牧日 (No.3819/モ図)
牧野ス1 (No.1047/カ図)
野生2 (p84/カ写)
山ハ野花 (p207/カ写)

**ヒエガエリ** *Polypogon fugax* 稗還り, 稗返り
イネ科イチゴツナギ亜科の一年草または越年草。高さは20〜60cm。
¶桑イネ (p414/カ写・モ図)
原牧1 (No.991/カ写)
植調 (p291/カ写)
新分牧 (No.1094/モ図)
新牧日 (No.3738/モ図)
牧野ス1 (No.991/カ写)
野生2 (p63/カ写)
山力野草 (p670/カ写)
山ハ野花 (p184/カ写)

**ヒエスゲ** *Carex longirostrata* var.*longirostrata* 稗菅
カヤツリグサ科の多年草。別名マツマエスゲ。高さ

は20〜40cm。
　¶カヤツリ（p266/モ図）
　　スゲ増（No.131/カ写）
　　野生1（p314/カ写）
　　山ハ山花（p177/カ写）

**ヒエラキウム・マクラツム** ⇒ウズラバタンポポ
を見よ

**ヒエンソウ**(1)　*Delphinium ajacis*　飛燕草
　キンポウゲ科の一年草、ハーブ。別名チドリソウ，
ラークスパー。高さは30〜90cm。花は青，藤，赤，
桃，白色など。
　¶原牧1（No.1213/カ図）
　　新分牧（No.1406/モ図）
　　新牧日（No.538/モ図）
　　茶花上（p446/カ写）
　　牧野ス1（No.1213/カ図）

**ヒエンソウ**(2)　*Delphinium tatsienense*　飛燕草
　キンポウゲ科の多年草。山野草園芸におけるヒエン
ソウは本種を指す。草丈は30〜80cm。花は紫青色。
　¶山野草（No.0091/カ写）

**ヒオウ** ⇒ミヤマガンピを見よ

**ヒオウギ**　*Iris domestica*　檜扇
　アヤメ科の多年草。別名カラスオウギ。高さは50
〜120cm。花は黄赤色。
　¶色野草（p206/カ写）
　　原牧1（No.508/カ図）
　　新分牧（No.563/モ図）
　　新牧日（No.3553/モ図）
　　茶花下（p253/カ写）
　　牧野ス1（No.508/カ図）
　　野生1（p234/カ写）
　　山力野草（p595/カ写）
　　山ハ山花（p137/カ写）

**ヒオウギアヤメ**　*Iris setosa*　檜扇菖蒲
　アヤメ科の多年草。高さは30〜70cm。花は紫色。
　¶原牧1（No.499/カ図）
　　山野草（No.1592/カ写）
　　新分牧（No.557/モ図）
　　新牧日（No.3547/モ図）
　　茶花下（p136/カ写）
　　牧野ス1（No.499/カ図）
　　野生1（p235/カ写）
　　山力野草（p592/カ写）
　　山ハ高山（p45/カ写）
　　山ハ山花（p132/カ写）

**ヒオウギズイセン**(1)　*Crocosmia aurea*　檜扇水仙
　アヤメ科の多年草。高さは1m内外。花は鮮やかな
黄橙色。
　¶原牧1（No.512/カ写）
　　新分牧（No.545/モ図）
　　新牧日（No.3555/モ図）
　　牧野ス1（No.512/カ図）

**ヒオウギズイセン**(2)　*Watsonia spp.*　檜扇水仙
　アヤメ科の多年草。別名ワトソニア。赤花では「ワ
トソニア・コッキネア」が多く栽培される。高さは
80cmほど。

　¶茶花上（p567/カ写）

**ヒオウギラン** ⇒ヨウラクランを見よ

**ビオラ**　*Viola* cvs.
　スミレ科の草本。ツノスミレなどにパンジーが交配
され，花径が4cm以下の小輪多花性の園芸品種群を
総称していう。
　¶茶花上（p218/カ写）

**ビオラ・ソロリア** ⇒アメリカスミレサイシンを
見よ

**ビオラ・デルフィナンサ**　*Viola delphinantha*
　スミレ科の草本。
　¶山野草（No.0734/カ写）

**ビオラ・トリコロル**　*Viola tricolor*
　スミレ科の一年草または多年草。花は紫，黄，白
など。
　¶原牧2（No.380/カ図）
　　牧野ス1（No.2225/カ図）

**ビカクシダ**　*Platycerium bifurcatum*　麋角羊歯
　ウラボシ科のシダ植物。ネスト・リーフは褐色。
　¶新分牧（No.4778/カ図）
　　新牧日（No.4679/モ図）

**ヒカゲアマクサシダ**　*Pteris tokioi*
　イノモトソウ科の常緑性シダ。別名ウスバハチジョ
ウシダ。葉身は長さ1m，卵状長楕円形。
　¶シダ標1（p379/カ写）
　　山レ増（p672/カ写）

**ヒカゲイノコヅチ** ⇒イノコヅチを見よ

**ヒカゲウラベニタケ**　*Clitopilus prunulus*
　イッポンシメジ科のキノコ。小型〜中型。傘は白
色，湿時粘性，微粉状。ひだはピンク色。
　¶原きの（No.052/カ写・カ図）
　　山力日き（p276/カ写）

**ヒカゲグサ** ⇒フタバアオイを見よ

**ヒカゲシビレタケ**　*Psilocybe argentipes*
　モエギタケ科のキノコ。小型。傘は円錐状，頂端は
やや尖る。暗褐色〜黄土褐色。
　¶学フ増毒き（p39/カ写）
　　山力日き（p227/カ写）

**ヒカゲシラスゲ**　*Carex planiculmis*　日陰白菅
　カヤツリグサ科の多年草。高さは30〜60cm。
　¶カヤツリ（p426/モ図）
　　新分牧（No.915/モ図）
　　新牧日（No.4204/モ図）
　　スゲ増（No.239/カ写）
　　野生1（p331/カ写）
　　山ハ山花（p170/カ写）

**ヒカゲスゲ**　*Carex lanceolata*　日陰菅
　カヤツリグサ科の多年草。高さは15〜40cm。
　¶カヤツリ（p392/モ図）
　　原牧1（No.845/カ図）
　　新分牧（No.857/モ図）
　　新牧日（No.4145/モ図）
　　スゲ増（No.212/カ写）
　　牧野ス1（No.845/カ図）

ヒカゲスミ

野生1（p324/カ写）
山ハ野花（p137/カ写）

**ヒカゲスミレ** *Viola yezoensis* 日陰菫
スミレ科の多年草。高さは5〜12cm。花は白色。
¶学フ増野春（p158/カ写）
原牧2（No.363/カ図）
新分牧（No.2348/モ図）
新牧日（No.1836/モ図）
牧野ス1（No.2208/カ図）
ミニ山（p190/カ写）
野生3（p218/カ写）
山力野草（p337/カ写）
山ハ野花（p332/カ写）

**ヒカゲツツジ** *Rhododendron keiskei* 日陰躑躅
ツツジ科ツツジ亜科の常緑低木。日本固有種。別名
サワテラシ, ヤクシマヒカゲツツジ。高さは1.8m。
花はクリーム, 淡黄色。
¶APG原樹（No.1295/カ図）
原牧2（No.1171/カ図）
固有（p105/カ写）
山野草（No.0768/カ写）
新分牧（No.3283/モ図）
新牧日（No.2117/モ図）
茶花上（p305/カ写）
牧野ス2（No.3016/カ図）
野生4（p236/カ写）
山力樹木（p566/カ写）

**ヒカゲノカズラ** *Lycopodium clavatum* 日陰蔓
ヒカゲノカズラ科の常緑性シダ。別名ナンゴクヒカ
ゲノカズラ。葉身は長さ3.5〜7mm, 線形または線
状披針形。
¶シダ標1（p261/カ写）
新分牧（No.4819/モ図）
新牧日（No.4365/モ図）

**ヒカゲハリスゲ** *Carex onoei*
カヤツリグサ科の多年草。別名ハリスゲ。
¶カヤツリ（p70/モ図）
新分牧（No.777/モ図）
新牧日（No.4075/モ図）
スゲ増（No.10/カ写）
野生1（p301/カ写）

**ヒカゲヒメジソ** ⇒シラゲヒメジソを見よ

**ヒカゲヘゴ** ⇒モリヘゴを見よ

**ヒカゲミズ** *Parietaria micrantha* var.*micrantha*
イラクサ科の草本。
¶野生2（p348/カ写）

**ヒカゲミツバ** *Spuriopimpinella koreana* 日陰三葉
セリ科セリ亜科の多年草。高さは50〜80cm。
¶原牧2（No.2416/カ図）
新分牧（No.4458/モ図）
新牧日（No.2032/モ図）
牧野ス2（No.4261/カ図）
ミニ山（p227/カ写）
野生5（p400/カ写）

**ヒカゲワラビ** *Diplazium chinense* 日陰蕨
メシダ科（オシダ科）の夏緑性シダ。葉身は長さ30
〜60cm, 三角形。
¶シダ標2（p327/カ写）
新分牧（No.4691/モ図）
新牧日（No.4602/モ図）

**ヒガタアシ** *Spartina alterniflora*
イネ科の多年草。
¶帰化写2（p513/カ写）
日水草（p219/カ写）

**ヒカノコソウ** ⇒ベニカノコソウを見よ

**ビカラー** *Hibiscus syriacus* 'Bicolor'
アオイ科。ムクゲの品種。八重咲き菊咲き型。花
は淡いピンク色。
¶茶花下（p36/カ写）

**ヒカリゴケ** *Schistostega pennata* 光苔
ヒカリゴケ科のコケ。原糸体は黄緑色に光る。茎は
7〜8mm。葉は披針形。
¶新分牧（No.4862/モ図）
新牧日（No.4725/モ図）

**ヒカリハナガサ** *Hibiscus syriacus* 'Hikari-hanagasa'
光花笠
アオイ科。ムクゲの品種。半八重咲き花笠型。
¶茶花下（p29/カ写）

**ヒカルゲンジ** *Camellia japonica* 'Hikaru-genji' 光
源氏
ツバキ科。ツバキの品種。別名ハルム。花は紅色
地に白色の幅広い覆輪が入る。
¶茶花上（p172/カ写）

**ヒガンザクラ**(1) ⇒ウバヒガンを見よ

**ヒガンザクラ**(2) ⇒カンヒザクラを見よ

**ヒガンザクラ**(3) ⇒コヒガンザクラを見よ

**ヒガンバナ** *Lycoris radiata* 彼岸花
ヒガンバナ科の多年草。別名マンジュシャゲ。高さ
は30〜50cm。花は鮮赤色。
¶色野草（p213/カ写）
学フ増山菜（p226/カ写）
学フ増野秋（p44/カ写）
学フ有毒（p28/カ写）
原牧1（No.543/カ図）
山野草（No.1575/カ写）
新分牧（No.588/モ図）
新牧日（No.3515/モ図）
牧野ス1（No.543/カ図）
野生1（p244/カ写）
山力野草（p598/カ写）
山ハ野花（p68/カ写）

**ヒガンマムシグサ** *Arisaema aequinoctiale* 彼岸蝮草
サトイモ科の多年草。日本固有種。別名ヨシナガマ
ムシグサ, ハウチワテンナンショウ。
¶原牧1（No.197/カ図）
固有（p178）
テンナン（No.27/カ写）
牧野ス1（No.197/カ図）
野生1（p100/カ写）

**ヒキオコシ** *Isodon japonicus* 引起し
シソ科シソ亜科〔イヌハッカ亜科〕の多年草。別名エンメイソウ。高さは50～100cm。
¶学フ増野秋 (p63/カ写)
学フ増薬草 (p107/カ写)
原牧2 (No.1722/カ図)
新分牧 (No.3815/モ図)
新牧日 (No.2631/モ図)
茶花下 (p330/カ写)
牧野ス2 (No.3567/カ写)
野生5 (p141/カ写)
山力野草 (p230/カ写)

**ヒキノカサ** *Ranunculus ternatus* var.*ternatus* 蟇の傘, 蛙の傘
キンポウゲ科の多年草。別名コキンポウゲ。高さは10～30cm。
¶原牧1 (No.1278/カ図)
山野草 (No.0303/カ写)
新分牧 (No.1400/モ図)
新牧日 (No.601/モ図)
牧野ス1 (No.1278/カ図)
ミニ山 (p57/カ写)
野生2 (p156/カ写)
山力野草 (p469/カ写)
山ハ野花 (p232/カ写)
山レ増 (p385/カ写)

**ヒキヨモギ** *Siphonostegia chinensis* 引艾, 蔂蓬, 引蓬
ハマウツボ科 (ゴマノハグサ科) の半寄生一年草。高さは30～70cm。
¶学フ増野秋 (p103/カ写)
原牧2 (No.1782/カ図)
新分牧 (No.3845/モ図)
新牧日 (No.2764/モ図)
牧野ス2 (No.3627/カ図)
野生5 (p162/カ写)
山力野草 (p177/カ写)
山ハ野花 (p472/カ写)

**ヒギリ** *Clerodendrum japonicum* 緋桐
シソ科キランソウ亜科 (クマツヅラ科) の落葉低木。別名トウギリ。高さは2m。花は緋紅色。
¶APG原樹 (No.1424/カ図)
原牧2 (No.1741/カ図)
新分牧 (No.3705/モ図)
新牧日 (No.2517/モ図)
牧野ス2 (No.3586/カ図)
野生5 (p112/カ写)

**ピクチュラータ** *Aucuba japonica* 'Picturata'
アオキ科 (ミズキ科, ガリア科) の木本。
¶APG原樹〔アオキ'ピクチュラータ'〕(No.1584/カ図)

**ヒグマアミガサタケ** ⇒トビイロノボリリュウタケを見よ

**ヒグラシ** *Paeonia suffruticosa* 'Higurashi' 日暮
ボタン科。ボタンの品種。
¶APG原樹〔ボタン'ヒグラシ'〕(No.307/カ写)

**ヒグルマ** ⇒ヒマワリを見よ

**ヒグルマダリア** *Dahlia coccinea*
キク科の多年草。別名ヒグルマテンジクボタン。
¶原牧2 (No.2010/カ図)
新分牧 (No.4282/モ図)
新牧日 (No.3047/モ図)
牧野ス2 (No.3855/カ図)

**ヒグルマテンジクボタン** ⇒ヒグルマダリアを見よ

**ヒゲアブラガヤ** ⇒エゾアブラガヤを見よ

**ヒゲガヤ** *Cynosurus echinatus*
イネ科の一年草。高さは10～100cm。
¶帰化写2 (p330/カ写)
桑イネ (p165/カ写・モ図)
植調 (p320/カ写)

**ヒゲクサ**(1) ⇒キヌクサを見よ

**ヒゲクサ**(2) ⇒ノグサを見よ

**ヒゲクリノイガ** *Cenchrus ciliaris*
イネ科の多年草。総苞の刺が剛毛。
¶帰化写2 (p328/カ写)

**ヒゲシバ**(1) *Sporobolus japonicus* 鬚芝, 髭芝
イネ科ヒゲシバ亜科の一年草。高さは20～50cm。
¶桑イネ (p463/カ写)
原牧1 (No.1123/カ図)
新分牧 (No.1255/モ図)
新牧日 (No.3777/モ図)
牧野ス1 (No.1123/カ図)
野生2 (p72)
山ハ野花 (p185/カ写)

**ヒゲシバ**(2) ⇒カセンガヤを見よ

**ヒゲスゲ** *Carex wahuensis* var.*bongardii* 髭菅
カヤツリグサ科の多年草。別名オニヒゲスゲ, イソスゲ, オオヒゲスゲ。高さは20～50cm。
¶カヤツリ (p254/モ図)
原牧1 (No.867/カ図)
新分牧 (No.887/モ図)
新牧日 (No.4172/モ図)
スゲ増 (No.122/カ写)
牧野ス1 (No.867/カ図)
野生1 (p313/カ写)
山ハ野花 (p136/カ写)

**ヒゲダシアマミムシタケ** *Ophiocordyceps* sp.
オフィオコルディセプス科の冬虫夏草。宿主は甲虫の幼虫。
¶冬虫生態 (p193/カ写)

**ヒゲナガキンギンソウ** *Goodyera rubicunda*
ラン科の多年草。花は赤褐色。
¶野生1 (p204/カ写)

**ヒゲナガコメススキ** *Ptilagrostis alpina* 髭長米芒
イネ科イチゴツナギ亜科の多年草。別名ヒゲナガハネガヤ。
¶桑イネ (p418/モ図)
原牧1 (No.937/カ図)
新分牧 (No.1042/モ図)
新牧日 (No.3658/モ図)

ヒケナカス

牧野ス1（No.937/カ図）
野生2（p63/カ写）
山ハ高山（p78/カ写）
山レ増（p558/カ写）

**ヒゲナガスズメノチャヒキ** *Bromus diandrus* 髭長雀の茶挽
イネ科イチゴツナギ亜科の一年草〜二年草。別名オオスズメノチャヒキ。高さは30〜80cm。
¶帰化写改（p430/カ写）
桑イネ（p106/カ写・モ図）
植調（p294/カ写）
野生2（p46/カ写）
山ハ野花（p157/カ写）

**ヒゲナガスズメノテッポウ** *Alopecurus longearistatus*
イネ科の一年草。
¶帰化写2（p312/カ写）

**ヒゲナガトンボ** *Peristylus calcaratus*
ラン科の地生の多年草。九州南部・種子島に産する。
¶野生1（p219）

**ヒゲナガハネガヤ** ⇒ヒゲナガコメススキを見よ

**ヒゲナデシコ** ⇒アメリカナデシコを見よ

**ヒゲネワチガイソウ** *Pseudostellaria palibiniana* 髭根輪違草
ナデシコ科の多年草。高さは10〜20cm。
¶原牧2（No.899/カ図）
新分牧（No.2922/モ図）
新牧日（No.371/モ図）
牧野ス2（No.2744/カ図）
ミニ山（p31/カ写）
野生4（p116/カ写）
山ハ山花（p261/カ写）

**ヒゲノガリヤス** *Calamagrostis longiseta* 鬚野刈安
イネ科イチゴツナギ亜科の草本。日本固有種。
¶桑イネ（p128/モ図）
原牧1（No.984/カ図）
固有（p168/カ写）
新分牧（No.1105/カ写）
新牧日（No.3726/モ図）
牧野ス1（No.984/カ図）
野生2（p49/カ写）

**ヒゲハリスゲ** *Carex myosuroides* 髭針菅
カヤツリグサ科の多年草。高さは10〜25cm。
¶カヤツリ（p526/モ図）
原牧1（No.785/カ図）
新分牧（No.774/モ図）
新牧日（No.4066/モ図）
スゲ増（No.20/カ写）
牧野ス1（No.785/カ図）
野生1（p351/カ写）
山ハ高山（p69/カ写）
山レ増（p537/カ写）

**ヒゴイカリソウ** *Epimedium grandiflorum* var. *higoense*
メギ科の多年草。花は白色。葉に細毛。
¶野生2（p117/カ写）

**ヒゴイチイゴケ** *Pseudotaxiphyllum maebarae*
ハイゴケ科のコケ。日本固有種。無性芽は数が少なく, 不揃いな卵形〜球形。
¶固有（p220/カ写）

**ヒゴウコギ** *Eleutherococcus higoensis*
ウコギ科。日本固有種。
¶固有（p98）
野生5（p377）

**ヒゴウメ** ⇒ブンゴウメを見よ

**ヒゴオミナエシ** ⇒キオンを見よ

**ヒゴカナワラビ** *Arachniodes simulans*
オシダ科のシダ植物。
¶シダ標2（p393/カ写）

**ヒゴクサ** *Carex japonica* 肥後草, 籤草
カヤツリグサ科の多年草。高さは20〜40cm。
¶カヤツリ（p428/モ図）
原牧1（No.893/カ図）
新分牧（No.913/モ図）
新牧日（No.4202/モ図）
スゲ増（No.237/カ写）
牧野ス1（No.893/カ図）
野生1（p332/カ写）
山ハ野花（p142/カ写）

**ヒコサンヒメシャラ** *Stewartia serrata* 英彦山姫沙羅
ツバキ科の落葉高木。日本固有種。
¶APG原樹（No.1176/カ図）
原牧2（No.1128/カ写）
固有（p63）
新分牧（No.3169/モ図）
新牧日（No.734/モ図）
茶花下（p137/カ写）
牧野ス2（No.2973/カ図）
野生4（p206/カ写）
山力樹木（p491/カ写）

**ヒゴシオン** *Aster maackii* 肥後紫苑
キク科キク亜科の草本。
¶原牧2（No.1948/カ図）
新分牧（No.4174/モ図）
新牧日（No.2988/モ図）
牧野ス2（No.3793/カ図）
野生5（p317/カ写）
山ハ山花（p513/カ写）
山レ増（p36/カ写）

**ヒゴズイコウニシキ** *Camellia japonica* 'Higo-zuikô-nishiki' 肥後瑞光錦
ツバキ科。ツバキの品種。花は絞りが入る。
¶茶花上（p156/カ写）

**ヒゴスミレ** *Viola chaerophylloides* var.*sieboldiana* 肥後菫
スミレ科の多年草。日本固有種。高さは5〜10cm。
¶原牧2（No.379/カ図）
固有（p93）
新分牧（No.2363/モ図）
新牧日（No.1851/モ図）

茶花上（p305/カ写）
牧野ス1（No.2224/カ図）
ミニ山（p187/カ写）
野生3（p216/カ写）
山ハ山花（p309/カ写）

**ヒゴタイ** *Echinops setifer* 平江帯
キク科アザミ亜科の多年草。高さは1m。
¶原牧2（No.2223/カ図）
新分牧（No.3948/カ図）
新牧日（No.3253/モ図）
茶花下（p254/カ写）
牧野ス2（No.4068/カ図）
野生5（p215/カ写）
山力野草（p102/カ写）
山ハ山花（p565/カ写）
山レ増（p66/カ写）

**ヒゴビャクゼン** ⇒ロクオンソウ(1)を見よ

**ヒゴミズキ** *Corylopsis gotoana* var.*pubescens*
マンサク科の夏緑性低木。若枝に毛が密生。
¶野生2（p184）

**ヒコリー** ⇒ヒッコリーを見よ

**ヒゴロモソウ** *Salvia splendens* 緋衣草
シソ科の落葉小低木。別名サルビア（園芸名）。高さは1m。花は鮮紅色。
¶原牧2（No.1681/カ図）
新分牧（No.3798/モ図）
新牧日（No.2593/モ図）
茶花下（p254/カ写）
牧野ス2（No.3526/カ図）

**ヒサ** *Clematis* 'Hisa'
キンポウゲ科の木本。クレマチスの品種。
¶APG原樹〔クレマチス'ヒサ'〕（No.282/カ図）

**ヒサウチソウ** *Bellardia trixago*
ゴマノハグサ科の半寄生の越年草。高さは10～80cm。花は白色。
¶帰化写2（p226/カ写）

**ヒザオリシバ** ⇒ケカモノハシを見よ

**ヒザオリヒバ** ⇒ケカモノハシを見よ

**ヒサカキ** *Eurya japonica* 姫榊
サカキ科（ツバキ科）の常緑木。花は帯黄白色。
¶APG原樹（No.1104/カ図）
学フ増樹（p78/カ写・カ図）
学フ増花庭（p113/カ写）
原牧2（No.1053/カ図）
新分牧（No.3095/カ図）
新牧日（No.737/モ図）
都木花新〔ヒサカキとハマヒサカキ〕（p75/カ写）
牧野ス2（No.2898/カ図）
野生4（p180/カ写）
山力樹木（p493/カ写）

**ヒサカキサザンカ** *Pyrenaria virgata*
ツバキ科の常緑高木。日本固有種。
¶固有（p64）
新分牧（No.3158/モ図）

野生4（p205/カ写）

**ヒザクラ** ⇒カンヒザクラを見よ

**ヒサゴ** ⇒ヒョウタンを見よ

**ヒサツイヌワラビ** *Athyrium*×*hisatsuanum*
メシダ科のシダ植物。
¶シダ標2（p309/カ写）

**ヒサツオオクジャク** *Dryopteris*×*hisatsuana*
オシダ科のシダ植物。
¶シダ標2（p374/カ写）

**ヒシ** *Trapa jeholensis* 菱
ミソハギ科（ヒシ科，アカバナ科）の一年生浮葉植物。大きな果実を形成。花は白色，または微紅色。
¶学フ増夏（p170/カ写）
学フ増薬草（p84/カ写）
原牧2（No.432/カ図）
新分牧（No.2477/モ図）
新牧日（No.1905/モ図）
日水草（p247/カ写）
牧野ス2（No.2277/カ図）
ミニ山（p204/カ写）
野生3（p260/カ写）
山力野草（p328/カ写）
山ハ野花（p311/カ写）

**ヒシカライト** *Camellia*×*intermedia* 'Hishikaraito'
菱唐糸
ツバキ科。ツバキの品種。花は桃色。
¶APG原樹〔ツバキ'ヒシカライト'〕（No.1142/カ図）
茶花上（p125/カ写）

**ヒジキ** *Sargassum fusiforme* 鹿尾菜
ホンダワラ科の海藻。体は0.2～1m。葉は扁円で多肉。
¶新分牧（No.5008/モ図）
新牧日（No.4868/モ図）

**ヒジキゴケ** *Hedwigia ciliata*
ヒジキゴケ科のコケ。別名シロヒジキゴケ，シモフリヒジキゴケ。茎ははうか先は立ち上がり，長さ4～5cm。葉は卵形。
¶新分牧（No.4875/モ図）
新牧日（No.4739/モ図）

**ヒシバウオトリギ** *Grewia rhombifolia*
アオイ科（シナノキ科）の木本。
¶野生4（p26/カ写）

**ヒシバカキドウシ** ⇒カテンソウを見よ

**ヒシバシナガワハギ** *Melilotus officinalis* var. *micranthus*
マメ科マメ亜科の越年草。帰化植物。
¶野生2（p284）

**ヒシバデイコ（ヒシバデイゴ）** ⇒サンゴシトウを見よ

**ヒジハリノキ** *Benkara sinensis*
アカネ科の木本。
¶野生4（p269/カ写）

**ヒシモドキ** *Trapella sinensis* 菱擬
オオバコ科（ゴマ科）の浮葉植物。別名ムシヅル。

閉鎖花は細長いつぼみ状, 開放花は淡紅色。
¶原牧2 (No.1546/カ図)
　新分牧 (No.3578/モ図)
　新牧日 (No.2789/モ図)
　日水草 (p281/カ写)
　牧野ス2 (No.3391/カ図)
　野生5 (p82/カ写)
　山レ増 (p120/カ写)

**ヒシュウザサ** *Sasaella hidaensis*
イネ科タケ亜科のササ。日本固有種。
¶固有 (p170)
　タケ亜科 (No.131/カ写)

**ビジョザクラ** *Glandularia × hybrida* 美女桜
クマツヅラ科。別名ハナガサ, バーベナ (園芸名)。
花は紫紅色。
¶原牧2 (No.1820/カ図)
　新分牧 (No.3684/モ図)
　新牧日 (No.2501/モ図)
　茶花上 (p446/カ写)
　牧野ス2 (No.3665/カ図)

**ヒヂリメン** *Camellia japonica* 'Hijirimen' 緋縮緬
ツバキ科。ツバキの品種。花は紅色。
¶APG原樹〔ツバキ'ヒヂリメン'〕(No.1130/カ図)
　茶花上 (p137/カ写)

**ビジンウメ** *Prunus mume* 'Bijin-ume' 美人梅
バラ科。ウメの品種。実ウメ, 李系。
¶ウメ〔美人梅〕(p179/カ写)

**ビジンソウ** ⇒ヒナゲシを見よ

**ヒスイカズラ** *Strongylodon macrobotrys*
マメ科のつる性低木。花は青碧色。
¶新分牧 (No.1716/モ図)

**ビスカリア** ⇒コムギセンノウを見よ

**ピスタシオノキ** ⇒ピスタチオを見よ

**ピスターショ** ⇒ピスタチオを見よ

**ピスタチオ** *Pistacia vera*
ウルシ科の木本。別名ピスターショ, ピスタシオノ
キ。果実は食用, 楕円形。高さは6〜10m。
¶APG原樹 (No.898/カ図)
　原牧2 (No.504/カ図)
　新分牧 (No.2544/モ図)
　新牧日 (No.1554/モ図)
　牧野ス2 (No.2349/カ図)

**ビゼンナリヒラ** *Semiarundinaria okuboi*
イネ科タケ亜科のタケ。日本固有種。別名ビロード
ナリヒラ。
¶固有 (p175)
　タケ亜科 (No.24/カ写)
　タケササ (p65/カ写)
　タケササ〔ビロードナリヒラ〕(p67/カ写)
　野生2 (p37)

**ヒゼンマユミ** *Euonymus chibae* 肥前真弓
ニシキギ科の木本。
¶APG原樹 (No.769/カ図)
　原牧2 (No.201/カ図)

　新分牧 (No.2254/モ図)
　新牧日 (No.1652/モ図)
　牧野ス1 (No.2046/カ図)
　野生3 (p134/カ写)
　山力樹木 (p420/カ写)

**ヒゼンモチ** ⇒シイモチ(1)を見よ

**ヒソクサイ** ⇒ショカツサイを見よ

**ヒダアザミ** *Cirsium tashiroi* var.*hidaense*
キク科アザミ亜科の草本。日本固有種。
¶固有 (p139)
　野生5 (p232/カ写)

**ヒダカアザミ** *Cirsium hidakamontanum*
キク科アザミ亜科の草本。日本固有種。
¶固有 (p139)
　野生5 (p236/カ写)

**ヒダカイワザクラ** *Primula hidakana* 日高岩桜
サクラソウ科の草本。日本固有種。別名アポイコザ
クラ。
¶原牧2 (No.1078/カ図)
　固有 (p110)
　新分牧 (No.3122/モ図)
　新牧日 (No.2222/モ図)
　牧野ス2 (No.2923/カ図)
　野生4 (p199/カ写)
　山力野草 (p278/カ写)
　山ハ高山 (p258/カ写)
　山レ増 (p190/カ写)

**ヒダカエンレイソウ** *Trillium × miyabeanum* 日高
延齢草
シュロソウ科 (ユリ科)。北米産・有花梗種。
¶山野草 (No.1341/カ写)
　山ハ山花 (p58/カ写)

**ヒダカカンバ** ⇒アポイカンバを見よ

**ヒダカキンバイ** ⇒シナノキンバイを見よ

**ヒダカキンバイソウ** *Trollius citrinus* 日高金梅草
キンポウゲ科の多年草。日本固有種。別名ビバイロ
キンバイソウ。
¶原牧1 (No.1198/カ図)
　固有 (p53)
　新分牧 (No.1478/モ図)
　新牧日 (No.519/モ図)
　牧野ス1 (No.1198/カ図)
　野生2 (p170/カ写)

**ヒダカゲンゲ** ⇒オカダゲンゲを見よ

**ヒダカソウ** *Callianthemum miyabeanum* 日高草
キンポウゲ科の多年草。日本固有種。高さは10〜
25cm。花は帯白色。
¶学フ増高山 (p146/カ写)
　原牧1 (No.1254/カ図)
　固有 (p52)
　山野草 (No.0298/カ写)
　新分牧 (No.1381/モ図)
　新牧日 (No.579/モ図)
　牧野ス1 (No.1254/カ写)
　野生2 (p139/カ写)

山カ野草 (p483/カ写)
山ハ高山 (p88/カ写)
山レ増 (p381/カ写)

**ヒダカトウヒレン**　*Saussurea kudoana*　日高唐飛廉
キク科アザミ亜科の草本。日本固有種。
¶固有 (p148)
野生5 (p262/カ写)
山ハ高山 (p417/カ写)

**ヒダカトリカブト**　*Aconitum yuparense* var. *apoiense*　日高鳥兜
キンポウゲ科の草本。日本固有種。
¶固有 (p56)
野生2 (p125/カ写)

**ヒダカハナシノブ**　⇒エゾノハナシノブ(1)を見よ

**ヒダカミセバヤ**　*Hylotelephium cauticola*　日高見せばや
ベンケイソウ科の多年草。日本固有種。長さは10〜20cm。花は紅紫色。
¶原牧1 (No.1419/カ図)
固有 (p68)
山野草 (No.0500/カ写)
新分牧 (No.1584/モ図)
新牧日 (No.925/モ図)
茶花下 (p330/カ写)
牧野ス1 (No.1419/カ図)
ミニ山 (p91/カ写)
野生2 (p218/カ写)
山ハ山花 (p290/カ写)
山レ増 (p331/カ写)

**ヒダカミツバツツジ**　*Rhododendron dilatatum* var. *boreale*　日高三葉躑躅
ツツジ科ツツジ亜科の落葉低木。日本固有種。
¶固有 (p107)
野生4 (p246/カ写)

**ヒダカミネヤナギ**　⇒ハイヤナギを見よ

**ヒダカミヤマノエンドウ**　*Oxytropis retusa*　日高深山の豌豆
マメ科マメ亜科の多年草。
¶山野草〔コダマソウ〕(No.0635/カ写)
野生2 (p288/カ写)

**ヒダカヤエガワ**　*Betula davurica* var. *okuboi*　日高八重皮
カバノキ科の落葉高木。日本固有種。
¶固有 (p42)
野生3 (p114)

**ヒダカレイジンソウ**　*Aconitum tatewakii*　日高伶人草
キンポウゲ科の多年草。日本固有種。
¶固有〔ダイセツレイジンソウ〕(p55)
新分牧 (No.1408/モ図)
野生2 (p124/カ写)
山ハ高山 (p118/カ写)

**ヒダキクラゲ**　*Auricularia mesenterica*
キクラゲ科のキノコ。
¶原きの (No.410/カ写・カ図)
山カ日き (p534/カ写)

**ヒダキセルアザミ**　*Cirsium hidapaludosum*
キク科アザミ亜科の草本。日本固有種。
¶固有 (p139)
野生5 (p230/カ写)

**ヒダサカズキタケ属の一種**　"*Omphalina*" sp.
ガマノホタケ科のキノコ。数種は藻類と共生して地衣化。
¶山カ日き (p96/カ写)

**ヒタチクマガイソウ**　*Cypripedium japonicum* var. *glabrum*　常陸熊谷草
ラン科の地生の多年草。茨城県に分布。
¶野生1 (p194)

**ヒタチヤナギ**　*Salix × turumatii*
ヤナギ科の雑種。
¶野生3〔ヒタチヤナギ(オオキツネヤナギ×ネコヤナギ×バッコヤナギ)〕(p206)

**ヒダハタケ**　*Paxillus involutus*
ヒダハタケ科のキノコ。中型。傘は浅い漏斗形、縁部は内に巻く。縁部に軟毛。
¶学フ増毒き (p45/カ写)
原きの (No.227/カ写・カ図)
山カ日き (p291/カ写)

**ヒダフウロ**　⇒イブキフウロ(1)を見よ

**ヒダボタン**　*Chrysosplenium nagasei*　飛騨牡丹
ユキノシタ科の多年草。日本固有種。高さは5〜13cm。
¶固有 (p71)
野生2 (p202)
山カ野草 (p712/カ写)
山ハ山花 (p269/カ写)

**ピタンガ**　⇒タチバナアデクを見よ

**ヒチノキ**　⇒タイミンタチバナを見よ

**ヒッコリー**　*Carya ovata*
クルミ科の木本。別名シャグバークヒッコリー。樹高は30m。樹皮は灰色ないし褐色。
¶APG原樹 (No.730/カ図)
山カ樹木〔ヒコリー〕(p108/カ写)
落葉図譜〔アラハダヒッコリー〕(p62/モ図)

**ヒツジグサ**　*Nymphaea tetragona*　未草
スイレン科の多年生浮葉植物。別名エゾヒツジグサ、スイレン、エゾヒツジグサ。花弁は白色で多数。浮葉は楕円形〜卵形、葉径10〜20cm。
¶原牧1 (No.71/カ図)
山野草 (No.0387/カ写)
新分牧 (No.90/モ図)
新牧日 (No.669/モ図)
茶花下 (p255/カ写)
日水草 (p50/カ写)
牧野ス1 (No.71/カ図)
ミニ山〔エゾヒツジグサ〕(p66/カ写)
野生1 (p48/カ写)
山カ野草 (p508/カ写)
山ハ高山 (p7/カ写)
山ハ山花 (p16/カ写)

ヒツジグサ（狭義）　*Nymphaea tetragona* var.*angusta*
未草
スイレン科の多年生浮葉植物。別名スイレン。
¶学フ増野夏〔ヒツジグサ〕(p169/カ写)
ミニ山〔ヒツジグサ〕(p66/カ写)

ヒツジシダ　⇒タカワラビを見よ

ビッチュウアザミ　*Cirsium bitchuense*　備中薊
キク科アザミ亜科の草本。日本固有種。
¶原牧2(No.2181/カ図)
固有(p140)
新分牧(No.3968/モ図)
新牧日(No.3213/モ図)
牧野ス2(No.4026/カ図)
野生5(p247/カ写)

ビッチュウヒカゲスゲ　*Carex bitchuensis*
カヤツリグサ科の多年草。日本固有種。
¶カヤツリ(p394/モ図)
固有(p186)
新分牧(No.858/モ図)
スゲ増(No.213/カ写)
野生1(p324/カ写)

ビッチュウヒカゲワラビ　*Diplazium × bittyuense*
メシダ科の夏緑性シダ。別名イヅルヒカゲワラビ。
¶シダ標2(p331/カ写)

ビッチュウフウロ　*Geranium yoshinoi*　備中風露
フウロソウ科の多年草。日本固有種。別名キビフウ
ロ。高さは40〜70cm。
¶原牧2(No.418/カ図)
固有(p82)
新分牧(No.2459/モ図)
新牧日(No.1423/モ図)
牧野ス2(No.2263/カ図)
野生3(p252/カ写)
山力野草(p373/カ写)

ビッチュウミヤコザサ　*Sasa samaniana* var.*yoshinoi*
イネ科タケ亜科のササ。日本固有種。
¶固有(p173)
タケ亜科(No.91/カ写)

ビッチュウヤマハギ(1)　*Lespedeza thunbergii* subsp.
*thunbergii* f.*angustifolia*　備中山萩
マメ科の落葉低木。高さは0.5〜2m。
¶原牧1(No.1545/カ図)
新分牧(No.1676/モ図)
新牧日(No.1332/モ図)
牧野ス1(No.1544/カ図)

ビッチュウヤマハギ(2)　⇒ニシキハギを見よ

ヒッチョウカ　*Piper cubeba*　蓽澄茄
コショウ科の蔓木。雌雄異株。
¶APG原樹(No.124/カ写)

ビッチリ　⇒ヤマエンゴサクを見よ

ヒッツキアザミ　*Cirsium congestissimum*
キク科アザミ亜科の草本。日本固有種。
¶固有(p140)
野生5(p249/カ写)

ピッツバーグ　*Hedera helix* 'Pittsburgh'
ウコギ科。ヘデラの品種。
¶APG原樹〔ヘデラ'ピッツバーグ'〕(No.1522/カ図)

ヒデ　⇒シマムロを見よ

ヒデリコ　*Fimbristylis littoralis*　日照子
カヤツリグサ科の一年草または多年草。別名ヒデリ
コテンツキ。高さは10〜45cm。
¶学フ増野夏(p232/カ写)
カヤツリ(p580/モ図)
原牧1(No.764/カ図)
植調(p40/カ写)
新分牧(No.1006/モ図)
新牧日(No.4039/モ図)
牧野ス1(No.764/カ図)
野生1(p348/カ写)
山力野草(p662/カ写)
山ハ野花(p120/カ写)

ヒデリコテンツキ　⇒ヒデリコを見よ

ヒトエオクキンバイ　⇒レブンキンバイソウを見よ

ヒトエカンコウ　*Prunus mume* 'Hitoe-kankō'　一重
寒紅
バラ科。ウメの品種。野梅系ウメ、野梅性一重。
¶ウメ〔一重寒紅〕(p39/カ写)

ヒトエカンコウシダレ　*Prunus mume* 'Hitoe-kankō-
shidare'　一重寒紅枝垂
バラ科。ウメの品種。枝垂れ系ウメ。
¶ウメ〔一重寒紅枝垂〕(p154/カ写)

ヒトエグサ　*Monostroma nitidum*
ヒトエグサ科の海藻。老成しても体に穴があか
ない。
¶新分牧(No.4949/モ図)
新牧日(No.4809/モ図)

ヒトエタイリンリョクガク　*Prunus mume* 'Hitoe-
tairin-ryokugaku'　一重大輪緑萼
バラ科。ウメの品種。野梅系ウメ、野梅性一重。
¶ウメ〔一重大輪緑萼〕(p39/カ写)

ヒトエツバキ　⇒ヤマトウツバキを見よ

ヒトエトウバイ　*Prunus mume* 'Hitoe-tōbai'　一重
唐梅
バラ科。ウメの品種。李系ウメ、紅材性一重。
¶ウメ〔一重唐梅〕(p103/カ写)

ヒトエニワザクラ　⇒ニワザクラ（広義）を見よ

ヒトエノコクチナシ　*Gardenia jasminoides* var.
*radicans* f.*simpliciflora*　一重小口無
アカネ科の木本。別名ケンサキ。
¶APG原樹(No.1351/カ図)
原牧2(No.1287/カ図)
新分牧(No.3375/モ図)
新牧日(No.2401/モ図)
牧野ス2(No.3132/カ図)

ヒトエリョクガク　*Prunus mume* 'Hitoe-ryokugaku'
一重緑萼
バラ科。ウメの品種。野梅系ウメ、野梅性一重。
¶ウメ〔一重緑萼〕(p40/カ写)

ヒトエリョクガクシダレ *Prunus mume* 'Hitoe-ryokugaku-shidare' 一重緑萼枝垂
バラ科。ウメの品種。枝垂れ系ウメ。
¶ウメ〔一重緑萼枝垂〕(p155/カ写)

ヒトクチタケ *Cryptoporus volvatus*
タマチョレイタケ科(サルノコシカケ科)のキノコ。小型。傘は赤茶色〜褐色、ニス状光沢。
¶原きの(No.341/カ写・カ図)
　新分牧(No.5140/モ図)
　新牧日(No.4960/モ図)
　山日きき(p456/カ写)

ヒトシベサンザシ *Crataegus monogyna* 一葉山櫨子
バラ科の木本。別名クラタエグス・モノギナ。樹高は10m。樹皮は橙褐色。
¶APG原樹(No.523/カ図)

ヒトスジツボミゴケ *Jungermannia unispiris*
ツボミゴケ科のコケ植物。日本固有種。
¶固有(p222)

ヒトタバメヒシバ *Digitaria pruriens*
イネ科キビ亜科の多年草。高さは60〜120cm。
¶桑イネ(p183/モ図)
　野生2(p82/カ写)

ヒトツノコシカニツリ *Ventenata dubia*
イネ科の一年草。
¶帰化写2(p355/カ写)

ヒトツバ *Pyrrosia lingua* 一葉
ウラボシ科の常緑性シダ。別名エボシヒトツバ、シシヒトツバ、ハゴロモヒトツバ、フイリヒトツバ、ヒロハヒトツバ。葉の裏面は密に星状毛でおおわれる。葉柄の長さは7〜20cm、葉身は卵形〜広披針形。
¶山野草(p442)
　シダ標2(p456/カ写)
　新分牧(No.4780/モ図)
　新牧日(No.4673/モ図)

ヒトツバイチヤクソウ *Pyrola japonica* var. *subaphylla*
ツツジ科イチヤクソウ亜科(イチヤクソウ科)の草本。
¶野生4(p229/カ写)

ヒトツバイワヒトデ *Leptochilus × simplicifrons*
ウラボシ科の常緑性シダ。葉身は長さ15〜25cm、披針形〜線状披針形。
¶シダ標2(p460/カ写)

ヒトツバエゾスミレ *Viola eizanensis* var. *simplicifolia* 一葉蝦夷菫
スミレ科の多年草。葉は単葉。
¶野生3(p216/カ写)

ヒトツバオキナグサ *Miyakea integrifolia* 一葉翁草
キンポウゲ科の多年草。高さは10〜20cm。
¶山野草(No.0143/カ写)

ヒトツバカエデ *Acer distylum* 一葉楓
ムクロジ科(カエデ科)の落葉高木、雌雄同株。日本固有種。別名マルバカエデ。
¶APG原樹(No.939/カ写)
　原牧2(No.551/カ図)

固有(p86/カ写)
新分牧(No.2555/モ図)
新牧日(No.1593/モ図)
牧野ス2(No.2396/カ図)
野生3(p293/カ写)
山力樹木(p442/カ写)
落葉図譜(p216/モ図)

ヒトツバキソチドリ *Platanthera ophrydioides* var. *monophylla* 一葉木曾千鳥
ラン科の多年草。葉は1個。
¶学フ増高山〔キソチドリ〕(p240/カ写)
　野生1(p224)
　山ハ山花〔キソチドリ〕(p117/カ写)

ヒトツバコウモリシダ *Thelypteris simplex*
ヒメシダ科の常緑性シダ。葉身は長さ15〜20cm、長楕円形。
¶シダ標1(p438/カ写)

ヒトツバシケシダ *Deparia × lobatocrenata*
メシダ科の夏緑性シダ。葉身は長さ20〜30cm、線状披針形〜披針形。
¶シダ標2(p347/カ写)

ヒトツバジュウモンジシダ ⇒ジュウモンジシダを見よ

ヒトツバショウマ *Astilbe simplicifolia* 一葉升麻
ユキノシタ科の多年草。日本固有種。高さは10〜30cm。花は白色。
¶原牧1(No.1366/カ図)
　固有(p69)
　山野草(No.0546/カ写)
　新分牧(No.1546/モ図)
　新牧日(No.945/モ図)
　牧野ス1(No.1366/カ写)
　ミニ山(p98/カ写)
　野生2(p198/カ写)
　山力野草(p424/カ写)
　山ハ山花(p283/カ写)

ヒトツバタゴ *Chionanthus retusus* 一葉たご
モクセイ科の落葉高木。別名ナンジャモンジャ。樹高は20m。葉は長楕円形か楕円形で長さ4〜10cm。樹皮は灰褐色。
¶APG原樹(No.1389/カ写)
　学フ増花庭(p109/カ写)
　原牧2(No.1509/カ図)
　新分牧(No.3560/モ図)
　新牧日(No.2292/モ図)
　図説樹木(p180/カ写)
　茶花上(p447/カ写)
　都木花新(p206/カ写)
　牧野ス2(No.3354/カ写)
　野生5(p60/カ写)
　山力樹木(p632/カ写)
　山レ増(p181/カ写)

ヒトツバテンナンショウ *Arisaema monophyllum* 一葉天南星
サトイモ科の多年草。日本固有種。高さは20〜60cm。
¶原牧1(No.205/カ写)

ヒトツハノ

固有 (p178/カ写)
新分牧 (No.248/モ図)
新牧日 (No.3936/モ図)
テンナン (No.33/カ写)
牧野ス1 (No.205/カ図)
野生1 (p103/カ写)
山力野草 (p650/カ写)
山ハ山花 (p45/カ写)

ヒトツバノキシノブ　*Pyrrosia angustissima*
ウラボシ科の常緑性シダ。葉身は長さ5〜12cm,
線形。
¶シダ標2 (p456/カ写)

ヒトツバハギ　*Flueggea suffruticosa*　一葉萩
コミカンソウ科 (ミカンソウ科, トウダイグサ科) の
落葉低木。
¶APG原樹 (No.812/カ図)
原牧2 (No.286/カ図)
新分牧 (No.2437/モ図)
新牧日 (No.1454/モ図)
牧野ス1 (No.2131/カ図)
ミニ山 (p168/カ写)
野生3 (p169/カ写)
山力樹木 (p389/カ写)

ヒトツバマメヅタ　*Pyrrosia adnascens*
ウラボシ科の常緑性シダ。葉身は長さ4〜10cm, 卵
状披針形。
¶シダ標2 (p456/カ写)
新分牧 (No.4781/モ図)
新牧日 (No.4674/モ図)

ヒトツバヨモギ　*Artemisia monophylla*　一葉蓬
キク科キク亜科の多年草。日本固有種。別名ヤナギ
ヨモギ。高さは10〜60cm。
¶原牧2 (No.2092/カ図)
固有 (p152)
新分牧 (No.4221/モ図)
新牧日 (No.3126/モ図)
牧野ス2 (No.3937/カ図)
野生5 (p333/カ写)
山力野草 (p78/カ写)
山ハ高山 (p433/カ写)

ヒトツボクロ　*Tipularia japonica*　一黒子
ラン科の多年草。高さは20〜30cm。
¶野生1 (p229/カ写)
山力野草 (p576/カ写)
山ハ山花 (p102/カ写)

ヒトツボクロモドキ　*Tipularia japonica* var.*harae*
一黒子擬
ラン科の草本。日本固有種。
¶固有 (p192)
野生1 (p229)

ヒトツマツ　*Grateloupia chiangii*
ムカデノリ科の海藻。体は12cm。
¶新分牧 (No.5052/モ図)
新牧日 (No.4912/モ図)

ヒトデゼニゴケ　*Marchantia pinnata*　人手銭苔
ゼニゴケ科のコケ植物。別名テガタゼニゴケ。

新分牧 (No.4921/モ図)
新牧日 (No.4781/モ図)

ヒトハラン　⇒イチョウランを見よ

ヒトハリヘビノボラズ　⇒ヒロハヘビノボラズを
見よ

ヒトフサニワゼキショウ　*Sisyrinchium mucronatum*
アヤメ科の草本。
¶帰化写改 (p414/カ写)
野生1 (p236/カ写)

ヒトモジ　⇒ネギを見よ

ヒトモトススキ　*Cladium jamaicense* subsp.*chinense*
一本薄
カヤツリグサ科の多年草。別名シシキリガヤ。高さ
は1〜2m。
¶カヤツリ (p566/モ図)
原牧1 (No.771/カ図)
新分牧 (No.738/モ図)
新牧日 (No.4049/モ図)
牧野ス1 (No.771/カ図)
野生1 (p336/カ写)
山力野草 (p663/カ写)
山ハ野花 (p108/カ写)

ヒトヨシイノデ　*Polystichum × hitoyoshiense*　人吉猪
の手
オシダ科のシダ植物。
¶シダ標2 (p418/カ写)

ヒトヨシテンナンショウ　*Arisaema mayebarae*　人
吉天南星
サトイモ科の多年草。日本固有種。九州 (主に熊本
県) に分布。葉は2個あるいはまれに1個。
¶固有 (p179)
テンナン (No.39/カ写)
野生1 (p100/カ写)

ヒトヨタケ　*Coprinopsis atramentaria*
ナヨタケ科 (ヒトヨタケ科) のキノコ。中型〜大型。
傘は灰色〜灰褐色, 繊維状鱗片あり。時間とともに
液化する。鐘形〜円錐形。ひだは白色〜黒色。
¶学フ増毒き (p127/カ写)
原きの (No.059/カ写・カ図)
山力日き (p201/カ写)

ヒトリガヤツリ　⇒タチガヤツリを見よ

ヒトリシズカ　*Chloranthus japonicus*　一人静
センリョウ科の多年草。別名ヨシノシズカ, マユハ
キソウ, マユハキグサ。高さは20〜30cm。花は
白色。
¶色野草 (p60/カ写)
学フ増野春 (p181/カ写)
原牧1 (No.77/カ図)
山野草 (No.0391/カ写)
新分牧 (No.97/モ図)
新牧日 (No.679/モ図)
茶花上 (p447/カ写)
牧野ス1 (No.77/カ図)
ミニ山 (p69/カ写)
野生1 (p53/カ写)
山力野草 (p557/カ写)

山ハ野花（p22/カ写）
　　山ハ山花（p32/カ写）
**ヒナアズキ**　*Vigna minima* var.*minor*　雛小豆
マメ科マメ亜科のつる性草本。
　¶野生2（p303/カ写）
**ヒナアンズタケ**　*Cantharellus minor*
アンズタケ科のキノコ。超小型〜小型。傘は黄色。
　¶山カ日き（p402/カ写）
**ヒナウキクサ**　*Lemna minuta*　雛浮草
サトイモ科（ウキクサ科）の多年草。葉状体は緑白色・緑色、葉脈は1本、長さは2〜4mm。
　¶日水草（p64/カ写）
　　野生1（p107）
**ヒナウスユキソウ**　⇒ミヤマウスユキソウを見よ
**ヒナウチワカエデ**　*Acer tenuifolium*　雛団扇楓
ムクロジ科（カエデ科）の落葉小高木、雌雄同株。日本固有種。
　¶APG原樹（No.917/カ図）
　　原牧2（No.529/カ図）
　　固有（p86）
　　新分牧（No.2570/モ図）
　　新牧日（No.1571/モ図）
　　牧野ス2（No.2374/カ図）
　　野生3（p290/カ写）
　　山カ樹木（p437/カ写）
**ヒナガヤツリ**　*Cyperus flaccidus*　雛蚊帳釣, 雛蚊帳吊
カヤツリグサ科の一年草。別名コヒナガヤツリ。高さは5〜15cm。
　¶カヤツリ（p726/モ図）
　　原牧1（No.709/カ図）
　　植調（p35/カ写）
　　新分牧（No.964/モ図）
　　新牧日（No.3968/モ図）
　　牧野ス1（No.709/カ図）
　　野生1（p340/カ写）
　　山ハ野花（p104/カ写）
**ヒナカラスノエンドウ**　*Vicia lathyroides*
マメ科の一年草。花は淡紫色。
　¶帰化写2（p120/カ写）
**ヒナガリヤス**　*Calamagrostis nana* subsp.*nana*　雛刈安
イネ科イチゴツナギ亜科の多年草。日本固有種。別名ヒナノガリヤス、ミネノガリヤス。高さは20〜40cm。
　¶桑イネ（p123/モ図）
　　固有（p168/カ写）
　　野生2（p49）
　　山ハ高山（p77/カ写）
**ヒナカンアオイ**　*Asarum okinawense*
ウマノスズクサ科の草本。日本固有種。
　¶固有（p62）
　　野生1（p66/カ写）
**ヒナギキョウ**　*Wahlenbergia marginata*　雛桔梗
キキョウ科の多年草。高さは20〜30cm。花は淡青色。

　¶原牧2（No.1876/カ図）
　　植調（p113/カ写）
　　新分牧（No.3893/モ図）
　　新牧日（No.2919/モ図）
　　牧野ス2（No.3721/カ図）
　　野生5（p194/カ写）
　　山カ野草（p134/カ写）
　　山ハ野花（p506/カ写）
**ヒナキキョウソウ**　*Triodanis biflora*
キキョウ科の一年草。高さは15〜40cm。花は紫色。
　¶帰化写改（p310/カ写）
　　植調（p112/カ写）
**ヒナギク**　*Bellis perennis*　雛菊
キク科の一年草および多年草。別名デージー、エンメイギク。花は淡紅色。
　¶帰化写2（p255/カ写）
　　原牧2（No.1928/カ図）
　　新分牧（No.4143/モ図）
　　新牧日（No.2966/モ図）
　　牧野ス2（No.3773/カ図）
**ヒナギクザクラ**　*Cerasus apetala* var.*pilosa* 'Multipetala'　雛菊桜
バラ科の落葉低木または小高木。サクラの栽培品種。花は淡紅色。
　¶学フ増桜〔'雛菊桜'〕（p101/カ写）
**ヒナグモリ**　*Prunus mume* 'Hinagumori'　雛曇り
バラ科。ウメの品種。李系ウメ、紅材性一重。
　¶ウメ〔雛曇り〕（p103/カ写）
**ヒナゲシ**　*Papaver rhoeas*　雛芥子, 雛罌粟
ケシ科の一年草。別名ポピー（園芸名）、ビジンソウ、グビジンソウ。高さは50cm。花は桃、紅、紅紫色など。
　¶学フ有毒（p134/カ写）
　　帰化写改（p83/カ写）
　　原牧1（No.1130/カ写）
　　新分牧（No.1288/モ写）
　　新牧日（No.780/モ図）
　　茶花上（p448/カ写）
　　牧野ス1（No.1130/カ写）
　　ミニ山（p82/カ写）
　　山ハ野花（p245/カ写）
**ヒナコゴメグサ**　*Euphrasia yabeana*
ハマウツボ科（ゴマノハグサ科）。日本固有種。
　¶原牧2（No.1765/カ図）
　　固有（p129）
　　新分牧（No.3843/モ図）
　　新牧日（No.2747/モ図）
　　牧野ス2（No.3610/カ図）
**ヒナザクラ**　*Primula nipponica*　雛桜
サクラソウ科の多年草。日本固有種。高さは7〜15cm。花は白色。
　¶学フ増高山（p194/カ写）
　　原牧2（No.1067/カ図）
　　固有（p111/カ写）
　　山野草（No.0833/カ写）
　　新分牧（No.3112/モ図）

ヒナササ

新牧日（No.2212/モ図）
牧野ス2（No.2912/カ図）
野生4（p200/カ写）
山力野草（p278/カ写）
山ハ高山（p254/カ写）

**ヒナザサ**(1)　*Coelachne japonica*
イネ科チゴザサ亜科の一年草。日本固有種。高さは
10〜25cm。
¶桑イネ（p155/モ図）
原牧1（No.1104/カ図）
固有（p169）
新分牧（No.1273/モ図）
新牧日（No.3782/モ図）
牧野ス1（No.1104/カ図）
野生2（p75/カ写）

**ヒナザサ**(2)　⇒ハイチゴザサを見よ

**ヒナシャジン**　*Adenophora maximowicziana*　雛沙参
キキョウ科の草本。日本固有種。
¶原牧2（No.1859/カ図）
固有（p136/カ写）
新分牧（No.3903/モ図）
新牧日（No.2902/モ図）
牧野ス2（No.3704/カ写）
野生5（p187/カ写）
山ハ山花（p486/カ写）
山レ増（p70/カ写）

**ヒナシライトソウ**　⇒チャボシライトソウを見よ

**ヒナスゲ**　*Carex grallatoria* var.*grallatoria*　雛菅
カヤツリグサ科の多年草。日本固有種。
¶カヤツリ（p58/モ図）
原牧1（No.786/カ図）
固有（p180）
新分牧（No.860/モ図）
新牧日（No.4067/モ図）
スゲ増（No.4/カ写）
牧野ス1（No.786/カ図）
野生1（p300/カ写）
山ハ山花（p154/カ写）

**ヒナスミレ**　*Viola tokubuchiana* var.*takedana*　雛菫
スミレ科の多年草。別名イヌガタケスミレ，エゾヒ
ナスミレ，アラゲスミレ。高さは3〜10cm。
¶色野草（p237/カ写）
学フ増野春（p67/カ写）
原牧2（No.354/カ写）
新分牧（No.2339/モ図）
新牧日（No.1827/モ図）
牧野ス1（No.2199/カ図）
ミニ山（p198/カ写）
野生3（p220/カ写）
山力野草（p337/カ写）
山ハ山花（p313/カ写）

**ヒナセントウソウ**　*Chamaele decumbens* var.
*gracillima*
セリ科。日本固有種。
¶固有（p101）

**ヒナソウ**　*Houstonia caerulea*
アカネ科の多年草。高さは2〜15cm。花は白色，ま
たは青色。
¶帰化写改（p232/カ写，p504/カ写）
山野草（No.0982/カ写）

**ヒナタイノコヅチ**　*Achyranthes bidentata* var.
*tomentosa*
ヒユ科の多年草。高さは50〜100cm。
¶原牧2（No.943/カ図）
植調（p228/カ写）
新分牧（No.2992/モ図）
新牧日（No.437/モ図）
牧野ス2（No.2788/カ写）
野生4（p130/カ写）
山力野草〔ヒナタイノコズチ〕（p527/カ写）
山ハ野花〔ヒナタイノコズチ〕（p284/カ写）

**ヒナチドリ**　*Hemipilia chidori*　雛千鳥
ラン科の多年草。日本固有種。高さは7〜15cm。
¶原牧1（No.374/カ図）
固有（p189）
山野草（No.1761/カ写）
新分牧（No.445/モ図）
新牧日（No.4248/モ図）
茶花下（p137/カ写）
牧野ス1（No.374/カ写）
野生1（p226/カ写）

**ヒナツチガキ**　*Geastrum mirabile*
ヒメツチグリ科のキノコ。小型。外皮はキキョウの
花様に裂開。
¶山力日き（p507/カ写）

**ヒナツメクサ**　*Trifolium resupinatum*
マメ科の一年草。花は淡桃〜淡紅紫色。
¶帰化写2（p112/カ写）

**ヒナノウスツボ**　*Scrophularia duplicatoserrata*　雛の
白壺
ゴマノハグサ科の多年草。日本固有種。別名ヤマヒ
ナノウスツボ。高さは40〜80cm。
¶原牧2（No.1602/カ図）
固有（p130）
新分牧（No.3641/モ図）
新牧日（No.2682/モ図）
牧野ス2（No.3447/カ写）
野生5（p94/カ写）
山力野草（p170/カ写）
山ハ山花（p413/カ写）

**ヒナノガリヤス**　⇒ヒナガリヤスを見よ

**ヒナノカンザシ**　*Salomonia ciliata*　雛の簪
ヒメハギ科の一年草。高さは6〜25cm。
¶原牧1（No.1622/カ図）
新分牧（No.1814/モ図）
新牧日（No.1550/モ図）
牧野ス1（No.1622/カ図）
ミニ山（p171/カ写）
野生2（p309/カ写）
山ハ野花（p379/カ写）

**ヒナノキンチャク** *Polygala tatarinowii* 雛の巾着
ヒメハギ科の一年草。高さは4〜25cm。
¶原牧1 (No.1620/カ図)
　新分牧 (No.1812/モ図)
　新牧日 (No.1548/モ図)
　牧野ス1 (No.1620/カ図)
　野生2 (p308/カ写)
　山ハ野花 (p378/カ写)
　山ハ山花 (p335/カ写)
　山レ増 (p283/カ写)

**ヒナノシャクジョウ** *Burmannia championii* 雛の錫杖
ヒナノシャクジョウ科の多年生の菌従属栄養植物。高さは3〜15cm。
¶原牧1 (No.278/カ図)
　新分牧 (No.323/モ図)
　新牧日 (No.3560/モ図)
　牧野ス1 (No.278/カ図)
　野生1 (p146/カ写)
　山カ野草 (p588/カ写)
　山ハ山花 (p50/カ写)

**ヒナノハイゴケ** *Venturiella sinensis*
ヒナノハイゴケ科のコケ。小型、茎は這い、腹面から褐色の仮根束を出す。葉は卵形〜卵状楕円形。
¶新分牧 (No.4861/モ図)
　新牧日 (No.4722/モ図)

**ヒナノヒガサ** *Rickenella fibula*
キシメジ科(ヒナノヒガサ科)のキノコ。小型。傘は橙黄色、湿時条線あり。
¶学フ増毒き (p101/カ写)
　原きの (No.251/カ写・カ図)
　山カ日き (p97/カ写)

**ヒナノボンボリ** *Saionia hyodoi*
タヌキノショクダイ科(ヒナノシャクジョウ科)。日本固有種。
¶固有 (p162)
　野生1 (p144)

**ヒナノミヤコ** *Prunus mume* 'Hinanomiyako' 鄙の都
バラ科。ウメの品種。李系ウメ、雛波性八重。
¶ウメ〔鄙の都〕(p92/カ写)

**ヒナヒゴタイ** *Saussurea japonica* 雛平江帯
キク科アザミ亜科の二年草。別名トウヒゴタイ。高さは0.5〜1.5m。
¶野生5 (p258/カ写)
　山ハ山花 (p559/カ写)
　山レ増 (p62/カ写)

**ヒナブキ** ⇒アオイスミレを見よ

**ヒナフラスコモ** *Nitella gracillima* 雛フラスコ藻
シャジクモ科の水草。体長は6〜7cm。
¶新分牧 (No.4942/モ図)
　新牧日 (No.4802/モ図)

**ヒナベニタケ** *Russula kansaiensis*
ベニタケ科のキノコ。
¶山カ日き (p377/カ写)

**ヒナボウフウ** *Angelica longiradiata* var. *yakushimensis*
セリ科セリ亜科。日本固有種。別名ヤクシママックシゼリ。
¶固有 (p99)
　野生5 (p390/カ写)

**ヒナマツヨイグサ** *Oenothera perennis*
アカバナ科の多年草。高さは15〜30cm。花はピンク色、または赤色。
¶帰化写改 (p211/カ写)

**ヒナマツリソウ** *Shibateranthis stellata* 雛祭草
キンポウゲ科の草本。高さは約15cm。
¶山野草 (No.0274/カ写)

**ヒナユズリハ** ⇒エゾユズリハを見よ

**ヒナヨシ** *Arundo formosana*
イネ科ダンチク亜科の多年草。高さは1m。
¶桑イネ (p75/モ写)
　野生2 (p74/カ写)

**ヒナラン** *Hemipilia gracilis* 雛蘭
ラン科の多年草。別名ヒメイワラン。高さは5〜15cm。
¶原牧1 (No.378/カ図)
　山野草 (No.1775/カ写)
　新分牧 (No.448/モ図)
　新牧日 (No.4251/カ図)
　牧野ス1 (No.378/カ図)
　野生1 (p182/カ写)
　山レ増 (p504/カ写)

**ヒナリンドウ** *Gentiana aquatica* 雛竜胆
リンドウ科の一年草〜越年草。高さは2〜5cm。
¶原牧2 (No.1348/カ図)
　新分牧 (No.3390/モ図)
　新牧日 (No.2330/モ図)
　牧野ス2 (No.3193/カ図)
　野生4 (p296/カ写)
　山ハ高山 (p309/カ写)
　山レ増 (p168/カ写)

**ヒナワチガイ** ⇒ヒナワチガイソウを見よ

**ヒナワチガイソウ** *Pseudostellaria heterantha* var. *linearifolia* 雛輪違草
ナデシコ科の多年草。日本固有種。別名ヒナワチガイソウ、ムサシワチガイソウ。高さは10〜15cm。
¶固有 (p48)
　野生4 (p117/カ写)
　山ハ山花 (p260/カ写)
　山レ増 (p425/カ写)

**ヒナワビスケ** *Camellia japonica* 'Hina-wabisuke' 雛侘助
ツバキ科。ツバキの品種。別名ピンクワビスケ。花は桃色。
¶茶花上 (p118/カ写)

**ビナンカズラ** ⇒サネカズラを見よ

**ヒノキ** *Chamaecyparis obtusa* 檜
ヒノキ科の常緑高木。日本固有種。高さは40m。樹皮は赤褐色。

¶**APG原樹**（No.82/カ図）
学フ増樹（p29/カ写）
原牧1（No.39/カ図）
固有（p196）
新分牧（No.57/モ図）
新牧日（No.57/モ図）
図説樹木（p46/カ写）
都木花新（p241/カ写）
牧野ス1（No.40/カ図）
野生1（p37/カ写）
山力樹木（p49/カ写）

**ヒノキアスナロ**　*Thujopsis dolabrata* var.*hondae*
ヒノキ科の木本。日本固有種。別名ヒバ。
¶固有（p196/カ写）
野生1（p41/カ写）

**ヒノキオチバタケ**　*Marasmiellus chamaecyparidis*
ツキヨタケ科のキノコ。
¶山力日き（p112/カ写）

**ヒノキゴケ**　*Pyrrhobryum dozyanum*　檜苔
ヒノキゴケ科のコケ。別名イタチノシッポ。全体は
イタチ尾を思わせ、茎は長さ5～10cm。葉は線状披
針形～線形。
¶新分牧（No.4876/モ図）
新牧日（No.4733/モ図）

**ヒノキシダ**　*Asplenium prolongatum*　檜羊歯
チャセンシダ科の常緑性シダ。葉身は長さ10～
20cm、狭長楕円形～披針形。
¶シダ標1（p410/カ写）
新分牧（No.4633/モ図）
新牧日（No.4630/モ図）

**ヒノキダマ**　⇒イヌガヤを見よ

**ヒノキ'ナナ ルテア'**　⇒ナナ ルテアを見よ

**ヒノキバヤドリギ**　*Korthalsella japonica*　檜葉宿生
木、檜葉寄生木
ビャクダン科ヤドリギ連（ヤドリギ科）の常緑低木。
¶**APG原樹**（No.1057/カ図）
原牧2（No.768/カ図）
新分牧（No.2813/カ図）
新牧日（No.240/モ図）
牧野ス2（No.2613/カ図）
ミニ山（p19/カ写）
野生4（p77/カ写）
山力樹木（p175/カ写）

**ヒノタニシダ**　*Pteris nakasimae*　樋の谷羊歯
イノモトソウ科の常緑性シダ。日本固有種。羽片の
中助の両側に網状脈が規則的に並ぶ。
¶固有（p203/カ写）
シダ標1（p380/カ写）
新分牧（No.4602/モ図）
新牧日（No.4489/モ図）

**ヒノタニリュウビンタイ**　*Angiopteris fokiensis*
リュウビンタイ科の常緑性シダ。小羽片に下行偽脈
がない。
¶シダ標1（p303/カ写）

**ヒノツカサ**　*Prunus mume* 'Hinotsukasa'　緋の司
バラ科。ウメの品種。李系ウメ、紅材性八重。
¶ウメ〔緋の司〕（p119/カ写）

**ヒノデ**　⇒ヒノデキリシマを見よ

**ヒノデキリシマ**　*Rhododendron* × *obtusum*
'Hinodekirishima'　日の出霧島
ツツジ科。ツツジの品種。別名ヒノデ。
¶**APG原樹**〔ツツジ'ヒノデキリシマ'〕（No.1270/カ図）

**ヒノデラン**　⇒カトレアを見よ

**ヒノナ**　*Brassica rapa* var.*rapa* 'Akana'　日野菜
アブラナ科の野菜。別名アカナ。
¶原牧2（No.696/カ図）
新分牧（No.2795/モ図）
新牧日（No.818/モ図）
牧野ス2（No.2541/カ図）

**ヒノハカマ**　*Prunus mume* 'Hinohakama'　緋の袴
バラ科。ウメの品種。杏系ウメ、豊後性八重。
¶ウメ〔緋の袴〕（p144/カ写）

**ヒノマル**(1)　*Camellia japonica* 'Hinomaru'　日の丸
ツバキ科。ツバキの品種。花は紅色。
¶茶花上（p133/カ写）

**ヒノマル**(2)　*Hibiscus syriacus* 'Hinomaru'　日の丸
アオイ科。ムクゲの品種。一重咲き広弁型。
¶茶花下（p22/カ写）

**ヒノミサキギク**　*Chysanthemum* × *ogawae*
キク科。キク属の代表的な自然交雑種。
¶山野草（p1229/カ写）

**ヒバ**(1)　⇒アスナロを見よ

**ヒバ**(2)　⇒ヒノキアスナロを見よ

**ヒバイ**　*Prunus mume* 'Hibai'　緋梅
バラ科。ウメの品種。李系ウメ、紅材性一重。
¶ウメ〔緋梅〕（p104/カ写）

**ヒバイロキンバイソウ**　⇒ヒダカキンバイソウを
見よ

**ヒバキンポウゲ**　*Ranunculus hibamontanus*
キンポウゲ科の多年草。
¶新分牧（No.1391/モ図）
野生2（p159/カ写）

**ヒバゴケ**　*Selaginella boninensis*　檜葉苔
イワヒバ科の常緑性シダ。別名ムニンクラマゴケ。
主茎は長く匍匐、30cmをこえることもある。
¶シダ標1（p272/カ写）
新分牧（No.4829/モ図）
新牧日（No.4382/モ図）

**ヒバツノマタ**　⇒ヒバマタを見よ

**ヒハツモドキ**　*Piper retrofractum*
コショウ科のつる性多年草。別名ジャワナガゴショ
ウ。果実は上向。高さは2～4m。
¶帰化写2（p398/カ写）
野生1（p56）

**ヒバマタ**　*Fucus disticus* subsp.*evanescens*
ヒバマタ科の海藻。別名ヒバツノマタ、カルマタ。

革質。体は30cm。
¶新分牧 (No.5004/モ図)
　新牧日 (No.4864/モ図)

**ビー・バーム** ⇒タイマツバナを見よ

**ヒビウロコタケ** *Hymenochaete corrugata*
タバコウロコタケ科のキノコ。
¶原きの (No.392/カ写・カ図)

**ヒビロウド** *Dudresnaya japonica*
リュウモンソウ科の海藻。円柱状。
¶新分牧 (No.5040/モ図)
　新牧日 (No.4900/モ図)

**ヒビワレシロハツ** *Russula alboareolata*
ベニタケ科のキノコ。中型。傘は白色, 細かいひび割れる。ひだは白色。
¶山カ日き (p370/カ写)

**ビフクモン** *Paeonia suffruticosa* 'Bifukumon' 美福門
ボタン科。ボタンの品種。
¶**APG原樹**〔ボタン'ビフクモン'〕(No.304/カ図)

**ヒプセラ・レニフォルミス** *Hypsela reniformis*
キキョウ科の多年草。
¶山野草 (No.1185/カ写)

**ヒペリカム・オリンピカム** *Hypericum olympicum*
オトギリソウ科。高さは20〜45cm。花は輝黄色。
¶山野草 (No.0431/カ写)

**ヒペリクム・ガリオイデス** ⇒ホソバキンシバイを見よ

**ヒポクレア フラボビレンス** *Hypocrea flavo-virens*
ボタンケ科のキノコ。
¶山カ日き (p587/カ写)

**ヒマ** ⇒トウゴマを見よ

**ヒマラヤアセビ** *Pieris formosa*
ツツジ科の常緑低木。別名コウザンアセビ。高さは3〜4m。
¶**APG原樹** (No.1317/カ図)

**ヒマラヤゴヨウ** *Pinus griffithii*
マツ科の木本。別名ブータンマツ。樹高40m。樹皮は灰色。
¶山カ樹木 (p23/カ写)

**ヒマラヤザクラ** *Cerasus cerasoides*
バラ科シモツケ亜科の木本。サクラの品種, 外国種の桜。花は淡紅色。
¶学フ増桜 (p58/カ写)
　新分牧 (No.1855/モ図)
　野生3 (p65/カ写)

**ヒマラヤサザンカ** *Camellia kissii*
ツバキ科の木本。別名トガリバサザンカ。花は白色。
¶**APG原樹** (No.1153/カ図)

**ヒマラヤシーダー** ⇒ヒマラヤスギを見よ

**ヒマラヤシーダー'オウレア'** ⇒オウレアを見よ

**ヒマラヤスギ** *Cedrus deodara*
マツ科の大型常緑高木。別名ヒマラヤシーダー。樹

高は50m。樹皮は暗灰色。
¶**APG原樹** (No.27/カ図)
　学フ増花庭 (p223/カ写)
　原牧1 (No.21/モ図)
　新分牧 (No.8/モ図)
　新牧日 (No.33/モ図)
　都木花新 (p234/カ写)
　牧野ス1 (No.22/カ図)
　山カ樹木 (p33/カ写)

**ヒマラヤトキワサンザシ** ⇒カザンデマリを見よ

**ヒマラヤノアオイケシ**(1) ⇒メコノプシスを見よ

**ヒマラヤノアオイケシ**(2) ⇒メコノプシス・ベトニキフォリアを見よ

**ヒマラヤハッカクレン** *Podophyllum emodi*
メギ科の多年草。別名ミヤオソウ。高さは30〜40cm。花は白または桃色。
¶山野草 (No.0380/カ写)

**ヒマラヤヒザクラ** *Cerasus carmesina*
バラ科の木本。サクラの品種, 外国種の桜。花は濃紅色。
¶学フ増桜 (p62/カ写)

**ヒマラヤユキノシタ** *Bergenia stracheyi*
ユキノシタ科の多年草。別名オオイワグンバイ, オオイワウチワ, サクラカガミ。花は白, 後に桃色。
¶原牧1 (No.1383/カ図)
　新分牧 (No.1568/モ図)
　新牧日 (No.962/モ図)
　茶花上 (p219/カ写)
　牧野ス1 (No.1383/カ図)

**ヒマワリ** *Helianthus annuus* 向日葵
キク科の一年草。別名ヒグルマ。高さは90〜200cm。花は黄色, または淡橙黄色。
¶学フ増薬草 (p143/カ写)
　原牧2 (No.2030/カ図)
　新分牧 (No.4294/モ図)
　新牧日 (No.3068/モ図)
　牧野ス2 (No.3875/カ図)

**ヒマワリヒヨドリ** *Eupatorium odoratum*
キク科の草本。葉はキクイモに似て対生, 花は乾季に咲く。
¶帰化写改 (p359/カ写)

**ヒムロ** *Chamaecyparis pisifera* 'Squarrosa' 檜榁
ヒノキ科の木本。別名ヒメムロ, シモフリヒバ, ヒムロスギ。
¶**APG原樹** (No.93/カ図)
　原牧1 (No.47/モ図)
　新分牧 (No.65/モ図)
　新牧日 (No.65/モ図)
　牧野ス1 (No.48/カ図)

**ヒムロスギ** ⇒ヒムロを見よ

**ヒムロセツゲッカ** *Camellia japonica* 'Himuro-setsugekka' 氷室雪月花
ツバキ科。ツバキの品種。花は絞りが入る。
¶茶花上 (p162/カ写)

ヒメアオカ　　　　　　　640

**ヒメアオガヤツリ**　*Cyperus pygmaeus*
カヤツリグサ科の一年草。日本固有種。別名ヒメタマガヤツリ。
　¶カヤツリ (p738/モ図)
　　原牧1 (No.719/カ図)
　　固有 (p180/カ写)
　　新分牧 (No.966/モ図)
　　新牧日 (No.3978/モ図)
　　牧野ス1 (No.719/カ図)
　　野生1 (p340/カ写)

**ヒメアオキ**　*Aucuba japonica* var.*borealis*　姫青木
アオキ科 (ミズキ科, ガリア科) の常緑低木。日本固有種。
　¶**APG原樹** (No.1332/カ図)
　　固有 (p97/カ写)
　　野生4 (p265/カ写)

**ヒメアオゲイトウ**　*Amaranthus arenicola*
ヒユ科の一年草。高さは0.5〜1m。花は白色。
　¶帰化写改 (p69/カ写, p494/カ写)

**ヒメアオスゲ**　*Carex discoidea*
カヤツリグサ科の多年草。日本固有種。
　¶カヤツリ (p368/モ図)
　　固有 (p185)
　　スゲ増 (No.194/カ写)
　　野生1 (p321/カ写)

**ヒメアカザ**　⇒ミドリアカザ(1)を見よ

**ヒメアカショウマ**　*Astilbe thunbergii* var.*sikokumontana*　姫赤升麻
ユキノシタ科。シコクリアシショウマの高山型。別名ヒメシコクショウマ。
　¶野生2 (p200)

**ヒメアカバナ**　*Epilobium fauriei*　姫赤花
アカバナ科の多年草。別名ムカゴアカバナ, コゴメアカバナ。高さは3〜20cm。
　¶原牧2 (No.456/カ図)
　　新分牧 (No.2510/モ図)
　　新牧日 (No.1941/モ図)
　　牧野ス2 (No.2302/カ図)
　　野生3 (p266/カ写)
　　山ハ高山 (p170/カ写)
　　山ハ山花 (p305/カ写)

**ヒメアカボシタツナミ**　*Scutellaria rubropunctata* var.*minima*
シソ科タツナミソウ亜科。日本固有種。
　¶固有〔ヒメアカボシタツナミソウ〕(p125)
　　野生5 (p119)

**ヒメアカボシタツナミソウ**　⇒ヒメアカボシタツナミを見よ

**ヒメアギスミレ**　*Viola verecunda* var.*subaequiloba*
スミレ科の多年草。ツボスミレの湿原型。
　¶野生3 (p223/カ写)

**ヒメアザミ**(1)　*Cirsium buergeri*　姫薊
キク科アザミ亜科の草本。日本固有種。別名イブキアザミ, ヒメヤマアザミ。
　¶固有 (p140)

　　茶花下 (p255/カ写)
　　野生5 (p247/カ写)
　　山カ野草 (p95/カ写)
　　山ハ山花 (p550/カ写)

**ヒメアザミ**(2)　⇒ナンブアザミ(1)を見よ

**ヒメアジサイ**　*Hydrangea serrata* var.*yesoensis* f.*cuspidata*　姫紫陽花
アジサイ科 (ユキノシタ科) の落葉低木。別名ニワアジサイ。高さは2.5m。
　¶原牧2 (No.1025/カ写)
　　新分牧 (No.3057/モ図)
　　新牧日 (No.989/モ図)
　　牧野ス2 (No.2870/カ図)

**ヒメアシボソ**　*Microstegium vimineum* f.*willdenowianum*
イネ科の一年草。
　¶山ハ野花 (p218/カ写)

**ヒメアジロガサ**　*Galerina marginata*
モエギタケ科 (フウセンタケ科) のキノコ。
　¶学フ増毒き (p41/カ写)
　　原きの (No.107/カ写・カ図)

**ヒメアジロガサモドキ**　*Galerina helvoliceps*
ヒメノガステル科のキノコ。
　¶山カ日き (p273/カ写)

**ヒメアゼスゲ**　*Carex eleusinoides*　姫畔菅
カヤツリグサ科の多年草。別名コアゼスゲ。
　¶カヤツリ (p170/モ図)
　　スゲ増 (No.76/カ写)
　　野生1 (p310/カ写)

**ヒメアブラススキ**　*Capillipedium parviflorum*　姫油薄
イネ科キビ亜科の多年草。高さは50〜100cm。
　¶桑イネ (p87/カ写・モ図)
　　原牧1 (No.1070/カ図)
　　新分牧 (No.1188/モ図)
　　新牧日 (No.3852/モ図)
　　牧野ス1 (No.1070/カ図)
　　野生2 (p79/カ写)
　　山ハ野花 (p215/カ写)

**ヒメアマ**　*Linum bienne*
アマ科の二年草または短命な多年草。茎は長さ30cmほど。
　¶帰化写2 (p137/カ写)

**ヒメアマドコロ**　⇒ヒメイズイを見よ

**ヒメアマナ**　*Gagea japonica*　姫甘菜
ユリ科の多年草。日本固有種。高さは5〜15cm。
　¶原牧1 (No.347/カ写)
　　固有 (p155/カ写)
　　新分牧 (No.385/モ図)
　　新牧日 (No.3423/モ図)
　　牧野ス1 (No.347/カ図)
　　野生1 (p171/カ写)
　　山レ増 (p584/カ写)

**ヒメアマナズナ**　*Camelina microcarpa*
アブラナ科の一年草。高さは20〜100cm。花は淡

黄色。
¶帰化写改（p91/カ写）
　植調（p94/カ写）

**ヒメアミガサソウ**　*Acalypha gracilens*
　トウダイグサ科。葉が細く、雌花とその苞葉が葉腋に密に集まる。
¶野生3（p148）

**ヒメアメリカアゼナ**(1)　*Lindernia anagallidea*
　ゴマノハグサ科の一年草。高さは15〜25cm。花は淡紫色。
¶帰化写改（p294/カ写）

**ヒメアメリカアゼナ**(2)　⇒アメリカアゼナ（広義）を見よ

**ヒメアラセイトウ**　*Malcolmia maritima*　姫紫羅欄花, 姫荒世伊登宇
　アブラナ科の一年草。別名ハマアラセイトウ。花は淡紅色または紅色。
¶茶花上（p306/カ写）

**ヒメアリドオシ**　*Damnacanthus indicus* var. *microphyllus*
　アカネ科の常緑低木。葉は長さ5〜10mm, 幅4〜8mm。
¶野生4（p271/カ写）

**ヒメイ**　*Juncus decipiens* var.*gracilis*
　イグサ科の多年草。イグサの変異。
¶野生1（p289）

**ヒメイカリソウ**　*Epimedium trifoliatobinatum* subsp. *trifoliatobinatum*　姫碇草
　メギ科の多年草。日本固有種。
¶原牧1（No.1180/カ図）
　固有（p58/カ写）
　新分牧（No.1328/モ図）
　新牧日（No.647/モ図）
　茶花上（p306/カ写）
　牧野ス1（No.1180/カ図）
　野生2（p117）
　山ハ山花（p207/カ写）

**ヒメイズイ**　*Polygonatum humile*　姫萎蕤
　キジカクシ科〔クサスギカズラ科〕（ユリ科）の多年草。別名ヒメアマドコロ。高さは10〜30cm。
¶原牧1（No.598/カ図）
　山野草（No.1403/カ写）
　新分牧（No.607/モ図）
　新牧日（No.3465/モ図）
　茶花上（p567/カ写）
　牧野ス1（No.598/カ図）
　野生1（p258/カ写）
　山力野草（p629/カ写）
　山ハ野花（p82/カ写）
　山ハ山花（p147/カ写）

**ヒメイズイ（斑入り）**　*Polygonatum humile* 'Variegatum'　姫萎蕤
　ユリ科の草本。ヒメイズイの小型の斑入り種。
¶山野草（No.1404/カ写）

**ヒメイソツツジ**　*Rhododendron tomentosum* var. *decumbens*　姫磯躑躅
　ツツジ科ツツジ亜科の常緑低木。別名ホソバイソツツジ。
¶原牧2（No.1167/カ図）
　新分牧（No.3280/モ図）
　新牧日（No.2112/モ図）
　牧野ス2（No.3012/カ図）
　野生4（p235/カ写）
　山力樹木（p577/カ写）
　山ハ高山（p267/カ写）

**ヒメイタチシダ**　*Dryopteris sacrosancta*
　オシダ科の常緑性シダ。別名ホソバイタチシダ。葉身は長さ50cm, 五角状広卵形。
¶シダ標2（p366/カ写）

**ヒメイタビ**　*Ficus thunbergii*　姫イタビ
　クワ科の常緑つる性植物。別名クライタボ。
¶APG原樹（No.676/カ図）
　原牧2（No.57/カ図）
　新分牧（No.2101/モ図）
　新牧日（No.181/モ図）
　牧野ス1（No.1902/カ図）
　野生2（p336/カ写）
　山力樹木（p169/カ写）

**ヒメイチゲ**　*Anemone debilis*　姫一花
　キンポウゲ科の多年草。別名ルリイチゲソウ, ヒメイチゲソウ。高さは5〜15cm。
¶学フ増高山（p144/カ写）
　学フ増野春（p178/カ写）
　原牧1（No.1261/カ図）
　山野草（No.0230/カ写）
　新分牧（No.1447/モ図）
　新牧日（No.586/モ図）
　牧野ス1（No.1261/カ図）
　ミニ山（p54/カ写）
　野生2（p136/カ写）
　山力野草（p478/カ写）
　山ハ高山（p97/カ写）
　山ハ山花（p238/カ写）

**ヒメイチゲソウ**　⇒ヒメイチゲを見よ

**ヒメイチゴノキ**　*Arbutus unedo* 'Compacta'
　ツツジ科の木本。
¶APG原樹（No.1583/カ図）

**ヒメイヌスイバ**　*Emex australis*
　タデ科の一年草。
¶帰化写2（p21/カ写）

**ヒメイヌナズナ**　⇒クモマナズナ(1)を見よ

**ヒメイヌノハナヒゲ**　⇒イトイヌノハナヒゲを見よ

**ヒメイヌビエ**　*Echinochloa crus-galli* var.*praticola*
　イネ科キビ亜科の一年草。
¶桑イネ（p204/カ写・モ図）
　野生2（p84）

**ヒメイノモトソウ**　*Pteris yamatensis*
　イノモトソウ科の常緑性シダ。日本固有種。葉身の長さは3〜12cm。

ヒメイハラ

¶固有 (p203)
シダ標1 (p378/カ写)
山レ増 (p670/カ写)

**ヒメイバラモ** *Najas tenuicaulis*
トチカガミ科 (イバラモ科) の水草。日本固有種。
¶固有 (p154)
日水草 (p95/カ写)
野生1 (p122/カ写)

**ヒメイヨカズラ** *Vincetoxicum matsumurae*
キョウチクトウ科 (ガガイモ科)。日本固有種。
¶固有 (p117)
山野草 (No.0981/カ写)
野生4 (p319/カ写)

**ヒメイラクサ** *Urtica urens*
イラクサ科の一年草。別名コイラクサ, タイリクイラクサ。高さは7〜50cm。
¶帰化写2 (p20/カ写)

**ヒメイワカガミ** *Schizocodon ilicifolius* 姫岩鏡
イワウメ科の多年草。日本固有種。高さは4〜8cm。
¶原牧2 (No.1146/カ写)
固有 (p102/カ写)
山野草 (No.0756/カ写)
新分牧 (No.3189/モ図)
新牧日 (No.2095/モ図)
牧野ス2 (No.2991/カ写)
野生4 (p214/カ写)
山ハ高山 (p263/カ写)

**ヒメイワギボウシ** *Hosta longipes* var.*gracillima* 姫岩擬宝珠
キジカクシ科 〔クサスギカズラ科〕 (ユリ科) の多年草。日本固有種。
¶固有 (p155)
山野草 (No.1502/カ写)
茶花下 (p331/カ写)
野生1 (p251)
山ハ山花 (p150/カ写)

**ヒメイワショウブ** *Tofieldia okuboi* 姫岩菖蒲
チシマゼキショウ科 (ユリ科) の多年草。日本固有種。高さは8〜15cm。
¶学フ増高山 (p212/カ写)
原牧1 (No.213/カ図)
固有 (p157/カ写)
新分牧 (No.258/モ図)
新牧日 (No.3370/モ図)
牧野ス1 (No.213/カ写)
野生1 (p113/カ写)
山ハ高山 (p11/カ写)

**ヒメイワタデ** *Aconogonon ajanense* 姫岩蓼
タデ科の草本。別名チシマヒメイワタデ。
¶学フ増高山 (p133/カ写)
原牧2 (No.844/カ写)
新分牧 (No.2855/モ図)
新牧日 (No.306/モ図)
牧野ス2 (No.2689/カ図)
野生4 (p85/カ写)
山力野草 (p543/カ写)

山ハ高山 (p127/カ写)
山レ増 (p437/カ写)

**ヒメイワトラノオ** *Asplenium capillipes* 姫岩虎尾
チャセンシダ科の常緑性シダ。葉身の長さは3〜10cm。
¶シダ標1 (p415/カ写)
新分牧 (No.4646/モ図)
新牧日 (No.4633/モ図)

**ヒメイワヤナギシダ** *Loxogramme grammitoides* × *L. salicifolia*
ウラボシ科のシダ植物。
¶シダ標2 (p453/カ写)

**ヒメイワラン** ⇒ヒナランを見よ

**ヒメウキガヤ** *Glyceria depauperata* var.*depauperata*
イネ科イチゴツナギ亜科の水草。
¶桑イネ (p252/モ図)
日水草 (p204/カ写)
野生2 (p54)

**ヒメウキクサ** *Landoltia punctata* 姫浮草
サトイモ科 (ウキクサ科) の常緑浮遊植物。別名シマウキクサ。葉状体は左右不相称の長楕円形, 表面は濃緑色。
¶帰化写改 (p473/カ写)
日水草 (p57/カ写)
野生1 (p107/カ写)

**ヒメウキヤガラ** ⇒イセウキヤガラを見よ

**ヒメウコギ** *Eleutherococcus sieboldianus* 姫五加木, 姫五加
ウコギ科の落葉低木。別名ウコギ。高さは2m。花は黄緑色。
¶APG原樹 〔ウコギ〕 (No.1511/カ写)
学フ増山菜 (p95/カ写)
学フ増花庭 (p85/カ写)
学フ増薬草 (p222/カ写)
帰化写2 (p516/カ写)
原牧2 (No.2376/カ図)
新分牧 (No.4418/カ写)
新牧日 (No.1987/モ図)
牧野ス2 (No.4221/カ図)
ミニ山 (p212/カ写)
野生5 (p376/カ写)
山力樹木 (p522/カ写)
落葉図譜 〔ウコギ〕 (p256/モ図)

**ヒメウシオスゲ** *Carex subspathacea*
カヤツリグサ科の多年草。
¶カヤツリ (p168/モ図)
スゲ増 (No.75/カ写)
野生1 (p310/カ写)

**ヒメウズ** *Semiaquilegia adoxoides* 姫烏頭
キンポウゲ科の多年草。別名トンボグサ, チンチンバナ。高さは10〜30cm。
¶色野草 (p29/カ写)
学フ増野春 (p171/カ写)
原牧1 (No.1208/カ図)
新分牧 (No.1358/モ図)

新牧日 (No.534/モ図)
牧野ス1 (No.1208/カ図)
ミニ山 (p48/カ写)
野生2 (p162/カ写)
山力野草 (p487/カ写)
山ハ野花 (p236/カ写)

ヒメウスノキ　*Vaccinium yatabei*　姫臼の木
ツツジ科スノキ亜科の落葉低木。日本固有種。別名アオジクスノキ、ヒメスノキ。
¶固有 (p104)
　野生4 (p261/カ写)
　山力樹木 (p602/カ写)

ヒメウスユキソウ　⇒コマウスユキソウを見よ

ヒメウツギ　*Deutzia gracilis*　姫空木, 姫卯木
アジサイ科(ユキノシタ科)の落葉低木。日本固有種。高さは1m。花は白色。
¶APG原樹 (No.1096/カ写)
　学フ増花庭 (p100/カ写)
　原牧2 (No.1016/カ図)
　固有 (p75/カ写)
　新分牧 (No.3048/モ図)
　新牧日 (No.980/モ図)
　茶花上 (p448/カ写)
　牧野ス2 (No.2861/カ図)
　ミニ山 (p113/カ写)
　野生4 (p162/カ写)
　山力樹木 (p227/カ写)

ヒメウマノアシガタ　*Ranunculus yakushimensis*　姫馬の脚形
キンポウゲ科の多年草。日本固有種。葉身は卵状楕円形または卵円形。
¶固有 (p53/カ写)
　野生2 (p159)
　山ハ山花 (p234/カ写)

ヒメウマノミツバ　*Sanicula lamelligera* var. *lamelligera*
セリ科ウマノミツバ亜科の草本。
¶野生5 (p386/カ写)

ヒメウメバチソウ　*Parnassia alpicola*　姫梅鉢草
ニシキギ科(ユキノシタ科)の草本。日本固有種。別名タカネウメバチソウ、ヒメミヤマウメバチソウ。
¶学フ増高山 (p156/カ写)
　原牧2 (No.216/カ図)
　固有 (p73)
　新分牧 (No.2233/モ図)
　新牧日 (No.975/モ図)
　牧野ス1 (No.2061/カ図)
　野生3 (p138/カ写)
　山力野草 (p433/カ写)
　山ハ高山 (p172/カ写)

ヒメウメバチモ　⇒ヒメバイカモを見よ

ヒメウラシマソウ　*Arisaema kiushianum*　姫浦島草
サトイモ科の多年草。日本固有種。
¶原牧1 (No.188/カ写)
　固有 (p177)
　新分牧 (No.223/モ図)

新牧日 (No.3919/モ図)
茶花上 (p568/カ写)
テンナン (No.5/カ写)
牧野ス1 (No.188/カ写)
野生1 (p97/カ写)
山ハ山花 (p39/カ写)

ヒメウラジロ　*Aleuritopteris argentea*　姫裏白
イノモトソウ科(ホウライシダ科)のシダ植物。葉身裏面は白色の粉状物に覆われる。葉身は長さ3～10cm、五角形状。
¶山野草 (No.1830/カ写)
　シダ標1 (p385/カ写)
　新分牧 (No.4614/モ図)
　新牧日 (No.4466/モ図)
　山レ増 (p675/カ写)

ヒメウラボシ　*Oreogrammitis dorsipila*　姫裏星
ウラボシ科(ヒメウラボシ科)の常緑性シダ。葉身は長さ2～8cm、狭披針形。
¶シダ標2 (p469/カ写)
　新分牧 (No.4806/モ図)
　新牧日 (No.4683/モ図)
　山レ増 (p642/カ写)

ヒメウワバミソウ　*Elatostema japonicum*　姫蟒蛇草
イラクサ科の多年草。日本固有種。高さは20～30cm。
¶固有 (p44)
　野生2 (p346/カ写)
　山ハ山花 (p353/カ写)

ヒメエゴノキ　⇒エゴノキを見よ

ヒメエゾネギ　*Allium schoenoprasum* var. *yezomonticola*　姫蝦夷葱
ヒガンバナ科(ユリ科、ネギ科)の多年草。日本固有種。北海道アポイ岳の特産。
¶固有 (p158)
　山野草 (No.1452/カ写)
　野生1 (p242/カ写)
　山ハ高山 (p49/カ写)

ヒメエゾノコブゴケ　*Oncophorus wahlenbergii* var. *perbrevipes*
シッポゴケ科のコケ植物。日本固有種。
¶固有 (p212)

ヒメエダウチホングウシダ　⇒ヒメホングウシダを見よ

ヒメエンゴサク　*Corydalis lineariloba* var. *capillaris*
ケシ科の多年草。日本固有種。
¶原牧1 (No.1147/カ図)
　固有 (p66)
　新分牧 (No.1304/モ図)
　新牧日 (No.790/モ図)
　牧野ス1 (No.1147/カ図)
　野生2 (p105)

ヒメオイワボタン　*Chrysosplenium pseudofauriei* var. *nipponense*
ユキノシタ科の多年草。日本固有種。
¶固有 (p71)
　野生2 (p201)

**ヒメオダマキ** ⇒ミヤマオダマキを見よ

**ヒメオトギリ** *Hypericum japonicum*
オトギリソウ科の一年草または多年草。高さは20
～30cm。
¶原牧2 (No.405/カ図)
　新分牧 (No.2299/モ図)
　新牧日 (No.759/モ図)
　牧野ス1 (No.2250/カ図)
　ミニ山 (p75/カ写)
　野生3 (p238/カ写)

**ヒメオドリコソウ** *Lamium purpureum* 姫踊り子草
シソ科オドリコソウ亜科の二年草。高さは10～
30cm。花は紅紫色。
¶色野草 (p221/カ写)
　学フ増野春 (p15/カ写)
　帰化写改 (p268/カ写, p506/カ写)
　原牧2 (No.1660/カ図)
　植調 (p181/カ写)
　新分牧 (No.3758/モ図)
　新牧日 (No.2572/モ図)
　茶花上 (p307/カ写)
　牧野ス2 (No.3505/カ図)
　野生5 (p126/カ写)
　山力野草 (p218/カ写)
　山ハ野花 (p455/カ写)

**ヒメオニササガヤ** *Dichanthium annulatum*
イネ科キビ亜科の多年草。別名マルボアブラススス
キ。高さは1m。
¶帰化写2 (p332/カ写)
　桑イネ (p179/モ図)
　植調 (p327/カ写)
　野生2 (p81/カ写)

**ヒメオニソテツ** *Encephalartos horridus* 姫鬼蘇鉄
ザミア科 (ソテツ科)。高さは30cm。
¶新分牧 (No.2/モ図)
　新牧日 (No.2/モ図)

**ヒメオニタケ** *Cystodermella granulosa*
カブラマツタケ科のキノコ。
¶山力日き (p197/カ写)

**ヒメオニヤブソテツ** *Cyrtomium falcatum* subsp.
*littorale*
オシダ科のシダ植物。日本固有種。
¶固有 (p209/カ写)
　シダ標2 (p428/カ写)

**ヒメオノオレ** ⇒ヤチカンバを見よ

**ヒメオヒルムシロ** *Potamogeton × yamagataensis*
ヒルムシロ科の浮葉植物。沈水葉は線形。
¶日水草 (p112/カ写)

**ヒメカイウ** *Calla palustris* 姫海芋
サトイモ科の多年草。別名ヒメカユウ、ミズザゼン、
ミズイモ。根茎は径1～2。高さは15～30cm。
¶日水草 (p56/カ写)
　野生1 (p106/カ写)
　山力野草 (p654/カ写)
　山ハ山花 (p37/カ写)

**ヒメカイザイク** ⇒ヒロハノハナカンザシを見よ

**ヒメカイドウ** ⇒ズミ(1)を見よ

**ヒメカガミ** ⇒スズサイコを見よ

**ヒメカガミゴケ** *Brotherella complanata*
ナガハシゴケ科のコケ。日本固有種。枝葉は狭卵形
で漸尖。
¶固有 (p219/カ写)

**ヒメカカラ** *Smilax biflora* var.*biflora*
サルトリイバラ科 (ユリ科) の木本。葉長5～15mm。
¶APG原樹 (No.180/カ図)
　原牧1 (No.320/カ図)
　新分牧 (No.367/モ図)
　新牧日 (No.3493/モ図)
　牧野ス1 (No.320/カ図)
　野生1 (p166/カ写)
　山レ増 (p605/カ写)

**ヒメカクラン** *Phaius mishmensis*
ラン科の着生の多年草。沖縄・台湾ほかに分布。
¶野生1 (p220/カ写)

**ヒメカジイチゴ** *Rubus × medius*
バラ科の落葉低木。
¶原牧1 (No.1757/カ図)
　新分牧 (No.1956/モ図)
　新牧日 (No.1111/モ図)
　牧野ス1 (No.1757/カ図)

**ヒメカタショウロ** *Scleroderma areolatum*
ニセショウロ科のキノコ。
¶学フ増毒き (p225/カ写)
　山力日き (p501/カ写)

**ヒメカナリークサヨシ** *Phalaris minor*
イネ科イチゴツナギ亜科の一年草。高さは60～
80cm。
¶帰化写改 (p462/カ写)
　野生2 (p58/カ写)

**ヒメカナワラビ** *Polystichum tsus-simense* 姫鉄蕨
オシダ科の常緑性シダ。別名キヨスミシダ、キヨズ
ミシダ。葉長40～60cm、葉身は披針形。
¶シダ標2 (p408/カ写)
　新分牧 (No.4720/モ図)
　新牧日 (No.4501/モ図)

**ヒメカバイロタケ** *Xeromphalina campanella*
ガマノホタケ科 (クヌギタケ科) のキノコ。超小型
～小型。傘は鈍橙黄色～黄褐色。
¶原きの (No.291/カ写・カ図)
　山力日き (p135/カ写)

**ヒメガマ** *Typha domingensis* 姫蒲
ガマ科の多年生抽水植物。全高1.3～2m。葉はガマ
よりやや細い、幅5～15mm。
¶原牧1 (No.658/カ図)
　植調 (p29/カ写)
　新分牧 (No.699/モ図)
　新牧日 (No.3957/モ図)
　茶花下 (p256/カ写)

日水草 (p161/カ写)
牧野ス1 (No.658/カ図)
野生1 (p279/カ写)
山カ野草 (p699/カ写)
山ハ野花 (p88/カ写)

**ヒメカミザサ** *Neosasamorpha stenophylla* subsp. *tobagenzoana*
イネ科タケ亜科のササ。日本固有種。
¶固有 (p173)
タケ亜科 (No.96/カ写)

**ヒメカモジグサ** ⇒シバムギを見よ

**ヒメカモノハシ** *Ischaemum ciliare*
イネ科キビ亜科の多年草。国内では沖縄に見られる。
¶野生2 (p87)

**ヒメガヤツリ** ⇒ミズハナビ[1]を見よ

**ヒメカユウ** ⇒ヒメカイウを見よ

**ヒメカラフトイチゴツナギ** *Poa sachalinensis*
イネ科の多年草。高さは20～40cm。
¶桑イネ (p404/モ図)

**ヒメカラマツ** *Thalictrum alpinum* var. *stipitatum* 姫唐松
キンポウゲ科の多年草。日本固有種。高さは10～20cm。
¶学フ増高山 (p88/カ写)
原牧1 (No.1242/カ図)
固有 (p52)
新分牧 (No.1362/モ図)
新牧日 (No.567/モ図)
牧野ス1 (No.1242/カ図)
野生2 (p166/カ写)
山カ野草 (p484/カ写)
山ハ高山 (p90/カ写)

**ヒメカランコエ** ⇒ベニベンケイを見よ

**ヒメカリマタガヤ** *Dimeria ornithopoda* f. *microchaeta*
イネ科の一年草。高さは10～20cm。
¶桑イネ (p189/モ図)

**ヒメガリヤス** ⇒チョウセンガリヤスを見よ

**ヒメカワズスゲ** *Carex brunnescens* 姫蛙菅
カヤツリグサ科の多年草。
¶カヤツリ (p126/モ図)
原牧1 (No.808/カ図)
新分牧 (No.795/モ図)
新牧日 (No.4098/モ図)
スゲ増 (No.49/カ写)
牧野ス1 (No.808/カ図)
野生1 (p307/カ写)

**ヒメカワハナヒリノキ** ⇒ヒメハナヒリノキを見よ

**ヒメカンアオイ** *Asarum fauriei* var. *takaoi* 姫寒葵
ウマノスズクサ科の多年草。日本固有種。萼筒は比較的短いコップ状。葉径5～8cm。
¶原牧1 (No.91/カ写)
固有 (p60)
新分牧 (No.115/モ図)

新牧日 (No.687/モ図)
牧野ス1 (No.91/カ図)
野生1 (p70/カ写)
山ハ山花 (p30/カ写)

**ヒメカンガレイ** *Schoenoplectus mucronatus* var. *mucronatus*
カヤツリグサ科の抽水植物、多年草。小穂の鱗片にやや稜角がある。高さは30～80cm。
¶カヤツリ (p684/モ図)

**ヒメガンクビソウ** *Carpesium rosulatum* 姫雁首草
キク科キク亜科の多年草。高さは15～45cm。
¶原牧2 (No.2005/カ図)
新分牧 (No.4263/カ図)
新牧日 (No.3042/モ図)
牧野ス2 (No.3850/カ図)
野生5 (p352/カ写)
山ハ山花 (p525/カ写)

**ヒメカンスゲ** *Carex conica* 姫寒菅
カヤツリグサ科の多年草。高さは10～40cm。
¶カヤツリ (p282/モ図)
原牧1 (No.866/カ写)
新分牧 (No.886/モ図)
新牧日 (No.4171/モ図)
スゲ増 (No.144/カ写)
牧野ス1 (No.866/カ図)
野生1 (p318/カ写)
山ハ野花 (p133/カ写)

**ヒメカンゾウ** *Hemerocallis dumortieri* var. *dumortieri* 姫萱草
ススキノキ科（ユリ科）の多年草。高さは25～50cm。
¶茶花上 (p568/カ写)
野生1 (p238)

**ヒメガンピ** ⇒サクラガンピを見よ

**ヒメカンムリツチグリ** *Geastrum quadrifidum*
ヒメツチグリ科のキノコ。
¶山カ日き (p506/カ写)

**ヒメキカシグサ** *Rotala elatinomorpha*
ミソハギ科の草本。日本固有種。
¶原牧2 (No.443/カ図)
固有 (p95)
新分牧 (No.2486/カ図)
新牧日 (No.1898/カ図)
牧野ス2 (No.2288/カ図)
野生3 (p259)

**ヒメキクタビラコ** *Myriactis japonensis* 姫菊田平子
キク科キク亜科の多年草。日本固有種。高さは3～12cm。
¶固有 (p150)
野生5 (p324/カ写)
山ハ山花 (p535/カ写)
山レ増 (p45/カ写)

**ヒメキクバスミレ** *Viola × ibukiana* 姫菊葉菫
スミレ科の多年草。シハイスミレとエイザンスミレ、あるいはシハイスミレとヒゴスミレとの自然雑種と思われる。花は紅紫色。

**ヒメキクラ**

¶原牧2（No.376/カ図）
新分牧（No.2360/モ図）
新牧日（No.1848/モ図）
牧野ス1（No.2221/カ図）

**ヒメキクラゲ** *Exidia glandulosa*
ヒメキクラゲ科（キクラゲ科）のキノコ。小型。子実体は脳表面のしわ状。
¶原きの（No.415/カ写・カ図）
山力日き（p535/カ写）

**ヒメキジノオ** *Plagiogyria japonica* var. *pseudojaponica*
キジノオシダ科のシダ植物。日本固有種。
¶固有（p201）
シダ標1（p340/カ写）

**ヒメキシメジ** *Callistosporium luteoolivaceum*
所属未確定のキノコ。小型。傘は中央が窪んだ丸山形、黄土色。ひだは黄色。
¶山力日き（p97/カ写）

**ヒメキセワタ** *Matsumurella tuberifera*
シソ科オドリコソウ亜科の草本。
¶原牧2（No.1662/カ図）
新分牧（No.3752/モ図）
新牧日（No.2574/モ図）
牧野ス2（No.3507/カ図）
野生5（p124/カ写）
山レ増（p131/カ写）

**ヒメキツネノボタン** *Ranunculus silerifolius* var. *yaegatakensis*
キンポウゲ科の矮小植物。屋久島の特産。
¶固有（p53）
野生2（p162）

**ヒメキランソウ** *Ajuga pygmaea*
シソ科キランソウ亜科のサボテン。高さは4m。花は緑白色。
¶原牧2（No.1619/カ図）
山野草（No.1057/カ写）
新分牧（No.3713/モ図）
新牧日（No.2528/モ図）
牧野ス2（No.3464/カ図）
野生5（p110/カ写）

**ヒメキリンソウ** *Phedimus sikokianus* 姫麒麟草
ベンケイソウ科の草本。日本固有種。
¶原牧1（No.1417/カ図）
固有（p68）
新分牧（No.1575/モ図）
新牧日（No.923/モ図）
茶花下（p138/カ写）
牧野ス1（No.1417/カ図）
野生2（p222/カ写）

**ヒメキンギョソウ** *Linaria* cvs. 姫金魚草
オオバコ科（ゴマノハグサ科）の一年草または多年草。別名ムラサキウンラン、リナリア。高さは20〜40cm。花はスミレ色〜紅紫色。
¶茶花上（p307/カ写）

**ヒメキンセンカ** ⇒キンセンカ(1)を見よ

**ヒメギンネム** *Desmanthus pernambucanus* 姫銀合歓
マメ科の木本状多年草。別名タチクサネム。
¶帰化写2（p402/カ写）
原牧1（No.1457/カ図）
新分牧（No.1803/モ図）
新牧日（No.1246/モ図）
牧野ス1（No.1457/カ図）

**ヒメキンポウゲ** *Halerpestes kawakamii*
キンポウゲ科の草本。日本固有種。別名ツルヒキノカサ。
¶固有（p57）
野生2（p153）
山力野草（p468/カ写）

**ヒメキンミズヒキ** *Agrimonia nipponica* 姫金水引
バラ科バラ亜科の多年草。高さは30〜80cm。
¶色野草（p175/カ写）
原牧1（No.1790/カ図）
新分牧（No.1985/モ図）
新牧日（No.1176/モ図）
牧野ス1（No.1790/カ図）
野生3（p25/カ写）
山ハ山花（p342/カ写）

**ヒメクグ** *Cyperus brevifolius* var.*leiolepis* 姫莎草
カヤツリグサ科の多年草。高さは5〜35cm。
¶カヤツリ（p696/モ図）
原牧1（No.720/カ図）
植調（p283/カ写）
新分牧（No.980/モ図）
新牧日（No.3979/モ図）
牧野ス1（No.720/カ図）
野生1（p338/カ写）
山力野草（p656/カ写）
山ハ野花（p105/カ写）

**ヒメクジャクゴケ** *Hypopterygium japonicum*
クジャクゴケ科のコケ。野外でも蒴柄がわら色。
¶新分牧（No.4877/モ図）
新牧日（No.4746/モ図）

**ヒメクジャクシダ** ⇒ホウビシダを見よ

**ヒメクジラグサ** *Descurainia pinnata*
アブラナ科の一年草。高さは10〜70cm。花は黄白色。
¶帰化写改（p98/カ写）

**ヒメクズ** ⇒ノアズキを見よ

**ヒメクチキタンポタケ** *Cordyceps annullata*
ノムシタケ科の冬虫夏草。小型。子実体はタンポ形、長さは4cm前後。宿主は、キマワリの幼虫。
¶冬虫生態（p176/カ写）

**ヒメクチナシ** ⇒コクチナシを見よ

**ヒメクチバシグサ** *Bonnaya tenuifolia*
アゼナ科〔アゼトウガラシ科〕の一年草。茎は斜上し、長さ7〜17cm。花は紫色。
¶野生5（p96）

**ヒメクビオレタケ** *Ophiocordyceps minutissima*
オフィオコルディセプス科の冬虫夏草。宿主はハエ

目の幼虫。
¶冬虫生態(p199/カ写)

**ヒメクマツヅラ** ⇒シュッコンバーベナを見よ

**ヒメクマヤナギ** Berchemia lineata 姫熊柳
クロタキカズラ科(クロウメモドキ科)の落葉低木。果実は紫黒色。
¶APG原樹(No.644/カ図)
原牧2(No.22/カ図)
新分牧(No.2065/モ図)
新牧日(No.1684/モ図)
牧野ス1(No.1867/カ図)
野生2(p318/カ写)

**ヒメクラマゴケ** Selaginella heterostachys
イワヒバ科の多年草、シダ植物。別名ヒメタチクラマゴケ。
¶シダ標1(p272/カ写)

**ヒメクリソラン** Hancockia uniflora
ラン科の草本。
¶野生1(p207)

**ヒメグルミ** Juglans mandshurica var.cordiformis
クルミ科の落葉高木。
¶野生3(p103/カ写)

**ヒメクロアブラガヤ** Scirpus microcarpus
カヤツリグサ科の多年草。高さは50～80cm。
¶帰化写2(p377/カ写)

**ヒメクロウメモドキ** Rhamnus kanagusukui 姫黒梅擬
クロウメモドキ科の木本。
¶野生2(p323/カ写)

**ヒメクロマメノキ** Vaccinium uliginosum var. alpinum 姫黒豆の木
ツツジ科スノキ亜科の木本。別名コバノクロマメノキ。高さは10～20cm。
¶野生4(p260/カ写)
山ハ高山(p290/カ写)

**ヒメクロモジ** Lindera lancea
クスノキ科の木本。日本固有種。
¶固有(p49)
野生1(p83)

**ヒメクワガタ** Veronica nipponica var.nipponica 姫鍬形
オオバコ科(ゴマノハグサ科)の多年草。日本固有種。高さは7～20cm。花は淡青紫色。
¶学フ増高山(p66/カ写)
原牧2(No.1571/カ図)
固有(p128)
新分牧(No.3609/モ図)
新牧日(No.2714/モ図)
牧野ス2(No.3416/カ図)
野生5(p84/カ写)
山力野草(p179/カ写)
山ハ高山(p338/カ写)

**ヒメグンバイナズナ** Lepidium apetalum
アブラナ科の一年草または二年草。高さは10～50cm。

¶帰化写改(p102/カ写, p496/カ写)
野生4(p65)

**ヒメケイヌホオズキ** Solanum physalifolium var. nitidibaccatum
ナス科の一年草。高さは20～50cm。花冠は白色。
¶帰化写2(p217/カ写)
野生5(p43)

**ヒメケフシグロ** Silene aprica var.aprica
ナデシコ科の草本。
¶野生4(p121/カ写)

**ヒメケマンソウ** Dicentra eximia
ケシ科の多年草、宿根草。高さは25～45cm。花は淡紅または紅紫色、白花種も普及。
¶山野草(No.0439/カ写)

**ヒメコイワカガミ** Schizocodon soldanelloides var. minimus
イワウメ科の草本。日本固有種。
¶固有(p102)
野生4(p214)

**ヒメコウガイゼキショウ** Juncus bufonius
イグサ科の一年草。高さは8～30cm。
¶原牧1(No.682/カ図)
新分牧(No.713/モ図)
新牧日(No.3566/モ図)
牧野ス1(No.682/カ図)
野生1(p288/カ写)

**ヒメコウジ** ⇒ゴールテリアを見よ

**ヒメコウゾ**(1) Broussonetia monoica 姫楮
クワ科の落葉低木。別名コウゾ、カゾ。
¶APG原樹(No.689/カ図)
茶花上(p449/カ写)
野生2(p333/カ写)
山力樹木〔コウゾ〕(p164/カ写)
落葉図譜〔コウゾ〕(p103/モ図)

**ヒメコウゾ**(2) ⇒コウゾ(1)を見よ

**ヒメゴウソ** ⇒アオゴウソ(1)を見よ

**ヒメゴウソ(狭義)** Carex phacota var.gracilispica
カヤツリグサ科の多年草。別名アオゴウソ。
¶カヤツリ〔ヒメゴウソ〕(p186/モ図)

**ヒメコウホネ** Nuphar subintegerrima 姫川骨、姫河骨
スイレン科の水生植物。日本固有種。花は黄色。沈水葉は長さ6～17cm、浮葉形成後も多くの沈水葉が残る。
¶固有(p59)
日水草(p43/カ写)
野生1(p47/カ写)
山レ増(p360/カ写)

**ヒメコウモリ** Parasenecio shikokianus
キク科キク亜科の草本。日本固有種。別名ヒメコウモリソウ。
¶原牧2〔ヒメコウモリソウ〕(No.2143/カ図)
固有(p144)
新分牧〔ヒメコウモリソウ〕(No.4097/モ図)
新牧日〔ヒメコウモリソウ〕(No.3175/モ図)

ヒ

茶花下〔ひめこうもりそう〕(p372/カ写)
牧野ス2〔ヒメコウモリソウ〕(No.3988/カ図)
野生5(p304/カ写)

**ヒメコウモリソウ** ⇒ヒメコウモリを見よ

**ヒメコガサ** *Galerina subcerina*
ヒメノガステル科のキノコ。
¶山力日き(p271/カ写)

**ヒメコガネツルタケ** *Amanita melleiceps*
テングタケ科のキノコ。小型。傘は帯黄色, 帯白色
〜帯淡黄色のいぼ, 条線あり。
¶学フ増毒き(p55/カ写)
山力日き(p140/カ写)

**ヒメコケシノブ** *Hymenophyllum coreanum*
コケシノブ科のシダ植物。
¶シダ標1(p309/カ写)

**ヒメコゴメグサ** ⇒コバノコゴメグサを見よ

**ヒメコザクラ** *Primula macrocarpa* 姫小桜
サクラソウ科の草本。日本固有種。高さは5〜
10cm。花は白色。
¶原牧2(No.1075/カ図)
固有(p111)
山野草(No.0827/カ写)
新分牧(No.3119/モ図)
新牧日(No.2219/モ図)
牧野ス2(No.2920/カ図)
野生4(p201/カ写)
山力野草(p278/カ写)
山ハ高山(p254/カ写)
山レ増(p195/カ写)

**ヒメコナカブリツルタケ** *Amanita farinosa*
テングタケ科のキノコ。小型。傘は灰色, 粉状, 条
線あり。
¶学フ増毒き(p54/カ写)
山力日き(p140/カ写)

**ヒメコナスビ** *Lysimachia japonica* var.*minutissima*
サクラソウ科の多年草。日本固有種。別名ヤクシマ
コナスビ。
¶固有(p109)
野生4(p193/カ写)

**ヒメコヌカグサ** *Agrostis valvata*
イネ科イチゴツナギ亜科の草本。日本固有種。
¶桑イネ(p51/モ図)
原牧1(No.990/カ写)
固有(p167/カ写)
新分牧(No.1093/モ図)
新牧日(No.3732/モ図)
牧野ス1(No.990/カ図)
野生2(p40/カ写)
山レ増(p558/カ写)

**ヒメコハシゴシダ** *Thelypteris angustifrons*× *T. cystopteroides*
ヒメシダ科のシダ植物。
¶シダ標1(p440/カ写)

**ヒメコバンソウ** *Briza minor* 姫小判草
イネ科イチゴツナギ亜科の一年草。別名スズガヤ。
高さは10〜60cm。葉は細長い披針形。
¶帰化写改(p427/カ写)
桑イネ(p99/カ写・モ図)
原牧1(No.976/カ図)
植調(p293/カ写)
新分牧(No.1087/モ図)
新牧日(No.3703/モ図)
牧野ス1(No.976/カ図)
野生2(p45/カ写)
山力野草(p694/カ写)
山ハ野花(p170/カ写)

**ヒメコブシ** ⇒シデコブシを見よ

**ヒメゴボウ** *Arctium minus*
キク科の二年草。
¶帰化写2(p248/カ写)

**ヒメコマツ** ⇒ゴヨウマツを見よ

**ヒメコメススキ** ⇒ミヤマヌカボを見よ

**ヒメゴヨウイチゴ** *Rubus pseudojaponicus* 姫五葉苺
バラ科バラ亜科の落葉匍匐性低木。日本固有種。別
名トゲナシゴヨウイチゴ。
¶原牧1(No.1742/カ図)
固有(p77)
新分牧(No.1951/モ図)
新牧日(No.1125/モ図)
牧野ス1(No.1742/カ図)
ミニ山(p139/カ写)
野生3(p46/カ写)
山力樹木(p267/カ写)
山ハ高山(p215/カ写)

**ヒメコーラ** ⇒ヒメコラノキを見よ

**ヒメコラノキ** *Cola acuminata*
アオイ科(アオギリ科)の木本。別名ヒメコーラ。
高さは12〜18m。葉は3裂するものもある。
¶APG原樹(No.1037/カ図)

**ヒメコロマンソウ** *Asystasia gangetica* subsp.
*micrantha*
キツネノマゴ科の一年草または二年草。高さは
50cm〜2m。花冠は淡青白色。
¶帰化写2〔ヒメコロマンソウ(新称)〕(p432/カ写)

**ヒメコンイロイッポンシメジ** *Entoloma*
*coelestinum* var.*violaceum*
イッポンシメジ科のキノコ。
¶山力日き(p282/カ写)

**ヒメサギゴケ** *Mazus goodenifolius*
サギゴケ科(ゴマノハグサ科)の草本。
¶原牧2(No.1747/カ写)
新分牧(No.3820/モ図)
新牧日(No.2705/モ図)
牧野ス2(No.3592/カ図)
野生5(p144/カ写)
山レ増(p119/カ写)

**ヒメザクラ** ⇒オトメザクラを見よ

**ヒメサクラシメジ** *Hygrophorus capreolarius*
ヌメリガサ科のキノコ。小型〜中型。傘はワイン色で湿時粘性。
¶山カ日き (p35/カ写)

**ヒメサクラソウ** ⇒オトメザクラを見よ

**ヒメザクロ** *Punica granatum* 'Nana' 姫石榴
ザクロ科の落葉木。別名チョウセンザクロ、ナンキンザクロ。
¶山カ樹木 (p515/カ写)

**ヒメササ** ⇒フクリンマンネングサを見よ

**ヒメサキビ** *Setaria barbata*
イネ科キビ亜科の一年草。高さは100〜180cm。
¶桑イネ (p434/モ写)
　野生2 (p96)

**ヒメサザンカ** *Camellia lutchuensis* 姫山茶花
ツバキ科の常緑高木。日本固有種。別名リュウキュウツバキ。花は白色。
¶原牧2 (No.1125/カ図)
　固有 (p63)
　新分牧 (No.3166/モ図)
　新牧日 (No.731/モ図)
　茶花上 (p101/カ写)
　牧野ス2 (No.2970/カ図)
　野生4 (No.204/カ写)

**ヒメサジラン** *Loxogramme grammitoides*
ウラボシ科の常緑性シダ。葉身は長さ2〜12cm、倒卵形。
¶シダ標2 (p453/カ写)

**ヒメザゼンソウ** *Symplocarpus nipponicus* 姫座禅草
サトイモ科の多年草。苞は暗紫褐色。高さは10〜40cm。
¶原牧1 (No.169/カ図)
　新分牧 (No.203/モ図)
　新牧日 (No.3906/モ図)
　牧野ス1 (No.169/カ図)
　野生1 (p110/カ写)
　山カ野草 (p654/カ写)
　山ハ高山 (p9/カ写)

**ヒメサナギタケモドキ** *Cordyceps ninchukispora*
ノムシタケ科の冬虫夏草。宿主はイラガ類の繭。
¶冬虫生態 (p77/カ写)

**ヒメサユリ** *Lilium rubellum* 姫小百合
ユリ科の多年草。日本固有種。別名オトメユリ、サツキユリ。高さは50〜60cm。花は淡桃〜濃紫桃色。
¶学フ増高山 (p82/カ写)
　学フ増夏 (p63/カ写)
　原牧1 (No.339/カ図)
　固有 (p160)
　山野草 (No.1476/カ写)
　新分牧 (No.405/モ図)
　新牧日 (No.3433/モ図)
　茶花上〔おとめゆり〕(p506/カ写)
　牧野ス1 (No.339/カ図)
　野生1 (p174/カ写)
　山カ野草 (p622/カ写)

**ヒメサ高山** (p22/カ写)
**ヒメ山山花** (p74/カ写)
**ヒメ山増** (p576/カ写)

**ヒメサルダヒコ**(1) *Lycopus cavaleriei*
シソ科の多年草。最近では、サルダヒコ（コシロネ）と区別されないことが多い。
¶原牧2 (No.1695/カ図)
　新分牧 (No.3775/モ図)
　新牧日 (No.2605/モ図)
　牧野ス2 (No.3540/カ図)

**ヒメサルダヒコ**(2) ⇒カキドオシを見よ

**ヒメサワシバ** ⇒サワシバを見よ

**ヒメサワスゲ** ⇒エゾサワスゲを見よ

**ヒメシオン** *Aster fastigiatus* 姫紫苑
キク科キク亜科の多年草。高さは30〜100cm。
¶原牧2 (No.1958/カ図)
　新分牧 (No.4176/モ図)
　新牧日 (No.2987/カ図)
　牧野ス2 (No.3803/カ図)
　野生5 (p317/カ写)
　山ハ野花 (p540/カ写)

**ヒメシキミ** ⇒コヤスノキを見よ

**ヒメシケシダ** *Deparia petersenii* var. *yakusimensis*
メシダ科（イワデンダ科）のシダ植物。日本固有種。
¶固有 (p205)
　シダ標2 (p346/カ写)

**ヒメシコクショウマ**(1) *Astilbe shikokiana* var. *sikokumontana*
ユキノシタ科。日本固有種。
¶固有 (p70)

**ヒメシコクショウマ**(2) ⇒ヒメアカショウマを見よ

**ヒメシシガシラ** ⇒シシガシラ(1)を見よ

**ヒメジシバリ** ⇒イワニガナを見よ

**ヒメシシラン** *Haplopteris ensiformis*
イノモトソウ科の常緑性シダ。小笠原諸島のものをムニンシシランとして区別することがある。葉身は長さ8〜30cm、線状。
¶シダ標1 (p388/カ写)
　山レ増 (p668/カ写)

**ヒメジソ** *Mosla dianthera* 姫紫蘇
シソ科シソ亜科〔イヌハッカ亜科〕の一年草。高さは20〜60cm。
¶学フ増秋 (p20/カ写)
　原牧2 (No.1706/カ図)
　植調 (p182/カ写)
　新分牧 (No.3766/モ図)
　新牧日 (No.2615/モ図)
　牧野ス2 (No.3551/カ図)
　野生5 (p130/カ写)
　山ハ野花 (p460/カ写)

**ヒメシダ** *Thelypteris palustris* 姫羊歯
ヒメシダ科（オシダ科）の夏緑性シダ。別名ショリマ。葉身は長さ20〜35cm、広披針形。

¶シダ標1 (p433/カ写)
新分牧 (No.4652/モ図)
新牧日 (No.4559/モ図)

**ヒメシノ** *Sasaella kogasensis* var.*gracillima* 姫篠
イネ科タケ亜科のササ。別名コクマザサ。
¶タケ亜科 (No.126/カ写)
タケササ (p124/カ写)
山力樹木 (p68/カ写)

**ヒメシバフタケ** *Panaeolina foenisecii*
ナヨタケ科のキノコ。
¶原きの (No.221/カ写・カ図)

**ヒメシマダケ** *Pleioblastus chino* f.*angustifolius*
イネ科のササ。
¶タケササ (p158/カ写)

**ヒメシャガ** *Iris gracilipes* 姫射干, 姫著莪
アヤメ科の多年草。日本固有種。高さは20〜30cm。
花は淡紫色。
¶学フ増野春 (p81/カ写)
原牧1 (No.498/カ図)
固有 (p162)
山野草 (No.1595/カ写)
新分牧 (No.556/モ図)
新牧日 (No.3546/モ図)
茶花上 (p449/カ写)
牧野ス1 (p498/カ図)
野生1 (p234/カ写)
山力野草 (p594/カ写)
山ハ野花 (p64/カ写)
山ハ山花 (p136/カ写)
山レ増 (p571/カ写)

**ヒメシャクナゲ** *Andromeda polifolia* 姫石南花, 姫
石楠花
ツツジ科スノキ亜科の常緑低木。別名ニッコウシャ
クナゲ。高さは15cm。花は白〜桃色。
¶APG原樹 (No.1314/カ図)
学フ増高山 (p36/カ写)
原牧2 (No.1236/カ図)
山野草 (No.0798/カ写)
新分牧 (No.3291/モ図)
新牧日 (No.2180/モ図)
茶花上 (p569/カ写)
牧野ス2 (No.3081/カ図)
野生4 (p253/カ写)
山力樹木 (p585/カ写)
山力野草 (p289/カ写)
山ハ高山 (p276/カ写)

**ヒメシャグマユリ** *Kniphofia triangularis* 姫しゃぐ
ま百合
ススキノキ科 (ユリ科) の多年草。別名ヒメトリト
マ。花は鮮黄色。
¶茶花下 (p256/カ写)

**ヒメジャゴケ** *Conocephalum japonicum*
ジャゴケ科のコケ。
¶新分牧 (No.4918/モ図)
新牧日 (No.4778/モ図)

**ヒメシャジン** *Adenophora nikoensis* 姫沙参
キキョウ科の多年草。日本固有種。別名ホソバヒメ
シャジン。高さは20〜40cm。花は紫青色。
¶学フ増高山 (p72/カ写)
原牧2 (No.1868/カ図)
固有 (p137)
山野草 (No.1164/カ写)
新分牧 (No.3912/モ図)
新牧日 (No.2911/モ図)
茶花下 (p257/カ写)
牧野ス2 (No.3713/カ写)
野生5 (p189/カ写)
山力野草 (p128/カ写)
山ハ高山 (p368/カ写)

**ヒメシャラ** *Stewartia monadelpha* 姫沙羅
ツバキ科の落葉高木。日本固有種。別名サルタノ
キ, ヤマチシャ, コナツツバキ, サルナメリ, サルス
ベリ, アカラギ。樹皮は赤褐色。樹高は15m。樹皮
は灰色。
¶APG原樹 (No.1175/カ図)
学フ増花庭 (p194/カ写)
原牧2 (No.1127/カ図)
固有 (p63/カ写)
新分牧 (No.3168/カ写)
新牧日 (No.733/モ図)
図説樹木 (p130/カ写)
茶花上 (p569/カ写)
都木花新 (p72/カ写)
牧野ス2 (No.2972/カ写)
野生4 (p207/カ写)
山力樹木 (p490/カ写)

**ヒメシャリンバイ** *Rhaphiolepis indica* var.*umbellata*
f.*minor* 姫車輪梅
バラ科の木本。
¶APG原樹 (No.533/カ図)

**ヒメジョオン** *Erigeron annuus* 姫女苑, 姫女菀
キク科キク亜科の一年草〜二年草。別名ヤナギバヒ
メギク, アメリカグサ, イヌヨメナ, サイゴウグサ,
センソウグサ, テツドウグサ。高さは30〜120cm。
花は白〜淡紅色。
¶色野草 (p41/カ写)
学フ増山菜 (p29/カ写)
学フ増野夏 (p122/カ写)
帰化改 (p354/カ写, p514/カ写)
原牧2 (No.1969/カ写)
植調 (p122/カ写)
新分牧 (No.4150/モ図)
新牧日 (No.3005/モ図)
茶花上 (p570/カ写)
牧野ス2 (No.3814/カ写)
野生5 (p323/カ写)
山力野草 (p42/カ写)
山ハ野花 (p548/カ写)

**ヒメシラスゲ** *Carex mollicula* 姫白菅
カヤツリグサ科の多年草。高さは15〜30cm。
¶カヤツリ (p432/モ図)
原牧1 (No.892/カ図)

新分牧 (No.912/モ図)
新牧日 (No.4201/モ図)
スゲ増 (No.240/カ写)
牧野ス1 (No.892/カ図)
野生1 (p331/カ写)
山ハ山花 (p169/カ写)

**ヒメシラタマソウ** *Silene conica*
ナデシコ科の一年草。高さは15〜35cm。花は紅紫色。
¶帰化写2 (p38/カ写)

**ヒメシラネニンジン** *Tilingia ajanensis* var. *angustissima*
セリ科。日本固有種。
¶固有 (p100)

**ヒメシラヒゲラン** *Odontochilus nanlingensis*
ラン科の常緑多年草。
¶野生1 (p217)
山レ増 (p519/カ写)

**ヒメシロアサザ** *Nymphoides coreana* 姫白菁菜
ミツガシワ科の浮葉植物。花は白色。葉の表面に紫褐色の斑状模様がある。
¶日水草 (p298/カ写)
野生5 (p196/カ写)
山レ増 (p158/カ写)

**ヒメシロカイメンタケ** *Oxyporus cuneatus*
所属科未確定 (タバコウロコタケ目) のキノコ。傘は白色。
¶山力日き (p469/カ写)

**ヒメシロクサリゴケ** *Leucolejeunea japonica*
クサリゴケ科のコケ植物。日本固有種。
¶固有 (p224)

**ヒメシロネ** *Lycopus maackianus* 姫白根
シソ科シソ亜科〔イヌハッカ亜科〕の多年草。高さは30〜70cm。
¶原牧2 (No.1693/カ図)
新分牧 (No.3773/モ図)
新牧日 (No.2603/モ図)
牧野ス2 (No.3538/カ図)
野生5 (p135/カ写)
山力野草 (p224/カ写)
山ハ野花 (p462/カ写)
山ハ山花 (p429/カ写)

**ヒメシロビユ** *Amaranthus albus*
ヒユ科の一年草。高さは10〜50cm。花の小苞は緑色。
¶帰化写改 (p65/カ写, p493/カ写)
ミニ山 (p39/カ写)
野生4 (p133/カ写)

**ヒメシワタケ** *Leucogyrophana mollusca*
ヒロハアンズタケ科のキノコ。
¶山力日き (p427/カ写)

**ヒメシンジュガヤ** ⇒カガシラを見よ

**ヒメスイカズラ** *Lonicera japonica* var. *miyagusukiana*
スイカズラ科の小型木本。日本固有種。

¶固有 (p134)
野生5 (p418/カ写)

**ヒメスイバ** *Rumex acetosella* subsp. *pyrenaicus* 姫酸い葉
タデ科の多年草。高さは20〜50cm。花は帯赤色。
¶学フ有毒 (p50/カ写)
帰化写改 (p19/カ写, p489/カ写)
原牧2 (No.785/カ写)
植調 (p205/カ写)
新分牧 (No.2827/モ図)
新牧日 (No.247/モ図)
牧野ス2 (No.2630/カ図)
野生4 (p102/カ写)
山力野草 (p534/カ写)
山ハ野花 (p266/カ写)

**ヒメスギタケ** *Phaeomarasmius erinaceellus*
チャムクエタケ科のキノコ。小型。傘は黄褐色、刺状鱗片密。ひだは黄白色。
¶山力日き (p239/カ写)

**ヒメスギラン** *Huperzia miyoshiana* 姫杉蘭
ヒカゲノカズラ科の常緑性シダ。茎は葉とともに高さ5〜15cm。葉身は針状披針形。
¶シダ標1 (p264/カ写)
新分牧 (No.4810/モ図)
新牧日 (No.4375/モ図)

**ヒメスゲ** *Carex oxyandra* 姫菅
カヤツリグサ科の多年草。高さは10〜30cm。
¶カヤツリ (p386/モ図)
原牧1 (No.844/カ図)
新分牧 (No.854/モ図)
新牧日 (No.4142/モ図)
スゲ増 (No.207/カ写)
牧野ス1 (No.844/カ図)
野生1 (p330/カ写)
山ハ高山 (p64/カ写)
山ハ山花 (p178/カ写)

**ヒメスズタケ** *Sasaella hisauchii*
イネ科タケ亜科のササ。日本固有種。高さは1.5m。
¶固有〔ヒメスズダケ〕(p171)
タケ亜科 (No.113/カ写)

**ヒメスズムシソウ** *Liparis nikkoensis*
ラン科の多年草。ジガバチソウより小型。
¶野生1 (p211)

**ヒメスズメガヤ** *Eragrostis pilossisima*
イネ科ヒゲシバ亜科の一年草。カゼクサに似る。
¶野生2 (p69)

**ヒメスズメノヒエ** *Moorochloa eruciformis*
イネ科キビ亜科の草本。国内では沖縄などに産する。
¶野生2 (p99)

**ヒメスッポンタケ** *Phallus tenuis*
スッポンタケ科のキノコ。中型。傘は長釣鐘形、鮮黄色、網目状突起。
¶山力日き (p519/カ写)

**ヒメスノキ** ⇒ヒメウスノキを見よ

ヒ

ヒメスミレ　　　　　　　　　652

ヒメスミレ　*Viola inconspicua* subsp.*nagasakiensis*
姫菫
スミレ科の多年草。高さは4〜10cm。花も濃紫色で
スミレに似ているが, 全体にやや小さい。
¶色野草 (p234/カ写)
原牧2 (No.371/カ図)
新分牧 (No.2355/モ図)
新牧日 (No.1843/モ図)
牧野ス1 (No.2216/カ図)
ミニ山 (p197/カ図)
野生3 (p217/カ写)
山力野草 (p334/カ写)
山ハ野花 (p328/カ写)
山ハ山花 (p315/カ写)

ヒメスミレサイシン　*Viola yazawana*　姫菫細辛
スミレ科の多年草。花は白色。
¶原牧2 (No.349/カ図)
新分牧 (No.2331/モ図)
新牧日 (No.1822/モ図)
牧野ス1 (No.2194/カ図)
野生3 (p214/カ写)

ヒメセンナリホオズキ　*Physalis pubescens*　姫千成
酸漿
ナス科の一年草。高さは20〜40cm。花は黄白色。
¶学フ増野秋〔センナリホオズキ〕(p104/カ写)
帰化写2 (p209/カ写)
原牧2〔センナリホオズキ〕(No.1465/カ図)
植調〔センナリホオズキ〕(p215/カ写)
新分牧〔センナリホオズキ〕(No.3505/モ図)
新牧日〔センナリホオズキ〕(No.2641/モ図)
牧野ス2〔センナリホオズキ〕(No.3310/カ図)
野生5 (p39/カ写)
山ハ野花〔センナリホオズキ〕(p438/カ写)

ヒメセンニチモドキ　*Acmella uliginosa*
キク科キク亜科の一年草または二年草。
¶帰化写2 (p448/カ写)
野生5 (p360)

ヒメセンブリ　*Lomatogonium carinthiacum*　姫千振
リンドウ科の草本。
¶学フ増高山 (p54/カ写)
原牧2 (No.1357/カ図)
新分牧 (No.3402/モ図)
新牧日 (No.2338/モ図)
牧野ス2 (No.3202/カ図)
野生4 (p300/カ写)
山力野草 (p256/カ写)
山ハ高山 (p300/カ写)
山レ増 (p170/カ写)

ヒメソクシンラン　*Aletris scopulorum*
キンコウカ科の草本。
¶野生1 (p141)

ヒメタイゲキ　⇒ヒメナツトウダイを見よ

ヒメタイサンボク　*Magnolia virginiana*　姫泰山木,
姫大山木
モクレン科の常緑小高木または低木。別名ウラジロ
タイサンボク, バージニアモクレン。花は白色。

¶APG原樹 (No.139/カ図)
新分牧 (No.158/モ図)
茶花上 (p450/カ写)

ヒメタイヌビエ　*Echinochloa crus-galli* var.
*formosensis*
イネ科キビ亜科の草本。
¶桑イネ (p200/カ写・モ図)
野生2 (p84)

ヒメタガソデソウ　⇒オオヤマフスマを見よ

ヒメタカノハウラボシ　*Selliguea yakushimensis*
ウラボシ科の常緑性シダ。葉身は長さ5〜20cm, 狭
披針形。
¶シダ標2 (p455/カ写)

ヒメタケシマラン　*Streptopus streptopoides* subsp.
*streptopoides*　姫竹縞蘭
ユリ科の多年草。高さは10〜20cm。
¶学フ増高山 (p235/カ写)
原牧1 (No.362/カ図)
新分牧 (No.381/モ図)
新牧日 (No.3461/モ図)
牧野ス1 (No.362/カ図)
野生1 (p175/カ写)
山ハ高山 (p26/カ写)

ヒメタチクラマゴケ　⇒ヒメクラマゴケを見よ

ヒメタツナミソウ　⇒キカイタツナミソウを見よ

ヒメタツノツメガヤ　*Dactyloctenium radulans*
イネ科の一年草または短命な多年草。
¶帰化写2 (p331/カ写)

ヒメタデ　*Persicaria erectominor*
タデ科の草本。
¶原牧2 (No.809/カ写)
山ハ草 (No.0005/カ写)
新分牧 (No.2885/モ図)
新牧日 (No.271/モ図)
牧野ス2 (No.2654/カ図)
野生4 (p98/カ写)

ヒメタニワタリ　*Hymenasplenium ikenoi*　姫谷渡
チャセンシダ科の常緑性シダ。葉身は長さ5〜
12cm, 広卵形。
¶シダ標1 (p420/カ写)
新分牧 (No.4626/モ図)
新牧日 (No.4646/モ図)
山レ増 (p662/カ写)

ヒメタヌキモ　*Utricularia minor*　姫狸藻
タヌキモ科の小型多年草。茎は長さ5〜30cm。花弁
は淡黄色または白色。
¶原牧2 (No.1792/カ図)
新分牧 (No.3677/モ図)
新牧日 (No.2811/モ図)
日水草 (p291/カ写)
牧野ス2 (No.3637/カ図)
野生5 (p165/カ写)

ヒメタマガヤツリ　⇒ヒメアオガヤツリを見よ

ヒメタマスゲ　⇒ニッコウハリスゲを見よ

ヒメタムラソウ(1) *Salvia pygmaea* var.*pygmaea* 姫田村草
シソ科シソ亜科〔イヌハッカ亜科〕の多年草。日本固有種。
¶固有(p122)
　野生5(p139/カ写)

ヒメタムラソウ(2) *Serratula centauroides* 姫田村草
キク科の多年草。草丈は約10cm。
¶山野草(No.1325/カ写)

ヒメタンポタケ *Elaphocordyceps delicatistipitata*
オフィオコルディセプス科の冬虫夏草。宿主はアサヒヒメクロツチダンゴ。
¶冬虫生態(p260/カ写)

ヒメチゴザサ *Cyrtococcum patens* 姫稚児笹
イネ科キビ亜科の一年草。高さは15～50cm。
¶桑イネ(p166/モ図)
　新分牧(No.1211/モ図)
　新牧日(No.3823/モ図)
　野生2(p81/カ写)

ヒメチシマクモマグサ ⇒チシマクモマグサを見よ

ヒメチヂレコケシノブ *Hymenophyllum denticulatum*
コケシノブ科の常緑性シダ。葉身は長さ2.5～6.5cm、卵円形～長楕円形。
¶シダ標1(p311/カ写)

ヒメチチコグサ *Gnaphalium uliginosum*
キク科キク亜科の一年草。別名エゾノハハコグサ。花期は8～10月。高さは10～40cm。葉は長さ4～5cm。
¶野生5(p346/カ写)

ヒメチドメ *Hydrocotyle yabei* var.*yabei* 姫血止
ウコギ科(セリ科)の草本。
¶原牧2(No.2368/カ図)
　新分牧(No.4400/モ図)
　新牧日(No.2008/モ図)
　牧野ス2(No.4213/カ図)

ヒメチドメ(広義) *Hydrocotyle yabei* 姫血止
ウコギ科(セリ科)の多年草。日本固有種。別名ミヤマチドメ。
¶固有〔ヒメチドメ〕(p101/カ写)
　野生5〔ヒメチドメ〕(p381/カ写)
　山ハ野花〔ヒメチドメ〕(p488/カ写)

ヒメチドリ *Prunus mume* 'Himechidori' 姫千鳥
バラ科。ウメの品種。李系ウメ、紅材性一重。
¶ウメ〔姫千鳥〕(p105/カ写)

ヒメチャセンシダ ⇒カミガモシダを見よ

ヒメチャルメルソウ *Mitella doiana* 姫哨吶草
ユキノシタ科の草本。日本固有種。
¶固有(p70)
　野生2(p208/カ写)

ヒメツガザクラ ⇒チシマツガザクラを見よ

ヒメツキミタケ *Hygrocybe nitida*
ヌメリガサ科のキノコ。
¶原きの(No.127/カ写・カ図)

ヒメツクバネアサガオ *Petunia parviflora*
ナス科の一年草または多年草。高さは8～20cm。花はるり色。
¶帰化写2(p206/カ写)
　野生5(p38)

ヒメツゲ *Buxus microphylla* subsp.*microphylla* var.*microphylla* 姫黄楊
ツゲ科の常緑低木。別名クサツゲ。高さは50～60cm。
¶APG原樹(No.296/カ図)
　原牧1(No.1328/カ図)
　新分牧(No.1498/モ図)
　新牧日(No.1671/モ図)
　牧野ス1(No.1328/カ図)
　野生2(p179/カ写)

ヒメツノウマゴヤシ *Ornithopus perpusillus*
マメ科の一年草または越年草。
¶帰化写2(p105/カ写)

ヒメツバキ *Schima wallichii* subsp.*mertensiana* 姫椿
ツバキ科の常緑高木。日本固有種。別名ムニンヒメツバキ、タマツバキ。高さは10m以上。花は白色。
¶固有(p64/カ写)
　野生4(p205/カ写)
　山力樹木(p489/カ写)

ヒメツバキ(広義) *Schima wallichii* 姫椿
ツバキ科の常緑高木。別名イジュ、ムニンヒメツバキ。
¶原牧2〔ヒメツバキ〕(No.1129/カ図)
　新分牧(No.3170/モ図)
　新牧日(No.735/モ図)
　牧野ス2〔ヒメツバキ〕(No.2974/カ図)

ヒメツボミゴケ *Jungermannia japonica*
ツボミゴケ科のコケ。日本固有種。茎は長さ1cm。
¶固有(p222)

ヒメツルアズキ *Vigna minima* var.*minima* 姫蔓小豆
マメ科マメ亜科の草本。
¶原牧1(No.1603/カ図)
　新分牧(No.1730/モ図)
　新牧日(No.1389/モ図)
　牧野ス1(No.1603/カ図)
　野生2(p303/カ写)

ヒメツルアダン *Freycinetia williamsii* 姫蔓阿檀
タコノキ科の木本。
¶野生1(p156/カ写)
　山レ増(p542/カ写)

ヒメツルコケモモ *Vaccinium microcarpum* 姫蔓苔桃
ツツジ科スノキ亜科の木本。花は紅紫色。
¶原牧2(No.1254/カ図)
　新分牧(No.3306/モ図)
　新牧日(No.2198/モ図)
　牧野ス2(No.3099/カ図)
　野生4(p262/カ写)

ヒメツルソ　　　　　654

**ヒメツルソバ** *Persicaria capitata* 姫蔓蕎麦
タデ科の多年草。別名カンイタドリ。花は淡紅〜
白色。
¶色野草 (p267/カ写)
帰化写改 (p15/カ写, p489/カ写)
茶花下 (p384/カ写)
ミニ山 (p22/カ写)
野生4 (p95/カ写)

**ヒメテキリスゲ** ⇒オタルスゲを見よ

**ヒメデンダ**(1) ⇒アマミデンダを見よ

**ヒメデンダ**(2) ⇒キタダケデンダを見よ

**ヒメテンツキ** *Fimbristylis autumnalis* 姫点突
カヤツリグサ科の一年草。別名クサテンツキ, ヒメ
ヒラテンツキ。高さは5〜60cm。
¶カヤツリ〔ヒメヒラテンツキ〕(p572/モ図)
原牧1 (No.758/カ図)
新分牧 (No.998/モ図)
新牧日 (No.4031/モ図)
牧野ス1 (No.758/カ図)
野生1〔ヒメヒラテンツキ〕(p348/カ写)
山ハ野花〔ヒメヒラテンツキ〕(p119/カ写)

**ヒメテンナンショウ** ⇒キリシマテンナンショウを
見よ

**ヒメトキホコリ** *Elatostema yakushimense*
イラクサ科の草本。日本固有種。
¶固有 (p44)
野生2 (p346)

**ヒメドクサ** *Equisetum scirpoides*
トクサ科の常緑性シダ。茎は細く, 長さ20cm。
¶シダ標1 (p286/カ写)
山レ増 (p694/カ写)

**ヒメトケイソウ** *Passiflora suberosa* var.*minima*
トケイソウ科の一年草または多年生つる植物。花は
白色。
¶帰化写2 (p415/カ写)

**ヒメトケンラン** *Tainia laxiflora* 姫杜鵑蘭
ラン科の多年草。日本固有種。高さは20〜30cm。
¶固有 (p192/カ写)
茶花上 (p450/カ写)
野生1 (p228/カ写)
山カ野草 (p584/カ写)
山レ増 (p486/カ写)

**ヒメドコロ** *Dioscorea tenuipes* 姫野老
ヤマノイモ科のつる性多年草。別名エドドコロ。
¶原牧1 (No.285/カ図)
新分牧 (No.330/モ図)
新牧日 (No.3528/モ図)
牧野ス1 (No.285/カ図)
野生1 (p150/カ写)
山ハ野花 (p40/カ写)

**ヒメトチノキ** *Aesculus glabra*
トチノキ科の高木。別名アメリカトチノキ。高さは
20m。
¶落葉図譜 (p225/モ図)

**ヒメトモエソウ** *Hypericum ascyron* var.*brevistylum*
姫巴草
オトギリソウ科の多年草。別名ススヤトモエ, コト
モエソウ。高さは30〜60cm。
¶野生3 (p238/カ写)

**ヒメトラノオ**(1) *Veronica rotunda* var.*petiolata* 姫
虎の尾
オオバコ科 (ゴマノハグサ科) の草本。日本固有種。
¶学フ増野秋 (p59/カ写)
固有 (p131)
茶花下 (p331/カ写)
山カ野草 (p182/カ写)
山ハ山花 (p455/カ写)

**ヒメトラノオ**(2) ⇒ヤマトラノオを見よ

**ヒメトリトマ** ⇒ヒメシャグマユリを見よ

**ヒメナエ** *Mitrasacme indica*
マチン科の一年草。
¶原牧2 (No.1371/カ図)
新分牧 (No.3412/モ図)
新牧日 (No.2314/モ図)
牧野ス2 (No.3216/カ図)
野生4 (p307/カ写)
山ハ野花 (p432/カ写)
山レ増 (p178/カ写)

**ヒメナキリスゲ** ⇒ジングウスゲを見よ

**ヒメナズナ** *Draba verna*
アブラナ科の一年草。高さは30cm。花は白色。
¶帰化写2 (p72/カ写)

**ヒメナツトウダイ** *Euphorbia tsukamotoi* 姫夏灯台
トウダイグサ科の多年草。別名ヒメタイゲキ。高さ
は6〜30cm。葉は全縁で無毛。
¶野生3 (p155/カ写)
山ハ高山 (p191/カ写)

**ヒメナツユキソウ** *Cerastium alpinum* subsp.
*lanatum* 姫夏雪草
ナデシコ科の草本。
¶山野草 (No.0049/カ写)

**ヒメナデシコ** *Dianthus deltoides*
ナデシコ科の多年草または一年草。別名オトメナデ
シコ。高さは20〜30cm。花は紅紫, 淡紅, 白色。
¶帰化写2 (p31/カ写)

**ヒメナベワリ** *Croomia japonica*
ビャクブ科の草本。
¶原牧1 (No.295/カ図)
新分牧 (No.343/モ図)
新牧日 (No.3500/モ図)
牧野ス1 (No.295/カ図)
野生1 (p153/カ写)

**ヒメナミキ** *Scutellaria dependens* 姫浪来, 姫波来
シソ科タツナミソウ亜科の多年草。高さは10〜
50cm。
¶原牧2 (No.1643/カ図)
新分牧 (No.3737/モ図)
新牧日 (No.2555/モ図)
牧野ス2 (No.3488/カ図)

野生5 (p116/カ写)
山ハ野花 (p465/カ写)
山ハ山花 (p419/カ写)

**ヒメナルコユリ** *Polygonatum amabile*
クサスギカズラ科の多年草。高さは10～50cm。
¶野生1 (p258)

**ヒメニガクサ** ⇒エゾニガクサを見よ

**ヒメニラ** *Allium monanthum* 姫韮
ヒガンバナ科（ユリ科、ネギ科）の多年草。高さは6～10cm。
¶原牧1 (No.528/カ図)
　新分牧 (No.575/モ図)
　新牧日 (No.3411/モ図)
　牧野ス1 (No.528/カ図)
　野生1 (p241/カ写)
　山ハ野花 (p75/カ写)

**ヒメネズミノオ** *Sporobolus hancei*
イネ科ヒゲシバ亜科の多年草。
¶新分牧 (No.1254/モ写)
　新牧日 (No.3776/モ図)
　野生2 (p72/カ写)

**ヒメノアサガオ** *Ipomoea obscura*
ヒルガオ科の蔓草、多年草。花は淡黄色、花筒底部に淡紅紫色の帯あり。
¶帰化写2 (p424/カ写)
　野生5 (p30/カ写)

**ヒメノアズキ** *Rhynchosia minima* 姫野小豆
マメ科マメ亜科のつる性多年草。花は黄色。
¶原牧1 (No.1607/カ図)
　新分牧 (No.1710/モ図)
　新牧日 (No.1393/モ図)
　牧野ス1 (No.1607/カ図)
　野生2 (p292/カ写)

**ヒメノガリヤス** *Calamagrostis hakonensis* 姫野刈安
イネ科イチゴツナギ亜科の多年草。高さは30～80cm。
¶桑イネ (p127/カ写・モ図)
　原牧1 (No.980/カ図)
　新分牧 (No.1101/モ図)
　新牧日 (No.3722/モ図)
　牧野ス1 (No.980/カ図)
　野生2 (p49/カ写)
　山ハ野花 (p180/カ写)
　山ハ山花 (p186/カ写)

**ヒメノカンゾウ** *Hemerocallis fulva* var.*pauciflora* 姫野萱草
ユリ科。日本固有種。
¶固有 (p160)

**ヒメノキシノブ** *Lepisorus onoei* 姫軒忍
ウラボシ科の常緑性シダ。葉身は長さ3～10cm、線形。
¶シダ標2 (p464/カ写)
　新分牧 (No.4787/モ図)
　新牧日 (No.4654/モ図)

**ヒメノキス・アコウリス・ケスピトーサ** *Hymenoxys acaulis* var.*caespitosa*
キク科の多年草。高さは5～15cm。
¶山野草 (No.1333/モ写)

**ヒメノコギリシダ** *Diplazium wichurae* var.*amabile*
メシダ科（イワデンダ科）のシダ植物。日本固有種。
¶固有 (p205/カ写)
　シダ標2 (p325/カ写)

**ヒメノダケ** *Angelica cartilaginomarginata* var.*cartilaginomarginata* 姫野竹
セリ科セリ亜科の多年草。別名ツクシノダケ。高さは50～80cm。
¶原牧2 (No.2459/カ図)
　新分牧 (No.4494/モ図)
　新牧日 (No.2073/モ図)
　牧野ス2 (No.4304/カ図)
　野生5 (p388/カ写)
　山ハ山花 (p471/カ写)

**ヒメノハギ** *Codariocalyx microphyllus* 姫野萩
マメ科マメ亜科の草本。
¶原牧1 (No.1540/モ図)
　新分牧 (No.1698/モ図)
　新牧日 (No.1327/モ図)
　牧野ス1 (No.1540/モ図)
　野生2 (p261/カ写)

**ヒメノボタン** *Osbeckia chinensis* 姫野牡丹
ノボタン科の草本状小低木。別名クサノボタン、ササバノボタン。高さは30～60cm。花は淡紫色。
¶原牧2 (No.495/カ図)
　新分牧 (No.2534/モ図)
　新牧日 (No.1928/モ図)
　茶花下 (p332/カ写)
　牧野ス2 (No.2340/カ図)
　野生3 (p276/カ写)
　山レ増 (p242/カ写)

**ヒメノヤガラ** *Hetaeria sikokiana*
ラン科の草本。
¶野生1 (p208/カ写)

**ヒメバイカモ** *Ranunculus kadzusensis* 姫梅花藻
キンポウゲ科の沈水植物。別名ヒメウメバチモ。葉身の長さ1.5～3cm、花茎は長さ1～3cm。
¶原牧1 (No.1292/カ図)
　新分牧 (No.1404/モ図)
　新牧日 (No.615/モ図)
　日水草 (p227/カ写)
　牧野ス1 (No.1292/カ図)
　野生2 (p156/カ写)
　山レ増 (p384/カ写)

**ヒメハイカラゴケ** ⇒サヤゴケを見よ

**ヒメハイホラゴケ** *Vandenboschia nipponica*
コケシノブ科の常緑性シダ。日本固有種。葉身は長さ3～5cm、三角状楕円形～広披針形。
¶固有 (p200/カ写)
　シダ標1 (p314/カ写)

**ヒメハエドクソウ** ⇒ナガバハエドクソウを見よ

**ヒメハギ** *Polygala japonica* 姫萩
ヒメハギ科の多年草。高さは10〜30cm。
¶学フ増野春 (p68/カ写)
原牧1 (No.1617/カ図)
山野草 (No.0674/カ写)
新分牧 (No.1809/モ図)
新牧日 (No.1545/モ図)
牧野ス1 (No.1617/カ図)
ミニ山 (p171/カ写)
野生2 (p307/カ写)
山力野草 (p370/カ写)
山ハ野花 (p378/カ写)
山ハ山花 (p335/カ写)

**ヒメハシゴシダ** *Thelypteris cystopteroides*
ヒメシダ科の常緑性シダ。葉身は長さ3〜8cm, 長楕円形〜広披針形。
¶山野草 (No.1824/カ写)
シダ標1 (p435/カ写)

**ヒメバショウ** *Musa coccinea* 姫芭蕉
バショウ科の多年草。苞は赤色。
¶原牧1 (No.640/カ図)
新分牧 (No.676/モ図)
新牧日 (No.4224/モ図)
牧野ス1 (No.640/カ図)

**ヒメハチク** *Phyllostachys nigra* f.*boryana* 姫淡竹
イネ科のタケ。
¶タケササ (p50/カ写)

**ヒメハッカ** *Mentha japonica* 姫薄荷
シソ科シソ亜科〔イヌハッカ亜科〕の多年草。日本固有種。高さは20〜40cm。
¶原牧2 (No.1700/カ図)
固有 (p126/カ写)
新分牧 (No.3802/モ図)
新牧日 (No.2609/モ図)
牧野ス2 (No.3545/カ図)
野生5 (p136/カ写)
山ハ野花 (p453/カ写)
山レ増 (p130/カ写)

**ヒメバッカクカヤドリタケ** *Tyrannicordyceps fratricida*
バッカクキン科の冬虫夏草。宿主はヨシ類の子房に寄生するヒメバッカクキンの菌核上。
¶冬虫生態 (p264/カ写)

**ヒメハナガサ** *Hibiscus syriacus* 'Hime-hanagasa' 姫花笠
アオイ科。ムクゲの品種。半八重咲き花笠型。
¶茶花下 (p26/カ写)

**ヒメハナビシソウ** *Eschscholzia caespitosa* 姫花菱草
ケシ科の草本。高さは20〜30cm。花は淡黄色。
¶茶花上 (p308/カ写)

**ヒメハナヒリノキ** *Leucothoe grayana* var.*parvifolia*
ツツジ科スノキ亜科の落葉低木。別名ヒメカワハナヒリノキ。
¶野生4 (p255)

**ヒメハナワラビ** ⇒ヘビノシタを見よ

**ヒメハブカズラ** *Rhaphidophora liukiuensis*
サトイモ科。葉は狭卵形または長楕円形で全縁。
¶野生1 (p109/カ写)

**ヒメハマナデシコ** *Dianthus kiusianus* 姫浜撫子
ナデシコ科の多年草。日本固有種。別名リュウキュウカンナデシコ。高さは15〜30cm。花は紫紅色。
¶原牧2 (No.933/カ図)
固有 (p47)
山野草 (No.0019/カ写)
新分牧 (No.2974/モ図)
新牧日 (No.405/モ図)
茶花下 (p138/カ写)
牧野ス2 (No.2778/カ図)
野生4 (p113/カ写)

**ヒメバライチゴ** *Rubus minusculus* 姫薔薇苺
バラ科バラ亜科の木本。
¶APG原樹 (No.591/カ図)
原牧1 (No.1770/カ図)
新分牧 (No.1970/モ図)
新牧日 (No.1114/モ図)
牧野ス1 (No.1770/カ図)
ミニ山 (p137/カ写)
野生3 (p52/カ写)
山力樹木 (p269/カ写)

**ヒメバラモミ** *Picea maximowiczii* 姫荊棘樅
マツ科の常緑高木。日本固有種。別名アズサバラモミ。立性、種子は赤, 白, 褐色など。花は紫色。
¶APG原樹 (No.34/カ図)
原牧1 (No.7/カ図)
固有 (p194)
新分牧 (No.25/モ図)
新牧日 (No.19/モ図)
牧野ス1 (No.8/カ図)
野生1 (p29/カ写)
山力樹木 (p28/カ写)
山レ増 (p627/カ写)

**ヒメハリイ** ⇒クロハリイを見よ

**ヒメハリタケ** *Ophiocordyceps osuzumontana*
オフィオコルディセプス科の冬虫夏草。宿主は小型のハチの幼虫。
¶冬虫生態 (p211/カ写)

**ヒメハルガヤ** *Anthoxanthum aristatum*
イネ科イチゴツナギ亜科の一年草。円錐花序は長さ1〜5cm。
¶帰化写改 (p422/カ写)
野生2 (p43)

**ヒメハンショウヅル** ⇒タカネハンショウヅルを見よ

**ヒメヒオウギ** *Freesia laxa* 姫檜扇
アヤメ科の球根植物。
¶山野草 (No.1605/カ写)
茶花上 (p197/カ写)

**ヒメヒオウギズイセン** *Crocosmia* × *crocosmiiflora* 姫檜扇水仙
アヤメ科の観賞用草本。別名モントブレチア, モントブレティア。明治中期に渡来。高さは60〜

100cm。花は橙〜深紅色。
¶帰化写改〔ヒメヒオオギズイセン〕(p414/カ写)
原牧1 (No.513/カ図)
新分牧 (No.546/モ図)
新牧日 (No.3556/モ図)
茶花下 (p257/カ写)
牧野ス1 (No.513/カ写)
野生1 (p233/カ写)
山ハ野花 (p64/カ写)

**ヒメヒカゲスゲ** ⇒ホソバヒカゲスゲを見よ

**ヒメヒガサヒトヨタケ** *Parasola plicatilis*
ナヨタケ科のキノコ。
¶原きの (No.226/カ写・カ図)
山カ日き (p208/カ写)

**ヒメヒゲシバ** *Chloris divaricata*
イネ科の多年草。茎は高さ15〜60cm。
¶帰化写2 (p457/カ写)
桑イネ (p146/モ図)

**ヒメヒゴタイ** *Saussurea pulchella* 姫平江帯, 姫漏蘆
キク科アザミ亜科の越年草。別名コウライヒメヒゴ
タイ, ヒレヒメヒゴタイ。高さは30〜150cm。
¶原牧2 (No.2197/カ図)
新分牧 (No.3990/モ図)
新牧日 (No.3229/モ図)
茶花下 (p332/カ写)
牧野ス2 (No.4042/カ図)
野生5 (p258/カ写)
山カ野草 (p98/カ写)
山ハ山花 (p559/カ写)
山レ増 (p63/カ写)

**ヒメヒサカキ** *Eurya yakushimensis*
サカキ科 (ツバキ科) の常緑木。日本固有種。花は
紅紫色。
¶原牧2 (No.1055/カ図)
固有 (p63)
新分牧 (No.3097/モ図)
新牧日 (No.739/モ図)
牧野ス2 (No.2900/カ図)
野生4 (p180/カ写)

**ヒメビシ** *Trapa incisa* 姫菱
ミソハギ科 (ヒシ科) の一年生浮葉植物。花は小さ
く, 白〜薄桃色。
¶原牧2 (No.435/カ図)
新分牧 (No.2480/モ図)
新牧日 (No.1908/モ図)
日水草 (p250/カ写)
牧野ス2 (No.2280/カ図)
ミニ山 (p204/カ写)
野生3 (p261/カ写)
山レ増 (p243/カ写)

**ヒメヒダボタン** *Chrysosplenium nagasei* var.
*luteoflorum*
ユキノシタ科。日本固有種。
¶固有 (p71)

**ヒメヒトヨタケ** *Coprinopsis friesii*
ナヨタケ科のキノコ。
¶山カ日き (p203/カ写)

**ヒメヒマワリ** *Helianthus cucumerifolius* 姫向日葵
キク科の宿根草。高さは1.5m。花は黄色。
¶帰化写改 (p371/カ写, p515/カ写)
原牧2 (No.2031/カ写)
新分牧 (No.4295/モ図)
新牧日 (No.3069/モ図)
牧野ス2 (No.3876/カ写)

**ヒメヒャクリコウ** *Thymus quinquecostatus* var.
*canescens*
シソ科シソ亜科〔イヌハッカ亜科〕の多年草。
¶野生5 (p140)

**ヒメヒョウタンボク** ⇒コウグイスカグラを見よ

**ヒメヒラテンツキ** ⇒ヒメテンツキを見よ

**ヒメヒレアザミ** *Carduus pycnocephalus*
キク科アザミ亜科の一年草あるいは二年草。高さは
30〜80cm。花は淡紅紫色。
¶帰化写2 (p261/カ写)
野生5 (p216)

**ヒメビロードスゲ** *Carex pellita*
カヤツリグサ科。湿地や湿った草地に生える。
¶スゲ増 (p374)

**ヒメピンゴケ** *Calicium trabinellum*
ピンゴケ科 (ムカデゴケ科) の地衣類。地衣体は
灰白。
¶新分牧 (No.5167/モ図)
新牧日 (No.5027/モ図)

**ヒメフウロ**(1) *Erodium reichardii* 姫風露
フウロソウ科の多年草。オランダフウロ属。高さは
3〜5cm。
¶山野草 (No.0667/カ写)

**ヒメフウロ**(2) *Geranium robertianum* 姫風露
フウロソウ科の一年草または多年草。フウロソウ
属。別名シオヤキソウ, ヒメフウロソウ。高さは20
〜60cm。
¶帰化写2〔ヒメフウロ (在来種あり)〕(p134/カ写)
原牧2 (No.421/カ写)
山野草 (No.0657/カ写)
新分牧 (No.2461/モ図)
新牧日 (No.1426/モ図)
茶花上 (p451/カ写)
牧野ス2 (No.2266/カ図)
野生3 (p249/カ写)
山カ野草 (p373/カ写)
山ハ山花 (p300/カ写)

**ヒメフウロソウ** ⇒ヒメフウロ(2)を見よ

**ヒメフジ** ⇒メクラフジを見よ

**ヒメフタナ** *Hypochaeris glabra*
キク科の越年草。別名ケナシブタナ, ボウズネコノ
ミミ。高さは15〜30cm。花は黄色。
¶帰化写2 (p277/カ写)

ヒメフタバラン　*Neottia japonica*　姫二葉蘭
ラン科の多年草。別名ムラサキフタバラン。高さは
5〜20cm。
¶原牧1（No.430/カ図）
新分牧（No.472/モ図）
新牧日（No.4304/モ図）
牧野ス1（No.430/カ図）
野生1（p215/カ写）
山ハ山花（p109/カ写）

ヒメフトモモ　*Syzygium cleyerifolium*
フトモモ科の木本。日本固有種。別名アデクモ
ドキ。
¶原牧2（No.483/カ図）
固有（p95）
新分牧（No.2521/モ図）
新牧日（No.1912/モ図）
牧野ス2（No.2328/カ図）
野生3（p273/カ写）
山レ増（p234/カ写）

ヒメフラスコモ　*Nitella flexilis*
シャジクモ科の水草。
¶新分牧（No.4935/モ図）
新牧日（No.4795/モ図）

ヒメベニテングタケ　*Amanita rubrovolvata*
テングタケ科のキノコ。小型。傘は赤色，赤色の
いぼ。
¶学フ増毒き（p78/カ写）
山カ日き（p144/カ写）

ヒメヘビイチゴ　*Potentilla centigrana*　姫蛇苺
バラ科バラ亜科の多年草。花は黄花の5弁花。
¶原牧1（No.1833/カ図）
新分牧（No.2027/モ図）
新牧日（No.1159/モ図）
牧野ス1（No.1833/カ図）
野生3（p35/カ写）
山ハ山花（p337/カ写）

ヒメホウキガヤツリ　*Cyperus nutans var.subprolixus*
カヤツリグサ科の大型の多年草。
¶野生1（p342）

ヒメホウキタケ　*Phaeoclavulina flaccida*
ラッパタケ科のキノコ。
¶山カ日き（p418/カ写）

ヒメホウチャクソウ　*Disporum sessile var.minus*
イヌサフラン科（ユリ科）。日本固有種。
¶固有（p157/カ写）
野生1（p164/カ写）

ヒメホウビカンジュ　*Nephrolepis×hipocrepicis*
タマシダ科のシダ植物。
¶シダ標2（p440/カ写）

ヒメホウビシダ　*Athyrium nakanoi*
メシダ科の常緑性シダ。葉身は長さ5〜20cm，披針
形〜狭披針形。
¶シダ標2（p299/カ写）

ヒメホウライタケ　*Marasmius graminum*
ホウライタケ科のキノコ。
¶山カ日き（p123/カ写）

ヒメホコリタケ　*Lycoperdon pratense*
ハラタケ科のキノコ。
¶山カ日き（p513/カ写）

ヒメボシタイトゴメ　*Sedum dasyphyllum*　姫星大
唐米
ベンケイソウ科の多年生多肉植物。別名ヒメホシビ
ジン，イギリスベンケイソウ。高さは2〜6cm。花
は帯淡桃白色。
¶帰化写2（p85/カ写）

ヒメホシビジン　⇒ヒメボシタイトゴメを見よ

ヒメホタルイ　*Schoenoplectiella lineolata*　姫蛍蘭
カヤツリグサ科の抽水性〜沈水植物，多年生。稈は
円柱形で高さ7〜25cm，小穂が1つ付く。
¶カヤツリ（p676/モ図）
原牧1（No.732/カ図）
新分牧（No.955/モ図）
新牧日（No.3992/モ図）
日水草（p191/カ写）
牧野ス1（No.732/カ図）
野生1（p356/カ写）
山ハ野花（p112/カ写）

ヒメホテイアオイ　*Heteranthera reniformis*
ミズアオイ科の水草。別名ヒメホテイソウ。
¶日水草（p146/カ写）

ヒメホテイソウ　⇒ヒメホテイアオイを見よ

ヒメホテイラン　*Calypso bulbosa var.bulbosa*
ラン科の草本。花は淡桃色。
¶野生1（p188/カ写）

ヒメホラゴケ　*Crepidomanes humile*
コケシノブ科の常緑性シダ。別名ヒメホラゴケモド
キ。葉身は長さ2〜8cm，三角状長楕円形〜卵形。
¶シダ標1（p313/カ写）

ヒメホラゴケモドキ　⇒ヒメホラゴケを見よ

ヒメホラシノブ　*Odontosoria gracilis*
ホングウシダ科の常緑性シダ。日本固有種。葉身は
長さ25cm。
¶固有（p201）
シダ標1（p355/カ写）

ヒメホングウシダ　*Lindsaea cambodgensis*
ホングウシダ科の常緑性シダ。別名コバノエダウチ
ホングウシダ，ヒメエダウチホングウシダ。葉身は
長さ3〜8cm，三角状長楕円形。
¶シダ標1（p353/カ写）

ヒメマイヅルソウ　*Maianthemum bifolium*　姫舞鶴草
クサスギカズラ科（ユリ科）の草本。日本での分布
はマイヅルソウより狭い。
¶野生1（p254/カ写）

ヒメマサキ　*Euonymus boninensis*　姫柾
ニシキギ科の常緑低木。日本固有種。
¶原牧2（No.204/カ図）
固有（p88/カ写）

新分牧 (No.2257/モ図)
新牧日 (No.1655/モ図)
牧野ス1 (No.2049/カ図)
野生3 (p133/カ写)
山レ増 (p262/カ写)

**ヒメマツカサススキ** *Scirpus karuisawensis*
カヤツリグサ科の多年草。別名チョウセンマツカサススキ。
¶カヤツリ (p660/モ図)
野生1 (p360)

**ヒメマツハダ**(1) *Picea shirasawae* 姫松膚
マツ科の木本。日本固有種。
¶固有 (p194)
山カ樹木 (p30/カ写)

**ヒメマツハダ**(2) ⇒ヤツガタケトウヒを見よ

**ヒメマツバボタン** *Portulaca pilosa*
スベリヒユ科の一年草。高さは10〜20cm。花は紅紫色。
¶帰化写改 (p30/カ写, p491/カ写)

**ヒメマツムシソウ** *Scabiosa columbaria* 'Alpina' 姫松虫草
マツムシソウ科の草本。高さは約15cm。
¶山野草 (No.1141/カ写)

**ヒメマメヅタ** ⇒マメヅタを見よ

**ヒメマンネングサ** *Sedum zentaro-tashiroi*
ベンケイソウ科の多年草。日本固有種。
¶原牧1 (No.1410/カ図)
固有 (p69)
新分牧 (No.1605/カ図)
新牧日 (No.916/モ図)
牧野ス1 (No.1410/カ図)

**ヒメミカヅキ** ⇒オオイヌノハナヒゲを見よ

**ヒメミカンソウ** *Phyllanthus ussuriensis* 姫蜜柑草
コミカンソウ科 (ミカンソウ科, トウダイグサ科) の一年草。高さは10〜30cm。
¶原牧2 (No.277/カ図)
植調 (p268/カ写)
新分牧 (No.2440/モ図)
新牧日 (No.1445/モ図)
牧野ス1 (No.2122/カ図)
ミニ山 (p165/カ写)
野生3 (p172/カ写)
山ハ野花 (p343/カ写)

**ヒメミクリ** *Sparganium subglobosum* 姫実栗
ガマ科 (ミクリ科) の抽水性〜湿生植物, 多年生。全高40〜90cm, 果実は倒卵形。高さは30〜60cm。
¶日水草 (p155/カ写)
野生1 (p278)
山レ増 (p541/カ写)

**ヒメミクリガヤツリ** *Cyperus retrorsus*
カヤツリグサ科の多年草。
¶帰化写2 (p369/カ写)

**ヒメミクリスゲ** ⇒ヤマクボスゲを見よ

**ヒメミコシガヤ** *Carex laevissima*
カヤツリグサ科の多年草。
¶カヤツリ (p98/モ図)
スゲ増 (No.31/カ写)
野生1 (p304/カ写)

**ヒメミズ** ⇒アリサンミズを見よ

**ヒメミズキ** ⇒ヒュウガミズキを見よ

**ヒメミズトンボ** *Habenaria linearifolia* var. *brachycentra*
ラン科の草本。日本固有種。別名オゼノサワトンボ。
¶固有 (p192)
野生1 (p207)

**ヒメミズニラ** *Isoetes asiatica*
ミズニラ科の夏緑性シダ。葉は長さ5〜25cm, 大胞子の表面に円錐状の突起が付く。
¶シダ標1 (p279/カ写)
日水草 (p23/カ写)
山レ増 (p692/カ写)

**ヒメミスミソウ** *Hepatica insularis* 姫三角草
キンポウゲ科の草本。高さは4〜7cm。花は白色〜桃色。
¶山野草 (No.0214/カ写)

**ヒメミズワラビ** *Ceratopteris gaudichaudii* var. *vulgaris*
イノモトソウ科のシダ植物。
¶シダ標1 (p376/カ写)
日水草 (p36/カ写)

**ヒメミセバヤ** ⇒カラフトミセバヤを見よ

**ヒメミゾシダ** *Thelypteris gymnocarpa* subsp. *amabilis*
ヒメシダ科の常緑性シダ。日本固有種。葉身は長さ6〜13cm, 披針形〜狭披針形。
¶固有 (p206/カ写)
シダ標1 (p437/カ写)

**ヒメミソハギ** *Ammannia multiflora* 姫禊萩
ミソハギ科の一年草。別名ヤマモモソウ。高さは10〜30cm。
¶原牧2 (No.438/カ図)
植調 (p61/カ写)
新分牧 (No.2472/モ図)
新牧日 (No.1893/モ図)
牧野ス2 (No.2283/カ図)
野生3 (p257/カ写)
山ハ野花 (p309/カ写)

**ヒメミチヤナギ** ⇒ヤンバルミチヤナギを見よ

**ヒメミツバツツジ** *Rhododendron nudipes* var. *nagasakianum* 姫三葉躑躅
ツツジ科ツツジ亜科の落葉低木。日本固有種。
¶固有 (p108)
野生4 (p248)

**ヒメミミカキグサ** *Utricularia minutissima*
タヌキモ科の草本。
¶野生5 (p164/カ写)
山レ増 (p88/カ写)

**ヒメミヤマ** 660

**ヒメミヤマウズラ** *Goodyera repens* 姫深山鶉
ラン科の多年草。高さは10〜20cm。
¶学フ増高山 (p216/カ写)
野生1 (p205/カ写)
山力野草 (p575/カ写)
山ハ高山 (p34/カ写)

**ヒメミヤマウメバチソウ** ⇒ヒメウメバチソウを見よ

**ヒメミヤマカラマツ** *Thalictrum nakamurae* 姫深山唐松
キンポウゲ科の草本。日本固有種。
¶原牧1 (No.1250/カ図)
固有 (p52)
新分牧 (No.1371/モ図)
新牧日 (No.575/モ図)
牧野ス1 (No.1250/カ図)
野生2 (p165/カ写)

**ヒメミヤマコナスビ** *Lysimachia liukiuensis*
サクラソウ科の草本。日本固有種。
¶固有 (p109/カ写)
野生4 (p193)

**ヒメミヤマスミレ** *Viola boissieuana*
スミレ科の多年草。高さは5〜10cm。花は白色。
¶原牧2 (No.359/カ写)
新分牧 (No.2344/モ写)
新牧日 (No.1832/モ写)
牧野ス1 (No.2204/カ図)
野生3 (p221/カ写)

**ヒメムカゴシダ** *Monachosorum × arakii* 姫霧余子羊歯
コバノイシカグマ科 (イノモトソウ科) の常緑性シダ。日本固有種。別名オオキシュウシダ。葉身は長さ50〜70cm, 卵状披針形〜三角状卵形。
¶固有 (p202/カ写)
シダ標1 (p365/カ写)
新分牧 (No.4580/モ図)
新牧日 (No.4451/モ図)

**ヒメムカシヨモギ** *Erigeron canadensis* 姫昔艾, 姫昔蓬
キク科キク亜科の一年草または越年草。別名メイジソウ, テツドウグサ, ゴイッシングサ。高さは80〜180cm。花は白色。
¶色野草 (p79/カ写)
学フ増野秋 (p135/カ写)
帰化写改 (p353/カ写, p514/カ写)
原牧2 (No.1974/カ図)
植調 (p124/カ写)
新分牧 (No.4155/モ図)
新牧日 (No.3009/モ図)
牧野ス2 (No.3819/カ写)
野生5 (p322/カ写)
山力野草 (p43/カ写)
山ハ野花 (p550/カ写)

**ヒメムカデクラマゴケ** *Selaginella lutchuensis*
イワヒバ科の常緑性シダ。日本固有種。主茎は長さ5〜10cm。
¶固有 (p198)

シダ標1 (p272/カ写)

**ヒメムギクサ** *Hordeum hystrix*
イネ科イチゴツナギ亜科の一年草。高さは20〜40cm。
¶帰化写2 (p338/カ写)
野生2 (p55)

**ヒメムグラ** ⇒キクムグラを見よ

**ヒメムツオレガヤツリ** *Cyperus ferruginescens*
カヤツリグサ科の一年草。高さは20〜100cm。
¶帰化写改 (p480/カ写)

**ヒメムヨウラン** *Neottia acuminata* 姫無葉蘭
ラン科の多年生の菌従属栄養植物。高さは10〜20cm。
¶原牧1 (No.432/カ図)
新分牧 (No.474/モ図)
新牧日 (No.4306/モ図)
牧野ス1 (No.432/カ図)
野生1 (p216/カ写)
山力野草 (p574/カ写)
山ハ山花 (p108/カ写)
山レ増 (p515/カ写)

**ヒメムラサキシメジ** *Calocybe ionides*
シメジ科のキノコ。小型。傘はライラック色〜青紫褐色。ひだは白色。
¶原きの (No.040/カ写・カ図)

**ヒメムラサキハナナ** *Ionopsidium acaule*
アブラナ科の越年草。別名イオノプシジウム。高さは10cmほど。
¶帰化写2 (p75/カ写)

**ヒメムラダチヒルガオ** *Convolvulus pilosellifolius*
ヒルガオ科の多年草。花は淡桃色。
¶帰化写2 (p178/カ写)

**ヒメムロ** ⇒ヒムロを見よ

**ヒメモエギスゲ** *Carex pocilliformis*
カヤツリグサ科の多年草。別名コップモエギスゲ。
¶カヤツリ (p348/モ図)
スゲ増 (No.182/カ写)
野生1 (p320/カ写)

**ヒメモグサタケ** *Bjerkandera fumosa*
シワタケ科のキノコ。
¶山力日き (p477/カ写)

**ヒメモクレン** ⇒トウモクレンを見よ

**ヒメモダマ** ⇒コウシュンモダマを見よ

**ヒメモチ** *Ilex leucoclada* 姫黐
モチノキ科の常緑小低木。日本固有種。
¶APG原樹 (No.1455/カ図)
原牧2 (No.1826/カ図)
固有 (p87)
新分牧 (No.3869/モ図)
新牧日 (No.1617/モ図)
牧野ス2 (No.3671/カ図)
野生5 (p183/カ写)
山力樹木 (p410/カ写)

**ヒメヤエムグラ** ⇒コメツブヤエムグラを見よ

**ヒメヤガミスゲ**　*Carex athrostachya*
カヤツリグサ科の草本。葉は花序よりも長い。
¶スゲ増 (p373)

**ヒメヤシャダケ**　*Semiarundinaria maruyamana*
イネ科のタケ。
¶タケササ (p70/カ写)

**ヒメヤシャブシ**　*Alnus pendula*　姫夜叉五倍子
カバノキ科の落葉木。別名ハゲシバリ。高さは4〜7m。
¶APG原樹 (No.746/カ図)
　原牧2 (No.157/カ図)
　新分牧 (No.2180/モ図)
　新牧日 (No.135/モ図)
　牧野ス1 (No.2002/カ図)
　野生3 (p108/カ写)
　山力樹木 (p125/カ写)
　落葉図譜 (p77/モ図)

**ヒメヤツシロラン**　*Didymoplexis micradenia*
ラン科の草本。
¶野生1 (p197/カ写)

**ヒメヤナギラン**　*Chamaenerion latifolium*
アカバナ科の多年草。別名キタダケヤナギラン。高さは30〜60cm。
¶山野草 (No.0740/カ写)
　野生3 (p262)

**ヒメヤノネゴケ**　*Bryhnia tenerrima*
アオギヌゴケ科のコケ植物。日本固有種。
¶固有 (p219)

**ヒメヤブラン**　*Liriope minor*　姫藪蘭
キジカクシ科〔クサスギカズラ科〕（ユリ科）の多年草。高さは7〜15cm。花は淡紫色。
¶原牧1 (No.592/カ図)
　新分牧 (No.617/モ図)
　新牧日 (No.3486/モ図)
　牧野ス1 (No.592/カ図)
　野生1 (p253/カ写)
　山力野草 (p637/カ写)
　山ハ野花 (p83/カ写)

**ヒメヤマアザミ** ⇒ヒメアザミ(1)を見よ

**ヒメヤマエンゴサク** ⇒ミチノクエンゴサクを見よ

**ヒメヤマツツジ**　*Rhododendron kaempferi* var. *tubiflorum*
ツツジ科ツツジ亜科の半落葉低木。日本固有種。
¶固有 (p107)
　野生4 (p244/カ写)

**ヒメヤマハナソウ** ⇒クモマユキノシタを見よ

**ヒメユズリハ**　*Daphniphyllum teijsmannii*　姫譲葉
ユズリハ科の常緑低木または高木。別名オキナワヒメユズリハ、オオバユズリハ。高さは3〜7m。
¶APG原樹 (No.334/カ図)
　原牧1 (No.1351/カ図)
　新分牧 (No.1522/モ図)
　新牧日 (No.1492/モ図)
　茶花上 (p451/カ写)
　牧野ス1 (No.1351/カ図)
　野生2 (p188/カ写)
　山力樹木 (p387/カ写)

**ヒメユリ**　*Lilium concolor*　姫百合
ユリ科の多年草。高さは50〜100cm。花は濃朱赤〜朱橙色。
¶原牧1 (No.338/カ図)
　山野草 (No.1471/カ写)
　新分牧 (No.404/モ図)
　新牧日 (No.3432/モ図)
　茶花上 (p452/カ写)
　牧野ス1 (No.338/カ図)
　野生1 (p172/カ写)
　山ハ山花 (p76/カ写)
　山レ増 (p575/カ写)

**ヒメヨウラクヒバ**　*Phlegmariurus salvinioides*
ヒカゲノカズラ科の常緑性シダ。葉身は長さ5〜10mm、広卵形。
¶シダ標1 (p270/カ写)

**ヒメヨツバムグラ**　*Galium gracilens*　姫四葉葎
アカネ科の多年草。別名コバノヨツバムグラ。高さは10〜30cm。
¶原牧2 (No.1314/カ図)
　新分牧 (No.3348/モ図)
　新牧日 (No.2428/モ図)
　牧野ス2 (No.3159/カ図)
　野生4 (p275/カ写)
　山ハ野花 (p424/カ写)

**ヒメヨモギ**　*Artemisia lancea*　姫蓬、姫艾
キク科キク亜科の多年草。高さは1〜1.2m。
¶原牧2 (No.2091/カ図)
　新分牧 (No.4220/モ図)
　新牧日 (No.3125/モ図)
　牧野ス2 (No.3936/カ図)
　野生5 (p332/カ写)

**ヒメリュウキンカ**　*Ranunculus ficaria*
キンポウゲ科の多年草。高さは30cm。花は黄色。ほとんど全縁で心形の葉を付ける。
¶山野草 (p312)

**ヒメリョウブ** ⇒コバノズイナを見よ

**ヒメリンゴ**(1)　*Malus prunifolia*　姫林檎
バラ科シモツケ亜科の落葉高木。別名イヌリンゴ、マルバカイドウ。
¶学フ増花庭 (p93/カ写)
　原牧1 (No.1707/カ図)
　新分牧 (No.1894/モ図)
　新牧日 (No.1054/モ図)
　牧野ス1 (No.1707/カ図)
　野生3〔イヌリンゴ〕(p72/カ写)

**ヒメリンゴ**(2) ⇒エゾノコリンゴを見よ

**ヒメレンゲ**　*Sedum subtile*　姫蓮華
ベンケイソウ科の多年草。別名コマンネンソウ、コマンネンサ。高さは5〜15cm。
¶原牧1 (No.1411/カ写)

ヒ

ヒメレンリ　662

山野草（No.0498/カ写）
新分牧（No.1606/モ図）
新牧日（No.917/モ図）
牧野ス1（No.1411/カ図）
ミニ山（p96/カ写）
野生2（p225/カ写）
山力野草（p437/カ写）
山ハ山花（p293/カ写）

**ヒメレンリソウ**　⇒エゾノレンリソウを見よ

**ヒメワカフサタケ**　*Hebeloma sacchariolens*
ヒメノガステル科のキノコ。
¶学フ増毒き（p150/カ写）
山力日き（p245/カ写）

**ヒメワタスゲ**　*Trichophorum alpium*　姫綿菅
カヤツリグサ科の多年草。別名ミヤマサギスゲ。
¶カヤツリ（p638/モ図）
原牧1（No.728/カ写）
山野草（No.1615/カ写）
新分牧（No.757/モ図）
新牧日（No.3987/モ図）
牧野ス1（No.728/カ図）
野生1（p362/カ写）
山ハ高山（p67/カ写）
山ハ山花（p183/カ写）
山レ増（p523/カ写）

**ヒメワラビ**　*Thelypteris torresiana* var.*calvata*　姫蕨
ヒメシダ科（オシダ科）の夏緑性シダ。葉身は長さ
50～100cm, 広卵状長楕円形。
¶シダ標1（p431/カ写）
新分牧（No.4648/モ図）
新牧日（No.4560/モ図）

**ヒモカズラ**　*Selaginella shakotanensis*　紐蔓
イワヒバ科の常緑性シダ。葉は茎に螺旋状に付く。
¶シダ標1（p272/カ写）
新分牧（No.4825/モ図）
新牧日（No.4386/モ図）

**ヒモゲイトウ**　*Amaranthus caudatus*　紐鶏頭
ヒユ科の一年草。別名センニンコク。高さは70～
100cm。花は紅色。
¶帰化写改（p68/カ写）
原牧2（No.949/カ図）
新分牧（No.2985/モ図）
新牧日（No.443/モ図）
牧野ス2（No.2794/カ図）
野生4（p133）

**ヒモスギラン**　*Lycopodium fargesii*
ヒカゲノカズラ科の常緑性シダ。別名ホソヒモヨウ
ラクヒバ。葉身は長さ1mm, 針形か針状披針形。
¶シダ標1（p270/カ写）
山レ増（p698/カ写）

**ヒモヅル**　*Lycopodium casuarinoides*
ヒカゲノカズラ科のつる性常緑性シダ。葉の先端は
糸状に伸びる。
¶シダ標1（p263/カ写）
山レ増（p695/カ写）

**ヒモノリ**　⇒キョウノヒモを見よ

**ヒモラン**　*Huperzia sieboldii* var.*sieboldii*　紐蘭
ヒカゲノカズラ科の常緑性シダ。別名イワヒモ。高
さは20～50cm。葉身は三角状卵形～卵形。
¶シダ標1（p270/カ写）
新分牧（No.4812/モ図）
新牧日（No.4377/モ図）
山レ増（p697/カ写）

**ヒャクジツコウ**　⇒サルスベリ(1)を見よ

**ビャクシン**　⇒イブキを見よ

**ビャクダン**　*Santalum album*　白檀
ビャクダン科の小木。他植物の根に寄生し, 果実は
紫黒色。花は初め淡黄で後に紫紅色。
¶新分牧（No.2811/モ図）

**ヒャクニチコウ**　⇒サルスベリ(1)を見よ

**ヒャクニチソウ**　*Zinnia elegans*　百日草
キク科の一年草。高さは30～90cm。花は赤みのあ
る紫色, または淡紫色。
¶原牧2（No.2039/カ図）
新分牧（No.4291/モ図）
新牧日（No.3076/モ図）
牧野ス2（No.3884/カ図）

**ビャクブ**　*Stemona japonica*　百部
ビャクブ科の植物。別名ツルビャクブ。長さは1～
2m。花は淡緑色。
¶原牧1（No.296/カ図）
新分牧（No.339/モ図）
新牧日（No.3501/モ図）
牧野ス1（No.296/カ図）
野生1（p154/カ写）

**ヒャクリコウ**　⇒イブキジャコウソウを見よ

**ヒャクリョウ**　⇒カラタチバナを見よ

**ヒャクリョウキン**　⇒カラタチバナを見よ

**ビャクレン(1)**　*Ampelopsis japonica*
ブドウ科のつる性植物。別名カガミグサ。
¶原牧1（No.1453/カ図）
新分牧（No.1615/モ図）
新牧日（No.1707/モ図）
牧野ス1（No.1453/カ図）

**ビャクレン(2)**　⇒ハクモクレンを見よ

**ヒヤシンス**　*Hyacinthus orientalis*
キジカクシ科〔クサスギカズラ科〕（ユリ科）の多年
草。別名ヒアシンス。花は青紫色。
¶学フ有毒（p118/カ写）
原牧1（No.558/カ写）
新分牧（No.641/モ図）
新牧日（No.3453/モ図）
牧野ス1（No.558/カ図）

**ビャッコアザミ**　*Cirsium japonicum* var.*villosum*
キク科アザミ亜科の草本。日本固有種。
¶固有（p138）
野生5（p227）

**ビャッコイ** *Isolepis crassiuscula* 白虎藺
カヤツリグサ科の沈水性〜抽水植物，多年草。別名ウキイ。葉身は細い線形，果実は狭倒卵形。
¶カヤツリ (p570/モ図)
原牧1 (No.730/カ図)
新分牧 (No.961/モ図)
新牧日 (No.3989/モ図)
日水草 (p189/カ写)
牧野ス1 (No.730/カ図)
野生1 (p351/カ写)

**ヒユ** *Amaranthus tricolor* var.*mangostanus* 莧
ヒユ科の野菜類，一年草。別名ヒョウ，ヒョウナ。
¶帰化写2 (p51/カ写)
原牧2 (No.948/カ図)
新分牧 (No.2984/モ図)
新牧日 (No.442/モ図)
牧野ス2 (No.2793/カ図)
野生4 (p133/カ写)

**ヒュウガアザミ** *Cirsium masami-saitoanum*
キク科アザミ亜科の多年草。日本固有種。
¶固有 (p139)
野生5 (p235/カ写)
山カ野草 (p703/カ写)

**ヒュウガアジサイ** *Hortensia serrata* var. *minamitanii*
アジサイ科（ユキノシタ科）。日本固有種。
¶固有 (p74)
野生4 (p166/カ写)

**ヒュウガオウレン** *Coptis minamitaniana*
キンポウゲ科の常緑の多年草。日本固有種。
¶固有 (p51)
新分牧 (No.1347/モ図)
野生2 (p148/カ写)

**ヒュウガオオクジャク** ⇒エビノオオクジャクを見よ

**ヒュウガカナワラビ** *Arachniodes hiugana*
オシダ科の常緑性シダ。日本固有種。葉身の長さは30〜40cm。
¶固有 (p209/カ写)
シダ標2 (p393/カ写)
山レ増 (p651/カ写)

**ヒュウガギボウシ** *Hosta kikutii* var.*kikutii* 日向擬宝珠
キジカクシ科〔クサスギカズラ科〕（ユリ科）の多年草。日本固有種。高さは30〜80cm。花は白色。
¶固有 (p155)
野生1 (p251/カ写)
山ハ山花 (p149/カ写)

**ヒュウガゴキブリタケ** *Ophiocordyceps* sp.
オフィオコルディセプス科の冬虫夏草。宿主は森林性のゴキブリの幼虫。
¶冬虫生態 (p221/カ写)

**ヒュウガコモウセンゴケ** *Drosera tokaiensis* subsp. *hyugaensis*
モウセンゴケ科。モウセンゴケとコモウセンゴケの雑種と推定。

¶野生4 (p106)

**ヒュウガシケシダ** *Deparia minamitanii*
メシダ科（イワデンダ科）の常緑性シダ。日本固有種。葉身は長さ15〜20cm，広披針形。
¶固有 (p205/カ写)
シダ標2 (p344/カ写)

**ヒュウガシダ** *Diplazium takii*
メシダ科のシダ植物。
¶シダ標2 (p330/カ写)

**ヒュウガセンキュウ** *Angelica minamitanii*
セリ科セリ亜科。日本固有種。
¶固有 (p100/カ写)
野生5 (p389/カ写)

**ヒュウガソロイゴケ** *Jungermannia hiugaensis*
ツボミゴケ科のコケ植物。日本固有種。
¶固有 (p222)

**ヒュウガタイゲキ** *Euphorbia watanabei* subsp. *minamitanii* 日向大戟
トウダイグサ科の多年草。日本固有種。
¶固有 (p83/カ写)
野生3 (p153)

**ヒュウガツルウメモドキ** ⇒テリハツルウメモドキを見よ

**ヒュウガトウキ** *Angelica furcijuga*
セリ科セリ亜科。日本固有種。
¶固有 (p100)
野生5 (p391/カ写)

**ヒュウガトラノオ** *Asplenium wilfordii* × *A. yoshinagae*
チャセンシダ科のシダ植物。
¶シダ標1 (p416/カ写)

**ヒュウガトンボ** *Peristylus intrudens*
ラン科の地生の多年草。花は白色。
¶野生1 (p219)

**ヒュウガナツ** ⇒コナツミカンを見よ

**ヒュウガナツミカン** ⇒コナツミカンを見よ

**ヒュウガナベワリ** *Croomia hyugaensis* 日向舐割
ビャクブ科の多年草。日本固有種。
¶固有 (p161)
野生1 (p154/カ写)
山ハ山花 (p55/カ写)

**ヒュウガナルコユリ** *Polygonatum falcatum* var. *hyugaense*
クサスギカズラ科（ユリ科）。日本固有種。
¶固有 (p154)
野生1 (p259)

**ヒュウガハナゼキショウ** *Tofieldia yoshiiana* var. *hyugaensis*
チシマゼキショウ科の多年草。
¶野生1 (p113)

**ヒュウガヒロハテンナンショウ** *Arisaema minamitanii*
サトイモ科の多年草。日本固有種。高さは20〜50cm。

ヒユウカホ　　　　　　　　　664

¶固有（p178）
　新分牧（No.239/モ図）
　テンナン（No.22/カ図）
　野生1（p103/カ写）

**ヒュウガホシクサ**　*Eriocaulon echinulatum*
　ホシクサ科の草本。
　¶野生1（p282/カ写）

**ヒュウガミズキ**　*Corylopsis pauciflora*　日向水木，日向美豆木
　マンサク科の落葉低木。別名イヨミズキ，ヒメミズキ。高さは2〜3m。
　¶APG原樹（No.327/カ図）
　学フ増花庭（p67/カ写）
　原牧1（No.1341/カ写）
　新分牧（No.1512/モ図）
　新牧日（No.895/モ図）
　茶花上（p220/カ写）
　都木花新〔トサミズキとヒュウガミズキ〕（p40/カ写）
　牧野ス1（No.1341/カ写）
　野生2（p184/カ写）
　山力樹木（p239/カ写）

**ヒュウガミツバツツジ**　*Rhododendron hyugaense*　日向三葉躑躅
　ツツジ科ツツジ亜科の木本。日本固有種。
　¶固有（p107）
　野生4（p247/カ写）

**ヒュウガヤブレガサ**　*Syneilesis akagii*
　キク科キク亜科の多年草。
　¶野生5（p310/カ写）

**ヒューケラ**　⇒ツボサンゴを見よ

**ヒュドゥネッルム・ペクイイ**　*Hydnellum peckii*
　マツバハリタケ科のキノコ。傘は褐色，傘の径最大1.2cm。
　¶原きの〔Devil's tooth（悪魔のハリタケ）〕（No.433/カ写・カ図）

**ヒョウ**　⇒ヒユを見よ

**ビョウオトギリ(1)**　⇒トモエソウを見よ

**ビョウオトギリ(2)**　⇒ビョウヤナギを見よ

**ビョウタケ**　*Bisporella citrina*
　ビョウタケ科のキノコ。
　¶原きの（No.512/カ写・カ図）
　山力日き（p551/カ写）

**ヒョウタン**　*Lagenaria siceraria var.siceraria*　瓢箪
　ウリ科の一年生つる草。ユウガオの一変種。別名ヒサゴ，コロ。
　¶原牧2（No.175/カ図）
　新分牧（No.2215/モ図）
　新牧日（No.1878/モ図）
　茶花下（p258/カ写）
　牧野ス1（No.2020/カ図）

**ヒョウタンカズラ**　*Coptosapelta diffusa*
　アカネ科の常緑つる植物。
　¶野生4（p270/カ写）

**ヒョウタンギシギシ**　*Rumex pulcher*
　タデ科の多年草。別名セイヨウギシギシ。高さは30〜60cm。花は灰緑色。
　¶帰化写2（p25/カ写）

**ヒョウタングサ**　⇒イヌノフグリを見よ

**ヒョウタンゴケ**　*Funaria hygrometrica*　瓢箪苔
　ヒョウタンゴケ科のコケ。茎は短く，長さ1cm以下。葉は芽状，卵形。
　¶新分牧（No.4845/モ図）
　新牧日（No.4723/モ図）

**ヒョウタンソウ**　⇒フクシアを見よ

**ヒョウタンボク**　⇒キンギンボクを見よ

**ヒョウナ**　⇒ヒユを見よ

**ヒョウノセンカタバミ**　*Oxalis acetosella var. longicapsula*
　カタバミ科の多年草。日本固有種。
　¶固有（p81）
　野生3（p142/カ写）

**ヒョウモンウラベニガサ**　*Pluteus pantherinus*
　ウラベニガサ科のキノコ。中型。傘は黄土色，大小の白い斑紋。ひだは白色〜肉色。
　¶山力日き（p180/カ写）

**ヒョウモンクロシメジ**　*Tricholoma pardinum*
　キシメジ科のキノコ。
　¶学フ増毒き（p100/カ写）
　原きの（No.282/カ写・カ図）

**ヒョウモンラン**　*Vanda tricolor*　豹紋蘭
　ラン科の草本。花は淡黄色。
　¶原牧1（No.487/カ図）
　新分牧（No.534/モ図）
　新牧日（No.4362/モ図）
　牧野ス1（No.487/カ図）

**ビョウヤナギ**　*Hypericum monogynum*　美容柳，未央柳
　オトギリソウ科の常緑小低木。別名ビョウオトギリ。高さは1m。花は濃黄色。
　¶APG原樹（No.858/カ図）
　学フ増花庭（p181/カ写）
　原牧2（No.391/カ図）
　新分牧（No.2285/モ図）
　新牧日（No.745/モ図）
　茶花上（p570/カ写）
　都木花新〔キンシバイとビョウヤナギ〕（p78/カ写）
　牧野ス1（No.2236/カ図）
　野生3（p237/カ写）
　山力樹木〔ビョウヤナギ〕（p495/カ写）

**ヒョクソウ**　*Veronica laxa*　比翼草
　オオバコ科（ゴマノハグサ科）の多年草。高さは25〜70cm。
　¶原牧2（No.1576/カ図）
　新分牧（No.3630/モ図）
　新牧日（No.2719/モ図）
　茶花上（p571/カ写）
　牧野ス2（No.3421/カ図）
　野生5（p85/カ写）

ヒ

**ヒヨクヒバ** *Chamaecyparis pisifera* 'Filifera'　比翼檜葉
ヒノキ科の木本。別名イトヒバ。
¶APG原樹 (No.88/カ図)
　原牧1 (No.45/カ図)
　新分牧 (No.63/モ図)
　新牧日 (No.63/モ図)
　牧野ス1 (No.46/カ図)

**ヒヨシザクラ** *Cerasus jamasakura* 'Hiyoshizakura'　日吉桜
バラ科の落葉高木。サクラの栽培品種。花は淡紅紫色。
¶学フ増桜〔'日吉桜'〕(p157/カ写)

**ヒヨス** *Hyoscyamus niger*　菲沃斯
ナス科の多年草または一年草。
¶原牧2 (No.1462/カ図)
　新分牧 (No.3474/モ図)
　新牧日 (No.2638/モ図)
　牧野ス2 (No.3307/モ図)

**ヒヨドリジョウゴ** *Solanum lyratum*　鴨上戸, 鴨漏斗
ナス科のつる性多年草。別名ウルシケシ, ツラクロ, ホロシ。花は白色。
¶色野草 (p85/カ写)
　学フ増野秋 (p162/カ写)
　学フ増薬草 (p118/カ写)
　学フ有毒 (p92/カ写)
　原牧2 (No.1475/カ図)
　山野草 (No.1063・1064/カ写)
　新分牧 (No.3482/モ図)
　新牧日 (No.2651/モ図)
　茶花下 (p258/カ写)
　牧野ス2 (No.3321/モ図)
　野生5 (p42/カ写)
　山カ野草 (p199/カ写)
　山ハ山花 (p408/カ写)

**ヒヨドリバナ** *Eupatorium makinoi*　鴨花
キク科キク亜科の草本。高さは60〜150cm。
¶学フ増野秋 (p160/カ写)
　原牧2 (No.1915/カ図)
　新分牧 (No.4311/モ図)
　新牧日 (No.2952/モ図)
　茶花下 (p259/カ写)
　牧野ス2 (No.3760/モ図)
　野生5 (p368)
　山カ野草 (p28/カ写)
　山ハ山花 (p542/カ写)

**ヒョンノキ** ⇒イスノキを見よ

**ヒライ** ⇒イヌイを見よ

**ヒライアンペライ** *Machaerina glomerata*
カヤツリグサ科の多年草。
¶カヤツリ (p564/モ写)
　野生1 (p353/カ写)

**ヒライチゴツナギ** ⇒コイチゴツナギを見よ

**ヒラオヤナギ** *Salix × hiraoana* nothosubsp. *hiraoana*
ヤナギ科の雑種。
¶野生3〔ヒラオヤナギ (イヌコリヤナギ × サイコクキツネヤナギ)〕(p206)

**ヒラオヤブソテツ** ⇒ヤブソテツを見よ

**ヒラガマ** ⇒ガマを見よ

**ピラカンサ**(1) *Pyracantha*
バラ科。トキワサンザシ属 (ピラカンサ属) の総称。
¶都木花新〔ピラカンサとコトネアスター〕(p130/カ写)

**ピラカンサ**(2) ⇒タチバナモドキを見よ

**ピラカンサス** ⇒タチバナモドキを見よ

**ヒラギスゲ** *Carex augustinowiczii*　平岸菅
カヤツリグサ科の多年草。別名エゾアゼスゲ。高さは30〜50cm。
¶カヤツリ (p218/モ図)
　原牧1 (No.827/カ図)
　新分牧 (No.837/モ図)
　新牧日 (No.4120/モ図)
　スゲ増 (No.102/モ写)
　牧野ス1 (No.827/カ図)
　野生1 (p329/カ写)
　山ハ山花 (p163/カ写)

**ヒラギナンテン** ⇒ヒイラギナンテンを見よ

**ヒラクサ** *Ptilophora subcostata*
テングサ科の海藻。別名ヒラテン。体は20〜30cm。
¶新分牧 (No.5038/モ写)
　新牧日 (No.4898/モ写)

**ヒラコウガイゼキショウ** ⇒コウガイゼキショウを見よ

**ヒラゴケ** ⇒リボンゴケを見よ

**ヒラスゲ** ⇒ネビキグサを見よ

**ヒラタケ** *Pleurotus ostreatus*　平茸
ヒラタケ科のキノコ。別名カンタケ。中型〜大型。傘は貝殻形, 灰色。ひだは白色〜灰色。
¶原きの (No.239/カ写・カ図)
　新分牧 (No.5091/カ写)
　新牧日 (No.4974/モ写)
　山カ日き (p24/カ写)

**ヒラテン** ⇒ヒラクサを見よ

**ヒラテンツキ**(1) ⇒ノテンツキを見よ

**ヒラテンツキ**(2) ⇒ノテンツキ (広義) を見よ

**ヒラドツツジ** *Rhododendron × pulchrum*　平戸躑躅
ツツジ科の木本。長崎県平戸島で古くから栽培されてきたツツジ類から区別された園芸品種群。
¶茶花上 (p308/カ写)

**ヒラトラノオゴケ** *Thamnobryum planifrons*
オオトラノオゴケ科のコケ植物。日本固有種。
¶固有 (p217)

**ヒラナス** *Solanum aethiopicum*
ナス科の野菜, 多年草。別名カザリナス。高さは0.5〜1m。花は白色。
¶帰化写2 (p215/カ写)

ヒラフスベ　　　　　　　　　　666

野生5（p45）

ヒラフスベ　⇒アイカワタケを見よ

ヒラミカンコノキ　Glochidion rubrum
コミカンソウ科（トウダイグサ科）の木本。
¶原牧2（No.283/カ写）
　新分牧（No.2446/モ写）
　新牧日（No.1451/モ写）
　牧野ス1（No.2128/カ図）
　野生3（p176/カ写）

ヒラミル　Codium latum
ミル科の海藻。単条, 大型。
¶新分牧（No.4964/モ写）
　新牧日（No.4824/モ写）

ヒラミレモン　⇒シーカーシャーを見よ

ヒラモ　Vallisneria natans var.higoensis
トチカガミ科の常緑植物, 大型。日本固有種。葉は
長さ30〜100cm, 子房に短毛がある。
¶固有（p153/カ写）
　日水草（p107/カ写）
　野生1（p125）

ビラン　⇒バクチノキを見よ

ビランジ　Silene keiskei var.minor
ナデシコ科の多年草。高さは10〜30cm。
¶原牧2（No.910/カ写）
　新分牧（No.2961/モ写）
　新牧日（No.382/モ図）
　牧野ス2（No.2755/カ図）
　ミニ山（p32/カ写）
　野生4（p122）
　山力野草（p524/カ写）

ビランジ（狭義）　Silene keiskei f.minor
ナデシコ科の多年草。
¶茶花下〔びらんじ〕（p259/カ写）

ビランジュ　⇒バクチノキを見よ

ビリヒバ　Corallina pilulifera
サンゴモ科の海藻。叢生する。体は3,4cm。
¶新分牧（No.5046/モ図）
　新牧日（No.4906/モ図）

ヒリュウガシ　Quercus glauca 'Lacera'　飛龍樫
ブナ科。アラカシの園芸品種。
¶原牧2（No.115/カ写）
　新分牧（No.2157/モ写）
　新牧日（No.150/モ図）
　牧野ス1（No.1960/カ図）

ヒリュウシダ　Blechnum orientale　飛龍羊歯
シシガシラ科の常緑性シダ。葉身は長さ60〜
150cm, 披針形。
¶シダ標1（p459/カ写）
　新分牧（No.4674/モ写）
　新牧日（No.4618/モ写）

ビリンビ　Averrhoa bilimbi
カタバミ科の小木。枝少数, 葉は淡緑, 果実は黄熟。
花はピンク色。
¶APG原樹（No.783/カ図）

ヒル　⇒ノビルを見よ

ヒルガオ（狭義）　Calystegia pubescens f.major　昼顔
ヒルガオ科のつる性多年草。別名アメフリバナ。花
は淡紅色。
¶色野草〔ヒルガオ〕（p262/カ写）
　学フ増山菜〔ヒルガオ〕（p59/カ写）
　学フ増野夏〔ヒルガオ〕（p16/カ写）
　学フ増薬草〔ヒルガオ〕（p103/カ写）
　原牧2〔ヒルガオ〕（No.1437/カ写）
　新分牧〔ヒルガオ〕（No.3451/モ写）
　新牧日〔ヒルガオ〕（No.2449/モ写）
　茶花下〔ひるがお〕（p139/カ写）
　牧野ス2〔ヒルガオ〕（No.3282/カ写）
　山力野草〔ヒルガオ〕（p243/カ写）

ヒルガオ（広義）　Calystegia pubescens　昼顔
ヒルガオ科のつる性多年草。
¶植調〔ヒルガオ〕（p240/カ写）
　野生5〔ヒルガオ〕（p24/カ写）
　山ハ野花〔ヒルガオ〕（p442/カ写）

ヒルギカズラ　Dalbergia candenatensis
マメ科マメ亜科の木本。
¶野生2（p263/カ写）

ヒルギダマシ　Avicennia marina
キツネノマゴ科（ヒルギダマシ科, クマツヅラ科）の
常緑低木, マングローブ植物。別名ヤナギバヒルギ。
¶原牧2（No.1809/カ写）
　新分牧（No.3667/モ写）
　新牧日（No.2497/モ図）
　牧野ス2（No.3654/カ図）
　野生5（p168/カ写）
　山レ増（p141/カ写）

ヒルギモドキ　Lumnitzera racemosa
シクンシ科の木本, マングローブ植物。呼吸根を持
たない。花は白色。
¶原牧2（No.429/カ図）
　新分牧（No.2469/モ図）
　新牧日（No.1934/モ図）
　牧野ス2（No.2274/カ図）
　野生3（p254/カ写）
　山レ増（p232/カ写）

ヒルザキツキミソウ　Oenothera speciosa　昼咲月
見草
アカバナ科の多年草。高さは30〜60cm。花は白で
開花後に紅となる。
¶帰化写改（p213/カ写）
　原牧2（No.477/カ図）
　山野草（No.0745/カ写）
　新分牧（No.2513/モ写）
　新牧日（No.1962/モ写）
　茶花上（p452/カ写）
　牧野ス2（No.2322/カ図）
　ミニ山（p209/カ写）
　山ハ野花（p318/カ写）

ヒルゼンスゲ　Carex aphyllopus var.impura
カヤツリグサ科の多年草。日本固有種。
¶カヤツリ（p164/モ図）

固有（p182/カ写）
野生1（p310）

**ヒルナ** ⇒ヒルムシロを見よ

**ビルベリー** *Vaccinium myrtillus*
ツツジ科の常緑小低木。別名ハイデルベリー，セイヨウヒメスノキ。
¶APG原樹（No.1308/カ図）

**ビルマネム** *Albizia lebbeck* ビルマ合歓
マメ科オジキソウ亜科の落葉高木。花は白色～黄白色。
¶野生2（p246）

**ヒルムシロ** *Potamogeton distinctus* 蛭筵，蛭蓆
ヒルムシロ科の多年生水草。別名ヒルナ，サジナ。ヒルがいるような池や沼に生える。葉身は披針形，長さ5～16cm。
¶学フ増野夏（p234/カ写）
学フ増薬草（p10/カ写）
原牧1（No.255/カ図）
植調（p51/カ写）
新分牧（No.301/モ図）
新牧日（No.3337/モ図）
日水草（p113/カ写）
牧野ス1（No.255/カ写）
野生1（p132/カ写）
山力野草（p699/カ写）
山ハ野花（p36/カ写）

**ヒレアザミ** *Carduus crispus* 鰭薊
キク科アザミ亜科の二年草あるいは多年草。別名ヤハズアザミ。高さは60～120cm。花は淡紅紫色。
¶学フ増野春（p8/カ写）
帰化写改（p333/カ写，p512/カ写）
原牧2（No.2161/カ図）
植調（p156/カ写）
新分牧（No.3949/モ図）
新牧日（No.3193/モ図）
牧野ス2（No.4006/カ図）
野生5（p216/カ写）
山力野草（p86/カ写）
山ハ野花（p591/カ写）

**ピレオギク**(1) *Chrysanthemum weyrichii*
キク科キク亜科の草本。別名エゾソナレギク，エゾノソナレギク。
¶山野草（No.1214/カ写）
野生5（p338/カ写）
山レ増（p20/カ写）

**ピレオギク**(2) ⇒イワギク(1)を見よ

**ヒレザンショウ** *Zanthoxylum beecheyanum* var. *alatum*
ミカン科の常緑低木。
¶野生3（p308/カ写）

**ピレスラム** ⇒アカムショケギクを見よ

**ヒレタゴボウ** *Ludwigia decurrens* 鰭田牛蒡
アカバナ科の水生植物，一年草。別名アメリカミズキンバイ。高さは50～100cm。花は鮮黄色。
¶帰化写改（p206/カ写，p502/カ写）

植調（p67/カ写）
ミニ山（p208/カ写）
野生3（p268/カ写）
山ハ野花（p313/カ写）

**ピレネーフウロ** *Geranium pyrenaicum*
フウロソウ科の二年草または多年草。高さは20～70cm。花は赤紫または藤色。
¶帰化写2（p133/カ写）
山野草〔ゲラニウム・ピレナイカム〕（No.0660/カ写）

**ヒレハリギク** *Centaurea melitensis*
キク科の越年草。高さは20～80cm。花は黄色。
¶帰化写2（p264/カ写）

**ヒレハリソウ**(1) *Symphytum officinale*
ムラサキ科の多年草。別名コンフリー。花は淡青紫，淡紅色。
¶学フ増山菜〔コンフリー〕（p208）
学フ増薬草（p104/カ写）
帰化写改（p260/カ写）
原牧2（No.1422/カ図）
植調（p271/カ写）
新分牧（No.3529/モ図）
新牧日（No.2482/モ図）
牧野ス2（No.3267/カ写）

**ヒレハリソウ**(2) ⇒コンフリー(1)を見よ

**ヒレヒメヒゴタイ** ⇒ヒメヒゴタイを見よ

**ヒレフリカラマツ** *Thalictrum toyamae*
キンポウゲ科の草本。日本固有種。
¶固有（p52）
山野草（No.0282/カ写）
野生2（p165/カ写）
山レ増（p390/カ写）

**ヒレミゾゴケ** *Marsupella alata*
ミゾゴケ科のコケ。日本固有種。
¶固有（p222）

**ヒレミヤガミスゲ** *Carex brevior*
カヤツリグサ科の多年草。高さは50cm。
¶帰化写2（p363/カ写）
スゲ増（p372/カ写）

**ビロウ** *Livistona chinensis* var.*subglobosa* 蒲葵，檳榔
ヤシ科の常緑高木。別名ワビロウ。
¶APG原樹（No.203/カ図）
原牧1（No.609/カ図）
新分牧（No.651/モ図）
新牧日（No.3889/モ図）
牧野ス1（No.609/カ写）
野生1（p262/カ写）
山力樹木（p80/カ写）

**ヒロウザサ** *Pleioblastus nagashima* var.*nagashima*
イネ科タケ亜科のササ。日本固有種。
¶固有（p175）
タケ亜科（No.41/カ写）

**ビロウドシダ** ⇒ビロードシダを見よ

**ヒロクチゴケ** *Physcomitrium eurystomum*
ヒョウタンゴケ科のコケ。コツリガネゴケに非常に
よく似るが、胞子が黒褐色を呈する。
¶新分牧（No.4846/モ図）
　新牧日（No.4724/モ図）

**ヒロケレウス・ウンダツス** ⇒サンカクチュウを
見よ

**ビロードアカツメクサ** *Trifolium hirtum* 天鵞絨赤
詰草
マメ科の越年草。花序は有性花よりなる。
¶帰化写2（p111/カ写）

**ビロードイチゴ** *Rubus corchorifolius* 天鵞絨苺
バラ科バラ亜科の落葉低木。
¶**APG原樹**（No.581/カ図）
　原牧1（No.1750/カ図）
　新分牧（No.1961/モ図）
　新牧日（No.1097/モ図）
　牧野ス1（No.1750/カ図）
　ミニ山（p136/カ写）
　野生3（p48/カ写）

**ビロードイヌホオズキ** ⇒アカミノイヌホオズキを
見よ

**ビロードイヨカズラ** ⇒シロバナクサタチバナを
見よ

**ビロードウツギ**(1) *Deutzia crenata* var.*heterotricha*
天鵞絨空木
アジサイ科の落葉低木。日本固有種。別名ケウ
ツギ。
¶固有（p75）
　野生4（p162）

**ビロードウツギ**(2) ⇒ケウツギ(1)を見よ

**ビロードウツギ'レッドプリンス'** ⇒レッドプリ
ンスを見よ

**ビロードエゾシオガマ** *Pedicularis yezoensis* var.
*pubescens* 天鵞絨蝦夷塩竈
ハマウツボ科（ゴマノハグサ科）の草本。日本固
有種。
¶固有（p130）
　野生5（p158/カ写）

**ビロードエノキタケ** *Xeromphalina tenuipes*
ガマノホタケ科のキノコ。小型～中型。傘は帯褐橙
黄色、ビロード状、湿時条線。ひだは帯黄色。
¶山カ日き（p136/カ写）

**ビロードカジイチゴ** ⇒ハチジョウイチゴを見よ

**ビロードキビ** *Urochloa villosa*
イネ科キビ亜科の一年草。
¶桑イネ（p93/モ図）
　原牧1（No.1044/カ図）
　新分牧（No.1235/モ図）
　新牧日（No.3812/モ図）
　牧野ス1（No.1044/カ図）
　野生2（p99）

**ビロードクサフジ** *Vicia villosa* subsp.*villosa*
マメ科マメ亜科の越年草または多年草。別名シラゲ
クサフジ。長さは150cm。花は青紫～紅紫色。

¶帰化写2（p123/カ写）
　原牧1（No.1569/カ図）
　新分牧（No.1776/モ図）
　新牧日（No.1357/モ図）
　牧野ス1（No.1569/カ図）
　野生2（p299/カ写）

**ビロードコウジタケ** *Boletus zelleri*
イグチ科のキノコ。
¶原きの（No.309/カ写・カ図）

**ビロードサワシバ** *Carpinus cordata* var.*chinensis*
天鵞絨沢柴
カバノキ科の落葉高木。葉裏には長い絹毛のほかに
短い立毛がやや密に生える。
¶野生3（p116）

**ビロードシオガマ（狭義）** *Pedicularis resupinata*
var.*teucriifolia* 天鵞絨塩竈
ハマウツボ科の草本。
¶野生5（p158/カ写）

**ビロードシオガマ（広義）** *Pedicularis resupinata*
subsp.*teucriifolia*
ハマウツボ科の草本。
¶野生5（p158）

**ビロードシダ** *Pyrrosia linearifolia* 天鵞絨羊歯
ウラボシ科の常緑性シダ。別名ビロウドシダ、タイ
ワンビロードシダ。葉は褐色の長い星状毛に覆われ
る。葉身は長さ2～15cm、線形。
¶山野草（No.1839/カ写）
　シダ標2（p456/カ写）
　新分牧（No.4779/モ図）
　新牧日（No.4676/モ図）

**ビロードスゲ** *Carex miyabei* 天鵞絨菅
カヤツリグサ科の多年草。日本固有種。高さは30
～60cm。
¶カヤツリ（p512/モ図）
　原牧1（No.906/カ図）
　固有（p187/カ写）
　新分牧（No.930/モ図）
　新牧日（No.4219/モ図）
　スゲ増（No.285/カ写）
　牧野ス1（No.906/カ図）
　野生1（p336/カ写）
　山ハ野花（p148/カ写）

**ビロードタツナミ** ⇒コバノタツナミを見よ

**ビロードテンツキ** *Fimbristylis sericea* 天鵞絨点突
カヤツリグサ科の多年草。高さは10～30cm。
¶カヤツリ（p578/モ図）
　原牧1（No.763/カ図）
　新分牧（No.1004/モ図）
　新牧日（No.4037/モ図）
　牧野ス1（No.763/カ図）
　野生1（p348/カ写）
　山ハ野花（p118/カ写）

**ビロードトラノオ** *Veronica ovata* subsp.*miyabei*
var.*villosa*
オオバコ科（ゴマノハグサ科）の草本。日本固有種。
¶固有（p130）

野生5（p87）

**ビロードナリヒラ** ⇒ビゼンナリヒラを見よ

**ビロードヒメクズ** *Cajanus scarabaeoides* ビロード
姫葛
マメ科マメ亜科のつる性多年草。花は黄色。
¶野生2（p259/カ写）

**ビロードヒメシバ** *Digitaria mollicoma*
イネ科キビ亜科の草本。葉身や小穂に銀白毛が密に
ある。
¶野生2（p83）

**ビロードベニヒダタケ** *Pluteus salicinus*
ウラベニガサ科のキノコ。
¶学フ増毒き（p114/カ写）

**ビロードホオズキ** *Physalis heterophylla*
ナス科の多年草。別名アメリカホオズキ。長さは0.
5〜1m。花は淡黄色。
¶帰化写改（p280/カ写）
野生5（p39）

**ビロードボタンヅル** *Clematis leschenaultiana*
キンポウゲ科の草本。
¶ミニ山（p61/カ写）
野生2（p143/カ写）

**ビロードミヤコザサ** *Sasa chartacea* var.*mollis*
イネ科タケ亜科のササ。日本固有種。
¶固有（p173）

**ビロードムラサキ** *Callicarpa kochiana* 天鵞絨紫
シソ科（クマツヅラ科）の落葉低木。別名オニヤブ
ムラサキ，コウチムラサキ。
¶APG原樹（No.1419/カ図）
原牧2（No.1730/カ図）
新分牧（No.3692/モ図）
新牧日（No.2506/モ図）
茶花下（p260/カ写）
牧野ス2（No.3575/カ写）
野生5（p105/カ写）
山力樹木（p660/カ写）
山レ増（p140/カ写）

**ビロードモウズイカ** *Verbascum thapsus* 天鵞毛蕊
花，天鵞絨毛蕊花
ゴマノハグサ科の越年草。高さは1〜2m。花は
黄色。
¶色野草（p188/カ写）
帰化写改（p299/カ写, p509/カ写）
原牧2（No.1600/カ図）
植調（p177/カ写）
新分牧（No.3639/モ図）
新牧日（No.2677/モ図）
牧野ス2（No.3445/カ図）
野生5（p95/カ写）
山ハ野花（p449/カ写）

**ビロードラン** ⇒シュスランを見よ

**ピロネマ オムファロデス** *Pyronema omphalodes*
ピロネマキン科のキノコ。
¶山力日き（p574/カ写）

**ヒロハアオヤギソウ** *Veratrum maackii* var.
*parviflorum* 広葉青柳草
シュロソウ科（ユリ科）の草本。別名アオヤギソウ。
¶原牧1（No.302/カ図）
新分牧（No.348/モ図）
新牧日（No.3379/モ図）
牧野ス1（No.302/カ図）
野生1〔アオヤギソウ〕（p162/カ写）
山ハ山花〔アオヤギソウ〕（p62/カ写）

**ヒロハアズマザサ** *Sasaella okadana*
イネ科のササ。
¶タケササ（p122/カ写）

**ヒロハアツイタ** *Elaphoglossum tosaense*
オシダ科の常緑性シダ。日本固有種。別名ヒロハノ
アツイタ。葉身は長さ5〜15cm, 長楕円形〜狭長楕
円形。
¶固有（p206）
シダ標2（p434/カ写）
山レ増（p660/カ写）

**ヒロハアマナ** *Amana erythronioides* 広葉甘菜
ユリ科の多年草。日本固有種。別名ヒロハムギグワ
イ。高さは15〜20cm。
¶原牧1（No.352/カ図）
固有〔ヒロハノアマナ〕（p154/カ写）
山野草〔ヒロハノアマナ〕（No.1449/カ写）
新分牧（No.390/モ図）
新牧日（No.3448/モ図）
牧野ス1（No.352/カ図）
野生1〔ヒロハノアマナ〕（p177/カ写）
山力野花（p625/カ写）
山ハ野花（p48/カ写）
山レ増〔ヒロハノアマナ〕（p585/カ写）

**ヒロハアンズタケ** *Hygrophoropsis aurantiaca*
ヒロハアンズタケ科のキノコ。小型〜中型。傘は橙
黄色, 漏斗形。ひだは橙黄色。
¶原きの（No.133/カ写・カ図）
山力日き（p292/カ写）

**ヒロハイッポンスゲ** *Carex pseudololiacea* 広葉一
本穂
カヤツリグサ科の多年草。別名オオツルスゲ, セイ
タカツルスゲ。
¶カヤツリ（p120/モ図）
スゲ増（No.46/カ写）
野生1（p306/カ写）

**ヒロハイヌノヒゲ** *Eriocaulon alpestre* var.*robustius*
広葉犬の髭
ホシクサ科の一年草。別名オオミズタマソウ。高さ
は5〜20cm。
¶原牧1（No.669/カ図）
植調（p50/カ写）
新分牧（No.705/モ図）
新牧日（No.3605/モ図）
牧野ス1（No.669/カ図）
野生1〔ヒロハノイヌノヒゲ〕（p285/カ写）
山力野草（p648/カ写）
山ハ野花（p92/カ写）

ヒロハイヌワラビ **Athyrium wardii** 広葉犬蕨
メシダ科（オシダ科）の夏緑性シダ。別名ヒロハノイ
ヌワラビ。葉身は長さ20〜35cm，三角形〜広卵形。
　¶シダ標2（p302/カ写）
　　新分牧（No.4701/モ図）
　　新牧日（No.4588/モ図）

ヒロハイワレンゲ　⇒ツメレンゲを見よ

ヒロハウシノケグサ　⇒ヒロハノウシノケグサを
見よ

ヒロハウラジロヨモギ　**Artemisia koidzumii** var.
**koidzumii**
キク科キク亜科の草本。別名オオワタヨモギ，カラ
フトヨモギ。
　¶原牧2（No.2089/カ図）
　　新分牧（No.4219/モ図）
　　新牧日（No.3123/モ図）
　　牧野ス2（No.3934/カ図）
　　野生5（p333/カ写）

ヒロハオオズミ　⇒エゾノコリンゴを見よ

ヒロハオゼヌマスゲ　**Carex traiziscana**
カヤツリグサ科の多年草。別名オゼヌマスゲ。
　¶カヤツリ（p130/モ図）
　　原牧1（No.806/カ図）
　　新分牧（No.792/モ図）
　　新牧日（No.4095/モ図）
　　スゲ増（No.53/カ写）
　　牧野ス1（No.806/カ図）
　　野生1（p307/カ写）

ヒロハオモダカ　**Sagittaria platyphylla**
オモダカ科の水草。
　¶日水草（p83/カ写）

ヒロハカツラ　**Cercidiphyllum magnificum**　広葉桂
カツラ科の落葉低木または高木。日本固有種。葉は
少し大型の広心臓形。
　¶APG原樹（No.331/カ図）
　　原牧1（No.1348/カ図）
　　固有（p50/カ写）
　　新分牧（No.1519/モ図）
　　新牧日（No.511/モ図）
　　牧野ス1（No.1348/カ図）
　　野生2（p187/カ写）
　　山力樹木（p178/カ写）

ヒロハガマズミ　**Viburnum koreanum**
ガマズミ科〔レンプクソウ科〕（スイカズラ科）の
木本。
　¶野生5（p406/カ写）

ヒロハキカイガラタケ　**Gloeophyllum**
**subferrugineum**
キカイガラタケ科のキノコ。中型〜大型。傘表面は
黄褐色，肉はさび褐色。
　¶山力日き（p469/カ写）

ヒロハキクザキイチゲ　**Anemone pseudoaltaica** var.
**katonis**
キンポウゲ科。日本固有種。
　¶固有（p57）

ヒロハギシギシ　⇒エゾノギシギシを見よ

ヒロハクサフジ　**Vicia japonica**　広葉草藤
マメ科マメ亜科の多年草。別名ハマクサフジ。高さ
は50〜100cm。
　¶原牧1（No.1568/カ図）
　　新分牧（No.1775/モ図）
　　新牧日（No.1356/モ図）
　　牧野ス1（No.1568/カ図）
　　ミニ山（p150/カ写）
　　野生2（p300/カ写）
　　山ハ野花（p369/カ写）

ヒロハクリハラン　⇒クリハランを見よ

ヒロハケニオイグサ　**Hedyotis verticillata**
アカネ科の常緑多年草。茎は長さ50cm以上。
　¶野生4（p285/カ写）
　　山レ増（p156/カ写）

ヒロハコケモモ　⇒コケモモを見よ

ヒロハゴマキ　⇒マルバゴマキを見よ

ヒロハコンロンカ　**Mussaenda shikokiana**　広葉崑
崙花
アカネ科の木本。
　¶APG原樹（No.1348/カ図）
　　原牧2（No.1283/カ図）
　　新分牧（No.3371/モ図）
　　新牧日（No.2397/モ図）
　　牧野ス2（No.3128/カ図）
　　野生4（p284/カ写）
　　山力樹木（p674/カ写）

ヒロハコンロンソウ　**Cardamine appendiculata**　広
葉崑崙草
アブラナ科の多年草。日本固有種。別名タデノウミ
コンロンソウ。高さは30〜60cm。
　¶学フ増野春（p166/カ写）
　　原牧2（No.726/カ図）
　　固有（p66）
　　新分牧（No.2752/モ図）
　　新牧日（No.846/モ図）
　　茶花下（p139/カ写）
　　牧野ス2（No.2571/カ図）
　　ミニ山（p84/カ写）
　　野生4（p56/カ写）
　　山力野草（p442/カ写）
　　山ハ山花（p358/カ写）

ヒロハサギゴケ　**Strobilanthes reptans**　広葉鷺苔
キツネノマゴ科の多年草。別名ミヤコジマソウ。長
く地上をはう。花は白色。
　¶野生5（p172/カ写）

ヒロハザミア　**Zamia furfuracea**
ザミア科の木本。
　¶APG原樹（No.3/カ図）

ヒロハシケシダ　⇒ナチシケシダを見よ

ヒロハスギカズラ　⇒スギカズラを見よ

ヒロハスギナモ　**Hippuris tetraphylla**　広葉杉菜藻
オオバコ科の無毛の多年草。沼地に生える。
　¶野生5（p76/カ写）

ヒロハスゲ　*Carex insaniae* var.*insaniae*　広葉菅
カヤツリグサ科の多年草。日本固有種。高さは5〜
40cm。
¶カヤツリ (p262/モ図)
原牧1 (No.869/カ図)
固有 (p183)
新分牧 (No.890/モ図)
新牧日 (No.4174/モ図)
スゲ増 (No.128/カ写)
牧野ス1 (No.869/カ図)
野生1 (p314/カ写)
山ハ山花 (p177/カ写)

ヒロハスズメノトウガラシ　*Lindernia antipoda*
var.*verbenifolia*
ゴマノハグサ科の一年草。
¶山カ野草 (p708/カ写)

ヒロハセンブリ　*Swertia japonica* var.*littoralis*
リンドウ科の一年草または越年草。別名ハマセンブ
リ。葉は広く三角状披針形。
¶野生4 (p304)

ヒロハタチヤナギ　⇒トカチヤナギ(1)を見よ

ヒロハタマミズキ　*Ilex macrocarpa*
モチノキ科の木本。
¶野生5 (p185/カ写)
山ル増 (p267/カ写)

ヒロハタンポポ　⇒トウカイタンポポを見よ

ヒロハチチタケ　*Lactarius hygrophoroides*
ベニタケ科のキノコ。
¶山カ日き (p383/カ写)

ヒロハチャチチタケ　*Lactarius ochrogalactus*
ベニタケ科のキノコ。傘は汚黄褐色。
¶山カ日き (p388/カ写)

ヒロハツメレンゲ　⇒ツメレンゲを見よ

ヒロハツリシュスラン　*Goodyera pendula* var.
*brachyphylla*
ラン科の草本。日本固有種。
¶固有 (p190)

ヒロハツリバナ　*Euonymus macropterus*　広葉吊花
ニシキギ科の落葉小高木。別名ヒロハノツリバナ。
¶APG原樹 〔ヒロハノツリバナ〕(No.776/カ図)
原牧2 (No.191/カ図)
新分牧 (No.2244/モ図)
新牧日 (No.1642/モ図)
牧野ス1 (No.2036/カ図)
ミニ山 (p176/カ写)
野生3 〔ヒロハノツリバナ〕(p135/カ写)
山カ樹木 (p416/カ写)

ヒロハツルマメ　*Glycine max* nothosubsp.*gracilis*
広葉蔓豆
マメ科マメ亜科。ツルマメとダイズの自然雑種。
¶野生2 (p269)

ヒロハテイショウソウ　*Ainsliaea cordifolia* var.
*maruoi*
キク科コウヤボウキ亜科の多年草。日本固有種。

¶原牧2 (No.1897/カ図)
固有 (p151)
新分牧 (No.3935/モ図)
新牧日 (No.2934/モ図)
牧野ス2 (No.3742/カ図)
野生5 (p211/カ写)

ヒロハテンナンショウ　*Arisaema ovale*　広葉天南星
サトイモ科の多年草。日本固有種。高さは20〜
45cm。
¶原牧1 (No.191/カ図)
固有 (p177)
山野草 (No.1629/カ写)
新分牧 (No.226/カ写)
新牧日 (No.3922/モ図)
テンナン (No.8/カ写)
牧野ス1 (No.191/カ図)
野生1 (p97/カ写)
山カ野草 (p652/カ写)
山ハ山花 (p44/カ写)

ヒロハトウゲシバ　⇒トウゲシバを見よ

ヒロハトラノオ　⇒ツクシトラノオを見よ

ヒロハトリゲモ　*Najas chinensis*
トチカガミ科（イバラモ科）の沈水植物。別名サガミ
トリゲモ。長さ1.5〜3cm。葉鞘は切形または円形。
¶日水草 (p100/カ写)
野生1 (p123/カ写)
山レ増 〔サガミトリゲモ〕(p609/カ写)

ヒロハトンボソウ　*Platanthera fuscescens*
ラン科の草本。
¶野生1 (p221/カ写)

ヒロハナライシダ　*Arachniodes quadripinnata*
subsp.*fimbriata*
オシダ科の常緑性シダ。日本固有種。別名ヒロハノ
ナライシダ。葉身は長さ25〜40cm，五角形。
¶固有 (p209/カ写)
シダ標2 (p396/カ写)
山レ増 (p651/カ写)

ヒロハヌマガヤ　*Neomolinia fauriei*
イネ科イチゴツナギ亜科の多年草。高さは60〜
120cm。
¶桑イネ (p176/モ図)
野生2 (p58)

ヒロハヌマゼリ　*Sium suave* var.*ovatum*
セリ科。日本固有種。
¶固有 (p101)

ヒロハネム　*Albizia julibrissin* var.*glabrior*
マメ科ネムノキ亜科の木本。小葉が大型。
¶野生2 (p245)

ヒロバノアツイタ　⇒ヒロハアツイタを見よ

ヒロハノアマナ　⇒ヒロハアマナを見よ

ヒロハノイヌノヒゲ　⇒ヒロハイヌノヒゲを見よ

ヒロハノイヌワラビ　⇒ヒロハイヌワラビを見よ

ヒロハノウシノケグサ　*Schedonorus pratensis*
イネ科イチゴツナギ亜科の多年草。葉身は幅4mm

ヒロハノエ

未満。

¶**帰化写改**〔ヒロハウシノケグサ〕(p447/カ写)

桑イネ (p238/カ写・モ図)

野生2 (p64/カ写)

山ハ野花〔ヒロハウシノケグサ〕(p158/カ写)

**ヒロハノエビモ** *Potamogeton perfoliatus* 広葉の海老藻

ヒルムシロ科の多年生水草。葉身基部が茎を半周以上抱く。

¶**原牧1** (No.259/カ図)

新分牧 (No.305/モ図)

新牧日 (No.3341/モ図)

日水草 (p122/カ写)

牧野ス1 (No.259/カ図)

野生1 (p131/カ写)

**ヒロハノオオウシノケグサ** *Festuca rubra* var. *pacifica*

イネ科イチゴツナギ亜科の多年草。花序は淡緑色。

¶野生2 (p53)

**ヒロハノオオタマツリスゲ** *Carex arakiana*

カヤツリグサ科の多年草。日本固有種。

¶カヤツリ (p452/モ図)

固有 (p187)

スゲ増 (No.252/カ写)

野生1 (p327/カ写)

**ヒロハノカワラサイコ** *Potentilla niponica* 広葉の河原柴胡

バラ科バラ亜科の多年草。高さは30〜70cm。

¶**原牧1** (No.1819/カ図)

新分牧 (No.2014/モ図)

新牧日 (No.1144/モ図)

牧野ス1 (No.1819/カ図)

野生3 (p36/カ写)

山ハ野花 (p381/カ写)

**ヒロハノキカイガラタケ** ⇒ヒロハキカイガラタケを見よ

**ヒロハノキハダ**(1) *Phellodendron amurense* 広葉黄膚

ミカン科の木本。別名カラフトキハダ。

¶**APG原樹** (No.990/カ図)

**ヒロハノキハダ**(2) ⇒キハダを見よ

**ヒロハノクロタマガヤツリ** *Fuirena umbellata*

カヤツリグサ科の多年草。別名ヤエヤマススキ。

¶カヤツリ (p608/モ図)

野生1 (p350/カ写)

**ヒロハノコウガイゼキショウ**(1) *Juncus diastrophanthus* 広葉の笄石菖

イグサ科の多年草。高さは20〜40cm。

¶**原牧1** (No.686/カ図)

新分牧 (No.714/モ図)

新牧日 (No.3567/モ図)

牧野ス1 (No.686/カ図)

野生1 (p291/カ写)

山ハ野花 (p94/カ写)

**ヒロハノコウガイゼキショウ**(2) ⇒ハナビゼキショウを見よ

**ヒロハノコギリシダ** *Diplazium dilatatum* var. *dilatatum*

メシダ科の常緑性シダ。葉身は長さ1m、ほぼ三角形。

¶シダ標2 (p328/カ写)

**ヒロハノコヌカグサ** *Aniselytron treutleri* var. *japonicum*

イネ科イチゴツナギ亜科の草本。日本固有種。

¶**原牧1** (No.1007/カ図)

固有 (p169)

新分牧 (No.1139/モ図)

新牧日 (No.3736/モ図)

牧野ス1 (No.1007/カ図)

野生2 (p42)

**ヒロハノコメススキ** *Deschampsia cespitosa* subsp. *orientalis* var.*festucifolia* 広葉の米薄

イネ科の草本。別名ミヤマコメススキ。

¶桑イネ (p171/モ図)

原牧1 (No.1014/カ図)

新分牧 (No.1107/モ図)

新牧日 (No.3715/モ図)

牧野ス1 (No.1014/カ図)

野生2 (p50/カ写)

山ハ高山 (p72/カ写)

**ヒロハノジョウロウスゲ** ⇒ジョウロウスゲを見よ

**ヒロハノツリバナ** ⇒ヒロハツリバナを見よ

**ヒロハノトサカモドキ** *Callophyllis crispata*

ツカサノリ科の海藻。巾は1cm。体は20cm。

¶新分牧 (No.5055/モ図)

新牧日 (No.4915/モ図)

**ヒロハノドジョウツナギ** *Glyceria leptolepis* 広葉の泥鰌繋

イネ科イチゴツナギ亜科の草本。

¶桑イネ (p254/カ写・モ図)

原牧1 (No.943/カ図)

新分牧 (No.1048/モ図)

新牧日 (No.3689/モ図)

牧野ス1 (No.943/カ図)

野生2 (p54/カ写)

山ハ山花 (p195/カ写)

**ヒロハノナライシダ** ⇒ヒロハナライシダを見よ

**ヒロハノハナカンザシ** *Rhodanthe manglesii* 広葉の花簪

キク科の草本。別名ヒメカイザイク、オトメカイザイク、ローダンセ。

¶茶花上 (p309/カ写)

**ヒロハノハネガヤ** *Paris coreana* var.*kengii*

イネ科イチゴツナギ亜科の草本。日本固有種。

¶桑イネ (p347/モ図)

原牧1 (No.936/カ図)

固有 (p168/カ写)

新分牧 (No.1043/モ図)

新牧日 (No.3657/モ図)

牧野ス1 (No.936/カ図)

野生2（p39/カ写）

**ヒロハノハマサジ** ⇒ニワハナビを見よ

**ヒロハノヒトツバヨモギ** ⇒ヒロハヤマヨモギを見よ

**ヒロハノヘビノボラズ** ⇒ヒロハヘビノボラズを見よ

**ヒロハノマンテマ** *Silene latifolia* subsp. *alba*
ナデシコ科の多年草。別名マツヨイセンノウ。
¶帰化写改〔マツヨイセンノウ〕(p42/カ写, p491/カ写)
　原牧2（No.914/カ図）
　植調〔マツヨイセンノウ〕(p225/カ写)
　新分牧（No.2960/モ図）
　新牧日（No.386/モ図）
　牧野ス2（No.2759/カ図）
　ミニ山〔マツヨイセンノウ〕(p31/カ写)

**ヒロハノミミズバイ** *Symplocos tanakae* 広葉蚯蚓灰
ハイノキ科の常緑高木。日本固有種。別名オニクロキ。
¶APG原樹（No.1184/カ図）
　原牧2（No.1137/カ図）
　固有（p112）
　新分牧（No.3178/モ図）
　新牧日（No.2276/モ図）
　牧野ス2（No.2982/カ図）
　野生4（p210/カ写）

**ヒロハノユキザサ** ⇒ヒロハユキザサを見よ

**ヒロハノレンリソウ** *Lathyrus latifolius* 広葉の連理草
マメ科の多年草。長さは1～3m。花は白色、または紅紫色。
¶帰化写改（p129/カ写, p497/カ写）
　原牧1（No.1580/カ図）
　新分牧（No.1786/モ図）
　新牧日（No.1367/モ図）
　牧野ス1（No.1580/カ図）
　ミニ山（p153/カ写）

**ヒロハハイノキ** *Symplocos myrtacea* var.*latifolia*
ハイノキ科。日本固有種。
¶固有（p111）

**ヒロハハウチワノキ** ⇒ハウチワノキを見よ

**ヒロハハナヒリノキ** ⇒エゾウラジロハナヒリノキを見よ

**ヒロハハナヤスリ** *Ophioglossum vulgatum* 広葉花鑢
ハナヤスリ科の夏緑性シダ。別名オオハナヤスリ、ハルハナヤスリ、エゾノハナヤスリ。葉身は長さ6～12cm、広披針形～広卵形。
¶山野草（No.1845/カ写）
　シダ標1（p288/カ写）

**ヒロハヒゲリンドウ** ⇒チチブリンドウを見よ

**ヒロハヒトツバ** ⇒ヒトツバを見よ

**ヒロハヒマワリ** ⇒チトニアを見よ

**ヒロハヒメイチゲ** ⇒エゾイチゲを見よ

**ヒロハヒメウラボシ** *Oreogrammitis nipponica*
ウラボシ科の常緑性シダ。日本固有種。葉身は長さ

2～3.5cm、線状披針形。
¶固有（p210）
　シダ標2（p469/カ写）

**ヒロハヒメジオン** *Erigeron speciosus* 広葉姫紫苑
キク科の多年草。高さは60cm。花は桃色。
¶茶花上（p571/カ写）

**ヒロハヒメチゴザサ** *Cyrtococcum patens* var. *latifolium*
イネ科キビ亜科の一年草。稈は30～90cmほど。
¶野生2（p81/カ写）

**ヒロハヒルガオ** *Calystegia sepium* subsp.*spectabilis*
ヒルガオ科の多年草。花は白色、または桃色。
¶野生5（p25/カ写）

**ヒロハフウリンホオズキ** *Physalis angulata* var. *angulata*
ナス科の草本。
¶帰化写改（p280/カ写, p507/カ写）
　植調（p214/カ写）
　野生5（p39/カ写）

**ヒロハベニシダ** ⇒トウゴクシダを見よ

**ヒロハヘビノネゴザ** ⇒ヘビノネゴザを見よ

**ヒロハヘビノボラズ** *Berberis amurensis* 広葉蛇上らず
メギ科の落葉低木。別名ヒトハリヘビノボラズ。高さは2～3m。花は淡黄色。
¶APG原樹（No.259/カ図）
　原牧1（No.1172/カ図）
　新分牧（No.1341/モ図）
　新牧日（No.639/モ図）
　牧野ス1（No.1172/カ図）
　野生2（p115/カ写）
　山力樹木（p187/カ写）
　落葉図譜〔ヒロハノヘビノボラズ〕(p108/モ図)

**ヒロハホウキギク** *Symphyotrichum subulatum* var. *squamatum* 広葉箒菊
キク科キク亜科の一年草。ホウキギクの変種。高さは50～120cm。
¶帰化写改（p325/カ写, p511/カ写）
　植調（p121/カ写）
　野生5（p326/カ写）
　山ハ野花（p547/カ写）

**ヒロハマツナ** *Suaeda malacosperma*
ヒユ科（アカザ科）の草本。日本固有種。
¶固有（p48/カ写）
　野生4（p142/カ写）
　山レ増（p413/カ写）

**ヒロハマメグンバイナズナ** ⇒ベンケイナズナを見よ

**ヒロハミツモリミミナグサ** ⇒ホソバミミナグサ(1)を見よ

**ヒロハミヤマノコギリシダ** *Diplazium griffithii*
メシダ科のシダ植物。別名タカサゴノコギリシダ。
¶シダ標2（p328/カ写）

ヒロハミヤマノコギリシダ × オオバミヤマノコ
ギリシダ　*Diplazium griffithii* × *D.hayatamae*
　メシダ科のシダ植物。
　¶シダ標2（p333/カ写）

ヒロハミヤマノコギリシダ × ミヤマノコギリシ
ダ　*Diplazium griffithii* × *D.mettenianum*
　メシダ科のシダ植物。
　¶シダ標2（p332/カ写）

ヒロハムカシヨモギ　*Erigeron acris* var.*amplifolius*
　キク科キク亜科。日本固有種。
　¶固有（p150）
　　野生5（p322）

ヒロハムギグワイ　⇒ヒロハアマナを見よ

ヒロハモミジ　⇒オオモミジを見よ

ヒロハヤブソテツ　*Cyrtomium macrophyllum*　広葉
藪蘇鉄
　オシダ科の常緑性シダ。葉身は単羽状複生、側羽片
は2〜8対。
　¶シダ標2（p430/カ写）
　　新分牧（No.4715/モ図）
　　新牧日（No.4511/モ図）

ヒロハヤブレガサモドキ(1)　*Syneilesis tagawae* var.
*latifolia*
　キク科。日本固有種。
　¶固有（p152）

ヒロハヤブレガサモドキ(2)　⇒ヤブレガサモドキ
を見よ

ヒロハヤマトウバナ　*Clinopodium multicaule* var.
*latifolium*
　シソ科シソ亜科〔イヌハッカ亜科〕。日本固有種。
　¶固有（p126）
　　野生5（p133/カ写）

ヒロハヤマヨモギ　*Artemisia stolonifera*　広葉山蓬
　キク科キク亜科の多年草。別名ヒロハノヒトツバヨ
モギ、アソヨモギ。高さは0.5〜1m。
　¶原牧2（No.2088/カ図）
　　新分牧（No.4218/モ図）
　　新牧日（No.3122/モ図）
　　牧野ス2（No.3933/カ図）
　　野生5（p333/カ写）
　　山ハ山花（p497/カ写）

ヒロハユキザサ　*Maianthemum yesoense*　広葉雪笹
　キジカクシ科〔クサスギカズラ科〕（ユリ科）の多年
草。日本固有種。別名ミドリユキザサ、ヒロハノユ
キザサ、クロユキザサ。高さは45〜70cm。花は帯
緑色。
　¶学フ増高山〔ミドリユキザサ〕（p234/カ写）
　　固有（p160）
　　山野草（No.1373/カ写）
　　茶花下（p140/カ写）
　　野生1（p255/カ写）
　　山力野草〔ミドリユキザサ〕（p633/カ写）
　　山ハ高山（p50/カ写）
　　山ハ山花（p145/カ写）

ヒロハリュウビンタイモドキ　⇒リュウビンタイ
モドキを見よ

ヒロヒダタケ　*Megacollybia clitocyboidea*
　ポロテレウム科（キシメジ科）のキノコ。中型〜大
型。傘は灰色〜黒褐色、放射状繊維紋。ひだは白色。
　¶学フ増毒き（p111/カ写）
　　山力日き（p117/カ写）

ヒロメノトガリアミガサタケ　*Morchella costata*
　アミガサタケ科のキノコ。中型〜大型。頭部は長円
錐形、灰黄褐色。
　¶山力日き（p566/カ写）

ビワ　*Eriobotrya japonica*　枇杷
　バラ科シモツケ亜科の常緑高木。高さは10m。花は
白色。
　¶APG原樹（No.571/カ図）
　　学フ有毒（p157/カ写）
　　原牧1（No.1717/カ図）
　　新分牧（No.1910/モ図）
　　新牧日（No.1069/モ図）
　　茶花下（p385/カ写）
　　都木花新（p132/カ写）
　　牧野ス1（No.1717/カ図）
　　野生3（p69/カ写）
　　山力樹木（p336/カ写）

ビワコエビラフジ　*Vicia venosa* subsp.*stolonifera*
　マメ科マメ亜科の多年草。日本固有種。
　¶固有（p80）
　　野生2（p301/カ写）

ビワバコナラ　⇒マルバコナラを見よ

ビワモドキ　*Dillenia indica*
　ツゲ科の木本。果実は黄緑色、葉はビワに似る。花
は白色。
　¶新分牧（No.1501/モ図）

ビンカ　⇒ニチニチソウを見よ

ピングィクラ・エセリアナ　*Pinguicula esseriana*
　タヌキモ科の草本。
　¶山野草（No.1130/カ写）

ピンク チャイム　*Styrax japonica* 'Pink Chimes'
　エゴノキ科の木本。
　¶APG原樹〔エゴノキ 'ピンク チャイム'〕（No.1582/カ
図）

ピンクッション・フラワー　⇒セイヨウマツムシ
ソウを見よ

ピンク・デライト　*Hibiscus syriacus* 'Pink Delight'
　アオイ科。ムクゲの品種。半八重咲きバラ咲き型。
　¶茶花下（p32/カ写）

ピンク ビューティー　*Viburnum plicatum* 'Pink
Beauty'
　レンプクソウ科（スイカズラ科）の木本。
　¶APG原樹〔ヤブデマリ 'ピンク ビューティー'〕（No.
1590/カ図）

ピンクワビスケ　⇒ヒナワビスケを見よ

ヒンジガヤツリ *Cyperus zollingeriana* 品字蚊帳釣,
品字蚊帳吊
　カヤツリグサ科の一年草。高さは5〜35cm。
　¶カヤツリ(p690/モ図)
　　原牧1 (No.722/カ図)
　　新分牧 (No.967/モ図)
　　新牧日 (No.4044/モ図)
　　牧野ス1 (No.722/カ図)
　　野生1 (p352/カ写)
　　山カ野草 (p660/カ写)
　　山ハ野花 (p108/カ写)

ヒンジモ *Lemna trisulca* 品字藻
　サトイモ科(ウキクサ科)の沈水性浮遊植物。別名
サンカクナ。葉状体は半透明で, 広披針形〜狭卵形,
長さ7〜10mm。
　¶原牧1 (No.174/カ図)
　　新分牧 (No.207/モ図)
　　新牧日 (No.3945/モ図)
　　日水草 (p66/カ写)
　　牧野ス1 (No.174/カ図)
　　野生1 (p108/カ写)
　　山レ増 (p549/カ写)

ピンタケ *Vibrissea truncorum*
　ピンタケ科のキノコ。
　¶山カ日き (p544/カ写)

ピンピンカズラ ⇒アオツヅラフジを見よ

ビンボウカズラ ⇒ヤブガラシを見よ

ビンボウヅル ⇒ヤブガラシを見よ

ピンポン ⇒ピンポンノキを見よ

ピンポンノキ *Sterculia monosperma*
　アオイ科(アオギリ科)の落葉高木。別名ピンポン。
高さは10〜17m。花は白色。
　¶APG原樹 (No.1038/カ図)

ビンロウ ⇒ビンロウジュを見よ

ビンロウジ ⇒ビンロウジュを見よ

ビンロウジュ *Areca catechu* 檳榔樹
　ヤシ科の木本。別名ビンロウジ。幹はモウソウチク
状で緑色, 果実は橙色に熟す。高さは10〜20m。花
は白色。
　¶APG原樹〔ビンロウ〕(No.213/カ図)
　　原牧1 (No.617/カ図)
　　新分牧 (No.657/モ図)
　　新牧日 (No.3897/モ図)
　　牧野ス1 (No.617/カ図)


# 【 フ 】


ファシネイティング *Buddleja davidii* 'Facinating'
　ゴマノハグサ科(フジウツギ科)。フジウツギの
品種。
　¶APG原樹〔フジウツギ‘ファシネイティング’〕(No.
　1412/カ図)

ファスティギアータ *Carpinus betulus* 'Fastigiata'
　カバノキ科の木本。
　¶APG原樹〔セイヨウシデ‘ファスティギアータ’〕(No.
　1565/カ図)

ファトスヘデラ ⇒ツタヤツデを見よ

フィカス・トライアンギュラリス *Ficus
triangularis*
　クワ科の木本。
　¶APG原樹 (No.678/カ図)

フィカス・ラディカーンス‘バリエガタ’ *Ficus
radicans* 'Variegata'
　クワ科の木本。
　¶APG原樹 (No.679/カ図)

フィカス‘ロブスタ’ ⇒ロブスタを見よ

フィソプレクシス・コモーサ *Physoplexis comosa*
　キキョウ科の多年草。別名アクマノツメ。高さは5
〜10cm。
　¶山野草 (No.1186/カ写)

フィテウマ・ニグラム *Phyteuma nigrum*
　キキョウ科の草本。高さは30〜60cm。
　¶山野草 (No.1174/カ写)

フィテウマ・ヘミスファエリクム *Phyteuma
hemisphaericum*
　キキョウ科の草本。高さは5〜15cm。
　¶山野草 (No.1175/カ写)

フイリイワガネソウ ⇒イワガネソウを見よ

フイリオオバノイノモトソウ ⇒マツサカシダを
見よ

フイリゲンジスミレ *Viola variegata* var.*variegata*
斑入り源氏菫
　スミレ科の多年草。葉の上脈にそって明瞭な白斑が
ある。
　¶野生3 (p219/カ写)

フイリソシンカ *Bauhinia variegata* 斑入り素心花
　マメ科ジャケツイバラ亜科の常緑木, 観賞用小木。
高さは5〜10m。花は紅紫色。
　¶新分牧〔ソシンカ〕(No.1632/モ図)
　　野生2 (p252)

フイリダンチク ⇒オキナダンチクを見よ

フイリツルニチニチソウ ⇒ツルニチニチソウ(斑
入り)を見よ

フイリテイカカズラ ⇒テイカカズラ(斑入り)を
見よ

フイリトクサ ⇒トクサを見よ

フイリトラノオシダ ⇒トラノオシダを見よ

フイリノセイヨウダンチク ⇒オキナダンチクを
見よ

フイリヒイラギ ⇒ヒイラギ(斑入り)を見よ

フイリヒトツバ ⇒ヒトツバを見よ

フイリヘラシダ ⇒ヘラシダを見よ

フイリホコシダ ⇒ホコシダを見よ

フイリリュウキュウイノモトソウ ⇒リュウキュ
ウイノモトソウを見よ

**フウ** *Liquidambar formosana* 楓
フウ科（マンサク科）の落葉高木。別名イガフウ
ジュ、イガカエデ。高さは40m。花は淡黄緑色。樹
皮は灰白色。
¶**APG原樹**（No.320/カ図）
学フ増花庭（p154/カ図）
原牧1（No.1335/カ図）
新分牧（No.1506/モ図）
新牧日（No.889/モ図）
茶花上（p309/カ図）
都木花新（p38/カ写）
牧野ス1（No.1335/カ図）
山力樹木（p242/カ写）
落葉図譜（p137/モ図）

**フウキギク** *Pericallis × hybrida*
キク科の多年草。別名シネラリア、フキザクラ、サ
イネリア。高さは60〜90cm。花は紫紅色。
¶原牧2（No.2124/カ図）
新分牧（No.4119/モ図）
新牧日（No.3155/モ図）
茶花下〔ふきざくら〕（p392/カ写）
牧野ス2（No.3969/カ図）

**フウキラン** ⇒フウランを見よ

**フウセンアカメガシワ** *Kleinhovia hospita*
アオイ科（アオギリ科）の木本。
¶原牧2（No.614/カ図）
新分牧（No.2655/モ図）
新牧日（No.1763/モ図）
牧野ス2（No.2459/カ図）
野生4（p30）

**フウセンアサガオ** *Operculina turpethum*
ヒルガオ科の大型つる性多年草。茎は3翼、肥大根
にツルペチンあり。花は白色。
¶帰化写2（p426/カ写）
野生5（p32/カ写）

**フウセンカズラ** *Cardiospermum halicacabum* 風
船葛
ムクロジ科の観賞用つる草。果実は三角形、気室が
ある。高さは3m。花は淡緑白色。
¶学フ有毒（p171/カ写）
帰化写改（p178/カ写, p501/カ写）
原牧2（No.515/カ図）
植調（p251/カ写）
新分牧（No.2592/モ図）
新牧日（No.1598/モ図）
茶花下（p140/カ写）
牧野ス2（No.2360/カ図）

**フウセンタケ** ⇒カワムラフウセンタケを見よ

**フウセンタケモドキ** *Cortinarius*
*pseudopurpurascens*
フウセンタケ科のキノコ。
¶山力日き（p253/カ写）

**フウセンツメクサ** *Trifolium tomentosum*
マメ科の一年草。長さは8〜20cm。花は淡桃〜淡紅
紫色。
¶帰化写2（p115/カ写）

**フウチソウ** ⇒ウラハグサを見よ

**フウチョウソウ** *Gynandropsis gynandra* 風蝶草
フウチョウソウ科の一年草。別名ヨウカクソウ。高
さは30〜90cm。花は白黄色。
¶帰化写2（p66/カ図）
原牧2（No.677/カ図）
新分牧（No.2718/モ図）
新牧日（No.799/カ写）
牧野ス2（No.2522/カ図）

**フウトウカズラ** *Piper kadsura* 風藤葛
コショウ科の多年草。別名ツルコショウ。花は
緑色。
¶**APG原樹**（No.126/カ図）
学フ増樹（p164/カ写）
原牧1（No.84/カ図）
新分牧（No.104/モ図）
新牧日（No.675/モ図）
牧野ス1（No.84/カ図）
ミニ山（p68/カ写）
野生1（p56/カ写）
山力樹木（p86/カ写）

**フウラン** *Neofinetia falcata* 風蘭
ラン科の多年草。別名フウキラン。長さは5〜
10cm。花は白色。
¶学フ増野夏（p155/カ写）
原牧1（No.483/カ図）
山野草（No.1785/カ写）
新分牧（No.533/モ図）
新牧日（No.4358/モ図）
牧野ス1（No.483/カ図）
野生1（p229/カ写）
山力野草（p586/カ写）
山ハ野花（p55/カ写）
山レ増（p488/カ写）

**フウリンウメモドキ** *Ilex geniculata* var.*geniculata*
風鈴梅擬
モチノキ科の落葉低木。日本固有種。
¶**APG原樹**（No.1444/カ図）
原牧2（No.1846/カ図）
固有（p87）
新分牧（No.3886/モ図）
新牧日（No.1637/モ図）
茶花下（p373/カ写）
牧野ス2（No.3691/カ図）
野生5（p185/カ写）
山力樹木（p405/カ写）

**フウリンオダマキ** *Semiaquilegia ecalcarata*
キンポウゲ科の宿根草。
¶山野草（No.0080/カ写）

**フウリンソウ** (1) *Campanula medium* 風輪草
キキョウ科の多年草。高さは60〜100cm。花は濃
紫、藤、青、ピンク、白色など。
¶原牧2（No.1856/カ図）
新分牧（No.3901/モ図）
新牧日（No.2900/モ図）
牧野ス2（No.3701/カ図）

フウリンソウ(2) ⇒ホタルブクロを見よ

フウリンツツジ ⇒サラサドウダンを見よ

フウリンブッソウゲ　Hibiscus schizopetalus　風鈴仏桑花
アオイ科の常緑低木。ブッソウゲに似る。花は赤,桃と白の絞り。
¶APG原樹(No.1023/カ図)
　原樹2(No.635/カ図)
　新分牧(No.2686/モ図)
　新牧日(No.1745/モ図)
　牧野ス2(No.2480/カ図)

フウリンホオズキ ⇒ナガエノセンナリホオズキを見よ

フウリンユキアサガオ　Dinetus racemosus
ヒルガオ科のつる性の一年草。別名アワユキヒルガオ。
¶帰化写2(p185/カ写)
　野生5(p27)

フウロケマン ⇒ミヤマキケマン(広義)を見よ

フェアリーリリー ⇒タマスダレ(2)を見よ

フェイジョア　Acca sellowiana
フトモモ科の常緑低木。別名パイナップルグアバ。高さは3～5m。花は白色。
¶APG原樹(No.871/カ図)
　茶花上〔フェイジョア〕(p572/カ写)
　山力樹木(p517/カ写)

フェニックス ⇒カナリーヤシを見よ

フエフキイワギリソウ　Briggsia mihieri　笛吹き岩桐草
イワタバコ科の多年草。高さは10～20cm。
¶山野草(No.1117/カ写)

フェリシア ⇒ルリヒナギクを見よ

フォー・オクロック ⇒オシロイバナを見よ

フォーリーアザミ　Saussurea fauriei
キク科アザミ亜科の草本。日本固有種。別名フォリィアザミ。
¶固有(p148)
　新分牧(No.3997/モ図)
　新牧日(No.3234/モ図)
　野生5(p260/カ写)

フォリィアザミ ⇒フォーリーアザミを見よ

フォーリーイトヤナギゴケ　Platydictya fauriei
ヤナギゴケ科のコケ植物。日本固有種。
¶固有(p218)

フォーリーガヤ　Schizachne purpurascens subsp. callosa
イネ科イチゴツナギ亜科の草本。別名ミヤマチャヒキ。
¶桑イネ(p431/モ図)
　原牧1(No.940/カ図)
　新分牧(No.1052/モ図)
　新牧日(No.3679/モ図)
　牧野ス1(No.940/カ図)
　野生2(p64/カ写)

フォーリースギナ　Equisetum × rothmaleri
トクサ科のシダ植物。
¶シダ標1(p286/カ写)

フォレストパンシー　Cercis canadensis 'Forest Pansy'
マメ科の落葉低木。アメリカハナズオウの園芸品種。
¶APG原樹〔アメリカハナズオウ'フォレストパンシー'〕(No.1556/カ図)

フカウラトウヒレン　Saussurea andoana
キク科アザミ亜科の多年草。
¶野生5(p269/カ写)

フカオヤナギ　Salix × sigemitui
ヤナギ科の雑種。
¶野生3〔フカオヤナギ(ネコヤナギ×ユビソヤナギ)〕(p207)

フガクスズムシ ⇒フガクスズムシソウを見よ

フガクスズムシソウ　Liparis fujisanensis
ラン科の草本。日本固有種。別名フガクスズムシ。高さは10cm。
¶固有(p190)
　山野草(No.1705/カ写)
　野生1(p212/カ写)
　山レ増(p466/カ写)

フガクノスズメ　Camellia japonica 'Fugaku-no-suzume'　富岳の雀
ツバキ科。ツバキの品種。花は桃色。
¶茶花上(p120/カ写)

フカノキ　Schefflera heptaphylla
ウコギ科の常緑高木。別名イモギ,アサガラ。花は白緑色。
¶原牧2(No.2374/カ図)
　新分牧(No.4424/モ図)
　新牧日(No.1985/モ図)
　牧野ス2(No.4219/カ図)
　野生5(p383/カ写)
　山力樹木(p524/カ写)

フカミグサ(1) ⇒ボタンを見よ

フカミグサ(2) ⇒ヤブコウジを見よ

ブカンタイリンイワギリソウ　Chirita fimbrisepala　武漢大輪岩桐草
イワタバコ科の多年草。高さは10～20cm。
¶山野草(No.1110/カ写)

フキ　Petasites japonicus var. japonicus　蕗,芝,款冬,菜蕗
キク科キク亜科の多年草。別名ノブキ。葉柄を野菜として利用。葉柄は60cm。
¶色野草(p37/カ写)
　学フ増山菜(p92/カ写)
　学フ増野春(p135/カ写)
　学フ有毒〔フキ・アキタブキ〕(p101/カ写)
　原牧2(No.2132/カ写)
　植調(p163/カ写)
　新分牧(No.4073/モ図)
　新牧日(No.3163/モ図)

フキアケキ 678

茶花上（p198/カ写）
牧野ス2（No.3977/カ図）
野生5（p308/カ写）
山カ野草（p48/カ写）
山ハ野花（p566/カ写）

**フキアゲギク** ⇒ハマギクを見よ

**フキアゲニリンソウ** *Anemone imperialis*
キンポウゲ科の多年草。花柄は長さ7〜14cm, 長毛。
¶野生2（p137/カ写）

**フキグサ** ⇒ショウブを見よ

**フキザクラ** ⇒フウキギクを見よ

**フキサクラシメジ** *Hygrophorus pudorinus*
ヌメリガサ科のキノコ。中型〜大型。傘はとのこ色
で湿時粘性。ひだは淡ピンク色。
¶山カ日き（p31/カ写）

**フキヅメソウ** ⇒イワウメを見よ

**フキタンポポ** *Tussilago farfara* 蕗蒲公英
キク科の多年草。花は黄, 後に橙黄色。
¶帰化写改（p396/カ写）
山野草（No.1330/カ写）

**フキヤミツバ** *Sanicula tuberculata* 吹屋三葉
セリ科ウマノミツバ亜科の草本。
¶原牧2（No.2398/カ図）
新分牧（No.4429/モ図）
新牧日（No.2015/モ図）
牧野ス2（No.4243/カ図）
野生5（p386/カ写）
山ハ山花（p464/カ写）
山レ増（p230/カ写）

**フキユキノシタ** *Micranthes japonica* 蕗雪の下
ユキノシタ科の多年草。日本固有種。高さは15〜
80cm。
¶原牧1（No.1376/カ図）
固有（p73）
新分牧（No.1558/モ図）
新牧日（No.955/モ図）
牧野ス1（No.1376/カ図）
野生2（p206/カ写）
山カ野草（p417/カ写）
山ハ高山（p162/カ写）
山ハ山花（p286/カ写）

**フギレイヌシダ** ⇒イヌシダを見よ

**フギレイワヤナギシダ** ⇒イワヤナギシダを見よ

**フギレオオバキスミレ** *Viola brevistipulata* subsp.
*brevistipulata* var.*laciniata* 斑切大葉黄菫
スミレ科の多年草。日本固有種。
¶固有（p94）
ミニ山（p199/カ写）
野生3（p213/カ写）
山ハ高山（p183/カ写）

**フギレキスミレ** *Viola brevistipulata* subsp.*hidakana*
var.*incisa* 斑切黄菫
スミレ科の多年草。
¶野生3（p214/カ写）

山カ野草（p355/カ写）
山ハ高山（p184/カ写）

**フギレミツデウラボシ** ⇒ミツデウラボシを見よ

**フクエジマカンアオイ** *Asarum mitoanum* 福江島
寒葵
ウマノスズクサ科の草本。長崎県福江島に産する。
¶固有（p62）
野生1（p64/カ写）

**フクオウソウ** *Nabalus acerifolius* 福王草
キク科キクニガナ亜科の多年草。日本固有種。高さ
は35〜100cm。
¶原牧2（No.2240/カ図）
固有（p150/カ写）
新分牧（No.4050/モ図）
新牧日（No.3269/モ図）
牧野ス2（No.4085/カ図）
野生5（p283/カ写）
山カ野草（p112/カ写）
山ハ山花（p566/カ写）

**フクギ** *Garcinia subelliptica* 福木
フクギ科（オトギリソウ科）の常緑高木。高さは7〜
18m。花は淡緑白色。
¶APG原樹（No.854/カ図）
原牧2（No.387/カ写）
新分牧（No.2279/モ図）
新牧日（No.742/モ図）
牧野ス1（No.2232/カ図）
野生3（p230/カ写）
山カ樹木（p494/カ写）

**フクザクラ** *Cerasus lannesiana* 'Polycarpa' 福桜
バラ科の落葉小高木。サクラの栽培品種。
¶学フ増桜〔「福桜」〕（p187/カ写）

**フクシア** *Fuchsia* × *hybrida*
アカバナ科の木本。別名ヒョウタンソウ, ツリウキ
ソウ, ホクシヤ。
¶APG原樹（No.863/カ図）
原牧2（No.466/カ写）
新分牧（No.2495/モ図）
新牧日（No.1951/モ図）
茶花上（p453/カ写）
牧野ス2（No.2311/カ図）
山カ樹木〔フクシヤ〕（p518/カ写）

**フクシマアオ** *Prunus mume* 'Fukushima-ao' 福島青
バラ科。ウメの品種。実ウメ, 野梅系。
¶ウメ〔福島青〕（p180/カ写）

**フクシマシャジン** *Adenophora divaricata* 福島沙参
キキョウ科の多年草。別名ツルシャジン。高さは
60〜100cm。
¶原牧2（No.1866/カ図）
新分牧（No.3910/モ図）
新牧日（No.2909/モ図）
牧野ス2（No.3711/カ図）
野生5（p187/カ写）
山ハ山花（p487/カ写）

**フクシマナライシダ** ⇒ホソバナライシダを見よ

## フクシヤ ⇒フクシアを見よ

## フクシュウキンカン ⇒チョウジュキンカンを見よ

## フクジュソウ *Adonis ramosa* 福寿草
キンポウゲ科の多年草。日本固有種。別名エダウチフクジュソウ, ガンジツソウ, サイタンソウ, チョウジュソウ, チョウジュギク, ツイタチソウ。高さは15～30cm。花は黄色。
- ¶色野草(p124/カ写)
  - 学フ増山菜(p228/カ写)
  - 学フ増野春(p127/カ写)
  - 学フ有毒(p36/カ写)
  - 原牧1(No.1293/カ図)
  - 固有〔エダウチフクジュソウ〕(p57)
  - 山野草(No.0240/カ写)
  - 新分牧(No.1473/モ図)
  - 新牧日(No.616/モ図)
  - 茶花上(p189/カ写)
  - 牧野ス1(No.1293/カ図)
  - ミニ山(p49/カ写)
  - 野生2(p132/カ写)
  - 山力野草(p483/カ写)
  - 山ハ山花(p236/カ写)

## フクジュバイ *Prunus mume* 'Fukujubai' 福寿梅
バラ科。ウメの品種。野梅系ウメ, 野梅性一重。
- ¶ウメ〔福寿梅〕(p40/カ写)

## フクド *Artemisia fukudo*
キク科キク亜科の一年草～越年草またはやや多年草。別名ハマヨモギ。高さは40～140cm。
- ¶原牧2(No.2106/カ図)
  - 新分牧(No.4230/モ図)
  - 新牧日(No.3137/モ図)
  - 牧野ス2(No.3951/カ図)
  - 野生5(p330/カ写)
  - 山力野草(p78/カ写)
  - 山ハ野花(p530/カ写)

## フクベ *Lagenaria siceraria* var.*depressa* 瓠
ウリ科の一年生つる草。
- ¶原牧2(No.176/カ図)
  - 新分牧(No.2216/モ図)
  - 新牧日(No.1879/モ図)
  - 牧野ス1(No.2021/カ図)

## フクベラ ⇒ニリンソウを見よ

## フクボク ⇒モクレイシを見よ

## フクマンギ *Ehretia microphylla*
ムラサキ科チシャノキ亜科の低木。葉は濃緑でサンザシに似る。
- ¶野生5(p49/カ写)

## フクムスメ *Camellia japonica* 'Fukumusume' 福娘
ツバキ科。ツバキの品種。花は桃色。
- ¶茶花上(p123/カ写)

## フクラシバ(1) ⇒クロガネモチを見よ

## フクラシバ(2) ⇒ソヨゴを見よ

## フクラモチ ⇒クロガネモチを見よ

## ブクリュウサイ ⇒ブクリョウサイを見よ

## ブクリョウ *Wolfiporia extensa* 茯苓
ツガサルノコシカケ科のキノコ。中型～大型。地中生(マツの根), 菌核は類球形。
- ¶山力日き(p483/カ写)

## ブクリョウサイ *Dichrocephala integrifolia* 茯苓菜
キク科キク亜科の一年草。高さは20～40cm。
- ¶原牧2〔ブクリュウサイ〕(No.1925/カ図)
  - 新分牧〔ブクリュウサイ〕(No.4141/モ図)
  - 新牧日〔ブクリュウサイ〕(No.2963/モ図)
  - 牧野ス2〔ブクリュウサイ〕(No.3770/カ図)
  - 野生5(p320/カ写)
  - 山力野草(p27/カ写)

## フクリンイッキュウ *Camellia japonica* 'Fukurin-ikkyu' 覆輪一休
ツバキ科。ツバキの品種。花は絞りが入る。
- ¶茶花上(p168/カ写)

## フクリンショッコウ *Camellia japonica* 'Fukurin-shokkô' 覆輪蜀光
ツバキ科。ツバキの品種。花は桃地に白色覆輪。時に濃紅色の縦絞りが入る。
- ¶茶花上(p170/カ写)

## フクリンシロバナジンチョウゲ ⇒シロバナジンチョウゲを見よ

## フクリンツルニチニチソウ ⇒ツルニチニチソウ(斑入り)を見よ

## フクリンマンネングサ *Sedum lineare* f.*variegatum* 覆輪万年草
ベンケイソウ科。オノマンネングサの葉の縁が白くなった品種。別名ヒメササ。
- ¶野生2(p228)

## フクレギクジャク *Diplazium* × *kidoi*
メシダ科のシダ植物。
- ¶シダ標2(p331/カ写)

## フクレギシダ *Diplazium pinfaense*
メシダ科の常緑性シダ。葉身は長さ20cm, 卵形。
- ¶シダ標2(p325/カ写)

## フクレミカン *Citrus fumida*
ミカン科の木本。別名サガミコウジ。
- ¶APG原樹(No.968/カ写)

## フクロイグサ ⇒ヨモギを見よ

## フクロクジュ *Cerasus lannesiana* 'Contorta' 福禄寿
バラ科の落葉小高木。サクラの栽培品種。花は淡紅紫色。
- ¶APG原樹〔サクラ'フクロクジュ'〕(No.439/カ図)
  - 学フ増桜〔'福禄寿'〕(p182/カ写)

## フクロシダ *Woodsia manchuriensis* 袋羊歯
イワデンダ科(オシダ科)の夏緑性シダ。葉身は長さ5～30cm, 狭披針形。
- ¶シダ標1(p451/カ写)
  - 新分牧(No.4667/モ図)
  - 新牧日(No.4614/モ図)

## フクロシトネタケ *Discina perlata*
フクロシトネタケ科(ノボリリュウタケ科)のキノコ。中型～大型。子嚢盤は皿形, 内面は茶褐色。
- ¶学フ増毒き(p233/カ写)

フクロタカ　　　　　　　680

山カ日き（p557/カ写）

**フクロダガヤ**　Tripogon longearistatus
イネ科ヒゲシバ亜科の多年草。日本固有種。高さは
15〜40cm。
¶桑イネ（p472/モ図）
　固有（p169/カ写）
　野生2（p72/カ写）
　山レ増（p554/カ写）

**フクロタケ**　Volvariella volvacea var.volvacea　袋茸
ウラベニガサ科のキノコ。
¶山カ日き（p175/カ写）

**フクロチャワンタケ**　⇒オオチャワンタケを見よ

**フクロツチガキ**　Geastrum fimbriatum
ヒメツチグリ科のキノコ。内皮に円座がある。
¶山カ日き（p507/カ写）

**フクロツナギ**　Coelarthrum opuntia
マサゴシバリ科の海藻。円柱状。体は20〜40cm。
¶新分牧（No.5073/モ図）
　新牧日（No.4933/モ図）

**フクロツルタケ**(1)　Amanita volvata
テングタケ科のキノコ。中型。傘は白色〜帯褐色，
粉状〜綿屑状鱗片。
¶学フ増毒き（p26/カ写）

**フクロツルタケ**(2)　⇒シロウロコツルタケを見よ

**フクロナデシコ**　⇒サクラマンテマを見よ

**フクロノリ**(1)　Colpomenia sinuosa
カヤモノリ科の海藻。体は薄い膜質，径4〜10cm。
¶新分牧（No.4985/モ図）
　新牧日（No.4845/モ図）

**フクロノリ**(2)　⇒フクロフノリを見よ

**フクロフノリ**　Gloiopeltis furcata　袋布海苔
フノリ科の海藻。別名ブツ，フクロノリ。叢生す
る。体は7cm。
¶新分牧（No.5054/モ図）
　新牧日（No.4914/モ図）

**フクロモチ**　Ligustrum japonicum　袋黐
モクセイ科の木本。
¶APG原樹（No.1402/カ写）

**フケイヌワラビ**　Athyrium × masayukianum
メシダ科のシダ植物。
¶シダ標2（p309/カ写）

**フゲシザサ**　Sasa fugeshiensis
イネ科タケ亜科のササ。日本固有種。
¶固有（p172）
　タケ亜科（No.71/カ写）

**フゲンゾウ**　Cerasus lannesiana 'Alborosea'　普賢象
バラ科の落葉高木。サクラの栽培品種。別名フゲン
ドウ。
¶APG原樹〔サクラ'フゲンゾウ'〕（No.422/カ図）
　学フ増桜〔'普賢象'〕（p158/カ写）
　原牧1（No.1649/カ図）
　新分牧（No.1853/モ図）

新牧日（No.1227/モ図）
　牧野ス1（No.1649/カ図）

**フゲンドウ**　⇒フゲンゾウを見よ

**ブーゲンビレア**(1)　Bougainvillea glabra
オシロイバナ科の落葉低木。別名テリハイカダカズ
ラ。高さは4〜5m。
¶山カ樹木（p172/カ写）

**ブーゲンビレア**(2)　⇒イカダカズラを見よ

**ブーゲンビレア'サンデリアナ'**　⇒サンデリアナ
を見よ

**ブコウマメザクラ**　Cerasus incisa var.bukosanensis
武甲豆桜
バラ科シモツケ亜科の木本。日本固有種。花は淡い
紅色。
¶固有（p77）
　野生3（p63/カ写）
　山レ増（p309/カ写）

**フサアカシア**　Acacia dealbata　房アカシア
マメ科の木本。別名ハナアカシア，ミモザ。高さは
10〜15m。花は濃黄色。樹皮は緑色または青緑色。
¶APG原樹（No.399/カ写）
　学フ増花庭（p65/カ写）
　都木花新〔アカシア［フサアカシア］〕（p139/カ写）
　山カ樹木（p350/カ写）

**フサイワヅタ**　Caulerpa okamurae
イワヅタ科の海藻。小枝は長楕円形。体は17cm。
¶新分牧（No.4961/モ図）
　新牧日（No.4821/モ図）

**フサガヤ**　Cinna latifolia　総茅
イネ科イチゴツナギ亜科の多年草。
¶桑イネ（p153/モ図）
　原牧1（No.1008/カ図）
　新分牧（No.1140/モ図）
　新牧日（No.3737/モ図）
　牧野ス1（No.1008/カ図）
　野生2（p50/カ写）

**フサカンスゲ**　Carex tokarensis
カヤツリグサ科の多年草。日本固有種。
¶カヤツリ（p246/モ図）
　固有（p183/カ写）
　スゲ増（p119/カ写）
　野生1（p313/カ写）

**フサクギタケ**　Chroogomphus tomentosus
オウギタケ科のキノコ。小型〜中型。傘は淡黄土
色，綿毛状の軟毛。
¶山カ日き（p292/カ写）

**フサザキスイセン**　⇒スイセン（狭義）を見よ

**フサザクラ**　Euptelea polyandra　総桜，房桜
フサザクラ科の落葉高木。日本固有種。別名タニグ
ワ，ヤマグワ，サワグワ。花は暗赤色。
¶APG原樹（No.246/カ写）
　学フ増桜（p28/カ写・カ図）
　原牧1（No.1127/カ図）
　固有（p50/カ写）

新分牧（No.1284／モ図）
新牧日（No.509／モ図）
図説樹木（p122／写）
茶花上（p220／カ写）
牧野ス1（No.1127／カ図）
野生2（p102／カ写）
山力樹木（p177／カ写）
落葉図譜（p106／モ図）

**フササジラン**　*Asplenium griffithianum*
チャセンシダ科の常緑性シダ。葉身は長さ5〜15cm、披針形。
¶シダ標1（p410／カ写）

**フサシダ**　*Schizaea digitata*　房羊歯
フサシダ科の常緑性シダ。高さは20〜30cm。
¶シダ標1（p332／カ写）
新分牧（No.4548／モ写）
新牧日（No.4414／モ写）

**フサジュンサイ**　⇒ハゴロモモを見よ

**フサスギナ**　*Equisetum sylvaticum*
トクサ科の夏緑性シダ。栄養茎は緑色。栄養茎は高さ30〜70cm。
¶シダ標1（p283／カ写）
山力増（p694／カ写）

**フサスグリ**　*Ribes rubrum*　房須具利, 房酸塊
スグリ科（ユキノシタ科）の落葉低木。別名アカスグリ, アカフサスグリ。高さは1.5m。
¶APG原樹（No.338／カ図）
原牧1（No.1357／カ図）
新分牧（No.1528／モ図）
新牧日（No.1010／モ図）
牧野ス1（No.1357／カ図）
野生2（p195／カ写）
山力樹木（p230／カ写）

**フサスゲ**　*Carex metallica*
カヤツリグサ科の多年草。別名シラホスゲ。
¶カヤツリ（p486／モ図）
スゲ増（No.271／カ写）
野生1（p322／カ写）

**フサタケ**　*Pterula subulata*
フサタケ科のキノコ。
¶原きの（No.461／カ写・カ図）
山力日き（p411／カ写）

**フサタヌキモ**　*Utricularia dimorphantha*　房狸藻
タヌキモ科の多年生浮遊植物。日本固有種。茎は長さ30〜80cm, 捕虫嚢はごく少数, 花弁は淡黄色。
¶固有（p132／カ写）
日水草（p289／カ写）
野生5（p166／カ写）
山力増（p89／カ写）

**ブサテュレッラ・ムルティペダタ**　*Psathyrella multipedata*
ナヨタケ科のキノコ。傘は灰褐色または赤褐色, 傘の径最大2.5cm。
¶原きの〔Clustered brittlestem（束生するもろい柄）〕（No.245／カ写・カ図）

**フサナキリスゲ**　*Carex teinogyna*
カヤツリグサ科の多年草。
¶カヤツリ（p138／モ写）
原牧1（No.842／カ図）
新分牧（No.813／カ図）
新牧日（No.4139／モ図）
スゲ増（No.57／カ写）
牧野ス1（No.842／カ写）
野生1（p308／カ写）

**フサナリツルナスビ**　⇒ルリイロツルナスを見よ

**フサノリ**　*Scinaia japonica*
フサノリ科（ガラガラ科）の海藻。円柱状。体は10〜20cm。
¶新分牧（No.5028／モ図）
新牧日（No.4888／モ図）

**フサヒメホウキタケ**　*Artomyces pyxidatus*
マツカサタケ科（フサヒメホウキタケ科）のキノコ。別名コトジホウキタケ。小型〜大型。形はほうき状, 淡黄色〜赤褐色。
¶原きの（No.448／カ写・カ図）
新分牧（No.5145／モ写）
新牧日（No.4953／モ図）
山力日き（p414／カ写）

**フサフジウツギ**　*Buddleja davidii*　房藤空木
ゴマノハグサ科（フジウツギ科）の半常緑低木。別名チチブフジウツギ, ニシキフジウツギ。高さは2m。花は淡紫色。葉裏は灰白毛。
¶帰化写2（p223／カ写）
原牧2（No.1607／カ写）
新分牧（No.3637／モ図）
新牧日（No.2675／モ図）
茶花下〔にしきふじうつぎ〕（p123／カ写）
牧野ス2（No.3452／カ写）
野生5（p92／カ写）
山力樹木（p649／カ写）

**フサモ**　*Myriophyllum verticillatum*　房藻
アリノトウグサ科の多年生沈水植物。別名キツネノオ。高さは50cm。花は白色。花序は長さ4〜12cmで水面上に出る。葉は4〜5輪生で羽状に細裂。
¶原牧1（No.1439／カ写）
新分牧（No.1612／モ図）
新牧日（No.1966／モ図）
日水草（p233／カ写）
牧野ス1（No.1439／カ写）
野生2（p232／カ写）

**フシ**　⇒フシグロセンノウを見よ

**フジ**(1)　*Wisteria floribunda*　藤
マメ科マメ亜科のつる性落葉木本。日本固有種。別名ノダフジ。花は紫色。
¶APG原樹〔ノダフジ〕（No.355／カ図）
学フ増山菜（p52／カ写）
学フ増花庭（p48／カ写）
学フ増薬草（p196／カ写）
原牧1（No.1510／カ図）
固有（p81）
新分牧（No.1737／モ図）

フシ　　　　　　　　682

新牧日（No.1297/モ図）
茶花上（p453/カ写）
都木花新〔フジとヤマフジ〕（p144/カ写）
牧野ス1（No.1510/カ図）
野生2（p305/カ写）
山力樹木（p363/カ写）
落葉図譜（p177/モ図）

フジ(2)　⇒ヤマフジを見よ

フジアカショウマ　*Astilbe thunbergii* var.*fujisanensis*
ユキノシタ科の草本。日本固有種。
¶固有（p70）
野生2（p200/カ写）

フジアザミ　*Cirsium purpuratum*　富士薊
キク科アザミ亜科の多年草。日本固有種。高さは
50〜100cm。花は紅紫色。
¶学フ増高山（p75/カ写）
学フ増野秋（p51/カ写）
原牧2（No.2163/カ図）
固有（p138/カ写）
山野草（No.1321/カ写）
新分牧（No.3951/モ図）
新牧日（No.3195/モ図）
茶花下（p261/カ写）
牧野ス2（No.4008/カ写）
野生5（p224/カ写）
山力野草（p88/カ写）
山ハ高山（p402/カ写）
山ハ山花（p544/カ写）

フシイ　⇒タマハリイを見よ

フジイタドリ　*Polygonum cuspidatum* var.
*compactum*　富士虎杖
タデ科の草本。別名オノエイタドリ。
¶山ハ高山（p128/カ写）

フジイノデ　⇒トヨグチノデを見よ

フジイバラ　*Rosa fujisanensis*　富士茨, 富士薔薇
バラ科バラ亜科の落葉低木。日本固有種。
¶APG原樹（No.610/カ図）
原牧1（No.1817/カ図）
固有（p78）
新分牧（No.2008/モ図）
新牧日（No.1199/モ図）
牧野ス1（No.1817/カ図）
野生3（p42/カ写）
山力樹木（p247/カ写）

フジイロカラマツ　*Thalictrum diffusiflorum*　藤色
唐松
キンポウゲ科の草本。高さは60〜100cm。
¶山野草（No.0289/カ写）

フジイロタチツユクサ　*Commelina undulata*
ツユクサ科の多年草。別名ヤハタタチツユクサ。葉
は広披針形。
¶帰化写野生（p509/カ写）

フジイロチャワンタケモドキ　*Peziza praetervisa*
チャワンタケ科のキノコ。
¶山力日き（p569/カ写）

フジイロマンダラゲ　⇒ヨウシュチョウセンアサガ
オを見よ

フジイロミヤマカラマツ　*Thalictrum tuberiferum* f.
*lavanduliflorum*
キンポウゲ科の多年草。萼片が藤色。
¶野生2（p165）

フジイワヘゴ　*Dryopteris atrata*× *D.crassirhizoma*
オシダ科のシダ植物。
¶シダ標2（p374/カ写）

フジウスタケ　*Turbinellus fujisanensis*
ラッパタケ科のキノコ。
¶学フ増毒き（p213/カ写）
山力日き（p405/カ写）

フジウツギ　*Buddleja japonica*　藤空木
ゴマノハグサ科（フジウツギ科）の落葉低木。日本
固有種。別名ドクナガシグサ。高さは1.5m。花は
淡藤色。
¶APG原樹（No.1409/カ図）
学フ増樹（p168/カ写）
学フ有毒（p94/カ写）
原牧2（No.1605/カ図）
固有（p127/カ写）
新分牧（No.3635/モ図）
新牧日（No.2673/モ図）
茶花下（p141/カ写）
牧野ス2（No.3450/カ写）
野生5（p92/カ写）
山力樹木（p648/カ写）

フジウツギ‘ファシネイティング’　⇒ファシネイ
ティングを見よ

フジエダタンコウバイ　*Prunus mume* ‘Fujieda-
tankōbai’　藤枝単紅梅
バラ科。ウメの品種。実ウメ, 野梅系。
¶ウメ〔藤枝単紅梅〕（p180/カ写）

フジオシダ　*Dryopteris*× *watanabei*
オシダ科のシダ植物。
¶シダ標2（p374/カ写）

フジオトギリ　*Hypericum erectum* var.*caespitosum*
富士弟切
オトギリソウ科の多年草。
¶原牧2（No.395/カ図）
新分牧（No.2290/モ図）
新牧日（No.749/モ図）
牧野ス1（No.2240/カ図）
野生3（p244/カ写）

フジカスミザクラ　*Cerasus*× *yuyamae*　富士霞桜
バラ科シモツケ亜科の木本。サクラの品種。花は
白色。
¶野生3（p63/カ写）

フジカンゾウ　*Hylodesmum oldhamii*　藤甘草
マメ科マメ亜科の多年草。別名フジクサ, ヌスビト
ノアシ。高さは50〜150cm。
¶学フ増野秋（p28/カ写）
原牧1（No.1537/カ図）
新分牧（No.1707/モ図）

新牧日（No.1324/モ図）
牧野ス1（No.1537/カ図）
ミニ山（p148/カ写）
野生2（p271/カ写）
山力野草（p376/カ写）

**フジキ** *Cladrastis platycarpa* 藤木
マメ科マメ亜科の落葉高木。別名ヤマエンジュ。高さは10〜15m。花は白色。
¶APG原樹（No.385/カ図）
原牧1（No.1479/カ図）
新分牧（No.1637/モ図）
新牧日（No.1268/モ図）
牧野ス1（No.1479/カ図）
野生2（p261/カ写）
山力樹木（p354/カ写）

**フジキクザクラ** *Cerasus incisa* 'Fujikikuzakura' 富士菊桜
バラ科の落葉小高木。サクラの栽培品種。
¶学フ増桜〔'富士菊桜'〕（p166/カ写）

**フジクサ** ⇒フジカンゾウを見よ

**フジクマワラビ** *Dryopteris × fujipedis*
オシダ科のシダ植物。
¶シダ標2（p374/カ写）

**フジグルミ** ⇒サワグルミを見よ

**フシグロ**(1) *Silene firma* f.*firma* 節黒
ナデシコ科の越年草。別名サツマニンジン。高さは30〜80cm。
¶学フ増野夏（p132/カ写）
原牧2（No.916/カ図）
新分牧（No.2965/モ図）
新牧日（No.388/モ図）
牧野ス2（No.2761/カ図）
ミニ山（p32/カ写）
野生4（p121/カ写）
山ハ野花（p281/カ写）

**フシグロ**(2) ⇒フシグロセンノウを見よ

**フシグロセンノウ** *Lychnis miqueliana* 節黒仙翁
ナデシコ科の多年草。日本固有種。別名フシ，オウサカソウ，フシグロ。高さは50〜80cm。花は淡いれんが色。
¶色野草（p205/カ写）
学フ増野夏（p53/カ写）
原牧2（No.922/カ図）
固有（p48/カ写）
山野草（No.0033/カ写）
新分牧（No.2951/モ図）
新牧日（No.394/モ図）
茶花上（p572/カ写）
牧野ス2（No.2767/カ図）
ミニ山（p33/カ写）
野生4（p119/カ写）
山力野草（p522/カ写）
山ハ山花（p256/カ写）

**フシゲキダチキンバイ** ⇒ウスゲキダチキンバイを見よ

**フシゲチガヤ** ⇒チガヤを見よ

**フジコケシノブ** ⇒ホソバコケシノブを見よ

**フシザキソウ** *Synedrella nodiflora*
キク科キク亜科の草本。花は黄色。
¶帰化写改（p392/カ写）
野生5（p359/カ写）

**フジザクラ** ⇒マメザクラを見よ

**フジサンシキウツギ** ⇒サンシキウツギを見よ

**フジシダ** *Monachosorum maximowiczii* 富士羊歯
コバノイシカグマ科（イノモトソウ科）の常緑性シダ。葉身は長さ15〜30cm、線状披針形。
¶シダ標1（p365/カ写）
新分牧（No.4578/モ図）
新牧日（No.4449/モ図）

**フシスジモク** *Sargassum confusum*
ホンダワラ科の海藻。茎は円柱状。体は2m。
¶新分牧（No.5014/モ図）
新牧日（No.4874/モ図）

**フジスミレ** *Viola tokubuchiana* var.*tokubuchiana*
スミレ科の多年草。日本固有種。高さは5〜8cm。花は淡紅紫色、または紅紫色。
¶原牧2（No.355/カ写）
固有（p93）
新分牧（No.2340/モ図）
新牧日（No.1828/モ図）
牧野ス1（No.2200/カ図）
ミニ山（p198/カ写）
野生3（p219/カ写）

**フジセンニンソウ** *Clematis fujisanensis*
キンポウゲ科の草本。日本固有種。
¶固有（p55）
野生2（p146/カ写）

**フジタイゲキ** *Euphorbia watanabei* subsp.*watanabei* 富士大戟
トウダイグサ科の多年草。日本固有種。
¶固有（p83）
野生3（p153/カ写）

**フシダカ** ⇒イノコヅチを見よ

**フシダカフウロ** ⇒ミツバフウロを見よ

**フジタケビラゴケ** *Radula fujitae*
ケビラゴケ科のコケ植物。日本固有種。
¶固有（p223/カ写）

**フジチドリ** *Neottianthe fujisanensis*
ラン科の多年草。日本固有種。高さは4〜7cm。
¶固有（p192）
野生1（p216/カ写）

**フジチャヒラタケ** *Crepidotus sulphurinus*
アセタケ科のキノコ。小型。傘は硫黄色、扇形〜腎臓形、表面粗毛を密生。ひだは硫黄色〜淡黄色。
¶山カ日き（p275/カ写）

**フジツツジ** *Rhododendron tosaense* 藤躑躅
ツツジ科ツツジ亜科の半常緑低木。日本固有種。別名メンツツジ，ジュウガツツジ。花は淡紅紫色。

フシツナギ　684

¶**APG原樹**（No.1230/カ図）
　固有（p107）
　茶花上〔めんつつじ〕（p322/カ写）
　野生4（p245/カ写）
　山カ樹木（p551/カ写）

**フシツナギ**　*Lomentaria catenata*
フシツナギ科（ワツナギソウ科）の海藻。叢生する。
体は10cm。
¶**新分牧**（No.5074/モ図）
　新牧日（No.4934/モ図）

**フシナシオサラン**　*Eria ovata* var.*retroflexa*
ラン科の着生の多年草。リュウキュウセッコクの
変種。
¶野生1（p200）

**フシナシササハギ**　*Alysicarpus ovalifolius*
マメ科マメ亜科の一年草。高さは20〜100cm。花
はピンク、赤、または橙赤色。
¶野生2（p255）

**フジナデシコ**　*Dianthus japonicus*　藤撫子
ナデシコ科の多年草。別名ハマナデシコ、ベニナデ
シコ。高さは20〜50cm。
¶**学フ増野秋**〔ハマナデシコ〕（p87/カ写）
　原牧2（No.935/カ図）
　山野草〔ハマナデシコ（白花）〕（No.0018/カ写）
　新分牧（No.2976/モ図）
　新牧日（No.407/モ図）
　茶花上〔はまなでしこ〕（p565/カ写）
　牧野ス2（No.2780/カ図）
　ミニ山〔ハマナデシコ〕（p34/カ写）
　野生4〔ハマナデシコ〕（p113/カ写）
　山カ野草〔ハマナデシコ〕（p510/カ写）
　山ハ野花〔ハマナデシコ〕（p279/カ写）

**フシネキンエノコロ**　*Setaria parviflora*
イネ科キビ亜科の多年草。別名アメリカエノコログ
サ。高さは30〜120cm。
¶帰化写2（p352/カ写）
　桑イネ（p438/モ図）
　野生2（p96）

**フシネハナカタバミ**　⇒イモカタバミを見よ

**フジノカンアオイ**　*Asarum fudsinoi*
ウマノスズクサ科の草本。日本固有種。
¶**原牧1**（No.96/カ図）
　固有（p62/カ写）
　新分牧（No.118/モ図）
　新牧日（No.692/モ図）
　牧野ス1（No.96/カ図）
　野生1（p66/カ写）
　山レ増（p374/カ写）

**フシノキ**　⇒ヌルデを見よ

**フジノキシノブ**　⇒ノキシノブを見よ

**フシノハアワブキ**　*Meliosma arnottiana* subsp.
*oldhamii* var.*oldhamii*
アワブキ科の半常緑高木。別名リュウキュウアワブ
キ、ヤンバルアワブキ。
¶**原牧1**（No.1316/カ図）

新分牧（No.1487/モ図）
新牧日（No.1611/モ図）
牧野ス1（No.1316/カ図）
野生2（p171/カ写）
山カ樹木（p459/カ写）

**フジノピンキー**　*Spiraea thunbergii* 'Fujino Pinky'
バラ科の木本。
¶**APG原樹**〔ユキヤナギ'フジノピンキー'〕（No.1560/
カ図）

**フジノマンネングサ**　*Pleuroziopsis ruthenica*　富士
の万年草
フジノマンネングサ科（コウヤノマンネングサ科）
のコケ。二次茎は上部で全体が樹状になる。葉は卵
形〜卵状披針形。
¶**新分牧**（No.4880/モ図）
　新牧日（No.4738/モ図）

**フジノミネ**　*Camellia sasanqua* 'Fujinomine'　富士
の峰
ツバキ科。サザンカの品種。
¶**APG原樹**〔サザンカ'フジノミネ'〕（No.1171/カ図）

**フジバカマ**　*Eupatorium japonicum*　藤袴
キク科キク亜科の多年草。高さは100〜150cm。
¶**学フ増野秋**（p9/カ写）
　学フ増薬草（p139/カ写）
　原牧2（No.1914/カ図）
　山野草（No.1316/カ写）
　新分牧（No.4310/モ図）
　新牧日（No.2951/モ図）
　茶花下（p261/カ写）
　牧野ス2（No.3759/カ図）
　野生5（p367/カ写）
　山カ野草（p28/カ写）
　山ハ野花（p580/カ写）
　山レ増（p64/カ写）

**フジハタザオ**　*Arabis serrata* var.*serrata*　富士旗竿
アブラナ科の草本。花は白色。
¶**学フ増高山**（p153/カ写）
　原牧2（No.739/カ図）
　新分牧（No.2767/モ図）
　新牧日（No.859/モ図）
　牧野ス2（No.2584/カ図）
　野生4（p52/カ写）
　山カ野草（p454/カ写）
　山ハ高山（p240/カ写）
　山ハ山花（p360/カ写）

**フジハナヤスリ**　⇒コヒロハハナヤスリを見よ

**フジベニウツギ**　*Weigela fujisanensis* var.*rosea*　富
士紅空木
スイカズラ科の落葉低木。高さは1〜3m。花は
紅色。
¶山カ樹木（p694/カ写）

**フジホウオウゴケ**　*Fissidens fujiensis*
ホウオウゴケ科のコケ植物。日本固有種。
¶固有（p211）

**フジボグサ**　*Uraria crinita*
マメ科マメ亜科の草本。花は淡紫色。葉に白斑が

ある。
　¶新分牧（No.1696/モ図）
　　野з2（p297/カ写）

**フジボタンシダレ**　*Prunus mume* 'Fujibotanshidare'
藤牡丹枝垂
バラ科。ウメの品種。枝垂れ系ウメ。
　¶ウメ〔藤牡丹枝垂〕（p155/カ写）
　　APG原樹〔ウメ'フジボタンシダレ'〕（No.472/カ図）

**フジホラゴケモドキ**　*Calypogeia fujisana*
ツキヌキゴケ科のコケ植物。日本固有種。
　¶固有（p221）

**フジマツ**　⇒カラマツを見よ

**フジマツモ**　*Neorhodomela aculeata*
フジマツモ科の海藻。茎は円柱状。体は10〜25cm。
　¶新分牧（No.5088/モ図）
　　新牧日（No.4948/モ図）

**フジマメ**　*Lablab purpurea*　藤豆
マメ科のつる性多年草。別名インゲンマメ、センゴ
クマメ、アジマメ。一年生と多年生とがある。花は
紫紅色。
　¶原牧1（No.1604/カ図）
　　新分牧（No.1720/モ図）
　　新牧日（No.1390/カ図）
　　牧野ス1（No.1604/カ図）

**フジモドキ**　*Daphne genkwa*　藤擬
ジンチョウゲ科の落葉低木。別名チョウジザクラ、
ゲンカ、サツマフジ。高さは1m。花は淡紫色。
　¶APG原樹（No.1045/カ図）
　　学フ有毒（p168/カ写）
　　原牧2（No.664/カ写）
　　新分牧（No.2704/モ図）
　　新牧日（No.1769/モ図）
　　茶花上（p310/カ写）
　　牧野ス2（No.2509/カ写）
　　山カ樹木（p503/カ写）

**フジヤナギ**　*Salix × hisauchiana*
ヤナギ科の雑種。
　¶野生3〔フジヤナギ（イヌコリヤナギ×シバヤナギ）〕
　　（p207）

**ブシュカン**　*Citrus medica* 'Sarcodactylis'　仏手柑
ミカン科の低木。別名ブッシュカン。
　¶APG原樹（No.970/カ図）
　　原牧2（No.601/カ写）
　　新分牧（No.2627/モ図）
　　新牧日（No.1537/モ図）
　　茶花上〔ぶっしゅかん〕（p455/カ写）
　　牧野ス2（No.2446/カ写）

**プシロキュベ・セミランケアタ**　*Psilocybe semilanceata*
モエギタケ科のキノコ。傘はオリーブ灰色、傘の径
最大3.5cm。
　¶原きの〔Liberty cap（自由の帽子）〕（No.248/カ写・カ
　　図）

**ブゼンイヌワラビ**　⇒アイトゲカラクサイヌワラビ
を見よ

**ブゼンテンツキ**　⇒ノハラテンツキを見よ

**ブゼントラノオ**　*Asplenium anogrammoides* × *A. incisum*
チャセンシダ科のシダ植物。
　¶シダ標1（p417/カ写）

**ブゼンノギク**　*Aster hispidus* var.*koidzumianus*
キク科キク亜科の草本。日本固有種。
　¶固有（p146）
　　野生5（p315/カ写）
　　山レ増（p42/カ写）

**フソウゲ**　⇒ブッソウゲを見よ

**フソウツカサ**　*Paeonia suffruticosa* 'Fusōtsukasa'　扶
桑司
ボタン科。ボタンの園芸品種。
　¶APG原樹〔ボタン'フソウツカサ'〕（No.316/カ図）

**ブゾロイバナ**　*Anisomeles indica*　不揃花
シソ科オドリコソウ亜科の多年草。高さは1.5m。
花は紅紫色。
　¶野生5（p120/カ写）

**フタイロフウセンタケ**　*Cortinarius haasii*
フウセンタケ科のキノコ。
　¶山カ日き（p253/カ写）

**フタエオシロイ**　⇒フタエオシロイバナを見よ

**フタエオシロイバナ**　*Mirabilis jalapa* f. *dichlamydomorpha*
オシロイバナ科の多年草。別名フタエオシロイ。
　¶原牧2（No.990/カ写）
　　新分牧（No.3031/モ図）
　　新牧日（No.323/モ図）
　　牧野ス2（No.2835/カ図）

**ブタクサ**　*Ambrosia artemisiifolia*　豚草
キク科キク亜科の一年草。高さは30〜120cm。
　¶学フ増野秋（p200/カ写）
　　帰化写改（p314/カ写, p510/カ写）
　　原調2（No.2035/カ写）
　　植調（p114/カ写）
　　新分牧（No.4297/モ図）
　　新牧日（No.3072/モ図）
　　牧野ス2（No.3880/カ図）
　　野生5（p361/カ写）
　　山カ野草（p25/カ写）
　　山ハ野花（p584/カ写）

**ブタクサモドキ**　*Ambrosia psilostachya*
キク科キク亜科の多年草。高さは30〜100cm。
　¶帰化写改（p316/カ写）
　　野生5（p361）
　　山ハ野花（p584/カ写）

**フタゴヤシ**　*Lodoicea maldivica*　双子椰子
ヤシ科の木本。別名オオミヤシ。雌雄異株、果実は
長さ35cm、幅30cm、果皮厚さ18cm。高さは18〜
30m。
　¶原牧1（No.613/カ図）
　　新分牧（No.654/モ図）
　　新牧日（No.3893/モ図）
　　牧野ス1（No.613/カ図）

フタシヘネ　　686

**フタシベネズミノオ**　*Sporobolus diander*
イネ科ヒゲシバ亜科の多年草。高さは30〜60cm。
¶桑イネ（p460/モ図）
　野生2（p72）

**フタツキジノオ**　*Plagiogyria × sessilifolia*
キジノオシダ科のシダ植物。
¶シダ標1（p341/カ写）

**ブタナ**　*Hypochaeris radicata*　豚菜
キク科キクニガナ亜科の多年草。別名タンポポモド
キ。高さは25〜80cm。花は黄色。
¶色野草（p170/カ写）
　帰化写改（p375/カ写, p515/カ写）
　原牧2（No.2230/カ図）
　植調（p155/カ写）
　新分牧（No.4067/モ図）
　新牧日（No.3259/モ図）
　茶花上（p573/カ写）
　牧野ス2（No.4075/カ図）
　野生5（p278/カ写）
　山力野草（p106/カ写）
　山ハ野花（p600/カ写）

**フタナミソウ**　*Scorzonera rebunensis*　二並草
キク科キクニガナ亜科の草本。日本固有種。
¶原牧2（No.2228/カ写）
　固有（p150/カ写）
　新分牧（No.4072/モ図）
　新牧日（No.3258/モ図）
　牧野ス2（No.4073/カ図）
　野生5（p285/カ写）
　山力野草（p105/カ写）
　山ハ高山（p445/カ写）
　山レ増（p8/カ写）

**ブタノマンジュウ**　⇒シクラメンを見よ

**フタバアオイ**　*Asarum caulescens*　二葉葵, 双葉葵
ウマノスズクサ科の多年草。別名カモアオイ, ヒカ
ゲグサ, モロバグサ, フタバグサ。葉は円形, 葉径6
〜15cm。
¶色野草（p330/カ写）
　学フ増野春（p224/カ写）
　原牧1（No.113/カ図）
　山野草（No.0403/カ写）
　新分牧（No.138/モ図）
　新牧日（No.709/モ図）
　茶花上（p454/カ写）
　牧野ス1（No.113/カ図）
　ミニ山（p69/カ写）
　野生1（p61/カ写）
　山力野草（p548/カ写）
　山ハ山花（p20/カ写）

**フタバグサ**　⇒フタバアオイを見よ

**フタバネゼニゴケ**　*Marchantia paleacea* subsp.
*diptera*　二翅銭苔
ゼニゴケ科のコケ。縁が赤色, 長さ3〜5cm。
¶新分牧（No.4922/モ図）
　新牧日（No.4782/モ図）

**フタバハギ**　⇒ナンテンハギを見よ

**フタバムグラ**　*Oldenlandia brachypoda*　二葉葎, 双
葉葎
アカネ科の一年草。高さは10〜30cm。
¶学フ増野秋（p144/カ写）
　原牧2（No.1274/カ図）
　新分牧（No.3332/モ図）
　新牧日（No.2387/モ図）
　牧野ス2（No.3119/カ図）
　野生4（p285/カ写）
　山力野草（p149/カ写）
　山ハ野花（p426/カ写）

**フタバラン**　⇒コフタバランを見よ

**フタマタアザミ**　*Cirsium hasunumae*　二俣薊
キク科アザミ亜科の多年草。高さは100〜250cm。
花は淡紅紫色。
¶野生5（p239/カ写）

**フタマタイチゲ**　*Anemone dichotoma*
キンポウゲ科の草本。別名オウシキナ。
¶原牧1（No.1266/カ図）
　山野草（No.0232/カ写）
　新分牧（No.1452/モ図）
　新牧日（No.591/モ図）
　牧野ス1（No.1266/カ図）
　野生2（p134/カ写）
　山レ増（p392/カ写）

**フタマタタンポポ**　*Crepis hokkaidoensis*　二股蒲公英
キク科キクニガナ亜科の草本。
¶原牧2（No.2271/カ写）
　新分牧（No.4027/モ図）
　新牧日（No.3299/モ図）
　牧野ス2（No.4116/カ図）
　野生5（p276/カ写）
　山力野草（p112/カ写）
　山ハ高山（p442/カ写）
　山レ増（p13/カ写）

**フタマタチャボシシガシラ**　⇒シシガシラ(1)を見よ

**フタマタマンテマ**　*Silene dichotoma*
ナデシコ科の越年草。別名ホザキマンテマ。高さは
20〜100cm。花は白色, または淡紅紫色。
¶帰化写改〔ホザキマンテマ〕（p44/カ写, p492/カ写）
　帰化写2（p39/カ写）

**フタミウンラン**　*Linaria pelisseriana*
ゴマノハグサ科の越年草。
¶帰化写2（p229/カ写）

**フタリシズカ**　*Chloranthus serratus*　二人静
センリョウ科の多年草。別名サオトメバナ, ツキネ
グサ, ツキヌグサ。高さは30〜60cm。
¶色野草（p61/カ写）
　学フ増野春（p180/カ写）
　原牧1（No.79/カ写）
　山野草（No.0395/カ写）
　新分牧（No.99/モ図）
　新牧日（No.681/モ図）
　茶花上（p454/カ写）

牧野ス1 (No.79/カ図)
　　ミニ山 (p69/カ写)
　　野生1 (p52/カ写)
　　山カ野草 (p557/カ写)
　　山ハ野花 (p22/カ写)
　　山ハ山花 (p32/カ写)
フダンギク ⇒シュンギクを見よ
フダンザクラ　*Cerasus serrulata* var.*lannesiana*
　'Fudanzakura'　不断桜
　バラ科の落葉高木。サクラの栽培品種。別名フユザクラ、コバザクラ。花は白色。
　¶学フ増桜〔'不断桜'〕(p68/カ写)
　　茶花下 (p373/カ写)
フダンザンショウ　⇒フユザンショウを見よ
フダンソウ　*Beta vulgaris* var.*cicla*　不断草
　ヒユ科 (アカザ科) の葉菜類。別名トウヂシャ、イツモヂシャ。
　¶原牧2 (No.960/カ図)
　　新分牧 (No.3020/モ図)
　　新牧日 (No.413/モ図)
　　牧野ス2 (No.2805/カ図)
ブータンマツ　⇒ヒマラヤゴヨウを見よ
フチゲオオバキスミレ　*Viola brevistipulata* var. *ciliata*
　スミレ科の多年草。葉身が鋭く欠刻する。
　¶野生3 (p213)
フチドリコゴケ　*Pachyneuropsis miyagii*
　センボンゴケ科のコケ植物。日本固有種。
　¶固有 (p214/カ写)
フチドリタマゴタケ　*Amanita rubromarginata*
　テングタケ科のキノコ。傘は中央部が通常暗褐色、周辺部は最初帯褐橙色のち橙黄色～黄土黄色。
　¶山カ日き (p594/カ写)
フチドリツエタケ　*Mucidula brunneomarginata*
　タマバリタケ科 (キシメジ科) のキノコ。小型～大型。傘は灰褐色で放射状のしわ。粘性あり。ひだの縁部は濃紫褐色。
　¶山カ日き (p121/カ写)
フチドリベニヒダタケ　*Pluteus umbrosus*
　ウラベニガサ科のキノコ。傘はこげ茶色～黒褐色。
　¶山カ日き (p179/カ写)
ブツ　⇒フクロフノリを見よ
フッキソウ(1)　*Pachysandra terminalis*　富貴草
　ツゲ科の常緑亜低木。別名キチジソウ。雌雄同株。高さは20～30cm。
　¶色野草 (p48/カ写)
　　APG原樹 (No.298/カ図)
　　学フ増野春 (p162/カ写)
　　原牧1 (No.1330/カ図)
　　新分牧 (No.1500/モ図)
　　新牧日 (No.1673/モ図)
　　茶花上 (p455/カ写)
　　牧野ス1 (No.1330/カ写)
　　ミニ山 (p178/カ写)
　　野生2 (p180/カ写)

　　山カ野草 (p367/カ写)
　　山ハ野花 (p249/カ写)
フッキソウ(2)　⇒ボタンを見よ
ブッシュカン　⇒ブシュカンを見よ
ブッソウゲ　*Hibiscus rosa-sinensis*　仏桑花, 扶桑花, 仏桑華
　アオイ科の常緑低木または小高木。別名ハイビスカス、リュウキュウムクゲ、フソウゲ、アカバナムクゲ。高さは2～5m。花は赤黄、白、桃色など。
　¶APG原樹 (No.1022/カ図)
　　原牧2 (No.634/カ図)
　　新分牧 (No.2685/モ図)
　　新牧日 (No.1744/モ図)
　　茶花下 (p333/カ写)
　　牧野ス2 (No.2479/カ図)
　　山カ樹木 (p475/カ写)
ブツメンチク　⇒キッコウチクを見よ
フデクサ　⇒コウボウムギを見よ
フデゴケ　*Campylopus umbellatus*
　シッポゴケ科のコケ。やや大型で強壮, 茎は長さ6～7cm。
　¶新分牧 (No.4855/カ写)
　　新牧日 (No.4710/モ図)
フデトウウチソウ　⇒タカネトウウチソウを見よ
フデノキ　⇒ドウダンツツジ(1)を見よ
フデリンドウ　*Gentiana zollingeri*　筆竜胆
　リンドウ科の越年草。高さは5～10cm。花は青紫色。
　¶色野草 (p323/カ写)
　　学フ増野春 (p46/カ写)
　　原牧2 (No.1345/カ図)
　　山野草 (No.0954/カ写)
　　新分牧 (No.3387/モ図)
　　新牧日 (No.2327/カ写)
　　牧野ス2 (No.3190/カ図)
　　野生4 (p295/カ写)
　　山カ野草 (p263/カ写)
　　山ハ野花 (p430/カ写)
　　山ハ山花 (p393/カ写)
プテロスティリス・クルタ　*Pterostylis curta*
　ラン科の多年草。高さは10～30cm。花は緑色。
　¶山野草 (No.1792/カ写)
プテロスティリス・ナナ　*Pterostylis nana*
　ラン科の球茎の根をもつ多年草。高さは約12cm。
　¶山野草 (No.1790/カ写)
プテロスティリス・ヌタンス　*Pterostylis nutans*
　ラン科の草本。高さは約30cm。
　¶山野草 (No.1791/カ写)
プテロスティリス・バルバータ　*Pterostylis barbata*
　ラン科の草本。高さは20～30cm。
　¶山野草 (No.1793/カ写)
プテロスティリス・レクルバ　*Pterostylis recurva*
　ラン科の草本。高さは30～60cm。
　¶山野草 (No.1794/カ写)

フトアミカ

**フトアミカゴタケ** *Ileodictyon cibarium*
スッポンタケ科のキノコ。
¶原きの (No.500/カ写・カ図)

**フトイ** *Schoenoplectus tabernaemontani* 太藺
カヤツリグサ科の大型抽水植物、多年草。別名オオ
イ, オオイグサ, トウイ, マルスゲ。稈は高さ0.8〜
2.5m, 上部はやや垂れる。
¶学フ増野夏 (p233/カ写)
カヤツリ (p678/カ写)
原牧1 (No.735/カ図)
新分牧 (No.952/モ図)
新牧日 (No.3996/モ図)
茶花下 (p333/カ写)
日水草 (p199/カ写)
牧野ス1 (No.735/カ図)
野生1 (p357/カ写)
山力野草 (p658/カ写)
山ハ野花 (p114/カ写)

**フトイガヤツリ** *Cyperus articulatus*
カヤツリグサ科の多年草。
¶カヤツリ (p704/モ図)

**ブドウ** *Vitis vinifera* 葡萄
ブドウ科の木本。別名ヨーロッパブドウ。
¶APG原樹 〔ヨーロッパブドウ〕 (No.350/カ図)
原牧1 (No.1441/カ図)
新分牧 (No.1620/モ図)
新牧日 (No.1695/モ図)
牧野ス1 (No.1441/カ図)

**ブドウガキ** ⇒マメガキを見よ

**ブドウタケ** *Nigroporus vinosus*
所属科未確定のキノコ。中型。傘は帯紫褐色〜暗褐
色, 環紋。
¶山力日き (p481/カ写)

**ブドウホオズキ** *Physalis peruviana*
ナス科の多年草。別名シマホオズキ, ケホオズキ。
長さは1m。花は黄色。
¶帰化写改 (p281/カ写)
野生5 (p39)

**フトウラスジタケ** *Cymatoderma elegans*
シワタケ科のキノコ。
¶原きの (No.389/カ写・カ図)

**フトウワラビ** *Diplazium×hutohanum*
メシダ科のシダ植物。別名アマミヒロハノコギリ
シダ。
¶シダ標2 (p333/カ写)

**フトエバラモンギク** *Tragopogon dubius*
キク科の越年草。
¶帰化写2 (p290/カ写)

**フトクビクチキムシタケ** *Elaphocordyceps*
*subsessilis*
オフィオコルディセプス科の冬虫夏草。宿主は甲虫
の幼虫。
¶冬虫生態 (p169/カ写)
山力日き (p582/カ写)

**フトクビハエヤドリタケ** *Ophiocordyceps*
*discoideocapitata*
オフィオコルディセプス科の冬虫夏草。宿主はハエ
の成虫。
¶冬虫生態 (p204/カ写)

**フトヌマハリイ** ⇒ヌマハリイを見よ

**フトヒルムシロ** *Potamogeton fryeri* 太蛭蓆
ヒルムシロ科の多年生水草。別名ミヤマオヒルムシ
ロ。太い地下茎が発達、花はしばしば赤銅色がかる。
¶原牧1 (No.256/カ図)
新分牧 (No.302/モ図)
新牧日 (No.3338/モ図)
日水草 (p111/カ写)
牧野ス1 (No.256/カ図)
野生1 (p132/カ写)
山ハ高山 (p12/カ写)

**フトボナガボソウ** *Stachytarpheta jamaicensis*
クマツヅラ科の多年草または半低木。
¶帰化写改 (p261/カ写)
野生5 (p176/カ写)

**フトボナギナタコウジュ** *Elsholtzia nipponica* 太
穂薙刀香薷
シソ科シソ亜科 〔イヌハッカ亜科〕 の一年草。日本
固有種。高さは30〜60cm。
¶原牧2 (No.1710/カ図)
固有 (p126)
新分牧 (No.3763/モ図)
新牧日 (No.2619/モ図)
牧野ス2 (No.3555/カ図)
野生5 (p128/カ写)
山ハ野花 (p458/カ写)

**フトボノヌカボタデ** ⇒シマヒメタデを見よ

**フトボメリケンカルカヤ** *Andropogon glomeratus*
イネ科の多年草。
¶帰化写2 (p314/カ写)

**フトムギ** ⇒オオムギを見よ

**フトモズク** *Tinocladia crassa* 太水雲
ナガマツモ科の海藻。別名スノリ。体は15cm。
¶新分牧 (No.4979/モ図)
新牧日 (No.4839/モ図)

**フトモモ** *Syzygium jambos* 蒲桃
フトモモ科の常緑樹、亜高木。別名ホトウ。果実は
黄白色。高さは10m。花は白色。
¶APG原樹 (No.878/カ図)
帰化写2 (p421/カ写)
原牧2 (No.484/カ図)
新分牧 (No.2522/モ図)
新牧日 (No.1913/モ図)
牧野ス2 (No.2329/カ図)
野生3 (p273/カ写)
山ハ樹木 (p516/カ写)

**ブナ** *Fagus crenata* 橅, 椈
ブナ科の落葉高木。日本固有種。別名ブナノキ, シ
ロブナ, ソバグリ, ホンブナ。
¶APG原樹 (No.718/カ図)

学フ増樹 (p157/カ写・カ図)
原牧2 (No.102/カ図)
固有 (p43/カ写)
新分牧 (No.2143/カ写)
新牧日 (No.137/モ図)
図説樹木 (p78/カ写)
都木花新 (p54/カ写)
牧野ス1 (No.1947/カ図)
野生3 (p92/カ写)
山カ樹木 (p133/カ写)
落葉図譜 (p83/モ図)

**フナコシイノデ** *Polystichum × inadae*
オシダ科のシダ植物。
¶シダ標2 (p418/カ写)

**ブナシメジ** *Hypsizygus marmoreus*
シメジ科のキノコ。小型〜中型。傘は淡褐灰色、大理石模様。ひだは類白色。
¶原きの (No.139/カ写・カ図)
山カ日き (p59/カ写)

**ブナノキ** ⇒ブナを見よ

**ブナノシロヒナノチャワンタケ** *Dasyscyphella longistipitata*
ヒナノチャワンタケ科のキノコ。
¶山カ日き (p548/カ写)

**ブナノモリツエタケ** *Hymenopellis orientalis*
タマバリタケ科のキノコ。傘は淡褐色〜灰褐色。
¶山カ日き (p120/カ写)

**フナバトガリゴケ** *Wijkia concavifolia*
ナガハシゴケ科のコケ植物。日本固有種。
¶固有 (p219)

**フナバラソウ** *Vincetoxicum atratum* 舟腹草
キョウチクトウ科(ガガイモ科)の多年草。別名ロクオンソウ、ロクエンソウ。高さは40〜80cm。
¶学フ増樹夏 (p213/カ写)
原牧2 (No.1379/カ図)
新分牧 (No.3429/モ図)
新牧日 (No.2368/モ図)
茶花上 (p573/カ写)
牧野ス2 (No.3224/カ写)
野生4 (p317/カ写)
山カ野草 (p251/カ写)
山ハ山花 (p402/カ写)
山レ増 (p159/カ写)

**ブナハリタケ** *Mycoleptodonoides aitchisonii*
シワタケ科のキノコ。中型。傘は半円形〜へら状。
¶山カ日き (p437/カ写)

**フブラギ** ⇒クロソヨゴを見よ

**フフン** *Prunus mume* 'Fufun' 傅粉
バラ科。ウメの品種。野梅系ウメ、野梅性八重。
¶ウメ〔傅粉〕(p71/カ写)

**フボウトウヒレン** *Saussurea fuboensis*
キク科アザミ亜科の多年草。日本固有種。
¶固有 (p148)
新分牧 (No.4000/モ図)

野生5 (p266/カ写)
山力野草 (p706/カ写)

**フミヅキタケ** *Agrocybe praecox*
モエギタケ科のキノコ。中型。傘は黄土色、縁部に白色膜を付着。ひだは白色〜暗褐色。
¶山カ日き (p217/カ写)

**フモトカグマ** *Microlepia pseudostrigosa*
コバノイシカグマ科(イノモトソウ科)の常緑性シダ。葉身は長楕円状披針形。
¶シダ標1 (p363/カ写)
新分牧 (No.4575/モ図)
新牧日 (No.4443/モ図)

**フモトシケシダ** *Deparia pseudoconilii* var. *pseudoconilii*
メシダ科(イワデンダ科)の夏緑性シダ。日本固有種。葉身は長さ15〜30cm、広楕針形。
¶固有 (p205)
シダ標2 (p346/カ写)

**フモトシダ** *Microlepia marginata* 麓羊歯
コバノイシカグマ科(イノモトソウ科)の常緑性シダ。別名ケブカフモトシダ、ウスゲフモトシダ。葉身は長さ30〜60cm、卵状披針形〜卵形。
¶シダ標1 (p363/カ写)
新分牧 (No.4573/カ写)
新牧日 (No.4441/モ図)

**フモトスミレ** *Viola sieboldii* 麓菫
スミレ科の多年草。高さは4〜10cm。花は白色、または淡紅色。
¶学フ増樹春 (p160/カ写)
原牧2 (No.358/カ図)
新分牧 (No.2343/モ図)
新牧日 (No.1831/モ図)
牧野ス1 (No.2203/カ写)
ミニ山 (p191/カ写)
野生3 (p221/カ写)
山カ野草 (p342/カ写)
山ハ野花 (p334/カ写)

**フモトミズナラ** *Quercus serrata* subsp. *mongolicoides*
ブナ科の木本。日本固有種。
¶固有 (p43)

**フユアオイ** *Malva verticillata* var.*verticillata* 冬葵
アオイ科の多年草。別名アオイ。高さは60〜100cm。花は淡紅色で直径約1cm。
¶帰化写改 (p189/カ写)
原牧2 (No.626/カ写)
新分牧 (No.2677/モ図)
新牧日 (No.1736/モ図)
牧野ス2 (No.2471/カ写)
ミニ山 (p180/カ写)
山ハ野花 (p409/カ写)

**フユイチゴ** *Rubus buergeri* 冬苺
バラ科バラ亜科の常緑つる性低木。別名カンイチゴ。
¶APG原樹 (No.573/カ図)
学フ増薬草 (p190/カ写)

原牧1（No.1746/カ図）
新分牧（No.1942/モ図）
新牧日（No.1094/モ図）
牧野ス1（No.1746/カ図）
ミニ山（p134/カ写）
野生3（p47/カ写）
山力樹木（p265/カ写）

**フユザクラ**(1)　*Prunus parvifolia* 'Parvifolia'　冬桜
バラ科の落葉小高木。サクラの栽培品種。高さは
10〜15m。花は淡白紅色、または白色。
¶学フ増桜〔冬桜'〕（p66/カ写）
　学フ増花庭（p120/カ写）

**フユザクラ**(2)　⇒フダンザクラを見よ

**フサンゴ**　⇒タマサンゴを見よ

**フザンショウ**　*Zanthoxylum armatum* var.
*subtrifoliatum*　冬山椒
ミカン科の常緑低木。別名フダンザンショウ。
¶APG原樹（No.992/カ図）
　原牧2（No.557/カ図）
　新分牧（No.2607/モ図）
　新牧日（No.1494/モ図）
　茶花上（p456/カ写）
　牧野ス2（No.2402/カ図）
　ミニ山（p169/カ写）
　野生3（p307/カ写）
　山力樹木（p380/カ写）

**フユシバ**　⇒マサキを見よ

**フユシラズ**　⇒キンセンカ(1)を見よ

**フユヅタ**　⇒キヅタを見よ

**フユスベリヒユ**　⇒ツキヌキヌマハコベを見よ

**フナ**　⇒コマツナを見よ

**フユノハナワラビ**　*Botrychium ternatum*　冬の花蕨
ハナヤスリ科（ハナワラビ科）の冬緑性シダ。葉身
は長さ5〜10cm、ほぼ五角形。
¶学フ増薬草（p154/カ写）
　山野草（No.1827/カ写）
　シダ標1（p291/カ写）
　新分牧（No.4506/モ図）
　新牧日（No.4396/モ図）

**フユボダイジュ**　*Tilia cordata*　冬菩提樹
アオイ科（シナノキ科）の落葉広葉高木。高さは
35m。樹皮は灰色。
¶APG原樹（No.1009/カ図）

**フユボタン**　⇒カンボタンを見よ

**フユヤマタケ**　*Hygrophorus hypothejus* f.*pinetorum*
ヌメリガサ科のキノコ。小型。傘はオリーブ色，
粘性。
¶山力日き（p36/カ写）

**フヨウ**　*Hibiscus mutabilis*　芙蓉
アオイ科の落葉低木。別名モクフヨウ。高さは2〜
5m。花は白〜ピンク色。
¶APG原樹（No.1019/カ図）
　学フ増花庭（p167/カ写）
　原牧2（No.631/カ図）

新分牧（No.2682/モ図）
新牧日（No.1741/モ図）
茶花下（p334/カ写）
都木花新（p86/カ写）
牧野ス2（No.2476/カ図）
野生4（p28/カ写）
山力樹木（p474/カ写）

**フヨウカタバミ**　*Oxalis purpurea*
カタバミ科の多年草。高さは5〜20cm。花は紫紅，
桃，白，橙黄色など。
¶帰化写改（p160/カ写）

**ブライアン**　*Camellia* 'Brian'
ツバキ科の木本。ツバキの品種。
¶APG原樹〔ツバキ'ブライアン'〕（No.1161/カ図）

**フラサバソウ**　*Veronica hederifolia*
オオバコ科（ゴマノハグサ科）の二年草。別名ツタノ
ハイヌノフグリ。長さは10〜30cm。花は淡青紫色。
¶帰化写改（p302/カ写, p509/カ写）
　原牧2（No.1568/カ写）
　植調（p108/カ写）
　新分牧（No.3627/モ図）
　新牧日（No.2711/モ図）
　牧野ス2（No.3413/カ写）
　野生5（p85/カ写）
　山ハ野花（p481/カ写）

**ブラシノキ**　*Callistemon speciosus*
フトモモ科の常緑性低木または小高木。別名ブラッ
シノキ，カリステモン。高さは2〜3m。花は鮮紅色。
¶APG原樹（No.870/カ図）
　学フ増花庭（p22/カ写）
　山力樹木（p517/カ写）

**ブラジリアン・スパイダー・フラワー**　⇒シコン
ノボタンを見よ

**ブラジルコミカンソウ**　⇒ナガエコミカンソウを
見よ

**ブラジルチドメグサ**　*Hydrocotyle ranunculoides*
ウコギ科（セリ科）の多年草。長さは1m。花は白色。
¶帰化写2（p168/カ写）
　日水草（p302/カ写）

**ブラジルナット**　⇒ブラジルナットノキを見よ

**ブラジルナットノキ**　*Bertholletia excelsa*
サガリバナ科の常緑高木。果実は大型，球形，壁は
木質で厚く堅い。高さは45m。花はクリーム色。
¶APG原樹〔ブラジルナット〕（No.1102/カ図）
　原牧2（No.1051/カ図）
　新分牧（No.3093/モ図）
　新牧日（No.1921/モ図）
　牧野ス2（No.2896/カ図）

**ブラジルマツ**　⇒パラナマツを見よ

**フラスコモダマシ**　*Nitella imahorii*
シャジクモ科の水草。鮮緑色。体長は20cmくらい
まで。
¶新分牧（No.4948/モ図）
　新牧日（No.4808/モ図）

**プラタナス**(1)　⇒アメリカスズカケノキを見よ

プラタナス(2) ⇒スズカケノキを見よ

プラタナス(3) ⇒モミジバスズカケノキを見よ

ブラックウォールナット ⇒クロクルミを見よ

ブラックシー　Epimedium 'Black Sea'
メギ科の草本。高さは25〜40cm。
¶山野草〔エピメディウム・ブラックシー〕(No.0371/カ写)

ブラック・ティー　Rosa 'Black Tea'
バラ科の木本。バラの品種。ハイブリッド・ティーローズ系。花は紫がかった朱色。
¶APG原樹〔バラ・ブラック・ティー〕(No.621/カ図)

ブラックベリー ⇒セイヨウヤブイチゴを見よ

ブラックマッペ ⇒ケツルアズキを見よ

ブラッシノキ ⇒ブラシノキを見よ

プラティア・ペドゥンクラータ　Pratia pedunculata
キキョウ科の多年草。マット状に生える。
¶山野草(No.1184/カ写)

フラテルナー ⇒シラハトツバキを見よ

フラネルソウ ⇒スイセンノウを見よ

フラミンゴ　Acer negundo 'Flamingo'
ムクロジ科(カエデ科)の木本。
¶APG原樹〔ネグンドカエデ・フラミンゴ〕(No.1570/カ図)

フラミンゴ・フラワー ⇒ベニウチワを見よ

プラム ⇒セイヨウスモモを見よ

フラワー・ガール　Camellia 'Flower Girl'
ツバキ科。ツバキの品種。
¶APG原樹〔ツバキ・フラワー・ガール〕(No.1160/カ図)

フラワーリング・タバコ ⇒ハナタバコを見よ

フランクリニア アラタマハ　Franklinia alatamaha
ツバキ科の落葉低木。花は白色。
¶APG原樹(No.1581/カ図)

フランスギク　Leucanthemum vulgare
キク科の多年草。別名オックスアイ・デージー，マーガレット，マルグリット。高さは20〜100cm。花は白色。
¶帰化写改(p336/カ写, p512/カ写)
　原牧2(No.2070/カ図)
　植調(p164/カ写)
　新分牧(No.4250/モ図)
　新牧日(No.3107/モ図)
　茶花上(p574/カ写)
　牧野ス2(No.3915/カ図)

フランスコギク ⇒ナツシロギクを見よ

フランスゴムノキ　Ficus rubiginosa
クワ科の木本。別名コバノゴムビワ。
¶APG原樹(No.677/カ図)

フランスゼリ　Bifora testiculata
セリ科の一年草。大散形花序の総花柄が長い。茎は長さ20〜40cm。
¶帰化写2(p166/カ写)

フランネルソウ ⇒スイセンノウを見よ

ブリオッティー　Aesculus×carnea 'Briotii'
ムクロジ科(トチノキ科)の落葉高木。ベニバナトチノキの園芸品種。
¶APG原樹〔ベニバナトチノキ・ブリオッティー〕(No.1575/カ図)

フリーシア　Robinia pseudoacacia 'Frisia'
マメ科の落葉小高木。ハリエンジュの園芸品種。
¶APG原樹〔ニセアカシア・フリーシア〕(No.1554/カ図)

フリージア　Freesia alba
アヤメ科の多年草，球根植物。別名アサギズイセン。高さは30〜45cm。花は黄緑か鮮黄色。
¶原牧1(No.516/カ図)
　新分牧(No.544/モ図)
　新牧日(No.3559/モ図)
　牧野ス1(No.516/カ図)

フリソデヤナギ　Salix×leucopithecia　振袖柳
ヤナギ科の木本，雑種。別名ヨイチヤナギ，アカメヤナギ。高さは5m。
¶APG原樹(No.821/カ図)
　学フ増花庭(p107/カ写)
　原牧2(No.307/カ図)
　新分牧(No.2386/モ図)
　新牧日(No.98/モ図)
　牧野ス1(No.2152/カ図)
　野生3〔フリソデヤナギ(ネコヤナギ×バッコヤナギ)〕(p207/カ写)
　山力樹木(p89/カ写)

フリチラリア・アッシリアカ　Fritillaria assyriaca
ユリ科の球根性多年草。高さは6cm。花は紫褐色。
¶山野草(No.1426/カ写)

フリチラリア・オウレア　Fritillaria aurea
ユリ科の草本。高さは5〜15cm。
¶山野草(No.1433/カ写)

フリチラリア・カリカ　Fritillaria carica
ユリ科の草本。高さは10〜20cm。
¶山野草(No.1437/カ写)

フリチラリア・グラエカ　Fritillaria graeca
ユリ科の球根性多年草。高さは20cm。花は赤褐色と緑色。
¶山野草(No.1425/カ写)

フリチラリア・シブソルピアナ　Fritillaria sibthorpiana
ユリ科の草本。
¶山野草(No.1438/カ写)

フリチラリア・ダビッシー　Fritillaria davisii
ユリ科の草本。高さは15〜20cm。
¶山野草(No.1427/カ写)

フリチラリア・バイシニカ　Fritillaria bithynica
ユリ科の草本。
¶山野草(No.1435/カ写)

フリチラリア・ピナルディ　Fritillaria pinardii
ユリ科の草本。高さは15〜20cm。
¶山野草(No.1428/カ写)

フリチラリ　　　692

フリチラリア・ピレナイカ　*Fritillaria pyrenaica*
ユリ科の球根性多年草。高さは30cm。花は紫紅褐色に淡黄緑の市松状模様。
¶山野草（No.1429/カ写）

フリチラリア・ポンティカ　*Fritillaria pontica*
ユリ科の草本。高さは20〜30cm。
¶山野草（No.1432/カ写）

フリチラリア・ミカイロフスキー　*Fritillaria michailovskyi*
ユリ科の球根性多年草。高さは15cm。花は暗紫赤で灰を帯びる。
¶山野草（No.1431/カ写）

フリチラリア・ミヌタ　*Fritillaria minuta*
ユリ科の草本。
¶山野草（No.1436/カ写）

フリチラリア・メレアグリス　⇒セイヨウバイモを見よ

フリチラリア・モンタナ　*Fritillaria montana*
ユリ科の草本。
¶山野草（No.1430/カ写）

プリムラ(1)　*Primula* spp.
サクラソウ科。プリムラ属の総称。
¶学フ有毒〔プリムラ類〕（p179/カ写）

プリムラ(2)　⇒サクラソウを見よ

プリムラ・アリオニー　*Primula allionii*
サクラソウ科。花はピンク色。
¶山野草（p360）

プリムラ・ウィロサ　⇒プリムラ・ビローサを見よ

プリムラ・エラチオール　*Primula elatior*
サクラソウ科。高さは30cm。花は硫黄色。
¶山野草（No.0887/カ写）

プリムラ・オウリクラ　⇒アツバサクラソウを見よ

プリムラ・オブコニカ　⇒トキワザクラを見よ

プリムラ・カピタータ　*Primula capitata*
サクラソウ科の多年草。花は紫色。
¶山野草（No.0879/カ写）

プリムラ × キューエンシス　*Primula×kewensis*
サクラソウ科。高さは40cm。花は鮮黄色。
¶山野草（No.0881/カ写）

プリムラ・シッキメンシス　*Primula sikkimensis*
サクラソウ科の多年草。高さは1m。花は黄色。
¶山野草（No.0876/カ写）

プリムラ・ダリアリカ　*Primula darialica*
サクラソウ科。花は濃桃色。
¶山野草（No.0880/カ写）

プリムラ・チュンゲンシス　*Primula chungensis*
サクラソウ科。高さは60cm。花は黄色。
¶山野草（No.0882/カ写）

プリムラ・デンティクラータ　⇒タマザキサクラソウを見よ

プリムラ・ビアリー　*Primula vialii*
サクラソウ科の多年草。花は紫色。

¶山野草（No.0884/カ写）

プリムラ・ヒルスタ　*Primula hirsuta*
サクラソウ科。花は濃桃色。
¶山野草（No.0894/カ写）

プリムラ・ビローサ　*Primula villosa*
サクラソウ科。高さは12〜15cm。花は紫紅色。
¶山野草（No.0889/カ写）

プリムラ・ブルガリス　*Primula vulgaris*
サクラソウ科の多年草。花は黄色。
¶山野草（No.0886/カ写）

プリムラ・ベリス　⇒キバナノクリンザクラを見よ

プリムラ・ポリアンサ　⇒クリンザクラを見よ

プリムラ・マルギナータ　*Primula marginata*
サクラソウ科。高さは3cm。花は藤色。
¶山野草（No.0888/カ写）

プリムラ・ミニマ　*Primula minima*
サクラソウ科。花はピンク色。
¶山野草（No.0890/カ写）

プリムラ・ロゼア　*Primula rosea*
サクラソウ科の草本。別名ウスベニコザクラ。高さは3.5〜8cm。
¶山野草（No.0883/カ写）

プリンストン ゴールド　*Acer platanoides* 'Princeton Gold'
ムクロジ科（カエデ科）の落葉小高木。ノルウェーカエデの園芸品種。
¶APG原樹〔ノルウェーカエデ'プリンストン ゴールド'〕（No.1574/カ図）

プリンセス・ミチコ　*Rosa* 'Princess Michiko'
バラ科。バラの品種。
¶APG原樹〔バラ'プリンセス・ミチコ'〕（No.622/カ図）

ブルグマンシア　⇒キダチチョウセンアサガオを見よ

プルサチラ・パテンス・ムルチフィダ　*Pulsatilla patens* subsp.*multifida*
キンポウゲ科の草本。高さは7〜15cm。
¶山野草（No.0137/カ写）

プルサチラ・ハーレリ　*Pulsatilla halleri*
キンポウゲ科の多年草。高さは30cm。
¶山野草（No.0138/カ写）

プルサチラ・ベルナリス　*Pulsatilla vernalis*
キンポウゲ科の多年草。高さは5〜15cm。
¶山野草（No.0136/カ写）

フルセオトギリ(1)　*Hypericum furusei*
オトギリソウ科。日本固有種。
¶固有（p65）

フルセオトギリ(2)　⇒シラトリオトギリを見よ

プルチェリマス　*Hibiscus syriacus* 'Pulcherrimus'
アオイ科。ムクゲの品種。八重咲き菊咲き型。花は淡いピンク色。
¶茶花下（p36/カ写）

ブルー・デージー　⇒ルリヒナギクを見よ

**ブルーバード**　*Hibiscus syriacus* 'Bluebird'
アオイ科。ムクゲの品種。一重咲き中弁型。
¶茶花下（p21/カ写）

**プルプレア**　*Fagus sylvatica* 'Purpurea'
ブナ科の木本。
¶APG原樹〔ヨーロッパブナ'プルプレア'〕（No.1563/
カ図）

**ブルーベリー**(1)　*Vaccinium corymbosum*
ツツジ科の木本。別名ヌマスノキ。高さは1～3m。
花は白で淡紅を帯びる。
¶APG原樹（No.1309/カ図）
山力樹木（p605/カ写）

**ブルーベリー**(2)　*Vaccinium* spp.
ツツジ科の木本。スノキ属の低木群総称。
¶茶花上（p221/カ写）

**ブルームーン**　*Hibiscus syriacus* 'Bluemoon'
アオイ科。ムクゲの品種。半八重咲きバラ咲き型。
¶茶花下（p32/カ写）

**ブルー・ムーン**　*Rosa* 'Blue Moon'
バラ科。バラの品種。ハイブリッド・ティーローズ
系。花は青色。
¶APG原樹〔バラ'ブルー・ムーン'〕（No.620/カ図）

**プルモナリア・アングスティフォリア**
*Pulmonaria angustifolia*
ムラサキ科の多年草。花は純青色。
¶山野草（No.1007/カ写）

**プルモナリア・ルブラ**　*Pulmonaria rubra*
ムラサキ科の多年草。花は珊瑚赤色。
¶山野草（No.1008/カ写）

**ブルー・ルーピン**　⇒カサバルピナスを見よ

**プレイオネ・オウリタ**　*Pleione aurita*
ラン科の草本。高さは10～20cm。
¶山野草（No.1742/カ写）

**フレーグラント・ピンク**　*Camellia* 'Fragrant Pink'
ツバキ科。ツバキの品種。
¶APG原樹〔ツバキ'フレーグラント・ピンク'〕（No.
1159/カ図）

**プレジデント・ルーズベルト**　*Rhododendron*
'President Roosevelt'
ツツジ科。シャクナゲの品種。
¶APG原樹〔シャクナゲ'プレジデント・ルーズベル
ト'〕（No.1292/カ図）

**ブレース**　*Prunus domestica* var.*insititia*
バラ科の木本。別名ダムソンプラム。樹高は7m。
樹皮は暗灰色。
¶APG原樹（No.481/カ図）

**フレンチ・マリゴールド**　⇒コウオウソウを見よ

**フロウエンヒバイ**　*Prunus mume* 'Furōen-hibai'　不
老園緋梅
バラ科。ウメの品種。李系ウメ，紅材性一重。
¶ウメ〔不老園緋梅〕（p105/カ写）

**プロテア・キナロイデス**　*Protea cynaroides*
ヤマモガシ科の常緑低木。高さは0.3～2m。花は
桃色。

**¶原牧1**（No.1322/カ図）
**牧野ス1**（No.1322/カ図）

**フロリダザミア**　⇒フロリダソテツを見よ

**フロリダソテツ**　*Zamia integrifolia*
ザミア科（ソテツ科）。別名フロリダザミア，ホソバ
ザミア。球果は褐色。
¶新分牧（No.3/モ図）
新牧日（No.3/モ図）

**フロリダミズキ**　⇒ハナミズキを見よ

**フロリダロウバイ**　⇒ニオイロウバイを見よ

**フロレプレノ**　*Ranunculus constantinopolitanus*
'Flore Pleno'
キンポウゲ科の草本。高さは30～70cm。
¶山野草〔ラヌンクルス・コンスタンチノポリタヌス'フ
ロレプレノ'〕（No.0309/カ写）

**ブロワリア**　⇒タイリンルリマガリバナを見よ

**プンゲンストウヒ'グロボーサ'**　⇒グロボーサを
見よ

**プンゲンストウヒ'ホープシー'**　⇒ホープシーを
見よ

**ブンゴ**　*Prunus mume* 'Bungo'　豊後
バラ科。ウメの品種。実ウメ，杏系。
¶ウメ〔豊後〕（p181/カ写）

**フンコウシュサ**　*Prunus mume* 'Funkō-shusa'　粉紅
朱砂
バラ科。ウメの品種。李系ウメ，紅材性八重。
¶ウメ〔粉紅朱砂〕（p120/カ写）

**ブンゴウツギ**　*Deutzia zentaroana*　豊後空木
アジサイ科の低木。日本固有種。
¶固有（p75）
野生4（p162/カ写）

**ブンゴウメ**　*Prunus* × 'Bungo'　豊後梅
バラ科の落葉小高木。別名ヒゴウメ。
¶APG原樹（No.462/カ図）
原牧1（No.1634/カ図）
新分牧（No.1830/モ図）
新牧日（No.1209/モ図）
牧野ス1（No.1634/カ図）
山力樹木（p318/カ写）

**ブンゴザサ**　⇒オカメザサを見よ

**ブンゴボダイジュ**　*Tilia chinensis* var.*intonsa*
アオイ科の落葉高木。若枝に長軟毛を密生。
¶野生4（p33）

**フンショウタイカク**　*Prunus mume* 'Funshō-
taikaku'　粉粧台閣
バラ科。ウメの品種。野梅系ウメ，野梅性八重。
¶ウメ〔粉粧台閣〕（p72/カ写）

**ブンダイユリ**　⇒カタクリを見よ

**ブンタン**　*Citrus maxima*　文旦
ミカン科の木本。別名ザボン，ウチムラサキ，ボン
タン。果実はミカン属の中では最大。
¶APG原樹（No.961/カ図）
山力樹木（p375/カ写）

フントウ　　　　　　　　　　694

ブントウ(1)　⇒アカエンドウを見よ

ブントウ(2)　⇒シロエンドウを見よ

ブンドウ　⇒ヤエナリを見よ

ブンピ　*Prunus mume* 'Bunpi'　文扉
バラ科。ウメの品種。杏系ウメ，豊後性一重。
¶ウメ〔文扉〕(p133/カ写)

フンピキュウフン　*Prunus mume* 'Funpi-kyufun'
粉皮宮粉
バラ科。ウメの品種。野梅系ウメ，野梅性八重。
¶ウメ〔粉皮宮粉〕(p72/カ写)

## 【ヘ】

ヘアーズテイル・グラス　⇒ウサギノオを見よ

ヘアリーベッチ　⇒ナヨクサフジを見よ

ヘイケイヌワラビ　*Athyrium eremicola*
メシダ科の常緑性シダ。葉身は長さ25cm，披針形。
¶シダ標2(p302/カ写)

ヘイケモリアザミ　*Cirsium lucens* var.*bracteosum*
キク科アザミ亜科の草本。石灰岩植物。
¶野生5(p234/カ写)

ヘイケヤマ　*Hibiscus syriacus* 'Heikeyama'　平家山
アオイ科。ムクゲの品種。一重咲き中弁型。
¶茶花下(p18/カ写)

ヘイザンソウ　⇒セイタカアワダチソウを見よ

ヘイシソウ　⇒サラセニアを見よ

ベイスギ　⇒アメリカネズコを見よ

ベイツガ　*Tsuga heterophylla*　米栂
マツ科の常緑高木。別名アメリカツガ。小枝は有
毛。樹高は70m。樹皮は紫褐色。
¶APG原樹(No.41/カ図)

ベイトウヒ　⇒シトカハリモミを見よ

ベイヒバ　⇒アメリカヒノキを見よ

ベイマツ　*Pseudotsuga menziesii*　米松
マツ科の常緑高木。別名ドグラスファー，オレゴン
パイン。樹高は60〜90m。樹皮は紫褐色。
¶APG原樹(No.43/カ図)

ベイモミ　⇒コロラドモミを見よ

ペカン　*Carya illinoensis*
クルミ科の木本。高さは30〜50m。樹皮は灰色。
¶APG原樹(No.729/カ図)

ペキンヤナギ　*Salix babylonica* var.*matsudana*　北
京柳
ヤナギ科の高木。枝が斜上して垂れ下がらないシダ
レヤナギの変種。
¶野生3(p196)

ヘクソカズラ　*Paederia foetida*　屁糞蔓，屁臭蔓
アカネ科のつる性多年草。別名ヤイトバナ，サオト
メバナ，サオトメカズラ，ヘソカズラ。

¶色野草(p99/カ写)
APG原樹(No.1343/カ図)
学フ増野秋(p143/カ写)
学フ増薬草(p99/カ写)
原牧2(No.1297/カ図)
植調(p81/カ写)
新分牧(No.3334/モ図)
新牧日(No.2411/モ図)
茶花下〔やいとばな〕(p276/カ写)
牧野ス2(No.3142/カ図)
野生4(p286/カ写)
山カ野草(p150/カ写)
山ハ野花(p429/カ写)

ヘゴ　*Cyathea spinulosa*　杪欏
ヘゴ科の常緑性シダ。別名タイワンヘゴ。葉身は長
さ40〜60cm，倒卵状長楕円形。
¶APG原樹(No.1/カ図)
シダ標1(p346/カ写)
新分牧(No.4557/モ図)
新牧日(No.4435/モ図)

ベゴニア(四季咲き)　⇒シキザキベゴニアを見よ

ベゴニア・センパーフローレンス　⇒シキザキベ
ゴニアを見よ

ベコノシタ　⇒ザゼンソウを見よ

ベジザ ミクロプス　*Peziza micropus*
チャワンタケ科のキノコ。
¶山カ日き(p570/カ写)

ベスカイチゴ　⇒エゾヘビイチゴを見よ

ヘスペリス　⇒ハナスズシロを見よ

ヘスペリソウ　⇒キバナハタザオを見よ

ヘソカズラ　⇒ヘクソカズラを見よ

ヘソクリ　⇒カラスビシャクを見よ

ヘダマ　⇒イヌガヤを見よ

ベチベルソウ　*Vetiveria zizanioides*
イネ科の多年草。別名カスカスガヤ。大株をなす。
高さは2m。花序は紫色を帯びる。
¶帰化写2(p464/カ写)
新分牧(No.1148/モ図)
新牧日(No.3860/モ図)

ヘチマ　*Luffa cylindrica*　糸瓜，天糸瓜
ウリ科のつる性草本。別名イトウリ，トウリ。花は
黄色。
¶原牧2(No.166/カ図)
新分牧(No.2206/モ図)
新牧日(No.1869/モ図)
茶花下(p141/カ写)
牧野ス1(No.2011/カ図)

ヘチマゴケ　*Pohlia nutans*
ホソバゴケ科(ハリガネゴケ科)のコケ。茎は長さ1
〜2cm。葉は披針形〜卵状披針形。
¶新分牧(No.4868/モ図)
新牧日(No.4726/モ図)

**ベッカクバンスイ** *Prunus mume* 'Bekkaku-bansui'
別角晩水
バラ科。ウメの品種。野梅系ウメ，野梅性八重。
¶ウメ〔別角晩水〕(p73/カ写)

**ヘツカコナスビ** *Lysimachia ohsumiensis*
サクラソウ科の草本。日本固有種。
¶固有 (p109)
　野生4 (p193/カ写)
　山レ増 (p200/カ写)

**ヘツカシダ** *Bolbitis subcordata*　辺塚羊歯
オシダ科の常緑性シダ。根茎は短く匐い，葉は接して出る，葉身は長さ30〜70cm，披針形。
¶シダ標2 (p435/カ写)
　新分牧 (No.4762/モ図)
　新牧日 (No.4567/モ図)

**ヘツカニガキ** *Sinoadina racemosa*　辺塚苦木
アカネ科の落葉高木。別名ハニガキ。高さは5〜6m。花は淡黄色。
¶APG原樹 (No.1346/カ図)
　原牧2 (No.1280/カ図)
　新分牧 (No.3367/カ図)
　新牧日 (No.2394/モ図)
　牧野ス2 (No.3125/カ図)
　野生4 (p290/カ写)
　山力樹木 (p676/カ写)

**ヘツカラン** *Cymbidium dayanum*　辺塚蘭
ラン科の多年草。九州南部および台湾以南の東南アジアに分布。長さは30〜50cm。
¶原牧1〔カンポウラン〕(No.476/カ図)
　新分牧〔カンポウラン〕(No.538/モ図)
　新牧日〔カンポウラン〕(No.4351/モ図)
　牧野ス1〔カンポウラン〕(No.476/カ図)
　野生1 (p193/カ写)
　山レ増 (p485/カ写)

**ヘツカリンドウ** *Swertia tashiroi*　辺塚竜胆
リンドウ科の一年草〜越年草。日本固有種。別名リュウキュウアケボノソウ。
¶原牧2 (No.1365/カ図)
　固有 (p114/カ写)
　山野草 (No.0976/カ写)
　新分牧 (No.3396/モ図)
　新牧日 (No.2346/モ図)
　牧野ス2 (No.3210/カ図)
　野生4 (p302/カ写)
　山ハ山花 (p397/カ写)

**ベッコウタケ** *Perenniporia fraxinea*
タマチョレイタケ科のキノコ。大型。傘は黄白色〜赤褐色，縁部類白色。
¶山力日き (p479/カ写)

**ヘデラ'ゴールドハート'** ⇒ゴールドハートを見よ

**ヘデラ'ピッツバーグ'** ⇒ピッツバーグを見よ

**ヘテランテラ・ゾステリフォリア** ⇒ツルアメリカコナギを見よ

**ヘテランテラ・レニフォルミス** ⇒ヒメホテイアオイを見よ

**ベトナムソウ** ⇒セイタカアワダチソウを見よ

**ペトロコスメア・フラッキダ** *Petrocosmea flaccida*
イワタバコ科の草本。別名スミレイワギリソウ。
¶山野草 (No.1119/カ写)

**ベニアマモ** *Cymodocea rotundata*
シオニラ科 (ベニアマモ科，ヒルムシロ科，イトクズモ科) の草本。
¶原牧1 (No.268/カ図)
　新分牧 (No.314/モ図)
　新牧日 (No.3355/モ図)
　牧野ス1 (No.268/カ図)
　野生1 (p137/カ写)
　山レ増 (p612/カ写)

**ベニイグチ** *Heimioporus japonicus*
イグチ科のキノコ。中型〜大型。傘は赤色。
¶山力日き (p355/カ写)

**ベニイタヤ** ⇒アカイタヤを見よ

**ベニイチヤクソウ** ⇒ベニバナイチヤクソウを見よ

**ベニイトスゲ** *Carex alterniflora* var.*rubrovaginata*
カヤツリグサ科の多年草。別名シコクイトスゲ，カンサイオオイトスゲ。
¶カヤツリ (No.328/モ図)
　スゲ増 (p226/カ写)
　野生1 (p319/カ写)

**ベニイモムシタケ** *Cordyceps ootakiensis*
ノムシタケ科の冬虫夏草。宿主はガの幼虫。
¶冬虫生態 (p79/カ写)

**ベニイロクチキムシタケ** *Cordyceps roseostromata*
ノムシタケ科の冬虫夏草。宿主はゴミムシダマシ科の幼虫。
¶冬虫生態 (p166/カ写)
　山力日き (p583/カ写)

**ベニウスタケ** *Cantharellus cinnabarinus*
アンズタケ科のキノコ。超小型〜小型。傘は紅色，薄い。
¶原きの (No.440/カ写・カ図)
　山力日き (p402/カ写)

**ベニウチワ** *Anthurium scherzerianum*　紅団扇
サトイモ科の多年草。別名フラミンゴ・フラワー。仏炎苞は朱赤色。
¶原牧1 (No.176/カ図)
　茶花下 (p334/カ写)
　牧野ス1 (No.176/カ図)

**ベニウツギ** ⇒タニウツギを見よ

**ベニオウシュク** *Prunus mume* 'Beni-ōshuku'　紅鶯宿
バラ科。ウメの品種。李系ウメ，難波性八重。
¶ウメ〔紅鶯宿〕(p92/カ写)

**ベニオオイタチシダ** ⇒オオイタチシダを見よ

**ベニオグラコウホネ** *Nuphar oguraensis* var.*akiensis*
スイレン科の水草。日本固有種。
¶固有 (p59)
　日水草 (p46/カ写)
　野生1 (p47)

ベニカエデ ⇒アメリカハナノキを見よ

ベニカエデ'レッド サンセット' ⇒レッド サン
セットを見よ

ベニカガ　*Prunus mume* 'Beni-kaga'　紅加賀
バラ科。ウメの品種。実ウメ, 杏系。
¶ウメ〔紅加賀〕(p181/カ写)

ベニガク　*Hydrangea serrata* var.*serrata* f.*rosalba*　紅
額, 紅萼
アジサイ科 (ユキノシタ科) の落葉低木。別名ベニ
ガクアジサイ。
¶**APG原樹** (No.1079/カ図)
　　原牧2 (No.1024/カ図)
　　新分牧 (No.3056/モ図)
　　新牧日 (No.988/モ図)
　　茶花上 (p574/カ写)
　　牧野ス2 (No.2869/カ写)
　　野生4〔ベニガクアジサイ〕(p166/カ写)
　　山力樹木 (p221/カ写)

ベニガクアジサイ ⇒ベニガクを見よ

ベニガクエゴノキ ⇒エゴノキを見よ

ベニガクヒルギ ⇒オヒルギを見よ

ベニガサ　*Rhododendron indicum* 'Benigasa'　紅傘
ツツジ科。サツキの品種。
¶**APG原樹**〔サツキ'ベニガサ'〕(No.1248/カ図)

ベニカスミ　*Boerhavia diffusa*
オシロイバナ科の多年草。
¶帰化写2 (p27/カ写)

ベニカズラ ⇒アカネを見よ

ベニカタバミ　*Oxalis brasiliensis*
カタバミ科の多年草。高さは10cm。花は濃紫紅色。
¶帰化写改 (p157/カ写)

ベニカナメモチ ⇒レッドロビンを見よ

ベニカノアシタケ　*Mycena acicula*
ラッシタケ科のキノコ。別名キカノアシタケ。超小
型。傘は朱色, 円錐形。ひだは白色。
¶山力日き (p134/カ写)

ベニカノコソウ　*Centranthus ruber*　紅鹿子草
スイカズラ科 (オミナエシ科) の多年草。別名ヒカ
ノコソウ。高さは80cm。花は濃紅色。
¶原牧2 (No.2314/カ図)
　　新分牧 (No.4385/モ図)
　　新牧日 (No.2886/カ写)
　　牧野ス2 (No.4159/カ図)

ベニカヤラン　*Gastrochilus matsuran*　紅榧蘭
ラン科の多年草。別名マツラン。
¶原牧1 (No.482/カ図)
　　山野草〔マツラン〕(No.1798/カ写)
　　新分牧 (No.531/モ図)
　　新牧日 (No.4357/モ図)
　　牧野ス1 (No.482/カ図)
　　野生1〔マツラン〕(p202/カ写)
　　山ハ山花〔マツラン〕(p96/カ写)

ベニカラコ　*Camellia japonica* 'Beni-karako'　紅唐子
ツバキ科。ツバキの品種。花は紅色。
¶茶花上 (p140/カ写)

ベニカワ ⇒トキリマメを見よ

ベニカンスゲ　*Carex conica* f.*rubens*
カヤツリグサ科の多年草。ヒメカンスゲの突然変異
種と考えられている。ヒメカンスゲの一部とも。
¶カヤツリ (p286/モ図)

ベニカンゾウ ⇒ノカンゾウを見よ

ベニクサフジ　*Vicia benghalensis*
マメ科の越年草。
¶帰化写2 (p118/カ写)

ベニクジャク　*Hibiscus syriacus* 'Beni-kujaku'　紅
孔雀
アオイ科。ムクゲの品種。半八重咲きバラ咲き型。
¶茶花下 (p33/カ写)

ベニコウジ ⇒ベニミカンを見よ

ベニコツクバネ ⇒ベニバナノツクバネウツギを
見よ

ベニコブシ ⇒シデコブシを見よ

ベニザラサ ⇒エゾノレンリソウを見よ

ベニサラサドウダン　*Enkianthus campanulatus* var.
*palibinii*　紅更紗灯台
ツツジ科ドウダンツツジ亜科の落葉低木。高さは
1m。花は白色, または桃色。
¶**APG原樹** (No.1204/カ図)
　　原牧2 (No.1227/カ図)
　　新分牧 (No.3205/モ図)
　　新牧日 (No.2171/モ図)
　　牧野ス2 (No.3072/カ図)
　　野生4 (p251/カ写)
　　山力樹木 (p592/カ写)

ベニサラタケ　*Melastiza chateri*
ビロネマキン科のキノコ。
¶山力日き (p573/カ写)

ベニシオガマ　*Pedicularis koidzumiana*　紅塩竈
ハマウツボ科 (ゴマノハグサ科) の草本。別名リシ
リシオガマ。
¶野生5 (p160/カ写)
　　山ハ高山 (p328/カ写)
　　山レ増 (p95/カ写)

ベニシダ　*Dryopteris erythrosora*　紅羊歯
オシダ科の常緑性シダ。別名チリメンベニシダ, ナ
ンゴクベニシダ。葉身は長さ30〜70cm, 長楕円形
〜卵状長楕円形。
¶シダ標2 (p369/カ写)
　　新分牧 (No.4740/モ図)
　　新牧日 (No.4527/モ図)

ベニシダモドキ ⇒ギフベニシダを見よ

ベニシタン　*Cotoneaster horizontalis*　紅紫檀
バラ科の低木。高さは1m。花は白で紅色を帯びる。
¶**APG原樹** (No.529/カ図)
　　山力樹木 (p347/カ写)

ベニシュスラン　Goodyera biflora　紅繻子蘭
ラン科の多年草。高さは4〜10cm。花は紅色を帯びた白色。
¶原牧1（No.435/カ図）
　山野草（No.1710/カ図）
　新分牧（No.430/モ図）
　新牧日（No.4309/モ図）
　牧野ス1（No.435/カ図）
　野生1（p204/カ写）
　山ハ山花（p107/カ写）

ベニスズメ　Prunus mume 'Benisuzume'　紅雀
バラ科。ウメの品種。杏系ウメ, 紅筆性一重・八重。
¶ウメ〔紅雀〕（p126/カ写）

ベニスモモ(1)　Prunus simonii　紅李
バラ科の落葉小高木。
¶APG原樹（No.484/カ図）

ベニスモモ(2)　⇒ベニバスモモを見よ

ベニヅル　⇒クロヅルを見よ

ベニヅルザクラ　Cerasus × yedoensis 'Rubriflora'　紅鶴桜
バラ科の落葉高木。サクラの栽培品種。花は紅紫色。
¶学フ増桜〔'紅鶴桜'〕（p170/カ写）

ベニセンコウタケ　Clavaria rosea
シロソウメンタケ科のキノコ。
¶原きの（No.452/カ写・カ図）

ベニタイゲキ　Euphorbia ebracteolata　紅大戟
トウダイグサ科の多年草。別名マルミノウルシ。
¶原牧2（No.255/カ図）
　新分牧（No.2415/モ図）
　新牧日（No.1473/モ図）
　牧野ス1（No.2100/カ図）
　野生3〔マルミノウルシ〕（p152/カ写）
　山ハ野花〔マルミノウルシ〕（p339/カ写）
　山レ増〔マルミノウルシ〕（p273/カ写）

ベニチドリ(1)　Camellia japonica 'Beni-chidori'　紅千鳥
ツバキ科。ツバキの品種。花は斑入り。
¶茶花上（p150/カ写）

ベニチドリ(2)　Prunus mume 'Beni-chidori'　紅千鳥
バラ科。ウメの品種。李系ウメ, 紅材性一重。
¶ウメ〔紅千鳥〕（p106/カ写）

ベニチャワンタケ　Sarcoscypha coccinea
ベニチャワンタケ科のキノコ。
¶原きの（No.545/カ写・カ図）

ベニチャワンタケの一種　Sarcoscypha sp.
ベニチャワンタケ科のキノコ。
¶山カ日き（p555/カ写）

ベニチョウジ　Cestrum purpureum　紅丁字
ナス科の観賞用低木, ややつる性。別名セストラム。花は赤紫色。
¶山カ樹木（p668/カ写）

ベニツツバナ　Odontonema strictum
キツネノマゴ科の低木状多年草。
¶帰化写2（p434/カ写）

ベニテングタケ　Amanita muscaria
テングタケ科のキノコ。別名アカハエトリタケ。
¶学フ増毒き（p73/カ写）
　原きの（No.022/カ写・カ図）
　新分牧（No.5109/モ図）
　新牧日（No.4987/モ図）
　山カ日き（p143/カ写）

ベニトウゴクシダ　⇒トウゴクシダを見よ

ベニドウダン　Enkianthus cernuus f.rubens　紅灯台
ツツジ科ドウダンツツジ亜科の落葉低木。別名チチブドウダン, ヨウラクツツジ。
¶APG原樹（No.1202/カ図）
　原牧2（No.1228/カ図）
　山野草（No.0800/カ写）
　新分牧（No.3206/モ図）
　新牧日（No.2172/モ図）
　茶花上（p456/カ写）
　牧野ス2（No.3073/カ図）
　野生4（p251/カ写）
　山カ樹木（p591/カ写）

ベニナギナタタケ　Clavulinopsis miyabeana
シロソウメンタケ科のキノコ。形は円筒状, 鮮紅色〜退色。
¶山カ日き（p409/カ写）

ベニナデシコ　⇒フジナデシコを見よ

ベニニガナ　Emilia coccinea　紅苦菜
キク科の一年草。別名カカリア（園芸名）, エフデギク, キヌフサソウ。高さは25〜50cm。花は緋紅色。
¶帰化写改（p351/カ写）
　原牧2（No.2153/カ図）
　新分牧（No.4120/モ図）
　新牧日（No.3185/モ図）
　茶花下（p335/カ写）
　牧野ス2（No.3998/カ図）

ベニバスモモ　Prunus cerasifera 'Pissardii'　紅葉李
バラ科の木本。別名ベニスモモ, アカハザクラ。
¶APG原樹（No.486/カ図）

ベニバナ　Carthamus tinctorius　紅花
キク科の一年草。別名スエツムハナ, クレノアイ, クレナイ。高さは1m。花は鮮黄色。
¶学フ増薬草（p144/カ写）
　帰化写改（p334/カ写, p512/カ写）
　原牧2（No.2221/カ図）
　新分牧（No.4013/モ図）
　新牧日（No.3251/モ図）
　茶花上（p575/カ写）
　牧野ス2（No.4066/カ図）

ベニハナイグチ　Suillus spraguei
ヌメリイグチ科のキノコ。中型。傘は赤色, 繊維状鱗片。
¶山カ日き（p301/カ写）

ベニバナイチゴ *Rubus vernus* 紅花苺
バラ科バラ亜科の落葉低木。日本固有種。
¶学フ増高山 (p26/カ図)
原牧1 (No.1763/カ図)
固有 (p76)
新分牧 (No.1936/モ図)
新牧日 (No.1131/モ図)
牧野ス1 (No.1763/カ図)
野生3 (p51/カ写)
山力樹木 (p273/カ写)
山ハ高山 (p215/カ写)

ベニバナイチヤクソウ *Pyrola asarifolia* subsp.
*incarnata* 紅花一薬草
ツツジ科イチヤクソウ亜科 (イチヤクソウ科) の多
年草。別名ベニイチヤクソウ。高さは10～25cm。
¶学フ増高山 (p35/カ写)
学フ増野夏 (p45/カ写)
原牧2 (No.1260/カ写)
新分牧 (No.3216/モ図)
新牧日 (No.2101/モ図)
茶花下 (p142/カ写)
牧野ス2 (No.3105/カ図)
野生4 (p229/カ写)
山力野草 (p297/カ写)
山ハ山花 (p379/カ写)

ベニバナインゲン *Phaseolus coccineus* 紅花隠元
マメ科マメ亜科の果菜類。別名ハナササゲ、ハナマ
メ、ベニバナインゲンマメ。種子は淡い紫赤色。長
さは3m。花は朱赤色。
¶学フ有毒 (p151/カ写)
原牧1 (No.1596/カ図)
新分牧 (No.1723/モ図)
新牧日 (No.1382/モ図)
茶花下 (p142/カ写)
牧野ス1 (No.1596/カ図)
野生2 (p304/カ写)

ベニバナインゲンマメ ⇒ベニバナインゲンを見よ

ベニバナオオケタデ(1) ⇒オオケタデ(1)を見よ

ベニバナオオケタデ(2) ⇒オオベニタデ(1)を見よ

ベニバナオキナグサ ⇒アネモネを見よ

ベニバナクサギ ⇒ボタンクサギを見よ

ベニバナコツクバネウツギ *Abelia serrata* f.
*sanguinea* 紅花子衝羽根空木, 紅花小衝羽根空木
スイカズラ科の落葉低木。花は紅色または薄紅色。
¶茶花上 (p575/カ写)
山力樹木 (p701/カ写)

ベニバナサルビア *Salvia coccinea*
シソ科の一年草。別名ベニバナサルビヤ、ベニバナ
タムラソウ。高さは30～60cm。花は濃緋紅色。
¶帰化写2 (p201/カ写)
原牧2 (No.1680/カ図)
新分牧 (No.3797/モ図)
新牧日 (No.2592/カ写)
牧野ス2 (No.3525/カ図)

ベニバナサワギキョウ *Lobelia cardinalis* 紅花沢
桔梗
キキョウ科の多年草。別名アメリカサワギキョウ、
ヨウシュサワギキョウ、カージナル・フラワー。高
さは60～90cm。花は緋紅色。
¶帰化写2 (p244/カ写)
山野草 (No.1153/カ写)
茶花下 (p143/カ写)

ベニバナセンブリ *Centaurium erythraea*
リンドウ科の二年草。高さは60cm。花は淡紅色。
¶野生4 (p301/カ写)

ベニバナダイコンソウ *Geum coccineum* 紅花大
根草
バラ科の多年草。高さは30～40cm。花は赤色。
¶茶花上 (p457/カ写)

ベニバナタムラソウ ⇒ベニバナサルビアを見よ

ベニバナツメクサ *Trifolium incarnatum* 紅花詰草
マメ科マメ亜科の一年草。高さは30～60cm。花は
深紅色。
¶帰化写改 (p149/カ写, p499/カ写)
野生2 (p296/カ写)

ベニバナトキワマンサク ⇒アカバナトキワマンサ
クを見よ

ベニバナトチノキ *Aesculus×carnea* 紅花橡木
ムクロジ科 (トチノキ科) の落葉高木。高さは10～
25m。花は紅色。樹皮は赤みのある褐色。
¶APG原樹 (No.943/カ図)
学フ増花庭 (p44/カ写)

ベニバナトチノキ 'ブリオッティー' ⇒ブリオッ
ティーを見よ

ベニバナニシキウツギ *Weigela decora* f.*unicolor*
紅花二色空木
スイカズラ科の落葉低木。高さは2～5m。花は
紅色。
¶山力樹木 (p694/カ写)

ベニバナノツクバネウツギ *Abelia spathulata* var.
*sanguinea* 紅花の衝羽根空木
スイカズラ科の落葉低木。日本固有種。別名ベニコ
ツクバネ。
¶原牧2 (No.2322/カ写)
固有 (p135/カ写)
新分牧 (No.4370/モ図)
新牧日 (No.2845/モ図)
牧野ス2 (No.4167/カ図)
野生5 (p416/カ写)
山力樹木 (p699/カ写)

ベニバナハナミズキ *Cornus florida* 'Rubra' 紅花
花水木
ミズキ科の落葉小高木～高木。ハナミズキの園芸品
種。花は淡紅色。
¶山力樹木 (p532/カ写)

ベニバナヒメジョオン ⇒ハルジオンを見よ

ベニバナヒョウタンボク *Lonicera maximowiczii*
var.*sachalinensis*
スイカズラ科の落葉低木。葉は長楕円形。
¶野生5 (p422/カ写)

ベニバナボロギク　Crassocephalum crepidioides　紅花鑑褸菊
キク科キク亜科の一年草。高さは50〜70cm。花は初め紅赤, 後に橙赤色。
¶色野草 (p209/カ写)
　学フ増野秋 (p11/カ写)
　帰化写改 (p348/カ写, p513/カ写)
　原牧2 (No.2155/カ図)
　植調 (p126/カ写)
　新分牧 (No.4111/モ図)
　新牧日 (No.3187/モ図)
　牧野ス2 (No.4000/カ図)
　野生5 (p295/カ写)
　山力野草 (p51/カ写)
　山ハ野花 (p568/カ写)

ベニバナヤグルマソウ　Rodgersia aesculifolia var. henrici　紅花矢車草
ユキノシタ科の草本。
¶山野草 (No.0552/カ写)

ベニバナヤマシャクヤク　Paeonia obovata　紅花山芍薬
ボタン科の多年草。
¶学フ増野春 (p75/カ写)
　原牧1 (No.1333/カ図)
　山野草 (No.0057/カ写)
　新分牧 (No.1502/モ図)
　新牧日 (No.715/モ図)
　茶花上 (p457/カ写)
　牧野ス1 (No.1333/カ図)
　野生2 (p181/カ写)
　山力野草 (p504/カ写)
　山ハ山花 (p266/カ写)
　山レ増 (p357/カ写)

ベニヒガサ　Hygrocybe cantharellus
ヌメリガサ科のキノコ。小型。傘は橙色〜朱赤色, 平らで細鱗片。ひだは黄色。
¶山力日き (p46/カ写)

ベニヒキヨモギ　Bellardia latifolia
ゴマノハグサ科の半寄生の越年草。茎は高さ10〜34cm。
¶帰化写2 (p230/カ写)

ベニヒダタケ　Pluteus leoninus
ウラベニガサ科のキノコ。小型〜中型。傘は鮮黄色, 周辺に条線あり。ひだは白色〜肉色。
¶原きの (No.242/カ写・カ図)
　山力日き (p180/カ写)

ベニヒバ　Psilothallia dentata
イギス科の海藻。体は線状で扁圧, 5〜20cm。
¶新分牧 (No.5078/カ図)
　新牧日 (No.4938/モ図)

ベニヒモノキ　Acalypha hispida　紅紐の木
トウダイグサ科の常緑低木。別名ナガホアミガサノキ, レッドホット・キャットテール。花は紅色。
¶原牧2 (No.237/カ写)
　新分牧 (No.2395/モ図)
　新牧日 (No.1455/モ図)

茶花下 (p335/カ写)
牧野ス1 (No.2082/カ図)

ベニヒラト　⇒オオムラサキを見よ

ベニフエ　Prunus mume 'Benifue'　紅笛
バラ科。ウメの品種。李系ウメ, 難波性八重。
¶ウメ〔紅笛〕(p93/カ写)

ベニフデ　Prunus mume 'Benifude'　紅筆
バラ科。ウメの品種。杏系ウメ, 紅筆性一重・八重。
¶ウメ〔紅筆〕(p126/カ写)

ベニベンケイ　Kalanchoe blossfeldiana　紅弁慶
ベンケイソウ科の多肉植物。別名カランコエ, ヒメカランコエ。花は深赤色。
¶茶花下 (p374/カ写)

ベニホウオウ　Bambusa multiplex f. viridi-striata
イネ科のタケ。
¶タケササ (p177/カ写)

ベニボタン　Prunus mume 'Beni-botan'　紅牡丹
バラ科。ウメの品種。李系ウメ, 紅材性八重。
¶ウメ〔紅牡丹〕(p120/カ写)

ベニマンサク　⇒マルバノキを見よ

ベニミカン　Citrus 'Benikoji'　紅蜜柑
ミカン科の常緑低木。別名ベニコウジ。高さは2m内外。花は白色。
¶原牧2 (No.591/カ図)
　新分牧 (No.2638/モ図)
　新牧日 (No.1528/モ図)
　牧野ス2 (No.2436/カ図)

ベニミョウレンジ　Camellia japonica 'Beni-myōrenji'　紅妙蓮寺
ツバキ科。ツバキの品種。別名ミョウレンジ。花は紅色。
¶茶花上 (p128/カ写)

ベニモズク　Helminthocladia australis
コナハダ科の海藻。軟骨質様。体は45cm。
¶新分牧 (No.5023/モ図)
　新牧日 (No.4884/モ図)

ベニヤマザクラ　⇒オオヤマザクラを見よ

ベニヤマタケ　Hygrocybe coccinea
ヌメリガサ科のキノコ。小型〜中型。傘は鮮赤色, 粘性なし。ひだは黄橙色。
¶山力日き (p45/カ写)

ベニリンゴ　⇒ウケザキカイドウを見よ

ベニロウゲツ　Camellia japonica 'Beni-rôgetsu'　紅臘月
ツバキ科。ツバキの品種。別名アカロウゲツ。花は紅色。
¶茶花上 (p130/カ写)

ベニワビスケ　Camellia japonica 'Beni-wabisuke'　紅侘助
ツバキ科。ツバキの品種。花は紅色。
¶茶花上 (p130/カ写)

ヘパチカ・トランシルバニカ　Hepatica transsilvanica
キンポウゲ科の草本。高さは15cm以上。花は青

へ

ヘハチカノ

紫色。
¶山野草（No.0215/カ写）

**ヘパチカ・ノビリス**　*Hepatica nobilis*
キンポウゲ科の多年草。花は淡紅, 青紫, 白など。
¶山野草（No.0216/カ写）

**ヘパチカ・ヘンリー**　*Hepatica henryi*
キンポウゲ科の多年草。花は白色。
¶山野草（p305）

**ヘパチカ・ヤマツタイ**　*Hepatica yamatutai*
キンポウゲ科の草本。高さは10〜15cm。
¶山野草（No.0212/カ写）

**ヘパティカ・アクティロバ**　⇒アメリカミスミソ
ウを見よ

**ヘパティカ・アメリカナ**　⇒アメリカスハマソウを
見よ

**ヘパティカ・ノビリス**　⇒ヘパチカ・ノビリスを
見よ

**ヘパティカ・ヘンリー**　⇒ヘパチカ・ヘンリーを
見よ

**ヘビイチゴ**　*Potentilla hebiichigo*　蛇苺
バラ科バラ亜科の多年生匍匐草本。
¶色野草（p156/カ写）
　学フ増野春（p108/カ写）
　原牧1（No.1834/カ図）
　山野草（No.0604/カ写）
　植調（p226/カ写）
　新分牧（No.2028/モ図）
　新牧日（No.1161/モ図）
　牧野ス1（No.1834/カ図）
　野生3（p34/カ写）
　山力野草（p398/カ写）
　山ハ野花（p383/カ写）

**ヘビキノコ**　*Amanita excelsa* var.*spissa*
テングタケ科のキノコ。
¶原きの（No.018/カ写・カ図）

**ヘビキノコモドキ**　*Amanita spissacea*
テングタケ科のキノコ。中型。傘は灰褐色, 黒褐色
のいぼ, 条線なし。
¶学フ増毒き（p75/カ写）
　山力日き（p164/カ写）

**ヘビキノコモドキ近縁種**　*Amanita* sp.
テングタケ科のキノコ。傘表面は灰褐色〜褐色。
¶山力日き（p164/カ写）

**ヘビサトメシダ**　*Athyrium deltoidofrons× A. yokoscense*
メシダ科のシダ植物。
¶シダ標2（p305/カ写）

**ヘビノキシノブ**　⇒タイワンクリハランを見よ

**ヘビノシタ**　*Botrychium lunaria*　蛇の舌
ハナヤスリ科（ハナワラビ科）の夏緑性シダ。別名
ヒメハナワラビ, アキノハナワラビ。葉身は長さ1.5
〜6cm, 三角状長楕円形。
¶シダ標1〔ヒメハナワラビ〕（p291/カ写）
　新分牧（No.4509/モ図）

新牧日（No.4399/モ図）
　山ハ高山〔ヒメハナワラビ〕（p461/カ写）
　山レ増〔ヒメハナワラビ〕（p687/カ写）

**ヘビノダイハチ**(1)　⇒テンナンショウ類を見よ

**ヘビノダイハチ**(2)　⇒マムシグサを見よ

**ヘビノネゴザ**　*Athyrium yokoscense*　蛇の寝御座
メシダ科（オシダ科）の夏緑性シダ。別名カナクサ,
コイヌワラビ, カナヤマシダ, トラノオイヌワラビ,
ヒロハヘビノネゴザ, タカネヘビノネゴザ。葉身は
長さ20〜40cm, 披針形〜長楕円状披針形。
¶シダ標2（p298/カ写）
　新分牧（No.4703/モ図）
　新牧日（No.4590/モ図）

**ヘビノボラズ**　*Berberis sieboldii*　蛇上らず, 蛇不上
メギ科の木本。日本固有種。別名トリトマラズ, コ
ガネエンジュ。
¶**APG原樹**（No.258/カ図）
　原牧1（No.1171/カ図）
　固有（p59）
　新分牧（No.1340/モ図）
　新牧日（No.638/モ図）
　茶花上（p458/カ写）
　牧野ス1（No.1171/カ図）
　野生2（p115/カ写）
　山力樹木（p187/カ写）

**ヘビブドウ**　⇒ノブドウを見よ

**ヘビホソバイヌワラビ**　*Athyrium× inouei*
メシダ科のシダ植物。
¶シダ標2（p306/カ写）

**ヘビヤマイヌワラビ**　*Athyrium× mentiens*
メシダ科のシダ植物。
¶シダ標2（p305/カ写）

**ヘブス**　⇒カラスビシャクを見よ

**ペポカボチャ**　⇒セイヨウカボチャ(1)を見よ

**ヘボガヤ**　⇒イヌガヤを見よ

**ヘメロカリス・ミノル**　⇒ホソバキスゲを見よ

**ヘライワヅタ**　*Caulerpa brachypus*
イワヅタ科の海藻。葉はリボン状。
¶新分牧（No.4960/モ図）
　新牧日（No.4820/モ図）

**ヘラオオバコ**　*Plantago lanceolata*　箆大葉子
オオバコ科の多年草。高さは40〜60cm。花は汚
白色。
¶色野草（p69/カ写）
　学フ増野春（p207/カ写）
　帰化写改（p307/カ写, p509/カ写）
　原牧2（No.1543/カ図）
　植調（p105/カ写）
　新分牧（No.3597/モ図）
　新牧日（No.2820/モ図）
　牧野ス2（No.3388/カ図）
　野生5（p80/カ写）
　山力野草（p157/カ写）
　山ハ野花（p478/カ写）

**ヘラオモダカ** *Alisma canaliculatum*　筬面高, 箆沢瀉
オモダカ科の抽水性〜湿生多年草。サジオモダカと似ている。高さは10〜130cm。花弁は白色〜淡い桃色。葉はへら形。
¶ 学フ増野秋(p191/カ写)
　原牧1(No.222/カ図)
　植調(p45/カ写)
　新分牧(No.262/モ図)
　新牧日(No.3315/モ図)
　茶花下(p262/カ写)
　日水草(p71/カ写)
　牧野ス1(No.222/カ図)
　野生1(p115/カ写)
　山力野草(p695/カ写)
　山ハ野花(p30/カ写)

**ヘラシダ** *Deparia lancea*　箆羊歯
メシダ科(オシダ科, イワデンダ科)の常緑性シダ。別名フイリヘラシダ, ギザギザヘラシダ。葉身は長さ10〜30cm, 披針形〜線形。
¶ 山野草(No.1812/カ写)
　シダ標2(p344/カ写)
　新分牧(No.4684/モ図)
　新牧日(No.4583/モ図)

**ヘラタケ** *Spathularia flavida*
ホテイタケ科のキノコ。小型。頭部は黄色〜クリーム色, へら形。
¶ 原きの(No.549/カ写・カ図)
　山力日き(p546/カ写)

**ヘラナレン** *Crepidiastrum linguifolium*　箆ナレン
キク科キクニガナ亜科の常緑小低木。小笠原固有種。花は紅紫色。
¶ APG原樹(No.1462/カ図)
　原牧2(No.2282/カ図)
　固有(p141)
　新分牧(No.4035/モ図)
　新牧日(No.3308/モ図)
　牧野ス2(No.4127/カ図)
　野生5(p274/カ写)
　山力樹木(p735/カ写)
　山レ増(p14/カ写)

**ヘラノキ** *Tilia kiusiana*　箆の木
アオイ科(シナノキ科)の落葉広葉高木。日本固有種。別名トクオノキ。高さは20m。
¶ APG原樹(No.1006/カ図)
　原牧2(No.648/カ写)
　固有(p90)
　新分牧(No.2660/モ図)
　新牧日(No.1716/モ図)
　茶花下(p143/カ写)
　牧野ス2(No.2493/カ図)
　野生4(p32/カ写)
　山力樹木(p472/カ写)

**ヘラハタザオ** *Catolobus liguifolius*　箆旗竿
アブラナ科の越年草。別名トダイハタザオ。茎葉はへら状長楕円形。
¶ 野生4(p59)

**ヘラバヒメジョオン** *Erigeron strigosus*　箆葉姫女苑
キク科キク亜科の一年草〜二年草。別名ヤナギバヒメジョオン。高さは30〜100cm。花は白色, または淡紅色。
¶ 帰化写改(p355/カ写)
　原牧2(No.1971/カ図)
　新分牧(No.4151/モ図)
　新牧日(No.3006/モ図)
　牧野ス2(No.3816/カ図)
　野生5(p323/カ写)
　山ハ野花(p548/カ写)

**ペラペラヒメジョオン**　⇒ペラペラヨメナを見よ

**ペラペラヨメナ** *Erigeron karvinskianus*　ペラペラ嫁菜
キク科の多年草。別名ペラペラヒメジョオン, メキシコヒナギク。高さは20〜40cm。花は白色。
¶ 色野草(p42/カ写)
　帰化写改(p356/カ写, p514/カ写)
　新分牧(No.4152/モ図)
　新牧日(No.3011/モ図)

**ヘラモ**　⇒セキショウモを見よ

**ヘラヤハズ** *Dictyopteris prolifera*
アミジグサ科の海藻。分岐が甚しい。体は30cm。
¶ 新分牧(No.4973/モ図)
　新牧日(No.4833/モ図)

**ヘリオトロープ** *Heliotropium arborescens*
ムラサキ科の草本。別名キダチルリソウ, ニオイムラサキ, コウスイグサ。
¶ APG原樹〔キダチルリソウ〕(No.1371/カ図)
　原牧2(No.1419/カ図)
　新分牧(No.3514/モ図)
　新牧日(No.2479/モ図)
　茶花下〔においむらさき〕(p369/カ写)
　牧野ス2(No.3264/カ写)
　山力樹木〔キダチルリソウ〕(p655/カ写)

**ヘリコニア**　⇒ヘリコニア・プシッタコルムを見よ

**ヘリコニア・プシッタコルム** *Heliconia psittacorum* f.
オウムバナ科。花序は橙朱色。葉は光沢あり。
¶ 茶花下〔ヘリコニア〕(p336/カ写)

**ヘリトリザサ**　⇒クマザサを見よ

**ヘリトリツボミゴケ** *Jungermannia hattorii*
ツボミゴケ科のコケ植物。日本固有種。
¶ 固有(p222)

**ベルガモット**　⇒タイマツバナを見よ

**ペルシアジョチュウギク**　⇒アカムショケギクを見よ

**ペルシアハシドイ** *Syringa × persica*
モクセイ科の落葉低木。別名ペルシャライラック。
¶ 茶花上(p458/カ写)
　山力樹木〔ペルシャハシドイ〕(p635/カ写)

**ペルシャグルミ** *Juglans regia*
クルミ科の木本。別名セイヨウグルミ。高さは20〜30m。樹皮は淡灰色。

ヘルシヤシ 702

¶**APG原樹**（No.727/カ図）

**ペルシャジョチュウギク** ⇒アカムシヨケギクを見よ

**ペルシャハシドイ** ⇒ペルシアハシドイを見よ

**ペルシャライラック** ⇒ペルシアハシドイを見よ

**ベルベットグラス** ⇒シラゲガヤを見よ

**ベルベリス × ステノフィラ** *Berberis×stenophylla*
メギ科の低木。高さは2m。花は黄色。
¶山野草（No.0386/カ写）

**ペレニアルライグラス** ⇒ホソムギを見よ

**ヘレニウム** ⇒ダンゴギクを見よ

**ヘレボルス・オドルス** *Helleborus odorus*
キンポウゲ科の宿根草。
¶山野草（No.0325/カ写）

**ヘレボルス・オリエンタリス** ⇒ハルザキクリスマスローズを見よ

**ヘレボルス × ゴールド** *Helleborus×Yellow*
(golden nectaries)
キンポウゲ科の草本。高さは約30cm。
¶山野草（No.0328/カ写）

**ヘレボルス × ステルニー** *Helleborus×sternii*
キンポウゲ科。H.アグチフォリウスとH.リビダスの交配種。
¶山野草（No.0327/カ写）

**ヘレボルス・チベタヌス** *Helleborus thibetanus*
キンポウゲ科の宿根草。
¶山野草（No.0321/カ写）

**ヘレボルス・デュメトルム** *Helleborus dumetorum*
キンポウゲ科の草本。高さは30〜45cm。
¶山野草（No.0324/カ写）

**ヘレボルス・トルカーツス** *Helleborus torquatus*
キンポウゲ科の草本。高さは30〜40cm。
¶山野草（No.0323/カ写）

**ヘレボルス・ニゲル** ⇒クリスマスローズを見よ

**ヘレボルス・リビダス** *Helleborus lividus*
キンポウゲ科の多年草、宿根草。高さは30cm。花は淡緑色。
¶山野草（No.0322/カ写）

**ベロニカ・アフィラ** *Veronica aphylla*
ゴマノハグサ科の草本。高さは3〜6cm。
¶山野草（No.1077/カ写）

**ベロニカ・ボンビキナ** *Veronica bombycina*
ゴマノハグサ科の草本。高さは3〜6cm。
¶山野草（No.1075/カ写）

**ベロベロネ** ⇒コエビソウを見よ

**ベンガルボダイジュ** *Ficus benghalensis*
クワ科の中高木。別名バンヤンジュ。横に枝を張り気根を垂らす。高さは30m。
¶APG原樹（No.680/カ図）

**ベンケイソウ** *Hylotelephium erythrostictum* 弁慶草
ベンケイソウ科の多年草。別名イキクサ，コベンケイソウ，ハチマンソウ。高さは30〜100cm。花は

紅色。
¶学フ増野夏（p50/カ写）
原牧1（No.1420/カ図）
新分牧（No.1585/モ図）
新牧日（No.926/モ図）
茶花下（p336/カ写）
牧野ス1（No.1420/カ図）
野生2（p217/カ写）
山ハ山花（p291/カ写）

**ベンケイナズナ** *Lepidium latifolium*
アブラナ科の多年草。別名ヒロハマメグンバイナズナ。高さは40〜150cm。花は白色，またはやや赤色。
¶帰化写改（p103/カ写）
野生4（p66）

**ベンケイノチカラシバ** ⇒ナギを見よ

**ベンケイヤワラスゲ** *Carex benkei*
カヤツリグサ科の多年草。有花茎は60〜170cm。
¶カヤツリ（p478/モ図）
スゲ増（No.267/カ写）
野生1（p332/カ写）

**ヘンゴダマ** ⇒シマテンナンショウを見よ

**ベンジャミンゴム** *Ficus benjamina*
クワ科の高木。別名シダレガジュマル，ベンジャミンゴムノキ。果嚢は肉黄色，枝は垂下性。
¶APG原樹〔シダレガジュマル〕（No.668/カ図）
原牧2（No.65/カ図）
新分牧（No.2099/モ図）
新牧日（No.189/モ図）
牧野ス1（No.1910/カ図）

**ベンジャミンゴムノキ** ⇒ベンジャミンゴムを見よ

**ペンステモン・ニューベリー** *Penstemon newberryi*
ゴマノハグサ科。高さは30cm。花は濃紅桃色。
¶山野草（No.1082/カ写）

**ペンステモン・ヒルスツス・ピグマエウス**
*Penstemon hirsutus var.pygmaeus*
ゴマノハグサ科の草本。高さは6〜10cm。
¶山野草（No.1080/カ写）

**ペンデュラ⑴** ⇒アラスカヒノキ‘ペンデュラ’を見よ

**ペンデュラ⑵** ⇒ヨーロッパブナ‘ペンデュラ’を見よ

**ベンテンカグラ** *Camellia japonica* 'Benten-kagura'
弁天神楽
ツバキ科。ツバキの品種。別名シチフクジンベンテン。花は斑入り。
¶茶花上（p151/カ写）

**ベンテンツゲ⑴** *Buxus microphylla var.kitashimae*
ツゲ科。日本固有種。
¶固有（p88/カ写）

**ベンテンツゲ⑵** ⇒ハチジョウツゲを見よ

**ヘントウ** ⇒アーモンドを見よ

**ペンペングサ** ⇒ナズナを見よ

**ペンペンソウ** ⇒ナズナを見よ

**ヘンヨウボク** *Codiaeum variegatum* var.*pictum* 変葉木
トウダイグサ科の木本。別名クロトンノキ。
¶APG原樹(No.802/カ図)

**ヘンリーメヒシバ** *Digitaria henryi*
イネ科キビ亜科の多年草。
¶桑イネ(p181/モ図)
新分牧(No.1209/モ図)
新牧日(No.3806/モ図)
野生2(p82)

**ヘンルウダ** *Ruta graveolens*
ミカン科の多年草。別名ヘンルーダ。高さは60〜90cm。
¶原牧2(No.571/カ図)
新分牧(No.2618/モ図)
新牧日(No.1508/モ図)
牧野ス2(No.2416/カ図)

**ヘンルーダ** ⇒ヘンルウダを見よ

## 【 ホ 】

**ホイヘラ・サンギネア** ⇒ツボサンゴを見よ

**ポインセチア** *Euphorbia pulcherrima*
トウダイグサ科の常緑低木。別名ショウジョウボク。苞が緋赤に着色する。
¶APG原樹〔ショウジョウボク〕(No.792/カ図)
学フ有毒(p203/カ図)
原牧2(No.261/カ図)
新分牧(No.2421/モ図)
新牧日(No.1480/モ図)
茶花下(p393/カ図)
牧野ス1(No.2106/カ図)
野生3〔ショウジョウボク〕(p157)
山力樹木(p396/カ写)

**ボウアオノリ** *Ulva intestinalis*
アオサ科の海藻。筒状で単条。
¶新分牧(No.4951/モ図)
新牧日(No.4812/モ図)

**ボウアマモ** ⇒シオニラを見よ

**ホウオウゴケ** *Fissidens nobilis*
ホウオウゴケ科のコケ。別名オオバホウオウゴケ。大型、茎は長さ2〜9cm。葉は披針形。
¶新分牧(No.4851/モ図)
新牧日(No.4705/モ図)

**ホウオウシダ** ⇒クロガネシダを見よ

**ホウオウシャジン** *Adenophora takedae* var. *howozana* 鳳凰沙参
キキョウ科の多年草。日本固有種。
¶固有(p137)
山野草(No.1157/カ写)
野生5(p188/カ写)
山力野草(p126/カ写)
山ハ高山(p369/カ写)

山レ増(p71/カ写)

**ホウオウスギ** ⇒ヨレスギを見よ

**ホウオウスゲ** ⇒ホウザンスゲを見よ

**ホウオウチク** *Bambusa multiplex* 'Fernleaf' 鳳凰竹
イネ科タケ亜科のタケ。別名ホウビチク。
¶タケ亜科(No.2/カ写)
タケササ(p176/カ写)
山力樹木(p74/カ写)

**ホウオウヒバ** ⇒シシンデンを見よ

**ホウオウボク** *Delonix regia* 鳳凰木
マメ科の常緑高木。横に枝を拡げる。高さは10m。花は赤色。
¶新分牧(No.1634/モ図)

**ボウカズラ** *Lycopodium laxum*
ヒカゲノカズラ科の常緑性シダ。葉身は長さ12mm、針形〜線状披針形。
¶シダ標1(p265/カ写)
山レ増(p700/カ写)

**ホウキアザミ** *Cirsium gratiosum* 箒薊
キク科アザミ亜科の多年草。日本固有種。別名ハハキアザミ。
¶固有(p140)
野生5(p240/カ写)
山ハ高山(p406/カ写)

**ホウキガヤツリ** *Cyperus distans*
カヤツリグサ科の大型の多年草。
¶野生1(p342/カ写)

**ホウキギ** *Bassia scoparia* 箒木
ヒユ科(アカザ科)の一年草。別名ニワクサ、ネンドウ、コキア。多数の細い枝が直立して束状に伸びる。高さは1m。花は淡緑色。
¶帰化写改(p60/カ写)
原牧2(No.975/カ図)
新分牧(No.3003/モ図)
新牧日(No.428/モ図)
茶花下(p144/カ写)
牧野ス2(No.2820/カ図)
山ハ野花(p291/カ写)

**ホウキギク** *Symphyotrichum subulatum* var. *subulatum* 箒菊
キク科キク亜科の一年草または越年草。別名アレチシオン、ハハキシオン、ホウキシオン、ハハキギク。高さは50〜120cm。花は白色、または淡桃色。
¶学フ増explore秋(p134/カ写)
帰化写改(p324/カ写, p511/カ写)
原牧2(No.1961/カ写)
新分牧(No.4163/モ図)
新牧日(No.2974/モ図)
牧野ス2(No.3806/カ写)
野生5(p326/カ写)
山ハ野花(p547/カ写)

**ホウキコウボウムギ** ⇒コウボウムギを見よ

**ホウキシオン** ⇒ホウキギクを見よ

ホウキスス　　　　　　　　　　　　　　704

**ホウキススズメノチャヒキ**　*Bromus alopecuros*
イネ科の一年草。
¶帰化写2（p322/カ写）

**ホウキタケ**　*Ramaria botrytis*　箒茸
ラッパタケ科（ホウキタケ科）のキノコ。別名ネズ
ミタケ。
¶原きの（No.463/カ写・カ図）
新分牧（No.5129/モ図）
新牧日（No.4952/モ図）
山カ日き（p415/カ写）

**ホウキタケ類（有毒）**
ホウキタケ科のキノコ。枝サンゴのような形。色は
赤～肌色～オレンジ色～黄色～白色～こげ茶色など。
¶学フ増毒き〔有毒のホウキタケ類〕（p208/カ写）

**ホウキドウダン**　⇒アブラツツジを見よ

**ホウキノキ**　⇒ホツツジを見よ

**ホウキモモ**　*Prunus persica* ‘Pyramidalis’　箒桃
バラ科。モモの品種。
¶APG原樹〔モモ‘ホウキモモ’〕（No.497/カ図）

**ホウキモロコシ**　*Sorghum bicolor* ‘Hoki’　箒蜀黍
イネ科の一年草。
¶原牧1（No.1064/カ図）
新分牧（No.1167/モ図）
新牧日（No.3844/モ図）
牧野ス1（No.1064/カ図）

**ホウクリ**　⇒サイハイランを見よ

**ホウコグサ**　⇒ハハコグサを見よ

**ボウコツルマメ**　*Glycine tabacina*　膨湖蔓豆
マメ科マメ亜科のやや小型のつる性多年草。花は青
紫色または紅紫色。
¶野生2（p270/カ写）

**ホウサイ**　*Cymbidium sinense*　報才
ラン科の草本。高さは60～70cm。花は紫褐，紅，
桃色。
¶野生1（p192/カ写）

**ホウザンスゲ**　*Carex hoozanensis*
カヤツリグサ科の多年草。別名ホウオウスゲ。
¶カヤツリ（p258/モ図）
スゲ増（No.126/カ写）
野生1（p313/カ写）

**ホウザンツヅラフジ**　⇒アオツヅラフジを見よ

**ホウザンツバキ(1)**　*Camellia japonica* var.*japonica*
鳳山椿
ツバキ科。別名タイワンヤマツバキ。花は小型で
筒状。
¶茶花上（p98/カ写）

**ホウザンツバキ(2)**　⇒ヤブツバキを見よ

**ボウシバナ**　⇒ツユクサを見よ

**ホウシュ**　*Camellia japonica* ‘Hôshu’　宝珠
ツバキ科。ツバキの品種。花は白色。
¶茶花上（p115/カ写）

**ボウシュウボク**　*Aloysia triphylla*
クマツヅラ科の多年草または低木，ハーブ。別名コ
ウスイボク。高さは3m。花は白色，または淡紫色。
¶原牧2（No.1817/カ写）
新分牧（No.3685/モ図）
新牧日（No.2498/モ図）
牧野ス2（No.3662/カ図）

**ホウジュン**　*Rosa* ‘Hôjun’　芳純
バラ科の木本。ハイブリッド・ティーローズ系。花
はローズピンク。
¶APG原樹〔バラ‘ホウジュン’〕（No.615/カ図）

**ホウショウチク**　*Bambusa multiplex* f.*variegata*
イネ科のタケ。
¶タケササ（p175/カ写）

**ボウズネコノミミ**　⇒ヒメブタナを見よ

**ホウセンカ**　*Impatiens balsamina*　鳳仙花
ツリフネソウ科の一年草，観賞用草本。別名ツマク
レナイ，ツマベニ。高さは30～70cm。花は紅色。
¶学フ増薬草（p77/カ写）
学フ有毒（p175/カ写）
原牧2（No.1044/カ図）
新分牧（No.3086/モ図）
新牧日（No.1615/カ図）
牧野ス2（No.2889/カ図）

**ホウソ**　⇒コナラを見よ

**ホウダイ**　*Paeonia suffruticosa* ‘Hôdai’
ボタン科。ボタンの品種。
¶APG原樹〔ボタン‘ホウダイ’〕（No.315/カ図）

**ホウチャクソウ**　*Disporum sessile*　宝鐸草
イヌサフラン科（ユリ科）の多年草。別名ハチクカ，
ハトノチョウチン，キツネノチョウチン。高さは30
～60cm。花は帯緑白色。
¶色野草（p59/カ写）
学フ増山菜（p229/カ写）
学フ増野春（p188/カ写）
学フ有毒（p26/カ写）
原牧1（No.317/カ図）
山野草（No.1388/カ写）
新分牧（No.362/モ図）
新牧日（No.3473/モ図）
茶花上（p459/カ写）
牧野ス1（No.317/カ図）
野生1（p163/カ写）
山カ野草（p634/カ写）
山ハ野花（p52/カ写）
山ハ山花（p87/カ写）

**ホウチャクチゴユリ**　*Disporum*×*hishiyamanum*　宝
鐸稚児百合
イヌサフラン科。ホウチャクソウとチゴユリの雑
種。花はチゴユリに似て大きい。
¶山ハ山花（p87/カ写）

**ホウネンタケ**　*Abundisporus pubertatis*
タマチョレイタケ科のキノコ。中型～大型。傘は薄
紫色～褐色。
¶山カ日き（p481/カ写）

**ホウノカワシダ** ⇒ホオノカワシダを見よ

**ボウバアマモ** ⇒シオニラを見よ

**ホウビカンジュ** *Nephrolepis biserrata* 鳳尾貫衆
タマシダ科（シノブ科）の常緑性シダ。葉身は長さ
60〜150cm，披針形。
　¶シダ標2（p440/カ写）
　　新分牧（No.4766/モ図）
　　新牧日（No.4495/モ図）

**ホウビシダ** *Hymenasplenium hondoense* 鳳尾羊歯
チャセンシダ科の常緑性シダ。別名ヒメクジャクシ
ダ。葉身は長さ10〜20cm，披針形〜長楕円状披
針形。
　¶山野草（No.1814/カ写）
　　シダ標1（p419/カ写）
　　新分牧（No.4624/モ図）
　　新牧日（No.4643/モ図）

**ホウビチク** ⇒ホウオウチクを見よ

**ボウフウ** *Saposhnikovia divaricata* 防風
セリ科の草本，薬用植物。
　¶原牧2（No.2474/カ写）
　　新分牧（No.4503/モ図）
　　新牧日（No.2088/カ写）
　　牧野ス2（No.4319/カ図）

**ボウブラ**(1) *Cucurbita moschata* var.*meloniformis*
ウリ科の一年草。別名キクザカボチャ。
　¶原牧2（No.179/カ図）
　　新分牧（No.2224/モ図）
　　新牧日（No.1883/モ図）
　　牧野ス1（No.2024/カ図）

**ボウブラ**(2) ⇒カボチャを見よ

**ボウボウ** *Asimina triloba*
バンレイシ科の木本。別名アシミナ，ポポー，ポー
ポー，ポポーノキ，アケビガキ。果皮は黄緑色。高
さは6〜10m。花は緑で，徐々に暗紫に変化色。樹
皮は灰褐色。
　¶APG原樹〔ポポー〕（No.147/カ図）
　　原牧1（No.132/カ図）
　　新分牧（No.162/モ図）
　　新牧日（No.470/モ図）
　　牧野ス1（No.132/カ図）
　　山力樹木〔ポポー〕（p183/カ写）

**ボウムギ** *Lolium rigidum*
イネ科イチゴツナギ亜科の一年草。高さは10〜
60cm。
　¶帰化写改（p452/カ写）
　　野生2（p57/カ写）

**ホウヤクイヌワラビ** *Athyrium × neoelegans*
メシダ科のシダ植物。別名ケホウヤクイヌワラビ。
　¶シダ標2（p312/カ写）

**ホウヨカモメヅル** *Vincetoxicum hoyoense*
キョウチクトウ科の多年草。葉は長さ9〜14cm。
　¶野生4（p319/カ写）

**ホウライ** *Prunus mume* 'Hōrai' 蓬来
バラ科。ウメの品種。李系ウメ，難波性八重。

　¶ウメ〔蓬来〕（p93/カ写）

**ホウライアオカズラ** *Gymnema sylvestre* 蓬莱青葛，
蓬莱青蔓
キョウチクトウ科（ガガイモ科）の蔓木。葉裏には
短褐毛。
　¶野生4（p311）

**ホウライイヌワラビ** *Athyrium subrigescens* 蓬莱
犬蕨
メシダ科の常緑性シダ。別名オトメイヌワラビ，ケ
ホウライイヌワラビ。葉身は長さ30〜50cm，三角
状卵形〜卵状長楕円形。
　¶シダ標2（p302/カ写）
　　山レ増（p644/カ写）

**ホウライウスヒメワラビ** *Acystopteris tenuisecta*
蓬莱薄姫蕨
ナヨシダ科の夏緑性シダ。葉身は長さ40cm，三角
状披針形〜卵状披針形。
　¶シダ標1（p403/カ写）

**ホウライカガミ** *Parsonsia alboflavescens* 蓬莱鏡
キョウチクトウ科の草本。
　¶野生4（p314/カ写）

**ホウライカズラ** *Gardneria nutans* 蓬莱葛
マチン科の常緑つる性植物。日本固有種。
　¶APG原樹（No.1357/カ図）
　　原牧2（No.1372/カ図）
　　固有（p114/カ写）
　　新分牧（No.3413/モ図）
　　新牧日（No.2315/モ図）
　　牧野ス2（No.3217/カ図）
　　野生4（p306/カ写）
　　山力樹木（p649/カ写）

**ホウライクジャク** *Adiantum capillus-junonis* 蓬莱
孔雀
イノモトソウ科の常緑性シダ。葉身は長さ6〜
20cm，単羽状，披針形。
　¶シダ標1（p387/カ写）

**ホウライゲジゲジシダ** ⇒ゲジゲジシダを見よ

**ホウライシソクサ** *Limnophila rugosa* 蓬莱紫蘇草
オオバコ科の多年草。水辺，湿地などに生える。高
さは10〜50cm。
　¶野生5（p77/カ写）

**ホウライシダ** *Adiantum capillus-veneris* 蓬莱羊歯
イノモトソウ科（ホウライシダ科）の常緑性シダ。
葉身は長さ5〜12cm，三角状長楕円形かやや狭い。
　¶帰化写改（p485/カ写）
　　山野草（No.1831/カ写）
　　シダ標1（p386/カ写）
　　新分牧（No.4606/モ図）
　　新牧日（No.4474/モ図）

**ホウライジユリ** ⇒ヤマユリを見よ

**ホウライショウ** *Monstera deliciosa* 蓬莱蕉
サトイモ科の観賞用蔓木。別名デンシンラン，モン
ステラ。果実は芳香可食，パイナップルの香。長さ
は1m。
　¶原牧1（No.177/カ図）
　　新分牧（No.209/モ図）

ホウライチ

牧野ス1 (No.177/カ図)

**ホウライチク** *Bambusa multiplex* 蓬莱竹
イネ科タケ亜科の常緑中型タケ。別名ドヨウダケ、ドヨウチク、オキナワダケ、チンチク。密集束生、小型で垣根用。高さは5〜10m。
¶APG原樹 (No.216/カ図)
　原牧1 (No.913/カ図)
　新分牧 (No.1039/モ図)
　新牧日 (No.3611/モ図)
　タケ亜科 (No.1/カ写)
　タケササ (p172/カ写)
　牧野ス1 (No.913/カ図)
　野生2 (p31/カ写)
　山力樹木 (p73/カ写)

**ホウライツヅラフジ** *Pericampylus formosanus* 蓬莱葛藤
ツヅラフジ科の常緑のつる性木本。花は淡黄緑色。
¶原牧1 (No.1163/カ図)
　新分牧 (No.1320/モ図)
　新牧日 (No.660/モ図)
　牧野ス1 (No.1163/カ図)
　野生2 (p112)

ホ

**ホウライツユクサ** *Commelina auriculata* 蓬莱露草
ツユクサ科の草本。
¶野生1 (p266/カ写)

**ホウライハナワラビ** *Botrychium formosanum* 蓬莱花蕨
ハナヤスリ科(ハナワラビ科)の常緑性シダ。葉身は長さ8〜35cm、三角状菱形。
¶シダ標1 (p293/カ写)
　新分牧 (No.4508/カ写)
　新牧日 (No.4398/モ図)

**ホウライヒメワラビ** *Dryopteris hendersonii* 蓬莱姫蕨
オシダ科の常緑性シダ。葉身は長さ30〜50cm、広卵状三角形〜卵形。
¶シダ標2 (p364/カ写)
　山以増 (p659/カ写)

**ホウライムラサキ** *Callicarpa formosana* 蓬莱紫
シソ科(クマツヅラ科)の木本。高さは3〜5m。花は淡紫色。
¶野生5 (p105/カ写)

**ボウラン** *Luisia teres* 棒蘭
ラン科の多年草。高さは10〜40cm。花は淡黄緑色。
¶原牧1 (No.479/カ図)
　山野草 (No.1796/カ写)
　新分牧 (No.529/モ図)
　新牧日 (No.4354/モ図)
　牧野ス1 (No.479/カ図)
　野生1 (p212/カ写)
　山力野草 (p585/カ写)
　山レ増 (p490/カ写)

**ホウランスゲ** ⇒オキナワスゲを見よ

**ホウリュウカク** *Prunus mume* 'Hōryūkaku' 芳流閣
バラ科。ウメの品種。野梅系ウメ、野梅性一重。
¶ウメ〔芳流閣〕(p41/カ写)

APG原樹〔ウメ'ホウリュウカク'〕(No.467/カ図)

**ホウリンジ** *Cerasus lannesiana* 'Horinji' 法輪寺
バラ科の木本。サクラの品種。
¶APG原樹〔サクラ'ホウリンジ'〕(No.442/カ図)

**ホウレンソウ** *Spinacia oleracea* 菠薐草
ヒユ科(アカザ科)の一年草〜二年草、葉菜類。
¶原牧2 (No.974/カ図)
　新分牧 (No.3009/モ図)
　新牧日 (No.427/モ図)
　牧野ス2 (No.2819/カ図)

**ホウロクイチゴ** *Rubus sieboldii* 焙烙苺、炮烙苺
バラ科バラ亜科の常緑つる性低木。日本固有種。別名タグリイチゴ。
¶APG原樹 (No.575/カ図)
　原牧1 (No.1745/カ図)
　固有 (p76)
　新分牧 (No.1938/モ図)
　新牧日 (No.1133/モ図)
　牧野ス1 (No.1745/カ図)
　ミニ山 (p134/カ写)
　野生3 (p47/カ写)
　山力樹木 (p266/カ写)

**ホウロクタケ** *Daedalea dickinsii*
ツガサルノコシカケ科のキノコ。中型〜大型。傘は淡褐色、環溝。
¶山日き (p470/カ写)

**ホオ** ⇒ホオノキを見よ

**ホオガシワ** ⇒ホオノキを見よ

**ホオガシワノキ** ⇒ホオノキを見よ

**ホオキヌカキビ** *Panicum scoparium*
イネ科の多年草。高さは1m。
¶帰化写改 (p456/カ写)

**ホオコグサ** ⇒ハハコグサを見よ

**ホオズキ** *Physalis alkekengi* var. *franchetii* 酸漿、頬付、鬼灯
ナス科の多年草。高さは60〜90cm。花は朱赤色。
¶学フ増薬草 (p117/カ写)
　原牧2 (No.1463/カ図)
　新分牧 (No.3503/モ図)
　新牧日 (No.2639/モ図)
　茶花上 (p576/カ写)
　牧野ス2 (No.3308/カ図)
　野生5 (p39/カ写)
　山力野草 (p194/カ写)
　山ハ野花 (p438/カ写)

**ホオズキタケ** *Entonaema splendens*
クロサイワイタケ科のキノコ。
¶山日き (p589/カ写)

**ホオズキトマト** ⇒オオブドウホオズキを見よ

**ホオズキハギ** *Christia obcordata* 酸漿萩
マメ科マメ亜科の匍匐する小型の多年草。長さは20〜60cm。
¶野生2 (p260/カ写)

**ホオソ** ⇒コナラを見よ

**ホオノカワシダ** *Dryopteris shikokiana* 朴ノ川羊歯
オシダ科の常緑性シダ。別名ホウノカワシダ。葉身
は長さ30〜80cm、三角状広卵形〜長卵形。
¶シダ標2(p365/カ写)
新分牧(No.4760/モ図)
新牧日(No.4545/モ図)

**ホオノキ** *Magnolia obovata* 朴、朴の木
モクレン科の落葉高木。日本固有種。別名ホオガシ
ワノキ、ホオ、ホオガシワ(古名)。樹高は30m。花
は白色。樹皮は灰色。
¶APG原樹(No.134/カ図)
学フ増樹(p88/カ写・カ図)
学フ増葉草(p167/カ写)
原牧1(No.127/カ図)
固有(p48/カ写)
新分牧(No.156/モ図)
新牧日(No.465/モ図)
図説樹木(p108/カ写)
茶花上(p459/カ写)
都木花新(p10/カ写)
牧野ス1(No.127/カ図)
野生1(p72/カ写)
山カ樹木(p193/カ写)
落葉図譜(p111/カ写)

**ホオベニエニシダ** *Cytisus scoparius* 'Andreanus'
頬紅金雀児、頬紅金雀枝
マメ科の木本。別名ニシキエニシダ、アカバナエニ
シダ。
¶APG原樹(No.380/カ図)
山カ樹木(p360/カ写)

**ホオベニシロアシイグチ** *Tylopilus valens*
イグチ科のキノコ。中型〜大型。傘は灰褐色。
¶山カ日き(p337/カ写)

**ホオベニタケ** *Calostoma* sp.
クチベニタケ科のキノコ。頭部外皮表面は淡紅色。
¶山カ日き〔ホオベニタケ(仮称)〕(p503/カ写)

**ホガエリガヤ** *Brylkinia caudata* 穂返り茅
イネ科イチゴツナギ亜科の多年草。高さは25〜
60cm。
¶桑イネ(p118/モ図)
原牧1(No.945/カ図)
新分牧(No.1045/モ図)
新牧日(No.3704/モ図)
牧野ス1(No.945/カ図)
野生2(p47/カ写)
山ハ山花(p196/カ写)

**ホカケソウ** ⇒カリガネソウを見よ

**ポークウィード** ⇒ヨウシュヤマゴボウを見よ

**ホクシヤ** ⇒フクシアを見よ

**ホクセンミミナグサ**(1) ⇒タカネミミナグサ(1)を
見よ

**ホクセンミミナグサ**(2) ⇒ホソバミミナグサ(1)を
見よ

**ホクチアザミ** *Saussurea gracilis* 火口薊
キク科アザミ亜科の草本。
¶原牧2(No.2211/カ図)
新分牧(No.4010/モ図)
新牧日(No.3243/モ図)
牧野ス2(No.4056/カ図)
野生5(p260/カ写)
山ハ山花(p560/カ写)

**ホクチガヤ** ⇒ルビーガヤを見よ

**ボクトウガオオハリタケ** *Ophiocordyceps* sp.
オフィオコルディセプス科の冬虫夏草。宿主はコウ
モリガ類の幼虫。
¶冬虫生態(p92/カ写)

**ホクトセイ** *Prunus mume* 'Hokutosei' 北斗星
バラ科。ウメの品種。野梅系ウメ、野梅性一重。
¶ウメ〔北斗星〕(p41/カ写)

**ボクハン** *Camellia japonica* 'Bokuhan' ト伴
ツバキ科。ツバキの品種。別名ガッコウ。花は
紅色。
¶APG原樹〔ツバキ'ボクハン'〕(No.1129/カ図)
茶花上(p141/カ写)

**ホクリクアオウキクサ** *Lemna aoukikusa* subsp.
*hokurikuensis*
サトイモ科(ウキクサ科)の浮遊植物。日本固有種。
冬に葉状体が澱粉を貯蔵し、水中に沈む。
¶固有(p180/カ写)
野生1(p107)

**ホクリクイヌワラビ** *Anisocampium* × *saitoanum*
メシダ科のシダ植物。
¶シダ標2(p324/カ写)

**ホクリクイノデ** *Polystichum* × *hokurikuense*
オシダ科のシダ植物。
¶シダ標2(p417/カ写)

**ホクリククサボタン** *Clematis satomiana*
キンポウゲ科の雌雄異株の低木。日本固有種。
¶固有(p55)
野生2(p143/カ写)

**ホクリクタツナミソウ** *Scutellaria indica* var.
*satokoae* 北陸立浪草
シソ科タツナミソウ亜科の多年草。コバノタツナミ
に似る。
¶野生5(p119/カ写)

**ホクリクネコノメ** *Chrysosplenium fauriei* 北陸猫
の目
ユキノシタ科の多年草。日本固有種。葉は卵形〜楕
円形。
¶固有(p71)
山野草(No.0535/カ写)
ミニ山〔ホクリクネコノメソウ〕(p102/カ写)
野生2(p202/カ写)
山ハ山花(p268/カ写)

**ホクリクネコノメソウ** ⇒ホクリクネコノメを見よ

**ホクリクハイホラゴケ** *Vandenboschia*
*hokurikuensis*
コケシノブ科のシダ植物。日本固有種。

¶固有（p200）
シダ標1（p315/カ写）

**ホクリクムヨウラン** *Lecanorchis japonica* var. *hokurikuensis*
ラン科の草本。日本固有種。
¶固有（p193）
野生1（p210/カ写）

**ホクロ** ⇒シュンランを見よ

**ホグロ** ⇒タンバノリを見よ

**ホクロクトウヒレン** *Saussurea hokurokuensis*
キク科アザミ亜科の多年草。日本固有種。
¶固有（p148）
野生5（p269/カ写）

**ホクロクトリカブト** ⇒ミヤマトリカブトを見よ

**ボケ** *Chaenomeles speciosa* 木瓜
バラ科シモツケ亜科の落葉低木。別名モケ，カラボケ，トウボケ。高さは1〜2m。花は淡紅，緋紅，白色など。
¶APG原樹（No.562/カ図）
学フ増花庭（p32/カ写）
学フ増薬草（p193/カ写）
原牧1（No.1693/カ図）
新分牧（No.1918/モ図）
新牧日（No.1077/モ図）
茶花上（p221/カ写）
都木花新〔ボケとクサボケ〕（p135/カ写）
牧野ス1（No.1693/カ図）
野生3（p68/カ写）
山力樹木（p335/カ写）

**ボケ 'カンサラサ'** ⇒カンサラサを見よ

**ボケ 'カンボケ'** ⇒カンボケを見よ

**ボケ 'コッコウ'** ⇒コッコウを見よ

**ボケ 'チョウジュバイ'** ⇒チョウジュバイを見よ

**ボケ 'チョウジュラク'** ⇒チョウジュラクを見よ

**ボケ 'トウヨウニシキ'** ⇒トウヨウニシキを見よ

**ホコガタアカザ** *Atriplex prostrata* 鉾形藜
ヒユ科（アカザ科）の一年草。高さは20〜60cm。花は緑色。
¶学フ増野秋（p239/カ写）
帰化写改（p53/カ写）
原牧2（No.973/カ図）
新分牧（No.3013/モ図）
新牧日（No.426/モ図）
牧野ス2（No.2818/カ図）
ミニ山（p36/カ写）
野生4（p135/カ写）
山ハ野花（p289/カ写）

**ホコガタシダ** *Asplenium ensiforme*
チャセンシダ科の常緑性シダ。葉身は長さ10〜40cm，へら形。
¶シダ標1（p412/カ写）

**ホコガタフウロ** *Geranium tripartitum* var. *hastatum*
フウロソウ科の多年草。日本固有種。

¶固有（p82）
野生3（p251）

**ホコザキウラボシ** *Microsorum insigne*
ウラボシ科の常緑性シダ。葉柄は長さ10〜30cm。
¶シダ標2（p458/カ写）

**ホコザキノコギリシダ** *Diplazium*×*yaoshanense*
メシダ科の常緑性シダ。葉身は長さ50cm，広卵状。
¶シダ標2（p333/カ写）

**ホコザキベニシダ** *Dryopteris koidzumiana*
オシダ科の常緑性シダ。日本固有種。小羽片は狭長楕円形〜線状長楕円形。
¶固有（p208/カ写）
シダ標2（p368/カ写）

**ホコシダ** *Pteris ensiformis* 鉾羊歯
イノモトソウ科の常緑性シダ。別名フイリホコシダ。葉柄の長さは6〜10cm，葉身は2回羽状複葉。
¶シダ標1（p381/カ写）
新分牧（No.4593/モ図）
新牧日（No.4480/モ図）

**ホコバガラシ** *Sisymbrium loeselii*
アブラナ科の一年草。茎は高さ30〜120cm。
¶帰化写2（p79/カ写）

**ホコバスミレ** *Viola mandshurica* var. *ikedaeana* 矛葉菫
スミレ科の多年草。葉がほこ形。
¶野生3（p217/カ写）

**ホコリタケ** *Lycoperdon perlatum* 埃茸
ハラタケ科（ホコリタケ科）のキノコ。別名キツネノチャブクロ。中型。地上生，子実体は擬宝珠形，内皮は類白色〜淡褐色（成熟時）。
¶原きの（No.481/カ写・カ図）
新分牧（No.5106/モ図）
新牧日（No.5008/モ図）
山力日き（p512/カ写）

**ホザキイカリソウ** *Epimedium sagittatum* 穂咲碇草
メギ科の多年草。高さは30〜40cm。花は白色。
¶原牧1（No.1183/カ図）
山野草〔エピメディウム・サギッタツム〕（No.0362/カ写）
新分牧（No.1330/モ図）
新牧日（No.649/モ図）
茶花上〔ほざきのいかりそう〕（p311/カ写）
牧野ス1（No.1183/カ写）

**ホザキイチヨウラン** *Malaxis monophyllos* 穂咲一葉蘭
ラン科の多年草。高さは15〜30cm。
¶学フ増高山（p240/カ写）
原牧1（No.444/カ図）
新分牧（No.499/モ図）
新牧日（No.4318/モ図）
牧野ス1（No.444/カ図）
野生1（p213/カ写）
山ハ山花（p101/カ写）

**ホザキカエデ** ⇒オガラバナを見よ

**ホザキカナワラビ** *Arachniodes dimorphophylla* 穂咲鉄蕨
オシダ科の常緑性シダ。日本固有種。葉身は長さ20〜40cm、長楕円状披針形。
¶固有 (p208)
　シダ標2 (p393/カ写)
　新分牧 (No.4731/モ図)
　新牧日 (No.4516/モ図)

**ホザキカワラニンジン** *Artemisia biennis*
キク科の二年草。全草無毛。茎は高さ10〜30cm。
¶帰化写2 (p250/カ写)

**ホザキキカシグサ** *Rotala rotundifolia*
ミソハギ科の草本。別名マルバキカシグサ。
¶原牧2 (No.444/カ写)
　新分牧 (No.2487/モ図)
　新牧日 (No.1899/モ図)
　牧野ス2 (No.2289/カ図)
　野生3 (p259/カ写)
　山レ増 (p245/カ写)

**ホザキキケマン** *Corydalis racemosa*
ケシ科の草本。
¶原牧1 (No.1142/カ写)
　新分牧 (No.1299/モ写)
　新牧日 (No.785/モ図)
　牧野ス1 (No.1142/カ図)
　野生2 (p106/カ写)

**ホザキキンゴジカ** *Sida subspicata*
アオイ科の多年草。高さは40〜80cm。
¶帰化写2 (p152/カ写)

**ホザキザクラ** *Stimpsonia chamaedryoides*
サクラソウ科の草本。別名リュウキュウコザクラ。
¶原牧2 (No.1106/カ図)
　新分牧 (No.3133/モ図)
　新牧日 (No.2250/モ図)
　牧野ス2 (No.2951/カ図)
　野生4 (p201/カ写)
　山レ増 (p203/カ写)

**ホザキサルノオ** *Hiptage benghalensis* 穂咲猿尾
キントラノオ科の低木またはつる植物。別名ウスバサルノオ。長さ3〜10mまたはそれ以上。
¶野生3 (p180)

**ホザキシオガマ** *Pedicularis spicata*
ハマウツボ科 (ゴマノハグサ科) の草本。
¶野生5 (p159/カ写)

**ホザキシモツケ** *Spiraea salicifolia* 穂咲下野
バラ科シモツケ亜科の落葉低木。別名ホザキノシモツケ。高さは1〜2m。花は淡紅色。
¶APG原樹 (No.519/カ図)
　原牧1 (No.1690/カ図)
　新分牧 (No.1886/モ図)
　新牧日 (No.1043/モ図)
　茶花上 (p576/カ写)
　牧野ス1 (No.1690/カ図)
　ミニ山 (p123/カ写)
　野生3 (p88/カ写)

山力樹木 (p275/カ写)
山ハ高山 (p229/カ写)

**ホザキツキヌキヌソウ** *Triosteum pinnatifidum* 穂咲の突抜草
スイカズラ科の多年草。高さは30cmほど。
¶野生5 (p424/カ写)
　山ハ山花〔ホザキノツキヌキヌソウ〕(p482/カ写)
　山レ増 (p81/カ写)

**ホザキツリガネツツジ** *Rhododendron katsumatae*
ツツジ科ツツジ亜科の落葉低木。日本固有種。
¶原牧2 (No.1215/カ図)
　固有 (p108/カ写)
　新分牧 (No.3236/モ図)
　新牧日 (No.2160/モ図)
　牧野ス2 (No.3060/カ図)
　野生4 (p238)

**ホザキナナカマド** *Sorbaria sorbifolia* var.*stellipila* 穂咲七竈
バラ科シモツケ亜科の落葉低木。高さは2〜3m。
¶APG原樹 (No.506/カ図)
　原牧1 (No.1671/カ図)
　新分牧 (No.1867/モ図)
　新牧日 (No.1044/モ図)
　茶花下 (p144/カ写)
　牧野ス1 (No.1671/カ図)
　ミニ山 (p123/カ写)
　野生3 (p82/カ写)
　山力樹木 (p283/カ写)
　落葉図譜 (p142/モ図)

**ホザキニワヤナギ** *Polygonum ramosissimum*
タデ科の一年草。別名ホザキミチヤナギ。高さは15〜70cm。花は黄緑色。
¶帰化写2〔ホザキミチヤナギ〕(p23/カ写)
　野生4 (p101)

**ホザキノイカリソウ** ⇒ホザキイカリソウを見よ

**ホザキノシモツケ** ⇒ホザキシモツケを見よ

**ホザキノツキヌキヌソウ** ⇒ホザキツキヌキヌソウを見よ

**ホザキノフサモ** *Myriophyllum spicatum* 穂咲総藻
アリノトウグサ科の常緑沈水植物。別名キンギョモ。高さは30〜150cm。羽状葉は全長1.5〜3cm, 雄花の花弁は淡紅色。
¶原牧1 (No.1438/カ図)
　新分牧 (No.1611/モ図)
　新牧日 (No.1965/モ図)
　日水草 (p232/カ写)
　牧野ス1 (No.1438/カ図)
　野生2 (p232/カ写)

**ホザキノミミカキグサ** *Utricularia caerulea* 穂咲の耳掻草
タヌキモ科の多年生食虫植物。高さは10〜40cm。花は紫色。
¶原牧2 (No.1795/カ写)
　新分牧 (No.3680/モ図)
　新牧日 (No.2814/モ図)
　牧野ス2 (No.3640/カ図)

ホサキノヤ 710

野5（p164/カ写）
山力野草（p159/カ写）
山ハ野花（p487/カ写）

**ホザキノヤドリギ** ⇒ホザキヤドリギを見よ

**ホザキハッカ** ⇒ヌマハッカを見よ

**ホザキヒメラン** *Crepidium ophrydis*
ラン科の草本。高さは15〜60cm。花は黄緑色。
¶野1（p191）

**ホザキマスクサ** *Carex planata* var. *angustealata*
カヤツリグサ科の多年草。日本固有種。有花茎は高
さ30〜60cm。
¶カヤツリ（p110/モ図）
固有（p181）
スゲ増（No.41/カ写）
野1（p305/カ写）

**ホザキマンテマ** ⇒フタマタマンテマを見よ

**ホザキミチヤナギ** ⇒ホザキニワヤナギを見よ

**ホザキモクセイソウ** *Reseda luteola*
モクセイソウ科の二年草。別名ホソバモクセイソ
ウ。花は淡黄色。
¶帰化写2（p81/カ写）

**ホザキヤドリギ** *Loranthus tanakae* 穂咲宿生木, 穂
咲宿生木
オオバヤドリギ科（ヤドリギ科）の落葉低木。別名
ホザキノヤドリギ。
¶APG原樹（No.1060/カ図）
原牧2（No.776/カ写）
新分牧（No.2816/モ図）
新牧日（No.239/モ図）
牧野ス2（No.2621/カ図）
野生4（p79/カ写）
山力樹木（p174/カ写）

**ボサツソウ** ⇒シャジクソウを見よ

**ホシアサガオ** *Ipomoea triloba* 星朝顔
ヒルガオ科のつる性の一年草。サツマイモに近縁。
花は淡紅紫色。葉は3裂の傾向あり。
¶帰化写改（p250/カ写, p505/カ写）
原牧2（No.1448/カ図）
植調（p242/カ写）
新分牧（No.3464/モ図）
新牧日（No.2460/モ図）
牧野ス2（No.3293/カ図）
野生5（p30/カ写）
山ハ野花（p445/カ写）

**ホシアザミ** *Hippbroma longiflora*
キキョウ科の多年草, 有毒植物。別名イソトマ。高
さは30〜60cm。花は白色。葉は軟く刺はない。
¶帰化写2（p439/カ写）

**ホシアンズタケ** *Rhodotus palmatus*
タマバリタケ科（キシメジ科）のキノコ。小型〜中
型。傘は帯橙ピンク色〜肉色、網目状のしわがあ
る。ひだはピンク色〜肉色。
¶原きの（No.250/カ写・カ図）
山力日き（p137/カ写）

**ホシオンタケヤスデゴケ** *Frullania schensiana* var.
*punctata*
ヤスデゴケ科のコケ植物。日本固有種。
¶固有（p223）

**ホシギキョウ** ⇒カンパヌラ・ガルガニカを見よ

**ホシクサ** *Eriocaulon cinereum* 星草
ホシクサ科の一年草。別名ミズタマソウ, タイコグ
サ。高さは4〜15cm。
¶原牧1（No.666/カ図）
植調（p50/カ写）
新分牧（No.702/モ図）
新牧日（No.3602/モ図）
茶花下（p337/カ写）
日水草（p167/カ写）
牧野ス1（No.666/カ写）
野生1（p282/カ写・モ図（p280））
山ハ野花（p90/カ写）

**ホシグルマ** *Camellia japonica* 'Hoshi-guruma' 星車
ツバキ科。ツバキの品種。花は斑入り。
¶茶花上（p153/カ写）

**ホシゲチドメグサ** *Bowlesia incana*
セリ科の小型の一年草。
¶帰化写2（p390/カ写）

**ホシザキカンアオイ** *Asarum sakawanum* var.
*stellatum* 星咲き寒葵
ウマノスズクサ科の草本。日本固有種。
¶固有（p61）
山野草（No.0412/カ写）
野生1（p63）

**ホシザキシャクジョウ** *Saionia shinzatoi*
タヌキノショクダイ科（ヒナノシャクジョウ科）。
日本固有種。
¶固有（p162/カ写）
野生1（p143/カ写）

**ホシザキユウガギク** *Aster iinumae* f. *discoidea*
キク科。ユウガギクの舌状花を失った品種。
¶原牧2（No.1933/カ図）
新分牧（No.4188/モ図）
新牧日（No.2970/モ図）
牧野ス2（No.3778/カ図）

**ホシザクラ** *Cerasus* × *subhirtella* f. *tamaclivorum*
星桜
バラ科シモツケ亜科の落葉高木。サクラの品種。別
名タマノホシザクラ。高さは12mほど。花は淡
紅色。
¶新分牧（No.1844/モ図）
野生3（p64/カ写）
山力樹木（p720/カ写）

**ホシサンゴ** *Cycloloma atriplicifolium*
ヒユ科（アカザ科）の一年草。花はまばらに穂状に
付く。
¶帰化写2（p44/カ写）
野生4（p135）

**ホシセカイ** ⇒キフクリンベンテンを見よ

**ホシセンネンボク** *Dracaena surculosa* 星千年木
キジカクシ科〔クサスギカズラ科〕(リュウゼツラン科) の観賞用草本。花は黄緑色。葉に白斑。
¶ **APG原樹** (No.194/カ図)

**ホシダ** *Thelypteris acuminata* 穂羊歯
ヒメシダ科 (オシダ科) の常緑性シダ。別名シシホシダ, イヨホシダ, チリメンホシダ, クリンホシダ, イヌホシダ。葉身は長さ40〜60cm, 広披針形。
¶ **シダ標1** (p439/カ写)
　新牧 (No.4660/モ図)
　新牧日 (No.4561/モ図)

**ホシツリモ** *Nitellopsis obtusa* 星吊藻
シャジクモ科の水草。体長2.5mに及ぶものもある。
¶ **新分牧** (No.4934/モ写)
　新牧日 (No.4794/モ写)

**ホシツルラン** *Calanthe hoshii*
ラン科の草本。日本固有種。
¶ **固有** (p189)
　野生1 (p187/カ写)
　山レ増 (p475/カ写)

**ホシナシゴウソ** *Carex maximowiczii* var.*levisaccus*
カヤツリグサ科の多年草。日本固有種。
¶ **カヤツリ** (p190/モ図)
　固有 (p182)
　野生1 (p312/カ写)

**ホシノゲイトウ** ⇒ツルノゲイトウを見よ

**ホスゲ** *Carex senanensis*
カヤツリグサ科の多年草。日本固有種。
¶ **カヤツリ** (p114/モ図)
　固有 (p181)
　スゲ増 (No.42/カ写)
　野生1 (p305/カ写)

**ホスタ・インゲリー** *Hosta yingery*
ユリ科の草本。高さは20〜40cm。
¶ **山野草** (No.1521/カ写)

**ポースレン** ⇒ハゼランを見よ

**ホソアオゲイトウ** *Amaranthus hybridus* 細青鶏頭
ヒユ科の一年草。高さは60〜150cm。花は白または帯紅紫色。
¶ **学フ増野夏** (p187/カ写)
　帰化写改 (p66/カ写, p494/カ写)
　原牧2 (No.950/カ図)
　植調 (p233/カ写)
　新分牧 (No.2986/モ図)
　新牧日 (No.444/モ図)
　牧野ス2 (No.2795/カ図)
　野生4 (p133/カ写)
　山力野草 (p526/カ写)
　山ハ野花 (p282/カ写)

**ホソイ** *Juncus setchuensis* 細藺
イグサ科の多年草。高さは8〜50cm。
¶ **原牧1** (No.674/カ図)
　新分牧 (No.725/モ図)
　新牧日 (No.3578/モ図)
　牧野ス1 (No.674/カ図)

　野生1 (p289/カ写)
　山力野草 (p642/カ写)
　山ハ野花 (p96/カ写)

**ホソイトスギ** *Cupressus sempervirens* 細糸杉
ヒノキ科の常緑高木。別名イタリアサイプレス, イトスギ。高さは45m。樹皮は灰褐色。
¶ **APG原樹** (No.79/カ図)
　山力樹木〔イタリアサイプレス〕(p53/カ写)

**ホソツルゴケ** *Heterocladium tenellum*
シノブゴケ科のコケ植物。日本固有種。
¶ **固有** (p218/カ写)

**ホソイヌノハナヒゲ** ⇒コイヌノハナヒゲを見よ

**ホソイノデ** *Polystichum braunii* 細猪の手
オシダ科の夏緑性シダ。葉身は長さ30〜60cm, 披針形。
¶ **シダ標2** (p409/カ写)
　新分牧 (No.4723/モ図)
　新牧日 (No.4504/モ図)

**ホソエウリハダ** ⇒ホソエカエデを見よ

**ホソエカエデ** *Acer capillipes* 細柄楓
ムクロジ科 (カエデ科) の落葉高木, 雌雄異株。日本固有種。別名ホソエウリハダ, アシボソウリノキ。樹高は15m。樹皮は緑色。
¶ **APG原樹** (No.921/カ図)
　原牧2 (No.537/カ図)
　固有 (p85)
　新分牧 (No.2588/モ図)
　新牧日 (No.1579/モ図)
　茶花上 (p577/カ写)
　牧野ス2 (No.2382/カ図)
　野生3 (p291/カ写)
　山力樹木 (p447/カ写)

**ホソエガラシ** *Sisymbrium irio*
アブラナ科の一年草。高さは60cm。花は淡黄色。
¶ **帰化写改** (p113/カ写)
　ミニ山 (p90/カ写)

**ホソエノアカクビオレタケ** *Cordyceps rubrostromata*
ノムシタケ科の冬虫夏草。宿主はハエ目の幼虫。
¶ **冬虫生態** (p198/カ写)
　山力日き (p583/カ写)

**ホソエノアザミ** *Cirsium tenuipedunculatum* 細柄野薊
キク科アザミ亜科の多年草。日本固有種。別名ミヤマホソエノアザミ。高さは80〜120cm。
¶ **原牧2** (No.2182/カ図)
　固有 (p140)
　新分牧 (No.3969/モ図)
　新牧日 (No.3214/モ図)
　牧野ス2 (No.4027/カ図)
　野生5 (p240/カ写)
　山力野草 (p95/カ写)
　山ハ山花 (p552/カ写)

**ホソエノコベニムシタケ** *Cordyceps cardinaris*
ノムシタケ科の冬虫夏草。宿主は小型のガの幼虫。

ホソカタス　712

¶冬虫生態（p74/カ写）

**ホソガタスズメウリ**　*Zehneria bodinieri*
ウリ科の草本。日本固有種。
¶固有（p95）
　野生3（p125）

**ホソカラクサイノデ**　⇒ツバメイノデを見よ

**ホソキマキ**　*Codiaeum variegatum* var.*pictum* f.
*cornutum* 'Hosokimaki'　細黄巻
トウダイグサ科。クロトンノキの品種。別名ラセンクロトン。
¶**APG原樹**〔クロトンノキ‘ホソキマキ’〕（No.807/カ図）

**ホソコウガイゼキショウ**　*Juncus faurensis*
イグサ科の多年草。高さは20〜40cm。
¶野生1（p290/カ写）

**ホソコバカナワラビ**　*Arachniodes exilis* × *A.*
*sporadosora*
オシダ科のシダ植物。別名ツクシカナワラビ。
¶シダ標2（p397/カ写）

**ホソジュズモ**　*Chaetomorpha crassa*
シオグサ科の海藻。塊になる。
¶新分牧（No.4953/モ図）
　新牧日（No.4813/モ図）

**ホソスゲ**　*Carex disperma*
カヤツリグサ科の多年草。
¶カヤツリ（p118/モ図）
　スゲ増（No.44/カ写）
　野生1（p306）

**ホソセイヨウヌカボ**　*Apera interrupta*
イネ科の一年草。高さは5〜50cm。
¶帰化写改（p423/カ写）

**ホソツクシタケ**　*Xylaria magnoliae*
クロサイワイタケ科のキノコ。超小型〜小型。子実体は波打った針状，長さは2〜5cm。
¶山カ日き（p590/カ写）

**ホソツユノイト**　*Derbesia marina*
ツユノイト科の海藻。
¶新分牧（No.4967/モ図）
　新牧日（No.4827/モ図）

**ホソテンキ**　⇒エゾムギを見よ

**ホソヌカキビ**　*Panicum tenue*
イネ科の多年草。
¶帰化写改（p456/カ写）

**ホソノゲムギ**　*Hordeum jubatum*　細野毛麦
イネ科の多年草。別名タータンムギ。高さは20〜50cm。
¶帰化写改（p448/カ写）
　帰化写2（p311/カ写）
　桑イネ（p271/カ写・モ図）
　茶花上（p577/カ写）

**ホソバアオダモ**　⇒マルバアオダモを見よ

**ホソバアカザ**　*Chenopodium stenophyllum*
ヒユ科（アカザ科）の草本。

¶原牧2（No.963/カ図）
　新分牧（No.3017/モ図）
　新牧日（No.416/モ図）
　牧野ス2（No.2808/カ図）
　野生4（p139/カ写）

**ホソバアカバナ**　*Epilobium palustre*
アカバナ科の草本。別名ヤナギアカバナ。
¶原牧2（No.452/カ図）
　新分牧（No.2508/モ図）
　新牧日（No.1937/モ図）
　牧野ス2（No.2297/カ図）
　野生3（p265/カ写）

**ホソバアカハマキゴケ**　*Bryoerythrophyllum*
*linearifolium*
センボンゴケ科のコケ植物。日本固有種。
¶固有（p213）

**ホソバアカメギ**　*Berberis sanguinea*　細葉赤目木
メギ科の低木。別名ホソバテンジクメギ。高さは2〜3m。花は黄金色。
¶**APG原樹**（No.260/カ図）

**ホソバアサガオ**　*Xenostegia tridentata* subsp.*hastata*
ヒルガオ科の蔓草。花は淡黄色，中央赤紫色。
¶野生5（p32）

**ホソバアブラツツジ**　*Enkianthus subsessilis* var.
*angustifolius*
ツツジ科ドウダンツツジ亜科の落葉低木。葉が線形，縁に細鋸歯。
¶野生4（p252）

**ホソバアライトヒナゲシ**　⇒アライトヒナゲシを見よ

**ホソバアリノトウグサ**(1)　⇒タネガシマアリノトウグサを見よ

**ホソバアリノトウグサ**(2)　⇒ナガバアリノトウグサを見よ

**ホソバイソツツジ**　⇒ヒメイソツツジを見よ

**ホソバイソノキ**　*Frangula crenata* var.*stenophylla*
細葉磯の木
クロウメモドキ科の落葉低木。
¶野生2（p320）

**ホソバイタチシダ**(1)　⇒ヒメイタチシダを見よ

**ホソバイタチシダ**(2)　⇒ミサキカグマを見よ

**ホソバイヌタデ**　*Persicaria trigonocarpa*　細葉犬蓼
タデ科の草本。
¶原牧2（No.810/カ図）
　新分牧（No.2886/モ図）
　新牧日（No.272/モ図）
　牧野ス2（No.2655/カ図）
　野生4（p98/カ写）
　山レ増（p439/カ写）

**ホソバイヌワラビ**　*Athyrium iseanum* var.*iseanum*
細葉犬蕨
メシダ科（オシダ科）の夏緑性シダ。葉身は長さ50cm，卵形〜長楕円形。
¶シダ標2（p301/カ写）

新分牧（No.4702/モ図）
新牧日（No.4589/モ図）

## ホソバイラクサ　*Urtica angustifolia* var.*angustifolia*
細葉刺草
イラクサ科の多年草。高さは0.5〜1m。
¶原牧2（No.67/カ図）
新分牧（No.2140/モ図）
新牧日（No.194/モ図）
牧野ス1（No.1912/カ図）
ミニ山（p10/カ写）
野生2（p352/カ写）
山ハ山花（p348/カ写）

## ホソバイワガネソウ　*Coniogramme gracilis*
イノモトソウ科の常緑性シダ。日本固有種。葉身は
長さ35〜50cm、長卵形〜広卵形。
¶固有（p203/カ写）
シダ標1（p376/カ写）

## ホソバイワベンケイ　*Phodiola ishidae*　細葉岩弁慶
ベンケイソウ科の多年草。別名アオイワベンケイソ
ウ，アオノイワベンケイ。長さは7〜20cm。花は緑
を帯びた黄色。
¶学フ増高山（p93/カ写）
原牧1（No.1431/カ図）
新分牧（No.1577/モ図）
新牧日（No.937/モ図）
牧野ス1（No.1431/カ図）
野生2（p223/カ写）
山カ野草（p434/カ写）
山ハ高山（p164/カ写）

## ホソバウキミクリ　*Sparganium angustifolium*　細葉
浮実栗
ガマ科（ミクリ科）の多年生沈水植物〜浮葉植物。
花序は分枝せず，果実は紡錘形。
¶日水草（p157/カ写）
野生1（p277/カ写）
山ハ高山（p52/カ写）
山レ増（p542/カ写）

## ホソバウマノスズクサ　⇒アリマウマノスズクサを見よ

## ホソバウルップソウ　*Lagotis yesoensis*　細葉得撫草
オオバコ科（ゴマノハグサ科，ウルップソウ科）の草
本。日本固有種。
¶学フ増高山（p67/カ写）
原牧2（No.1549/カ図）
固有（p131/カ写）
新分牧（No.3606/モ図）
新牧日（No.2771/モ図）
牧野ス2（No.3394/カ図）
野生5（p76/カ写）
山カ野草（p166/カ写）
山ハ高山（p330/カ写）
山レ増（p108/カ写）

## ホソバウンラン　*Linaria vulgaris*　細葉海蘭
ゴマノハグサ科の一年草または多年草。高さは30
〜100cm。花は淡黄色。
¶帰化写改（p293/カ写，p508/カ写）

## ホソバエゴノキ　⇒エゴノキを見よ

## ホソバエゾキリンソウ　*Sedum kamtschaticum* f.
*angustifolium*
ベンケイソウ科の草本。
¶ミニ山（p94/カ写）

## ホソバエゾノコギリソウ　*Achillea ptarmica* subsp.
*macrocephala* var.*yezoensis*
キク科キク亜科。日本固有種。
¶固有（p149/カ写）
野生5（p327/カ写）

## ホソバエゾヒゴタイ　⇒ウスユキトウヒレンを見よ

## ホソバエゾリンドウ　*Gentiana triflora* var.*triflora*
リンドウ科の多年草。葉は線状披針形。
¶野生4（p298）

## ホソバエンゴサク　*Corydalis ambigua* var.*genuina*
ケシ科の多年草。高さは25〜30cm。
¶ミニ山（p79/カ写）

## ホソバオオアマナ　*Ornithogalum tenuifolium*
ユリ科の多年草。
¶帰化改（p408/カ写）

## ホソバオオアリドオシ　*Damnacanthus indicus* var.
*lancifolius*
アカネ科の常緑低木。葉は長楕円形，長さ2〜6cm。
¶野生4（p271）

## ホソバオオカグマ　*Woodwardia kempii*
シシガシラ科の常緑性シダ。葉身は長さ15cm，三
角状〜広卵形。
¶シダ標1（p460/カ写）

## ホソバオグルマ　*Inula linariifolia*
キク科キク亜科の草本。
¶野生5（p354/カ写）
山レ増（p47/カ写）

## ホソバオゼヌマスゲ　*Carex nemurensis*
カヤツリグサ科の多年草。
¶カヤツリ（p130/モ図）
新分牧（No.793/モ図）
新牧日（No.4096/モ図）
スゲ増（No.52/カ写）
野生1（p307/カ写）

## ホソバオノオレ　*Betula schmidtii* f.*angustifolia*　細
葉斧折
カバノキ科の落葉高木。葉身の幅が狭く披針形。
¶野生3（p114）

## ホソバガシワ　⇒カシワを見よ

## ホソバカナワラビ　*Arachniodes exilis*　細葉鉄蕨
オシダ科の常緑性シダ。別名カナワラビ，オコゼシ
ダ。葉身は3回羽状複生〜4回羽状深裂。
¶シダ標2（p394/カ写）
新分牧（No.4727/モ図）
新牧日（No.4512/モ図）

## ホソバガヤツリ　⇒アゼガヤツリを見よ

## ホソバカラマツ　⇒ナガバカラマツを見よ

**ホソバガンクビソウ** *Carpesium divaricatum* var. *abrotanoides* 細葉雁首草
キク科キク亜科の草本。日本固有種。高さは0.7〜1m。
¶固有 (p151)
野生5 (p353)
山力野草 (p22/カ写)
山ハ山花 (p525/カ写)

**ホソバカンスゲ** *Carex temnolepis* 細葉寒菅
カヤツリグサ科の多年草。日本固有種。別名サドカンスゲ。高さは15〜30cm。
¶カヤツリ (p292/モ図)
固有 (p184)
スゲ増 (No.149/カ写)
野生1 (p318/カ写)
山ハ山花 (p176/カ写)

**ホソバキスゲ** *Hemerocallis minor*
ユリ科の多年草。
¶山野草 (No.1496/カ写)

**ホソバギボウシゴケ** *Schistidium strictum*
ギボウシゴケ科のコケ。茎は長さ1〜数cm。葉は卵状披針形。
¶新分牧 (No.4848/モ図)

**ホソバキンゴジカ** *Sida acuta*
アオイ科の一年草または多年草。高さは1.5m。花は淡黄色。
¶帰化写改 (p194/カ写)
野生4 (p31)

**ホソバキンシバイ** *Hypericum galioides* 細葉金糸梅
オトギリソウ科。高さは60〜100cm。
¶山力樹木 (p495/カ写)

**ホソバクリハラン** *Lepisorus boninensis*
ウラボシ科の常緑性シダ。日本固有種。葉身は長さ10〜40cm、線形。
¶固有 (p210)
シダ標2 (p464/カ写)
山レ増 (p636/カ写)

**ホソバクルマユリ** ⇒クルマユリを見よ

**ホソバコウシュンシダ** *Microlepia obtusiloba* var. *angustata*
コバノイシカグマ科のシダ植物。日本固有種。別名コウシュンシダ。
¶固有 (p202)
シダ標1 (p364/カ写)

**ホソバコウモリシダ** *Thelypteris triphylla* var. *parishii*
ヒメシダ科のシダ植物。
¶シダ標1 (p438/カ写)

**ホソバコガク** *Hydrangea serrata* var. *angustata* 細葉小額
アジサイ科 (ユキノシタ科) の落葉低木。別名コガク。
¶APG原樹 (No.1083/カ図)

**ホソバコケシノブ** *Hymenophyllum polyanthos*
コケシノブ科の常緑性シダ。別名フジコケシノブ,

ホソバヒメコケシノブ。葉身は長さ2.5〜12cm、三角状卵形。
¶シダ標1 (p309/カ写)
新分牧 (No.4531/モ図)
新牧日 (No.4422/モ図)

**ホソバコゴメグサ** *Euphrasia insignis* subsp. *insignis* var. *japonica* 細葉小米草
ハマウツボ科 (ゴマノハグサ科) の草本。日本固有種。
¶原牧2 (No.1764/カ図)
固有 (p128)
新分牧 (No.3842/モ図)
新牧日 (No.2746/モ図)
牧野ス2 (No.3609/カ図)
野生5 (p152/カ写)
山ハ高山 (p320/カ写)
山ハ山花 (p444/カ写)

**ホソバコンギク** *Aster microcephalus* var. *angustifolius* 細葉紺菊
キク科の多年草。高さは0.5〜1m。
¶山ハ山花 (p514/カ写)

**ホソバコンロンソウ** ⇒ミヤウチソウを見よ

**ホソバサトメシダ** *Athyrium deltoidofrons* × *A. iseanum*
メシダ科のシダ植物。
¶シダ標2 (p308/カ写)

**ホソバザミア** ⇒フロリダソテツを見よ

**ホソバシケシダ** *Deparia conilii* 細葉湿気羊歯
メシダ科 (オシダ科) の夏緑性シダ。別名ヤリノホシケシダ, ヤブシダ。葉身は長さ10〜30cm、狭披針形〜披針形。
¶シダ標2 (p345/カ写)
新分牧 (No.4682/モ図)
新牧日 (No.4581/モ図)

**ホソバシケシダ × ミヤマシケシダ** *Deparia conilii* × *D. pycnosora* var. *pycnosora*
メシダ科のシダ植物。
¶シダ標2 (p347/カ写)

**ホソバシケチシダ** *Athyrium nudum*
メシダ科の常緑性シダ。別名オオバミヤマイヌワラビ。葉身は長さ20〜60cm、三角形〜三角状卵形。
¶シダ標2 (p305/カ写)

**ホソバシナチヂレゴケ** *Ptychomitrium gardneri* var. *angustifolium*
ギボウシゴケ科のコケ植物。日本固有種。
¶固有 (p214)

**ホソバシャクナゲ** *Rhododendron makinoi* 細葉石南花, 細葉石楠花
ツツジ科ツツジ亜科の常緑低木。日本固有種。別名エンシュウシャクナゲ。高さは2.5m。花はピンク色。
¶APG原樹 (No.1290/カ図)
原牧2 [エンシュウシャクナゲ] (No.1210/カ図)
固有 (p105/カ写)
新分牧 [エンシュウシャクナゲ] (No.3275/モ図)
新牧日 [エンシュウシャクナゲ] (No.2155/モ図)
茶花上 (p460/カ写)

牧野ス2〔エンシュウシャクナゲ〕(No.3055/カ図)
野生4(p237/カ写)
山力樹木(p573/カ写)
山レ増(p216/カ写)

**ホソバシャクヤク** ⇒イトハシャクヤクを見よ

**ホソバジャニンジン** *Cardamine impatiens* var. *tenuissima* 細葉蛇人参
アブラナ科の草本。別名ナガエジャニンジン。角果の柄は長さ1～1.7cm。
¶野生4(p57)

**ホソバシャリンバイ** *Rhaphiolepis indica* var. *liukiuensis* 細葉車輪梅
バラ科シモツケ亜科の常緑小高木。
¶野生3(p82/カ写)

**ホソバシュロソウ** *Veratrum maackii* var. *maackioides* 細葉棕櫚草
シュロソウ科(ユリ科)の多年草。別名ナガバシュロソウ。高さは40～100cm。花は濃紫褐色。
¶原牧1(No.301/カ図)
茶花下(p145/カ写)
牧野ス1(No.301/カ図)
野生1(p162/カ写)
山ハ野花〔ナガバシュロソウ〕(p41/カ写)

**ホソバシュンラン** *Cymbidium goeringii* f. *angustatum* 細葉春蘭
ラン科の多年草。シュンランより葉が狭い。
¶野生1(p192)

**ホソバショリマ** *Thelypteris beddomei*
ヒメシダ科の常緑性シダ。葉身は長さ20～50cm,倒披針形。
¶シダ標1(p434/カ写)

**ホソバシロスミレ** *Viola patrinii* var. *angustifolia* 細葉白菫
スミレ科の多年草。高さは5～10cm。
¶野生3(p216/カ写)
山レ増(p254/カ写)

**ホソバシンジュガヤ** *Scleria biflora* 細葉真珠茅
カヤツリグサ科の一年草。
¶カヤツリ(p536/モ図)
野生1(p361/カ写)

**ホソバタカネイワヤナギ** ⇒タカネイワヤナギを見よ

**ホソバタゴボウ** *Ludwigia perennis*
アカバナ科の一年草。別名ホソバチョウジタデ。高さは20～100cm。花は黄色。
¶帰化写2(p161/カ写)
野生3(p268)

**ホソバタチゴケ** ⇒ナミガタタチゴケを見よ

**ホソバタデ** *Persicaria hydropiper* f.*viridis* 細葉蓼
タデ科。ヤナギタデの栽培品種。
¶原牧2(No.806/カ図)
新分牧(No.2882/モ図)
新牧日(No.268/モ図)
牧野ス2(No.2651/カ図)

**ホソバタブ** *Machilus japonica* 細葉楠
クスノキ科の常緑高木。別名アオガシ。葉長8～20cm。
¶APG原樹(No.158/カ図)
原牧1(No.145/カ図)
新分牧(No.180/モ図)
新牧日(No.486/モ図)
牧野ス1(No.145/カ図)
野生1〔アオガシ〕(p87/カ写)
山力樹木(p205/カ写)

**ホソバタマミクリ** *Sparganium glomeratum* var. *angustifolium* 細葉球実栗
ミクリ科の水生植物。高さは10～30cm。葉は幅2～4mm。
¶山ハ高山(p52/カ写)

**ホソバタンポポ** ⇒クモマタンポポを見よ

**ホソバチクセツニンジン** *Panax japonicus* var. *angustatus*
ウコギ科の草本。日本固有種。
¶固有(p98)
野生5(p382)

**ホソバチヂミザサ** *Oplismenus undulatifolius* var. *imbecillis*
イネ科キビ亜科の多年草。別名ナンゴクチヂミザサ。葉の長さ25～50mm。
¶桑イネ(p342/モ図)
野生2(p90/カ写)

**ホソバチャ** ⇒アッサムチャを見よ

**ホソバチョウジタデ** ⇒ホソバタゴボウを見よ

**ホソバチョウセンノギク**(1) ⇒イワギク(1)を見よ

**ホソバチョウセンノギク**(2) ⇒イワギク(広義)を見よ

**ホソバツメクサ** ⇒コバノツメクサを見よ

**ホソバツユクサ** *Commelina communis* var.*ludens*
ツユクサ科の一年草。ツユクサに比べ葉鞘ほかに毛が多い。
¶野生1(p266/カ写)

**ホソバツルツゲ** *Ilex rugosa* var.*stenophylla*
モチノキ科の常緑小低木。
¶野生5(p184)

**ホソバツルノゲイトウ** *Alternanthera denticulata*
ヒユ科の一年草。長さは50cm。
¶帰化写改(p61/カ写, p493/カ写)
植調(p230/カ写)
ミニ山(p39/カ写)
野生4(p131/カ写)

**ホソバツルマメ** *Glycine max* subsp.*formosana* 細葉蔓豆
マメ科マメ亜科のつる性の一年草。頂小葉は長さ2～8cm, 幅0.3～2cm。
¶野生2(p269)

**ホソバツルメヒシバ** *Axonopus fissifolius*
イネ科キビ亜科の多年草。高さは20～60cm。
¶帰化写2(p321/カ写)

ホソハツル                                    716

野生2（p78/カ写）

**ホソバツルリンドウ**　*Pterygocalyx volubilis*　細葉蔓
竜胆
リンドウ科の草本。
¶原牧2（No.1349/カ図）
新分牧（No.3392/モ図）
新牧日（No.2331/モ図）
牧野ス2（No.3194/カ図）
野生4〔ホソバノツルリンドウ〕（p300/カ写）
山ハ山花〔ホソバノツルリンドウ〕（p396/カ写）
山レ増（p176/カ写）

**ホソバテッポウユリ**　⇒タカサゴユリを見よ

**ホソバテンジクメギ**　⇒ホソバアカメギを見よ

**ホソバテンナンショウ**(1)　*Arisaema angustatum*
細葉天南星
サトイモ科の多年草。日本固有種。
¶固有（p179）
テンナン（No.40/カ写）
野生1（p104/カ写）
山力野草（p650/カ写）
山ハ野花（p27/カ写）

**ホソバテンナンショウ**(2)　⇒アマミテンナンショ
ウを見よ

**ホソバトウキ**　*Angelica stenoloba*　細葉当帰
セリ科セリ亜科の草本。日本固有種。
¶原牧2（No.2440/カ図）
固有（p99）
新分牧（No.4477/モ図）
新牧日（No.2054/モ図）
牧野ス2（No.4285/カ図）
野生5（p391/カ写）
山ハ高山（p345/カ写）
山レ増（p226/カ写）

**ホソバトウゲシバ**　⇒トウゲシバを見よ

**ホソバトガリバイヌワラビ**　⇒アイトガリバイヌ
ワラビを見よ

**ホソバトキワサンザシ**　⇒タチバナモドキを見よ

**ホソバトゲカラクサイヌワラビ**　*Athyrium
iseanum* var.*iseanum*× *A.setuligerum*
メシダ科のシダ植物。
¶シダ標2（p309/カ写）

**ホソバドジョウツナギ**　*Torreyochloa natans*　細葉
泥鰌繋
イネ科イチゴツナギ亜科の草本。
¶桑イネ（p469/カ写・モ図）
野生2（p64）
山ハ山花（p195/カ写）

**ホソバトリカブト**　*Aconitum senanense* subsp.
*senanense*　細葉鳥兜
キンポウゲ科の多年草。日本固有種。別名アカイシ
トリカブト。高さは15～200cm。
¶学フ増高山（p17/カ写）
原牧1（No.1233/カ図）
固有（p56/カ写）
新分牧（No.1436/モ図）

新牧日（No.558/モ図）
茶花下（p262/カ写）
牧野ス1（No.1233/カ図）
野生2（p130/カ写）
山力野草（p490/カ写）
山ハ高山（p112/カ写）

**ホソバナコバイモ**　*Fritillaria amabilis*　細花小貝母
ユリ科の球根性多年草。日本固有種。高さは10～
20cm。花は淡桃色。
¶原牧1（No.327/カ図）
固有（p158）
山野草（No.1416/カ写）
新分牧（No.395/カ写）
新牧日（No.3443/モ図）
牧野ス1（No.327/カ図）
野生1（p170/カ写）
山ハ山花（p71/カ写）
山レ増（p579/カ写）

**ホソバナスモソモ**　*Poa macrocalyx* var.*tatewakiana*
イネ科イチゴツナギ亜科の多年草。
¶野生2（p61）

**ホソバナチシケシダ**　*Deparia conilii*× *D.petersenii*
メシダ科のシダ植物。
¶シダ標2（p349/カ写）

**ホソバナニワコウ**　*Prunus mume* 'Hosoba-naniwa-
kō'　細葉難波紅
バラ科。ウメの品種。李系ウメ，難波性八重。
¶ウメ〔細葉難波紅〕（p94/カ写）

**ホソバナミノハナ**　*Portiera hornemannii*
ナミノハナ科の海藻。複羽状に分岐。体は12cm。
¶新分牧（No.5041/モ図）
新牧日（No.4901/モ図）

**ホソバナライシダ**　*Arachniodes borealis*
オシダ科のシダ植物。別名フクシマナライシダ。
¶シダ標2（p395/カ写）

**ホソバニガナ**　*Ixeridium beauverdianum*
キク科クニガナ亜科の多年草。
¶原牧2（No.2255/カ図）
新分牧（No.4039/モ図）
新牧日（No.3283/モ図）
牧野ス2（No.4100/カ図）
野生5（p279/カ写）

**ホソバニンジン**　⇒クソニンジンを見よ

**ホソバヌカイタチシダ**　*Dryopteris gymnosora* var.
*angustata*
オシダ科のシダ植物。日本固有種。
¶固有（p207）
シダ標2（p377/カ写）

**ホソバノアキノノゲシ**　*Lactuca laciniata* f.*indivisa*
キク科の越年草。アキノノゲシの葉が分裂しない
品種。
¶原牧2（No.2242/カ図）
牧野ス2（No.4087/カ図）

**ホソバノアマナ**　*Lloydia triflora*　細葉の甘菜
ユリ科の多年草。高さは10～25cm。

¶野生1（p174/カ写）
　山ハ山花（p68/カ写）

## ホソバノイタチシダ　⇒ミサキカグマを見よ

## ホソバノイブキシモツケ　⇒トウシモツケを見よ

## ホソバノウナギツカミ　*Persicaria praetermissa*
タデ科の草本。
¶原牧2（No.829/カ図）
　新牧（No.2871/モ図）
　新牧日（No.291/モ図）
　日水草（p261/カ写）
　牧野ス2（No.2674/カ写）
　野生4（p94/カ写）

## ホソバノオトコヨモギ　*Artemisia japonica* subsp.
*japonica* f.*resedifolia*
キク科の草本。
¶原牧2（No.2086/カ図）
　新分牧（No.4236/モ図）
　新牧日（No.3120/モ図）
　牧野ス2（No.3931/カ図）

## ホソバノカラスノエンドウ　*Vicia sativa* subsp.
*nigra* var.*minor*
マメ科の草本。別名ホソバヤハズエンドウ。
¶原牧1（No.1563/カ図）
　新分牧（No.1769/モ図）
　新牧日（No.1350/モ図）
　牧野ス1（No.1563/カ図）

## ホソバノギク　*Aster sohayakiensis*　細葉野菊
キク科キク亜科の多年草。日本固有種。別名キシュウギク。高さは30〜60cm。
¶原牧2〔キシュウギク〕（No.1938/カ図）
　固有（p145）
　山野草（No.1257/カ写）
　新分牧〔キシュウギク〕（No.4171/モ図）
　新牧日〔キシュウギク〕（No.2977/モ図）
　牧野ス2〔キシュウギク〕（No.3783/カ図）
　野生5（p315/カ写）
　山ハ山花（p512/カ写）
　山レ増（p39/カ写）

## ホソバノキシノブ　⇒ナガオノキシノブを見よ

## ホソバノキソチドリ　*Platanthera tipuloides*　細葉の木曾千鳥
ラン科の多年草。高さは25〜50cm。
¶原牧1（No.398/カ図）
　新分牧（No.466/モ図）
　新牧日（No.4272/モ図）
　茶花下（p145/カ写）
　牧野ス1（No.398/カ図）
　野生1（p224/カ写）
　山力野草（p567/カ写）
　山ハ高山（p36/カ写）
　山ハ山花（p119/カ写）

## ホソバノキミズ　*Elatostema lineolatum* var.*majus*
イラクサ科の多年草。キミズに似るが，花序は雌雄ともに頭状で柄はごく短い。
¶野生2（p346）

## ホソバノキリンソウ　*Phedimus aizoon* var.*aizoon*
細葉の麒麟草
ベンケイソウ科の草本。別名ヤマキリンソウ。花は黄色。
¶原牧1（No.1416/カ図）
　新分牧（No.1574/モ図）
　新牧日（No.922/モ図）
　牧野ス1（No.1416/カ図）
　ミニ山（p93/カ写）
　野生2（p222/カ写）
　山ハ山花（p292/カ写）

## ホソバノゲシ　*Sonchus tenerrimus*
キク科の越年草または短命な多年草。
¶帰化写2（p288/カ写）

## ホソバノコウガイゼキショウ　*Juncus papillosus*
イグサ科の多年草。別名アオコウガイゼキショウ。高さは20〜40cm。
¶原牧1（No.683/カ図）
　新分牧（No.723/モ図）
　新牧日（No.3576/モ図）
　牧野ス1（No.683/カ図）
　野生1〔アオコウガイゼキショウ〕（p291/カ写）
　山ハ野花〔アオコウガイゼキショウ〕（p95/カ写）

## ホソバノコガネサイコ　⇒エゾサイコを見よ

## ホソバノコギリシダ　*Diplazium fauriei*
メシダ科のシダ植物。
¶シダ標2（p327/カ写）

## ホソバノコギリシダ × オオバミヤマノコギリシダ　*Diplazium fauriei*×*D.hayatamae*
メシダ科のシダ植物。
¶シダ標2（p333/カ写）

## ホソバノコギリシダ × ヒロハミヤマノコギリシダ　*Diplazium fauriei*×*D.griffithii*
メシダ科のシダ植物。
¶シダ標2（p333/カ写）

## ホソバノコギリシダ × ミヤマノコギリシダ　*Diplazium fauriei*×*D.mettenianum*
メシダ科のシダ植物。
¶シダ標2（p332/カ写）

## ホソバノシバナ　*Triglochin palustris*　細葉の塩場菜
シバナ科の多年草。別名ミサキソウ。高さは15〜35cm。
¶原牧1（No.248/カ図）
　新分牧（No.293/モ図）
　新牧日（No.3335/モ図）
　牧野ス1（No.248/カ図）
　野生1（p127/カ写）
　山レ増（p621/カ写）

## ホソバノシロヨメナ　⇒シロヨメナを見よ

## ホソバノセイタカギク　⇒ミコシギクを見よ

## ホソバノセンダングサ　*Bidens parviflora*
キク科キク亜科の一年草。高さは30〜70cm。花は黄色。
¶帰化写改（p328/カ写，p511/カ写）
　新分牧（No.4271/モ図）

ホソハノチ　　　　718

新牧日（No.3054/モ図）
野生5（p356）

**ホソバノチチコグサモドキ**　*Gamochaeta calviceps*
キク科の一年草～二年草。高さは10～30cm。花は
淡褐色。
¶帰化写改〔タチチチコグサ〕（p364/カ写, p515/カ写）
帰化写2〔タチチチコグサ〕（p225/カ写）
植調（p128/カ写）
山力野草〔タチチチコグサ〕（p15/カ写）
山ハ野花〔タチチチコグサ〕（p559/カ写）

**ホソバノツルリンドウ**　⇒ホソバツルリンドウを
見よ

**ホソバノトキワサンザシ**　⇒タチバナモドキを見よ

**ホソバノトサカモドキ**　*Callophyllis japonica*
ツカサノリ科の海藻。巾は2～5mm。体は15cm。
¶新分牧（No.5056/モ図）
新牧日（No.4916/モ図）

**ホソバノナンブスズ**　*Sasa uinuizoana*　細葉の南部篶
イネ科のささ。
¶タケササ（p90/カ写）

**ホソバノハマアカザ**　*Atriplex patens*
ヒユ科（アカザ科）の一年草。別名ホソバハマアカ
ザ。高さは40～60cm。
¶原牧2（No.972/カ図）
新分牧（No.3012/モ図）
新牧日（No.425/モ図）
牧野ス2（No.2817/カ図）
ミニ山（p37/カ写）
野生4〔ホソバハマアカザ〕（p135/カ写）
山ハ野花〔ホソバハマアカザ〕（p289/カ写）

**ホソバノホロシ**　⇒ヤマホロシを見よ

**ホソバノミヤマシャジン**　⇒ミヤマシャジンを見よ

**ホソバノヤノネグサ**　⇒ナガバノヤノネグサを見よ

**ホソバノヤマハハコ**　*Anaphalis margaritacea* var.
*angustifolia*　細葉の山母子
キク科キク亜科の草本。日本固有種。別名ホソバノ
ヤマホウコ。
¶原牧2（No.1982/カ図）
固有（p150）
新分牧（No.4129/モ図）
新牧日（No.3019/モ図）
茶花下（p337/カ写）
牧野ス2（No.3827/カ図）
野生5（p343/カ写）
山力野草（p16/カ写）
山ハ山花（p521/カ写）

**ホソバノヤマホウコ**　⇒ホソバノヤマハハコを見よ

**ホソバノヨツバムグラ**　*Galium trifidum* subsp.
*columbianum*　細葉の四葉葎
アカネ科の多年草。長さは15～50cm。
¶原牧2（No.1315/カ図）
新分牧（No.3349/モ図）
新牧日（No.2429/モ図）
牧野ス2（No.3160/カ図）
野生4（p275/カ写）

山力野草（p152/カ写）
山ハ野花（p425/カ写）

**ホソバノロクオンソウ**　*Vincetoxicum multinerve*
キョウチクトウ科（ガガイモ科）の草本。
¶野生4（p317/カ写）

**ホソバハカタシダ**　*Arachniodes* × *respiciens*
オシダ科のシダ植物。
¶シダ標2（p398/カ写）

**ホソバハグマ**　*Ainsliaea linearis*　細葉白熊, 細葉羽熊
キク科コウヤボウキ亜科の草本。日本固有種。
¶原牧2（No.1898/カ図）
固有（p151）
山野草（No.1309/カ写）
新分牧（No.3937/モ図）
新牧日（No.2936/モ図）
茶花下（p385/カ写）
牧野ス2（No.3743/カ図）
野生5（p210/カ写）
山ハ山花（p535/カ写）

**ホソバハクモウイノデ**　*Deparia* × *togakushiensis*
メシダ科のシダ植物。
¶シダ標2（p347/カ写）

**ホソバハナウド**　*Heracleum sphondylium* subsp.
*sphondylium* var.*akasimontanum*　細葉花独活
セリ科セリ亜科の多年草。日本固有種。
¶固有（p101）
野生5（p395/カ写）
山ハ高山（p347/カ写）
山レ増（p228/カ写）

**ホソバハネスゲ**　⇒クジュウツリスゲを見よ

**ホソバハマアカザ**　⇒ホソバノハマアカザを見よ

**ホソバヒイラギナンテン**　*Berberis fortunei*　細葉柊
南天
メギ科の常緑低木。高さは1m。花は黄色。
¶APG原樹（No.262/カ図）
原牧1（No.1174/カ図）
新分牧（No.1337/モ図）
新牧日（No.641/モ図）
牧野ス1（No.1174/カ図）
山力樹木（p189/カ写）

**ホソバヒカゲスゲ**　*Carex humilis* var.*nana*　細葉日
陰菅
カヤツリグサ科の多年草。別名ヒメヒカゲスゲ。高
さは10～30cm。
¶カヤツリ（p392/カ写）
新分牧（No.859/モ図）
新牧日（No.4146/モ図）
スゲ増（No.211/カ写）
野生1（p324/カ写）
山ハ野花（p137/カ写）

**ホソバヒナウスユキソウ**　*Leontopodium fauriei* var.
*angustifolium*　細葉雛薄雪草
キク科キク亜科の草本。日本固有種。
¶学フ増高山（p205/カ写）
原牧2（No.1978/カ図）

固有 (p141)
　　新分牧 (No.4126/モ図)
　　新牧日 (No.3016/モ図)
　　牧野ス2 (No.3823/カ図)
　　野生5 (p348/カ写)
　　山力野草 (p11/カ写)
　　山ハ高山 (p376/カ写)
　　山レ増 (p49/カ写)

**ホソバヒメコケシノブ** ⇒ホソバコケシノブを見よ

**ホソバヒメシャジン** ⇒ヒメシャジンを見よ

**ホソバヒメタムラソウ** *Serratula seoanei*　細葉姫田村草
　キク科の草本。草丈は10〜30cm。
　¶山野草 (No.1324/カ写)

**ホソバヒメトラノオ** *Veronica linariifolia* var. *linariifolia*　細葉姫虎の尾
　オオバコ科 (ゴマノハグサ科) の草本。高さは30〜70cm。
　¶原牧2 (No.1585/カ図)
　　新分牧 (No.3619/モ図)
　　新牧日 (No.2728/モ図)
　　牧野ス2 (No.3430/カ図)
　　野生5 (p87/カ写)
　　山ハ山花 (p455/カ写)
　　山レ増 (p114/カ写)

**ホソバヒメミソハギ** *Ammannia coccinea*　細葉姫禊萩
　ミソハギ科の一年草。高さは20〜100cm。花は紫紅色。
　¶帰化写改 (p203/カ写, p502/カ写)
　　植調 (p60/カ写)
　　ミニ山 (p203/カ写)
　　野生3 (p257/カ写)
　　山ハ野花 (p309/カ写)

**ホソバヒルムシロ** *Potamogeton alpinus*
　ヒルムシロ科の沈水植物または浮葉植物。沈水葉は無柄, 狭披針形。
　¶日水草 (p117/カ写)
　　野生1 (p132/カ写)
　　山レ増 (p611/カ写)

**ホソバフウリンホオズキ** *Physalis angulata* var. *lanceifolia*
　ナス科の一年草。
　¶帰化写2 (p221/カ写)
　　植調 (p214/カ写)
　　野生5 (p39)

**ホソバフジボグサ** *Uraria picta*
　マメ科マメ亜科の木本。
　¶新分牧 (No.1697/モ図)
　　野生2 (p297/カ写)

**ホソバフモトシケシダ** *Deparia conilii* × *D. pseudoconilii*
　メシダ科のシダ植物。
　¶シダ標2 (p349/カ写)

**ホソバヘラオモダカ** *Alisma canaliculatum* var. *harimense*
　オモダカ科の水草。日本固有種。別名シジミヘラオモダカ。
　¶固有 (p153)
　　日水草 (p72/カ写)
　　野生1 (p116)

**ホソバホラゴケ** ⇒ハハジマホラゴケを見よ

**ホソバママコナ** *Melampyrum setaceum*
　ハマウツボ科 (ゴマノハグサ科) の半寄生一年草。高さは25〜60cm。
　¶原牧2 (No.1778/カ図)
　　新分牧 (No.3837/モ図)
　　新牧日 (No.2760/モ図)
　　牧野ス2 (No.3623/カ図)
　　野生5 (p155/カ写)
　　山レ増 (p102/カ写)

**ホソバマルバヤナギ** ⇒エゾノタカネヤナギを見よ

**ホソバミズゴケ** *Sphagnum girgensohnii*
　ミズゴケ科のコケ。別名コフサミズゴケ。大型, 長さ15〜20cm, 淡緑色。
　¶新分牧 (No.4833/モ図)
　　新牧日 (No.4693/モ図)

**ホソバミズゼニゴケ** *Pellia endiviifolia*　細葉水銭苔
　ミズゼニゴケ科のコケ。別名ムラサキミズゼニゴケ。紅紫色, 長さ2〜5cm。
　¶新分牧 (No.4909/モ図)
　　新牧日 (No.4772/モ図)

**ホソバミズヒキモ** *Potamogeton octandrus*　細葉水引藻
　ヒルムシロ科の小型浮葉植物。浮葉は長楕円形で明るい黄緑色。
　¶日水草 (p118/カ写)
　　野生1 (p133/カ写)

**ホソバミミナグサ** (1) *Cerastium rubescens* var. *koreanum* f.*takedae*　細葉耳菜草
　ナデシコ科の多年草。別名アオモリミミナグサ, タカネミミナグサ, ヒロハミツモリミミナグサ, ホクセンミミナグサ, ミツモリミミナグサ。
　¶原牧2 (No.883/カ写)
　　新分牧 (No.2944/モ図)
　　新牧日 (No.355/モ図)
　　牧野ス2 (No.2728/カ図)
　　野生4 (p111/カ写)

**ホソバミミナグサ** (2) ⇒タカネミミナグサ (1) を見よ

**ホソバミヤマハナワラビ** ⇒ミヤマハナワラビを見よ

**ホソバムカシヨモギ** *Erigeron acris* var.*linearifolius*
　キク科キク亜科の草本。日本固有種。
　¶固有 (p151)
　　野生5 (p322)

**ホソバムクイヌビワ** *Ficus ampelas*
　クワ科の木本。別名キングイヌビワ。
　¶野生2 (p336/カ写)

ホソハムク　　　　　　　　　720

**ホソバムクゲシケシダ**　*Deparia conilii* × *D.kiusiana*
メシダ科のシダ植物。
¶シダ標2（p349/カ写）

**ホソバムラサキ**　*Callicarpa pilosissima*
シソ科の木本。台湾に分布，西表島で発見。
¶野生5（p105）

**ホソバモクセイソウ**(1)　⇒キバナモクセイソウを
見よ

**ホソバモクセイソウ**(2)　⇒ホザキモクセイソウを
見よ

**ホソバヤハズエンドウ**　⇒ホソバノカラスノエンド
ウを見よ

**ホソバヤブコウジ**　*Ardisia japonica* var.*angusta*
サクラソウ科の常緑小低木。葉は狭卵形。
¶野生4（p189）

**ホソバヤブソテツ**　*Polystichum hookerianum*
オシダ科の常緑性シダ。葉身は長さ30〜40cm，広
披針形。
¶シダ標2（p413/カ写）

**ホソバヤブレガサ**　*Syneilesis aconitifolia* var.
*aconitifolia*
キク科キク亜科の多年草。高さは100cm。花は帯
紅色。
¶山野草（No.1283/カ写）
　野生5〔コヤブレガサ〕（p310）

**ホソバヤマジソ**　*Mosla chinensis*　細葉山紫蘇
シソ科シソ亜科〔イヌハッカ亜科〕の草本。
¶野生5（p129/カ写）
　山レ増（p125/カ写）

**ホソバヤマブキソウ**　*Hylomecon japonica* f.
*lanceolata*　細葉山吹草
ケシ科の草本。
¶原牧1（No.1135/カ図）
　新分牧（No.1294/モ図）
　新牧日（No.775/モ写）
　牧野ス1（No.1135/カ図）

**ホソバヤマヤブソテツ**　⇒ヤブソテツを見よ

**ホソバヤロード**　*Ochrosia hexandra*
キョウチクトウ科の木本。
¶野生4（p314/カ写）

**ホソバリュウビンタイ**　*Angiopteris palmiformis*
リュウビンタイ科の常緑性シダ。別名ナンヨウリュ
ウビンタイ。羽片の長さは65〜70cm。
¶シダ標1（p303/カ写）
　新分牧（No.4521/モ図）
　新牧日（No.4405/モ図）

**ホソバリンドウ**　*Gentiana scabra* var.*buergeri* f.
*stenophylla*
リンドウ科の草本。
¶原牧2（No.1336/カ図）
　新分牧（No.3380/カ図）
　新牧日（No.2318/モ図）
　牧野ス2（No.3181/カ図）

**ホソバルコウソウ**　⇒ルコウソウを見よ

**ホソバワダン**　*Crepidiastrum lanceolatum* var.
*lanceolatum*
キク科キクニガナ亜科の多年草。高さは10〜30cm。
¶原牧2（No.2280/カ図）
　新分牧（No.4032/モ図）
　新牧日（No.3306/モ図）
　牧野ス2（No.4125/カ図）
　野生5（p275/カ写）
　山力野草（p113/カ写）
　山ハ野花（p602/カ写）

**ホソヒダシャグマアミガサタケ**　⇒オオシャグマ
タケを見よ

**ホソヒモヨウラクヒバ**　⇒ヒモスギランを見よ

**ホソフデラン**　*Erythrodes blumei*
ラン科の多年草。花は赤褐色。
¶野生1（p200）

**ホソボクサヨシ**　⇒クサヨシを見よ

**ホソボチカラシバ**　⇒マキバチカラシバを見よ

**ホソボナルコスゲ**　*Carex vesicaria* var.*tenuistachya*
カヤツリグサ科の多年草。
¶カヤツリ（p498/モ図）

**ホソミアダン**　*Pandanus daitoensis*
タコノキ科の常緑小高木。北大東島に稀産する。
¶野生1（p156/カ写）

**ホソミエビスグサ**　*Senna tora*
マメ科ジャケツイバラ亜科の帰化植物。花柄は長さ
5〜10mm，果柄は10〜15mm。
¶野生2（p253）

**ホソミキンガヤツリ**　*Cyperus engelmannii*
カヤツリグサ科の一年草。高さは20〜100cm。
¶帰化写2（p370/カ写）
　野生1（p339/カ写）

**ホソミショウジョウスゲ**　⇒ツクバスゲを見よ

**ホソミツヤゴケ**　*Entodon sullivantii* var.*versicolor*
ツヤゴケ科のコケ。別名ツヤゴケ。茎葉は長さ1.5
〜2mm，卵状披針形。
¶新分牧（No.4891/モ図）
　新牧日（No.4752/モ図）

**ホソミノアオモリトドマツ**　⇒オオシラビソを見よ

**ホソミノオランダガラシ**　⇒コバノオランダガラシ
を見よ

**ホソムギ**　*Lolium perenne*　細麦
イネ科イチゴツナギ亜科の多年草。別名ペレニアル
ライグラス。高さは30〜120cm。葉身は2〜4mm。
¶帰化写改（p452/カ写, p521/カ写）
　桑イネ（p305/カ写・モ図）
　植調（p310/カ写）
　野生2（p57/カ写）
　山ハ野花（p154/カ写）

**ホソヤリタケ**　*Macrotyphula juncea*
ガマノホタケ科のキノコ。形は細長い紡錘形，淡
褐色。
¶山力日き（p412/カ写）

**ボダイジュ** *Tilia miqueliana* 菩提樹
アオイ科（シナノキ科）の落葉広葉高木。高さは
25m。
¶ **APG原樹** (No.1008/カ図)
　学フ増花庭 (p185/カ写)
　原牧2 (No.649/カ写)
　新分牧 (No.2661/モ図)
　新牧日 (No.1717/モ図)
　茶花上 (p578/カ写)
　都木花新 (p81/カ写)
　牧野ス2 (No.2494/カ図)
　野生4 (p33/カ写)
　山力樹木 (p473/カ写)
　落葉図譜 (p236/モ図)

**ホタカワラビ** *Dryopteris amurensis × D.expansa*
オシダ科のシダ植物。
¶ **シダ標2** (p372/カ写)

**ホタルイ** *Schoenoplectiella hotarui* 蛍蘭
カヤツリグサ科の一年生抽水植物。花序は側生状。
高さは30〜60cm。
¶ **カヤツリ** (p670/モ写)
　原牧1 (No.731/カ図)
　新分牧 (No.953/モ図)
　新牧日 (No.3990/モ図)
　茶花下 (p263/カ写)
　日水草 (p192/カ写)
　牧野ス1 (No.731/カ図)
　野生1 (p356/カ写)
　山力野草 (p658/カ写)
　山ハ野花 (p112/カ写)

**ホタルカズラ** *Aegonychon zollingeri* 蛍葛，蛍蔓
ムラサキ科ムラサキ亜科の多年草。別名ホタルソ
ウ，ホタルカラクサ，ルリソウ。高さは15〜25cm。
花は碧色。
¶ **学フ増野春** (p43/カ写)
　原牧2 (No.1428/カ図)
　山野草 (No.0998/カ写)
　新分牧 (No.3532/モ図)
　新牧日 (No.2488/モ図)
　茶花上 (p312/カ写)
　牧野ス2 (No.3273/カ図)
　野生5 (p52/カ写)
　山力野草 (p236/カ写)
　山ハ山花 (p383/カ写)

**ホタルカラクサ** ⇒ホタルカズラを見よ

**ホタルサイコ** *Bupleurum longiradiatum* var.
*breviradiatum* 蛍柴胡，蛍茈胡
セリ科セリ亜科の多年草。別名ホタルソウ，ダイサ
イコ。高さは50〜150cm。
¶ **学フ増野秋** (p121/カ写)
　原牧2 (No.2406/カ写)
　山野草 (No.0749/カ写)
　新分牧 (No.4431/モ図)
　新牧日 (No.2023/モ図)
　茶花下 (p146/カ写)
　牧野ス2 (No.4251/カ図)
　ミニ山 (p216/カ写)

　野生5 (p392/カ写)
　山力野草 (p306/カ写)
　山ハ山花 (p465/カ写)

**ホタルソウ**(1) ⇒ホタルカズラを見よ

**ホタルソウ**(2) ⇒ホタルサイコを見よ

**ホタルナデシコ** *Dianthus knappii* 蛍撫子
ナデシコ科の多年草。別名キバナナデシコ。高さは
30〜40cm。花は淡黄色。
¶ **山野草**〔ディアンサス・ナッピー〕(No.0022/カ写)
　茶花上 (p578/カ写)

**ホタルバナ** ⇒ホタルブクロを見よ

**ホタルヒバ** ⇒オウゴンシノブヒバを見よ

**ホタルブクロ** *Campanula punctata* var.*punctata* 蛍
袋，火垂る袋
キキョウ科の多年草。別名ホタルバナ，ツリガネソ
ウ，トウロウバナ，チョウチンバナ，フウリンソウ，
ソーレンバナ，シビトバナ。高さは50〜80cm。花
は白色，または淡紫紅色。
¶ **色野草** (p276/カ写)
　学フ増野夏 (p7/カ写)
　原牧2 (No.1850/カ図)
　山野草 (No.1187/カ写)
　新分牧 (No.3895/モ図)
　新牧日 (No.2894/モ図)
　茶花上 (p579/カ写)
　牧野ス2 (No.3695/カ図)
　野生5 (p190/カ写)
　山力野草 (p130/カ写)
　山ハ野花 (p507/カ写)
　山ハ山花 (p485/カ写)

**ホダワラ** ⇒ホンダワラを見よ

**ボタン** *Paeonia suffruticosa* 牡丹
ボタン科の木本。別名ハツカグサ，フカミグサ，ナ
トリグサ，フッキソウ。高さは2m。花は白，桃，紅，
紫色。
¶ **APG原樹** (No.299/カ図)
　学フ増花庭 (p38/カ写)
　学フ増薬草 (p224/カ写)
　原牧1 (No.1334/カ図)
　新分牧 (No.1505/モ図)
　新牧日 (No.718/モ図)
　茶花上 (p312/カ写)
　牧野ス1 (No.1334/カ図)
　山力樹木 (p182/カ写)

**ボタンイチゲ** ⇒アネモネを見よ

**ボタンイバラ** ⇒トキンイバラを見よ

**ボタンイボタケ** *Thelephora aurantiotincta*
イボタケ科のキノコ。中型〜大型。子実体はボタン
の花状。
¶ **山力日き** (p438/カ写)

**ボタンウキクサ** *Pistia stratiotes* 牡丹浮草
サトイモ科の水生多年草。花は淡緑色。葉はロゼッ
ト状につき，全縁の扇形。
¶ **帰化写改** (p472/カ写)
　帰化写2 (p381/カ写)

ボタンカマ　　　　　　　722

日ハ水草（p67/カ写）

ボタン‘カマタフジ’　⇒カマタフジを見よ

ボタン‘キンテイ’　⇒キンテイを見よ

ボタンキンバイ　⇒ボタンキンバイソウを見よ

ボタンキンバイソウ　*Trollius altaicus* subsp.*pulcher*
牡丹金梅草
キンポウゲ科の草本。日本固有種。別名ボタンキン
バイ。
¶原牧1（No.1197/カ図）
　固有（p53/カ写）
　新分牧（No.1477/モ図）
　新牧日（No.518/モ図）
　牧野ス1（No.1197/カ図）
　野生2（p169/カ写）
　山カ野草（p496/カ写）
　山ハ高山（p104/カ写）

ボタンクサギ　*Clerodendrum bungei*　牡丹臭木
シソ科キランソウ亜科（クマツヅラ科）の落葉小低
木。別名ベニバナクサギ, タマクサギ。高さは1m。
花は淡紅色。
¶学フ増花庭（p163/カ写）
　茶花下〔てまりくさぎ〕（p116/カ写）
　野生5（p112/カ写）
　山カ樹木（p664/カ写）

ボタンケシ　⇒ケシを見よ

ボタン‘ゴダイシュウ’　⇒ゴダイシュウを見よ

ボタンザクラ　⇒サトザクラを見よ

ボタン‘ジツゲツニシキ’　⇒ジツゲツニシキ(1)を
見よ

ボタン‘スイガン’　⇒スイガンを見よ

ボタンヅル　*Clematis apiifolia* var.*apiifolia*　牡丹蔓
キンポウゲ科のつる性の半低木。別名ワクノテ, ワ
クヅル, エミグサ。花径1.5〜2.5cm。
¶色野草（p107/カ写）
　APG原樹（No.266/カ図）
　原牧1（No.1297/カ図）
　新分牧（No.1458/モ図）
　新牧日（No.619/モ図）
　茶花下（p263/カ写）
　牧野ス1（No.1297/カ図）
　野生2（p145/カ写）
　山カ野草（p472/カ写）
　山ハ野花（p239/カ写）

ボタン‘タイヨウ’　⇒タイヨウを見よ

ボタン‘タマフヨウ’　⇒タマフヨウを見よ

ボタンツツジ　⇒ヨドガワツツジを見よ

ボタンナ　⇒ハボタンを見よ

ボタン‘ニッショウ’　⇒ニッショウを見よ

ボタンネコノメソウ　*Chrysosplenium kiotoense*　牡
丹猫の目草
ユキノシタ科の草本。日本固有種。
¶固有（p71/カ写）
　野生2（p202/カ写）

山ハ山花（p269/カ写）

ボタンノキ　⇒アメリカスズカケノキを見よ

ボタン‘ハクオウジシ’　⇒ハクオウジシを見よ

ボタン‘ハツガラス’　⇒ハツガラスを見よ

ボタン‘ハナキソイ’　⇒ハナキソイを見よ

ボタン‘ハナダイジン’　⇒ハナダイジンを見よ

ボタンバラ　*Rosa maikwai*　牡丹薔薇
バラ科の木本。別名マイカイ。シュラブ・ローズ系。
¶APG原樹〔マイカイ〕（No.603/カ図）
　原牧1（No.1805/カ図）
　新分牧（No.2000/モ図）
　新牧日（No.1191/モ図）
　牧野ス1（No.1805/カ図）

ボタン‘ハルノアケボノ’　⇒ハルノアケボノを見よ

ボタン‘ヒグラシ’　⇒ヒグラシを見よ

ボタン‘ビフクモン’　⇒ビフクモンを見よ

ボタン‘フソウツカサ’　⇒フソウツカサを見よ

ボタン‘ホウダイ’　⇒ホウダイを見よ

ボタンボウフウ　*Peucedanum japonicum*　牡丹防風
セリ科セリ亜科の多年草。別名ショクヨウボウフ
ウ。高さは60〜100cm。
¶学フ増野夏（p175/カ写）
　原牧2（No.2468/カ図）
　山野草（No.0751/カ写）
　新分牧（No.4499/モ図）
　新牧日（No.2082/モ図）
　牧野ス2（No.4313/カ図）
　ミニ山（p228/カ写）
　野生5（p397/カ写）
　山カ野草（p320/カ写）
　山ハ野花（p494/カ写）

ボタン‘ヤチヨツバキ’　⇒ヤチヨツバキを見よ

ボタン‘リンボウ’　⇒リンボウを見よ

ボチョウジ　*Psychotria asiatica*
アカネ科の常緑低木。別名リュウキュウアオキ。高
さは1〜2m。花は白色。
¶APG原樹（No.1338/カ図）
　原牧2（No.1292/カ写）
　新分牧（No.3324/モ図）
　新牧日（No.2406/モ図）
　牧野ス2（No.3137/カ図）
　野生4（p288/カ写）
　山カ樹木（p677/カ写）

ホッカイコウホネ　*Nuphar*×*hokkaiensis*
スイレン科の水草。
¶日水草（p48/カ写）

ホックリ　⇒シュンランを見よ

ホッコクアザミ　*Cirsium hokkokuense*
キク科アザミ亜科の草本。日本固有種。
¶固有（p140）
　野生5（p241/カ写）

**ホッスガヤ** *Calamagrostis pseudophragmites* 払子茅
イネ科イチゴツナギ亜科の多年草。別名トシマガ
ヤ。高さは100〜160cm。
- ¶桑イネ (p132/カ写・モ図)
- 原牧1 (No.978/カ図)
- 新分牧 (No.1098/モ図)
- 新牧日 (No.3719/モ図)
- 牧野ス1 (No.978/カ図)
- 野生2 (p48/カ写)
- 山カ野草 (p669/カ写)
- 山ハ野花 (p178/カ写)
- 山ハ山花 (p186/カ写)

**ホッスモ** *Najas graminea* 払子藻
トチカガミ科 (イバラモ科) の一年生水草。葉は3輪
生状,葉鞘の先が耳状に突き出て尖る。
- ¶原牧1 (No.241/カ図)
- 新分牧 (No.286/モ図)
- 新牧日 (No.3364/モ図)
- 日水草 (p98/カ写)
- 牧野ス1 (No.241/カ図)
- 野生1 (p122/カ写)

**ホツツジ** *Elliottia paniculata* 穂躑躅
ツツジ科ツツジ亜科の落葉低木。日本固有種。別名
マツノキハダ,ヤマワラ,ヤマボウキ,ホウキノキ。
高さは2m。花は白色。
- ¶APG原樹 (No.1326/カ図)
- 学フ増樹 (p239/カ写)
- 学フ有毒 (p78/カ写)
- 原牧2 (No.1162/カ図)
- 固有 (p108)
- 新分牧 (No.3223/モ図)
- 新牧日 (No.2109/モ図)
- 茶花下 (p264/カ写)
- 牧野ス2 (No.3007/カ図)
- 野生4 (p230/カ写)
- 山カ樹木 (p576/カ写)

**ホップ** *Humulus lupulus* var.*lupulus*
アサ科 (クワ科) のつる性多年草。別名セイヨウカ
ラハナソウ。長さは6〜7m。
- ¶山ハ山花 (p345/カ写)

**ホップツメクサ** ⇒クスダマツメクサを見よ

**ホテイアオイ** *Eichhornia crassipes* 布袋葵
ミズアオイ科の多年生水草。別名ウォーター・ヒヤ
シンス (英名)。総状花序に淡紫色の花を多数付け
る。高さは10〜80cm。
- ¶学フ増野夏 (p73/カ写)
- 帰化写改 (p410/カ写)
- 原牧1 (No.636/カ図)
- 新分牧 (No.670/モ図)
- 新牧日 (No.3537/モ図)
- 日水草 (p144/カ写)
- 牧野ス1 (No.636/カ図)
- 野生1 (p270/カ写)
- 山カ野草 (p645/カ写)
- 山ハ野花 (p229/カ写)

**ホテイアツモリソウ** *Cypripedium macranthos* var.
*macranthos* 布袋敦盛草
ラン科の草本。
- ¶茶花上 (p579/カ写)
- 野生1 (p194/カ写)
- 山ハ高山 (p29/カ写)
- 山レ増 (p458/カ写)

**ホテイシダ** *Lepisorus annuifrons* 布袋羊歯
ウラボシ科の夏緑性シダ。別名オオノキシノブ。葉
身は長さ25cm弱,披針形。
- ¶シダ標2 (p462/カ写)
- 新分牧 (No.4791/モ図)
- 新牧日 (No.4658/モ図)

**ホテイシメジ** *Ampulloclitocybe clavipes*
ヌメリガサ科 (キシメジ科) のキノコ。中型。傘は
灰褐色,漏斗形。ひだは白色〜クリーム色。
- ¶学フ増毒き (p89/カ写)
- 原きの (No.030/カ写・カ図)
- 山カ日き (p64/カ写)

**ホテイソウ** ⇒クマガイソウを見よ

**ホテイタケ** *Cudonia circinans*
ホテイタケ科のキノコ。
- ¶新分牧 (No.5161/モ図)
- 新牧日 (No.5018/モ図)
- 山カ日き (p545/カ写)

**ホテイチク** *Phyllostachys aurea* 布袋竹
イネ科タケ亜科の常緑中型タケ。別名ゴザンチク,
ゴサンチク,クレタケ。高さは3〜5m。
- ¶APG原樹 (No.222/カ図)
- 原牧1 (No.915/カ図)
- 新分牧 (No.1018/モ図)
- 新牧日 (No.3613/モ図)
- タケ亜科 (No.11/カ写)
- タケササ (p53/カ写)
- 牧野ス1 (No.915/カ図)
- 山カ樹木 (p62/カ写)

**ホテイマンテマ** ⇒ドルエッツバリエゲーテッドを
見よ

**ホテイラン** *Calypso bulbosa* var.*speciosa* 布袋蘭
ラン科の多年草。別名ツリフネラン。高さは6〜
15cm。
- ¶原牧1 (No.452/カ図)
- 新分牧 (No.517/カ図)
- 新牧日 (No.4326/モ図)
- 茶花上 (p460/カ写)
- 牧野ス1 (No.452/カ図)
- 野生1 (p188/カ写)
- 山カ野草 (p576/カ写)
- 山ハ高山 (p29/カ写)
- 山ハ山花 (p104/カ写)
- 山レ増 (p463/カ写)

**ポテンティラ・アルバ** *Potentilla alba*
バラ科の多年草。花は白色。
- ¶山野草 (No.0617/カ写)

## ホテンテイ　724

**ポテンティラ・エリオカルパ**　*Potentilla eriocarpa*
バラ科の草本。
¶山野草 (No.0618/カ写)

**ポテンティラ・オウレア (八重咲き)**　*Potentilla aurea* 'Plena'
バラ科の草本。
¶山野草 (No.0619/カ写)

**ポテンティラ‘ギブソンズスカーレット’**　⇒ギブソンズスカーレットを見よ

**ポテンティラ・ネパレンシス**　*Potentilla nepalensis*
バラ科の多年草。別名アケボノキンバイ。高さは30〜60cm。花は濃紫紅色。
¶山野草 (No.0615/カ写)

**ホド**　*Apios fortunei*　土芋, 塊, 塊芋
マメ科マメ亜科の多年生つる草。別名ホドイモ。高さは100〜150cm。
¶原牧1 (No.1588/カ図)
新分牧 (No.1669/モ図)
新牧日 (No.1375/モ図)
牧野ス1 (No.1588/カ写)
野生2 〔ホドイモ〕(p256/カ写)
山ハ山花 〔ホドイモ〕(p334/カ写)

**ホドイモ**　⇒ホドを見よ

**ホトウ**　⇒フトモモを見よ

**ホトケノザ**(1)　*Lamium amplexicaule*　仏の座
シソ科オドリコソウ亜科の一年草あるいは越年草。別名カスミソウ, サンガイグサ, ホトケノツヅレ。高さは10〜30cm。
¶色野草 (p220/カ写)
学フ増野春 (p16/カ写)
原牧2 (No.1661/カ図)
植調 (p180/カ写)
新分牧 (No.3759/モ図)
新牧日 (No.2573/モ図)
茶花上 (p313/カ写)
牧野ス2 (No.3506/カ写)
野生5 (p126/カ写)
山力野草 (p217/カ写)
山ハ野花 (p455/カ写)

**ホトケノザ**(2)　⇒コオニタビラコを見よ

**ホトケノツヅレ**　⇒ホトケノザ(1)を見よ

**ホトケノミミ**　⇒エゾノノマタを見よ

**ポトス**　⇒オウゴンカズラを見よ

**ポドストロマ アルタケウム**　*Podostroma alutaceum*
ボタンタケ科のキノコ。
¶山力日き (p587/カ写)

**ホトトギス**　*Tricyrtis hirta*　杜鵑草
ユリ科の多年草。日本固有種。高さは40〜100cm。
¶色野草 (p308/カ写)
学フ増野秋 (p79/カ写)
原牧1 (No.357/カ図)
固有 (p159)
山野草 (No.1522/カ写)
新分牧 (No.374/モ図)

**新牧日** (No.3385/モ図)
茶花下 (p338/カ写)
牧野ス1 (No.357/カ写)
野生1 (p175/カ写)
山力野草 (p608/カ写)
山ハ野花 (p50/カ写)
山ハ山花 (p80/カ写)

**ホナガアオゲイトウ**　*Amaranthus powellii*
ヒユ科の一年草。高さは30〜100cm。
¶帰化写改 (p67/カ写)
植調 〔イガホビユ〕(p234/カ写)
野生4 (p132/カ写)

**ホナガイヌビユ**　*Amaranthus viridis*　穂長犬莧
ヒユ科の一年草。別名アオビユ。食用可。高さは1m前後。花は帯褐色。
¶帰化写改 〔アオビユ〕(p73/カ写, p494/カ写)
原牧2 (No.954/カ図)
植調 (p232/カ写)
新分牧 (No.2990/モ図)
新牧日 (No.448/モ図)
牧野ス2 (No.2799/カ写)
野生4 (p134/カ写)

**ホナガカワヂシャ**　*Veronica×myriantha*
オオバコ科 (ゴマノハグサ科) の多年草。
¶帰化写2 (p233/カ写)
日水草 (p284/カ写)

**ホナガクマヤナギ**　*Berchemia longiracemosa*　穂長熊柳
クロタキカズラ科 (クロウメモドキ科) の木本。日本固有種。
¶原牧2 (No.21/カ図)
固有 (p89)
新分牧 (No.2064/モ図)
新牧日 (No.1683/モ図)
茶花上 (p580/カ写)
牧野ス1 (No.1866/カ図)
野生2 (p318/カ写)

**ホナガソウ**　⇒ナガボソウを見よ

**ホナガタツナミソウ**(1)　*Scutellaria laeteviolacea* var.*maekawae*　穂長立波草
シソ科の草本。日本固有種。
¶原牧2 (No.1636/カ図)
固有 (p125)
新分牧 (No.3729/モ図)
新牧日 (No.2547/カ写)
牧野ス2 (No.3481/カ写)

**ホナガタツナミソウ**(2)　⇒シソバタツナミを見よ

**ホナガナツハゼ**　⇒ナガボナツハゼを見よ

**ホナガヒメゴウソ**(1)　*Carex phacota* var.*phacota*
カヤツリグサ科の多年草。
¶カヤツリ (p188/モ図)
野生1 (p311/カ写)

**ホナガヒメゴウソ**(2)　⇒アオゴウソ(1)を見よ

**ホナガボナツハゼ**　⇒ナガボナツハゼを見よ

**ホネタケ** *Onygena corvina*
　ホネタケ科のキノコ。
　¶山カ日き（p542/カ写）

**ホネヨモギ** ⇒コウホネを見よ

**ポピー** ⇒ヒナゲシを見よ

**ホープシー** *Picea pungens* 'Hoopsii'
　マツ科。コロラドトウヒの品種。
　¶**APG原樹**〔プンゲンストウヒ 'ホープシー'〕（No.1533/カ図）

**ポプラ** ⇒セイヨウハコヤナギを見よ

**ホープレイズ** *Abelia×grandiflora* 'Hopleys'
　スイカズラ科の木本。
　¶**APG原樹**〔アベリア 'ホープレイズ'〕（No.1593/カ図）

**ボーベリア バシアーナ** *Beauveria bassiana*
　ノムシタケ科の冬虫夏草。宿主はコウチュウ目、バッタ目、カメムシ目、ハチ目、チョウ目、ハエ目など。
　¶**冬虫生態**（p274/カ写）

**ボーベリア ブロンニアーティ** *Beauveria brongniartii*
　ノムシタケ科の冬虫夏草。宿主はカミキリムシ類をはじめとするコウチュウ目。
　¶**冬虫生態**（p275/カ写）

**ポーポー** ⇒ポウポウを見よ

**ポポーノキ** ⇒ポウポウを見よ

**ホホベニオオベニシダ** ⇒オオベニシダを見よ

**ポメロ** ⇒グレープフルーツを見よ

**ホヤ** ⇒ヤドリギを見よ

**ホヨ** ⇒ヤドリギを見よ

**ホラガイソウ** ⇒キツリフネを見よ

**ホラカグマ** *Ctenitis eatonii*
　オシダ科の常緑性シダ。葉身は長さ30〜45cm、長楕円状卵形〜卵形。
　¶**シダ標2**（p405/カ写）

**ボラゴソウ** ⇒ルリチシャを見よ

**ホラシノブ** *Odontosoria chinensis* 洞忍
　ホングウシダ科（イノモトソウ科）の常緑性シダ。別名ウチワホラシノブ。葉身は長さ15〜60cm、長楕円状披針形。
　¶**シダ標1**（p354/カ写）
　　**新分牧**（No.4562/モ図）
　　**新牧日**（No.4457/モ図）

**ポリガラ・カマエブクスス** ⇒トキワヒメハギを見よ

**ポリガラ・カルカレア** *Polygala calcarea*
　ヒメハギ科の低木。
　¶**山野草**（No.0678/カ写）

**ポリゴナツム・キンギアナム** *Polygonatum kingianum*
　ユリ科の草本。
　¶**山野草**（No.1405/カ写）

**ポリゴナトウム・オドラツム** ⇒オオアマドコロを見よ

**ボリジ** ⇒ルリチシャを見よ

**ポリスティクム・セティフェルム** *Polystichum setiferum*
　オシダ科のシダ植物。羽片は狭披針形。
　¶**山野草**（No.1823/カ写）

**ホリソウ** ⇒ホロムイソウを見よ

**ホリホック** ⇒タチアオイ(1)を見よ

**ホルトカズラ** *Erycibe henryi*
　ヒルガオ科の常緑藤本。
　¶**野生5**（p26/カ写）

**ホルトソウ** *Euphorbia lathyris*
　トウダイグサ科の多肉植物。別名クサホルト。高さは50〜70cm。
　¶**帰化写改**（p167/カ写）
　　**原牧2**（No.259/カ図）
　　**新分牧**（No.2419/モ図）
　　**新牧日**（No.1478/モ図）
　　**牧野ス1**（No.2104/カ図）

**ボルトニア** ⇒アメリカギクを見よ

**ホルトノキ** *Elaeocarpus zollingeri* var.*zollingeri*
　ホルトノキ科の常緑高木。別名モガシ。
　¶**APG原樹**（No.786/カ図）
　　**学寸増樹**（p190/カ写・カ図）
　　**原牧2**（No.227/カ図）
　　**新分牧**（No.2270/モ図）
　　**新牧日**（No.1709/モ図）
　　**都木花新**（p79/カ写）
　　**牧野ス1**（No.2072/カ図）
　　**野生3**（p143/カ写）
　　**山カ樹木**（p470/カ写）

**ボレトゥス・ルベッルス** *Boletus rubellus*
　イグチ科のキノコ。傘は暗紅色、傘の径最大7.5cm。
　¶**原きの**〔Ruby bolete（ルビーイグチ）〕（No.307/カ写・カ図）

**ポレモニウム・ケルレウム** ⇒セイヨウハナシノブを見よ

**ポレモニウム・ビスコースム** *Polemonium viscosum*
　ハナシノブ科の草本。高さは10〜40cm。
　¶**山野草**（No.0992/カ写）

**ポレモニウム・リニフォルム** *Polemonium liniforum*
　ハナシノブ科の草本。高さは20〜50cm。
　¶**山野草**（No.0993/カ写）

**ホロカケソウ** ⇒クマガイソウを見よ

**ホロギク** ⇒キクガラクサを見よ

**ボロギク** ⇒サワギクを見よ

**ホロシ** ⇒ヒヨドリジョウゴを見よ

**ボロジノニシキソウ** *Euphorbia sparrmanni*
　トウダイグサ科の常緑の多年草。別名オオアガリニシキソウ。

ホロテンナ                                           726

¶野生3（p158/カ写）
　山ハ増（p274/カ写）

**ホロテンナンショウ**　*Arisaema cucullatum*　幌天
南星
　サトイモ科の多年草。日本固有種。
　¶原牧1（No.193/カ図）
　　固有（p178）
　　山野草（No.1628/カ写）
　　新分牧（No.238/モ図）
　　新牧日（No.3924/モ図）
　　テンナン（No.21/カ写）
　　牧野ス1（No.193/カ図）
　　野生1（p101/カ写）

**ホロトソウ**　*Campanula uemulae*　幌登草
　キキョウ科の草本。高さは5〜10cm。
　¶山野草（No.1207/カ写）

**ホロビンソウ**　⇒マツバボタンを見よ

**ボロボロノキ**　*Schoepfia jasminodora*　幌々の木
　ボロボロノキ科の木本。
　¶APG原樹（No.1061/カ図）
　　原牧2（No.777/カ図）
　　新分牧（No.2815/モ図）
　　新牧日（No.232/モ図）
　　牧野ス2（No.2622/カ図）
　　野生4（p81/カ写）
　　山カ樹木（p173/カ写）

**ホロマンノコギリソウ**　⇒キタノコギリソウを見よ

**ホロムイイチゴ**　⇒ヤチイチゴを見よ

**ホロムイクグ**　*Carex tsuishikarensis*　幌向莎草
　カヤツリグサ科の多年草。
　¶カヤツリ（p492/モ図）
　　スゲ増（No.274/カ写）
　　野生1（p334/カ写）

**ホロムイスゲ**　*Carex middendorffii*　幌向菅
　カヤツリグサ科の多年草。別名クロスゲ，トマリス
　ゲ。高さは30〜70cm。
　¶カヤツリ〔トマリスゲ〕（p176/モ図）
　　原牧1（No.818/カ図）
　　新分牧（No.827/モ図）
　　新牧日（No.4110/モ図）
　　スゲ増〔トマリスゲ〕（No.80/カ写）
　　牧野ス1（No.818/カ図）
　　野生1〔トマリスゲ〕（p311/カ写）
　　山ハ山花（p160/カ写）

**ホロムイソウ**　*Scheuchzeria palustris*　幌向草
　ホロムイソウ科の多年草。別名エゾゼキショウ，ホ
　リソウ。高さは10〜30cm。
　¶原牧1（No.246/カ図）
　　新分牧（No.291/モ図）
　　新牧日（No.3333/モ図）
　　牧野ス1（No.246/カ図）
　　野生1（p126/カ写）
　　山ハ高山（p12/カ写）

**ホロムイツツジ**　⇒ヤチツツジを見よ

**ホロムイリンドウ**　*Gentiana triflora* var.*japonica* f.
*horomuiensis*　幌向竜胆
　リンドウ科の多年草。葉は幅8mm以下。
　¶山ハ高山（p311/カ写）

**ホワイトファー**　⇒コロラドモミを見よ

**ホンイノデ**　⇒イノデを見よ

**ホンオニク**　*Cistanche salsa*
　ハマウツボ科の多年生の寄生草本。
　¶原牧2（No.1757/カ図）
　　牧野ス2（No.3602/カ図）

**ホンガヤ**　⇒カヤ(1)を見よ

**ポンカン**　*Citrus reticulata*　椪柑
　ミカン科の木本。果柄部に小突起がある。
　¶APG原樹（No.954/カ図）

**ホンカンゾウ**　*Hemerocallis fulva* var.*fulva*　本萱草
　ススキノキ科（ユリ科）の多年草。別名シナカンゾ
　ウ。花を乾かして食用とする。
　¶野生1（p239）

**ホンキンセンカ**　⇒キンセンカ(1)を見よ

**ホングウシダ**(1)　*Osmolindsaea odorata*
　ホングウシダ科（イノモトソウ科）の常緑性シダ。
　別名ニセホングウシダ。葉身は長さ10〜40cm，幅1.
　5〜2.5cm，狭長楕円形〜披針形。
　¶シダ標1（p353/カ写）
　　新分牧（No.4564/モ図）
　　新牧日（No.4452/モ図）

**ホングウシダ**(2)　⇒カミガモシダを見よ

**ホンゴウソウ**　*Sciaphila nana*
　ホンゴウソウ科の多年生の菌従属栄養植物。高さは
　3〜8cm。
　¶原牧1（No.292/カ図）
　　新分牧（No.337/モ図）
　　新牧日（No.3365/モ図）
　　牧野ス1（No.292/カ図）
　　野生1（p152/カ写）
　　山カ野草（p695/カ写）
　　山レ増（p607/カ写）

**ホンコンカポック**　*Schefflera arboricola* ‘Hong Kong’
　ウコギ科の木本。
　¶APG原樹（No.1529/カ図）

**ホンコンツバキ**　*Camellia hongkongensis*　香港椿
　ツバキ科の木本。花は紅色。
　¶APG原樹（No.1147/カ図）

**ホンサカキ**　⇒サカキを見よ

**ホンサゴ**　⇒サゴヤシを見よ

**ホンシメジ**　*Lyophyllum shimeji*
　シメジ科（キシメジ科）のキノコ。別名ダイコクシ
　メジ。中型〜大型。高さは3〜10cm。傘は淡灰褐
　色，かすり模様。ひだは白色。
　¶新分牧（No.5092/モ図）
　　新牧日（No.4976/モ図）
　　山カ日き（p52/カ写）

**ホンシャクナゲ** *Rhododendron japonoheptamerum* var.*hondoense* 本石楠花，本石南花
ツツジ科ツツジ亜科の常緑低木。日本固有種。別名シャクナゲ，ウヅキバナ。
¶ APG原樹 (No.1287/カ写)
学フ増花庭 (p21/カ写)
固有 (p105)
山野草 (No.0786/カ写)
茶花上 (p313/カ写)
野生4 (p237/カ写)
山力樹木 (No.569/カ写)
山ハ高山 (p279/カ写)

**ホンショウロ** *Rhizopogon luteolus*
ショウロ科のキノコ。
¶原きの (No.488/カ写・カ図)
山力日き (p526/カ写)

**ホンジョシロ** *Camellia japonica* ‘Honjo-shiro’ 本所白
ツバキ科。ツバキの品種。花は白色。
¶茶花上 (p114/カ写)

**ボンシラタマ** ⇒ロウゲツを見よ

**ホンタデ** ⇒ヤナギタデを見よ

**ホンダワラ** *Sargassum fulvellum*
ホンダワラ科の海藻。別名ジンバソウ，ナノリソ，ホダワラ。根は仮盤状。体は2m。
¶新分牧 (No.5013/モ図)
新牧日 (No.4873/モ図)

**ボンタン** ⇒ブンタンを見よ

**ホンツゲ** ⇒ツゲを見よ

**ボンテンカ** *Urena lobata* subsp.*sinuata* 梵天花
アオイ科の低木状の多年草。
¶ APG原樹 (No.1029/カ図)
原牧2 (No.629/カ図)
新分牧 (No.2680/カ図)
新牧日 (No.1739/モ図)
牧野ス2 (No.2474/カ図)
野生4 (p35/カ写)
山ハ野花 (p408/カ写)

**ボントクタデ** *Persicaria pubescens* 凡徳蓼
タデ科の一年草。高さは40〜100cm。
¶色野草 (p295/カ写)
学フ増野秋 (p184/カ写)
原牧2 (No.807/カ図)
新分牧 (No.2883/モ図)
新牧日 (No.269/モ図)
茶花下 (p338/カ写)
牧野ス2 (No.2652/カ図)
野生4 (p97/カ写)
山力野草 (p541/カ写)
山ハ野花 (p264/カ写)

**ホンドホタルブクロ** ⇒ヤマホタルブクロを見よ

**ホンドミヤマネズ** *Juniperus communis* var. *hondoensis* 本土深山杜松
ヒノキ科の常緑低木。日本固有種。
¶学フ増高山 (p217/カ写)

固有 (p196)
野生1 (p40/カ写)
山力樹木 (p58/カ写)
山ハ高山 (p457/カ写)

**ホンナ（ボンナ）** ⇒イヌドウナを見よ

**ボンバナ**(1) ⇒エゾミソハギを見よ

**ボンバナ**(2) ⇒オミナエシを見よ

**ボンバナ**(3) ⇒ミソハギを見よ

**ホンフサフラスコモ** *Nitella pseudoflabellata* var. *pseudoflabellata* 本房フラスコ藻
シャジクモ科の水草。体長は30cmくらい。
¶新分牧 (No.4943/モ図)
新牧日 (No.4803/モ図)

**ホンブナ** ⇒ブナを見よ

**ホーンポピー** ⇒ツノゲシを見よ

**ボンボンアザミ** *Campuloclinium macrocephalum*
キク科の多年草。
¶帰化写2 (p506/カ写)

**ポンポン・ルージュ** *Hibiscus syriacus* ‘Pompon Rouge’
アオイ科。ムクゲの品種。八重咲き鞠咲き型。花は濃桃色。
¶茶花下 (p36/カ写)

**ホンマキ**(1) ⇒イヌマキを見よ

**ホンマキ**(2) ⇒コウヤマキを見よ

**ホンミカン** ⇒キシュウミカンを見よ

**ホンモンジスゲ** *Carex pisiformis* 本門寺菅
カヤツリグサ科の多年草。日本固有種。高さは30〜40cm。
¶カヤツリ (p326/モ図)
原牧1 (No.854/カ図)
固有 (p185)
新分牧 (No.872/モ図)
新牧日 (No.4157/モ図)
スゲ増 (No.169/カ写)
牧野ス1 (No.854/カ図)
野生1 (p319/カ写)
山ハ山花 (p172/カ写)

# 【 マ 】

**マアザミ**(1) ⇒キセルアザミを見よ

**マアザミ**(2) ⇒サワアザミ(1)を見よ

**マイオウギ** *Prunus mume* ‘Maiōgi’ 舞扇
バラ科。ウメの品種。野梅系ウメ，野梅性一重。
¶ウメ〔舞扇〕(p42/カ写)

**マイカイ** ⇒ボタンバラを見よ

**マイクジャク** *Acer japonicum* ‘Aconitifolium’ 舞孔雀
ムクロジ科（カエデ科）の木本。

**マイコアシ**　728

¶**APG原樹**（No.914/カ図）
　原牧2（No.526/カ図）
　新分牧（No.2567/モ図）
　新牧日（No.1568/モ図）
　牧野ス2（No.2371/カ図）

**マイコアジサイ**　*Hydrangea serrata* f.*belladonna*　舞妓紫陽花
アジサイ科。ヤマアジサイの品種。
¶茶花上（p461/カ写）

**マイサギソウ**　*Platanthera mandarinorum* subsp. *mandarinorum* var.*macrocentron*
ラン科の地生の多年草。ヤマザキソウの変種。
¶野生1（p224）

**マイヅルソウ**　*Maianthemum dilatatum*　舞鶴草
キジカクシ科〔クサスギカズラ科〕（ユリ科）の多年草。高さは8～15cm。
¶学フ増野春（p189/カ写）
　原牧1（No.596/カ図）
　山野草（No.1370/カ写）
　新分牧（No.605/モ図）
　新牧日（No.3460/モ図）
　茶花上（p461/カ写）
　牧野ス1（No.596/カ図）
　野生1（p254/カ写）
　山力野草（p632/カ写）
　山ハ高山（p51/カ写）
　山ハ山花（p143/カ写）

**マイヅルテンナンショウ**　*Arisaema heterophyllum*　舞鶴天南星
サトイモ科の多年草。高さは60～120cm。
¶原牧1（No.186/カ図）
　新分牧（No.221/モ図）
　新牧日（No.3917/モ図）
　テンナン（No.3/カ写）
　牧野ス1（No.186/カ図）
　野生1（p96/カ写）
　山力野草（p650/カ写）
　山ハ山花（p39/カ写）
　山レ増（p543/カ写）

**マイヅルナガエムシタケ**　*Ophiocordyceps* sp.
オフィオコルディセプス科の冬虫夏草。宿主はコガネムシ類の幼虫。
¶冬虫生態（p158/カ写）

**マイヅルヨコバイタケ**　*Podonectrioides* sp.
トゥベウフィア科の冬虫夏草。宿主は大型のヨコバイの成虫。
¶冬虫生態（p133/カ写）

**マイタケ**　*Grifola frondosa*　舞茸
トンビマイタケ科のキノコ。大型。傘は扇形，黒色～淡褐色。
¶原きの（No.354/カ写・カ図）
　新分牧（No.5139/モ図）
　新牧日（No.4959/モ図）
　山力日き（p459/カ写）

**マイダマギ**　⇒ヤマボウシを見よ

**マイダマノキ**　⇒ミズキを見よ

**マイハギ**　*Codariocalyx motorius*　舞萩
マメ科マメ亜科の落葉小低木。花は桃紫色。
¶原牧1（No.1541/カ図）
　新分牧（No.1699/モ図）
　新牧日（No.1328/モ図）
　牧野ス1（No.1541/カ図）
　野生2（p262）

**マエバラナガダイゴケ**　*Trematodon mayebarae*
シッポゴケ科のコケ。日本固有種。小型。葉長3mm以下，卵形。
¶固有（p213）

**マエバラヤバネゴケ**　*Leiocolea mayebarae*
ツボミゴケ科のコケ。日本固有種。淡褐色，茎は長さ約5mm。
¶固有（p222）

**マオ**　⇒カラムシ(1)を見よ

**マオウ**　*Ephedra sinica*　麻黄
マオウ科の半低木状裸子植物。別名シナマオウ。高さは50cm。
¶**APG原樹**〔シナマオウ〕（No.4/カ図）
　原牧1（No.64/カ図）
　新分牧（No.7/モ図）
　新牧日（No.77/モ図）
　牧野ス1（No.3/カ図）

**マオラン**　⇒ニューサイランを見よ

**マガタマモ**　*Boergesenia forbesii*
マガタマモ科の海藻。曲玉状に屈曲。体は2.5cm。
¶新分牧（No.4955/モ図）
　新牧日（No.4815/モ図）

**マカダミア**　*Macadamia integrifolia*
ヤマモガシ科の木本。別名クインスランドナットノキ。高さは10m。花は黄白色。
¶**APG原樹**（No.292/カ図）
　原牧1（No.1324/カ図）
　新分牧（No.1494/モ図）
　新牧日（No.231/モ図）
　牧野ス1（No.1324/カ図）

**マカバ**　⇒ウダイカンバを見よ

**マカラスムギ**　⇒オートムギを見よ

**マガリバナ**　*Iberis amara*　歪り花
アブラナ科の草本。高さは20～30cm。花は白色。
¶原牧2（No.683/カ図）
　新分牧（No.2760/モ図）
　新牧日（No.804/モ図）
　牧野ス2（No.2528/カ図）

**マガリミサヤモ**　⇒ムサシモを見よ

**マーガレット**(1)　⇒フランスギクを見よ

**マーガレット**(2)　⇒モクシュンギクを見よ

**マカンバ**(1)　*Betula costata*
カバノキ科の落葉高木。日本固有種。別名チョウセンミネバリ，ナガバノダケカンバ，ナガバノシラカンバ。
¶原牧2（No.141/カ図）

固有〔ナガバノダケカンバ〕(p42)
新分牧 (No.2184/モ図)
新牧日 (No.119/モ図)
牧野ス1 (No.1986/カ図)
野生3〔チョウセンミネバリ〕(p113)

**マカンバ(2)** ⇒ウダイカンバを見よ

**マキ(1)** ⇒イヌマキを見よ

**マキ(2)** ⇒スギを見よ

**マキエハギ** *Lespedeza virgata* 蒔絵萩
マメ科マメ亜科の落葉小低木。高さは40〜60cm。
花は白色。
¶APG原樹 (No.375/カ図)
原牧1 (No.1550/カ図)
新分牧 (No.1682/カ図)
新牧日 (No.1337/モ図)
茶花下 (p264/カ写)
牧野ス1 (No.1550/カ図)
ミニ山 (p146/カ写)
野生2 (p281/カ写)
山力樹木 (p358/カ写)

**マキタチヤマ** *Prunus mume* 'Makitachiyama' 巻
立山
バラ科。ウメの品種。李系ウメ、難波性一重。
¶ウメ〔巻立山〕(p82/カ写)

**マキノゴケ** *Makinoa crispata*
マキノゴケ科のコケ。不透明な暗緑色, 長さ5〜
8cm。
¶新分牧 (No.4911/モ図)
新牧日 (No.4771/モ図)

**マキノシダ** *Asplenium formosae* 牧野羊歯
チャセンシダ科の常緑性シダ。葉身は長さ40cm,
単羽状複生。
¶シダ標1 (p411/カ写)
新分牧 (No.4636/モ図)
新牧日 (No.4629/モ図)
山レ増 (p666/カ写)

**マキノスミレ** *Viola violacea* var.*makinoi* 牧野菫
スミレ科の草本。シハイスミレの変種。
¶原牧2 (No.357/カ図)
新分牧 (No.2342/モ図)
新牧日 (No.1830/モ図)
牧野ス1 (No.2202/カ図)
ミニ山 (p188/カ写)
野生3 (p219/カ写)
山力野草 (p341/カ写)
山ハ野花 (p333/カ写)

**マキバクロカワズスゲ** *Carex pansa*
カヤツリグサ科の草本。根茎は長く横にはう。
¶スゲ増 (p368)

**マキバスミレ** *Viola arvensis*
スミレ科の越年草。
¶帰化写2 (p154/カ写)

**マキバチカラシバ** *Pennisetum polystachion*
イネ科の多年草。別名ホソボチカラシバ。高さは
70〜120cm。
¶帰化写2 (p461/カ写)

**マキバブラシノキ** *Callistemon rigidus*
フトモモ科の常緑性低木または小高木。別名マキバ
ブラッシノキ。花は濃赤色。
¶APG原樹 (No.869/カ図)
原牧2 (No.480/カ図)
都木花新〔マキバブラッシノキ〕(p151/カ写)
牧野ス2 (No.2325/カ図)

**マキバブラッシノキ** ⇒マキバブラシノキを見よ

**マキヒレシダ** ⇒オオヤグルマシダを見よ

**マキヤマザサ** *Sasa maculata*
イネ科タケ亜科のササ。日本固有種。
¶固有 (p172)
タケ亜科 (No.66/カ写)

**マクキヌガサタケ** *Dictyophora duplicata*
スッポンタケ科のキノコ。
¶山力日き (p524/カ写)

**マクサ** *Gelidium elegans*
テングサ科の海藻。別名テングサ, トコロテングサ,
コルモハ, ココロブト。3回羽状に分岐。体は10〜
30cm。
¶新分牧 (No.5035/モ図)
新牧日 (No.4895/モ図)

**マクズ** ⇒クズを見よ

**マグソヒトヨタケ** *Coprinus sterquilinus*
ハラタケ科のキノコ。小型。傘は白色〜灰色〜黒
色, 白色の繊維状鱗片をもつ。時間とともに液化。
ひだは白色〜黒色。
¶山力日き (p203/カ写)

**マグノリア'ワダス メモリー'** ⇒ワダス メモリー
を見よ

**マクラタケ** *Pseudoinonotus dryadeus*
タバコウロコタケ科のキノコ。
¶原きの (No.379/カ写・カ図)

**マクリ** *Digenea simplex*
フジマツモ科の海藻。円柱状。体は5〜25cm。
¶新分牧 (No.5084/モ図)
新牧日 (No.4944/モ図)

**マクロセファラ** ⇒オウゴンヤグルマを見よ

**マグワ** *Morus alba* 真桑
クワ科の落葉木。別名カラヤマグワ, クワ, カラグ
ワ。高さは8〜15m。樹皮は橙褐色。
¶APG原樹 (No.684/カ図)
茶花上 (p314/カ写)
都木花新〔クワとヤマグワ〕(p47/カ写)
野生2 (p339/カ写)

**マクワウリ** *Cucumis melo* 真桑瓜
ウリ科の薬用植物。メロンの変種。
¶原牧2 (No.172/カ図)
新分牧 (No.2221/モ図)
新牧日 (No.1875/モ図)
牧野ス1 (No.2017/カ図)

マコシヤク　　　　　730

**マゴジヤクシ** *Ganoderma neo-japonicum*
タマチョレイタケ科のキノコ。小型～中型。傘は帯紫褐色～黒褐色, ニス状光沢。
¶山カ日き (p485/カ写)

**マゴフクホウオウゴケ** *Fissidens neomagofukui*
ホウオウゴケ科のコケ植物。日本固有種。
¶固有 (p211)

**マコモ** *Zizania latifolia* 真菰, 真薦
イネ科イネ亜科の多年草。別名ハナガツミ。全高1～3m。葉身は線形で長さ40～90cm。
¶学フ増野秋 (p237/カ写)
桑イネ (p478/カ写・モ図)
原牧1 (No.912/カ図)
植調 (p27/カ写)
新分牧 (No.1016/モ図)
新牧日 (No.3638/モ図)
日水草 (p221/カ写)
牧野ス1 (No.912/カ図)
野生2 (p39/カ写)
山カ野草 (p677/カ写)
山ハ野花 (p177/カ写)

**マゴヤシ** ⇒ウマゴヤシを見よ

**マコンブ** *Saccharina japonica* 真昆布
コンブ科の海藻。別名エビスメ, シノリコンブ, ウミマヤコンブ。体は長さ2～6m。葉片は笹葉状。
¶新分牧 (No.4994/モ図)
新牧日 (No.4852/モ図)

**マサカキ** ⇒サカキを見よ

**マサキ** *Euonymus japonicus* 柾, 正木
ニシキギ科の常緑低木。別名オオバマサキ, ナガバマサキ, シタワレ, フユシバ。高さは2～3m。花は帯緑白色。
¶APG原樹 (No.770/カ図)
学フ増樹 (p225/カ写・カ図)
学フ増薬草 (p211/カ写)
原牧2 (No.203/カ図)
新分牧 (No.2256/モ図)
新牧日 (No.1654/モ図)
茶花上 (p580/カ写)
都木花新 (p161/カ写)
牧野ス1 (No.2048/カ図)
ミニ山 (p174/カ写)
野生3 (p133/カ写)
山カ樹木 (p419/カ写)

**マサキカナワラビ** *Arachniodes sporadosora× A. yasu-inouei var.yasu-inouei*
オシダ科のシダ植物。
¶シダ標2 (p397/カ写)

**マサキノカズラ** ⇒テイカカズラを見よ

**マサゴシバリ** *Rhodymenia intricata*
マサゴシバリ科の海藻。単条又は叉状に分岐。体は2～3cm。
¶新分牧 (No.5072/モ図)
新牧日 (No.4932/モ図)

**マサゴヤシ** ⇒サゴヤシを見よ

**マシカクイ** *Eleocharis tetraquetra*
カヤツリグサ科の多年草。別名シマシカクイ。
¶カヤツリ (p614/モ図)
新分牧 (No.936/モ図)
新牧日 (No.4013/モ図)
野生1 (p345/カ写)

**マシケオトギリ** *Hypericum yamamotoi*
オトギリソウ科の多年草。日本固有種。
¶固有 (p64)
野生3 (p242/カ写)

**マシケゲンゲ** *Oxytropis shokanbetsuensis* 増毛紫雲英
マメ科マメ亜科の多年草。
¶原牧1 (No.1525/カ図)
山野草 (No.0632/カ写)
新分牧 (No.1751/モ図)
新牧日 (No.1312/モ図)
牧野ス1 (No.1525/カ図)
野生2 (p288/カ写)
山レ増 (p286/カ写)

**マシケシモツケ** ⇒エゾノマルバシモツケを見よ

**マシケスゲ** ⇒リシリスゲを見よ

**マシケスゲモドキ** *Carex scitaeformis*
カヤツリグサ科の多年草。別名オオタヌキラン。
¶カヤツリ (p204/モ図)
野生1 〔オオタヌキラン〕(p312)

**マシケレイジンソウ** *Aconitum mashikense*
キンポウゲ科の多年草。日本固有種。
¶固有 (p55)
新分牧 (No.1411/モ図)
野生2 (p122/カ写)
山カ野草 (p717/カ写)
山ハ高山 (p118/カ写)
山レ増 (p406/カ写)

**マシュウヨモギ** *Artemisia tsuneoi*
キク科キク亜科の草本。北海道摩周岳の固有種。
¶野生5 (p333)

**マスウノススキ** ⇒ムラサキススキを見よ

**マスクサ** (1) ⇒カヤツリグサを見よ

**マスクサ** (2) ⇒マスクサスゲを見よ

**マスクサスゲ** *Carex gibba*
カヤツリグサ科の多年草。別名マスクサ。高さは30～70cm。
¶カヤツリ 〔マスクサ〕(p106/モ図)
原牧1 (No.804/カ図)
新分牧 (No.782/モ図)
新牧日 (No.4093/モ図)
スゲ増 〔マスクサ〕(No.37/カ写)
牧野ス1 (No.804/カ図)
野生1 〔マスクサ〕(p305/カ写)
山カ野草 〔マスクサ〕(p663/カ写)
山ハ野花 〔マスクサ〕(p126/カ写)

**マスクメロン** ⇒アミメロンを見よ

マスタケ(1)　*Laetiporus cremeiporus*　鱒茸
ツガサルノコシカケ科のキノコ。傘の下面は類白色
〜クリーム色。
¶山カ日き (p461/カ写)

マスタケ(2)　*Laetiporus sp.*　鱒茸
サルノコシカケ科のキノコ。大型。傘はオレンジ色
〜朱色、古くなると退色して全体が白くなる。
¶学フ増毒き (p218/カ写)

マスタケ(3)　*Laetiporus sulphureus*　鱒茸
ツガサルノコシカケ科のキノコ。厚さは最大2.5cm,
傘の径は最大5cm。若いうちは橙黄色。若いうちは
橙黄色。
¶原きの (No.363/カ写・カ図)

マスラオイヌワラビ　⇒ヤクシビイヌワラビを見よ

マダイオウ　*Rumex madaio*　真大黄
タデ科の草本。日本固有種。
¶原牧2 (No.794/カ図)
固有 (p46)
新分牧 (No.2836/モ図)
新牧日 (No.256/モ図)
牧野ス2 (No.2639/カ図)
野生4 (p103/カ図)

マダガスカルジャスミン　*Stephanotis floribunda*
キョウチクトウ科 (ガガイモ科) の観賞用つる草。
別名アフリカシタキヅル。花は白色。
¶学フ有毒 (p207/カ写)

マダケ　*Phyllostachys reticulata*　真竹
イネ科タケ亜科の常緑大型タケ。別名ニガタケ。高
さは10〜20m。
¶APG原樹 (No.220/カ図)
学フ増花庭 (p210/カ写)
原牧1 (No.914/カ図)
新分牧 (No.1017/モ図)
新牧日 (No.3612/モ図)
タケ亜科 (No.12/カ写)
タケササ (p12/カ写)
牧野ス1 (No.914/カ図)
野生2 (p33/カ写)
山力樹木 (p62/カ写)

マタジイ　⇒マテバシイを見よ

マタタビ　*Actinidia polygama*　木天蓼
マタタビ科 (サルナシ科) の落葉性つる性低木。別
名ナツウメ。花は白色。
¶APG原樹 (No.1194/カ写)
学フ増山菜 (p166/カ写)
学フ増樹 (p200/カ写・カ図)
学フ増薬草 (p180/カ写)
原牧2 (No.1156/カ図)
新分牧 (No.3199/モ図)
新牧日 (No.721/モ図)
図説樹木 (p126/カ写)
茶花上 (p581/カ写)
牧野ス2 (No.3001/カ図)
野生4 (p220/カ写)
山力樹木 (p479/カ写)

落葉図譜 (p240/モ図)

マタデ　⇒ヤナギタデを見よ

マダム・プルム・コワ　*Hydrangea macrophylla*
'Mme.Plume Coq'
アジサイ科 (ユキノシタ科)。セイヨウアジサイの
品種。
¶APG原樹〔セイヨウアジサイ 'マダム・プルム・コ
ワ'〕(No.1078/カ図)

マダラシマスゲ　*Carex sp.*
カヤツリグサ科の多年草。日本固有。ツシマスゲに
似る。高さは20〜60cm。
¶カヤツリ (p280/モ図)

マチク　*Dendrocalamus latiflorus*
イネ科タケ亜科の常緑中型タケ。高さは20m。
¶新分牧 (No.1022/モ図)
新牧日 (No.3617/モ図)
タケ亜科 (No.8/カ写)
タケササ (p184/カ写)
タケササ〔デンドロカラムス ラティフロラス〕(p192/カ写)

マチン　*Strychnos nux-vomica*　馬銭、番木籠
マチン科の小高木, ややつる性。枝端に短刺, 果実
は漿果。
¶原牧2 (No.1368/カ図)
新分牧 (No.3414/モ図)
牧野ス2 (No.3213/カ図)

マツオウジ　*Neolentinus lepideus*
キカイガラタケ科 (ヒラタケ科) のキノコ。中型〜
大型。傘は淡黄色、繊維状鱗片あり。
¶学フ増毒き (p80/カ写)
山カ日き (p27/カ写)

マツガエルウダ　⇒マツカゼソウを見よ

マツカサ　*Camellia japonica* 'Matsukasa'　松笠
ツバキ科。ツバキの品種。花は紅色。
¶茶花上 (p138/カ写)

マツカサアザミ　*Eryngium planum*　松笠薊
セリ科の多年草。別名シーホリー, エリンジウム。
高さは1m。花は青色。
¶茶花上 (p581/カ写)

マツカサギク　⇒キリンギクを見よ

マツカサキノコモドキ　*Strobilurus stephanocystis*
タマバリタケ科 (キシメジ科) のキノコ。小型。ひ
だは白色で密。
¶山カ日き (p122/カ写)

マツカサコウガイゼキショウ　⇒ニセコウガイゼ
キショウを見よ

マツカサシボリ　⇒カゴシマ(1)を見よ

マツカサシメジ　*Strobilurus tenacellus*
タマバリタケ科 (キシメジ科) のキノコ。別名マツ
カサツエタケ。傘は暗褐色。ひだは白色。
¶新分牧 (No.5098/モ図)
新牧日 (No.4981/モ図)

マツカサススキ　*Scirpus mitsukurianus*　松毬薄
カヤツリグサ科の多年草。日本固有種。別名ミヤマ

マツカサタ

ワタスゲ。高さは100〜150cm。
　¶カヤツリ（p658/モ図）
　　原牧1（No.739/カ図）
　　固有（p180）
　　新分牧（No.769/モ図）
　　新牧日（No.4000/モ図）
　　牧野ス1（No.739/カ図）
　　野生1（p359/カ写）
　　山ハ野花（p109/カ写）

**マツカサタケ**　*Auriscalpium vulgare*
マツカサタケ科のキノコ。超小型〜小型。傘は白色微毛。
　¶原きの（No.427/カ写・カ図）
　　新分牧（No.5146/カ写）
　　新牧日（No.4957/カ写）
　　山力日き（p437/カ写）

**マツカサチャワンタケ**　*Ciboria rufofusca*
キンカクキン科のキノコ。
　¶山力日き（p547/カ写）

**マツカサツエタケ**　⇒マツカサシメジを見よ

**マツカゼソウ**　*Boenninghausenia albiflora* var.
*japonica*　松風草
ミカン科の多年草。別名マツガエルウダ，マツカゼルーダ。高さは40〜80cm。
　¶色野草（p117/カ写）
　　学フ増野秋（p172/カ写）
　　学フ増薬草（p76/カ写）
　　原牧2（No.570/カ写）
　　新分牧（No.2617/モ図）
　　新牧日（No.1507/モ図）
　　茶花下（p265/カ写）
　　牧野ス2（No.2415/カ写）
　　ミ二山（p170/カ写）
　　野生3（p300/カ写）
　　山力野草（p370/カ写）
　　山ハ山花（p363/カ写）

**マツカゼルーダ**　⇒マツカゼソウを見よ

**マツガネソウ**　⇒イワタバコを見よ

**マツグミ**　*Taxillus kaempferi*　松寄黄
オオバヤドリギ科（ヤドリギ科）の常緑低木。
　¶APG原樹（No.1058/カ図）
　　原牧2（No.774/カ図）
　　新分牧（No.2817/モ図）
　　新牧日（No.237/モ図）
　　牧野ス2（No.2619/カ図）
　　野生4（p80/カ写）
　　山力樹木（p175/カ写）

**マツゲカヤラン**　*Gastrochilus ciliaris*
ラン科の草本。
　¶野生1（p201）

**マッコウ**　⇒ハリツルマサキを見よ

**マッコウノキ**　⇒カツラを見よ

**マツサカシダ**　*Pteris nipponica*
イノモトソウ科の常緑性シダ。別名マツザカシダ，フイリオバノイノモトソウ，ナカガワシダ。葉身

は長さ10〜20cm, 側羽片は線状長楕円形。
　¶シダ標1（p378/カ写）

**マツシマアザミ**　*Cirsium sendaicum*
キク科アザミ亜科の草本。日本固有種。
　¶固有（p141）
　　野生5（p253/カ写）

**マッシュルーム**　⇒ツクリタケを見よ

**マツタケ**　*Tricholoma matsutake*　松茸
キシメジ科のキノコ。傘は通常, 直径6〜20cm。傘は褐色繊維状鱗片。ひだは白色。
　¶原きの（No.281/カ写・カ図）
　　新分牧（No.5095/モ図）
　　新牧日（No.4977/モ図）
　　山力日き（p87/カ写）

**マツタケモドキ**　*Tricholoma robustum*
キシメジ科のキノコ。中型。ひだは白, 形態はマツタケ様。
　¶山力日き（p84/カ写）

**マツナ**　*Suaeda glauca*　松菜
ヒユ科（アカザ科）の一年草。高さは1m。
　¶原牧2（No.978/カ写）
　　新分牧（No.3000/モ図）
　　新牧日（No.431/モ図）
　　牧野ス2（No.2823/カ写）
　　ミ二山（p38/カ写）
　　野生4（p142/カ写）
　　山ハ野花（p290/カ写）

**マツナミ**　*Rhododendron indicum* 'Matsunami'　松浪
ツツジ科。サツキの品種。
　¶APG原樹〔サツキ 'マツナミ'〕（No.1241/カ図）

**マツノカワシワタケ**　*Gloeoporus taxicola*
シワタケ科のキノコ。周縁部は白色, 内側は橙褐色〜暗茶褐色。
　¶山力日き〔マツノカワシワタケ（仮称）〕（p428/カ写）

**マツノキハダ**　⇒ホツツジを見よ

**マツノコベニサラタケ**　*Pithya vulgaris*
ベニチャワンタケ科のキノコ。
　¶山力日き（p556/カ写）

**マツノタバコウロコタケ**　*Hymenochaete yasudae*
タバコウロコタケ科のキノコ。
　¶山力日き（p490/カ写）

**マツノネクチタケ**　*Heterobasidion annosum*
ミヤマトンビマイ科のキノコ。
　¶原きの（No.357/カ写・カ図）

**マツノハマンネングサ**　*Sedum hakonense*　松の葉万年草
ベンケイソウ科の草本。日本固有種。
　¶原牧1（No.1413/カ図）
　　固有（p68/カ写）
　　山野草（No.0497/カ写）
　　新分牧（No.1608/モ図）
　　新牧日（No.919/モ図）
　　牧野ス1（No.1413/カ図）
　　野生2（p228/カ写）

山レ増(p329/カ写)

## マツノホマレ　*Rhododendron indicum* 'Matsunohomare'　松の誉
ツツジ科。サツキの品種。
¶**APG原樹**〔サツキ'マツノホマレ'〕(No.1254/カ図)

## マツバ　⇒リュウセイクロトンを見よ

## マツバイ　*Eleocharis acicularis* var.*longiseta*　松葉藺
カヤツリグサ科の抽水性~湿生植物，一年草。別名
コゲ，コウゲ。稈は細く毛管状，先端は鈍頭。高さ
は4~8cm。
¶**カヤツリ**(p616/モ図)
**原牧1**(No.752/カ図)
**植調**(p39/カ写)
**新分牧**(No.946/モ図)
**新牧日**(No.4023/モ図)
**日水草**(p183/カ写)
**牧野ス1**(No.752/カ図)
**野生1**(p344/カ写)
**山ハ野花**(p122/カ写)

## マツバウド　⇒アスパラガスを見よ

## マツバウミジグサ　*Halodule pinifolia*
シオニラ科(ベニアマモ科，ヒルムシロ科，イトクズ
モ科)の草本。
¶**原牧1**(No.270/カ図)
**新分牧**(No.313/モ図)
**新牧日**(No.3357/モ図)
**牧野ス1**(No.270/カ図)
**野生1**(p138/カ写・モ図)
**山レ増**(p613/カ写)

## マツバウンラン　*Nuttallanthus canadensis*
オオバコ科(ゴマノハグサ科)の越年草。高さは30
~60cm。花は紫色。
¶**帰化写改**(p292/カ写)
**原牧2**(No.1552/カ図)
**植調**(p109/カ写)
**新分牧**(No.3588/モ図)
**新牧日**(No.2679/モ図)
**牧野ス2**(No.3397/カ図)

## マツバカンザシ　⇒ハマカンザシを見よ

## マツバギク　*Lampranthus spectabilis*　松葉菊
ハマミズナ科(ツルナ科)の多肉多年草。別名サボ
テンギク。花は日光を受けて咲き，夕刻に閉じる。
従来はメセンブリアンセマム属であったが分離され
た。高さは30cm。花は桃赤色，淡い桃白色，桃紅色。
¶**原牧2**(No.983/カ図)
**新分牧**(No.3023/モ図)
**新牧日**(No.327/モ図)
**牧野ス2**(No.2828/カ図)

## マツバコケシダ　*Crepidomanes latemarginale*
コケシノブ科の常緑性シダ。別名ミツデコケシダ。
葉身は長さ0.6~2cm，円形~卵状長楕円形。
¶**シダ標1**(p312/カ写)

## マツバサワギク　*Senecio blochmaniae*
キク科の多年草。高さは60cm。花は黄色。
¶**帰化写2**(p284/カ写)

## マツバシバ　*Aristida boninensis*
イネ科マツバシバ亜科の多年草。日本固有種。
¶**固有**(p169)
**野生2**(p66/カ写)
**山レ増**(p559/カ写)

## マツバシャモジタケ　*Microglossum viride*
テングノメシガイ科のキノコ。小型。灰オリーブ色
~緑色，頭部は棍棒状。
¶**山カ日き**(p546/カ写)

## マツバスゲ　*Carex biwensis*　松葉菅
カヤツリグサ科の多年草。高さは10~40cm。
¶**カヤツリ**(p72/モ図)
**原牧1**(No.791/カ図)
**新分牧**(No.780/モ図)
**新牧日**(No.4078/モ図)
**スゲ増**(No.18/カ写)
**牧野ス1**(No.791/カ図)
**野生1**(p302/カ写)
**山ハ野花**(p149/カ写)

## マツバゼリ　*Cyclospermum leptophyllum*
セリ科の一年草。高さは15~70cm。花は白色。
¶**帰化写改**(p219/カ写, p503/カ写)
**植調**(p190/カ写)
**ミニ山**(p220/カ写)

## マツバハ(1)　⇒イラモミを見よ

## マツバハ(2)　⇒シロヤシオを見よ

## マツバトウダイ　*Euphorbia cyparissias*
トウダイグサ科の多年草。長さは7~16cm。
¶**帰化写改**(p166/カ写)
**野生3**(p156/カ写)

## マツバナデシコ　*Linum stelleroides*　松葉人参
アマ科の一年草。別名マツバニンジン。高さは50
~60cm。花は淡紫色。
¶**原牧2**(No.384/カ図)
**新分牧**(No.2433/モ図)
**新牧日**(No.1436/モ図)
**茶花下**〔まつばにんじん〕(p266/カ写)
**牧野ス1**(No.2229/カ図)
**野生3**〔マツバニンジン〕(p228/カ写)
**山レ増**〔マツバニンジン〕(p277/カ写)

## マツバニンジン　⇒マツバナデシコを見よ

## マツバノヒゲワンタケ　*Desmazierella acicola*
キリノミタケ科のキノコ。
¶**山カ日き**(p553/カ写)

## マツバハリタケ　*Bankera fuligineoalba*
マツバハリタケ科のキノコ。中型。肉は白色放射状
模様。
¶**山カ日き**(p439/カ写)

## マツバハルシャギク　*Helenium amarum*
キク科の一年草。高さは20~60cm。花は淡黄色。
¶**帰化写2**(p275/カ写)

## マツバボタン　*Portulaca grandiflora*　松葉牡丹
スベリヒユ科の一年草。別名ホロビンソウ。高さは

25cm。花は淡紅色，または紫紅色。
¶原牧2（No.998/カ図）
　新分牧（No.3039/モ図）
　新牧日（No.333/モ図）
　牧野ス2（No.2843/カ図）

**マツバラン**　*Psilotum nudum*　松葉蘭
マツバラン科の常緑性シダ。胞子は黄白色。高さは
10〜50cm。
¶シダ標1（p295/カ写）
　新分牧（No.4514/モ図）
　新牧日（No.4364/モ図）
　山レ増（p701/カ写）

**マツブサ**　*Schisandra repanda*　松房
マツブサ科（モクレン科）の落葉つる性植物。別名
ウシブドウ。
¶APG原樹（No.117/カ図）
　原牧1（No.74/カ図）
　新分牧（No.94/モ図）
　新牧日（No.475/モ図）
　牧野ス1（No.74/カ図）
　野生1（p50/カ写）
　山力樹木（p201/カ写）
　落葉図譜（p118/モ図）

**マツマエスゲ**　⇒ヒエスゲを見よ

**マツマエハヤザキ**　*Cerasus lannesiana* 'Matsumae-
hayazaki'　松前早咲
バラ科の落葉高木。サクラの栽培品種。花は淡紅
紫色。
¶学フ増桜〔'松前早咲'〕（p178/カ写）

**マツムシソウ**　*Scabiosa japonica* var.*japonica*　松虫草
スイカズラ科（マツムシソウ科）の一年草または越年
草。日本固有種。高さは30〜80cm。花は淡青紫色。
¶学フ増野秋（p57/カ写）
　原牧2（No.2305/カ図）
　固有（p136）
　山野草（No.1135/カ写）
　新分牧（No.4377/モ図）
　新牧日（No.2892/モ図）
　茶花下（p266/カ写）
　牧野ス2（No.4150/カ図）
　野生5（p424/カ写）
　山力野草（p137/カ写）
　山ハ山花（p483/カ写）

**マツムラソウ**　*Titanotrichum oldhamii*　松村草
イワタバコ科の草本。
¶原牧2（No.1538/カ図）
　山野草（No.1124/カ写）
　新分牧（No.3576/モ図）
　新牧日（No.2798/モ図）
　茶花下（p146/カ写）
　牧野ス2（No.3383/カ図）
　野生5（p71/カ写）

**マツモ**(1)　*Analipus japonicus*　松藻
イソガワラ科の海藻。根は細く叉状分岐する。
¶新分牧（No.4968/モ図）
　新牧日（No.4828/モ図）

**マツモ**(2)　*Ceratophyllum demersum*　松藻
マツモ科の多年生沈水浮遊植物。別名キンギョモ。
茎は全長20〜120cm。盛んに分枝し，葉は全長8〜
25mm。
¶原牧1（No.1126/カ図）
　新分牧（No.1283/モ図）
　新牧日（No.672/モ図）
　日水草（p224/カ写）
　牧野ス1（No.1126/カ図）
　野生2（p101/カ写）

**マツモト**　⇒マツモトセンノウを見よ

**マツモトセンノウ**　*Lychnis sieboldii*　松本仙翁
ナデシコ科の一年草または多年草。別名マツモト。
花は深赤，白，オレンジ，桃色。
¶原牧2〔マツモト〕（No.921/カ図）
　山野草（No.0026/カ写）
　新分牧〔マツモト〕（No.2950/モ図）
　新牧日〔マツモト〕（No.393/モ図）
　茶花上（p462/カ写）
　牧野ス2〔マツモト〕（No.2766/カ図）
　野生4（p120/カ写）
　山力野草（p523/カ写）
　山ハ山花（p256/カ写）
　山レ増（p427/カ写）

**マツユキソウ**　⇒スノードロップを見よ

**マツヨイグサ**　*Oenothera stricta*　待宵草
アカバナ科の多年草。別名ヤハズキンバイ。高さは
30〜100cm。花は黄色。
¶帰化写改（p214/カ写，p503/カ写）
　原牧2（No.473/カ写）
　植調（p84/カ写）
　新分牧（No.2516/モ図）
　新牧日（No.1958/モ図）
　茶花上（p462/カ写）
　牧野ス2（No.2318/カ図）
　野生3（p270/カ写）
　山力野草（p329/カ写）
　山ハ野花（p317/カ写）

**マツヨイセンノウ**　⇒ヒロハノマンテマを見よ

**マツラコゴメグサ**　*Euphrasia insignis* subsp.*insignis*
var.*pubigera*
ハマウツボ科（ゴマノハグサ科）。日本固有種。
¶固有（p128）
　野生5（p152）

**マツラニッケイ**(1)　⇒イヌガシを見よ

**マツラニッケイ**(2)　⇒ヤブニッケイを見よ

**マツラン**　⇒ベニカヤランを見よ

**マツリ**　⇒マツリカを見よ

**マツリカ**　*Jasminum sambac*　茉莉花
モクセイ科の低木。別名マリカ，マツリ，モウリン
カ，モリカ。花は白，黄色。
¶原牧2（No.1525/カ図）
　新分牧（No.3541/モ図）
　茶花下（p339/カ写）

マムシオニ

牧野ス2（No.3370/カ図）

**マテチャ** *Ilex paraguariensis*
モチノキ科の常緑低木，薬用植物。別名パラグアイ
チャ。
¶原牧2（No.1847/カ図）
新分牧（No.3876/モ図）
新牧日（No.1638/モ図）
牧野ス2（No.3692/カ図）

**マテバシイ** *Lithocarpus edulis* 真手葉椎，馬刀葉椎
ブナ科の常緑高木。日本固有種。別名マタジイ，サ
ツマジイ。高さは10〜15m。樹皮は灰褐色。
¶APG原樹（No.714/カ図）
学フ増樹（p226/カ写・カ図）
原牧2（No.123/カ図）
固有（p43）
新分牧（No.2145/モ図）
新牧日（No.158/モ図）
図説樹木（p94/カ写）
都木花新（p63/カ写）
牧野ス1（No.1968/カ図）
野生3（p93/カ写）
山力樹木（p151/カ写）

**マドノツキ** ⇒カモホンナミを見よ

**マトリカリア** ⇒ナツシロギクを見よ

**マトリグサ** ⇒クララを見よ

**マドリードチャヒキ** *Bromus madritensis*
イネ科の一年草。外花穎は長さ12〜20mm。
¶帰化写2（p326/カ写）

**マドンナ・グランディフローラ** *Nerium indicum*
'Madonna Grandiflora'
キョウチクトウ科。キョウチクトウの品種。
¶APG原樹〔キョウチクトウ'マドンナ・グランディフ
ローラ'〕（No.1361/カ図）

**マニオク** ⇒マニホットを見よ

**マニホット** *Manihot esculenta*
トウダイグサ科の木本。別名キャッサバ，タピオカ
ノキ，イモノキ，マニオク，マンジョカ。塊根は長さ
は15〜100cm。高さは1〜5m。
¶APG原樹〔キャッサバ〕（No.798/カ図）
学フ有毒〔キャッサバ〕（p141/カ写）
原牧2（No.247/カ図）
新分牧（No.2407/モ図）
新牧日（No.1465/モ図）
牧野ス1（No.2092/カ図）

**マニラアサ** *Musa textilis*
バショウ科の多年草。葉は濃緑色で光沢がある。
¶原牧1（No.642/カ図）
新分牧（No.678/モ図）
新牧日（No.4226/モ図）
牧野ス1（No.642/カ図）

**マネキグサ** *Loxocalyx ambiguus* 招草
シソ科オドリコソウ亜科の多年草。日本固有種。別
名ヤマキセワタ。高さは40〜90cm。
¶原牧2（No.1664/カ図）
固有（p123）
新分牧（No.3754/モ図）

新牧日（No.2575/モ図）
茶花下（p267/カ写）
牧野ス2（No.3509/カ図）
野生5（p125/カ写）
山力野草（p218/カ写）
山ハ山花（p425/カ写）
牧レ増（p130/カ写）

**マネキシンジュガヤ** *Scleria rugosa* var.*onoei* 招き
真珠茅
カヤツリグサ科の一年草。
¶カヤツリ（p538/モ図）
原牧1（No.783/カ図）
新分牧（No.743/カ図）
新牧日（No.4064/モ図）
牧野ス1（No.783/カ図）
野生1（p361）

**マノセカワゴケソウ** ⇒カワゴケソウを見よ

**マホガニー** *Swietenia mahagoni* 桃花心木
センダン科の高木。別名アカジョー。果実は褐色。
¶APG原樹（No.1002/カ図）

**マホニア'チャリティー'** ⇒チャリティーを見よ

**ママコナ** *Melampyrum roseum* var.*japonicum* 飯
子菜
ハマウツボ科（ゴマノハグサ科）の半寄生一年草。
高さは20〜50cm。
¶学フ増夏（p8/カ写）
原牧2（No.1777/カ図）
新分牧（No.3836/モ図）
新牧日（No.2759/モ図）
牧野ス2（No.3622/カ図）
野生5（p155/カ写）
山力野草（p185/カ写）
山ハ山花（p442/カ写）

**ママコノシリヌグイ** *Persicaria senticosa* 継子の
尻拭
タデ科の一年生つる草。別名トゲソバ。長さは1〜
2m。
¶色野草（p268/カ写）
学フ増野秋（p42/カ写）
原牧2（No.832/カ図）
植調（p197/カ写）
新分牧（No.2863/カ図）
新牧日（No.294/モ図）
牧野ス2（No.2677/カ図）
野生4（p92/カ写）
山力野草（p538/カ写）
山ハ野花（p256/カ写）

**ママツコ** ⇒ハナイカダを見よ

**マミガサキアザミ** *Cirsium takahashii*
キク科アザミ亜科の草本。日本固有種。山形市と天
童市の特産。
¶固有（p140）
野生5（p248）

**マミヤアザミ** ⇒エゾノサワアザミを見よ

**マムシオニヤブソテツ** ⇒マムシヤブソテツを見よ

**マムシグサ** *Arisaema japonicum* 蝮蛇草, 蝮草
サトイモ科の多年草。別名クチナワノシャクシ, ヘ
ビノダイハチ, ヤマゴンニャク, ムラサキマムシグ
サ。九州・四国にみられる広義のマムシグサの一
型。葉は2個, 小葉9〜17個。
¶色野草 (p340/カ写)
　学フ増山菜〔マムシグサ類［マムシグサ］〕(p230/カ写)
　原牧1〔マムシグサ (狭義)〕(No.203/カ図)
　新分牧〔マムシグサ (狭義)〕(No.250/モ図)
　新牧日〔マムシグサ (狭義)〕(No.3934/モ図)
　茶花上 (p463/カ写)
　テンナン (No.38/カ写)
　牧野ス1〔マムシグサ (狭義)〕(No.203/カ図)
　野生1 (p100/カ写)
　山ハ野花 (p26/カ写)
　山ハ山花 (p42/カ写)

**マムシフウセンタケ** *Cortinarius trivialis*
フウセンタケ科のキノコ。中型〜大型。傘は粘土褐
色, 著しい粘液あり。ひだは淡帯紫色〜肉桂色。
¶原きの (No.079/カ写・カ図)

**マムシヤブソテツ** *Cyrtomium devexiscapulae* × *C. fortunei*
オシダ科のシダ植物。別名マムシオニヤブソテツ。
¶シダ標2 (p431/カ写)

**マメアサガオ** *Ipomoea lacunosa* 豆朝顔
ヒルガオ科の一年生つる草。長さは1〜3m。花は
白色。
¶帰化写改 (p245/カ写, p504/カ写)
　原牧2 (No.1447/カ図)
　植調 (p242/カ写)
　新分牧 (No.3463/モ図)
　新牧日 (No.2459/モ図)
　牧野ス2 (No.3292/カ図)
　野生5 (p30/カ写)

**マメガキ** *Diospyros lotus* 豆柿
カキノキ科の落葉高木。別名シナノガキ, ブドウガ
キ。樹高は15m。樹皮は灰色。
¶原牧2〔シナノガキ〕(No.1060/カ図)
　新分牧〔シナノガキ〕(No.3102/モ図)
　新牧日〔シナノガキ〕(No.2259/モ図)
　茶花上 (p582/カ写)
　牧野ス2〔シナノガキ〕(No.2905/カ図)
　野生4 (p185/カ写)
　山力樹木 (p617/カ写)
　落葉図譜 (p277/モ図)

**マメカミツレ** *Cotula australis*
キク科キク亜科の一年草。高さは5〜20cm。花は黄
白色。
¶帰化写改 (p347/カ写, p513/カ写)
　植調 (p159/カ写)
　野生5 (p339/カ写)
　山ハ野花 (p533/カ写)

**マメキンカン** *Citrus japonica* 'Hindsii' 豆金柑
ミカン科の木本。別名キンズ。果実は径1cmほど。
高さは1m。
¶APG原樹 (No.983/カ図)

**マメクグ** ⇒タチヒメクグを見よ

**マメグミ** *Elaeagnus montana* var.*montana* 豆茱萸
グミ科の落葉低木。日本固有種。高さは2m。
¶APG原樹 (No.632/カ図)
　原牧2 (No.6/カ図)
　固有 (p92)
　新分牧 (No.2046/モ図)
　新牧日 (No.1782/モ図)
　牧野ス1 (No.1851/カ図)
　野生2 (p313/カ写)

**マメグンバイナズナ** *Lepidium virginicum* 豆軍配薺
アブラナ科の一年草または二年草。別名コウベナズ
ナ, セイヨウグンバイナズナ。高さは20〜40cm。
花は緑白色。
¶色野草 (p36/カ写)
　学フ増野夏 (p131/カ写)
　帰化写改 (p105/カ写, p496/カ写)
　原牧2 (No.680/カ写)
　植調 (p98/カ写)
　新分牧 (No.2722/モ図)
　新牧日 (No.802/モ図)
　牧野ス2 (No.2525/カ写)
　野生4 (p65/カ写)
　山力野草 (p446/カ写)
　山ハ野花 (p402/カ写)

**マメゴケ** (1) ⇒マメヅタを見よ

**マメゴケ** (2) ⇒マルバマンネングサを見よ

**マメゴケシダ** *Didymoglossum motleyi*
コケシノブ科の常緑性シダ。葉身は長さ3〜4mm,
ほぼ円形。
¶シダ標1 (p311/カ写)

**マメザクラ** *Cerasus incisa* var.*incisa* 豆桜
バラ科シモツケ亜科の落葉低木または小高木。サク
ラの品種, 日本種の桜。別名フジザクラ, ハコネザ
クラ。樹高は10m。花は白色または淡紅色。樹皮は
濃灰色。
¶APG原樹 (No.417/カ図)
　学フ増桜 (p40/カ写)
　学フ増樹 (p82/カ写・カ図)
　学フ増花庭 (p121/カ写)
　原牧1 (No.1653/カ図)
　固有 (p77)
　新分牧 (No.1859/モ図)
　新牧日 (No.1231/モ図)
　茶花上 (p463/カ写)
　都木花新 (p117/カ写)
　牧野ス1 (No.1653/カ図)
　野生3 (p63/カ写)
　山力樹木 (p288/カ写)

**マメザクラ × エドヒガン** ⇒コヒガンザクラを
見よ

**マメザクラ × オオシマザクラ** *Cerasus* × *parvifolia*
バラ科の木本。桜の種間雑種。
¶学フ増桜 (p36/カ写)

**マメザクラ × ヤマザクラ** ⇒ヤママメザクラを見よ

**マメザヤタケ** *Xylaria polymorpha*
クロサイワイタケ科のキノコ。小型。子実体はすりこぎ形〜倒徳利形。
¶原きの (No.584/カ写・カ図)
　新分牧 (No.5166/モ図)
　新牧日 (No.5026/モ図)
　山力日き (p590/カ写)

**マメシオギク** ⇒シオギクを見よ

**マメスゲ** *Carex pudica* 豆菅
カヤツリグサ科の多年草。日本固有種。
¶カヤツリ (p346/モ図)
　原牧1 (No.846/カ図)
　固有 (p185)
　新分牧 (No.862/モ図)
　新牧日 (No.4147/モ図)
　スゲ増 (No.180/カ写)
　牧野ス1 (No.846/カ図)
　野生1 (p320/カ写)
　山ハ山花 (p171/カ写)

**マメヅタ** *Lemmaphyllum microphyllum* 豆蔦
ウラボシ科の常緑性シダ。別名マメゴケ、イワマメ、リュウキュウマメヅタ、シママメヅタ、ヒメマメヅタ。小型の常緑のシダ類。葉身は長さ1〜2cm、円形〜楕円形。
¶山野草 (No.1836/カ写)
　シダ標2 (p461/カ写)
　新分牧 (No.4792/モ図)
　新牧日 (No.4672/モ図)

**マメヅタカズラ** *Dischidia formosana* 豆蔦葛
キョウチクトウ科 (ガガイモ科) の多年草。葉は肉質で広倒卵形。
¶野生4 (p311)

**マメヅタラン** ⇒マメランを見よ

**マメダオシ** *Cuscuta australis* 豆倒し
ヒルガオ科の一年生の寄生植物。
¶原牧2 (No.1453/カ図)
　新分牧 (No.3448/モ図)
　新牧日 (No.2465/モ図)
　牧野ス2 (No.3298/モ図)
　野生5 (p26/カ写)
　山ハ野花 (p447/カ写)

**マメチャ** ⇒カワラケツメイを見よ

**マメナシ** *Pyrus calleryana* 豆梨
バラ科シモツケ亜科の落葉高木。高さは10m。花は白色。樹皮は濃灰色。
¶原牧1 (No.1699/カ図)
　新分牧 (No.1900/モ図)
　新牧日 (No.1060/モ図)
　牧野ス1 (No.1699/カ図)
　野生3 (p81/カ写)
　山レ増 (p308/カ写)

**マメヒサカキ** *Eurya emarginata* var.*minutissima*
サカキ科の常緑小高木または低木。葉は倒卵形か楕円状倒卵形で縁は巻かない。
¶野生4 (p179/カ写)

**マメブシ (マメフジ)** ⇒キブシを見よ

**マメホラゴケ** *Crepidomanes kurzii*
コケシノブ科の常緑性シダ。葉身は長さ5〜8cm、卵状長楕円形。
¶シダ標1 (p312/カ写)

**マメラン** *Bulbophyllum drymoglossum* 豆蘭
ラン科の多年草。別名マメヅタラン。
¶原牧1 (No.470/カ図)
　新分牧 (No.513/モ図)
　新牧日 (No.4345/モ図)
　牧野ス1 (No.470/カ図)
　野生1 〔マメヅタラン〕 (p184/カ写)
　山ハ山花 〔マメヅタラン〕 (p95/カ写)
　山レ増 〔マメヅタラン〕 (p487/カ写)

**マヤコウ** *Prunus mume* 'Maya-kō' 摩耶紅
バラ科。ウメの品種。杏系ウメ、豊後性八重。
¶ウメ 〔摩耶紅〕 (p144/カ写)

**マヤサンエツキムシタケ** *Cordyceps brongniartii*
ノムシタケ科の冬虫夏草。宿主はコガネムシ類の幼虫。北海道で発生するエゾコガネムシタケと同種。
¶冬虫生態 (p156/カ写)

**マヤブシキ (マヤブシギ)** ⇒ハマザクロを見よ

**マヤラン** *Cymbidium macrorhizon* 摩耶蘭
ラン科の多年生の菌従属栄養植物。高さは15〜20cm。
¶原牧1 (No.473/カ図)
　新分牧 (No.535/モ図)
　新牧日 (No.4348/モ図)
　牧野ス1 (No.473/カ図)
　野生1 (p193/カ写)
　山ハ山花 (p89/カ写)

**マユダマタケ** *Polycephalomyces* sp.
オフィオコルディセプス科の冬虫夏草。宿主はさまざまな昆虫。
¶冬虫生態 (p282/カ写)

**マユダマヤドリバエタケ** anamorph of *Hypocrea* sp.
バッカクキン科の冬虫夏草。ウスキヒメヤドリバエタケのアナモルフ。
¶冬虫生態 (p203/カ写)

**マユハキグサ** ⇒ヒトリシズカを見よ

**マユハキソウ** ⇒ヒトリシズカを見よ

**マユハキタケ** *Trichocoma paradoxa*
マユハキタケ科のキノコ。小型。円筒形。
¶山力日き (p542/カ写)

**マユバケスゲ** ⇒ワタスゲを見よ

**マユミ** *Euonymus sieboldianus* var.*sieboldianus* 真弓, 檀
ニシキギ科の落葉小高木。別名ヤマニシキギ, カワクマツヅラ。花は緑白色。
¶APG原樹 (No.763/カ図)
　学フ増山菜 (p104/カ写)
　学フ増樹 (p119/カ写)

マライトケ 738

学フ有毒 (p57/カ写)
原牧2 (No.197/カ図)
新分牧 (No.2250/モ図)
新牧日 (No.1648/モ図)
茶花上 (p464/カ写)
都木花新 (p162/カ写)
牧野ス1 (No.2042/カ図)
ミニ山 (p175/カ写)
野生3 (p134/カ写)
山力樹木 (p414/カ写)
落葉図譜 (p204/モ図)

**マライトゲタケ** ⇒バンブーサ ブルメアナを見よ

**マラコイデス** ⇒オトメザクラを見よ

**マラスミウス・アツリアケウス** *Marasmius alliaceus*
ホウライタケ科のキノコ。傘は淡革皮色, 傘の径最大6cm。
¶原きの〔Garlic parachute (ニンニクの落下傘)〕(No.193/カ写・カ図)

**マリカ** ⇒マツリカを見よ

**マルキンカン** *Citrus japonica* 丸金柑
ミカン科の常緑低木。別名マルミキンカン, キンカン。高さは2m。
¶APG原樹 (No.984/カ図)
学フ増花庭〔キンカン〕(p196/カ写)
原牧2 (No.602/カ図)
新分牧 (No.2623/モ図)
新牧日 (No.1538/モ図)
茶花下 (p147/カ写)
牧野ス2 (No.2447/カ図)
山力樹木〔キンカン〕(p376/カ写)

**マルグリット** ⇒フランスギクを見よ

**マルスグリ** ⇒セイヨウスグリを見よ

**マルスゲ** ⇒フトイを見よ

**マルバアオダモ** *Fraxinus sieboldiana* 丸葉青だも, 円葉青だも
モクセイ科の落葉高木。別名ホソバアオダモ, トサトネリコ, コガネアオダモ。4個の花弁をもつ。
¶APG原樹 (No.1392/カ図)
原牧2 (No.1500/カ図)
新分牧 (No.3545/モ図)
新牧日 (No.2283/モ図)
茶花上 (p314/カ写)
牧野ス2 (No.3345/カ図)
野生5 (p61/カ写)
山力樹木 (p639/カ写)
落葉図譜 (p292/モ図)

**マルバアカザ** *Chenopodium acuminatum* var. *acuminatum*
ヒユ科 (アカザ科) の一年草。高さは20～60cm。
¶原牧2 (No.968/カ写)
新分牧 (No.3015/モ図)
新牧日 (No.421/モ図)
牧野ス2 (No.2813/カ図)
ミニ山 (p36/カ写)
野生4 (p138/カ写)

**マルバアカソ** ⇒クサコアカソを見よ

**マルバアキグミ** *Elaeagnus umbellata* var. *rotundifolia* 丸葉秋茱萸
グミ科の木本。日本固有種。
¶固有 (p92/カ写)
ミニ山 (p185/カ写)
野生2 (p311/カ写)
山力樹木 (p507/カ写)

**マルバアサガオ** (1) *Ipomoea purpurea* 丸葉朝顔
ヒルガオ科のつる性の一年草。花は白, 淡紅, 紅紫, 青紫色など。
¶帰化写改 (p248/カ写, p505/カ写)
原牧2 (No.1442/カ図)
植調 (p244/カ写)
新分牧 (No.3456/モ図)
新牧日 (No.2454/モ図)
牧野ス2 (No.3287/カ図)
野生5 (p30/カ写)
山力野草 (p246/カ写)
山ハ野花 (p444/カ写)

**マルバアサガオ** (2) ⇒オオバハマアサガオを見よ

**マルバアサガオガラクサ** *Evolvulus alsinoides* var. *rotundifolius*
ヒルガオ科の多年草。
¶山レ増 (p151/カ写)

**マルバアメリカアサガオ** *Ipomoea hederacea* var. *integriuscula* 丸葉アメリカ朝顔
ヒルガオ科の一年草。花はアサガオに似るが小型。葉が円心形で分裂しない。
¶野生5 (p30/カ写)

**マルバイスノキ** ⇒シマイスノキを見よ

**マルバイワシモツケ** *Spiraea nipponica* var. *nipponica* f.*rotundifolia* 丸葉岩下野
バラ科の木本。
¶学フ増高山 (p168/カ写)
原牧1 (No.1676/カ図)
新分牧 (No.1873/モ図)
新牧日 (No.1030/モ図)
牧野ス1 (No.1676/カ図)

**マルバインドゴムノキ** *Ficus elastica* 'Decora'
クワ科の木本。別名デコラゴムノキ。
¶APG原樹 (No.665/カ図)

**マルバウコギ** ⇒オカウコギを見よ

**マルバウスゴ** *Vaccinium shikokianum* 丸葉臼子
ツツジ科スノキ亜科の落葉低木。日本固有種。別名シコクウスゴ。
¶固有 (p104)
野生4 (p261/カ写)
山ハ高山 (p289/カ写)

**マルバウツギ** *Deutzia scabra* 円葉空木, 円葉卯木, 丸葉空木, 丸葉卯木
アジサイ科 (ユキノシタ科) の落葉低木。日本固有種。別名ツクシウツギ。高さは1.5m。花は白色。
¶APG原樹 (No.1097/カ図)
原牧2 (No.1015/カ図)

固有 (p75/カ写)
新分牧 (No.3047/モ図)
新牧日 (No.979/モ図)
茶花上 (p464/カ写)
牧野ス2 (No.2860/カ図)
ミニ山 (p112/カ写)
野生4 (p160/カ写)
山力樹木 (p227/カ写)

**マルバウマノスズクサ** *Aristolochia contorta* 円葉
馬の鈴草
ウマノスズクサ科の多年生つる草。葉径4〜10cm。
¶新分牧 (No.140/モ図)
野生1 (p58/カ写)
山ハ山花 (p19/カ写)
山レ増 (p364/カ写)

**マルバエゾニュウ** ⇒アマニュウを見よ

**マルバオウセイ** *Polygonatum falcatum* var.
*trichosanthum*
クサスギカズラ科 (ユリ科) の草本。
¶野生1 (p259/カ写)
山レ増 (p606/カ写)

**マルバオモダカ** *Caldesia parnassifolia* 丸葉面高
オモダカ科の浮葉〜抽水性多年草。高さは30〜
100cm。花は白色。
¶原牧1 (No.224/カ図)
新分牧 (No.264/モ図)
新牧日 (No.3317/モ図)
日水草 (p75/カ写)
牧野ス1 (No.224/カ図)
野生1 (p116/カ写)
山レ増 (p622/カ写)

**マルバカイドウ** ⇒ヒメリンゴ(1)を見よ

**マルバカエデ** ⇒ヒトツバカエデを見よ

**マルバキカシグサ** ⇒ホザキキカシグサを見よ

**マルバギシギシ** *Oxyria digyna* 丸葉酸葉
タデ科の多年草。別名ジンヨウスイバ。高さは10
〜30cm。
¶学フ増高山〔ジンヨウスイバ〕(p228/カ写)
原牧2 (No.796/カ図)
新分牧 (No.2825/モ図)
新牧日 (No.258/モ図)
牧野ス2 (No.2641/カ図)
野生4〔ジンヨウスイバ〕(p90/カ写)
山力野草〔ジンヨウスイバ〕(p534/カ写)
山ハ高山〔ジンヨウスイバ〕(p133/カ写)

**マルバキンレイカ** *Patrinia gibbosa* 丸葉金鈴花、円
葉金鈴花
スイカズラ科 (オミナエシ科) の多年草。日本固有
種。高さは30〜70cm。
¶原牧2 (No.2312/カ図)
固有 (p136)
新分牧 (No.4383/モ図)
新牧日 (No.2884/モ図)
茶花下 (p147/カ写)
牧野ス2 (No.4157/カ図)
野生5 (p423/カ写)

山ハ高山 (p361/カ写)
山ハ山花 (p480/カ写)

**マルバグミ** *Elaeagnus macrophylla* 丸葉茱萸
グミ科の常緑低木。別名オオバグミ。高さは2m。
¶APG原樹〔オオバグミ〕(No.637/カ図)
原牧2 (No.13/カ図)
新分牧 (No.2053/モ図)
新牧日 (No.1789/モ図)
牧野ス1 (No.1858/カ図)
ミニ山 (p184/カ写)
野生2〔オオバグミ〕(p315/カ写)
山力樹木 (p510/カ写)

**マルバクワガタ** ⇒グンバイヅルを見よ

**マルバケスミレ** ⇒エゾアオイスミレを見よ

**マルバケヅメクサ** *Portulaca psammotropha*
スベリヒユ科の草本。葉は長楕円形〜長楕円状倒卵
形で鋭頭。
¶野生4 (p151/カ写)

**マルバコウツギ** *Deutzia bungoensis*
アジサイ科の小低木。日本固有種。別名タカチホウ
ツギ。
¶固有 (p75)
野生4 (p161/カ写)

**マルバコケシダ** *Didymoglossum bimarginatum*
コケシノブ科の常緑性シダ。葉身は長さ0.5〜1.
5cm、倒卵状長楕円形。
¶シダ標1 (p311/カ写)

**マルバコゴメグサ** *Euphrasia insignis* subsp.*insignis*
var.*nummularia* 丸葉小米草
ハマウツボ科 (ゴマノハグサ科) の草本。日本固
有種。
¶固有 (p128)
野生5 (p152)
山ハ高山 (p321/カ写)
山レ増 (p100/カ写)

**マルバコナラ** *Quercus serrata* var.*pseudovariabilis*
ブナ科の木本。日本固有種。別名ビワバコナラ。
¶固有 (p43)
野生3 (p96)

**マルバゴマキ** *Viburnum sieboldii* var.*obovatifolium*
ガマズミ科〔レンプクソウ科〕(スイカズラ科) の低
木状の木本。日本固有種。別名マルバゴマギ、オオ
バゴマキ、ヒロハゴマキ。高さは2m。
¶固有 (p133)
野生5 (p406/カ写)
山力樹木〔ヒロハゴマギ〕(p707/カ写)

**マルバコンロンソウ** *Cardamine tanakae* 丸葉崑崙
草、円葉崑崙草
アブラナ科の越年草。日本固有種。高さは7〜
20cm。
¶原牧2 (No.724/カ図)
固有 (p66/カ写)
新分牧 (No.2750/モ図)
新牧日 (No.844/モ図)
牧野ス2 (No.2569/カ図)

マルハサツ

ミニ山（p85/カ写）
野生4（p56/カ写）
山力野草（p442/カ写）
山ハ山花（p357/カ写）

**マルバサツキ** *Rhododendron eriocarpum* 丸葉皐月
ツツジ科ツツジ亜科の常緑低木。日本固有種。花は淡紫色。
¶APG原樹（No.1258/カ図）
原牧2（No.1190/カ図）
固有（p107）
新分牧（No.3260/モ図）
新牧日（No.2136/モ図）
牧野ス2（No.3035/カ図）
野生4（p243/カ写）
山力樹木（p562/カ写）

**マルバサンカクゴケ** *Drepanolejeunea obtusifolia*
クサリゴケ科のコケ植物。日本固有種。
¶固有（p224）

**マルバサンキライ** *Smilax stans* 丸葉山奇粮
サルトリイバラ科（ユリ科）の草本。
¶APG原樹（No.182/カ図）
原牧1（No.322/カ図）
新分牧（No.369/モ図）
新牧日（No.3495/モ図）
牧野ス1（No.322/カ図）
野生1（p166/カ写）

**マルバシマザクラ** *Leptopetalum mexicanum*
アカネ科の常緑小低木。小笠原固有種。花は紅紫色。
¶固有（p118）
野生4（p282/カ写）
山力樹木（p734/カ写）
山レ増（p155/カ写）

**マルバシモツケ** *Spiraea betulifolia* var.*betulifolia* 丸葉下野、円葉下野
バラ科シモツケ亜科の落葉低木。高さは0.5～1m。花は白色。
¶APG原樹（No.508/カ図）
原牧1（No.1678/カ図）
新分牧（No.1874/モ図）
新牧日（No.1031/モ図）
茶花上（p582/カ写）
牧野ス1（No.1678/カ図）
ミニ山（p122/カ写）
野生3（p87/カ写）
山力樹木（p276/カ写）
山ハ高山（p228/カ写）

**マルバシャジン** ⇒シマシャジンを見よ

**マルバシャリンバイ** (1) *Rhaphiolepis indica* var. *umbellata* 丸葉車輪梅
バラ科の常緑低木。別名ハマモッコク，シャリンバイ。
¶APG原樹（No.532/カ図）
原牧1（No.1720/カ図）
新分牧（No.1916/モ図）
新牧日（No.1075/モ図）

牧野ス1（No.1720/カ図）
ミニ山（p131/カ写）

**マルバシャリンバイ** (2) ⇒シャリンバイ (1) を見よ

**マルバスミレ** (1) *Viola keiskei* 丸葉菫
スミレ科の多年草。別名ケマルバスミレ。花はふつう白色。
¶色野草（p65/カ写）
学フ増野春〔ケマルバスミレ〕（p159/カ写）
原牧2〔ケマルバスミレ〕（No.364/カ図）
山野草（No.0718/カ写）
新分牧（No.2349/モ図）
新牧日（No.1837/モ図）
茶花上（p315/カ写）
牧野ス1〔ケマルバスミレ〕（No.2209/カ図）
ミニ山〔ケマルバスミレ〕（p186/カ写）
野生3（p218/カ写）
山力野草〔ケマルバスミレ〕（p339/カ写）
山ハ野花（p332/カ写）

**マルバスミレ** (2) *Viola keiskei* var.*glabra* 丸葉菫
スミレ科の多年草。ケマルバスミレの無毛型。側弁を除いて全体に無毛。
¶原牧2（No.365/カ図）
牧野ス1（No.2210/カ図）

**マルバタイミンタチバナ** (1) *Myrsine okabeana*
サクラソウ科（ヤブコウジ科）の常緑低木。
¶野生4（p197/カ写）
山力増（p204/カ写）

**マルバタイミンタチバナ** (2) ⇒シマタイミンタチバナを見よ

**マルバタウコギ** *Bidens biternata* var.*mayebarae*
キク科キク亜科。日本固有種。
¶固有（p146）
野生5（p357）

**マルバタケハギ** ⇒ササハギを見よ

**マルバタケブキ** *Ligularia dentata* 丸葉岳蕗、円葉岳蕗
キク科キク亜科の多年草。別名マルバノチョウリョウソウ。高さは40～120cm。
¶学フ増高山（p123/カ写）
学フ増野夏（p97/カ写）
原牧2（No.2128/カ図）
新分牧（No.4106/モ図）
新牧日（No.3159/モ図）
茶花下（p267/カ写）
牧野ス2（No.3973/カ図）
野生5（p299/カ写）
山力野草（p55/カ写）
山ハ高山（p397/カ写）
山ハ山花（p532/カ写）

**マルバタチギボウシ** ⇒タチギボウシを見よ

**マルバタチムカデゴケ** ⇒マルバハネゴケを見よ

**マルバタバコ** *Nicotiana rustica* 丸葉煙草
ナス科の薬用植物。
¶原牧2（No.1495/カ図）

マルバタマノカンザシ　*Hosta plantaginea* var. *plantaginea*
クサスギカズラ科の多年草。タマノカンザシの基本種。
¶野生1 (p250)

マルハチ　*Cyathea mertensiana*　丸八
ヘゴ科の常緑性シダ。日本固有種。葉痕は○の中に八の字を逆にしたように並ぶ。葉身は長さ130cm、倒卵状長楕円形。
¶固有 (p201)
シダ標1 (p347/カ写)
新分牧 (No.4561/モ図)
新牧日 (No.4439/カ写)

マルバチシャノキ　*Ehretia dicksonii*
ムラサキ科チシャノキ亜科の落葉小高木。
¶APG原樹 (No.1370/カ図)
原牧2 (No.1409/カ図)
新分牧 (No.3509/カ図)
新牧日 (No.2470/カ図)
牧野ス2 (No.3254/カ図)
野生5 (p49/カ写)
山力樹木 (p654/カ写)

マルバチャルメルソウ　*Mitella nuda*　円葉哨吶草
ユキノシタ科の草本。
¶野生2 (p207/カ写)
山ハ山花 (p277/カ写)
山レ増 (p319/カ写)

マルバツユクサ　*Commelina benghalensis*
ツユクサ科の一年草。別名マルバノボウシグサ。高さは20〜50cm。花はコバルト色。
¶帰化写2 (p308/カ写)
原牧1 (No.629/カ図)
植調 (p274/カ写)
新分牧 (No.662/モ図)
新牧日 (No.3596/カ図)
牧野ス1 (No.629/カ図)
野生1 (p266/カ写)

マルバツルツゲ　⇒ツルツゲを見よ

マルバツルノゲイトウ　*Alternanthera pungens*
ヒユ科の一年草。長さは40cm。花は汚白色。
¶帰化写改 (p64/カ写)

マルバテイショウソウ　*Ainsliaea fragrans*
キク科コウヤボウキ亜科の草本。日本固有種。
¶原牧2 (No.1899/カ図)
固有 (p151)
新分牧 (No.3938/モ図)
新牧日 (No.2937/カ図)
牧野ス2 (No.3744/カ図)
野生5 (p210/カ写)
山レ増 (p47/カ写)

マルバトウキ　*Ligusticum hultenii*
セリ科セリ亜科の多年草。高さは30〜100cm。

¶原牧2 (No.2431/カ図)
新分牧 (No.4442/モ図)
新牧日 (No.2045/カ図)
牧野ス2 (No.4276/カ図)
ミニ山 (p220/カ写)
野生5 (p396/カ写)

マルバトゲチシャ　*Lactuca scariola* var. *Integrifolia*
キク科の一年草〜二年草。トゲチシャのうち、葉身の切れ込みのないもの。
¶帰化写改 (p376/カ写, p516/カ写)

マルバナンマンオトコヨモギ　*Artemisia eriopoda* var. *rotundifolia*
キク科の多年草。
¶帰化写2 (p251/カ写)

マルバニッケイ　*Cinnamomum daphnoides*　丸葉肉桂、円葉肉桂
クスノキ科の常緑小高木。日本固有種。別名コウチニッケイ。
¶APG原樹 (No.156/カ図)
原牧1 (No.143/カ写)
固有 (p50/カ写)
新分牧 (No.175/モ図)
新牧日 (No.484/モ図)
牧野ス1 (No.143/カ写)
野生1 (p81/カ写)
山力樹木 (p204/カ写)
山ハ増 (p408/カ写)

マルバヌカイタチシダモドキ　*Dryopteris tsugiwoi*
オシダ科の常緑性シダ。日本固有種。葉身は長さ40cm、三角状長卵形。
¶固有 (p208)
シダ標2 (p371/カ写)

マルバヌスビトハギ　*Hylodesmum podocarpum* subsp. *podocarpum*　丸葉盗人萩、円葉盗人萩
マメ科マメ亜科の多年草。高さは30〜120cm。
¶原牧1 (No.1530/カ図)
新分牧 (No.1700/モ図)
新牧日 (No.1317/モ図)
牧野ス1 (No.1530/カ図)
野生2 (p271/カ写)
野生2〔亜種マルバヌスビトハギ〕(p272)
山ハ野花 (p364/カ写)

マルバネコノメソウ　*Chrysosplenium ramosum*　丸葉猫の目草
ユキノシタ科の草本。
¶野生2 (p203/カ写)
山ハ山花 (p271/カ写)

マルバノイチヤクソウ　*Pyrola nephrophylla*　丸葉の一薬草
ツツジ科イチヤクソウ亜科（イチヤクソウ科）の多年草。日本固有種。高さは10〜20cm。
¶原牧2 (No.1259/カ写)
固有 (p103)
新分牧 (No.3213/モ図)
新牧日 (No.2100/モ図)
牧野ス2 (No.3104/カ図)
野生4 (p229/カ写)

マルハノキ

山ハ山花（p378/カ写）

**マルバノキ** *Disanthus cercidifolius* subsp.
*cercidifolius*　丸葉の木，円葉の木
マンサク科の落葉低木。別名ベニマンサク。高さは
1〜3m。花は淡紅色。
¶**APG原樹**（No.324/カ図）
原牧1（No.1338/カ図）
新分牧（No.1508/モ図）
新牧日（No.892/モ図）
茶花下（p386/カ写）
牧野ス1（No.1338/カ図）
野生2（p185/カ写）
山力樹木（p240/カ写）
落葉図譜（p135/モ図）

**マルバノコンロンソウモドキ**　⇒オオケタネツケ
バナを見よ

**マルバノサワトウガラシ** *Deinostema adenocaulum*
オオバコ科（ゴマノハグサ科）の草本。
¶原牧2（No.1560/カ図）
新分牧（No.3583/モ図）
新牧日（No.2692/モ図）
牧野ス2（No.3405/カ図）
野生5（p74/カ写）
山レ増（p104/カ写）

**マルバノチョウリョウソウ**　⇒マルバダケブキを
見よ

**マルバノニンジン**　⇒トウシャジンを見よ

**マルバノバッコヤナギ**　⇒バッコヤナギを見よ

**マルバノフナバラソウ** *Vincetoxicum krameri*
キョウチクトウ科（ガガイモ科）の草本。
¶野生4（p318）

**マルバノボウシグサ**　⇒マルバツユクサを見よ

**マルバノホロシ** *Solanum maximowiczii*
ナス科のつる性多年草。日本固有種。別名ヤママル
バノホロシ。葉は長楕円形または狭卵形。
¶原牧2（No.1478/カ図）
固有（p126/カ写）
新分牧（No.3485/モ図）
新牧日（No.2654/モ図）
牧野ス2（No.3324/カ図）
野生5（p43/カ写）
山ハ山花（p409/カ写）

**マルバノモクゲンジ**　⇒オオモクゲンジを見よ

**マルバノリクラアザミ**　⇒ノリクラアザミを見よ

**マルバノリュウキョウソヨゴ**　⇒ツゲモチを見よ

**マルバハイミズ** *Pilea nummulariifolia*
イラクサ科の多年生匍匐性草本。別名マルバミズ。
長さ30〜50cm。
¶帰化写2（p393/カ写）

**マルバハギ** *Lespedeza cyrtobotrya*　丸葉萩，円葉萩
マメ科マメ亜科の落葉低木。別名ミヤマハギ，コハ
ギ。高さは1.5〜2m。花は紅紫色。
¶**APG原樹**〔マルバハギ〕（No.373/カ図）
原牧1（No.1548/カ図）

新分牧（No.1680/モ図）
新牧日（No.1335/モ図）
茶花下（p339/カ写）
牧野ス1（No.1548/カ図）
ミニ山（p146/カ写）
野生2（p278/カ写）
山力樹木（p357/カ写）

**マルバハダカホオズキ** *Tubocapsicum anomalum*
var.*obtusum*　丸葉裸酸漿
ナス科の多年草。
¶野生5（p46/カ写）

**マルバハタケムシロ** *Lobelia loochooensis*
キキョウ科の多年草。日本固有種。
¶固有（p137）
新分牧（No.3920/モ図）
野生5（p193/カ写）
山レ増（p72/カ写）

**マルバハッカ**(1)　*Mentha suaveolens*　丸葉薄荷，円葉
薄荷
シソ科の多年草。高さは30〜80cm。
¶帰化写改（p272/カ写，p506/カ写）
山ハ野花（p453/カ写）

**マルバハッカ**(2)　⇒ニガハッカを見よ

**マルバハネゴケ** *Plagiochila ovalifolia*　丸葉羽根苔，
円葉羽根苔
ハネゴケ科のコケ。別名マルバタチムカデゴケ。茎
は長さ3〜5cm。葉は卵形で円頭。
¶新分牧（No.4907/モ図）
新牧日（No.4765/モ図）

**マルバハンノキ**(1)　⇒ヤマハンノキを見よ

**マルバハンノキ**(2)　⇒ヤマハンノキ（広義）を見よ

**マルバヒレアザミ** *Cirsium grayanum*
キク科アザミ亜科の草本。日本固有種。
¶固有（p140）
野生5（p250/カ写）

**マルバフウロ** *Geranium rotundifolium*　丸葉風露
フウロソウ科の越年草。
¶帰化写2（p135/カ写）

**マルバフジバカマ** *Ageratina altissima*　丸葉藤袴
キク科キク亜科の多年草。高さは40〜160cm。花
は白色。
¶帰化写改（p360/カ写，p514/カ写）
野生5（p366/カ写）
山ハ野花（p580/カ写）

**マルバフユイチゴ** *Rubus pectinellus*　丸葉冬苺
バラ科バラ亜科の常緑低木。別名コバノフユイ
チゴ。
¶**APG原樹**〔コバノフユイチゴ〕（No.576/カ図）
原牧1（No.1743/カ図）
新分牧（No.1937/カ図）
新牧日（No.1120/モ図）
牧野ス1（No.1743/カ図）
野生3〔コバノフユイチゴ〕（p46/カ写）
山力樹木〔コバノフユイチゴ〕（p265/カ写）

**マルバベニシダ** *Dryopteris fuscipes* 丸葉紅羊歯
オシダ科の常緑性シダ。別名マンマルベニシダ, オオマルバベニシダ。葉身は長さ25〜60cm, 卵状長楕円形〜三角状卵形。
¶シダ標2(p371/カ写)
　新分牧(No.4744/モ図)
　新牧日(No.4531/モ図)

**マルバホングウシダ** *Lindsaea orbiculata* var. *orbiculata*
ホングウシダ科の常緑性シダ。葉身は長さ5〜10cm, 単羽状。
¶シダ標1(p352/カ写)

**マルバマツグミ** *Taxillus kaempferi* var.*obovata*
オオバヤドリギ科の常緑低木。葉は倒卵形。
¶野生4(p80)

**マルバママコナ** *Melampyrum roseum* var.*ovalifolium*
ハマウツボ科の半寄生の一年草。ママコナに似る。
¶野生5(p155/カ写)

**マルバマンサク** *Hamamelis japonica* var.*discolor* f. *obtusata*　丸葉万作, 丸葉満作, 円葉万作, 円葉満作
マンサク科の多年草。日本固有種。
¶APG原樹(No.321/カ写)
　原牧1(No.1340/カ図)
　固有(p67)
　新分牧(No.1511/モ図)
　新牧日(No.894/モ図)
　茶花上(p222/カ写)
　牧野ス1(No.1340/カ図)
　野生2(p186/カ写)
　山力樹木(p236/カ写)

**マルバマンネングサ** *Sedum makinoi* 丸葉万年草, 円葉万年草
ベンケイソウ科の多年草。日本固有種。別名マメゴケ, ノビキャシ。高さは8〜20cm。花は黄色。
¶原牧1(No.1405/カ図)
　固有(p68)
　山野草(No.0496/カ写)
　新分牧(No.1600/モ図)
　新牧日(No.911/モ図)
　茶花下(p148/カ写)
　牧野ス1(No.1405/カ図)
　ミニ山(p97/カ写)
　野生2(p225/カ写)
　山ハ野花(p294/カ写)

**マルバミズ** ⇒マルバハイミズを見よ

**マルバミゾカクシ** *Lobelia zeylanica*
キキョウ科の常緑多年草。
¶野生5(p193/カ写)
　山レ増(p73/カ写)

**マルバミヤコアザミ** ⇒ミヤコアザミを見よ

**マルバミヤマシグレ** ⇒ヤマシグレを見よ

**マルバヤエヤマノボタン** ⇒ヤエヤマノボタンを見よ

**マルバヤナギ**(1) *Salix chaenomeloides* 丸葉柳, 円葉柳
ヤナギ科の落葉大高木。別名アカメヤナギ, ケアカメヤナギ。本州(仙台以南), 四国, 九州, 朝鮮半島, 中国中部に分布。
¶APG原樹(No.822/カ図)
　原牧2〔アカメヤナギ〕(No.298/カ図)
　新分牧〔アカメヤナギ〕(No.2372/モ図)
　新牧日〔アカメヤナギ〕(No.88/モ図)
　茶花上〔あかめやなぎ〕(p184/カ写)
　牧野ス1〔アカメヤナギ〕(No.2143/カ図)
　野生3(p194/カ写)

**マルバヤナギ**(2) ⇒エゾノタカネヤナギを見よ

**マルバヤナギザクラ** ⇒ウメザキウツギを見よ

**マルバヤハズソウ** *Kummerowia stipulacea* 丸葉矢筈草
マメ科マメ亜科の一年草。ヤハズソウよりよく分枝し, 茎には上向きの毛がある。高さは10〜20cm。
¶原牧1(No.1555/カ図)
　植調(p255/カ写)
　新分牧(No.1689/モ図)
　新牧日(No.1342/モ図)
　牧野ス1(No.1555/カ図)
　ミニ山(p148/カ写)
　野生2(p275/カ写)
　山ハ野花(p361/カ写)

**マルバヤブマオ** *Boehmeria robusta* 丸葉藪真麻
イラクサ科の多年草。メヤブマオに似るが, 葉は分裂しない。
¶野生2(p344)

**マルバヨノミ** *Lonicera caerulea* subsp.*edulis* var. *venulosa*
スイカズラ科の木本。葉は無毛か長毛。
¶野生5(p419)
　山ハ高山(p364/カ写)

**マルバルコウ** *Ipomoea coccinea* 丸葉縷紅, 円葉縷紅
ヒルガオ科のつる性の一年草。花は紅黄色。
¶色野草(p211/カ写)
　帰化写改(p242/カ写, p504/カ写)
　原牧2〔マルバルコウソウ〕(No.1445/カ図)
　植調(p245/カ写)
　新分牧〔マルバルコウソウ〕(No.3459/モ図)
　新牧日〔マルバルコウソウ〕(No.2457/モ図)
　牧野ス2〔マルバルコウソウ〕(No.3290/カ図)
　野生5(p29/カ写)
　山ハ野草(p247/カ写)
　山ハ野花(p445/カ写)

**マルバルコウソウ** ⇒マルバルコウを見よ

**マルバルリミノキ** *Lasianthus attenuatus*
アカネ科の木本。
¶原牧2(No.1296/カ写)
　新分牧(No.3316/モ図)
　新牧日(No.2410/モ図)
　牧野ス2(No.3141/カ図)
　野生4(p280/カ写)

**マルブシュカン** *Citrus medica*
ミカン科の常緑木。別名シトロン，マルブッシュカン。晩霜や高温に弱い。花は淡紫～白色。
¶**APG原樹**〔シトロン〕(No.969/カ図)
　原牧2 (No.600/カ図)
　新分牧 (No.2626/モ図)
　新牧日 (No.1536/モ図)
　牧野ス2 (No.2445/カ図)

**マルブッシュカン** ⇒マルブシュカンを見よ

**マルボアブラススキ** ⇒ヒメオニササガヤを見よ

**マルホハリイ** *Eleocharis ovata*
カヤツリグサ科の多年草。高さは6～40cm。
¶**カヤツリ** (p630/モ図)
　新分牧 (No.943/モ図)
　新牧日 (No.4020/モ図)
　野生1 (p345/カ写)

**マルミアリタケ** *Ophiocordyceps formicarum*
オフィオコルディセプス科の冬虫夏草。宿主はアリの成虫。
¶**冬虫生態** (p212/カ写)

**マルミオオバコ** *Plantago asiatica* var.*sphaerocarpa*
オオバコ科の多年草。
¶**野生5** (p81)

**マルミカンアオイ** *Asarum subglobosum* 丸実寒葵
ウマノスズクサ科の多年草。日本固有種。別名マルミノカンアオイ。萼筒入口付近は不規則に低く隆起。熊本県，宮崎県境付近に産する。
¶**固有** (p62)
　野生1 (p67/カ写)
　山ハ山花 (p25/カ写)
　山レ増 (p376/カ写)

**マルミカンバ** ⇒アポイカンバを見よ

**マルミキンカン** ⇒マルキンカンを見よ

**マルミゴヨウ** ⇒ゴヨウマツを見よ

**マルミスブタ** *Blyxa aubertii*
トチカガミ科の一年生沈水植物。葉は線形。
¶**原牧1** (No.228/カ図)
　新分牧 (No.272/モ図)
　新牧日 (No.3322/モ図)
　日水草 (p87/カ写)
　牧野ス1 (No.228/カ図)
　野生1 (p119/カ写)
　山レ増 (p618/カ写)

**マルミノウルシ** ⇒ベニタイゲキを見よ

**マルミノカンアオイ** ⇒マルミカンアオイを見よ

**マルミノギンリョウソウ** ⇒ギンリョウソウを見よ

**マルミノコガネムシタケ** *Ophiocordyceps konnoana*
オフィオコルディセプス科の冬虫夏草。宿主は小型のコガネムシ類の幼虫。
¶**冬虫生態** (p181/カ写)

**マルミノコツブコガネムシタケ** *Ophiocordyceps sp.*
オフィオコルディセプス科の冬虫夏草。マルミノコガネムシタケに比べ子嚢殻が小さい個体。

¶**冬虫生態** (p181/カ写)

**マルミノヒトヨタケ** *Coprinopsis kimurae*
ナヨタケ科のキノコ。小型。傘は淡灰色，綿屑状の被膜あり。鐘形で時間とともに液化。ひだは白色～黒色。
¶**山力日き** (p204/カ写)

**マルミノフウセンタケ** *Cortinarius anomalus*
フウセンタケ科のキノコ。
¶**山力日き** (p257/カ写)

**マルミノヤガミスゲ** ⇒アメリカミコシガヤを見よ

**マルミノヤマゴボウ** *Phytolacca japonica* 丸実の山牛蒡
ヤマゴボウ科の多年草。高さは1m前後。
¶**原牧2** (No.987/カ図)
　新分牧 (No.3027/モ図)
　新牧日 (No.320/モ図)
　牧野ス2 (No.2832/カ図)
　ミニ山 (p35/カ写)
　野生4 (p144/カ写)
　山力野草 (p531/カ写)
　山ハ野花 (p295/カ写)

**マルメラ** ⇒マルメロを見よ

**マルメル** ⇒マルメロを見よ

**マルメロ** *Cydonia oblonga* 榲桲
バラ科シモツケ亜科の落葉木。別名カマクラカイドウ，マルメル，マルメラ，セイヨウカリン。樹高は5m。花は白色，または淡紅色。樹皮は紫褐色。
¶**APG原樹** (No.569/カ図)
　原牧1 (No.1691/カ図)
　新分牧 (No.1929/モ図)
　新牧日 (No.1088/モ図)
　茶花上 (p465/カ写)
　都木花新〔カリンとマルメロ〕(p136/カ写)
　牧野ス1 (No.1691/カ図)
　野生3 (p80/カ写)
　山力樹木 (p333/カ写)

**マルモリアザミ** *Cirsium yuki-uenoanum* 丸森薊
キク科アザミ亜科の多年草。高さは100～250cm。
¶**野生5** (p254/カ写)

**マルヤマカンコノキ** *Bridelia balansae*
コミカンソウ科(トウダイグサ科)の木本。
¶**野生3** (p169/カ写)

**マルヤマシュウカイドウ** *Begonia formosana*
シュウカイドウ科の草本。高さは30～60cm。花は白色。
¶**野生3** (p126/カ写)
　山レ増 (p235/カ写)

**マロニエ** *Aesculus hippocastanum*
ムクロジ科(トチノキ科)の落葉高木。別名セイヨウトチノキ，ウマグリ。高さは35m。花は白黄色。樹皮は赤褐色または灰色。
¶**APG原樹** (No.942/カ図)
　学フ増花庭 (p125/カ写)
　原牧2 (No.514/カ図)
　新分牧 (No.2553/モ図)

新牧日（No.1605／モ図）
牧野ス2（No.2359／カ図）

**マンゲツ** *Prunus mume* 'Mangetsu' 満月
バラ科。ウメの品種。野梅系ウメ，野梅性一重。
¶ウメ〔満月〕（p42／カ写）

**マンゲツシダレ** *Prunus mume* 'Mangetsu-shidare'
満月枝垂
バラ科。ウメの品種。枝垂れ系ウメ。
¶ウメ〔満月枝垂〕（p156／カ写）

**マンゴー** *Mangifera indica*
ウルシ科の常緑高木。果実は扁球形，品種が多い。
高さは10〜40m。花は白，ピンク，赤色。
¶APG原樹（No.899／カ図）
原牧2〔マンゴウ〕（No.503／カ図）
新分牧〔マンゴウ〕（No.2543／モ図）
新牧日〔マンゴウ〕（No.1553／カ図）
牧野ス2〔マンゴウ〕（No.2348／カ図）
山力樹木（p403／カ写）

**マンゴウ** ⇒マンゴーを見よ

**マンゴクドジョウツナギ** *Glyceria × tokitana*
イネ科の水草。
¶日水草（p208／カ写）

**マンゴスチン** *Garcinia mangostana*
フクギ科（オトギリソウ科）の常緑小高木。雌雄異
株，果実は紫，果肉は厚く赤色。高さは9〜12m。花
はピンク色。
¶APG原樹（No.855／カ図）
原牧2（No.388／カ図）
新分牧（No.2280／モ図）
新牧日（No.743／モ図）
牧野ス1（No.2233／カ図）

**マンサク** *Hamamelis japonica* var.*japonica* 万作，
満作
マンサク科の落葉小高木。日本固有種。高さは3〜
5m。花は緑黄色。
¶APG原樹（No.319／カ図）
学フ増樹（p50／カ写・カ図）
原牧1（No.1339／カ図）
固有（p67／カ写）
新分牧（No.1510／モ図）
新牧日（No.893／モ図）
図説樹木（p134／カ写）
茶花上（p222／カ写）
都木花新（p36／カ写）
牧野ス1（No.1339／カ図）
野生2（p186／カ写）
山力樹木（p235／カ写）
落葉図譜（p133／モ図）

**マンサクヒャクニチソウ** *Zinnia peruviana* 万作百
日草
キク科の一年草。高さは1m内外。
¶原牧2（No.2040／カ図）
新分牧（No.4292／モ図）
新牧日（No.3077／モ図）
牧野ス2（No.3885／カ図）

**マンシュウグルミ** *Juglans mandshurica* var.
*mandshurica*
クルミ科の木本。高さは15〜20m。
¶野ウ3（p103）

**マンシュウクロカワスゲ** *Carex peiktusanii*
カヤツリグサ科の多年草。
¶カヤツリ（p216／モ図）
スゲ増（No.101／カ写）
野生1（p329／カ写）

**マンシュウシラカンバ** ⇒シラカンバを見よ

**マンシュウシロガネソウ** ⇒チチブシロカネソウを
見よ

**マンシュウスイラン** ⇒チョウセンスイランを見よ

**マンシウズミ** ⇒エゾノコリンゴを見よ

**マンシュウタムラソウ** *Serratula coronata* subsp.
*coronata*
キク科アザミ亜科の多年草。タムラソウの基準
亜種。
¶野生5（p272）

**マンシュウチャヒキ** ⇒コスズメノチャヒキを見よ

**マンシュウツリガネニンジン**(1) *Adenophora
pereskiifolia* var.*pereskiifolia*
キキョウ科。萼片は全縁で幅が広く開出。
¶山力草（p707／カ写）

**マンシュウツリガネニンジン**(2) ⇒モイワシャジ
ンを見よ

**マンシュウニレ** ⇒ノニレを見よ

**マンシュウハシドイ** *Syringa reticulata* var.
*amurensis*
モクセイ科の木本。高さは4m。花はクリームが
かった白色。
¶APG原樹（No.1400／カ図）
野生5（p66）

**マンシュウバッコヤナギ** ⇒バッコヤナギを見よ

**マンシュウヒメタデ** *Persicaria erectominor* var.
*sungareensis*
タデ科の一年草。花序が細長く，先端がやや垂れる。
¶野生4（p98）

**マンシュウボダイジュ** *Tilia mandshurica* var.
*mandshurica*
アオイ科（シナノキ科）の落葉広葉高木。高さは
22m。
¶原牧2（No.651／カ図）
新分牧（No.2663／モ図）
新牧日（No.1719／モ図）
牧野ス2（No.2496／カ図）
野生4（p33）

**マンシュウホタルイ** ⇒コホタルイを見よ

**マンシュウミズハコベ** ⇒ミズハコベを見よ

**マンシュウヤマザキソウ** *Platanthera
mandarinorum* subsp.*maximowicziana* var.*cornubovis*
ラン科の草本。高さは25〜50cm。
¶野生1（p223）

**マンジュギク** ⇒コウオウソウを見よ

マンシユシ 746

マンジュシャゲ ⇒ヒガンバナを見よ

マンジュリカ ⇒スミレを見よ

マンジョカ ⇒マニホットを見よ

マンセンオオキヌタソウ *Rubia chinensis* f. *chinensis*
アカネ科の多年草。茎や葉に曲がった毛。
¶野生4 (p289)

マンセンカラマツ *Thalictrum aquilegiifolium* var. *sibiricum*
キンポウゲ科の多年草。
¶野生2 (p164/カ写)
　山カ野草 (p484/カ写)

マンセンビシ *Trapa pseudoincisa*
ミソハギ科の池に生える一年草。
¶野生3 (p261)

マンダラゲ(1) ⇒チョウセンアサガオを見よ

マンダラゲ(2) ⇒ムラサキケマンを見よ

マンテマ *Silene gallica* var.*quinquevulnera*
ナデシコ科の一年草または多年草。高さは30〜50cm。
¶帰化写改 (p45/カ写)
　原牧2 (No.907/カ図)
　新分牧 (No.2957/カ図)
　新牧日 (No.379/モ図)
　茶花上 (p465/カ写)
　牧野ス2 (No.2752/カ図)
　ミニ山 (p31/カ写)
　山カ野草 (p524/カ写)
　山ハ野花 (p280/カ写)

マントカラカサタケ *Macrolepiota detersa*
ハラタケ科のキノコ。大型。傘は淡褐色鱗片。ひだは白色〜淡赤色のしみ。
¶山カ日き (p182/カ写)

マンネンカ ⇒サンゴバナを見よ

マンネングサ(1) ⇒オノマンネングサを見よ

マンネングサ(2) ⇒ムニンタイトゴメを見よ

マンネンスギ *Lycopodium dendroideum* 万年杉
ヒカゲノカズラ科の常緑性シダ。別名ウチワマンネンスギ、タチマンネンスギ。高さは10〜30cm。葉身は線形。
¶シダ標1 (p262/カ写)
　新分牧 (No.4820/モ図)
　新牧日 (No.4369/モ図)

マンネンタケ *Ganoderma lucidum*
タマチョレイタケ科（マンネンタケ科）のキノコ。小型〜中型。傘は淡褐色〜赤褐色、ニス状光沢。
¶原きの (No.352/カ写・カ図)
　新分牧 (No.5144/モ図)
　新牧日 (No.4963/モ図)
　山カ日き (p484/カ写)

マンネンラン ⇒リュウゼツランを見よ

マンネンロウ ⇒ローズマリーを見よ

マンマルベニシダ ⇒マルバベニシダを見よ

マンリョウ *Ardisia crenata* 万両
サクラソウ科（ヤブコウジ科）の常緑低木。別名ハナタチバナ。高さは30〜100cm。花はピンク色。
¶APG原樹 (No.1117/カ図)
　学フ増花庭 (p204/カ写)
　原牧2 (No.1113/カ図)
　新分牧 (No.3138/モ図)
　新牧日 (No.2205/モ図)
　茶花上 (p190/カ写)
　都木花新 (p101/カ写)
　牧野ス2 (No.2958/カ図)
　野生4 (p197/カ写)
　山カ樹木 (p609/カ写)

マンルソウ ⇒ローズマリーを見よ

【 ミ 】

ミアケザサ *Sasa miakeana*
イネ科タケ亜科の植物。日本固有種。
¶固有 (p171)
　タケ亜科 (No.63/カ写)

ミイケイワヘゴ *Dryopteris × miyazakiensis*
オシダ科のシダ植物。
¶シダ標2 (p376/カ写)

ミイノモミウラモドキ *Entoloma conferendum*
イッポンシメジ科のキノコ。
¶学フ増きの (p162/カ写)
　山カ日き (p277/カ写)

ミイロアミタケ *Daedaleopsis purpurea*
タマチョレイタケ科のキノコ。大型。傘は褐色・暗褐色・黒色、環紋あり。
¶山カ日き (p478/カ写)

ミウライノデ *Polystichum × miuranum*
オシダ科のシダ植物。
¶シダ標2 (p415/カ写)

ミウラオトメ *Camellia japonica* 'Miuraotome' 三浦乙女
ツバキ科。ツバキの品種。花は桃色。
¶APG原樹〔ツバキ'ミウラオトメ'〕(No.1136/カ図)
　茶花上 (p127/カ写)

ミウラハイホラゴケ *Vandenboschia miuraensis*
コケシノブ科のシダ植物。日本固有種。
¶固有 (p200)
　シダ標1 (p315/カ写)

ミカイコウ *Prunus mume* 'Mikaikō' 未開紅
バラ科。ウメの品種。野梅系ウメ、野梅性八重。
¶ウメ〔未開紅〕(p73/カ写)

ミカイドウ *Malus micromalus* 実海棠
バラ科シモツケ亜科の落葉高木。別名ナガサキリンゴ、カイドウ。高さは3〜5m。花は淡紅色。
¶APG原樹 (No.550/カ図)
　原牧1 (No.1703/カ図)

新分牧（No.1890/モ図）
新牧日（No.1050/モ図）
茶花上（p315/カ写）
牧野ス1（No.1703/カ図）
野生3（p71/カ写）

**ミガエリスゲ** ⇒タカネハリスゲを見よ

**ミカエリソウ** *Comanthosphace stellipila* var.*stellipila*
見返り草
シソ科オドリコソウ亜科の草本状小低木。日本固有
種。別名イトカケソウ。高さは40〜100cm。
¶**APG原樹**（No.1427/カ図）
原牧2（No.1714/カ図）
固有（p125/カ写）
山野草（No.1035/カ写）
新分牧（No.3742/モ図）
新牧日（No.2623/モ図）
茶花下（p340/カ写）
牧野ス2（No.3559/カ図）
野生5（p121/カ写）
山カ樹木（p656/カ写）

**ミカヅキイトモ** ⇒イトクズモを見よ

**ミカヅキグサ** *Rhynchospora alba* 三日月草，三ヶ月草
カヤツリグサ科の多年草。高さは15〜50cm。
¶**カヤツリ**（p544/モ図）
原牧1（No.773/カ図）
新分牧（No.748/モ図）
新牧日（No.4052/モ図）
茶花下（p340/カ写）
牧野ス1（No.773/カ図）
野生1（p354/カ写）
山ハ高山（p68/カ写）
山ハ山花（p179/カ写）

**ミカヅキゼニゴケ** *Lunularia cruciata*
ミカヅキゼニゴケ科の多年生コケ植物（苔類）。淡
緑色〜青緑色、長さ2〜4cm。
¶**帰化写2**（p386/カ写）

**ミカズラコガネムシタケ** *Cordyceps* sp.
ノムシタケ科の冬虫夏草。宿主は甲虫の幼虫。
¶**冬虫生態**（p161/カ写）

**ミカドキリ** ⇒ココノエギリを見よ

**ミカドユリ** ⇒エゾスカシユリを見よ

**ミカワイヌノヒゲ** *Eriocaulon mikawanum*
ホシクサ科の草本。日本固有種。
¶**固有**（p163）
野生1（p284/カ写）
山レ増（p563/カ写）

**ミカワクロアミアシイグチ** *Tylopilus* sp.
イグチ科のキノコ。
¶**学フ増毒き**（p181/カ写）

**ミカワコケシノブ** *Hymenophyllum mikawanum*
コケシノブ科の常緑性シダ。
¶**シダ標1**（p310/カ写）
山レ増（p682/カ写）

**ミカワザサ** *Neosasamorpha pubiculmis* subsp.
*sugimotoi*
イネ科タケ亜科のササ。日本固有種。
¶**固有**（p174/カ写）
タケ亜科（No.107/カ写）
タケササ（p96/カ写）

**ミカワシオガマ** *Pedicularis resupinata* subsp.
*oppositifolia* var.*microphylla*
ハマウツボ科（ゴマノハグサ科）の草本。日本固
有種。
¶**固有**（p129）
野生5（p158/カ写）
山レ増（p96/カ写）

**ミカワショウマ** *Astilbe thunbergii* var.*okuyamae*
ユキノシタ科の草本。日本固有種。
¶**固有**（p69）
野生2（p199/カ写）
山レ増（p318/カ写）

**ミカワシンジュガヤ** *Scleria mikawana* 三河真珠茅
カヤツリグサ科の一年草。
¶**カヤツリ**（p534/モ図）
原牧1（No.784/カ図）
新分牧（No.744/モ図）
新牧日（No.4065/モ図）
牧野ス1（No.784/カ図）
野生5（p361）
山レ増（p522/カ写）

**ミカワスブタ** *Blyxa leiosperma*
トチカガミ科の草本。
¶**原牧1**（No.230/カ図）
新分牧（No.274/モ図）
新牧日（No.3324/モ図）
牧野ス1（No.230/カ図）
野生1（p119/カ写）

**ミカワタヌキモ** *Utricularia exoleta* 三河狸藻
タヌキモ科の水草。別名イトタヌキモ。葉には少数
の捕虫囊をもち，花は淡い黄色。
¶**日水草**〔イトタヌキモ〕（p292/カ写）
野生5（p165/カ写）
山レ増（p90/カ写）

**ミカワチャセンシダ** *Asplenium anogrammoides*×
*A.trichomanes* subsp.*quadrivalens*
チャセンシダ科のシダ植物。
¶**シダ標1**（p416/カ写）

**ミカワチャルメルソウ** *Mitella furusei* var.*furusei*
三河哨吶草
ユキノシタ科の多年草。日本固有種。花は淡緑色，
または茶褐色。
¶**固有**（p70）
野生2（p209/カ写）

**ミカワツツジ** *Rhododendron kaempferi* var.
*mikawanum*
ツツジ科ツツジ亜科の木本。日本固有種。
¶**固有**（p107）
野生4（p244/カ写）

**ミカワノキシノブ** ⇒ノキシノブを見よ

ミカワバイケイソウ *Veratrum stamineum* var. *micranthum*
シュロソウ科（ユリ科）の多年草。日本固有種。花は白色。
¶固有（p156/カ写）
野生1（p161/カ写）
山レ増（p600/カ写）

ミカワマツムシソウ *Scabiosa japonica* var. *breviligula* 三河松虫草
スイカズラ科の越年草。頭花が3.5cm未満。
¶野生5（p424/カ写）

ミカワリシダ *Tectaria subtriphylla*
ナナバケシダ科の常緑性シダ。別名ミガワリシダ。葉身は長さ25～50cm、広卵形。
¶シダ標2（p446/カ写）

ミキイロウスタケ *Craterellus tubaeformis*
アンズタケ科のキノコ。小型～中型。傘は黄茶色。ひだは灰黄白色。
¶原きの（No.444/カ写・カ図）
山力日き（p400/カ写）

ミキグサ ⇒モモを見よ

ミギワガラシ *Rorippa globosa* 水際芥
アブラナ科の草本。
¶原牧2（No.711/カ図）
新分牧（No.2736/モ図）
新牧日（No.831/モ図）
牧野ス2（No.2556/カ図）
野生4（p69/カ写）
山レ増（p346/カ写）

ミギワトダシバ *Arundinella riparia* subsp.*riparia*
イネ科キビ亜科の多年草。日本固有種。別名イワトダシバ。紀伊半島南部の渓谷岩上に生える。
¶桑イネ（p72/モ図）
固有（p167）
新分牧〔イワトダシバ〕（No.1145/モ図）
新牧日〔イワトダシバ〕（No.3787/モ図）
野生2（p78）

ミクニサイシン *Asarum mikuniense*
ウマノスズクサ科の多年草。
¶新分牧（No.133/モ図）
野生1（p62）

ミクニテンナンショウ *Arisaema planilaminum*
サトイモ科の多年草。日本固有種。全体がカントウマムシグサに似る。
¶固有（p179）
テンナン（No.45/カ写）
野生1（p104）

ミクマノシダ *Diplazium conterminum*× *D. hachijoense*
メシダ科のシダ植物。
¶シダ標2（p333/カ写）

ミクラザサ *Sasa jotanii*
イネ科タケ亜科の植物。日本固有種。
¶固有（p171/カ写）
タケ亜科（No.58/カ写）

野生2（p36）

ミクラジマタラノキ ⇒シチトウタラノキを見よ

ミクラシマトウヒレン *Saussurea mikurasimensis*
キク科アザミ亜科の多年草。日本固有種。別名ミクラジマトウヒレン。
¶固有（p148/カ写）
野生5（p263/カ写）

ミクラトンボソウ *Platanthera minor* var.*mikurensis*
ラン科の草本。伊豆諸島の御蔵島で発見。
¶野生1（p223）

ミクリ *Sparganium erectum* 実栗, 三稜草
ガマ科（ミクリ科）の多年生の抽水植物。別名ヤガラ, サンリョウ。全高は0.6～2m, 果実は紡錘形で長さ6～8mm。
¶学フ増夏（p235/カ写）
原牧1（No.659/カ写）
新分牧（No.692/モ図）
新牧日（No.3950/モ図）
茶花下（p341/カ写）
日水草（p149/カ写）
牧野ス1（No.659/カ図）
野生1（p278/カ写）
山力野草（p699/カ写）
山ハ野花（p86/カ写）
山レ増（p538/カ写）

ミクリガヤ *Rhynchospora malasica*
カヤツリグサ科の多年草。
¶カヤツリ（p542/モ図）
新分牧（No.756/モ図）
新牧日（No.4060/モ図）
野生1（p353）
山レ増（p526/カ写）

ミクリガヤツリ *Cyperus echinatus*
カヤツリグサ科の多年草。高さは40～80cm。
¶帰化写2（p368/カ写）

ミクリスゲ ⇒オニスゲを見よ

ミクリゼキショウ *Juncus ensifolius* 実栗石菖
イグサ科の多年草。別名クロミクリゼキショウ, オオミクリゼキショウ。高さは30～50cm。
¶原牧1（No.689/カ写）
新分牧（No.717/モ図）
新牧日（No.3570/モ図）
牧野ス1（No.689/カ図）
野生1（p291/カ写）
山ハ高山（p56/カ写）

ミクルマガエシ *Cerasus lannesiana* 'Mikurumakaisi' 御車返し, 御車還し
バラ科の落葉小高木。サクラの栽培品種。花は淡紅紫色。
¶学フ増桜（〔御車返〕（p130/カ写）

ミケンジャク *Camellia japonica* 'Miken-jaku' 眉間尺
ツバキ科。ツバキの品種。花は斑入り。
¶茶花上（p148/カ写）

**ミコシガヤ** *Carex neurocarpa* 御輿茅
カヤツリグサ科の多年草。高さは30〜60cm。
¶カヤツリ (p94/モ図)
　原牧1 (No.795/カ図)
　新分牧 (No.785/モ図)
　新牧日 (No.4083/モ図)
　スゲ増 (No.28/カ写)
　牧野ス1 (No.795/カ図)
　野生1 (p303/カ写)
　山ハ野花 (p126/カ写)

**ミコシギク** *Leucanthemella linearis*
キク科キク亜科の多年草。別名ホソバノセイタカギ
ク。高さは30〜100cm。花は白色。
¶野生5 (p340/カ写)
　山力野草 (p68/カ写)
　山ハ野花 (p527/カ写)
　山じ増 (p23/カ写)

**ミコシグサ** ⇒ゲンノショウコを見よ

**ミサオノキ** *Aidia henryi* 操の木
アカネ科の小木。果実は黒熟。花は黄色。
¶APG原樹 (No.1354/カ図)
　原牧2 (No.1285/カ図)
　新分牧 (No.3373/モ図)
　新牧日 (No.2399/モ図)
　牧野ス2 (No.3130/カ図)
　野生4 (p268/カ写)

**ミサキカグマ** *Dryopteris chinensis*
オシダ科の夏緑性シダ。別名ホソバノイタチシダ,
ホソバイタチシダ。葉身は長さ15〜30cm,五角状
広卵形。
¶シダ標2 (p365/カ写)
　新分牧 (No.4739/モ図)
　新牧日 (No.4526/モ図)

**ミサキソウ** ⇒ホソバノシバナを見よ

**ミサクボシダ** *Asplenium×iidanum*
チャセンシダ科のシダ植物。
¶シダ標1 (p416/カ写)

**ミサクボトラノオ** *Asplenium incisum×A.tenuicaule*
チャセンシダ科のシダ植物。
¶シダ標1 (p418/カ写)

**ミサヤマチャヒキ** *Helictotrichon hideoi* 三才山茶挽
イネ科イチゴツナギ亜科の多年草。日本固有種。高
さは60〜100cm。
¶桑イネ (p259/モ図)
　固有 (p169)
　野生2 (p55/カ写)
　山ハ山花 (p189/カ写)

**ミサヨ** *Clematis* 'Misayo' 美佐世
キンポウゲ科。クレマチスの品種。
¶APG原樹 〔クレマチス‘ミサヨ’〕(No.274/カ図)

**ミシマサイコ** *Bupleurum falcatum* 三島柴胡
セリ科セリ亜科の多年草。別名カマクラサイコ。高
さは30〜70cm。
¶学フ増野秋 (p105/カ写)
　原牧2 (No.2405/カ図)

新分牧 (No.4430/モ図)
新牧日 (No.2022/モ図)
茶床下 (p268/カ写)
牧野ス2 (No.4250/カ図)
ミニ山 (p216/カ写)
野生5 (p392/カ写)
山力野草 (p307/カ写)
山ハ野花 (p501/カ写)
山じ増 (p225/カ写)

**ミシマバイカモ** ⇒イチョウバイカモを見よ

**ミジンケムシハリタケ** *Ophiocordyceps* sp.
オフィオコルディセプス科の冬虫夏草。宿主はガの
幼虫。
¶冬虫生態 (p91/カ写)

**ミジンコウキクサ** *Wolffia globosa* 微塵子浮草, 微塵
粉浮草
サトイモ科 (ウキクサ科) の多年生水草。別名コナ
ウキクサ。世界の温帯〜熱帯に広く分布。根を欠
き, 緑色でつやのある葉状体, 長さは0.3〜0.8mm。
¶帰化写改 (p473/カ図)
　原牧1 (No.175/カ図)
　新分牧 (No.208/モ図)
　新牧日 (No.3946/モ図)
　日水草 (p69/カ写)
　牧野ス1 (No.175/カ写)
　野生1 (p111/カ写)
　山ハ野花 (p29/カ写)

**ミズ**(1) *Pilea hamaoi*
イラクサ科の一年草。高さは20〜40cm。
¶原牧2 (No.75/カ写)
　新分牧 (No.2129/モ図)
　新牧日 (No.202/モ図)
　牧野ス1 (No.1920/カ図)
　ミニ山 (p12/カ写)
　野生2 (p350/カ写)

**ミズ**(2) ⇒ウワバミソウを見よ

**ミズアオイ** *Monochoria korsakowii* 水葵
ミズアオイ科の抽水性一年草。高さは30〜70cm。
花被片は6枚で鮮やかな青紫色。
¶学フ増野秋 (p83/カ写)
　原牧1 (No.634/カ図)
　植調 (p48/カ写)
　新分牧 (No.671/モ図)
　新牧日 (No.3535/モ図)
　日水草 (p147/カ写)
　牧野ス1 (No.634/カ写)
　野生1 (p270/カ写)
　山力野草 (p645/カ写)
　山ハ野花 (p228/カ写)
　山じ増 (p568/カ写)

**ミズアザミ** ⇒キセルアザミを見よ

**ミズイ** ⇒ドロイを見よ

**ミズイチョウ** ⇒イワイチョウを見よ

**ミズイモ** ⇒ヒメカイウを見よ

**ミズウチワ** ⇒ミズヒナゲシを見よ

**ミズオオバコ** *Ottelia alismoides* 水大葉子
トチカガミ科の一年生沈水植物。葉身は披針形〜広卵形〜円心形、花弁は白〜薄桃色で3枚。
- ¶学フ増野秋（p85/カ写）
- 原牧1（No.226/カ図）
- 植調（p49/カ写）
- 新分牧（No.275/モ図）
- 新牧日（No.3318/モ図）
- 日水草（p103/カ写）
- 牧野ス1（No.226/カ図）
- 野生1（p123/カ写）
- 山力野草（p695/カ写）
- 山ハ野花（p34/カ写）

**ミズオトギリ** *Triadenum japonicum* 水弟切
オトギリソウ科の多年草。高さは20〜100cm。
- ¶原牧2（No.407/カ図）
- 新分牧（No.2283/モ図）
- 新牧日（No.761/モ図）
- 牧野ス1（No.2252/カ図）
- ミニ山（p76/カ写）
- 野生3（p247/カ写）
- 山力野草（p357/カ写）
- 山ハ野花（p345/カ写）

**ミズカケグサ** ⇒ミソハギを見よ

**ミズカケソウ** ⇒ミソハギを見よ

**ミズカケバナ** ⇒ミソハギを見よ

**ミズカザリシダ** ⇒タカウラボシを見よ

**ミズガヤツリ** *Cyperus serotinus* 水蚊帳釣, 水蚊帳吊
カヤツリグサ科の多年草。別名オオガヤツリ。高さは50〜100cm。
- ¶カヤツリ（p742/モ図）
- 原牧1（No.715/カ図）
- 植調（p33/カ写）
- 新分牧（No.982/モ図）
- 新牧日（No.3974/モ図）
- 牧野ス1（No.715/カ図）
- 野生1（p342/カ写）
- 山力野草（p656/カ写）
- 山ハ野花（p106/カ写）

**ミズガラシ** ⇒クレソンを見よ

**ミズカンナ** *Thalia dealbata*
クズウコン科の湿生植物, 大型の多年草。別名ヌマバショウ。長さは1〜3m。花は紫色。
- ¶帰化写2（p381/カ写）

**ミズガンピ** *Pemphis acidula* 水雁皮
ミソハギ科の常緑低木。花は白色。葉灰色毛。
- ¶原牧2（No.449/カ図）
- 新分牧（No.2488/モ図）
- 新牧日（No.1904/モ図）
- 牧野ス2（No.2294/カ図）
- 野生3（p258/カ写）

**ミズキ** *Cornus controversa* 水木, 美豆木
ミズキ科の落葉高木。別名クルマミズキ、マイダマノキ、ダンゴノキ。高さは15〜20m。花は初め黄紅後に暗紫色。樹皮は灰色。
- ¶APG原樹（No.1070/カ図）
- 学フ増樹（p77/カ写・カ図）
- 原牧2（No.1003/カ図）
- 新分牧（No.3076/モ図）
- 新牧日（No.1973/モ図）
- 図説樹木（p170/カ写）
- 茶花上（p466/カ写）
- 都木花新（p156/カ写）
- 牧野ス2（No.2848/カ図）
- 野生4（p155/カ写）
- 山力樹木（p528/カ写）
- 落葉図譜（p260/モ図）

**ミズキカシグサ** *Rotala rosea*
ミソハギ科の草本。
- ¶原牧2（No.440/カ図）
- 新分牧（No.2483/モ図）
- 新牧日（No.1895/モ図）
- 牧野ス2（No.2285/カ図）
- 野生3（p259/カ写）
- 山レ増（p244/カ写）

**ミズギク** *Inula ciliaris* var.*ciliaris* 水菊
キク科キク亜科の多年草。日本固有種。高さは20〜50cm。
- ¶原牧2（No.1997/カ図）
- 固有（p142）
- 山野草（No.1289/カ写）
- 新分牧（No.4255/モ図）
- 新牧日（No.3034/モ図）
- 茶花下（p341/カ写）
- 牧野ス2（No.3842/カ図）
- 野生5（p354/カ写）
- 山ハ野花（p554/カ写）

**ミズギボウシ** ⇒ナガバミズギボウシを見よ

**ミズキンバイ** *Ludwigia peploides* subsp.*stipulacea* 水金梅
アカバナ科の多年草。高さは20〜50cm。葉腋に黄色い花を付ける。
- ¶学フ増野夏（p113/カ写）
- 原牧2（No.460/カ図）
- 新分牧（No.2490/モ図）
- 新牧日（No.1945/モ図）
- 茶花下（p268/カ写）
- 日水草（p251/カ写）
- 牧野ス2（No.2305/カ図）
- ミニ山（p208/カ写）
- 野生3（p267/カ写）
- 山力野草（p332/カ写）
- 山ハ野花（p314/カ写）
- 山レ増（p238/カ写）

**ミスグサ** ⇒ガマを見よ

**ミズゴケ** ⇒オオミズゴケを見よ

**ミズゴケノハナ** *Hygrocybe coccineocrenata*
ヌメリガサ科のキノコ。
- ¶山力日き（p47/カ写）

**ミズザゼン** ⇒ヒメカイウを見よ

**ミズシダゴケ**　*Cratoneuron filicinum*
ヤナギゴケ科のコケ。茎は長さ10cm, 横断面で中心束は明瞭。
¶新分牧 (No.4888/モ図)
　新牧日 (No.4748/モ図)

**ミスズ**　⇒スズタケを見よ

**ミスズスギ**　*Lycopodiella cernua*　水杉
ヒカゲノカズラ科の常緑性シダ。高さは10〜50cm。葉は淡緑色, 茎は分岐して樹木状となる。
¶シダ標1 (p263/カ写)
　新分牧 (No.4821/モ図)
　新牧日 (No.4370/モ図)

**ミズスギナ**(1)　*Rotala hippuris*　水杉菜
ミソハギ科の沈水性〜抽水性または湿生植物。日本固有種。茎は柔らかく円柱状。
¶原牧2 (No.441/カ図)
　固有 (p95/カ写)
　新分牧 (No.2484/モ図)
　新牧日 (No.1896/モ図)
　日水草 (p246/カ写)
　牧野ス2 (No.2286/カ図)
　野生3 (p259/カ写)
　山レ増 (p245/カ写)

**ミスズギナ**(2)　⇒ミズドクサを見よ

**ミズスギモドキ**　*Aerobryopsis subdivergens*
ハイヒモゴケ科のコケ。別名オオバミズヒキゴケ。葉は広く横に展開し, 広卵形。
¶新分牧 (No.4884/モ図)
　新牧日 (No.4743/モ図)

**ミスズラン**　*Androcorys pusillus*
ラン科の多年草。高さは8〜15cm。
¶野生1 (p183/カ写)
　山レ増 (p509/カ写)

**ミスタカモジ**　⇒ミズタカモジグサを見よ

**ミズタカモジグサ**　*Elymus humidus*　水田髢草
イネ科イチゴツナギ亜科の多年草。日本固有種。高さは50〜80cm。
¶固有〔ミズタカモジ〕(p165/カ写)
　野生2 (p51/カ写)
　山レ増〔ミズタカモジ〕(p555/カ写)

**ミズタガラシ**　*Cardamine lyrata*　水田辛子
アブラナ科の水草。
¶原牧2 (No.718/カ図)
　新分牧 (No.2744/モ図)
　新牧日 (No.838/モ図)
　日水草 (p256/カ写)
　牧野ス2 (No.2563/カ図)
　野生4 (p56/カ写)
　山ハ山花 (p359/カ写)

**ミズタバコ**　⇒イワタバコを見よ

**ミズタビラコ**　*Trigonotis brevipes* var.*brevipes*　水田平子
ムラサキ科ムラサキ亜科の多年草。日本固有種。高さは10〜40cm。

¶原牧2 (No.1431/カ図)
　固有 (p120)
　新分牧 (No.3524/モ図)
　新牧日 (No.2491/モ図)
　茶花上 (p466/カ写)
　牧野ス2 (No.3276/カ図)
　野生5 (p57/カ写)
　山ハ山花 (p384/カ写)

**ミズタマソウ**(1)　*Circaea mollis*　水玉草
アカバナ科の多年草。高さは20〜60cm。
¶色野草 (p108/カ写)
　学円増野秋 (p171/カ写)
　原牧2 (No.467/カ図)
　新分牧 (No.2496/モ図)
　新牧日 (No.1952/モ図)
　茶花下 (p269/カ写)
　牧野ス2 (No.2312/カ図)
　ミニ山 (p205/カ写)
　野生3 (p263/カ写)
　山力野草 (p328/カ写)
　山ハ野花 (p312/カ写)
　山ハ山花 (p303/カ写)

**ミズタマソウ**(2)　⇒ホシクサを見よ

**ミズチドリ**　*Platanthera hologlottis*　水千鳥
ラン科の多年草。別名ジャコウチドリ。高さは50〜90cm。
¶学円増野夏 (p171/カ写)
　原牧1 (No.391/カ図)
　新分牧 (No.459/モ図)
　新牧日 (No.4265/モ図)
　茶花上 (p583/カ写)
　牧野ス1 (No.391/カ写)
　野生1 (p222/カ写)
　山力野草 (p567/カ写)
　山ハ高山 (p38/カ写)
　山ハ山花 (p120/カ写)

**ミズツルノゲイトウ**　⇒ナガエツルノゲイトウを見よ

**ミズドクサ**　*Equisetum fluviatile*　水木賊
トクサ科の夏緑性シダ。別名ミズスギナ。濃緑色。高さは50〜100cm。
¶シダ標1 (p283/カ写)
　新分牧 (No.4519/モ図)
　新牧日 (No.4393/モ図)
　日水草 (p24/カ写)

**ミズトラノオ**(1)　*Pogostemon yatabeanus*　水虎の尾
シソ科オドリコソウ亜科の多年草。別名ムラサキミズトラノオ。高さは30〜50cm。
¶原牧2〔ムラサキミズトラノオ〕(No.1713/カ図)
　新分牧〔ムラサキミズトラノオ〕(No.3741/モ図)
　新牧日〔ムラサキミズトラノオ〕(No.2622/モ図)
　茶花下 (p342/カ写)
　牧野ス2〔ムラサキミズトラノオ〕(No.3558/カ図)
　野生5 (p122/カ写)
　山力野草 (p228/カ写)
　山ハ野花 (p459/カ写)

ミストラノ　　　　　　　　752

山レ増（p128/カ写）

ミズトラノオ(2)　⇒サワトラノオを見よ

ミズトラノオ(3)　⇒ミズネコノオを見よ

ミズトンボ　*Habenaria sagittifera*　水蜻蛉
ラン科の多年草。別名アオサギソウ。高さは40〜70cm。
¶原牧1（No.388/カ図）
　山野草（No.1804/カ写）
　新分牧（No.438/モ図）
　新牧日（No.4261/モ図）
　茶花下（p342/カ写）
　牧野ス1（No.388/カ図）
　野生1（p206/カ写）
　山力野草（p563/カ写）
　山ハ野花（p61/カ写）
　山ハ山花（p122/カ写）
　山レ増（p502/カ写）

ミズナ　⇒ウワバミソウを見よ

ミズナラ　*Quercus crispula*　水楢
ブナ科の落葉高木。別名オオナラ、ナガバミズナラ、オオミノミズナラ、ハゴロモミズナラ。
¶**APG原樹**（No.699/カ図）
　学フ増樹（p132/カ写・カ図）
　原牧2（No.106/カ図）
　新分牧（No.2148/モ図）
　新牧日（No.141/モ図）
　図説樹木（p88/カ写）
　牧野ス1（No.1951/カ図）
　野生3（p96/カ写）
　山力樹木（p137/カ写）
　落葉図譜（p86/モ図）

ミズナルコ　⇒ナルコスゲを見よ

ミズニラ　*Isoetes japonica*　水韮
ミズニラ科の夏緑性シダ。葉は多年生、鮮緑色〜緑白色。
¶シダ標1（p280/カ写）
　新分牧（No.4823/モ図）
　新牧日（No.4388/モ図）
　日水草（p20/カ写）
　山レ増（p693/カ写）

ミズニラモドキ　*Isoetes pseudojaponica*　水韮擬
ミズニラ科のシダ植物。日本固有種。
¶固有（p198/カ写）
　シダ標1（p280/カ写）
　日水草（p21/カ写）

ミズネコノオ　*Pogostemon stellatus*　水猫の尾
シソ科オドリコソウ亜科の一年草。別名ミズトラノオ。高さは15〜50cm。
¶原牧2（No.1712/カ写）
　新分牧（No.3740/モ図）
　新牧日（No.2621/モ図）
　茶花下（p343/カ写）
　牧野ス2（No.3557/カ図）
　野生5（p121/カ写）
　山力野草（p228/カ写）

山レ増（p129/カ写）

ミズネコノメソウ　⇒ネコノメソウを見よ

ミズハコベ　*Callitriche palustris*　水繁縷
オオバコ科（アワゴケ科）の一年生水草。別名ナンゴクミズハコベ、マンシュウミズハコベ。茎は水中で明るい緑白色となる。
¶原牧2（No.1596/カ図）
　植調（p69/カ写）
　新分牧（No.3592/モ図）
　新牧日（No.2523/モ図）
　日水草（p272/カ写）
　牧野ス2（No.3441/カ図）
　野生5（p73/カ写）
　山ハ野花（p479/カ写）

ミズバショウ　*Lysichiton camtschatcensis*　水芭蕉
サトイモ科の多年草。白色の仏炎苞を有する。高さは10〜30cm。
¶学フ増野春（p201/カ写）
　学フ有毒（p17/カ写）
　原牧1（No.170/カ図）
　山野草（No.1648/カ写）
　新分牧（No.201/モ図）
　新牧日（No.3907/モ図）
　茶花上（p467/カ写）
　牧野ス1（No.170/カ写）
　野生1（p108/カ写）
　山力野草（p655/カ写）
　山ハ高山（p8/カ写）
　山ハ山花（p34/カ写）

ミズハナビ(1)　*Cyperus tenuispica*
カヤツリグサ科の一年草。別名ヒメガヤツリ。
¶カヤツリ〔ヒメガヤツリ〕（p732/モ図）
　原牧1（No.708/カ図）
　新分牧（No.963/モ図）
　新牧日（No.3967/モ図）
　牧野ス1（No.708/カ図）
　野生1〔ヒメガヤツリ〕（p341）

ミズハナビ(2)　⇒コアゼガヤツリを見よ

ミズハンゲ　⇒ミツガシワを見よ

ミズヒキ　*Persicaria filiformis*　水引
タデ科の多年草。別名ミズヒキソウ、ミズヒキグサ。高さは30〜50cm。花は暗紅色。
¶色野草（p210/カ写）
　学フ増野秋（p43/カ写）
　原牧2（No.839/カ図）
　新分牧（No.2874/モ図）
　新牧日（No.301/モ図）
　茶花下（p269/カ写）
　牧野ス2（No.2680/カ図）
　野生4（p95/カ写）
　山力野草（p535/カ写）
　山ハ野花（p254/カ写）

ミズヒキグサ　⇒ミズヒキを見よ

ミズヒキソウ　⇒ミズヒキを見よ

**ミズヒキモ** *Potamogeton octandrus* var.*miduhikimo*
水引藻
ヒルムシロ科の多年生水草。別名イトモ。
¶原牧1（No.258/カ図）
　新分牧（No.304/モ図）
　新牧日（No.3340/モ図）
　牧野ス1（No.258/カ図）

**ミズヒナゲシ** *Hydrocleys nymphoides*
オモダカ科（ハナイ科）の多年生水生植物。別名
ウォーターポピー，キバナトチカガミ，ミズウチワ。
¶帰化写2（p295/カ写）
　日水草（p76/カ写）

**ミズヒマワリ** *Gymnocoronis spilanthoides*
キク科の多年草。高さは1〜1.5m。花は白色。
¶帰化写2（p274/カ写）
　日水草（p300/カ写）

**ミズビワソウ** *Cyrtandra cumingii*
イワタバコ科の草本。
¶原牧2（No.1536/カ図）
　新分牧（No.3569/モ図）
　新牧日（No.2796/モ図）
　牧野ス2（No.3381/カ図）
　野生5（p68/カ写）

**ミズブキ** ⇒オニバスを見よ

**ミズフヨウ** ⇒アメリカフヨウ₍2₎を見よ

**ミズベノニセズキンタケ** *Cudoniella clavus*
ビョウタケ科のキノコ。柄は円柱状。
¶山カ日き（p551/カ写）

**ミズマツ** ⇒スイショウを見よ

**ミズマツバ** *Rotala mexicana* 水松葉
ミソハギ科の一年草。高さは3〜10cm。
¶原牧2（No.442/カ図）
　新分牧（No.2485/モ図）
　新牧日（No.1897/モ図）
　牧野ス2（No.2287/モ図）
　野生3（p259/カ写）
　山ハ野花（p310/カ写）
　山レ増（p244/カ写）

**ミスミイ** *Eleocharis acutangula*
カヤツリグサ科の多年生抽水植物。稈は高さ40〜
70cm，鋭い三稜形，穂が先端に付く。
¶カヤツリ（p610/モ写）
　新分牧（No.932/モ図）
　新牧日（No.4009/モ図）
　日水草（p188/カ写）
　野生1（p343/カ写）
　山レ増（p530/カ写）

**ミスミギク** ⇒ミスミグサを見よ

**ミスミグサ** *Elephantopus scaber*
キク科キクニガナ亜科の多年草。別名イガコウゾリ
ナ，ミスミギク。花は淡紫色。下葉は地に密着。
¶帰化写2（p442/カ写）
　野生5（p291）

**ミスミソウ** *Hepatica nobilis* var.*japonica* 三角草
キンポウゲ科の多年草。日本固有種。別名ユキワリ
ソウ。高さは10〜15cm。
¶学フ増野春（p172/カ写）
　固有（p54/カ写）
　ミニ山（p56/カ写）
　野生2（p153/カ写）
　山ハ野草（p476/カ写）
　山ハ山花（p243/カ写）
　山レ増（p390/カ写）

**ミスミソウ（狭義）** *Hepatica nobilis* var.*japonica* f.
*japonica* 三角草
キンポウゲ科の多年草。日本固有種。別名ユキワリ
ソウ。
¶原牧1〔ミスミソウ〕（No.1270/カ図）
　新分牧〔ミスミソウ〕（No.1455/モ図）
　新牧日〔ミスミソウ〕（No.594/モ図）
　茶花上〔みすみそう〕（p316/カ写）
　牧野ス1〔ミスミソウ〕（No.1270/カ図）

**ミスミトケイソウ** *Passiflora suberosa*
トケイソウ科の一年草または多年生つる植物。別名
クロミノトケイソウ。花は黄緑色。
¶帰化写2（p414/カ写）

**ミズメ** *Betula grossa* 水芽
カバノキ科の木本。日本固有種。別名アズサ，ヨグ
ソミネバリ，アズサカンバ。近年ではアズサをミズ
メから区別しない方が有力。樹高は20m。樹皮は暗
灰色。
¶APG原樹（No.753/カ図）
　原牧2（No.145/カ図）
　原牧2〔アズサ〕（No.146/カ図）
　固有（p42）
　新分牧（No.2188/モ図）
　新分牧〔アズサ〕（No.2189/モ図）
　新牧日（No.123/モ図）
　新牧日〔アズサ〕（No.124/モ図）
　牧野ス1（No.1990/カ図）
　牧野ス1〔アズサ〕（No.1991/カ図）
　野生3（p115/カ写）
　山カ樹木（p118/カ写）

**ミズモラン** ⇒ジンバイソウを見よ

**ミズユキノシタ** *Ludwigia ovalis*
アカバナ科の水生植物。高さは20〜40cm。葉身は
広卵形で長さ1〜3cm，花被は淡黄緑色。
¶原牧2（No.464/カ図）
　新分牧（No.2494/モ図）
　新牧日（No.1949/モ図）
　日水草（p254/カ写）
　牧野ス2（No.2309/カ図）
　野生3（p268/カ写）

**ミズーリマツヨイグサ** *Oenothera macrocarpa*
アカバナ科の多年草。別名ミズリーマツヨイグサ，
ナガエマツヨイグサ。花は黄色。
¶帰化写2（p165/カ写）

**ミズワラビ** *Ceratopteris thalictroides* 水蕨
イノモトソウ科（ミズワラビ科）の抽水性〜湿生一年

草。葉身は三角状〜長楕円形, 胞子葉は長さ50cm。
¶シダ標1 (p376/カ写)
　新分牧 〔ミズワラビ (広義)〕(No.4589/モ図)
　新牧日 (No.4491/モ図)
　日水草 (p35/カ写)

## ミセス・スワンソン　*Nerium indicum* 'Mrs.Swanson'
キョウチクトウ科。キョウチクトウの品種。
¶APG原樹 〔キョウチクトウ 'ミセス・スワンソン'〕
(No.1360/カ図)

## ミセバヤ　*Hylotelephium sieboldii* var.*sieboldii*　見せばや
ベンケイソウ科の多年草。日本固有種。別名タマノ
オ。高さは10〜30cm。花は紅色。
¶原牧1 (No.1418/カ図)
　固有 (p68/カ写)
　山野草 (No.0501/カ写)
　新分牧 (No.1583/モ図)
　新牧日 (No.924/モ図)
　茶花下 (p375/カ写)
　牧野ス1 〔ミセバヤ (広義)〕(No.1418/カ図)
　野生2 (p218/カ写)
　山力野草 (p439/カ写)
　山ハ山花 (p290/カ写)
　山レ増 (p330/カ写)

## ミセンアオスゲ　*Carex horikawae*
カヤツリグサ科の多年草。日本固有種。
¶カヤツリ (p362/モ図)
　固有 (p185/カ写)
　スゲ増 (No.190/カ写)
　野生1 (p321/カ写)

## ミゾイチゴツナギ　*Poa acroleuca*　溝苺繁
イネ科イチゴツナギ亜科の一年草または越年草。高
さは40〜80cm。
¶桑イネ (p388/カ写・モ図)
　原牧1 (No.1003/カ図)
　新分牧 (No.1124/モ図)
　新牧日 (No.3693/モ図)
　牧野ス1 (No.1003/カ図)
　野生2 (p61/カ写)
　山ハ野花 (p160/カ写)

## ミゾイチゴツナギモドキ　⇒クサビガヤを見よ

## ミゾカクシ　*Lobelia chinensis*　溝隠
キキョウ科の多年草。別名アゼムシロ。高さは3〜
15cm。
¶色野草 (p277/カ写)
　学フ増野夏 (p6/カ写)
　原牧2 〔アゼムシロ〕(No.1882/カ図)
　植調 (p113/カ写)
　新分牧 〔アゼムシロ〕(No.3919/モ図)
　新牧日 〔アゼムシロ〕(No.2925/モ図)
　茶花下 〔あぜむしろ〕(p46/カ写)
　牧野ス2 〔アゼムシロ〕(No.3727/カ図)
　野生5 (p193/カ写)
　山力野草 (p135/カ写)
　山ハ野花 (p510/カ写)

## ミゾガワソウ　*Nepeta subsessilis*　味噌川草
シソ科シソ亜科 〔イヌハッカ亜科〕の多年草。日本
固有種。高さは50〜100cm。花は薄紫色。
¶学フ増高山 (p57/カ写)
　原牧2 (No.1648/カ図)
　固有 (p123/カ写)
　新分牧 (No.3784/モ図)
　新牧日 (No.2560/モ図)
　茶花下 (p148/カ写)
　牧野ス2 (No.3493/カ図)
　野生5 (p136/カ写)
　山力野草 (p209/カ写)
　山ハ高山 (p314/カ写)
　山ハ山花 (p422/カ写)

## ミソクサ　⇒ミゾナオシを見よ

## ミゾコウジュ　*Salvia plebeia*　溝香薷
シソ科シソ亜科 〔イヌハッカ亜科〕の二年草。別名
ユキミソウ。高さは30〜70cm。
¶原牧2 (No.1670/カ図)
　新分牧 (No.3787/モ図)
　新牧日 (No.2582/モ図)
　牧野ス2 (No.3515/カ図)
　野生5 (p139/カ写)
　山力野草 (p222/カ写)
　山ハ野花 (p464/カ写)
　山レ増 (p126/カ写)

## ミゾサデクサ　*Persicaria maackiana*
タデ科の一年草。別名サデクサ。高さは40〜
100cm。
¶学フ増野夏 〔サデクサ〕(p30/カ写)
　原牧2 (No.825/カ図)
　新分牧 (No.2867/モ図)
　新牧日 (No.287/モ図)
　牧野ス2 (No.2670/カ図)
　野生4 〔サデクサ〕(p92/カ写)
　山ハ野花 〔サデクサ〕(p255/カ写)

## ミゾシダ　*Thelypteris pozoi* subsp.*mollissima*　溝羊歯
ヒメシダ科 (オシダ科) の夏緑性シダ。別名アラゲ
ミゾシダ, ヤクシマミゾシダ, エダウチミゾシダ, シ
シミゾシダ。葉身は長さ50cm, 長楕円形〜長楕円
状披針形。
¶シダ標1 (p437/カ写)
　新分牧 (No.4664/モ図)
　新牧日 (No.4566/モ図)

## ミゾシダモドキ　*Thelypteris omeiensis*
ヒメシダ科の常緑性シダ。葉身は長さ30〜60cm,
長楕円状披針形。
¶シダ標1 (p437/カ写)

## ミゾソバ　*Persicaria thunbergii*　溝蕎麦
タデ科の一年草。別名ウシノヒタイ, タソバ, コン
ペイトウバナ。高さは30〜100cm。
¶色野草 (p292/カ写)
　学フ増野秋 (p41/カ写)
　学フ増薬草 (p36/カ写)
　原牧2 (No.823/カ図)
　植調 (p198/カ写)

新分牧（No.2865/モ図）
新牧日（No.285/モ図）
茶花下（p375/カ写）
牧野ス2（No.2668/カ図）
野生4（p92/カ写）
山カ野草（p538/カ写）
山ハ野花（p256/カ写）

## ミソナオシ　*Ohwia caudata*　味噌直
マメ科マメ亜科の草本。別名ウジクサ，ミソクサ。
¶学フ有毒（p205/カ写）
原牧1（No.1538/カ写）
新分牧（No.1691/モ図）
新牧日（No.1325/モ図）
牧野ス1（No.1538/カ写）
ミニ山（p147/カ写）
野生2（p286/カ写）

## ミソノシオギク　*Chrysanthemum morifolium* × *C. shiwogiku*
キク科の多年草。別名アサヒシオギク。高さは30〜50cm。
¶原牧2（No.2066/カ図）
新分牧（No.4213/モ図）
新牧日（No.3102/モ図）
牧野ス2（No.3911/カ写）

## ミソハギ　*Lythrum anceps*　禊萩
ミソハギ科の多年草。別名ボンバナ，ショウリョウバナ，ミズカケソウ，オショレバナ，ミズカケグサ，ショウロウバナ，ミズカケバナ。高さは1m前後。
¶色野草（p289/カ写）
学フ増夏薬（p19/カ写）
学フ増薬草（p83/カ写）
原牧2（No.436/カ図）
山草草（No.0735/カ写）
新分牧（No.2470/モ図）
新牧日（No.1891/モ図）
茶花下（p343/カ写）
牧野ス2（No.2281/カ図）
ミニ山（p203/カ写）
野生3（p258/カ写）
山カ野草（p332/カ写）
山ハ野花（p308/カ写）

## ミソハギダマシ　*Ludwigia glandulosa*
アカバナ科の多年生の抽水植物。
¶帰化写2（p159/カ写）

## ミゾハコベ　*Elatine triandra* var.*pedicellata*　溝繁縷
ミゾハコベ科の沈水性〜湿生の一年草。茎は長さ2〜10cm, 花弁は淡紅色。
¶原牧2（No.287/カ図）
植調（p69/カ写）
新分牧（No.2303/モ図）
新牧日（No.1858/カ写）
日水草（p239/カ写）
牧野ス1（No.2132/カ図）

## ミゾハコベ（広義）　*Elatine triandra*　溝繁縷
ミゾハコベ科の沈水性〜湿生の一年草。
¶野生3〔ミゾハコベ〕（p178/カ写）

## ミゾホオズキ　*Mimulus nepalensis*　溝酸漿
ハエドクソウ科（ゴマノハグサ科）の多年草。高さは10〜30cm。
¶学フ増野夏（p101/カ写）
原牧2（No.1749/カ図）
新分牧（No.3822/モ図）
新牧日（No.2687/モ図）
牧野ス2（No.3594/カ図）
野生5（p147/カ写）
山カ野草（p173/カ写）
山ハ山花（p453/カ写）

## ミゾボシラン　*Vrydagzynea nuda*
ラン科の多年草。国内では八重山諸島に産する。
¶野生1（p230/カ写）

## ミタケスゲ　*Carex michauxiana* subsp.*asiatica*　深岳菅
カヤツリグサ科の多年草。高さは20〜50cm。
¶カヤツリ（p484/モ図）
原牧1（No.899/カ図）
新分牧（No.920/モ図）
新牧日（No.4209/モ図）
スゲ増（No.270/カ写）
牧野ス1（No.899/カ図）
野生1（p328/カ写）
山ハ高山（p63/カ写）
山ハ山花（p168/カ写）

## ミタケトラノオ　*Asplenium* × *mitsutae*
チャセンシダ科のシダ植物。
¶シダ標1（p417/カ写）

## ミタニクラマゴケ　⇒ツルカタヒバを見よ

## ミタニシダ　⇒ナンゴクホウビシダを見よ

## ミダレアミイグチ　*Boletinellus merulioides*
ミダレアミイグチ科のキノコ。小型〜大型。傘は黄褐色, フェルト状。触ると暗色に変化。
¶山カ日き（p298/カ写）

## ミダレアミタケ　*Cerrena unicolor*
所属科未確定（タマチョレイタケ目・ミダレアミタケ属）のキノコ。表面は灰色〜灰褐色。
¶山カ日き（p475/カ写）

## ミチシバ(1)　⇒カゼクサを見よ

## ミチシバ(2)　⇒チカラシバ(1)を見よ

## ミチシバ(3)　⇒ハナビガヤを見よ

## ミチシルベ　*Prunus mume* 'Michishirube'　道知辺
バラ科。ウメの品種。野梅系ウメ, 野梅性一重。
¶ウメ〔道知辺〕（p43/カ写）
**APG原樹**〔ウメ'ミチシルベ'〕（No.465/カ図）

## ミチタネツケバナ　*Cardamine hirsuta*
アブラナ科の越年草。高さは3〜30cm。花は白色。
¶帰化写改（p94/カ写, p495/カ写）
植調（p89/カ写）
野生4（p57/カ写）

## ミチトセグサ　⇒モモを見よ

ミチノクエンゴサク *Corydalis orthoceras* 陸奥延
胡索
ケシ科の草本。日本固有種。別名ヒメヤマエンゴ
サク。
¶原牧1（No.1145/カ図）
固有（p65）
新分牧（No.1302/モ図）
新牧日（No.788/モ図）
牧野ス1（No.1145/カ図）
野生2（p105/カ写）
山力野草（p460/カ写）

ミチノクオバナゴケ *Dicranella dilatatinervis*
シッポゴケ科のコケ植物。日本固有種。
¶固有（p212/カ写）

ミチノクカラマツソウ ⇒カラマツソウを見よ

ミチノククマワラビ *Dryopteris lacera*× *D.*
*tokyoensis*
オシダ科のシダ植物。
¶シダ標2（p373/カ写）

ミチノククワガタ ⇒バンダイクワガタを見よ

ミチノクコガネツブタケ *Ophiocordyceps*
*geniculata* f.
オフィオコルディセプス科の冬虫夏草。宿主は甲虫
の幼虫。通常は地生型。
¶冬虫生態（p185/カ写）

ミチノクコゴメグサ *Euphrasia maximowiczii* var.
*arcuata*
ハマウツボ科（ゴマノハグサ科）。日本固有種。
¶固有（p129）
野生5（p153）

ミチノクコザクラ *Primula cuneifolia* var.
*heterodonta* 陸奥小桜
サクラソウ科の多年草。日本固有種。別名イワキコ
ザクラ。高さは8〜20cm。
¶原牧2（No.1070/カ図）
固有（p111）
山野草（No.0830/カ写）
新分牧（No.3115/モ図）
新牧日（No.2215/モ図）
牧野ス2（No.2915/カ図）
野生4（p200/カ写）
山力野草（p276/カ写）
山ハ高山（p253/カ写）
山レ増（p194/カ写）

ミチノクサイシン *Asarum fauriei* var.*fauriei*
ウマノスズクサ科の草本。日本固有種。
¶原牧1（No.94/カ図）
固有（p60）
新分牧（No.116/モ図）
新牧日（No.690/モ図）
牧野ス1（No.94/カ図）
野生1（p70/カ写）

ミチノクシダレ *Salix*× *lasiogyne* nothosubsp.*yuhkii*
ヤナギ科の雑種。
¶野生3〔ミチノクシダレ（シダレヤナギ×シロヤナギ）〕
（p205/カ写）

ミチノクチドリ ⇒オオキソチドリを見よ

ミチノクナシ *Pyrus ussuriensis* var.*ussuriensis* 陸
奥梨
バラ科シモツケ亜科の木本。別名イワテヤマナシ。
¶原牧1（No.1695/カ図）
新分牧（No.1896/モ図）
新牧日（No.1056/モ図）
牧野ス1（No.1695/カ図）
野生3（p80/カ写）
山レ増（p308/カ写）

ミチノクネコノメソウ *Chrysosplenium*
*kamtschaticum* var.*aomorense* 陸奥猫の目草
ユキノシタ科の多年草。
¶野生2（p202/カ写）

ミチノクハエヤドリタケ *Torrubiella* sp.
ノムシタケ科の冬虫夏草。フトクビハエヤドリタケ
に重複寄生する。
¶冬虫生態（p205/カ写）

ミチノクハリスゲ *Carex capillacea* var.*sachalinensis*
カヤツリグサ科の多年草。ハリガネスゲの変種。
¶野生1（p302）

ミチノクフクジュソウ *Adonis multiflora*
キンポウゲ科の草本。萼片が花弁の半分。
¶山野草（p307）
野生2（p132/カ写）
山力野草（p715/カ写）
山レ増（p394/カ写）

ミチノクホタルイ *Schoenoplectus orthorhizomatus*
カヤツリグサ科。日本固有種。
¶固有（p188）

ミチノクホンモンジスゲ *Carex stenostachys* var.
*cuneata*
カヤツリグサ科の多年草。日本固有種。
¶カヤツリ（p322/モ図）
固有（p184）
野生1（p319）

ミチノクミズニラ *Isoetes*× *michinokuana*
ミズニラ科のシダ植物。
¶シダ標1（p280/カ写）

ミチノクヤマタバコ *Ligularia fauriei*
キク科キク亜科の草本。日本固有種。
¶固有（p142）
野生5（p298/カ写）

ミチノクヨロイグサ *Angelica anomala* subsp.
*sachalinensis* var.*glabra*
セリ科。日本固有種。
¶固有（p100）

ミチバタガラシ *Rorippa dubia* 道端芥子
アブラナ科の多年草。高さは10〜20cm。
¶原牧2（No.713/カ図）
新分牧（No.2738/モ図）
新牧日（No.833/モ図）
牧野ス2（No.2558/カ図）
野生4（p69）
山ハ野花（p399/カ写）

**ミチバタギク** ⇒ツルセンダングサを見よ

**ミチバタニガナ** ⇒ニガナを見よ

**ミチヤナギ** *Polygonum aviculare* subsp.*aviculare*
道柳
タデ科の一年草。別名ニワヤナギ。高さは10～
40cm。
¶学フ増野夏(p189/カ写)
　原牧2 (No.798/カ図)
　植調(p203/カ写)
　新分牧(No.2848/モ図)
　新牧日(No.260/モ図)
　牧野ス2 (No.2643/カ図)
　野生4 (p100/カ写)
　山カ野草(p535/カ写)
　山ハ野花(p253/カ写)

**ミチヨグサ** ⇒モモを見よ

**ミツイシイノデ** *Polystichum×namegatae*
オシダ科のシダ植物。
¶シダ標2(p418/カ写)

**ミツイシコンブ** *Saccharina angustata* 三石昆布
コンブ科の海藻。体は長さ2～6m。葉片は線状。
¶新分牧(No.4995/モ図)
　新牧日(No.4853/モ図)

**ミツイシハイホラゴケ** *Vandenboschia nipponica×*
*V.striata*
コケシノブ科のシダ植物。
¶シダ標1(p316/カ写)

**ミツガシワ** *Menyanthes trifoliata* 三柏，三槲
ミツガシワ科の多年生抽水植物。別名ミズハンゲ。
高さは20～40cm。花は白色。各小葉は卵状楕円形，
縁に鈍鋸歯をもつ。
¶学フ増野夏(p162/カ写)
　学フ増薬草(p98/カ写)
　原牧2 (No.1887/カ図)
　新分牧(No.3924/モ図)
　新牧日(No.2349/モ図)
　茶石下(p270/カ写)
　日水草(p295/カ写)
　牧野ス2 (No.3732/カ図)
　野生5 (p195/カ写)
　山カ野草(p266/カ写)
　山ハ高山(p372/カ写)
　山ハ山花(p494/カ写)

**ミツカドシカクイ** *Eleocharis wichurae* f.*petasata*
カヤツリグサ科の多年草。
¶カヤツリ(p618/モ図)

**ミツクニ** *Prunus mume* 'Mitsukuni' 光圀
バラ科。ウメの品種。野梅系ウメ，野梅性一重。
¶ウメ〔光圀〕(p43/カ写)

**ミツデウラボシ** *Selliguea hastata* var.*hastata* 三手
裏星
ウラボシ科の常緑性シダ。別名リュウキュウミツデ
ウラボシ，チャボミツデウラボシ，ヤトミウラボシ，
フギレミツデウラボシ，クジャクウラボシ。葉身は
長さ7～15cm，単葉から3出葉，単葉の場合は披針形。
¶シダ標2(p455/カ写)

新分牧(No.4775/モ図)
　新牧日(No.4669/モ図)

**ミツデウラボシ × ヒメタカノハウラボシ**
*Selliguea hastata×S.yakushimensis*
ウラボシ科のシダ植物。
¶シダ標2(p455/カ写)

**ミツデカエデ** *Acer cissifolium* 三手楓
ムクロジ科(カエデ科)の落葉高木。日本固有種。
樹高は20m。葉色は黄緑色。樹皮は黄灰色。
¶APG原樹(No.935/カ図)
　原牧2 (No.552/カ図)
　固有(p85)
　新分牧(No.2575/モ図)
　新牧日(No.1594/モ図)
　牧野ス2 (No.2397/カ図)
　野生3 (p297/カ写)
　山カ樹木(p450/カ写)
　落葉図譜(p215/モ図)

**ミツデコケシダ** ⇒マツバコケシダを見よ

**ミツデコトジソウ** *Salvia nipponica* var.*trisecta* 三
手琴柱草
シソ科シソ亜科〔イヌハッカ亜科〕の草本。日本固
有種。別名ミツバコトジソウ。
¶固有(p122)
　野生5 (p138)
　山カ野草〔ミツバコトジソウ〕(p221/カ写)

**ミツデヘラシダ** *Leptochilus pteropus* 三手箆羊歯
ウラボシ科の常緑性シダ。葉身は長さ12cm弱，単
葉から3出葉。
¶シダ標2(p459/カ写)
　新分牧(No.4798/モ図)
　新牧日(No.4662/モ図)

**ミツナガシワ**(1) ⇒オオタニワタリを見よ

**ミツナガシワ**(2) ⇒カクレミノを見よ

**ミツバ** *Cryptotaenia japonica* 三葉
セリ科セリ亜科の多年草。別名ミツバゼリ。高さは
30～60cm。花は白色。
¶学フ増山菜(p74/カ写)
　学フ増野夏(p147/カ写)
　原牧2 (No.2423/カ写)
　新分牧(No.4441/モ図)
　新牧日(No.2038/モ図)
　牧野ス2 (No.4268/カ図)
　野生5 (p394/カ写)
　山カ野草(p310/カ写)
　山ハ野花(p497/カ写)

**ミツバアケビ** *Akebia trifoliata* 三葉木通，三葉通草
アケビ科のつる性落葉木。別名アケビ。花は濃暗
紫色。
¶APG原樹(No.248/カ図)
　学フ増樹(p11/カ写・カ図)
　原牧1 (No.1157/カ図)
　新分牧(No.1314/モ図)
　新牧日(No.654/モ図)
　茶花上(p316/カ写)
　牧野ス1 (No.1157/カ図)

ミツハイノ 758

野生2（p109/カ写）
山力樹木（p185/カ写）

**ミツバイノモトソウ** ⇒クマガワイノモトソウを見よ

**ミツバイワガサ** *Spiraea blumei* var.*obtusa* 三葉岩傘
バラ科シモツケ亜科の落葉低木。別名タンゴイワガサ。葉が広卵形で広く，通常3裂する。
¶野生3（p87/カ写）

**ミツバウコギ** *Eleutherococcus trifoliatus* 三葉五加
ウコギ科の低木。高さは2〜7m。
¶野生5（p378/カ写）

**ミツバウツギ** *Staphylea bumalda* 三葉空木
ミツバウツギ科の落葉低木。花は白色。
¶APG原樹（No.885/カ図）
学フ増山菜（p141/カ写）
原牧2（No.496/カ図）
新分牧（No.2535/モ図）
新牧日（No.1666/モ図）
茶花上（p467/カ写）
牧野ス2（No.2341/カ図）
ミニ山（p177/カ写）
野生3（p278/カ写）
山力樹木（p424/カ写）
落城図譜（p206/モ図）

**ミツバオウレン** *Coptis trifolia* 三葉黄連
キンポウゲ科の多年草。高さは5〜10cm。花は白色。
¶学フ増高山（p147/カ写）
原牧1（No.1187/カ図）
山野草（No.0096/カ写）
新分牧（No.1344/モ図）
新牧日（No.528/モ図）
牧野ス1（No.1187/カ図）
ミニ山（p44/カ写）
野生2（p147/カ写）
山力野草（p493/カ写）
山ハ高山（p100/カ写）
山ハ山花（p228/カ写）

**ミツバオランダフウロ** *Erodium crinitum*
フウロソウ科の越年草。花は紫色。
¶帰化写2（p128/カ写）

**ミツバカイドウ** ⇒ズミ(1)を見よ

**ミツバガヤ** ⇒ハマガヤを見よ

**ミツバグサ** *Pimpinella diversifolia* 三葉草
セリ科セリ亜科の草本。
¶原牧2（No.2414/カ図）
新分牧（No.4456/モ図）
新牧日（No.2030/カ図）
牧野ス2（No.4259/カ図）
野生5（p398/カ写）

**ミツバコトジソウ** ⇒ミツデコトジソウを見よ

**ミツバコンロンソウ** *Cardamine anemonoides* 三葉崑崙草
アブラナ科の多年草。日本固有種。高さは10〜

20cm。
¶原牧2（No.727/カ図）
固有（p66/カ写）
新分牧（No.2753/モ図）
新牧日（No.847/モ図）
牧野ス2（No.2572/カ図）
ミニ山（p84/カ写）
野生4（p58/カ写）
山ハ山花（p358/カ写）

**ミツバショウマ** ⇒イヌショウマを見よ

**ミツバゼリ** ⇒ミツバを見よ

**ミツバタチツボスミレ** ⇒タチツボスミレを見よ

**ミツバツチグリ** *Potentilla freyniana* 三葉土栗
バラ科バラ亜科の多年草。高さは15〜30cm。
¶色野草（p155/カ写）
学フ増野春（p121/カ写）
原牧1（No.1829/カ図）
山野草（No.0608/カ写）
新分牧（No.2023/モ図）
新牧日（No.1155/モ図）
牧野ス1（No.1829/カ図）
野生3（p39/カ写）
山力野草（p401/カ写）
山ハ野花（p380/カ写）

**ミツバツツジ** *Rhododendron dilatatum* var.*dilatatum* 三葉躑躅
ツツジ科ツツジ亜科の落葉低木。日本固有種。花は紫色。
¶APG原樹（No.1218/カ図）
学フ増樹（p15/カ写）
原牧2（No.1196/カ図）
固有（p107）
新分牧（No.3265/モ図）
新牧日（No.2142/モ図）
図説樹木（p174/カ写）
茶花上（p317/カ写）
牧野ス2（No.3041/カ図）
野生4（p246/カ写）
山力樹木（p541/カ写）

**ミツバテンナンショウ** *Arisaema ternatipartitum* 三葉天南星
サトイモ科の多年草。日本固有種。高さは10〜30cm。
¶原牧1（No.190/カ図）
固有（p177/カ写）
新分牧（No.225/モ図）
新牧日（No.3921/モ図）
テンナン（No.6/カ写）
牧野ス1（No.190/カ図）
野生1（p97/カ写）

**ミツバトリカブト** ⇒コウライブシを見よ

**ミツバノコマツナギ** *Indigofera trifoliata*
マメ科マメ亜科のやや匍匐性草本。
¶野生2（p273/カ写）

**ミツバノバイカオウレン** *Coptis trifoliolata* 三葉
の梅花黄連
キンポウゲ科の多年草。日本固有種。別名コシジオ
ウレン, コシジミツバオウレン。葉は3出複葉。
¶学フ増高山〔コシジオウレン〕(p147/カ写)
原牧1 (No.1191/カ図)
固有 (p51/カ写)
新分牧 (No.1349/モ図)
新牧日 (No.532/モ図)
牧野ス1 (No.1191/カ図)
野生2 (p148/カ写)
山力野草 (p493/カ写)
山ハ高山 (p100/カ写)
山ハ山花 (p228/カ写)

**ミツバハマグルマ** ⇒アメリカハマグルマを見よ

**ミツバハマゴウ** *Vitex trifolia* var.*trifolia*
シソ科ハマゴウ亜科(クマツヅラ科)の匍匐性低木。
花は青〜紫紅色。葉裏は粉白。
¶野生5 (p108/カ写)

**ミツバヒヨドリ** ⇒ミツバヒヨドリバナを見よ

**ミツバヒヨドリバナ** *Eupatorium tripartitum*
キク科キク亜科の草本。別名ミツバヒヨドリ。
¶野生5 (p368)

**ミツバフウチョウソウ** *Polanisia trachysperma*
フウチョウソウ科の草本。花は白または淡黄色。
¶原牧2 (No.679/カ図)
新分牧 (No.2720/モ図)
新牧日 (No.801/モ図)
牧野ス2 (No.2524/カ図)

**ミツバフウロ** *Geranium wilfordii* 三葉風露
フウロソウ科の多年草。別名フシダカフウロ。高さ
は30〜80cm。
¶原牧2 (No.410/カ図)
新分牧 (No.2451/モ図)
新牧日 (No.1415/モ図)
茶花下 (p270/カ写)
牧野ス2 (No.2255/カ図)
野生3 (p251/カ写)
山ハ山花 (p301/カ写)

**ミツバベンケイソウ** *Hylotelephium verticillatum*
var.*verticillatum* 三葉弁慶草
ベンケイソウ科の多年草。高さは20〜80cm。
¶原牧1 (No.1425/カ図)
新分牧 (No.1590/モ図)
新牧日 (No.931/モ図)
牧野ス1 (No.1425/カ図)
ミニ山 (p92/カ写)
野生2 (p216/カ写)
山ハ山花 (p291/カ写)

**ミツマタ** *Edgeworthia chrysantha* 三椏, 三叉
ジンチョウゲ科の落葉低木。高さは1〜2m。
¶APG原樹 (No.1046/カ図)
学フ増花庭 (p61/カ写)
学フ有毒 (p170/カ写)
原牧2 (No.671/カ図)
新分牧 (No.2711/モ図)

新牧日 (No.1776/モ図)
茶花上 (p223/カ写)
都木花新〔ジンチョウゲとミツマタ〕(p149/カ写)
牧野ス2 (No.2516/カ図)
ミニ山 (p184/カ写)
野生4 (p41/カ写)
山山樹木 (p503/カ写)

**ミツミネモミ** *Abies*×*umbellata* 三峰樅
マツ科の木本。
¶APG原樹 (No.47/カ図)

**ミツモト** ⇒ミツモトソウを見よ

**ミツモトソウ** *Potentilla cryptotaeniae* 三本草, 水
源草
バラ科バラ亜科の多年草。別名ミナモトソウ, ミツ
モト。高さは30〜100cm。
¶原牧1 (No.1831/カ図)
新分牧 (No.2025/モ図)
新牧日 (No.1157/モ図)
茶花下 (p149/カ写)
牧野ス1 (No.1831/カ図)
ミニ山 (p129/カ写)
野生3 (p36/カ写)
山力野草 (p405/カ写)
山ハ山花 (p338/カ写)

**ミツモリミミナグサ** (1) *Cerastium arvense* var.
*mistumorense*
ナデシコ科の草本。日本固有種。
¶固有 (p48)

**ミツモリミミナグサ** (2) ⇒ホソバミミナグサ(1)を
見よ

**ミドウシノ** *Sasaella midoensis*
イネ科タケ亜科のササ。日本固有種。
¶固有 (p171)
タケ亜科 (No.117/カ写)

**ミドリアカザ** (1) *Chenopodium bryoniifolium*
ヒユ科の一年草。別名ヒメアカザ, ヤマアカザ。高
さは0.4〜1m。
¶野生4 (p138)

**ミドリアカザ** (2) ⇒イワアカザを見よ

**ミドリイズイヌワラビ** ⇒イズイヌワラビを見よ

**ミドリイノデ** *Polystichum*×*midoriense*
オシダ科のシダ植物。
¶シダ標2 (p416/カ写)

**ミドリオオカラクサイヌワラビ** ⇒オオカラクサ
イヌワラビを見よ

**ミドリオオメシダ** *Deparia pterorachis*× *D.*
*viridifrons*
メシダ科のシダ植物。別名ミドリメシダ。
¶シダ標2 (p347/カ写)

**ミドリカタヒバ** ⇒オニクラマゴケを見よ

**ミドリカナワラビ** *Arachniodes nipponica* 緑鉄蕨
オシダ科の常緑性シダ。葉身は長さ40〜60cm, 長
卵形。
¶シダ標2 (p393/カ写)

**ミドリクチキムシタケ** *Metacordyceps atrovirens*
バッカクキン科の冬虫夏草。宿主はホソクシヒゲムシ科の幼虫。
¶冬虫生態（p164/カ写）

**ミドリザクラ** *Cerasus incisa* 'Yamadei'　緑桜
バラ科の木本。サクラの栽培品種。
¶学フ増桜〔'緑桜'〕（p64/カ写）

**ミドリサンゴ** *Euphorbia tirucalli*　緑珊瑚
トウダイグサ科の多肉植物，多年草。別名アオサンゴ。茎は円形，白乳液が著しい。高さは7m。
¶学フ有毒（p140/カ写）

**ミドリシャクシゴケ** ⇒シャクシゴケを見よ

**ミドリシャクジョウ** *Burmannia coelestis*
ヒナノシャクジョウ科の一年草。高さは10〜25cm。花は淡青色。
¶野生1（p146）

**ミドリスギ** *Cryptomeria japonica* f.*viridis*　緑杉
ヒノキ科（スギ科）の木本。
¶APG原樹（No.71/カ図）

**ミドリスギタケ** *Gymnopilus aeruginosus*
所属科未確定のキノコ。中型。傘は赤褐色〜黄褐色，青緑色のしみがある。ひだはさび褐色。
¶学フ増毒き（p157/カ写）
山カ日き（p268/カ写）

**ミドリタニイヌワラビ** ⇒タニイヌワラビを見よ

**ミドリトサカタケ** *Metacordyceps indigotica*
バッカクキン科の冬虫夏草。宿主はコウモリガ類の幼虫。
¶冬虫生態（p85/カ写）

**ミドリニガイグチ** *Tylopilus virens*
イグチ科のキノコ。中型。傘はオリーブ黄色。
¶山カ日き（p332/カ写）

**ミドリノスズ** *Senecio rowleyanus*　緑鈴
キク科。キクの品種。別名グリーンネックレス。花は白色。
¶学フ有毒（p208/カ写）

**ミドリハカタカラクサ** *Tradescantia fluminensis* 'Viridis'
ツユクサ科の多年草。
¶帰化写2（p309/カ写）

**ミドリハコベ** ⇒ハコベ(1)を見よ

**ミドリハナワラビ** *Botrychium triangularifolium*
ハナヤスリ科の冬緑性シダ。日本固有種。葉身は長さ5〜12cm，三角状。
¶固有（p199）
シダ標1（p292/カ写）

**ミドリヒダカラカサタケ** *Melanophyllum eyrei*
ハラタケ科のキノコ。
¶原きの（No.203/カ写・カ図）

**ミドリヒメワラビ** *Macrothelypteris viridifrons*
ヒメシダ科の夏緑性シダ。葉身は広披針形〜三角状

長楕円形。
¶シダ標1（p431/カ写）

**ミドリムヨウラン** *Lecanorchis virella*
ラン科の地生の菌従属栄養植物。宮崎県・屋久島に産する。
¶野生1（p210）

**ミドリメシダ** ⇒ミドリオオメシダを見よ

**ミドリヤマイヌワラビ** ⇒ヤマイヌワラビを見よ

**ミドリユキザサ**(1) ⇒ヒロハユキザサを見よ

**ミドリユキザサ**(2) ⇒ヤマトユキザサを見よ

**ミドリヨウラク** *Polygonatum inflatum*
クサスギカズラ科（ユリ科）の草本。
¶野生1（p257/カ写）

**ミドリワラビ** *Deparia viridifrons*
メシダ科の夏緑性シダ。葉身は長さ30〜70cm，三角状卵形〜卵状披針形。
¶シダ標2（p342/カ写）

**ミドリワラビモドキ** *Deparia okuboana*× *D. viridifrons*
メシダ科のシダ植物。
¶シダ標2（p346/カ写）

**ミナカミザサ** *Sasa senanensis* var.*harai*　水上笹
イネ科のササ。稈長は1.5〜2m。
¶タケササ（p115/カ写）

**ミナシグサ** ⇒ムラサキを見よ

**ミナヅキ** *Hydrangea paniculata* f.*grandiflora*　水無月
アジサイ科（ユキノシタ科）の木本。別名ノリアジサイ。
¶APG原樹（No.1087/カ図）

**ミナトアカザ** *Chenopodiastrum murale*
ヒユ科（アカザ科）の一年草。高さは10〜60cm。
¶帰化写改（p55/カ写, p493/カ写）
野生4（p137）

**ミナトイソボウキ** ⇒シラゲホウキギを見よ

**ミナトカモジグサ** ⇒セイヨウヤマカモジを見よ

**ミナトカラスムギ** *Avena barbata*
イネ科の一年草。
¶帰化写2（p318/カ写）
桑イネ（p82/モ図）
原牧1（No.970/カ写）
新分牧（No.1074/モ図）
新牧日（No.3713/モ図）
牧野ス1（No.970/カ図）

**ミナトクマツヅラ** *Verbena bracteata*
クマツヅラ科の多年草。花は淡紫色。
¶帰化写2（p192/カ写）

**ミナトタムラソウ** *Salvia verbenaca*
シソ科の多年草。高さは30〜50cm。花は青色。
¶帰化写2（p202/カ写）

**ミナトマツヨイグサ** *Oenothera indecora*
アカバナ科の一年草または二年草。別名ハマベマツヨイグサ。高さは20〜40cm。花は黄〜明るい黄色。

¶帰化写2 (p164/カ写)

**ミナトムギクサ** *Hordeum pusillum*
イネ科の一年草または越年草。高さは10〜50cm。
¶帰化写2 (p339/カ写)

**ミナトムグラ** *Galium tricornutum*
アカネ科の一年草。高さは10〜80cm。花は白，黄
白色，または緑白色。
¶帰化写改 (p232/カ写)

**ミナトメハジキ** ⇒コゴメオドリコソウを見よ

**ミナミアシグロタケ** *Favolus tenuiculus*
タマチョレイタケ科のキノコ。
¶原きの (No.346/カ写・カ図)

**ミナミコミカンソウ** *Phyllanthus embergeri* 南小蜜
柑草
コミカンソウ科の雌雄同株の一年草。
¶野生3 (p174)

**ミナミフランスアオイ** *Malva nicaeensis*
アオイ科の越年草または短命な多年草。
¶帰化写2 (p150/カ写)

**ミナモトソウ** ⇒ミツモトソウを見よ

**ミネアザミ** *Cirsium alpicola* 峰薊
キク科アザミ亜科の草本。日本固有種。別名オオイ
ワアザミ。
¶固有 (p140)
野生5 (p250/カ写)
山ハ高山 (p408/カ写)

**ミネウスユキソウ** *Leontopodium japonicum* var.
*shiroumense* 峰薄雪草
キク科キク亜科の草本。日本固有種。別名タカネウ
スユキソウ。ウスユキソウの高山型。
¶学フ増高山 (p204/カ写)
固有 (p141)
野生5 (p347/カ写)
山力野草 (p12/カ写)
山ハ高山 (p380/カ写)

**ミネオトギリ** *Hypericum kimurae* 峰弟切
オトギリソウ科の多年草。日本固有種。
¶固有 (p64)
野生3 (p242/カ写)
山ハ高山 (p194/カ写)

**ミネカエデ** *Acer tschonoskii* 峰楓
ムクロジ科（カエデ科）の落葉高木。日本固有種。
別名オオバミネカエデ。
¶APG原樹 (No.923/カ写)
学フ増高山 (p103/カ写)
原牧2 (No.532/カ図)
固有 (p85)
新分牧 (No.2583/モ図)
新牧日 (No.1574/モ図)
茶花下 (p149/カ写)
牧野ス2 (No.2377/カ図)
野生3 (p291/カ写・モ図)
山力樹木 (p446/カ写)
山ハ高山 (p246/カ写)

**ミネガラシ** *Cardamine nipponica* 峰芥
アブラナ科の多年草。別名ミヤマタネツケバナ。高
さは3〜10cm。
¶学フ増高山〔ミヤマタネツケバナ〕(p154/カ写)
原牧2 (No.720/カ図)
新分牧 (No.2746/モ図)
新牧日 (No.840/モ図)
牧野ス2 (No.2565/カ図)
野生4〔ミヤマタネツケバナ〕(p57/カ写)
山力野草〔ミヤマタネツケバナ〕(p442/カ写)
山ハ高山〔ミヤマタネツケバナ〕(p244/カ写)

**ミネザクラ** *Cerasus nipponica* var.*nipponica* 嶺桜
バラ科シモツケ亜科の落葉低木または小高木。日本
種の桜。別名タカネザクラ。花は淡紅白色。
¶APG原樹〔タカネザクラ〕(No.418/カ図)
学フ増高山 (p24/カ写)
学フ増桜〔タカネザクラ〕(p44/カ写)
原牧1 (No.1651/カ図)
新分牧 (No.1857/モ図)
新牧日 (No.1229/モ図)
牧野ス1 (No.1651/カ図)
野生3〔タカネザクラ〕(p65/カ写)
山力樹木 (p287/カ写)
山ハ高山〔タカネザクラ〕(p225/カ写)

**ミネザサ** *Sasa minensis*
イネ科タケ亜科のササ。日本固有種。
¶固有 (p172)
タケ亜科 (No.67/カ写)

**ミネシメジ** *Tricholoma saponaceum*
キシメジ科のキノコ。中型。傘は中央部にすす色の
小鱗片。ひだは白色に帯赤色のしみ。
¶学フ増毒き (p94/カ写)
原きの (No.283/カ写・カ図)
山力日き (p76/カ写)

**ミネズオウ** *Loiseleuria procumbens* 峰蘇芳
ツツジ科ツツジ亜科の常緑矮性低木。高さは10〜
15cm。花は白〜紅紫色。
¶APG原樹 (No.1320/カ図)
学フ増高山 (p189/カ写)
山野牧 (No.0820/カ写)
新分牧 (No.3225/モ図)
新牧日 (No.2163/カ写)
牧野ス2 (No.3063/カ写)
野生4 (p231/カ写)
山力樹木 (p581/カ写)
山力野草 (p289/カ写)
山ハ高山 (p274/カ写)

**ミネノガリヤス** ⇒ヒナガリヤスを見よ

**ミネノユキ** ⇒ハツユキソウを見よ

**ミネバリ** (1) ⇒オノオレを見よ

**ミネバリ** (2) ⇒ヤシャブシを見よ

**ミネハリイ** *Trichophorum cespitosum* 峰針藺
カヤツリグサ科の多年草。高さは5〜30cm。
¶カヤツリ (p638/モ図)

ミネヤナギ

原牧1（No.729/カ図）
新分牧（No.758/モ図）
新牧日（No.3988/モ図）
牧野ス1（No.729/カ図）
野生1（p362/カ写）
山ハ高山（p68/カ写）

ミネヤナギ ⇒ミヤマヤナギを見よ

ミノカブリ ⇒アサダを見よ

ミノゴケ *Macromitrium japonicum* 簑苔
タチヒダゴケ科のコケ。別名カギバダンツウゴケ。
枝葉は長さ1.5～2.5mm、舌形。
¶新分牧（No.4874/モ図）
新牧日（No.4735/モ図）

ミノコバイモ *Fritillaria japonica* 美濃小貝母
ユリ科の球根性多年草。日本固有種。別名コバイ
モ，テンガイユリ。高さは10～20cm。花は淡桃色。
¶原牧1（No.328/カ図）
固有〔コバイモ〕（p158/カ写）
山野草（No.1411/カ写）
新分牧（No.396/モ図）
新牧日（No.3444/モ図）
茶花上〔こばいも〕（p388/カ写）
牧野ス1（No.328/カ図）
野生1（p170/カ写）
山ハ山花（p70/カ写）
山レ増（p582/カ写）

ミノゴメ (1) ⇒カズノコグサを見よ

ミノゴメ (2) ⇒ムツオレグサを見よ

ミノジノリ ⇒キョウノヒモを見よ

ミノシライトソウ *Chionographis japonica* var.
*minoensis*
シュロソウ科（ユリ科）。日本固有種。
¶固有（p157/カ写）
野生1（p159）

ミノスゲ ⇒カサスゲを見よ

ミノブザクラ ⇒ヤマメザクラを見よ

ミノボロ *Koeleria macrantha* 簑ぼろ
イネ科イチゴツナギ亜科の多年草。高さは25～
70cm。
¶桑イネ（p291/モ図）
原牧1（No.974/カ図）
新分牧（No.1078/モ図）
新牧日（No.3707/モ図）
牧野ス1（No.974/カ図）
野生2（p56）
山力野草（p673/カ写）
山ハ野花（p151/カ写）

ミノボロスゲ *Carex nubigena* subsp.*albata* 簑襤褸苔
カヤツリグサ科の多年草。高さは20～60cm。
¶カヤツリ（p96/モ図）
原牧1（No.796/カ図）
新分牧（No.786/モ図）
新牧日（No.4084/モ図）
スゲ増（No.29/カ写）

牧野ス1（No.796/カ図）
野生1（p304/カ写）
山ハ山花（p155/カ写）

ミノボロモドキ *Rostraria cristata* 簑ぼろ擬
イネ科イチゴツナギ亜科の一年草。小穂は長さ4～
5mm。
¶帰化写改（p466/カ写）
野生2（p63/カ写）

ミバショウ ⇒バナナを見よ

ミハライタドリ ⇒ハチジョウイタドリを見よ

ミハラシゴケ *Aerobryum speciosum* var.*nipponicum*
ハイヒモゴケ科のコケ植物。日本固有種。
¶固有（p216）

ミフクラギ *Cerbera manghas* 目膨木，目脹ら木
キョウチクトウ科の常緑高木。別名オキナワキョウ
チクトウ。花は白色。
¶野生4（p310/カ写）
山力樹木（p653/カ写）

ミブヨモギ *Artemisia maritima* 壬生蓬
キク科キク亜科の多年草。
¶原牧2（No.2100/カ図）
牧野ス2（No.3945/カ図）
野生5（p334/カ写）

ミミイヌガラシ *Rorippa austriaca* 耳犬芥子
アブラナ科の多年草。高さは30～100cm。花は
黄色。
¶帰化写2（p77/カ写）

ミミカキグサ *Utricularia bifida* 耳掻草
タヌキモ科の多年生食虫植物。高さは7～15cm。花
は黄色。
¶学フ増野夏（p111/カ写）
原牧2（No.1793/カ図）
新分牧（No.3678/モ図）
新牧日（No.2812/モ図）
牧野ス2（No.3638/カ図）
野生5（p165/カ写）
山力野草（p159/カ写）
山ハ野花（p487/カ写）

ミミカキタケ *Ophiocordyceps nutans*
オフィオコルディセプス科の冬虫夏草。別名カメム
シタケ。宿主はカメムシの成虫。長さは5～17cm，
柄は黒色針金状。
¶新分牧（No.5163/モ図）
新牧日（No.5023/モ図）
冬虫生態〔カメムシタケ〕（p136/カ写）
山力日き〔カメムシタケ〕（p578/カ写）

ミミガタシダ *Phegopteris subaurita*
ヒメシダ科の常緑性シダ。別名チナゼシダ。葉身は
長さ1m，長楕円形。
¶シダ標1（p433/カ写）

ミミガタテンナンショウ *Arisaema limbatum* 耳形
天南星
サトイモ科の多年草。日本固有種。高さは20～
70cm。
¶色野草（p341/カ写）

学フ増野春（p232/カ写）
原牧1（No.198/カ図）
固有（p178/カ写）
新分牧（No.243/モ図）
新牧日（No.3929/モ図）
テンナン（No.28/カ写）
牧野ス1（No.198/カ図）
野生1（p99/カ写）
山力野草（p653/カ写）
山ハ野花（p26/カ写）

**ミミコウモリ** *Parasenecio kamtschaticus* var. *kamtschaticus* 耳蝙蝠
キク科キク亜科の草本。
¶原牧2（No.2137/カ図）
新分牧（No.4088/モ図）
新牧日（No.3169/モ図）
牧野ス2（No.3982/カ図）
野生5（p304/カ写）
山ハ高山（p390/カ写）
山ハ山花（p504/カ写）

**ミミコンブ** ⇒ネコアシコンブを見よ

**ミミズノマクラ** ⇒ミミズバイを見よ

**ミミズバイ** *Symplocos glauca* 蚯蚓灰
ハイノキ科の常緑高木。別名ミミズノマクラ，ミミズベリ，ミミスベリ，ミミズリバ，トクラベ。花は白色。
¶**APG原樹**（No.1183/カ図）
原牧2（No.1136/カ図）
新分牧（No.3177/モ図）
新牧日（No.2275/カ図）
牧野ス2（No.2981/カ図）
野生4（p211/カ写）
山力樹木（p619/カ写）

**ミミズベリ（ミミスベリ）** ⇒ミミズバイを見よ

**ミミズリバ** ⇒ミミズバイを見よ

**ミミナ** ⇒ミミナグサを見よ

**ミミナグサ** *Cerastium fontanum* subsp.*vulgare* var. *angustifolium* 耳菜草
ナデシコ科の一年草または越年草。別名ミミナ。高さは15～25cm。
¶学フ増野春（p148/カ写）
原牧2（No.880/カ写）
植調（p224/カ写）
新分牧（No.2941/モ図）
新牧日（No.352/モ図）
茶花上（p468/カ写）
牧野ス2（No.2725/カ図）
野生4（p111/カ写）
山力野草（p516/カ写）
山ハ野花（p275/カ写）

**ミミナミハタケ** *Lentinellus cochleatus*
マツカサタケ科のキノコ。傘の径最大7.5cm。
¶原きの〔Aniseed cockleshell（アニス臭のザルガイの貝殻）〕（No.165/カ写・カ図）

**ミミバフサアサガオ** *Merremia umbellata* subsp. *orientalis*
ヒルガオ科のつる性多年草。花は黄色。葉は有毛。
¶帰化写2（p424/カ写）
野生5（p31/カ写）

**ミミハラハナガサ** *Hibiscus syriacus* 'Mimihara-hanagasa' 耳原花笠
アオイ科。ムクゲの品種。半八重咲き花笠型。
¶茶花下（p27/カ写）

**ミミブサタケ** *Wynnea gigantea*
ベニチャワンタケ科のキノコ。中型～大型。子嚢盤は耳形，内面は帯赤褐色。
¶新分牧（No.5155/モ図）
新牧日（No.5015/モ図）
山力日き（p554/カ写）

**ミミモチシダ** *Acrostichum aureum* 耳持羊歯
イノモトソウ科の常緑性シダ。葉身は長さ3m，狭長楕円形。
¶シダ標1（p377/カ写）
新分牧（No.4588/モ図）
新牧日（No.4465/モ図）
山レ増（p674/カ写）

**ミムラサキ** ⇒ムラサキシキブ(1)を見よ

**ミモサ** ⇒ネムノキを見よ

**ミモザ** ⇒フサアカシアを見よ

**ミモチスギナ** ⇒スギナを見よ

**ミヤウチソウ** *Cardamine trifida*
アブラナ科の多年草。別名ホソバコンロンソウ。
¶野生4（p58/カ写）
山レ増（p339/カ写）

**ミヤオソウ** ⇒ヒマラヤハッカクレンを見よ

**ミヤガラシ** *Rapistrum rugosum*
アブラナ科の一年草。高さは20～70cm。花は黄色。
¶帰化写改（p109/カ写）

**ミヤギノ** *Rhododendron*×*obtusum* 'Miyagino' 宮城野
ツツジ科。ツツジの品種。
¶**APG原樹**〔ツツジ'ミヤギノ'〕（No.1276/カ図）

**ミヤギノハギ** *Lespedeza thunbergii* subsp.*thunbergii* f.*thunbergii* 宮城野萩
マメ科マメ亜科の落葉低木。別名ナツハギ。花は紅紫色。
¶**APG原樹**（No.371/カ図）
学フ増樹（p231/カ写）
学フ増花庭（p216/カ写）
原牧1（No.1543/カ図）
新分牧（No.1674/モ図）
新牧日（No.1330/モ図）
茶花下（p271/カ写）
牧野ス1（No.1543/カ図）
ミニ山（p146/カ図）
野生2（p278/カ写）
山力樹木（p356/カ写）

ミヤギノハギ **（亜種）** *Lespedeza thunbergii* subsp.
*thunbergii* 宮城野萩
マメ科マメ亜科の大型の多年草。
¶野生2〔（亜種）ミヤギノハギ〕(p279)

ミヤグチコウメ *Prunus mume* 'Miyaguchi-koume'
宮口小梅
バラ科。ウメの品種。実ウメ，野梅系。
¶ウメ〔宮口小梅〕(p182/カ写)

ミヤケスゲ *Carex subumbellata* var.*subumbellata*
カヤツリグサ科の多年草。
¶カヤツリ (p380/モ図)
野生1 (p321/カ写)

ミヤケハタケゴケ *Riccia miyakeana*
ウキゴケ科のコケ。日本固有種。淡緑色，長さ1〜
2cm。
¶固有 (p226/カ写)

ミヤコアオイ *Asarum asperum* 都葵
ウマノスズクサ科の多年草。日本固有種。花は淡紫
褐色。
¶原牧1 (No.103/カ図)
固有 (p61)
山野草 (No.0406/カ写)
新分牧 (No.125/モ図)
新牧日 (No.699/モ図)
牧野ス1 (No.103/カ図)
山ハ山花 (p30/カ写)

ミヤコアザミ *Saussurea maximowiczii* 都薊
キク科アザミ亜科の多年草。別名マルバミヤコアザ
ミ。高さは50〜150cm。
¶原牧2 (No.2201/カ図)
新分牧 (No.3996/モ図)
新牧日 (No.3233/モ図)
茶花下 (p344/カ写)
牧野ス2 (No.4046/カ図)
野生5 (p259/カ写)
山力野草 (p100/カ写)
山ハ山花 (p563/カ写)

ミヤコイヌワラビ *Athyrium imbricatum*
メシダ科の夏緑性シダ。別名ダンドイヌワラビ。葉
身は長さ50cm，卵形〜楕円形。
¶シダ標2 (p301/カ写)

ミヤコイバラ *Rosa paniculigera* 都薔薇
バラ科バラ亜科の木本。日本固有種。
¶原牧1 (No.1814/カ図)
固有 (p78)
新分牧 (No.2009/モ図)
新牧日 (No.1202/モ図)
牧野ス1 (No.1814/カ図)
野生3 (p42/カ写)
山力樹木 (p247/カ写)

ミヤコオトギリ *Hypericum kinashianum*
オトギリソウ科の草本。日本固有種。
¶固有 (p65)
野生3 (p245/カ写)

ミヤコグサ *Lotus corniculatus* subsp.*japonicus* 都草
マメ科マメ亜科の多年草。別名ミヤコバナ，エボシ
グサ，キレンゲ，コガネバナ。高さは20〜40cm。
¶色野草 (p144/カ写)
学フ増野春 (p105/カ写)
原牧1 (No.1503/カ図)
山野草 (No.0627/カ写)
植調 (p261/カ写)
新分牧 (No.1732/モ図)
新牧日 (No.1290/モ図)
茶花上 (p584/カ写)
牧野ス1 (No.1503/カ図)
野生2 (p281/カ写)
山力野草 (p386/カ写)
山ハ野花 (p350/カ写)

ミヤココケリンドウ *Gentiana takushii* 宮古島苔
竜胆
リンドウ科の多年草。日本固有種。
¶固有 (p116)
野生4 (p296/カ写)

ミヤコザサ *Sasa nipponica* 都笹
イネ科タケ亜科の常緑小型ササ。日本固有種。別名
イトザサ。
¶APG原樹 (No.233/カ図)
原牧1 (No.926/カ図)
固有 (p173/カ写)
新分牧 (No.1036/モ図)
新牧日 (No.3627/モ図)
タケ亜科 (No.86/カ写)
タケササ (p116/カ写)
牧野ス1 (No.926/カ写)
野生2 (p35/カ写)
山力樹木 (p67/カ写)

ミヤコザサ - チマキザサ複合体 *Sasa nipponica -*
*S.palmata complex*
イネ科タケ亜科のササ。日本固有種。ミヤコザサ節
とチマキザサ節のそれぞれにおけるいずれかの種を
両親種とする。
¶固有 (p172)
タケ亜科 (No.81/カ写)

ミヤコジマソウ(1) *Hemigraphis okamotoi* 宮古島草
キツネノマゴ科の草本。花は白色。
¶山レ増 (p91/カ写)

ミヤコジマソウ(2) ⇒ヒロハサギゴケを見よ

ミヤコジマツヅラフジ *Cyclea insularis* 宮古島葛藤
ツヅラフジ科の草本。
¶原牧1 (No.1162/カ図)
新分牧 (No.1319/モ図)
新牧日 (No.659/モ図)
牧野ス1 (No.1162/カ図)
野生2 (p112/カ写)

ミヤコジマツルマメ *Glycine koidzumii* 宮古島蔓豆
マメ科マメ亜科のやや小型のつる性多年草。日本固
有種。
¶固有 (p80)
野生2 (p269)

ミヤコジマニシキソウ　*Euphorbia bifida*　宮古島錦草
トウダイグサ科の草本。別名アワユキニシキソウ。
¶原牧2（No.265/カ図）
　新分牧（No.2424/モ図）
　新牧日（No.1481/モ図）
　牧野ス1（No.2110/カ図）
　野生3（p159/カ写）

ミヤコジマハナワラビ　*Helminthostachys zeylanica*
宮古島花蕨
ハナヤスリ科（ミヤコジマハナワラビ科）の常緑性シダ。葉の高さは20〜60cm。
¶シダ標1（p290/カ写）
　新分牧（No.4510/モ図）
　新牧日（No.4400/モ図）
　山レ増（p686/カ写）

ミヤコジマハマアカザ　*Atriplex maximowicziana*
宮古島浜藜
ヒユ科（アカザ科）の常緑低木。
¶野生4（p135/カ写）

ミヤコジマボタンヅル　⇒サキシマボタンヅルを見よ

ミヤコドリ　*Camellia japonica* 'Miyakodori'　都鳥
ツバキ科。ツバキの品種。花は白色。
¶茶花上（p111/カ写）

ミヤコニシキ　*Prunus mume* 'Miyako-nishiki'　都錦
バラ科。ウメの品種。李系ウメ，難波性八重。
¶ウメ〔都錦〕（p94/カ写）

ミヤコバナ　⇒ミヤコグサを見よ

ミヤコミズ　*Pilea kiotensis*
イラクサ科の草本。
¶野生2（p350/カ写）

ミヤコヤナギ　*Salix* × *thaymasta*
ヤナギ科の雑種。
¶野生3〔ミヤコヤナギ（エゾノキヌヤナギ×ネコヤナギ）〕（p207）

ミヤコヤブソテツ　*Cyrtomium yamamotoi*
オシダ科のシダ植物。
¶シダ標2（p429/カ写）

ミヤコワスレ　⇒ミヤマヨメナを見よ

ミヤジマキンシゴケ　*Ditrichum sekii*
キンシゴケ科のコケ植物。日本固有種。
¶固有（p212）

ミヤジマシダ　*Polystichum balansae*
オシダ科の常緑性シダ。別名オニミヤジマシダ。葉身は長さ60cm，広披針形。
¶シダ標2（p413/カ写）

ミヤビカンアオイ　*Asarum celsum*
ウマノスズクサ科の多年草。日本固有種。奄美大島湯湾岳およびその周辺の山地に産する。
¶固有（p62）
　野生1（p66/カ写）
　山レ増（p374/カ写）

ミヤベイタヤ　⇒クロビイタヤを見よ

ミヤマアオイ　*Asarum fauriei* var.*nakaianum*
ウマノスズクサ科の多年草。日本固有種。
¶固有（p60）
　野生1（p70）

ミヤマアオスゲ　*Carex sachalinensis* var.*longiuscula*
深山青菅
カヤツリグサ科の多年草。日本固有種。高さは15〜30cm。
¶カヤツリ（p338/モ図）
　固有（p185）
　スゲ増（No.175/カ写）
　野生1（p320/カ写）
　山ハ山花（p174/カ写）

ミヤマアオダモ　*Fraxinus apertisquamifera*
モクセイ科の落葉小高木。日本固有種。別名コバシジノキ。
¶原牧2（No.1504/カ図）
　固有（p112）
　新分牧（No.3549/モ図）
　新牧日（No.2287/モ図）
　牧野ス2（No.3349/カ図）
　野生5（p62/カ写）
　山力樹木（p639/カ写）

ミヤマアカバナ　*Epilobium hornemannii*　深山赤花
アカバナ科の多年草。別名コアカバナ。高さは5〜25cm。
¶学フ増高山（p33/カ写）
　原牧2（No.455/カ図）
　新分牧（No.2507/モ図）
　新牧日（No.1940/モ図）
　牧野ス2（No.2301/カ図）
　ミニ山（p207/カ写）
　野生3（p266/カ写）
　山力野草（p325/カ写）
　山ハ高山（p170/カ写）

ミヤマアキカラマツ　⇒エゾカラマツを見よ

ミヤマアキノキリンソウ　*Solidago virgaurea* subsp. *leiocarpa*　深山秋の麒麟草
キク科キク亜科の多年草。別名コガネギク。
¶学フ増高山〔コガネギク〕（p127/カ写）
　茶花下（p271/カ写）
　野生5（p325/カ写）
　山力野草〔コガネギク〕（p32/カ写）
　山ハ高山（p387/カ写）

ミヤマアキノノゲシ　*Lactuca triangulata*　深山秋の野罌粟
キク科キクニガナ亜科の越年草。高さは60〜200cm。
¶原牧2（No.2246/カ図）
　新分牧（No.4059/モ図）
　新牧日（No.3278/モ図）
　牧野ス2（No.4091/カ図）
　野生5（p282/カ写）
　山ハ山花（p568/カ写）

ミヤマアケボノソウ　*Swertia perennis* subsp. *cuspidata*　深山曙草
リンドウ科の多年草。高さは15〜40cm。
¶原牧2（No.1358/カ図）
新分牧（No.3395/モ図）
新牧日（No.2339/モ図）
牧野ス2（No.3203/カ図）
野生4（p302/カ写）
山力野草（p255/カ写）
山ハ高山（p300/カ写）

ミヤマアシボソスゲ　*Carex scita* var.*scita*　深山足細菅
カヤツリグサ科の多年草。日本固有種。高さは20〜70cm。
¶カヤツリ（p226/モ図）
原牧1（No.830/カ図）
固有（p182）
新分牧（No.840/モ図）
新牧日（No.4123/モ図）
スゲ増（No.108/カ写）
牧野ス1（No.830/カ図）
野生1（p329/カ写）
山ハ高山（p61/カ写）
山ハ山花（p164/カ写）

ミヤマアズマギク　*Erigeron thunbergii* subsp. *glabratus* var.*glabratus*　深山東菊
キク科キク亜科の多年草。高さは10〜30cm。
¶学フ増高山（p76/カ写）
原牧2（No.1965/カ写）
山野草（No.1276/カ写）
新分牧（No.4146/モ図）
新牧日（No.3001/モ図）
牧野ス2（No.3810/カ図）
野生5（p321/カ写）
山力野草（p39/カ写）
山ハ高山（p384/カ写）

ミヤマアブラススキ　*Spodiopogon depauperatus*　深山油薄
イネ科キビ亜科の多年草。日本固有種。高さは60〜80cm。
¶桑イネ（p457/モ図）
原牧1〔コアブラススキ〕（No.1086/カ図）
固有（p165）
新分牧〔コアブラススキ〕（No.1153/モ図）
新牧日〔コアブラススキ〕（No.3875/モ図）
牧野ス1〔コアブラススキ〕（No.1086/カ図）
野生2（p97）
山ハ山花（p201/カ写）

ミヤマアワガエリ　*Phleum alpinum*　深山粟還り
イネ科イチゴツナギ亜科の多年草。高さは15〜50cm。
¶桑イネ（p380/モ図）
原牧1（No.998/カ図）
新分牧（No.1131/モ図）
新牧日（No.3742/モ図）
牧野ス1（No.998/カ図）
野生2（p59/カ写）
山力野草（p668/カ写）

山ハ高山（p75/カ写）

ミヤマイ　*Juncus beringensis*　深山藺
イグサ科の多年草。別名タテヤマイ。高さは15〜40cm。
¶学フ増高山（p237/カ写）
原牧1（No.675/カ図）
新分牧（No.712/モ図）
新牧日（No.3565/モ図）
牧野ス1（No.675/カ図）
野生1（p289/カ写）
山力野草（p643/カ写）
山ハ高山（p54/カ写）
山レ増（p566/カ写）

ミヤマイタチシダ　*Dryopteris sabaei*　深山鼬羊歯
オシダ科の常緑性シダ。日本固有種。葉身は長さ35〜45cm、卵状長楕円形〜広卵形。
¶固有（p208）
シダ標2（p360/カ写）
新分牧（No.4756/モ図）
新牧日（No.4541/モ図）

ミヤマイタドリ　⇒オンタデを見よ

ミヤマイチゴ(1)　⇒バライチゴを見よ

ミヤマイチゴ(2)　⇒ミヤマフユイチゴを見よ

ミヤマイチゴツナギ　*Poa malacantha* var. *shinanoana*　深山苺繋
イネ科イチゴツナギ亜科の多年草。別名タカネイチゴツナギ。
¶桑イネ（p397/モ図）
野生2（p62/カ写）
山ハ高山（p71/カ写）

ミヤマイヌザクラ　⇒シウリザクラを見よ

ミヤマイヌノハナノヒゲ　*Rhynchospora yasudana*　深山犬の鼻髭
カヤツリグサ科の多年草。日本固有種。
¶カヤツリ〔ミヤマイヌノハナノヒゲ〕（p550/モ図）
固有〔ミヤマイヌノハナノヒゲ〕（p188）
新分牧（No.752/モ図）
新牧日（No.4056/モ図）
野生1〔ミヤマイヌノハナノヒゲ〕（p355/カ写）

ミヤマイヌノハナヒゲ　⇒ミヤマイヌノハナノヒゲを見よ

ミヤマイヌワラビ　⇒カラフトミヤマシダを見よ

ミヤマイボタ　*Ligustrum tschonoskii* var.*tschonoskii*　深山水蠟
モクセイ科の落葉低木。別名オクイボタ。
¶APG原樹（No.1404/カ図）
原牧2（No.1513/カ図）
新分牧（No.3555/モ図）
新牧日（No.2296/モ図）
牧野ス2（No.3358/カ図）
野生5（p64/カ写）
山力樹木（p631/カ写）

ミヤマイラクサ　*Laportea cuspidata*　深山刺草
イラクサ科の多年草。別名アイコ。高さは40〜80cm。葉の表面に刺毛。

ミヤマイワスゲ　*Carex odontostoma*
カヤツリグサ科の多年草。別名カンサイイワスゲ，
ソボサンスゲ。
¶カヤツリ (p408/モ図)
スゲ増 (No.222/カ写)
野生1 (p325/カ写)

ミヤマイワデンダ　*Woodsia ilvensis*　深山岩連朶
イワデンダ科 (オシダ科) の夏緑性シダ。葉身は長
さ3〜15cm，披針形〜長楕円状披針形。
¶シダ標1 (p451/カ写)
新分牧 (No.4666/モ写)
新牧日 (No.4613/モ写)

ミヤマイワニガナ　*Ixeris stolonifera* var.*capillaris*
深山岩苦菜
キク科の多年草。
¶山ハ高山 (p441/カ写)

ミヤマウイキョウ　*Tilingia tachiroei*　深山茴香
セリ科セリ亜科の多年草。別名イワウイキョウ，シ
ラヤマニンジン。高さは10〜35cm。
¶学フ増高山 (p180/カ写)
原牧2〔ヤマウイキョウ〕(No.2436/カ図)
新分牧〔ヤマウイキョウ〕(No.4465/モ図)
新牧日〔ヤマウイキョウ〕(No.2050/モ図)
牧野ス2〔ヤマウイキョウ〕(No.4281/カ図)
野生5 (p400/カ写)
山力野草 (p311/カ写)
山ハ高山 (p355/カ写)

ミヤマウグイスカグラ　*Lonicera gracilipes* var.
*glandulosa*　深山鶯神楽
スイカズラ科の落葉低木。日本固有種。
¶APG原樹 (No.1482/カ写)
原牧2 (No.2332/カ図)
固有 (p134/カ写)
新分牧 (No.4352/モ図)
新牧日 (No.2855/モ写)
牧野ス2 (No.4177/カ図)
野生5 (p420/カ写)
山力樹木 (p687/カ写)

ミヤマウコギ　*Eleutherococcus trichodon*　深山五加
ウコギ科の落葉低木。日本固有種。
¶原牧2 (No.2375/カ図)
固有 (p97)
新分牧 (No.4417/モ図)
新牧日 (No.1986/モ写)
牧野ス2 (No.4220/カ図)
ミニ山 (p212/カ写)
野生5 (p376/カ写)
山力樹木 (p522/カ写)

ミヤマウシノケグサ　*Festuca ovina* subsp.*ruprechtii*
深山牛の毛草
イネ科の多年草。
¶桑イネ (p243/モ写)
山ハ高山 (p70/カ写)

ミヤマウスヒメワラビ　⇒ウスヒメワラビモドキを
見よ

ミヤマウスユキソウ　*Leontopodium fauriei* var.
*fauriei*　深山薄雪草
キク科キク亜科の多年草。日本固有種。別名ヒナウ
スユキソウ。高さは6〜15cm。
¶学フ増高山 (p205/カ写)
原牧2 (No.1977/カ図)
固有 (p141)
山野草 (No.1296/カ写)
新分牧 (No.4125/モ図)
新牧日 (No.3015/モ写)
茶花下 (p150/カ写)
牧野ス2 (No.3822/カ図)
野生5 (p348/カ写)
山力野草〔ヒナウスユキソウ〕(p8/カ写)
山ハ高山 (p376/カ写)

ミヤマウズラ　*Goodyera schlechtendaliana*　深山鶉
ラン科の多年草。高さは12〜25cm。花は微紅白色。
¶原牧1 (No.440/カ写)
山野草 (No.1708/カ写)
新分牧 (No.435/モ写)
新牧日 (No.4314/モ写)
牧野ス1 (No.440/カ写)
野生1 (p205/カ写)
山ハ山花 (p106/カ写)

ミヤマウツギ　⇒ウメウツギを見よ

ミヤマウツボグサ　*Prunella vulgaris* subsp.*asiatica*
var.*aleutica*　深山靭草
シソ科シソ亜科〔イヌハッカ亜科〕の多年草。
¶野生5 (p137/カ写)
山ハ高山 (p313/カ写)

ミヤマウド　*Aralia glabra*　深山独活
ウコギ科の草本。日本固有種。
¶原牧2 (No.2391/カ図)
固有 (p98)
新分牧 (No.4407/モ図)
新牧日 (No.2001/モ写)
牧野ス2 (No.4236/カ図)
野生5 (p374/カ写)
山ハ高山 (p341/カ写)
山ハ山花 (p463/カ写)

ミヤマウメモドキ　*Ilex nipponica*
モチノキ科の落葉低木。日本固有種。花は白色。
¶原牧2 (No.1845/カ図)
固有 (p87)
新分牧 (No.3885/モ写)
新牧日 (No.1636/モ写)
牧野ス2 (No.3690/カ図)
野生5 (p185/カ写)

ミヤマウラ **768**

**ミヤマウラギンタケ** *Inonotus radiatus*
タバコウロコタケ科のキノコ。
¶山女日き（p494/カ写）

**ミヤマウラジロ** *Aleuritopteris kuhnii* 深山裏白
イノモトソウ科の夏緑性シダ。日本固有種。別名ア
オミヤマウラジロ，アオジクミヤマウラジロ。葉身
は長さ10〜35cm，三角状披針形〜卵状三角形。
¶固有（p203/カ写）
シダ標1（p385/カ写）
新分牧（No.4615/モ図）
新牧日（No.4467/モ図）

**ミヤマウラジロイチゴ**(1) *Rubus idaeus* subsp.
*nipponicus* var.*hondoensis* 深山裏白苺
バラ科の落葉低木。
¶APG原樹（No.586/カ図）
原牧1（No.1765/カ図）
新分牧（No.1949/モ図）
新牧日（No.1106/モ図）
牧野ス1（No.1765/カ図）

**ミヤマウラジロイチゴ**(2) ⇒エゾキイチゴを見よ

**ミヤマウラボシ** *Selliguea veitchii* 深山裏星
ウラボシ科の夏緑性シダ。葉身は長さ4〜25cm，三
角状卵形。
¶シダ標2（p454/カ写）
新分牧（No.4777/モ図）
新牧日（No.4671/モ図）
山ハ高山（p463/カ写）

**ミヤマエゾクロウスゴ** *Vaccinium ovalifolium* var.
*alpinum*
ツツジ科スノキ亜科の落葉低木。日本固有種。
¶固有（p104）
野生4（p261/カ写）

**ミヤマエダウチホングウシダ** ⇒サンカクホング
ウシダを見よ

**ミヤマエンレイソウ** *Trillium tschonoskii* 深山延
齢草
シュロソウ科（ユリ科）の多年草。別名シロバナエ
ンレイソウ，シロバナノエンレイソウ。高さは20〜
30cm。花は白色。
¶学フ増野夏〔シロバナエンレイソウ〕（p158/カ写）
原牧1（No.311/カ図）
山野草（No.1337/カ写）
新分牧（No.357/モ図）
新牧日（No.3481/モ図）
茶花上〔しろばなえんれいそう〕（p403/カ写）
牧野ス1（No.311/カ写）
野生1（p161/カ写）
山力野草〔シロバナエンレイソウ〕（p638/カ写）
山ハ山花〔シロバナエンレイソウ〕（p56/カ写）

**ミヤマオクマワラビ** *Dryopteris polylepis*× *D.
uniformis*
オシダ科のシダ植物。
¶シダ標2（p375/カ写）

**ミヤマオグルマ** *Tephroseris kawakamii* 深山小車
キク科キク亜科の草本。
¶野生5（p312/カ写）

山力野草（p61/カ写）
山ハ高山（p393/カ写）

**ミヤマオシダ** *Dryopteris crassirhizoma*× *D.
monticola*
オシダ科のシダ植物。
¶シダ標2（p373/カ写）

**ミヤマオダマキ** *Aquilegia flabellata* var.*pumila* 深
山苧環
キンポウゲ科の多年草。別名ヒメオダマキ。高さは
10〜25cm。
¶学フ増高山（p19/カ写）
原牧1（No.1210/カ図）
山野草（No.0059/カ写）
新分牧（No.1360/モ図）
新牧日（No.536/モ図）
茶花上（p584/カ写）
牧野ス1（No.1210/カ写）
ミニ山（p45/カ写）
野生2（p138/カ写）
山力野草（p486/カ写）
山ハ高山（p107/カ写）

**ミヤマオダマキ（交配種）** *Aquilegia hybrids* 深山
苧環
キンポウゲ科の多年草。
¶山野草（No.0079/カ写）

**ミヤマオチバタケ** *Marasmius cohaerens*
ホウライタケ科のキノコ。
¶山力日き（p123/カ写）

**ミヤマオトギリ** ⇒シナノオトギリを見よ

**ミヤマオトコヨモギ** *Artemisia pedunculosa* 深山
男蓬
キク科キク亜科の多年草。日本固有種。高さは15
〜40cm。
¶学フ増高山（p120/カ写）
原牧2（No.2093/カ図）
固有（p152/カ写）
新分牧（No.4224/モ図）
新牧日（No.3127/モ図）
牧野ス2（No.3938/カ図）
野生5（p331/カ写）
山力野草（p78/カ写）
山ハ高山（p432/カ写）

**ミヤマオヒルムシロ** ⇒フトヒルムシロを見よ

**ミヤマカイドウ** ⇒オオウラジロノキを見よ

**ミヤマカタバミ** *Oxalis griffithii* 深山酢漿草
カタバミ科の多年草。別名エイザンカタバミ。高さ
は5〜10cm。
¶色野草（p30/カ写）
学フ増野春（p163/カ写）
原牧2（No.222/カ図）
山野草（No.0643/カ写）
新分牧（No.2265/モ図）
新牧日（No.1408/モ図）
牧野ス1（No.2067/カ図）
ミニ山（p161/カ写）
野生3（p142/カ写）

山カ野草（p369/カ写）
　　山ハ山花（p330/カ写）
ミヤマカナワラビ　⇒シノブカグマを見よ
ミヤマカニツリ　*Trisetum koidzumianum*　深山蟹釣
　イネ科イチゴツナギ亜科の多年草。日本固有種。別
　名タカネカニツリ。
　¶固有（p165）
　　野生2（p65/カ写）
　　山ハ高山（p75/カ写）
ミヤマガマズミ　*Viburnum wrightii* var.*wrightii*　深
　山莢蒾
　ガマズミ科〔レンプクソウ科〕（スイカズラ科）の落
　葉低木。別名テリハミヤマガマズミ。
　¶APG原樹（No.1466/カ写）
　　原牧2（No.2292/カ図）
　　新分牧（No.4330/モ図）
　　新牧日（No.2829/モ図）
　　茶花上（p318/カ写）
　　牧野ス2（No.4137/カ図）
　　野生5（p410/カ写）
　　山力樹木（p705/カ写）
　　落葉図譜（p310/モ図）
ミヤマカラクサゴケ　*Parmelia saxatilis*
　ウメノキゴケ科のキノコ。
　¶原きの（No.595/カ写・カ図）
ミヤマガラシ　⇒ヤマガラシを見よ
ミヤマカラマツ　*Thalictrum tuberiferum*　深山唐松
　キンポウゲ科の多年草。高さは30〜80cm。花は淡
　紫色。
　¶原牧1（No.1248/カ図）
　　山野草（No.0285/カ写）
　　新分牧（No.1369/モ図）
　　新牧日（No.573/モ図）
　　牧野ス1（No.1248/カ図）
　　ミニ山（p51/カ写）
　　野生2（p164/カ写）
　　山力野草（p485/カ写）
　　山ハ高山（p92/カ写）
　　山ハ山花（p232/カ写）
ミヤマカワラハンノキ　*Alnus fauriei*　深山川原榛
　の木
　カバノキ科の木本。日本固有種。別名オバルハン
　ノキ。
　¶APG原樹（No.741/カ図）
　　原牧2（No.154/カ図）
　　固有（p42）
　　新分牧（No.2177/モ図）
　　新牧日（No.132/モ図）
　　牧野ス1（No.1999/カ図）
　　野生3（p110/カ写）
　　山力樹木（p121/カ写）
ミヤマカンスゲ　*Carex multifolia*　深山寒菅
　カヤツリグサ科の多年草。日本固有種。花穂に淡紫
　褐色の鱗片がある。高さは20〜50cm。
　¶カヤツリ（p306/モ図）
　　原牧1（No.862/カ図）

　　固有（p184）
　　新分牧（No.881/モ図）
　　新牧日（No.4166/モ図）
　　スゲ増（No.156/モ図）
　　牧野ス1（No.862/カ写）
　　野生1（p317/カ写）
ミヤマガンピ　*Diplomorpha albiflora*　深山雁皮
　ジンチョウゲ科の落葉低木。日本固有種。別名ヒ
　オウ。
　¶固有（p91）
　　野生4（p39/カ写）
ミヤマキケマン　*Corydalis pallida* var.*tenuis*　深山黄
　華鬘
　ケシ科の越年草。別名ミヤマケマン。高さは15〜
　40cm。
　¶色野草（p153/カ写）
　　学フ増野春（p123/カ写）
　　山野草（No.0445/カ写）
　　茶花上（p318/カ写）
　　ミニ山（p81/カ写）
　　野生2（p106/カ写）
　　山カ野草（p461/カ写）
ミヤマキケマン（広義）　*Corydalis pallida*　深山黄
　華鬘
　ケシ科の越年草。別名ミヤマケマン，フウロケマ
　ン。花は黄色。
　¶原牧1（No.1153/カ図）
　　新分牧（No.1310/カ図）
　　新牧日（No.796/モ図）
　　牧野ス1（No.1153/カ図）
　　野生2〔フウロケマン〕（p106/カ写）
　　山ハ山花〔フウロケマン〕（p251/カ写）
ミヤマキスミレ　*Viola brevistipulata* subsp.
　*brevistipulata* var.*acuminata*　深山黄菫
　スミレ科の多年草。日本固有種。
　¶固有（p94）
　　野生3（p213/カ写）
　　山ハ高山（p182/カ写）
ミヤマキタアザミ　*Saussurea franchetii*　深山北薊
　キク科アザミ亜科の多年草。日本固有種。
　¶原牧2（No.2202/カ図）
　　固有（p148）
　　新分牧（No.3999/モ図）
　　新牧日（No.3235/モ図）
　　牧野ス2（No.4047/カ図）
　　野生5（p265/カ写）
　　山ハ高山（p419/カ写）
ミヤマキヌタソウ　*Galium nakaii*　深山砧草
　アカネ科の草本。日本固有種。
　¶固有（p119）
　　野生4（p276/カ写）
　　山ハ高山（p297/カ写）
ミヤマキハダ　*Phellodendron amurense* var.*lavallei*
　ミカン科の落葉高木。日本固有種。
　¶固有（p84）
　　野生3（p304）

ミヤマキヨ 770

ミヤマキヨタキシダ *Diplazium sibiricum* var.
*glabrum*×*D.squamigerum*
メシダ科のシダ植物。
¶シダ標2（p331/カ写）

ミヤマキランソウ ⇒ヤマジオウを見よ

ミヤマキリシマ *Rhododendron kiusianum* 深山霧島
ツツジ科ツツジ亜科の常緑低木。日本固有種。
¶APG原樹（No.1228/カ図）
学フ増樹（p33/カ写・カ図）
原牧2（No.1186/カ図）
固有（p107）
山野草（No.0777/カ写）
新分牧（No.3257/モ図）
新牧日（No.2132/モ図）
茶花上（p469/カ写）
牧野ス2（No.3031/カ図）
野生4（p245/カ写）
山力樹木（p551/カ写）

ミヤマキンバイ *Potentilla matsumurae* 深山金梅
バラ科バラ亜科の多年草。別名オクミヤマキンバ
イ。高さは10〜20cm。花は黄色。
¶学フ増高山（p100/カ写）
原牧1（No.1827/カ図）
山野草（No.0613/カ写）
新分牧（No.2021/モ図）
新牧日（No.1153/モ図）
牧野ス1（No.1827/カ図）
ミニ山（p127/カ写）
野生3（p37/カ写）
山力野草（p404/カ写）
山ハ高山（p204/カ写）

ミヤマキンポウゲ *Ranunculus acris* subsp.
*nipponicus* 深山金鳳花
キンポウゲ科の多年草。高さは10〜50cm。
¶学フ増高山（p87/カ写）
原牧1（No.1283/カ図）
新分牧（No.1390/モ図）
新牧日（No.606/モ図）
牧野ス1（No.1283/カ図）
ミニ山（p57/カ写）
野生2（p158/カ写）
山力野草（p466/カ写）
山ハ高山（p84/カ写）

ミヤマクマザサ *Sasa hayatae*
イネ科タケ亜科の常緑中型ササ。日本固有種。
¶固有（p172/カ写）
タケ亜科（No.64/カ写）
タケササ（p98/カ写）

ミヤマクマヤナギ *Berchemia pauciflora* 深山熊柳
クロタキカズラ科（クロウメモドキ科）の木本。日
本固有種。
¶APG原樹（No.643/カ図）
原牧2（No.20/カ図）
固有（p89）
新分牧（No.2063/モ図）
新牧日（No.1682/モ図）

牧野ス1（No.1865/カ図）
野生2（p318/カ写）

ミヤマクマワラビ *Dryopteris polylepis* 深山熊蕨
オシダ科の夏緑性シダ。葉身は長さ70cm, 倒披
針形。
¶シダ標2（p362/カ写）
新分牧（No.4752/モ図）
新牧日（No.4537/モ図）

ミヤマグルマ ⇒チョウノスケソウを見よ

ミヤマクルマバナ *Clinopodium macranthum* 深山
車花
シソ科シソ亜科〔イヌハッカ亜科〕の多年草。日本
固有種。高さは10〜40cm。
¶原牧2（No.1689/カ図）
固有（p126）
新分牧（No.3809/モ図）
新牧日（No.2600/モ図）
牧野ス2（No.3534/カ図）
野生5（p132/カ写）
山力野草（p226/カ写）
山ハ高山（p315/カ写）

ミヤマクロウスゴ *Vaccinium ovalifolium* f.
*platyanthum* 深山黒臼子
ツツジ科の落葉低木。花冠が扁平な壺形。
¶山ハ高山（p288/カ写）

ミヤマクロスゲ *Carex flavocuspis* 深山黒菅
カヤツリグサ科の多年草。別名エゾタヌキラン,
チャイロタヌキラン。高さは10〜50cm。
¶カヤツリ（p222/モ写）
原牧1（No.829/カ写）
新分牧（No.839/モ図）
新牧日（No.4122/モ図）
スゲ増（No.105/カ写）
牧野ス1（No.829/カ写）
野生1（p329/カ写）
山ハ高山（p62/カ写）

ミヤマクロソヨゴ ⇒アカミノイヌツゲ(1)を見よ

ミヤマクロモジ ⇒ウスゲクロモジを見よ

ミヤマクロユリ *Fritillaria camtschatcensis* var.
*keisukei* 深山黒百合
ユリ科の多年草。クロユリの染色体数2倍体の高山
型。高さは10〜30cm。
¶山力野草（p626/カ写）
山ハ高山（p24/カ写）

ミヤマクワガタ *Veronica schmidtiana* subsp.
*senanensis* 深山鍬形
オオバコ科（ゴマノハグサ科）の多年草。日本固有
種。別名シナノクワガタ。高さは10〜25cm。
¶学フ増高山（p65/カ写）
原牧2（No.1589/カ図）
固有（p131/カ写）
山野草（No.1070/カ写）
新分牧（No.3625/モ図）
新牧日（No.2733/モ図）
牧野ス2（No.3434/カ図）
野生5（p88）

山カ野草 (p178/カ写)
山ハ高山 (p334/カ写)

**ミヤマケマン**(1) ⇒ミヤマキケマンを見よ

**ミヤマケマン**(2) ⇒ミヤマキケマン（広義）を見よ

**ミヤマコアザミ**(1) *Cirsium japonicum* var.*ibukiense*
深山小薊
キク科の草本。ノアザミの変種。
¶山ハ山花 (p547/カ写)
山レ増 (p56/カ写)

**ミヤマコアザミ**(2) ⇒ノアザミを見よ

**ミヤマコウゾリナ** *Hieracium japonicum* 深山髪剃菜
キク科キクニガナ亜科の多年草。日本固有種。高さ
は10〜45cm。花は淡黄色。
¶原牧2 (No.2237/カ図)
固有 (p150)
新分牧 (No.4064/モ図)
新牧日 (No.3266/モ図)
牧野ス2 (No.4082/カ図)
野生5 (p277/カ写)
山カ野草 (p111/カ写)
山ハ高山 (p444/カ写)

**ミヤマコウボウ** *Anthoxanthum monticola* subsp.
*alpinum* 深山香茅
イネ科イチゴツナギ亜科の多年草。別名オオコメス
キ。高さは15〜30cm。
¶桑イネ (p263/モ図)
原牧1 (No.963/モ図)
新分牧 (No.1083/モ図)
新牧日 (No.3749/モ図)
牧野ス1 (No.963/カ図)
野生2 (p43/カ写)
山ハ高山 (p73/カ写)

**ミヤマコウモリソウ** *Parasenecio farfarifolius* var.
*acerinus*
キク科キク亜科の草本。日本固有種。別名モミジタ
マブキ。
¶原牧2〔モミジタマブキ〕(No.2139/カ図)
固有〔モミジタマブキ〕(p144)
新分牧〔モミジタマブキ〕(No.4090/モ図)
新牧日〔モミジタマブキ〕(No.3171/モ図)
牧野ス2〔モミジタマブキ〕(No.3984/カ図)
野生5 (p304)

**ミヤマコケシノブ** ⇒オニコケシノブを見よ

**ミヤマコゲノリ** *Umbilicaria proboscidea*
イワタケ科の地衣類。地衣体背面は黒褐色。
¶新分牧 (No.5182/モ図)
新牧日 (No.5042/モ図)

**ミヤマコゴメグサ** *Euphrasia insignis* subsp.*insignis*
var.*insignis* 深山小米草
ハマウツボ科（ゴマノハグサ科）の半寄生一年草。
日本固有種。高さは3〜15cm。
¶学フ増高山 (p197/カ写)
固有 (p128)
茶花下 (p272/カ写)
野生5〔ミヤマコゴメグサ（狭義）〕(p151/カ写)

山カ野草 (p186/カ写)
山ハ高山 (p320/カ写)

**ミヤマコナスビ** *Lysimachia tanakae*
サクラソウ科の多年草。日本固有種。高さは7〜
20cm。
¶原牧2 (No.1098/カ写)
固有 (p109/カ写)
新分牧 (No.3149/モ図)
新牧日 (No.2242/モ図)
牧野ス2 (No.2943/カ図)
野生4 (p193/カ写)

**ミヤマコメススキ** ⇒ヒロハノコメススキを見よ

**ミヤマコンギク** ⇒ハコネギクを見よ

**ミヤマサギスゲ** ⇒ヒメワタスゲを見よ

**ミヤマザクラ** *Cerasus maximowiczii* 深山桜
バラ科シモツケ亜科の落葉小高木。日本種の桜。高
さは4〜10m。花は白色。
¶APG原樹 (No.419/カ図)
学フ増桜 (p24/カ写)
原牧1 (No.1659/カ図)
新分牧 (No.1838/モ図)
新牧日 (No.1237/モ図)
牧野ス1 (No.1659/カ図)
野生3 (p62/カ写)
山カ樹木 (p307/カ写)

**ミヤマザサ** *Sasa septentrionalis* var.*septentrionalis*
イネ科タケ亜科のササ。
¶タケ亜科 (No.79/カ写)
タケササ (p105/カ写)

**ミヤマササガヤ** *Leptatherum nudum*
イネ科キビ亜科の草本。
¶野生2 (p88/カ写)

**ミヤマサワアザミ** ⇒エゾノミヤマアザミを見よ

**ミヤマシオガマ** *Pedicularis apodochila* 深山塩竈
ハマウツボ科（ゴマノハグサ科）の多年草。日本固
有種。高さは5〜20cm。
¶学フ増高山 (p60/カ写)
原牧2 (No.1771/カ図)
固有 (p129)
新分牧 (No.3854/モ図)
新牧日 (No.2753/モ図)
牧野ス2 (No.3616/カ図)
野生5 (p160/カ写)
山カ野草 (p190/カ写)
山ハ高山 (p326/カ写)

**ミヤマシキミ** *Skimmia japonica* var.*japonica* f.
*japonica* 深山樒
ミカン科の常緑低木。高さは50cm。花は黄白色。
¶APG原樹 (No.986/カ図)
学フ増樹 (p80/カ写)
学フ有毒 (p77/カ写)
原牧2 (No.577/カ図)
新分牧 (No.2596/モ図)
新牧日 (No.1514/モ図)
牧野ス2 (No.2422/カ図)

ミニ山 (p169/カ写)
野生3 (p304/カ写)
山力樹木 (p377/カ写)

**ミヤマシグレ** *Viburnum urceolatum f.procumbens*
深山時雨
レンプクソウ科 (スイカズラ科) の落葉低木。
¶ APG原樹 (No.1469/カ図)
原牧2 (No.2298/カ写)
新分牧 (No.4319/モ図)
新牧日 (No.2836/モ図)
茶花下 (p150/カ写)
牧野ス2 (No.4143/カ図)
山力樹木 (p715/カ写)

**ミヤマシケシダ** *Deparia pycnosora var.pycnosora*
深山湿気羊歯
メシダ科 (オシダ科) の夏緑性シダ。葉身は長さ30
～90cm, 長楕円形～倒披針形。
¶ 学フ増山菜 (p102/カ写)
シダ標2 (p343/カ写)

**ミヤマシシウド** *Angelica pubescens var.matsumurae*
深山猪独活
セリ科セリ亜科の多年草, 薬用植物。日本固有種。
¶ 学フ増高山 (p174/カ写)
固有 (p100/カ写)
野生5 (p389/カ写)
山力野草 (p316/カ写)
山ハ高山 (p343/カ写)

**ミヤマシシガシラ** *Blechnum castaneum* 深山獅子頭
シシガシラ科の常緑性シダ。日本固有種。別名アオ
ジクミヤマシシガシラ。葉身の長さは10～18cm。
¶ 固有 (p206/カ写)
シダ標1 (p459/カ写)
新分牧 (No.4673/モ図)
新牧日 (No.4617/モ図)

**ミヤマシシラン** ⇒ナカミシシランを見よ

**ミヤマシダ** *Diplazium sibiricum var.glabrum* 深山
羊歯
メシダ科 (オシダ科) の夏緑性シダ。葉身は長さ20
～35cm, 三角形。
¶ シダ標2 (p325/カ写)
新分牧 (No.4687/モ図)
新牧日 (No.4599/モ図)

**ミヤマシトネゴケ** ⇒タチハイゴケを見よ

**ミヤマシバスゲ** ⇒チャシバスゲを見よ

**ミヤマシャジン** *Adenophora nikoensis var.nikoensis f.nipponica* 深山沙参
キキョウ科の草本。別名ホソバノミヤマシャジン。
¶ 学フ増高山 (p72/カ写)
原牧2 (No.1869/カ図)
山野草 (No.1165/カ写)
新分牧 (No.3913/カ写)
新牧日 (No.2912/モ図)
牧野ス2 (No.3714/カ図)
山力野草 (p128/カ写)
山ハ高山 (p368/カ写)

**ミヤマジュズスゲ** *Carex dissitiflora*
カヤツリグサ科の多年草。日本固有種。高さは40
～80cm。
¶ カヤツリ (p234/モ図)
原牧1 (No.885/カ図)
固有 (p182)
新分牧 (No.804/モ図)
新牧日 (No.4193/モ図)
スゲ増 (No.113/カ写)
牧野ス1 (No.885/カ図)
野生1 (p322/カ写)

**ミヤマショウマ** ⇒サラシナショウマを見よ

**ミヤマシラスゲ** *Carex olivacea* subsp.*confertiflora*
深山白菅
カヤツリグサ科の多年草。日本固有種。高さは30
～80cm。
¶ カヤツリ (p466/モ図)
原牧1 (No.887/カ写)
固有 (p187/カ写)
新分牧 (No.906/モ図)
新牧日 (No.4195/モ図)
スゲ増 (No.260/カ写)
牧野ス1 (No.887/カ図)
野生1 (p333/カ写)
山ハ野花 (p144/カ写)

**ミヤマシロバイ** *Symplocos sonoharae*
ハイノキ科の木本。別名ルスン。
¶ 野生4 (p209/カ写)

**ミヤマスカシユリ** *Lilium maculatum* var.
*bukosanense*
ユリ科の多年草。日本固有種。
¶ 固有 (p160)
山野草 (No.1464/カ写)
野生1 (p172/カ写)
山レ増 (p573/カ写)

**ミヤマススキゴケ** *Dicranella subsecunda*
シッポゴケ科のコケ植物。日本固有種。
¶ 固有 (p212/カ写)

**ミヤマスズメノヒエ** *Luzula nipponica* 深山雀の稗
イグサ科の多年草。
¶ 原牧1 (No.695/カ写)
新分牧 (No.736/モ図)
新牧日 (No.3589/モ図)
牧野ス1 (No.695/カ写)
野生1 (p293/カ写)

**ミヤマスミレ** *Viola selkirkii* 深山菫
スミレ科の多年草。高さは3～10cm。花は紅紫色。
¶ 学フ増野春 (p58/カ写)
原牧2 (No.352/カ図)
山野草 (No.0719/カ写)
新分牧 (No.2337/カ写)
新牧日 (No.1825/モ図)
牧野ス1 (No.2197/カ図)
ミニ山 (p191/カ写)
野生3 (p220/カ写)
山力野草 (p339/カ写)

山ハ高山（p187/カ写）
山ハ山花（p314/カ写）

**ミヤマゼキショウ(1)** ⇒ナガエチャボゼキショウを見よ

**ミヤマゼキショウ(2)** ⇒ハコネハナゼキショウを見よ

**ミヤマセンキュウ** *Conioselinum filicinum* 深山川芎
セリ科セリ亜科の多年草。別名チョウカイゼリ。高さは40～80cm。
　¶学フ増高山（p175/カ写）
　原牧2（No.2464/カ図）
　新分牧（No.4451/モ図）
　新牧日（No.2078/モ図）
　牧野ス2（No.4309/カ図）
　ミニ山（p224/カ写）
　野生5（p394/カ写）
　山カ野草（p314/カ写）
　山ハ高山（p348/カ写）

**ミヤマゼンゴ** *Coelopleurum multisectum* 深山前胡,
深山前葫
セリ科セリ亜科の多年草。日本固有種。高さは40～60cm。
　¶原牧2〔ミヤマゼンコ〕（No.2462/カ図）
　固有〔ミヤマゼンコ〕（p99/カ写）
　新分牧〔ミヤマゼンコ〕（No.4473/モ図）
　新牧日〔ミヤマゼンコ〕（No.2076/モ図）
　茶花下（p151/カ写）
　牧野ス2〔ミヤマゼンコ〕（No.4307/カ図）
　野生5（p394/カ写）
　山カ野草〔ミヤマゼンコ〕（p314/カ写）
　山ハ高山〔ミヤマゼンコ〕（p350/カ写）

**ミヤマセントウソウ** *Chamaele decumbens* var.
*japonica*
セリ科セリ亜科の草本。日本固有種。
　¶原牧2（No.2425/カ図）
　固有（p101）
　新分牧（No.4449/モ図）
　新牧日（No.2040/モ図）
　牧野ス2（No.4270/カ図）
　野生5（p393）

**ミヤマダイコンソウ** *Geum calthifolium* var.
*nipponicum* 深山大根草
バラ科バラ亜科の多年草。高さは10～30cm。花は黄色。
　¶学フ増高山（p98/カ写）
　原牧1（No.1784/カ図）
　山野草（No.0600/カ写）
　新分牧（No.1982/モ図）
　新牧日（No.1167/モ図）
　牧野ス1（No.1784/カ図）
　ミニ山（p133/カ写）
　野生3（p31/カ写）
　山カ野草（p409/カ写）
　山ハ高山（p212/カ写）

**ミヤマダイモンジソウ** *Saxifraga fortunei* var.
*incisolobata* f.*alpina* 深山大文字草
ユキノシタ科の多年草。ダイモンジソウの高山型で

変異が多い。
　¶学フ増高山（p159/カ写）
　山カ野草（p420/カ写）
　山ハ高山（p159/カ写）

**ミヤマタゴボウ** ⇒ギンレイカを見よ

**ミヤマタニソバ** *Persicaria debilis* 深山谷蕎麦
タデ科の一年草。高さは10～50cm。
　¶原牧2（No.822/カ図）
　新分牧（No.2864/モ図）
　新牧日（No.284/モ図）
　牧野ス2（No.2667/カ図）
　ミニ山（p20/カ写）
　野生4（p92/カ写）
　山ハ山花（p252/カ写）

**ミヤマタニタデ** *Circaea alpina* 深山谷蓼
アカバナ科の多年草。高さは5～18cm。
　¶原牧2（No.471/カ図）
　新分牧（No.2500/モ図）
　新牧日（No.1956/モ図）
　牧野ス2（No.2316/カ図）
　ミニ山（p205/カ写）
　野生3（p263/カ写）
　山ハ山花（p304/カ写）

**ミヤマタニワタシ** *Vicia bifolia* 深山谷渡し
マメ科マメ亜科の多年草。高さは30～70cm。
　¶原牧1（No.1572/カ図）
　新分牧（No.1779/モ図）
　新牧日（No.1360/モ図）
　牧野ス1（No.1572/カ図）
　野生2（p301/カ写）

**ミヤマタネツケバナ** ⇒ミネガラシを見よ

**ミヤマタムラソウ** *Salvia lutescens* var.*crenata* 深
山田村草
シソ科シソ亜科〔イヌハッカ亜科〕の草本。日本固有種。別名ケナツノタムラソウ。
　¶固有（p122）
　茶花下（p151/カ写）
　野生5（p140/カ写）

**ミヤマタンポタケ** *Elaphocordyceps intermedia* f.
*michinokuënsis*
オフィオコルディセプス科の冬虫夏草。宿主はコロモツチダンゴ。
　¶冬虫生態（p250/カ写）
　山カ日き（p585/カ写）

**ミヤマタンポポ** *Taraxacum alpicola* 深山蒲公英
キク科キクニガナ亜科の多年草。日本固有種。別名タテヤマタンポポ。高さは10～20cm。
　¶学フ増高山（p128/カ写）
　原牧2（No.2264/カ図）
　固有（p147）
　新分牧（No.4020/モ図）
　新牧日（No.3292/モ図）
　牧野ス2（No.4109/カ図）
　野生5（p287/カ写）
　山カ野草（p110/カ写）
　山ハ高山（p436/カ写）

ミヤマチタ 774

ミヤマチダケササシ ⇒ハナチダケササシを見よ

ミヤマチドメ ⇒ヒメチドメ（広義）を見よ

ミヤマチドメグサ　Hydrocotyle yabei var.japonica
深山血止草
　ウコギ科（セリ科）の草本。
　¶原牧2（No.2367/カ図）
　　新分牧（No.4399/モ図）
　　新牧日（No.2007/モ図）
　　牧野ス2（No.4212/カ図）

ミヤマチドリ　Platanthera takedae subsp.takedae　深
山千鳥
　ラン科の多年草。日本固有種。別名ニッコウチド
リ。高さは25cm。
　¶原牧1（No.394/カ図）
　　固有（p191）
　　新分牧（No.462/モ図）
　　新牧日（No.4268/モ図）
　　牧野ス1（No.394/カ図）
　　野生1（p223/カ写）
　　山ハ高山（p38/カ写）

ミヤマチャヒキ ⇒フォーリーガヤを見よ

ミヤマチョウジザクラ　Cerasus apetala var.apetala
深山丁子桜
　バラ科シモツケ亜科の木本。日本固有種。
　¶固有（p77）
　　野生3（p62/カ写）

ミヤマチングルマ ⇒チョウノスケソウを見よ

ミヤマツエタケ　Hymenopellis aureocystidiata
　タマバリタケ科のキノコ。広義のツエタケに入る比
較的小型な種類。傘は褐色、周辺部に向かって帯褐
橙色。
　¶山カ日き（p598/カ写）

ミヤマツチトリモチ　Balanophora nipponica　深山
土取綱
　ツチトリモチ科の多年草。日本固有種。別名キュウ
シュウツチトリモチ。カエデ、クロヅルに寄生。高
さは8〜15cm。
　¶原牧2（No.764/カ図）
　　固有（p45）
　　新分牧（No.2802/モ図）
　　牧野ス2（No.2609/カ図）
　　野生4（p73/カ写）
　　山カ野草（p547/カ写）
　　山ハ山花（p264/カ写）
　　山レ増（p450/カ写）

ミヤマツツジ ⇒ムラサキヤシオツツジを見よ

ミヤマツバタケ　Leratiomyces squamosus
　モエギタケ科のキノコ。
　¶山カ日き（p226/カ写）

ミヤマツボスミレ　Viola verecunda var.fibrillosa　深
山壺菫
　スミレ科の草本。
　¶野生3（p223/カ写）
　　山カ野草（p351/カ写）
　　山ハ高山（p189/カ写）

ミヤマツメクサ　Minuartia macrocarpa var.jooi　深
山爪草
　ナデシコ科の多年草。日本固有種。高さは5cm
以下。
　¶原牧2（No.889/カ図）
　　固有（p47/カ写）
　　新分牧（No.2912/モ図）
　　新牧日（No.361/モ図）
　　牧野ス2（No.2734/カ図）
　　野生4（p115/カ写）
　　山ハ高山（p136/カ写）

ミヤマトウキ　Angelica acutiloba var.iwatensis　深山
当帰
　セリ科セリ亜科の多年草。日本固有種。別名イワテ
トウキ，ナンブトウキ。高さは20〜50cm。
　¶原牧2〔イワテトウキ〕（No.2439/カ図）
　　固有（p99）
　　新分牧〔イワテトウキ〕（No.4476/モ図）
　　新牧日〔イワテトウキ〕（No.2053/モ図）
　　牧野ス2〔イワテトウキ〕（No.4284/カ図）
　　ミ二山（p221/カ写）
　　野生5（p391/カ写）
　　山ハ高山（p344/カ写）

ミヤマトウバナ　Clinopodium micranthum var.
sachalinense　深山塔花
　シソ科シソ亜科〔イヌハッカ亜科〕の多年草。高さ
は30〜70cm。
　¶新分牧（No.3805/モ図）
　　新牧日（No.2596/モ図）
　　野生5（p133/カ写）
　　山カ野草（p225/カ写）
　　山ハ山花（p430/カ写）

ミヤマトウヒレン　Saussurea pennata
　キク科アザミ亜科の多年草。日本固有種。
　¶固有（p148）
　　野生5（p267）

ミヤマトサミズキ　Corylopsis gotoana　深山土佐水木
　マンサク科の落葉低木。別名コウヤミズキ。高さは
2〜5m。
　¶APG原樹〔コウヤミズキ〕（No.328/カ図）
　　原牧1（No.1343/カ図）
　　新分牧（No.1514/モ図）
　　新牧日（No.897/モ図）
　　茶花上〔こうやみずき〕（p266/カ写）
　　牧野ス1（No.1343/カ図）
　　野生2〔コウヤミズキ〕（p184/カ写）
　　山カ樹木〔コウヤミズキ〕（p239/カ写）

ミヤマドジョウツナギ　Glyceria alnasteretum　深山
泥鰌繋
　イネ科イチゴツナギ亜科の多年草。高さは60〜
110cm。
　¶桑イネ（p251/カ写・モ図）
　　原牧1（No.944/カ図）
　　新分牧（No.1049/モ図）
　　新牧日（No.3690/モ図）
　　牧野ス1（No.944/カ図）
　　野生2（p54/カ写）
　　山ハ高山（p71/カ写）

ミヤマトベラ　*Euchresta japonica*　深山扉
マメ科マメ亜科の常緑小低木。
¶**APG原樹**（No.376/カ図）
　原牧1（No.1558/カ図）
　新分牧（No.1646/モ図）
　新牧日（No.1345/モ図）
　牧野ス1（No.1558/カ図）
　ミニ山（p157/カ写）
　野生2（p267/カ写）
　山カ樹木（p359/カ写）

ミヤマトリカブト　*Aconitum nipponicum* subsp.
*nipponicum*　深山鳥兜
キンポウゲ科の擬似一年草。日本固有種。別名オチ
クラブシ，ホクロクトリカブト。
¶**学フ増高山**（p17/カ写）
　原牧1（No.1235/カ図）
　固有（p56）
　新分牧（No.1438/モ図）
　新牧日（No.560/モ図）
　牧野ス1（No.1235/カ図）
　野生2（p130/カ写）
　山カ野草（p491/カ写）
　山ハ高山（p114/カ写）

ミヤマトンビマイ　*Bondarzewia mesenterica*
ミヤマトンビマイ科のキノコ。傘表面は帯紫淡
褐色。
¶**原きの**（No.337/カ写・カ図）
　山カ日き（p489/カ写）

ミヤマナズナ(1)　⇒クモマナズナ(1)を見よ

ミヤマナズナ(2)　⇒トガクシナズナを見よ

ミヤマナデシコ　⇒シナノナデシコを見よ

ミヤマナナカマド　*Sorbus sambucifolia* var.
*pseudogracilis*　深山七竈
バラ科シモツケ亜科の落葉低木。タカネナナカマド
とともに分布し区別は難しい。
¶**野生3**（p84）

ミヤマナミキ　*Scutellaria shikokiana* var.*shikokiana*
深山波来
シソ科タツナミソウ亜科の多年草。日本固有種。高
さは5〜15cm。
¶**原牧2**（No.1642/カ図）
　固有（p124）
　新分牧（No.3736/モ図）
　新牧日（No.2554/モ図）
　牧野ス2（No.3487/カ図）
　野生5（p117/カ写）
　山ハ山花（p419/カ写）

ミヤマナラ　*Quercus crispula* var.*horikawae*　深山楢
ブナ科の木本。日本固有種。
¶**学フ増高山**（p227/カ写）
　固有（p43/カ写）
　野生3（p96/カ写）
　山ハ高山（p232/カ写）

ミヤマナルコ　⇒ミヤマナルコスゲを見よ

ミヤマナルコスゲ　*Carex shimidzensis*
カヤツリグサ科の多年草。別名アズマナルコ，ミヤ
マナルコ。高さは40〜80cm。
¶**カヤツリ**〔アズマナルコ〕（p196/モ図）
　原牧1（No.824/カ図）
　新分牧（No.834/モ図）
　新牧日（No.4117/モ図）
　スゲ増〔アズマナルコ〕（No.89/カ写）
　牧野ス1（No.824/カ図）
　野生1〔アズマナルコ〕（p312/カ写）

ミヤマナルコユリ　*Polygonatum lasianthum*　深山鳴
子百合
キジカクシ科〔クサスギカズラ科〕（ユリ科）の多年
草。日本固有種。高さは30〜70cm。
¶**学フ増野春**（p195/カ写）
　原牧1（No.601/カ図）
　固有（p154/カ写）
　山野草（No.1400/カ写）
　新分牧（No.610/モ図）
　新牧日（No.3468/モ図）
　茶花上（p469/カ写）
　牧野ス1（No.601/カ図）
　野生1（p258/カ写）
　山カ野草（p630/カ写）
　山ハ野花（p81/カ写）
　山ハ山花（p146/カ写）

ミヤマニガイチゴ　*Rubus subcrataegifolius*　深山苦苺
バラ科バラ亜科の落葉低木。
¶**原牧1**（No.1760/カ図）
　新分牧（No.1958/モ図）
　新牧日（No.1134/モ図）
　牧野ス1（No.1760/カ図）
　ミニ山（p135/カ写）
　野生3（p50/カ写）
　山カ樹木（p263/カ写）

ミヤマニガウリ　*Schizopepon bryoniifolius*　深山苦瓜
ウリ科の一年草。
¶**原牧2**（No.164/カ図）
　新分牧（No.2205/モ図）
　新牧日（No.1867/モ図）
　牧野ス1（No.2009/カ図）
　ミニ山（p202/カ写）
　野生3（p123/カ写）
　山カ野草（p142/カ写）
　山ハ山花（p354/カ写）

ミヤマニワトコ　⇒オオニワトコを見よ

ミヤマニンジン　*Ostericum florentii*　深山人参
セリ科セリ亜科の多年草。日本固有種。高さは15
〜30cm。
¶**原牧2**（No.2461/カ図）
　固有（p102）
　新分牧（No.4472/モ図）
　新牧日（No.2075/モ図）
　牧野ス2（No.4306/カ図）
　ミニ山（p226/カ写）
　野生5（p397/カ写）
　山ハ高山（p353/カ写）

**ミヤマヌカボ** *Agrostis flaccida* 深山糠穂
イネ科イチゴツナギ亜科の多年草。別名ヒメコメスキ。高さは15〜30cm。
¶桑イネ (p48/モ図)
原牧1 (No.986/カ図)
新分牧 (No.1089/モ図)
新牧日 (No.3728/モ図)
牧野ス1 (No.986/カ図)
野生2 (p40/カ写)
山ハ高山 (p78/カ写)

**ミヤマヌカボシソウ** *Luzula jimboi* subsp.*atrotepala*
深山糠星草
イグサ科の草本。日本固有種。
¶固有 (p162)
野生1 (p292)

**ミヤマネコノメソウ** ⇒イワボタンを見よ

**ミヤマネズ** *Juniperus communis* var.*nipponica* 深山杜松
ヒノキ科の常緑匍匐性低木。
¶APG原樹 (No.108/カ図)
学フ増高山 (p217/カ写)
原牧1 (No.51/カ図)
新分牧 (No.69/モ図)
新牧日 (No.70/モ図)
牧野ス1 (No.52/カ図)
野生1 (p40/カ写)
山ハ高山 (p456/カ写)

**ミヤマネズミガヤ(1)** *Muhlenbergia japonica* var. *nipponica*
イネ科ヒゲシバ亜科の草本。
¶野生2 (p71)

**ミヤマネズミガヤ(2)** ⇒コシノネズミガヤを見よ

**ミヤマノウルシ** ⇒ハクサンタイゲキを見よ

**ミヤマノガリヤス** *Calamagrostis sesquiflora* subsp. *urelytra* 深山野刈安
イネ科イチゴツナギ亜科の多年草。高さは5〜40cm。
¶野生2 (p49/カ写)
山ハ高山 (p77/カ写)

**ミヤマノガリヤス(広義)** *Calamagrostis sesquiflora* 深山野刈安
イネ科イチゴツナギ亜科の多年草。高さは15〜40cm。
¶桑イネ〔ミヤマノガリヤス〕(p133/モ図)
原牧1〔ミヤマノガリヤス〕(No.982/カ図)
新分牧〔ミヤマノガリヤス〕(No.1103/モ図)
新牧日〔ミヤマノガリヤス〕(No.3724/モ図)
牧野ス1〔ミヤマノガリヤス〕(No.982/カ図)

**ミヤマノギク** *Erigeron miyabeanus* 深山野菊
キク科キク亜科の多年草。日本固有種。
¶固有 (p151)
野生5 (p321/カ写)
山ハ高山 (p385/カ写)
山レ増 (p44/カ写)

**ミヤマノキシノブ** *Lepisorus ussuriensis* var.*distans*
深山軒忍
ウラボシ科の常緑性シダ。葉身は長さ8〜20cm, 線状披針形。
¶シダ標2 (p463/カ写)
新分牧 (No.4789/モ図)
新牧日 (No.4656/モ図)

**ミヤマノコギリシダ** *Diplazium mettenianum* 深山鋸羊歯
メシダ科(オシダ科)の常緑性シダ。別名キレバノコギリシダ, モロゾコシダ。葉身は長さ40cm, 長楕円形。
¶シダ標2 (p327/カ写)
新分牧 (No.4689/モ図)
新牧日 (No.4606/モ図)

**ミヤマノダケ(1)** *Angelica cryptotaeniifolia*
セリ科セリ亜科。日本固有種。別名イシヅチノダケ。
¶固有 (p100)
野生5 (p388)

**ミヤマノダケ(2)** ⇒オニノダケを見よ

**ミヤマバイケイソウ** *Veratrum alpestre* 深山梅蕙草
シュロソウ科(ユリ科)の多年草。高さは50〜100cm。
¶学フ増高山 (p236/カ写)
山ハ高山 (p17/カ写)

**ミヤマハギ** ⇒マルバハギを見よ

**ミヤマハコベ** *Stellaria sessiliflora* 深山繁縷
ナデシコ科の多年草。高さは30cm前後。
¶原牧2 (No.866/カ写)
新分牧 (No.2927/モ図)
新牧日 (No.338/モ図)
牧野ス2 (No.2711/カ図)
ミニ山 (p26/カ写)
野生4 (p124/カ写)
山力野草 (p519/カ写)
山ハ山花 (p259/カ写)

**ミヤマハシカンボク** *Blastus cochinchinensis*
ノボタン科の木本。
¶原牧2 (No.489/カ図)
新分牧 (No.2528/モ図)
新牧日 (No.1922/モ図)
牧野ス2 (No.2334/カ図)
野生3 (p274/カ写)

**ミヤマハタザオ** *Arabidopsis kamchatica* subsp. *kamchatica* 深山旗竿
アブラナ科の多年草。高さは10〜40cm。
¶学フ増高山 (p152/カ写)
原牧2 (No.745/カ写)
新分牧 (No.2729/モ図)
新牧日 (No.863/モ図)
牧野ス2 (No.2590/カ図)
ミニ山 (p89/カ写)
野生4 (p51/カ写)
山力野草 (p453/カ写)
山ハ高山 (p242/カ写)

ミヤマハナゴケ *Cladonia stellaris* 深山花苔
ハナゴケ科の地衣類。子柄は黄色を帯びる。
¶原きの（No.589/カ写・モ図）
　新牧日（No.5036/モ図）

ミヤマハナシノブ *Polemonium caeruleum* subsp.
*yezoense* 深山花忍
ハナシノブ科の多年草。日本固有種。別名エゾノハ
ナシノブ。高さは40〜80cm。
¶学フ増高山（p55/カ写）
　原牧2（No.1046/カ図）
　固有（p120/カ写）
　新分牧（No.3088/モ図）
　新牧日（No.2446/モ図）
　牧野ス2（No.2891/カ図）
　山力野草（p241/カ写）
　山ハ高山（p251/カ写）
　山レ増（p149/カ写）

ミヤマハナワラビ *Botrychium lanceolatum*
ハナヤスリ科の夏緑性シダ。別名ホソバミヤマハナ
ワラビ。葉身は長さ1〜6cm, 円錐形。
¶シダ標1（p291/カ写）
　山レ増（p687/カ写）

ミヤマハハソ ⇒ミヤマホオソを見よ

ミヤマハマナス ⇒タカネバラを見よ

ミヤマハルガヤ *Anthoxanthum odoratum* subsp.
*nipponicum* 深山春茅
イネ科イチゴツナギ亜科の多年草。
¶野生2（p43）
　山レ増（p555/カ写）

ミヤマハンショウヅル *Clematis alpina* subsp.
*ochotensis* var.*fusijamana* 深山半鐘蔓
キンポウゲ科の多年生つる草。日本固有種。花は紫
色, または青紫色。
¶APG原樹（No.271/カ図）
　学フ増高山（p20/カ写）
　原牧1（No.1306/カ図）
　固有（p54）
　山野草（p299）
　新分牧（No.1467/モ図）
　新牧日（No.628/モ図）
　茶花上（p585/カ写）
　牧野ス1（No.1306/カ図）
　ミニ山（p59/カ写）
　野生2（p142/カ写）
　山力野草（p474/カ写）
　山ハ高山（p99/カ写）

ミヤマハンノキ *Alnus alnobetula* subsp.
*maximowiczii* 深山榛の木
カバノキ科の落葉木。高さは5〜8m。
¶APG原樹（No.747/カ写）
　学フ増高山（p225/カ写）
　原牧2（No.155/カ図）
　新分牧（No.2178/モ図）
　新牧日（No.133/モ図）
　牧野ス1（No.2000/カ図）
　野生3（p108/カ写）

　山力樹木（p124/カ写）
　山ハ高山（p233/カ写）
　落葉図譜（p78/モ図）

ミヤマハンモドキ *Rhamnus ishidae* 深山榛擬
クロウメモドキ科の落葉小低木。日本固有種。別名
ユウバリノキ。
¶固有（p89/カ写）
　野生2（p322/カ写）
　山力樹木（p460/カ写）
　山ハ高山（p232/カ写）
　山レ増（p261/カ写）

ミヤマヒカゲノカズラ *Lycopodium alpinum* 深山
日陰の蔓
ヒカゲノカズラ科のシダ植物。
¶シダ標1〔チシマヒカゲノカズラ〕（p262/カ写）
　新分牧（No.4815/モ図）
　新牧日（No.4366/モ図）

ミヤマヒキオコシ *Isodon shikokianus* var.
*shikokianus* 深山引起こし
シソ科シソ亜科〔イヌハッカ亜科〕の多年草。日本
固有種。高さは40〜80cm。
¶固有（p123）
　野生5（p142/カ写）
　山ハ山花（p439/カ写）

ミヤマヒゴタイ (1) *Saussurea triptera* var.*major* 深
山平江帯
キク科の草本。
¶学フ増高山（p77/カ写）
　原牧2（No.2206/カ図）
　牧野ス2（No.4051/カ図）

ミヤマヒゴタイ (2) ⇒タカネヒゴタイを見よ

ミヤマヒナゲシ *Papaver alpinum*
ケシ科。別名タカネヒナゲシ。花は黄, 橙, 白色。
¶山野草（p.0460/カ写）

ミヤマヒナホシクサ (1) *Eriocaulon nanellum* 深山
雛星草
ホシクサ科の草本。
¶原牧1（No.668/カ写）
　新牧日（No.3604/モ図）
　牧野ス1（No.668/カ写）

ミヤマヒナホシクサ (2) ⇒アズマホシクサを見よ

ミヤマヒメヒラタケ *Panellus ringens*
ラッシタケ科のキノコ。
¶山日日き（p116/カ写）

ミヤマビャクシン *Juniperus chinensis* var.*sargentii*
深山柏槇
ヒノキ科の常緑匍匐性低木。別名シンパク。
¶APG原樹（No.102/カ図）
　原牧1（No.54/カ図）
　新分牧（No.72/モ図）
　新牧日（No.73/モ図）
　牧野ス1（No.55/カ図）
　野生1（p39/カ写）
　山力樹木（p55/カ写）
　山ハ高山（p458/カ写）

ミヤマフジキ ⇒ユクノキを見よ

ミヤマフタバラン　*Neottia nipponica*　深山二葉蘭
ラン科の多年草。高さは10〜25cm。
¶ **原牧1**（No.429/カ図）
　新分牧（No.471/モ図）
　新牧日（No.4303/モ図）
　牧野ス1（No.429/カ図）
　野生1（p215/カ写）
　山力野草（p574/カ写）
　山ハ高山（p40/カ写）

ミヤマフタマタゴケ　*Metzgeria furcata*　深山二叉苔
フタマタゴケ科のコケ。長さ1〜3cm。
¶ **新分牧**（No.4913/モ図）
　新牧日（No.4775/モ図）

ミヤマフユイチゴ　*Rubus hakonensis*　深山冬苺
バラ科バラ亜科の常緑匍匐性低木。別名ミヤマイ
チゴ。
¶ **APG原樹**（No.574/カ図）
　原牧1（No.1747/カ図）
　新分牧（No.1941/モ図）
　新牧日（No.1103/モ図）
　牧野ス1（No.1747/カ図）
　ミニ山（p135/カ写）
　野生3（p48/カ写）
　山力樹木（p264/カ写）

ミヤマベニイグチ　*Boletellus obscurecoccineus*
イグチ科のキノコ。小型〜中型。傘は深紅色〜帯紅
褐色。
¶ **原きの**（No.293/カ写・カ図）
　山力日き（p353/カ写）

ミヤマベニシダ　*Dryopteris monticola*　深山紅羊歯
オシダ科の夏緑性シダ。葉身は長さ50〜80cm, 長
楕円状卵形〜長楕円形。
¶ **シダ標2**（p360/カ写）
　新分牧（No.4750/モ図）
　新牧日（No.4533/モ図）

ミヤマヘビノネゴザ　*Athyrium rupestre*　深山蛇の寝
御座
メシダ科（イワデンダ科）の夏緑性シダ。別名タカ
ネヘビノネゴザ。葉身は披針形〜長楕円状披針形。
¶ **シダ標2**（p299/カ写）
　山ハ高山（p464/カ写）

ミヤマヘビノボラズ ⇒オオバメギを見よ

ミヤマホウソ ⇒ミヤマホオソを見よ

ミヤマホオソ　*Meliosma tenuis*　深山柞
アワブキ科の落葉低木。別名ミヤマハハソ, ミヤマ
ホウソ。
¶ **APG原樹**〔ミヤマハハソ〕（No.284/カ図）
　原牧1（No.1313/カ図）
　新分牧（No.1484/モ図）
　新牧日（No.1608/モ図）
　牧野ス1（No.1313/カ図）
　野生2〔ミヤマハハソ〕（p172/カ写）
　山力樹木〔ミヤマホウソ〕（p458/カ写）

ミヤマホソエノアザミ ⇒ホソエノアザミを見よ

ミヤマホソコウガイゼキショウ　*Juncus
kamtschatcensis*　深山細笄石菖
イグサ科の草本。別名チシマホソコウガイゼキ
ショウ。
¶ **野生1**（p290）

ミヤマホタルイ　*Schoenoplectiella hondoensis*　深山
蛍藺
カヤツリグサ科の多年草。日本固有種。
¶ **カヤツリ**（p670/モ図）
　固有（p188/カ写）
　新分牧（No.954/モ図）
　新牧日（No.3991/カ写）
　日水草（p194/カ写）
　野生1（p356/カ写）
　山ハ高山（p68/カ写）

ミヤマホタルカズラ　*Lithodora diffusa*
ムラサキ科の低木。高さは35cm。花は青色。
¶ **山野草**（p369）

ミヤマホツツジ　*Elliottia bracteata*　深山穂躑躅
ツツジ科ツツジ亜科の落葉低木。日本固有種。別名
ハコツツジ。高さは1〜1.5m。花は白でわずかに緑
みを帯びる。
¶ **APG原樹**（No.1327/カ図）
　学フ増高山（p192/カ写）
　原牧2（No.1163/カ図）
　固有（p108/カ写）
　新分牧（No.3224/モ図）
　新牧日（No.2110/モ図）
　牧野ス2（No.3008/カ写）
　野生4（p230/カ写）
　山力樹木（p576/カ写）
　山ハ高山（p267/カ写）

ミヤママスタケ　*Laetiporus montanus*
ツガサルノコシカケ科のキノコ。傘上面は帯紅橙色
〜朱紅色, 下面は薄黄色〜鮮黄色。
¶ **山力日き**〔ミヤママスタケ（新称）〕（p461/カ写）

ミヤママタタビ　*Actinidia kolomikta*　深山木天蓼
マタタビ科（サルナシ科）のつる性低木。花は白色。
¶ **APG原樹**（No.1195/カ図）
　原牧2（No.1157/カ図）
　新分牧（No.3200/モ図）
　新牧日（No.722/モ図）
　牧野ス2（No.3002/カ写）
　野生4（p220/カ写）
　山力樹木（p479/カ写）
　落葉図譜（p240/モ図）

ミヤママツムシソウ ⇒タカネマツムシソウを見よ

ミヤママコナ　*Melampyrum laxum* var.*nikkoense*
深山飯子菜, 深山継粉菜
ハマウツボ科（ゴマノハグサ科）の半寄生一年草。
日本固有種。高さは20〜50cm。
¶ **固有**（p130）
　茶花下（p273/カ写）
　野生5（p154/カ写）
　山力野草（p185/カ写）
　山ハ高山（p318/カ写）

山ハ山花（p443/カ写）

**ミヤママンネングサ** *Sedum japonicum* subsp. *japonicum* var.*senanense* 深山万年草
ベンケイソウ科の草本。日本固有種。
¶学フ増高山（p94/カ写）
原牧1（No.1400/カ図）
固有（p68）
新分牧（No.1595/モ図）
新牧日（No.906/モ図）
牧野ス1（No.1400/カ図）
野生2（p226/カ写）
山力野草（p435/カ写）
山ハ高山（p165/カ写）

**ミヤマミズ** *Pilea angulate* subsp.*petiolaris* 深山みず
イラクサ科の草本。高さは40〜80cm。
¶原牧2（No.77/カ図）
新分牧（No.2131/モ図）
新牧日（No.204/モ図）
牧野ス1（No.1922/カ図）
野生2（p350/カ写）
山ハ山花（p351/カ写）

**ミヤマミミナグサ** *Cerastium schizopetalum* 深山耳菜草
ナデシコ科の多年草。日本固有種。高さは10〜15cm。花は白色。
¶学フ増高山（p140/カ写）
原牧2（No.882/カ図）
固有（p48）
新分牧（No.2943/モ図）
新牧日（No.354/モ図）
牧野ス2（No.2727/カ図）
野生4（p111/カ写）
山力野草（p517/カ写）
山ハ高山（p142/カ写）

**ミヤマムギラン** *Bulbophyllum japonicum* 深山麦蘭
ラン科の多年草。
¶原牧1（No.472/カ図）
新分牧（No.515/モ図）
新牧日（No.4347/モ図）
牧野ス1（No.472/カ図）
野生1（p185/カ写）

**ミヤマムグラ** *Galium paradoxum* subsp. *franchetianum* 深山葎
アカネ科の多年草。高さは10〜30cm。
¶原牧2（No.1316/カ図）
新分牧（No.3350/モ図）
新牧日（No.2430/モ図）
茶花下（p152/カ写）
牧野ス2（No.3161/カ図）
野生4（p275/カ写）
山ハ山花（p390/カ写）

**ミヤマムシタケ** *Ophiocordyceps macularis*
オフィオコルディセプス科の冬虫夏草。宿主は甲虫の幼虫。
¶冬虫生態（p182/カ写）

**ミヤマムラサキ** *Eritrichium nipponicum* var. *nipponicum* 深山紫
ムラサキ科ムラサキ亜科の多年草。日本固有種。高さは6〜20cm。
¶学フ増高山（p56/カ写）
原牧2（No.1420/カ図）
固有（p120）
山地草（No.1000/カ写）
新分牧（No.3517/モ図）
新牧日（No.2480/モ図）
牧野ス2（No.3265/カ図）
野生5（p54/カ写）
山力野草（p234/カ写）
山ハ高山（p294/カ写）

**ミヤマメギ** ⇒オオバメギを見よ

**ミヤマメシダ** *Athyrium melanolepis* 深山雌羊歯
メシダ科（オシダ科, イワデンダ科）の夏緑性シダ。葉身は長さ60cm, 長楕円状披針形。
¶学フ増山菜（p189/カ写）
シダ標2（p298/カ写）
新分牧（No.4704/モ図）
新牧日（No.4592/モ図）
山ハ高山（p465/カ写）

**ミヤマモジズリ** *Hemipilia cucullata* 深山捩摺
ラン科の多年草。高さは10〜20cm。花は淡紅紫色。
¶原牧1（No.382/カ図）
新分牧（No.449/モ図）
新牧日（No.4255/モ図）
茶花下（p344/カ写）
牧野ス1（No.382/カ図）
野生1（p216/カ写）
山力野草（p565/カ写）
山ハ高山（p33/カ写）
山ハ山花（p125/カ写）

**ミヤマモミジ** ⇒アサノハカエデを見よ

**ミヤマモミジイチゴ** *Rubus pseudoacer* 深山紅葉苺
バラ科バラ亜科の落葉低木。日本固有種。
¶原牧1（No.1762/カ図）
固有（p76）
新分牧（No.1964/モ図）
新牧日（No.1124/モ図）
牧野ス1（No.1762/カ図）
野生3（p51/カ写）
山力樹木（p262/カ写）

**ミヤマヤシャブシ** *Alnus firma* f.*hirtella*
カバノキ科の落葉小高木または大型の低木。葉裏に毛が多い。
¶野生3（p109）

**ミヤマヤチヤナギ** *Salix fuscescens* 深山谷地柳
ヤナギ科の木本。北海道に分布し, 高山の湿地に生える。
¶野生3（p193/カ写）
山ハ高山（p176/カ写）
山レ増（p455/カ写）

**ミヤマヤナギ** *Salix reinii* 深山柳
ヤナギ科の落葉低木。別名ミネヤナギ。成葉は楕円
形または倒卵形。
　¶ **APG原樹**（No.829/カ図）
　　学フ増高山〔ミネヤナギ〕（p224/カ写）
　　原牧2（No.314/カ図）
　　新分牧（No.2391/モ図）
　　新牧日（No.105/モ図）
　　牧野ス1（No.2159/カ図）
　　野生3（p199/カ写）
　　山力樹木（p97/カ写）
　　山ハ高山〔ミネヤナギ〕（p174/カ写）

**ミヤマヤブタバコ** *Carpesium triste* 深山藪煙草
キク科キク亜科の多年草。日本固有種。別名ガンク
ビヤブタバコ。高さは40〜100cm。
　¶ **原牧2**（No.2003/カ図）
　　固有（p152/カ写）
　　新分牧（No.4261/モ図）
　　新牧日（No.3040/モ図）
　　牧野ス2（No.3848/カ図）
　　野生5（p352/カ写）
　　山ハ山花（p526/カ写）

**ミヤマヤブニンジン** *Osmorhiza aristata* var.
*montana*
セリ科セリ亜科の多年草。
　¶ **野生5**（p397）

**ミヤマヤマブキショウマ** *Aruncus dioicus* var.
*astilboides* 深山山吹升麻
バラ科シモツケ亜科の多年草。日本固有種。
　¶ **固有**（p79）
　　野生3（p61/カ写）
　　山ハ高山（p231/カ写）

**ミヤマヨメナ** *Aster savatieri* var.*savatieri* 深山嫁菜
キク科キク亜科の多年草。日本固有種。別名ノシュ
ンギク，アズマギク。高さは20〜50cm。花は紫青，
淡桃，白色。
　¶ **原牧2**（No.1956/カ図）
　　固有（p145/カ写）
　　新分牧（No.4166/モ図）
　　新牧日（No.2998/モ図）
　　茶花上〔みやこわすれ〕（p468/カ写）
　　茶花上（p470/カ写）
　　牧野ス2（No.3801/カ図）
　　野生5（p316/カ写）
　　山力野草（p33/カ写）
　　山ハ山花（p508/カ写）

**ミヤマラッキョウ** *Allium splendens* 深山辣韮
ヒガンバナ科（ユリ科，ネギ科）の多年草。高さは
25〜40cm。
　¶ **野生1**（p241/カ写）
　　山ハ高山（p48/カ写）

**ミヤマリンドウ** *Gentiana nipponica* var.*nipponica*
深山竜胆
リンドウ科の多年草。日本固有種。高さは5〜
10cm。花は紫青色。
　¶ **学フ増高山**（p51/カ写）
　　原牧2（No.1343/カ図）

固有（p115）
　山野草（No.0958/カ写）
　新分牧（No.3385/モ図）
　新牧日（No.2325/モ図）
　牧野ス2（No.3188/カ図）
　野生4（p297/カ写）
　山力野草（p265/カ写）
　山ハ高山（p306/カ写）

**ミヤマルリミノキ** ⇒リュウキュウルリミノキを
見よ

**ミヤマレンゲ**(1) ⇒オオバオオヤマレンゲを見よ

**ミヤマレンゲ**(2) ⇒オオヤマレンゲを見よ

**ミヤマワタスゲ**(1) ⇒タカネクロスゲを見よ

**ミヤマワタスゲ**(2) ⇒マツカサススキを見よ

**ミヤマワラビ** *Thelypteris phegopteris* 深山蕨
ヒメシダ科（オシダ科）の夏緑性シダ。葉身は長さ
10〜15cm，三角状長楕円形。
　¶ **シダ標1**（p432/カ写）
　　新分牧（No.4651/モ図）
　　新牧日（No.4550/モ図）

**ミヤマワレモコウ** *Sanguisorba longifolia* 深山吾
木紅
バラ科の多年草。高さは30〜100cm。
　¶ **山ハ高山**（p222/カ写）

**ミユキ** *Prunus mume* 'Miyuki' 御幸
バラ科。ウメの品種。杏系ウメ，豊後性八重。
　¶ **ウメ**〔御幸〕（p145/カ写）

**ミユキノヒカリ** *Prunus mume* 'Miyukinohikari' 御
幸の光
バラ科。ウメの品種。杏系ウメ，豊後性一重。
　¶ **ウメ**〔御幸の光〕（p134/カ写）

**ミョウガ** *Zingiber mioga* 茗荷
ショウガ科の多年草。若い花序や茎葉を食用とす
る。高さは40〜100cm。
　¶ **原牧1**（No.650/カ図）
　　新分牧（No.690/モ図）
　　新牧日（No.4232/モ図）
　　牧野ス1（No.650/カ図）
　　野生1（p275/カ写・モ図（p276））
　　山力野草（p589/カ写）

**ミョウガソウ** ⇒ヤブミョウガ(1)を見よ

**ミョウギイワザクラ** ⇒ミョウギコザクラを見よ

**ミョウギカラマツ** *Thalictrum minus* var.
*chionophyllum*
キンポウゲ科の多年草。日本固有種。
　¶ **固有**（p52）
　　野生2（p167/カ写）
　　山レ増（p389/カ写）

**ミョウギコザクラ** *Primula reinii* var.*myogiensis*
サクラソウ科の多年草。日本固有種。別名ミョウギ
イワザクラ。
　¶ **固有**〔ミョウギイワザクラ〕（p110）
　　野生4（p199/カ写）

山レ増〔ミョウギイワザクラ〕(p187/カ写)

**ミョウギシダ** *Goniophlebium someyae* 妙義羊歯
ウラボシ科の夏緑性シダ。日本固有種。別名アワ
ミョウギシダ。葉身は長さ10〜30cm, 狭卵形〜
卵形。
¶固有 (p210/カ写)
シダ標2 (p458/カ写)
新分牧 (No.4784/モ図)
新牧日 (No.4650/モ図)
山レ増 (p639/カ写)

**ミョウギシャジン** *Adenophora nikoensis* var.
*petrophila*
キキョウ科の草本。日本固有種。
¶固有 (p137)
野生5 (p189/カ写)

**ミョウコウ** *Clematis* 'Myōkō' 妙高
キンポウゲ科。クレマチスの品種。
¶APG原樹〔クレマチス'ミョウコウ'〕(No.280/カ図)

**ミョウコウアザミ** *Cirsium myokoense*
キク科アザミ亜科の草本。日本固有種。新潟県妙高
山系に分布。
¶固有 (p140)
野生5 (p240)

**ミョウコウイノデ** ⇒イワシロイノデを見よ

**ミョウコウトリカブト** *Aconitum nipponicum*
subsp.*nipponicum* var.*septemcarpum* 妙高鳥兜
キンポウゲ科の草本。日本固有種。
¶固有 (p56/カ写)
野生2 (p131/カ写)
山ハ高山 (p114/カ写)

**ミョウジョウ** *Prunus mume* 'Myōjō' 明星
バラ科。ウメの品種。野梅系ウメ, 野梅性八重。
¶ウメ〔明星〕(p74/カ写)

**ミョウショウジ** *Cerasus*×*introrsa* 'Myoshoji' 明
正寺
バラ科の落葉小高木。サクラの栽培品種。花は微淡
紅色。
¶学フ増桜〔'明正寺'〕(p126/カ写)

**ミョウジンヤナギ** *Salix*×*kawamurana*
ヤナギ科の雑種。
¶野生3〔ミョウジンヤナギ(オオキツネヤナギ×ネコヤ
ナギ)〕(p207)

**ミョウレンジ** ⇒ベニミョウレンジを見よ

**ミヨシノ** *Prunus mume* 'Miyoshino' 三吉野
バラ科。ウメの品種。野梅系ウメ, 野梅性一重。
¶ウメ〔三吉野〕(p44/カ写)

**ミヨノサカエ** *Rhododendron*×*pulchrum*
'Miyonosakae' 御代の栄
ツツジ科。ツツジの品種。
¶APG原樹〔ツツジ'ミヨノサカエ'〕(No.1265/カ図)

**ミル** *Codium fragile* 海松
ミル科の海藻。密に叉状に分岐し扇形。体は30cm。
¶新分牧 (No.4962/モ図)
新牧日 (No.4822/モ図)

**ミルスベリヒユ** *Sesuvium portulacastrum* var.
*portulacastrum*
ハマミズナ科の多年草。別名ハマミズナ, ハマスベ
リヒユ。葉は長楕円状線形〜線形。
¶野生4 (p143/カ写)

**ミルテ** ⇒ギンバイカを見よ

**ミルナ** ⇒オカヒジキを見よ

**ミルフラスコモ** *Nitella axilliformis*
シャジクモ科の水草。暗緑色。体長15〜30cm。
¶新分牧 (No.4944/モ図)
新牧日 (No.4804/モ図)

**ミルマツナ** ⇒シチメンソウを見よ

**ミロバランスモモ** *Prunus cerasifera*
バラ科の木本。高さは7〜8m。花は淡紅色。樹皮は
紫褐色。
¶新分牧 (No.1832/モ図)

# 【ム】

**ムカゴアカバナ** ⇒ヒメアカバナを見よ

**ムカゴイチゴツナギ** *Poa bulbosa* var.*vivipara* 零余
子苺繋
イネ科の多年草。
¶帰化写改 (p463/カ写)

**ムカゴイラクサ** *Laportea bulbifera* 零余子刺草, 零
余子蕁麻
イラクサ科の多年草。高さは40〜70cm。
¶原牧2 (No.71/カ図)
新分牧 (No.2135/モ図)
新牧日 (No.198/モ図)
茶花下 (p273/カ写)
牧野ス1 (No.1916/カ図)
ミニ山 (p10/カ写)
野生2 (p347/カ写)
山ハ山花 (p346/カ写)

**ムカゴサイシン** *Nervilia nipponica* 零余子細辛
ラン科の草本。日本固有種。
¶固有 (p192)
野生1 (p216/カ写)
山レ増 (p516/カ写)

**ムカゴサイシンモドキ** *Nervilia futago* 零余子細
辛擬
ラン科の地生の多年草。九州と沖縄島に分布。
¶野生1 (p217)

**ムカゴソウ** *Herminium lanceum* 零余子草
ラン科の草本。
¶原牧1 (No.383/カ図)
新分牧 (No.441/モ図)
新牧日 (No.4256/モ図)
牧野ス1 (No.383/カ図)
野生1 (p208/カ写)
山ハ山花 (p124/カ写)

## ムカゴツヅリ　Poa tuberifera　零余子綴
イネ科イチゴツナギ亜科の多年草。日本固有種。高さは30〜60cm。
¶桑イネ（p407/モ図）
原牧1（No.1006/カ図）
固有（p164）
新分牧（No.1128/モ図）
新牧日（No.3698/モ図）
牧野ス1（No.1006/カ図）
野生2（p61/カ写）
山ハ山花（p194/カ写）

## ムカゴトラノオ　Bistorta vivipara　零余子虎の尾
タデ科の多年草。別名コモチトラノオ。高さは10〜30cm。
¶学フ増高山（p135/カ写）
原牧2（No.850/カ図）
新分牧（No.2852/モ図）
新牧日（No.312/モ図）
牧野ス2（No.2695/カ図）
ミニ山（p23/カ写）
野生4（p87/カ写）
山カ野草（p536/カ写）
山ハ高山（p131/カ写）

## ムカゴトンボ　Peristylus densus　零余子蜻
ラン科の多年草。
¶原牧1（No.385/カ図）
新分牧（No.440/モ図）
新牧日（No.4258/モ図）
牧野ス1（No.385/カ図）
野生1（p219）
山ハ山花（p123/カ写）
山レ増（p518/カ写）

## ムカゴニンジン　Sium ninsi　零余子人参
セリ科セリ亜科の多年草。高さは30〜80cm。
¶原牧2（No.2418/カ図）
新分牧（No.4438/モ図）
新牧日（No.2034/モ図）
牧野ス2（No.4263/カ図）
野生5（p399/カ写）
山カ野草（p314/カ写）
山ハ野花（p498/カ写）

## ムカゴネコノメソウ　Chrysosplenium maximowiczii
零余子猫の目草
ユキノシタ科の多年草。日本固有種。高さは3〜20cm。
¶固有（p71）
野生2（p201/カ写）
山ハ山花（p267/カ写）
山レ増（p321/カ写）

## ムカゴユキノシタ　Saxifraga cernua　零余子雪の下
ユキノシタ科の多年草。高さは5〜25cm。
¶学フ増高山（p157/カ写）
原牧1（No.1381/カ図）
新分牧（No.1540/モ図）
新牧日（No.960/モ図）
牧野ス1（No.1381/カ図）

野生2（p211/カ写）
山カ野草（p418/カ写）
山ハ高山（p158/カ写）

## ムカシオオミダレタケ　Elmerina holophaea
アポルピウム科のキノコ。中型〜大型。傘は淡黄褐色。
¶山力日き（p537/カ図）

## ムカシベニシダ　Dryopteris anadroma
オシダ科の常緑性シダ。日本固有種。葉身は長さ15〜30cm、三角状長楕円形。
¶固有（p208）
シダ標2（p370/カ写）

## ムカシヨモギ　Erigeron acris var.kamtschaticus　昔艾
キク科キク亜科の多年草。別名ヤナギヨモギ。高さは30〜60cm。
¶原牧2〔ヤナギヨモギ〕（No.1967/カ図）
新分牧〔ヤナギヨモギ〕（No.4148/モ図）
新牧日〔ヤナギヨモギ〕（No.3003/モ図）
牧野ス2〔ヤナギヨモギ〕（No.3812/カ図）
野生5（p322/カ写）

## ムカデシダ　⇒オオクボシダを見よ

## ムカデシバ　⇒チャボウシノシッペイを見よ

## ムカデノリ　Grateloupia asiatica
ムカデノリ科の海藻。叢生、主軸の両側に羽状に分岐した枝が並ぶ。体は20〜30cm。
¶新分牧（No.5049/モ図）
新牧日（No.4910/モ図）

## ムカデラン　Pelatantheria scolopendrifolia　蜈蚣蘭
ラン科の多年草。
¶原牧1（No.480/カ図）
新分牧（No.528/モ図）
新牧日（No.4355/モ図）
牧野ス1（No.480/カ図）
野生1（p219/カ写）
山カ野草（p585/カ写）
山レ増（p489/カ写）

## ムギ
イネ科の穀物の総称。コムギ, オオムギ, ライムギなど。
¶山ハ野花（p189/カ写）

## ムギガラガヤツリ　Cyperus unioloides
カヤツリグサ科の多年草。
¶カヤツリ（p698/モ図）
野生1（p338）

## ムギクサ　Hordeum murinum　麦草
イネ科イチゴツナギ亜科の一年草または越年草。高さは15〜60cm。
¶学フ増夏〔ムギクサ〕（p240/カ写）
帰化写改（p449/カ写, p520/カ写）
桑イネ（p272/カ写・モ図）
原牧1（No.952/カ図）
植調（p323/カ写）
新分牧（No.1068/モ図）
新牧日（No.3670/モ図）
牧野ス1（No.952/カ図）

野生2 (p55/カ写)
山ハ野花 (p189/カ写)

**ムギグワイ (ムギクワイ)** ⇒アマナを見よ

**ムギセンノウ** *Agrostemma githago* 麦仙翁
ナデシコ科の一年草または多年草。別名ムギナデシコ。高さは30〜100cm。花は紫桃赤色。
¶帰化写改 (p32/カ写)
原牧2 (No.906/カ図)
新分牧 (No.2947/モ図)
新牧日 (No.378/モ図)
茶花上 (p470/カ写)
牧野ス2 (No.2751/カ図)

**ムキタケ** *Sarcomyxa serotina*
ガマノホタケ科 (クヌギタケ科) のキノコ。中型〜大型。傘は汚黄色〜黄褐色, 細毛を密生する。表皮ははがれやすい。
¶原きの (No.224/カ写・カ図)
山ハ日き (p115/カ写)

**ムギナデシコ**(1) ⇒バラモンジンを見よ

**ムギナデシコ**(2) ⇒ムギセンノウを見よ

**ムギホカルカヤ** ⇒メガルカヤを見よ

**ムキミカズラ** ⇒ツルコウゾを見よ

**ムギラン** *Bulbophyllum inconspicuum* 麦蘭
ラン科の多年草。別名イボラン。
¶原牧1 (No.471/カ図)
新分牧 (No.514/モ図)
新牧日 (No.4346/モ図)
牧野ス1 (No.471/カ図)
野生1 (p185/カ写)
山ハ山花 (p95/カ写)

**ムギワラギク** *Xerochrysum bracteatum* 麦藁菊
キク科の多年草。別名テイオウカイザイク, ストロー・フラワー。
¶原牧2 (No.1992/カ図)
新分牧 (No.4139/カ図)
新牧日 (No.3029/カ図)
茶花上 (p585/カ写)
牧野ス2 (No.3837/カ図)

**ムク**(1) ⇒ムクノキを見よ

**ムク**(2) ⇒ムクロジを見よ

**ムクイヌビワ** *Ficus irisana*
クワ科の木本。
¶野生2 (p336/カ写)

**ムクエノキ** ⇒ムクノキを見よ

**ムクゲ** *Hibiscus syriacus* 木槿
アオイ科の落葉小高木または低木。別名ハチス。高さは3〜4m。花は淡青紫, 白, ピンク色など。
¶APG原樹 (No.1014/カ図)
学フ増花庭 (p177/カ写)
学フ増葉草 (p216/カ写)
原牧2 (No.637/カ写)
新分牧 (No.2688/モ図)
新牧日 (No.1747/モ図)

都木花新 (p87/カ写)
牧野ス2 (No.2482/カ図)
野生4 (p29/カ写)
山力樹木 (p475/カ写)

**ムクゲアカバナ** *Epilobium parviflorum*
アカバナ科の多年草。茎や葉に毛を密生する点でオオアカバナに似る。
¶野生3 (p265)

**ムクゲ‘コバタ’** ⇒コバタを見よ

**ムクゲシケシダ** *Deparia kiusiana* 尨毛湿気羊歯
メシダ科 (オシダ科) の夏緑性シダ。葉身は長さ35〜40cm, 長楕円形〜長楕円状披針形。
¶シダ標2 (p345/カ写)
新分牧 (No.4683/モ図)
新牧日 (No.4582/モ図)

**ムクゲチャヒキ** *Bromus commutatus*
イネ科の一年草または越年草。高さは40〜100cm。
¶帰化写2 (p325/カ写)

**ムクゲナチシケシダ** *Deparia kiusiana*× *D.petersenii*
メシダ科のシダ植物。
¶シダ標2 (p349/カ写)

**ムクゲヒダハタケ** *Paxillus* sp.
ヒダハタケ科のキノコ。
¶山ハ日き (p291/カ写)

**ムクゲフモトシケシダ** *Deparia kiusiana*× *D. pseudoconilii*
メシダ科のシダ植物。
¶シダ標2 (p349/カ写)

**ムクゲムサシシケシダ** *Deparia japonica*× *D. kiusiana*
メシダ科のシダ植物。別名ハルムクゲシケシダ。
¶シダ標2 (p348/カ写)

**ムクノキ** *Aphananthe aspera* 椋の木
アサ科 (ニレ科) の落葉高木。別名ムク, ムクエノキ, モク。高さは20m。
¶APG原樹 (No.662/カ写)
原牧2 (No.40/カ図)
新分牧 (No.2076/モ図)
新牧日 (No.163/モ図)
都木花新 (p45/カ写)
牧野ス1 (No.1885/カ図)
野生2 (p328/カ写)
山力樹木 (p158/カ写)
落葉図譜 (p100/モ図)

**ムクミカズラ** ⇒ツルコウゾを見よ

**ムクムクゴケ** *Trichocolea tomentella*
ムクムクゴケ科のコケ。別名アオジロムクムクゴケ。白緑色〜緑褐色, 長さ2〜数cm。
¶新分牧 (No.4905/モ図)
新牧日 (No.4761/モ図)

**ムクムクサワラゴケ** ⇒サワラゴケを見よ

**ムクムクシミズゴケ** ⇒カワゴケを見よ

**ムクムクチリメンゴケ** ⇒ハイゴケを見よ

ムグラ

784

**ムグラ** ⇒カナムグラを見よ

**ムクロジ** *Sapindus mukorossi* 無患子
ムクロジ科の落葉高木。別名ムク、シマムクロジ。熱帯では薬用に果を市販する。高さは20m。花は淡黄緑色。
¶**APG原樹**(No.945/カ図)
　学フ増樹(p220/カ写・カ図)
　原牧2(No.516/カ図)
　新分牧(No.2593/モ図)
　新牧日(No.1599/モ図)
　都木花新(p180/カ写)
　牧野ス2(No.2361/カ図)
　野生3(p299/カ写)
　山力樹木(p456/カ写)

**ムコナ** ⇒シラヤマギクを見よ

**ムササビタケ** *Psathyrella piluliformis*
ナヨタケ科のキノコ。小型〜中型。傘は黄褐色〜褐色, 幼時被膜あり。湿時条線。ひだは淡灰褐色〜暗褐色。
¶山力日き(p211/カ写)

**ムサシアブミ** *Arisaema ringens* 武蔵鐙
サトイモ科の多年草。別名カキツバナ(古名)。あぶみ状の仏炎苞をもつ。高さは10〜20cm。
¶色野草(p342/カ写)
　学フ増野春(p230/カ写)
　原牧1(No.189/カ図)
　山野草(No.1630/カ写)
　新分牧(No.224/モ図)
　新牧日(No.3920/モ図)
　茶花上(p471/カ写)
　テンナン(No.7/カ写)
　牧野ス1(No.189/カ図)
　野生1(p97/カ写)
　山力野草(p650/カ写)
　山ハ野花(p26/カ写)
　山ハ山花(p40/カ写)

**ムサシシケシダ** *Deparia× musashiensis*
メシダ科のシダ植物。
¶シダ標2(p348/カ写)

**ムサシタイゲキ** ⇒センダイタイゲキを見よ

**ムサシノ** *Prunus mume* 'Musashino' 武蔵野
バラ科。ウメの品種。杏系ウメ, 豊後性八重。
¶ウメ〔武蔵野〕(p145/カ写)

**ムサシモ** *Najas ancistrocarpa* 武蔵藻
トチカガミ科(イバラモ科)の沈水植物。別名マガリミサヤモ。葉は糸状, 縁に細かい鋸歯がある。
¶原牧1(No.239/カ図)
　新分牧(No.284/モ図)
　新牧日(No.3362/モ図)
　日水草(p101/カ写)
　牧野ス1(No.239/カ図)
　野生1(p122/カ写)

**ムサシワチガイソウ** ⇒ヒナワチガイソウを見よ

**ムシカリ** ⇒オオカメノキを見よ

**ムシクサ** *Veronica peregrina* 虫草
オオバコ科(ゴマノハグサ科)の一年草。高さは5〜20cm。
¶原牧2(No.1577/カ図)
　植調(p108/カ写)
　新分牧(No.3616/モ図)
　新牧日(No.2720/モ図)
　牧野ス2(No.3422/カ写)
　野生5(p84/カ写)
　山力野草(p180/カ写)
　山ハ野花(p482/カ写)

**ムシヅル** ⇒ヒシモドキを見よ

**ムシトリスミレ** *Pinguicula macroceras* 虫取菫
タヌキモ科の多年生食虫植物。高さは5〜15cm。
¶学フ増高山(p68/カ写)
　原牧2(No.1787/カ写)
　山野草(No.1129/カ写)
　新分牧(No.3672/モ図)
　新牧日(No.2806/モ図)
　牧野ス2(No.3632/カ写)
　野生5(p163/カ写)
　山力野草(p160/カ写)
　山ハ高山(p339/カ写)
　山ハ山花(p460/カ写)

**ムシトリセンショウ** ⇒イワショウブを見よ

**ムシトリナデシコ** *Atocion armeria* 虫取り撫子, 虫捕り撫子
ナデシコ科の一年草または多年草。別名ハエトリナデシコ, コマチグサ, コマチソウ, スイート・ウィリアム・キャッチフライ。高さは50〜60cm。花は紅紫色。
¶色野草(p253/カ写)
　学フ増野夏(p28/カ写)
　帰化写改(p40/カ写, p491/カ写)
　原牧2(No.911/カ図)
　植調(p225/カ写)
　新分牧(No.2969/モ図)
　新牧日(No.383/モ図)
　茶花上(p471/カ写)
　牧野ス2(No.2756/カ図)
　山力野草(p524/カ写)
　山ハ野花(p279/カ写)

**ムシトリマンテマ** *Silene antirrhina*
ナデシコ科の一年草または越年草。高さは10〜70cm。花は白または淡紅色。
¶帰化写2(p37/カ写)

**ムジナオオバコ** *Plantago depressa*
オオバコ科の一年草。高さは30cm。
¶帰化写改(p306/カ写)

**ムジナスゲ** *Carex lasiocarpa* var.*occultans*
カヤツリグサ科の多年草。別名ヤチクグ。
¶カヤツリ(p510/モ図)
　スゲ増(No.284/カ写)
　野生1(p335/カ写)

**ムジナタケ** *Psathyrella velutina*
ナヨタケ科(ヒトヨタケ科)のキノコ。小型〜中型。

傘はさび褐色, 繊維状鱗片がある。ひだは暗紫褐色。
¶学フ増毒き (p128/カ写)
　原きの (No.150/カ写・カ図)
　山カ日き (p211/カ写)

**ムジナノカミソリ** *Lycoris sanguinea* var.*koreana*
ヒガンバナ科の多年草。
¶野生1 (p244)

**ムジナモ** *Aldrovanda vesiculosa* 狢藻
モウセンゴケ科の沈水性浮遊植物。茎は長さ5〜25cm, 白〜緑白色の花。
¶原牧2 (No.856/カ図)
　新分牧 (No.2896/モ図)
　新牧日 (No.764/モ図)
　日水草 (p263/カ写)
　牧野ス2 (No.2701/カ図)
　野生4 (p105/カ写)
　山カ野草 (p441/カ写)
　山レ増 (p350/カ写)

**ムシャザクラ** ⇒ナデンを見よ

**ムシャナルコスゲ** ⇒シラスゲを見よ

**ムシャリンドウ** *Dracocephalum argunense* var.*japonicum* 武者竜胆, 武佐竜胆
シソ科シソ亜科〔イヌハッカ亜科〕の多年草。高さは15〜30cm。花は青紫色。
¶学フ増増夏 (p41/カ写)
　原牧2 (No.1647/カ図)
　山野草 (No.1042/カ写)
　新分牧 (No.3783/モ図)
　新牧日 (No.2559/モ図)
　茶花上 (p586/カ写)
　牧野ス2 (No.3492/カ図)
　野生5 (p133/カ写)
　山カ野草 (p210/カ写)
　山ハ山花 (p423/カ写)
　山レ増 (p133/カ写)

**ムシヨケギク** ⇒シロムシヨケギクを見よ

**ムジンソウ** ⇒シュンギクを見よ

**ムスカリ** ⇒ルリムスカリを見よ

**ムスビジョウ** ⇒カラスウリを見よ

**ムセンスゲ** *Carex livida* 無線菅
カヤツリグサ科の多年草。
¶カヤツリ (p422/モ図)
　スゲ増 (No.233/カ図)
　野生1 (p331/カ写)

**ムチゴケ** *Bazzania pompeana*
ムチゴケ科のコケ。別名オオムカデゴケ。茎は長さ12cm。
¶新分牧 (No.4906/モ図)
　新牧日 (No.4763/モ図)

**ムチモ** *Mutimo cylindricus*
ムチモ科の海藻。円柱状。
¶新分牧 (No.4969/モ図)
　新牧日 (No.4829/モ図)

**ムツアジサイ** ⇒エゾアジサイを見よ

**ムツオレガヤツリ** ⇒キンガヤツリを見よ

**ムツオレグサ** *Glyceria acutiflora* subsp.*japonica* 六折草
イネ科イチゴツナギ亜科の抽水性多年草。別名ミノゴメ, タムギ。高さは30〜60cm。葉身は線形。
¶桑イネ (p250/カ写・モ図)
　原牧 (No.941/カ図)
　植調 (p24/カ写)
　新分牧 (No.1046/モ図)
　新牧日 (No.3687/モ図)
　日水草 (p206/カ写)
　牧野ス1 (No.941/カ図)
　野生2 (p54/カ写)
　山ハ野花 (p162/カ写)

**ムツオレダケ** *Phyllostachys bambusoides* f.*geniculata* 六折竹
イネ科のタケ。
¶タケササ (p24/カ写)

**ムツキンボウゲ** ⇒オオウマノアシガタを見よ

**ムッチャガラ** *Ilex maximowicziana* var.*kanehirae*
モチノキ科の常緑性低木。別名シマイヌツゲ。
¶野生5 (p181/カ写)

**ムツデチョウチンゴケ** *Pseudobryum speciosum*
チョウチンゴケ科のコケ。日本固有種。大型, 茎は長さ10cm。葉は光沢があり, 長楕円形。
¶固有 (p215/カ写)

**ムツトウヒレン** *Saussurea hosoiana*
キク科アザミ亜科の多年草。日本固有種。
¶固有 (p148)
　新分牧 (No.4006/モ図)
　野生5 (p268/カ写)

**ムツノウラベニタケ** *Clitopilus popinalis*
イッポンシメジ科のキノコ。小型〜中型。傘は灰白色, 微粉状。ひだはピンク色。
¶山カ日き (p276/カ写)

**ムツノガリヤス** *Calamagrostis matsumurae* 陸奥野刈安
イネ科イチゴツナギ亜科の多年草。日本固有種。
¶桑イネ (p130/モ図)
　固有 (p168)
　野生2 (p48/カ写)

**ムツバアカネ** ⇒セイヨウアカネを見よ

**ムニンアオガンピ** *Wikstroemia pseudoretusa* 無人青雁皮
ジンチョウゲ科の半常緑の低木。小笠原固有種。別名オガサワラガンピ。高さは1〜2m。
¶原牧2 (No.670/カ図)
　固有 (p91/カ写)
　新分牧 (No.2710/モ図)
　新牧日 (No.1775/モ図)
　牧野ス2 (No.2515/カ図)
　野生4 (p42/カ写)
　山カ樹木 (p727/カ写)
　山レ増 (p256/カ写)

**ムニンイヌグス** ⇒オガサワラアオグスを見よ

ムニンイヌ

## ムニンイヌツゲ　*Ilex matanoana*
モチノキ科の常緑低木。日本固有種。
¶原牧2（No.1842/カ図）
　固有（p88/カ写）
　新分牧（No.3866/モ図）
　新牧日（No.1633/モ図）
　牧野ス2（No.3687/カ図）
　野生5（p182/カ写）
　山レ増（p266/カ写）

## ムニンイヌノハナヒゲ　*Rhynchospora japonica* var.
*curvoaristata*
カヤツリグサ科の多年草。イヌノハナヒゲの変種。
小笠原諸島に生える。
¶野生1（p354/カ写）

## ムニンエダウチホングウシダ　*Lindsaea repanda*
無人枝打ち本宮羊歯
ホングウシダ科（イノモトソウ科）の常緑性シダ。
日本固有種。葉身は長さ8〜13cm、三角状長楕円形。
¶固有（p202/カ写）
　シダ標1（p352/カ写）
　新分牧（No.4569/モ図）
　新牧日（No.4456/モ図）
　山レ増（p678/カ写）

## ムニンエノキ　⇒クワノハエノキを見よ

## ムニンオニヤブソテツ　*Cyrtomium falcatum* subsp.
*australe*
オシダ科のシダ植物。
¶シダ標2（p428/カ写）

## ムニンカラスウリ　*Trichosanthes ovigera* var.
*boninensis*
ウリ科の草本。日本固有種。
¶固有（p94）
　野生3（p124/カ写）

## ムニンキケマン　*Corydalis heterocarpa* var.
*brachystyla*
ケシ科の越年草。
¶野生2（p107/カ写）

## ムニンキヌラン　*Zeuxine boninensis*
ラン科の草本。日本固有種。
¶固有（p189）
　野生1（p231）

## ムニンクラマゴケ　⇒ヒバゴケを見よ

## ムニンクロガヤ　*Gahnia aspera*
カヤツリグサ科の多年草。
¶カヤツリ（p568/モ図）
　野生1（p351/カ写）

## ムニンクロキ　*Symplocos boninensis*
ハイノキ科の常緑高木。日本固有種。
¶固有（p112）
　新分牧（No.3180/モ図）
　野生4（p210/カ写）

## ムニンゴシュユ　*Melicope nishimurae*
ミカン科の常緑低木。日本固有種。
¶原牧2（No.565/カ図）
　固有（p84）

新分牧（No.2614/モ図）
新牧日（No.1502/モ図）
牧野ス2（No.2411/カ図）
野生3（p302/カ写）
山レ増（p268/カ写）

## ムニンサジラン　*Loxogramme boninensis*
ウラボシ科の常緑性シダ。日本固有種。別名シマサ
ジラン。葉身は長さ10〜25cm、狭披針形。
¶固有（p210）
　シダ標2（p452/カ写）
　山レ増（p639/カ写）

## ムニンシシラン　*Haplopteris ensiformis*
イノモトソウ科のシダ植物。ヒメシシランのうち、
小笠原諸島に生育するもの。
¶シダ標1（p388/カ写）

## ムニンシダ　*Asplenium polyodon*
チャセンシダ科の常緑性シダ。長さ30〜50cm。葉
身は単羽状複生。
¶シダ標1（p412/カ写）
　山レ増（p666/カ写）

## ムニンシャシャンボ　*Vaccinium boninense*
ツツジ科スノキ亜科の常緑低木。小笠原固有種。高
さは1〜2m。
¶固有（p105）
　野生4（p258/カ写）
　山力樹木（p729/カ写）
　山レ増（p219/カ写）

## ムニンシュスラン　*Goodyera hachijoensis* var.
*boninensis*
ラン科の草本。日本固有種。
¶固有（p190）
　野生1（p204）

## ムニンススキ　*Miscanthus boninensis*
イネ科キビ亜科の植物。日本固有種。
¶桑イネ〔オガサワラススキ〕（p322/モ図）
　固有（p166）
　野生2（p89/カ写）

## ムニンセンニンソウ　*Clematis terniflora* var.
*boninensis*
キンポウゲ科のつる性多年草。
¶山レ増（p398/カ写）

## ムニンタイトゴメ　*Sedum japonicum* subsp.
*boninense*
ベンケイソウ科の草本。日本固有種。別名マンネン
グサ。
¶原牧1（No.1403/カ図）
　固有（p68/カ写）
　新分牧（No.1598/モ図）
　新牧日（No.909/モ図）
　牧野ス1（No.1403/カ図）
　野生2（p227/カ写）
　山レ増（p328/カ写）

## ムニンタツナミソウ　*Scutellaria longituba*
シソ科タツナミソウ亜科の多年草。日本固有種。
¶固有（p125/カ写）
　野生5（p117/カ写）

山レ増（p122/カ写）

## ムニンタマシダ ⇒ヤンバルタマシダを見よ

## ムニンツツジ　*Rhododendron boninense*
ツツジ科ツツジ亜科の常緑低木。小笠原固有種。別名オガサワラツツジ。高さは1〜5m。
¶固有（p106/カ写）
　野生4（p241/カ写）
　山力樹木（p729/カ写）
　山レ増（p208/カ写）

## ムニンテンツキ　*Fimbristylis longispica* var. *boninensis*
カヤツリグサ科の草本。日本固有種。
¶固有（p187）
　野生1（p349/カ写）
　山レ増（p527/カ写）

## ムニンナキリスゲ　*Carex hattoriana*
カヤツリグサ科の多年草。日本固有種。
¶カヤツリ（p140/モ図）
　固有（p181）
　新分牧（No.814/モ図）
　スゲ増（No.58/カ写）
　野生1（p308/カ写）

## ムニンネズミモチ　*Ligustrum micranthum*
モクセイ科の常緑低木。日本固有種。別名コバナイボタ。
¶固有（p113/カ写）
　野生5（p64/カ写）
　山力樹木（p632/カ写）

## ムニンノキ　*Planchonella boninensis*
アカテツ科の常緑高木。日本固有種。別名オオバクロテツ。
¶原牧2（No.1058/カ図）
　固有（p111/カ写）
　新分牧（No.3100/モ図）
　新牧日（No.2257/モ図）
　牧野ス2（No.2903/カ図）
　野生4（p182/カ写）
　山レ増（p179/カ写）

## ムニンノボタン　*Melastoma tetramerum* var. *tetramerum*
ノボタン科の常緑低木。小笠原固有種, ハハジマノボタンの母種。高さは1m。
¶原牧2（No.493/カ図）
　固有（p96/カ写）
　新分牧（No.2532/カ写）
　新牧日（No.1926/モ図）
　牧野ス2（No.2338/カ図）
　野生3（p276/カ写）
　山力樹木（p728/カ写）
　山レ増（p239/カ写）

## ムニンハダカホオズキ　*Tubocapsicum boninense*
ナス科。日本固有種。
¶固有（p127）
　野生5（p46）

## ムニンハツバキ　⇒ハツバキを見よ

## ムニンハナガサノキ　*Gynochtodes boninensis*
アカネ科の常緑つる植物。日本固有種。別名コハナガサノキ。
¶原牧2（No.1291/カ図）
　固有（p119/カ写）
　新分牧（No.3323/モ図）
　新牧日（No.2405/モ図）
　野生4（p278/カ写）

## ムニンハマウド　*Angelica japonica* var.*boninensis*
セリ科セリ亜科の大型の多年草。日本固有種。
¶原牧2（No.2454/カ図）
　固有（p100）
　新分牧（No.4489/モ図）
　新牧日（No.2068/モ図）
　牧野ス2（No.4299/カ図）
　野生5（p389/カ写）

## ムニンヒサカキ　*Eurya boninensis*
サカキ科（ツバキ科）の木本。
¶野生4（p180/カ写）
　山レ増（p350/カ写）

## ムニンヒメツバキ(1)　⇒ヒメツバキを見よ

## ムニンヒメツバキ(2)　⇒ヒメツバキ（広義）を見よ

## ムニンヒメワラビ　*Macrothelypteris ogasawarensis*
ヒメシダ科の夏緑性シダ。日本固有種。葉柄は長さ1m, 葉身は三角状卵形〜広披針形。
¶固有（p205）
　シダ標1（p431/カ写）

## ムニンビャクダン　*Santalum boninense*　無人白檀
ビャクダン科ビャクダン連の寄生性常緑小高木。日本固有種。寄生性, 古幹にビャクダンの香あり。
¶APG原樹（No.1053/カ図）
　原牧2（No.773/カ図）
　固有（p45/カ写）
　新分牧（No.2812/モ図）
　新牧日（No.236/モ図）
　牧野ス2（No.2618/カ図）
　野生4（p77/カ写）
　山レ増（p450/カ写）

## ムニンヒョウタンスゲ　*Carex yasuii*
カヤツリグサ科の多年草。小笠原諸島の父島に生息する。
¶カヤツリ（p274/モ図）
　固有（p183）
　スゲ増（No.137/カ写）
　野生1（p317/カ写）

## ムニンフトモモ　*Metrosideros boninensis*
フトモモ科の常緑高木。小笠原固有種。別名オガサワラフトモモ。葉は対生し, 表は緑色, 裏は淡緑色。
¶原牧2（No.479/カ図）
　固有（p95/カ写）
　新分牧（No.2519/モ図）
　新牧日（No.1909/モ図）
　牧野ス2（No.2324/カ図）
　野生3（p271/カ写）

山力樹木（p727/カ写）
山レ増（p234/カ写）

### ムニンヘツカシダ　*Bolbitis quoyana*
オシダ科の常緑性シダ。葉身は長さ60cm, 卵状長楕円形。
　¶シダ標2（p435/カ写）

### ムニンベニシダ　*Dryopteris insularis*
オシダ科の常緑性シダ。日本固有種。別名オオバノイタチシダ。葉身は長さ30〜45cm, 三角状長卵形。
　¶固有（p208）
　シダ標2（p367/カ写）
　山レ増（p659/カ写）

### ムニンボウラン　*Luisia boninensis*
ラン科の草本。日本固有種。花は淡黄緑色。
　¶固有（p192/カ写）
　野生1（p212/カ写）
　山レ増（p489/カ写）

### ムニンホオズキ　*Lycianthes boninensis*
ナス科の草本。日本固有種。
　¶固有（p126）
　野生5（p36/カ写）
　山レ増（p121/カ写）

### ムニンホラゴケ　*Crepidomanes bonincola*
コケシノブ科の常緑性シダ。別名オガサワラウチワゴケ。
　¶シダ標1（p313/カ写）
　山レ増（p683/カ写）

### ムニンミゾシダ　⇒オオホシダを見よ

### ムニンミドリシダ　*Diplazium subtripinnatum*
メシダ科（イワデンダ科）の常緑性シダ。日本固有種。別名ハハジマイヌワラビ。葉身は長さ6cm弱, 広卵状。
　¶固有（p205）
　シダ標2（p327/カ写）
　山レ増（p645/カ写）

### ムニンモダマ　⇒ワニグチモダマを見よ

### ムニンモチ　*Ilex mertensii var.beecheyi*
モチノキ科の常緑低木。別名シイモチ。
　¶原牧2（No.1832/カ図）
　新分牧（No.3872/モ図）
　新牧日（No.1623/モ図）
　牧野ス2（No.3677/カ図）
　野生5（p184/カ写）
　山レ増（p266/カ写）

### ムニンヤツシロラン　*Gastrodia boninensis*
ラン科の地生の多年草。日本固有種。
　¶固有（p189）
　野生1（p203）

### ムニンヤツデ　*Fatsia oligocarpella*　無人八手
ウコギ科の常緑低木。日本固有種。別名ハビラ。
　¶原牧2（No.2372/カ図）
　固有（p98/カ写）
　新分牧（No.4412/モ図）
　新牧日（No.1984/モ図）

牧野ス2（No.4217/カ図）
野生5（p378/カ写）
山力樹木（p525/カ写）
山レ増（p231/カ写）

### ムベ　*Stauntonia hexaphylla*　郁子, 野木瓜
アケビ科の常緑つる性木本。別名トキワアケビ, チョウメイジュ, ウベ（古名）。小葉は長楕円形, 卵形, 倒卵形など。
　¶APG原牧（No.250/カ図）
　学フ増山菜〔アケビ類［ムベ］〕（p122/カ図）
　学フ増樹（p97/カ写・カ図）
　原牧1（No.1158/カ図）
　新分牧（No.1315/モ図）
　新牧日（No.655/モ図）
　茶花上（p320/カ写）
　都木花新〔アケビとムベ〕（p32/カ写）
　牧野ス1（No.1158/カ図）
　ミニ山（p63/カ写）
　野生2（p110/カ写）
　山力樹木（p185/カ写）

### ムメ　⇒ウメを見よ

### ムヨウラン　*Lecanorchis japonica*　無葉蘭
ラン科の多年草。
　¶原牧1（No.405/カ図）
　新分牧（No.419/モ図）
　新牧日（No.4279/モ図）
　牧野ス1（No.405/カ図）
　野生1（p210/カ写）
　山力野草（p569/カ写）
　山ハ山花（p116/カ写）

### ムラクモアオイ　*Asarum kumageanum var.satakeana*
ウマノスズクサ科の多年草。種子島に産する。
　¶固有（p62）
　野生1（p65/カ写）

### ムラクモアザミ　*Cirsium maruyamanum*
キク科アザミ亜科の草本。日本固有種。
　¶固有（p139）
　野生5（p229/カ写）

### ムラサキ　*Lithospermum murasaki*　紫
ムラサキ科ムラサキ亜科の多年草。別名ネムラサキ, ミナシグサ, ムラサキソウ。高さは40〜70cm。花は白色。
　¶原牧2（No.1426/カ図）
　新分牧（No.3534/モ図）
　新牧日（No.2486/モ図）
　茶花下（p152/カ写）
　牧野ス2（No.3271/カ図）
　野生5（p55/カ写）
　山力野草（p234/カ写）
　山ハ山花（p383/カ写）
　山レ増（p142/カ写）

### ムラサキアカザ　*Chenopodium purpurascens*
ヒユ科の一年草。別名モチソバ。茎は高さ1m以上。
　¶野生4（p139）

### ムラサキアセタケ　⇒ウスムラサキアセタケを見よ

**ムラサキアブラシメジ** *Cortinarius iodes*
フウセンタケ科のキノコ。
¶原きの（No.069/カ写・カ図）

**ムラサキアブラシメジモドキ** *Cortinarius salor*
フウセンタケ科のキノコ。小型〜中型。傘は青紫色〜藤色，粘液に覆われる。ひだは淡紫色〜肉桂褐色。
¶山カ日き（p259/カ写）

**ムラサキアメリカツノクサネム** *Sesbania brachycarpa*
マメ科の一年草。
¶帰化写2（p108/カ写）

**ムラサキイガヤグルマギク** *Centaurea calcitrapa*
キク科の二年草。高さは20〜100cm。花は淡紅紫色。
¶帰化写改（p335/カ写）

**ムラサキイセハナビ** ⇒ヤナギバルイラソウを見よ

**ムラサキイノコヅチ**(1) *Achyranthes aspera var. rubrofusca*
ヒユ科の一年草。花序は若いときには赤紫色を帯びることが多い。
¶帰化写2〔ムラサキイノコヅチ（在来種あり）〕（p49/カ写）

**ムラサキイノコヅチ**(2) ⇒ケイノコヅチを見よ

**ムラサキイリス** ⇒ジャーマンアイリスを見よ

**ムラサキイロガワリハツ** *Lactarius repraesentaneus*
ベニタケ科のキノコ。別名キイロケチチタケ。大型。傘は黄色，周辺に粗毛。縁部は内側に巻く。
¶学フ増毒き（p201/カ写）
山カ日き（p390/カ写）

**ムラサキウマゴヤシ** *Medicago sativa* 紫馬肥やし
マメ科マメ亜科の多年草。別名モクシュク，アルファルファ。高さは30〜100cm。花は紫〜青紫色。
¶帰化写改（p138/カ写）
原牧1（No.1502/カ図）
新分牧（No.1764/モ図）
新牧日（No.1289/モ図）
牧野ス1（No.1502/カ図）
ミニ山（p156/カ写）
野生2（p283/カ写）
山ハ野花（p355/カ写）

**ムラサキウロコタケ** *Chondrostereum purpureum*
フウリンタケ科のキノコ。
¶原きの（No.387/カ写・カ図）

**ムラサキウンラン**(1) *Linaria bipartita*
ゴマノハグサ科の越年草。
¶帰化写2（p227/カ写）

**ムラサキウンラン**(2) ⇒ヒメキンギョソウを見よ

**ムラサキエノコロ** *Setaria viridis var.minor f.misera*
紫狗児
イネ科の草本。
¶桑イネ（p450/カ写・モ図）
原牧1（No.1030/カ図）
新分牧（No.1223/モ図）
新牧日（No.3794/モ図）

牧野ス1（No.1030/カ図）
山カ野草（p682/カ写）

**ムラサキオオツユクサ** *Tradescantia pallida*
ツユクサ科の多年草。別名ムラサキゴテン。花は紫色。
¶帰化写2（p455/カ写）

**ムラサキオトメイヌワラビ** *Athyrium× purpurascens*
メシダ科のシダ植物。別名ケムラサキオトメイヌワラビ。
¶シダ標2（p311/カ写）

**ムラサキオバナ** *Saccharum kanashiroi*
イネ科の多年草。高さは2m内外。
¶桑イネ（p425/モ図）

**ムラサキオヒゲシバ** ⇒ムラサキヒゲシバ(1)を見よ

**ムラサキオモト** *Tradescantia spathacea* 紫万年青
ツユクサ科の多年草。別名シキンラン。茎は10cmほど。花は白色，または淡紫色。葉は表が暗緑色，裏が紅紫色。
¶帰化写2（p454/カ写）
原牧1（No.628/カ図）
新分牧（No.668/モ図）
新牧日（No.3595/モ図）
牧野ス1（No.628/カ図）

**ムラサキカスリタケ** *Russula amoena*
ベニタケ科のキノコ。小型〜中型。傘は赤紫色，表面粉状。ひだはクリーム色。
¶山カ日き（p367/カ写）

**ムラサキカタバミ** *Oxalis debilis subsp.corymbosa*
紫酸漿草，紫傍食
カタバミ科の多年草。別名キキョウカタバミ。高さは5〜15cm。花は淡紅紫色。
¶色野草（p254/カ写）
学フ増草夏（p20/カ写）
帰化写改（p155/カ写）
原牧2（No.224/カ写）
植調（p111/カ写）
新分牧（No.2267/モ図）
新牧日（No.1410/モ図）
牧野ス1（No.2069/カ図）
野生3（p141/カ写）
山カ野草（p368/カ写）
山ハ野花（p346/カ写）

**ムラサキカッコウアザミ** *Ageratum houstonianum*
紫藿香薊
キク科の草本。別名オオカッコウアザミ，カッコウアザミ，アゲラタム。高さは60cm。花は青紫色。
¶帰化写改（p313/カ写）
茶年上〔おおかっこうあざみ〕（p355/カ写）

**ムラサキカラマツ** *Thalictrum uchiyamae*
キンポウゲ科の多年草。別名チョウセンカラマツ。萼片は倒卵形，濃紫色。
¶野生2（p164/カ写）

**ムラサキクビオレタケ** *Ophiocordyceps purpureostromata*
オフィオコルディセプス科の冬虫夏草。宿主はコメ

ツキムシ類の幼虫。
¶冬虫生態 (p195/カ写)
　山カ日き (p583/カ写)

**ムラサキクララ** *Sophora flavescens f.galegoides*
マメ科の低木。有毒。花は淡紫色。
¶原牧1 (No.1476/カ図)
　新分牧 (No.1641/モ図)
　新牧日 (No.1265/モ図)
　牧野ス1 (No.1476/カ図)

**ムラサキクンシラン** *Agapanthus africanus* 紫君
子蘭
ヒガンバナ科 (ユリ科) の草本。別名アガパンサス。
高さは60cm。
¶茶花下 (p153/カ写)

**ムラサキケマン** *Corydalis incisa* 紫華鬘
ケシ科の一年草または越年草。別名ヤブケマン, マ
ンダラゲ。高さは17〜50cm。
¶色野草 (p242/カ写)
　学フ増山菜 (p231/カ写)
　学フ増野春 (p69/カ写)
　学フ有毒 (p46/カ写)
　原牧1 (No.1143/カ図)
　新分牧 (No.1300/モ図)
　新牧日 (No.786/モ図)
　茶花上 (p320/カ写)
　牧野ス1 (No.1143/カ図)
　野生2 (p105/カ写)
　山カ野草 (p461/カ写)
　山ハ野花 (p247/カ写)

**ムラサキコウキクサ** *Lemna japonica*
サトイモ科の水草。
¶日水草 (p61/カ写)
　野生1 (p107)

**ムラサキゴテン** ⇒ムラサキオオツユクサを見よ

**ムラサキゴムタケ** *Ascocoryne cylichnium*
ビョウタケ科のキノコ。超小型〜小型。肉質はゼラ
チン状。
¶原きの (No.511/カ写・カ図)
　山カ日き (p549/カ写)

**ムラサキサイベン** *Hibiscus syriacus*
'Murasakisaiben' 紫細弁
アオイ科。ムクゲの品種。一重咲き細弁型。花は
淡い紫桃色。
¶茶花下 (p13/カ写)

**ムラサキサギゴケ** ⇒サギゴケ(1)を見よ

**ムラサキザクラ** *Cerasus lannesiana* 'Purpurea'
紫桜
バラ科の落葉高木。サクラの栽培品種。花は淡紅
紫色。
¶学フ増桜 〔'紫桜'〕 (p206/カ写)

**ムラサキサフラン** ⇒クロッカスを見よ

**ムラサキシキブ**(1) *Callicarpa japonica* var.*japonica*
紫式部
シソ科 (クマツヅラ科) の落葉低木。別名ミムラサ
キ, タマムラサキ, コメゴメ。高さは2〜3m。花は
淡紫紅色。
¶APG原樹 (No.1414/カ図)
　学フ増樹 (p167/カ写・カ図)
　原牧2 (No.1726/カ図)
　新分牧 (No.3688/モ図)
　新牧日 (No.2502/モ図)
　図説樹木 (p181/カ写)
　茶花上 (p586/カ写)
　都木花新 (p204/カ写)
　牧野ス2 (No.3571/カ図)
　野生5 (p105/カ写)
　山カ樹木 (p658/カ写)
　落葉図譜 (p293/モ図)

**ムラサキシキブ**(2) ⇒コムラサキを見よ

**ムラサキシマヒゲシバ** *Chloris barbata*
イネ科ヒゲシバ亜科の一年草または多年草。別名ム
ラサキヒゲシバ, クロコウセンガヤ, タイワンオヒ
ゲシバ。高さは30〜80cm。
¶帰化写2 〔シマヒゲシバ〕 (p329/カ写)
　桑イネ 〔ムラサキヒゲシバ〕 (p145/カ写・モ図)
　原牧1 (No.1117/カ図)
　植調 〔シマヒゲシバ〕 (p308/カ写)
　新分牧 (No.1266/モ図)
　新牧日 (No.3767/モ図)
　牧野ス1 (No.1117/カ図)
　野生2 〔シマヒゲシバ〕 (p68/カ写)

**ムラサキシメジ** *Lepista nuda* 紫占地
キシメジ科のキノコ。中型〜大型。傘は平滑。
¶学フ増毒き (p92/カ写)
　原きの (No.176/カ写・カ図)
　山カ日き (p70/カ写)

**ムラサキシロウマリンドウ** ⇒ムラサキタカネリ
ンドウを見よ

**ムラサキススキ** *Miscanthus sinensis* f.*purpurascens*
イネ科の草本。別名マスノススキ。
¶桑イネ (p327/モ図)
　新分牧 (No.1179/モ図)
　新牧日 (No.3866/モ図)

**ムラサキスズメノオゴケ** *Vincetoxicum*×
*purpurascens*
キョウチクトウ科 (ガガイモ科) の多年草。
¶原牧2 (No.1376/カ図)
　新分牧 (No.3428/モ図)
　新牧日 (No.2365/モ図)
　牧野ス2 (No.3221/カ図)

**ムラサキセンダイハギ** *Baptisia australis*
マメ科の多年草, 宿根草。高さは1〜1.5m。花は藍
青色。
¶原牧1 (No.1485/カ図)
　牧野ス1 (No.1485/カ図)

**ムラサキセンブリ** *Swertia pseudochinensis* 紫千振
リンドウ科の一年草または越年草。高さは50〜
70cm。花は淡紫色。
¶原牧2 (No.1363/カ図)
　山野草 (No.0973/カ写)
　新分牧 (No.3405/モ図)

新牧日（No.2344／モ図）
茶花下（p345／カ写）
牧野ス2（No.3208／カ図）
野生4（p304／カ写）
山カ野草（p254／カ写）
山ハ野花（p431／カ写）
山ハ山花（p398／カ写）
山レ増（p174／カ写）

## ムラサキソウ　⇒ムラサキを見よ

## ムラサキソシンカ　*Bauhinia purpurea*
マメ科ジャケツイバラ亜科の常緑木。高さは8m。
花は淡紅，紅紫色など。
¶野生2（p252／カ写）

## ムラサキダイコン　⇒ショカツサイを見よ

## ムラサキタカオススキ　*Erianthus formosanum var. pollinioides*
イネ科の多年草。高さは1～1.5m。花序は紫色を帯
びる。
¶帰化写2（p460／カ写）
桑イネ（p230／モ図）

## ムラサキタカネアオヤギソウ　⇒タカネシュロソウを見よ

## ムラサキタカネリンドウ　*Gentianopsis yabei f. violacea*　紫高嶺竜胆
リンドウ科の草本。別名ムラサキシロウマリンド
ウ。花冠裂片全体が濃紫色。
¶山カ野草〔ムラサキシロウマリンドウ〕（p258／カ写）
山ハ高山（p304／カ写）

## ムラサキダンドク　*Canna indica var.warszewiczii*
カンナ科の多年草。花は赤色。
¶野生1（p273）

## ムラサキタンポポ　⇒センボンヤリを見よ

## ムラサキツメクサ　*Trifolium pratense*　紫詰草
マメ科マメ亜科の多年草。別名アカツメクサ，レッ
ド・クローバー。高さは30～60cm。花は淡紅色。
¶色野草（p230／カ写）
学フ増野夏（p22／カ写）
学フ増薬草（p71／カ写）
帰化写改（p150／カ写，p499／カ写）
原牧1（No.1496／カ図）
植調（p258／カ写）
新分牧（No.1758／モ図）
新牧日（No.1283／モ図）
茶花上〔あかつめくさ〕（p488／カ写）
牧野ス1（No.1496／カ図）
野生2（p296／カ写）
山カ野草〔アカツメクサ〕（p394／カ写）
山ハ野花（p352／カ写）

## ムラサキツユクサ　*Tradescantia ohiensis*　紫露草
ツユクサ科の多年草。高さは50～90cm。花は青紫
～淡紅色。
¶原牧1（No.626／カ図）
新分牧（No.666／モ図）
新牧日（No.3593／モ図）
茶花上（p587／カ写）

牧野ス1（No.626／カ図）

## ムラサキツリガネツツジ　*Rhododendron multiflorum var.purpureum*
ツツジ科ツツジ亜科の落葉低木。日本固有種。
¶固有（p108）
野生4（p239／カ写）
山レ増（p217／カ写）

## ムラサキツリバナ　⇒クロツリバナを見よ

## ムラサキツリフネ　⇒ツリフネソウを見よ

## ムラサキナギナタガヤ　*Vulpia octoflora*
イネ科イチゴツナギ亜科の一年草。高さは15～
30cm。
¶帰化写改（p469／カ写）
桑イネ（p242／カ写・モ図）
野生2（p66）

## ムラサキナギナタタケ　*Alloclavaria purpurea*
Repetobasidiaceae科のキノコ。形は平たい棒状～
円筒状，淡紫色。
¶原きの（No.447／カ写・カ図）
山カ日き（p406／カ写）

## ムラサキナツフジ　*Callerya reticulata*　紫夏藤
マメ科マメ亜科の木本。別名サッコウフジ。長さは
10m。花は帯紅紫～暗紫色。
¶APG原樹（No.358／カ図）
茶花下〔さっこうふじ〕（p95／カ写）
野生2（p289／カ写）

## ムラサキニガナ　*Paraprenanthes sororia*　紫苦菜
キク科キクニガナ亜科の多年草。高さは60～
120cm。
¶色野草（p273／カ写）
原牧2（No.2249／カ図）
新分牧（No.4052／モ図）
新牧日（No.3277／モ図）
牧野ス2（No.4094／カ図）
野生5（p284／カ写）
山カ野草（p122／カ写）
山ハ野花（p616／カ写）
山ハ山花（p568／カ写）

## ムラサキネズミノオ　*Sporobolus fertilis var. purpureosuffusus*　紫鼠の尾
イネ科ヒゲシバ亜科の多年草。ネズミノオの変種。
高さは50～100cm。
¶桑イネ（p462／カ写）
野生2（p72／カ写）
山ハ野花（p185／カ写）

## ムラサキノキビ　*Eriochloa procera*
イネ科キビ亜科。別名ノキビ。葉身は幅2～5mm。
¶桑イネ（p231／モ図）
新分牧（No.1233／モ図）
新牧日（No.3834／モ図）
野生2（p84／カ写）

## ムラサキハシドイ　*Syringa vulgaris*　紫はしどい
モクセイ科の落葉小高木。別名ライラック，リラ。
高さは4～8m。花は淡紫，紅紫，紅，白色など。
¶APG原樹（No.1397／カ図）

学フ増花庭〔ライラック〕(p11/カ写)
原牧2〔ライラック〕(No.1508/カ図)
新分牧〔ライラック〕(No.3550/モ図)
新牧日〔ライラック〕(No.2291/モ図)
茶花上(p472/カ写)
都木花新〔ライラック〕(p209/カ写)
牧野ス2〔ライラック〕(No.3353/カ図)
野生5(p66/カ写)
山カ樹木〔ライラック〕(p635/カ写)
落葉図譜(p288/モ図)

**ムラサキハシドイ'トウゲン'** ⇒トウゲンを見よ

**ムラサキハナナ** ⇒ショカツサイを見よ

**ムラサキヒゲシバ$_{(1)}$** *Enteropogon dolichostachyus*
イネ科ヒゲシバ亜科の多年草。高さは1m。花は紫色。
¶新分牧(No.1268/モ図)
新牧日(No.3769/モ図)
野生2〔ムラサキオヒゲシバ〕(p68)

**ムラサキヒゲシバ$_{(2)}$** ⇒ムラサキシマヒゲシバを見よ

ム

**ムラサキフウセンタケ** *Cortinarius violaceus*
フウセンタケ科のキノコ。中型～大型。傘は暗紫色で,微細なささくれ状がある。ひだは暗紫色～さび褐色。
¶原きの(No.081/カ写・カ図)
山カ日き(p263/カ写)

**ムラサキフタバラン** ⇒ヒメフタバランを見よ

**ムラサキヘイシソウ** ⇒サラセニアを見よ

**ムラサキベニシダ** *Dryopteris purpurella*
オシダ科の常緑性シダ。葉身は長さ30～45cm,三角状広卵形。
¶シダ標2(p369/カ写)

**ムラサキベンケイソウ** *Hylotelephium pallescens* 紫弁慶草
ベンケイソウ科の多年草。高さは20～50cm。花は赤紫色。
¶原牧1(No.1422/カ図)
山野草(No.0503/カ写)
新分牧(No.1587/モ図)
新牧日(No.928/モ図)
牧野ス1(No.1422/カ図)
ミニ山(p92/カ写)
野生2(p217/カ写)

**ムラサキホウキタケ** *Clavaria zollingeri*
シロソウメンタケ科のキノコ。小型～中型。形はほうき状,淡紫色。
¶原きの(No.453/カ写・カ図)
山カ日き(p407/カ写)

**ムラサキホウキタケモドキ** *Clavulina amethystinoides*
カレエダタケ科のキノコ。
¶山カ日き(p413/カ写)

**ムラサキホウチャクソウ** *Disporum calcaratum* 紫宝鐸草
ユリ科の草本。高さは30～100cm。
¶山野草(No.1394/カ写)

**ムラサキボタンヅル** *Clematis takedana*
キンポウゲ科の木本性のつる植物。日本固有種。ボタンヅルとクサボタンとの雑種。
¶固有(p55/カ写)
野生2(p143/カ写)

**ムラサキマムシグサ$_{(1)}$** ⇒カントウマムシグサを見よ

**ムラサキマムシグサ$_{(2)}$** ⇒マムシグサを見よ

**ムラサキマユミ** *Euonymus lanceolatus* 紫真弓
ニシキギ科の木本。日本固有種。花は暗紫色。
¶APG原樹(No.765/カ図)
原牧2(No.195/カ図)
固有(p88)
新分牧(No.2248/モ図)
新牧日(No.1646/モ図)
茶花下(p153/カ写)
牧野ス1(No.2040/カ図)
野生3(p135/カ写)
山カ樹木(p419/カ写)

**ムラサキミズゼニゴケ** ⇒ホソバミズゼニゴケを見よ

**ムラサキミズトラノオ** ⇒ミズトラノオ$_{(1)}$を見よ

**ムラサキミミカキグサ** *Utricularia uliginosa* 紫耳掻草
タヌキモ科の多年生食虫植物。高さは5～15cm。花は薄紫色。
¶学フ増野夏(p64/カ写)
原牧2(No.1794/カ図)
新分牧(No.3679/モ図)
新牧日(No.2813/モ図)
牧野ス2(No.3639/カ図)
野生5(p165/カ写)
山ハ野花(p487/カ写)
山レ増(p88/カ写)

**ムラサキムカシヨモギ** *Cyanthillium cinereum*
キク科キクニガナ亜科の草本。別名コバナムラサキムカシヨモギ,ヤンバルノギク,ヤンバルヒゴタイ。花序は紫色。
¶新分牧(No.4016/モ図)
新牧日(No.2947/モ図)
野生5(p290/カ写)

**ムラサキモメンヅル** *Astragalus laxmannii* var. *adsurgens* 紫木綿蔓
マメ科マメ亜科の多年草。高さは5～40cm。花は紫色。
¶学フ増高山(p27/カ写)
原牧1(No.1516/カ図)
新分牧(No.1742/モ図)
新牧日(No.1303/モ図)
牧野ス1(No.1516/カ図)
野生2(p257/カ写)
山カ野草(p391/カ写)
山ハ高山(p199/カ写)

**ムラサキヤシオ** ⇒ムラサキヤシオツツジを見よ

ムラサキヤシオツツジ　*Rhododendron albrechtii*　紫
八汐躑躅
ツツジ科ツツジ亜科の落葉低木。日本固有種。別名
ミヤマツツジ。
¶**APG原樹**（No.1212/カ図）
原牧2（No.1202/カ図）
固有（p106）
山野草（No.0773/カ写）
新分牧（No.3233/モ図）
新牧日（No.2148/モ図）
牧野ス2（No.3047/カ図）
野生4（p238/カ写）
山力樹木〔ムラサキヤシオ〕（p538/カ写）

ムラサキヤネゴケ　⇒ヤノウエノアカゴケを見よ

ムラサキヤマドリタケ　*Boletus violaceofuscus*
イグチ科のキノコ。中型〜大型。傘は暗紫色。
¶山力日き（p319/カ写）

ムラサキヤマンバ　*Marasmiellus crassitunicatus*
ツキヨタケ科のキノコ。子実体は小型で全体に暗赤
褐色〜暗紫褐色を帯びる。
¶山力日き（p592/カ写）

ムラサキリュウキュウツツジ　*Rhododendron* ×
*mucronatum* 'Usuyo'　紫琉球躑躅
ツツジ科の半常緑の低木。花は淡紅紫色。
¶原牧2（No.1181/カ図）
新分牧（No.3252/モ図）
新牧日（No.2127/モ図）
牧野ス2（No.3026/カ図）

ムラサキルエリア　*Ruellia tuberosa*
キツネノマゴ科の多年草。高さは50〜60cm。花は
青紫色。
¶帰化写2（p436/カ写）

ムラサキルーシャン　⇒ルリアザミを見よ

ムラダチ　⇒アブラチャンを見よ

ムラムスメ　*Camellia japonica* 'Mura-musume'　村娘
ツバキ科。ツバキの品種。花は紅色。
¶茶花上（p136/カ写）

ムルイシボリ(1)　*Camellia japonica* 'Murui-shibori'
無類絞り
ツバキ科。ツバキの品種。花は斑入り。
¶茶花上（p146/カ写）

ムルイシボリ(2)　*Prunus mume* 'Muruishibori'　無類
絞り
バラ科。ウメの品種。李系ウメ、難波性八重。
¶ウメ〔無類絞り〕（p95/カ写）

ムレオオイチョウタケ　*Leucopaxillus septentrionalis*
キシメジ科のキノコ。大型〜超大型。傘は浅い漏斗
形、淡黄色。ひだは黄白色。
¶学フ増毒き（p106/カ写）
山力日き（p99/カ写）

ムレオオフウセンタケ　*Cortinarius praestans*
フウセンタケ科のキノコ。大型。傘は褐色、周辺は
帯紫色、放射状溝線がある。
¶原きの（No.072/カ写・カ図）
山力日き（p252/カ写）

ムレスギ　*Cryptomeria japonica* f.*caespitosa*　群杉
スギ科の常緑小高木。
¶山力樹木（p46/カ写）

ムレスズメ(1)　*Camellia japonica* 'Mure-suzume'
群雀
ツバキ科。ツバキの品種。花は紅色。
¶茶花上（p138/カ写）

ムレスズメ(2)　*Caragana sinica*　群雀
マメ科の落葉低木。高さは1〜2m。花は黄色。
¶**APG原樹**（No.381/カ図）
学フ増花庭（p62/カ写）
原牧1（No.1514/カ図）
新分牧（No.1752/モ図）
新牧日（No.1301/モ図）
茶花上（p321/カ写）
牧野ス1（No.1514/カ図）
山力樹木（p365/カ写）

ムレチドリ　*Stenoglottis fimbriata*　群千鳥
ラン科の草本。高さは約30cm。
¶山野草（No.1784/カ写）

ムレナデシコ　⇒カスミソウ(1)を見よ

ムロ　⇒ネズを見よ

ムロウテンナンショウ　*Arisaema yamatense* subsp.
*yamatense*
サトイモ科の多年草。日本固有種。高さは25〜
100cm。
¶原牧1（No.208/カ図）
固有（p178）
新分牧（No.251/モ図）
新牧日（No.3939/モ図）
テンナン（No.36a/カ写）
牧野ス1（No.208/カ写）
野生1（p104/カ写）

ムロウマムシグサ　⇒キシダマムシグサを見よ

ムロトムヨウラン　*Lecanorchis taiwaniana*
ラン科の無葉緑葉素の菌根植物。高さは20〜45cm。
¶新分牧（No.422/モ図）

ムロヤ　*Prunus mume* 'Muroya'　室屋
バラ科。ウメの品種。実ウメ、野梅系。
¶ウメ〔室屋〕（p182/カ写）

ムロヤカグマ　*Microlepia* × *muroyae*
コバノイシカグマ科のシダ植物。
¶シダ標1（p365/カ写）

ムーン・ウワート　⇒ゴウダソウを見よ

ムーングロウ　*Juniperus scopulorum* 'Moonglow'
ヒノキ科の木本。
¶**APG原樹**〔ジュニペルス‘ムーングロウ’〕（No.1546/
カ図）

# 【 メ 】

**メアオスゲ** *Carex candolleana*
カヤツリグサ科の多年草。別名ノゲアオスゲ。
¶カヤツリ (p364/モ写)
　スゲ増 (No.191/カ写)
　野生1 (p321/カ写)

**メアカンキンバイ** *Sibbaldia miyabei* 雌阿寒金梅
バラ科バラ亜科の草本。日本固有種。
¶学フ増高山 (p101/カ写)
　原牧1 (No.1837/カ図)
　固有 (p77)
　山野草 (No.0612/カ写)
　新分牧 (No.2037/モ図)
　新牧日 (No.1150/モ図)
　牧野ス1 (No.1837/カ図)
　ミニ山 (p127/カ写)
　野生3 (p58/カ写)
　山力野草 (p402/カ写)
　山ハ高山 (p206/カ写)
　山レ増 (p301/カ写)

**メアカンフスマ** *Arenaria merckioides* var.
*merckioides* 雌阿寒衾
ナデシコ科の多年草。日本固有種。高さは5〜
15cm。花弁は白色。
¶野生4 (p109/カ写)
　山ハ高山 (p138/カ写)

**メアカンフスマ（広義）** *Arenaria merckioides* 雌
阿寒衾
ナデシコ科の多年草。日本固有種。高さは5〜8cm。
¶固有〔メアカンフスマ〕(p47)

**メアゼテンツキ** *Fimbristylis velata* 雌畔点突
カヤツリグサ科の一年草。
¶カヤツリ (p600/モ図)
　野生1 (p350/カ写)
　山ハ野花 (p117/カ写)

**メイゲツ** ⇒ハウチワカエデを見よ

**メイゲツカエデ** ⇒ハウチワカエデを見よ

**メイジソウ** ⇒ヒメムカシヨモギを見よ

**メイヌナズナ** ⇒イヌナズナ(1)を見よ

**メイフラワー** ⇒サンザシを見よ

**メイワキンカン** ⇒ニンポウキンカンを見よ

**メウマノチャヒキ** *Bromus tectorum* var.*glabratus*
イネ科イチゴツナギ亜科の一年草または二年草。
¶帰化写改 (p432/カ写)
　桑イネ (p112/カ写・モ図)
　野生2 (p47)

**メウリカエデ** ⇒ウリカエデを見よ

**メウリノキ** ⇒ウリカエデを見よ

**メオトシダレ** *Prunus mume* 'Meotoshidare' 夫婦
枝垂
バラ科。ウメの品種。枝垂れ系ウメ。
¶ウメ〔夫婦枝垂〕(p156/カ写)
　APG原樹〔ウメ‘メオトシダレ’〕(No.469/カ図)

**メオトバナ** ⇒リンネソウを見よ

**メオニグジョウシノ** *Sasaella caudiceps* var.
*psilovaginula*
イネ科タケ亜科のササ。日本固有種。
¶固有 (p170)

**メガルカヤ** *Themeda barbata* 雌刈茅, 雌刈萱
イネ科キビ亜科の多年草。別名カルカヤ, ムギホカ
ルカヤ。高さは70〜100cm。
¶学フ増野秋 (p220/カ写)
　桑イネ〔メガルガヤ〕(p467/カ写・モ図)
　原牧1 (No.1067/カ写)
　新分牧 (No.1187/モ図)
　新牧日 (No.3847/モ図)
　茶花下 (p345/カ写)
　牧野ス1 (No.1067/カ写)
　野生2 (p98/カ写)
　山力野草 (p692/カ写)
　山ハ野花 (p217/カ写)

**メギ** *Berberis thunbergii* 目木
メギ科の落葉低木。日本固有種。別名コトリトマラ
ズ, ヨロイドオシ, コトリスワラズ。高さは2m。
¶APG原樹 (No.256/カ図)
　学フ増花庭 (p78/カ写)
　学フ増薬草 (p177/カ写)
　原牧1 (No.1169/カ図)
　固有 (p59/カ写)
　新分牧 (No.1338/モ図)
　新牧日 (No.636/モ図)
　茶花上 (p322/カ写)
　都木花新 (p31/カ写)
　牧野ス1 (No.1169/カ図)
　野生2 (p115/カ写)
　山力樹木 (p186/カ写)
　落葉図譜 (p110/モ図)

**メキシカン・ファイア・プラント** ⇒ショウジョ
ウソウを見よ

**メキシコサワギク** *Pseudogynoxys chenopodioides*
キク科の多年草。別名メキシコタイキンギク。茎は
長さ5〜10cm。
¶帰化写2 (p447/カ写)

**メキシコタイキンギク** ⇒メキシコサワギクを見よ

**メキシコチモラン** *Yucca elephantipes*
キジカクシ科〔クサスギカズラ科〕(リュウゼツラ
ン科)の木本。別名ユッカ・エレファンティペス。
高さは5〜6m。花は白色。
¶APG原樹 (No.190/カ図)

**メキシコヒナギク** ⇒ペラペラヨメナを見よ

**メキシコヒマワリ** ⇒チトニアを見よ

**メキシコマンネングサ** *Sedum mexicanum* メキシコ万年草
ベンケイソウ科の多年草。高さは10〜20cm。花は鮮黄色。
¶帰化写改(p116/カ写, p496/カ写)
　原牧1(No.1397/カ図)
　新分牧(No.1592/モ図)
　新牧日(No.903/モ図)
　牧野ス1(No.1397/カ図)
　ミニ山(p95/カ写)
　野生2(p228/カ写)
　山カ野草(p438/カ写)
　山ハ野花(p300/カ写)

**メキャベツ** *Brassica oleracea* var.*gemmifera*
アブラナ科の野菜。別名コモチカンラン, コモチタマナ。
¶原牧2(No.703/カ図)
　新分牧(No.2799/モ図)
　新牧日(No.824/モ図)
　牧野ス2(No.2548/カ図)

**メグサ** ⇒ハッカを見よ

**メグサハッカ** *Mentha pulegium*
シソ科の多年草。高さは10〜40cm。花は淡紅色。
¶帰化写改(p271/カ写)

**メグスリノキ** *Acer maximowiczianum* 眼薬の木, 目薬の木
ムクロジ科(カエデ科)の落葉高木。日本固有種。別名チョウジャノキ。樹高は20m。小葉は狭卵形または狭楕円形。樹皮は灰褐色。
¶APG原樹(No.937/カ図)
　学フ増薬草(p208/カ写)
　原牧2(No.553/カ図)
　固有(p85)
　新分牧(No.2573/モ図)
　新牧日(No.1595/モ図)
　牧野ス2(No.2398/カ図)
　野生3(p296/カ写)
　山カ樹木(p451/カ写)
　落葉図譜(p218/モ図)

**メグスリバナ** ⇒キッネノマゴを見よ

**メクラフジ** *Wisteria japonica* f.*microphylla* 盲藤
マメ科の直立性の落葉小型低木。ナツフジの品種。別名ヒメフジ。高さは60〜100cm。
¶原牧1(No.1513/カ図)
　新分牧(No.1740/モ図)
　新牧日(No.1300/モ図)
　牧野ス1(No.1513/カ図)

**メグロチク** *Phyllostachys nigra* f.*megrochiku* 芽黒竹
イネ科のタケ。
¶タケササ(p46/カ写)

**メゴザサ** ⇒オカメザサを見よ

**メコノプシス** *Meconopsis* spp.
ケシ科。メコノプシス属の総称。別名ヒマラヤノアオイケシ。
¶茶花上(p472/カ写)

**メコノプシス・インテグリフォリア** *Meconopsis integrifolia*
ケシ科の多年草。高さは1m。花は黄色。
¶山野草(No.0466/カ写)

**メコノプシス・カンブリカ** *Meconopsis cambrica*
ケシ科の多年草。高さは60cm。花は黄または黄橙色。
¶山野草(No.0467/カ写)

**メコノプシス・グランディス** *Meconopsis grandis*
ケシ科の草本。高さは1m。花は紫青, 濃青, または紫紅色。
¶山野草(No.0463/カ写)

**メコノプシス・プニケア** *Meconopsis punicea*
ケシ科の草本。
¶山野草(No.0465/カ写)

**メコノプシス・ベトニキフォリア** *Meconopsis betonicifolia*
ケシ科の多年草。高さは1.5m。花は青色。
¶山野草(No.0462/カ写)

**メコノプシス・ホリデュラ** *Meconopsis horridula*
ケシ科の多年草。花は青色。
¶山野草(No.0464/カ写)

**メシバ** ⇒メヒシバを見よ

**メジロザクラ** ⇒チョウジザクラ(1)を見よ

**メジロホオズキ** *Lycianthes biflora*
ナス科の草本。別名サンゴホオズキ。
¶原牧2(No.1480/カ写)
　新分牧(No.3493/モ図)
　新牧日(No.2656/モ図)
　牧野ス2(No.3315/カ図)
　野生5(p36/カ写)

**メズラシクマワラビ** *Dryopteris* × *rarissima*
オシダ科のシダ植物。
¶シダ標2(p372/カ写)

**メタカラコウ** *Ligularia stenocephala* 雌宝香
キク科キク亜科の多年草。別名オオメタカラコウ, ニシノメタカラコウ。オタカラコウより細い。高さは60〜100cm。
¶学フ増野夏(p98/カ写)
　原牧2(No.2130/カ図)
　山野草(No.1232/カ写)
　新牧日(No.4108/モ図)
　新牧日(No.3161/モ図)
　茶花下(p154/カ写)
　牧野ス2(No.3975/カ図)
　野生5(p299/カ写)
　山カ野草(p52/カ写)
　山ハ高山(p395/カ写)
　山ハ山花(p530/カ写)

**メタケ** *Pleioblastus simonii* 女竹
イネ科タケ亜科の常緑大型ササ。日本固有種。別名オンナダケ, ニガタケ, カワタケ, ナヨタケ, オナゴダケ。葉舌はほぼ切頭。
¶APG原樹(No.240/カ図)
　原牧1(No.919/カ図)

メタセコイ                                    796

固有 (p175/カ写)
新分牧 (No.1026/モ図)
新牧日 (No.3619/モ図)
タケ亜科 (No.32/カ写)
タケササ (p149/カ写)
牧野ス1 (No.919/カ写)
野生2 (p34/カ写)
山力樹木 (p70/カ写)

**メタセコイア** *Metasequoia glyptostroboides*
ヒノキ科 (スギ科) の落葉性針葉高木。別名アケボ
ノスギ, イチイヒノキ, ヌマスギモドキ。高さは
30m。樹皮は橙褐色ないし赤褐色。
¶**APG原樹** (No.76/カ写)
学フ増花庭 (p150/カ写)
新分牧 〔アケボノスギ〕(No.49/モ図)
新牧日 〔アケボノスギ〕(No.51/モ図)
都木花新 〔アケボノスギ〕(p237/カ写)
野生1 (p39/カ写)
山力樹木 (p47/カ写)

**メタセコイア'ゴールドラッシュ'** ⇒ゴールド
ラッシュを見よ

**メダラ** *Aralia elata f.subinermis* 雌樬木
ウコギ科の木本。
¶**APG原樹** (No.1525/カ図)
ミニ山 (p213/カ写)

**メタリジウム アニソプリエ** *Metarhizium*
*anisopliae*
バッカクキン科の冬虫夏草。宿主はコウチュウ目,
チョウ目, カメムシ目など。
¶冬虫生態 (p276/カ写)

**メツクバネウツギ** ⇒オオツクバネウツギを見よ

**メディニラ・マグニフィカ** *Medinilla magnifica*
ノボタン科の常緑小低木。高さは1.5m。花はコー
ラルピンク色。
¶**APG原樹** (No.884/カ図)

**メド** ⇒メドハギを見よ

**メドウセージ** *Salvia guaranitica*
シソ科の草本。高さは1〜1.5m。花は暗青菫色。
¶色野草 (p285/カ写)

**メドギ** ⇒メドハギを見よ

**メドギハギ** ⇒メドハギを見よ

**メドグサ** ⇒メドハギを見よ

**メドハギ** *Lespedeza cuneata* 目処萩, 菁萩
マメ科マメ亜科の多年草。別名メドグサ, メドギ,
メド, メドギハギ。高さは60〜100cm。
¶色野草 (p116/カ写)
学フ増野秋 (p31/カ写)
原牧1 (No.1553/カ図)
植調 (p254/カ写)
新分牧 (No.1685/モ図)
新牧日 (No.1340/モ図)
茶花下 (p274/カ写)
牧野ス1 (No.1553/カ図)
野生2 (p280/カ写)
山力野草 (p374/カ写)

山ハ野花 (p362/カ写)

**メドラー** ⇒セイヨウカリン(1)を見よ

**メナモミ** *Sigesbeckia pubescens* 稀薟
キク科キク亜科の一年草。別名モチナモミ, アキホ
コリ, イシモチ。高さは60〜120cm。
¶色野草 (p193/カ写)
学フ増野秋 (p96/カ写)
原牧2 (No.2020/カ図)
植調 (p166/カ写)
新分牧 (No.4302/モ図)
新牧日 (No.3059/モ図)
牧野ス2 (No.3865/カ図)
野生5 (p364/カ写)
山力野草 (p83/カ写)
山ハ野花 (p570/カ写)

**メニッコウシダ** *Thelypteris nipponica* var.*borealis*
ヒメシダ科のシダ植物。別名ケヒメシダ。
¶シダ標1 (p435/カ写)

**メニッコウシダ × イワハリガネワラビ**
*Thelypteris musashiensis× T.nipponica* var.*borealis*
ヒメシダ科のシダ植物。
¶シダ標1 (p440/カ写)

**メニッコウシダ × ハリガネワラビ** *Thelypteris*
*japonica× T.nipponica* var.*borealis*
ヒメシダ科のシダ植物。別名ニッコウハリガネワラ
ビ。
¶シダ標1 (p440/カ写)

**メノハ** ⇒ワカメを見よ

**メノマンネングサ** *Sedum japonicum* subsp.
*japonicum* var.*japonicum* 雌万年草
ベンケイソウ科の多年草。別名コマノツメ, ハナツ
ヅキ。高さは5〜15cm。花は濃黄色。
¶学フ増野春 (p110/カ写)
原牧1 (No.1399/カ図)
新分牧 (No.1594/モ図)
新牧日 (No.905/モ図)
牧野ス1 (No.1399/カ図)
ミニ山 (p95/カ写)
野生2 (p226/カ写)
山ハ山花 (p293/カ写)

**メハジキ** *Leonurus japonicus* 目弾き
シソ科オドリコソウ亜科の多年草。別名ヤクモソ
ウ。高さは50〜150cm。
¶学フ増野夏 (p13/カ写)
学フ増薬草 (p115/カ写)
原牧2 (No.1667/カ図)
新分牧 (No.3756/モ図)
新牧日 (No.2579/モ図)
茶花下 (p154/カ写)
牧野ス2 (No.3512/カ図)
野生5 (p125/カ写)
山力野草 (p215/カ写)
山ハ野花 (p457/カ写)

**メハリノキ** ⇒カワラハンノキを見よ

メビシ　*Trapa natans* var.*rubeola*　雌菱
ミソハギ科（ヒシ科）の一年生水草。
¶原牧2 (No.434/カ写)
　新分牧 (No.2479/モ図)
　新牧日 (No.1907/モ図)
　牧野ス2 (No.2279/カ図)

メヒシバ　*Digitaria ciliaris*　雌日芝
イネ科キビ亜科の一年草。別名メシバ，ジシバリ，ハタカリ。高さは40〜80cm。
¶色野草 (p350/カ写)
　学フ増野夏 (p201/カ写)
　桑イネ (p180/カ写・モ図)
　原牧1 (No.1038/カ写)
　植調 (p296/カ写)
　新分牧 (No.1207/モ図)
　新牧日 (No.3804/モ図)
　牧野ス1 (No.1038/カ図)
　野生2 (p82/カ写)
　山ハ野花 (p204/カ写)

メヒルギ　*Kandelia obovata*　雌蛭木，雌漂木
ヒルギ科の常緑高木，マングローブ植物。別名リュウキュウコウガイ。呼吸根はない。花は白色。
¶APG原樹 (No.788/カ写)
　原牧2 (No.233/カ図)
　新分牧 (No.2276/カ写)
　新牧日 (No.1930/モ図)
　牧野ス1 (No.2078/カ図)
　野生3 (p146/カ写)
　山カ樹木 (p513/カ写)

メヘゴ　*Cyathea ogurae*
ヘゴ科の常緑性シダ。日本固有種。葉身は長さ50cm，卵状長楕円形。
¶固有 (p201/カ写)
　シダ標1 (p347/カ写)
　山レ増 (p629/カ写)

メボタンヅル(1)　*Clematis pierotii*
キンポウゲ科の草本。別名コバノボタンヅル。
¶原牧1 (No.1299/カ写)
　新分牧 (No.1460/カ写)
　新牧日 (No.621/モ図)
　牧野ス1 (No.1299/カ図)
　野生2 〔コバノボタンヅル〕(p145)

メボタンヅル(2)　⇒コボタンヅルを見よ

メマツ　⇒アカマツを見よ

メマツヨイグサ　*Oenothera biennis*　雌待宵草
アカバナ科の二年草。高さは0.3〜2m。花は黄色。
¶色野草 (p165/カ写)
　学フ増野夏 (p85/カ写)
　帰化写改 (p208/カ写, p502/カ写)
　原牧2 (No.474/カ図)
　山野草 (No.0743/カ写)
　植調 (p83/カ写)
　新分牧 (No.2517/モ図)
　新牧日 (No.1959/モ図)
　牧野ス1 (No.2319/カ図)

　野生3 (p270/カ写)
　山力野草 (p330/カ写)
　山ハ野花 (p317/カ写)

メヤブソテツ　*Cyrtomium caryotideum*　雌藪蘇鉄
オシダ科の常緑性シダ。別名イワヤブソテツ。葉身は長さ50cm，狭長楕円形。
¶シダ標2 (p430/カ写)
　新分牧 (No.4714/モ図)
　新牧日 (No.4510/モ図)

メヤブマオ　*Boehmeria platanifolia*　雌藪麻苧
イラクサ科の多年草。高さは1m。
¶学フ増野秋 (p211/カ写)
　原牧2 (No.88/カ図)
　新分牧 (No.2114/モ図)
　新牧日 (No.215/モ図)
　牧野ス1 (No.1933/カ図)
　野生2 (p344/カ写)
　山ハ野花 (p391/カ写)

メラ　*Prunus mume* 'Mera'　米良
バラ科。ウメの品種。野梅系ウメ，野梅性一重。
¶ウメ 〔米良〕(p44/カ写)

メラノレウカ・コグナータ　*Melanoleuca cognata*
キシメジ科のキノコ。傘は淡黄褐色，傘の径最大1.25cm。
¶原きの 〔Spring cavalier（春の騎士）〕(No.202/カ写・カ図)

メリケンガヤツリ　*Cyperus eragrostis*
カヤツリグサ科の多年草。別名オニシロガヤツリ。高さは30〜100cm。
¶カヤツリ (p734/モ図)
　帰化写改 (p474/カ写, p522/カ写)
　新分牧 (No.976/モ図)
　新牧日 (No.3966/モ図)
　野生1 (p340)

メリケンカルカヤ　*Andropogon virginicus*　米利堅刈萱
イネ科キビ亜科の多年草。高さは50〜120cm。
¶帰化写改 (p421/カ写, p519/カ写)
　桑イネ (p62/カ写・モ図)
　原牧1 (No.1068/カ写)
　植調 (p332/カ写)
　新分牧 (No.1191/モ図)
　新牧日 (No.3848/モ図)
　牧野ス1 (No.1068/カ図)
　野生2 (p77/カ写)
　山ハ野花 (p217/カ写)

メリケンキビ　⇒メリケンニクキビを見よ

メリケンコンギク　⇒ユウゼンギクを見よ

メリケントキンソウ　*Soliva sessilis*
キク科キク亜科の一年草。高さは5cm。花は黄色。
¶帰化写2 (p287/カ写)
　植調 (p158/カ写)
　野生5 (p341/カ写)

メリケンニクキビ　*Urochloa platyphylla*
イネ科キビ亜科の多年草。

メリケンム　　　　　　　　798

¶帰化写改（p426/カ写, p519/カ写）
　新分牧〔メリケンキビ〕（No.1238/モ図）
　新牧日〔メリケンキビ〕（No.3815/モ図）
　野生2（p99）

**メリケンムグラ**　*Diodia virginiana*
アカネ科の一年草。長さは10～80cm。花は白色，
または桃色。
¶帰化写改（p230/カ写）

**メロカンナ バンブーソイデス**　*Melocanna bambusoides*
イネ科のタケ。タケノコの葉鞘は緑色で少し白軟毛
がある。
¶タケササ（p196/カ写）

**メンツツジ**　⇒フジツツジを見よ

**メンテンササガヤ**　*Leptatherum somae*
イネ科キビ亜科の草本。ササガヤに類似する。
¶野生2（p88）

**メンド**　⇒コウヤボウキを見よ

**メンドウ**　⇒コウヤボウキを見よ

**メンマ**　⇒オシダを見よ

**メンヤダケ**　*Pseudosasa japonica* var.*pleioblastoides*
女矢竹
イネ科タケ亜科のササ。
¶タケ亜科（No.54/カ写）
　タケササ（p134/カ写）

# 【 モ 】

**モイワシャジン**　*Adenophora pereskiifolia*　藻岩沙参
キキョウ科の草本。別名ケモイワシャジン，コバコ
シャジン，シコタンシャジ，トカチシャジンン，マン
シュウツリガネニンジン。
¶原牧2（No.1871/カ図）
　山野草（No.1169/カ写）
　新分牧（No.3915/モ図）
　新牧日（No.2914/モ図）
　牧野ス2（No.3716/カ図）
　野生5（p188/カ写）
　山ハ高山（p370/カ写）
　山ハ山花（p487/カ写）

**モイワナズナ**　*Draba sachalinensis*　藻岩薺
アブラナ科の草本。
¶原牧2（No.730/カ図）
　山野草（No.0476/カ写）
　新分牧（No.2772/モ図）
　新牧日（No.850/モ図）
　牧野ス2（No.2575/カ図）
　ミニ山（p86/カ写）
　野生4（p61/カ写）
　山レ増（p340/カ写）

**モイワボダイジュ**　*Tilia maximowicziana* var.
*yesoana*　藻岩菩提樹
アオイ科の落葉高木。葉は大きくてやや薄い。

野生4（p33）

**モイワラン**　*Cremastra aphylla*　藻岩蘭
ラン科の草本。日本固有種。
¶固有（p190/カ写）
　野生1（p191）

**モウコガマ**　*Typha laxmannii*
ガマ科の多年草，水草。高さは1～1.3m。
¶帰化写2〔モウコガマ（在来種あり）〕（p360/カ写）
　日水草（p162/カ写）
　野生1（p279/カ写）

**モウコタンポポ**　*Taraxacum mongolicum*
キク科キクニガナ亜科の薬用植物。
¶野生5（p289/カ写）

**モウズイカ**　*Verbascum blattaria*　毛蕊花
ゴマノハグサ科の多年草。高さは50～150cm。花
は黄色。
¶帰化写改（p298/カ写）

**モウセンゴケ**　*Drosera rotundifolia*　毛氈苔
モウセンゴケ科の多年生食虫植物。高さは6～
30cm。花は白色。
¶学フ増野夏（p167/カ写）
　原牧2（No.857/カ図）
　新分牧（No.2897/モ図）
　新牧日（No.765/モ図）
　牧野ス2（No.2702/カ図）
　ミニ山（p78/カ写）
　野生4（p106/カ写）
　山カ野草（p441/カ写）
　山ハ野花（p250/カ写）
　山ハ山花（p262/カ写）

**モウソウチク**　*Phyllostachys edulis*　孟宗竹
イネ科タケ亜科の常緑大型タケ。別名ワセダケ，ト
ウモウソウ。高さは10～20m。
¶APG原樹（No.217/カ写）
　学フ増花庭（p222/カ写）
　原牧1（No.916/カ図）
　新分牧（No.1019/モ図）
　新牧日（No.3614/モ図）
　図説樹木（p188/カ写）
　タケ亜科（No.9/カ写）
　タケササ（p30/カ写）
　牧野ス1（No.916/カ図）
　野生2（p33/カ写）
　山カ樹木（p60/カ写）

**モウリンカ**　⇒マツリカを見よ

**モエギアミアシイグチ**　*Retiboletus nigerrimus*
イグチ科のキノコ。中型～大型。傘は黒色～帯紫
黒色。
¶学フ増毒き（p185/カ写）
　山カ日き（p333/カ写）

**モエギスゲ**　*Carex tristachya* var.*tristachya*　萌黄苔
カヤツリグサ科の多年草。高さは20～40cm。
¶カヤツリ（p348/モ図）
　原牧1（No.848/カ図）
　新分牧（No.864/モ図）

新牧日 (No.4149/モ図)
スゲ増 (No.181/カ写)
牧野ス1 (No.848/カ図)
野生1 (p320/カ写)
山ハ野花 (p131/カ写)

**モエギタケ** *Stropharia aeruginosa*
モエギタケ科のキノコ。小型〜中型。傘は青緑色〜緑色, 強い粘性あり。ひだは紫褐色, 縁白色。
¶原きの (No.268/カ写・カ図)
山カ日き (p221/カ写)

**モエギホウキタケ** *Phaeoclavulina abietina*
ラッパタケ科のキノコ。
¶山カ日き〔モエギホウキタケ (新称)〕(p418/カ写)

**モエジマシダ** *Pteris vittata*
イノモトソウ科の常緑性シダ。葉身は長さ10〜80cm, 倒披針形。
¶シダ標1 (p382/カ写)
新分牧 (No.4594/モ図)
新牧日 (No.4481/モ図)

**モガシ** ⇒ホルトノキを見よ

**モカラ** ×*Mokara*
ラン科の草本。アラクニス属, アスコセントラム属, バンダ属の3属間交雑による人工属。
¶茶花上 (p198/カ写)

**モク** ⇒ムクノキを見よ

**モクキリン** *Pereskia aculeata* 杢麒麟
サボテン科のつる状木本。長さ10m。花は白色。
¶帰化写2 (p397/カ写)

**モクゲンジ** *Koelreuteria paniculata* 木槵子
ムクロジ科の落葉高木。別名センダンバノボダイジュ。高さは10〜12m。花は黄色。樹皮は淡褐色。
¶APG原樹 (No.944/カ図)
原牧2 (No.517/カ図)
新分牧 (No.2591/モ図)
新牧日 (No.1600/モ図)
牧野ス2 (No.2362/カ図)
野生3 (p299/カ写)

**モグサ** ⇒ヨモギを見よ

**モクシュク** ⇒ムラサキウマゴヤシを見よ

**モクシュンギク** *Argyranthemum frutescens* 木春菊
キク科の宿根草。別名キダチカミルレ, マーガレット。
¶原牧2 (No.2072/カ写)
新分牧 (No.4248/モ図)
新牧日 (No.3108/モ図)
茶花上 (p473/カ写)
牧野ス2 (No.3917/カ図)

**モクセイ** ⇒ギンモクセイを見よ

**モクセイソウ** *Reseda odorata* 木犀草
モクセイソウ科の一年草または多年草。別名ニオイレセダ。高さは40cm。花は黄白色。
¶原牧2 (No.674/カ写)
新分牧 (No.2715/モ図)
新牧日 (No.884/モ図)

牧野ス2 (No.2519/モ図)

**モクセンナ** *Cassia glauca*
マメ科の小木。莢は扁平, 葉裏は粉白。高さは2〜7m。花は鮮黄色。
¶山カ樹木 (p369/カ写)

**モクタチバナ** *Ardisia sieboldii* 木橘
サクラソウ科 (ヤブコウジ科) の常緑高木。
¶原牧2 (No.1115/カ図)
新分牧 (No.3140/モ図)
新牧日 (No.2207/モ図)
牧野ス2 (No.2960/カ図)
野生4 (p190/カ写)
山カ樹木 (p610/カ写)

**モクビャッコウ** *Crossostephium chinense* 木百香
キク科キク亜科の常緑小低木。花は黄色。
¶原牧2 (No.2082/カ写)
新分牧 (No.4215/モ図)
新牧日 (No.3116/モ図)
牧野ス2 (No.3927/カ図)
野生5 (p340/カ写)
山レ増 (p28/カ写)

**モクフヨウ** ⇒フヨウを見よ

**モクベンケイ** ⇒ハマジンチョウを見よ

**モクマオ** *Boehmeria densiflora*
イラクサ科の常緑低木。別名ヤナギバモクマオ。
¶原牧2 (No.95/カ写)
新分牧 (No.2119/モ図)
新牧日 (No.223/モ図)
牧野ス1 (No.1940/カ図)
野生2〔ヤナギバモクマオ〕(p343/カ写)

**モクマオウ** ⇒トキワギョリュウを見よ

**モグリゴケ** *Lethocolea naruto-toganensis*
チチブイチョウゴケ科のコケ。日本固有種。茎は長さ1〜2cm, 仮根は赤紫色。
¶固有 (p222/カ写)

**モクレイシ** *Microtropis japonica* 木茘枝
ニシキギ科の常緑低木。別名フクボク, クロギ。
¶APG原樹 (No.781/カ図)
原牧2 (No.207/カ図)
新分牧 (No.2235/モ図)
新牧日 (No.1658/モ図)
牧野ス1 (No.2052/モ図)
野生3 (p137/カ写)
山カ樹木 (p421/カ写)

**モクレダマ** ⇒レダマを見よ

**モクレン** *Magnolia liliiflora* 木蓮, 木蘭
モクレン科の落葉低木。別名シモクレン, モクレンゲ。花は濃紫色。
¶APG原樹〔シモクレン〕(No.129/カ図)
学乃増花庭 (p40/カ写)
原牧1 (No.118/カ写)
新分牧 (No.147/モ図)
新牧日 (No.456/モ図)
茶花上 (p323/カ写)

モ

モクレンケ　　　　　　　　　800

都木花新 (p15/カ写)
牧野ス1 (No.118/カ図)
野生1 〔シモクレン〕(p73/カ写)
山力樹木 (p196/カ写)
落葉図譜 (p115/モ図)

**モクレンゲ**　⇒モクレンを見よ

**モクワンジュ**　⇒ソシンカ(1)を見よ

**モケ**　⇒ボケを見よ

**モシオ**　Camellia japonica 'Moshio'　藻汐
ツバキ科。ツバキの品種。花は紅色。
¶茶花上 (p137/カ写)

**モシオグサ**(1)　⇒アマモを見よ

**モシオグサ**(2)　⇒シバナを見よ

**モジゴケ**　Graphis scripta
モジゴケ科のコケ。
¶新分牧 (No.5170/モ図)
新牧日 (No.5030/モ図)

**モジズリ**　⇒ネジバナを見よ

**モズク**　Nemacystis decipiens　水雲, 海蘊, 母豆久, 毛豆久
モズク科の海藻。粘質にとむ。体は30cm。
¶新分牧 (No.4980/モ図)
新牧日 (No.4840/モ図)

**モダマ**　Entada tonkinensis　藻玉
マメ科オジキソウ亜科の常緑つる性木本。別名モダマヅル。莢は巨大, 樹皮は淡褐色。
¶APG原樹 (No.395/カ図)
原牧1 (No.1472/カ図)
新分牧 (No.1800/モ図)
新牧日 (No.1261/モ図)
牧野ス1 (No.1472/カ図)
野生2 (p246/カ写)
山レ増 (p295/カ写)

**モダマヅル**　⇒モダマを見よ

**モチ**　⇒モチノキを見よ

**モチイネ**　Oryza sativa　糯稲
イネ科の草本。別名モチゴメ。
¶新分牧 (No.1013/モ図)
新牧日 (No.3640/モ図)

**モチガシワ**　⇒カシワを見よ

**モチギ**　⇒ヤマコウバシを見よ

**モチグサ**　⇒ヨモギを見よ

**モチゴメ**　⇒モチイネを見よ

**モチヅキザクラ**　Cerasus×sacra　望月桜
バラ科シモツケ亜科の落葉高木。サクラの品種。別名カッテザクラ。花は白色。
¶野生3 (p67/カ写)

**モチソバ**　⇒ムラサキアカザを見よ

**モチダシロ**　Prunus mume 'Mochida-shiro'　持田白
バラ科。ウメの品種。実ウメ, 野梅系。
¶ウメ〔持田白〕(p183/カ写)

**モチツツジ**　Rhododendron macrosepalum　黐躑躅, 餅躑躅
ツツジ科ツツジ亜科の半常緑低木。日本固有種。別名イワツツジ。花は淡紅紫色。
¶APG原樹 (No.1232/カ図)
学フ増花庭 (p13/カ写)
原牧2 (No.1178/カ図)
固有 (p106)
新分牧 (No.3249/モ図)
新牧日 (No.2124/モ図)
茶花上 (p473/カ写)
牧野ス2 (No.3023/カ図)
野生4 (p241/カ写)
山力樹木 (p560/カ写)

**モチナモミ**　⇒メナモミを見よ

**モチノキ**　Ilex integra　黐の木
モチノキ科の常緑高木。別名モチ, トリモチノキ, トウセイ。花は黄緑色。
¶APG原樹 (No.1452/カ図)
学フ増樹 (p161/カ写)
原牧2 (No.1825/カ図)
新分牧 (No.3868/モ図)
新牧日 (No.1616/モ図)
図説樹木 (p158/カ写)
茶花上 (p323/カ写)
都木花新 (p167/カ写)
牧野ス2 (No.3670/カ図)
野生5 (p182/カ写)
山力樹木 (p411/カ写)

**モッコウバラ**　Rosa banksiae　木香薔薇
バラ科の落葉低木。別名スダレイバラ。長さは6〜7m。花は白色, または淡黄色。
¶APG原樹 (No.608/カ図)
原牧1 (No.1803/カ図)
新分牧 (No.1998/モ図)
新牧日 (No.1189/モ図)
茶花上 (p474/カ写)
牧野ス1 (No.1803/カ図)
山力樹木 (p254/カ写)

**モッコク**　Ternstroemia gymnanthera　木斛
サカキ科(ツバキ科)の常緑高木。別名イク, イイタ。高さは10〜15m。花は黄色。
¶APG原樹 (No.1107/カ図)
学フ増花庭 (p193/カ写)
原牧2 (No.1052/カ図)
新分牧 (No.3094/モ図)
新牧日 (No.736/モ図)
都木花新 (p71/カ写)
牧野ス2 (No.2897/カ写)
野生4 (p181/カ写)
山力樹木 (p492/カ写)

**モッコバナ**　⇒バイカアマチャを見よ

**モッチョムシダ**　Diplazium kawabatae
メシダ科のシダ植物。
¶シダ標2 (p330/カ写)

**モッポレサガリゴケ**　⇒コハイヒモゴケを見よ

モ

**モトイタチシダ** *Dryopteris protobissetiana*
オシダ科のシダ植物。別名モトヤマイタチシダ。
¶シダ標2（p366/カ写）

**モトゲイタヤ** ⇒イトマキイタヤを見よ

**モトタカサブロウ** ⇒タカサブロウを見よ

**モトマチハナワラビ** ⇒シチトウハナワラビを見よ

**モトヤマイタチシダ** ⇒モトイタチシダを見よ

**モナルダ** ⇒タイマツバナを見よ

**モノドラカンアオイ** *Asarum monodoriflorum*
ウマノスズクサ科の草本。日本固有種。
¶固有（p62）
山野草（No.0413/カ写）
野生1（p66/カ写）
山レ増（p373/カ写）

**モノノフツバキ** *Camellia japonica* 'Mononofu-tsubaki' 武士椿
ツバキ科。ツバキの品種。花は桃色。
¶茶花上（p124/カ写）

**モミ** *Abies firma* 樅
マツ科の常緑高木。日本固有種。別名モムノキ、オミノキ、サナギ。高さは45m。
¶APG原樹（No.48/カ図）
学フ増樹（p152/カ写）
原牧1（No.12/カ図）
固有（p195）
新分牧（No.13/モ図）
新牧日（No.24/モ図）
図説樹木（No.30/カ写）
都木花新（p235/カ写）
牧野S1（No.13/カ図）
野生1（p26/カ写・モ図）
山力樹木（p37/カ写）

**モミサルノコシカケ** *Phellinus hartigii*
タバコウロコタケ科のキノコ。
¶山力日き（p496/カ写）

**モミジ** ⇒タカオカエデを見よ

**モミジアオイ** *Hibiscus coccineus* 紅葉葵
アオイ科の多年草。別名コウショッキ。高さは1～2m。花は深紅色。
¶原牧2（No.641/カ写）
新分牧（No.2692/モ図）
新牧日（No.1751/モ図）
茶花下（p274/カ写）
牧野S2（No.2486/カ図）

**モミジイチゴ** *Rubus palmatus* var.*coptophyllus* 紅葉苺
バラ科の落葉低木。別名ナガバモミジイチゴ、アワイチゴ、キイチゴ、サガリイチゴ。
¶APG原樹（No.580/カ図）
学フ増山菜（p172/カ写）
学フ増樹（p64/カ写・カ図）
原牧1（No.1753/カ写）
新分牧（No.1966/モ図）
新牧日（No.1119/モ図）

茶花上（p324/カ写）
牧野S1（No.1753/カ図）
山力樹木（p260/カ写）
落葉図譜（p145/モ図）

**モミジイチゴ（広義）** *Rubus palmatus* 紅葉苺
バラ科バラ亜科の落葉低木。別名ナガバモミジイチゴ、キイチゴ、キモゴキイチゴ、ヤクシマキイチゴ。
¶ミニ山〔ナガバモミジイチゴ〕（p137/カ写）
野生3〔モミジイチゴ〕（p49/カ写）
山力樹木〔ナガバモミジイチゴ〕（p260/カ写）

**モミジウリノキ** *Alangium platanifolium* var.
*platanifolium* 紅葉瓜木
ミズキ科（ウリノキ科）の木本。
¶APG原樹（No.1067/カ図）
原牧2（No.1011/カ写）
新分牧（No.3074/モ図）
新牧日（No.1971/モ図）
牧野S2（No.2856/カ図）

**モミジウロコタケ** *Xylobolus spectabilis*
ウロコタケ科のキノコ。
¶山力日き（p425/カ写）

**モミジガサ** *Parasenecio delphiniifolius* 紅葉笠、紅葉傘
キク科キク亜科の多年草。日本固有種。別名モミジソウ、モミジナ、モミジバ、キノシタ、シトギ、シドキ、シドケ。高さは50～90cm。花は白色。
¶学フ増山菜（p153/カ写）
学フ増野秋（p154/カ写）
原牧2（No.2145/カ写）
固有（p144）
新分牧（No.4081/モ図）
新牧日（No.3177/モ図）
茶花下（p275/カ写）
牧野S2（No.3990/カ図）
野生5（p303/カ写）
山力野草（p64/カ写）
山ハ山花（p501/カ写）

**モミジカラスウリ** *Trichosanthes multiloba* 紅葉烏瓜
ウリ科の多年生つる草。日本固有種。
¶固有（p94）
新分牧（No.2209/モ図）
新牧日（No.1882/モ図）
野生3（p124/カ写）
山力野草（p141/カ写）
山ハ山花（p354/カ写）

**モミジカラマツ** *Trautvetteria caroliniensis* var.
*japonica* 紅葉唐松、楓唐松
キンポウゲ科の多年草。日本固有種。別名モミジショウマ。高さは30～60cm。
¶学フ増高山（p149/カ写）
原牧1（No.1272/カ写）
固有（p57）
山野草（No.0296/カ写）
新分牧（No.1405/モ図）
新牧日（No.595/モ図）
茶花下（p155/カ写）

モミシコウ　　802

　　牧野ス1（No.1272/カ図）
　　ミニ山（p49/カ写）
　　野生2（p168/カ写）
　　山山野草（p485/カ写）
　　山ハ高山（p93/カ写）

**モミジコウモリ**　*Parasenecio kiusianus*　紅葉蝙蝠
　キク科キク亜科の多年草。日本固有種。高さは70
　～80cm。
　¶原牧2（No.2146/カ図）
　　固有（p144/カ写）
　　新分牧（No.4085/モ図）
　　新牧日（No.3178/モ図）
　　牧野ス2（No.3991/カ写）
　　野生5（p303/カ写）
　　山ハ山花（p507/カ写）

**モミジショウマ**　⇒モミジカラマツを見よ

**モミジソウ**　⇒モミジガサを見よ

**モミジタケ**　*Thelephora palmata*
　イボタケ科のキノコ。
　¶原きの（No.468/カ写・カ図）
　　山カ日き（p439/カ写）

**モミジタマブキ**　⇒ミヤマコウモリソウを見よ

**モミジチャルメルソウ**　*Mitella acerina*　紅葉哨吶草
　ユキノシタ科の草本。日本固有種。
　¶固有（p70）
　　新分牧（No.1565/モ図）
　　茶花上（p324/カ写）
　　野生2（p208/カ写）
　　山ハ山花（p278/カ写）
　　山レ増（p320/カ写）

**モミジツメゴケ**　*Peltigera polydactyla*
　ツメゴケ科の地衣類。地衣体は葉状。
　¶新分牧（No.5174/モ図）
　　新牧日（No.5034/モ図）

**モミジドコロ**　⇒キクバドコロを見よ

**モミジナ**　⇒モミジガサを見よ

**モミジバ**　⇒モミジガサを見よ

**モミジバアラリア**　*Plerandra elegantissima*
　ウコギ科の木本。別名アラリア。高さは10m。
　¶APG原樹（No.1526/カ図）

**モミジバオミナエシ**　⇒ハクサンオミナエシを見よ

**モミジバキセワタ**　*Leonurus cardiaca*
　シソ科の多年草。高さは1～1.5m。花は淡紅紫色。
　¶帰化写改（p269/カ写）

**モミジハグマ**　*Ainsliaea acerifolia* var.*acerifolia*　紅
葉羽熊，紅葉白熊
　キク科コウヤボウキ亜科の草本。日本固有種。
　¶原牧2（No.1892/カ図）
　　固有（p151）
　　山野草（No.1307/カ写）
　　新分牧（No.3931/モ図）
　　新牧日（No.2930/モ図）
　　茶花下（p275/カ写）

　　牧野ス2（No.3737/カ図）
　　野生5（p211）

**モミジバショウマ**　*Astilbe platyphylla*　紅葉葉升麻
　ユキノシタ科の草本。日本固有種。別名サルルショ
　ウマ。葉は2回3出複葉。
　¶固有（p69）
　　野生2（p198/カ写）
　　山ハ山花（p283/カ写）

**モミジバスズカケノキ**　*Platanus × acerifolia*　紅葉
葉鈴懸の木
　スズカケノキ科の落葉高木。別名カエデバスズカケ
　ノキ，プラタナス。高さは35m。樹皮は褐色，灰色
　および乳黄色。
　¶APG原樹（No.288/カ図）
　　学フ増花庭（p152/カ写）
　　原牧1（No.1319/カ図）
　　新分牧（No.1490/モ図）
　　新牧日（No.887/モ図）
　　図説樹木（p132/カ写）
　　都木花新（p34/カ写）
　　牧野ス1（No.1319/カ写）
　　野生2（p176/カ写）
　　山カ樹木（p244/カ写）

**モミジバセンダイソウ**　*Saxifraga sendaica* f.
*laciniata*　紅葉葉仙台草
　ユキノシタ科の多年草。高さは5～10cm。花は
　白色。
　¶原牧1（No.1375/カ図）
　　山野草（No.0560/カ写）
　　新分牧（No.1538/モ図）
　　新牧日（No.954/モ図）
　　牧野ス1（No.1375/カ図）
　　山カ野草（p419/カ写）

**モミジバダイモンジソウ**　⇒ジンジソウを見よ

**モミジバヒメオドリコソウ**　*Lamium hybridum*　紅
葉葉姫踊り子草
　シソ科の越年草。高さは10～30cm。花は紅紫色。
　¶帰化写改（p268/カ写）

**モミジバヒルガオ**　⇒モミジヒルガオを見よ

**モミジバフウ**　*Liquidambar styraciflua*　紅葉葉楓
　フウ科（マンサク科）の落葉高木。別名アメリカフ
　ウ。高さは25～45m。樹皮は濃灰褐色。
　¶学フ増花庭（p155/カ写）
　　原牧1（No.1336/カ図）
　　新分牧（No.1507/モ図）
　　新牧日（No.890/モ図）
　　都木花新〔アメリカフウ〕（p39/カ写）
　　牧野ス1（No.1336/カ写）
　　山カ樹木（p242/カ写）

**モミジバルコウソウ**　⇒ハゴロモルコウを見よ

**モミジヒルガオ**　*Ipomoea cairica*　紅葉昼顔
　ヒルガオ科のつる草。別名モミジバヒルガオ，タイ
　ワンアサガオ。種子に長毛列あり。花は白色，また
　は紫色。
　¶帰化写改〔タイワンアサガオ〕（p241/カ写）
　　植調（p246/カ写）

野生5(p29/カ写)

モミジラン ⇒ヨウラクランを見よ

モミジルコウ Ipomoea× sloteri
ヒルガオ科のつる性一年草。
¶帰化写改(p249/カ写, p505/カ写)

モミタケ Catathelasma ventricosum 樅茸
キシメジ科のキノコ。大型。傘は縁部は強く内側に巻く。
¶新分牧(No.5093/モ図)
新牧日(No.4978/モ図)

モミラン Gastrochilus toramanus
ラン科の多年草。長さは3〜8cm。
¶野生1(p202/カ写)

モムノキ ⇒モミを見よ

モメンヅル Astragalus reflexistipulus 木綿蔓
マメ科マメ亜科の多年草。日本固有種。高さは30〜80cm。
¶原牧1(No.1515/カ図)
固有(p80)
新分牧(No.1741/モ図)
新牧日(No.1302/モ図)
牧野ス1(No.1515/カ図)
野生2(p257/カ写)

モモ Prunus persica 桃
バラ科シモツケ亜科の落葉小高木〜高木。別名ミチトセグサ、ミチヨグサ、ミキグサ。樹高は8m。花は白、ピンク、紅色。樹皮は濃灰色。
¶APG原樹(No.487/カ図)
学フ増桜(p220/カ写)
学フ有毒(p154/カ写)
原牧1(No.1627/カ図)
新分牧(No.1834/モ図)
新牧日(No.1212/モ図)
図説樹木(p140/カ写)
茶花上(p325/カ写)
都木花新(p120/カ写)
牧野ス1(No.1627/カ図)
野生3(p79/カ写)
山力樹木(p320/カ写)

モモイロカグラ Camellia japonica 'Momoiro-kagura' 桃色神楽
ツバキ科。ツバキの品種。花は桃色。
¶茶花上(p126/カ写)

モモイロタンポポ ⇒センボンタンポポを見よ

モモイロテンナンショウ ⇒アリサエマ・キャンディディシマムを見よ

モモイロノヂシャ Valerianella coronata
スイカズラ科(オミナエシ科)の一年草または越年草。花は淡紅色。
¶野生5(p425)

モモイロワビスケ ⇒スキヤを見よ

モモ 'カラモモ' ⇒カラモモ(1)を見よ

モモ 'キクモモ' ⇒キクモモを見よ

モモ 'ゲンペイモモ' ⇒ゲンペイモモを見よ

モモ 'ザンセツシダレ' ⇒ザンセツシダレを見よ

モモスズメ Camellia japonica 'Momosuzume' 桃雀
ツバキ科。ツバキの品種。花は桃色。
¶茶花上(p119/カ写)

モモゾノ(1) Hibiscus syriacus 'Momozono' 桃園
アオイ科。ムクゲの品種。一重咲き広弁型。
¶茶花下(p23/カ写)

モモゾノ(2) Prunus mume 'Momozono' 桃園
バラ科。ウメの品種。杏系ウメ、豊後性一重。
¶ウメ〔桃園〕(p134/カ写)

モモタマナ Terminalia catappa
シクンシ科の半落葉高木。別名コバテイシ。高さは25m。花は白色。
¶原牧2(No.428/カ図)
新分牧(No.2468/モ図)
新牧日(No.1933/モ図)
牧野ス2(No.2273/カ図)
野生3(p254/カ写)
山力樹木(p534/カ写)

モモノハギキョウ Campanula persicifolia 桃の葉桔梗
キキョウ科の多年草。
¶原牧2(No.1857/カ図)
茶花上〔ももばぎきょう〕(p474/カ写)
牧野ス2(No.3702/カ図)

モモバギキョウ ⇒モモノハギキョウを見よ

モモ 'ハクトウ' ⇒ハクトウを見よ

モモ 'ハゴロモシダレ' ⇒ハゴロモシダレを見よ

モモベニタイカク Prunus mume 'Momobeni-taikaku' 桃紅台閣
バラ科。ウメの品種。野梅系ウメ、野梅性八重。
¶ウメ〔桃紅台閣〕(p74/カ写)

モモ 'ホウキモモ' ⇒ホウキモモを見よ

モモ 'ヤグチ' ⇒ヤグチを見よ

モモヤマ(1) Prunus mume 'Momoyama' 桃山
バラ科。ウメの品種。野梅系ウメ、野梅性一重。
¶ウメ〔桃山〕(p45/カ写)

モモヤマ(2) Rhododendron× pulchrum 'Momoyama' 桃山
ツツジ科。ツツジの品種。
¶APG原樹〔ツツジ 'モモヤマ'〕(No.1268/カ図)

モヨウビユ Alternanthera ficoidea var.bettzickiana
ヒユ科の低草。赤葉種、黄葉種あり。花は白色、または淡白褐色。
¶原牧2(No.957/カ図)
新分牧(No.2997/モ図)
新牧日(No.451/モ図)
牧野ス2(No.2802/カ図)

モリアザミ Cirsium dipsacolepis 森薊
キク科アザミ亜科の多年草。日本固有種。別名ヤブアザミ、ゴボウアザミ。高さは50〜100cm。花は紅紫色。
¶学フ増山菜(p178/カ写)

モリイチゴ

学フ増野秋 (p48/カ写)
原牧2 (No.2177/カ図)
固有 (p138)
新分牧 (No.3964/モ図)
新牧日 (No.3209/モ図)
茶花下 (p346/カ写)
牧野ス2 (No.4022/カ図)
野生5 (p223/カ写)
山力野草 (p94/カ写)
山ハ山花 (p549/カ写)

**モリイチゴ** ⇒シロバナノヘビイチゴを見よ

**モリイバラ** *Rosa onoei* var.*hakonensis* 森茨, 森薔薇
バラ科バラ亜科の落葉低木。日本固有種。
¶APG原樹 (No.612/カ図)
原牧1 (No.1815/カ図)
固有 (p78)
新分牧 (No.2012/モ図)
新牧日 (No.1203/モ図)
牧野ス1 (No.1815/カ図)
野生3 (p41/カ写)
山力樹木 (p248/カ写)

**モリオカシダレ** *Cerasus* × *yedoensis* 'Morioka-pendula' 盛岡枝垂
バラ科の落葉高木。サクラの栽培品種。花は白色。
¶学フ増桜 〔'盛岡枝垂〕(p71/カ写)

**モリカ** ⇒マツリカを見よ

**モリシア・モナントス** *Morisia monanthos*
アブラナ科の草本。花は濃黄色。
¶山野草 (No.0483/カ写)

**モリノカレバタケ** *Gymnopus dryophilus*
ツキヨタケ科 (ホウライタケ科) のキノコ。小型。傘は黄土色〜クリーム色。ひだは白色〜クリーム色。
¶学フ増毒き (p108/カ写)
原きの (No.113/カ写・カ図)
山力日き (p107/カ写)

**モリノセキ** *Prunus mume* 'Morinoseki' 森の関
バラ科。ウメの品種。李系ウメ、紅材性一重。
¶ウメ 〔森の関〕(p106/カ写)

**モリハラタケ** *Agaricus silvaticus*
ハラタケ科のキノコ。別名オオモリノカサ。
¶学フ増毒き (p122/カ写)
原きの (No.006/カ写・カ図)

**モリヘゴ** *Cyathea lepifera*
ヘゴ科の常緑性シダ。別名ヒカゲヘゴ。葉身は長さ2〜3m, 倒卵状長楕円形。
¶シダ標1 〔ヒカゲヘゴ〕(p347/カ写)
新分牧 (No.4560/モ図)
新牧日 (No.4438/モ図)

**モルセラ** *Moluccella laevis*
シソ科の一年草。別名カイガラサルビア。高さは40〜90cm。花は白色。
¶原牧2 (No.1724/カ図)
牧野ス2 (No.3569/カ図)

**モロコシ** *Sorghum bicolor* 蜀黍, 唐黍
イネ科キビ亜科の草本。別名モロコシキビ, タカキビ。穀実食用, 果穂は垂下性のものと直立性のものがある。高さは3〜4m。
¶原牧1 (No.1063/カ図)
新分牧 (No.1166/モ図)
新牧日 (No.3843/モ図)
牧野ス1 (No.1063/カ図)
野生2 (p97/カ写)
山ハ野花 (p225/カ写)

**モロコシガヤ** *Sorghum nitidum* var.*dichroanthum*
イネ科キビ亜科の多年草。高さは60〜120cm。
¶桑イネ (p452/カ写・モ図)
原牧1 (No.1062/カ図)
新分牧 (No.1165/モ図)
新牧日 (No.3842/モ図)
牧野ス1 (No.1062/カ図)
野生2 (p97/カ写)

**モロコシキビ** ⇒モロコシを見よ

**モロコシソウ** *Lysimachia sikokiana* 唐土草
サクラソウ科の多年草。日本固有種。別名ヤマクネンボ。高さは20〜80cm。
¶原牧2 (No.1101/カ図)
固有 (p109/カ写)
山野草 (No.0910/カ写)
新分牧 (No.3145/モ図)
新牧日 (No.2245/モ図)
牧野ス2 (No.2946/カ図)
野生4 (p193/カ写)
山ハ山花 (p370/カ写)

**モロゾコシダ** ⇒ミヤマノコギリシダを見よ

**モロバグサ** ⇒フタバアオイを見よ

**モロハヒラゴケ** *Neckera nakajimae*
ヒラゴケ科のコケ植物。日本固有種。
¶固有 (p217/カ写)

**モロヘイヤ** ⇒タイワンツナソを見よ

**モンカタバミ** *Oxalis tetraphylla* 紋酢漿草
カタバミ科の草本。高さは30cm。花は紫紅色。
¶帰化写改 (p157/カ写)
原牧2 (No.226/カ図)
新分牧 (No.2269/モ図)
新牧日 (No.1412/モ図)
牧野ス1 (No.2071/カ図)

**モンカラクサ** *Nemophila maculata* 紋唐草
ムラサキ科の一年草。別名ネモフィラ・マクラータ。高さは7〜30cm。花は白色。
¶原牧2 (No.1436/カ図)
牧野ス2 (No.3281/カ図)

**モンゴリナラ** *Quercus mongolica*
ブナ科の高木。高さは10m。
¶野生3 (p96)

**モンジュ** *Prunus mume* 'Monju' 文珠
バラ科。ウメの品種。李系ウメ, 難波性八重。
¶ウメ 〔文珠〕(p95/カ写)

モンステラ　⇒ホウライショウを見よ

モンストローサス　Hibiscus syriacus 'Monstrosus'
アオイ科。ムクゲの品種。一重咲き広弁型。
¶茶花下(p22/カ写)

モンチソウ　⇒ヌマハコベを見よ

モンツキウマゴヤシ　Medicago arabica
マメ科の一年草。長さは60cm。花は黄色。
¶帰化写改(p134/カ写)

モンツキガヤ　Bothriochloa bladhii　紋付茅
イネ科キビ亜科の多年草。
¶新分牧(No.1189/モ図)
　新牧日(No.3853/モ図)
　野生2(p79/カ写)

モンツキシバ　⇒タラヨウを見よ

モンテン　⇒モンテンボクを見よ

モンテンジクアオイ　Pelargonium zonale　紋天竺葵
フウロソウ科の小低木状の多年草。高さは30cm内外。花色は濃赤色〜白色までさまざま。
¶原牧2(No.425/カ図)
　新分牧(No.2465/モ図)
　新牧日(No.1430/モ図)
　牧野ス2(No.2270/カ図)

モンテンボク　Hibiscus glaber
アオイ科の高木。日本固有種。別名モンテン、テリハノハマボウ、テリハハマボウ。高さは2〜5m。花は黄色。
¶APG原樹(No.1013/カ図)
　原牧2(No.638/カ図)
　固有(p91)
　新分牧(No.2689/モ図)
　新牧日(No.1748/モ図)
　牧野ス2(No.2483/カ図)
　野生4(p29/カ写)
　山力樹木〔テリハハマボウ〕(p477/カ写)

モントブレチア　⇒ヒメヒオウギズイセンを見よ

モントブレティア　⇒ヒメヒオウギズイセンを見よ

モントレーサイプレス　Hesperocyparis macrocarpa
ヒノキ科の木本。樹高25m。樹皮は赤褐色。
¶新分牧(No.74/モ図)
　新牧日〔モントレ・サイプレス〕(No.66/モ図)

モントレーマツ　⇒ラジアータマツを見よ

モンバナスビ　Solanum undatum
ナス科の多年草。ワルナスビに似る。花は白色または淡紫色。
¶野生5(p45)

モンパノキ　Heliotropium foertherianum　紋葉の木、紋羽の木
ムラサキ科キダチルリソウ亜科の常緑低木。別名ハマムラサキノキ、ハマムラサキ。枝は平開。葉は白毛蜜布白ビロード状。
¶原牧2(No.1412/カ図)
　新分牧(No.3511/モ図)
　新牧日(No.2472/モ図)
　茶花下(p155/カ写)

牧野ス2(No.3262/カ図)
野生5(p51/カ写)
山力樹木(p655/カ写)

モンパンイノコヅチ　Achyranthes bidentata var. bidentata
ヒユ科の多年草。別名オキナワイノコヅチ。茎や葉の毛はビロード状。
¶野生4(p130)

## 【ヤ】

ヤアツバキ　⇒ゴンズイを見よ

ヤイグサ　⇒ヨモギを見よ

ヤイトバナ　⇒ヘクソカズラを見よ

ヤイマナスビ　Solanum macaonense
ナス科の木本。別名セイバンナスビ。
¶野生5(p44)

ヤエアゲハ　Prunus mume 'Yae-ageha'　八重揚羽
バラ科。ウメの品種。杏系ウメ、豊後性八重。
¶ウメ〔八重揚羽〕(p146/カ写)

ヤエアサヒ　Prunus mume 'Yae-asahi'　八重旭
バラ科。ウメの品種。野梅系ウメ、野梅性八重。
¶ウメ〔八重旭〕(p75/カ写)

ヤエオヒョウモモ　Prunus triloba 'Petzoldii'
バラ科の木本。
¶APG原樹(No.485/カ図)

ヤエカイドウ　Prunus mume 'Yae-kaidō'　八重海棠
バラ科。ウメの品種。杏系ウメ、紅筆性一重・八重。
¶ウメ〔八重海棠〕(p127/カ写)

ヤエガワ　Hackelochloa granularis　八重茅
イネ科キビ亜科の小型の一年草。茎は高さ30cm。
¶新分牧(No.1158/モ図)
　新牧日(No.3861/モ図)
　野生2(p85)

ヤエガワカンバ　Betula davurica　八重皮樺
カバノキ科の落葉高木。別名コオノオレ。
¶APG原樹(No.754/カ図)
　原牧2(No.143/カ図)
　新分牧(No.2186/モ図)
　新牧日(No.121/モ図)
　牧野ス1(No.1988/モ図)
　野生3(p113/カ写)
　山力樹木(p117/カ写)

ヤエカンコウ　Prunus mume 'Yae-kankō'　八重寒紅
バラ科。ウメの品種。野梅系ウメ、野梅性八重。
¶ウメ〔八重寒紅〕(p75/カ写)

ヤエキョウチクトウ　Nerium indicum 'Plenum'　八重夾竹桃
キョウチクトウ科の木本。
¶APG原樹(No.1359/カ図)

ヤエギョリ　　　　　　　　806

ヤエギョリュウバイ　*Leptospermum scoparium* var.
*chapmannii* f.*plenum*
フトモモ科の木本。
¶**APG原樹**（No.868/カ図）

ヤエキリシマ　*Rhododendron×obtusum*
'Yaekirishima'　八重霧島
ツツジ科の常緑低木。キリシマの園芸品種。花は濃
紅色。
¶**原牧2**（No.1184/カ図）
　**新分牧**（No.3255/モ図）
　**新牧日**（No.2130/モ図）
　**牧野ス2**（No.3029/カ図）

ヤエザキオオハンゴンソウ　*Rudbeckia laciniata*
var.*hortensis*
キク科の草本。
¶**帰化写改**（p382/カ写）

ヤエザキフヨウ　⇒スイフヨウを見よ

ヤエセイオウボ　*Prunus mume* 'Yae-seiōbo'　八重西
王母
バラ科。ウメの品種。杏系ウメ，紅筆性一重・八重。
¶**ウメ**〔八重西王母〕（p127/カ写）

ヤエセキモリ　*Prunus mume* 'Yae-sekimori'　八重
関守
バラ科。ウメの品種。李系ウメ，紅材性八重。
¶**ウメ**〔八重関守〕（p121/カ写）

ヤエチャセイ〔Ⅰ〕　*Prunus mume* 'Yae-chasei'
Type1　八重茶青
バラ科。ウメの品種。野梅系ウメ，野梅性八重。
¶**ウメ**〔八重茶青〔Ⅰ〕〕（p76/カ写）

ヤエチャセイ〔Ⅱ〕　*Prunus mume* 'Yae-chasei'
Type2　八重茶青
バラ科。ウメの品種。野梅系ウメ，野梅性八重。
¶**ウメ**〔八重茶青〔Ⅱ〕〕（p76/カ写）

ヤエトウバイ　*Prunus mume* 'Yae-tōbai'　八重唐梅
バラ科。ウメの品種。李系ウメ，紅材性八重。
¶**ウメ**〔八重唐梅〕（p121/カ写）

ヤエナリ　*Vigna radiata*
マメ科マメ亜科の一年草。別名リョクトウ，ブン
ドウ。
¶**帰化写改**（p123/カ写）
　**野生2**（p304）

ヤエノオオシマザクラ　*Cerasus speciosa* 'Plena'
八重大島桜
バラ科の木本。サクラの栽培品種。
¶**学フ増桜**〔'八重大島桜'〕（p93/カ写）

ヤエノマメザクラ　*Cerasus incisa* 'Plena'　八重の
豆桜
バラ科の木本。サクラの栽培品種。花は淡紅色。
¶**学フ増桜**〔'八重の豆桜'〕（p147/カ写）

ヤエブンゴ　*Prunus mume* 'Yae-bungo'　八重豊後
バラ科。ウメの品種。実ウメ，杏系。
¶**ウメ**〔八重豊後〕（p183/カ写）

ヤエベニシダレ　*Cerasus spachiana* 'Plena-rosea'
八重紅枝垂
バラ科の落葉高木。サクラの栽培品種。花は淡紅
紫色。
¶**学フ増桜**〔'八重紅枝垂'〕（p180/カ写）

ヤエベニヒガン　*Cerasus×subhirtella* 'Yaebeni-
higan'　八重紅彼岸
バラ科の落葉小高木。サクラの栽培品種。花は淡紅
紫色。
¶**学フ増桜**〔'八重紅彼岸'〕（p146/カ写）

ヤエマツシマ　*Prunus mume* 'Yae-matsushima'　八
重松島
バラ科。ウメの品種。野梅系ウメ，野梅性八重。
¶**ウメ**〔八重松島〕（p77/カ写）

ヤエマツリガサシダレ　*Prunus mume* 'Yae-
matsurigasa-shidare'　八重祭笠枝垂
バラ科。ウメの品種。枝垂れ系ウメ。
¶**ウメ**〔八重祭笠枝垂〕（p157/カ写）

ヤエマンゲツシダレ　*Prunus mume* 'Yae-mangetsu-
shidare'　八重満月枝垂
バラ科。ウメの品種。枝垂れ系ウメ。
¶**ウメ**〔八重満月枝垂〕（p157/カ写）

ヤエムクゲ　*Hibiscus syriacus* f.*plenus*　八重木槿
アオイ科の木本。
¶**APG原樹**（No.1016/カ図）

ヤエムグラ　*Galium spurium* var.*echinospermon*　八
重葎
アカネ科の一年草〜二年草。長さは60〜200cm。
¶**色野草**（p365/カ写）
　**学フ増春**（p136/カ写）
　**原牧2**（No.1309/カ図）
　**植調**（p80/カ写）
　**新分牧**（No.3343/モ図）
　**新牧日**（No.2423/モ図）
　**牧野ス2**（No.3154/カ図）
　**野生4**（p274/カ写）
　**山力野草**（p152/カ写）
　**山ハ野花**（p423/カ写）

ヤエヤバイ　*Prunus mume* 'Yae-yabai'　八重野梅
バラ科。ウメの品種。野梅系ウメ，野梅性八重。
¶**ウメ**〔八重野梅〕（p77/カ写）

ヤエヤマアオキ　*Morinda citrifolia*　八重山青木
アカネ科の常緑低木。別名ノニ。果実は黄緑に熟
す。花は白色。
¶**学フ有毒**（p181/カ写）
　**原牧2**（No.1289/カ図）
　**新分牧**（No.3321/モ図）
　**新牧日**（No.2403/モ図）
　**牧野ス2**（No.3134/カ図）
　**野生4**（p283/カ写）
　**山レ増**（p153/カ写）

ヤエヤマアブラガヤ　⇒ヤエヤマアブラスゲを見よ

ヤエヤマアブラスゲ　*Rhynchospora corymbosa*
カヤツリグサ科の多年草。別名ヤエヤマアブラガ
ヤ，オニノヒゲ。高さは1m。葉は硬剛。
¶**カヤツリ**〔ヤエヤマアブラガヤ〕（p546/モ図）
　**野生1**（p354/カ写）

ヤエヤマイナモリ　⇒チャボイナモリを見よ

**ヤエヤマウツギ** *Deutzia yaeyamensis*
アジサイ科（ユキノシタ科）の落葉低木。別名ヤエ
ヤマヒメウツギ。
¶固有〔ヤエヤマヒメウツギ〕(p75/カ写)
野生4 (p163/カ写)
山レ増〔ヤエヤマヒメウツギ〕(p323/カ写)

**ヤエヤマオオタニワタリ** *Asplenium setoi*
チャセンシダ科のシダ植物。日本固有種。別名リュ
ウキュウトリノスシダ。
¶シダ標1 (p410/カ写)

**ヤエヤマカグマ** ⇒オオイシカグマを見よ

**ヤエヤマガシ** ⇒オキナワウラジロガシを見よ

**ヤエヤマカテンソウ** *Nanocnide lobata* 八重山花
点草
イラクサ科の多年草。別名シマカテンソウ。トウカ
テンソウに似る。
¶野生2 (p347/カ写)

**ヤエヤマカモノハシ** *Ischaemum muticum* 八重山
鴨の嘴
イネ科キビ亜科の多年草。
¶桑イネ (p288/モ図)
新分牧 (No.1163/モ図)
新牧日 (No.3856/モ図)
野生2 (p87/カ写)

**ヤエヤマカンアオイ** *Asarum yaeyamense* 八重山
寒葵
ウマノスズクサ科の多年草。日本固有種。
¶固有 (p62)
野生1 (p64/カ写)
山レ増 (p369/カ写)

**ヤエヤマカンシノブホラゴケ** ⇒カンシノブホラ
ゴケを見よ

**ヤエヤマキツネノボタン** ⇒シマキツネノボタンを
見よ

**ヤエヤマキランソウ** *Ajuga taiwanensis*
シソ科キランソウ亜科のハーブ。
¶野生5 (p110/カ写)

**ヤエヤマキンギンソウ** ⇒ナンバンキンギンソウを
見よ

**ヤエヤマクロバイ** *Symplocos caudata* 八重山黒灰
ハイノキ科の常緑の小高木。別名ソウザンハイ
ノキ。
¶野生4 (p212/カ写)

**ヤエヤマクワズイモ** *Alocasia atropurpurea*
サトイモ科の多年草。高さは3.5～6m。
¶野生1 (p92)

**ヤエヤマコウゾリナ** *Blumea lacera*
キク科キク亜科の一年草。全株短毛。高さは1m以
上。花は黄色。
¶野生5 (p350/カ写)

**ヤエヤマコウモリシダ** *Thelypteris×*
*pseudoliukiuensis*
ヒメシダ科のシダ植物。
¶シダ標1 (p441/カ写)

**ヤエヤマコクタン** *Diospyros egbertwalkeri*
カキノキ科の小木。別名リュウキュウコクタン。心
材は黒色部を交え美術材となる。
¶原牧2 〔リュウキュウコクタン〕(No.1064/カ図)
新分牧 〔リュウキュウコクタン〕(No.3106/モ図)
新牧日 〔リュウキュウコクタン〕(No.2263/モ図)
牧野ス2 〔リュウキュウコクタン〕(No.2909/カ図)
野生4 (p184/カ写)
山レ増 (p177/カ写)

**ヤエヤマコメツキムシタケ** *Ophiocordyceps*
*elateridicola*
オフィオコルディセプス科の冬虫夏草。宿主はコメ
ツキムシ科の幼虫。
¶冬虫生態 (p173/カ写)

**ヤエヤマコンテリギ** *Hortensia chinensis* var.
*yayeyamensis*
アジサイ科（ユキノシタ科）の木本。日本固有種。
別名シマコンテリギ。
¶固有 (p74)
野生4 (p168/カ写)

**ヤエヤマシキミ** *Illicium tashiroi*
マツブサ科の常緑小高木または低木。琉球にあり，
台湾に分布。高さは10m。
¶野生1 (p50/カ写)

**ヤエヤマシタン** *Pterocarpus indicus* f.*echinatus* 八
重山紫檀
マメ科マメ亜科の高木。別名インドシタン，シタン，
インドカリン。心材は褐色。花は黄色。
¶野生2 (p290/カ写)
山レ増 (p296/カ写)

**ヤエヤマシラタマ** ⇒タカサゴシラタマを見よ

**ヤエヤマスケロクラン** *Lecanorchis japonica* var.
*tubiformis*
ラン科の草本。日本固有種。
¶固有 (p193)
野生1 (p210)

**ヤエヤマススキ** ⇒ヒロハノクロタマガヤツリを
見よ

**ヤエヤマスズコウジュ** *Suzukia luchuensis*
シソ科オドリコソウ亜科の常緑多年草。
¶野生5 (p124/カ写)
山レ増 (p138/カ写)

**ヤエヤマスミレ** *Viola tashiroi* 八重山菫
スミレ科の草本。日本固有種。花は白色。
¶原牧2 (No.360/カ図)
固有 (p93)
山野草 (No.0722/カ写)
新分牧 (No.2345/モ図)
新牧日 (No.1833/モ図)
牧野ス1 (No.2205/カ図)
ミニ山 (p193/カ写)
野生3 (p220/カ写)

**ヤエヤマセンニンソウ** *Clematis tashiroi*
キンポウゲ科の木本性つる植物。葉は常緑性。
¶野生2 (p144/カ写)

ヤエヤマタ

**ヤエヤマタヌキマメ** *Crotalaria montana* var. *angustifolia*
マメ科マメ亜科の一年草。
¶野生2 (p262/カ写)
　山レ増 (p298/カ写)

**ヤエヤマチシャノキ** ⇒リュウキュウチシャノキを見よ

**ヤエヤマトラノオ** *Polystichum yaeyamense*
オシダ科の常緑性シダ。日本固有種。別名コモチトラノオ, コモチヤエヤマトラノオ。葉身は長さ10〜20cm, 線形。
¶固有 (p207)
　シダ標2 (p414/カ写)

**ヤエヤマネコノチチ** *Rhamnella franguloides* var. *inaequilatera*
クロウメモドキ科の落葉低木。日本固有種。
¶固有 (p89)
　野生2 (p321/カ写)

**ヤエヤマネムノキ** *Albizia retusa*
マメ科オジキソウ亜科の落葉高木。
¶野生2 (p245/カ写)
　山レ増 (p297/カ写)

**ヤエヤマノイバラ** ⇒カカヤンバラを見よ

**ヤエヤマノボタン** *Bredia yaeyamensis*
ノボタン科の常緑低木。日本固有種。別名マルバヤエヤマノボタン。
¶原牧2 (No.491/カ図)
　固有 (p96/カ写)
　新分牧 (No.2530/モ図)
　新牧日 (No.1924/モ図)
　牧野ス2 (No.2336/カ図)
　野生3 (p275/カ写)

**ヤエヤマハシカグサ** *Exallage auricularia*
アカネ科の多年草。高さは15〜50cm。花は白色。
¶野生4 (p272)

**ヤエヤマハマゴウ** *Vitex trifolia* var.*bicolor*
シソ科ハマゴウ亜科 (クマツヅラ科) の常緑小高木。
¶野生5 (p108/カ写)
　山レ増 (p139/カ写)

**ヤエヤマハマナツメ** *Colubrina asiatica*
クロタキカズラ科 (クロウメモドキ科) の低木。多刺。花は緑色。
¶原牧2 (No.15/カ図)
　新分牧 (No.2072/モ図)
　新牧日 (No.1677/モ図)
　牧野ス1 (No.1860/カ図)
　野生2 (p319/カ写)
　山レ増 (p260/カ写)

**ヤエヤマヒイラギ** *Osmanthus iriomotensis* 八重山柊
モクセイ科の常緑低木。別名イリオモテヒイラギ。高さは2〜3m。花は白色。
¶野生5 (p66/カ写)

**ヤエヤマヒサカキ** *Eurya yaeyamensis*
サカキ科 (ツバキ科)。日本固有種。

¶固有 (p63)
　野生4 (p179/カ写)

**ヤエヤマヒトツボクロ** ⇒アオイボクロを見よ

**ヤエヤマヒメウツギ** ⇒ヤエヤマウツギを見よ

**ヤエヤマヒルギ** *Rhizophora stylosa* 八重山蛭木, 八重山漂木
ヒルギ科の常緑高木, マングローブ植物。別名オオバヒルギ, シロバナヒルギ。支柱根。高さは30m。
¶APG原樹〔オオバヒルギ〕(No.790/カ図)
　原牧2 (No.234/カ写)
　新分牧 (No.2277/モ図)
　新牧日 (No.1931/モ図)
　野生3〔オオバヒルギ〕(p146/カ写)
　山力樹木 (p514/カ写)

**ヤエヤマブキ** *Kerria japonica* f.plena 八重山吹
バラ科の木本。
¶学フ増花庭 (p66/カ写)
　山力樹木 (p259/カ写)

**ヤエヤマフジボグサ** ⇒オオバフジボグサを見よ

**ヤエヤマホラシノブ** *Odontosoria yaeyamensis*
ホングウシダ科のシダ植物。日本固有種。
¶固有 (p201)
　シダ標1 (p355/カ写)

**ヤエヤマホングウシダ** *Lindsaea lucida* 八重山本宮羊歯
ホングウシダ科 (イノモトソウ科) の常緑性シダ。葉身は長さ10〜40cm, 線形。
¶シダ標1 (p351/カ写)
　新分牧 (No.4567/モ図)
　新牧日 (No.4454/モ図)

**ヤエヤマメジロホオズキ** *Lycianthes laevis* var. *kotoensis* 八重山目白酸漿
ナス科の多年草。液果は球形で径約8mm。
¶野生5 (p36/カ写)

**ヤエヤマヤシ** *Satakentia liukiuensis* 八重山椰子
ヤシ科の常緑高木。日本固有種。高さは25m。
¶原牧1 (No.615/カ写)
　固有 (p176/カ写)
　新分牧 (No.658/モ図)
　新牧日 (No.3895/モ図)
　牧野ス1 (No.615/カ図)
　野生1 (p263/カ写)
　山力樹木 (p84/カ写)
　山レ増 (p551/カ写)

**ヤエヤマヤマボウシ** *Cornus kousa* subsp.*chinensis*
ミズキ科の落葉高木。葉柄は長さ3〜10mm。
¶野生4 (p156/カ写)

**ヤエヤマラセイタソウ** *Boehmeria yaeyamensis*
イラクサ科の常緑多年草。日本固有種。
¶固有 (p45/カ写)
　野生2 (p343/カ写)
　山レ増 (p447/カ写)

**ヤエワビスケ** *Camellia sasanqua* 'Yae-wabisuke' 八重侘助
ツバキ科。ツバキの品種。別名レイカンジチリツバキ。花は紅色。
¶茶花上 (p134/カ写)

**ヤオヤボウフウ** ⇒ハマボウフウを見よ

**ヤガミスゲ** *Carex maackii*
カヤツリグサ科の多年草。高さは40～60cm。
¶カヤツリ (p116/モ図)
　原牧1 (No.800/カ図)
　新分牧 (No.790/モ図)
　新牧日 (No.4088/モ図)
　スゲ増 (No.43/カ写)
　牧野ス1 (No.800/カ図)
　野生1 (p306/カ写)
　山ハ野花 (p127/カ写)

**ヤガラ**(1) ⇒ウキヤガラを見よ

**ヤガラ**(2) ⇒ウキヤガラ (広義) を見よ

**ヤガラ**(3) ⇒ミクリを見よ

**ヤキクサ** ⇒ヨモギを見よ

**ヤギタケ** *Hygrophorus camarophyllus*
ヌメリガサ科のキノコ。中型。傘は灰色～灰褐色、弱い粘性。ひだは白色～クリーム色。
¶山カ日き (p37/カ写)

**ヤキバザサ** ⇒クマザサを見よ

**ヤギムギ** ⇒カギムギを見よ

**ヤキモチカズラ** ⇒ハスノハカズラを見よ

**ヤクイヌワラビ** *Athyrium masamunei*
メシダ科 (イワデンダ科) の夏緑性シダ。日本固有種。別名ゴウカンタチシノブ。葉身は裂片が幅狭く、鋭尖頭。
¶固有 (p204)
　シダ標2 (p301/カ写)

**ヤクカナモドキ** ⇒ヤクカナワラビ×コバノカナワラビを見よ

**ヤクカナワラビ** *Arachniodes amabilis* var. *amabilis*
オシダ科のシダ植物。
¶シダ標2 (p392/カ写)

**ヤクカナワラビ×コバノカナワラビ** *Arachniodes amabilis* var. *amabilis*×*A. sporadosora*
オシダ科のシダ植物。別名ヤクテンリュウカナワラビ、ヤクカナモドキ。
¶シダ標2 (p396/カ写)

**ヤクザサ** ⇒ヤクシマダケを見よ

**ヤクシ** *Prunus mume* 'Yakushi' 薬師
バラ科。ウメの品種。実ウメ、野梅系。
¶ウメ〔薬師〕(p184/カ写)

**ヤクシケチシダ** *Athyrium*×*masachikanum*
メシダ科のシダ植物。
¶シダ標2 (p313/カ写)

**ヤクソウ**(1) *Crepidiastrum denticulatum* 薬師草
キク科キクニガナ亜科の二年草。高さは30～120cm。
¶色野草 (p171/カ写)
　学フ増野秋 (p88/カ写)
　原牧2 (No.2276/カ図)
　新分牧 (No.4029/モ図)
　新牧日 (No.3302/モ図)
　牧野ス2 (No.4121/カ図)
　野生5 (p275/カ写)
　山カ野草 (p124/カ写)
　山ハ野花 (p603/カ写)

**ヤクソウ**(2) ⇒オトギリソウを見よ

**ヤクシビイヌワラビ** *Athyrium*×*yakuinsulare*
メシダ科のシダ植物。別名マスラオイヌワラビ。
¶シダ標2 (p313/カ写)

**ヤクシマアオイ** *Asarum yakusimense*
ウマノスズクサ科の草本。日本固有種。別名オニカンアオイ。
¶固有〔オニカンアオイ〕(p62)
　山野草 (No.0410/カ写)
　野生1 (p66)
　山ヵ増〔オニカンアオイ〕(p375/カ写)

**ヤクシマアカシュスラン** *Hetaeria yakusimensis*
ラン科の多年草。高さは10～15cm。
¶野生1 (p208/カ写)

**ヤクシマアザミ** *Cirsium yakushimense* 屋久島薊
キク科アザミ亜科の草本。日本固有種。高さは30～40cm。
¶固有 (p139)
　野生5 (p234/カ写)
　山ハ山花 (p553/カ写)
　山カ増 (p59/カ写)

**ヤクシマアジサイ** *Hortensia kawagoeana* var. *grosseserrata* 屋久島紫陽花
アジサイ科 (ユキノシタ科) の木本。日本固有種。別名ヤクシマコンテリギ。
¶固有 (p74)
　野生4 (p168/カ写)
　山カ樹木 (p222/カ写)

**ヤクシマアセビ** *Pieris japonica* var. *yakushimensis*
ツツジ科スノキ亜科の木本。日本固有種。
¶固有 (p103)
　野生4 (p256/カ写)

**ヤクシマアミゴケ** *Syrrhopodon yakushimensis*
カタシロゴケ科のコケ植物。日本固有種。
¶固有 (p213)

**ヤクシマアミバゴケ** *Hattoria yakushimensis*
ツボミゴケ科のコケ。日本固有種。赤色を帯びる。茎は長さ1～2cm。
¶固有 (p222/カ写)

**ヤクシマイトスゲ** *Carex perangusta* 屋久島糸菅
カヤツリグサ科の多年草。日本固有種。
¶カヤツリ (p368/モ図)
　固有 (p186)
　スゲ増 (No.195/カ写)

野生1（p321）

**ヤクシマイトラッキョウ**　*Allium virgunculae* var.
*yakushimense*　屋久島糸辣韮
ヒガンバナ科（ユリ科）。日本固有種。
¶固有（p158）
野生1（p241）

**ヤクシマウスユキソウ**　*Anaphalis sinica* var.
*yakusimensis*　屋久島薄雪草
キク科キク亜科の草本。日本固有種。
¶固有（p150）
野生5（p344）

**ヤクシマウメバチソウ**　*Parnassia palustris* var.
*yakusimensis*　屋久島梅鉢草
ニシキギ科の多年草。日本固有種。
¶固有（p73/カ写）
野生3（p138）

**ヤクシマウラボシ**　*Selliguea yakuinsularis*
ウラボシ科の夏緑性シダ。日本固有種。葉身は長さ
5〜17cm、三角状広卵形。
¶固有（p210）
シダ標2（p454/カ写）

**ヤクシマオオバコ**　*Plantago asiatica* var.
*yakusimensis*
オオバコ科の多年草。
¶野生5（p81/カ写）

**ヤクシマオトギリ**　⇒ヤクシマコオトギリを見よ

**ヤクシマオナガカエデ**　*Acer morifolium*
ムクロジ科（カエデ科）の木本。日本固有種。
¶固有（p85）
野生3（p291/カ写）

**ヤクシマガクウツギ**　*Hortensia luteovenosa* var.
*yakusimensis*
アジサイ科（ユキノシタ科）の木本。日本固有種。
¶固有（p74）
野生4（p167）

**ヤクシマカグマ**　⇒コウシュンシダ(1)を見よ

**ヤクシマカナワラビ**　*Arachniodes cavalierieii*
オシダ科の常緑性シダ。葉身は長さ30〜60cm、卵
状三角形。
¶シダ標2（p395/カ写）
山レ増（p652/カ写）

**ヤクシマカラスザンショウ**　*Zanthoxylum*
*yakumontanum*
ミカン科の木本。日本固有種。
¶原牧2（No.562/カ図）
固有（p84）
新分牧（No.2612/モ図）
新牧日（No.1499/モ図）
牧野ス2（No.2407/カ図）
野生3（p307/カ写）

**ヤクシマカラマツ**　*Thalictrum tuberiferum* var.
*yakusimense*　屋久島唐松
キンポウゲ科の多年草。日本固有種。高さは20〜
70cm。
¶固有（p52）

野生2（p165/カ写）
山ハ山花（p232/カ写）

**ヤクシマカワゴロモ**　*Hydrobryum puncticulatum*
屋久島川衣
カワゴケソウ科の水草、多年草。日本固有種。根は
葉状。葉は柔らかく針状、長さ2〜4mmで2〜5本が
束生。
¶カワゴケ（No.5/カ写）
固有（p81/カ写）
日水草（p244/カ写）
野生3（p232/カ写）
山ハ山花（p329/カ写）
山レ増（p282/カ写）

**ヤクシマカワズスゲ**　⇒チャボカワズスゲを見よ

**ヤクシマカンスゲ**　*Carex morrowii* var.*laxa*
カヤツリグサ科の多年草。日本固有種。屋久島
特産。
¶カヤツリ（p294/モ図）
固有（p184/カ写）
スゲ増（No.148/カ写）
野生1（p317）

**ヤクシマガンピ**　⇒シャクナンガンピを見よ

**ヤクシマキイチゴ**(1)　*Rubus* × *yakumontanus*　屋久
島木苺
バラ科の落葉高木。カジイチゴとナガバモミジイチ
ゴの雑種といわれる。花は白色。
¶山力樹木（p261/カ写）

**ヤクシマキイチゴ**(2)　⇒モミジイチゴ（広義）を見よ

**ヤクシマキジノオ**　*Plagiogyria adnata* var.
*yakushimensis*
キジノオシダ科のシダ植物。日本固有種。別名コス
ギダニキジノオ。
¶固有（p201/カ写）
シダ標1（p341/カ写）

**ヤクシマキンモウゴケ**　*Ulota yakushimensis*
タチヒダゴケ科のコケ植物。日本固有種。
¶固有（p215）

**ヤクシマグミ**　*Elaeagnus yakusimensis*
グミ科の木本。日本固有種。
¶固有（p92/カ写）
野生2（p314/カ写）

**ヤクシマケイビラン**　⇒ケイビランを見よ

**ヤクシマコウモリ**　*Parasenecio yakusimensis*
キク科キク亜科の多年草。日本固有種。
¶固有（p144/カ写）
野生5（p306）

**ヤクシマコオトギリ**　*Hypericum kiusianum* var.
*yakusimense*　屋久島小弟切
オトギリソウ科の草本。日本固有種。別名ヤクシマ
オトギリ。高さは5〜10cm。
¶固有（p65/カ写）
野生3（p247/カ写）
山ハ山花〔ヤクシマオトギリ〕（p326/カ写）

ヤクシマコケリンドウ　*Gentiana yakumontana*　屋久島苔竜胆
リンドウ科の越年草。日本固有種。
　¶固有(p115/カ写)
　　野生4(p296/カ写)

ヤクシマコタヌキラン　*Carex nagatadakensis*
カヤツリグサ科の多年草。
　¶カヤツリ(p206/モ図)

ヤクシマコナスビ　⇒ヒメコナスビを見よ

ヤクシマコムラサキ　⇒トサムラサキを見よ

ヤクシマコンテリギ　⇒ヤクシマアジサイを見よ

ヤクシマサルスベリ　*Lagerstroemia subcostata* var. *fauriei*　屋久島猿滑り
ミソハギ科の木本。日本固有種。花は白色。
　¶原牧2(No.448/カ図)
　　固有(p95/カ写)
　　新分牧(No.2475/モ図)
　　新牧日(No.1903/モ図)
　　牧野ス2(No.2293/カ図)
　　野生3(p257/カ写)

ヤクシマサワハコベ　⇒ヤクシマハコベを見よ

ヤクシマシオガマ　*Pedicularis ochiaiana*　屋久島塩竈
ハマウツボ科(ゴマノハグサ科)の草本。日本固有種。
　¶固有(p129)
　　野生5(p159/カ写)
　　山ハ山花(p451/カ写)
　　山レ増(p94/カ写)

ヤクシマシソバタツナミ　⇒ヤクシマナミキを見よ

ヤクシマシャクナゲ　*Rhododendron yakushimanum* var. *yakushimanum*　屋久島石南花、屋久島石楠花
ツツジ科ツツジ亜科の木本。日本固有種。高さは1.5m。花は白色。
　¶APG原樹(No.1289/カ図)
　　原牧2(No.1209/カ図)
　　固有(p106/カ写)
　　山野草(No.0784/カ写)
　　新分牧(No.3274/カ写)
　　新牧日(No.2154/モ図)
　　茶花上(p475/カ写)
　　牧野ス2(No.3054/カ図)
　　野生4(p237/カ写)
　　山力樹木(p570/カ写)
　　山ハ高山(p279/カ写)

ヤクシマショウマ　*Astilbe thunbergii* var. *terrestris*
ユキノシタ科の多年草。日本固有種。
　¶固有(p69)
　　山野草(No.0549/カ写)
　　野生2(p199/カ写)

ヤクシマショリマ(1)　*Thelypteris quelpaertensis* var. *yakumontana*
ヒメシダ科。日本固有種。
　¶固有(p206)

ヤクシマショリマ(2)　⇒オオバショリマを見よ

ヤクシマシロバナヘビイチゴ　⇒シロバナノヘビイチゴを見よ

ヤクシマスゲ　*Carex atroviridis* var. *atroviridis*
カヤツリグサ科の多年草。
　¶カヤツリ(p314/モ図)

ヤクシマスミレ　*Viola iwagawae*
スミレ科の草本。日本固有種。花は白色。
　¶固有(p93)
　　ミニ山(p192/カ写)
　　野生3(p220/カ写)

ヤクシマセミタケ　*Ophiocordyceps yakushimensis*
オフィオコルディセプス科の冬虫夏草。宿主はクロイワツクツク、ツクツクボウシなどの幼虫。
　¶冬虫生態(p120/カ写)

ヤクシマセントウソウ　*Chamaele decumbens* var. *micrantha*
セリ科セリ亜科の草本。日本固有種。
　¶固有(p101)
　　山野草(No.0752/カ写)
　　野生5(p393/カ写)

ヤクシマソウ　*Sciaphila yakushimensis*　屋久島草
ホンゴウソウ科の多年生の菌従属栄養植物。高さは3〜9cm。
　¶野生1(p152/カ写)

ヤクシマダイモンジソウ　*Saxifraga fortunei* var. *obtusocuneata* f. *minima*　屋久島大文字草
ユキノシタ科の草本。
　¶山野草(No.0555/カ写)

ヤクシマタカノハウラボシ　*Selliguea engleri* × *S. yakushimensis*
ウラボシ科のシダ植物。
　¶シダ標2(p455/カ写)

ヤクシマダケ　*Pseudosasa owatarii*　屋久島竹
イネ科タケ亜科の植物。日本固有種。別名ヤクシマヤダケ、ヤクザサ。高さは0.5〜1m。
　¶固有〔ヤクシマヤダケ〕(p176/カ写)
　　タケ亜科〔ヤクシマヤダケ〕(No.53/カ写)
　　タケササ〔ヤクシマヤダケ〕(p136/カ写)
　　野生2(p34/カ写)

ヤクシマタチバナ　*Ardisia crispa* var. *caducipila*
サクラソウ科の常緑小低木。若葉の裏面と葉柄に小刺毛。
　¶野生4(p190)

ヤクシマタニイヌワラビ　*Athyrium yakusimense*
メシダ科(イワデンダ科)の常緑性シダ。日本固有種。葉身は長さ20〜40cm、三角形〜卵状三角形。
　¶固有(p204)
　　シダ標2(p303/カ写)

ヤクシマチドリ　*Platanthera amabilis*　屋久島千鳥
ラン科の草本。日本固有種。
　¶固有(p191)
　　野生1(p224/カ写)
　　山ハ山花(p118/カ写)

**ヤクシマチャボゼキショウ** *Tofieldia yoshiiana* var.*yoshiiana*
チシマゼキショウ科（ユリ科）の多年草。
¶野生1（p113）

**ヤクシマツクシゼリ** ⇒ヒナボウフウを見よ

**ヤクシマツチトリモチ** *Balanophora yakushimensis*
屋久島土鬮
ツチトリモチ科の草本。
¶原牧2（No.765／カ図）
新分牧（No.2804／モ図）
新牧日（No.243／モ図）
牧野ス2（No.2610／カ図）
野生4（p74／カ写）
山カ野草（p546／カ写）
山ハ山花（p265／カ写）

**ヤクシマツバキ** *Camellia japonica* var.*macrocarpa*
屋久島椿
ツバキ科の木本。別名リンゴツバキ，オオミツバキ。
¶APG原樹（No.1122／カ図）
茶花上（p98／カ写）
野生4（p203／カ写）

**ヤクシマテングサゴケ** *Lobatiriccardia yakusimensis*
スジゴケ科のコケ植物。日本固有種。葉状体は1〜3回羽状になり，縁は内曲。
¶固有（p225）

**ヤクシマトウバナ** *Clinopodium multicaule* var.*yakusimense*
シソ科シソ亜科〔イヌハッカ亜科〕の多年草。日本固有種。別名コケトウバナ。
¶固有〔コケトウバナ〕（p126／カ写）
野生5（p133／カ写）
山レ増〔コケトウバナ〕（p132／カ写）

**ヤクシマトウヒレン** *Saussurea yakusimensis*
キク科アザミ亜科の多年草。日本固有種。別名ヤクシマヒゴタイ。
¶固有（p148）
野生5（p270）

**ヤクシマトンボ** *Platanthera mandarinorum* subsp.*hachijoensis* var.*masamunei*
ラン科の草本。日本固有種。
¶固有（p191）

**ヤクシマナミキ** *Scutellaria kuromidakensis*
シソ科タツナミソウ亜科。日本固有種。別名ヤクシマシソバタツナミ。
¶固有〔ヤクシマシソバタツナミ〕（p125）
野生5（p118）

**ヤクシマナワゴケ** *Oedicladium rufescens* var.*yakushimense*
ナワゴケ科のコケ。日本固有種。二次茎は長さ7〜40mm，やや暗い黄緑色。
¶固有（p219／カ写）

**ヤクシマニガナ** *Ixeridium parvum*
キク科キクニガナ亜科の多年草。日本固有種。
¶固有（p149）
野生5（p279／カ写）

**ヤクシマネッタイラン** *Tropidia nipponica* var.*nipponica*
ラン科の草本。
¶野生1（p229／カ写）
山レ増（p501／カ写）

**ヤクシマノガリヤス** *Calamagrostis masamunei*
イネ科イチゴツナギ亜科の多年草。日本固有種。
¶固有（p168）
野生2（p50）

**ヤクシマノギク** *Aster yakushimensis*
キク科キク亜科の多年草。日本固有種。
¶固有（p146）
野生5（p319／カ写）
山レ増（p37／カ写）

**ヤクシマノギラン** *Metanarthecium luteoviride* var.*nutans*
キンコウカ科（ユリ科）。日本固有種。
¶固有（p158）
野生1（p142／カ写）

**ヤクシマノダケ** *Angelica yakusimensis*
セリ科セリ亜科の多年草。日本固有種。
¶原牧2（No.2444／カ図）
固有（p99／カ写）
新分牧（No.4481／モ図）
新牧日（No.2058／モ図）
牧野ス2（No.4289／カ図）
野生5（p391）

**ヤクシマハコベ** *Stellaria diversiflora* var.*yakumontana*
ナデシコ科の草本。日本固有種。別名ヤクシマサワハコベ。
¶固有（p47）
野生4（p124）

**ヤクシマハシカグサ** *Neanotis hirsuta* var.*yakusimensis*
アカネ科。日本固有種。
¶固有（p118）

**ヤクシマハチジョウシダ** *Pteris yakuinsularis*
イノモトソウ科のシダ植物。日本固有種。
¶固有（p202）
シダ標1（p382／カ写）

**ヤクシマヒカゲツツジ** ⇒ヒカゲツツジを見よ

**ヤクシマヒゴタイ** ⇒ヤクシマトウヒレンを見よ

**ヤクシマヒメアリドオシラン** *Kuhlhasseltia yakushimensis*
ラン科の草本。
¶野生1（p209／カ写）
山レ増（p513／カ写）

**ヤクシマヒヨドリ** *Eupatorium yakushimense*
キク科キク亜科の草本。日本固有種。
¶固有（p150／カ写）
野生5（p368／カ写）

**ヤクシマヒラツボゴケ** *Glossadelphus yakoushimae*
ハイゴケ科のコケ植物。日本固有種。

**ヤクシマフウロ** *Geranium shikokianum* var. *yoshiianum*
フウロソウ科の多年草。日本固有種。
¶固有(p82)
　山野草(No.0656/カ写)
　野生3(p253/カ写)
　山レ増(p279/カ写)

**ヤクシマホウビシダ** *Hymenasplenium obliquissimum*
チャセンシダ科の常緑性シダ。葉身は長さ20cm、狭披針形。
¶シダ標1(p419/カ写)

**ヤクシマママコナ** *Melampyrum laxum* var. *yakusimense*
ハマウツボ科(ゴマノハグサ科)の草本。日本固有種。
¶固有(p130)
　野生5(p154/カ写)

**ヤクシマミゾシダ** ⇒ミゾシダを見よ

**ヤクシマミツバツツジ** *Rhododendron yakumontanum* 屋久島三葉躑躅
ツツジ科ツツジ亜科の木本。日本固有種。
¶固有(p108/カ写)
　野生4(p248/カ写)
　山レ増(p214/カ写)

**ヤクシマミヤマスミレ** *Viola boissieuana* var. *pseudoselkirkii* 屋久島深山菫
スミレ科の多年草。ヒメミヤマスミレの矮小型。高さは4cm。
¶野生3(p221/カ写)

**ヤクシマムグラ** *Galium kamtschaticum* var. *minus* 屋久島葎
アカネ科の多年草。日本固有種。
¶固有(p119/カ写)
　野生4(p276/カ写)

**ヤクシマヤダケ** ⇒ヤクシマダケを見よ

**ヤクシマヤマツツジ** *Rhododendron yakuinsulare*
ツツジ科ツツジ亜科の常緑低木。日本固有種。
¶固有(p106)
　野生4(p241/カ写)
　山レ増(p210/カ写)

**ヤクシマヤマムグラ** *Galium pogonanthum* var. *yakumontanum*
アカネ科。日本固有種。
¶固有(p119)

**ヤクシマヨウラクツツジ** *Rhododendron yakushimense*
ツツジ科ツツジ亜科の落葉低木。日本固有種。
¶固有(p109)
　野生4(p239)
　山レ増(p217/カ写)

**ヤクシマラン** *Apostasia nipponica*
ラン科の草本。日本固有種。
¶固有(p193/カ写)

　野生1(p183/カ写)
　山カ野草(p586/カ写)

**ヤクシマリンドウ** *Gentiana yakushimensis* 屋久島竜胆
リンドウ科の草本。日本固有種。高さは5〜20cm。花は青紫色。
¶原牧2(No.1340/カ図)
　固有(p115)
　山野草(No.0959/カ写)
　新分牧(No.3378/モ図)
　新牧日(No.2322/モ図)
　牧野ス2(No.3185/カ図)
　野生4(p296/カ写)
　山ハ山花(p396/カ写)
　山レ増(p166/カ写)

**ヤクシマワラビ** *Diplazium* × *yakumontanum*
メシダ科の常緑性シダ。葉身は長さ50cm弱、卵状三角形。
¶シダ標2(p332/カ写)

**ヤクワダン** *Crepidiastrum* × *nakaii*
キク科の草本。
¶原牧2(No.2277/カ図)
　新分牧(No.4030/モ図)
　新牧日(No.3303/モ図)
　牧野ス2(No.4122/カ図)

**ヤクタネゴヨウ** *Pinus amamiana* 屋久種子五葉
マツ科の木本。日本固有種。別名アマミゴヨウ。
¶APG原樹(No.19/カ図)
　原牧1(No.28/カ図)
　固有(p194)
　新分牧(No.36/モ図)
　新牧日(No.40/モ図)
　牧野ス1(No.29/カ図)
　野生1(p31/カ写)
　山カ樹木(p16/カ写)
　山レ増(p626/カ写)

**ヤグチ** *Prunus persica* 'Yaguchi' 矢口
バラ科の木本。モモの品種。
¶APG原樹〔モモ'ヤグチ'〕(No.490/カ図)

**ヤクツクシイヌワラビ** *Athyrium* × *megayakusimense*
メシダ科のシダ植物。別名アリヤクイヌワラビ。
¶シダ標2(p312/カ写)

**ヤクテンリュウカナワラビ** ⇒ヤクカナワラビ×コバノカナワラビを見よ

**ヤクナガイヌムギ** *Bromus carinatus*
イネ科イチゴツナギ亜科の多年草。高さは30〜150cm。
¶帰化写改(p429/カ写)
　帰化写2(p324/カ写)
　野生2(p46)

**ヤクノヒナホシ** *Saionia yamashitae*
タヌキノショクダイ科(ヒナノシャクジョウ科)。日本固有種。
¶固有(p162)
　野生1(p144)

**ヤクムヨウラン**　*Lecanorchis nigricans* var. *yakusimensis*
ラン科の草本。日本固有種。
¶固有(p193)

**ヤクモソウ**　⇒メハジキを見よ

**ヤクヨウサルビア**　⇒セージを見よ

**ヤグラゴケ**　*Cladonia krempelhuberi*
ハナゴケ科の樹枝状地衣。皮層は平滑。
¶新分牧(No.5178/モ図)
　新牧日(No.5038/モ図)

**ヤグラタケ**　*Asterophora lycoperdoides*
シメジ科のキノコ。小型。傘は白色, 表面粘土褐色の粉塊に変化。ひだは白色。
¶原きの(No.034/カ写・カ図)
　山力日き(p59/カ写)

**ヤグラフクロタケ**　*Volvariella surrecta*
ウラベニガサ科のキノコ。
¶原きの(No.290/カ写・カ図)

**ヤグルマカエデ**　*Acer pictum* subsp.*pictum* subvar. *subtrifidum*
ムクロジ科 (カエデ科) の木本。
¶原牧2(No.543/カ図)
　新分牧(No.2580/モ図)
　新牧日(No.1585/モ図)
　牧野ス2(No.2388/カ図)

**ヤグルマカッコウ**　⇒ヤグルマハッカを見よ

**ヤグルマギク**　*Cyanus segetum*　矢車菊
キク科の一年草または多年草。別名ヤグルマソウ, コーンフラワー。高さは30〜100cm。花は青藍色。
¶帰化写改(p334/カ写)
　原牧2(No.2218/カ図)
　植調(p157/カ写)
　新分牧(No.4014/モ図)
　新牧日(No.3250/モ図)
　茶花上〔やぐるまそう〕(p325/カ写)
　牧野ス2(No.4063/カ図)

**ヤグルマセンノウ**　⇒アメリカセンノウを見よ

**ヤグルマソウ**(1)　*Rodgersia podophylla*　矢車草
ユキノシタ科の多年草。高さは50〜130cm。花は白色。
¶学フ増野夏(p152/カ写)
　原牧1(No.1368/カ図)
　山野草(No.0550/カ写)
　新分牧(No.1566/モ図)
　新牧日(No.947/モ図)
　茶花上(p587/カ写)
　牧野ス1(No.1368/カ図)
　ミニ山(p98/カ写)
　野生2(p210/カ写)
　山力野草(p424/カ写)
　山ハ山花(p284/カ写)

**ヤグルマソウ**(2)　⇒ヤグルマギクを見よ

**ヤグルマハッカ**　*Monarda fistulosa*　矢車薄荷
シソ科の草本。別名ヤグルマカッコウ。高さは50

〜120cm。花は桃色。
¶茶花下(p156/カ写)

**ヤケアトツムタケ**　*Pholiota highlandensis*
モエギタケ科のキノコ。小型。傘は黄褐色, 平滑, 粘性。ひだは淡黄色。
¶学フ増毒き(p139/カ写)
　山力日き(p237/カ写)

**ヤケイシセンブリ**　⇒タカネセンブリを見よ

**ヤケイロタケ**　*Bjerkandera adusta*
シワタケ科のキノコ。
¶原きの(No.335/カ写・カ図)
　山力日き(p477/カ写)

**ヤケコゲタケ**　*Inonotus hispidus*
タバコウロコタケ科のキノコ。
¶原きの(No.360/カ写・カ図)
　山力日き(p494/カ写)

**ヤケドキン**　⇒ドクササコを見よ

**ヤケノアカヤマタケ**　*Hygrocybe conica* f.*carbonaria*
ヌメリガサ科のキノコ。
¶山力日き(p41/カ写)

**ヤケノシメジ**　*Tephrocybe anthracophila*
シメジ科のキノコ。小型。傘はオリーブ褐色で中央部は窪む。湿時縁部に条線がある。
¶山力日き(p55/カ写)

**ヤコウカ**　*Cestrum nocturnum*　夜香花
ナス科の常緑小灌木。別名ヤコウボク。
¶帰化写2(p428/カ写)
　茶花下(p346/カ写)
　野生5(p35)
　山力樹木〔ヤコウボク〕(p668/カ写)

**ヤコウタケ**　*Mycena chlorophos*
ラッシタケ科のキノコ。
¶山力日き(p128/カ写)

**ヤコウボク**　⇒ヤコウカを見よ

**ヤサイカラスウリ**　*Coccinia grandis*
ウリ科のつる性の一年草。花は白色。葉はやや厚く軟。
¶帰化写2(p417/カ写)

**ヤサイコスモス**　*Cosmos caudatus*
キク科の一年草。全株芳香, 野菜として食す。花は紅色。
¶帰化写2(p441/カ写)

**ヤサイショウマ**　⇒サラシナショウマを見よ

**ヤサカフウロ**　*Geranium purpureum*
フウロソウ科の越年草または二年草。
¶帰化写2(p131/カ写)

**ヤサカブシ**　*Aconitum nikaii*
キンポウゲ科の擬似一年草。葉は革質, 鈍い光沢。
¶野生2(p129/カ写)

**ヤシ**　*Cocos nucifera*
ヤシ科の高木。別名ココヤシ。胚乳 (コプラ), 果中の水 (サンタン) を食用。高さは12〜24m。

ヤチイチコ

　¶APG原樹〔ココヤシ〕(No.211/カ図)
　　原牧1(No.611/カ図)
　　新分牧(No.656/モ図)
　　新牧日(No.3891/モ図)
　　牧野ス1(No.611/カ図)
　　山力樹木〔ココヤシ〕(p82/カ写)

**ヤジナ** ⇒オヒョウを見よ

**ヤジノ** ⇒ヤダケを見よ

**ヤシャイグチ** *Austroboletus fusisporus*
　イグチ科のキノコ。小型〜中型。傘は黄褐色。
　　¶山力日き(p348/カ写)

**ヤシャイノデ** *Polystichum neolobatum*
　オシダ科の常緑性シダ。別名イナイノデ。葉身は長さ25〜60cm、狭披針形。
　　¶シダ標2(p408/カ写)
　　山レ増(p656/カ写)

**ヤシャゼンマイ** *Osmunda lancea* 夜叉薇
　ゼンマイ科の夏緑性シダ。日本固有種。別名オクノヤシャゼンマイ。葉身は長さ20〜45cm、卵状楕円形。
　　¶固有(p199/カ写)
　　シダ標1(p306/カ写)
　　新分牧(No.4526/モ図)
　　新牧日(No.4408/カ写)

**ヤシャダケ** *Semiarundinaria yashadake*
　イネ科タケ亜科のタケ。日本固有種。
　　¶固有(p174/カ写)
　　タケ亜科(No.22/カ写)
　　タケササ(p69/カ写)
　　野生2(p37)

**ヤシャビシャク** *Ribes ambiguum* 夜叉柄杓
　スグリ科(ユキノシタ科)の落葉低木。別名テンバイ、テンノウメ。萼は淡緑白色。
　　¶APG原樹(No.343/カ図)
　　原牧1(No.1362/カ図)
　　新分牧(No.1533/モ図)
　　新牧日(No.1015/モ図)
　　茶花上(p326/カ写)
　　牧野ス1(No.1362/カ図)
　　野生2(p193/カ写)
　　山力樹木(p232/カ写)
　　山レ増(p322/カ写)

**ヤシャブシ** *Alnus firma* var.*firma* 夜叉五倍子
　カバノキ科の落葉木。日本固有種。別名ミネバリ。高さは10〜15m。
　　¶APG原樹(No.744/カ図)
　　学フ増樹(p138/カ写・カ図)
　　原牧2(No.156/カ図)
　　固有(p42)
　　新分牧(No.2179/モ図)
　　新牧日(No.134/モ図)
　　図説樹木(p68/カ写)
　　牧野ス1(No.2001/カ図)
　　野生3(p109/カ写)
　　山力樹木(p124/カ写)

**ヤシュウハナゼキショウ** *Tofieldia furusei*
　チシマゼキショウ科の多年草。
　　¶野生1(p113/カ写)

**ヤシロギク** ⇒イナカギクを見よ

**ヤスライ** *Camellia japonica* 'Yasurai'
　ツバキ科。ツバキの品種。花は紅色。
　　¶茶花上(p139/カ写)

**ヤセウツボ** *Orobanche minor* var.*minor* 瘦靭
　ハマウツボ科の寄生植物。高さは15〜50cm。花は淡黄色。
　　¶帰化写改(p305/カ写, p510/カ写)
　　野生5(p156/カ写)
　　山ハ野花(p470/カ写)

**ヤセナガハナヤスリタケ** *Ophiocordyceps* sp.
　オフィオコルディセプス科の冬虫夏草。宿主はガの蛹。
　　¶冬虫生態(p94/カ写)

**ヤセホタルサイコ** *Bupleurum quadriradiatum*
　セリ科セリ亜科の草本。三重県の産。
　　¶野生5(p392)

**ヤタイヤシ** *Butia yatay*
　ヤシ科の木本。高さは6m。花は黄色。
　　¶山力樹木(p84/カ写)

**ヤダケ** *Pseudosasa japonica* 矢竹、箭竹
　イネ科タケ亜科の常緑大型ササ。日本固有種。別名シノベ、ヤジノ。高さは2〜5m。
　　¶APG原樹(No.235/カ図)
　　学フ増花庭(p212/カ写)
　　原牧1(No.929/カ図)
　　固有(p176)
　　新分牧(No.1037/モ図)
　　新牧日(No.3629/モ図)
　　タケ亜科(No.51/カ写)
　　タケササ(p132/カ写)
　　牧野ス1(No.929/カ図)
　　野生2(p34/カ写)
　　山力樹木(p69/カ写)

**ヤタケイワヘゴ** *Dryopteris* × *otomasui*
　オシダ科のシダ植物。
　　¶シダ標2(p375/カ写)

**ヤタノカガミ** *Rhododendron indicum* 'Yatanokagami' 八咫の鏡
　ツツジ科の木本。サツキの品種。
　　¶APG原樹〔サツキ'ヤタノカガミ'〕(No.1246/カ図)

**ヤチアザミ** *Cirsium shinanense*
　キク科アザミ亜科の多年草。日本固有種。高さは1〜1.5m。
　　¶固有(p140)
　　野生5(p246/カ写)

**ヤチイチゲ** ⇒ウラホロイチゲを見よ

**ヤチイチコ** *Rubus chamaemorus* var. *pseudochamaemorus*
　バラ科バラ亜科の多年草。別名ホロムイイチゴ。
　　¶原牧1(No.1740/カ写)

ヤチイヌカ                                                                              816

新分牧（No.1935/モ図）
新牧日（No.1095/モ図）
牧野ス1（No.1740/カ図）
ミニ山〔ホロムイイチゴ〕（p134/カ写）
野生3（p46/カ写）

**ヤチイヌガラシ** ⇒キレハイヌガラシを見よ

**ヤチイヌツゲ** ⇒ハイイヌツゲを見よ

**ヤチカワズスゲ** *Carex omiana* var.*omiana* 谷地蛙菅
カヤツリグサ科の多年草。高さは25〜50cm。
¶カヤツリ（p102/モ図）
原牧1（No.801/カ図）
新分牧（No.798/モ図）
新牧日（No.4090/モ図）
スゲ増（No.35/カ写）
牧野ス1（No.801/カ図）
野生1（p304）
山ハ山花（p157/カ写）

**ヤチカンバ** *Betula ovalifolia*
カバノキ科の落葉低木。別名ヒメオノオレ, ルクタ
マカンバ。
¶野生3（p114/カ写）
山レ増（p452/カ写）

**ヤチクグ** ⇒ムジナスゲを見よ

**ヤチコタヌキモ** *Utricularia ochroleuca* 谷地小狸藻
タヌキモ科の多年草。コタヌキモに似る。
¶野生5（p165/カ写）

**ヤチサンゴ** ⇒アッケシソウを見よ

**ヤチシャジン** *Adenophora palustris*
キキョウ科の草本。
¶原牧2（No.1872/カ図）
新分牧（No.3916/モ図）
新牧日（No.2915/モ図）
牧野ス2（No.3717/カ図）
野生5（p188/カ写）
山レ増（p70/カ写）

**ヤチスギナ** *Equisetum pratense*
トクサ科の夏緑性シダ。栄養茎は高さ20〜60cm。
¶シダ標1（p283/カ写）

**ヤチスギラン** *Lycopodiella inundata* 谷地杉蘭
ヒカゲノカズラ科のシダ植物。長さ20cm以下。
¶シダ標1（p263/カ写）
新分牧（No.4822/モ図）
新牧日（No.4372/モ図）

**ヤチスゲ** *Carex limosa* 谷地菅
カヤツリグサ科の多年草。別名アカヌマゴウソ。高
さは20〜40cm。
¶カヤツリ（p420/モ図）
原牧1（No.873/カ図）
新分牧（No.895/モ図）
新牧日（No.4178/モ図）
スゲ増（No.230/カ写）
牧野ス1（No.873/カ図）
野生1（p331/カ写）
山力野草（p665/カ写）

山ハ山花（p164/カ写）

**ヤチダモ** *Fraxinus mandshurica* 谷地だも
モクセイ科の落葉大高木。
¶APG原樹（No.1395/カ図）
学フ増樹（p110/カ写）
原牧2（No.1503/カ図）
新分牧（No.3548/モ図）
新牧日（No.2286/モ図）
牧野ス2（No.3348/カ図）
野生5（p61/カ写）
山力樹木（p641/カ写）
落葉図譜（p289/モ図）

**ヤチツツジ** *Chamaedaphne calyculata* 谷地躑躅
ツツジ科スノキ亜科の常緑小低木。別名ホロムイツ
ツジ。高さは0.3〜1m。花は白色。
¶原牧2（No.1235/カ図）
新分牧（No.3290/モ図）
新牧日（No.2179/モ図）
牧野ス2（No.3080/カ図）
野生4（p254/カ写）
山力樹木（p585/カ写）
山ハ高山（p285/カ写）
山レ増（p220/カ写）

**ヤチトリカブト** *Aconitum senanense* subsp.
*paludicola* 谷地鳥兜
キンポウゲ科のつる状多年草。日本固有種。別名イ
オウザワトリカブト。高さは15〜200cm。
¶原牧1（No.1234/カ図）
固有（p56）
新分牧（No.1437/モ図）
新牧日（No.559/モ図）
牧野ス1（No.1234/カ図）
野生2（p130/カ写）
山ハ高山（p112/カ写）

**ヤチハコベ** ⇒ハイハマボッスを見よ

**ヤチハンノキ** ⇒エゾハンノキを見よ

**ヤチブキ** ⇒エゾノリュウキンカを見よ

**ヤチマタイカリソウ** *Epimedium grandiflorum* var.
*grandiflorum*
メギ科の多年草。日本固有種。
¶固有（p58）
野生2（p117/カ写）

**ヤチヤナギ** *Myrica gale* var.*tomentosa* 谷地柳
ヤマモモ科の落葉低木。別名エゾヤマモモ。
¶APG原樹（No.725/カ図）
原牧2（No.126/カ図）
新分牧（No.2167/モ図）
新牧日（No.80/モ図）
牧野ス1（No.1971/カ写）
野生3（p100/カ写）
山力樹木（p106/カ写）
落葉図譜（p54/モ図）

**ヤチヨ** ⇒イワチドリを見よ

**ヤチヨツバキ** *Paeonia suffruticosa* 'Yachiyotsubaki'
八千代椿
ボタン科。ボタンの園芸品種。
¶**APG原樹**〔ボタン'ヤチヨツバキ'〕(No.308/カ図)

**ヤチラン** *Hammarbrya paludosa*
ラン科の多年草。
¶**原牧1**(No.443/カ図)
　**新分牧**(No.498/モ図)
　**新牧日**(No.4317/モ図)
　**牧野ス1**(No.443/カ図)
　**野生1**(p207/カ写)

**ヤツガタケアザミ** ⇒オクヤマアザミを見よ

**ヤツガタケキスミレ** *Viola crassa* subsp. *yatsugatakeana* 八ヶ岳黄菫
スミレ科の多年草。
¶**野生3**(p212/カ写)
　**山ハ高山**(p181/カ写)

**ヤツガタケキヌシッポゴケ** *Brachydontium pseudodonnianum* 八ヶ岳絹尻尾苔
キヌシッポゴケ科のコケ植物。日本固有種。
¶**固有**(p212)

**ヤツガタケキンポウゲ** *Ranunculus yatsugatakensis*
八ヶ岳金鳳花
キンポウゲ科の草本。日本固有種。
¶**原牧1**(No.1275/カ図)
　**固有**(p53)
　**新分牧**(No.1385/モ図)
　**新牧日**(No.598/モ図)
　**牧野ス1**(No.1275/カ図)
　**野生2**(p158/カ写)
　**山ハ高山**(p87/カ写)
　**山レ増**(p382/カ写)

**ヤツガタケシノブ** *Cryptogramma stelleri* 八ヶ岳忍
イノモトソウ科の夏緑性シダ。葉身は長さ3〜6cm、卵状披針形。
¶**シダ標1**(p375/カ写)
　**新分牧**(No.4584/モ図)
　**新牧日**(No.4470/モ図)
　**山ハ高山**(p462/カ写)
　**山レ増**(p676/カ写)

**ヤツガタケジンチョウゴケ** *Sauteria yatsuensis*
八ヶ岳沈丁苔
ジンチョウゴケ科のコケ。日本固有種。白緑色、長さ5〜10mm。
¶**固有**(p226)

**ヤツガタケタンポポ** *Taraxacum yatsugatakense*
八ヶ岳蒲公英
キク科の多年草。日本固有種。高さは10〜20cm。
¶**原牧2**(No.2263/カ図)
　**固有**(p147)
　**新分牧**(No.4019/モ図)
　**新牧日**(No.3291/モ図)
　**牧野ス2**(No.4108/カ図)
　**山ハ高山**(p437/カ写)

**ヤツガタケトウヒ** *Picea koyamae* 八ヶ岳唐檜
マツ科の木本。日本固有種。別名ヒメマツハダ。

¶**APG原樹**(No.33/カ図)
　**原牧1**(No.6/カ図)
　**固有**(p194)
　**新分牧**(No.26/モ図)
　**新牧日**(No.18/モ図)
　**牧野ス1**(No.7/カ図)
　**野生1**(p30/カ写)
　**山力樹木**(p29/カ写)
　**山レ増**(p627/カ写)

**ヤツガタケナズナ**(1) *Draba oiana* 八ヶ岳薺
アブラナ科の多年草。高さは8〜14cm。花は白色。
¶**野生4**(p62/カ写)

**ヤツガタケナズナ**(2) ⇒キタダケナズナを見よ

**ヤツガタケムグラ** *Galium triflorum* 八ヶ岳葎
アカネ科の草本。
¶**野生4**(p274/カ写)
　**山ハ山花**(p389/カ写)
　**山レ増**(p157/カ写)

**ヤッコソウ** *Mitrastemon yamamotoi* 奴草
ヤッコソウ科(ラフレシア科)の一年生寄生植物。シイノキ等の根に寄生、淡黄紅色。高さは4〜8cm。
¶**原牧2**(No.1160/カ図)
　**新分牧**(No.3309/モ図)
　**新牧日**(No.713/カ図)
　**牧野ス2**(No.3005/カ図)
　**ミニ山**(p67/カ写)
　**野生4**(p223/カ写)
　**山ハ野草**(p547/カ写)
　**山ハ山花**(p417/カ写)

**ヤツシロ** *Citrus yatsushiro* 八代
ミカン科の木本。別名ヤツシロミカン。
¶**APG原樹**(No.952/カ図)

**ヤツシロソウ** *Campanula glomerata* var. *dahurica*
八代草
キキョウ科の草本。
¶**原牧2**(No.1853/カ図)
　**山野草**(No.1199/カ写)
　**新分牧**(No.3898/モ図)
　**新牧日**(No.2897/モ図)
　**茶花上**(p475/カ写)
　**牧野ス2**(No.3698/カ図)
　**野生5**(p190/カ写)
　**山ハ野草**(p134/カ写)
　**山ハ山花**(p485/カ写)
　**山レ増**(p67/カ写)

**ヤツシロヒトツバ** *Pyrrosia* × *nipponica*
ウラボシ科のシダ植物。
¶**シダ標2**(p457/カ写)

**ヤツシロミカン** ⇒ヤッシロを見よ

**ヤツシロラン** *Gastrodia confusa* 八代蘭
ラン科の多年生の菌従属栄養植物。別名アキザキヤツシロラン。高さは5〜15cm。
¶**原牧1**(No.420/カ図)
　**新分牧**(No.486/モ図)
　**新牧日**(No.4294/モ図)

ヤツタカネ　　　　　　　　　　818

牧野ス1〔No.420/カ図〕
野生1〔アキザキヤツシロラン〕(p203/カ写)
山力野草〔アキザキヤツシロラン〕(p569/カ写)
山ハ山花〔アキザキヤツシロラン〕(p115/カ写)

**ヤツタカネアザミ**　*Cirsium yatsualpicola*　八高嶺薊
キク科アザミ亜科の草本。日本固有種。
¶固有(p140)
野生5(p246/カ写)
山ハ高山(p400/カ写)
山ハ山花(p555/カ写)

**ヤツデ**　*Fatsia japonica* var.*japonica*　八手
ウコギ科の常緑低木。別名テングノウチワ, テング
ノハウチワ。高さは2〜3m。花は白色。
¶APG原樹(No.1518/カ図)
学フ増樹(p237/カ写)
学フ増薬草(p221/カ写)
原牧2(No.2371/カ図)
新分牧(No.4411/モ図)
新牧日(No.1983/モ図)
都木花新(p198/カ写)
牧野ス2(No.4216/カ図)
野生5(p378/カ写)
山力樹木(p525/カ写)

**ヤツデアサガオ**　*Ipomoea mauritiana*
ヒルガオ科の蔓草。花は紅紫色中央濃紫色。
¶野生5(p29/カ写)

**ヤツブサ**　*Capsicum annuum* Fasciculatum Group
八房
ナス科の一年草。別名テンジクマモリ, テンジョウ
マモリ。高さは60cmくらい。
¶原牧2(No.1487/カ図)
新分牧(No.3495/モ図)
新牧日(No.2663/モ図)
牧野ス2(No.3332/カ図)

**ヤツブサウメ**　*Prunus mume* 'Pleiocarpa'　八房梅
バラ科の木本。ウメの園芸品種群。別名ザロン
バイ。
¶ウメ〔八つ房梅〕(p96/カ写)
APG原樹(No.460/カ図)
原牧1(No.1631/カ図)
新分牧(No.1827/モ図)
新牧日(No.1206/モ図)
牧野ス1(No.1631/カ図)

**ヤツマタモク**　*Sargassum patens*
ホンダワラ科の海藻。茎は扁圧。体は1〜2m。
¶新牧(No.5017/モ図)
新牧日(No.4877/モ図)

**ヤツメラン**　⇒ノキシノブを見よ

**ヤトミウラボシ**　⇒ミツデウラボシを見よ

**ヤドリギ**　*Viscum album* subsp.*coloratum*　寄生木, 宿
生木
ビャクダン科ヤドリギ連 (ヤドリギ科) の常緑低木。
別名ホヤ, トビヅタ, ホヨ, トビツヅタ。
¶APG原樹(No.1055/カ図)
学フ増樹(p55/カ写・カ図)
学フ増薬草(p166/カ写)

原牧2(No.769/カ図)
新分牧(No.2814/モ図)
新牧日(No.241/モ図)
図説樹木(p106/カ写)
牧野ス2(No.2614/カ図)
ミニ山(p19/カ写)
野生4(p78/カ写)
山力樹木(p174/カ写)

**ヤドリコケモモ**(1)　*Vaccinium amamianum*
ツツジ科の木本。
¶新分牧(No.3295/モ図)

**ヤドリコケモモ**(2)　⇒オオバコケモモ(1)を見よ

**ヤドリフカノキ**　*Schefflera arboricola*
ウコギ科の木本。別名カポック。高さは3〜7m。花
は白黄色。
¶APG原樹(No.1528/カ図)
都木花新〔カポック〕(p196/カ写)

**ヤナガワシダレ**　*Prunus mume* 'Yanagawa-shidare'
柳川枝垂
バラ科。ウメの品種。枝垂れ系ウメ。
¶ウメ〔柳川枝垂〕(p158/カ写)

**ヤナガワシボリ**　*Prunus mume* 'Yanagawa-shibori'
柳川絞り
バラ科。ウメの品種。李系ウメ, 難波性八重。
¶ウメ〔柳川絞り〕(p96/カ写)

**ヤナギアカバナ**　⇒ホソバアカバナを見よ

**ヤナギアザミ**　*Cirsium lineare*　柳薊
キク科アザミ亜科の草本。別名ウラユキヤナギアザ
ミ。高さは3m。花は紫色。
¶原牧2(No.2178/カ図)
新分牧(No.3965/モ図)
新牧日(No.3210/モ図)
牧野ス2(No.4023/カ図)
野生5(p223/カ写)
山力野草(p94/カ写)
山ハ山花(p549/カ写)

**ヤナギイチゴ**　*Debregeasia orientalis*　柳苺
イラクサ科の落葉低木。
¶APG原樹(No.694/カ図)
原牧2(No.99/カ写)
新分牧(No.2108/モ図)
新牧日(No.227/モ図)
牧野ス1(No.1944/カ図)
ミニ山(p18/カ写)
野生2(p345/カ写)
山力樹木(p171/カ写)

**ヤナギイノコヅチ**　*Achyranthes longifolia*
ヒユ科の多年草。高さは50〜100cm。
¶原牧2(No.945/カ図)
新分牧(No.2994/モ図)
新牧日(No.439/モ図)
牧野ス2(No.2790/カ図)
ミニ山〔ヤナギイノコヅチ〕(p40/カ写)
野生4(p130/カ写)
山ハ野花〔ヤナギイノコヅチ〕(p285/カ写)

**ヤナギイボタ** *Ligustrum salicinum*
モクセイ科の木本。別名ハナイボタ。
¶原牧2 (No.1517/カ図)
　新分牧 (No.3559/モ図)
　新牧日 (No.2300/モ図)
　牧野ス2 (No.3362/カ図)
　野生5 (p64/カ写)
　山力樹木 (p632/カ写)

**ヤナギスブタ** *Blyxa japonica*
トチカガミ科の一年生沈水植物。葉身は線形、葉縁に細鋸歯がある。
¶原牧1 (No.229/カ図)
　新分牧 (No.273/モ図)
　新牧日 (No.3323/モ図)
　日水草 (p84/カ写)
　牧野ス1 (No.229/カ図)
　野生1 (p119/カ写)
　山ハ野花 (p35/カ写)

**ヤナギソウ** ⇒ヤナギランを見よ

**ヤナギタウコギ** *Bidens cernua* 柳田五加木
キク科キク亜科の一年草。
¶原牧2 (No.2019/カ図)
　新分牧 (No.4275/モ図)
　新牧日 (No.3058/モ図)
　牧野ス2 (No.3864/カ図)
　野生5 (p357/カ写)

**ヤナギタデ** *Persicaria hydropiper* f.*hydropiper* 柳蓼
タデ科の一年草。別名ホンタデ、マタデ。高さは30～60cm。花は白～淡枇杷色。葉は辛く香辛料となる。
¶学フ増野秋 (p185/カ写)
　学フ増薬草 (p38/カ写)
　原牧2 (No.804/カ図)
　植調 (p65/カ写)
　新分牧 (No.2880/モ図)
　新牧日 (No.266/モ図)
　茶花下 (p156/カ写)
　日水草 (p262/カ写)
　牧野ス2 (No.2649/カ図)
　野生4 (p96/カ写)
　山力野草 (p540/カ写)
　山ハ野花 (p265/カ写)

**ヤナギタンポポ** *Hieracium umbellatum* 柳蒲公英
キク科キクニガナ亜科の多年草。高さは30～120cm。
¶原牧2 (No.2236/カ図)
　新分牧 (No.4063/モ図)
　新牧日 (No.3265/モ図)
　牧野ス2 (No.4081/カ図)
　野生5 (p276/カ写)
　山ハ山花 (p565/カ写)

**ヤナギトウワタ** *Asclepias tuberosa* 柳唐綿
キョウチクトウ科 (ガガイモ科) の多年草。別名シュッコントウワタ、シュッコンパンヤ。高さは50～80cm。花は橙色。
¶茶花上 (p588/カ写)

**ヤナギトラノオ** *Lysimachia thyrsiflora* 柳虎の尾
サクラソウ科の多年草。高さは30～80cm。
¶原牧2 (No.1102/カ図)
　新分牧 (No.3147/モ図)
　新牧日 (No.2246/モ図)
　茶花上 (p476/カ写)
　牧野ス2 (No.2947/カ図)
　野生4 (p192/カ写)
　山力野草 (p270/カ写)
　山ハ山花 (p369/カ写)

**ヤナギニガナ** *Ixeridium laevigatum*
キク科キクニガナ亜科の多年草。別名アツバニガナ。
¶原牧2〔アツバニガナ〕(No.2256/カ写)
　新分牧〔アツバニガナ〕(No.4040/モ図)
　新牧日〔アツバニガナ〕(No.3284/モ図)
　牧野ス2〔アツバニガナ〕(No.4101/カ図)
　野生5 (p279/カ写)
　山レ増 (p9/カ写)

**ヤナギヌカボ** *Persicaria foliosa* var.*paludicola*
タデ科の草本。
¶原牧2 (No.812/カ写)
　新分牧 (No.2888/モ図)
　新牧日 (No.274/モ図)
　牧野ス2 (No.2657/カ図)
　野生4 (p99/カ写)
　山レ増 (p438/カ写)

**ヤナギノアカコウヤクタケ** *Cytidia salicina*
コウヤクタケ科のキノコ。
¶原きの (No.390/カ写・カ図)

**ヤナギノギク** *Aster hispidus* var.*leptocladus* 柳野菊
キク科キク亜科の草本。日本固有種。ヤマジノギクの変種。
¶固有 (p146)
　野生5 (p314/カ写)
　山ハ野花 (p538/カ写)
　山レ増 (p42/カ写)

**ヤナギ'ハクロニシキ'** ⇒ハクロニシキを見よ

**ヤナギハナガサ** *Verbena bonariensis*
クマツヅラ科の多年草。高さは1m以上。花は青～紫色。
¶帰化写改 (p264/カ写, p506/カ写)
　野生5 (p176)

**ヤナギバヒマワリ** *Helianthus salicifolius* 柳葉日向葵
キク科の宿根草。高さは2～3m。花はレモンイエロー。
¶茶花下 (p347/カ写)

**ヤナギバヒメギク** ⇒ヒメジョオンを見よ

**ヤナギバヒメジョオン** (1) *Erigeron pseudoannuus*
キク科の草本。
¶帰化写改 (p357/カ写)
　原牧2 (No.1970/カ図)
　牧野ス2 (No.3815/カ図)

ヤナギバヒメジョオン(2) ⇒ヘラバヒメジョオンを見よ

ヤナギバヒルギ ⇒ヒルギダマシを見よ

ヤナギバモクセイ Osmanthus insularis var. okinawensis 柳葉木犀
モクセイ科の常緑の高木。葉が細長くて厚く，葉脈が裏面に浮き出ない。
¶野生5 (p65)

ヤナギバモクマオ ⇒モクマオを見よ

ヤナギバルイラソウ Ruellia simplex 柳葉ルイラ草
キツネノマゴ科の多年草。別名ムラサキイセハナビ。
¶帰化写2 (p235/カ写)
茶花下 (p347/カ写)

ヤナギバワビスケ ⇒ハッカリ(1)を見よ

ヤナギマツタケ Agrocybe cylindrica
モエギタケ科のキノコ。中型～大型。傘は淡黄土色，粘性なし。
¶原きの (No.009/カ写・カ図)
山カ日き (p218/カ写)

ヤナギモ Potamogeton oxyphyllus 柳藻
ヒルムシロ科の常緑性沈水植物，多年草。別名ササモ。葉は無柄，線形で鋭尖頭。
¶原牧1 (No.264/カ図)
新分牧 (No.310/モ図)
新牧日 (No.3346/モ図)
日水草 (p130/カ写)
牧野ス1 (No.264/カ写)
野生1 (p133/カ写)
山ハ野花 (p36/カ写)

ヤナギヨモギ(1) ⇒ヒトツバヨモギを見よ

ヤナギヨモギ(2) ⇒ムカシヨモギを見よ

ヤナギラン Chamaenerion angustifolium 柳蘭
アカバナ科の多年草。別名ヤナギソウ。高さは0.5～1m。花は紅紫色。
¶学フ増野夏 (p46/カ写)
原牧2 (No.459/カ図)
山野草 (No.0737/カ写)
新分牧 (No.2501/モ図)
新牧日 (No.1944/モ図)
茶花下 (p157/カ写)
牧野ス2 (No.2304/カ図)
ミニ山 (p207/カ写)
野生3 (p262/カ写)
山カ野草 (p326/カ写)
山ハ山花 (p302/カ写)

ヤニタケ（針葉樹型） Ischnoderma benzoinum
ツガサルノコシカケ科のキノコ。中型～大型。傘は茶褐色～黒褐色，微細な密毛。
¶原きの (No.362/カ写・カ図)
山カ日き (p464/カ写)

ヤニレ ⇒ハルニレを見よ

ヤネタビラコ Crepis tectorum 屋根田平子
キク科の一年草。高さは6～100cm。花は淡黄色。

¶帰化写改 (p349/カ写)
山ハ野花 (p601/カ写)

ヤネフキザサ(1) Sasa tectoria 屋根葺き笹
イネ科のササ。
¶タケササ (p112/カ写)

ヤネフキザサ(2) ⇒チマキザサを見よ

ヤノウエノアカゴケ Ceratodon purpureus
キンシゴケ科のコケ。別名ムラサキヤネゴケ。茎は長さ0.5～1cm。葉は幅広い披針形～披針形。
¶新分牧 (No.4852/モ図)
新牧日 (No.4706/モ図)

ヤノネグサ Persicaria muricata 矢の根草
タデ科の一年生つる草。長さは1～2m。
¶学フ増野秋 (p39/カ写)
原牧2 (No.826/カ図)
植調 (p197/カ写)
新分牧 (No.2868/モ図)
新牧日 (No.288/モ図)
牧野ス2 (No.2671/カ図)
野生4 (p94/カ写)
山ハ野花 (p258/カ写)

ヤノネシダ Neocheiropteris buergeriana 矢の根羊歯
ウラボシ科の常緑性シダ。葉柄の長さはほとんどないものから10cm以上のものまで，葉身は三角形～披針形まで。
¶シダ標2 (p465/カ写)
新分牧 (No.4794/モ図)
新牧日 (No.4660/モ図)

ヤノネボンテンカ Pavonia hastata 矢の根梵天花
アオイ科の落葉低木。別名タカサゴフヨウ（園芸名）。高さは50～200cm。花は淡桃色。
¶帰化写2 (p151/カ写)
茶花下 (p276/カ写)
野生4 (p30)

ヤハギカイガラムシタケ Cordyceps yahagiana
ノムシタケ科の冬虫夏草。宿主は大型のカイガラムシ。
¶冬虫生態 (p141/カ写)

ヤハズアザミ ⇒ヒレアザミを見よ

ヤハズアジサイ Hydrangea sikokiana 矢筈紫陽花
アジサイ科（ユキノシタ科）の落葉低木。日本固有種。別名ウリノキ，ウリバ。花は白色。
¶APG原樹 (No.1092/カ図)
原牧2 (No.1034/カ図)
固有 (p74)
新分牧 (No.3066/モ図)
新牧日 (No.998/モ図)
茶花下 (p157/カ写)
牧野ス2 (No.2879/カ図)
ミニ山 (p110/カ写)
野生4 (p171/カ写)
山カ樹木 (p224/カ写)

ヤハズエンドウ Vicia sativa subsp.nigra 矢筈豌豆
マメ科マメ亜科の越年草。別名カラスノエンドウ，イララ，ヤハズノエンドウ。高さは60～150cm。

¶色野草〔カラスノエンドウ〕(p226/カ写)
　学フ増野春〔カラスノエンドウ〕(p27/カ写)
　原牧1 (No.1561/カ図)
　植調〔カラスノエンドウ〕(p262/カ写)
　新分牧 (No.1767/モ図)
　新牧日 (No.1348/モ図)
　茶花上〔からすのえんどう〕(p369/カ写)
　牧野ス1 (No.1561/カ図)
　野生2 (p298/カ写)
　山力野草〔カラスノエンドウ〕(p378/カ写)
　山ハ野花〔カラスノエンドウ〕(p366/カ写)

**ヤハズカズラ** ⇒ヤバネカズラを見よ

**ヤハズカワツルモ** Ruppia occidentalis
カワツルモ科(ヒルムシロ科)の沈水植物。葉身の長さは10～30cm, 葉端が切形～凹形。
¶日水草 (p140/カ写)

**ヤハズキンゴジカ** Sida rhombifolia subsp.retusa
アオイ科の草本。葉は倒卵形または倒披針形。
¶野生4 (p31)

**ヤハズキンバイ** ⇒マツヨイグサを見よ

**ヤハズグサ** Dictyopteris latiuscula
アミジグサ科の海藻。巾は広く全縁。体は30cm。
¶新分牧 (No.4974/モ図)
　新牧日 (No.4834/モ図)

**ヤハズススキ** ⇒タカノハススキを見よ

**ヤハズソウ** Kummerowia striata 矢筈草
マメ科マメ亜科の一年草。高さは10～30cm。
¶学フ増野秋 (p30/カ写)
　原牧1 (No.1554/カ図)
　植調 (p255/カ写)
　新分牧 (No.1688/モ図)
　新牧日 (No.1341/モ図)
　牧野ス1 (No.1554/カ図)
　野生2 (p275/カ写)
　山力野草 (p374/カ写)
　山ハ野花 (p361/カ写)

**ヤハズツボミゴケ** Jungermannia cephalozioides
ツボミゴケ科のコケ植物。日本固有種。
¶固有 (p221)

**ヤハズトウヒレン** Saussurea sagitta 矢筈唐飛廉
キク科アザミ亜科の多年草。日本固有種。別名チャボヤハズトウヒレン。高さは30～45cm。
¶原牧2 (No.2210/カ図)
　固有 (p148)
　新分牧 (No.4009/モ図)
　新牧日 (No.3242/モ図)
　牧野ス2 (No.4055/カ図)
　野生5 (p263/カ写)
　山ハ高山 (p422/カ写)

**ヤハズナズナ** Berteroa incana
アブラナ科。別名ウスユキナズナ。全体に星状毛を密生して緑白色。
¶野生4 (p70)

**ヤハズニシキギ** ⇒ニシキギを見よ

**ヤハズノエンドウ** ⇒ヤハズエンドウを見よ

**ヤハズハハコ** Anaphalis sinica var.sinica 矢筈母子
キク科キク亜科の多年草。別名ヤバネハハコ, ヤバネホウコ, ヤハズホウコ。高さは20～35cm。
¶原牧2〔ヤバネハハコ〕(No.1984/カ図)
　新分牧〔ヤバネハハコ〕(No.4131/モ図)
　新牧日〔ヤバネハハコ〕(No.3021/モ図)
　茶花下 (p277/カ写)
　牧野ス2〔ヤバネハハコ〕(No.3829/カ図)
　野生5 (p343/カ写)
　山力野草 (p19/カ写)
　山ハ山花 (p522/カ写)

**ヤハズハンノキ** Alnus matsumurae 矢筈榛の木
カバノキ科の落葉木。日本固有種。別名ハクサンハンノキ。高さは3～7m。
¶APG原樹 (No.743/カ写)
　学フ増高山 (p225/カ写)
　原牧2 (No.152/カ図)
　固有 (p42)
　新分牧 (No.2175/モ図)
　新牧日 (No.130/モ図)
　牧野ス1 (No.1997/カ図)
　野生3 (p110/カ写)
　山力樹木 (p122/カ写)

**ヤハズヒゴタイ** Saussurea triptera 矢筈平江帯
キク科アザミ亜科の多年草。日本固有種。高さは30～55cm。
¶原牧2 (No.2205/カ図)
　固有 (p148)
　新分牧 (No.4003/モ図)
　新牧日 (No.3238/モ図)
　牧野ス2 (No.4050/カ図)
　野生5 (p265/カ写)
　山力野草 (p101/カ写)
　山ハ高山 (p422/カ写)
　山ハ山花 (p563/カ写)

**ヤハズホウコ** ⇒ヤハズハハコを見よ

**ヤハズマンネングサ** Sedum tosaense 矢筈万年草
ベンケイソウ科の草本。日本固有種。
¶原牧1 (No.1408/カ図)
　固有 (p68)
　新分牧 (No.1603/モ図)
　新牧日 (No.914/モ図)
　牧野ス1 (No.1408/カ図)
　野生2 (p225/カ写)
　山ハ山花 (p294/カ写)
　山レ増 (p327/カ写)

**ヤハタタチツユクサ** ⇒フジイロタチツユクサを見よ

**ヤバネオオムギ** Hordeum distichon 矢羽大麦
イネ科の一年草または越年草。別名サナダムギ。高さは90cm。
¶帰化写2 (p338/カ写)
　新分牧 (No.1067/モ図)
　新牧日 (No.3669/モ図)

**ヤバネカズラ** *Thunbergia alata* 矢羽葛
キツネノマゴ科のつる性多年草。別名ヤハズカズラ。高さは1〜2.5m。花は橙黄色, 中心濃紫色。
¶帰化写**2**〔ヤハズカズラ〕(p437/カ写)
　原牧**2**(No.1796/カ図)
　新分牧(No.3665/モ図)
　新牧日(No.2775/モ写)
　牧野ス**2**(No.3641/カ図)

**ヤバネハハコ** ⇒ヤハズハハコを見よ

**ヤバネヒイラギモチ** *Ilex cornuta* 矢羽柊黐
モチノキ科の常緑低木。別名シナヒイラギ, ヒイラギモドキ。高さは4m。花は黄色。
¶APG原樹(No.1457/カ図)
　学フ増花庭〔シナヒイラギ〕(p87/カ写)
　山カ樹木〔シナヒイラギ〕(p412/カ写)

**ヤバネホウコ** ⇒ヤハズハハコを見よ

**ヤヒコザサ** *Sasa yahikoensis* var.*yahikoensis*
イネ科タケ亜科のササ。日本固有種。
¶固有(p172/カ写)
　タケ亜科(No.76/カ写・カ図)
　タケササ(p104/カ写)

**ヤブアカゲシメジ** *Tricholomopsis bambusina*
キシメジ科のキノコ。
¶山カ日き(p73/カ写)

**ヤブアザミ** ⇒モリアザミを見よ

**ヤブイチゲ** ⇒アネモネ・ネモローサを見よ

**ヤブイバラ** *Rosa onoei* var.*onoei* 藪茨, 藪薔薇
バラ科バラ亜科の木本。日本固有種。別名ニオイイバラ。
¶APG原樹(No.611/カ図)
　原牧**1**(No.1813/カ図)
　固有(p78)
　新分牧(No.2011/モ図)
　新牧日(No.1201/モ写)
　牧野ス**1**(No.1813/カ図)
　野生**3**(p41/カ写)
　山カ樹木(p247/カ写)

**ヤブウツギ** *Weigela floribunda* 藪空木
スイカズラ科の落葉低木。日本固有種。別名ケウツギ。高さは2〜3m。花は濃紅色。
¶APG原樹(No.1497/カ図)
　原牧**2**(No.2354/カ図)
　固有(p134/カ写)
　新分牧(No.4344/モ図)
　新牧日(No.2877/モ写)
　茶花上(p476/カ写)
　牧野ス**2**(No.4199/カ図)
　野生**5**(p427/カ写)
　山カ樹木(p695/カ写)

**ヤブウド** ⇒ハナウドを見よ

**ヤブエンゴギク** ⇒ヤマエンゴサクを見よ

**ヤブエンゴサク** ⇒ヤマエンゴサクを見よ

**ヤブガラシ** *Cayratia japonica* 藪枯
ブドウ科の多年生つる草。別名ビンボウカズラ, ビ
ンボウヅル。
¶色野草〔ヤブカラシ〕(p208/カ写)
　学フ増山菜〔ヤブカラシ〕(p58/カ写)
　学フ増夏(p181/カ写)
　学フ増薬草(p78/カ写)
　原牧**1**(No.1451/カ図)
　植調〔ヤブカラシ〕(p248/カ写)
　新分牧(No.1617/モ図)
　新牧日(No.1705/モ写)
　茶花下(p158/カ写)
　牧野ス**1**(No.1451/カ図)
　野生**2**〔ヤブカラシ〕(p234/カ写)
　山ハ野花〔ヤブカラシ〕(p305/カ写)

**ヤブカンゾウ**(1) *Hemerocallis fulva* var.*kwanso* 藪萱草
ワスレグサ科〔ススキノキ科〕〔ユリ科〕の多年草。別名オニカンゾウ。若芽にはぬめりがある。高さは50〜100cm。
¶色野草(p203/カ写)
　学フ増夏(p93/カ写)
　原牧**1**(No.521/カ図)
　新分牧(No.567/モ図)
　新牧日(No.3404/モ写)
　茶花下(p158/カ写)
　牧野ス**1**(No.521/カ図)
　野生**1**(p239/カ写)
　山カ野草(p615/カ写)
　山ハ野花(p66/カ写)

**ヤブカンゾウ**(2) ⇒アマチャヅルを見よ

**ヤブキハギ** ⇒ツクシハギを見よ

**ヤブクジャク** ⇒ノコギリシダを見よ

**ヤブケマン** ⇒ムラサキケマンを見よ

**ヤブコウジ** *Ardisia japonica* 藪柑子
サクラソウ科 (ヤブコウジ科) の常緑小低木。別名ヤブタチバナ, ヤマタチバナ (古名), アカダマノキ, フカミグサ。高さは10〜30cm。花は白色。
¶APG原樹(No.1115/カ写)
　学フ増樹(p194/カ写・カ図)
　原牧**2**(No.1110/カ図)
　新分牧(No.3135/モ図)
　新牧日(No.2202/モ写)
　茶花上(p190/カ写)
　牧野ス**2**(No.2955/カ図)
　野生**4**(p189/カ写)
　山カ樹木(p608/カ写)

**ヤブザクラ** *Cerasus* × *subhirtella* f.*hisauchiana* 藪桜
バラ科シモツケ亜科の木本。サクラの品種。花は白色。
¶原牧**1**(No.1655/カ図)
　新分牧(No.1843/モ図)
　新牧日(No.1233/モ写)
　牧野ス**1**(No.1655/カ図)
　野生**3**(p64/カ写)

**ヤブザサ** *Sasaella hidaensis* var.*iwatekensis*
イネ科タケ亜科のササ。日本固有種。
¶固有(p170)

**ヤブサンザシ** *Ribes fasciculatum* 藪山査子, 藪山樝子
スグリ科 (ユキノシタ科) の落葉低木。別名キヒヨ
ドリジョウゴ。高さは1m。
　¶**APG原樹** (No.342/カ図)
　　原牧1 (No.1360/カ図)
　　新分牧 (No.1531/モ図)
　　新牧日 (No.1013/モ図)
　　茶花上 (p326/カ写)
　　牧野ス1 (No.1360/カ図)
　　ミニ山 (p119/カ写)
　　野生2 (p192/カ写)
　　山力樹木 (p233/カ写)

**ヤブシダ** ⇒ホソバシケシダを見よ

**ヤブシメジ** ⇒ドクササコを見よ

**ヤブジラミ** *Torilis japonica* 藪蝨, 藪虱
セリ科セリ亜科の越年草。高さは30～70cm。
　¶色野草 (p44/カ写)
　　学フ増野夏 (p130/カ写)
　　学フ増薬草 (p87/カ写)
　　原牧2 (No.2402/カ写)
　　植調 (p192/カ写)
　　新分牧 (No.4446/モ図)
　　新牧日 (No.2019/モ写)
　　茶花上 (p589/カ写)
　　牧野ス2 (No.4247/カ図)
　　野生5 (p401/カ写)
　　山力写草 (p309/カ写)
　　山ハ野花 (p500/カ写)

**ヤブジロ** ⇒シロバナヤブツバキを見よ

**ヤブスゲ** *Carex rochebrunei* 藪菅
カヤツリグサ科の多年草。別名ニシダスゲ。高さは
40～60cm。
　¶カヤツリ (p108/モ写)
　　原牧1 (No.803/モ図)
　　新分牧 (No.799/モ図)
　　新牧日 (No.4092/モ写)
　　スゲ増 (No.38/カ写)
　　牧野ス1 (No.803/カ図)
　　野生1 (p305/カ写)
　　山ハ野花 (p127/カ写)

**ヤブスゲ(斑入り)** *Carex rochebrunii* 'Variegata'
藪菅
カヤツリグサ科の多年草。高さは40～60cm。
　¶山野草 (No.1613/カ写)

**ヤブスミレ** ⇒タチツボスミレを見よ

**ヤブソテツ** *Cyrtomium fortunei* 藪蘇鉄
オシダ科の常緑性シダ。別名ヤマヤブソテツ, ホソ
バヤマヤブソテツ, ツヤナシヤブソテツ, ヒラオヤ
ブソテツ, ノコギリヤマヤブソテツ。葉身は長さ
80cm, 披針形。
　¶シダ標2 (p429/カ写)
　　新分牧 (No.4712/モ図)
　　新牧日 (No.4508/モ写)

**ヤブタチバナ** ⇒ヤブコウジを見よ

**ヤブタデ** ⇒ハナタデを見よ

**ヤブタバコ** *Carpesium abrotanoides* 藪煙草
キク科キク亜科の一年草～二年草。高さは50～
100cm。
　¶学フ増野秋 (p100/カ写)
　　原牧2 (No.1998/カ写)
　　新分牧 (No.4256/モ図)
　　新牧日 (No.3035/モ図)
　　牧野ス2 (No.3843/カ図)
　　野生5 (p352/カ写)
　　山力野草 (p22/カ写)
　　山ハ野花 (p560/カ写)

**ヤブタビラコ** *Lapsanastrum humile* 藪田平子
キク科キクニガナ亜科の二年草。高さは9～50cm。
　¶学フ増野夏 (p80/カ写)
　　原牧2 (No.2251/カ写)
　　植調 (p153/カ写)
　　新分牧 (No.4049/モ図)
　　新牧日 (No.3280/モ図)
　　牧野ス2 (No.4096/カ図)
　　野生5 (p283/カ写)
　　山力野草 (p105/カ写)
　　山ハ野花 (p611/カ写)

**ヤブダマ** ⇒オニフスベを見よ

**ヤブチョロギ** *Stachys arvensis* 藪草石蚕
シソ科の一年草または越年草。高さは10～40cm。
花は淡紅色。
　¶帰化写改 (p275/カ写)
　　植調 (p183/カ写)

**ヤブツバキ** *Camellia japonica* 藪椿
ツバキ科の常緑小高木。別名ヤマツバキ, ホウザン
ツバキ, タイワンヤマツバキ, ツバキ。
　¶**APG原樹** (No.1121/カ写)
　　学フ増山菜 (p94/カ写)
　　学フ増樹 (p18/カ写)
　　学フ増花庭 (p25/カ写)
　　学フ増薬草 (p182/カ写)
　　原牧2 (No.1121/カ写)
　　新分牧 (No.3162/モ図)
　　新牧日 (No.727/モ図)
　　図説樹木 (p128/カ写)
　　茶花上 (p97/カ写)
　　都木花新 (p68/カ写)
　　牧野ス2 (No.2966/カ図)
　　野生4 (p203/カ写)
　　山力樹木 (p482/カ写)

**ヤブツルアズキ** *Vigna angularis* var.*nipponensis*
藪蔓小豆
マメ科マメ亜科の一年生つる草。
　¶色野草 (p183/カ写)
　　学フ増野秋 (p107/カ写)
　　原牧1 (No.1598/カ図)
　　植調 (p252/カ写)
　　新分牧 (No.1725/モ図)
　　新牧日 (No.1384/モ図)
　　牧野ス1 (No.1598/カ図)
　　ミニ山 (p155/カ写)

ヤブテマリ        *824*

野生2 (p303/カ写)
山力野草 (p383/カ写)
山ハ野花 (p376/カ写)

**ヤブデマリ** *Viburnum plicatum* var.*tomentosum* 藪手毬
ガマズミ科〔レンプクソウ科〕(スイカズラ科)の落葉低木。別名ヤマデマリ，コチョウジュ。
¶ **APG原樹** (No.1473/カ図)
学フ増樹 (p70/カ写・カ図)
原牧2 (No.2294/カ図)
新分牧 (No.4320/モ図)
新牧日 (No.2832/モ図)
茶花上 (p477/カ写)
都木花新 (p222/カ写)
牧野ス2 (No.4139/カ図)
野生5 (p408/カ写)
山力樹木 (p711/カ写)
落葉図譜 (p307/モ図)

**ヤブデマリ'ピンク ビューティー'** ⇒ピンクビューティーを見よ

**ヤブニッケイ** *Cinnamomum yabunikkei* 藪肉桂
クスノキ科の常緑高木。別名マツラニッケイ，クスタブ，コガノキ，クロダモ。
¶ **APG原樹** (No.155/カ図)
学フ増樹 (p183/カ写)
原牧1 (No.141/カ図)
新分牧 (No.174/モ図)
新牧日 (No.482/モ図)
都木花新 (p21/カ写)
牧野ス1 (No.141/カ図)
野生1 (p80/カ写)
山力樹木 (p204/カ写)

**ヤブニワタケ** *"Paxillus" atrotomentosus* var. *bambusinus*
ヒダハタケ科のキノコ。
¶ 学フ増毒き (p165/カ写)
山ハ日き (p288/カ写)

**ヤブニンジン** *Osmorhiza aristata* var.*aristata* 藪人参
セリ科セリ亜科の多年草。別名ナガジラミ。高さは40〜60cm。
¶ 学フ増薬草 (p89/カ写)
原牧2 (No.2400/カ図)
新分牧 (No.4444/モ図)
新牧日 (No.2017/モ図)
牧野ス2 (No.4245/カ図)
野生5 (p397/カ写)
山力野草 (p309/カ写)
山ハ野花 (p499/カ写)

**ヤブネズミガヤ** ⇒キダチノネズミガヤを見よ

**ヤブハギ**(1) *Hylodesmum podocarpum* subsp. *oxyphyllum* var.*mandshuricum*
マメ科マメ亜科の多年草。高さは60〜90cm。
¶ 原牧1 (No.1532/カ図)
新分牧 (No.1702/モ図)
新牧日 (No.1319/カ図)
牧野ス1 (No.1532/カ図)

野生2 (p272)

**ヤブハギ**(2) ⇒ツクシハギを見よ

**ヤブヒョウタンボク** *Lonicera linderifolia* var. *linderifolia* 藪瓢箪木
スイカズラ科の木本。日本固有種。
¶ **APG原樹** (No.1492/カ写)
固有 (p134)
野生5 (p420)
山レ増 (p86/カ写)

**ヤブヘビイチゴ** *Potentilla indica* 藪蛇苺
バラ科バラ亜科の多年生匍匐草本。
¶ 学フ増野春 (p107/カ写)
原牧1 (No.1835/カ図)
新分牧 (No.2029/モ図)
新牧日 (No.1162/モ図)
牧野ス1 (No.1835/カ図)
野生3 (p34/カ写)
山ハ野花 (p383/カ写)

**ヤブマオ** *Boehmeria japonica* var.*longispica* 藪麻苧
イラクサ科の多年草。日本固有種。高さは80〜100cm。
¶ 色野草 (p371/カ写)
学フ増野秋 (p212/カ写)
原牧2 (No.87/カ写)
固有 (p44)
新分牧 (No.2115/モ図)
新牧日 (No.214/モ図)
牧野ス1 (No.1932/カ写)
ミニ山 (p17/カ写)
野生2 (p344/カ写)
山力野草 (p554/カ写)
山ハ野花 (p390/カ写)

**ヤブマメ** *Amphicarpaea edgeworthii* 藪豆
マメ科マメ亜科の一年生つる草。別名ギンマメ，シバハキ。高さは80〜100cm。
¶ 色野草 (p301/カ写)
学フ増野秋 (p25/カ写)
原牧1 (No.1610/カ図)
植調 (p253/カ写)
新分牧 (No.1717/モ図)
新牧日 (No.1396/モ図)
牧野ス1 (No.1610/カ図)
野生2 (p255/カ写)
山力野草 (p386/カ写)
山ハ野花 (p374/カ写)

**ヤブミョウガ**(1) *Pollia japonica* 藪茗荷，藪囊荷
ツユクサ科の多年草。別名ミョウガソウ。高さは50〜100cm。花は白色。
¶ 色野草 (p112/カ写)
学フ増野夏 (p160/カ写)
原牧1 (No.624/カ図)
新分牧 (No.661/モ図)
新牧日 (No.3591/モ図)
茶花下 (p277/カ写)
牧野ス1 (No.624/カ図)
野生1 (p267/カ写)

山力野草 (p646/カ写)
山ハ野花 (p227/カ写)

ヤブミョウガ(2)　⇒ハナミョウガを見よ

ヤブミョウガラン　*Goodyera fumata*
ラン科の多年草。花は淡緑褐色。
¶野生1 (p204/カ写)

ヤブムグラ　*Galium niewerthii*　藪葎
アカネ科の多年草。日本固有種。長さは40～60cm。
¶原牧2 (No.1318/カ図)
　固有 (p119)
　新分牧 (No.3352/モ図)
　新牧日 (No.2432/カ写)
　牧野ス2 (No.3163/カ図)
　野生4 (p275/カ写)
　山ハ野花 (p423/カ写)

ヤブムラサキ　*Callicarpa mollis*　藪紫
シソ科（クマツヅラ科）の落葉低木。高さは2～3m。花は紫紅色。
¶APG原樹 (No.1417/カ図)
　原牧2 (No.1729/カ図)
　新分牧 (No.3691/モ図)
　新牧日 (No.2505/モ図)
　茶花上 (p589/カ写)
　牧野ス2 (No.3574/カ図)
　野生5 (p104/カ写)
　山力樹木 (p660/カ写)

ヤブヤナギ　⇒オノエヤナギを見よ

ヤブヨモギ　*Artemisia rubripes*
キク科キク亜科の草本。
¶野生5 (p333/カ写)

ヤブラン　*Liriope muscari*　藪蘭
キジカクシ科〔クサスギカズラ科〕（ユリ科）の多年草。高さは30～50cm。花は淡紫色。
¶色野草 (p281/カ写)
　学フ増野夏 (p31/カ写)
　学フ増薬草 (p11/カ写)
　原牧1 (No.590/カ図)
　山野草 (No.1364/カ写)
　新分牧 (No.615/モ図)
　新牧日 (No.3484/モ図)
　茶花下 (p278/カ写)
　牧野ス1 (No.590/カ図)
　野生1 (p254/カ写)
　山力野草 (p637/カ写)
　山ハ野花 (p83/カ写)

ヤブレガサ　*Syneilesis palmata*　破傘
キク科キク亜科の多年草。別名ヤブレカラカサ。高さは70～120cm。花は白色。
¶色野草 (p81/カ写)
　学フ増山菜 (p144/カ写)
　学フ増野夏 (p139/カ写)
　原牧2 (No.2152/カ図)
　山野草 (No.1281/カ写)
　新分牧 (No.4099/モ図)
　新牧日 (No.3184/モ図)

茶花下 (p159/カ写)
牧野ス2 (No.3997/カ図)
野生5 (p310/カ写)
山力野草 (p65/カ写)
山ハ山花 (p500/カ写)

ヤブレガサウラボシ　*Dipteris conjugata*　破傘裏星
ヤブレガサウラボシ科の常緑性シダ。葉身は長さ25～50cm,2裂。
¶山野草 (No.1846/カ写)
　シダ標1 (p329/カ写)
　新分牧 (No.4545/モ図)
　新牧日 (No.4648/モ図)

ヤブレガサモドキ　*Syneilesis tagawae*　破傘擬
キク科キク亜科の多年草。日本固有種。別名ヒロハヤブレガサモドキ。高さは1～1.2m。
¶原牧2 (No.2151/カ図)
　固有 (p152/カ写)
　新分牧 (No.4098/モ図)
　新牧日 (No.3183/モ図)
　牧野ス2 (No.3996/カ図)
　野生5 (p310/カ写)
　山ハ山花 (p500/カ写)
　山レ増 (p34/カ写)

ヤブレカラカサ　⇒ヤブレガサを見よ

ヤブレグサ　*Umbraulva japonica*
アオサ科の海藻。体は5～20cm。
¶新分牧 (No.4952/モ図)
　新牧日 (No.4811/モ図)

ヤブレツチガキ　*Geastrum rufescens*
ヒメツチグリ科のキノコ。
¶山力日き (p506/カ写)

ヤブレベニタケ　*Russula lepida*
ベニタケ科のキノコ。中型。傘は赤色,周辺が割れる。ひだはやや黄土色に赤い縁どりをもつ。
¶山力日き (p371/カ写)

ヤポンノキ　*Ilex vomitoria*
モチノキ科の木本。
¶APG原樹 (No.1589/カ図)

ヤマアイ　*Mercurialis leiocarpa*　山藍
トウダイグサ科の多年草。別名ヤマイ。高さは30～40cm。
¶学フ有毒 (p61/カ写)
　原牧2 (No.242/カ図)
　新分牧 (No.2402/モ図)
　新牧日 (No.1460/モ図)
　茶花上 (p223/カ写)
　牧野ス1 (No.2087/カ図)
　ミニ山 (p168/カ写)
　野生3 (p164/カ写)
　山力野草 (p367/カ写)
　山ハ山花 (p323/カ写)

ヤマアカザ　⇒ミドリアカザ(1)を見よ

ヤマアカバナ　⇒イワアカバナを見よ

ヤマアサ　⇒オオハマボウを見よ

ヤマアザミ　*Cirsium spicatum*　山薊
キク科アザミ亜科の草本。日本固有種。別名ツクシヤマアザミ。
¶原牧2（No.2184/カ図）
固有（p140）
新分牧（No.3971/モ図）
新牧日（No.3216/モ図）
牧野ス2（No.4029/カ図）
野生5（p248/カ写）
山力野草（p95/カ写）
山ハ山花（p553/カ写）

ヤマアジサイ　*Hydrangea serrata* var.*serrata* f.*serrata*
山紫陽花
アジサイ科（ユキノシタ科）の落葉低木。別名サワアジサイ，コガク。
¶APG原樹（No.1082/カ図）
学フ増樹（p172/カ写・カ図）
原牧2（No.1023/カ図）
山野草（No.0511/カ写）
新分牧（No.3055/モ図）
新牧日（No.987/モ図）
茶花下（p159/カ写）
都花木新（p108/カ写）
牧野ス2（No.2868/カ図）
ミニ山（p108/カ写）
野生4（p165/カ写）
山力樹木（p220/カ写）

ヤマアゼスゲ　*Carex heterolepis*　山畔菅
カヤツリグサ科の多年草。日本固有種。高さは20～60cm。
¶カヤツリ（p156/モ図）
原牧1（No.813/カ図）
新分牧（No.821/モ図）
新牧日（No.4104/モ図）
スゲ増（No.69/カ写）
牧野ス1（No.813/カ図）
野生1（p310/カ写）
山ハ山花（p158/カ写）

ヤマアブラガヤ　⇒クロアブラガヤを見よ

ヤマアマドコロ　*Polygonatum odoratum* var. *thunbergii*
クサスギカズラ科（ユリ科）。日本固有種。
¶固有（p154）
野生1（p258）

ヤマアラシガヤ　*Stipa spartea*
イネ科の多年草。高さは140～160cm。
¶桑イネ（p466/モ図）

ヤマアララギ　⇒コブシを見よ

ヤマアワ　*Calamagrostis epigeios*　山粟
イネ科イチゴツナギ亜科の多年草。高さは70～180cm。
¶桑イネ（p124/カ写・モ図）
原牧1（No.977/カ図）
新分牧（No.1097/モ図）
新牧日（No.3718/モ図）
牧野ス1（No.977/カ図）

野生2（p48/カ写）
山力野草（p669/カ写）
山ハ野花（p179/カ写）
山ハ山花（p185/カ写）

ヤマイ (1)　*Fimbristylis subbispicata*　山藺
カヤツリグサ科の多年草。別名ヤマイテンツキ。高さは10～60cm。
¶カヤツリ（p590/カ写）
原牧1（No.765/カ図）
新分牧（No.1007/モ図）
新牧日（No.4040/モ図）
牧野ス1（No.765/カ図）
野生1（p349/カ写）
山力野草（p662/カ写）
山ハ野花（p116/カ写）

ヤマイ (2)　⇒ヤマアイを見よ

ヤマイグチ　*Leccinum scabrum*
イグチ科のキノコ。中型。傘は灰褐色～黄土褐色。
¶学フ増毒き（p186/カ写）
山力日き（p343/カ写）

ヤマイタチシダ　⇒イタチシダを見よ

ヤマイテンツキ　⇒ヤマイ (1)を見よ

ヤマイヌワラビ　*Athyrium vidalii*　山犬蕨
メシダ科（オシダ科）の夏緑性シダ。別名エゾイヌワラビ，トガクシイヌワラビ，ケヤマイヌワラビ，ミドリヤマイヌワラビ。葉身は長さ20～50cm，卵形～三角状卵形。
¶シダ標2（p299/カ写）
新分牧（No.4699/モ図）
新牧日（No.4586/モ図）

ヤマイバラ　*Rosa sambucina*　山茨, 山薔薇
バラ科バラ亜科の木本。
¶APG原樹（No.609/カ図）
原牧1（No.1816/カ図）
新分牧（No.2007/モ図）
新牧日（No.1198/モ図）
牧野ス1（No.1816/カ図）
野生3（p41/カ写）
山力樹木（p248/カ写）

ヤマイモ　⇒ヤマノイモを見よ

ヤマイワカガミ　*Schizocodon ilicifolius* var. *intercedens*　山岩鏡
イワウメ科の多年草。日本固有種。高さは8～20cm。
¶原牧2（No.1147/カ図）
固有（p102）
新分牧（No.3190/モ図）
新牧日（No.2096/モ図）
牧野ス2（No.2992/カ図）
野生4（p214/カ写）
山力野草（p302/カ写）
山ハ山花（p377/カ写）

ヤマウイキョウ　⇒ミヤマウイキョウを見よ

**ヤマウグイスカグラ** *Lonicera gracilipes* var. *gracilipes* 山鴬神楽
スイカズラ科の低木。日本固有種。高さは1〜3m。花は淡紅色。
¶原牧2（No.2330/カ写）
固有（p134）
新分牧（No.4350/モ図）
新牧日（No.2853/モ図）
牧野ス2（No.4175/カ図）
野生5（p420）

**ヤマウコギ** *Eleutherococcus spinosus* var. *spinosus* 山五加木
ウコギ科の落葉低木。日本固有種。別名ウコギ，オニウコギ。
¶**APG原樹**（No.1510/カ図）
学フ増樹（p93/カ写）
原牧2（No.2379/カ写）
固有（p97）
新分牧（No.4422/モ図）
新牧日（No.1990/モ図）
牧野ス2（No.4224/カ図）
ミニ山（p212/カ写）
野生5（p376/カ写）
山力樹木（p520/カ写）
落葉図譜（p257/モ図）

**ヤマウスユキソウ** *Leontopodium japonicum* var. *orogenes*
キク科キク亜科の草本。日本固有種。広島県の猫山の特産。
¶固有（p141）
野生5（p347）

**ヤマウツボ** *Lathraea japonica* 山靭
ハマウツボ科（ゴマノハグサ科）の多年生寄生植物。高さは15〜30cm。
¶原牧2（No.1786/カ写）
新分牧（No.3860/モ図）
新牧日（No.2768/モ図）
牧野ス2（No.3631/カ図）
野生5（p154/カ写）
山力野草（p164/カ写）
山ハ山花（p452/カ写）

**ヤマウド** ⇒ウドを見よ

**ヤマウルシ** *Toxicodendron trichocarpum* 山漆
ウルシ科の落葉低木。樹高は8m。樹皮は淡い灰褐色。
¶**APG原樹**（No.891/カ図）
学フ増山菜（p232/カ写）
学フ増樹（p124/カ写・カ図）
原牧2（No.508/カ図）
新分牧（No.2550/モ図）
新牧日（No.1558/モ図）
牧野ス2（No.2353/カ図）
ミニ山（p172/カ写）
野生3（p283/カ写）
山力樹木（p400/カ写）
落葉図譜（p194/モ図）

**ヤマエミ** ⇒ナルコユリを見よ

**ヤマエンゴサク** *Corydalis lineariloba* var. *lineariloba* 山延胡索
ケシ科の多年草。別名ヤブエンゴサク，ヤブエンゴギク，ササバエンゴサク，ビッチリ。高さは10〜20cm。花は淡紅紫〜青紫色。
¶色野草（p241/カ写）
学フ増野春（p71/カ写）
原牧1〔ヤブエンゴサク〕（No.1146/カ図）
山野草（No.0444/カ写）
新分牧〔ヤブエンゴサク〕（No.1303/モ図）
新牧日〔ヤブエンゴサク〕（No.789/モ図）
茶花上（p327/カ写）
牧野ス1〔ヤブエンゴサク〕（No.1146/カ写）
ミニ山（p79/カ写）
野生2（p105/カ写）
山力野草（p460/カ写）
山ハ野花（p248/カ写）
山ハ山花（p248/カ写）

**ヤマエンジュ** ⇒フジキを見よ

**ヤマオオイトスゲ** *Carex clivorum* 山大糸菅
カヤツリグサ科の多年草。日本固有種。高さは20〜40cm。
¶カヤツリ（p324/カ図）
原牧1（No.856/カ写）
固有（p185）
新分牧（No.874/モ図）
新牧日（No.4159/モ図）
スゲ増（No.167/カ写）
牧野ス1（No.856/カ写）
野生1（p319/カ写）
山ハ山花（p173/カ写）

**ヤマオオウシノケグサ** *Festuca hondoensis*
イネ科イチゴツナギ亜科の多年草。日本固有種。
¶固有（p164/カ写）
野生2（p53）

**ヤマオダマキ** *Aquilegia buergeriana* var. *buergeriana* 山苧環
キンポウゲ科の多年草。日本固有種。高さは50〜60cm。花は淡黄色。
¶学フ増野夏（p216/カ写）
原牧1（No.1211/カ図）
固有（p51）
山野草（No.0062/カ写）
新分牧（No.1361/モ図）
新牧日（No.537/モ図）
茶花上（p590/カ写）
牧野ス1（No.1211/カ図）
ミニ山（p45/カ写）
野生2（p138/カ写）
山力野草（p486/カ写）
山ハ山花（p220/カ写）

**ヤマカイドウ** ⇒ノカイドウ(1)を見よ

**ヤマガキ** *Diospyros kaki* var. *sylvestris* 山柿
カキノキ科の落葉高木。山地に自生する。高さは5〜15m。
¶野生4（p185）
山力樹木（p614/カ写）

**ヤマカシュウ** *Smilax sieboldii* 山何首烏
サルトリイバラ科(ユリ科)のつる性低木。別名サ
イカチイバラ，サイカチバラ。
¶**APG原樹**（No.179/カ図）
原牧1〔ヤマガシュウ〕（No.319/カ図）
新分牧〔ヤマガシュウ〕（No.366/モ図）
新牧日〔ヤマガシュウ〕（No.3492/モ図）
茶花上〔やまがしゅう〕（p477/カ写）
牧野ス1〔ヤマガシュウ〕（No.319/カ図）
野生1（p166/カ写）
山力樹木〔ヤマガシュウ〕（p76/カ写）

**ヤマガタイヌワラビ** *Athyrium iseanum* × *A.*
*neglectum* subsp.*neglectum*
メシダ科のシダ植物。
¶**シダ標2**（p308/カ写）

**ヤマガタトウヒレン** *Saussurea yamagataensis*
キク科アザミ亜科の多年草。
¶**野生5**（p271/カ写）

**ヤマカノコソウ** ⇒ツルカノコソウを見よ

**ヤマカモジグサ** *Brachypodium sylvaticum* 山鬘草
イネ科イチゴツナギ亜科の多年草。高さは40〜
70cm。
¶**桑イネ**（p96/カ写・モ図）
原牧1（No.947/カ図）
新分牧（No.1055/モ図）
新牧日（No.3666/モ図）
牧野ス1（No.947/カ図）
野生2（p45）
山ハ野花（p153/カ写）
山ハ山花（p191/カ写）

**ヤマカライヌワラビ** ⇒ヤマカラクサイヌワラビを
見よ

**ヤマカラクサイヌワラビ** *Athyrium clivicola* × *A.*
*vidalii*
メシダ科のシダ植物。別名ヤマカライヌワラビ。
¶**シダ標2**（p307/カ写）

**ヤマガラシ** *Barbarea orthoceras* 山芥子，山芥
アブラナ科の多年草。別名イブキガラシ，チュウゼ
ンジナ，ミヤマガラシ。高さは20〜60cm。
¶**学フ増野夏**（p105/カ写）
原牧2（No.708/カ図）
新分牧（No.2733/モ図）
新牧日（No.828/モ図）
茶花上（p590/カ写）
牧野ス2（No.2553/カ図）
ミニ山（p83/カ写）
野生4（p53/カ写）
山力野草（p449/カ写）
山ハ山花（p362/カ写）

**ヤマカリヤス** ⇒カリヤス(1)を見よ

**ヤマガリヤス** ⇒イワノガリヤスを見よ

**ヤマキケマン** *Corydalis ophiocarpa* 山黄華鬘
ケシ科の越年草。高さは40〜100cm。
¶**原牧1**（No.1152/カ図）
新分牧（No.1309/モ図）

新牧日（No.795/モ図）
牧野ス1（No.1152/カ図）
野生2（p106/カ写）
山ハ山花（p250/カ写）

**ヤマキセワタ** ⇒マネキグサを見よ

**ヤマキタダケ** *Sasaella yamakitensis*
イネ科タケ亜科のササ。高さは2〜3m。
¶**タケ亜科**（No.112/カ図）

**ヤマキツネノボタン** ⇒キツネノボタンを見よ

**ヤマキリンソウ** ⇒ホソバノキリンソウを見よ

**ヤマクキタチ** ⇒ゴマナを見よ

**ヤマグチイヌワラビ** *Athyrium oblitescens* × *A.*
*subrigescens*
メシダ科のシダ植物。
¶**シダ標2**（p311/カ写）

**ヤマグチカナワラビ** *Arachniodes* × *subamabilis*
オシダ科のシダ植物。
¶**シダ標2**（p396/カ写）

**ヤマグチタニイヌワラビ**(1) *Athyrium otophorum*
var.*okanum*
イワデンダ科。日本固有種。
¶**固有**（p204/カ写）

**ヤマグチタニイヌワラビ**(2) ⇒タニイヌワラビを
見よ

**ヤマグチテンナンショウ** *Arisaema suwoense*
サトイモ科の多年草。日本固有種。別名イズテンナ
ンショウ。
¶**固有**（p179）
テンナン（No.48/カ写）
野生1（p103/カ写）

**ヤマクネンボ** ⇒モロコシソウを見よ

**ヤマクボスゲ** *Carex hymenodon*
カヤツリグサ科の多年草。日本固有種。別名ヒメミ
クリスゲ。
¶**カヤツリ**（p472/モ図）
固有（p187）
スゲ増（No.265/カ写）
野生1（p333/カ写）

**ヤマグミ**(1) ⇒サンシュユを見よ

**ヤマグミ**(2) ⇒ナツグミを見よ

**ヤマクラマゴケ** *Selaginella tamamontana*
イワヒバ科の常緑性シダ。日本固有種。長さ5〜
10cm。
¶**固有**（p198）
シダ標1（p273/カ写）

**ヤマグリ** ⇒クリを見よ

**ヤマグルマ** *Trochodendron aralioides* 山車
ヤマグルマ科の常緑高木。別名トリモチノキ。高さ
は20m。花は緑黄色。樹皮は灰色ないし暗褐色。
¶**APG原樹**（No.294/カ図）
原牧1（No.1325/カ図）
新分牧（No.1495/モ図）
新牧日（No.508/モ図）

図説樹木 (p120/カ写)
牧野ス1 (No.1325/カ図)
野生2 (p178/カ写)
山力樹木 (p176/カ写)

**ヤマクルマバナ** *Clinopodium chinense* subsp. *glabrescens* 山車花
シソ科シソ亜科〔イヌハッカ亜科〕の山地に生える多年草。別名アオミヤマトウバナ。高さは50cm以上。
¶原牧2 (No.1688/カ写)
新分牧 (No.3808/モ図)
新牧日 (No.2599/モ図)
牧野ス2 (No.3533/カ図)
野生5 (p132/カ写)

**ヤマクワ** ⇒ハシドイを見よ

**ヤマグワ**(1) *Morus australis* 山桑
クワ科の落葉低木。別名シマグワ、クワ。集合果は黒紫色。
¶学フ増山菜 (p174/カ写)
学フ増樹 (p129/カ写)
学フ増薬草 (p165/カ写)
原牧2 〔クワ〕(No.46/カ図)
新分牧 〔クワ〕(No.2087/モ図)
新牧日 〔クワ〕(No.170/カ図)
図説樹木 (p102/カ写)
都木花新 〔クワとヤマグワ〕(p47/カ写)
牧野ス1 〔クワ〕(No.1891/カ図)
野生2 (p340/カ写)
山力樹木 (p162/カ写)
落葉図譜 (p101/モ図)

**ヤマグワ**(2) ⇒フサザクラを見よ

**ヤマグワ**(3) ⇒ヤマボウシを見よ

**ヤマクワガタ** *Veronica japonensis* 山鍬形
オオバコ科(ゴマノハグサ科)の多年草。日本固有種。高さは5～20cm。
¶原牧2 (No.1574/カ写)
固有 (p128)
新分牧 (No.3608/モ図)
新牧日 (No.2717/モ図)
茶花下 (p160/カ写)
牧野ス2 (No.3419/カ図)
野生5 (p86/カ写)
山ハ山花 (p456/カ写)

**ヤマコウバシ** *Lindera glauca* 山香し
クスノキ科の落葉低木。別名モチギ、ヤマショウ、ショウブノキ、ショウガノキ。花は黄緑色。
¶APG原樹 (No.168/カ図)
原牧1 (No.159/カ写)
新分牧 (No.196/モ写)
新牧日 (No.500/モ図)
茶花上 (p327/カ写)
都木花新 (p26/カ写)
牧野ス1 (No.159/カ図)
野生1 (p84/カ写)
山力樹木 (p208/カ写)

**ヤマコガメ** ⇒イケマを見よ

**ヤマコショウ** ⇒ヤマコウバシを見よ

**ヤマゴボウ** *Phytolacca acinosa* 山牛蒡
ヤマゴボウ科の多年草。別名トウゴボウ。高さは1～1.7m。花は白、紅紫色。
¶原牧2 (No.986/カ写)
新分牧 (No.3026/モ図)
新牧日 (No.319/モ図)
茶花下 (p278/カ写)
牧野ス2 (No.2831/カ図)
野生4 (p144/カ写)
山力野草 (p531/カ写)
山ハ野花 (p295/カ写)

**ヤマコンニャク** *Amorphophallus kiusianus* 山蒟蒻
サトイモ科の多年草。長さは15～25cm。
¶原牧1 (No.183/カ図)
新分牧 (No.212/モ図)
新牧日 (No.3909/モ図)
牧野ス1 (No.183/カ図)
野生1 (p92/カ写)

**ヤマゴンニャク**(1) ⇒テンナンショウ類を見よ

**ヤマゴンニャク**(2) ⇒マムシグサを見よ

**ヤマサカバイヌワラビ** *Athyrium* × *shikokumontanum*
メシダ科のシダ植物。
¶シダ標2 (p306/カ写)

**ヤマサカバサトメシダ** *Athyrium* × *calophyllum*
メシダ科のシダ植物。
¶シダ標2 (p306/カ写)

**ヤマサギソウ** *Platanthera mandarinorum* subsp. *mandarinorum* var. *oreades* 山鷺草
ラン科の草本。
¶野生1 (p224/カ写)
山ハ山花 (p118/カ写)

**ヤマザクラ** *Cerasus jamasakura* 山桜
バラ科シモツケ亜科の落葉高木。日本種の桜。別名シロヤマザクラ。高さは25m。花は白色、または淡紅色。樹皮は紫褐色。
¶APG原樹 (No.403/カ写)
学フ増桜 (p30/カ写)
学フ増樹 (p83/カ写・カ図)
学フ増花庭 (p122/カ写)
原牧1 (No.1642/カ写)
固有 (p77)
新分牧 (No.1846/モ図)
新牧日 (No.1221/モ図)
図説樹木 (p138/カ写)
茶花上 (p328/カ写)
都木花新 (p116/カ写)
牧野ス1 (No.1642/カ図)
野生3 (p67/カ写)
山力樹木 (p295/カ写)

**ヤマザクラ × エドヒガン** *Cerasus* × *sacra*
バラ科の木本。ヤマザクラとエドヒガンの種間雑種。

ヤ

¶学フ増桜（p32/カ写）

**ヤマザクラ × オオシマザクラ**　*Cerasus jamasakura×C.speciosa*
バラ科の木本。ヤマザクラとオオシマザクラの種間雑種。
¶学フ増桜（p33/カ写）

**ヤマザトタンポポ**　*Taraxacum arakii*
キク科の多年草。
¶山レ増（p7/カ写）

**ヤマザトマムシグサ**　*Arisaema galeiforme*
サトイモ科の多年草。日本固有種。
¶固有（p179）
新分牧（No.253/モ図）
テンナン（No.49/カ写）
野生1（p105/カ写）

**ヤマジオウ**　*Ajugoides humilis*　山地黄
シソ科オドリコソウ亜科の多年草。日本固有種。別名ミヤマキランソウ。高さは5～10cm。
¶原牧2（No.1663/カ図）
固有（p123）
新分牧（No.3753/モ図）
新牧日（No.2576/モ図）
茶花下（p279/カ写）
牧野ス2（No.3508/カ図）
野生5（p124/カ写）
山ハ山花（p425/カ写）

**ヤマジオウギク**　⇒イズハハコを見よ

**ヤマシグレ**　*Viburnum urceolatum*
ガマズミ科〔レンプクソウ科〕（スイカズラ科）の木本。別名マルバミヤマシグレ。
¶野生5（p408/カ写）
山力樹木（p715/カ写）

**ヤマヂシャ**(1)　⇒イワタバコを見よ

**ヤマヂシャ**(2)　⇒コハクウンボクを見よ

**ヤマジスゲ**　*Carex bostrychostigma*
カヤツリグサ科の多年草。
¶カヤツリ（p482/モ図）
原牧1（No.884/カ図）
新分牧（No.803/モ図）
新牧日（No.4192/モ図）
スゲ増（No.269/カ写）
牧野ス1（No.884/カ図）
野生1（p327/カ写）

**ヤマジソ**　*Mosla japonica*　山紫蘇
シソ科シソ亜科〔イヌハッカ亜科〕の一年草。高さは5～30cm。
¶原牧2（No.1705/カ図）
新分牧（No.3765/モ図）
新牧日（No.2614/モ図）
牧野ス2（No.3550/カ図）
野生5（p129/カ写）
山力野草（p223/カ写）
山ハ山花（p432/カ写）
山レ増（p124/カ写）

**ヤマジノギク**　*Aster hispidus* var.*hispidus*　山路野菊
キク科キク亜科の二年草。別名アレノノギク，ヤマベノギク。高さは30～100cm。
¶原牧2〔アレノノギク〕（No.1955/カ図）
山野草（No.1268/カ写）
新分牧〔アレノノギク〕（No.4195/モ図）
新牧日〔アレノノギク〕（No.2997/モ図）
茶花下（p348/カ写）
牧野ス2〔アレノノギク〕（No.3800/カ図）
野生5（p314/カ写）
山力野草（p36/カ写）
山ハ野花（p538/カ写）
山ハ山花（p510/カ写）

**ヤマジノタツナミソウ**　*Scutellaria amabilis*　山路の立波草
シソ科タツナミソウ亜科の草本。日本固有種。
¶固有（p125）
新分牧（No.3733/モ図）
新牧日（No.2551/モ図）
野生5（p117/カ写）

**ヤマジノテンナンショウ**　*Arisaema solenochlamys*
サトイモ科の多年草。日本固有種。
¶固有（p179）
テンナン（No.43/カ写）
野生1（p105/カ写）

**ヤマシノブ**　⇒ナンタイシダを見よ

**ヤマジノホトトギス**　*Tricyrtis affinis*　山路の杜鵑草
ユリ科の多年草。日本固有種。別名チュウゴクホトトギス。高さは30～60cm。
¶色野草（p97/カ写）
学フ増野秋（p81/カ写）
原牧1（No.356/カ図）
固有（p159）
山野草（No.1525/カ写）
新分牧（No.373/モ図）
新牧日（No.3384/モ図）
茶花下（p279/カ写）
牧野ス1（No.356/カ図）
野生1（p176/カ写）
山力野草（p610/カ写）
山ハ野花（p51/カ写）
山ハ山花（p81/カ写）

**ヤマシバカエデ**　⇒チドリノキを見よ

**ヤマシャクヤク**　*Paeonia japonica*　山芍薬
ボタン科の多年草。日本固有種。高さは40～60cm。花は白色。
¶学フ増野春（p168/カ写）
原牧1（No.1332/カ図）
固有（p63/カ写）
山野草（No.0052/カ写）
新分牧（No.1503/モ図）
新牧日（No.716/モ図）
茶花上（p478/カ写）
牧野ス1（No.1332/カ図）
ミニ山（p68/カ写）
野生2（p181/カ写）

山力野草 (p504/カ写)
　　　山ハ山花 (p266/カ写)
　　　山レ増 (p358/カ写)
ヤマシュロ　⇒クロツグを見よ
ヤマシロギク(1)　⇒イナカギクを見よ
ヤマシロギク(2)　⇒シロヨメナを見よ
ヤマシロネコノメ　*Chrysosplenium pseudopilosum* var.*divaricatistylosum*　山城猫の目
　ユキノシタ科の多年草。日本固有種。トウノウネコノメの変種。
　¶固有 (p72)
　　　野生2 (p204)
　　　山力野草 (p710/カ写)
　　　山ハ山花 (p272/カ写)
ヤマジンチョウゲ　⇒コショウノキを見よ
ヤマスカシユリ　*Lilium maculatum* var.*monticola*
　ユリ科の多年草。日本固有種。
　¶固有 (p160)
　　　野生1 (p172)
　　　山レ増 (p572/カ写)
ヤマスズメノヒエ　⇒ヤマスズメノヤリを見よ
ヤマスズメノヤリ　*Luzula multiflora*　山雀の槍
　イグサ科の多年草。別名ヤマスズメノヒエ。高さは20〜40cm。
　¶原牧1 (No.693/カ図)
　　　新分牧 (No.730/モ図)
　　　新牧日 (No.3583/モ図)
　　　牧野ス1 (No.693/カ図)
　　　野生1〔ヤマスズメノヒエ〕(p293/カ写)
　　　山ハ野花〔ヤマスズメノヒエ〕(p97/カ写)
　　　山ハ山花〔ヤマスズメノヒエ〕(p152/カ写)
ヤマズミシダ　*Arachniodes chinensis* × *A.fargesii*
　オシダ科のシダ植物。
　¶シダ標2 (p398/カ写)
ヤマゼリ　*Osterichum sieboldii*　山芹
　セリ科セリ亜科の多年草。高さは50〜90cm。
　¶学フ増山菜 (p145/カ写)
　　　学フ増野秋 (p167/カ写)
　　　原牧2 (No.2460/カ写)
　　　新分牧 (No.4471/モ図)
　　　新牧日 (No.2074/カ写)
　　　牧野ス2 (No.4305/カ図)
　　　ミニ山 (p227/カ写)
　　　野生5 (p397/カ写)
　　　山力野草 (p320/カ写)
　　　山ハ野花 (p499/カ写)
　　　山ハ山花 (p468/カ写)
ヤマソテツ　*Plagiogyria matsumurana*　山蘇鉄
　キジノオシダ科の夏緑性シダ。葉身の長さは25〜70cm。
　¶シダ標1 (p341/カ写)
　　　新分牧 (No.4555/モ図)
　　　新牧日 (No.4434/モ図)

ヤマタイミンガサ　*Parasenecio yatabei* var.*yatabei*　山大明傘
　キク科キク亜科の多年草。日本固有種。別名タイミンガサモドキ。高さは60〜90cm。
　¶原牧2〔タイミンガサモドキ〕(No.2149/カ図)
　　　固有 (p144)
　　　新分牧〔タイミンガサモドキ〕(No.4084/モ図)
　　　新牧日〔タイミンガサモドキ〕(No.3181/モ図)
　　　茶花下 (p348/カ写)
　　　牧野ス2〔タイミンガサモドキ〕(No.3994/カ図)
　　　野生5 (p303/カ写)
　　　山ハ山花 (p507/カ写)
ヤマタカネサトメシダ　*Athyrium* × *pseudopinetorum*
　メシダ科のシダ植物。別名ケヤマタカネサトメシダ。
　¶シダ標2 (p307/カ写)
ヤマタチバナ　⇒ヤブコウジを見よ
ヤマタツナミソウ　*Scutellaria pekinensis* var.*transitra*　山立浪草
　シソ科タツナミソウ亜科の多年草。高さは10〜35cm。
　¶原牧2 (No.1633/カ図)
　　　新分牧 (No.3725/モ図)
　　　新牧日 (No.2543/モ図)
　　　牧野ス2 (No.3478/カ図)
　　　野生5 (p117/カ写)
　　　山力野草 (p206/カ写)
　　　山ハ山花 (p419/カ写)
ヤマタニイヌワラビ　*Athyrium* × *quaesitum*
　メシダ科のシダ植物。別名ケヤマタニイヌワラビ。
　¶シダ標2 (p307/カ写)
ヤマタヌキラン　*Carex angustisquama*　山狸蘭
　カヤツリグサ科の多年草。日本固有種。
　¶カヤツリ (p208/モ図)
　　　原牧1 (No.835/カ図)
　　　固有 (p182)
　　　新分牧 (No.845/モ図)
　　　新牧日 (No.4128/モ図)
　　　スゲ増 (No.95/カ写)
　　　牧野ス1 (No.835/カ写)
　　　野生1 (p313/カ写)
ヤマタバコ(1)　*Ligularia angusta*　山煙草
　キク科キク亜科の多年草。日本固有種。別名シカナ。高さは1〜1.3m。
　¶原牧2 (No.2131/カ写)
　　　固有 (p142)
　　　新分牧 (No.4102/モ図)
　　　新牧日 (No.3162/モ図)
　　　牧野ス2 (No.3976/カ図)
　　　野生5 (p298/カ写)
　　　山力野草 (p54/カ写)
　　　山ハ山花 (p531/カ写)
　　　山レ増 (p33/カ写)
ヤマタバコ(2)　⇒イワタバコを見よ
ヤマタバコ(3)　⇒タマアジサイを見よ

ヤマチシヤ ⇒ヒメシャラを見よ

ヤマチドメ ⇒オオチドメを見よ

ヤマツゲ ⇒イヌツゲを見よ

ヤマツツジ *Rhododendron kaempferi* var.*kaempferi*
山躑躅, 山杜鵑
ツツジ科ツツジ亜科の常緑低木。日本固有種。別名
エゾヤマツツジ, テリハヤマツツジ。花は紅色。
¶**APG原樹**(No.1227/カ図)
学フ増樹(p16/カ写)
原牧2(No.1185/カ図)
固有(p107/カ写)
山野草(No.0776/カ写)
新分牧(No.3256/モ図)
新牧日(No.2131/モ図)
茶花上(p328/カ写)
都木花新(p94/カ写)
牧野ス2(No.3030/カ図)
野生4(p244/カ写)
山力樹木(p549/カ写)

ヤマツバキ ⇒ヤブツバキを見よ

ヤマデキ ⇒ショウベンノキを見よ

ヤマテキリスゲ *Carex flabellata*
カヤツリグサ科の多年草。日本固有種。別名ナメラ
テキリスゲ。
¶**カヤツリ**(p198/モ図)
原牧1(No.823/カ図)
固有(p182)
新分牧(No.833/モ図)
新牧日(No.4116/モ図)
スゲ増(No.90/カ写)
牧野ス1(No.823/カ図)
野生1(p312/カ写)

ヤマデマリ ⇒ヤブデマリを見よ

ヤマデラボウズ ⇒ツチトリモチを見よ

ヤマテリハノイバラ *Rosa onoei* var.*oligantha*
バラ科の落葉低木。別名オオフジイバラ, アズマイ
バラ。
¶**原牧1**(No.1812/カ図)
新分牧(No.2010/モ図)
新牧日(No.1200/モ図)
牧野ス1(No.1812/カ図)
山力樹木〔オオフジイバラ〕(p247/カ写)

ヤマトアオダモ *Fraxinus longicuspis*
モクセイ科の落葉高木。日本固有種。別名オオトネ
リコ。小葉は長楕円状披針形。
¶**APG原樹**(No.1393/カ図)
原牧2(No.1498/カ図)
固有(p112)
新分牧(No.3542/モ図)
新牧日(No.2281/モ図)
牧野ス2(No.3343/カ図)
野生5(p62/カ写)
山力樹木(p636/カ写)

ヤマドウシン ⇒カナウツギを見よ

ヤマドウダン ⇒アブラツツジを見よ

ヤマトウツバキ *Camellia reticulata* f.*simplex* 山
唐椿
ツバキ科。別名ヒトエトウツバキ。一重咲きのトウ
ツバキ。花は淡桃色〜濃桃色。
¶**茶花上**(p99/カ写)

ヤマトウバナ *Clinopodium multicaule* var.*multicaule*
山塔花
シソ科シソ亜科〔イヌハッカ亜科〕の多年草。高さ
は10〜30cm。
¶**原牧2**(No.1685/カ図)
新分牧(No.3804/モ図)
新牧日(No.2595/モ図)
茶花上(p591/カ写)
牧野ス2(No.3530/カ図)
野生5(p133/カ写)
山力野草(p225/カ写)
山ハ山花(p431/カ写)

ヤマトウミヒルモ *Halophila nipponica* 大和海蛭藻
トチカガミ科の常緑の多年生水草。別名ニッポンウ
ミヒルモ。葉の長さは15〜20mm。
¶**原牧1**(No.244/カ図)
新分牧(No.287/モ図)
新牧日(No.3331/モ図)
牧野ス1(No.244/カ図)

ヤマトオシロイタケ *Postia japonica*
ツガサルノコシカケ科のキノコ。傘表面は汚白色〜
淡褐色。
¶**山力日き**〔ヤマトオシロイタケ(新称)〕(p463/カ写)

ヤマトキソウ *Pogonia minor* 山鴇草
ラン科の多年草。高さは10〜20cm。花は白色。
¶**原牧1**(No.404/カ図)
新分牧(No.418/モ図)
新牧日(No.4278/モ図)
牧野ス1(No.404/カ図)
野生1(p225/カ写)
山力野草(p565/カ写)
山ハ山花(p116/カ写)

ヤマトキホコリ *Elatostema laetevirens*
イラクサ科の草本。日本固有種。高さは15〜40cm。
¶**原牧2**(No.82/カ図)
固有(p44)
新分牧(No.2126/モ図)
新牧日(No.209/モ図)
牧野ス1(No.1927/カ図)
ミニ山(p12/カ写)
野生2(p346/カ写)
山ハ山花(p352/カ写)

ヤマトキンチャクゴケ *Pleuridium japonicum*
キンシゴケ科のコケ。日本固有種。茎は長さ3〜
6mm。
¶**固有**(p212/カ写)

ヤマトグサ *Theligonum japonicum* 大和草
アカネ科(ヤマトグサ科)の多年草。日本固有種。
高さは15〜30cm。
¶**原牧2**(No.1333/カ図)
固有(p96/カ写)

新分牧（No.3340/モ図）
　　新牧日（No.1968/モ図）
　　牧野ス2（No.3178/カ図）
　　ミニ山（p210/カ写）
　　野生4（p292/カ写）
　　山力野草（p324/カ写）
　　山ハ山花（p386/カ写）

**ヤマトタチバナ**　⇒タチバナ(1)を見よ

**ヤマトテンナンショウ**　*Arisaema longilaminum*
サトイモ科の多年草。日本固有種。別名カルイザワテンナンショウ。
¶固有（p179/カ写）
　　新分牧（No.254/モ図）
　　テンナン（No.47/カ写）
　　野生1（p105/カ写）

**ヤマトトジクチゴケ**　*Weissia deciduaefolia*
センボンゴケ科のコケ植物。日本固有種。
¶固有（p213）

**ヤマトナデシコ**　⇒カワラナデシコを見よ

**ヤマトフウロ**　*Geranium shikokianum* var.*yamatense*　大和風露
フウロソウ科の多年草。日本固有種。
¶固有（p82）
　　野生3（p253）

**ヤマトボシガラ**　*Festuca japonica*　山唐法師殻
イネ科イチゴツナギ亜科の多年草。高さは30〜60cm。
¶桑イネ（p240/モ図）
　　原牧1（No.1020/カ図）
　　新分牧（No.1114/モ図）
　　新牧日（No.3681/モ図）
　　牧野ス1（No.1020/カ図）
　　野生2（p53/カ写）
　　山ハ山花（p194/カ写）

**ヤマトホシクサ**　*Eriocaulon japonicum*
ホシクサ科の草本。日本固有種。
¶固有（p163）
　　野生1（p285/カ写）

**ヤマトボタン**　*Prunus mume* 'Yamatobotan'　大和牡丹
バラ科。ウメの品種。野梅系ウメ、野梅性八重。
¶ウメ〔大和牡丹〕（p78/カ写）

**ヤマトマメ**　⇒ソラマメを見よ

**ヤマトミクリ**　*Sparganium fallax*
ガマ科（ミクリ科）の多年生抽水植物。全高50〜120cm。葉は幅10〜20mm。
¶原牧1（No.663/カ写）
　　新分牧（No.696/モ図）
　　新牧日（No.3954/モ図）
　　日水草（p151/カ写）
　　牧野ス1（No.663/カ図）
　　野生1（p278/カ写）
　　山レ増（p540/カ写）

**ヤマトヤハズゴケ**　*Moerckia japonica*
クモノスゴケ科のコケ。日本固有種。黄緑色、長さ2〜3cm。
¶固有（p224/カ写）

**ヤマトユキザサ**　*Maianthemum viridiflorum*　大和雪笹
キジカクシ科〔クサスギカズラ科〕（ユリ科）の多年草。日本固有種。別名オオバユキザサ、ミドリユキザサ。高さは30〜80cm。花は白色。
¶学フ増高山〔オオバユキザサ〕（p234/カ写）
　　学フ増山菜〔オオバユキザサ〕（p118/カ写）
　　固有（p160/カ写）
　　茶花上（p591/カ写）
　　野生1（p255/カ写）
　　山力野草〔オオバユキザサ〕（p633/カ写）
　　山ハ高山（p50/カ写）
　　山ハ山花（p145/カ写）

**ヤマトラノオ**　*Veronica rotunda*　山虎の尾
オオバコ科（ゴマノハグサ科）の多年草。別名ヒメトラノオ。高さは40〜100cm。
¶原牧2（No.1586/カ写）
　　新分牧（No.3621/モ図）
　　新牧日（No.2729/モ図）
　　茶花下（p280/カ写）
　　牧野ス2（No.3431/モ図）
　　野生5（p88/カ写）

**ヤマトリカブト**　*Aconitum japonicum* subsp.*japonicum*　山鳥兜
キンポウゲ科の多年草。日本固有種。高さは80〜180cm。
¶色野草（p309/カ写）
　　学フ増野秋（p75/カ写）
　　原牧1（No.1225/カ図）
　　固有（p57）
　　山野草（No.0087/カ写）
　　新分牧（No.1427/モ図）
　　新牧日（No.550/モ図）
　　茶花下（p349/カ写）
　　牧野ス1（No.1225/カ図）
　　ミニ山（p47/カ写）
　　野生2（p128/カ写）
　　山力野草（p489/カ写）
　　山ハ野花（p236/カ写）
　　山ハ山花（p212/カ写）

**ヤマドリシダ**　⇒ヤマドリゼンマイを見よ

**ヤマドリゼンマイ**　*Osmundastrum cinnamomeum* var.*fokiense*　山鳥薇
ゼンマイ科の夏緑性シダ。別名ヤマドリシダ。葉身は長さ30〜80cm、卵状披針形。
¶学フ増山菜（p119/カ写）
　　シダ標1（p306/カ写）
　　新分牧（No.4523/モ図）
　　新牧日（No.4409/モ図）

**ヤマドリタケ**　*Boletus edulis*　山鳥茸
イグチ科のキノコ。
¶原きの（No.298/カ写・カ図）

**ヤマドリタケモドキ**　*Boletus reticulatus* s.l.　山鳥茸擬
イグチ科のキノコ。中型〜大型。傘は黄褐色〜オ

リーブ黄褐色。
¶山カ日き〔ヤマドリタケモドキ（広義）〕(p317/カ写)

**ヤマドリトラノオ** *Asplenium castaneoviride*
チャセンシダ科のシダ植物。
¶シダ標1 (p414/カ写)
　山山増 (p663/カ写)

**ヤマトレンギョウ** *Forsythia japonica* 大和連翹
モクセイ科の落葉低木。日本固有種。別名ニホンレンギョウ。枝は黄褐色。
¶APG原樹 (No.1376/カ図)
　原牧2 (No.1506/カ図)
　固有 (p113/カ写)
　新分牧 (No.3536/モ図)
　新牧日 (No.2289/モ図)
　牧野ス2 (No.3351/カ図)
　野生5 (p60/カ写)
　山カ樹木 (p644/カ写)
　山レ増 (p180/カ写)

**ヤマナカシダ** *Dryopteris×tetsu-yamanakae*
オシダ科のシダ植物。
¶シダ標2 (p373/カ写)

**ヤマナシ**(1) *Pyrus pyrifolia* var.*pyrifolia* 山梨
バラ科シモツケ亜科の落葉高木。別名ニホンヤマナシ，アリノミ。
¶APG原樹 (No.556/カ図)
　学フ増花庭 (p84/カ写)
　原牧1 (No.1697/カ図)
　新分牧 (No.1898/モ図)
　新牧日 (No.1058/カ写)
　茶花上〔なし〕(p428/カ写)
　牧野ス1 (No.1697/カ図)
　野生3 (p81/カ写)
　山カ樹木 (p325/カ写)

**ヤマナシ**(2) ⇒オオウラジロノキを見よ

**ヤマナシウマノミツバ** *Sanicula kaiensis* 山梨馬の三葉
セリ科ウマノミツバ亜科の多年草。日本固有種。
¶原牧2 (No.2396/カ図)
　固有 (p98)
　新分牧 (No.4427/モ図)
　新牧日 (No.2013/カ図)
　牧野ス2 (No.4241/カ図)
　野生5 (p386/カ写)
　山レ増 (p230/カ写)

**ヤマナラシ** *Populus tremula* var.*sieboldii* 山鳴らし
ヤナギ科の落葉高木。別名ハコヤナギ。高さは20m。雄花は紅紫，雌花は黄緑色。
¶APG原樹 (No.847/カ図)
　学フ増樹 (p146/カ写)
　原牧2 (No.294/カ写)
　新分牧 (No.2369/モ図)
　新牧日 (No.84/モ図)
　図説樹木 (p62/カ写)
　牧野ス1 (No.2139/カ図)
　野生3 (p185/カ写)
　山カ樹木 (p104/カ写)

落葉図譜 (p38/モ図)

**ヤマナルコ** ⇒ナルコスゲを見よ

**ヤマナルコユリ** ⇒オオナルコユリを見よ

**ヤマナンバンギセル** ⇒オオナンバンギセルを見よ

**ヤマニガナ** *Lactuca raddeana* var.*elata* 山苦菜
キク科キクニガナ亜科の一年草または越年草。茎は円柱形で緑色。高さは60〜200cm。
¶原牧2 (No.2245/カ写)
　新分牧 (No.4058/モ図)
　新牧日 (No.3273/モ図)
　牧野ス2 (No.4090/カ写)
　野生5 (p281/カ写)
　山カ野草 (p123/カ写)
　山ハ野花 (p616/カ写)
　山ハ山花 (p567/カ写)

**ヤマニシキギ**(1) ⇒コマユミを見よ

**ヤマニシキギ**(2) ⇒マユミを見よ

**ヤマニンジン** ⇒カワラボウフウを見よ

**ヤマヌカボ** *Agrostis clavata* var.*clavata* 山糠穂
イネ科イチゴツナギ亜科の多年草。高さは30〜70cm。
¶桑イネ (p46/モ図)
　原牧1 (No.987/カ写)
　新分牧 (No.1090/カ写)
　新牧日 (No.3729/モ図)
　牧野ス1 (No.987/カ写)
　野生2 (p41)
　山ハ山花 (p184/カ写)

**ヤマネコノメソウ** *Chrysosplenium japonicum* 山猫の目草
ユキノシタ科の多年草。高さは10〜20cm。
¶学フ増野春 (p216/カ写)
　原牧1 (No.1390/カ図)
　新分牧 (No.1555/モ図)
　新牧日 (No.969/モ図)
　牧野ス1 (No.1390/カ写)
　ミニ山 (p103/カ写)
　野生2 (p204/カ写)
　山カ野草 (p429/カ写)
　山ハ山花 (p275/カ写)

**ヤマネコヤナギ** ⇒バッコヤナギを見よ

**ヤマノイモ** *Dioscorea japonica* 山の芋
ヤマノイモ科の多年生つる草。別名ジネンジョウ，ジネンジョ，ヤマイモ。長さは1m。花は白色。
¶色野草 (p93/カ写)
　学フ増山菜 (p186/カ写)
　学フ増山夏 (p223/カ写)
　原牧1 (No.281/カ図)
　山野草 (p1590/カ写)
　新分牧 (No.326/カ写)
　新牧日 (No.3524/モ図)
　茶花下 (p280/カ写)
　牧野ス1 (No.281/カ写)
　野生1 (p149/カ写)

山カ野草 (p596/カ写)
　　山ハ野花 (p37/カ写)
　　山ハ山花 (p52/カ写)
**ヤマノカミノシャクジョウ**　⇒ツチアケビを見よ
**ヤマノコギリソウ**　*Achillea alpina* subsp. *alpina* var. *discoidea*
　キク科キク亜科の草本。薬用植物。日本固有種。
　¶固有 (p149)
　　野生5 (p327/カ写)
**ヤマノヒカリ**　*Rhododendron indicum* 'Yamanohikari'
　山の光
　ツツジ科。サツキの品種。
　¶APG原樹〔サツキ'ヤマノヒカリ'〕(No.1247/カ図)
**ヤマハギ**　*Lespedeza bicolor*　山萩
　マメ科マメ亜科の落葉低木。別名ハギ。高さは1.5〜2m。花は明るい紅紫色。
　¶APG原樹 (No.369/カ図)
　　学フ増樹 (p230/カ写)
　　学フ増花庭 (p215/カ写)
　　原牧1 (No.1547/カ図)
　　新分牧 (No.1679/モ図)
　　新牧日 (No.1334/モ図)
　　茶花下 (p349/カ写)
　　都木花新 (p146/カ写)
　　牧野ス1 (No.1547/カ図)
　　野生2 (p278/カ写)
　　山カ樹木 (p357/カ写)
**ヤマハコベ**　*Stellaria uchiyamana* var. *uchiyamana*
　ナデシコ科の草本。日本固有種。
　¶原牧2 (No.870/カ図)
　　固有 (p47)
　　新分牧 (No.2931/モ図)
　　新牧日 (No.342/モ図)
　　牧野ス2 (No.2715/カ図)
　　野生4 (p125/カ写)
**ヤマハゼ**　*Toxicodendron sylvestre*　山櫨、山黄櫨
　ウルシ科の落葉高木。別名ハニシ (古名)。高さは6m。
　¶APG原樹 (No.894/カ図)
　　学フ増樹 (p125/カ写)
　　原牧2 (No.506/カ写)
　　新分牧 (No.2548/モ図)
　　新牧日 (No.1556/モ図)
　　牧野ス2 (No.2351/カ図)
　　野生3 (p283/カ写)
　　山カ樹木 (p401/カ写)
　　落葉図譜 (p193/モ写)
**ヤマハタザオ**　*Arabis hirsuta*　山旗竿
　アブラナ科の多年草。高さは30〜90cm。
　¶原牧2 (No.738/カ図)
　　新分牧 (No.2764/モ図)
　　新牧日 (No.858/モ図)
　　茶花上 (p478/カ写)
　　牧野ス2 (No.2583/カ図)
　　ミニ山 (p88/カ写)
　　野生4 (p52/カ写)
　　山ハ山花 (p360/カ写)
**ヤマハッカ**　*Isodon inflexus*　山薄荷
　シソ科シソ亜科〔イヌハッカ亜科〕の多年草。高さは40〜100cm。
　¶色野草 (p312/カ写)
　　学フ増野秋 (p64/カ写)
　　原牧2 (No.1717/カ図)
　　新分牧 (No.3810/モ図)
　　新牧日 (No.2626/モ図)
　　牧野ス2 (No.3562/カ図)
　　野生5 (p142/カ写)
　　山カ野草 (p230/カ写)
　　山ハ山花 (p454/カ写)
　　山ハ山花 (p436/カ写)
**ヤマハナソウ**　*Micranthes sachalinensis*　山鼻草
　ユキノシタ科の多年草。高さは10〜40cm。
　¶原牧1 (No.1382/カ図)
　　新分牧 (No.1561/モ図)
　　新牧日 (No.961/モ図)
　　牧野ス1 (No.1382/カ図)
　　野生2 (p205/カ写)
　　山カ野草 (p421/カ写)
　　山ハ高山 (p162/カ写)
　　山ハ山花 (p286/カ写)
**ヤマハナワラビ**　*Botrychium multifidum* var. *multifidum*
　ハナヤスリ科のシダ植物。
　¶シダ標1 (p292/カ写)
**ヤマハハコ**　*Anaphalis margaritacea* var. *margaritacea*　山母子
　キク科キク亜科の多年草。別名ヤマホウコ。高さは30〜70cm。
　¶学フ増野秋 (p159/カ写)
　　原牧2 (No.1981/カ図)
　　山野草 (No.1290/カ写)
　　新分牧 (No.4128/モ図)
　　新牧日 (No.3018/モ図)
　　牧野ス2 (No.3826/カ図)
　　野生5 (p343/カ写)
　　山カ野草 (p16/カ写)
　　山ハ山花 (p521/カ写)
**ヤマハマナス**　⇒カラフトイバラを見よ
**ヤマハンショウヅル**　*Clematis crassifolia*
　キンポウゲ科の草本。
　¶野生2 (p146/カ写)
**ヤマハンノキ**　*Alnus hirsuta* f. *sibirica*　山榛の木、山榛
　カバノキ科の落葉高木。別名マルバハンノキ。
　¶茶花上 (p224/カ写)
　　野生3 (p110/カ写)
**ヤマハンノキ (広義)**　*Alnus hirsuta*　山榛の木、山榛
　カバノキ科の落葉高木。別名マルバハンノキ。
　¶原牧2〔ヤマハンノキ〕(No.151/カ図)
　　新分牧〔ヤマハンノキ〕(No.2174/モ図)
　　新牧日〔ヤマハンノキ〕(No.129/モ図)
　　牧野ス1〔ヤマハンノキ〕(No.1996/カ図)

ヤマヒガサ　　　　　　　　　836

**ヤマヒガサタケ**　Hygrocybe subcinnabarina
ヌメリガサ科のキノコ。小型。傘はくすんだ朱色で
中央に突起がある。ひだは淡いワイン色。
　¶山カ日き（p45/カ写）

**ヤマヒコノリ**　Evernia esorediosa
ウメノキゴケ科の地衣類。地衣体は帯緑黄色。
　¶新分牧（No.5194/モ図）
　　新牧日（No.5054/モ図）

**ヤマヒナノウスツボ**　⇒ヒナノウスツボを見よ

**ヤマヒハツ**　Antidesma japonicum
コミカンソウ科（ミカンソウ科、トウダイグサ科）の
常緑低木。別名ウグヨシ。
　¶**APG原樹**（No.813/カ図）
　　原牧2（No.273/カ図）
　　新分牧（No.2436/モ図）
　　新牧日（No.1439/モ図）
　　牧野ス1（No.2118/カ図）
　　野生3（p167/カ写）
　　山カ樹木（p390/カ写）

**ヤマヒメ**　⇒アケビ(1)を見よ

**ヤマヒメワラビ**　Cystopteris sudetica var.sudetica
ナヨシダ科の夏緑性シダ。葉身は長さ10〜20cm、
広卵形〜三角状卵形。
　¶シダ標1（p403/カ写）

**ヤマヒョウタンボク**　Lonicera mochidzukiana var.
nomurana　山瓢箪木
スイカズラ科の木本。日本固有種。
　¶**APG原樹**（No.1490/カ図）
　　固有（p134）
　　野生5（p422）

**ヤマヒヨドリ**　⇒ヤマヒヨドリバナを見よ

**ヤマヒヨドリバナ**　Eupatorium variabile　山鵯花
キク科キク亜科の多年草。日本固有種。別名ヤマヒ
ヨドリ。高さは40〜100cm。葉は光沢がある。
　¶原牧2〔ヤマヒヨドリ〕（No.1917/カ図）
　　固有（p150）
　　新分牧〔ヤマヒヨドリ〕（No.4313/モ図）
　　新牧日〔ヤマヒヨドリ〕（No.2954/モ図）
　　牧野ス2〔ヤマヒヨドリ〕（No.3762/カ図）
　　野生5（p369/カ写）
　　山カ野草〔ヤマヒヨドリ〕（p29/カ写）
　　山ハ山花（p543/カ写）

**ヤマヒロハイヌワラビ**　Athyrium×pseudowardii
メシダ科のシダ植物。
　¶シダ標2（p307/カ写）

**ヤマビワ**(1)　Meliosma rigida　山枇杷
アワブキ科の木本。
　¶**APG原樹**（No.285/カ図）
　　原牧1（No.1315/カ図）
　　新分牧（No.1486/モ図）
　　新牧日（No.1610/モ図）
　　牧野ス1（No.1315/カ図）
　　野生2（p172/カ写）
　　山カ樹木（p458/カ写）

**ヤマビワ**(2)　⇒イヌビワを見よ

**ヤマビワソウ**　Rhynchotechum discolor var.discolor
山枇杷草
イワタバコ科の草本。
　¶原牧2（No.1535/カ図）
　　新分牧（No.3574/モ図）
　　新牧日（No.2795/モ図）
　　牧野ス2（No.3380/カ図）
　　野生5（p70/カ写）

**ヤマブキ**(1)　Kerria japonica　山吹
バラ科シモツケ亜科の落葉低木。別名カガミグサ。
高さは1〜2m。花は黄色。
　¶**APG原樹**（No.503/カ図）
　　学フ増樹（p49/カ写・カ図）
　　原牧1（No.1668/カ図）
　　新分牧（No.1864/モ図）
　　新牧日（No.1089/モ図）
　　茶花上（p329/カ写）
　　都木花新〔ヤマブキとシロヤマブキ〕（p125/カ写）
　　牧野ス1（No.1668/カ図）
　　ミニ山（p124/カ写）
　　野生3（p70/カ写）
　　山カ樹木（p258/カ写）
　　落葉図譜（p144/モ図）

**ヤマブキ**(2)　⇒ツワブキを見よ

**ヤマブキショウマ**　Aruncus dioicus var.
kamtschaticus　山吹升麻
バラ科シモツケ亜科の多年草。別名チシマヤマブキ
ショウマ、ウスバヤマブキショウマ。若芽を山菜と
して利用。高さは30〜100cm。
　¶学フ増山菜（p120/カ写）
　　学フ増野夏（p149/カ写）
　　原牧1（No.1672/カ図）
　　山野草（No.0592/カ写）
　　新分牧（No.1868/モ図）
　　新牧日（No.1045/モ図）
　　茶花下（p160/カ写）
　　牧野ス1（No.1672/カ図）
　　ミニ山（p124/カ写）
　　野生3（p60/カ写）
　　山カ野草（p410/カ写）
　　山ハ高山（p230/カ写）
　　山ハ山花（p344/カ写）

**ヤマブキソウ**　Hylomecon japonica f.japonica　山吹草
ケシ科の多年草。別名クサヤマブキ。高さは30〜
40cm。花は鮮黄色。
　¶色野草（p150/カ写）
　　学フ増春（p124/カ写）
　　学フ有毒（p48/カ写）
　　原牧1（No.1134/カ図）
　　山野草（No.0468/カ写）
　　新分牧（No.1293/モ図）
　　新牧日（No.774/モ図）
　　茶花上（p329/カ写）
　　牧野ス1（No.1134/カ図）
　　ミニ山（p78/カ写）
　　野生2（p107/カ写）

山力野草 (p457/カ写)
山ハ野花 (p246/カ写)
山ハ山花 (p251/カ写)

**ヤマブキミカン**　*Citrus* 'Yamabuki'　山吹蜜柑
ミカン科の常緑小高木。高さは4m内外。
¶原牧2 (No.593/カ図)
新分牧 (No.2640/モ図)
新牧日 (No.1530/カ図)
牧野ス2 (No.2438/カ図)

**ヤマフクギ**　⇒ウラジロエノキを見よ

**ヤマフジ**　*Wisteria brachybotrys*　山藤
マメ科マメ亜科の落葉つる性植物。日本固有種。別名ノフジ、フジ。
¶APG原樹 (No.356/カ図)
学フ増樹 (p23/カ写)
原牧1 (No.1511/カ図)
固有 (p81/カ写)
新分牧 (No.1738/モ図)
新牧日 (No.1298/モ図)
茶花上 (p330/カ写)
都木花新〔フジとヤマフジ〕(p144/カ写)
牧野ス1 (No.1511/カ図)
野牧2 (p305/カ写)
山力樹木 (p364/カ写)

**ヤマブシタケ**　*Hericium erinaceus*
サンゴハリタケ科のキノコ。中型～大型。形は球塊、無数の針を垂らす。
¶原きの (No.431/カ写・カ図)
新分牧 (No.5147/モ図)
新牧日 (No.4956/モ図)
山力ひき (p433/カ写)

**ヤマブドウ**(1)　*Vitis coignetiae*　山葡萄
ブドウ科の落葉つる性植物。
¶APG原樹 (No.346/カ図)
学フ増山菜 (p182/カ写)
学フ増樹 (p217/カ写・カ図)
原牧1 (No.1442/カ図)
新分牧 (No.1621/モ図)
新牧日 (No.1696/モ図)
茶花上 (p592/カ写)
牧野ス1 (No.1442/カ図)
ミニ山 (p179/カ写)
野牧2 (p237/カ写)
山力樹木 (p467/カ写)
落葉図譜 (p230/モ図)

**ヤマブドウ**(2)　⇒ノブドウを見よ

**ヤマフヨウ**　⇒シラネアオイを見よ

**ヤマベノギク**　⇒ヤマジノギクを見よ

**ヤマボウキ**　⇒ホツツジを見よ

**ヤマボウコ**　⇒ヤマハハコを見よ

**ヤマボウシ**　*Cornus kousa* subsp. *kousa*　山法師、山帽子
ミズキ科の落葉高木。別名ヤマグワ、ダンゴギ、マイダマギ。高さは10～15m。花は白色。樹皮は赤褐色。

¶APG原樹 (No.1072/カ図)
学フ増樹 (p197/カ写・カ図)
学フ増花庭 (p192/カ写)
原牧2 (No.1005/カ図)
新分牧 (No.3078/モ図)
新牧日 (No.1975/モ図)
図説樹木 (p170/カ図)
茶花上 (p592/カ写)
都木花新 (p159/カ写)
牧野ス2 (No.2850/カ図)
野牧4 (p155/カ写)
山カ増 (p530/カ写)

**ヤマホオズキ**　*Archiphysalis chamaesarachoides*　山酸漿
ナス科の多年草。日本固有種。
¶原牧2 (No.1466/カ図)
固有 (p127/カ写)
新分牧 (No.3502/モ図)
新牧日 (No.2642/モ図)
牧野ス2 (No.3311/カ図)
野牧5 (p34/カ写)
山ハ山花 (p406/カ写)
山カ増 (p122/カ写)

**ヤマボクチ**　*Synurus palmatopinnatifidus* var. *indivisus*　山火口
キク科アザミ亜科の多年草。
¶野牧5 (p272)
山力野草 (p102/カ写)

**ヤマボクチ(広義)**　*Synurus palmatopinnatifidus*　山火口
キク科の多年草。高さは1m内外。
¶新分牧 (No.3986/モ図)
新牧日 (No.3247/モ図)

**ヤマホソバイヌワラビ**　*Athyrium × pseudospinescens*
メシダ科のシダ植物。
¶シダ標2 (p307/カ写)

**ヤマホタルブクロ**　*Campanula punctata* var. *hondoensis*　山蛍袋
キキョウ科の多年草。日本固有種。別名ホンドホタルブクロ。高さは30～70cm。
¶学フ増野夏 (p36/カ写)
原牧2 (No.1851/カ図)
固有 (p137)
新分牧 (No.3896/モ図)
新牧日 (No.2895/カ図)
牧野ス2 (No.3696/カ図)
野牧5 (p190/カ写)
山力野草 (p130/カ写)
山ハ山花 (p485/カ写)

**ヤマホトトギス**　*Tricyrtis macropoda*　山杜鵑草
ユリ科の多年草。高さは40～100cm。花は白色。
¶学フ増野秋 (p80/カ写)
原牧1 (No.355/カ図)
山野草 (No.1524/カ写)
新分牧 (No.372/モ図)
新牧日 (No.3383/モ図)
茶花下 (p281/カ写)

ヤ

ヤマホロシ　　　　　　　　838

牧野ス1（No.355/カ図）
野生1（p176/カ写）
山ワ野草（p610/カ写）
山ハ野花（p51/カ写）
山ハ山花（p80/カ写）

**ヤマホロシ**　*Solanum japonense* var.*japonense*
ナス科のつる性多年草。別名ホソバノホロシ。葉は
卵状披針形。
¶原牧2（No.1476/カ図）
新分牧（No.3483/モ図）
新牧日（No.2652/モ図）
牧野ス2（No.3322/カ図）
野生5（p42/カ写）
山ワ野草（p199/カ写）
山ハ山花（p408/カ写）

**ヤマママメザクラ**　*Cerasus×furuseana*　山豆桜
バラ科シモツケ亜科の落葉高木。桜の種間雑種。別
名ミノブザクラ。
¶学フ増桜〔マメザクラ×ヤマザクラ〕（p29/カ写）
野生3（p63/カ写）

**ヤママルバノホロシ**　⇒マルバノホロシを見よ

**ヤマミカン**　⇒カカツガユを見よ

**ヤマミズ**　*Pilea japonica*　山みず
イラクサ科の一年草。高さは10〜20cm。
¶原牧2（No.74/カ図）
新分牧（No.2128/モ図）
新牧日（No.201/モ図）
牧野ス1（No.1919/カ図）
ミニ山（p11/カ写）
野生2（p350/カ写）
山ハ山花（p351/カ写）

**ヤマミゾイチゴツナギ**　*Poa hisauchii*
イネ科イチゴツナギ亜科の一年草または二年草。高
さは30〜60cm。
¶野生2（p60）

**ヤマミゾソバ**　*Persicaria thunbergii* var.*oreophila*
タデ科の一年草。日本固有種。
¶固有（p46）
野生4（p93/カ写）

**ヤマムギ**　*Elymus dahuricus* var.*villosulus*
イネ科の多年草。高さは80〜100cm。
¶桑イネ（p210/モ図）

**ヤマムグラ**　*Galium pogonanthum* var.*pogonanthum*
山葎
アカネ科の多年草。高さは10〜30cm。
¶原牧2（No.1317/カ図）
新分牧（No.3351/モ図）
新牧日（No.2431/モ図）
牧野ス2（No.3162/カ図）
野生4（p275/カ写）
山ワ野草（p152/カ写）
山ハ山花（p390/カ写）

**ヤマメシダ**　*Athyrium melanolepis×A.vidalii*
メシダ科のシダ植物。別名ケヤマメシダ。
¶シダ標2（p305/カ写）

**ヤマモガシ**　*Helicia cochinchinensis*　山茂樫
ヤマモガシ科の常緑高木。別名カマノキ。果実は紫
黒色。花は白色。
¶APG原樹（No.290/カ図）
原牧1（No.1321/カ図）
新分牧（No.1493/モ図）
新牧日（No.230/モ図）
牧野ス1（No.1321/カ図）
野生2（p177/カ写）
山ワ樹木（p172/カ写）

**ヤマモミジ**(1)　*Acer amoenum* var.*matsumurae*　山
紅葉
ムクロジ科（カエデ科）の落葉高木、雌雄同株。日本
固有種。
¶APG原樹（No.911/カ図）
学フ増樹（p22/カ写）
原牧2（No.523/カ図）
固有（p86）
新分牧（No.2564/モ図）
新牧日（No.1565/モ図）
都木花新（p185/カ写）
牧野ス2（No.2368/カ図）
野生3（p288/カ写・モ図）
山ワ樹木（p433/カ写）
落葉図譜（p214/モ図）

**ヤマモミジ**(2)　⇒タカオカエデを見よ

**ヤマモモ**　*Morella rubra*　山桃
ヤマモモ科の常緑高木。高さは15m。
¶APG原樹（No.724/カ図）
学フ増花庭（p133/カ写）
原牧2（No.125/カ図）
新分牧（No.2166/モ図）
新牧日（No.79/モ図）
図説樹木（p56/カ写）
都木花新（p52/カ写）
牧野ス1（No.1970/カ図）
野生3（p100/カ写）
山ワ樹木（p106/カ写）

**ヤマモモソウ**(1)　⇒ハクチョウソウを見よ

**ヤマモモソウ**(2)　⇒ヒメミソハギを見よ

**ヤマヤナギ**　*Salix sieboldiana* var.*sieboldiana*　山柳
ヤナギ科の落葉低木・小高木。日本固有種。別名イ
ワヤナギ, オクヤマヤナギ, ダイセンヤナギ, ツクシ
ヤマヤナギ, ナガホノヤマヤナギ, ハシカエリヤ
ナギ。
¶APG原樹（No.835/カ図）
原牧2（No.317/カ図）
固有（p41/カ写）
新分牧（No.2382/モ図）
新牧日（No.107/モ図）
牧野ス1（No.2162/カ図）
野生3（p204/カ写）
山ワ樹木（p94/カ写）

**ヤマヤブソテツ**　⇒ヤブソテツを見よ

**ヤマユキノシタ**　⇒イワユキノシタを見よ

**ヤマユリ** *Lilium auratum* var.*auratum* 山百合
ユリ科の多年草。日本固有種。別名エイザンユリ，
カマクラユリ，タブネユリ，ハコネユリ，ホウライジ
ユリ，ヨシノユリ，リョウリユリ。高さは1～1.5m。
花は白色。
　¶色野草 (p94/カ写)
　　学フ増山菜 (p185/カ写)
　　学フ増野夏 (p138/カ写)
　　原牧1 (No.343/カ図)
　　固有 (p160/カ写)
　　山野草 (No.1472/カ写)
　　新分牧 (No.409/モ図)
　　新牧日 (No.3437/モ図)
　　茶花下 (p161/カ写)
　　牧野ス1 (No.343/カ図)
　　野生1 (p173/カ写)
　　山力野草 (p621/カ写)
　　山ハ野花 (p45/カ写)
　　山ハ山花 (p75/カ写)

**ヤマヨモギ** ⇒オオヨモギを見よ

**ヤマラッキョウ** *Allium thunbergii* 山辣韮，山辣韮，
山薤
ヒガンバナ科 (ユリ科，ネギ科) の多年草。高さは
30～60cm。
　¶学フ増野秋 (p78/カ写)
　　原牧1 (No.534/カ図)
　　山野草 (No.1454/カ写)
　　新分牧 (No.581/モ図)
　　新牧日 (No.3417/モ図)
　　茶花下 (p350/カ写)
　　牧野ス1 (No.534/カ図)
　　野生1 (p242/カ写)
　　山力野草 (p616/カ写)
　　山ハ山花 (p142/カ写)

**ヤマリンゴ** ⇒オオウラジロノキを見よ

**ヤマルリソウ** *Nihon japonicum* var.*japonicum* 山瑠
璃草
ムラサキ科ムラサキ亜科の多年草。日本固有種。高
さは7～20cm。花は青色。
　¶色野草 (p322/カ写)
　　学フ増野春 (p45/カ写)
　　原牧2 (No.1414/カ図)
　　固有 (p121/カ写)
　　山野草 (No.1003/カ写)
　　新分牧 (No.3521/モ図)
　　新牧日 (No.2474/モ図)
　　茶花上 (p330/カ写)
　　牧野ス2 (No.3257/カ図)
　　野生5 (p56/カ写)
　　山力野草 (p235/カ写)
　　山ハ野花 (p418/カ写)

**ヤマルリトラノオ** *Veronica ovata* subsp.*miyabei*
var.*japonica* 山瑠璃虎の尾
オオバコ科 (ゴマノハグサ科)。日本固有種。
　¶固有 (p130)
　　野生5 (p87/カ写)
　　山力野草 (p182/カ写)

山ハ高山 (p333/カ写)

**ヤマワキオゴケ** (1) *Vincetoxicum yamanakae*
ガガイモ科の草本。日本固有種。
　¶固有 (p117)
　　山レ増 (p161/カ写)

**ヤマワキオゴケ** (2) ⇒クサナギオゴケを見よ

**ヤマワラ** ⇒ホツツジを見よ

**ヤラボ** ⇒テリハボクを見よ

**ヤラメスゲ** *Carex lyngbyei*
カヤツリグサ科の水草，多年草。
　¶カヤツリ (p180/モ写)
　　スゲ増 (No.81/カ写)
　　日水草 (p176/カ写)
　　野生1 (p311/カ写)
　　山ハ山花 (p160/カ写)

**ヤリクサ** ⇒スズメノテッポウを見よ

**ヤリクマザサ** *Sasa hastatophylla* 槍隈笹
イネ科のササ。稈長は30～60cm。
　¶タケササ (p115/カ写)

**ヤリスゲ** *Carex kabanovii* 槍菅
カヤツリグサ科の多年草。
　¶カヤツリ (p54/モ写)
　　スゲ増 (No.1/カ写)
　　野生1 (p300/カ写)

**ヤリセンニチモドキ** *Acmella brachyglossa*
キク科キク亜科の一年草。高さは40～80cm。
　¶帰化写2 (p448/カ写)
　　野生5 (p361)

**ヤリテンツキ** *Fimbristylis ovata* 槍点突
カヤツリグサ科の多年草。高さは15～40cm。
　¶カヤツリ (p572/モ写)
　　原牧1 (No.753/カ図)
　　新分牧 (No.989/モ図)
　　新牧日 (No.4024/モ図)
　　牧野ス1 (No.753/カ図)
　　野生1 (p347/カ写)
　　山ハ野花 (p120/カ写)

**ヤリノホクリハラン** *Leptochilus wrightii* 槍之穂栗
葉蘭
ウラボシ科の常緑性シダ。別名ヤリノホラン，ハゴ
ロモヤリノホラン。葉身は長さ10～30cm，披針形
～線状披針形。
　¶山野草 (No.1832/カ写)
　　シダ標2 (p460/カ写)
　　新分牧 (No.4802/モ図)
　　新牧日 (No.4668/モ図)

**ヤリノホシケシダ** ⇒ホソバシケシダを見よ

**ヤリノホラン** ⇒ヤリノホクリハランを見よ

**ヤリハリイ** *Eleocharis congesta* var.*subvivipara*
カヤツリグサ科の多年草。
　¶カヤツリ (p626/カ写)

**ヤリヒツジゴケ** *Brachythecium hastile*
アオギヌゴケ科のコケ植物。日本固有種。

¶固有（p218）

ヤロウ ⇒セイヨウノコギリソウを見よ

**ヤロード** *Ochrosia nakaiana*
キョウチクトウ科の常緑高木。小笠原固有種。高さ
は7〜8m。
¶原牧2（No.1406/カ図）
固有（p116）
新分牧（No.3418/モ図）
新牧日（No.2361/モ図）
牧野ス2（No.3251/カ図）
野生4（p314/カ写）
山カ樹木（p731/カ写）

**ヤワゲフウロ** *Geranium molle*
フウロソウ科の越年草。長さは5〜40cm。花は桃紅
紫色。
¶帰化写2（p130/カ写）

**ヤワタソウ** *Peltoboykinia tellimoides* 八幡草
ユキノシタ科の多年草。別名タキナショウマ，オト
メソウ。高さは30〜60cm。
¶原牧1（No.1384/カ図）
山野草（No.0542/カ写）
新分牧（No.1550/モ図）
新牧日（No.963/モ図）
牧野ス1（No.1384/カ図）
ミニ山（p103/カ写）
野生2（p209/カ写）
山力野草（p431/カ写）
山ハ山花（p285/カ写）

**ヤワラケガキ** *Diospyros eriantha*
カキノキ科の木本。
¶野生4（p185/カ写）

**ヤワラシダ** *Thelypteris laxa* 柔羊歯
ヒメシダ科（オシダ科）の夏緑性シダ。別名ウスバ
ヤワラシダ。葉身は長さ30cm，広披針形。
¶シダ標1（p434/カ写）
新分牧（No.4654/モ図）
新牧日（No.4556/モ図）

**ヤワラスゲ** *Carex transversa* 柔菅
カヤツリグサ科の多年草。高さは20〜70cm。
¶カヤツリ（p476/モ図）
原牧1（No.891/カ図）
新分牧（No.910/モ図）
新牧日（No.4199/モ図）
スゲ増（No.266/カ写）
牧野ス1（No.891/カ図）
野生1（p332/カ写）
山ハ野花（p140/カ写）

**ヤワラハチジョウシダ** *Pteris natiensis*
イノモトソウ科の常緑性シダ。日本固有種。葉身は
長さ25〜40cm，広卵形。
¶固有（p202）
シダ標1（p382/カ写）
新分牧（No.4599/モ図）
新牧日（No.4486/モ図）

**ヤワラミヤマカンスゲ** *Carex multifolia* var.
*imbecillis*
カヤツリグサ科の多年草。日本固有種。別名ウスバ
ミヤマカンスゲ，ニシノミヤマカンスゲ。
¶カヤツリ（p310/モ図）
固有（p184）
スゲ増（No.160/カ写）
野生1（p319/カ写）

**ヤンバルアカメガシワ** *Melanolepis multiglandulosa*
トウダイグサ科の木本。
¶野生3（p163/カ写）

**ヤンバルアリドオシ** *Damnacanthus okinawensis*
アカネ科の常緑低木。高さは0.7〜2m。
¶野生4（p271/カ写）

**ヤンバルアワブキ** ⇒フシノハアワブキを見よ

**ヤンバルガラシ** ⇒ハマガラシを見よ

**ヤンバルキヌラン** *Zeuxine gracilis* var.*tenuifolia*
ラン科の草本。
¶野生1（p231/カ写）
山レ増（p520/カ写）

**ヤンバルゴマ** *Helicteres angustifolia*
アオイ科（アオギリ科）の木本。全株多毛。花はピ
ンク色。
¶野生4（p27/カ写）

**ヤンバルセンニンソウ** *Clematis meyeniana*
キンポウゲ科の草本。別名テリハノセンニンソウ。
¶野生2（p146/カ写）

**ヤンバルタマシダ** *Nephrolepis brownii*
タマシダ科（シノブ科）の常緑性シダ。別名オオタ
マシダ，ムニンタマシダ。葉長60〜100cm。
¶シダ標2（p440/カ写）

**ヤンバルツルハッカ** *Leucas mollissima* subsp.
*chinensis* var.*chinensis* 山原憂薄荷
シソ科オドリコソウ亜科の多年草。
¶原牧2（No.1646/カ図）
新分牧（No.3760/モ図）
新牧日（No.2558/モ図）
牧野ス2（No.3491/カ図）
野生5（p127/カ写）

**ヤンバルツルマオ** *Pouzolzia zeylanica*
イラクサ科の草本。別名オオバヒメマオ，ツルマオ
モドキ。
¶原牧2（No.97/カ図）
新分牧（No.2121/カ図）
新牧日（No.225/モ図）
牧野ス1（No.1942/カ図）
野生2（p351/カ写）

**ヤンバルナスビ** *Solanum erianthum*
ナス科の常緑木。短毛密布，果実は黄色，薬用。花
は白色。
¶野生5（p42/カ写）

**ヤンバルノギク** ⇒ムラサキムカシヨモギを見よ

**ヤンバルハグロソウ** *Dicliptera chinensis*
キツネノマゴ科の草本。花は紅色。

¶原牧2 (No.1805/カ図)
新分牧 (No.3662/モ図)
新牧日 (No.2784/モ図)
牧野ス2 (No.3650/カ図)
野生5 (p168/カ写)

**ヤンバルハコベ** *Drymaria diandra* 山原繁縷
ナデシコ科の一年草。別名ネバリハコベ。花は緑
白色。
¶原牧2 (No.896/カ図)
新分牧 (No.2904/モ図)
新牧日 (No.368/モ図)
牧野ス2 (No.2741/カ図)
野生4 (p114/カ写)

**ヤンバルヒゴタイ** ⇒ムラサキムカシヨモギを見よ

**ヤンバルフモトシダ** *Microlepia hookeriana*
コバノイシカグマ科 (イノモトソウ科) の常緑性シ
ダ。葉身は長さ35〜50cm, 狭楕円形。
¶シダ標1 (p362/カ写)
新分牧 (No.4574/モ図)
新牧日 (No.4442/モ図)

**ヤンバルマユミ** *Euonymus tashiroi*
ニシキギ科の木本。
¶野生3 (p132/カ写)

**ヤンバルミゾハコベ** ⇒シマバラソウを見よ

**ヤンバルミチヤナギ** *Polygonum plebeium*
タデ科の一年草。別名ヒメミチヤナギ。
¶帰化写2 (p22/カ写)
原牧2 (No.799/カ写)
新分牧 (No.2849/モ図)
新牧日 (No.261/モ図)
牧野ス2 (No.2644/カ写)
野生4 (p100/カ写)

**ヤンバルミミズバイ** *Symplocos stellaris*
ハイノキ科の常緑小高木。
¶野生4 (p211/カ写)

**ヤンバルミョウガ** *Amischotolype hispida*
ツユクサ科の多年草。別名ヤンバルヤブミョウガ。
¶野生1 (p265/カ写)

**ヤンバルヤブミョウガ** ⇒ヤンバルミョウガを見よ

**ヤンマタケ** *Hymenostilbe odonatae*
オフィオコルディセプス科の冬虫夏草。宿主はノシ
メトンボ, ミルンヤンマ, まれにカトリヤンマなど
の成虫。
¶冬虫生態 (p223/カ写)
山カ日き (p579/カ写)

## 【 ユ 】

**ユイキリ** *Acanthopeltis japonica* 指切
テングサ科の海藻。別名トリノアシ, トリアシ。体
は5〜20cm。
¶新分牧 (No.5039/モ図)

新牧日 (No.4899/モ図)

**ユウガオ** (1) *Lagenaria siceraria* var.*hispida* 夕顔
ウリ科のつる性草本。別名カンピョウ。夜開性。
長さは20m。花は白色。
¶学フ有毒 (p153/カ写)
原牧2 (No.174/カ図)
新分牧 (No.2214/モ図)
新牧日 (No.1877/モ図)
茶花下 (p161/カ写)
牧野ス1 (No.2019/カ図)

**ユウガオ** (2) ⇒ヨルガオを見よ

**ユウガギク** *Aster iinumae* 柚香菊, 柚が菊
キク科キク亜科の多年草。日本固有種。高さは40
〜150cm。
¶学フ増野秋 (p137/カ写)
原牧2 (No.1932/カ図)
固有 (p146/カ写)
山野草 (No.1264/カ写)
新分牧 (No.4187/モ図)
新牧日 (No.2969/モ図)
茶花下 (p162/カ写)
牧野ス2 (No.3777/カ図)
野生5 (p316/カ写)
山カ野草 (p34/カ写)
山ハ野花 (p536/カ写)

**ユウカリジュ** ⇒ユーカリノキを見よ

**ユウギリソウ** *Trachelium caeruleum* 夕霧草
キキョウ科の多年草, 宿根草。高さは30〜100cm。
花は紫青色。
¶茶花上 (p593/カ写)

**ユウゲショウ** (1) *Oenothera rosea* 夕化粧
アカバナ科の多年草。別名アカバナユウゲショウ。
高さは20〜40cm。花はピンク〜紅紫色。
¶色野草 (p264/カ写)
帰化写改 (p212/カ写, p503/カ写)
植調 (p85/カ写)
ミニ山 (p208/カ写)
山ハ野花 (p319/カ写)

**ユウゲショウ** (2) ⇒オシロイバナを見よ

**ユウコクラン** *Liparis formosana* 幽谷蘭
ラン科の多年草。高さは30〜40cm。花は褐紫〜黒
紫色。
¶原牧1 (No.446/カ図)
山野草 (No.1707/カ写)
新分牧 (No.501/モ図)
新牧日 (No.4320/モ図)
牧野ス1 (No.446/カ図)
野生1 (p211/カ写)
山ハ山花 (p100/カ写)

**ユウシュンラン** *Cephalanthera subaphylla*
ラン科の多年草。
¶野生1 (p189/カ写)
山ハ山花 (p113/カ写)
山レ増 (p497/カ写)

ユウスゲ

842

ユウスゲ *Hemerocallis citrina* var.*vespertina* 夕菅
ワスレグサ科〔ススキノキ科〕(ユリ科)の多年草。
別名キスゲ, アサマキスゲ。高さは50〜100cm。花
は黄色。
　¶学フ増野夏 (p108/カ写)
　　原牧1 (No.524/カ図)
　　山野草 (No.1495/カ写)
　　新分牧 (No.570/モ図)
　　新牧日 (No.3407/モ図)
　　茶花下 (p162/カ写)
　　牧野ス1 (No.524/カ図)
　　野生1 (p238/カ写)
　　山力野草 (p615/カ写)
　　山ハ山花 (p140/カ写)

ユウゼンギク *Symphyotrichum novi-belgii* 友禅菊
キク科の多年草。別名メリケンコンギク, シノノメ
ギク, ニューヨーク・アスター。高さは20〜
180cm。花は紫〜青紫, 赤, ピンク色など。
　¶帰化写改 (p323/カ写, p511/カ写)
　　原牧2 (No.1960/カ図)
　　新分牧 (No.4162/モ図)
　　新牧日 (No.2973/モ図)
　　茶花下 (p350/カ写)
　　牧野ス2 (No.3805/カ図)

ユウニシキ ⇒オシロイバナを見よ

ユウバリアズマギク *Erigeron thunbergii* subsp.
*glabratus* f.*haruoi* 夕張東菊
キク科の草本。夕張岳の蛇紋岩地に生える。
　¶山ハ高山 (p385/カ写)

ユウバリウズ ⇒エゾノホソバトリカブトを見よ

ユウバリカニツリ *Deschampsia cespitosa* var.*levis*
イネ科の多年草。日本固有種。
　¶桑イネ (p172/モ図)
　　固有 (p166)

ユウバリキタアザミ(1) *Saussurea kudoana* var.
*yuparensis*
キク科。日本固有種。
　¶固有 (p148)

ユウバリキタアザミ(2) ⇒ナガバキタアザミを見よ

ユウバリキンバイ *Potentilla matsumurae* var.
*yuparensis* 夕張金梅
バラ科バラ亜科の多年草。日本固有種。別名ユウパ
リキンバイ, チャボミヤマキンバイ。
　¶固有 (p77)
　　野生3 (p38/カ写)
　　山ハ高山 (p205/カ写)
　　山レ増 (p301/カ写)

ユウバリクモマグサ *Saxifraga bronchialis* subsp.
*funstonii* var.*yuparensis* 夕張雲間草
ユキノシタ科の多年草。日本固有種。
　¶固有 (p73)
　　野生2 (p212/カ写)
　　山ハ高山 (p156/カ写)
　　山レ増 (p314/カ写)

ユウバリコザクラ *Primula yuparensis* 夕張小桜
サクラソウ科の草本。日本固有種。別名ユウパリコ
ザクラ。
　¶原牧2 (No.1071/カ図)
　　固有〔ユウパリコザクラ〕(p110)
　　新分牧 (No.3116/モ図)
　　新牧日 (No.2216/モ図)
　　牧野ス2 (No.2916/カ図)
　　野生4 (p200/カ写)
　　山力野草 (p276/カ写)
　　山ハ高山 (p254/カ写)
　　山レ増 (p196/カ写)

ユウバリシャジン *Adenophora pereskiifolia* var.
*yamadae* 夕張沙参
キキョウ科の多年草。
　¶山ハ高山 (p371/カ写)

ユウバリソウ *Lagotis takedana* 夕張草
オオバコ科 (ゴマノハグサ科, ウルップソウ科) の多
年草。日本固有種。
　¶原牧2 (No.1548/カ写)
　　固有 (p131)
　　新分牧 (No.3605/モ図)
　　新牧日 (No.2770/モ図)
　　牧野ス2 (No.3393/カ図)
　　野生5 (p77/カ写)
　　山力野草 (p166/カ写)
　　山ハ高山 (p331/カ写)
　　山レ増 (p108/カ写)

ユウバリタンポポ ⇒タカネタンポポを見よ

ユウバリチドリ ⇒シロウマチドリを見よ

ユウバリトウヒレン *Saussurea yubarimontana* 夕
張唐飛簾
キク科アザミ亜科の多年草。高さは50〜95cm。茎
と葉は黄緑色。
　¶野生5 (p262/カ写)
　　山ハ高山 (p418/カ写)

ユウバリトリカブト ⇒エゾノホソバトリカブトを
見よ

ユウバリナズナ ⇒ナンブイヌナズナを見よ

ユウバリノキ ⇒ミヤマハンモドキを見よ

ユウバリリンドウ *Gentianella amarella* subsp.
*yuparensis* 夕張竜胆
リンドウ科の草本。日本固有種。別名ユウパリリン
ドウ, エゾノオエリンドウ, ウスアカリンドウ。
　¶学フ増高山〔ユウパリリンドウ〕(p53/カ写)
　　原牧2〔ユウパリリンドウ〕(No.1354/カ図)
　　固有 (p115)
　　新分牧〔ユウパリリンドウ〕(No.3409/モ図)
　　新牧日〔ユウパリリンドウ〕(No.2336/モ図)
　　牧野ス2〔ユウパリリンドウ〕(No.3199/カ図)
　　野生4 (p299/カ写)
　　山ハ高山 (p302/カ写)
　　山レ増 (p169/カ写)

ユウレイタケ ⇒ギンリョウソウを見よ

ユーカリ ⇒ユーカリノキを見よ

**ユカリ**　*Plocamium telfairiae*
ユカリ科の海藻。叢生する。体は10〜15cm。
¶新分牧 (No.5060/モ図)
　新牧日 (No.4920/モ図)

**ユーカリジュ**　⇒ユーカリノキを見よ

**ユーカリノキ**　*Eucalyptus globulus*　有加利樹
フトモモ科の木本, ハーブ。別名ユーカリ, ユーカリジュ。
¶**APG**原樹〔ユーカリ〕(No.866/カ図)
　学フ増花庭 (p112/カ写)
　原牧2〔ユウカリジュ〕(No.481/カ写)
　新分牧〔ユウカリジュ〕(No.2527/モ図)
　新牧日〔ユウカリジュ〕(No.1910/モ図)
　図説樹木 (p164/カ写)
　都木花新〔ユーカリ〕(p150/カ写)
　牧野ス2〔ユウカリジュ〕(No.2326/カ写)
　山カ樹木 (p517/カ写)

**ユキアザミ**　⇒ノリクラアザミを見よ

**ユキイヌノヒゲ**　*Eriocaulon dimorphoelytrum*
ホシクサ科の草本。日本固有種。
¶固有 (p163)

**ユキオグニ**　*Camellia × intermedia* 'Yukioguni'　雪小国
ツバキ科の木本。ツバキの品種。
¶**APG**原樹〔ツバキ'ユキオグニ'〕(No.1144/カ図)

**ユキカズラ**　⇒イワガラミを見よ

**ユキグニカンアオイ**　*Asarum ikegamii* var.*ikegamii*
雪国寒葵
ウマノスズクサ科の多年草。日本固有種。新潟県や福島県西部に分布。
¶固有 (p61)
　野生1 (p69/カ写)

**ユキグニハリスゲ**　*Carex semihyalofructa*　雪国針菅
カヤツリグサ科の多年草。日本固有種。
¶カヤツリ (p70/モ図)
　固有 (p181)
　新分牧 (No.779/モ図)
　新牧日 (No.4077/モ図)
　スゲ増 (No.12/カ写)
　野生1 (p302/カ写)
　山ハ山花 (p153/カ写)

**ユキグニミツバツツジ**　*Rhododendron lagopus* var. *niphophilum*　雪国三葉躑躅
ツツジ科ツツジ亜科の落葉低木。日本固有種。
¶原牧2 (No.1199/カ写)
　固有 (p108)
　新分牧 (No.3267/モ図)
　新牧日 (No.2145/モ図)
　牧野ス2 (No.3044/カ図)
　野生4 (p247/カ写)

**ユキクラトウウチソウ**　*Sanguisorba × kishinamii*
雪倉唐打草
バラ科の多年草。
¶山ハ高山 (p220/カ写)

**ユキクラヌカボ**　*Agrostis hideoi*
イネ科イチゴツナギ亜科の草本。日本固有種。別名オクヤマヌカボ。
¶桑イネ (p49/モ図)
　固有 (p167)
　野生2 (p40/カ写)

**ユキザサ**　*Maianthemum japonicum*　雪笹
キジカクシ科〔クサスギカズラ科〕(ユリ科)の多年草。高さは20〜60cm。花は白色。
¶学フ増野春 (p191/カ写)
　原牧1 (No.595/カ図)
　山野草 (No.1371/カ写)
　新分牧 (No.604/モ図)
　新牧日 (No.3459/モ図)
　茶花上 (p479/カ写)
　牧野ス1 (No.595/カ図)
　野生1 (p255/カ写)
　山カ野草 (p633/カ写)
　山ハ山花 (p144/カ写)

**ユキツバキ**　*Camellia rusticana*　雪椿
ツバキ科の常緑低木。日本固有種。別名オクツバキ, ハイツバキ, サルイワツバキ。花は赤色。
¶**APG**原樹 (No.1145/カ図)
　学フ増樹 (p19/カ写・カ図)
　原牧2 (No.1122/カ写)
　固有 (p63/カ写)
　新分牧 (No.3163/モ図)
　新牧日 (No.728/モ図)
　茶花上 (p97/カ写)
　牧野ス2 (No.2967/カ図)
　野生4 (p203/カ写)
　山カ樹木 (p483/カ写)

**ユキドウロウ**　*Prunus mume* 'Yukidōrō'　雪灯篭
バラ科。ウメの品種。李系ウメ, 紅材性一重。
¶ウメ〔雪灯篭〕(p107/カ写)

**ユキノアケボノ**　*Prunus mume* 'Yukinoakebono'　雪の曙
バラ科。ウメの品種。李系ウメ, 紅材性一重。
¶ウメ〔雪の曙〕(p107/カ写)

**ユキノシズク**　⇒スノードロップを見よ

**ユキノシタ**(1)　*Saxifraga stolonifera*　雪の下
ユキノシタ科の多年草。別名イケノハタ, イシガキバナ, イシバナ, イドクサ, イワブキ, エシガラミ, キジンソウ, キンギンソウ, コジ, ユツグサ。高さは20〜50cm。花は白色。
¶色野草 (p70/カ写)
　学フ増山菜 (p82/カ写)
　学フ増野春 (p141/カ写)
　学フ増薬草 (p65/カ写)
　原牧1 (No.1371/カ図)
　山野草 (p333)
　新分牧 (No.1534/モ図)
　新牧日 (No.950/モ図)
　茶花上 (p479/カ写)
　牧野ス1 (No.1371/カ図)
　ミニ山 (p116/カ写)

ユキノシタ 844

野生2（p212/カ写）
山カ野草（p414/カ写）
山ハ野花（p297/カ写）

ユキノシタ(2) ⇒エノキタケを見よ

ユキノハナ ⇒スノードロップを見よ

ユキノフデ ⇒シライトソウを見よ

ユキバタカネキタアザミ ⇒ウスユキトウヒレンを
見よ

ユキハタザオ Arabis alpina 雪旗竿
アブラナ科の草本。高さは10〜20cm。花は白色。
¶茶花上（p224/カ写）

ユキバタツバキ Camellia×intermedia 雪端椿
ツバキ科の木本。ユキツバキとヤブツバキの中
間型。
¶茶花上（p98/カ写）

ユキバトウヒレン Saussurea yanagisawae var.nivea
雪葉唐飛廉
キク科アザミ亜科の多年草。
¶野生5（p265/カ写）
山カ野草（p100/カ写）
山ハ高山（p415/カ写）

ユキバヒゴタイ Saussurea chionophylla 雪葉平江帯
キク科アザミ亜科の草本。日本固有種。
¶原牧2（No.2198/カ図）
固有（p147/カ写）
新分牧（No.3991/モ図）
新牧日（No.3230/モ図）
牧野ス2（No.4043/カ図）
野生5（p258/カ写）
山カ野草（p98/カ写）
山ハ高山（p414/カ写）
山レ増（p60/カ写）

ユキボタン Camellia japonica 'Yuki-botan' 雪牡丹
ツバキ科。ツバキの品種。花は白色。
¶茶花上（p112/カ写）

ユキミギク ⇒タイキンギクを見よ

ユキミグルマ Camellia japonica 'Yukimi-guruma'
雪見車
ツバキ科。ツバキの品種。別名シモツマ。花は
白色。
¶茶花上（p108/カ写）

ユキミソウ ⇒ミゾコウジュを見よ

ユキミバナ Strobilanthes wakasana 雪見花
キツネノマゴ科の常緑草本。日本固有種。花茎に著
しい開出毛が生える。
¶固有（p131）
野生5（p172/カ写）
山カ野草（p707/カ写）
山ハ山花（p415/カ写）

ユキモチソウ Arisaema sikokianum 雪持草, 雪餅草
サトイモ科の多年草。日本固有種。別名カンキソ
ウ。仏炎苞は暗紫色。高さは20〜60cm。
¶学フ増野春（p231/カ写）
原牧1（No.199/カ図）

固有（p177/カ写）
山野草（No.1624/カ写）
新分牧（No.234/モ図）
新牧日（No.3930/モ図）
茶花上（p480/カ写）
テンナン（No.18/カ写）
牧野ス1（No.199/カ写）
野生1（p102/カ写）
山カ野草（p652/カ写）
山ハ山花（p41/カ写）
山レ増（p544/カ写）

ユキヤナギ Spiraea thunbergii 雪柳
バラ科シモツケ亜科の落葉低木。別名イワヤナギ,
コゴメバナ, コゴメヤナギ, コゴメザクラ。高さは
2m。花は白色。葉は単葉, 狭披針形。
¶APG原樹（No.510/カ図）
学フ増花庭（p95/カ写）
原牧1（No.1687/カ写）
新分牧（No.1883/モ図）
新牧日（No.1040/モ図）
茶花上（p331/カ写）
都木花新〔ユキヤナギとコデマリ〕（p111/カ写）
牧野ス1（No.1687/カ写）
ミニ山（p120/カ写）
野生3（p86/カ写）
山カ樹木（p281/カ写）

ユキヤナギ‘フジノピンキー’ ⇒フジノピンキー
を見よ

ユキヨセソウ ⇒シモバシラを見よ

ユキヨモギ Artemisia momiyamae
キク科キク亜科の草本。日本固有種。
¶固有（p152）
野生5（p333/カ写）
山レ増（p25/カ写）

ユキワリ Calocybe gambosa
シメジ科のキノコ。
¶原きの（No.039/カ写・カ図）

ユキワリイチゲ Anemone keiskeana 雪割一花, 雪割
一華
キンポウゲ科の多年草。日本固有種。別名ルリイチ
ゲ, ウラベニイチゲ, ウラベニソウ。高さは20〜
30cm。花は白色。
¶学フ増野春（p76/カ写）
原牧1（No.1260/カ図）
固有（p57/カ写）
山野草（No.0217/カ写）
新分牧（No.1446/モ図）
新牧日（No.585/モ図）
茶花上（p225/カ写）
牧野ス1（No.1260/カ写）
野生2（p136/カ写）
山カ野草（p478/カ写）
山ハ山花（p241/カ写）

ユキワリコザクラ Primula farinosa subsp.modesta
var.fauriei 雪割小桜
サクラソウ科の多年草。日本固有種。

¶原牧2（No.1073/カ図）
　固有（p110/カ写）
　山野草（No.0824/カ写）
　新分牧（No.3118/モ図）
　新牧日（No.2218/モ図）
　牧野ス2（No.2918/カ図）
　野生4（p200/カ写）
　山ワ野草（p276/カ写）
　山ハ高山（p256/カ写）

**ユキワリシオガマ** ⇒タカネシオガマを見よ

**ユキワリソウ**(1)　*Primula farinosa* subsp.*modesta* var.*modesta*　雪割草
サクラソウ科の多年草。日本固有種。高さは7～15cm。花は淡紅色。
¶学フ増高山（p48/カ写）
　学フ増野春（p51/カ写）
　原牧2（No.1072/カ図）
　固有（p110/カ写）
　山野草（No.0823/カ写）
　新分牧（No.3117/モ図）
　新牧日（No.2217/モ図）
　牧野ス2（No.2917/カ図）
　野生4（p200/カ写）
　山ワ野草（p276/カ写）
　山ハ高山（p256/カ写）

**ユキワリソウ**(2)　⇒スハマソウを見よ

**ユキワリソウ**(3)　⇒ミスミソウを見よ

**ユキワリソウ**(4)　⇒ミスミソウ（狭義）を見よ

**ユクノキ**　*Cladrastis sikokiana*　雪木
マメ科マメ亜科の落葉高木。日本固有種。別名ミヤマフジキ。
¶APG原樹（No.386/カ図）
　原牧1（No.1480/カ図）
　固有（p81）
　新分牧（No.1638/モ図）
　新牧日（No.1269/モ図）
　牧野ス1（No.1480/カ図）
　野生2（p261/カ写）
　山力樹木（p355/カ写）
　落葉図譜（p176/モ図）

**ユサン**　⇒アブラスギを見よ

**ユシノキ**　⇒イスノキを見よ

**ユズ**　*Citrus junos*　柚、柚子、柚酸
ミカン科の木本、ハーブ。別名ユノス。果面は黄色。花は白色。
¶APG原樹（No.964/カ図）
　原牧2（No.584/カ写）
　新分牧（No.2636/モ図）
　新牧日（No.1521/モ図）
　牧野ス2（No.2429/カ図）
　山力樹木（p371/カ写）

**ユスチシア**　⇒サンゴバナを見よ

**ユスノキ**　⇒イスノキを見よ

**ユズノハカズラ**　*Pothos chinensis*
サトイモ科の常緑のつる性植物。
¶野生1（p109/カ写）
　山レ増（p546/カ写）

**ユスラ**　⇒ユスラウメを見よ

**ユスラウメ**　*Prunus tomentosa*　梅桃、英桃、山桜桃
バラ科シモツケ亜科の落葉低木。別名ユスラ。果皮は紅色。高さは2～3m。花は白色、または淡紅色。
¶APG原樹（No.501/カ図）
　学フ増桜（p37/カ写）
　学フ増花庭（p89/カ写）
　原牧1（No.1637/カ図）
　新分牧（No.1837/モ図）
　新牧日（No.1215/モ図）
　茶花上（p331/カ写）
　牧野ス1（No.1637/カ図）
　野生3（p79/カ写）
　山力樹木（p309/カ写）

**ユスラヤシ**　*Archontophoenix alexandrae*
ヤシ科の木本、観賞用植物。果実は赤熟、果皮は薄い。高さは15～21m、幹径10cm。
¶山力樹木（p83/カ写）

**ユズリハ**　*Daphniphyllum macropodum* subsp.*macropodum*　譲葉
ユズリハ科（トウダイグサ科）の常緑高木。高さは5～10m。
¶APG原樹（No.333/カ図）
　学フ増花庭（p132/カ写）
　学フ増薬草（p198/カ写）
　学フ有毒（p54/カ写）
　原牧1（No.1349/カ図）
　新分牧（No.1520/モ図）
　新牧日（No.1490/モ図）
　都木花新（p175/カ写）
　牧野ス1（No.1349/カ図）
　野生2（p188/カ写）
　山力樹木（p386/カ写）

**ユズリハワダン**　*Crepidiastrum ameristophyllum*
キク科キクニガナ亜科の常緑小低木。日本固有種。
¶原牧2（No.2281/カ図）
　固有（p141/カ写）
　新分牧（No.4036/モ図）
　新牧日（No.3307/モ図）
　牧野ス2（No.4126/カ図）
　野生5（p274/カ写）
　山レ増（p15/カ写）

**ユソウボク**　*Guaiacum officinale*　癒瘡木
ハマビシ科の高木。別名リグナムバイタ。花は青色。葉は黄褐色でツゲの感じ。
¶APG原樹（No.354/カ図）

**ユタカウメ**　*Prunus mume* 'Yutakaume'　寛梅
バラ科。ウメの品種。実ウメ、野梅系。
¶ウメ〔寛梅〕（p184/カ写）

**ユチャ**　*Camellia oleosa*　油茶
ツバキ科の木本。別名アブラツバキ。

ユツカ 846

¶**APG原樹**（No.1148/カ図）
茶花上〔あぶらつばき〕（p100/カ写）

**ユッカ** ⇒アツバキミガヨランを見よ

**ユッカ・エレファンティペス** ⇒メキシコチモランを見よ

**ユツグサ** ⇒ユキノシタ(1)を見よ

**ユトウ** ⇒ネクタリンを見よ

**ユナ** *Chondria crassicaulis*
フジマツモ科の海藻。円柱状。体は10〜20cm。
¶**新分牧**（No.5085/モ図）
新牧日（No.4945/モ図）

**ユノス** ⇒ユズを見よ

**ユノツルイヌワラビ** *Athyrium×kidoanum*
メシダ科のシダ植物。
¶**シダ標2**（p309/カ写）

**ユノミネシダ** *Histiopteris incisa* 湯之峰羊歯
コバノイシカグマ科（イノモトソウ科）の常緑性シダ。葉身は長さ70cm、大型。
¶**シダ標1**（p366/カ写）
新分牧（No.4582/モ図）
新牧日（No.4462/モ図）

**ユバシボリ** *Camellia japonica* 'Yuba-shibori' 弓場絞
ツバキ科。ツバキの品種。別名クスダマ。花は絞りが入る。
¶**茶花上**（p165/カ写）

**ユビソヤナギ** *Salix hukaoana* 湯檜曽柳
ヤナギ科の木本。日本固有種。
¶**APG原樹**（No.836/カ図）
固有（p41）
野生3（p203/カ写）
山レ増（p456/カ写）

**ユーホルビア** ⇒ハツユキソウを見よ

**ユミスジゴケ** *Riccardia arcuata*
スジゴケ科のコケ植物。日本固有種。
¶**固有**（p225）

**ユミダイゴケ** *Trematodon longicollis*
シッポゴケ科のコケ。別名カマガタナガダイゴケ。茎は長さ3〜10mm。
¶**新分牧**（No.4853/モ図）
新牧日（No.4708/モ図）

**ユムラ** *Cerasus* 'Tajimensis' 湯村
バラ科の木本。サクラの栽培品種。
¶**学フ増桜**〔湯村〕（p163/カ写）

**ユメノシマガヤツリ** *Cyperus congestus* 夢の島蚊帳吊
カヤツリグサ科の多年草。高さは20〜70cm。
¶**帰化写改**（p483/カ写, p522/カ写）
山ハ野花（p105/カ写）

**ユモトマムシグサ** *Arisaema nikoense* subsp. *nikoense* 湯本蝮草
サトイモ科の多年草。日本固有種。5小葉からなる2個の葉を付ける。高さは15〜30cm。
¶**原牧1**（No.195/カ図）

固有（p177/カ写）
新分牧（No.231/モ図）
新牧日（No.3926/モ図）
テンナン（No.13a/カ写）
牧野ス1（No.195/カ図）
野生1（p98/カ写）
山ハ山花（p40/カ写）

**ユモトマユミ** ⇒カントウマユミを見よ

**ユヤマイノデ** *Polystichum longifrons×P.shimurae*
オシダ科のシダ植物。
¶**シダ標2**（p416/カ写）

**ユリアザミ** ⇒キリンギクを見よ

**ユリグルマ** *Gloriosa superba* 百合車
イヌサフラン科（ユリ科）の多年草。別名グロリオサ、ツルユリ、キツネユリ、スーパーバ（通称）。花被は初め上半赤色、下半黄色。
¶**学フ有毒**〔グロリオサ〕（p111/カ写）
茶花下（p163/カ写）

**ユリズイセン** *Alstroemeria pulchella* 百合水仙
ユリズイセン科の多年草。
¶**茶花上**（p480/カ写）

**ユリツバキ** *Camellia japonica* 'Yuri-tsubaki' 百合椿
ツバキ科。ツバキの品種。花は紅色。
¶**茶花上**（p134/カ写）

**ユリノキ** *Liriodendron tulipifera* 百合の木
モクレン科の落葉高木。別名ハンテンボク、チューリップヒノキ、チューリップ・ツリー。高さは40m。花は緑黄色。樹皮は灰褐色。
¶**APG原樹**（No.141/カ図）
学フ増花庭（p156/カ写）
原牧1（No.131/カ図）
新分牧（No.146/モ図）
新牧日（No.469/モ図）
図説樹木（p110/カ写）
茶花上（p481/カ写）
都木花新（p17/カ写）
牧野ス1（No.131/カ図）
山力樹木（p199/カ写）
落葉図譜（p117/モ図）

**ユリワサビ** *Eutrema tenue* 百合山葵
アブラナ科の多年草。高さは10〜30cm。
¶**色野草**（p32/カ写）
学フ増山菜（p103/カ写）
学フ増野春（p165/カ写）
原牧2（No.691/カ図）
新分牧（No.2780/モ図）
新牧日（No.812/モ図）
茶花上（p332/カ写）
牧野ス2（No.2536/カ図）
ミニ山（p86/カ写）
野生4（p64/カ写）
山力野草（p447/カ写）
山ハ山花（p356/カ写）

**ユーロピアン・コランバイン** ⇒セイヨウオダマキを見よ

ユワンオニドコロ *Dioscorea tabatae* 湯湾鬼野老
ヤマノイモ科のつる性多年草。日本固有種。
¶固有(p161/カ写)
　野生1(p149)

## 【ヨ】

ヨイチヤナギ(1) *Salix×iwahisana*
ヤナギ科の雑種。
¶野生3〔ヨイチヤナギ(エゾヤナギ×ネコヤナギ)〕
　(p207)

ヨイチヤナギ(2) ⇒フリソデヤナギを見よ

ヨイドレノキ ⇒トックリキワタを見よ

ヨイマチグサ ⇒コマツヨイグサを見よ

ヨウカクソウ ⇒フウチョウソウを見よ

ヨウキヒ(1) *Cerasus lannesiana* 'Mollis' 楊貴妃
バラ科の落葉小高木。サクラの栽培品種。花は淡
紅色。
¶APG原樹〔サクラ'ヨウキヒ'〕(No.427/カ図)
　学フ増桜〔'楊貴妃'〕(p186/カ写)

ヨウキヒ(2) *Prunus mume* 'Yōkihi' 楊貴妃
バラ科の木本。ウメの品種。杏系ウメ,豊後性八重。
¶ウメ〔楊貴妃〕(p146/カ写)

ヨウコウ *Cerasus* 'Yoko' 陽光
バラ科の落葉高木。サクラの栽培品種。花は淡紅
紫色。
¶学フ増桜〔'陽光'〕(p202/カ写)

ヨウサイ *Ipomoea aquatica*
ヒルガオ科のつる性多年草,野菜類。別名エンサイ,
クウシンサイ。茎は中空。花は白色。
¶帰化写改(p241/カ写)
　日水草(p267/カ写)

ヨウシュエンレイソウ ⇒トリリウム・グランディ
フロールムを見よ

ヨウシュオグルマ ⇒カラフトオグルマを見よ

ヨウシュオニアザミ ⇒アメリカオニアザミを見よ

ヨウシュサワギキョウ ⇒ベニバナサワギキョウを
見よ

ヨウシュシモツケ *Filipendula vulgaris* 洋種下野
バラ科の多年草,宿根草。別名ロクベンシモツケ。
高さは60～90cm。花は白色。
¶原牧1(No.1738/カ図)
　山野草〔ロクベンシモツケ〕(No.0591/カ写)
　牧野S1(No.1738/カ図)

ヨウシュジュウニヒトエ ⇒セイヨウキランソウを
見よ

ヨウシュタカネアズマギク *Erigeron alpinus* 洋種
高嶺東菊
キク科の多年草。高さは10～30cm。花は淡紫色。
¶山野草〔エリゲロン・アルピヌス〕(No.1280/カ写)
　茶花上(p593/カ写)

ヨウシュチョウセンアサガオ *Datura stramonium*
洋種朝鮮朝顔
ナス科の一年草。別名シロバナチョウセンアサガ
オ,フジイロマンダラゲ。高さは50～120cm。花は
白色または淡紫色。
¶学フ増山菜(p233/カ写)
　帰化写改(p278/カ写, p507/カ写)
　原牧2(No.1492/カ図)
　植調(p219/カ写)
　新分牧(No.3477/モ図)
　新牧日(No.2668/モ図)
　牧野S2(No.3337/カ図)
　野生5(p35/カ写)
　山ハ山草(p440/カ写)

ヨウシュチョウノスケソウ *Dryas octopetala* 洋種
長之助草
バラ科の矮性低木。高さは5～10cm。花は白色。
¶山野草(No.0597/カ写)

ヨウシュハクセン *Dictamnus albus* subsp. *albus* 洋
種白鮮,洋種白蘚
ミカン科の多年草。高さは1m。花は淡紅を帯びた
白色。
¶原牧2(No.573/カ図)
　新分牧(No.2599/モ図)
　新牧日(No.1510/モ図)
　牧野S2(No.2418/カ図)

ヨウシュハッカ *Mentha arvensis* 洋種薄荷
シソ科の多年草。葉がやや楕円形。
¶帰化写改(p270/カ写, p506/カ写)

ヨウシュハルタデ *Persicaria maculosa* subsp.
*maculosa* 洋種春蓼
タデ科の一年草。ハルタデの基準亜種。
¶野生4(p97)

ヨウシュボダイジュ ⇒ナツボダイジュを見よ

ヨウシュヤマゴボウ *Phytolacca americana* 洋種山
牛蒡
ヤマゴボウ科の多年草。別名アメリカヤマゴボウ,
インクベリー,ポークウィード。高さは0.7～2.5m。
花は白か帯紅色。
¶色野草(p77/カ写)
　学フ増山菜(p234/カ写)
　学フ増野夏(p133/カ写)
　学フ有毒(p52/カ写)
　帰化写改(p26/カ写, p490/カ写)
　原牧2〔アメリカヤマゴボウ〕(No.985/カ図)
　植調(p209/カ写)
　新分牧〔アメリカヤマゴボウ〕(No.3025/モ図)
　新牧日〔アメリカヤマゴボウ〕(No.318/モ図)
　茶花下(p281/カ写)
　牧野S2〔アメリカヤマゴボウ〕(No.2830/カ図)
　野生4(p144/カ写)
　山カ野草(p531/カ写)
　山ハ山花(p295/カ写)

ヨウシュヤマホロシ ⇒ツルハナナスを見よ

ヨウセイ *Prunus mume* 'Yōsei' 養青
バラ科。ウメの品種。実ウメ,杏系。
¶ウメ〔養青〕(p185/カ写)

ヨウテイホ

ヨウテイボク　⇒オオバナソシンカを見よ

ヨウラクソウ　⇒シュウカイドウを見よ

ヨウラクツツジ(1)　*Rhododendron kroniae*　瓔珞躑躅
ツツジ科ツツジ亜科の落葉低木。日本固有種。別名ツクシツリガネツツジ。高さは1～3m。
¶原牧2 (No.1216/カ図)
　固有 (p109)
　山野草 (No.0802/カ写)
　新分牧 (No.3237/モ図)
　新牧日 (No.2161/モ図)
　牧野ス2 (No.3061/カ図)
　野生4 (p239/カ写)
　山力樹木 (p578/カ写)

ヨウラクツツジ(2)　⇒ベニドウダンを見よ

ヨウラクヒバ　*Huperzia phlegmaria*　瓔珞檜葉
ヒカゲノカズラ科の常緑性シダ。葉身は長さ10～15mm、卵状披針形。
¶シダ標1 (p270/カ写)
　新分牧 (No.4814/モ図)
　新牧日 (No.4379/モ図)
　山レ増 (p699/カ写)

ヨウラクホオズキ　*Physalis alkekengi* var.*franchetii* 'Monstrosa'　瓔珞酸漿
ナス科の多年草。ホオズキの栽培品種。
¶原牧2 (No.1464/カ図)
　新分牧 (No.3504/モ図)
　新牧日 (No.2640/モ図)
　牧野ス2 (No.3309/カ図)

ヨウラクボタン　⇒ケマンソウを見よ

ヨウラクラン　*Oberonia japonica*　瓔珞蘭
ラン科の多年草。別名ヒオウギラン、モミジラン。高さは2～8cm。花は橙黄色。
¶原牧1 (No.454/カ図)
　新分牧 (No.497/モ図)
　新牧日 (No.4328/モ図)
　牧野ス1 (No.454/カ図)
　野生1 (p217/カ写)
　山力野草 (p576/カ写)
　山ハ山花 (p102/カ写)

ヨウリ　⇒セイヨウナシを見よ

ヨウロウ　*Prunus mume* 'Yōrō'　養老
バラ科。ウメの品種。果皮は淡緑色。実ウメ、野梅系。
¶ウメ〔養老〕(p185/カ写)

ヨウロウシダレ　*Prunus mume* 'Yōrō-shidare'　養老枝垂
バラ科。ウメの品種。枝垂れ系ウメ。
¶ウメ〔養老枝垂〕(p158/カ写)

ヨグソミネバリ　⇒ミズメを見よ

ヨコグライタチゴケ　*Leucodon sohayakiensis*
イタチゴケ科のコケ植物。日本固有種。
¶固有 (p216)

ヨコグラオオクジャク　*Dryopteris* × *kouzaii*
オシダ科のシダ植物。

¶シダ標2 (p377/カ写)

ヨコグラノキ　*Berchemiella berchemiifolia*　横倉の木
クロタキカズラ科（クロウメモドキ科）の落葉高木。日本固有種。別名エイノキ。
¶APG原樹 (No.645/カ図)
　原牧2 (No.17/カ図)
　固有 (p90)
　新分牧 (No.2066/モ図)
　新牧日 (No.1679/モ図)
　牧野ス1 (No.1862/カ図)
　野生2 (p319/カ写)

ヨコグラヒメワラビ　*Thelypteris hattorii*
ヒメシダ科の夏緑性シダ。葉身は長さ20～30cm、三角状卵形。
¶シダ標1 (p434/カ写)

ヨコグラブドウ　*Vitis saccharifera* var.*yokogurana*
ブドウ科。日本固有種。
¶固有 (p90)

ヨコバイタケ　*Podonectrioides cicadellidicola*
トウベウフィア科の冬虫夏草。宿主はヨコバイの幼虫。
¶冬虫生態 (p132/カ写)

ヨコハマイノデ　*Polystichum* × *yokohamaense*
オシダ科のシダ植物。
¶シダ標2 (p416/カ写)

ヨコハマダケ　*Pleioblastus matsunoi*
イネ科タケ亜科の常緑大型ササ。日本固有種。
¶固有 (p175)
　タケ亜科 (No.34/カ写)
　タケササ (p153/カ写)

ヨコハマヒザクラ　*Cerasus* × *kanzakura* 'Yokohamahizakura'　横浜緋桜
バラ科の落葉小高木。サクラの栽培品種。花は紅紫色。
¶学フ増桜〔横浜緋桜〕(p201/カ写)

ヨコハママンネングサ　*Sedum* sp.
ベンケイソウ科の多年生多肉植物。高さは3～10cm。
¶帰化写2〔ヨコハママンネングサ（仮称）〕(p87/カ写)

ヨコメガシ　*Quercus glauca* 'Fasciata'　横目樫
ブナ科。アラカシの園芸品種。別名シマガシ。
¶原牧2 (No.114/カ図)
　新分牧 (No.2156/カ図)
　新牧日 (No.149/モ図)
　牧野ス1 (No.1959/カ図)

ヨコヤマリンドウ　*Gentiana glauca*　横山竜胆
リンドウ科の多年草。高さは3～12cm。
¶野生4 (p297/カ写)
　山ハ高山 (p307/カ写)
　山レ増 (p167/カ写)

ヨゴレイタチシダ　*Dryopteris sordidipes*
オシダ科の常緑性シダ。葉身は長さ25～60cm、卵形～卵状楕円形。
¶シダ標2 (p365/カ写)
　新分牧 (No.4737/モ図)

新牧日 (No.4524/モ図)

**ヨゴレネコノメ** *Chrysosplenium macrostemon* var. *atrandrum* 汚れ猫の目
ユキノシタ科の多年草。日本固有種。
¶固有 (p72/カ写)
　ミニ山 (p101/カ写)
　野生2 (p202/カ写)
　山カ野草 (p430/カ写)

**ヨコワサルオガセ** *Dolichousnea diffracta*
ウメノキゴケ科の薬用植物。地衣体は伸長し、樹皮より垂れ下がる。
¶新分牧 (No.5195/モ図)
　新牧日 (No.5055/モ図)

**ヨシ** *Phragmites australis* 葦, 葭, 芦
イネ科ダンチク亜科の多年草, 水草。別名アシ、ハマオギ、ナニワグサ、キタヨシ。高さは1〜3m。葉身は線形で長さ20〜50cm、円錐花序は大型。
¶色野草 (p353/カ写)
　学フ増山菜 (p56/カ写)
　学フ増野秋 (p236/カ写)
　学フ増薬草 (p24/カ写)
　桑イネ (p384/カ写・モ図)
　原牧1 (No.1098/カ写)
　植調 (p26/カ写)
　新分牧 (No.1278/カ写)
　新牧日 (No.3648/カ写)
　茶花下〔あし〕(p172/カ写)
　日水草 (p216/カ写)
　牧野ス1 (No.1098/カ図)
　野生2 (p74/カ写)
　山カ野草〔アシ〕(p678/カ写)
　山ハ野花〔アシ〕(p164/カ写)

**ヨシカワギク** ⇒イガギクを見よ

**ヨシススキ** *Erianthus arundinaceus* 葦薄
イネ科の大型の多年草。出穂時の高さは2〜5m。
¶帰化写2 (p462/カ写)
　桑イネ (p424/モ図)

**ヨシタケ** ⇒ダンチク(1)を見よ

**ヨシナガマムシグサ** ⇒ヒガンマムシグサを見よ

**ヨシノ** ⇒アソムスメを見よ

**ヨシノアザミ** *Cirsium yoshinoi* 吉野薊
キク科アザミ亜科の多年草。日本固有種。別名イナカアザミ、オオバアザミ、オタフクアザミ、キビノタイアザミ、シコクアザミ。植物学者吉野善介を記念したもの。
¶原牧2 (No.2186/カ写)
　固有 (p140)
　新分牧 (No.3974/カ写)
　新牧日 (No.3218/カ写)
　牧野ス2 (No.4031/カ写)
　野生5 (p243/カ写)
　山カ野草 (p96/カ写)
　山ハ野花 (p589/カ写)

**ヨシノザクラ** ⇒ソメイヨシノを見よ

**ヨシノシズカ** ⇒ヒトリシズカを見よ

**ヨシノスギ** ⇒スギを見よ

**ヨシノソウ** ⇒クサヤツデを見よ

**ヨシノヤナギ** *Salix yoshinoi* 吉野柳
ヤナギ科の木本。日本固有種。湿地に生える高木。
¶固有 (p41)
　野生3 (p196/カ写)

**ヨシノユリ** ⇒ヤマユリを見よ

**ヨシヒサラン** ⇒アリサンムヨウランを見よ

**ヨソオイチャワンタケ** *Sarcoscypha vassiljevae*
ベニチャワンタケ科のキノコ。
¶山カ日き (p555/カ写)

**ヨソヅメ** ⇒ガマズミを見よ

**ヨタグサ** ⇒オバクサを見よ

**ヨツヅミ** ⇒ガマズミを見よ

**ヨツデグサ** ⇒イカリソウを見よ

**ヨツバゴケ** *Tetraphis pellucida* 四葉苔
ヨツバゴケ科のコケ。茎は長さ1〜2cm。葉は卵形〜卵状披針形。
¶新分牧 (No.4842/モ図)
　新牧日 (No.4695/モ図)

**ヨツバシオガマ** *Pedicularis japonica* 四葉塩竈
ハマウツボ科（ゴマノハグサ科）の多年草。日本固有種。高さは20〜60cm。
¶学フ増高山 (p61/カ写)
　原牧2 (No.1773/カ写)
　固有 (p129)
　新分牧 (No.3856/カ写)
　新牧日 (No.2755/カ写)
　茶花下 (p163/カ写)
　牧野ス2 (No.3618/カ図)
　野生5 (p158/カ写)
　山カ野草 (p188/カ写)
　山ハ高山〔ヨツバシオガマ(1)〕(p322/カ写)
　山ハ高山〔ヨツバシオガマ(2)〕(p324/カ写)

**ヨツバハギ** *Vicia nipponica* 四葉萩
マメ科マメ亜科の多年草。高さは30〜80cm。
¶学フ増山菜 (p53/カ写)
　原牧1 (No.1575/カ写)
　新分牧 (No.1782/モ図)
　新牧日 (No.1363/カ写)
　牧野ス2 (No.1575/カ写)
　野生2 (p301/カ写)

**ヨツバハコベ**(1) *Polycarpon tetraphyllum* 四葉繁縷
ナデシコ科の一年草。
¶帰化写改 (p37/カ写)
　ミニ山 (p27/カ写)

**ヨツバハコベ**(2) ⇒イナモリソウを見よ

**ヨツバハコベ**(3) ⇒ワダソウを見よ

**ヨツバヒヨドリ** *Eupatorium glehnii* 四葉鵯
キク科キク亜科の多年草。別名クルマバヒヨドリ、ハコネヒヨドリ。高さは40〜100cm。
¶学フ増野秋 (p53/カ写)

ヨツハムク　　　　　　　　850

　　原牧2 (No.1916/カ図)
　　山野草 (No.1318/カ写)
　　新分牧 (No.4312/モ図)
　　新牧日 (No.2953/モ図)
　　茶花下 (p282/カ写)
　　牧野ス2 (No.3761/カ図)
　　野生5 (p368/カ写)
　　山カ野草 (p27/カ写)
　　山ハ山花 (p542/カ写)

**ヨツバムグラ** *Galium trachyspermum*　四葉葎
　アカネ科の多年草。高さは10〜30cm。
　¶ 学フ増野夏 (p124/カ写)
　　原牧2 (No.1313/カ写)
　　新分牧 (No.3347/モ図)
　　新牧日 (No.2427/モ図)
　　茶花上 (p481/カ写)
　　牧野ス2 (No.3158/カ図)
　　野生4 (p275/カ写)
　　山カ野草 (p153/カ写)
　　山ハ野花 (p424/カ写)

**ヨツバユキノシタ**　⇒イワボタンを見よ

**ヨツパライノキ**　⇒トックリキワタを見よ

**ヨツバリキンギョモ** *Ceratophyllum platyacanthum* subsp. *oryzetorum*
　マツモ科の沈水性浮遊植物。別名ヨツバリマツモ、ゴハリマツモ。果実の上下に2本ずつ突起をもつ。
　¶ 野生2 (p101)

**ヨツバリマツモ**　⇒ヨツバリキンギョモを見よ

**ヨドガワ**　⇒オオムラサキを見よ

**ヨドガワツツジ** *Rhododendron yedoense* var. *yedoense* 'Yodogawa'　淀川躑躅
　ツツジ科の木本。別名ボタンツツジ。
　¶ APG原樹 (No.1235/カ図)
　　原牧2 (No.1182/カ図)
　　新分牧 (No.3253/モ図)
　　新牧日 (No.2128/モ図)
　　茶花上 (p482/カ写)
　　牧野ス2 (No.3027/カ図)

**ヨナクニイソノギク** *Aster asagrayi* var. *walkeri*
　キク科キク亜科の多年草。日本固有種。与那国島の産。
　¶ 固有 (p146)
　　野生5 (p315/カ写)
　　山レ増 (p41/カ写)

**ヨナクニカモメヅル** *Vincetoxicum yonakuniense*
　キョウチクトウ科(ガガイモ科)の多年草。日本固有種。
　¶ 固有 (p117)
　　野生4 (p320/カ写)

**ヨナクニトキホコリ** *Elatostema yonakuniense*
　イラクサ科の多年草。日本固有種。
　¶ 固有 (p44/カ写)
　　野生2 (p346/カ写)
　　山レ増 (p441/カ写)

**ヨナグニノシラン** *Ophiopogon reversus*
　クサスギカズラ科(ユリ科)の多年草。
　¶ 野生1 (p256/カ写)
　　山レ増 (p605/カ写)

**ヨブスマソウ** *Parasenecio robustus*　夜衾草
　キク科キク亜科の多年草。別名ワッカクド、ウドブキ。高さは90〜250cm。葉は大型でひし形。
　¶ 学フ増山菜 (p125/カ写)
　　学フ増野秋 (p133/カ写)
　　原牧2 (No.2140/カ写)
　　新分牧 (No.4092/モ図)
　　新牧日 (No.3172/モ図)
　　茶花下 (p282/カ写)
　　牧野ス2 (No.3985/カ図)
　　野生5 (p306/カ写)
　　山カ野草 (p62/カ写)
　　山ハ山花 (p505/カ写)

**ヨメゴロシ**　⇒キンギンボクを見よ

**ヨメナ** *Aster yomena* var. *yomena*　嫁菜
　キク科キク亜科の多年草。日本固有種。別名オハギ、ハギナ、カンサイヨメナ。高さは60〜120cm。若い茎葉には香りがある。
　¶ 学フ増山菜 (p26/カ写)
　　学フ増野秋 (p7/カ写)
　　原牧2 (No.1931/カ写)
　　固有 (p146)
　　山野草 (No.1263/カ写)
　　植調 (p120/カ写)
　　新分牧 (No.4186/モ図)
　　新牧日 (No.2968/モ図)
　　茶花下 (p283/カ写)
　　牧野ス2 (No.3776/カ図)
　　野生5 (p316/カ写)
　　山カ野草 (p34/カ写)
　　山ハ野花 (p534/カ写)

**ヨメナノキ**　⇒ズイナを見よ

**ヨメノナミダ**　⇒ハナイカダを見よ

**ヨモギ** *Artemisia indica* var. *maximowiczii*　蓬、艾
　キク科キク亜科の多年草。別名エモギ、カズザキヨモギ、サシモグサ、サセモグサ、シカミヨモギ、タハレグサ、フクロイグサ、モグサ、モチグサ、ヤイグサ、ヤキクサ。高さは50〜100cm。
　¶ 色野草 (p373/カ写)
　　学フ増山菜 (p21/カ写)
　　学フ増野秋 (p196/カ写)
　　学フ増薬草 (p134/カ写)
　　原牧2 (No.2083/カ写)
　　植調 (p118/カ写)
　　新分牧〔カズザキヨモギ〕(No.4216/モ図)
　　新牧日〔カズザキヨモギ〕(No.3117/モ図)
　　茶花下 (p283/カ写)
　　牧野ス2 (No.3928/カ図)
　　野生5 (p334/カ写)
　　山カ野草 (p77/カ写)
　　山ハ野花 (p528/カ写)

ヨモギギク　*Tanacetum vulgare*　蓬菊
　　キク科の多年草。高さは30〜90cm。花は黄色。
　　¶帰化写改(p393/カ写, p517/カ写)
　　　原牧2(No.2077/カ図)
　　　新分牧(No.4241/モ図)
　　　新牧日(No.3112/モ図)
　　　茶花下(p284/カ写)
　　　牧野ス2(No.3922/カ図)

ヨモギダコチク　*Sasaella masamuneana* var.*amoena*
　　イネ科タケ亜科のササ。日本固有種。
　　¶固有(p170)

ヨモギナ　*Artemisia lactiflora*
　　キク科の草本, 薬用植物。高さは1m。花は白黄色。
　　根出葉はウマノミツバに似る。
　　¶原牧2(No.2098/カ図)
　　　新分牧(No.4227/モ図)
　　　新牧日(No.3132/モ図)
　　　牧野ス2(No.3943/カ図)

ヨルガオ　*Ipomoea alba*　夜顔
　　ヒルガオ科のつる性多年草。別名ユウガオ。果実は
　　紫褐色。花は白色。
　　¶茶花下(p284/カ写)
　　　野生5(p30/カ写)

ヨレスギ　*Cryptomeria japonica* 'Spiralis'　捻杉
　　ヒノキ科の木本。別名クサリスギ, タツマキスギ,
　　ネジレスギ, ホウオウスギ。
　　¶APG原樹(No.68/カ図)
　　　原牧1(No.57/カ図)
　　　新分牧(No.52/モ図)
　　　新牧日(No.46/モ図)
　　　牧野ス1(No.58/カ図)

ヨレモク　*Sargassum siliquastrum*
　　ホンダワラ科の海藻。茎は円柱状。体は2〜3m。
　　¶新分牧(No.5010/モ図)
　　　新牧日(No.4870/モ図)

ヨロイグサ　*Angelica dahurica*　鎧草
　　セリ科セリ亜科の草本。別名オオシシウド。
　　¶原牧2(No.2450/カ図)
　　　新分牧(No.4485/モ図)
　　　新牧日(No.2064/モ図)
　　　牧野ス2(No.4295/カ図)
　　　ミニ山(p223/カ写)
　　　野生5(p389/カ写)

ヨロイスギ　⇒チリマツを見よ

ヨロイドオシ　⇒メギを見よ

ヨーロッパアカマツ　*Pinus sylvestris*
　　マツ科の木本。別名オウシュウアカマツ。樹高は
　　35m。樹皮は紫灰色。
　　¶APG原樹(No.11/カ図)

ヨーロッパイチイ　⇒セイヨウイチイを見よ

ヨーロッパウチワヤシ　⇒チャボトウジュロを見よ

ヨーロッパカイドウ　*Malus sylvestris*
　　バラ科の木本。
　　¶APG原樹(No.554/カ図)

ヨーロッパカエデ　⇒ノルウェーカエデを見よ

ヨーロッパキイチゴ　*Rubus idaeus* subsp.*idaeus*
　　バラ科の落葉低木。別名ラズベリー。
　　¶APG原樹(No.587/カ図)

ヨーロッパグリ　*Castanea sativa*
　　ブナ科の木本。別名セイヨウグリ。高さは30m。樹
　　皮は灰色。
　　¶APG原樹(No.721/カ図)

ヨーロッパクロヤマナラシ　⇒クロヤマナラシを
　　見よ

ヨーロッパスモモ　⇒セイヨウスモモを見よ

ヨーロッパタイトゴメ　*Sedum acre*
　　ベンケイソウ科の多年生多肉植物。別名オウシュウ
　　マンネングサ。
　　¶帰化写2(p84/カ写)

ヨーロッパトウヒ　⇒ドイツトウヒを見よ

ヨーロッパナラ　*Quercus robur*
　　ブナ科の木本。別名イギリスナラ。樹高は35m。樹
　　皮は淡い灰色。
　　¶APG原樹(No.696/カ図)

ヨーロッパヒカゲミズ　⇒カベイラクサを見よ

ヨーロッパブドウ　⇒ブドウを見よ

ヨーロッパブナ　*Fagus sylvatica*
　　ブナ科の落葉高木。樹高は40m。樹皮は灰色。
　　¶APG原樹(No.719/カ図)

ヨーロッパブナ 'プルプレア'　⇒プルプレアを見よ

ヨーロッパブナ 'ペンデュラ'　*Fagus sylvatica*
　　'Pendula'
　　ブナ科の木本。
　　¶APG原樹(No.1562/カ図)

ヨーロピアーナ　*Rosa* 'Europeana'
　　バラ科。バラの品種。
　　¶APG原樹〔バラ 'ヨーロピアーナ'〕(No.623/カ図)

## 【ラ】

ライスフラワー　*Ozothamnus diosmifolius*
　　キク科の常緑の低木。高さは1.5〜3m。
　　¶茶花上(p333/カ写)

ライチ　⇒レイシを見よ

ライマビーン　*Phaseolus lunatus*
　　マメ科マメ亜科の野菜。別名アオイマメ, ライマ
　　メ。長さ5〜12cm。花は白または黄白色。
　　¶原牧1(No.1593/カ図)
　　　牧野ス1(No.1593/カ図)
　　　野生2(p304)

ライマメ　⇒ライマビーンを見よ

ライム　*Citrus aurantiifolia*
　　ミカン科の常緑小高木。果面滑らかで淡黄色。
　　¶APG原樹(No.972/カ図)

**ライムギ**　*Secale cereale*
イネ科の一年草。別名クロムギ, クロコムギ, ナツコムギ。高さは50〜100cm。
¶帰化写改(p466/カ写)
　桑イネ(p433/カ写・モ図)
　原牧1(No.954/カ図)
　新分牧(No.1070/モ図)
　新牧日(No.3673/モ図)
　牧野ス1(No.954/カ図)
　山ハ野花(p189/カ写)

**ライラック**　⇒ムラサキハシドイを見よ

**ラウススゲ**　*Carex stylosa*
カヤツリグサ科の多年草。
¶カヤツリ(p222/モ図)
　スゲ増(No.104/カ写)
　野生1(p329/カ写)

**ラガロシフォン・マヨール**　⇒クロモモドキを見よ

**ラカンマキ**　*Podocarpus macrophyllus* var.*maki*　羅漢槇
マキ科(イヌマキ科)の常緑高木。
¶APG原樹(No.61/カ図)
　原牧1(No.31/カ図)
　新分牧(No.41/カ図)
　新牧日(No.8/モ図)
　牧野ス1(No.32/カ図)
　野生1(p35)

**ラクウショウ**　*Taxodium distichum*　落羽松
ヒノキ科(スギ科)の落葉高木。別名ヌマスギ。高さは25m。樹皮は灰褐色。
¶APG原樹〔ヌマスギ〕(No.73/カ写)
　学フ増花庭(p148/カ写)
　新分牧(No.54/モ図)
　新牧日(No.52/カ写)
　都木花新〔ヌマスギ〕(p238/カ写)
　山力樹木(p47/カ写)

**ラークスパー**　⇒ヒエンソウ(1)を見よ

**ラクタリウス・インディゴ**　*Lactarius indigo*
ベニタケ科のキノコ。傘の径最大1.5cm, 丸山形。ひだは青〜青灰色。ひだは青〜青灰色。
¶原きの〔Indigo milkcap(藍色の乳茸)〕(No.155/カ写・カ図)

**ラクネルルラ ウィルコムミイ**　*Lachnellula willkommii*
ヒナノチャワンタケ科のキノコ。径最大5mm。
¶原きの〔Larch canker disco(カラマツの癌腫の盤菌類)〕(No.527/カ写・カ図)
　山力日き(p548/カ写)

**ラクヨウショウ**　⇒カラマツを見よ

**ラグラス**　⇒ウサギノオを見よ

**ラジアータマツ**　*Pinus radiata*
マツ科の木本。別名モントレーマツ, ニュージーランドマツ。
¶APG原樹(No.13/カ図)

**ラージ・ホワイト**　*Hibiscus syriacus* 'Large White'
アオイ科。ムクゲの品種。一重咲き中弁型。

**ラシャカキグサ**　*Dipsacus sativus*　羅紗掻草
スイカズラ科(マツムシソウ科)の多年草。高さは1〜2m。花は青色, または淡青紫色。
¶原牧2(No.2304/カ写)
　新分牧(No.4376/モ図)
　新牧日(No.2891/カ写)
　牧野ス2(No.4149/カ図)

**ラシャナス**　*Solanum elaeagnifolium*
ナス科の多年草。別名グミバナス。高さは1m。花は淡紫色。
¶帰化写2(p214/カ写)
　野生5(p45)

**ラショウモン**　⇒ラショウモンカズラを見よ

**ラショウモンカズラ**　*Meehania urticifolia*　羅生門蔓
シソ科シソ亜科〔イヌハッカ亜科〕の多年草。別名ルリチョウソウ, ラショウモン。高さは20〜30cm。
¶色野草(p222/カ写)
　学フ増野春(p39/カ写)
　原牧2(No.1651/カ写)
　山野草(No.1051/カ写)
　新分牧(No.3782/モ図)
　新牧日(No.2563/モ図)
　茶花上(p333/カ写)
　牧野ス2(No.3496/カ図)
　野生5(p135/カ写)
　山力野草(p209/カ写)
　山ハ山花(p423/カ写)

**ラズベリー**(1)　⇒エゾキイチゴを見よ

**ラズベリー**(2)　⇒ヨーロッパキイチゴを見よ

**ラセイタソウ**　*Boehmeria splitbergera*　羅背板草, 羅西板草
イラクサ科の多年草。日本固有種。高さは30〜70cm。
¶学フ増野夏(p237/カ写)
　原牧2(No.90/カ図)
　固有(p45/カ写)
　新分牧(No.2117/モ図)
　新牧日(No.217/モ図)
　牧野ス1(No.1935/カ図)
　ミニ山(p17/カ写)
　野生2(p343/カ写)
　山力野草(p553/カ写)
　山ハ山花(p389/カ写)

**ラセイタタマアジサイ**　*Platycrater involucrata* var.*idzuensis*　羅背板玉紫陽花
アジサイ科の落葉低木。日本固有種。
¶固有(p74)
　野生4(p171)

**ラセツチク**　*Pleioblastus gramineus* f.*monitrspiralis*
イネ科のササ。
¶タケササ(p147/カ写)

**ラセンクロトン**　⇒ホソキマキを見よ

**ラセンソウ** *Triumfetta japonica* 羅氈草
アオイ科（シナノキ科）の一年草。高さは60〜
130cm。
　¶原牧2（No.657/カ図）
　　新分牧（No.2647/モ図）
　　新牧日（No.1725/モ図）
　　牧野ス2（No.2502/カ図）
　　野生4（p34/カ写）
　　山ハ山花（p363/カ写）

**ラッカセイ** ⇒ナンキンマメを見よ

**ラッキョウ** *Allium chinense* 辣韮, 辣韭, 薤
ヒガンバナ科（ユリ科）の根菜類, 多年草。中国原産
の栽培種。葉長30〜50cm。
　¶原牧1（No.535/カ図）
　　新分牧（No.582/モ図）
　　新牧日（No.3418/モ図）
　　牧野ス1（No.535/カ図）
　　野生1（p242/カ写）

**ラッキョウヤダケ** *Pseudosasa japonica* var.
*tsutsumiana* 辣韮矢竹, 辣韭矢竹, 薤矢竹
イネ科タケ亜科の植物。
　¶タケ亜科（No.52/カ写）
　　タケササ（p134/カ写）
　　山カ樹木（p69/カ写）

**ラッパズイセン** *Narcissus pseudonarcissus* 喇叭
水仙
ヒガンバナ科の多年草。高さは36cm。花は濃黄,
淡黄色。
　¶原牧1（No.552/カ図）
　　牧野ス1（No.552/カ図）

**ラッパタケ** *Gomphus clavatus*
ラッパタケ科のキノコ。
　¶原きの（No.445/カ写・カ図）

**ラナンキュラス** *Ranunculus asiaticus*
キンポウゲ科の球根植物。別名ハナキンポウゲ。花
は赤, 緋, 桃, 橙, 黄および白色など。
　¶学フ有毒（p127/カ写）
　　茶花上（p334/カ写）

**ラヌンクルス・アブノルミス** *Ranunculus abnormis*
キンポウゲ科の草本。高さは約10cm。
　¶山野草（No.0308/カ写）

**ラヌンクルス・コンスタンチノポリタヌス'フロ
レプレノ'** ⇒フロレプレノを見よ

**ラヌンクルス・セグィエリ** *Ranunculus seguieri*
キンポウゲ科の草本。高さは5〜10cm。
　¶山野草（No.0305/カ写）

**ラハオシダ** *Hymenasplenium excisum*
チャセンシダ科の常緑性シダ。葉身は長さ30〜
40cm, 単羽状。
　¶シダ標1（p420/カ写）
　　新分牧（No.4625/モ図）
　　新牧日（No.4645/モ図）
　　山レ増（p662/カ写）

**ラバテラ** ⇒ハナアオイ(1)を見よ

**ラフレシア** *Rafflesia arnoldii*
ラフレシア科の寄生植物。世界一大きな花（直径1.
5m）を付ける。花色は赤橙。
　¶原牧2（No.236/カ図）
　　新分牧（No.2394/モ図）
　　新牧日（No.714/モ図）
　　牧野ス1（No.2081/カ図）

**ラベンダー** *Lavandula angustifolia*
シソ科の香料作物。
　¶APG原樹（No.1426/カ図）

**ラミー** *Boehmeria* var.*candicans*
イラクサ科。ナンバンカラムシの大型の栽培品種。
　¶野生2（p343/カ写）

**ラモンダ・ミコニ** *Ramonda myconi*
イワタバコ科の多年草。黄色い葯あり。
　¶山野草（No.1123/カ写）

**ランギク** ⇒ダンギクを見よ

**ランコウハグマ** ⇒エンシュウハグマを見よ

**ランシンボク** *Pistacia chinensis* 爛心木
ウルシ科の木本。別名トネリバハゼノキ, カイノキ,
カイ。高さは25m。
　¶APG原樹（No.897/カ図）
　　山カ樹木（p403/カ写）

**ランソウヤバイ** *Prunus mume* 'Ransō-yabai' 瀾滄
野梅
バラ科。ウメの品種。野梅類型ウメ。
　¶ウメ〔瀾滄野梅〕（p16/カ写）

**ランダイミズ** *Elatostema platyphylloides*
イラクサ科の多年草。
　¶野生2（p346/カ写）
　　山レ増（p442/カ写）

**ランタナ** ⇒シチヘンゲ(1)を見よ

**ランタナ（広義）** *Lantana camara*
クマツヅラ科の小低木。別名シチヘンゲ, コウオ
ウカ。
　¶APG原樹〔シチヘンゲ〕（No.1438/カ図）
　　学フ有毒〔ランタナ〕（p196/カ写）
　　帰化写改〔シチヘンゲ〕（p262/カ写）
　　原牧2〔ランタナ〕（No.1816/カ図）
　　新分牧〔ランタナ〕（No.3687/モ図）
　　新牧日〔ランタナ〕（No.2496/モ図）
　　牧野ス2〔ランタナ〕（No.3661/カ図）
　　山カ樹木〔ランタナ〕（p665/カ写）

**ランタナ・ヒブリダ** ⇒キバナランタナを見よ

**ランブータン** *Nephelium lappaceum*
ムクロジ科の高木。果実は赤熟。高さは8〜10m。
　¶APG原樹（No.949/カ図）

**ランヨウアオイ** *Asarum blumei* 乱葉葵
ウマノスズクサ科の多年草。日本固有種。花は緑紫
色。葉径10〜15cm。
　¶原牧1（No.95/カ図）
　　固有（p61）
　　新分牧（No.117/モ図）
　　新牧日（No.691/モ図）

リアトリス

牧野ス1 (No.95/カ図)
ミニ山 (p70/カ写)
野生1 (p67/カ写)
山カ野草 (p549/カ写)
山ハ山花 (p27/カ写)

## 【リ】

リアトリス ⇒キリンギクを見よ
リウタム ⇒リンドウを見よ
リオン ⇒ジャコウソウモドキを見よ
リーガルリリー ⇒リリウム・レガレを見よ
リギダマツ　*Pinus rigida*
　マツ科の木本。高さは20m。
　¶APG原樹 (No.14/カ図)
リキュウバイ ⇒ウメザキウツギを見よ
リクゼンアザミ　*Cirsium funagataense*
　キク科アザミ亜科の草本。宮城県船形山に分布。
　¶野生5 (p240)
リクゼンクマワラビ　*Dryopteris lacera × D.monticola*
　オシダ科のシダ植物。
　¶シダ標2 (p372/カ写)
リクゼンタニヘゴモドキ　*Dryopteris erythrosora × D.tokyoensis*
　オシダ科のシダ植物。
　¶シダ標2 (p373/カ写)
リクチュウダケ　*Semiarundinaria kagamiana*
　イネ科タケ亜科のタケ。日本固有種。高さは10m。
　¶固有 (p174)
　　タケ亜科 (No.23/カ写)
　　タケササ (p68/カ写)
リクチュウツリスゲ ⇒クジュウツリスゲを見よ
リグナムバイタ ⇒ユソウボクを見よ
リシアンサス ⇒トルコギキョウを見よ
リシオノツス・サングヒエンシス　*Lysionotus sangzhiensis*
　イワタバコ科の草本。
　¶山野草 (No.1115/カ写)
リシオノツス・モンタヌス　*Lysionotus montanus*
　イワタバコ科の草本。
　¶山野草 (No.1116/カ写)
リシリアザミ　*Cirsium umezawanum*
　キク科アザミ亜科の多年草。日本固有種。
　¶固有 (p140)
　　野生5 (p252/カ写)
　　山カ野草 (p704/カ写)
リシリイ ⇒エゾホソイを見よ
リシリオウギ　*Astragalus frigidus* subsp.*parviflorus*　利尻黄耆
　マメ科マメ亜科の多年草。高さは15〜30cm。

　¶原牧1 (No.1518/カ図)
　　新分牧 (No.1744/モ図)
　　新牧日 (No.1305/モ図)
　　牧野ス1 (No.1518/カ図)
　　野生2 (p259/カ写)
　　山カ野草 (p391/カ写)
　　山ハ高山 (p200/カ写)
　　山レ増 (p287/カ写)
リシリカニツリ　*Trisetum spicatum* subsp.*alaskanum*　利尻蟹釣
　イネ科イチゴツナギ亜科の多年草。別名タカネカニツリ。
　¶原牧1 (No.972/カ図)
　　新分牧 (No.1077/モ図)
　　新牧日 (No.3710/モ図)
　　牧野ス1 (No.972/カ図)
　　野生2 (p65/カ写)
　　山ハ高山 (p74/カ写)
　　山レ増 (p553/カ写)
リシリカニツリ（広義）　*Trisetum spicatum*　利尻蟹釣
　イネ科イチゴツナギ亜科の多年草。高さは10〜45cm。
　¶桑イネ〔リシリカニツリ〕(p475/モ図)
リシリゲンゲ　*Oxytropis campestris* subsp.*rishiriensis*　利尻紫雲英
　マメ科マメ亜科の草本。別名タカネオウギ, クモマオウギ。
　¶原牧1 (No.1524/カ図)
　　山野草 (No.0631/カ写)
　　新分牧 (No.1750/モ図)
　　新牧日 (No.1311/モ図)
　　牧野ス1 (No.1524/カ図)
　　野生2 (p287/カ写)
　　山カ野草 (p393/カ写)
　　山ハ高山 (p198/カ写)
　　山レ増 (p287/カ写)
リシリシオガマ ⇒ベニシオガマを見よ
リシリシノブ　*Cryptogramma crispa*　利尻忍
　イノモトソウ科の夏緑性シダ。葉身は長さ30cm,3回羽状に分裂。
　¶シダ標2 (p375/カ写)
　　新分牧 (No.4585/モ図)
　　新牧日 (No.4471/モ図)
　　山レ増 (p676/カ写)
リシリスゲ　*Carex scita* var.*riishirensis*　利尻菅
　カヤツリグサ科の多年草。別名マシケスゲ。
　¶カヤツリ (p230/モ図)
　　野生1 (p329/カ写)
リシリソウ　*Anticlea sibirica*　利尻草
　シュロソウ科（ユリ科）の多年草。高さは10〜25cm。花は紫色。
　¶野生1 (p158/カ写)
　　山カ野草 (p607/カ写)
　　山ハ高山 (p15/カ写)
　　山レ増 (p600/カ写)

リシリツボミゴケ　*Jungermannia hokkaidensis*
ツボミゴケ科のコケ植物。日本固有種。
　¶固有 (p222)

リシリツルタガラシ　⇒リシリハタザオを見よ

リシリトウチソウ　*Sanguisorba stipulata* var.
*riishirensis*
バラ科の多年草。
　¶山レ増 (p304/カ写)

リシリハタザオ　*Arabidopsis halleri* subsp.*gemmifera*
var.*umezawana*　利尻旗竿
アブラナ科の一年草または二年草。日本固有種。別
名リシリツルタガラシ。
　¶固有 (p66/カ写)
　野生4 (p51/カ写)
　山カ野草 (p713/カ写)
　山ハ高山 (p243/カ写)

リシリヒナゲシ　*Papaver fauriei*　利尻雛罌粟
ケシ科の多年草。日本固有種。高さは10〜30cm。
　¶固有 (p66/カ写)
　山野草 (No.0457/カ写)
　新分牧 (No.1290/モ図)
　新牧日 (No.782/モ図)
　牧野ス1 (No.1132/カ図)
　原牧1 (No.1132/カ図)
　野生2 (p108/カ写)
　山カ野草 (p456/カ写)
　山ハ高山 (p120/カ写)
　山レ増 (p348/カ写)

リシリビャクシン　*Juniperus communis* var.
*montana*　利尻柏槇
ヒノキ科の常緑匍匐性低木。
　¶野生1 (p40/カ写)
　山カ樹木 (p58/カ写)
　山ハ高山 (p457/カ写)
　山レ増 (p628/カ写)

リシリブシ　*Aconitum sachalinense* var.*compactum*
利尻付子
キンポウゲ科の擬似一年草。高さは60〜120cm。
　¶野生2 (p127)
　山ハ高山 (p109/カ写)

リシリミミナグサ　⇒オオバナミミナグサを見よ

リシリリンドウ　*Gentiana jamesii*　利尻竜胆
リンドウ科の多年草。別名クモマリンドウ。高さは
3〜15cm。
　¶学フ増高山 (p49/カ写)
　原牧2 (No.1342/カ図)
　新分牧 (No.3384/モ図)
　新牧日 (No.2324/モ図)
　牧野ス2 (No.3187/カ図)
　野生4 (p297/カ写)
　山カ野草 (p265/カ写)
　山ハ高山 (p307/カ写)
　山レ増 (p166/カ写)

リードカナリーグラス　⇒クサヨシを見よ

リトドラ・ディッフサ　⇒ミヤマホタルカズラを
見よ

リトル ジェム　*Magnolia grandiflora* ‘Little Gem’
モクレン科。タイサンボクの品種。
　¶APG原樹 〔タイサンボク‘リトル ジェム’〕(No.1548/
カ図)

リトル・プリンセス　⇒ハッカリ (1) を見よ

リナリア　⇒ヒメキンギョソウを見よ

リナリア・アルピナ　*Linaria alpina*
ゴマノハグサ科の一年草または多年草。高さは
15cm。花は青または菫色。
　¶山野草 (No.1088/カ写)

リヌム・ビエネ　⇒ヒメアマを見よ

リーベンボルシースゲ　*Carex leavenworthii*
カヤツリグサ科の多年草。1節に1個の小穂を付
ける。
　¶帰化写2 (p365/カ写)
　スゲ増 (p370)

リボングラス　⇒チグサを見よ

リボンゴケ　*Neckeropsis nitidula*
ヒラゴケ科のコケ。別名ヒラゴケ，ツヤツヤリボン
ゴケ。地衣体は帯緑黄〜わら色。二次茎は長さ1〜
5cm。葉はへら状。
　¶新分牧 (No.4885/モ図)
　新牧日 (No.4744/モ図)

リマケッラ・グッタタ　*Limacella guttata*
テングタケ科のキノコ。傘は黄土色，傘の径最大1.
5cm。
　¶原きの〔Weeping slimecap (涙を流すぬめり茸)〕(No.
186/カ写・カ図)

リュウガン　*Dimocarpus longan*　竜眼
ムクロジ科の高木。果実は球形で滑らか。高さは
10〜14m。花は淡黄色。
　¶APG原樹 (No.947/カ写)
　原牧2 (No.520/カ写)
　新分牧 (No.2595/モ図)
　新牧日 (No.1603/モ図)
　牧野ス2 (No.2365/カ図)

リュウキュウアイ　*Strobilanthes cusia*　琉球藍
キツネノマゴ科の多年草または小低木。高さは60
〜120cm。花は淡紅紫色。
　¶帰化写2 (p236/カ写)
　原牧2 (No.1800/カ写)
　新分牧 (No.3657/モ図)
　新牧日 (No.2779/モ図)
　牧野ス2 (No.3645/カ図)
　野生5 (p172/カ写)

リュウキュウアオキ　⇒ボチョウジを見よ

リュウキュウアケボノソウ　⇒ヘッカリンドウを
見よ

リュウキュウアセビ　*Pieris japonica* subsp.
*koidzumiana*
ツツジ科スノキ亜科の木本。日本固有種。
　¶固有 (p103)
　野生4 (p256/カ写)

山レ増 (p218/カ写)

**リュウキュウアマモ** *Cymodocea serrulata*
シオニラ科 (ベニアマモ科, イトクズモ科) の草本。
¶原牧1 (No.269/カ図)
新分牧 (No.315/モ図)
新牧日 (No.3356/モ図)
牧野ス1 (No.269/カ図)
野生1 (p137/カ写)

**リュウキュウアリドオシ** *Damnacanthus biflorus*
アカネ科の木本。日本固有種。
¶固有 (p118/カ写)
野生4 (p270/カ写)

**リュウキュウアワブキ** ⇒フシノハアワブキを見よ

**リュウキュウイ** ⇒シチトウを見よ

**リュウキュウイタチシダ** *Dryopteris sparsa* var. *ryukyuensis*
オシダ科のシダ植物。日本固有種。
¶固有 (p208)
シダ標2 (p360/カ写)

**リュウキュウイチゴ** *Rubus grayanus* 琉球苺
バラ科バラ亜科の木本。別名シマアワイチゴ。
¶原牧1 (No.1754/カ図)
新分牧 (No.1962/モ図)
新牧日 (No.1102/モ図)
牧野ス1 (No.1754/カ図)
野生3 (p49/カ写)
山力樹木 (p261/カ写)

**リュウキュウイナモリ** *Ophiorrhiza kuroiwae*
アカネ科の常緑多年草。高さは30〜100cm。
¶野生4 (p286/カ写)

**リュウキュウイヌマキ** *Podocarpus fasciculatus*
マキ科の常緑高木。
¶野生1 (p35)

**リュウキュウイノモトソウ** *Pteris ryukyuensis*
イノモトソウ科の常緑性シダ。別名フイリリュウ
キュウイノモトソウ。葉身は長さ30cm。
¶シダ標1 (p378/カ写)

**リュウキュウイボゴケ** *Taxithelium liukiuense*
ナガハシゴケ科のコケ。日本固有種。茎は這い, 枝
葉は楕円形。
¶固有 (p219/カ写)

**リュウキュウウマノスズクサ** *Aristolochia liukiuensis*
ウマノスズクサ科の木性のつる植物。日本固有種。
¶固有 (p60/カ写)
新分牧 (No.144/モ図)
新牧日 (No.712/モ図)
ミニ山 (p73/カ写)
野生1 (p59/カ写)

**リュウキュウウロコマリ** *Lepidagathis inaequalis*
キツネノマゴ科の草本。
¶野生5 (p170/カ写)

**リュウキュウオオハイホラゴケ** *Vandenboschia oshimensis*
コケシノブ科のシダ植物。日本固有種。
¶固有 (p200)
シダ標1 (p315/カ写)

**リュウキュウカイロラン** *Cheirostylis liukiuensis*
ラン科の草本。
¶野生1 (p190/カ写)

**リュウキュウガキ** *Diospyros maritima* 琉球柿
カキノキ科の常緑高木。別名クサノガキ, クロボウ。
¶野生4 (p185/カ写)
山力樹木 (p616/カ写)

**リュウキュウガシワ** *Cynanchum liukiuense*
キョウチクトウ科 (ガガイモ科) の草本。日本固
有種。
¶固有 (p117)
野生4 (p311/カ写)

**リュウキュウカラスウリ** *Trichosanthes miyagii*
ウリ科の草本。日本固有種。
¶固有 (p95/カ写)
野生3 (p124/カ写)

**リュウキュウカンナデシコ** ⇒ヒメハマナデシコ
を見よ

**リュウキュウキジノオ** *Plagiogyria koidzumii*
キジノオシダ科の常緑性シダ。葉身は長さ15〜
30cm。
¶シダ標1 (p341/カ写)

**リュウキュウキンモウワラビ** *Hypodematium fordii*
キンモウワラビ科の夏緑性シダ。葉身は長さ3.5〜
12cm, 三角状長楕円形。
¶シダ標2 (p355/カ写)

**リュウキュウクルマバナ** *Leucas mollissima* var. *riukiuensis* 琉球車花
シソ科オドリコソウ亜科。ヤンバルツルハッカの
変種。
¶野生5 (p127)

**リュウキュウクロウメモドキ** *Rhamnus liukiuensis*
琉球黒梅擬
クロウメモドキ科の落葉低木。日本固有種。
¶固有 (p89)
野生2 (p323/カ写)

**リュウキュウクロキ** ⇒ナカハラクロキを見よ

**リュウキュウコウガイ** ⇒メヒルギを見よ

**リュウキュウコガネ** ⇒オオハイホラゴケを見よ

**リュウキュウコクタン** ⇒ヤエヤマコクタンを見よ

**リュウキュウコケシノブ** *Hymenophyllum riukiuense*
コケシノブ科の常緑性シダ。葉身は長さ3〜10cm,
卵状長楕円形〜卵形。
¶シダ標1 (p310/カ写)

**リュウキュウコケリンドウ** *Gentiana satsunanensis* 琉球苔竜胆
リンドウ科の越年草。日本固有種。
¶固有 (p115/カ写)

野生4 (p296/カ写)

リュウキュウコザクラ(1) *Androsace umbellata* 琉球小桜
サクラソウ科の一年草または越年草。高さは3～12cm。
¶ 原牧2 (No.1088/カ図)
新分牧 (No.3131/モ図)
新牧日 (No.2231/モ図)
牧野ス2 (No.2933/カ図)
野生4 (p188/カ写)

リュウキュウコザクラ(2) ⇒ホザキザクラを見よ

リュウキュウコスミレ *Viola yedoensis* var. *pseudojaponica*
スミレ科の草本。日本固有種。
¶ 原牧2 (No.369/カ図)
固有 (p93)
新分牧 (No.2353/モ図)
新牧日 (No.1841/モ図)
牧野ス1 (No.2214/カ図)
ミニ山 (p192/カ写)
野生3 (p217/カ写)

リュウキュウコマツナギ *Indigofera zollingeriana*
マメ科マメ亜科の木本。
¶ 野生2 (p273/カ写)

リュウキュウコンテリギ *Hortensia liukiuensis*
アジサイ科(ユキノシタ科)の木本。日本固有種。
¶ 固有 (p74/カ写)
野生4 (p167/カ写)

リュウキュウサギソウ *Habenaria pantlingiana*
ラン科の常緑多年草。高さは30～80cm。
¶ 山レ増 (p503/カ写)

リュウキュウシダ *Dryopteris hasseltii*
オシダ科の常緑性シダ。葉身は長さ40cm、卵状長楕円形。
¶ シダ標2 (p365/カ写)

リュウキュウシュロチク ⇒カンノンチクを見よ

リュウキュウシロスミレ *Viola betonicifolia* var. *oblongosagittata* 琉球白菫
スミレ科の多年草。別名エナガスミレ、タイワンヤノネスミレ。葉は広卵形～三角状披針形。長さ2～6cm。
¶ ミニ山 (p192/カ写)
野生3 (p217/カ写)

リュウキュウシロバナアザミ ⇒シマアザミを見よ

リュウキュウスガモ *Thalassia hemprichii*
トチカガミ科の草本。
¶ 原牧1 (No.243/カ図)
新分牧 (No.290/カ図)
新牧日 (No.3328/モ図)
牧野ス1 (No.243/カ図)
野生1 (p124/カ写)
山レ増 (p615/カ写)

リュウキュウスゲ *Carex alliiformis*
カヤツリグサ科の多年草。
¶ カヤツリ (p490/モ図)
原牧1 (No.888/カ図)
新分牧 (No.907/モ図)
新牧日 (No.4196/モ図)
スゲ増 (No.273/カ写)
牧野ス1 (No.888/カ図)
野生1 (p323/カ写)

リュウキュウスズカケ *Veronicastrum liukiuense*
オオバコ科(ゴマノハグサ科)。日本固有種。
¶ 固有 (p128/カ写)
野生5 (p89/カ写)

リュウキュウセッコク *Eria ovata* 琉球石斛
ラン科の草本。高さは10～25cm。花は黄白色。
¶ 野生1 (p200/カ写)

リュウキュウタイゲキ *Euphorbia liukiuensis* 琉球大戟
トウダイグサ科の多年草。日本固有種。別名コバノニシキソウ。花は白色。
¶ 固有 (p83)
野生3 (p158/カ写)

リュウキュウタチスゲ *Carex tetsuoi*
カヤツリグサ科の多年草。日本固有種。
¶ カヤツリ (p418/カ写)
固有 (p186)
スゲ増 (No.229/カ写)
野生1 (p325/カ写)

リュウキュウタチツボスミレ ⇒タチツボスミレを見よ

リュウキュウタデ *Persicaria barbata* var. *gracilis*
タデ科の多年草。葉は細く、縁以外ほぼ無毛。
¶ 野生4 (p96)

リュウキュウタラノキ *Aralia ryukyuensis* var. *ryukyuensis* 琉球楤木
ウコギ科の落葉低木。高さは3～5m。
¶ 新分牧 (No.4405/モ図(ウラジロタラノキの図))
新牧日 (No.2000/モ図)
野生5 (p374)

リュウキュウチク *Pleioblastus linearis* 琉球竹
イネ科タケ亜科の常緑大型ササ。日本固有種。別名ゴザダケザサ。高さは3～4m。
¶ APG原樹 (No.237/カ図)
固有 (p175/カ写)
タケ亜科 (No.29/カ写)
タケササ (p144/カ写)
野生2 (p34)

リュウキュウチシャノキ *Ehretia philippinensis*
ムラサキ科チシャノキ亜科の木本。別名ヤエヤマチシャノキ。
¶ 原牧2〔ヤエヤマチシャノキ〕(No.1410/カ図)
新分牧〔ヤエヤマチシャノキ〕(No.3510/モ図)
新牧日〔ヤエヤマチシャノキ〕(No.2471/モ図)
牧野ス2〔ヤエヤマチシャノキ〕(No.3255/カ図)
野生5 (p50/カ写)
山レ増 (p147/カ写)

リユウキユ 858

**リュウキュウチトセカズラ** ⇒リュウキュウホウ
ライカズラを見よ

**リュウキュウツチトリモチ** *Balanophora fungosa*
subsp. *fungosa* 琉球土鳥黐
ツチトリモチ科の寄生草。全株肉黄色。
¶原牧2(No.767/カ図)
新分牧(No.2807/モ図)
新牧日(No.245/モ図)
牧野ス2(No.2612/カ図)
ミニ山(p74/カ写)
野生4(p73/カ写)

**リュウキュウツツジ** *Rhododendron × mucronatum*
'Shiroryukyu' 琉球躑躅
ツツジ科の常緑低木。別名シロリュウキュウ。花は
白色。
¶APG原樹(No.1262/カ図)
学フ増花庭〔シロリュウキュウ〕(p82/カ写)
原牧2(No.1180/カ図)
新分牧(No.3251/モ図)
新牧日(No.2126/モ図)
牧野ス2(No.3025/カ図)
山力樹木〔シロリュウキュウ〕(p557/カ写)

**リュウキュウツノマタ** ⇒キリンサイを見よ

**リュウキュウツバキ** ⇒ヒメサザンカを見よ

**リュウキュウツルウメモドキ** *Celastrus kusanoi*
ニシキギ科の木本。別名オオバツルウメモドキ。
¶野生3(p129/カ写)

**リュウキュウツルグミ** ⇒タイワンアキグミを見よ

**リュウキュウツルコウジ** *Ardisia pusilla* var.
*liukiuensis*
サクラソウ科の常緑小低木。高さは30cm。
¶野生4(p190)

**リュウキュウツルマサキ** ⇒ツルマサキを見よ

**リュウキュウツワブキ** *Farfugium japonicum* var.
*luchuense*
キク科キク亜科の草本。日本固有種。別名クニガミ
ツワブキ。
¶固有(p149/カ写)
野生5(p297/カ写)
山レ増(p32/カ写)

**リュウキュウテイカカズラ** ⇒オキナワテイカカ
ズラを見よ

**リュウキュウトベラ** *Pittosporum tobira*
トベラ科の常緑小高木。日本固有種。
¶原牧2(No.2357/カ図)
固有〔オキナワトベラ〕(p76)
新分牧(No.4390/モ図)
新牧日(No.1017/モ図)
牧野ス2(No.4202/モ図)

**リュウキュウトリノスシダ** ⇒ヤエヤマオオタニ
ワタリを見よ

**リュウキュウトロロアオイ** *Hibiscus abelmoschus*
アオイ科の草本。別名トロロアオイモドキ。高さは
1.5m。花は黄色,中心赤色。
¶野生4(p29/カ写)

**リュウキュウナガエサカキ** *Adinandra ryukyuensis*
サカキ科(ツバキ科)の木本。日本固有種。
¶固有(p63)
野生4(p177/カ写)

**リュウキュウヌスビトハギ** *Hylodesmum laterale*
琉球盗人萩
マメ科マメ亜科の常緑多年草。高さは50〜100cm
くらい。花は淡紅色。
¶原牧1(No.1536/カ図)
新分牧(No.1706/モ図)
新牧日(No.1323/モ図)
牧野ス2(No.1536/カ図)
野生2(p271/カ写)

**リュウキュウハイノキ** *Symplocos okinawensis* 琉
球灰の木
ハイノキ科の木本。日本固有種。
¶固有(p112)
新分牧(No.3181/モ図)
新牧日(No.2278/モ図)
野生4(p210/カ写)

**リュウキュウハギ**(1) *Lespedeza liukiuensis* 琉球萩
マメ科の低木。タイワンハギ(L.thunbergii subsp.
formosa)と同種とする説がある。高さは1〜2m。
花は紅紫色。
¶帰化写2(p404/カ写)

**リュウキュウハギ**(2) *Lespedeza thunbergii* subsp.
*formosa* 琉球萩
マメ科の低木。ミヤギノハギ(L.thunbergii)と同種
とされることもある。高さは1〜2m。花は紅紫色。
¶茶花下(p376/カ写)

**リュウキュウハグマ** *Ainsliaea apiculata* var.
*acerifolia*
キク科。日本固有種。
¶固有(p151)

**リュウキュウハシゴシダ** *Thelypteris miyagii*
ヒメシダ科のシダ植物。別名オキナワハシゴシダ。
¶シダ標1(p435/カ写)

**リュウキュウバショウ** *Musa balbisiana* var.
*liukiuensis*
バショウ科の木本。別名イトバショウ。偽茎は
緑色。
¶野生1(p272/カ写)

**リュウキュウハゼ** ⇒ハゼノキを見よ

**リュウキュウハナイカダ** *Helwingia japonica* subsp.
*liukiuensis*
ハナイカダ科(ミズキ科)の木本。日本固有種。別
名タイワンハナイカダ。
¶原牧2(No.1824/カ図)
固有(p97/カ写)
新分牧(No.3862/モ図)
新牧日(No.1981/モ図)
牧野ス2(No.3669/カ図)
野生5(p178)
山レ増(p232/カ写)

**リュウキュウバライチゴ**(1) ⇒オオバライチゴを
見よ

リュウキュウバライチゴ(2) ⇒オキナワバライチ
ゴを見よ

リュウキュウハリギリ　*Kalopanax septemlobus*
subsp.*lutchuensis*
ウコギ科の落葉高木。
¶野生5（p381/カ写）

リュウキュウハンゲ　*Typhonium blumei*　琉球半夏
サトイモ科の草本。
¶原牧1（No.209/カ図）
　新分牧（No.256/モ図）
　新牧日（No.3914/モ図）
　牧野ス1（No.209/カ図）
　野生1（p110/カ写）

リュウキュウヒエスゲ　*Carex collifera*
カヤツリグサ科の多年草。日本固有種。
¶カヤツリ（p258/モ図）
　固有（p183）
　スゲ増（No.125/カ写）
　野生1（p314/カ写）

リュウキュウヒキノカサ　*Ranunculus extorris* var.
*lutchuensis*
キンポウゲ科の多年草。葉は浅い鋸歯。
¶野生2（p156/カ写）

リュウキュウヒメアブラススキ　*Capillipedium*
*parviflorum* var.*spicigerum*
イネ科キビ亜科の多年草。高さは90〜120cm。
¶桑イネ（p88/モ図）
　野生2（p79）

リュウキュウヒメハギ　*Polygala longifolia*　琉球姫萩
ヒメハギ科の草本。
¶野生2（p308/カ写）

リュウキュウヒメラン　*Lycopodium sieboldii* var.
*christensenianum*
ヒカゲノカズラ科のシダ植物。
¶山レ増（p696/カ写）

リュウキュウフジウツギ　⇒トウフジウツギを見よ

リュウキュウフシグロ　*Silene aprica* var.
*ryukyuensis*
ナデシコ科の一年草または越年草。ヒメケフシグロ
よりも毛が多い。
¶野生4（p121）

リュウキュウベンケイ　*Kalanchoe spathulata*　琉球
弁慶
ベンケイソウ科の草本。
¶原牧1（No.1433/カ図）
　新分牧（No.1570/モ図）
　新牧日（No.939/モ図）
　牧野ス1（No.1433/カ図）
　野生2（p219/カ図）
　山レ増（p332/カ写）

リュウキュウホウライカズラ　*Gardneria*
*liukiuensis*
マチン科の木本。別名リュウキュウチトセカズラ。
¶野生4（p305/カ写）

リュウキュウボタンヅル　*Clematis grata*
キンポウゲ科の草本。別名ケボタンヅル。
¶植調（p171/カ写）
　野生2（p145/カ写）

リュウキュウホラゴケ　*Vandenboschia liukiuensis*
コケシノブ科の常緑性シダ。日本固有種。葉身は長
さ8〜20cm, 広披針形。
¶固有（p200）
　シダ標1（p315/カ写）

リュウキュウマツ　*Pinus luchuensis*　琉球松
マツ科の常緑高木。日本固有種。別名オキナワマ
ツ。高さは15m。
¶APG原樹（No.10/カ図）
　固有（p194）
　野生1（p31/カ写）
　山カ樹木（p22/カ写）

リュウキュウマメガキ　*Diospyros japonica*　琉球
豆柿
カキノキ科の落葉高木。別名シナノガキ。
¶APG原樹（No.1110/カ図）
　原牧2（No.1062/カ写）
　新分牧（No.3104/モ図）
　新牧日（No.2261/モ図）
　牧野ス2（No.2907/カ図）
　野生4（p186/カ写）
　山カ樹木（p616/カ写）

リュウキュウマメヅタ　⇒マメヅタを見よ

リュウキュウマユミ　*Euonymus lutchuensis*
ニシキギ科の木本。日本固有種。
¶原牧2（No.202/カ写）
　固有（p88/カ写）
　新分牧（No.2255/モ図）
　新牧日（No.1653/モ図）
　牧野ス1（No.2047/カ図）
　野生3（p132/カ写）

リュウキュウミツデウラボシ　⇒ミツデウラボシ
を見よ

リュウキュウミヤマシキミ　*Skimmia japonica* var.
*lutchuensis*
ミカン科の常緑低木。日本固有種。
¶固有（p85/カ写）
　野生3（p305/カ写）

リュウキュウミヤマトベラ　⇒タイワンミヤマト
ベラを見よ

リュウキュウムクゲ　⇒ブッソウゲを見よ

リュウキュウモクセイ　*Osmanthus marginatus*
モクセイ科の木本。
¶新分牧（No.3564/モ図）
　野生5（p65/カ写）

リュウキュウモチ　*Ilex liukiuensis*
モチノキ科の木本。日本固有種。別名リュウキュウ
モチノキ。
¶原牧2〔リュウキュウモチノキ〕（No.1830/カ図）
　固有（p88/カ写）
　新分牧〔リュウキュウモチノキ〕（No.3871/モ図）

新牧日〔リュウキュウモチノキ〕(No.1621/モ図)
牧野ス2〔リュウキュウモチノキ〕(No.3675/カ図)
野生5 (p184/カ写)

**リュウキュウモチノキ** ⇒リュウキュウモチを見よ

**リュウキュウヤツデ** *Fatsia japonica* var.*liukiuensis*
ウコギ科。日本固有種。
¶固有 (p98)
野生5 (p378/カ写)

**リュウキュウヤナギ** *Solanum glaucophyllum* 琉
球柳
ナス科の常緑低木。別名ルリヤナギ, スズカケヤナ
ギ。高さは1〜2m。花は紫色。
¶APG原樹〔ルリヤナギ〕(No.1374/カ図)
帰化写改 (p287/カ写)
原牧2 (No.1481/カ図)
新分牧 (No.3487/モ図)
新牧日 (No.2657/モ図)
茶花下〔るりやなぎ〕(p285/カ写)
牧野ス2 (No.3326/カ図)
野生5 (p42/カ写)
山力樹木〔ルリヤナギ〕(p667/カ写)

**リュウキュウヤノネグサ** ⇒ナツノウナギツカミを
見よ

**リュウキュウヤブカラシ** ⇒アカミノヤブカラシを
見よ

**リュウキュウヤブラン** ⇒コヤブランを見よ

**リュウキュウユリ** ⇒テッポウユリを見よ

**リュウキュウヨモギ** ⇒ニイタカヨモギを見よ

**リュウキュウルリミノキ** *Lasianthus fordii* var.
*fordii* 琉球瑠璃実の木
アカネ科の常緑低木。別名タシロルリミノキ, ミヤ
マルリミノキ。
¶野生4 (p280/カ写)
山力樹木 (p678/カ写)

**リュウキョウコウメ** *Prunus mume* 'Ryūkyō-
koume' 竜峡小梅
バラ科。ウメの品種。実ウメ, 野梅系。
¶ウメ〔竜峡小梅〕(p186/カ写)

**リュウキンカ** *Caltha palustris* var.*nipponica* 立金花
キンポウゲ科の多年草。高さは15〜50cm。
¶学フ増野春 (p130/カ写)
学フ有毒 (p38/カ写)
原牧1 (No.1193/カ図)
山野草 (No.0102/カ写)
新分牧 (No.1480/モ写)
新牧日 (No.514/モ図)
茶花上 (p482/カ写)
牧野ス1 (No.1193/カ図)
ミニ山 (p40/カ写)
野生2 (p140/カ写)
山力野草 (p500/カ写)
山ハ高山 (p106/カ写)
山ハ山花 (p221/カ写)

**リュウグウノオトヒメノモトユイノキリハズシ**
⇒アマモを見よ

**リュウケツジュ** *Dracaena draco* 竜血樹
キジカクシ科〔クサスギカズラ科〕(リュウゼツラ
ン科)の木本。高さは20m以上。花は帯緑色。
¶APG原樹 (No.192/カ図)
原牧1 (No.584/カ図)
新分牧 (No.613/モ図)
新牧日 (No.3505/モ図)
牧野ス1 (No.584/カ図)

**リュウセイクロトン** *Codiaeum variegatum* var.
*pictum* f.*taeniosum* 'Van Oosterzeei'
トウダイグサ科。クロトンノキの品種。別名マ
ツバ。
¶APG原樹〔クロトンノキ'リュウセイクロトン'〕(No.
808/カ図)

**リュウゼツサイ** *Lactuca indica* var.*dracoglossa* 竜
舌菜
キク科キクニガナ亜科の草本。葉は粉白, 葉を食用
とする。
¶原牧2 (No.2244/カ図)
新分牧 (No.4057/モ図)
新牧日 (No.3272/モ図)
牧野ス2 (No.4089/カ図)
野生5 (p282)

**リュウゼツラン** *Agave americana* 'Marginata' 竜
舌蘭
キジカクシ科〔クサスギカズラ科〕(リュウゼツラ
ン科)の常緑多年草。別名マンネンラン。葉はロ
ゼット状に集まり, 長さ1〜2m。
¶学フ有毒 (p117/カ写)
原牧1 (No.564/カ写)
新分牧 (No.638/モ図)
新牧日 (No.3508/モ図)
牧野ス1 (No.564/カ図)

**リュウゾウジヤナギ** *Salix* × *hayatana*
ヤナギ科の雑種。
¶野生3〔リュウゾウジヤナギ(ジャヤナギ×ネコヤナ
ギ)〕(p207)

**リュウタン** ⇒リンドウを見よ

**リュウドウ** ⇒リンドウを見よ

**リュウノウギク** *Chrysanthemum makinoi* 竜脳菊
キク科キク亜科の多年草。日本固有種。高さは40
〜80cm。花は白色。
¶学フ増山菜 (p63/カ写)
学フ増野秋 (p132/カ写)
学フ増薬草 (p131/カ写)
原牧2 (No.2060/カ図)
固有 (p143)
山野草 (No.1210/カ写)
新分牧 (No.4205/モ図)
新牧日 (No.3096/モ図)
茶花下 (p376/カ写)
牧野ス2 (No.3905/カ写)
野生5 (p337/カ写)
山力野草 (p73/カ写)
山ハ野花 (p517/カ写)
山ハ山花 (p495/カ写)

**リュウノタマ** ⇒タマサンゴを見よ

リュウノヒゲ　⇒ジャノヒゲを見よ

リュウノヒゲモ　*Stuckenia pectinata*　竜の髭藻
ヒルムシロ科の沈水植物。沈水葉は針状，先端は鋭尖頭。
¶原牧1（No.266/カ図）
新分牧（No.299/モ図）
新牧日（No.3348/モ図）
日水草（p137/カ写）
牧野ス1（No.266/カ図）
野生1（p134/カ写・モ図）

リュウノヤブマオ　*Boehmeria tosaensis*
イラクサ科。日本固有種。
¶固有（p45）

リュウビンタイ　*Angiopteris lygodiifolia*
リュウビンタイ科の常緑性シダ。葉長60～200cm，葉身は広楕円形。
¶シダ標1（p303/カ写）
新分牧（No.4520/モ図）
新牧日（No.4404/モ図）

リュウビンタイモドキ　*Ptisana boninensis*
リュウビンタイ科（リュウビンタイモドキ科）の常緑性シダ。日本固有種。別名イオウトウリュウビンタイモドキ，ヒロハリュウビンタイモドキ。葉身は長さ6～15cm,3回羽状複葉。
¶固有（p199）
シダ標1（p303/カ写）
新分牧（No.4522/モ図）
新牧日（No.4406/モ図）
山レ増（p685/カ写）

リュウホウ　*Prunus mume* 'Ryūhō'　流芳
バラ科。ウメの品種。野梅系ウメ，野梅性一重。
¶ウメ〔流芳〕（p45/カ写）

リュウモン　*Prunus mume* 'Ryūmon'　竜門
バラ科。ウメの品種。野梅系ウメ，野梅性一重。
¶ウメ〔竜門〕（p46/カ写）

リュウモンシダレ　*Prunus mume* 'Ryūmon-shidare'　竜門枝垂
バラ科。ウメの品種。枝垂れ系ウメ。
¶ウメ〔竜門枝垂〕（p159/カ写）

リョウウアザミ　*Cirsium domonii*
キク科アザミ亜科の草本。日本固有種。
¶固有（p141）
野生5（p252/カ写）

リョウタンジシロ　*Hibiscus syriacus* 'Ryôtanji-shiro'　龍潭寺白
アオイ科。ムクゲの品種。一重咲き中弁型。
¶茶花下（p16/カ写）

リョウトウイタチシダ　*Dryopteris kobayashii*
オシダ科のシダ植物。
¶シダ標2（p366/カ写）

リョウノウアザミ　*Cirsium grandirosuliferum*
キク科アザミ亜科の草本。日本固有種。
¶固有（p138）
野生5（p226/カ写）

リョウハクトリカブト　*Aconitum zigzag* subsp. *ryohakuense*　両白鳥兜
キンポウゲ科の多年草。日本固有種。
¶原牧1（No.1230/カ図）
固有（p56）
新分牧（No.1433/モ図）
新牧日（No.555/モ図）
牧野ス1（No.1230/カ図）
野生2（p130）

リョウブ　*Clethra barbinervis*　令法
リョウブ科の落葉低木または高木。高さは3～7m。花は白色。
¶APG原樹（No.1199/カ図）
学フ増樹（p195/カ写・カ図）
原牧2（No.1159/カ図）
新分牧（No.3202/モ図）
新牧日（No.2097/モ図）
茶花下（p164/カ写）
都木花新（p91/カ写）
牧野ス2（No.3004/カ図）
野生4（p222/カ写）
山カ樹木（p607/カ写）
落葉図譜（p264/モ図）

リョウメンシダ　*Arachniodes standishii*　両面羊歯
オシダ科の常緑性シダ。葉身は長さ40～65cm, 長卵状広披針形。
¶シダ標2（p395/カ写）
新分牧（No.4734/モ図）
新牧日（No.4519/モ図）

リョウリギク　*Chrysanthemum morifolium*　料理菊
キク科の草本。花は黄か赤紫色。
¶原牧2（No.2052/カ写）
新分牧（No.4198/モ図）
新牧日（No.3088/モ図）
牧野ス2（No.3897/カ図）

リョウリダケ　*Dendrocalamus asper*
イネ科のタケ。やや粗生, タケノコの葉鞘は褐紫色で食用。
¶タケササ〔デンドロカラムス アスパー〕（p191/カ写）

リョウリユリ　⇒ヤマユリを見よ

リョクガク(1)　*Prunus mume* 'Ryokugaku'　緑萼
バラ科。ウメの品種。野梅系ウメ，野梅性八重。
¶ウメ〔緑萼〕（p78/カ写）

リョクガク(2)　⇒リョクガクバイを見よ

リョクガクカスガノ　*Prunus mume* 'Ryokugaku-kasugano'　緑萼春日野
バラ科。ウメの品種。李系ウメ，難波性八重。
¶ウメ〔緑萼春日野〕（p97/カ写）

リョクガクシダレ　*Prunus mume* 'Ryokugaku-shidare'　緑萼枝垂
バラ科。ウメの品種。枝垂れ系ウメ。
¶ウメ〔緑萼枝垂〕（p159/カ写）

リョクガクバイ　*Prunus mume* 'Viridicalyx'　緑萼梅
バラ科の落葉高木。ウメの園芸品種群。別名リョクガク。花は白色。

リヨクチク 862

¶ **APG原樹**〔ウメ‘アオジクウメ’〕(No.464/カ図)
原牧1 (No.1633/カ図)
新分牧 (No.1829/モ図)
新牧日 (No.1208/モ図)
牧野ス1 (No.1633/カ図)

**リヨクチク** *Bambusa oldhamii* 緑竹
イネ科タケ亜科のタケ。高さは6〜12m。
¶**タケ亜科** (No.4/カ写)
タケササ (p180/カ写)

**リョクトウ** ⇒ヤエナリを見よ

**リョクフウ** ⇒サツマカンアオイ‘緑風’を見よ

**リラ** ⇒ムラサキハシドイを見よ

**リラ・フラワー** ⇒ケマンソウを見よ

**リリウム・アマビレ** ⇒コマユリを見よ

**リリウム・カナデンセ** *Lilium canadense*
ユリ科の多肉植物。花は黄橙色。
¶**山野草** (No.1481/カ写)

**リリウム・タリエンセ** *Lilium taliense*
ユリ科の多年草。別名ダイリユリ。
¶**山野草** (No.1486/カ写)

**リリウム・ナヌム** *Lilium nanum*
ユリ科の草本。高さは10〜30cm。
¶**山野草** (No.1487/カ写)

**リリウム・ピュミルム** ⇒イトハユリを見よ

**リリウム・マクリニエ** *Lilium mackliniae*
ユリ科の草本。高さは30〜70cm。
¶**山野草** (No.1478/カ写)

**リリウム・レガレ** *Lilium regale*
ユリ科の多肉植物，多年草。別名リーガルリリー。
高さは60〜150cm。花は白色。
¶**山野草** (No.1485/カ写)

**リリウム・ロホフォルム** *Lilium lophophorum*
ユリ科の草本。高さは10〜45cm。
¶**山野草** (No.1488/カ写)

**リンキ** ⇒ウケザキカイドウを見よ

**リンゴ** ⇒セイヨウリンゴを見よ

**リンゴアザミ** ⇒ルリアザミを見よ

**リンゴツバキ** ⇒ヤクシマツバキを見よ

**リンシバイ** *Prunus mume* ‘Rinshibai’ 淋子梅
バラ科。ウメの品種。杏系ウメ，豊後性八重。
¶**ウメ**〔淋子梅〕(p147/カ写)

**リンショウバイ** (1) ⇒ニワウメを見よ

**リンショウバイ** (2) ⇒ニワザクラ (広義) を見よ

**リンチガイ** *Prunus mume* ‘Rinchigai’ 輪違い
バラ科。ウメの品種。李系ウメ，難波性八重。
¶**ウメ**〔輪違い〕(p97/カ写)

**リントウ** ⇒アダンを見よ

**リンドウ** *Gentiana scabra* var.*buergeri* 竜胆
リンドウ科の多年草。日本固有種。別名ササリンド
ウ，エヤミグサ，リュウタン，リウタム，リュウド

ウ。高さは20〜90cm。
¶**色野草** (p327/カ写)
学フ増野秋 (p70/カ写)
学フ増薬草 (p95/カ写)
原牧2 (No.1335/カ図)
固有 (p115)
山野草 (No.0945/カ写)
新分牧 (No.3379/モ図)
新牧日 (No.2317/モ図)
茶花下 (p351/カ写)
牧野ス2 (No.3180/カ図)
野生4 (p297/カ写)
山カ野草 (p260/カ写)
山ハ野花 (p430/カ写)
山ハ山花 (p394/カ写)

**リンドウトラノオ** *Veronica gentianoides* 竜胆虎
の尾
オオバコ科 (ゴマノハグサ科)。高さは25〜60cm。
花は淡青色。
¶**茶花上** (p483/カ写)

**リンドレイクサギ** *Clerodendrum lindleyi*
シソ科キランソウ亜科の木本。
¶**野生5** (p113)

**リンネソウ** *Linnaea borealis* リンネ草
スイカズラ科の常緑小低木。別名エゾアリドオシ，
メオトバナ。高さは5〜10cm。
¶**APG原樹** (No.1507/カ図)
学フ増高山 (p69/カ写)
原牧2 (No.2320/カ図)
新分牧 (No.4367/モ図)
新牧日 (No.2842/モ図)
茶花下 (p164/カ写)
牧野ス2 (No.4165/カ図)
野生5 (p416/カ写)
山カ樹木 (p697/カ写)
山カ野草 (p147/カ写)
山ハ高山 (p363/カ写)
山ハ山花 (p484/カ写)

**リンポウ** *Paeonia suffruticosa* ‘Rinpō’ 麟鳳
ボタン科。ボタンの園芸品種。
¶**APG原樹**〔ボタン‘リンポウ’〕(No.302/カ図)

**リンボク** *Laurocerasus spinulosa* 橉木
バラ科シモツケ亜科の常緑高木。別名ヒイラギガ
シ，カタザクラ。
¶**APG原樹** (No.457/カ図)
学フ増桜 (p224/カ写)
原牧1 (No.1664/カ図)
新分牧 (No.1822/モ図)
新牧日 (No.1242/モ図)
牧野ス1 (No.1664/カ図)
野生3 (p70/カ写)
山カ樹木 (p312/カ写)

リ

# 【ル】

**ルイシア・ネヴァデンシス** ⇒レウイシア・ネバデンシスを見よ

**ルイシア・ブラキカリクス** ⇒レウイシア・ブラキカリックスを見よ

**ルイシア・レディウィウア** ⇒レウイシア・レディビバを見よ

**ルイヨウショウマ** *Actaea asiatica* 類葉升麻
キンポウゲ科の多年草。高さは50〜70cm。花は白色。
¶原牧1 (No.1241/カ図)
　新分牧 (No.1379/モ図)
　新牧日 (No.566/モ図)
　茶花上 (p483/カ写)
　牧野ス1 (No.1241/カ図)
　ミニ山 (p51/カ写)
　野生2 (p131/カ写)
　山カ野草 (p492/カ写)
　山ハ山花 (p219/カ写)

**ルイヨウボタン** *Caulophyllum robustum* 類葉牡丹
メギ科の多年草。高さは40〜80cm。
¶学フ増野春 (p126/カ写)
　原牧1 (No.1184/カ写)
　山野草 (No.0376/カ写)
　新分牧 (No.1334/モ図)
　新牧日 (No.650/モ図)
　茶花上 (p335/カ写)
　牧野ス1 (No.1184/カ写)
　ミニ山 (p61/カ写)
　野生2 (p116/カ写)
　山カ野草 (p465/カ写)
　山ハ山花 (p210/カ写)

**ルエサンスゲ** ⇒コヌマスゲを見よ

**ルクタマカンバ** ⇒ヤチカンバを見よ

**ルコウソウ** *Ipomoea quamoclit* 縷紅草, 留紅草
ヒルガオ科のつる性の一年草。別名ホソバルコウソウ。花は紅色。
¶帰化写改 (p249/カ写, p505/カ写)
　原牧2 (No.1444/カ図)
　新分牧 (No.3458/モ図)
　新牧日 (No.2456/モ図)
　茶花下 (p165/カ写)
　牧野ス2 (No.3289/カ図)
　野生5 (p29/カ写)
　山カ野草 (p247/カ写)
　山ハ野花 (p445/カ写)

**ルーシー** *Hibiscus syriacus* 'Lucy'
アオイ科。ムクゲの品種。半八重咲きバラ咲き型。
¶茶花下 (p33/カ写)

**ルスン** ⇒ミヤマシロバイを見よ

**ルソンハマクサギ** *Premna nauseosa* ルソン浜臭木
シソ科ハマクサギ亜科の常緑の小低木。高さは5〜10m。花は白色。
¶野生5 (p107/カ写)

**ルゾンヤマノイモ** *Dioscorea luzonensis*
ヤマノイモ科のつる性多年草。
¶野生1 (p149/カ写)
　山レ増 (p572/カ写)

**ルッスラ・サルドニア** *Russula sardonia*
ベニタケ科のキノコ。傘は暗紫色, 傘の径最大1.25cm。
¶原きの〔Primrose brittlegill (サクラソウ色のもろいひだ)〕(No.262/カ写・カ図)

**ルドウィジア・アドスケンデンス** ⇒ケミズキンバイを見よ

**ルドウィジア・グランデュローサ** ⇒ミソハギダマシを見よ

**ルピカブノス・アフリカーナ** *Rupicapnos africana*
ケシ科の草本。
¶山野草 (No.0456/カ写)

**ルビーガヤ** *Melinis repens*
イネ科キビ亜科の一年草または多年草。別名ホクチガヤ。高さは20〜150cm。
¶帰化写改 (p465/カ写)
　桑イネ (p422/カ写・モ図)
　新分牧〔ホクチガヤ〕(No.1239/モ図)
　新牧日〔ホクチガヤ〕(No.3785/モ図)
　野生2 (p88/カ写)

**ルピナス** *Lupinus* spp.
マメ科の宿根草。ルピナス属の総称。別名ノボリフジ, ハウチワマメ。
¶学フ有毒 (p150/カ写)

**ルピナス・レピドゥス・ユタヘンシス** *Lupinus lepidus* var.*utahensis*
マメ科の草本。
¶山野草 (No.0641/カ写)

**ルブルムカエデ** ⇒アメリカハナノキを見よ

**ルベラナズナ** *Capsella rubella*
アブラナ科の草本。花弁と萼片はほぼ同長。
¶帰化写改 (p93/カ写)

**ルリアザミ** *Centratherum punctatum*
キク科の多年草。別名ムラサキルーシャン, リンゴアザミ。
¶帰化写2 (p267/カ写)

**ルリイチゲ** ⇒ユキワリイチゲを見よ

**ルリイチゲソウ**(1) ⇒キクザキイチゲを見よ

**ルリイチゲソウ**(2) ⇒ヒメイチゲを見よ

**ルリイロツルナス** *Solanum seaforthianum*
ナス科のつる性多年草。別名フサナリツルナスビ。花は青紫色。
¶帰化写2 (p428/カ写)
　野生5 (p42/カ写)

**ルリイロムクゲ** ⇒シギョクを見よ

ルリオタマ　　　864

**ルリオダマキ**　*Aquilegia sibirica*　瑠璃苧環
キンポウゲ科の草本。高さは5〜10cm。
¶山野草（No.0065/カ写）

**ルリカラクサ**　*Nemophila menziesii* subsp.*insignis*
瑠璃唐草
ムラサキ科の一年草。別名コモンカラクサ，ネモ
フィラ。高さは20cm前後。花は淡青色で中心は
白色。
¶茶花上（p336/カ写）

**ルリカンザシ**　⇒グロブラリア・コルディフォリア
を見よ

**ルリギク**　*Stokesia laevis*
キク科の多年草。別名ストケシア。高さは30〜
60cm。花は紫青色。
¶原牧2（No.1911/カ図）
新分牧（No.4015/モ図）
新牧日（No.2948/モ図）
牧野ス2（No.3756/カ図）

**ルリヂサ**　⇒ルリチシャを見よ

**ルリヂシャ**　⇒ルリチシャを見よ

**ルリシャクジョウ**　*Burmannia itoana*　瑠璃錫杖
ヒナノシャクジョウ科の多年生の菌従属栄養植物。
高さは5〜12cm。
¶原牧1（No.280/カ図）
新分牧（No.325/モ図）
新牧日（No.3562/モ図）
牧野ス1（No.280/モ図）
野生1（p147/カ写）
山力野草（p588/カ写）
山ハ山花（p51/カ写）

**ルリスイレン**　*Nymphaea caerulea*
スイレン科の抽水性の多年草。別名ネッタイスイレ
ン。長さ30cm。花は黄色。
¶新分牧（No.91/モ図）

**ルリソウ**(1)　*Nihon krameri*　瑠璃草
ムラサキ科ムラサキ亜科の多年草。日本固有種。高
さは20〜40cm。
¶原牧2（No.1413/カ図）
固有（p121）
新分牧（No.3520/モ図）
新牧日（No.2473/モ図）
牧野ス2（No.3256/カ図）
野生5（p57/カ写）
山力野草（p235/カ写）
山ハ山花（p385/カ写）

**ルリソウ**(2)　⇒ホタルカズラを見よ

**ルリダマノキ**　⇒ルリミノキを見よ

**ルリチシャ**　*Borago officinalis*
ムラサキ科の一年草。別名ルリヂシャ，ルリヂサ，
ボラゴソウ，ボリジ。高さは15〜70cm。花は青色。
¶帰化写2（p187/カ写）

**ルリチョウソウ**　⇒ラショウモンカズラを見よ

**ルリチョウチョウ**　⇒ロベリアを見よ

**ルリデライヌワラビ**　*Athyrium wardii* var.*inadae*
イワデンダ科のシダ植物。日本固有種。
¶固有（p204）

**ルリトラノオ**　*Veronica subsessilis*　瑠璃虎の尾
オオバコ科（ゴマノハグサ科）の草本。別名イブキ
ルリトラノオ。
¶原牧2（No.1587/カ図）
山野草（No.1066/カ写）
新分牧（No.3622/モ図）
新牧日（No.2730/モ図）
茶花下（p165/カ写）
牧野ス2（No.3432/カ図）
野生5（p88/カ写）
山ハ山花（p455/カ写）
山レ増（p112/カ写）

**ルリニワゼキショウ**　*Sisyrinchium angustifolium*
アヤメ科の多年草。別名アイイロニワゼキショウ。
¶野生1（p236）
山ハ野花〔オオニワゼキショウ〕（p65/カ写）

**ルリハコベ**　*Anagallis arvensis* f.*coerulea*　瑠璃繁縷
サクラソウ科の一年草または越年草。
¶原牧2（No.1105/カ図）
植調（p178/カ写）
新分牧（No.3144/モ図）
新牧日（No.2249/モ図）
牧野ス2（No.2950/カ図）
野生4（p188/カ写）
山ハ野花（p416/カ写）

**ルリハコベ（広義）**　*Anagallis arvensis*　瑠璃繁縷
サクラソウ科の一年草または越年草。高さは10〜
50cm。花は青紫，赤などの濃淡色。
¶帰化写改〔ルリハコベ〕（p225/カ写）
茶花上〔るりはこべ〕（p225/カ写）
山力野草〔ルリハコベ〕（p269/カ写）

**ルリハッカ**　*Amethystea caerulea*
シソ科キランソウ亜科の草本。
¶原牧2（No.1617/カ写）
新分牧（No.3707/モ図）
新牧日（No.2526/モ図）
牧野ス2（No.3462/カ図）
野生5（p111/カ写）

**ルリハツタケ**　*Lactarius subindigo*
ベニタケ科のキノコ。傘は5〜10cm。ひだは青
藍色。
¶山力日き（p396/カ写）

**ルリバナヒエンソウ**　*Delphinium grandiflorum*　瑠
璃花飛燕草
キンポウゲ科の宿根草。別名オオバナヒエンソウ。
高さは30〜90cm。花は青〜白色。
¶茶花上（p594/カ写）

**ルリヒナギク**　*Felicia amelloides*　瑠璃雛菊
キク科の宿根草。別名ブルー・デージー，フェリシ
ア。高さは1m。花は淡青色。
¶茶花上（p484/カ写）

**ルリビョウタン**　⇒アオカズラ(1)を見よ

ル

ルリマツリ　*Plumbago auriculata*　瑠璃茉莉
　イソマツ科の観賞用多年草。高さは1.5m。花は青空色。
　¶茶花下（p351/カ写）

ルリミゾカクシ　⇒ロベリアを見よ

ルリミノウシコロシ　⇒サワフタギを見よ

ルリミノキ　*Lasianthus japonicus*　瑠璃実の木
　アカネ科の常緑低木。別名ルリダマノキ。
　¶APG原樹（No.1333/カ図）
　　原牧2（No.1295/カ図）
　　新分牧（No.3315/モ図）
　　新牧日（No.2409/モ図）
　　牧野ス2（No.3140/カ図）
　　野生4（p280/カ写）

ルリムスカリ　*Muscari botryoides*
　キジカクシ科〔クサスギカズラ科〕（ユリ科）の球根植物、多年草。高さは15～30cm。花は空青～菫青色。
　¶原牧1（No.561/カ図）
　　茶花上〔ムスカリ〕（p319/カ写）
　　牧野ス1（No.561/カ図）

ルリヤナギ　⇒リュウキュウヤナギを見よ

## 【レ】

レイカンジチリツバキ　⇒ヤエワビスケを見よ

レイコシノ　*Sasaella reikoana*
　イネ科のササ。
　¶タケササ（p126/カ写）

レイシ　*Litchi chinensis*　茘枝
　ムクロジ科の常緑小高木。別名ライチ，ライチー。可食部は白い半透明の仮種皮。高さは7～10m。花は淡黄色。
　¶APG原樹（No.946/カ図）
　　原牧2（No.519/カ図）
　　新分牧（No.2594/モ図）
　　新牧日（No.1602/モ図）
　　牧野ス2（No.2364/カ図）

レイジンソウ　*Aconitum loczyanum*　伶人草
　キンポウゲ科の多年草。日本固有種。高さは30～100cm。花は淡紅紫～淡ピンク色。
　¶学フ増野夏（p52/カ写）
　　学フ有毒（p33/カ写）
　　原牧1（No.1215/カ図）
　　固有（p55）
　　山野草（No.0089/カ写）
　　新分牧（No.1415/モ図）
　　新牧日（No.540/モ図）
　　茶花下（p352/カ写）
　　牧野ス1（No.1215/カ図）
　　ミニ山（p49/カ写）
　　野生2（p124/カ写）
　　山力野草（p488/カ写）

山ハ山花（p216/カ写）

レイランドサイプレス'ゴールド ライダー'　⇒ゴールド ライダーを見よ

レインボー　⇒シチサイを見よ

レインリリー　⇒タマスダレ(2)を見よ

レウイシア・カローセルハイブリッド　*Lewisia Ashwood carousel* Hybrids
　スベリヒユ科の草本。交配種。
　¶山野草（No.0011/カ写）

レウイシア・コチレドンハイブリッド　*Lewisia cotyledon* Hybrids
　スベリヒユ科の草本。
　¶山野草（No.0013/カ写）

レウイシア・トウィディ　*Lewisia tweedy*
　スベリヒユ科の多年草。
　¶山野草（No.0006・0007/カ写）

レウイシア・ネバデンシス　*Lewisia nevadensis*
　スベリヒユ科の草本。花は白色。
　¶山野草（No.0012/カ写）

レウイシア・ブラキカリックス　*Lewisia brachycalyx*
　スベリヒユ科の草本。花は白色。葉は長さ5cm。
　¶山野草（No.0008/カ写）

レウイシア・レディビバ　*Lewisia rediviva*
　スベリヒユ科の草本。花はピンク～紫紅色。
　¶山野草（No.0009・0010/カ写）

レオントポジウム・アルピナム　⇒エーデルワイスを見よ

レオントポジウム・ステラツム　*Leontopodium stellatum*
　キク科の草本。高さは5～15cm。
　¶山野草（No.1303/カ写）

レオントポジウム・ナヌム　*Leontopodium nanum*
　キク科の草本。高さは3～7cm。
　¶山野草（No.1305/カ写）

レオントポジウム・モノケファルム　*Leontopodium monocephalum*
　キク科の草本。高さは4～10cm。
　¶山野草（No.1304/カ写）

レセダ　⇒シノブモクセイソウを見よ

レタス　⇒チシャを見よ

レダマ　*Spartium junceum*　連玉
　マメ科の木本。別名キレダマ，モクレダマ。高さは2～3.5m。花は黄色。
　¶APG原樹（No.382/カ図）
　　原牧1（No.1491/カ図）
　　新分牧（No.1651/モ図）
　　新牧日（No.1278/モ図）
　　茶花下（p285/カ写）
　　牧野ス1（No.1491/カ図）

レッコウバイ　*Prunus mume* 'Rekkōbai'　烈公梅
　バラ科。ウメの品種。野梅系ウメ，野梅性一重。
　¶ウメ〔烈公梅〕（p46/カ写）

**レッド・クローバー** ⇒ムラサキツメクサを見よ

**レッド サンセット** *Acer rubrum* 'Red Sunset'
ムクロジ科（カエデ科）。ベニカエデの品種。
¶**APG原樹**〔ベニカエデ'レッド サンセット'〕（No.1572/カ図）

**レッドトップ** ⇒コヌカグサを見よ

**レッドプリンス** *Weigela praecox* 'Red Prince'
スイカズラ科の木本。ハヤザキウツギの品種。
¶**APG原樹**〔ビロードウツギ'レッドプリンス'〕（No.1592/カ図）

**レッドホット・キャットテール** ⇒ベニヒモノキを見よ

**レッドモンロー** *Cinnamomum camphora* 'Red Monroe'
クスノキ科の常緑小高木。クスノキの園芸品種。
¶**APG原樹**〔クスノキ'レッドモンロー'〕（No.1550/カ図）

**レッド・リバー・ガム** ⇒セキザイユーカリを見よ

**レッドロビン** *Photinia×fraseri* 'Red Robin'
バラ科の木本。カナメモチの品種。別名ベニカナメモチ, セイヨウカナメモチ。
¶**APG原樹**（No.545/カ図）

**レディ・マリオン** ⇒クマサカを見よ

**レバノンシーダー** *Cedrus libani*
マツ科の大型常緑高木。樹高は40m。樹皮は濃灰色。
¶**APG原樹**（No.25/カ図）

**レプトスペルムム** ⇒ギョリュウバイを見よ

**レブンアツモリソウ** *Cypripedium macranthos* var. *rebunense* 礼文敦盛草
ラン科の草本。日本固有種。
¶**固有**（p188/カ写）
**茶花上**（p594/カ写）
**野生1**（p194/カ写）
**山カ野草**（p560/カ写）
**山ハ山花**（p130/カ写）
**山レ増**（p459/カ写）

**レブンイワレンゲ** ⇒コモチレンゲを見よ

**レブンウスユキソウ** ⇒エゾウスユキソウを見よ

**レブンキンバイソウ** *Trollius rebunensis* 礼文金梅草
キンポウゲ科の草本。別名オクキンバイソウ, ヒトエオクキンバイ。
¶**山野草**（No.0101/カ写）
**野生2**（p169/カ写）
**山カ野草**（p494/カ写）
**山ハ高山**（p105/カ写）

**レブンクモマグサ** ⇒シコタンソウを見よ

**レブンコザクラ** *Primula modesta* var.*matsumurae* 礼文小桜
サクラソウ科の多年草。日本固有種。
¶**原牧2**（No.1074/カ図）
**固有**（p110）
**山野草**（No.0825/カ写）
**牧野ス2**（No.2919/カ図）

**野生4**（p200/カ写）
**山カ野草**（p276/カ写）
**山ハ高山**（p257/カ写）
**山ハ山花**（p372/カ写）
**山レ増**（p196/カ写）

**レブンサイコ** *Bupleurum triradiatum* 礼文柴胡
セリ科セリ亜科の草本。
¶**学フ増高山**（p107/カ写）
**原牧2**（No.2408/カ図）
**山野草**（No.0748/カ写）
**新分牧**（No.4433/モ図）
**新牧日**（No.2025/モ図）
**牧野ス2**（No.4253/カ図）
**野生5**（p392/カ写）
**山カ野草**（p306/カ写）
**山ハ高山**（p357/カ写）
**山レ増**（p225/カ写）

**レブンスゲ** ⇒オノエスゲを見よ

**レブンソウ** *Oxytropis megalantha* 礼文草
マメ科マメ亜科の草本。日本固有種。
¶**学フ増高山**（p29/カ写）
**原牧1**（No.1523/カ図）
**固有**（p79/カ写）
**山野草**（No.0630/カ写）
**新分牧**（No.1749/モ図）
**新牧日**（No.1310/モ図）
**牧野ス1**（No.1523/カ図）
**野生2**（p288/カ写）
**山カ野草**（p393/カ写）
**山ハ高山**（p198/カ写）
**山レ増**（p285/カ写）

**レブンタカネツメクサ**(1) *Minuartia arctica* var. *rebunensis* 礼文高嶺爪草
ナデシコ科の草本。エゾタカネツメクサより有花枝の葉が多い。
¶**山ハ高山**（p135/カ写）

**レブンタカネツメクサ**(2) ⇒エゾタカネツメクサを見よ

**レブントウヒレン**(1) *Saussurea rieदेri* var.*insularis* 礼文唐飛簾
キク科の草本。日本固有種。
¶**固有**（p148）
**山ハ高山**（p416/カ写）

**レブントウヒレン**(2) ⇒エゾトウヒレンを見よ

**レモン** *Citrus limon* 檸檬
ミカン科の低木。果皮は黄色。花は紫色。
¶**APG原樹**（No.960/カ図）
**原牧2**（No.585/カ図）
**新分牧**（No.2625/モ図）
**新牧日**（No.1522/モ図）
**牧野ス2**（No.2430/カ図）
**山カ樹木**（p375/カ写）

**レモンエゴマ** *Perilla citriodora*
シソ科シソ亜科〔イヌハッカ亜科〕の一年草。高さは20～70cm。

¶学フ増野秋 (p164/カ写)
　野生5 (p130/カ写)
　山力野草 (p223/カ写)
　山ハ山花 (p431/カ写)

**レンガタケ** *Heterobasidion orientale*
ミヤマトンビマイ科のキノコ。
¶山力日き (p479/カ写)

**レンキュウ** *Prunus mume* 'Renkyū'　蓮久
バラ科。ウメの品種。李系ウメ、紅材性八重。
¶ウメ〔蓮久〕(p122/カ写)

**レンギョウ**(1)　*Forsythia suspensa*　連翹
モクセイ科の落葉低木。別名レンギョウウツギ。花
は帯橙黄色。
¶APG原樹 (No.1377/カ図)
　学フ増花庭 (p57/カ写)
　学フ増薬草 (p226/カ写)
　原牧2 (No.1505/カ図)
　新分牧 (No.3535/モ図)
　新牧日 (No.2288/モ図)
　茶花上 (p226/カ写)
　都木花新 (p214/カ写)
　牧野ス2 (No.3350/カ図)
　野生5 (p60/カ写)
　山力樹木 (p642/カ写)
　落葉図譜 (p285/モ図)

**レンギョウ**(2)　⇒トモエソウを見よ

**レンギョウウツギ**　⇒レンギョウ(1)を見よ

**レンギョウエビネ**　*Calanthe lyroglossa*
ラン科の草本。
¶野生1 (p186/カ写)
　山レ増 (p477/カ写)

**レンゲ**　⇒ゲンゲを見よ

**レンゲイワヤナギ**　⇒タカネイワヤナギを見よ

**レンゲゴケ**　⇒オオカサゴケを見よ

**レンゲショウマ**　*Anemonopsis macrophylla*　蓮華
升麻
キンポウゲ科の多年草。日本固有種。別名クサレン
ゲ。高さは40〜80cm。花は淡紫色。
¶学フ増野夏 (p51/カ写)
　原牧1 (No.1207/カ写)
　固有 (p57/カ写)
　山野草 (No.0144/カ写)
　新分牧 (No.1374/モ図)
　新牧日 (No.533/モ図)
　茶花下 (p286/カ写)
　牧野ス1 (No.1207/カ図)
　ミニ山 (p48/カ写)
　野生2 (p137/カ写)
　山力野草 (p492/カ写)
　山ハ山花 (p217/カ写)

**レンゲソウ**　⇒ゲンゲを見よ

**レンゲツツジ**　*Rhododendron molle* subsp.*japonicum*
蓮華躑躅
ツツジ科ツツジ亜科の落葉低木。日本固有種。別名

オニツツジ、ウマツツジ。花は黄〜オレンジ色。
¶APG原樹 (No.1213/カ図)
　学フ増樹 (p56/カ写・カ図)
　学フ有毒 (p82/カ写)
　原牧2 (No.1201/カ図)
　固有 (p106/カ写)
　山野草 (No.0779/カ写)
　新分牧 (No.3270/モ図)
　新牧日 (No.2147/モ図)
　茶花上 (p485/カ写)
　都木花新 (p95/カ写)
　牧野ス2 (No.3046/カ図)
　野生4 (p237/カ写)
　山力樹木 (p537/カ写)
　落葉図譜 (p268/モ図)

**レンテンローズ**　⇒ハルザキクリスマスローズを
見よ

**レンブ**　*Syzygium aqueum*
フトモモ科の木本。別名オオフトモモ、ジャワフト
モモ。高さは3〜10m。花は白色、または桃色。
¶APG原樹 (No.881/カ図)

**レンプクソウ**　*Adoxa moschatellina* var.
*moschatellina*　連福草
ガマズミ科〔レンプクソウ科〕の多年草。別名ゴリ
ンバナ。高さは8〜15cm。
¶原牧2 (No.2284/カ図)
　新分牧 (No.4336/モ図)
　新牧日 (No.2879/モ図)
　牧野ス2 (No.4129/カ図)
　野生5 (p402/カ写)
　山力野草 (p147/カ写)
　山ハ野花 (p502/カ写)

**レンリソウ**　*Lathyrus quinquenervius*　連理草
マメ科マメ亜科の多年草。別名カマキリソウ。高さ
は30〜80cm。
¶学フ増野夏 (p25/カ写)
　原牧1 (No.1577/カ図)
　新分牧 (No.1783/モ図)
　新牧日 (No.1364/モ図)
　茶花上 (p485/カ写)
　牧野ス1 (No.1577/カ図)
　ミニ山 (p152/カ写)
　野生2 (p276/カ写)
　山力野草 (p381/カ写)
　山ハ野花 (p370/カ写)
　山ハ山花 (p333/カ写)

## 【ロ】

**ロイヤル・アザレア**　⇒クロフネツツジを見よ

**ロウゲツ**　*Camellia japonica* 'Rôgetsu'　臘月
ツバキ科。ツバキの品種。別名カクバシラタマ、ボ
ンシラタマ。花は白色。
¶茶花上 (p102/カ写)

ロウケン *Prunus mume* 'Rōken' 労謙
バラ科。ウメの品種。杏系ウメ，豊後性一重。
¶ウメ〔労謙〕(p135/カ写)

ロウタケ *Sebacina incrustans*
ロウタケ科のキノコ。
¶原きの (No.419/カ写・カ図)

ロウノキ ⇒ハゼノキを見よ

ロウバイ *Chimonanthus praecox* var.*praecox* 蝋梅
ロウバイ科の落葉低木。別名クヨウバイ，クエイバ
イ，ナンキンバイ，ナンキンウメ，カラウメ（古名）。
高さは2〜4m。花は黄色。
¶APG原樹 (No.148/カ図)
学フ増花庭 (p71/カ写)
学フ有毒 (p107/カ写)
原牧1 (No.136/カ図)
新分牧 (No.167/モ写)
新牧日 (No.479/モ図)
茶花下 (p393/カ写)
都木花新 (p18/カ写)
牧野ス1 (No.136/カ図)
山力樹木 (p191/カ写)

ロウベンカ ⇒トサミズキを見よ

ロウヤガキ *Diospyros rhombifolia* 老鴉柿，老爺柿
カキノキ科の木本。別名ツクバネガキ。果実は橙
紅色。
¶茶花下 (p386/カ写)

ロクエンソウ ⇒フナバラソウを見よ

ロクオンソウ(1) *Vincetoxicum amplexicaule*
キョウチクトウ科（ガガイモ科）の草本。別名ヒゴ
ビャクゼン。
¶原牧2 (No.1378/カ図)
新分牧 (No.3431/モ図)
新牧日 (No.2367/モ図)
牧野ス2 (No.3223/カ図)
野生4 (p317/カ写)
山レ増 (p162/カ写)

ロクオンソウ(2) ⇒フナバラソウを見よ

ロクショウグサレキン *Chlorociboria aeruginosa*
所属科未確定（ビョウタケ目）のキノコ。柄は中心
生，青緑色。
¶山力日き (p551/カ写)

ロクショウグサレキンモドキ *Chlorociboria*
*aeruginascens*
ハイイロチャワンタケ科のキノコ。超小型。
¶原きの (No.516/カ写・カ図)

ロクベンシモツケ ⇒ヨウシュシモツケを見よ

ロクロギ ⇒エゴノキを見よ

ローザ ⇒ハナカタバミを見よ

ロザンフヨウ *Hibiscus paramutabilis* 蘆山芙蓉
アオイ科。中国原産のムクゲ近似の近縁種。一重咲
き細弁型。花は白色。
¶茶花下 (p11/カ写)

ロシアンワイルドライグラス *Elymus arenarius*
イネ科の多年草。高さは60〜200cm。
¶桑イネ (p208/モ図)

ローズアップル ⇒テンニンカを見よ

ローズソウ ⇒アフリカヒゲシバを見よ

ローズマリー *Rosmarinus officinalis*
シソ科のハーブ，香辛野菜。別名マンルソウ，マン
ネンロウ。
¶APG原樹〔マンネンロウ〕(No.1429/カ図)
原牧2 (No.1630/カ図)
新分牧 (No.3786/モ図)
新牧日 (No.2539/モ写)
茶花上〔まんねんろう〕(p583/カ写)
牧野ス2 (No.3475/カ図)

ローソンヒノキ *Chamaecyparis lawsoniana*
ヒノキ科の木本。別名グラントヒノキ。樹高は
40m。樹皮は紫褐色。
¶APG原樹 (No.81/カ図)

ロータス ⇒ソデカクシを見よ

ロータス・アルピヌス ⇒ローツス・アルビヌスを
見よ

ローダンセ ⇒ヒロハノハナカンザシを見よ

ロッカクイ *Schoenoplectus mucropnatus* var.
*ishizawae*
カヤツリグサ科。日本固有種。
¶固有 (p188)

ロッカクソウ ⇒エビスグサ(1)を見よ

ロッコウヤナギ *Salix* × *gracilistyloides*
ヤナギ科の雑種。
¶野生3〔ロッコウヤナギ（サイコクキツネヤナギ×ネコ
ヤナギ）〕(p207/カ写)

ローツス・アルピヌス *Lotus alpinus*
マメ科の草本。
¶山野草 (No.0628/カ写)

ロブスタ *Ficus elastica* 'Robusta'
クワ科。フィカスの品種。
¶APG原樹〔フィカス‘ロブスタ’〕(No.666/カ図)

ロベリア *Lobelia erinus*
キキョウ科。別名ルリチョウチョウ，ルリミゾカク
シ。高さは10〜25cm。花は青，青紫，紺青，赤紫，
白色。
¶原牧2 (No.1886/カ図)
茶花上〔るりちょうちょう〕(p484/カ写)
牧野ス2 (No.3731/カ図)

ロベリア・シフィリティカ ⇒オオロベリアソウ
を見よ

ロベリアソウ *Lobelia inflata*
キキョウ科の一年草。別名セイヨウミゾカクシ，イ
ンディアンタバコ。高さは30〜80cm。花は淡青色，
または白色。
¶学フ有毒 (p200/カ写)
帰化写2 (p244/カ写)

ロボウガラシ *Diplotaxis tenuifolia*
アブラナ科の多年草。別名カラクサハタザオ。高さ

．は20〜80cm。花は黄色。
¶帰化写2 (p71/カ写)

**ローマカミツレ** ⇒ローマカミルレを見よ

**ローマカミルレ** *Chamaemelum nobile*
キク科の多年草。別名ローマカミツレ。高さは10
〜30cm。花は白色。
¶帰化写改〔ローマカミツレ〕(p319/カ写)
原牧2 (No.2078/カ図)
牧野ス2 (No.3923/カ図)

**ローヤル パープル** *Cotinus coggygria* 'Royal Purple'
ウルシ科の木本。カスミノキの品種。
¶APG原樹〔スモークツリー 'ローヤル パープル'〕(No.
1569/カ図)

**ローレル** ⇒ゲッケイジュを見よ

**ローレルカズラ** *Thunbergia laurifolia*
キツネノマゴ科の観賞用蔓木。花は淡青紫色。
¶原牧2 (No.1797/カ図)
新分牧 (No.3666/モ図)
新牧日 (No.2776/モ図)
牧野ス2 (No.3642/カ図)

**ローレンティア** ⇒イソトマ(1)を見よ

## 【ワ】

**ワカキノサクラ** *Cerasus jamasakura* 'Humilis' 稚
木桜
バラ科の落葉低木。サクラの品種。花は白色。
¶新分牧 (No.1847/モ図)

**ワカクサウラベニタケ** *Entoloma incanum*
イッポンシメジ科のキノコ。傘は緑褐色。
¶原きの (No.094/カ写・カ図)

**ワカクサタケ** *Gliophorus psittacinus*
ヌメリガサ科のキノコ。小型。傘は地色は黄色〜橙
色で,緑色の著しい粘液あり。ひだは黄色。
¶学フ増毒き (p82/カ写)
原きの (No.130/カ写・カ図)
山カ日き (p47/カ写)

**ワカサトウヒレン** *Saussurea wakasugiana*
キク科アザミ亜科の多年草。日本固有種。
¶固有 (p148)
新分牧 (No.3994/モ図)
野生5 (p260/カ写)
山カ野草 (p706/カ写)

**ワカサハマギク** *Chrysanthemum wakasaense* 若狭
浜菊
キク科キク亜科の多年草。日本固有種。
¶固有 (p143/カ写)
山野草 (No.1220/カ写)
野生5 (p337/カ写)
山ハ野花 (p517/カ写)
山レ増 (p19/カ写)

**ワガトリカブト** *Aconitum okuyamae* var.*wagaense*
キンポウゲ科。日本固有種。
¶固有 (p56)

**ワカナオオクジャク** *Dryopteris × kaii*
オシダ科のシダ植物。
¶シダ標2 (p377/カ写)

**ワカナシダ** *Dryopteris kuratae*
オシダ科の常緑性シダ。葉柄基部の鱗片は黒褐色〜
褐色。
¶シダ標2 (p363/カ写)

**ワカノウラ** *Camellia japonica* 'Waka-no-ura' 和歌
の浦
ツバキ科。ツバキの品種。花は絞りが入る。
¶茶花上 (p164/カ写)

**ワカムラサキ** *Clematis* 'Wakamurasaki' 若紫
キンポウゲ科。クレマチスの品種。
¶APG原樹〔クレマチス 'ワカムラサキ'〕(No.279/カ
図)

**ワカメ** *Undaria pinnatifida* 若布
チガイソ科の海藻。別名メノハ。茎は扁円。
¶新分牧 (No.5002/モ図)
新牧日 (No.4862/モ図)

**ワカメシダ** ⇒シンテンウラボシを見よ

**ワクヅル** ⇒ボタンヅルを見よ

**ワクノテ** ⇒ボタンヅルを見よ

**ワクラハ** ⇒シャシャンボを見よ

**ワケノカワヤナギ** *Salix × mictostemon*
ヤナギ科の雑種。
¶野生3〔ワケノカワヤナギ(カワヤナギ×ジャヤナギ)〕
(p207)

**ワサビ** *Eutrema japonicum* 山葵
アブラナ科の多年草,香辛野菜。高さは35〜45cm。
花は白色。
¶学フ増山菜 (p146/カ写)
原牧2 (No.690/カ図)
山野草 (No.0490/カ写)
新分牧 (No.2779/モ図)
新牧日 (No.811/モ図)
茶花上 (p226/カ写)
牧野ス2 (No.2535/カ図)
ミニ山 (p85/カ写)
野生4 (p64/カ写)
山カ野草 (p447/カ写)
山ハ山花 (p355/カ写)

**ワサビカレバタケ** *Gymnopus peronatus*
ツキヨタケ科(キシメジ科,ホウライタケ科)のキ
ノコ。
¶学フ増毒き (p109/カ写)
原きの (No.115/カ写・カ図)
山カ日き (p110/カ写)

**ワサビダイコン** ⇒セイヨウワサビを見よ

**ワサビタケ** *Panellus stipticus*
ラッシタケ科(キシメジ科,クヌギタケ科)のキノ
コ。小型。傘は淡黄褐色〜淡肉桂色,革質。

**ワサビノキ**　870

¶学フ増毒き (p110/カ写)
　原きの (No.225/カ写・カ図)
　山カ日き (p115/カ写)

**ワサビノキ**　*Moringa oleifera*　山葵木
ワサビノキ科の落葉小高木。花は黄色。葉はマツカ
ゼゾウに似る。
¶APG原樹 (No.1050/カ図)
　新分牧 (No.2713/モ図)

**ワジキギク**　*Chrysanthemum cuneifolium*　鷲敷菊
キク科の草本。ナカガワノギクとシマカンギクの雑
種。キク属の代表的な自然交雑種。
¶山野草 (No.1228/カ写)
　山カ野草 (p74/カ写)
　山ハ野花 (p518/カ写)

**ワシノオ**　*Cerasus lannesiana* 'Wasinowo'　鷲の尾
バラ科の落葉高木。サクラの栽培品種。花は白色。
¶APG原樹〔サクラ'ワシノオ'〕(No.438/カ図)
　学フ増桜〔'鷲の尾'〕(p80/カ写)

**ワジュロ**　⇒シュロを見よ

**ワシントンネーブル**　⇒ネーブルオレンジを見よ

**ワシントンヤシ**　⇒オキナヤシを見よ

**ワシントンヤシモドキ**　⇒オニジュロを見よ

**ワスルナグサ**　⇒ノハラワスレナグサを見よ

**ワスレグサ**　⇒トウカンゾウを見よ

**ワスレナグサ**(1)　⇒エゾムラサキを見よ

**ワスレナグサ**(2)　⇒シンワスレナグサを見よ

**ワスレナグサ**(3)　⇒ノハラワスレナグサを見よ

**ワ**　**ワセアキノキリンソウ**　⇒ハチジョウアキノキリン
ソウを見よ

**ワセイチゴ**　⇒クサイチゴを見よ

**ワセオバナ**　*Saccharum spontaneum* var.*arenicola*　早
生尾花
イネ科キビ亜科の多年草。日本固有種。別名ハマス
スキ。高さは100～250cm。
¶原牧1 (No.1083/カ図)
　固有 (p169/カ写)
　新分牧 (No.1172/モ図)
　新牧日 (No.3872/モ図)
　牧野ス1 (No.1083/カ図)
　野生2 (p94/カ写)
　山ハ野花 (p208/カ写)

**ワセダケ**　⇒モウソウチクを見よ

**ワセビエ**　*Echinochloa colona*
イネ科キビ亜科の一年草。別名コヒメビエ。高さは
20～100cm。
¶帰化写改〔コヒメビエ〕(p443/カ写, p520/カ写)
　桑イネ (p196/モ図)
　新分牧 (No.1201/モ図)
　新牧日 (No.3816/モ図)
　野生2 (p84)

**ワタ**　*Gossypium arboreum* var.*obtusifolium*　綿, 棉
アオイ科の木本。高さは3m。花は黄～紫紅色。

¶原牧2 (No.645/カ図)
　新分牧 (No.2695/モ図)
　新牧日 (No.1754/モ図)
　茶花下 (p352/カ写)
　牧野ス2 (No.2490/カ図)

**ワタカラカサタケ**　*Lepiota magnispora*
ハラタケ科のキノコ。中型。傘は淡褐色、綿屑状鱗
片。ひだは白色。
¶学フ増毒き (p124/カ写)
　山カ日き (p195/カ写)

**ワタクヌギ**　⇒アベマキを見よ

**ワタゲウマノスズクサ**　⇒キヌゲウマノスズクサを
見よ

**ワタゲカマツカ**(1)　*Pourthiaea villosa* var.*villosa*
バラ科シモツケ亜科の落葉低木あるいは小高木。別
名ウシコロシ。カマツカの変異。
¶野生3 (p77/カ写)
　落葉図譜 (p165/モ図)

**ワタゲカマツカ**(2)　⇒カマツカ(1)を見よ

**ワタゲキビ**　⇒ニコゲヌカキビを見よ

**ワタゲソモソモ**　*Poa macrocalyx* var.*fallax*
イネ科イチゴツナギ亜科の草本。花序の枝のザラツ
キが強い。
¶野生2 (p61)

**ワタゲツルハナグルマ**　*Arctotheca prostrata*
キク科の多年草。花は淡黄色。
¶帰化写改 (p319/カ写)

**ワタゲヌメリイグチ**　*Suillus tomentosus*
ヌメリイグチ科のキノコ。中型～大型。傘は淡黄
色、綿毛状の小鱗片, 粘性。
¶山カ日き (p306/カ写)

**ワタゲハナグルマ**　*Arctotheca calendula*
キク科の越年草または短命な多年草。高さは30～
60cm。花は淡黄色。
¶帰化写2 (p249/カ写)

**ワタスゲ**　*Eriophorum vaginatum*　綿菅
カヤツリグサ科の多年草。別名スズメノケヤリ, マ
ユバケスゲ。高さは30～60cm。
¶学フ増高山 (p215/カ写)
　学フ増野夏 (p173/カ写)
　カヤツリ (p642/モ図)
　原牧1 (No.727/カ図)
　山野草 (No.1616/カ写)
　新分牧 (No.760/モ図)
　新牧日 (No.3985/モ図)
　牧野ス1 (No.727/カ図)
　野生1 (p346/カ写)
　山カ野草 (p661/カ写)
　山ハ高山 (p66/カ写)
　山ハ山花 (p180/カ写)

**ワタス メモリー**　*Magnolia* 'Wada's Memory'
モクレン科の木本。コブシの品種。樹高は9m。樹
皮は灰色。
¶APG原樹〔マグノリア 'ワダス メモリー'〕(No.1549/

カ図)

## ワダソウ *Pseudostellaria heterophylla* 和田草
ナデシコ科の一年草または多年草。別名ヨツバハコベ。高さは10〜20cm。
¶原牧2 (No.897/カ図)
　新分牧 (No.2920/モ図)
　新牧日 (No.369/モ図)
　牧野ス2 (No.2742/カ図)
　ミニ山 (p30/カ写)
　野生4 (p116/カ写)
　山カ野草 (p518/カ写)
　山ハ野花 (p274/カ写)
　山ハ山花 (p261/カ写)

## ワダツミノキ *Nothapodytes amamianus*
クロタキカズラ科の小高木。日本固有種。高さは10m。
¶固有 (p89/カ写)
　野生4 (p264/カ写)

## ワタナ ⇒イズハハコを見よ

## ワタナベソウ *Peltoboykinia watanabei*
ユキノシタ科の多年草。日本固有種。高さは30〜60cm。
¶固有 (p72/カ写)
　山野草 (No.0543/カ写)
　野生2 (p210/カ写)
　山レ増 (p319/カ写)

## ワタマキ ⇒アベマキを見よ

## ワタムキアザミ *Cirsium tashiroi* var.*tashiroi*
キク科アザミ亜科の草本。日本固有種。
¶固有 (p139)
　野生5 (p232/カ写)
　山レ増 (p58/カ写)

## ワタモ *Colpomenia bullosa*
カヤモノリ科の海藻。腸管状。体は長さ20cm。
¶新分牧 (No.4986/モ図)
　新牧日 (No.4846/モ図)

## ワタヨモギ *Artemisia gilvescens*
キク科キク亜科の草本。
¶野生5 (p332/カ写)
　山レ増 (p24/カ写)

## ワタラセツリフネソウ *Impatiens ohwadae*
ツリフネソウ科の一年草。葉は菱状楕円形。
¶野生4 (p174/カ写)

## ワタリスゲ *Carex conicoides*
カヤツリグサ科の多年草。日本固有種。
¶カヤツリ (p334/モ図)
　固有 (p185/カ写)
　スゲ増 (No.171/カ写)
　野生1 (p320/カ写)

## ワタリミヤコグサ *Lotus tenuis* 渡り都草
マメ科マメ亜科の多年草。長さは20〜90cm。花は黄色。
¶帰化写改 (p133/カ写)
　野生2 (p281)

## ワダン *Crepidiastrum platyphyllum*
キク科キクニガナ亜科の多年草。日本固有種。高さは10〜20cm。
¶学フ増野秋 (p126/カ写)
　原牧2 (No.2279/カ図)
　固有 (p141)
　新分牧 (No.4033/モ図)
　新牧日 (No.3305/モ図)
　牧野ス2 (No.4124/カ図)
　野生5 (p275/カ写)
　山カ野草 (p113/カ写)
　山ハ野花 (p602/カ写)

## ワダンノキ *Dendrocacalia crepidifolia*
キク科キク亜科の常緑低木。別名ニガナノキ。小笠原固有種。高さは5m。
¶固有 (p153/カ写)
　野生5 (p295/カ写)
　山カ樹木 (p735/カ写)
　山レ増 (p12/カ写)

## ワチガイソウ *Pseudostellaria heterantha* 輪違草
ナデシコ科の多年草。高さは10〜15cm。
¶学フ増野春 (p179/カ写)
　原牧2 (No.898/カ図)
　新分牧 (No.2921/モ図)
　新牧日 (No.370/モ図)
　茶花上 (p486/カ写)
　牧野ス2 (No.2743/カ図)
　ミニ山 (p30/カ写)
　野生4 (p117/カ写)
　山カ野草 (p518/カ写)
　山ハ山花 (p260/カ写)

## ワッカクド ⇒ヨブスマソウを見よ

## ワツナギソウ *Champia parvula*
ワツナギソウ科の海藻。円柱状。体は5〜10cm。
¶新分牧 (No.5075/モ図)
　新牧日 (No.4935/モ図)

## ワトソニア ⇒ヒオウギズイセン(2)を見よ

## ワナグラツチダンゴ *Elaphomyces muricatus*
ツチダンゴキン科のキノコ。
¶原きの (No.562/カ写・カ図)

## ワニグチソウ *Polygonatum involucratum* 鰐口草
キジカクシ科〔クサスギカズラ科〕(ユリ科)の多年草。高さは20〜40cm。
¶学フ増野春 (p192/カ写)
　原牧1 (No.602/カ図)
　新分牧 (No.611/モ図)
　新牧日 (No.3469/モ図)
　茶花上 (p486/カ写)
　牧野ス1 (No.602/カ図)
　野生1 (p257/カ写)
　山カ野草 (p630/カ写)
　山ハ野花 (p82/カ写)
　山ハ山花 (p146/カ写)

## ワニグチモダマ *Mucuna gigantea*
マメ科マメ亜科の常緑つる性木本。別名ムニンモ

ダマ。
¶新分牧 (No.1672/モ図)
　野生2 (p285/カ写)
　山レ増 (p294/カ写)

**ワニナシ** ⇒アボガドを見よ

**ワビスケ**(1)　*Camellia wabisuke*　侘助
ツバキ科の木本。ツバキの品種。一重杯状咲き。
¶APG原樹 (No.1155/カ図)

**ワビスケ**(2)　⇒コチョウワビスケを見よ

**ワヒダタケ**(1)　*Hymenochaete cyclolamellata*
タバコウロコタケ科のキノコ。小型〜中型。傘はさ
び褐色、絹糸状光沢がある。
¶山カ日き (p491/カ写)

**ワヒダタケ**(2)　⇒シバフタケを見よ

**ワビロウ** ⇒ビロウを見よ

**ワライタケ**　*Panaeolus papilionaceus*　笑茸
オキナタケ科 (ヒトヨタケ科、ナヨタケ科) のキノ
コ。小型。傘は鐘形、灰色〜褐色。縁部にフリン
ジ。ひだは灰色〜黒色。
¶学フ増毒き (p132/カ写)
　原きの (No.222/カ写・カ図)
　新分牧 (No.5118/モ図)
　新牧日 (No.4998/モ図)
　山カ日き (p213/カ写)

**ワラビ**　*Pteridium aquilinum* subsp. *japonicum*　蕨
コバノイシカグマ科 (イノモトソウ科) の夏緑性シ
ダ。葉身は長さ1m、三角状卵形。
¶学フ増山菜 (p72/カ写)
　学フ有毒 (p8/カ写)
　シダ標1 (p367/カ写)
　新分牧 (No.4581/モ図)
　新牧日 (No.4461/モ図)

**ワラビツナギ**　*Arthropteris palisotii*　蕨繋
ナナバケシダ科 (シノブ科) の常緑性シダ。葉身は
長さ40cm弱、狭披針形。
¶シダ標2 (p443/カ写)
　新分牧 (No.4767/モ図)
　新牧日 (No.4496/モ図)
　山レ増 (p681/カ写)

**ワラベナカセ** ⇒シラタマカズラを見よ

**ワリンゴ**　*Malus asiatica*　和林檎
バラ科シモツケ亜科の木本。別名ジリンゴ。
¶原牧1 (No.1706/カ図)
　新分牧 (No.1893/モ図)
　新牧日 (No.1053/モ図)
　牧野ス1 (No.1706/カ図)
　野生3 (p72/カ写)

**ワルタビラコ**　*Amsinckia lycopsoides*
ムラサキ科の一年草。高さは30〜60cm。花は濃
黄色。
¶帰化写改 (p252/カ写)

**ワルナスビ**　*Solanum carolinense*　悪茄子
ナス科の多年草。別名オニナスビ、ノハラナスビ、
オニクサ。高さは30〜70cm。花は淡紫色。

¶色野草 (p84/カ写)
　学フ増野夏 (p9/カ写)
　帰化写改 (p285/カ写, p508/カ写)
　原牧2 (No.1470/カ図)
　植調 (p218/カ写)
　新分牧 (No.3490/モ図)
　新牧日 (No.2646/モ図)
　茶花下 (p166/カ写)
　牧野ス2 (No.3316/カ図)
　野生5 (p45/カ写)
　山カ野草 (p197/カ写)
　山ハ野花 (p436/カ写)

**ワレモコウ**　*Sanguisorba officinalis*　吾木香, 吾亦紅,
我毛香
バラ科バラ亜科の多年草。別名エビスネ, カライト
ソウ, ダンゴバナ。高さは30〜100cm。
¶色野草 (p212/カ写)
　学フ増野秋 (p207/カ写)
　学フ増薬草 (p66/カ写)
　原牧1 (No.1791/カ図)
　山野草 (No.0593/カ写)
　新分牧 (No.1986/モ図)
　新牧日 (No.1177/モ図)
　茶花下 (p286/カ写)
　牧野ス1 (No.1791/カ図)
　野生3 (p56/カ写)
　山カ野草 (p412/カ写)
　山ハ野花 (p385/カ写)

**ワンジュ** ⇒ハカマカズラを見よ

**ワンドスゲ**　*Carex argyi*
カヤツリグサ科の多年草。
¶カヤツリ (p508/モ図)
　スゲ増 (p283/カ写)
　野生1 (p335/カ写)

# 【 ABC 】

**American slender caesar**　*Amanita jacksonii*
テングタケ科のキノコ。傘の径最大1.2cm。
¶原きの〔American slender caesar (アメリカの細身の
皇帝)〕(No.021/カ写・カ図)

**American titan**　*Macrocybe titans*
キシメジ科のキノコ。傘の径最大10cm。
¶原きの〔American titan (アメリカの巨人)〕(No.189/
カ写・カ図)

**Apinagia longifolia**
カワゴケソウ科の水草。ガイアナ, スリナムに分
布。葉は羽状深裂か羽状複葉。
¶カワゴケ (No.64/カ写)

**Apple tooth**　*Sarcodontia crocea*
シワタケ科のキノコ。径最大10cm。
¶原きの〔Apple tooth (林檎の葉)〕(No.399/カ写・カ
図)

**Azure cup** *Peziza azureoides*
チャワンタケ科のキノコ。径最大5cm。
¶原きの〔Azure cup（空色のカップ）〕(No.539/カ写・カ図)

**Beansprout fungus** *Conocybe deliquescens*
オキナタケ科のキノコ。傘の径最大2.5cm。
¶原きの〔Beansprout fungus（もやし茸）〕(No.054/カ写・カ図)

**Blackening chanterelle** *Cantharellus melanoxeros*
アンズタケ科のキノコ。傘の径最大10cm。
¶原きの〔Blackening chanterelle（黒変するアンズタケ）〕(No.442/カ写・カ図)

**Bladder stalks** *Physalacria inflata*
タマバリタケ科のキノコ。傘の径最大1.2cm。
¶原きの〔Bladder stalks（袋付きの茎）〕(No.460/カ写・カ図)

**Bleeding porecrust** *Rigidoporus sanguinolentus*
トンビマイタケ科のキノコ。径最大2cm。
¶原きの〔Bleeding porecrust（血を出す管孔状の殻皮）〕(No.381/カ写・カ図)

**Blood-red bracket** *Pycnoporus sanguineus*
タマチョレイタケ科のキノコ。傘の径最大8cm。
¶原きの〔Blood-red bracket（血赤色の庇）〕(No.380/カ図)

**Blue pouch fungus** *Weraroa virescens*
モエギタケ科のキノコ。傘の径最大4cm。
¶原きの〔Blue pouch fungus（青い袋のきのこ）〕(No.492/カ写・カ図)

**Bombmurkla** *Sarcosoma globosum*
クロチャワンタケ科のキノコ。径最大10cm。
¶原きの〔Bombmurkla（爆弾アミガサタケ）〕(No.546/カ写・カ図)

**Bonfire cauliflower** *Peziza proteana*
チャワンタケ科のキノコ。径最大3cm。
¶原きの〔Bonfire cauliflower（たき火のカリフラワー）〕(No.541/カ写・カ図)

**Branched shanklet** *Dendrocollybia racemosa*
キシメジ科のキノコ。傘の径最大1cm。
¶原きの〔Branched shanklet（枝分かれした脚飾り）〕(No.091/カ写・カ図)

**Caesar's fibercap** *Inocybe caesariata*
アセタケ科のキノコ。傘の径最大5cm。
¶原きの〔Caesar's fibercap（皇帝の繊維茸）〕(No.143/カ写・カ図)

**Carnation earthfan** *Thelephora caryophyllea*
イボタケ科のキノコ。傘の径最大5cm。
¶原きの〔Carnation earthfan（カーネーションの土の扇）〕(No.406/カ写・カ図)

**Carrot amanita** *Amanita daucipes*
テングタケ科のキノコ。傘の径最大2.5cm。
¶原きの〔Carrot amanita（ニンジン天狗茸）〕(No.017/カ写・カ図)

**Carrot-colored truffle** *Stephanospora caroticolor*
ステファノスポラ科のキノコ。径最大4cm。
¶原きの〔Carrot-colored truffle（ニンジン色のトリュフ）〕(No.490/カ写・カ図)

**Castelnavia cf.princeps**
カワゴケソウ科の水草。ブラジル中部に分布。全体が扁形。分岐部に果実を付ける。
¶カワゴケ(No.65/カ写)

**Cat dapperling** *Lepiota felina*
ハラタケ科のキノコ。傘の径最大4cm。
¶原きの〔Cat dapperling（猫の小粋なきのこ）〕(No.172/カ写・カ図)

**Cedar cup** *Geopora sumneriana*
ピロネマキン科のキノコ。径最大8cm。
¶原きの〔Cedar cup（ヒマラヤスギのカップ）〕(No.524/カ写・カ図)

**Cinnabar fan bracket** *Anthracophyllum melanophyllum*
ホウライタケ科のキノコ。傘の径最大3.5cm。
¶原きの〔Cinnabar fan bracket（朱色の扇形の庇）〕(No.031/カ写・カ図)

**Cladopus javanicus**
カワゴケソウ科の水草。インドネシア（ジャワ島西部）に分布。根はリボン状。葉は基部が鎌状に曲がる。
¶カワゴケ(No.7/カ写)

**Cladopus nymanii**
カワゴケソウ科の水草。インドネシアに分布。根はリボン状。葉は束状で線形。
¶カワゴケ(No.8/カ写)

**Cladopus pierrei**
カワゴケソウ科の水草。ラオス中部・南部, ベトナム南部に分布。根はリボン状。葉は束状で線形。
¶カワゴケ(No.9/カ写)

**Cladopus queenslandicus**
カワゴケソウ科の水草。オーストラリア東北部, パプアニューギニア東部に分布。根はリボン状。葉は多少ともくさび状。
¶カワゴケ(No.53/カ写)

**Collared mosscap** *Rickenella swartzii*
Repetobasidiaceae科のキノコ。傘の径最大1.5cm。
¶原きの〔Collared mosscap（襟のついた苔傘）〕(No.252/カ写・カ図)

**Coralhead stinkhorn** *Lysurus corallocephalus*
スッポンタケ科のキノコ。径最大4cm。
¶原きの〔Coralhead stinkhorn（サンゴ頭の臭い角）〕(No.501/カ写・カ図)

**Coral spot** *Nectria cinnabarina*
ネクトリア科のキノコ。径0.5mm未満。
¶原きの〔Coral spot（サンゴの斑点）〕(No.578/カ写・カ図)

**Corrugated bolete** *Boletus hortonii*
イグチ科のキノコ。傘の径最大1.25cm。
¶原きの〔Corrugated bolete（しわだらけのイグチ）〕(No.302/カ写・カ図)

**Cramp ball** *Daldinia concentrica*
クロサイワイタケ科のキノコ。硬くてほぼ球形の子実体をつくる。径最大8cm。
¶原きの〔Cramp ball（けいれん玉）〕(No.571/カ写・カ図)

**Crowded cuplet** *Merismodes fasciculata*
ニア科のキノコ。径1mm未満。

¶原きの〔Crowded cuplet（ひしめき合う小さな椀）〕
（No.205/カ写・カ図）

**Cummerbund stinkhorn** *Staheliomyces cinctus*
スッポンタケ科のキノコ。径最大2.5cm。
¶原きの〔Cummerbund stinkhorn（腰帯を巻いた臭い角）〕（No.508/カ写・カ図）

**Dalzellia angustissima**
カワゴケソウ科の水草。タイ南東部（トラート県）ほかに分布。根はない。葉はやや二形。
¶カワゴケ（No.10/カ写）

**Dalzellia ranongensis**
カワゴケソウ科の水草。タイ半島部に分布。根はない。葉はやや二形。
¶カワゴケ（No.11/カ写）

**Dalzellia ubonensis**
カワゴケソウ科の水草。タイ東部に分布。根はない。葉はやや二形。
¶カワゴケ（No.12/カ写）

**Dalzellia zeylanica**
カワゴケソウ科の水草。スリランカ，インド南部に分布。根はない。葉はやや二形。
¶カワゴケ（No.13/カ写）

**Dapper funnel** *Clitocybe trulliformis*
キシメジ科のキノコ。傘の径最大3.5cm。
¶原きの〔Dapper funnel（小粋な漏斗）〕（No.051/カ写・カ図）

**Darwin's golfball fungus** *Cyttaria darwinii*
キッタリア科のキノコ。径最大5cm。
¶原きの〔Darwin's golfball fungus（ダーウィンのゴルフボール茸）〕（No.519/カ写・カ図）

**Deadly dapperling** *Lepiota brunneoincarnata*
ハラタケ科のキノコ。傘の径最大5cm。
¶原きの〔Deadly dapperling（死を招く小粋なきのこ）〕（No.170/カ写・カ図）

**Desert inkcap** *Montagnea arenaria*
ハラタケ科のキノコ。傘の径最大5cm。
¶原きの〔Desert inkcap（砂漠のインク茸）〕（No.484/カ写・カ図）

**Desert shaggy mane** *Podaxis pistillaris*
ハラタケ科のキノコ。傘の径最大4cm。
¶原きの〔Desert shaggy mane（砂漠のぼさぼさのたてがみ）〕（No.487/カ写・カ図）

**Devil's matchstick** *Cladonia floerkeana*
ハナゴケ科のキノコ。径2mm未満。
¶原きの〔Devil's matchstick（悪魔のマッチ棒）〕（No.587/カ写・カ図）

**Dicraeanthus africanus**
カワゴケソウ科の水草。カメルーンに分布。根は葉状。葉は葉身は線形の単葉または3回まで二又分枝。
¶カワゴケ（No.55/カ写）

**E.G.ウォーターハウス** *Camellia* 'E.G.Waterhouse'
ツバキ科。ツバキの品種。
¶APG原樹〔ツバキ 'E.G.ウォーターハウス'〕（No.1163/カ図）

**Fairy sparkler** *Xylaria tentaculata*
クロサイワイタケ科のキノコ。径最大5cm。
¶原きの〔Fairy sparkler（妖精の花火）〕（No.585/カ写・

カ図）

**Farmeria indica**
カワゴケソウ科の水草。インド南部に分布。根は岩上を匍匐する。葉は4〜6本が束状にまとまって根の両側に付く。
¶カワゴケ（No.14/カ写）

**Far south amanita** *Amanita australis*
テングタケ科のキノコ。傘の径最大10cm。
¶原きの〔Far south amanita（はるか南の天狗茸）〕（No.011/カ写・カ図）

**Fatal dapperling** *Lepiota subincarnata*
ハラタケ科のキノコ。傘の径最大5cm。
¶原きの〔Fatal dapperling（命取りの小粋なきのこ）〕（No.174/カ写・カ図）

**Fibrous waxcap** *Hygrocybe intermedia*
ヌメリガサ科のキノコ。傘の径最大7.5cm。
¶原きの〔Fibrous waxcap（繊維質の蝋茸）〕（No.125/カ写・カ図）

**Firm bolete** *Boletus firmus*
イグチ科のキノコ。傘の径最大1.5cm。
¶原きの〔Firm bolete（堅固なイグチ）〕（No.299/カ写・カ図）

**Fishnet bolete** *Boletus reticuloceps*
イグチ科のキノコ。傘の径最大1.25cm。
¶原きの〔Fishnet bolete（魚網イグチ）〕（No.305/カ写・カ図）

**Flame bolete** *Boletus flammans*
イグチ科のキノコ。傘の径最大1.25cm。
¶原きの〔Flame bolete（炎のイグチ）〕（No.300/カ写・カ図）

**Flame bonnet** *Mycena strobilinoides*
クヌギタケ科のキノコ。傘の径最大2.5cm。
¶原きの〔Flame bonnet（炎の婦人帽）〕（No.215/カ写・カ図）

**Flame chanterelle** *Cantharellus ignicolor*
アンズタケ科のキノコ。傘の径最大5cm。
¶原きの〔Flame chanterelle（炎のアンズタケ）〕（No.441/カ写・カ図）

**Flaming parasol** *Lepiota flammeatincta*
ハラタケ科のキノコ。傘の径最大7.5cm。
¶原きの〔Flaming parasol（燃えさかる日傘）〕（No.173/カ写・カ図）

**Fool's funnel** *Clitocybe rivulosa*
キシメジ科のキノコ。傘の径最大7.5cm。
¶原きの〔Fool's funnel（愚者の漏斗）〕（No.050/カ写・カ図）

**Fringed polypore** *Polyporus ciliatus*
タマチョレイタケ科のキノコ。傘の径最大10cm。
¶原きの〔Fringed polypore（フリルのある多孔菌）〕（No.374/カ写・カ図）

**Fringed sawgill** *Lentinus crinitus*
タマチョレイタケ科のキノコ。傘の径最大6cm。
¶原きの〔Fringed sawgill（フリルのある鋸ひだ茸）〕（No.167/カ写・カ図）

**Fruity fibercap** *Inocybe bongardii*
アセタケ科のキノコ。傘の径最大7.5cm。
¶原きの〔Fruity fibercap（果実のような繊維茸）〕（No.142/カ写・カ図）

**Goatcheese webcap**　*Cortinarius camphoratus*
フウセンタケ科のキノコ。傘の径最大10cm。
¶原きの〔Goatcheese webcap（山羊乳チーズの網目傘）〕（No.066/カ写・カ図）

**Golden-eye lichen**　*Teloschistes chrysophthalmus*
ダイダイキノリ科のキノコ。径最大5cm。
¶原きの〔Golden-eye lichen（黄金の目の地衣）〕（No.597/カ写・カ図）

**Golden fleece mushroom**　*Agaricus crocopeplus*
ハラタケ科のキノコ。傘の径最大5cm。
¶原きの〔Golden fleece mushroom（金のフリース茸）〕（No.005/カ写・カ図）

**Gray falsebolete**　*Boletopsis grisea*
マツバハリタケ科のキノコ。傘の径最大1.5cm。
¶原きの〔Gray falsebolete（灰色の偽イグチ）〕（No.336/カ写・カ図）

**Greencap jellybaby**　*Leotia viscosa*
ズキンタケ科のキノコ。径最大2.5cm。
¶原きの〔Greencap jellybaby（緑帽のゼリーベイビー）〕（No.531/カ写・カ図）

**Green pinball**　*Chlorovibrissea phialophora*
ビンタケ科のキノコ。径最大5mm。
¶原きの〔Green pinball（緑の玉付きピン）〕（No.517/カ写・カ図）

**Green skinhead**　*Cortinarius austrovenetus*
フウセンタケ科のキノコ。傘の径最大7.5cm。
¶原きの〔Green skinhead（緑のスキンヘッド）〕（No.064/カ写・カ図）

**Griffithella hookeriana**
カワゴケソウ科の水草。インド南部に分布。根は2形。葉は2列、互生。
¶カワゴケ（No.15/カ写）

**Gunpowder amanita**　*Amanita onusta*
テングタケ科のキノコ。傘の径最大10cm。
¶原きの〔Gunpowder amanita（火薬の天狗茸）〕（No.023/カ写・カ図）

**Hairy hexagon**　*Hexagonia hydnoides*
タマチョレイタケ科のキノコ。傘の径最大2cm。
¶原きの〔Hairy hexagon（毛の生えた六角形）〕（No.358/カ写・カ図）

**Hairy rubber cup**　*Galiella rufa*
クロチャワンタケ科のキノコ。径最大5cm。
¶原きの〔Hairy rubber cup（毛に覆われたゴムのカップ）〕（No.523/カ写・カ図）

**Hanseniella heterophylla**
カワゴケソウ科の水草。タイ北部・東北部に分布。根は葉状。葉は線状、円柱状。
¶カワゴケ（No.16/カ写）

**Hawthorn twiglet**　*Tubaria dispersa*
アセタケ科のキノコ。傘の径最大2.5cm。
¶原きの〔Hawthorn twiglet（サンザシの小枝）〕（No.288/カ写・カ図）

**Hedgehog scalycap**　*Phaeomarasmius erinaceus*
アセタケ科のキノコ。傘の径最大1.5cm。
¶原きの〔Hedgehog scalycap（ハリネズミの鱗片傘）〕（No.230/カ写・カ図）

**Holly parachute**　*Marasmius hudsonii*
ホウライタケ科のキノコ。径5mm未満。

¶原きの〔Holly parachute（柊の落下傘）〕（No.197/カ写・カ図）

**Horn stalkball**　*Onygena equina*
ホネタケ科のキノコ。径最大5mm。
¶原きの〔Horn stalkball（角に生える柄付き玉）〕（No.579/カ写・カ図）

**Humpback brittlegill**　*Russula caerulea*
ベニタケ科のキノコ。傘の径最大7.5cm。
¶原きの〔Humpback brittlegill（背こぶのあるもろいひだ）〕（No.256/カ写・カ図）

**Hydrobryopsis sessilis**
カワゴケソウ科の水草。インド南部に分布。根はリボン状。葉は束状に集まって根の分枝部の背面に付く。
¶カワゴケ（No.17/カ写）

**Hydrobryum chiangmaiense**
カワゴケソウ科の水草。タイ北部に分布。根は葉状。葉は糸状。
¶カワゴケ（No.18/カ写）

**Hydrobryum griffithii**
カワゴケソウ科の水草。インド北部、ネパールほかに分布。根は葉状。葉は糸状。
¶カワゴケ（No.19/カ写）

**Hydrobryum kaengsophense**
カワゴケソウ科の水草。タイ北部に分布。根は葉状。葉は針状。
¶カワゴケ（No.20/カ写）

**Hydrobryum loeicum**
カワゴケソウ科の水草。タイ東北部に分布。根は葉状。葉は柔らかく針状。
¶カワゴケ（No.21/カ写）

**Hydrobryum minutale**
カワゴケソウ科の水草。ベトナム南部に分布。根は葉状。葉は柔らかく針状、円柱状。
¶カワゴケ（No.22/カ写）

**Hydrobryum phetchabunense**
カワゴケソウ科の水草。タイ東北部に分布。根は葉状。葉は柔らかく針状、円柱状。
¶カワゴケ（No.23/カ写）

**Hydrobryum ramosum**
カワゴケソウ科の水草。ラオス中北部に分布。根は円柱状に近くやや扁平。
¶カワゴケ（No.24/カ写）

**Hydrobryum subcylindricum**
カワゴケソウ科の水草。ラオス中北部に分布。根は細くやや扁平な円柱状。
¶カワゴケ（No.25/カ写）

**Hydrobryum taeniatum**
カワゴケソウ科の水草。ラオス中北部に分布。根はリボン状。
¶カワゴケ（No.26/カ写）

**Hydrobryum takakioides**
カワゴケソウ科の水草。ラオス中北部に分布。根は葉状。葉は柔らかく針状。
¶カワゴケ（No.27/カ写）

**Hydrobryum verrucosum**
カワゴケソウ科の水草。ラオス中北部に分布。根は

葉状。葉は柔らかく針状。
¶カワゴケ (No.28/カ写)

## Hydrobryum vientianense
カワゴケソウ科の水草。タイ東北部, ラオス中北部
に分布。根は葉状。葉は柔らかく針状。
¶カワゴケ (No.29/カ写)

## Hydrodiscus koyamae
カワゴケソウ科の水草。ラオス中北部に分布。根は
ない。葉は狭三角か三角形。
¶カワゴケ (No.30/カ写)

## Icicle spine  *Mucronella pendula*
シロソウメンタケ科のキノコ。径最大3mm。
¶原きの〔Icicle spine (つららの針)〕(No.436/カ写・カ
図)

## Indian paint fungus  *Echinodontium tinctorium*
マンネンハリタケ科のキノコ。傘の径最大4cm。
¶原きの〔Indian paint fungus (インディアンの絵の具
茸)〕(No.345/カ写・カ図)

## Indigo pinkgill  *Entoloma chalybeum* var. *lazulinum*
イッポンシメジ科のキノコ。傘の径最大3.5cm。
¶原きの〔Indigo pinkgill (藍色のピンクひだ茸)〕(No.
092/カ写・カ図)

## Indodalzellia gracilis
カワゴケソウ科の水草。インド南部に分布。根は扁
平な円柱状。葉は長楕円形, 二形。
¶カワゴケ (No.31/カ写)

## Indotristicha ramosissima
カワゴケソウ科の水草。インド南部に分布。根は細
く扁平な円柱状。葉は内部に維管束が走る。
¶カワゴケ (No.32/カ写)

## Jack o'lantern  *Omphalotus illudens*
ホウライタケ科のキノコ。傘の径最大2cm。
¶原きの〔Jack o'lantern (ハロウィンのカボチャ)〕
(No.218/カ写・カ図)

## Jade pinkgill  *Entoloma glaucoroseum*
イッポンシメジ科のキノコ。傘の径最大2.5cm。
¶原きの〔Jade pinkgill (翡翠色のピンクひだ茸)〕(No.
093/カ写・カ図)

## Jellied false coral  *Tremellodendron schweinitzii*
ロウタケ科のキノコ。径最大1.5cm。
¶原きの〔Jellied false coral (ゼリー状の偽のホウキタ
ケ)〕(No.426/カ写・カ図)

## Jenmaniella ceratophylla
カワゴケソウ科の水草。ガイアナに分布。葉柄はく
さび形。
¶カワゴケ (No.66/カ写)

## Ledermanniella annithomae
カワゴケソウ科の水草。カメルーン, ガボンに分
布。葉 (小枝) は何回か分枝する。
¶カワゴケ (No.56/カ写)

## Ledermanniella bifurcata
カワゴケソウ科の水草。カメルーン, ガボン, コンゴ
に分布。根はリボン状。葉 (もしくは小枝) は2列。
¶カワゴケ (No.57/カ写)

## Ledermanniella linearifolia
カワゴケソウ科の水草。カメルーンに分布。根は葉
状。葉は線形。

¶カワゴケ (No.58/カ写)

## Letestuella tisserantii
カワゴケソウ科の水草。ベニン, コートジボワール
ほかに分布。根はリボン状。葉は線形。
¶カワゴケ (No.59/カ写)

## Lilac-brown bolete  *Leccinum eximium*
イグチ科のキノコ。傘の径最大1.25cm。
¶原きの〔Lilac-brown bolete (ライラック褐色のイグ
チ)〕(No.315/カ写・カ図)

## Lilac dapperling  *Cystolepiota bucknallii*
ハラタケ科のキノコ。傘の径最大2.5cm。
¶原きの〔Lilac dapperling (ライラック色の小粋なきの
こ)〕(No.090/カ写・カ図)

## Lilac waxcap  *Hygrocybe lilacina*
ヌメリガサ科のキノコ。傘の径最大3.5cm。
¶原きの〔Lilac waxcap (ライラック色の蠟茸)〕(No.
126/カ写・カ図)

## Lobster fungus  *Hypomyces lactifluorum*
ニクザキン科のキノコ。径 (個々の子実体) 0.5mm
未満。
¶原きの〔Lobster fungus (ロブスター茸)〕(No.575/カ
写・カ図)

## Longspored orange coral  *Ramaria longispora*
ラッパタケ科のキノコ。径最大10cm。
¶原きの〔Longspored orange coral (長い胞子をもつオ
レンジのサンゴ)〕(No.465/カ写・カ図)

## Macropodiella heteromorpha
カワゴケソウ科の水草。コートジボワール, カメ
ルーン, ガボンに分布。根は葉状。葉は裂片は狭い
線形または糸状。
¶カワゴケ (No.60/カ写)

## Magenta rustgill  *Gymnopilus dilepis*
モエギタケ科のキノコ。傘の径最大7.5cm。
¶原きの〔Magenta rustgill (マゼンタのさびひだ茸)〕
(No.111/カ写・カ図)

## Magpie inkcap  *Coprinopsis picacea*
ナヨタケ科のキノコ。傘の径最大7.5cm。
¶原きの〔Magpie inkcap (カササギインク茸)〕(No.
060/カ写・カ図)

## Marathrum plumosum
カワゴケソウ科の水草。メキシコに分布。根はリボ
ン状。葉は鋭頭か円頭。
¶カワゴケ (No.67/カ写)

## Marathrum rubrum
カワゴケソウ科の水草。メキシコ太平洋沿岸に分
布。根は扁平。葉は葉柄はやや扁平。
¶カワゴケ (No.68/カ写)

## Marathrum schieldeanum
カワゴケソウ科の水草。メキシコ, グアテマラほか
に分布。葉は緑色, しばしば背面が赤みを帯びる。
¶カワゴケ (No.69/カ写)

## Marathrum tenue
カワゴケソウ科の水草。メキシコ, グアテマラ, コ
スタリカに分布。葉の基部は扇型に配列する。
¶カワゴケ (No.70/カ写)

## Marsh webcap  *Cortinarius uliginosus*
フウセンタケ科のキノコ。傘の径最大5cm。
¶原きの〔Marsh webcap (沼地の網目傘)〕(No.080/カ

写・カ図）

**Mauve parachute** *Marasmius haematocephalus*
ホウライタケ科のキノコ。傘の径最大1.5cm。
¶原きの〔Mauve parachute（藤色の落下傘）〕(No.196/
カ写・カ図)

**Mauve splitting-waxcap** *Humidicutis lewelliniae*
ヌメリガサ科のキノコ。傘の径最大7.5cm。
¶原きの〔Mauve splitting-waxcap（藤色の裂けた蝋
茸）〕(No.120/カ写・カ図)

**Medusa brittlestem** *Psathyrella caput-medusae*
ナヨタケ科のキノコ。傘の径最大5cm。
¶原きの〔Medusa brittlestem（メデューサのもろい
柄）〕(No.244/カ写・カ図)

**Moroccan desert truffle** *Terfezia arenaria*
チャワンタケ科のキノコ。径最大10cm。
¶原きの〔Moroccan desert truffle（モロッコの砂漠のト
リュフ）〕(No.565/カ写・カ図)

**Mourera fluviatilis**
カワゴケソウ科の水草。ベネズエラ、ガイアナ、ブ
ラジル北部に分布。根と茎はない。葉は2列に集
まってロゼット状となる。
¶カワゴケ(No.71/カ写)

**Mulch fieldcap** *Agrocybe putaminum*
モエギタケ科のキノコ。傘の径最大10cm。
¶原きの〔Mulch fieldcap（マルチ材のフィールド帽）〕
(No.010/カ写・カ図)

**Nail fungus** *Poronia punctata*
クロサイワイタケ科のキノコ。径最大1.5cm。
¶原きの〔Nail fungus（爪茸）〕(No.582/カ写・カ図)

**Old man's beard** *Usnea barbata*
ウメノキゴケ科のキノコ。(繊維の)径0.5mm未満。
¶原きの〔Old man's beard（老人のひげ）〕(No.599/カ
写・カ図)

**Olive salver** *Catinella olivacea*
ハイイロチャワンタケ科のキノコ。径最大1.5cm。
¶原きの〔Olive salver（オリーブ色の盆）〕(No.515/カ
写・カ図)

**Orange bladder** *Glaziella aurantiaca*
Glaziellaceae科のキノコ。径最大5cm。
¶原きの〔Orange bladder（オレンジ色の袋）〕(No.525/
カ写・カ図)

**Orange-gilled waxcap** *Humidicutis marginata*
ヌメリガサ科のキノコ。傘の径最大5cm。
¶原きの〔Orange-gilled waxcap（オレンジひだの蝋
茸）〕(No.121/カ写・カ図)

**Orange golfball fungus** *Cyttaria gunnii*
キッタリア科のキノコ。径最大10cm。
¶原きの〔Orange golfball fungus（オレンジ色のゴルフ
ボール茸）〕(No.520/カ写・カ図)

**Orange milkshank** *Lactocollybia aurantiaca*
ホウライタケ科のキノコ。傘の径最大4cm。
¶原きの〔Orange milkshank（オレンジ色のミルク脚）〕
(No.164/カ写・カ図)

**Orange pore fungus** *Favolaschia calocera*
クヌギタケ科のキノコ。傘の径最大2.5cm。
¶原きの〔Orange pore fungus（オレンジの多孔茸）〕
(No.102/カ写・カ図)

**Orange rollrim** *Austropaxillus macnabbii*
ヒダハタケ科のキノコ。傘の径最大10cm。
¶原きの〔Orange rollrim（オレンジ色の巻縁）〕(No.
035/カ写・カ図)

**Oserya coulteriana**
カワゴケソウ科の水草。メキシコ太平洋側に分布。
根は扁平。葉は2列。
¶カワゴケ(No.72/カ写)

**Pacific coccora** *Amanita calyptroderma*
テングタケ科のキノコ。傘の径最大2cm。
¶原きの〔Pacific coccora（太平洋の繭）〕(No.013/カ
写・カ図)

**Pagoda fungus** *Podoserpula pusio*
アミロコルティキウム科のキノコ。径最大5cm。
¶原きの〔Pagoda fungus（仏塔茸）〕(No.397/カ写・カ
図)

**Paracladopus chanthaburiensis**
カワゴケソウ科の水草。タイ南東部に分布。根はリ
ボン状で扁平。葉は刀剣状で茎に対して平行。
¶カワゴケ(No.33/カ写)

**Paracladopus chiangmaiensis**
カワゴケソウ科の水草。タイ北部、ラオス南部、ベ
トナム中部高原に分布。根はリボン状。葉は刀剣状
で茎に対して平行。
¶カワゴケ(No.34/カ写)

**Parasitic bolete** *Pseudoboletus parasiticus*
イグチ科のキノコ。傘の径最大5cm。
¶原きの〔Parasitic bolete（寄生イグチ）〕(No.318/カ
写・カ図)

**Peck's polypore** *Albatrellus peckianus*
ニンギョウタケモドキ科のキノコ。傘の径最大5cm。
¶原きの〔Peck's polypore（ペックの多孔菌）〕(No.332/
カ写・カ図)

**Pendant coral** *Deflexula subsimplex*
フサタケ科のキノコ。径最大2.5cm。
¶原きの〔Pendant coral（垂れ下がるサンゴ）〕(No.
429/カ写・カ図)

**Pepper pot** *Myriostoma coliforme*
ヒメツチグリ科のキノコ。径最大1.5cm。
¶原きの〔Pepper pot（胡椒入れ）〕(No.485/カ写・カ
図)

**Pixie's parasol** *Mycena interrupta*
クヌギタケ科のキノコ。傘の径最大2.5cm。
¶原きの〔Pixie's parasol（小妖精の日傘）〕(No.212/カ
写・カ図)

**Podostemum distichum**
カワゴケソウ科の水草。パラグアイ南中央部、アル
ゼンチン東北部、ブラジル南部に分布。根はリボン
状。葉は2列に配列。
¶カワゴケ(No.73/カ写)

**Podostemum rutifolium subsp.ricciforme**
カワゴケソウ科の水草。メキシコ（大西洋側）、ベ
リーズ、コスタリカ、コロンビアに分布。根はリボ
ン状。葉の基部は左右対称。
¶カワゴケ(No.75/カ写)

**Podostemum rutifolium subsp.rutifolium**
カワゴケソウ科の水草。パラグアイ東南部、アルゼ
ンチン東北部、ウルグアイ西部、ブラジル南部に分

A
B
C

布。根はリボン状。葉は単葉。
¶カワゴケ(No.74/カ写)

## Pod parachute　*Caripia montagnei*
ホウライタケ科のキノコ。傘の径最大6mm。
¶原きの〔Pod parachute（鞘状の落下傘）〕(No.043/カ写・カ図)

## Polypleurum elongatum
カワゴケソウ科の水草。スリランカに分布。根は円柱状、時に分枝。葉は線状・毛状。
¶カワゴケ(No.35/カ写)

## Polypleurum erectum
カワゴケソウ科の水草。タイ東北部に分布。根はリボン状。葉は基部は鞘状、上部は針状。
¶カワゴケ(No.36/カ写)

## Polypleurum insulare
カワゴケソウ科の水草。タイ東南部に分布。根はリボン状。葉は基部は鞘状、卵形。
¶カワゴケ(No.37/カ写)

## Polypleurum longicaule
カワゴケソウ科の水草。タイ東北部に分布。根はリボン状。葉は柔らかく針状。
¶カワゴケ(No.38/カ写)

## Polypleurum longifolium
カワゴケソウ科の水草。タイ東北部に分布。根はリボン状。葉は基部は鞘状、上部は針状。
¶カワゴケ(No.39/カ写)

## Polypleurum prachinburiense
カワゴケソウ科の水草。タイ南東部に分布。根はリボン状。葉は基部は鞘状、上部は針状。
¶カワゴケ(No.40/カ写)

## Polypleurum schmidtianum
カワゴケソウ科の水草。ラオス中北部、タイ南東部、カンボジア西南部に分布。根はリボン状。葉は線形。
¶カワゴケ(No.41/カ写)

## Polypleurum stylosum
カワゴケソウ科の水草。インド南部、スリランカに分布。根はリボン状。葉は基部は鞘状、それより上は錐状。
¶カワゴケ(No.42/カ写)

## Polypleurum wallichii
カワゴケソウ科の水草。インド北部・南部、ミャンマー南東部ほかに分布。根はリボン状。葉は刀剣状。
¶カワゴケ(No.43/カ写)

## Poretooth rosette　*Hydnopolyporus fimbriatus*
トンビマイタケ科のキノコ。径最大1.25cm。
¶原きの〔Poretooth rosette（歯状の管孔のロゼット）〕(No.359/カ写・カ図)

## Powderpuff bracket　*Postia ptychogaster*
ツガサルノコシカケ科のキノコ。径最大7.5cm。
¶原きの〔Powderpuff bracket（化粧パフの庇）〕(No.378/カ写・カ図)

## Red aspic-puffball　*Calostoma cinnabarinum*
クチベニタケ科のキノコ。径最大2.5cm。
¶原きの〔Red aspic-puffball（赤いアスピック漬けの粉吹き玉）〕(No.472/カ写・カ図)

## Red coral　*Ramaria araiospora*
ラッパタケ科のキノコ。径最大10cm。
¶原きの〔Red coral（赤いサンゴ）〕(No.462/カ写・カ図)

## Redlead roundhead　*Leratiomyces ceres*
モエギタケ科のキノコ。傘の径最大7.5cm。
¶原きの〔Redlead roundhead（鉛丹の丸頭）〕(No.178/カ写・カ図)

## Red pouch fungus　*Leratiomyces erythrocephalus*
モエギタケ科のキノコ。傘の径最大6cm。
¶原きの〔Red pouch fungus（赤い袋のきのこ）〕(No.478/カ写・カ図)

## Red-staining stalked polypore
*Amauroderma rude*
マンネンタケ科のキノコ。傘の径最大1.25cm。
¶原きの〔Red-staining stalked polypore（柄に赤いしみをもつ多孔菌）〕(No.333/カ写・カ図)

## Rhyncholacis apiculata
カワゴケソウ科の水草。ガイアナに分布。葉柄は円柱状。
¶カワゴケ(No.76/カ写)

## Rhyncholacis linearis
カワゴケソウ科の水草。ブラジル北部に分布。葉柄は円柱状。
¶カワゴケ(No.77/カ写)

## Rhyncholacis oligandra
カワゴケソウ科の水草。ブラジル北部、ガイアナに分布。葉柄は円柱状、扁平。
¶カワゴケ(No.78/カ写)

## Rhyncholacis spp.
カワゴケソウ科の水草。ガイアナに分布。大型で早瀬を優占する。
¶カワゴケ(No.79/カ写)

## Robust termite-fungus　*Termitomyces robustus*
シメジ科のキノコ。傘の径最大2cm。
¶原きの〔Robust termite-fungus（たくましい白蟻茸）〕(No.275/カ写・カ図)

## Rooting bolete　*Boletus radicans*
イグチ科のキノコ。傘の径最大3cm。
¶原きの〔Rooting bolete（根を伸ばすイグチ）〕(No.304/カ写・カ図)

## Rosy goblet　*Microstoma protractum*
ベニチャワンタケ科のキノコ。径最大2.5cm。
¶原きの〔Rosy goblet（薔薇色のゴブレット）〕(No.534/カ写・カ図)

## Rosy larch bolete　*Suillus ochraceoroseus*
ヌメリイグチ科のキノコ。傘の径最大2.5cm。
¶原きの〔Rosy larch bolete（薔薇色の唐松イグチ）〕(No.324/カ写・カ図)

## Rosy pinkgill　*Entoloma roseum*
イッポンシメジ科のキノコ。傘の径最大3.5cm。
¶原きの〔Rosy pinkgill（薔薇色のピンクひだ茸）〕(No.098/カ写・カ図)

## Ruby bonnet　*Mycena viscidocruenta*
クヌギタケ科のキノコ。傘の径最大1cm。
¶原きの〔Ruby bonnet（ルビーの婦人帽）〕(No.216/カ写・カ図)

**Ruddy bolete**  *Boletus rhodoxanthus*
イグチ科のキノコ。傘の径最大3cm。
¶原きの〔Ruddy bolete（血色のよいイグチ）〕（No.306/カ写・カ図）

**Saffron milkcap**  *Lactarius deliciosus*
ベニタケ科のキノコ。傘の径最大1.25cm。
¶原きの〔Saffron milkcap（サフランの乳茸）〕（No.152/カ写・カ図）

**Saffron oysterling**  *Crepidotus crocophyllus*
アセタケ科のキノコ。傘の径最大3.5cm。
¶原きの〔Saffron oysterling（サフランの子牡蠣茸）〕（No.083/カ写・カ図）

**Sandy stiltball**  *Battarrea phalloides*
ハラタケ科のキノコ。傘の径最大7.5cm。
¶原きの〔Sandy stiltball（砂の柱と玉）〕（No.470/カ写・カ図）

**Saxicolella nana**
カワゴケソウ科の水草。カメルーンに分布。根はリボン状。葉は2列。
¶カワゴケ（No.61/カ写）

**Scaly tangerine mushroom**  *Cystoagaricus trisulphuratus*
ハラタケ科のキノコ。傘の径最大5cm。
¶原きの〔Scaly tangerine mushroom（鱗片状の蜜柑茸）〕（No.087/カ写・カ図）

**Scarlet berry truffle**  *Paurocotylis pila*
ビロネマキン科のキノコ。径最大2cm。
¶原きの〔Scarlet berry truffle（緋色のベリーのトリュフ）〕（No.564/カ写・カ図）

**Shaggy-stalked bolete**  *Heimioporus betula*
イグチ科のキノコ。傘の径最大10cm。
¶原きの〔Shaggy-stalked bolete（くしゃくしゃの柄のイグチ）〕（No.313/カ写・カ図）

**Small moss oysterling**  *Arrhenia retiruga*
キシメジ科のキノコ。傘の径最大1cm。
¶原きの〔Small moss oysterling（小さなコケの子牡蠣茸）〕（No.033/カ写・カ図）

**Smooth leather-coral**  *Lachnocladium denudatum*
ラクノクラディウム科のキノコ。径最大7.5cm。
¶原きの〔Smooth leather-coral（滑らかな革のサンゴ）〕（No.458/カ写・カ図）

**Spindle toughshank**  *Gymnopus fusipes*
ホウライタケ科のキノコ。傘の径最大10cm。
¶原きの〔Spindle toughshank（紡錘形の頑丈な脚）〕（No.114/カ写・カ図）

**Stinking fanvault**  *Camarophyllopsis foetens*
ヌメリガサ科のキノコ。傘の径最大4cm。
¶原きの〔Stinking fanvault（悪臭を放つ扇状のアーチ天井）〕（No.041/カ写・カ図）

**Strawberry bracket**  *Aurantiporus pulcherrimus*
タマチョレイタケ科のキノコ。傘の径最大10cm。
¶原きの〔Strawberry bracket（苺の庇）〕（No.334/カ写・カ図）

**Sunray sawgill**  *Heliocybe sulcata*
タマチョレイタケ科のキノコ。傘の径最大5cm。
¶原きの〔Sunray sawgill（日輪状の鋸ひだ茸）〕（No.118/カ写・カ図）

**Sunset spindles**  *Clavaria phoenicea*
シロソウメンタケ科のキノコ。径最大5mm。
¶原きの〔Sunset spindles（黄昏の紡錘）〕（No.451/カ写・カ図）

**Terniopsis australis**
カワゴケソウ科の水草。オーストラリア北部・西部に分布。根茎は扁平な円柱状か狭いリボン状。葉は三角状卵形。
¶カワゴケ（No.54/カ写）

**Terniopsis malayana**
カワゴケソウ科の水草。マレーシア半島部、タイ半島部に分布。根茎は扁平な円柱状。葉は三角形。
¶カワゴケ（No.44/カ写）

**Terniopsis minor**
カワゴケソウ科の水草。タイ南東部、タイ中部に分布。根茎は扁平な円柱状。葉は長楕円形。
¶カワゴケ（No.45/カ写）

**Terniopsis sessilis**
カワゴケソウ科の水草。中国東中央部（福建省）に分布。根茎はリボン状。葉は楕円形。
¶カワゴケ（No.46/カ写）

**Terniopsis ubonensis**
カワゴケソウ科の水草。タイ南東部に分布。根茎は幅広いリボン状。葉は長楕円形。
¶カワゴケ（No.47/カ写）

**Texan desert mushroom**  *Longula texensis*
ハラタケ科のキノコ。傘の径最大8cm。
¶原きの〔Texan desert mushroom（テキサスの砂漠のこ）〕（No.479/カ写・カ図）

**Thawatchaia trilobata**
カワゴケソウ科の水草。タイ北部、東北部に分布。根は葉状。葉は線状、基部は鞘状、上部に向かって円柱状。
¶カワゴケ（No.48/カ写）

**Tiger sawgill**  *Lentinus tigrinus*
タマチョレイタケ科のキノコ。傘の径最大10cm。
¶原きの〔Tiger sawgill（虎の鋸ひだ茸）〕（No.168/カ写・カ図）

**Tiger's milk fungus**  *Lignosus rhinocerotis*
タマチョレイタケ科のキノコ。傘の径最大1.5cm。
¶原きの〔Tiger's milk fungus（虎の乳のきのこ）〕（No.365/カ写・カ図）

**Toughshank brain**  *Syzygospora mycetophila*
Carcinomycetaceae科のキノコ。径（こぶ）最大2.5cm。
¶原きの〔Toughshank brain（モリノカレバタケの脳）〕（No.421/カ写・カ図）

**Tristicha trifaria**
カワゴケソウ科の水草。アフリカ，マダガスカルほかに分布。根茎は扁平な円柱状。葉は3列。
¶カワゴケ（No.62/カ写）

**Turquoise campanella**  *Campanella aeruginea*
ホウライタケ科のキノコ。傘の径最大3.5cm。
¶原きの〔Turquoise campanella（トルコ石のアミヒダタケ）〕（No.042/カ写・カ図）

**Verdigris waxcap**  *Gliophorus viridis*
ヌメリガサ科のキノコ。傘の径最大3.5cm。
¶原きの〔Verdigris waxcap（緑青色の蠟茸）〕（No.108/

A
B
C

カ写・カ図）

**Violet crown cup** *Sarcosphaera coronaria*
チャワンタケ科のキノコ。径最大1.5cm。
¶原きの〔Violet crown cup（スミレ色の王冠のカップ）〕（No.547/カ写・カ図）

**Violet potato fungus** *Gallacea scleroderma*
ムラサキショウロ科のキノコ。径最大10cm。
¶原きの〔Violet potato fungus（スミレ色のジャガイモ茸）〕（No.475/カ写・カ図）

**Weddellina squamulosa**
カワゴケソウ科の水草。コロンビア，ガイアナほかに分布。根はやや扁平な円柱状。
¶カワゴケ（No.80/カ写）

**White conecap** *Conocybe apala*
オキナタケ科のキノコ。傘の径最大2.5cm。
¶原きの〔White conecap（白いとんがり帽子）〕（No.053/カ写・カ図）

**White coral jelly** *Sebacina sparassoidea*
ロウタケ科のキノコ。径最大10cm。
¶原きの〔White coral jelly（白いサンゴのゼリー）〕（No.420/カ写・カ図）

**White pore fungus** *Favolaschia pustulosa*
クヌギタケ科のキノコ。傘の径最大7.5cm。
¶原きの〔White pore fungus（白の多孔茸）〕（No.103/カ写・カ図）

**Wila** *Bryoria fremontii*
ウメノキゴケ科のキノコ。径0.5mm未満。
¶原きの〔Wila（ウィラ）〕（No.586/カ写・カ図）

**Willow gloves** *Hypocreopsis lichenoides*
ニクザキン科のキノコ。径最大10cm。
¶原きの〔Willow gloves（ヤナギの手袋）〕（No.574/カ写・カ図）

**Wine glass fungus** *Podoscypha petalodes*
シワタケ科のキノコ。傘の径最大5cm。
¶原きの〔Wine glass fungus（ワイングラス茸）〕（No.396/カ写・カ図）

**Winklerella dichotoma**
カワゴケソウ科の水草。カメルーンに分布。根は葉状またはリボン状。葉は長さ6mm。
¶カワゴケ（No.63/カ写）

**Wolf lichen** *Letharia vulpina*
ウメノキゴケ科のキノコ。径最大7.5cm。
¶原きの〔Wolf lichen（オオカミの地衣）〕（No.593/カ写・カ図）

**Yellow bracelet** *Floccularia luteovirens*
ハラタケ科のキノコ。傘の径最大10cm。
¶原きの〔Yellow bracelet（黄色の腕輪）〕（No.106/カ写・カ図）

**Yellow brittleball** *Macowanites luteolus*
ベニタケ科のキノコ。傘の径最大3.5cm。
¶原きの〔Yellow brittleball（黄色のもろい玉）〕（No.483/カ写・カ図）

**Yellow dust amanita** *Amanita flavoconia*
テングタケ科のキノコ。傘の径最大10cm。
¶原きの〔Yellow dust amanita（黄色いダストの天狗茸）〕（No.019/カ写・カ図）

**Yellow knight** *Tricholoma equestre*
キシメジ科のキノコ。傘の径最大1.25cm。

¶原きの〔Yellow knight（黄色い騎士）〕（No.279/カ写・カ図）

**Yellow stainer** *Agaricus xanthodermus*
ハラタケ科のキノコ。傘の径最大1.5cm。
¶原きの〔Yellow stainer（黄色染茸）〕（No.008/カ写・カ図）

**Zenker's striped parachute** *Marasmius zenkeri*
ホウライタケ科のキノコ。傘の径最大10cm。
¶原きの〔Zenker's striped parachute（ツェンカーの縞模様の落下傘）〕（No.201/カ写・カ図）

**Zeylanidium lichenoides**
カワゴケソウ科の水草。インド東北部・南部ほかに分布。根はリボン状。葉は線形，刀剣状。
¶カワゴケ（No.49/カ写）

**Zeylanidium maheshwarii**
カワゴケソウ科の水草。インド南部に分布。根は葉状。葉は柔らかく針状。
¶カワゴケ（No.50/カ写）

**Zeylanidium olivaceum**
カワゴケソウ科の水草。インド南部，スリランカに分布。葉は線形か被針形，根は葉状。
¶カワゴケ（No.51/カ写）

**Zeylanidium subulatum**
カワゴケソウ科の水草。南インド，スリランカに分布。葉は基部は鞘状それから上は錐状，根は扁平，細いリボン状。
¶カワゴケ（No.52/カ写）

**Zoned hairy parachute** *Crinipellis zonata*
ホウライタケ科のキノコ。傘の径最大3.5cm。
¶原きの〔Zoned hairy parachute（帯状に毛の生えた落下傘）〕（No.085/カ写・カ図）

**Zoned rosette** *Podoscypha multizonata*
シワタケ科のキノコ。径最大5cm。
¶原きの〔Zoned rosette（環紋のあるロゼット）〕（No.395/カ写・カ図）

**Zoned shelf lichen** *Dictyonema glabratum*
ヌメリガサ科のキノコ。傘の径最大5cm。
¶原きの〔Zoned shelf lichen（環紋のある棚をもつ地衣類）〕（No.391/カ写・カ図）

# 学 名 索 引

学名索引　　　　　　　　　　　883　　　　　　　　　　　　**ACE**

## 【A】

*Abelia chinensis* var.*ionandra* →タイワンツクバネ
ウツギ ……………………………………………442

*Abelia*× *grandiflora* →ハナゾノツクバネウツギ ………603

*Abelia*× *grandiflora* 'Hopleys' →ホープレイズ ………725

*Abelia serrata* f.*sanguinea* →ベニバナコックバネウ
ツギ ……………………………………………698

*Abelia serrata* var.*buchwaldii* →キバナツクバネウツ
ギ ………………………………………………242

*Abelia serrata* var.*serrata* →コックバネウツギ ………316

*Abelia serrata* var.*tomentosa* →オニツクバネウツ
ギ ………………………………………………183

*Abelia spathulata* var.*colorata* →タキネツクバネウ
ツギ ……………………………………………453

*Abelia spathulata* var.*sanguinea* →ベニバナノツク
バネウツギ ……………………………………698

*Abelia spathulata* var.*spathulata* →ツクバネウツギ ‥493

*Abelia spathulata* var.*stenophylla* →ウゴツクバネウ
ツギ ………………………………………………90

*Abelia tetrasepala* →オオツクバネウツギ …………149

*Abeliophyllum distichum* →ウチワノキ …………………98

*Abelmoschus esculentus* →オクラ …………………175

*Abies amabilis* →ウツクシモミ ……………………99

*Abies balsamea* →バルサムモミ ………………………620

*Abies concolor* →コロラドモミ ………………………335

*Abies firma* →モミ ……………………………………801

*Abies grandis* →アメリカオオモミ …………………43

*Abies homolepis* →ウラジロモミ ……………………106

*Abies magnifica* →カクバモミ ………………………195

*Abies mariesii* →オオシラビソ ………………………146

*Abies procera* →ノーブルモミ ………………………580

*Abies sachalinensis* var.*mayriana* →アオトド …………9

*Abies sachalinensis* var.*sachalinensis* →トドマツ ……530

*Abies*× *umbellata* →ミツミネモミ …………………759

*Abies veitchii* →シラビソ ……………………………394

*Abies veitchii* var.*reflexa* →シコクシラベ …………363

*Abortiporus biennis* →ニクウチワタケ ………………558

*Abrodictyum boninense* →ハハジマホラゴケ …………607

*Abrodictyum obscurum* →オニホラゴケ ……………185

*Abrus precatorius* →トウアズキ ……………………514

*Abundisporus pubertatis* →ホウネンタケ …………704

*Abutilon cristata* →ニシキアオイ …………………558

*Abutilon grandifolium* →オオバイチビ ……………152

*Abutilon*× *hybridum* →アブチロン (1) ………………34

*Abutilon indicum* subsp.*albescens* →サキシマイチ
ビ ………………………………………………340

*Abutilon indicum* subsp.*guineense* →タイワンイチ
ビ ………………………………………………441

*Abutilon indicum* subsp.*indicum* →タカサゴイチ
ビ ………………………………………………445

*Abutilon megapotamicum* →ウキツリボク …………89

*Abutilon theophrasti* →イチビ (1) …………………62

*Acacia baileyana* →ギンヨウアカシア ………………258

*Acacia confusa* →ソウシジュ ………………………432

*Acacia dealbata* →フサアカシア ……………………680

*Acalypha australis* →エノキグサ ……………………128

*Acalypha gracilens* →ヒメアミガサソウ ……………641

*Acalypha hispida* →ベニヒモノキ …………………699

*Acalypha indica* →キダチアミガサソウ ………………234

*Acalypha wilkesiana* →アカリファ …………………18

*Acanthephippium pictum* →エンレイショウキラン …133

*Acanthephippium striatum* →タイワンアオイラン …440

*Acanthephippium sylhetense* →タイワンショウキラ
ン ………………………………………………442

*Acanthopeltis japonica* →ユイキリ …………………841

*Acanthospermum hispidum* →アメリカトゲミギク …44

*Acanthus mollis* →アカンサス ………………………18

*Acca sellowiana* →フェイジョア ……………………677

*Acer amamiense* →アマミカジカエデ …………………40

*Acer amoenum* 'Ukon' →ウコン (1) …………………90

*Acer amoenum* var.*amoenum* →オオモミジ …………164

*Acer amoenum* var.*matsumurae* →ヤマモミジ (1) …838

*Acer amoenum* var.*matsumurae* 'Dissectum' →チ
リメンカエデ …………………………………486

*Acer amoenum* var.*matsumurae* 'Sangokaku' →サ
ンゴカク ………………………………………356

*Acer amoenum* var.*nambuanum* →ナンブコハモミ
ジ ………………………………………………554

*Acer argutum* →アサノハカエデ ……………………24

*Acer australe* →ナンゴクミネカエデ …………………552

*Acer buergerianum* →トウカエデ …………………514

*Acer buergerianum* 'Hanachirusato' →ハナチルサ
ト ………………………………………………603

*Acer capillipes* →ホソエカエデ ……………………711

*Acer carpinifolium* →チドリノキ …………………478

*Acer cissifolium* →ミツデカエデ ……………………757

*Acer crataegifolium* →ウリカエデ …………………106

*Acer diabolicum* →カジカエデ ………………………197

*Acer distylum* →ヒトツバカエデ ……………………633

*Acer insulare* →シマウリカエデ ……………………375

*Acer itoanum* →クスノハカエデ ……………………265

*Acer japonicum* →ハウチワカエデ …………………585

*Acer japonicum* 'Aconitifolium' →マイクジャク …727

*Acer maximowiczianum* →メグスリノキ ……………795

*Acer micranthum* →コミネカエデ …………………329

*Acer miyabei* →クロビイタヤ ………………………281

*Acer morifolium* →ヤクシマオナガカエデ …………810

*Acer negundo* →ネグンドカエデ ……………………569

*Acer negundo* 'Flamingo' →フラミンゴ ……………691

*Acer nipponicum* →テツカエデ ……………………509

*Acer palmatum* →タカオカエデ ……………………444

*Acer palmatum* 'Iizimasunago' →イイジマスナゴ …53

*Acer palmatum* 'Kasennishiki' →カセンニシキ …199

*Acer palmatum* 'Sazanami' →サザナミ ……………344

*Acer palmatum* 'Seigen' →セイゲン …………………419

*Acer pictum* →イタヤカエデ …………………………61

*Acer pictum* subsp.*dissectum* →エンコウカエデ (広
義) ……………………………………………131

*Acer pictum* subsp.*dissectum* f.*connivens* →ウラゲ
エンコウカエデ ………………………………103

*Acer pictum* subsp.*dissectum* f.*dissectum* →エンコ
ウカエデ (1) …………………………………131

*Acer pictum* subsp.*glaucum* →ウラジロイタヤ ……104

*Acer pictum* subsp.*mayrii* →アカイタヤ ……………12

*Acer pictum* subsp.*mono* →エゾイタヤ ……………111

*Acer pictum* subsp.*pictum* →オニイタヤ (広義) …181

*Acer pictum* subsp.*pictum* subvar.*subtrifidum* →ヤ
グルマカエデ …………………………………814

*Acer pictum* subsp.*savatieri* →イトマキイタヤ ………66

*Acer pictum* subsp.*taishakuense* →タイシャクイタ

**ACE** — *884* — 学名索引

ヤ ······················437

*Acer platanoides* →ノルウェーカエデ ··················581

*Acer platanoides* 'Crimson King' →クリムソン キ
ング ······················272

*Acer platanoides* 'Princeton Gold' →プリンストン
ゴールド ······················692

*Acer pseudoplatanus* →シカモアカエデ··············361

*Acer pycnanthum* →ハナノキ (1) ··························604

*Acer rubrum* →アメリカハナノキ··············45

*Acer rubrum* 'Red Sunset' →レッド サンセット ······866

*Acer rufinerve* →ウリハダカエデ··············107

*Acer saccharinum* →ギンカエデ··············253

*Acer saccharum* →サトウカエデ··············348

*Acer shirasawanum* →オオイタヤメイゲツ··············137

*Acer sieboldianum* →コハウチワカエデ··············319

*Acer tataricum* subsp.*aidzuense* →カラコギカエデ ··210

*Acer tenuifolium* →ヒナウチワカエデ··············635

*Acer tschonoskii* →ミネカエデ··············761

*Acer ukurunduense* →オガラバナ··············169

*Acetabularia ryukyuensis* →カサノリ··············196

*Achillea alpina* →ノコギリソウ (広義) ··············576

*Achillea alpina* subsp.*alpina* var.*discoidea* →ヤマノ
コギリソウ ··············835

*Achillea alpina* subsp.*alpina* var.*longiligulata* →ノ
コギリソウ ··············576

*Achillea alpina* subsp.*camtschatica* →シュムシュノ
コギリソウ ··············387

*Achillea alpina* subsp.*japonica* →キタノコギリソウ ··235

*Achillea alpina* subsp.*pulchra* →アカバナエゾノコ
ギリソウ ··············15

*Achillea alpina* subsp.*subcartilaginea* →アソノコギ
リソウ ··············31

*Achillea erba-rotta* subsp.*moschata* →ジャコウノコ
ギリソウ ··············383

*Achillea filipendulina* →キバナノコギリソウ ··············242

*Achillea millefolium* →セイヨウノコギリソウ ··············423

*Achillea ptarmica* subsp.*macrocephala* var.*speciosa*
→エゾノコギリソウ··············118

*Achillea ptarmica* subsp.*macrocephala* var.*yezoensis*
→ホソバエゾノコギリソウ··············713

*Achillea umbellatum* →アキレア・ウンベラーツム ····21

*Achlys japonica* →ナンブソウ··············554

*Achnatherum pekinense* →ハネガヤ··············606

*Achyranthes aspera* var.*aspera* →ケイノコヅチ··············285

*Achyranthes aspera* var.*rubrofusca* →ムラサキイノ
コヅチ (1) ··············789

*Achyranthes bidentata* var.*bidentata* →モンパンイ
ノコヅチ ··············805

*Achyranthes bidentata* var.*hachijoensis* →ハチジョ
ウイノコヅチ ··············596

*Achyranthes bidentata* var.*japonica* →イノコヅチ ····74

*Achyranthes bidentata* var.*tomentosa* →ヒナタイノ
コヅチ ··············636

*Achyranthes longifolia* →ヤナギイノコヅチ··············818

*Acidanthera bicolor* var.*mulieliae* →アシダンセラ
(1) ··············26

*Acmella brachyglossa* →ヤリセンニチモドキ··············839

*Acmella oleracea* →オランダセンニチ··············189

*Acmella oppositifolia* →ヌマツルギク··············567

*Acmella uliginosa* →ヒメセンニチモドキ··············652

*Aconitum asahikawaense* →カムイレイジンソウ ······207

*Aconitum azumiense* →アズミトリカブト··············30

*Aconitum chinense* →トリカブト··············533

*Aconitum chrysopilum* →イブキレイジンソウ··············76

*Aconitum ciliare* →ハナカズラ··············601

*Aconitum gassanense* →ガッサントリカブト··············201

*Aconitum geossedentatum* →カワチブシ··············217

*Aconitum gigas* →エゾレイジンソウ··············125

*Aconitum grossedentatum* var.*sikokianum* →シコク
ブシ··············364

*Aconitum hiroshi-igarashii* →コンプレイジンソウ···336

*Aconitum iidemontanum* →イイデトリカブト··············53

*Aconitum iinumae* →オオレイジンソウ··············166

*Aconitum ikedae* →ニセコレイジンソウ··············560

*Aconitum ito-seiyanum* →セイヤブシ··············421

*Aconitum jaluense* subsp.*iwatekense* →センウズモ
ドキ··············429

*Aconitum jaluense* subsp.*jaluense* →コウライブシ···302

*Aconitum japonicum* subsp.*ibukiense* →イブキトリ
カブト··············76

*Aconitum japonicum* subsp.*japonicum* →ヤマトリ
カブト··············833

*Aconitum japonicum* subsp.*japonicum* var.
*hakonense* →ハコネトリカブト··············592

*Aconitum japonicum* subsp.*maritimum* var.
*iyariense* →イヤリトリカブト··············78

*Aconitum japonicum* subsp.*maritimum* var.
*maritimum* →ツクバトリカブト··············493

*Aconitum japonicum* subsp.*napiforme* →タンナト
リカブト··············470

*Aconitum japonicum* subsp.*subcuneatum* →オクト
リカブト··············174

*Aconitum kitadakense* →キタダケトリカブト··············234

*Aconitum kiyomiense* →キヨミトリカブト··············249

*Aconitum loczyanum* →レイジンソウ··············865

*Aconitum mashikense* →マシケレイジンソウ··············730

*Aconitum maximum* subsp.*kurilense* →シコタント
リカブト··············364

*Aconitum metajaponicum* →オンタケブシ··············190

*Aconitum nikaii* →ヤサカブシ··············814

*Aconitum nipponicum* subsp.*micranthum* →キタザ
ワブシ··············233

*Aconitum nipponicum* subsp.*nipponicum* →ミヤマ
トリカブト··············775

*Aconitum nipponicum* subsp.*nipponicum* var.
*septemcarpum* →ミョウコウトリカブト··············781

*Aconitum okuyamae* →ウゼントリカブト··············97

*Aconitum okuyamae* var.*wagaense* →ワガトリカブ
ト··············869

*Aconitum pterocaule* var.*pterocaule* →アズマレイジ
ンソウ··············30

*Aconitum pterocaule* var.*siroumense* →シロウマレ
イジンソウ··············397

*Aconitum sachalinense* subsp.*sachalinense* →カラ
フトブシ··············213

*Aconitum sachalinense* subsp.*yezoense* →エゾトリ
カブト··············116

*Aconitum sachalinense* var.*compactum* →リシリブ
シ··············855

*Aconitum sanyoense* →サンヨウブシ··············358

*Aconitum senanense* subsp.*paludicola* →ヤチトリカ
ブト··············816

*Aconitum senanense* subsp.*senanense* →ホソバト
リカブト··············716

*Aconitum senanense* subsp.*senanense* var.*isidzukae*
→オオサワトリカブト··············144

*Aconitum soyaense* →ソウヤレイジンソウ··············433

*Aconitum* spp. →トリカブト類··············534

*Aconitum tatewakii* →ヒダカレイジンソウ··············631

*Aconitum tonense* →ジョウシュウトリカブト··············389

*Aconitum umezawae* →オシマレイジンソウ ·········176
*Aconitum vulparia* →アコニツム・ブルバリア ·········23
*Aconitum yamazakii* →ダイセツトリカブト ·········437
*Aconitum yesoense* var.*corymbiferum* →ウスバトリ
カブト (1) ········································96
*Aconitum yuparense* var.*apoiense* →ヒダカトリカブ
ト ·······································631
*Aconitum yuparense* var.*yuparense* →エゾノホソバ
トリカブト ·······························120
*Aconitum zigzag* subsp.*kishidae* →ハクバブシ ·········590
*Aconitum zigzag* subsp.*komatsui* →ナンタイブシ ····552
*Aconitum zigzag* subsp.*ryohakuense* →リョウハク
トリカブト ·······························861
*Aconitum zigzag* subsp.*zigzag* →タカネトリカブト ···449
*Aconogonon ajanense* →ヒメイワタデ ·················642
*Aconogonon nakaii* →オヤマソバ ·················188
*Aconogonon weyrichii* var.*alpinum* →オンタデ ·········190
*Aconogonon weyrichii* var.*weyrichii* →ウラジロタ
デ ·······································105
*Acorus calamus* →ショウブ ·······················389
*Acorus gramineus* →セキショウ ·················425
*Acrophorus nodosus* →タイワンヒメワラビ·············443
*Acrostichum aureum* →ミミモチシダ ·················763
*Actaea asiatica* →ルイヨウショウマ ·················863
*Actaea erythrocarpa* →アカミノルイヨウショウマ ·····17
*Actinidia arguta* →サルナシ·······················352
*Actinidia arguta* var.*hypoleuca* →ウラジロマタタ
ビ ·······································106
*Actinidia chinensis* var.*deliciosa* →キーウィ ·········226
*Actinidia kolomikta* →ミヤママタタビ·················778
*Actinidia polygama* →マタタビ·······················731
*Actinidia rufa* →ナシカズラ·······················543
*Actinodaphne acuminata* →バリバリノキ ·············618
*Actinoscirpus grossus* →オオサンカクイ·················144
*Actinostemma tenerum* →ゴキヅル·················306
*Actinotrichia fragilis* →ソデガラミ ·················433
*Acystopteris japonica* →ウスヒメワラビ·················96
*Acystopteris japonica*× *A.taiwaniana* →ウスヒメワ
ラビ × ウスヒメワラビモドキ ·················96
*Acystopteris taiwaniana* →ウスヒメワラビモドキ ·····96
*Acystopteris tenuisecta* →ホウライウスヒメワラビ ··705
*Adenocaulon himalaicum* →ノブキ (1) ·················579
*Adenophora divaricata* →フクシマシャジン·············678
*Adenophora hatsushimae* →ツクシイワシャジン·········489
*Adenophora maximowicziana* →ヒナシャジン·········636
*Adenophora nikoensis* →ヒメシャジン·················650
*Adenophora nikoensis* var.*nikoensis* f.*nipponica*
→ミヤマシャジン ·······························772
*Adenophora nikoensis* var.*petrophila* →ミョウギ
シャジン ·······························781
*Adenophora nikoensis* var.*teramotoi* →シライワ
シャジン ·······························391
*Adenophora palustris* →ヤチシャジン·················816
*Adenophora pereskiifolia* var.*pereskiifolia* →マン
シュウツリガネニンジン (1) ·················745
*Adenophora pereskiifolia* →モイワシャジン·············798
*Adenophora pereskiifolia* var.*yamadae* →ユウバリ
シャジン ·······························842
*Adenophora remotiflora* →ソバナ·················434
*Adenophora stricta* →トウシャジン·················516
*Adenophora takedae* var.*howozana* →ホウオウシャ
ジン ·······································703
*Adenophora takedae* var.*takedae* →イワシャジン ·····83

*Adenophora tashiroi* →シマシャジン·················377
*Adenophora triphylla* var.*japonica* →ツリガネニン
ジン ·······································500
*Adenophora triphylla* var.*japonica* f.*lancifolia* →ナ
ガバシャジン·······························538
*Adenophora triphylla* var.*japonica* f.*violacea* →ハク
サンシャジン·······························588
*Adenophora triphylla* var.*puellaris* →オトメシャジ
ン ·······································180
*Adenophora triphylla* var.*triphylla* →サイヨウシャ
ジン ·······································338
*Adenophora uryuensis* →シラトリシャジン·············393
*Adenostemma lavenia* →ヌマダイコン·················567
*Adenostemma madurense* →オカダイコン·············168
*Adiantum capillus-junonis* →ホウライクジャク·········705
*Adiantum capillus-veneris* →ホウライシダ·············705
*Adiantum diaphanum* →スキヤクジャク·················411
*Adiantum edgeworthii* →オトメクジャク·················179
*Adiantum flabellulatum* →オキナワクジャク (1) ······171
*Adiantum monochlamys* →ハコネシ ·················591
*Adiantum ogasawarense* →イワホウライシダ·············87
*Adiantum pedatum* →クジャクソウ (1) ·················263
*Adina pilulifera* →タニワタリノキ·················462
*Adinandra ryukyuensis* →リュウキュウナガエサカ
キ ·······································858
*Adinandra yaeyamensis* →ケナガエサカキ·············289
*Adonis aestivalis* →ナツザキフクジュソウ·············545
*Adonis amurensis* →キタミフクジュソウ·················236
*Adonis brevistyla* →アドニス・ブレビスティラ ·····33
*Adonis coerulea* →アドニス・コエルレア·············33
*Adonis davidii* →アドニス・ダビディー·············33
*Adonis multiflora* →ミチノクフクジュソウ·············756
*Adonis ramosa* →フクジュソウ·······················679
*Adonis shikokuensis* →シコクフクジュソウ·············364
*Adonis vernalis* →アドニス・ベルナリス·············33
*Adoxa moschatellina* var.*insularis* →シマレンプク
ソウ ·······································380
*Adoxa moschatellina* var.*moschatellina* →レンプク
ソウ ·······································867
*Aegilops cylindrica* →カギムギ ·················195
*Aeginetia indica* →ナンバンギセル·················553
*Aeginetia sinensis* →オオナンバンギセル·············151
*Aegonychon zollingeri* →ホタルカズラ·················721
*Aegopodium alpestre* →エゾボウフウ·················122
*Aegopodium podagraria* →イワミツバ ·················87
*Aeluropus littoralis* →シオギリソウ·················359
*Aerobryopsis subdivergens* →ミズスギモドキ·············751
*Aerobryum speciosum* var.*nipponicum* →ミハラシ
ゴケ ·······································762
*Aeschynanthus acuminatus* →ナガミカズラ·············541
*Aeschynomene americana* →エダウチクサネム·········125
*Aeschynomene indica* →クサネム·················261
*Aesculus*× *carnea* →ベニバナトチノキ·················698
*Aesculus*× *carnea* 'Briotii' →ブリオッティー·········691
*Aesculus glabra* →ヒメトチノキ·················654
*Aesculus hippocastanum* →マロニエ·················744
*Aesculus pavia* →アカバナアメリカトチノキ ·····15
*Aesculus turbinata* →トチノキ·················529
*Aethionema*× *warleyense* 'Warley Rose' →エチオネ
マ × 'ワーレイローズ'·······················126
*Agalinis heterophylla* →アメリカウンランモドキ ······42
*Agapanthus africanus* →ムラサキクンシラン·········790

*Agaricus abruptibulbus* →ウスキモリノカサ ……………… 94
*Agaricus arvensis* →シロオオハラタケ …………………397
*Agaricus bernardii* →アガリクス・ベルナルデイイ …… 18
*Agaricus bisporus* →ツクリタケ ……………………………494
*Agaricus campestris* →ハラタケ ……………………………616
*Agaricus crocopeplus* →Golden fleece mushroom ……875
*Agaricus moelleri* →ナカグロモリノカサ …………………536
*Agaricus silvaticus* →モリハラタケ ………………………804
*Agaricus* spp. →アガリクス類 …………………………… 18
*Agaricus subrufescens* →ニセモリノカサ …………………561
*Agaricus subrutilescens* →ザラエノハラタケ …………351
*Agaricus xanthodermus* →Yellow stainer ……………880
*Agarum clathratum* →アナメ ……………………………… 34
*Agastache rugosa* →カワミドリ …………………………217
*Agathis dammara* →ダンマルジュ ………………………471
*Agave americana* →アオノリュウゼツラン ……………… 10
*Agave americana* 'Marginata' →リュウゼツラン ……860
*Agave sisalana* →サイザルアサ …………………………337
*Ageratina altissima* →マルバフジバカマ………………742
*Ageratum conyzoides* →カッコウアザミ (1) …………201
*Ageratum houstonianum* →ムラサキカッコウアザ
ミ ……………………………………………………………789
*Aglaomorpha coronans* →カザリシダ ……………………197
*Agrimonia coreana* →チョウセンキンミズヒキ ……484
*Agrimonia japonica* →キンミズヒキ ……………………257
*Agrimonia nipponica* →ヒメキンミズヒキ ……………646
*Agrimonia pilosa* →キンミズヒキ (広義) ……………257
*Agrimonia pilosa* var.*succapitata* →ダルマキンミズ
ヒキ ……………………………………………………………468
*Agrocybe arvalis* →タマムクエタケ ………………………467
*Agrocybe cylindrica* →ヤナギマツタケ …………………820
*Agrocybe erebia* →ツチナメコ ……………………………496
*Agrocybe farinacea* →ツバナシフミヅキタケ…………498
*Agrocybe praecox* →フミヅキタケ ………………………689
*Agrocybe putaminum* →Mulch fieldcap………………877
*Agropyron intermedium* →コムギダマシ ………………330
*Agrostemma githago* →ムギセンノウ……………………783
*Agrostis avenacea* →ナンカイヌカボ……………………550
*Agrostis capillaris* →イトコヌカグサ …………………… 64
*Agrostis clavata* var.*clavata* →ヤマヌカボ…………834
*Agrostis clavata* var.*nukabo* →ヌカボ ………………566
*Agrostis flaccida* →ミヤマヌカボ…………………………776
*Agrostis gigantea* →コヌカグサ …………………………319
*Agrostis hideoi* →ユキクラヌカボ………………………843
*Agrostis lachnantha* →アフリカヌカボ………………… 36
*Agrostis mertensii* →コミヤマヌカボ……………………330
*Agrostis nigra* →クロコヌカグサ ………………………277
*Agrostis osakae* →キタヤマヌカボ………………………236
*Agrostis scabra* →エゾヌカボ……………………………117
*Agrostis stolonifera* →ハイコヌカグサ…………………583
*Agrostis tateyamensis* →タテヤマヌカボ………………460
*Agrostis valvata* →ヒメコヌカグサ ……………………648
*Ahnfeltiopsis flabelliformis* →オキツノリ……………170
*Ahnfeltiopsis paradoxa* →ハリガネ ……………………617
*Aidia canthioides* →シマミサオノキ……………………379
*Aidia henryi* →ミサオノキ ………………………………749
*Ailanthus altissima* →シンジュ …………………………406
*Ainsliaea acerifolia* var.*acerifolia* →モミジハグマ……802
*Ainsliaea acerifolia* var.*subapoda* →オクモミジハグ

マ ……………………………………………………………175
*Ainsliaea apiculata* →キッコウハグマ …………………236
*Ainsliaea apiculata* var.*acerifolia* →リュウキュウハ
グマ…………………………………………………………858
*Ainsliaea cordifolia* var.*cordifolia* →テイショウソ
ウ……………………………………………………………508
*Ainsliaea cordifolia* var.*maruoi* →ヒロハテイショウ
ソウ…………………………………………………………671
*Ainsliaea dissecta* →エンシュウハグマ…………………132
*Ainsliaea fragrans* →マルバテイショウソウ…………741
*Ainsliaea linearis* →ホソバハグマ ……………………718
*Ainsliaea macroclinidioides* var.*okinawensis* →オキ
ナワハグマ…………………………………………………172
*Ainsliaea oblonga* var.*latifolia* →オオナガバハグマ …150
*Ainsliaea oblonga* var.*oblonga* →ナガバハグマ ……540
*Aira caryophyllea* →ヌカススキ …………………………566
*Aira elegantissima* →ハナヌカススキ …………………604
*Ajuga× bastarda* →キランニシキゴロモ………………249
*Ajuga boninsimae* →シマカコソウ………………………375
*Ajuga ciliata* var.*villosior* →カイジンドウ…………191
*Ajuga decumbens* →キランソウ …………………………249
*Ajuga dictyocarpa* →オニキランソウ……………………182
*Ajuga incisa* →ヒイラギソウ……………………………623
*Ajuga japonica* →オウギカズラ …………………………133
*Ajuga makinoi* →タチキランソウ ………………………456
*Ajuga× mixta* →ジュウニキランソウ…………………385
*Ajuga nipponensis* →ジュウニヒトエ…………………385
*Ajuga pygmaea* →ヒメキランソウ………………………646
*Ajuga reptans* →セイヨウキランソウ …………………422
*Ajuga shikotanensis* →ツルカコソウ……………………501
*Ajuga shikotanensis* f.*hirsuta* →ケブカツルカコソ
ウ……………………………………………………………290
*Ajuga taiwanensis* →ヤエヤマキランソウ……………807
*Ajuga yesoensis* var.*tsukubana* →ツクバキンモンソ
ウ……………………………………………………………493
*Ajuga yesoensis* var.*yesoensis* →ニシキゴロモ ……559
*Ajugoides humilis* →ヤマジオウ…………………………830
*Akanthomyces aranearum* →アカンソマイセス アラ
ネアラム ………………………………………………… 18
*Akanthomyces novoguineensis* →アカンソマイセス
ノボギネンシス ………………………………………… 18
*Akebia× pentaphylla* →ゴヨウアケビ…………………333
*Akebia quinata* →アケビ (1) …………………………… 21
*Akebia trifoliata* →ミツバアケビ………………………757
*Akebia trifoliata* subsp.*australis* →ナンゴクミツバ
アケビ………………………………………………………552
*Akebia trifoliata* var.*integrifolia* →クワゾメアケビ …284
*Akebia trifoliata* var.*litoralis* →ハマミツバアケビ ……615
*Alangium platanifolium* var.*platanifolium* →モミジ
ウリノキ……………………………………………………801
*Alangium platanifolium* var.*trilobatum* →ウリノキ
(1) …………………………………………………………107
*Alangium premnifolium* →シマウリノキ………………375
*Alaria crassifolia* →チガイソ ……………………………471
*Alatocladia yessoensis* →エゾシコロ……………………114
*Albatrellus caeruleoporus* →アオロウジ……………… 11
*Albatrellus confluens* →ニンギョウタケ………………565
*Albatrellus dispansus* →コウモリタケ…………………300
*Albatrellus ovinus* →ニンギョウタケモドキ…………565
*Albatrellus peckianus* →Peck's polypore……………877
*Albatrellus pes-caprae* →センニンタケ ………………431
*Albatrellus yasudae* →ヌメリアイタケ…………………568

| | |
|---|---|
| *Albizia julibrissin* →ネムノキ ······573 | ラッキョウ ······311 |
| *Albizia julibrissin* 'Rosea' →ネムノキ ロゼア ······573 | *Allium virgunculae* var.*virgunculae* →イトラッキョウ ······66 |
| *Albizia julibrissin* var.*glabrior* →ヒロハネム ······671 | *Allium virgunculae* var.*yakushimense* →ヤクシマイトラッキョウ ······810 |
| *Albizia kalkora* →オオバネムノキ ······156 | |
| *Albizia lebbeck* →ビルマネム ······667 | *Alloclavaria purpurea* →ムラサキナギナタタケ ······791 |
| *Albizia retusa* →ヤエヤマネムノキ ······808 | *Allophylus timoriensis* →アカギモドキ ······13 |
| *Alcea ficifolia* →シチゴサンアオイ ······367 | *Alnus alnobetula* subsp.*maximowiczii* →ミヤマハンノキ ······777 |
| *Alcea rosea* →タチアオイ(1) ······455 | |
| *Alchemilla arvensis* →イワムシロ ······87 | *Alnus fauriei* →ミヤマカワラハンノキ ······769 |
| *Alchemilla japonica* →ハゴロモグサ ······592 | *Alnus firma* f.*hirtella* →ミヤマヤシャブシ ······779 |
| *Alchornea davidii* →オオバベニガシワ ······157 | *Alnus firma* var.*firma* →ヤシャブシ ······815 |
| *Alchornea liukiuensis* →アミガサギリ ······41 | *Alnus hakkodensis* →サルクラハンノキ ······352 |
| *Aldrovanda vesiculosa* →ムジナモ ······785 | *Alnus hirsuta* →ヤマハンノキ(広義) ······835 |
| *Aletris foliata* →ネバリノギラン ······572 | *Alnus hirsuta* f.*sibirica* →ヤマハンノキ ······835 |
| *Aletris scopulorum* →ヒメソクシンラン ······652 | *Alnus hirsuta* var.*hirsuta* →ケヤマハンノキ ······291 |
| *Aletris spicata* →ソクシンラン ······433 | *Alnus inokumae* →タニガワハンノキ ······461 |
| *Aleuria aurantia* →ヒイロチャワンタケ ······624 | *Alnus japonica* →ハンノキ ······622 |
| *Aleuria rhenana* →キンチャワンタケ ······256 | *Alnus japonica* f.*arguta* →エゾハンノキ ······121 |
| *Aleurites moluccanus* →ククイノキ ······259 | *Alnus japonica* f.*koreana* →ケハンノキ ······290 |
| *Aleuritopteris argentea* →ヒメウラジロ ······643 | *Alnus matsumurae* →ヤハズハンノキ ······821 |
| *Aleuritopteris kuhnii* →ミヤマウラジロ ······768 | *Alnus pendula* →ヒメヤシャブシ ······661 |
| *Aleurodiscus amorphus* →アカコウヤクタケ ······13 | *Alnus serrulatoides* →カワラハンノキ ······219 |
| *Aleurodiscus tsugae* →ツガコウヤクタケ ······487 | *Alnus serrulatoides* f.*katoana* →ケカワラハンノキ ······286 |
| *Alisma canaliculatum* →ヘラオモダカ ······701 | *Alnus sieboldiana* →オオバヤシャブシ ······158 |
| *Alisma canaliculatum* var.*azmuninoense* →アズミノヘラオモダカ ······30 | *Alnus trabeculosa* →サクラバハンノキ ······343 |
| | *Alocasia atropurpurea* →ヤエヤマクワズイモ ······807 |
| *Alisma canaliculatum* var.*harimense* →ホソバヘラオモダカ ······719 | *Alocasia cucullata* →シマクワズイモ ······376 |
| | *Alocasia odora* →クワズイモ ······284 |
| *Alisma plantago-aquatica* var.*orientale* →サジオモダカ ······345 | *Aloe arborescens* →キダチロカイ ······235 |
| | *Alopecurus aequalis* var.*aequalis* →ノハラスズメノテッポウ ······579 |
| *Alisma rariflorum* →トウゴクヘラオモダカ ······516 | |
| *Allamanda cathartica* →アリアケカズラ ······48 | *Alopecurus aequalis* var.*amurensis* →スズメノテッポウ ······414 |
| *Allium austrokyushuense* →ナンゴクヤマラッキョウ ······552 | |
| | *Alopecurus japonicus* →セトガヤ ······427 |
| *Allium cepa* →タマネギ ······466 | *Alopecurus longearistatus* →ヒゲナガスズメノテッポウ ······628 |
| *Allium chinense* →ラッキョウ ······853 | |
| *Allium fistulosum* →ネギ ······569 | *Alopecurus myosuroides* →ノスズメノテッポウ ······577 |
| *Allium inutile* →ステゴビル ······415 | *Alopecurus pratensis* →オオスズメノテッポウ ······147 |
| *Allium kiiense* →キイイトラッキョウ ······225 | *Alophia amoena* →チリーアヤメ ······486 |
| *Allium macrostemon* →ノビル ······579 | *Aloysia triphylla* →ボウシュウボク ······704 |
| *Allium moly* →キバナノギョウジャニンニク ······242 | *Alpinia boninsimensis* →シマクマタケラン ······376 |
| *Allium monanthum* →ヒメニラ ······655 | *Alpinia flabellata* →イリオモテクマタケラン ······79 |
| *Allium neapolitanum* →アリウム ······48 | *Alpinia×formosana* →クマタケラン ······268 |
| *Allium pseudojaponicum* →タマムラサキ(1) ······467 | *Alpinia intermedia* →アオノクマタケラン ······9 |
| *Allium sativum* →ニンニク ······565 | *Alpinia japonica* →ハナミョウガ ······606 |
| *Allium schoenoprasum* var.*foliosum* →アサツキ ······24 | *Alpinia nigra* →チクリンカ ······472 |
| *Allium schoenoprasum* var.*idzuense* →イズアサツキ ······57 | *Alpinia zerumbet* →ゲットウ ······289 |
| *Allium schoenoprasum* var.*orientale* →シロウマアサツキ ······396 | *Alstroemeria* cvs. →アルストロメリア ······49 |
| | *Alstroemeria pulchella* →ユリズイセン ······846 |
| *Allium schoenoprasum* var.*schoenoprasum* →エゾネギ ······117 | *Alternanthera denticulata* →ホソバツルノゲイトウ ······715 |
| | *Alternanthera ficoidea* var.*bettzickiana* →モヨウビユ ······803 |
| *Allium schoenoprasum* var.*shibutuense* →シブツアサツキ ······373 | |
| | *Alternanthera philoxeroides* →ナガエツルノゲイトウ ······536 |
| *Allium schoenoprasum* var.*yezomonticola* →ヒメエゾネギ ······643 | |
| | *Alternanthera pungens* →マルバツルノゲイトウ ······741 |
| *Allium splendens* →ミヤマラッキョウ ······780 | *Alternanthera sessilis* →ツルノゲイトウ ······505 |
| *Allium thunbergii* →ヤマラッキョウ ······839 | *Alysicarpus ovalifolius* →フシナシササハギ ······684 |
| *Allium togashii* →カンカケイニラ ······220 | *Alysicarpus vaginalis* →ササハギ ······344 |
| *Allium tuberosum* →ニラ ······564 | *Alyssum alyssoides* →アレチナズナ ······50 |
| *Allium victorialis* subsp.*platyphyllum* →ギョウジャニンニク ······247 | *Amana edulis* →アマナ ······39 |
| *Allium virgunculae* var.*koshikiense* →コシキイト | *Amana erythronioides* →ヒロハアマナ ······669 |

*Amanita alboflavescens* →キウロコテングタケ ………226
*Amanita australis* →Far south amanita ……………874
*Amanita caesarea* →セイヨウタマゴタケ ……………422
*Amanita calyptroderma* →Pacific coccora …………877
*Amanita castanopsidis* →コシロオニタケ ……………313
*Amanita ceciliae* →テングツルタケ ……………………512
*Amanita citrina* var.*citrina* →コタマゴテングタケ ‥316
*Amanita citrina* var.*grisea* →クロコタマゴテングタ
ケ ………………………………………………………277
*Amanita clarisquamosa* →シロウロコツルタケ ………397
*Amanita concentrica* →シロオビテングタケ …………397
*Amanita crocea* →コガネツルタケ ……………………304
*Amanita daucipes* →Carrot amanita ………………873
*Amanita eijii* →ササクレシロオニタケ ………………344
*Amanita esculenta* →ドウシンタケ ……………………517
*Amanita excelsa* var.*spissa* →ヘビキノコ …………700
*Amanita farinosa* →ヒメコナカブリツルタケ ………648
*Amanita flavipes* →コガネテングタケ ………………304
*Amanita flavoconia* →Yellow dust amanita…………880
*Amanita flavofloccosa* →キワダゲテングタケ ………252
*Amanita fuliginea* →クロタマゴテングタケ …………278
*Amanita fulva* →カバイロツルタケ ……………………204
*Amanita gemmata* →ウスキテングタケ ……………… 93
*Amanita griseofarinosa* →コナカブリテングタケ ……318
*Amanita gymnopus* →カブラテングタケ ……………205
*Amanita hemibapha* →タマゴタケ ……………………465
*Amanita ibotengutake* →イボテングタケ …………… 77
*Amanita jacksonii* →American slender caesar ………872
*Amanita javanica* →キタマゴタケ ……………………235
*Amanita kotohiraensis* →コトヒラシロテングタケ …318
*Amanita longistriata* →タマゴテングタケモドキ……465
*Amanita melleiceps* →ヒメコガネツルタケ …………648
*Amanita muscaria* →ベニテングタケ ………………697
*Amanita neoovoidea* →シロテングタケ ………………400
*Amanita onusta* →Gunpowder amanita ……………875
*Amanita pantherina* →テングタケ ……………………512
*Amanita phalloides* →タマゴテングタケ ……………465
*Amanita porphyria* →コテングタケ …………………317
*Amanita pseudoporphyria* →コテングタケモドキ …317
*Amanita punctata* →オオツルタケ ……………………149
*Amanita rubescens* →ガンタケ ………………………222
*Amanita rubromarginata* →フチドリタマゴタケ……687
*Amanita rubrovolvata* →ヒメベニテングタケ ………658
*Amanita rufoferruginea* →カバイロコナテングタケ ‥204
*Amanita similis* →チャタマゴタケ ……………………479
*Amanita sinensis* →ハイカグラテングタケ …………582
*Amanita* sp. →ヘビキノコモドキ近縁種 ……………700
*Amanita sphaerobulbosa* →タマシロオニタケ ………465
*Amanita spissacea* →ヘビキノコモドキ ………………700
*Amanita spreta* →ツルタケダマシ ……………………504
*Amanita subjunquillea* →タマゴタケモドキ …………465
*Amanita sychnopyramis* f.*subannulata* →テングタ
ケダマシ …………………………………………………512
*Amanita vaginata* →ツルタケ …………………………504
*Amanita vaginata* f.*alba* →シロツルタケ …………400
*Amanita verna* →シロタマゴテングタケ ……………399
*Amanita virgineoides* →シロオニタケ ………………397
*Amanita virosa* →ドクツルタケ ………………………524
*Amanita volvata* →フクロツルタケ (1) ………………680
*Amaranthus albus* →ヒメシロビユ ……………………651

*Amaranthus arenicola* →ヒメアオゲイトウ …………640
*Amaranthus blitoides* →アメリカビユ ……………… 45
*Amaranthus blitum* →イヌビユ ……………………… 72
*Amaranthus caudatus* →ヒモゲイトウ ………………662
*Amaranthus crassipes* →サジビユ ……………………345
*Amaranthus cruentus* →スギモリゲイトウ …………411
*Amaranthus deflexus* →ハイビユ ……………………584
*Amaranthus hybridus* →ホソアオゲイトウ …………711
*Amaranthus palmeri* →オオホナガアオゲイトウ …161
*Amaranthus powellii* →ホナガアオゲイトウ …………724
*Amaranthus retroflexus* →アオゲイトウ ……………7
*Amaranthus spinosus* →ハリビユ ……………………619
*Amaranthus tricolor* var.*mangostanus* →ヒユ …663
*Amaranthus tricolor* var.*tricolor* →ハゲイトウ …590
*Amaranthus viridis* →ホナガイヌビユ ………………724
*Amauroderma rude* →Red-staining stalked
polypore ……………………………………………………878
*Amblystegium calcareum* →イシバイヤナギゴケ ……56
*Amborella trichopoda* →アンボレラ ………………… 53
*Ambrosia artemisiifolia* →ブタクサ …………………685
*Ambrosia psilostachya* →ブタクサモドキ …………685
*Ambrosia trifida* →オオブタクサ ……………………160
*Amelanchier asiatica* →ザイフリボク …………………338
*Amelanchier canadensis* →アメリカザイフリボク … 43
*Amethystea caerulea* →ルリハッカ …………………864
*Amischotolype hispida* →ヤンバルミョウガ ………841
*Amitostigma lepidum* →オキナワチドリ ……………172
*Ammannia auriculata* →ナンゴクヒメミソハギ……552
*Ammannia baccifera* →シマミソハギ ………………379
*Ammannia coccinea* →ホソバヒメミソハギ …………719
*Ammannia multiflora* →ヒメミソハギ ………………659
*Ammi majus* →ドクゼリモドキ ………………………524
*Ammi visnaga* →イトバドクゼリモドキ …………… 65
*Ammobium alatum* →カイザイク ……………………191
*Ammophila breviligulata* →オオハマガヤ …………157
*Amorpha fruticosa* →イタチハギ ……………………… 60
*Amorphophallus kiusianus* →ヤマコンニャク ………829
*Amorphophallus konjac* →コンニャク ………………336
*Amparoina spinosissima* →トサカオチエダタケ……527
*Ampelopsis cantoniensis* var.*leeoides* →ウドカズラ … 99
*Ampelopsis glandulosa* f.*citrulloides* →キレハノブ
ドウ ………………………………………………………252
*Ampelopsis glandulosa* var.*heterophylla* →ノブド
ウ……………………………………………………………579
*Ampelopsis japonica* →ビャクレン (1) ………………662
*Amphicarpaea edgeworthii* →ヤブマメ ……………824
*Amphicarpaea edgeworthii* var.*trisperma* →ウスバ
ヤブマメ ……………………………………………………96
*Amphiroa anceps* →カニノテ …………………………203
*Ampulloclitocybe avellaneoalba* →クロホテイシメ
ジ …………………………………………………………282
*Ampulloclitocybe clavipes* →ホテイシメジ …………723
*Amsinckia lycopsoides* →ワタタビラコ ………………872
*Amsinckia* sp. →キバナワタタビラコ ………………244
*Amsonia elliptica* →チョウジソウ …………………483
*Anacardium occidentale* →カシュウナットノキ ……198
*Anagallis arvensis* →ルリハコベ (広義) ……………864
*Anagallis arvensis* f.*coerulea* →ルリハコベ ………864
*Analipus japonicus* →マツモ (1) ……………………734
anamorph of *Cordyceps nipponica* →ハナアブラゼ
ミタケ ……………………………………………………600

anamorph of *Hypocrea* sp. →マユダマヤドリバエタ
ケ ........737

anamorph of *Metacordyceps martialis* →トサカハ
ナサナギタケ ........527

*Ananas comosus* →パイナップル ........584

*Anaphalis alpicola* →タカネヤハズハハコ ........451

*Anaphalis contorta* →アナファリス・コントルタ ......34

*Anaphalis margaritacea* var.*angustifolia* →ホソバノ
ヤマハハコ ........718

*Anaphalis margaritacea* var.*margaritacea* →ヤマハ
ハコ ........835

*Anaphalis margaritacea* var.*yedoensis* →カワラハハ
コ ........219

*Anaphalis sinica* var.*morii* →タンナヤハズハハコ ....470

*Anaphalis sinica* var.*pernivea* →トダイハハコ ........528

*Anaphalis sinica* var.*sinica* →ヤハズハハコ ........821

*Anaphalis sinica* var.*viscosissima* →クリヤマハハ
コ ........272

*Anaphalis sinica* var.*yakusimensis* →ヤクシマウス
ユキソウ ........810

*Anastrophyllum ellipticum* →オノイチョウゴケ ......185

*Anchusa cespitosa* →アンチューサ・セスピトーサ ...52

*Ancistrocarya japonica* →サワルリソウ ........355

*Andreaea rupestris* →クロゴケ ........277

*Androcorys pusillus* →ミズスラン ........751

*Andromeda polifolia* →ヒメシャクナゲ ........650

*Andropogon glomeratus* →フトボメリケンカルカヤ ..688

*Andropogon virginicus* →メリケンカルカヤ ........797

*Androsace carnea* →アンドロサーケ・カルネア ...52

*Androsace chamaejasme* subsp.*capitata* →トチナイ
ソウ ........529

*Androsace filiformis* →サカコザクラ ........339

*Androsace foliosa* →アンドロサーケ・フォリオサ ...52

*Androsace housmannii* →アンドロサーケ・ハウスマ
ンニー ........52

*Androsace sarmentosa* →ツルハナガタ ........505

*Androsace sempervivoides* →トキワハナガタ ........523

*Androsace tapete* →アンドロサーケ・タペテ ........52

*Androsace umbellata* →リュウキュウコザクラ(1) ...857

*Anemarrhena asphodeloides* →ハナスゲ ........603

*Anemone amurensis* →ウラホロイチゲ ........106

*Anemone apennina* →アネモネ・アペニナ ........34

*Anemone caucasica* →アネモネ・コウカシカ ........34

*Anemone coronaria* →アネモネ ........34

*Anemone debilis* →ヒメイチゲ ........641

*Anemone dichotoma* →フタマタイチゲ ........686

*Anemone flaccida* →ニリンソウ ........564

*Anemone flaccida* var.*tagawae* →オトメイチゲ ......179

*Anemone hortensis* →アネモネ・ホルテンシス ........34

*Anemone hupehensis* var.*japonica* →シュウメイギ
ク ........385

*Anemone imperialis* →フキアゲニリンソウ ........678

*Anemone keiskeana* →ユキワリイチゲ ........844

*Anemone narcissiflora* subsp.*nipponica* →ハクサン
イチゲ ........587

*Anemone narcissiflora* subsp.*sachalinensis* →エゾ
ノハクサンイチゲ ........120

*Anemone narcissiflora* subsp.*villosissima* →センカ
ソウ ........429

*Anemone nemorosa* →アネモネ・ネモローサ ........34

*Anemone nikoensis* →イチリンソウ ........63

*Anemone pseudoaltaica* →キクザキイチゲ ........228

*Anemone pseudoaltaica* var.*gracilis* →コキクザキイ

チゲ ........306

*Anemone pseudoaltaica* var.*katonis* →ヒロハキクザ
キイチゲ ........670

*Anemone raddeana* →アズマイチゲ ........28

*Anemone ranunculoides* →キバナイチゲ ........240

*Anemone sikokiana* →シコクイチゲ ........362

*Anemone soyensis* →エゾイチゲ ........111

*Anemone stolonifera* →サンリンソウ ........358

*Anemonella thalictroides* →バイカカラマツ ........582

*Anemonopsis macrophylla* →レンゲショウマ ........867

*Anethum graveolens* →イノンド ........74

*Aneura gemmifera* →コモチミドリゼニゴケ ........332

*Aneura hirsuta* →ケミドリゼニゴケ ........291

*Angelica acutiloba* var.*acutiloba* →トウキ ........515

*Angelica acutiloba* var.*iwatensis* →ミヤマトウキ ......774

*Angelica anomala* →エゾヨロイグサ ........121

*Angelica anomala* subsp.*sachalinensis* var.*glabra*
→ミチノクヨロイグサ ........756

*Angelica cartilaginomarginata*
cartilaginomarginata →ヒメノダケ ........655

*Angelica cartilaginomarginata* var.*matsumurae*
→コウライヒメノダケ ........302

*Angelica cryptotaeniifolia* →ミヤマノダケ(1) ........776

*Angelica cryptotaeniifolia* var.*kyushiana* →ツクシ
ミヤマノダケ ........492

*Angelica dahurica* →ヨロイグサ ........851

*Angelica decursiva* →ノダケ ........577

*Angelica edulis* →アマニュウ ........39

*Angelica furcijuga* →ヒュウガトウキ ........663

*Angelica genuflexa* →オオバセンキュウ ........154

*Angelica gigas* →オニノダケ ........184

*Angelica hakonensis* var.*hakonensis* →イワニンジン ..86

*Angelica hakonensis* var.*nikoensis* →ノダケモドキ ..577

*Angelica inaequalis* →ハナビゼリ ........605

*Angelica japonica* var.*boninensis* →ムニンハマウ
ド ........787

*Angelica japonica* var.*hirsutiflora* →ナンゴクハマウ
ド ........552

*Angelica japonica* var.*japonica* →ハマウド ........609

*Angelica keiskei* →アシタバ ........26

*Angelica longiradiata* var.*longiradiata* →ツクシゼ
リ ........491

*Angelica longiradiata* var.*yakushimensis* →ヒナボ
ウフウ ........637

*Angelica mayebarana* →クマノダケ ........268

*Angelica minamitanii* →ヒュウガセンキュウ ........663

*Angelica polymorpha* →シラネセンキュウ ........394

*Angelica pseudoshikokiana* →ツクシトウキ ........491

*Angelica pubescens* var.*matsumurae* →ミヤマシシ
ウド ........772

*Angelica pubescens* var.*pubescens* →シシウド ........365

*Angelica saxicola* →イシヅチボウフウ ........56

*Angelica shikokiana* →イヌトウキ ........71

*Angelica sinanomontana* →シナノダケ ........371

*Angelica stenoloba* →ホソバトウキ ........716

*Angelica tenuisecta* →カワゼンゴ ........217

*Angelica ubatakensis* var.*ubatakensis* →ウバタケニ
ンジン ........100

*Angelica ubatakensis* var.*valida* →オオウバタケニン
ジン ........138

*Angelica ursina* →エゾニュウ ........117

*Angelica yakusimensis* →ヤクシマノダケ ........812

*Angelica yoshinagae* →トサボウフウ ........528

*Angiopteris boninensis* →オガサワラリュウビンタイ ……168

*Angiopteris fokiensis* →ヒノタニリュウビンタイ ……638

*Angiopteris lygodiifolia* →リュウビンタイ ……861

*Angiopteris palmiformis* →ホソバリュウビンタイ ……720

*Aniseia martinicensis* →ナガバアサガオ ……537

*Aniselytron treutleri* var.*japonicum* →ヒロハノコヌカグサ ……672

*Anisocampium niponicum* →イヌワラビ ……73

*Anisocampium×saitoanum* →ホクリクイヌワラビ ……707

*Anisocampium sheareri* →ウラボシノコギリシダ ……106

*Anisomeles indica* →ブゾロイバナ ……685

*Annona cherimola* →チェリモヤ ……471

*Annona muricata* →トゲバンレイシ ……526

*Annona reticulata* →ギュウシンリ ……247

*Annona squamosa* →バンレイシ ……623

*Anodendron affine* →サカキカズラ ……338

*Anoectochilus formosanus* →キバナシュスラン ……241

*Anoectochilus koshunensis* →コウシュンシュスラン ……297

*Antennaria dioica* →エゾノチチコグサ ……119

*Anthemis arvensis* →キゾメカミツレ ……233

*Anthemis cotula* →カミツレモドキ ……207

*Anthemis tinctoria* →コウヤカミツレ ……300

*Anthoxanthum aristatum* →ヒメハルガヤ ……656

*Anthoxanthum horsfieldii* var.*japonicum* →タカネコウボウ ……447

*Anthoxanthum monticola* subsp.*alpinum* →ミヤマコウボウ ……771

*Anthoxanthum nitens* →コウボウ(広義) ……299

*Anthoxanthum nitens* var.*sachalinense* →コウボウ ……299

*Anthoxanthum odoratum* →ハルガヤ ……619

*Anthoxanthum odoratum* subsp.*nipponicum* →ミヤマハルガヤ ……777

*Anthoxanthum pluriflorum* var.*intermedium* →エゾヤマコウボウ ……124

*Anthoxanthum pluriflorum* var.*pluriflorum* →エゾコウボウ ……114

*Anthracophyllum melanophyllum* →Cinnabar fan bracket ……873

*Anthriscus scandicina* →ノハラジャク ……579

*Anthriscus sylvestris* →シャク ……382

*Anthurium andraeanum* →オオベニウチワ ……161

*Anthurium scherzerianum* →ベニウチワ ……695

*Anticlea sibirica* →リシリソウ ……854

*Antidesma japonicum* →ヤマヒハツ ……836

*Antidesma montanum* →コウトウヤマヒハツ ……299

*Antigonon leptopus* →アサヒカズラ ……24

*Antirrhinum majus* →キンギョソウ ……253

*Antirrhinum orontium* →アレチキンギョソウ ……50

*Antrodiella semisupina* →ニカワシロイタケ ……557

*Antrophyum formosanum* →シマタキミシダ ……378

*Antrophyum obovatum* →タキミシダ ……453

*Anzia opuntiella* →アンチゴケ ……52

*Apera interrupta* →ホソセイヨウヌカボ ……712

*Apera spica-venti* →セイヨウヌカボ ……423

*Aphananthe aspera* →ムクノキ ……783

*Aphyllorchis montana* →タネガシマムヨウラン ……463

*Apios americana* →アメリカホド ……45

*Apios fortunei* →ホド ……724

*Apium graveolens* →セロリ ……429

*Apium graveolens* var.*rapaceum* →セルリアック ……429

*Apluda mutica* →オキナワカルカヤ ……171

*Apocynum venetum* var.*basikurumon* →バシクルモン ……593

*Apodicarpum ikenoi* →エキサイゼリ ……110

*Apostasia nipponica* →ヤクシマラン ……813

*Aquilegia* →オダマキ類 ……178

*Aquilegia alpina* →アクイレギア・アルピナ ……21

*Aquilegia buergeriana* var.*buergeriana* →ヤマオダマキ ……827

*Aquilegia buergeriana* var.*oxysepala* →オオヤマオダマキ ……165

*Aquilegia canadensis* →カナダオダマキ ……202

*Aquilegia chaplinii* →アクイレギア・チャプリニー ……21

*Aquilegia chrysantha* →キバナオダマキ ……240

*Aquilegia* 'Clematiflora' →クレマチフロラ ……275

*Aquilegia einseleana* →アクイレギア・エインセレアナ ……21

*Aquilegia flabellata* var.*flabellata* →オダマキ ……178

*Aquilegia flabellata* var.*pumila* →ミヤマオダマキ ……768

*Aquilegia flavescens* →アクイレギア・フラベスケンス ……21

*Aquilegia hybrids* →ミヤマオダマキ(交配種) ……768

*Aquilegia laramiensis* →アクイレギア・ララミエンシス ……21

*Aquilegia saximontana* →アクイレギア・サキシモンタナ ……21

*Aquilegia scopulorum* →アクイレギア・スコプロルム ……21

*Aquilegia semiaquilegia* →シズノオダマキ ……366

*Aquilegia sibirica* →ルリオダマキ ……864

*Aquilegia viridiflora* →クロバナオダマキ ……280

*Aquilegia vulgaris* →セイヨウオダマキ ……421

*Arabidopsis halleri* subsp.*gemmifera* var.*senanensis* →ハクサンハタザオ ……589

*Arabidopsis halleri* subsp.*gemmifera* var.*senanensis* f.*alpicola* →イブキハタザオ ……76

*Arabidopsis halleri* subsp.*gemmifera* var.*umezawana* →リシリハタザオ ……855

*Arabidopsis kamchatica* subsp.*kamchatica* →ミヤマハタザオ ……776

*Arabidopsis kamchatica* subsp.*kawasakiana* →タチスズシロソウ ……457

*Arabidopsis thaliana* →シロイヌナズナ ……396

*Arabis alpina* →ユキハタザオ ……844

*Arabis blepharophylla* →アラビス・ブレファロフィラ ……48

*Arabis flagellosa* →スズシロソウ ……413

*Arabis flagellosa* var.*kawachiensis* →カワチスズシロソウ ……217

*Arabis hirsuta* →ヤマハタザオ ……835

*Arabis serrata* var.*glauca* →エゾノイワハタザオ ……117

*Arabis serrata* var.*japonica* →イワハタザオ ……86

*Arabis serrata* var.*japonica* f.*fauriei* →イワテハタザオ ……85

*Arabis serrata* var.*japonica* f.*glabrescens* →ケナシイワハタザオ ……289

*Arabis serrata* var.*japonica* f.*grandiflora* →ウメハタザオ ……103

*Arabis serrata* var.*serrata* →フジハタザオ ……684

*Arabis serrata* var.*shikokiana* →シコクハタザオ ……363

*Arabis stelleri* var.*japonica* →ハマハタザオ ……613

*Arabis tanakana* →クモイナズナ ……269

*Arachis hypogaea* →ナンキンマメ ……551

*Arachniodes amabilis* var.*amabilis* →ヤクカナワラビ ……809

*Arachniodes amabilis* var.*amabilis*× *A.sporadosora*
→ヤクカナワラビ × コバノカナワラビ ……………809

*Arachniodes amabilis* var.*fimbriata*× *A.exilis* →テ
ンリュウカナモドキ ……………………………………513

*Arachniodes amabilis* var.*okinawensis* →オキナワ
カナワラビ ……………………………………………171

*Arachniodes* × *azuminoensis* →アヅミノナライシダ … 30

*Arachniodes borealis* →ホソバナライシダ ………716

*Arachniodes cantilenae* →イツキカナワラビ ………… 63

*Arachniodes cantilenae*× *A.nipponica* →テツヤマカ
ナワラビ ………………………………………………510

*Arachniodes cavalierieii* →ヤクシマカナワラビ ………810

*Arachniodes* × *chibaensis* →チバナライシダ …………478

*Arachniodes chinensis* →オニカナワラビ …………181

*Arachniodes chinensis*× *A.fargesii* →ヤマズミシダ ‥831

*Arachniodes chinensis*× *A.sporadosora* →オニコバ
カナワラビ ……………………………………………182

*Arachniodes davalliiformis* →ハチジョウカナワラ
ビ ………………………………………………………596

*Arachniodes dimorphophylla* →ホザキカナワラビ ‥‥709

*Arachniodes exilis* →ホソバカナワラビ ……………713

*Arachniodes exilis*× *A.sporadosora* →ホソコバカナ
ワラビ …………………………………………………712

*Arachniodes exilis*× *A.standishii* →ジンムジカナワ
ラビ ……………………………………………………407

*Arachniodes fargesii* →ナンゴクナライシダ …………552

*Arachniodes hekiana* →シビカナワラビ ……………373

*Arachniodes hiugana* →ヒュウガカナワラビ…………663

*Arachniodes* × *ikeminensis* →イケミネナライシダ …… 55

*Arachniodes* × *ikutana* →ニセハガクレカナワラビ …561

*Arachniodes* × *kenzo-satakei* →カワヅカナワラビ …217

*Arachniodes* × *kurosawae* →テンリュウカナワラビ …513

*Arachniodes* × *masakii* →サンヨウカナワラビ ………358

*Arachniodes* × *minamitanii* →クルソンカナワラビ …273

*Arachniodes* × *miqueliana* →タカザナライシダ ……452

*Arachniodes* × *mirabilis* →イイノカナワラビ ……… 53

*Arachniodes* × *mitsuyoshiana* →キサラギカナワラ
ビ ………………………………………………………230

*Arachniodes mutica* →シノブカグマ ………………371

*Arachniodes nipponica* →ミドリカナワラビ ………759

*Arachniodes* × *pseudohekiana* →ゴリカナワラビ ……334

*Arachniodes quadripinnata* subsp.*fimbriata* →ヒロ
ハナライシダ …………………………………………671

*Arachniodes* × *repens* →イヌツルダカナワラビ ……… 70

*Arachniodes* × *respiciens* →ホソバハカタシダ ………718

*Arachniodes rhomboidea* →オオカナワラビ…………140

*Arachniodes rhomboidea*(selected) →オコゼシダ
(1) ………………………………………………………176

*Arachniodes* × *sasamotoi* →シモダカナワラビ ………381

*Arachniodes simplicior* →ハカタシダ………………586

*Arachniodes simplicior*× *A.sporadosora* →コバノハ
カタシダ ………………………………………………323

*Arachniodes simulans* →ヒゴカナワラビ ……………628

*Arachniodes sporadosora* →コバノカナワラビ ………322

*Arachniodes sporadosora*× *A.yaoshanensis* →コバ
ノカナワラビ × ツルダカナワラビ …………………322

*Arachniodes sporadosora*× *A.yasu-inouei* var.*yasu-
inouei* →マサキカナワラビ …………………………730

*Arachniodes standishii* →リョウメンシダ …………861

*Arachniodes* × *subamabilis* →ヤマグチカナワラビ……828

*Arachniodes* × *tohtomiensis* →エンシュウカナワラ
ビ ………………………………………………………132

*Arachniodes* × *tomitae* →トミタカナワラビ …………531

*Arachniodes yaoshanensis* →ツルダカナワラビ ……504

*Arachniodes yasu-inouei* var.*angustipinnula* →コバ
ヤシカナワラビ ………………………………………324

*Arachniodes yasu-inouei* var.*yasu-inouei* →ハガク
レカナワラビ …………………………………………586

*Arachniodes yoshinagae* →オトコシダ ……………178

*Arachnis labrosa* →ジンヤクラン …………………407

*Aralia bipinnata* →ウラジロタラノキ ……………105

*Aralia cordata* →ウド ………………………………… 99

*Aralia elata* →タラノキ ……………………………468

*Aralia elata* f.*subinermis* →メダラ ………………796

*Aralia glabra* →ミヤマウド…………………………767

*Aralia ryukyuensis* var.*inermis* →シチトウタラノ
キ ………………………………………………………368

*Aralia ryukyuensis* var.*ryukyuensis* →リュウキュウ
タラノキ ………………………………………………857

× *Aranda* →アランダ ……………………………… 48

*Araucaria angustifolia* →パラナマツ ……………616

*Araucaria araucana* →チリマツ …………………486

*Araucaria heterophylla* →シマナンヨウスギ ………379

*Arbutus unedo* 'Compacta' →ヒメイチゴノキ………641

*Archidendron lucidum* →アカハダノキ …………… 15

*Archiphysalis chamaesarachoides* →ヤマホオズキ‥‥837

*Archontophoenix alexandrae* →ユスラヤシ…………845

*Arcterica nana* →コメバツガザクラ ………………331

*Arctium lappa* →ゴボウ ……………………………327

*Arctium minus* →ヒメゴボウ ………………………648

*Arctostaphylos uva-ursi* →ウワウルシ ……………108

*Arctotheca calendula* →ワタゲハナグルマ …………870

*Arctotheca prostrata* →ワタゲツルハナグルマ ……870

*Arctotis fastuosa* →ジャノメギク …………………384

*Arctotis venusta* →アークトチス ………………… 21

*Arctous alpina* var.*japonica* →ウラシマツツジ ……104

*Ardisia crenata* →マンリョウ ……………………746

*Ardisia crispa* →カラタチバナ ……………………211

*Ardisia crispa* var.*caducipila* →ヤクシマタチバナ…811

*Ardisia cymosa* →シナヤブコウジ ………………371

*Ardisia japonica* →ヤブコウジ ……………………822

*Ardisia japonica* var.*angusta* →ホソバヤブコウジ‥‥720

*Ardisia pusilla* →ツルコウジ ……………………503

*Ardisia pusilla* var.*liukiuensis* →リュウキュウツル
コウジ …………………………………………………858

*Ardisia quinquegona* →シシアクチ ………………365

*Ardisia sieboldii* →モクタチバナ …………………799

*Ardisia walkeri* →オオツルコウジ ………………149

*Areca catechu* →ビンロウジュ ……………………675

*Arenaria katoana* →カトウハコベ ………………202

*Arenaria katoana* var.*lanceolata* →アポイツメクサ… 37

*Arenaria lateriflora* →オオヤマフスマ ……………166

*Arenaria merckioides* →メアカンフスマ(広義)……794

*Arenaria merckioides* var.*chokaiensis* →チョウカイ
フスマ …………………………………………………482

*Arenaria merckioides* var.*merckioides* →メアカン
フスマ …………………………………………………794

*Arenaria serpyllifolia* →ノミノツヅリ ……………580

*Arenaria serpyllifolia* var.*viscida* →ネバリノミツヅ
リ ………………………………………………………572

*Arenaria trinervia* →タチハコベ …………………458

*Arenga engleri* →クロツグ ………………………278

*Arenga pinnata* →サトウヤシ ……………………348

*Argemone mexicana* →アザミゲシ ………………… 25

*Argentina anserina* var.*grandis* →エゾツルキンバ
イ ………………………………………………………116

*Argostemma solaniflorum* →イリオモテソウ·············79
*Argyranthemum frutescens* →モクシュンギク·········799
*Argyroxiphium sandwicense* →ギンケンソウ···········254
*Aria alnifolia* →アズキナシ·····························27
*Aria japonica* →ウラジロノキ·························105
*Ariocarpus incisus* →パンノキ·························623
*Arisaema abei* →ツルギテンナンショウ···············502
*Arisaema aequinoctiale* →ヒガンマムシグサ··········626
*Arisaema amurense* var.*sachalinense* →カラフトヒ
ロハテンナンショウ·································213
*Arisaema angustatum* →ホソバテンナンショウ(1)··716
*Arisaema aprile* →オドリコテンナンショウ············180
*Arisaema bathycoleum* →ニオイテンナンショウ·······556
*Arisaema candidissimum* →アリサエマ・キャン
ディディシマム····································48
*Arisaema consanguineum* →クルマバテンナンショ
ウ················································274
*Arisaema cucullatum* →ホロテンナンショウ···········726
*Arisaema ehimense* →エヒメテンナンショウ···········130
*Arisaema galeiforme* →ヤマザトマムシグサ············830
*Arisaema hatizyoense* →ハチジョウテンナンショウ··597
*Arisaema heterocephalum* subsp.*heterocephalum*
→アマミテンナンショウ····························40
*Arisaema heterocephalum* subsp.*majus* →オオアマ
ミテンナンショウ·································136
*Arisaema heterocephalum* subsp.*okinawense* →オ
キナワテンナンショウ ······························172
*Arisaema heterophyllum* →マイヅルテンナンショ
ウ················································728
*Arisaema inaense* →イナヒロハテンナンショウ········67
*Arisaema inkiangense* var.*maculatum* →アリサエ
マ・インキアンゲンセ・マクラーツム ···············48
*Arisaema ishizuchiense* subsp.*ishizuchiense* →イシ
ヅチテンナンショウ·······························56
*Arisaema iyoanum* subsp.*iyoanum* →オモゴウテン
ナンショウ········································187
*Arisaema iyoanum* subsp.*nakaianum* →シコクテン
ナンショウ········································363
*Arisaema japonicum* →マムシグサ·····················736
*Arisaema kawashimae* →トクノシマテンナンショ
ウ················································524
*Arisaema kishidae* →キシダマムシグサ··············230
*Arisaema kiushianum* →ヒメウラシマソウ············643
*Arisaema kuratae* →アマギテンナンショウ·············38
*Arisaema limbatum* →ミミガタテンナンショウ········762
*Arisaema longilaminum* →ヤマトテンナンショウ····833
*Arisaema longipedunculatum* →シコクヒロハテンナ
ンショウ··········································364
*Arisaema maekawae* →ウメガシマテンナンショウ···102
*Arisaema maekawae* var.*amagiense* →アマギミヤマ
マムシグサ·········································38
*Arisaema maximowiczii* →ツクシマムシグサ··········492
*Arisaema mayebarae* →ヒトヨシテンナンショウ······634
*Arisaema minamitanii* →ヒュウガヒロハテンナン
ショウ············································663
*Arisaema minus* →ハリママムシグサ··················619
*Arisaema monophyllum* →ヒトツバテンナンショウ··633
*Arisaema nagiense* →ナギヒロハテンナンショウ·····543
*Arisaema nambae* →タカハシテンナンショウ···········452
*Arisaema negishii* →シマテンナンショウ···············378
*Arisaema nikoense* subsp.*alpicola* →ハリノキテン
ナンショウ········································618
*Arisaema nikoense* subsp.*australe* →オオミネテン
ナンショウ········································163

*Arisaema nikoense* subsp.*brevicollum* →カミコウチ
テンナンショウ····································207
*Arisaema nikoense* subsp.*nikoense* →ユモトマムシ
グサ··············································846
*Arisaema ogatae* →オガタテンナンショウ·············169
*Arisaema ovale* →ヒロハテンナンショウ···············671
*Arisaema peninsulae* →コウライテンナンショウ······302
*Arisaema planilaminum* →ミクニテンナンショウ····748
*Arisaema pseudoangustatum* var.*suzukaense* →ス
ズカマムシグサ····································412
*Arisaema ringens* →ムサシアブミ·····················784
*Arisaema sazensoo* →キリシマテンナンショウ········250
*Arisaema seppikoense* →セッピコテンナンショウ·····426
*Arisaema serratum* →カントウマムシグサ·············223
*Arisaema sikokianum* →ユキモチソウ·················844
*Arisaema solenochlamys* →ヤマジノテンナンショ
ウ················································830
*Arisaema* spp. →テンナンショウ類····················513
*Arisaema suwoense* →ヤマグチテンナンショウ·······828
*Arisaema takedae* →オオマムシグサ··················162
*Arisaema tashiroi* →タシロテンナンショウ············455
*Arisaema ternatipartitum* →ミツバテンナンショウ··758
*Arisaema thunbergii* subsp.*thunbergii* →ナンゴクウ
ラシマソウ········································551
*Arisaema thunbergii* subsp.*urashima* →ウラシマソ
ウ················································104
*Arisaema tortuosum* →アリサエマ・トルツオースム··48
*Arisaema tosaense* →アオテンナンショウ·················9
*Arisaema triphyllum* →アメリカテンナンショウ········44
*Arisaema undulatifolium* subsp.*undulatifolium*
→ナガバマムシグサ·······························540
*Arisaema undulatifolium* subsp.*uwajimense* →ウワ
ジマテンナンショウ·······························108
*Arisaema unzenense* →ウンゼンマムシグサ············108
*Arisaema yamatense* subsp.*sugimotoi* →スルガテ
ンナンショウ······································419
*Arisaema yamatense* subsp.*yamatense* →ムロウテ
ンナンショウ······································793
*Aristida adscensionis* →ノゲノコロ···················576
*Aristida boninensis* →マツバシバ·····················733
*Aristida takeoi* →オオマツバシバ·····················162
*Aristolochia contorta* →マルバウマノスズクサ········739
*Aristolochia debilis* →ウマノスズクサ··················101
*Aristolochia kaempferi* →オオバウマノスズクサ······152
*Aristolochia littoralis* →パイプカズラ···············585
*Aristolochia liukiuensis* →リュウキュウウマノスズ
クサ··············································856
*Aristolochia mollissima* →キヌゲウマノスズクサ·····238
*Aristolochia shimadae* →アリマウマノスズクサ······· 49
*Aristolochia tanzawana* →タンザワウマノスズクサ··469
*Aristolochia zollingeriana* →コウシュンウマノスズ
クサ··············································297
*Armeniaca mume* 'Toji' →トウジバイ·················516
*Armeria maritima* →ハマカンザシ····················610
*Armillaria mellea* →ナラタケ·························549
*Armillaria tabescens* →ナラタケモドキ···············549
*Armoracia rusticana* →セイヨウワサビ···············425
*Arnica mallotopus* →チョウジギク····················483
*Arnica montana* →アルニカ···························· 49
*Arnica sachalinensis* →オオウサギギク···············138
*Arnica unalaschcensis* var.*tschonoskyi* →ウサギギ
ク················································· 91
*Arnica unalaschcensis* var.*unalaschcensis* →エゾウ
サギギク··········································111

学名索引 893 ASA

*Arrhenatherum elatius* →オオカニツリ ……………140
*Arrhenatherum elatius* var.*bulbosum* →チョロギガヤ ……486
*Arrhenia retiruga* →Small moss oysterling …………879
*Artemisia absinthium* →ニガヨモギ ………………557
*Artemisia annua* →クソニンジン ………………265
*Artemisia arctica* subsp.*sachalinensis* →サマニヨモギ ……………350
*Artemisia arctica* subsp.*sachalinensis* f.*villosa* →シロサマニヨモギ ……………398
*Artemisia biennis* →ホザキカワラニンジン …………709
*Artemisia borealis* →アライトヨモギ ……………46
*Artemisia capillaris* →カワラヨモギ ……………219
*Artemisia carvifolia* →カワラニンジン ……………219
*Artemisia cina* →セメンシナ ………………428
*Artemisia codonocephala* →ケショウヨモギ ………288
*Artemisia congesta* →オニオトコヨモギ ……………181
*Artemisia eriopoda* var.*rotundifolia* →マルバナンマンオトコヨモギ ……………741
*Artemisia fukudo* →フクド ………………679
*Artemisia furcata* →エゾハハコヨモギ ……………121
*Artemisia gilvescens* →ワタヨモギ ……………871
*Artemisia glomerata* →ハハコヨモギ ……………607
*Artemisia gmelinii* →イワヨモギ (1) ……………88
*Artemisia indica* var.*indica* →ニシヨモギ ………560
*Artemisia indica* var.*maximowiczii* →ヨモギ …850
*Artemisia japonica* subsp.*japonica* f.*resedifolia* →ホソバノオトコヨモギ ……………717
*Artemisia japonica* subsp.*japonica* var.*japonica* →オトコヨモギ ……………179
*Artemisia japonica* subsp.*littoricola* →ハマオトコヨモギ ……………609
*Artemisia japonica* var.*angustissima* →イトヨモギ… 66
*Artemisia keiskeana* →イヌヨモギ ……………73
*Artemisia kitadakensis* →キタダケヨモギ …………234
*Artemisia koidzumii* var.*koidzumii* →ヒロハウラジロヨモギ ……………670
*Artemisia koidzumii* var.*megaphylla* →オオバヨモギ ……………158
*Artemisia lactiflora* →ヨモギナ ………………851
*Artemisia lancea* →ヒメヨモギ ………………661
*Artemisia maritima* →ミブヨモギ ………………762
*Artemisia momiyamae* →ユキヨモギ ……………844
*Artemisia monophylla* →ヒトツバヨモギ …………634
*Artemisia montana* var.*montana* →オオヨモギ …166
*Artemisia montana* var.*shiretokoensis* →エゾノユキヨモギ ……………121
*Artemisia morrisonensis* →ニイタカヨモギ …………555
*Artemisia pedunculosa* →ミヤマオトコヨモギ ………768
*Artemisia rubripes* →ヤブヨモギ ………………825
*Artemisia schmidtiana* →アサギリソウ ……………23
*Artemisia scoparia* →ハマヨモギ (1) ……………615
*Artemisia selengensis* →タカヨモギ ……………452
*Artemisia sieversiana* →ハイイロヨモギ …………582
*Artemisia sinanensis* →タカネヨモギ ……………451
*Artemisia stelleriana* →シロヨモギ ……………405
*Artemisia stolonifera* →ヒロハヤマヨモギ …………674
*Artemisia tanacetifolia* →シコタンヨモギ …………364
*Artemisia tsuneoi* →マシュウヨモギ ……………730
*Artemisia unalaskensis* →チシマヨモギ …………475
*Arthraxon hispidus* →コブナグサ ………………326
*Arthropodium candidum* →コマチユリ ……………328
*Arthropteris palisotii* →ワラビツナギ ……………872

*Arthrothamnus bifidus* →ネコアシコンブ …………569
*Artocarpus heterophyllus* →パラミツ ……………617
*Artomyces pyxidatus* →フサヒメホウキタケ ………681
*Arum italicum* →アルム・イタリクム …………50
*Aruncus dioicus* var.*astilboides* →ミヤマヤマブキショウマ ……………780
*Aruncus dioicus* var.*insularis* →シマヤマブキショウマ ……………380
*Aruncus dioicus* var.*kamtschaticus* →ヤマブキショウマ ……………836
*Aruncus dioicus* var.*subrotundus* →アポイヤマブキショウマ ……………37
*Arundina graminifolia* →ナリヤラン ……………549
*Arundinaria alpina* →アルンディナリア アルピナ…… 50
*Arundinella hirta* →トダシバ ………………528
*Arundinella hirta* var.*glauca* →シロトダシバ ……400
*Arundinella hirta* var.*hirta* →ケトダシバ …………289
*Arundinella riparia* subsp.*breviaristata* →オオボケガヤ ……………161
*Arundinella riparia* subsp.*riparia* →ミギワトダシバ ……………748
*Arundo donax* →ダンチク (1) ………………470
*Arundo donax* 'Versicolor' →オキナダンチク ……170
*Arundo formosana* →ヒナヨシ ………………637
*Asarina barclayana* →ツタバキリカズラ …………495
*Asarum asaroides* →タイリンアオイ ……………440
*Asarum asaroides* 'Soshin' →タイリンアオイ (素心花) ……………440
*Asarum asperum* →ミヤコアオイ ………………764
*Asarum asperum* var.*geaster* →ツチグリカンアオイ ……………496
*Asarum blumei* →ランヨウアオイ ………………853
*Asarum campaniforme* →キウイカンアオイ ………226
*Asarum caudigerum* →オナガサイシン …………180
*Asarum caulescens* →フタバアオイ ……………686
*Asarum celsum* →ミヤビカンアオイ ……………765
*Asarum costatum* →トサノアオイ ………………527
*Asarum crassum* →ナンゴクアオイ ……………551
*Asarum curvistigma* →カギガタアオイ …………194
*Asarum delavayi* →アサルム・デラバイ …………25
*Asarum dilatatum* →スエヒロアオイ ……………409
*Asarum dimidiatum* →クロフネサイシン …………281
*Asarum dissitum* →オモロカンアオイ …………188
*Asarum fauriei* var.*fauriei* →ミチノクサイシン ……756
*Asarum fauriei* var.*nakaianum* →ミヤマアオイ ……765
*Asarum fauriei* var.*stoloniferum* →ツルダシアオイ ……504
*Asarum fauriei* var.*takaoi* →ヒメカンアオイ ……645
*Asarum fudsinoi* →フジノカンアオイ ……………684
*Asarum gelasinum* →エクボサイシン ……………110
*Asarum gusk* →グスクカンアオイ ………………264
*Asarum hatsushimae* →ハツシマカンアオイ ………599
*Asarum heterotropoides* →オクエゾサイシン ………173
*Asarum hexalobum* var.*controversum* →シシキカンアオイ ……………365
*Asarum hexalobum* var.*hexalobum* →サンヨウアオイ ……………358
*Asarum hexalobum* var.*perfectum* →キンチャクアオイ ……………255
*Asarum ikegamii* var.*fujimakii* →アラカワカンアオイ ……………46
*Asarum ikegamii* var.*ikegamii* →ユキグニカンアオイ ……………843
*Asarum kinoshitae* →ジュロウカンアオイ …………387

**ASA**        *894*        学名索引

*Asarum kiusianum* →ツクシアオイ ……………489
*Asarum kiusianum* var.*tubulosum* →アケボノアオ
イ ………………………………………… 22
*Asarum kooyanum* →コウヤカンアオイ ………300
*Asarum kumageanum* →クワイバカンアオイ ………284
*Asarum kumageanum* var.*satakeana* →ムラクモア
オイ …………………………………………788
*Asarum kurosawae* →イワタカンアオイ ……… 84
*Asarum leucosepalum* →タニムラカンアオイ ……462
*Asarum lutchuense* →オオバカンアオイ ………152
*Asarum majale* →コトウカンアオイ …………317
*Asarum maruyamae* →イズモサイシン ……… 58
*Asarum maximum* →パンダカンアオイ ………622
*Asarum megacalyx* →コシノカンアオイ ………312
*Asarum mikuniense* →ミクニサイシン ………748
*Asarum minamitanianum* →オナガカンアオイ ……180
*Asarum misandrum* →アソサイシン …………… 31
*Asarum mitoanum* →フクエジマカンアオイ ……678
*Asarum monodoriflorum* →モノドラカンアオイ ……801
*Asarum muramatsui* →アマギカンアオイ ……… 37
*Asarum nazeanum* →ナゼカンアオイ …………544
*Asarum nipponicum* 'Pleno' →カンアオイ（八重咲
き）…………………………………………220
*Asarum nipponicum* var.*nankaiense* →ナンカイア
オイ …………………………………………550
*Asarum nipponicum* var.*nipponicum* →カンアオイ ‥220
*Asarum okinawense* →ヒナカンアオイ ………635
*Asarum pellucidum* →トリガミネカンアオイ ………534
*Asarum perfectum* var.*perfectum* 'Soshin' →キン
チャクアオイ（素心花）…………………255
*Asarum petelotii* →アサルム・ペテロッティー ………25
*Asarum rigescens* var.*brachypodion* →スズカカンア
オイ …………………………………………412
*Asarum rigescens* var.*rigescens* →アツミカンアオイ ‥33
*Asarum sakawanum* →サカワサイシン ………339
*Asarum sakawanum* var.*stellatum* →ホシザキカン
アオイ ………………………………………710
*Asarum satsumense* →サツマアオイ …………346
*Asarum satsumense* 'Ryokufuu' →サツマカンアオ
イ 'リョクフウ' …………………………347
*Asarum savatieri* subsp.*pseudosavatieri* var.
*iseanum* →イセノカンアオイ ………… 58
*Asarum savatieri* subsp.*pseudosavatieri* var.
*pseudosavatieri* →ズソウカンアオイ ………415
*Asarum savatieri* subsp.*savatieri* →オトメアオイ ……179
*Asarum senkakuinsulare* →センカクアオイ ………429
*Asarum sieboldii* →ウスバサイシン …………… 95
*Asarum simile* →トクノシマカンアオイ ………524
*Asarum speciosum* →アサルム・スペキオサム ………25
*Asarum* spp. →カンアオイ類 …………………220
*Asarum subglobosum* →マルミカンアオイ ………744
*Asarum tabatanum* →アサトカンアオイ ……… 24
*Asarum tamaense* →タマノカンアオイ ………466
*Asarum tohokuense* →トウゴクサイシン ………515
*Asarum tokarense* →トカラカンアオイ ………520
*Asarum trigynum* →サンコカンアオイ ………356
*Asarum trinacriforme* →カケロマカンアオイ ……196
*Asarum unzen* →ウンゼンカンアオイ …………108
*Asarum yaeyamense* →ヤエヤマカンアオイ ………807
*Asarum yakusimense* →ヤクシマアオイ ………809
*Asarum yoshikawae* →クロヒメカンアオイ ………281
*Aschersonia aleyrodis* →アスケルソニア アレイロ
ディス ………………………………………… 28

*Aschersonia kawakamii* →アスケルソニア カワカミ
イ …………………………………………… 28
*Asclepias curassavica* →トウワタ ……………519
*Asclepias syriaca* →オオトウワタ ……………150
*Asclepias tuberosa* →ヤナギトウワタ …………819
*Ascoclavulina sakaii* →クチキトサカタケ ………265
*Ascocoryne cylichnium* →ムラサキゴムタケ ………790
*Aseroe coccinea* →アカヒトデタケ ……………… 16
*Aseroe rubra* →アカイカタケ …………………… 11
*Asimina triloba* →ポウポウ …………………705
*Asparagopsis taxiformis* →カギケノリ …………194
*Asparagus cochinchinensis* f.*cochinchinensis* →ク
サスギカズラ ………………………………261
*Asparagus cochinchinensis* f.*pygmaeus* →タチテン
モンドウ ……………………………………458
*Asparagus kiusianus* →ハマタマボウキ ………612
*Asparagus officinalis* →アスパラガス ………… 28
*Asparagus oligoclonos* →タマボウキ（1）………467
*Asparagus schoberioides* →キジカクシ ………230
*Asparagus setaceus* →シノブボウキ …………372
*Asperugo procumbens* →トゲムラサキ …………526
*Asperula arcadiensis* →アスペルラ・アルカデンシス ‥28
*Asperula sintenisii* →アスペルラ・シンテニシー ……28
*Asphodelus fistulosus* →ハナツルボラン ………604
*Aspidistra elatior* →ハラン …………………617
*Asplenium*× *akaishiense* →クモイワトラノオ ………269
*Asplenium anogrammoides* →コバノヒノキシダ ……323
*Asplenium anogrammoides*× *A.incisum* →ブゼント
ラノオ ………………………………………685
*Asplenium anogrammoides*× *A.trichomanes* subsp.
*quadrivalens* →ミカワチャセンシダ …………747
*Asplenium anogrammoides*× *A.varians* →コバノイ
ノウエトラノオ ……………………………321
*Asplenium antiquum* →オオタニワタリ ………148
*Asplenium boreale* →シモツケヌリトラノオ ………381
*Asplenium boreale*× *A.normale* →シモダヌリトラノ
オ ……………………………………………381
*Asplenium*× *A.oligophlebium* var.
*oligophlebium* →ニセヌリトラノオ …………561
*Asplenium*× *capillicaule* →アイヒメイワトラノオ ……5
*Asplenium capillipes* →ヒメイワトラノオ ………642
*Asplenium castaneoviride* →ヤマドリトラノオ ……834
*Asplenium coenobiale* →クロガネシダ …………276
*Asplenium ensiforme* →ホコガタシダ …………708
*Asplenium formosae* →マキノシダ ……………729
*Asplenium griffithianum* →フササジラン ………681
*Asplenium*× *iidanum* →ミサクボシダ …………749
*Asplenium incisum* →トラノオシダ ……………533
*Asplenium incisum*× *A.pekinense* →サヌキトラノ
オ ……………………………………………349
*Asplenium incisum*× *A.scolopendrium* →ハゴロモ
コタニワタリ ………………………………592
*Asplenium incisum*× *A.tenuicaule* →ミサクボトラ
ノオ …………………………………………749
*Asplenium*× *kenzoi* →オニヒノキシダ …………184
*Asplenium*× *kidoi* →アイトキワトラノオ …………4
*Asplenium*× *kitazawae* →イセサキトラノオ ……58
*Asplenium laserpitiifolium* →オオトキワシダ ………150
*Asplenium micantifrons* →ナンカイシダ ………550
*Asplenium*× *mitsutae* →ミタケトラノオ ………755
*Asplenium nidus* →シマオオタニワタリ …………375
*Asplenium normale* →ヌリトラノオ ……………569

*Asplenium normale*×*A.oligophlebium* var.
　*oligophlebium*　→アイヌリトラノオ ･･････････････5

*Asplenium normale*×*A.shimurae*　→エンシュウヌリ
　トラノオ ･････････････････････････････････････････････132

*Asplenium oligophlebium* var.*iezimaense*　→イエジ
　マチャセンシダ ･･･････････････････････････････････････53

*Asplenium oligophlebium* var.*oligophlebium*　→カミ
　ガモシダ ･････････････････････････････････････････････206

*Asplenium pekinense*　→トキワトラノオ ･････････････522

*Asplenium polyodon*　→ムニンシダ･････････････････786

*Asplenium prolongatum*　→ヒノキシダ ･････････････638

*Asplenium pseudowilfordii*　→オクタマシダ ･････････174

*Asplenium ritoense*　→コウザキシダ ･･･････････････297

*Asplenium ruprechtii*　→クモノスシダ ･････････････270

*Asplenium ruta-muraria*　→イチョウシダ ･･･････････62

*Asplenium scolopendrium* subsp.*japonicum*　→コタ
　ニワタリ ･････････････････････････････････････････････315

*Asplenium setoi*　→ヤエヤマオオタニワタリ ･････････807

*Asplenium*×*shikokianum*　→ハヤマシダ･････････････616

*Asplenium shimurae*　→テンリュウヌリトラノオ ･･･････513

*Asplenium tenerum*　→オトメシダ ･･････････････････179

*Asplenium tenuicaule*　→イワトラノオ ･･････････････85

*Asplenium*×*tenuivarians*　→イノウエイワトラノオ ････74

*Asplenium*×*tosaense*　→クロガネシダモドキ ･･･････276

*Asplenium trichomanes*　→チャセンシダ ･･･････････479

*Asplenium trichomanes* subsp.*quadrivalens*　→チャ
　センシダ(狭義) ･････････････････････････････････････479

*Asplenium trichomanes* subsp.*quadrivalens*×*A.*
　*tripteropus*　→アイチャセンシダ ･･････････････････････4

*Asplenium trigonopterum*　→オオバノヒノキシダ ･････156

*Asplenium tripteropus*　→イヌチャセンシダ ･････････70

*Asplenium varians*　→イノウエトラノオ ･･････････････74

*Asplenium viride*　→アオチャセンシダ･････････････････8

*Asplenium wilfordii*　→アオネシダ ･･･････････････････6

*Asplenium wilfordii*×*A.yoshinagae*　→ヒュウガトラ
　ノオ ･････････････････････････････････････････････････663

*Asplenium wrightii*　→クルマシダ ･････････････････273

*Asplenium yoshinagae*　→トキワシダ ･･･････････････522

*Aster ageratoides* var.*oligocephalus*　→キントキシロ
　ヨメナ ･･･････････････････････････････････････････････256

*Aster ageratoides* var.*tenuifolius*　→ナガバシロヨメ
　ナ ･････････････････････････････････････････････････････539

*Aster arenarius*　→ハマベノギク ･･･････････････････614

*Aster asagrayi* var.*asagrayi*　→イソノギク(1) ･･･････59

*Aster asagrayi* var.*walkeri*　→ヨナクニイソノギク ････850

*Aster dimorphophyllus*　→タテヤマギク ･････････････460

*Aster fastigiatus*　→ヒメシオン･･･････････････････････649

*Aster glehnii*　→ゴマナ(広義) ･････････････････････328

*Aster glehnii* var.*hondoensis*　→ゴマナ ･･･････････328

*Aster hispidus* var.*hispidus*　→ヤマジノギク ･････････830

*Aster hispidus* var.*insularis*　→ソナレノギク ･･･････434

*Aster hispidus* var.*koidzumianus*　→ブゼンノギク ･･･685

*Aster hispidus* var.*leptocladus*　→ヤナギノギク ･････819

*Aster iinumae*　→ユウガギク ･･･････････････････････841

*Aster iinumae* f.*discoidea*　→ホシザキユウガギク ･････710

*Aster indicus*　→コヨメナ････････････････････････････334

*Aster kantoensis*　→カワラノギク ･････････････････219

*Aster komonoensis*　→コモノギク ･････････････････332

*Aster koraiensis*　→チョウセンシオン ･･･････････････484

*Aster koshikiensis*　→コシキギク ･････････････････311

*Aster leiophyllus* var.*intermedius*　→ケシロヨメナ････288

*Aster leiophyllus* var.*leiophyllus*　→シロヨメナ ･･････404

*Aster leiophyllus* var.*ovalifolius*　→タマバシロヨメ
　ナ ･････････････････････････････････････････････････････466

*Aster lucens*　→テリハノギク ･････････････････････511

*Aster maackii*　→ヒゴシオン ･･･････････････････････628

*Aster microcephalus* var.*angustifolius*　→ホソバコン
　ギク ･･･････････････････････････････････････････････････714

*Aster microcephalus* var.*littoricola*　→ハマコンギク ･･611

*Aster microcephalus* var.*microcephalus*　→センボン
　ギク ･･･････････････････････････････････････････････････432

*Aster microcephalus* var.*ovatus*　→ノコンギク ･･･････576

*Aster microcephalus* var.*ovatus* 'Hortensis'　→コン
　ギク ･･･････････････････････････････････････････････････335

*Aster microcephalus* var.*ripensis*　→タニガワコンギ
　ク(1) ･････････････････････････････････････････････････461

*Aster miquelianus*　→オオバヨメナ ･･･････････････158

*Aster miyagii*　→オキナワギク ･･･････････････････171

*Aster pilosus*　→キダチコンギク ･･････････････････235

*Aster pseudoasagrayi*　→イソカンギク ･････････････58

*Aster rugulosus* var.*rugulosus*　→サワシロギク ･････354

*Aster rugulosus* var.*shibukawaensis*　→シブカワシロ
　ギク ･･･････････････････････････････････････････････････373

*Aster satsumensis*　→サツマシロギク ･･･････････････347

*Aster savatieri* var.*pygmaeus*　→シュンジュギク ･･････388

*Aster savatieri* var.*savatieri*　→ミヤマヨメナ････････780

*Aster scaber*　→シラヤマギク ････････････････････394

*Aster semiamplexicaulis*　→イナカギク ･････････････66

*Aster sohayakiensis*　→ホソバノギク ･･･････････････717

*Aster spathulifolius*　→ダルマギク ････････････････468

*Aster sugimotoi*　→アキハギク ･･･････････････････････21

*Aster tataricus*　→シオン ･･･････････････････････････360

*Aster tenuipes*　→クルマギク ････････････････････273

*Aster ujiinsularis*　→オオイソノギク ･････････････137

*Aster verticillatus*　→シュウブンソウ ･･･････････････385

*Aster viscidulus* var.*alpinus*　→タカネコンギク ･･････448

*Aster viscidulus* var.*viscidulus*　→ハコネギク ･･･････591

*Aster yakushimensis*　→ヤクシマノギク ･････････････812

*Aster yomena* var.*angustifolius*　→オオユウガギク ･･･166

*Aster yomena* var.*dentatus*　→カントウヨメナ ･･･････223

*Aster yomena* var.*yomena*　→ヨメナ ･･･････････････850

*Aster yoshinaganus*　→シコクシロギク ･････････････363

*Asterella mussuriensis* var.*crassa*　→アツバサイハイ
　ゴケ ･･･････････････････････････････････････････････････32

*Asterophora lycoperdoides*　→ヤグラタケ ･･･････････814

*Asteropyrum cavaleriei*　→カモアシオウレン ･･･････207

*Astilbe chinensis*　→オオチダケサシ ･･･････････････148

*Astilbe chinensis*　→シナチダケサシ ･･･････････････369

*Astilbe glaberrima* var.*saxatilis*　→コヤクシマショウ
　マ ･････････････････････････････････････････････････････333

*Astilbe japonica*　→アワモリショウマ ･････････････52

*Astilbe microphylla*　→チダケサシ ････････････････476

*Astilbe microphylla* var.*riparia*　→キレバチダケサ
　シ ･････････････････････････････････････････････････････252

*Astilbe odontophylla*　→トリアシショウマ ･･･････････533

*Astilbe odontophylla* var.*bandaica*　→バンダイショウ
　マ ･････････････････････････････････････････････････････622

*Astilbe platyphylla*　→モミジバショウマ ･･････････802

*Astilbe shikokiana* var.*sikokumontana*　→ヒメシコク
　ショウマ(1) ･････････････････････････････････････････649

*Astilbe shikokiana* var.*surculosa*　→ツルシコクショ
　ウマ ･････････････････････････････････････････････････503

*Astilbe simplicifolia*　→ヒトツバショウマ ･･････････633

*Astilbe thunbergii* var.*formosa*　→ハナチダケサシ････603

**AST** 896 学名索引

*Astilbe thunbergii* var.*fujisanensis* →フジアカショ
ウマ ……………………………………………………………682

*Astilbe thunbergii* var.*hachijoensis* →ハチジョウ
ショウマ ……………………………………………………597

*Astilbe thunbergii* var.*kiusiana* →テリハアカショウ
マ ……………………………………………………………510

*Astilbe thunbergii* var.*longipedicellata* →ツクシアカ
ショウマ ……………………………………………………489

*Astilbe thunbergii* var.*okuyamae* →ミカワショウマ ‥747

*Astilbe thunbergii* var.*shikokiana* →シコクショウマ ‥363

*Astilbe thunbergii* var.*sikokumontana* →ヒメアカ
ショウマ ……………………………………………………640

*Astilbe thunbergii* var.*terrestris* →ヤクシマショウ
マ ……………………………………………………………811

*Astilbe thunbergii* var.*thunbergii* →アカショウマ ……13

*Astilbe tsushimensis* →ツシマアカショウマ…………494

*Astraeus hygrometricus* →ツチグリ (1) ……………495

*Astragalus danicus* →アストラガルス・ダニクス ……28

*Astragalus frigidus* subsp.*parviflorus* →リシリオウ
ギ ……………………………………………………………854

*Astragalus japonicus* →エゾモメンヅル ………………124

*Astragalus kawakamii* →カワカミモメンヅル …………216

*Astragalus laxmannii* var.*adsurgens* →ムラサキモ
メンヅル ……………………………………………………792

*Astragalus reflexistipulus* →モメンヅル ………………803

*Astragalus schelichovii* →カラフトモメンヅル ………214

*Astragalus shinanensis* →タイツリオウギ……………438

*Astragalus shiroumensis* →シロウマオウギ …………396

*Astragalus sikokianus* →ナルトオウギ………………550

*Astragalus sinicus* →ゲンゲ ……………………………292

*Astragalus tokachiensis* →トカチオウギ ……………520

*Astragalus yamamotoi* →カリバオウギ ………………215

*Asyneuma japonicum* →シデシャジン…………………368

*Asystasia gangetica* subsp.*micrantha* →ヒメコロマ
ンソウ ………………………………………………………648

*Athyrium*× *akiense* →アキイヌワラビ ………………18

*Athyrium alpestre* →オクヤマワラビ …………………175

*Athyrium*× *amagipedis* →イズイヌワラビ …………57

*Athyrium*× *anceps* →アリシビイヌワラビ …………48

*Athyrium arisanense* →タイワンアリサンイヌワラ
ビ ……………………………………………………………441

*Athyrium arisanense* var.*kenzo-satakei* →シビイヌ
ワラビ ………………………………………………………373

*Athyrium atkinsonii* →テバコワラビ …………………510

*Athyrium*× *austrojaponense* →ナンゴクイヌワラビ ‥551

*Athyrium*× *awatae* →タニサキモリイヌワラビ…………461

*Athyrium*× *bicolor* →ニセコシノサトメシダ…………560

*Athyrium*× *bicolor* nothosubsp.*shiibaense* →ニセシ
イバサトメシダ …………………………………………561

*Athyrium brevifrons*× *A.deltoidofrons* →エゾサトメ
シダ …………………………………………………………114

*Athyrium brevifrons*× *A.vidalii* →トウホクメシダ ‥518

*Athyrium brevifrons*× *A.yokoscense* →エゾヘビノネ
ゴザ …………………………………………………………122

*Athyrium*× *calophyllum* →ヤマサカバサトメシダ……829

*Athyrium christensenianum* →ハコネシケチシダ……591

*Athyrium clivicola* →カラクサイヌワラビ ……………209

*Athyrium clivicola*× *A.deltoidofrons* →カラクサイ
ヌワラビ × サトメシダ …………………………………210

*Athyrium clivicola*× *A.oblitescens* →カラサキモリ
イヌワラビ …………………………………………………210

*Athyrium clivicola*× *A.setuligerum* →アイトゲカラ
クサイヌワラビ …………………………………………4

*Athyrium clivicola*× *A.subrigescens* →クラナリイヌ
ワラビ ………………………………………………………271

*Athyrium clivicola*× *A.tozanense* →トットリイヌワ
ラビ …………………………………………………………530

*Athyrium clivicola*× *A.vidalii* →ヤマカラクサイヌワ
ラビ …………………………………………………………828

*Athyrium*× *cornopteroides* →シケチイヌワラビ ……362

*Athyrium deltoidofrons* →サトメシダ …………………348

*Athyrium deltoidofrons*× *A.iseanum* →ホソバサト
メシダ ………………………………………………………714

*Athyrium deltoidofrons*× *A.otophorum* →タニサト
メシダ ………………………………………………………461

*Athyrium deltoidofrons*× *A.yokoscense* →ヘビサト
メシダ ………………………………………………………700

*Athyrium eremicola* →ヘイケイヌワラビ ……………694

*Athyrium*× *fuscopaleaceum* →オトマスイヌワラビ ‥179

*Athyrium*× *glabrescens* →ニセシケチイヌワラビ……561

*Athyrium*× *hisatsuanum* →ヒサツイヌワラビ………629

*Athyrium*× *ikutae* →イクタイヌワラビ ………………55

*Athyrium imbricatum* →ミヤコイヌワラビ …………764

*Athyrium*× *inabaense* →ニセハツキイヌワラビ ……561

*Athyrium*× *inouei* →ヘビホソバイヌワラビ…………700

*Athyrium iseanum*× *A.neglectum* subsp.*neglectum*
→ヤマガタイヌワラビ …………………………………828

*Athyrium iseanum* var.*angustisectum* →トガリバイ
ヌワラビ ……………………………………………………521

*Athyrium iseanum* var.*angustisectum*× *A.*
*masamunei* →トガリバイヌワラビ × ヤクイヌワ
ラビ …………………………………………………………521

*Athyrium iseanum* var.*angustisectum*× *A.otophorum*
→トガリバハツキイヌワラビ …………………………521

*Athyrium iseanum* var.*angustisectum*× *A.vidalii*
→トガリバイヌワラビ × ヤマイヌワラビ …………521

*Athyrium iseanum* var.*iseanum* →ホソバイヌワラ
ビ ……………………………………………………………712

*Athyrium iseanum* var.*iseanum*× *A.iseanum* var.
*angustisectum* →アイトガリバイヌワラビ …………4

*Athyrium iseanum* var.*iseanum*× *A.setuligerum*
→ホソバトゲカラクサイヌワラビ …………………716

*Athyrium*× *kawabatae* →コスギイヌワラビ …………314

*Athyrium*× *kawabataeoides* →イヌコスギイヌワラビ ‥69

*Athyrium*× *kidoanum* →ユノツルイヌワラビ ………846

*Athyrium kirisimaense* →キリシマヘビノネゴザ……251

*Athyrium kirisimaense*× *A.vidalii* →セフリヘビノ
ネゴザ ………………………………………………………428

*Athyrium kuratae* →ツクシイヌワラビ ………………489

*Athyrium kuratae*× *A.oblitescens* →アツバセフリイ
ヌワラビ ……………………………………………………33

*Athyrium kuratae*× *A.setuligerum* →イツキイヌワ
ラビ …………………………………………………………63

*Athyrium*× *masachikanum* →ヤクシケチシダ………809

*Athyrium masamunei* →ヤクイヌワラビ ……………809

*Athyrium*× *masayukianum* →フケイヌワラビ………680

*Athyrium*× *megayakusimense* →ヤクツクシイヌワ
ラビ …………………………………………………………813

*Athyrium melanolepis* →ミヤマメシダ ………………779

*Athyrium melanolepis*× *A.vidalii* →ヤマメシダ ……838

*Athyrium*× *mentiens* →ヘビヤマイヌワラビ…………700

*Athyrium*× *minakuchii* →ナンキイヌワラビ ………551

*Athyrium*× *multifidum* →オオサトメシダ …………144

*Athyrium nakanoi* →ヒメホウビシダ …………………658

*Athyrium neglectum* subsp.*australe* →シイバサトメ
シダ …………………………………………………………359

*Athyrium neglectum* subsp.*australe*× *A.yokoscense*

→シイバサトメシダ × ヘビノネゴザ ·················359
*Athyrium neglectum* subsp.*neglectum* →コシノサト
メシダ ·················312
*Athyrium*×*neoelegans* →ホウヤクイヌワラビ ·········705
*Athyrium nikkoense* →イワイヌワラビ ·················80
*Athyrium nudum* →ホソバシケチシダ·················714
*Athyrium oblitescens* →サキモリイヌワラビ ·········341
*Athyrium oblitescens*× *A.subrigescens* →ヤマグチ
イヌワラビ ·················828
*Athyrium oblitescens*× *A.wardii* →サキモリヒロハ
イヌワラビ ·················341
*Athyrium opacum* →ナンゴクシケチシダ·················552
*Athyrium otophorum*× *A.subrigescens* →タニホウ
ライイヌワラビ·················462
*Athyrium otophorum*× *A.viridescentipes* →アオグ
キタニイヌワラビ·················7
*Athyrium otophorum* var.*okanum* →ヤマグチタニ
イヌワラビ(1) ·················828
*Athyrium otophorum* var.*otophorum* →タニイヌワ
ラビ ·················461
*Athyrium*×*paludicola* →オオサカバサトメシダ·········143
*Athyrium palustre* →サカバサトメシダ ·················339
*Athyrium*×*petiolulatum* →イヌシケチイヌワラビ ·····69
*Athyrium pinetorum* →タカネサトメシダ·················448
*Athyrium*×*pseudoiseanum* →ハツキイヌワラビ ·········598
*Athyrium*×*pseudopinetorum* →ヤマタカネサトメシ
ダ ·················831
*Athyrium*×*pseudospinescens* →ヤマホソバイヌワラ
ビ ·················837
*Athyrium*×*pseudowardii* →ヤマヒロハイヌワラビ ···836
*Athyrium*×*purpurascens* →ムラサキオトメイヌワラ
ビ ·················789
*Athyrium*×*purpureipes* →カラタニイヌワラビ ·········212
*Athyrium*×*pygmaei-silvae* →コビトイヌワラビ·········325
*Athyrium*×*quaesitum* →ヤマタニイヌワラビ ·········831
*Athyrium reflexipinnum* →サカバイヌワラビ·········339
*Athyrium rupestre* →ミヤマヘビノネゴザ ·················778
*Athyrium*×*satsumense* →オオアオグキイヌワラビ···135
*Athyrium*×*sefuricola* →セフリイヌワラビ·················428
*Athyrium setuligerum* →トゲカラクサイヌワラビ····525
*Athyrium*×*shikokumontanum* →ヤマサカバイヌワ
ラビ ·················829
*Athyrium silvicola* →タカサゴイヌワラビ·················445
*Athyrium sinense* →エゾメシダ·················124
*Athyrium spinescens* →トゲヤマイヌワラビ·················526
*Athyrium spinulosum* →カラフトミヤマシダ·················214
*Athyrium strigillosum* →コモチイヌワラビ·················332
*Athyrium*×*subcrassipes* →オオバシマイヌワラビ·····154
*Athyrium subrigescens* →ホウライイヌワラビ·········705
*Athyrium subrigescens*× *A.vidalii* →サワライヌワラ
ビ ·················355
*Athyrium*×*tokashikii* →オオカラクサイヌワラビ·····140
*Athyrium tozanense* →シマイヌワラビ·················375
*Athyrium tozanense*× *A.vidalii* →タナカイヌワラ
ビ ·················460
*Athyrium*×*tsurutanum* →ツルダイヌワラビ·········504
*Athyrium*×*undulatipinnulum* →キレハシケチシダ···252
*Athyrium vidalii* →ヤマイヌワラビ·················826
*Athyrium viridescentipes* →アオグキイヌワラビ·········7
*Athyrium wardii* →ヒロハイヌワラビ·················670
*Athyrium wardii* var.*inadae* →ルリデライヌワラビ··864
*Athyrium*×*watanabei* →カンムリヤマサトメシダ·····225

*Athyrium*× *yakuinsulare* →ヤクシビイヌワラビ·······809
*Athyrium*× *yakumonticola* →イヌシマイヌワラビ ·····70
*Athyrium yakusimense* →ヤクシマタニイヌワラビ··811
*Athyrium yokoscense* →ヘビノネゴザ·················700
*Atocion armeria* →ムシトリナデシコ·················784
*Atractylodes chinensis* →タイカオケラ·················436
*Atractylodes ovata* →オケラ·················176
*Atrichum undulatum* →ナミガタタチゴケ·················548
*Atriplex maximowicziana* →ミヤコジマハマアカザ·765
*Atriplex patens* →ホソバノハマアカザ·················718
*Atriplex prostrata* →ホコガタアカザ·················708
*Atriplex subcordata* →ハマアカザ·················608
*Aubrieta canescens* →オーブリエタ・カネスセンス··187
*Aucuba japonica* 'Picturata' →ピクチュラータ·········627
*Aucuba japonica* var.*borealis* →ヒメアオキ·················640
*Aucuba japonica* var.*japonica* →アオキ·················7
*Aurantiporus pulcherrimus* →Strawberry bracket···879
*Aureoboletus auriporus* →ヌメリコウジタケ·················568
*Auricularia auricula-judae* →キクラゲ·················229
*Auricularia mesenterica* →ヒダキクラゲ·················631
*Auricularia polytricha* →アラゲキクラゲ····· 46
*Auriscalpium vulgare* →マツカサタケ·················732
*Austroboletus fusisporus* →ヤシャイグチ·················815
*Austroboletus gracilis* →クリカワヤシャイグチ·········272
*Austroboletus subvirens* →オオヤシャイグチ·················165
*Austropaxillus macnabbii* →Orange rollrim·················877
*Avena barbata* →ミナトカラスムギ·················760
*Avena fatua* →カラスムギ·················211
*Avena fatua* var.*glabrata* →コカラスムギ·················306
*Avena sativa* →オートムギ·················179
*Avena sterilis* subsp.*ludoviciana* →オニカラスムギ
(1) ·················181
*Avena sterilis* subsp.*macrocarpa* →オニカラスムギ
(2) ·················181
*Avena strigosa* →セイヨウチャヒキ·················423
*Avenella flexuosa* →コメススキ·················330
*Averrhoa bilimbi* →ビリンビ·················666
*Averrhoa carambola* →ゴレンシ·················335
*Avicennia marina* →ヒルギダマシ·················666
*Axonopus compressus* →ツルメヒシバ·················506
*Axonopus fissifolius* →ホソバツルメヒシバ·················715
*Axyris amaranthoides* →イヌホウキギ ·················72
*Azolla cristata* →アメリカオオアカウキクサ ·················43
*Azolla cristata*× *A.filiculoides* →アイオオアカウキ
クサ ·················3
*Azolla filiculoides* →ニシノオオアカウキクサ·················559
*Azolla imbricata* →アカウキクサ·················12
*Azolla japonica* →オオアカウキクサ·················135

## 【B】

*Baccharis halimifolia* →ハマベノキ·················614
*Bacopa caroliniana* →ウォーターバコパ·················89
*Bacopa monnieri* →オトメアゼナ·················179
*Bacopa rotundifolia* →ウキアゼナ·················89
*Baeospora myosura* →ニセマツカサシメジ·················561
*Balanophora fungosa* subsp.*fungosa* →リュウキュ
ウツチトリモチ·················858

**BAL** 898 学名索引

Balanophora japonica →ツチトリモチ ……………496
Balanophora nipponica →ミヤマツチトリモチ………774
Balanophora subcupularis →アマクサツチトリモチ… 38
Balanophora tobiracola →キイレツチトリモチ ………226
Balanophora yakushimensis →ヤクシマツチトリモ
チ ……………………………………………………812
Bambusa bambos →バンブーサ バンボス……………623
Bambusa blumeana →バンブーサ ブルメアナ………623
Bambusa dolichoclada →チョウシチク ………………483
Bambusa multiplex →ホウライチク …………………706
Bambusa multiplex f.alphonsokarri →スホウチク…417
Bambusa multiplex f.solida →コマチダケ……………328
Bambusa multiplex f.variegata →ホウショウチク……704
Bambusa multiplex f.viridi-striata →ベニホウオウ…699
Bambusa multiplex 'Fernleaf' →ホウオウチク………703
Bambusa oldhamii →リョクチク ……………………862
Bambusa stenostachya →シチク (1) …………………367
Bambusa tulda →バンブーサ ツルダ ………………623
Bambusa ventricosa →ダイフクチク …………………439
Bambusa vulgaris →ダイサンチク …………………436
Bangia fuscopurpurea →ウシケノリ ………………… 92
Bankera fuligineoalba →マツバハリタケ……………733
Bankera violascens →スミレハリタケ ………………418
Banksia serrata →バンクシア・セラータ …………622
Baptisia australis →ムラサキセンダイハギ…………790
Barbarea orthoceras →ヤマガラシ …………………828
Barbarea verna →キバナクレス ……………………241
Barbarea vulgaris →ハルザキヤマガラシ …………620
Barbula hiroshii →イノウエネジクチゴケ ………… 74
Barbula horrinervis →イボスジネジクチゴケ ……… 77
Barbula unguiculata →ネジクチゴケ ………………571
Barnardia japonica var.japonica →ツルボ…………506
Barnardia japonica var.litoralis →ハマツルボ……612
Barnardia japonica var.major →オニツルボ ………183
Barringtonia asiatica →ゴバンノアシ………………324
Barringtonia racemosa →サガリバナ ………………339
Bartramia pomiformis →タマゴケ …………………465
Basella alba →ツルムラサキ …………………………506
Bassia scoparia →イソホウキ ………………………… 60
Bassia scoparia →ホウキギ …………………………703
Battarrea phalloides →Sandy stiltball ……………879
Bauhinia acuminata →ソシンカ (1) ………………433
Bauhinia×blakeana →オオバナソシンカ …………155
Bauhinia purpurea →ムラサキソシンカ ……………791
Bauhinia variegata →フイリソシンカ ………………675
Bauhinia variegata var.candida →シロバナソシン
カ ……………………………………………………401
Bazzania pompeana →ムチゴケ ……………………785
Beauveria bassiana →ボーベリア バシアーナ………725
Beauveria brongniartii →ボーベリア ブロンニアー
ティ …………………………………………………725
Beckmannia syzigachne →カズノコグサ……………199
Beesia calthifolia →スミレバオウレン ………………418
Begonia fenicis →コウトウシュウカイドウ …………299
Begonia formosana →マルヤマシュウカイドウ………744
Begonia grandis →シュウカイドウ …………………385
Begonia rex →タイヨウベゴニア ……………………440
Begonia×semperflorens →シキザキベゴニア ………361
Begonia spp.&hybrids →コダチベゴニア …………315
Beilschmiedia erythrophloia →アカハダクスノキ……15

Bellardia latifolia →ベニヒキヨモギ………………699
Bellardia trixago →ヒサウチソウ ……………………629
Bellis perennis →ヒナギク ……………………………635
Benincasa hispida →トウガン …………………………514
Benkara sinensis →ヒジハリノキ ……………………629
Berberis amurensis →ヒロハヘビノボラズ…………673
Berberis 'Charity' →チャリティー ……………………481
Berberis fortunei →ホソバヒイラギナンテン …………718
Berberis japonica →ヒイラギナンテン ………………624
Berberis sanguinea →ホソバアカメギ ………………712
Berberis sieboldii →ヘビノボラズ ……………………700
Berberis×stenophylla →ベルベリス × ステノフィ
ラ ……………………………………………………702
Berberis thunbergii →メギ …………………………794
Berberis tschonoskyana →オオバメギ ………………158
Berchemia lineata →ヒメクマヤナギ…………………647
Berchemia longiracemosa →ホナガクマヤナギ………724
Berchemia magna →オオクマヤナギ …………………142
Berchemia pauciflora →ミヤマクマヤナギ…………770
Berchemia racemosa →クマヤナギ …………………268
Berchemia racemosa var.luxurians →ナンゴククマ
ヤナギ ………………………………………………551
Berchemia racemosa var.pilosa →ウスゲクマヤナギ…94
Berchemiella berchemiifolia →ヨコグラノキ………848
Bergenia stracheyi →ヒマラヤユキノシタ …………639
Bergia serrata →シマバラソウ ………………………379
Berteroa incana →ヤハズナズナ ……………………821
Bertholletia excelsa →ブラジルナットノキ…………690
Beta vulgaris var.altissima →サトウヂシャ…………348
Beta vulgaris var.cicla →フダンソウ ………………687
Betula apoiensis →アポイカンバ ……………………36
Betula chichibuensis →チチブミネバリ ……………477
Betula corylifolia →ネコシデ ………………………569
Betula costata →マカンバ(1) ………………………728
Betula davurica →ヤエガワカンバ …………………805
Betula davurica var.okuboi →ヒダカヤエガワ………631
Betula ermanii f.corticosa →アツハダカンバ ……… 33
Betula ermanii var.ermanii →ダケカンバ …………453
Betula ermanii var.incisa →キレハダケカンバ ……252
Betula ermanii var.parvifolia →コハダケカンバ……320
Betula ermanii var.subcordata →アカカンバ ……… 12
Betula globispica →ジゾウカンバ ……………………366
Betula grossa →ミズメ ………………………………753
Betula maximowicziana →ウダイカンバ ……………98
Betula ovalifolia →ヤチカンバ ………………………816
Betula platyphylla →シラカンバ ……………………391
Betula schmidtii →オノオレ …………………………186
Betula schmidtii f.angustifolia →ホソバオノオレ……713
Betula utilis var.jaquemontii 'Doorenbos' →ドーレ
ンボス ………………………………………………534
Biarum davisii →ビアルム・タビッシィー…………623
Biarum tenuifolius →ビアルム・テヌイフォリウス…623
Bidens aurea →キンバイタウコギ …………………257
Bidens bipinnata →コバノセンダングサ……………322
Bidens biternata var.biternata →センダングサ……430
Bidens biternata var.mayebarae →マルバウコギ…740
Bidens cernua →ヤナギタウコギ ……………………819
Bidens frondosa →アメリカセンダングサ ………… 44
Bidens maximowicziana →エゾノタウコギ…………119
Bidens parviflora →ホソバノセンダングサ…………717
Bidens pilosa var.bisetosa →アワユキセンダングサ

| | |
|---|---|
| (1) ......... 52 | Boehmeria kiusiana →ツクシヤブマオ ......492 |
| *Bidens pilosa* var.*minor* →コシロノセンダングサ ....314 | *Boehmeria nakashimae* →ゲンカイヤブマオ ..........292 |
| *Bidens pilosa* var.*pilosa* →コセンダングサ ..........315 | *Boehmeria nivea* var.*concolor* →アオカラムシ ..........7 |
| *Bidens pilosa* var.*radiata* →オオバナノセンダング | *Boehmeria nivea* var.*concolor* f.*nipononivea* →カラ |
| サ ......156 | ムシ(1) ......214 |
| *Bidens polylepis* →タホウタウコギ ......464 | *Boehmeria nivea* var.*nivea* →ナンバンカラムシ ......553 |
| *Bidens tripartita* →タウコギ ......443 | *Boehmeria platanifolia* →メヤブマオ ......797 |
| *Bifora testiculata* →フランスゼリ ......691 | *Boehmeria quelpaertensis* →タンナヤブマオ ......470 |
| *Bignonia capreolata* →ツリガネカズラ ......500 | *Boehmeria robusta* →マルバヤブマオ ......743 |
| *Bischofia javanica* →アカギ(1) ......12 | *Boehmeria sieboldiana* →ナガバヤブマオ ......540 |
| *Bisporella citrina* →ビョウタケ ......664 | *Boehmeria silvestrii* →アカソ ......14 |
| *Bistorta abukumensis* →アブクマトラノオ ......34 | *Boehmeria spicata* →コアカソ ......294 |
| *Bistorta hayachinensis* →ナンブトラノオ ......555 | *Boehmeria spicata* var.*microphylla* →コバノコアカ |
| *Bistorta officinalis* subsp.*japonica* →イブキトラノ | ソ ......322 |
| オ ......76 | *Boehmeria splitbergera* →ラセイタソウ ......852 |
| *Bistorta officinalis* subsp.*pacifica* →エゾイブキトラ | *Boehmeria tosaensis* →リュウノヤブマオ ......861 |
| ノオ(1) ......111 | *Boehmeria* var.*candicans* →ラミー ......853 |
| *Bistorta suffulta* →クリンユキフデ ......273 | *Boehmeria yaeyamensis* →ヤエヤマラセイタソウ ......808 |
| *Bistorta tenuicaulis* var.*chionophila* →オオハルト | *Boenninghausenia albiflora* var.*japonica* →マツカ |
| ラノオ ......159 | ゼソウ ......732 |
| *Bistorta tenuicaulis* var.*tenuicaulis* →ハルトラノ | *Boergesenia forbesii* →マガタマモ ......728 |
| オ ......620 | *Boerhavia coccinea* →オガサワラカノコソウ ......167 |
| *Bistorta vivipara* →ムカゴトラノオ ......782 | *Boerhavia diffusa* →ベニカスミ ......696 |
| *Bjerkandera adusta* →ヤケイロタケ ......814 | *Boerhavia erecta* →タチハナカノコソウ ......458 |
| *Bjerkandera fumosa* →ヒメモグサタケ ......660 | *Boerhavia glabrata* →ナハカノコソウ ......547 |
| *Blasia pusilla* →ウスバゼニゴケ ......96 | *Bolbitis appendiculata* →オキナワキジノオ ......171 |
| *Blastus cochinchinensis* →ミヤマハシカンボク ......776 | *Bolbitis heteroclita* →オオヘツカシダ ......160 |
| *Blechnum amabile* →オサシダ ......176 | *Bolbitis heteroclita* × *B.subcordata* →アイノコヘツ |
| *Blechnum castaneum* →ミヤマシシガシラ ......772 | カシダ ......5 |
| *Blechnum hancockii* →ハクウンジダ ......587 | *Bolbitis* × *laxireticulata* →オオオキナワキジノオ ......139 |
| *Blechnum niponicum* →シシガシラ(1) ......365 | *Bolbitis quoyana* →ムニンヘツカシダ ......788 |
| *Blechnum orientale* →ヒリュウシダ ......666 | *Bolbitis subcordata* →ヘツカシダ ......695 |
| *Bletilla formosana* →アマナラン ......39 | *Bolbitius callistus* →オウナタケ ......134 |
| *Bletilla ochracea* →キバナショウハッキュウ ......241 | *Bolbitius coprophilus* →オキナタケ ......170 |
| *Bletilla striata* →シラン ......395 | *Bolbitius reticulatus* →クロシワオキナタケ ......278 |
| *Bletilla yunnanensis* →ウンナンショウハッキュウ ...109 | *Bolbitius titubans* var.*olivaceus* →キオキナタケ ......226 |
| *Blighia sapida* →アキー ......18 | *Bolbitius titubans* var.*titubans* →シワナシキオキナ |
| *Blumea conspicua* →オオキバナムカショモギ ......142 | タケ ......405 |
| *Blumea hieraciifolia* →タカサゴコウゾリナ ......445 | *Bolboschoenus fluviatilis* →ウキヤガラ (広義) ......90 |
| *Blumea lacera* →ヤエヤマコウゾリナ ......807 | *Bolboschoenus fluviatilis* subsp.*yagara* →ウキヤガ |
| *Blumea laciniata* →サケバコウゾリナ ......343 | ラ ......90 |
| *Blumea lanceolaria* →カズザキコウゾリナ ......199 | *Bolboschoenus koshevnikovii* →コウキヤガラ ......296 |
| *Blumea oblongifolia* →タイワンコウゾリナ ......441 | *Bolboschoenus planiculmis* →イセウキヤガラ ......58 |
| *Blumea riparia* var.*megacephala* →ツルハグマ ......505 | *Boletellus elatus* →アシナガイグチ ......26 |
| *Blutaparon wrightii* →イソフサギ ......59 | *Boletellus floriformis* →キクバナイグチ ......229 |
| *Blyxa alternifolia* →セトヤナギスブタ ......427 | *Boletellus longicollis* →アキノアシナガイグチ ......19 |
| *Blyxa aubertii* →マルミスブタ ......744 | *Boletellus mirabilis* →オオキノボリイグチ ......141 |
| *Blyxa echinosperma* →スブタ ......417 | *Boletellus obscurecoccineus* →ミヤマベニイグチ ......778 |
| *Blyxa japonica* →ヤナギスブタ ......819 | *Boletellus russellii* →セイタカイグチ ......419 |
| *Blyxa leiosperma* →ミカワスブタ ......747 | *Boletinellus merulioides* →ミダレアミイグチ ......755 |
| *Boehmeria arenicola* →ハマヤブマオ ......615 | *Boletinus asiaticus* →ウツロベニハナイグチ ......99 |
| *Boehmeria densiflora* →モクマオ ......799 | *Boletinus cavipes* →アミハナイグチ ......42 |
| *Boehmeria densiflora* var.*boninensis* →オガサワラ | *Boletinus paluster* →カラマツベニハナイグチ ......214 |
| モクマオ ......168 | *Boletopsis grisea* →Gray falsebolete ......875 |
| *Boehmeria egregia* →シマナガバヤブマオ ......379 | *Boletopsis leucomelaena* →クロカワ ......276 |
| *Boehmeria gracilis* →クサコアカソ ......261 | *Boletus aurantiosplendens* →コガネヤマドリ ......305 |
| *Boehmeria hirtella* →ケナガバヤブマオ ......289 | *Boletus badius* →ニセイロガワリ ......560 |
| *Boehmeria holosericea* →ニオウヤブマオ ......556 | *Boletus brunneissimus* →コゲチャイロガワリ ......308 |
| *Boehmeria japonica* var.*japonica* →トガリバヤブマ | *Boletus calopus* →アシベニイグチ ......27 |
| オ ......521 | *Boletus edulis* →ヤマドリタケ ......833 |
| *Boehmeria japonica* var.*longispica* →ヤブマオ ......824 | *Boletus firmus* →Firm bolete ......874 |
| | *Boletus flammans* →Flame bolete ......874 |

Boletus fraternus →コウジタケ……297
Boletus frostii →タカネウラベニイロガワリ……447
Boletus fuscopunctatus →クラヤミイグチ……271
Boletus granulopunctatus →ツブエノウラベニイグチ……498
"Boletus" griseus var.fuscus →オオミノクロアワタケ……163
Boletus hiratsukae →ススケヤマドリタケ……413
Boletus hortonii →Corrugated bolete……873
Boletus laetissimus →ダイダイイグチ……438
Boletus obscureumbrinus →オオコゲチャイグチ……143
Boletus pseudocalopus →ニセアシベニイグチ……560
Boletus pulverulentus →イロガワリ……80
Boletus radicans →Rooting bolete……878
Boletus reticulatus s.l. →ヤマドリタケモドキ……833
Boletus reticuloceps →Fishnet bolete……874
Boletus rhodocarpus →バライロウラベニイロガワリ……616
Boletus rhodoxanthus →Ruddy bolete……879
Boletus rubellus →ボレトゥス・ルベッルス……725
Boletus satanas →ウラベニイグチ……106
Boletus speciosus →アカジコウ……13
Boletus subvelutipes →アメリカウラベニイロガワリ……42
Boletus venenatus →ドクヤマドリ……525
Boletus violaceofuscus →ムラサキヤマドリタケ……793
Boletus zelleri →ビロードコウジタケ……668
Boltonia asteroides →アメリカギク……43
Bombax ceiba →インドワタノキ……88
Bondarzewia mesenterica →ミヤマトンビマイ……775
Bonnaya antipoda →スズメノトウガラシ……414
Bonnaya ciliata →スズメノトウガラシモドキ……414
Bonnaya ruelloides →クチバシグサ……266
Bonnaya tenuifolia →ヒメクチバシグサ……646
Bonnemaisonia hamifera →カギノリ……194
Borago officinalis →ルリチシャ……864
Borassus flabellifer →オウギヤシ……133
Borreria laevis →ナガバハリフタバムグラ……540
Boschniakia rossica →オニク……182
Bothriochloa bladhii →モンツキガヤ……805
Bothriochloa haenkei →アイダガヤ……4
Bothriochloa ischaemum →カモノハシガヤ……208
Bothriospermum zeylanicum →ハナイバナ……600
Botrychium × argutum →ハブハナワラビ……608
Botrychium atrovirens →シチトウハナワラビ……368
Botrychium boreale →タカネハナワラビ……450
Botrychium × elegans →アカネハナワラビ……15
Botrychium formosanum →ホウライハナワラビ……706
Botrychium japonicum →オオハナワラビ……156
Botrychium lanceolatum →ミヤマハナワラビ……777
Botrychium × longistipitatum →アイイズハナワラビ……3
Botrychium lunaria →ヘビノシタ……700
Botrychium microphyllum →イブリハナワラビ……76
Botrychium multifidum var.multifidum →ヤマハナワラビ……835
Botrychium multifidum var.robustum →エゾフユノハナワラビ……122
Botrychium nipponicum →アカハナワラビ……16
Botrychium nipponicum var.minus →ウスイハナワラビ (1)……92
Botrychium × pulchrum →アンコハナワラビ……52
Botrychium × silvicola →ゴジンカハナワラビ……314

Botrychium strictum →ナガホノナツハナワラビ……541
Botrychium ternatum →フユノハナワラビ……690
Botrychium ternatum var.pseudoternatum →アカフユノハナワラビ……16
Botrychium triangularifolium →ミドリハナワラビ……760
Botrychium virginianum →ナツノハナワラビ……545
Bougainvillea glabra →ブーゲンビレア (1)……680
Bougainvillea glabra 'Sanderiana' →サンデリアナ……358
Bougainvillea spectabilis →イカダカズラ……54
Boussingaultia cordifolia →アカザカズラ……13
Bouteloua curtipendula →アゼガヤモドキ……30
Bovista nigrescens →クロシバフダンゴタケ……278
Bowlesia incana →ホシゲチドメグサ……710
Boykinia lycoctonifolia →アラシグサ……47
Brachydontium noguchii →ノグチゴケ……575
Brachydontium pseudodonnianum →ヤツガタケキヌシッポゴケ……817
Brachyelytrum japonicum →コウヤザサ……301
Brachypodium distachyon →セイヨウヤマカモジ……425
Brachypodium sylvaticum →ヤマカモジグサ……828
Brachythecium camptothecioides →シワバヒツジゴケ……405
Brachythecium hastile →ヤリヒツジゴケ……839
Brachythecium nitidulum →ツヤヤナギゴケ……500
Brachythecium otaruense →オタルヒツジゴケ……178
Brachythecium populeum →アオギヌゴケ……7
Brachythecium pseudo-uematsui →ニセコヒツジゴケ……560
Brachythecium uyematsui →コヒツジゴケ……325
Brasenia schreberi →ジュンサイ……387
Brassica juncea var.integrifolia →タカナ……446
Brassica juncea var.juncea →カラシナ……210
Brassica napus →セイヨウアブラナ……421
Brassica nigra →クロガラシ……276
Brassica oleracea var.acephala →ハボタン……608
Brassica oleracea var.botrytis →カリフラワー……215
Brassica oleracea var.capitata →キャベツ……246
Brassica oleracea var.caulorapa →キュウケイカンラン……246
Brassica oleracea var.gemmifera →メキャベツ……795
Brassica rapa →ナノハナ……547
Brassica rapa var.glabra Pekinensis Group →チョクレイハクサイ……486
Brassica rapa var.glabra Regel Pe-tsai Group →チリメンハクサイ……486
Brassica rapa var.oleifera →アブラナ……35
Brassica rapa var.perviridis →コマツナ……328
Brassica rapa var.rapa →カブ……205
Brassica rapa var.rapa 'Akana' →ヒノナ……638
Brassica rapa var.rapa 'Neosuguki' →スグキナ……411
Brassica tornefortii →ハリゲナタネ……618
Bredia hirsuta →ハシカンボク……593
Bredia okinawensis →コバノミヤマノボタン……323
Bredia yaeyamensis →ヤエヤマノボタン……808
Breynia vitis-idaea →オオシマコバンノキ……145
Bridelia balansae →マルヤマカンコノキ……744
Briggsia mihieri →フエフキイワギリソウ……677
Briza maxima →コバンソウ……324
Briza minor →ヒメコバンソウ……648
Bromus alopecuros →ホウキスズメノチャヒキ……704
Bromus carinatus →ヤクナガイヌムギ……813

Bromus catharticus →イヌムギ ………………………… 73
Bromus ciliatus →クシロチャヒキ ……………………264
Bromus commutatus →ムクゲチャヒキ ………………783
Bromus diandrus →ヒゲナガスズメノチャヒキ………628
Bromus hordeaceus →ハマチャヒキ …………………612
Bromus inermis →コスズメノチャヒキ ………………314
Bromus japonicus →スズメノチャヒキ ………………414
Bromus madritensis →マドリードチャヒキ …………735
Bromus molliformis →ハトノチャヒキ ………………600
Bromus remotiflorus →キツネガヤ …………………237
Bromus rubens →チャボチャヒキ ……………………481
Bromus secalinus →カラスノチャヒキ ………………211
Bromus sitchensis →ノゲイヌムギ …………………575
Bromus sterilis →アレチノチャヒキ …………………50
Bromus tectorum var.glabratus →メウマノチャヒ
キ ………………………………………………………794
Bromus tectorum var.tectorum →ウマノチャヒキ ‥‥101
Brotherella complanata →ヒメカガミゴケ …………644
Brotherella henonii →カガミゴケ ……………………193
Broussonetia kaempferi →ツルコウゾ………………503
Broussonetia×kazinoki →コウゾ(1) …………………298
Broussonetia monoica →ヒメコウゾ(1) ……………647
Broussonetia papyrifera →カジノキ ………………197
Browallia speciosa →タイリンルリマガリバナ………440
Brugmansia×candida →コダチチョウセンアサガオ ‥315
Brugmansia suaveolens →キダチチョウセンアサガ
オ ……………………………………………………235
Bruguiera gymnorrhiza →オヒルギ …………………187
Brunfelsia calycina →オオバンマツリ ………………159
Brunfelsia latifolia →ニオイバンマツリ ……………556
Brunfelsia uniflora →バンマツリ ……………………623
Bryanthus gmelinii →チシマツガザクラ ……………474
Bryhnia tenerrima →ヒメヤノネゴケ ………………661
Bryhnia tokubuchii →エゾヤノネゴケ ………………124
Brylkinia caudata →ホガエリガヤ …………………707
Bryoerythrophyllum linearifolium →ホソバアカハマ
キゴケ …………………………………………………712
Bryoerythrophyllum rubrum var.minus →コアカハ
マキゴケ ………………………………………………294
Bryophyllum delagoense →キンチョウ ……………256
Bryophyllum pinnatum →トウロウソウ ……………519
Bryopsis plumosa →ハネモ …………………………607
Bryoria fremontii →Wila ……………………………880
Bryoxiphium norvegicum subsp.japonicum →エビ
ゴケ ……………………………………………………129
Bryum argenteum →ギンゴケ ………………………254
Buckleya lanceolata →ツクバネ ……………………493
Buddleja curviflora →コフジウツギ…………………326
Buddleja curviflora f.venenifera →ウラジロフジウ
ツギ(1) ………………………………………………106
Buddleja davidii →フサフジウツギ…………………681
Buddleja davidii 'Facinating' →ファシネイティン
グ ………………………………………………………675
Buddleja globosa →タマフジウツギ …………………467
Buddleja japonica →フジウツギ……………………682
Buddleja lindleyana →トウフジウツギ………………518
Buglossoides arvensis →イヌムラサキ ………………73
Bulbophyllum affine →クスクスラン …………………264
Bulbophyllum boninense →オガサワラシコウラン ‥‥167
Bulbophyllum drymoglossum →マメラン……………737
Bulbophyllum inconspicuum →ムギラン……………783

Bulbophyllum japonicum →ミヤマムギラン …………779
Bulbophyllum macraei →シコウラン…………………362
Bulbostylis barbata →ハタガヤ………………………595
Bulbostylis densa var.capitata →イトテンツキ(1) ‥‥65
Bulbostylis densa var.densa →イトハナビテンツキ ‥‥65
Bulgaria inquinans →ゴムタケ ………………………330
Bupleurum falcatum →ミシマサイコ ………………749
Bupleurum longiradiatum f.sachalinense →エゾホ
タルサイコ ……………………………………………123
Bupleurum longiradiatum var.breviradiatum →ホ
タルサイコ ……………………………………………721
Bupleurum longiradiatum var.longiradiatum →オ
オホタルサイコ ………………………………………161
Bupleurum longiradiatum var.pseudonipponicum
→オオハクサンサイコ ………………………………153
Bupleurum longiradiatum var.shikotanense →コガ
ネサイコ ………………………………………………304
Bupleurum nipponicum var.nipponicum →ハクサン
サイコ …………………………………………………588
Bupleurum nipponicum var.yasoense →エゾサイ
コ ………………………………………………………114
Bupleurum quadriradiatum →ヤセホタルサイコ……815
Bupleurum triradiatum →レブンサイコ ……………866
Burmannia championii →ヒナノシャクジョウ………637
Burmannia coelestis →ミドリシャクジョウ …………760
Burmannia cryptopetala →シロシャクジョウ………398
Burmannia itoana →ルリシャクジョウ ……………864
Burmannia nepalensis →キリシマシャクジョウ ……250
Butia yatay →ヤタイヤシ ……………………………815
Buxbaumia minakatae →クマノチョウジゴケ………268
Buxus liukiuensis →オキナワツゲ …………………172
Buxus microphylla subsp.microphylla var.japonica
→ツゲ …………………………………………………494
Buxus microphylla subsp.microphylla var.
kitashimae →ハチジョウツゲ………………………597
Buxus microphylla subsp.microphylla var.
microphylla →ヒメツゲ……………………………653
Buxus microphylla var.insularis →チョウセンヒメ
ツゲ …………………………………………………485
Buxus microphylla var.kitashimae →ベンテンツゲ
(1) ……………………………………………………702
Buxus microphylla var.riparia →コツゲ……………316
Buxus microphylla var.sinica →タイワンアサマツ
ゲ ………………………………………………………441
Buxus sempervirens →セイヨウツゲ ………………423

## 【 C 】

Cabomba caroliniana →ハゴロモモ …………………593
Caesalpinia bonduc →シロツブ………………………399
Caesalpinia crista →ナンテンカズラ ………………553
Caesalpinia decapetala →ジャケツイバラ …………383
Caesalpinia major →ハスノミカズラ ………………594
Cajanus scarabaeoides →ビロードヒメクズ…………669
Cakile edentula →オニハマダイコン…………………184
Caladium bicolor →ハニシキ…………………………606
Calamagrostis adpressiramea →コバナノガリヤス…321
Calamagrostis autumnalis →キリシマノガリヤス ‥‥251
Calamagrostis autumnalis subsp.autumnalis var.
microtis →クジュウガリヤス ……………………263
Calamagrostis autumnalis subsp.insularis →シマノ

**CAL** 902 学名索引

ガリヤス ……………………………379
*Calamagrostis brachytricha* →ノガリヤス……………575
*Calamagrostis brachytricha* var.*ciliata* →タイワン
サイトウガヤ ………………442
*Calamagrostis epigeios* →ヤマアワ………826
*Calamagrostis fauriei* →カニツリノガリヤス…………203
*Calamagrostis fauriei* var.*intermedia* →シロウマガ
リヤス（1）………………396
*Calamagrostis gigas* →オニノガリヤス……………184
*Calamagrostis*× *grandiseta* →オオヒゲガリヤス……159
*Calamagrostis hakonensis* →ヒメノガリヤス……………655
*Calamagrostis longiseta* →ヒゲノガリヤス……………628
*Calamagrostis masamunei* →ヤクシマノガリヤス……812
*Calamagrostis matsumurae* →ムツノガリヤス……………785
*Calamagrostis nana* subsp.*hayachinensis* →ザラツ
キヒナガリヤス ………………351
*Calamagrostis nana* subsp.*nana* →ヒナガリヤス……635
*Calamagrostis nana* subsp.*ohminensis* →オオミネ
ヒナノガリヤス ………………163
*Calamagrostis onibitoana* →オニビトノガリヤス……184
*Calamagrostis pseudophragmites* →ホッスガヤ………723
*Calamagrostis purpurea* subsp.*amurensis* →アムー
ルイワノガリヤス ……………42
*Calamagrostis purpurea* subsp.*langsdorfii* →イワノ
ガリヤス ………………………86
*Calamagrostis sachalinensis* →タカネノガリヤス……450
*Calamagrostis sesquiflora* →ミヤマノガリヤス（広
義）………………………………776
*Calamagrostis sesquiflora* subsp.*urelytra* →ミヤマ
ノガリヤス ……………………776
*Calamagrostis stricta* subsp.*inexpansa* →チシマガ
リヤス …………………………473
*Calamagrostis tashiroi* subsp.*sikokiana* →シコクノ
ガリヤス ………………………363
*Calamagrostis tashiroi* subsp.*tashiroi* →タシロノガ
リヤス …………………………455
*Calanthe alismifolia* →ダルマエビネ……………468
*Calanthe alpina* →キソエビネ……………232
*Calanthe amamiana* →アマミエビネ……………39
*Calanthe aristulifera* →キリシマエビネ……………250
*Calanthe bungoana* →タガネラン……………452
*Calanthe citrina* →キエビネ……………226
*Calanthe densiflora* →タマザキエビネ……………465
*Calanthe discolor* →エビネ……………129
*Calanthe hattorii* →アサヒエビネ……………24
*Calanthe hoshii* →ホシツルラン……………711
*Calanthe izuinsularis* →ニオイエビネ……………555
*Calanthe lyroglossa* →レンギョウエビネ……………867
*Calanthe mannii* →サクラジマエビネ……………342
*Calanthe masuca* →オナガエビネ……………180
*Calanthe nipponica* →キンセイラン……………255
*Calanthe puberula* var.*okushirensis* →オクシリエビ
ネ …………………………………174
*Calanthe puberula* var.*reflexa* →ナツエビネ……544
*Calanthe speciosa* →タイワンエビネ……………441
*Calanthe*× *striata* →タカネ……………446
*Calanthe tokunoshimensis* →トクノシマエビネ……524
*Calanthe tricarinata* →サルメンエビネ……………353
*Calanthe triplicata* →ツルラン……………507
*Calceolaria herbeohybrida* →カルセオラリア……216
*Caldesia parnassifolia* →マルバオモダカ……………739
*Calendula arvensis* →キンセンカ（1）……………255
*Calendula officinalis* →トウキンセンカ……………515

*Calicium trabinellum* →ヒメピンゴケ……………657
*Calla palustris* →ヒメカイウ……………644
*Callerya reticulata* →ムラサキナツフジ……………791
*Callianthemum anemonoides* →カリアンテマム・ア
ネモノイデス ………………………215
*Callianthemum hondoense* →キタダケソウ……………234
*Callianthemum insigne* →ウメザキサバノオ……102
*Callianthemum kirigishiense* →キリギシソウ………250
*Callianthemum miyabeanum* →ヒダカソウ……………630
*Callianthemum sachalinense* →カラフトミヤマイチ
ゲ …………………………………214
*Callicarpa dichotoma* →コムラサキ……………330
*Callicarpa formosana* →ホウライムラサキ……706
*Callicarpa glabra* →シマムラサキ……………380
*Callicarpa japonica* f.*albibaccata* →シロシキブ……398
*Callicarpa japonica* var.*japonica* →ムラサキシキブ
（1）………………………………790
*Callicarpa japonica* var.*luxurians* →オオムラサキシ
キブ ………………………………164
*Callicarpa kochiana* →ビロードムラサキ……………669
*Callicarpa longissima* →タカクマムラサキ……………445
*Callicarpa mollis* →ヤブムラサキ……………825
*Callicarpa oshimensis* var.*iriomotensis* →イリオモ
テムラサキ ……………………79
*Callicarpa oshimensis* var.*okinawensis* →オキナワ
ヤブムラサキ ……………………173
*Callicarpa oshimensis* var.*oshimensis* →オオシマム
ラサキ ……………………………145
*Callicarpa parvifolia* →ウラジロコムラサキ……105
*Callicarpa pilosissima* →ホソバムラサキ……………720
*Callicarpa shikokiana* →トサムラサキ……………528
*Callicarpa*× *shirasawana* →イヌムラサキシキブ……73
*Callicarpa subpubescens* →オオバシマムラサキ……154
*Callistemon rigidus* →マキバブラシノキ……………729
*Callistemon speciosus* →ブラシノキ……………690
*Callistephus chinensis* →エゾギク……………113
*Callistopteris apiifolia* →キクモバホラゴケ……229
*Callistosporium luteoolivaceum* →ヒメキシメジ……646
*Callitriche hermaphroditica* →チシマミズハコベ……475
*Callitriche japonica* →アワゴケ……………51
*Callitriche palustris* →ミズハコベ……………752
*Callitriche stagnalis* →イケノミズハコベ……………55
*Callitriche terrestris* →アメリカアワゴケ……………42
*Callitropsis*× *leylandii* 'Gold Rider' →ゴールドラ
イダー ……………………………335
*Callitropsis nootkatensis* 'Pendula' →アラスカヒノ
キ 'ペンデュラ'………………47
*Callophyllis crispata* →ヒロハノトサカモドキ……672
*Callophyllis japonica* →ホソバノトサカモドキ……718
*Calluna vulgaris* →カルーナ……………216
*Calocera cornea* →ツノフノリタケ……………497
*Calocera viscosa* →ニカワホウキタケ……………558
*Calocybe carnea* →ハダイロシメジ……………595
*Calocybe gambosa* →ユキワリ……………844
*Calocybe ionides* →ヒメムラサキシメジ……………660
*Calophyllum inophyllum* →テリハボク……………511
*Caloscypha fulgens* →キチャワンタケ……………236
*Calostoma cinnabarinum* →Red aspic-puffball……878
*Calostoma japonicum* →クチベニタケ……………266
*Calostoma* sp. →ホオベニタケ……………707
*Calotis cuneifolia* →イガギク……………54

*Caltha fistulosa* →エゾノリュウキンカ ……………………121
*Caltha palustris* var.*enkoso* →エンコウソウ …………132
*Caltha palustris* var.*nipponica* →リュウキンカ ………860
*Caltha palustris* var.*pygmaea* →コバノリュウキン
カ ……………………………………………………323
*Calvatia boninesis* →オオノウタケ ……………………151
*Calvatia craniiformis* →ノウタケ ………………………574
*Calvatia gigantea* →セイヨウオニフスベ ………………421
*Calycanthus chinensis* →ナツロウバイ …………………546
*Calycanthus fertilis* →アメリカロウバイ ………………46
*Calycanthus floridus* →ニオイロウバイ ………………556
*Calymperes boninense* →オガサワラカタシロゴケ ……167
*Calypogeia angusta* →ツキヌキゴケ ……………………488
*Calypogeia asakawana* →アサカワホラゴケモドキ …… 23
*Calypogeia contracta* →イイデホラゴケモドキ ………53
*Calypogeia fujisana* →フジホラゴケモドキ ……………685
*Calypogeia neesiana* subsp.*subalpina* →タカネツキ
ヌキゴケ ……………………………………………449
*Calypso bulbosa* var.*bulbosa* →ヒメホテイラン ………658
*Calypso bulbosa* var.*speciosa* →ホテイラン …………723
*Calyptocarpus vialis* →ツルセンダングサ ………………504
*Calystegia hederacea* →コヒルガオ ……………………325
*Calystegia pubescens* →ヒルガオ（広義）………………666
*Calystegia pubescens* f.*major* →ヒルガオ（狭義）……666
*Calystegia sepium* subsp.*spectabilis* →ヒロハヒルガ
オ ……………………………………………………673
*Calystegia soldanella* →ハマヒルガオ …………………614
*Camarophyllopsis foetens* →Stinking fanvault ………879
*Camassia* spp. →カマシア ………………………………206
*Camelina microcarpa* →ヒメアマナズナ ………………640
*Camellia* 'Barbara Clark' →バーバラ・クラーク ……608
*Camellia* 'Brian' →ブライアン …………………………690
*Camellia* 'Christmas Beauty' →クリスマス・ビュー
ティー ………………………………………………272
*Camellia cuspidata* →カスピダータ ……………………199
*Camellia* 'Donation' →ドーネーション …………………530
*Camellia* 'E.G.Waterhouse' →E.G.ウォーターハウ
ス ……………………………………………………874
*Camellia* 'Flower Girl' →フラワー・ガール ……………691
*Camellia* 'Fragrant Pink' →フレーグラント・ピン
ク ……………………………………………………693
*Camellia fraterna* →シラハトツバキ ……………………394
*Camellia granthamiana* →グランサムツバキ …………271
*Camellia* 'Guilio Nuccio' →ジュリオ・ヌチオ ………387
*Camellia hongkongensis* →ホンコンツバキ ……………726
*Camellia*×*intermedia* →ユキバタツバキ ………………844
*Camellia*×*intermedia* 'Amagashita' →アマガシタ …… 37
*Camellia*×*intermedia* 'Hishikaraito' →ヒシカライ
ト ……………………………………………………629
*Camellia*×*intermedia* 'Rosacea' →オトメツバキ ……180
*Camellia*×*intermedia* 'Shirosumikura' →シロスミ
クラ …………………………………………………399
*Camellia*×*intermedia* 'Yukioguni' →ユキオグニ ……843
*Camellia japonica* →ヤブツバキ ………………………823
*Camellia japonica* 'Aka-koshimino' →アカコシミノ ‥13
*Camellia japonica* 'Akashigata' →アカシガタ …………13
*Camellia japonica* 'Aka-suminokura' →アカスミノ
クラ …………………………………………………13
*Camellia japonica* 'Akebono' →アケボノ（1）…………22
*Camellia japonica* 'Aki-no-yama' (Kantô) ' →アキ
ノヤマ ………………………………………………21
*Camellia japonica* 'Amano-gawa' →アマノガワ（1）‥39

*Camellia japonica* 'Amatsu-otome' →アマツオトメ
（1）…………………………………………………39
*Camellia japonica* 'Arajishi' →アラジシ ………………47
*Camellia japonica* 'Asagao' →アサガオ（1）……………23
*Camellia japonica* 'Asahi-no-minato' →アサヒノミ
ナト …………………………………………………24
*Camellia japonica* 'Aso-musume' →アソムスメ ………32
*Camellia japonica* 'Azuma-shibori' →アヅマシボリ ‥29
*Camellia japonica* 'Beni-chidori' →ベニチドリ（1）‥697
*Camellia japonica* 'Beni-karako' →ベニカラコ ………696
*Camellia japonica* 'Beni-myôrenji' →ベニミョウレ
ンジ …………………………………………………699
*Camellia japonica* 'Beni-rôgetsu' →ベニロウゲツ ……699
*Camellia japonica* 'Beni-wabisuke' →ベニワビスケ ……699
*Camellia japonica* 'Benten-kagura' →ベンテンカグ
ラ ……………………………………………………702
*Camellia japonica* 'Bokuhan' →ボクハン ………………707
*Camellia japonica* 'Chitose-giku' →チトセギク
（1）…………………………………………………478
*Camellia japonica* 'Chiyoda-nishiki' →チヨダニシ
キ ……………………………………………………486
*Camellia japonica* 'Chôchidori' →チョウチドリ ……485
*Camellia japonica* 'Chôsentsubaki' →チョウセンツ
バキ …………………………………………………484
*Camellia japonica* 'Daijôkan' →ダイジョウカン ……437
*Camellia japonica* 'Daikagura' →ダイカグラ …………436
*Camellia japonica* 'Dewa-tairin' →デワタイリン ……511
*Camellia japonica* 'Edonishiki' →エドニシキ …………127
*Camellia japonica* 'Eiraku' →エイラク …………………109
*Camellia japonica* 'Esugata' →エスガタ ………………110
*Camellia japonica* 'Ezonishiki' →エゾニシキ …………117
*Camellia japonica* f.*leucantha* →シロヤブツバキ ……404
*Camellia japonica* 'Fugaku-no-suzume' →フガクノ
スズメ ………………………………………………677
*Camellia japonica* 'Fukumusume' →フクムスメ ……679
*Camellia japonica* 'Fukurin-ikkyu' →フクリンイッ
キュウ ………………………………………………679
*Camellia japonica* 'Fukurin-shokkô' →フクリン
ショッコウ …………………………………………679
*Camellia japonica* 'Genji-guruma' →ゲンジグルマ
（1）…………………………………………………293
*Camellia japonica* 'Goishi' →ゴイシ ……………………295
*Camellia japonica* 'Gorin' →ゴリン ……………………334
*Camellia japonica* 'Goshiki-yae-chiritsubaki' →ゴ
シキヤエチリツバキ ………………………………312
*Camellia japonica* 'Gosho-guruma' →ゴショグル
マ ……………………………………………………313
*Camellia japonica* 'Gosho-zakura' →ゴショザクラ ……313
*Camellia japonica* 'Hagoromo' →ハゴロモ ……………592
*Camellia japonica* 'Hakkaku' →ハッカク ………………598
*Camellia japonica* 'Haku-botan' (Kantô) ' →ハクボ
タン（1）……………………………………………590
*Camellia japonica* 'Hakuhai' →ハクハイ ………………590
*Camellia japonica* 'Haku-jishi' →ハクジシ ……………589
*Camellia japonica* 'Hana-fûki' →ハナフウキ …………605
*Camellia japonica* 'Hana-guruma' →ハナグルマ ……602
*Camellia japonica* 'Haru-no-utena' →ハルノウテ
ナ ……………………………………………………621
*Camellia japonica* 'Hasumi-jiro' →ハスミジロ ………594
*Camellia japonica* 'Hatsu-arashi' →ハツアラシ ……598
*Camellia japonica* 'Hatsukari' (Kanto) ' →ハツカリ
（1）…………………………………………………598
*Camellia japonica* 'Higo-zuikô-nishiki' →ヒゴズイ

コウニシキ ……………………………………628
*Camellia japonica* 'Hiiragiba-tsubaki' →ヒイラギバ
ツバキ …………………………………………624
*Camellia japonica* 'Hiiro-oki-no-ishi' →ヒイロオキ
ノイシ …………………………………………624
*Camellia japonica* 'Hijirimen' →ヒヂリメン …………630
*Camellia japonica* 'Hikaru-genji' →ヒカルゲンジ ……626
*Camellia japonica* 'Himuro-setsugekka' →ヒムロセ
ツゲッカ ………………………………………639
*Camellia japonica* 'Hina-wabisuke' →ヒナワビス
ケ ………………………………………………637
*Camellia japonica* 'Hinomaru' →ヒノマル (1) ………638
*Camellia japonica* 'Honjo-shiro' →ホンジョシロ ……727
*Camellia japonica* 'Hoshi-guruma' →ホシグルマ ……710
*Camellia japonica* 'Hôshu' →ホウシュ ………………704
*Camellia japonica* 'Ichiko-wabisuke' →イチコワビ
スケ ……………………………………………62
*Camellia japonica* 'Ikkyû' →イッキュウ ………………63
*Camellia japonica* 'Iwane-shibori' →イワネシボリ ……86
*Camellia japonica* 'Jitsugetsu' →ジツゲツ (1) ………368
*Camellia japonica* 'Jitsugetsusei' →ジツゲツセイ ……368
*Camellia japonica* 'Juraku' →ジュラク ………………387
*Camellia japonica* 'Kaga-wabisuke' →カガワビス
ケ ………………………………………………193
*Camellia japonica* 'Kagiri' →カギリ …………………195
*Camellia japonica* 'Kagoshima' →カゴシマ (1) ………196
*Camellia japonica* 'Kagura-jishi' →カグラジシ ………195
*Camellia japonica* 'Kakure-iso' →カクレイソ …………195
*Camellia japonica* 'Kamogawa' →カモガワ …………208
*Camellia japonica* 'Kamo-hon-nami' →カモホンナ
ミ ………………………………………………208
*Camellia japonica* 'Kanka-shibori' →カンカシボリ …220
*Camellia japonica* 'Kankô' →カンコウ ………………221
*Camellia japonica* 'Karaito' →カライト ………………209
*Camellia japonica* 'Karanishiki' →カラニシキ ………212
*Camellia japonica* 'Kariginu' →カリギヌ ……………215
*Camellia japonica* 'Katayama-sôtan' →カタヤマソ
ウタン …………………………………………201
*Camellia japonica* 'Kayoidori' →カヨイドリ …………209
*Camellia japonica* 'Kenkyô' →ケンキョウ (1) ………292
*Camellia japonica* 'Kifukurin-benten' →キフクリン
ベンテン ………………………………………245
*Camellia japonica* 'Kiku-sarasa' →キクサラサ ………228
*Camellia japonica* 'Kiku-tôji' →キクトウジ …………228
*Camellia japonica* 'Kikuzuki' →キクヅキ ……………228
*Camellia japonica* 'Kimigayo (Kantô)' →キミガヨ …246
*Camellia japonica* 'Kingyoba-tsubaki' →キンギョ
バツバキ ………………………………………253
*Camellia japonica* 'Kishû-tsukasa' →キシュウツカ
サ ………………………………………………231
*Camellia japonica* 'Kochô-wabisuke' →コチョウワ
ビスケ …………………………………………316
*Camellia japonica* 'Kôjishi' →コウジシ ………………297
*Camellia japonica* 'Kokinran' →コキンラン (1) ………307
*Camellia japonica* 'Kôkirin' →コウキリン ……………297
*Camellia japonica* 'Kokuryû (Kansai)' →コクリュ
ウ ………………………………………………307
*Camellia japonica* 'Komomiji' →コモミジ …………333
*Camellia japonica* 'Konronkoku' →コンロンコク ……336
*Camellia japonica* 'Kon-wabisuke' →コンワビスケ …336
*Camellia japonica* 'Kô-otome' →コウオトメ …………296
*Camellia japonica* 'Kôshi' →コウシ …………………297

*Camellia japonica* 'Kujakutsubaki' →クジャクツバ
キ ………………………………………………263
*Camellia japonica* 'Kumagai (Kansai)' →クマガ
イ ………………………………………………267
*Camellia japonica* 'Kumasaka' →クマサカ …………267
*Camellia japonica* 'Kuro-tsubaki' →クロツバキ ……279
*Camellia japonica* 'Kuroyuri' →クロユリ (1) ………283
*Camellia japonica* 'Kyô-karako' →キョウカラコ ……247
*Camellia japonica* 'Kyô-nishiki' →キョウニシキ ……248
*Camellia japonica* 'Matsukasa' →マツカサ …………731
*Camellia japonica* 'Miken-jaku' →ミケンジャク ……748
*Camellia japonica* 'Miuraotome' →ミウラオトメ ……746
*Camellia japonica* 'Miyakodori' →ミヤコドリ ………765
*Camellia japonica* 'Momoiro-kagura' →モモイロカ
グラ ……………………………………………803
*Camellia japonica* 'Momosuzume' →モモスズメ ……803
*Camellia japonica* 'Mononofu-tsubaki' →モノノフ
ツバキ …………………………………………801
*Camellia japonica* 'Moshio' →モシオ …………………800
*Camellia japonica* 'Mura-musume' →ムラムスメ ……793
*Camellia japonica* 'Mure-suzume' →ムレスズメ
(1) ……………………………………………793
*Camellia japonica* 'Murui-shibori' →ムルイシボリ
(1) ……………………………………………793
*Camellia japonica* 'Nakanoshima' →ナカノシマ ……537
*Camellia japonica* 'Nambankô' →ナンバンコウ ……553
*Camellia japonica* 'Nichigetsusei' →ニチゲツセイ …561
*Camellia japonica* 'Nihon-no-homare' →ニホンノホ
マレ ……………………………………………563
*Camellia japonica* 'Nioifubuki' →ニオイフブキ ……556
*Camellia japonica* 'Nokogiriba-tsubaki' →ノコギリ
バツバキ ………………………………………576
*Camellia japonica* 'Nonoichi' →ノノイチ ……………578
*Camellia japonica* 'Nori-koboshi' →ノリコボシ ……581
*Camellia japonica* 'Nukifude' →ヌキフデ ……………566
*Camellia japonica* 'Ôkan' →オウカン (1) ……………133
*Camellia japonica* 'Ôkarako' →オオカラコ …………140
*Camellia japonica* 'Oki-no-ishi' →オキノイシ ………173
*Camellia japonica* 'Okinonami' →オキノナミ ………173
*Camellia japonica* 'Oranda-kô' →オランダコウ ……189
*Camellia japonica* 'Osaraku' →オサラク ……………176
*Camellia japonica* 'Ôshiratama' →オオシラタマ ……146
*Camellia japonica* 'Ôshôkun' →オウショウクン ……134
*Camellia japonica* 'Rôgetsu' →ロウゲツ ……………867
*Camellia japonica* 'Sado-wabisuke' →サドワビス
ケ ………………………………………………349
*Camellia japonica* 'Saifu' →サイフ …………………338
*Camellia japonica* 'Sakazukiba-tsubaki' →サカズキ
バツバキ ………………………………………339
*Camellia japonica* 'Sakuraba-tsubaki' →サクラバ
ツバキ …………………………………………342
*Camellia japonica* 'Sekido-tarôan' →セキドタロウ
アン ……………………………………………425
*Camellia japonica* 'Shibori-karako' →シボリカラ
コ ………………………………………………374
*Camellia japonica* 'Shibori-otome' →シボリオトメ …374
*Camellia japonica* 'Shibori-rôgetsu' →シボリロウゲ
ツ ………………………………………………374
*Camellia japonica* 'Shikainami (Kantô)' →シカイ
ナミ ……………………………………………360
*Camellia japonica* 'Shiro-bokuhan' →シロボクハ
ン ………………………………………………403
*Camellia japonica* 'Shiro-hassaku' →シロハッサク …401

学名索引 905 **CAM**

*Camellia japonica* 'Shiro-kikuzuki' →シロキクヅ
キ ……398
*Camellia japonica* 'Shiro-wabisuke' →シロワビス
ケ ……405
*Camellia japonica* 'Shokkô' →ショッコウ ……390
*Camellia japonica* 'Shokkô-nishiki' →ショッコウニ
シキ ……390
*Camellia japonica* 'Shôwa-nishiki' →ショウワニシ
キ ……390
*Camellia japonica* 'Shôwa-no-akebono' →ショウワ
ノアケボノ ……390
*Camellia japonica* 'Shuchûka' →シュチュウカ ……386
*Camellia japonica* 'Shûhô-karako' →シュウホウカ
ラコ ……385
*Camellia japonica* 'Shunshokkô' →シュンショッコ
ウ ……388
*Camellia japonica* 'Shutendôji' →シュテンドウジ ……387
*Camellia japonica* 'Sodekakushi' →ソデカクシ ……433
*Camellia japonica* 'Somekawa' →ソメカワ ……435
*Camellia japonica* 'Sôshiarai' →ソウシアライ ……432
*Camellia japonica* subsp.*japonica* f.*leucantha* →シ
ロバナヤブツバキ ……403
*Camellia japonica* 'Sukiya' →スキヤ ……411
*Camellia japonica* 'Syûfûraku' →シュウフウラク ……385
*Camellia japonica* 'Tafukubenten' →タフクベンテ
ン ……463
*Camellia japonica* 'Takara-awase' →タカラアワセ
(1) ……452
*Camellia japonica* 'Tamadare' →タマダレ ……466
*Camellia japonica* 'Tamagawa' →タマガワ ……464
*Camellia japonica* 'Tamanoura' →タマノウラ ……466
*Camellia japonica* 'Tamatebako' →タマテバコ ……466
*Camellia japonica* 'Tamausagi' →タマウサギ(1) ……464
*Camellia japonica* 'Tanima-no-tsuru' →タニマノツ
ル ……462
*Camellia japonica* 'Tarôan' →タロウアン ……468
*Camellia japonica* 'Tarôkaja' →タロウカジャ ……468
*Camellia japonica* 'Tenrinji-gakkô' →テンリンジ
ガッコウ ……513
*Camellia japonica* 'Tobiiri-otome' →トビイリオト
メ ……531
*Camellia japonica* 'Toki-no-hagasane' →トキノハ
ガサネ ……521
*Camellia japonica* 'Torinoko' →トリノコ ……534
*Camellia japonica* 'Tosa-uraku' →トサウラク ……527
*Camellia japonica* 'Tsubame-gaeshi' →ツバメガエ
シ ……498
*Camellia japonica* 'Tsukimiguruma (Kantô)' →ツ
キミグルマ ……488
*Camellia japonica* 'Tsuki-no-miyako' →ツキノミヤ
コ ……488
*Camellia japonica* 'Tsuki-no-wa' →ツキノワ ……488
*Camellia japonica* 'Unryu-tsubaki' →ウンリュウツ
バキ ……109
*Camellia japonica* 'Usu-myôrenji' →ウスミョウレ
ンジ ……97
*Camellia japonica* var.*japonica* →ホウザンツバキ
(1) ……704
*Camellia japonica* var.*macrocarpa* →ヤクシマツバ
キ ……812
*Camellia japonica* 'Waka-no-ura' →ワカノウラ ……869
*Camellia japonica* 'Yasurai' →ヤスライ ……815
*Camellia japonica* 'Yuba-shibori' →ユバシボリ ……846
*Camellia japonica* 'Yuki-botan' →ユキボタン ……844

*Camellia japonica* 'Yukimi-guruma' →ユキミグル
マ ……844
*Camellia japonica* 'Yuri-tsubaki' →ユリツバキ ……846
*Camellia kissii* →ヒマラヤサザンカ ……639
*Camellia* 'Kramer's Supreme' →クレイマーズ・
シュプリーム ……274
*Camellia lutchuensis* →ヒメサザンカ ……649
*Camellia oleosa* →ユチャ ……845
*Camellia petelotii* →キンカチャ ……253
*Camellia reticulata* →トウツバキ ……517
*Camellia reticulata* f.*simplex* →ヤマトウツバキ ……832
*Camellia rusticana* →ユキツバキ ……843
*Camellia saluenensis* →サルウィンツバキ ……352
*Camellia sasanqua* →サザンカ ……345
*Camellia sasanqua* 'Fujinomine' →フジノミネ ……684
*Camellia sasanqua* 'Kaidômaru' →カイドウマル ……192
*Camellia sasanqua* 'Kôgyoku' →コウギョク ……296
*Camellia sasanqua* 'Shichifukujin' →シチフクジン ……368
*Camellia sasanqua* 'Shishigashira' →カンツバキ ……223
*Camellia sasanqua* 'Yae-wabisuke' →ヤエワビスケ ……809
*Camellia* 'Seiôbo' →セイオウボ(1) ……419
*Camellia sinensis* var.*assamica* →アッサムチャ ……32
*Camellia sinensis* var.*sinensis* →チャノキ ……479
*Camellia sinensis* var.*sinensis* f.*macrophylla* →ト
ウチャ ……517
*Camellia*×*vernalis* →ハルサザンカ ……620
*Camellia*×*vernalis* 'Egao' →エガオ ……110
*Camellia wabisuke* →ワビスケ(1) ……872
*Camellia yunnanensis* →ウンナンツバキ ……109
*Campanella aeruginea* →Turquoise campanella ……879
*Campanella junghuhnii* →アミヒダタケ ……42
*Campanula alpestris* →カンパヌラ・アルペストリ
ス ……224
*Campanula aucheri* →カンパヌラ・アーチェリ ……224
*Campanula barbata* →カンパヌラ・バルバータ ……224
*Campanula betulifolia* →カンパヌラ・ベチュリフォ
リア ……224
*Campanula chamissonis* →チシマギキョウ ……473
*Campanula choruhensis* →カンパヌラ・コルヘンシ
ス ……224
*Campanula garganica* →カンパヌラ・ガルガニカ ……224
*Campanula glomerata* var.*dahurica* →ヤツシロソ
ウ ……817
*Campanula lasiocarpa* →イワギキョウ ……82
*Campanula medium* →フウリンソウ(1) ……676
*Campanula microdonta* →シマホタルブクロ ……379
*Campanula patula* →カンパヌラ・パツラ ……224
*Campanula persicifolia* →モモノハギキョウ ……803
*Campanula portenschlagiana* →オトメギキョウ ……179
*Campanula punctata* var.*hondoensis* →ヤマホタル
ブクロ ……837
*Campanula punctata* var.*punctata* →ホタルブクロ ……721
*Campanula rapunculoides* →ハタザオキキョウ ……595
*Campanula rotundifolia* →イトシャジン ……65
*Campanula saxifraga* →カンパヌラ・サキシフラガ ……224
*Campanula takesimana* →タケシマホタルブクロ ……453
*Campanula uemulae* →ホロトソウ ……726
*Campsis grandiflora* →ノウゼンカズラ ……574
*Campsis radicans* →アメリカノウゼンカズラ ……44
*Camptotheca acuminata* →カンレンボク ……225
*Campuloclinium macrocephalum* →ポンポンアザミ ……727

| | | | |
|---|---|---|---|
| *Campylaephora hypnaeoides* →エゴノリ | 110 | *Cardamine trifida* →ミヤウチソウ | 763 |
| *Campylopus umbellatus* →フデゴケ | 687 | *Cardamine umbellata* →チシマタネツケバナ | 474 |
| *Campylotropis macrocarpa* →ハナハギ | 604 | *Cardamine valida* →アイヌワサビ (1) | 5 |
| *Cananga odorata* →イランイランノキ | 78 | *Cardamine yezoensis* →エゾワサビ | 125 |
| *Canarium album* →カンラン (1) | 225 | *Cardiandra alternifolia* var.*hakonensis* →ハコネク | |
| *Canavalia cathartica* →タカナタナメ | 446 | サアジサイ | 591 |
| *Canavalia ensiformis* →タチナタマメ | 458 | *Cardiandra amamiohsimensis* →アマミクサアジサ | |
| *Canavalia gladiata* →ナタマメ | 544 | イ | 40 |
| *Canavalia lineata* →ハマナタマメ | 612 | *Cardiandra moellendorffii* →オオクサアジサイ | 142 |
| *Canavalia rosea* →ナガミハマナタマメ | 542 | *Cardiocrinum cordatum* var.*cordatum* →ウバユリ | 100 |
| *Canna×generalis* →ハナカンナ | 602 | *Cardiocrinum cordatum* var.*glehnii* →オオウバユ | |
| *Canna indica* →ダンドク | 470 | リ | 138 |
| *Canna indica* var.*flava* →キバナダンドク | 241 | *Cardiospermum halicacabum* →フウセンカズラ | 676 |
| *Canna indica* var.*warszewiczii* →ムラサキダンドク | 791 | *Cardiospermum halicacabum* var.*microcarpum* | |
| *Cannabis sativa* →アサ | 23 | →コフウセンカズラ | 325 |
| *Cantharellus cibarius* →アンズタケ | 52 | *Carduus crispus* →ヒレアザミ | 667 |
| *Cantharellus cinnabarinus* →ベニウスタケ | 695 | *Carduus nutans* →ウナズキヒレアザミ | 100 |
| *Cantharellus ignicolor* →Flame chanterelle | 874 | *Carduus pycnocephalus* →ヒメヒレアザミ | 657 |
| *Cantharellus luteocomus* →トキイロラッパタケ | 521 | *Carduus tenuiflorus* →イヌヒレアザミ | 72 |
| *Cantharellus melanoxeros* →Blackening | | *Carex aenea* →タマノヤガミスゲ | 466 |
| chanterelle | 873 | *Carex aequialta* →トダスゲ | 528 |
| *Cantharellus minor* →ヒナアンズタケ | 635 | *Carex albata* var.*franchetiana* →ツクシミノボロス | |
| *Capillipedium kwashotensis* →カショウアブラスス | | ゲ | 492 |
| キ | 198 | *Carex albidibasis* →ザラツキシラスゲ | 351 |
| *Capillipedium parviflorum* →ヒメアブラススキ | 640 | *Carex alliiformis* →リュウキュウスゲ | 857 |
| *Capillipedium parviflorum* var.*spicigerum* →リュウ | | *Carex alopecuroides* var.*alopecuroides* →コカイス | |
| キュウヒメアブラススキ | 859 | ゲ | 303 |
| *Capsella bursa-pastoris* →オオナズナ | 150 | *Carex alopecuroides* var.*chlorostachya* →シラスゲ | 392 |
| *Capsella bursa-pastoris* →ナズナ | 543 | *Carex alterniflora* →オオイトスゲ (広義) | 137 |
| *Capsella rubella* →ルベラナズナ | 863 | *Carex alterniflora* var.*arimaensis* →アリマイトスゲ | 49 |
| *Capsicum annuum* →トウガラシ | 514 | *Carex alterniflora* var.*aureobrunnea* →チャイトス | |
| *Capsicum annuum* Angulosum Group →シシトウ | | ゲ (1) | 478 |
| ガラシ | 365 | *Carex alterniflora* var.*elongatula* →クジュウスゲ | 263 |
| *Capsicum annuum* Cerasiforme Group →ゴシキト | | *Carex alterniflora* var.*fulva* →キイトスゲ | 226 |
| ウガラシ | 311 | *Carex alterniflora* var.*rubrovaginata* →ベニイトス | |
| *Capsicum annuum* Fasciculatum Group →ヤップ | | ゲ | 695 |
| サ | 818 | *Carex angustisquama* →ヤマタヌキラン | 831 |
| *Capsicum annuum* Longum Group →サガリトウガ | | *Carex annectens* →アメリカミコシガヤ | 45 |
| ラシ | 339 | *Carex aphanandra* →ニイタカスゲ | 555 |
| *Capsicum frutescens* →キダチトウガラシ | 235 | *Carex aphanolepis* →エナシヒゴクサ | 127 |
| *Caragana sinica* →ムレスズメ (2) | 793 | *Carex aphyllopus* var.*aphyllopus* →タテヤマスゲ | 460 |
| *Cardamine anemonoides* →ミツバコンロンソウ | 758 | *Carex aphyllopus* var.*impura* →ヒルゼンスゲ | 666 |
| *Cardamine appendiculata* →ヒロハコンロンソウ | 670 | *Carex apoiensis* →アポイタヌキラン | 37 |
| *Cardamine arakiana* →オオマルバコンロンソウ | 162 | *Carex arakiana* →ヒロハノオオタマツリスゲ | 672 |
| *Cardamine dentipetala* →オオケタネツケバナ | 143 | *Carex arenicola* →クロカワズスゲ | 276 |
| *Cardamine fallax* →タチタネツケバナ | 457 | *Carex argyi* →ワンドスゲ | 872 |
| *Cardamine hirsuta* →ミチタネツケバナ | 755 | *Carex arisanensis* →アリサンタマツリスゲ | 48 |
| *Cardamine impatiens* →ジャニンジン | 384 | *Carex athrostachya* →ヒメヤガミスゲ | 661 |
| *Cardamine impatiens* var.*tenuissima* →ホソバジャ | | *Carex atrata* →クロボスゲ (広義) | 282 |
| ニンジン | 715 | *Carex atrata* var.*japonalpina* →クロボスゲ | 282 |
| *Cardamine leucantha* →コンロンソウ | 336 | *Carex atroviridis* var.*atroviridis* →ヤクシマスゲ | 811 |
| *Cardamine lyrata* →ミズタガラシ | 751 | *Carex atroviridis* var.*scabrocaudata* →トカラカンス | |
| *Cardamine niigatensis* →コシジタネツケバナ | 312 | ゲ | 520 |
| *Cardamine nipponica* →ミネガラシ | 761 | *Carex augustini* →ウミノサチスゲ | 102 |
| *Cardamine occulta* →タネツケバナ (1) | 463 | *Carex augustinowiczii* →ヒラギシスゲ | 665 |
| *Cardamine parviflora* →コタネツケバナ | 316 | *Carex augustinowiczii* var.*sharensis* →シャリスゲ | 384 |
| *Cardamine pratensis* →ハナタネツケバナ | 603 | *Carex aurea* →コガネスゲ | 304 |
| *Cardamine regeliana* 〔*Cardamine scutata*〕 →オオ | | *Carex autumnalis* →オオナキリスゲ | 150 |
| バタネツケバナ | 155 | *Carex bebbii* →コツブアメリカヤガミスゲ | 316 |
| *Cardamine schinziana* →エゾノジャニンジン | 119 | *Carex benkei* →ベンケイヤワラスゲ | 702 |
| *Cardamine tanakae* →マルバコンロンソウ | 739 | *Carex bigelowii* →オハグロスゲ | 186 |
| *Cardamine torrentis* →オクヤマガラシ | 175 | *Carex bitchuensis* →ビッチュウヒカゲスゲ | 632 |

学名索引 907 **CAR**

*Carex biwensis* →マツバスゲ……733
*Carex blepharicarpa* →ショウジョウスゲ……389
*Carex blepharicarpa* var.*stenocarpa* →ナガミショウ
ジョウスゲ……542
*Carex bohemica* →カヤツリスゲ……208
*Carex boninensis* →シマイソスゲ……375
*Carex bostrychostigma* →ヤマジスゲ……830
*Carex brevior* →ヒレミヤガミスゲ……667
*Carex breviscapa* →オキヒナスゲ……171
*Carex brownii* →アワボスゲ…… 51
*Carex brunnea* →コゴメスゲ……310
*Carex brunnescens* →ヒメカワズスゲ……645
*Carex buxbaumii* →タルマイスゲ……468
*Carex candolleana* →メアオスゲ……794
*Carex canescens* →ハクサンスゲ……588
*Carex capillacea* →ハリガネスゲ……618
*Carex capillacea* var.*sachalinensis* →ミチノクハリ
スゲ……756
*Carex capillaris* →タカネハバスゲ……448
*Carex capricornis* →ジョウロウスゲ……390
*Carex caryophyllea* var.*microtricha* →チャシバス
ゲ……479
*Carex cespitosa* →カブスゲ……205
*Carex chichijimensis* →チチジマナキリスゲ……477
*Carex chrysolepis* →コイワカンスゲ……296
*Carex chrysolepis* var.*glabrior* →カンサイイワスゲ
(1)……221
*Carex ciliatomarginata* →ケタガネソウ……288
*Carex cinerascens* →ヌマアゼスゲ……567
*Carex clivorum* →ヤマオオイトスゲ……827
*Carex collifera* →リュウキュウヒエスゲ……859
*Carex conica* →ヒメカンスゲ……645
*Carex conica* f.*rubens* →ベニカンスゲ……696
*Carex conicoides* →ワタリスゲ……871
*Carex crawfordii* →クシロヤガミスゲ……264
*Carex cruciata* →ハナビスゲ……605
*Carex cucullata* →ナゴスゲ……543
*Carex curvicollis* →ナルコスゲ……549
*Carex daisenensis* →ダイセンスゲ……438
*Carex diandra* →クリイロスゲ……272
*Carex dickinsii* →オニスゲ……183
*Carex dimorpholepis* →アゼナルコスゲ…… 31
*Carex discoidea* →ヒメアオスゲ……640
*Carex dispalata* →カサスゲ……196
*Carex disperma* →ホソスゲ……712
*Carex dissitiflora* →ミヤマジュズスゲ……772
*Carex doenitzii* →コタヌキラン……315
*Carex dolichostachya* →ナガボスゲ……541
*Carex duvaliana* →ケスゲ……288
*Carex echinata* →キタノカワズスゲ……235
*Carex eleusinoides* →ヒメアゼスゲ……640
*Carex fernaldiana* →イトスゲ…… 65
*Carex fibrillosa* →ハマアオスゲ……608
*Carex filipes* subsp.*kuzakaiensis* →オクタマツリス
ゲ……174
*Carex filipes* var.*filipes* →タマツリスゲ……466
*Carex fissa* →オオアメリカミコシガヤ……136
*Carex flabellata* →ヤマテキリスゲ……832
*Carex flavocuspis* →ミヤマクロスゲ……770
*Carex foliosissima* →オクノカンスゲ……174
*Carex foliosissima* var.*latissima* →ハバビロスゲ……608

*Carex foliosissima* var.*pallidivaginata* →ウスイロオ
クノカンスゲ…… 93
*Carex forficula* →タニガワスゲ……461
*Carex formosensis* →タイワンスゲ……442
*Carex frankii* →エノコロスゲ……128
*Carex fulta* →ニッコウハリスゲ……562
*Carex genkaiensis* →ゲンカイモエギスゲ……292
*Carex gibba* →マスクサスゲ……730
*Carex gifuensis* →クロヒナスゲ……281
*Carex glabrescens* →スナジスゲ……416
*Carex globularis* →トナカイスゲ……530
*Carex gmelinii* →ネムロスゲ……573
*Carex grallatoria* var.*grallatoria* →ヒナスゲ……636
*Carex grallatoria* var.*heteroclita* →サナギスゲ……349
*Carex gravida* →サヤシロスゲ……350
*Carex gynocrates* →カンチスゲ……223
*Carex hachijoensis* →ハチジョウカンスゲ……596
*Carex hakkodensis* →イトキンスゲ…… 64
*Carex hakonemontana* →ハコネイトスゲ……591
*Carex hakonensis* →コハリスゲ……324
*Carex hashimotoi* →サヤマスゲ……351
*Carex hattoriana* →ムニンナキリスゲ……787
*Carex heterolepis* →ヤマアゼスゲ……826
*Carex hirtifructus* →ツクバスゲ……493
*Carex hondoensis* →アイズスゲ…… 4
*Carex hoozanensis* →ホウザンスゲ……704
*Carex horikawae* →ミセンアオスゲ……754
*Carex humilis* var.*nana* →ホソバヒカゲスゲ……718
*Carex hymenodon* →ヤマクボスゲ……828
*Carex idzuroei* →ウマスゲ……101
*Carex incisa* →カワラスゲ……218
*Carex insaniae* var.*insaniae* →ヒロバスゲ……671
*Carex insaniae* var.*subdita* →アオヒエスゲ…… 10
*Carex ischnostachya* var.*fastigiata* →オキナワジュ
ズスゲ……171
*Carex ischnostachya* var.*ischnostachya* →ジュズス
ゲ……386
*Carex jacens* →ハガクレスゲ……586
*Carex japonica* →ヒゴクサ……628
*Carex jubozanensis* →サンインヒエスゲ……355
*Carex kabanovii* →ヤリスゲ……839
*Carex kagoshimensis* →カゴシマスゲ……196
*Carex kamagariensis* →アキイトスゲ…… 18
*Carex karashidaniensis* →イセアオスゲ…… 58
*Carex kimurae* →トクノシマスゲ……524
*Carex kiotensis* →テキリスゲ……508
*Carex kobomugi* →コウボウムギ……299
*Carex koyaensis* var.*koyaensis* →コウヤハリスゲ……301
*Carex koyaensis* var.*yakushimensis* →コケハリガネ
スゲ……308
*Carex kujuzana* →クジュウツリスゲ……264
*Carex lachenalii* →タカネヤガミスゲ……451
*Carex laevissima* →ヒメコシガヤ……659
*Carex laevivaginata* →セイタカカワズスゲ……420
*Carex lanceolata* →ヒカゲスゲ……625
*Carex lasiocarpa* var.*occultans* →ムジナスゲ……784
*Carex lasiolepis* →アズマスゲ…… 29
*Carex laticeps* →オオムギスゲ……164
*Carex latisquamea* →ナンバスゲ……596
*Carex laxa* →イトナルコスゲ…… 65
*Carex leavenworthii* →リーベンボルシースゲ……855

**CAR** 908 学名索引

*Carex lehmannii* →センジョウスゲ……430
*Carex × leiogona* →キリガミネスゲ……250
*Carex lenta* var.*lenta* →ナキリスゲ……543
*Carex lenta* var.*sendaica* →センダイスゲ……430
*Carex leucochlora* →アオスゲ……8
*Carex ligulata* →サツマスゲ……347
*Carex limnophila* →クロヤガミスゲ……283
*Carex limosa* →ヤチスゲ……816
*Carex lithophila* →アサマスゲ……25
*Carex livida* →ムセンスゲ……785
*Carex loliacea* →アカンスゲ……18
*Carex lonchophora* →オオアオスゲ……135
*Carex longii* →アサハタヤガミスゲ……24
*Carex longirostrata* var.*longirostrata* →ヒエスゲ……624
*Carex longirostrata* var.*tenuistachya* →チュウゼンジスゲ……482
*Carex longistipes* →タイワンカンスゲ……441
*Carex lyngbyei* →ヤラメスゲ……839
*Carex maackii* →ヤガミスゲ……809
*Carex mackenziei* →カラフトスゲ……213
*Carex macrandrolepis* →カタスゲ……200
*Carex macrocephala* →エゾノコウボウムギ……118
*Carex maculata* →タチスゲ……457
*Carex magellanica* subsp.*irrigua* →ダケスゲ……454
*Carex makinoensis* →イワカンスゲ……82
*Carex matsumurae* →キノクニスゲ……239
*Carex maximowiczii* →ゴウソ……298
*Carex maximowiczii* var.*levisaccus* →ホシナシゴウソ……711
*Carex mayebarana* →ケヒエスゲ……290
*Carex melanocarpa* →タカネヒメスゲ……450
*Carex meridiana* →イソアオスゲ……58
*Carex mertensii* var.*urostachys* →キンチャクスゲ…255
*Carex metallica* →フサスゲ……681
*Carex meyeriana* →ヌマクロボスゲ……567
*Carex michauxiana* subsp.*asiatica* →ミタケスゲ……755
*Carex middendorffii* →ホロムイスゲ……726
*Carex mira* →サワヒメスゲ……354
*Carex mitrata* var.*aristata* →ノゲヌカスゲ……576
*Carex mitrata* var.*mitrata* →ヌカスゲ……566
*Carex miyabei* →ビロードスゲ……668
*Carex mochomuensis* →アキザキバケイスゲ……19
*Carex mollicula* →ヒメシラスゲ……650
*Carex morrowii* →カンスゲ……222
*Carex morrowii* var.*laxa* →ヤクシマカンスゲ……810
*Carex multifolia* →ミヤマカンスゲ……769
*Carex multifolia* var.*glaberrima* →キンキミヤマカンスゲ……253
*Carex multifolia* var.*imbecillis* →ヤワラミヤマカンスゲ……840
*Carex multifolia* var.*pallidisquama* →アオミヤマカンスゲ……11
*Carex multifolia* var.*toriiana* →コミヤマカンスゲ…329
*Carex myosuroides* →ヒゲハリスゲ……628
*Carex nachiana* →キシュウナキリスゲ……231
*Carex nagatadakensis* →ヤクシマコタヌキラン……811
*Carex nebraskensis* →ネブラスカスゲ……572
*Carex nemostachys* →アキカサスゲ……18
*Carex nemurensis* →ホソバオゼヌマスゲ……713
*Carex nervata* →シバスゲ……372
*Carex neurocarpa* →ミコシガヤ……749

*Carex noguchii* →シモツケハリスゲ……381
*Carex nubigena* subsp.*albata* →ミノボロスゲ……762
*Carex odontostoma* →ミヤマイワスゲ……767
*Carex okuboi* →シマタヌキラン……378
*Carex olivacea* subsp.*confertiflora* →ミヤマシラスゲ……772
*Carex omiana* var.*monticola* →カワズスゲ……217
*Carex omiana* var.*omiana* →ヤチカワズスゲ……816
*Carex omiana* var.*yakushimensis* →チャボカワズスゲ……480
*Carex omurae* →スルガスゲ……419
*Carex onoei* →ヒカゲハリスゲ……626
*Carex oshimensis* →オオシマカンスゲ……145
*Carex otaruensis* →オタルスゲ……178
*Carex otayae* →ナガエスゲ……535
*Carex oxyandra* →ヒメスゲ……651
*Carex oxyandra* var.*lanceata* →ナガミヒメスゲ……542
*Carex pachygyna* →ササノハスゲ……344
*Carex pallida* →ウスイロスゲ……93
*Carex pansa* →マキバクロカワズスゲ……729
*Carex papillaticulmis* →アオバスゲ……10
*Carex papulosa* →エゾツリスゲ……116
*Carex parciflora* var.*macroglossa* →コジュズスゲ…313
*Carex parciflora* var.*parciflora* →グレーンスゲ……275
*Carex parciflora* var.*vaniotii* →ナガボノコジュズスゲ……541
*Carex pauciflora* →タカネハリスゲ……450
*Carex paxii* →キビノミノボロスゲ……244
*Carex peiktusanii* →マンシュウクロカワスゲ……745
*Carex pellita* →ヒメビロードスゲ……657
*Carex perangusta* →ヤクシマイトスゲ……809
*Carex persistens* →キンキカサスゲ……253
*Carex phacota* →アオゴウソ(1)……7
*Carex phacota* var.*gracilispica* →ヒメゴウソ(狭義)……647
*Carex phacota* var.*phacota* →ホナガヒメゴウソ(1)…724
*Carex phaeodon* →ハシナガカンスゲ……593
*Carex phyllocephala* →テンジクスゲ……512
*Carex pilosa* →サッポロスゲ……346
*Carex pisiformis* →ホンモンジスゲ……727
*Carex planata* →タカネマスクサ……451
*Carex planata* var.*angustealata* →ホザキマスクサ…710
*Carex planiculmis* →ヒカゲシラスゲ……625
*Carex pocilliformis* →ヒメモエギスゲ……660
*Carex poculisquama* →アカネスゲ……14
*Carex podogyna* →タヌキラン……463
*Carex polyschoena* →シロホンモンジスゲ……403
*Carex pseudoaphanolepis* →アイノコシラスゲ……5
*Carex pseudocuraica* →ツルスゲ……503
*Carex pseudocyperus* →クグスゲ……259
*Carex pseudololiacea* →ヒロハイッポンスゲ……669
*Carex puberula* →イトアオスゲ……64
*Carex pudica* →マメスゲ……737
*Carex pumila* →コウボウシバ……299
*Carex pyrenaica* var.*altior* →キンスゲ……255
*Carex quadriflora* →アカスゲ……13
*Carex ramenskii* →ウシオスゲ……91
*Carex reinii* →コカンスゲ……306
*Carex remotiuscula* →イトヒキスゲ……66
*Carex rhizopoda* →シラコスゲ……392

Carex rhynchachaenium →トックリスゲ ……529
Carex rhynchophysa →オオカサスゲ ……139
Carex rochebrunei →ヤブスゲ ……823
Carex rochebrunii 'Variegata' →ヤブスゲ(斑入り) ..823
Carex rostrata var.borealis →ヌマスゲ(1) ……567
Carex rostrata var.rostrata →カラフトカサスゲ ……212
Carex rotundata →コヌマスゲ ……319
Carex rouyana →オオタマツリスゲ ……148
Carex rugata →クサスゲ ……261
Carex rugulosa →オオクグ ……142
Carex rupestris →カラフトイワスゲ ……212
Carex ruralis →サトヤマハリスゲ ……349
Carex sabynensis var.rostrata →ツルカミカワスゲ…502
Carex sabynensis var.sabynensis →カミカワスゲ…206
Carex sachalinensis var.alterniflora →シロイトスゲ ……395
Carex sachalinensis var.iwakiana →ゴンゲンスゲ…335
Carex sachalinensis var.longiuscula →ミヤマアオスゲ ……765
Carex sachalinensis var.sachalinensis →サハリンイトスゲ ……349
Carex sacrosancta →ジングウスゲ ……405
Carex sadoensis →サドスゲ ……348
Carex sakonis →サコスゲ ……343
Carex satzumensis →アブラシバ ……35
Carex scabrifolia →シオクグ ……359
Carex schmidtii →シュミットスゲ ……387
Carex scita var.brevisquama →シロウマスゲ(1) ……396
Carex scita var.parvisquama →ダイセンアシボソスゲ ……438
Carex scita var.riishirensis →リシリスゲ ……854
Carex scita var.scabrinervia →シコタンスゲ ……364
Carex scita var.scita →ミヤマアシボソスゲ ……766
Carex scita var.tenuiseta →アシボソスゲ ……27
Carex scitaeformis →マシケスゲモドキ ……730
Carex scoparia →アメリカヤガミスゲ ……46
Carex semihyalofructa →ユキグニハリスゲ ……843
Carex senanensis →ホスゲ ……711
Carex shimidzensis →ミヤマナルコスゲ ……775
Carex siderosticta →タガネソウ ……449
Carex sikokiana →ツルミヤマカンスゲ ……506
Carex siroumensis →タカネナルコ ……450
Carex sociata →タシロスゲ ……455
Carex sordita →アカンカサスゲ ……18
Carex sp. →ウスイロヒメカンスゲ ……93
Carex sp. →カノヤスゲ ……204
Carex sp. →マダラシマスゲ ……731
Carex sp.'Variegata' →ショタイソウ(斑入り) ……390
Carex stenantha var.stenantha →イワスゲ ……83
Carex stenantha var.taisetsuensis →タイセツイワスゲ ……437
Carex stenostachys var.cuneata →ミチノクホンモンジスゲ ……756
Carex stenostachys var.ikegamiana →コシノホンモンジスゲ ……312
Carex stenostachys var.stenostachys →ニシノホンモンジスゲ ……559
Carex stipata →オオカワスゲ ……141
Carex stylosa →ラウススゲ ……852
Carex subcernua →ツクシナルコ ……491
Carex subdita var.kiyozumiensis →シロジュズスゲ ..399
Carex subspathacea →ヒメウシオスゲ ……642

Carex subtumida →カツラガワスゲ ……201
Carex subumbellata var.subumbellata →ミヤケスゲ ……764
Carex subumbellata var.verecunda →クマシバスゲ ……270
Carex tabatae →アマミナキリスゲ ……40
Carex taihokuensis →タイホクスゲ ……439
Carex tamakii →オキナワヒメナキリ ……172
Carex tashiroana →ノスゲ ……577
Carex teinogyna →フサナキリスゲ ……681
Carex temnolepis →ホソバカンスゲ ……714
Carex tenuiflora →イッポンスゲ ……63
Carex tenuiformis →オノエスゲ ……185
Carex tenuinervis →ツルナシオオイトスゲ ……505
Carex tenuior →コバケイスゲ ……320
Carex tetsuoi →リュウキュウタチスゲ ……857
Carex thunbergii var.appendiculata →オオアゼスゲ ……135
Carex thunbergii var.thunbergii →アゼスゲ ……30
Carex tokarensis →フサカンスゲ ……680
Carex toyoshimae →セキモンスゲ ……426
Carex traiziscana →ヒロハオゼヌマスゲ ……670
Carex transversa →ヤワラスゲ ……840
Carex tristachya var.tristachya →モエギスゲ ……798
Carex tsuishikarensis →ホロムイクグ ……726
Carex tsushimensis →ツシマスゲ ……494
Carex tumidula →イワヤスゲ ……87
Carex uber →ツクシスゲ ……491
Carex uda →エゾハリスゲ ……121
Carex unilateralis →カタガワヤガミスゲ ……200
Carex vaginata →サヤスゲ ……350
Carex vanheurckii →ヌイオスゲ ……565
Carex vesicaria →オニナルコスゲ ……184
Carex vesicaria var.tenuistachya →ホソボナルコスゲ ……720
Carex viridula →エゾサワスゲ ……114
Carex vulpinoidea →ナガバアメリカミコシガヤ……537
Carex wahuensis var.bongardii →ヒゲスゲ ……627
Carex yasuii →ムニンヒョウタンスゲ ……787
Carica papaya →パパイヤ ……607
Caripia montagnei →Pod parachute ……878
Carissa carandas →カリッサ ……215
Carpesium abrotanoides →ヤブタバコ ……823
Carpesium cernuum →コヤブタバコ ……333
Carpesium divaricatum var.abrotanoides →ホソバガンクビソウ ……714
Carpesium divaricatum var.divaricatum →ガンクビソウ(1) ……220
Carpesium divaricatum var.matsuei →ノッポロガンクビソウ ……578
Carpesium faberi →コバナガンクビソウ ……321
Carpesium glossophyllum →サジガンクビソウ ……345
Carpesium macrocephalum →オオガンクビソウ ……141
Carpesium rosulatum →ヒメガンクビソウ ……645
Carpesium triste →ミヤマヤブタバコ ……780
Carpha aristata →イヌノグサ ……71
Carpinus betulus 'Fastigiata' →ファスティギアータ ……675
Carpinus cordata →サワシバ ……354
Carpinus cordata var.chinensis →ビロードサワシバ ……668
Carpinus japonica →クマシデ ……268

| | |
|---|---|
| *Carpinus laxiflora* →アカシデ ……………… 13 | *Celastrus punctatus* →テリハツルウメモドキ ………510 |
| *Carpinus tschonoskii* →イヌシデ ……………… 69 | *Celastrus stephanotidifolius* →オオツルウメモドキ ‥149 |
| *Carpinus turczaninovii* →イワシデ……………… 83 | *Celosia argentea* →ノゲイトウ ………………575 |
| *Carrichtera annua* →カンムリナズナ………225 | *Celosia cristata* →ケイトウ ………………285 |
| *Carthamus lanatus* →アレチベニバナ ……………… 50 | *Celtis biondii* var.*biondii* →コバノチョウセンエノ |
| *Carthamus tinctorius* →ベニバナ………697 | キ ………………………322 |
| *Carya illinoensis* →ペカン………694 | *Celtis biondii* var.*holophylla* →チュウゴクエノキ……482 |
| *Carya ovalis* →アカヒッコリー ……………… 16 | *Celtis biondii* var.*insularis* →サキシマエノキ………340 |
| *Carya ovata* →ヒッコリー ………631 | *Celtis boninensis* →クワノハエノキ………284 |
| *Caryopteris incana* →ダンギク………469 | *Celtis jessoensis* →エゾエノキ………112 |
| *Caryota urens* →クジャクヤシ………263 | *Celtis sinensis* →エノキ………128 |
| *Cassia glauca* →モクセンナ………799 | *Cenchrus americanus* →パールミレット ………621 |
| *Cassiope lycopodioides* →イワヒゲ(1) ……………… 86 | *Cenchrus brownii* →クリノイガ………272 |
| *Cassytha filiformis* →スナヅル………416 | *Cenchrus ciliaris* →ヒゲクリノイガ………627 |
| *Cassytha filiformis* var.*duripraticola* →ケスナヅル ‥288 | *Cenchrus echinatus* →シンクリノイガ………405 |
| *Cassytha pergracilis* →イトスナヅル………65 | *Cenchrus latifolius* →ツリエノコロ………500 |
| *Castanea crenata* →クリ………271 | *Cenchrus purpurascens* →チカラシバ(1)………471 |
| *Castanea dentata* →アメリカグリ ……………… 43 | *Cenchrus purpureus* →ナピーアグラス………547 |
| *Castanea mollissima* →アマグリ……………… 38 | *Cenchrus setigerus* →クシクリノイガ………263 |
| *Castanea sativa* →ヨーロッパグリ………851 | *Cenchrus tribuloides* →オオクリノイガ………142 |
| *Castanopsis cuspidata* →ツブラジイ………498 | *Centaurea calcitrapa* →ムラサキイガヤグルマギク ‥789 |
| *Castanopsis sieboldii* →スダジイ………415 | *Centaurea macrocephala* →オウゴンヤグルマ………134 |
| *Castanopsis sieboldii* subsp.*lutchuensis* →オキナワ | *Centaurea melitensis* →ヒレハリギク………667 |
| ジイ ………………………171 | *Centaurea nigra* →クロアザミ………275 |
| *Casuarina cunninghamiana* →カニンガムモクマオ | *Centaurea solstitialis* →イガヤグルマギク ……………… 54 |
| ウ ………………………203 | *Centaurium erythraea* →ベニバナセンブリ………698 |
| *Casuarina equisetifolia* →トキワギョリュウ………522 | *Centaurium tenuiflorum* →ハナハマセンブリ………605 |
| *Casuarina glauca* →グラウカモクマオウ ………271 | *Centella asiatica* →ツボクサ………498 |
| *Catalpa bignonioides* →アメリカキササゲ………43 | *Centipeda minima* →トキンソウ………523 |
| *Catalpa bungei* →トウキササゲ………515 | *Centranthera cochinchinensis* var.*lutea* →ゴマクサ ‥328 |
| *Catalpa ovata* →キササゲ ………………230 | *Centranthus macrosiphon* →ウスベニカノコソウ……96 |
| *Catalpa speciosa* →ハナキササゲ………602 | *Centranthus ruber* →ベニカノコソウ………696 |
| *Catathelasma imperiale* →オオモミタケ………165 | *Centratherum punctatum* →ルリアザミ………863 |
| *Catathelasma ventricosum* →モミタケ………803 | *Cephaelis ipecacuanha* →トコン………527 |
| *Catharanthus roseus* →ニチニチソウ………561 | *Cephalanthera erecta* →ギンラン ………258 |
| *Cathaya argyrophylla* →ギンサン………254 | *Cephalanthera falcata* →キンラン………258 |
| *Catinella olivacea* →Olive salver………877 | *Cephalanthera longibracteata* →ササバギンラン……344 |
| *Catolobus liguifolius* →ヘラハタザオ………701 | *Cephalanthera longifolia* →クゲヌマラン………260 |
| *Catolobus pendula* →エゾハタザオ………121 | *Cephalanthera subaphylla* →ユウシュンラン………841 |
| *Cattleya labiata* →カトレア………202 | *Cephalantheropsis obcordata* →トクサラン………524 |
| *Caulerpa brachypus* →ヘライワヅタ………700 | *Cephalomanes atrovirens* →サキシマホラゴケ………340 |
| *Caulerpa okamurae* →フサイワヅタ………680 | *Cephalomanes javanicum* var.*asplenioides* →ソテ |
| *Caulophyllum robustum* →ルイヨウボタン………863 | ツホラゴケ ………………434 |
| *Cavicularia densa* →シャクシゴケ………382 | *Cephalostachyum pergracile* →イガフシタケ………54 |
| *Cayratia japonica* →ヤブガラシ………822 | *Cephalotaxus harringtonia* 'Fastigiata' →チョウセ |
| *Cayratia tenuifolia* →ヒイラギヤブカラシ ………624 | ンマキ ………………485 |
| *Cayratia yoshimurae* →アカミノヤブカラシ ……………… 17 | *Cephalotaxus harringtonia* var.*harringtonia* →イヌ |
| *Cedrus atlantica* →アトラスシーダー ……………… 33 | ガヤ ………………………68 |
| *Cedrus atlantica* 'Glauca Pendula' →グラウカ ペン | *Cephalotaxus harringtonia* var.*nana* →ハイイヌガ |
| デュラ ………………………271 | ヤ ………………………581 |
| *Cedrus deodara* →ヒマラヤスギ………639 | *Cephaloziella acanthophora* →トゲヤバネゴケ………526 |
| *Cedrus deodara* 'Aurea' →オウレア………134 | *Ceramium kondoi* →イギス ……………… 55 |
| *Cedrus libani* →レバノンシーダー………866 | *Cerastium akiyoshiense* →アキヨシミミナグサ……21 |
| *Ceiba pentandra* →パンヤノキ………623 | *Cerastium alpinum* subsp.*lanatum* →ヒメナツユキ |
| *Ceiba speciosa* →トックリキワタ………529 | ソウ ………………………654 |
| *Celastrus flagellaris* →イワウメヅル………81 | *Cerastium arvense* →セイヨウミミナグサ………424 |
| *Celastrus kusanoi* →リュウキュウツルウメモドキ………858 | *Cerastium arvense* var.*mistumorense* →ミツモリミ |
| *Celastrus orbiculatus* var.*orbiculatus* →ツルウメモ | ミナグサ(1) ………………759 |
| ドキ ………………………501 | *Cerastium fischerianum* var.*fischerianum* →オオバ |
| *Celastrus orbiculatus* var.*strigillosus* →オニツルウ | ナミミナグサ ………………156 |
| メモドキ ………………183 | *Cerastium fischerianum* var.*molle* →ゲンカイミミ |
| | ナグサ ………………………292 |

学名索引　　　　　　　　911　　　　　　　　**CER**

*Cerastium fontanum* subsp.*vulgare* var.
　*angustifolium* →ミミナグサ ……………763
*Cerastium fontanum* subsp.*vulgare* var.*vulgare*
　→オオミミナグサ …………………163
*Cerastium glomeratum* →オランダミミナグサ ………189
*Cerastium ibukiense* →コバノミミナグサ …………323
*Cerastium pauciflorum* var.*amurense* →タガソデソ
　ウ…………………………………446
*Cerastium rubescans* var.*koreanum* →タカネミミナ
　グサ (1) ………………………………451
*Cerastium rubescens* var.*koreanum* f.*takedae* →ホ
　ソバミミナグサ (1) …………………719
*Cerastium schizopetalum* →ミヤマミミナグサ ………779
*Cerastium schizopetalum* var.*bifidum* →クモマミミ
　ナグサ…………………………………271
*Cerasus apetala* var.*apetala* →ミヤマチョウジザク
　ラ………………………………………774
*Cerasus apetala* var.*pilosa* →オクチョウジザクラ ……174
*Cerasus apetala* var.*pilosa* 'Multipetala' →ヒナギ
　クザクラ ………………………………635
*Cerasus apetala* var.*tetsuyae* →チョウジザクラ (1) …483
*Cerasus avium* →セイヨウミザクラ …………………424
*Cerasus campanulata* →カンヒザクラ …………………224
*Cerasus campanulata*× *C.jamasakura* →カンヒザク
　ラ × ヤマザクラ …………………………224
*Cerasus carmesina* →ヒマラヤヒザクラ …………………639
*Cerasus cerasoides* →ヒマラヤザクラ …………………639
*Cerasus*× *chichibuensis* →チチブザクラ …………………477
*Cerasus*× *compta* →アカツキザクラ …………………14
*Cerasus*× *furuseana* →ヤマママメザクラ …………………838
*Cerasus glandulosa* 'Alboplena' →ニワザクラ ………564
*Cerasus incisa* 'Fujikikuzakura' →フジキクザクラ …683
*Cerasus incisa* 'Plena' →ヤエノマメザクラ …………806
*Cerasus incisa* var.*bukosanensis* →ブコウマメザク
　ラ ………………………………………680
*Cerasus incisa* var.*incisa* →マメザクラ …………………736
*Cerasus incisa* var.*kinkiensis* →キンキマメザクラ …253
*Cerasus incisa* var.*kinkiensis* 'Kumagaizakura'
　→クマガイザクラ …………………………267
*Cerasus incisa* 'Yamadei' →ミドリザクラ …………760
*Cerasus* 'Introrsa' →ツバキカンザクラ …………………497
*Cerasus*× *introrsa* 'Myoshoji' →ミョウショウジ……781
*Cerasus itosakura* f.*ascendens* →ウバヒガン………100
*Cerasus itosakura* 'Pendula' →シダレザクラ →367
*Cerasus jamasakura* →ヤマザクラ…………………829
*Cerasus jamasakura*× *C.speciosa* →ヤマザクラ ×
　オオシマザクラ…………………………830
*Cerasus jamasakura* 'Goshinzakura' →ゴシンザク
　ラ ………………………………………314
*Cerasus jamasakura* 'Haguiensis' →ケタノシロキク
　ザクラ …………………………………288
*Cerasus jamasakura* 'Heteroflora' →ニドザクラ ……563
*Cerasus jamasakura* 'Hiyoshizakura' →ヒヨシザク
　ラ ………………………………………665
*Cerasus jamasakura* 'Humilis' →ワカキノサクラ……869
*Cerasus jamasakura* 'Ichihara' →イチハラトラノオ・62
*Cerasus jamasakura* 'Kenrokuen-kumagai' →ケン
　ロクエンクマガイ………………………294
*Cerasus jamasakura* 'Sanozakura' →サノザクラ……349
*Cerasus jamasakura* 'Sendaiya' →センダイヤ ………430
*Cerasus jamasakura* var.*chikusiensis* →ツクシヤマ
　ザクラ …………………………………492
*Cerasus*× *kanzakura* 'Kawazu-zakura' →カワヅザク
　ラ ………………………………………217
*Cerasus*× *kanzakura* 'Oh-kanzakura' →オオカンザ

クラ ……………………………………141
*Cerasus*× *kanzakura* 'Rubescens' →シュゼンジカン
　ザクラ …………………………………386
*Cerasus*× *kanzakura* 'Yokohamahizakura' →ヨコハ
　マヒザクラ ……………………………848
*Cerasus* 'Keio-zakura' →ケイオウザクラ……………285
*Cerasus* 'Kobuku-zakura' →コブクザクラ …………326
*Cerasus*× *kubotana* →タカネオオヤマザクラ ………447
*Cerasus* 'Kursar' →クルサル…………………………273
*Cerasus lannesiana* 'Affinis' →ジョウニオイ ………389
*Cerasus lannesiana* 'Alborosea' →フゲンゾウ………680
*Cerasus lannesiana* 'Angustipetala' →コケシミズ…308
*Cerasus lannesiana* 'Arasiyama' →アラシヤマ ……47
*Cerasus lannesiana* 'Asahiyama' →アサヒヤマ ………24
*Cerasus lannesiana* 'Candida' →アリアケ…………48
*Cerasus lannesiana* 'Chosiuhizakura' →チョウシュ
　ウヒザクラ ……………………………483
*Cerasus lannesiana* 'Chrysanthemoides' →キクザ
　クラ……………………………………228
*Cerasus lannesiana* 'Contorta' →フクロクジュ……679
*Cerasus lannesiana* 'Eigenji' →エイゲンジ…………109
*Cerasus lannesiana* 'Erecta' →アマノガワ (2) ………39
*Cerasus lannesiana* 'Gioiko' →ギョイコウ…………247
*Cerasus lannesiana* 'Grandiflora' →ウコン (2) ………90
*Cerasus lannesiana* 'Hisakura' →イチヨウ …………62
*Cerasus lannesiana* 'Horinji' →ホウリンジ…………706
*Cerasus lannesiana* 'Imose' →イモセ ……………77
*Cerasus lannesiana* 'Juzukakezakura' →バイゴジ
　ジュズカケザクラ………………………583
*Cerasus lannesiana* 'Kirin' →キリン (1) …………251
*Cerasus lannesiana* 'Kotohira' →コトヒラ …………318
*Cerasus lannesiana* 'Matsumae-hayazaki' →マツマ
　エハヤザキ ……………………………734
*Cerasus lannesiana* 'Mikurumakaisi' →ミクルマガ
　エシ……………………………………748
*Cerasus lannesiana* 'Mirabilis' →オオムラザクラ…164
*Cerasus lannesiana* 'Mollis' →ヨウキヒ (1) …………847
*Cerasus lannesiana* 'Multipetala' →ナジマザクラ …543
*Cerasus lannesiana* 'Nigrescens' →ウスズミ ………95
*Cerasus lannesiana* 'Nobilis' →エド…………………127
*Cerasus lannesiana* 'Ohsawazakura' →オオサワザ
　クラ……………………………………144
*Cerasus lannesiana* 'Ohta-zakura' →オオタザクラ ・・148
*Cerasus lannesiana* 'Öjöchin' →オオヂョウチン……145
*Cerasus lannesiana* 'Omuro-ariake' →オムロアリア
　ケ………………………………………187
*Cerasus lannesiana* 'Oshu-satozakura' →オウシュ
　ウサトザクラ …………………………134
*Cerasus lannesiana* 'Polycarpa' →フクザクラ………678
*Cerasus lannesiana* 'Purpurea' →ムラサキザクラ…790
*Cerasus lannesiana* 'Sekiyama' →カンザン …………222
*Cerasus lannesiana* 'Sendai-shidare' →センダイシ
　ダレ……………………………………430
*Cerasus lannesiana* 'Senriko' →センリコウ ………432
*Cerasus lannesiana* 'Shibayama' →シバヤマ ………373
*Cerasus lannesiana* 'Shiogama' →シオガマザクラ…359
*Cerasus lannesiana* 'Shujaku' →スザク……………411
*Cerasus lannesiana* 'Sirayuki' →シラユキ …………395
*Cerasus lannesiana* 'Sirotae' →シロタエ (1) ………399
*Cerasus lannesiana* 'Sobanzakura' →イツカヤマ……63
*Cerasus lannesiana* 'Sphaerantha' →ケンロクエン
　キクザクラ ……………………………293
*Cerasus lannesiana* 'Spiralis' →ウズザクラ …………95

*Cerasus lannesiana* 'Subfusca' →スミゾメ ……………417
*Cerasus lannesiana* 'Superba' →ショウゲツ …………388
*Cerasus lannesiana* 'Surugadai-odora' →スルガダ
イニオイ ……………………419
*Cerasus lannesiana* 'Taihaku' →タイハク ……………439
*Cerasus lannesiana* 'Taoyame' →タオヤメ ……………444
*Cerasus lannesiana* 'Vexillifera' →ハクサンハタザ
クラ ……………………589
*Cerasus lannesiana* 'Wasinowo' →ワシノオ ……………870
*Cerasus leveilleana* →カスミザクラ ……………199
*Cerasus leveilleana* 'Narazakura' →ナラヤエザク
ラ ……………………549
*Cerasus maximowiczii* →ミヤマザクラ ……………771
*Cerasus × miyoshii* 'Ambigua' →タイザンフクン ……437
*Cerasus nipponica* var.*alpina* →クモイザクラ ……269
*Cerasus nipponica* var.*kurilensis* →チシマザクラ ……474
*Cerasus nipponica* var.*nipponica* →ミネザクラ ……761
*Cerasus* 'Okame' →オカメ ……………169
*Cerasus × oneyamensis* nothovar.*takasawana* →オ
オミネザクラ ……………163
*Cerasus × parvifolia* →マメザクラ × オオシマザク
ラ ……………………736
*Cerasus parvifolia* 'Parviflora' →コバザクラ (1) ……320
*Cerasus × parvifolia* 'Umineko' →ウミネコ ……………102
*Cerasus pseudocerasus* →シナミザクラ ……………371
*Cerasus × sacra* →モチヅキザクラ ……………800
*Cerasus × sacra* →ヤマザクラ × エドヒガン ……………829
*Cerasus sargentii* →オオヤマザクラ ……………165
*Cerasus sargentii × C.speciosa* →オオヤマザクラ ×
オオシマザクラ ……………165
*Cerasus sargentii* 'Kushiroyae' →クシロヤエ …………264
*Cerasus sargentii* var.*akimotoi* →キリタチヤマザク
ラ ……………………251
*Cerasus* Sato-zakura Group →サトザクラ ……………348
*Cerasus serrulata* var.*lannesiana* 'Fudanzakura'
→フダンザクラ ……………687
*Cerasus shikokuensis* →イシヅチザクラ ……………56
*Cerasus sieboldii* →ナデン ……………546
*Cerasus × sieboldii* 'Caespitosa' →タカサゴ (1) ……445
*Cerasus spachiana* 'Plena-rosea' →ヤエベニシダレ ……806
*Cerasus spachiana* 'Ujou-shidare' →ウジョウシダレ ……92
*Cerasus speciosa* →オオシマザクラ ……………145
*Cerasus speciosa* f.*semiplena* →ウスガサネオオシマ ……93
*Cerasus speciosa* 'Kanzaki-ohshima' →カンザキオ
オシマ ……………………221
*Cerasus speciosa* 'Plena' →ヤエノオオシマザクラ ……806
*Cerasus × subhirtella* →コヒガンザクラ ……………324
*Cerasus × subhirtella* 'Autumnalis' →ジュウガツザ
クラ ……………………385
*Cerasus × subhirtella* f.*hisauchiana* →ヤブザクラ ……822
*Cerasus × subhirtella* f.*koshiensis* →コシノヒガンザ
クラ ……………………312
*Cerasus × subhirtella* f.*tamaclivorum* →ホシザクラ ……710
*Cerasus subhirtella* 'Semperflorens' →シキザクラ
(1) ……………………361
*Cerasus × subhirtella* 'Yaebeni-higan' →ヤエベニヒ
ガン ……………………806
*Cerasus* 'Tajimensis' →ユムラ ……………846
*Cerasus* 'Takenakae' →トウカイザクラ ……………514
*Cerasus × tschonoskii* →ニッコウザクラ ……………562
*Cerasus verecunda* 'Norioi' →カタオカザクラ ………200
*Cerasus vulgaris* →スミミザクラ ……………418
*Cerasus × yedoensis* →エドヒガン × オオシマザク

ラ ……………………127
*Cerasus × yedoensis* →ソメイヨシノ ……………435
*Cerasus × yedoensis* 'Akebono' →アメリカ ……………42
*Cerasus × yedoensis* 'Morioka-pendula' →モリオカ
シダレ ……………………804
*Cerasus × yedoensis* 'Perpendens' →シダレソメイヨ
シノ ……………………367
*Cerasus × yedoensis* 'Rubriflora' →ベニヅルザクラ ……697
*Cerasus × yedoensis* 'Sakuyahime' →サクヤヒメ ……341
*Cerasus × yedoensis* 'Sotorihime' →ソトオリヒメ ……434
*Cerasus* 'Yoko' →ヨウコウ ……………847
*Cerasus × yuyamae* →フジカスミザクラ ……………682
*Ceratodon purpureus* →ヤノウエノアカゴケ ………820
*Ceratophyllum demersum* →マツモ (2) ……………734
*Ceratophyllum platyacanthum* subsp.*oryzetorum*
→ヨツバリキンギョモ ……………850
*Ceratopteris gaudichaudii* var.*vulgaris* →ヒメミズ
ワラビ ……………………659
*Ceratopteris thalictroides* →ミズワラビ ……………753
*Cerbera manghas* →ミフクラギ ……………762
*Cercidiphyllum japonicum* →カツラ ……………201
*Cercidiphyllum japonicum* 'Pendulum' →シダレカ
ツラ ……………………367
*Cercidiphyllum magnificum* →ヒロハカツラ ………670
*Cercis canadensis* →アメリカハナズオウ ……………45
*Cercis canadensis* 'Forest Pansy' →フォレストパン
シー ……………………677
*Cercis chinensis* →ハナズオウ ……………603
*Cercis siliquastrum* →セイヨウハナズオウ ………424
*Ceriporia tarda* →コアナタケ ……………294
*Ceropegia woodii* →ハートカズラ ……………599
*Cerrena consors* →ニクウスバタケ ……………558
*Cerrena unicolor* →ミダレアミタケ ……………755
*Cestrum nocturnum* →ヤコウカ ……………814
*Cestrum purpureum* →ベニチョウジ ……………697
*Cetraria islandica* subsp.*orientalis* →エイランタイ ……110
*Cetrelia nuda* →トコブシゴケ ……………526
*Chaenomeles japonica* →クサボケ ……………262
*Chaenomeles japonica* 'Chōjubai' →チョウジュバ
イ ……………………484
*Chaenomeles sinensis* →カリン ……………215
*Chaenomeles speciosa* →ボケ ……………708
*Chaenomeles speciosa* 'Chōjuraku' →チョウジュラ
ク ……………………484
*Chaenomeles speciosa* 'Kanboke' →カンボケ ………224
*Chaenomeles speciosa* 'Kansarasa' →カンサラサ ……222
*Chaenomeles speciosa* 'Kokkō' →コッコウ ……………316
*Chaenomeles speciosa* 'Tōyōnishiki' →トウヨウニ
シキ ……………………518
*Chaetomorpha crassa* →ホソジュズモ ……………712
*Chalciporus piperatus* →コショウイグチ ……………313
*Chamaecrista garambiensis* →ガランビネムチャ ……215
*Chamaecrista leschenaultiana* →タイワンカワラケ
ツメイ ……………………441
*Chamaecrista nicticans* →アレチケツメイ ……………50
*Chamaecrista nomame* →カワラケツメイ ……………218
*Chamaecyparis lawsoniana* →ローソンヒノキ ……868
*Chamaecyparis nootkatensis* →アメリカヒノキ ……45
*Chamaecyparis obtusa* →ヒノキ ……………637
*Chamaecyparis obtusa* 'Breviramea' →チャボヒノキ ……481
*Chamaecyparis obtusa* 'Breviramea Aurea' →オウ
ゴンチャボヒバ ……………133

*Chamaecyparis obtusa* 'Filicoides' →クジャクヒバ…263
*Chamaecyparis obtusa* 'Filiformis' →スイリュウヒ
バ…409
*Chamaecyparis obtusa* 'Lycopodioides' →シャモヒ
バ…384
*Chamaecyparis obtusa* 'Nana' →ナナ…546
*Chamaecyparis obtusa* 'Nana Lutea' →ナナ ルテ
ア…547
*Chamaecyparis pisifera* →サワラ…355
*Chamaecyparis pisifera* 'Filifera' →ヒヨクヒバ…665
*Chamaecyparis pisifera* 'Filifera Aurea' →オウゴン
ヒヨクヒバ…134
*Chamaecyparis pisifera* 'Plumosa' →シノブヒバ…372
*Chamaecyparis pisifera* 'Plumosa Aurea' →オウゴ
ンシノブヒバ…133
*Chamaecyparis pisifera* 'Squarrosa' →ヒムロ…639
*Chamaecyparis thyoides* 'Variegata' →ヌマヒノキ
'バリエガータ'…568
*Chamaedaphne calyculata* →ヤチツツジ…816
*Chamaele decumbens* var.*decumbens* →セントウソ
ウ…431
*Chamaele decumbens* var.*gracillima* →ヒナセント
ウソウ…636
*Chamaele decumbens* var.*japonica* →ミヤマセント
ウソウ…773
*Chamaele decumbens* var.*micrantha* →ヤクシマセ
ントウソウ…811
*Chamaemelum nobile* →ローマカミルレ…869
*Chamaenerion angustifolium* →ヤナギラン…820
*Chamaenerion angustifolium* subsp.*circumvagum*
→ウスゲヤナギラン…95
*Chamaenerion latifolium* →ヒメヤナギラン…661
*Chamaerops humilis* →チャボトウジュロ…481
*Chamerion dodonaei* →チャメリオン・ドドナエイ…481
*Champia parvula* →ワツナギソウ…871
*Chara braunii* →シャジクモ…384
*Chara corallina* →オウシャジクモ…134
*Chara fibrosa* subsp.*benthamii* →ケナガシャジクモ…289
*Chara fibrosa* subsp.*gymnopitys* →イトシャジクモ…64
*Chara globularis* →カタシャジクモ…200
*Chara zeylanica* →ハダシシャジクモ…596
*Cheilanthes chusana* →エビガラシダ…129
*Cheilanthes krameri* →イワウラジロ…81
*Cheilolejeunea boninensis* →オガサワラシゲリゴケ…167
*Cheiropleuria integrifolia* →スジヒトツバ…412
*Cheirostylis liukiuensis* →リュウキュウカイロラン…856
*Cheirostylis takeoi* →アリサンムヨウラン…48
*Chelidonium majus* subsp.*asiaticum* →クサノオウ…261
*Chelone lyoni* →ジャコウソウモドキ…383
*Chelonopsis longipes* →タニジャコウソウ…461
*Chelonopsis moschata* →ジャコウソウ (1)…383
*Chelonopsis yagiharana* →アシタカジャコウソウ…26
*Chengiopanax sciadophylloides* →コシアブラ…311
*Chenopodiastrum hybridum* →ウスバアカザ…95
*Chenopodiastrum murale* →ミナトアカザ…760
*Chenopodium acuminatum* var.*acuminatum* →マル
バアカザ…738
*Chenopodium acuminatum* var.*vachelii* →カワラア
カザ…218
*Chenopodium album* var.*album* →シロザ…398
*Chenopodium album* var.*centrorubrum* →アカザ…13
*Chenopodium bryoniifolium* →ミドリアカザ (1)…759
*Chenopodium ficifolium* →コアカザ…294

*Chenopodium gracilispicum* →イワアカザ…80
*Chenopodium purpurascens* →ムラサキアカザ…788
*Chenopodium stenophyllum* →ホソバアカザ…712
*Chenopodium strictum* →シロザモドキ…398
*Chikusichloa aquatica* →ツクシガヤ…490
*Chikusichloa brachyanthera* →イリオモテガヤ…79
*Chimaphila japonica* →ウメガサソウ…102
*Chimaphila umbellata* →オオウメガサソウ…139
*Chimonanthus praecox* f.*concolor* →ソシンロウバ
イ…433
*Chimonanthus praecox* var.*grandiflorus* →トウロウ
バイ…519
*Chimonanthus praecox* var.*praecox* →ロウバイ…868
*Chimonobambusa marmorea* →カンチク…222
*Chimonobambusa marmorea* f.*variegata* →チゴカン
チク…472
*Chimonobambusa quadrangularis* →シカクダケ…360
*Chionanthus retusus* →ヒトツバタゴ…633
*Chionanthus virginicus* →アメリカヒトツバタゴ…45
*Chionographis hisauchiana* subsp.*kurohimensis*
→クロヒメシライトソウ…281
*Chionographis japonica* →シライトソウ…391
*Chionographis japonica* var.*hisauchiana* →アズマシ
ライトソウ…29
*Chionographis japonica* var.*kurokamiana* →クロカ
ミシライトソウ…276
*Chionographis japonica* var.*minoensis* →ミノシラ
イトソウ…762
*Chionographis koidzumiana* →チャボシライトソウ…480
*Chirita fimbrisepala* →ブカンタイリンイワギリソウ…677
*Chirita liboensis* →キリタ・リボエンシス…251
*Chirita monantha* →キリタ・モナンサ…251
*Chirita sinensis* var.*latifolia* →キリタ・シネンシス…251
*Chloranthus fortunei* →キビヒトリシズカ…245
*Chloranthus japonicus* →ヒトリシズカ…634
*Chloranthus serratus* →フタリシズカ…686
*Chloranthus sessilifolius* →ガビフタリシズカ…205
*Chloranthus spicatus* →チャラン…481
*Chlorencoelia versiformis* →コケイロサラタケ…308
*Chloris barbata* →ムラサキシマヒゲシバ…790
*Chloris divaricata* →ヒメヒゲシバ…657
*Chloris gayana* →アフリカヒゲシバ…36
*Chloris radiata* →カセンガヤ…199
*Chloris virgata* →オヒゲシバ…186
*Chlorociboria aeruginascens* →ロクショウグサレキ
ンモドキ…868
*Chlorociboria aeruginosa* →ロクショウグサレキン…868
*Chlorophyllum agaricoides* →スナタマゴタケ…416
*Chlorophyllum molybdites* →オオシロカラカサタケ…146
*Chlorophyllum neomastoideum* →ドクカラカサタ
ケ…523
*Chlorophyllum rhacodes* →カラカサタケモドキ…209
*Chlorophytum comosum* →オリヅルラン…189
*Chlorovibrissea phialophora* →Green pinball…875
*Choerospondias axillaris* →チャンチンモドキ…482
*Chondracanthus tenellus* →スギノリ…411
*Chondria crassicaulis* →ユナ…846
*Chondrilla juncea* →エダウチニガナ…126
*Chondrophycus undulatus* →コブソゾ…326
*Chondrostereum purpureum* →ムラサキウロコタケ…789
*Chondrus elatus* →コトジツノマタ…317
*Chondrus ocellatus* →ツノマタ…497

**CHO** 914 学名索引

Chondrus yendoi →エゾツノマタ ·····················116
Chorda asiatica →ツルモ ·····························507
Chorioactis geaster →キリノミタケ ···············251
Chorispora macropoda →コリスポラ・マクロポダ ···334
Chorispora tenella →ツノミナズナ ···············497
Christia obcordata →ホオズキハギ ···············706
Chroogomphus rutilus →クギタケ ···············259
Chroogomphus tomentosus →フサクギタケ···············680
Chrysanthemum alpinum →クリサンセマム・アル
　ピナム ·····················272
Chrysanthemum × aphrodite →サンインギク ·······355
Chrysanthemum arcticum subsp.arcticum →アキノ
　コハマギク ····················· 20
Chrysanthemum arcticum subsp.yezoense →チシマ
　コハマギク ·····················474
Chrysanthemum carinatum →ハナワギク ···············606
Chrysanthemum crassum →オオシマノジギク ···145
Chrysanthemum cuneifolium →ワジキギク ·······870
Chrysanthemum indicum var.hibernum →カンギ
　ク ·····················220
Chrysanthemum indicum var.hortense →アブラカ
　ンギク ····················· 34
Chrysanthemum indicum var.indicum →アザミカ
　ンギク ····················· 25
Chrysanthemum indicum var.indicum →シマカン
　ギク ·····················376
Chrysanthemum indicum var.iyoense →イヨアブラ
　ギク ····················· 78
Chrysanthemum indicum var.maruyamanum
　→オッタチカンギク ·····················178
Chrysanthemum indicum var.tsurugisanense →ツ
　ルギカンギク ·····················502
Chrysanthemum japonense var.ashizuriense →アシ
　ズリノジギク ····················· 26
Chrysanthemum japonense var.debile →セトノジギ
　ク (1) ·····················427
Chrysanthemum japonense var.japonense →ノジギ
　ク ·····················576
Chrysanthemum kinokuniense →キノクニシオギク ··239
Chrysanthemum makinoi →リュウノウギク ···············860
Chrysanthemum × marginatum →ハナイソギク ·······600
Chrysanthemum morifolium →アザミコギク ···············25
Chrysanthemum morifolium →キク ···············227
Chrysanthemum morifolium →リョウリギク ···············861
Chrysanthemum morifolium × C.shiwogiku →ミソ
　ノシオギク ·····················755
Chrysanthemum morifolium Ramat.Saga-giku
　Group →サガギク ·····················338
Chrysanthemum okiense →オキノアブラギク (1) ····173
Chrysanthemum ornatum var.ornatum →サツマノ
　ギク ·····················347
Chrysanthemum ornatum var.tokarense →トカラノ
　ギク ·····················520
Chrysanthemum pacificum →イソギク ···············58
Chrysanthemum pallasianum →オオイワインチン ···138
Chrysanthemum rupestre →イワインチン ···············80
Chrysanthemum seticuspe f.boreale →キクタニギ
　ク ·····················228
Chrysanthemum × shimotomaii →ニジガハマギク ····558
Chrysanthemum shiwogiku →シオギク ···············359
Chrysanthemum shiwogiku var.kinokuniense →キ
　イシオギク (1) ·····················225
Chrysanthemum wakasaense →ワカサハマギク ···············869
Chrysanthemum weyrichii →ピレオギク (1) ···············667

Chrysanthemum yezoense →コハマギク ···············323
Chrysanthemum yoshinaganthum →ナカガワノギ
　ク ·····················536
Chrysanthemum zawadskii →イワギク (広義) ···············82
Chrysanthemum zawadskii subsp.latilobum var.
　dissectum →イワギク (1) ···············82
Chrysanthemum zawadskii var.alpinum →チョウセ
　ンノギク (1) ·····················485
Chrysanthemum zawadskii var.latilobum f.
　campanulatum →オグラギク ·····················175
Chrysogonum virginianum →コガネグルマ ···············304
Chrysopogon aciculatus →オキナワミチシバ···············173
Chrysosplenium album var.album →シロバナネコノ
　メソウ ·····················402
Chrysosplenium album var.flavum →キバナハナネ
　コノメ ·····················243
Chrysosplenium album var.nachiense →キイハナネ
　コノメ ·····················226
Chrysosplenium album var.stamineum →ハナネコ
　ノメ ·····················604
Chrysosplenium alternifolium var.sibiricum →エゾ
　ネコノメソウ ·····················117
Chrysosplenium echinus →イワネコノメソウ ···············86
Chrysosplenium fauriei →ホクリクネコノメ ···············707
Chrysosplenium flagelliferum →ツルネコノメソウ···············505
Chrysosplenium grayanum →ネコノメソウ ···············570
Chrysosplenium japonicum →ヤマネコノメソウ···············834
Chrysosplenium kamtschaticum var.aomorense
　→ミチノクネコノメソウ ·····················756
Chrysosplenium kamtschaticum var.kamtschaticum
　→チシマネコノメソウ ·····················475
Chrysosplenium kiotoense →ボタンネコノメソウ·····458722
Chrysosplenium macrostemon var.atrandrum →ヨ
　ゴレネコノメ ·····················849
Chrysosplenium macrostemon var.calicitrapa →キ
　シュウネコノメ ·····················231
Chrysosplenium macrostemon var.macrostemon
　→イワボタン ····················· 87
Chrysosplenium macrostemon var.shiobarense
　→ニッコウネコノメ ·····················562
Chrysosplenium macrostemon var.viridescens →サ
　ツマネコノメ ·····················347
Chrysosplenium maximowiczii →ムカゴネコノメソ
　ウ ·····················782
Chrysosplenium nagasei →ヒダボタン ···············631
Chrysosplenium nagasei var.luteoflorum →ヒメヒ
　ダボタン ·····················657
Chrysosplenium nagasei var.porphyranthes →アカ
　ヒダボタン ····················· 16
Chrysosplenium pilosum var.fulvum →オオコガネ
　ネコノメソウ ·····················143
Chrysosplenium pilosum var.sphaerospermum →コ
　ガネネコノメソウ ·····················304
Chrysosplenium pseudofauriei var.nipponense →ヒ
　メオオイワボタン ·····················643
Chrysosplenium pseudopilosum var.
　divaricatistylosum →ヤマシロネコノメ ···············831
Chrysosplenium pseudopilosum var.pseudopilosum
　→トウノウネコノメ ·····················518
Chrysosplenium ramosum →マルバネコノメソウ···············741
Chrysosplenium rhabdospermum →ツクシネコノメ
　ソウ ·····················491
Chrysosplenium rhabdospermum var.shikokianum
　→トゲミツクシネコノメ ·····················526
Chrysosplenium tosaense →タチネコノメソウ···············458
Chusquea longifolia →チュスクエア ロンギフォリ
　ア ·····················482

Chusquea meyeriana →チュスクエア メイエリアナ ··482
Chysanthemum×ogawae →ヒノミサキギク ········638
Ciboria amentacea →キボリア アメンタケア··········246
Ciboria rufofusca →マツカサチャワンタケ·············732
Ciborinia camelliae →ツバキキンカクチャワンタケ··497
Cibotium barometz →タカワラビ··························452
Cichorium endivia →チコリ··························472
Cichorium intybus →キクニガナ··························229
Cicuta virosa →ドクゼリ··························524
Cimicifuga biternata →イヌショウマ·················· 70
Cimicifuga japonica →オオバショウマ··········154
Cimicifuga japonica var.japonica →ウスバミツバ
ショウマ··························96
Cimicifuga japonica var.macrophylla →オオバショ
ウマ（狭義）··························154
Cimicifuga japonica var.peltata →キケンショウマ
(1)··························230
Cimicifuga simplex →サラシナショウマ··········351
Cinchona calisaya →アカキナノキ·········· 13
Cinna latifolia →フサガヤ··························680
Cinnamomum camphora →クスノキ··········265
Cinnamomum camphora 'Red Monroe' →レッドモ
ンロー··························866
Cinnamomum cassia →トンキンニッケイ··········535
Cinnamomum daphnoides →マルバニッケイ··········741
Cinnamomum doederleinii →シバニッケイ··········372
Cinnamomum doederleinii var.pseudodaphnoides
→ケシバニッケイ··························287
Cinnamomum pseudopedunculatum →コヤブニッケ
イ··························333
Cinnamomum sieboldii →ニッケイ··········562
Cinnamomum verum →セイロンニッケイ··········425
Cinnamomum yabunikkei →ヤブニッケイ··········824
Circaea alpina →ミヤマタニタデ··········773
Circaea alpina subsp.caulescens →ケミヤマタニタ
デ··························291
Circaea canadensis subsp.quadrisulcata →エゾミズ
タマソウ··························123
Circaea cordata →ウシタキソウ··························92
Circaea erubescens →タニタデ··········461
Circaea mollis →ミズタマソウ(1)··········751
Cirsium aidzuense →アイヅヒメアザミ··········4
Cirsium akimontanum →ゲイホクアザミ··········286
Cirsium akimotoi →シライワアザミ··········391
Cirsium albrechtii →エゾヤマアザミ··········124
Cirsium alpicola →ミネアザミ··········761
Cirsium amplexifolium →ダキバヒメアザミ(1) ······453
Cirsium aomorense →アオモリアザミ··········11
Cirsium apoense →アポイアザミ··········36
Cirsium arvense →セイヨウトゲアザミ··········423
Cirsium ashinokuraense →アシノクラアザミ··········27
Cirsium ashiuense →アシウアザミ··········25
Cirsium austrohidakaense →カムイアザミ··········207
Cirsium austrokiushianum →サツママアザミ··········347
Cirsium babanum →ダイニチアザミ··········439
Cirsium bitchuense →ビッチュウアザミ··········632
Cirsium boninense →オガサワラアザミ··········167
Cirsium boreale →コバナアザミ··········320
Cirsium borealinipponense →オニアザミ··········181
Cirsium brevicaule →シマアザミ··········374
Cirsium buergeri →ヒメアザミ(1)··········640
Cirsium calcicola →アキヨシアザミ··········21
Cirsium charkeviczii →エゾマミヤアザミ··········123

Cirsium chikabumiense →チカブミアザミ··········471
Cirsium chikushiense →ノマアザミ··········580
Cirsium chokaiense →チョウカイアザミ··········482
Cirsium comosum →タイアザミ(1)··········436
Cirsium comosum var.lanuginosum →ナンブアザミ
(1)··························554
Cirsium confertissimum →コイブキアザミ··········295
Cirsium congestissimum →ヒッツキアザミ··········632
Cirsium dipsacolepis →モリアザミ··········803
Cirsium domonii →リョウウアザミ··········861
Cirsium fauriei →キソアザミ··········232
Cirsium funagataense →リクゼンアザミ··········854
Cirsium furusei →ウラジロカガノアザミ··········104
Cirsium ganjuense →ガンジュアザミ··········222
Cirsium grandirosuliferum →リョウノウアザミ······861
Cirsium gratiosum →ホウキアザミ··········703
Cirsium grayanum →マルバヒレアザミ··········742
Cirsium gyojanum →ギョウジャアザミ··········247
Cirsium hachijoense →ハチジョウアザミ··········596
Cirsium hachimantaiense →ハチマンタイアザミ······598
Cirsium hagurosanense →ハグロサンアザミ··········590
Cirsium hanamakiense →ハナマキアザミ··········605
Cirsium happoense →ハッポウアザミ··········599
Cirsium hasunumae →フタマタアザミ··········686
Cirsium heiianum →トオノアザミ··········519
Cirsium hidakamontanum →ヒダカアザミ··········630
Cirsium hidapaludosum →ヒダキセルアザミ··········631
Cirsium hokkokuense →ホッコクアザミ··········722
Cirsium homolepis →オゼヌマアザミ··········177
Cirsium horiianum →オガアザミ··········167
Cirsium hupehense →オオヤナギアザミ··········165
Cirsium indefensum →イズモアザミ··········58
Cirsium inundatum →タチアザミ··········455
Cirsium irumtiense →イリオモテアザミ··········78
Cirsium ishizuchiense →イシヅチアザミ··········56
Cirsium ito-kojianum →シコタンアザミ··········364
Cirsium japonicum var.diabolicum →オニオオノア
ザミ··························181
Cirsium japonicum var.horridum →トゲアザミ ······525
Cirsium japonicum var.ibukiense →ミヤマコアザミ
(1)··························771
Cirsium japonicum var.japonicum →ノアザミ··········573
Cirsium japonicum var.okiense →オキノアザミ ······173
Cirsium japonicum var.vestitum →ケショウアザミ ··288
Cirsium japonicum var.vestitum f.arakii →シロバ
ナケショウアザミ··························401
Cirsium japonicum var.villosum →ビャッコアザミ ··662
Cirsium kagamontanum →カガノアザミ··········193
Cirsium kamtschaticum →チシマアザミ··········473
Cirsium kasaianum →ナトリアザミ··········546
Cirsium katoanum →ウゼンヒメアザミ··········98
Cirsium kenji-horieanum →アサヒカワアザミ··········24
Cirsium kiotoense →オハラメアザミ··········186
Cirsium kirishimense →キリシマアザミ··········250
Cirsium kisoense →キソウラジロアザミ··········232
Cirsium kujuense →クジュウアザミ··········263
Cirsium lineare →ヤナギアザミ··········818
Cirsium longipedunculatum →ナガエノアザミ(1) ··536
Cirsium lucens →テリハアザミ··········510
Cirsium lucens var.bracteosum →ヘイケモリアザ
ミ··························694

**CIR** 916 学名索引

*Cirsium magofukui* →イナベアザミ ……………… 67
*Cirsium maritimum* →ハマアザミ (1) ……………609
*Cirsium maruyamanum* →ムラクモアザミ …………788
*Cirsium masami-saitoanum* →ヒュウガアザミ ……663
*Cirsium matsumurae* →ハクサンアザミ …………587
*Cirsium microspicatum* →アズマヤマアザミ …………30
*Cirsium muraii* →キンカアザミ …………………253
*Cirsium myokoense* →ミョウコウアザミ …………781
*Cirsium nagatoense* →ナガトアザミ ……………537
*Cirsium nagisoense* →ナギソアザミ ……………542
*Cirsium nambuense* →ナンブタカネアザミ ………554
*Cirsium nasuense* →シモツケアザミ ……………381
*Cirsium nippoense* →ニッポウアザミ ……………563
*Cirsium nipponense* var.*spinulosum* →ハリオニア
ザミ …………………………………………………617
*Cirsium nipponicum* →キタカミアザミ …………233
*Cirsium norikurense* →ノリクラアザミ …………581
*Cirsium occidentalinipponense* →エチゼンオニアザ
ミ ……………………………………………………127
*Cirsium ohminense* →オオミネアザミ …………163
*Cirsium okamotoi* →ジョウシュウオニアザミ ……388
*Cirsium oligophyllum* var.*nikkoense* →ニッコウア
ザミ …………………………………………………562
*Cirsium oligophyllum* var.*oligophyllum* →クルマア
ザミ (1) …………………………………………273
*Cirsium oligophyllum* var.*oligophyllum* →ノハラア
ザミ …………………………………………………578
*Cirsium opacum* →カツラカワアザミ ……………201
*Cirsium otayae* →タテヤマアザミ ………………460
*Cirsium ovalifolium* →オクヤマアザミ …………175
*Cirsium pectinellum* →エゾノサワアザミ ………118
*Cirsium pendulum* →タカアザミ …………………444
*Cirsium pseudosuffultum* →ニセツクシアザミ……561
*Cirsium purpuratum* →フジアザミ ………………682
*Cirsium sadoense* →サドアザミ …………………348
*Cirsium segetum* →アレチアザミ …………………50
*Cirsium sendaicum* →マツシマアザミ …………732
*Cirsium senjoense* →センジョウアザミ …………429
*Cirsium setosum* →エゾノキツネアザミ …………117
*Cirsium shidokimontanum* →シドキヤマアザミ……369
*Cirsium shimae* →ツガルオニアザミ ……………487
*Cirsium shinanense* →ヤチアザミ ………………815
*Cirsium sieboldii* →キセルアザミ ………………232
*Cirsium spicatum* →ヤマアザミ …………………826
*Cirsium spinosum* →オイランアザミ ……………133
*Cirsium spinuliferum* →ハリカガノアザミ ………617
*Cirsium suffultum* →ツクシアザミ ………………489
*Cirsium suzukaense* →スズカアザミ ……………412
*Cirsium taishakuense* →タイシャクアザミ ………437
*Cirsium takahashii* →マミガサキアザミ …………735
*Cirsium tamastoloniferum* →ハチオウジアザミ……596
*Cirsium tanegashimense* →タネガシマアザミ………463
*Cirsium tashiroi* var.*hidaense* →ヒダアザミ ……630
*Cirsium tashiroi* var.*tashiroi* →ワタムキアザミ …871
*Cirsium tenue* →ウスバアザミ ……………………95
*Cirsium tenuipedunculatum* →ホソエノアザミ……711
*Cirsium tenuisquamatum* →サンベサワアザミ ……358
*Cirsium teshioense* →テシオアザミ ……………509
*Cirsium togaense* →トガアザミ …………………519
*Cirsium tonense* →ナンブアザミ (2) ……………554
*Cirsium tonense* var.*abukumense* →アブクマアザミ ‥34

*Cirsium tonense* var.*comosum* →イガアザミ (1) ……54
*Cirsium tonense* var.*shiroumense* →シロウマアザ
ミ ……………………………………………………396
*Cirsium toyoshimae* →トヨシマアザミ …………532
*Cirsium uetsuense* →ウエツアザミ ………………89
*Cirsium ugoense* →ウゴアザミ …………………90
*Cirsium umezawanum* →リシリアザミ …………854
*Cirsium unzenense* →ウンゼンアザミ ……………108
*Cirsium uzenense* →ウゼンアザミ …………………97
*Cirsium vulgare* →アメリカオニアザミ ……………43
*Cirsium wakasugianum* →エチゼンヒメアザミ……127
*Cirsium yakushimense* →ヤクシマアザミ …………809
*Cirsium yamauchii* →ハッタチアザミ ……………599
*Cirsium yatsualpicola* →ヤツタカネアザミ ………818
*Cirsium yezoalpinum* →エゾノミヤマアザミ ………120
*Cirsium yezoense* →サワアザミ (1) ……………353
*Cirsium yoshidae* →タキアザミ …………………452
*Cirsium yoshinoi* →ヨシノアザミ ………………849
*Cirsium yuki-uenoanum* →マルモリアザミ ………744
*Cirsium yuzawae* →イワキヒメアザミ ……………82
*Cirsium zawoense* →ザオウアザミ ………………338
*Cistanche salsa* →ホンオニク ……………………726
*Citrullus colocynthis* →コロシントウリ …………335
*Citrullus lanatus* →スイカ ………………………407
*Citrus aurantiifolia* →ライム …………………851
*Citrus aurantium* →ダイダイ (1) ………………438
*Citrus* 'Benikoji' →ベニミカン …………………699
*Citrus depressa* →シークァーサー ………………360
*Citrus fumida* →フクレミカン …………………679
*Citrus hanayu* →ハナユ …………………………606
*Citrus* 'Hassaku' →ハッサク (1) …………………599
*Citrus* 'Iyo' →イヨカン ……………………………78
*Citrus japonica* →マルキンカン …………………738
*Citrus japonica* 'Crassifolia' →ニンポウキンカン …565
*Citrus japonica* 'Hindsii' →マメキンカン ………736
*Citrus japonica* 'Margarita' →キンカン (1) ………253
*Citrus japonica* 'Obovata' →チョウジュキンカン ‥‥483
*Citrus junos* →ユズ ……………………………845
*Citrus* 'Kinokuni' →キシュウミカン ……………231
*Citrus leiocarpa* →コウジ (1) …………………297
*Citrus limon* →レモン …………………………866
*Citrus maxima* →ザボン (1) ……………………350
*Citrus maxima* →バンペイユ……………………623
*Citrus maxima* →ブンタン ………………………693
*Citrus medica* →マルブシュカン ………………744
*Citrus medica* 'Sarcodactylis' →ブシュカン ……685
*Citrus medioglobosa* →ナルト …………………550
*Citrus mitis* →シキキツ ………………………361
*Citrus natsudaidai* →アマナツ ……………………39
*Citrus* 'Natsudaidai' →ナツミカン ………………546
*Citrus nobilis* →クネンボ ………………………267
*Citrus paradisi* →グレープフルーツ ……………274
*Citrus pseudogulgul* →オオユズ ………………166
*Citrus reticulata* →ポンカン ……………………726
*Citrus sinensis* →キンクネンボ …………………254
*Citrus sinensis* var.*brasiliensis* →ネーブルオレン
ジ ……………………………………………………572
*Citrus sphaerocarpa* →カボス …………………205
*Citrus sudachi* →スダチ …………………………415
*Citrus sulcata* →サンボウカン …………………358
*Citrus tachibana* →タチバナ (1) ………………458

学名索引　917　**CLI**

*Citrus* 'Tamurana'　→コナツミカン･･････････318
*Citrus* 'Tangerina'　→オオベニミカン･･････････161
*Citrus tankan*　→タンカン･･････････469
*Citrus trifoliata*　→カラタチ･･････････211
*Citrus* 'Unshiu'　→ウンシュウミカン･･････････108
*Citrus* 'Yamabuki'　→ヤマブキミカン･･････････837
*Citrus yatsushiro*　→ヤツシロ･･････････817
*Cladium jamaicense* subsp.*chinense*　→ヒトモトス
　キ･･････････634
*Cladonia floerkeana*　→Devil's matchstick･･････････874
*Cladonia krempelhuberi*　→ヤグラゴケ･･････････814
*Cladonia pseudoevansii*　→ウスイロミヤマハナゴケ ･･･93
*Cladonia rangiferina*　→ハナゴケ･･････････602
*Cladonia stellaris*　→ミヤマハナゴケ･･････････777
*Cladophora wrightiana*　→チャシオグサ･･････････479
*Cladopus doianus*　→カワゴケソウ･･････････216
*Cladopus fukienensis*　→タシロカワゴケソウ･･････････455
*Cladrastis platycarpa*　→フジキ･･････････683
*Cladrastis sikokiana*　→ユクノキ･･････････845
*Claoxylon centinarium*　→セキモンノキ･･････････426
*Clarkia amoena*　→イロマツヨイ･･････････80
*Clathrus archeri*　→クラトゥルス・アルケリ･･････････271
*Clathrus ruber*　→アカカゴタケ･･････････12
*Clathrus ruber* f.*kusanoi*　→アンドンタケ･･････････52
*Clavaria acuta*　→シロヤリタケ･･････････404
*Clavaria fragilis*　→シロソウメンタケ･･････････399
*Clavaria fumosa*　→サヤナギナタタケ･･････････351
*Clavaria phoenicea*　→Sunset spindles･･････････879
*Clavaria rosea*　→ベニセンコウタケ･･････････697
*Clavaria zollingeri*　→ムラサキホウキタケ･･････････792
*Clavariadelphus ligula*　→コスリコギタケ･･････････314
*Clavariadelphus pistillaris*　→スリコギタケ･･････････418
*Claviceps purpurea*　→バッカクキン･･････････598
*Clavulina amethystinoides*　→ムラサキホウキタケモ
　ドキ･･････････792
*Clavulina corralloides*　→カレエダタケ･･････････216
*Clavulinopsis corniculata*　→キンホウキタケ･･････････257
*Clavulinopsis fusiformis*　→ナギナタタケ･･････････543
*Clavulinopsis helvola*　→キソウメンタケ･･････････232
*Clavulinopsis laeticolor*　→カベンタケ･･････････205
*Clavulinopsis miyabeana*　→ベニナギナタタケ･･････････697
*Claytonia perfoliata*　→ツキヌキスマハコベ･･････････488
*Cleistogenes hackelii*　→チョウセンガリヤス･･････････484
*Clematis alpina*　→クレマチス・アルピナ･･････････275
*Clematis alpina* subsp.*ochotensis* var.*fusijamana*
　→ミヤマハンショウヅル･･････････777
*Clematis alpina* var.*fauriei*　→コミヤマハンショウヅ
　ル･･････････330
*Clematis alsomitrifolia*　→オキナワセンニンソウ･･････････172
*Clematis apiifolia* var.*apiifolia*　→ボタンヅル･･････････722
*Clematis apiifolia* var.*biternata*　→コボタンヅル･･････････327
*Clematis* 'Asagasumi'　→アサガスミ･･････････23
*Clematis chinensis*　→サキシマボタンヅル･･････････340
*Clematis crassifolia*　→ヤマハンショウヅル･･････････835
*Clematis* 'Edomurasaki'　→エドムラサキ･･････････127
*Clematis florida*　→テッセン･･････････509
*Clematis fujisanensis*　→フジセンニンソウ･･････････683
*Clematis fusca*　→クロバナハンショウヅル･･････････280
*Clematis grata*　→リュウキュウボタンヅル･･････････859
*Clematis* 'Hisa'　→ヒサ･･････････629
*Clematis integrifolia*　→クレマチス・インテグリフォ

リア･･････････275
*Clematis* 'Isehara'　→イセハラ･･････････58
*Clematis japonica*　→ハンショウヅル･･････････622
*Clematis japonica* f.*cremea*　→シロハンショウヅル･･･403
*Clematis japonica* var.*villosula*　→ケハンショウヅ
　ル･･････････290
*Clematis* 'Kakio'　→カキオ･･････････193
*Clematis lasiandra*　→タカネハンショウヅル･･････････450
*Clematis leschenaultiana*　→ビロードボタンヅル･･････････669
*Clematis macropetala*　→クレマチス・マクロペタラ･･275
*Clematis marmoraria*　→クレマチス・マルモラリア･･275
*Clematis meyeniana*　→ヤンバルセンニンソウ･･････････840
*Clematis* 'Misayo'　→ミサヨ･･････････749
*Clematis montana*　→クレマチス・モンタナ･･････････275
*Clematis* 'Myōkō'　→ミョウコウ･･････････781
*Clematis obvallata* var.*obvallata*　→コウヤハンショ
　ウヅル･･････････301
*Clematis obvallata* var.*shikokiana*　→シコクハン
　ショウヅル･･････････363
*Clematis ochotensis* var.*ochotensis*　→エゾミヤマハ
　ンショウヅル･･････････123
*Clematis patens*　→カザグルマ･･････････196
*Clematis pierotii*　→メボタンヅル(1)･･････････797
*Clematis satomiana*　→ホクリクサボタン･･････････707
*Clematis sibiricoides*　→エゾウクノテ･･････････125
*Clematis speciosa*　→オオクサボタン･･････････142
*Clematis* spp.　→クレマチス･･････････275
*Clematis stans*　→クサボタン･･････････262
*Clematis stans* var.*austrojaponensis*　→ツクシクサ
　ボタン･･････････490
*Clematis takedana*　→ムラサキボタンヅル･･････････792
*Clematis tangutica*　→クレマチス・タングチカ･･････････275
*Clematis tashiroi*　→ヤエヤマセンニンソウ･･････････807
*Clematis* 'Tateshina'　→タテシナ･･････････460
*Clematis terniflora*　→センニンソウ･･････････431
*Clematis terniflora* var.*boninensis*　→ムニンセンニ
　ンソウ･･････････786
*Clematis* 'Teshio'　→テシオ･･････････509
*Clematis texensis*　→クレマチス・テキセンシス･･････････275
*Clematis tibetana*　→クレマチス・チベタナ･･････････275
*Clematis tosaensis*　→トリガタハンショウヅル･･････････533
*Clematis uncinata* var.*ovatifolia*　→キイセンニンソ
　ウ･･････････225
*Clematis* 'Wakamurasaki'　→ワカムラサキ･･････････869
*Clematis williamsii*　→シロバナハンショウヅル･･････････402
*Cleome rutidosperma*　→アフリカフウチョウソウ･･････････36
*Cleome viscosa*　→キバナヒメフウチョウ･･････････243
*Clerodendrum bungei*　→ボタンクサギ･･････････722
*Clerodendrum izuinsulare*　→シマクサギ･･････････376
*Clerodendrum japonicum*　→ヒギリ･･････････627
*Clerodendrum lindleyi*　→リンドレイクサギ･･････････862
*Clerodendrum thomsoniae*　→ゲンペイクサギ･･････････293
*Clerodendrum trichotomum* var.*fargesii*　→アマクサ
　ギ･･････････38
*Clerodendrum trichotomum* var.*trichotomum*　→ク
　サギ･･････････260
*Clethra barbinervis*　→リョウブ･･････････861
*Cleyera japonica*　→サカキ･･････････338
*Climacium japonicum*　→コウヤノマンネングサ･･････････301
*Climacodon septentrionalis*　→エゾハリタケ･･････････121
*Clinopodium chinense* subsp.*chinense*　→オキナワ
　クルマバナ･･････････171
*Clinopodium chinense* subsp.*glabrescens*　→ヤマク

ルマバナ ……………………………………829

*Clinopodium coreanum* subsp.*coreanum* →クルマバ
ナ ……………………………………………274

*Clinopodium coreanum* subsp.*stoloniferum* →オオ
クルマバナ ………………………………143

*Clinopodium gracile* →トウバナ ……………………518

*Clinopodium macranthum* →ミヤマクルマバナ ……770

*Clinopodium micranthum* var.*fauriei* →アラゲトウ
バナ ……………………………………… 47

*Clinopodium micranthum* var.*micranthum* →イヌ
トウバナ ………………………………… 71

*Clinopodium micranthum* var.*sachalinense* →ミヤ
マトウバナ ………………………………774

*Clinopodium multicaule* var.*latifolium* →ヒロハヤ
マトウバナ ………………………………674

*Clinopodium multicaule* var.*multicaule* →ヤマトウ
バナ ……………………………………832

*Clinopodium multicaule* var.*yakusimense* →ヤクシ
マトウバナ ………………………………812

*Clinostigma savoryanum* →ノヤシ ……………………580

*Clintonia udensis* →ツバメオモト ……………………498

*Clitocybe candicans* →シロヒメカヤタケ ……………403

*Clitocybe connata* →オシロイシメジ ………………177

*Clitocybe fragrans* →コカブイヌシメジ ……………305

*Clitocybe nebularis* →ハイイロシメジ ………………582

*Clitocybe odora* →アオイヌシメジ …………………… 6

*Clitocybe rivulosa* →Fool's funnel …………………874

*Clitocybe robusta* →シロノハイイロシメジ …………400

*Clitocybe trulliformis* →Dapper funnel ……………874

*Clitopilus popinalis* →ムツノウラベニタケ …………785

*Clitopilus prunulus* →ヒカゲウラベニタケ …………625

*Clitoria ternatea* →チョウマメ ……………………486

*Cnidium japonicum* →ハマゼリ ……………………611

*Coccinia grandis* →ヤサイカラスウリ ………………814

*Coccoloba uvifera* →ハマベブドウ …………………614

*Coccophora langsdorfii* →スギモク …………………411

*Cocculus laurifolius* →イソヤマアオキ …………… 60

*Cocculus trilobus* →アオツヅラフジ ………………… 8

*Cochlearia officinalis* subsp.*oblongifolia* →トモシリ
ソウ ……………………………………532

*Cocos nucifera* →ヤシ ……………………………814

*Codariocalyx microphyllus* →ヒメノハギ …………655

*Codariocalyx motorius* →マイハギ …………………728

*Codiaeum variegatum* var.*pictum* →ヘンヨウボク …703

*Codiaeum variegatum* var.*pictum* f.*cornutum*
'Hosokimaki' →ホソキマキ ………………712

*Codiaeum variegatum* var.*pictum* f.*lobatum* →アカ
ケンバ ………………………………… 13

*Codiaeum variegatum* var.*pictum* f.*ovalifolium*
→タカノハ ………………………………452

*Codiaeum variegatum* var.*pictum* f.*platyphyllum*
'Akebono' →アケボノクロトン ……………… 22

*Codiaeum variegatum* var.*pictum* f.*platyphyllum*
'Harvest Moon' →ハーベスト・ムーン …………608

*Codiaeum variegatum* var.*pictum* f.*taeniosum* 'Van
Oosterzeei' →リュウセイクロトン ……………860

*Codium cylindricum* →ナガミル ……………………542

*Codium fragile* →ミル ……………………………781

*Codium latum* →ヒラミル …………………………666

*Codium lucasii* →ハイミル …………………………585

*Codonacanthus pauciflorus* →アリモリソウ ………… 49

*Codonopsis clematidea* →コドノプシス・クレマティ
デア ……………………………………318

*Codonopsis javanica* subsp.*japonica* →ツルギキョ

ウ (1) ……………………………………502

*Codonopsis lanceolata* var.*lanceolata* →ツルニンジ
ン ……………………………………505

*Codonopsis lanceolata* var.*omurae* →シブカワニン
ジン ……………………………………373

*Codonopsis ussuriensis* →バアソブ …………………581

*Coelachne japonica* →ヒナザサ (1) …………………636

*Coelarthrum opuntia* →フクロツナギ ………………680

*Coeloglossum viride* var.*akaishimontanum* →タカ
ネアオチドリ ……………………………446

*Coelopleurum gmelinii* →エゾノシシウド ……………118

*Coelopleurum multisectum* →ミヤマゼンゴ…………773

*Coelopleurum rupestre* →エゾヤマゼンコ …………124

*Coffea arabica* →コーヒーノキ ……………………325

*Coincya monensis* →キバナスズシロモドキ …………241

*Coix lacryma-jobi* var.*lacryma-jobi* →ジュズダマ ……386

*Coix lacryma-jobi* var.*ma-yuen* →ハトムギ ………600

*Cola acuminata* →ヒメコラノキ ……………………648

*Cola nitida* →コラノキ ……………………………334

*Colchicum autumnale* →イヌサフラン ……………… 69

*Collema furfuraceum* →トゲカワホリゴケ …………525

*Collomia debilis* var.*debilis* →コロミア・デビリス ……335

*Collomia spinosa* →ユニバヨウジョウゴケ …………100

*Collybia cookei* →タマツキカレバタケ ……………466

*Colocasia esculenta* →サトイモ……………………348

*Cololejeunea inoueana* →イノウエヨウジョウゴケ ……74

*Cololejeunea nakajimae* →ナカジマヒメクサリゴケ ……537

*Cololejeunea spinosa* →ウニバヨウジョウゴケ ………100

*Cololejeunea uchimae* →ウチマキララゴケ ………… 98

*Colpomenia bullosa* →ワタモ ………………………871

*Colpomenia sinuosa* →フクロノリ (1) ………………680

*Coltricia cinnamomea* →ニッケイタケ ………………562

*Coltricia montagnei* →ウズタケ …………………… 95

*Coltricia perennis* →オツネンタケ …………………178

*Colubrina asiatica* →ヤエヤマハマナツメ …………808

*Comanthosphace japonica* →テンニンソウ…………513

*Comanthosphace stellipila* var.*stellipila* →ミカエリ
ソウ ……………………………………747

*Comanthosphace stellipila* var.*tosaensis* →オオマル
バノテンニンソウ ………………………162

*Comarum palustre* →クロバナロウゲ ………………280

*Comastoma pulmonarium* subsp.*sectum* →サンプ
クリンドウ ………………………………358

*Commelina auriculata* →ホウライツユクサ …………706

*Commelina benghalensis* →マルバツユクサ …………741

*Commelina caroliniana* →カロライナツユクサ ……216

*Commelina communis* →ツユクサ …………………500

*Commelina communis* 'Hortensis' →オオボウシバ
ナ ……………………………………161

*Commelina communis* var.*ludens* →ホソバツユク
サ ……………………………………715

*Commelina diffusa* →シマツユクサ …………………378

*Commelina erecta* →シュッコンツユクサ …………386

*Commelina paludosa* →ナンバンツユクサ …………553

*Commelina undulata* →フジイロタチツユクサ ………682

*Commelina virginica* →バージニアツユクサ…………593

*Comospermum yedoense* →ケイビラン ………………286

*Conandron ramondioides* var.*pilosum* →ケイワタバ
コ ……………………………………286

*Conandron ramondioides* var.*ramondioides* →イワ
タバコ ………………………………… 84

*Conandron ramondioides* var.*taiwanensis* →タイワ
ンイワタバコ ……………………………441

学名索引 919 COR

*Coniogramme×fauriei* →イヌイワガネソウ ……………67
*Coniogramme gracilis* →ホソバイワガネソウ ………713
*Coniogramme intermedia* →イワガネゼンマイ ………81
*Coniogramme japonica* →イワガネソウ ………………82
*Coniophora puteana* →イドタケ ……………………65
*Conioselinum filicinum* →ミヤマセンキュウ ………773
*Conioselinum kamtschaticum* →カラフトニンジン …213
*Conium maculatum* →ドクニンジン ………………524
*Conocephalum conicum* →ジャゴケ ………………383
*Conocephalum japonicum* →ヒメジャゴケ …………650
*Conocybe albipes* →キコガサタケ …………………230
*Conocybe apala* →White conecap ………………880
*Conocybe deliquescens* →Beansprout fungus ………873
*Conocybe filaris* →コツバイチメガサ ………………316
*Conocybe fragilis* →ハタケコガサタケ ……………595
*Conocybe nodulosospora* →コブミノコガサタケ ……326
*Conocybe tenera* →コガサタケ ……………………303
*Conoideocrella luteorostrata* →ハダニベニイロツブ
タケ ……………………………………………………596
*Convallaria majalis* var.*majalis* →ドイツスズラン …514
*Convallaria majalis* var.*manshurica* →スズラン
(1) …………………………………………………415
*Convallaria majalis* 'Variegata' →ドイツスズラン
(斑入り) ………………………………………………514
*Convolvulus althaeoides* →アオイヒルガオ …………6
*Convolvulus arvensis* →セイヨウヒルガオ …………424
*Convolvulus boissieri* →コンボルブルス・ボイッ
シェリ …………………………………………………336
*Convolvulus cantabrica* →コンボルブルス・カンタ
ブリカ …………………………………………………336
*Convolvulus compactus* →コンボルブルス・コンパ
クツス …………………………………………………336
*Convolvulus pilosellifolius* →ヒメムラダチヒルガオ …660
*Cookeina tricholoma* →アラゲワスベニコップタケ …46
*Coprinellus disseminatus* →イヌセンボンタケ ………70
*Coprinellus domesticus* →コキララタケ ……………306
*Coprinopsis atramentaria* →ヒトヨタケ ……………634
*Coprinopsis cinerea* →ウシグソヒトヨタケ …………92
*Coprinopsis friesii* →ヒメヒトヨタケ ………………657
*Coprinopsis kimurae* →マルミノヒトヨタケ ………744
*Coprinopsis lagopus* →ザラエノヒトヨタケ ………351
*Coprinopsis micaceus* →キララタケ ………………249
*Coprinopsis picacea* →Magpie inkcap ……………876
*Coprinopsis radiata* →ネナガノヒトヨタケ ………572
*Coprinus comatus* →ササクレヒトヨタケ …………344
*Coprinus patouillardi* →クズヒトヨタケ …………265
*Coprinus sterquilinus* →マグソヒトヨタケ ………729
*Coptis japonica* var.*anemonifolia* →オウレン ……134
*Coptis japonica* var.*japonica* →コセリバオウレン …315
*Coptis japonica* var.*major* →セリバオウレン ………428
*Coptis kitayamensis* →キタヤマオウレン …………236
*Coptis lutescens* →ウスギオウレン …………………93
*Coptis minamitaniana* →ヒュウガオウレン …………663
*Coptis quinquefolia* →バイカオウレン ……………582
*Coptis quinquefolia* var.*shikokumontana* →シコク
バイカオウレン ………………………………………363
*Coptis ramosa* →オオゴカヨウオウレン …………143
*Coptis trifolia* →ミツバオウレン …………………758
*Coptis trifoliolata* →ミツバノバイカオウレン ………759
*Coptosapelta diffusa* →ヒョウタンカズラ …………664
*Corallina maxima* →オオシコロ …………………144

*Corallina pilulifera* →ピリヒバ ……………………666
*Corchoropsis crenata* →カラスノゴマ ……………211
*Corchorus aestuans* →シマツナソ(1) ……………378
*Corchorus capsularis* →ツナソ ……………………496
*Corchorus olitorius* →タイワンツナソ ……………442
*Cordia aspera* subsp.*kanehirae* →トゲミノイヌチ
シャ ……………………………………………………526
*Cordia dichotoma* →カキバチシャノキ ……………194
*Cordyceps alboperitheciata* →シロミノクチキムシタ
ケ ………………………………………………………403
*Cordyceps annullata* →ヒメクチキタンポタケ ………646
*Cordyceps brongniartii* →エゾコガネムシタケ ………114
*Cordyceps brongniartii* →マヤサンエツキムシタケ …737
*Cordyceps cardinaris* →ホソエノコベニムシタケ ……711
*Cordyceps chichibuensis* →オオミノサナギタケ ……163
*Cordyceps cicadae* →キアシオアセミタケ …………225
*Cordyceps coceidioperitheciata* →アカミノオグラク
モタケ …………………………………………………17
*Cordyceps cylindrica* →イリオモテクモタケ …………79
*Cordyceps formosana* →ケイトウクチキムシタケ …285
*Cordyceps hepialidicola* →クサギムシタケ ………260
*Cordyceps ishikariensis* →イシカリセミタケ …………56
*Cordyceps kanzashiana* →カンザシセミタケ ………221
*Cordyceps kyushuensis* →イモムシタケ ……………78
*Cordyceps mantidicola* →コゴメカマキリムシタケ …309
*Cordyceps militaris* →サナギタケ …………………349
*Cordyceps militaris* →セミヤドリサナギタケ ………428
*Cordyceps militaris* →ハチヤドリサナギタケ ………598
*Cordyceps militaris* f. →クキジロサナギタケ ………259
*Cordyceps militaris* f.*albina* →シロサナギタケ ……398
*Cordyceps militaris* var.*sphaerocephala* →タマサナ
ギタケ …………………………………………………465
*Cordyceps myrmecogena* →アリヤドリタンポタケ …49
*Cordyceps nelumboides* →ハスノミクモタケ ………594
*Cordyceps nikkoënsis* →テッポウムシタケ …………509
*Cordyceps ninchukispora* →ヒメサナギタケモドキ …649
*Cordyceps nipponica* →アブラゼミタケ ……………35
*Cordyceps nutans* f. →キイロカメムシタケ …………226
*Cordyceps obliqua* →タカオムシタケ ……………444
*Cordyceps obliquiordinata* →ナガホノケンガタムシ
タケ ……………………………………………………541
*Cordyceps ochraceostromata* →イモムシハナヤスリ
タケ ……………………………………………………78
*Cordyceps ogurasanensis* →オグラクモタケ ………175
*Cordyceps ootakiensis* →ベニイモムシタケ ………695
*Cordyceps pleuricapitata* →ウスキタンポセミタケ …93
*Cordyceps pleuricapitata* f. →ウスイロコゴメセミタ
ケ ………………………………………………………93
*Cordyceps ramosipulvinata* →トビシマセミタケ ……531
*Cordyceps rosea* →ウスアカシャクトリムシタケ ……92
*Cordyceps roseostromata* →ベニイロクチキムシタ
ケ ………………………………………………………695
*Cordyceps rubrostromata* →ホソエノアカクビオレ
タケ ……………………………………………………711
*Cordyceps ryogamimontana* →スズキセミタケ ………413
*Cordyceps scarabaeicola* →コガネムシタケ ………305
*Cordyceps sinclairii* →ツクツクボウシセミタケ ……492
*Cordyceps* sp. →アマミコベニタンポタケ …………40
*Cordyceps* sp. →イリオモテクマゼミタケ …………79
*Cordyceps* sp. →エニワセミタケ …………………128
*Cordyceps* sp. →クロツブイラガタケ ……………279

| | |
|---|---|
| *Cordyceps* sp. →シャクトリムシハリセンボン ………382 | *Cortinarius hemitrichus* →シラガツバフウセンタケ ‥391 |
| *Cordyceps* sp. →シラブクモタケ …………………394 | *Cortinarius iodes* →ムラサキアブラシメジ …………789 |
| *Cordyceps* sp. →ジュズミノガヤドリタケ …………386 | *Cortinarius nigrosquamosus* →オニフウセンタケ ‥‥185 |
| *Cordyceps* sp. →ツブアワフキムシタケ ……………498 | *Cortinarius obtusus* →サザナミニセフウセンタケ ‥‥344 |
| *Cordyceps* sp. →ヌンチャクイラガタケ ……………569 | *Cortinarius olearioides* →コガネフウセンタケ ………305 |
| *Cordyceps* sp. →ハスノミマユタケ ………………594 | *Cortinarius phoeniceus* →アカサヤタケ ………………13 |
| *Cordyceps* sp. →ミカズラコガネムシタケ ………747 | *Cortinarius pholideus* →ササクレフウセンタケ ………344 |
| *Cordyceps takaomontana* →ウスキサナギタケ ‥‥ 93 | *Cortinarius praestans* →ムレオオフウセンタケ ………793 |
| *Cordyceps tuberculata* f. →アメイロスズメガタケ ‥‥ 42 | *Cortinarius pseudopurpurascens* →フウセンタケモ |
| *Cordyceps tuberculata* f. →ガヤドリキイロツブタケ ‥209 | ドキ …………………………………………676 |
| *Cordyceps tuberculata* f.*moelleri* →ガヤドリナガミ | *Cortinarius pseudosalor* →ヌメリササタケ …………568 |
| ツブタケ …………………………………………209 | *Cortinarius purpurascens* →カワムラフウセンタケ ‥217 |
| *Cordyceps yahagiana* →ヤハギカイガラムシタケ ‥‥820 | *Cortinarius rubellus* →ジンガサドクフウセンタケ‥‥405 |
| *Cordyline australis* →ニオイシュロラン ……………556 | *Cortinarius salor* →ムラサキアブラシメジモドキ …789 |
| *Cordyline fruticosa* →ドラセナ …………………532 | *Cortinarius sanguineus* →アカタケ ……………………14 |
| *Coreopsis basalis* →キンケイギク …………………254 | *Cortinarius semisanguineus* →アカヒダササタケ……16 |
| *Coreopsis lanceolata* →オオキンケイギク …………142 | *Cortinarius sodagnitus* →コルオティナリウス・ソダ |
| *Coreopsis tinctoria* →ハルシャギク ………………620 | グニトゥス …………………………………………334 |
| *Coriandrum sativum* →コエンドロ …………………302 | *Cortinarius tenuipes* →ニセアブラシメジ…………560 |
| *Coriaria japonica* →ドクウツギ …………………523 | *Cortinarius traganus* →オオウスムラサキフウセン |
| *Coriolopsis glabrorigens* →コガネカワラタケ ………304 | タケ …………………………………………………138 |
| *Cornopteris crenulatoserrulata* →イッポンワラビ‥‥‥64 | *Cortinarius triumphans* →チャオビフウセンタケ ‥‥479 |
| *Cornopteris decurrentialata* →シケチダ …………362 | *Cortinarius trivialis* →マムシフウセンタケ ………736 |
| *Cornus alba* →シラタマミズキ ………………………393 | *Cortinarius uliginosus* →Marsh webcap …………876 |
| *Cornus alba* var.*sibirica* →サンゴミズキ …………356 | *Cortinarius vibratilis* →キアブラシメジ …………225 |
| *Cornus canadensis* →ゴゼンタチバナ ……………315 | *Cortinarius violaceus* →ムラサキフウセンタケ ……792 |
| *Cornus controversa* →ミズキ ……………………750 | *Corybas dilatatus* →コリバス・ディラターツス ……334 |
| *Cornus controversa* var.*alpina* →タカネミズキ …451 | *Corydalis ambigua* var.*genuina* →ホソバエンゴサ |
| *Cornus controversa* var.*shikokumontana* →イシヅ | ク …………………………………………………713 |
| チミズキ …………………………………………56 | *Corydalis balansae* →シマキケマン………………376 |
| *Cornus florida* →ハナミズキ ………………………606 | *Corydalis cava* 'Albiflora' →コリダリス・カバ'アル |
| *Cornus florida* 'Cherokee Sunset' →チェロキーサ | ビフロラ' …………………………………………334 |
| ンセット …………………………………………471 | *Corydalis decumbens* →ジロボウエンゴサク …………403 |
| *Cornus florida* 'Rubra' →ベニバナハナミズキ ………698 | *Corydalis densiflora* →コリダリス・デンシフロラ…334 |
| *Cornus kousa* subsp.*chinensis* →ヤエヤマヤマボウ | *Corydalis flexuosa* →コリダリス・フレクスオサ ……334 |
| シ …………………………………………………808 | *Corydalis fukuharae* →オトメエンゴサク……………179 |
| *Cornus kousa* subsp.*kousa* →ヤマボウシ …………837 | *Corydalis fumariifolia* subsp.*azurea* →エゾエンゴ |
| *Cornus macrophylla* →クマノミズキ ………………268 | サク…………………………………………………112 |
| *Cornus mas* →セイヨウサンシュユ……………………422 | *Corydalis gigantea* →エゾオオケマン………………112 |
| *Cornus officinalis* →サンシュユ ……………………357 | *Corydalis henrikii* →コリダリス・ヘンリッキー ……334 |
| *Cornus suecica* →エゾゴゼンタチバナ………………114 | *Corydalis heterocarpa* var.*brachystyla* →ムニンキケ |
| *Coronilla varia* →タマザキクサフジ ………………465 | マン…………………………………………………786 |
| *Cortaderia selloana* →パンパスグラス ……………623 | *Corydalis heterocarpa* var.*heterocarpa* →ツクシキケ |
| *Corticium roseocarneum* →スミレウロコタケ ………418 | マン…………………………………………………490 |
| *Cortinarius alboviolaceus* →ウスフジフウセンタケ ‥96 | *Corydalis heterocarpa* var.*japonica* →キケマン………230 |
| *Cortinarius allutus* →ニセマンジュウガサ …………561 | *Corydalis incisa* →ムラサキケマン…………………790 |
| *Cortinarius anomalus* →マルミノフウセンタケ ………744 | *Corydalis kushiroensis* →チドリケマン……………478 |
| *Cortinarius armillatus* →ツバフウセンタケ …………498 | *Corydalis lineariloba* var.*capillaris* →ヒメエンゴサ |
| *Cortinarius aureobrunneus* →キンチャフウセンタ | ク …………………………………………………643 |
| ケ …………………………………………………256 | *Corydalis lineariloba* var.*lineariloba* →ヤマエンゴサ |
| *Cortinarius austrovenetus* →Green skinhead………875 | ク …………………………………………………827 |
| *Cortinarius bolaris* →アカツブフウセンタケ …………14 | *Corydalis lutea* →コリダリス・ルテア………………334 |
| *Cortinarius bovinus* →サザナミツバフウセンタケ…344 | *Corydalis malkensis* →コリダリス・マーケンシス‥‥334 |
| *Cortinarius camphoratus* →Goatcheese webcap…875 | *Corydalis nudicaulis* →コリダリス・ヌディカウリ |
| *Cortinarius caperatus* →ショウゲンジ ………………388 | ス……………………………………………………334 |
| *Cortinarius cinnamomeus* →ササタケ ………………344 | *Corydalis ochotensis* →ツルキケマン………………502 |
| *Cortinarius claricolor* →オオツガタケ ………………149 | *Corydalis ophiocarpa* →ヤマキケマン………………828 |
| *Cortinarius collinitus* →ツバアブラシメジ…………497 | *Corydalis orthoceras* →ミチノクエンゴサク…………756 |
| *Cortinarius elatior* s.l. →アブラシメジ(広義) …35 | *Corydalis pallida* →ミヤマキケマン(広義)…………769 |
| *Cortinarius galeroides* →トガリニセフウセンタケ‥‥520 | *Corydalis pallida* var.*tenuis* →ミヤマキケマン……769 |
| *Cortinarius haasii* →フタイロフウセンタケ …………685 | *Corydalis papilligera* →キンキエンゴサク…………253 |
| | *Corydalis racemosa* →ホザキキケマン………………709 |

学名索引　　921　　CRO

*Corydalis raddeana* →ナガミノツルケマン ……………542
*Corydalis solida* →コリダリス・ソリダ ……………334
*Corydalis speciosa* →エゾキケマン ………………113
*Corydalis wilsonii* →コリダリス・ウイルソニー ……334
*Corydalis yanhusuo* →エンゴサク（1）………………132
*Corylopsis glabrescens* →キリシマミズキ ………251
*Corylopsis gotoana* →ミヤマトサミズキ ……………774
*Corylopsis gotoana* var.*pubescens* →ヒゴミズキ ……629
*Corylopsis pauciflora* →ヒュウガミズキ ……………664
*Corylopsis spicata* →トサミズキ ………………528
*Corylus avellana* →セイヨウハシバミ ………………423
*Corylus heterophylla* →ハシバミ（広義）……………593
*Corylus heterophylla* var.*thunbergii* →ハシバミ ……593
*Corylus heterophylla* var.*yezoensis* →エゾハシバミ ‥121
*Corylus sieboldiana* var.*brevirostris* →トックリハシ
　バミ ……………………529
*Corylus sieboldiana* var.*mandshurica* →オオツノハ
　シバミ ……………149
*Corylus sieboldiana* var.*sieboldiana* →ツノハシバ
　ミ ………………497
*Corymborkis subdensa* →チクセツラン ……………472
*Corymborkis veratrifolia* →バイケイラン ……………583
*Cosmos bipinnatus* →コスモス ………………314
*Cosmos caudatus* →ヤサイコスモス ………………814
*Cosmos sulphureus* →キバナコスモス ………………241
*Costaria costata* →スジメ ………………412
*Cotinus coggygria* →カスミノキ ……………199
*Cotinus coggygria* 'Royal Purple' →ローヤル パー
　プル ………………869
*Cotoneaster* →コトネアスター ………………318
*Cotoneaster horizontalis* →ベニシタン ………………696
*Cotula australis* →マメカミツ레 ………………736
*Cotula coronopifolia* →ウシオシカギク ……………91
*Crassocephalum crepidioides* →ベニバナボロギク ……699
*Crataegus chlorosarca* →クロミサンザシ ……………282
*Crataegus cuneata* →サンザシ ………………356
*Crataegus jozana* →エゾサンザシ ……………114
*Crataegus laevigata* →セイヨウサンザシ ……………422
*Crataegus maximowiczii* →オオバサンザシ ……………153
*Crataegus mollis* →アカミサンザシ ……………16
*Crataegus monogyna* →ヒトシベサンザシ ……………633
*Crataegus oxyacantha* var.*paulii* →アカバナサンザ
　シ ………………15
*Crataegus pinnatifida* var.*major* →オオミサンザシ ‥162
*Craterellus cornucopioides* →クロラッパタケ ……283
*Craterellus tubaeformis* →ミキイロウスタケ ……748
*Crateva formosensis* →ギョボク ………………249
*Cratoneuron filicinum* →ミズシダゴケ ………………751
*Creasus× kanzakura* →カンザクラ（1）………………221
*Cremastra aphylla* →モイワラン ………………798
*Cremastra appendiculata* var.*variabilis* →サイハイ
　ラン ………………338
*Cremastra unguiculata* →トケンラン ………………526
*Crepidiastrum ameristophyllum* →ユズリハワダン ……845
*Crepidiastrum chelidoniifolium* →クサノオウバノギ
　ク ………………262
*Crepidiastrum denticulatum* →ヤクシソウ（1）………809
*Crepidiastrum grandicollum* →コヘラナレン ………326
*Crepidiastrum keiskeanum* →アゼトウナ ………………31
*Crepidiastrum lanceolatum* var.*daitoense* →ダイト
　ウワダン ………………439

*Crepidiastrum lanceolatum* var.*lanceolatum* →ホソ
　バワダン ………………720
*Crepidiastrum linguifolium* →ヘラナレン ……………701
*Crepidiastrum× nakaii* →ヤクシワダン ………………813
*Crepidiastrum platyphyllum* →ワダン ………………871
*Crepidiastrum yoshinoi* →イワヤクシソウ ……………87
*Crepidium bancanoides* →イリオモテヒメラン ………79
*Crepidium boninense* →シマホザキラン ………………379
*Crepidium hahajimense* →ハハジマホザキラン ………607
*Crepidium kandae* →カンダヒメラン ………………222
*Crepidium ophrydis* →ホザキヒメラン ………………710
*Crepidium purpureum* →オキナワヒメラン ……………173
*Crepidomanes bipunctatum* →オオアオホラゴケ ……135
*Crepidomanes bonincola* →ムニンホラゴケ ……………788
*Crepidomanes humile* →ヒメホラゴケ ………………658
*Crepidomanes kurzii* →マメホラゴケ ………………737
*Crepidomanes latealatum* →アオホラゴケ ……………11
*Crepidomanes latemarginale* →マツバコケシダ ……733
*Crepidomanes makinoi* →コケホラゴケ ………………309
*Crepidomanes minutum* →ウチワゴケ ………………98
*Crepidomanes schmidtianum* var.*schmidtianum*
　→チチブホラゴケ ………………477
*Crepidomanes thysanostomum* →カンシノブホラゴ
　ケ ………………222
*Crepidotus badiofloccosus* →クリゲノチャヒラタケ ‥272
*Crepidotus cinnabarinus* →ヒイロチャヒラタケ ……624
*Crepidotus crocophyllus* →Saffron oysterling ……879
*Crepidotus mollis* →チャヒラタケ ………………480
*Crepidotus sulphurinus* →フジチャヒラタケ ………683
*Crepis gymnopus* →エゾタカネニガナ ………………115
*Crepis hokkaidoensis* →フタマタタンポポ ……………686
*Crepis rubra* →センボンタンポポ ………………432
*Crepis tectorum* →ヤネタビラコ ………………820
*Crinipellis scabella* →ニセホウライタケ ……………561
*Crinipellis zonata* →Zoned hairy parachute ……880
*Crinum asiaticum* var.*japonicum* →ハマオモト ……609
*Crinum asiaticum* var.*sinicum* →タイワンハマオモ
　ト ………………443
*Crinum gigas* →オガサワラハマユウ ………………168
*Crinum× powellii* →クリナム ………………272
*Crisium comosum* var.*incomptum* →トネアザミ
　（1）………………530
*Crocosmia aurea* →ヒオウギズイセン（1）…………625
*Crocosmia× crocosmiiflora* →ヒメヒオウギズイセ
　ン ………………656
*Crocus sativus* →サフラン ………………350
*Crocus vernus* →クロッカス ………………278
*Croomia heterosepala* →ナベワリ ………………548
*Croomia hyugaensis* →ヒュウガナベワリ ……………663
*Croomia japonica* →ヒメナベワリ ………………654
*Croomia kinoshitae* →シコクナベワリ ………………363
*Croomia saitoana* →コバナナベワリ ………………321
*Crossandra nilotica* →シラゲキツネノヒガサ ………392
*Crossostephium chinense* →モクビャッコウ …………799
*Crotalaria calycina* →ガクタヌキマメ ………………195
*Crotalaria juncea* →コヤシタヌキマメ ………………333
*Crotalaria montana* var.*angustifolia* →ヤエヤマタ
　ヌキマメ ………………808
*Crotalaria sessiliflora* →タヌキマメ ………………462
*Crotalaria trichotoma* →アフリカタヌキマメ ………36
*Crotalaria uncinella* subsp.*elliptica* →エダウチタヌ

キマメ ……………………………………126
*Croton cascarilloides* →グミモドキ …………269
*Croton tiglium* →ハズ ………………………594
*Crucibulum laeve* →ツネノチャダイゴケ ……496
*Crustodontia chrysocreas* →コガネネバリコウヤク
　タケ ……………………………………305
*Cryphaea obovato-carpa* →イトヒバゴケ …… 66
*Cryptocarya chinensis* →シナクスモドキ ……369
*Cryptogramma crispa* →リシリシノブ ………854
*Cryptogramma stelleri* →ヤツガタケシノブ …817
*Cryptomeria japonica* 'Araucarioides' →エンコウ
　スギ ……………………………………132
*Cryptomeria japonica* f.*caespitosa* →ムレスギ …793
*Cryptomeria japonica* f.*cristata* →セッカスギ …426
*Cryptomeria japonica* f.*viridis* →ミドリスギ …760
*Cryptomeria japonica* 'Globosa Nana' →グロボー
　サ ナナ ……………………………………282
*Cryptomeria japonica* 'Sekkansugi' →セッカンス
　ギ ……………………………………426
*Cryptomeria japonica* var.*japonica* →スギ …410
*Cryptomeria japonica* var.*radicans* →アシウスギ … 25
*Cryptoporus volvatus* →ヒトクチタケ ………633
*Cryptostylis arachnites* →オオスズムシラン …146
*Cryptostylis taiwaniana* →タカオオオスズムシラン …444
*Cryptotaenia japonica* →ミツバ ………………757
*Ctenidium percrassum* →オニクシノハゴケ …182
*Ctenidium pulchellum* →イボエクシノハゴケ … 77
*Ctenitis eatonii* →ホラグマ ………………725
*Ctenitis iriomotensis* →コミダケシダ ………329
*Ctenitis lepigera* →キンモウイノデ …………257
*Ctenitis microlepigera* →コキンモウイノデ …307
*Ctenitis sinii* →サツマシダ ………………347
*Ctenitis subglandulosa* →カツモウイノデ……201
*Cucumis melo* →マクワウリ ………………729
*Cucumis melo* L.Conomon Group →シロウリ …397
*Cucumis melo* L.Reticulatus Group →アミメロン … 42
*Cucumis sativus* →キュウリ ………………247
*Cucurbita maxima* →クリカボチャ …………272
*Cucurbita moschata* →カボチャ ……………205
*Cucurbita moschata* var.*meloniformis* →ボウブラ
　(1) ……………………………………705
*Cucurbita moschata* var.*meloniformis* 'Toonas'
　→サイキョウカボチャ ……………………337
*Cucurbita pepo* →セイヨウカボチャ (1) ………421
*Cucurbita pepo* 'Kintoga' →キントウガ ………256
*Cudonia circinans* →ホテイタケ ……………723
*Cudonia helvelloides* →クラタケ ……………271
*Cudoniella clavus* →ミズベノニセズキンタケ …753
*Cullen cinereus* →クマツヅラハギ …………268
*Cumathamnion serrulatum* →ヌメハノリ ……568
*Cunninghamia lanceolata* →コウヨウザン ……301
*Cuphea carthagenensis* →ネバリミソハギ ……572
*Cuphophyllus lacmus* →ウバノカサ …………100
*Cuphophyllus niveus* →コオトメノカサ………303
*Cuphophyllus pratensis* →ハダイロガサ ………595
*Cuphophyllus virgineus* →オトメノカサ ………180
*Cupressus sempervirens* →ホソイトスギ ……711
*Cupressus sempervirens* 'Swane's Gold' →スウェン
　ズ ゴールド ……………………………409
*Curculigo orchioides* →キンバイザサ …………256
*Curcuma aromatica* →キョウオウ ……………247

*Curcuma longa* →ウコン (3) …………………90
*Cuscuta australis* →マメダオシ ……………737
*Cuscuta campestris* →アメリカネナシカズラ…… 44
*Cuscuta chinensis* →ハマネナシカズラ ………613
*Cuscuta europaea* →クシロネナシカズラ ……264
*Cuscuta japonica* →ネナシカズラ ……………572
*Cyanthillium cinereum* →ムラサキムカシヨモギ……792
*Cyanus segetum* →ヤグルマギク ……………814
*Cyathea aramaganensis* →エダウチムニンヘゴ………126
*Cyathea hancockii* →クサマルハチ …………262
*Cyathea lepifera* →モリヘゴ ………………804
*Cyathea mertensiana* →マルハチ ……………741
*Cyathea metteniana* →チャボヘゴ …………481
*Cyathea ogurae* →メヘゴ ……………………797
*Cyathea podophylla* →クロヘゴ ……………281
*Cyathea spinulosa* →ヘゴ ……………………694
*Cyathea tuyamae* →エダウチヘゴ (1) ………126
*Cyathus olla* →チャダイゴケ …………………479
*Cyathus stercoreus* →ハタケチャダイゴケ ……595
*Cyathus striatus* →スジチャダイゴケ…………412
*Cycas revoluta* →ソテツ ……………………434
*Cyclamen africanum* →シクラメン・アフリカナム…362
*Cyclamen alpinum* →シクラメン・アルピナム ……362
*Cyclamen cilicium* →シクラメン・シリシウム……362
*Cyclamen coum* →シクラメン・コウム…………362
*Cyclamen graecum* →シクラメン・グラエカム …362
*Cyclamen hederifolium* →シクラメン・ヘデリフォ
　リウム ……………………………………362
*Cyclamen intaminatum* →シクラメン・インタミナ
　ツム ……………………………………362
*Cyclamen libanoticum* →シクラメン・リバノティカ
　ム ……………………………………362
*Cyclamen mirabile* →シクラメン・ミラビレ…………362
*Cyclamen persicum* →シクラメン ……………361
*Cyclamen pseudibericum* →シクラメン・プセウディ
　ベリカム ……………………………………362
*Cyclamen purprescens* →シクラメン・パープレスセ
　ンス ……………………………………362
*Cyclamen repandum* subsp.*peloponnesiacum* →シ
　クラメン・レパンダム・ペロポネシアクム…………362
*Cyclamen repandum* subsp.*rhodense* →シクラメ
　ン・レパンダム・ローデンセ …………………362
*Cyclea insularis* →ミヤコジマツヅラフジ ………764
*Cyclocodon lancifolius* →タンゲブ ……………469
*Cycloloma atriplicifolium* →ホシサンゴ ………710
*Cyclospermum leptophyllum* →マツバゼリ ……733
*Cydonia oblonga* →マルメロ …………………744
*Cylindrobasidium evolvens* →エビコウヤクタケ……129
*Cymatoderma elegans* →フトウラスジタケ ……688
*Cymbalaria muralis* →ツタバウンラン ………495
*Cymbidium* →シンビジウム …………………407
*Cymbidium aspidistrifolium* →アキザキナギラン …… 19
*Cymbidium dayanum* →ヘツカラン …………695
*Cymbidium ensifolium* →スルガラン …………419
*Cymbidium goeringii* →シュンラン ……………388
*Cymbidium goeringii* f.*angustatum* →ホソバシュン
　ラン ……………………………………715
*Cymbidium hybrid* →コガタシンビジウム ………304
*Cymbidium kanran* →カンラン (2) ……………225
*Cymbidium lancifolium* →オオナギラン ………150
*Cymbidium macrorhizon* →マヤラン …………737

*Cymbidium nagifolium* →ナギラン ......543
*Cymbidium nipponicum* →サガミラン ......339
*Cymbidium×nishiuchianum* →ハルカンラン ......619
*Cymbidium sinense* →ホウサイ ......704
*Cymbopogon tortilis* var.*goeringii* →オガルカヤ ......169
*Cymodocea rotundata* →ベニアマモ ......695
*Cymodocea serrulata* →リュウキュウアマモ ......856
*Cynanchum boudieri* →アマミイケマ ......39
*Cynanchum caudatum* →イケマ ......55
*Cynanchum caudatum* var.*tanzawamontanum* →タンザワイケマ ......469
*Cynanchum liukiuense* →リュウキュウガシワ ......856
*Cynanchum rostellatum* →ガガイモ ......192
*Cynanchum sublanceolatum* var.*kinokuniense* →キノクニカモメヅル ......239
*Cynanchum wilfordii* →コイケマ ......295
*Cynara scolymus* →アーティチョーク ......33
*Cynodon dactylon* →ギョウギシバ ......247
*Cynodon dactylon* var.*nipponicus* →オオギョウギシバ ......142
*Cynodon plectostachyus* →オニギョウギシバ ......182
*Cynoglossum amabile* →シナワスレナグサ ......371
*Cynoglossum asperrimum* →オニルリソウ ......185
*Cynoglossum furcatum* var.*villosulum* →オオルリソウ(1) ......166
*Cynoglossum lanceolatum* var.*formosanum* →タイワンルリソウ ......443
*Cynosurus cristatus* →クシガヤ ......263
*Cynosurus echinatus* →ヒゲガヤ ......627
*Cyperus alopeculoides* →オキナワオオガヤツリ ......171
*Cyperus alternifolius* →シュロガヤツリ(広義) ......387
*Cyperus alternifolius* subsp.*flabelliformis* →シュロガヤツリ ......387
*Cyperus amuricus* →チャガヤツリ ......479
*Cyperus amuricus* var.*japonicus* →コチャガヤツリ ......316
*Cyperus aromaticus* →クルマバヒメクグ ......274
*Cyperus articulatus* →フトイガヤツリ ......688
*Cyperus brevifolius* var.*brevifolius* →アイダクグ ......4
*Cyperus brevifolius* var.*leiolepis* →ヒメクグ ......646
*Cyperus compressus* →クグガヤツリ ......259
*Cyperus congestus* →ユメノシマガヤツリ ......846
*Cyperus cyperinus* →シマクグ ......376
*Cyperus cyperoides* →イヌクグ ......68
*Cyperus diaphanus* →タチガヤツリ ......456
*Cyperus difformis* →タマガヤツリ ......464
*Cyperus digitatus* →オオホウキガヤツリ ......161
*Cyperus distans* →ホウキガヤツリ ......703
*Cyperus echinatus* →ミクリガヤツリ ......748
*Cyperus engelmannii* →ホソミキンガヤツリ ......720
*Cyperus eragrostis* →メリケンガヤツリ ......797
*Cyperus esculentus* →ショクヨウガヤツリ ......390
*Cyperus exaltatus* →カンエンガヤツリ(広義) ......220
*Cyperus exaltatus* var.*iwasakii* →カンエンガヤツリ ......220
*Cyperus ferruginescens* →ヒメムツオレガヤツリ ......660
*Cyperus filicullmis* →アレチハマスゲ ......50
*Cyperus flaccidus* →ヒナガヤツリ ......635
*Cyperus flavidus* →アゼガヤツリ ......30
*Cyperus glomeratus* →ヌマガヤツリ ......567
*Cyperus haspan* var.*microhaspan* →ツルナシコアゼガヤツリ ......505
*Cyperus haspan* var.*tuberuferus* →コアゼガヤツリ ......294

*Cyperus iria* →コゴメガヤツリ ......309
*Cyperus javanicus* →オニクグ ......182
*Cyperus kamtschaticus* →タチヒメクグ ......458
*Cyperus kyllingia* →オオヒメクグ ......159
*Cyperus longus* →セイタカハマスゲ ......420
*Cyperus malaccensis* subsp.*malaccensis* →オオシチトウ ......144
*Cyperus malaccensis* subsp.*monophyllus* →シチトウ ......367
*Cyperus michelianus* →コシロガヤツリ ......313
*Cyperus microiria* →カヤツリグサ ......208
*Cyperus niigatensis* →ニイガタガヤツリ ......555
*Cyperus nipponicus* →アオガヤツリ ......7
*Cyperus nipponicus* var.*spiralis* →オオシロガヤツリ ......146
*Cyperus nutans* var.*subprolixus* →ヒメホウキガヤツリ ......658
*Cyperus odoratus* →キンガヤツリ ......253
*Cyperus ohwii* →ツクシオオガヤツリ ......489
*Cyperus orthostachyus* →ウシクグ ......91
*Cyperus oxylepis* →オオタガヤツリ ......147
*Cyperus pacificus* →シロガヤツリ ......397
*Cyperus papyrus* →カミガヤツリ ......206
*Cyperus pedunculatus* →コウシュンスゲ ......297
*Cyperus pilosus* →オニガヤツリ ......181
*Cyperus polystachyos* →イガガヤツリ ......54
*Cyperus pygmaeus* →ヒメアオガヤツリ ......640
*Cyperus retrorsus* →ヒメミクリガヤツリ ......659
*Cyperus rotundus* →ハマスゲ ......611
*Cyperus rotundus* var.*yoshinagae* →トサノハマスゲ ......528
*Cyperus sanguinolentus* →カワラスガナ ......218
*Cyperus serotinus* →ミズガヤツリ ......750
*Cyperus sesquiflorus* subsp.*cylindricus* →タイトウクグ ......438
*Cyperus sphacelatus* →ゴマフガヤツリ ......329
*Cyperus stoloniferus* →スナハマスゲ ......416
*Cyperus strigosus* →コガネガヤツリ ......304
*Cyperus tenuispica* →ミズハナビ(1) ......752
*Cyperus unioloides* →ムギガラガヤツリ ......782
*Cyperus zollingeriana* →ヒンジガヤツリ ......675
*Cypripedium×andrewsii* →シプリディジウム×アンドルーシー ......373
*Cypripedium calceolus* →カラフトアツモリソウ ......212
*Cypripedium debile* →コアツモリソウ ......294
*Cypripedium flavum* →シプリペディウム・フラブム ......374
*Cypripedium formosanum* →タイワンクマガイソウ ......441
*Cypripedium guttatum* →チョウセンキバナアツモリソウ ......484
*Cypripedium henryi* →シプリペディウム・ヘンリー ......374
*Cypripedium himalaicum* →シプリペディウム・ヒマライクム
*Cypripedium japonicum* →クマガイソウ ......267
*Cypripedium japonicum* var.*glabrum* →ヒタチクマガイソウ ......631
*Cypripedium macranthos* var.*macranthos* →ホテイアツモリソウ ......723
*Cypripedium macranthos* var.*rebunense* →レブンアツモリソウ ......866
*Cypripedium macranthos* var.*speciosum* →アツモリソウ ......33
*Cypripedium macranthum* →シプリペディウム・マ

**CYP** · 924 · 学名索引

クランサム ·············································374

*Cypripedium parviflorum* var.*pubescens* →シプリペ
ディウム・パルビフロルム・プベスセンス ·············374

*Cypripedium plectrochilon* →シプリペディウム・プ
レクトロキロン ·····································374

*Cypripedium segawai* →タイワンキバナアツモリソ
ウ ·············································441

*Cypripedium shanxiense* →ドウトウアツモリソウ ····517

*Cypripedium tibeticum* →シプリペディウム・チベ
ティクム ·····································374

*Cypripedium yatabeanum* →キバナノアツモリソウ···242

*Cypripedium yunnanense* →シプリペディウム・ユ
ンナネンセ ·····································374

*Cyptotrama asprata* →ダイダイガサ ·····················438

*Cyrtandra cumingii* →ミズビワソウ ·····················753

*Cyrtococcum patens* →ヒメチゴザサ ·····················653

*Cyrtococcum patens* var.*latifolium* →ヒロハヒメチ
ゴザサ ·····································673

*Cyrtomium anomophyllum* →クマヤブソテツ ·········268

*Cyrtomium atropunctatum* →イズヤブソテツ ······58

*Cyrtomium caryotideum* →メヤブソテツ ·················797

*Cyrtomium caryotideum*×*C.devexiscapulae* →ナガ
バメヤブソテツ ·····································540

*Cyrtomium devexiscapulae* →ナガバヤブソテツ ·····540

*Cyrtomium devexiscapulae*×*C.falcatum* subsp.
*australe* →ナガバヤブソテツ×ムニンオニヤブソ
テツ ·····································540

*Cyrtomium devexiscapulae*×*C.falcatum* subsp.
*falcatum* →アイオニヤブソテツ ·····························3

*Cyrtomium devexiscapulae*×*C.fortunei* →マムシヤ
ブソテツ ·····································736

*Cyrtomium devexiscapulae*×*C.laetevirens* →ナガバ
ヤブソテツモドキ ·····································540

*Cyrtomium devexiscapulae*×*C.yamamotoi* →ナガ
バミヤコヤブソテツ ·····································540

*Cyrtomium falcatum* →オニヤブソテツ (広義) ·········185

*Cyrtomium falcatum* subsp.*australe* →ムニンオニ
ヤブソテツ ·····································786

*Cyrtomium falcatum* subsp.*falcatum* →オニヤブソ
テツ (狭義) ·····································185

*Cyrtomium falcatum* subsp.*littorale* →ヒメオニヤ
ブソテツ ·····································644

*Cyrtomium fortunei* →ヤブソテツ ·····················823

*Cyrtomium laetevirens* →テリハヤブソテツ ···········511

*Cyrtomium macrophyllum* →ヒロハヤブソテツ ·······674

*Cyrtomium tukusicola* →ツクシヤブソテツ ·············492

*Cyrtomium yamamotoi* →ミヤコヤブソテツ ···········765

*Cyrtosia septentrionalis* →ツチアケビ ·················495

*Cystidiophorus castaneus* →オオシワタケ ·············146

*Cystoagaricus strobilomyces* →クロヒメオニタケ···281

*Cystoagaricus trisulphuratus* →Scaly tangerine
mushroom ·····································879

*Cystoderma amianthinum* →シワカラカサタケ ·······405

*Cystoderma carcharias* →キュストデルマ・カルカリ
アス ·····································247

*Cystodermella cinnabarina* →チャヒメオニタケ······480

*Cystodermella granulosa* →ヒメオニタケ ·············644

*Cystodermella japonica* →オオシワカラカサタケ ···146

*Cystolepiota bucknallii* →Lilac dapperling ············876

*Cystopteris fragilis* →ナヨシダ ·····························548

*Cystopteris sudetica* var.*sudetica* →ヤマヒメワラ
ビ ·····································836

*Cytidia salicina* →ヤナギノアカコウヤクタケ·········819

*Cytisus multiflorus* →シロバナエニシダ ···············401

*Cytisus scoparius* →エニシダ ·····························128

*Cytisus scoparius* 'Andreanus' →ホオベニエニシダ ··707

*Cyttaria darwinii* →Darwin's golfball fungus ·········874

*Cyttaria gunnii* →Orange golfball fungus ·············877

# 【D】

*Dacrymyces chrysospermus* →ハナビラダクリオキ
ン ·····································605

*Dacryopinax spathularia* →ツノマタタケ ·············497

*Dactylis glomerata* →カモガヤ ·····························208

*Dactyloctenium aegyptium* →タツノツメガヤ·········459

*Dactyloctenium radulans* →ヒメタツノツメガヤ······652

*Dactylorhiza aristata* →ハクサンチドリ ···············588

*Dactylorhiza viridis* →アオチドリ ·····························8

*Dactylostalix ringens* →イチヨウラン ······················63

*Daedalea dickinsii* →ホウロクタケ ·····················706

*Daedalea quercina* →ダエダレア・クェルキナ ·······444

*Daedaleopsis confragosa* →チャミダレアミタケ ······481

*Daedaleopsis purpurea* →ミイロアミタケ ·············746

*Daedaleopsis styracina* →エゴノキタケ ···············110

*Daedaleopsis tricolor* →チャカイガラタケ ·············479

*Daemonorops margaritae* →トウ ·····················514

*Dahlia coccinea* →ヒグルマダリア ·····················627

*Dahlia pinnata* →ダリア ·····································468

*Dalbergia benthamii* →ツルサイカチ ···················503

*Dalbergia candenatensis* →ヒルギカズラ ···············666

*Dalbergia sissoo* →シッソノキ ·····························368

*Daldinia concentrica* →Cramp ball·····················873

*Daldinia concentrica* →チャコブタケ ···················479

*Damnacanthus biflorus* →リュウキュウアリドオシ ··856

*Damnacanthus giganteus* →ナガバジュズネノキ ······538

*Damnacanthus indicus* var.*indicus* →アリドオシ······49

*Damnacanthus indicus* var.*lancifolius* →ホソバオオ
アリドオシ ·····································713

*Damnacanthus indicus* var.*major* →オオアリドオ
シ ·····································136

*Damnacanthus indicus* var.*microphyllus* →ヒメア
リドオシ ·····································641

*Damnacanthus macrophyllus* →ジュズネノキ··········386

*Damnacanthus okinawensis* →ヤンバルアリドオシ ···840

*Daphne arbuscula* →ダフネ・アルブスクラ ···········463

*Daphne*×*burkwoodii* 'Somerset Variegated' →ソマ
セットバリエゲーテド ·····································435

*Daphne genkwa* →フジモドキ ·····························685

*Daphne jezoensis* →ナニワズ ·····························547

*Daphne kiusiana* →コショウノキ ·····················313

*Daphne kiusiana* var.*atrocaulis* →タイワンコショウ
ノキ ·····································442

*Daphne kosaninii* →ダフネ・コサニニー ·············463

*Daphne miyabeana* →カラスシキミ ·····················211

*Daphne odora* →ジンチョウゲ ·····························406

*Daphne odora* f.*alba* →シロバナジンチョウゲ·········401

*Daphne petraea* →ダフネ・ペトラエア ·················463

*Daphne pseudomezereum* →オニシバリ ···············183

*Daphne pseudomezereum* var.*koreana* →チョウセン
ナニワズ ·····································484

*Daphne retusa* →ダフネ・レツーサ ·····················463

学名索引 925 DEP

*Daphne tangutica* →ダフネ・タングチカ ……………463
*Daphnimorpha capitellata* →ツチビノキ……………496
*Daphnimorpha kudoi* →シャクナンガンビ …………382
*Daphniphyllum macropodum* subsp.*humile* →エゾ
ユズリハ ……………………………………………………125
*Daphniphyllum macropodum* subsp.*macropodum*
→ユズリハ ……………………………………………845
*Daphniphyllum teijsmannii* →ヒメユズリハ…………661
*Dasiphora fruticosa* →キンロバイ ……………………259
*Dasiphora fruticosa* var.*mandshurica* →ギンロバ
イ ……………………………………………………………259
*Dasyscyphella longistipitata* →ブナノシロヒナノ
チャワンタケ …………………………………………689
*Datronia mollis* →シカタケ……………………………361
*Datura ferox* →ツノミチョウセンアサガオ …………497
*Datura metel* →チョウセンアサガオ …………………484
*Datura stramonium* →ヨウシュチョウセンアサガオ ‥847
*Datura stramonium* f.*stramonium* →シロバナチョ
ウセンアサガオ (1) ……………………………………402
*Datura wrightii* →ケチョウセンアサガオ ……………289
*Daucus carota* subsp.*carota* →ノラニンジン …………581
*Daucus carota* subsp.*sativus* →ニンジン ……………565
*Daucus glochidiatus* →ゴウシュウヤブジラミ ………297
*Davallia cumingii* →シマキクシノブ…………………376
*Davallia mariesii* →シノブ……………………………371
*Davallia repens* →キクシノブ…………………………228
*Davallia tyermannii* →トキワシノブ…………………522
*Davidia involucrata* →ハンカチノキ …………………622
*Debregeasia orientalis* →ヤナギイチゴ………………818
*Deeringia polysperma* →インドヒモカズラ…………88
*Deflexula fascicularis* →シダレハナビタケ…………367
*Deflexula subsimplex* →Pendant coral ………………877
*Degenia velebitica* →デゲニア・ベレビチカ…………509
*Deinanthe caerulea* →デイナンテ・カエルレア………508
*Deinostema adenocaulum* →マルバノサワトウガラ
シ ……………………………………………………………742
*Deinostema violaceum* →アカヌマソウ ………………14
*Deinostema violaceum* →サワトウガラシ ……………354
*Delisea japonica* →タマイタダキ……………………464
*Delonix regia* →ホウオウボク…………………………703
*Delphinium ajacis* →ヒエンソウ (1) …………………625
*Delphinium anthriscifolium* →セリバヒエンソウ……428
*Delphinium grandiflorum* →ルリバナヒエンソウ……864
*Delphinium przewalskii* →デルフィニウム・プルゼ
ワルスキー ………………………………………………511
*Delphinium tatsienense* →ヒエンソウ (2) ……………625
*Dendrobium bigibbum* →オトメセッコク……………180
*Dendrobium moniliforme* →セッコク…………………426
*Dendrobium nobile* →コウキセッコク ………………296
*Dendrobium okinawense* →オキナワセッコク………172
*Dendrobium tosaense* →キバナノセッコク …………242
*Dendrocacalia crepidifolia* →ワダンノキ……………871
*Dendrocalamus asper* →リョウリダケ ………………861
*Dendrocalamus gigantius* →デンドロカラムス ギガ
ンチウス …………………………………………………513
*Dendrocalamus latiflorus* →マチク …………………731
*Dendrocalamus strictus* →アナナシタケ ……………34
*Dendrocollybia racemosa* →Branched shanklet ……873
*Dendrolobium umbellatum* →ナハキハギ……………547
*Dendropanax trifidus* →カクレミノ …………………196
*Dendropolyporus umbellatus* →チョレイマイタケ……486
*Dendrosphaera eberhardti* →エダウチホコリタケモ

ドキ ……………………………………………………………126
*Dennstaedtia hirsuta* →イヌシダ………………………69
*Dennstaedtia scabra* →コバノイシカグマ……………321
*Dennstaedtia wilfordii* →オウレンシダ………………135
*Deparia*×*birii* →サツマシケシダ……………………347
*Deparia bonincola* →オオシケシダ …………………144
*Deparia conilii* →ホソバシケシダ……………………714
*Deparia conilii*×*D.dimorphophylla* →コセイタカシ
ケシダ ……………………………………………………314
*Deparia conilii*×*D.japonica* →オオホソバシケシダ ‥161
*Deparia conilii*×*D.kiusiana* →ホソバムクゲシケシ
ダ ……………………………………………………………720
*Deparia conilii*×*D.petersenii* →ホソバナチシケシ
ダ ……………………………………………………………716
*Deparia conilii*×*D.pseudoconilii* →ホソバフモトシ
ケシダ ……………………………………………………719
*Deparia conilii*×*D.pycnosora* var.*pycnosora* →ホ
ソバシケシダ × ミヤマシケシダ ……………………714
*Deparia coreana* →コウライイヌワラビ ……………301
*Deparia coreana*×*D.pycnosora* var.*pycnosora* →コ
ウライイヌワラビ × ミヤマシケシダ ………………301
*Deparia dimorphophylla* →セイタカシケシダ ………420
*Deparia dimorphophylla*×*D.kiusiana* →セイタカム
クゲシケシダ ……………………………………………420
*Deparia dimorphophylla*×*D.petersenii* →セイタカ
ナチシケシダ ……………………………………………420
*Deparia dimorphophylla*×*D.pseudoconilii* →セイタ
カフモトシケシダ ………………………………………420
*Deparia formosana* →ジャコウシダ …………………383
*Deparia henryi* →コウライイヌワラビモドキ………302
*Deparia japonica* →シケシダ …………………………362
*Deparia japonica*×*D.kiusiana* →ムクゲムサシシケ
シダ ………………………………………………………783
*Deparia japonica*×*D.longipes* →シケシダ × ウスバ
シケシダ …………………………………………………362
*Deparia japonica*×*D.pseudoconilii* var.*pseudoconilii*
→タマシケシダ …………………………………………465
*Deparia jiulungensis* var.*albosquamata* →ハクモウ
イノデ ……………………………………………………590
*Deparia kiusiana* →ムクゲシケシダ …………………783
*Deparia kiusiana*×*D.petersenii* →ムクゲナチシケ
シダ ………………………………………………………783
*Deparia kiusiana*×*D.pseudoconilii* →ムクゲフモト
シケシダ …………………………………………………783
*Deparia*×*kiyozumiana* →キヨズミメシダ …………249
*Deparia lancea* →ヘラシダ ……………………………701
*Deparia*×*lobatocrenata* →ヒトツバシケシダ ………633
*Deparia longipes* →ウスバシケシダ …………………95
*Deparia minamitanii* →ヒュウガシケシダ …………663
*Deparia*×*musashiensis* →ムサシシケシダ …………784
*Deparia okuboana* →オオヒメワラビ ………………160
*Deparia okuboana*×*D.pterorachis* →オオメシダモ
ドキ ………………………………………………………164
*Deparia okuboana*×*D.viridifrons* →ミドリワラビモ
ドキ ………………………………………………………760
*Deparia otomasui* →アソシケシダ ……………………31
*Deparia petersenii* var.*petersenii* →ナチシケシダ ‥‥544
*Deparia petersenii* var.*petersenii*×*D.pseudoconilii*
var.*pseudoconilii* →ナチフモトシケシダ……………544
*Deparia petersenii* var.*yakusimensis* →ヒメシケシ
ダ ……………………………………………………………649
*Deparia pseudoconilii* var.*pseudoconilii* →フモトシ
ケシダ ……………………………………………………689
*Deparia pseudoconilii* var.*subdeltoidofrons* →コヒ

ロハシケシダ ……………………………325
*Deparia pterorachis* →オオメシダ ……………………164
*Deparia pterorachis*× *D.viridifrons* →ミドリオオメ
　シダ ……………………………759
*Deparia pycnosora* var.*mucilagina* →ウスゲミヤマ
　シケシダ ……………………………95
*Deparia pycnosora* var.*pycnosora* →ミヤマシケシ
　ダ ……………………………772
*Deparia pycnosora* var.*pycnosora*× *D.pycnosora* var.
　*albosquamata* →ノッポロシケシダ ……………578
*Deparia*× *togakushiensis* →ホソバハクモウイノデ……718
*Deparia*× *tomitaroana* →ノコギリヘラシダ ……576
*Deparia unifurcata* →オオヒメワラビモドキ ………160
*Deparia viridifrons* →ミドリワラビ ……………760
*Derbesia marina* →ホソツユノイト ……………712
*Dermonema pulvinatum* →カモガシラノリ ………207
*Derris trifoliata* →シイノキカズラ ……………359
*Deschampsia cespitosa* subsp.*orientalis* var.
　*festucifolia* →ヒロハノコメススキ ……………672
*Deschampsia cespitosa* var.*levis* →ユウバリカニツ
　リ ……………………………842
*Deschampsia cespitosa* var.*macrothyrsa* →オニコメ
　ススキ ……………………………182
*Descolea flavoannulata* →キショウゲンジ ………231
*Descurainia pinnata* →ヒメクジラグサ ……………646
*Descurainia sophia* →クジラグサ(1) ……………264
*Desmanthus illinoensis* →ハイクサネム ……………583
*Desmanthus pernambucanus* →ヒメギンネム ………646
*Desmarestia dudresnayi* subsp.*tabacoides* →タバコ
　グサ ……………………………463
*Desmarestia japonica* →ウルシグサ ……………107
*Desmazeria rigida* →カタボウシノケグサ …………200
*Desmazierella acicola* →マツバノヒゲワンタケ……733
*Desmodium gangeticum* →タマツナギ ……………466
*Desmodium heterocarpon* →シバハギ ……………373
*Desmodium heterophyllum* →カワリバマキエハギ…220
*Desmodium illinoense* →イリノイヌスビトハギ………79
*Desmodium incanum* →タチシバハギ ……………457
*Desmodium paniculatum* →アレチヌスビトハギ………50
*Desmodium triflorum* →ハイマキエハギ ……………585
*Deutzia bungoensis* →マルバコウツギ ……………739
*Deutzia crenata* →ウツギ ……………………99
*Deutzia crenata* f.*plena* →サラサウツギ ………351
*Deutzia crenata* var.*heterotricha* →ビロードウツギ
　(1) ……………………………668
*Deutzia floribunda* →コウツギ ……………………299
*Deutzia gracilis* →ヒメウツギ ……………………643
*Deutzia gracilis* f.*nagurae* →アオヒメウツギ…………10
*Deutzia gracilis* var.*pauciflora* →ナチウツギ………544
*Deutzia hatusimae* →コミノヒメウツギ ……………329
*Deutzia maximowicziana* →ウラジロウツギ ………104
*Deutzia naseana* var.*amanoi* →オキナワヒメウツ
　ギ ……………………………172
*Deutzia naseana* var.*naseana* →オオシマウツギ……145
*Deutzia ogatae* →アオコウツギ ……………………8
*Deutzia scabra* →マルバウツギ ……………………738
*Deutzia scabra* var.*sieboldiana* →ツクシウツギ(1)…489
*Deutzia uniflora* →ウメウツギ ……………………102
*Deutzia yaeyamensis* →ヤエヤマウツギ ……………807
*Deutzia zentaroana* →ブンゴウツギ ……………693
*Dianella ensifolia* →キキョウラン ……………227
*Dianthus alpinus* →オヤマナデシコ ……………188

*Dianthus armeria* →ノハラナデシコ ……………579
*Dianthus barbatus* →アメリカナデシコ ……………44
*Dianthus caryophyllus* →カーネーション …………204
*Dianthus chinensis* →セキチク ……………………425
*Dianthus chinensis* var.*semperflorens* →トコナツ
　(1) ……………………………526
*Dianthus deltoides* →ヒメナデシコ ……………654
*Dianthus hybrids* →カワライセナデシコ ……………218
*Dianthus*× *isensis* →イセナデシコ ……………58
*Dianthus japonicus* →フジナデシコ ……………684
*Dianthus kiusianus* →ヒメハマナデシコ ……………656
*Dianthus knappii* →ホタルナデシコ ……………721
*Dianthus nitidus* →ディアンサス・ニチドゥス ………507
*Dianthus pavonius* →ディアンサス・パボニウス……508
*Dianthus shinanensis* →シナノナデシコ ……………370
*Dianthus superbus* var.*amoenus* →クモイナデシコ
　(1) ……………………………269
*Dianthus superbus* var.*longicalycinus* →カワラナデ
　シコ ……………………………218
*Dianthus superbus* var.*speciosus* →タカネナデシコ …449
*Dianthus superbus* var.*superbus* →エゾカワラナデ
　シコ ……………………………113
*Diapensia lapponica* subsp.*obovata* →イワウメ …81
*Diarrhena japonica* →タツノヒゲ ……………………459
*Diaspananthus uniflorus* →クサヤツデ ……………263
*Dicentra canadensis* →ディセントラ・カナデンシス …508
*Dicentra cucullaria* →ディセントラ・ククラリア……508
*Dicentra eximia* →ヒメケマンソウ ……………647
*Dicentra formosa* →ハナケマンソウ ……………602
*Dicentra peregrina* →コマクサ ……………………327
*Dicentra scandens* →ディセントラ・スカンデンス …508
*Dichanthium annulatum* →ヒメオニササガヤ………644
*Dichanthium aristatum* →オニササガヤ ……………182
*Dichanthium sericeum* →シラゲオニササガヤ ………392
*Dichelyma japonicum* →コシノヤバネゴケ …………312
*Dichocarpum dicarpon* var.*dicarpon* →サバノオ ……349
*Dichocarpum hakonense* →ハコネシロカネソウ……591
*Dichocarpum nipponicum* →アズマシロカネソウ……29
*Dichocarpum numajirianum* →コウヤシロカネソウ …301
*Dichocarpum pterigionocaudatum* →キバナサバノ
　オ ……………………………241
*Dichocarpum sarmentosum* →サンインシロカネソ
　ウ ……………………………355
*Dichocarpum stoloniferum* →ツルシロカネソウ……503
*Dichocarpum trachyspermum* →トウゴクサバノオ…515
*Dichocarpum univalve* →サイコクサバノオ ………337
*Dichondra micrantha* →アオイゴケ ……………………6
*Dichroa febrifuga* →ジョウザン ……………………388
*Dichrocephala integrifolia* →ブクリョウサイ ………679
*Dicliptera chinensis* →ヤンバルハグロソウ …………840
*Dicranella dilatatinervis* →ミチノクオバナゴケ……756
*Dicranella ditrichoides* →キンシゴケモドキ …………255
*Dicranella globuligera* →タマススキゴケ ……………465
*Dicranella mayebarae* →ツクシハナガゴケ …………492
*Dicranella subsecunda* →ミヤマススキゴケ …………772
*Dicranella yezoana* →エゾススキゴケ ……………115
*Dicranoloma cylindrothecium* var.*brachycarpum*
　→チョクミシッポゴケ ……………………486
*Dicranoloma cylindrothecium* var.*maedae* →ナガバ
　シッポゴケ ……………………………538
*Dicranopteris pedata* →コシダ ……………………312
*Dicranum japonicum* →シッポゴケ ……………368

学名索引 927 DIP

*Dicranum nipponense* →オオシッポゴケ (1) ··········144
*Dictamnus albus* →ハクセン ································589
*Dictamnus albus* subsp.*albus* →ヨウシュハクセン····847
*Dictyonema glabratum* →Zoned shelf lichen ·········880
*Dictyophora duplicata* →マクキヌガサタケ ···········729
*Dictyophora indusiata* f.*lutea* →ウスキキヌガサタケ··93
*Dictyopteris latiuscula* →ヤハズグサ ·····················821
*Dictyopteris pacifica* →コモングサ ························333
*Dictyopteris prolifera* →ヘラヤハズ ·······················701
*Dictyopteris undulata* →シワヤハズ ·······················405
*Dictyota dichotoma* →アミジグサ ···························· 41
*Didymodon leskeoides* →イトヒキフタゴゴケ ··········· 66
*Didymoglossum bimarginatum* →マルバコケシダ·····739
*Didymoglossum motleyi* →マメゴケシダ ··················736
*Didymoglossum tahitense* →ゼニゴケシダ ···············427
*Didymoplexiella siamensis* →コカゲラン ···············303
*Didymoplexis micradenia* →ヒメヤツシロラン ·········661
*Dieranella heteromalla* →ススキゴケ ·····················413
*Digenea simplex* →マクリ ·····································729
*Digitalis purpurea* →キツネノテブクロ ····················237
*Digitaria ciliaris* →メヒシバ ································797
*Digitaria henryi* →ヘンリーメヒシバ ······················703
*Digitaria ischaemum* →キタメヒシバ ·····················236
*Digitaria leptalea* →イトメヒシバ ························· 66
*Digitaria mollicoma* →ビロードヒメシバ··················669
*Digitaria platycarpha* →シマギョウギシバ···············376
*Digitaria pruriens* →ヒトタバメヒシバ····················633
*Digitaria radicosa* →コメヒシバ····························331
*Digitaria sericea* →キヌゲメヒシバ ·······················238
*Digitaria setigera* →イヌメヒシバ ························· 73
*Digitaria violascens* →アキメヒシバ ······················· 21
*Digitaria violascens* var.*intersita* →ウスゲアキメヒ
シバ ································································· 94
*Dillenia indica* →ビワモドキ ·································674
*Dimeria ornithopoda* f.*microchaeta* →ヒメカリマタ
ガヤ ································································645
*Dimeria ornithopoda* var.*tenera* →カリマタガヤ······215
*Dimocarpus longan* →リュウガン ··························855
*Dimorphotheca sinuata* →アフリカキンセンカ ········· 35
*Dinebra retroflexa* →ハキダメガヤ·······················587
*Dinetus racemosus* →フウリンユキアサガオ ···········677
*Diodia virginiana* →メリケンムグラ ······················798
*Diodiella teres* →オオフタバムグラ·······················160
*Dionysia aretioides* →ディオニシア・アレチオイデ
ス································································508
*Dionysia lurorum* →ディオニシア・ルロルム ···········508
*Dionysia termeana* →ディオニシア・テルメアナ ·······508
*Dioscorea alata* →ダイジョ ·································437
*Dioscorea asclepiadea* →ツクシタチドコロ ···········491
*Dioscorea bulbifera* →ニガカシュウ ······················557
*Dioscorea bulbifera* 'Domestica' →カシュウイモ···198
*Dioscorea cirrhosa* →ソメモノイモ·······················435
*Dioscorea gracillima* →タチドコロ ·······················458
*Dioscorea izuensis* →イズドコロ ··························· 57
*Dioscorea japonica* →ヤマノイモ··························834
*Dioscorea luzonensis* →ルゾンヤマノイモ···············863
*Dioscorea nipponica* →ウチワドコロ ······················ 98
*Dioscorea pentaphylla* →アケビドコロ ··················· 22
*Dioscorea polystachya* →ナガイモ ························535
*Dioscorea polystachya* 'Tsukune' →ツクネイモ·······493

*Dioscorea preudojaponica* →キールンヤマノイモ ·····252
*Dioscorea quinquelobata* →カエデドコロ ···············192
*Dioscorea septemloba* →キクバドコロ ····················229
*Dioscorea septemloba* var.*sititoana* →シマウチワド
コロ ································································375
*Dioscorea tabatae* →ユワンオニドコロ ··················847
*Dioscorea tenuipes* →ヒメドコロ····························654
*Dioscorea tokoro* →トコロ ·································527
*Diospyros cathayensis* →シセントキワガキ ·············366
*Diospyros discolor* →ケガキ ·······························286
*Diospyros ebenum* →コクタン (1) ························307
*Diospyros egbertwalkeri* →ヤエヤマコクタン ·········807
*Diospyros eriantha* →ヤワラケガキ························840
*Diospyros japonica* →リュウキュウマメガキ·············859
*Diospyros kaki* →カキ ·······································193
*Diospyros kaki* var.*sylvestris* →ヤマガキ···············827
*Diospyros lotus* →マメガキ ·································736
*Diospyros maritima* →リュウキュウガキ··················856
*Diospyros morrisiana* →トキワガキ························522
*Diospyros oldhamii* →オルドガキ··························190
*Diospyros rhombifolia* →ロウヤガキ······················868
*Diphylleia grayi* →サンカヨウ······························356
*Diphyscium fulvifolium* →イクビゴケ ····················· 55
*Diphyscium perminutum* →コバノイクビゴケ ·········321
*Diphyscium suzukii* →スズキイクビゴケ··················412
*Diplachne fascicularis* →オニアゼガヤ···················181
*Diplachne uninervia* →ニセアゼガヤ ······················560
*Diplacrum caricum* →カガシラ ····························193
*Diplaziopsis cavaleriana* →イワヤシダ ··················· 87
*Diplazium amamianum* →アマミシダ ····················· 40
*Diplazium amamianum*× *D.doederleinii* →キンサク
シダ ································································254
*Diplazium*× *bittyuense* →ビッチュウヒカゲワラビ ·····632
*Diplazium chinense* →ヒカゲワラビ·······················626
*Diplazium chinense*× *D.fauriei* →ツクシワラビ·······492
*Diplazium conterminum* →ニセコクモウクジャク·····560
*Diplazium conterminum*× *D.hachijoense* →ミクマ
ノシダ ······························································748
*Diplazium crassiusculum* →イブダケキノボリシダ····76
*Diplazium deciduum* →ウスバミヤマノコギリシダ····96
*Diplazium deciduum*× *D.mettenianum* →ウスバミ
ヤマノコギリシダ × ミヤマノコギリシダ ··············· 96
*Diplazium deciduum*× *D.nipponicum* →セフリワラ
ビ ··································································428
*Diplazium dilatatum* var.*dilatatum* →ヒロハノコギ
リシダ································································672
*Diplazium dilatatum* var.*heterolepis* →ニセヒロハ
ノコギリシダ ·····················································561
*Diplazium doederleinii* →シマシロヤマシダ ···········377
*Diplazium donianum* →キノボリシダ······················239
*Diplazium donianum* var.*aphanoneuron* →アツバキ
ノボリシダ ························································· 32
*Diplazium esculentum* →クワレシダ······················284
*Diplazium fauriei* →ホソバノコギリシダ··················717
*Diplazium fauriei*× *D.griffithii* →ホソバノコギリシ
ダ × ヒロハミヤマノコギリシダ ······························717
*Diplazium fauriei*× *D.hayatamae* →ホソバノコギリ
シダ × オオバミヤマノコギリシダ ·····························717
*Diplazium fauriei*× *D.mettenianum* →ホソバノコギ
リシダ × ミヤマノコギリシダ ···································717
*Diplazium fauriei*× *D.nipponicum* →セイタカミヤ
マノコギリシダ ···················································420

| | |
|---|---|
| *Diplazium griffithii* →ヒロハミヤマノコギリシダ ……673 | |
| *Diplazium griffithii×D.hayatamae* →ヒロハミヤマ<br>ノコギリシダ × オオバミヤマノコギリシダ ………674 | |
| *Diplazium griffithii×D.mettenianum* →ヒロハミヤ<br>マノコギリシダ × ミヤマノコギリシダ ………674 | |
| *Diplazium hachijoense* →シロヤマシダ ………404 | |
| *Diplazium hayatamae* →オオバミヤマノコギリシダ ‥158 | |
| *Diplazium hayatamae×D.mettenianum* →オオバミ<br>ヤマノコギリシダ × ミヤマノコギリシダ ………158 | |
| *Diplazium×hutohanum* →フトウワラビ ………688 | |
| *Diplazium incomptum* →ニセシケチシダ ………561 | |
| *Diplazium kawabatae* →モッチョムシダ ………800 | |
| *Diplazium kawakamii* →アオイガワラビ ………6 | |
| *Diplazium×kidoi* →フクレギクジャク ………679 | |
| *Diplazium lobatum* →キレバキノボリシダ ………252 | |
| *Diplazium longicarpum* →シマクジャク ………376 | |
| *Diplazium mettenianum* →ミヤマノコギリシダ ……776 | |
| *Diplazium nipponicum* →オニヒカゲワラビ ………184 | |
| *Diplazium nipponicum×D.squamigerum* →オニキ<br>ヨタキシダ ………182 | |
| *Diplazium okinawaense* →オキナワコクモウクジャ<br>ク ………171 | |
| *Diplazium okudairae* →イヨクジャク ………78 | |
| *Diplazium×okudairaeoides* →アカメクジャク ………17 | |
| *Diplazium×owaseanum* →オワセシダ ………190 | |
| *Diplazium pinfaense* →フクレギシダ ………679 | |
| *Diplazium pullingeri* →ハンコクシダ ………622 | |
| *Diplazium×satsumense* →サツマクジャク ………347 | |
| *Diplazium sibiricum var.glabrum* →ミヤマシダ ……772 | |
| *Diplazium sibiricum var.glabrum×D.squamigerum*<br>→ミヤマキヨタキシダ ………770 | |
| *Diplazium sibiricum var.sibiricum* →キタノミヤマ<br>シダ ………235 | |
| *Diplazium sibiricum var.sibiricum×D.sibiricum*<br>var.glabrum →キタノミヤマシダ × ミヤマシダ ‥235 | |
| *Diplazium squamigerum* →キヨタキシダ ………249 | |
| *Diplazium subtripinnatum* →ムニンミドリシダ ……788 | |
| *Diplazium taiwanense* →ニセシロヤマシダ ………561 | |
| *Diplazium takii* →ヒュウガシダ ………663 | |
| *Diplazium×tetsu-yamanakae* →イサワラビ ………55 | |
| *Diplazium×toriianum* →ダンドシダ ………470 | |
| *Diplazium virescens* →コクモウクジャク ………307 | |
| *Diplazium wichurae var.amabile* →ヒメノコギリシ<br>ダ ………655 | |
| *Diplazium wichurae var.wichurae* →ノコギリシダ ‥576 | |
| *Diplazium×yakumontanum* →ヤクシマワラビ ………813 | |
| *Diplazium×yaoshanense* →ホコザキノコギリシダ ……708 | |
| *Diplocyclos palmatus* →オキナワスズメウリ ………172 | |
| *Diplomorpha albiflora* →ミヤマガンピ ………769 | |
| *Diplomorpha ganpi* →コガンピ ………306 | |
| *Diplomorpha×ohsumiensis* →タカクマキガンピ ……444 | |
| *Diplomorpha pauciflora var.pauciflora* →サクラガ<br>ンビ ………341 | |
| *Diplomorpha pauciflora var.yakushimensis* →シマ<br>サクラガンビ ………377 | |
| *Diplomorpha phymatoglossa* →オオシマガンピ ……145 | |
| *Diplomorpha sikokiana* →ガンピ(1) ………224 | |
| *Diplomorpha trichotoma* →キガンピ ………227 | |
| *Diploprora championii* →サガリラン ………339 | |
| *Diplopterygium glaucum* →ウラジロ(1) ………104 | |
| *Diplopterygium laevissimum* →カネコシダ ………203 | |
| *Diplospora dubia* →シロミミズ ………404 | |

| | |
|---|---|
| *Diplotaxis tenuifolia* →ロボウガラシ ………868 | |
| *Dipsacus japonicus* →ナベナ ………547 | |
| *Dipsacus sativus* →ラシャカキグサ ………852 | |
| *Dipteris conjugata* →ヤブレガサウラボシ ………825 | |
| *Disanthus cercidifolius subsp.cercidifolius* →マルバ<br>ノキ ………742 | |
| *Dischidia formosana* →マメヅタカズラ ………737 | |
| *Discina parma* →オオシトネタケ ………145 | |
| *Discina perlata* →フクロシトネタケ ………679 | |
| *Disciotis venosa* →カニタケ ………203 | |
| *Discocleidion ulmifolium* →エノキフジ ………128 | |
| *Disperis neilgherrensis* →ジョウロウラン ………390 | |
| *Disporum calcaratum* →ムラサキホウチャクソウ ……792 | |
| *Disporum×hishiyamanum* →ホウチャクチゴユリ ……704 | |
| *Disporum lutescens* →キバナチゴユリ ………241 | |
| *Disporum sessile* →ホウチャクソウ ………704 | |
| *Disporum sessile var.micranthum* →ナンゴクホウ<br>チャクソウ ………552 | |
| *Disporum sessile var.minus* →ヒメホウチャクソウ ‥658 | |
| *Disporum smilacinum* →チゴユリ ………472 | |
| *Disporum uniflorum* →キバナホウチャクソウ ………243 | |
| *Disporum viridescens* →オオチゴユリ ………148 | |
| *Distichophyllum yakumontanum* →キノボリツガゴ<br>ケ ………239 | |
| *Distylium lepidotum* →シマイスノキ ………374 | |
| *Distylium racemosum* →イスノキ ………57 | |
| *Ditrichum brevisetum* →チビッコキンシゴケ ………478 | |
| *Ditrichum sekii* →ミヤジマキンシゴケ ………765 | |
| *Dodecatheon dentatum* →ドデカテオン・デンターツ<br>ム ………530 | |
| *Dodecatheon meadia* →ドデカテオン・メアディア ‥530 | |
| *Dodecatheon pulchellum* →ドデカテオン・プルチェ<br>ルム ………530 | |
| *Dodonaea viscosa* →ハウチワノキ ………585 | |
| *Dolichomitra cymbifolia var.subintegerrima* →ハナ<br>シエボウシゴケ ………602 | |
| *Dolichomitriopsis crenulata* →イヌエボウシゴケ ……67 | |
| *Dolichomitriopsis obtusifolia* →サジバエボウシゴ<br>ケ ………345 | |
| *Dolichousnea diffracta* →ヨコワサルオガセ ………849 | |
| *Dontostemon dentatus* →ハナハタザオ ………604 | |
| *Dopatrium junceum* →アブノメ ………34 | |
| *Dovyalis hebecarpa* →セイロン・グーズベリー ………425 | |
| *Draba aizoides* →ハリイヌナズナ ………617 | |
| *Draba borealis* →エゾイヌナズナ ………111 | |
| *Draba dedeana* →ドラバ・デデアナ ………533 | |
| *Draba igarashii* →シリベシナズナ ………395 | |
| *Draba japonica* →ナンブイヌナズナ ………554 | |
| *Draba kitadakensis* →キタダケナズナ ………234 | |
| *Draba nakaiana* →ソウウンナズナ ………432 | |
| *Draba nemorosa* →イヌナズナ(1) ………71 | |
| *Draba oiana* →ヤツガタケナズナ(1) ………817 | |
| *Draba polytricha* →ドラバ・ポリトリカ ………533 | |
| *Draba rigida var.bryoides* →ドラバ・リギダ・ブリ<br>オイデス ………533 | |
| *Draba sachalinensis* →モイワナズナ ………798 | |
| *Draba sachalinensis var.shinanomontana* →カブダ<br>チナズナ ………205 | |
| *Draba sakuraii* →トガクシナズナ(広義) ………519 | |
| *Draba sakuraii var.linearis* →ケナシクモマナズナ ……290 | |
| *Draba sakuraii var.nipponica* →クモマナズナ(1) ……270 | |
| *Draba sakuraii var.sakuraii* →トガクシナズナ ………519 | |

学名索引　　　　　929　　　　　DRY

*Draba shiroumana* →シロウマナズナ ……………397
*Draba verna* →ヒメナズナ ……………………654
*Dracaena deremensis* →シロシマセンネンボク ……398
*Dracaena draco* →リュウケツジュ …………………860
*Dracaena fragrans* 'Lindenii' →ウスイロフクリンセ
　ンネンボク ……………………………………… 93
*Dracaena goldieana* →トラフセンネンボク …………533
*Dracaena surculosa* →ホシセンネンボク ……………711
*Dracocephalum argunense* var.*japonicum* →ムシャ
　リンドウ …………………………………………785
*Dracocephalum grandiflorum* →ドラコセパルム・グ
　ランディフロルム ……………………………………532
*Drepanolejeunea obtusifolia* →マルバサンカクゴケ ‥740
*Drosera anglica* →ナガバノモウセンゴケ …………540
*Drosera indica* →ナガバノイシモチソウ ……………539
*Drosera intermedia* →ナガエモウセンゴケ …………536
*Drosera*×*obovata* →サジバモウセンゴケ …………345
*Drosera peltata* var.*nipponica* →イシモチソウ ……… 57
*Drosera rotundifolia* →モウセンゴケ ………………798
*Drosera spathulata* →コモウセンゴケ ………………331
*Drosera tokaiensis* subsp.*hyugaensis* →ヒュウガコ
　モウセンゴケ ……………………………………663
*Drosera tokaiensis* subsp.*tokaiensis* →トウカイコモ
　ウセンゴケ ………………………………………514
*Dryas drummondii* →キバナチョウノスケソウ ……242
*Dryas octopetala* →ヨウシュチョウノスケソウ ……847
*Dryas octopetala* var.*asiatica* →チョウノスケソウ ‥485
*Drymaria cordata* var.*pacifica* →オムナグサ ………187
*Drymaria diandra* →ヤンバルハコベ …………………841
*Drynaria roosii* →ハカマウラボシ ……………………586
*Dryopteris amurensis* →オクヤマシダ………………175
*Dryopteris amurensis*×*D.expansa* →ホタカワラビ ‥721
*Dryopteris anadroma* →ムカシベニシダ ……………782
*Dryopteris anthracinisquama* →クマイワヘゴ ………267
*Dryopteris atrata*×*D.crassirhizoma* →フジイワヘ
　ゴ …………………………………………………682
*Dryopteris atrata*×*D.uniformis* →アマギイワヘゴ…… 37
*Dryopteris bissetiana* →イタチシダ ………………… 60
*Dryopteris caudipinna* →ハチジョウベニシダ ………597
*Dryopteris caudipinna*×*D.erythrosora* →オオシマ
　ベニシダ …………………………………………145
*Dryopteris championii* →サイコクベニシダ …………337
*Dryopteris chichisimensis* →チチジマベニシダ ……477
*Dryopteris chinensis* →ミサキカグマ ………………749
*Dryopteris commixta* →ツクシイワヘゴ ……………489
*Dryopteris commixta*×*D.handeliana* →カワバタク
　ジャク ……………………………………………217
*Dryopteris coreanomontana*×*D.crassirhizoma*
　→キタダケメンマ ………………………………234
*Dryopteris coreanomontana*×*D.monticola* →タカ
　ネメンマ …………………………………………451
*Dryopteris crassirhizoma* →オシダ…………………176
*Dryopteris crassirhizoma*×*D.dickinsii* →イノウエ
　シダ ……………………………………………… 74
*Dryopteris crassirhizoma*×*D.expansa* →ネイチワラ
　ビ …………………………………………………569
*Dryopteris crassirhizoma*×*D.monticola* →ミヤマオ
　シダ ………………………………………………768
*Dryopteris crassirhizoma*×*D.tokyoensis* →タニオ
　シダ ………………………………………………461
*Dryopteris cycadina* →イヌイワヘゴ………………… 67
*Dryopteris cycadina* →イワヘゴ……………………… 86
*Dryopteris decipiens* →ナチクジャク ………………544

*Dryopteris dickinsii* →オオクジャクシダ ……………142
*Dryopteris dickinsii*×*D.polylepis* →エビノオオク
　ジャク ……………………………………………129
*Dryopteris erythrosora* →ベニシダ …………………696
*Dryopteris erythrosora*×*D.tokyoensis* →リクゼンタ
　ニヘゴモドキ ……………………………………854
*Dryopteris erythrosora* 'Prolifica' →チリメンシダ ‥486
*Dryopteris expansa* →シラネワラビ …………………394
*Dryopteris formosana* →タカサゴシダ ………………445
*Dryopteris fragrans* var.*remotiuscula* →ニオイシ
　ダ …………………………………………………556
*Dryopteris*×*fujipedis* →フジクマワラビ ……………683
*Dryopteris fuscipes* →マルバベニシダ ………………743
*Dryopteris*×*gotenbaensis* →インノオクマワラビ …… 88
*Dryopteris gymnophylla* →サクライカグマ …………341
*Dryopteris gymnosora* →ヌカイタチシダ ……………565
*Dryopteris gymnosora* var.*angustata* →ホソバヌカ
　イタチシダ ………………………………………716
*Dryopteris hadanoi* →ニセヨゴレイタチシダ ………561
*Dryopteris*×*haganecola* →ハガネイワヘゴ …………586
*Dryopteris*×*hakonecola* →ハコネオオクジャク ……591
*Dryopteris handeliana* →ツクシオオクジャク ………489
*Dryopteris handeliana*×*D.uniformis* →ツクシオク
　マワラビ …………………………………………489
*Dryopteris hangchowensis* →キリシマイワヘゴ ……250
*Dryopteris hasseltii* →リュウキュウシダ ……………857
*Dryopteris hayatae* →イヌタマシダ ………………… 70
*Dryopteris hendersonii* →ホウライヒメワラビ ……706
*Dryopteris hikonensis* →オオイタチシダ ……………137
*Dryopteris*×*hisatsuana* →ヒサツオオクジャク ……629
*Dryopteris hondoensis* →オオベニシダ ……………161
*Dryopteris indusiata* →ヌカイタチシダモドキ ……566
*Dryopteris insularis* →ムニンベニシダ ……………788
*Dryopteris integripinnula* →イヌナチクジャク ……… 71
*Dryopteris intermedia* →アメリカシラネワラビ …… 43
*Dryopteris*×*kaii* →ワカナオオクジャク ……………869
*Dryopteris kinkiensis* →ギフベニシダ ………………245
*Dryopteris kinkiensis*×*D.uniformis* →カニオクマワ
　ラビ ………………………………………………203
*Dryopteris kinokuniensis* →キノクニベニシダ ………239
*Dryopteris kobayashii* →リョウトウイタチシダ ……861
*Dryopteris koidzumiana* →ホコザキベニシダ ………708
*Dryopteris*×*kominatoensis* →タニヘゴモドキ ………462
*Dryopteris*×*kouzaii* →ヨコグラオオクジャク ………848
*Dryopteris kuratae* →ワカナシダ……………………869
*Dryopteris labordei* →タヌキダ ……………………462
*Dryopteris lacera* →クマワラビ ……………………269
*Dryopteris lacera*×*D.monticola* →リクゼンクマワ
　ラビ ………………………………………………854
*Dryopteris lacera*×*D.tokyoensis* →ミチノククマワ
　ラビ ………………………………………………756
*Dryopteris laeta* →イワカゲワラビ ………………… 81
*Dryopteris lunanensis* →オオミネイワヘゴ …………163
*Dryopteris maximowicziana* →キヨスミヒメワラビ ‥249
*Dryopteris maximowiczii* →ナンタイシダ …………552
*Dryopteris*×*mayebarae* →イワヘゴモドキ ………… 87
*Dryopteris medioxima* →エンシュウベニシダ ………132
*Dryopteris melanocarpa* →クロミノイタチシダ ……282
*Dryopteris*×*mituii* →アイノコクマワラビ …………… 5
*Dryopteris*×*miyazakiensis* →ミイケイワヘゴ………746
*Dryopteris monticola* →ミヤマベニシダ ……………778

**DRY**     *930*     学名索引

*Dryopteris monticola×D.uniformis* →デワノミヤマ
ベニシダ ………………………………………511
*Dryopteris namegatae* →キヨズミオオクジャク ……248
*Dryopteris namegatae×D.uniformis* →キヨズミオ
オクジャク × オクマワラビ ……………………248
*Dryopteris nipponensis* →トウゴクシダ ……………516
*Dryopteris oohorae* →アイヌカイタチシダ……………4
*Dryopteris×otomasui* →ヤタケイワヘゴ……………815
*Dryopteris paomowanensis* →アツギノヌカイタチシ
ダマガイ ……………………………………… 32
*Dryopteris polita* →タイトウベニシダ ……………439
*Dryopteris polylepis* →ミヤマクマワラビ…………770
*Dryopteris polylepis×D.uniformis* →ミヤマオクマ
ワラビ ………………………………………768
*Dryopteris protobissetiana* →モトイタチシダ………801
*Dryopteris×pseudocommixta* →オオスミイワヘゴ…147
*Dryopteris×pseudohangchowensis* →キリシマワカ
ナシダ ………………………………………251
*Dryopteris purpurella* →ムラサキベニシダ …………792
*Dryopteris×rarissima* →メズラシクマワラビ………795
*Dryopteris ryo-itoana* →オワセベニシダ …………190
*Dryopteris sabaei* →ミヤマイタチシダ ……………766
*Dryopteris sacrosancta* →ヒメイタチシダ …………641
*Dryopteris×satsumana* →ナンゴクオオクジャク……551
*Dryopteris saxifraga* →イワイタチシダ ………………80
*Dryopteris saxifragivaria* →イヌイワイタチシダ…… 67
*Dryopteris shibipedis* →シビイタチシダ……………373
*Dryopteris×shibisanensis* →シビイワヘゴ…………373
*Dryopteris shikokiana* →ホオノカワシダ……………707
*Dryopteris shiroumensis* →シロウマイタチシダ……396
*Dryopteris sichotensis* →カラフトメンマ……………214
*Dryopteris sieboldii* →ナガサキシダ ………………536
*Dryopteris simasakii* →ヌカイタチシダマガイ………566
*Dryopteris sordidipes* →ヨゴレイタチシダ …………848
*Dryopteris sparsa* var.*ryukyuensis* →リュウキュウ
イタチシダ …………………………………856
*Dryopteris sparsa* var.*sparsa* →ナガバノイタチシ
ダ ……………………………………………539
*Dryopteris×sugino-takaoi* →スルガクマワラビ ……418
*Dryopteris×takachihoensis* →タカチホイワヘゴ……446
*Dryopteris×tetsu-yamanakae* →ヤマナカシダ ………834
*Dryopteris×tokudae* →クマオシダ ……………………267
*Dryopteris tokyoensis* →タニヘゴ ……………………462
*Dryopteris tokyoensis×D.uniformis* →タニオクマ
ワラビ ………………………………………461
*Dryopteris×toyamae* →ナガサキシダモドキ…………537
*Dryopteris tsugiwoi* →マルバヌカイタチシダモドキ …741
*Dryopteris tsutsuiana* →ツツイイワヘゴ……………496
*Dryopteris uniformis* →オクマワラビ ………………174
*Dryopteris varia* →ナンカイイタチシダ ……………550
*Dryopteris wallichiana* →オオヤグルマシダ…………165
*Dryopteris×watanabei* →フジオシダ ………………682
*Dryopteris yakusilvicola* →コスギイタチシダ………314
*Dryopteris×yamashitae* →アイイヌタマシダ …………3
*Dryopteris×yuyamae* →イヌワカナシダ………………73
*Drypetes integerrima* →ハツバキ ……………………599
*Dudresnaya japonica* →ヒビロウド………………639
*Dumasia truncata* →ノササゲ ………………………576
*Dumontinia tuberosa* →アネモネタマチャワンタケ …34
*Dumortiera hirsuta* →ケゼニゴケ……………………288
*Dunbaria villosa* →ノアズキ……………………………574

*Durio zibethinus* →ドリアン…………………………533
*Dysosma pleiantha* →ハッカクレン(1) …………598
*Dysosma veitchii* →カワハッカクレン………………217
*Dysosma versipellis* →ハッカクレン(2) …………598
*Dysphania ambrosioides* →ケアリタソウ……………285
*Dysphania anthelmintica* →アメリカアリタソウ …… 42
*Dysphania pumilio* →ゴウシュウアリタソウ ………297
*Dysphania schraderiana* →キクバアリタソウ………229
*Dystaenia ibukiensis* →セリモドキ…………………428

# 【 E 】

*Ecballium elaterium* →テッポウウリ………………509
*Eccoilopus cotulifer* var.*densiflorus* →ダンチアブラ
ススキ ………………………………………470
*Echinochloa colona* →ワセビエ………………………870
*Echinochloa crus-galli* var.*aristata* →ケイヌビエ
(1) ……………………………………………285
*Echinochloa crus-galli* var.*crus-galli* →イヌビエ……72
*Echinochloa crus-galli* var.*formosensis* →ヒメタイ
ヌビエ ………………………………………652
*Echinochloa crus-galli* var.*praticola* →ヒメイヌビ
エ ……………………………………………641
*Echinochloa esculenta* →ヒエ………………………624
*Echinochloa oryzicola* →タイヌビエ…………………439
*Echinoderma aspera* →オニタケ……………………183
*Echinodontium tinctorium* →Indian paint fungus …876
*Echinops setifer* →ヒゴタイ…………………………629
*Echium plantagineum* →シャゼンムラサキ…………384
*Echium vulgare* →シベナガムラサキ…………………374
*Ecklonia cava* →カジメ(1) …………………………198
*Ecklonia stolenifera* →ツルアラメ…………………501
*Eckloniopsis radicosa* →アントクメ………………… 52
*Eclipta alba* →アメリカタカサブロウ………………… 44
*Eclipta thermalis* →タカサブロウ…………………445
*Ectropothecium andoi* →ウルワシウシオゴケ………108
*Edgeworthia chrysantha* →ミツマタ………………759
*Edraianthus pumilio* →エドライアンサス・プミリ
オ ……………………………………………127
*Edraianthus serpyllifolius* →エドライアンサス・セ
ルフィリフォリウス ………………………127
*Edraianthus tenuifolius* →エドライアンサス・テヌ
イフォリウス ………………………………127
*Egeria densa* →オオカナダモ ………………………140
*Ehretia acuminata* var.*obovata* →チシャノキ(1) ……476
*Ehretia dicksonii* →マルバチシャノキ………………741
*Ehretia microphylla* →フクマンギ…………………679
*Ehretia philippinensis* →リュウキュウチシャノキ……857
*Ehrharta erecta* →ノハライトキビ…………………578
*Eichhornia crassipes* →ホテイアオイ………………723
*Eisenia bicyclis* →アラメ(1) ………………………… 48
*Elaeagnus arakiana* →タンゴグミ…………………469
*Elaeagnus×ebbingei* 'Gilt Edge' →ギルト エッジ……251
*Elaeagnus epitricha* →クマヤマグミ………………268
*Elaeagnus glabra* →ツルグミ………………………503
*Elaeagnus hypoargentea* →ウラギンツルグミ………103
*Elaeagnus macrophylla* →マルバグミ………………739
*Elaeagnus matsunoana* →ハコネグミ………………591
*Elaeagnus montana* var.*montana* →マメグミ………736

学名索引　　931　　ELE

*Elaeagnus montana* var.*ovata* →ツクバグミ ……………493
*Elaeagnus multiflora* f.*orbiculata* →ナツグミ（狭義）……………………………545
*Elaeagnus multiflora* var.*hortensis* →トウグミ ……515
*Elaeagnus multiflora* var.*multiflora* →ナツグミ ……544
*Elaeagnus murakamiana* →アリマグミ ……………49
*Elaeagnus numajiriana* →コウヤグミ ………………300
*Elaeagnus pungens* →ナワシログミ …………………550
*Elaeagnus rotundata* →オガサワラグミ ……………167
*Elaeagnus takeshitae* →カツラギグミ ………………201
*Elaeagnus thunbergii* →タイワンアキグミ …………441
*Elaeagnus umbellata* var.*coreana* →カラアキグミ ……209
*Elaeagnus umbellata* var.*rotundifolia* →マルバアキグミ ……………………738
*Elaeagnus umbellata* var.*umbellata* →アキグミ ………19
*Elaeagnus yakusimensis* →ヤクシマグミ ……………810
*Elaeagnus yoshinoi* →ナツアサドリ …………………544
*Elaeis guineensis* →アブラヤシ ………………………35
*Elaeocarpus japonicus* →コバンモチ ………………324
*Elaeocarpus multiflorus* →ナガバコバンモチ ………538
*Elaeocarpus photiniifolius* →シマホルトノキ ………379
*Elaeocarpus serratus* →セイロンオリーブ …………425
*Elaeocarpus zollingeri* var.*pachycarpus* →チギ ……472
*Elaeocarpus zollingeri* var.*zollingeri* →ホルトノキ …725
*Elaphocordyceps delicatistipitata* →ヒメタンポタケ …653
*Elaphocordyceps inegoensis* →イネゴセミタケ ……74
*Elaphocordyceps intermedia* →エゾタンポタケ ………116
*Elaphocordyceps intermedia* f.*michinokuënsis* →ミヤマタンポタケ ……………………773
*Elaphocordyceps japonica* →タンポタケモドキ ……471
*Elaphocordyceps jezoensis* →エゾハナヤスリタケ …121
*Elaphocordyceps longisegmentis* →ヌメリタンポタケ ……………………568
*Elaphocordyceps ophioglossoides* →ハナヤスリタケ ‥606
*Elaphocordyceps paradoxa* →ウメムラセミタケ ……103
*Elaphocordyceps* sp. →アブクマタンポタケ …………34
*Elaphocordyceps* sp. →アマミカイキタンポタケ ……40
*Elaphocordyceps* sp. →アマミツチダンゴツブタケ ……40
*Elaphocordyceps* sp. →イシカリハナヤスリタケ ……56
*Elaphocordyceps* sp. →クビジロアマミタンポタケ …267
*Elaphocordyceps* sp. →クビナガクチキムシタケ ……267
*Elaphocordyceps* sp. →サキブトタマヤドリタケ ……341
*Elaphocordyceps* sp. →シロアシメハナヤスリタケ …395
*Elaphocordyceps* sp. →チャバタンポタケ …………480
*Elaphocordyceps* sp. →ナガホウシアマミコロモタンポタケ ……………………541
*Elaphocordyceps subsessilis* →フトクビクチキムシタケ ……………………688
*Elaphocordyceps valvatistipitata* →エリアシタンポタケ ……………………131
*Elaphoglossum callifolium* →オキナワアツイタ ……171
*Elaphoglossum tosaense* →ヒロハアツイタ …………669
*Elaphoglossum yoshinagae* →アツイタ ………………32
*Elaphomyces granulatus* →ツチダンゴ ………………496
*Elaphomyces muricatus* →ワナグラッチダンゴ ……871
*Elatine triandra* →ミゾハコベ（広義）………………755
*Elatine triandra* var.*pedicellata* →ミゾハコベ ……755
*Elatostema densiflorum* →トキホコリ ………………521
*Elatostema involucratum* →ウワバミソウ …………108
*Elatostema japonicum* →ヒメウワバミソウ …………643
*Elatostema laetevirens* →ヤマトキホコリ …………832

*Elatostema lineolatum* var.*majus* →ホソバノキミズ ……………………717
*Elatostema oshimense* →アマミサンショウソウ ……40
*Elatostema platyphylloides* →ランダイミズ ………853
*Elatostema suzukii* →クニガミサンショウヅル ……266
*Elatostema yakushimense* →ヒメトキホコリ ………654
*Elatostema yonakuniense* →ヨナクニトキホコリ …850
*Eleocharis acicularis* var.*acicularis* →チシママツバイ ……………………475
*Eleocharis acicularis* var.*longiseta* →マツバイ …733
*Eleocharis acutangula* →ミスミイ …………………753
*Eleocharis atropurpurea* →クロミノハリイ ………283
*Eleocharis atropurpurea* var.*hashimotoi* →クロミノハリイ（狭義）……………………283
*Eleocharis attenuata* →セイタカハリイ ……………420
*Eleocharis attenuata* f.*laeviseta* →チョウセンハリイ ……………………485
*Eleocharis congesta* var.*congesta* f.*dolichochaeta* →オオハリイ（1）……………………159
*Eleocharis congesta* var.*subvivipara* →ヤリハリイ …839
*Eleocharis dulcis* →イヌクログワイ …………………68
*Eleocharis engelmannii* f.*detonsa* →シバヤマハリイ ……………………373
*Eleocharis equisetiformis* →スジヌマハリイ ………412
*Eleocharis geniculata* →タマハリイ ………………466
*Eleocharis kamtschatica* →クロハリイ ……………280
*Eleocharis kuroguwai* →クログワイ ………………277
*Eleocharis mamillata* var.*cyclocarpa* →ヌマハリイ …568
*Eleocharis margaritacea* →シロノハリイ …………404
*Eleocharis maximowiczii* →エゾハリイ ……………121
*Eleocharis ochrostachys* →トクサイ ………………524
*Eleocharis ovata* →マルホハリイ …………………744
*Eleocharis palustris* →クロヌマハリイ ……………279
*Eleocharis parvinux* →コツブヌマハリイ …………317
*Eleocharis parvula* →チャボイ ……………………480
*Eleocharis pellucida* →ハリイ ……………………617
*Eleocharis retroflexa* subsp.*chaetaria* →カヤツリマツバイ ……………………209
*Eleocharis tetraquetra* →マシカクイ ………………730
*Eleocharis tetraquetra* var.*tsurumachii* →カドハリイ ……………………202
*Eleocharis wichurae* →シカイ ……………………360
*Eleocharis wichurae* f.*petasata* →ミツカドシカクイ …757
*Eleorchis japonica* var.*conformis* →キリガミネアサヒラン ……………………250
*Eleorchis japonica* var.*japonica* →サワラン ……355
*Elephantopus mollis* →シロバナイガコウゾリナ ……401
*Elephantopus scaber* →ミスミグサ …………………753
*Eleusine coracana* →シコクビエ …………………363
*Eleusine indica* →オヒシバ …………………………186
*Eleutheranthera ruderalis* →オオハキダメギク ……152
*Eleutherococcus divaricatus* →ケヤマウコギ ……291
*Eleutherococcus higoensis* →ヒゴウコギ …………628
*Eleutherococcus hypoleucus* →ウラジロウコギ ……104
*Eleutherococcus senticosus* →エゾウコギ …………111
*Eleutherococcus sieboldianus* →ヒメウコギ ………642
*Eleutherococcus spinosus* var.*japonicus* →オカウコギ ……………………167
*Eleutherococcus spinosus* var.*nikaianus* →ウラゲウコギ ……………………103
*Eleutherococcus spinosus* var.*spinosus* →ヤマウコギ ……………………827
*Eleutherococcus trichodon* →ミヤマウコギ ………767

| | |
|---|---|
| *Eleutherococcus trifoliatus* →ミツバウコギ …………758 | pinkgill ……………………………………………876 |
| *Elliottia bracteata* →ミヤマホツツジ ……………778 | *Entoloma clypeatum* sl. →ハルシメジ(広義)……620 |
| *Elliottia paniculata* →ホツツジ ………………723 | *Entoloma coelestinum* var.*violaceum* →ヒメコンイ |
| *Ellisiophyllum pinnatum* →キクガラクサ ………228 | ロイッポンシメジ ……………………………648 |
| *Elmerina holophaea* →ムカシオオミダレタケ………782 | *Entoloma conferendum* →ミイノモミウラモドキ……746 |
| *Elodea nuttallii* →コカナダモ ………………304 | *Entoloma cyanonigrum* →コンイロイッポンシメジ ··335 |
| *Elsholtzia ciliata* →ナギナタコウジュ …………542 | *Entoloma glaucoroseum* →Jade pinkgill……………876 |
| *Elsholtzia nipponica* →フトボナギナタコウジュ……688 | *Entoloma incanum* →ワカクサウラベニタケ …………869 |
| *Elymus arenarius* →ロシアンワイルドライグラス ····868 | *Entoloma kujuense* →ナスコンイッポンシメジ …543 |
| *Elymus caninus* →イブキカモジグサ ……………… 75 | *Entoloma murrayi* →キイボカサタケ …………226 |
| *Elymus dahuricus* →ハマムギ ………………615 | *Entoloma nidorosum* →コクサウラベニタケ …………307 |
| *Elymus dahuricus* var.*villosulus* →ヤマムギ………838 | *Entoloma omiense* →ウスキモミウラモドキ………… 94 |
| *Elymus gmelinii* var.*tenuisetus* →イヌカモジグサ ····· 68 | *Entoloma quadratum* →アカイボカサタケ ………… 12 |
| *Elymus humidus* →ミズタカモジグサ……………751 | *Entoloma rhodopolium* s.l. →クサウラベニタケ …260 |
| *Elymus pendulinus* var.*pendulinus* →コウリョウカ | *Entoloma roseum* →Rosy pinkgill……………878 |
| モジグサ ……………………………………302 | *Entoloma saepium* →ウメハルシメジ …………103 |
| *Elymus pendulinus* var.*yezoensis* →エゾカモジグサ…112 | *Entoloma sarcopum* →ウラベニホテイシメジ………106 |
| *Elymus racemifer* →アオカモジグサ …………… 6 | *Entoloma sericellum* →キヌモミウラタケ ………239 |
| *Elymus racemifer* var.*japonensis* →タチカモジ …456 | *Entoloma sinuatum* →イッポンシメジ ………… 63 |
| *Elymus sibiricus* →エゾムギ …………………124 | *Entoloma violaceum* →コムラサキイッポンシメジ …330 |
| *Elymus tsukushiensis* var.*transiens* →カモジグサ …208 | *Entoloma virescens* →ソライロタケ …………435 |
| *Elymus tsukushiensis* var.*tsukushiensis* →オニカモ | *Entonaema splendens* →ホオズキタケ …………706 |
| ジグサ …………………………………………181 | *Eomecon chionantha* →シラユキゲシ …………395 |
| *Elymus yubaridakensis* →タカネエゾムギ……………447 | *Ephedra sinica* →マオウ …………………728 |
| *Elytrigia repens* var.*aristata* →ノゲシバムギ………576 | *Ephippianthus sawadanus* →ハコネラン …………592 |
| *Elytrigia repens* var.*repens* →シバムギ …………373 | *Ephippianthus schmidtii* →コイチヨウラン ………295 |
| *Emex australis* →ヒメイヌスイバ …………………641 | *Epigaea asiatica* →イワナシ …………………… 85 |
| *Emilia coccinea* →ベニニガナ ………………697 | *Epilobium amurense* subsp.*amurense* →ケゴンアカ |
| *Emilia fosbergii* →ナンカイウスベニニガナ………550 | バナ ……………………………………………287 |
| *Emilia sonchifolia* var.*javanica* →ウスベニニガナ … 97 | *Epilobium amurense* subsp.*cephalostigma* →イワア |
| *Empetrum nigrum* var.*japonicum* →ガンコウラン …221 | カバナ ……………………………………… 80 |
| *Encephalartos horridus* →ヒメオニソテツ ………644 | *Epilobium anagallidifolium* →アシボソアカバナ … 27 |
| *Enemion raddeanum* →チチブシロカネソウ………477 | *Epilobium ciliatum* subsp.*ciliatum* →カラフトアカ |
| *Enhalus acoroides* →ウミショウブ ………………101 | バナ……………………………………………212 |
| *Enkianthus campanulatus* var.*campanulatus* →サラ | *Epilobium ciliatum* subsp.*glandulosum* →オオチシ |
| サドウダン …………………………………351 | マアカバナ ……………………………………148 |
| *Enkianthus campanulatus* var.*longilobus* →ツクシ | *Epilobium coloratum* →ノダアカバナ …………577 |
| ドウダン …………………………………491 | *Epilobium fastigiatoramosum* →エダウチアカバナ…125 |
| *Enkianthus campanulatus* var.*palibinii* →ベニサラ | *Epilobium fauriei* →ヒメアカバナ …………640 |
| サドウダン …………………………………696 | *Epilobium hirsutum* →オオアカバナ …………135 |
| *Enkianthus cernuus* →シロドウダン ………………400 | *Epilobium hornemannii* →ミヤマアカバナ…………765 |
| *Enkianthus cernuus* f.*rubens* →ベニドウダン ………697 | *Epilobium hornemannii* subsp.*behringianum* →タ |
| *Enkianthus cernuus* var.*matsudae* →チチブドウダ | ラオアカバナ……………………………………468 |
| ン (1) …………………………………………477 | *Epilobium lactiflorum* →シロウマアカバナ………396 |
| *Enkianthus nudipes* →コアブラツツジ ………294 | *Epilobium montanum* →エゾアカバナ …………110 |
| *Enkianthus perulatus* →ドウダンツツジ (1) …………517 | *Epilobium palustre* →ホソバアカバナ …………712 |
| *Enkianthus sikokianus* →カイナンサラサドウダン ···192 | *Epilobium parviflorum* →ムクゲアカバナ ………783 |
| *Enkianthus subsessilis* →アブラツツジ ………… 35 | *Epilobium platystigmatosum* →トダイアカバナ ………528 |
| *Enkianthus subsessilis* var.*angustifolius* →ホソバア | *Epilobium pyrricholophum* →アカバナ (1) ………… 15 |
| ブラツツジ …………………………………712 | *Epimedium acuminatum* →エピメディウム・アクミ |
| *Ensete lasiocarpum* →チユウキンレン …………482 | ナツム ……………………………………………129 |
| *Entada phaseoloides* →コウシュンモダマ ………298 | *Epimedium* 'Black Sea' →ブラックシー …………691 |
| *Entada tonkinensis* →モダマ …………………800 | *Epimedium brachyrrhizum* →エピメディウム・ブラ |
| *Enteropogon dolichostachyus* →ムラサキヒゲシバ | キルリズム ……………………………………130 |
| (1) ……………………………………………792 | *Epimedium brevicornu* →エピメディウム・ブレビコ |
| *Entodon sullivantii* var.*versicolor* →ホソミツヤゴ | ルヌ ……………………………………………130 |
| ケ ……………………………………………720 | *Epimedium davidii* →エピメディウム・ダビディー ··130 |
| *Entoloma abortivum* →タマウラベニタケ …………464 | *Epimedium diphyllum* subsp.*diphyllum* →バイカイ |
| *Entoloma acutoconicum* →トガリウラベニタケ………520 | カリソウ ……………………………………582 |
| *Entoloma aibum* →シロイボカサタケ ………………396 | *Epimedium diphyllum* subsp.*kitamuranum* →サイ |
| *Entoloma ater* →コキイロウラベニタケ ………306 | コクイカリソウ …………………………………337 |
| *Entoloma chalybeum* var.*lazulinum* →Indigo | *Epimedium dolichostemon* →エピメディウム・ドリ |

コステモン ……………………………………130

Epimedium franchetii →エビメディウム・フランケ
ティー ……………………………………130

Epimedium grandiflorum var.grandiflorum →ヤチ
マタイカリソウ ……………………………………816

Epimedium grandiflorum var.higoense →ヒゴイカ
リソウ ……………………………………628

Epimedium grandiflorum var.thunbergianum →イ
カリソウ ……………………………………54

Epimedium koreanum →キバナイカリソウ …………240

Epimedium koreanum var.coelestre →クモイイカリ
ソウ ……………………………………269

Epimedium latisepalum →エビメディウム・ラティ
セパルム ……………………………………130

Epimedium mikinori →エビメディウム・ミキノリ …130

Epimedium ogisui →エビメディウム・オギスイ ……129

Epimedium× omeiense →エビメディウム × オメイ
エンセ ……………………………………130

Epimedium perralderianum →エビメディウム・ペ
ルラルデリアヌム ……………………………………130

Epimedium pinnatum subsp.colchicum →エビメ
ディウム・ビンナツム・コルキクム ……………………130

Epimedium× rubrum →エビメディウム × ルブラ
ム ……………………………………130

Epimedium sagittatum →ホザキイカリソウ …………708

Epimedium× sasakii →スズフリイカリソウ (1) ……413

Epimedium sempervirens →トキワイカリソウ ………522

Epimedium sempervirens var.rugosum →オオイカ
リソウ (1) ……………………………………136

Epimedium× setosum →オオバイカイカリソウ ………151

Epimedium trifoliatobinatum subsp.
trifoliatobinatum →ヒメイカリソウ ………………641

Epimedium trifoliatobinatum var.maritimum →シ
オミイカリソウ ……………………………………360

Epimedium wushanense →エビメディウム・ウー
シャネンセ ……………………………………129

Epimedium× youngianum →ウメザキイカリソウ ……102

Epipactis papillosa var.papillosa →アオスズラン……8

Epipactis papillosa var.sayekiana →ハマカキラン……610

Epipactis thunbergii →カキラン ……………………195

Epiphyllum oxypetalum →ゲッカビジン ……………289

Epipogium aphyllum →トラキチラン ………………532

Epipogium japonicum →アオキラン …………………7

Epipogium roseum →タシロラン ……………………455

Epipremnum aureum →オウゴンカズラ ……………133

Epipremnum pinnatum →ハブカズラ ………………608

Equisetum arvense f.arvense →スギナ ………………410

Equisetum fluviatile →ミズドクサ …………………751

Equisetum hyemale →トクサ ………………………524

Equisetum× litorale →ハマスギナ …………………611

Equisetum× moorei →テドリトクサ ………………510

Equisetum palustre →イヌスギナ …………………70

Equisetum pratense →ヤチスギナ …………………816

Equisetum ramosissimum →イヌドクサ ……………71

Equisetum× rothmaleri →フォーリースギナ ………677

Equisetum scirpoides →ヒメドクサ …………………654

Equisetum sylvaticum →フサスギナ ………………681

Equisetum variegatum →チシマヒメドクサ…………475

Eragrostis amabilis →ヌカカゼクサ …………………566

Eragrostis aquatica →ヌマカゼクサ ………………567

Eragrostis brownii →イトスズメガヤ ………………65

Eragrostis cilianensis →オオスズメガヤ ……………146

Eragrostis curvula →シナダレスズメガヤ …………369

Eragrostis ferruginea →カゼクサ …………………199

Eragrostis japonica →コゴメカゼクサ ………………309

Eragrostis minor →コスズメガヤ …………………314

Eragrostis multicaulis →ニワホコリ ………………565

Eragrostis pilosa →オオニワホコリ ………………151

Eragrostis pilosissima →ヒメスズメガヤ …………651

Eragrostis silveana →シロカゼクサ ………………397

Eranthis cilicica →エランティス・キリキカ ………131

Eranthis hyemalis →キバナセツブンソウ …………241

Eranthis pinnatifida →セツブンソウ ………………426

Erechtites hieraciifolius var.cacalioides →ウシノタ
ケダグサ ……………………………………92

Erechtites hieraciifolius var.hieraciifolius →ダンド
ボロギク ……………………………………470

Erechtites valerianifolius →タケダグサ ……………454

Eremochloa ophiuroides →チャボウシノシッペイ……480

Eria japonica →オサラン ……………………………176

Eria ovata →リュウキュウセッコク …………………857

Eria ovata var.retroflexa →フシナシオサラン ……684

Eria scabrilinguis →オオオサラン …………………139

Eriachne armittii →イゼナガヤ ……………………58

Erianthus arundinaceus →ヨシススキ ………………849

Erianthus formosanum var.pollinioides →ムラサキ
タカオススキ ……………………………………791

Erica canaliculata →ジャノメエリカ ………………384

Erigeron acris var.acris →エゾムカシヨモギ ………123

Erigeron acris var.amplifolius →ヒロハムカシヨモ
ギ ……………………………………674

Erigeron acris var.kamtschaticus →ムカシヨモギ……782

Erigeron acris var.linearifolius →ホソバムカシヨモ
ギ ……………………………………719

Erigeron alpinus →ヨウシュタカネアズマギク ……847

Erigeron annuus →ヒメジョオン …………………650

Erigeron aureus →キバナアズマギク ………………240

Erigeron bonariensis →アレチノギク ………………50

Erigeron canadensis →ヒメムカシヨモギ …………660

Erigeron karvinskianus →ペラペラヨメナ …………701

Erigeron miyabeanus →ミヤマノギク ………………776

Erigeron philadelphicus →ハルジオン ……………620

Erigeron pseudoannuus →ヤナギバヒメジョオン
(1) ……………………………………819

Erigeron pusillus →ケナシヒメムカシヨモギ………290

Erigeron speciosus →ヒロハヒメジオン ……………673

Erigeron strigosus →ヘラバヒメジョオン …………701

Erigeron sumatrensis →オオアレチノギク …………136

Erigeron thunbergii subsp.glabratus f.haruoi →ユウ
バリアズマギク ……………………………………842

Erigeron thunbergii subsp.glabratus f.kirigishiensis
→キリギシアズマギク ……………………………250

Erigeron thunbergii subsp.glabratus var.angustifolius
→アポイアズマギク ……………………………36

Erigeron thunbergii subsp.glabratus var.glabratus
→ミヤマアズマギク ……………………………766

Erigeron thunbergii subsp.glabratus var.
heterotrichus →ジョウシュウアズマギク …………388

Erigeron thunbergii subsp.thunbergii →アズマギク
(1) ……………………………………28

Erigeron uniflorus →エリゲロン・ユニフロルス ……131

Erinus alpinus →イワカラクサ ……………………82

Eriobotrya japonica →ビワ …………………………674

Eriocaulon alpestre var.robustius →ヒロハイヌノヒ
ゲ ……………………………………669

Eriocaulon amanoanum →アマノホシクサ …………39

| | | | | |
|---|---|---|---|---|
ERI    934    学名索引

*Eriocaulon atrum* →クロイヌノヒゲ ……………………276
*Eriocaulon buergerianum* →オオホシクサ ……………161
*Eriocaulon cinereum* →ホシクサ ……………………………710
*Eriocaulon decemflorum* →イトイヌノヒゲ ……………64
*Eriocaulon dimorphoelytrum* →ユキイヌノヒゲ ……843
*Eriocaulon echinulatum* →ヒュウガホシクサ …………664
*Eriocaulon heleocharioides* →コシガヤホシクサ ……311
*Eriocaulon japonicum* →ヤマトホシクサ ………………833
*Eriocaulon kiusianum* →ツクシクロイヌノヒゲ ……490
*Eriocaulon mikawanum* →ミカワイヌノヒゲ …………747
*Eriocaulon mikawanum* subsp.*azumianum* →アズ
  ミイヌノヒゲ ……………………………………………………30
*Eriocaulon miquelianum* var.*miquelianum* →イヌノ
  ヒゲ ……………………………………………………………………71
*Eriocaulon miquelianum* var.*miquelianum* →シロイ
  ヌノヒゲ …………………………………………………………396
*Eriocaulon miquelianum* var.*monococcon* →エゾホ
  シクサ ……………………………………………………………122
*Eriocaulon miquelianum* var.*ozense* →ハライヌノヒ
  ゲ ………………………………………………………………………616
*Eriocaulon nanellum* →ミヤマヒナホシクサ(1) ……777
*Eriocaulon nepalense* →ゴマシオホシクサ ……………328
*Eriocaulon nosoriense* →ノソリホシクサ ………………577
*Eriocaulon nudicuspe* →シラタマホシクサ ……………393
*Eriocaulon pallescens* →シロエゾホシクサ ……………397
*Eriocaulon parvum* →クロホシクサ ………………………282
*Eriocaulon perplexum* →エゾイヌノヒゲ ………………111
*Eriocaulon sachalinense* →カラフトホシクサ ………213
*Eriocaulon sachalinense* var.*kusiroense* →クシロホ
  シクサ ……………………………………………………………264
*Eriocaulon setaceum* →タカノホシクサ …………………452
*Eriocaulon sexangulare* →オオシラタマホシクサ ……146
*Eriocaulon takae* →アズマホシクサ ………………………30
*Eriocaulon taquetii* →ニッポンイヌノヒゲ …………563
*Eriocaulon taquetii* var.*zotanii* →イズノシマホシク
  サ ………………………………………………………………………58
*Eriocaulon truncatum* →スイシャホシクサ ……………408
*Eriochloa contracta* →アメリカノキビ …………………44
*Eriochloa procera* →ムラサキノキビ ……………………791
*Eriochloa villosa* →ナルコビエ ……………………………550
*Erioderma sorediatum* →アキハゴケ ……………………21
*Eriophorum gracile* →サギスゲ ……………………………340
*Eriophorum scheuchzeri* var.*tenuifolium* →エゾワ
  タスゲ ……………………………………………………………125
*Eriophorum vaginatum* →ワタスゲ ………………………870
*Eritrichium aretioides* →エリトリチウム・アレチオ
  イデス ……………………………………………………………131
*Eritrichium nipponicum* var.*albiflorum* →エゾルリ
  ムラサキ …………………………………………………………125
*Eritrichium nipponicum* var.*albiflorum* →シロバナ
  ミヤマムラサキ ………………………………………………403
*Eritrichium nipponicum* var.*nipponicum* →ミヤマ
  ムラサキ …………………………………………………………779
*Erodium botrys* →ツノミオランダフウロ ………………497
*Erodium chrysanthemum* →エロディウム・クリサ
  ンセマム …………………………………………………………131
*Erodium cicutarium* →オランダフウロ …………………189
*Erodium crinitum* →ミツバオランダフウロ …………758
*Erodium×lindavicum* →エロディウム×リンダビ
  カム ………………………………………………………………131
*Erodium manescavi* →エロディウム・マネスカヴィ …131
*Erodium moschatum* →ジャコウオランダフウロ ……383
*Erodium petraeum* subsp.*crispum* →エロディウム・
  ペトラエウム・クリスプム ………………………………131

*Erodium reichardii* →ヒメフウロ(1) …………………657
*Erodium* 'Spanish Eyes' →スパニッシュアイズ ……417
*Eruca vesicaria* subsp.*sativa* →キバナスズシロ ……241
*Erucastrum gallicum* →オハツキガラシ ………………186
*Erycibe henryi* →ホルトカズラ ……………………………725
*Eryngium planum* →マツカサアザミ ……………………731
*Erysimum cheiranthoides* →エゾスズシロ ……………115
*Erysimum cheiri* →ニオイアラセイトウ ………………555
*Erysimum repandum* →エゾスズシロモドキ …………115
*Erythrina×bidwillii* →サンゴシトウ ……………………356
*Erythrina crista-galli* →アメリカデイゴ ………………44
*Erythrina variegata* →デイコ ……………………………508
*Erythrodes blumei* →ホソフデラン ………………………720
*Erythronium americanum* →エリスロニウム・アメ
  リカナム …………………………………………………………131
*Erythronium californicum* →エリスロニウム・カル
  フォルニカム …………………………………………………131
*Erythronium dens-canis* →エリスロニウム・デンス
  カニス ……………………………………………………………131
*Erythronium japonicum* →カタクリ ……………………200
*Erythronium revolutum* →エリスロニウム・レボル
  タム ………………………………………………………………131
*Erythronium* spp. →エリスロニウム …………………131
*Erythrorchis altissima* →タカツルラン …………………446
*Erythroxylum coca* →コカノキ ……………………………305
*Eschenbachia aegyptiaca* →キクバイズハハコ ………229
*Eschenbachia japonica* →イズハハコ …………………58
*Eschenbachia leucantha* →ネバリイズハハコ ………572
*Eschscholzia caespitosa* →ヒメハナビシソウ ………656
*Eschscholzia californica* →ハナビシソウ ……………605
*Eubotryoides grayana* →ハナヒリノキ …………………605
*Eucalyptus camaldulensis* →セキザイユーカリ ……425
*Eucalyptus cinerea* →ギンマルバユーカリ ……………257
*Eucalyptus globulus* →ユーカリノキ ……………………843
*Eucharis×grandiflora* →アマゾンユリ …………………38
*Eucheuma denticulatum* →キリンサイ …………………251
*Euchresta formosana* →タイワンミヤマトベラ ……443
*Euchresta japonica* →ミヤマトベラ ……………………775
*Eucommia ulmoides* →トチュウ …………………………529
*Eugenia uniflora* →タチバナアデク ……………………458
*Eulalia quadrinervis* →コカリヤス ………………………306
*Eulalia speciosa* →ウンヌケ ………………………………109
*Eulophia dentata* →タカサゴヤガラ ……………………445
*Eulophia graminea* →エダウチヤガラ …………………126
*Eulophia toyoshimae* →イモラン …………………………78
*Eulophia zollingeri* →イモネヤガラ ……………………78
*Euonymus alatus* var.*alatus* f.*alatus* →ニシキギ …558
*Euonymus alatus* var.*alatus* f.*striatus* →コマユミ …329
*Euonymus alatus* var.*rotundatus* →オオコマユミ …143
*Euonymus boninensis* →ヒメマサキ ……………………658
*Euonymus chibae* →ヒゼンマユミ ………………………630
*Euonymus fortunei* →ツルマサキ ………………………506
*Euonymus fortunei* var.*villosus* →ケツルマサキ ……289
*Euonymus japonicus* →マサキ ……………………………730
*Euonymus japonicus* 'Aureovariegatus' →キフクリ
  ンマサキ …………………………………………………………245
*Euonymus lanceolatus* →ムラサキマユミ ……………792
*Euonymus lutchuensis* →リュウキュウマユミ ………859
*Euonymus macropterus* →ヒロハツリバナ ……………671
*Euonymus melananthus* →サワダツ ……………………354

学名索引　　　　　　　　　　935　　　　　　　　　　EUR

*Euonymus oxyphyllus* →ツリバナ……………………500

*Euonymus pauciflorus* subsp.*oligospermus* →アンドンマユミ…………………………………52

*Euonymus planipes* →オオツリバナ………………149

*Euonymus sieboldianus* var.*sanguineus* →カントウマユミ……………………………………223

*Euonymus sieboldianus* var.*sieboldianus* →マユミ…737

*Euonymus spraguei* →トゲマユミ……………………526

*Euonymus tanakae* →コクテンギ……………………307

*Euonymus tashiroi* →ヤンバルマユミ………………841

*Euonymus tricarpus* →クロツリバナ………………279

*Euonymus yakushimensis* →アオツリバナ……………9

*Eupatorium formosanum* →タイワンヒヨドリ………443

*Eupatorium glehnii* →ヨツバヒヨドリ………………849

*Eupatorium japonicum* →フジバカマ………………684

*Eupatorium laciniatum* →サケバヒヨドリ…………343

*Eupatorium lindleyanum* var.*lindleyanum* →サワヒヨドリ…………………………………354

*Eupatorium lindleyanum* var.*yasushii* →ハマサワヒヨドリ…………………………………611

*Eupatorium luchuense* var.*kiirunense* →キールンフジバカマ……………………………252

*Eupatorium luchuense* var.*luchuense* →シマフジバカマ……………………………………379

*Eupatorium makinoi* →ヒヨドリバナ………………665

*Eupatorium odoratum* →ヒマワリヒヨドリ…………639

*Eupatorium tripartitum* →ミツバヒヨドリバナ………759

*Eupatorium variabile* →ヤマヒヨドリバナ…………836

*Eupatorium yakushimense* →ヤクシマヒヨドリ……812

*Euphorbia adenochlora* →ノウルシ…………………574

*Euphorbia atoto* →ハマタイゲキ……………………612

*Euphorbia bifida* →ミヤコジマニシキソウ…………765

*Euphorbia cyathophora* →ショウジョウソウ………389

*Euphorbia cyparissias* →マツバトウダイ…………733

*Euphorbia ebracteolata* →ベニタイゲキ……………697

*Euphorbia graminea* →カワリバトウダイ…………220

*Euphorbia helioscopia* →トウダイグサ……………517

*Euphorbia heterophylla* →ショウジョウソウモドキ…389

*Euphorbia hirta* →シマニシキソウ…………………379

*Euphorbia hirta* var.*glaberrima* →テリハニシキソウ……………………………………511

*Euphorbia humifusa* →ニシキソウ…………………559

*Euphorbia hyssopifolia* →セイタカオニシキソウ…420

*Euphorbia jolkinii* →イワタイゲキ……………………84

*Euphorbia lasiocaula* →タカトウダイ………………446

*Euphorbia lasiocaula* var.*ibukiensis* →イブキタイゲキ……………………………………75

*Euphorbia lathyris* →ホルトソウ……………………725

*Euphorbia liukiuensis* →リュウキュウタイゲキ………857

*Euphorbia maculata* →コニシキソウ………………319

*Euphorbia makinoi* →コバノニシキソウ (1)………323

*Euphorbia marginata* →ハツユキソウ………………599

*Euphorbia milii* var.*splendens* →ハナキリン………602

*Euphorbia nutans* →オオニシキソウ………………151

*Euphorbia octoradiata* →ハギクソウ………………587

*Euphorbia pekinensis* →トウタカトウダイ…………517

*Euphorbia pekinensis* subsp.*asoensis* →アソタイゲキ……………………………………31

*Euphorbia peplus* →チャボタイゲキ………………480

*Euphorbia prostrata* →ハイニシキソウ……………584

*Euphorbia pulcherrima* →ポインセチア……………703

*Euphorbia sendaica* →センダイタイゲキ…………430

*Euphorbia sieboldiana* →ナツトウダイ……………545

*Euphorbia sinanensis* →シナノタイゲキ…………370

*Euphorbia* sp. →アレチニシキソウ……………………50

*Euphorbia sparrmanni* →ボロジノニシキソウ………725

*Euphorbia thymifolia* →イリオモテニシキソウ………79

*Euphorbia tirucalli* →ミドリサンゴ………………760

*Euphorbia togakusensis* →ハクサンタイゲキ………588

*Euphorbia tsukamotoi* →ヒメナツトウダイ…………654

*Euphorbia watanabei* subsp.*minamitanii* →ヒュウガタイゲキ………………………………663

*Euphorbia watanabei* subsp.*watanabei* →フジタイゲキ……………………………………683

*Euphrasia hachijoensis* →ハチジョウコゴメグサ…597

*Euphrasia insignis* subsp.*iinumae* →イブキコゴメグサ (広義)……………………………75

*Euphrasia insignis* subsp.*iinumae* var.*idzuensis* →イズコゴメグサ……………………………57

*Euphrasia insignis* subsp.*iinumae* var.*iinumae* →イブキコゴメグサ (狭義)…………………75

*Euphrasia insignis* subsp.*iinumae* var.*kiusiana* →キュウシュウコゴメグサ…………………247

*Euphrasia insignis* subsp.*iinumae* var.*makinoi* →トサコゴメグサ…………………………527

*Euphrasia insignis* subsp.*insignis* var.*insignis* →ミヤマコゴメグサ……………………………771

*Euphrasia insignis* subsp.*insignis* var.*japonica* →ホソバコゴメグサ…………………………714

*Euphrasia insignis* subsp.*insignis* var.*nummularia* →マルバコゴメグサ……………………739

*Euphrasia insignis* subsp.*insignis* var.*omiensis* →オウミコゴメグサ……………………134

*Euphrasia insignis* subsp.*insignis* var.*pubigera* →マツラコゴメグサ……………………734

*Euphrasia insignis* subsp.*insignis* var.*togakusiensis* →トガクシコゴメグサ…………519

*Euphrasia kisoalpina* →コケコゴメグサ……………308

*Euphrasia matsumurae* →コバノコゴメグサ………322

*Euphrasia maximowiczii* var.*arcuata* →ミチノクコゴメグサ……………………………………756

*Euphrasia maximowiczii* var.*calcarea* →シライワコゴメグサ…………………………………391

*Euphrasia maximowiczii* var.*maximowiczii* →タチコゴメグサ……………………………………456

*Euphrasia maximowiczii* var.*yezoensis* →エゾコゴメグサ……………………………………114

*Euphrasia microphylla* →ナヨナヨコゴメグサ………549

*Euphrasia mollis* →チシマコゴメグサ………………474

*Euphrasia multifolia* var.*inaensis* →イナコゴメグサ…66

*Euphrasia multifolia* var.*kirisimana* →クモイコゴメグサ……………………………………269

*Euphrasia multifolia* var.*multifolia* →ツクシコゴメグサ……………………………………490

*Euphrasia pectinata* var.*obtusiserrata* →エゾノダッタンコゴメグサ………………………119

*Euphrasia yabeana* →ヒナコゴメグサ………………635

*Euploca procumbens* →オオコゴメスナビキソウ…143

*Euptelea polyandra* →フサザクラ…………………680

*Eurhynchium yezoanum* →エゾツルハシゴケ………116

*Eurya boninensis* →ムニンヒサカキ………………787

*Eurya emarginata* →ハマヒサカキ…………………613

*Eurya emarginata* var.*minutissima* →マメヒサカキ……………………………………737

*Eurya emarginata* var.*ryukyuensis* →テリバヒサカキ……………………………………511

*Eurya japonica* →ヒサカキ…………………………629

EUR                                    936                                    学名索引

*Eurya osimensis* →アマミヒサカキ……………………41
*Eurya sakishimensis* →サキシマヒサカキ…………340
*Eurya yaeyamensis* →ヤエヤマヒサカキ……………808
*Eurya yakushimensis* →ヒメヒサカキ………………657
*Eurya zigzag* →クニガミヒサカキ……………………266
*Euryale ferox* →オニバス……………………………184
*Euscaphis japonica* →ゴンズイ……………………335
*Eustoma grandiflorum* →トルコギキョウ…………534
*Eutrema japonicum* →ワサビ………………………869
*Eutrema okinosimense* →オオユリワサビ…………166
*Eutrema tenue* →ユリワサビ………………………846
*Evernia esorediosa* →ヤマヒコノリ………………836
*Evernia prunastri* →ツノマタゴケ…………………497
*Evolvulus alsinoides* →アサガオガラクサ (広義)……23
*Evolvulus alsinoides* var.*rotundifolius* →マルバアサ
　ガオガラクサ………………………………………738
*Evolvulus boninensis* →シロガネガラクサ…………397
*Exallage auricularia* →ヤエヤマハシカグサ………808
*Exallage chrysotricha* →コバンムグラ……………324
*Excoecaria agallocha* →シマシラキ………………377
*Excoecaria formosana* var.*daitoinsularis* →ダイト
　ウセイシボク………………………………………439
*Exidia glandulosa* →ヒメキクラゲ…………………646
*Exidia recisa* →サカヅキキクラゲ…………………339
*Exidia uvapassa* →タマキクラゲ……………………465
*Exochorda racemosa* →ウメザキウツギ……………102


【 F 】


*Facelis retusa* →キヌゲチチコグサ…………………238
*Fagopyrum cymosum* →シャクチリソバ……………382
*Fagopyrum esculentum* →ソバ………………………434
*Fagopyrum tataricum* →ダッタンソバ……………459
*Fagus crenata* →ブナ…………………………………688
*Fagus crenata* f.*grandifolia* →オオバブナ………157
*Fagus japonica* →イヌブナ………………………… 72
*Fagus sylvatica* →ヨーロッパブナ…………………851
*Fagus sylvatica* ‘Pendula’ →ヨーロッパブナ‘ペン
　デュラ’………………………………………………851
*Fagus sylvatica* ‘Purpurea’ →プルプレア…………693
*Fagus undulata* →コハブナ…………………………323
*Fallopia convolvulus* →ソバカズラ…………………434
*Fallopia dentatoalata* →オオツルイタドリ………149
*Fallopia dumetorum* →ツルタデ……………………504
*Fallopia forbesii* →カライタドリ…………………209
*Fallopia japonica* var.*hachidyoensis* →ハチジョウイ
　タドリ………………………………………………596
*Fallopia japonica* var.*japonica* →イタドリ…………60
*Fallopia japonica* var.*uzenensis* →ケイタドリ………285
*Fallopia multiflora* →ツルドクダミ………………504
*Fallopia sachalinensis* →オオイタドリ……………137
*Farfugium hiberniflorum* →カンツワブキ…………223
*Farfugium japonicum* var.*giganteum* →オオツワブ
　キ……………………………………………………149
*Farfugium japonicum* var.*japonicum* →ツワブキ……507
*Farfugium japonicum* var.*luchuense* →リュウキュ
　ウツワブキ…………………………………………858
*Fatoua villosa* →クワクサ……………………………284

× *Fatshedera lizei* →ツタヤツデ……………………495
*Fatsia japonica* var.*japonica* →ヤツデ……………818
*Fatsia japonica* var.*liukiuensis* →リュウキュウヤツ
　デ……………………………………………………860
*Fatsia oligocarpella* →ムニンヤツデ………………788
*Favolaschia calocera* →Orange pore fungus…………877
*Favolaschia fujisanensis* →コツブラッシタケ………317
*Favolaschia nipponica* →ニカワアナタケ…………557
*Favolaschia pustulosa* →White pore fungus…………880
*Favolus tenuiculus* →ミナミアシグロタケ…………761
*Felicia amelloides* →ルリヒナギク…………………864
*Festuca extremiorientalis* →オオトボシガラ………150
*Festuca heterophylla* →ハガワリトボシガラ………586
*Festuca hondoensis* →ヤマオオウシノケグサ………827
*Festuca japonica* →ヤマトボシガラ………………833
*Festuca ovina* →ウシノケグサ……………………… 92
*Festuca ovina* subsp.*ruprechtii* →ミヤマウシノケグ
　サ……………………………………………………767
*Festuca ovina* var.*chiisanensis* →チイサンウシノケ
　グサ…………………………………………………471
*Festuca ovina* var.*coreana* →アオウシノケグサ………6
*Festuca ovina* var.*duriuscula* →コウライウシノケグ
　サ……………………………………………………302
*Festuca ovina* var.*ovina* →シンウシノケグサ………405
*Festuca ovina* var.*tateyamensis* →タカネウシノケグ
　サ……………………………………………………447
*Festuca parvigluma* →トボシガラ…………………531
*Festuca parvigluma* var.*breviaristata* →イブキトボ
　シガラ……………………………………………… 76
*Festuca rubra* →オオウシノケグサ…………………138
*Festuca rubra* var.*muramatsui* →ハマオオウシノケ
　グサ…………………………………………………609
*Festuca rubra* var.*pacifica* →ヒロハノオオウシノケ
　グサ…………………………………………………672
*Festuca takedana* →タカネソモソモ………………449
*Ficaria ficarioides* →キクザキリュウキンカ………228
*Ficus ampelas* →ホソバムクイヌビワ……………719
*Ficus benghalensis* →ベンガルボダイジュ…………702
*Ficus benguetensis* →アカメイヌビワ……………… 17
*Ficus benjamina* →ベンジャミンゴム……………702
*Ficus boninsimae* →トキワイヌビワ………………522
*Ficus carica* →イチジク……………………………… 62
*Ficus caulocarpa* →オオバアコウ…………………151
*Ficus deltoidea* →コバンボダイジュ………………324
*Ficus elastica* →インドゴムノキ…………………… 88
*Ficus elastica* ‘Apollo’ →アポロゴムノキ………… 37
*Ficus elastica* ‘Decora’ →マルバインドゴムノキ……738
*Ficus elastica* ‘Robusta’ →ロブスタ………………868
*Ficus erecta* var.*beecheyana* →ケイヌビワ………285
*Ficus erecta* var.*erecta* →イヌビワ……………… 72
*Ficus iidaiana* →オオヤマイチジク………………165
*Ficus irisana* →ムクイヌビワ……………………783
*Ficus lyrata* →カシワバゴムノキ…………………198
*Ficus microcarpa* →ガジュマル……………………198
*Ficus nishimurae* →オオトキワイヌビワ…………150
*Ficus pumila* →オオイタビ…………………………137
*Ficus radicans* ‘Variegata’ →フィカス・ラディカー
　ンス‘バリエガタ’…………………………………675
*Ficus religiosa* →テンジクボダイジュ……………512
*Ficus rubiginosa* →フランスゴムノキ……………691
*Ficus sarmentosa* subsp.*nipponica* →イタビカズラ…61
*Ficus septica* →オオバイヌビワ……………………152

学名索引 937 FRE

*Ficus subpisocarpa* →アコウ 23
*Ficus thunbergii* →ヒメイタビ 641
*Ficus triangularis* →フィカス・トライアンギュラリ
ス 675
*Ficus variegata* →ギランイヌビワ 249
*Ficus virgata* →ハマイヌビワ 609
*Filipendula auriculata* →コシジシモツケソウ 312
*Filipendula camtschatica* →オニシモツケ 183
*Filipendula multijuga* →シモツケソウ 381
*Filipendula multijuga* var.*ciliata* →アカバナシモツ
ケソウ 15
*Filipendula purpurea* →キョウガノコ 247
*Filipendula tsuguwoi* →シコクシモツケソウ 363
*Filipendula vulgaris* →ヨウシュシモツケ 847
*Filipendula yezoensis* →エゾノシモツケソウ 119
*Fimbristylis aestivalis* →コアゼテンツキ 294
*Fimbristylis autumnalis* →ヒメテンツキ 654
*Fimbristylis bisumbellata* →オオアゼテンツキ 135
*Fimbristylis complanata* →ノテンツキ(広義) 578
*Fimbristylis complanata* f.*complanata* →オオヒラテ
ンツキ 160
*Fimbristylis complanata* f.*exaltata* →ノテンツキ 578
*Fimbristylis cymosa* →シオカゼテンツキ 359
*Fimbristylis cymosa* subsp.*umbellatocapitata* →タ
マテンツキ 466
*Fimbristylis dichotoma* →テンツキ(広義) 513
*Fimbristylis dichotoma* subsp.*podocarpa* →ツクシ
テンツキ 491
*Fimbristylis dichotoma* var.*diphylla* →クグテンツ
キ 260
*Fimbristylis dichotoma* var.*ochotensis* →アカンテ
ンツキ 18
*Fimbristylis dichotoma* var.*tentsuki* →テンツキ 513
*Fimbristylis diphylloides* →クロテンツキ 279
*Fimbristylis dipsacea* var.*verrucifera* →アオテンツキ 9
*Fimbristylis fimbristyloides* →トモエテンツキ 532
*Fimbristylis fusca* →オノエテンツキ 185
*Fimbristylis kadzusana* →イッスンテンツキ 63
*Fimbristylis leptoclada* var.*takamineana* →チャイ
ロテンツキ 479
*Fimbristylis littoralis* →ヒデリコ 632
*Fimbristylis longispica* var.*boninensis* →ムニンテン
ツキ 787
*Fimbristylis longispica* var.*hahajimensis* →ハハジ
マテンツキ 607
*Fimbristylis longispica* var.*longispica* →ナガボテン
ツキ 541
*Fimbristylis nutans* →ウナズキテンツキ 100
*Fimbristylis ovata* →ヤリテンツキ 839
*Fimbristylis pacifica* →イソテンツキ 59
*Fimbristylis paciflora* →イシガキイトテンツキ 55
*Fimbristylis pierotii* →ノハラテンツキ 579
*Fimbristylis sericea* →ビロードテンツキ 668
*Fimbristylis sieboldii* →イソヤマテンツキ 60
*Fimbristylis sieboldii* var.*anpinensis* →シマテンツ
キ 378
*Fimbristylis squarrosa* →アゼテンツキ 31
*Fimbristylis stauntonii* var.*stauntonii* →ハタケテン
ツキ 595
*Fimbristylis stauntonii* var.*tonensis* →トネテンツ
キ 530
*Fimbristylis subbispicata* →ヤマイ(1) 826

*Fimbristylis takamineana* →チャイロテンツキ(広
義) 479
*Fimbristylis umbellaris* →ハナシテンツキ 602
*Fimbristylis velata* →メアゼテンツキ 794
*Firmiana simplex* →アオギリ 7
*Fissidens boninensis* →オガサワラホウオウゴケ 168
*Fissidens fujiensis* →フジホウオウゴケ 684
*Fissidens neomagofukui* →マゴフクホウオウゴケ 730
*Fissidens nobilis* →ホウオウゴケ 703
*Fissidens pseudoadelphinus* →コホウオウゴケモド
キ 327
*Fissidens pseudohollianus* →ニセイボエホウオウゴ
ケ 560
*Fistulina hepatica* →カンゾウタケ 222
*Flagellaria indica* →トウツルモドキ 517
*Flammulina velutipes* →エノキタケ 128
*Flaveria bidentis* →キアレチギク 225
*Flemingia macrophylla* var.*philippinensis* →エノキ
マメ 128
*Flemingia strobilifera* →ソロハギ 435
*Floccularia luteovirens* →Yellow bracelet 880
*Flueggea suffruticosa* →ヒトツバハギ 634
*Flueggea trigonoclada* →アマミヒトツバハギ 41
*Foeniculum vulgare* →ウイキョウ 89
*Fomes fomentarius* →ツリガネタケ 500
*Fomitopsis officinalis* →エブリコ 130
*Fomitopsis pinicola* →ツガサルノコシカケ 487
*Fomitopsis rosea* →バライロサルノコシカケ 616
*Fontinalis hypnoides* →カワゴケ 216
*Forsythia japonica* →ヤマトレンギョウ 834
*Forsythia suspensa* →レンギョウ(1) 867
*Forsythia togashii* →ショウドシマレンギョウ 389
*Forsythia viridissima* var.*koreana* →チョウセンレ
ンギョウ 485
*Forsythia viridissima* var.*viridissima* →シナレン
ギョウ 371
*Fragaria× ananassa* →オランダイチゴ 189
*Fragaria iinumae* →ノウゴウイチゴ 574
*Fragaria nipponica* →シロバナノヘビイチゴ 402
*Fragaria vesca* →エゾヘビイチゴ 122
*Fragaria yezoensis* →エゾノクサイチゴ(1) 118
*Frangula crenata* →イソノキ 59
*Frangula crenata* var.*stenophylla* →ホソバイソノ
キ 712
*Franklinia alatamaha* →フランクリニア アラタマ
ハ 691
*Fraxinus apertisquamifera* →ミヤマアオダモ 765
*Fraxinus griffithii* →シマトネリコ 378
*Fraxinus insularis* →シマタゴ 378
*Fraxinus japonica* →トネリコ 530
*Fraxinus lanuginosa* →アオダモ(広義) 8
*Fraxinus lanuginosa* f.*lanuginosa* →ケアオダモ 285
*Fraxinus lanuginosa* f.*serrata* →アオダモ(狭義) 8
*Fraxinus longicuspis* →ヤマトアオダモ 832
*Fraxinus mandshurica* →ヤチダモ 816
*Fraxinus sieboldiana* →マルバアオダモ 738
*Fraxinus spaethiana* →シオジ 360
*Freesia alba* →フリージア 691
*Freesia laxa* →ヒメヒオウギ 656
*Freycinetia formosana* →ツルアダン 501
*Freycinetia formosana* var.*boninensis* →タコヅル 454

| | | |
|---|---|---|

*Freycinetia williamsii* →ヒメツルアダン ················653
*Fritillaria amabilis* →ホソバナコバイモ ··················716
*Fritillaria assyriaca* →フリチラリア・アッシリアカ ··691
*Fritillaria aurea* →フリチラリア・オウレア ············691
*Fritillaria ayakoana* →イズモコバイモ ···················· 58
*Fritillaria bithynica* →フリチラリア・バイシニカ ······691
*Fritillaria camtschatcensis* →クロユリ (広義) ·········283
*Fritillaria camtschatcensis* subsp.*alpina* →エゾミヤ
マクロユリ ·······················································123
*Fritillaria camtschatcensis* var.*camtschatcensis*
→クロユリ (2) ·················································283
*Fritillaria camtschatcensis* var.*keisukei* →ミヤマク
ロユリ ·····························································770
*Fritillaria carica* →フリチラリア・カリカ ···············691
*Fritillaria davisii* →フリチラリア・ダビッシー ········691
*Fritillaria graeca* →フリチラリア・グラエカ ···········691
*Fritillaria japonica* →ミノコバイモ ·······················762
*Fritillaria kaiensis* →カイコバイモ ·······················191
*Fritillaria koidzumiana* →コシノコバイモ ···············312
*Fritillaria meleagris* →セイヨウバイモ ···················423
*Fritillaria michailovskyi* →フリチラリア・ミカイロ
フスキー ··························································692
*Fritillaria minuta* →フリチラリア・ミヌタ ··············692
*Fritillaria montana* →フリチラリア・モンタナ ·········692
*Fritillaria muraiana* →アワコバイモ ······················ 51
*Fritillaria pinardii* →フリチラリア・ピナルディ ·······691
*Fritillaria pontica* →フリチラリア・ポンティカ ········692
*Fritillaria pyrenaica* →フリチラリア・ピレナイカ ····692
*Fritillaria shikokiana* →トサコバイモ ····················527
*Fritillaria sibthorpiana* →フリチラリア・シブソル
ピアナ ·····························································691
*Fritillaria thunbergii* →アミガサユリ ···················· 41
*Fritillaria tokushimensis* →トクシマコバイモ ·········524
*Froelichia gracilis* →ハマデラソウ ························612
*Frullania amamiensis* →アマミヤスデゴケ ··············· 41
*Frullania cristata* →エゾヤスデゴケ ······················124
*Frullania iriomotensis* →イリオモテヤスデゴケ ······· 79
*Frullania iwatsukii* →イワツキヤスデゴケ ··············· 84
*Frullania okinawensis* →オキナワヤスデゴケ ··········173
*Frullania pseudoalstonii* →ゴマダラヤスデゴケ ······328
*Frullania schensiana* var.*punctata* →ホシオンタケ
ヤスデゴケ ·······················································710
*Frullania tamarisci* subsp.*obscura* →シダレヤスデ
ゴケ ································································367
*Frullania zennoskeana* →オガサワラヤスデゴケ ······168
*Fuchsia× hybrida* →フクシア ·······························678
*Fucus disticus* subsp.*evanescens* →ヒバマタ ········638
*Fuirena ciliaris* →クロタマガヤツリ ······················278
*Fuirena umbellata* →ヒロハノクロタマガヤツリ ······672
*Fumaria capreolata* →ニセカラクサケマン ··············560
*Fumaria muralis* →セイヨウエンゴサク ··················421
*Fumaria officinalis* →カラクサケマン ····················210
*Funaria hygrometrica* →ヒョウタンゴケ ················664

## 【 G 】

*Gagea japonica* →ヒメアマナ ·······························640
*Gagea nakaiana* →キバナノアマナ ························242
*Gagea serotina* →チシマアマナ ····························473

*Gagea vaginata* →エゾヒメアマナ ·························122
*Gahnia aspera* →ムニンクロガヤ ···························786
*Gahnia tristis* →クロガヤ ····································276
*Gaillardia aristata* →オオテンニンギク ·················150
*Gaillardia pulchella* →テンニンギク ·····················513
*Galactia tashiroi* f.*tashiroi* →ハギカズラ ···········587
*Galanthus elwesii* →ガランサス・エルウェシー ·······215
*Galanthus nivalis* →スノードロップ ······················416
*Galearis cyclochila* →カモメラン ··························208
*Galearis fauriei* →オノエラン ······························186
*Galeopsis bifida* →チシマオドリコソウ ··················473
*Galerina fasciculata* →コレラタケ ························335
*Galerina helvoliceps* →ヒメアジロガサモドキ ·········640
*Galerina marginata* →ヒメアジロガサ ···················640
*Galerina subcerina* →ヒメコガサ ··························648
*Galiella celebica* →オオゴムタケ ··························143
*Galiella rufa* →Hairy rubber cup ························875
*Galinsoga parviflora* →コゴメギク (1) ··················310
*Galinsoga quadriradiata* →ハキダメギク ···············587
*Galium aparine* →シラホシムグラ ·························394
*Galium boreale* var.*kamtschaticum* →エゾキヌタソ
ウ ··································································113
*Galium divaricatum* →コメツブヤエムグラ ·············331
*Galium gracilens* →ヒメヨツバムグラ ····················661
*Galium japonicum* →クルマムグラ ·······················274
*Galium kamtschaticum* var.*acutifolium* →オオバノ
ヨツバムグラ ····················································157
*Galium kamtschaticum* var.*kamtschaticum* →エゾ
ノヨツバムグラ ··················································121
*Galium kamtschaticum* var.*minus* →ヤクシマムグ
ラ ··································································813
*Galium kikumugura* →キクムグラ ·························229
*Galium kinuta* →キヌタソウ ·································238
*Galium manshuricum* →エゾムグラ ·······················124
*Galium mollugo* →トゲナシムグラ ·························525
*Galium nakaii* →ミヤマキヌタソウ ·······················769
*Galium niewerthii* →ヤブムグラ ···························825
*Galium odoratum* →クルマバソウ ·························273
*Galium paradoxum* subsp.*franchetianum* →ミヤマ
ムグラ ·····························································779
*Galium pogonanthum* var.*pogonanthum* →ヤマムグ
ラ ··································································838
*Galium pogonanthum* var.*trichopetalum* →オオヤマ
ムグラ ·····························································166
*Galium pogonanthum* var.*yakumontanum* →ヤクシ
マヤマムグラ ····················································813
*Galium pseudoasprellum* →オオバノヤエムグラ ·······157
*Galium shikokianum* →ウスユキムグラ ··················· 97
*Galium spurium* var.*echinospermon* →ヤエムグラ ···806
*Galium spurium* var.*spurium* →トゲナシヤエムグ
ラ ··································································526
*Galium tokyoense* →ハナムグラ (1) ······················606
*Galium trachyspermum* →ヨツバムグラ ················850
*Galium trachyspermum* var.*miltiorrhizum* →ケナシ
ヨツバムグラ ····················································290
*Galium tricornutum* →ミナトムグラ ·····················761
*Galium trifidum* subsp.*columbianum* →ホソバノヨ
ツバムグラ ·······················································718
*Galium trifloriforme* →オククルマムグラ ···············174
*Galium triflorum* →ヤツガタケムグラ ···················817
*Galium verum* subsp.*asiaticum* f.*luteolum* →キバナ
カワラマツバ (狭義) ···········································240
*Galium verum* subsp.*asiaticum* var.*asiaticum* →キ

バナカワラマツバ ·············240
*Galium verum* subsp.*asiaticum* var.*asiaticum* f.
lacteum →カワラマツバ ··········219
*Galium verum* var.*trachycarpum* →エゾノカワラマ
ツバ ·················117
*Gallacea scleroderma* →Violet potato fungus ·······880
*Galphimia glauca* →キントラノオ ·············256
*Gamblea innovans* →タカノツメ (1) ·············452
*Gamochaeta calviceps* →ホソバノチチコグサモドキ ··718
*Gamochaeta coarctata* →ウラジロチチコグサ ··········105
*Gamochaeta pensylvanica* →チチコグサモドキ ·······476
*Gamochaeta purpurea* →ウスベニチチコグサ ·········· 97
*Ganoderma applanatum* →コフキサルノコシカケ ····325
*Ganoderma boninense* →シマンマンネンタケ ·······379
*Ganoderma lucidum* →マンネンタケ ·············746
*Ganoderma neo-japonicum* →マゴジャクシ ·······730
*Ganoderma tsunodae* →エビタケ ·············129
*Ganoderma valesiacum* →ツガノマンネンタケ ·······487
*Ganonema farinosa* →ケコナハダ ·············287
*Garcinia mangostana* →マンゴスチン ·············745
*Garcinia subelliptica* →フクギ ·············678
*Garcinia xanthochymus* →キヤニモモ ·············246
*Gardenia boninensis* →オガサワラクチナシ ··········167
*Gardenia jasminoides* var.*jasminoides* →クチナシ ··266
*Gardenia jasminoides* var.*radicans* →コクチナシ ·····307
*Gardenia jasminoides* var.*radicans* f.*simpliciflora*
→ヒトエノコクチナシ ·············632
*Gardneria liukiuensis* →リュウキュウホウライカズ
ラ ·················859
*Gardneria multiflora* →チトセカズラ ·············478
*Gardneria nutans* →ホウライカズラ ·············705
*Garnotia acutigluma* →アオシバ ·············· 8
*Gastrochilus ciliaris* →マツゲカヤラン ·············732
*Gastrochilus japonicus* →カシノキラン ·············197
*Gastrochilus matsuran* →ベニカヤラン ·······696
*Gastrochilus toramanus* →モミラン ·············803
*Gastrodia boninensis* →ムニンヤツシロラン ··········788
*Gastrodia confusa* →ヤツシロラン ·············817
*Gastrodia elata* →オニノヤガラ ·············184
*Gastrodia elata* var.*pallens* →シロテンマ ·······400
*Gastrodia gracilis* →ナヨテンマ ·············549
*Gastrodia javanica* →コンジキヤガラ ·············335
*Gastrodia nipponica* →ハルザキヤツシロラン ·······619
*Gastrodia pubilabiata* →クロヤツシロラン ··········283
*Gastrodia shimizuana* →ナンゴクヤツシロラン ·······552
*Gaultheria adenothrix* →アカモノ ·············· 17
*Gaultheria japonica* →ハリガネカズラ ·············617
*Gaultheria procumbens* →ゴールテリア ·············334
*Gaultheria pyroloides* →シラタマノキ ·············393
*Gaura biennis* →エダウチヤマモモソウ ·············126
*Gaura parviflora* →イヌヤマモモソウ ·············· 73
*Geastrum fimbriatum* →フクロツチガキ ·············680
*Geastrum fornicatum* →タイコヒメツチグリ ·······436
*Geastrum lageniforme* →トガリフクロツチグリ ·····521
*Geastrum mirabile* →ヒナツチガキ ·············636
*Geastrum quadrifidum* →ヒメカンムリツチグリ ·····645
*Geastrum rufescens* →ヤブレツチガキ ·············825
*Geastrum saccatum* →シロツチガキ ·············399
*Geastrum triplex* →エリマキツチグリ ·············131
*Gelidium elegans* →マクサ ·············729
*Gelidium japonicum* →オニクサ (1) ·············182

*Gelidium linoides* →キヌクサ ·············238
*Gelsemium sempervirens* →カロライナジャスミン ···216
*Geniostoma glabrum* →オガサワラモクレイシ ·········168
*Gentiana acaulis* →ゲンチアナ・アコウリス ·········293
*Gentiana algida* →トウヤクリンドウ ·············518
*Gentiana algida* var.*igarashii* →クモイリンドウ
(1) ·················269
*Gentiana alpine* →ゲンチアナ・アルビネ ·············293
*Gentiana aquatica* →ヒナリンドウ ·············637
*Gentiana glauca* →ヨコヤマリンドウ ·············848
*Gentiana jamesii* →リシリリンドウ ·············855
*Gentiana laeviuscula* →コヒナリンドウ ·············325
*Gentiana macrophylla* →ゲンチアナ・マクロフィラ ···293
*Gentiana makinoi* →オヤマリンドウ ·············188
*Gentiana newberryi* →ゲンチアナ・ネウベリー ·········293
*Gentiana nipponica* var.*nipponica* →ミヤマリンド
ウ ·················780
*Gentiana nipponica* var.*robusta* →イイデリンドウ ····53
*Gentiana paradoxa* →ゲンチアナ・パラドクサ ·······293
*Gentiana rubicunda* →ゲンチアナ・ルビクンダ ·······293
*Gentiana satsunanensis* →リュウキュウコケリンド
ウ ·················856
*Gentiana scabra* var.*buergeri* →リンドウ ·············862
*Gentiana scabra* var.*buergeri* f.*stenophylla* →ホソ
バリンドウ ·············720
*Gentiana scabra* var.*kitadakensis* →キタダケリンド
ウ ·················234
*Gentiana scabra* var.*scabra* →トウリンドウ ·········519
*Gentiana septemfida* →ゲンチアナ・セプテムフィ
ダ ·················293
*Gentiana sikokiana* →アサマリンドウ ·············· 25
*Gentiana squarrosa* →コケリンドウ ·············309
*Gentiana takushii* →ミヤココケリンドウ ·············764
*Gentiana thunbergii* var.*minor* →タテヤマリンド
ウ ·················460
*Gentiana thunbergii* var.*thunbergii* →ハルリンドウ ···621
*Gentiana triflora* var.*japonica* →エゾリンドウ ·······125
*Gentiana triflora* var.*japonica* f.*horomuiensis* →ホ
ロムイリンドウ ·············726
*Gentiana triflora* var.*japonica* f.*montana* →エゾオ
ヤマリンドウ ·············112
*Gentiana triflora* var.*triflora* →ホソバエゾリンド
ウ ·················713
*Gentiana verna* →ゲンチアナ・ベルナ ·············293
*Gentiana yakumontana* →ヤクシマコケリンドウ ·····811
*Gentiana yakushimensis* →ヤクシマリンドウ ·········813
*Gentiana zollingeri* →フデリンドウ ·············687
*Gentianella amarella* subsp.*takedae* →オノエリン
ドウ ·················186
*Gentianella amarella* subsp.*yuparensis* →ユウバリ
リンドウ ·············842
*Gentianella auriculata* →チシマリンドウ ·············475
*Gentianopsis contorta* →チチブリンドウ ·············477
*Gentianopsis yabei* f.*violacea* →ムラサキタカネリン
ドウ ·················791
*Gentianopsis yabei* var.*akaisiensis* →アカイシリン
ドウ ·················· 12
*Gentianopsis yabei* var.*yabei* →シロウマリンドウ ···397
*Geodorum densiflorum* →トサカメオトラン ·············527
*Geoglossum fallax* var.*fallax* →カバイロテングノメ
シガイ ·················204
*Geopora sumneriana* →Cedar cup ·············873
*Geranium carolinianum* →アメリカフウロ ·············· 45

*Geranium cinereum* →ゲラニウム・キレネウム ……292

*Geranium dalmaticum* →ゲラニウム・ダルマチカム ……292

*Geranium dissectum* →オトメフウロ ……180

*Geranium erianthum* →チシマフウロ ……475

*Geranium erianthum* var.*erianthum* f.*pallescens* →トカチフウロ ……520

*Geranium krameri* →タチフウロ ……459

*Geranium molle* →ヤワゲフウロ ……840

*Geranium nodosum* →ゲラニウム・ノドスム ……292

*Geranium onoei* var.*onoei* f.*alpinum* →タカネグンナイフウロ ……447

*Geranium onoei* var.*onoei* f.*onoei* →グンナイフウロ ……284

*Geranium phaeum* →クロバナフウロ ……280

*Geranium pratense* 'Summer Skies' →サマースカイ ……350

*Geranium purpureum* →ヤサカフウロ ……814

*Geranium pusillum* →チゴフウロ ……472

*Geranium pyrenaicum* →ピレネーフウロ ……667

*Geranium robertianum* →ヒメフウロ (2) ……657

*Geranium rotundifolium* →マルバフウロ ……742

*Geranium sanguineum* →アケボノフウロ …… 22

*Geranium shikokianum* var.*kaimontanum* →カイフウロ ……192

*Geranium shikokianum* var.*shikokianum* →シコクフウロ ……364

*Geranium shikokianum* var.*yamatense* →ヤマトフウロ ……833

*Geranium shikokianum* var.*yoshiianum* →ヤクシマフウロ ……813

*Geranium sibiricum* →イチゲフウロ …… 61

*Geranium soboliferum* →アサマフウロ (広義) …… 25

*Geranium soboliferum* var.*hakusanense* →アサマフウロ …… 25

*Geranium soboliferum* var.*kiusianum* →ツクシフウロ ……492

*Geranium thunbergii* →ゲンノショウコ ……293

*Geranium tripartitum* →コフウロ ……325

*Geranium tripartitum* var.*hastatum* →ホコガタフウロ ……708

*Geranium wilfordii* →ミツバフウロ ……759

*Geranium wilfordii* var.*chinense* →タカオフウロ ……444

*Geranium wilfordii* var.*yezoense* →エゾノミツバフウロ ……120

*Geranium yesoense* var.*nipponicum* →ハクサンフウロ ……589

*Geranium yesoense* var.*yesoense* →エゾフウロ ……122

*Geranium yezoense* var.*hidaense* →イブキフウロ (1) …… 76

*Geranium yezoense* var.*pseudopratense* →ハマフウロ ……614

*Geranium yoshinoi* →ビッチュウフウロ ……632

*Gerbera hybrida* →ガーベラ ……205

*Gerronema nemorale* →オリーブサカズキタケ ……190

*Geum aleppicum* →オオダイコンソウ ……147

*Geum calthifolium* var.*nipponicum* →ミヤマダイコンソウ ……773

*Geum coccineum* →ベニバナダイコンソウ ……698

*Geum* cvs. →セイヨウダイコンソウ ……422

*Geum japonicum* →ダイコンソウ ……436

*Geum macrophyllum* var.*sachalinense* →カラフトダイコンソウ ……213

*Geum ternatum* →コキンバイ ……307

*Gibellula leiopus* →ギベルラ レイオパス ……245

*Gibellula pulchra* →ギベルラ プルクラ ……245

*Gigantochloa apus* →ナワタケ ……550

*Ginkgo biloba* →イチョウ …… 62

*Ginkgo biloba* var.*epiphylla* →オハツキイチョウ ……186

*Gladiolus* × *gandavensis* →グラジオラス ……271

*Gladiolus murielae* →アシダンセラ (2) …… 26

*Glandularia* × *hybrida* →ビジョザクラ ……630

*Glaucidium palmatum* →シラネアオイ ……393

*Glaucium flavum* →ツノゲシ ……497

*Glaziella aurantiaca* →Orange bladder ……877

*Glechoma hederacea* subsp.*grandis* →カキドオシ ……194

*Gleditsia japonica* →サイカチ ……336

*Glehnia littoralis* →ハマボウフウ ……614

*Gliophorus psittacinus* →ワカクサタケ ……869

*Gliophorus viridis* →Verdigris waxcap ……879

*Globba winitii* →グロッバ ……279

*Globularia cordifolia* →グロブラリア・コルディフォリア ……281

*Glochidion obovatum* →カンコノキ ……221

*Glochidion rubrum* →ヒラミカンコノキ ……666

*Glochidion triandrum* →ウラジロカンコノキ ……105

*Glochidion zeylanicum* var.*zeylanicum* →カキバカンコノキ ……194

*Gloeocantharellus pallidus* →シロアンズタケ ……395

*Gloeophyllum sepiarium* →キカイガラタケ ……227

*Gloeophyllum subferrugineum* →ヒロハキカイガラタケ ……670

*Gloeoporus dichrous* →エビウラタケ ……128

*Gloeoporus taxicola* →マツノカワシワタケ ……732

*Gloiopeltis furcata* →フクロフノリ ……680

*Gloriosa superba* →ユリグルマ ……846

*Glossadelphus yakoushimae* →ヤクシマヒラツボゴケ ……812

*Glossocardia bidens* →セリバノセンダングサ ……428

*Glossostigma elatinoides* →ハビコリハコベ ……608

*Glyceria acutiflora* subsp.*japonica* →ムツオレグサ ……785

*Glyceria alnasteretum* →ミヤマドジョウツナギ ……774

*Glyceria depauperata* →ウキガヤ …… 89

*Glyceria depauperata* var.*depauperata* →ヒメウキガヤ ……642

*Glyceria ischyroneura* →ドジョウツナギ ……528

*Glyceria leptolepis* →ヒロハノドジョウツナギ ……672

*Glyceria lithuanica* →カラフトドジョウツナギ ……213

*Glyceria* × *occidentalis* →セイヨウウキガヤ ……421

*Glyceria spiculosa* →ヌマドジョウツナギ ……567

*Glyceria* × *tokitana* →マンゴクドジョウツナギ ……745

*Glycine koidzumii* →ミヤコジマツルマメ ……764

*Glycine max* nothosubsp.*gracilis* →ヒロハツルマメ ……671

*Glycine max* subsp.*formosana* →ホソバツルマメ ……715

*Glycine max* subsp.*max* →ダイズ ……437

*Glycine max* subsp.*soja* →ツルマメ ……506

*Glycine tabacina* →ボウコツルマメ ……704

*Glycosmis parviflora* →ハナシンボウキ ……602

*Glycyrrhiza glabra* →カンゾウ ……222

*Glycyrrhiza pallidiflora* →イヌカンゾウ …… 68

*Glyphomitrium humillimum* →サヤゴケ ……350

*Glyptostrobus pensilis* →スイショウ ……408

*Gnaphalium japonicum* →チチコグサ ……476

*Gnaphalium sylvaticum* →エダウチチチコグサ ……126

学名索引　　　　　　　　　941　　　　　　　　　　HAC

Gnaphalium uliginosum →ヒメチチコグサ ……………653
Gnetum gnemon →グネモンノキ ………………………266
Gollania splendens →オオカギイトゴケ ………………139
Gomphidius glutinosus →シロエノクギタケ …………397
Gomphidius maculatus →キオウギタケ ………………226
Gomphidius roseus →オウギタケ ……………………133
Gomphrena celosioides →センニチノゲイトウ ………431
Gomphrena globosa →センニチコウ …………………431
Gomphus clavatus →ラッパタケ ……………………853
Gomphus kauffmanii →オニウスタケ ………………181
Goniophiebium amamianum →アマミアオネカズラ ‥39
Goniophlebium formosanum →タイワンアオネカズ
ラ ……………………………………………………441
Goniophlebium niponicum →アオネカズラ ……………9
Goniophlebium someyae →ミョウギシダ………………781
Gonocarpus chinensis →ナガバアリノトウグサ ………537
Gonocarpus micranthus →アリノトウグサ …………49
Goodyera augustini →ナンカイシュスラン …………550
Goodyera biflora →ベニシュスラン …………………697
Goodyera clavata →ナンバンキンギンソウ …………553
Goodyera foliosa var.foliosa →ツユクサシュスラン ‥500
Goodyera foliosa var.laevis →アケボノシュスラン ‥‥22
Goodyera fumata →ヤブミョウガラン ………………825
Goodyera hachijoensis f.izuohsimensis →オオシマ
シュスラン ……………………………………………145
Goodyera hachijoensis var.boninensis →ムニンシュ
スラン ……………………………………………………786
Goodyera hachijoensis var.hachijoensis →ハチジョ
ウシュスラン ……………………………………………597
Goodyera hachijoensis var.matsumurana →カゴメ
ラン …………………………………………………196
Goodyera pendula →ツリシュスラン …………………500
Goodyera pendula var.brachyphylla →ヒロハツリ
シュスラン ……………………………………………671
Goodyera procera →キンギンソウ (1) ………………253
Goodyera repens →ヒメミヤマウズラ ………………660
Goodyera rubicunda →ヒゲナガキンギンソウ………627
Goodyera schlechtendaliana →ミヤマウズラ ………767
Goodyera sonoharae →クニガミシュスラン ………266
Goodyera velutina →シュスラン ……………………386
Goodyera viridiflora →シマシュスラン ……………377
Gossypium arboreum var.obtusifolium →ワタ………870
Gracilaria parvisora →シラモ ………………………394
Gracilaria textorii →カバノリ ………………………204
Gracilaria vermiculophylla →オゴノリ ……………176
Gracilariopsis chorda →ツルシラモ…………………503
Graphis scripta →モジゴケ …………………………800
Grateloupia acuminata →オオムカデノリ…………164
Grateloupia angusta →キントキ ……………………256
Grateloupia asiatica →ムカデノリ …………………782
Grateloupia chiangii →ヒトツマツ …………………634
Grateloupia elliptica →タンバノリ…………………470
Gratiola fluviatilis →カミガモソウ …………………206
Gratiola japonica →オオアブノメ …………………135
Grevillea robusta →シノブノキ ……………………371
Grewia rhombifolia →ヒシバウオトリギ……………629
Grifola frondosa →マイタケ …………………………728
Grimmia brachydictyon →コアミメギボウシゴケ……295
Grimmia percarinata →コフタゴケ …………………326
Guadua angustifolia →グアドゥア アングスティ
フォリア ……………………………………………259

Guaiacum officinale →ユソウボク ……………………845
Guepinia helvelloides →ニカワジョウゴタケ ………557
Guepiniopsis buccina →タテガタツノマタタケ ………460
Guettarda speciosa →ハテルマギリ…………………599
Guizotia abyssinica →キバナタカサブロウ …………241
Gymnadenia conopsea →テガタチドリ ………………508
Gymnema sylvestre →ホウライアオカズラ…………705
Gymnocarpium× bipinnatifidum →オオエビラシダ ‥139
Gymnocarpium dryopteris →ウサギシダ …………91
Gymnocarpium oyamense →エビラシダ …………130
Gymnocarpium robertianum →イワウサギシダ ……80
Gymnocoronis spilanthoides →ミズヒマワリ…………753
Gymnomitrion mucronulatum →アカサキジロゴケ ‥‥13
Gymnomitrion noguchianum →ノグチサキジロゴ
ケ ………………………………………………………575
Gymnopilus aeruginosus →ミドリスギタケ…………760
Gymnopilus dilepis →Magenta rustgill ……………876
Gymnopilus junonius →オオワライタケ ……………166
Gymnopilus picreus →チャツムタケ ………………479
Gymnopus acervatus →カブベニチャ ………………205
Gymnopus confluens →アマタケ ……………………38
Gymnopus dryophilus →モリノカレバタケ …………804
Gymnopus fusipes →Spindle toughshank …………879
Gymnopus peronatus →ワサビカレバタケ …………869
Gymnosporia diversifolia →ハリツルマサキ…………618
Gynandropsis gynandra →フウチョウソウ…………676
Gynochthodes umbellata →ハナガサノキ …………601
Gynochtodes boninensis →ムニンハナガサノキ……787
Gynostemma pentaphyllum →アマチャヅル…………38
Gynostemma var.maritimum →ソナレアマチャヅ
ル………………………………………………………434
Gynura bicolor →スイゼンジナ ……………………408
Gynura japonica →サンシチソウ ……………………357
Gypsophila elegans →カスミソウ (1) ………………199
Gypsophila muralis →ヌカイトナデシコ ……………566
Gypsophila paniculata →コゴメナデシコ …………310
Gyrodon lividus →ハンノキイグチ…………………623
Gyromitra esculenta →シャグマアミガサタケ………383
Gyromitra gigas →オオシャグマタケ ………………145
Gyromitra infula →トビイロノボリリュウタケ………531
Gyroporus castaneus →クリイロイグチ……………272
Gyroporus cyanescens →アイゾメイグチ……………4

## 【 H 】

Habenaria crassilabia →ニイジマトンボ……………555
Habenaria dentata →ダイサギソウ …………………436
Habenaria iyoensis →イヨトンボ ……………………78
Habenaria linearifolia →オオミズトンボ …………162
Habenaria linearifolia var.brachycentra →ヒメミズ
トンボ…………………………………………………659
Habenaria pantlingiana →リュウキュウサギソウ……857
Habenaria radiata →サギソウ ………………………340
Habenaria rhodocheila →ハベナリア・ロドケイラ……608
Habenaria sagittifera →ミズトンボ…………………752
Haberlea rhodopensis →ハベルレア・ロドペンシス……608
Hackelochloa granularis →ヤエガヤ…………………805

| | |
|---|---|

**HAC**     *942*     学名索引

*Hacquetia epipactis* →ハッケティア・エピパクティ
ス ·······························································598

*Hainardia cylindrica* →ハリノホ ·····················618

*Hakonechloa macra* →ウラハグサ······················106

*Halenia corniculata* →ハナイカリ ····················600

*Halerpestes kawakamii* →ヒメキンポウゲ ············646

*Halicoryne wrightii* →イソスギナ······················59

*Halimeda discoidea* →ウチワサボテングサ ··········98

*Halodule pinifolia* →マツバウミジグサ ···············733

*Halodule uninervis* →ウミジグサ ·····················101

*Halophila major* →オオウミヒルモ ···················139

*Halophila nipponica* →ヤマトウミヒルモ············832

*Halophila ovalis* →ウミヒルモ ·························102

*Haloragis walkeri* →タネガシマアリノトウグサ ·····463

*Halosaccion firmum* →カタベニフクロノリ·············200

*Hamamelis japonica* var.*bitchuensis* →アテツマン
サク ·······························································33

*Hamamelis japonica* var.*discolor* f.*obtusata* →マル
バマンサク ·················································743

*Hamamelis japonica* var.*japonica* →マンサク·········745

*Hamamelis japonica* var.*megalophylla* →オオバマン
サク ·····························································158

*Hamamelis mollis* →シナマンサク····················371

*Hamamelis virginiana* →アメリカマンサク ············45

*Hammarbrya paludosa* →ヤチラン ·····················817

*Hanabusaya asiatica* →ハナブサソウ···················605

*Hancockia uniflora* →ヒメクリソラン·················647

*Hapalopilus croceus* →オオカボチャタケ ···············140

*Hapalopilus nidulans* →アカゾメタケ·····················14

*Haplomitrium mnioides* →コマチゴケ ···············328

*Haplopteris ensiformis* →ヒメシラン ·················649

*Haplopteris ensiformis* →ムニンシシラン ············786

*Haplopteris flexuosa* →シシラン························365

*Haplopteris flexuosa*×*H.fudzinoi* →セトシシラン ····427

*Haplopteris fudzinoi* →ナカミシシラン ···············542

*Haplopteris mediosora* →イトシシラン ·················64

*Haplopteris yakushimensis* →オオバシシラン·········154

*Haplopteris zosterifolia* →アマモシシラン ·············41

*Haraella retrocalla* →ニオイラン·······················556

*Harrimanella stelleriana* →ジムカデ···················380

*Hattoria yakushimensis* →ヤクシマアミバゴケ·········809

*Hebeloma crustuliniforme* →オオワカフサタケ········166

*Hebeloma radicosoides* →ナガエノスギタケダマシ ···536

*Hebeloma radicosum* →ナガエノスギタケ ·············536

*Hebeloma sacchariolens* →ヒメワカフサタケ··········662

*Hebeloma spoliatum* →アシナガヌメリ ·················27

*Hebeloma vinosophyllum* →アカヒダワカフサタケ ····16

*Hedera canariensis* →カナリーキヅタ··················203

*Hedera helix* →セイヨウキヅタ·························422

*Hedera helix* 'Goldheart' →ゴールドハート ··········334

*Hedera helix* 'Pittsburgh' →ピッツバーグ ···········632

*Hedera rhombea* →キヅタ ·······························232

*Hedwigia ciliata* →ヒジキゴケ ·························629

*Hedychium coronarium* →ハナシュクシャ ·············602

*Hedychium coronarium* var.*chrysoleucum* →ジン
ジャー（1）·················································406

*Hedychium* spp. →ジンジャー（2）···················406

*Hedyotis verticillata* →ヒロハケニオイグサ············670

*Hedysarum hedysaroides* →カラフトゲンゲ·············213

*Hedysarum hedysaroides* f.*neglectum* →チシマゲン
ゲ ·······························································474

*Hedysarum vicioides* subsp.*japonicum* var.
*japonicum* →イワオウギ ·······························81

*Heimia myrtifolia* →キバナミソハギ···················244

*Heimioporus betula* →Shaggy-stalked bolete ·········879

*Heimioporus japonicus* →ベニイグチ··················695

*Helenium amarum* →マツバハルシャギク ·············733

*Helenium autumnale* →ダンゴギク·····················469

*Helianthus annuus* →ヒマワリ ·························639

*Helianthus argophyllus* →シロタエヒマワリ ··········399

*Helianthus cucumerifolius* →ヒメヒマワリ ············657

*Helianthus* × *multiflorus* →コヒマワリ ···············325

*Helianthus salicifolius* →ヤナギバヒマワリ ···········819

*Helianthus strumosus* →イヌキクイモ ···················68

*Helianthus tuberosus* →キクイモ ······················228

*Helicia cochinchinensis* →ヤマモガシ··················838

*Helicia formosana* →タイワンヤマモガシ ·············443

*Helicodontium kiusianum* →ツクシケゴケ ·············490

*Heliconia psittacorum* f. →ヘリコニア・プシッタコ
ルム ·····························································701

*Helicteres angustifolia* →ヤンバルゴマ ···············840

*Helictotrichon hideoi* →ミサヤマチャヒキ ············749

*Heliocybe sulcata* →Sunray sawgill ···················879

*Heliogaster columellifer* →ジャガイモタケ············382

*Heliopsis helianthoides* →キクイモモドキ ·············228

*Heliotropium amplexicaule* →ダキバニオイムラサ
キ ·······························································453

*Heliotropium arborescens* →ヘリオトロープ ··········701

*Heliotropium curassavicum* →アレチムラサキ ········50

*Heliotropium foertherianum* →モンパノキ ············805

*Heliotropium indicum* →ナンバンルリソウ ············554

*Heliotropium japonicum* →スナビキソウ··············416

*Helleborus dumetorum* →ヘレボルス・デュメトル
ム ·······························································702

*Helleborus lividus* →ヘレボルス・リビダス ···········702

*Helleborus niger* →クリスマスローズ ·················272

*Helleborus odorus* →ヘレボルス・オドルス ···········702

*Helleborus orientalis* →ハルザキクリスマスローズ···619

*Helleborus* × *sternii* →ヘレボルス × ステルニー ·····702

*Helleborus thibetanus* →ヘレボルス・チベタヌス ·····702

*Helleborus torquatus* →ヘレボルス・トルカーツス ····702

*Helleborus* × *Yellow* (golden nectaries) →ヘレボル
ス × ゴールド ··············································702

*Helminthocladia australis* →ベニモズク ···············699

*Helminthostachys zeylanica* →ミヤコジマハナワラ
ビ ·······························································765

*Helonias breviscapa* →コチョウショウジョウバカマ
（1）·····························································316

*Heloniopsis kawanoi* →コショウジョウバカマ ·········313

*Heloniopsis leucantha* →オオシロショウジョウバカ
マ ·······························································146

*Heloniopsis orientalis* →ショウジョウバカマ ·········389

*Heloniopsis orientalis* var.*breviscapa* →ツクシショ
ウジョウバカマ（1）·····································490

*Heloniopsis orientalis* var.*flavida* →シロバナショウ
ジョウバカマ（1）·········································401

*Helvella acetabulum* →ウラスジチャワンタケ··········106

*Helvella atra* →クロアシボソノボリリュウタケ········275

*Helvella crispa* →ノボリリュウ ························580

*Helvella elastica* →アシボソノボリリュウタケ ··········27

*Helvella ephippium* →クラガタノボリリュウタケ······271

*Helvella lacunosa* →クロノボリリュウタケ ············279

*Helvella leucomelaena* →カバイロサカズキタケ········204

*Helvella macropus* var.*macropus* →ナガエノチャワ

学名索引　　　　　　　　　943　　　　　　　　　**HIB**

ンタケ ……………………………………536
*Helwingia japonica* subsp.*japonica* var.*japonica*
　→ハナイカダ ……………………………600
*Helwingia japonica* subsp.*liukiuensis*　→リュウキュ
　ウハナイカダ ……………………………858
*Helwingia japonica* var.*parvifolia*　→コバノハナイカ
　ダ ………………………………………323
*Hemarthria compressa*　→コバノウシノシッペイ ……321
*Hemarthria sibirica*　→ウシノシッペイ ……………… 92
*Hemerocallis citrina* var.*vespertina*　→ユウスゲ ……842
*Hemerocallis dumortieri* var.*dumortieri*　→ヒメカン
　ゾウ ……………………………………645
*Hemerocallis dumortieri* var.*esculenta*　→ゼンテイ
　カ ………………………………………431
*Hemerocallis dumortieri* var.*exaltata*　→トビシマカ
　ンゾウ …………………………………531
*Hemerocallis fulva* var.*aurantiaca*　→ニシノハマカ
　ンゾウ …………………………………559
*Hemerocallis fulva* var.*disticha*　→ノカンゾウ ………575
*Hemerocallis fulva* var.*fulva*　→ホンカンゾウ ………726
*Hemerocallis fulva* var.*kwanso*　→ヤブカンゾウ (1) ‥822
*Hemerocallis fulva* var.*littorea*　→ハマカンゾウ ……610
*Hemerocallis fulva* var.*pauciflora*　→ヒメノカンゾ
　ウ ………………………………………655
*Hemerocallis lilioasphodelus* var.*yezoensis*　→エゾキ
　スゲ ……………………………………113
*Hemerocallis major*　→トウカンゾウ ………………514
*Hemerocallis middendorffii*　→エゾゼンテイカ (1) ‥‥115
*Hemerocallis minor*　→ホソバキスゲ ………………714
*Hemiboea bicornuta*　→ツノギリソウ ………………497
*Hemiboea* sp.　→ツルイワギリソウ …………………501
*Hemigraphis okamotoi*　→ミヤコジマソウ (1) ………764
*Hemipilia chidori*　→ヒナチドリ ……………………636
*Hemipilia cucullata*　→ミヤマモジズリ ……………779
*Hemipilia gracilis*　→ヒナラン ………………………637
*Hemipilia graminifolia*　→ウチョウラン ……………… 98
*Hemipilia joo-iokiana*　→ニョホウチドリ …………563
*Hemipilia keiskei*　→イワチドリ …………………… 84
*Hemipilia kinoshitae*　→コアニチドリ ………………294
*Hemisteptia lyrata*　→キツネアザミ ………………236
*Henningsomyces candidus*　→パイプタケ ……………585
*Hepatica acutiloba*　→アメリカミスミソウ ………… 45
*Hepatica americana*　→アメリカスハマソウ ………… 44
*Hepatica henryi*　→ヘパチカ・ヘンリー ……………700
*Hepatica insularis*　→ヒメミスミソウ ………………659
*Hepatica maxima*　→オオスハマソウ ………………147
*Hepatica nobilis*　→ヘパチカ・ノビリス ……………700
*Hepatica nobilis* var.*japonica*　→ミスミソウ ………753
*Hepatica nobilis* var.*japonica* f.*japonica*　→ミスミソ
　ウ (狭義) ………………………………753
*Hepatica nobilis* var.*japonica* f.*magna*　→オオミスミ
　ソウ ……………………………………163
*Hepatica nobilis* var.*japonica* f.*variegata*　→スハマ
　ソウ ……………………………………417
*Hepatica nobilis* var.*pubescens*　→ケスハマソウ ……288
*Hepatica transsilvanica*　→ヘパチカ・トランシルバ
　ニカ ……………………………………699
*Hepatica yamatutai*　→ヘパチカ・ヤマツタイ ………700
*Heracleum sphondylium* subsp.*montanum*　→オオハ
　ナウド …………………………………155
*Heracleum sphondylium* subsp.*sphondylium* var.
　*akasimontanum*　→ホソバハナウド ………………718
*Heracleum sphondylium* subsp.*sphondylium* var.
　*nipponicum*　→ハナウド ……………………………600

*Heracleum sphondylium* subsp.*sphondylium* var.
　*turugisanense*　→ツルギハナウド …………………502
*Hericium coralloides*　→サンゴハリタケ ……………356
*Hericium erinaceus*　→ヤマブシタケ ………………837
*Heritiera littoralis*　→サキシマスオウノキ …………340
*Herminium lanceum*　→ムカゴソウ …………………781
*Herminium monorchis*　→クシロチドリ ……………264
*Hermodactylus tuberosus*　→クロバナイリス …………280
*Hernandia nymphaeifolia*　→ハスノハギリ …………594
*Hesperis matronalis*　→ハナスズシロ ………………603
*Hesperocyparis macrocarpa*　→モントレーサイプレ
　ス ………………………………………805
*Hetaeria oblongifolia*　→オオカゲロウラン …………139
*Hetaeria sikokiana*　→ヒメノヤガラ ………………655
*Hetaeria yakusimensis*　→ヤクシマアカシュスラン ‥‥809
*Heteranthera limosa*　→アメリカコナギ …………… 43
*Heteranthera reniformis*　→ヒメホテイアオイ ………658
*Heteranthera zosterifolia*　→ツルアメリカコナギ ……501
*Heterobasidion annosum*　→マツノネクチタケ ………732
*Heterobasidion orientale*　→レンガタケ ……………867
*Heterochaete delicata*　→オロタケ …………………190
*Heterocladium tenellum*　→ホソイトツルゴケ ………711
*Heterodermia hypoleuca*　→ウラジロゲジゲジゴケ ‥‥105
*Heteropogon contortus*　→アカヒゲガヤ …………… 16
*Heterotropa muramatsui* var.*shimodana*　→シモダカ
　ンアオイ ………………………………381
*Heuchera sanguinea*　→ツボサンゴ …………………498
*Hevea brasiliensis*　→パラゴムノキ …………………616
*Hexagonia hydnoides*　→Hairy hexagon ……………875
*Hibanobambusa kamitegensis*　→エチゼンインヨウ ‥‥127
*Hibanobambusa tranquillans*　→インヨウチク ……… 88
*Hibiscus abelmoschus*　→リュウキュウトロロアオイ ‥858
*Hibiscus coccineus*　→モミジアオイ …………………801
*Hibiscus* cv.　→ハイビスカス (1) …………………584
*Hibiscus* cvs.　→アメリカフヨウ (1) ……………… 45
*Hibiscus glaber*　→モンテンボク …………………805
*Hibiscus hamabo*　→ハマボウ (1) …………………614
*Hibiscus hybridus* 'Double Brown'　→ダブル・ブラ
　ウン …………………………………464
*Hibiscus hybridus* 'New Pink'　→ニュー・ピンク ……563
*Hibiscus hybridus* 'Powder Puff'　→パウダー・パフ ‥585
*Hibiscus hybridus* 'Sleace Sou'　→スレース・スー ……419
*Hibiscus hybridus* 'Vulcan'　→バルカン ……………619
*Hibiscus makinoi*　→サキシマフヨウ ………………340
*Hibiscus manihot*　→トロロアオイ …………………535
*Hibiscus militaris*　→ソコベニアオイ ………………433
*Hibiscus moscheutos*　→アメリカフヨウ (2) ……… 45
*Hibiscus mutabilis*　→フヨウ ………………………690
*Hibiscus mutabilis* f.*albiflorus*　→シロフヨウ ………403
*Hibiscus mutabilis* var.*polygamus* hort.　→シチメン
　フヨウ …………………………………368
*Hibiscus mutabilis* 'Versicolor'　→スイフヨウ ………409
*Hibiscus pacificus*　→イオウトウフヨウ …………… 53
*Hibiscus paramutabilis*　→ロザンフヨウ ……………868
*Hibiscus radiatus*　→アカバナトゲアオイ ………… 15
*Hibiscus rosa-sinensis*　→ブッソウゲ ………………687
*Hibiscus schizopetalus*　→フウリンブッソウゲ ………677
*Hibiscus sinosyriacus*　→タイリンムクゲ ……………440
*Hibiscus syriacus*　→ムクゲ ………………………783
*Hibiscus syriacus* 'Aka-gion-mamori'　→アカギオン
　マモリ ………………………………… 12
*Hibiscus syriacus* 'Aka-hanagasa'　→アカハナガサ ……15

**HIB** 944 学名索引

*Hibiscus syriacus* 'Aka-hitoe' →アカヒトエ………… 16
*Hibiscus syriacus* 'Akatsuki-1-gô' →アカツキイチゴ
ウ……………………………………………… 14
*Hibiscus syriacus* 'Amplissimus' →アンプリッシマ
ス……………………………………………… 52
*Hibiscus syriacus* 'Ardens' →アーデンス…………… 33
*Hibiscus syriacus* 'Balentine' →バレンタイン………621
*Hibiscus syriacus* 'Beni-kujaku' →ベニクジャク……696
*Hibiscus syriacus* 'Bicolor' →バイカラー…………626
*Hibiscus syriacus* 'Bluebird' →ブルーバード………693
*Hibiscus syriacus* 'Bluemoon' →ブルームーン………693
*Hibiscus syriacus* 'Coelestis' →コエレスチス………302
*Hibiscus syriacus* 'Comte de Heimont' →コンテ・
ド・エイモンテ…………………………………335
*Hibiscus syriacus* 'Daisen-gion-mamori' →ダイセン
ギオンマモリ……………………………………438
*Hibiscus syriacus* 'Daishihai' →ダイシハイ………437
*Hibiscus syriacus* 'Daitokuji-gion-mamori' →ダイ
トクジギオンマモリ……………………………439
*Hibiscus syriacus* 'Daitokuji-hanagasa' →ダイトク
ジハナガサ………………………………………439
*Hibiscus syriacus* 'Daitokuji-hitoe' →ダイトクジヒ
トエ………………………………………………439
*Hibiscus syriacus* 'Daitokuji-shiro' →ダイトクジシ
ロ…………………………………………………439
*Hibiscus syriacus* 'Diana' →ダイアナ………………436
*Hibiscus syriacus* 'Dr.Uemoto' →ドクター・ウエモ
ト…………………………………………………524
*Hibiscus syriacus* 'Elegantissimus' →エレガン
ティッシマス……………………………………131
*Hibiscus syriacus* f.*alboplenus* →シロヤエムクゲ……404
*Hibiscus syriacus* f.*albus* →シロバナムクゲ…………403
*Hibiscus syriacus* f.*plenus* →ヤエムクゲ……………806
*Hibiscus syriacus* 'Hayakawashiro' →ハヤカワシロ…615
*Hibiscus syriacus* 'Heikeyama' →ヘイケヤマ………694
*Hibiscus syriacus* 'Hikari-hanagasa' →ヒカリハナ
ガサ………………………………………………626
*Hibiscus syriacus* 'Hime-hanagasa' →ヒメハナガ
サ…………………………………………………656
*Hibiscus syriacus* 'Hinomaru' →ヒノマル (2)………638
*Hibiscus syriacus* 'Ishigakijima' →イシガキジマ……55
*Hibiscus syriacus* 'Kijibato' →キジバト……………231
*Hibiscus syriacus* 'Kobata' →コバタ…………………320
*Hibiscus syriacus* 'Komidare' →コミダレ……………329
*Hibiscus syriacus* 'Large White' →ラージ・ホワイ
ト…………………………………………………852
*Hibiscus syriacus* 'Lucy' →ルーシー…………………863
*Hibiscus syriacus* 'Mimihara-hanagasa' →ミミハラ
ハナガサ…………………………………………763
*Hibiscus syriacus* 'Momozono' →モモゾノ (1)………803
*Hibiscus syriacus* 'Monstrosus' →モンストローサ
ス…………………………………………………805
*Hibiscus syriacus* 'Murasakisaiben' →ムラサキサイ
ベン………………………………………………790
*Hibiscus syriacus* 'Natsuzora' →ナツゾラ……………545
*Hibiscus syriacus* 'Paeoniflorus' →パエオニフロル
ス…………………………………………………585
*Hibiscus syriacus* 'Pink Delight' →ピンク・デライ
ト…………………………………………………674
*Hibiscus syriacus* 'Pompon Rouge' →ポンポン・
ルージュ…………………………………………727
*Hibiscus syriacus* 'Pulcherrimus' →プルチェリマ
ス…………………………………………………692
*Hibiscus syriacus* 'Purple Rouge' →パープル・ルー

ジュ………………………………………………608
*Hibiscus syriacus* 'Ryôtanji-shiro' →リョウタンジ
シロ………………………………………………861
*Hibiscus syriacus* 'Satsuma-shiro' →サツマシロ……347
*Hibiscus syriacus* 'Shichisai' →シチサイ……………367
*Hibiscus syriacus* 'Shiguruma' →シグルマ…………362
*Hibiscus syriacus* 'Shigyoku' →シギョク……………361
*Hibiscus syriacus* 'Shihai' →シハイ…………………372
*Hibiscus syriacus* 'Shiro-gion-mamori' →シロギオ
ンマモリ…………………………………………398
*Hibiscus syriacus* 'Shiro-hanagasa' →シロハナガ
サ…………………………………………………401
*Hibiscus syriacus* 'Shiro-midare' →シロミダレ………403
*Hibiscus syriacus* 'Shiro-shôrin' →シロショウリン…399
*Hibiscus syriacus* 'Shiro-sujiiri' →シロスジイリ……399
*Hibiscus syriacus* 'Single Red' →シングル・レッド…405
*Hibiscus syriacus* 'Sir Charles de Breton' →サー・
チャーレス・ド・ブレトン……………………346
*Hibiscus syriacus* 'Snow Drift' →スノー・ドリフト…416
*Hibiscus syriacus* 'Sôtan' →ソウタン…………………433
*Hibiscus syriacus* 'Speciosus Plenus' →スペシオー
サス・プレナス…………………………………417
*Hibiscus syriacus* 'Suchi-hanagasa' →スチハナガ
サ…………………………………………………415
*Hibiscus syriacus* 'Suminokura' →スミノクラ………418
*Hibiscus syriacus* 'Suminokura-hanagasa' →スミノ
クラハナガサ……………………………………418
*Hibiscus syriacus* 'Tamausagi' →タマウサギ (2)……464
*Hibiscus syriacus* 'The Banner' →ザ・バナー………349
*Hibiscus syriacus* 'Tottori-hanagasa' →トットリハ
ナガサ……………………………………………530
*Hibiscus tiliaceus* →オオハマボウ……………………157
*Hibiscus tiliaceus* var.*betulifolius* →センカクトロロ
アオイ……………………………………………429
*Hibiscus trionum* →ギンセンカ………………………255
*Hieracium japonicum* →ミヤマコウゾリナ…………771
*Hieracium maculatum* →ウズラバタンポポ…………… 97
*Hieracium pratense* →キバナコウリンタンポポ………241
*Hieracium umbellatum* →ヤナギタンポポ……………819
*Hierochloe odorata* →セイヨウコウボウ……………422
*Hippbroma longiflora* →ホシアザミ…………………710
*Hippeastrum × hybridum* →アマリリス………………… 41
*Hippeastrum reginae* →ジャガタラズイセン…………382
*Hippuris tetraphylla* →ヒロハスギナモ……………670
*Hippuris vulgaris* →スギナモ………………………410
*Hiptage benghalensis* →ホザキサルノオ……………709
*Hirschfeldia incana* →ダイコンモドキ………………436
*Hirsutella coccidiicola* →カイガラムシコナタケ……191
*Histiopteris incisa* →ユノミネシダ…………………846
*Hohenbuehelia mastrucata* →ニカワシジミタケ……557
*Holcus lanatus* →シラゲガヤ…………………………392
*Holcus mollis* →ニセシラゲガヤ……………………561
*Hololeion fauriei* →チョウセンイラン………………484
*Hololeion krameri* →スイラン………………………409
*Holosteum umbellatum* →カギザケハコベ……………194
*Holtermannia corniformis* →ニカワツノタケ………558
*Honkenya peploides* var.*major* →ハマハコベ………613
*Hordeum distichon* →ヤバネオオムギ………………821
*Hordeum hystrix* →ヒメムギクサ……………………660
*Hordeum jubatum* →ホソノゲムギ…………………712
*Hordeum murinum* →ムギクサ………………………782
*Hordeum pusillum* →ミナトムギクサ………………761

学名索引　　　　　　　　　*945*　　　　　　　　　**HYD**

*Hordeum vulgare* →オオムギ……………164
*Hortensia chinensis* var.*yayeyamensis* →ヤエヤマ
コンテリギ ………………………807
*Hortensia kawagoeana* var.*grosseserrata* →ヤクシ
マアジサイ ………………………809
*Hortensia kawagoeana* var.*kawagoeana* →トカラア
ジサイ ………………………520
*Hortensia liukiuensis* →リュウキュウコンテリギ ……857
*Hortensia luteovenosa* var.*yakusimensis* →ヤクシマ
ガクウツギ ………………………810
*Hortensia serrata* var.*acuminata* →ニシノヤマアジ
サイ ………………………560
*Hortensia serrata* var.*australis* →ナンゴクヤマアジ
サイ ………………………552
*Hortensia serrata* var.*minamitanii* →ヒュウガアジ
サイ ………………………663
*Hosiea japonica* →クロタキカズラ……………278
*Hosta*× *alismifolia* →バランギボウシ ……………617
*Hosta capitata* →カンザシギボウシ……………221
*Hosta hypoleuca* →ウラジロギボウシ ……………105
*Hosta kikutii* var.*densinervia* →アワギボウシ ………51
*Hosta kikutii* var.*kikutii* →ヒュウガギボウシ……663
*Hosta kikutii* var.*polyneuron* →スダレギボウシ …415
*Hosta kikutii* var.*scabrinervia* →ザラツキギボウシ ·351
*Hosta kikutii* var.*tosana* →ウナズキギボウシ ………100
*Hosta kiyosumiensis* →キヨスミギボウシ ……………248
*Hosta longipes* var.*aequinoctiiantha* →オヒガンギボ
ウシ ………………………186
*Hosta longipes* var.*caduca* →サイコクイワギボウシ ··337
*Hosta longipes* var.*gracillima* →ヒメイワギボウシ ···642
*Hosta longipes* var.*latifolia* →イズイワギボウシ ………57
*Hosta longipes* var.*longipes* →イワギボウシ ………82
*Hosta longissima* →ナガバミズギボウシ……………540
*Hosta plantaginea* var.*japonica* →タマノカンザシ ……466
*Hosta plantaginea* var.*plantaginea* →マルバタマノ
カンザシ ………………………741
*Hosta pulchella* →ウバタケギボウシ……………100
*Hosta pycnophylla* →セトウチギボウシ……………427
*Hosta shikokiana* →シコクギボウシ……………363
*Hosta sieboldiana* →オオバギボウシ ……………152
*Hosta sieboldiana* →トクダマ ……………524
*Hosta sieboldiana* var.*glabra* →ナメルギボウシ ……548
*Hosta sieboldiana* var.*nigrescens* →クロギボウシ……277
*Hosta sieboldii* →コバギボウシ（広義）……………320
*Hosta sieboldii* var.*rectifolia* →タチギボウシ ……456
*Hosta sieboldii* var.*sieboldii* f.*spathulata* →コバギボ
ウシ ………………………320
*Hosta tardiva* →ナンカイギボウシ……………550
*Hosta tsushimensis* var.*tibae* →ナガサキギボウシ ……536
*Hosta tsushimensis* var.*tsushimensis* →ツシマギボ
ウシ ………………………494
*Hosta undulata* var.*erromena* →ギボウシ……………245
*Hosta undulata* var.*undulata* →スジギボウシ ……412
*Hosta venusta* →オトメギボウシ ……………179
*Hosta yingery* →ホスタ・インゲリー ……………711
*Houstonia caerulea* →ヒナソウ……………636
*Houttuynia cordata* →ドクダミ……………524
*Hovenia dulcis* →ケンポナシ……………293
*Hovenia trichocarpa* var.*robusta* →ケケンポナシ……287
*Howea belmoreana* →ケンチャヤシ……………293
*Hoya carnosa* →サクララン……………343
*Humaria hemisphaerica* →シロスズメノワン ………399
*Humidicutis lewelliniae* →Mauve splitting-

waxcap ………………………877
*Humidicutis marginata* →Orange-gilled waxcap ……877
*Humulus lupulus* var.*cordifolius* →カラハナソウ ……212
*Humulus lupulus* var.*lupulus* →ホップ ……………723
*Humulus scandens* →カナムグラ……………202
*Huperzia cryptomerina* →スギラン ……………411
*Huperzia fordii* →ナンカクラン……………551
*Huperzia miyoshiana* →ヒメスギラン ……………651
*Huperzia phlegmaria* →ヨウラクヒバ……………848
*Huperzia selago* →コスギラン……………314
*Huperzia serrata* →トウゲシバ……………515
*Huperzia sieboldii* var.*sieboldii* →ヒモラン ……662
*Huperzia somae* →コスギトウゲシバ……………314
*Hyacinthus orientalis* →ヒヤシンス……………662
*Hydnellum caeruleum* →ニオイハリタケモドキ ……556
*Hydnellum concrescens* →チャハリタケ……………480
*Hydnellum peckii* →ヒュドゥネッルム・ペクイイ ……664
*Hydnellum suaveolens* →ニオイハリタケ……………556
*Hydnochaete tabacinoides* →コガネウスバタケ……304
*Hydnophlebia chrysorhiza* →ヒイロハリタケ……………624
*Hydnopolyporus fimbriatus* →Poretooth rosette ……878
*Hydnotrya tulasnei* →クルミタケ……………274
*Hydnum repandum* →カノシタ……………204
*Hydrangea alternifolia* →クサアジサイ……………260
*Hydrangea arborescens* 'Annabelle' →アナベル ……34
*Hydrangea bifida* →ギンバイソウ……………257
*Hydrangea chinensis* →カラコンテリギ……………210
*Hydrangea hirta* →コアジサイ……………294
*Hydrangea hydrangeoides* →イワガラミ ……………82
*Hydrangea involucrata* →タマアジサイ ……………464
*Hydrangea involucrata* f.*sterilis* →テマリタマアジ
サイ ………………………510
*Hydrangea luteovenosa* →コガクウツギ……………303
*Hydrangea luteovenosa* 'Pleno' →コガクウツギ（八
重咲き）………………………303
*Hydrangea macrophylla* 'Ave Maria' →アベ・マリ
ア ………………………36
*Hydrangea macrophylla* f.*hortensia* →セイヨウアジ
サイ ………………………421
*Hydrangea macrophylla* f.*macrophylla* →アジサイ ……26
*Hydrangea macrophylla* f.*normalis* →ガクアジサイ ··195
*Hydrangea macrophylla* 'Mme.Plume Coq' →マダ
ム・プルム・コワ………………………731
*Hydrangea macrophylla* 'Sumida-no-hanabi' →スミ
ダノハナビ………………………417
*Hydrangea paniculata* →ノリウツギ……………581
*Hydrangea paniculata* f.*grandiflora* →ミナヅキ ……760
*Hydrangea petiolaris* →ツルアジサイ……………501
*Hydrangea platyarguta* →バイカアマチャ……………582
*Hydrangea quercifolia* →カシワバアジサイ ……………198
*Hydrangea quercifolia* 'Snow Queen' →スノーク
イーン………………………416
*Hydrangea scandens* →ガクウツギ……………195
*Hydrangea serrata* f.*belladonna* →マイコアジサイ ……728
*Hydrangea serrata* f.*prolifera* →シチダンカ……………367
*Hydrangea serrata* 'Kurohime' →クロヒメアジサイ ……281
*Hydrangea serrata* var.*angustata* →アマギアマチャ ··37
*Hydrangea serrata* var.*angustata* →ホソバコガク……714
*Hydrangea serrata* var.*serrata* f.*pulchella* →キヨス
ミサワアジサイ………………………249
*Hydrangea serrata* var.*serrata* f.*rosalba* →ベニガ

**HYD** *946* 学名索引

ク .............................................696

*Hydrangea serrata* var.*serrata* f.*serrata* →ヤマアジ
サイ .............................................826

*Hydrangea serrata* var.*thunbergii* →アマチャ ..........38

*Hydrangea serrata* var.*thunbergii* 'Oamacha' →オ
オアマチャ .............................................136

*Hydrangea serrata* var.*yesoensis* →エゾアジサイ .....110

*Hydrangea serrata* var.*yesoensis* f.*cuspidata* →ヒメ
アジサイ .............................................640

*Hydrangea sikokiana* →ヤハズアジサイ .................820

*Hydrilla verticillata* →クロモ .............................283

*Hydrobryum floribundum* →ウスカワゴロモ ............93

*Hydrobryum japonicum* →カワゴロモ .....................216

*Hydrobryum koribanum* →オオヨドカワゴロモ .........166

*Hydrobryum puncticulatum* →ヤクシマカワゴロモ...810

*Hydrocharis dubia* →トチカガミ .........................529

*Hydroclathrus clathratus* →カゴメノリ .................196

*Hydrocleys nymphoides* →ミズヒナゲシ .................753

*Hydrocotyle batrachium* →タカサゴノチドメ ...........445

*Hydrocotyle dichondrioides* →ケチドメグサ ............289

*Hydrocotyle javanica* →オオバチドメ ...................155

*Hydrocotyle maritima* →ノチドメ .......................578

*Hydrocotyle pseudoconferta* →タイワンチドメグサ..442

*Hydrocotyle ramiflora* →オオチドメ .....................148

*Hydrocotyle ranunculoides* →ブラジルチドメグサ....690

*Hydrocotyle sibthorpioides* →チドメグサ ................478

*Hydrocotyle tuberifera* →オキナワチドメグサ .........172

*Hydrocotyle verticillata* var.*triradiata* →ウチワゼニ
クサ .............................................98

*Hydrocotyle yabei* →ヒメチドメ（広義） ................653

*Hydrocotyle yabei* var.*japonica* →ミヤマチドメグサ ..774

*Hydrocotyle yabei* var.*yabei* →ヒメチドメ .............653

*Hydrodictyon* sp. →アミミドロ .............................42

*Hygrocybe acutoconica* f.*japonica* →トガリツキミタ
ケ .............................................520

*Hygrocybe caespitosa* →ササクレヒメノカサ ...........344

*Hygrocybe calyptriformis* →アケボノタケ ...............22

*Hygrocybe cantharellus* →ベニヒガサ ...................699

*Hygrocybe coccinea* →ベニヤマタケ .....................699

*Hygrocybe coccineocrenata* →ミズゴケノハナ .........750

*Hygrocybe conica* →アカヤマタケ .........................18

*Hygrocybe conica* f.*carbonaria* →ヤケノアカヤマタ
ケ .............................................814

*Hygrocybe cuspidata* →トガリベニヤマタケ ............521

*Hygrocybe flavescens* →アキヤマタケ .....................21

*Hygrocybe imazekii* →コベニヤマタケ ...................326

*Hygrocybe intermedia* →Fibrous waxcap ...............874

*Hygrocybe lilacina* →Lilac waxcap .......................876

*Hygrocybe miniata* →アカヌマベニタケ ..................14

*Hygrocybe nitida* →ヒメツキミタケ .....................653

*Hygrocybe olivaceoviridis* →トガリワカクサタケ ......521

*Hygrocybe ovina* →オオヒメノカサ .......................160

*Hygrocybe punicea* →ヒイロガサ .........................624

*Hygrocybe russocoriacea* →ウスアカオトメノカサ .....92

*Hygrocybe subcinnabarina* →ヤマヒガサタケ ..........836

*Hygrohypnum alpinum* var.*tsurugizanicum* →テリ
ハミズハイゴケ .............................................511

*Hygrohypnum subeugyrium* var.*japonicum* →ニセ
タカネシメリゴケ .............................................561

*Hygrophila ringens* →オギノツメ .........................173

*Hygrophoropsis aurantiaca* →ヒロハアンズタケ ......669

*Hygrophorus arbustivus* →コクリノカサ ................307

*Hygrophorus camarophyllus* →ヤギタケ ................809

*Hygrophorus capreolarius* →ヒメサクラシメジ ........649

*Hygrophorus eburneus* →シロヌメリガサ ...............400

*Hygrophorus fagi* →アケボノサクラシメジ .............22

*Hygrophorus hypothejus* →シモフリヌメリガサ ......381

*Hygrophorus hypothejus* f.*pinetorum* →フユヤマタ
ケ .............................................690

*Hygrophorus lucorum* →キヌメリガサ（広義）........239

*Hygrophorus pudorinus* →フキサクラシメジ ..........678

*Hygrophorus purpurascens* →サクラシメジモドキ ....342

*Hygrophorus russula* →サクラシメジ ...................342

*Hygrophorus speciosus* →タカネキヌメリガサ .........447

*Hylocereus undatus* →サンカクチュウ ...................356

*Hylocomium splendens* →イワダレゴケ ..................84

*Hylodesmum laterale* →リュウキュウヌスビトハギ...858

*Hylodesmum laxum* →オオバヌスビトハギ .............156

*Hylodesmum leptopus* →トキワヤブハギ ................523

*Hylodesmum oldhamii* →フジカンゾウ ..................682

*Hylodesmum podocarpum* subsp.*fallax* →ケヤブハ
ギ .............................................291

*Hylodesmum podocarpum* subsp.*oxyphyllum* var.
*japonicum* →ヌスビトハギ .............................566

*Hylodesmum podocarpum* subsp.*oxyphyllum* var.
*mandshuricum* →ヤブハギ（1）.......................824

*Hylodesmum podocarpum* subsp.*podocarpum* →マ
ルバヌスビトハギ .............................................741

*Hylomecon japonica* f.*dissecta* →セリバヤマブキソ
ウ .............................................428

*Hylomecon japonica* f.*japonica* →ヤマブキソウ .....836

*Hylomecon japonica* f.*lanceolata* →ホソバヤマブキ
ソウ .............................................720

*Hylotelephium cauticola* →ヒダカミセバヤ ............631

*Hylotelephium erythrostictum* →ベンケイソウ ........702

*Hylotelephium pallescens* →ムラサキベンケイソウ...792

*Hylotelephium pluricaule* →カラフトミセバヤ .........214

*Hylotelephium sieboldii* var.*ettyuense* →エッチュウ
ミセバヤ .............................................127

*Hylotelephium sieboldii* var.*sieboldii* →ミセバヤ ....754

*Hylotelephium sordidum* var.*oishii* →オオチッパ
ベンケイ .............................................148

*Hylotelephium sordidum* var.*sordidum* →チチッパ
ベンケイ .............................................477

*Hylotelephium spectabile* →オオベンケイソウ .........161

*Hylotelephium takasui* →タカスソウ .....................446

*Hylotelephium ussuriense* var.*tsugaruense* →ツガル
ミセバヤ .............................................487

*Hylotelephium verticillatum* var.*lithophilos* →ショ
ウドシマベンケイソウ .............................................389

*Hylotelephium verticillatum* var.*verticillatum* →ミ
ツバベンケイソウ .............................................759

*Hylotelephium viride* →アオベンケイ ....................10

*Hymenasplenium apogamum* →タイワンホウビシ
ダ .............................................443

*Hymenasplenium cheilosorum* →ウスバクジャク ......95

*Hymenasplenium excisum* →ラハオシダ ................853

*Hymenasplenium hondoense* →ホウビシダ .............705

*Hymenasplenium ikenoi* →ヒメタニワタリ .............652

*Hymenasplenium murakami-hatanakae* →ナンゴク
ホウビシダ .............................................552

*Hymenasplenium murakami-hatanakae*× *H.*
*obliquissimum* →ナンゴクホウビシダ × ヤクシマ
ホウビシダ .............................................552

学名索引　　　　　　　　　　　　947　　　　　　　　　　　　HYP

*Hymenasplenium obliquissimum*　→ヤクシマホウビ
　シダ ……………………………………………813
*Hymenasplenium subnormale*　→ウスイロホウビシダ ‥93
*Hymenochaete corrugata*　→ヒビウロコタケ …………639
*Hymenochaete cyclolamellata*　→ワヒダタケ (1) ……872
*Hymenochaete mougeotii*　→アカウロコタケ ……… 12
*Hymenochaete* sp.　→タバコウロコタケ属の一種 ……463
*Hymenochaete yasudae*　→マツノタバコウロコタケ ‥732
*Hymenopellis aureocystidiata*　→ミヤマツエタケ ……774
*Hymenopellis orientalis*　→ブナノモリツエタケ ………689
*Hymenophyllum badium*　→オニコケシノブ …………182
*Hymenophyllum barbatum*　→コウヤコケシノブ ………301
*Hymenophyllum coreanum*　→ヒメコケシノブ …………648
*Hymenophyllum denticulatum*　→ヒメチヂレコケシ
　ノブ ……………………………………………653
*Hymenophyllum mikawanum*　→ミカワコケシノブ ‥‥747
*Hymenophyllum oligosorum*　→キヨスミコケシノブ ‥248
*Hymenophyllum polyanthos*　→ホソバコケシノブ ……714
*Hymenophyllum riukiuense*　→リュウキュウコケシ
　ノブ ……………………………………………856
*Hymenophyllum wrightii*　→コケシノブ ………………308
*Hymenostilbe odonatae*　→ヤンマタケ…………………841
*Hymenostilbe* sp.　→シュイロヤンマタケ……………385
*Hymenoxys acaulis* var.*caespitosa*　→ヒメノキス・
　アコウリス・ケスピトーサ ……………………655
*Hyophila acutifolia*　→トガリバハマキゴケ…………521
*Hyophila propagulifera*　→ハマキゴケ………………610
*Hyophorbe lagenicaulis*　→トックリヤシ……………529
*Hyophorbe verschaffeltii*　→トックリヤシモドキ ……530
*Hyoscyamus niger*　→ヒヨス ……………………………665
*Hypericum asahinae*　→ダイセンオトギリ …………438
*Hypericum ascyron* subsp.*ascyron* var.*ascyron*
　→トモエソウ…………………………………531
*Hypericum ascyron* var.*brevistylum*　→ヒメトモエソ
　ウ ……………………………………………654
*Hypericum ascyron* var.*longistylum*　→オオトモエソ
　ウ ……………………………………………150
*Hypericum erectum* var.*caespitosum*　→フジオトギ
　リ ……………………………………………682
*Hypericum erectum* var.*erectum*　→オトギリソウ ……178
*Hypericum furusei*　→フルセオトギリ (1) …………692
*Hypericum galioides*　→ホソバキンシバイ …………714
*Hypericum gracillimum*　→オクヤマオトギリ …………175
*Hypericum hachijyoense*　→ハチジョウオトギリ ……596
*Hypericum hakonense*　→コオトギリ ………………303
*Hypericum hyugamontanum*　→クモイオトギリ …269
*Hypericum iwatelittorale*　→シオカゼオトギリ ………359
*Hypericum japonicum*　→ヒメオトギリ ……………644
*Hypericum kamtschaticum*　→ハイオトギリ …………582
*Hypericum kawaranum*　→カワラオトギリ …………218
*Hypericum kimurae*　→ミネオトギリ …………………761
*Hypericum kinashianum*　→ミヤコオトギリ …………764
*Hypericum kitamense*　→キタミオトギリ……………235
*Hypericum kiusianum* var.*kiusianum*　→ナガサキオ
　トギリ…………………………………………536
*Hypericum kiusianum* var.*yakusimense*　→ヤクシマ
　コオトギリ……………………………………810
*Hypericum kurodakeanum*　→エゾヤマオトギリ ……124
*Hypericum laxum*　→コケオトギリ……………………308
*Hypericum momoseanum*　→セイタカオトギリ ………420
*Hypericum momoseanum* var.*atumense*　→アツミオ
　トギリ…………………………………………33

*Hypericum monogynum*　→ビヨウヤナギ…………………664
*Hypericum mutilum*　→トミサトオトギリ…………531
*Hypericum nakaii* subsp.*miyabei*　→トウゲオトギリ ‥515
*Hypericum nakaii* subsp.*nakaii*　→サマニオトギリ ‥‥350
*Hypericum nikkoense*　→ニッコウオトギリ…………562
*Hypericum nuporoense*　→ヌポロオトギリ (1) ………567
*Hypericum oliganthum*　→アゼオトギリ ……………30
*Hypericum olympicum*　→ヒペリカム・オリンピカ
　ム ……………………………………………639
*Hypericum ovalifolium* subsp.*hisauchii*　→トガクシ
　オトギリ………………………………………519
*Hypericum ovalifolium* subsp.*ovalifolium*　→オオシ
　ナノオトギリ…………………………………145
*Hypericum patulum*　→キンシバイ …………………255
*Hypericum perforatum* subsp.*chinense*　→コゴメバ
　オトギリ………………………………………310
*Hypericum pibairense*　→オオバオトギリ …………152
*Hypericum pseudoerectum*　→タニマノオトギリ ………462
*Hypericum pseudopetiolatum*　→サワオトギリ ………353
*Hypericum sampsonii*　→ツキヌキオトギリ …………488
*Hypericum senanense* subsp.*mutiloides*　→イワオト
　ギリ ……………………………………………81
*Hypericum senanense* subsp.*senanense*　→シナノオ
　トギリ…………………………………………369
*Hypericum senkakuinsulare*　→センカクオトギリ……429
*Hypericum sikokumontanum*　→タカネオトギリ………447
*Hypericum tatewakii*　→シラトリオトギリ …………393
*Hypericum tosaense*　→トサオトギリ ………………527
*Hypericum vulcanicum*　→オシマオトギリ …………176
*Hypericum watanabei*　→クロテンシラトリオトギリ ‥279
*Hypericum yamamotoanum*　→センゲンオトギリ………429
*Hypericum yamamotoi*　→マシケオトギリ……………730
*Hypericum yezoense*　→エゾオトギリ…………………112
*Hypericum yojiroanum*　→ダイセツヒナオトギリ……437
*Hypholoma fasciculare*　→ニガクリタケ ……………557
*Hypholoma lateritium*　→クリタケ……………………272
*Hypholoma marginatum*　→アシボソクリタケ …………27
*Hypnea japonica*　→カギイバラノリ…………………193
*Hypnodontopsis apiculata*　→キサゴゴケ……………230
*Hypnum plumaeforme*　→ハイゴケ……………………583
*Hypochaeris crepidioides*　→エゾコウゾリナ…………113
*Hypochaeris glabra*　→ヒメブタナ …………………657
*Hypochaeris radicata*　→ブタナ……………………686
*Hypocrea dipterobia*　→ハスノミウジムシタケ………594
*Hypocrea flavo-virens*　→ヒポクレア フラボビレン
　ス………………………………………………639
*Hypocrea grandis*　→オオボタンタケ ………………161
*Hypocrea* sp.　→ウスキヒメヤドリバエタケ ………94
*Hypocreopsis lichenoides*　→Willow gloves …………880
*Hypodematium crenatum* subsp.*fauriei*　→キンモウ
　ワラビ…………………………………………257
*Hypodematium fordii*　→リュウキュウキンモウワラ
　ビ………………………………………………856
*Hypodematium glandulosopilosum*　→ケキンモウワ
　ラビ……………………………………………287
*Hypolepis alpina*　→セイタカイワヒメワラビ…………420
*Hypolepis alpina*×*H.punctata*　→アイイワヒメワラビ ‥3
*Hypolepis punctata*　→イワヒメワラビ ………………86
*Hypolepis tenuifolia*　→オオイワヒメワラビ …………138
*Hypomyces lactifluorum*　→Lobster fungus …………876
*Hypomyces luteovirens*　→アオノキノコヤドリタケ ……9

**HYP** 948 学名索引

*Hypomyces* sp. →タケリタケ 454
*Hypopitys monotropa* →シャクジョウソウ 382
*Hypopterygium japonicum* →ヒメクジャクゴケ 646
*Hypoxis aurea* →コキンバイザサ 307
*Hypoxylon fragiforme* →アカコブタケ 13
*Hypoxylon truncatum* →クロコブタケ 277
*Hypsela reniformis* →ヒプセラ・レニフォルミス 639
*Hypsizygus marmoreus* →ブナシメジ 689
*Hypsizygus ulmarius* →シロタモギタケ 399
*Hystrix duthiei* subsp.*japonica* →イワタケソウ 84
*Hystrix duthiei* subsp.*longearistata* →アズマガヤ 28

## 【 I 】

*Iberis amara* →マガリバナ 728
*Iberis sempervirens* →イベリス・センベルビレンス 77
*Iberis umbellata* →イロマガリバナ 80
*Ibicella lutea* →キバナツノゴマ 242
*Ichnanthus pallens* var.*major* →タイワンササキビ 442
*Idesia polycarpa* →イイギリ 53
*Ileodictyon cibarium* →フトアミカゴタケ 688
*Ileodictyon gracile* →カゴタケ 196
*Ilex aquifolium* →ヒイラギモチ 624
*Ilex buergeri* →シイモチ (1) 359
*Ilex chinensis* →ナナミノキ 547
*Ilex cornuta* →ヤバネヒイラギモチ 822
*Ilex crenata* 'Nummularia' →キッコウツゲ 236
*Ilex crenata* var.*crenata* →イヌツゲ 70
*Ilex crenata* var.*fukasawana* →ツクシイヌツゲ 489
*Ilex crenata* var.*radicans* →ハイイヌツゲ 581
*Ilex dimorphophylla* →アマミヒイラギモチ 41
*Ilex geniculata* var.*geniculata* →フウリンウメモドキ 676
*Ilex geniculata* var.*glabra* →オクノフウリンウメモドキ 174
*Ilex goshiensis* →ツゲモチ 494
*Ilex integra* →モチノキ 800
*Ilex integra* 'Ougon' →オウゴンモチ 134
*Ilex latifolia* →タラヨウ 468
*Ilex leucoclada* →ヒメモチ 660
*Ilex liukiuensis* →リュウキュウモチ 859
*Ilex macrocarpa* →ヒロハタマミズキ 671
*Ilex macropoda* →アオハダ 10
*Ilex matanoana* →ムニンイヌツゲ 786
*Ilex maximowicziana* var.*kanehirae* →ムッチャガラ 785
*Ilex maximowicziana* var.*maximowicziana* →ナガバイヌツゲ 537
*Ilex mertensii* var.*beecheyi* →ムニンモチ 788
*Ilex mertensii* var.*mertensii* →シマモチ 380
*Ilex micrococca* →タマミズキ 467
*Ilex nipponica* →ミヤマウメモドキ 767
*Ilex opaca* →アメリカヒイラギ 45
*Ilex paraguariensis* →マテチャ 735
*Ilex pedunculosa* →ソヨゴ 435
*Ilex rotunda* →クロガネモチ 276
*Ilex rugosa* var.*rugosa* →ツルツゲ 504
*Ilex rugosa* var.*stenophylla* →ホソバツルツゲ 715

*Ilex serrata* →ウメモドキ 103
*Ilex sugerokii* var.*brevipedunculata* →アカミノイヌツゲ (1) 17
*Ilex sugerokii* var.*sugerokii* →クロソヨゴ 278
*Ilex vomitoria* →ヤポンノキ 825
*Ilex warburgii* →オオシイバモチ 144
*Illicium anisatum* →シキミ 361
*Illicium tashiroi* →ヤエヤマシキミ 807
*Illigera luzonensis* →テングノハナ 512
*Imaia gigantea* →イモタケ 77
*Impatiens balfourii* →ハナツリフネソウ 604
*Impatiens balsamina* →ホウセンカ 704
*Impatiens capensis* →アカボシツリフネソウ 16
*Impatiens hypophylla* →ハガクレツリフネ 586
*Impatiens hypophylla* var.*microhypophylla* →エンシュウツリフネソウ 132
*Impatiens noli-tangere* →キツリフネ 238
*Impatiens ohwadae* →ワタラセツリフネソウ 871
*Impatiens textorii* →ツリフネソウ 500
*Impatiens walleriana* →アフリカホウセンカ 36
*Imperata cylindrica* →チガヤ 471
*Imperata cylindrica* var.*cylindrica* →ケナシチガヤ 290
*Incarvillea arguta* →インカルビレア・アルグタ 88
*Incarvillea delavayi* →インカルビレア・デラバイ 88
*Incarvillea mairei* →インカルビレア・マイレイ 88
*Incarvillea sinensis* →インカルビレア・シネンシス 88
*Indigofera bungeana* →コマツナギ 328
*Indigofera decora* →ニワフジ 565
*Indigofera hendecaphylla* →アフリカコマツナギ 35
*Indigofera hirsuta* →タヌキコマツナギ 462
*Indigofera kirilowii* →チョウセンニワフジ 485
*Indigofera* sp. →キダチコマツナギ 234
*Indigofera suffruticosa* →ナンバンコマツナギ 553
*Indigofera tinctoria* →タイワンコマツナギ 442
*Indigofera trifoliata* →ミツバノコマツナギ 758
*Indigofera zollingeriana* →リュウキュウコマツナギ 857
*Indocalamus hamadae* →オオバヤダケ 158
*Infundibulicybe geotropa* →オオイヌシメジ 137
*Infundibulicybe gibba* →カヤタケ 208
*Inocybe acutata* →アシナガトマヤタケ 27
*Inocybe asterospora* →カブラアセタケ 205
*Inocybe aureostipes* →カバイロトマヤタケ 204
*Inocybe bongardii* →Fruity fibercap 874
*Inocybe caesariata* →Caesar's fibercap 873
*Inocybe calamistrata* →アオアシアセタケ 5
*Inocybe calospora* →アシボソトマヤタケ 27
*Inocybe cincinnata* →クロトマヤタケモドキ 279
*Inocybe cookei* →キヌハダトマヤタケ 238
*Inocybe erubescens* →イノキュペ・エルベスケンス 74
*Inocybe fastigiata* →オオキヌハダトマヤタケ 141
*Inocybe geophylla* →シロトマヤタケ 400
*Inocybe geophylla* var.*lilacina* →ウスムラサキアセタケ 97
*Inocybe griseolilacina* →カオリトマヤタケ 192
*Inocybe kobayasii* →コバヤシアセタケ 324
*Inocybe lacera* →クロトマヤタケ 279
*Inocybe lutea* →キイロアセタケ 226
*Inocybe maculata* →シラゲアセタケ 392
*Inocybe magnicarpa* →オオコブミノトマヤタケ 143
*Inocybe nodulosospora* →コブアセタケ 325

学名索引　　　　　　　　　　　　*949*　　　　　　　　　　　　**ISO**

*Inocybe paludinella*　→キヌハダニセトマヤタケ ⋯⋯⋯239
*Inocybe rimosa*　→アセタケ ⋯⋯⋯⋯⋯⋯⋯⋯⋯⋯⋯⋯ 31
*Inocybe sphaerospora*　→タマアセタケ ⋯⋯⋯⋯⋯464
*Inocybe transiens*　→イロカワリトマヤタケ ⋯⋯⋯⋯ 80
*Inocybe umbratica*　→シロニセトマヤタケ ⋯⋯⋯⋯400
*Inonotus hispidus*　→ヤケコゲタケ ⋯⋯⋯⋯⋯⋯⋯⋯814
*Inonotus mikadoi*　→カワウソタケ ⋯⋯⋯⋯⋯⋯⋯216
*Inonotus obliquus*　→カバノアナタケ ⋯⋯⋯⋯⋯⋯204
*Inonotus radiatus*　→ミヤマウラギンタケ ⋯⋯⋯⋯⋯768
*Inonotus sacaurus*　→サジタケ ⋯⋯⋯⋯⋯⋯⋯⋯⋯345
*Inonotus xeranticus*　→ダイダイタケ ⋯⋯⋯⋯⋯⋯438
*Intsia bijuga*　→タシロマメ ⋯⋯⋯⋯⋯⋯⋯⋯⋯⋯⋯455
*Inula britannica* subsp.*britannica*　→カラフトオグル
　マ ⋯⋯⋯⋯⋯⋯⋯⋯⋯⋯⋯⋯⋯⋯⋯⋯⋯⋯⋯⋯⋯⋯212
*Inula britannica* subsp.*japonica*　→オグルマ ⋯⋯⋯175
*Inula britannica* subsp.*japonica*×*I.linariifolia*　→サ
　クラオグルマ ⋯⋯⋯⋯⋯⋯⋯⋯⋯⋯⋯⋯⋯⋯⋯⋯⋯341
*Inula ciliaris* var.*ciliaris*　→ミズギク ⋯⋯⋯⋯⋯⋯750
*Inula ciliaris* var.*glandulosa*　→オゼミズギク ⋯⋯177
*Inula ciliaris* var.*pubescens*　→オクノミズギク ⋯174
*Inula linariifolia*　→ホソバオグルマ ⋯⋯⋯⋯⋯⋯713
*Inula salicina* var.*asiatica*　→カセンソウ ⋯⋯⋯⋯199
*Inunotus vallatus*　→アズマギク ⋯⋯⋯⋯⋯⋯⋯⋯ 29
*Ionomidotis frondosa*　→クロハナビラタケ ⋯⋯⋯280
*Ionopsidium acaule*　→ヒメムラサキハナナ ⋯⋯⋯660
*Ipheion uniflorum*　→ハナニラ ⋯⋯⋯⋯⋯⋯⋯⋯604
*Ipomoea alba*　→ヨルガオ ⋯⋯⋯⋯⋯⋯⋯⋯⋯⋯⋯851
*Ipomoea aquatica*　→ヨウサイ ⋯⋯⋯⋯⋯⋯⋯⋯⋯847
*Ipomoea batatas* var.*batatas*　→アメリカイモ ⋯⋯ 42
*Ipomoea batatas* var.*edulis*　→サツマイモ ⋯⋯⋯347
*Ipomoea biflora*　→ネコアサガオ ⋯⋯⋯⋯⋯⋯⋯569
*Ipomoea cairica*　→モミジヒルガオ ⋯⋯⋯⋯⋯⋯802
*Ipomoea coccinea*　→マルバルコウ ⋯⋯⋯⋯⋯⋯743
*Ipomoea fistulosa*　→コダチアサガオ ⋯⋯⋯⋯⋯315
*Ipomoea hederacea*　→アメリカアサガオ ⋯⋯⋯⋯ 42
*Ipomoea hederacea* var.*integriuscula*　→マルバアメ
　リカアサガオ ⋯⋯⋯⋯⋯⋯⋯⋯⋯⋯⋯⋯⋯⋯⋯⋯738
*Ipomoea hederifolia*　→ツタノハルコウ ⋯⋯⋯⋯495
*Ipomoea imperati*　→アツバアサガオ ⋯⋯⋯⋯⋯ 32
*Ipomoea indica*　→ノアサガオ ⋯⋯⋯⋯⋯⋯⋯⋯573
*Ipomoea lacunosa*　→マメアサガオ ⋯⋯⋯⋯⋯⋯736
*Ipomoea littoralis*　→ソコベニヒルガオ ⋯⋯⋯⋯433
*Ipomoea mauritiana*　→ヤツデアサガオ ⋯⋯⋯⋯818
*Ipomoea nil*　→アサガオ（2） ⋯⋯⋯⋯⋯⋯⋯⋯⋯ 23
*Ipomoea obscura*　→ヒメノアサガオ ⋯⋯⋯⋯⋯655
*Ipomoea pandulata*　→イモネアサガオ ⋯⋯⋯⋯ 77
*Ipomoea pes-caprae*　→グンバイヒルガオ ⋯⋯⋯285
*Ipomoea pes-tigridis*　→キクザアサガオ ⋯⋯⋯⋯228
*Ipomoea polymorpha*　→カワリバアサガオ ⋯⋯⋯219
*Ipomoea purpurea*　→マルバアサガオ（1） ⋯⋯⋯738
*Ipomoea quamoclit*　→ルコウソウ ⋯⋯⋯⋯⋯⋯863
*Ipomoea*×*sloteri*　→モミジルコウ ⋯⋯⋯⋯⋯⋯803
*Ipomoea trichocarpa*　→イモネノホシアサガオ ⋯⋯⋯ 78
*Ipomoea triloba*　→ホシアサガオ ⋯⋯⋯⋯⋯⋯710
*Ipomoea turbinata*　→ハリアサガオ ⋯⋯⋯⋯⋯617
*Ipomoea violacea*　→キバナハマヒルガオ ⋯⋯⋯243
*Iris cristata*　→イリス・クリスタータ ⋯⋯⋯⋯⋯ 79
*Iris domestica*　→ヒオウギ ⋯⋯⋯⋯⋯⋯⋯⋯⋯625
*Iris ensata* var.*ensata*　→ハナショウブ ⋯⋯⋯⋯602
*Iris ensata* var.*spontanea*　→ノハナショウブ ⋯⋯578

*Iris florentina*　→ニオイアヤメ ⋯⋯⋯⋯⋯⋯⋯555
*Iris germanica*　→ジャーマンアイリス ⋯⋯⋯⋯384
*Iris gracilipes*　→ヒメシャガ ⋯⋯⋯⋯⋯⋯⋯⋯650
*Iris hollandica*　→ダッチアイリス ⋯⋯⋯⋯⋯⋯459
*Iris japonica*　→シャガ ⋯⋯⋯⋯⋯⋯⋯⋯⋯⋯⋯382
*Iris* 'Katharine Hodgkin'　→カサリンホズキン ⋯⋯⋯197
*Iris lactea*　→ネジアヤメ ⋯⋯⋯⋯⋯⋯⋯⋯⋯⋯570
*Iris laevigata*　→カキツバタ ⋯⋯⋯⋯⋯⋯⋯⋯194
*Iris pseudacorus*　→キショウブ ⋯⋯⋯⋯⋯⋯⋯231
*Iris pumila*　→イリス・プミラ ⋯⋯⋯⋯⋯⋯⋯ 79
*Iris rossii*　→エヒメアヤメ ⋯⋯⋯⋯⋯⋯⋯⋯⋯129
*Iris ruthenica*　→コカキツバタ ⋯⋯⋯⋯⋯⋯⋯303
*Iris sanguinea*　→アヤメ ⋯⋯⋯⋯⋯⋯⋯⋯⋯⋯ 46
*Iris sanguinea* var.*tobataensis*　→トバタアヤメ ⋯530
*Iris sanguinea* var.*violacea*　→カマヤマショウブ ⋯206
*Iris setosa*　→ヒオウギアヤメ ⋯⋯⋯⋯⋯⋯⋯⋯625
*Iris setosa* var.*hondoensis*　→キリガミネヒオウギア
　ヤメ ⋯⋯⋯⋯⋯⋯⋯⋯⋯⋯⋯⋯⋯⋯⋯⋯⋯⋯⋯250
*Iris setosa* var.*nasuensis*　→ナスノヒオウギアヤメ ⋯544
*Iris sophenensis*　→イリス・ソフェネンシス ⋯⋯⋯ 79
*Iris* spp.　→アヤメ類 ⋯⋯⋯⋯⋯⋯⋯⋯⋯⋯⋯⋯ 46
*Iris suaveolens*　→イリス・サベオレンス ⋯⋯⋯ 79
*Iris tectorum*　→イチハツ ⋯⋯⋯⋯⋯⋯⋯⋯⋯ 62
*Iris unguicularis*　→カンザキアヤメ ⋯⋯⋯⋯⋯221
*Iris winogradowii*　→イリス・ウィノグラドウィー ⋯ 79
*Iris xiphium*　→スペインアヤメ ⋯⋯⋯⋯⋯⋯⋯417
*Isachne globosa*　→チゴザサ（1） ⋯⋯⋯⋯⋯⋯472
*Isachne globosa* var.*brevispicula*　→コツブチゴザサ ⋯317
*Isachne lutchuensis*　→ケナシハイチゴザサ ⋯⋯⋯290
*Isachne myosotis*　→ダイトンチゴザサ ⋯⋯⋯⋯439
*Isachne nipponensis*　→ハイチゴザサ ⋯⋯⋯⋯⋯583
*Isachne repens*　→アツバハイチゴザサ ⋯⋯⋯⋯ 33
*Isachne subglobosa*　→オオチゴザサ ⋯⋯⋯⋯⋯148
*Isaria cateniannulata*　→イザリア カテニアニュラー
　タ ⋯⋯⋯⋯⋯⋯⋯⋯⋯⋯⋯⋯⋯⋯⋯⋯⋯⋯⋯⋯⋯ 55
*Isaria cicadae*　→イリオモテコナゼミタケ ⋯⋯⋯ 79
*Isaria cicadae*　→ツクツクボウシタケ ⋯⋯⋯⋯493
*Isaria farinosa*　→コナサナギタケ ⋯⋯⋯⋯⋯⋯318
*Isaria fumosorosea*　→イザリア フモソロセア ⋯⋯ 55
*Isaria takamizusanensis*　→セミノハリセンボン ⋯⋯428
*Isaria tenuipes*　→ハナサナギタケ ⋯⋯⋯⋯⋯⋯602
*Isatis tinctoria*　→タイセイ ⋯⋯⋯⋯⋯⋯⋯⋯⋯437
*Isatis tinctoria*　→ハマタイセイ ⋯⋯⋯⋯⋯⋯⋯612
*Ischaemum anthephoroides*　→ケカモノハシ ⋯⋯⋯286
*Ischaemum aristatum* var.*aristatum*　→タイワンカ
　モノハシ ⋯⋯⋯⋯⋯⋯⋯⋯⋯⋯⋯⋯⋯⋯⋯⋯⋯441
*Ischaemum aristatum* var.*crassipes*　→カモノハシ ⋯208
*Ischaemum aureum*　→ハナカモノハシ ⋯⋯⋯⋯601
*Ischaemum ciliare*　→ヒメカモノハシ ⋯⋯⋯⋯⋯645
*Ischaemum ischaemoides*　→シマカモノハシ ⋯⋯⋯376
*Ischaemum muticum*　→ヤエヤマカモノハシ ⋯⋯807
*Ischaemum rugosum* var.*segetum*　→タイワンアイア
　シ ⋯⋯⋯⋯⋯⋯⋯⋯⋯⋯⋯⋯⋯⋯⋯⋯⋯⋯⋯⋯⋯440
*Ischaemum setaceum*　→コハナカモノハシ ⋯⋯⋯321
*Ischnoderma benzoinum*　→ヤニタケ（針葉樹型） ⋯⋯820
*Ishige foliacea*　→イロロ ⋯⋯⋯⋯⋯⋯⋯⋯⋯⋯ 80
*Ishige okamurae*　→イシゲ ⋯⋯⋯⋯⋯⋯⋯⋯⋯ 56
*Isodon effusus*　→セキヤノアキチョウジ ⋯⋯⋯426
*Isodon inflexus*　→ヤマハッカ ⋯⋯⋯⋯⋯⋯⋯835
*Isodon japonicus*　→ヒキオコシ ⋯⋯⋯⋯⋯⋯⋯627
*Isodon longitubus*　→アキチョウジ ⋯⋯⋯⋯⋯ 19

**ISO**      *950*      学名索引

*Isodon shikokianus* var.*intermedius* →タカクマヒキ
オコシ ……………………………………445
*Isodon shikokianus* var.*occidentalis* →サンインヒキ
オコシ ……………………………………355
*Isodon shikokianus* var.*shikokianus* →ミヤマヒキオ
コシ ……………………………………777
*Isodon trichocarpus* →クロバナヒキオコシ …………280
*Isodon umbrosus* var.*excisinflexus* →タイリンヤマ
ハッカ ……………………………………440
*Isodon umbrosus* var.*hakusanensis* →ハクサンカメ
バヒキオコシ ……………………………588
*Isodon umbrosus* var.*komaensis* →コマヤマハッカ …329
*Isodon umbrosus* var.*latifolius* →コウシンヤマハッ
カ ……………………………………298
*Isodon umbrosus* var.*leucanthus* →カメバヒキオコ
シ ……………………………………207
*Isodon umbrosus* var.*umbrosus* →イヌヤマハッカ …… 73
*Isoetes asiatica* →ヒメミズニラ ……………………659
*Isoetes japonica* →ミズニラ …………………………752
*Isoetes× michinokuana* →ミチノクミズニラ …………756
*Isoetes pseudojaponica* →ミズニラモドキ …………752
*Isoetes sinensis* var.*coreana* →オオバシナミズニラ …154
*Isoetes sinensis* var.*sinensis* →シナミズニラ………371
*Isolepis crassiuscula* →ビャッコイ …………………663
*Itea japonica* →ズイナ ………………………………408
*Itea oldhamii* →ヒイラギズイナ ……………………623
*Itea virginica* →コバノズイナ ………………………322
*Ixeridium alpicola* →タカネニガナ …………………450
*Ixeridium beauverdianum* →ホソバニガナ …………716
*Ixeridium dentatum* subsp.*dentatum* →ニガナ……557
*Ixeridium dentatum* subsp.*kimuranum* →クモマニ
ガナ ……………………………………270
*Ixeridium dentatum* subsp.*kitayamense* →ドロニガ
ナ ……………………………………535
*Ixeridium dentatum* subsp.*nipponicum* var.
*albiflorum* →シロバナニガナ ……………………402
*Ixeridium dentatum* subsp.*nipponicum* var.
*albiflorum* f.*amplifolium* →ハナニガナ …………604
*Ixeridium dentatum* subsp.*nipponicum* var.
*nipponicum* →イソニガナ ………………………… 59
*Ixeridium dentatum* subsp.*ozense* →オゼニガナ……177
*Ixeridium dentatum* subsp.*shiranense* →シラネニガ
ナ ……………………………………394
*Ixeridium laevigatum* →ヤナギニガナ ……………819
*Ixeridium parvum* →ヤクシマニガナ ………………812
*Ixeridium yakuinsulare* →コスギニガナ ……………314
*Ixeris chinensis* subsp.*chinensis* →ウサギソウ …… 91
*Ixeris chinensis* subsp.*strigosa* →タカサゴソウ ……445
*Ixeris japonica* →オオジシバリ ……………………144
*Ixeris longirostra* →ツルワダン ……………………507
*Ixeris polycephala* →ノニガナ ………………………578
*Ixeris repens* →ハマニガナ …………………………613
*Ixeris stolonifera* →イワニガナ …………………… 85
*Ixeris stolonifera* var.*capillaris* →ミヤマイワニガ
ナ ……………………………………767
*Ixeris tamagawaensis* →カワラニガナ ……………219
*Ixora chinensis* →サンタンカ ………………………358

# 【 J 】

*Jacaranda mimosifolia* →キリモドキ ………………251

*Jacquemontia tamnifolia* →オキナアサガオ …………170
*Jansia boninensis* →シマイヌノエフデ………………375
*Japonolirion osense* →オゼソウ ……………………177
*Japonolirion saitoi* →テシオソウ …………………509
*Jasminanthes mucronata* →シタキソウ………………366
*Jasminum grandiflorum* →ソケイ …………………433
*Jasminum humile* var.*revolutum* →キソケイ………232
*Jasminum mesnyi* →ウンナンオウバイ ……………109
*Jasminum nervosum* →イヌシロソケイ…………… 70
*Jasminum nudiflorum* →オウバイ …………………134
*Jasminum sambac* →マツリカ ………………………734
*Jasminum superfluum* →オキナワソケイ ……………172
*Jatropha podagrica* →トックリアブラギリ …………529
*Jeffersonia diphylla* →アメリカタツタソウ ………… 44
*Jeffersonia dubia* →タツタソウ ……………………459
*Juglans cathayensis* →タイワングルミ ……………441
*Juglans mandshurica* var.*cordiformis* →ヒメグル
ミ ……………………………………647
*Juglans mandshurica* var.*mandshurica* →マンシュ
ウグルミ ………………………………745
*Juglans mandshurica* var.*sachalinensis* →オニグル
ミ ……………………………………182
*Juglans nigra* →クロクルミ …………………………277
*Juglans regia* →ペルシャグルミ ……………………701
*Juglans regia* var.*orientis* →テウチグルミ ………508
*Juncus alatus* →ハナビゼキショウ …………………605
*Juncus beringensis* →ミヤマイ ……………………766
*Juncus bufonius* →ヒメコウガイゼキショウ ………647
*Juncus castaneus* subsp.*triceps* →クロコウガイゼキ
ショウ …………………………………277
*Juncus decipiens* →イグサ ………………………… 55
*Juncus decipiens* 'Utilis' →コヒゲ…………………325
*Juncus decipiens* var.*glomeratus* →タマイ ………464
*Juncus decipiens* var.*gracilis* →ヒメイ …………641
*Juncus diastrophanthus* →ヒロハノコウガイゼキ
ショウ (1) ……………………………672
*Juncus dudleyi* →アメリカクサイ ………………… 43
*Juncus ensifolius* →ミクリゼキショウ ……………748
*Juncus fauriei* →イヌイ …………………………… 67
*Juncus fauriensis* →ホソコウガイゼキショウ ………712
*Juncus filiformis* →エゾホソイ ……………………122
*Juncus gracillimus* →ドロイ ………………………534
*Juncus haenkei* →ハマイ …………………………609
*Juncus kamtschatcensis* →ミヤマホソコウガイゼキ
ショウ …………………………………778
*Juncus krameri* →タチコウガイゼキショウ …………456
*Juncus marginatus* →ニセコウガイゼキショウ ………560
*Juncus maximowiczii* →イトイ …………………… 64
*Juncus mertensianus* →エゾノミクリゼキショウ ……120
*Juncus papillosus* →ホソバノコウガイゼキショウ …717
*Juncus polyanthemus* →コゴメイ …………………309
*Juncus potaninii* →エゾイトイ ……………………111
*Juncus prismatocarpus* subsp.*leschenaultii* →コウ
ガイゼキショウ ………………………296
*Juncus prominens* →セキショウイ …………………425
*Juncus setchuensis* →ホソイ ………………………711
*Juncus tenuis* →クサイ ……………………………260
*Juncus triglumis* →タカネイ ………………………446
*Juncus validus* →オニコウガイゼキショウ …………182
*Juncus wallichianus* →ハリコウガイゼキショウ……618
*Jungermannia cephalozioides* →ヤハズツボミゴケ …821

学名索引　951　LAC

*Jungermannia hattoriana* →ハットリツボミゴケ……599
*Jungermannia hattorii* →ヘリトリツボミゴケ………701
*Jungermannia hiugaensis* →ヒュウガソロイゴケ……663
*Jungermannia hokkaidensis* →リシリツボミゴケ……855
*Jungermannia japonica* →ヒメツボミゴケ………653
*Jungermannia kyushuensis* →カタツボミゴケ……200
*Jungermannia shimizuana* →オオアミメツボミゴ
ケ…………136
*Jungermannia unispiris* →ヒトツジツボミゴケ……633
*Junghuhnia nitida* →ニクイロアナタケ………558
*Juniperus chinensis* 'Globosa' →タマイブキ………464
*Juniperus chinensis* 'Kaizuka' →カイヅカイブキ……191
*Juniperus chinensis* 'Spartan' →スパルタン………417
*Juniperus chinensis* var.*chinensis* →イブキ……74
*Juniperus chinensis* var.*procumbens* →ハイビャク
シン…………584
*Juniperus chinensis* var.*sargentii* →ミヤマビャクシ
ン…………777
*Juniperus communis* 'Sentinel' →センチネル………430
*Juniperus communis* var.*communis* →セイヨウネ
ズ…………423
*Juniperus communis* var.*hondoensis* →ホンドミヤ
マネズ…………727
*Juniperus communis* var.*montana* →リシリビャク
シン…………855
*Juniperus communis* var.*nipponica* →ミヤマネズ……776
*Juniperus conferta* →ハイネズ…………584
*Juniperus conferta* var.*maritima* →オオシマハイネ
ズ(1)…………145
*Juniperus*×*pfitzeriana* 'Gold Coast' →ゴールド
コースト…………334
*Juniperus rigida* →ネズ…………571
*Juniperus scopulorum* 'Moonglow' →ムーングロウ……793
*Juniperus taxifolia* var.*lutchuensis* →オキナワハイ
ネズ…………172
*Juniperus taxifolia* var.*taxifolia* →シマムロ………380
*Juniperus virginiana* →エンピツビャクシン………132
*Juniperus virginiana* 'Burkii' →バーキィー………587
*Justicia brandegeeana* →コエビソウ………302
*Justicia carnea* →サンゴバナ…………356
*Justicia hayatae* →キツネノメマゴ…………237
*Justicia procumbens* var.*procumbens* →キツネノマ
ゴ…………237
*Justicia procumbens* var.*riukiuensis* →キツネノヒ
マゴ…………237

## 【 K 】

*Kadsura japonica* →サネカズラ…………349
*Kaempferia galanga* →バンウコン…………621
*Kalanchoe blossfeldiana* →ベニベンケイ………699
*Kalanchoe daigremontianum* →コダカラベンケイ……315
*Kalanchoe spathulata* →リュウキュウベンケイ………859
*Kalmia latifolia* →カルミア…………216
*Kalopanax septemlobus* subsp.*lutchuensis* →リュウ
キュウハリギリ…………859
*Kalopanax septemlobus* subsp.*septemlobus* →ハリ
ギリ…………618
*Kandelia obovata* →メヒルギ…………797
*Keiskea japonica* →シモバシラ…………381

*Kerria japonica* →ヤマブキ(1)…………836
*Kerria japonica* f.*albescens* →シロバナヤマブキ……403
*Kerria japonica* f.*plena* →ヤエヤマブキ………808
*Keteleeria davidiana* →アブラスギ…………35
*Kinugasa japonica* →キヌガサソウ…………238
*Kirengeshoma palmata* →キレンゲショウマ………252
*Kleinhovia hospita* →フウセンアカメガシワ………676
*Knautia macedonica* →アカバナマツムシソウ………16
*Kniphofia triangularis* →ヒメシャグマユリ………650
*Kniphofia uvaria* →シャグマユリ…………383
*Knoxia sumatrensis* →シソノミグサ…………366
*Kobayasia nipponica* →シラタマタケ…………393
*Kochia scoparia* var.*subvillosa* →シラゲホウキギ……392
*Koeleria macrantha* →ミノボロ…………762
*Koelreuteria bipinnata* →オオモクゲンジ………164
*Koelreuteria paniculata* →モクゲンジ…………799
*Kolkwitzia amabilis* →ショウキウツギ………388
*Korthalsella japonica* →ヒノキバヤドリギ………638
*Kuehneromyces mutabilis* →センボンイチメガサ……432
*Kuhlhasseltia fissa* →オオハクウンラン………153
*Kuhlhasseltia nakaiana* →ハクウンラン………587
*Kuhlhasseltia yakushimensis* →ヤクシマヒメアリド
オシラン…………812
*Kummerowia stipulacea* →マルバヤハズソウ………743
*Kummerowia striata* →ヤハズソウ…………821

## 【 L 】

*Lablab purpurea* →フジマメ…………685
*Laburnum anagyroides* →キングサリ…………254
*Laccaria amethystina* →ウラムラサキ…………106
*Laccaria bicolor* →オオキツネタケ…………141
*Laccaria laccata* →キツネタケ…………237
*Laccaria vinaceoavellanea* →カレバキツネタケ……216
*Lachnellula willkommii* →ラクネルルラ ウィルコム
ミイ…………852
*Lachnocladium denudatum* →Smooth leather-
coral…………879
*Lachnum virgineum* →シロヒナノチャワンタケ……403
*Lactarius acris* →ハイイロカラチチタケ………582
*Lactarius akahatsu* →アカハツ…………15
*Lactarius camphoratus* →ニセヒメチチタケ………561
*Lactarius chrysorrheus* →キチチタケ…………236
*Lactarius controversus* →ケショウシロハツ………288
*Lactarius deliciosus* →Saffron milkcap………879
*Lactarius deterrimus* →アカハツモドキ………15
*Lactarius fuliginosus* →ウスズミチチタケ………95
*Lactarius gerardii* →クロチチダマシ…………278
*Lactarius glaucescens* →アオゾメツチカブリ………8
*Lactarius gracilis* →アシボソチチタケ…………27
*Lactarius hatsudake* →ハツタケ…………599
*Lactarius hygrophoroides* →ヒロハチチタケ………671
*Lactarius hysginus* →ヌメリアカチチタケ………568
*Lactarius indigo* →ラクタリウス・インディゴ……852
*Lactarius laeticolor* →アカモミタケ…………18
*Lactarius lignyotus* →クロチチタケ…………278
*Lactarius necator* →ウグイスチャチチタケ………90
*Lactarius ochrogalactus* →ヒロハチャチチタケ……671

*Lactarius piperatus* →ツチカブリ ......................495
*Lactarius porninsis* →カラマツチチタケ .................214
*Lactarius pterosporus* →ウスイロカラチチタケ ........ 93
*Lactarius pubescens* →シロカラハツタケ ................397
*Lactarius pyrogalus* →ウスズミハツ ..................... 95
*Lactarius quietus* →チョウジチチタケ .................483
*Lactarius repraesentaneus* →ムラサキイロガワリハ
ツ ...................................................................789
*Lactarius scrobiculatus* →キカラハツタケ ..............227
*Lactarius subindigo* →ルリハツタケ ....................864
*Lactarius subpiperatus* →ツチカブリモドキ ...........495
*Lactarius subvellereus* →ケシロハツモドキ .............288
*Lactarius subzonarius* →ニオイワチチタケ .............556
*Lactarius torminosus* →カラハツタケ ...................212
*Lactarius tottoriensis* →キハツダケ ....................240
*Lactarius uvidus* →トビチャチチタケ ...................531
*Lactarius vellereus* →ケシロハツ ........................288
*Lactarius violascens* →ウズハツ ......................... 96
*Lactarius volemus* →チチタケ ...........................477
*Lactocollybia aurantiaca* →Orange milkshank ·······877
*Lactuca formosana* →タイワンニガナ ...................442
*Lactuca indica* var.*dracoglossa* →リュウゼツサイ ·····860
*Lactuca indica* var.*indica* →アキノノゲシ ............. 20
*Lactuca laciniata* f.*indivisa* →ホソバノアキノノゲ
シ ...................................................................716
*Lactuca raddeana* var.*elata* →ヤマニガナ ............834
*Lactuca raddeana* var.*raddeana* →チョウセンヤマニ
ガナ ................................................................485
*Lactuca sativa* →チシャ ...................................476
*Lactuca scariola* var.*Integrifolia* →マルバトゲチ
シャ .................................................................741
*Lactuca serriola* →トゲチシャ ...........................525
*Lactuca sibirica* →エゾムラサキニガナ .................124
*Lactuca triangulata* →ミヤマアキノノゲシ .............765
*Laetiporus cremeiporus* →マスタケ (1) ................731
*Laetiporus montanus* →ミヤマママスタケ ..............778
*Laetiporus* sp. →マスタケ (2) ............................731
*Laetiporus sulphureus* →マスタケ (3) ..................731
*Laetiporus versisporus* →アイカワタケ ................... 3
*Lagarosiphon major* →クロモモドキ ....................283
*Lagenaria siceraria* var.*depressa* →フクベ ............679
*Lagenaria siceraria* var.*hispida* →ユウガオ (1) .......841
*Lagenaria siceraria* var.*siceraria* →ヒョウタン ......664
*Lagenophora lanata* →コケセンボンギク ...............308
*Lagenophora* sp. →コケセンボンギクモドキ ............308
*Lagerstroemia indica* →サルスベリ (1) .................352
*Lagerstroemia indica* 'Country Red' →カントリー
レッド ............................................................223
*Lagerstroemia subcostata* var.*fauriei* →ヤクシマサ
ルスベリ ...........................................................811
*Lagerstroemia subcostata* var.*subcostata* →シマサル
スベリ ..............................................................377
*Lagerstroemia* 'Tuscarora' →タスカローラ ............455
*Lagopsis supina* →コゴメオドリコソウ .................309
*Lagotis glauca* →ウルップソウ ..........................107
*Lagotis takedana* →ユウバリソウ .......................842
*Lagotis yesoensis* →ホソバウルップソウ ................713
*Lagurus ovatus* →ウサギノオ ............................ 91
*Lamarckia aurea* →ノレンガヤ ..........................581
*Lamium album* var.*barbatum* →オドリコソウ ·········180
*Lamium album* var.*kitadakense* →キタダケオドリコ
ソウ .................................................................233

*Lamium amplexicaule* →ホトケノザ (1) ................724
*Lamium galeobdolon* →キバナオドリコソウ ............240
*Lamium hybridum* →モミジバヒメオドリコソウ ......802
*Lamium purpureum* →ヒメオドリコソウ ................644
*Lampranthus spectabilis* →マツバギク ..................733
*Lamprothamnium succinctum* →シラタマモ .........393
*Landoltia punctata* →ヒメウキクサ .....................642
*Lanopila nipponica* →オニフスベ ........................185
*Lantana camara* →ランタナ (広義) ......................853
*Lantana camara* subsp.*aculeata* →シチヘンゲ (1) ···368
*Lantana camara* subsp.*camara* →トゲナシランタ
ナ ...................................................................526
*Lantana*×*hybrida* →キバナランタナ ...................244
*Lantana montevidensis* →コバノランタナ ..............323
*Lanzia echinophila* →クリノイガワンタケ .............272
*Laportea bulbifera* →ムカゴイラクサ ...................781
*Laportea cuspidata* →ミヤマイラクサ ..................766
*Lappula deflexa* →イワムラサキ ......................... 87
*Lappula squarrosa* →ノムラサキ .........................580
*Lapsana communis* →ナタネタビラコ ...................544
*Lapsanastrum apogonoides* →コオニタビラコ .........303
*Lapsanastrum humile* →ヤブタビラコ ..................823
*Larix gmelinii* var.*japonica* →グイマツ ..............259
*Larix kaempferi* →カラマツ ..............................214
*Lasianthus attenuatus* →マルバルリミノキ ............743
*Lasianthus curtisii* →ケシンテンルリミノキ ...........288
*Lasianthus fordii* var.*fordii* →リュウキュウルリミノ
キ ...................................................................860
*Lasianthus fordii* var.*pubescens* →ケハダルリミノ
キ ...................................................................290
*Lasianthus hirsutus* →タイワンルリミノキ .............443
*Lasianthus hispidulus* →ニコゲルリミノキ .............558
*Lasianthus japonicus* →ルリミノキ .....................865
*Lasianthus verticillatus* →オオバルリミノキ ..........159
*Lathraea japonica* →ヤマウツボ .........................827
*Lathyrus aphaca* →タクヨウレンリソウ ................453
*Lathyrus davidii* →イタチササゲ ......................... 60
*Lathyrus japonicus* subsp.*japonicus* →ハマエンド
ウ ...................................................................609
*Lathyrus latifolius* →ヒロハノレンリソウ ..............673
*Lathyrus odoratus* →スイートピー ......................408
*Lathyrus palustris* →エゾノレンリソウ .................121
*Lathyrus pratensis* →キバナノレンリソウ ..............243
*Lathyrus quinquenervius* →レンリソウ .................867
*Laurentia axillaris* →イソトマ (1) ...................... 59
*Laurocerasus officinalis* →セイヨウバクチノキ .......423
*Laurocerasus spinulosa* →リンボク ......................862
*Laurocerasus zippeliana* →バクチノキ ..................589
*Laurus nobilis* →ゲッケイジュ ..........................289
*Lavandula angustifolia* →ラベンダー ...................853
*Leathesia difformis* →ネバリモ ..........................572
*Lecanora allophana* →チャシブゴケ .....................479
*Lecanorchis flavicans* →サキシマスケロクラン ........340
*Lecanorchis japonica* →ムヨウラン .....................788
*Lecanorchis japonica* var.*hokurikuensis* →ホクリク
ムヨウラン .......................................................708
*Lecanorchis japonica* var.*kiiensis* →キイムヨウラ
ン ...................................................................226
*Lecanorchis japonica* var.*tubiformis* →ヤエヤマスケ
ロクラン ..........................................................807
*Lecanorchis javanica* →オキナワムヨウラン ...........173

学名索引　　　953　　　**LEP**

*Lecanorchis kiusiana* →ウスキムヨウラン ……………… 94
*Lecanorchis nigricans* →クロムヨウラン ………………283
*Lecanorchis nigricans* var.*yakusimensis* →ヤクムヨウラン ………………………………………………………814
*Lecanorchis suginoana* →エンシュウムヨウラン ……132
*Lecanorchis taiwaniana* →ムロトムヨウラン …………793
*Lecanorchis trachycaula* →アワムヨウラン …………… 52
*Lecanorchis virella* →ミドリムヨウラン ………………760
*Lecanthus peduncularis* →チョクザキミズ …………486
*Leccinum aurantiacum* →アカツブキンチャヤマイグチ ……………………………………………………… 14
*Leccinum chromapes* →アケボノアワタケ …………… 22
*Leccinum eximium* →Lilac-brown bolete …………876
*Leccinum eximius* →ウラグロニガイグチ …………103
*Leccinum extremiorientale* →アカヤマドリ …………… 18
*Leccinum hortonii* →シワチャヤマイグチ …………405
*Leccinum niveum* →シロヤマイグチ ………………404
*Leccinum pseudoscabrum* →スミゾメヤマイグチ ……417
*Leccinum scabrum* →ヤマイグチ ………………………826
*Leccinum subradicatum* →ネナガシロヤマイグチ ……572
*Leccinum versipelle* →キンチャヤマイグチ …………256
*Lecythis pisonis* subsp.*usitata* →パラダイスナット ……616
*Ledpedeza pilosa* var.*erecta* →タチネコハギ …………458
*Ledum palustre* var.*yezoense* →エゾイソツツジ (1) ‥111
*Leersia hexandra* →タイワンアシカキ …………………441
*Leersia japonica* →アシカキ (1) …………………… 26
*Leersia oryzoides* →エゾノサヤヌカグサ ………………118
*Leersia sayanuka* →サヤヌカグサ ………………………351
*Leibnitzia anandria* →センボンヤリ ………………432
*Leiocolea mayebarae* →マエバラヤバネゴケ …………728
*Lejeunea aquatica* var.*apiculata* →トガリバサワクサリゴケ ……………………………………………………521
*Lejeunea syoshii* →オノクサリゴケ ……………………186
*Lemmaphyllum microphyllum* →マメヅタ …………737
*Lemmaphyllum pyriforme* →オニマメヅタ …………185
*Lemna aequinoctialis* →ナンゴクアオウキクサ …………551
*Lemna aoukikusa* subsp.*aoukikusa* →アオウキクサ ……6
*Lemna aoukikusa* subsp.*hokurikuensis* →ホクリクアオウキクサ ……………………………………………707
*Lemna gibba* →イボウキクサ ……………………… 77
*Lemna japonica* →ムラサキコウキクサ………………790
*Lemna minor* →コウキクサ ………………………………296
*Lemna minuta* →ヒナウキクサ …………………………635
*Lemna trisulca* →ヒンジモ ………………………………675
*Lemna turionifera* →キタグニコウキクサ ……………233
*Lemna valdiviana* →チリウキクサ ……………………486
*Lemprocapnos spectabilis* →ケマンソウ ………………291
*Lentinellus cochleatus* →ミミナミハタケ ……………763
*Lentinellus ursinus* →イタチナミハタケ …………… 60
*Lentinula edodes* →シイタケ ……………………………359
*Lentinus crinitus* →Fringed sawgill………………874
*Lentinus squarrosulus* →ケガワタケ …………………286
*Lentinus tigrinus* →Tiger sawgill………………879
*Lenzites betulinus* →カイガラタケ ……………………191
*Leontodon taraxacoides* →カワリミタンポポモドキ ‥220
*Leontopodium discolor* →エゾウスユキソウ …………112
*Leontopodium fauriei* var.*angustifolium* →ホソバヒナウスユキソウ ……………………………………………718
*Leontopodium fauriei* var.*fauriei* →ミヤマウスユキソウ ……………………………………………………767
*Leontopodium hayachinense* →ハヤチネウスユキソウ ………………………………………………………615

*Leontopodium japonicum* f.*happoense* →ハッポウウスユキソウ ……………………………………………599
*Leontopodium japonicum* var.*japonicum* →ウスユキソウ ………………………………………………… 97
*Leontopodium japonicum* var.*orogenes* →ヤマウスユキソウ ……………………………………………………827
*Leontopodium japonicum* var.*perniveum* →カワラウスユキソウ …………………………………………………218
*Leontopodium japonicum* var.*shiroumense* →ミネウスユキソウ ………………………………………………761
*Leontopodium japonicum* var.*spathulatum* →コウスユキソウ …………………………………………………298
*Leontopodium kurilense* →チシマウスユキソウ ………473
*Leontopodium leiolepis* →コウライウスユキソウ ……302
*Leontopodium miyabeanum* →オオヒラウスユキソウ ……………………………………………………………160
*Leontopodium monocephalum* →レオントポジウム・モノケファルム ……………………………………………865
*Leontopodium nanum* →レオントポジウム・ナヌム ‥865
*Leontopodium nivale* subsp.*alpinum* →エーデルワイス …………………………………………………………127
*Leontopodium roseum* →オトメウスユキソウ ………179
*Leontopodium shinanense* →コマウスユキソウ ………327
*Leontopodium stellatum* →レオントポジウム・ステラツム ……………………………………………………865
*Leonurus cardiaca* →モミジバキセワタ ………………802
*Leonurus japonicus* →メハジキ ………………………796
*Leonurus macranthus* →キセワタ ……………………232
*Leotia lubrica* f.*lubrica* →ズキンタケ ………………411
*Leotia viscosa* →Greencap jellybaby ……………875
*Lepidagathis formosensis* →ウロコマリ ………………108
*Lepidagathis inaequalis* →リュウキュウウロコマリ ‥856
*Lepidium africanum* →ダイコクマメグンバイナズナ ……………………………………………………………436
*Lepidium apetalum* →ヒメグンバイナズナ …………647
*Lepidium bonariense* →キレハマメグンバイナズナ ‥252
*Lepidium campestre* →ウロコナズナ …………………108
*Lepidium densiflorum* →コマメグンバイナズナ ……329
*Lepidium didymum* →カラクサナズナ ………………210
*Lepidium draba* →アコウグンバイ ……………… 23
*Lepidium englerianum* →ハマガラシ …………………610
*Lepidium latifolium* →ベンケイナズナ ………………702
*Lepidium perfoliatum* →コシミノナズナ ……………313
*Lepidium sativum* →コショウソウ……………………313
*Lepidium virginicum* →マメグンバイナズナ …………736
*Lepiota brunneoincarnata* →Deadly dapperling ……874
*Lepiota castanea* →クリイロカラカサタケ ……………272
*Lepiota cristata* →キツネノカラカサ …………………237
*Lepiota felina* →Cat dapperling ………………………873
*Lepiota flammeatincta* →Flaming dapperling ………874
*"Lepiota" fusciceps* →クロヒメカラカサタケ …………281
*Lepiota helveola* →ドクキツネノカラカサ ……………523
*Lepiota magnispora* →ワタカラカサタケ ……………870
*Lepiota praetervisa* →ナガグロヒメカラカサタケ ……536
*Lepiota subincarnata* →Fatal dapperling ……………874
*Lepironia articulata* →アンペラ ……………… 52
*Lepisorus angustus* →ナガオノキシノブ ………………536
*Lepisorus annuifrons* →ホテイシダ …………………723
*Lepisorus boninensis* →ホソバクリハラン ……………714
*Lepisorus clathratus* →トヨグチウラボシ ……………532
*Lepisorus hachijoensis* →ハチジョウウラボシ ………596
*Lepisorus miyoshianus* →クラガリシダ ………………271

*Lepisorus oligolepidus* →ウロコノキシノブ ………108

*Lepisorus oligolepidus* × *L.thunbergianus* →イナノ
キシノブ ……… 67

*Lepisorus onoei* →ヒメノキシノブ ………655

*Lepisorus onoei* × *L.thunbergianus* →アシガラノキ
シノブ ……… 26

*Lepisorus thunbergianus* →ノキシノブ ………575

*Lepisorus thunbergianus* × *L.tosaensis* →ニセツクシ
ノキシノブ ………561

*Lepisorus thunbergianus* × *L.yamaokae* →イシガキ
ノキシノブ ……… 56

*Lepisorus tosaensis* →ツクシノキシノブ ………491

*Lepisorus uchiyamae* →コウラボシ ………302

*Lepisorus ussuriensis* var.*distans* →ミヤマノキシノ
ブ ………776

*Lepisorus yamaokae* →イシガキウラボシ ……… 55

*Lepista flaccida* →ヒイロイヌシメジ ………624

*Lepista graveolens* →ウスムラサキシメジ ……… 97

*Lepista nuda* →ムラサキシメジ ………790

*Lepista personata* →オオムラサキシメジ ………164

*Lepista sordida* →コムラサキシメジ ………330

*Lepistemon binectariferum* var.*trichocarpum* →オ
オバケアサガオ ………153

*Leptatherum japonicum* var.*boreale* →キタササガ
ヤ ………233

*Leptatherum japonicum* var.*japonicum* →ササガヤ ··343

*Leptatherum nudum* →ミヤマササガヤ ………771

*Leptatherum somae* →メンテンササガヤ ………798

*Leptochilus decurrens* →オキノクリハラン ………173

*Leptochilus elegans* →コマチイワヒトデ ………328

*Leptochilus elegans* × *L.neopothifolius* →オオイワヒ
トデモドキ ………138

*Leptochilus ellipticus* →イワヒトデ ……… 86

*Leptochilus hemionitideus* →タイワンクリハラン ………441

*Leptochilus* × *kiusianus* →アイイワヒトデ ………3

*Leptochilus neopothifolius* →オオイワヒトデ ………138

*Leptochilus neopothifolius* × *L.pteropus* →ウラノシ
ダ ………106

*Leptochilus pteropus* →ミツデヘラシダ ………757

*Leptochilus* × *shintenensis* →シンテンウラボシ ………406

*Leptochilus* × *simplicifrons* →ヒトツバイワヒトデ ····633

*Leptochilus wrightii* →ヤリノホクリハラン ………839

*Leptochloa chinensis* →アゼガヤ ……… 30

*Leptochloa fusca* →ハマガヤ ………610

*Leptochloa panicea* →イトアゼガヤ ……… 64

*Leptodermis pulchella* →シチョウゲ ………368

*Leptodictyum mizushimae* →オニシメリゴケ ………183

*Leptogium azureum* →アオキノリ ……… 7

*Leptoloma cognatum* →ニセクサキビ ………560

*Leptopetalum biflorum* →シマソナレムグラ ………378

*Leptopetalum grayi* →シマザクラ ………377

*Leptopetalum mexicanum* →マルバシマザクラ ………740

*Leptopetalum pachyphyllum* →アツバシマザクラ ……… 32

*Leptopetalum strigulosum* →ソナレムグラ ………434

*Leptopetalum strigulosum* var.*luxurians* →オオソナ
レムグラ ………147

*Leptospermum scoparium* →ギョリュウバイ ………249

*Leptospermum scoparium* var.*chapmannii* f.*plenum*
→ヤエギョリュウバイ ………806

*Lepturus repens* →ハイシバ ………583

*Lepyrodiclis holosteoides* →ハナハコベ ………604

*Leratiomyces ceres* →Redlead roundhead ………878

*Leratiomyces erythrocephalus* →Red pouch
fungus ………878

*Leratiomyces squamosus* →ミヤマツバタケ ………774

*Leratiomyces squamosus* var.*thraustus* →カバイロ
タケ ………204

*Lespedeza bicolor* →ヤマハギ ………835

*Lespedeza bicolor* var.*nana* →チャボヤマハギ ………481

*Lespedeza buergeri* →キハギ ………239

*Lespedeza caraganae* →ナガバメドハギ ………540

*Lespedeza cuneata* →メドハギ ………796

*Lespedeza cuneata* var.*serpens* →ハイメドハギ ………585

*Lespedeza cyrtobotrya* →マルバハギ ………742

*Lespedeza daurica* →オオバメドハギ ………158

*Lespedeza davidii* →オクシモハギ ………174

*Lespedeza hisauchii* →サガミメドハギ ………339

*Lespedeza homoloba* →ツクシハギ ………492

*Lespedeza inschanica* →カラメドハギ ………214

*Lespedeza juncea* →シベリアメドハギ ………374

*Lespedeza lichiyuniae* →アカバナメドハギ ……… 16

*Lespedeza liukiuensis* →リュウキュウハギ (1) ………858

*Lespedeza maximowiczii* →チョウセンキハギ ………484

*Lespedeza melanantha* →クロバナキハギ ………280

*Lespedeza pilosa* →ネコハギ ………570

*Lespedeza thunbergii* f.*angustifolia* →ニシキハギ ………559

*Lespedeza thunbergii* subsp.*formosa* →タイワンハ
ギ ………442

*Lespedeza thunbergii* subsp.*formosa* →リュウキュウ
ハギ (2) ………858

*Lespedeza thunbergii* subsp.*patens* →ケハギ ………290

*Lespedeza thunbergii* subsp.*satsumensis* →サツマハ
ギ ………347

*Lespedeza thunbergii* subsp.*thunbergii* →ミヤギノハ
ギ (亜種) ………764

*Lespedeza thunbergii* subsp.*thunbergii* f.*alba* →シラ
ハギ ………394

*Lespedeza thunbergii* subsp.*thunbergii* f.*angustifolia*
→ビッチュウヤマハギ (1) ………632

*Lespedeza thunbergii* subsp.*thunbergii* f.*thunbergii*
→ミヤギノハギ ………763

*Lespedeza tomentosa* →イヌハギ ……… 71

*Lespedeza virgata* →マキエハギ ………729

*Letharia vulpina* →Wolf lichen ………880

*Lethocolea naruto-toganensis* →モグリゴケ ………799

*Leucaena leucocephala* →ギンネム ………256

*Leucanthemella linearis* →ミコシギク ………749

*Leucanthemum maximum* →シャスタ・デージー ………384

*Leucanthemum vulgare* →フランスギク ………691

*Leucas mollissima* subsp.*chinensis* var.*chinensis*
→ヤンバルツルハッカ ………840

*Leucas mollissima* var.*riukiuensis* →リュウキュウ
クルマバナ ………856

*Leucoagaricus americanus* →ツブカラカサタケ ………498

*Leucoagaricus rubrotinctus* →アカキツネガサ ……… 12

*Leucobryum scabrum* →オオシラガゴケ ………145

*Leucocoprinus brebissonii* →ナカグロヒガサタケ ………536

*Leucocoprinus brinbaumii* →コガネキヌカラカサタ
ケ ………304

*Leucocoprinus cygneus* →シロヒメカラカサタケ ………403

*Leucocoprinus fragilissimus* →キツネノハナガサ ………237

*Leucodon alpinus* →ツヤダシタカネイタチゴケ ………499

*Leucodon giganteus* →オオヤマトイタチゴケ ………165

*Leucodon sohayakiensis* →ヨコグライタチゴケ ………848

学名索引 955 **LIM**

*Leucogyrophana mollusca* →ヒメシワタケ ………………651

*Leucojum aestivum* →オオマツユキソウ ………………162

*Leucolejeunea japonica* →ヒメシロクサリゴケ ………651

*Leucopaxillus giganteus* →オオイチョウタケ …………137

*Leucopaxillus septentrionalis* →ムレオオイチョウタケ ……………………………………………………………………793

*Leucothoe fontanesiana* →アメリカイワナンテン ……42

*Leucothoe grayana* var.*glabra* →エゾウラジロハナヒリノキ ………………………………………………………112

*Leucothoe grayana* var.*hypoleuca* →ウラジロハナヒリノキ ………………………………………………………105

*Leucothoe grayana* var.*parvifolia* →ヒメハナヒリキ ………………………………………………………………656

*Leucothoe grayana* var.*pruinosa* →ウスユキハナヒリノキ ………………………………………………………97

*Leucothoe grayana* var.*venosa* →ハコネハナヒリノキ ………………………………………………………………592

*Leucothoe keiskei* →イワナンテン …………………………85

*Lewisia Ashwood carousel* Hybrids →レウイシア・カローセルハイブリッド ……………………………………865

*Lewisia brachycalyx* →レウイシア・ブラキカリックス ……………………………………………………………865

*Lewisia cotyledon* Hybrids →レウイシア・コチレドンハイブリッド ……………………………………………865

*Lewisia nevadensis* →レウイシア・ネバデンシス ……865

*Lewisia rediviva* →レウイシア・レディビバ …………865

*Lewisia tweedy* →レウイシア・トウィディ …………865

*Leymus mollis* →ハマニンニク ……………………………613

*Liatris spicata* →キリンギク ……………………………251

*Libanotis coreana* var.*alpicola* →タカネイブキボウフウ ………………………………………………………446

*Libanotis coreana* var.*coreana* →イブキボウフウ ……76

*Lichenomphalia alpina* →キサカズキタケ ……………230

*Lignosus rhinocerotis* →'Tiger's milk fungus' …………879

*Ligularia angusta* →ヤマタバコ (1) …………………831

*Ligularia dentata* →マルバダケブキ …………………740

*Ligularia fauriei* →ミチノクヤマタバコ ……………756

*Ligularia fischeri* →オタカラコウ ……………………177

*Ligularia hodgsonii* var.*hodgsonii* →トウゲブキ ……515

*Ligularia hodgsonii* var.*sachalinensis* →カラフトトウゲブキ ……………………………………………………213

*Ligularia japonica* →ハンカイソウ …………………621

*Ligularia kaialpina* →カイタカラコウ ………………191

*Ligularia sibirica* →アソタカラコウ …………………31

*Ligularia stenocephala* →メタカラコウ ………………795

*Ligusticum hultenii* →マルバトウキ …………………741

*Ligusticum officinale* →センキュウ …………………429

*Ligustrum ibota* →サイゴクイボタ …………………337

*Ligustrum japonicum* →フクロモチ …………………680

*Ligustrum japonicum* var.*japonicum* →ネズミモチ …571

*Ligustrum japonicum* var.*spathulatum* →イワキ ……82

*Ligustrum liukiuense* →オキナワイボタ ……………171

*Ligustrum lucidum* →トウネズミモチ ………………517

*Ligustrum lucidum* 'Tricolor' →トリカラー …………534

*Ligustrum micranthum* →ムニンネズミモチ …………787

*Ligustrum obtusifolium* subsp.*obtusifolium* →イボタノキ ……………………………………………………………77

*Ligustrum ovalifolium* var.*hisauchii* →オカイボタ …167

*Ligustrum ovalifolium* var.*ovalifolium* →オオバイボタ ………………………………………………………………152

*Ligustrum ovalifolium* var.*pacificum* →ハチジョウイボタ ………………………………………………………596

*Ligustrum salicinum* →ヤナギイボタ …………………819

*Ligustrum sinense* 'Variegatum' →シルバープリベット ……………………………………………………………395

*Ligustrum tamakii* →トゲイボタ ……………………525

*Ligustrum tschonoskii* var.*kiyozumianum* →キヨズミイボタ ……………………………………………………248

*Ligustrum tschonoskii* var.*macrocarpum* →オオミイボタ ……………………………………………………………162

*Ligustrum tschonoskii* var.*tschonoskii* →ミヤマイボタ ……………………………………………………………766

*Lilium alexandrae* →ウケユリ …………………………90

*Lilium amabile* →コマユリ ……………………………329

*Lilium auratum* var.*auratum* →ヤマユリ ……………839

*Lilium auratum* var.*platyphyllum* →サクユリ ………341

*Lilium callosum* var.*callosum* →ノヒメユリ ………579

*Lilium callosum* var.*flaviflorum* →キバナノヒメユリ ……………………………………………………………243

*Lilium canadense* →リリウム・カナデンセ …………862

*Lilium concolor* →ヒメユリ ……………………………661

*Lilium concolor* var.*partheneion* f.*coridion* →キヒメユリ ……………………………………………………………245

*Lilium formosanum* →タカサゴユリ …………………445

*Lilium hansonii* →タケシマユリ ………………………453

*Lilium japonicum* →ササユリ …………………………345

*Lilium japonicum* var.*abeanum* →ジンリョウユリ …407

*Lilium lancifolium* →オニユリ ………………………185

*Lilium lancifolium* var.*fraviflorum* →オウゴンオニユリ ……………………………………………………………133

*Lilium leichtlinii* f.*leichtlinii* →キヒラトユリ ………245

*Lilium leichtlinii* f.*pseudotigrinum* →コオニユリ ……303

*Lilium longiflorum* →テッポウユリ …………………509

*Lilium lophophorum* →リリウム・ロフォフルム ……862

*Lilium mackliniae* →リリウム・マクリニエ …………862

*Lilium maculatum* var.*bukosanense* →ミヤマスカシユリ ……………………………………………………………772

*Lilium maculatum* var.*maculatum* →スカシユリ ……409

*Lilium maculatum* var.*monticola* →ヤマスカシユリ ……………………………………………………………………831

*Lilium medeoloides* →クルマユリ ……………………274

*Lilium medeoloides* var.*sadoinsulare* →サドクルマユリ ……………………………………………………………348

*Lilium nanum* →リリウム・ナヌム …………………862

*Lilium nobilissimum* →タモトユリ …………………467

*Lilium pensylvanicum* →エゾスカシユリ ……………115

*Lilium pumilum* →イトハユリ …………………………65

*Lilium regale* →リリウム・レガレ …………………862

*Lilium rubellum* →ヒメサユリ ………………………649

*Lilium speciosum* f.*kratzeri* →シラタマユリ ………393

*Lilium speciosum* f.*speciosum* →カノコユリ ………204

*Lilium speciosum* var.*clivorum* →タキユリ (1) ……453

*Lilium taliense* →リリウム・タリエンセ ……………862

*Limacella glioderma* →チャヌメリカラカサタケ ……479

*Limacella guttata* →リマケッラ・グッタタ …………855

*Limacella illinita* →シロヌメリカラカサタケ ………400

*Limnobium laevigatum* →アマゾントチカガミ ………38

*Limnophila aromatica* →シソクサ ……………………366

*Limnophila fragrans* →エナシシソクサ ……………127

*Limnophila indica* →コキクモ ………………………306

*Limnophila rugosa* →ホウライシソクサ ……………705

*Limnophila sessiliflora* →キクモ ……………………229

*Limonium latifolium* →ニワハナビ …………………565

*Limonium senkakuense* →センカクハマサジ …………429

*Limonium sinense* →タイワンハマサジ ………………443

**LIM** 956 学名索引

Limonium sinuatum →ハナハマサジ ……………605
Limonium tetragonum →ハマサジ ……………611
Limonium wrightii var.arbusculum →イソマツ ……60
Limonium wrightii var.wrightii f.wrightii →ウコン
イソマツ ……………91
Limosella aquatica →キタミソウ ……………235
Linaria alpina →リナリア・アルピナ ……………855
Linaria bipartita →ムラサキウンラン (1) ……789
Linaria cvs. →ヒメキンギョソウ ……………646
Linaria genistifolia subsp.dalmatica →キバナウン
ラン ……………240
Linaria japonica →ウンラン ……………109
Linaria pelisseriana →フタミウンラン ……………686
Linaria vulgaris →ホソバウンラン ……………713
Lindera aggregata →テンダイウヤク ……………512
Lindera communis var.okinawensis →オキナワコウ
バシ ……………171
Lindera erythrocarpa →カナクギノキ ……………202
Lindera glauca →ヤマコウバシ ……………829
Lindera lancea →ヒメクロモジ ……………647
Lindera obtusiloba →ダンコウバイ (1) ……………469
Lindera praecox →アブラチャン ……………35
Lindera praecox var.pubescens →ケアブラチャン ……285
Lindera sericea →ケクロモジ ……………287
Lindera sericea var.glabrata →ウスゲクロモジ ……94
Lindera triloba →シロモジ ……………404
Lindera umbellata var.membranacea →オオバクロ
モジ ……………153
Lindera umbellata var.umbellata →クロモジ ……283
Linderia bicolumnata →カニノツメ ……………203
Lindernia anagallidea →ヒメアメリカアゼナ (1) ……641
Lindernia antipoda var.grandiflora →エダウチスズ
メノトウガラシ ……………126
Lindernia antipoda var.verbenifolia →ヒロハスズメ
ノトウガラシ ……………671
Lindernia dubia →アメリカアゼナ (広義) ……………42
Lindernia dubia subsp.dubia →タケトアゼナ ……454
Lindernia dubia subsp.major →アメリカアゼナ ……42
Lindernia procumbens →アゼナ ……………31
Lindsaea cambodgensis →ヒメホングウシダ ……658
Lindsaea chienii →エダウチホングウシダ ……126
Lindsaea ensifolia →イヌイノモトソウ ……………67
Lindsaea heterophylla →エダウチクジャク ……126
Lindsaea javanensis →サンカクホングウシダ ……356
Lindsaea kawabatae →シノブホングウシダ ……372
Lindsaea lucida →ヤエヤマホングウシダ ……………808
Lindsaea merrillii subsp.yaeyamensis →トラノオホ
ングウシダ ……………533
Lindsaea orbiculata var.commixta →シンエダウチ
ホングウシダ ……………405
Lindsaea orbiculata var.orbiculata →マルバホング
ウシダ ……………743
Lindsaea repanda →ムニンエダウチホングウシダ ……786
Lindsaea simulans →ウチワホングウシダ ……………98
Linnaea borealis →リンネソウ ……………862
Linum bienne →ヒメアマ ……………640
Linum medium →キバナノマツバニンジン ……………243
Linum perenne →シュクコンアマ ……………386
Linum stelleroides →マツバナデシコ ……………733
Linum usitatissimum →アマ ……………37
Liparis auriculata →ギボウシラン ……………246
Liparis bootanensis →チケイラン ……………472

Liparis elliptica →コゴメキノエラン ……………310
Liparis formosana →ユウコクラン ……………841
Liparis fujisanensis →フガクスズムシソウ ……677
Liparis hostifolia →シマクモキリソウ ……………376
Liparis japonica →セイタカスズムシソウ (1) ……420
Liparis koreojaponica →オオフガクスズムシ ……160
Liparis krameri →ジガバチソウ ……………361
Liparis kumokiri →クモキリソウ (1) ……………269
Liparis makinoana →スズムシソウ (1) ……………413
Liparis nakaharae →ナカハララン ……………541
Liparis nervosa →コクラン ……………307
Liparis nikkoensis →ヒメスズムシソウ ……………651
Liparis odorata →ササバラン ……………345
Liparis purpureovittata →シテンクモキリ ……369
Liparis sootenzanensis →キバナコクラン ……………241
Liparis truncata →クモイジガバチ ……………269
Liparis uchiyamae →キノエササラン ……………239
Lipocarpha chinensis →オオヒンジガヤツリ ……160
Liquidambar formosana →フウ ……………676
Liquidambar styraciflua →モミジバフウ ……………802
Liriodendron tulipifera →ユリノキ ……………846
Liriope minor →ヒメヤブラン ……………661
Liriope muscari →ヤブラン ……………825
Liriope spicata →コヤブラン ……………333
Liriope tawadae →オニヤブラン ……………185
Litchi chinensis →レイシ ……………865
Lithocarpus edulis →マテバシイ ……………735
Lithocarpus glaber →シリブカガシ ……………395
Lithodora diffusa →ミヤマホタルカズラ ……………778
Lithospermum murasaki →ムラサキ ……………788
Lithospermum officinale →セイヨウムラサキ ……424
Litsea coreana →コガノキ (1) ……………305
Litsea cubeba →アオモジ ……………11
Litsea japonica →ハマビワ ……………614
Livistona chinensis var.boninensis →オガサワラビ
ロウ ……………168
Livistona chinensis var.subglobosa →ビロウ ……667
Lloydia triflora →ホソバノアマナ ……………716
Lobaria orientalis →ナメラカブトゴケ ……………548
Lobaria pulmonaria →コナカブトゴケ ……………318
Lobatiriccardia yakusimensis →ヤクシマテングサゴ
ケ ……………812
Lobelia boninensis →オオハマギキョウ ……………157
Lobelia cardinalis →ベニバナサワギキョウ ……698
Lobelia chinensis →ミゾカクシ ……………754
Lobelia dopatrioides var.cantonensis →タチミゾカ
クシ ……………459
Lobelia erinus →ロベリア ……………868
Lobelia inflata →ロベリアソウ ……………868
Lobelia loochooensis →マルバハタケムシロ ……742
Lobelia sessilifolia →サワギキョウ (1) ……………353
Lobelia siphilitica →オオロベリアソウ ……………166
Lobelia zeylanica →マルバミゾカクシ ……………743
Lobularia maritima →ニワナズナ ……………565
Lodoicea maldivica →フタゴヤシ ……………685
Loiseleuria procumbens →ミネズオウ ……………761
Lolium multiflorum →ネズミムギ ……………571
Lolium perenne →ホソムギ ……………720
Lolium rigidum →ボウムギ ……………705
Lolium temulentum →ドクムギ ……………525

学名索引　957　LUZ

*Lomariopsis spectabilis* →ツルキジノオ(1) ·············502
*Lomatogonium carinthiacum* →ヒメセンブリ ·········652
*Lomentaria catenata* →フシツナギ ·······················684
*Longula texensis* →Texan desert mushroom ·········879
*Lonicera affinis* →ハマニンドウ ···························613
*Lonicera alpigena* subsp.*glehnii* →エゾヒョウタン
ボク ······························································122
*Lonicera alpigena* subsp.*glehnii* var.*watanabeana*
→スルガヒョウタンボク(1) ·····························419
*Lonicera caerulea* subsp.*edulis* var.*edulis* →ケヨノ
ミ ·································································292
*Lonicera caerulea* subsp.*edulis* var.*emphyllocalyx*
→クロミノウグイスカグラ(1) ·························282
*Lonicera caerulea* subsp.*edulis* var.*venulosa* →マル
バヨノミ ·······················································743
*Lonicera cerasina* →ウスバヒョウタンボク ············· 96
*Lonicera chamissoi* →チシマヒョウタンボク ···········475
*Lonicera chrysantha* →ネムロブシダマ ·················573
*Lonicera demissa* var.*borealis* →キタカミヒョウタ
ンボク ··························································233
*Lonicera demissa* var.*demissa* →イボタヒョウタン
ボク ······························································ 77
*Lonicera fragrantissima* →ツシマヒョウタンボク ·····494
*Lonicera gracilipes* var.*glabra* →ウグイスカグラ ······· 90
*Lonicera gracilipes* var.*glandulosa* →ミヤマウグイ
スカグラ ························································767
*Lonicera gracilipes* var.*gracilipes* →ヤマウグイスカ
グラ ······························································827
*Lonicera hypoglauca* →キダチニンドウ ·················235
*Lonicera japonica* var.*japonica* →スイカズラ ·········407
*Lonicera japonica* var.*miyagusukiana* →ヒメスイカ
ズラ ······························································651
*Lonicera kurobushiensis* →クロブシヒョウタンボク ··281
*Lonicera linderifolia* var.*konoi* →コゴメヒョウタン
ボク ······························································310
*Lonicera linderifolia* var.*linderifolia* →ヤブヒョウ
タンボク ························································824
*Lonicera maackii* →ハナヒョウタンボク ·················605
*Lonicera maximowiczii* var.*sachalinensis* →ベニバ
ナヒョウタンボク ··············································698
*Lonicera mochidzukiana* var.*filiformis* →アカイシ
ヒョウタンボク ················································· 11
*Lonicera mochidzukiana* var.*mochidzukiana* →ニッ
コウヒョウタンボク ···········································562
*Lonicera mochidzukiana* var.*nomurana* →ヤマヒョ
ウタンボク ·····················································836
*Lonicera morrowii* →キンギンボク ·······················254
*Lonicera praeflorens* var.*japonica* →ハヤザキヒョウ
タンボク ························································615
*Lonicera ramosissima* var.*kinkiensis* →キンキヒョ
ウタンボク ·····················································253
*Lonicera ramosissima* var.*ramosissima* →コウグイ
スカグラ ························································297
*Lonicera sempervirens* →ツキヌキニンドウ ············488
*Lonicera strophiophora* →アラゲヒョウタンボク ······· 47
*Lonicera strophiophora* var.*glabra* →ダイセンヒョ
ウタンボク ·····················································438
*Lonicera tschonoskii* →オオヒョウタンボク ············160
*Lonicera uzenensis* →ウゼンベニバナヒョウタンボク ·· 98
*Lonicera vidalii* →オニヒョウタンボク ··················184
*Lophatherum gracile* →ササクサ ·························344
*Lophatherum sinense* →トウササクサ ···················516
*Lophozia silvicoloides* →タカネイチョウゴケ ···········446
*Loranthus tanakae* →ホザキヤドリギ ···················710
*Loreleia postii* →ダイダイサカズキタケ ·················438

*Loropetalum chinense* →トキワマンサク ···············523
*Loropetalum chinense* var.*rubrum* →アカバナトキ
ワマンサク ······················································ 15
*Lotus alpinus* →ローツス・アルピヌス ··················868
*Lotus corniculatus* subsp.*corniculatus* →セイヨウミ
ヤコグサ ························································424
*Lotus corniculatus* subsp.*japonicus* →ミヤコグサ ····764
*Lotus corniculatus* var.*japonicus* f.*versicolor* →ニ
シキミヤコグサ ················································559
*Lotus pedunculatus* →ネビキミヤコグサ ···············572
*Lotus subbiflorus* →ケミヤコグサ ·······················291
*Lotus taitungensis* →シロバナミヤコグサ ··············403
*Lotus tenuis* →ワタリミヤコグサ ·························871
*Loxocalyx ambiguus* →マネキグサ ·······················735
*Loxogramme boninensis* →ムニンサジラン ············786
*Loxogramme duclouxii* →サジラン ······················345
*Loxogramme grammitoides* →ヒメサジラン ············649
*Loxogramme grammitoides*×*L.salicifolia* →ヒメイ
ワヤナギシダ ···················································642
*Loxogramme salicifolia* →イワヤナギシダ ··············· 87
*Ludwigia adscendens* →ケミズキンバイ ················291
*Ludwigia decurrens* →ヒレタゴボウ ······················667
*Ludwigia epilobioides* subsp.*epilobioides* →チョウ
ジタデ ···························································483
*Ludwigia epilobioides* subsp.*greatrexii* →ウスゲ
チョウジタデ ···················································· 94
*Ludwigia glandulosa* →ミソハギダマシ ·················755
*Ludwigia grandiflora* →オオバナミズキンバイ(広
義) ·······························································156
*Ludwigia grandiflora* subsp.*grandiflora* →オオバナ
ミズキンバイ ···················································156
*Ludwigia grandiflora* subsp.*hexapetala* →ウスゲオ
オバナミズキンバイ ············································ 94
*Ludwigia hyssopifolia* →タゴボウモドキ ···············454
*Ludwigia octovalvis* →キダチキンバイ ··················234
*Ludwigia octovalvis* var.*octovalvis* →ウスゲキダチ
キンバイ ························································· 94
*Ludwigia ovalis* →ミズユキノシタ ······················753
*Ludwigia palustris* →セイヨウミズユキノシタ ·········424
*Ludwigia peploides* subsp.*stipulacea* →ミズキンバ
イ ·······························································750
*Ludwigia perennis* →ホソバタゴボウ ···················715
*Ludwigia repens* →アメリカミズユキノシタ ············· 46
*Luffa cylindrica* →ヘチマ ·································694
*Luisia boninensis* →ムニンボウラン ·····················788
*Luisia teres* →ボウラン ···································706
*Lumnitzera racemosa* →ヒルギモドキ ··················666
*Lunaria annua* →ゴウダソウ ·····························299
*Lunularia cruciata* →ミカヅキゼニゴケ ················747
*Lupinus hirsutus* →カサバルピナス ·····················196
*Lupinus lepidus* var.*utahensis* →ルピナス・レピ
ドゥス・ユタヘンシス ·········································863
*Lupinus luteus* →キバナノハウチワマメ ················243
*Lupinus polyphyllus* →シュッコンルピナス ············387
*Lupinus* spp. →ルピナス ···································863
*Luzula arcuata* subsp.*unalaschkensis* →クモマスズ
メノヒエ ························································270
*Luzula capitata* →スズメノヤリ ·························415
*Luzula elata* →セイタカヌカボシソウ ··················420
*Luzula jimboi* subsp.*atrotepala* →ミヤマヌカボシソ
ウ ·······························································776
*Luzula jimboi* subsp.*jimboi* →ジンボソウ ············407
*Luzula lutescens* →アサギスズメノヒエ ················· 23

*Luzula multiflora* →ヤマスズメノヤリ................831
*Luzula nipponica* →ミヤマスズメノヒエ................772
*Luzula oligantha* →タカネスズメノヒエ................448
*Luzula pallidula* →オカスズメノヒエ................168
*Luzula piperi* →コゴメヌカボシ................310
*Luzula plumosa* subsp.*dilatata* →クロボシソウ................282
*Luzula plumosa* subsp.*plumosa* →ヌカボシソウ................566
*Lychnis chalcedonica* →アメリカセンノウ................44
*Lychnis coronaria* →スイセンノウ................408
*Lychnis coronata* →ガンビセンノウ................224
*Lychnis flos-cuculi* →カッコウセンノウ................201
*Lychnis gracillima* →センジュガンビ................429
*Lychnis kiusiana* →オグラセンノウ................175
*Lychnis miqueliana* →フシグロセンノウ................683
*Lychnis senno* →センノウ................431
*Lychnis sieboldii* →マツモトセンノウ................734
*Lychnis wilfordii* →エンビセンノウ................132
*Lycianthes biflora* →メジロホオズキ................795
*Lycianthes boninensis* →ムニンホオズキ................788
*Lycianthes laevis* var.*kotoensis* →ヤエヤマメジロホ
オズキ................808
*Lycium chinense* →クコ................260
*Lycium sandwicense* →アツバクコ................32
*Lycoperdon caudatum* →アラゲホコリタケモドキ................47
*Lycoperdon echinatum* →アラゲホコリタケ................47
*Lycoperdon perlatum* →ホコリタケ................708
*Lycoperdon pratense* →ヒメホコリタケ................658
*Lycoperdon pyriforme* →タヌキノチャブクロ................462
*Lycoperdon spadiceum* →キホコリタケ................246
*Lycopodiella caroliniana* →イヌヤチスギラン................73
*Lycopodiella cernua* →ミズスギ................751
*Lycopodiella inundata* →ヤチスギラン................816
*Lycopodium alpinum* →ミヤマヒカゲノカズラ................777
*Lycopodium annotinum* →スギカズラ................410
*Lycopodium annotinum* var.*acrifolium* →タカネス
ギカズラ(1)................448
*Lycopodium casuarinoides* →ヒモヅル................662
*Lycopodium clavatum* →ヒカゲノカズラ................626
*Lycopodium clavatum* var.*asiaticum* →エゾヒカゲ
ノカズラ................121
*Lycopodium complanatum* →アスヒカズラ................28
*Lycopodium dendroideum* →マンネンスギ................746
*Lycopodium fargesii* →ヒモスギラン................662
*Lycopodium laxum* →ボウカズラ................703
*Lycopodium sieboldii* var.*christensenianum* →リュ
ウキュウヒモラン................859
*Lycopodium sitchense* var.*nikoense* →タカネヒカゲ
ノカズラ................450
*Lycopus cavaleriei* →コシロネ................313
*Lycopus cavaleriei* →ヒメサルダヒコ(1)................649
*Lycopus lucidus* →シロネ................400
*Lycopus maackianus* →ヒメシロネ................651
*Lycopus uniflorus* →エゾシロネ................114
*Lycoris*× *albiflora* →シロバナマンジュシャゲ................402
*Lycoris radiata* →ヒガンバナ................626
*Lycoris sanguinea* var.*kiushiana* →オオキツネノカ
ミソリ................141
*Lycoris sanguinea* var.*koreana* →ムジナノカミソリ................785
*Lycoris sanguinea* var.*sanguinea* →キツネノカミソ
リ................237
*Lycoris*× *squamigera* →ナツズイセン................545

*Lycoris traubii* →ショウキラン(1)................388
*Lygodium japonicum* →カニクサ................203
*Lygodium microphyllum* →イリオモテシャミセンヅ
ル................79
*Lyonia ovalifolia* var.*ellipticus* →ネジキ................570
*Lyophyllum decastes* →ハタケシメジ................595
*Lyophyllum fumosum* →シャカシメジ................382
*Lyophyllum semitale* →スミゾメシメジ................417
*Lyophyllum shimeji* →ホンシメジ................726
*Lyophyllum sykosporum* →カクミノシメジ................195
*Lysichiton americanum* →キバナミズバショウ................244
*Lysichiton camtschatcensis* →ミズバショウ................752
*Lysimachia acroadenia* →ギンレイカ................258
*Lysimachia barystachys* →ノジトラノオ................577
*Lysimachia candida* →トウサワトラノオ................516
*Lysimachia ciliata* →アメリカクサレダマ................43
*Lysimachia clethroides* →オカトラノオ................169
*Lysimachia decurrens* →シマギンレイカ................376
*Lysimachia europaea* →ツマトリソウ................499
*Lysimachia fortunei* →ヌマトラノオ................568
*Lysimachia japonica* →コナスビ................318
*Lysimachia japonica* var.*minutissima* →ヒメコナス
ビ................648
*Lysimachia leucantha* →サワトラノオ................354
*Lysimachia liukiuensis* →ヒメミヤマコナスビ................660
*Lysimachia maritima* var.*obtusifolia* →ウミミドリ................102
*Lysimachia mauritiana* →ハマボッス................614
*Lysimachia mauritiana* var.*rubida* →オオハマボッ
ス................157
*Lysimachia nummularia* →コバンコナスビ................324
*Lysimachia ohsumiensis* →ヘツカコナスビ................695
*Lysimachia sikokiana* →モロコシソウ................804
*Lysimachia tanakae* →ミヤマコナスビ................771
*Lysimachia tashiroi* →オニコナスビ................182
*Lysimachia thyrsiflora* →ヤナギトラノオ................819
*Lysimachia vulgaris* subsp.*davurica* →クサレダマ................263
*Lysimachia vulgaris* subsp.*vulgaris* →セイヨウクサ
レダマ................422
*Lysionotus apicidens* →タイワンシシンラン................442
*Lysionotus montanus* →リシオノッス・モンタヌス................854
*Lysionotus pauciflorus* →シシンラン................366
*Lysionotus sangzhiensis* →リシオノッス・サングヒ
エンシス................854
*Lysurus arachnoideus* →イカタケ................54
*Lysurus corallocephalus* →Coralhead stinkhorn................873
*Lysurus mokusin* →ツマミタケ................499
*Lythrum anceps* →ミソハギ................755
*Lythrum hyssopifolia* →コメバミソハギ................331
*Lythrum salicaria* →エゾミソハギ................123

# 【 M 】

*Maackia amurensis* →イヌエンジュ................67
*Maackia amurensis* →ハネミイヌエンジュ(1)................607
*Maackia tashiroi* →シマエンジュ................375
*Macadamia integrifolia* →マカダミア................728
*Macaranga tanarius* →オオバギ................152
*Machaerina glomerata* →ヒラアンペライ................665

学名索引 959 MAR

Machaerina rubiginosa →ネビキグサ……………572
Machilus boninensis →オガサワラアオグス…………167
Machilus japonica →ホソバタブ…………………715
Machilus kobu →コブガシ………………………325
Machilus pseudokobu →タブガシ………………463
Machilus thunbergii →タブノキ…………………463
Macleaya cordata →タケニグサ…………………454
Maclura cochinchinensis →カカツガユ…………193
Maclura tricuspidata →ハリグワ………………618
Macodes petola →ナンバンカゴメラン…………553
Macowanites luteolus →Yellow brittleball…………880
Macrocybe gigantea →ニオウシメジ………………556
Macrocybe titans →American titan………………872
Macrocystidia cucumis →クリイロムクエタケ………272
Macrolepiota detersa →マントカラカサタケ………746
Macrolepiota mastoidea →シロエノカラカサタケ……397
Macrolepiota procera →カラカサタケ…………209
Macromitrium japonicum →ミノゴケ……………762
Macromitrium tosae →トサミノゴケ……………528
Macropodium pterospermum →ハクセンナズナ……589
Macroptilium atropurpureum →クロバナツルアズ
キ…………………………………………280
Macroptilium lathyroides →ナンバンアカバナアズ
キ…………………………………………553
Macrothelypteris ogasawarensis →ムニンヒメワラ
ビ…………………………………………787
Macrothelypteris×subviridifrons →アイヒメワラビ……5
Macrothelypteris torresiana var.torresiana →アラ
ゲヒメワラビ………………………………47
Macrothelypteris viridifrons →ミドリヒメワラビ……760
Macrotyphula fistulosa →クダタケ………………265
Macrotyphula juncea →ホソヤリタケ……………720
Maesa japonica →イズセンリョウ………………57
Maesa perlaria var.formosana →シマイズセンリョ
ウ…………………………………………374
Magnolia acuminata 'Kinju' →キンジュモクレン……255
Magnolia coco →トキワレンゲ……………………523
Magnolia compressa →オガタマノキ……………169
Magnolia compressa var.formosana →タイワンオガ
タマ………………………………………441
Magnolia denudata →ハクモクレン……………590
Magnolia figo →カラタネオガタマ………………212
Magnolia grandiflora →タイサンボク……………437
Magnolia grandiflora 'Little Gem' →リトル ジェ
ム…………………………………………855
Magnolia kobus var.borealis →キタコブシ…………233
Magnolia kobus var.kobus →コブシ……………326
Magnolia liliiflora →モクレン……………………799
Magnolia liliiflora 'Gracilis' →トウモクレン…………518
Magnolia obovata →ホオノキ……………………707
Magnolia pseudokobus →コブシモドキ…………326
Magnolia salicifolia →タムシバ…………………467
Magnolia sieboldii subsp.japonica →オオヤマレン
ゲ…………………………………………166
Magnolia sieboldii subsp.sieboldii →オオバオオヤマ
レンゲ……………………………………152
Magnolia×soulangeana →ソコベニハクモクレン……433
Magnolia stellata →シデコブシ…………………368
Magnolia virginiana →ヒメタイサンボク…………652
Magnolia 'Wada's Memory' →ワダス メモリー………870
Magnolia×wieseneri →ウケザキオオヤマレンゲ……90

Maianthemum bifolium →ヒメマイヅルソウ…………658
Maianthemum dilatatum →マイヅルソウ…………728
Maianthemum japonicum →ユキザサ……………843
Maianthemum robustum →ハルナユキザサ…………620
Maianthemum viridiflorum →ヤマトユキザサ………833
Maianthemum yesoense →ヒロハユキザサ…………674
Makinoa crispata →マキノゴケ…………………729
Malaxis monophyllos →ホザキイチヨウラン…………708
Malcolmia maritima →ヒメアラセイトウ…………641
Mallotus japonicus →アカメガシワ……………17
Mallotus paniculatus →ウラジロアカメガシワ………104
Mallotus philippensis →クスノハガシワ…………265
Malpighia glabra →バルバドスザクラ……………621
Malus asiatica →ワリンゴ………………………872
Malus baccata var.mandshurica →エゾノコリンゴ……118
Malus floribunda →カイドウズミ………………191
Malus halliana →ハナカイドウ…………………601
Malus hupehensis →ツクシカイドウ……………489
Malus micromalus →ミカイドウ…………………746
Malus prunifolia →ヒメリンゴ(1)………………661
Malus prunifolia var.rinki →ウケザキカイドウ………90
Malus pumila →セイヨウリンゴ…………………425
Malus×purpurea →セイヨウカイドウ……………421
Malus spontanea →ノカイドウ(1)………………574
Malus sylvestris →ヨーロッパカイドウ……………851
Malus toringo →ズミ(1)………………………417
Malus toringo var.zumi →オオズミ(1)…………147
Malus tschonoskii →オオウラジロノキ……………139
Malva mauritiana →ゼニアオイ…………………427
Malva moschata →ジャコウアオイ………………383
Malva neglecta →ゼニバアオイ…………………427
Malva nicaeensis →ミナミフランスアオイ…………761
Malva parviflora →ウサギアオイ(1)……………91
Malva parviflora →ハイアオイ…………………581
Malva sylvestris →ウスベニアオイ………………96
Malva trimestris →ハナアオイ(1)………………600
Malva verticillata var.crispa →オカノリ…………169
Malva verticillata var.verticillata →フユアオイ……689
Malvastrum coromandelianum →エノキアオイ………128
Manettia cordifolia →カエンソウ………………192
Mangifera indica →マンゴー……………………745
Mangifera odorata →クウィニマンゴー……………259
Manihot esculenta →マニホット…………………735
Manilkara zapota →サポジラ……………………350
Marasmiellus candidus →シロホウライタケ…………403
Marasmiellus chamaecyparidis →ヒノキオチバタ
ケ…………………………………………638
Marasmiellus crassitunicatus →ムラサキヤマンバ……793
Marasmiellus nigripes →アシグロホウライタケ………26
Marasmius alliaceus →マラスミウス・アッリアケウ
ス…………………………………………738
Marasmius androsaceus →オチバタケ……………178
Marasmius aurantioferrugineus →カバイロオオホ
ウライタケ…………………………………204
Marasmius cohaerens →ミヤマオチバタケ…………768
Marasmius crinis-equi →ウマノケタケ……………101
Marasmius graminum →ヒメホウライタケ…………658
Marasmius haematocephalus →Mauve parachute……877
Marasmius hudsonii →Holly parachute……………875
Marasmius maximus →オオホウライタケ…………161
Marasmius oreades →シバフタケ………………373

| | |
|---|---|
| *Marasmius pulcherripes* →ハナオチバタケ ……………601 | *Melampyrum laxum* var.*laxum* →シコクママコナ ……364 |
| *Marasmius purpureostriatus* →スジオチバタケ ………411 | *Melampyrum laxum* var.*nikkoense* →ミヤマママコナ ……………778 |
| *Marasmius rotula* →シロヒメホウライタケ ……………403 | |
| *Marasmius siccus* →ハリガネオチバタケ ……………617 | *Melampyrum laxum* var.*yakusimense* →ヤクシマママコナ ……………813 |
| *Marasmius zenkeri* →Zenker's striped parachute …880 | |
| *Marchantia emarginata* subsp.*tosana* →トサノゼニゴケ ……………527 | *Melampyrum macranthum* →オオママコナ……………162 |
| | *Melampyrum roseum* var.*japonicum* →ママコナ ……735 |
| *Marchantia paleacea* subsp.*diptera* →フタバネゼニゴケ ……………686 | *Melampyrum roseum* var.*ovalifolium* →マルバママコナ ……………743 |
| *Marchantia pinnata* →ヒトデゼニゴケ ………………634 | *Melampyrum roseum* var.*roseum* →ツシマママコナ ……………494 |
| *Marchantia polymorpha* →ゼニゴケ ………………427 | |
| *Margaritaria indica* →アカハダコバンノキ …………15 | *Melampyrum setaceum* →ホソバママコナ ………719 |
| *Marionella schmitziana* →ハブタエノリ …………608 | *Melampyrum yezoense* →エゾママコナ ………………123 |
| *Marrubium vulgare* →ニガハッカ ………………557 | *Melanogaster intermedius* →アカダマタケ ……………14 |
| *Marsdenia formosana* →タイワンキジョラン ………441 | *Melanolepis multiglandulosa* →ヤンバルアカメガシワ ……………840 |
| *Marsdenia tinctoria* var.*tomentosa* →ソメモノカズラ ……………435 | |
| | *Melanoleuca cognata* →メラノレウカ・コグナータ …797 |
| *Marsdenia tomentosa* →キジョラン ………………231 | *Melanoleuca polioleuca* →コザラミノシメジ…………311 |
| *Marsilea crenata* →ナンゴクデンジソウ ……………552 | *Melanoleuca verrucipes* →ツブエノシメジ…………498 |
| *Marsilea quadrifolia* →デンジソウ ………………512 | *Melanophyllum eyrei* →ミドリヒダカラカサタケ ……760 |
| *Marsupella alata* →ヒレミゾゴケ ………………667 | *Melanophyllum haematospermum* →アカヒダカラカサタケ ……………16 |
| *Martensia jejunsis* →アヤニシキ ………………46 | |
| *Mastocarpus pacifica* →イボノリ ………………77 | *Melanoporia castanea* →クロサルノコシカケ …………277 |
| *Matanarthecium luteoviride* var.*nutans* →ヤクシマノギラン ……………812 | *Melanthera biflora* →キダチハマグルマ …………235 |
| | *Melanthera biflora* var.*ryukyuensis* →オオキダチハマグルマ ……………141 |
| *Matricaria chamomilla* →カミルレ………………207 | |
| *Matricaria matricarioides* →コシカギク …………311 | *Melanthera prostrata* →ネコノシタ ………………570 |
| *Matsumurella tuberifera* →ヒメキセワタ …………646 | *Melanthera robusta* →オオハマグルマ …………157 |
| *Matteuccia struthiopteris* →クサソテツ …………261 | *Melastiza chateri* →ベニサラタケ ………………696 |
| *Matthiola incana* →アラセイトウ (1) ……………47 | *Melastoma candidum* →ノボタン ………………580 |
| *Matthiola incana* 'Annua' →コアラセイトウ…………295 | *Melastoma candidum* var.*alessandrense* →イオウノボタン ……………53 |
| *Mazus goodenifolius* →ヒメサギゴケ………………648 | |
| *Mazus miquelii* →サギゴケ (1) ………………340 | *Melastoma tetramerum* var.*pentapetalum* →ハハジマノボタン ……………607 |
| *Mazus miquelii* f.*albiflorus* →サギゴケ (2) …………340 | |
| *Mazus pumilus* →トキワハゼ………………523 | *Melastoma tetramerum* var.*tetramerum* →ムニンノボタン ……………787 |
| *Mazus quadriprotuberans* →カワセミソウ ………217 | |
| *Mecardonia procumbens* →キバナオトメアゼナ ………240 | *Melia azedarach* var.*subtripinnata* →センダン ………430 |
| *Meconopsis betonicifolia* →メコノプシス・ベトニキフォリア ……………795 | *Melica nutans* →コメガヤ ………………330 |
| | *Melica onoei* →ハナビガヤ………………605 |
| *Meconopsis cambrica* →メコノプシス・カンブリカ …795 | *Melicope grisea* →オオバシロテツ………………154 |
| *Meconopsis grandis* →メコノプシス・グランディス …795 | *Melicope grisea* var.*crassifolia* →アツバシロテツ …32 |
| *Meconopsis horridula* →メコノプシス・ホリデュラ …795 | *Melicope nishimurae* →ムニンゴシュユ……………786 |
| *Meconopsis integrifolia* →メコノプシス・インテグリフォリア ……………795 | *Melicope quadrilocularis* →シロテツ ………………400 |
| | *Melicope triphylla* →アワダン ………………51 |
| *Meconopsis punicea* →メコノプシス・プニケア ………795 | *Melilotus indicus* →コシナガワハギ………………312 |
| *Meconopsis* spp. →メコノプシス………………795 | *Melilotus officinalis* subsp.*albus* →シロバナシナガワハギ ……………401 |
| *Medicago arabica* →モンツキウマゴヤシ……………805 | |
| *Medicago laciniata* →キレハウマゴヤシ ……………252 | *Melilotus officinalis* subsp.*officinalis* var.*officinalis* →セイヨウエビラハギ ……………421 |
| *Medicago lupulina* →コメツブウマゴヤシ …………331 | |
| *Medicago minima* →コウマゴヤシ ………………300 | *Melilotus officinalis* subsp.*suaveolens* →シナガワハギ ……………369 |
| *Medicago polymorpha* →ウマゴヤシ………………100 | |
| *Medicago praecox* →カギバリウマゴヤシ …………195 | *Melilotus officinalis* var.*micranthus* →ヒシバシナガワハギ ……………629 |
| *Medicago sativa* →ムラサキウマゴヤシ ……………789 | |
| *Medicago truncatula* →タルウマゴヤシ …………468 | *Melinis repens* →ルビーガヤ ………………863 |
| *Medinilla magnifica* →メデイニラ・マグニフィカ …796 | *Meliosma arnottiana* subsp.*oldhamii* var.*hachijoensis* →サクノキ ……………341 |
| *Meehania montis-koyae* →オチフジ………………178 | |
| *Meehania urticifolia* →ラショウモンカズラ …………852 | *Meliosma arnottiana* subsp.*oldhamii* var.*oldhamii* →フシノハアワブキ ……………684 |
| *Megacollybia clitocyboidea* →ヒロヒダタケ …………674 | |
| *Melaleuca cajuputi* subsp.*cumingiana* →カユプテ…209 | *Meliosma myriantha* →アワブキ………………51 |
| *Melampyrum laxum* var.*arcuatum* →タカネママコナ ……………451 | *Meliosma rigida* →ヤマビワ (1) ………………836 |
| | *Meliosma squamulata* →ナンバンアワブキ …………553 |
| | *Meliosma tenuis* →ミヤマホオソ………………778 |
| | *Melocanna bambusoides* →メロカンナ バンブーソイデス ……………798 |

学名索引 961 MIN

*Melochia compacta* var.*villosissima* →キダチノジア
オイ ……235
*Melochia corchorifolia* →ノジアオイ ……576
*Melothria pendula* →アメリカスズメウリ ……43
*Menegazzia terebrata* →センシゴケ ……429
*Menispermum dauricum* →コウモリカズラ ……300
*Mentha aquatica* →ヌマハッカ ……568
*Mentha arvensis* →ヨウシュハッカ ……847
*Mentha canadensis* →ハッカ ……598
*Mentha japonica* →ヒメハッカ ……656
*Mentha longifolia* →ナガバハッカ ……540
*Mentha*× *piperita* →セイヨウハッカ ……423
*Mentha pulegium* →メグサハッカ ……795
*Mentha spicata* →オランダハッカ ……189
*Mentha suaveolens* →マルバハッカ (1) ……742
*Menyanthes trifoliata* →ミツガシワ ……757
*Menziesia multiflora* var.*longicalyx* →ガクウラジロ
ヨウラク ……195
*Mercurialis leiocarpa* →ヤマアイ ……825
*Meripilus giganteus* →トンビマイタケ ……535
*Merismodes fasciculata* →Crowded cuplet ……873
*Meristotheca papulosa* →トサカノリ ……527
*Merremia hederacea* →ツタノハヒルガオ ……495
*Merremia tuberosa* →ウッドローズ ……99
*Merremia umbellata* subsp.*orientalis* →ミミバフサ
アサガオ ……763
*Mertensia maritima* subsp.*asiatica* →ハマベンケイ
ソウ ……614
*Mertensia pterocarpa* var.*pterocarpa* →チシマルリ
ソウ ……476
*Mertensia pterocarpa* var.*yezoensis* →エゾルリソ
ウ ……125
*Meruliopsis corium* →カワシワタケ ……217
*Mesembryanthemum cordifolium* →ハナヅルソウ ……603
*Mespilus germanica* →セイヨウカリン (1) ……421
*Metacordyceps atrovirens* →ミドリクチキムシタケ …760
*Metacordyceps indigotica* →ミドリトサカタケ ……760
*Metacordyceps kusanagiensis* →クサナギヒメタンポ
タケ ……261
*Metacordyceps martialis* →トサカイモムシタケ ……527
*Metacordyceps owariensis* →ハヤカワセミタケ ……615
*Metacordyceps owariensis* f.*viridescens* →アマミヤ
リノホセミタケ ……41
*Metacordyceps pseudoatrovirens* →トワダミドリク
チキムシタケ ……535
*Metacordyceps* sp. →イリオモテミドリムシタケ ……79
*Metacordyceps* sp. →カンビレームシタケ ……224
*Metacordyceps* sp. →シロタマゴクチキムシタケ ……399
*Metacordyceps* sp. →スカシバガタケ ……409
*Metanarthecium luteoviride* →ノギラン ……575
*Metarhizium anisopliae* →メタリジウム アニソプリ
エ ……796
*Metasequoia glyptostroboides* →メタセコイア ……796
*Metasequoia glyptostroboides* 'Gold Rush' →ゴール
ドラッシュ ……335
*Meteorium buchananii* subsp.*helminthocladulum*
→コハイヒモゴケ ……319
*Meteorium buchananii* subsp.*helminthocladulum*
var.*cuspidatum* →サイコクサガリゴケ ……337
*Meterostachys sikokiana* →チャボツメレンゲ ……481
*Metrosideros boninensis* →ムニンフトモモ ……787
*Metroxylon sagu* →サゴヤシ ……343
*Metroxylon sagu* →トゲサゴヤシ ……525

*Metzgeria furcata* →ミヤマフタマタゴケ ……778
*Micranthes* f.*takedana* →ツルクモマグサ ……503
*Micranthes fusca* var.*fusca* →エゾクロクモソウ ……113
*Micranthes fusca* var.*kikubuki* →クロクモソウ ……277
*Micranthes japonica* →フキユキノシタ ……678
*Micranthes laciniata* →クモマユキノシタ ……271
*Micranthes merkii* subsp.*idsuroei* →クモマグサ ……270
*Micranthes nelsoniana* var.*reniformis* →チシマイワ
ブキ ……473
*Micranthes nelsoniana* var.*tateyamensis* →タテヤ
マイワブキ ……460
*Micranthes sachalinensis* →ヤマハナソウ ……835
*Microcarpaea minima* →スズメノハコベ ……414
*Microglossum olivaceum* →トキワシャモジタケ ……522
*Microglossum rufum* →キシャモジタケ ……231
*Microglossum viride* →マツバシャモジタケ ……733
*Microlepia*× *austroizuensis* →ニセオドリコカグマ …560
*Microlepia*× *bipinnata* →クジャクフモトシダ ……263
*Microlepia hookeriana* →ヤンバルフモトシダ ……841
*Microlepia marginata* →フモトシダ ……689
*Microlepia*× *muroyae* →ムロヤカグマ ……793
*Microlepia obtusiloba* var.*angustata* →ホソバコウ
シュンシダ ……714
*Microlepia obtusiloba* var.*obtusiloba* →コウシュン
シダ (1) ……297
*Microlepia pseudostrigosa* →フモトカグマ ……689
*Microlepia pseudostrigosa*× *M.sinostrigosa* →シモ
ダカグマ ……381
*Microlepia sinostrigosa* →オドリコカグマ ……180
*Microlepia speluncae* →オオイシカグマ ……137
*Microlepia strigosa* →イシカグマ ……56
*Microlepia strigosa*× *M.substrigosa* →アイイシカグ
マ ……3
*Microlepia substrigosa* →ウスバイシカグマ ……95
*Micromphale foetidum* →コゲイロサカズキホウライ
タケ ……308
*Micropolypodium okuboi* →オオクボシダ ……142
*Microporus affinis* →ウチワタケ ……98
*Microporus vernicipes* →ツヤウチワタケ ……499
*Microporus xanthopus* →ツヤジョウゴタケ ……499
*Microsorum insigne* →ホコザキウラボシ ……708
*Microsorum rubidum* →タカウラボシ ……444
*Microsorum scolopendria* →オキナワウラボシ ……171
*Microstegium fasciculatum* →オオササガヤ ……144
*Microstegium glabratum* →ハマササガヤ ……611
*Microstegium vimineum* →アシボソ ……27
*Microstegium vimineum* f.*willdenowianum* →ヒメ
アシボソ ……640
*Microstoma macrosporum* →シロキツネノサカズキ
モドキ ……398
*Microstoma protractum* →Rosy goblet ……878
*Microtis unifolia* →ニラバラン ……564
*Microtropis japonica* →モクレイシ ……799
*Mikania micrantha* →ツルヒヨドリ ……506
*Milium effusum* →イブキヌカボ ……76
*Mimosa pudica* →オジギソウ ……176
*Mimulus luteus* →ニシキミゾホオズキ ……559
*Mimulus nepalensis* →ミゾホオズキ ……755
*Mimulus sessilifolius* →オオバミゾホオズキ ……158
*Minuartia arctica* var.*arctica* →エゾタカネツメク
サ ……115
*Minuartia arctica* var.*hondoensis* →タカネツメク

**MIN** 962 学名索引

サ .................................................................449

*Minuartia arctica* var.*rebunensis* →レブンタカネツ
メクサ (1) ...................................................866

*Minuartia biflora* →ハイツメクサ ....................584

*Minuartia macrocarpa* var.*jooi* →ミヤマツメクサ ...774

*Minuartia macrocarpa* var.*yezoalpina* →エゾミヤマ
ツメクサ .......................................................123

*Minuartia verna* var.*japonica* →コバノツメクサ .....323

*Mirabilis jalapa* →オシロイバナ .......................177

*Mirabilis jalapa* f.*dichlamydomorpha* →フタエオシ
ロイバナ .......................................................685

*Miricacalia makinoana* →オオモミジガサ ............165

*Miscanthus boninensis* →ムニンススキ ...............786

*Miscanthus condensatus* →ハチジョウススキ .......597

*Miscanthus floridulus* →トキワススキ ...............522

*Miscanthus intermedius* →オオヒゲナガカリヤスモ
ドキ .............................................................159

*Miscanthus oligostachyus* →カリヤスモドキ .........215

*Miscanthus oligostachyus* var.*shinanoensis* →シナ
ノカリヤスモドキ ..........................................370

*Miscanthus sacchariflorus* →オギ .....................170

*Miscanthus sinensis* →タカノハススキ ...............452

*Miscanthus sinensis* f.*gracillimus* →イトススキ ......65

*Miscanthus sinensis* f.*purpurascens* →ムラサキスス
キ .................................................................790

*Miscanthus sinensis* var.*sinensis* →ススキ ..........412

*Miscanthus tinctorius* →カリヤス (1) ................215

*Mitchella undulata* →ツルアリドオシ ................501

*Mitella acerina* →モミジチャルメルソウ ............802

*Mitella amamiana* →アマミチャルメルソウ ..........40

*Mitella doiana* →ヒメチャルメルソウ ................653

*Mitella furusei* var.*furusei* →ミカワチャルメルソウ ..747

*Mitella furusei* var.*subramosa* →チャルメルソウ ...481

*Mitella integripetala* →エゾノチャルメルソウ ......119

*Mitella japonica* →オオチャルメルソウ ..............148

*Mitella kiusiana* →ツクシチャルメルソウ ..........491

*Mitella koshiensis* →コシノチャルメルソウ .........312

*Mitella nuda* →マルバチャルメルソウ ...............741

*Mitella pauciflora* →コチャルメルソウ ..............316

*Mitella pauciflora* 'Variegata' →コチャルメルソウ
(斑入り) .......................................................316

*Mitella stylosa* var.*makinoi* →シコクチャルメルソ
ウ .................................................................363

*Mitella stylosa* var.*stylosa* →タキミチャルメルソウ ..453

*Mitella yoshinagae* →トサノチャルメルソウ .........528

*Mitrasacme indica* →ヒメナエ ..........................654

*Mitrasacme pygmaea* →アイナエ ........................4

*Mitrastemon yamamotoi* →ヤッコソウ ................817

*Mitrophora semilibera* →トガリフカアミガサタケ ....521

*Mitrula paludosa* →カンムリタケ ......................224

*Miyakea integrifolia* →ヒトツバオキナグサ .........633

*Mnium lycopodioides* →ナメリチョウチンゴケ .......548

*Mnium orientale* →トウヨウチョウチンゴケ .........518

*Modiola caroliniana* →キクノハアオイ ...............229

*Moerckia japonica* →ヤマトヤハズゴケ ...............833

×*Mokara* →モカラ ..........................................799

*Moliniopsis japonica* →ヌマガヤ .......................567

*Mollisia cinerea* →ハイイロクズチャワンタケ ......582

*Mollugo verticillata* →クルマバザクロソウ ..........273

*Moluccella laevis* →モルセラ ...........................804

*Momordica charantia* →ツルレイシ ...................507

*Monachosorum* × *arakii* →ヒメムカゴシダ ...........660

*Monachosorum* × *flagellare* →アイフジシダ ............5

*Monachosorum maximowiczii* →フジシダ .............683

*Monachosorum nipponicum* →キシュウシダ .........231

*Monarda didyma* →タイマツバナ .......................439

*Monarda fistulosa* →ヤグルマハッカ ..................814

*Moneses uniflora* →イチゲイチヤクソウ ...............61

*Moniliophthora canescens* →シラガニセホウライタ
ケ .................................................................391

*Monochasma savatieri* →ウスユキクチナシグサ ......97

*Monochasma sheareri* →クチナシグサ ................266

*Monochoria korsakowii* →ミズアオイ .................749

*Monochoria vaginalis* →コナギ ........................318

*Monoon liukiuense* →クロボウモドキ .................281

*Monostroma nitidum* →ヒトエグサ ....................632

*Monotropa uniflora* →アキノギンリョウソウ .........20

*Monotropastrum humile* →ギンリョウソウ ...........258

*Monstera deliciosa* →ホウライショウ .................705

*Montagnea arenaria* →Desert inkcap ...............874

*Montia fontana* →ヌマハコベ ...........................568

*Moorochloa eruciformis* →ヒメスズメノヒエ ........651

*Morchella conica* →トガリアミガサタケ ..............520

*Morchella costata* →ヒロメノトガリアミガサタケ ....674

*Morchella crassipes* →アシブトアミガサタケ .........27

*Morchella deliciosa* →アシボソアミガサタケ .........27

*Morchella elata* →オオトガリアミガサタケ ...........150

*Morchella esculenta* →アミガサタケ ...................41

*Morchella miyabeana* →コンボウアミガサタケ ......336

*Morchella smithiana* →オオアミガサタケ ............136

*Morchella* spp. →アミガサタケ類 ........................41

*Morella rubra* →ヤマモモ ................................838

*Morinda citrifolia* →ヤエヤマアオキ ..................806

*Morinda umbellata* subsp.*boninensis* var.
*hahazimensis* →ハハジマハナガサノキ ...............607

*Moringa oleifera* →ワサビノキ .........................870

*Morisia monanthos* →モリシア・モナントス ..........804

*Morus alba* →マグワ ......................................729

*Morus australis* →シマグワ (1) ........................376

*Morus australis* →ヤマグワ (1) .........................829

*Morus boninensis* →オガサワラグワ ...................167

*Morus cathayana* →ケグワ ...............................287

*Morus kagayamae* →ハチジョウグワ ..................597

*Morus nigra* →クロミグワ ...............................282

*Mosla chinensis* →ホソバヤマジソ ....................720

*Mosla dianthera* →ヒメジソ ............................649

*Mosla hadae* →オオヤマジソ ............................165

*Mosla hirta* →シラゲヒメジソ ..........................392

*Mosla japonica* →ヤマジソ ..............................830

*Mosla scabra* →イヌコウジュ ............................69

*Mucidula brunneomarginata* →フチドリツエタケ ....687

*Mucidula mucida* var.*asiatica* →ヌメリツバタケ ....568

*Mucidula mucida* var.*venosolamellata* →ヌメリツ
バタケモドキ .................................................569

*Mucronella calva* →コメハリタケ ......................331

*Mucronella pendula* →Icicle spine ...................876

*Mucuna gigantea* →ワニグチモダマ ..................871

*Mucuna macrocarpa* →ウジルカンダ ...................92

*Mucuna membranacea* →カショウクズマメ ..........198

*Mucuna pruriens* var.*utilis* →ハッショウマメ ......599

*Mucuna sempervirens* →トビカズラ ..................531

*Muehlenbeckia platyclada* →カンキチク ..............220

*Muhlenbergia curviaristata* var.*curviaristata* →コ

学名索引　963　NAR

シノネズミガヤ ……………………………312
*Muhlenbergia hakonensis* →タチネズミガヤ …………458
*Muhlenbergia huegelii* →オオネズミガヤ ……………151
*Muhlenbergia japonica* →ネズミガヤ ……………571
*Muhlenbergia japonica* var.*nipponica* →ミヤマネズ
ミガヤ (1) ……………………………776
*Muhlenbergia ramosa* →キダチノネズミガヤ …………235
*Muhlenbergia schreberi* →コネズミガヤ ……………319
*Mukdenia rossii* →イワヤツデ ……………………87
*Mukia maderaspatana* →サンゴジュスズメウリ ………356
*Multiclavula clara* →アリノタイマツ ……………49
*Multiclavula mucida* →シラウオタケ ………………391
*Murdannia angustifolia* →ナガバイボクサ …………537
*Murdannia keisak* →イボクサ ……………………77
*Murdannia loriformis* →シマイボクサ ………………375
*Murraya paniculata* →ゲッキツ ……………289
*Musa balbisiana* var.*liukiuensis* →リュウキュウバ
ショウ ……………………………858
*Musa basjoo* →バショウ ……………………594
*Musa coccinea* →ヒメバショウ ……………656
*Musa*×*paradisiaca* →バナナ ……………604
*Musa textilis* →マニラアサ ……………735
*Muscari botryoides* →ルリムスカリ ……………865
*Mussaenda parviflora* →コンロンカ ……………336
*Mussaenda shikokiana* →ヒロハコンロンカ …………670
*Mutimo cylindricus* →ムチモ ……………785
*Mutinus bambusinus* →キツネノエフデ ……………237
*Mutinus borneensis* →コイヌノエフデ ……………295
*Mutinus caninus* →キツネノロウソク ……………237
*Myagropsis myagroides* →ジョロモク ……………391
*Mycena acicula* →ベニカノアシタケ ……………696
*Mycena adonis* →コウバイタケ ……………299
*Mycena alphitophora* →シロコナカブリ ……………398
*Mycena aurantiidisca* →オウバイタケ ……………134
*Mycena auricoma* →コガネハナガサ ……………305
*Mycena chlorophos* →ヤコウタケ ……………814
*Mycena crocata* →アカチシオタケ ……………14
*Mycena epipterygia* →ナメアシタケ ……………548
*Mycena filopes* →ニオイアシナガタケ ……………555
*Mycena galericulata* →クヌギタケ ……………266
*Mycena haematopus* →チシオタケ ……………473
*Mycena interrupta* →Pixie's parasol ……………877
*Mycena leaiana* →コガネヌメリタケ ……………304
*Mycena manipularis* →アミヒカリタケ ……………42
*Mycena pelianthina* →アカバシメジ ……………15
*Mycena polygramma* →アシナガタケ ……………26
*Mycena pura* →サクラタケ ……………342
*Mycena* sp. →ウスキブナノミタケ ……………94
*Mycena strobilinoides* →Flame bonnet ……………874
*Mycena stylobates* →キュウバンタケ ……………247
*Mycena viscidocruenta* →Ruby bonnet ……………878
*Mycena vulgaris* →ハイイロナメアシタケ ……………582
*Mycoleptodonoides aitchisonii* →ブナハリタケ ………689
*Myelophycus simplex* →イワヒゲ (2) ……………86
*Myoporum boninense* →コハマジンチョウ ……………324
*Myosotis alpestris* →ノハラワスレナグサ ……………579
*Myosotis arvensis* →ノハラムラサキ ……………579
*Myosotis discolor* →ハマワスレナグサ ……………615
*Myosotis laxa* subsp.*caespitosa* →タビラコモドキ …463
*Myosotis scorpioides* →シンワスレナグサ ……………407

*Myosotis sylvatica* →エゾムラサキ ……………124
*Myriactis japonensis* →ヒメキクタビラコ ……………645
*Myrica gale* var.*tomentosa* →ヤチヤナギ ……………816
*Myriophyllum aquaticum* →オオフサモ ……………160
*Myriophyllum*×*harimense* →ハリマノフサモ ………619
*Myriophyllum oguraense* →オグラノフサモ ……………175
*Myriophyllum spicatum* →ホザキノフサモ ……………709
*Myriophyllum spicatum* var.*muricatum* →トゲホザ
キノフサモ ……………………………526
*Myriophyllum ussuriense* →タチモ ……………459
*Myriophyllum verticillatum* →フサモ ……………681
*Myriostoma coliforme* →Pepper pot ……………877
*Myristica fragrans* →ニクズク ……………558
*Myrmechis tsukusiana* →ツクシアリドオシラン ………489
*Myrsine maximowiczii* →シマタイミンタチバナ ……378
*Myrsine okabeana* →マルバタイミンタチバナ (1) …740
*Myrsine seguinii* →タイミンタチバナ ……………440
*Myrsine stolonifera* →ツルマンリョウ ……………506
*Myrtus communis* →ギンバイカ ……………256
*Myuloclada maximowiczii* →ネズミノオゴケ …………571

【 N 】

*Nabalus acerifolius* →フクオウソウ ……………678
*Nabalus tanakae* →オオニガナ ……………151
"*Naematoloma*" *gracile* →ニガクリタケモドキ ………557
*Nageia nagi* →ナギ ……………542
*Najas ancistrocarpa* →ムサシモ ……………784
*Najas chinensis* →ヒロハトリゲモ ……………671
*Najas gracillima* →イトトリゲモ ……………65
*Najas graminea* →ホッスモ ……………723
*Najas marina* →イバラモ ……………74
*Najas minor* →トリゲモ ……………534
*Najas oguraensis* →オオトリゲモ ……………150
*Najas tenuicaulis* →ヒメイバラモ ……………642
*Najas yezoensis* →イトイバラモ ……………64
*Nandina domestica* →ナンテン ……………553
*Nanocnide japonica* →カテンソウ ……………201
*Nanocnide lobata* →ヤエヤマカテンソウ ……………807
*Nanocnide pilosa* →トウカテンソウ ……………514
*Narcissus assoanus* →ナルキサス・アッソアヌス …549
*Narcissus broussonetii* →ナルキサス・ブロウソネ
ティー ……………………………549
*Narcissus bulbocodium* var.*conspicuus* →ナルキサ
ス・ブルボコディウム・コンスピキュース ……549
*Narcissus cantabricus* subsp.*monophyllus* →ナルキ
サス・カンタブリクス・モノフィルス ……………549
*Narcissus cyclamineus* →ナルキサス・キクラミネウ
ス ……………………………549
*Narcissus jonquilla* →キズイセン ……………232
*Narcissus poeticus* →クチベニスイセン ……………266
*Narcissus pseudonarcissus* →ラッパズイセン ………853
*Narcissus romieuxii* →ナルキサス・ロミエウクシー …549
*Narcissus rupicola* →ナルキサス・ルピコラ …………549
*Narcissus serotinus* →ナルキサス・セロティヌス …549
*Narcissus* spp. →スイセン (2) ……………408
*Narcissus tazetta* →スイセン (1) ……………408
*Narcissus tazetta* var.*chinensis* →スイセン (狭義) …408

*Nardia minutifolia* →イトウロコゴケ 64
*Nardia scalaris* subsp.*harae* →ハラウロコゴケ 616
*Narthecium asiaticum* →キンコウカ 254
*Nasturtium microphyllum* →コバノオランダガラシ 322
*Nasturtium officinale* →クレソン 274
*Neanotis hirsuta* var.*glabra* →オオハシカグサ 153
*Neanotis hirsuta* var.*hirsuta* →ハシカグサ 593
*Neanotis hirsuta* var.*yakusimensis* →ヤクシマハシカグサ 812
*Neckera nakazimae* →モロハヒラゴケ 804
*Neckera pusilla* var.*pendula* →サガリヒメヒラゴケ 339
*Neckeropsis nitidula* →リボンゴケ 855
*Nectria cinnabarina* →Coral spot 873
*Nectria cinnabarina* var.*cinnabarina* →ネクトリアキンナバリナ 569
*Neillia incisa* →コゴメウツギ 309
*Neillia tanakae* →カナウツギ 202
*Nelumbo lutea* →キバナハス 243
*Nelumbo nucifera* →ハス 594
*Nemacystis decipiens* →モズク 800
*Nemalion vermiculare* →ウミゾウメン 101
*Nemophila maculata* →モンカラクサ 804
*Nemophila menziesii* subsp.*insignis* →ルリカラクサ 864
*Nemosenecio nikoensis* →サワギク 353
*Neobulgaria pura* →ニカワチャワンタケ 558
*Neocheiropteris buergeriana* →ヤノネシダ 820
*Neocheiropteris ensata* →クリハラン 272
*Neocheiropteris ningpoensis* →ヌカボシクリハラン 566
*Neofinetia falcata* →フウラン 676
*Neolentinus lepideus* →ツバマツオウジ 498
*Neolentinus lepideus* →マツオウジ 731
*Neolepisorus fortunei* →オオクリハラン 142
*Neolindleya camtschatica* →ノビネチドリ 579
*Neolitsea aciculata* →イヌガシ 68
*Neolitsea boninensis* →オガサワラシロダモ 167
*Neolitsea gilva* →ナガバシロダモ 538
*Neolitsea sericea* →シロダモ 399
*Neolitsea sericea* var.*argentea* →ダイトウシロダモ 439
*Neolitsea sericea* var.*aurata* →キンシクダモ 255
*Neomolinia fauriei* →ヒロハヌマガヤ 671
*Neorhodomela aculeata* →フジマツモ 685
*Neosasamorpha akiuensis* →アキウネマガリ 18
*Neosasamorpha kagamiana* subsp.*kagamiana* →カガミナンブズ 193
*Neosasamorpha kagamiana* subsp.*yoshinoi* →アリマコスズ 49
*Neosasamorpha magnifica* subsp.*fujitae* →セトウチコスズ 427
*Neosasamorpha magnifica* subsp.*magnifica* →イッショウチザサ 63
*Neosasamorpha oshidensis* subsp.*glabra* →ケナシカシダザサ 290
*Neosasamorpha oshidensis* subsp.*oshidensis* →オオシダザサ 144
*Neosasamorpha pubiculmis* subsp.*pubiculmis* var. *chitosensis* →イブリザサ 76
*Neosasamorpha pubiculmis* subsp.*sugimotoi* →ミカワザサ 747
*Neosasamorpha shimidzuana* subsp.*kashidensis* →カシダザサ 197
*Neosasamorpha stenophylla* subsp.*stenophylla* →サイヨウザサ 338

*Neosasamorpha stenophylla* subsp.*tobagenzoana* →ヒメカミザサ 645
*Neosasamorpha takizawana* subsp.*nakashimana* →キリシマザサ 250
*Neosasamorpha takizawana* subsp.*takizawana* →タキザワザサ 452
*Neosasamorpha takizawana* subsp.*takizawana* var. *lasioclada* →チトセナンブスズ 478
*Neosasamorpha tsukubensis* subsp.*pubifolia* →イナコスズ 66
*Neosasamorpha tsukubensis* subsp.*tsukubensis* →ツクバナンブスズ 493
*Neoshirakia japonica* →シラキ 392
*Neotrichocolea bissetii* →サワラゴケ 355
*Neottia acuminata* →ヒメムヨウラン 660
*Neottia cordata* →コフタバラン 326
*Neottia furusei* →カイサカネラン 191
*Neottia inagakii* →タンザワサカネラン 469
*Neottia japonica* →ヒメフタバラン 658
*Neottia kiusiana* →ツクシサカネラン 490
*Neottia makinoana* →アオフタバラン 10
*Neottia nidus-avis* →エゾサカネラン 114
*Neottia nipponica* →ミヤマフタバラン 778
*Neottia papiligera* →サカネラン 339
*Neottia puberula* →タカネフタバラン 451
*Neottianthe fujisanensis* →フジチドリ 683
*Nepenthes mirabilis* →ウツボカズラ 99
*Nepeta cataria* →イヌハッカ 72
*Nepeta subsessilis* →ミソガワソウ 754
*Nephelium lappaceum* →ランブータン 853
*Nephrolepis biserrata* →ホウビカンジュ 705
*Nephrolepis brownii* →ヤンバルタマシダ 840
*Nephrolepis cordifolia* →タマシダ 465
*Nephrolepis* × *hipocrepicis* →ヒメホウビカンジュ 658
*Nephrolepis* × *pseudobiserrata* →アイノコホウビカンジュ 5
*Nephromopsis nephromoides* →オオアワビゴケ 136
*Nephromopsis ornata* →ウチキアワビゴケ 98
*Nephrophyllidium crista-galli* subsp.*japonicum* →イワイチョウ 80
*Neptunia triquetra* →オカミズオジギソウ 169
*Nerium indicum* 'Madonna Grandiflora' →マドンナ・グランディフローラ 735
*Nerium indicum* 'Mrs.Swanson' →ミセス・スワンソン 754
*Nerium indicum* 'Plenum' →ヤエキョウチクトウ 805
*Nerium oleander* →セイヨウキョウチクトウ 422
*Nerium oleander* var.*indicum* →キョウチクトウ 248
*Nervilia aragoana* →アオイボクロ 6
*Nervilia futago* →ムカゴサイシンモドキ 781
*Nervilia nipponica* →ムカゴサイシン 781
Nervosum Group →コウリャン 302
*Neslia paniculata* →タマガラシ 464
*Nicandra physalodes* →オオセンナリ 147
*Nicotiana glauca* →キダチタバコ 235
*Nicotiana rustica* →マルバタバコ 740
*Nicotiana* × *sanderae* →ハナタバコ 603
*Nicotiana tabacum* →タバコ 463
*Nidula niveotomentosa* →コチャダイゴケ 316
*Nidularia deformis* →キンチャクタケ 256
*Nierembergia frutescens* →アマダマシ 38
*Nigella damascena* →クロタネソウ 278
*Nigroporus vinosus* →ブドウタケ 688

学名索引　　　　　　　　　　　965　　　　　　　　　　OLE

*Nihon akiense* →アキノハイルリソウ …………………… 20
*Nihon japonicum* var.*echinospermum* →トゲヤマル
　リソウ ………………………………………………………526
*Nihon japonicum* var.*japonicum* →ヤマルリソウ ……839
*Nihon krameri* →ルリソウ (1) …………………………864
*Nihon laevispermum* →エチゴルリソウ ………………127
*Nihon proliferum* →ハイルリソウ ………………………585
*Nipponanthemum nipponicum* →ハマギク …………610
*Nitella acuminata* var.*capitulifera* →チャボフラス
　コモ ………………………………………………………481
*Nitella allenii* →アレンフラスコモ ……………………51
*Nitella axilliformis* →ミルフラスコモ ………………781
*Nitella flexilis* →ヒメフラスコモ ……………………658
*Nitella furcata* var.*fallosa* →テガヌマフラスコモ ……508
*Nitella gracilens* →キヌフラスコモ …………………239
*Nitella gracillima* →ヒナフラスコモ …………………637
*Nitella hyalina* →オトメフラスコモ …………………180
*Nitella imahorii* →フラスコモダマシ …………………690
*Nitella japonica* →ニッポンフラスコモ ………………563
*Nitella mirabilis* var.*inokasiraensis* →イノカシラフ
　ラスコモ ……………………………………………………74
*Nitella pseudoflabellata* var.*pseudoflabellata* →ホン
　フサフラスコモ ……………………………………………727
*Nitella pulchella* →ハデフラスコモ …………………599
*Nitella spiciformis* →ナガホノフラスコモ …………541
*Nitellopsis obtusa* →ホシツリモ ………………………711
*Noccaea cochleariformis* →タカネグンバイ …………447
*Nomocharis aperta* →ノモカリス・アペルタ …………580
*Nomocharis forrestii* →ノモカリス・フォレス
　ティー ……………………………………………………580
*Nomuraea atypicola* →クモタケ ………………………270
*Nomuraea cylindrosporae* →ノムラエア シリンドロ
　スポラ ……………………………………………………580
*Nomuraea rileyi* →ノムラエア リレイ ………………580
*Nonea lutea* →キバナムラサキ ………………………244
*Nothapodytes amamianus* →ワダツミノキ …………871
*Nothapodytes nimmonianus* →クサミズキ …………262
*Nothoscordum fragrans* →ハタケニラ …………………595
*Nothosmyrnium japonicum* →カサモチ ………………197
*Nuphar*×*fluminalis* →ナガレコウホネ ………………542
*Nuphar*×*hokkaiensis* →ホッカイコウホネ …………722
*Nuphar japonica* →コウホネ …………………………300
*Nuphar oguraensis* →オグラコウホネ …………………175
*Nuphar oguraensis* var.*akiensis* →ベニオグラコウホ
　ネ …………………………………………………………695
*Nuphar pumila* var.*ozeensis* →オゼコウホネ …………177
*Nuphar pumila* var.*ozeensis* f.*rubroovaria* →ウリュ
　ウコウホネ …………………………………………………107
*Nuphar pumila* var.*pumila* →ネムロコウホネ ………573
*Nuphar*×*saijoensis* →サイジョウコウホネ …………337
*Nuphar saikokuensis* →サイコクヒメコウホネ ………337
*Nuphar shimadae* →タイワンコウホネ ………………441
*Nuphar subintegerrima* →ヒメコウホネ ………………647
*Nuphar submersa* →シモツケコウホネ ………………381
*Nuttallanthus canadensis* →マツバウンラン …………733
*Nymphaea caerulea* →ルリスイレン …………………864
*Nymphaea* cvs. →スイレン (1) ………………………409
*Nymphaea tetragona* →ヒツジグサ ……………………631
*Nymphaea tetragona* var.*angusta* →ヒツジグサ (狭
　義) …………………………………………………………632
*Nymphaea tetragona* var.*erythrostigmatica* →エゾ
　ベニヒツジグサ ……………………………………………122

*Nymphoides aquatica* →ハナガガブタ ………………601
*Nymphoides coreana* →ヒメシロアサザ ………………651
*Nymphoides indica* →ガガブタ ………………………193
*Nymphoides peltata* →アサザ …………………………24
*Nypa fruticans* →ニッパヤシ …………………………563
*Nyssa sylvatica* →ヌマミズキ …………………………568

## 【 O 】

*Oberonia arisanensis* →クスクスヨウラクラン ………264
*Oberonia japonica* →ヨウラクラン ……………………848
*Oberonia makinoi* →オオバヨウラクラン ……………158
*Ochrolechia trochophora* →クサビラゴケ ……………262
*Ochrosia hexandra* →ホソバヤロード …………………720
*Ochrosia iwasakiana* →シマソケイ …………………378
*Ochrosia nakaiana* →ヤロード ………………………840
*Odontochilus hatusimanus* →ハツシマラン …………599
*Odontochilus japonicus* →アリドオシラン ……………49
*Odontochilus nanlingensis* →ヒメシラヒゲラン ………651
*Odontochilus poilanei* →ツシマラン …………………494
*Odontochilus tashiroi* →イナバラン …………………67
*Odontonema strictum* →ベニツツバナ ………………697
*Odontosoria biflora* →ハマホラシノブ ………………615
*Odontosoria biflora*×*O.chinensis* →アイホラシノブ …5
*Odontosoria chinensis* →ホラシノブ …………………725
*Odontosoria chinensis*×*O.gracilis* →アイヒメホラ
　シノブ ………………………………………………………5
*Odontosoria gracilis* →ヒメホラシノブ ………………658
*Odontosoria intermedia* →アイノコホラシノブ ………5
*Odontosoria minutula* →コビトホラシノブ …………325
*Odontosoria yaeyamensis* →ヤエヤマホラシノブ ……808
*Oedicladium rufescens* var.*yakushimense* →ヤクシ
　マナワゴケ …………………………………………………812
*Oenanthe javanica* subsp.*javanica* →セリ …………428
*Oenanthe javanica* subsp.*linearis* →イトバセリ ……65
*Oenothera biennis* →メマツヨイグサ …………………797
*Oenothera glazioviana* →オオマツヨイグサ …………162
*Oenothera grandiflora* →オニマツヨイグサ …………185
*Oenothera grandis* →オオバナコマツヨイグサ ………155
*Oenothera indecora* →ミナトマツヨイグサ …………760
*Oenothera laciniata* →コマツヨイグサ ………………328
*Oenothera lindheimeri* →ハクチョウソウ …………590
*Oenothera macrocarpa* →ミズーリマツヨイグサ ……753
*Oenothera pallida* →エノテラ・パリダ ………………128
*Oenothera parviflora* →アレチマツヨイグサ …………50
*Oenothera perennis* →ヒナマツヨイグサ ……………637
*Oenothera rosea* →ユウゲショウ (1) …………………841
*Oenothera speciosa* →ヒルザキツキミソウ …………666
*Oenothera stricta* →マツヨイグサ ……………………734
*Oenothera tetragona* →エノテラ・テトラゴナ ………128
*Oenothera tetraptera* →ツキミソウ …………………488
*Ohwia caudata* →ミソナオシ …………………………755
*Okamuraea brevipes* →コシノオカムラゴケ …………312
*Okamuraea plicata* →キノクニオカムラゴケ …………239
*Oldenlandia brachypoda* →フタバムグラ ……………686
*Oldenlandia corymbosa* →タマザキフタバムグラ ……465
*Oldenlandia tenelliflora* →ケニオイグサ ……………290
*Olea europaea* →オリーブ ……………………………190

*"Omphalina"* sp. →ヒダサカズキタケ属の一種 ⋯⋯⋯631
*Omphalodes cappadocia* →オンファロデス・カッパ
ドキア ⋯⋯⋯⋯⋯⋯⋯⋯⋯⋯⋯⋯⋯⋯⋯⋯⋯⋯191
*Omphalotus illudens* →Jack o'lantern ⋯⋯⋯⋯⋯⋯⋯876
*Omphalotus japonicus* →ツキヨタケ ⋯⋯⋯⋯⋯⋯⋯488
*Oncophorus crispifolius* →チヂミバコブゴケ ⋯⋯⋯⋯⋯476
*Oncophorus wahlenbergii* var.*perbrevipes* →ヒメエ
ゾノコブゴケ ⋯⋯⋯⋯⋯⋯⋯⋯⋯⋯⋯⋯⋯⋯⋯⋯⋯643
*Onnia tomentosa* →ニセカイメンタケ ⋯⋯⋯⋯⋯⋯⋯560
*Onoclea sensibilis* var.*interrupta* →コウヤワラビ ⋯⋯301
*Onopordum acanthium* →ゴロツキアザミ ⋯⋯⋯⋯⋯335
*Onopordum illyricum* →オニウロコアザミ ⋯⋯⋯⋯⋯181
*Onychium japonicum* →タチシノブ ⋯⋯⋯⋯⋯⋯⋯⋯457
*Onygena corvina* →ホネタケ ⋯⋯⋯⋯⋯⋯⋯⋯⋯⋯725
*Onygena equina* →Horn stalkball ⋯⋯⋯⋯⋯⋯⋯⋯875
*Operculina turpethum* →フウセンアサガオ ⋯⋯⋯⋯⋯676
*Ophiocordyceps acicularis* →コロモコメツキムシタ
ケ ⋯⋯⋯⋯⋯⋯⋯⋯⋯⋯⋯⋯⋯⋯⋯⋯⋯⋯⋯⋯⋯335
*Ophiocordyceps agriotidis* →コメツキムシタケ ⋯⋯⋯331
*Ophiocordyceps amazonica* var.*neoamazonica* →シ
ナノコガネムシタンポタケ ⋯⋯⋯⋯⋯⋯⋯⋯⋯⋯⋯370
*Ophiocordyceps carabidicola* →ウスイロヒメフトバ
リタケ ⋯⋯⋯⋯⋯⋯⋯⋯⋯⋯⋯⋯⋯⋯⋯⋯⋯⋯⋯ 93
*Ophiocordyceps clavata* →クチキフサノミタケ ⋯⋯⋯265
*Ophiocordyceps clavulata* →カイガラムシタケ ⋯⋯⋯191
*Ophiocordyceps coccidiicola* →カイガラムシツブタ
ケ ⋯⋯⋯⋯⋯⋯⋯⋯⋯⋯⋯⋯⋯⋯⋯⋯⋯⋯⋯⋯⋯191
*Ophiocordyceps cochlidiicola* →イラガハリタケ ⋯⋯⋯ 78
*Ophiocordyceps crinalis* →コツブイモムシハリタケ ⋯316
*Ophiocordyceps cuboidea* →クチキムシツブタケ ⋯⋯266
*Ophiocordyceps dipterigena* →ハエヤドリタケ ⋯⋯⋯586
*Ophiocordyceps discoideocapitata* →フトクビハエヤ
ドリタケ ⋯⋯⋯⋯⋯⋯⋯⋯⋯⋯⋯⋯⋯⋯⋯⋯⋯⋯688
*Ophiocordyceps elateridicola* →ヤエヤマコメツキム
シタケ ⋯⋯⋯⋯⋯⋯⋯⋯⋯⋯⋯⋯⋯⋯⋯⋯⋯⋯⋯807
*Ophiocordyceps elongatistromata* →ツキヌキハチタ
ケ ⋯⋯⋯⋯⋯⋯⋯⋯⋯⋯⋯⋯⋯⋯⋯⋯⋯⋯⋯⋯⋯488
*Ophiocordyceps entomorrhiza* →オサムシタンポタ
ケ ⋯⋯⋯⋯⋯⋯⋯⋯⋯⋯⋯⋯⋯⋯⋯⋯⋯⋯⋯⋯⋯176
*Ophiocordyceps falcatoides* →アメイロクチキツブタ
ケ ⋯⋯⋯⋯⋯⋯⋯⋯⋯⋯⋯⋯⋯⋯⋯⋯⋯⋯⋯⋯⋯ 42
*Ophiocordyceps ferruginosa* →サビイロクビオレタ
ケ ⋯⋯⋯⋯⋯⋯⋯⋯⋯⋯⋯⋯⋯⋯⋯⋯⋯⋯⋯⋯⋯350
*Ophiocordyceps formicarum* →マルミアリタケ ⋯⋯⋯744
*Ophiocordyceps geniculata* →クチキムシコガネツブ
タケ ⋯⋯⋯⋯⋯⋯⋯⋯⋯⋯⋯⋯⋯⋯⋯⋯⋯⋯⋯⋯266
*Ophiocordyceps geniculata* f. →ミチノクコガネツブ
タケ ⋯⋯⋯⋯⋯⋯⋯⋯⋯⋯⋯⋯⋯⋯⋯⋯⋯⋯⋯⋯756
*Ophiocordyceps gracilioides* →ウスイロタンポタケ ⋯93
*Ophiocordyceps gracilioides* f. →コメツキタンポタ
ケ ⋯⋯⋯⋯⋯⋯⋯⋯⋯⋯⋯⋯⋯⋯⋯⋯⋯⋯⋯⋯⋯331
*Ophiocordyceps heteropoda* →オオセミタケ ⋯⋯⋯⋯147
*Ophiocordyceps heteropoda* f. →ウスイロオオセミタ
ケ ⋯⋯⋯⋯⋯⋯⋯⋯⋯⋯⋯⋯⋯⋯⋯⋯⋯⋯⋯⋯⋯ 93
*Ophiocordyceps heteropoda* f. →ツツナガオオセミタ
ケ ⋯⋯⋯⋯⋯⋯⋯⋯⋯⋯⋯⋯⋯⋯⋯⋯⋯⋯⋯⋯⋯496
*Ophiocordyceps hiugensis* →コツブサナギハリタケ ⋯317
*Ophiocordyceps japonensis* →アリタケ ⋯⋯⋯⋯⋯⋯ 48
*Ophiocordyceps konnoana* →マルミノコガネムシタ
ケ ⋯⋯⋯⋯⋯⋯⋯⋯⋯⋯⋯⋯⋯⋯⋯⋯⋯⋯⋯⋯⋯744
*Ophiocordyceps lloydii* →クチキハスノミアリタケ ⋯265
*Ophiocordyceps longissima* →エゾハルゼミタケ ⋯⋯121
*Ophiocordyceps macularis* →ミヤマムシタケ ⋯⋯⋯⋯779
*Ophiocordyceps macularis* f. →カブヤマツブタケ ⋯⋯205

*Ophiocordyceps melolonthae* →タケダコメツキムシ
タケ ⋯⋯⋯⋯⋯⋯⋯⋯⋯⋯⋯⋯⋯⋯⋯⋯⋯⋯⋯⋯454
*Ophiocordyceps minutissima* →ヒメクビオレタケ ⋯⋯646
*Ophiocordyceps neovolkiana* →コガネムシタンポタ
ケ ⋯⋯⋯⋯⋯⋯⋯⋯⋯⋯⋯⋯⋯⋯⋯⋯⋯⋯⋯⋯⋯305
*Ophiocordyceps nigrella* →コガネムシハナヤスリタ
ケ ⋯⋯⋯⋯⋯⋯⋯⋯⋯⋯⋯⋯⋯⋯⋯⋯⋯⋯⋯⋯⋯305
*Ophiocordyceps nigripoda* →アシグロクビオレタケ ⋯ 26
*Ophiocordyceps nutans* →ミミカキタケ ⋯⋯⋯⋯⋯⋯762
*Ophiocordyceps odonatae* →タンボヤンマタケ ⋯⋯⋯471
*Ophiocordyceps osuzumontana* →ヒメハリタケ ⋯⋯⋯656
*Ophiocordyceps oxycephala* →トガリスズメバチタ
ケ ⋯⋯⋯⋯⋯⋯⋯⋯⋯⋯⋯⋯⋯⋯⋯⋯⋯⋯⋯⋯⋯520
*Ophiocordyceps pentatomae* →クビオレカメムシタ
ケ ⋯⋯⋯⋯⋯⋯⋯⋯⋯⋯⋯⋯⋯⋯⋯⋯⋯⋯⋯⋯⋯267
*Ophiocordyceps prolifica* →ツブノセミタケ ⋯⋯⋯⋯498
*Ophiocordyceps pseudolongissima* →イリオモテセ
ミタケ ⋯⋯⋯⋯⋯⋯⋯⋯⋯⋯⋯⋯⋯⋯⋯⋯⋯⋯⋯⋯ 79
*Ophiocordyceps pulvinata* →コブガタアリタケ ⋯⋯⋯325
*Ophiocordyceps purpureostromata* →ムラサキクビ
オレタケ ⋯⋯⋯⋯⋯⋯⋯⋯⋯⋯⋯⋯⋯⋯⋯⋯⋯⋯789
*Ophiocordyceps rubiginosiperitheciata* →オイラセク
チキムシタケ ⋯⋯⋯⋯⋯⋯⋯⋯⋯⋯⋯⋯⋯⋯⋯⋯⋯133
*Ophiocordyceps sessilis* →ツブガタアリタケ ⋯⋯⋯⋯498
*Ophiocordyceps sinensis* →シネンシストウチュウカ
ソウ ⋯⋯⋯⋯⋯⋯⋯⋯⋯⋯⋯⋯⋯⋯⋯⋯⋯⋯⋯⋯⋯371
*Ophiocordyceps sobolifera* →セミタケ ⋯⋯⋯⋯⋯⋯428
*Ophiocordyceps sobolifera* f. →シロセミタケ ⋯⋯⋯399
*Ophiocordyceps sobolifera* f. →トサノセミタケ ⋯⋯528
*Ophiocordyceps* sp. →アシブトイモムシタケ ⋯⋯⋯⋯ 27
*Ophiocordyceps* sp. →アシブトセミタケ ⋯⋯⋯⋯⋯⋯ 27
*Ophiocordyceps* sp. →アマミセミタケ ⋯⋯⋯⋯⋯⋯⋯ 40
*Ophiocordyceps* sp. →ウスゲクチキムシタケ ⋯⋯⋯⋯ 94
*Ophiocordyceps* sp. →ウンカハリタケ ⋯⋯⋯⋯⋯⋯108
*Ophiocordyceps* sp. →オニハエヤドリタケ ⋯⋯⋯⋯184
*Ophiocordyceps* sp. →キソットノミタケ ⋯⋯⋯⋯⋯233
*Ophiocordyceps* sp. →キマワリアラゲツトノミタケ ⋯246
*Ophiocordyceps* sp. →クチキカノツノタケ ⋯⋯⋯⋯265
*Ophiocordyceps* sp. →コツブユラギハリタケ ⋯⋯⋯317
*Ophiocordyceps* sp. →コトナミツブハリタケ ⋯⋯⋯318
*Ophiocordyceps* sp. →コニシセミタケ ⋯⋯⋯⋯⋯⋯319
*Ophiocordyceps* sp. →サヌキクチキムシタケ ⋯⋯⋯349
*Ophiocordyceps* sp. →シャクトリムシハリタケ ⋯⋯382
*Ophiocordyceps* sp. →シュイロクチキタンポタケ ⋯⋯385
*Ophiocordyceps* sp. →セトウチットノミタケ ⋯⋯⋯427
*Ophiocordyceps* sp. →ダイセンクチキムシタケ ⋯⋯⋯438
*Ophiocordyceps* sp. →トカチクビオレタケ ⋯⋯⋯⋯520
*Ophiocordyceps* sp. →トカチナガツキタンポタケ ⋯⋯520
*Ophiocordyceps* sp. →トカチフミヅキタンポタケ ⋯⋯520
*Ophiocordyceps* sp. →ハグロコガネムシタケ ⋯⋯⋯590
*Ophiocordyceps* sp. →ハトジムシハリタケ ⋯⋯⋯⋯599
*Ophiocordyceps* sp. →ハリガタカイガラムシタケ ⋯⋯617
*Ophiocordyceps* sp. →ヒゲダシアマミムシタケ ⋯⋯⋯627
*Ophiocordyceps* sp. →ヒュウガゴキブリタケ ⋯⋯⋯663
*Ophiocordyceps* sp. →ボクトウガオオハリタケ ⋯⋯707
*Ophiocordyceps* sp. →マイヅルナガエムシタケ ⋯⋯⋯728
*Ophiocordyceps* sp. →マルミノコツブコガネムシタ
ケ ⋯⋯⋯⋯⋯⋯⋯⋯⋯⋯⋯⋯⋯⋯⋯⋯⋯⋯⋯⋯⋯744
*Ophiocordyceps* sp. →ミジンケムシハリタケ ⋯⋯⋯749
*Ophiocordyceps* sp. →ヤセナガハナヤスリタケ ⋯⋯⋯815
*Ophiocordyceps sphecocephala* →キタグニハチタケ ⋯233

学名索引 967 OSM

*Ophiocordyceps sphecocephala* →ハチタケ ………………598
*Ophiocordyceps stylophora* →クチキツトノミタケ ‥‥265
*Ophiocordyceps superficialis* →ジムシヤドリタケ ……380
*Ophiocordyceps tricentri* →アワフキムシタケ ……………51
*Ophiocordyceps uchiyamae* →クロミノクチキムシタ
ケ ………………………………………………………………282
*Ophiocordyceps unilateralis* →タイワンアリタケ ……441
*Ophiocordyceps unilateralis* var.*clavata* →クビオレ
アリタケ ………………………………………………………267
*Ophiocordyceps yakushimensis* →ヤクシマセミタ
ケ ………………………………………………………………811
*Ophioglossum kawamurae* →サクラジマハナヤスリ ‥342
*Ophioglossum namegatae* →トネハナヤスリ ……………530
*Ophioglossum parvifolium* →イオウジマハナヤスリ‥‥53
*Ophioglossum parvum* →チャボハナヤスリ ……………481
*Ophioglossum pendulum* →コブラン …………………326
*Ophioglossum petiolatum* →コヒロハハナヤスリ ……325
*Ophioglossum thermale* →ハマハナヤスリ …………613
*Ophioglossum thermale* var.*nipponicum* →コハナヤ
スリ ……………………………………………………………321
*Ophioglossum vulgatum* →ヒロハハナヤスリ …………673
*Ophiopogon jaburan* →ノシラン ……………………577
*Ophiopogon jaburan* 'Variegatus' →ノシラン（斑入
り）……………………………………………………………577
*Ophiopogon japonicus* →ジャノヒゲ ……………………384
*Ophiopogon japonicus* 'Oboroduki' →ジャノヒゲ
'オボロヅキ' …………………………………………………384
*Ophiopogon japonicus* var.*caespitosus* →カブダチ
ジャノヒゲ ……………………………………………………205
*Ophiopogon japonicus* var.*umbrosus* →ナガバジャ
ノヒゲ …………………………………………………………538
*Ophiopogon planiscapus* →オオバジャノヒゲ ……154
*Ophiopogon reversus* →ヨナグニジャン …………………850
*Ophiorrhiza amamiana* →アマミイナモリ …………39
*Ophiorrhiza japonica* →サツマイナモリ ……………346
*Ophiorrhiza kuroiwae* →リュウキュウイナモリ ………856
*Ophiorrhiza pumila* →チャボイナモリ …………………480
*Ophiorrhiza yamashitae* →アマミアワゴケ …………39
*Opithandra primuloides* →イワギリソウ ………………82
*Oplismenus aemulus* →ダイトンチヂミザサ …………439
*Oplismenus compositus* var.*compositus* →エダウチ
チヂミザサ ……………………………………………………126
*Oplismenus compositus* var.*owatarii* →アラゲチヂ
ミザサ …………………………………………………………47
*Oplismenus compositus* var.*patens* →オオバチヂミ
ザサ ……………………………………………………………155
*Oplismenus undulatifolius* →ケチヂミザサ …………289
*Oplismenus undulatifolius* var.*imbecillis* →ホソバ
チヂミザサ ……………………………………………………715
*Oplismenus undulatifolius* var.*microphyllus* →チャ
ボチヂミザサ …………………………………………………480
*Oplismenus undulatifolius* var.*undulatifolius* →チ
ヂミザサ ………………………………………………………476
*Oplismenus undulatifolius* var.*undulatifolius* f.
*japonicus* →コチヂミザサ …………………………………316
*Oplopanax japonicus* →ハリブキ ……………………619
*Opuntia ficus-indica* →サボテン ………………………350
*Orbilia auricolor* →オルビリア アウリコロール ……190
*Orchis longicornu* →オルキス・ロンギコルヌ …………190
*Orchis papilionacea* →オルキス・パピリオナケア ‥‥190
*Oreobambos buchwaldii* →オレオバンボス ブフワル
ディ ……………………………………………………………190
*Oreocnide frutescens* →イワガネ ……………………81

*Oreocnide pedunculata* →ハドノキ ……………………600
*Oreogrammitis dorsipila* →ヒメウラボシ ……………643
*Oreogrammitis nipponica* →ヒロハヒメウラボシ ……673
*Oreogrammitis tuyamae* →ナガバコウラボシ …………538
*Oreorchis coreana* →コケイランモドキ ………………308
*Oreorchis indica* →コハクラン …………………………320
*Oreorchis patens* →コケイラン …………………………308
*Oribignya cohune* →クモイヤシ ………………………269
*Origanum vulgare* →ハナハッカ ………………………605
*Orixa japonica* →コクサギ ……………………………307
*Ormocarpum cochinchinense* →ハマセンナ …………612
*Ornithogalum tenuifolium* →ホソバオオアマナ ……713
*Ornithogalum umbellatum* →オオアマナ ……………136
*Ornithopus compressus* →キバナツノウマゴヤシ ……242
*Ornithopus perpusillus* →ヒメツノウマゴヤシ ………653
*Orobanche boninsimae* →シマウツボ …………………375
*Orobanche coerulescens* →ハマウツボ …………………609
*Orobanche minor* var.*flava* →キバナヤセウツボ ……244
*Orobanche minor* var.*minor* →ヤセウツボ…………815
*Orostachys japonica* →ツメレンゲ ……………………499
*Orostachys malacophylla* var.*aggregeata* →アオノイ
ワレンゲ ………………………………………………………9
*Orostachys malacophylla* var.*boehmeri* →コモチレ
ンゲ ……………………………………………………………332
*Orostachys malacophylla* var.*iwarenge* →イワレン
ゲ ………………………………………………………………88
*Orostachys malacophylla* var.*malacophylla* →ゲン
カイイワレンゲ ………………………………………………292
*Orthilia secunda* →コイチヤクソウ …………………295
*Orthosiphon aristatus* →ネコノヒゲ …………………570
*Orthotrichum ibukiense* →イブキタチヒダゴケ ……75
*Orychophragmus violaceus* →ショカツサイ …………390
*Oryza sativa* →イネ ……………………………………73
*Oryza sativa* →ザッソウイネ …………………………346
*Oryza sativa* →ナガノギイネ …………………………537
*Oryza sativa* →モチイネ ………………………………800
*Osbeckia chinensis* →ヒメノボタン …………………655
*Osmanthus×fortunei* →ヒイラギモクセイ …………624
*Osmanthus fragrans* var.*aurantiacus* f.*aurantiacus*
→キンモクセイ ………………………………………………258
*Osmanthus fragrans* var.*aurantiacus* f.*thunbergii*
→ウスギモクセイ ……………………………………………94
*Osmanthus fragrans* var.*fragrans* →ギンモクセイ ‥258
*Osmanthus heterophyllus* →ヒイラギ …………………623
*Osmanthus heterophyllus* 'Variegatus' →ヒイラギ
（斑入り）………………………………………………………623
*Osmanthus insularis* var.*insularis* →シマモクセイ …380
*Osmanthus insularis* var.*okinawensis* →ヤナギバモ
クセイ …………………………………………………………820
*Osmanthus iriomotensis* →ヤエヤマヒイラギ…………808
*Osmanthus marginatus* →リュウキュウモクセイ ……859
*Osmanthus rigidus* →オオモクセイ ……………………164
*Osmolindsaea japonica* →サイゴクホングウシダ ……337
*Osmolindsaea odorata* →ホングウシダ（1）…………726
*Osmolindsaea×yakushimensis* →コケホングウシダ ‥309
*Osmorhiza aristata* →ヤブニンジン ……………………824
*Osmorhiza aristata* var.*montana* →ミヤマヤブニン
ジン ……………………………………………………………780
*Osmunda banksiifolia* →シロヤマゼンマイ …………404
*Osmunda claytoniana* →オニゼンマイ ………………183
*Osmunda×intermedia* →オオバヤシャゼンマイ ……158
*Osmunda japonica* →ゼンマイ …………………………432

*Osmunda lancea* →ヤシャゼンマイ……………815

*Osmundastrum cinnamomeum* var.*fokiense* →ヤマ
ドリゼンマイ……………………833

*Osteina obducta* →ツガマイタケ……………487

*Osteomeles anthyllidifolia* var.*subrotunda* →テンノ
ウメ (1)……………………513

*Osteomeles boninensis* →タチテンノウメ……………457

*Osteomeles lanata* →シラゲテンノウメ……………392

*Ostericum florentii* →ミヤマニンジン……………775

*Ostericum sieboldii* →ヤマゼリ……………831

*Ostrya japonica* →アサダ……………24

*Otidea alutacea* var.*alutacea* →ニセチャワンタケ……561

*Otidea onotica* →ウスベニミミタケ……………97

*Ottelia alismoides* →ミズオオバコ……………750

*Oxalis acetosella* var.*acetosella* →コミヤマカタバ
ミ……………………329

*Oxalis acetosella* var.*acetosella* f.*vegeta* →エゾミヤ
マカタバミ……………………123

*Oxalis acetosella* var.*longicapsula* →ヒョウノセンカ
タバミ……………………664

*Oxalis articulata* →イモカタバミ……………77

*Oxalis barrelieri* →ハギカタバミ……………587

*Oxalis bowieana* →ハナカタバミ……………601

*Oxalis brasiliensis* →ベニカタバミ……………696

*Oxalis corniculata* →カタバミ……………200

*Oxalis corniculata* →タチカタバミ……………456

*Oxalis corniculata* f.*villosa* →カタバミ (狭義)………200

*Oxalis debilis* subsp.*corymbosa* →ムラサキカタバ
ミ……………………789

*Oxalis dillenii* →オッタチカタバミ……………178

*Oxalis exilis* →アマミカタバミ……………40

*Oxalis exilis* →コゴメカタバミ……………309

*Oxalis griffithii* →ミヤマカタバミ……………768

*Oxalis griffithii* var.*kantoensis* →カントウミヤマカ
タバミ……………………223

*Oxalis obtriangulata* →オオヤマカタバミ……………165

*Oxalis pes-caprae* →オオキバナカタバミ……………142

*Oxalis purpurea* →フヨウカタバミ……………690

*Oxalis stricta* →エゾタチカタバミ……………115

*Oxalis tetraphylla* →モンカタバミ……………804

*Oxybasis glauca* →ウラジロアカザ……………104

*Oxyporus cuneatus* →ヒメシロカイメンタケ……………651

*Oxyria digyna* →マルバギシギシ……………739

*Oxytenanthera abyssinica* →オキシテナンセラ アビ
シニカ……………………170

*Oxytropis campestris* subsp.*rishiriensis* →リシリゲ
ンゲ……………………854

*Oxytropis japonica* var.*japonica* →オヤマノエンド
ウ……………………188

*Oxytropis japonica* var.*sericea* →エゾオヤマノエン
ドウ……………………112

*Oxytropis kunashiriensis* →クナシリオヤマノエンド
ウ……………………266

*Oxytropis megalantha* →レブンソウ……………866

*Oxytropis retusa* →ヒダカミヤマノエンドウ……………631

*Oxytropis revoluta* →オカダゲンゲ……………168

*Oxytropis shokanbetsuensis* →マシケゲンゲ……………730

*Oxytropis todomoshiriensis* →トドシマゲンゲ………530

*Ozothamnus diosmifolius* →ライスフラワー……………851

# 【P】

*Pachira aquatica* →パキラ……………587

*Pachyella clypeata* →カバイロチャワンタケ…………204

*Pachyneuropsis miyagii* →フチドリゴケ…………687

*Pachysandra terminalis* →フッキソウ (1)…………687

*Pachystachys lutea* →パキスタキス・ルテア…………587

*Padina arborescens* →ウミウチワ……………101

*Padina japonica* →オキナウチワ……………170

*Padus avium* →エゾノウワミズザクラ……………117

*Padus avium* var.*pubescens* →ケウワミズザクラ…………286

*Padus buergeriana* →イヌザクラ……………69

*Padus grayana* →ウワミズザクラ……………108

*Padus ssiori* →シウリザクラ……………359

*Paederia foetida* →ヘクソカズラ……………694

*Paenia suffruticosa* →カンボタン……………224

*Paeonia japonica* →ヤマシャクヤク……………830

*Paeonia lactiflora* var.*trichocarpa* →シャクヤク……383

*Paeonia lemoinei* 'L.Esperance' →キンテイ………256

*Paeonia lutea* →キバナボタン……………243

*Paeonia obovata* →ベニバナヤマシャクヤク…………699

*Paeonia suffruticosa* →ボタン……………721

*Paeonia suffruticosa* 'Bifukumon' →ビフクモン……639

*Paeonia suffruticosa* 'Fusōtsukasa' →フソウツカサ…685

*Paeonia suffruticosa* 'Godaisyū' →ゴダイシュウ……315

*Paeonia suffruticosa* 'Hakuōjishi' →ハクオウジシ…587

*Paeonia suffruticosa* 'Hanadaijin' →ハナダイジン…603

*Paeonia suffruticosa* 'Hanakisoi' →ハナキソイ……602

*Paeonia suffruticosa* 'Harunoakebono' →ハルノア
ケボノ……………………620

*Paeonia suffruticosa* 'Hatsugarasu' →ハツガラス……598

*Paeonia suffruticosa* 'Higurashi' →ヒグラシ…………627

*Paeonia suffruticosa* 'Hōdai' →ホウダイ……………704

*Paeonia suffruticosa* 'Jitsugetsunishiki' →ジツゲツ
ニシキ (1)……………………368

*Paeonia suffruticosa* 'Kamatafuji' →カマタフジ……206

*Paeonia suffruticosa* 'Nisshō' →ニッショウ…………563

*Paeonia suffruticosa* 'Rinpō' →リンボウ……………862

*Paeonia suffruticosa* 'Suigan' →スイガン……………408

*Paeonia suffruticosa* 'Taiyō' →タイヨウ……………440

*Paeonia suffruticosa* 'Tamafuyō' →タマフヨウ………467

*Paeonia suffruticosa* 'Yachiyotsubaki' →ヤチヨツ
バキ……………………817

*Paeonia tenuifolia* →イトハシャクヤク……………65

*Paliurus ramosissimus* →ハマナツメ……………613

*Pallavicinia subciliata* →クモノスゴケ……………270

*Pallopia aubertii* →ナツユキカズラ……………546

*Palmaria palmata* →ダルス……………468

*Panaeolina foenisecii* →ヒメシバフタケ……………650

*Panaeolus antillarum* →ツヤマグソタケ……………499

*Panaeolus papilionaceus* →ワライタケ……………872

*Panaeolus semiovatus* var.*semiovatus* →ジンガサタ
ケ……………………405

*Panaeolus subbalteatus* →センボンサイギョウガサ……432

*Panax ginseng* →オタネニンジン……………177

*Panax japonicus* var.*angustatus* →ホソバチクセツ
ニンジン……………………715

学名索引 969 PAS

*Panax japonicus* var.*japonicus* →トチバニンジン ····529
*Pandanus boninensis* →タコノキ ···························454
*Pandanus daitoensis* →ホソミアダン ·····················720
*Pandanus odoratissimus* →アダン ······················· 32
*Pandanus tectorius* var.*sanderi* →キフタコノキ ······245
*Pandorea jasminoides* →ソケイノウゼン ···············433
*Panellus ringens* →ミヤマヒメヒラタケ ·················777
*Panellus stipticus* →ワサビタケ···························869
*Panicum bisulcatum* →ヌカキビ ···························566
*Panicum capillare* →ハナクサキビ ·······················602
*Panicum dichotomiflorum* →オオクサキビ ···············142
*Panicum lanuginosum* →ニコゲヌカキビ ···············558
*Panicum maximum* →ギネアキビ ·························239
*Panicum miliaceum* →キビ ································244
*Panicum paludosum* →オオヌカキビ ·····················151
*Panicum repens* →ハイキビ ································583
*Panicum scoparium* →ホオキヌカキビ ···················706
*Panicum tenue* →ホソヌカキビ ···························712
*Panus lecomtei* →アラゲカワラタケ························ 46
*Papaver alboroseum* →アライトヒナゲシ ················· 46
*Papaver alpinum* →ミヤマヒナゲシ ·······················777
*Papaver argemone* →トゲナガミゲシ ·····················525
*Papaver dubium* →ナガミヒナゲシ ·······················542
*Papaver fauriei* →リシリヒナゲシ ························855
*Papaver hybridum* →トゲミゲシ ··························526
*Papaver orientale* →オニゲシ ·····························182
*Papaver rhoeas* →ヒナゲシ ·································635
*Papaver somniferum* →ケシ ·······························287
*Papaver somniferum* subsp.*setigerum* →アツミゲシ ·· 33
*Paphiopedilum insigne* →トキワラン ·····················523
*Paraderris elliptica* →デリス ·····························510
*Paralepistopsis acromelalga* →ドクササコ ···············524
*Parapholis incurva* →スズメノナギナタ ·················414
*Paraprenanthes sororia* →ムラサキニガナ ···············791
*Paraquilegia anemonoides* →バラクイレギア・アネ
　モノイデス ···················································616
*Paraquilegia microphylla* →バラクイレギア・ミクロ
　フィラ ·························································616
*Parasenecio adenostyloides* →カニコウモリ ···············203
*Parasenecio aidzuensis* →イヌドウナ······················· 71
*Parasenecio amagiensis* →イズカニコウモリ ···············57
*Parasenecio chokaiensis* →コバナノコウモリソウ ····321
*Parasenecio delphiniifolius* →モミジガサ ···············801
*Parasenecio farfarifolius* var.*acerinus* →ミヤマコウ
　モリソウ ·····················································771
*Parasenecio farfarifolius* var.*bulbiferus* →タマブ
　キ ······························································467
*Parasenecio farfarifolius* var.*farfarifolius* →ウスゲ
　タマブキ ······················································ 94
*Parasenecio hastatus* subsp.*hastatus* →ウラゲヨブ
　スマソウ ·····················································103
*Parasenecio hayachinensis* →ハヤチネコウモリ·······616
*Parasenecio hosoianus* →ツガルコウモリ ···············487
*Parasenecio kamtschaticus* var.*bulbifer* →コモチミ
　ミコウモリ ···················································332
*Parasenecio kamtschaticus* var.*kamtschaticus* →ミ
　ミコウモリ ···················································763
*Parasenecio katoanus* →ショウナイオオカニコウモ
　リ ······························································389
*Parasenecio kiusianus* →モミジコウモリ ···············802
*Parasenecio maximowicziana* var.*alata* →オクヤマ
　コウモリ ·····················································175

*Parasenecio maximowiczianus* var.*maximowiczianus*
　→コウモリソウ ···············································300
*Parasenecio nantaicus* →ニッコウコウモリ (1) ·······562
*Parasenecio nikomontanus* →オオカニコウモリ ·······140
*Parasenecio nipponicus* →ツクシコウモリ ···············490
*Parasenecio ogamontanus* →オガコウモリ ···············167
*Parasenecio peltifolius* →タイミンガサ ·················439
*Parasenecio robustus* →ヨブスマソウ ·····················850
*Parasenecio sadoensis* →サドカニコウモリ ···············348
*Parasenecio shikokianus* →ヒメコウモリ ···············647
*Parasenecio tebakoensis* →テバコモミジガサ ···········510
*Parasenecio tschonoskii* →オオバコウモリ ···············153
*Parasenecio yakusimensis* →ヤクシマコウモリ ·········810
*Parasenecio yatabei* var.*occidentalis* →ニシノヤマ
　タイミンガサ ···················································560
*Parasenecio yatabei* var.*yatabei* →ヤマタイミンガ
　サ ······························································831
*Parasola leiocephala* →コツブヒメヒガサヒトヨタ
　ケ ······························································317
*Parasola plicatilis* →ヒメヒガサヒトヨタケ ···········657
*Parentucellia viscosa* →セイヨウヒキヨモギ ···········424
*Parietaria judaica* →カベイラクサ ·······················205
*Parietaria micrantha* var.*coreana* →タチゲヒカゲミ
　ズ ······························································456
*Parietaria micrantha* var.*micrantha* →ヒカゲミズ ···626
*Paris coreana* var.*kengii* →ヒロハノハネガヤ ·······672
*Paris tetraphylla* →ツクバネソウ ·······················493
*Paris tetraphylla* 'Variegatus' →ツクバネソウ (斑入
　り ) ····························································493
*Paris verticillata* →クルマバツクバネソウ ···············273
*Parmelia fertilis* →トゲナシカラクサゴケ ···············525
*Parmelia saxatilis* →ミヤマカラクサゴケ ···············769
*Parmotrema tinctorum* →ウメノキゴケ ···················103
*Parnassia alpicola* →ヒメウメバチソウ ···············643
*Parnassia crassifolia* →シラヒゲウメバチソウ ·········394
*Parnassia foliosa* var.*foliosa* →シラヒゲソウ ·········394
*Parnassia foliosa* var.*japonica* →オオシラヒゲソウ ··146
*Parnassia palustris* var.*izuinsularis* →イズノシマウ
　メバチソウ ····················································· 57
*Parnassia palustris* var.*palustris* →ウメバチソウ ·····103
*Parnassia palustris* var.*tenuis* →コウメバチソウ ·······300
*Parnassia palustris* var.*yakusimensis* →ヤクシマウ
　メバチソウ ···················································810
*Parsonsia alboflavescens* →ホウライカガミ ···············705
*Parthenium hysterophorus* →ゴマギク ···················327
*Parthenocissus heterophylla* →アマミナツヅタ ·········· 40
*Parthenocissus inserta* →アメリカヅタ ··················· 43
*Parthenocissus tricuspidata* →ツタ ·······················495
*Paspalidium distans* →コゴメビエ···························310
*Paspalum conjugatum* →オガサワラスズメノヒエ····168
*Paspalum dilatatum* →シマスズメノヒエ ···············377
*Paspalum distichum* var.*distichum* →カリマタスズ
　メノヒエ ·····················································215
*Paspalum distichum* var.*indutum* →チクゴスズメノ
　ヒエ ····························································472
*Paspalum fimbriatum* →ハネスズメノヒエ···············607
*Paspalum longifolium* →ナガバスズメノヒエ···········539
*Paspalum notatum* →アメリカスズメノヒエ ··········· 43
*Paspalum scrobiculatum* var.*orbiculare* →スズメノ
　コビエ ·························································414
*Paspalum thunbergii* →スズメノヒエ (1) ···············414
*Paspalum urvillei* →タチスズメノヒエ ···················457
*Paspalum vaginatum* →サワスズメノヒエ···············354

*Passiflora caerulea* →トケイソウ ……………………525

*Passiflora edulis* →クダモノトケイソウ ………………265

*Passiflora foetida* →クサトケイソウ ………………261

*Passiflora suberosa* →ミスミトケイソウ ………………753

*Passiflora suberosa* var.*minima* →ヒメトケイソウ …654

*Pastinaca sativa* →アメリカボウフウ …………………45

*Patalonia binghamiae* →ハバノリ ………………608

*Patrinia gibbosa* →マルバキンレイカ ………………739

*Patrinia kozushimensis* →シマキンレイカ …………376

*Patrinia palmata* →キンレイカ (1) ………………258

*Patrinia scabiosifolia* →オミナエシ ………………187

*Patrinia sibirica* →チシマキンレイカ ………………474

*Patrinia takeuchiana* →オオキンレイカ ……………142

*Patrinia triloba* →ハクサンオミナエシ ………………588

*Patrinia villosa* →オトコエシ ………………178

*Paulownia fortunei* →ココノエギリ ………………309

*Paulownia tomentosa* →キリ ………………249

*Paurocotylis pila* →Scarlet berry truffle……………879

*Pavonia hastata* →ヤノネボンテンカ ………………820

*"Paxillus" atrotomentosus* var.*bambusinus* →ヤブ
ニワタケ ………………824

*Paxillus involutus* →ヒダハタケ ………………631

*Paxillus* sp. →ムクゲヒダハタケ ………………783

*Pedicularis apodochila* →ミヤマシオガマ …………771

*Pedicularis chamissonis* →エゾヨツバシオガマ ……125

*Pedicularis chamissonis* var.*hokkaidoensis* →キタ
ヨツバシオガマ ………………236

*Pedicularis chamissonis* var.*longirostrata* →クチバ
シシオガマ ………………266

*Pedicularis gloriosa* →ハンカイシオガマ ……………621

*Pedicularis iwatensis* →イワテシオガマ ……………85

*Pedicularis japonica* →ヨツバシオガマ ……………849

*Pedicularis keiskei* →セリバシオガマ ………………428

*Pedicularis koidzumiana* →ベニシオガマ ……………696

*Pedicularis nipponica* →オニシオガマ ……………182

*Pedicularis ochiaiana* →ヤクシマシオガマ …………811

*Pedicularis oederi* →キバナシオガマ ………………241

*Pedicularis refracta* →ツクシシオガマ ……………490

*Pedicularis resupinata* subsp.*oppositifolia* →シオガ
マギク (広義) ………………359

*Pedicularis resupinata* subsp.*oppositifolia* var.
*microphylla* →ミカワシオガマ ………………747

*Pedicularis resupinata* subsp.*oppositifolia* var.
*oppositifolia* →シオガマギク ………………359

*Pedicularis resupinata* subsp.*teucriifolia* →ビロー
ドシオガマ (広義) ………………668

*Pedicularis resupinata* var.*caespitosa* →トモエシオ
ガマ ………………531

*Pedicularis resupinata* var.*teucriifolia* →ビロード
シオガマ (狭義) ………………668

*Pedicularis schistostegia* →ネムロシオガマ ………573

*Pedicularis spicata* →ホザキシオガマ ………………709

*Pedicularis verticillata* →タカネシオガマ …………448

*Pedicularis yezoensis* var.*pubescens* →ビロードエゾ
シオガマ ………………668

*Pedicularis yezoensis* var.*yezoensis* →エゾシオガ
マ ………………114

*Pelargonium inquinans* →テンジクアオイ …………512

*Pelargonium radens* →キクバテンジクアオイ ………229

*Pelargonium zonale* →モンテンジクアオイ …………805

*Pelatantheria scolopendrifolia* →ムカデラン ………782

*Pellia endiviifolia* →ホソバミズゼニゴケ ……………719

*Pellia neesiana* →エゾミズゼニゴケ ………………123

*Pellionia brevifolia* →アラゲサンショウソウ …………47

*Pellionia radicans* var.*minima* →サンショウソウ …357

*Pellionia radicans* var.*radicans* →オオサンショウ
ソ ………………144

*Pellionia scabra* →キミズ ………………246

*Pellionia yoisei* →ナガバサンショウソウ ……………538

*Peltigera membranacea* →ウスバイヌツメゴケ ……95

*Peltigera polydactyla* →モミジツメゴケ ……………802

*Peltoboykinia tellimoides* →ヤワタソウ ……………840

*Peltoboykinia watanabei* →ワタナベソウ ……………871

*Pemphis acidula* →ミズガンピ ………………750

*Penicilliopsis clavariiformis* →カキノミタケ ………194

*Peniophora manshurica* →コミノカワタケ …………329

*Peniophora nuda* →ツクシカワタケ ………………490

*Pennellianthus frutescens* →イワブクロ ……………86

*Pennisetum orientale* →エダウチチカラシバ (広
義) ………………126

*Pennisetum orientale* var.*triflorum* →エダウチチカ
ラシバ ………………126

*Pennisetum polystachion* →マキバチカラシバ ……729

*Pennisetum sordidum* →シマチカラシバ ……………378

*Penstemon campanulatus* →ツリガネヤナギ ………500

*Penstemon hirsutus* var.*pygmaeus* →ペンステモ
ン・ヒルスツス・ピグマエウス ………………702

*Penstemon newberryi* →ペンステモン・ニューベ
リー ………………702

*Pentacoelium bontioides* →ハマジンチョウ ………611

*Pentapetes phoenicea* →ゴジカ ………………311

*Pentarhizidium orientale* →イヌガンソク …………68

*Penthorum chinense* →タコノアシ ………………454

*Peperomia boninsimensis* →シマゴショウ …………377

*Peperomia japonica* →サダソウ ………………346

*Peperomia okinawensis* →オキナワスナゴショウ …172

*Peperomia pellucida* →ウスバスナゴショウ ………96

*Peracarpa carnosa* →タニギキョウ ………………461

*Peracarpa carnosa* var.*kiusiana* →エダウチタニギ
キョウ ………………126

*Peracarpa carnosa* var.*pumila* →ツクシタニギキョ
ウ ………………491

*Perenniporia fraxinea* →ベッコウタケ ……………695

*Pereskia aculeata* →モクキリン ………………799

*Pericallis × hybrida* →フウキギク ………………676

*Pericampylus formosanus* →ホウライツヅラフジ…706

*Perilla citriodora* →レモンエゴマ ………………866

*Perilla frutescens* var.*crispa* f.*purpurea* →シソ …366

*Perilla frutescens* var.*crispa* 'Viridi-crispa' →アオ
チリメンジソ ………………8

*Perilla frutescens* var.*frutescens* →エゴマ ………110

*Perilla hirtella* →トラノオジソ ………………533

*Perilla setoyensis* →セトエゴマ ………………427

*Perillula reptans* →スズコウジュ ………………413

*Peristrophe bivalvis* →タイワンハグロソウ …………443

*Peristrophe japonica* →ハグロソウ ………………590

*Peristylus calcaratus* →ヒゲナガトンボ ……………628

*Peristylus densus* →ムカゴトンボ ………………782

*Peristylus formosana* →タカサゴサギソウ …………445

*Peristylus hatusimanus* →ダケトンボ ………………454

*Peristylus intrudens* →ヒュウガトンボ ……………663

*Persea americana* →アボガド ………………37

*Persicaria amphibia* →エゾノミズタデ ……………120

*Persicaria attenuata* subsp.*pulchra* →アラゲタデ…47

学名索引　　　　　　　　971　　　　　　　　**PHA**

*Persicaria barbata* var.*barbata* →ケタデ……………288
*Persicaria barbata* var.*gracilis* →リュウキュウタデ ‥857
*Persicaria breviochreata* →ナガバノヤノネグサ ……540
*Persicaria bungeana* →ハリタデ …………………………618
*Persicaria capitata* →ヒメツルソバ ……………………654
*Persicaria chinensis* →ツルソバ ………………………504
*Persicaria clivorum* →サトヤマタデ …………………348
*Persicaria debilis* →ミヤマタニソバ …………………773
*Persicaria dichotoma* →ナツノウナギツカミ …………545
*Persicaria erectominor* →ヒメタデ ……………………652
*Persicaria erectominor* var.*sungareensis* →マン
　シュウヒメタデ ……………………………………………745
*Persicaria filiformis* →ミズヒキ ……………………752
*Persicaria foliosa* var.*nikaii* →サイコクヌカボ……337
*Persicaria foliosa* var.*paludicola* →ヤナギヌカボ……819
*Persicaria geocarpica* →トヨボタニソバ ……………532
*Persicaria glabra* →オオサクラタデ…………………144
*Persicaria hastatosagittata* →ナガバノウナギツカ
　ミ ………………………………………………………………539
*Persicaria hydropiper* f.*angustissima* →アザブタデ… 24
*Persicaria hydropiper* f.*hydropiper* →ヤナギタデ……819
*Persicaria hydropiper* f.*viridis* →ホソバタデ…………715
*Persicaria japonica* →シロバナサクラタデ……………401
*Persicaria japonica* var.*scabrida* →ケサクラタデ……287
*Persicaria lapathifolia* var.*incana* →サナエタデ ……349
*Persicaria lapathifolia* var.*lapathifolia* →オオイヌ
　タデ ……………………………………………………………137
*Persicaria longiseta* →イヌタデ(1) ……………………70
*Persicaria maackiana* →ミゾサデクサ ………………754
*Persicaria maculosa* subsp.*hirticaulis* var.
　*amblyophylla* →シラカワタデ……………………………391
*Persicaria maculosa* subsp.*hirticaulis* var.*pubescens*
　→ハルタデ ………………………………………………620
*Persicaria maculosa* subsp.*maculosa* →ヨウシュハ
　ルタデ ………………………………………………………847
*Persicaria mikawana* →コミゾソバ …………………329
*Persicaria muricata* →ヤノネグサ …………………820
*Persicaria neofiliformis* →シンミズヒキ ……………407
*Persicaria nepalensis* →タニソバ ……………………461
*Persicaria odorata* subsp.*conspicua* →サクラタデ ‥342
*Persicaria orientalis* →オオケタデ(1) ………………143
*Persicaria orientalis* →オオベニタデ(1) ……………161
*Persicaria pensylvanica* var.*laevigata* →オトメサナ
　エタデ …………………………………………………………179
*Persicaria perfoliata* →イシミカワ ………………… 56
*Persicaria posumbu* var.*posumbu* →ハナタデ………603
*Persicaria praetermissa* →ホソバノウナギツカミ …717
*Persicaria pubescens* →ボントクタデ…………………727
*Persicaria sagittata* →アキノウナギツカミ(1) ………20
*Persicaria sagittata* →ウナギツカミ ………………… 99
*Persicaria senticosa* →ママコノシリヌグイ…………735
*Persicaria taitoinsularis* →ダイトウサクラタデ……438
*Persicaria taquetii* →ヌカボタデ……………………566
*Persicaria tenella* →シマヒメタデ……………………379
*Persicaria thunbergii* →オオミゾソバ………………163
*Persicaria thunbergii* →ミゾソバ……………………754
*Persicaria thunbergii* var.*hassegawae* →ニシミゾソ
　バ ………………………………………………………………560
*Persicaria thunbergii* var.*oreophila* →ヤマミゾソバ ‥838
*Persicaria tinctoria* →アイ……………………………… 3
*Persicaria trigonocarpa* →ホソバイヌタデ…………712
*Persicaria viscofera* var.*robusta* →オオネバリタデ…151

*Persicaria viscofera* var.*viscofera* →ネバリタデ……572
*Persicaria viscosa* →ニオイタデ………………………556
*Pertya glabrescens* →ナガバノコウヤボウキ…………539
*Pertya× hybrida* →カコマハグマ ……………………196
*Pertya× koribana* →センダイハグマ ………………430
*Pertya rigidula* →クルマバハグマ …………………274
*Pertya robusta* →カシワバハグマ …………………198
*Pertya robusta* var.*kiushiana* →ツクシカシワバハグ
　マ ………………………………………………………………490
*Pertya scandens* →コウヤボウキ……………………301
*Pertya trilobata* →オヤリハグマ ……………………188
*Pertya yakushimensis* →シマコウヤボウキ …………377
*Petasites japonicus* var.*giganteus* →アキタブキ………19
*Petasites japonicus* var.*japonicus* →フキ……………677
*Petrocosmea begoniifolia* →シラユキイワギリソウ…395
*Petrocosmea flaccida* →ペトロコスメア・フラッキ
　ダ………………………………………………………………695
*Petrorhagia nanteuilii* →イヌコモチナデシコ …………69
*Petrorhagia prolifera* →コモチナデシコ………………332
*Petrosavia sakuraii* →サクライソウ…………………341
*Petroselinum crispum* →パセリー ……………………595
*Petunia× hybrida* →ツクバネアサガオ………………493
*Petunia parviflora* →ヒメツクバネアサガオ…………653
*Peucedanum japonicum* →ボタンボウフウ…………722
*Peucedanum japonicum* var.*latifolium* →コダチボ
　タンボウフウ ………………………………………………315
*Peucedanum multivittatum* →ハクサンボウフウ……589
*Peucedanum terebinthaceum* →カワラボウフウ ……219
*Peziza ammophila* →スナヤマチャワンタケ…………416
*Peziza azureoides* →Azure cup ………………………873
*Peziza badia* →クリイロチャワンタケ………………272
*Peziza domiciliana* →ナヤノシロチャワンタケ……548
*Peziza micropus* →ペジザ ミクロプス………………694
*Peziza praetervisa* →フジイロチャワンタケモドキ …682
*Peziza proteana* →Bonfire cauliflower………………873
*Peziza vesiculosa* →オオチャワンタケ………………148
*Phacelia tanacetifolia* →ハゼリソウ…………………595
*Phacellanthus tubiflorus* →キヨスミウツボ…………248
*Phacelurus latifolius* →アイアシ……………………… 3
*Phaenosperma globosum* →タキキビ…………………452
*Phaeoceros carolinianus* →ニワツノゴケ……………564
*Phaeoclavulina abietina* →モエギホウキタケ…………799
*Phaeoclavulina flaccida* →ヒメホウキタケ…………658
*Phaeocollybia christinae* →ナメニセムクエタケ……548
*Phaeolepiota aurea* →コガネタケ……………………304
*Phaeolus schweinitzii* →カイメンタケ………………192
*Phaeomarasmius erinaceellus* →ヒメスギタケ………651
*Phaeomarasmius erinaceus* →Hedgehog scalycap…875
*Phaius flavus* →ガンゼキラン…………………………222
*Phaius mishmensis* →ヒメカクラン…………………644
*Phaius tankarvilleae* →カクチョウラン………………195
*Phalaenopsis aphrodite* →コチョウラン(1)…………316
*Phalaris aquatica* →オニクサヨシ……………………182
*Phalaris arundinacea* →クサヨシ……………………263
*Phalaris arundinacea* →チガヤ………………………472
*Phalaris arundinacea* 'Picta' →シマアシ……………374
*Phalaris canariensis* →カナリークサヨシ……………203
*Phalaris minor* →ヒメカナリークサヨシ……………644
*Phalaris paradoxa* →セトガヤモドキ………………427
*Phallus costatus* →キイロスッポンタケ………………226
*Phallus impudicus* →スッポンタケ……………………415

**PHA**                                   *972*                              学名索引

*Phallus indusiatus* →キヌガサタケ……238
*Phallus rugulosus* →キツネノタイマツ……237
*Phallus tenuis* →ヒメスッポンタケ……651
*Phanera japonica* →ハカマカズラ……586
*Phaseolus coccineus* →ベニバナインゲン……698
*Phaseolus lunatus* →ライマビーン……851
*Phaseolus vulgaris* →インゲンマメ (1)……88
*Phaseolus vulgaris* →ツルナシインゲンマメ……504
*Phedimus aizoon* var.*aizoon* →ホソバノキリンソウ……717
*Phedimus aizoon* var.*floribundus* →キリンソウ……251
*Phedimus kamtschaticus* →エゾノキリンソウ……118
*Phedimus sikokianus* →ヒメキリンソウ……646
*Phegopteris aurita* →ハイミミガタシダ……585
*Phegopteris subaurita* →ミミガタシダ……762
*Phellinus gilvus* →ネンドタケ……573
*Phellinus hartigii* →モミサルノコシカケ……801
*Phellinus igniarius* →キコブタケ……230
*Phellinus robustus* →カシサルノコシカケ……197
*Phellinus setifer* →ネンドタケモドキ……573
*Phellodendron amurense* →ヒロハノキハダ (1)……672
*Phellodendron amurense* var.*amurense* →キハダ……240
*Phellodendron amurense* var.*japonicum* →オオバキハダ……152
*Phellodendron amurense* var.*lavallei* →ミヤマキハダ……769
*Phellodon niger* →クロハリタケ……281
*Philadelphus satsumi* →バイカウツギ……582
*Philadelphus satsumi* nothovar.*kiotensis* →アイノコバイカウツギ……5
*Phillipsia domingensis* →ニクアツベニサラタケ……558
*Philydrum lanuginosum* →タヌキアヤメ……462
*Phizocarpon geographicum* →チズゴケ……476
*Phlebia acerina* →チャシワウロコタケ……479
*Phlebia coccineofulva* →シュカワタケ……386
*Phlebia radiata* →コガネシワウロコタケ……304
*Phlebia tremellosas* →シワタケ……405
*Phlebiopsis gigantea* →カミカワタケ……207
*Phlegmariurus cunninghamioides* →コウヨウザンカズラ……301
*Phlegmariurus salvinioides* →ヒメヨウラクヒバ……661
*Phleum alpinum* →ミヤマアワガエリ……766
*Phleum paniculatum* →アワガエリ……51
*Phleum paniculatum* →コアワガエリ……295
*Phleum pratense* →オオアワガエリ……136
*Phlox drummondii* →キキョウナデシコ……227
*Phlox paniculata* →クサキョウチクトウ……260
*Phodiola ishidae* →ホソバイワベンケイ……713
*Phoenix canariensis* →カナリーヤシ……203
*Phoenix dactylifera* →ナツメヤシ……546
*Phoenix roebelenii* →シンノウヤシ……406
*Pholiota adiposa* →ヌメリスギタケ……568
*Pholiota alnicola* →カオリツムタケ……192
*Pholiota astragalina* →アカツムタケ……14
*Pholiota cerifera* →ヌメリスギタケモドキ……568
*Pholiota flammans* →ハナガサタケ……601
*Pholiota highlandensis* →ヤケアトツムタケ……814
*Pholiota lenta* →シロナメツムタケ……400
*Pholiota lubrica* →チャナメツムタケ……479
*Pholiota microspora* →ナメコ (1)……548
*Pholiota* sp. →ツチスギタケモドキ……496
*Pholiota spumosa* →キナメツムタケ……238

*Pholiota squarrosa* →スギタケ……410
*Pholiota squarrosoides* →スギタケモドキ……410
*Pholiota terrestris* →ツチスギタケ……496
*Phormium tenax* →ニューサイラン……563
*Photinia*× *fraseri* 'Red Robin' →レッドロビン……866
*Photinia glabra* →カナメモチ……202
*Photinia serratifolia* →オオカナメモチ……140
*Photinia wrightiana* →シマカナメモチ……375
*Phragmites australis* →ヨシ……849
*Phragmites japonicus* →ツルヨシ……507
*Phragmites karka* →セイコノヨシ……419
*Phryma nana* →ハエドクソウ……585
*Phryma oblongifolia* →ナガバハエドクソウ……540
*Phtheirospermum japonicum* →コシオガマ……311
*Phyla nodiflora* →イワダレソウ……84
*Phyllanthus amarus* →キダチコミカンソウ……234
*Phyllanthus debilis* →オガサワラコミカンソウ……167
*Phyllanthus embergeri* →ミナミコミカンソウ……761
*Phyllanthus flexuosus* →コバノキ……324
*Phyllanthus hirsutus* →ケカンコノキ……286
*Phyllanthus keelungensis* →キールンカンコノキ……252
*Phyllanthus lepidocarpus* →コミカンソウ……329
*Phyllanthus liukiuensis* →ハナコミカンボク……602
*Phyllanthus oligospermus* subsp.*donanensis* →ドナンコバノキ……530
*Phyllanthus oligospermus* subsp.*oligospermus* →コカバコバンノキ……305
*Phyllanthus puberus* →ツシマカンコノキ……494
*Phyllanthus reticulatus* →シマコバンノキ……377
*Phyllanthus simplex* →シマヒメミカンソウ……379
*Phyllanthus tenellus* →ナガエコミカンソウ……535
*Phyllanthus urinaria* subsp.*nudicarpus* →テリミコミカンソウ……511
*Phyllanthus ussuriensis* →ヒメミカンソウ……659
*Phyllodium pulchellum* →ウチワツナギ……98
*Phyllodoce aleutica* →アオノツガザクラ……9
*Phyllodoce aleutica*× *P.caerulea* →コエゾツガザクラ……302
*Phyllodoce*× *alpina* →オオツガザクラ……149
*Phyllodoce caerulea* →エゾノツガザクラ……119
*Phyllodoce nipponica* subsp.*nipponica* →ツガザクラ……487
*Phyllodoce nipponica* subsp.*tsugifolia* →ナガバツガザクラ……539
*Phylloporus bellus* →キヒダタケ……244
*Phylloporus rhodoxanthus* →アカキヒダタケ……13
*Phyllospadix iwatensis* →スガモ……410
*Phyllospadix japonicus* →エビアマモ……128
*Phyllostachys aurea* →ホテイチク……723
*Phyllostachys aurea* f.*flavescens-inversa* →ギンメイホテイ……257
*Phyllostachys aurea* f.*folochrysa* →オウゴンホテイ……134
*Phyllostachys aurea* f.*takemurai* →ウサンチク……91
*Phyllostachys aurea* var.*flavescens* →キンメイホテイ……257
*Phyllostachys bambusoides* f.*albo-variegata* →オキナダケ (1)……170
*Phyllostachys bambusoides* f.*geniculata* →ムツオレダケ……785
*Phyllostachys bambusoides* f.*kasirodake* →カシロダケ……198
*Phyllostachys bambusoides* f.*katashibo* →カタシボ

チク ················································200

*Phyllostachys bambusoides* f.*subvariegata* →コンシ
マダケ ·············································335

*Phyllostachys bambusoides* var.*castilloni-inoversa*
→ギンメイチク ·································257

*Phyllostachys bambusoides* var.*holochrysa* →オウゴ
ンチク ··············································133

*Phyllostachys bambusoides* var.*marliacea* →シボチ
ク ···················································374

*Phyllostachys edulis* →モウソウチク ·············798

*Phyllostachys edulis* 'Kikko-chiku' →キッコウチク ··236

*Phyllostachys edulis* 'Tao Kiang' →キンメイモウソ
ウ ····················································257

*Phyllostachys heterocycla* f.*holochrysa* →オウゴン
モウソウ ···········································134

*Phyllostachys makinoi* →タイワンマダケ ··········443

*Phyllostachys nigra* f.*boryana* →ウンモンチク ·······109

*Phyllostachys nigra* f.*boryana* →ヒメハチク ········656

*Phyllostachys nigra* f.*megrochiku* →メグロチク ·····795

*Phyllostachys nigra* f.*pendula* →サカサダケ ········339

*Phyllostachys nigra* f.*punctata* →ゴマダケ ·········328

*Phyllostachys nigra* var.*henonis* →ハチク ··········596

*Phyllostachys nigra* var.*nigra* →クロチク ··········278

*Phyllostachys nigra* var.*tosaensis* →トサトラフダ
ケ ····················································527

*Phyllostachys pubescens* f.*gimmei* →ギンメイモウ
ソウ ·················································257

*Phyllostachys reticulata* →マダケ ·················731

*Phyllostachys sulphurea* →キンメイチク ···········257

*Phyllotopsis nidulans* →キヒラタケ ·················245

*Physalacria cryptomeriae* →スギノタマバリタケ ·····410

*Physalacria inflata* →Bladder stalks ·············873

*Physaliastrum echinatum* →イガホオズキ ·········· 54

*Physaliastrum japonicum* →アオホオズキ ············ 10

*Physalis acutifolia* →ナガエノセンナリホオズキ ······536

*Physalis alkekengi* var.*franchetii* →ホオズキ ··········706

*Physalis alkekengi* var.*franchetii* 'Monstrosa' →ヨ
ウラクホオズキ ··································848

*Physalis angulata* var.*angulata* →ヒロハフウリンホ
オズキ ··············································673

*Physalis angulata* var.*lanceifolia* →ホソバフウリン
ホオズキ ···········································719

*Physalis angulata* var.*pendula* →アイフウリンホオ
ズキ ················································· 5

*Physalis grisea* →ショクヨウホオズキ ·············390

*Physalis heterophylla* →ビロードホオズキ ··········669

*Physalis ixocarpa* →オオブドウホオズキ ···········160

*Physalis longifolia* var.*subglabrata* →ウスゲホオズ
キ ···················································· 94

*Physalis peruviana* →ブドウホオズキ ···············688

*Physalis philadelphica* →キバナホオズキ (1) ··········243

*Physalis pubescens* →ヒメセンナリホオズキ ·········652

*Physcomitrium eurystomum* →ヒロクチゴケ ········268

*Physoplexis comosa* →フィソプレクシス・コモーサ ···675

*Physostegia virginiana* →ハナトラノオ ·············604

*Phyteuma hemisphaericum* →フィテウマ・ヘミス
ファエリカム ·····································675

*Phyteuma nigrum* →フィテウマ・ニグラム ··········675

*Phyteuma scheuchzeri* →タマシャジン ·············465

*Phytolacca acinosa* →ヤマゴボウ ··················829

*Phytolacca americana* →ヨウシュヤマゴボウ ········847

*Phytolacca japonica* →マルミノヤマゴボウ ·········744

*Picea abies* →ドイツトウヒ ························514

*Picea alcoquiana* →イラモミ ························ 78

*Picea canadensis* →カナダトウヒ ··················202

*Picea engelmanii* →エンゲルマントウヒ ···········131

*Picea glauca* 'Conica' →コニカ ····················319

*Picea glehnii* →アカエゾマツ ······················ 12

*Picea jezoensis* var.*hondoensis* →トウヒ ···········518

*Picea jezoensis* var.*jezoensis* →エゾマツ ···········123

*Picea koyamae* →ヤツガタケトウヒ ················817

*Picea maximowiczii* →ヒメバラモミ ················656

*Picea maximowiczii* var.*senanensis* →アズサバラモ
ミ (1) ·············································· 28

*Picea polita* →ハリモミ ····························619

*Picea pungens* 'Globosa' →グロボーサ ·············281

*Picea pungens* 'Hoopsii' →ホープシー ··············725

*Picea shirasawae* →ヒメマツハダ (1) ···············659

*Picea sitchensis* →シトカハリモミ ·················369

*Picrasma quassioides* →ニガキ ·····················557

*Picris echioides* →ハリゲコウゾリナ ···············618

*Picris hieracioides* subsp.*hieracioides* →セイヨウコ
ウゾリナ ···········································422

*Picris hieracioides* subsp.*japonica* var.*akaishiensis*
→アカイシコウゾリナ ····························· 11

*Picris hieracioides* subsp.*japonica* var.*japonica*
→コウゾリナ ······································298

*Picris hieracioides* subsp.*japonica* var.*litoralis* →ハ
マコウゾリナ ······································611

*Picris hieracioides* subsp.*kamtschatica* →カンチコ
ウゾリナ ···········································222

*Pieris amamioshimensis* →アマミアセビ ············ 39

*Pieris formosa* →ヒマラヤアセビ ··················639

*Pieris japonica* subsp.*japonica* →アセビ ··········· 31

*Pieris japonica* subsp.*koidzumiana* →リュウキュウ
アセビ ··············································855

*Pieris japonica* var.*yakushimensis* →ヤクシマアセ
ビ ···················································809

*Pilea angulate* subsp.*petiolaris* →ミヤマミズ ·······779

*Pilea aquarum* subsp.*brevicornuta* →アリサンミズ ···48

*Pilea hamaoi* →ミズ (1) ····························749

*Pilea japonica* →ヤマミズ ··························838

*Pilea kiotensis* →ミヤコミズ ·······················765

*Pilea microphylla* →コゴメミズ ····················310

*Pilea notata* →コミヤマミズ························330

*Pilea nummulariifolia* →マルバハイミズ ···········742

*Pilea peploides* →コケミズ ·························309

*Pilea pumila* →アオミズ ···························· 11

*Pilea swinglei* →ソハヤキミズ ·····················435

*Pileostegia viburnoides* →シマユキカズラ ··········380

*Pilophorus clavatus* →カムリゴケ ··················207

*Pilosella aurantiaca* →コウリンタンポポ ···········302

*Pilotrichopsis dentata* →ツルゴケ ·················503

*Pimenta dioica* →オールスパイス ··················190

*Pimpinella diversifolia* →ミツバグサ ···············758

*Pimpinella thellungiana* var.*gustavohegiana* →ツク
シボウフウ ········································492

*Pinellia cordata* →ニオイハンゲ ···················556

*Pinellia ternata* →カラスビシャク ·················211

*Pinellia tripartita* →オオハンゲ ···················159

*Pinguicula esseriana* →ピングイクラ・エセリアナ ···674

*Pinguicula macroceras* →ムシトリスミレ ···········784

*Pinguicula ramosa* →コウシンソウ ·················298

*Pinus amamiana* →ヤクタネゴヨウ ················813

*Pinus armandii* var.*mastersiana* →タカネゴヨウ ·····448

| | |
|---|---|
| *Pinus bungeana* →シロマツ……403 | *Plagiogyria japonica* var.*pseudojaponica* →ヒメキジノオ……646 |
| *Pinus densiflora* →アカマツ…… 16 | *Plagiogyria koidzumii* →リュウキュウキジノオ……856 |
| *Pinus densiflora* f.*umbraculifera* →ウツクシマツ(1)…… 99 | *Plagiogyria matsumurana* →ヤマソテツ……831 |
| *Pinus densiflora* f.*umbraculifera* →タギョウショウ…453 | *Plagiogyria×neointermedia* →ハガクレキジノオ……586 |
| *Pinus densiflora* 'Oculus-draconis' →ジャノメアカマツ……384 | *Plagiogyria×sessilifolia* →フタツキジノオ……686 |
| *Pinus×densithunbergii* →アイグロマツ……3 | *Plagiogyria stenoptera* →シマヤマソテツ……380 |
| *Pinus griffithii* →ヒマラヤゴヨウ……639 | *Plagiogyria×wakabae* →アイキジノオ……3 |
| *Pinus koraiensis* →チョウセンマツ……485 | *Plagiomnium acutum* →コツボゴケ……317 |
| *Pinus luchuensis* →リュウキュウマツ……859 | *Planchonella boninensis* →ムニンノキ……787 |
| *Pinus palustris* →ダイオウマツ……436 | *Planchonella obovata* →アカテツ…… 14 |
| *Pinus parviflora* var.*parviflora* →ゴヨウマツ……333 | *Planchonella obovata* var.*dubia* →コバノアカテツ(1)……321 |
| *Pinus parviflora* var.*pentaphylla* →キタゴヨウマツ…233 | *Plantago aristata* →アメリカオオバコ…… 43 |
| *Pinus pumila* →ハイマツ……585 | *Plantago asiatica* var.*asiatica* →オオバコ……153 |
| *Pinus radiata* →ラジアータマツ……852 | *Plantago asiatica* var.*sphaerocarpa* →マルミオオバコ……744 |
| *Pinus rigida* →リギダマツ……854 | *Plantago asiatica* var.*yakusimensis* →ヤクシマオオバコ……810 |
| *Pinus strobus* →ストローブマツ……416 | |
| *Pinus sylvestris* →ヨーロッパアカマツ……851 | *Plantago camtschatica* →エゾオオバコ……112 |
| *Pinus taeda* →テーダマツ……509 | *Plantago coronopus* →セリバオオバコ……428 |
| *Pinus thunbergii* →クロマツ……282 | *Plantago depressa* →ムジナオオバコ……784 |
| *Piper betle* →キンマ……257 | *Plantago formosana* →タイワンオオバコ……441 |
| *Piper cubeba* →ヒッチョウカ……632 | *Plantago hakusanensis* →ハクサンオオバコ……588 |
| *Piper kadsura* →フウトウカズラ……676 | *Plantago hakusanensis* f.*glabra* →ケナシハクサンオオバコ……290 |
| *Piper nigrum* →コショウ……313 | |
| *Piper postelsianum* →タイヨウフウトウカズラ……440 | *Plantago heterophylla* →ニチナンオオバコ……561 |
| *Piper retrofractum* →ヒハツモドキ……638 | *Plantago japonica* →トウオオバコ……514 |
| *Piptatherum kuoi* →イネガヤ…… 73 | *Plantago lanceolata* →ヘラオオバコ……700 |
| *Piptatherum miliaceum* →アレチイネガヤ…… 50 | *Plantago major* →セイヨウオオバコ……421 |
| *Piptoporus betulinus* →カンバタケ……223 | *Plantago virginica* →ツボミオオバコ……499 |
| *Piptoporus quercinus* →コカンバタケ……306 | *Platanthera amabilis* →ヤクシマチドリ……811 |
| *Piptoporus soloniensis* →シロカイメンタケ……397 | *Platanthera boninensis* →シマツレサギソウ……378 |
| *Pipturus arborescens* →ヌノマオ……567 | *Platanthera brevicalcarata* →ニイタカチドリ……555 |
| *Pisolithus arhizus* →コツブタケ……317 | *Platanthera chorisiana* →タカネトンボ……449 |
| *Pisonia aculeata* →トゲカズラ……525 | *Platanthera convallariifolia* →シロウマチドリ……396 |
| *Pisonia grandis* →トゲミウドノキ……526 | *Platanthera florentii* →ジンバイソウ……406 |
| *Pisonia umbellifera* →オオクサボク……142 | *Platanthera fuscescens* →ヒロハトンボソウ……671 |
| *Pistacia chinensis* →ランシンボク……853 | *Platanthera hologlottis* →ミズチドリ……751 |
| *Pistacia vera* →ピスタチオ……630 | *Platanthera hondoensis* →オオバナオオヤマサギソウ……155 |
| *Pistia stratiotes* →ボタンウキクサ……721 | |
| *Pisum sativum* Arvense Group →アカエンドウ…… 12 | *Platanthera iinumae* →イイヌマムカゴ…… 53 |
| *Pisum sativum* L.Hortense Group →シロエンドウ……397 | *Platanthera japonica* →ツレサギソウ……507 |
| *Pithya cupressina* →イブキアカツブエダカレキン…… 75 | *Platanthera mandarinorum* subsp.*hachijoensis* var.*amamiana* →アマミトンボ…… 40 |
| *Pithya vulgaris* →マツノコベニサラタケ……732 | *Platanthera mandarinorum* subsp.*hachijoensis* var.*hachijoensis* →ハチジョウチドリ……597 |
| *Pittosporum beecheyi* →ハハジマトベラ……607 | *Platanthera mandarinorum* subsp.*hachijoensis* var.*masamunei* →ヤクシマトンボ……812 |
| *Pittosporum boninense* →シロトベラ……400 | *Platanthera mandarinorum* subsp.*mandarinorum* var.*macrocentron* →マイサギソウ……728 |
| *Pittosporum chichijimense* →オオミノトベラ……163 | |
| *Pittosporum illicioides* →コヤスノキ……333 | *Platanthera mandarinorum* subsp.*mandarinorum* var.*mandarinorum* →ハシナガヤマサギソウ……593 |
| *Pittosporum parvifolium* →コバトベラ……320 | *Platanthera mandarinorum* subsp.*mandarinorum* var.*oreades* →ヤマサギソウ……829 |
| *Pittosporum tobira* →トベラ……531 | |
| *Pittosporum tobira* →リュウキュウトベラ……858 | *Platanthera mandarinorum* subsp.*maximowicziana* var.*cornubovis* →マンシュウヤマザキソウ……745 |
| *Pittosporum undulatum* →シマトベラ……378 | *Platanthera mandarinorum* subsp.*maximowicziana* var.*maximowicziana* →タカネサギソウ……448 |
| *Pityrogramma calomelanos* →ギンシダ……255 | |
| *Plagiobryum hultenii* →コゴメイトサワゴケ……309 | *Platanthera metabifolia* →エゾチドリ……116 |
| *Plagiochila ovalifolia* →マルバハネゴケ……742 | *Platanthera minor* →オオバノトンボソウ……156 |
| *Plagiogyria adnata* var.*adnata* →タカサゴキジノオ…445 | *Platanthera minor* var.*mikurensis* →ミクラトンボソウ……748 |
| *Plagiogyria adnata* var.*yakushimensis* →ヤクシマキジノオ……810 | |
| *Plagiogyria euphlebia* →オオキジノオ……141 | *Platanthera nipponica* →コバノトンボソウ……323 |
| *Plagiogyria japonica* var.*japonica* →キジノオシダ…230 | |

学名索引　　　　　　　　975　　　　　　　　**POA**

*Platanthera nipponica* var.*linearifolia* →ナガバトンボソウ ……………539

*Platanthera okuboi* →ハチジョウツレサギ ……597

*Platanthera ophrydioides* →キソチドリ (1) ……233

*Platanthera ophrydioides* var.*monophylla* →ヒトツバキソチドリ ……633

*Platanthera sachalinensis* →オオヤマサギソウ ……165

*Platanthera sonoharae* →クニガミトンボソウ ……266

*Platanthera stenoglossa* subsp.*hottae* →ソハヤキトンボソウ ……435

*Platanthera stenoglossa* subsp.*iriomotensis* →イリオモテトンボソウ ……79

*Platanthera takedae* subsp.*takedae* →ミヤマチドリ ‥774

*Platanthera takedae* subsp.*uzenensis* →ガッサンチドリ ……201

*Platanthera tipuloides* →ホソバノキソチドリ ……717

*Platanthera ussuriensis* →トンボソウ (1) ……535

*Platanthera* var.*ophrydioides* →オオキソチドリ ……141

*Platanus*× *acerifolia* →モミジバスズカケノキ ……802

*Platanus occidentalis* →アメリカスズカケノキ ……43

*Platanus orientalis* →スズカケノキ ……412

*Platycarya strobilacea* →ノグルミ ……575

*Platycerium bifurcatum* →ビカクシダ ……625

*Platycladus orientalis* →コノテガシワ ……319

*Platycladus orientalis* 'Ericoides' →シシンデン ……366

*Platycodon grandiflorus* →アポイギキョウ ……36

*Platycodon grandiflorus* →キキョウ ……227

*Platycrater involucrata* var.*idzuensis* →ラセイタタマアジサイ ……852

*Platycrater involucrata* var.*tokarensis* →トカラタマアジサイ ……520

*Platydictya fauriei* →フォーリーイトヤナギゴケ ……677

*Platydictya hattorii* →ハットリイトヤナギゴケ ……599

*Plectania nannfeldtii* →エナガクロチャワンタケ ……127

*Plectocephalus americanus* →アザミヤグルマ ……25

*Plectranthus formosanus* →ケサヤバナ ……287

*Plectranthus scutellarioides* →ニシキジソ ……559

*Pleioblastus akebono* →アケボノザサ ……22

*Pleioblastus argenteostriatus* →オキナダケ (2) ……170

*Pleioblastus argenteostriatus* →オロシマチク ……190

*Pleioblastus argenteostriatus* f.*glaber* →ネザサ ……570

*Pleioblastus chino* →アズマネザサ ……29

*Pleioblastus chino* →ハコネダケ ……591

*Pleioblastus chino* f.*angustifolius* →ヒメシマダケ ……650

*Pleioblastus chino* f.*kimmei* →キンメイアズマネザサ ……257

*Pleioblastus chino* f.*murakamianus* →ギンタイアズマネザサ ……255

*Pleioblastus chino* f.*pumilis* →ゴキダケ (1) ……306

*Pleioblastus fortunei* →シマダケ ……378

*Pleioblastus fortunei* f.*pubescens* →ケネザサ ……290

*Pleioblastus gozadakensis* →ゴザダケザサ (1) ……311

*Pleioblastus gramineus* →タイミンチク ……440

*Pleioblastus gramineus* f.*monitrspiralis* →ラセツチク ……852

*Pleioblastus hattorianus* →アラゲネザサ ……47

*Pleioblastus hindsii* →カンザンチク ……222

*Pleioblastus humilis* →アオネザサ ……9

*Pleioblastus kodzumae* →キボウシ ……246

*Pleioblastus kongosanensis* →コンゴウダケ ……335

*Pleioblastus linearis* →リュウキュウチク ……857

*Pleioblastus matsunoi* →ヨコハマダケ ……848

*Pleioblastus nabeshimanus* →シラシマメダケ ……392

*Pleioblastus nagashima* var.*koizumii* →エチゼンネザサ ……127

*Pleioblastus nagashima* var.*nagashima* →ヒロウザサ ……667

*Pleioblastus pseudosasaoides* →エチゴメダケ ……127

*Pleioblastus pygmaeus* →ケオロシマチク ……286

*Pleioblastus shibuyanus* →シブヤザサ ……373

*Pleioblastus shibuyanus* f.*tsuboi* →ウエダザサ ……89

*Pleioblastus simonii* →メダケ ……795

*Pleioblastus simonii* var.*haterophyllus* →ハガワリメダケ ……587

*Pleioblastus viridistriatus* →カムロザサ ……207

*Pleione aurita* →プレイオネ・オウリタ ……693

*Pleione bulbocodioides* →タイリントキソウ ……440

*Pleione yunnanensis* →ウンナントキソウ ……109

*Plerandra elegantissima* →モミジバアラリア ……802

*Pleuridium japonicum* →ヤマトキンチャクゴケ ……832

*Pleurocybella porrigens* →スギヒラタケ ……411

*Pleurosoriopsis makinoi* →カラクサシダ ……210

*Pleurospermum uralense* →オオカサモチ ……140

*Pleurotus cornucopiae* var.*citrinopileatus* →タモギタケ ……467

*Pleurotus djamor* →トキイロヒラタケ ……521

*Pleurotus eryngii* →エリンギ ……131

*Pleurotus ostreatus* →ヒラタケ ……665

*Pleurotus pulmonarius* →ウスヒラタケ ……96

*Pleuroziopsis ruthenica* →フジノマンネングサ ……684

*Pleurozium schreberi* →タチハイゴケ ……458

*Plicaturopsis crispa* →チヂレタケ ……476

*Plocamium telfairiae* →ユカリ ……843

*Pluchea carolinensis* →タワダギク ……468

*Pluchea indica* →ヒイラギギク ……623

*Plumbago auriculata* →ルリマツリ ……865

*Plumeria rubra* 'Acutifolia' →トガリバインドソケイ ……521

*Pluteus atromarginatus* →クロフチシカタケ ……281

*Pluteus aurantiorugosus* →ヒイロベニヒダタケ ……624

*Pluteus cervinus* →ウラベニガサ ……106

*Pluteus leoninus* →ベニヒダタケ ……699

*Pluteus pantherinus* →ヒョウモンウラベニガサ ……664

*Pluteus petasatus* →クサミノシカタケ ……262

*Pluteus salicinus* →ビロードベニヒダタケ ……669

*Pluteus thomsonii* →カサビダケ ……197

*Pluteus umbrosus* →フチドリベニヒダタケ ……687

*Poa acroleuca* →ミゾイチゴツナギ ……754

*Poa acroleuca* var.*ryukyuensis* →オキナワミゾイチゴツナギ ……173

*Poa acroleuca* var.*submoniliformis* →タマミゾイチゴツナギ ……467

*Poa alta* →アオイチゴツナギ ……6

*Poa annua* →スズメノカタビラ ……414

*Poa bulbosa* var.*vivipara* →ムカゴイチゴツナギ ……781

*Poa compressa* →コイチゴツナギ ……295

*Poa crassinervis* →ツクシスズメノカタビラ ……491

*Poa eminens* →オニイチゴツナギ ……181

*Poa fauriei* →アイヌソモソモ ……4

*Poa glauca* var.*glauca* →タカネタチイチゴツナギ ……449

*Poa glauca* var.*kitadakensis* →キタダケイチゴツナギ ……233

*Poa hakusanensis* →ハクサンイチゴツナギ ……587

*Poa hayachinensis* →ナンブソモソモ ……554

**POA** 976 学名索引

*Poa hisauchii* →ヤマミゾイチゴツナギ……………838
*Poa macrocalyx* →カラフトイチゴツナギ…………212
*Poa macrocalyx* var.*fallax* →ワタゲソモソモ…………870
*Poa macrocalyx* var.*scabriflora* →ザラバナソモソ
モ……………………………………………………352
*Poa macrocalyx* var.*tatewakiana* →ホソバナソモソ
モ……………………………………………………716
*Poa malacantha* var.*shinanoana* →ミヤマイチゴツ
ナギ…………………………………………………766
*Poa matsumurae* →イトイチゴツナギ……………64
*Poa nemoralis* →タチイチゴツナギ………………455
*Poa nipponica* →オオイチゴツナギ………………137
*Poa ogamontana* →オガタチイチゴツナギ………168
*Poa palustris* →ヌマイチゴツナギ………………567
*Poa pratensis* subsp.*pratensis* →ナガハグサ………538
*Poa radula* →イブキソモソモ……………………75
*Poa sachalinensis* →ヒメカラフトイチゴツナギ……645
*Poa sphondylodes* →イチゴツナギ(1)……………61
*Poa sphondylodes* →イチゴツナギ(夏型)…………62
*Poa trivialis* subsp.*sylvicola* →タマオオスズメノカ
タビラ………………………………………………464
*Poa trivialis* subsp.*trivialis* →オオスズメノカタビ
ラ……………………………………………………146
*Poa tuberifera* →ムカゴツヅリ……………………782
*Poa yatsugatakensis* →タニイチゴツナギ…………461
*Podaxis pistillaris* →Desert shaggy mane…………874
*Podocarpus fasciculatus* →リュウキュウイヌマキ……856
*Podocarpus macrophyllus* var.*macrophyllus* →イヌ
マキ…………………………………………………73
*Podocarpus macrophyllus* var.*maki* →ラカンマキ……852
*Podonectrioides cicadellidicola* →ヨコバイタケ……848
*Podonectrioides citrina* →ウスキヨコバイタケ……94
*Podonectrioides* sp. →タダミヨコバイタケ…………455
*Podonectrioides* sp. →マイヅルヨコバイタケ………728
*Podophyllum emodi* →ヒマラヤハッカクレン………639
*Podophyllum peltatum* →アメリカハッカクレン………45
*Podoscypha multizonata* →Zoned rosette…………880
*Podoscypha petalodes* →Wine glass fungus…………880
*Podoserpula pusio* →Pagoda fungus…………………877
*Podostroma alutaceum* →ポドストロマ アルタケウ
ム……………………………………………………724
*Podostroma cornu-damae* →カエンタケ……………192
*Pogonatherum crinitum* →イタチガヤ………………60
*Pogonatum contortum* →コセイタカスギゴケ………314
*Pogonatum inflexum* →コスギゴケ…………………314
*Pogonatum japonicum* →セイタカスギゴケ…………420
*Pogonatum otaruense* →チャボスギゴケ……………480
*Pogonatum spinulosum* →ハミズゴケ………………615
*Pogonia japonica* →トキソウ………………………521
*Pogonia minor* →ヤマトキソウ……………………832
*Pogostemon stellatus* →ミズネコノオ………………752
*Pogostemon yatabeanus* →ミズトラノオ(1)………751
*Pohlia nutans* →ヘチマゴケ………………………694
*Pohlia otaruensis* →オタルミスゴケ………………178
*Pohlia pseudo-defecta* →イワマヘチマゴケ…………87
*Polanisia trachysperma* →ミツバフウチョウソウ……759
*Polemonium caeruleum* →セイヨウハナシノブ………423
*Polemonium caeruleum* subsp.*kiushianum* →ハナ
シノブ………………………………………………602
*Polemonium caeruleum* subsp.*laxiflorum* var.
*laxiflorum* →カラフトハナシノブ…………………213
*Polemonium caeruleum* subsp.*laxiflorum* var.

*paludosum* →クシロハナシノブ……………………264
*Polemonium caeruleum* subsp.*yezoense* →ミヤマハ
ナシノブ……………………………………………777
*Polemonium caeruleum* subsp.*yezoense* var.*yezoense*
→エゾノハナシノブ(1)……………………………120
*Polemonium liniforum* →ポレモニウム・リニフォル
ム……………………………………………………725
*Polemonium pauciflorum* →キバナハナシノブ………243
*Polemonium reptans* →ハイハナシノブ……………584
*Polemonium viscosum* →ポレモニウム・ビスコース
ム……………………………………………………725
*Pollia japonica* →ヤブミョウガ(1)………………824
*Pollia miranda* →コヤブミョウガ…………………333
*Pollia secundiflora* →ザルゾコミョウガ……………352
*Polycarpon tetraphyllum* →ヨツバハコベ(1)………849
*Polycephalomyces* sp. →エダウチカメムシタケ……125
*Polycephalomyces* sp. →シロサンゴタケ……………398
*Polycephalomyces* sp. →マユダマタケ………………737
*Polygala ambigua* →ハリヒメハギ…………………619
*Polygala calcarea* →ポリガラ・カルカレア…………725
*Polygala chamaebuxus* →トキワヒメハギ…………523
*Polygala japonica* →ヒメハギ………………………656
*Polygala longifolia* →リュウキュウヒメハギ………859
*Polygala paniculata* →コバナヒメハギ……………321
*Polygala polifolia* →シンチクヒメハギ……………406
*Polygala reinii* →カキノハグサ……………………194
*Polygala reinii* f.*angustifolia* →ナガバカキノハグサ……537
*Polygala senega* →セネガ……………………………427
*Polygala tatarinowii* →ヒナノキンチャク……………637
*Polygala tenuifolia* →イトヒメハギ…………………66
*Polygala verticillata* →クルマバヒメハギ……………274
*Polygonatum amabile* →ヒメナルコユリ……………655
*Polygonatum cryptanthum* →ウスギワニグチソウ……94
*Polygonatum falcatum* →ナルコユリ………………550
*Polygonatum falcatum* var.*hyugaense* →ヒュウガナ
ルコユリ……………………………………………663
*Polygonatum falcatum* var.*trichosanthum* →マルバ
オウセイ……………………………………………739
*Polygonatum humile* →ヒメイズイ…………………641
*Polygonatum humile* 'Variegatum' →ヒメイズイ
(斑入り)……………………………………………641
*Polygonatum inflatum* →ミドリヨウラク……………760
*Polygonatum involucratum* →ワニグチソウ…………871
*Polygonatum kingianum* →ポリゴナツム・キンギア
ナム…………………………………………………725
*Polygonatum lasianthum* →ミヤマナルコユリ………775
*Polygonatum lasianthum* var.*coreanum* →チョウセ
ンナルコユリ………………………………………485
*Polygonatum macranthum* →オオナルコユリ………150
*Polygonatum odoratum* var.*maximowiczii* →オオア
マドコロ……………………………………………136
*Polygonatum odoratum* var.*pluriflorum* →アマドコ
ロ……………………………………………………39
*Polygonatum odoratum* var.*thunbergii* →ヤマアマド
コロ…………………………………………………826
*Polygonum argyrocoleon* →ヌカボミチヤナギ………566
*Polygonum aviculare* subsp.*aviculare* →ミチヤナ
ギ……………………………………………………757
*Polygonum aviculare* subsp.*depressum* →ハイミチ
ヤナギ………………………………………………585
*Polygonum aviculare* subsp.*neglectum* →オクミチ
ヤナギ………………………………………………175
*Polygonum caducifolium* →ウシオミチヤナギ………91

学名索引　　　　　　　　　977　　　　　　　　**POL**

*Polygonum cuspidatum* var.*compactum*　→フジイタ
ドリ ......682

*Polygonum plebeium*　→ヤンバルミチヤナギ......841

*Polygonum polyneuron*　→アキノミチヤナギ...... 20

*Polygonum ramosissimum*　→ホザキニワヤナギ......709

*Polyopes lancifolius*　→キョウノヒモ......248

*Polyopes prolifer*　→コメノリ......331

*Polyozellus multiplex*　→カラスタケ......211

*Polypodium fauriei*　→オシャグジデンダ......176

*Polypodium fauriei*×*P.vulgare*　→タクヒデンダ......453

*Polypodium sibiricum*　→エゾデンダ......116

*Polypodium sibiricum*×*P.vulgare*　→キタノエゾデン
ダ......235

*Polypodium vulgare*　→オオエゾデンダ......139

*Polypogon fugax*　→ヒエガエリ......624

*Polypogon fugax*×*Agropogon hondoensis*　→ヌカボ
ガエリ......566

*Polypogon monspeliensis*　→ハマヒエガエリ......613

*Polyporus alveolaris*　→ハチノスタケ......598

*Polyporus arcularius*　→アミスギタケ...... 41

*Polyporus badius*　→アシグロタケ...... 26

*Polyporus brumalis*　→オツネンタケモドキ......178

*Polyporus* cf.*varius*　→キアシグロタケ近縁種......225

*Polyporus ciliatus*　→Fringed polypore......874

*Polyporus squamosus*　→アミヒラタケ...... 42

*Polyporus tuberaster*　→タマチョレイタケ......466

*Polystichum*×*amboversum*　→アイツヤナシイノデ......4

*Polystichum*×*anceps*　→ドウリョウイノデ......519

*Polystichum anomalum*　→コモチイノデ......332

*Polystichum atkinsonii*　→センジョウデンダ......430

*Polystichum balansae*　→ミヤジマシダ......765

*Polystichum braunii*　→ホソイノデ......711

*Polystichum braunii*×*P.microchlamys* var.
*microchlamys*　→ツバメイノデ......498

*Polystichum braunii*×*P.retrosopaleaceum*　→オクキ
ヌイノデ......174

*Polystichum capillipes*　→イナデンダ...... 66

*Polystichum craspedosorum*　→ツルデンダ......504

*Polystichum deltodon*　→タチデンダ......457

*Polystichum fibrillosopaleaceum*　→アスカイノデ...... 27

*Polystichum fibrillosopaleaceum*×*P.ovatopaleaceum*
var.*coraiense*　→サンブイノデ......358

*Polystichum fibrillosopaleaceum*×*P.*
*retrosopaleaceum*　→ゴサクイノデ......311

*Polystichum formosanum*　→オオミミガタシダ......163

*Polystichum*×*fujisanense*　→アイホイノデ......5

*Polystichum grandifrons*　→キュウシュウイノデ......246

*Polystichum*×*hakonense*　→ハコネイノデ......591

*Polystichum hancockii*　→タイワンジュウモンジシ
ダ......442

*Polystichum*×*hitoyoshiense*　→ヒトヨシイノデ......634

*Polystichum*×*hokurikuense*　→ホクリクイノデ......707

*Polystichum hookerianum*　→ホソバヤブソテツ......720

*Polystichum igaense*　→チャボイノデ......480

*Polystichum igaense*×*P.ovatopaleaceum* var.
*ovatopaleaceum*　→タカチホイノデ......446

*Polystichum igaense*×*P.polyblepharon*　→オオチャ
ボイノデ......148

*Polystichum igaense*×*P.tagawanum*　→チャボイノ
デ × イノデモドキ......480

*Polystichum*×*iidanum*　→アイカタイノデ......3

*Polystichum*×*inadae*　→フナコシイノデ......689

*Polystichum*×*izuense*　→カタイノデモドキ......200

*Polystichum*×*jitaroi*　→ジタロウイノデ......367

*Polystichum*×*kaimontanum*　→オオトヨグチイノデ..150

*Polystichum*×*kasayamense*　→カサヤマイノデ......197

*Polystichum*×*kiyozumianum*　→キヨズミイノデ......248

*Polystichum*×*kumamontanum*　→ダントウイノデ....470

*Polystichum*×*kunioi*　→カタホソイノデ......201

*Polystichum*×*kuratae*　→スオウイノデ......409

*Polystichum*×*kurokawae*　→アカメイノデ...... 17

*Polystichum lachenense*　→タカネシダ......448

*Polystichum lepidocaulon*　→オリヅルシダ......189

*Polystichum lonchitis*　→ヒイラギデンダ......624

*Polystichum longifrons*　→アイアスカイノデ......3

*Polystichum longifrons*×*P.ovatopaleaceum* var.
*coraiense*　→ゴテンバイノデ......317

*Polystichum longifrons*×*P.shimurae*　→ユヤマイノ
デ......846

*Polystichum longifrons*×*P.tagawanum*　→ハタジュ
クイノデ......596

*Polystichum makinoi*　→カタイノデ......200

*Polystichum makinoi*×*P.ovatopaleaceum* var.
*coraiense*　→カタイノデ × イワシロイノデ......200

*Polystichum*×*mashikoi*　→アマギイノデ...... 37

*Polystichum mayebarae*　→オオキヨズミシダ......142

*Polystichum microchlamys* var.*azumiense*　→アヅミ
イノデ...... 30

*Polystichum microchlamys* var.*microchlamys*　→カ
ラクサイノデ(1)......210

*Polystichum microchlamys* var.*microchlamys*×*P.*
*microchlamys* var.*azumiense*　→アヅミカラクサイ
ノデ...... 30

*Polystichum*×*microlepis*　→サカゲカタイノデ......339

*Polystichum*×*midoriense*　→ミドリイノデ......759

*Polystichum*×*minamitanii*　→カタナンビイノデ......200

*Polystichum*×*miuranum*　→ミウライノデ......746

*Polystichum*×*namegatae*　→ミツイシイノデ......757

*Polystichum neolobatum*　→ヤシャイノデ......815

*Polystichum obae*　→アマミデンダ...... 40

*Polystichum ohmurae*　→トヨグチイノデ......532

*Polystichum*×*ohtanii*　→オオタニイノデ......148

*Polystichum*×*okanum*　→ナメライノデ......548

*Polystichum*×*ongataense*　→オンガタイノデ......190

*Polystichum otomasui*　→ナンビイノデ......554

*Polystichum ovatopaleaceum* var.*coraiense*　→イワ
シロイノデ...... 83

*Polystichum ovatopaleaceum* var.*coraiense*×*P.*
*polyblepharon*　→シモウサイノデ......380

*Polystichum ovatopaleaceum* var.*coraiense*×*P.*
*pseudomakinoi*　→カネヤマイノデ......204

*Polystichum ovatopaleaceum* var.*coraiense*×*P.*
*retrosopaleaceum*　→サカゲイワシロイノデ......338

*Polystichum ovatopaleaceum* var.*coraiense*×*P.*
*tagawanum*　→イワシロイノデモドキ...... 83

*Polystichum ovatopaleaceum* var.*ovatopaleaceum*
→ツヤナシイノデ......499

*Polystichum ovatopaleaceum* var.*ovatopaleaceum*×
*P.ovatopaleaceum* var.*coraiense*　→ツヤナシイワ
シロイノデ......499

*Polystichum ovatopaleaceum* var.*ovatopaleaceum*×
*P.polyblepharon*　→ツヤナシフナコイノデ......499

*Polystichum piceopaleaceum*　→サクラジマイノデ......342

*Polystichum polyblepharon*　→イノデ...... 74

*Polystichum polyblepharon* var.*scabiosum* →カズサ
イノデ(1) ……199

*Polystichum*×*pseudocraspedosorum* →イナツルデ
ンダ ……66

*Polystichum pseudomakinoi* →サイゴクイノデ ……337

*Polystichum pseudomakinoi*×*P.shimurae* →サイゴ
クシムライノデ ……337

*Polystichum*×*pseudo-ovatopaleaceum* →ツヤナシイ
ノデモドキ ……499

*Polystichum retrosopaleaceum* →サカゲイノデ ……338

*Polystichum retrosopaleaceum*×*P.shimurae* →サカ
ゲシムライノデ ……339

*Polystichum rigens* →オニイノデ ……181

*Polystichum*×*sarukurense* →アヅミホソイノデ ……30

*Polystichum setiferum* →ポリスティクム・セティ
フェルム ……725

*Polystichum shimurae* →シムライノデ ……380

*Polystichum shimurae*×*P.tagawanum* →シムライ
ノデモドキ ……380

*Polystichum*×*shin-tashiroi* →シロウマイノデ ……396

*Polystichum*×*shizuokaense* →スルガイノデ ……418

*Polystichum*×*suginoi* →オオイノデモドキ ……138

*Polystichum*×*suyamanum* →スヤマイノデ ……418

*Polystichum tagawanum* →イノデモドキ ……74

*Polystichum*×*takaosanense* →タカオイノデ ……444

*Polystichum*×*tetsuyamense* →テツヤマイノデ ……510

*Polystichum*×*titibuense* →チチブイノデ ……477

*Polystichum*×*tokyoense* →トウキョウイノデ ……515

*Polystichum tripteron* →ジュウモンジシダ ……386

*Polystichum tsus-simense* →ヒメカナワラビ ……644

*Polystichum*×*utsumii* →ハリマイノデ ……619

*Polystichum yaeyamense* →ヤエヤマトラノオ ……808

*Polystichum*×*yokohamaense* →ヨコハマイノデ ……848

*Polytrichum commune* →ウマスギゴケ ……101

*Polytrichum juniperinum* →カカエバスギゴケ ……192

*Ponerorchis graminifolia* var.*kurokamiana* →クロ
カミラン ……276

*Ponerorchis graminifolia* var.*micropunctata* →サツ
マチドリ ……347

*Ponerorchis graminifolia* var.*suzukiana* →アワチド
リ ……51

*Pongamia pinnata* →クロヨナ ……283

*Populus alba* →ギンドロ ……256

*Populus koreana* →チリメンドロ ……486

*Populus nigra* →クロヤマナラシ ……283

*Populus nigra* var.*italica* →セイヨウハコヤナギ ……423

*Populus suaveolens* →ドロヤナギ ……535

*Populus tremula* var.*davidiana* →エゾヤマナラシ ……124

*Populus tremula* var.*sieboldii* →ヤマナラシ ……834

*Porella densifolia* →サンカククラマゴケモドキ ……355

*Porella densifolia* var.*oviloba* →アカクラマゴケモド
キ ……13

*Porodisculus pendulus* →ヌルデタケ ……569

*Poronia punctata* →Nail fungus ……877

*Porphyrellus fumosipes* →アイゾメクロイグチ ……4

*Porphyrellus porphyrosporus* →クロイグチ ……275

*Portieria hornemannii* →ホソバナミノハナ ……716

*Portieria japonica* →ナミノハナ ……548

*Portulaca grandiflora* →マツバボタン ……733

*Portulaca okinawensis* →オキナワマツバボタン ……173

*Portulaca okinawensis* var.*amamiensis* →アマミマ
ツバボタン ……41

*Portulaca oleracea* var.*oleracea* →スベリヒユ ……417

*Portulaca oleracea* var.*sativa* →タチスベリヒユ ……457

*Portulaca pilosa* →ヒメマツバボタン ……659

*Portulaca psammotropha* →マルバケヅメクサ ……739

*Portulaca quadrifida* →タイワンスベリヒユ ……442

*Postia caesia* →アオゾメタケ ……8

*Postia fragilis* →シミタケ ……380

*Postia japonica* →ヤマトオシロイタケ ……832

*Postia ptychogaster* →Powderpuff bracket ……878

*Potamogeton alpinus* →ホソバヒルムシロ ……719

*Potamogeton*×*anguillanus* →オオササエビモ ……144

*Potamogeton berchtoldii* →イトモ(1) ……66

*Potamogeton*×*biwaensis* →サンネンモ ……358

*Potamogeton compressus* →エゾヤナギモ ……124

*Potamogeton crispus* →エビモ(1) ……130

*Potamogeton cristatus* →コバノヒルムシロ ……323

*Potamogeton distinctus* →ヒルムシロ ……667

*Potamogeton fryeri* →フトヒルムシロ ……688

*Potamogeton gramineus* →エゾノヒルムシロ ……120

*Potamogeton*×*kamogawaensis* →オオミズヒキモ ……163

*Potamogeton*×*kyushuensis* →アイノコセンニンモ ……5

*Potamogeton lucens* →ガシャモク ……198

*Potamogeton maackianus* →センニンモ ……431

*Potamogeton*×*malainoides* →アイノコヒルムシロ ……5

*Potamogeton natans* →オヒルムシロ ……187

*Potamogeton*×*nitens* →ササエビモ ……343

*Potamogeton obtusifolius* →イヌイトモ ……67

*Potamogeton octandrus* →ホソバミズヒキモ ……719

*Potamogeton octandrus* var.*miduhikimo* →ミズヒ
キモ ……753

*Potamogeton*×*orientalis* →アイノコイトモ ……5

*Potamogeton oxyphyllus* →ヤナギモ ……820

*Potamogeton perfoliatus* →ヒロハノエビモ ……672

*Potamogeton praelongus* →ナガバエビモ ……537

*Potamogeton pusillus* →ツツイトモ ……496

*Potamogeton wrightii* →ササバモ ……345

*Potamogeton*×*yamagataensis* →ヒメオヒルムシロ ……644

*Potentilla alba* →ポテンティラ・アルバ ……723

*Potentilla amurensis* →コバナキジムシロ ……321

*Potentilla ancistrifolia* var.*dickinsii* →イワキンバイ ……83

*Potentilla anemonifolia* →オヘビイチゴ ……187

*Potentilla anglica* →ハイキジムシロ ……583

*Potentilla atrosanguinea* 'Gibson's Scarlet' →ギブ
ソンズスカーレット ……245

*Potentilla aurea* 'Plena' →ポテンティラ・オウレア
(八重咲き) ……724

*Potentilla centigrana* →ヒメヘビイチゴ ……658

*Potentilla chinensis* →カワラサイコ ……218

*Potentilla cryptotaeniae* →ミツモトソウ ……759

*Potentilla discolor* →ツチグリ(2) ……496

*Potentilla eriocarpa* →ポテンティラ・エリオカルパ ……724

*Potentilla fragarioides* var.*major* →キジムシロ ……231

*Potentilla fragiformis* subsp.*megalantha* →チシマ
キンバイ(1) ……473

*Potentilla freyniana* →ミツバツチグリ ……758

*Potentilla hebiichigo* →ヘビイチゴ ……700

*Potentilla indica* →ヤブヘビイチゴ ……824

*Potentilla matsumurae* →ミヤマキンバイ ……770

*Potentilla matsumurae* var.*apoiensis* →アポイキン
バイ ……36

学名索引 979 PRU

*Potentilla matsumurae* var.*yuparensis* →ユウバリ
キンバイ ..............842
*Potentilla nepalensis* →ポテンティラ・ネパレンシ
ス ..............724
*Potentilla niponica* →ヒロハノカワラサイコ ..........672
*Potentilla nivea* →ウラジロキンバイ ..............105
*Potentilla norvegica* →エゾノミツモトソウ ..........120
*Potentilla recta* →オオヘビイチゴ ..............161
*Potentilla riparia* var.*miyajimensis* →コテリハキン
バイ ..............317
*Potentilla riparia* var.*riparia* →テリハキンバイ ......510
*Potentilla rosulifera* →ツルキンバイ ..............502
*Potentilla stolonifera* →ツルキジムシロ ..........502
*Potentilla supina* →オキジムシロ ..............170
*Potentilla togasii* →エチゴキジムシロ ..............126
*Potentilla toyamensis* →エチゴツルキジムシロ ......126
*Pothos chinensis* →ユズノハカズラ ..............845
*Pourthiaea villosa* var.*laevis* →カマツカ(狭義) ......206
*Pourthiaea villosa* var.*longipes* →ナガエカマツカ ....535
*Pourthiaea villosa* var.*villosa* →カマツカ(1) ..........206
*Pourthiaea villosa* var.*villosa* →ワタゲカマツカ
(1) ..............870
*Pourthiaea villosa* var.*villosa* f.*aurantiaca* →キミノ
ワタゲカマツカ ..............246
*Pourthiaea villosa* var.*zollingeri* →ケカマツカ ......286
*Pouzolzia hirta* →ツルマオ ..............506
*Pouzolzia zeylanica* →ヤンバルツルマオ ..........840
*Pratia pedunculata* →プラティア・ペドゥンクラー
タ ..............691
*Premna microphylla* →ハマクサギ ..............610
*Premna nauseosa* →ルソンハマクサギ ..............863
*Premna serratifolia* →タイワンウオクサギ ..........441
*Primula allionii* →プリムラ・アリオニー ..........692
*Primula auricula* →アツバサクラソウ ..............32
*Primula capitata* →プリムラ・カピタータ ..........692
*Primula chungensis* →プリムラ・チュンゲンシス ....692
*Primula cuneifolia* var.*cuneifolia* →エゾコザクラ ....114
*Primula cuneifolia* var.*hakusanensis* →ハクサンコ
ザクラ ..............588
*Primula cuneifolia* var.*heterodonta* →ミチノクコザ
クラ ..............756
*Primula darialica* →プリムラ・ダリアリカ ..........692
*Primula denticulata* →タマザキサクラソウ ..........465
*Primula elatior* →プリムラ・エラチオール ..........692
*Primula farinosa* subsp.*modesta* var.*fauriei* →ユキ
ワリコザクラ ..............844
*Primula farinosa* subsp.*modesta* var.*modesta* →ユ
キワリソウ(1) ..............845
*Primula helodoxa* →キバナノクリンソウ ..........242
*Primula hidakana* →ヒダカイワザクラ ..............630
*Primula hidakana* var.*kamuiana* →カムイコザクラ ..207
*Primula hirsuta* →プリムラ・ヒルスタ ..............692
*Primula japonica* →クリンソウ ..............273
*Primula jesoana* var.*jesoana* →オオサクラソウ ......144
*Primula jesoana* var.*pubescens* →エゾオオサクラソ
ウ ..............112
*Primula*×*kewensis* →プリムラ×キューエンシス ..692
*Primula kisoana* →カッコソウ ..............201
*Primula kisoana* var.*shikokiana* →シコクカッコソ
ウ ..............363
*Primula macrocarpa* →ヒメコザクラ ..............648
*Primula malacoides* →オトメザクラ ..............179
*Primula marginata* →プリムラ・マルギナータ ......692

*Primula matthioli* subsp.*sachalinensis* →サクラソ
ウモドキ ..............342
*Primula minima* →プリムラ・ミニマ ..............692
*Primula modesta* var.*matsumurae* →レブンコザク
ラ ..............866
*Primula modesta* var.*samanimontana* →サマニユキ
ワリ ..............350
*Primula modesta* var.*shikokumontana* →イシヅチ
コザクラ ..............56
*Primula nipponica* →ヒナザクラ ..............635
*Primula obconica* →トキワザクラ ..............522
*Primula polyantha* →クリンザクラ ..............273
*Primula reinii* var.*kitadakensis* →クモイコザクラ ...269
*Primula reinii* var.*myogiensis* →ミョウギコザクラ ..780
*Primula reinii* var.*okamotoi* →オオミネコザクラ
(1) ..............163
*Primula reinii* var.*reinii* →コイワザクラ ..............296
*Primula reinii* var.*rhodotricha* →チチブイワザクラ ..477
*Primula rosea* →プリムラ・ロゼア ..............692
*Primula sieboldii* →サクラソウ ..............342
*Primula sikkimensis* →プリムラ・シッキメンシス ...692
*Primula sinensis* →チュウカザクラ ..............482
*Primula sorachiana* →ソラチコザクラ ..............435
*Primula* spp. →プリムラ(1) ..............692
*Primula takedana* →テシオコザクラ ..............509
*Primula tosaensis* →イワザクラ ..............83
*Primula tosaensis* var.*brachycarpa* →シナノコザク
ラ ..............370
*Primula tosaensis* var.*ovatifolia* →ナガバイワザク
ラ ..............537
*Primula veris* subsp.*veris* →キバナノクリンザクラ ..242
*Primula vialii* →プリムラ・ビアリー ..............692
*Primula villosa* →プリムラ・ビローサ ..............692
*Primula vulgaris* →プリムラ・ブルガリス ..........692
*Primula yuparensis* →ユウバリコザクラ ..........842
*Proboscidea louisianica* →ツノゴマ ..............497
*Procris boninensis* →セキモンウライソウ ..........425
*Prosaptia kanashiroi* →シマムカデシダ ..........379
*Protea cynaroides* →プロテア・キナロイデス ........693
*Prunella lanciniata* →キクバウツボグサ ..........229
*Prunella prunelliformis* →タテヤマウツボグサ ......460
*Prunella vulgaris* subsp.*asiatica* var.*aleutica* →ミ
ヤマウツボグサ ..............767
*Prunella vulgaris* subsp.*asiatica* var.*lilacina* →ウツ
ボグサ ..............99
*Prunella vulgaris* subsp.*vulgaris* →セイヨウウツボ
グサ ..............421
*Prunus americana* →アメリカスモモ ..............44
*Prunus armeniaca* var.*ansu* →アンズ ..............52
*Prunus*× 'Bungo' →ブンゴウメ ..............693
*Prunus cerasifera* →ミロバランスモモ ..............781
*Prunus cerasifera* 'Pissardii' →ベニバスモモ ........697
*Prunus domestica* →セイヨウスモモ ..............422
*Prunus domestica* var.*insititia* →プレース ..........693
*Prunus dulcis* →アーモンド ..............46
*Prunus glandulosa* →ニワザクラ(広義) ..........564
*Prunus japonica* →ニワウメ ..............564
*Prunus mume* →ウメ ..............102
*Prunus mume* 'Agehanochō' →アゲハノチョウ ........21
*Prunus mume* 'Akebono' →アケボノ(2) ..............22
*Prunus mume* 'Angyō-hitoe-yabai' →アンギョウヒ
トエヤバイ ..............52
*Prunus mume* 'Angyō-yae-yabai' →アンギョウヤエ

**PRU**                                   *980*                                   学名索引

ヤバイ ……………………………………… 52

*Prunus mume* 'Aojiku'  →アオジク ……………… 8

*Prunus mume* 'Asahizuru'  →アサヒズル …………… 24

*Prunus mume* 'Azuma-nishiki'  →アズマニシキ …… 29

*Prunus mume* 'Azuma-sarasa'  →アズマサラサ …… 29

*Prunus mume* 'Azusayumi'  →アズサユミ …………… 28

*Prunus mume* 'Baigō'  →バイゴウ ………………583

*Prunus mume* 'Bekkaku-bansui'  →ベッカクバンス
イ ………………………………………………695

*Prunus mume* 'Beni-botan'  →ベニボタン …………699

*Prunus mume* 'Beni-chidori'  →ベニチドリ (2) ……697

*Prunus mume* 'Benifude'  →ベニフデ………………699

*Prunus mume* 'Benifue'  →ベニフエ ………………699

*Prunus mume* 'Beni-kaga'  →ベニカガ ……………696

*Prunus mume* 'Beni-ōshuku'  →ベニオウシュク …695

*Prunus mume* 'Benisuzume'  →ベニスズメ …………697

*Prunus mume* 'Bijin-ume'  →ビジンウメ …………630

*Prunus mume* 'Bungo'  →ブンゴ…………………693

*Prunus mume* 'Bunpi'  →ブンピ…………………694

*Prunus mume* 'Chabo-en-ō'  →チャボエンオウ ……480

*Prunus mume* 'Chabo-tōji'  →チャボトウジ ………481

*Prunus mume* 'Chaseika'  →チャセイカ …………479

*Prunus mume* 'Chidori-shidare'  →チドリシダレ …478

*Prunus mume* 'Chitosegiku'  →チトセギク (2) ……478

*Prunus mume* 'Chōnohagasane'  →チョウノハガサ
ネ ………………………………………………486

*Prunus mume* 'Chōsen-ume'  →チョウセンウメ …484

*Prunus mume* 'Cryptopetala'  →テッケンバイ ……509

*Prunus mume* 'Dairi'  →ダイリ…………………440

*Prunus mume* 'Dairin-hibai'  →ダイリンヒバイ ……440

*Prunus mume* 'Eikan'  →エイカン ………………109

*Prunus mume* 'Eizanhaku'  →エイザンハク …………109

*Prunus mume* 'En-ō'  →エンオウ ………………131

*Prunus mume* 'Enshu-ito-shidare'  →エンシュウイ
トシダレ ………………………………………132

*Prunus mume* f.*alphandii*  →カンコウバイ …………221

*Prunus mume* 'Fufun'  →フフン…………………689

*Prunus mume* 'Fujibotanshidare'  →フジボタンシダ
レ ………………………………………………685

*Prunus mume* 'Fujieda-tankōbai'  →フジエダタンコ
ウバイ …………………………………………682

*Prunus mume* 'Fukujubai'  →フクジュバイ …………679

*Prunus mume* 'Fukushima-ao'  →フクシマアオ ……678

*Prunus mume* 'Funkō-shusa'  →フンコウシュサ……693

*Prunus mume* 'Funpi-kyufun'  →フンピキュウフン ‥694

*Prunus mume* 'Funshō-taikaku'  →フンショウタイ
カク ……………………………………………693

*Prunus mume* 'Furōen-hibai'  →フロウエンヒバイ …693

*Prunus mume* 'Ganseki-yabai'  →ガンセキヤバイ ‥‥222

*Prunus mume* 'Gekkyūden'  →ゲッキュウデン ………289

*Prunus mume* 'Gessekai'  →ゲッセカイ ……………289

*Prunus mume* 'Getchibai'  →ゲッチバイ …………289

*Prunus mume* 'Ginkō-taikaku'  →ギンコウタイカ
ク ………………………………………………254

*Prunus mume* 'Gojiro'  →ゴジロ ………………313

*Prunus mume* 'Gosaibai'  →ゴサイバイ ……………311

*Prunus mume* 'Gosetinomai'  →ゴセチノマイ ………315

*Prunus mume* 'Gosho-beni'  →ゴショベニ …………313

*Prunus mume* 'Gyōka'  →ギョウカ ………………247

*Prunus mume* 'Gyokken'  →ギョッケン ……………249

*Prunus mume* 'Gyokkō'  →ギョッコウ ……………249

*Prunus mume* 'Gyokkō-shidare'  →ギョッコウシダ

レ ……………………………………………………249

*Prunus mume* 'Gyokubotan'  →ギョクボタン ………248

*Prunus mume* 'Gyokuei'  →ギョクエイ ……………248

*Prunus mume* 'Hagino'  →ハギノ ……………………587

*Prunus mume* 'Haku-botan'  →ハクボタン (2) ………590

*Prunus mume* 'Hakutaka'  →ハクタカ ……………589

*Prunus mume* 'Hamachidori'  →ハマチドリ …………612

*Prunus mume* 'Hanakami'  →ハナカミ ……………601

*Prunus mume* 'Hanazaron'  →ハナザロン …………602

*Prunus mume* 'Harunoutage'  →ハルノウタゲ………620

*Prunus mume* 'Harunoyosooi'  →ハルノヨソオイ …621

*Prunus mume* 'Hasegawa-shibori'  →ハセガワシボ
リ …………………………………………………594

*Prunus mume* 'Hassaku'  →ハッサク (2) …………599

*Prunus mume* 'Hatsukari'  →ハツカリ (2) …………598

*Prunus mume* 'Hibai'  →ヒバイ……………………638

*Prunus mume* 'Himechidori'  →ヒメチドリ …………653

*Prunus mume* 'Hinagumori'  →ヒナグモリ …………635

*Prunus mume* 'Hinanomiyako'  →ヒナノミヤコ ……637

*Prunus mume* 'Hinohakama'  →ヒノハカマ …………638

*Prunus mume* 'Hinotsukasa'  →ヒノツカサ …………638

*Prunus mume* 'Hitoe-kankō'  →ヒトエカンコウ ……632

*Prunus mume* 'Hitoe-kankō-shidare'  →ヒトエカン
コウシダレ ……………………………………632

*Prunus mume* 'Hitoe-ryokugaku'  →ヒトエリョクガ
ク ………………………………………………632

*Prunus mume* 'Hitoe-ryokugaku-shidare'  →ヒトエ
リョクガクシダレ ……………………………633

*Prunus mume* 'Hitoe-tairin-ryokugaku'  →ヒトエタ
イリンリョクガク ……………………………632

*Prunus mume* 'Hitoe-tōbai'  →ヒトエトウバイ ………632

*Prunus mume* 'Hokutosei'  →ホクトセイ …………707

*Prunus mume* 'Hōrai'  →ホウライ ………………705

*Prunus mume* 'Hōryūkaku'  →ホウリュウカク………706

*Prunus mume* 'Hosoba-naniwa-kō'  →ホソバナニワ
コウ ……………………………………………716

*Prunus mume* 'Ichinotani'  →イチノタニ …………… 62

*Prunus mume* 'Ichiryū'  →イチリュウ …………… 63

*Prunus mume* 'Ieyasubai'  →イエヤスバイ ………… 53

*Prunus mume* 'Ihara'  →イハラ …………………… 74

*Prunus mume* 'Ikuyononezame'  →イクヨノネザメ … 55

*Prunus mume* 'Inazuma'  →イナズマ …………… 66

*Prunus mume* 'Inazumi'  →イナヅミ ……………… 66

*Prunus mume* 'Inkyo'  →インキョ ……………… 88

*Prunus mume* 'Inshibai'  →インシバイ …………… 88

*Prunus mume* 'Irihinoumi'  →イリヒノウミ ………… 80

*Prunus mume* 'Issai'  →イッサイ ………………… 63

*Prunus mume* 'Jakōbai'  →ジャコウバイ …………383

*Prunus mume* 'Jigen-yabai'  →ジゲンヤバイ …………362

*Prunus mume* 'Jitsugetsu'  →ジツゲツ (2) …………368

*Prunus mume* 'Jitsugetsu-kō'  →ジツゲツコウ ………368

*Prunus mume* 'Jitsugetsu-nishiki'  →ジツゲツニシ
キ (2) …………………………………………368

*Prunus mume* 'Jōshū-shiro'  →ジョウシュウシロ …389

*Prunus mume* 'Kagoshima'  →カゴシマ (2) …………196

*Prunus mume* 'Kagoshima-kō'  →カゴシマコウ ……196

*Prunus mume* 'Kairyō-uchida'  →カイリョウウチ
ダ ………………………………………………192

*Prunus mume* 'Kaityūhōshi'  →カイチュウホウシ …191

*Prunus mume* 'Kaiun'  →カイウン ………………191

*Prunus mume* 'Kakuben-daikō'  →カクベンダイコ
ウ ………………………………………………195

*Prunus mume* 'Kangoromo'  →カンゴロモ…………221

学名索引 981 PRU

*Prunus mume* 'Kanō-gyokuchō-taikaku' →カノウ
ギョクチョウタイカク ……………………204
*Prunus mume* 'Kasuga-kō' →カスガコウ …………198
*Prunus mume* 'Kasugano' →カスガノ ……………199
*Prunus mume* 'Kawakamiume' →カワカミウメ…216
*Prunus mume* 'Kayoi-komachi' →カヨイコマチ ……209
*Prunus mume* 'Kenkyō' →ケンキョウ (2) …………292
*Prunus mume* 'Kensaki' →ケンサキ (1) …………292
*Prunus mume* 'Kihi-taikaku' →キヒタイカク ………244
*Prunus mume* 'Kinen' →キネン ……………………239
*Prunus mume* 'Kinjishi' →キンジシ ……………255
*Prunus mume* 'Kinkō' →キンコウ ………………254
*Prunus mume* 'Kinkōbai' →キンコウバイ …………254
*Prunus mume* 'Kinsen-ryokugaku' →キンセンリョ
クガク ………………………………255
*Prunus mume* 'Kinshō-shidare' →キンショウシダ
レ ……………………………………255
*Prunus mume* 'Kirobē' →キロベエ ………………252
*Prunus mume* 'Kishū-dankō' →キシュウダンコウ …231
*Prunus mume* 'Kōbai' →コウバイ (コウセツキュウ
フン) ………………………………299
*Prunus mume* 'Kodai-beni-ōshuku' →コダイベニオ
ウシュク ……………………………315
*Prunus mume* 'Koganezuru' →コガネズル …………304
*Prunus mume* 'Kohokushō-yabai' →コホクショウ
ヤバイ ………………………………327
*Prunus mume* 'Kojōnoharu' →コジョウノハル ……313
*Prunus mume* 'Kōki' →コウキ ……………………296
*Prunus mume* 'Kokinran' →コキンラン (2) …………307
*Prunus mume* 'Kokinshū' →コキンシュウ …………306
*Prunus mume* 'Kokukō' →コクコウ ………………307
*Prunus mume* 'Kokyōnonishiki' →コキョウノニシ
キ ……………………………………306
*Prunus mume* 'Kokyu-banfun' →コキュウバンフ
ン ……………………………………306
*Prunus mume* 'Kōnan' →コウナン ………………299
*Prunus mume* 'Kōnanshomu' →コウナンショム ……299
*Prunus mume* 'Kōnan-shusa' →コウナンシュサ ……299
*Prunus mume* 'Kōrei-nikō' →コウレイニコウ ………302
*Prunus mume* 'Koshinoume' →コシノウメ …………312
*Prunus mume* 'Kōshū-ōjuku' →コウシュウオウジュ
ク ……………………………………297
*Prunus mume* 'Kōshū-saishō' →コウシュウサイ
ショウ ………………………………297
*Prunus mume* 'Kōshūshinko' →コウシュウシンコ
ウ ……………………………………297
*Prunus mume* 'Kōshū-yabai' →コウシュウヤバイ …297
*Prunus mume* 'Kotobuki' →コトブキ ………………318
*Prunus mume* 'Kō-tōji' →コウトウジ ………………299
*Prunus mume* 'Kōufun-taikaku' →コウフンタイカ
ク ……………………………………299
*Prunus mume* 'Kumoi' →クモイ …………………269
*Prunus mume* 'Kumonoakebono' →クモノアケボ
ノ ……………………………………270
*Prunus mume* 'Kureha-shidare' →クレハシダレ……274
*Prunus mume* 'Kuroda' →クロダ …………………278
*Prunus mume* 'Kurokumo' →クロクモ ……………277
*Prunus mume* 'Kusudama' →クスダマ (1) …………264
*Prunus mume* 'Maiōgi' →マイオウギ ……………727
*Prunus mume* 'Makitachiyama' →マキタチヤマ ……729
*Prunus mume* 'Mangetsu' →マンゲツ ……………745
*Prunus mume* 'Mangetsu-shidare' →マンゲツシダ
レ ……………………………………745
*Prunus mume* 'Maya-kō' →マヤコウ ………………737

*Prunus mume* 'Meotoshidare' →メオトシダレ ………794
*Prunus mume* 'Mera' →メラ ………………………797
*Prunus mume* 'Michishirube' →ミチシルベ…………755
*Prunus mume* 'Microcarpa' →コウメ (1) …………300
*Prunus mume* 'Mikaikō' →ミカイコウ ……………746
*Prunus mume* 'Mitsukuni' →ミツクニ………………757
*Prunus mume* 'Miyaguchi-koume' →ミヤグチコウ
メ ……………………………………764
*Prunus mume* 'Miyako-nishiki' →ミヤコニシキ ……765
*Prunus mume* 'Miyoshino' →ミヨシノ ……………781
*Prunus mume* 'Miyuki' →ミユキ …………………780
*Prunus mume* 'Miyukinohikari' →ミユキノヒカリ…780
*Prunus mume* 'Mochida-shiro' →モチダシロ ………800
*Prunus mume* 'Momobeni-taikaku' →モモベニタイ
カク …………………………………803
*Prunus mume* 'Momoyama' →モモヤマ (1) …………803
*Prunus mume* 'Momozono' →モモゾノ (2) …………803
*Prunus mume* 'Monju' →モンジュ …………………804
*Prunus mume* 'Morinoseki' →モリノセキ…………804
*Prunus mume* 'Muroya' →ムロヤ …………………793
*Prunus mume* 'Muruishibori' →ムルイシボリ (2) …793
*Prunus mume* 'Musashino' →ムサシノ ……………784
*Prunus mume* 'Myōjō' →ミョウジョウ ……………781
*Prunus mume* 'Naniwa' →ナニワ …………………547
*Prunus mume* 'Naniwa-kō' →ナニワコウ …………547
*Prunus mume* 'Naniwa-shiro' →ナニワシロ…………547
*Prunus mume* 'Nankō' →ナンコウ (1) ……………551
*Prunus mume* 'Nankō' →ナンコウ (2) ……………551
*Prunus mume* 'Natsugoromo' →ナツゴロモ ………545
*Prunus mume* 'Natsuka' →ナツカ …………………544
*Prunus mume* 'Neirō-yabai' →ネイロウヤバイ ……569
*Prunus mume* 'Nikkōbai' →ニッコウバイ …………562
*Prunus mume* 'Ni-ryokugaku' →ニリョクガク………564
*Prunus mume* 'Nishikishō-kurokumo' →ニシキショ
ウクロクモ …………………………559
*Prunus mume* 'Nishikishō-toyadenotaka' →ニシキ
ショウトヤデノタカ ………………559
*Prunus mume* 'Nishikishō-yae-yabai' →ニシキショ
ウヤエヤバイ ………………………559
*Prunus mume* 'Ōginagashi' →オウギナガシ ………133
*Prunus mume* 'Ōgonbai' →オウゴンバイ …………134
*Prunus mume* 'Okabe' →オカベ …………………169
*Prunus mume* 'Okina' →オキナ …………………170
*Prunus mume* 'Ōminato' →オオミナト ……………163
*Prunus mume* 'Ōmuta' →オオムタ ………………164
*Prunus mume* 'Orihime' →オリヒメ ………………189
*Prunus mume* 'Ōsakazuki' →オオサカズキ (1) ……143
*Prunus mume* 'Ōshuku' →オウシュク ……………134
*Prunus mume* 'Ōshukubai' →オウシュクバイ ………134
*Prunus mume* 'Otomenosode' →オトメノソデ……180
*Prunus mume* 'Pleiocarpa' →ヤツブサウメ ………818
*Prunus mume* 'Ransō-yabai' →ランソウヤバイ……853
*Prunus mume* 'Rekkōbai' →レッコウバイ …………865
*Prunus mume* 'Renkyū' →レンキュウ ……………867
*Prunus mume* 'Rinchigai' →リンチガイ ……………862
*Prunus mume* 'Rinshibai' →リンシバイ ……………862
*Prunus mume* 'Rōken' →ロウケン …………………868
*Prunus mume* 'Ryokugaku' →リョクガク (1) ………861
*Prunus mume* 'Ryokugaku-kasugano' →リョクガク
カスガノ ……………………………861
*Prunus mume* 'Ryokugaku-shidare' →リョクガク
シダレ ………………………………861

*Prunus mume* 'Ryūhō' →リュウホウ……………861
*Prunus mume* 'Ryūkyō-koume' →リュウキョウコ
ウメ……………860
*Prunus mume* 'Ryūmon' →リュウモン……………861
*Prunus mume* 'Ryūmon-shidare' →リュウモンシダ
レ……………861
*Prunus mume* 'Sabashikō' →サバシコウ……………349
*Prunus mume* 'Sakurabai' →サクラバイ……………342
*Prunus mume* 'Sakurakagami' →サクラカガミ (1) …341
*Prunus mume* 'Sanju-taikaku' →サンジュタイカク …357
*Prunus mume* 'Seiōbo' →セイオウボ (2) …………419
*Prunus mume* 'Seiryū-shidare' →セイリュウシダ
レ……………425
*Prunus mume* 'Seishigyokucho' →セイシギョク
チョウ……………419
*Prunus mume* 'Seiyōbai' →セイヨウバイ……………423
*Prunus mume* 'Sekainozu' →セカイノズ……………425
*Prunus mume* 'Sekimori' →セキモリ……………425
*Prunus mume* 'Setsugetsuka' →セツゲツカ……………426
*Prunus mume* 'Shangurira-yabai' →シャングリラ
ヤバイ……………385
*Prunus mume* 'Shinano-koume' →シナノコウメ……370
*Prunus mume* 'Shin-heike' →シンヘイケ……………407
*Prunus mume* 'Shinonome' →シノノメ……………371
*Prunus mume* 'Shin-ryokugaku' →シンリョクガク …407
*Prunus mume* 'Shin-tōji' →シントウジ……………406
*Prunus mume* 'Shirataki-shidare' →シラタキシダ
レ……………392
*Prunus mume* 'Shiratamabai' →シラタマバイ……………393
*Prunus mume* 'Shiro-chirimen' →シロチリメン……399
*Prunus mume* 'Shiro-jishi' →シロジシ……………398
*Prunus mume* 'Shiro-kaga' →シロカガ……………397
*Prunus mume* 'Shishigashira' →シシガシラ (2) …365
*Prunus mume* 'Shōkō-shusa' →ショウコウシュサ……388
*Prunus mume* 'Shookunochō' →ショオクノチョウ …390
*Prunus mume* 'Shōrin-suzukanoseki' →ショウリン
スズカノセキ……………390
*Prunus mume* 'Shō-ryokugaku' →ショウリョクガ
ク……………390
*Prunus mume* 'Shōsuibai' →ショウスイバイ……………389
*Prunus mume* 'Sōgyōka' →ソウギョウカ……………432
*Prunus mume* 'Sohaku-taikaku' →ソハクタイカク …434
*Prunus mume* 'Sōmeinotsuki' →ソウメイノツキ……433
*Prunus mume* 'Sononoyuki' →ソノノユキ……………434
*Prunus mume* 'Sōshibai' →ソウシバイ……………432
*Prunus mume* 'Sōshun' →ソウシュン……………433
*Prunus mume* 'Spiralis' →コウテンバイ……………299
*Prunus mume* 'Sugita' →スギタ……………410
*Prunus mume* 'Suigetsu' →スイゲツ……………408
*Prunus mume* 'Suisenbai' →スイセンバイ……………408
*Prunus mume* 'Suishinbai' →スイシンバイ……………408
*Prunus mume* 'Suishinkyō' →スイシンキョウ……………408
*Prunus mume* 'Sujiiri-hitoe-yabai' →スジイリヒト
エヤバイ……………411
*Prunus mume* 'Sujiiri-michishirube' →スジイリミ
チシルベ……………411
*Prunus mume* 'Sujiiri-ōshuku' →スジイリオウシュ
ク……………411
*Prunus mume* 'Sujiiri-tsukikage' →スジイリツキカ
ゲ……………411
*Prunus mume* 'Sujiiri-tsukinohikari' →スジイリツ
キノヒカリ……………411
*Prunus mume* 'Sujiiri-yae-tōji' →スジイリヤエトウ
ジ……………411

*Prunus mume* 'Sūmei-koume' →スウメイコウメ……409
*Prunus mume* 'Sumomoume' →スモモウメ……………418
*Prunus mume* 'Suōbai' →スオウバイ……………409
*Prunus mume* 'Suzukanoseki' →スズカノセキ……………412
*Prunus mume* 'Suzuki-ao' →スズキアオ……………412
*Prunus mume* 'Tagaku-shusa' →タガクシュサ……444
*Prunus mume* 'Tagonoura' →タゴノウラ……………454
*Prunus mume* 'Tagotonotsuki' →タゴトノツキ……454
*Prunus mume* 'Taihei' →タイヘイ……………439
*Prunus mume* 'Taikaku-shusa' →タイカクシュサ……436
*Prunus mume* 'Tairin-ryokugaku' →タイリンリョ
クガク……………440
*Prunus mume* 'Taiwan-ume' →タイワンウメ……………441
*Prunus mume* 'Takara-awase' →タカラアワセ (2) …452
*Prunus mume* 'Takasago' →タカサゴ (2) …………445
*Prunus mume* 'Tamagaki' →タマガキ……………464
*Prunus mume* 'Tamagaki-shidare' →タマガキシダ
レ……………464
*Prunus mume* 'Tamasudare' →タマスダレ (1) ……465
*Prunus mume* 'Tanbenchōshi' →タンベンチョウシ …471
*Prunus mume* 'Tanfun' →タンフン……………471
*Prunus mume* 'Taninoyuki' →タニノユキ……………462
*Prunus mume* 'Tan-un-kyūfun' →タンウンキュウフ
ン……………469
*Prunus mume* 'Tekken' →テッケン……………509
*Prunus mume* 'Tenkō' →テンコウ……………512
*Prunus mume* 'Tōbai' →トウバイ……………518
*Prunus mume* 'Tōbai-shidare' →トウバイシダレ……518
*Prunus mume* 'Tōgorō' →トウゴロウ……………516
*Prunus mume* 'Tōji' →トウジ……………516
*Prunus mume* 'Tokinomai' →トキノマイ……………521
*Prunus mume* 'Tokonari' →トコナリ……………526
*Prunus mume* 'Toranoo' →トラノオ (1) …………532
*Prunus mume* 'Toyadenonishiki' →トヤデノニシキ …532
*Prunus mume* 'Toyadenotaka' →トヤデノタカ……532
*Prunus mume* 'Toyadenotaka-shidare' →トヤデノ
タカシダレ……………532
*Prunus mume* 'Tsukasa-shibori' →ツカサシボリ……487
*Prunus mume* 'Tsukikage' →ツキカゲ……………488
*Prunus mume* 'Tsukikageshidare' →ツキカゲシダ
レ……………488
*Prunus mume* 'Tsukinokatsura' →ツキノカツラ……488
*Prunus mume* 'Tsukushi-kō' →ツクシコウ……………490
*Prunus mume* 'Ujinosato' →ウジノサト…………… 92
*Prunus mume* 'Ukibotan' →ウキボタン…………… 89
*Prunus mume* 'Usuiro-chirimen' →ウスイロチリメ
ン…………… 93
*Prunus mume* 'Viridicalyx' →リョクガクバイ………861
*Prunus mume* 'Yae-ageha' →ヤエアゲハ……………805
*Prunus mume* 'Yae-asahi' →ヤエアサヒ……………805
*Prunus mume* 'Yae-bungo' →ヤエブンゴ……………806
*Prunus mume* 'Yae-chasei' Type1 →ヤエチャセイ
〔Ⅰ〕……………806
*Prunus mume* 'Yae-chasei' Type2 →ヤエチャセイ
〔Ⅱ〕……………806
*Prunus mume* 'Yae-kaidō' →ヤエカイドウ……………805
*Prunus mume* 'Yae-kankō' →ヤエカンコウ……………805
*Prunus mume* 'Yae-mangetsu-shidare' →ヤエマン
ゲツシダレ……………806
*Prunus mume* 'Yae-matsurigasa-shidare' →ヤエマ
ツリガサシダレ……………806
*Prunus mume* 'Yae-matsushima' →ヤエマツシマ……806
*Prunus mume* 'Yae-seiōbo' →ヤエセイオウボ……………806

学名索引 983 PTE

Prunus mume 'Yae-sekimori' →ヤエセキモリ ………806
Prunus mume 'Yae-tōbai' →ヤエトウバイ …………806
Prunus mume 'Yae-yabai' →ヤエヤバイ ……………806
Prunus mume 'Yakushi' →ヤクシ ……………………809
Prunus mume 'Yamatobotan' →ヤマトボタン ………833
Prunus mume 'Yanagawa-shibori' →ヤナガワシボ
リ ……………………………………………………818
Prunus mume 'Yanagawa-shidare' →ヤナガワシダ
レ ……………………………………………………818
Prunus mume 'Yōkihi' →ヨウキヒ (2) ……………847
Prunus mume 'Yōrō' →ヨウロウ ……………………848
Prunus mume 'Yorō-shidare' →ヨウロウシダレ ……848
Prunus mume 'Yōsei' →ヨウセイ ……………………847
Prunus mume 'Yukidōrō' →ユキドウロウ …………843
Prunus mume 'Yukinoakebono' →ユキノアケボノ…843
Prunus mume 'Yutakaume' →ユタカウメ …………845
Prunus mume 'Zansetsu' →ザンセツ ………………358
Prunus mume 'Zaron-beni' →ザロン (ベニ) ………353
Prunus mume 'Zaron-shiro' →ザロン (シロ) ………353
Prunus mume 'Zaron-usubeni' →ザロン (ウスベ
ニ) ……………………………………………………353
Prunus mume 'Zuiganji-garyūbai-shiro' →ズイガン
ジガリュウバイシロ…………………………………408
Prunus parvifolia 'Parvifolia' →フユザクラ (1) ……690
Prunus persica →モモ………………………………803
Prunus persica 'Albo-plena' →ハクトウ …………590
Prunus persica cv. →ハナモモ……………………606
Prunus persica 'Densa' →カラモモ (1) ……………214
Prunus persica 'Pendula' →ザンセツシダレ …………358
Prunus persica 'Pyramidalis' →ホウキモモ ………704
Prunus persica 'Rubro-pendula' →ハゴロモシダレ…592
Prunus persica 'Stellata' →キクモモ ………………229
Prunus persica var.nucipersica →ネクタリン ………569
Prunus persica var.platycarpa →バントウ …………622
Prunus persica 'Versicolor' →ゲンペイモモ ………293
Prunus persica 'Yaguchi' →ヤグチ…………………813
Prunus salicina →スモモ……………………………418
Prunus simonii →ベニスモモ (1) …………………697
Prunus tomentosa →ユスラウメ …………………845
Prunus triloba 'Petzoldii' →ヤエオヒョウモモ ……805
Psathyrella candolleana →イタチタケ ……………60
Psathyrella caput-medusae →Medusa brittlestem …877
Psathyrella corrugis →ナヨタケ (1) ………………548
Psathyrella multipedata →プサテュレッラ・ムル
ティペダタ …………………………………………681
Psathyrella multissima →センボンクズタケ …………432
Psathyrella obtusata →コナヨタケ …………………318
Psathyrella piluliformis →ムササビタケ ……………784
Psathyrella velutina →ムジナタケ …………………784
Pseudoboletus astraeicola →タマノリイグチ………466
Pseudoboletus parasiticus →Parasitic bolete…………877
Pseudobryum speciosum →ムツデチョウチンゴケ…785
Pseudoclitocybe cyathiformis →クロサカズキシメ
ジ ……………………………………………………277
Pseudocolus fusiformis →サンコタケ ………………356
Pseudognaphalium affine →ハハコグサ……………607
Pseudognaphalium hypoleucum →アキノハハコグサ…20
Pseudognaphalium luteoalbum →セイタカハハコグ
サ ……………………………………………………420
Pseudognaphalium sp. →アイセイタカハハコグサ……4
Pseudogynoxys chenopodioides →メキシコサワギ
ク ……………………………………………………794

Pseudohydnum gelatinosum →ニカワハリタケ………558
Pseudoinonotus dryadeus →マクラタケ ……………729
Pseudolarix amabilis →イヌカラマツ ………………68
Pseudolysimachion schmidtianum subsp.
akaishialpina prov. →アカイシミヤマクワガタ ……12
Pseudolysimachion subsessile var.ibukiense →イブ
キリリトラノオ (1) ………………………………76
Pseudomerulius aureus →キシワタケ………………231
Pseudomerulius curtisii →サケバタケ………………343
Pseudoplectania melaena →ニセクロチャワンタケ…560
Pseudoplectania nigrella →クロチャワンタケ …………278
Pseudopyxis depressa →イナモリソウ ………………67
Pseudopyxis heterophylla →シロイナモリソウ………395
Pseudoraphis sordida →ウキシバ…………………89
Pseudosasa japonica →ヤダケ………………………815
Pseudosasa japonica f.akebono →アケボノヤダケ……23
Pseudosasa japonica var.pleioblastoides →メンヤダ
ケ ……………………………………………………798
Pseudosasa japonica var.tsutsumiana →ラッキョウ
ヤダケ………………………………………………853
Pseudosasa owatarii →ヤクシマダケ………………811
Pseudostellaria heterantha →ワチガイソウ…………871
Pseudostellaria heterantha var.linearifolia →ヒナ
ワチガイソウ ………………………………………637
Pseudostellaria heterophylla →ワダソウ ……………871
Pseudostellaria japonica →ナンブワチガイ …………555
Pseudostellaria palibiniana →ヒゲネワチガイソウ…628
Pseudostellaria sylvatica →クシロワチガイソウ ……264
Pseudotaxiphyllum maebarae →ヒゴイチイゴケ……628
Pseudotaxiphyllum pohliaecarpum →アカイチイゴ
ケ ……………………………………………………12
Pseudotsuga japonica →トガサワラ…………………519
Pseudotsuga menziesii →ベイマツ…………………694
Pseudotulostoma japonicum →コウボウフデ………299
Psidium cattleyanum →テリハバンジロウ …………511
Psidium cattleyanum f.lucidum →キミノバンジロ
ウ ……………………………………………………246
Psidium guajava →グアバ…………………………259
Psilocybe argentipes →ヒカゲシビレタケ …………625
Psilocybe coprophila →トフンタケ…………………531
Psilocybe cubensis →シビレタケモドキ ……………373
Psilocybe fasciata →アイセンボンタケ………………4
Psilocybe semilanceata →プシロキュベ・セミランケ
アタ…………………………………………………685
Psilocybe subaeruginascens →オオシビレタケ………145
Psilothallia dentata →ベニヒバ……………………699
Psilotum nudum →マツバラン………………………734
Psychotria asiatica →ボチョウジ…………………722
Psychotria boninensis →オオシラタマカズラ ………146
Psychotria homalosperma →オガサワラボチョウジ…168
Psychotria manillensis →ナガミボチョウジ…………542
Psychotria serpens →シラタマカズラ………………392
Pteridium aquilinum subsp.japonicum →ワラビ……872
Pteridophyllum racemosum →オサバグサ…………176
Pteris alata →オオアマクサシダ …………………135
Pteris alata×P.ryukyuensis →オオアマクサシダ ×
リュウキュウイノモトソウ ………………………135
Pteris boninensis →オガサワラハチジョウシダ………168
Pteris cadieri →カワリバアマクサシダ……………219
Pteris×calcarea →イッキイノモトソウ ……………63
Pteris cretica →オオバノイノモトソウ ……………156
Pteris cretica×P.kidoi →シラタケイノモトソウ……392

**PTE** 984 学名索引

Pteris deltodon →クマガワイノモトソウ ……………267
Pteris deltodon×P.kidoi →ナンピイノモトソウ ……554
Pteris ensiformis →ホコシダ ……………………………708
Pteris fauriei →ハチジョウシダ …………………………597
Pteris formosana →タイワンアマクサシダ ……………441
Pteris grevilleana →アシガタシダ ……………………… 26
Pteris inaequalis →オオバノアマクサシダ ……………156
Pteris kawabatae →カワバタハチジョウシダ …………217
Pteris kidoi →キドイモトソウ ……………………………238
Pteris kiuschiuensis →ニシノコハチジョウシダ ……559
Pteris laurisilvicola →アイコハチジョウシダ …………3
Pteris multifida →イノモトソウ ………………………… 74
Pteris multifida×P.nipponica →ヌマヅイノモトソ
ウ …………………………………………………………………567
Pteris multifida×P.yamatensis →カシワギイノモト
ソウ ………………………………………………………………198
Pteris nakasimae →ヒノタニシダ ………………………638
Pteris×namegatae →イブスキイノモトソウ ………… 76
Pteris natiensis →ヤワラハチジョウシダ ………………840
Pteris nipponica →マツサカシダ ………………………732
Pteris oshimensis →コハチジョウシダ(1) ……………320
Pteris×otomasui →オトマスイノモトソウ ……………179
Pteris×pseudosefuricola →アイイノモトソウ …………3
Pteris ryukyuensis →リュウキュウイノモトソウ ……856
Pteris satsumana →サツマハチジョウシダ ……………347
Pteris semipinnata →アマクサシダ ……………………… 38
Pteris setulosocostulata →トゲハチジョウシダ ………526
Pteris terminalis →オオバノハチジョウシダ …………156
Pteris tokioi →ヒカゲアマクサシダ ……………………625
Pteris vittata →モエジマシダ ……………………………799
Pteris wallichiana →ナチシダ ……………………………544
Pteris yakuinsularis →ヤクシマハチジョウシダ ……812
Pteris yamatensis →ヒメイノモトソウ ………………641
Pternopetalum tanakae →イワセントウソウ ………… 84
Pterocarpus indicus f.echinatus →ヤエヤマシタン …807
Pterocarpus santalinus →サンダルシタン ………………358
Pterocarya fraxinifolia →コーカサスサワグルミ ……303
Pterocarya rhoifolia →サワグルミ ………………………353
Pterocarya stenoptera →シナサワグルミ ………………369
Pterocladiella tenuis →オバクサ …………………………186
Pterostylis barbata →プテロスティリス・バルバー
タ …………………………………………………………………687
Pterostylis curta →プテロスティリス・クルタ ………687
Pterostylis nana →プテロスティリス・ナナ …………687
Pterostylis nutans →プテロスティリス・スタンス …687
Pterostylis recurva →プテロスティリス・レクルバ …687
Pterostyrax corymbosa →アサガラ(1) ………………… 23
Pterostyrax hispida →オオバアサガラ …………………151
Pterula subulata →フサタケ ………………………………681
Pterygocalyx volubilis →ホソバツルリンドウ ………716
Pterygopleurum neurophyllum →シムラニンジン …380
Ptilagrostis alpina →ヒゲナガコメススキ ……………627
Ptilium crista-castrensis →ダチョウゴケ ……………459
Ptilophora subcostata →ヒラクサ ………………………665
Ptisana boninensis →リュウビンタイモドキ …………861
Ptychanthus striatus →シダレゴヘイゴケ ……………367
Ptychomitrium gardneri var.angustifolium →ホソ
バシナチヂレゴケ ……………………………………………714
Ptychoverpa bohemica →オオズキンカブリタケ …146
Puccinellia kurilensis →チシマドジョウツナギ ………475
Puccinellia nipponica →タチドジョウツナギ …………458

Pueraria lobata →クズ ……………………………………264
Pueraria lobata subsp.thomsonii →シナクズ …………369
Pueraria montana →タイワンクズ ………………………441
Pulmonaria angustifolia →プルモナリア・アングス
ティフォリア …………………………………………………693
Pulmonaria rubra →プルモナリア・ルブラ …………693
Pulsatilla cernua →オキナグサ(1) ……………………170
Pulsatilla halleri →プルサチラ・ハーレリ …………692
Pulsatilla nipponica →ツクモグサ ………………………493
Pulsatilla patens subsp.multifida →プルサチラ・パ
テンス・ムルチフィダ ……………………………………692
Pulsatilla sugawarai →カシポオキナグサ ……………198
Pulsatilla taraoi →カタオカソウ ………………………200
Pulsatilla vernalis →プルサチラ・ベルナリス ………692
Pulsatilla vulgaris 'Alba' →セイヨウオキナグサ …421
Pulveroboletus auriflammeus →ハナガサイグチ ……601
Pulveroboletus ravenelii →キイロイグチ ……………226
Punica granatum →ザクロ …………………………………343
Punica granatum 'Nana' →ヒメザクロ ………………649
Putranjiva matsumurae →ツゲモドキ …………………494
Pycnolejeunea minutilobula →オキナワシゲリゴケ …171
Pycnoporellus fulgens →カボチャタケ ………………205
Pycnoporus cinnabarinus →シュタケ …………………386
Pycnoporus sanguineus →Blood-red bracket ………873
Pycnospora iutescens →キンチャクマメ ………………256
Pylaisia nana →アズマキヌゴケ ………………………… 29
Pylaisiadelpha tenuirostris →コモチイトゴケ ………332
Pyracantha →ピラカンサ(1) ……………………………665
Pyracantha angustifolia →タチバナモドキ …………458
Pyracantha coccinea →トキワサンザシ ………………522
Pyracantha crenulata →カザンデマリ …………………197
Pyrenaria virgata →ヒサカキサザンカ …………………629
Pyrola alpina →コバノイチヤクソウ …………………321
Pyrola asarifolia subsp.incarnata →ベニバナイチヤ
クソウ …………………………………………………………698
Pyrola faurieana →カラフトイチヤクソウ ……………212
Pyrola japonica →イチヤクソウ ………………………… 62
Pyrola japonica var.subaphylla →ヒトツバイチヤク
ソウ ………………………………………………………………633
Pyrola minor →エゾイチヤクソウ ………………………111
Pyrola nephrophylla →マルバノイチヤクソウ ………741
Pyrola renifolia →ジンヨウイチヤクソウ ……………407
Pyronema omphalodes →ピロネマ オムファロデス …669
Pyropia tenera →アサクサノリ ………………………… 24
Pyropia yezoensis →スサビノリ …………………………411
Pyrrhobryum dozyanum →ヒノキゴケ …………………638
Pyrrhoderma sendaiense →ツヤナシマンネンタケ …499
Pyrrosia adnascens →ヒトツバマメヅタ ………………634
Pyrrosia angustissima →ヒトツバノキシノブ ………634
Pyrrosia davidii →イワダレヒトツバ ………………… 84
Pyrrosia hastata →イワオモダカ ………………………… 81
Pyrrosia linearifolia →ビロードシダ …………………668
Pyrrosia lingua →ヒトツバ ………………………………633
Pyrrosia×nipponica →ヤツシロヒトツバ ……………817
Pyrus bretschneideri →シナナシ ………………………369
Pyrus calleryana →マメナシ ……………………………737
Pyrus communis →セイヨウナシ ………………………423
Pyrus pyrifolia var.culta →ナシ(1) …………………543
Pyrus pyrifolia var.pyrifolia →ヤマナシ(1) …………834
Pyrus ussuriensis var.hondoensis →アオナシ ………… 9

学名索引　　985　　RAN

*Pyrus ussuriensis* var.*ussuriensis* →ミチノクナシ …756
*Pystaenia takesimana* →タケシマシシウド …………453

## 【Q】

*Quamoclit*× *multifida* →ハゴロモルコウ …………593
*Queletia mirabilis* →オニノケヤリタケ …………184
*Quercus acuta* →アカガシ …………12
*Quercus acutissima* →クヌギ …………266
*Quercus aliena* →ナラガシワ …………549
*Quercus aliena* 'Lutea' →オウゴンカシワ …………133
*Quercus aliena* var.*pellucida* →アオナラガシワ …9
*Quercus crispula* →ミズナラ …………752
*Quercus crispula* var.*horikawae* →ミヤマナラ ………775
*Quercus dentata* →カシワ …………198
*Quercus gilva* →イチイガシ …………61
*Quercus glauca* →アラカシ …………46
*Quercus glauca* 'Fasciata' →ヨコメガシ …………848
*Quercus glauca* 'Lacera' →ヒリュウガシ …………666
*Quercus glauca* var.*amamiana* →アマミアラカシ …39
*Quercus hondae* →ハナガガシ …………601
*Quercus ilex* →セイヨウヒイラギガシ …………424
*Quercus miyagii* →オキナワウラジロガシ …………171
*Quercus mongolica* →モンゴリナラ …………804
*Quercus myrsinifolia* →シラカシ …………391
*Quercus phillyreoides* →ウバメガシ …………100
*Quercus robur* →ヨーロッパナラ …………851
*Quercus salicina* →ウラジロガシ …………104
*Quercus serrata* →コナラ …………318
*Quercus serrata* subsp.*mongolicoides* →フモトミズ
ナラ …………689
*Quercus serrata* var.*brevipetilata* →タイワンコナ
ラ …………442
*Quercus serrata* var.*pseudovariabilis* →マルバコナ
ラ …………739
*Quercus sessilifolia* →ツクバネガシ …………493
*Quercus suber* →コルクガシ …………334
*Quercus variabilis* →アベマキ …………36
*Quisqualis indica* →シクンシ …………362

## 【R】

*Racomitrium fasciculare* var.*hayachinense* →ハヤ
チネミヤマスナゴケ …………616
*Racomitrium japonicum* →エゾスナゴケ …………115
*Racomitrium lanuginosum* →シモフリゴケ …………381
*Racomitrium vulcanicola* →コモチシモフリゴケ ……332
*Radula boninensis* →オガサワラケビラゴケ …………167
*Radula campanigera* subsp.*obiensis* →オビケビラゴ
ケ …………186
*Radula fujitae* →フジタケビラゴケ …………683
*Radulomyces copelandii* →サガリハリタケ …………339
*Rafflesia arnoldii* →ラフレシア …………853
*Ramalina conduplicans* →カラタチゴケ …………211
*Ramaria apiculata* →チャホウキタケモドキ…………480

*Ramaria araiospora* →Red coral …………878
*Ramaria aurea* →コガネホウキタケ …………305
*Ramaria botrytis* →ホウキタケ …………704
*Ramaria flaba* →キホウキタケ …………245
*Ramaria formosa* →ハナホウキタケ …………605
*Ramaria longispora* →Longspored orange coral ……876
*Ramaria obtusissima* →トサカホウキタケ …………527
*Ramaria stricta* →チャホウキタケ …………480
*Ramariopsis kunzei* →シロヒメホウキタケ …………403
*Ramonda myconi* →ラモンダ・ミコニ …………853
*Ranunculus abnormis* →ラヌンクルス・アブノルミ
ス …………853
*Ranunculus acris* subsp.*nipponicus* →ミヤマキンポ
ウゲ …………770
*Ranunculus altaicus* subsp.*altaicus* →アルタイキン
ポウゲ …………49
*Ranunculus altaicus* subsp.*shinanoalpinus* →タカ
ネキンポウゲ …………447
*Ranunculus arvensis* →イトキツネノボタン …………64
*Ranunculus ashibetsuensis* →オオバイカモ …………152
*Ranunculus asiaticus* →ラナンキュラス …………853
*Ranunculus calandrinioides* →ハゴロモキンポウゲ ..592
*Ranunculus cantoniensis* →ケキツネノボタン …………287
*Ranunculus chinensis* →コキツネノボタン …………306
*Ranunculus constantinopolitanus* 'Flore Pleno'
→フロレプレノ …………693
*Ranunculus extorris* f.*pilosulus* →ウスギヒキノカサ …94
*Ranunculus extorris* var.*lutchuensis* →リュウキュ
ウヒキノカサ …………859
*Ranunculus ficaria* →ヒメリュウキンカ …………661
*Ranunculus franchetii* →エゾキンポウゲ …………113
*Ranunculus gmelinii* →カラクサキンポウゲ …………210
*Ranunculus grandis* var.*grandis* →オオウマノアシ
ガタ …………139
*Ranunculus grandis* var.*mirissimus* →グンナイキン
ポウゲ …………284
*Ranunculus hakkodensis* →ツルキツネノボタン ………502
*Ranunculus hibamontanus* →ヒバキンポウゲ …………638
*Ranunculus horieanus* →ソウヤキンポウゲ…………433
*Ranunculus japonicus* →ウマノアシガタ …………101
*Ranunculus japonicus* var.*akagiensis* →アカギキン
ポウゲ …………12
*Ranunculus kadzusensis* →ヒメバイカモ …………655
*Ranunculus kitadakeanus* →キタダケキンポウゲ…………233
*Ranunculus muricatus* →トゲミノキツネノボタン …526
*Ranunculus nipponicus* var.*nipponicus* →イチョウ
バイカモ …………63
*Ranunculus nipponicus* var.*submersus* →バイカモ …582
*Ranunculus parnassifolius* →ウメバチキンポウゲ ……103
*Ranunculus pygmaeus* →クモマキンポウゲ…………270
*Ranunculus repens* →ハイキンポウゲ …………583
*Ranunculus repens* var.*repens* →コバノハイキンポ
ウゲ …………323
*Ranunculus reptans* →イトキンポウゲ …………64
*Ranunculus sardous* →イボミキンポウゲ …………77
*Ranunculus sceleratus* →タガラシ（1）…………452
*Ranunculus seguieri* →ラヌンクルス・セグィエリ…853
*Ranunculus sieboldii* →シマキツネノボタン →376
*Ranunculus silerifolius* var.*silerifolius* →キツネノ
ボタン …………237
*Ranunculus silerifolius* var.*yaegatakensis* →ヒメキ
ツネノボタン …………646
*Ranunculus subcorymbosus* var.*austrokurilensis*
→シコタンキンポウゲ …………364

*Ranunculus subcorymbosus* var.*ozensis* →オゼキン
ボウゲ……177
*Ranunculus tachiroei* →オトコゼリ……178
*Ranunculus ternatus* var.*ternatus* →ヒキノカサ……627
*Ranunculus uryuensis* →ウリュウキンポウゲ……107
*Ranunculus yakushimensis* →ヒメウマノアシガタ……643
*Ranunculus yatsugatakensis* →ヤツガタケキンポウ
ゲ……817
*Ranunculus yezoensis* →チトセバイカモ……478
*Ranzania japonica* →トガクシソウ……519
*Raphanus raphanistrum* →セイヨウノダイコン……423
*Raphanus sativus* var.*hortensis* →ダイコン……436
*Raphanus sativus* var.*hortensis* →ハマダイコン……612
*Rapistrum rugosum* →ミヤガラシ……763
*Ratibida columnifera* →コバレンギク……324
*Ravenala madagascariensis* →オウギバショウ……133
*Reboulia hemisphaerica* subsp.*orientalis* →ジンガ
サゴケ……405
*Rehmannia glutinosa* f.*glutinosa* →ジオウ……359
*Rehmannia glutinosa* f.*lutea* →シロヤジオウ……404
*Rehmannia japonica* →センリゴマ……432
*Rehmannia piasezkii* →テンモクジオウ……513
*Reineckea carnea* →キチジョウソウ……236
*Reinwardtia indica* →キバナアマ……240
*Reseda alba* →シノブモクセイソウ……372
*Reseda lutea* →キバナモクセイソウ……244
*Reseda luteola* →ホザキモクセイソウ……710
*Reseda odorata* →モクセイソウ……799
*Resupinatus applicatus* →シジミタケ……365
*Resupinatus trichotis* →クロゲシジミタケ……277
*Retiboletus griseus* →クロアワタケ……275
*Retiboletus nigerrimus* →モエギアミアシイグチ……798
*Retiboletus ornatipes* →キアミアシイグチ……225
*Rhachidosorus mesosorus* →ヌリワラビ……569
*Rhachithecium nipponicum* →キブネゴケ……245
*Rhamnella franguloides* →ネコノチチ……570
*Rhamnella franguloides* var.*inaequilatera* →ヤエヤ
マネコノチチ……808
*Rhamnus chugokuensis* →タイシャククロウメモド
キ……437
*Rhamnus costata* →クロカンバ……277
*Rhamnus davurica* var.*nipponica* →クロツバラ……279
*Rhamnus ishidae* →ミヤマハンモドキ……777
*Rhamnus japonica* →クロウメモドキ……276
*Rhamnus japonica* var.*japonica* →エゾノクロウメモ
ドキ……118
*Rhamnus japonica* var.*microphylla* →コバノクロウ
メモドキ（1）……322
*Rhamnus kanagusukui* →ヒメクロウメモドキ……647
*Rhamnus liukiuensis* →リュウキュウクロウメモド
キ……856
*Rhamnus utilis* →シーボルトノキ……374
*Rhamnus yoshinoi* →キビノクロウメモドキ……244
*Rhaphidophora korthalsii* →サキシマハブカズラ……340
*Rhaphidophora liukiuensis* →ヒメハブカズラ……656
*Rhaphidorrhynchium chichibuense* →チチブニセカ
ガミゴケ……477
*Rhaphidorrhynchium hyoji-suzukii* →スズキニセカ
ガミゴケ……413
*Rhaphiolepis indica* var.*liukiuensis* →ホソバシャリ
ンバイ……715
*Rhaphiolepis indica* var.*umbellata* →シャリンバイ
（1）……385

*Rhaphiolepis indica* var.*umbellata* →タチシャリン
バイ（1）……457
*Rhaphiolepis indica* var.*umbellata* →マルバシャリ
ンバイ（1）……740
*Rhaphiolepis indica* var.*umbellata* f.*minor* →ヒメ
シャリンバイ……650
*Rhaphiolepis wrightiana* →シマシャリンバイ……377
*Rhapis excelsa* →カンノンチク……223
*Rhapis humilis* →シュロチク……387
*Rheum rhabarbarum* →カラダイオウ……211
*Rhinanthus angustifolius* subsp.*grandiflorus* →オク
エゾガラガラ……173
*Rhizina undulata* →ツチクラゲ……495
*Rhizochaete radicata* →キヒモカワタケモドキ……245
*Rhizomnium tuomikoskii* →ケチョウチンゴケ……289
*Rhizophora stylosa* →ヤエヤマヒルギ……808
*Rhizopogon luteolus* →ホンショウロ……727
*Rhizopogon roseolus* →ショウロ……390
*Rhodanthe chlorocephala* subsp.*rosea* →ハナカンザ
シ……602
*Rhodanthe manglesii* →ヒロハノハナカンザシ……672
*Rhodiola rosea* →イワベンケイ……87
*Rhodobryum giganteum* →オオカサゴケ……139
*Rhodocollybia butyracea* →エセオリミキ……110
*Rhodocollybia maculata* →アカアザタケ……11
*Rhododendron* →セイヨウシャクナゲ……422
*Rhododendron* →ツツジ……496
*Rhododendron albrechtii* →ムラサキヤシオツツジ……793
*Rhododendron amagianum* →アマギツツジ……37
*Rhododendron amakusaense* →アマクサミツバツツ
ジ……38
*Rhododendron amanoi* →サキシマツツジ……340
*Rhododendron arboreum* →アルボレウム……49
*Rhododendron aureum* →キバナシャクナゲ……241
*Rhododendron benhallii* →ツリガネツツジ（1）……500
*Rhododendron boninense* →ムニンツツジ……787
*Rhododendron brachycarpum* f.*nemotoanum* →ネモ
トシャクナゲ……573
*Rhododendron brachycarpum* var.*brachycarpum* f.
*brachycarpum* →ハクサンシャクナゲ……588
*Rhododendron dauricum* →エゾムラサキツツジ……124
*Rhododendron degronianum* var.*amagianum* →ア
マギシャクナゲ……37
*Rhododendron degronianum* var.*degronianum* →ア
ズマシャクナゲ……29
*Rhododendron dilatatum* var.*boreale* →ヒダカミツ
バツツジ……631
*Rhododendron dilatatum* var.*decandrum* →トサノ
ミツバツツジ……528
*Rhododendron dilatatum* var.*dilatatum* →ミツバツ
ツジ……758
*Rhododendron dilatatum* var.*lasiocarpum* →アワノ
ミツバツツジ……51
*Rhododendron dilatatum* var.*satsumense* →ハヤト
ミツバツツジ……616
*Rhododendron eriocarpum* →マルバサツキ……740
*Rhododendron eriocarpum* var.*tawadae* →センカク
ツツジ……429
*Rhododendron* 'Gibraltar' →ジブラルタル……373
*Rhododendron goyozanense* →ゴヨウザンヨウラク……333
*Rhododendron groenlandicum* subsp.*diversipilosum*
→イソツツジ（1）……59
*Rhododendron* 'Gyōzan' →ギョウザン……247
*Rhododendron* 'Hamanoyosooi' →ハマノヨソオイ……613

学名索引　　　　　　　　987　　　　　　**RHO**

*Rhododendron hyugaense* →ヒュウガミツバツツジ …664

*Rhododendron indicum* →サツキツツジ …………346

*Rhododendron indicum* 'Aikoku' →アイコク …………3

*Rhododendron indicum* 'Benigasa' →ベニガサ ……696

*Rhododendron indicum* 'Chitosenishiki' →チトセニ
シキ ……………478

*Rhododendron indicum* 'Gobinishiki' →ゴビニシキ …325

*Rhododendron indicum* 'Hakatajiro' →ハカタジロ …586

*Rhododendron indicum* 'Isshyōnoharu' →イッショ
ウノハル …………63

*Rhododendron indicum* 'Jukō' →ジュコウ …………386

*Rhododendron indicum* 'Kahō' →カホウ …………205

*Rhododendron indicum* 'Kinsai' →キンサイ …………254

*Rhododendron indicum* 'Kōmanyō' →コウマンヨ
ウ …………300

*Rhododendron indicum* 'Kōzan' →コウザン …………297

*Rhododendron indicum* 'Laciniatum' →シデサツキ …368

*Rhododendron indicum* 'Matsunami' →マツナミ …732

*Rhododendron indicum* 'Matsunohomare' →マツノ
ホマレ …………733

*Rhododendron indicum* 'Nikkō' →ニッコウ …………562

*Rhododendron indicum* 'Osakazuki' →オオサカズキ
(2) …………143

*Rhododendron indicum* 'Settyūnomatsu' →セッ
チュウノマツ …………426

*Rhododendron indicum* 'Shinnyonotsuki' →シン
ニョノツキ …………406

*Rhododendron indicum* 'Shiryūnomai' →シリュウ
ノマイ …………395

*Rhododendron indicum* 'Yamanohikari' →ヤマノヒ
カリ …………835

*Rhododendron indicum* 'Yatanokagami' →ヤタノカ
ガミ …………815

*Rhododendron japonoheptamerum* var.*hondoense*
→ホンシャクナゲ …………727

*Rhododendron japonoheptamerum* var.
*japonoheptamerum* →ツクシシャクナゲ …………490

*Rhododendron japonoheptamerum* var.*kyomaruense*
→キョウマルシャクナゲ …………248

*Rhododendron japonoheptamerum* var.*okiense* →オ
キシャクナゲ …………170

*Rhododendron kaempferi* var.*kaempferi* →ヤマツツ
ジ …………832

*Rhododendron kaempferi* var.*macrogemma* →オオ
シマツツジ …………145

*Rhododendron kaempferi* var.*mikawanum* →ミカワ
ツツジ …………747

*Rhododendron kaempferi* var.*saikaiense* →サイカイ
ツツジ …………336

*Rhododendron kaempferi* var.*tubiflorum* →ヒメヤ
マツツジ …………661

*Rhododendron katsumatae* →ホザキツリガネツツ
ジ …………709

*Rhododendron keiskei* →ヒカゲツツジ …………626

*Rhododendron keiskei* var.*hypoglaucum* →ウラジロ
ヒカゲツツジ …………105

*Rhododendron keiskei* var.*ozawae* →ハイヒカゲツツ
ジ …………584

*Rhododendron kiusianum* →ミヤマキリシマ …………770

*Rhododendron kiyosumense* →キヨスミミツバツツ
ジ …………249

*Rhododendron komiyamae* →アシタカツツジ …………26

*Rhododendron kroniae* →ヨウラクツツジ (1) …………848

*Rhododendron lagopus* var.*lagopus* →ダイセンミツ
バツツジ …………438

*Rhododendron lagopus* var.*niphophilum* →ユキグニ
ミツバツツジ …………843

*Rhododendron lapponicum* subsp.*parvifolium* →サ
カイツツジ …………338

*Rhododendron latoucheae* var.*amamiense* →アマミ
セイシカ …………40

*Rhododendron latoucheae* var.*latoucheae* →セイシ
カ …………419

*Rhododendron macrosepalum* →モチツツジ …………800

*Rhododendron makinoi* →ホソバシャクナゲ …………714

*Rhododendron mayebarae* var.*mayebarae* →ナンゴ
クミツバツツジ …………552

*Rhododendron mayebarae* var.*ohsumiense* →オオス
ミミツバツツジ …………147

*Rhododendron molle* subsp.*japonicum* →レンゲツ
ツジ …………867

*Rhododendron molle* subsp.*japonicum* f.*flavum*
→キレンゲツツジ …………252

*Rhododendron* × *mucronatum* 'Shiroryukyu' →リュ
ウキュウツツジ …………858

*Rhododendron* × *mucronatum* 'Usuyo' →ムラサキ
リュウキュウツツジ …………793

*Rhododendron mucronulatum* var.*ciliatum* →ゲン
カイツツジ …………292

*Rhododendron mucronulatum* var.*taquetii* ('Dwarf
Cheju') →タンナゲンカイツツジ …………470

*Rhododendron multiflorum* var.*multiflorum* →ウラ
ジロヨウラク …………106

*Rhododendron multiflorum* var.*purpureum* →ムラ
サキツリガネツツジ …………791

*Rhododendron nipponicum* →オオバツツジ …………155

*Rhododendron nudipes* var.*kirishimense* →キリシマ
ミツバツツジ …………251

*Rhododendron nudipes* var.*nagasakianum* →ヒメミ
ツバツツジ …………659

*Rhododendron nudipes* var.*nudipes* →サイゴクミツ
バツツジ …………337

*Rhododendron* × *obtusum* →キリシマ …………250

*Rhododendron* × *obtusum* 'Hinodekirishima' →ヒノ
デキリシマ …………638

*Rhododendron* × *obtusum* 'Imashōjō' →イマショウ
ジョウ …………77

*Rhododendron* × *obtusum* 'Kirin' →キリン (2) …251

*Rhododendron* × *obtusum* 'Kurenoyuki' →クレノユ
キ …………274

*Rhododendron* × *obtusum* 'Miyagino' →ミヤギノ …763

*Rhododendron* × *obtusum* 'Suetsumuhana' →スエツ
ムハナ (1) …………409

*Rhododendron* × *obtusum* 'Tennyono-mai' →テン
ニョノマイ …………513

*Rhododendron* × *obtusum* 'Tokonatsu' →トコナツ
(2) …………526

*Rhododendron* × *obtusum* 'Yaekirishima' →ヤエキ
リシマ …………806

*Rhododendron* 'Ōkan' →オウカン (2) …………133

*Rhododendron osuzuyamense* →ウラジロミツバツツ
ジ …………106

*Rhododendron pentandrum* →コヨウラクツツジ …334

*Rhododendron pentaphyllum* var.*nikoense* →アカヤ
シオ …………18

*Rhododendron pentaphyllum* var.*pentaphyllum* →ツ
クシアケボノツツジ …………489

*Rhododendron pentaphyllum* var.*shikokianum* →ア
ケボノツツジ …………22

*Rhododendron* 'President Roosevelt' →プレジデン
ト・ルーズベルト …………693

*Rhododendron* × *pulchrum* →ヒラドツツジ …………665

*Rhododendron* × *pulchrum* 'Akebono' →アケボノ
(3) …………22

*Rhododendron* × *pulchrum* 'Miyonosakae' →ミヨノ
　サカエ ································································781
*Rhododendron* × *pulchrum* 'Momoyama' →モモヤマ
　(2) ································································803
*Rhododendron* × *pulchrum* 'Oomurasaki' →オオム
　ラサキ ······························································164
*Rhododendron* × *pulchrum* 'Sekidera' →セキデラ ······425
*Rhododendron* × *pulchrum* 'Shirotae' →シロタエ
　(2) ································································399
*Rhododendron quinquefolium* →シロヤシオ ············404
*Rhododendron reticulatum* →コバノミツバツツジ ····323
*Rhododendron ripense* →キシツツジ ····················230
*Rhododendron ripense* f.*leucanthum* →シロバナキ
　シツツジ ····························································401
*Rhododendron sanctum* var.*lasiogynum* →シブカワ
　ツツジ(1) ··························································373
*Rhododendron sanctum* var.*sanctum* →ジングウツ
　ツジ ································································405
*Rhododendron scabrum* →ケラマツツジ ················292
*Rhododendron schlippenbachii* →クロフネツツジ ·····281
*Rhododendron semibarbatum* →バイカツツジ ··········582
*Rhododendron serpyllifolium* var.*albiflorum* →シロ
　バナウンゼンツツジ ··············································401
*Rhododendron serpyllifolium* var.*serpyllifolium*
　→ウンゼンツツジ ················································108
*Rhododendron simsii* →タイワンヤマツツジ ············443
*Rhododendron* spp. →シャクナゲ(1) ····················382
*Rhododendron tashiroi* var.*lasiophyllum* →ケサクラ
　ツツジ ······························································287
*Rhododendron tashiroi* var.*tashiroi* →サクラツツ
　ジ ··································································342
*Rhododendron tomentosum* var.*decumbens* →ヒメ
　イソツツジ ·························································641
*Rhododendron tosaense* →フジツツジ ··················683
*Rhododendron transiens* →オオヤマツツジ ············165
*Rhododendron tschonoskii* subsp.*trinerve* →オオコ
　メツツジ ····························································143
*Rhododendron tschonoskii* subsp.*tschonoskii* var.
　*tschonoskii* →コメツツジ ····································331
*Rhododendron tschonoskii* var.*tetramerum* →チョ
　ウジコメツツジ ····················································483
*Rhododendron tsurugisanense* →ツルギミツバツツ
　ジ ··································································502
*Rhododendron tsusiophyllum* →ハコネコメツツジ ····591
*Rhododendron uwaense* →トキワバイカツツジ ········522
*Rhododendron viscistylum* →タカクマミツバツツジ ··445
*Rhododendron wadanum* →トウゴクミツバツツジ ····516
*Rhododendron weyrichii* var.*weyrichii* →オンツツ
　ジ ··································································190
*Rhododendron yakuinsulare* →ヤクシマヤマツツジ ··813
*Rhododendron yakumontanum* →ヤクシマミツバツ
　ツジ ································································813
*Rhododendron yakushimanum* var.*intermedium*
　→オオヤクシマシャクナゲ ······································165
*Rhododendron yakushimanum* var.*yakushimanum*
　→ヤクシマシャクナゲ ············································811
*Rhododendron yakushimense* →ヤクシマヨウラクツ
　ツジ ································································813
*Rhododendron yedoense* var.*hallaisanense* →タンナ
　チョウセンヤマツツジ ············································470
*Rhododendron yedoense* var.*yedoense* f.*poukhanense*
　→チョウセンヤマツツジ ········································485
*Rhododendron yedoense* var.*yedoense* 'Yodogawa'
　→ヨドガワツツジ ················································850
*Rhodomyrtus tomentosa* →テンニンカ ··················513
*Rhodotus palmatus* →ホシアンズタケ ··················710

*Rhodotypos scandens* →シロヤマブキ ··················404
*Rhodymenia intricata* →マサゴシバリ ··················730
*Rhus javanica* var.*chinensis* →ヌルデ ················569
*Rhus javanica* var.*javanica* →タイワンヌルデ ········442
*Rhynchosia acuminatifolia* →トキリマメ ··············521
*Rhynchosia minima* →ヒメノアズキ ····················655
*Rhynchosia volubilis* →タンキリマメ ··················469
*Rhynchospora alba* →ミカヅキグサ ····················747
*Rhynchospora boninensis* →シマイガクサ ············374
*Rhynchospora brownii* →トラノハナヒゲ ··············533
*Rhynchospora colorata* →シラサギスゲ ················392
*Rhynchospora corymbosa* →ヤエヤマアブラスゲ ······806
*Rhynchospora faberi* →イトイヌノハナヒゲ ············64
*Rhynchospora fauriei* →オオイヌノハナヒゲ ··········137
*Rhynchospora fujiiana* →コイヌノハナヒゲ ··········295
*Rhynchospora japonica* →イヌノハナヒゲ ··············71
*Rhynchospora japonica* var.*curvoaristata* →ムニン
　イヌノハナヒゲ ····················································786
*Rhynchospora malasica* →ミクリガヤ ··················748
*Rhynchospora rubra* →イガクサ ························54
*Rhynchospora yasudana* →ミヤマイヌノハナヒゲ ··766
*Rhynchotechum discolor* var.*austrokiushiuense*
　→タマザキヤマビワソウ ········································465
*Rhynchotechum discolor* var.*discolor* →ヤマビワソ
　ウ ··································································836
*Rhynchotechum discolor* var.*incisum* →キレバヤマ
　ビワソウ ····························································252
*Ribes ambiguum* →ヤシャビシャク ····················815
*Ribes americanum* →アメリカフサスグリ ··············45
*Ribes fasciculatum* →ヤブサンザシ ····················823
*Ribes horridum* →クロミノハリスグリ ··················283
*Ribes japonicum* →コマガタケスグリ ··················327
*Ribes latifolium* →エゾスグリ ··························115
*Ribes maximowiczianum* →ザリコミ ··················352
*Ribes nigrum* →クロスグリ ····························278
*Ribes rubrum* →フサスグリ ····························681
*Ribes sachalinense* →トガスグリ ······················520
*Ribes sanguineum* →ハナスグリ ························603
*Ribes sinanense* →スグリ ······························411
*Ribes triste* →トカチスグリ ····························520
*Ribes uva-crispa* →セイヨウスグリ ····················422
*Riccardia aeruginosa* →アオテングサゴケ ··············9
*Riccardia arcuata* →ユミスジゴケ ····················846
*Riccardia glauca* →シロテングサゴケ ··················400
*Riccardia subalpina* →タカネスジゴケ ················448
*Riccardia vitrea* →ニセテングサゴケ ··················561
*Riccia fluitans* →ウキゴケ ······························89
*Riccia miyakeana* →ミヤケハタケゴケ ················764
*Riccia nipponica* →カンハタケゴケ ····················224
*Riccia pubescens* →ケハタケゴケ ······················290
*Ricciocarpus natans* →イチョウウキゴケ ··············62
*Richardia scabra* →ハシカグサモドキ ················593
*Ricinus communis* →トウゴマ ··························516
*Rickenella fibula* →ヒナノヒガサ ······················637
*Rickenella swartzii* →Collared mosscap ··············873
*Rigidoporus sanguinolentus* →Bleeding porecrust ···873
*Rigidoporus ulmarius* →ニセサルノコシカケ ··········564
*Rigodiadelphus arcuatus* →シワナシキツネゴケ ······405
*Ripartites tricholoma* →シロクモノスタケ ············398
*Rivina humilis* →ジュズサンゴ ························386

| | | |
|---|---|---|
| *Robinia hispida* →ハナエンジュ | 601 |
| *Robinia pseudoacacia* →ハリエンジュ | 617 |
| *Robinia pseudoacacia* 'Frisia' →フリーシア | 691 |
| *Rodgersia aesculifolia* var.*henrici* →ベニバナヤグル | |
| マソウ | 699 |
| *Rodgersia podophylla* →ヤグルマソウ (1) | 814 |
| *Rohdea japonica* →オモト | 188 |
| *Rohdea japonica* var.*latifolia* →サツマオモト | 347 |
| *Romulea rosea* →アフリカヒメアヤメ | 36 |
| *Roridomyces roridus* →ヌナワタケ | 567 |
| *Rorippa austriaca* →ミミイヌガラシ | 762 |
| *Rorippa cantoniensis* →コイヌガラシ | 295 |
| *Rorippa dubia* →ミチバタガラシ | 756 |
| *Rorippa globosa* →ミギワガラシ | 748 |
| *Rorippa indica* →イヌガラシ | 68 |
| *Rorippa palustris* →スカシタゴボウ | 409 |
| *Rorippa sylvestris* →キレハイヌガラシ | 252 |
| *Rosa* →バラ | 616 |
| *Rosa acicularis* →オオタカネバラ | 147 |
| *Rosa* 'Amatsuotome' →アマツオトメ (2) | 39 |
| *Rosa amblyotis* →カラフトイバラ | 212 |
| *Rosa banksiae* →モッコウバラ | 800 |
| *Rosa* 'Black Tea' →ブラック・ティー | 691 |
| *Rosa* 'Blue Moon' →ブルー・ムーン | 693 |
| *Rosa bracteata* →カカヤンバラ | 193 |
| *Rosa*× *centifolia* →セイヨウバラ | 424 |
| *Rosa chinensis* →コウシンバラ | 298 |
| *Rosa* 'Cinderella' →シンデレラ | 406 |
| *Rosa* 'Ehigasa' →エヒガサ | 129 |
| *Rosa* 'Europeana' →ヨーロピアーナ | 851 |
| *Rosa fujisanensis* →フジイバラ | 682 |
| *Rosa hirtula* →サンショウバラ | 357 |
| *Rosa* 'Hōjun' →ホウジュン | 704 |
| *Rosa* 'Kampai' →カンパイ | 223 |
| *Rosa laevigata* →ナニワイバラ | 547 |
| *Rosa laevigata* f.*rosea* →ハトヤバラ | 600 |
| *Rosa luciae* →テリハノイバラ | 511 |
| *Rosa maikwai* →ボタンバラ | 722 |
| *Rosa multiflora* var.*adenochaeta* →ツクシイバラ | 489 |
| *Rosa multiflora* var.*carnea* →サクラバラ | 343 |
| *Rosa multiflora* var.*multiflora* →ノイバラ | 574 |
| *Rosa nipponensis* →タカネバラ | 450 |
| *Rosa onoei* var.*hakonensis* →モリイバラ | 804 |
| *Rosa onoei* var.*oligantha* →アズマイバラ (1) | 28 |
| *Rosa onoei* var.*oligantha* →ヤマテリハノイバラ | 832 |
| *Rosa onoei* var.*onoei* →ヤブイバラ | 822 |
| *Rosa* 'Orange Meillandina' →オレンジ・メイアン | |
| ディナ | 190 |
| *Rosa paniculigera* →ミヤコイバラ | 764 |
| *Rosa* 'Papa Meilland' →パパ・メイアン | 608 |
| *Rosa* 'Princess Michiko' →プリンセス・ミチコ | 692 |
| *Rosa roxburghii* →イザヨイバラ | 55 |
| *Rosa rugosa* →ハマナス | 612 |
| *Rosa sambucina* →ヤマイバラ | 826 |
| *Rosa* 'Seika' →セイカ | 419 |
| *Rosa* 'Shinsetsu' →シンセツ | 406 |
| *Rosa* 'Shūgetsu' →シュウゲツ | 385 |
| *Rosa* 'Super Star' →スーパー・スター | 417 |
| *Rosmarinus officinalis* →ローズマリー | 868 |
| *Rostraria cristata* →ミノボロモドキ | 762 |

| | | |
|---|---|---|
| *Rotala elatinomorpha* →ヒメキカシグサ | 645 |
| *Rotala hippuris* →ミズスギナ (1) | 751 |
| *Rotala indica* →キカシグサ | 227 |
| *Rotala mexicana* →ミズマツバ | 753 |
| *Rotala ramosior* →アメリカキカシグサ | 43 |
| *Rotala rosea* →ミズキカシグサ | 750 |
| *Rotala rotundifolia* →ホザキキカシグサ | 709 |
| *Rottboellia cochinchinensis* →ツノアイアシ | 496 |
| *Roystonea regia* →ダイオウヤシ | 436 |
| *Rubia argyi* →アカネ | 14 |
| *Rubia chinensis* →オオキヌタソウ | 141 |
| *Rubia chinensis* f.*chinensis* →マンセンオオキヌタ | |
| ソウ | 746 |
| *Rubia cordifolia* var.*lancifolia* →クルマバアカネ | 273 |
| *Rubia hexaphylla* →オオアカネ | 135 |
| *Rubia jesoensis* →アカネムグラ | 15 |
| *Rubia tinctorum* →セイヨウアカネ | 421 |
| *Rubus amamianus* →アマミフユイチゴ | 41 |
| *Rubus arcticus* →チシマイチゴ | 473 |
| *Rubus armeniacus* →セイヨウヤブイチゴ | 424 |
| *Rubus boninensis* →イオウトウキイチゴ | 53 |
| *Rubus buergeri* →フユイチゴ | 689 |
| *Rubus chamaemorus* var.*pseudochamaemorus* →ヤ | |
| チイチゴ | 815 |
| *Rubus chingii* →ゴショイチゴ | 313 |
| *Rubus corchorifolius* →ビロードイチゴ | 668 |
| *Rubus coreanus* →トックリイチゴ | 529 |
| *Rubus crataegifolius* →クマイチゴ | 267 |
| *Rubus croceacanthus* →オオバライチゴ | 159 |
| *Rubus exsul* →イシカリキイチゴ | 56 |
| *Rubus grayanus* →リュウキュウイチゴ | 856 |
| *Rubus hakonensis* →ミヤマフユイチゴ | 778 |
| *Rubus hirsutus* →クサイチゴ | 260 |
| *Rubus idaeus* subsp.*idaeus* →ヨーロッパキイチゴ | 851 |
| *Rubus idaeus* subsp.*melanolasius* →エゾキイチゴ | 113 |
| *Rubus idaeus* subsp.*nipponicus* var.*hondoensis* | |
| →ミヤマウラジロイチゴ (1) | 768 |
| *Rubus ikenoensis* →ゴヨウイチゴ | 333 |
| *Rubus illecebrosus* →バライチゴ | 616 |
| *Rubus kisoensis* →キソキイチゴ | 232 |
| *Rubus laciniatus* →キレハクロミイチゴ | 252 |
| *Rubus lambertianus* →シマバライチゴ | 379 |
| *Rubus*× *medius* →ヒメカジイチゴ | 644 |
| *Rubus mesogaeus* var.*adenothrix* →シモキタイチ | |
| ゴ | 380 |
| *Rubus mesogaeus* var.*mesogaeus* →クロイチゴ | 275 |
| *Rubus microphyllus* →ニガイチゴ | 557 |
| *Rubus minusculus* →ヒメバライチゴ | 656 |
| *Rubus nakaii* →チチジマキイチゴ | 477 |
| *Rubus nesiotes* →クワノハイチゴ | 284 |
| *Rubus nishimuranus* →ニシムラキイチゴ | 560 |
| *Rubus okinawensis* →オキナワバライチゴ | 172 |
| *Rubus palmatus* →モミジイチゴ (広義) | 801 |
| *Rubus palmatus* var.*coptophyllus* →モミジイチゴ | 801 |
| *Rubus parvifolius* →ナワシロイチゴ | 550 |
| *Rubus pectinellus* →マルバフユイチゴ | 742 |
| *Rubus pedatus* →コガネイチゴ | 304 |
| *Rubus peltatus* →ハスノハイチゴ | 594 |
| *Rubus phoenicolasius* →エビガライチゴ | 129 |
| *Rubus pseudoacer* →ミヤマモミジイチゴ | 779 |
| *Rubus pseudojaponicus* →ヒメゴヨウイチゴ | 648 |

*Rubus pungens* var.*oldhamii* →サナギイチゴ ·········349
*Rubus ribisoideus* →ハチジョウイチゴ ···············596
*Rubus sieboldii* →ホウロクイチゴ ··················706
*Rubus subcrataegifolius* →ミヤマニガイチゴ ·········775
*Rubus sumatranus* →コジキイチゴ ····················311
*Rubus* 'Tokin-ibara' →トキンイバラ ·················523
*Rubus× toyorensis* →トヨラクサイチゴ ···············532
*Rubus trifidus* →カジイチゴ ······················197
*Rubus vernus* →ベニバナイチゴ ···················698
*Rubus yabei* f.*marmoratus* →シナノキイチゴ (1) ·····370
*Rubus× yakumontanus* →ヤクシマキイチゴ (1) ·······810
*Rubus yoshinoi* →キビナワシロイチゴ ··············244
*Rudbeckia hirta* var.*pulcherrima* →アラゲハンゴン
ソウ ····················································· 47
*Rudbeckia laciniata* →オオハンゴンソウ···············159
*Rudbeckia laciniata* var.*hortensis* →ヤエザキオオハ
ンゴンソウ ·················································806
*Rudbeckia triloba* →オオミツバハンゴンソウ ···········163
*Ruellia simplex* →ヤナギバルイラソウ ···············820
*Ruellia squarrosa* →ケブカルイラソウ ···············290
*Ruellia tuberosa* →ムラサキルエリア ···············793
*Rumex acetosa* →スイバ····························408
*Rumex acetosella* subsp.*pyrenaicus* →ヒメスイバ···651
*Rumex alpestris* subsp.*lapponicus* →タカネスイバ···448
*Rumex aquaticus* →ヌマダイオウ····················567
*Rumex brownii* →カギミギシギシ···················195
*Rumex conglomeratus* →アレチギシギシ ···············50
*Rumex crispus* →ナガバギシギシ···················538
*Rumex dentatus* subsp.*klotzschianus* →コギシギシ ··306
*Rumex dentatus* subsp.*nigricans* →ハマコギシギシ ··611
*Rumex gmelini* →カラフトノダイオウ···················213
*Rumex japonicus* →ギシギシ ······················230
*Rumex longifolius* →ノダイオウ····················577
*Rumex madaio* →マダイオウ ······················731
*Rumex maritimus* var.*maritimus* →ハマギシギシ ····610
*Rumex maritimus* var.*ochotskius* →コガネギシギ
シ······················································304
*Rumex nepalensis* subsp.*andreaeanus* →キブネダイ
オウ ·····················································245
*Rumex obtusifolius* →エゾノギシギシ ···············117
*Rumex pulcher* →ヒョウタンギシギシ ···············664
*Rumex sanguineus* →ニセアレチギシギシ ···············560
*Rumex trisetifer* →ニセコガネギシギシ ···············560
*Rupicapnos africana* →ルピカブノス・アフリカー
ナ ······················································863
*Ruppia maritima* →カワツルモ····················217
*Ruppia megacarpa* →ネジリカワツルモ···············571
*Ruppia occidentalis* →ナガバカワツルモ ···············537
*Ruppia occidentalis* →ヤハズカワツルモ ···············821
*Ruppia rostellata* →ナンゴクカワツルモ ···············551
*Ruscus aculeatus* →ナギイカダ ····················542
*Russelia equisetiformis* →ハナチョウジ (1) ···········603
*Russula alboareolata* →ヒビワレシロハツ ···············639
*Russula alutacea* →アカネタケ ·····················15
*Russula amoena* →ムラサキカスリタケ ···············789
*Russula aurea* →ニシキタケ ······················559
*Russula bella* →ニオイコベニタケ ·················555
*Russula caerulea* →Humpback brittlegill ·············875
*Russula castanopsidis* →カレバハツ ················216
*Russula claroflava* →イロガワリキイロハツ ·············80
*Russula compacta* →アカカバイロタケ ··················12

*Russula cyanoxantha* →カワリハツ ··················220
*Russula decolorans* →ススケベニタケ ···············413
*Russula delica* →シロハツ ························401
*Russula densifolia* →クロハツモドキ ···············280
*Russula emetica* →ドクベニタケ ··················525
*Russula flavida* →ウコンハツ ······················91
*Russula foetens* →クサハツ ······················262
*Russula gracillima* →アシボソムラサキハツ ············ 27
*Russula grata* →クサハツモドキ··················262
*Russula japonica* →シロハツモドキ ···············401
*Russula kansaiensis* →ヒナベニタケ ···············637
*Russula lepida* →ヤブレベニタケ··················825
*Russula lilacea* →ウスムラサキハツ ················ 97
*Russula metachroa* →イロガワリシロハツ ···············80
*Russula neoemetica* →ドクベニダマシ ···············525
*Russula nigricans* →クロハツ ····················280
*Russula olivacea* →クサイロアカネタケ ···············260
*Russula omiensis* →カラムラサキハツ ···············214
*Russula pectinatoides* →ニセクサハツ ···············560
*Russula pseudointegra* →シュイロハツ ···············385
*Russula rubescens* →イロガワリベニタケ ···············80
*Russula sanguinea* →チシオハツ ··················473
*Russula sardonia* →ルッスラ・サルドニア ···········863
*Russula senis* →オキナクサハツ ··················170
*Russula sororia* →キチャハツ ····················236
*Russula* sp. →カシタケ ···························197
*Russula subnigricans* →ニセクロハツ ···············560
*Russula vesca* →チギレハツタケ··················472
*Russula violeipes* →ケショウハツ··················288
*Russula virescens* →アイタケ (1) ····················4
*Ruta chalepensis* var.*bracteosa* →コヘンルウダ ·······327
*Ruta graveolens* →ヘンルウダ ····················703
*Ryssopterys timoriensis* →ササキカズラ ···············344

# 【S】

*Sabia japonica* →アオカズラ (1) ·····················6
*Saccharina angustata* →ミツイシコンブ···············757
*Saccharina japonica* →マコンブ ··················730
*Saccharum kanashiroi* →ムラサキオバナ ···············789
*Saccharum officinarum* →サトウキビ ···············348
*Saccharum spontaneum* var.*arenicola* →ワセオバ
ナ ······················································870
*Saccharum spontaneum* var.*spontaneum* →ナンゴ
クワセオバナ ·············································552
*Sacciolepis spicata* var.*oryzetorum* →ヌメリグサ···568
*Sacciolepis spicata* var.*spicata* →ハイヌメリ ·······584
*Sageretia thea* →クロイゲ ························275
*Sagina apetala* →イトツメクサ ·····················65
*Sagina decumbens* →キヌイトツメクサ ···············238
*Sagina japonica* →ツメクサ (1) ····················499
*Sagina linnaei* f.*crassicaulis* →エゾハマツメクサ···121
*Sagina maxima* →ハマツメクサ ····················612
*Sagina procumbens* →アライトツメクサ ················46
*Sagina saginoides* →チシマツメクサ ···············475
*Sagittaria aginashi* →アギナシ ·····················19
*Sagittaria natans* →カラフトグワイ ···············212
*Sagittaria platyphylla* →ヒロハオモダカ ···············670

| | |
|---|---|
| *Sagittaria pygmaea* →ウリカワ | 107 |
| *Sagittaria trifolia* 'Caerulea' →クワイ (1) | 284 |
| *Sagittaria trifolia* var.*trifolia* →オモダカ | 188 |
| *Sagittaria weatherbiana* →ナガバオモダカ | 537 |
| *Saintpaulia ionantha* →セントポーリア・イオナンタ | 431 |
| *Saionia hyodoi* →ヒナノボンボリ | 637 |
| *Saionia shinzatoi* →ホシザキシャクジョウ | 710 |
| *Saionia yamashitae* →ヤクノヒナホシ | 813 |
| *Salicornia perennans* →アッケシソウ | 32 |
| *Salix× algista* →トウゲヤナギ | 515 |
| *Salix× ampherista* nothosubsp.*ampherista* →ハコダテヤナギ | 590 |
| *Salix× arakiana* →ナガハノネコヤナギ | 540 |
| *Salix arbutifolia* →ケショウヤナギ | 288 |
| *Salix× arikae* →バッコオオキツネヤナギ | 598 |
| *Salix babylonica* →シダレヤナギ | 367 |
| *Salix babylonica* 'Tortuosa' →ウンリュウヤナギ | 109 |
| *Salix babylonica* var.*matsudana* →ペキンヤナギ | 694 |
| *Salix caprea* →バッコヤナギ | 598 |
| *Salix caprea* × *S.hukaoana* →ドアイヤナギ | 513 |
| *Salix cardiophylla* →トカチヤナギ(1) | 520 |
| *Salix cardiophylla* var.*urbaniana* →オオバヤナギ(1) | 158 |
| *Salix chaenomeloides* →マルバヤナギ(1) | 743 |
| *Salix× cremnophila* →ネコシバヤナギ | 569 |
| *Salix dolichostyla* subsp.*dolichostyla* →シロヤナギ | 404 |
| *Salix dolichostyla* subsp.*serissifolia* →コゴメヤナギ(1) | 310 |
| *Salix eriocarpa* →ジャヤナギ | 384 |
| *Salix× eriocataphylla* →シグレヤナギ | 362 |
| *Salix× eriocataphylloides* →ナスノシグレヤナギ | 544 |
| *Salix× euerata* →カワヤナギ | 216 |
| *Salix fuscescens* →ミヤマヤチヤナギ | 779 |
| *Salix futura* →オオキツネヤナギ | 141 |
| *Salix gracilistyla* →ネコヤナギ | 570 |
| *Salix gracilistyla* f.*melanostachys* →クロヤナギ | 283 |
| *Salix gracilistyla* var.*graciliglans* →チョウセンネコヤナギ | 485 |
| *Salix× gracilistyloides* →ロッコウヤナギ | 868 |
| *Salix× hachiojiensis* →イヌバッコヤナギ | 72 |
| *Salix× hapala* →カワイヌコリヤナギ | 216 |
| *Salix× hatusimae* →チクゼンヤナギ | 472 |
| *Salix× hayatana* →リュウゾウジヤナギ | 860 |
| *Salix× hiraoana* nothosubsp.*hiraoana* →ヒラオヤナギ | 665 |
| *Salix× hiraoana* nothosubsp.*tsugaluensis* →ツガルヤナギ | 487 |
| *Salix× hisauchiana* →フジヤナギ | 685 |
| *Salix hukaoana* →ユビソヤナギ | 846 |
| *Salix hultenii* var.*angustifolia* →エゾノバッコヤナギ(1) | 120 |
| *Salix× ikenoana* →イケノヤナギ | 55 |
| *Salix integra* →イヌコリヤナギ | 69 |
| *Salix integra* 'Hakuro-nishiki' →ハクロニシキ | 590 |
| *Salix× iwahisana* →ヨイチヤナギ(1) | 847 |
| *Salix japonica* →シバヤナギ | 373 |
| *Salix japopina* →シバキツネヤナギ | 372 |
| *Salix× kamikotica* →カミコウチヤナギ | 207 |
| *Salix× kawamurana* →ミョウジンヤナギ | 781 |
| *Salix koidzumii* →バッコオノエヤナギ | 598 |
| *Salix× koiei* →ヌシロヤナギ | 566 |

| | |
|---|---|
| *Salix koriyanagi* →コリヤナギ | 334 |
| *Salix× lasiogyne* nothosubsp.*lasiogyne* →シロシダレヤナギ | 398 |
| *Salix× lasiogyne* nothosubsp.*yuhkii* →ミチノクシダレ | 756 |
| *Salix× leucopithecia* →フリソデヤナギ | 691 |
| *Salix× matsumurae* →オクヤマサルコ | 175 |
| *Salix× mictostemon* →ワケノカワヤナギ | 869 |
| *Salix miyabeana* subsp.*gymnolepis* →カワヤナギ(1) | 217 |
| *Salix miyabeana* subsp.*miyabeana* →エゾノカワヤナギ | 117 |
| *Salix nakamurana* subsp.*kurilensis* →ハイヤナギ | 585 |
| *Salix nakamurana* subsp.*nakamurana* →タカネイワヤナギ | 446 |
| *Salix nakamurana* subsp.*yezoalpina* →エゾノタカネヤナギ | 119 |
| *Salix× nasuensis* →ナスノイワヤナギ | 543 |
| *Salix nummularia* →エゾマメヤナギ | 123 |
| *Salix× pedionoma* →バッコキヌヤナギ | 598 |
| *Salix pierotii* →オオタチヤナギ | 148 |
| *Salix× pseudopaludicola* →オオミヤマヤチヤナギ | 164 |
| *Salix reinii* →ミヤマヤナギ | 780 |
| *Salix rorida* →エゾヤナギ | 124 |
| *Salix rupifraga* →コマイワヤナギ | 327 |
| *Salix× sakaii* →イヌコリシライヤナギ | 69 |
| *Salix× sakamakiensis* →サカマキヤナギ | 339 |
| *Salix schwerinii* →エゾノキヌヤナギ(1) | 118 |
| *Salix schwerinii* 'Kinuyanagi' →キヌヤナギ | 239 |
| *Salix× sendaica* nothosubsp.*sendaica* →センダイヤナギ | 430 |
| *Salix shiraii* var.*kenoensis* →チチブヤナギ | 477 |
| *Salix shiraii* var.*shiraii* →シライヤナギ | 391 |
| *Salix sieboldiana* var.*doiana* →サツマヤナギ | 348 |
| *Salix sieboldiana* var.*sieboldiana* →ヤマヤナギ | 838 |
| *Salix× sigemitui* →フカオヤナギ | 677 |
| *Salix× sirakawensis* →コセキヤナギ | 315 |
| *Salix subopposita* →ノヤギ | 581 |
| *Salix× sugayana* →スガヤナギ | 410 |
| *Salix× sumiyosensis* →スミヨシヤナギ | 418 |
| *Salix taraikensis* →タライカヤナギ | 468 |
| *Salix× thaymasta* →ミヤコヤナギ | 765 |
| *Salix triandra* →タチヤナギ | 459 |
| *Salix× turumatii* →ヒタチヤナギ | 631 |
| *Salix udensis* →オノエヤナギ | 186 |
| *Salix vulpina* →キツネヤナギ | 238 |
| *Salix vulpina* subsp.*alopochroa* →サイコクキツネヤナギ | 337 |
| *Salix yoshinoi* →ヨシノヤナギ | 849 |
| *Salomonia ciliata* →ヒナノカンザシ | 636 |
| *Salpichroa origanifolia* →ハコベホオズキ | 592 |
| *Salsola kali* →ノハラヒジキ | 579 |
| *Salsola komarovii* →オカヒジキ | 169 |
| *Salvia akiensis* →テリハナツノタムラソウ | 510 |
| *Salvia coccinea* →ベニバナサルビア | 698 |
| *Salvia glabrescens* f.*robusta* →オオアキギリ | 135 |
| *Salvia glabrescens* var.*glabrescens* →アキギリ | 19 |
| *Salvia glabrescens* var.*repens* →ハイコトジソウ | 583 |
| *Salvia guaranitica* →メドウセージ | 796 |
| *Salvia isensis* →シマジタムラソウ | 377 |
| *Salvia japonica* →アキノタムラソウ | 20 |
| *Salvia japonica* f.*polakioides* →イヌタムラソウ | 70 |

*Salvia koyamae* →シナノアキギリ ……………369

*Salvia lutescens* var.*crenata* →ミヤマタムラソウ ……773

*Salvia lutescens* var.*intermedia* →ナツノタムラソ
ウ ………………………………………………545

*Salvia lutescens* var.*intermedia* f.*albiflora* →シロバ
ナナツノタムラソウ ………………………402

*Salvia lutescens* var.*lutescens* →ウスギナツタムラ
ソウ ……………………………………………93

*Salvia lutescens* var.*stolonifera* →ダンドタムラソ
ウ ………………………………………………470

*Salvia miltiorrhiza* →タンジン ……………………469

*Salvia nipponica* var.*kisoensis* →キソキバナアキギ
リ ………………………………………………232

*Salvia nipponica* var.*nipponica* →キバナアキギリ ……240

*Salvia nipponica* var.*trisecta* →ミツデコトジソウ ……757

*Salvia officinalis* →セージ ………………………426

*Salvia omerocalyx* var.*omerocalyx* →タジマタムラソ
ウ ………………………………………………455

*Salvia omerocalyx* var.*prostrata* →ハイタムラソウ ……583

*Salvia patens* →ソライロサルビア ………………435

*Salvia plebeia* →ミゾコウジュ ……………………754

*Salvia pygmaea* var.*oshimensis* →アマミヒメタムラ
ソウ ……………………………………………41

*Salvia pygmaea* var.*pygmaea* →ヒメタムラソウ (1) ……653

*Salvia ranzaniana* var.*ranzaniana* →ハルノタムラ
ソウ ……………………………………………621

*Salvia ranzaniana* var.*simplicior* →アマミタムラソ
ウ ………………………………………………40

*Salvia reflexa* →イヌヒメコズチ …………………72

*Salvia splendens* →ヒゴロモソウ …………………629

*Salvia verbenaca* →ミナトタムラソウ ……………760

*Salvinia molesta* →オオサンショウモ ……………144

*Salvinia natans* →サンショウモ …………………357

*Sambucus chinensis* var.*chinensis* →ソクズ …………433

*Sambucus chinensis* var.*formosana* →タイワンソク
ズ ………………………………………………442

*Sambucus nigra* →セイヨウニワトコ ……………423

*Sambucus racemosa* subsp.*kamtschatica* →エゾニ
ワトコ …………………………………………117

*Sambucus racemosa* subsp.*sieboldiana* var.*major*
→オオニワトコ ………………………………151

*Sambucus racemosa* subsp.*sieboldiana* var.
*sieboldiana* →ニワトコ ……………………564

*Samolus parviflorus* →ハイハマボッス ……………584

*Sanguinaria canadensis* →サンギナリア・カナデン
シス ……………………………………………356

*Sanguisorba albiflora* →シロバナトウウチソウ ……402

*Sanguisorba canadensis* subsp.*latifolia* →タカネト
ウウチソウ ……………………………………449

*Sanguisorba hakusanensis* var.*hakusanensis* →カラ
イトソウ (1) …………………………………209

*Sanguisorba japonensis* →エゾトウチソウ ………116

*Sanguisorba×kishinamii* →ユキクラトウウチソウ ……843

*Sanguisorba longifolia* →ミヤマワレモコウ ………780

*Sanguisorba minor* →オランダワレモコウ ………189

*Sanguisorba obtusa* →ナンブトウウチソウ ………554

*Sanguisorba officinalis* →ワレモコウ ……………872

*Sanguisorba stipulata* var.*riishirensis* →リシリトウ
ウチソウ ………………………………………855

*Sanguisorba tenuifolia* var.*kurilensis* →チシマワレ
モコウ …………………………………………476

*Sanguisorba tenuifolia* var.*parviflora* →コバナノワ
レモコウ (1) …………………………………321

*Sanguisorba tenuifolia* var.*tenuifolia* →ナガボノワ
レモコウ ………………………………………541

*Sanicula caerulescens* →サニクラ・カエルレスセン
ス ………………………………………………349

*Sanicula chinensis* →ウマノミツバ ………………101

*Sanicula kaiensis* →ヤマナシウマノミツバ ………834

*Sanicula lamelligera* var.*lamelligera* →ヒメウマノ
ミツバ …………………………………………643

*Sanicula rubriflora* →クロバナウマノミツバ ………280

*Sanicula tuberculata* →フキヤミツバ ……………678

*Sansevieria nilotica* →チトセラン (1) ……………478

*Sansevieria trifasciata* →アツバチトセラン ………33

*Santalum album* →ビャクダン ……………………662

*Santalum boninense* →ムニンビャクダン …………787

*Sapindus mukorossi* →ムクロジ …………………784

*Saponaria officinalis* →サボンソウ ………………350

*Saponaria×* 'Olivana' →サポナリア × 'オリバナ' …350

*Saposhnikovia divaricata* →ボウフウ ……………705

*Sarcandra glabra* →センリョウ …………………432

*Sarcocornia pacifica* →カブダチアッケシソウ ……205

*Sarcodon aspratus* →コウタケ …………………298

*Sarcodon imbricatus* →シシタケ …………………365

*Sarcodon scabrosus* →ケロウジ …………………292

*Sarcodontia crocea* →Apple tooth ………………872

*Sarcomyxa serotina* →ムキタケ …………………783

*Sarcoscypha coccinea* →ベニチャワンタケ ………697

*Sarcoscypha* sp. →ベニチャワンタケの一種………697

*Sarcoscypha vassiljevae* →ヨソオイチャワンタケ ……849

*Sarcosoma globosum* →Bombmurkla ……………873

*Sarcosphaera coronaria* →Violet crown cup ………880

*Sargassum confusum* →フシスジモク ……………683

*Sargassum fulvellum* →ホンダワラ ………………727

*Sargassum fusiforme* →ヒジキ …………………629

*Sargassum hemiphyllum* →イソモク ……………60

*Sargassum horneri* →アカモク …………………17

*Sargassum macrocarpum* →ノコギリモク ………576

*Sargassum nigrifolium* →ナラサモ ………………549

*Sargassum patens* →ヤツマタモク ………………818

*Sargassum ringgoldianum* →オオバモク …………158

*Sargassum siliquastrum* →ヨレモク ……………851

*Sargassum thunbergii* →ウミトラノオ ……………102

*Sarracenia purpurea* →サラセニア ………………351

*Saruma henryi* →サルマ・ヘンリー ………………352

*Sasa admirabilis* →カツラギザサ …………………201

*Sasa asahinae* →ゴテンバザサ …………………317

*Sasa borealis* →スズタケ …………………………413

*Sasa borealis* var.*viridescens* →ハチジョウスズタケ ……597

*Sasa cernua* f.*nebulosa* →シャコタンチク ………383

*Sasa chartacea* →センダイザサ …………………430

*Sasa chartacea* var.*mollis* →ビロードミヤコザサ ……669

*Sasa chartacea* var.*nana* →ニッコウザサ ………562

*Sasa chartacea* var.*simotsukensis* →アズマミヤコザ
サ ………………………………………………30

*Sasa elegantissima* →タンガザサ ………………469

*Sasa fugeshiensis* →フゲシザサ …………………680

*Sasa gracillima* →ウンゼンザサ …………………108

*Sasa hastatophylla* →ヤリクマザサ ………………839

*Sasa hayatae* →ミヤマクマザサ …………………770

*Sasa hayatae* var.*hirtella* →シコクザサ …………363

*Sasa heterotricha* →クテガワザサ ………………266

*Sasa heterotricha* var.*nagatoensis* →イヌクテガワ
ザサ ……………………………………………68

*Sasa hibaconuca* →オヌカザサ …………………185

学名索引　　993　　SAU

*Sasa jotanii* →ミクラザサ …………………………748
*Sasa kogasensis* →コガシザサ …………………………304
*Sasa kogasensis* var.*nasuensis* →ナスノユカワザサ ‥544
*Sasa kurilensis* →チシマザサ …………………………474
*Sasa kurilensis* f.*kimmei* →キンメイネマガリ ………257
*Sasa kurilensis* f.*maclosa* →シモフリネマガリ ………381
*Sasa kurilensis* f.*uchidai* →ナガバネマガリ …………539
*Sasa kurilensis* - *S.senanensis complex* →チシマザ
　サ - チマキザサ複合体 …………………………………474
*Sasa kurilensis* var.*gigantea* →エゾネマガリ ………117
*Sasa kurilensis* var.*uchidae* →ナガバネマガリダケ ‥539
*Sasa kurokawara* f.*aureo-striata* →キシマヤネフキ
　ザサ …………………………………………………………231
*Sasa maculata* →マキヤマザサ ………………………729
*Sasa maculata* var.*abei* →ケマキヤマザサ……………291
*Sasa megalophylla* →オオバザサ ……………………153
*Sasa miakeana* →ミアケザサ …………………………746
*Sasa minensis* →ミネザサ ……………………………761
*Sasa minensis* var.*awaensis* →アワノミネザサ ………51
*Sasa nipponica* →ミヤコザサ …………………………764
*Sasa nipponica* - *S.palmata complex* →ミヤコザサ -
　チマキザサ複合体 ………………………………………764
*Sasa occidentalis* →サイゴクザサ ……………………337
*Sasa palmata* →チマキザサ …………………………478
*Sasa pubens* →ケザサ …………………………………287
*Sasa pubiculmis* →オモエザサ ………………………187
*Sasa pulcherrima* →ウツクシザサ ……………………99
*Sasa quelpartensis* →タンナザサ ……………………470
*Sasa samaniana* →アポイザサ …………………………36
*Sasa samaniana* var.*villosa* →ケミヤコザサ ………291
*Sasa samaniana* var.*yoshinoi* →ビッチュウミヤコ
　ザサ …………………………………………………………632
*Sasa scytophylla* →イヌトクガワザサ …………………71
*Sasa scytophylla* - *S.nipponica complex* →アマギザ
　サ - ミヤコザサ複合体 …………………………………37
*Sasa senanensis* →クマイザサ ………………………267
*Sasa senanensis* var.*harai* →ミナカミザサ…………760
*Sasa septentrionalis* var.*membranacea* →ウスバザ
　サ ……………………………………………………………95
*Sasa septentrionalis* var.*septentrionalis* →ミヤマザ
　サ ……………………………………………………………771
*Sasa shikokiana* →ケスズ ……………………………288
*Sasa shimidzuana* →ハコネナンブズズ………………592
*Sasa spiculosa* →オクヤマザサ ………………………175
*Sasa tectoria* →ヤネフキザサ (1) ……………………820
*Sasa togashiana* →ナンブズズ ………………………554
*Sasa tokugawana* →トクガワザサ ……………………523
*Sasa tsuboiana* →イブキザサ …………………………75
*Sasa uinuizoana* →ホソバノナンブズズ………………718
*Sasa veitchii* →クマザサ ……………………………267
*Sasa veitchii* var.*grandifolia* →オオザサ …………144
*Sasa veitchii* var.*tyugokuensis* →チュウゴクザサ ‥482
*Sasa yahikoensis* var.*oseana* →オゼザサ……………177
*Sasa yahikoensis* var.*rotundissima* →イワテザサ ‥85
*Sasa yahikoensis* var.*yahikoensis* →ヤヒコザサ ……822
*Sasaella atamiana* var.*atamiana* →アタミシノ ………32
*Sasaella bitchuensis* →ジョウボウザサ ………………390
*Sasaella bitchuensis* var.*tashirozentaroana* →グ
　ジョウシノ ………………………………………………264
*Sasaella caudiceps* →オニグジョウシノ ……………182
*Sasaella caudiceps* var.*psilovaginula* →メオニグ
　ジョウシノ ………………………………………………794

*Sasaella glabra* →シイヤザサ …………………………359
*Sasaella glabra* f.*albostriatus* →シロシマシイヤ ……398
*Sasaella glabra* f.*aureo-striata* →キシマシイヤ ……231
*Sasaella hidaensis* →ヒシュウザサ ……………………630
*Sasaella hidaensis* var.*iwatekensis* →ヤブザサ ……822
*Sasaella hisauchii* →ヒメスズタケ ……………………651
*Sasaella ikegamii* →カリワシノ ………………………215
*Sasaella kogasensis* var.*gracillima* →ヒメシノ ……650
*Sasaella kogasensis* var.*kogasensis* →コガシアズマ
　ザサ ………………………………………………………303
*Sasaella kogasensis* var.*yoshinoi* →アリマシノ ………49
*Sasaella leucorhoda* var.*kanayamensis* →ケスエコ
　ザサ ………………………………………………………288
*Sasaella leucorhoda* var.*leucorhoda* →タンゴシノ ‥469
*Sasaella masamuneana* →クリオザサ ………………272
*Sasaella masamuneana* var.*amoena* →ヨモギダコチ
　ク ……………………………………………………………851
*Sasaella midoensis* →ミドウシノ ……………………759
*Sasaella okadana* →ヒロハアズマザサ………………669
*Sasaella ramosa* →アズマザサ …………………………29
*Sasaella ramosa* var.*latifolia* →オオバアズマザサ …151
*Sasaella ramosa* var.*suwekoana* →スエコザサ ……409
*Sasaella reikoana* →レイコシノ ………………………865
*Sasaella sadoensis* →サドザサ ………………………348
*Sasaella sasakiana* →トウゲダケ ……………………515
*Sasaella sawadae* var.*aobayamana* →アオバヤマザ
　サ ……………………………………………………………10
*Sasaella sawadae* var.*sawadae* →ハコネシノ ………591
*Sasaella shiobarensis* →シオバラザサ ………………360
*Sasaella shiobarensis* var.*yessaensis* →エッサシノ ‥127
*Sasaella takinagawaensis* →タキナガワシノ …………453
*Sasaella yamakitensis* →ヤマキタダケ ………………828
*Sasamorpha amabilis* →クマスズ ……………………268
*Sasamorpha borealis* var.*pilosa* →ウラゲスズダケ …103
*Satakentia liukiuensis* →ヤエヤマヤシ ………………808
*Saurauia tristyla* var.*oldhamii* →タカサゴシラタマ ‥445
*Saururus chinensis* →ハンゲショウ …………………622
*Saussurea amabilis* →コウシュウヒゴタイ …………297
*Saussurea andoana* →フカウラトウヒレン ……………677
*Saussurea brachycephala* →イワテヒゴタイ …………85
*Saussurea chionophylla* →ユキバヒゴタイ …………844
*Saussurea fauriei* →フォーリーアザミ ………………677
*Saussurea franchetii* →ミヤマキタアザミ …………769
*Saussurea fuboensis* →フボウトウヒレン ……………689
*Saussurea gracilis* →ホクチアザミ …………………707
*Saussurea hamanakaensis* →コンセントウヒレン……335
*Saussurea higomontana* →ツクシトウヒレン………491
*Saussurea hisauchii* →タンザワヒゴタイ ……………469
*Saussurea hokurokuensis* →ホクロクトウヒレン ……708
*Saussurea hosoiana* →ムツトウヒレン ………………785
*Saussurea inaensis* →イナトウヒレン …………………67
*Saussurea insularis* →シマトウヒレン ………………378
*Saussurea japonica* →ヒナヒゴタイ …………………637
*Saussurea kaialpina* →シラネヒゴタイ ………………394
*Saussurea kaimontana* →タカネヒゴタイ……………450
*Saussurea katoana* →トビシマトウヒレン …………531
*Saussurea kenji-horieana* →カムイトウヒレン ………207
*Saussurea kimbuensis* →キンブヒゴタイ (1) ………257
*Saussurea kirigaminensis* →キリガミネトウヒレン
　(1) …………………………………………………………250
*Saussurea kiusiana* →ツクシヒゴタイ ………………492
*Saussurea kubotae* →タイシャクトウヒレン …………437

| | |
|---|---|

*Saussurea kudoana* →ヒダカトウヒレン ……………631

*Saussurea kudoana* var.*yuparensis* →ユウバリキタ
アザミ (1) ……………842

*Saussurea kurosawae* →アベトウヒレン ……………36

*Saussurea maximowiczii* →ミヤコアザミ ……………764

*Saussurea mihoko-kawakamiana* →トウミトウヒレ
ン ……………518

*Saussurea mikurasimensis* →ミクラシマトウヒレン ‥748

*Saussurea modesta* →ネコヤマヒゴタイ ……………570

*Saussurea muramatsui* →トガヒゴタイ ……………520

*Saussurea nakagawae* →サドヒゴタイ ……………348

*Saussurea neichiana* →ハチノヘトウヒレン ……………598

*Saussurea nikoensis* →シラネアザミ ……………393

*Saussurea nipponica* →オオダイトウヒレン ……………147

*Saussurea pennata* →ミヤマトウヒレン ……………774

*Saussurea pseudosagitta* →コウシンヒゴタイ ………298

*Saussurea pulchella* →ヒメヒゴタイ ……………657

*Saussurea riederi* var.*insularis* →レブントウヒレン
(1) ……………866

*Saussurea riederi* var.*japonica* →オクキタアザミ ……174

*Saussurea riederi* var.*riederi* →チシマキタアザミ ……473

*Saussurea riederi* var.*yezoensis* →ナガバキタアザ
ミ ……………538

*Saussurea sachalinensis* →カラフトアザミ ……………212

*Saussurea sagitta* →ヤハズトウヒレン ……………821

*Saussurea sagitta* var.*yoshizawae* →チャボヤハズト
ウヒレン (1) ……………481

*Saussurea savatieri* →アサマヒゴタイ ……………25

*Saussurea sawae* →カムロトウヒレン ……………207

*Saussurea scaposa* →キリシマヒゴタイ ……………251

*Saussurea sendaica* →センダイトウヒレン ……………430

*Saussurea sessiliflora* →クロトウヒレン ……………279

*Saussurea shonaiensis* →ショウナイトウヒレン ……389

*Saussurea sikokiana* →オオトウヒレン ……………150

*Saussurea sinuatoides* →タカオヒゴタイ ……………444

*Saussurea sinuatoides* var.*glabrescens* →キントキヒ
ゴタイ (1) ……………256

*Saussurea sugimurae* →ナンブトウヒレン ……………554

*Saussurea tanakae* →セイタカトウヒレン ……………420

*Saussurea tobitae* →シナノトウヒレン ……………370

*Saussurea triptera* →ヤハズヒゴタイ ……………821

*Saussurea triptera* var.*major* →ミヤマヒゴタイ
(1) ……………777

*Saussurea ugoensis* →ウゴトウヒレン ……………90

*Saussurea uryuensis* →ウリュウトウヒレン ……………107

*Saussurea ussuriensis* var.*nivea* →ウスユキキクア
ザミ ……………97

*Saussurea ussuriensis* var.*ussuriensis* →キクアザ
ミ ……………227

*Saussurea wakasugiana* →ワカサトウヒレン ………869

*Saussurea yakusimensis* →ヤクシマトウヒレン………812

*Saussurea yamagataensis* →ヤマガタトウヒレン……828

*Saussurea yanagisawae* var.*nivea* →ユキバトウヒレ
ン ……………844

*Saussurea yanagisawae* var.*yanagisawae* →ウスユ
キトウヒレン ……………97

*Saussurea yanagitae* →アラサワトウヒレン ……………47

*Saussurea yezoensis* →エゾトウヒレン ……………116

*Saussurea yoshinagae* →トサトウヒレン ……………527

*Saussurea yubarimontana* →ユウバリトウヒレン……842

*Saussurea yuki-uenoana* →アブクマトウヒレン ………34

*Sauteria yatsuensis* →ヤツガタケジンチョウゴケ……817

*Saxifraga acerifolia* →エチゼンダイモンジソウ………127

*Saxifraga bracteata* →キヨシソウ ……………248

*Saxifraga bronchialis* subsp.*funstonii* var.
*rebunshirensis* →シコタンソウ ……………364

*Saxifraga bronchialis* subsp.*funstonii* var.*yuparensis*
→ユウバリクモマグサ ……………842

*Saxifraga cernua* →ムカゴユキノシタ ……………782

*Saxifraga cortusifolia* →ジンジソウ ……………406

*Saxifraga cortusifolia* var.*stolonifera* →ツルジンジ
ソウ ……………503

*Saxifraga fortunei* f.*rubrifolia* →ウラベニダイモン
ジソウ ……………106

*Saxifraga fortunei* var.*alpina* →ダイモンジソウ……440

*Saxifraga fortunei* var.*incisolobata* f.*alpina* →ミヤ
マダイモンジソウ ……………773

*Saxifraga fortunei* var.*jotanii* →イズノシマダイモン
ジソウ ……………58

*Saxifraga fortunei* var.*obtusocuneata* →ウチワダイ
モンジソウ ……………98

*Saxifraga fortunei* var.*obtusocuneata* f.*minima*
→ヤクシマダイモンジソウ ……………811

*Saxifraga fortunei* var.*suwoensis* →ナメラダイモン
ジソウ ……………548

*Saxifraga merkii* var.*merkii* →チシマクモマグサ ……474

*Saxifraga nipponica* →ハルユキノシタ ……………621

*Saxifraga nishidae* →エゾノクモマグサ ……………118

*Saxifraga oppositifolia* →サキシフラガ・オポジティ
フォリア ……………340

*Saxifraga porophylla* →サキシフラガ・ポロフィラ …340

*Saxifraga sendaica* →センダイソウ ……………430

*Saxifraga sendaica* f.*laciniata* →モミジバセンダイ
ソウ ……………802

*Saxifraga stolonifera* →ユキノシタ (1) ……………843

*Scabiosa atropurpurea* →セイヨウマツムシソウ ……424

*Scabiosa columbaria* 'Alpina' →ヒメマツムシソウ…659

*Scabiosa farinosa* →スカビオサ・ファリノーサ ………410

*Scabiosa graminifolia* →スカビオサ・グラミニフォ
リア ……………410

*Scabiosa japonica* var.*alpina* →タカネマツムシソウ …451

*Scabiosa japonica* var.*breviligula* →ミカワマツムシ
ソウ ……………748

*Scabiosa japonica* var.*japonica* →マツムシソウ ……734

*Scabiosa japonica* var.*lasiophylla* →ソナレマツムシ
ソウ ……………434

*Scabiosa jezoensis* →エゾマツムシソウ ……………123

*Scabiosa lucida* →スカビオサ・ルキダ ……………410

*Scabiosa ochroleuca* →スカビオサ・オクロレウカ …410

*Scaevola taccada* →クサトベラ ……………261

*Scandix pecten-veneris* →ナガミゼリ ……………542

*Scapania ciliata* →ウニバヒシャクゴケ ……………100

*Schedonorus phoenix* →オニウシノケグサ ……………181

*Schedonorus pratensis* →ヒロハノウシノケグサ ……671

*Schefflera arboricola* →ヤドリフカノキ ……………818

*Schefflera arboricola* 'Hong Kong' →ホンコンカ
ポック ……………726

*Schefflera heptaphylla* →フカノキ ……………677

*Schenkia japonica* →シマセンブリ ……………378

*Scheuchzeria palustris* →ホロムイソウ ……………726

*Schima wallichii* →ヒメツバキ (広義) ……………653

*Schima wallichii* subsp.*mertensiana* →ヒメツバキ…653

*Schima wallichii* subsp.*noronhae* →イジュ (1) ……57

*Schinus terebinthifolia* →サンショウモドキ ………357

*Schisandra chinensis* →チョウセンゴミシ ……………484

*Schisandra repanda* →マツブサ ……………734

学名索引 995 SCR

*Schistidium apocarpum* →ギボウシゴケ ……………245
*Schistidium strictum* →ホソバギボウシゴケ…………714
*Schistostega pennata* →ヒカリゴケ………………626
*Schizachne purpurascens* subsp.*callosa* →フォーリーガヤ………………677
*Schizachyrium brevifolium* →ウシクサ………………92
*Schizaea dichotoma* →カンザシワラビ………………221
*Schizaea digitata* →フサシダ………………681
*Schizocodon ilicifolius* →ヒメイワカガミ………642
*Schizocodon ilicifolius* var.*australis* →アカバナヒメイワカガミ………………16
*Schizocodon ilicifolius* var.*intercedens* →ヤマイワカガミ………………826
*Schizocodon ilicifolius* var.*nankaiensis* →ナンカイヒメイワカガミ………………551
*Schizocodon soldanelloides* var.*longifolius* →ナガバイワカガミ………………537
*Schizocodon soldanelloides* var.*magnus* →オオイワカガミ………………138
*Schizocodon soldanelloides* var.*minimus* →ヒメコイワカガミ………………647
*Schizocodon soldanelloides* var.*soldanelloides* →イワカガミ………………81
*Schizocodon soldanelloides* var.*soldanelloides* f.*alpinus* →コイワカガミ………………296
*Schizonepeta tenuifolia* var.*japonica* →ケイガイ……285
*Schizopepon bryoniifolius* →ミヤマニガウリ………775
*Schizophyllum commune* →スエヒロタケ…………409
*Schizopora paradoxa* →クダアナタケ………………265
*Schkuhria pinnata* var.*abrotanoides* →イトバギク……65
*Schlumbergera truncata* →カニサボテン…………203
*Schoenoplectiella gemmifera* →ハタベカンガレイ……596
*Schoenoplectiella hondoensis* →ミヤマホタルイ……778
*Schoenoplectiella hotarui* →ホタルイ……………721
*Schoenoplectiella komarovii* →コホタルイ…………327
*Schoenoplectiella lineolata* →ヒメホタルイ………658
*Schoenoplectiella mucronata* →タタラカンガレイ……455
*Schoenoplectiella mucronata* var.*antrorsispinulosa* →イヌヒメカンガレイ………………72
*Schoenoplectiella multiseta* →ツクシカンガレイ……490
*Schoenoplectiella triangulata* →カンガレイ………220
*Schoenoplectiella wallichii* →タイワンヤマイ………443
*Schoenoplectus juncoides* →イヌホタルイ…………72
*Schoenoplectus lacustris* →オオフトイ……………160
*Schoenoplectus mucronatus* var.*mucronatus* →ヒメカンガレイ………………645
*Schoenoplectus mucropnatus* var.*ishizawae* →ロッカクイ………………868
*Schoenoplectus nipponicus* →シズイ………………366
*Schoenoplectus orthorhizomatus* →ミチノクホタルイ………………756
*Schoenoplectus subulatus* →イヌフトイ……………72
*Schoenoplectus tabernaemontani* →フトイ………688
*Schoenoplectus tabernaemontani* 'Zebrinus' →シマフトイ………………379
*Schoenoplectus*×*trapezoideus* →シカクホタルイ……360
*Schoenoplectus triangulatus*×*S.hotarui* →サンカクホタルイ………………356
*Schoenoplectus triqueter* →サンカクイ…………355
*Schoenoplectus*×*uzenensis* →アイノコカンガレイ……5
*Schoenus apogon* →ノグサ………………575
*Schoenus brevifolius* →ジョウイ………………388
*Schoenus calostachyus* →イヘヤヒゲクサ…………76

*Schoenus falcatus* →オオヒゲクサ………………159
*Schoepfia jasminodora* →ボロボロノキ…………726
*Sciadopitys verticillata* →コウヤマキ……………301
*Sciaphila multiflora* →イシガキソウ………………56
*Sciaphila nana* →ホンゴウソウ………………726
*Sciaphila ramosa* →スズフリホンゴウソウ…………413
*Sciaphila secundiflora* →ウエマツソウ………………89
*Sciaphila tenella* →タカクマソウ………………444
*Sciaphila yakushimensis* →ヤクシマソウ…………811
*Scilla hispanica* →スキラ・ヒスパニカ…………411
*Scinaia japonica* →フサノリ………………681
*Scinaia okamurae* →ニセフサノリ………………561
*Scirpus asiaticus* →エゾアブラガヤ………………110
*Scirpus fuirenoides* →コマツカサススキ…………328
*Scirpus georgianus* →セフリアブラガヤ…………428
*Scirpus hattorianus* →イワキアブラガヤ………82
*Scirpus karuisawensis* →ヒメマツカサススキ……659
*Scirpus maximowiczii* →タカネクロスゲ…………447
*Scirpus microcarpus* →ヒメクロアブラガヤ………647
*Scirpus mitsukurianus* →マツカサススキ…………731
*Scirpus radicans* →ツルアブラガヤ………………501
*Scirpus rosthornii* var.*kiushuensis* →ツクシアブラガヤ………………489
*Scirpus sylvaticus* var.*maximowiczii* →クロアブラガヤ………………275
*Scirpus ternatanus* →オオアブラガヤ………………135
*Scirpus wichurae* →アブラガヤ (広義)…………34
*Scirpus wichurae* f.*concolor* →アブラガヤ………34
*Scirpus wichurae* f.*wichurae* →アイバソウ (1)………5
*Scleranthus annuus* →シバツメクサ………………372
*Scleria biflora* →ホソバシンジュガヤ………………715
*Scleria levis* →シンジュガヤ………………406
*Scleria mikawana* →ミカワシンジュガヤ…………747
*Scleria parvula* →コシンジュガヤ………………314
*Scleria rugosa* var.*onoei* →マネキシンジュガヤ……735
*Scleria rugosa* var.*rugosa* →ケシンジュガヤ………288
*Scleria sumatrensis* →クロミノシンジュガヤ………283
*Scleria terrestris* →オオシンジュガヤ………………146
*Scleroderma areolatum* →ヒメカタショウロ…………644
*Scleroderma bovista* →ハマニセショウロ…………613
*Scleroderma citrinum* →ニセショウロ………………561
*Scleroderma flavidum* →ウスキニセショウロ………94
*Scleroderma* spp. →ニセショウロ類………………561
*Scleroderma verrucosum* →ザラツキニセショウロ……351
*Scolopia oldhamii* →トゲイヌツゲ………………525
*Scoparia dulcis* →シマカナビキソウ………………375
*Scopolia japonica* →ハシリドコロ………………594
*Scorpiurus muricatus* →シャクトリムシマメ…………382
*Scorzonera hispanica* →キクゴボウ………………228
*Scorzonera rebunensis* →フタナミソウ…………686
*Scrophularia alata* →エゾヒナノウスツボ…………122
*Scrophularia buergeriana* →ゴマノハグサ…………329
*Scrophularia duplicatoserrata* →ヒナノウスツボ……636
*Scrophularia duplicatoserrata* var.*surugensis* →ナガバヒナノウスツボ………………540
*Scrophularia grayanoides* →ハマヒナノウスツボ……614
*Scrophularia kakudensis* →オオヒナノウスツボ……159
*Scrophularia kakudensis* var.*toyamae* →ツシマヒナノウスツボ (1)………………494
*Scrophularia musashiensis* var.*ina-vallicola* →イナサツキヒナノウスツボ………………66

| | |
|---|---|
| SCR | 996　学名索引 |

*Scrophularia musashiensis* var.*musashiensis* →サツキヒナノウスツボ ……………………346

*Scutellaria amabilis* →ヤマジノタツナミソウ ………830

*Scutellaria baicalensis* →コガネヤナギ ………………305

*Scutellaria brachyspica* →オカタツナミソウ ………169

*Scutellaria dependens* →ヒメナミキ ………………654

*Scutellaria guilielmii* →コナミキ ……………………318

*Scutellaria indica* var.*indica* →タツナミソウ ………459

*Scutellaria indica* var.*parvifolia* →コバノタツナミ …322

*Scutellaria indica* var.*parvifolia* f.*alba* →シロバナコバノタツナミ ……………………401

*Scutellaria indica* var.*satokoae* →ホクリクタツナミソウ ……………………707

*Scutellaria iyoensis* →ハナタツナミソウ ……………603

*Scutellaria kikai-insularis* →キカイタツナミソウ …227

*Scutellaria kiusiana* →ツクシタツナミソウ ………491

*Scutellaria kuromidakensis* →ヤクシマナミキ ……812

*Scutellaria laetevioliacea* var.*abbreviata* →トウゴクシノバタツナミ ……………………516

*Scutellaria laetevioliacea* var.*kurokawae* →イガタツナミ (1) ……………………54

*Scutellaria laetevioliacea* var.*laetevioliacea* →シノバタツナミ ……………………366

*Scutellaria laetevioliacea* var.*maekawae* →ホナガタツナミソウ (1) ……………………724

*Scutellaria longituba* →ムニンタツナミソウ ………786

*Scutellaria muramatsui* →デワノタツナミソウ ……511

*Scutellaria pekinensis* var.*transitra* →ヤマタツナミソウ ……………………831

*Scutellaria pekinensis* var.*ussuriensis* →エゾタツナミソウ ……………………115

*Scutellaria rubropunctata* var.*minima* →ヒメアカボシタツナミ ……………………640

*Scutellaria rubropunctata* var.*naseana* →アマミタツナミソウ ……………………40

*Scutellaria rubropunctata* var.*rubropunctata* →アカボシタツナミソウ ……………………16

*Scutellaria shikokiana* var.*pubicaulis* →ケミヤマナミキ ……………………291

*Scutellaria shikokiana* var.*shikokiana* →ミヤマナミキ ……………………775

*Scutellaria strigillosa* →ナミキソウ ………………548

*Scutellaria tsusimensis* →アツバタツナミソウ ………33

*Scutellaria yezoensis* →エゾナミキ ……………………116

*Scutellinia erinaceus* →スケテルリニア エリナケウス ……………………411

*Scutellinia scutellata* →アラゲコベニチャワンタケ …46

*Scytosiphon lomentaria* →カヤモノリ ………………209

*Sebacina incrustans* →ロウタケ ……………………868

*Sebacina sparassoidea* →White coral jelly ………880

*Secale cereale* →ライムギ ……………………852

*Sedirea japonica* →ナゴラン ……………………543

*Sedum acre* →ヨーロッパタイトゴメ ………………851

*Sedum bulbiferum* →コモチマンネングサ …………332

*Sedum dasyphyllum* →ヒメボシタイトゴメ …………658

*Sedum drymarioides* →ナナツガママンネングサ ……546

*Sedum formosanum* →ハママンネングサ ……………615

*Sedum hakonense* →マツノハマンネングサ …………732

*Sedum hispanicum* →ウスユキマンネングサ …………97

*Sedum japonicum* subsp.*boninense* →ムニンタイトゴメ ……………………786

*Sedum japonicum* subsp.*japonicum* var.*japonicum* →メノマンネングサ ……………………796

*Sedum japonicum* subsp.*japonicum* var.*senanense* →ミヤママンネングサ ……………………779

*Sedum japonicum* subsp.*oryzifolium* →タイトゴメ …439

*Sedum japonicum* subsp.*uniflorum* →コゴメマンネングサ ……………………310

*Sedum kamtschaticum* f.*angustifolium* →ホソバエゾキリンソウ ……………………713

*Sedum lineare* →オノマンネングサ …………………186

*Sedum lineare* f.*variegatum* →フクリンマンネングサ ……………………679

*Sedum makinoi* →マルバマンネングサ ……………743

*Sedum mexicanum* →メキシコマンネングサ …………795

*Sedum nagasakianum* →ナガサキマンネングサ ……537

*Sedum polytrichoides* subsp.*polytrichoides* →ウンゼンマンネングサ ……………………109

*Sedum polytrichoides* subsp.*yabeanum* var.*setouchiense* →セトウチマンネングサ …………427

*Sedum polytrichoides* subsp.*yabeanum* var.*yabeanum* →ツシマンネングサ ……………………494

*Sedum rupifragum* →オオメノマンネングサ …………164

*Sedum sarmentosum* →ツルマンネングサ …………506

*Sedum satumense* →サツママンネングサ …………348

*Sedum* sp. →ヨコハママンネングサ ………………848

*Sedum subtile* →ヒメレンゲ ……………………661

*Sedum tosaense* →ヤハズマンネングサ ……………821

*Sedum tricarpum* →タカネマンネングサ …………451

*Sedum zentaro-tashiroi* →ヒメマンネングサ …………659

*Selaginella aristata* →コケカタヒバ ………………308

*Selaginella boninensis* →ヒバゴケ …………………638

*Selaginella doederleinii* →オニクラマゴケ ………182

*Selaginella doederleinii* var.*opaca* →コウヅシマクラマゴケ (1) ……………………298

*Selaginella flagellifera* →ツルカタヒバ …………502

*Selaginella helvetica* →エゾノヒメクラマゴケ …120

*Selaginella heterostachys* →ヒメクラマゴケ ……647

*Selaginella involvens* →カタヒバ …………………200

*Selaginella limbata* →アマミクラマゴケ …………40

*Selaginella lutchuensis* →ヒメムカデクラマゴケ …660

*Selaginella moellendorffii* →イヌカタヒバ ………68

*Selaginella nipponica* →タチクラマゴケ …………456

*Selaginella remotifolia* →クラマゴケ ……………271

*Selaginella selaginoides* →コケスギラン …………308

*Selaginella shakotanensis* →ヒモカズラ …………662

*Selaginella sibirica* →エゾノヒモカズラ …………120

*Selaginella tamamontana* →ヤマクラマゴケ ……828

*Selaginella tamariscina* →イワヒバ ………………86

*Selaginella uncinata* →コンテリクラマゴケ ………336

*Selliguea engleri* →タカノハウラボシ ……………452

*Selliguea engleri*×*S.hastata* →キノクニウラボシ …239

*Selliguea engleri*×*S.yakushimensis* →ヤクシマタカノハウラボシ ……………………811

*Selliguea hastata*×*S.yakushimensis* →ミツデウラボシ × ヒメタカノハウラボシ ……………………757

*Selliguea hastata* var.*hastata* →ミツデウラボシ ……757

*Selliguea veitchii* →ミヤマウラボシ ………………768

*Selliguea yakuinsularis* →ヤクシマウラボシ ………810

*Selliguea yakushimensis* →ヒメタカノハウラボシ …652

*Semiaquilegia adoxoides* →ヒメウズ ………………642

*Semiaquilegia ecalcarata* →フウリンオダマキ ………676

*Semiarundinaria fastuosa* →ナリヒラダケ …………549

*Semiarundinaria fastuosa* var.*viridis* →アオナリヒラ …9

*Semiarundinaria fortis* →クマナリヒラ …………268

*Semiarundinaria kagamiana* →リクチュウダケ ……854

*Semiarundinaria maruyamana* →ヒメヤシャダケ …661

学名索引　997　SIL

*Semiarundinaria okuboi* →ビゼンナリヒラ …………630
*Semiarundinaria yashadake* →ヤシャダケ …………815
*Semiarundinaria yashadake* f.*kimmei* →キンメイヤ
　シャダケ …………………………………………257
*Semiarundinaria yoshi-matsumurae* →ニッコウナ
　リヒラ ……………………………………………562
*Senecio argunensis* →コウリンギク ………………302
*Senecio blochmaniae* →マツバサワギク ……………733
*Senecio cannabifolius* →ハンゴンソウ ……………622
*Senecio madagascariensis* →ナルトサワギク ……550
*Senecio nemorensis* →キオン ………………………226
*Senecio pseudoarnica* →エゾオグルマ ……………112
*Senecio rowleyanus* →ミドリノスズ ………………760
*Senecio scandens* →タイキンギク …………………436
*Senecio vulgaris* →ノボロギク ……………………580
*Senna hebecarpa* →アメリカセンナ ……………… 44
*Senna obtusifolia* →エビスグサ(1) ………………129
*Senna occidentalis* →ハブソウ ……………………608
*Senna sophera* →オオバノセンナ …………………156
*Senna tora* →ホソミエビスグサ ……………………720
*Sequoia sempervirens* →セコイアメスギ …………426
*Sequoiadendron giganteum* →セコイアオスギ ……426
*Serissa japonica* →ハクチョウゲ …………………589
*Serissa japonica* 'Crassiramea' →ダンチョウゲ …470
*Serpula lacrymans* →ナミダタケ …………………548
*Serratula centauroides* →ヒメタムラソウ(2) ………653
*Serratula coronata* subsp.*coronata* →マンシュウタ
　ムラソウ …………………………………………745
*Serratula coronata* subsp.*insularis* →タムラソウ ……467
*Serratula seoanei* →ホソバヒメタムラソウ …………719
*Sesamum orientale* →ゴマ …………………………327
*Sesbania brachycarpa* →ムラサキアメリカツノクサ
　ネム ………………………………………………789
*Sesbania exaltata* →アメリカツノクサネム …………… 44
*Sesuvium portulacastrum* →ハマスベリヒユ(1) ……611
*Sesuvium portulacastrum* var.*griseum* →シロミルス
　ベリヒユ …………………………………………404
*Sesuvium portulacastrum* var.*portulacastrum* →ミ
　ルスベリヒユ ……………………………………781
*Setaria barbata* →ヒメササキビ ……………………649
*Setaria chondrachne* →イヌアワ …………………… 67
*Setaria faberi* →アキノエノコログサ ……………… 20
*Setaria italica* →アワ ……………………………… 51
*Setaria italica* →コアワ ……………………………295
*Setaria pallidefusca* →コツブキンエノコロ …………317
*Setaria palmifolia* →ササキビ ……………………344
*Setaria parviflora* →フシネキンエノコロ …………684
*Setaria plicata* →コサナキビ ………………………311
*Setaria pumila* →キンエノコロ ……………………253
*Setaria*×*pycnocoma* →オオエノコロ ………………139
*Setaria sphacelata* →アフリカキンエノコロ ………… 35
*Setaria verticillata* →ザラツキエノコログサ …………351
*Setaria verticillata* var.*ambigua* →イヌエノコログ
　サ …………………………………………………… 67
*Setaria viridis* var.*minor* →エノコログサ ……………128
*Setaria viridis* var.*minor* f.*misera* →ムラサキエノ
　コロ ………………………………………………789
*Setaria viridis* var.*pachystachys* →ハマエノコロ ……609
*Sherardia arvensis* →ハナヤエムグラ ……………606
*Shibataea kumasaca* →オカメザサ …………………169
*Shibataea kumasaka* f.*albovariegata* →シロフオカメ
　ザサ ………………………………………………403

*Shibataea kumasaka* f.*aureostriata* →シマオカメザ
　サ …………………………………………………375
*Shibateranthis stellata* →ヒナマツリソウ …………637
*Shimizuomyces paradoxa* →サンチュウムシタケモド
　キ …………………………………………………358
*Shortia rotundifolia* →シマイワウチワ ……………375
*Shortia uniflora* →イワウチワ(広義) ……………… 81
*Shortia uniflora* var.*kantoensis* →コイワウチワ ……296
*Shortia uniflora* var.*orbicularis* →トクワカソウ ……525
*Shortia uniflora* var.*uniflora* →オオイワウチワ(1) ··138
*Sibbaldia miyabei* →メアカンキンバイ ……………794
*Sibbaldia procumbens* →タテヤマキンバイ …………460
*Sicyos angulatus* →アレチウリ ……………………… 50
*Sicyos edulis* →ハヤトウリ …………………………616
*Sida acuta* →ホソバキンゴジカ ……………………714
*Sida rhombifolia* →キンゴジカ ……………………254
*Sida rhombifolia* subsp.*insularis* →ハイキンゴジカ ··583
*Sida rhombifolia* subsp.*retusa* →ヤハズキンゴジカ ··821
*Sida spinosa* →アメリカキンゴジカ ………………… 43
*Sida subspicata* →ホザキキンゴジカ ………………709
*Sieversia pentapetala* →チングルマ ………………486
*Sigesbeckia glabrescens* →コメナモミ ……………331
*Sigesbeckia orientalis* →ツクシメナモミ …………492
*Sigesbeckia pubescens* →メナモミ …………………796
*Silene acaulis* →シレネ・アコウリス ………………395
*Silene akaisialpina* →タカネビランジ ……………450
*Silene akaisialpina* f.*leucantha* →シロバナタカネビ
　ランジ ……………………………………………402
*Silene antirrhina* →ムシトリマンテマ ……………784
*Silene aomorensis* →アオモリマンテマ ……………… 11
*Silene aprica* var.*aprica* →ヒメケフシグロ …………647
*Silene aprica* var.*ryukyuensis* →リュウキュウフシ
　グロ ………………………………………………859
*Silene baccifera* var.*baccifera* →タカネナンバンハコ
　ベ …………………………………………………450
*Silene baccifera* var.*japonica* →ナンバンハコベ …553
*Silene coeli-rosa* →コムギセンノウ ………………330
*Silene conica* →ヒメシラタマソウ …………………651
*Silene conoidea* →オオシラタマソウ ………………146
*Silene dichotoma* →フタマタマンテマ ……………686
*Silene dioica* →アケボノセンノウ ………………… 22
*Silene firma* f.*firma* →フシグロ(1) ………………683
*Silene firma* f.*pubescens* →ケフシグロ …………290
*Silene foliosa* →エゾマンテマ ……………………123
*Silene fulgens* →エゾセンノウ ……………………115
*Silene gallica* var.*gallica* →シロバナマンテマ ………402
*Silene gallica* var.*giraldii* →イタリーマンテマ ……… 61
*Silene gallica* var.*quinquevulnera* →マンテマ ………746
*Silene hidaka-alpina* →カムイビランジ ……………207
*Silene keiskei* f.*minor* →ビランジ(狭義) …………666
*Silene keiskei* var.*keiskei* →オオビランジ …………160
*Silene keiskei* var.*minor* →ビランジ ………………666
*Silene latifolia* subsp.*alba* →ヒロハノマンテマ ……673
*Silene nigrescens* subsp.*latifolia* →シレネ・ニグレ
　スケンス・ラティフォリア ……………………395
*Silene noctiflora* →ツキミセンノウ ………………488
*Silene nocturna* →ツキミマンテマ ………………488
*Silene pendula* →サクラマンテマ …………………343
*Silene repens* var.*apoiensis* →アポイマンテマ ……… 37
*Silene repens* var.*latifolia* →チシママンテマ ………475
*Silene repens* var.*repens* →カラフトマンテマ ………213

*Silene sachalinensis* →カラフトビランジ ……………213
*Silene stenophylla* →スガワラビランジ ……………410
*Silene tokachiensis* →トカチビランジ ……………520
*Silene unifloras* 'Druett's Varigated' →ドルエッツ
バリエゲーテッド ……………534
*Silene uralensis* →タカネマンテマ ……………451
*Silene vulgaris* →シラタマソウ ……………393
*Silene yanoei* →テバコマンテマ ……………510
*Silvetia babingtonii* →エゾイシゲ ……………111
*Silybum marianum* →オオアザミ ……………135
*Sinapis alba* →シロガラシ ……………397
*Sinapis arvensis* →ノハラガラシ ……………578
*Sinningia speciosa* →オオイワギリソウ ……………138
*Sinoadina racemosa* →ヘツカニガキ ……………695
*Sinobambusa tootsik* →トウチク ……………517
*Sinobambusa tootsik* f.*albostriana* →スズコナリヒ
ラ ……………413
*Sinomenium acutum* →ツヅラフジ ……………494
*Sinomenium acutum* var.*cinereum* →ケオオツヅラ
フジ ……………286
*Siphonostegia chinensis* →ヒキヨモギ ……………627
*Siphonostegia laeta* →オオヒキヨモギ ……………159
*Sisymbrium altissimum* →ハタザオガラシ ……………595
*Sisymbrium irio* →ホソエガラシ ……………711
*Sisymbrium loeselii* →ホコバガラシ ……………708
*Sisymbrium luteum* →キバナハタザオ ……………243
*Sisymbrium officinale* →カキネガラシ ……………194
*Sisymbrium orientale* →イヌカキネガラシ ……………67
*Sisyrinchium angustifolium* →ルリニワゼキショウ ‥864
*Sisyrinchium exile* →キバナニワゼキショウ ……………242
*Sisyrinchium mucronatum* →ヒトフサニワゼキショ
ウ ……………634
*Sisyrinchium rosulatum* →ニワゼキショウ ……………564
*Sisyrinchium* sp. →オオニワゼキショウ (1) ……………151
*Sium ninsi* →ムカゴニンジン ……………782
*Sium serra* →タニミツバ ……………462
*Sium suave* var.*nipponicum* →ヌマゼリ ……………567
*Sium suave* var.*ovatum* →ヒロハヌマゼリ ……………671
*Skimmia japonica* var.*intermedia* f.*repens* →ツルシ
キミ ……………503
*Skimmia japonica* var.*japonica* f.*japonica* →ミヤマ
シキミ ……………771
*Skimmia japonica* var.*japonica* f.*yatabei* →ウチダシ
ミヤマシキミ ……………98
*Skimmia japonica* var.*lutchuensis* →リュウキュウ
ミヤマシキミ ……………859
*Smilax biflora* var.*biflora* →ヒメカカラ ……………644
*Smilax biflora* var.*trinervula* →サルマメ ……………352
*Smilax bockii* →カラスキバサンキライ ……………210
*Smilax bracteata* →サツマサンキライ ……………347
*Smilax china* →サルトリイバラ ……………352
*Smilax nervomarginata* →ササバサンキライ ……………344
*Smilax nipponica* →タチシオデ ……………456
*Smilax riparia* →シオデ ……………360
*Smilax sebeana* →ハマサルトリイバラ ……………611
*Smilax sieboldii* →ヤマカシュウ ……………828
*Smilax stans* →マルバサンキライ ……………740
*Smithia ciliata* →シバネム ……………372
*Solanum aethiopicum* →ヒラナス ……………665
*Solanum americanum* →テリミノイヌホオズキ ……………511
*Solanum capsicoides* →キンギンナスビ ……………254
*Solanum carolinense* →ワルナスビ ……………872

*Solanum dulcamara* →セイヨウヤマホロシ ……………425
*Solanum echinatum* →トゲナス ……………526
*Solanum elaeagnifolium* →ラシャナス ……………852
*Solanum erianthum* →ヤンバルナスビ ……………840
*Solanum glaucophyllum* →リュウキュウヤナギ ……………860
*Solanum japonense* var.*japonense* →ヤマホロシ ……………838
*Solanum japonense* var.*takaoyamense* →タカオホ
ロシ ……………444
*Solanum jasminoides* →ツルハナナス ……………505
*Solanum kayamae* →オキナワヒヨドリジョウゴ ……………173
*Solanum lycopersicum* →トマト ……………531
*Solanum lyratum* →ヒヨドリジョウゴ ……………665
*Solanum macaonense* →ヤイマナスビ ……………805
*Solanum mauritianum* →ダイオウナスビ ……………436
*Solanum maximowiczii* →マルバノホロシ ……………742
*Solanum megacarpum* →オオマルバノホロシ ……………162
*Solanum melongena* →ナス ……………543
*Solanum miyakojimense* →イラブナスビ ……………78
*Solanum nigrescens* →オオイヌホオズキ ……………138
*Solanum nigrum* →イヌホオズキ ……………72
*Solanum physalifolium* var.*nitidibaccatum* →ヒメケ
イヌホオズキ ……………647
*Solanum pseudocapsicum* →タマサンゴ ……………465
*Solanum ptychanthum* →アメリカイヌホオズキ ……………42
*Solanum rostratum* →トマトダマシ ……………531
*Solanum sarrachoides* →ケイヌホオズキ ……………285
*Solanum seaforthianum* →ルリイロツルナス ……………863
*Solanum sisymbriifolium* →ハリナスビ ……………618
*Solanum* sp. →カンザシイヌホオズキ ……………221
*Solanum spirale* →キダチイヌホオズキ ……………234
*Solanum torvum* →スズメナスビ ……………414
*Solanum triflorum* →ハゴロモイヌホオズキ ……………592
*Solanum tuberosum* →ジャガイモ ……………382
*Solanum undatum* →モンバナスビ ……………805
*Solanum viarum* →キンギンナスビモドキ ……………254
*Solanum villosum* →アカミノイヌホオズキ ……………17
*Soldanella alpina* →オウシュウイワカガミ ……………134
*Soleirolia soleirolii* →コケイラクサ ……………308
*Solenogyne mikadoi* →コケタンポポ ……………308
*Solidago altissima* →セイタカアワダチソウ ……………419
*Solidago canadensis* →カナダアキノキリンソウ ……………202
*Solidago gigantea* subsp.*serotina* →オオアワダチソ
ウ ……………136
*Solidago graminifolia* →イトバアワダチソウ ……………65
*Solidago horieana* →ソラチアオヤギバナ ……………435
*Solidago minutissima* →イッスンキンカ ……………63
*Solidago sempervirens* →トキワアワダチソウ ……………522
*Solidago virgaurea* subsp.*asiatica* var.*asiatica* →ア
キノキリンソウ ……………20
*Solidago virgaurea* subsp.*asiatica* var.*insularis*
→シマコガネギク ……………377
*Solidago virgaurea* subsp.*gigantea* →オオアキノキ
リンソウ ……………135
*Solidago virgaurea* subsp.*leiocarpa* →ミヤマアキノ
キリンソウ ……………765
*Solidago virgaurea* subsp.*leiocarpa* f.*paludosa* →キ
リガミネアキノキリンソウ ……………250
*Solidago virgaurea* subsp.*leiocarpa* var.*ovata* →ハ
マアキノキリンソウ ……………609
*Solidago virgaurea* subsp.*leiocarpa* var.*praeflorens*
→ハチジョウアキノキリンソウ ……………596
*Solidago yokusaiana* →アオヤギバナ ……………11

*Soliva anthemifolia* →イガトキンソウ …… 54
*Soliva sessilis* →メリケントキンソウ …… 797
*Sonchus asper* →オニノゲシ …… 184
*Sonchus brachyotus* →ハチジョウナ …… 597
*Sonchus oleraceus* →ノゲシ …… 576
*Sonchus tenerrimus* →ホソバノゲシ …… 717
*Sonchus wightianus* →タイワンハチジョウナ …… 443
*Sonneratia alba* →ハマザクロ …… 611
*Sophora flavescens* →クララ …… 271
*Sophora flavescens* f.*galegoides* →ムラサキクララ …… 790
*Sophora franchetiana* →ツクシムレスズメ …… 492
*Sophora tomentosa* →イソフジ …… 59
*Sorbaria kirilowii* →ニワナナカマド …… 565
*Sorbaria sorbifolia* var.*sorbifolia* →キタナナカマド …… 235
*Sorbaria sorbifolia* var.*stellipila* →ホザキナナカマド …… 709
*Sorbus aucuparia* →セイヨウナナカマド …… 423
*Sorbus commixta* var.*commixta* (1) →オオナナカマド …… 150
*Sorbus commixta* var.*commixta* →ナナカマド …… 546
*Sorbus commixta* var.*rufoferruginea* →サビバナナカマド …… 350
*Sorbus commixta* var.*wilfordii* →ツシマナナカマド …… 494
*Sorbus gracilis* →ナンキンナナカマド …… 551
*Sorbus matsumurana* →ウラジロナナカマド …… 105
*Sorbus sambucifolia* →タカネナナカマド …… 450
*Sorbus sambucifolia* var.*pseudogracilis* →ミヤマナナカマド …… 775
*Sorbus × viminalis* →タチナンキンナナカマド …… 458
*Sorghum bicolor* →モロコシ …… 804
*Sorghum bicolor* ‘Hoki’ →ホウキモロコシ …… 704
*Sorghum bicolor* var.*bicolor* →ナミモロコシ …… 548
*Sorghum halepense* →セイバンモロコシ …… 420
*Sorghum halepense* f.*muticum* →ノギナシセイバンモロコシ …… 575
*Sorghum nitidum* var.*dichroanthum* →モロコシガヤ …… 804
*Sorghum nitidum* var.*nitidum* →コモロコシガヤ …… 333
*Sparassis crispa* →ハナビラタケ …… 605
*Sparganium angustifolium* →ホソバウキミクリ …… 713
*Sparganium emersum* →エゾミクリ …… 123
*Sparganium erectum* →ミクリ …… 748
*Sparganium fallax* →ヤマトミクリ …… 833
*Sparganium glomeratum* →タマミクリ …… 467
*Sparganium glomeratum* var.*angustifolium* →ホソバタマミクリ …… 715
*Sparganium gramineum* →ウキミクリ …… 90
*Sparganium hyperboreum* →チシマミクリ …… 475
*Sparganium japonicum* →ナガエミクリ …… 536
*Sparganium macrocarpum* →オオミクリ …… 162
*Sparganium subglobosum* →ヒメミクリ …… 659
*Spartina alterniflora* →ヒガタアシ …… 626
*Spartium junceum* →レダマ …… 865
*Spathodea campanulata* →カエンボク …… 192
*Spathoglottis plicata* →コウトウシラン …… 299
*Spathularia flavida* →ヘラタケ …… 701
*Spathularia velutipes* →コゲエノヘラタケ …… 308
*Spergula arvensis* →オオツメクサ（広義）…… 149
*Spergula arvensis* var.*arvensis* →ノハラツメクサ …… 579
*Spergula arvensis* var.*maxima* →オオツメクサモドキ …… 149

*Spergula arvensis* var.*sativa* →オオツメクサ …… 149
*Spergularia bocconii* →ウシオハナツメクサ …… 91
*Spergularia marina* →ウシオツメクサ …… 91
*Spergularia rubra* →ウスベニツメクサ …… 97
*Spermacoce articularis* →ハリフタバ …… 619
*Sphaerobolus stellatus* →タマハジキタケ …… 466
*Sphaerophorus meiophorus* →サンゴゴケ …… 356
*Sphaerosporella brunnea* →スファエロスポレルラブルンネア …… 417
*Sphagneticola calendulacea* →クマノギク …… 268
*Sphagneticola trilobata* →アメリカハマグルマ …… 45
*Sphagnum calymmatophyllum* →コバノミズゴケ …… 323
*Sphagnum girgensohnii* →ホソバミズゴケ …… 719
*Sphagnum palustre* →オオミズゴケ …… 162
*Sphenoclea zeylanica* →ナガボノウルシ …… 541
*Sphenopholis obtusata* →クサビガヤ …… 262
*Spinacia oleracea* →ホウレンソウ …… 706
*Spinifex littoreus* →ツキイゲ …… 488
*Spiraea betulifolia* var.*aemiliana* →エゾノマルバシモツケ …… 120
*Spiraea betulifolia* var.*betulifolia* →マルバシモツケ …… 740
*Spiraea blumei* →イワガサ …… 81
*Spiraea blumei* var.*hayatae* →ウラジロイワガサ …… 104
*Spiraea blumei* var.*obtusa* →ミツバイワガサ …… 758
*Spiraea blumei* var.*pubescens* →イヨノミツバイワガサ …… 78
*Spiraea cantoniensis* →コデマリ …… 317
*Spiraea chamaedryfolia* var.*pilosa* →アイズシモツケ …… 4
*Spiraea faurieana* →エゾノシジミバナ …… 119
*Spiraea japonica* →シモツケ …… 381
*Spiraea japonica* ‘Goldflame’ →ゴールドフレーム …… 335
*Spiraea japonica* var.*hypoglauca* →ウラジロシモツケ …… 105
*Spiraea japonica* var.*ripensis* →ドロノシモツケ …… 535
*Spiraea media* var.*sericea* →エゾシモツケ …… 114
*Spiraea miyabei* →エゾノシロバナシモツケ …… 119
*Spiraea nervosa* var.*angustifolia* →トウシモツケ …… 516
*Spiraea nervosa* var.*nervosa* →イブキシモツケ …… 75
*Spiraea nipponica* var.*nipponica* f.*nipponica* →イワシモツケ …… 83
*Spiraea nipponica* var.*nipponica* f.*rotundifolia* →マルバイワシモツケ …… 738
*Spiraea nipponica* var.*ogawae* →キイシモツケ（1）…… 225
*Spiraea nipponica* var.*tosaensis* →トサシモツケ …… 527
*Spiraea prunifolia* →シジミバナ …… 365
*Spiraea salicifolia* →ホザキシモツケ …… 709
*Spiraea thunbergii* →ユキヤナギ …… 844
*Spiraea thunbergii* ‘Fujino Pinky’ →フジノピンキー …… 684
*Spiranthes sinensis* var.*amoena* →ネジバナ …… 571
*Spiranthes sinensis* var.*sinensis* →ナンゴクネジバナ …… 552
*Spirodela polyrhiza* →ウキクサ …… 89
*Spirogyra* spp. →アオミドロ …… 11
*Spodiopogon cotulifer* →アブラススキ …… 35
*Spodiopogon depauperatus* →ミヤマアブラススキ …… 766
*Spodiopogon sibiricus* →オオアブラススキ …… 135
*Sporobolus diander* →フタシベネズミノオ …… 686
*Sporobolus fertilis* →ネズミノオ（1）…… 571
*Sporobolus fertillis* var.*purpureosuffusus* →ムラサキネズミノオ …… 791

*Sporobolus hancei* →ヒメネズミノオ ·····················655
*Sporobolus japonicus* →ヒゲシバ(1) ·····················627
*Sporobolus virginicus* →ソナレシバ ·····················434
*Spuriopimpinella calycina* →カノツメソウ ··············204
*Spuriopimpinella koreana* →ヒカゲミツバ ···············626
*Squamanita odorata* →ニオイオオタマシメジ ···········555
*Squamanita umbonata* →カブラマツタケ ················205
*Stachys arvensis* →ヤブチョロギ ························823
*Stachys aspera* var.*baicalensis* →エゾイヌゴマ ·······111
*Stachys aspera* var.*hispidula* →イヌゴマ ··············· 69
*Stachys aspera* var.*japonica* →ケナシイヌゴマ ········289
*Stachys palustris* →オトメイヌゴマ ·····················179
*Stachys sieboldii* →チョロギ····························486
*Stachytarpheta dichotoma* →チリメンナガボソウ ····486
*Stachytarpheta jamaicensis* →フトボナガボソウ·······688
*Stachytarpheta urticifolia* →ナガボソウ ················541
*Stachyurus macrocarpus* →ナガバキブシ ················538
*Stachyurus macrocarpus* var.*prunifolius* →ハザクラ
  キブシ ················································593
*Stachyurus praecox* →キブシ ····························245
*Stachyurus praecox* var.*leucotrichus* →ケキブシ ······287
*Stachyurus praecox* var.*matsuzakii* →ハチジョウキ
  ブシ ··················································597
*Staheliomyces cinctus* →Cummerbund stinkhorn····874
*Stapelia grandiflora* →オオバナサイカク ················155
*Staphylea bumalda* →ミツバウツギ·····················758
*Stauntonia hexaphylla* →ムベ····························788
*Staurochilus lutchuensis* →ニュウメンラン ·············563
*Staurogyne concinnula* →タイワンサギゴケ ············442
*Steccherinum rhois* →アラゲニクハリタケ ··············· 47
*Stellaria aquatica* →ウシハコベ ·························· 92
*Stellaria bungeana* →オオハコベ ·························153
*Stellaria calycantha* →カンチヤチハコベ ················223
*Stellaria diversiflora* f.*robusta* →オオサワハコベ ······144
*Stellaria diversiflora* var.*angustifolia* →ナガバノサ
  ワハコベ ·············································539
*Stellaria diversiflora* var.*diversiflora* →サワハコベ ··354
*Stellaria diversiflora* var.*diversiflora* →ツルハコベ
  (1)···················································505
*Stellaria diversiflora* var.*yakumontana* →ヤクシマ
  ハコベ ················································812
*Stellaria fenzlii* →シラオイハコベ ·······················391
*Stellaria filicaulis* →イトハコベ ························· 65
*Stellaria graminea* →カラフトホソバハコベ ·············213
*Stellaria holostea* →アワユキハコベ····················· 52
*Stellaria humifusa* →エゾハコベ·························121
*Stellaria longifolia* →ナガバツメクサ ···················539
*Stellaria media* →コハコベ ·····························320
*Stellaria monosperma* var.*japonica* →オオヤマハコ
  ベ ····················································166
*Stellaria neglecta* →ハコベ(1) ··························592
*Stellaria nipponica* var.*nipponica* →イワツメクサ····· 85
*Stellaria nipponica* var.*yezoensis* →オオイワツメク
  サ ····················································138
*Stellaria pallida* →イヌハコベ ·························· 71
*Stellaria pterosperma* →エゾイワツメクサ ··············111
*Stellaria radians* →エゾオオヤマハコベ ·················112
*Stellaria ruscifolia* →シコタンハコベ····················364
*Stellaria sessiliflora* →ミヤマハコベ ·····················776
*Stellaria uchiyamana* var.*apetala* →アオハコベ········ 10
*Stellaria uchiyamana* var.*uchiyamana* →ヤマハコ

ベ ·······················································835
*Stellaria uliginosa* var.*uliginosa* →ノミノコブスマ···580
*Stellaria uliginosa* var.*undulata* →ノミノフスマ ······580
*Stemona japonica* →ビャクブ····························662
*Stemona sessilifolia* →タチビャクブ ·····················459
*Stenocarpus sinuatus* →ステノカルパス・シヌアタ
  ス ····················································416
*Stenoglottis fimbriata* →ムレチドリ ·····················793
*Stenotaphrum micranthum* →ツノキビ ·················497
*Stenotaphrum secundatum* →イヌシバ·················· 70
*Stephanandra incisa* var.*macrophylla* →シマコゴメ
  ウツギ ················································377
*Stephania japonica* →ハスノハカズラ ···················594
*Stephanospora caroticolor* →Carrot-colored
  truffle·················································873
*Stephanotis floribunda* →マダガスカルジャスミン ···731
*Sterculia monosperma* →ピンポンノキ ·················675
*Stereocaulon exutum* →キゴケ··························230
*Stereopsis burtianum* →ハナウロコタケ ················601
*Stereosandra javanica* →イリオモテムヨウラン ········ 79
*Stereum gausapatum* →チウロコタケ ···················471
*Stereum hirsutum* →キウロコタケ ······················226
*Stereum ostrea* →チャウロコタケ ·······················479
*Stereum sanguinolentum* →チウロコタケモドキ ·······471
*Stevenia maximowiczii* →ハナハズナ ····················604
*Stewartia monadelpha* →ヒメシャラ ····················650
*Stewartia pseudocamellia* →ナツツバキ ·················545
*Stewartia serrata* →ヒコサンヒメシャラ ················628
*Sticta nylanderiana* →テリハヨロイゴケ ················511
*Stictocardia tiliifolia* →オオバハマアサガオ ·············157
*Stictolejeunea iwatsukii* →ゴマダラクサリゴケ·········328
*Stigmatodactylus sikokianus* →コオロギラン ···········303
*Stimpsonia chamaedryoides* →ホザキザクラ ············709
*Stipa spartea* →ヤマアラシガヤ ·························826
*Stokesia laevis* →ルリギク ······························864
*Strelitzia reginae* →ストレリッチア ·····················416
*Streptolirion lineare* →アオイカ ズラ····················· 6
*Streptopus amplexifolius* var.*papillatus* →オオバタ
  ケシマラン ···········································154
*Streptopus streptopoides* subsp.*japonicus* →タケシ
  マラン ················································454
*Streptopus streptopoides* subsp.*streptopoides* →ヒ
  メタケシマラン ······································652
*Strobilanthes cusia* →リュウキュウアイ ·················855
*Strobilanthes flexicaulis* →アリサンアイ ················· 48
*Strobilanthes glandulifera* →コダチスズムシソウ ······315
*Strobilanthes japonica* →イセハナビ ····················· 58
*Strobilanthes oligantha* →スズムシバナ ·················413
*Strobilanthes reptans* →ヒロハサギゴケ ·················670
*Strobilanthes tashiroi* →オキナワスズムシソウ ·········171
*Strobilanthes wakasana* →ユキミバナ ···················844
*Strobilomyces confusus* →オニイグチモドキ ············181
*Strobilomyces seminudus* →コオニイグチ ···············303
*Strobilomyces strobilaceus* →オニイグチ·················181
*Strobilurus ohshimae* →スギエダタケ ···················410
*Strobilurus stephanocystis* →マツカサキノコモドキ ··731
*Strobilurus tenacellus* →マツカサシメジ ················731
*Strongylodon macrobotrys* →ヒスイカズラ ··············630
*Strophanthus divaricatus* →キンリュウカ ···············258
*Stropharia aeruginosa* →モエギタケ·····················799
*Stropharia coronilla* →コシワツバタケ ··················314

*Stropharia hornemannii* →ツヅレタケ …………………495
*Stropharia rugosoannulata* →サケツバタケ …………343
*Stropharia semiglobata* →キバフンタケ ………………244
*Strychnos nux-vomica* →マチン ………………………731
*Stuartina hamata* →カギバリチチコグサ ……………195
*Stuckenia pectinata* →リュウノヒゲモ ………………861
*Stylophorum diphyllum* →アメリカヤマブキソウ ……46
*Styphonolobium japonicum* →エンジュ ………………132
*Styphonolobium japonicum* 'Pendula' →シダレエン
ジュ ……………………………………………………367
*Styrax japonica* →エゴノキ ……………………………110
*Styrax japonica* 'Pink Chimes' →ピンク チャイム …674
*Styrax obassia* →ハクウンボク ………………………587
*Styrax shiraiana* →コハクウンボク …………………320
*Suaeda glauca* →マツナ ………………………………732
*Suaeda japonica* →シチメンソウ ……………………368
*Suaeda malacosperma* →ヒロハマツナ ………………673
*Suaeda maritima* →ハママツナ ………………………615
*Subularia aquatica* →ハリナズナ ……………………618
*Suillus bovinus* →アミタケ ……………………………41
*Suillus granulatus* →チチアワタケ …………………476
*Suillus grevillei* →ハナイグチ ………………………600
*Suillus luteus* →ヌメリイグチ ………………………568
*Suillus ochraceoroseus* →Rosy larch bolete …………878
*Suillus placidus* →ゴヨウイグチ ……………………333
*Suillus salmonicolor* →ヌメリツバイグチ …………568
*Suillus spectabilis* →キノボリイグチ ………………239
*Suillus spraguei* →ベニハナイグチ …………………697
*Suillus tomentosus* →ワタゲヌメリイグチ …………870
*Suillus viscidus* →シロヌメリイグチ ………………400
*Sulcaria sulcata* →バンダイキノリ …………………622
*Suzukia luchuensis* →ヤエヤマスズコウジュ ………807
*Swallenochloa subtessellata* →スワレノクロア サブ
テッセラータ ………………………………………419
*Swertia bimaculata* →アケボノソウ …………………22
*Swertia dichotoma* →ツリハコベ ……………………500
*Swertia japonica* →センブリ …………………………431
*Swertia japonica* var.*littoralis* →ヒロハセンブリ …671
*Swertia makinoana* →シマアケボノソウ ……………374
*Swertia noguchiana* →ソナレセンブリ ………………434
*Swertia perennis* subsp.*cuspidata* →ミヤマアケボノ
ソウ …………………………………………………766
*Swertia pseudochinensis* →ムラサキセンブリ ………790
*Swertia swertopsis* →シノノメソウ …………………371
*Swertia tashiroi* →ヘツカリンドウ …………………695
*Swertia tetrapetala* →チシマセンブリ（広義）………474
*Swertia tetrapetala* subsp.*micrantha* var.*chrysantha*
→タカネセンブリ …………………………………449
*Swertia tetrapetala* subsp.*tetrapetala* var.*tetrapetala*
→チシマセンブリ …………………………………474
*Swertia tetrapetala* subsp.*tetrapetala* var.*yezoalpina*
→エゾタカネセンブリ ……………………………115
*Swertia tetrapetala* var.*happoensis* →ハッポウタカ
ネセンブリ …………………………………………599
*Swertia tosaensis* →イヌセンブリ ……………………70
*Swietenia mahagoni* →マホガニー ……………………735
*Symphyandra armena* →シンファンドラ・アルメナ …407
*Symphyandra hofmannii* →シンファンドラ・ホフマ
ンニー ………………………………………………407
*Symphyandra wanneri* →シンファンドラ・ワンネ
リ ……………………………………………………407
*Symphyocladia latiuscula* →イソムラサキ ……………60

*Symphyotrichum novae-angliae* →ネバリノギク ……572
*Symphyotrichum novi-belgii* →ユウゼンギク …………842
*Symphyotrichum subulatum* var.*elongatum* →オオ
ホウキギク …………………………………………161
*Symphyotrichum subulatum* var.*squamatum* →ヒロ
ハホウキギク ………………………………………673
*Symphyotrichum subulatum* var.*subulatum* →ホウ
キギク ………………………………………………703
*Symphytum asperum* →オオハリソウ ………………159
*Symphytum officinale* →ヒレハリソウ（1）…………667
*Symphytum* spp. →コンフリー（1）…………………336
*Symplocarpus nabekuraensis* →ナベクラザゼンソウ …547
*Symplocarpus nipponicus* →ヒメザゼンソウ …………649
*Symplocarpus renifolius* →ザゼンソウ ………………345
*Symplocos boninensis* →ムニンクロキ ………………786
*Symplocos caudata* →ヤエヤマクロバイ ……………807
*Symplocos cochinchinensis* var.*cochinchinensis*
→アオバノキ …………………………………………10
*Symplocos coreana* →タンナサワフタギ ……………470
*Symplocos formosana* →アマシバ ……………………38
*Symplocos glauca* →ミミズバイ ……………………763
*Symplocos kawakamii* →ウチダシクロキ ……………98
*Symplocos konishii* →コニシハイノキ ………………319
*Symplocos kuroki* →クロキ ……………………………277
*Symplocos lancifolia* →シロバイ ……………………400
*Symplocos liukiuensis* var.*iriomotensis* →イリオモ
テハイノキ ……………………………………………79
*Symplocos liukiuensis* var.*liukiuensis* →アオバナハ
イノキ …………………………………………………10
*Symplocos myrtacea* →ハイノキ（1）…………………584
*Symplocos myrtacea* var.*latifolia* →ヒロハハイノキ …673
*Symplocos nakaharae* →ナカハラクロキ ……………541
*Symplocos okinawensis* →リュウキュウハイノキ ……858
*Symplocos paniculata* →シロサワフタギ ……………398
*Symplocos pergracilis* →チチジマクロキ ……………477
*Symplocos prunifolia* →クロバイ ……………………279
*Symplocos prunifolia* var.*tawadae* →ナガバクロバ
イ ……………………………………………………538
*Symplocos sawafutagi* →サワフタギ …………………354
*Symplocos sonoharae* →ミヤマシロバイ ……………772
*Symplocos stellaris* →ヤンバルミミズバイ …………841
*Symplocos tanakae* →ヒロハノミミズバイ …………673
*Symplocos tanakana* →クロミノサワフタギ …………282
*Symplocos theophrastifolia* →カンザブロウノキ ……221
*Synedrella nodiflora* →フシザキソウ ………………683
*Syneilesis aconitifolia* var.*aconitifolia* →ホソバヤブ
レガサ ………………………………………………720
*Syneilesis aconitifolia* var.*longilepis* →タンバヤブ
レガサ ………………………………………………471
*Syneilesis akagii* →ヒュウガヤブレガサ ……………664
*Syneilesis palmata* →ヤブレガサ ……………………825
*Syneilesis tagawae* →ヤブレガサモドキ ……………825
*Syneilesis tagawae* var.*latifolia* →ヒロハヤブレガサ
モドキ（1）…………………………………………674
*Synurus excelsus* →ハバヤマボクチ …………………608
*Synurus palmatopinnatifidus* →ヤマボクチ（広義）…837
*Synurus palmatopinnatifidus* var.*indivisus* →ヤマ
ボクチ ………………………………………………837
*Synurus palmatopinnatifidus* var.
*palmatopinnatifidus* →キクバヤマボクチ …………229
*Synurus pungens* var.*giganteus* →オニヤマボクチ …185
*Synurus pungens* var.*pungens* →オヤマボクチ ………188

**SYR**      *1002*      学名索引

*Syringa× persica* →ペルシアハシドイ ·················701
*Syringa reticulata* var.*amurensis* →マンシュウハシドイ ·······················································745
*Syringa reticulata* var.*reticulata* →ハシドイ ··········593
*Syringa vulgaris* →ムラサキハシドイ ·····················791
*Syringa vulgaris* 'Tōgen' →トウゲン ·····················515
*Syringodium isoetifolium* →シオニラ ·····················360
*Syrrhopodon kiiensis* →キイアミゴケ·····················225
*Syrrhopodon yakushimensis* →ヤクシマアミゴケ······809
*Syzygium aqueum* →レンブ ·········································867
*Syzygium aromaticum* →チョウジノキ·····················483
*Syzygium buxifolium* →アデク ····································33
*Syzygium cleyerifolium* →ヒメフトモモ·····················658
*Syzygium jambos* →フトモモ ····································688
*Syzygospora mycetophila* →Toughshank brain ·······879

# 【 T 】

*Tadehagi triquetrum* subsp.*pseudotriquetrum* →タデハギモドキ ·················································460
*Tadehagi triquetrum* subsp.*triquetrum* →タデハギ··460
*Taeniophyllum glandulosum* →クモラン ·················271
*Tagetes erecta* →センジュギク ·································429
*Tagetes minuta* →シオザキソウ ·······························360
*Tagetes patula* →コウオウソウ ·······························296
*Tainia laxiflora* →ヒメトケンラン ····························654
*Taiwania cryptomerioides* →タイワンスギ ··············442
*Talinum fruticosum* →サンカクハゼラン ·················356
*Talinum paniculatum* →ハゼラン ·····························595
*Tamarindus indica* →タマリンド ·······························467
*Tamarix chinensis* →ギョリュウ ·······························249
*Tanacetum cinerariifolium* →シロムシヨケギク ······404
*Tanacetum coccineum* →アカムシヨケギク ·············17
*Tanacetum parthenium* →ナツシロギク ·················545
*Tanacetum vulgare* →ヨモギギク ·····························851
*Tanacetum vulgare* var.*boreale* →エゾヨモギギク·····125
*Tanakaea radicans* →イワユキノシタ ·······················88
*Tapeinidium pinnatum* →ゴザダケシダ·····················311
*Tapinella atrotomentosa* →ニワタケ·························564
*Tapinella panuoides* →イチョウタケ··························62
*Taraxacum albidum* →シロバナタンポポ ·················402
*Taraxacum alpicola* →ミヤマタンポポ ·····················773
*Taraxacum alpicola* var.*shiroumense* →シロウマタンポポ ····················································396
*Taraxacum arakii* →ヤマザトタンポポ ·····················830
*Taraxacum ceratolepis* →ケンサキタンポポ ···········293
*Taraxacum denudatum* →オクウスギタンポポ (1) ···753
*Taraxacum hideoi* →キビシロタンポポ ·····················244
*Taraxacum japonicum* →カンサイタンポポ··············221
*Taraxacum kiushianum* →ツクシタンポポ ···············491
*Taraxacum laevigatum* →アカミタンポポ ···············17
*Taraxacum maruyamanum* →オキタンポポ ·············170
*Taraxacum mongolicum* →モウコタンポポ ···············798
*Taraxacum officinale* →セイヨウタンポポ ···············422
*Taraxacum ohirense* →オオヒラタンポポ ···············160
*Taraxacum pectinatum* →クシバタンポポ ···············263
*Taraxacum platycarpum* var.*elatum* →セイタカタンポポ ························································420

*Taraxacum platycarpum* var.*longeappendiculatum* →トウカイタンポポ ··································514
*Taraxacum platycarpum* var.*platycarpum* →カントウタンポポ ·······································223
*Taraxacum shikotanense* →シコタンタンポポ ·········364
*Taraxacum* spp. →タンポポ ·······································471
*Taraxacum venustum* subsp.*hondoense* →シナノタンポポ ·······································370
*Taraxacum venustum* subsp.*venustum* →エゾタンポポ ·······································116
*Taraxacum yatsugatakense* →ヤツガタケタンポポ ···817
*Taraxacum yesoalpinum* →クモマタンポポ ············270
*Taraxacum yuparense* →タカネタンポポ ·················449
*Tarenaya hassleriana* →セイヨウフウチョウソウ·····424
*Tarenna kotoensis* var.*gyokushinkwa* →ギョクシンカ ·······································248
*Tarenna subsessilis* →シマギョクシンカ ···············376
*Tarzetta catinus* →タルゼッタ カティヌス··············468
*Taxillus kaempferi* →マツグミ ·································732
*Taxillus kaempferi* var.*obovata* →マルバマツグミ ····743
*Taxillus nigrans* →ニンドウバノヤドリギ ···············565
*Taxillus pseudochinensis* →コウシュンヤドリギ ······298
*Taxillus yadoriki* →オオバヤドリギ ························158
*Taxiphyllopsis iwatsukii* →キャラハゴケモドキ ······246
*Taxiphyllum taxirameum* →キャラハゴケ···············246
*Taxithelium liukiuense* →リュウキュウイボゴケ······856
*Taxodium distichum* →ラクウショウ ·······················852
*Taxus baccata* →セイヨウイチイ ·····························421
*Taxus cuspidata* var.*borealis* →キタシマキャラボク···473
*Taxus cuspidata* var.*cuspidata* →イチイ (1) ···········61
*Taxus cuspidata* var.*nana* →キャラボク···············246
*Tecophilaea cyanocrocus* →テコフィラエア・キアノクロクス ·······································509
*Tectaria decurrens* →ナナバケシダ ·······················547
*Tectaria devexa* →ウスバシダ ····································96
*Tectaria fauriei* →コモチナナバケシダ·····················332
*Tectaria harlandii* →ハルランシダ ··························621
*Tectaria kusukusensis* →ナガバウスバシダ ············537
*Tectaria phaeocaulis* →カワリウスバシダ ···············219
*Tectaria simonsii* →カレンコウアミシダ ···············216
*Tectaria subtriphylla* →ミカワリシダ·······················748
*Tectona grandis* →チークノキ ·································472
*Telaranea iriomotensis* →テララゴケ·······················510
*Teloschistes chrysophthalmus* →Golden-eye lichen ·······································875
*Teloxys aristata* →ハリセンボン ·······························618
*Tephrocybe ambusta* →タマニョウソシメジ ············466
*Tephrocybe anthracophila* →ヤケノシメジ ············814
*Tephrocybe tylicolor* →イバリシメジ··························74
*Tephroseris flammea* subsp.*flammea* →タカネコウリンギク ·······································448
*Tephroseris flammea* subsp.*glabrifolia* →コウリンカ ·······································302
*Tephroseris furusei* →キバナコウリンカ ···············241
*Tephroseris integrifolia* subsp.*kirilowii* →オカオグルマ ·······································167
*Tephroseris kawakamii* →ミヤマオグルマ ···············768
*Tephroseris pierotii* →サワオグルマ ·······················353
*Tephroseris takedana* →タカネコウリンカ ············447
*Terana caerulea* →アイコウヤクタケ··························3
*Terfezia arenaria* →Moroccan desert truffle··········877
*Terminalia catappa* →モモタマナ·····························803

*Terminalia nitens* →テリハモモタマナ……511
*Termitomyces eurrhizus* →オオシロアリタケ……146
*Termitomyces robustus* →Robust termite-fungus……878
*Ternstroemia gymnanthera* →モッコク……800
*Tetradium glabrifolium* var.*glaucum* →ハマセンダ ン……611
*Tetradium ruticarpum* var.*ruticarpum* →ゴシュユ……313
*Tetragonia tetragonoides* →ツルナ……504
*Tetrapanax papyrifer* →カミヤツデ……207
*Tetraphis pellucida* →ヨツバゴケ……849
*Tetrastigma liukiuense* →オモロカズラ……188
*Teucrium japonicum* →ニガクサ……557
*Teucrium pilosum* →アラゲニガクサ……47
*Teucrium teinense* →テイネニガクサ……508
*Teucrium veronicoides* var.*brachytrichum* →イヌニ ガクサ……71
*Teucrium veronicoides* var.*veronicoides* →エゾニガ クサ……116
*Teucrium viscidum* var.*miquelianum* →ツルニガク サ……505
*Teucrium viscidum* var.*nepetoides* →センナリツル ニガクサ……431
*Teucrium viscidum* var.*viscidum* →コニガクサ……319
*Thalassia hemprichii* →リュウキュウスガモ……857
*Thalia dealbata* →ミズカンナ……750
*Thalictrum actaeifolium* →シギンカラマツ……361
*Thalictrum alpinum* var.*stipitatum* →ヒメカラマ ツ……645
*Thalictrum aquilegiifolium* →カラマツソウ（広義）……214
*Thalictrum aquilegiifolium* var.*intermedium* →カラ マツソウ……214
*Thalictrum aquilegiifolium* var.*sibiricum* →マンセ ンカラマツ……746
*Thalictrum baicalense* →ハルカラマツ……619
*Thalictrum coreanum* var.*minor* →コハスバカラマ ツ……320
*Thalictrum delavayi* →タリクトルム・デラバイ……468
*Thalictrum diffusiflorum* →フジイロカラマツ……682
*Thalictrum filamentosum* →オオミヤマカラマツ……163
*Thalictrum foeniculaceum* →イトハカラマツ……65
*Thalictrum foetidum* var.*apoiense* →アポイカラマ ツ……36
*Thalictrum foetidum* var.*foetidum* →ニオイカラマ ツ（1）……555
*Thalictrum foetidum* var.*glabrescens* →チャボカラ マツ……480
*Thalictrum grandiflorum* →タイカカラマツ……436
*Thalictrum integrilobum* →ナガバカラマツ……537
*Thalictrum kiusianum* →ツクシカラマツ……490
*Thalictrum koikeanum* →シロカネカラマツ……397
*Thalictrum kubotae* →タイシャクカラマツ……437
*Thalictrum microspermum* →コゴメカラマツ……310
*Thalictrum minus* var.*chionophyllum* →ミョウギカ ラマツ……780
*Thalictrum minus* var.*hypoleucum* →アキカラマツ……18
*Thalictrum minus* var.*sekimotoanum* →イワカラマ ツ……82
*Thalictrum minus* var.*stipellatum* →オオカラマツ……141
*Thalictrum minus* var.*yamamotoi* →イシヅチカラ マツ……56
*Thalictrum nakamurae* →ヒメミヤマカラマツ……660
*Thalictrum orientale* →タリクトルム・オリエンタ ル……468
*Thalictrum rochebruneanum* →シキンカラマツ……361

*Thalictrum rubescens* →ナンコカラマツ……551
*Thalictrum sachalinense* →エゾカラマツ……113
*Thalictrum simplex* var.*brevipes* →ノカラマツ……574
*Thalictrum toyamae* →ヒレフリカラマツ……667
*Thalictrum tuberiferum* →ミヤマカラマツ……769
*Thalictrum tuberiferum* f.*lavanduliflorum* →フジイ ロミヤマカラマツ……682
*Thalictrum tuberiferum* var.*yakusimense* →ヤクシ マカラマツ……810
*Thalictrum tuberosum* →タリクトルム・ツベロスム……468
*Thalictrum uchiyamae* →ムラサキカラマツ……789
*Thalictrum ujiinsulae* →ウジカラマツソウ……91
*Thalictrum urbainii* →タイワンバイカカラマツ……442
*Thalictrum watanabei* →タマカラマツ……464
*Thamnobryum planifrons* →ヒラトラノオゴケ……665
*Thamnobryum subseriatum* →オオトラノオゴケ……150
*Thelephora aurantiotincta* →ボタンイボタケ……721
*Thelephora caryophyllea* →Carnation earthfan……873
*Thelephora multipartita* →キブリイボタケ……245
*Thelephora palmata* →モミジタケ……802
*Thelephora terrestris* →チャイボタケ……479
*Theligonum japonicum* →ヤマトグサ……832
*Thelypteris acuminata* →ホシダ……711
*Thelypteris acuminata*×*T.dentata* →アイイヌケホ シダ……3
*Thelypteris acuminata*×*T.jaculosa* →クシノハホシ ダ……263
*Thelypteris acuminata*×*T.parasitica* →アイノコホ シダ……5
*Thelypteris angulariloba* →オオハシゴシダ……154
*Thelypteris angustifrons* →コハシゴシダ……320
*Thelypteris angustifrons*×*T.cystopteroides* →ヒメ コハシゴシダ……648
*Thelypteris angustifrons*×*T.glanduligera* →アイノ コハシゴシダ……5
*Thelypteris beddomei* →ホソバショリマ……715
*Thelypteris boninensis* →オオホシダ……161
*Thelypteris bukoensis* →タチヒメワラビ……458
*Thelypteris castanea* →タイワンハシゴシダ……443
*Thelypteris cystopteroides* →ヒメハシゴシダ……656
*Thelypteris decursivepinnata* →ゲジゲジシダ……287
*Thelypteris dentata* →イヌケホシダ……69
*Thelypteris erubescens* →タイヨウシダ……440
*Thelypteris esquirolii* var.*glabrata* →イブキシダ……75
*Thelypteris flexilis* →トサノミゾシダモドキ……528
*Thelypteris glanduligera* →ハシゴシダ……593
*Thelypteris gracilescens* →シマヤワラシダ……380
*Thelypteris griffithii* var.*wilfordii* →アミシダ……41
*Thelypteris gymnocarpa* subsp.*amabilis* →ヒメミゾ シダ……659
*Thelypteris hattorii* →ヨコグラヒメワラビ……848
*Thelypteris*×*incesta* →カワラヤブソテツ……217
*Thelypteris*×*insularis* →エラブコウモリシダ……130
*Thelypteris interrupta* →テツホシダ……509
*Thelypteris jaculosa* →クシノハシダ……263
*Thelypteris japonica* →ハリガネワラビ……618
*Thelypteris japonica*×*T.musashiensis* →アイハリ ガネワラビ……5
*Thelypteris japonica*×*T.nipponica* var.*borealis* →メニッコウシダ×ハリガネワラビ……796
*Thelypteris laxa* →ヤワラシダ……840
*Thelypteris liukiuensis* →オオコウモリシダ……143

| | | | |
|---|---|---|---|

**THE** · *1004* · 学名索引

*Thelypteris miyagii* →リュウキュウハシゴシダ·······858

*Thelypteris musashiensis* →イワハリガネワラビ·······86

*Thelypteris musashiensis×T.nipponica* var.*borealis*
→メニッコウシダ × イワハリガネワラビ ···············796

*Thelypteris nipponica* →ニッコウシダ·····················562

*Thelypteris nipponica* var.*borealis* →メニッコウシ
ダ·······················································796

*Thelypteris nipponica var.nipponica× T.nipponica*
var.*borealis* →ニッコウシダ × メニッコウシダ·····562

*Thelypteris omeiensis* →ミゾシダモドキ ·················754

*Thelypteris palustris* →ヒメシダ ··························649

*Thelypteris parasitica* →ケホシダ·························291

*Thelypteris phegopteris* →ミヤマワラビ ·················780

*Thelypteris pozoi* subsp.*mollissima* →ミゾシダ·······754

*Thelypteris×pseudoliukiuensis* →ヤエヤマコウモリ
シダ·······················································807

*Thelypteris quelpaertensis* →オオバショリマ···········154

*Thelypteris quelpaertensis* var.*yakumontana* →ヤク
シマショリマ(1)·········································811

*Thelypteris simplex* →ヒトツバコウモリシダ···········633

*Thelypteris taiwanensis* →コバザケシダ ·················320

*Thelypteris torresiana* var.*calvata* →ヒメワラビ·····662

*Thelypteris triphylla* →コウモリシダ ·····················300

*Thelypteris triphylla* var.*parishii* →ホソバコウモリ
シダ·······················································714

*Thelypteris truncata* →ナタギリシダ ·····················544

*Thelypteris uraiensis* →タイワンハリガネワラビ ·····443

*Themeda barbata* →メガルカヤ ····························794

*Theobroma cacao* →カカオ ···································192

*Thermopsis chinensis* →クソエンドウ·····················265

*Thermopsis fabacea* →センダイハギ ·····················430

*Therorhodion camtschaticum* →エゾツツジ ·············116

*Thesium chinense* →カナビキソウ ························202

*Thesium refractum* →カマヤリソウ ·······················206

*Thespesia populnea* →サキシマハマボウ·················340

*Thevetia peruviana* →キバナキョウチクトウ···········241

*Thismia abei* →タヌキノショクダイ·······················462

*Thismia tuberculata* →キリシマタヌキノショクダイ ··250

*Thladiantha dubia* →オオスズメウリ·····················146

*Thlaspi arvense* →グンバイナズナ·························285

*Thlaspi stylosum* →トラスビ・スティロスム···········532

*Thrixspermum fantasticum* →ハガクレナガミラン···586

*Thrixspermum japonicum* →カヤラン·····················209

*Thrixspermum saruwatarii* →ケイタオフウラン ·······285

*Thuarea involuta* →クロイワザサ·························276

*Thuidium kanedae* →トヤマシノブゴケ·················532

*Thuja occidentalis* →ニオイヒバ·························556

*Thuja occidentalis* 'Yellow Ribbon' →イエローリボ
ン·························································53

*Thuja plicata* →アメリカネズコ ···························44

*Thuja standishii* →クロベ···································281

*Thujopsis dolabrata* →アスナロ ····························28

*Thujopsis dolabrata* var.*hondae* →ヒノキアスナロ···638

*Thunbergia alata* →ヤバネカズラ·························822

*Thunbergia fragrans* →カオリカズラ·····················192

*Thunbergia laurifolia* →ローレルカズラ ···············869

*Thymophylla tenuiloba* →カラクサシュンギク·········210

*Thymus quinquecostatus* var.*canescens* →ヒメヒャ
クリコウ·················································657

*Thymus quinquecostatus* var.*ibukiensis* →イブキ
ジャコウソウ············································75

*Thymus vulgaris* →タチジャコウソウ·····················457

*Thyrsostachys siamensis* →チルソスタキス シアメ
ンシス····················································486

*Tiarella polyphylla* →ズダヤクシュ·····················415

*Tibouchina urvilleana* →シコンノボタン ···············365

*Tilachlidiopsis nigra* →オサムシタケ·····················176

*Tilia chinensis* var.*intonsa* →ブンゴボダイジュ·······693

*Tilia cordata* →フユボダイジュ···························690

*Tilia japonica* →シナノキ···································370

*Tilia japonica* var.*leiocarpa* →シコクシナノキ·········363

*Tilia kiusiana* →ヘラノキ···································701

*Tilia mandshurica* var.*mandshurica* →マンシュウ
ボダイジュ···············································745

*Tilia mandshurica* var.*rufovillosa* →ツクシボダイ
ジュ·······················································492

*Tilia mandshurica* var.*toriiana* →エチゴボダイ
ジュ·······················································126

*Tilia maximowicziana* →オオバボダイジュ·············157

*Tilia maximowicziana* var.*yesoana* →モイワボダイ
ジュ·······················································798

*Tilia miqueliana* →ボダイジュ····························721

*Tilia platyphyllos* →ナツボダイジュ·····················546

*Tilia×vulgaris* →オランダボダイジュ·················189

*Tilia×vulgaris* →セイヨウシナノキ(1)···············422

*Tilingia ajanensis* →シラネニンジン·····················394

*Tilingia ajanensis* var.*angustissima* →ヒメシラネニ
ンジン····················································651

*Tilingia holopetala* →イブキゼリモドキ··················75

*Tilingia tachiroei* →ミヤマウイキョウ·················767

*Tilingia tsusimensis* →ツシマノダケ·····················494

*Tillaea aquatica* →アズマツメクサ························29

*Tillaea muscosa* →コケマンネングサ·····················309

*Tinocladia crassa* →フトモズク·····························688

*Tipularia japonica* →ヒトツボクロ·························634

*Tipularia japonica* var.*harae* →ヒトツボクロモド
キ·························································634

*Titanotrichum oldhamii* →マツムラソウ·················734

*Tithonia diversifolia* →ニトベギク·······················563

*Tithonia rotundifolia* →チトニア·························478

*Toddalia asiatica* →サルカケミカン·····················352

*Tofieldia coccinea* var.*akkana* →アッカゼキショウ····32

*Tofieldia coccinea* var.*coccinea* →チシマゼキショウ··474

*Tofieldia coccinea* var.*dibotrya* →エダウチゼキショ
ウ·························································126

*Tofieldia coccinea* var.*geibiensis* →ゲイビゼキショ
ウ·························································286

*Tofieldia coccinea* var.*gracilis* →ハコネハナゼキ
ショウ····················································592

*Tofieldia coccinea* var.*kiusiana* →ナガエチャボゼキ
ショウ····················································536

*Tofieldia coccinea* var.*kondoi* →アポイゼキショウ····36

*Tofieldia furusei* →ヤシュウハナゼキショウ···········815

*Tofieldia nuda* var.*nuda* →ハナゼキショウ ·············603

*Tofieldia okuboi* →ヒメイワショウブ·····················642

*Tofieldia yoshiiana* var.*hyugaensis* →ヒュウガハナ
ゼキショウ···············································663

*Tofieldia yoshiiana* var.*yoshiiana* →ヤクシマチャボ
ゼキショウ···············································812

*Tolypocladium capitatum* →タンポタケ·················471

*Tomophyllum sakaguchianum* →キレハオクボシ
ダ·························································252

*Toona sinensis* →チャンチン·······························482

*Torenia asiatica* →コバナツルウリクサ·················321

*Torenia concolor* →ツルウリクサ·························501

学名索引　　　　　　　　　　1005　　　　　　　　　　TRI

Torenia crustacea　→ウリクサ ............................107
Torilis japonica　→ヤブジラミ ........................823
Torilis nodosa　→ツルヤブジラミ ...................507
Torilis scabra　→オヤブジラミ .......................188
Torreya nucifera　→カヤ (1) ...........................208
Torreya nucifera var.radicans　→チャボガヤ ........480
Torreyochloa natans　→ホソバドジョウツナギ .........716
Torreyochloa viridis　→ハイドジョウツナギ ............584
Torrubiella corniformis　→シロクモタケ ..................398
Torrubiella corniformis　→シロツブクロクモタケ .....399
Torrubiella ellipsoidea　→クモノモモガタツブタケ ...270
Torrubiella flava　→ウスジロクモタケ ................. 95
Torrubiella globosa　→クモノオオトガリツブタケ .....270
Torrubiella globosostipitata　→クモノエツキツブタ
ケ ..........................................................270
Torrubiella iriomoteana　→イリオモテカイガラムシ
タケ ....................................................... 79
Torrubiella leiopus　→コエダクモタケ ..................302
Torrubiella miyagiana　→オクニッカワクモタケ ......174
Torrubiella oblonga　→ツナガクモタケ ...............496
Torrubiella plana　→コゴメクモタケ ..................310
Torrubiella rosea　→サンゴクモタケ ..................356
Torrubiella ryukyuensis　→イリオモテコロモクモタ
ケ ......................................................... 79
Torrubiella sp.　→オオタキカイガラムシタケ .........147
Torrubiella sp.　→ガヤドリミジンツブタケ ..............209
Torrubiella sp.　→コメツキヤドリシロツブタケ .........331
Torrubiella sp.　→ザトウムシタケ ......................348
Torrubiella sp.　→シロミノカイガラムシタケ .........403
Torrubiella sp.　→ハガクレキイロツブタケ .............586
Torrubiella sp.　→ハガクレシロツブタケ ...............586
Torrubiella sp.　→ハゴロモツブタケ ....................592
Torrubiella sp.　→ミチノクハエヤドリタケ ............756
Torrubiella superficialis　→カイガラムシキイロツブ
タケ .......................................................191
Tortella japonica　→コネジレゴケ ....................319
Tortula pagorum　→コモチネジレゴケ ...............332
Townsendia formosa　→タウンセンディア・フォル
モーサ ....................................................444
Townsendia incana　→タウンセンディア・インカナ ..444
Toxicodendron orientale subsp.orientale　→ツタウ
ルシ .......................................................495
Toxicodendron succedaneum　→ハゼノキ ..............594
Toxicodendron sylvestre　→ヤマハゼ...................835
Toxicodendron trichocarpum　→ヤマウルシ ............827
Toxicodendron vernicifluum　→ウルシ .................107
Trachelium caeruleum　→ユウギリソウ ................841
Trachelospermum asiaticum　→テイカカズラ .........508
Trachelospermum asiaticum var.majus　→チョウジ
カズラ (1) ................................................483
Trachelospermum asiaticum 'Variegatum'　→テイ
カカズラ (斑入り) .........................................508
Trachelospermum gracilipes var.liukiuense　→オキ
ナワテイカカズラ ...........................................172
Trachelospermum jasminoides var.pubescens　→ケ
テイカカズラ ...............................................289
Trachycarpus fortunei　→シュロ .......................387
Trachycarpus fortunei 'Wagnerianus'　→トウジュ
ロ .........................................................516
Trachycystis microphylla　→コバノチョウチンゴケ ...323
Tradescantia cerinthoides 'Variegata'　→トラデスカ
ンティア ...................................................532

Tradescantia flumiensis　→ノハカタカラクサ ...........578
Tradescantia fluminensis 'Viridis'　→ミドリハカタ
カラクサ ...................................................760
Tradescantia ohiensis　→ムラサキツユクサ .............791
Tradescantia pallida　→ムラサキオオツユクサ .........789
Tradescantia sillamontana　→シラユキヒメ .............395
Tradescantia spathacea　→ムラサキオモト ............789
Tradescantia virginiana　→オオムラサキツユクサ .....164
Tradescantia zebrina　→ハカタカラクサ ...............586
Tragopogon dubius　→フトエバラモンギク ...........688
Tragopogon porrifolius　→バラモンジン ...............617
Tragopogon pratensis　→キバナザキバラモンジン .....241
Tragus racemosus　→シラミシバ.......................394
Trametes coccinea　→ヒイロタケ ......................624
Trametes conchifer　→サカズキカワラタケ .............339
Trametes gibbosa　→オオチリメンタケ ...............149
Trametes hirsuta　→アラゲカワラタケ ................. 46
Trametes orientalis　→クジラタケ .....................264
Trametes versicolor　→カワラタケ .....................218
Trapa bispinosa　→トウビシ...........................518
Trapa incisa　→ヒメビシ ..............................657
Trapa jeholensis　→ヒシ ..............................629
Trapa natans var.pumila　→コオニビシ ...............303
Trapa natans var.quadrispinosa　→オニビシ .........184
Trapa natans var.rubeola　→メビシ ...................797
Trapa pseudoincisa　→マンセンビシ ...................746
Trapella sinensis　→ヒシモドキ .......................629
Trautvetteria caroliniensis var.japonica　→モミジカ
ラマツ .....................................................801
Trautvetteria palmata var.borealis　→オクモミジカ
ラマツ .....................................................175
Trema cannabina　→キリエノキ .......................250
Trema orientalis　→ウラジロエノキ ...................104
Tremacron forrestii　→トレマクロン・フォレス
ティー .....................................................534
Trematodon longicollis　→ユミダイゴケ ...............846
Trematodon mayebarae　→マエバラナガダイゴケ .....728
Tremella encephala　→ニカワタケ ....................558
Tremella fimbriata　→クロハナビラニカワタケ .........280
Tremella foliacea　→ハナビラニカワタケ ...............605
Tremella fuciformis　→シロキクラゲ ...................398
Tremella mesenterica　→コガネニカワタケ ............304
Tremella pulvinaris　→シロニカワタケ .................400
Tremellochaete japonica　→ツブキクラゲ .............498
Tremellodendron schweinitzii　→Jellied false coral ...876
Triadenum japonicum　→ミズオトギリ ................750
Triadica sebifera　→ナンキンハゼ ....................551
Triantha japonica　→イワショウブ ................... 83
Trianthema portulacastrum　→スベリヒユモドキ .....417
Tribulus terrestris　→ハマビシ ........................614
Trichaptum abietinum　→シハイタケ ..................372
Trichaptum biforme　→ハカワラタケ ..................586
Trichaptum fuscoviolaceum　→ウスバシハイタケ .......96
Trichocolea tomentella　→ムクムクゴケ ...............783
Trichocoma paradoxa　→マユハキタケ ................737
Trichogloea requienii　→アケボノモズク ............. 23
Trichoglossum hirsutum　→テングノメシガイ .........512
Tricholoma auratum　→シモコシ .....................381
Tricholoma bakamatsutake　→バカマツタケ ..........586
Tricholoma caligatum　→オウシュウマツタケ .........134
Tricholoma cingulatum　→ツバサザクレシメジ .......498

**TRI** 1006 学名索引

*Tricholoma columbetta* →シロケシメジ ……………398
*Tricholoma equestre* →Yellow knight ……………880
*Tricholoma flavovirens* →キシメジ ……………231
*Tricholoma fulvum* →キヒダマツシメジ ……………244
*Tricholoma imbricatum* →アカゲシメジ ……………13
*Tricholoma japonicum* →シロシメジ ……………398
*Tricholoma magnivelare* →アメリカマツタケ ……………45
*Tricholoma matsutake* →マツタケ ……………732
*Tricholoma muscarium* →ハエトリシメジ ……………586
*Tricholoma pardinum* →ヒョウモンクロシメジ ……………664
*Tricholoma portentosum* →シモフリシメジ ……………381
*Tricholoma psammopus* →カラマツシメジ ……………214
*Tricholoma radicans* →シロマツタケモドキ ……………403
*Tricholoma robustum* →マツタケモドキ ……………732
*Tricholoma saponaceum* →ミネシメジ ……………761
*Tricholoma sejunctum* →アイシメジ ……………3
*Tricholoma sulphureum* →ニオイキシメジ ……………555
*Tricholoma terreum* →クマシメジ ……………268
*Tricholoma ustale* →カキシメジ ……………194
*Tricholoma vaccinum* →クダアカゲシメジ ……………265
*Tricholoma virgatum* →ネズミシメジ ……………571
*Tricholomopsis bambusina* →ヤブアカゲシメジ ……………822
*Tricholomopsis decora* →キサマツモドキ ……………230
*Tricholomopsis rutilans* →サマツモドキ ……………350
*Trichomanes siamense* →ナンバンホラゴケ ……………554
*Trichopezizella otanii* →アラゲヒナノチャワンタケ …47
*Trichophorum alpium* →ヒメワタスゲ ……………662
*Trichophorum cespitosum* →ミネハリイ ……………761
*Trichosanthes cucumeroides* →カラスウリ ……………210
*Trichosanthes homophylla* var.*ishigakiensis* →イシ
ガキカラスウリ ……………55
*Trichosanthes kirilowii* var.*japonica* →キカラスウ
リ ……………227
*Trichosanthes kirilowii* var.*kirilowii* →チョウセン
カラスウリ ……………484
*Trichosanthes laceribractea* →オオカラスウリ ……………141
*Trichosanthes miyagii* →リュウキュウカラスウリ ……856
*Trichosanthes multiloba* →モミジカラスウリ ……………801
*Trichosanthes ovigera* var.*boninensis* →ムニンカラ
スウリ ……………786
*Trichosanthes ovigera* var.*ovigera* →ケカラスウリ …286
*Tricleocarpa cylindrica* →ガラガラ ……………209
*Tricyrtis affinis* →ヤマジノホトトギス ……………830
*Tricyrtis chiugokuensis* →チュウゴクホトトギス
(1) ……………482
*Tricyrtis flava* →キバナホトトギス ……………243
*Tricyrtis flava* subsp.*ohsumiensis* →タカクマホト
トギス ……………445
*Tricyrtis formosana* →タイワンホトトギス ……………443
*Tricyrtis hirta* →ホトトギス ……………724
*Tricyrtis hirta* var.*masamunei* →サツマホトトギス …347
*Tricyrtis hirta* var.*saxicola* →イワホトトギス ……………87
*Tricyrtis ishiiana* var.*ishiiana* →サガミジョウロウ
ホトトギス ……………339
*Tricyrtis ishiiana* var.*surugensis* →スルガジョウロ
ウホトトギス ……………418
*Tricyrtis latifolia* →タマガワホトトギス ……………464
*Tricyrtis latifolia* var.*makinoana* →ハゴロモホトト
ギス ……………592
*Tricyrtis macrantha* →ジョウロウホトトギス ……………390
*Tricyrtis macranthopsis* →キイジョウロウホトトギ
ス ……………225

*Tricyrtis macropoda* →ヤマホトトギス ……………837
*Tricyrtis macropoda* var.*nomurae* →イヨホトトギス …78
*Tricyrtis nana* →チャボホトトギス ……………481
*Tricyrtis perfoliata* →キバナノツキヌキホトトギス …243
*Tricyrtis setouchiensis* →セトウチホトトギス ……………427
*Tridax procumbens* →コトブキギク ……………318
*Trientalis europaea* var.*arctica* →コツマトリソウ …317
*Trifolium angustifolium* →トガリバツメクサ ……………521
*Trifolium arvense* →シャグマハギ ……………383
*Trifolium aureum* →テマリツメクサ ……………510
*Trifolium campestre* →クスダマツメクサ ……………265
*Trifolium cernuum* →ウナダレツメクサ ……………100
*Trifolium dubium* →コメツブツメクサ ……………331
*Trifolium fragiferum* →ツメクサダマシ ……………499
*Trifolium glomeratum* →ダンゴツメクサ ……………469
*Trifolium hirtum* →ビロードアカツメクサ ……………668
*Trifolium hybridum* →タチオランダゲンゲ ……………456
*Trifolium incarnatum* →ベニバナツメクサ ……………698
*Trifolium lupinaster* →シャジクソウ ……………383
*Trifolium pratense* →ムラサキツメクサ ……………791
*Trifolium repens* →シロツメクサ ……………399
*Trifolium resupinatum* →ヒナツメクサ ……………636
*Trifolium striatum* →ハクモウアカツメクサ ……………590
*Trifolium subterraneum* →ジモグリツメクサ ……………381
*Trifolium suffocatum* →カタバミツメクサ ……………200
*Trifolium tomentosum* →フウセンツメクサ ……………676
*Trigastrotheca stricta* →ザクロソウ ……………343
*Triglochin maritima* →シバナ ……………372
*Triglochin palustris* →ホソバノシバナ ……………717
*Trigonotis brevipes* var.*brevipes* →ミズタビラコ ……751
*Trigonotis brevipes* var.*coronata* →コシジタビラコ …312
*Trigonotis guilielmi* →タチカメバソウ ……………456
*Trigonotis iinumae* →ツルカメバソウ ……………502
*Trigonotis peduncularis* →キュウリグサ ……………247
*Trigonotis radicans* var.*radicans* →ケルリソウ ……292
*Trigonotis radicans* var.*sericea* →チョウセンカメバ
ソウ ……………484
*Trillium albidum* →トリリウム・アルビダム ……………534
*Trillium apetalon* →エンレイソウ ……………133
*Trillium apetalon* f.*album* →トイシノエンレイソウ …514
*Trillium camschatcense* →オオバナエンレイソウ …155
*Trillium cernuum* →トリリウム・セルヌム ……………534
*Trillium channellii* →カワユエンレイソウ ……………218
*Trillium decumbens* →トリリウム・デクンベンス …534
*Trillium discolor* →トリリウム・ディスカラー ……………534
*Trillium erectum* →トリリウム・エレクツム ……………534
*Trillium grandiflorum* →トリリウム・グランディフ
ロールム ……………534
*Trillium*×*hagae* →シラオイエンレイソウ ……………391
*Trillium luteum* →トリリウム・ルテウム ……………534
*Trillium*×*miyabeanum* →ヒダカエンレイソウ ……………630
*Trillium nivale* →トリリウム・ニバレ ……………534
*Trillium nivale* 'Purple Heart' →パープルハート …608
*Trillium ovatum* →トリリウム・オバツム ……………534
*Trillium pusillum* →トリリウム・プシルム ……………534
*Trillium recuruvatum* →トリリウム・レクルバーツ
ム ……………534
*Trillium sessile* →トリリウム・セッシレ ……………534
*Trillium smallii* →コジマエンレイソウ ……………312
*Trillium sulcatum* →トリリウム・スルカーツム ……………534

*Trillium tschonoskii* →ミヤマエンレイソウ…………768
*Trillium tschonoskii* var.*atrorubens* →エゾノミヤマ
エンレイソウ …………………………………120
*Trillium vaseyi* →トリリウム・バッセイ …………534
*Triodanis biflora* →ヒナキキョウソウ………………635
*Triodanis perfoliata* →キキョウソウ ………………227
*Triosteum pinnatifidum* →ホザキツキヌキソウ ……709
*Triosteum sinuatum* →ツキヌキソウ ………………488
*Tripleurospermum maritimum* subsp.*indorum* →イ
ヌカミツレ ……………………………………68
*Tripleurospermum tetragonospermum* →シカギク …360
*Tripogon chinensis* var.*coreensis* →ネズミシバ………571
*Tripogon longearistatus* →フクロダガヤ……………680
*Tripolium pannonicum* →ウラギク …………………103
*Tripora divaricata* →カリガネソウ …………………215
*Tripterospermum distylum* →ハナヤマツルリンド
ウ ………………………………………………606
*Tripterospermum japonicum* →ツルリンドウ………507
*Tripterospermum japonicum* var.*involubile* →テン
グノコヅチ ……………………………………512
*Tripterygium doianum* →コバノクロヅル…………322
*Tripterygium regelii* →クロヅル……………………278
*Trisetum bifidum* →カニツリグサ …………………203
*Trisetum koidzumianum* →ミヤマカニツリ …………769
*Trisetum sibiricum* →チシマカニツリ………………473
*Trisetum spicatum* →リシリカニツリ (広義) ………854
*Trisetum spicatum* subsp.*alaskanum* →リシリカニ
ツリ ……………………………………………854
*Trisetum spicatum* subsp.*molle* →キタダケカニツ
リ ………………………………………………233
*Tristellateria australasiae* →コウシュンカズラ………297
*Triticum aestivum* →コムギ…………………………330
*Tritonia lineata* →スイセンアヤメ …………………408
*Triumfetta japonica* →ラセンソウ …………………853
*Triumfetta procumbens* →ハテルマカズラ …………599
*Triumfetta repens* →コンペイトウグサ (1) …………336
*Triumfetta rhomboidea* →カジノハラセンソウ………198
*Trochodendron aralioides* →ヤマグルマ……………828
*Trollius altaicus* subsp.*pulcher* →ボタンキンバイソ
ウ ………………………………………………722
*Trollius citrinus* →ヒダカキンバイソウ ……………630
*Trollius europaeus* →セイヨウキンバイ……………422
*Trollius hondoensis* →キンバイソウ ………………256
*Trollius rebunensis* →レブンキンバイソウ …………866
*Trollius riederianus* →チシマノキンバイソウ ………475
*Trollius shinanensis* →シナノキンバイ……………370
*Trollius soyaensis* →ソウヤキンバイソウ …………433
*Trollius teshioensis* →テシオキンバイソウ …………509
*Tropaeolum majus* →ノウゼンハレン ………………574
*Tropidia nipponica* var.*hachijoensis* →ハチジョウ
ネッタイラン …………………………………597
*Tropidia nipponica* var.*nipponica* →ヤクシマネッタ
イラン …………………………………………812
*Tropidia somae* →アコウネッタイラン ………………23
*Tsuga diversifolia* →コメツガ………………………330
*Tsuga heterophylla* →ベイツガ……………………694
*Tsuga sieboldii* →ツガ………………………………487
*Tubaria dispersa* →Hawthorn twiglet………………875
*Tuber aestivum* →アミメクロセイヨウショウロ ………42
*Tuber indicum* →イボセイヨウショウロ ……………77
*Tuber magnatum* →シロセイヨウショウロ…………399
*Tuber melanosporum* →トゥベル・メラノスポルム …518

*Tubocapsicum anomalum* var.*anomalum* →ハダカ
ホオズキ ………………………………………595
*Tubocapsicum anomalum* var.*obtusum* →マルバハ
ダカホオズキ …………………………………742
*Tubocapsicum boninense* →ムニンハダカホオズキ…787
*Tulipa gesneriana* →チューリップ (1) ……………482
*Tulipa* spp. →チューリップ (2) ……………………482
*Tulostoma brumale* →ケシボウズタケ………………287
*Tulostoma squamosum* →ウロコケシボウズタケ……108
*Turbinellus floccosus* →ウスタケ ……………………95
*Turbinellus fujisanensis* →フジウスタケ……………682
*Turnera ulmifolia* →キバナツルネラ ………………242
*Turpinia ternata* →ショウベンノキ …………………389
*Turritis glabra* →ハタザオ …………………………595
*Tussilago farfara* →フキタンポポ……………………678
*Tylophora tanakae* var.*glabrescens* →ケナシツルモ
ウリンカ ………………………………………290
*Tylopilus alboater* →オオクロニガイグチ …………143
*Tylopilus balloui* →キニガイグチ……………………238
*Tylopilus castaneiceps* →ヌメリニガイグチ …………569
*Tylopilus felleus* →ニガイグチ ……………………557
*Tylopilus neofelleus* →ニガイグチモドキ …………557
*Tylopilus nigropurpureus* →クロニガイグチ ………279
*Tylopilus* sp. →ミカワクロアミアシイグチ…………747
*Tylopilus valens* →ホオベニシロアシイグチ ………707
*Tylopilus virens* →ミドリニガイグチ………………760
*Typha domingensis* →ヒメガマ……………………644
*Typha latifolia* →ガマ ………………………………205
*Typha laxmannii* →モウコガマ……………………798
*Typha orientalis* →コガマ …………………………305
*Typhonium blumei* →リュウキュウハンゲ…………859
*Typhonium kumingense* →ティフォニウム・クミン
ゲンセ …………………………………………508
*Typhula erythropus* →コアカエガマホタケ…………294
*Typhula subsclerotioides* →クロツブガマノホタケ…279
*Tyrannicordyceps fratricida* →ヒメバッカクヤドリ
タケ ……………………………………………656
*Tyromyces chioneus* →オシロイタケ………………177
*Tyromyces incarnatus* →アケボノオシロイタケ………22

【 U 】

*Uleobryum naganoi* →ツチノウエノハリゴケ…………496
*Ulex europaeus* →ハリエニシダ……………………617
*Ulmus davidiana* f.*suberosa* →コブニレ (1) …………326
*Ulmus davidiana* var.*japonica* →ハルニレ …………620
*Ulmus glabra* →エルム………………………………131
*Ulmus laciniata* →オヒョウ…………………………187
*Ulmus parvifolia* →アキニレ …………………………19
*Ulmus pumila* →ノニレ ……………………………578
*Ulota yakushimensis* →ヤクシマキンモウゴケ………810
*Ulva intestinalis* →ボウアオノリ……………………703
*Ulva pertusa* →アナアオサ …………………………33
*Umbilicaria cylindrica* →タカネコケノリ…………448
*Umbilicaria esculenta* →イワタケ …………………84
*Umbilicaria proboscidea* →ミヤマコケノリ …………771
*Umbraulva japonica* →ヤブレグサ…………………825
*Uncaria rhynchophylla* →カギカズラ ………………193

UND　　　　　　　　　　　　　　　　　　1008　　　　　　　　　　　　学名索引

Undaria peterseniana →アオワカメ …………………… 11
Undaria pinnatifida →ワカメ ……………………………869
Uraria crinita →フジボグサ …………………………684
Uraria lagopodioides →オオバフジボグサ …………157
Uraria picta →ホソバフジボグサ …………………719
Urceola micrantha →ゴムカズラ ……………………330
Urena lobata subsp.sinuata →ボンテンカ …………727
Urena lobate subsp.lobata →オオバボンテンカ ………157
Urnula craterium →エツキクロコップタケ …………127
Urochloa mutica →パラグラス ………………………616
Urochloa paspaloides →ニクキビモドキ ……………558
Urochloa platyphylla →メリケンニクキビ …………797
Urochloa subquadripara →ニクキビ …………………558
Urochloa villosa →ビロードキビ ……………………668
Urtica angustifolia var.angustifolia →ホソバイラク
サ …………………………………………………………713
Urtica angustifolia var.sikokiana →ナガバイラク
サ …………………………………………………………537
Urtica laetevirens →コバノイラクサ ………………321
Urtica platyphylla →エゾイラクサ …………………111
Urtica thunbergiana →イラクサ ……………………… 78
Urtica urens →ヒメイラクサ …………………………642
Usnea barbata →Old man's beard…………………877
Utricularia aurea →ノタヌキモ ……………………577
Utricularia australis →イヌタヌキモ ……………… 70
Utricularia bifida →ミミカキグサ …………………762
Utricularia caerulea →ホザキノミミカキグサ ……709
Utricularia dimorphantha →フサタヌキモ …………681
Utricularia exoleta →ミカワタヌキモ ………………747
Utricularia gibba →オオバナイトタヌキモ …………155
Utricularia inflata →エフクレタヌキモ ……………130
Utricularia intermedia →コタヌキモ ………………315
Utricularia×japonica →タヌキモ …………………462
Utricularia macrorhiza →オオタヌキモ ……………148
Utricularia minor →ヒメタヌキモ …………………652
Utricularia minutissima →ヒメミミカキグサ ……659
Utricularia ochroleuca →ヤチコタヌキモ …………816
Utricularia uliginosa →ムラサキミミカキグサ ……792
Uvularia grandiflora →ウブラリア・グランディフ
ローラ ……………………………………………………100

【 V 】

Vaccaria hispanica →ドウカンソウ …………………515
Vacciaium macrocarpon →オオミツルコケモモ ……163
Vaccinium amamianum →ヤドリコケモモ (1) ……818
Vaccinium boninense →ムニンシャシャンボ ………786
Vaccinium bracteatum →シャシャンボ ……………384
Vaccinium ciliatum →アラゲナツハゼ …………… 47
Vaccinium corymbosum →ブルーベリー (1) ……693
Vaccinium emarginatum →オオバコケモモ (1) ……153
Vaccinium hirtum →ウスノキ (広義) ……………… 95
Vaccinium hirtum var.hirtum →コウスノキ…………298
Vaccinium hirtum var.kiusianum →ツクシウスノ
キ ……………………………………………………………489
Vaccinium hirtum var.pubescens →ウスノキ…………95
Vaccinium japonicum var.ciliare →ケアクシバ……285
Vaccinium japonicum var.japonicum →アクシバ…… 21
Vaccinium microcarpum →ヒメツルコケモモ…………653

Vaccinium myrtillus →ビルベリー ……………………667
Vaccinium oldhamii →ナツハゼ (1) ………………545
Vaccinium ovalifolium →クロウスゴ ………………276
Vaccinium ovalifolium f.platyanthum →ミヤマクロ
ウスゴ ……………………………………………………770
Vaccinium ovalifolium var.alpinum →ミヤマエゾク
ロウスゴ …………………………………………………768
Vaccinium ovalifolium var.sachalinense →オククロ
ウスゴ ……………………………………………………174
Vaccinium oxycoccos →ツルコケモモ ………………503
Vaccinium praestans →イワツツジ (1) …………… 85
Vaccinium shikokianum →マルバウスゴ ……………738
Vaccinium sieboldii →ナガボナツハゼ ……………541
Vaccinium smallii var.glabrum →スノキ…………416
Vaccinium smallii var.smallii →オオバスノキ……154
Vaccinium smallii var.versicolor →カンサイスノキ ‥221
Vaccinium spp. →ブルーベリー (2) ………………693
Vaccinium uliginosum var.alpinum →ヒメクロマメ
ノキ ………………………………………………………647
Vaccinium uliginosum var.japonicum →クロマメノ
キ …………………………………………………………282
Vaccinium uliginosum var.microphyllum →コバノ
クロマメノキ (1) ………………………………………322
Vaccinium vitis-idaea →コケモモ …………………309
Vaccinium wrightii →ギーマ …………………………246
Vaccinium yakushimense →アクシバモドキ………… 21
Vaccinium yatabei →ヒメウスノキ …………………643
Vahlodea atropurpurea subsp.paramushirensis →タ
カネコメススキ …………………………………………448
Valeriana fauriei →カノコソウ ………………………204
Valeriana flaccidissima →ツルカノコソウ …………502
Valerianella coronata →モミイロノヂシャ…………803
Valerianella locusta →ノヂシャ……………………577
Valerianella radiata →シロノヂシャ………………400
Vallisneria denseserrulata →コウガイモ …………296
Vallisneria gigantea →オオセキショウモ …………147
Vallisneria natans →セキショウモ …………………425
Vallisneria natans var.biwaensis →ネジレモ ……571
Vallisneria natans var.higoensis →ヒラモ ………666
Valonia macrophysa →タマゴバロニア ……………465
Vancouveria chrysantha →バンコウベリア・クリサ
ンタ ………………………………………………………622
Vancouveria hexandra →バンコウベリア・ヘキサン
ドラ ………………………………………………………622
Vanda lamellata →コウトウヒスイラン ……………299
Vanda tricolor →ヒョウモンラン …………………664
Vandellia anagallis →シマウリクサ ………………375
Vandellia micrantha →アゼトウガラシ …………… 31
Vandellia setulosa →シソバウリクサ ………………366
Vandellia viscosa →ケウリクサ ……………………286
Vandenboschia auriculata →ツルホラゴケ ………506
Vandenboschia hokurikuensis →ホクリクハイホラ
ゴケ ………………………………………………………707
Vandenboschia kalamocarpa →ハイホラゴケ ……585
Vandenboschia kalamocarpa×V.nipponica×V.
striata →アイハイホラゴケ ………………………… 5
Vandenboschia liukiuensis →リュウキュウホラゴケ ‥859
Vandenboschia maxima →シノブホラゴケ …………372
Vandenboschia miuraensis →ミウラハイホラゴケ ‥746
Vandenboschia nipponica →ヒメハイホラゴケ……655
Vandenboschia nipponica×V.striata →ミツイシハ
イホラゴケ ………………………………………………757
Vandenboschia orientalis →イズハイホラゴケ………58

学名索引 *1009* **VIB**

*Vandenboschia oshimensis* →リュウキュウオオハイ
ホラゴケ ................................................856
*Vandenboschia× quelpaertensis* →セイタカホラゴ
ケ ..........................................................420
*Vandenboschia× stenosiphon* →コハイホラゴケ ·······319
*Vandenboschia striata* →オオハイホラゴケ ············152
*Vandenboschia subclathrata* →コケハイホラゴケ ·····308
*Vanilla mexicana* →バニラ ·······························606
*Ventenata dubia* →ヒトツノコシカニツリ ············633
*Venturiella sinensis* →ヒナノハイゴケ ·················637
*Veratrum alpestre* →ミヤマバイケイソウ ·············776
*Veratrum maackii* var.*japonicum* f.*atropurpureum*
→タカネシュロソウ ··································448
*Veratrum maackii* var.*longibracteatum* →タカネア
オヤギソウ ············································446
*Veratrum maackii* var.*maackioides* →ホソバシュロ
ソウ ······················································715
*Veratrum maackii* var.*parviflorum* →ヒロハアオヤ
ギソウ ····················································669
*Veratrum maackii* var.*reymondianum* →シュロソ
ウ ··························································387
*Veratrum oxysepalum* →バイケイソウ ·················583
*Veratrum oxysepalum* var.*maximum* →オオバイケ
イソウ (1) ··············································152
*Veratrum stamineum* →コバイケイソウ ···············319
*Veratrum stamineum* var.*lasiophyllum* →ウラゲコ
バイケイ ················································103
*Veratrum stamineum* var.*micranthum* →ミカワバ
イケイソウ ··············································748
*Verbascum blattaria* →モウズイカ ·····················798
*Verbascum thapsus* →ビロードモウズイカ ·············669
*Verbascum virgatum* →アレチモウズイカ ··············51
*Verbena bonariensis* →ヤナギハナガサ ················819
*Verbena bracteata* →ミナトマツヅラ ··················760
*Verbena brasiliensis* →アレチハナガサ ·················50
*Verbena incompta* →ダキバアレチハナガサ ············453
*Verbena litoralis* →ハマクマツヅラ ····················610
*Verbena officinalis* →クマツヅラ ·······················268
*Verbena rigida* →シュッコンバーベナ ·················387
*Verbena urticifolia* →ハナガサモドキ ··················601
*Verbesina alternifolia* →ハネミギク ····················607
*Vernicia cordata* →アブラギリ ····························35
*Vernicia fordii* →オオアブラギリ ·······················135
*Vernicia montana* →カントンアブラギリ ··············223
*Veronica americana* →エゾノカワヂシャ ··············117
*Veronica anagallisaquatica* →オオカワヂシャ ·······141
*Veronica aphylla* →ベロニカ・アフィラ ···············702
*Veronica arvensis* →タチイヌノフグリ ·················455
*Veronica bombycina* →ベロニカ・ボンビキナ ·······702
*Veronica chamaedrys* →カラフトヒヨクソウ ··········213
*Veronica cymbalaria* →コゴメイヌノフグリ ···········309
*Veronica gentianoides* →リンドウトラノオ ············862
*Veronica grandiflora* →シュムシュクワガタ ···········387
*Veronica hederifolia* →フラサバソウ ···················690
*Veronica japonensis* →ヤマクワガタ ···················829
*Veronica javanica* →ハマクワガタ ······················610
*Veronica laxa* →ヒヨクソウ ······························664
*Veronica linariifolia* var.*dilatata* →オオホソバトラ
ノオ ······················································161
*Veronica linariifolia* var.*linariifolia* →ホソバヒメト
ラノオ ····················································719
*Veronica miqueliana* →クワガタソウ ··················284
*Veronica miqueliana* var.*takedana* →コクワガタ

(1) ··························································307
*Veronica muratae* →サンインクワガタ ················355
*Veronica× myriantha* →ホナガカワヂシャ ·············724
*Veronica nipponica* var.*nipponica* →ヒメクワガタ ···647
*Veronica nipponica* var.*sinanoalpina* →シナノヒメ
クワガタ ················································371
*Veronica ogurae* →サンイントラノオ ··················355
*Veronica onoei* →グンバイヅル ·························284
*Veronica ornata* →トウテイラン ·······················517
*Veronica ovata* subsp.*kiusiana* var.*kitadakemontana*
→キタダケトラノオ ··································234
*Veronica ovata* subsp.*kiusiana* var.*kiusiana* →ツク
シトラノオ ··············································491
*Veronica ovata* subsp.*maritima* →エチゴトラノオ ···126
*Veronica ovata* subsp.*miyabei* →エゾルリトラノオ ·125
*Veronica ovata* subsp.*miyabei* var.*japonica* →ヤマ
ルリトラノオ ············································839
*Veronica ovata* subsp.*miyabei* var.*miyabei* →エゾル
リトラノオ (基準変種) ·······························125
*Veronica ovata* subsp.*miyabei* var.*villosa* →ビロー
ドトラノオ ··············································668
*Veronica peregrina* →ムシクサ ·························784
*Veronica persica* →オオイヌノフグリ ··················137
*Veronica polita* →イヌノフグリ ··························71
*Veronica prostrata* 'Nana' →ハイクワガタ (1) ·······583
*Veronica rotunda* →ヤマトラノオ ······················833
*Veronica rotunda* var.*petiolata* →ヒメトラノオ (1) ·654
*Veronica schmidtiana* subsp.*schmidtiana* →キクバ
クワガタ ················································229
*Veronica schmidtiana* subsp.*senanensis* →ミヤマク
ワガタ ····················································770
*Veronica schmidtiana* subsp.*senanensis* f.
*daisenensis* →ダイセンクワガタ (1) ············438
*Veronica schmidtiana* subsp.*senanensis* var.
*bandaiana* →バンダイクワガタ ··················622
*Veronica schmidtiana* subsp.*senanensis* var.
*yezoalpina* →エゾミヤマクワガタ ···············123
*Veronica serpyllifolia* subsp.*humifusa* →テングクワ
ガタ ······················································512
*Veronica serpyllifolia* subsp.*serpyllifolia* →コテン
グクワガタ ··············································317
*Veronica sieboldiana* →ハマトラノオ ··················612
*Veronica stelleri* var.*longistyla* →エゾヒメクワガタ ··122
*Veronica stelleri* var.*stelleri* →チシマヒメクワガタ ··475
*Veronica subsessilis* →ルリトラノオ ···················864
*Veronica undulata* →カワヂシャ ·······················217
*Veronicastrum axillare* →トラノオスズカケ ··········533
*Veronicastrum borissovae* →エゾクガイソウ (1) ······113
*Veronicastrum japonicum* var.*australe* →ナンゴク
クガイソウ ··············································551
*Veronicastrum japonicum* var.*humile* →イブキクガ
イソウ ·····················································75
*Veronicastrum liukiuense* →リュウキュウスズカケ ··857
*Veronicastrum noguchii* →イスミスズカケ ·············58
*Veronicastrum sibiricum* f.*glabratum* →クガイソウ ·259
*Veronicastrum sibiricum* var.*zuccarinii* →ツクシク
ガイソウ ················································490
*Veronicastrum tagawae* →キノクニスズカケ ··········239
*Veronicastrum villosulum* →スズカケソウ ·············412
*Verpa bohemica* →オオズキンカブリ ··················146
*Verpa digitaliformis* →テンガイカブリタケ ···········511
*Vetiveria zizanioides* →ベチベルソウ ··················694
*Vibrissea leptospora* →キイロヒメボタンタケ ·········226
*Vibrissea truncorum* →ビンタケ ·······················675

**VIB** *1010* 学名索引

*Viburnum brachyandrum* →シマガマズミ ……………376
*Viburnum carlesii* →チョウジガマズミ (広義) ……483
*Viburnum carlesii* var.*bitchiuense* →チョウジガマ
ズミ ……………………………………………483
*Viburnum carlesii* var.*carlesii* →オオチョウジガマ
ズミ (1) ………………………………………149
*Viburnum dilatatum* →ガマズミ ……………………206
*Viburnum erosum* var.*erosum* →コバノガマズミ ……322
*Viburnum erosum* var.*vegetum* →イヌガマズミ ………68
*Viburnum furcatum* →オオカメノキ ………………140
*Viburnum japonicum* var.*boninsimense* →トキワガ
マズミ ……………………………………………522
*Viburnum japonicum* var.*japonicum* →ハクサンボ
ク ……………………………………………………589
*Viburnum koreanum* →ヒロハガマズミ ……………670
*Viburnum odoratissimum* var.*awabuki* →サンゴ
ジュ ……………………………………………356
*Viburnum opulus* →セイヨウカンボク ……………422
*Viburnum opulus* var.*sargentii* →カンボク ……………224
*Viburnum phlebotrichum* →オトコヨウゾメ ………179
*Viburnum plicatum* 'Pink Beauty' →ピンク ビュー
ティー ……………………………………………674
*Viburnum plicatum* var.*parvifolium* →コヤブデマ
リ ……………………………………………………333
*Viburnum plicatum* var.*plicatum* f.*plicatum* →オオ
デマリ ……………………………………………149
*Viburnum plicatum* var.*tomentosum* →ヤブデマリ ‥824
*Viburnum sieboldii* var.*obovatifolium* →マルバゴマ
キ ……………………………………………………739
*Viburnum sieboldii* var.*sieboldii* →ゴマキ ……………327
*Viburnum suspensum* →ゴモジュ …………………332
*Viburnum tashiroi* →オオシマガマズミ ……………145
*Viburnum urceolatum* →ヤマシグレ ………………830
*Viburnum urceolatum* f.*procumbens* →ミヤマシグ
レ ……………………………………………………772
*Viburnum wrightii* var.*stipellatum* →オオミヤマガ
マズミ ……………………………………………163
*Viburnum wrightii* var.*wrightii* →ミヤマガマズミ ‥769
*Vicia amoena* →ツルフジバカマ ……………………506
*Vicia amurensis* →ノハラクサフジ …………………578
*Vicia benghalensis* →ベニクサフジ ………………696
*Vicia bifolia* →ミヤマタニワタシ …………………773
*Vicia cracca* →クサフジ ……………………………262
*Vicia faba* →ソラマメ ……………………………435
*Vicia fauriei* →ツガルフジ …………………………487
*Vicia grandiflora* →キバナカラスノエンドウ ………240
*Vicia hirsuta* →スズメノエンドウ …………………414
*Vicia japonica* →ヒロハクサフジ …………………670
*Vicia lathyroides* →ヒナカラスノエンドウ …………635
*Vicia lutea* →オニカラスノエンドウ ………………181
*Vicia nipponica* →ヨツバハギ ……………………849
*Vicia pseudo-orobus* →オオバクサフジ ……………153
*Vicia sativa* subsp.*nigra* →ヤハズエンドウ ………820
*Vicia sativa* subsp.*nigra* var.*minor* →ホソバノカラ
スノエンドウ ……………………………………717
*Vicia sativa* subsp.*nigra* var.*segetalis* f.*normalis*
→ツルナシカラスノエンドウ …………………505
*Vicia sativa* subsp.*sativa* →オオヤハズエンドウ …165
*Vicia sepium* →イブキノエンドウ ……………………76
*Vicia tetrasperma* →カスマグサ …………………199
*Vicia unijuga* →ナンテンハギ ……………………553
*Vicia venosa* subsp.*cuspidata* var.*cuspidata* →エビ
ラフジ ……………………………………………130

*Vicia venosa* subsp.*cuspidata* var.*glabristyla* →シ
ロウマエビラフジ ………………………………396
*Vicia venosa* subsp.*stolonifera* →ビワコエビラフ
ジ ……………………………………………………674
*Vicia venosa* subsp.*yamanakae* →シコクエビラフ
ジ ……………………………………………………362
*Vicia villosa* subsp.*varia* →ナヨクサフジ …………548
*Vicia villosa* subsp.*villosa* →ビロードクサフジ ……668
*Vigna adenantha* →コチョウインゲン ……………316
*Vigna angularis* var.*angularis* →アズキ ……………27
*Vigna angularis* var.*nipponensis* →ヤブツルアズキ ‥823
*Vigna luteola* →ナガバハマササゲ …………………540
*Vigna marina* →ハマアズキ ………………………609
*Vigna marina* var.*catjang* →ハタササゲ …………595
*Vigna marina* var.*sesquipedalis* →ジュウロクササ
ゲ ……………………………………………………386
*Vigna minima* var.*minima* →ヒメツルアズキ ………653
*Vigna minima* var.*minor* →ヒナアズキ ……………635
*Vigna mungo* →ケツルアズキ ……………………289
*Vigna radiata* →ヤエナリ …………………………806
*Vigna reflexopilosa* →オオヤブツルアズキ ………165
*Vigna umbellata* →ツルアズキ ……………………501
*Vigna unguiculata* var.*unguiculata* →ササゲ ………344
*Vigna vexillata* var.*tsusimensis* →アカササゲ ………13
*Vigna vexillata* var.*vexillata* →サクヤアカササゲ……341
*Vinca major* →ツルニチニチソウ …………………505
*Vinca major* 'Variegata' →ツルニチニチソウ (斑入
り) …………………………………………………505
*Vincetoxicum acuminatum* →クサタチバナ …………261
*Vincetoxicum ambiguum* →アオカモメヅル …………7
*Vincetoxicum amplexicaule* →ロクオンソウ (1) ……868
*Vincetoxicum aristolochioides* →オオカモメヅル ……140
*Vincetoxicum atratum* →フナバラソウ ……………689
*Vincetoxicum austrokiusianum* →ナンゴクカモメヅ
ル ……………………………………………………551
*Vincetoxicum calcareum* →イシダテクサタチバナ ……56
*Vincetoxicum doianum* →サツマビャクゼン ………347
*Vincetoxicum floribundum* →コカモメヅル ………305
*Vincetoxicum glabrum* →タチカモメヅル …………456
*Vincetoxicum hoyoense* →ホウヨカモメヅル ………705
*Vincetoxicum inamoenum* →エゾノクサタチバナ ……118
*Vincetoxicum izuense* →イズカモメヅル ……………57
*Vincetoxicum japonicum* →イヨカズラ (1) …………78
*Vincetoxicum japonicum* var.*albiflorum* →シロバナ
クサタチバナ ……………………………………401
*Vincetoxicum katoi* →クサナギオゴケ ……………261
*Vincetoxicum katoi* f.*albescens* →シロバナクサナギ
オゴケ ……………………………………………401
*Vincetoxicum krameri* →マルバノフナバラソウ ……742
*Vincetoxicum macrophyllum* var.*nikoense* →ツルガ
シワ ………………………………………………501
*Vincetoxicum magnificum* →タチガシワ (1) ………456
*Vincetoxicum matsumurae* →ヒメイヨカズラ ………642
*Vincetoxicum multinerve* →ホソバノロクオンソウ…718
*Vincetoxicum×purpurascens* →ムラサキスズメノオ
ゴケ ………………………………………………790
*Vincetoxicum pycnostelma* →スズサイコ …………413
*Vincetoxicum sieboldii* →トキワカモメヅル ………522
*Vincetoxicum sublanceolatum* var.*auriculatum*
→ジョウシュウカモメヅル ……………………389
*Vincetoxicum sublanceolatum* var.*macranthum*
→シロバナカモメヅル …………………………401
*Vincetoxicum sublanceolatum* var.*sublanceolatum*

学名索引 *1011* **VIO**

→コバノカモメヅル ............................322

*Vincetoxicum sublanceolatum* var.*sublanceolatum* f.
　*albiflorum* →アズマカモメヅル ............ 28

*Vincetoxicum tanakae* →ツルモウリンカ ......507

*Vincetoxicum yamanakae* →ヤマワキオゴケ (1) ......839

*Vincetoxicum yonakuniense* →ヨナクニカモメヅル ..850

*Viola acuminata* →エゾノタチツボスミレ ............119

*Viola alliariifolia* →ジンヨウキスミレ ..................407

*Viola amamiana* →アマミスミレ ..........................40

*Viola arvensis* →マキバスミレ ............................729

*Viola awagatakensis* →アワガタケスミレ ............ 51

*Viola betonicifolia* var.*albescens* →アリアケスミレ ... 48

*Viola betonicifolia* var.*oblongosagittata* →リュウ
　キュウシロスミレ ....................................857

*Viola biflora* →キバナノコマノツメ ..................242

*Viola biflora* var.*vegeta* →オオタカネスミレ ............147

*Viola bissetii* →ナガバノスミレサイシン ..............539

*Viola blandiformis* →ウスバスミレ ....................96

*Viola boissieuana* →ヒメミヤマスミレ ..................660

*Viola boissieuana* var.*pseudoselkirkii* →ヤクシマミ
　ヤマスミレ ............................................813

*Viola brevistipulata* subsp.*brevistipulata* var.
　*acuminata* →ミヤマキスミレ ..................769

*Viola brevistipulata* subsp.*brevistipulata* var.
　*brevistipulata* →オオバキスミレ ............152

*Viola brevistipulata* subsp.*brevistipulata* var.*kishidae*
　→ナエバキスミレ ....................................535

*Viola brevistipulata* subsp.*brevistipulata* var.
　*laciniata* →フギレオオバキスミレ ..........678

*Viola brevistipulata* subsp.*hidakana* →エゾキスミ
　レ ........................................................113

*Viola brevistipulata* subsp.*hidakana* var.*incisa* →フ
　ギレキスミレ ..........................................678

*Viola brevistipulata* subsp.*hidakana* var.*yezoana*
　→ケゾキスミレ ......................................286

*Viola brevistipulata* subsp.*hidakana* var.*yezoana* f.
　*glabra* →トカチキスミレ ........................520

*Viola brevistipulata* subsp.*minor* →ダイセンキスミ
　レ ........................................................438

*Viola brevistipulata* var.*ciliata* →フチゲオオバキス
　ミレ ....................................................687

*Viola brevistipulata* var.*hidakana* →エゾキスミレ
　(狭義) ..................................................113

*Viola chaerophylloides* var.*chaerophylloides* →ナン
　ザンスミレ ............................................552

*Viola chaerophylloides* var.*sieboldiana* →ヒゴスミ
　レ ........................................................628

*Viola collina* →エゾアオイスミレ ......................110

*Viola crassa* →タカネスミレ ............................448

*Viola crassa* subsp.*alpicola* →クモマスミレ ............270

*Viola crassa* subsp.*borealis* →エゾタカネスミレ ......115

*Viola crassa* subsp.*yatsugatakeana* →ヤツガタケキ
　スミレ ..................................................817

*Viola* cvs. →ビオラ ......................................625

*Viola delphinantha* →ビオラ・デルフィナンサ ......625

*Viola diffusa* →ツクシスミレ ..........................491

*Viola diffusa* var.*glabella* →ツクシスミレ (狭義) ......491

*Viola eizanensis* →エイザンスミレ ..................109

*Viola eizanensis* var.*simplicifolia* →ヒトツバエゾス
　ミレ ....................................................633

*Viola epipsiloides* →タニマスミレ ..................462

*Viola faurieana* var.*faurieana* →テリハタチツボス
　ミレ ....................................................510

*Viola grayi* →イソスミレ ..............................59

*Viola grypoceras* var.*exilis* →コタチツボスミレ ......315

*Viola grypoceras* var.*grypoceras* →タチツボスミレ ...457

*Viola grypoceras* var.*hichitoana* →シチトウスミレ ...367

*Viola grypoceras* var.*rhizomata* →ツルタチツボスミ
　レ ........................................................504

*Viola grypoceras* var.*ripensis* →ケイリュウタチツボ
　スミレ ..................................................286

*Viola hirtipes* →サクラスミレ ........................342

*Viola hondoensis* →アオイスミレ ....................6

*Viola hultenii* →チシマウスバスミレ ................473

*Viola* × *ibukiana* →ヒメキクバスミレ ..............645

*Viola inconspicua* subsp.*nagasakiensis* →ヒメスミ
　レ ........................................................652

*Viola inconspicua* subsp.*nagasakiensis* f.
　*serratodentata* →ツクシヒメスミレ ..........492

*Viola iwagawae* →ヤクシマスミレ ....................811

*Viola japonica* →コスミレ ............................314

*Viola keiskei* →マルバスミレ (1) ....................740

*Viola keiskei* var.*glabra* →マルバスミレ (2) ........740

*Viola kitamiana* →シレトコスミレ ..................395

*Viola kusanoana* →オオタチツボスミレ ............148

*Viola lactiflora* →シロコスミレ ......................398

*Viola langsdorfii* →タカネタチツボスミレ ..........449

*Viola langsdorfii* subsp.*sachalinensis* →オオバタチ
　ツボスミレ ............................................155

*Viola mandshurica* →スミレ ..........................418

*Viola mandshurica* var.*crassa* →アナマスミレ ......34

*Viola mandshurica* var.*ikedaeana* →ホコバスミレ ...708

*Viola mandshurica* var.*triangularis* →アツバスミレ ..33

*Viola maximowicziana* →コミヤマスミレ ............329

*Viola mirabills* var.*subglabra* →イブキスミレ ......75

*Viola obtusa* →ニオイタチツボスミレ ..............556

*Viola odorata* →ニオイスミレ ........................556

*Viola okinawensis* →シマジリスミレ ................377

*Viola orientalis* →キスミレ ..........................232

*Viola ovato-oblonga* →ナガバノタチツボスミレ ......539

*Viola patrinii* var.*angustifolia* →ホソバシロスミレ ..715

*Viola patrinii* var.*patrinii* →シロスミレ ............399

*Viola pedata* →トリアシスミレ ......................533

*Viola phalacrocarpa* f.*glaberrima* →オカスミレ ......168

*Viola phalacrocarpa* f.*phalacrocarpa* →アカネスミレ ..15

*Viola raddeana* →タチスミレ ........................457

*Viola rossii* →アケボノスミレ ........................22

*Viola rostrata* var.*japonica* →ナガハシスミレ ......538

*Viola sacchalinensis* →アイヌタチツボスミレ ......4

*Viola sacchalinensis* var.*alpina* →アポイタチツボス
　ミレ ....................................................36

*Viola sacchalinensis* var.*miyakei* →イワマタチツボ
　スミレ ..................................................87

*Viola selkirkii* →ミヤマスミレ ......................772

*Viola shikokiana* →シコクスミレ ....................363

*Viola sieboldii* →フモトスミレ ......................689

*Viola sororia* →アメリカスミレサイシン ............44

*Viola stoloniflora* →オリヅルスミレ ................189

*Viola tashiroi* →ヤエヤマスミレ ....................807

*Viola tashiroi* f.*takushii* →イリオモテスミレ ......79

*Viola tashiroi* var.*tairae* →イシガキスミレ ..........56

*Viola thibaudieri* →タデスミレ ......................460

*Viola tokubuchiana* var.*takedana* →ヒナスミレ ......636

*Viola tokubuchiana* var.*tokubuchiana* →フジスミ
　レ ........................................................683

*Viola tricolor* →ビオラ・トリコロル ................625

*Viola utchinensis* →オキナワスミレ ................172

*Viola vaginata* →スミレサイシン ....................418

**VIO** 　　　　　　　　　　　*1012*　　　　　　　　　　　学名索引

*Viola variegata* var.*nipponica*　→ゲンジスミレ………293
*Viola variegata* var.*variegata*　→フイリゲンジスミ
レ………………………………………………………675
*Viola verecunda* var.*fibrillosa*　→ミヤマツボスミレ…774
*Viola verecunda* var.*semilunaris*　→アギスミレ… 19
*Viola verecunda* var.*subaequiloba*　→ヒメアギスミ
レ………………………………………………………640
*Viola verecunda* var.*verecunda*　→ニョイスミレ…563
*Viola verecunda* var.*yakushimana*　→コケスミレ…308
*Viola violacea* var.*makinoi*　→マキノスミレ…………729
*Viola violacea* var.*violacea*　→シハイスミレ…………372
*Viola*× *wittrockiana*　→サンシキスミレ………………357
*Viola yazawana*　→ヒメスミレサイシン………………652
*Viola yedoensis* f.*albescens*　→シロノジスミレ………400
*Viola yedoensis* var.*pseudojaponica*　→リュウキュウ
コスミレ……………………………………………857
*Viola yedoensis* var.*yedoensis*　→ノジスミレ…………577
*Viola yezoensis*　→ヒカゲスミレ………………………626
*Viola yezoensis* f.*discolor*　→タカオスミレ…………444
*Viola yezoensis* var.*asoana*　→アソヒカゲスミレ……… 32
*Viola yubariana*　→シソバキスミレ……………………366
*Viscum album* subsp.*album*　→セイヨウヤドリギ…424
*Viscum album* subsp.*coloratum*　→ヤドリギ…………818
*Viscum album* subsp.*coloratum* f.*rubroaurantiacum*
→アカミヤドリギ……………………………… 17
*Vitex agnus-castus*　→セイヨウニンジンボク…………423
*Vitex negundo*　→タイワンニンジンボク………………442
*Vitex negundo* var.*cannabifolia*　→ニンジンボク……565
*Vitex quinata*　→オオニンジンボク……………………151
*Vitex rotundifolia*　→ハマゴウ…………………………610
*Vitex trifolia* var.*bicolor*　→ヤエヤマハマゴウ………808
*Vitex trifolia* var.*trifolia*　→ミツバハマゴウ…………759
*Vitis coignetiae*　→ヤマブドウ (1) …………………837
*Vitis ficifolia*　→エビヅル………………………………129
*Vitis ficifolia* var.*izuinsularis*　→シチトウエビヅル…367
*Vitis flexuosa* var.*flexuosa*　→ギョウジャノミズ……247
*Vitis flexuosa* var.*rufotomentosa*　→ケサンカクヅ
ル………………………………………………………287
*Vitis flexuosa* var.*tsukubana*　→ウスゲサンカクヅル… 94
*Vitis kiusiana*　→クマガワブドウ………………………267
*Vitis saccharifera*　→アマヅル………………………… 38
*Vitis saccharifera* var.*yokogurana*　→ヨコグラブド
ウ………………………………………………………848
*Vitis shiragae*　→シラガブドウ…………………………391
*Vitis vinifera*　→ブドウ…………………………………688
*Volkameria inermis*　→イボタクサギ…………………… 77
*Volvariella bombycina*　→キヌオオフクロタケ………238
*Volvariella subtaylori*　→コフクロタケ………………326
*Volvariella surrecta*　→ヤグラフクロタケ……………814
*Volvariella volvacea* var.*volvacea*　→フクロタケ……680
*Volvopluteus gloiocephalus*　→オオフクロタケ………160
*Volvopluteus gloiocephalus*　→シロフクロタケ………403
*Vrydagzynea nuda*　→ミソボシラン……………………755
*Vulpia bromoides*　→イヌナギナタガヤ……………… 71
*Vulpia myuros*　→ナギナタガヤ………………………542
*Vulpia myuros* var.*megalura*　→オオナギナタガヤ……150
*Vulpia octoflora*　→ムラサキナギナタガヤ……………791

## 【 W 】

*Wahlenbergia marginata*　→ヒナギキョウ……………635
*Washingtonia filifera*　→オキナヤシ…………………171
*Washingtonia robusta*　→オニジュロ…………………183
*Watsonia* spp.　→ヒオウギズイセン (2) ……………625
*Weigela coraeensis* var.*coraeensis*　→ハコネウツギ…591
*Weigela coraeensis* var.*fragrans*　→ニオイウツギ……555
*Weigela decora* f.*unicolor*　→ベニバナニシキウツギ ··698
*Weigela decora* var.*amagiensis*　→アマギベニウツギ… 38
*Weigela decora* var.*decora*　→ニシキウツギ…………558
*Weigela floribunda*　→ヤブウツギ………………………822
*Weigela florida*　→オオベニウツギ……………………161
*Weigela florida* 'Aureovariegata'　→オーレオバリエ
ガータ………………………………………………190
*Weigela*× *fujisanensis*　→サンシキウツギ……………357
*Weigela fujisanensis* var.*rosea*　→フジベニウツギ……684
*Weigela hortensis*　→タニウツギ………………………461
*Weigela japonica*　→ツクシヤブウツギ………………492
*Weigela maximowiczii*　→キバナウツギ………………240
*Weigela middendorffiana*　→ウコンウツギ…………… 91
*Weigela praecox* 'Red Prince'　→レッドプリンス……866
*Weigela sanguinea*　→ケウツギ (1) …………………286
*Weissia atrocaulis*　→クロジクトジクチゴケ…………278
*Weissia controversa*　→ツチノウエノコゴケ…………496
*Weissia deciduaefolia*　→ヤマトトジクチゴケ………833
*Welwitschia mirabilis*　→ウェルウィッチア………… 89
*Wendlandia formosana*　→アカミミズキ……………… 17
*Weraroa virescens*　→Blue pouch fungus……………873
*Wijkia concavifolia*　→フナバトガリゴケ……………689
*Wikstroemia pseudoretusa*　→ムニンアオガンピ……785
*Wikstroemia retusa*　→アオガンピ…………………………7
*Wisteria brachybotrys*　→ヤマフジ……………………837
*Wisteria brachybotrys* f.*alba*　→シロバナヤマフジ…403
*Wisteria floribunda*　→フジ (1) ……………………681
*Wisteria japonica* f.*japonica*　→ナツフジ……………546
*Wisteria japonica* f.*microphylla*　→メクラフジ………795
*Wisteria sinensis*　→シナフジ…………………………371
*Wolffia globosa*　→ミジンコウキクサ…………………749
*Wolfiporia extensa*　→ブクリョウ……………………679
*Woodsia glabella*　→トガクシデンダ…………………519
*Woodsia ilvensis*　→ミヤマイワデンダ………………767
*Woodsia intermedia*　→イヌイワデンダ……………… 67
*Woodsia macrochlaena*　→コガネシダ…………………304
*Woodsia manchuriensis*　→フクロシダ………………679
*Woodsia polystichoides*　→イワデンダ………………… 85
*Woodsia subcordata*　→キタダケデンダ………………234
*Woodwardia harlandii*　→オオギミシダ………………142
*Woodwardia*× *intermedia*　→アイオオカグマ……………3
*Woodwardia*× *izuensis*　→イズコモチシダ…………… 57
*Woodwardia japonica*　→オオカグマ…………………139
*Woodwardia kempii*　→ホソバオオカグマ……………713
*Woodwardia orientalis*　→コモチシダ…………………332
*Woodwardia orientalis*× *W.prolifera*　→アイコモチ
シダ……………………………………………………3
*Woodwardia prolifera*　→ハチジョウカグマ…………596
*Woodwardia unigemmata*　→ハイコモチシダ…………583

学名索引　　　　　　　*1013*　　　　　　　ZOS

*Wrightia antidysenterica* →セイロンライティア……425
*Wynnea americana* →オオミノミミブサタケ…………163
*Wynnea gigantea* →ミミブサタケ…………763

## 【 X 】

*Xanthium occidentale* →オオオナモミ……………139
*Xanthium orientale* subsp.*italicum* →イガオナモミ‥54
*Xanthium spinosum* →トゲオナモミ………………525
*Xanthium strumarium* subsp.*sibiricum* →オナモ
ミ……………180
*Xanthoconium affine* →ウツロイイグチ……………99
*Xanthophthalmum coronarium* →シュンギク…………387
*Xanthorhiza simplicissima* →ヒイラギナンテンモド
キ……………624
*Xanthoria elegans* →オオロウソクゴケモドキ………166
*Xenostegia tridentata* subsp.*hastata* →ホソバアサ
ガオ……………712
*Xerochrysum bracteatum* →ムギワラギク……………783
*Xerocomus chrysenteron* s.l. →キッコウアワタケ…236
*Xerocomus nigromaculatus* →クロアザアワタケ……275
*Xerocomus subtomentosus* s.l. →アワタケ(広義)……51
*Xeromphalina campanella* →ヒメカバイロタケ……644
*Xeromphalina cauticinalis* →キチャホウライタケ…236
*Xeromphalina tenuipes* →ビロードエノキタケ………668
*Xerula radicata* →ツエタケ………………487
*Xerula sinopudens* →コブリビロードツエタケ………326
*Xylaria hypoxylon* →クロサイワイタケ………………277
*Xylaria magnoliae* →ホソツクシタケ………………712
*Xylaria polymorpha* →マメザヤタケ………………737
*Xylaria tabacina* →ハマキタケ………………610
*Xylaria tentaculata* →Fairy sparkler………………874
*Xylobolus annosus* →オオカタウロコタケ……………140
*Xylobolus princeps* →オオウロコタケ………………139
*Xylobolus spectabilis* →モミジウロコタケ……………801
*Xylosma congesta* →クスドイゲ………………265

## 【 Y 】

*Yoania amagiensis* →キバナノショウキラン…………242
*Yoania flava* →シナノショウキラン………………370
*Yoania japonica* →ショウキラン(2)………………388
*Youngia japonica* →オニタビラコ(1)………………183
*Youngia japonica* subsp.*elstonii* →アカオニタビラ
コ……………12
*Youngia japonica* subsp.*japonica* →アオオニタビラコ…6
*Ypsilandra thibetica* →ニオイショウジョウバカマ…556
*Yucca aloifolia* 'Tricolor' →キンボウラン…………257
*Yucca elephantipes* →メキシコチモラン……………794
*Yucca flaccida* →イトラン………………66
*Yucca gloriosa* var.*gloriosa* →アツバキミガヨラン‥32
*Yucca gloriosa* var.*recurvifolia* →キミガヨラン……246

## 【 Z 】

*Zabelia integrifolia* →イワツクバネウツギ……………84
*Zamia furfuracea* →ヒロハザミア………………670
*Zamia integrifolia* →フロリダソテツ………………693
*Zannichellia palustris* →イトクズモ………………64
*Zantedeschia aethiopica* →オランダカイウ…………189
*Zanthoxylum ailanthoides* var.*ailanthoides* →カラ
スザンショウ……………210
*Zanthoxylum ailanthoides* var.*inerme* →アコウザン
ショウ(1)……………23
*Zanthoxylum amamiense* →アマミザンショウ………40
*Zanthoxylum armatum* var.*subtrifoliatum* →フユザ
ンショウ……………690
*Zanthoxylum beecheyanum* var.*alatum* →ヒレザン
ショウ……………667
*Zanthoxylum beecheyanum* var.*beecheyanum* →イ
ワザンショウ……………83
*Zanthoxylum bungeanum* →カホクザンショウ………205
*Zanthoxylum fauriei* →コカラスザンショウ…………305
*Zanthoxylum nitidum* →テリハザンショウ…………510
*Zanthoxylum piperitum* →サンショウ………………357
*Zanthoxylum scandens* →ツルザンショウ……………503
*Zanthoxylum schinifolium* →イヌザンショウ………69
*Zanthoxylum schinifolium* var.*okinawense* →シマイ
ヌザンショウ……………375
*Zanthoxylum yakumontanum* →ヤクシマカラスザン
ショウ……………810
*Zea mays* →トウモロコシ………………518
*Zehneria bodinieri* →ホソガタスズメウリ……………712
*Zehneria guamensis* →クロミノオキナワスズメウリ…282
*Zehneria guamensis* →クロミノスズメウリ…………283
*Zehneria japonica* →スズメウリ………………413
*Zelkova serrata* →ケヤキ………………291
*Zephyranthes candida* →タマスダレ(2)……………465
*Zephyranthes carinata* →サフランモドキ……………350
*Zephyranthes citrina* →キバナサフランモドキ………241
*Zephyranthes rosea* →コサフランモドキ……………311
*Zeuxine affinis* →アオジクキヌラン………………8
*Zeuxine agyokuana* →カゲロウラン………………196
*Zeuxine boniniensis* →ムニンキヌラン………………786
*Zeuxine gracilis* var.*tenuifolia* →ヤンバルキヌラン‥840
*Zeuxine nervosa* →オオキヌラン………………141
*Zeuxine odorata* →ジャコウキヌラン………………383
*Zeuxine sakagutii* →イシガキキヌラン………………55
*Zeuxine strateumatica* →キヌラン………………239
*Zingiber mioga* →ミョウガ………………780
*Zingiber officinale* →ショウガ………………388
*Zinnia elegans* →ヒャクニチソウ………………662
*Zinnia peruviana* →マンサクヒャクニチソウ…………745
*Zizania latifolia* →マコモ………………730
*Ziziphus jujuba* var.*inermis* →ナツメ………………546
*Ziziphus jujuba* var.*spinosa* →サネブトナツメ……349
*Zonaria diesingiana* →シマオオギ………………375
*Zornia cantoniensis* →スナジマメ………………416
*Zostera asiatica* →オオアマモ………………136
*Zostera caespitosa* →スゲアマモ………………411
*Zostera caulescens* →タチアマモ………………455

**ZOS** 　　　　　　　　　　　　　　*1014* 　　　　　　　　　　　　　　学名索引

*Zostera japonica* →コアマモ……………………………295
*Zostera marina* →アマモ…………………………… 41
*Zoysia japonica* →シバ……………………………372
*Zoysia macrostachya* →オニシバ…………………183
*Zoysia matrella* →コウシュンシバ…………………297
*Zoysia pacifica* →コウライシバ……………………302
*Zoysia sinica* var.*nipponica* →ナガミノオニシバ……542
*Zoysia sinica* var.*sinica* →コオニシバ………………303

# 植物レファレンス事典 Ⅲ（2009-2017）

2018 年 5 月 25 日　第 1 刷発行

発　行　者／大高利夫
編集・発行／日外アソシエーツ株式会社
　　　　　〒140-0013 東京都品川区南大井 6-16-16 鈴中ビル大森アネックス
　　　　　電話 (03)3763-5241（代表）　FAX(03)3764-0845
　　　　　URL http://www.nichigai.co.jp/
発　売　元／株式会社紀伊國屋書店
　　　　　〒163-8636 東京都新宿区新宿 3-17-7
　　　　　電話 (03)3354-0131（代表）
　　　　　ホールセール部（営業）電話 (03)6910-0519

電算漢字処理／日外アソシエーツ株式会社
印刷・製本／株式会社平河工業社

不許複製・禁無断転載　　　　　　　《中性紙三菱クリームエレガ使用》
＜落丁・乱丁本はお取り替えいたします＞
**ISBN978-4-8169-2715-7**　　**Printed in Japan, 2018**

本書はディジタルデータでご利用いただくことが
できます。詳細はお問い合わせください。

# 植物レファレンス事典Ⅱ (2003-2008 補遺)

A5・910頁　定価 (本体32,000円＋税)　2009.1刊

ある植物がどの図鑑・百科事典にどのような見出しで載っているかがわかる図鑑・百科事典の総索引。68種79冊の図鑑から1.3万種の植物を収録。植物の同定に必要な情報 (学名、漢字表記、別名、形状説明など) を記載。図鑑ごとに収録図版の種類 (カラー、モノクロ、写真、図) も明示。

---

# 科学博物館事典

A5・520頁　定価 (本体9,250円＋税)　2015.6刊

# 自然史博物館事典
## ―動物園・水族館・植物園も収録

A5・540頁　定価 (本体9,800円＋税)　2015.10刊

自然科学全般から科学技術・自然史分野を扱う博物館を紹介する事典。全館にアンケート調査を行い、沿革・概要、展示・収蔵、事業、出版物、"館のイチ押し"などの情報のほか、外観・館内写真、展示品写真を掲載。『科学博物館事典』に209館、『自然史博物館事典』には動物園・植物園・水族館も含め227館を収録。

---

# 事典 日本の科学者
## ―科学技術を築いた5000人

板倉聖宣監修　A5・1,020頁　定価 (本体17,000円＋税)　2014.6刊

江戸時代初期から平成にかけて活躍した物故科学者を収録した人名事典。自然科学の全分野のみならず、医師や技術者、科学史家、科学啓蒙に尽くした人々などを幅広く収録。

---

# 資源・エネルギー史事典
## ―トピックス1712-2014

A5・510頁　定価 (本体13,880円＋税)　2015.7刊

1712年から2014年まで、資源・エネルギーに関するトピック4,000件を年月日順に掲載した記録事典。石炭、石油、ガス、核燃料などの資源と、熱エネルギー、電力、火力、原子力、再生可能エネルギーなどのエネルギー史に関する重要なトピックとなる出来事を幅広く収録。

---

データベースカンパニー
## 日外アソシエーツ

〒140-0013　東京都品川区南大井6-16-16
TEL.(03)3763-5241 FAX.(03)3764-0845 http://www.nichigai.co.jp/

# 収録図鑑一覧

| 略 号 | 書 名 | 出版社 | 刊行年月 |
|---|---|---|---|
| 色野草 | 色で見わけ 五感で楽しむ野草図鑑 | ナツメ社 | 2014.5 |
| ウメ | ウメの品種図鑑 | 誠文堂新光社 | 2009.2 |
| APG原樹 | APG原色樹木大図鑑 | 北隆館 | 2016.3 |
| 学フ増高山 | 高山植物 増補改訂(フィールドベスト図鑑9) | 学習研究社 | 2009.5 |
| 学フ増桜 | 日本の桜 増補改訂(フィールドベスト図鑑10) | 学習研究社 | 2009.3 |
| 学フ増山菜 | 日本の山菜 増補改訂(フィールドベスト図鑑12) | 学習研究社 | 2009.1 |
| 学フ増樹 | 日本の樹木 増補改訂(フィールドベスト図鑑5) | 学習研究社 | 2009.8 |
| 学フ増毒き | 日本の毒きのこ 増補改訂(フィールドベスト図鑑13) | 学習研究社 | 2009.9 |
| 学フ増野春 | 日本の野草 春 増補改訂(フィールドベスト図鑑1) | 学習研究社 | 2009.1 |
| 学フ増野夏 | 日本の野草 夏 増補改訂(フィールドベスト図鑑2) | 学習研究社 | 2009.5 |
| 学フ増野秋 | 日本の野草 秋 増補改訂(フィールドベスト図鑑3) | 学習研究社 | 2009.9 |
| 学フ増花庭 | 花木・庭木 増補改訂(フィールドベスト図鑑4) | 学習研究社 | 2009.3 |
| 学フ増薬草 | 日本の薬草 増補改訂(フィールドベスト図鑑15) | 学研教育出版 | 2010.3 |
| 学フ有毒 | 日本の有毒植物(フィールドベスト図鑑16) | 学研教育出版 | 2012.5 |
| カヤツリ | 日本カヤツリグサ科植物図譜 | 平凡社 | 2011.3 |
| カワゴケ | 原色植物分類図鑑 世界のカワゴケソウ | 北隆館 | 2013.9 |
| 帰化写改 | 日本帰化植物写真図鑑〔1部改訂〕 | 全国農村教育協会 | 2011.5 |
| 帰化写2 | 日本帰化植物写真図鑑 第2巻 増補改訂 | 全国農村教育協会 | 2015.1 |
| 桑イネ | 桑原義晴 日本イネ科植物図譜 | 全国農村教育協会 | 2008.1 |
| 原きの | 原色・原寸 世界きのこ大図鑑 | 東洋書林 | 2012.1 |
| 原牧1 | APG原色牧野植物大図鑑 Ⅰ〔ソテツ科〜バラ科〕 | 北隆館 | 2012.4 |
| 原牧2 | APG原色牧野植物大図鑑 Ⅱ〔グミ科〜セリ科〕 | 北隆館 | 2013.3 |
| 固有 | 日本の固有植物(国立科学博物館叢書11) | 東海大学出版会 | 2011.3 |
| 山野草 | 山野草ハンディ事典 | 講談社 | 2010.4 |
| シダ標1 | 日本産シダ植物標準図鑑 Ⅰ | 学研プラス | 2016.7 |
| シダ標2 | 日本産シダ植物標準図鑑 Ⅱ | 学研プラス | 2017.4 |